国家生物安全学

武桂珍　主编

科学出版社

北　京

内 容 简 介

　　生物安全已经成为关乎国计民生的头等大事,深刻认识新形势下加强生物安全建设的重要性和紧迫性,贯彻落实生物安全法,加强国际生物安全风险防控和治理体系建设,提高国家生物安全治理能力,是全社会各行各业的需求。本书由中国疾病预防控制中心生物安全首席专家、亚太生物安全协会主席武桂珍研究员主持编写,国内生物安全领域的其他权威专家共同参与,全书分为八篇,第一篇为生物安全学概论,第二至第八篇围绕生物安全法的"四梁八柱",从传染病与动植物疫情、两用生物技术与生物安全、实验室生物安全、人类遗传资源与生物资源、生物入侵防控、微生物耐药、生物恐怖与生物武器等方面全面展现了国内外生物安全的总体概况,为读者了解、分析生物安全现状提供了理论依据。

　　本书适合生物学、公共卫生和预防医学、农林等生物安全相关领域的学生、科研人员及相关从业人员参考使用。

图书在版编目（CIP）数据

国家生物安全学 / 武桂珍主编. —北京：科学出版社，2023.11
ISBN 978-7-03-075197-3

Ⅰ. ①国…　Ⅱ. ①武…　Ⅲ. ①生物工程－安全科学－中国　Ⅳ. ①Q81

中国国家版本馆 CIP 数据核字（2023）第 047544 号

责任编辑：王　静　罗　静　刘　晶 / 责任校对：郑金红
责任印制：吴兆东 / 封面设计：无极书装

科 学 出 版 社 出版
北京东黄城根北街 16 号
邮政编码：100717
http://www.sciencep.com

北京中科印刷有限公司印刷
科学出版社发行　各地新华书店经销
＊

2023 年 11 月第 一 版　开本：889×1194　1/16
2025 年 1 月第二次印刷　印张：60 1/4
字数：1 960 000
定价：728.00 元
（如有印装质量问题,我社负责调换）

序 一

新冠疫情犹如平地一声惊雷，警醒了全世界，让全人类明白生物安全与核安全一样是能够深刻影响未来世界发展，迅速并且深刻地改变人类生活方式乃至世界格局的重要力量。这也让我们不得不开始重新认识和思考我们面临的生物安全系列问题，并采取积极的、负责任的应对行动。

近20年来，生物安全日益成为全人类面临的重大生存和发展威胁之一。当今世界，生物威胁日益复杂多样，传统生物安全问题和新型生物安全风险相互叠加、风险加剧，例如，新发突发传染病频繁暴发，实验室生物安全事故时有发生，生物武器禁而不止，生物恐怖袭击危害大且实施门槛逐渐降低，生物技术误用缪用风险日增，外来物种入侵种类增多、危害加剧，微生物耐药形势更加严峻，人类遗传资源和特殊生物资源流失严重。

为了应对上述挑战、保障国家生物安全，欧美等各发达国家一方面陆续发布生物安全战略，将生物安全置于国家战略的高度；另一方面，如美国不断推出新的生物安全科技计划，持续推进本国的生物安全能力建设，期望通过迭代升级科技力量来妥善应对各种生物安全挑战。因此，生物安全日益成为大国竞争的制高点，其中能力建设是核心和关键。

我国生物安全学术研究和能力建设与发达国家相比起步晚，但SARS暴发以后进入了"快车道"，经过20年的发展，各个方面都已经取得了长足进步。尤其是在应对新冠疫情中，在病原快速鉴定、检测试剂快速研发和新冠病毒的分离方面取得三大全球首创成果，在疫苗和药物研发等方面也取得了系列重大成果，为后续疫情防控取得的决定性胜利奠定了基础。这些成果一方面凸显了包括高等级生物安全实验室等在内的生物安全对传染病防控的核心支撑作用，另一方面也证实了我国多年来在生物安全能力建设方面取得的累累硕果。成绩让我们欣喜，但同时应该清醒地认识到，我国生物安全风险防控和治理体系还存在短板弱项，距离欧美发达国家还有明显的差距。

习近平总书记在2021年中共中央政治局第三十三次集体学习时强调，"要加快推进生物科技创新和产业化应用，推进生物安全领域科技自立自强，打造国家生物安全战略科技力量"。党的二十大作出了"推进国家安全体系和能力现代化，坚决维护国家安全和社会稳定"战略部署。生物安全作为国家安全的重要组成部分，要求我们要通过加快完善科技前沿布局、推进学科建设、加大专项人才培养等途径加快提升生物安全能力建设的水平，完善我国生物安全体系，筑牢国家生物安全屏障。其中，学科建设和人才培养是重中之重。

2018年4月教育部印发《关于加强大中小学国家安全教育的实施意见》，决定"设立国家安全学一级学科"，拉开了国家安全学学科建设的序幕。然而，高等教育专业目录上至今依然没有"国家安全学"的地位，各级各类高校还不能正式招录国家安全学专业本科生和研究生，就遑论确定国家生物安全学作为独立学科的地位了。国际生物安全形势和党中央、国务院的部署都要求我们应加快学科建设的步伐，尽快编制出版可供培训、教学、学术研究和讨论的国家生物安全学专著。

《国家生物安全学》应运而生。主编武桂珍研究员是国内生物安全领域的领军人物，2022年刚刚连任了亚太生物安全协会主席，在国际上也享有盛誉；编者团队，大咖云集，涵盖国家生物安全的所有领域，他们都是国内生物安全领域的知名专家学者，学术造诣颇深。该书依照生物安全法的界定，针对国家生物安全的 8 个细分领域展开论述，从概念定义入手，沿着相关领域的主要脉络逐步介绍研究现状和前沿进展，相关法律法规指南规范也都纳入其中加以论述。整部著作系统全面、逻辑清晰，内容深入浅出，语言严谨规范，既有学术价值，又有科普价值。因此，该书不仅可以作为一部教科书来使用，还可以作为从业人员的参考书乃至相关领域从业人员的工具书来使用。

总之，作为国家生物安全学的系统之作，该书非常值得一读，推荐给大家。

希望在习近平新时代中国特色社会主义思想和总体国家安全观的指引下，《国家生物安全学》的出版能够激发学界、业界对国家生物安全的广泛关注和讨论，促进国家生物安全学学科的建立和发展，从而进一步推动我国生物安全能力建设，完善我国生物安全体系，筑牢国家生物安全屏障，最终加速实现保护人民健康、保障国家安全、维护国家长治久安的重大目标。

陈 竺

中国科学院院士

全国人大常委会原副委员长

2023 年 3 月 4 日

序 二

生物安全关乎人民生命健康，关乎国家长治久安，关乎中华民族永续发展，是国家安全的重要组成部分，也是影响乃至重塑世界格局的重要力量。当前，传统生物安全问题和新型生物安全风险相互叠加，境外生物威胁和内部生物风险交织并存。新冠疫情影响下，生物安全领域已成为全球前沿性、突破性、颠覆性科技集聚地和主战场。我国生物安全形势如何？面对挑战，如何加强生物安全建设？如何守牢我国生物安全防线？我国在保障国家生物安全方还面临许多新困难、新问题。

2021 年，《中华人民共和国生物安全法》的出台施行是国家生物安全体系建设的一个重要的里程碑，该法为健全我国生物安全法律保障体系提供了基本遵循，为维护和塑造国家生物安全筑牢了法制基础，也首次明确了国家生物安全的范围。

该书的主编武桂珍研究员作为中国疾控中心的首席生物安全专家，数十年来在生物安全与突发传染病防控辛勤耕耘，主编过多本生物安全领域的优秀专著，在国内生物安全界享有盛誉；她还一直带领并积极推进中国生物安全界与国外的合作交流，担任亚太生物安全协会的主席，在国际上也有较大影响。其他编者也都是业界知名专家，功力深厚。该书是国家生物安全领域首部全面系统性的专著，内容翔实深入。从防控重大新发突发传染病、动植物疫情、生物技术研究、病原微生物实验室生物安全管理、人类遗传资源与生物资源安全管理、防范外来物种入侵和保护生物多样性、应对微生物耐药、防范生物恐怖袭击与防御生物武器威胁等八个方面着手，全面涵盖国家生物安全的所有领域，深入分析阐述了目前各领域取得的进展，讨论了生物安全领域未来的发展方向。

本书对国家生物安全的综述客观准确，论述富有创新性、前瞻性、战略性，集结了编者及国内外相关专家学者多年来的学术成果，跨越医疗卫生、农业、科技等多个领域，可为读者了解、分析生物安全现状提供翔实的参考。相信《国家生物安全学》一定会给我国生物安全领域从业人员以启迪，为保障我国生物安全，推动其持续发展助力。

侯云德

侯云德
中国工程院院士
国家最高科学技术奖获得者
2023 年 3 月 19 日

生物安全属于国家安全中非传统安全的范畴,与国家安全的其他领域相互渗透、相互作用、相互传导,是国家安全的核心组成,对国家经济社会发展的影响具有全域性、交叉性、战略性特点,亦影响着国家、政治和社会的稳定。党的十八大以来,党中央把加强生物安全建设摆上更加突出的位置,纳入国家安全战略,健全国家生物安全工作组织领导体制机制,积极应对生物安全重大风险,维护国家生物安全的基础不断巩固,生物安全建设取得历史性成就。

2021年4月15日《中华人民共和国生物安全法》正式实施。这是我国生物安全领域的一部基础性、综合性、系统性、统领性的法律,其颁布实施标志着生物安全进入依法治理的新阶段,在生物安全领域形成国家生物安全战略、法律、政策"三位一体"的生物安全风险防控和治理体系。

生物安全既关系到国家核心利益,也是全世界全人类的重大生存和发展问题之一。新冠疫情让人们再次认识到,这是一个传统安全和非传统安全相互交织的时代,也是一个局部问题和全球问题彼此转化的时代,任何国家都不可能独善其身。长期以来,我国积极参与国际社会生物安全风险应对。我国缔结或参加了包括《日内瓦公约》《禁止生物武器公约》《生物多样性公约》《卡塔赫纳生物安全议定书》在内的一系列国际条约,积极参与生物安全领域的科技交流合作、生物安全事件的国际援助,参与生物安全国际规则的研究与制定、国际合作生物安全实验室的筹建、发布《抗击新冠肺炎疫情的中国行动》,在包括疫苗研制与使用等国际援助方面提出一系列主张。

在全球化时代,生物安全的重要性进一步凸显。我国在保障生物安全方面面临许多新困难、新问题,需要科技界尤其是生物、医药领域的专家、学者共同努力、共谋发展。这本书很好地总结了生物安全领域在新发突发烈性传染疾病、生物技术缪用、病原微生物实验室生物安全、人类遗传资源与生物资源安全、外来物种入侵、微生物耐药、防范生物恐怖和生物武器威胁等八个方面的研究成果与优势,讨论了相关短板弱项。这些研究和分析有理有据,汇聚了业界许多专家的研究成果,凝结了编者多年的心血,为读者了解、掌握生物安全领域的现状提供了参考。希望该书的出版将进一步推动大家对生物安全的思考,共同为我国乃至全世界的生物安全做出贡献,共同建设和谐美丽的家园和可持续发展的绿色地球。

高 福

中国科学院院士

中国疾病预防控制中心原主任

2023年3月18日

前　言

　　生物安全是国家安全的重要组成部分，对国家经济和社会发展具有战略性、全域性的影响。2020年10月17日，第十三届全国人民代表大会常务委员会第二十二次会议通过了《中华人民共和国生物安全法》，自2021年4月15日起施行。这是继2004年国务院颁布《病原微生物实验室生物安全管理条例》以来相关领域最高级别的法律文件。2021年9月29日，中共中央总书记习近平在主持加强我国生物安全建设进行第三十三次集体学习时强调，生物安全关乎人民生命健康，关乎国家长治久安，关乎中华民族永续发展，是国家总体安全的重要组成部分，也是影响乃至重塑世界格局的重要力量。我们深刻认识到新形势下加强生物安全建设的重要性和紧迫性，认真贯彻总体国家安全观，贯彻落实生物安全法，统筹发展和安全，按照以人为本、风险预防、分类管理、协同配合的原则，加强国家生物安全风险防控和治理体系建设，提高国家生物安全治理能力，切实筑牢国家生物安全屏障。

　　当下，全球生物安全形势严峻，世界面临多种生物威胁。在新发突发传染病防控方面，近几十年来，先后出现由SARS冠状病毒、埃博拉病毒、高致病性禽流感H7N9、MERS、新冠病毒等引起的疫情，严重威胁人类健康、经济发展和社会稳定。随着生态与环境不断恶化、人口持续增长和流动，以及由此造成的环境压力、气候变化、密集城市化，新发和突发传染病的全球性传播威胁日益加大，疫情传播模式变得越来越复杂。在生物技术方面，生物技术的发展极大地推动了人类社会的进步。现代生物技术与医学相互渗透融合，革新了一系列前沿技术，如合成生物学、神经科学、基因编辑技术、植入医学等。但是，生物技术存在典型的两用性特征，在其为人类生活谋福祉的同时，也可能对人类健康造成严重负面影响及后果。在实验室生物安全方面，生物安全实验室是开展监测、检测、研究、教学等工作的基础平台。建设生物安全实验室的目的是保护操作样品、操作人员和环境的安全。做好实验室的生物安全工作，不仅是实验室运行的基础，更为生物安全领域各项工作开展提供保障。在外来物种入侵方面，我国已成为当前世界上遭受生物入侵危害和威胁最为严重的国家之一。不仅入侵生物的种类多，初步统计表明入侵我国的外来生物已达664种，而且在我国的分布范围广，全国34个省（自治区、直辖市）均有入侵生物发生和危害，涉及农田、森林、水域、湿地、草地、岛屿、城市居民区等几乎所有的生态系统。在微生物耐药方面，现今各种微生物耐药问题纷至沓来，已经成为严重威胁全球的公共卫生问题之一，需要全球各国以及相关领域共同采取行动。在生物武器与生物恐怖方面，生物武器可作为政府生物战政策的一部分或由恐怖团体或罪犯开发或使用。生物武器可以引发大规模流行病，具有无与伦比的杀伤力，越来越多的国家制订政策和指导方针，以防发生这种攻击。

　　随着生物学研究和应用的快速发展，人们越来越认识到生物安全治理必须基于对生物安全涉及各个方面的全面认知。为此我们组织了国内在生物安全各个领域工作多年的专家编纂了本书。本书主要按照《中华人民共和国生物安全法》涉及的各个领域分章节，结合国内外的发展和关注点，对各部分内容进行了详细阐述。希望本书的出版为大家提供一个全面了解生物安全的平台，为业内人士系统梳理生物安全提供帮助。

本书的出版得到了国家相关主管部门、各专家所在单位，以及国内生物安全领域权威专家的大力支持和帮助。本书得以成稿是各位专家在工作时间之外的辛苦付出，在此表示衷心感谢。本书的不足和错误之处在所难免，还望广大读者和使用者批评指正，以便我们不断修正和完善。

武桂珍

中国疾病预防控制中心

病毒病预防控制所

2022 年 12 月

目 录

第一篇 生物安全学概论

第二篇 传染病与动植物疫情

第三篇　两用生物技术与生物安全

第四篇　实验室生物安全

第五篇 人类遗传资源与生物资源

第六篇 生物入侵防控

第七篇　微生物耐药

第八篇 生物恐怖与生物武器

第一篇

生物安全学概论

第一章
生物安全学的基本概念和内容

生物安全是国家安全的重要组成部分,与国家安全的其他领域相互渗透、相互作用、相互影响、相互传导,对国家经济社会发展的影响具有战略性、全域性特点,没有生物安全就没有国家安全。

2021年9月29日,中共中央总书记习近平在主持加强我国生物安全建设第三十三次集体学习时强调,生物安全关乎人民生命健康,关乎国家长治久安,关乎中华民族永续发展,是国家总体安全的重要组成部分,也是影响乃至重塑世界格局的重要力量。要深刻认识新形势下加强生物安全建设的重要性和紧迫性,贯彻总体国家安全观,贯彻落实生物安全法,统筹发展和安全,按照以人为本、风险预防、分类管理、协同配合的原则,加强国家生物安全风险防控和治理体系建设,提高国家生物安全治理能力,切实筑牢国家生物安全屏障。

党的十八大以来,党中央把加强生物安全建设摆上更加突出的位置,纳入国家安全战略,颁布施行《中华人民共和国生物安全法》(以下简称《生物安全法》),出台国家生物安全政策和国家生物安全战略,健全国家生物安全工作组织领导体制机制,积极应对生物安全重大风险,加强生物资源保护利用,举全党全国全社会之力打好新冠疫情防控人民战争,我国生物安全防范意识和防护能力不断增强,维护生物安全基础不断巩固,生物安全建设取得历史性成就。

新冠疫情大大促进了人们对生物安全在国家安全中地位的认识。新冠疫情是新中国成立以来发生的传播速度最快、感染范围最广、防控难度最大的一次重大突发公共卫生事件。面对这一突发事件,习近平总书记高度重视,强调"重大传染病和生物安全风险是事关国家安全和发展、事关社会大局稳定的重大风险挑战""要把生物安全作为国家总体安全的重要组成部分",这是总体国家安全观理论和实践的创新。总体国家安全观的形成,来源于国内外形势变化和国家安全事业发展需要,国家安全发展实践又丰富和完善了总体国家安全观。2022年2月14日,在新冠疫情发生的特殊背景下召开的中央全面深化改革委员会会议上,习近平总书记指出,要把生物安全纳入国家安全体系,系统规划国家生物安全风险防控和治理体系建设,全面提高国家生物安全治理能力。

当下,全球生物安全形势严峻,世界面临多种生物威胁,新发突发传染病、生物技术谬用、病原微生物实验室生物安全、外来物种入侵、生物恐怖与生物武器威胁已成为人类共同的挑战。

《生物安全法》已由中华人民共和国第十三届全国人民代表大会常务委员会第二十二次会议于2020年10月17日通过,自2021年4月15日起施行。

第一节　生物安全的概念

生物安全是指国家可有效防范和应对危险生物因子及相关因素威胁,生物技术能够稳定健康发展,人民生命健康和生态系统相对处于没有危险和不受威胁的状态,生物领域具备维护国家安全和持续发展的能力。生物安全攸关民众健康、社会安定和国家战略安全。国际生物安全形势发展正处于大动荡、大变革的重要转折期。短期内,生物安全风险总体可控,但面临生物恐怖与生物武器威胁、新发突发传染病、两用生物技术风险等棘手问题;长期来看,战略安全风险加大,亟须加强战略引导和技术攻关。

国际生物安全形势基本走势在2000~2014年总体保持温和可控状态,但2015年以来形势转向相对严峻。生物威胁已经从偶发风险向现实持久威胁转变,威胁来源从单一向多样化转变,威胁边界从局限于少数区域向多个区域甚至全球化转变,突发生物事件影响范围已经从民众健康拓展为国家安全和战略利益。传统生物安全问题与非传统生物安全问题交织,外来生物威胁与内部监管漏洞风险并存。

生物安全属于非传统安全，包括新发突发传染病、新型生物技术误用和谬用、实验室生物安全、国家重要遗传资源和基因数据流失、生物武器与生物恐怖主义威胁等。当前，在联合国、世界卫生组织等的框架下，围绕生物安全相关国际规则的讨论更加热烈，全球生物安全治理进入新的变革期。

生物安全学具有多学科、多领域交叉特点，需优化科技创新模式，开展前瞻性研究；同时，推进公共卫生与防疫队伍建设，在生物安全防御等领域设置生物安全风险防控治理相关学科和专业。

当前，全球生物安全风险增加、传统生物安全问题和新型生物威胁交织、风险复杂多样。全球范围内人、动物新发突发传染病呈现存量多、增速快、传播广、危害重等趋势，一直是人类和动物健康的重大威胁，也是国家生物安全的首要威胁。因此，需及时跟踪研判，强化部门间统筹协调，形成属地处置、垂直管理、上下联动、部门协同的生物安全管理体系，筑牢国家生物安全防线。

随着生物学研究和应用的快速发展，生物相关治理的新尝试不断出现，但这些新尝试常常未经评估、分析、比较。环境变化以及自然灾害的频发都在考验着现有的治理方式，这促使一些学者反思现有的生物安全模式、政策、程序。人们需要对有关生物、安全、社会之间关系的新假设进行实验，越早认识到生物安全治理必须基于实验，就越能了解哪些做法可行、哪些不可行。人们应积极评估和弥补现有生物安全治理体系的不足，采取更具实验性的途径，定期测试和重新评估对科学、安全与社会的基本设想。

习近平总书记统揽大局，以战略的高度和前瞻的视野审视国家生物安全，将我国生物安全放在国际生物安全严峻形势和发展趋势的大背景下来考察，极大地丰富和发展了生物安全的内涵和外延，形成了适应我国经济社会发展和国际生物安全主流趋势、具有鲜明中国特色的"生物安全观"。针对生物安全，习近平总书记强调，要从保护人民健康、保障国家安全、维护国家长治久安的高度，把生物安全纳入国家安全体系，系统规划国家生物安全风险防控和治理体系建设，全面提高国家生物安全治理能力。

《生物安全法》于2021年4月15日起正式施行。要使《生物安全法》全面落地并发挥实效、筑牢国家生物安全防线，必须统筹好国内和国际两个大局。新冠疫情后，全球生物安全治理体系面临挑战，我国应对和防范生物安全风险能力得到了进一步提升，已经是全球生物安全领域的先行者，需依法依规，积极纳入全球生物安全治理体系的重构。当前国际生物安全形势更趋复杂严峻，需加强生物安全领域的国际合作，支持参与生物安全事件国际救援，共同提升全球生物安全治理水平。《生物安全法》的实施标志着我国生物安全工作进入新阶段、迈上新台阶。我们既要做好自己的事情，又要积极开展国际合作，推动实现生物领域的共同安全、普遍安全。这是生物安全立法的初心，即"维护国家安全，防范和应对生物安全风险，保障人民生命健康，保护生物资源和生态环境，促进生物技术健康发展，推动构建人类命运共同体，实现人与自然和谐共生"。

第二节　新发突发传染病的威胁

过去两三百年，人类取得的最大医学成就之一是儿童死亡率下降。这一成就的取得有许多原因，但最直接的原因是通过接种疫苗、治疗和改善卫生条件，在传染病控制方面取得了令人难以置信的进步，即使在21世纪仍取得了实质性进展，我们应该为这一成就感到骄傲，但不能自满。引起传染病的病原体在寻求生存的过程中不断进化。人兽共患病病原体在感染人体宿主时，有可能进化为有效的、人与人之间传播的病原体，人类免疫缺陷病毒（HIV）和许多流感病毒株也是如此（Reid and Taubenberger，2003）。已有的病原体可以通过进化来逃避药物和其他控制措施（Marston et al.，2016）。随着人类社会和环境的变化，病原体可以找到新的适合其生长的生态，在其中滋生并导致疾病。这种持续的进化意味着传染病不太可能像半个世纪前许多人所认为的那样作为对人类健康的威胁而消失（Pier，2008）。一种真正新的病原体的出现或抗生素的彻底失效可能会使过去200年取得的成果付之东流，尽管发生这种事件的可能性很小。

近几十年来，严重急性呼吸综合征（SARS）冠状病毒、埃博拉病毒、高致病性禽流感病毒H7N9型、中东呼吸系统综合征（MERS）冠状病毒、新型冠状病毒等新发突发传染病病原体持续出现，严重威胁人类健康、经济发展和社会稳定。随着生态与环境不断恶化、人口持续增长和流动，以及由此造成的环境压力、气候变化、城市密集化、国际旅行和移民呈指数增长，诸如此类的因素给传染病推波助澜，新发突发传染病的全球性传播威胁日益加大，疫情传播模式变得越来越复杂，导致国内外不断出现新发突发传染病疫情暴发流行。

新发突发传染病出现之时，通常是人兽共患病病原体"跨越"动物-人类屏障，并开始在人类中有效传播之时。例如，艾滋病的流行是病毒自 20 世纪初从猿类跳跃到人类身上并进行传播，截至 2018 年的数据，已造成约 3500 万人死亡，人们在治疗和控制艾滋病方面取得了重大进展，但该病仍在继续蔓延（Jones et al., 2019）。更可怕的是 1918 年的甲型 H1N1 流感大流行，它被认为是直接从鸟类传染给人类，并被认为感染了大约 5 亿人（约占当时世界人口的 1/3），在几年内造成 5000 多万人死亡（Murray et al., 2006）。

一、当前我国新发突发传染病的主要态势

首先，新病原体不断出现且变异频繁，其导致的突发疫情和频繁的跨物种传播，一直是严重威胁社会稳定和国家安全的重要因素。新发突发传染病的发生呈现明显上升态势，近些年全球几乎每隔 1～2 年就有 1 种重大新发突发传染病出现，且大多数来源于野生动物和（或）虫媒传播。其次，新发突发传染病呈现全球性。由于发达的全球贸易和交通运输，人口及物品快速流动，使得人与人之间、人与动物之间的接触概率和频率明显增加，导致新发突发传染病传播速度快、波及范围广，易造成全球流行。最后，我国输入性新发传染病防控形势日趋复杂。全球经济一体化的发展，使传染病跨种属、跨地区传播，导致境外新发突发传染病输入我国的风险也在不断增加，输入性新发突发传染病防控形势日趋复杂，我国已相继发生黄热病、裂谷热、基孔肯亚出血热、甲型流感、中东呼吸系统综合征和寨卡病毒病输入或输入后传播。当前，随着"一带一路"倡议，我国与沿线国家交往将更加密切，人员流动更加频繁，将面临前所未有的输入性新发突发传染病防控及生物安全压力。

总之，我国当前新发突发传染病病原体来源广泛，包括野生动物源性新病原体、输入性新发突发传染病病原体等。人类新发传染病 78%与野生动物有关，捕杀和食用野生动物也可能导致很多新发突发传染病的传播和暴发。随着合成生物学技术的进步，已经被消灭的微生物复生或新的微生物人工合成成为现实；随着人口持续增长和流动，国际旅行和移民人数呈指数增长，国际贸易量增加、自贸区建设加快，新发突发传染病和动植物疫情的全球性传播威胁日益加大，均严重威胁人类健康、农业生产、经济发展和社会稳定。我们应当开展前瞻性研究和布局，创新并集成国际最尖端生物技术、信息技术和人工智能技术，研发传染病防控智能化监测系统，实现对新发突发传染病的监测、评估和精准防控，维护国家生物安全。

二、新发突发传染病的主要威胁

首先，新发突发传染病本身具有直接危害。由于新发突发传染病具有传染性强、传播速度快、传播范围广等特点，且针对相应病原体没有有效的疫苗和药物，易导致大规模暴发流行，构成突发公共卫生事件，并可造成严重的社会、经济和政治影响。

其次，新发突发传染病与生物恐怖密切关联。随着科技能力不断提升和现代分子生物学的发展，基因编辑、合成生物学等技术可能被谬用，人为制造的"新型病原体"与自然发生的传染病难以区分，导致病死率高、传染性强、难以治疗且没有疫苗，严重威胁社会安全。目前多种高致病性病毒已经在体外拯救出重组病毒，如埃博拉病毒、马尔堡病毒、尼帕病毒和高致病性流感病毒等。这些技术的发展一方面为病毒学基础研究提供了良好的工具；另一方面，如果使用不当，则会给人类健康、环境带来灾害，并可带来生物恐怖的风险。2001 年美国发生"炭疽信件"事件，在全美国范围内引起恐慌，同时给全世界的生物安全敲响了警钟。因此，生物恐怖的风险不可忽视，生物恐怖的应对已成为新时期国家安全的重要组成部分，直接关系到经济发展、社会稳定、人类健康和国家安全。

埃博拉病毒病、严重急性呼吸综合征、中东呼吸系统综合征和尼帕病毒感染等新发突发传染病的暴发，往往是全球头条新闻。这些疫情可能对相关人群造成毁灭性影响，每一次疫情的发生都代表着病原体发生一次重要进化，向引起在人类发生有效传播的一次尝试。但是，自从我们拥有检测在人类传播的病原体的工具以来，只有少数病毒，包括寨卡病毒、艾滋病病毒和各种大流行性流感病毒株，能够从人兽共患病跨

越到在全球广泛、持续的人与人之间的传播。此外，虽然寨卡病毒感染可在妇女怀孕期间造成毁灭性的出生缺陷，有时也可在成人中引起吉兰-巴雷综合征，但绝大多数寨卡病毒感染是轻微或无症状的（Ferraris et al.，2019）。2009 年开始，甲型 H1N1 流感在全球范围内大规模流行。类似地，最近的流感大流行毒株没有 1918 年的毒株毒力强，可能比季节性流感毒株致死人数少（Simonsen et al.，2013）。然而，尽管如此，如果它们在人类中发生广泛传播，即使是轻微毒性的病原体，也会因为感染的绝对数量大而在较长时间范围内使数百万人丧生。

三、新发突发传染病在非传统领域安全威胁的认识与对策

新冠疫情初期，由于对新型冠状病毒的认识有一个过程，加上其传染性强、潜伏期长、初期症状不明显等特点，生物安全这一非传统领域安全威胁迅速向经济、社会等领域传导，导致社会秩序失调、民众恐慌情绪升温、西方舆论甩锅，不仅给社会经济发展和人民生命健康造成了严重威胁，更关乎社会安定与国家安全。

新型微生物危害也逐渐显现。随着生态与环境不断恶化、全球气候变暖，使高原冻土软化和两极冰盖融化，这些极端环境中的微生物极有可能被释放出来，进一步危害人类的健康与安全。

疫苗接种是传染病控制的有效措施之一，另外还可以通过检疫、隔离和其他社会隔离措施来减少传播机会。要取得成效，所有这些措施都依赖于对流行病的有效监测和病例的发现。新出现的病原体，是之前从来没有被发现的，人们并不了解它，在应对和控制疫情的早期没有疫苗或药物可用，因此，我们必须依靠旨在限制病原体传播的措施。然而，随着科学技术的进步，目前我们正在努力改变这一不利局面，以便在病原体从动物向人类跨越时，我们能随时准备好疫苗和药物。但即使有可用的疫苗，还有一个关键的挑战是，如何在高危人群暴露于病原体之前给他们接种疫苗。在新出现的传染病中，这可能特别困难，因为疫苗供应量可能有限，暴发过程可能不确定。从乙型肝炎到天花等疾病，人们发现暴露后接种疫苗可以在预防疾病和死亡方面产生显著效果。针对可能出现的病原体的新型疫苗产品中，是否也存在这种暴露后保护是人们关心的一个重要问题，并可能影响如何最有效地使用这些疫苗。暴露后预防最有可能对较长潜伏期的感染有效，如果在暴露后不久注射疫苗，疫苗甚至可能预防较短潜伏期的疾病。

2019 年，全球防范工作监测委员会（GPMB）发布了首份报告《一个危机四伏的世界：全球突发卫生事件防范工作年度报告》（*A world at risk: Annual report on global preparedness for health emergencies*）。报告指出：过去几十年里，疾病暴发呈上升趋势，全球突发卫生事件的风险日渐增大。如果说"过去的只是序幕"，那么有一个威胁切实存在，就是快速传播的高度致命性呼吸道病原体的大流行病，它将夺去 5000 万～8000 万人的生命，令世界经济的近 5%化为乌有。如此规模的全球大流行病将是灾难性的，世界将不稳定和不安全。由于缺乏基本的卫生服务、洁净水和卫生设施，资源较少的社区受疫情的冲击更大，这将加剧传染性病原体的传播。人口增长和由此造成的环境压力、气候变化、城市密集化、国际旅行和移民人数呈指数增长，诸如此类的因素给疾病推波助澜，增加了每个人的风险，无论其身处何方。所有国家都必须建立强大的体系，政府首脑必须指定一个具有权威和政治责任的国家高级协调机构，负责引导整个政府和全社会的做法，并定期进行多部门模拟演习，以形成并保持有效的防范态势。协调机构必须优先考虑社区对所有防范工作的参与，建立信任并吸引多利益相关方。由致命性呼吸道病原体（无论是自然出现的还是意外或故意释放的）导致的快速传播的大流行病需要额外的防范准备。

2020 年 7 月，联合国环境规划署与国际牲畜研究所联合发布《预防下一次大流行病——人兽共患疾病以及如何打破传播链》（*Preventing the next pandemic-Zoonotic diseases and how to break the chain of transmission*），确定了可能导致人兽共患病出现的七大因素：①人类对动物蛋白的需求增加；②不可持续的农业集约化；③增加对野生动植物的利用和开发；④由于城市化，土地用途变化和采掘业加速导致对自然资源的不可持续利用；⑤增加出行和运输；⑥粮食供应变化；⑦气候变化。报告建议，采用"同一健康"方法被认为是预防和应对人兽共患病暴发的最佳方法，以加强生物安全和相关防控体系建设。

《自然-微生物学》上发表的炭疽全球风险地图，是由佛罗里达大学地理系新兴病原体研究所副教授杰森·布莱克本（Jason Blackburn）及其同事汇编的，涵盖 70 个国家的 15 年数据，绘制了炭疽杆菌（引起炭疽病的细菌）的已知发生地点和合适的栖息地，以作为疾病风险的代表；按物种类型绘制了牲畜图，发现易受炭疽病危害的地区有 11 亿头牲畜；18.3 亿人居住在有炭疽风险的地区。新发布的地图首次揭示了炭疽病对人类、牲畜和野生生物构成的全球风险。

第三节　致病微生物耐药性

抗生素是最重要的一类药物，是 20 世纪最具影响力的医学发明之一。不可否认，抗生素是人类社会对抗细菌的福音，挽救了数百万人的生命。然而，由多药耐药（multidrug resistance，MDR）细菌引起的感染数量在世界范围内不断增加，自 21 世纪初以来，应对 MDR 导致的无法治疗的感染威胁已经迫在眉睫。虽然抗生素促进了若干医疗实践领域的发展，包括依靠抗生素预防的若干外科手术和免疫抑制疗法的有效结果，以及管理感染性并发症的潜力，但抗菌药物耐药性（anti-microbial resistance，AMR）对全世界的医疗保健系统提出了重大挑战（Dodds，2017）。当所有生物进化基因突变以防止致命的选择压力时，AMR 是不可避免的进化结果。只要对细菌使用抗菌药物（即在其环境中存在选择压力），细菌就会倾向于发展和使用耐药策略。

根据世界卫生组织（WHO）2019 年的报告，AMR 造成了 70 万人的死亡；而据估计，到 2050 年，这一数字将上升到 2000 万，耗资超过 2.9 万亿美元（Watkins and Bonomo，2016）。因此，AMR 已成为一个全球重大问题，对人类的生命和经济构成严重威胁。除了抗生素研发和增长的高成本外，AMR 的加速发展导致制药研发行业的投资回报率走低。一些制药公司已经放弃了已有抗生素的研究和新抗生素的开发。尽管前景严峻，但一系列新技术有可能会让情况变好。还有一些科学进展可能有助于新抗生素的开发和发展。

一、抗生素：过去、现在和未来

（一）前抗生素时代

在抗生素使用前，人们对微生物和传染病的认识不足。治疗过程和预防这些传染病的传播是徒劳的，这些传染病经常接近大流行程度，导致数百万人死亡。为了解抗生素使用前传染病给人类带来的灾难，以"鼠疫"的暴发为例。鼠疫是由鼠疫耶尔森菌引起、通过受感染的动物跳蚤传播的，在历史上造成了一系列的传染病大流行（Yang，2018），包括"查士丁尼鼠疫"（Justinian pire），导致近 1 亿人死亡；14 世纪的"黑死病"在欧洲造成了 5000 多万人死亡（Lawler，2016），1895～1930 年的暴发导致了大约 1200 万人感染。然而，鼠疫可以很容易地用抗生素治疗。

1676 年，安东尼·范·列文虎克（Antonie van Leeuwenhoek）首次观察到了"微生物"，为抗生素的发展播下了种子。1871 年，约瑟夫·李斯特（Joseph Lister）发现灰绿青霉对细菌生长有抑制作用，因为在当地，有用发霉的面包涂抹创口的传统。但这位首创外科消毒法的医生却没有沿着这个研究方向继续深入下去（Durand et al.，2019）。19 世纪下半叶，法国细菌学家路易斯·巴斯德（Louis Pasteur）和德国内科医生罗伯特·科赫（Robert Koch）分别独立开展了细菌研究。巴斯德研究炭疽芽孢杆菌，而科赫研究结核分枝杆菌，并确定了个别细菌种类和疾病之间的共同关系。这两位关键微生物学家的观察将微生物学和抗生素的发展推向了现代。

（二）抗生素的早期时代

1893 年，意大利微生物学家 Bartolomeo Gosio 从灰绿假单胞菌（*P. glaucum*）中分离出第一种抗生素麦考酚酸（Myco 酚酸），它抑制炭疽杆菌的生长（Mohr，2016）。1930 年，德国细菌学家 Gerhard Domagk 发现的广谱抗菌磺胺（磺胺嘧啶）药物普鲁卡因青霉素，主要用于治疗第一次世界大战期间受伤的士兵，这一发现在抗生素研究史上树立了另一个里程碑。普鲁卡因青霉素通过抑制叶酸途径中的二氢蝶酸合成酶（DHPS），最终阻断细菌核酸合成，对不同种类的细菌产生抑菌作用，但磺胺类药物最终被青霉素取代，因为 DHPS 酶发生突变，细菌对普鲁卡因青霉素产生耐药性（Hutchings et al.，2019）。1928 年，英国细菌学家亚历山大·弗莱明（Alexander Fleming）不经意间发现一种真菌（青霉）抑制了金黄色葡萄球菌菌落的生长。他推测真菌一定分泌了一种抑制细菌的化合物；1929 年，他分离出了这种活性分子，并将其命名为"青霉素"，这是第一种真正的抗生素。Howard-Walter Florey 和 Ernst Boris Chain 在 1939 年阐明了青霉素 G（第一种用于细菌感染的青霉素）的结构，并能够有效地对其纯化和扩大生产规模（Tan and Tatsumura，2015）。1945 年，青霉素的出现是抗生素治疗疾病的一个重大突破。同年，Dorothy Crowfoot Hodgkin 通过 X 射线晶体学分析阐明了青霉素的结构，使其成为天然抗生素 β-内酰胺家族的第一个成员。

青霉素类、头孢菌素类、单巴坦类和碳青霉烯类属于同一类 β-内酰胺类抗生素，因为它们都含有 β-内酰胺环并具有共同的杀菌作用机制。β-内酰胺类抗生素抑制革兰氏阳性菌细胞壁的生物合成。然而，某些革兰氏阴性菌，如大肠杆菌和克雷伯菌（*Klebsiella* spp.）可以产生 β-内酰胺酶，破坏药物的 β-内酰胺环，使细菌对其产生耐药性（Bush and Bradford，2016）。青霉素的半合成衍生物包括甲氧西林、苯唑西林、氨苄西林和羧苄青霉素，对几种革兰氏阳性菌（金黄色葡萄球菌、粪肠球菌）和革兰氏阴性菌（流感嗜血杆菌、大肠杆菌和奇异变形杆菌）具有广谱抗菌活性。氨苄西林仍在医学上使用；葡萄球菌在 1961 年对甲氧西林产生了耐药性，后者不再用于临床实践。耐甲氧西林金黄色葡萄球菌（methicillin-resistant *Staphylococcus aureus*，MRSA）后来被称为历史上第一个"超级细菌"。

（三）抗生素的黄金时代

1939 年，法国微生物学家 René Dubos 从土壤细菌短芽孢杆菌（*Bacillus brevis*）中分离出有效抑制革兰氏阳性菌的酪菊酯（一种短杆菌肽 D 和酪氨酸的混合物），揭开了抗生素发现的新篇章。20 世纪 40 年代，Selman Waksman 对土壤细菌，特别是链霉菌的抗菌行为进行了系统的研究。他创建了 Waksman 框架来展示具有拮抗关系的细菌物种，并利用他的平台发现了许多主要的抗生素和抗真菌药物，包括放线菌素（来源于链霉菌属）、新霉素（来源于弗氏链霉菌）、链霉素（来源于灰色链霉菌）、克拉维菌素（来源于棒曲霉）和烟曲霉素（来源于烟曲霉）。Waksman 的工作开启了 20 世纪 40 年代至 70 年代抗生素发现的辉煌时代（Durand et al.，2019）。大多数抗生素，包括放线菌素、链霉素和新霉素，今天仍在临床使用。在这一黄金时期，从数百种细菌和真菌中发现了 20 多种抗生素。根据 Waksman 平台的培养策略，几家制药公司开始使用合理的筛选来开发新分子，这些筛选依赖于抗生素既定作用机制的信息（Hutchings et al.，2019）。不幸的是，只有少数新的抗生素被发现，即 1953 年的硝基呋喃、1952 年的大环内酯类、1948 年的四环素类、1960 年的喹诺酮类和噁唑烷酮，并且在过去 30 多年中没有发现新的类别。几类抗生素在短时间内迅速发展并取得了相对基本的进展，导致了它们的过度使用。再加上 20 世纪 70 年代抗生素研究的停滞，导致目前临床试验中几乎没有新的抗生素出现。自 20 世纪 80 年代以来，从植物、无脊椎动物和哺乳动物等不同来源发现了约 1200 种抗菌肽（AMP），但没有一种可以用作抗生素（Durand et al.，2019）。综上所述，大部分抗生素是在抗生素研究的黄金时代开发的，在此之后，主要销售已有药物的衍生物。

（四）抗生素的现状

目前，抗生素的研发机构数量不多，在 20 世纪 80 年代参与抗生素研发的 20 家制药公司中，只有 5 家至今仍在活跃，大多数大型制药公司已经放弃了抗生素研发领域；从那时起，这一任务就被规模较小的初创公司和生物技术公司所承担。根据 2018 年的一个数据库，在美国市场的 45 个新抗生素候选临床试验中，只有 2 个属于大型制药公司，其中大多数由研究实验室和中小型公司承担（Hutchings et al.，2019）。对抗生素的耐药性是导致这一问题的主要原因。在使用抗生素的早期，也存在耐药菌，但不断有实验性抗生素提供替代疗法，一旦产生对特定抗生素的耐药性，这是一种简单的转换治疗。然而，天然抗生素在 20 世纪 80 年代后的发现速度明显放慢。上一次发现一类新的抗生素并将其推向市场是在 1987 年，最后一组广谱药物（即氟喹诺酮类药物）也是在 20 世纪 80 年代发现的。从那时起，该领域缺乏创造力，目前只有少数新的抗生素组能够对抗当前的 AMR 水平。

目前，研发中的新抗生素不足。正在研发的 60 种产品，包括 50 种抗生素和 10 种生物制剂，与现有的治疗方法相比收效甚微，而针对最关键的耐药菌，即革兰氏阴性菌（Gram-negative bacteria）的研发新药则很少。尽管一些处于早期测试阶段的临床前候选药物更具创新性，但距离能够提供给患者还需要数年的时间。针对 NDM-1 超级病菌（New Delhi metallo-beta-lactamase 1）的研发不足尤其令人担忧，目前只有 3 种针对这一超级病菌的抗生素正在临床研发中。NDM-1 超级病菌对多种抗生素都具有耐药性，包括目前对抗耐药性细菌感染的最后一道防线——碳青霉烯类抗生素（carbapenem）。

此外，由于细菌耐药性，制药公司面临着财务和监管方面的挑战，对于如何针对这些耐药菌研发生产新抗生素缺乏有把握的方向，这导致制药公司逐步减少和（或）放弃新抗生素的研发，根据一些专家的说法，我们正走向"后抗生素时代"。同时，抗生素创新又在稳步增长。近年来，大学越来越多地与制药公司合作开发新的抗生素和诊断方法，使得抗生素的相关研究得以规模化资助。抗生素的替代品，如噬菌体（破坏细菌的病毒）和抗菌肽仍在研究中。尽管这些方法很重要，但它们的应用仍有一定的缺陷，尚待转化为临床用药。不管怎样，它们可能会是一种有益的补充。

（五）抗生素的未来

科学家们正在探索各种新的方法，这些方法基于对抵抗、疾病和预防动态的重新概念化（Matzov et al.，2017）。全基因组测序（whole genome sequencing，WGS）是其中的一种方法，它允许快速检测耐药途径和调节细菌耐药性，因此已成为药物发现的关键方法（Quainoo et al.，2017）。另一个有希望的技术是新发现的群体猝灭（quorum quenching，QQ）方法，它通过与微生物细胞间的相互作用来防止细菌感染（Hemmati et al.，2020）。噬菌体（也称为病毒性噬菌体疗法）最近广受欢迎，因为它们比抗生素更有效，对宿主生物（包括肠道菌群）无害，因此降低了机会性感染的风险。由于基因测序的快速发展，人源化单克隆抗体是生物技术衍生分子在临床试验中发展最快的群体。注射以细菌为靶点的单克隆抗体或白细胞有希望治疗病原体，尽管成本很高（Motley et al.，2019）。此外，一组科学家利用 X 射线晶体学获得了金黄色葡萄球菌核糖体片段的 3D 结构，揭示了这种细菌菌株特有的结构模式，可用于设计环境友好的新型可降解病原体特异性药物（Matzov et al.，2017）。

二、全球抗生素耐药性报告

抗生素被称为对抗细菌的"神奇药物"，它们的发展和最终的治疗应用是医学史上的奇迹。几十年来，抗生素不仅被用于医疗用途，而且被用作多个领域的预防措施，包括畜牧业。AMR 指的是细菌和其他微生物抵抗抗生素冲击的能力，这些微生物对于治疗它们的抗生素产生抵抗力，在暴露于一种或多种抗生素之下时，仍得以生存（Zaman et al.，2017）。AMR 是一种不可避免的现象，因为微生物会产生基因突变以减轻其致命影响（Subramaniam and Girish，2020）。在第一种商业抗生素问世之后，青霉素于 1941 年进入市场，而耐青霉素的金黄色葡萄球菌仅在一年后的 1942 年出现。同样，甲氧西林是一种青霉素相关的半合成抗生素，于 1960 年引入市场，用于对抗耐青霉素的金黄色葡萄球菌，同年即出现对甲氧西林的耐药性。近年来，AMR 一直是人们关注的一个主要问题，因为抗生素不需要时间就能产生耐药性，而且 70%以上的病原菌至少对一种抗生素产生耐药性，它现在已经成为公共卫生、食品保护和可持续医疗保健领域面临的最严重挑战之一。

根据美国疾病控制与预防中心（CDC）2019 年《抗生素耐药性威胁报告》，美国每年产生 280 多万例抗生素耐药性感染，导致 35 000 多人死亡。在印度，每 9min 就有一名儿童死于耐抗生素的细菌感染；由于微生物对常见抗生素产生耐药性，有超过 50 000 名新生儿可能死于败血症（Subramaniam and Girish，2020）。根据 2015～2019 年欧洲抗菌药物耐药性监测网络（EARS Net）的报告，整个欧盟的抗菌药物耐药性频率根据细菌种类、抗生素类别和地理位置发生了变化。最常见的耐药菌为大肠杆菌（44.2%），其次为金黄色葡萄球菌（20.6%）、肺炎克雷伯菌（11.3%）、粪肠球菌（6.8%）、铜绿假单胞菌（5.6%）、肺炎链球菌（5.3%）、屎肠球菌（4.5%）和不动杆菌属（1.7%）。MRSA 占全球所有金黄色葡萄球菌感染的 13%～74%。据估计，在美国，金黄色葡萄球菌感染了 119 247 人，导致 19 832 人死亡。世界卫生组织最新的全球抗菌药物监测系统（GLASS）显示，22 个国家、50 万例报告有细菌感染的人中普遍存在 AMR。大肠杆菌、金黄色葡萄球菌、肺炎链球菌和肺炎克雷伯菌是鉴定最广泛的耐药菌。对环丙沙星（一种广泛用于治疗尿路感染的抗生素）的耐药率，大肠杆菌为 8.4%～92.9%，肺炎克雷伯菌为 4.1%～79.4%，各国对青霉素的耐药率高达 51%。2019 年，GLASS 收到了来自 25 个国家和地区的 MRSA 血流感染数据，以及来自 49 个国家的大肠杆菌血流感染数据。耐甲氧西林金黄色葡萄球菌的中位发病率为 12.11%（IQR 6.4～26.4），大肠杆菌对第三代头孢菌素的中位耐药率为 36%（IQR 15.2～63）（de Kraker et al., 2011）。

根据最新的抗结核（tuberculosis，TB）耐药性监测结果，全球 3.5%的当前结核病患者和 18%的先前治疗结核病患者预计会出现耐多药（MDR）或耐利福平（RR）结核病（Migliori et al., 2020）。2017 年，全世界报告了大约 558 000 例新的耐多药/多耐药结核病病例，当年夺走了 230 000 人的生命（Ballestero et al., 2020）。总之，抗菌药物耐药性已成为人类的一大危险，每年在全世界造成约 700 000 人死亡。据预测，如果这个问题得不到充分解决，到 2050 年将有数百万人死亡（Woolhouse et al., 2016）。

三、抗生素耐药原因分析

微生物（如细菌）对外界环境适应能力特别强，这都是为了保存自己，是生物进化的结果。它们的主要目标是尽可能快地复制、生存和传播。因此，微生物适应环境并以保证其持续生存的方式进化。如果某种物质停止了它们的生长，如抗生素，细菌的基因就会发生改变，从而对药物产生免疫力，使它们得以生存。这是细菌产生耐药性的自然过程。然而，目前发生抗生素耐药性的多方面诱因仍然广泛存在，包括抗生素的过度使用和滥用、不准确的诊断和不正确的抗生素处方、患者的敏感性丧失和自我药物治疗、不良的医疗环境、不良的个人卫生以及广泛的农业使用（Chokshi et al., 2019）。

1. 微生物基因突变

在细菌复制过程中，少数碱基对可能发生点突变，导致关键靶点（酶、细胞壁或细胞结构）中的一个或几个氨基酸以及调控基因或染色体结构发生改变，从而产生新的耐药菌株。新开发的防御系统可能会使抗生素失效（von Wintersdorff et al., 2016）。

2. 遗传物质转移

来自其他物种或属的抗性可能由以前易感的菌株累积。大多数耐药基因携带在质粒和其他类型的移动基因元件上，这些基因可能会传播到不同属、种的细菌中。耐药菌可能会将其基因拷贝传给其他不耐药菌，非耐药菌积累新的 DNA 并产生耐药性（von Wintersdorff et al., 2016）。

3. 选择压力

选择压力可定义为允许具有新突变或新发展特征的生物体生存和增殖的环境条件（Holmes et al., 2016）。当用抗菌剂处理时，微生物可能被破坏，但如果它们含有耐药基因，就会存活下来。这些幸存者继续繁殖，新产生的抗药性微生物将迅速超过微生物种群，成为主要形式（Zhao et al., 2019）。

4. 临床误诊或诊断不准确

在诊断感染时，医疗保健专业人员有时依赖不可靠或不准确的知识，在特定的窄谱抗生素可能更合适的情况下，开出"以防万一"的抗生素或广谱抗生素。这些情况加剧了选择压力并加速了抗菌耐药性。当医生不清楚是细菌还是病毒加剧了感染时，他们可能会开抗生素。然而，抗生素对病毒感染不起作用，但可能产生耐药性（Denning et al., 2017）。

5. 患者自我用药不当

在东南亚地区，抗生素被广泛使用，不需要医生处方。自我服用抗生素（SMA）与不正确用药的可能性有关，这会使患者发生面临药物不良反应、掩盖潜在疾病迹象以及微生物产生耐药性的风险（Nepal and Bhatta，2018）。

6. 抗生素使用不足和过度

如果一个人没有完成一个疗程的抗生素，一些细菌可能会茁壮成长并发展为耐药性的细菌。1945年，抗生素的发现者亚历山大·弗莱明（Alexander Fleming）再次公开警告不要过度使用抗生素，因为他意识到不适当使用这些药物的危险性。由于错误的原因而频繁服用抗生素可能会在细菌内部产生改变，从而使抗生素对细菌不起作用（Sulis et al.，2020）。

7. 医院环境差

每天都有成千上万的患者、工作人员和来访者来到医院，每个人都有自己的微生物群，并在衣服上和体内定植细菌。如果医院没有适当的程序和规程来帮助保持空间清洁，细菌就会扩散，从而有助于 AMR 的出现和传播（Almagor et al.，2018）。

8. 几种新型抗生素的可用性

由于技术瓶颈、缺乏知识和技术，制药工业发明新抗生素的速度大大减慢，而新抗生素在治疗耐药性细菌方面是有效的。当新抗生素广泛应用时，在相对较短的时间内，耐药性的产生也几乎是不可避免的。由于这种担心，医生经常仅在病情最严重的情况下才使用最新的抗生素，非严重情况下继续使用已显示出类似效果的旧药物（通常是仿制药），但这增加了旧药物因细菌产生耐药性而无效的可能性。

四、抵制 AMR 的全球和国家行动

抗生素、安全饮用水、卫生和疫苗接种为发达国家的福祉和生存带来了巨大变化。关键的挑战是在不广泛产生抗菌耐药性的情况下扩大发展中国家的抗生素可及性，这可能导致灾难性后果（Gelband and Laxminarayan，2015）。无论尽可能减少抗生素使用的效果如何，都需要新的抗生素，但在诊断、疫苗接种和感染预防系统方面，应取得更大的成就，以减少抗生素的必要性。任何新疫苗的开发都会减少对抗生素的需求。

AMR 在大多数国家的医生和研究人员中都是一个头疼的问题；然而，各国政府和政策制定者尚未将其确定为优先事项，或制定应对战略。AMR 必须被纳入国家议程，使专家们能够围绕这个问题展开讨论（Gelband and Laxminarayan，2015）。来自所有相关领域（农业、医药、工业、学术界和政府）的科学专业人员和合作伙伴可以共享抗生素情报。

AMR 的发展和国家层面的相关政策需要时间。国家反 AMR 计划必须考虑基于社会经济人口统计的具体目标。此外，该计划应优先考虑：①改进对微生物耐药的人类和动物健康监测；②建立人类和兽医 AMS 及感染控制计划；③开展新诊断和治疗方法的研究；④实施针对专业群体和公众的教育计划（Rahman et al.，2013）。利益相关者必须熟悉这个问题，相信它必须得到解决，并就如何解决这个问题达成妥协。在国家层面的干预成为可能之前，可能需要很多年才能建立信心，增加知识和理解。形势评估和分析为未来的政策提供了基础，与卫生和农业部建立伙伴关系、咨询或内部综合安排将确保产生永久性的国家影响。根据设在越南卫生部一家医院内的越南 GARP 工作组的情况审查，工作组通知卫生部制定和执行抗菌药物耐药性国家行动计划（Nguyen et al.，2013）。实施项目、创造资源和其他改进抗生素使用的活动提高了工作组参与者的认识，同时仍使他们直接受益。

为预防和控制抗生素耐药性，WHO 建议采取以下措施。

（1）个人：个人只能使用经认证的医疗保健专业人员开具的抗生素；如果医疗保健医生认为不需要抗生素，则不应要求使用。通过加强食品卫生，预防疾病感染，不使用或分享剩余抗生素，避免与患者密切接触，定期洗手，及时接种疫苗，并采取更安全的生活方式。

（2）卫生专业人员：为了避免和监测抗生素耐药性的传播，医护人员应保持设备、手掌和周围环境清洁卫生。根据现有的建议，抗生素只能在绝对必要时开处方和配药。建议向监测小组追踪抗生素耐药疾病，

并教育患者如何正确服用抗生素，宣传抗生素滥用风险。

（3）农业部门：抗生素应在兽医的监督下使用，以避免 AMR 微生物的出现。疫苗接种应作为主要选择，而不是以抗生素为基础的治疗。

（4）决策者：政策制定者应重视政策的广泛影响，实施感染预防的策略，并使信息更容易获取，以避免 AMR 微生物的出现。

（5）医疗保健部门：卫生部门应投资疫苗的研究和生产、诊断、新药开发和其他方法，以避免和监测 AMR 的传播。

五、结论和未来展望

AMR 是一种越来越常见的问题，细菌已经进化了几个世纪来对抗抗菌产品的活性。抗生素耐药性的出现及创新抗生素的稀缺，提示我们面临着严峻的形势。同样，抗生素管理在临床实践中的价值不能低估，必须在全球范围更好地管制抗生素的使用。在某些国家应停止使用非处方抗生素，并对处方医生进行抗菌药物耐药性教育，进一步减少抗生素的使用。为了尽量减少不适当的需求，还需要提高全球公众的认识。抗生素的农业应用必须限于受污染的动物护理，而不是刺激发展。必须大大改进抗生素使用和耐药性的监测，以更好地开展抗生素管理。新的抗感染药物的生产想要跟上日益增加的耐药性的步伐，预计需要从公共和私营部门筹资中进行大规模的全球干预和支出。

世界卫生组织于 2017 年发布了优先病原体清单，其中包括 12 种细菌。这些病菌对大多数现有疗法具有耐药性，因此对人类健康构成越来越大的风险。该清单是由世界卫生组织领导的独立专家小组制定，以鼓励医学研究界为这些耐药菌开发创新的治疗方法。世界卫生组织总干事谭德塞说："抗药性的威胁从来没有像现在这样迫切，对解决方案的需求也从未像现在这样紧急。目前正在采取各种行动来减少耐药性，但我们还需要各个国家和制药业加紧努力，以可持续的资金和创新药物做出贡献。"

第四节　生物技术谬用

一、生物技术发展去中心化速度加快

Shawn S. Jackson 等在《自然-生物技术》上发表了一篇名为《生物技术去中心化的步伐加速》的述评文章，提出了一种分析方法，分析得出有关生物技术创新去中心化步伐速度的结论，从而预测新生生物技术去中心化的时间表。1937~2012 年出现的 22 个生物技术的发展里程碑表明，其创新范围从蛋白质纯化到 CRISPR 基因组编辑。该述评基于成功使用该工具所需的速度、成本和技术的度量标准，考虑了每种生物技术对个人的可及性。

该分析方法确定生物技术发展去中心化步伐随着时间的推移而加快。作者指出"启动年与建立收费服务公司所需时间之间的稳固关系（$R^2=0.81$）表明，新生物技术向收费服务公司的发展已经非常迅速，目前所花费的时间不到 2.5 年。"

二、生物技术服务伴随的生物安全漏洞

新的"云实验室"和服务实验室通过机器人、自动化和互联网等技术提供多种可访问的标准化服务，以降低对物理材料转移需求的方式规避传统的模式。项目之间的资金和知识共享，有助于更广泛的访问以及更迅速的新产品开发；同时，还可以通过降低参与前沿研究的门槛，提高非传统研究人员的能力。

随着研究活动与意图的分离，这种分布式方法也伴随着生物安全的漏洞：云实验室可能不会关注试验背景等额外的细节，包括行为目的等。此外，目前也缺乏这方面的生物安全准则和管理模式。随着云实验室外包的模式变得越来越重要，有可能引领服务外包发展，因此，需要制定新的指导方针、负责任创新和生物安全的商业与激励模式来解决这些挑战。

三、值得关注的生物安全相关新兴技术

通过系统识别，对来自技术、监管和社会变革的机遇与风险进行预测，已经用于识别生物保护、脱贫、生物安全等多个领域的新兴关键议题（表1-1）。

表 1-1　2020 年生物工程领域水平扫描清单

<5 年	5~10 年	>10 年
通过外包获得生物技术	农业基因驱动	生物基材料生产
应对气候变化的作物	神经探针拓展新的感官能力	活体植物化学信号分配器
基于功能的蛋白质工程设计	分布式药物开发与制造	前沿神经化学的恶意应用
国家及国际对 DNA 数据库应用的监管	基因工程噬菌体疗法	加强固碳
慈善基金支持生物科学研究议程	人类基因组学与计算机技术的融合	生物工程猪替代器官
	农业微生物组工程	认知增强的管理
	污染土壤的植物修复	
	植物食用疫苗的生产	
	细胞疗法等个性化药物的兴起	

注：通过扫描确定的 20 个议题；根据可能实现的时间进行分组。

（一）合成生物学

1. 合成生物学的定义及潜在生物风险

合成生物学是一个新兴的跨学科研究领域，广义上可以描述为设计和建造新型人工生物路径、生物体或装置，或重新设计现有的自然生物系统，旨在解决能源、材料、健康和环境等重要问题。随着合成生物学的迅速发展，其正成为继 DNA 双螺旋发现和人类基因组计划之后，第三次领先的生物技术革命。2014年，美国国防部将合成生物学列为 21 世纪优先发展的六大颠覆性技术之一。生物技术的进步促进了合成生物学的迅速发展。基于第三代基因组测序、生物信息学和基因编辑技术，人们可以利用合成生物学完成多种研究任务。

合成生物学是一个科学领域，涉及通过工程设计使生物体具有新的能力，为特定的目的重新设计生物体。2020 年，全球科学家将合成生物学用于研制快速检测病毒的生物装置、开发新疫苗的研发技术、构建疫苗和病毒合成的生物平台，在全球抗击新冠疫情中发挥了重要作用；同时，在自动化基因线路设计、细胞疗法等方面也取得了显著进展。中国主要在合成生物构建原理、合成元件开发和调控系统开发等方面取得了重要进展。

合成生物学的潜在生物风险包括生物安全、生物安保和网络生物安全。生物安全最初出现在微生物学领域，因此，最初的生物安全定义提到了微生物污染的安全问题。后来，在与转基因生物相关的转基因生物技术领域，生物安全作为"生物技术安全"的首字母缩略词出现，指的是与将转基因生物释放到开放环境中相关的安全问题。"实验室生物安全"一词通常专门指与病原体、转基因生物或转基因病原体的生物实验室保护相关的安全问题。一般而言，生物安全是指生物研究对人类和环境影响方面的安全，生物安全强调预防无意的生物技术和生物危害。

生物安保是指采取主动措施，避免故意的生物危害，如盗窃和误用生物技术及微生物危害物质，旨在减少与误用合成生物学相关的风险，这些合成生物学可能会通过创造、生产、故意或意外释放传染病病原体或其产生的副产品（如毒素）而造成灾难性生物风险。生物安保涉及疾病控制（如疫苗接种管理）、防范外来物种入侵等，是所有疾病防控方案的基础。

网络生物安全是一门新兴的混合学科，包括网络安全、网络物理安全和生物安全，适用于生物和生物医学系统，定义为"了解生命和医学、网络、网络物理、供应链和基础设施系统内部或界面上可能发生的不必要的监视、入侵和恶意有害活动的脆弱性，并制定和实施预防、防范、缓解、调查措施，将这些威胁归因于安全、竞争力和弹性"（Murch et al., 2018）。

2. 病原体的修饰和人工合成

基因测序和基因合成等成熟技术促进了合成生物学的快速发展。科学家已经开始尝试从头开始合成活生物体，而不是仅仅修改活生物体的基因组。最近的进展表明，科学家已经实现了从原核生物合成到真核生物合成的飞跃。合成生物学技术在合成生命形式中的应用对人们探索和追踪生命世界极具吸引力。我们可以推测，未来有可能在充分考虑任何相关生物风险的情况下合成动植物品种，这将极大地促进人们对生命奥秘的理解。然而，在目前合成生物学的发展阶段，由于没有完全了解生命可能的运行模式和进化，合成生命形式对人类、社会和环境的影响在很大程度上是未知的，尤其是涉及那些人工生命形式本身和其他生命形式的潜在问题。因此，合成生物学的健康发展仍然需要考虑更广泛的生物安全和生物安保问题。

随着合成生物学的发展，基于已发表的病原体基因序列进行病原体的修饰和合成已成为现实。2002 年，Cello 等人使用化学方法合成了全长脊髓灰质炎病毒 cDNA，该 cDNA 通过普通 RNA 聚合酶转录成 RNA。他们通过将脊髓灰质炎病毒 cDNA 的转录 RNA 与 HeLa 细胞的细胞质提取物孵育，成功获得了感染性病毒（Cello et al.，2002）。2005 年，Tumpey 等人成功合成了西班牙流感病毒。该团队根据公布的 1918 年西班牙流感病毒基因组序列，将该病毒的所有 8 个编码基因片段整合到一种常见流感病毒的基因组 DNA 中，然后从注射了含有 8 个基因片段的流感病毒的人肾细胞中获得病毒颗粒（Tumpey et al.，2005）。为了研究病毒的机制，2015 年 Menahery 等人应用反向遗传学方法将蝙蝠冠状病毒 SHC014 棘突蛋白插入小鼠适应性 SARS 冠状病毒骨架，使病毒骨架能够通过 SHC014 棘突蛋白识别 ACE2 受体，并在人气道细胞中成功复制（Menachery et al.，2015）。病毒学家 David Evans 合成了马痘病毒（天花病毒的近亲，与天花病毒同属正痘病毒家族），该病毒是通过使用重组酶将 DNA 插入细胞中获得的。最近，瑞士、德国和俄罗斯的科学家报道，他们使用公开的 SARS-CoV-2 序列在酵母中快速重建新型冠状病毒（Noyce et al.，2018）。如上所述，目前的合成生物学技术尽管还无法实现全新病毒的完全从头设计和合成，然而，基于现有病毒基因组序列的从头合成，或通过剪接、改变毒性、增强免疫逃逸、改变潜伏期和靶点来修改现有病毒基因组，以及创建病毒突变文库，都可以在短时间内实现。

虽然病原体的合成可以促进病毒发病机制的科学研究和药物开发，但病原体的修饰或合成是一项危险的工作，任何关于病毒合成的报告都伴随着关于生物安全和生物安保问题的大量讨论与争议（Thiel，2018）。病原体合成过程中的生物安全和生物安保，甚至网络生物安全，是在任何情况下都需要考虑的重大问题。在进行病原体研究时，避免滥用、误用和意外释放病原体是至关重要的。

3. 合成生物学发展的瓶颈

合成生物学的发展已经取得突破，但仍处于早期阶段，由于知识和技术的限制，许多具有挑战性的生物工程和生命形式的从头合成还远远不够完善。利用合成生物学从头开始重建和合成生命形式目前仅限于以下技术：基于现有生命形式已知序列和功能的基因编辑或合成、生物成分筛选库、构建调控模块和系统，以及合成生命形式。合成生物学技术需要与系统生物学的综合知识紧密结合，以实现新生命形式的精确设计、构建和创造。2002 年，纽约州立大学石溪市分校 Wimmer 团队通过化学合成病毒基因组获得了具有感染性的脊髓灰质炎病毒，这是首个人工合成的生命。合成生物学已经可以从头设计合成生命了。

然而，随着系统生物学、精确基因编辑技术、生物工程技术的发展，生物信息学包括多维基因组学、大数据分析和人工智能，生命形式的修改和合成可能有助于突破当前合成生物学面临的技术和认知瓶颈。目前没有证据证明，在根据已知的基因组序列和功能进行设计的前提下，就可以从零开始设计和合成全新的生命形式，包括病毒和其他病原体。生命形式（包括植物、动物、微生物等）要么是基于已知基因序列对现有生命形式的有限修改，要么是基于已知基因组序列的设计和化学合成。

如上所述，使用当前的合成生物学技术从零开始合成一种全新的生命形式几乎是不可能的。然而，关于转基因生物是否可以被视为一种新的生物体，长期以来一直存在争议。根据目前无法从零开始合成生命形式来推断新病毒的起源不是很有说服力。然而，公众担心合成生物学的实际生物风险，担心两用生物技术研究（Dual Use Research of Concern，DURC）是否会导致进化加速和重组，并产生意外/不良后果。合成生物学的关键瓶颈是缺乏对生命密码和技术限制的全面了解。

由于合成生物学的重要性以及政府的普遍支持和认可，突破合成生物学瓶颈需要跨学科的创新和全面发展。因此，对于生物风险的关注，有必要加强法律法规的实施，以规范合成生物学的研究活动和合成生物学的应用。

4. 合成生物学对人类社会的益处

合成生物学与医学领域的深入交叉创造了多种诊断和治疗方法，为今后疾病的及时治疗提供了新的研究方向。利用携带合成抗肿瘤药物基因的沙门氏菌，通过感应肿瘤缺氧微环境并以时间依赖性方式释放药物来控制肿瘤生长，是癌症治疗的一个创新想法（Din et al.，2016）。研究人员已经开发出一种新型的肿瘤攻击病毒，这种病毒不仅可以杀死大脑中的肿瘤细胞，还可以阻止肿瘤中血管的生长，这表明携带血管抑素的肿瘤杀伤溶瘤病毒可能对治疗侵袭性脑肿瘤更有效（Hardcastle et al.，2010）。通过合成生物学技术应用工程化 T 细胞的例子有嵌合抗原受体 T 细胞免疫疗法（CAR-T）治疗白血病（Fraietta et al.，2018）。此外，合成生物学和计算机科学的结合实现了通过外部电子系统控制工程细胞的想法（Shao et al.，2017）。尽管合成生物学在医学领域发展迅速，并取得了多项突破，但在合成生物学领域没有充分考虑生物风险问题的仓促尝试也导致了患者意外死亡，在治疗中使用合成生物学的个体差异而产生的意外副作用仍然需要认真对待（Morgan et al.，2010）。

合成生物学通过将人工代谢网络整合到工程菌株中，在包括细菌、酵母和哺乳动物细胞在内的生物体代谢领域取得了新进展。为了减少多余的代谢途径以获得更好的产品转化率，一些研究人员建议删除细胞中不必要的基因以构建更小的基因组生物体。因此，这些生物体被定制为设计和生产所需的产品（Sung et al.，2016）。合成生物学在制药工业、食品添加剂、化妆品和可再生生产方法的能源工业中发挥着重要作用，推动着人类工业的发展。然而，基因工程技术的进步带来的益处并不能缓解人们对合成生物学发展的担忧，因为基因工程的产品已经显著改变了工程生物的生命特征。特别地，由于"必需基因"缺失的不确定后果，通过减少代谢途径或不必要基因的缺失而设计的菌株中的生物风险和任何意外影响尚未得到充分分析，在某些未被认识的情况下，这可能是必需的（Schumacher et al.，2020）。

在合成生物构建原理方面，2020 年 5 月，中国科学院深圳先进技术研究院、深圳合成生物学创新研究院的研究人员在 *Nature Microbiology* 上发表文章，揭示了合成生物构建原理。文章分析了决定细菌大小的因素，推导出"个体生长分裂方程"，修正了细菌生长领域原有的"SMK 生长法则"和"恒定起始质量假说"两大生长法则，为合成生物学领域的生命体设计提供了构建的基础原理。在合成元件开发方面，2020 年 8 月，中国科学院微生物研究所、北京大学、中国科学院大学、中国科学院深圳先进技术研究院的研究人员在 *Nature Communications* 上发表的文章显示，研究人员利用生物小分子的化学多样性，为高性能、多通道的细胞-细胞通讯和生物计算从头设计了一个遗传工具箱。研究人员通过信号分子的生物合成途径设计、传感启动子的合理工程化和传感转录因子的定向进化，在细菌中获得了 6 个细胞-细胞信号通道，其综合性能远远超过传统的群体感应信号系统，并成功地将其中一些转移到酵母和人类细胞中。细胞间信号传递工具箱扩展了合成生物学在多细胞生物工程中的能力。在调控系统开发方面，2020 年 8 月，华东师范大学的研究人员在 *Science Advances* 上发表的文章显示，研究人员开发了一种由临床许可药物阿魏酸钠（SF）控制的阿魏酸/阿魏酸钠（FA/SF）可调节转录开关，证明 SF 反应性开关可被设计用于控制 CRISPR/Cas9 系统，FA 控制的开关集成到可编程的生物计算机中可处理逻辑运算。

5. 合成生物学面临的机遇和挑战

在过去的 20 多年里，由于对数字化和自动化的依赖，合成生物学发生了根本性的变化，为设计甚至合成生命形式提供了强大的工具。人们已经做出了相当多的努力来强调这方面的危险，这些担忧（包括生物安全、生物安保和网络生物安全）不能再被忽视，因为合成生物学就是这样开展的。考虑到合成生物学对人们的生活、健康和环境做出了前所未有的积极贡献，以及其应用引起的关注，我们应该采取适当措施迎接合成生物学带来的机遇和挑战。合成生物学的健康发展最终将取决于解决人们对其生物安全和生物安保的实际关切与感知关切，以及合成生物学衍生的病原体意外或蓄意释放的潜在后果。

首先，合成生物学并不总是能达到预期的结果。合成生命形式通常是根据人类的喜好或目的制造的，在某种程度上，它也可能是一个加速的自然进化过程。然而，由于我们对生命密码知识的了解还相当局限，合成生命形式的过程和结果并不总是按照我们的设计进行。

其次，序列信息的爆炸式增长和大量基因信息的共享模式使病原体的合成变得更加容易。网络的可访问性和开放性为任何想要访问危险生物体的人提供了机会。同时，信息技术中故意的数据信息错误有可能导致生物学中的重大安全问题。随着生命科学自动化程度的提高，新生物技术和信息技术的融合可能会产生更严重的后果（George，2019；Mueller，2021）。在第四次工业革命中，智能技术及其与生物实验室的联系为设计或编辑生物制剂、毒素带来了恶意使用的风险。随着合成生物学与人工智能和自动化的结合，合成生物学的生物风险不仅包括有意攻击，还包括由于网络重叠和自动化造成的意外后果。鉴于 DNA 合成技术的进步和机器人云实验室的出现，人们可能会找到绕过当前治理障碍的方法，以增强病原体的毒力和传播能力。

再次，合成活病毒可以帮助人们了解病原体的致病机制，并进行有针对性的疫苗和药物开发，以应对潜在的疫情。然而，病原体的合成技术可能有助于生物恐怖主义。此外，我们无法保证使用病原体合成技术合成的病原体序列与设计的病原体序列完全相同，因为合成过程和网络/物理/自然界中的任何错误都可能导致意外突变和未知后果。病毒基因组的轻微修改就可能产生突变的病毒，导致病毒潜伏期增加，致病性增强，受体识别位点数量增加，免疫逃逸更严重，随机突变产生突变病毒库，从而造成严重后果。合成生物学技术的简化会带来额外的安全风险，但问题的暴露可以指导立法的制定，并有助于促进合成生物学的进一步发展。

最后，病原体的突变和基因重组是不可避免的。不同病原体之间发生的基因组突变和基因重组对生存和适应环境具有积极作用。科学家利用合成生物学技术直接突变病原体的基因组，以加速其进化，达到科学目的，但有时由于个体对生命密码的认识有限，病原体工程的结果是不可预测的。

无论是病原体基因组的自然重组、病毒工程，甚至是实验室的人工合成，都可能产生新的病原微生物。因此，生物安全和生物安保是合成生物学健康发展必须高度重视的问题。对病原体的限制和实时检测技术的并行发展同样紧迫。合成生物学的发展和限制的不平衡将对行业产生更大的影响，有更多的法规和讨论是必要的。迫切需要通过法律法规遏制合成生物学导致的生物风险。

6. 我国关于合成生物学的生物安全治理

合成生物学在中国发展很快，特别是在先进生物制造、微生物基因组育种、工业酶工程和生物医学领域。考虑到生物风险问题，中国颁布了关于合成生物学生物安全治理的法律法规，用于实验室实践，以确保生物安全和生物安保。作为中国最高立法机关的代表，全国人民代表大会常务委员会于 2020 年颁布了《中华人民共和国生物安全法》（以下简称《生物安全法》）。《生物安全法》第 4 章和第 5 章规定了一般生物技术研究、开发和应用活动以及病原微生物实验室的安全管理，并制定了统一的实验室生物安全标准。任何行政法规、地方性法规和部门规章均不得与《生物安全法》相抵触。此外，我国还颁布了一系列关于传染病预防控制和实验室管理的政策。在将研究转化为实际应用的过程中，应进行充分的风险评估，以避免重大的生物安全和生物安保风险。

随着全球化的发展，有必要在生物安全治理方面开展国际合作。为了应对合成生物学可能带来的风险和威胁，强烈建议各国加强各种措施，例如，加强生物安全的顶层设计、加快制定与完善国家法律和政策。此外，还应将重点放在总体生物安全和生物安保教育布局上，如人才培训和学科创建，以对世界各地的生物技术治理做出深远贡献。

政府监管机构、政府资助机构、研究机构等行政管理部门应完善科研项目评审制度，开展潜在风险分析，重点关注可能对自然环境产生负面影响的工程病原微生物的研究，以及涉及伦理问题的研究。任何与病原体有关的项目的开发都有潜在的生物安全风险。在项目启动之前、实施过程中以及将研究成果转化为实际应用的过程中，应对研究提案进行相应的审查。有必要全面评估生物风险对自然环境和人类社会的影响，在促进合成生物学发展的同时，采取积极行动保障国家安全和公共利益。

中国天津大学生物安全战略研究中心和美国约翰·霍普金斯健康与安全中心于 2019 年在华盛顿共同

主办了题为"合成生物学时代中美面临的挑战"的"第二轨道对话"。来自中国和美国的技术、政策、法律、管理专家讨论了应对合成生物学潜在生物安全风险的战略。与会专家指出，合成生物学的担忧源于研究人员滥用合成生物技术造成的生物安全风险，以及滥用这些技术进行恐怖主义的潜在生物安全风险。此外，培训和评估从事合成生物学工作的研究人员的生物安全意识也同样重要。应将有意或无意释放实验产品和实验病原体确定为潜在的生物安全风险，并应严格监管。然而，作为一种突破自然进化规律的研究技术，合成生物学可能存在许多不可预测的潜在风险，其可持续发展需要一个相对完整和全面的治理体系。因此，需要一个更全面、更详细的监管体系来控制行业的发展方向。此外，尽管许多国家政府颁布了关于生物安全和生物安保问题的法律法规，但仍需要做出更多努力。

7. 合成生物学的全球生物安全治理

基因合成技术可用于制造病原体，甚至可发展为生物武器，因而存在滥用风险。美国卫生与公众服务部2010年曾发布商业基因合成的供应商指南，随后由于基因合成技术及其市场的不断变化，此类生物安全措施的有效性已经大大降低。人们开始考虑是否应更新这一指南、如何提高指南的有效性，以及采取哪些国际治理措施降低基因合成产品的滥用风险。

美国政府颁布了管理不同生物产品的政策、法规和法律。例如，病原体根据其毒力水平、有无可用的疫苗和（或）有效抗病原体药物进行分类。根据病原体分类，已强制要求进行不同程度的物理遏制。在实验室管理方面，美国疾病控制与预防中心（CDC）、美国国立卫生研究院（NIH）发布了一份名为《微生物和生物医学实验室的生物安全》的物理遏制病原体建议手册（Berns，2014）。美国约翰·霍普金斯大学卫生安全中心2019年11月发布《加强基因合成的安全性：治理建议》，报告建议政府应为受资助的生命科学研究提出要求，确保从进行筛查的公司购买基因合成产品；政府应要求进行筛查的最低标准，但不能对筛查所用的具体数据库或关注序列做出规定。最低标准应包括受管制的病原体（如联邦选择性制剂项目清单和澳大利亚清单）；政府应将桌面合成器公司认定为基因合成的"供应商"，负有参与义务；政府应将购买基因、进行其他用途相关修饰并卖给特定用户的第三方公司认定为"供应商"，需遵守基因合成指南；政府应该资助开发筛查条件和方法，实现具有成本效益的寡核苷酸筛查。

降低核威胁倡议组织（Nuclear Threat Initiative，NTI）和世界经济论坛（World Economic Forum，WEF）组织了一个防止非法基因合成问题的国际专家工作组，以建立一项持久的全球规范来防止滥用合成DNA，同时可为实施此类规范的可能机制奠定基础，于2020年1月9日发布了《生物安全创新和减少风险：可获取、安全和可靠的DNA合成全球框架》的报告，提出了标准化的筛查方法以应对相关威胁。

关于科学生命研究的监督，美国政府颁布了DURC政策。生命科学是一项基于现有知识的研究，可以合理地预期其提供的知识、信息、产品或技术可能会被直接误用，从而对公众健康和安全、农作物和其他植物、动物、环境、材料构成重大威胁，并产生广泛的潜在后果。美国在两用研究方面有两项令人关注的政策。一项是美国政府对生命科学DURC监督（美国卫生与公众服务部，2015年）。2012年3月29日，美国发布了《生命科学双重用途研究机构监管政策》，确立了美国政府对两用研究风险的监管制度，实现了从产品监管模式到信息知识全链条监管模式的转变，明确定义了需要监管的生命科学研究项目，涉及15种生物因子和毒素（高致病性禽流感病毒、炭疽芽孢杆菌、肉毒杆菌神经毒素、马氏伯克霍尔德菌、假伯克霍尔德菌、埃博拉病毒、口蹄疫病毒、图拉弗朗西斯菌、马尔堡病毒、改造的1918年流感病毒、牛瘟病毒、肉毒梭菌产毒菌株、重型天花病毒、轻型天花病毒、鼠疫耶尔森菌）以及7类实验（增强生物因子或毒素的危害效果；在没有临床或农业证明的情况下，破坏针对生物因子或毒素的免疫机制；使生物因子或毒素能够抵抗临床或农业上的预防性或治疗性方法，或使其逃避检测方法；提高稳定性、可传播性或传播生物因子或毒素的能力；改变生物因子或毒素的宿主范围或向性；增强宿主群体对生物因子或毒素的敏感性；生产或改造前述所列的已消灭的生物因子或毒素），并建立了美国联邦机构对美国政府资助或开展的特定研究项目的定期审查。另一项是美国政府于2014年9月24日发布的生命科学DURC机构监督政策。DURC的机构监督对于全面监督体系至关重要。该政策确定了机构监督生命科学DURC的责任，因为机构最熟悉在其设施中进行的生命科学研究。此外，它们是承担促进和加强生命科学领域研究与交流责任的最合适机构。这两项 DURC 政策是相辅相成的，可加强对生命科学研究的审查和监督，以确定潜在的 DURC，并在适当情况下根据联邦法规的要求制定和实施风险缓解措施。它补充了美国政府关于拥有和处理致病微生物的现有法规和政策，并为相关个人，包括研究人员、国家安全官员和全球健康专家提供指导。它强调责任文化，提醒所有相关方共同承担维护科学完整性和防止滥用合成生物学的责任。

根据欧盟目前关于转基因生物的立法，在合成生物学领域进行的大多数研究都是基因工程。该法律规定了如何对生物进行转基因以及如何使用转基因生物，包括转基因生物及其产品的营销（Buhk，2014）。为了限制该法律的适用范围，欧盟成立了一个特别工作组，负责审议新生物技术在植物育种和其他生物改良中的应用。欧盟为转基因生物和新兴生物技术制定了一系列指令，涵盖标签、适当遏制、转运和在研究环境中的安全使用（Keiper and Atanassova，2020）。欧盟关于转基因生物使用和监管的立法主要基于第 90/219/EC 号指令（该指令规定了微生物的基因改造活动及其培养、储存、运输、销毁和处置）及第 2001/18/EC 号指令（该指令规定了有意释放转基因生物）。尽管在过去 20 年中，欧盟关于合成生物学的立法不断更新，但欧盟法律框架被批评为范围不够全面，已提出修改建议，以适应生物技术的快速发展和合成生物学的新时代（Bratlie et al.，2019；Eriksson et al.，2020）。

8. 合成生物学的未来

合成生物学的迅速发展导致了生物医学、环境科学、能源和食品工业的突破。然而，由于对生命准则的理解存在局限性，以及该技术可能的预期或非预期用途，合成生物学的发展和应用与可能对公众健康和环境造成未知危害的生物风险相关。为了处理生物风险问题，在使用合成生物技术时，尤其是在涉及两用生物技术时，非常需要立法、监管、限制和监督。一旦发生疫情，应采取适当措施，尽早预防和控制疫情，无论病原体的来源如何，应加强对病原体相关研究的管理。

出于生物安全和生物安保方面的考虑，合成生物学可能会造成有意或无意的风险，如粮食安全、生态可持续性，尽管它具有巨大的经济潜力，可以为社会提供更容易获得、可持续和负担得起的材料。因此，合成生物学的工业化进程可能需要对现有的经济和监管机构进行一些审查和发展。同时，在合成生物体时，应考虑到对人的健康和环境产生意外和不可预测的不利影响的风险，因为此类实验室中涉及生物风险问题的任何疏忽和管理不当都可能导致不利后果。为了避免合成生物学带来的此类生物风险，从事病原体工作的人员应限于经过专门培训的专业人员，并在严格的管理和监督下工作。

尽管合成生物学存在生物风险问题，但面对同一流行病传播或复发的威胁，它仍然是我们可以利用的强大工具。应通过合成生物学技术开发疫苗、病原体特异性抗体和其他药物，以减少病原体突变时靶点的丢失，并应采取适当措施改善新传染病的快速反应系统。在法律法规的管理下，利用合成生物学技术开发疫苗和有效药物，可能是最终控制疫情最切实可行的方法。

（二）基因编辑技术

人类种系基因组编辑带来了前所未有的伦理和技术挑战。2019 年世界卫生组织宣布成立人类基因组编辑治理和监督委员会，致力于发展人类基因组编辑治理和监督的全球标准，将对各国基因组编辑项目进行潜在利益冲突评估。人类基因组编辑治理和监督委员会建议世界卫生组织目前"亟须"建立一套透明的全球登记体系，以记录所有与人类基因组编辑有关的实验。委员会希望学术论文的出版机构和研究的资助方能够要求对相关的研究进行登记。

基因编辑是一种改变细菌、植物和动物等的 DNA，从而改变相应生物特征或治疗相关疾病的方法。以 CRISPR 为代表的基因编辑技术在为改造生物体提供了手段的同时，也为新物种的创造提供了更多的可能性。2020 年，诺贝尔化学奖被授予 CRISPR/Cas9 的发明者。随着生物技术的不断发展，基因编辑技术也不断得到优化，基因编辑工具愈加多样化，编辑的精准性也得到进一步提升。碱基编辑器（BE）是精确基因组编辑的有力工具，可用于纠正单一致病突变。胞嘧啶碱基编辑器（CBE）能够在目标位点进行有效的胞嘧啶到胸腺嘧啶（C-to-T）的替换，而且不会产生双链断裂。然而，它们可能缺乏精确性，与"目标"胞嘧啶相邻的胞嘧啶也可能被编辑。2020 年 7 月，莱斯大学、中国科学院大学、中国农业科学院的研究人员合作在 *Science Advances* 上发表的论文显示，研究人员设计了新的 CBE，可以精确地修改单个目标 C，同时最大限度地减少相邻 C 的编辑，与现有的碱基编辑器相比，使疾病序列模型中碱基编辑的准确性提高了 6000 倍。2020 年 7 月，华东大学研究人员在 *Nature Communications* 上发表的文章显示，研究人员开发了一个远红光诱导的 split Cre/*loxP* 系统（FISC 系统），该系统基于菌体光遗传系统和 split-Cre 重组酶，仅通过利用远红光（FRL）就能对体内基因组工程进行光遗传调控。FISC 系统扩大了 DNA 重组的光遗传学工具箱，以实现活体系统中的时空控制、非侵入性基因组工程。同月，华东大学研究人员在 *Science Advances* 上发表的文章显示，研究人员开发了一个远红光（FRL）激活的 split-Cas9（FAST）系统，它可以在哺乳动物细胞和小鼠中强力地诱导基因编辑。2020 年 8 月，天津大学研究人员在 *Nature Communications* 上发表的一项研究显示，研究人员开发了一种基于 CRISPR/Cas9 的染色体驱动系统，可以消除目标染色体，使所需的染色体得以传递。

作为一种新型的基因编辑器，CRISPR/Cas 使编辑序列特异性基因变得更加容易，这使得疾病遗传模型的开发和人类遗传疾病治疗措施的研究成为可能。然而，这种基因编辑技术的应用及其对人类和人类胚胎、CRISPR 修饰的细胞和生物体进行基因操纵的潜力，已引起人们对人类生物学和社会影响的关注（DiEuliis and Giordano，2017）。因此，过早的临床应用可能会产生错误的效果。此外，基因编辑工具或合成生物学可用于增强（体内或体外）传统或新型神经毒素或传染源的致病性，或修改已知作用于神经系统和大脑的现有因子，以改变影响认知、情绪和行为的神经表型，这引起了人们对生物安全的担忧。

随着科学家不断挖掘和发现基因编辑技术的新功能，其应用范围也不断扩大，甚至已被用于人类胚胎和人体基因的编辑。2020 年，我国科学家将基因编辑技术应用于农业、医学等领域取得重要进展。

在农业领域，2020 年 1 月，中国科学院遗传与发育生物学研究所的研究人员在 *Nature Biotechnology* 上发表的一项研究显示，研究人员设计了 5 个可以诱导产生新的突变、促进植物基因的定向进化的饱和定向内源诱变编辑器（STEME），还利用其中两种 STEME 对水稻的 *OsACC* 基因进行定向进化，获得了抗除草剂突变体。2020 年 3 月，中国科学院遗传与发育生物学研究所的研究人员在 *Nature Biotechnology* 上发表的一项研究显示，将优化了密码子、启动子和编辑条件的 prime editors 在植物中使用，由此产生的一套植物 prime editors 能够在水稻和小麦原生质体中进行点突变、插入和缺失。2020 年 6 月，中国科学院遗传与发育生物学研究所的研究人员在 *Nature Biotechnology* 上发表的一项研究显示，研究人员开发出了 APOBEC-Cas9 融合诱导缺失系统（AFID），该系统将 Cas9 与人类 APOBEC3A（A3A）、尿嘧啶 DNA-葡糖苷酶、嘌呤或嘧啶位点裂解酶相结合。AFID 可应用于研究调控区域和蛋白质结构域，以改进作物。

在医学领域，2020 年 3 月，北京大学的研究人员在 *Science Advances* 上发表的文章显示，利用基因编辑技术 CRISPR/SaCas9 系统可精准删除大鼠的特定记忆，为清除长时间存在的"病理性记忆"、治疗相关疾病提供了思路。2020 年 4 月，四川大学华西医院开展的"全球首个基因编辑技术改造 T 细胞治疗晚期难治性非小细胞肺癌"的临床试验公布的相关结果显示，12 例接受治疗的患者中有 2 例患者的中位总生存期为 42.6 周。2020 年 7 月，上海邦耀生物与中南大学湘雅医院合作开展的"经 γ 珠蛋白重激活的自体造血干细胞移植治疗重型 β 地中海贫血安全性及有效性的临床研究"公布相关临床试验结果，显示 2 例患者已治愈出院，这是全球首次成功利用 CRISPR 治疗 β0/β0 型重度地中海贫血。2020 年 9 月，杭州启函生物科技有限公司与哈佛大学研究人员合作在 *Nature Biomedical Engineering* 上发表一篇文章，使用 CRISPR/Cas9 和转座子技术的组合，展示了所有 PERV 失活的猪可以通过基因工程消除 3 种异种抗原，并表达 9 种人源基因，提高了猪与人类的免疫和血液凝固的相容性，使安全、有效的猪异体移植成为可能。

2019 年，我国科学技术部起草了《生物技术研发安全管理条例（征求意见稿）》，以促进和保障中国生物技术研发的健康有序发展，维护国家生物安全。基因编辑实验严重违反了学术道德和标准，但检察机关发现，没有合适的法律来判定贺建奎有罪。这是一个两难的问题，因为当时没有这样的法律来禁止科学家对人类进行基因编辑实验。《生物技术研究开发安全管理条例（草案）》将填补这一法律空白。

第五节　病原微生物实验室生物安全

生物安全实验室（biosafety laboratory）是指实验室设计建造、实验设备的配置、个人防护装备的使用，严格遵守预先制定的安全操作程序和管理规范等综合措施，确保操作生物危险因子的工作人员不受实验对象的伤害，确保周围环境不受其污染的实验室。

一、实验室生物安全是一个重要的国际性问题

世界卫生组织（WHO）很早就认识到实验室生物安全的重要性，因此早在 1983 年就出版了《实验室生物安全手册》（*Laboratory Biosafety Manual*）（第 1 版）。该手册鼓励各国接受和执行生物安全的基本概念，并鼓励针对本国实验室如何安全处理致病病原微生物制定操作规范。1983 年以来，已经有许多国家利用该手册所提供的专家指导，制定了生物安全操作规范。在实验室生物安全发展过程中，世界卫生组织在 1993 年更新出版了第 2 版，于 2004 年出版了第 3 版，强调工作人员个人责任心的重要作用，并对危险度评估、重组 DNA 技术的安全利用以及感染性物质运输等内容进行了补充。2020 年出版的第 4 版，以第 3 版中介绍的风险评估框架为基础。对风险进行彻底、循证和透明的评估，可以使安全措施与在个案基础上使用生物严重的实际风险相平衡，这将使各国能够执行与各自情况和优先事项相关的、经济上可行和可持续的实验室生物安全及生物安保政策和做法。WHO《实验室生物安全手册》对各个国家都有指导性作用，它可以帮助制定并建立微生物学操作规范，确保微生物资源的安全，进而确保其可用于临床、研究和流行病学等各项工作。此外，WHO 还出版了《实验室生物安全保障指南》《感染性物质运输规章指导》等指南。《实验室生物安全保障指南》主要包括生物风险管理办法、生物风险管理、应对生物分析、实验室生物安全保障计划、实验室生物安全保障培训等内容。该指南旨在供生物学和公共卫生领域具有重要地位或发挥关键作用的相关国家管理机构、实验室主管（实验室管理人员）和实验室工作人员使用。《实验室生物安全保障指南》扩展了《实验室生物安全手册》中介绍的实验室生物安全概念，同时也扩展了《实验室生物安全手册》中描述的、长期以来广为人知的生物安全程序及操作规程，以及最新采用的、更为广泛的生物安全保障概念。该指南深入地介绍了"生物风险管理"方法，该方法是经过深思熟虑、全面研究目前推广的操作规程和建议、评估国际规范和标准及相关伦理因素的结果，对当前在有些情况下出现的不足进行了讨论，并推荐了切实可行的解决方案。

其他国家和地区的实验室生物安全工作也有不同的发展。欧盟发布《指令 2000/54/EC》（*Biological Agents at Work*），该指令是欧洲议会及理事会通过的，旨在保护工人们工作时的健康和安全，使他们免遭包括接触生物因子而引起的或可能引发的潜在危害。作为指令，它规定了为保护工作人员免遭生物因子的潜在威胁而要求雇主应尽的义务，包括替代使用生物因子、降低使用生物因子的危险、向主管部门提供构成危险的相关信息、工作人员卫生及个人防护、工作人员信息及培训、暴露人员名单、健康监督等内容。该指令适用于欧盟各成员国。欧洲标准化委员会第 31 次研讨会（关于实验室生物安全和生物安全保障）通过了《实验室风险管理标准》（*Laboratory Biorisk Management Standard*）（CWA 15793：2008）。这是基于一种管理体系方法制定的。国际标准化组织制定了《医学实验室安全要求》，这是有关医学领域所有类型实验室安全方面的标准，规定了医学实验室中安全行为的要求，主要包括风险分级、管理要求、安全设计要求、人员要求、程序要求、文件记录要求、危险标识、意外事故/事件报告、培训、个人责任、个人防护装备、良好内务行为、安全工作行为、气溶胶扩散控制、生物安全柜、化学品安全、放射安全、防火等内容。

在美国，由美国疾病控制与预防中心（CDC）和美国国立卫生研究院（NIH）联合编著了《微生物和生物医学实验室的生物安全》和《生物危害一级防护：生物安全柜的选择、安装和使用》，美国国立卫生研究院编写了《NIH 关于重组 DNA 分子研究的指南》，这是在前期研究发展的基础上制定和编写的技术指南及规范。《微生物和生物医学实验室的生物安全》（BMBL）在 1984 年第一次出版后，很快成为实验室生物安全工作的指导和政策制定的依据。BMBL（第 5 版）于 2007 年出版，BMBL（第 6 版）于 2020

年出版。BMBL 的出版为病原微生物实验室生物安全有关法律、法规、规范的制定提供了科学指导，具有历史性作用。目前，BMBL 已经被国际社会和世界各国所关注，许多国家在学习 BMBL 的基础上制定本国相关的技术手册。《生物危害一级防护：生物安全柜的选择、安装和使用》主要介绍了生物安全柜的设计、选择、功能及其使用，具体包括生物安全柜的分类、实验室危害与危险评估、安全柜的使用、设施和工程要求、生物安全柜的验证等方面。《NIH 关于重组 DNA 分子研究的指南》主要是针对构建和操作重组 DNA 分子及含有重组 DNA 分子的组织和病毒的活动内容进行详细描述与界定的。该指南涉及重组 DNA 分子的定义、危害评估、防护策略、指南覆盖的实验及相关附录。该指南对我国重组 DNA 分子研究指南的编制提供了重要的借鉴。

在加拿大，加拿大卫生部和加拿大公共卫生署组织编写了《实验室生物安全指南》。在英国，英国卫生安全局（HSE）危险病原体咨询委员会（ACDP）根据对各种致病微生物的危害性的认识和其他国家的分类结果，于 1995 年修订了《根据危害和防护分类的生物因子的分类》（危险病原体咨询委员会，ACDP，1995 年，第 4 版）；2000 年出于新发传染病考虑，将 1995 年版本修订为《根据危害和防护分类的生物因子的分类的二次补充》；为适应 2002 年颁布的新法规《危害健康的物质控制条例》，2004 年发布了《生物制剂批准清单》。

在我国，2004 年发生实验室感染事件之后，实验室生物安全工作得到了高度重视。2004 年 11 月，国务院颁布了《病原微生物实验室生物安全管理条例》，卫生部等有关部委相继制定和发布了一系列配套的法规、标准及文件，如卫生部发布《人间传染的病原微生物名录（第一、二版）》《人间传染的病原微生物菌（毒）种保藏机构管理办法》《可感染人类的高致病性病原微生物菌（毒）种或样本运输管理规定》《人间传染的高致病性病原微生物实验室和实验活动生物安全审批管理办法》等法规。在国家标准方面，颁布了中华人民共和国国家标准《实验室　生物安全通用要求》（GB19489—2008）、中华人民共和国卫生行业标准《微生物和生物医学实验室生物安全通用准则》（WS233—2017）、中华人民共和国国家标准《生物安全实验室建设技术规范》和中华人民共和国医药行业标准《生物安全柜》（YY0569—2005）等。这些法规、标准的制定和出台，标志着我国病原微生物实验室生物安全管理步入法制化和规范化管理的轨道。同时，实验室生物安全得到了快速发展，越来越受到各方面高度重视，并已成为新时期国家安全的重要组成部分，达到了新的高度。

二、实验室获得性感染

使用致病微生物需要良好的实验室实践、风险评估和生物安全/生物安保措施，以确保人员、社区和环境的安全，防止意外或故意感染。实验室人员的职业获得性感染称为实验室获得性感染（laboratory-acquired infection，LAI）。导致 LAI 的事故或暴露事件可能包括吸入传染性气溶胶，通过飞溅、触摸或溢出接触黏膜，或通过经皮途径（咬伤、割伤、意外自我接种）感染。然而，在许多 LAI 病例中，实际原因往往未知或不确定（Kimman et al.，2008）。

全球科学界和公众越来越关注生物恐怖主义和病原体从研究实验室意外逃逸的可能性。这一担忧引发了关于限制获取感染后产生严重后果的病原体和改进生物安全措施的辩论，特别是对于那些有可能在社区迅速传播的病原体（Casadevall and Imperiale，2014）。许多专家认为，病原体逃逸的风险很低，特别是在监管环境完善、执法有力环境中。然而，为了实现这一目标，诊断和研究实验室必须实施并执行严格的生物安全协议，并拥有训练有素的人员，特别是拥有生物安全级别 3 级或更高安全级别设施的人员（Doherty and Thomas，2012）。

1935～1978 年，Sulkin 和 Pike 在美国对 LAI 的发生及原因进行了一系列里程碑式的研究（Pike，1979），共有 4079 份 LAI 报告得出结论，大多数 LAI 是由病毒和立克次体感染引起，小部分由细菌病原体引起。在另一项研究中，Pike 声称只有 62.8%的 LAI 报告发表（3921 例中有 2465 例；1935～1974 年收集的数据）；然而，这些主要基于研究和动物实验室的 LAI，不代表临床实验室的 LAI（Sewell，1995）。2017 年，Byers 和 Harding 指出，根据他们的回顾性研究，在 2308 例 LAI 中，43%发生在临床实验室，39%发生在研究实验室。

21 世纪以来，LAI 报告普遍减少，这是因为疫苗越来越有效，实验室保障措施也越来越好；然而，当使用活的病原微生物时，实验室暴露和逃逸的风险仍然存在。对 2000～2009 年美国 LAI 报道的文献回顾显示，共有 34 例患者，其中 4 例死亡，原因是细菌（22）、病毒（11）和寄生虫（1）感染。根据美国 2004～2010 年的监测，报告了 11 例 LAI，无死亡或继发感染证据。然而，应该注意的是，这些报告仅限于特定的病原体，而不是所有可能的病原体，包括布鲁氏菌病 6 例、土拉弗朗西斯菌 4 例、免疫球虫病/posadasii 1 例。比利时的一项调查显示，2007～2012 年，有 94 例 LAI 病例，其中 23%由沙门氏菌引起、16%由分枝杆菌属引起。2000 年，Sewell 报道，引起 LAI 的最常见生物包括细菌（志贺菌属、沙门氏菌属、大肠杆菌、土拉伦弗朗西斯菌属、布鲁氏菌属、结核分枝杆菌）、病毒（丙型肝炎病毒、人类免疫缺陷病毒），以及一种二型真菌。迄今为止，尽管 Sewell 列出的上述病原体仍然是 LAI 的主要原因，但包括脑膜炎奈瑟菌和痘苗病毒在内的其他生物，以及具有潜在大流行风险的新出现病原体（如 SARS、流感病毒、西尼罗病毒和埃博拉病毒）也应被视为 LAI 的重要潜在病原体。

为了减少 LAI 发生的可能性，每个实验室都必须制订并实施自己的特定病原体预防策略，以改进生物安全和生物安保。这包括制定和应用专门针对职业健康和安全的协议、事故报告和"近距离"事件，以及暴露前/后血清学调查。在处理病原体时，应将基于风险的方法应用于所有侧重于病原体因素的生物安全方案。要考虑的因素包括感染途径、感染剂量、药剂的数量和浓度，以确定最合适的风险缓解策略，如管理和工程控制以及个人防护设备（Singh，2009）。此外，建议每年进行健康检查和接种疫苗，进行暴露后预防，包括报告和监测接种后不良事件及症状监测（Castrodale et al.，2015）。

总之，临床和诊断实验室处于检测急性传染性疾病和人兽共患病暴发的第一线。实验室需要强有力的生物安全措施来保护工作人员的健康和防止病原体污染环境。生物安全计划的基础包括员工教育和意识，以确保良好理解和实施生物安全措施，包括风险评估和控制措施（Coelho and Garcia Diez，2015）。

三、我国病原微生物的分类和生物安全实验室的分级

（一）我国病原微生物的分类

国家根据病原微生物的传染性、感染后对个体或者群体的危害程度，将病原微生物分为四类。

第一类病原微生物，是指能够引起人类或者动物非常严重疾病的微生物，以及我国尚未发现或者已经宣布消灭的微生物。

第二类病原微生物，是指能够引起人类或者动物严重疾病，比较容易直接或者间接在人与人、动物与人、动物与动物间传播的微生物。

第三类病原微生物，是指能够引起人类或者动物疾病，但一般情况下对人、动物或者环境不构成严重危害，传播风险有限，实验室感染后很少引起严重疾病，并且具备有效治疗和预防措施的微生物。

第四类病原微生物，是指在通常情况下不会引起人类或者动物疾病的微生物。

第一类、第二类病原微生物统称为高致病性病原微生物。

（二）生物安全实验室的分级

生物安全实验室设施是实验室生物安全的基础，在保障实验室生物安全方面占有极其重要的位置。根据所操作微生物的不同危害等级，需要相应的实验室设施、安全设备以及实验操作和技术，而这些不同水平的实验室设施、安全设备以及实验操作和技术就构成了不同等级的生物安全水平。

根据对所操作生物因子采取的防护措施，将实验室生物安全防护水平分为一级（biosafety laboratory level 1，BSL-1）、二级（biosafety laboratory level 2，BSL-2）、三级（biosafety laboratory level 3，BSL-3）和四级（biosafety laboratory level 4，BSL-4），一级防护水平最低，四级防护水平最高。依据国家相关规定：①生物安全防护水平为一级的实验室适用于操作在通常情况下不会引起人类或者动物疾病的微生物；②生物安全防护水平为二级的实验室适用于操作能够引起人类或者动物疾病，但一般情况下对人、动物或者环境不构成严重危害，传播风险有限，实验室感染后很少引起严重疾病，并且具备有效治疗和预防措施

的微生物；③生物安全防护水平为三级的实验室适用于操作能够引起人类或者动物严重疾病，比较容易直接或者间接在人与人、动物与人、动物与动物间传播的微生物；④生物安全防护水平为四级的实验室适用于操作能够引起人类或者动物非常严重疾病的微生物，以及我国尚未发现或者已经宣布消灭的微生物。

以 BSL-1、BSL-2、BSL-3、BSL-4 表示仅从事体外操作的实验室的相应生物安全防护水平。以 ABSL-1、ABSL-2、ABSL-3、ABSL-4 表示包括从事动物活体操作的实验室的相应生物安全防护水平。

根据实验活动的差异、采用的个体防护装备和基础隔离设施的不同，实验室分为以下情况：①操作通常认为非经空气传播致病性生物因子的实验室；②可有效利用安全隔离装置（如生物安全柜）操作常规量经空气传播致病性生物因子的实验室；③不能有效利用安全隔离装置操作常规量经空气传播致病性生物因子的实验室；④利用具有生命支持系统的正压服操作常规量经空气传播致病性生物因子的实验室。应依据国家相关主管部门发布的病原微生物分类名录，在风险评估的基础上，确定实验室的生物安全防护水平。

（三）实验室的设计原则和基本要求

（1）实验室选址、设计和建造应符合国家和地方环境保护及建设主管部门等的规定和要求。

（2）实验室的防火和安全通道设置应符合国家的消防规定和要求，同时应考虑生物安全的特殊要求；必要时，应事先征询消防主管部门的建议。

（3）实验室的安全保卫应符合国家相关部门对该类设施的安全管理规定和要求。

（4）实验室的建筑材料和设备等应符合国家相关部门对该类产品生产、销售、使用的规定和要求。

（5）实验室的设计应保证对生物、化学、辐射和物理等危险源的防护水平控制在经过评估的可接受程度，为关联的办公区和邻近的公共空间提供安全的工作环境，以及防止危害环境。

（6）实验室的走廊和通道应不妨碍人员和物品通过。

（7）应设计紧急撤离路线，紧急出口应有明显的标识。

（8）房间的门根据需要安装门锁，门锁应便于内部快速打开。

（9）需要时（如正当操作危险材料时），房间的入口处应有警示和进入限制。

（10）应评估生物材料、样本、药品、化学品和机密资料等被误用、被偷盗和被不正当使用的风险，并采取相应的物理防范措施。

（11）应有专门设计以确保存储、转运、收集、处理和处置危险物料的安全。

（四）生物安全实验室的设备和设施要求

1. 生物安全实验室的设备

主要有生物安全柜、高压蒸汽灭菌器、离心机安全罩、洗眼和淋浴设备。BSL-1 实验室除应配备消毒设备外，其他无特殊要求；BSL-2 实验室应配备Ⅱ级生物安全柜、洗眼器和高压灭菌器；BSL-3 实验室核心区内可以使用 100%外排的Ⅱ级生物安全柜或Ⅲ级生物安全柜、不排蒸汽的高压灭菌器、生物安全性的或带离心机安全罩的离心机；BSL-4 实验室可以选择 100%外排的Ⅱ级和Ⅲ级生物安全柜。在正压防护服型 BSL-4 实验室内，可以选择 100%外排的Ⅱ级生物安全柜；在生物安全柜型 BSL-4 实验室中和混合型 BSL-4 实验室中，应选择具有两门开-关互锁传递窗的Ⅲ级生物安全柜。此外，BSL-3、BSL-4 实验室都应充分考虑室内气体平衡和回流问题，防止室内气流倒灌。

2. 个体防护装备

主要有安全眼镜和护目镜、口罩、防护面罩、防护帽、正压面罩、个人呼吸器及正压服，另外还有手套、试验服、正压防护服、围裙，以及防水（防滑）的鞋、鞋套或靴套。个体防护装备应根据不同防护水平的实验室，以及所进行的不同危害程度的操作进行正确的选择和使用。应选择质量好、具有正规生产资质厂家生产的、符合国家标准的产品。

3. 生物安全实验室的设施

主要指实验室的设计和建造，包括实验室的选址、平面布置、围护结构、通风空调、安全装置及特殊设计与建造要求。《生物安全实验室建筑技术规范》《微生物和生物医学实验室生物安全通用准则》《实验室生物安全通用要求》等对不同安全水平实验室的设施都做了详细的规定，是生物安全实验室建设和改造的主要依据。

（五）生物安全柜的种类

1. Ⅰ级生物安全柜

允许室内未灭菌的空气进入生物安全柜。实验室的空气从前面开口处以至少 0.36m/s 的速率进入生物安全柜，覆盖工作台和操作物品表面，含气溶胶的气流不与操作人员接触，直接经管道再经 HEPA 过滤后排出（图 1-1）。有 3 种排放形式：①排入实验室再通过中央排气系统排出；②直接通过中央排气系统排出；③直接向外排出。HEPA 过滤器可以放在生物安全柜的排出口或中央排气系统的排出口，有些生物安全柜可装内部排风扇，另一些依赖中央排气系统的排风扇。Ⅰ级生物安全柜的设计简单，应用广泛，可提供个人和环境的保护作用，也可用于接触放射性或可挥发性化学物质的操作。由于进入的气体是实验室中未净化的空气，因此对操作物品不具防污染的保护作用。

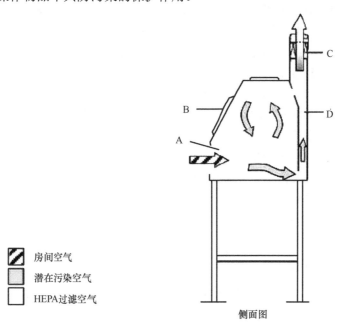

房间空气

潜在污染空气

HEPA 过滤空气

侧面图

图 1-1　Ⅰ级生物安全柜原理图

A. 前开口；B. 窗口；C. 排风 HEPA 过滤器；D. 压力排风系统

2. Ⅱ级生物安全柜

又称为层流生物安全柜。与Ⅰ级生物安全柜不同之处是，进入的空气先经 HEPA 过滤，保证覆盖台面上的空气是无菌的，提供个人防护并保护样品不受污染。Ⅱ级生物安全柜分为ⅡA 和ⅡB 两种类型，又可进一步再分为ⅡA1、ⅡA2、ⅡB1、ⅡB2 型。Ⅱ级生物安全柜是自遍型的，这种生物安全柜适合做细胞或组织培养，以及接触第二类病原微生物（能够引起人类或者动物严重疾病，比较容易直接或间接在人与人、动物与人、动物与动物之间传播的微生物）和第三类病原微生物（能够引起人类或者动物疾病，但一般情况下对人、动物或者环境不构成严重危害，传播风险有限，实验室感染后很少引起严重疾病，并且具备有效治疗和预防措施的微生物）的操作，如果穿全套带正压的工作服，可在Ⅱ级生物安全柜上从事第一类病原微生物（能够引起人类或者动物非常严重疾病的微生物，以及我国尚未发现或者已经宣布消灭的微生物）的操作。①Ⅱ级 A 型生物安全柜：分为 A1 型生物安全柜（ⅡA1）和 A2 型生物安全柜（ⅡA2）。ⅡA1 生物安全柜（图 1-2）有一个内部的风扇将实验室空气以 0.38m/s 的速率吸入安全柜，通过 HEPA 过滤器后向下，在距工作台表面 6～18cm 处分开，一半通过前面的排出孔，另一半通过后面的排出孔。任何由实验中产生的气溶胶或液滴均被吸入气流，气流经排出通道到达安全柜顶部的 2 个 HEPA 过滤器，此时，

70%的气体被重新再利用，30%的气体过滤后被排到实验室再反复利用，或通过中央排气系统排到外界。

ⅡA 2 生物安全柜：安全柜有前窗操作口，工作窗口进风气流（平均流速不低于 0.50m/s）和工作区垂直气流混合后进入安全柜上部的箱体，70%的气流经过高效过滤器过滤后重新送至工作区，另外 30%的气流经过高效过滤器过滤后排至实验室或通过排风管道（通常采用套管连接）排至室外。安全柜内所有污染部位均为负压区域或者被负压区域包围。②Ⅱ级 B 型生物安全柜：分为 B1 型生物安全柜（ⅡB 1）和 B2 型生物安全柜（ⅡB 2）。③Ⅱ级生物安全柜 A 型与 B 型的差异：在于覆盖工作台表面的循环气体和排出气体的量、排出系统不同，详细材料可以从制造商的说明书中获得。

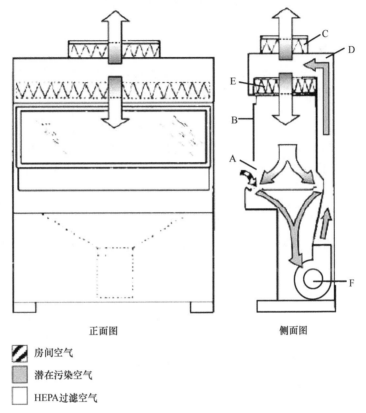

正面图　　　　　　　　　侧面图

▨ 房间空气

▨ 潜在污染空气

□ HEPA过滤空气

图 1-2　Ⅱ级 A1 型生物安全柜原理图

A. 前开口；B. 窗口；C. 排风 HEPA 过滤器；D. 后面的压力排风系统；E. 供风 HEPA 过滤器；F. 风机

3. Ⅲ级生物安全柜

整个环境是完全密闭的，进入的气体经 HEPA 过滤，排出的气体经两层 HEPA 过滤。有一个专门的系统保持柜内压力在 124.5Pa，呈负压状态，可提供最好的个人防护作用，用于第一类病原微生物的操作。实验时可容两位操作人员将手伸入手套箱内进行操作。柜旁有双门传递窗，柜底有化学消毒剂浸泡的盒子，安全柜可与双门的高压灭菌器连接，接受已灭菌的物品并将用过的材料移出安全柜进行灭菌处理。

四、实验室生物安全风险评估

（一）风险评估及其意义

风险评估最早出现在 20 世纪 30 年代的保险行业。第二次世界大战后，随着工业生产规模的不断扩大，工业发展所带来的火灾、爆炸、有毒有害气体泄漏等严重事故频发，使人们逐渐重视安全，带动了安全风险评估及管理工作的发展。

风险（risk）是某一事故发生的可能性及其事故后果的总和，是随时存在的。风险评估（risk assessment）是指通过识别和分析风险发生的概率和可能的后果，确定风险级别、风险控制内容，以及如何控制的过程，是风险管理的重要环节和依据。风险评估与管理作为安全管理的重要内容之一，越来越受到重视，广泛、快速地应用在各领域，并逐步建立了较为完善的风险管理体系。

（二）实验室生物安全风险评估内容

《实验室 生物安全通用要求》要求风险评估应至少包括如下内容。

1. 生物因子已知或未知的特性

生物因子的种类、来源、传染性、传播途径、易感性、潜伏期、剂量-效应（反应）关系、致病性（包括急性与远期效应）、变异性、在环境中的稳定性、与其他生物和环境的交互作用、相关实验数据、流行病学资料、预防和治疗方案等。

2. 设施、设备等相关的风险

实验室应明确在处理病原微生物的感染性材料时是否使用可能产生病原微生物气溶胶的搅拌机、离心机、匀浆机、振荡仪、超声波破碎仪及混合仪等设备。

3. 人员相关的风险

实验室应对检验人员，尤其是对病原微生物操作检验人员的知识背景、工作经验、工作能力、个人心理素质、健康状态、可能影响工作的压力等进行评估，对实验室管理者还应进行管理能力及处理突发事件能力的测评。

4. 意外事故、事故带来的风险

实验室应进行固有风险评估，即未采取任何控制措施前，事故发生时可能面临的风险，确定危害产生的后果及产生后果的可能性。

5. 可能产生的危害及后果分析

机体暴露于病原微生物后，产生的后果取决于机体抵抗力、病原微生物的致病力及数量。不同属、种、亚种、型的病原微生物，其致病性各异。当大量病原微生物侵袭人体时，潜伏期一般较短，病情较为严重；反之，则潜伏期较长而病情较轻，或不发病。不同个体被传染后，可产生各种不同的结局，最轻的不出现任何症状，最重的发生严重临床疾病而死亡。对暴露潜在后果的评估可参考相关书籍及材料。

6. 被误用和恶意使用的风险

实验室涉恐事件是指在病原微生物实验室发生的可能涉及生物恐怖袭击的事件，包括：破坏实验室设施或菌（毒）种库；抢夺、盗窃高致病性菌（毒）种或样本及其他感染性材料；在实验室内故意播撒高致病性病原微生物菌（毒）种或样本等。实验室人员发现实验室涉恐事件要立即报告，并启动本单位应急预案，包括：应立即关闭涉恐事件发生的实验室；对周围环境进行隔离、封闭，对可疑材料包装、密闭；对在事件发生时间段内进入实验室的人员进行医学观察、隔离；有相关疫苗时，对实验人员及密切接触人员进行预防接种；配合卫生部门做好感染者救治及现场调查与处置工作，提供实验室布局、设施、设备、实验人员等情况；协助公安机关追踪丢失病原微生物菌（毒）种或样本的去向。

7. 风险的范围、性质和时限性

应定期进行风险评估或对风险评估报告的复审，评估的周期应根据实验室活动和风险特征而确定。开展新的实验室活动或欲改变评估过的实验室活动（包括相关的设施、设备、人员、活动范围、管理等），应事先或重新进行风险评估。当发生事件、事故等时，应重新进行风险评估。当相关政策、法规、标准等发生改变时，应重新进行风险评估。

8. 实验室常规活动和非常规活动过程中的风险（不限于生物因素）

包括所有进入工作场所的人员和可能涉及的人员（如合同方人员）的活动。

9.其他内容

危险发生的概率评估；确定可容许的风险；对风险、需求、资源、可行性、实用性等的综合评估。

（三）风险评估的结论要点

实验室结合自身的具体情况，在对以上各方面评估的基础上，需要进行风险评估。评估结论要点包括以下方面。

（1）病原微生物的分类分级：根据我国的法律法规和国际技术指导手册，给出具体病原卫生物的危害程度等级或生物安全等级，以及相应的生物安全防护水平。

（2）实验活动、实验室级别以及个人防护要求。根据实验活动评估中识别出的危险因素，确定应采取何种防护，包括设施、设备防护和个人防护。

（3）人员健康和素质要求。实验室人员在上岗前是否经过培训并获得资质，是否符合实验室工作的健康要求。

（4）预防措施要求。接种有效的疫苗是最常用的预防手段，是否有特效的疫苗或药物对疾病的预防非常重要。

（5）菌（毒）种和实验活动的管理要求。是否具有针对菌（毒）种和实验活动的管理措施。

（6）应急预案和措施的要求。是否具备应急处置方案，方案是否切实有效，是否有紧急联系电话（主要包括实验室负责人、当地疾控机构和定点医疗机构等单位的电话）。

（四）风险评估的持续开展

病原微生物活动风险评估是在实验开始之前进行的工作，它不是一成不变的，而是一种动态发展的工作。必要时，要根据实际情况和有关研究的最新进展进行检查和修订。通常下列情况下，需要对已有的病原微生物活动风险评估的相应部分进行再评估。

（1）当收集到的最新资料表明病原微生物的致病性、传染性或传播方式发生变化时，应及时变更病原微生物的背景资料，并对可能涉及的所有实验室活动的安全性进行重新评估。

（2）当实验室的硬件设施和设备发生重大改变、可能影响病原微生物的操作安全性时，需要对实验室操作的所有病原微生物重新进行风险评估。

（3）如果实验室或研究目的增加对某种病原微生物的实验活动内容时，应该对该项目的活动内容进行再评估。

（4）一旦实验室活动中分离到原有评估报告中未涉及的病原微生物时，应对其进行全面的风险评估。

（5）实验室工作人员在进行实验活动时，如果发现新的危险因素，需要对原有风险评估进行相应的补充。

五、实验室生物安全管理要求

（一）实验室生物安全管理体系的建立

（1）成立组织机构：病原微生物实验室的设立单位应成立生物安全委员会，对实验室工作人员的生物安全负责；制订生物安全管理和培训计划，并对相关微生物危害性做出评估。

（2）编写生物安全手册，内容包括：①评估实验中接触的微生物的危害级别；②标准或特殊安全操作规程；③个人防护要求；④意外发生时紧急处理程序；⑤生物废物处置方法；⑥实验设备安全消毒程序；⑦内务管理制度；⑧员工培训方法与记录。编制的生物安全手册应方便员工获取、阅读并遵照执行。

（3）制定生物安全管理制度：病原微生物采集制度；包装、运输制度；病原微生物接收制度；安全保管制度；安全使用制度（含内部流转制度）；实验室准入制度；安全培训制度；安全防护制度；菌（毒）种运输、保存、使用与销毁制度；尖锐器具的安全操作制度；消毒与实验废物处理制度；安全监督检查制度等。

（4）生物安全相关知识培训：病原微生物实验室应当每年定期对工作人员进行培训，保证其掌握实验室技术规范、操作规程、生物安全防护知识和实际操作技能，并进行考核。工作人员经考核合格的，方可上岗。实验室的工作人员必须是受过专业教育的技术人员，清楚地了解工作中存在微生物的种类与潜在危害级别，自愿从事病原微生物实验室工作，遵守生物安全规章制度和操作规程。

（5）建立病原微生物标本采集制度：从事病原微生物标本采集的技术人员必须经过生物安全培训，并掌握相关专业知识和操作技能；在标本采集过程中，采样人员应具有与采集病原微生物样本相适应的防护措施；有效防止病原微生物标本扩散和感染的措施；保证病原微生物样本质量的技术方法和手段；对样本的来源、采集过程和方法等进行详细记录。

（6）病原微生物菌（毒）种或样本运输：按照《可感染人类的高致病性病原微生物菌（毒）种或样本运输管理规定》（卫生部第 45 号令）要求，跨省运输，经省级卫生行政部门进行初审，报国家卫生行政部门审批后持准运证实施运输；省行政区域内运输，由运输单位提出申请，接收单位同意，报省级卫生行政部门审批后持准运证实施运输。病原微生物菌（毒）种或样本运输一般采用航空或陆路运输，须专用包装，由经过相关生物安全知识培训的 2 人以上专人护送运输，并在护送过程中采取相应的防护措施。

（7）操作人员健康监测：病原微生物实验室的设立单位应定期对实验室操作人员进行健康监测，从而确定有无实验感染的疾病发生。人员上岗前进行体检，对接触相关危害微生物的人员进行临床检查及血清学检查，必要时采其血清备存；提供有效的主动或被动免疫；对孕妇等易感者免于接触或从事高度生物危险性操作作出规定；实验室发生事故应立即报告，对实验室获得性感染的个人进行早期检查。需要时应向每个人提供医学评价、疾病监测和治疗，所有有关的记录需存档。

（8）事故处理和报告：制定实验室感染应急处置预案，明确病原微生物实验室事故发生的报告程序，并以文件形式保存，对事故原因、经过、处理及预防进行详细说明。

（9）内务管理：实验室合理规划布局，分区清楚，不同生物安全级别的实验室具有相应的危险标识；在病原微生物实验室入口处张贴生物危险标志，并填写生物安全级别及相关信息；非实验有关人员和物品不得进入实验室；外来参观、进修或合作人员进入实验室前应得到负责人允许；实验室内禁止吸烟、摄食、饮水或其他与实验无关的活动，实验设备维护或运出修理前进行消毒。

（二）医疗废物管理

1. 医疗废物的定义和分类

医疗废物是指医疗卫生机构在医疗、预防、保健以及其他相关活动中产生的具有直接或间接感染性、毒性及其他危害性的废物。医疗废物可分为感染性、病理性、损伤性、药物性、化学性五大类。

第一类是感染性废物，包括被检者血液、体液、排泄物污染的物品，如棉球、棉签、止血带、纱布及其他各种敷料；一次性使用卫生用品、一次性使用医疗用品及一次性医疗器械；感染的垃圾、培养基、标本、废弃的血液、使用后的一次性医疗器械。

第二类是病理性废物，包括诊疗过程中产生的人体废物和医学试验动物尸体等，含有大量的致病微生物和化学试剂，主要有手术废物、病理废物、试验废物等。

第三类是损伤性废物，包括一次性针头、针管、载玻片、试管、培养皿等。

第四类是药物性废物，包括过期的疫苗、试剂等。

第五类是化学性废物，包括废弃的化学试剂、化学消毒剂等。

2. 医疗废物的管理

医疗废物的管理体现在收集、运送、储存、处理及监督管理的各个环节，而且在各环节中都应制定突发事件应急预案，以备发生不测时应对。根据《医疗废物管理条例》和《医疗机构医疗废物管理办法》的具体要求，法人是第一责任人，要切实加强管理、处理好医疗废物的分类、收集、运送、处置等各个环节，要成立管理组织。

1）医疗废物的收集

（1）医疗废物要做到分类收集、分类处理。医疗废物如针管等物品应先毁掉再投入利器盒，且利器盒不能重复使用，血液的试管等应高压灭菌后才能作为一般的医疗废物收集。棉签、棉球、纱布、口罩等应及时收集，不可随意丢放在一般废物筐中。载玻片等一般性实验物品要浸泡消毒后方可丢弃或洗刷重复使用。医用手套等一次性物品要及时收集，利器盒和收集医疗废物的塑料袋必须由卫生行政当局指定或符合要求的供货商提供。实验室应将分类后的医疗废物贴上标签，注明为何种医疗废物及产生的部门，进行密封处理，使用橡胶袋/条密封黄色垃圾袋口，将利器盒盖拧紧密闭，严禁外溢。

（2）专职收集医疗废物的工作人员，每天按规定的收集运送时间和路线，用专用封闭式车到定点存放处收集感染性、损伤性医疗废物。在收集运送过程中应当避开人流、物流高峰时间。同时，在转运过程中专职人员不得离开转运车，防止医疗废物流失、泄漏和扩散，并防止医疗废物直接接触身体。

（3）医疗废物交接过程中必须进行登记，登记内容包括医疗废物的种类、来源、重量及数量、交接时间、交方人签名、接方人签名，保存时间3年。

2）医疗废物的运送

（1）在收集运送医疗废物前必须做好个人防护工作，穿工作服，戴工作帽、口罩、防水围裙、袖套、乳胶手套、胶鞋，各种防护用品定期清洁消毒（1000mg/L有效氯消毒液浸泡30min）。对运送人员加强职业安全防护；建立专职人员健康档案；上岗前必须做身体检查，合格后方可上岗；每年体检一次；必要时给予免疫接种。

（2）运送人员在使用医疗废物专用车前必须对车辆进行检查，包括车辆盖子关闭是否密封、轮子运转是否正常、车上禁止牌标识是否清晰或脱落。每次运送完毕时对专用车进行消毒清洗（用2000mg/L有效氯消毒液喷洒，作用60min后洗净），并做好记录。

3）医疗废物的保存

实验室产生的医疗废物均须储存在暂时储存点。暂时储存设施、设备用于待处置医疗废物的暂时储存，且符合以下要求。

（1）远离医疗区、食品加工区、人员活动区和生活垃圾存放场所；方便医疗废物运送人员、运送工具和车辆出入；因条件限制，选址靠近生活垃圾存放场所、人员活动区的，应当采取相应的隔离措施，设有各自的通道。

（2）暂时储存设施、设备应当上锁，墙面、地面平整，不应存在洞穴或缝隙，可开启的窗应安装铁栅栏和纱窗，出入门安装自动关闭纱门。

（3）有防鼠、防蚊蝇、防蟑螂的安全措施。

（4）防止渗漏和雨水冲刷。

（5）易于清洁和消毒。

（6）避免阳光直射。

（7）设有明显的医疗废物警示标识。

4）医疗废物的处置

实验室的医疗废物处置工作应当符合下列要求。

（1）医疗卫生机构负责运送医疗废物的人员将医疗废物交接给暂时储存管理人员时，应当填写医疗废物交接单，内容应当包括医疗废物的来源、类别、袋或盒的重量或数量、交接时间以及经办人签名等项目，交接单保存时间3年以上。

（2）不得在非暂时储存场所堆放或存放医疗废物；严禁转让、买卖医疗废物。

（3）医疗废物暂时储存时间最长不得超过48h。当储存时间超过48h，集中处置单位仍未前来收集的，医疗卫生机构应当及时向所在地环保和卫生行政部门报告。

（4）无关人员不得出入医疗废物暂时储存场所，严禁在暂时储存场所内进行与医疗废物管理、处置无关的活动。

（5）医疗废物每次清运后应当及时对暂时储存场所和设备、设施进行消毒和清洗并记录，记录保存3

年以上;清洗的污水应当排入医疗卫生机构污水处理系统。消毒方法应当符合卫生部《消毒技术规范》(2006年版)的规定。

5)监督管理

医疗废物主管部门应定时检查,随时抽检,确保收集运送处理正确。重点检查内容如下。

(1)是否在规定时间内收集,运送时专用车是否盖严,确保医疗废物处于密闭状态。

(2)防护用品穿戴。

(3)医疗废物登记单记录情况。

(4)收集完毕后进行专用车消毒清洗等。

六、菌(毒)种保藏使用管理

微生物菌(毒)种是国家重要的生物资源和战略资源,与生物安全、人类健康、环境保护等密切相关,是保障生物安全和国家经济安全与稳定的重要战略资源,是人类传染病预防、诊断和治疗,以及医学科研和教学事业的基础及重要支撑条件,也是保障食品安全、生物安全以及抵御生物恐怖袭击的前提条件。医学病原微生物是微生物学的重要组成部分,是能够引起人类各种疾病的致病性微生物。在实验室生物安全日益得到广泛关注的形势下,病原微生物菌(毒)种作为实验室生物安全管理工作的核心内容,做好保藏管理尤为重要。

菌(毒)种保藏是一项重要的微生物学基础工作,是将分离得到的野生型或经人工改造得到的用于科学研究等方面有价值的菌(毒)种,用各种适宜的方法妥善保存,保持菌(毒)种的纯度、活性、基因信息的完整性,避免菌(毒)种变异和退化,在长时间内保持较高的存活率及遗传稳定性,以便用于科学研究和生产的长期使用。菌(毒)种是进行微生物学研究和应用的基本材料,是开展传染性疾病预防控制的重要保障,是发展生物工程的重要基础条件之一。微生物菌(毒)种得到安全、长期、有效的保藏,是发挥其重要作用的前提。

近代微生物菌(毒)种收集、保藏活动始于 20 世纪 20 年代。我国是一个微生物资源较为丰富的国家,但规范性的保藏工作与国外发达国家相比存在较大差距。方心芳先生于 20 世纪 30 年代后期,在黄海化学工业研究社开始了最初的菌种收集和保藏工作。1979 年,原国家科委批准成立国家微生物菌种收集保藏专门机构——中国微生物菌种保藏管理委员会,委托中国科学院负责我国菌种保藏管理业务,并于 1986 年制定了《中国微生物菌种保藏管理条例》。中国微生物菌种保藏管理委员会办事处设在中国科学院微生物研究所,委员会下设普通微生物菌种保藏管理中心、农业微生物菌种保藏管理中心、工业微生物菌种保藏管理中心、医学微生物菌种保藏管理中心、抗生素菌种保藏管理中心、兽医微生物菌种保藏管理中心、林业微生物菌种保藏管理中心等国家级专业菌种保藏管理中心,分别负责农业、工业、医学、药用、兽医、林业及普通微生物菌种资源的收集、鉴定、保藏、供应及国际交流任务。

我国一直以来高度重视医学微生物菌(毒)种保藏管理的立法工作。1985 年,根据中国微生物菌种保藏委员会管理和组织条例的规定,为了加强医学微生物菌种的保藏管理,卫生部制定了《中国医学微生物菌种保藏管理办法》,该办法规定了组织及任务(在卫生部领导下,在中国微生物菌种保藏委员会指导下,设立医学微生物菌种保藏管理中心)、菌种的分类,以及菌种的收集、保藏、供应、使用、领取及邮寄、对外交流,同时设立了中国医学真菌菌种保藏管理中心、中国医学细菌菌种保藏管理中心、中国医学病毒菌种保藏管理中心及专业实验室。《刑法》第 331 条规定:"从事实验、保藏、携带、运输传染病菌种、毒种的人员,违反国务院卫生行政部门的有关规定,造成传染病菌种、毒种扩散,后果严重的,处三年以下有期徒刑或者拘役;后果特别严重的,处三年以上七年以下有期徒刑"。2006 年,《国家突发公共卫生事件应急预案》规定发生高致病性菌株、毒株、致病因子等丢失事件为特别重大突发公共卫生事件。2007年,国务院转发的卫生部《国家鼠疫控制应急预案》中将发生鼠疫菌强毒株丢失事件确定为特别重大鼠疫疫情。2008 年北京奥运会期间,卫生部明确提出,加强菌(毒)种的实验室生物安全管理是奥运医疗卫生保障工作的重中之重。2004 年,国务院《病原微生物实验室生物安全管理条例》和《中华人民共和国传染病防治法》（修订）颁布实施后，根据国家建立菌（毒）种库及国务院卫生主管部门主管与人体健康有关的实验室及其实验活动的生物安全监督工作等规定，卫生部已经颁布了新的菌（毒）种保藏机构管理办法，结合新形势下的情况和要求，以进一步加强人间传染的菌（毒）种保藏机构的管理，保护和合理利用我国菌（毒）种或样本资源，防止菌（毒）种或样本在保藏和使用过程中发生实验室感染或者引起传染病传播。

对于我国未曾发现的高致病性菌（毒）种或样本、已经消灭的菌（毒）种或样本及第一类高致病性病原微生物，应由国家指定的机构进行保藏。高致病性菌（毒）种或样本应当设专库或者专柜单独储存。保藏机构应当向具有合法从事高致病性病原微生物相关实验活动资格的实验室提供高致病性菌（毒）种或样本，并予以登记。使用高致病性菌（毒）种或样本的实验室在相关实验活动结束后，应及时将菌（毒）种或样本就地销毁或者送交保藏机构保管。

规范和加强菌（毒）种保藏机构的硬件条件和软件制度建设管理，是确保菌（毒）种保藏安全的两个重要方面。保藏管理过程中涉及病原微生物实验操作活动，因此，保藏机构应该明确其职能、工作范围、工作内容和所保藏的病原微生物种类，具备与所保藏的病原微生物实验活动相适应的各级别生物安全防护水平实验室，工作人员应具备与拟从事保藏活动相适应的专业技能。同时，保藏机构对所保藏的病原微生物应当进行风险评估，制定生物安全防护方案、相应标准操作程序、意外事故应急预案及感染监测方案，建立持续有效的保藏机构实验室生物安全管理体系。

第六节　外来物种入侵

一、外来入侵物种传入与扩散的新特点

我国是当前世界上遭受外来生物入侵危害和威胁最为严重的国家之一。一是入侵种类多。已传入我国的外来入侵物种繁多，初步统计表明入侵我国的外来生物已达 664 种，其中植物 270 种、动物 198 种、微生物 61 种；大面积发生、危害严重的达 120 多种。在世界自然保护联盟（International Union for Conservation of Nature，IUCN）公布的全球 100 种最具威胁的外来生物中，我国有 51 种。二是分布范围广。全国 34 个省（自治区、直辖市）均有入侵生物发生和危害，涉及农田、森林、水域、湿地、草地、岛屿、城市居民区等几乎所有的生态系统，其中农业生态系统最为严重。例如，1994 年美洲斑潜蝇被发现传入海南省和广东省等地，现已蔓延至我国整个大陆；入侵物种空心莲子草现已广泛分布于我国 21 个省份的农田、湿地。三是新疫情不断突发。我国大多数入侵物种是随种子、花卉和苗木引进等无意识传入，致使新的疫情不断突发。近 10 年来，我国相继发现了草地贪夜蛾、番茄潜叶蛾、梨火疫病菌、番茄褐色皱纹果病毒、长芒苋等 60 多种世界性入侵物种，平均每年 5 或 6 种。四是口岸截获不断上升。近年来，我国各口岸入境植物检疫截获的有害生物的种类与频次急剧增加。2005 年截获有害生物 2684 种 120 861 批次，2010~2013 年共截获各类有害生物 16 466 种 178 万批次，平均每年截获有害生物 4117 种 44.5 万批次。这些高危险性潜在入侵物种的来源极其广泛，截获的外来入侵物种来自 150 多个国家和地区。

外来入侵物种的传入与扩散呈现出新特点。一是国际贸易和国际旅游等"人为"活动的迅猛发展，成为外来物种远距离入侵与迁移扩散的主要途径。二是现代大农业生产（农业、林业、畜牧业、水产养殖等）部分依赖于物种资源的引进与交换，这种有目的地共享生物多样性资源使得特定生态系统或特定区域得到巨大经济效益的同时，也增加了外来有害生物伴随入侵的危险性。三是经济一体化带来的交通基础设施的贯通，增加了入侵物种迁移扩散的频率。四是近年来的网购热、宠物热等新情况的出现，使得外来物种入侵途径更趋多样化、复杂化。外来物种入侵能打乱生态系统的结构，干扰已有的自然生态平衡，威胁本底生物多样性，造成农林牧渔业生产的巨大损失，直接威胁人畜健康，并引发政治、经济、社会和文化安全问题，对生态环境、经济发展、社会安全、国际贸易等方面造成严峻威胁。

《中华人民共和国生物安全法》明确规定"国务院农业农村主管部门会同国务院其他有关部门制定外来入侵物种名录和管理办法。国家加强对外来物种入侵的防范和应对，保护生物多样性。"2021 年 1 月 20 日，我国农业农村部、自然资源部、生态环境部、海关总署、国家林草局五部门印发《进一步加强外来物

种入侵防控工作方案》（以下简称《方案》）。《方案》要求开展外来入侵物种普查和监测预警，以农作物重大病虫、林草等外来有害生物为重点，布设监测站（点），组织开展常态化监测。同时强化跨境、跨区域外来物种入侵信息跟踪，建设分级管理的大数据智能分析预警平台；加强外来物种引入管理；加强外来入侵物种口岸防控；加强农业外来入侵物种治理；加强森林草原湿地等区域外来入侵物种治理；加强科技攻关；完善政策法规；完善防控管理体制；加强宣传教育培训。《方案》要求，当前重点做好草地贪夜蛾、马铃薯甲虫、苹果蠹蛾、红火蚁等重大危害种植业生产的外来物种阻截防控；推进水葫芦、福寿螺、鳄雀鳝等水生外来入侵物种综合治理；加强对危害农业生态环境的紫茎泽兰、豚草等外来入侵恶性杂草的综合治理；抓好松材线虫、美国白蛾、互花米草、薇甘菊等重大林草外来入侵物种治理。同时，开展少花蒺藜草、黄花刺茄等危害森林草原湿地生态系统的恶性入侵杂草综合治理；加强江河湖泊及河口外来入侵物种治理等。中国农业科学院植物保护研究所刘万学研究员牵头提出"如何实现农业重大入侵生物的前瞻性风险预警和实时控制？"，入选中国科协 2020 年十大工程技术难题，进一步体现了外来入侵物种防控已经成为全社会的广泛共识。

二、外来物种入侵风险预判和监测预警

外来入侵物种对生态环境破坏性极大，蔓延扩散迅速，抑制本地物种的生长，从而污染原有的自然基因库、破坏遗传多样性、加速原物种灭绝，最终加剧生态圈单一化。根据我国相关法律法规和已公布的外来入侵物种名录，制定了外来入侵物种清单；根据物种的危险性等级定量评估的 R 值，计算风险等级，划分一级、二级、三级、四级 4 个级别。一级为极高危（恶性入侵类），二级为高危（严重入侵类），三级为中危（局部入侵类），四级为低危（一般入侵类）。例如，一级基本没有有效的防控技术手段，危害面积超过 10 个省（自治区、直辖市），每年造成的经济损失在 50 亿元以上，在世界各地分布，再次入侵风险极大。

我国已成为当前世界上遭受外来生物入侵危害和威胁最为严重的国家之一，比较熟知的入侵生物有以下几种。①松材线虫：是世界公认的重大林业外来入侵害虫，是松树毁灭性病害——萎蔫病的主要致病因子，导致的松树病症具有发病突然、致死速度快、难以预先诊断、一旦感染无法治愈的特点，被称为松树的癌症。该病原产自北美，现已扩散至中国、韩国、日本等亚洲地区和葡萄牙、西班牙等欧洲地区。自 1982 年在我国南京中山陵首次发现以来，松材线虫目前已扩散至全国 15 个省（自治区、直辖市）的 179 个县级行政区，累计致死松树 5 亿多株，毁灭松林 500 多万亩[①]，造成经济损失上千亿元，属于一级入侵种。②美国白蛾：原产于北美洲，现已广泛分布于欧亚地区。1979 年 6 月在调查农作物病虫害时，首次在中国发现美国白蛾。其一只一年繁殖上亿只，吃食 6000t，各种植物叶子全被吃光，严重破坏景观，已引发社会关注；传播途径广、危害大，适应性强，繁殖量大，具有暴食性且食性杂（可取食绝大多数阔叶林，以及灌木、花卉、蔬菜、农作物、杂草等）的特点，属于一级入侵种。③加拿大一枝黄花：我国于 1935 年作为观赏植物引进，20 世纪 80 年代扩散蔓延成为杂草。其在我国的潜在分布区极为广泛，目前在重庆、广东、四川、浙江、上海、安徽、湖北、湖南、江苏、江西、辽宁等 11 个省份有分布。在其生长过程中，与周围农作物争空间、争养分、争阳光、争肥料，使得与之同生境的物种难以生存，降低了把生态系统的自然基因库和遗传多样性，使本地原有物种加速灭绝，属于二级入侵种。④草地贪夜蛾：现已广泛分布于美洲 45 个国家、非洲 47 个国家、亚洲 13 个国家，2019 年 1 月被发现入侵我国云南西南部，短短数月内已蔓延至 19 个省份的 1000 多个县。草地贪夜蛾属杂食，玉米、水稻、花生、辣椒、洋葱等都是其食物。2019 年，草地贪夜蛾发生面积高达 1500 多万亩，玉米受害面积占比 98%，直接经济损失约 100 亿元，严重时粮食绝收，属于一级入侵种。

我国已经构筑完善了外来入侵物种大数据库平台，涉及潜在外来入侵物种 4280 余种，已入侵物种近800 种；突破了多源异构海量数据在数据管理、分析、展示和共享服务等方面存在的难点，运用大数据、云平台、空间分析、时空数据可视化等技术，完善了外来入侵物种时空数据管理与共享服务平台数据资源，实现了重大入侵物种追踪溯源、时空数据模拟与管理信息化。

---

① 1 亩≈666.67m²。

我国已开展一系列基于气候适生性和物种多样性生态位竞争等模型的外来入侵物种（包括潜在入侵物种、新发/局部分布入侵物种）风险评估预判预警研究，完成了草地贪夜蛾、番茄潜叶蛾、玉米根萤叶甲、梨火疫病菌、麦瘟病菌、马铃薯金线虫、栎树猝死病菌、番茄褐色皱纹果病毒、玫瑰蜗牛等 30 余种潜在和新发入侵物种的适生性、危害性和暴发性风险预判预警；利用数据挖掘技术和人工神经网络模型中的反馈网络，基于 GIS 模拟了番茄潜叶蛾、长芒苋、三裂叶豚草、互花米草、肋骨条藻、克氏原螯虾等 20 余种重要入侵物种的入侵扩散路径及其时空生态演化影响动态和扩散耦合机制。基于风险评估预判预警，番茄褐色皱纹果病毒、玉米矮花叶病毒、马铃薯斑纹片病菌、乳状耳形螺、玫瑰蜗牛等 5 种潜在外来有害生物被增补列入《中华人民共和国进境植物检疫性有害生物名录》。

我国已开展一系列重要外来入侵物种快速、智能、远程的监测预警技术，构筑完善了重要入侵物种早期预警与监控平台；研发了重要入侵植物等无人机航拍和遥感的高光谱图像识别，建立了空天地相结合的卫星遥感监测技术体系；开发了外来入侵物种野外调查云数据采集 APP，利用二维码标签实现了长期监管，极大地提高了调查数据管理效率和精度；研制了快速分子检测试剂盒、免疫胶体金试纸条等检测技术，实现地中海实蝇、南美番茄潜叶蛾、草地贪夜蛾等 19 种频发跨境入侵害虫及北美苍耳等 9 种重大入侵植物和番茄斑萎病毒等入侵病原物的精准识别；建立了三个基因组网络平台，开发了两种突变检测方法，发现了入侵物种控制的新型分子靶标；基于风险评估和监测，发现在《中华人民共和国进境植物检疫性有害生物名录》[更新至 2021 年 4 月 9 日，446 种（属）] 中已有 158 种在我国分布发生，修订了《全国农业植物检疫性有害生物名单》，增加了 3 种。

三、外来物种入侵成灾机制和影响因素

了解和明确重大入侵物种的入侵成灾机制，揭示入侵物种的入侵性及生态系统的可入侵性，建立实现入侵物种前瞻性风险预判预警、及时应对、提升防控技术和能力非常重要。围绕外来入侵物种入侵机制和影响因素方面开展了诸多研究。利用野外调查与移植实验相结合，宏观生态与分子生态相交叉、基因组学等多学科交叉的综合方法，创建了入侵种与共生微生物间的"共生入侵"理论学说，解析了外来物种"可塑性基因驱动"的入侵特性，揭示了"可塑性基因"表观遗传世代累计遗传机制；发现了入侵物种的基因家族扩张特征，建立了入侵种基因特征数字模型，实现从基因组角度预测昆虫入侵性；揭示了不同物种在同一寄主上互作和生态位分离共存现象，以及入侵物种嗅觉适应和致害病力增强的"新寄主驱动进化"机制，提出了入侵植物凋落物和根际途径通过碳-氮物质循环促进入侵的"正向偶联"机制，明确了气温变暖将加剧外来物种入侵的"土壤天敌逃逸与氮分配进化"和"生境干扰与自我增强"机制，明确了气候变暖和氮沉降的复杂交互作用对入侵植物竞争演替的影响，在 *PNAS*、*Ecology Letters*、*Nature Communications*、*Giga Science*、*ISME Journal*、*New Phytologist* 等期刊发表系列高水平论文，揭示了重大农林外来入侵物种暴发成灾机制。

四、外来物种入侵防治方法和成效

外来入侵物种的防控从单一、碎片化的防控技术，发展到全程联防联控防控和区域性全域治理，注重早期防控和源头治理。在新发重大外来入侵物种的扩散阻截与应急处置方面：针对南美番茄潜叶蛾、红火蚁、草地贪夜蛾、葡萄蛀果蛾等 20 余种新发重大外来物种，研发了远程智能监测软件系统和智能监测设备，在发生前沿及其周边地域建立监测阻截带，实现实时监控；研发了新型分子靶标药物，国际上首次创制出超高效抗病毒化合物，技术评估可产生的经济效益超过 5700 万元；筛选和研发了红火蚁、草地贪夜蛾、蜂巢小甲虫等的高质量饵剂制造工艺、高质量粉剂制造工艺，建立了全面防治和重点防治相结合的新二阶段防治法；研发了人力、电动、无人机播撒机械与技术，创建了应急防控与根除技术体系；研制了树干注液导入器，完善了树干注药技术理论。

在重大入侵害虫的区域性生物防控减灾技术方面，以草地贪夜蛾、美洲斑潜蝇、烟粉虱、红脂大小蠹、实蝇等 10 种重大入侵害虫为主，创建了"繁殖-包装-释放"一体化生产技术、寄生性天敌蜂繁殖技术，使

产能增加 3.6 倍；发现多种天敌共存时，可通过生态位时空互补机制联合控制效能，首次采用新型基因工程菌 Bt 制剂，研发了天敌昆虫生态位互补阻截与替代技术、信息素诱捕与干扰以及特定波长灯诱联合诱杀技术、生态调控技术等技术和产品；首创了入侵物种失控应急的保障技术体系，创建并应用了三大类蔬菜高效绿色防控技术模式，研发了寄生蜂应用和化防协同的大田减量施药技术。

在重大入侵植物的生态修复可持续治理技术方面，以豚草、紫茎泽兰、空心莲子草、少花蒺藜草、互花米草、水盾草等 10 种重大入侵植物为主，提出立体型生态修复防控策略：针对不同生态系统退化特点，根据具体生境特征探索相应的生态修复技术，首次为我国典型的三类受损退化生态系统建立了高效立体型生态修复技术策略，针对西南山地受损退化生态系统建立了地下生境改良-地上植被修复立体型生态修复技术体系，针对滨海湿地生态系统建立了多过程种植方式联合调控一体化修复技术体系，针对受损内陆湿地生态系统，通过植物源抑制剂、微生物强化剂和生物炭等土壤改良剂建立了本地植物多样性替代控制技术体系；创建了植食性天敌"时空生态位互补"联合增效防控新技术、替代植物"功能互补"组合阻截与替代防控新技术；提出了"分区治理、协同防控"策略，集成创新了可持续治理技术模式，成功解决了入侵杂草植物生态位重叠发生、交错连片成灾的控制难题。

五、外来物种入侵防控建议

我国针对潜在入侵生物和新发疫情前瞻性风险预警及实时控制等方面研究进展缓慢，迫切需要实行主动性的"关口外移、源头监控、风险可判、早期预警、技术共享、联防联控"的"源头治理"和"全程管控"策略及相应的技术产品储备，提升和突破预警与监控技术产品。将入侵生物防控技术的研发目标和管控目标落实到入侵生物，"治早、治小、治了、治好"，实现入侵生物由被动防控到主动应对的国家能力转变。

第一，从生物入侵防控科技研发和技术应用方面考虑。①建立国家级跨境入侵生物大数据预警平台，构筑生物入侵"防火墙"。前瞻性开展重大潜在入侵生物在我国传入-扩散-危害的预警监测及全程风险评估；发展大数据库分析与处理技术、可视化实时时空发布技术、时空动态多维显示技术，研制稳定、自动识别、自动收集和交换共享的整合系统平台与分析方法，提升入侵生物传入和扩散危害的预警预判及信息发布的决策支撑能力。②构建快速精准检测与远程智能监测技术平台，打造高效快速的"地空侦检群"。融合基因组学、雷达捕获、高光谱与红外图像识别、无人机、5G 互联网+等技术和方法，创制集地面快速侦检、高空智能监测、风险实时发布、危机紧急处置为一体的技术群，提升入侵生物智能监测预警能力。③升级灭绝根除与狙击拦截的技术平台，建立快速反应"特战队"。重点针对我国"六廊六路多国多港"境内沿线、边贸区、自贸区、自贸港等入侵生物传入扩散前沿阵地，建立国家级全息化地面监测网络，开展基础性和长期性疆域普查与定点排查，制定灭除与拦截的技术标准及规范化流程，建立不同级别的快速响应机制与储备应急处置物资，最大限度地遏制入侵生物的传播与扩散蔓延。④深化入侵生物跨境/区域联防联控的"源头治理"机制，夯实国家生物入侵管控"旗舰群"。开发链式防控的新技术与新产品（如气味分子侦测技术、高空鹰眼捕捉与识别技术、特殊材料分子干扰剂、功能基因干扰与编辑技术等）；强化入侵生物防控技术和信息的跨境/区域合作与共享，建立和升级跨境/区域的智能联动全程防控技术体系/模式，实施"关口外移、境/区域外预警、联防联控"的源头治理策略，凸显入侵生物防控的全程化、集成性、协调性、智能化和联动性，打造全新的联动管控"旗舰群"。

第二，从相关行业部门科技支撑体系建设方面，健全外来入侵生物防控的法律法规和行业部门内外协同/协调机制，完善政策导向，提升监管能力。建议农业农村部牵头建立国家级入侵生物防控委员会和风险评估决策中心，进行防控规划和建议的制定，以及风险评估的权威发布；完善外来物种入侵管理的法律法规体系，特别是完善外来物种引入的风险评估、准入制度、检验检疫制度、名录发布制度等，填补入侵生物监管存在的法律空白；完善农业农村部、林业和草原局、海关、生态环境部等行业部门间开展外来入侵防控共同规划和行动的协同/协调以及会商机制，统一协调外来入侵生物的管理，解决部门间存在的职能交叉、重叠和空缺，实现入侵生物跨行业危害的监管全覆盖；完善以政府为主导、以科技为支撑、以专业技术人才队伍为骨架、全民主动参与的入侵生物防控框架的政策导向；建立多部门间"横向联通"和部门内"纵向贯通"的预警与监控信息共享机制，打造和提升基层专业防控技术队伍的及时应对处置能力；建立入侵生物防控研究国家重点实验室或研究中心，支撑科技创新研发；建立和完善入侵生物野外监测基地及其平台设施，促进监测预警与防控技术的落地实施。各级政府要加大财政保障支持力度，储备潜在重大外来入侵生物的物资供应；加强入侵生物预警与防控的国际合作，建立国家/区域间风险交流与风险管控机制，促进预警信息的提前获取和防控技术与产品的前瞻性研发。

第七节　生物恐怖与生物武器威胁的防范

一、生物武器和生物恐怖的定义

生物武器是指使用或计划使用气溶胶、食物、水或昆虫媒介蓄意传播产生疾病的有机体或毒素的装置或制剂。它们的作用机制一般是通过感染或中毒（Venkatesh and Memish，2003）。生物恐怖主义是指故意释放生物武器，造成人类、动物或植物死亡或疾病。这些生物制剂包括细菌、病毒、毒素或真菌（Williams et al.，2022）。生物武器可作为政府生物战政策的一部分，或由恐怖团体、罪犯开发或使用。生物武器可以引发大规模流行病，具有无与伦比的杀伤力，恐怖分子过去曾使用过危险和毁灭性的生物武器。生物武器的杀伤力巨大，具有不可预测性，世界上很多国家制定了相关政策和指导方针，以防发生这种攻击。

2019年7月，美国生物防御与国家安全领域的知名智库"两党生物防御委员会"，向政府和业界公开提出"生物防御曼哈顿工程"倡议。"生物防御曼哈顿工程"倡议指出，第二次世界大战期间，在军事部门和联邦机构、学术界、工业界、政府承包商以及国家实验室共同努力下，美国实施的"曼哈顿工程"领导研发生产了世界上第一枚核武器，为盟国建立了压倒性军事优势。当前，类似的挑战是生物战、生物恐怖和传染病大流行等生物威胁，而美国处于"绝对不利的地位"。为彻底消除这种威胁，美国实施了一项国家级尖端生物防御研发项目——"生物防御曼哈顿工程"。该倡议呼吁健康、科技、外交、国防和安全、情报等多个部门的合作，以及工业、学术界利益相关者的协同。

1925年首次签署的《日内瓦议定书》，全名是《禁止在战争中使用窒息性、毒性或其他气体和细菌作战方法的议定书》，正式禁止在战争中发展、生产和使用生物武器（Williams et al.，2022）。1975年的《禁止生物武器公约》明确禁止发展、生产、储存、取得和保有生物与毒素武器以及设计投送生物武器工具。

另外，生物武器的使用很容易殃及攻击方，自身防护问题一直是各国生物武器研制计划的最大制约瓶颈。科学家们对防护面罩、防护疫苗能否提供完全的自我保护，以及防护疫苗引发的副作用与后遗症等问题都信心不足。生物武器带来的不仅是战场杀伤力，同时也伴随着严重的政治与伦理风险，科学家与公众也一直反对生物武器的研制与使用。

医疗保健专业人员需要了解生物恐怖主义和生物武器的本质，因为这些武器可能被用作世界任何地区恐怖袭击的一部分。因此，需要对医疗保健专业人员进行培训并做好准备，以应对可能发生的灾难性事件，因为快速行动和决策可能会挽救生命。

二、历史上的生物恐怖事件

美国疾病控制与预防中心（CDC）根据感染人体的发病率和死亡率等各种因素将生物武器分为3类。

A类：最高优先级，其对国家安全构成威胁，很容易在人与人之间传播，发病率和死亡率都很高。它们将对公共卫生产生重大影响，引起恐慌，并产生特殊的公共卫生准备要求。

B类：第二高优先级，这些疾病包括发病率和死亡率低于A类的疾病，也更难传播。

C类：第三高优先级，它们有可能导致严重的发病率和死亡率，但主要由新出现的病原体组成，这些病原体有可能在未来大规模传播。

生物恐怖主义的生物武器大致分为5类，包括细菌制剂、病毒制剂、真菌制剂、原生动物制剂和毒素。

（1）细菌：炭疽杆菌（炭疽）、布鲁氏菌属（布鲁氏菌病）、鼻疽伯克霍尔德菌（鼻疽）、类鼻疽伯克霍尔德菌（类鼻疽）、土拉弗朗西斯菌（土拉杆菌病）、伤寒沙门氏菌（伤寒），以及其他沙门氏菌属（沙门氏菌病）、志贺菌属（志贺菌病）、霍乱弧菌（霍乱）、鼠疫耶尔森菌（鼠疫）。立克次体制剂包括贝氏柯克斯体（Q热）、普氏立克次体（斑疹伤寒）、立克次体（落基山斑点热）和鹦鹉热衣原体（鹦鹉热）。

（2）病毒：天花、病毒性出血热、病毒性脑炎等。

（3）真菌：球孢子菌病（球虫病）、组织胞浆菌病（荚膜组织胞浆菌病）。

（4）原生动物：微小隐孢子虫（隐孢子虫病）。

（5）毒素：蓖麻毒素、鸡毒毒素、产气荚膜梭菌毒素、肉毒梭菌毒素、河豚毒素、神经毒剂。

过去曾发生过许多生物武器用于生物战的事件。战争期间故意使用生物武器，导致了一种新的但未知的威胁。在战争中使用生物武器的最初和早期尝试可追溯到中世纪。1346年，围困卡法市（现为乌克兰费奥多西亚）的鞑靼人部队进行生物战，通过将患有黑死病的人弹射到城墙上，在居民中引起黑死病的流行来削弱他们的战斗力（Christopher et al.，1997）。这导致了黑死病的暴发，鞑靼人征服了卡法。随后，载有可能感染腺鼠疫的人和病媒（老鼠）的船只驶往热那亚、君士坦丁堡、威尼斯和其他地中海港口。这被认为直接促成了第二次鼠疫大流行。

在18世纪，天花是生物武器的流行选择。在1756～1763年的法国和印度战争期间，驻北美英军指挥官杰弗里·阿默斯特爵士蓄意使用天花来"减少"敌视英国的美洲土著部落的人口。1763年，阿默斯特的一个下属、船长埃克耶，给了美洲土著人一条手帕和几条从天花医院拿来的毯子，这导致了美洲土著部落的天花流行（Christopher et al.，1997）。

在20世纪，报道的生物武器的使用程度有限。一些证据表明，在第一次世界大战期间，德国制定了一项生物战计划，计划采取秘密行动感染牲畜并污染动物饲料，这些饲料将从中立国出口给盟军。有报道称，有人试图将接种了炭疽杆菌（引起炭疽）和伯克霍尔德菌（引起鼻疽）的牛和马运往美国和其他国家。这些相同的微生物也被用来感染罗马尼亚绵羊，这些绵羊计划出口到俄罗斯。还有其他关于企图在俄罗斯传播鼠疫和在意大利传播霍乱的指控，但德国否认了所有这些关于生物战的指控。到1925年，各国签署了《日内瓦议定书》，禁止在战争中发展、生产和使用生物武器。

在第二次世界大战期间，各国再次企图纵容使用生物武器。日本从1932年到第二次世界大战结束一直从事与生物武器有关的研究。日本生物武器计划关注的病原体包括炭疽杆菌、霍乱弧菌、志贺菌、脑膜炎奈瑟菌和鼠疫耶尔森菌。1932～1945年，作为生物武器研究的一部分，有1万多名囚犯死于实验性感染。这些囚犯的大多数死亡是实验性接种生物武器和病原体的直接后果，这些生物武器和病原体导致炭疽、霍乱、脑膜炎球菌感染、痢疾、鼠疫等。1942年，美国启动了生物战计划，该项目包括在各种研究设施中开展对炭疽杆菌和猪布鲁氏菌的研究，包括马里兰州德特里克堡，即今天的美国陆军传染病医学研究所（USAMRIID）。德特里克堡研制了大约5000枚含有炭疽杆菌孢子的炸弹，但由于该设施缺乏足够的安全措施，第二次世界大战期间停止了进一步的生产（Christopher et al.，1997）。

第二次世界大战后，其他各民族国家和组织也曾涉足生物武器的开发。到了20世纪60年代，美国军方开发了一个大型生物武器库，其中包括各种生物病原体、毒素和真菌植物病原体，这些病原体可能导致作物歉收并导致随后的饥荒。1979年，俄罗斯城市斯维尔德洛夫斯克（现叶卡捷琳堡）暴发炭疽病。暴发发生在苏联军事微生物设施（称为19号院）附近的人群中。除了人类，该地区的牲畜也死于炭疽。据估计，无意释放炭疽孢子共造成66人死亡（Meselson et al.，1994）。1986年，美国得克萨斯州达拉斯的拉杰尼希邪教[Rajneesh 邪教]，也就是现在的奥修(Osho)灵修），试图阻止公民在即将到来的选举中投票，污染了当地餐馆的沙拉吧，导致751例病例（Klietmann and Ruoff，2001）。

1990～1994年，日本一个自称奥姆真理教（现称 Aleph）的宗教邪教组织先后9次在东京试图释放炭疽孢子和含有肉毒毒素的气溶胶，企图谋杀无辜平民，但均以失败告终；然而，1995年，他们成功地在东京地铁系统释放了一种称为"沙林"的神经毒气，导致12人死亡、约3800人受伤。2001年在美国发生了为期数周的生物恐怖袭击，从2001年9月18日开始有人把含有炭疽杆菌的信件寄给数个新闻媒体办公室以及2名民主党参议员，导致5人死亡、22人重伤。使用邮寄信件作为运送生物武器的方式，仍然是生物恐怖主义分子的一种普遍选择。1990～2011 年，涉及蓖麻毒素的攻击事件超过 20 起。由于生物武器的高度破坏性和相对容易生产，它们仍然是一个巨大的威胁。

三、可作为特定生物武器的病毒性病原体

（一）天花病毒（天花）

天花病毒是一种 DNA 病毒，属于痘病毒科正痘病毒属，包括副痘病毒、猪痘病毒、山羊痘病毒和软体动物痘病毒。只有天花和传染性软疣病毒是人类特有的病毒。然而，其他正痘病毒，包括痘苗、猴痘和牛痘，也能在人类中引起严重疾病，但只有天花有人传人；也有证据表明，猴痘病毒可在人群之间发生传播。所有的正痘病毒都是大的、砖状的病毒，结构复杂，直径约为 200nm。病毒利用依赖于 DNA 的 RNA 聚合酶在宿主细胞的细胞质中复制。

1. 症状和体征

天花传播后，原发性病毒复制（原发性病毒血症）发生在感染部位。继发性病毒血症发生在感染后第 8 天左右，表现为突然发热。培养 12～14 天后，可能出现高热、不适和头痛。口腔黏膜、咽部和面部可出现相关的黄斑丘疹，扩散至躯干和四肢。典型的皮疹是离心性的，最明显的是面部、四肢、手掌和脚底。天花病变出现在一两天以上。天花在皮疹的最初一周是有传染性的。一旦结痂分离，患者就不再具有传染性。

除了普通类型外，天花还有三种不同的形式。第一种形式是出血型，与皮肤瘀点、黏膜或结膜出血有关。出血型死亡率高。第二种形式是扁平型，与毒血症和缓慢起病的皮肤损害有关，这种类型的死亡率也很高。第三种形式是改良型，在以前接种过疫苗的患者中可以看到，这些患者的皮损发展迅速且变化不定。这种类型死亡率低（Riedel，2005）。

2. 调查和治疗

天花可以在临床上诊断，但实验室确认在暴发初期很重要。疑似患者的脓疱液或痂应由最近接种疫苗的人员使用个人防护设备收集。样品必须收集在真空管中，用胶带密封，并在第二个水密容器中运输。必须立即通知相关卫生部门实验室。样本检验只能在 BSL-4 设施中进行。鉴定物种特异性 DNA 序列是首选的研究方法。电镜、免疫组织化学、PCR 和血清学也很有用。最终的诊断和物种鉴定是基于病毒培养及随后的 PCR 鉴定（Riedel，2005）。

1972 年以前，常规天花疫苗接种在美国和欧洲很常见。在彻底根除该疾病后，这一做法停止了。疫苗的保护性免疫从未得到令人满意的评价。因此，全球目前的人口被认为是免疫幼稚的，如果天花被重新引入，就不会受到保护。各国疾控中心和世界卫生组织拥有少量常规疫苗储备。最近有人努力生产一种基于活细胞培养的新型疫苗。由于疫苗的剂量非常少，2001 年免疫实践咨询委员会（Advisory Committee on Immunization Practices，ACIP）建议在一线工作人员，包括一线应急工作人员及其他一线保健和执法人员中开始预防接种，每 10 年增加一剂。然而，目前，只有在由于实验室错误或蓄意的生物恐怖主义行为而可能发生流行病的情况下，才进行广泛的疫苗接种。

还没有发现任何抗病毒药物对人类天花感染有效。因此，监测和遏制是过去根除天花所采用的策略，也是目前在发生疫情时所采用的策略。接触者追踪包括识别和监测天花患者的接触者，是上述这些策略的基石。在暴露后 4 天内接种疫苗是预防天花的有效方法。接种疫苗的接触者不传播疾病，也不需要隔离。

3. 用于生物恐怖主义的可能性

尽管天花在 1980 年被彻底根除，但它仍然是一种潜在的危险生物武器。美国疾病控制与预防中心将其归类为 A 类生物体，因为它能够轻易地在人与人之间传播。天花死亡率高，一旦发生生物恐怖袭击，就有可能引起恐慌和随后的社会混乱。

（二）病毒性出血热

病毒性出血热是一组以不同程度出血为特征的严重疾病，由 4 个病毒科引起，包括沙粒病毒科、布尼

亚病毒科、丝状病毒科和黄病毒科。

1. 分类

1）沙粒病毒科病毒

沙粒病毒科病毒包括：查帕病毒（CHPV），引起查帕出血热；瓜纳里多病毒（GTOV），引起委内瑞拉出血热；朱宁病毒（JUNV），引起阿根廷出血热；拉沙病毒（LASV），引起拉沙热；卢约病毒（LUJV），引起卢约出血热；淋巴细胞性脉络丛脑膜炎病毒（LCMV），引起淋巴细胞性脉络丛脑膜炎；马秋波病毒（MACV），引起玻利维亚出血热；萨比亚病毒（SABV），引起巴西出血热。

沙粒病毒科病毒与啮齿动物媒介有关。感染可通过直接接触啮齿动物粪便或尿液，或通过气溶胶传播发生。可能存在死亡率高的人与人以及医院感染，例如，拉沙热的病死率高达50%。

2）布尼亚病毒科病毒

布尼亚病毒科病毒包括：克里米亚-刚果出血热病毒（CCHFV），引起克里米亚-刚果出血热；多布拉伐-贝尔格莱德病毒（DOBV），引起肾综合征出血热；汉坦病毒（HTNV），引起肾综合征出血热；普马拉病毒（PUUV），引起肾综合征出血热；裂谷热病毒（RVFV），引起裂谷热；萨雷玛病毒（SAAV），引起肾综合征出血热；汉城病毒（SEOV），引起肾综合征出血热；辛诺柏病毒（SNV），引起汉坦病毒肺综合征；严重发热和血小板减少综合征病毒（SFTSV），引起严重发热和血小板减少综合征；图拉病毒（TULV），可引起肾综合征出血热。

布尼亚病毒与节肢动物和啮齿动物有关。这些病毒可表现为轻中度疾病或死亡率高的严重疾病。例如，在克里米亚-刚果出血热中，人与人之间的传播可通过接触血液和体液而发生，死亡率很高。

3）丝状病毒科病毒

丝状病毒科病毒包括：莱斯顿型埃博拉病毒（BDBV），引起埃博拉病毒病；苏丹型埃博拉病毒（SUDV），引起埃博拉病毒病；塔伊夫森林型埃博拉病毒（TAFV），引起埃博拉病毒病；科特迪瓦型埃博拉病毒，引起埃博拉病毒病；扎伊尔型埃博拉病毒（EBOV），引起埃博拉病毒病；马尔堡病毒（MARV），引起马尔堡出血热。

丝状病毒可引起埃博拉和马尔堡出血热，并与非洲蝙蝠有关。据报道，丝状病毒在人与人之间的传播具有极高的病死率，埃博拉疫情的病死率往往超过80%～90%；马尔堡出血热的病死率在前一次暴发中约为82%。

4）黄病毒科病毒

黄病毒科病毒包括：登革病毒（DENV-1-4），可引起登革热；基萨那森林病毒（KFDV），引起基萨那森林病；鄂木斯克出血热病毒（OHFV），引起鄂木斯克出血热；黄热病病毒（YFV），引起黄热病。

黄病毒由节肢动物传播，包括登革热病毒，它由埃及伊蚊传播。登革热死亡率相对较低，为0.8%～2.5%，但在更严重的疾病形式，即登革热出血热中，死亡率会增加。

2. 症状和体征

病毒性出血热患者可出现非特异性的症状，包括发热、头痛和不适。不同病毒性出血热的常见临床特征包括关节痛、眶后疼痛、眼睛发红、呕吐、腹痛和腹泻；也可能有出血的表现，包括牙龈出血、鼻出血、瘀点和其他重大出血事件。

3. 调查和治疗

病毒性出血热的实验室检查应包括完整和鉴别的血常规、血型、凝血研究、肝功能检查、肾功能检查、胸部X光检查、尿分析、尿培养和血培养，以排除其他更常见的疾病，如白细胞减少症、血小板减少症和肾功能损害。特异性IgM和IgG的血清学检测是有用的，但包括PCR在内的分子检测是最敏感的检测。细胞培养分离病毒也可用于诊断试验。

管理病毒性出血热依赖于早期诊断，以增加生存机会和防止继发性细菌感染。对于大量病毒性出血热，除登革热等某些病毒外，治疗人员应使用个人防护设备隔离患者。目前可用治疗方案的基石是支持性护理。一些特定感染的例子包括：拉沙病毒感染早期注射利巴韦林可改善治疗效果；在克里米亚-刚果出血热，治疗是支持性护理；对于埃博拉病毒病和马尔堡出血热，治疗同样需要支持性护理。然而，目前有一种针对扎伊尔埃博拉病毒的经批准的埃博拉疫苗。登革热没有有效的抗病毒药物，管理是基于支持性护理，目前在南美洲和东南亚有疫苗。

4. 用于生物恐怖主义的可能性

病毒性出血热被美国疾病控制与预防中心认定为甲类生物武器。这些病毒是潜在的生物武器候选，因为它们在雾化时稳定，可引起严重疾病，并且难以治疗。苏联和其他国家过去曾就其在战争中的使用进行过研究。

（三）病毒性脑炎

许多能引起脑炎的病毒被认为是潜在的生物武器，这些病毒包括蜱传脑炎病毒（TBEV）、流行性乙型脑炎病毒（日本脑炎病毒）、西尼罗病毒和尼帕病毒。

蜱传脑炎病毒（TBEV）是黄病毒科黄病毒属的一种球形脂质包膜 RNA 病毒。人类通常通过被感染的蜱虫叮咬而感染这种疾病。咬伤后，病毒在局部复制。树突状皮肤细胞作为病毒复制的场所，随后转运到区域淋巴结。病毒从淋巴结传播到脾脏、肝脏和骨髓，并在那里继续复制。随后，TBEV 感染中枢神经系统并产生典型的临床表现（Bogovic and Strle，2015）。流行性乙型脑炎是病毒性脑炎最常见的自然发病原因，它是由一种黄病毒引起，并由库蚊传播。西尼罗病毒是一种单链、包膜 RNA 病毒，属于黄病毒科。在自然感染中，库蚊是最常见的媒介。尼帕病毒是一种 RNA 病毒，属于副黏病毒科亨尼帕病毒属。尼帕病毒是一种 BSL-4 类病原体，被列入世卫组织可能引起疫情的优先生物名单（Aditi and Shariff，2019）。

1. 症状和体征

在 TBEV 感染者中，70%～98%的感染是无症状的。TBEV 感染潜伏期为 2～28 天。该病可能呈现单相或双相临床表现。单相病程的患者通常以脑膜炎或脑膜脑炎的形式累及中枢神经系统；少数患者出现发热和头痛，但不发展为脑膜炎，这被称为流产形式。第一阶段与病毒血症相关，表现为发热、头痛、肌痛、关节痛、不适、厌食、恶心等，持续 2～7 天，随后无症状间隔约 1 周。第二阶段表现为脑膜炎约占 50%、脑膜脑炎约占 40%、脑膜脑脊髓炎约占 10%（Bogovic and Strle，2015）。

在流行性乙型脑炎（日本脑炎）患者中，潜伏期为 4～15 天。非特异性症状的前驱症状包括发热、头痛、呕吐、腹泻和肌痛，是常见的症状。脑炎随后发展，表现为精神状态改变、困惑和明显的精神病；可能出现脑膜炎和癫痫发作，很少发生缄默症和弛缓性麻痹。在疾病后期，患者会出现肌张力障碍和舞蹈病样运动。

在西尼罗病毒感染者中，潜伏期从 4 天到 2 周不等，症状包括发热、肌痛、不适、头痛、呕吐、厌食和躯干上的黄斑丘疹。在某些情况下，可能有脑炎或脑膜炎和其他神经表现，包括癫痫发作、肌无力、精神状态改变或弛缓性麻痹。西尼罗病毒感染也可引起脊髓炎，导致类似脊髓灰质炎的表现。在涉及神经系统的西尼罗病毒感染中，死亡率很高（Hart and Ketai，2015）。

尼帕病毒感染者的潜伏期为 4～21 天。它可以引起不同的综合征，表现为急性脑炎或呼吸系统疾病，或两者结合，具体取决于菌株。死亡率也因菌株而异，但通常很高。一些患者可能无症状或有亚临床病程。症状性疾病始于前驱症状，包括发热、头痛和肌痛。脑炎可在 1 周内发展，表现为精神状态改变、肌张力减退、无反射、肌阵挛、凝视麻痹、虚弱及各种其他神经症状和体征。据报道，在一些疫情中，病情迅速恶化，进入昏迷状态，随后死亡。在大约 20%的幸存者中，患者可能有残余的神经功能缺陷。尼帕病毒感染也可能复发或出现迟发性脑炎。呼吸道表现可表现为咳嗽、呼吸困难和非典型肺炎（Aditi and Shariff，2019）。

2. 调查和治疗

根据以下标准诊断 TBEV 感染病例：脑膜炎或脑膜脑炎的症状或体征、脑脊液细胞计数升高，以及通过鉴定特异性 IgM 和 IgG 的微生物学证据。除特定标准外，ESR 和 CRP 可能正常或升高。通过 RT-PCR 检测血液或脑脊液中的病毒 RNA 仅限于疾病的初始阶段，随后可能成为阴性。TBEV 血清 IgM 抗体在急性感染后可持续检测数月，并且 TBEV IgG 抗体持续终生并防止症状性再感染。目前尚无特效的抗病毒治疗方法用于治疗 TBEV 感染。支持性护理仍然是治疗的支柱。地塞米松被发现有助于减少急性脑炎的脑水肿。欧洲批准使用两种疫苗（Bogovic and Strle，2015）。

流行性乙型脑炎患者，体检可能显示白细胞增多或低钠血症。MRI 或 CT 可显示双侧丘脑病变或出血。ACSF 研究可能显示显著的开放压力升高，蛋白质增加，血糖正常。ELISA 法检测乙型脑炎病毒血清或脑脊液特异性 IgM 抗体是最有用的检测方法。目前还没有有效的抗病毒药物许可用于乙型脑炎。管理的基石是支持性护理。抗惊厥药有助于控制癫痫发作。在 30%～50% 的幸存者中，急性疾病恢复后可能存在残余的神经缺陷和精神症状。目前有一种短程疗法的有效疫苗可用于预防日本脑炎。美国疾病控制与预防中心（CDC）建议长时间前往疫区的人和前往已知暴发地的人接种疫苗。

在西尼罗病毒感染患者中，实验室可以发现非特异性白细胞增多和炎症标志物升高。如果累及神经系统，低钠血症是常见的。确诊取决于使用 ELISA 检测患者血清或 CSF 样本中的西尼罗病毒 IgM 抗体。脑脊液检查通常会发现脑脊液呈现典型的病毒性脑膜炎脑脊液的特征，包括蛋白质升高、淋巴细胞升高和正常的血糖水平。急性疾病的 CT 大脑可能不显示任何特征，但 MRI 可能有助于在数周后发现 CNS 受累。治疗西尼罗病毒感染是支持性护理。轻度病例可采取对症处理，预后良好。中枢神经系统受累的病例通常需要通过物理和作业治疗进行康复。有些患者即使从感染中恢复，仍有持续的神经缺陷，包括认知障碍、记忆丧失和精细运动异常。

在尼帕病毒感染患者中，咽拭子、血液、尿液和用于 PCR 的 CSF 是疑似患者诊断的主要依据。这些操作只能在 BSL-4 实验室中进行。使用 Vero 细胞系分离病毒，然后使用 PCR 对病毒进行最终鉴定也有助于诊断。尽管如此，它在暴发情况下的效用可能有限。ELISA 法检测血清或脑脊液 IgM 抗体也可用于诊断，但仅在病程相对较晚时有用。血清中和试验被认为是金标准，但很费时。尼帕病毒感染患者的管理依赖于良好的支持性护理。利巴韦林有降低死亡率的报道，但报道不一致。根据疗效报告，人单克隆中和抗体在印度的一次暴发中获得批准应用（Aditi and Shariff，2019）。该病毒具有高度传染性，通过呼吸道和体液进行人与人之间的传播，因此必须隔离患者并严格追踪接触者（Wilson et al.，2020）。

3. 用于生物恐怖主义的可能性

根据美国疾病控制与预防中心（CDC）的规定，昆虫传播的脑炎病毒属于 C 类生物武器。它们是新出现的病毒，有可能被改造成大规模传播，并具有高发病率和死亡率的潜力。日本脑炎和西尼罗病毒可能通过雾化传播，这使得它们成为潜在的生物武器（Hart and Ketai，2015）。

由于死亡率高、人与人之间传播的呼吸道途径，以及作为气溶胶的潜在武器化，尼帕病毒被美国疾病控制与预防中心（CDC）视为 C 类优先生物。Prasad 等人利用孟加拉国的尼帕病毒株和通过气溶胶暴露感染的非洲绿猴建立了致命模型，并证明了致命性，表明尼帕病毒具有很高的武器化潜力（Prasad et al.，2020）。

四、可作为特定生物武器的细菌性病原体

（一）炭疽杆菌（炭疽）

炭疽芽孢杆菌是一种需氧或兼性厌氧、微囊化、革兰氏阳性或革兰氏可变的芽孢杆菌，在血琼脂上以不规则形状的大菌落形式生长良好。"炭疽"一词源于希腊语，意思是"煤炭"，因典型皮肤炭疽的黑痂而得名。炭疽病被美国疾病控制与预防中心（CDC）列为 A 类优先生物武器，因为它具有作为生物武器传播的潜在能力（Williams et al.，2022）。

炭疽感染的发病机制取决于感染途径，有三种途径可以感染人类。一是吸入性炭疽，通过炭疽杆菌孢子最初在肺泡内积聚，然后运输到区域淋巴结，在那里发芽、繁殖、扩散，并开始产生毒素，随后出现全身疾病、血流感染和感染性休克。二是皮肤炭疽病，是通过皮肤上的裂口将炭疽孢子接种到皮下组织而发生的，炭疽菌在产生毒素的同时，在局部萌发和繁殖，从而引起特征性水肿和皮肤溃疡。三是消化道炭疽，

是由于食用被炭疽孢子污染的肉类而引起的，可导致黏膜溃疡和出血。最近在北欧静脉注射吸毒者中报道了第四种形式的炭疽，因为使用了受污染的针头，在注射部位产生了类似于皮肤炭疽的病变，但也可表现为更深程度的感染，包括肌炎。

1. 症状和体征

吸入性炭疽暴露后潜伏期为1～6天，表现为非特异性前驱期，包括发热、不适、恶心、呕吐、胸痛和咳嗽。第二阶段的细菌复制后，在纵隔淋巴结，导致出血性淋巴结炎和纵隔炎，随后发展为菌血症。脑膜炎可发生在高达50%的病例中，在症状出现后1～10天内可能导致死亡。

胃肠道炭疽分为两型：口咽型及胃肠型（腹型）。口咽炭疽可在口咽后部产生溃疡，引起吞咽困难和局部淋巴结病变。在胃肠炭疽中，患者可能会出现发热、恶心、呕吐和腹泻。他们也可以有类似急腹症的特征，伴随着呕血、血性腹泻和大量腹水。未经治疗的患者可进展为败血症，死亡率为25%～60%。

皮肤炭疽，也称为皮-波特氏病，可在接触后1～10天出现瘙痒和丘疹性病变，可在数天内发展为无痛性溃疡。原发性病变可能有相关的卫星小泡，可进展至坏死中心，周围无点状水肿。无痛性病变被认为是皮肤炭疽的特征，焦痂可在1～2周内干燥脱落，但不经治疗死亡率接近20%。

2. 调查和治疗

美国疾病控制与预防中心（CDC）建议根据血液、胸水、溃疡、脑脊液或粪便的临床特征使用PCR、革兰氏染色和细菌培养；还建议进行常规诊断试验，包括全血计数和胸部X光检查。吸入性炭疽的胸部X光片可以显示纵隔扩大。CT扫描显示肺门淋巴结肿大、纵隔出血或胸腔积液。皮肤炭疽可通过亚甲基蓝染色诊断，该染色可显示不活动的革兰氏阳性杆菌。必须充分警告实验室人员炭疽的危害性。应将所有吸入性炭疽病例视为生物恐怖事件，并进行适当的净化。如果发现炭疽病例，应立即报告给地方卫生防疫机构和疾控中心。

吸入性炭疽的治疗包括使用一种杀菌剂和一种蛋白质合成抑制剂的方案。静脉注射环丙沙星+克林霉素/利奈唑胺是首选方案。在脑膜炎中，首选三种药物方案，并添加来自不同药物类别的杀菌剂，如β-内酰胺。对于皮肤病变，口服环丙沙星/多西环素是有效的，但是对于广泛水肿或头颈部受累的病例，首选静脉注射多药方案。抗毒素可与多药方案一起推荐，加用炭疽免疫球蛋白进行全身治疗。炭疽疫苗可考虑用于生物恐怖事件后的接触人群。如果发生吸入性接触，应进行60天的预防性治疗，无论是否接种疫苗。多西环素和环丙沙星联合应用是暴露后预防的推荐一线治疗方案。

3. 用于生物恐怖主义的可能性

炭疽过去曾被用于生物恐怖袭击，其中最为常见的例子是2001年在美国发生的"炭疽"袭击。根据美国疾病控制与预防中心（CDC）的规定，它是A类优先病原体，高度稳定的气溶胶形式使它成为最受欢迎的生物武器选择之一。

（二）霍乱弧菌（霍乱）

霍乱弧菌产毒素菌株引起霍乱，是一种运动的、逗号状的革兰氏阴性杆菌，有单极鞭毛。霍乱通过受污染的水或食物以粪-口途径传播。

1. 症状和体征

霍乱表现为大量无痛性腹泻、腹部不适和呕吐，但不发热。严重的病例会由于大量的液体和电解质流失而导致低血容量性休克。典型的腹泻包括水样和恶臭的黏液，这被描述为"米水"大便。液体损失率可达每小时1L。在缺乏适当治疗的情况下，死亡率可能高达70%。干燥型霍乱是霍乱的一种变体，液体积聚在肠腔内，随后循环衰竭，导致腹泻出现前死亡。

2. 调查和治疗

实验室检查通常显示由于大量液体流失导致的低钾血症、低钙血症和代谢性酸中毒，但由于盐也流失，低钠血症可能不明显。确诊霍乱弧菌是通过分离粪便培养物中的细菌、PCR 和其他快速检测。粪便培养仍是诊断霍乱的金标准。

口服补液疗法（ORT）仍然是治疗急性霍乱的主要方法。补液程度可根据体检确定的低血容量程度确定。一旦疑似霍乱，必须立即开始补液。对于严重低血容量的患者，静脉补充电解质和葡萄糖是关键。一旦患者能够喝水，就可以开始口服补液。评估持续的液体损失，根据容量不足的程度和对持续液体丢失的评估来确定给予的液体类型和量，这是至关重要的。一旦容量不足得到纠正，抗生素将作为霍乱的辅助治疗。推荐的药物包括四环素类、大环内酯类和氟喹诺酮类，其中四环素类是使用最多的药物。

3. 用于生物恐怖主义的可能性

第二次世界大战期间，日本的生物武器项目也曾对霍乱进行过实验，许多囚犯因实验性接种霍乱弧菌而死亡。

（三）鼠疫耶尔森菌（鼠疫）

鼠疫耶尔森菌是一种革兰氏阴性、不活动的芽孢杆菌，具有 Giemsa、Wright 或 Wayson 染色的双极染色模式。由于淋巴结的病理生理损害，95%以上的鼠疫杆菌感染常伴有化脓性腺炎，称为腺鼠疫。其他表现包括败血性鼠疫和肺鼠疫。

1. 症状和体征

最常见的表现是有 2～8 天潜伏期的腺鼠疫。症状包括突然发热、发冷、头痛和不适。大约 1 天左右就会出现淋巴结肿大，如腹股沟淋巴结肿大、腋下淋巴结肿大及颈部下淋巴结肿大。可能有心动过速和低血压，表明进展为休克；也可能有肝脾肿大。败血症性鼠疫在大多数征象上与腺鼠疫相似，只是没有相关的淋巴结肿大。

病菌从呼吸道侵入则引起原发性肺鼠疫，可出现发热、咳嗽、胸痛和咯血；也可在无淋巴结炎（buboes）的情况下发生。原发性肺鼠疫可在吸入性接触另一位咳嗽患者后发生。极少患者可能出现脑膜炎和咽炎（Tucci et al.，2017）。

2. 调查和治疗

在开始抗生素治疗后，应立即隔离疑似患者，并采取滴眼预防措施至少 48h。还应通知实验室人员，以便在处理样品时采取预防措施。在所有的临床表现中，都需要高度的临床怀疑。在临床怀疑的情况下，从腹股沟淋巴结抽取吸出物，进行细菌学或血清血检查，检出鼠疫杆菌是确诊的重要依据。全血计数可显示明显的白细胞增多和血小板减少。中性粒细胞可显示 Dohle 小体，但这可能不是特异性的。其他检测包括 PCR、免疫荧光和 ELISA。在美国，可以通过将样本送至美国疾病控制与预防中心进行培养来确认诊断。

由于抗生素的快速发展，抗生素的快速应用是有效治疗的必要条件。氨基糖苷类抗生素如链霉素或庆大霉素被认为是治疗鼠疫的第一线抗生素，通常需要用抗生素治疗 7～10 天。替代药物包括四环素或强力霉素和四环素 14 天。与一线抗菌药物相比，复方新诺明的疗效有所下降。脑膜炎时首选氯霉素。左氧氟沙星也被许可用于鼠疫。由于鼠疫耶尔森菌是一种潜在的生物武器，因此疫苗的效力尚未得到证实，而且可能更好的疫苗正在生产中。

3. 用于生物恐怖主义的可能性

根据美国疾病控制与预防中心（CDC）的报告，鼠疫是 A 类生物武器。在发生生物恐怖袭击时，鼠疫的流行病学将与自然感染大不相同。传染源可能是导致肺鼠疫暴发的气溶胶。患者最初会出现类似于其他严重呼吸道感染的症状。潜伏期可能为 1～6 天，死亡率主要取决于所使用的菌株。如果鼠疫在以前没有报道的有酵母菌感染的地区暴发，再加上没有大量的死老鼠，则表明这是一次蓄意的生物恐怖袭击。

（四）伤寒沙门菌（伤寒）和其他沙门菌（沙门氏菌病）

伤寒沙门菌是一种革兰氏阴性鞭毛芽孢杆菌，可引起伤寒。它通常通过摄入受污染的水或食物而感染，感染剂量在1000～100万细菌之间。伤寒沙门菌可直接穿透上皮组织进入小肠黏膜下层，引起派尔斑肥大，然后通过淋巴管和血流传播。沙门菌属是肠杆菌科（Enterobacteriaceae）的一类，是一种运动性、革兰氏阴性、产硫化氢、不耐酸的兼性胞内细菌。

1. 症状和体征

伤寒的潜伏期为初次接种后7～14天。此后，患者可能出现发热和腹部症状，包括腹痛、恶心、呕吐、腹泻或便秘。发热时会引起相对的心动过缓（费尔蒂综合征），体温呈阶梯形上升。在疾病进展过程中，可出现肝脾肿大。玫瑰斑是由直径为2～4mm的病变组成的发白性红斑性斑丘疹，可在腹部和胸部形成。其他沙门菌感染可表现为菌血症或局部感染，包括胃肠炎、脑膜炎、骨髓炎和尿路感染。

2. 调查和治疗

伤寒时，血细胞计数可显示白细胞减少或白细胞增多并左移，可见相对贫血。建议在检查中进行血液和粪便培养。血培养阳性率为40%～80%，粪便培养阳性率为30%～40%。最敏感的测试仍然是骨髓抽提物培养，超过90%是伤寒沙门菌阳性。肥达（Widal）试验是一种针对鞭毛H和脂多糖O抗原的凝集抗体的测量方法。当间隔10天时，抗体滴度出现4倍增加可确诊为阳性。目前，环丙沙星或氧氟沙星是非流行地区的主要治疗药物。在流行地区，当怀疑对喹诺酮类药物耐药时，应根据当地指南和耐药模式，使用超广谱头孢菌素类头孢曲松或阿奇霉素。尽管进行了适当的抗菌治疗，但仍有1%～5%的患者可能成为伤寒沙门菌的慢性携带者。

对于其他沙门菌感染，诊断的金标准是细菌培养。粪便、血液、尿液、胆汁、脑脊液和骨髓可根据临床症状进行培养。由于硫化氢的产生，沙门菌在赫克通肠道菌琼脂上形成黑色菌落。针对特定沙门菌的PCR也可在市场上买到，并越来越多地用于临床医学。

3. 用于生物恐怖主义的可能性

根据美国疾病控制与预防中心（CDC）的规定，沙门菌属于B类生物武器。第一次世界大战期间，德国人曾在生物战中使用过。

（五）志贺菌属（志贺菌病）与大肠杆菌O157：H7（大肠杆菌O157：H7感染）

志贺菌是一种革兰氏阴性、非运动、兼性厌氧、非芽孢杆菌，有4种血清型，包括A型（痢疾志贺菌12种血清型）、B型（福氏志贺菌6种血清型）、C型（鲍氏志贺菌23种血清型）和D型（宋氏志贺菌1种血清型）。其主要通过粪-口途径传播，也可能通过水或食物传播。致病所需的有机体数量通常只有10～200个细菌。它产生肠毒素1和肠毒素2，引起志贺菌相关性腹泻，并产生细胞毒性和并发症，如溶血性尿毒症综合征。大肠杆菌O157：H7是一株志贺样毒素产生菌，是一种食源性和水源性致病菌。它是一种革兰氏阴性杆菌，属于肠杆菌科。自然发生的感染是通过进食受污染的食物和水，通过粪-口途径发生的，只需要相对较低的接种量（10^2 CFU）即可引起感染。

1. 症状和体征

志贺菌病可表现为腹部不适或严重弥漫性绞痛性腹痛。在痢疾之前可能会出现黏液性腹泻。发热、恶心、呕吐、嗜睡、厌食和内翻也很常见。体格检查可能提示昏睡或中毒患者出现发热和生命体征改变。腹部检查可显示因乙状结肠和直肠受累而导致的下腹胀大及压痛。

在大肠杆菌O157：H7感染中，患者表现为急性起病的血性腹泻和腹部绞痛伴或不伴发热；也可能出现恶心、呕吐和大量腹泻，导致脱水和尿量减少。腹部压痛可能是由于肠道炎症引起的，可能出现脱水的全身症状（Hermos et al.，2011）。

2. 调查和治疗

在志贺菌病中，全血计数可显示白细胞增多并向左偏移或白细胞减少，可能出现贫血和（或）血小板减少，炎症标志物可能升高，粪便分析可显示粪便白细胞和红细胞，粪便培养可产生志贺菌生长，复杂病例血培养可能呈阳性，胆红素和肌酐可能轻度升高，电解质紊乱可伴有低钠血症和低钾血症。ELISA 法可用于粪便中痢疾链球菌 1 型毒素的检测。PCR 可用于鉴定 *ipaH*、*virF* 和 *virA* 等毒力基因。主要的志贺菌病治疗包括水合和电解质管理。在成人，经验性抗生素治疗是基于耐药模式。当不存在耐药危险因素时，推荐使用氟喹诺酮类药物。当怀疑耐药或高危病例时，建议使用第三代头孢菌素。第二代头孢菌素，如氨苄西林和复方新诺明也可以使用。儿童首选的一线药物是阿奇霉素。耐药菌株可使用头孢克肟或头孢布烯。静脉注射抗生素适用于疑似或经证实有菌血症迹象的严重志贺菌病，可能包括嗜睡、发热（>39℃）、潜在免疫缺陷以及无法服用口服药物的儿童。

在大肠杆菌 O157：H7 感染中，全血计数可显示白细胞增多、溶血性贫血和血小板减少。代谢谱是重要的，尤其在脱水时，这可能导致电解质紊乱和尿毒症。粪便培养可能对大肠杆菌 O157：H7 呈阳性。由于 O157：H7 菌株不能代谢山梨醇，因此用山梨醇 MacConkey 琼脂培养粪便可以区分非致病性大肠杆菌和致病性大肠杆菌 O157：H7。PCR 方法可用于检测粪便中是否存在 O157：H7 抗原或毒素基因。大肠杆菌 O157：H7 感染的治疗主要对患者进行支持性护理。大多数患者在支持性护理下 10 天内康复。抗生素治疗不能改善预后，甚至可能通过增加发生溶血尿毒症综合征（HUS）的机会而恶化预后。在 HUS 的情况下，患者可能需要血液透析。

3. 用于生物恐怖主义的可能性

第二次世界大战期间，日本生物武器计划研究了志贺菌的使用，许多囚犯死于实验性接种引起的痢疾（Riedel，2004）。大肠杆菌 O157：H7 株对食品安全构成潜在威胁，被美国疾病控制与预防中心（CDC）列为 B 类重点致病菌（Allocati et al.，2013）。

五、可作为特定生物武器的真菌性病原体

（一）组织胞浆菌病

荚膜组织胞浆菌（*Histoplasma capsulatum*）是一种存在于世界各地土壤中的二型真菌。

1. 症状和体征

在组织胞浆菌病中，原发感染可能是无症状的，也可能出现轻微的流感样症状。潜伏期为 7～21 天。急性组织胞浆菌病的症状包括发热、头痛、咳嗽和胸痛。症状通常在 10 天内消失。关节痛、结节性红斑或多形性红斑可在一小部分患者中发生，但在组织胞浆菌病中比球虫病少见。慢性者显示空洞、结节状块影、肺纤维化和气肿囊泡。在另一些病例中，可能存在播散性组织胞浆菌病，真菌在多个器官中的生长和增殖不受控制，患者表现为发热、体重减轻、肝肿大和脾肿大（Rakislova et al.，2021）。

2. 调查和治疗

在组织胞浆菌病，检查包括成像，可能显示愈合的肉芽肿出现在肺、肝、脾。在任何细胞系中进行血细胞计数，都可能出现非特异性减少，显示有骨髓抑制的发生。支气管镜肺泡灌洗有时可能是阳性的，尤其是在空洞性病变的情况下。95% 的患者在感染后 3～6 周出现补体固定抗体，并可持续数年。单一滴度为 1：32 或增加 4 倍可诊断急性感染。组织纤溶酶是组织胞浆菌菌丝体的抗原提取物。可检测到组织纤溶酶抗体，包括 C、H 和 M。ELISA 检测组织胞浆菌 IgM 抗体和 IgG 抗体也可用于诊断。尿抗原检测对急性疾病和播散性组织胞浆菌病有重要意义。尿抗原水平可用于诊断以及评估对治疗的反应。关于治疗，持续不到 4 周的急性肺部感染不需要治疗。如果症状持续，伊曲康唑治疗 3 个月是首选。对于慢性病和非空洞性疾病，治疗延长至 6 个月，而对于空洞性疾病，治疗可能需要 1 年。在播散性疾病中，两性霉素 B 诱导治疗 2～4 周后用伊曲康唑维持治疗 1 年是首选方案（Develoux et al.，2021）。

3. 用于生物恐怖主义的可能性

荚膜组织胞浆菌是一种可能用于生物恐怖的微生物。

（二）球虫病

球虫是以菌丝体或球状体存在的二型真菌。球虫病在美国的某些州是地方病。在自然发生的感染中，导致关节球蚴病的球虫感染颗粒被患者吸入肺部，引起球虫病或圣华金谷热。

1. 症状和体征

在球虫病中，约 60% 的病例无症状。潜伏期为 7～21 天。症状包括发烧、咳嗽、呼吸困难和胸痛。可见到头痛、体重减轻，以及以微弱的黄斑丘疹、结节性红斑或多形红斑形式出现的皮疹。发热、结节性红斑和关节痛的结合称为沙漠风湿病。除了以肺炎形式出现的常见肺部表现外，患者还可能出现肺部空洞、脑膜炎、脓肿或累及多个系统的播散性感染。

2. 调查和治疗

在球虫病患者中，对怀疑有肺部受累的患者，可以进行痰液的显微镜检查，即显微镜观察痰中的球虫，该检查可以提供明确的感染证据。然而，患者可能不产生痰，真菌培养可能不可行或不生长，血清学可用于诊断这些情况下的疾病。约 90% 的球虫病患者在暴露后的最初几周内可检测到球虫病抗体。补体固定抗体可以在体液中检测到，包括脑脊液，这有助于诊断球虫性脑膜炎。基于酶免疫分析（EIA）的球虫病 IgM 和 IgG 试验可用。PCR 检测临床标本中球虫 DNA 的方法目前还没有商业化，但据报道其灵敏度为 98%，特异性为 100%。球虫病采用氟康唑 400～1200mg/d 或伊曲康唑 3 个月治疗。对于纤维空洞性疾病，治疗可延长至 1 年。用唑类药物治疗脑膜炎是终生的。手术切除对肺部病变和空洞性病变有一定的作用。

3. 用于生物恐怖主义的可能性

作为人类病原体的大多数真菌倾向于产生孢子，这些孢子是为空气传播而自然设计的。有报道称，真菌孢子能够通过空中途径传播到各个国家和大陆。特别是，跨越加利福尼亚的风暴导致了球虫病在美国其他非流行地区的暴发。实验室培养皿的开放导致了隐孢子虫孢子的扩散和随后的感染。伐木可导致旁观者患组织胞浆菌病，这表明孢子扩散和随后的感染可能发生。由于具有气溶胶化潜能和相对较低的接种量要求，美国疾病控制与预防中心（CDC）已将免疫隐球菌列入 80 多种具有生物武器潜能的微生物的筛选名单（Casadevall and Pirofski，2006）。

六、可作为特定生物武器的毒素

（一）蓖麻毒素

蓖麻毒素是从蓖麻中提取的一种高效植物毒素，在世界范围内广泛用于蓖麻油的工业生产。这种植物本身有着悠久的历史，在不同的历史背景下有着不同的用途，例如，促进伤口愈合、作为催吐/通便剂，以及对世界各地许多其他疾病的潜在治疗。蓖麻毒素占榨油后饼粕蛋白质含量的 5%，它通过摄入、吸入和注射产生毒性。蓖麻毒素由 2 个亚基组成：核糖体失活酶（蓖麻毒素 A 链，RTA）；与半乳糖/N-乙酰半乳糖胺特异结合的凝集素（蓖麻毒素 B 链，RTB）。

蓖麻毒素通过受体介导的内吞作用，通过多步途径进入细胞，然后通过囊泡转运到高尔基体，再通过称为钙网蛋白的伴侣蛋白运输到内质网。蓖麻毒素是一种二型核糖体失活蛋白。RTA 链通过水解真核细胞 28 S 核糖体 RNA 中腺苷残基的 N-糖苷键使核糖体失活。核糖体结合是核糖体排出、翻译抑制和 RTA 对哺乳动物细胞毒性的关键（Franke et al.，2019）。

1. 症状和体征

蓖麻毒素毒性可通过摄入、吸入或注射产生。蓖麻毒素毒性的大多数病例发生在自愿或意外摄入蓖麻籽之后。致命的口服剂量估计为 1～20mg/kg 体重。5～6 粒蓖麻种子对儿童是致命的，而对成人来说，大约 20 粒。临床表现通常取决于吸入途径。症状通常在吞食后 12h 内出现，最初可能包括恶心、呕吐、腹泻和腹痛。大量胃肠道液体和电解质的损失已被描述，并发吐血和黑便，甚至进展到肝衰竭、心血管衰竭、肾功能不全和死亡。吸入直径为 1～5μm 的气溶胶颗粒可深入肺部并产生毒性。吸入后症状通常立即开始或在 8h 内开始，可能表现为咳嗽、呼吸困难、发热、肺炎和肺水肿，导致呼吸衰竭和死亡。注射后症状可能包括红斑、硬结、水疱形成、毛细血管渗漏及局部坏死（Pincus et al.，2015）。

2. 调查和治疗

初步检查可能会发现肝转氨酶、淀粉酶、肌酐激酶升高，电解质异常，肌红蛋白尿和肾功能检查异常。蓖麻毒素蛋白的实验室检测依赖于免疫学检测、液相色谱-质谱或功能活性检测。基于现场的诊断试验，包括横向流动试验，为检测提供了有效的免疫分析技术（Polito et al.，2019）。

目前还没有针对蓖麻毒素中毒或暴露后疾病预防的解毒剂或特异性治疗方法。因此，治疗主要是支持性的，涉及气道管理和正压通气吸入中毒的情况。一旦呼吸道安全，早期出现呕吐症状的患者便可以考虑使用活性炭。凝血异常和电解质异常应予以纠正。其他实验室参数，如肝功能和肾功能参数也应密切监测（Janik et al.，2019）。

3. 用于生物恐怖主义

2003 年 10 月 15 日，在美国南卡罗来纳州的一家邮局发现了一个装有蓖麻毒素的信封，这成为美国首例涉及蓖麻毒素的潜在化学恐怖主义事件。在训练有素的医务人员和急救人员的帮助下，采用有效对策，发展多学科方法，实现快速流行病学和实验室调查、疾病监测和有效医疗管理，这一点非常重要（Janik et al.，2019）。

（二）肉毒神经毒素

肉毒神经毒素（BoNT）是人类已知的最具毒性的物质之一。它的致死剂量极低，发病率和死亡率都很高，造成严重的生物威胁。肉毒杆菌毒素由梭菌属的革兰氏阳性、孢子形成的厌氧菌产生。该毒素是一种分子质量为 150kDa 的双链蛋白，存在于 7 种不同血清型（A～G）和 40 多种亚型中。在过去几年中，借助先进的 DNA 测序技术，新的血清型和亚型已经被发现。2013 年，从一例婴儿肉毒症患者中分离出一种由肉毒梭菌产生的新毒素（BoNT/H），与其他 BoNT 相比，该毒素效力较低，症状进展较慢。

BoNT 是锌内肽酶，可由梭菌属成员产生，最常见的是肉毒梭菌。其活性形式由 C 端重链和 N 端催化轻链组成，C 端重链具有结合和易位结构域。一个二硫键连接两条链。轻链具有蛋白水解活性，被认为是活性部分。BoNT 选择性、不可逆地结合到神经末梢，并切割 SNARE（"可溶性 NSF 附着蛋白受体"）蛋白质，如 VAMP/Synaptobevin、Syntaxin 和 SNAP-25。圈套蛋白负责含有胆碱的突触囊泡与突触前质膜的融合。这有效地阻止了乙酰胆碱的释放，导致弛缓性麻痹症状和体征（Cenciarelli et al.，2019）。

1. 症状和体征

在人类中，肉毒中毒通常由 A、B、E 和 F 血清型引起。有 6 种公认的肉毒中毒形式：食源性、婴儿性、肠道性、创伤性、医源性和吸入性，其特点是不同的暴露途径和培养期。据推算，70kg 成人的致死剂量为 0.7～0.9μg（吸入毒素）或 70μg（摄入毒素）。食源性肉毒中毒通常是由食用家庭腌制食品引起的，通常在 4h 内出现。婴儿性肉毒中毒发生于 1～6 个月大的婴儿，其潜伏期为 5～30 天。肠道性肉毒中毒是由 6 个月以上儿童和成人摄入孢子引起的，潜伏期不一。创伤性肉毒中毒是由伤口内孢子萌发引起的，潜伏期为 1～2 周。

医源性肉毒中毒是由注射商业或未经批准的 BoNT 制剂引起的。吸入 BoNT 制剂可导致肉毒中毒，然而在人类中还没有这方面的报道。临床表现通常不依赖于暴露途径，通常表现为下行对称性麻痹。首先是复视、吞咽困难、构音障碍，其次是肋间呼吸肌和膈肌麻痹引起的呼吸困难。死亡常因呼吸衰竭而发生（Cenciarelli et al.，2019）。

2. 调查和治疗

肉毒中毒诊断困难，严重依赖于临床表现。通过小鼠生物测定从临床标本（如呕吐物、胃吸出物、鼻拭子或粪便样本）中检测 BoNT 被认为是金标准。通常实验室检查患者血液，若该毒素或大便标本培养出肉毒杆菌，则可以确定诊断。在可疑的食物中也可检查出这种毒素的存在。在患者血液中查出肉毒毒素，或在伤口的组织标本培养中发现肉毒杆菌，即可确诊创伤性肉毒中毒。婴儿性肉毒中毒的确诊主要依据检测患儿粪便中肉毒梭菌或肉毒梭菌毒素，因血中毒素可能已被结合而不易检出。治疗方法是辅助通气、水合和预防继发感染等形式的支持性护理。最好在最初 24h 内且不迟于 72h 内施用抗毒素以中和循环 BONT 是管理中的关键步骤。在欧盟，使用三价（A，B，E）抗毒素。2013 年，美国 FDA 批准使用人源性 BoNT 抗毒素（BIG-IV）治疗婴儿肉毒中毒（Cenciarelli et al.，2019）。

3. 用于生物恐怖主义的可能性

肉毒神经毒素是人类已知的最致命的毒素，它属于可用于生物恐怖的 A 类生物制剂。BoNT 在低剂量下是致命的（LD_{50} 低于任何其他已知物质），可通过多种途径部署，包括气溶胶或受污染的食物和水。它也是无色无味的，是无声攻击的理想选择。然而，该毒素的生产、净化、储存和运输可能是一个挑战。对骨及骨样毒素的警惕和持续研究对于了解及防止未来可能使用此类制剂进行生物恐怖主义活动而造成的公共卫生灾难是必要的（Cenciarelli et al.，2019）。

（三）产气荚膜梭菌毒素

产气荚膜梭菌（*Clostridium perfringens*）是一种革兰氏阳性、厌氧芽孢杆菌，已知能分泌 20 多种与人类和动物疾病相关的毒性毒素，包括阿尔法（CPA）、贝塔（CPB）、肠毒素（CPE）、坏死性肠炎 B 样毒素（NetB）、ε（ETX）和 l（ITX）6 种毒素，均具有潜在毒性。美国疾病控制与预防中心（CDC）将埃普西隆和埃欧塔毒素归类为 B 类制剂，可用于生物战。埃普西隆毒素是产气荚膜梭菌产生的所有毒素中最有效的一种，是仅次于肉毒梭菌和破伤风梭菌神经毒素的第三强效毒素。ETX 对哺乳动物胃肠道中发现的蛋白酶表现出相对抗性，导致细胞膜上的孔隙形成，从而导致退化和坏死变化，最终使器官衰竭。ETX 还可通过血脑屏障与中枢神经系统髓鞘纤维结合，导致中枢神经系统脱髓鞘。埃欧塔毒素通过酶作用于 ADP-核糖基，引起细胞骨架损伤，导致细胞死亡。另一种重要的毒素是肠毒素（CPE），它破坏胃肠道上皮细胞的紧密连接，引起食物中毒和非食源性胃肠道腹泻（Kiu and Hall，2018）。

1. 症状和体征

第二次世界大战之后，联邦德国出现了一种坏死性炎症性肠病，其原因是战后卫生条件差和营养不良。这种疾病在最初被描述后几年似乎就消失了。1966 年，巴布亚新几内亚报告了一种新形式的坏死性肠炎，称为猪痢（Pigbel），是一种被描述为小肠自发性坏疽的炎症性肠病。目前，产气荚膜梭菌与急性水样腹泻有关，导致世界各地大量食物中毒病例。它表现为肠痉挛、水样腹泻，不伴有发热或呕吐，经常出现在食用受污染的食物 8～14h 后。它具有自限性，死亡率低，通常在 24h 内定居。C 型产气荚膜梭菌也与非食源性腹泻有关，如抗生素相关和散发性腹泻。C 型产气荚膜梭菌还与早产儿坏死性小肠结肠炎有关。产气荚膜溶解素 O 是一种成孔毒素，与 CPA 具有协同作用（Awad et al.，2001；Kiu and Hall，2018）。

2. 调查和治疗

在疑似产气荚膜梭菌病例中，可考虑粪便培养和 ELISA 检测毒素。在梭菌性肌坏死的情况下，通过血常规检查进行实验室评估，包括血培养、CK 水平、ABG 和乳酸，以及通过 X 射线或 CT 扫描对受影响区域进行成像。治疗通常是支持液体复苏。在梭菌败血症，患者由于血管内溶血可能出现休克而发生毒素介导的红细胞破坏。抗生素治疗包括青霉素 G、克林霉素、四环素或甲硝唑。手术清除坏死组织可降低死亡率。在梭菌性肌坏死的严重病例中，高压氧可以改善预后（van Bunderen et al.，2010）。

3. 用于生物恐怖主义的可能性

产气荚膜梭菌的 ε 和 l 毒素已被分类为 B 类制剂，可用于生物战。这种毒素可以雾化使用，用作生物恐怖武器，也可以分散在供人食用的食品中。有必要采取多学科方法来控制疫情，并确保必要的公共卫生部门意识到尽量减少传播（Kiu and Hall，2018）。

（四）河豚毒素

河豚毒素（TTX）是一种存在于海洋动物体内的致死性神经毒素。它的毒性是氰化物的 1200 倍，并且没有已知的解毒剂。它通过阻断电压门控钠通道，抑制钠离子的传输，停止动作电位的传播，导致瘫痪。TTX 首次从河豚科河豚中分离得到。河豚和其他海洋动物被认为是细菌的港湾，产生 TTX。中毒的发生率很低，报道主要来自日本、孟加拉国和中国台湾等地，这些地区经常食用河豚（Ajani et al.，2017）。

1. 症状和体征

症状的严重程度是剂量依赖性的。在大多数情况下，症状会在摄入后 30min 到 6h 内开始出现，可能包括头痛、口周麻木、协调丧失、恶心、呕吐、腹痛，严重时还包括低血压、心律失常、呼吸衰竭和死亡（Zimmer，2010）。

2. 调查和治疗

诊断的基础是确定临床表现。目前尚无明确的实验室检测方法证实河豚毒素中毒。治疗只是支持性的，提供通气支持，注意心律失常。可考虑使用活性炭悬液反复洗胃来治疗。该毒素到目前为止还没有解药（Lago et al.，2015）。

3. 用于生物恐怖主义的可能性

人体摄入 TTX 的致死剂量为 0.5～2mg。由于威力巨大，它可以成为生物战的武器。因此，重要的是向专业人员传授有关 TTX 中毒预防控制相关的知识，以防止出现广泛中毒死亡。

（五）神经毒剂

神经毒剂是有机磷化合物的一个亚类，它们是已知毒性最强的物质之一，被广泛用作杀虫剂，并为现代农业实践做出巨大贡献。这些药剂的高毒性、易合成性和广泛可用性导致了它们在化学战中的应用。神经毒剂分为四类：第一类是 G 系列，包括 tabun（GA）、sarin（GB）、soman（GD）和 cyclosarin（GF）；第二类是 V 系列，其中 V 代表有毒，包括 VE、VG、VM 和 VX；第三类是 GV 系列，同时具有 G 和 V 系列的特性，如 GV，2-二甲氨基乙基-（二甲酰胺基）-氟磷酸盐；第四类是诺威克（Novichok）系列化合物，如 Novichok-5 和 Novichok-7。有机磷化合物（OPC）能通过消化道、皮肤黏膜或经肺吸入机体。然后，它们通过生物转化变成有生物活性的 OPC。它们与乙酰胆碱酯酶结合形成复合物，抑制乙酰胆碱的水解，导致其累积并导致胆碱能危机。去除神经毒剂中的功能基团会使它更致命，因为毒剂和酶之间的结合变得永久，乙酰胆碱酯酶因此不可逆地失活，这被称为酶的老化。

1. 症状和体征

临床表现通常为胆碱能过量。肺部和眼睛吸收神经毒剂的速度最快，表现包括支气管破裂、胸闷、膀胱失控、流涎、呕吐、出汗、腹痛和痉挛，严重者可出现昏迷、抽搐和呼吸系统损害。中间综合征可发生在暴露 24h 之内或 96h 之后，并可表现为肺炎、吸入性肺炎和呼吸衰竭（Bigley and Raushel，2019）。

2. 调查和治疗

穿戴合适的个人防护装备（PPE）进行去污染是最重要的步骤。液体制剂可能通过皮肤吸收，对疑似病例周围的人构成威胁，而吸入的神经制剂则被系统吸收和代谢。第一步是脱去患者的衣服，用肥皂水冲洗，取出所有珠宝和个人物品，如果需要通气支持，则转移到 ICU。治疗包括 3 种类型。第二步是服用抗霉素药物阿托品。英国军方和北大西洋公约组织（NATO）协议建议严重中毒患者的初始剂量为 5～10mg 静脉（IV）/骨内（IO）阿托品，每 5min 滴定一次，直到阿托品化（逆转"3Bs"，即心动过缓、支气管痉挛、支气管漏）发生。如果及早服用，氧化物可以重新激活乙酰胆碱酯酶。最常用的是解磷定，静脉或骨内缓慢输注 2g。第三步是适当的支持治疗，包括通气支持和抗惊厥药物（Hulse et al.，2019）。

3. 用于生物恐怖主义的可能性

神经毒剂是化学战中使用的最致命的毒剂之一。已知的第一种神经毒剂塔崩（Tabun）是由德国化学家格哈德·施拉德（Gerhard Schrader）在 20 世纪 30 年代开发的，当时他正在研究开发新型有机磷（OP）杀虫剂。此后，许多其他神经毒剂，如沙林和梭曼被开发用于军事用途。1994 年，有人在东京地铁系统释放了神经毒剂沙林，导致 640 人中毒。2018 年 3 月 4 日，俄罗斯军事情报官员谢尔盖·斯卡里帕尔（Sergei Skripal）和他的女儿尤利娅·斯卡里帕尔（Yulia Skripal）在英国索尔兹伯里的公园长椅上倒下。后来证实，在斯卡里帕尔以及疑似接触点进行的生物取样中存在神经毒素诺维乔克（Novichok）。使用神经毒剂的化学战对平民、军事人员和维和部队的健康构成相当大的威胁。医疗保健人员应能够识别暴露症状，以及解毒治疗的适应证和可用的解毒剂（Chai et al.，2018）。

（中国疾病预防控制中心病毒病预防控制所　张　勇　武桂珍）

参考文献

Aditi, Shariff M. 2019. Nipah virus infection: a review. Epidemiol Infect, 147: e95.

Ajani P, Harwood D T, Murray S A. 2017. Recent trends in marine phycotoxins from Australian coastal waters. Mar Drugs, 15(2): 33.

Allocati N, Masulli M, Alexeyev M F, et al. 2013. *Escherichia coli* in Europe: an overview. Int J Environ Res Public Health, 10(12): 6235-6254.

Almagor J, Temkin E, Benenson I, et al. 2018. The impact of antibiotic use on transmission of resistant bacteria in hospitals: insights from an agent-based model. PLoS One, 13(5): e0197111.

Awad M M, Ellemor D M, Boyd R L, et al. 2001. Synergistic effects of alpha-toxin and perfringolysin O in *Clostridium perfringens*-mediated gas gangrene. Infect Immun, 69(12): 7904-7910.

Ballestero J G A, Garcia J M, Bollela V R, et al. 2020. Management of multidrug-resistant tuberculosis: main recommendations of the *Brazilian guidelines*. J Bras Pneumol, 46(2): e20190290.

Berns K I. 2014. Grand challenges for biosafety and biosecurity. Front Bioeng Biotechnol, 2: 35.

Bigley A N, Raushel F M. 2019. The evolution of phosphotriesterase for decontamination and detoxification of organophosphorus chemical warfare agents. Chem Biol Interact, 308: 80-88.

Bogovic P, Strle F. 2015. Tick-borne encephalitis: a review of epidemiology, clinical characteristics, and management. World J Clin Cases, 3(5): 430-441.

Bratlie S, Halvorsen K, Myskja B K, et al. 2019. A novel governance framework for GMO: a tiered, more flexible regulation for GMOs would help to stimulate innovation and public debate. EMBO Rep, 20(5): e47812.

Buhk H J. 2014. Synthetic biology and its regulation in the European Union. N Biotechnol, 31(6): 528-531.

Bush K, Bradford P A. 2016. Beta-lactams and beta-lactamase inhibitors: an overview. Cold Spring Harb Perspect Med, 6(8): a025247.

Casadevall A, Imperiale M J. 2014. Risks and benefits of gain-of-function experiments with pathogens of pandemic potential, such as influenza virus: a call for a science-based discussion. mBio, 5(4): e01730-01714.

Casadevall A, Pirofski L A. 2006. The weapon potential of human pathogenic fungi. Med Mycol, 44(8): 689-696.

Castrodale L J, Raczniak G A, Rudolph K M, et al. 2015. A case-study of implementation of improved strategies for prevention of laboratory-acquired brucellosis. Saf Health Work, 6(4): 353-356.

Cello J, Paul A V, Wimmer E. 2002. Chemical synthesis of poliovirus cDNA: generation of infectious virus in the absence of natural template. Science, 297(5583): 1016-1018.

Cenciarelli O, Riley P W, Baka A. 2019. Biosecurity threat posed by botulinum toxin. Toxins (Basel), 11(12): 681.

Chai P R, Hayes B D, Erickson T B, et al. 2018. Novichok agents: a historical, current, and toxicological perspective. Toxicol Commun, 2(1): 45-48.

Chokshi A, Sifri Z, Cennimo D, et al. 2019. Global contributors to antibiotic resistance. J Glob Infect Dis, 11(1): 36-42.

Christopher G W, Cieslak T J, Pavlin J A, et al. 1997. Biological warfare: a historical perspective. JAMA, 278(5): 412-417.

Coelho A C, Garcia D J. 2015. Biological risks and laboratory-acquired infections: a reality that cannot be ignored in health biotechnology. Front Bioeng Biotechnol, 3: 56.

de Kraker M E, Wolkewitz M, Davey P G, et al. 2011. Burden of antimicrobial resistance in european hospitals: excess mortality and length of hospital stay associated with bloodstream infections due to *Escherichia coli* resistant to third-generation cephalosporins. J Antimicrob Chemother, 66(2): 398-407.

Denning D W, Perlin D S, Muldoon E G, et al. 2017. Delivering on antimicrobial resistance agenda not possible without improving fungal diagnostic capabilities. Emerg Infect Dis, 23(2): 177-183.

Develoux M, Amona F M, Hennequin C. 2021. Histoplasmosis caused by histoplasma capsulatum var. duboisii: a comprehensive review of cases from 1993 to 2019. Clin Infect Dis, 73(3): e543-e549.

DiEuliis D, Giordano J. 2017. Why gene editors like CRISPR/Cas may be a game-changer for neuroweapons. Health Secur, 15(3): 296-302.

Din M O, Danino T, Prindle A, et al. 2016. Synchronized cycles of bacterial lysis for in vivo delivery. Nature, 536(7614): 81-85.

Dodds D R. 2017. Antibiotic resistance: a current epilogue. Biochem Pharmacol, 134: 139-146.

Doherty P C, Thomas P G. 2012. Dangerous for ferrets: lethal for humans? BMC Biol, 10: 10.

Durand G, Raoult D, Dubourg G. 2019. Antibiotic discovery: history, methods and perspectives. Int J Antimicrob Agents, 53(4): 371-382.

Eriksson D, Custers R, Edvardsson Bjornberg K, et al. 2020. Options to reform the European Union Legislation on GMOs: scope and definitions. Trends Biotechnol, 38(3): 231-234.

Ferraris P, Yssel H, Misse D. 2019. Zika virus infection: an update. Microbes Infect, 21(8-9): 353-360.

Fraietta J A, Lacey S F, Orlando E J, et al. 2018. Determinants of response and resistance to CD19 chimeric antigen receptor (CAR) T cell therapy of chronic lymphocytic leukemia. Nat Med, 24(5): 563-571.

Franke H, Scholl R, Aigner A. 2019. Ricin and ricinus communis in pharmacology and toxicology-from ancient use and "Papyrus Ebers" to modern perspectives and "poisonous plant of the year 2018". Naunyn Schmiedebergs Arch Pharmacol, 392(10): 1181-1208.

Gelband H, Laxminarayan R. 2015. Tackling antimicrobial resistance at global and local scales. Trends Microbiol, 23(9): 524-526.

George A M. 2019. The national security implications of cyberbiosecurity. Front Bioeng Biotechnol, 7: 51.

Hardcastle J, Kurozumi K, Dmitrieva N, et al. 2010. Enhanced antitumor efficacy of vasculostatin (Vstat120) expressing oncolytic HSV-1. Mol Ther, 18(2): 285-294.

Hart B L, Ketai L. 2015. Armies of pestilence: CNS infections as potential weapons of mass destruction. AJNR Am J Neuroradiol, 36(6): 1018-1025.

Hemmati F, Salehi R, Ghotaslou R, et al. 2020. Quorum quenching: a potential target for antipseudomonal therapy. Infect Drug Resist, 13: 2989-3005.

Hermos C R, Janineh M, Han L L, et al. 2011. Shiga toxin-producing *Escherichia coli* in children: diagnosis and clinical manifestations of O157: H7 and non-O157: H7 infection. J Clin Microbiol, 49(3): 955-959.

Holmes A H, Moore L S, Sundsfjord A, et al. 2016. Understanding the mechanisms and drivers of antimicrobial resistance. Lancet, 387(10014): 176-187.

Hulse E J, Haslam J D, Emmett S R, et al. 2019. Organophosphorus nerve agent poisoning: managing the poisoned patient. Br J Anaesth, 123(4): 457-463.

Hutchings M I, Truman A W, Wilkinson B. 2019. Antibiotics: past, present and future. Curr Opin Microbiol, 51: 72-80.

Janik E, Ceremuga M, Saluk-Bijak J, et al. 2019. Biological toxins as the potential tools for bioterrorism. Int J Mol Sci, 20(5): 1181.

Jones J, Sullivan P S, Curran J W. 2019. Progress in the HIV epidemic: Identifying goals and measuring success. PLoS Med, 16(1): e1002729.

Keiper F, Atanassova A. 2020. Regulation of synthetic biology: developments under the convention on biological diversity and its protocols. Front Bioeng Biotechno, 18: 310.

Kimman T G, Smit E, Klein M R. 2008. Evidence-based biosafety: a review of the principles and effectiveness of microbiological containment measures. Clin Microbiol Rev, 21(3): 403-425.

Kiu R, Hall L J. 2018. An update on the human and animal enteric pathogen *Clostridium perfringens*. Emerg Microbes Infect, 7(1): 141.

Klietmann W F, Ruoff K L. 2001. Bioterrorism: implications for the clinical microbiologist. Clin Microbiol Rev, 14(2): 364-381.

Lago J, Rodriguez L P, Blanco L, et al. 2015. Tetrodotoxin, an extremely potent marine neurotoxin: distribution, toxicity, origin and therapeutical uses. Mar Drugs, 13(10): 6384-6406.

Lawler A. 2016. How Europe exported the black death. Science, 352(6285): 501-502.

Marston H D, Dixon D M, Knisely J M, et al. 2016. Antimicrobial resistance. JAMA, 316(11): 1193-1204.

Matzov D, Bashan A, Yonath A. 2017. A bright future for antibiotics? Annu Rev Biochem, 86: 567-583.

Menachery V D, Yount B L Jr, Debbink K, et al. 2015. A SARS-like cluster of circulating bat coronaviruses shows potential for human emergence. Nat Med, 21(12): 1508-1513.

Meselson M, Guillemin J, Hugh-Jones M, et al. 1994. The Sverdlovsk anthrax outbreak of 1979. Science, 266(5188): 1202-1208.

Migliori G B, Tiberi S, Zumla A, et al. 2020. MDR/XDR-TB management of patients and contacts: challenges facing the new decade. The 2020 clinical update by the Global Tuberculosis Network. Int J Infect Dis, 92S: S15-S25.

Mohr K I. 2016. History of antibiotics research. Curr Top Microbiol Immunol, 398: 237-272.

Morgan R A, Yang J C, Kitano M, et al. 2010. Case report of a serious adverse event following the administration of T cells transduced with a chimeric antigen receptor recognizing ERBB2. Mol Ther, 18(4): 843-851.

Motley M P, Banerjee K, Fries B C. 2019. Monoclonal antibody-based therapies for bacterial infections. Curr Opin Infect Dis, 32(3): 210-216.

Mueller S. 2021. Facing the 2020 pandemic: what does cyberbiosecurity want us to know to safeguard the future? Biosaf Health, 3(1): 11-21.

Murch R S, So W K, Buchholz W G, et al. 2018. Cyberbiosecurity: an emerging new discipline to help safeguard the bioeconomy. Front Bioeng Biotechnol, 6: 39.

Murray C J, Lopez A D, Chin B, et al. 2006. Estimation of potential global pandemic influenza mortality on the basis of vital registry data from the 1918-20 pandemic: a quantitative analysis. Lancet, 368(9554): 2211-2218.

Nepal G, Bhatta S. 2018. Self-medication with antibiotics in WHO Southeast Asian region: a systematic review. Cureus, 10(4): e2428.

Nguyen K V, Thi Do N T, Chandna A, et al. 2013. Antibiotic use and resistance in emerging economies: a situation analysis for Viet Nam. BMC Public Health, 13: 1158.

Noyce R S, Lederman S, Evans D H. 2018. Construction of an infectious horsepox virus vaccine from chemically synthesized DNA fragments. PLoS One, 13(1): e0188453.

Pier G B. 2008. On the greatly exaggerated reports of the death of infectious diseases. Clin Infect Dis, 47(8): 1113-1114.

Pike R M. 1979. Laboratory-associated infections: incidence, fatalities, causes, and prevention. Annu Rev Microbiol, 33: 41-66.

Pincus S H, Bhaskaran M, Brey R N 3rd, et al. 2015. Clinical and pathological findings associated with aerosol exposure of macaques to ricin toxin. Toxins (Basel), 7(6): 2121-2133.

Polito L, Bortolotti M, Battelli M G, et al. 2019. Ricin: an ancient story for a timeless plant toxin. Toxins (Basel), 11(6): 324.

Prasad A N, Agans K N, Sivasubramani S K, et al. 2020. A lethal aerosol exposure model of nipah virus strain bangladesh in african green monkeys. J Infect Dis, 221(Suppl 4): S431-S435.

Quainoo S, Coolen J P M, van Hijum S, et al. 2017. Whole-genome sequencing of bacterial pathogens: the future of nosocomial outbreak analysis. Clin Microbiol Rev, 30(4): 1015-1063.

Rahman M A, Imran T B, Islam S. 2013. Antioxidative, antimicrobial and cytotoxic effects of the phenolics of *Leea indica* leaf extract. Saudi J Biol Sci, 20(3): 213-225.

Rakislova N, Hurtado J C, Palhares A E M, et al. 2021. High prevalence and mortality due to histoplasma capsulatum in the brazilian amazon: an autopsy study. PLoS Negl Trop Dis, 15(4): e0009286.

Reid A H, Taubenberger J K. 2003. The origin of the 1918 pandemic influenza virus: a continuing enigma. J Gen Virol, 84(Pt 9): 2285-2292.

Riedel S. 2004. Biological warfare and bioterrorism: a historical review. Proc (Bayl Univ Med Cent), 17(4): 400-406.

Riedel S. 2005. Smallpox and biological warfare: a disease revisited. Proc (Bayl Univ Med Cent), 18(1): 13-20.

Schumacher G J, Sawaya S, Nelson D, et al. 2020. Genetic information insecurity as state of the art. Front Bioeng Biotechnol, 8: 591980.

Sewell D L. 1995. Laboratory-associated infections and biosafety. Clin Microbiol Rev, 8(3): 389-405.

Shao J, Xue S, Yu G, et al. 2017. Smartphone-controlled optogenetically engineered cells enable semiautomatic glucose homeostasis in diabetic mice. Sci Transl Med, 9(387): eaal2298.

Simonsen L, Spreeuwenberg P, Lustig R, et al. 2013. Global mortality estimates for the 2009 influenza pandemic from the GLaMOR project: a modeling study. PLoS Med, 10(11): e1001558.

Singh K. 2009. Laboratory-acquired infections. Clin Infect Dis, 49(1): 142-147.

Subramaniam G, Girish M. 2020. Antibiotic resistance - a cause for reemergence of infections. Indian J Pediatr, 87(11): 937-944.

Sulis G, Daniels B, Kwan A, et al. 2020. Antibiotic overuse in the primary health care setting: a secondary data analysis of standardised patient studies from India, China and Kenya. BMJ Glob Health, 5(9): e003393.

Sung B H, Choe D, Kim S C, et al. 2016. Construction of a minimal genome as a chassis for synthetic biology. Essays Biochem, 60(4): 337-346.

Tan S Y, Tatsumura Y. 2015. Alexander Fleming (1881-1955): discoverer of penicillin. Singapore Med J, 56(7): 366-367.

Thiel V. 2018. Synthetic viruses-anything new? PLoS Pathog, 14(10): e1007019.

Tucci V, Moukaddam N, Meadows J, et al. 2017. The forgotten plague: psychiatric manifestations of Ebola, Zika, and emerging infectious diseases. J Glob Infect Dis, 9(4): 151-156.

Tumpey T M, Basler C F, Aguilar P V, et al. 2005. Characterization of the reconstructed 1918 Spanish influenza pandemic virus. Science, 310(5745): 77-80.

van Bunderen C C, Bomers M K, Wesdorp E, et al. 2010. Clostridium perfringens septicaemia with massive intravascular haemolysis: a case report and review of the literature. Neth J Med, 68(9): 343-346.

Venkatesh S, Memish Z A. 2003. Bioterrorism--a new challenge for public health. Int J Antimicrob Agents, 21(2): 200-206.

von Wintersdorff C J, Penders J, van Niekerk J M, et al. 2016. Dissemination of antimicrobial resistance in microbial ecosystems through horizontal gene transfer. Front Microbiol, 7: 173.

Watkins R R, Bonomo R A. 2016. Overview: global and local impact of antibiotic resistance. Infect Dis Clin North Am, 30(2): 313-322.

Williams M, Armstrong L, Sizemore D C. 2022. Biologic, chemical, and radiation terrorism review. Treasure Island (FL): StatPearls.

Wilson A, Warrier A, Rathish B. 2020. Contact tracing: a lesson from the Nipah virus in the time of COVID-19. Trop Doct, 50(3): 174-175.

Woolhouse M, Waugh C, Perry M R, et al. 2016. Global disease burden due to antibiotic resistance - state of the evidence. J Glob Health, 6(1): 010306.

Yang R. 2017. Plague: recognition, treatment, and prevention. J Clin Microbiol, 56(1): e01519-17.

Zaman S B, Hussain M A, Nye R, et al. 2017. A review on antibiotic resistance: alarm bells are ringing. Cureus, 9(6): e1403.

Zhao R, Feng J, Liu J, et al. 2019. Deciphering of microbial community and antibiotic resistance genes in activated sludge reactors under high selective pressure of different antibiotics. Water Res, 151: 388-402.

Zimmer T. 2010. Effects of tetrodotoxin on the mammalian cardiovascular system. Mar Drugs, 8(3): 741-762.

第二篇

传染病与动植物疫情

第二章

传染病概论

传染病（infectious disease）是由各种病原体引起，能在人与人、动物与动物或人与动物之间相互传播的一类疾病。传染病的传播和蔓延依赖传染源、传播途径和易感人（或动物）群三个基本环节，其中，传播途径非常之多。了解这些基本知识，将有助于对传染病进行科学防治。以下我们就这些问题循序渐进地开展论述。

第一节　传染病的特点和特征

一、病原体

凡传染病均是由特定的病原体（pathogen）引起的。根据病原体的不同，常需要对其进行分类。生物学分类是最基本的，即按科、属划分。在动物传染病学中，按病原体的不同，可以分为病毒性传染病和细菌性传染病；在医学传染病学中，还包括寄生虫引起的疾病。

细菌可以根据染色特性的不同分为革兰氏阳性菌和革兰氏阴性菌，还有一些特殊染色法，如抗酸菌和非抗酸菌。另外，可根据细菌的基因和结构上的差异或繁殖特点进行分类。例如，根据对氧的需要，可分为厌氧菌、需氧菌和兼性菌；根据是否产生芽孢，可以分为芽孢菌和非芽孢菌；根据生长部位分不同，为胞内菌和胞外菌；还可以根据溶血性、运动性、产生的毒素及对某些营养物质的需求等进行分类。此外，一般将支原体、衣原体、螺旋体、立克次体、真菌等与其他细菌分开。

病毒一般是根据核酸的不同，先分为 RNA 或 DNA 病毒，再按照病毒基因组结构分为单股或双股，进一步可将分节段的 RNA 病毒单独划出。对 RNA 病毒还可以进一步按 mRNA 转录方式与作用，分为正链和负链及逆转录病毒。朊病毒和噬菌体是特殊的病毒。

对传染病的诊断，除了对临床和流行病学资料进行分析外，很重要的方法是依靠实验室的技术，按规定的程序分离并鉴定病原体。长期以来将病原体的分离鉴定作为诊断的金标准，其重要性不言而喻。在传染病的防治方面，也要求能明确具体的病因，以便于针对病因进行治疗。尤其是细菌病，当明确诊断后，通常根据病原体对药物的敏感性不同，采用相应的治疗方法。在特异性的病因治疗中，如许多产毒素病原体引起的中毒性感染，就是根据具体毒素不同，选取特定的抗毒素进行治疗，早期并足量使用抗毒素会收到很好的疗效，如破伤风的治疗。此外，病因预防方面，更是与病原体的特异性高度相关，例如，疫苗的预防接种就是根据流行病的不同，有的放矢，进行特异性很强的预防。

二、传染性

传染病与其他疾病的一个根本区别是其具有传染性（infectivity），可以通过某种途径传染他人（或其他动物），人或动物一旦染上传染病，就有可能通过某种途径传染他人（或其他动物）。这是传染病与其他普通病的一个根本区别。由于传染病具有传染性，其感染就可能由一个人发展到多个人，动物传染病除了同种动物密切接触引起传播外，有些传染病还能传播至不同种的动物（如口蹄疫）。传染病从一个地区传播到多个地区，任其自由发展，就会呈现快速传播之势，这也是传染病可怕之处，好比突如其来的森林火灾，熊熊烈火借助风力会越烧越旺，此时如能及时采取措施，建立隔离带，可将火情控制在有限范围内，进一步组织力量迅速将其扑灭。传染病患者能向外排出病原体的整个时期，称为传染期。在传染病的防治中，都要考虑到传染性。通常采取的预防措施包括对来自疫区的外来人员实行隔离和检查、对从疫区外运的物品进行严格的检疫消毒等。此外，对传染病患者的治疗必须实行严格隔离，对分泌物和排泄物污染的用品进行及时消毒。

三、流行病学特征

（1）流行性：按传染病发生的频率和流行的范围，一般可分为散发、流行及大流行。散发（sporadic）一般是指发病的数量不多，呈零星散在的发生状态，其原因可能有：某些疾病的传播需要有一定条件，如破伤风入侵需有创口条件；在动物（或人）群中普遍免疫接种，因而群体的免疫水平较高；某些疾病以隐性感染为主。流行性（epidemic，epizootic，后者是动物中的流行疫病专用词）通常是指其发病率远超过地方性流行或散发的许多倍，并没有一个绝对的数值。当疾病呈现流行性时，往往是病原的毒力较强、传播的途径较多或群体的抵抗力普通低下综合作用的结果。

暴发（outbreak）往往是作为"流行性"的同义语，一般是指在一个群体中或一定地区范围内短时间突然出现很多的病例，如食物中毒、流行性感冒。

大流行（pandemic，panzootic，后者也是动物中的流行疫病时专用词）是指出现某种非常大的范围内（如跨国、跨洲或全球性）的流行。凡能形成大流行的多是病毒性的传染病，如 2003 年的传染性非典型肺炎（也简称为 SARS）、2009 年流行的甲型 H1N1 流感和 2020～2022 年流行的新型冠状病毒感染。

新发突发传染病，其发病迅速，传染力强，病死率高。有很多新发突发传染病的病因和传播途径具有不确定性，不易采取特异性预防措施，往往对人类健康和社会经济发展造成极大危害，例如，新型冠状病毒感染是自 1918 年流感疫情以后，感染和死亡人数最多、对人们的生活影响时间最长和对人类经济发展影响最大的一场瘟疫。

（2）季节性：指某些传染病多发生于一年中的某个季节，或在一定的季节中某些传染病有较高的发生频率。不少病毒病在冬春寒冷季节流行，而一些肠道传染病和吸血昆虫为媒介的传染病多在气候温暖的夏秋季流行。主要是这些自然因素可以作用于病原体，或作用于传播媒介及易感人群，从而表现出季节性。

（3）周期性：某些疾病每隔一定的间隔时间（常以年计）会再度流行，称为流行过程的周期性（periodicity）。这在长寿人群中易于观察到；对于其他动物而言，则要从每年更新数量不是太多的牛、马等大动物中观察。

（4）地方流行性：某些病的发生局限在一定的地区范围内，且发病数量多于散发，称之为地方流行性（endemic，enzootic，后者也是动物中流行疫病时的专用词）。地方流行性的原因也很复杂，可能与中间宿主、特定的地理条件、自然环境或人的生活习惯等因素有关。例如，自然疫源性疾病就是有野生动物作为传染源的特定环境下，不依赖人的参与而在自然界流行的一种地方性疫病。

（5）外来性：指某种病在我国或本地原是没有的，是从国外或外地输入或传入进来的。这种情况很多见，例如，2018 年非洲猪瘟传入我国，引发了对我国养猪业的严重打击。对于这类国外有、国内尚无的疫病，一定要做好进出境口岸的隔离检疫，不从疫区引进动物及其产品。

第二节 感 染

一、概念

病原体侵入宿主机体，并在一定部位定居、生长、繁殖，引起机体一系列病理反应的过程，称为感染。感染就是病原体和宿主机体相互作用、相互斗争的过程。引起感染的病原体有数百种之多，在长期的进化过程中，病原体与宿主相互依存、相互作用。一些微生物与宿主相互适应，建立了共生关系（commensalism），如肠道中大肠杆菌和某些真菌。但这种平衡是动态的、相对的，一旦宿主的免疫力低下（如肿瘤病进行放射性治疗、感染后长期使用皮质激素治疗或感染了免疫抑制性疾病），或者感染后大量使用抗生素导致菌群失调，或者机械性损伤导致这些微生物离开原寄生部位到达他处（大肠杆菌进入泌尿道、呼吸道甚至大脑），平衡即被打破，引起宿主致病，此时称为机会性感染（opportunisticinfection）。这些共生菌在特定条件下的致病作用，称为条件性致病菌（conditional pathogen）。构成感染的过程中存在着病原体、宿主和环境因素三者之间的相互作用，并影响着感染的发展方向和结局。

二、类型

感染过程是病原与宿主相互作用的过程，其中还受到多种环境因素的影响。可以从不同的角度对感染进行如下分类。

（1）单纯感染与多重感染（混合感染）及协同感染、原发感染与继发感染：根据参与感染病原体的多少、先后及相互作用关系来划分。由一种病原体所引起的感染，称为单纯或单一感染（simple infection）；由两种或两种以上病原体引起的感染，称为多重感染或混合感染（multiple infection or mixed infection）。目前，混合感染现象非常普遍，其症状和病变复杂，给疫病的诊断和防控都增添了难度。协同感染（coinfection）是指同一感染过程中，两种或多种病原体的相互作用可以增强毒力。原发感染（primary infection）即首先由某些病原体引起的感染；如在先期感染的基础上，后来又发生其他病原体的感染，称为继发感染（secondary infection）。

（2）根据病原体来源不同分为内源性感染与外源性感染。某些情况下，微生物寄生在体内不引起疾病，当机体抵抗力下降或受外界因素影响时方表现出致病性，造成机体感染，称之为内源性感染（endogenous infection）。由来自体外的病原体引起的感染称为外源性感染（exogenous infection）。来自外源性的感染又称为传染。

（3）根据感染后病原在机体内的分布及引起的后果，可分为局部感染（local infection）与全身感染（systemic infection）。全身感染的表现形式包括菌血症（bacteremia）、病毒血症（viremia）、毒血症（toxaemia）、败血症（septicemia）和脓毒败血症（septicopyemia）等。

（4）根据症状典型与否可分典型感染（typical infection）与非典型感染（non-typical infection）。

（5）根据感染后果严重程度，可分为良性感染（benign infection）与恶性感染（malignant infection）。

（6）根据感染后宿主是否表现有临床症状，可分为显性感染（apparent infection）与隐性感染（inapparent infection）。

（7）按照病程长短及临床症状不同，可分为最急性（peracute）、急性（acute）、亚急性（subacute）与慢性感染（chronic infection）。在叙述各种传染病的症状时一般用此种形式较多。需要指出的是，某一传染病的病程与症状并不是固定不变的，它取决于病原体和机体双方间力量的对比与较量，也受人为因素或环境的影响。在一定的条件下，不同病型是可以转变的。

三、表现

病原体进入人体（或动物机体）后就意味着感染的开始。病原与宿主之间的相互作用，有 5 种不同的表现和结局，现分述如下。

1. 病原体被清除

病原体被清除（elimination of pathogen）可通过以下机制来实现：病原体进入机体后可被机体的非特异性免疫形成的防御机制清除，如皮肤黏膜的屏障作用、胃酸的杀菌作用、肠道多种消化酶、组织体液的溶菌物质、组织细胞的吞噬作用。这种非特异性免疫功能是机体在长期进化的过程中，与病原斗争形成的，是能遗传给下一代的。此外，特异性的细胞免疫和体液免疫也参与清除病原体的行动。例如，外来抗原致敏的 T 细胞，与相同的抗原再次相遇时，可以通过细胞毒性淋巴因子来杀伤病原体及其所寄生的细胞。抗原致敏的 B 细胞在抗原刺激作用下转化为浆细胞，然后产生相应的抗体，抗体能与抗原特异性结合，主要作用是清除细胞外的微生物。

2. 隐性感染

隐性感染，也称为亚临床感染（subclinical infection），是指病原体入侵机体后，在与机体相互作用过程中，对机体无损伤或损伤极小，故机体不表现任何症状。但刺激机体产生的免疫学反应可以通过多种方法检测出。其实大多数传染病都是隐性感染，好处是多数动物机体通过这种无症状感染获得免疫力，从而达到清除病原体的目的，且无任何损伤（如日本脑炎）。对于群体而言，隐性感染有积极的意义，即通过相互传染而使群体中有免疫力个体比例大为提高。不过有些隐性感染，虽然外观是无症状，但可以成为病原携带者（可以向外界排菌或排毒），具有传染源的作用。

3. 显性感染

显性感染，也称为临床感染（clinical infection），是指病原体入侵机体后，在与机体相互作用过程中，对机体产生一定的损伤，故机体表现出相应的病理改变或临床症状（即疾病）。对于大多数传染病，显性感染只是冰山一角，所占比例较少。但在少数传染病中，主要表现为显性感染。如麻疹、水痘等。同一种传染病，因病原体的毒力与动物机体抵抗力的大小不一，即使均是显性感染，也有轻重不同，有最急性、急性、亚急性和慢性之分。有些传染病恢复后，病原体被清除，机体可获得较为持久的免疫力，并维持较长的时间不再受相同病原株的感染，如麻疹、甲型肝炎、伤寒等传染病；但有些传染病痊愈后获得的免疫力比较短暂，如流行性感冒。

4. 病原携带状态

病原携带状态（carrier state）是指病原体感染机体后，能继续停留在局部，机体并不表现任何症状，但携带有病原并能排出体外，因而具有传染源的作用。此时病原体与机体处于一种相对平衡状况，根据携带病原的不同，分别称为带菌者、带毒者、带虫者。这些病原携带者所排出的病原可能低于显性感染者，但因无症状表现而难以发现，因此危险性更大。另外，以带菌者为例，按传染病的发展阶段，可以分为潜伏期带菌、恢复期带菌。除此之外，健康带菌也很普遍。病原携带者的共同特点是无临床症状，但携带病原并能排出体外。病原携带者携带病原的时间长短不一，一般将 3 个月以下的称为急期携带者，长于 3 个月的称为慢性携带者（但乙型肝炎病毒感染时，长于 6 个月才称为慢性携带者）。有些携带者的排出呈现间歇性和长期性，因此需反复多次才能检出。

5. 潜伏性感染

潜伏性感染（latent infection），也称为潜在性感染。与病原携带不同，其体内虽有病原存在，但不排出体外，机体的免疫功能将病原局限化，但不能完全清除，机体也无相应的症状，病原体就长期潜伏下来，一旦机体免疫力下降，这些病原体就可以复活并繁殖，引起相应的疾病（显性感染）。潜伏性感染常见于疱疹病毒，如单纯疱疹病毒、水痘病毒、伪狂犬病毒、牛传染性鼻气管炎病毒、禽传染性喉气管炎病毒、马立克病毒及结核分枝杆菌的感染。

上述这 5 种状态各有特点。隐性感染最普遍；其次是病原携带状态，显性感染相对较少些，但其传染性强，也易于识别。潜伏性感染并不是每种传染病都有，病原清除状态是一种理想的结果。需要指出的是，上述 5 种表现并不是一成不变的，在一定条件下可能相互转化，特别是隐性感染与显性感染。

第三节　病原体的致病性

病原体侵入机体后，是否能引起机体疾病，主要取决于病原体的致病性（pathogenicity）和机体的免疫力两个方面的力量对比。病原体的致病性包括以下多方面的综合作用。

1. 侵袭力

侵袭力（invasiness）是指病原体侵入机体并在机体内定植，突破机体的防御屏障及内化作用，在体内生长繁殖的能力。对细菌而言，感染的建立就是要在体内定居，而其前提是这些细菌要黏附在机体的消化道、呼吸道、泌尿生殖道、眼结膜等处，以免被机体的肠蠕动、支气管的纤毛运动及黏液分泌等作用而清除。

病毒通常与细胞受体结合后再进入细胞。有的病原体可以直接侵入机体，如钩端螺旋体。伤寒沙门菌表面的 Vi 抗原有抗吞噬作用，从而促进病原体的扩散。大肠杆菌能表达与小肠细胞结合的受体，即黏附素（adhesin），也称定植因子（colonization factor），从而促进细菌在肠道黏膜上皮细胞的黏附和侵入。大多数金黄色葡萄球菌能产生血浆凝固酶，使之不被机体免疫机制所识别或不被吞噬。沙门菌、结核杆菌、李斯特菌等胞内菌是通过内化作用（internalization）进入吞噬细胞内，能抗吞噬并借此作为载体向全身扩散。细菌能通过摄铁系统提供生长所需要的铁，有利于细菌在体内的增殖。溶血性链球菌能产生透明质酸酶，该酶能溶解透明质酸，使结缔组织疏松、通透性增强，有利于细菌在组织中的扩散。破伤风和狂犬病的病原都是借助伤口侵入人体。

2. 毒力

毒力（virulence）包括毒素和其他毒力因子。毒素按其来源、性质和作用不同，可以分为外毒素（exotoxin）和内毒素（endotoxin）。外毒素是病原菌在生长繁殖过程中所产生的可溶性蛋白质，通过与靶细胞的受体结合进入宿主细胞而发挥毒性作用。产生外毒素的如破伤风梭菌、肉毒梭菌和白喉杆菌，这些外毒素具有其种的特异性，毒性很强。内毒素是革兰氏阴性菌的脂多糖（lipopdysaccharide，LPS）成分。与外毒素不同的是，内毒素耐热，抗原性较弱，不能被甲醛脱毒成为类毒素。例如，沙门菌的内毒素可引起宿主发热、黏膜出血、白细胞减少、弥散性血管内凝血（disseminated intravascular coagulation，DIC）及休克死亡等效应。许多细菌能分泌出抑制其他细菌生长的细菌素（bacteriocin）而利于自身的生长繁殖。病原菌与宿主细胞接触后启动细菌分泌系统（bacterial secretion system），细菌所分泌的多种毒性物质与相应的伴侣蛋白（chaperonin）结合，继而细菌的细胞质直接进入到宿主细胞内，得以发挥毒性作用。例如，志贺菌、沙门菌、耶尔森菌、大肠杆菌等均具有Ⅲ型分泌系统（T3SS）。

3. 数量

传染病的发生不仅取决于病原体的毒力和侵袭力，还取决于病原体的数量，如果低于发病的最低数量，临床上也不会出现症状。一般说来，病原体的数量与致病力成正比，数量越多，致病力越强。但不同的传染病所需的最低发病量有很大的差异，例如，伤寒需要 10 万个菌体，而细菌性阿米巴仅需要 10 个菌体。

4. 变异性

病原体可因环境、药物和遗传等因素发生变异，细菌的变异现象很多，如形态结构、菌落形态、代谢及耐药性，后者影响到传染病的治疗效果，往往需通过分离菌的药敏试验来确定选择效果较好的药物。有的病毒会有蚀斑大小的变异。当然，其中许多仅是表型的改变，根本还是基因变异引起的。病原体最重要的变异是涉及毒力和抗原性的变异。抗原性的变异可以逃逸免疫抗体的作用，或使疫苗免疫失败，如流行性感冒，因此在防控传染病时要跟踪病原的分子流行病学调查，选择优势的流行株制作疫苗。毒力的变异一般是将病原体在体外或非易感动物体长期多次传代，使其毒力减弱，如用于结核病预防的卡介苗和用于猪瘟预防的兔化猪瘟弱毒疫苗。细菌毒力的减弱还可以通过高于最适生长温度下，在含特殊化学物质的培养基中、特殊气体条件下培养等方法实现。另外，如欲增强毒力，通常是回归易感动物，包括在本动物或实验动物中反复传代，使毒力逐渐增强。此外，运用现代基因工程或反向遗传学技术，如缺失毒力基因、点突变的方法可以使毒力基因失活，从而获得低毒株或无毒株；也可以插入或改造毒力基因，达到增强毒力的目的。

第四节　致病状况或致病机制

1. 传染病的发生与发展

传染病的发生与发展有一个共同特征，就是传染病本身的发展有其阶段性，发病机制和临床表现也显示出明显的阶段性，大多数情况下，三者之间是相互吻合的。在动物传染病中，以犬瘟热为例，该病主要通过消化道和呼吸道传播，因而临床上表现出相应的症状。随着病情的发展，先后出现呼吸系统症状、消化系统症状，感染后 8～9 天，病毒扩散到中枢神经系统，患病犬在后期也出现神经系统症状，据此可将呼吸系统、消化系统和神经系统的症状视为临床上患病过程的前期、中期和后期。

1）入侵门户

病原体只有入侵机体内才能致病，因此须通过合适的入侵门户（portal of invasion）。例如，引起腹泻的多种病毒或细菌均是经口食入的，而一些呼吸道传染病则多是经飞沫和吸入传染的，肉毒梭菌致病是经口食入引起的。

2）在机体内嗜好的组织器官定居

病原体从入侵门户进入机体后，沿着一定途径到达嗜好的组织器官进行生长繁殖，引起机体表现出病理反应。有些病原能在侵入部位直接引起损害（如皮肤真菌）；有些是在局部生长繁殖，产生毒素，引起全身性病变（如破伤风、肉毒梭菌中毒症）；有些是通过血流或侵入吞噬细胞，扩散全身，引起相应疾病（如布鲁菌病、链球菌病、流行性乙型脑炎）。病原体在嗜好的组织器官生长繁殖，这是在它们长期进化过程中选择适应形成的，因而每种传染病都有自身的发病机制和规律。

3）排出途径

各种传染病都有排出途径（route of exclusion），作为传染源的患病者、病原携带者和隐性感染者，均有其传染性。排出途径与入侵门户，特别是与病原体在机体内的定位有密切的联系。例如，大肠杆菌病引起的腹泻，病原体在肠道繁殖，决定了它必定是随粪便排出。有些传染病的排出途径是单一的，如轮状病毒只经过粪便排出；有些传染病具有多种排出途径，如流行性感冒病毒主要是经过粪便排出；也能通过呼吸道的途径（咳嗽、喷嚏）排出；不少虫媒性传染病的病原体存在于血液中，当虫媒叮咬时才发生传播（如日本脑炎）。每一种传染病，其病原体的排出持续时间长短不一，因此决定了传染期的长短也不一样。

2. 组织损伤的发生机制

病原体侵入机体后，与宿主的相互作用和斗争结果可能对机体组织造成损伤，或对多系统功能造成不良影响。病原体对组织的损伤机制有如下几个方面。

1）直接损伤

病原体侵入机体后，可通过机械运动或酶等直接对组织造成损害（如布氏锥虫）。许多病毒能致细胞病变（如禽流感病毒），或通过引发炎症致组织破坏（如鼠咬热）。

2）毒素的作用

如前所述，许多细菌能在生长繁殖过程中产生毒力很强的外毒素，选择性地对组织器官发挥毒性作用，例如，破伤风毒素选择性地作用于脊髓前角运动神经细胞，引起肌肉的强直性痉挛。大肠杆菌、霍乱弧菌、气单胞菌等能产生作用类似的肠毒素，引起剧烈腹泻。内毒素是指革兰氏阴性菌胞壁中的 LPS，螺旋体、衣原体、立克次体中也含有 LPS，具有致热、使血循环中的白细胞骤减等多方面作用，严重时可致动物死亡。

3）免疫机制

许多病毒可感染并损伤免疫系统，直接杀伤 T 细胞（人与猫的艾滋病）、破坏免疫中枢法氏囊（禽的传染性法氏囊病）或侵害巨噬细胞（猪繁殖与呼吸道综合征），均可造成机体免疫系统的损伤，导致免疫抑制。此外，不少传染病是通过变态反应引起组织的损伤，其中以III型和 IV 型较多。例如，汉坦病毒引起的肾综合征出血热，在患者皮肤小血管壁、肾小球基底膜等处均存在有免疫复合物，III型变态反应被认为是造成血管和肾脏损害的主要原因；而在患有结核分枝杆菌的人或动物体内，被结核分枝杆菌感染的巨噬细胞在 Th1 细胞释放的细胞因子 IFN-γ 作用下活化，进而杀死结核分枝杆菌。如果结核分枝杆菌抵抗巨噬细胞的杀伤效应，则可发展为慢性炎症，形成肉芽肿。牛结核检疫的皮内试验原理就是利用典型的迟发型（IV 型）变态反应设计的。

第五节　传播方式

传染病具有传染性，这是不同于其他病的一个显著特点。传染病在传染过程中必须具备三个基本环节，即传染源、传播途径和易感动物群体。在传染源的作用下，借助一定的传播途径进行接力，病原传播到新的易感宿主（动物或人群）中。周而复始，一轮接一轮完成这种传递，就会使疫病范围不断扩大，发展成为波及若干省份或国家，甚至全球的疫病。

1. 传染源

传染源（source of infection）即体内有病原体生存、繁殖，并能将病原体排出体外的人或动物。具体来说，就是患者、病原携带者、隐性感染者和受感染的动物。

1）患者

有明显症状的患病者，是危险性较大的传染源。这一时期其症状典型，排出的病原体也较多。有些传染病如伤寒，慢性带菌者排出病原体的时间也较长，是该病不断传播和流行的主要原因。

2）隐性感染者

有些传染病在病原体侵入血液而未被清除时具有传染性。例如，脊髓灰质炎隐性感染者可达 90% 以上，携带病原数周，难于及时发现。

3）病原携带者

一些传染病，虽无症状，但体内能查出病原，如新冠病毒感染的无症状患者在流行病学上具有重要意义。

4）受感染的动物

许多传染病可由动物传染于人，称为动物源性传染病。有传染性的动物种类很多，从家畜、家禽、宠物、水生动物到啮齿类、两栖类、爬行动物及野生动物。有些动物源性传染病是动物本身患病（狂犬病、布鲁菌病等），也有一些动物不表现症状（隐性感染）。一些由野生动物引起的人兽共患病，也称为自然疫源性疾病，它们不依赖人的参与，能在自然条件下构成传染病的循环。

2. 传播途径

传播途径（route of transmission）是指病原体从传染源排出后传给易感者所经历的途径。传播的途径很多，有些传染病仅一种途径，但很多的传染病不止一种途径。

1）呼吸道传染

病原体从传染源排出后，通过空气侵入易感染宿主，即经呼吸时被吸入传播，其中包括飞沫、飞沫核和尘埃传染。当呼吸道感染时，患者通过咳嗽、打喷嚏，形成很强的气流，如流感、结核等。含病原体的蛋白质还可以吸附于尘埃，随风飘扬，传染至更远的距离。

2）消化道传染

病原污染了食物、水源或食具，当不注意卫生时，发生食入性感染。"病从口入"，多是指经消化道传播的传染病，如伤寒、细菌性痢疾、霍乱、肠出血性大肠杆菌病等。

3）接触传染

病原体主要通过病健人员（或动物）皮肤、结膜和黏膜等密切接触传播，如流感、麻疹、白喉。有些传染病与接触污染的水源或土壤有关。特别是一些芽孢菌产生的芽孢，能形成长久的疫源地，如炭疽、恶性水肿、气肿疽等。有些是经伤口接触传染，如破伤风、狂犬病。不洁的性交传播，在医学上称为性传播疾病（如艾滋病、丙型病毒性肝炎、乙型病毒性肝炎、梅毒螺旋体和淋病奈瑟菌），其在动物中也有不少，通过交配期间的密切性接触经生殖道黏膜传播，如牛传染性鼻气管炎（生殖道感染型）、马传染性子宫炎。

4）虫媒与其他动物传染

动物的管理离不开人的活动，导致一些人兽共患传染病可以从动物直接传到人（如结核病、布鲁菌病）。许多节肢动物引起的虫媒病也可包括在其内。具体到每种传染病，媒介者可能不一，如流行性乙型脑炎经蚊传播，非洲猪瘟经软蜱传播，蓝舌病经库蠓传播，绵羊是牛恶性卡他热的自然宿主和传播媒介。老鼠、家畜、野生动物等可以作为活的媒介物进行疫病传播。有些传染病还有明显的地区性或季节性，或与职业有关，例如，布鲁菌病多是牧民感染；附红细胞体病多发生在雨水较多的夏秋季，即吸血昆虫活动频繁的高峰时期。

5）血液传染

在患者或无症状感染者的血液或体液中存在有病原体（如 HCV、HBV），通过血液制品或其他方式造成感染，如疟疾、艾滋病等。

6）医源性传染

通过不适宜的工作方式引起的间接传播。例如，消毒不严的注射器针头，特别是应用污染器械对动物进行手术、刮割、断牙、断尾等生产操作，导致动物感染。在人医中，这类原因导致的疾病被称为"医源性"疾病（如艾滋病、丙型病毒性肝炎、乙型病毒性肝炎）。

上述的各种方式均为水平传播（horizontal transmission）。除此方式外，垂直传播（vertical transmission）是另一种传播方式，即亲代向下一代的传播。

7）垂直传播

在人类，以母婴传播为主，一般是孕妇在妊娠期间感染，病原体通过胎盘屏障感染胎儿。在哺乳动物，有许多传染病和人一样经胎盘传播，如猪瘟、伪狂犬病等。但在禽类，是通过蛋的卵黄囊传播，又称为蛋传性疾病（egg-borne disease），如鸡白痢沙门菌病、鸡毒支原体病、鸡传染性贫血等。在动物还有经产道感染的问题，指怀孕动物在阴道或子宫颈口的病原体上行向羊膜或胎盘传播，或在分娩时胎儿受到污染产道的感染，如大肠杆菌、葡萄球菌、链球菌、沙门菌和疱疹病毒等。

3. 易感群体

在人类，对某种传染病缺乏特异性免疫力称为易感者（susceptible person）。当一个群体中对某种传染病的易感个体增多并达到一定比例，同时存在有传染源和适宜的传播途径时，就易于发生传染病的流行。群体中易感者的比例决定了群体的易感性（susceptibility of the population）。提高群体免疫力可以通过人工免疫来实现，某些特定的传染病可通过隐性感染建立其群体的免疫力。在动物群体免疫力方面，还可以通过对妊娠母畜（禽）免疫而将被动免疫力通过初乳或卵黄囊传递给下一代。此外，还可通过加强生物安全体系建设、加强饲养管理等方法减少群体的感染机会。规模化饲养场还可以通过剖腹产术和孵化未感染的禽蛋，并在屏障系统中饲养，生产出未感染的动物。

第六节　诊　　断

对于传染病的诊断一般分为两种。一种是临床诊断，包括流行病学方法、临床症状，在动物传染病还有病理变化等综合资料的分析和排查，从而对某些疫病直接进行诊断（如破伤风）。另一种是提出疑似病的大概范围，借助实验室进行试验来进一步确诊。由此可见，临床诊断是基础，为实验室诊断提供前提和条件；实验室诊断则是对临床诊断的进一步深化，对现存的疑点提供更多的证据以确认。很多情况下，需要二者的密切配合才能完成。

1. 临床诊断

临床资料是诊断的第一步，中医一般是通过"望、闻、问、切"等方法，而现代医学则用到"视、触、叩、听"等方法获取第一手资料。其中，问诊是用得最多的一项内容，要掌握问诊的技巧，尤其是态度真诚、和蔼，让患者或畜主知无不言、言无不尽。通过问诊，了解起病的原因和背景、防治效果如何。对问诊得到的资料要进行综合分析，进一步要利用人的感官（听、视、触、闻）来分析属于哪个系统的传染病，提出大致的范围，再重点进行检查。在兽医临床上，观察仔细的话，不少传染病是可以做出诊断的，典型的如破伤风、亚急性猪丹毒、神经型马立克病等。

1）流行病学调查

流行病学调查以问诊为主，还要结合资料查阅，弄清楚本次疫情中的发病情况，如时间、地点、扩散速度、附近发病情况、以往是否有这种情况、平时免疫的情况等，进行综合分析。重点对疾病的三维分布（即地点分布、时间分布和群体分布）进行调查。地点分布可以注意一些地方性流行的疾病，某些传染病局限在特定的地区发生和流行，可能与当地的传播因素有关，如羊黑疫多发生于肝片吸虫病流行的地区。有些传染病发生于特定的季节，如病毒性传染病以冬春季发生较多，而一些虫媒性的传染病或有些细菌性传染病多在夏秋季节发生（如链球菌病、日本脑炎）。此外，搞清疫病的群体分布（不同的年龄、性别、生长阶段、动物的品种与用途）对诊断也能提供帮助。

2）病理变化观察

除了现场观察外，兽医不同于人医之处在于，为了得到全面的临床诊断意见，可以扑杀濒死的动物或利用病死动物系统地观察各脏器的病理变化，通过多头（只）动物的病理观察、对比，验证病变与临床症状的一致性或与流行病学方面的联系，从而有助于确立诊断。必要时，无菌采样进行微生物学诊断，同时将另一份样品置于福尔马林液中固定，用于病理组织学的检查。

2. 实验室诊断

实验室诊断是对临床诊断的进一步验证。对传染病而言，主要是从病原和抗体两个方面进行检测。除此之外，也包括血、粪、尿等样品的检查及上述病理组织学检查。

1）病原分离鉴定

病原的分离作为金标准在传染病诊断中占有突出地位。但要保证结果的可靠性和真实性，其前提是分离所用的病料或样品要有代表性，要选择含病原较多的组织或体液、分泌物等；其次是须选择适宜的分离手段（细菌等通常用合适的培养基，病毒一般要用合适的敏感细胞。禽类的许多病毒可以用鸡胚，有些病毒无合适的细胞系，只能用本动物或实验动物感染的方法进行分离）。当然，临床上分离采样应选择发病早期未进行治疗的病例，同时须采用无菌操作和冷藏。采样后尽快送寄实验室检验，标明送检样品及检验目的，便于实验室专业人员采用合适方法进行分离。由于病原分离特别是病毒分离费时，不适于常规诊断，而疫病的救治又很紧急，因此不能坐等分离的结果，往往是同时采用一些快速诊断技术来代替。

2）病原体的抗原检测

病原体的特异性抗原检测，具有快速、特异的特点，适合于常规诊断。尤其是无法分离的病原，或病料样本不合适（如腐败、污染）时，选用对病原体具有特异性的抗原检测更具有实际意义。检测的方法较多，如凝集试验（agglutination test）、酶联免疫吸附试验（enzyme linked immunosorbent assay，ELISA）、酶免疫测定（enzyme immunoassay）、荧光抗体试验（fluorescent antibody test，FAT）及抗原免疫层析试纸（antigen immunoassay paper）。在兽医临床上，因凝集性试验简便易行，故其发展的类型较多，包括平板凝集试验（plate agglutination test）、反向间接血凝试验（reverse indirect hemagglutination test）、乳胶凝集试验（latex agglutination test）、协同凝集试验（co-agglutination test）、血凝和血凝抑制试验（hemagglutination and hemagglutination inhibition test）等。除此之外，多种与沉淀有关的试验也有其应用，如环状沉淀试验（ring precipitation test）、琼脂扩散试验（agar gel immunodiffusion test，AGIT）和免疫电泳（immune electrophoresis）。

3）病原体的核酸检测

基于病原体的核酸检测最早见于核酸探针，三十多年来发展最快的是聚合酶链反应（polymerase chain reaction，PCR）技术，PCR目前已成为病原快速检测的首要方法。同时，结合其他分子生物学技术，如基因组电泳分析、DNA指纹图谱克隆测序和进化树分析，可以快速完成病原分子的检测与鉴定。PCR技术本身发展也很快，如多重PCR、巢式PCR、荧光定量PCR等。此外，在核酸探针基础上发展的技术是具备高通量检测能力的基因芯片，在兽医海关检测中有较多的应用。

4）病理组织学检测

病理组织学可以发现肉眼难以看出的微细变化，对传染病诊断有重要意义。例如，通过病理组织学检测发现疯犬脑中有内氏小体，就可以确定狂犬病。基于组织学的免疫组织化学技术、原位PCR技术均在传染病的诊断中有其应用价值。

5）血清学检查

血清学检查（serological test）主要用于血清中特异性抗体检测（detection of specific antibody）。其中，在上述抗原蛋白的检测中提到的许多试验，也可以用于抗体的检测。在此主要提及三个试验：一是血清中和试验（serum neutralization test），主要用于病毒感染的血清学诊断，监测疫苗免疫后抗体效价是否达到临床上的有效保护水平，还可用于分析不同株的病原体抗原的关系；二是 ELISA；三是抗体免疫试纸条，均因具有特异、敏感、快速及大批量检测功能，在传染病的诊断中应用很广、发展很快，也可以检测病原的抗原蛋白。在传染病诊断中还经常应用在病初和恢复期或后期的双份血清抗体检测及比较，如抗体由阴性转阳，或抗体效价升高 4 倍以上，可以认为是有意义的诊断指标。在动物传染病中还经常需要区分野毒（自然）感染产生的抗体和疫苗免疫后产生的抗体。前提是免疫用的疫苗是标记或毒素基因或非结构蛋白的灭活疫苗或基因缺失疫苗，成功的事例有口蹄疫 ELISA 检测 3ABC 抗体、猪伪狂犬病 ELISA 检测 gE 抗体、猪传染性胸膜肺炎 ELISA 检测 RTX IV 毒素抗体、猪瘟 ELISA 检测 Erns 抗体。

6）其他检查方法

在临床诊断中，近年来随着科学技术的发展，涌现出许多新的检查方法。这些方法不仅用于普通病的检查，也可用于传染病的辅助检查，如胃镜检查、结肠镜检查、支气管镜检查等内镜检查，以及超声诊断、核磁共振成像、计算机断层扫描、数字减影血管造影等影像学检查。鲎试验检测血清内毒素用于革兰氏阴性菌感染的诊断。在兽医中，X 射线用于猪气喘病、萎缩性鼻炎的诊断。变态反应用于多种慢性病的诊断，如牛结核、马鼻疽、布鲁菌病等。

第七节　治疗与扑杀

治疗与扑杀均是针对传染源的措施，与人的传染病治疗不同，对动物传染病的治疗强调其经济价值与危害性大小。可治能治、花费不大、病程不长、传染性不强，才考虑治疗。对一些新发生的传染病，如果疫情没有扩散，局限在疫点或面积较小的疫区，则采取隔离、封锁与淘汰为上策。扑杀（stamp out）是动物发生了重大传染病或新传入重要传染病时，为了迅速扑灭疫情而采取的一项有力措施。依照国家的政策，将患有某种疫病的动物及可疑的感染动物处死，并同时采取隔离、封锁、消毒、无害化处理等相应措施，以彻底消灭传染源和切断扩大传染的可能性。一般是在对临诊症状和疫情发展态势充分了解的基础上，再经专门诊断实验室检测确认，并根据疫病的种类与性质而决定扑杀动物的种类与范围。

无论是动物还是人的传染病治疗，共同的治疗原则是严格隔离和消毒、防止扩散，加强护理，标本兼顾，即针对病原性的特异治疗与一般性对症治疗相结合。

1. 针对病原体的特异性治疗方法

病原治疗（etiologic treatment）或称特异性治疗（specific treatment），是针对病原体，帮助机体抑制和清除体内病原体、消除感染采取的措施。具体方法如下。

1）血清或抗体的特异性免疫

特异性免疫治疗采用针对某种传染病制备的高免卵黄抗体或高免血清（痊愈血清），因为特异性针对某种传染病，故对其他的传染病无效。这类制剂在动物传染病的治疗中应用很广，而且作用迅速，特别是那些体液免疫起主要作用的急性传染病，如猪瘟、炭疽。由于我国养殖业发展很快，有批准文号的制品常供不应求，故许多制剂是养殖场平时自制，紧急情况下临时自用。另外，对于一些毒素起主要致病作用的传染病，其免疫血清（抗毒素）则有很好的疗效，如破伤风、白喉、肉毒中毒的治疗等。因为注射的是动物血清，需防止过敏反应，使用前要进行皮肤试验。对有些过敏者，必要时采取少量多次递增剂量的方法进行脱敏。干扰素具有广谱抗病毒作用和免疫调节作用，在人医中已用于乙型肝炎和丙型肝炎的治疗。

2）抗生素与化学药物

抗生素与化学药物在细菌病的治疗中应用十分普遍；要早期诊断，根据病原体的种类，结合各类药物的适应证，尽早用药。一般在初期病重时根据经验采用广谱性的药物，防止病情恶化；在获得分离菌及药敏试验结果且病情稳定后，选择敏感的窄谱药物进行治疗。科学用药涉及多个方面，如给药途径、用量、疗程及不良反应等均应考虑。某些抗生素会引起过敏反应，特别是青霉素，在使用前要询问过敏史，并做好皮肤敏感试验。如盲目用药，既不经济，也易产生耐药菌株，甚至破坏体内的生态平衡，引起一系列不良后果。动物急性传染病的治疗时，还要考虑经济原则，一般不要超过 3 天。此外，食品动物用药时要考虑产品的安全性，遵守上市前的休药期规定。

3）抗病毒药物治疗

目前抗病毒药物虽有所发展，但远比抗生素种类少，且使用不多，毒性也较大。有下列药物用于人及动物病毒感染的防治。

（1）甲红硫脲（methisazone）。对痘病毒具有明显的抑制作用，可用于痘苗病毒、兔痘病毒、猴痘病毒、牛痘病毒等引起的感染性治疗。

（2）金刚烷胺盐酸盐。金刚烷胺（amantadine）对人类甲型流感的防治有较好效果，在兽医临床上可用于禽流感的防治。

（3）利巴韦林（ribavirin）。即病毒唑，是一种广谱抗病毒药，可用于流感、副流感、白血病、口蹄疫和鼠肝炎的防治，在人医上可用于丙型肝炎、疱疹性角膜炎、病毒性呼吸道感染、肾综合征出血热等病的治疗。

（4）抗 DNA 病毒药物。阿昔洛韦（acyclovir）常用于疱疹病毒感染的治疗，更昔洛韦（ganciclovir）可用于巨细胞病毒感染的治疗，核苷酸药物（恩替卡韦、替诺福韦酯）目前常用于乙型肝炎病毒感染。

（5）抗 RNA 病毒药物。奥司他韦（oseltamivir），即达菲，对甲型流感 H5N1 及 H1N1 病毒均有效。

4）抗寄生虫药物

（1）驱吸虫药。这类药物很多，如氯氰碘柳胺、硝氯酚、硫氯酚、双酰胺氧醚、碘醚柳胺、硝碘酚腈、溴酚磷、三氯苯达唑、羟氯扎胺、吡喹酮和硝硫氰酯，最后两种药物主要用于血吸虫病的治疗。

（2）驱绦虫药。吡喹酮、硫双二氯酚除用于驱吸虫外，也可用于驱绦虫。此外，常用的还有氯硝柳胺和伊喹酮。

（3）驱线虫药。根据其化学结构，这类药大致可分为以下几类：有机磷酸酯类，主要有敌百虫、敌敌畏、哈罗松等；咪唑并噻唑类，主要有左旋咪唑；四氢嘧啶类，主要有噻嘧啶和甲噻嘧啶等；苯并咪唑类，主要有阿苯达唑、甲苯达唑、芬苯达唑、氧苯达唑、氟苯达唑、非班太尔和莫奈太尔等；哌嗪类，主要有哌嗪；抗生素类，包括阿维菌素、伊维菌素、多拉菌素、塞拉菌素、依普菌素、莫西菌素、美贝霉素肟。

（4）抗原虫药。抗原虫药种类很多，包括抗球虫、抗锥虫及抗梨形虫药，常需要变换使用，以便减少耐药性的产生。现仍在使用的高效抗原虫药有盐酸氯苯胍、盐酸氨丙啉、乙氧酰胺苯甲酯、磺胺喹啉、磺胺氯吡嗪、氯羟吡啶、二硝托胺、尼卡巴嗪、常山酮、地克珠利、沙咪珠利、磺胺二甲嘧啶、癸氧喹酯、托曲珠利等化学合成药。还有一类是离子载体类，包括莫能菌素、盐霉素、拉沙菌素、马杜霉素、海南霉素等。氯喹可以治疗疟疾。常用的抗锥虫药有喹嘧胺、三氮脒、喹嘧胺，以及用于抗梨形虫的三氮脒。

2. 针对人或动物机体的疗法

在传染病治疗过程中，既要对病原体采取杀灭或抑制作用，消除致病因素，又要帮助机体增强自我抵抗力，调整和恢复机体的生理机能，从而最后战胜疫病，恢复健康。可以从以下几个方面入手。

1）加强护理

护理工作的好坏，直接影响到治疗的效果。传染病的治疗要在隔离条件下进行，但不要过于畏惧传染而撒手不管。除了夏季做好防暑降温、冬季做好防寒保暖工作之外，还要选择良好的隔离场所，隔离环境要求清洁通风并随时消毒，严禁闲人入内；保证充足的水分供应；患病动物需专人看管，使用专门的用具。根据需要可注射葡萄糖、维生素及其他营养物品以维持其基本代谢需求。

2）对症疗法

在患病动物或人的治疗中，为了缓解或消除某些严重的症状，调节和恢复机体的生理机能，常采取各种对症疗法。例如，使用退热、止血、止痛、镇静、兴奋、强心、利尿、清泻、止泻、防止酸中毒或碱中毒，调节电解质平衡等药物，某些急救手术和局部治疗等，这些都属于对症疗法的范畴。

3）针对群体的防治

规模化养殖过程中，动物饲养数量多，为防患于未然，常在大疫来临前对整个动物群体用化学药物以饮水或伴食方式进行预防性治疗，或用菌（疫）苗、高免血清等进行紧急预防注射。

4）康复治疗

人的某些传染病（如脑炎、脑膜炎、脊髓灰质炎等）可引起相应的后遗症，需要采取针灸治疗、理疗、高压氧等康复治疗措施，以促进人体机能恢复。

3. 微生态制剂

微生态制剂（probiotics）也称益生菌或益生素，曾称为"活菌制剂"等。微生态制剂是运用微生态学原理，利用对宿主有益无害的正常微生物经特殊工艺制成活菌饲料添加剂，它具有调整微生物群落、抗病促生长的功效。目前，已用于微生态制剂生产的菌种主要有地衣芽孢杆菌、枯草芽孢杆菌、两歧双歧杆菌、粪肠球菌、屎肠球菌、乳酸肠球菌、嗜乳酸杆菌、干酪乳杆菌、乳酸乳杆菌、植物乳杆菌、乳酸片球菌、产朊假丝酵母、酿酒酵母、沼泽红假单胞菌、婴儿双歧杆菌、长双歧杆菌、短双歧杆菌、青春双歧杆菌、动物双歧杆菌、保加利亚乳杆菌、产丙酸杆菌、布氏乳杆菌、副干酪乳杆菌、凝结芽孢杆菌、侧孢短芽孢杆菌等。微生态制剂的成品一般是由单一菌制剂，或者上述的两种或多种菌组成的复合菌制剂。这些制剂目前广泛应用于养猪、养鸡、养牛及水产养殖生产中。

4. 中医药治疗

中医治疗强调机体的机能恢复，扶正祛邪，标本兼治，在人或动物的传染病中有广泛应用。板蓝根、鱼腥草、黄连、大蒜等有抗微生物的作用，南瓜子、鹤草芽、槟榔等有抗寄生虫的作用，黄芪多糖、海藻多糖、灵芝多糖、猪苓多糖、当归、白勺、芦荟、紫锥菊等有免疫增强的作用。

第八节　预防控制策略

做好防控传染病工作，要根据传染病的发生、发展规律和流行特点，从传染源、传播途径和易感群体入手，突出以防为主、防治兼顾、平战结合的原则，拟订平时的防控工作要点与计划并纳入议事日程，同时要做好调查研究和联防协作、预警预报及技术储备，一旦有疫情发生，能以最快的速度进行扑灭。

1. 对传染源的管理和控制

首先涉及疫病的诊断和上报。人医将传染病按其特性不同分为甲、乙、丙三类。

甲类包括两种疾病，即霍乱和鼠疫，要求在发现病例 2h 内上报。

乙类传染病种类较多（27 种），包括传染性非典型肺炎、艾滋病、病毒性肝炎、脊髓灰质炎、人感染高致病性禽流感、麻疹、流行性出血热、狂犬病、流行性乙型脑炎、登革热、炭疽、细菌性和阿米巴性痢疾、肺结核、伤寒和副伤寒、流行性脑脊髓膜炎、百日咳、白喉、新生儿破伤风、猩红热、布鲁氏菌病、淋病、梅毒、钩端螺旋体病、血吸虫病、疟疾、人感染 H7N9 禽流感。要求在诊断后 24h 内上报。其中，对传染性非典型肺炎、肺型炭疽、脊髓灰质炎按甲类传染病进行上报和控制。

丙类传染病有 12 种，包括流行性感冒（含甲型 H1N1 流感）、流行性腮腺炎、风疹、急性出血性结膜炎、麻风病、流行性和地方性斑疹伤寒、黑热病、包虫病、丝虫病，以及除霍乱、细菌性和阿米巴性痢疾、伤寒和副伤寒以外的感染性腹泻病、手足口病。为了对传染病进行监测和管理，也要求在诊断后 24h 内上报。

动物疫病的种类更多，按照 2022 年 6 月农业农村部公告 573 号文件，一类动物疫病有 11 种，二类动物疫病有 37 种之多，三类动物疫病有 126 种。除了对患病的人或动物实行隔离和监视外，对于与传染源有过接触的可疑者，也应根据情况进行隔离、检疫和密切观察，必要时进行高免血清或疫苗的紧急接种。对于涉及食品生产、销售、幼师、厨师等特殊行业的患者应暂停现有工作，早发现早治疗。对污染的环境进行严格消毒。

对一类动物传染病，应采取划分疫点、疫区，实行隔离、封锁等措施，扑杀疫区内患病动物（包括易感动物），并进行无害化处理。对其他动物传染病，也要按其经济价值和防疫需要，采取相应的隔离治疗和处理措施。对某些动物传染病，采取能鉴别免疫动物与感染动物的标记疫苗，配合相应的检测技术，将感染动物剔除，培育阴性的健康动物种群，配合其他生物安全措施，从而实现种群的净化。

2. 切断传播途径

传染源排出的病原体经过各种不同的途径，传播于新的易感者，从而引发新的感染。切断传播途径就是采取各种措施，防止新的传播发生。其中主要措施是隔离和消毒。隔离要根据传染病的种类和性质的不同，采取不同的做法。

（1）严密隔离。对霍乱、鼠疫和狂犬病这样传染性强、病死率高的传染病，要求实施单人单房隔离。

（2）消化道隔离。对于消化道传播的传染病，即通过粪-口途径，由患者排泄物污染食物、食具引起的传染病，如除霍乱、细菌性和阿米巴性痢疾、伤寒和副伤寒以外的感染性腹泻病和甲型肝炎、戊型肝炎等，采取同种病一房的隔离方法。

（3）呼吸道隔离。对于呼吸道传播的传染病，如传染性非典型肺炎、流感、流脑、百日咳、白喉、肺结核等，应采取呼吸道隔离方法。

（4）血液-体液隔离。对于经血液或体液直接或间接传播的传染病，如乙型肝炎、丙型肝炎、艾滋病和钩端螺旋体病等，应采取同种病一房的隔离方法。

（5）接触隔离。对于经破损的皮肤或黏膜接触感染的传染病，如破伤风、淋病、梅毒、炭疽、皮肤真菌感染、猪链球菌病等，应进行接触隔离。

（6）昆虫隔离。对于经吸血昆虫传播的疫病，如乙脑、疟疾、斑疹伤寒、登革热等，应注意周边环境的杀虫，可采取纱窗、纱门防虫等措施。

（7）保护性隔离。对于患有免疫抑制性疾病、严重烧伤、放免治疗、体质特别虚弱的患者，应进行保护性隔离，可应用免疫球蛋白制剂，提高自身抵抗力，防止医源性人工感染。

消毒是采取各种机械、物理、化学、生物学等方法，对传染源散布在外界环境中的病原体进行杀灭，可以分为平时预防性消毒、发生传染病时的随时消毒、解除封锁前的终末消毒。其中，生物热消毒是在畜牧业生产中用于动物粪便和垃圾的无害化处理。动物传染病的防控措施除了上述与人医相同的部分外，还强调对无治疗价值的病畜进行淘汰和无害化处理，除杀虫外，还要注意灭鼠、防鸟等措施。

3. 保护易感群体

对易感群体的保护一般可分为非特异性和特异性保护。前者即强调平时锻炼身体，加强营养，增强体质，在疫病流行期间尽量不与患病者接触。对职业性高危人群，如可能涉及狂犬病、布鲁氏菌病的动物饲养者和接产员要接种疫苗，防止万一感染。特异性保护方法是在易感人群中接种疫苗，以提高人群中的免疫水平和有抵抗力个体的比例。按疫苗制作方法不同，传统的疫苗可分为弱毒苗和灭活苗。弱毒苗免疫次数少，使用剂量也小，产生的免疫力较全面。灭活苗需配以佐剂，至少需免疫两次，使用剂量稍大，以体液免疫为主。此外，近年来各种基因工程疫苗逐渐进入人们的视野中。除了主动免疫外，通过注射免疫血清的被动免疫也时常用于毒素类急性病的治疗。在动物的传染病预防中还经常使用免疫妊娠母畜或产蛋禽类，通过初乳或卵黄囊提供被动抗体给新生后代，赋予新生代在出生后一段时间内的免疫力。总之，免疫接种是提高群体免疫力、防控传染病的重要措施。但在整个防控系统中，需把握得当、分清重点、各个突破，才能取得理想的防控效果。例如，在动物传染病的防控中，现更注重和强调畜牧生产中生物安全体系的构建，环境的安全洁净可以减少药物和疫苗的使用，更有利于动物食品安全和动物生产福利。

（华南农业大学　罗满林）

第三章
细菌性传染病

第一节　细菌学及发展

细菌是一种单细胞生物体，可能在 42 亿年前甚至更早就出现了。科学家推测，地球最初的生命很可能是化学自养细菌，然后从自养变成异养，直至进化成最低等的生物。2008 年，科学家对在澳大利亚西部杰克希尔地区发现的 42 亿年前的钻石和锆石晶体中的石墨微粒进行了深入分析，发现其中含有轻碳，它一般都是由光合作用产生的。这就说明早在 42 亿年前，生命就以某种方式存在了，这很可能是古老细菌的痕迹。细菌性疾病在人类史上导致了巨大的灾难。早在 14 世纪，鼠疫（黑死病）在欧洲的蔓延，夺走了 2500 万人的生命，占当时欧洲总人口的 1/3。另外，霍乱、流脑等细菌性传染病的流行，也均造成了人口的大幅下降。而且，细菌影响的不仅仅是人类，对包括动物、植物、环境在内的整个生态系统都有着巨大的影响。

虽然现代研究发现细菌在远古时代就已经存在，资料记载导致人类严重传染病的灾难也可以追溯到 14 世纪，但是直到 1676 年，安东尼·范·列文虎克（Antonie van Leeuwenhoek）才首先发现口腔中的"非常微小的动物"，后被证实为细菌。当时的人们认为细菌是自然产生的，即"自然发生论"。"细菌"这个名词最初由德国科学家克里斯蒂安·戈特弗里德·埃伦伯格（Christian Gottfried Ehrenberg）在 1828 年提出，用来指代某种细菌，这个词来源于希腊语 βακτηριον，意为"小棍子"。

1861 年，路易斯·巴斯德（Louis Pasteur）提出感染的疾病为细菌所致，通过著名的"鹅颈烧瓶实验"证明了空气中细菌的存在，且细菌不是自然发生的，而是由原来已存在的细菌产生的，并由此提出了著名的"生生论"，即生物只能源于生物，非生命物质绝对不能随时自发地产生新生命。在 19 世纪的最后 30 年，发生了细菌学发展早期的诸多重要事件。1876 年，罗伯特·科赫（Robert Koch）分离出了炭疽菌，发现炭疽是由细菌引起的，提出有名的"科赫法则"，证明了传染病的细菌学基础，由此启动了对病原微生物的研究时代。科赫为了弄清霍乱弧菌与形态上无法区别的其他弧菌的不同，进行了生理、生物化学方面的研究，使医学细菌学得到率先发展。1877 年，英国化学家廷德尔（Tyndall）建立了间歇灭菌法（或称廷氏灭菌法）。1886 年，巴斯德创造了巴氏消毒法。1880 年前后，科赫采用平板法得到炭疽菌的单个菌落，肯定了细菌的形态和功能是比较恒定的。巴斯德研究出鸡霍乱、炭疽、猪丹毒的菌苗，奠定了细菌免疫学的基础。

在 19 世纪的最后 20 年，细菌学的发展超出了医学细菌学的范畴，工业细菌学、农业细菌学也迅速建立和发展起来。1885～1890 年，维诺格拉茨基（Sergei Winogradsky）配成纯无机培养基，用硅胶平板分离出硝化细菌、硫化细菌等自养菌，还研制了一种"丰富培养法"，能比较容易地把需要的细菌从自然环境中选择出来。1889～1901 年，拜耶林克（Martinus Willem Beijerinck）成功分离根瘤菌和固氮菌，确证了细菌在物质转化、提高土壤肥力和控制植物病害等方面的作用。

20 世纪初，细菌学家们在研究传染病原、免疫、化学药物、细菌的化学活性等方面取得较大进展，基本上证实细菌的发酵机理与脊椎动物肌肉的糖酵解大体相同，而细菌对生长因子的需要也与脊椎动物对维生素的需要基本一致。1943 年，马克斯·路德维希·亨宁·德尔布吕克（Max Ludwig Henning Delbrück）分析了大肠杆菌的突变体；1944 年，奥斯瓦尔德·西奥多·埃弗里（Oswald Theodore Avery）在肺炎球菌中发现转化作用都是由 DNA 决定的；1957 年，木下祝郎（Kinoshita）用发酵法生产氨基酸；沃尔特·吉尔伯特（Walter Gilbert）于 1978 年用大肠杆菌制造出胰岛素，随后在 1980 年又用细菌制造出人的干扰素，从而将细菌学的研究推进到分子生物学的水平。

分子细菌学是细菌学的一个分支，是从分子、基因、基因调控和表达水平上来研究并探讨细菌生命活动的基本现象和原理。分子细菌学的诞生反映了细菌学的发展和进步。分子细菌学和传统细菌学有显著差异，后者注重于表型，前者注重于基因型，其中最典型的就是根据能反映细菌亲缘关系的 16S rRNA 的分析资料和其他具有鉴别意义的实验结果，将仅依靠表型难以鉴别的细菌分门别类，促使细菌分类更科学、更精准。

每项新技术的发明和应用都会使细菌学研究随之发生质的变化。随着基因测序技术的发展，1995 年，科学家获得了流感嗜血杆菌（*Haemophilus influenzae*）的全基因组序列。这是第一个完整的生物基因组序列，也是第一个完成的细菌基因组序列，标志着细菌学研究进入基因组时代。

第二节　细菌性传染病历史及流行概况

一、鼠疫

（一）概述

鼠疫是一种危害严重的烈性传染病，原发于啮齿动物之间。人类感染鼠疫的传染源主要是啮齿动物，传播媒介主要是蚤类，肺鼠疫患者也可成为传染源，形成人群间传播流行。鼠疫传染性强，传播速度快，病死率高。《中华人民共和国传染病防治法》将其规定为甲类传染病。鼠疫菌也是一种生物武器，存在生物恐怖袭击的可能。

（二）鼠疫病原学

鼠疫由鼠疫耶尔森菌（*Yersinia pestis*）引起。鼠疫耶尔森菌为革兰氏阴性、两极浓染、两端钝圆、椭圆形、有荚膜、无鞭毛、无芽孢、长 1.0～2.0μm、宽 0.5～0.7μm 的小杆菌，兼性厌氧，生长温度范围-2～45℃，最适生长温度为 28℃。鼠疫耶尔森菌在普通培养基上生长缓慢，在含血液或组织培养液的培养基上 24～48h 可形成柔软、黏稠的菌落。在肉汤培养基中，开始呈浑浊状态，24h 后表现为沉淀生长，48h 后逐渐形成菌膜，稍加摇动，菌膜呈"钟乳石"状下沉，此特征有一定鉴别意义。

（三）世界鼠疫流行史

人类历史上曾发生过三次世界性的鼠疫大流行，死亡者数以亿计。第一次世界性的鼠疫大流行发生在公元 6 世纪（520～765 年），首发于地中海附近地区。全世界约有 1 亿人死于该次大流行。第二次世界性的鼠疫大流行发生在 14 世纪（1346～1665 年），起源于黑海（中亚地区），流行范围遍及欧洲、亚洲和非洲北部，以欧洲为甚，欧洲死亡约 2500 万人，占当时人口的 1/3；英国有 1/3～1/2 的人口因鼠疫死亡。这次鼠疫大流行在医学史上称为黑死病（Black Death）。第三次世界性的鼠疫大流行又称现代鼠疫（19 世纪末至 20 世纪中叶），起源于中国云南，经香港传播至亚洲、欧洲、美洲、非洲等 60 多个国家，几乎遍及当时全世界沿海各港埠城市及其附近内陆居民区，也使鼠疫自然疫源地广泛分布于世界多个地区。

（四）中国鼠疫流行史

鼠疫在我国的流行历史，最早可追溯到公元 610 年隋朝巢元方《诸病源候论》及同时代孙思邈《千金方》中描述的"恶核"。第二次鼠疫世界性流行期间，我国就有鼠疫流行的记录，如 1644 年在山西长治的一次流行中，曾有明确的鼠疫症状记载。在第三次世界性鼠疫大流行前夕，云南发生严重的鼠疫流行，大量人口死于鼠疫。

20 世纪前半叶（1900～1949 年），我国 2/3 以上的省份出现鼠疫流行，云南和东南沿海各省鼠疫流行持续五六十年。据不完全统计，这次鼠疫大流行死亡人数在 100 万以上。1910～1911 年，东北三省及内蒙古东部暴发了第一次肺鼠疫大流行，由满洲里开始沿铁路传到黑龙江、吉林、辽宁、河北、山东各省，死亡六七万人。伍连德受清政府委派全权处理这次疫情。伍连德等采取严格的隔离消毒、焚烧尸体、封锁疫区和交通检疫等措施，在短短 3 个月内基本控制了疫情。

在日本侵华战争时期，我国还深受鼠疫细菌战的危害。日本在我国哈尔滨秘密地进行细菌武器研究，并在我国常德、宁波等地使用鼠疫菌细菌武器，造成大量人员伤亡。1945 年，日军为掩盖其从事细菌战的罪行，将第七三一部队（简称"731 部队"）的全部建筑炸毁，使染疫的鼠、蚤被释放，致使当地啮齿动物染疫，在哈尔滨形成了人为的鼠疫自然疫源地，给我国造成了严重灾害。

（五）近年我国鼠疫流行和控制

新中国成立后，通过采取综合防治措施，我国人间鼠疫疫情得到了有效的控制。人间鼠疫的暴发流行在 1955 年就基本得到控制。进入 20 世纪 90 年代，人间鼠疫疫情呈现上升趋势，其主要原因是南方家鼠疫源地动物鼠疫复燃波及人间。2003 年以来，随着南方家鼠疫源地疫情下降，我国人间鼠疫发病人数呈现明显下降趋势，仅在个别地区有散发病例。近十年（2012～2022 年）我国鼠疫共发生 19 例，死亡 11 人，病例分布在青海、四川、甘肃、云南、内蒙古、宁夏（输入）、西藏等省份。

（六）我国鼠疫自然疫源地

就全球而言，鼠疫存在于自南纬 40°至北纬 47°的带状区域内，目前已知的鼠疫疫源地，除大洋洲外，其他各大洲皆有。我国是世界上鼠疫自然疫源地面积最大、结构最复杂、动物间鼠疫最活跃的国家。根据疫源地的地理景观、宿主、媒介、鼠疫菌生态型等特点，目前我国已确定 12 种类型的鼠疫自然疫源地：松辽平原达乌尔黄鼠鼠疫自然疫源地、内蒙古高原长爪沙鼠鼠疫自然疫源地、青藏高原喜马拉雅旱獭鼠疫自然疫源地、帕米尔高原长尾旱獭鼠疫自然疫源地、天山山地灰旱獭-长尾黄鼠鼠疫自然疫源地、甘宁黄土高原阿拉善黄鼠鼠疫自然疫源地、锡林郭勒高原布氏田鼠鼠疫自然疫源地、呼伦贝尔高原蒙古旱獭鼠疫自然疫源地、滇西山地齐氏姬鼠-大绒鼠鼠疫自然疫源地、滇闽粤居民区黄胸鼠鼠疫自然疫源地、青藏高原青海田鼠鼠疫自然疫源地、准噶尔盆地大沙鼠鼠疫自然疫源地。

（七）鼠疫的流行过程

传染源自然感染鼠疫的动物较多，这些染疫动物都可以作为人间鼠疫的传染源，包括啮齿动物（鼠类）、野生食肉类动物（狐狸、狼、猞猁、鼬等）、野生偶蹄类动物（黄羊、岩羊、马鹿等）、家畜（犬、猫、藏系绵羊等）。现证实我国有 14 种啮齿动物分别是不同鼠疫自然疫源地的主要宿主，包括灰旱獭、喜马拉雅旱獭、长尾旱獭、蒙古旱獭、达乌尔黄鼠、阿拉善黄鼠、长尾黄鼠、长爪沙鼠、布氏田鼠、齐氏姬鼠、大绒鼠、黄胸鼠、青海田鼠、大沙鼠。

鼠疫的传播途径多种多样，主要有三种：媒介传播、接触传播、飞沫传播。

（1）媒介传播：鼠疫传播媒介主要是通过跳蚤吸血传播，最常见的是印度客蚤，该蚤主要寄生于家栖鼠类。次要媒介包括蜱、螨、虱等。

（2）接触传播：人类通过猎捕、宰杀、剥皮及食肉等方式直接接触染疫动物时，细菌可以通过手部伤口进入人体，经淋巴管或血液引起腺鼠疫或败血型鼠疫。这种直接接触感染甚至可以通过非常细小的伤口完成，如手指的倒刺等。旱獭疫源地人间鼠疫多由直接接触染疫动物而感染，特别是通过捕猎、剥食旱獭、剥食病死绵羊等感染。

（3）飞沫传播：肺鼠疫患者呼吸道分泌物中含有大量鼠疫菌，患者在呼吸、咳嗽时将鼠疫菌排入周围空气中，形成细菌微粒及气溶胶，这种细菌悬浮物极易感染他人，造成人间肺鼠疫暴发。接触肺部感染的染疫动物，如感染鼠疫的犬、猫等，也可以直接经呼吸道感染，引起原发性肺鼠疫。人对鼠疫普遍易感，在感染过鼠疫菌后可获得终身免疫力。

（八）鼠疫的临床表现和诊断

1. 临床表现

鼠疫的潜伏期较短，一般为 1～6 天，多为 2～3 天，个别病例达到 8～9 天。鼠疫患者一般都表现出危重的全身中毒症状，发病急剧，恶寒战栗，体温突然升高至 39～40℃，呈稽留热；头痛剧烈，有时出现呕吐、头晕、呼吸急促，很快陷入极度虚弱状态；心动过速，血压下降，血常规检测白细胞计数增高。重症患者表现为意识模糊、昏睡、狂躁不安、谵语、颜面潮红或苍白，有重病感和恐怖不安，眼睑结膜球结膜充血，出现所谓的鼠疫颜貌。

临床上腺鼠疫、肺鼠疫和败血症型鼠疫又各有其表现特征。

（1）腺鼠疫。鼠疫耶尔森菌侵入人体，被吞噬细胞吞噬后能在细胞内生长繁殖，并沿淋巴管到达局部淋巴结，引起严重的淋巴结炎和淋巴结肿大，鼠疫淋巴结肿大的特点是"红、肿、热、痛、硬、连"。侵犯的淋巴结多在腹股沟或腋窝处，一般为单侧，引起淋巴结肿胀、出血和坏死，称为腺鼠疫。

（2）肺鼠疫。如吸入含有鼠疫耶尔森菌的尘埃或者飞沫，可引起原发性肺鼠疫。肺鼠疫也可由腺鼠疫或败血症型鼠疫发展而来，称为继发性肺鼠疫。肺鼠疫患者高热寒战、咳嗽、胸痛、咯血、呼吸困难，全身衰竭而出现严重中毒症状，多于 2～4 天内死亡，患者死亡后皮肤常呈黑紫色。

（3）败血症型鼠疫。重症腺鼠疫或肺鼠疫患者的病原菌可侵入血流，导致败血症型鼠疫，体温升高至 39～40℃，发生休克，皮肤黏膜出现血点及瘀斑，常并发支气管肺炎和脑膜炎等症状，病情迅速恶化而死亡。

此外，还包括脑膜炎型鼠疫、皮肤型鼠疫、肠鼠疫、眼鼠疫、扁桃体鼠疫。

2. 诊断

鼠疫的诊断可根据以下 4 点综合判断，即接触史、临床表现、细菌学检测、血清学试验。鼠疫的确诊需要实验室诊断的结果支持，鼠疫的早期正确诊断是治愈鼠疫患者和防止传播流行的关键。

（九）鼠疫的治疗和预防

鼠疫患者如果不及时治疗容易死亡，尤其是肺鼠疫和败血症型鼠疫，病死率几乎为 100%。

各型鼠疫的特效药物治疗一般以链霉素为首选，其次是喹诺酮类广谱抗生素。磺胺类药物仅作为辅助治疗和预防性投药。在遇到抗链霉素鼠疫耶尔森菌株的患者时，左氧氟沙星、莫西沙星、庆大霉素在治疗中可以代替链霉素。

1. 预防

鼠疫要采取综合措施防控才能获得最大的效果，包括消灭传染源、切断传播途径、保护易感人群，还包括预防性灭鼠灭蚤、健康教育、疫源地干预、疫情上报、加强监测等措施。

2. 鼠疫的健康教育

健康教育宣传的对象为生活在疫源地及毗邻地区的群众、进入疫源地的人员等。鼠疫防控健康教育包括"三不、三报、三防、三用"。"三不"：不私自捕猎疫源动物，不剥食疫源动物，不私自携带疫源动物及其产品出疫区；"三报"：报告病死宿主动物，报告疑似鼠疫患者，报告不明原因高热和突然死亡患者。"三防"：防跳蚤叮咬，防猫、犬感染，防生态激惹；"三用"：使用驱避剂，使用灭蚤药，危险暴露时预防性用药。重点是对农牧区群众宣传不接触、不剥食野生动物。

二、霍乱

（一）概述

霍乱是由 O1 血清群和 O139 血清群霍乱弧菌引起的急性肠道传染病，是《中华人民共和国传染病防治法》规定的甲类传染病之一。霍乱弧菌属于弧菌科弧菌属。目前引起人群霍乱感染并可致暴发和大范围流行的主要是霍乱弧菌中 O1 群和 O139 群的产霍乱毒素菌株。

自患者体内新分离的 O1 群霍乱弧菌为革兰氏阴性、短小、稍弯曲的杆菌，无芽胞，无荚膜，菌体两端钝圆或稍平，一般长 1.5～2.0μm、宽 0.3～0.4μm。菌体单端有一根鞭毛，常可达菌体长度的 4～5 倍，运动极为活泼，在暗视野显微镜下观察，有如夜空中之流星。在人工培养条件下可呈多形态。O139 群霍乱弧菌的形态及运动与 O1 群霍乱弧菌近似，但 O139 群霍乱弧菌在电镜下可见菌体周围包绕着一层比较薄的荚膜。

人类是霍乱弧菌唯一已知的自然宿主。人群对霍乱普遍易感，但受胃酸及免疫能力等个体因素影响，感染后并非人人都发病。人体感染霍乱弧菌后可在肠道局部产生分泌性 IgA 抗体，在血清中产生凝集素、杀弧菌抗体（抗菌免疫）和抗毒抗体（抗毒免疫）。感染后肠道局部免疫和体液免疫的联合作用，可使感染者获得良好的免疫保护，但并不排除少数人病后再次感染的可能性；并且 O1 群和 O139 群霍乱弧菌感染的交叉免疫保护并不完全。

霍乱患者和带菌者是霍乱的传染源。急性期患者的排泄物中含有大量霍乱弧菌；中、重型患者由于频繁的腹泻和呕吐，极易污染周围环境，是重要的传染源。但需注意的是，轻型患者由于不及时就诊，且临床上易误诊和漏诊，不易被发现，并可自由活动，其流行病学意义更大。带菌者是指无临床表现但能从粪便或肛拭子中检出霍乱弧菌的人，可分为潜伏期带菌者、病后带菌者（恢复期带菌和慢性带菌）和健康带菌者。无论种族、年龄和性别，人群对霍乱弧菌普遍易感。

霍乱是经粪-口感染的肠道传染病，主要经水、食物及生活密切接触传播。

1. 经水传播

对于缺乏安全饮用水的地区，经水传播是最主要的传播途径。历次较广泛的霍乱暴发或流行多与水体被污染有关。经水传播的特点是常呈现暴发流行，患者多沿被污染的水体分布。

2. 经食物传播

受污染的食物在霍乱传播中的作用一般次于经水传播，但在已有安全饮用水的地区，因食物受霍乱弧菌污染，可导致霍乱发生甚至暴发。食物在生产、运输、加工、储存和销售中都有可能被霍乱弧菌污染。致使食物污染的来源可以是患者或带菌者的直接污染，也可以是在食物加工处理和储存过程中因操作不当而造成的污染。沿海地区因生食、半生食、盐腌生食等食用方法不当而受染者较多。

3. 经生活接触传播

因接触了霍乱患者或带菌者的粪便、呕吐物，以及接触其他一些被霍乱弧菌污染的物品，通过手-口途径造成感染。因这种接触而造成大范围传播的事件较为少见，这种传播主要是因为经手-口途径造成个别人员的感染。接触传播多在人员密集、卫生条件差的情况下发生，并可在小范围内引起续发感染。

（二）临床表现

霍乱的潜伏期多为 1～2 天，可短至数小时或长达 5～6 天。临床上可分为三期。

1. 泻吐期

大多数病例起病急，无明显前驱期，多以剧烈腹泻开始，继以呕吐；少数先吐后泻，大多无腹痛，亦无里急后重；少数有腹部隐痛或腹部饱胀感，个别可有阵发性绞痛。每日大便数次或更多，少数重型患者粪便从肛门可直流而出，无法计数。排便后一般有腹部轻快感。大便性状初为稀便，后即为水样便，以黄水样或清水样为多见，少数为米泔样或洗肉水样（血性）。大便镜检无脓细胞。少数患者有恶心；呕吐呈喷射状，呕吐物初为食物残渣，继为水样，与大便性状相仿；一般无发热，少数可有低热，儿童发热较成人多见。此期可持续数小时至 2～3 天不等。

2. 脱水期

由于严重泻吐引起水及电解质丧失，可产生以下临床表现。

一般表现：神态不安，表情恐慌或淡漠，眼窝深陷，声音嘶哑，口渴，唇舌极干，皮肤皱缩、湿冷且弹性消失，指纹皱瘪，腹下陷呈舟状，体表温度下降。

循环衰竭：由于中度或重度脱水，血容量显著下降、血液极度浓缩，因而导致循环衰竭。患者极度软弱无力，神志不清，血压下降，脉搏细弱而速，心音弱且心率快；严重患者脉搏消失，血压不能测出，呼吸浅促，皮肤和口唇黏膜发绀。血液检查可有红细胞、血红蛋白、血浆蛋白及血浆比重等的增高，血液黏稠度增加。脱水及循环衰竭，使肾血流量减少及肾小球滤过压下降，因而出现少尿或无尿，尿比重增高（1.020

以上）。如每日尿量少于 400mL，则体内有机酸及氮素产物排泄受到阻碍，因而血液中尿素氮或非蛋白氮、肌酐增高，二氧化碳结合力下降，产生肾前性高氮质血症。经液体疗法纠正脱水及循环衰竭后，尿量恢复正常，血液中尿素氮（或非蛋白氮）、肌酐即可下降。

电解质平衡紊乱及代谢性酸中毒：严重泻吐丢失大量水分及电解质后，可产生血液电解质的严重丧失。患者粪便中钠及氯离子的浓度稍低于血浆，而钾及碳酸氢根离子则高于血浆，但粪便中阳离子总和及阴离子总和与血浆相等，故脱水性质属等渗性。在输液前，由于血液浓缩，测定患者血浆钠、钾、氯的离子浓度常表现正常或接近正常水平，钾离子甚至可以升高，但实际上患者体内缺钠缺钾已很严重，如治疗中继续输入不含电解质的溶液，则可立即使血液稀释产生低血钠及低血钾症。缺钠可引起肌肉痉挛（以腓肠肌及腹直肌最常见）、低血压、脉压小、脉搏微弱。缺钾可引起低钾综合征，表现为全身肌肉张力减低，甚至肌肉麻痹，肌腱反射消失，鼓肠，心动过速，心音减弱，心律不齐，心电图异常（Q-T时限延长、T波平坦或倒置、出现U波等），缺钾还可引起肾脏损害。

由于碳酸氢根离子的大量丧失，产生代谢性酸中毒；尿少及循环衰竭又可使酸中毒加重；严重酸中毒时可出现神志不清，呼吸深长，血压下降。

3. 恢复期

脱水纠正后，大多数患者症状消失，逐渐恢复正常，病程平均 3～7 天，少数可长达 10 天以上（多为老年患者或有严重合并症者）。部分患者可出现发热性反应，以儿童为多，这可能是由于循环改善后大量肠毒素吸收所致。体温可升高至 38～39℃，一般持续 1～3 天后自行消退。少数严重休克患者，可并发急性肾功能衰竭，这是由于在脱水虚脱期，肾脏缺血，发生急性肾小管坏死所致。缺钾引起的肾小管上皮细胞退行性变性也可诱发急性肾功能衰竭。如脱水及循环衰竭纠正后，患者仍少尿（每日尿量少于 400mL）或无尿（每日少于 50mL），尿比重偏低（1.018 以下，常固定于 1.010），血浆尿素氮（或非蛋白氮）、肌酐仍逐日上升，代谢性酸中毒更加严重，则应考虑并发急性肾功能衰竭。

（三）霍乱的七次大流行

作为一种传染病，霍乱最具特色、最显著的特征可能是其往往以暴发的形式出现，以及它在不同地点和时间引起真正大流行的能力。根据罗伯特·波利策（Robert Pollitzer，中文名伯力士）的评论，19 世纪之前霍乱的发生及其流行病学是医学史上争论不休且无定论的话题。然而，随着第一次霍乱大流行的暴发，霍乱流行病学的新纪元于 1817 年开始。人们普遍认为，自 19 世纪初认识第一次霍乱大流行到现在，已经发生了 7 次不同的霍乱大流行。大流行影响了许多国家，并持续了多年。除了第七次大流行起源于印度尼西亚的苏拉威西岛外，其他六次大流行均发生在印度次大陆，通常来自孟加拉的恒河三角洲。

第二次大流行期间，人们对霍乱的发病机制和治疗进行了一些基本观察。霍乱在 19 世纪 30 年代初蔓延到不列颠群岛，威廉·布鲁克·奥肖内西（William Brooke O'Shaughnessy）首次证明了患者特有的米泔水样便中含有盐和碱，即电解质含量高。根据这一观察，托马斯·拉塔（Thomas Latta）通过静脉注射盐水成功地治疗了一些严重脱水的患者。遗憾的是，拉塔的治疗模式和其所基于的生理学理念在接下来的 80 年中却被抛弃。

第二次霍乱大流行是由于来自爱尔兰的船只抵达加拿大魁北克，船上载有在横渡大西洋期间被霍乱感染的移民，这是霍乱第一次到达新大陆。霍乱从魁北克蒙特利尔蔓延，在接下来的 10 周时间内，不受控制地向南传播，先后到达了美国纽约州的纽约、宾夕法尼亚州的费城、马里兰州的巴尔的摩和华盛顿特区。

约翰·斯诺（John Snow）对霍乱通过水传播的基本流行病学观察是 1847 年至 1854 年的第二次和第三次大流行期间在伦敦进行的。根据他的流行病学观察，斯诺推断霍乱一定是一种传染病。

第三次霍乱大流行期间，霍乱在美国也很猖獗。霍乱在 19 世纪 50 年代由拓荒车队向西传播。19 世纪 70 年代初，在第四次霍乱大流行即将结束时，路易斯安那州新奥尔良，以及密西西比河、密苏里河和俄亥俄河沿岸的城镇都经历了相当严重的霍乱。在 1883 年第五次霍乱大流行期间，罗伯特·科赫（Robert·Koch）在埃及进行实地调查的过程中从霍乱患者的米泔水样便中分离出一种纯培养细菌，因其形状而命名为"逗号杆菌"。1884 年,科赫前往加尔各答,从印度的霍乱患者身上也分离出了同样的细菌。第五次霍乱大流行广泛影响了南美洲,在阿根廷、智利和秘鲁等国引发了大规模疫情,并伴随着高死亡率。值得注意的是,这是一个多世纪以来霍乱最后一次影响南美洲。

第六次霍乱大流行(1899~1923 年)的一个显著特征是近东和中东以及巴尔干半岛的人口广泛受累。除了 1947 年埃及的一次大流行外,从 20 世纪 20 年代中期到 1961 年暴发的第七次大流行,霍乱实际上一直局限在南亚和东南亚。

始于 1961 年的第七次霍乱大流行有几个值得注意的特点。第一,这次大流行仍在进行中,且是地理和时间上分布最广的一次。第二,引起流行的病原体是 O1 群 El Tor 生物型的霍乱弧菌,而第六次大流行(可能也包括第五次大流行)是由 O1 群古典生物型霍乱弧菌引起的。第三,以前所有的大流行都起源于印度次大陆,而第七次大流行则起源于印度尼西亚的苏拉威西岛。

在第七次霍乱大流行期间,El Tor 生物型霍乱弧菌的几个特点毫无疑问地促成了其广泛地理传播的能力。其中一个特点是,与传统的弧菌相比,El Tor 生物型霍乱弧菌在环境中生存的能力增强。因此,El Tor 生物型霍乱弧菌明显更耐寒。另一个特点是,在 El Tor 生物型霍乱弧菌的临床病例中,隐性感染比例较大,因此,与古典生物型霍乱的患者相比,更多的是轻症患者或者隐性感染者。由此可知,在受 El Tor 生物型霍乱影响的社区中,有许多无症状的感染者排出霍乱弧菌,通过当地的卫生和供水系统进行传播。最后,各个社会经济阶层的人越来越多地使用现代交通工具,特别是航空旅行,因此,在临床疾病发作之前无症状地排出 El Tor 生物型霍乱弧菌或潜伏感染的个人可在数小时内从一个大陆迅速迁移到另一个大陆。

第七次大流行可以分为四个时期。第一个时期,即 1961 年到 1962 年,从苏拉威西岛蔓延到印度尼西亚的其他岛屿,包括爪哇岛、砂拉越州和加里曼丹岛。随后,El Tor 型霍乱蔓延到菲律宾、马来西亚沙巴洲和西新几内亚(伊里安巴拉特),从而几乎影响了整个东南亚群岛。

根据卡玛尔(Kamal)的说法,从 1963 年到 1969 年是第七次大流行的第二个时期,该时期的特点是 El Tor 生物型霍乱向亚洲大陆传播。从马来西亚开始,El Tor 生物型霍乱大流行蔓延到泰国、缅甸、柬埔寨、越南和孟加拉国。1964 年,El Tor 生物型霍乱从马德拉斯港入侵印度,并在一年内传播到印度全国范围内。自 1965 年 El Tor 生物型霍乱到达巴基斯坦以来,它的传播变得更加迅速。在几个月的时间里,阿富汗、伊朗和苏联境内都经历了疫情。伊拉克在 1966 年报告了 El Tor 生物型霍乱。

人们普遍认为,随着 1970 年中东和西非开始大规模暴发霍乱,第七次大流行的第三个时期到来了。到 1970 年,El Tor 生物型霍乱已经到达阿拉伯半岛、叙利亚和约旦,以色列记录了一次有限的疫情。此时,El Tor 稻叶型霍乱也在伊朗和苏联南部死灰复燃。与之不同的是,在黎巴嫩和叙利亚,流行毒株是 El Tor 小川型;而在邻近的以色列、约旦、阿联酋和沙特阿拉伯,流行病原体是 El Tor 稻叶型。

El Tor 小川型霍乱在大流行的第三个时期入侵撒哈拉以南西非地区,这是一个重大的流行病学事件。1970 年霍乱在几内亚传播后,可能通过旅行者返乡的方式,沿着沿海的水道进行传播,并沿着河流进入内陆。随后,游牧部落的迁徙促进了陆路传播,从而进一步传播到撒哈拉地区国家的内陆地区。据估计,1970~1971 年西非暴发疫情产生了 40 多万例病例。由于人口缺乏免疫力,且没有足够的交通工具将重症病例转移到医疗机构,加之卫生保健基础设施不足,西非的病死率很高。

根据世界卫生组织的记录,在 1970 年报告霍乱的 36 个国家中,有 28 个是新感染的国家,其中 16 个在非洲。1970 年,当流行性霍乱在西非肆虐时,南美洲和拉丁美洲其他地区的流行病学家和公共卫生官员都做好了准备,他们认为霍乱会不可避免地向西穿越南大西洋。人们认为一旦霍乱袭击安哥拉,就非常有可能传入美洲,因为有约 40 000 名古巴军队驻扎在安哥拉。然而,令人费解的是,霍乱在接下来的 20 年里并没有跨越南大西洋。

可以说,第七次大流行的第四阶段始于 1991 年 1 月在秘鲁暴发的霍乱疫情,当时霍乱又回到了南美洲。这是自 19 世纪 80 年代第五次霍乱大流行以来,一个多世纪以后霍乱首次进入南美洲大陆。

秘鲁的疫情开始于太平洋沿岸三个不同的疫源地,彼此相隔数百公里。前几个月的发病率特别高,特别是在成年人中。几周内,北部邻国厄瓜多尔和哥伦比亚都报道了霍乱疫情。在这些国家中,霍乱侵袭的是社会经济地位低下、缺乏细菌监测的自来水以及缺乏卫生设施的贫困人口。当年 4 月中旬,智利首都圣地亚哥发生了一次小规模的疫情。从南美洲太平洋沿岸的这些国家开始，霍乱开始向北、东、南方向传播，逐渐进入南美洲和中美洲的更多国家。霍乱病例的报告在南美洲的低温季节明显减少，但随着 1991 年 12 月天气转暖，霍乱的发病率再次上升。泛美卫生组织估计，1991 年和 1992 年美洲产生了约 75 万例霍乱病例，6500 人死亡，其中一半以上的病例在秘鲁。

从 1992 年年底到 1993 年，马德拉斯以及印度和孟加拉国的其他地区报告了 O139 群霍乱的流行，这是 O139 群霍乱弧菌首次引起霍乱暴发和流行。O139 群霍乱弧菌从这些最初暴发的地区蔓延到整个印度，并且巴基斯坦、尼泊尔、中国、泰国、哈萨克斯坦、阿富汗和马来西亚都报告了相关疫情或病例。美国和英国报告了相关输入性病例。

在 2010 年，时隔近 100 年之后，霍乱再度在海地暴发。当年 10 月中旬开始，海地开始报告霍乱病例，截止到 2017 年 2 月，累积报告霍乱病例超过 80 万，其中超过 9000 例病例死亡。造成海地霍乱疫情的原因主要有两个：第一个是 2010 年 1 月发生的 7.3 级地震，严重破坏了当地包括供水设施在内的基础设施（民众的住所也被破坏）；第二个是该国的卫生条件和国民的营养水平都非常低下，难以应对霍乱这种严重传染病的冲击。此次霍乱流行直至 2019 年才接近平息，然而，2022 年 10 月，海地又出现了霍乱暴发，截止到 2023 年 1 月，已经报告超过 1500 例病例，其中超过 400 名病例死亡，引发国际社会的广泛关注。

从 2016 年 9 月至 2021 年 4 月，也门累计报告超过 250 万例霍乱病例，接近 4000 例死亡病例，是近年来霍乱报告病例最多的地区。导致也门严重且持久的霍乱的原因主要有以下几个：①持续的战争导致国家和社会服务崩塌、人道主义危机；②超过 1450 万人无法获得安全的饮用水；③食物短缺和营养不良使得霍乱暴发进一步恶化（1400 万人食物短缺、330 万人营养不良、46.2 万名儿童严重营养不良）；④霍乱控制策略最初只注重霍乱病例的处置，而忽略预防工作（如疫苗）。

作为一种严重的腹泻传染病，霍乱的暴发和流行主要发生在经济落后、基础设施差的地区，外界霍乱弧菌的输入以及社会动荡也是重要的影响因素。因此，安定的社会环境、良好的经济发展、包括卫生设施在内的基础设施建设是霍乱预防和控制的重要因素。

三、炭疽

炭疽（anthrax）是由炭疽芽孢杆菌（*Bacillus anthracis*）引起的人兽共患急性传染病。炭疽芽孢杆菌在分类学上属于芽孢杆菌科芽孢杆菌属，与蜡样芽孢杆菌、苏云金芽孢杆菌、巨大芽孢杆菌等近缘。炭疽芽孢杆菌是一种革兰氏染色阳性大杆菌，在体外可形成芽孢，芽孢对各种理化因素具有较强的抵抗力，在土壤等外环境中可存活多年，很难消除，因此炭疽是一种分布广泛的自然疫源性疾病。

炭疽易感动物为食草动物，常见于羊、牛、马、驴、骡等。杂食动物如猪、犬、猫等也有发病，肉食动物如狮、虎、豹、豺、狼等误食炭疽病兽肉也会造成感染。鸟类如马达加斯加和南非的鸵鸟常患该病，也有从大沙土鼠、黄胸鼠、鱼、蛙体内分离出炭疽芽孢杆菌的报告。人类对炭疽易感。

人类感染炭疽一般是因为接触了患病动物或其产品。主要有三种感染途径，其中皮肤接触是最常见的感染方式，可引起皮肤炭疽。食入污染的食品可经消化道感染，引起胃肠炭疽。吸入污染有炭疽芽孢的尘埃和气溶胶可引起肺炭疽。此外，昆虫也可作为传播媒介引起人类感染。近年出现一种新的感染方式——注射炭疽，这种感染方式最早于 2000 年在挪威的海洛因使用者中发现。2009～2010 年在欧洲海洛因使用者中发生了注射炭疽暴发疫情，苏格兰首先确诊 2 例，随后在德国、丹麦、英国、法国等国陆续出现感染者。

根据不同感染途径，炭疽的主要临床类型有皮肤炭疽、胃肠炭疽和肺炭疽，可累及脑膜表现为脑膜炎型，有时伴有败血症。皮肤炭疽最常见，典型表现为受累皮肤的溃疡、焦痂和水肿，疼痛不明显；其他类型炭疽常无特异性表现。皮肤炭疽在抗生素问世前病死率为 20%～30%，使用抗生素后降至 1% 左右；其他类型炭疽病情凶险，病死率很高。

炭疽是一个古老的疾病，我国《黄帝内经》已有记载。炭疽在世界五大洲均有发病，最早发现于农牧业发达地区，记载炭疽的最早文献可能是《圣经》，古印度及古罗马都曾有文献记载。炭疽在历史上曾给人类带来巨大损失，史书记载欧洲、亚洲都发生过多次家畜和人间炭疽的大流行。由于工农业发展和对该病的积极防治，炭疽在全球范围内已有明显下降。目前，炭疽在发达国家比较少见，在发展中国家仍是一个危害严重的传染病。亚洲、非洲的大部分地区，以及南、北美洲的部分地区存在地方性流行区。高发区在亚洲及非洲的一些国家。据休-琼斯在 1999 年的报告，炭疽仍是世界性分布，每年大约发生 20 000～100 000 例病例，在中东、非洲、中亚、南美洲和海地是一个主要的公共卫生威胁。2019 年，据姆瓦卡佩（Mwakapeje）估计，全世界每年有 2000～20 000 例病例报告，更多病例发生在非洲、亚洲、美国和澳大利亚。

炭疽一年四季均有发生，但有明显的季节性。人间炭疽一般 7～9 月达到高峰，10 月开始下降。人间炭疽流行常尾随畜疫之后，而家畜炭疽的季节性升高受多种因素影响。气候因素对炭疽影响明显，炎热多雨和干旱缺水等因素都可能造成炭疽流行。人对炭疽的易感性无种族、年龄及性别的差异，主要取决于接触机会的多少，一般以青壮年男性为多。感染人群以农民、牧民为主，从事屠宰、皮毛加工、肉食品加工、畜产品收购等的人员也可感染。

我国大陆 31 个省（自治区、直辖市）都有或曾经有过该病发生。该病多发生于牧区、半牧区。在一项 1955～2014 年炭疽的流行病学研究中，共有 120 111 例病例报告，包括 4341 例死亡病例，病死率是 3.6%。20 世纪 80 年代前，炭疽发病率显示每 8～10 年有一个阶段性的上升和下降，有三个主要的高峰期，分别在 1957 年、1963 年和 1977～1978 年，之后发病率呈下降趋势，病例数从每年上千例下降到 500 例以下。近十年来每年报告病例数在数百例左右，报告发病率在 0.05/10 万以下。目前病例主要集中在西部、北部地区，四川、甘肃、青海、内蒙古、新疆等是我国的高发省份，每年都有数十甚至上百例病例报告。

炭疽芽孢杆菌于 19 世纪上半叶即被发现。1823 年，巴泰勒米（Barthelemy）对人间炭疽来源于动物给予了科学论证。第一次在显微镜下观察到炭疽芽孢杆菌的是法国的德拉丰德（Delafond），他于 1838 年即在动物血液中观察到大量小杆菌，1850 年经达文（Davaine）证实。德国兽医师波伦德（Pollender）声称他于 1849 年也观察到这种小杆菌。1876 年德国的罗伯特·科赫（Robert Koch）首次从患炭疽的牛脾脏中分离到炭疽芽孢杆菌，他用实验证明了炭疽芽孢杆菌是炭疽的病因，并报告了炭疽芽孢杆菌的生活史，即"杆菌—芽孢—杆菌"的循环，芽孢可以放置较长时间仍然存活。

1881 年，法国的巴斯德（Pasteur）研制成炭疽活疫苗，用于畜间免疫接种。巴斯德根据研究鸡霍乱疫苗的基本原理，在 42～43℃温度下较长时间培养炭疽芽孢杆菌以减弱其毒力，分别制成了Ⅰ号和Ⅱ号疫苗株，先给动物接种Ⅰ号苗，两周后再接种Ⅱ号苗，有较好的免疫保护效果。巴斯德在一个农场用 50 头羊和 10 头牛进行了著名的动物免疫接种实验，证明了这种减毒活疫苗的有效性。目前已知疫苗菌株为不产毒素、具荚膜的减毒株（cap^+ tox^-），我国自 20 世纪 40 年代开始生产，用于家畜免疫。尽管该疫苗对敏感动物有一定副作用，但是由于免疫效果好，现仍生产使用。

英国的马克斯·斯特恩（Max Sterne）于 1939 年成功研制出高效的家畜疫苗，为无荚膜水肿型弱毒株（cap^-tox^+），成为一项最重要的防治措施。在欧洲许多国家，由于这种疫苗的应用，炭疽已近绝迹。我国于 1948 年自印度引进 Sterne 株（印度系），并开始生产炭疽无毒芽孢苗，用于畜间接种。该疫苗对动物有较好保护效果，但对山羊和马等动物有较重的副作用。

苏联自 1954 年开始生产 CTИ 炭疽活疫苗，用于人体接种。我国的杨叔雅等于 1958 年将自炭疽病死动物分离的 A16 菌株经紫外线照射诱变，选育得到无荚膜水肿型弱毒株 A16R 株，人用 A16R 炭疽活芽孢疫苗于 1962 年正式获批生产，皮上划痕使用。美国人用疫苗采用 V770-NPI-R 菌株，为 Sterne 株衍生出来的产毒素、无荚膜菌株，培养滤液加 $Al(OH)_3$ 制成吸附苗（AVA，2002 年更名为 BioThrax）。英国采用 34F2 菌株，培养物滤液加明矾沉淀制成沉淀苗（AVP）。两种疫苗分别于 1972 年和 1979 年取得使用许可。

在炭疽的治疗方面，1895 年意大利的斯克拉沃（Sclavo）研制出抗炭疽血清，用于炭疽的免疫治疗。1944 年墨菲（Murphy）首次应用青霉素治疗炭疽病患者。抗生素的使用大大改善了炭疽病患者的预后。目前可用于炭疽治疗的抗生素种类很多，但青霉素仍然是很多国家治疗炭疽的首选药物。1951 年，英国麦克洛伊（McCloy）首次分离到炭疽噬菌体 Wα 株，使炭疽芽孢杆菌的诊断工作前进了一大步。1963 年，董树林等分离到炭疽噬菌体 AP631 株，用于制备诊断试剂。

美国的迈克塞尔（Mikesell）和格林（Green）等分别在 1983 年、1985 年发现了炭疽芽孢杆菌的毒素质粒和荚膜质粒,炭疽芽孢杆菌的致病机制逐渐被认识,炭疽的研究进入分子生物学时代。2000 年,Keim 首先将可变数目串联重复序列分析方法应用于炭疽芽孢杆菌的基因分型,目前基于全基因组序列的基因分型方法也已广泛开展。

炭疽也被认为是严重的生物恐怖威胁之一。美国将其列为危害性最大的 A 类病原菌。许多国家的政府在研制和防御生物武器方面已把炭疽芽孢杆菌列为首位。

据文献记载,历史上首次使用炭疽芽孢杆菌作为生物武器发生在第一次世界大战期间。德国间谍曾对多个国家的牛、马、羊等动物使用过炭疽芽孢杆菌,造成大批动物死亡,严重影响了协约国军队的后勤保障供应。日本侵华期间曾在中国黑龙江建立"731 部队"基地,从事秘密生物武器的研究。自 1937 年起,日本在中国东北实施大规模细菌战计划,其中包括在居民区传播炭疽芽孢杆菌的试验。1953 年朝鲜战争中,美军曾在朝鲜和我国东北地区投掷、撒播过带有炭疽芽孢杆菌的羽毛、玩具、黑蝇和狼蛛等。1979 年,苏联斯维尔德洛夫斯克(Sverdlovsk)南部一个生物武器生产基地发生炭疽气溶胶泄漏事件,据有关文献记载,该事件造成数百人感染,死亡人数超过 100 人。2001 年 10 月,美国发生炭疽芽孢杆菌信函事件,第一个受害者是 63 岁的编辑罗伯特·史蒂文斯,于 2001 年 10 月 5 日死亡。此次事件共发现炭疽病患者 22 例,包括 11 例吸入性肺型炭疽、11 例皮肤型炭疽,死亡 5 例。

四、伤寒

伤寒是由伤寒沙门菌引起的全身侵袭性疾病,临床表现以持续发热、神经系统中毒症状和消化道症状、相对缓脉、玫瑰疹、肝脾肿大、白细胞减少、嗜酸性粒细胞减少或消失为特征,主要并发症为肠出血、肠穿孔、中毒性肝炎、中毒性心肌炎等。近年来,伤寒、副伤寒病例临床症状呈轻症化、不典型化趋势,多以发热、乏力、头痛、畏寒、腹痛、腹泻为主,相对缓脉、玫瑰疹、肝脾肿大等典型症状较少见。人是伤寒沙门菌的唯一宿主,患者及带菌者为主要传染源,主要通过粪-口途径传播,人多因为摄入被该菌污染的水源及食品引起疾病;也可通过密切接触传播,如家庭内成员密切接触传播、人与宠物密切接触传播等;还可以通过媒介昆虫如苍蝇等传播。人群对该菌普遍易感,儿童(尤其 5 岁以下儿童)、老人、孕妇,以及免疫力低下的人尤其易感。伤寒发病或者隐性感染后,通常可获得较强的免疫力,再次感染者少见。目前已有特异性伤寒疫苗可用于预防。

1877 年卡尔·J. 埃伯特(Karl J. Eberth)、1884 年乔治·加夫基(Georg Gaffky)最早发现引起伤寒的细菌为伤寒杆菌。该菌为革兰氏阴性杆菌,大小 $(0.7 \sim 1.5)$ μm× $(2 \sim 5)$ μm,无芽孢,有鞭毛,能运动,有菌毛;在自然环境中的存活力较强,在水中可存活 $1 \sim 3$ 周,在粪便中存活 $1 \sim 2$ 个月,耐低温,冰冻条件下可存活 $1 \sim 2$ 个月,冰箱中可生存 $3 \sim 4$ 个月,甚至可在冻土中过冬。该菌为胞内寄生菌,能够侵袭巨噬细胞并在其内存活增殖。

在志愿者试验中,伤寒沙门菌的经口感染剂量为 $10^3 \sim 10^6$ CFU;潜伏期为 $7 \sim 20$ 天,有的可长达 30 天。伤寒引起的疾病又称为肠热症,发病较隐匿,不易察觉。其发热特征主要表现为温度逐渐升高,然后持续高热,伴有伤寒状态。感染后,部分细菌在肠系膜淋巴结大量繁殖,经胸导管进入血流引起第一次菌血症。患者出现发热、不适、全身疼痛等前驱症状。菌随血流进入肝、脾、肾、胆囊等器官并在其中繁殖后,再次入血造成第二次菌血症。此时症状明显,持续高烧,出现相对缓脉,肝脾肿大,全身中毒症状显著,皮肤出现玫瑰疹,外周血白细胞明显下降。胆囊中细菌通过胆汁进入肠道,一部分随粪便排出体外,另一部分再次侵入肠壁淋巴组织,发生超敏反应,导致局部坏死和溃疡,严重的有出血或肠穿孔并发症。病程可达数周,通常病后 $1 \sim 2$ 周血培养呈阳性,粪便样本病后早期阴性,第 2 周呈阳性。伤寒诊断主要以病原学诊断为主,即从血、骨髓、粪便、尿液、胆汁中任一种标本分离到伤寒沙门菌,或者恢复期血清中特异性抗体效价较急性期血清特异性抗体效价增高 4 倍以上。

伤寒感染需要使用抗菌药物进行治疗,早期使用氯霉素、青霉素类药物,但 20 世纪 70 年代世界范围内出现对氯霉素、氨苄西林、磺胺类药物(复方新诺明)等耐药的多重耐药菌株,随后氟喹诺酮类药物成为治疗伤寒及副伤寒的首选药物,但 2010 年开始出现对氟喹诺酮类药物耐药的菌株,使得三代头孢类药物成为治疗伤寒及副伤寒的主要药物。2016 年，在巴基斯坦暴发耐三代头孢和氟喹诺酮菌株，随后传播至欧美国家和中国，2021 年又出现阿奇霉素耐药菌株，这些都进一步限制了对伤寒及副伤寒治疗药物的选择。目前伤寒及副伤寒治疗主要依据药敏实验选择敏感药物，遵循联用、足疗程原则。常规选择三代头孢类及氟喹诺酮类药物联用，对三代头孢耐药菌株则选择使用碳青霉烯类药物和（或）阿奇霉素治疗。伤寒治愈后 3%～5%病例可成为无症状胆囊带菌者，不定期通过粪便排菌，"伤寒玛丽"就是带菌者的经典案例；部分病例因为胆囊穿孔就诊而诊断伤寒。

该病一年四季均可发生，一般呈散发地方性流行。全球伤寒病例估计每年为 2170 万例，其中有 21.7 万例死亡。我国目前每年伤寒（含副伤寒）发病病例在 1 万例以下，死亡病例少见。春季病例数逐渐增多，夏季报告病例数较多，秋冬季病例数逐渐下降。小孩和老人群体发病率较高。东南亚及非洲为伤寒高流行区；我国处于低流行区，但时常有暴发发生。我国伤寒高发区多集中在南部及西南部省份。

目前有 Vi 多糖疫苗和 TCV 疫苗（Vi 多糖偶联破伤风毒素）两种疫苗可用于预防伤寒，Vi 多糖疫苗适用于 2 岁以上人群，TCV 疫苗可用于 2 个月以上人群，疫苗保护效果 10 年以上。

五、结核病

结核病是一种由结核分枝杆菌复合群引起的古老的慢性传染病，可发生在人体除毛发、牙齿和指甲外的所有组织器官，如肺、肠、肾、骨关节和脑等，其中以肺结核最为常见。肺结核主要通过空气飞沫传播，典型的临床表现是低热、盗汗、咳嗽和咳血。肺结核在我国古代被称为肺痨，在欧洲被称为"白色瘟疫"。近 200 年来，全球约有 10 亿人死于结核病，在全球新冠病毒大流行之前，结核病是单一传染性病原体致死的首要原因。目前，全球约 1/4 的人口感染了结核分枝杆菌，估算人数约 20 亿人，每年新发结核病人数约 1060 万，死亡人数约 160 万人。我国是全球 30 个结核病高负担国家之一，结核病发病人数位于全球第二位，估算每年发病人数是 78 万，死亡人数是 3 万。结核病已成为严重威胁人民健康的重大公共卫生和社会问题。下面将从结核病的起源、预防、诊断和治疗等方面介绍结核病相关的历史。

1. 结核病的起源及其病原体的进化

结核分枝杆菌复合群菌株为结核病的病原体，属放线菌纲放线菌目棒杆菌亚目分枝杆菌科分枝杆菌属，是专性需氧的一类细菌，抗酸染色阳性，无鞭毛，有菌毛，有微荚膜但不形成芽孢，大小（1～4）μm×0.4μm。结核分枝杆菌复合群是一组基因高度同源的病原体，包括结核分枝杆菌（*Mycobacterium tuberculosis*）、牛分枝杆菌（*Mycobacterium bovis*）、非洲分枝杆菌（*Mycobacterium africanum*）和田鼠分枝杆菌（*Mycobacterium microti*）等约 11 个种，其中结核分枝杆菌、牛分枝杆菌和非洲分枝杆菌可感染人并导致结核病，其他种则主要导致动物发生结核病。

利用全基因组测序技术对不同来源的结核分枝杆菌复合群菌株进行研究，发现结核分枝杆菌复合群的祖先菌株主要分离自非洲之角。因此，现代结核病的主要起源被认为来自非洲之角，包括吉布提、埃塞俄比亚、厄立特里亚和索马里等国家。这一结论也得到了以下证据的支持：①利用全基因组测序技术对结核分枝杆菌的不同谱系的分布进行分析，发现非洲是目前全部 7 个谱系（L1～L7）菌株都有分布的地区，其中 L5、L6 和 L7 仅在非洲被分离到，而离非洲越远的地方谱系就越单一；②基因组系统地理分析显示来源于非洲；③多种感染野生动物的结核分枝杆菌复合群仅在非洲分离到。

结核病的起源时间报道不一，有报道认为结核病起源于 7 万年前的非洲史前人类，结核分枝杆菌复合群的祖先伴随着现代人类第一次从非洲迁徙而共同分化。然而，另外两项研究分别从匈牙利 200 年前的木乃伊和秘鲁 1000 年前的人类遗骸中提取古代结核分枝杆菌复合群的基因组来进行系统发育分析，估计结核分枝杆菌的起源时间不到 6000 年前。因此，需要更多的证据进行结核病的起源研究。

2. 结核病的预防

结核病的有效控制依赖于长期有效的疫苗预防接种。近 100 年来，卡介苗（bacille Calmette-Guérin，BCG）是全球广泛使用的唯一一种结核病预防性疫苗。2021 年 6 月，我国自主研发的注射用母牛分枝杆菌（结核感染人群用）获批，用于预防结核潜伏感染人群发生结核病，是全球第一个用于结核潜伏感染人群的免疫预防方法。截止到 2022 年 6 月，全球尚有 16 种候选疫苗处于 I ～III 期临床试验中。根据（候选）疫苗的使用目的不同，可将其分为预防结核感染/发病的疫苗、预防结核潜伏感染进展为结核病的疫苗、预防结核病复发的疫苗和治疗性疫苗四大类；根据成分不同，又可分为菌体和亚单位疫苗两大类。

卡介苗用于未感染者的免疫预防。1907 年，法国巴斯德研究所的卡尔梅特（Calmette）和介朗（Guérin）将有毒力的牛分枝杆菌分离株在 5%甘油胆汁马铃薯培养基上培养，历经 13 年、传 230 代后使其致病力完全丧失，获得减毒株，于 1921 年研制成功。1923 年后，该减毒菌在全世界广泛用于结核病的预防。1928 年将这株细菌取名为卡介菌，用卡介菌制成的活苗称卡介苗。1974 年，WHO 将 BCG 接种纳入扩大免疫计划，我国于 1978 年纳入儿童免疫规划。2019 年，全球共有 153 个国家将卡介苗接种纳入儿童免疫规划。卡介苗的免疫保护效率为 30%～80%，目前公认对预防儿童结核性脑膜炎和播散性结核病效果较好。我国以及其他国家的科学家们试图通过筛选新的卡介苗种苗、改变免疫策略以及重组卡介苗的方式改进免疫效果。

由于结核分枝杆菌具有在人体内潜伏感染而不发病的特点，而且全球结核潜伏感染人数巨大，这些潜伏感染人群成为结核病人群的来源，如果潜伏感染问题不解决，终结结核病的目标不可能实现。WHO 提出的《终止结核病战略》（2016～2035 年）的"三大支柱"指出，要在全球 20 亿结核潜伏感染（LTBI）中的结核病密切接触者及高危人群中进行系统的筛查和预防性治疗。这是 WHO 首次将结核潜伏感染人群作为结核病控制策略目标的重要内容之一。预防性治疗包括化学药物预防性治疗和免疫制剂预防性治疗等。WHO 以及我国均推荐了多种化学药物预防方案，方案的常用药物包括一线抗结核药物异烟肼、利福平、利福喷丁，如果确定为耐利福平或耐异烟肼药品的结核病患者的密切接触者，一般直接使用氟喹诺酮类药物、丙硫异烟胺药物等进行预防。

3. 结核病的诊断

1882 年 3 月 24 日，德国微生物学家罗伯特·科赫（Robert Koch）在学术会议上报告结核病的病原体为结核分枝杆菌，并详尽地阐述了结核分枝杆菌的形态、生物学特性及其培养方法。结核分枝杆菌的发现是结核病史上一个划时代的里程碑，人类由过去对结核病的迷惑、彷徨、恐惧和乞求神祐的时代，一下子跨越到唯物论的科学时代。140 年后的今天，结核分枝杆菌的光学显微镜检测技术及培养技术仍然是结核病诊断的主要手段。当然，随着技术的发展，多种新型的显微镜检测技术、培养技术以及新的分子诊断技术不断面世，如荧光显微镜技术、自动化染色镜检技术、BD MGIT960 液体培养系统、核酸等温扩增技术、Gene Xpert 核酸检测技术等。1995 年，世界卫生组织第一次推荐核酸检测技术（INNO-Li）用于结核病的诊断；2007 年之后，又陆续推荐多种核酸检测技术应用于结核病的诊断，如线性探针技术（MTBDRplus，2007 年）、实时荧光定量 PCR 技术（Xpert MTB/RIF，2009 年）、环介导等温扩增技术（TB-LAMP，2016 年）、实时荧光定量 PCR 技术（BD MAX MDR-TB，2018 年）等。

在结核病的诊断中，由于各种检测技术各有优缺点，在临床检测中常联合使用。例如，显微镜检测技术检测时间短、检测结果直观，但灵敏度低（10%～30%），且无法排除非结核分枝杆菌的干扰。基于固体罗氏（Lowenstein-Jensen，L-J）培养基及 BD MGIT960 液体培养系统的培养法，可获得结核分枝杆菌纯培养物，利于进行菌种鉴定、药物敏感性检测以及其他疾控监测方面的工作；缺点是检测时间长、灵敏度仍较低，前者平均检测时间为 20～72 天，灵敏度为 20%～30%，后者检测时间稍短，为 10～30 天，灵敏度为 20%～36%，但仪器昂贵。分子检测方法的优点是快速、简便，灵敏度（40%～75%）和特异度（>95%）相对较高，部分方法可以同时进行耐药性检测（如 Genexpert MTB/RIF），不同方法的仪器设备价格相差较大；缺点是容易造成实验环境的核酸污染进而降低特异度，但部分方法通过优化设备和耗材可较大程度上解决核酸污染的问题。总而言之，现在的检测方法尚不能满足结核病防控的要求，还需要开发灵敏、快速、简便和准确的检测方法。

4. 结核病的治疗

在抗结核药物出现前,疗养是结核病的主要治疗和控制手段。1946 年 2 月 22 日,美国科学家赛尔曼·A. 瓦克斯曼（Selman Abraham Waksman）宣布发现链霉素,这是世界上第一种抗结核特效药,终结了困扰人类数千年的肺结核"不治之症"的称号。然而,链霉素的单药治疗很快就产生了耐药性,并导致治疗失败。

同样在 1946 年，第一个口服的抗结核药对氨基水杨酸面世。此后，抗结核药物陆续面世：氨硫脲（1950年）、异烟肼（1952 年）、吡嗪酰胺和氯法齐明（1954 年）、环丝氨酸（1955 年）、卡那霉素（1957 年）、乙硫异烟胺（1960 年）、乙胺丁醇（1961 年）、利福平和卷曲霉素（1963 年）。在 20 世纪 50 年代早期，治愈结核病需要同时服用至少两种机体易感的药物。1963 年我国召开的全国结核病学术会议上推荐了由链霉素、异烟肼、对氨基水杨酸钠组成的"标准化疗方案"，该方案在全国广泛实施 30 年（1963～1993 年）。20 世纪 70 年代初利福平上市，标志着一个有效的短程化疗时代的到来，包括我国在内的多个国家开展了多个结核病短程化疗方案的评估。1993 年世界卫生组织出版了《结核病治疗指导方案》，1997 年根据各国的差异推荐了不同类别的短程化疗方案。我国于世界银行贷款结核病控制项目（简称"卫 V"项目）期间（1992～2000 年）逐步全面推广短程化疗方案（6～8 个月）以及直接面试下的督导短程化疗（directly observed treatment strategy，DOTS），并达到 100%全覆盖。1995 年、2004 年和 2014 年世界卫生组织相继提出结核病控制的"DOTS"、"遏制结核病策略"和"终止结核病策略"。

距离 20 世纪 50～60 年代抗结核药物呈井喷式发现的 30 年后，多种喹诺酮类广泛抗生素陆续被发现并逐渐应用到耐多药结核病的治疗：氧氟沙星（二代），1985 年；左氧氟沙星（三代），1994 年；莫西沙星（四代），1999 年。长效抗结核药物利福喷丁于 1989 年在我国被报道。利奈唑胺于 2000 年在美国上市，2005年陆续出现其用于耐多药或广泛耐药结核病的报道。进入 21 世纪的第 10 个年头后，抗结核药物的研发进入了新时代，多种抗结核药物如贝达喹啉（2012 年）、德拉马尼（2014 年）、普托马尼（2019 年）上市，部分成为耐多药结核病治疗的 A 组药物，使耐多药结核病的治疗从 18～24 个月的长程化疗时代步入 8～12个月的短程化疗时代以及全程口服药物的时代。

六、立克次体

立克次体目（Rickettsiales）是介于最小细菌和病毒之间的一类独特的微生物，成员均为专性细胞内寄生的革兰氏阴性菌。它的特点之一是多形性，可以是球杆状或杆状，还有的是长丝状体。立克次体目包括立克次体科和无形体科两个科。其中，立克次体科（Rickettsiaceae）包括立克次体属（*Rickettsia*）和东方体属（*Orientia*）；无形体科（Anaplasmataceae）包括无形体属（*Anaplasma*）、埃立克体属（*Ehrlichia*）、新立克次体属（*Neorickettsia*）和沃尔巴克氏菌属（*Wolbachia*）等。

1. 立克次体科

1909 年，霍华德·泰勒·立克次（Howard Taylor Ricketts）首次对立克次体类细菌进行了描述，他将患者血液中分离出的生物体接种豚鼠，这些豚鼠出现了发热性疾病，并有明显的阴囊肿胀和出血性坏死症状。他通过显微镜观察发现致病的球杆菌（后被命名为立克次体），并明确了蜱与该立克次体的传播关系。目前立克次体属已经扩大到 30 多种，而且每年仍不断有新种被发现。立克次体属的物种被分为 4 个群：原始群（ancestral group）、斑点热群（spotted fever group）、斑疹伤寒群（typhus group）和过渡群（transitional group）。目前，原始群由加拿大立克次体（*R. canadensis*）和贝利立克次体（*R. bellii*）等组成；斑点热群由数量庞大的物种组成，其中至少有 15 个种可引起人类疾病；斑疹伤寒群由普氏立克次体（*R. prowazekii*）和斑疹伤寒立克次体（*R. typhi*）组成；过渡群由小蛛立克次体（*R. akari*）、澳大利亚立克次体（*R. australis*）和猫立克次体（*R. felis*）组成。除原始群外，其他三个群都包含对人类致病的病原体。立克次体属主要通过人的皮肤传播，斑点热群立克次体的感染一般由蜱等节肢动物叮咬引起，斑疹伤寒群立克次体通过虱或跳蚤传播，亦可由感染的虱或跳蚤的粪便接触到破损皮肤或黏膜而造成人类感染。小蛛立克次体、猫立克次体分别由血红家鼠螨（*Liponyssoides sanguineus*）和猫蚤（*Ctenocephalides felis*）传播。一旦侵入到皮肤，立克次体属病原体即被树突状细胞吞噬，通过淋巴管运送到局部淋巴结并复制；然后生物体进入血液并传播，感染微循环的内皮细胞。随着传播性内皮感染的发生，损伤随之发生，导致血管通透性增加，从而导致了皮疹等表现，严重时还会出现间质性肺炎、脑膜脑炎、急性肾损伤、多器官衰竭和死亡。立克次体属感染的临床表现主要包括发热、焦痂、头痛、不适、乏力、厌食、恶心和淋巴结病，少数患者出现皮疹和神经症状，如昏迷、颈部僵硬和克尼格征，但不同的立克次体属病原体引起的症状可能有所不同。斑点热群立克次体广泛分布于我国各省份，共发现 33 种，其中 8 种（*R. heilongjiangiensis*、*Candidatus R. tarasevichiae*、*R. sibirica*、*R. raoultii*、*R. japonica*、*R. conorii*、*R. xy99*、*Candidatus R. xinyangensis*）发现了人类感染病例。我国也发生过几次斑疹伤寒的流行。1933 年，中国首次分离到普氏立克次体。由于生活条件改善和防鼠灭蚤运动的开展，20 世纪 80 年代以后我国流行性斑疹伤寒发病率显著降低，但地方性斑疹伤寒仍在一些地区散在发生。作为过渡群立克次体，猫立克次体分布于世界各地，有多种媒介和宿主。在中国，与地方性斑疹伤寒相似的是，由猫立克次体引起的蚤传斑点热在多个地区散发，其病例的地理分布可能与携带病原体的媒介种类多且分布广泛有关。

恙虫病（scrub typhus）是由东方立克次体所引起的一种急性自然疫源性疾病，以鼠类为主要储存宿主、以恙螨幼虫为传播媒介，临床上以恙螨叮咬部位出现特异性焦痂、淋巴结肿大、高热、头痛、皮疹等为主要特征，常并发肺炎、脑膜炎或弥散性血管内凝血，严重者可导致多脏器衰竭而死亡。恙虫病东方体（*Orientia tsutsugamushi*）发现之初归属于立克次体科的立克次体属，因为研究发现该病原体与其他立克次体的生物学特性有很大差异，所以将其另立一属，称为东方体属。近期 *Orientia chuto* 的发现使东方体属成员增加到两个种。东方体分布在由澳大利亚、日本和中亚地区组成的"太平洋热带三角区"（Tsutsugamush Triangle）。然而，近期文献报道显示东方立克次体在全球其他区域广泛存在，世界人口的一半以上位于恙虫病流行地区，估计恙虫病威胁人口约为 10 亿，全球每年发病人数至少 100 万。在我国，恙虫病是一种被记述较早的自然疫源性疾病。晋代医家葛洪在《抱朴子》和《肘后备急方》中有对该病的记述，李时珍在《本草纲目》也中提及恙虫病是一种好发于岭南地区的热病。近年来随着经济发展、气候变化及人口流动等一系列因素影响，恙虫病在我国的发病范围不断扩大，流行强度不断上升。直至 20 世纪 80 年代中期以前，恙虫病一直被认为是流行于我国南方的自然疫源性疾病，在北方仅个别省份有散发病例报告。然而，自 1986 年山东发生恙虫病流行之后，北方多省陆续报道了恙虫病的暴发流行。1952～1989 年，我国恙虫病的发病率较低，年均发病率为 $0.13/10^5$，但是，自 2006 年起，恙虫病的年发病率剧烈升高，从 2003 年的 $0.09/10^5$ 上升至 2021 年的 $1.99/10^5$。

2. 无形体科

无形体科病原体相关疾病包括：嗜吞噬细胞无形体（*Anaplasma phagocytophilum*）引起的人粒细胞无形体病（human granulocytic anaplasmosis，HGA），山羊无形体（*A.carpra*）引起的无形体病，查菲埃立克体（*Ehrlichia chaffeensis*）引起的人单核细胞埃立克体病（human monocytic ehrlichiosis，HME），埃文埃立克体（*E. ewingii*）引起的人嗜粒细胞埃立克体病（human granulocytotropic ehrlichiosis，HGE），腺热新立克次体（*Neorikettsia sennetsu*）引起的腺热埃立克体病等。

人粒细胞无形体病是新发蜱传人兽共患自然疫源性疾病。该病缺乏典型临床表现，以发热伴白细胞、血小板减少和多脏器功能损害为主要特点。潜伏期为 7～14 天（平均 9 天），急性起病，主要症状为发热（多为持续性高热，可达 40℃以上）、全身不适、乏力、头痛、肌肉酸痛、恶心、呕吐、厌食、腹泻等，部分患者伴有咳嗽、咽痛。体格检查可见表情淡漠，相对缓脉，少数患者可有浅表淋巴结肿大及皮疹。可伴有心、肝、肾等多脏器功能损害，并出现相应的临床表现。重症患者可有间质性肺炎、肺水肿、急性呼吸窘迫综合征，以及继发细菌、病毒及真菌等感染。少数患者可因严重的血小板减少及凝血功能异常，出现皮肤、肺、消化道等出血表现，不及时救治，可因呼吸衰竭、急性肾衰等多脏器功能衰竭以及弥漫性血管内凝血而死亡。该病呈世界性分布，20 世纪 90 年代初在美国首次发现后，陆续在美洲、欧洲、大洋洲、非洲及亚洲有感染报道。2006 年，我国安徽芜湖发现首例无形体病，之后在湖北、河南、山东、天津、北京、山西、浙江、新疆、福建等地陆续报道该病，表明无形体病在我国分布广泛，成为威胁人兽健康的公共问题。无形体病全年均有发生，大部分病例发生在 5 月至 10 月，具有明显的季节性，与媒介蜱的活动高峰及人群活动相关。人对嗜吞噬细胞无形体普遍易感，不同年龄组均可感染发病。

人单核细胞埃立克体病由携带查菲埃立克体的蜱虫叮咬传播。人单核细胞埃立克体病病例在 1986 年首次发现。在美国，人埃立克体病病例数量从 2000 年的不到 1%增加到 2010 年的 3.4%。我国 1999 年报道了首例埃立克体病病例。近年来，云南、浙江、黑龙江大兴安岭地区有疑似查菲埃立克体感染病例，并从其血样中检测到查菲埃立克体 16S rRNA 基因片段。值得注意的是，我国还没有从病例样本中分离到埃立克体的报道。我国确诊的病例多为临床诊断病例，由于缺乏有效的诊断手段和报告机制，以及埃立克体感染与一些能引起出血热的病毒感染临床症状相似，因此实际的发病率可能被严重低估。人单核细胞埃立克体病和人粒细胞无形体病的症状基本相同，患者均有发热，平均体温达 39℃；大部分患者有寒战、头痛、肌痛等类似于流感的症状，严重的患者有中枢神经系统症状；老年患者病情往往较重，常因继发感染而死亡。

七、螺旋体病

螺旋体病（spirochetosis）是由螺旋体目中不同科、属的致病性螺旋体引起的疾病，主要包括梅毒、钩端螺旋体病、莱姆病、回归热等。不同的螺旋体病，其临床表现、病原特性、传播方式、流行特征各不相同。

梅毒（syphilis）是 15 世纪晚期在欧洲首先被确认的，其病原体为螺旋体科密螺旋体属的苍白密螺旋体。梅毒是一种性传播疾病，发病初期为全身性感染，晚期可累及心脏和中枢神经系统等多个脏器，产生相应的症状和体征。梅毒患者是唯一的传染源，成年男女普遍易感。先天性梅毒由胎儿宫内感染获得，少数可因新生儿分娩经过阴道时被感染。在全球范围内，梅毒仍然是一种流行广泛和负担严重的疾病。虽然梅毒病例主要发生在低收入和中等收入国家，但在美国、加拿大及欧洲等发达国家和地区，梅毒在高危人群中仍然流行。孕产妇梅毒的最大负担发生在非洲，占全球估计数的 60% 以上。梅毒预防主要包括行为学预防和生物医学预防。行为学预防是指避免危险性行为的发生，生物医学预防包括疫苗接种等。

莱姆病（Lyme disease）是由螺旋体科疏螺旋体属的伯氏疏螺旋体引起的一种新发传染病，主要由蜱叮咬人、兽而传播。1977 年，斯蒂尔（Steere）报告在美国康涅狄克州莱姆镇流行的青少年关节炎是一种独立的疾病，称为莱姆关节炎。1982 年，伯格多费（Burgdorfer）及其同事首次从蜱的中肠发现和分离出病原体；1984年，约翰逊（Johnson）将其命名为伯格多弗疏螺旋体（*Borrelia burgdorferi*），又称莱姆病螺旋体。莱姆病螺旋体可引起人体多系统、器官的损害，严重者终生致残甚至死亡。莱姆病分布甚广，主要在温带和亚热带地区，且发病区域和发病率呈迅速扩大和上升的趋势，已成为世界性的卫生问题。1992 年该病被世界卫生组织（WHO）列为重点防治的研究对象。中国于 1986 年首次报道在东北林区发现莱姆病，目前血清流行病学调查表明至少在 30 个省（自治区、直辖市）的人群中存在伯氏疏螺旋体感染。已从 23 个省（自治区、直辖市）的患者、蜱和（或）宿主动物中分离得到病原体，证实莱姆病的自然疫源地几乎遍布我国所有山林地区，人群中有典型的莱姆病病例存在，对人民健康危害严重。中国莱姆病疫区主要在东北部、西北部和华北部分地区。早期莱姆病具有明显的季节性，不同地区莱姆病的流行季节略有不同，这与某些特定的蜱的种类、数量及其活动周期相关。但晚期病例一年四季均有发生，没有明显季节性。我国莱姆病例年龄分布为 2～88 岁，以青壮年多发，男女性别差异不大，职业主要见于林业工人、山林地区居民及野外作业、旅游的人群。但近年来的调查研究显示，城市居民感染莱姆病的危险性在增加，因为调查发现城市公园等公众活动场所的鼠类等啮齿动物带蜱率、莱姆病感染率和带菌率均较高；家养宠物（鸽子、犬等）可导致城市居民发生莱姆病。

回归热（relapsing fever）是一种由回归热螺旋体引起的人感染性疾病。感染回归热会造成患者反复高热，未经治疗的患者发热次数可达到数十次，随着病程延长，螺旋体可能造成脏器及神经系统损伤。回归热按照传播方式可分为蜱传回归热（地方性回归热）和虱传回归热（流行性回归热），蜱传回归热又有软蜱传播和硬蜱传播两种。软蜱回归热（SBRF）的媒介主要为钝蜱属的软蜱，其宿主动物主要是豪猪、狐狸、啮齿动物和猴子等动物，人是偶然宿主。回归热在欧亚大陆是散发性的，在中亚和中东，大多数软蜱回归热的感染与托氏钝蜱（*O. tholozani*）叮咬传播波斯疏螺旋体（*B. persica*）导致的感染有关。在我国，新疆是主要的疫源地，南疆地区以波斯疏螺旋体为主，由跗突钝蜱（*O. papillipes*）传播；北疆地区流行的拉氏疏螺旋体（*B. latyshevyi*），由塔氏钝蜱（*O. tartakovskyi*）传播。跗突钝蜱除了在新疆的西南部有分布，在我国的青海东部、陕西东北部和山西南部均有分布，这种蜱大量分布于荒野洞穴中，还大量散布于各种建筑物中，与人接触密切，危害尤其大。硬蜱回归热螺旋体通过硬蜱的几个属传播，主要是硬蜱属、花蜱属、革蜱属和扇头蜱属。米氏疏螺旋体（*B. miyamotoi*）属于硬蜱传播的回归热螺旋体之一，其导致的疾病在全球均有分布。流行性虱传回归热是一种与战争、饥荒、难民、贫困和卫生条件差有关的流行病。其病原是回归热疏螺旋体（*B.*

recurrentis)，传播的媒介在 1907 年被证实是体虱。东非是目前唯一的虱传回归热流行地区，主要在埃塞俄比亚山区，人类的活动（尤其是人类的迁移）是造成该病传播至尚未感染区域的重要原因。

钩端螺旋体病（leptospirosis）简称钩体病，是由致病性钩端螺旋体引起的人兽共患自然疫源性疾病。钩体病作为独立的疾病最早是 1886 年由德国医师魏尔发现的，即魏尔病（Weil disease），主要引起黄疸和肾功能损害。在中国医学文献中最早的、有确切证据的报告，是汤泽光 1937 年在广东发现的 3 例魏尔病。钩体病的传染源主要是鼠类、家畜和蛙类，人类通过接触被宿主尿液排出的钩端螺旋体污染的水源而感染致病。钩体病临床表现多样，包括流感伤寒型、肺出血型、黄疸出血型和脑膜脑炎型。钩体病呈全球分布，多发于水稻种植地区，动物宿主多，群（型）复杂，感染方式和临床类型多种多样，防治难度大，对人类健康和畜牧业生产均产生严重危害，也是洪涝灾害时重点防疫和监控的传染病之一。钩体病在中国分布非常广泛，全国 31 个省（自治区、直辖市）均已分离出钩体菌株。中国已发现的问号钩体菌有 18 个血清群、75 个血清型，以黄疸出血群和波摩那群为主，其中以赖型和波摩那型最常见。中国钩体病疫源地可分为 3 种类型：①自然疫源地，以鼠类为主要储存宿主；②经济疫源地，以家畜特别是猪为主要储存宿主；③混合疫源地，即以上两种疫源地在某些地区同时存在。中国钩体病疫源地的分布大体为：长江流域及其以南的广大地区，自然疫源地和经济疫源地同时并存；黄河流域及其以北地区，基本上为单纯的经济疫源地带，但陕西例外，其以自然疫源地为主，也有经济疫源地。感染方式有直接和间接两种，人以间接接触感染为主。中国各地流行形式有差异：在黄河流域及其以北各省份以洪水型或雨水型为主；长江流域及其以南各省份主要是稻田型流行区，洪水型或雨水型也时有发生；陕西只报告过稻田型流行。钩体病一年四季均有发生，以夏、秋季为流行高峰期；感染者职业以农民为主。

除了上述主要的螺旋体病以外，还有雅司病、品他病，以及奋森疏螺旋体引起的多种口腔感染等，在我国均较少见。

第三节　细菌感染的传播方式

细菌传播方式可分为水平传播和垂直传播两种。水平传播指细菌从外环境中借助传播因素实现人与人之间的传播，包括经空气传播、经水传播、经食物传播、经接触传播、经节肢动物传播、经土壤传播、医源性传播等；垂直传播指在怀孕期间或分娩过程中，细菌通过母体直接传递给子代。一种细菌性传染病可以有多种传播方式。

一、经空气传播

经空气传播是呼吸道传染病的主要传播方式，包括经飞沫、飞沫核、尘埃传播。

1. 经飞沫传播

经飞沫传播指含有大量细菌的飞沫在传染源呼气、打喷嚏、咳嗽时经口鼻排入环境，易感者直接吸入飞沫后引起感染。由于大的飞沫迅速降落地面，小的飞沫在空气中短暂停留，局限于传染源周围，因此飞沫传播主要累及传染源周围的密切接触者。这种传播在一些拥挤且通风较差的公共场所如车站、公共交通工具、电梯、临时工棚等较易发生，是对环境抵抗力较弱的百日咳杆菌和脑膜炎双球菌常见的传播方式。

2. 经飞沫核传播

飞沫核由飞沫在空气中失去水分而剩下的蛋白质和病原体所组成。飞沫核可以气溶胶的形式在空气中漂流，存留时间较长，一些耐干燥的细菌如结核杆菌等可以这种方式传播。

3. 经尘埃传播

含有病原体的较大的飞沫或分泌物落在地面，干燥后随尘埃悬浮于空气中，易感者吸入后可感染。对外界适应能力较强的病原体如结核杆菌和炭疽芽孢杆菌，可以通过这种方式传播。

二、经水传播

经水传播包括饮用水传播和疫水接触传播。

1. 经饮用水传播

主要是水源水被污染，如自来水管网破损导致污水渗入、粪便或污物污染水源等。

2. 经疫水接触传播

通常是由于人们接触疫水时细菌经过皮肤、黏膜侵入机体。一般肠道细菌如霍乱弧菌等通过此方式传播。

三、经食物传播

作为媒介物的食物可分为两类，即本身含有细菌的食物及被细菌污染的食物。当人们食用了这两类食物后，可引起细菌的传播。经食物传播的传染病的流行病学特征包括：患者有进食相同食物史，不食者不发病；患者的潜伏期短，一次大量污染可引起暴发；停止供应污染食物后，暴发或流行即可平息；如果食物被多次污染，暴发或流行可持续较长的时间。一般大肠杆菌、霍乱弧菌等通过此方式传播。

四、经接触传播

经接触传播通常分为直接接触传播和间接接触传播两种。直接接触传播是指在没有外界因素参与下易感者与传染源直接接触而导致的疾病传播。间接接触传播是指易感者接触了被细菌污染的物品所造成的传播。污染物品是指传染源的排泄物或分泌物污染的日常生活用品，如毛巾、餐具、门把手、玩具等，因此，这种传播方式又称为日常生活接触传播，一般铜绿假单胞菌、布鲁氏菌、葡萄球菌通过此方式传播。

五、经节肢动物传播

经节肢动物传播又称虫媒传播，指经节肢动物机械携带和吸血叮咬来传播疾病。传播媒介是蚊、蝇、蜱、螨、跳蚤等节肢动物。肠道细菌，如沙门菌，可以在苍蝇、蟑螂等非吸血节肢动物的体表和体内存活数天，但不在其体内发育，节肢动物通过接触、反吐和粪便将病原体排出体外，通过污染食物或餐具等感染接触者。吸血节肢动物因叮咬血液中带有细菌如鼠疫耶尔森菌的感染者，将细菌吸入体内，通过再叮咬易感者传播疾病。

六、经土壤传播

经土壤传播指易感者通过接触被病原体污染的土壤所致的传播。含有细菌的传染源的排泄物、分泌物、死于传染病的患者或动物的尸体可直接或间接污染土壤。经土壤传播的疾病主要是肠道传染病，以及能形成芽孢的细菌性传染病，如产气荚膜梭菌、破伤风梭菌。

七、医源性传播

医源性传播指在医疗或预防工作中，由于未能严格执行规章制度和操作规程，人为地造成某些传染病的传播。例如，易感者在接受治疗或检查时由污染的医疗器械导致的疾病传播；输血药品或生物制剂被污染而导致的传播。

八、垂直传播

垂直传播包括胎盘传播、上行性传播和分娩时传播。

1. 经胎盘传播

有些病原体可以通过胎盘屏障，受感染的孕妇经胎盘血液将病原体传给胎儿引起宫内感染。

2. 上行性传播

细菌经过孕妇阴道到达绒毛膜或胎盘引起胎儿宫内感染，如白色念珠菌等。

3. 分娩时传播

分娩过程中胎儿在通过孕妇严重感染的产道时受到感染，如淋球菌等。

第四节　细菌性传染病特点

细菌性传染病是由一大类形体微小、结构简单的单细胞原核微生物进入人体所造成的感染性疾病。与病毒不同，细菌作为单细胞原核型微生物，具有一定的细胞结构和活跃的生理功能，新陈代谢活动营养需求较为简单，可长时间独立生存，能在感染个体、宿主动物和外环境（如土壤、水体）中迅速繁殖。细菌分布广泛，种类繁多，不同种属的细菌具有鉴别意义的染色、生化代谢特征和自己独特的毒力致病因子，敏感抗生素可有效杀灭病原细菌，临床治疗有效。

一、流行病学特征

根据病原细菌的感染部位、感染途径、对人和动物的跨种致病性及传播感染的环境等因素，细菌性传染病可大体分为细菌性肠道传染病、细菌性呼吸道传染病、细菌性人兽共患传染病和院内感染的细菌性传染病等。

细菌性传染病的传染源主要是患者和带菌者，患者在潜伏期和发病期均有传染性，带菌者包括病后带菌（分为恢复期带菌和慢性带菌）者及健康带菌者，这类人员因缺乏临床症状，不易诊断或易被忽略，但却能经常或间歇性排菌，故在流行病学上有重要意义。最著名的例子就是"伤寒玛丽（typhoid Mary）"，她是一位典型的伤寒沙门菌的健康带菌者，职业是厨师，一生中直接传播感染了50多人。另外，对细菌性人兽共患传染病来说，染菌的动物如家禽、家畜、啮齿类动物和宠物等也是重要的传染源。细菌性传染病的传播途径多样：通过咳嗽、喷嚏和空气飞沫的呼吸道传播；经污染的水、食品等的消化道传播；也可经媒介生物传播，尤其是人兽共患的病原体，鼠-蚤-人、人与人之间的空气飞沫传播是人类鼠疫发病的经典传播途径；通过日常生活用品和密切接触如同睡、哺乳、接吻等传播也有发生。人群对细菌性病原体普遍易感，发病与当地的流行强度、人群免疫水平和卫生状况及习惯有关，在一些流行因素的影响下，也会出现年龄、性别和职业方面发病率的差异。

细菌性传染病的发病具有较明显的季节分布特征，其中细菌性肠道传染病多在夏秋季高发，如霍乱、伤寒；细菌性呼吸道传染病总体在冬春季多发；细菌性人兽共患传染病春夏季节高发，如鼠疫、布病和炭疽等。传染病季节性的分布特征主要是由于温度、湿度、降水和光照等自然气候条件对病原细菌及其中间宿主和传播媒介种群数量消长的影响所致。细菌性传染病的发病还具有一定的地方性和自然疫源性特征，这与当地的气候条件、中间宿主和媒介生物的地理分布、人群生活生产习惯及方式有关，例如，印度恒河三角洲是霍乱的地方性流行区；我国霍乱流行也有以沿海地区为主的地区分布特征，特别是在江河入海口附近的两岸及水网地带；鼠疫在我国有12种类型的自然疫源地，分布在19个省（自治区、直辖市）。

二、致病性和致病机制

病原菌对人体的致病性与细菌毒力、感染数量、侵入途径和部位、人体免疫力、遗传因素和营养状态等密切相关，致病机制较为复杂，是一个多因素的综合作用过程，可通过直接侵犯、毒素作用和免疫机制造成组织损伤。典型的病原菌常具有感染泌尿生殖道、呼吸道或肠道黏膜的能力，能穿过黏膜表面进入宿主组织，并在组织环境中大量繁殖，进而抵抗或干扰宿主的免疫防御功能，具有对宿主组织和生理功能造成损伤的能力。一般病原菌毒力越强，引起感染所需要的菌量越小；反之，则菌量越大。例如，鼠疫耶尔森菌和痢疾志贺菌有几个和数十个菌侵入机体即可引起感染，而毒力弱的某些引起食物中毒的血清型沙门菌通常需要数亿个才能引起急性胃肠炎感染。

病原菌感染人体可出现隐性感染（covert infection）、显性感染（overt infection）和带菌状态（carrier state）三种主要的感染类型，这也是细菌毒力与机体免疫力相互博弈的作用结果。有的病原体还可形成潜伏性感染（latent infection），受机体免疫功能局限化长期潜伏在某部位，待机体免疫力下降时，再引起显性感染。隐性感染没有明显临床症状，在感染群体中占比可达 90%或以上，常发生在机体有较强免疫力，或者感染的病原菌数量少、毒力较弱的情况下。显性感染有明显的临床症状，机体组织细胞出现一定程度的损伤和生理功能改变，常发生在机体免疫力较弱，或者感染的病原菌数量较多、毒力较强的情况下。显性感染在临床上可根据病情的急缓分为急性感染（acute infection）和慢性感染（chronic infection），前者发病突然、病程较短，后者病程缓慢迁延，可持续数月至数年；按感染部位可分为局部感染（local infection）和全身感染（systemic infection），全身感染过程中病原菌及其毒性代谢产物向全身播散，可出现菌血症（bacteremia）、毒血症（toxemia）、败血症（septicemia）、内毒素血症（endotoxemia）和脓毒血症（pyosepticemia）。带菌状态是感染的病原菌未被及时消灭清除，继续存留于体内与机体免疫力处于一种相对平衡的状态，带菌者因能排出病菌但又缺乏临床症状，易被忽视，其作为传染源具有重要的流行病学意义。

细菌毒力是由基因编码决定的，有的毒力编码基因在细菌染色体上是单个散在存在的，有的呈多基因的成簇性分布，形成所谓的致病岛或毒力岛（pathogenecity island），常位于细菌染色体 tRNA 位点附近，其 GC 含量偏离于基因组的平均 GC 含量，提示可能通过水平转移获得。细菌毒力的物质基础主要体现在侵袭力、毒素、体内诱生抗原和超抗原等方面。此外，感染导致的免疫病理损伤也能导致和加重疾病。

（1）侵袭力：是指病原菌突破宿主皮肤、黏膜等生理屏障，进入机体并在体内黏附定植和繁殖扩散的能力。决定和影响细菌侵袭力的物质主要包括黏附素、荚膜、侵袭性酶类、侵袭素和生物膜等。黏附素是一类存在于细菌表面、与黏附有关的分子，可分为菌毛黏附素和非菌毛黏附素，后者主要是一些外膜蛋白。黏附素能与宿主细胞表面的、化学本质为糖类或糖蛋白的黏附素受体特异性结合，从而介导细菌进入宿主组织细胞间生长繁殖产生定植。荚膜是位于某些病原菌细胞壁表面的一层松散的黏液状物质，具有抗宿主吞噬细胞和抵抗体液中杀菌物质的作用，促进病原菌在宿主体内的存活、繁殖和扩散，在病原细菌的免疫逃逸中也起着重要作用。侵袭性酶类有利于病原菌的抗吞噬作用，并向周围组织中扩散。侵袭素能够介导细菌侵入邻近的上皮细胞尤其是黏膜上皮细胞内，进而扩散到其他组织甚至全身引起侵袭性感染。生物膜是由细菌及其分泌的胞外多糖或蛋白质多聚物所形成的具有三维空间构象的膜状结构，其有利于细菌的黏附，并且具有极强的耐药性和抵抗机体免疫杀伤的作用，给临床治疗带来重大挑战。

（2）毒素：细菌毒素有外毒素（endotoxin）和内毒素（exotoxin）之分。外毒素是由细菌合成并分泌或释放到胞外的毒性蛋白质，多为 A-B 亚单位型分子结构，A 亚单位是具有毒性效应的活性亚单位，B 亚单位是非毒性的结合亚单位，能与宿主靶细胞表面的特异性受体结合介导毒性 A 亚单位进入靶细胞内发挥生物学效应。细菌外毒素的毒性作用强且对组织器官有高度的选择性，据此可将外毒素分为神经毒素、细胞毒素和肠毒素三大类。霍乱弧菌分泌的霍乱毒素是目前已知的致泻性毒素中毒性最强的肠毒素，作用于肠上皮细胞，造成肠道功能紊乱和肠内水、离子丢失，引起严重的霍乱特征性的水样腹泻。内毒素是革兰氏阴性菌细胞壁中的脂多糖成分，毒性作用相对较弱且无组织细胞选择性，只有在细菌死亡裂解后从菌体释放出来，可引起机体发热、白细胞数量增加，严重情况下可导致内毒素血症与休克。内毒素主要通过结合参与天然免疫的各种细胞、血管内皮细胞和黏膜细胞，诱导产生各种细胞因子、炎症因子、急性期蛋白、活性氧/氮，激活特异性免疫细胞，造成组织细胞和全身的多种病理生理反应及损伤。

（3）体内诱生抗原和超抗原：绝大多数病原菌具有在感染宿主体内才能诱导表达的基因，其编码的体内诱生抗原与细菌致病性有密切关系。超抗原是一类具有超强能力刺激淋巴细胞增殖和刺激机体产生过量 T 细胞及细胞因子的特殊抗原活性物质，引起类似内毒素的作用后果。

三、抗菌免疫和免疫逃逸

通常病原菌感染（包括隐性和显性感染）都可刺激机体产生针对病原菌及其产物（如毒素）的特异性免疫应答，进而起到从机体内清除病原菌并预防二次感染的作用。但是不同病原菌感染诱导产生的保护性免疫的强度和持续时间各有不同，如鼠疫耶尔森菌、炭疽芽孢杆菌感染后可获得持久牢固的免疫力，再次感染罕见；但伤寒沙门菌感染后机体获得的免疫力并不强或持久。抗菌免疫因病原体侵入机体后寄生繁殖存活的部位不同而有所不同，对于入体后主要存在于细胞外组织间隙、血液、淋巴液等体液中的胞外菌（extracellular bacteria），如霍乱弧菌等，特异性抗体介导的体液免疫起主要作用，其中补体和吞噬细胞的参与也必不可少。对于主要寄生在细胞内的胞内菌（intracellular bacteria），如结核分枝杆菌、伤寒沙门菌、立克次体等，获得性细胞免疫应答起主要作用，通过被抗原激活的 T 细胞、细胞因子和巨噬细胞杀灭并清除入侵感染的细菌。

免疫逃逸（immune evasion）是指有的病原菌在与宿主长期的相互适应过程中，能够逃避宿主的免疫杀灭效应，并能在宿主体内存活和增殖的现象。免疫逃逸可能的机制包括病原菌抗原性的变异改变、组织学隔离和抑制或直接破坏宿主的免疫应答。结核分枝杆菌、伤寒沙门菌等一些胞内菌易产生免疫逃逸，在胞内存活。

第五节　预防控制策略和未来方向

传染病是由病原体感染引起的具有传染性和流行性的疾病，是病原体-宿主-环境等多种因素相互作用的结果。传统意义上的传染病流行过程包括三个基本环节，即传染源、传播途径和易感人群。针对三个基本环节，采取控制传染源、切断传播途径、保护易感人群等措施，是传染病预防控制策略制定所遵循的基本原则。在此基础上，疾病监测、疾病诊断、治疗与耐药、康复预后、疫苗接种、健康教育等是主要措施和工作内容。

传染病预防控制需要多学科（专业）、多技术（方法）应用及多行业（部门）的整合。其中，学科专业包括了病原生物学、临床医学、预防医学、免疫学、检验医学、疫苗学、生物化学、生物工程学等；新技术方法包括基因组学、生物信息学、蛋白质组学、反向病原学、反向疫苗学、反向遗传学、结构生物学、系统生物学、免疫组学等；多行业（部门）合作的典型例子是在 2019 年出现的新型冠状病毒肺炎（COVID-19）防控过程中建立和运行的国务院联防联控机制，包括了国家卫生健康委员会、国家发展和改革委员会、工业和信息化部、海关总署等在内的 32 个行业部门。因此，传染病预防控制基于三个基本环节，应采取综合防控措施，针对不同的传染病分类施策，提高传染病预防控制的科学性和精准性，强化系统思维，践行"One Health"（同一健康）的理念，加强健康促进和健康教育，提高公众作为健康第一责任人的意识。

一、传染病监测

疾病监测是疾病预防控制的根本，是制定预防控制策略的基础。加强传染病监测工作、提高传染病监测预警能力和水平、建立多点触发的监测预警机制，可及时获取各方面信息，分析利用传染病发生与传播数据，提前和尽早识别判断传染病暴发流行的预警信号和可能风险点。

病原学监测是细菌性传染病预防控制的重要组成部分。目前我国已经初步建成了基于国家致病菌识别网的细菌性传染病实验室监测预警系统，其核心是识别病原和识别暴发，分析流行和暴发菌株特征，结合流行病学调查，融合常规病例监测体系，开展了大量研究和实践应用，在鼠疫、霍乱、流脑等细菌性传染病的早发现、溯源和精准防控中起到重要作用，体现了实验室监测在传染病风险评估和疫情调查中的作用，推动了我国传染病监测预警体系的跨越发展。

疾病监测工作由政府主导，应进一步建立和完善传染病监测工作机制。在加强细菌病原学监测的基础上，应充分重视细菌耐药性问题，开展感染病例的临床特征、伤残后遗症等疾病负担的监测。国家政策制定和精准施策后的效果监测评价也是未来细菌性传染病预防控制的方向之一。

二、传染病诊断

细菌性传染病诊断是传染病预防控制的前提，在我国的"四早"（早发现、早报告、早隔离、早治疗）原则中，"早发现"是基础。传染病流行早期，指示性病例往往是以某一临床症候表现就医，我国在十一

五、十二五期间通过国家重点专项支持开展了"发热、腹泻、出疹、出血、脑膜炎"等五大症候群监测，结合实验室诊断能力的提升，推进了我国传染病诊断、监测和防控能力建设。病例出现某一症候群临床表现后，需尽快做出病原诊断、病因学诊断或鉴别诊断，以便迅速采取精准治疗措施。传染病的诊断是一个基于流行病学、临床表现、临床检测和实验室检测的综合研判过程，包括了流行病学、病原生物学、临床医学、检验医学、免疫学等多个学科知识的应用，整合了细菌病原学分离培养技术、核酸和抗原分子生物学诊断技术、抗生素敏感性检测技术以及抗体水平等免疫学检测技术。在实际的疾病诊断过程中，没有一种方法和技术可以单独使用做出最终的疾病诊断。基因组学、蛋白质组学及转录组学等组学技术的发展促进了"高通量、快速、非培养依赖"的疾病诊断技术方法的进步。目前，细菌性传染病诊断方法中，细菌培养、免疫学检测、核酸检测、质谱法是常用的检测组合，应用于疾病病原学诊断和鉴别诊断、病因学判断、耐药性检测等领域，提高了细菌性传染病早期发现、监测和预警能力，有助于及早识别和控制传染源、切断传播和指导临床治疗用药。

自动化、POCT、高通量、高准确度和高敏感性是疾病诊断的现实需求，基于质谱技术的谱学分析技术和基于测序技术的宏基因组学（mNGS）分析技术也将在传染病诊断和鉴别诊断领域发挥可预期的作用。

细菌性传染病的监测和诊断相互融合，互为目的和手段。近些年来，新发传染病不断出现，为应对重大新发传染病的挑战，及时发现和应对新的病原体的传播及疾病危害，徐建国院士提出"反向病原学"理论，对提高新发传染病监测、病原识别、预警和防控能力及水平具有前瞻性的指导意义。反向病原学主要内容包括：①基因组比较发现已知毒力基因、耐药性基因；②建立和检索人或动物标本的序列数据库，探索新发现的微生物是否已经感染人类；③基于基因组学、代谢组学、细胞学等进行致病性预测性分析和证实；④试验动物致病性研究；⑤可能导致微生物传播的社会发展模式、生活方式的危害性分析。"反向病原学"以前瞻性研究和预警未来可能发生的传染病为目标，从野生动物和媒介生物切入，研究动物微生物群落，发现已知和未知病原体，评估其对人类的致病、传播和流行风险并提出预警策略，预防未来发生重大新发传染病事件，已经在很多新发传染病监测预警中得到应用和验证。

三、治疗与耐药

细菌性传染病的治疗主要是抗感染治疗，包括经验性治疗和病原菌针对性治疗。经验性治疗是在疾病症状出现早期，没有病原学依据和抗生素耐药性检测结果的情况下所采取的抗生素治疗手段。细菌感染人体的途径和方式均不相同，一般情况下，呼吸道传染病和消化道传染病病原体感染机体的前提是细菌与呼吸道和肠道黏膜的接触定植。某些细菌属于人体正常携带的菌群，如脑膜炎球菌、肺炎球菌等，可以与人体共生。这些细菌可引起局部的黏膜炎症反应，如上呼吸道黏膜感染、肠道黏膜感染及肺部感染等，在某些情形下，细菌可穿过人体黏膜屏障，导致侵袭性疾病的发生，如细菌致病性增加、病毒感染损害了呼吸道黏膜、人体免疫力低下等情形。细菌导致的侵袭性疾病主要是在人体无菌的部位引起的感染，常见的为血液感染和神经系统感染，也可引起泌尿道感染，导致菌血症、败血症、败血症休克、脑膜炎、脑炎等严重疾病。如不及时诊断治疗，疾病进展迅速，可导致严重的死亡、致残等严重的临床损害。

由于人体的呼吸道和消化道定植有大量细菌，采集标本检测，往往会得到不同的病原学检测结果和提示，使病原学的诊断和病因学诊断之间存在不确定性。为及时救治病例，减少重症和死亡风险，在没有病原学检测结果的情况下可采取经验性治疗方案。抗生素在治疗细菌感染中发挥举足轻重的作用，由于抗生素耐药问题日益突出，不同地区常见细菌的抗生素耐药谱存在差异，应加大抗生素耐药性监测力度，建立和完善抗生素耐药监测网络及信息共享机制，为抗生素的选择和遏制抗生素耐药措施的制定提供依据。

四、康复与预后

临床病例感染后可导致严重的伤残和长期后遗症。例如，脑膜炎球菌、肺炎球菌、流感嗜血杆菌等感染，导致皮肤的出血和坏死，引起病例皮肤组织损坏和坏死，临床结局为组织坏死和肢体截肢。严重的脑膜炎病例中，1/3 的病例治愈后会留有长期的、与神经系统损害相关的智力、视力、听力、运动能力、感知能力的后遗症。

世界卫生组织不断更新健康的新理念，"健康不仅是躯体没有疾病，还要具备心理健康、社会适应良好和有道德"。健康是人的基本权利，现代的健康内容包括躯体健康、心理健康、心灵健康、社会健康、智力健康、道德健康、环境健康等。2017 年，我国颁布《残疾预防和残疾人康复条例》，提出针对致残因素，在残疾发生后综合运用医学、教育、职业、社会、心理和辅助器具等措施，帮助残疾人恢复或者补偿功能，减轻功能障碍，增强生活自理和社会参与能力。WHO 在《2030 年免疫议程》（*Immunization Agenda 2030*，IA2030）以及《2030 战胜脑膜炎路线图》中明确提出，应将疾病导致的伤残康复和支持治疗工作作为传染病预防控制的基础性工作。该项工作在我国尚没有形成系统性的工作机制和支持体系，也是未来在传染病预防控制领域应加强和补齐短板的工作。

五、疫苗接种

传染病干预措施一般可分为两类，即非药物性干预措施和药物性干预措施。非药物性干预措施主要是指在没有特效药物以及疫苗的情形下，采取的非针对性的普适性措施和手段，非药物性干预措施对所有的传染性疾病都适用，在没有明确病原体确认和没有特异性的药物性干预措施的情况下，非药物性干预措施可发挥重要作用。

疫苗是可以给人体和动物接种的生物制剂，通过疫苗接种可为人或动物提供特异性的免疫保护。一般情况下，我们所指的疫苗及免疫规划均是针对人群的疫苗接种行为。疫苗接种的主要目的是保护易感者，为易感人群提供免疫保护。疫苗接种是预防传染病最有效、最经济的手段，是预防控制传染病的重要措施和手段。1978 年，我国开始实施计划免疫；2019 年，我国颁布《中华人民共和国疫苗管理法》，坚持疫苗的战略性和公益性原则，实行有计划的预防接种制度，推行扩大免疫规划。我国目前实施的扩大免疫规划中包括 14 种疫苗，可预防 15 种传染病。经过 40 年不懈努力，我国免疫规划工作取得了举世瞩目的成就，显著降低了疫苗可预防传染病的发病率、致残率和死亡率，有效保障了人民群众的生命安全，极大地提高了群众的健康水平，保证了公共卫生服务的公平性，实现了其他措施难以替代的社会效益。目前，细菌性传染病或感染性疾病疫苗包括脑膜炎球菌疫苗、结核疫苗、肺炎球菌疫苗、b 型流感嗜血杆菌疫苗、百白破疫苗、霍乱疫苗、钩端螺旋体疫苗、痢疾疫苗、沙门菌疫苗等，还有诸多细菌性疫苗处于研发或临床阶段，如 B 族链球菌疫苗、金黄色葡萄球菌疫苗、A 族链球菌疫苗等。WHO 的《2030 年免疫议程》宗旨是"免疫规划不让一个人掉队"，随着对细菌致病机制和疾病流行规律研究的深入，在现代化生物技术的支持下，新细菌性传染病疫苗的研发未来可期，疫苗将在传染病预防控制中发挥越来越重要作用。

六、健康教育

健康教育是健康促进的重要组成部分，是健康促进的核心。健康促进是在组织、政策、经济、法律上提供支持环境，它对行为改变有支持性或约束性。健康教育要求人们通过自身认知、态度、价值观和技能的改变而自觉采取有益于健康的行为和生活方式。健康教育对于传染病的防治可收到事半功倍的效果。通过提高群众对于传染病的认识，如认识到鼠疫、炭疽等疾病的危害，了解疾病的传播和防护知识，不随意接触野生动物和食用死亡动物，增加防控意识等，可有效阻断疾病的传播和流行。通过健康教育，传播疫苗及疫苗接种知识，消除公众的疫苗接种犹豫，可提高公众和年轻家长对疫苗的认识，提高疫苗接种率，有效保护个体和建立疫苗免疫屏障。

第六节　细　菌　耐　药

一、抗菌药物

抗菌药物（antibiotic）包括天然抗生素、半合成抗生素和完全人工合成的药物，是可以抑制或杀死病原菌，用于预防和治疗人类、动物和植物感染的药物。天然抗生素是由微生物（包括细菌、真菌、放线菌等）产生的一类具有选择性抑制或杀灭其他微生物能力的物质，如青霉素、氯霉素、万古霉素等。半合成抗生素是天然抗生素经过化学结构改造所制成的抗菌药物，如头孢菌素、二代大环内酯类等。完全由人工合成的、具有杀菌或抑制细菌生长作用的药物有磺胺类、喹诺酮类、噁唑烷酮类等。自20世纪20年代青霉素发现以来，抗菌药物在人类感染性疾病的治疗中发挥了至关重要的作用。

二、细菌耐药性

细菌耐药性又称抗药性，是指细菌对于抗菌药物作用的耐受性，即抗菌药物抑制或杀死病原菌细菌的效果下降甚至无效，药物不能抑制或杀死微生物，使微生物感染治疗的难度增加，感染变得越来越难以治疗或不可治疗，造成疾病传播、严重伤残和死亡的风险加剧。

三、细菌耐药性判读

1. 折点（breakpoint）

能预测临床治疗效果，用以判断敏感、中介、耐药的最低抑菌浓度（MIC）或者抑菌圈直径（mm）的数值范围。

1）敏感（susceptible，S）

当抗菌药物对分离株的 MIC 值或抑菌圈直径处于敏感范围时，使用推荐剂量进行治疗。该药在感染部位通常达到的浓度可抑制被测菌的生长，临床治疗可能有效。

2）中介（intermediate，I）

当菌株的 MIC 值或抑菌圈直径处于中介范围时，该数值接近药物在血液和组织中达到的浓度，治疗反应率低于敏感菌群，意味着采用高于常规剂量或在药物生理浓集的部位治疗，临床治疗可能有效。

3）耐药（resistant，R）

当抗菌药物对分离株的 MIC 值或抑菌圈直径处于该耐药范围时，使用常规治疗方案在感染部位所达到的药物浓度不能抑制细菌的生长，治疗性研究显示该药临床疗效不确切。

2. 流行病学界值（epidemiological cutoff value，ECV）

将微生物群体区分为有或无获得性耐药的 MIC 值或抑菌圈直径，是群体敏感性的上限。根据 ECV，可将菌株分为野生型和非野生型。

1）野生型（wild-type，WT）

根据 ECV 值，将抗菌药物（包括抗真菌药物）评估中未获得耐药机制或无敏感性下降的菌株定义为野生型。

2）非野生型（non-wild-type，NWT）

根据 ECV 值，将抗菌药物（包括抗真菌药物）评估中获得了耐药机制或存在敏感性下降的菌株定义为非野生型。

四、产生细菌耐药性的原因

细菌通过多种途径形成对抗菌药物的耐药性。当任何病原体发生突变或者获得外源性基因产生耐药性时，它会迅速产生大量的耐药子细胞，如果有抗菌药物的选择压力，耐药性的子代倾向于以最小的适用度代价获得耐药机制，也就是说耐药性负担最小的子代将得以存活和大量繁殖，从而加速耐药性的产生和传播。因此，误用和过度使用抗微生物药物是导致抗微生物药物耐药的最主要原因。现代工业和人类的生活方式对环境及生态的影响是耐药性快速播散的驱动力。除了抗菌药物，生态环境中的消毒剂、杀虫剂、金属离子等污染物也使耐药性产生选择压力，驱动耐药性在细菌种群间的快速传播。此外，很多因素都会加速细菌耐药的产生：人和动物无法获得洁净水、环境卫生和个人卫生；卫生设施和农场的感染、疾病预防和控制较差；难以获得优质、负担得起的药物、疫苗和诊断等。

五、细菌耐药的危害

细菌耐药给人类、动物健康和经济社会的发展造成巨大损失，主要表现在以下三个方面：①人类的健康无法保障，治疗失败或死于感染的人数将会增加，人类的平均寿命缩短；②动物和植物的健康无法保障，很多动物会因感染而死亡，大型养殖变得困难，肉、蛋、禽、奶供应不足；③医疗体系的负担沉重，社会经济发展将受到严重影响。

2017 年世界经济全球风险报告显示，细菌耐药性成为人类健康的最大威胁之一。欧洲每年因多重耐药菌感染而死亡的人数多达 25 000 人，造成 15 亿欧元的损失。美国每年有超过 200 万人感染耐药菌，其中 23 000 余人因治疗失败而死亡，损失高达 340 亿美元。2019 年，对全球 204 个国家或地区的耐药性调查显示，细菌耐药性直接导致 127 万人死亡，细菌耐药性的相关死亡已达到 4995 万人；一项英国政府委托完成的《抗生素耐药性研究》指出，若不加以控制，预计在 2050 年会达到 1000 万人，预估导致全球生产总值累计减少 60 万亿至 100 万亿美元，全球耐药性相关产业领域的消耗将达到每年 1050 亿美元。

六、临床重要的"超级耐药菌"

因对重要的治疗药物耐药，导致感染难以治疗，从而造成患者健康和生命严重损害的耐药菌被称为"超级耐药菌"。万古霉素耐药的肠球菌、甲氧西林耐药的金黄色葡萄球菌、碳青霉烯耐药的肠杆菌目细菌、泛耐药的鲍曼不动杆菌和泛耐药的铜绿假单胞菌已成为临床患者院内感染及死亡的重要原因，被称为"超级耐药菌"。

七、耐药性向病原菌传递的现状和风险

虽然目前耐药性主要为院内获得感染的条件致病菌，但生态环境中选择压力持续存在，可移动耐药基因组数量不断增加，耐药基因扩散到病原菌甚至是高致病病原菌中的风险也将持续增加。下面将以鼠疫耶尔森菌、霍乱弧菌和沙门菌为例，介绍耐药性向病原菌传递的现状和风险。

鼠疫耶尔森菌是烈性传染病鼠疫的病原体，为二类高致病性病原微生物。鼠疫耶尔森菌对各类抗生素通常是敏感的，极少耐药。1995 年，从一位马达加斯加的患者体内分离到一株对链霉素、庆大霉素、四环素、氯霉素和磺胺类药物均耐药的多重耐药鼠疫耶尔森菌。同年，在马达加斯加的另一位患者体内分离到一株对链霉素耐药的鼠疫耶尔森菌。上述两个事例证实鼠疫耶尔森菌可以产生耐药性。2002 年，欣讷布施（Hinnebusch）将大肠杆菌和鼠疫耶尔森菌同时感染跳蚤，在跳蚤肠道内，大肠杆菌细胞内的耐药质粒在无任何抗菌药物选择压力的情况下，向鼠疫耶尔森菌转移的效率可高达 10^{-3}。虽然耐药鼠疫耶尔森菌还比较稀少，但在媒介生物体内，尤其是在媒介生物消化道内，肠杆菌科菌株与鼠疫耶尔森共存，提示我们需要高度警惕肠杆菌科耐药质粒向鼠疫耶尔森菌横向转移耐药元件的风险。

霍乱在部分国家和地区，尤其是在非洲，仍然呈高发态势。霍乱弧菌的耐药状况可以分为三个阶段：①20 世纪 60 年代之前，霍乱弧菌对大多数抗菌药物敏感；②60 年代之后，陆续出现对各类抗生素耐药的菌株，尤以四环素耐药、复方新诺明耐药和氨苄西林耐药为主；③1993 年以后，耐药情况进一步发展，出现了对四环素、复方新诺明、氨苄西林、氯霉素、链霉素、喹诺酮等 3～8 种药物耐药的多重耐药菌。可移动耐药元件在霍乱弧菌耐药性发展的过程中发挥了重要的作用，导致耐药性快速播散。

沙门菌根据感染类型的不同主要分为伤寒沙门菌和非伤寒沙门菌两种类型。伤寒沙门菌主要为血流感染的表现，而非伤寒沙门菌通常表现为肠道感染。两种不同感染类型的沙门菌药物敏感性状况有很大的不同，总体来说，非伤寒沙门菌的耐药情况比伤寒沙门菌的情况要严重，而非伤寒沙门菌中又以鼠伤寒沙门菌的耐药情况最为严重。20 世纪 90 年代出现了 ACSSuT（同时耐氨苄青霉素、氯霉素、链霉素、磺胺类药物及四环素五种抗生素）耐药表型的鼠伤寒沙门菌克隆群，具有完全相同或相似的 PFGE 图谱及优势噬菌体型 DT104，目前已扩散至多个国家。中国人源沙门菌特别是鼠伤寒沙门菌中约 16% 的菌株具有此耐药

表型。介导 ACSSuT 耐药表型的基因位于染色体上，被称为沙门菌基因岛 1（SGI1）。分子遗传特征表明，这种 SGI 岛编码的耐药基因是由动物传播至人类，并在不同致病菌如沙门菌、变形杆菌、大肠杆菌及克雷伯菌间传递。喹诺酮类及头孢类抗生素作为临床一线类抗生素，在沙门菌引起的各种感染中被广泛使用。但在我国沙门菌临床分离株中发现 3%左右的菌株对三代头孢类抗生素耐药，且发现同时耐受三代头孢及环丙沙星的沙门菌克隆群。碳青霉烯抗生素作为治疗革兰氏阴性菌感染最后的防线，尽管目前耐药菌株很少，但在我国也检测到一株携带 bla_{NDM} 基因对碳青霉烯耐药的沙门菌临床分离株。虽然只是个例，但 bla_{NDM} 基因由可移动元件质粒携带，跨种属横向转移能力强，值得高度关注。

八、遏制细菌耐药的策略

细菌耐药性已成为威胁动物和人类健康的世界性难题，务必建立医疗、农业、环保、工信等不同领域的交流与合作，施行联防联控、多措并举，以期早日遏制细菌耐药性的蔓延。

1. 提高临床抗菌药物的精准使用

建立使临床医生能够准确、快速地诊断感染的技术方法，严格在医生指导下使用抗菌药物，避免抗菌药物的误用或过度使用。

2. 预防和控制感染

疫苗接种是预防病原菌感染的重要策略。此外，以预防医院获得性感染为重点的感染预防控制，以及以水、环境卫生、个人卫生和食品安全为重点的社区保障，是预防感染的重要途径。

3. 减少养殖环节中抗菌药物的使用

农业中增加使用抗菌药物已被确定为人类细菌耐药的重要风险源，减少养殖、种植等农业环节中一切抗菌药物的使用可以有效地减少生态环境中耐药菌的负荷。

4. 鼓励支持抗菌药物的替代

特异抑制或杀灭病原菌、维护微生态平衡的方法都可以帮助机体对抗病原菌的感染，因此，提高免疫力、使用噬菌体或微生态制剂都可以帮助机体对抗病原菌，减少耐药性的产生。

第七节　结　　语

人类现代生产、生活方式对生态环境的破坏驱动了耐药性的进化和流动，而人类对盲目使用抗生素，以及对抗生素监管的缺失进一步加速了耐药性在环境菌株、条件致病菌和致病菌中的产生及快速传播。我们必须深刻理解抗生素的使用和耐药性是相辅相成的，加强病原菌耐药性监测，提高抗生素的精准使用率；完善废水处理工艺，加强废水中抗生素、消毒剂、重金属离子的高效去除；加强对含有抗生素、耐药基因和耐药菌株的污物废水的管理，减少耐药菌株通过食物、废物、废水向人群和动物传播，减少耐药菌在生态系统中的负荷，这些都是减少耐药性危害的重要手段。

（中国疾病预防控制中心传染病预防控制所　李振军　周海健　李　伟　逄　波　魏建春
　　　　　　　　闫梅英　刘海灿　秦　天　赫　琴　邵祝军　李　娟　侯雪新）

第四章
病毒性传染病

病毒是一类非常微小的生物，但却有着非凡的历史。自 12 000 年前进入新石器时代以来，包括天花和麻疹等在内的病毒性传染病就一直威胁着人类。然而，直到病毒性疾病在这个星球上繁衍生息了许多年之后的 19 世纪 80 年代末，人类才意识到病毒的存在。当仔细深入研究时会发现，所有活的生物均曾被病毒感染过。病毒不仅改变着人类历史，而且对整个生态系统都有着巨大的影响。

第一节　病毒学的发展

1840 年，德国解剖学家雅各布·亨利（Jacob Henle）提出假说，认为某些特殊的疾病是由一些在光学显微镜下无法观察到的非常微小的致病因子引起的。然而，他没有证据来证实这些致病因子的存在。

病毒的发现与查尔斯·张伯兰（Charles Chamberland）在巴斯德实验室研发的无釉陶瓷滤器（Chamberland 滤器）有很大关系，这些滤器最初用于水和其他液体的过滤消毒，且极大地促进了将疾病与特定细菌联系起来的开创性工作。19 世纪末，俄国圣彼得堡科学院植物生理学家伊万诺夫斯基（Dmitri Ivanovsky）被派去比萨拉比亚、乌克兰及克里米亚等地区调查烟草花叶病，发现感染了烟草花叶病的植物都含有一种致病因子，可以使健康植物染病。此外，他还使用 Chamberland 滤器过滤感染液体，然后将滤液再接种植物，发现被接种的植物仍然会被感染。1892 年 2 月 12 日，伊万诺夫斯基在圣彼得堡科学院报道了此事。1898 年，荷兰土壤微生物学家贝杰·林克（Martinus Beijerinck）独立发现经过 Chamberland 滤器过滤后的液体保留了感染性（与伊万诺夫斯基的工作无关），他同时发现滤液稀释后再接种植物，在生长的植物组织中可复制且感染能力得以增强，表明这个致病因子可以在活的组织中再生，但无法在不含细胞的滤液中再生。贝杰·林克称其为具有活性的传染性液体（contagious living liquid），即现在已知的烟草花叶病毒。

同样是在 1898 年，在研究牛口蹄疫的病因时，德国细菌学家弗里德里希·洛夫勒（Friedrich Loeffler）和保罗·弗罗施（Paul Frosch）发现引起这种疾病的病原体也可以通过 Chamberland 滤器，并且认为这种可以滤过的病原体是一种亚微观粒子。弗里德里希·洛夫勒和保罗·弗罗施也是最早认为病毒是一种粒子而不是液体的科学家。

继感染植物的烟草花叶病毒、感染动物的口蹄疫病毒被发现后，1900 年，在古巴医生卡洛斯·芬德利（Carlos Findlay）早期关于蚊子可以传播致死性疾病的工作基础上，沃尔特·里德（Walter Reed）、詹姆斯·卡罗尔（James Carroll）和美国陆军黄热病委员会在古巴首都哈瓦那第一次发现人类病毒——黄热病病毒，阐明了其传播媒介蚊子的传播周期，并对其致病机制进行了开创性研究。在此之后，很多感染人的病毒被陆续发现：1903 年，保罗·雷姆林格（Paul Remlinger）、里法特·贝伊·弗拉舍里（Rifat-Bey Frasheri）、阿方索·迪·维斯塔（Alfonso di Vestea）发现狂犬病毒；1907 年，珀西·阿什本（Percy Ashburn）和查尔斯·克雷格（Charles Craig）发现登革病毒；1908 年，人类病毒学的一个重要进展是德国的卡尔·兰德施泰纳（Karl Landsteiner）和欧文·波普尔（Erwin Popper）通过将死于脊髓灰质炎的儿童脊髓悬液注射到猴子体内，可以导致猴子发病，由此发现了脊髓灰质炎病毒；1911 年，佩顿·劳斯（Peyton Rous）首次发现肿瘤病毒，即癌症相关病毒，该病毒以他的名字命名为 Rous 肉瘤病毒，现在被称为"逆转录病毒"；同年，约瑟夫·戈德伯格（Joseph Goldberger）和约翰·安德森（Jone Anderson）发现了麻疹病毒。

在 20 世纪接下来的几十年里，许多人认为病毒代表了传染性蛋白质颗粒。1935，年温德尔·斯坦利（Wendell Stanley）的描述更加强化了这一观点，即纯化的烟草花叶病毒晶体可以溶解并传染给健康植物

——他假设这些晶体是纯蛋白质。然而，当弗雷德里克·鲍登（Frederick Bawden）和诺曼·皮里（Norman Pirie）证明烟草花叶病毒不仅含有蛋白质，还含有核酸时，这种观点被否定了。

1933 年，恩斯特·鲁斯卡（Ernst Ruska）和马克斯·克诺尔（Max Knoll）发明了电子显微镜，使得病毒可以直观地呈现在人们面前。借助电子显微镜，科学家们发现病毒是由规则的、有时是复杂的一些粒子组成，且各种病毒的大小和形状存在着很大差异。1938 年，博多·冯·博里斯（Bodo von Borries）、赫尔穆特·鲁斯卡（Helmut Ruska）和恩斯特·鲁斯卡发表了第一张鼠痘病毒和牛痘病毒的电子显微照片。1959 年，悉尼·布伦纳（Sydney Brenner）和罗伯特·霍恩（Robert Horne）开发了负染色法，即使用重金属盐（如磷钨酸）对病毒进行染色后，电子致密染色剂围绕病毒颗粒产生具有高分辨率的病毒图像。这种简单的技术在短短几年内就获得了关于病毒颗粒结构的大量信息，不仅揭示了病毒颗粒的整体形状，而且还揭示了其组分对称排列的一些细节。

到 20 世纪 30 年代末，科学家还鉴定出了肿瘤病毒、噬菌体（感染细菌的病毒）、流感病毒、腮腺炎病毒，以及许多节肢动物传播的病毒。20 世纪 40 年代，马克斯·德尔布吕克（Max Delbruck）和萨尔瓦多·卢里亚（Salvador Luria）等人利用噬菌体作为模型，研究了微生物遗传学和分子生物学的许多基本原理，并确定了病毒复制的关键步骤。之后，奥斯瓦尔德·艾弗里（Oswald Avery）、科林·麦克劳德（Colin MacLeod）和麦克林恩·麦卡蒂（Maclyn McCarty）在肺炎球菌转化方面的开创性实验确立了 DNA 作为遗传物质，并为赫尔希（Hershey）和蔡斯（Chase）利用噬菌体进行著名的 Hershey-Chase 实验（证明 DNA 是噬菌体的遗传物质）奠定了基础。

20 世纪 40 年代末，约翰·恩德斯（John Enders）、托马斯·韦勒（Thomas Weller）和弗雷德里克·罗宾斯（Frederick Robbins）在细胞中培养了脊髓灰质炎病毒，这一成就直接促成了脊髓灰质炎福尔马林灭活疫苗（Salk 疫苗）和减毒活疫苗（Sabin 疫苗）的开发，并正式开启了实验和临床病毒学的时代。

第二节　病毒性传染病的发展史及流行概况

在人类的历史长河中，传染病不仅威胁着人类的健康和生命，而且深刻并全面影响着人类文明的进程，甚至改写过人类历史。在病毒被发现以前，人类就已经遭受了各类病毒性传染病的威胁。

描述病毒何时或如何在人类群体中形成是一项具有挑战性的任务。人类传染病最早可追溯到公元前，其中约 2/3 都是由病毒引起的。当人类聚集到底格里斯河、幼发拉底河、印度河和尼罗河等重要河流沿岸的农业定居点，产生了第一批城市，那时人类常见的疾病开始出现。自史前时代以来，人口的持续扩张导致不同病原体数量的不断增加。人类历史上第一次有记载的传染病发生在公元前 3180 年的埃及，也就是第一王朝法老美尼斯（MENES）统治时期，被称为"大瘟疫"。20 世纪中期，由于抗菌药物的发展、疫苗的研制成功、社会文明的推进和物质生活水平的提高，多数传染病的发病率较之前明显下降，人类才逐渐在传染病的斗争中稍占上风。当时的一些医学专家和卫生行政官员曾信心十足地认为"医学领域中传染病的问题已初步解决了，今后人类与疾病斗争的重点应该转移至位居死因前列的非传染性慢性病方面"。然而，随着时间的推移，传染病的控制并不像这些专家和官员预期的"初步解决"。由于许多细菌可以使用抗生素进行治疗，病毒性传染病比细菌性传染病对全球公共卫生构成的威胁要大得多。在医疗资源有限的经济欠发达国家，病毒性传染病在幼儿和婴儿中造成的死亡尤其严重。埃博拉出血热、艾滋病、严重急性呼吸系统综合征（SARS）、人感染性高致病性禽流感、新型冠状病毒等新发现的传染病层出不穷，人们逐渐意识到，病毒性传染病仍然是一个重要的公共卫生问题。以下列举一些对人类社会影响较大的病毒性传染病的发展及流行情况。

一、天花

天花（smallpox）是由天花病毒引起的一种严重传染病，是人类有记载的最古老的病毒性传染病之一，也被认为是最具破坏性的疾病之一。天花病毒是一种 DNA 病毒，分为大天花（variola major）和小天花（variola minor），其中大天花的致死率约 30%，小天花的致死率不到 1%。天花夺走了无数人的生命，幸存下来的患者一般都会在脸上留有永久性的疤痕。仅在 20 世纪，天花就造成了超过 3 亿人死亡。

天花的起源尚不清楚。天花病毒感染的最早物证为法老乌塞尔玛拉·塞凯帕椤拉·拉美西斯五世（Usermaatre Sekheperene Ramesses V）的木乃伊，他于公元前 1157 年去世，现保存于埃及开罗博物馆，其清晰地显示了天花病毒感染造成的病变，表明天花病毒在 3000 多年前就已出现。最早对天花这一疾病的书面描述出现在我国东晋时期葛洪所著的《肘后备急方》，"比岁有病时行。仍发疮头面及身，须臾周匝，状如火疮，皆戴白浆，随决随生，不即治，剧者多死。治得差后，疮瘢紫黑，弥岁方灭，此恶毒之气。"书中记载了天花（当时称"虏疮"、"豌豆疮"）的流行特点、发展过程及发病特征。

历史学家认为天花的全球传播是文明发展的产物，同时，几个世纪以来不断扩大的贸易路线也导致了这种疾病的传播。例如，公元 6 世纪，与中国和韩国的贸易增加将天花带到了日本；7 世纪，阿拉伯人的扩张将天花传播到北非、西班牙和葡萄牙；11 世纪，十字军东征进一步在欧洲传播天花；15 世纪，葡萄牙占据了西非的一部分并带来了天花；16 世纪，欧洲定居者和非洲奴隶贸易将天花输入了加勒比海地区、中美洲及南美洲；17 世纪，欧洲定居者将天花带到了北美；18 世纪，英国的探险家将天花带到了澳大利亚。

18 世纪晚期，牛痘接种的发明是具有里程碑意义的大事件，在天花的根除中起了至关重要的作用。1796 年，英国医生爱德华·詹纳（Edward Jenner）博士观察到感染了牛痘的挤奶女工不会感染天花病毒，据此推测接触牛痘可以用来预防天花。为了验证他的理论，詹纳博士从挤奶女工莎拉·内尔姆斯手上取出牛痘疮，并接种到其 9 岁儿子詹姆斯·菲普斯的手臂上。之后，詹纳又多次让菲普斯接触天花病毒，但菲普斯从未患上天花。1801 年，詹纳博士发表了《关于疫苗接种的起源》的论文，在书中表达了对使用疫苗接种来消除天花的愿望（the annihilation of the smallpox, the most dreadful scourge of the human species, must be the final result of this practice）。

1959 年，世界卫生组织启动了一项根除天花的计划，并于 1967 年启动了强化根除计划。通过病例监测系统的建立以及大规模的疫苗接种运动，根除天花计划取得了稳步进展。我国于 1961 年报告了最后一例天花病例。1975 年年底，来自孟加拉国的 3 岁的拉希玛·巴努（Rahima Banu）是世界上最后一个自然获得大天花的人，她也是亚洲最后一个感染天花的人。为了防止她将病毒传给他人，她被隔离在家中，每天 24 小时都有人看守，直到不再具有传染性。1977 年，来自索马里梅卡尔的医院厨师阿里·马奥·马阿林（Ali Maow Maalin）是最后一个自然感染小天花的人。1977 年 10 月 22 日，他开始发烧，10 月 30 日被确诊患有天花，之后被隔离直至完全康复。英国伯明翰大学医学院的医学摄影师珍妮特·帕克（Janet Parker）是最后一个死于天花的人。1978 年，医学院的工作人员在微生物学系开展天花研究，珍妮特·帕克在医学微生物学系楼上工作。1978 年 8 月 11 日，珍妮特·帕克发病，并于 8 月 15 日出现皮疹，但直到 9 天后才被诊断出患有天花，并于 1978 年 9 月 11 日去世。

在 1980 年 5 月 8 日第 33 届世界卫生大会上，天花正式被确认在全球已根除，成为世界上第一个被永久根除的传染病。尽管天花已消除，但科学家及公共卫生官员认为仍然需要使用天花病毒进行研究，因此，病毒并未彻底销毁。目前，全球仅有两处实验室仍然保存有天花病毒，分别是位于美国佐治亚州亚特兰大的美国疾病控制与预防中心，以及位于俄罗斯科利佐沃的国家病毒学和生物技术研究中心（VECTOR 研究所）。

此外，天花被认为是最严重的生物恐怖威胁之一。在法国和印度战争期间（1756～1763 年），英国士兵将携带天花病毒的毯子分发给美洲印第安人，并将其用作生物武器。20 世纪 80 年代，苏联将天花病毒作为一种气溶胶生物武器，每年生产大量载有病毒的材料，用于洲际弹道导弹。人们担心天花作为生物武器，主要有以下几个因素：天花可以在人与人之间传播；对于这种疾病，目前还没有广泛使用或许可的治疗方法；感染天花病毒后的死亡率很高；自从 1983 年停止常规天花免疫接种以来，全球人口极易感染这种疾病；世界上大多数人口从未接种过疫苗，或是很久以前接种过疫苗，因此对天花的免疫力非常弱。

二、脊髓灰质炎

脊髓灰质炎也称小儿麻痹症，是由脊髓灰质炎病毒引起的一种传播广泛、侵犯中枢神经系统的急性传染病。脊髓灰质炎病毒属于小核糖核酸病毒科肠道病毒属，具有侵犯脊髓前角运动神经细胞的特点，目前已知存在三个血清型，其代表株为 1 型的 Brunhilde 株、2 型的 Lansing 株以及 3 型的 Leon 株。病毒主要通过受污染的食物和水传播，经口腔进入体内并在肠道内繁殖，初期症状包括发热、疲乏、头痛、呕吐、颈部僵硬以及四肢疼痛等。90% 以上受感染的人没有症状，但他们排泄的粪便带有病毒，因此传染给他人。每 200 例感染病例中会有 1 例出现不可逆转的瘫痪（通常是腿部）。在瘫痪病例中，5%～10% 的患者因呼吸肌麻痹而死亡。接种疫苗是预防脊髓灰质炎最有效的措施，全程接种脊灰疫苗后能产生持久免疫力。

　　脊髓灰质炎是一种古老的疾病。有人认为公元前 1400 年左右，埃及牧师罗姆（Rom）的墓碑上显示的一个腿萎缩、足下垂的年轻人代表了脊髓灰质炎的后遗症。1789 年，英国内科医生迈克尔·安德伍德（Michael Underwood）首次描述了该病的疾病特征。1840 年，德国骨科医生雅各布·冯·海涅（Jacob von Heine）发表的一篇专著中具体描述了这种疾病，他将这种疾病与其他形式的麻痹区分开来，并将其命名为婴儿脊髓麻痹；1887 年，瑞典儿科医生卡尔·奥斯卡·梅丁（Karl Oscar Medin）对斯德哥尔摩的一次流行进行了报道，因此，脊髓灰质炎曾又被称为 Heine-Medin 病。1905 年，奥托·威克曼首先认识到脊髓灰质炎具有传染性。1909 年，卡尔·兰德施泰纳（Karl Landsteiner）和欧文·波普尔（Erwin Popper）首次利用一名麻痹型脊灰患儿死亡后的中枢神经系统组织，通过猴子接种分离并确定了病原，证明这种疾病可以传染给猴子。一年后，西蒙·弗莱克斯纳（Simon Flexner）和保罗·刘易斯（Paul Lewis）在恢复期猴血清中检测出脊髓灰质炎抗体，而内特（Netter）和康斯坦丁·莱瓦迪提（Constantin Levaditi）在人类中发现了抗体。1949 年，约翰·富兰克林·恩德斯（John Franklin Enders）、弗雷德里克·查普曼·罗宾斯（Frederick Chapman Robbins）和他的同学托马斯·哈克尔·韦勒（Thomas Huckle Weller）在胚胎组织培养中培养了 Lansing 脊髓灰质炎病毒株，并因此获得了 1954 年的诺贝尔奖。1955 年乔纳斯·索尔克（Jonas Salk）开发的灭活病毒疫苗，以及 1962 年阿尔伯特·萨宾（Albert Sabin）研制的口服减毒活疫苗，为人类实现消除脊髓灰质炎的目标带来了希望。

　　1988 年，第四十一届世界卫生大会上通过了一项全世界消灭脊髓灰质炎的决议。1994 年，世界卫生组织美洲区域被认证为无脊髓灰质炎；2000 年，世界卫生组织西太平洋区域获得认证；2002 年 6 月，欧洲区域也获得认证；2014 年 3 月 27 日，世界卫生组织东南亚区域被认证为无脊髓灰质炎地区。目前，在脊髓灰质炎病毒的 3 个型别中，除 1 型脊灰病毒在阿富汗及巴基斯坦尚未被阻断传播外，2 型和 3 型野生脊髓灰质炎病毒分别于 2015 年和 2019 年经全球认证已被消灭。脊髓灰质炎有望成为人类历史上继天花之后被彻底消灭的又一重大传染病。

三、流行性感冒

　　流行性感冒（简称流感）是由甲、乙、丙三型流感病毒所引起的急性呼吸道传染病。甲型流感常以流行的形式出现，可造成世界性大流行；乙型流感常造成局部暴发；丙型流感主要侵犯婴幼儿。流感的特征是突发高热、咳嗽（通常是干咳）、头痛、肌肉和关节痛、严重身体不适（感觉不适）、咽痛和流鼻涕。咳嗽可以很严重，可持续 2 周或 2 周以上。多数人在 1 周内康复，发热和其他症状消失，无需就医。但流感可导致严重疾病或死亡，特别是在高风险人群中。据估计，在全球范围内，每年因流感造成的严重病例有 300 万～500 万、与呼吸道疾病相关的死亡病例有 29 万～65 万例。

　　流感病毒属于正黏病毒科，是单股负链分节段的 RNA 病毒，根据其核心蛋白的不同可分为甲型（A 型）、乙型（B 型）、丙型（C 型）和丁型（D 型）四个型别。其中，甲型流感病毒于 1933 年由威尔逊·史密斯（Wilson Smith）等首次从人体分离，乙型流感病毒于 1940 年由托马斯·弗朗西斯（Thomas Francis）和托马斯·马吉尔（Thomas Magill）发现，丙型流感病毒于 1947 年由泰勒（R.M.Taylor）发现。甲型流感病毒可根据病毒颗粒表面的血凝素抗原（HA，18 种）和神经氨酸酶抗原（NA，11 种）的不同组合，进一步分为各种亚型，理论上可包含多达 198 个亚型，一旦发生重大变异或重组可能引发流感大流行。目前导致每年季节性流行的甲型流感病毒是 H1N1 和 H3N2 亚型；乙型流感病毒可分为 Victoria 和 Yamagata 两个系，每年和甲型 H1N1、H3N2 流感病毒共同循环引起季节性流行；丙型流感病毒仅呈散发感染；丁型流感病毒主要感染牛且未发现人类感染。

我们常常会听说季节性流感和流感大流行，其实二者有很大的不同。季节性流感是由甲型流感病毒和乙型流感病毒感染人体呼吸道引起的一种传染性呼吸道疾病；而流感大流行是一种新的甲型流感病毒在全球范围内暴发，这种病毒与目前流行的和最近流行的季节性甲型流感病毒有很大不同。季节性流感病毒主要通过流感患者咳嗽、打喷嚏或人说话时产生的飞沫在人与人之间传播；大流行性流感病毒的传播方式与季节性流感相同，但大流行性病毒可能会感染更多的人，因为很少有人对大流行性流感病毒具有免疫力。每年都会生产季节性流感疫苗，人们可以选择接种；而流感大流行的早期阶段，可能无法获得疫苗。对于季节性流感，儿童、65 岁及以上的老人、孕妇和患有某些长期疾病的人更容易出现严重的流感并发症；而对于流感大流行，由于这是一种以前没有在人类中传播的新病毒，所以无法预测在未来的大流行中谁最有可能出现严重并发症；在过去的一些大流行中，健康的年轻人患严重流感并发症的风险很高。此外，季节性流感的流行每年都会发生，我国冬春季是季节性流感高发的季节。流感大流行则很少发生，自 1918 年"西班牙流感"发生以来，全球共发生了四次流感大流行，其中，"西班牙流感"大流行分三波感染了大约 10 亿人，造成至少 5000 万人死亡；1957 年"亚洲流感"大流行造成全球范围内 100 万～400 万人死亡；1968 年"香港流感"大流行造成全球范围内 50 万～100 万人死亡；2009 年甲型 H1N1 流感导致全球病例数约 38 万，死亡人数超 4000 人。

预防流感最有效的方法是接种疫苗。安全有效的疫苗已存在和使用了 60 多年，目前最常用的是注射灭活疫苗。疫苗接种的免疫力会随时间的推移逐渐减弱，因此，世界卫生组织建议每年接种流感疫苗。由于流感病毒具有不断变化的特点，世界卫生组织全球流感监测和应对系统（即世界各地的国家流感中心和世界卫生组织合作中心网络）会持续监测在人群中流行的流感病毒，并每半年更新一次流感疫苗的组合。多年来使用的流感疫苗都是针对流行的三种最具代表性的病毒，包括两种甲型流感病毒的亚型和一种乙型流感病毒。自 2013～2014 年北半球流感季节起，世界卫生组织建议在原有的基础上再添加一种乙型流感病毒，支持开发四价疫苗，预计这将为乙型流感感染提供更为广泛的保护。

与天花病毒一样，流感病毒也具备研制成生物武器的潜力。然而，流感病毒又与天花病毒不同。第一，流感病毒很容易获得，而已知的天花病毒仅存于亚特兰大的美国疾病控制与预防中心和俄罗斯的一个研究所。第二，流感的潜伏期较短，为 1～4 天，而天花的潜伏期为 10～14 天。因此，暴露于流感后的免疫接种并不能起到保护作用，即使是神经氨酸酶抑制剂，如奥司他韦，也必须在症状出现前或出现后的 48 h 内服用。第三，流感更难根除，因为流感的宿主既可以是人，也可以是禽、鼠和猪，而人类是天花病毒的唯一宿主。

四、艾滋病

艾滋病全称为获得性免疫缺陷综合征（acquired immunodeficiency syndrome，AIDS），是由人类免疫缺陷病毒（HIV）引起的一种病死率极高的恶性传染病。HIV 属于逆转录病毒科慢病毒属，来源于中非的一种黑猩猩，它能侵入人体并通过靶向 CD4$^+$ T 淋巴细胞来破坏人体的免疫系统，令感染者逐渐丧失对各种疾病的抵抗能力，最后导致死亡。目前还没有疫苗可以预防，也没有治愈这种疾病的有效药物或方法，一旦人们感染了 HIV，就会终生携带。

1981 年 6 月 5 日，一份报告描述了以前健康的一名洛杉矶男同性恋者的肺孢子虫肺炎，这是第一次正式报告艾滋病疫情。之后，美国疾病控制与预防中心成立了卡波西肉瘤和机会性感染负责小组，并于 1981 年 7 月 3 日在纽约和加利福尼亚的 26 名同性恋男性中报告卡波西肉瘤和肺孢子虫肺炎，至 1982 年 9 月 15 日，共报告 593 例，其中死亡 243 例。1982 年 9 月 24 日，美国疾病控制与预防中心首次使用"艾滋病"一词，并发布了第一个艾滋病病例定义。之后，更多的艾滋病病例被发现，且大多数病例发生在同性恋男子、注射毒品者、海地人和血友病患者中。目前，艾滋病病毒仍然是一个主要的全球公共卫生问题，世界卫生组织的数据显示，艾滋病病毒迄今已夺去数千万人的生命，仅 2020 年就有约 68 万人死于 HIV 相关的疾病，并新增了约 150 万 HIV 感染者。

HIV 感染后 2～4 周会出现流感样症状（称为急性艾滋病病毒感染），包括发烧、寒冷、皮疹、盗汗、肌肉疼痛、喉咙疼痛、淋巴结肿大及口腔溃疡等，这些症状可能会持续几天或几周。HIV 感染后如得不到及时治疗，通常会经历三个阶段。第一阶段是急性 HIV 感染，感染者的血液中含有大量的 HIV 病毒，它们具有很强的传染性。有些人有流感样症状，有些人可能不会立刻感到不舒服。只有抗原/抗体检测或核酸检测能诊断急性感染。第二阶段是慢性 HIV 感染，也称为无症状 HIV 感染或临床潜伏期。该阶段 HIV 病毒仍然活跃，但繁殖水平很低。在这一阶段，感染者可能没有任何症状，但会传播艾滋病病毒。如果不服用艾滋病药物，这一时期可能会持续 10 年或更长时间，但有些可能进展更快。这个阶段结束时，血液中的 HIV 含量（即病毒载量）上升而 CD4 细胞数量下降。随着体内病毒水平的增加，患者可能会出现症状，并进入第三阶段（按处方服用艾滋病药物的人可能永远不会进入第三阶段）。第三阶段是获得性免疫缺陷综合征阶段，是 HIV 感染最严重的阶段。艾滋病患者的免疫系统严重受损，导致他们患上越来越多的严重疾病，称为机会性感染。当感染者的 CD4 细胞计数下降到 200 个细胞/微升以下，或者他们发展成某些机会性感染时，就会被诊断为艾滋病。此阶段艾滋病患者的病毒载量很高、传染性很强，如不治疗，艾滋病患者的生存期通常为 3 年左右。

HIV 可以通过接触被感染者的各种体液而传播，如血液、母乳、精液和阴道分泌物；此外，HIV 也可以在怀孕和分娩期间从母亲传染给孩子。HIV 一般不会通过日常接触感染，如接吻、拥抱、握手及与被感染者共餐等。服用抗逆转录病毒药物并受到病毒抑制的 HIV 携带者不会将病毒传染给他们的性伴侣。因此，尽早获得抗逆转录病毒治疗，对改善 HIV 感染者的健康及防止 HIV 病毒的传播都至关重要。

五、埃博拉出血热

埃博拉出血热是由埃博拉病毒（Ebola virus）引起的一种严重且常致命的疾病。首发埃博拉病毒感染后病死率较高（平均病死率约 50%），一般首先表现为非特异性的发热、疼痛和疲劳等症状，随后出现食欲不振、胃肠道症状（如腹痛、腹泻和呕吐等）和不明原因出血或瘀伤等。

埃博拉病毒属于丝状病毒科，是一种不分节段的单股负链 RNA 病毒。已经鉴定出 6 种型别的埃博拉病毒，分别为扎伊尔型（Zaire Ebola virus）、本迪布焦型（Bundibugyo Ebola virus）、苏丹型（Sudan Ebola virus）、塔伊森林型（Taï Forest Ebola virus）、莱斯顿型（Reston Ebola virus）和邦巴利型（Bombali Ebola virus），除莱斯顿型和邦巴利型外，其余 4 种类型均会在人群中引起疾病。埃博拉出血热最初于 1976 年在中部非洲不同地区连续两次暴发。第一次疫情发生在刚果民主共和国亚布库（Yambuku）靠近埃博拉河的一个村庄，病毒由此得名；第二次疫情发生在现在的南苏丹恩扎拉（Nzara），距离第一次疫情地点约 850km 外。自 1976 年首次报道以来，埃博拉病毒共造成了多次暴发。2014～2016 年在西非暴发的疫情是迄今规模最大的一次，从几内亚开始，然后越过陆地边界蔓延到塞拉利昂和利比里亚等西非其他国家，此次疫情共导致 28 652 人感染、11 325 人死亡。除西非疫情外，2018～2020 年在刚果民主共和国伊图里、北基伍和南基伍省等地暴发的疫情是病例数和死亡人数第二大的疫情，共有 3481 人感染、2299 人死亡。2022 年 4 月，埃博拉疫情在刚果民主共和国卷土重来，这是该国自 2021 年 12 月后的又一轮新疫情，也是该国第 14 次出现埃博拉疫情。

人们认为狐蝠科果蝠是埃博拉病毒的天然宿主，病毒通过与感染动物（如果蝠、黑猩猩、大猩猩、猴子、森林羚羊或豪猪）的血液、分泌物、器官或其他体液的密切接触而传入人类。之后，埃博拉通过直接接触（通过破损的皮肤或黏膜）在人与人之间传播。病毒的潜伏期（即从感染病毒到出现症状的时间间隔）为 2～21 天，感染埃博拉病毒的人在出现症状之前无法传播疾病。

目前有两种疫苗用于埃博拉病毒的预防。默沙东公司的 Ervebo 疫苗（具有复制能力、减毒的重组水疱性口炎病毒疫苗，单剂量注射）于 2019 年 11 月获得欧洲药品管理局和世界卫生组织资格预审用于预防扎伊尔埃博拉病毒感染，于 2019 年 12 月获得美国食品药品监督管理局批准用于 18 岁及以上成人使用，这是全球范围内获批的首个预防埃博拉病毒的疫苗。此后，布隆迪、中非共和国、刚果民主共和国、加纳、几内亚、卢旺达、乌干达和赞比亚等国家也批准了这种疫苗。2020 年 5 月，欧洲药品管理局建议批准一种名为 Zabdeno 和 Mvabea 的双组分疫苗的上市，该疫苗适用于 1 岁及以上的人。疫苗分两次注射，首先注射

Zabdeno，之后大约 8 周后再注射 Mvabea 作为第二剂疫苗。

关于埃博拉出血热的治疗，美国食品药品监督管理局批准了两种单克隆抗体用于治疗由扎伊尔埃博拉病毒感染的成人和儿童。其中，2020 年 10 月批准的"银马泽伯"（Inmazeb）为三种单克隆抗体的组合（以 1∶1∶1 的比例由 atoltivimab、mactivimab 和 odesivimab 组成）；2020 年 12 月批准的 Ebanga 为一种单一的单克隆抗体。

六、病毒性肝炎

肝炎是一种肝脏炎症，可导致一系列健康问题，严重者可能致命。酗酒、毒素、某些药物和某些疾病都会导致肝炎。然而，肝炎通常是由肝炎病毒引起的，包括甲型、乙型、丙型、丁型和戊型肝炎病毒。各型病毒性肝炎临床表现相似：急性期以疲乏、食欲减退、肝肿大、肝功能异常为主，部分病例出现黄疸；慢性感染者可症状轻微甚至无任何临床症状。虽然它们都会引发肝病，但它们的病毒特性、传播方式、疾病严重程度和预防方法等又各有不同。

甲型肝炎病毒属于小 RNA 病毒科，主要通过粪-口途径传播，最主要的传播方式是食用受污染的食物或水，或通过直接接触感染者而传播。甲型肝炎病毒是造成食源性感染的一个最常见原因，并可能导致突然暴发，例如，1988 年在我国上海发生的甲肝流行就影响到了大约 30 万人。甲肝是一种急性、自限性疾病，感染后获得终身免疫，可以通过人与人之间的接触引起大规模流行，但一般不会导致慢性感染。目前有两类甲肝疫苗在全球广泛使用，分别是甲肝灭活疫苗和甲肝减毒活疫苗，其中，灭活疫苗接种 2 剂次，分别于 18 月龄和 24 月龄各接种 1 剂；而减毒活疫苗接种 1 剂次，即在儿童 18 月龄时进行接种。

乙型肝炎病毒属于嗜肝 DNA 病毒科，主要经血液、母婴和性传播。接种疫苗是预防乙肝最有效的方法。乙肝病毒感染后是否会转变为慢性肝炎取决于一个人被感染时的年龄，6 岁以下儿童感染后发展为慢性肝炎的可能性最大，在出生第一年感染的婴儿中有 80%～90%转为慢性感染；在 6 岁前受到感染的儿童中有 30%～50%转为慢性感染；而成年后感染乙型肝炎的人中有 2%～6%会成为慢性感染。西太平洋区域和非洲区域的乙肝感染负担最重，分别有 1.16 亿人和 8100 万人存在慢性感染。在东地中海区域，估计有 6000 万人感染有慢性乙肝。东南亚区域、欧洲区域和美洲区域的感染负担较轻，慢性感染估计数分别为 1800 万人、1400 万人和 500 万人。2019 年，乙型肝炎在全球导致约 82 万人死亡，主要缘于肝硬化和肝细胞癌（即原发性肝癌）。预防乙肝最有效的方式是接种疫苗，目前使用的疫苗为重组蛋白疫苗，我国乙肝疫苗按照"0～1～6 月"程序共接种 3 剂次，第 1 剂于出生后 24 h 内接种，第 2 剂与第 1 剂间隔 1 个月，第 3 剂与第 1 剂间隔 6 个月。

丙型肝炎病毒属于黄病毒科，主要经血液、母婴和性传播。超过一半的感染丙型肝炎病毒的人会发展成慢性感染，大多数慢性丙型肝炎病毒感染者无症状或有慢性疲劳和抑郁等非特异性症状。丙型肝炎病毒感染者的慢性肝病通常是隐匿的，几十年来进展缓慢，没有任何迹象或症状。每 100 名感染丙型肝炎病毒的人中，大约有 5～25 人会在 10～20 年内发展成肝硬化。目前，全球估计有 5800 万人感染慢性丙型肝炎病毒，每年约有 150 万丙肝病毒新感染者。据世界卫生组织估计，2019 年约有 29 万人死于丙型肝炎，主要缘于肝硬化和肝细胞癌（原发性肝癌）。

丁型肝炎病毒属于德尔塔病毒属（目前未确定属于哪个病毒科），其传播途径与乙型肝炎病毒相似，主要通过血液制品及针刺、破损的皮肤黏膜传播，也可通过性传播和母婴垂直传播。感染丁型肝炎病毒后可以是急性的、短期的感染，也可以是长期慢性感染，只发生在同时感染乙肝病毒的人身上。人们可以同时感染乙型肝炎和丁型肝炎病毒（称为"共感染"），也可以在首次感染乙肝病毒后感染丁型肝炎（称为"重叠感染"）。全球近 5%的慢性乙型肝炎病毒感染者同时感染有丁型肝炎病毒。丁型肝炎病毒和乙型肝炎病毒感染的结合被认为是慢性病毒性肝炎最严重的形式，原因是它会加快肝脏相关死亡和肝细胞癌的发展。目前还没有预防丁型肝炎的疫苗，但用乙肝疫苗预防乙型肝炎的同时也能预防丁型肝炎病毒的感染。

戊型肝炎病毒属于肝炎病毒科，通过粪-口途径传播，主要是通过被污染的饮用水传播，最常发生在东亚和南亚。在发展中国家，人们最常从被粪便污染的饮用水中感染戊型肝炎；在一些不常见戊型肝炎的发达国家，人们一般在吃了生的或未煮熟的猪肉、鹿肉、野猪肉或贝类后患上戊型肝炎。戊肝感染通常具有自限性，除了免疫系统受损的人很少发生慢性戊型肝炎，且大多数人一般 2~6 周就可自愈，偶尔会发展成重型肝炎（急性肝衰竭），并可导致部分患者死亡。全球每年估计有 2000 万人感染戊肝病毒，其中有约 330 万人会出现戊肝症状。2012 年 10 月 27 日，由厦门大学研发的全球首个戊肝疫苗正式在我国上市。

七、严重急性呼吸系统综合征

严重急性呼吸系统综合征（severe acute respiratory syndrome，SARS）是由冠状病毒引起的一种严重的呼吸道疾病。2002 年 11 月在我国广东省部分地区出现的 SARS，在经历了 2 个多月的始发期后，扩散到我国内地 24 个省（自治区、直辖市），在全球共波及亚洲、欧洲、美洲等 29 个国家和地区。2003 年 3 月 17 日，世界卫生组织建立了全球网络实验室，开始了 SARS 病原的联合攻关。经过全球 9 个国家 13 个网络实验室的科学家从病毒形态学、分子生物学、血清学及动物实验等多方面研究，4 月 16 日，世界卫生组织在日内瓦宣布，一种新的冠状病毒是 SARS 的病原，并将其命名为 SARS 冠状病毒（SARS-CoV）。

SARS-CoV 属于冠状病毒科正冠状病毒亚科 β 冠状病毒属，主要经呼吸道传播，也可经直接或间接接触患者的分泌物、排泄物以及其他被污染的物品等传播，尚无血液传播、性传播和垂直传播的流行病学证据，也无证据表明蚊子、苍蝇、蟑螂等媒介昆虫可以传播 SARS-COV。在室温 24℃ 条件下，病毒在尿液里至少可存活 10 天，在腹泻患者的痰液和粪便里能存活 5 天以上，在血液中可存活约 15 天，在塑料、玻璃、金属、布料、复印纸等多种物体表面均可存活 2~3 天。病毒对温度敏感，随温度升高抵抗力下降，在 37℃ 可存活 4 天，56℃加热 90min、75℃加热 30min 能够灭活病毒。紫外线照射 60min 可杀死病毒。病毒对有机溶剂敏感，乙醚 4℃ 条件下作用 24h 可完全灭活病毒，使用 75%乙醇作用 5min 可使病毒失去活力，含氯的消剂作用 5 min 也可以灭活病毒。

SARS 的潜伏期通常在 2 周以内，一般 2~10 天，极少数患者在刚出现症状时即具有传染性。一般情况下传染性随病程逐渐增强，在发病的第 2 周最具传染力。通常认为症状明显的患者传染性较强，特别是持续高热、频繁咳嗽、出现急性呼吸窘迫综合征（ARDS）时传染性较强，退热后传染性迅速下降。尚未发现潜伏期内患者以及治愈出院者有传染他人的证据。SARS-CoV 感染以显性感染为主，存在症状不典型的轻型患者，并存在隐性感染者。

在 2002 年 11 月至 2003 年 7 月全球首次 SARS 流行中，共报告 SARS 临床诊断病例 8096 例、死亡 774 例，发病波及 29 个国家和地区。病例主要分布于亚洲、欧洲、美洲等地区。亚洲发病的国家主要为中国、新加坡等。中国共发病 7429 例、死亡 685 例（分别占全球总数的 91.8%和 88.5%），病死率为 9.2%；其余国家发病 667 例、死亡 89 例，病死率为 13.3%。中国内地总发病数达 5327 例、死亡 349 例，病死率为 6.6%。病例主要集中在北京、广东、山西、内蒙古、河北、天津等地，其中北京与广东共报告发病 4033 例，占内地总病例数的 75.7%。在此次流行中，经回顾性调查，首例患者发生在中国广东省佛山市，发病日期为 2002 年 11 月 16 日；最后一例患者在中国台湾，发病日期为 2003 年 6 月 15 日。2003 年 7 月 5 日，世界卫生组织宣布全球首次 SARS 流行结束后，全球又陆续发生几起 SARS 感染发病事件，共导致 15 人感染，并造成 1 人死亡。

自 2004 年以来，世界上再没有任何已知的 SARS 病例报告。

八、新型冠状病毒感染

2019 年 12 月底，在我国湖北省武汉市发现一起不明原因肺炎病例引起的局部暴发，通过基因测序与病毒分离、培养和鉴定，很快确定是由一种新型冠状病毒引起。2020 年 1 月 22 日，首次报道该冠状病毒可以在人与人之间传播；2 月 11 日，世界卫生组织将这种疾病命名为 COVID-19；同日，国际病毒分类委员会将引起这种疾病的新型冠状病毒命名为 SARS-CoV-2。截至 2020 年 3 月 11 日，全球共有 113 个国家报告了 118 319 例感染病例和 4292 例死亡病例，世界卫生组织总干事谭德塞宣布 COVID-19 已成为全球大流行疾病。

SARS-CoV-2 与 SARS-CoV 同属于冠状病毒科正冠状病毒亚科 β 冠状病毒属，呼吸道飞沫和密切接触传播是其主要的传播途径，在相对封闭的环境中经气溶胶传播，此外，接触被病毒污染的物品后也可造成感染。传染源主要是新型冠状病毒感染者，在潜伏期即有传染性，发病后 5 天内传染性较强。病毒潜伏期 1～14 天，多为 3～7 天。以发热、干咳、乏力为主要表现，部分患者以鼻塞、流涕、咽痛、嗅觉味觉减退或丧失、结膜炎、肌痛和腹泻等为主要表现。重症患者多在发病 1 周后出现呼吸困难和（或）低氧血症，严重者可快速进展为急性呼吸窘迫综合征、脓毒症休克、难以纠正的代谢性酸中毒、出凝血功能障碍及多器官功能衰竭等，极少数患者还可有中枢神经系统受累及肢端缺血性坏死等表现。值得注意的是，重型、危重型患者病程中可为中低热，甚至无明显发热。大多数人感染后会出现轻度至中度呼吸系统疾病，无须专门治疗即可康复；但有些人可能会患重症并需要进行专门治疗。老年人，以及那些患有心血管疾病、糖尿病、慢性呼吸系统疾病或癌症等基础病的人较易发展为重症。SARS-CoV-2 对紫外线和热敏感，56℃ 30min、乙醚、75%乙醇、含氯消毒剂、过氧乙酸和氯仿等脂溶剂均可有效灭活病毒，氯己定不能有效灭活病毒。

与其他病毒一样，SARS-CoV-2 会在基因组复制过程中随着遗传密码的变化（由基因突变或病毒重组引起）而不断进化。疫情发生后，世界卫生组织以及各国研究人员就一直在监测和评估 SARS-CoV-2 的演变情况，由于病毒变种持续增多，以及最初的命名相对复杂，为了简化不同变异株的命名，同时也为了避免将毒株和地名联系在一起可能出现的污名化问题，世界卫生组织提出用希腊字母表的字母重新命名新冠变种毒株，如阿尔法（Alpha）、贝塔（Beta）、伽马（Gamma）、德尔塔（Delta）和奥密克戎（Omicron）等。一个变种具有一个或多个可使其区别于 SARS-CoV-2 其他变种的突变。有一些突变对病毒的感染、复制以及传播等不会造成实质性的影响。然而，某些变异可能会影响病毒生物学特性，例如，刺突蛋白突变后，将会影响病毒与其受体血管紧张素转化酶 2（ACE-2）亲和力的变化，同时对病毒入侵细胞、病毒复制及传播产生影响，并可能影响检测试剂、治疗药物以及疫苗效果等，世界卫生组织将此类突变株归为关切的变异株（variant of concern，VOC）。

预防感染最有效的方法是接种疫苗。截至 2022 年 1 月 12 日，共有多种疫苗进入了世界卫生组织的紧急使用清单，包括：2020 年 12 月 31 日获批的辉瑞的 mRNA 疫苗，2021 年 2 月 16 日获批的阿斯利康的黑猩猩腺病毒载体疫苗，2021 年 3 月 12 日获批的强生的腺病毒载体疫苗，2021 年 4 月 30 日获批的莫德纳公司的 mRNA 疫苗，2021 年 5 月 7 日获批的国药集团灭活疫苗，2021 年 6 月 1 日获批的北京科兴公司灭活疫苗，2021 年 11 月 3 日获批的巴拉特生物技术公司灭活疫苗，2021 年 12 月 17 日获批的诺瓦瓦克斯的重组蛋白疫苗。在我国，目前已获批使用的疫苗包括灭活疫苗、重组蛋白疫苗和腺病毒载体疫苗。

关于 COVID-19 患者的治疗，2022 年 4 月 22 日，世界卫生组织推荐将奈玛特韦和利托那韦（商品名为 Paxlovid）用于住院风险最高的轻度和中度 COVID-19 患者，称其为迄今为止高危患者的最佳治疗选择。

截至 2023 年 7 月，全球确诊病例已超过 7.68 亿，并导致超过 690 万人死亡。

第三节　病毒感染的传播方式

病毒传播是指病毒从一个受感染的宿主传递到另一个易感宿主的方式。病毒在宿主体内繁殖后，要么感染同一宿主内的其他细胞，要么传播给其他宿主。病毒在传播过程中，有时会从受感染的宿主或者携带者传播至环境中，停留在物体表面，或者在空气中悬浮（打喷嚏等），然后传染给新的宿主。然而，在细胞宿主之外的环境中，并不是所有释放到环境中的病毒都能成功地维持感染状态并到达新的宿主。为了在环境中生存下去，病毒粒子必须应对许多物理、化学和生物方面的因素。太阳的紫外线辐射是病毒在环境中的首要"克星"，320～400nm 波长的紫外线可造成病毒丧失感染性，其中，DNA 病毒比 RNA 病毒更容易受此影响，这种损伤主要是由于病毒核酸中形成胸腺嘧啶二聚体及 DNA 发生交联等。其他一些影响病毒在环境中存活的因素还包括温度、湿度、酸碱度、盐度及离子浓度等。由于病毒的脂质包膜的干燥通常会降低其传染性，因此，一般认为有包膜的病毒对环境更加敏感。

病毒传播方式可分为水平传播和垂直传播两种。水平传播是指病毒在人与人、动物与人之间的传播，包括接触传播、呼吸道传播、消化道传播、血液传播及媒介传播等；垂直传播主要是指从母亲到婴儿的传播。一种病毒性传染病可以有多种传播方式。

接触传播是指通过直接接触而导致的传播。皮肤黏膜作为进入宿主的第一道防线，也是机体最好的防御屏障。皮肤由最外层的表皮和下面的真皮组成，表皮具有防止感染的屏障机制。在真皮和皮下组织中，病毒可以直接或通过引流的淋巴进入血液。表皮主要支持局部病毒感染，但将病毒引入真皮和皮下组织可能导致病毒传播到体内其他部位。眼睛的外层由巩膜和角膜组成，眼睛平均每 5 秒钟眨眼一次，眼泪既可保持眼睛外表面湿润，同时也会冲洗掉任何潜在的病原体。然而，眼角膜感染可能与接触疱疹病毒有关，而角膜的单纯疱疹病毒感染是美国角膜盲最常见的感染原因。病毒性结膜炎，也称为"红眼"，通常由于接触了腺病毒而引起。巨细胞病毒、风疹病毒、麻疹病毒及柯萨奇病毒等病毒都能通过眼部接触感染。此外，还有一些病毒可通过性接触传播，如艾滋病病毒、乙肝病毒、丙肝病毒及人乳头瘤病毒等。

呼吸道是病毒进入人体最常见的方式之一。与拥有细胞结构的微生物一样，病毒也普遍存在于空气中，通过飞沫或气溶胶等进入呼吸道而传播。只有满足一定的雾化条件，如质量、大小、形状和密度等，病毒才能在空气中传播。病毒可以通过打喷嚏自然雾化，或者通过其他机械过程（如喷溅、起泡、喷洒，甚至冲厕所）雾化，或通过飞行动物（如蝙蝠和鸟类等）咳嗽而雾化。气溶胶是气体介质（如空气）中的颗粒悬浮物，人类行为（个人卫生、封闭环境、人口稠密地区、交通枢纽及污染）被认为是通过气溶胶传播病毒的重要因素。冠状病毒、流感病毒、腺病毒、呼吸道合胞病毒及鼻病毒等主要通过呼吸道传播。

人体消化道是一个从口腔延伸到肛门的中空管，通过消化道传播的病毒必须能够在"恶劣的环境"中生存，因此，经消化道传播的病毒一般都没有包膜，因为有包膜的病毒对胃酸很敏感，其感染性会被胆汁破坏。肠道病毒、脊髓灰质炎病毒、轮状病毒、诺如病毒、甲型肝炎病毒及戊型肝炎病毒都主要通过消化道传播。

血液传播作为水平传播的一种方式，其主要通过输血或与患者共用注射器等进行传播。乙型肝炎病毒、丙型肝炎病毒、艾滋病病毒、西尼罗河病毒和登革病毒等均可通过血液进行传播。

媒介传播是指病毒通过昆虫（蚊子、蜱、螨虫、跳蚤）等媒介的叮咬而造成的传播，这些媒介可以携带病毒并将病毒从一个宿主传播至另一个宿主，如登革病毒、寨卡病毒、西尼罗病毒、东方马脑炎病毒、蜱传脑炎病毒和黄热病毒等可以通过媒介传播。

垂直传播是指病毒由亲代传给子代的传播方式，人类主要通过胎盘或者产道传播，也可见其他方式，如围产期哺乳和密切接触感染等。几种病毒可以通过胎盘传播，包括天花病毒、风疹病毒、麻疹病毒、寨卡病毒和细小病毒 B19，影响可能很严重，包括流产、低出生体重、智力缺陷、听力损失和婴儿死亡。多数病毒可经垂直传播引起子代感染，如艾滋病病毒、乙型肝炎病毒、丙型肝炎病毒、寨卡病毒、风疹病毒和巨细胞病毒等。

第四节 病毒的致病机制

病毒感染可导致三个主要结果：一是流产性感染，即不产生子代病毒颗粒，但细胞可能会死亡；二是裂解性感染，在这种感染中，病毒在细胞内复制增殖后导致细胞死亡，并释放病毒；三是持续性感染，即产生少量病毒颗粒，且几乎没有细胞病变效应。

病毒是严格的细胞专性寄生微生物，无法独立于细胞而单独生存并增殖，其生物学特性、致病机制均有特征性，其中许多病毒感染的表现较为特殊，其对宿主细胞的主要致病机制如下。

（一）杀细胞效应

杀细胞效应通常与细胞形态变化、细胞生理学变化和连续生物合成事件的变化有关，这些变化中有许多是有效复制病毒所必需的。

1. 对细胞形态的影响

病毒感染引起的细胞形态变化称为细胞病变效应（CPE），最常见的是感染细胞呈圆形，与相邻细胞融合形成合胞体（多核细胞），以及出现细胞核或细胞质包涵体（inclusion body）。通常，病毒感染后的第一个表象是细胞变圆。一些细胞感染病毒后会形成合胞体或多核细胞，这是一个包含许多细胞核的大型细胞质团，通常是由感染细胞融合产生。病毒感染过程中细胞融合的机制可能是病毒基因产物与宿主细胞膜相互作用的结果，细胞融合可能是病毒从感染细胞传到未感染细胞的一种机制。某些受病毒感染的细胞内，用普通光学显微镜可看到与正常细胞结构和着色不同的圆形或者椭圆形斑块，称为包涵体，它们的成分通常可以通过电子显微镜得到进一步鉴定。例如，在腺病毒感染中，腺病毒衣壳蛋白的晶体阵列聚集在细胞核中形成包涵体。同时，包涵体也可能是被病毒改变的宿主细胞结构。例如，在呼肠孤病毒感染的细胞中，病毒粒子与微管结合，形成月牙形的核周包涵体。此外，其他一些病毒感染细胞会引起细胞骨架的特殊改变。例如，巨细胞病毒感染后，可以观察到与病毒包涵体形成有关的细胞中间丝的变化。

2. 对细胞生理学功能的影响

病毒与细胞膜的相互作用或后续事件（如从头合成的病毒蛋白）可能会改变受感染细胞的生理参数，包括离子的运动、次级信使 RNA 的形成，以及导致细胞活动改变的级联反应。病毒感染细胞的第一步是与细胞受体结合，之后可能会发生一连串与细胞的生化、生理和形态学变化有关的事件。病毒受体是一种细胞膜成分，参与病毒识别与结合，并促进病毒感染，是病毒宿主细胞和组织嗜性的决定因素。由于病毒蛋白质和核酸的合成都有赖于宿主细胞的生理状态，因此，细胞的生理状态对病毒感染的结果有非常大的影响。

3. 对细胞生化功能的影响

许多病毒会抑制宿主细胞大分子的合成，包括 DNA、RNA 和蛋白质。病毒还可能改变细胞转录活性和蛋白质-蛋白质相互作用，以促进子代病毒的产生。对于某些病毒，可能还会刺激特定的细胞生化功能，以促进病毒复制。病毒与细胞膜的结合，可能介导一系列的生化变化，病毒将利用细胞合成机制，合成自身蛋白并实现潜伏、慢性或转化性感染的目的。许多病毒的调节蛋白和结构蛋白的启动子区域包含大量可识别哺乳动物细胞转录因子（如 NF-κB、Sp1、CRE/B、AP-1、Oct-1、NF-1）的连续结合位点，这些细胞转录因子与调节性病毒蛋白共同参与激活或抑制病毒和细胞基因，以发展潜伏的、持续的、转化性病毒感染，并产生子代病毒。为了维持细胞的存活，病毒进化出独特的机制来调节这些细胞过程，使其蛋白质与细胞蛋白质相互作用。例如，人乳头瘤病毒的早期蛋白（E6，E7）与 Rb 肿瘤抑制蛋白相互作用，启动细胞凋亡过程（程序性细胞死亡），或引起 E2F 转录因子的释放，并用于病毒 DNA 的合成。在某些情况下，病毒可以触发细胞产生和分泌调节分子（如转化生长因子、肿瘤坏死因子、白细胞介素），这些调节分子可能以自分泌方式激活与病毒（如 HIV、疱疹病毒、乳头状瘤病毒）复制有关的细胞生化级联反应，将潜伏期的病毒重新激活；此外，这些可溶性的细胞调节分子还可能以旁分泌的方式抑制免疫细胞的生化反应，从而使得被感染的细胞不被清除。

4. 遗传毒性效应

病毒感染细胞后，细胞染色体可能发生断裂、重排等损伤，这些损伤可能由感染的病毒颗粒直接引起，也可能由新的病毒大分子（RNA、DNA、蛋白质）合成过程中发生的事件间接引起。染色体损伤后，有时候会被修复，但有时候也不会被修复。当细胞被病毒感染后仍然存活时，病毒基因组可能在细胞内持续存在，导致细胞基因组的持续不稳定或细胞基因（如细胞癌基因）表达的改变。病毒感染诱导的细胞基因组不稳定性似乎与突变的积累相关，并与细胞永生化和致癌转化过程有关。

（二）病毒感染的免疫病理作用

病毒在感染损伤宿主的过程中，通过与免疫系统相互作用，诱发免疫应答损伤机体是重要的致病机制之一。目前虽有不少病毒的致病作用及发病机制尚不明确，但通过免疫应答所致的损伤在病毒感染性疾病中的作用显得越发重要，尤其是持续性病毒感染及与病毒感染有关的自身免疫性疾病。免疫病理损伤机制包括特异性体液免疫与特异性细胞免疫。一种病毒感染可能诱发一种发病机制，也可能两种机制并存，有些还可能对非特异性免疫机制造成损伤。

（三）病毒的免疫逃逸

病毒性疾病除与病毒的直接作用及引起的免疫病理损伤有关外，也与病毒的免疫逃逸能力相关。病毒可能通过逃避免疫防御、阻止免疫激活或阻断免疫应答反应来逃脱免疫应答。有些病毒通过潜伏感染或者形成合胞体让病毒在细胞间传播，从而逃避抗体的识别，如单纯疱疹病毒、逆转录病毒、水痘带状疱疹病毒和副黏病毒。有些病毒通过抑制干扰素的转录，从而抑制干扰素的产生，如乙型肝炎病毒。有些病毒通过抑制 MHC 分子的上调，从而阻止干扰素的活化，如腺病毒。有些病毒通过诱导分泌 β-干扰素或杀伤 CD4 T 淋巴细胞来抑制免疫细胞功能，如麻疹病毒、艾滋病病毒、丙型肝炎病毒等。有些病毒通过抑制 MHC I 类分子的转录与表达，从而导致抗原提呈减少，如腺病毒、巨细胞病毒和单纯疱疹病毒。

第五节 预防与控制策略

传染病的预防与控制是传染病工作者的一项重要任务，接种疫苗是传染病防控最经济、最有效的手段，早发现、早报告、早隔离、早治疗是传染病防控的重要原则。作为传染源的传染病患者一般都是由临床工作者最先发现，因而临床工作者的及时报告和隔离患者显得尤其重要。同时，应当针对构成传染病流行过程的三个基本环节采取综合性措施，打破传染病循环之间的连接，并且根据各种传染病的特点，针对传播的主导环节，采取适当的措施，尽快阻止传染病继续传播。

1. 管理传染源

早期发现传染源才能及时进行管理，这对感染者个体及未感染的群体都很重要。《中华人民共和国生物安全法》规定，"任何单位和个人发现传染病、动植物疫病的，应当及时向医疗机构、有关专业机构或者部门报告；医疗机构、专业机构及其工作人员发现传染病、动植物疫病或者不明原因的聚集性疾病的，应当及时报告，并采取保护性措施"。传染病报告制度是早期发现、控制传染病的重要措施，可使得防疫部门及时掌握疫情信息，并为开展流行病学调查和采取必要的防疫措施赢得时间。

根据《中华人民共和国传染病防治法》《突发公共卫生事件应急条例》《突发公共卫生事件与传染病疫情监测信息报告管理办法》，将 39 种法定传染病依据其传播方式、速度及对人类危害程度的不同，分为甲类、乙类和丙类，实行分类管理。甲类传染病为强制管理传染病，包括鼠疫和霍乱，二者均为细菌性传染病，要求城镇责任报告单位应于 2 小时内、农村责任报告单位应于 6 小时内通过传染病疫情监测信息系统进行报告。乙类传染病中的病毒性传染病包括非典型肺炎、艾滋病、病毒性肝炎、脊髓灰质炎、人感染高致病性禽流感、2019 冠状病毒病（COVID-19）、麻疹、肾综合征出血热、狂犬病、流行性乙型脑炎和登革热等；乙类传染病为严格管理传染病，要求城镇责任报告单位应于 6 小时内、农村责任报告单位应于 12 小时内通过传染病疫情监测信息系统进行报告。丙类传染病中的病毒性传染病包括流行性感冒（含甲型 H1N1 流感）、流行性腮腺炎和风疹等，2008 年 5 月增加了手足口病；此类传染病为监测管理传染病，责任报告单位应当在 24 小时内通过传染病疫情监测信息系统进行报告。值得注意的是，在乙类传染病中，非典型肺炎和脊髓灰质炎必须采取甲类传染病的预防和控制措施。

2. 切断传播途径

病毒寄生在宿主体内或在环境中存活一段时间后，通过不同途径传播给合适的宿主。因此，如果能将病毒循环的两个阶段之间的联系打破，就可以阻止病毒的传播。对于各种传染病，尤其对于通过消化道和虫媒传播的病毒性传染病，切断传播途径是起主导作用的预防措施。切断病毒传播最好的方式就是做好隔离。

隔离是指将患者或病原体携带者妥善地安排在指定的隔离地点，暂时与人群隔离，积极进行治疗、护理，并对具有传染性的分泌物、排泄物、用具等进行必要的消毒处理，防止病原体向外扩散的医疗措施。根据病原体的传播方式及导致疾病的严重程度等，可进行不同方式的隔离。

对于传染性强、病死率高的传染病，如狂犬病等，患者应住单人间，进行严密隔离。对于可通过患者的飞沫和鼻咽分泌物等经呼吸道传播的病毒性传染病，如新型冠状病毒感染、传染性非典型肺炎、流感、流脑和麻疹等，个人应做好防护（如戴口罩等），防止病毒经呼吸道传播。对于通过患者的排泄物直接或间接污染食品、食物器具而传播的传染病，如甲型肝炎、戊型肝炎及轮状病毒引起的病毒性腹泻等，最好能在一个病房中只收治一个病种，否则应特别注意加强床边隔离。而对于直接或间接接触感染的血液及体液而发生的病毒性传染病，如乙型肝炎、丙型肝炎和艾滋病等，在一个病房中只收治由同一种病原体感染的患者。对于病毒经体表或感染部位排出、可通过直接或间接与破损皮肤或黏膜接触而传播的传染病，如埃博拉出血热和马尔堡出血热等，应尽量避免接触患者及其使用过的物品，并做到勤洗手等。对于以蚊虫或啮齿类动物作为媒介传播的传染病，如乙脑、登革热和拉沙热等，病房应安装纱窗、纱门，做到防蚊、防蝇、防螨、防虱、防蚤和防鼠等，同时应消除潜在的蚊子滋生点和减少积水点，并使用适当的杀虫剂以杀死未成熟的幼虫和飞蚊等传播媒介。

3. 保护易感人群

保护易感人群的措施包括特异性和非特异性两种。非特异性的措施主要是通过提高机体的免疫力来实现，包括改善饮食、加强体育锻炼、养成良好生活习惯及保持良好心态等。特异性的措施是指有重点、有计划地接种疫苗，这也是预防传染病最有效的方式，疫苗的使用拯救了无数人的生命，并极大地延长了人类的寿命。对于某些传染病，特别是那些对全球健康有广泛影响且没有非人类宿主或主要宿主的传染病，通过疫苗接种是可以将这些传染病消灭的，包括在大部分国家都已被消灭的脊髓灰质炎、在全球已被消灭的天花。目前常用的疫苗主要有灭活疫苗、减毒疫苗、病毒载体疫苗、亚单位疫苗和核酸疫苗等。

（中国疾病预防控制中心病毒病预防控制所　韩　俊　邹小辉　赵　莉）

（潍坊医学院公共卫生学院　牛国宇）

（国家儿童医学中心、首都医科大学附属北京儿童医院　朱　云）

第五章

寄 生 虫 病

寄生虫病是传染性疾病的重要组成部分，对人类的健康和社会经济的发展有着重要影响，在世界范围内，特别是热带和亚热带地区，寄生虫病一直是普遍存在的社会公共卫生问题。2010 年，世界卫生组织（WHO）确定了 11 种寄生虫病为"被忽视的热带病"，如血吸虫病、囊虫病、包虫病、恰加斯病、非洲锥虫病、利什曼病、肝片形吸虫病、麦地那龙线虫病、淋巴丝虫病、盘尾丝虫病、土源性蠕虫病。联合国计划开发署/世界银行/世界卫生组织热带病研究与培训特别规划署（TDR）联合倡议要求重点防治的 10 种热带病中，7 种是寄生虫病，包括疟疾、血吸虫病、非洲锥虫病、美洲锥虫病、淋巴丝虫病、盘尾丝虫病和利什曼病。近年来，新发罕见寄生虫病如隐孢子虫病、舌形虫病，可造成社会公共卫生问题，威胁着人类健康。本章将介绍寄生虫病概述、致病机制、传染过程、对社会经济影响，以及预防与控制策略。

第一节　寄生虫病的发展史及流行概况

寄生虫已经进化了数百万年，以适应人类，并可能导致严重疾病。由原虫、蠕虫或体外寄生虫等感染引起的寄生虫病是一个全球公共卫生问题，影响全球超过 10 亿人，尤其是在低收入国家（WHO，2021），国际贸易、旅游和移民的增长导致某些寄生虫病（如弓形虫病和蓝氏贾第鞭毛虫病）在全球流行，并且可能对相关个人和公共卫生产生影响。根据 WHO 发布的资料，2020 年，全球估计有 2.41 亿疟疾病例，死亡人数估计为 62.7 万人，非洲区域在全球疟疾负担中所占比例仍然很高，占疟疾病例人数的 95%、疟疾死亡人数的 96%。据估计，5 岁以下儿童占该地区疟疾总死亡人数的 80%。2020 年，全世界 47 个国家的 8.63 亿人仍面临淋巴丝虫病的威胁。在全球范围内，多达 2.3 亿人受到血吸虫病的影响，7 亿人处在严重威胁之中。全球近 3.5 亿人口受到利什曼原虫病的威胁，每年发现的新病例有 70 万～120 万。

我国曾是寄生虫病流行最严重的国家之一，据新中国成立之初的调查，当时严重威胁人民健康的有五大寄生虫病（疟疾、血吸虫病、丝虫病、黑热病和钩虫病）。在党和政府的高度重视下，我国在寄生虫病防治工作方面取得了举世瞩目的成就，如 2006 年我国实现了消除丝虫病、2021 年通过 WHO 消除疟疾认证。根据 2015 年全国人体重点寄生虫病现状调查分析显示，我国 31 个省（自治区、直辖市）共检出重点寄生虫感染者 20 351 例，感染虫种 34 种，其中蠕虫 23 种、原虫 11 种。我国重点寄生虫病人群感染率大幅降低，但是受社会、经济和自然环境等因素的制约，本次调查推算全国重点寄生虫感染人数达 3859 万，其中蠕虫和原虫感染人数分别为 3307 万和 642 万。一些省或局部地区人群土源性线虫感染病仍然较严重，甚至高达 20% 以上。钩虫病可致贫血，严重感染的儿童可出现生长发育迟缓。近年来，随着国际贸易及旅游业的发展、人流物流频繁、"一带一路"倡议的实施、宠物热的兴起、野生动物园等项目的新建等，人与动物及自然环境的频繁接触导致新发突发寄生虫病时有发生，严重威胁了人类健康，其中对旅行者、移民和免疫力低下的人具有较大的危害，寄生虫病流行和预防控制也出现了新的发展趋势，新发突发传染病仍将是我们应对公共卫生事件的重大挑战。随着人民生活水平的提高，外出旅游、野外探险、饲养宠物、食物来源的多样化及饮食习惯的改变，如食用生鲜食品，都增加了人罹患食源性、动物源性及媒介传播的人兽共患寄生虫风险，寄生虫感染及其引起的疾病负担仍然十分严重。新发突发和再发寄生虫病、食源性寄生虫病、人兽共患寄生虫病、输入性寄生虫病将成为未来防控的重点。

此外，随着医疗卫生的发展和对寄生虫病防控研究的投入，从事寄生虫病原相关工作的人数可能会增加，同时增加了在开展临床检验和实验室研究等过程中意外感染寄生虫的机会。处于感染阶段的寄生虫可通过摄食、直接接触、注射和吸入传播，与其他微生物意外或无意接触的风险相似。实验室人员、生物安全人员和卫生保健工作者在暴露于具有感染性寄生虫的环境中工作存在感染的潜在危险，已报道184 例实验室获得性寄生虫感染病例，涉及血液和组织原虫（克氏锥虫、疟原虫、刚地弓形虫、利什曼原虫、布氏锥虫）、肠道原虫（隐孢子虫、贝氏囊等孢子虫、蓝氏贾第鞭毛虫、溶组织内阿米巴）、蠕虫（血吸虫、类圆线虫、钩虫），其中 21 例实验室获得性感染的隐孢子虫病，是全球性的人兽共患寄生虫病，为六大腹泻病之一，属新发传染病，其暴发可造成严重突发公共卫生事件，已被列为美国政府生物恐怖制剂名单的第三位，也是其中唯一一种寄生虫病原。该病原还被列入到我国传染病重大专项"传染病监测技术平台"腹泻症候群病原检测名单中。在某种程度上，由于某些寄生虫病的不确定性和潜在危害性，实验室人员对实验室意外暴露而获得寄生虫感染的第一反应可出现困惑、焦虑、恐惧和羞耻。虽然大多数寄生虫病都是可治疗的，但有些寄生虫病可能难以治疗，这与感染阶段的严重程度、抗药性及免疫力等有关，即使经过治疗，某些寄生虫（如弓形虫）如果宿主免疫受损，也会引起持续性感染和重新再发感染，所以需要高度重视寄生虫实验室的生物安全，防止实验室意外感染的发生。

《"健康中国 2030"规划纲要》和《健康中国行动计划（2019—2030）》都对寄生虫病防治工作提出了新的目标和要求。因此，亟须采取有效预防与控制策略，应对新形势下的寄生虫病，从而保障人民健康和维护国家安全，促进经济与社会协调发展，建设健康中国。

第二节　寄生虫病的致病机制

寄生虫侵入宿主，进行生存和繁殖，对宿主造成损害，宿主无明显的临床表现和体征时称为寄生虫感染，宿主有明显临床症状时称为寄生虫病。寄生虫感染的致病机制多样，较为复杂，与寄生虫的虫种（株）种类、毒力和数量、寄生部位、寄生虫与宿主间相互作用（炎症反应、免疫应答、平衡关系等），以及宿主的遗传因素和营养状态等密切相关。并不是寄生虫的所有阶段都具有致病性，有些寄生虫可在宿主体内存活多年而无症状，但当宿主免疫力削弱时，这些寄生虫的致病力显著增强，从而导致疾病，甚至引起死亡。

因此，宿主感染寄生虫后，不同个体可能会有不同的后果，可能感染涉及多个器官和组织，或寄生虫分泌物或排泄物引起宿主中毒反应，或引起炎症反应或超敏反应，也可能直接对某个组织造成破坏，导致其炎症、坏死等。

寄生虫对宿主的致病机制可包括直接损害（如掠夺营养）、机械性损伤、毒性作用、诱导宿主炎症反应和超敏反应等。

一、掠夺营养或影响宿主营养物质的吸收

寄生虫在侵入宿主体内后生长、发育及繁殖，直接或间接地从宿主摄取所需要的营养物质。寄生虫大量消耗宿主的营养物质，导致宿主营养不良和发育障碍。疟原虫寄生在血液里可导致血糖大幅降低，进而导致营养不良。钩虫从宿主吸血会导致宿主贫血。蓝氏贾第鞭毛虫的吸盘除了夺取宿主营养外，因其覆盖了肠吸收表面积，可干扰小肠绒毛吸收营养物质。

二、机械性损伤

寄生虫在宿主体内移行、寄生和增殖，可对宿主的细胞、组织和器官造成损伤或破坏。寄生于红细胞内的疟原虫进行裂体增殖而破坏大量红细胞，导致宿主贫血。当蛔虫、钩虫的幼虫在人体肺部移行时，引起肺部出血、水肿。大量蛔虫成虫在小肠内缠绕成团，可引起肠梗阻、肠穿孔。寄生在巨噬细胞内的杜氏利什曼原虫大量增殖可导致细胞破裂。棘球蚴破坏寄生脏器组织，导致损伤，还可能压迫邻近组织，如寄生在脑、心、眼等重要器官，甚至会致命。

三、毒素作用

寄生虫分泌的排泄物、脱落虫体和死亡虫体崩解物等都会对宿主产生毒性作用，并通过不同的途径对宿

主造成损害。例如，华支睾吸虫长期寄生于胆管系统，其分泌物及代谢产物可逐渐导致胆管上皮增生、胆管局部扩张、管壁逐渐增厚，进一步发展可导致上皮瘤样增生。大量被疟原虫寄生的红细胞破裂后释放许多有毒物质进入血液，宿主对毒性物质产生相应反应，如发热。吸附于肠上皮细胞的溶组织内阿米巴滋养体分泌的穿孔素和半胱氨酸蛋白酶及黏附分子等，侵入破坏大肠黏膜或其他脏器、组织，溶解组织和细胞引起组织坏死，形成脓肿和溃疡，引起阿米巴痢疾、阿米巴肝脓肿。冈比亚锥虫产生一种神经毒，可导致睡眠病。淋巴丝虫成虫和幼虫死亡后，产生的大量有毒物质会刺激淋巴系统引起淋巴管炎、淋巴结炎。有些节肢动物具有毒腺、毒毛或有毒体液，螫刺叮咬宿主后，轻者局部产生红肿、疼痛等皮炎表现，重者引起全身症状。

四、炎症反应和超敏反应

宿主对寄生虫的防御反应，可产生炎症反应和超敏反应。寄生虫的各种损伤因子具有抗原性，可刺激宿主产生抗体及致敏淋巴细胞。当宿主再次感染同种寄生虫时，可对同种抗原产生超敏反应，导致宿主免疫病理损伤，是寄生虫感染的重要致病机制之一。

第一，由虫体或寄生虫释放的毒性物质引起宿主炎症反应。第二，某些寄生虫感染会由于多克隆激活而产生抗宿主自身抗体，诱导宿主自身免疫性损伤。例如，锥虫感染后所产生的抗体及细胞毒性 T 淋巴细胞可与宿主自身抗原发生交叉反应，引起宿主慢性心肌病变。第三，寄生虫感染后过量产生的某些细胞因子也可能具有致病作用，如疟疾引发的发热、贫血、腹泻等可能与过度增高的 TNF-α 有关。第四，许多寄生虫（如锥虫、弓形虫及血吸虫）感染后，诱导非特异性的免疫抑制，宿主对细菌和病毒等的抵抗力较差，容易发生其他传染病。有些寄生虫可能引发宿主细胞的凋亡。此外，宿主免疫系统对寄生虫抗原产生的超敏反应一般可分 4 型，抗体介导 I、II、III 型，T 细胞和巨噬细胞介导 IV 型：①超敏反应型（速发型，I 型），如蛔虫引起宿主的荨麻疹、皮肤瘙痒等；②抗体介导的细胞毒型或细胞溶解型（II 型），如黑热病，其虫体抗原吸附于红细胞表面，导致溶血，这是引起宿主贫血的重要原因；③抗原抗体免疫复合物型（III 型），如疟原虫及血吸虫等感染不断释放虫体抗原到宿主血循环中，形成免疫复合物，引起肾炎；④T 细胞和巨噬细胞介导的迟发型超敏反应（IV 型），如血吸虫虫卵肉芽肿的形成是由可溶性虫卵抗原刺激 T 细胞介导的迟发型超敏反应。不同的寄生虫感染过程中存在不同的反应型，但有的寄生虫可引起多种类型的超敏反应，如血吸虫感染，可存在由 I 型和 IV 型超敏反应所致尾蚴性皮炎，也可存在由 III 型超敏反应所致血吸虫性肾小球肾炎，亦可存在由 IV 型超敏反应介导的虫卵肉芽肿。

寄生于不同部位的蠕虫，诱导的免疫反应有所不同，例如，寄生在血液或组织的蠕虫，通常会引起更强的免疫应答，而寄生于腔道的蠕虫往往引起不太明显的免疫应答。蠕虫是具有复杂生活史的多细胞动物，其抗原成分极其复杂，不同虫种或不同生活史阶段的同一虫种诱导的免疫反应的机制和结果也不尽相同。

第三节　寄生虫病的传染过程

寄生虫感染过程是寄生虫侵入宿主体内而发生寄生和反寄生的相互作用过程，即寄生虫损害宿主，同时寄生虫也受到宿主免疫系统的攻击。

寄生虫感染在人群中发生或传播需要三个基本环节，即传染源、传播途径和易感人群。这三者相互依存、相互关联。只有当一个地区具备这三个环节时，才会有相当数量的人被感染，从而引起寄生虫病的流行，缺少任何一个环节，就不可能发生新的感染，流行过程即可中断。自然因素和社会因素都影响寄生虫病的流行。

一、传染源

人体寄生虫病的传染源是指有人体寄生虫寄生的人（患者、带虫者）和动物（家畜、家养动物及野生动物等）。作为传染源，其体内存在并可排出寄生虫生活史中某个发育阶段的虫体，并能在外界或另一宿主体内继续发育。例如，感染多种蠕虫的带虫者或患者从粪便排出的蠕虫卵；丝虫带虫者排出的微丝蚴；在湖沼地区，除日本血吸虫病患者外，受感染的耕牛也是重点传染源。

二、传播途径

传播途径是指寄生虫从传染源排出，借助于某些传播因素进入另一宿主的全过程。传播途径可以是某种单一因素（如阴道毛滴虫通过直接接触传播），也可由一系列因素组成（如一些寄生虫在离开传染源后，需在中间宿主体内发育至感染阶段，然后再感染另一宿主，具有在新宿主体内继续生存、发育和繁殖的能力）。不同寄生虫的感染阶段有所不同。例如，原虫感染阶段有滋养体（阴道毛滴虫、棘阿米巴属阿米巴、耐格里属阿米巴等）、成熟包囊（溶组织内阿米巴、蓝氏贾第鞭毛虫、弓形虫等）、卵囊（弓形虫、隐孢子虫、环孢子虫等）、子孢子（巴贝虫、疟原虫）、前鞭毛体（杜氏利什曼原虫等）；绦虫有裂头蚴（曼氏迭宫绦虫等）、囊尾蚴（牛带绦虫、猪带绦虫等）和虫卵（猪带绦虫、细粒棘球绦虫、多房棘球绦虫）；线虫有感染期虫卵（蛔虫、蛲虫、鞭虫等）、丝状蚴（丝虫、钩虫等）和囊包（旋毛虫）；吸虫感染阶段有尾蚴（血吸虫）、囊蚴（华支睾吸虫、并殖吸虫、异形科吸虫等）。

1. 常见的传播途径

引起某种寄生虫病流行的传播途径有时是一种，有时则可有多种同时起作用。寄生虫病的流行特征因传播途径不同而有所不同，其通常通过以下途径传播。

（1）经水传播：多种寄生虫可污染水源，人因饮用了受污染的水（如水中含有感染期的包囊、卵囊、虫卵、囊蚴等）或接触疫水（含有血吸虫尾蚴）而感染。

（2）经食物传播：处于感染期的寄生虫污染食物后，被生食或半生食而引发寄生虫病，例如，生食或半生食含感染期幼虫的猪肉可感染旋毛虫或猪带绦虫，生食或半生食含囊蚴的鱼、虾可感染华支睾吸虫，生食或半生食附着了寄生虫感染期囊蚴的水生植物可引起布氏姜片吸虫病等。

（3）经土壤传播：有些直接发育型的线虫，如蛔虫、鞭虫、钩虫等产的卵需在土壤中发育为感染性卵或幼虫，人体感染与接触受污染的土壤有关。

（4）经空气（飞沫）传播：有些感染期的寄生虫可借助空气或飞沫传播，如蛲虫卵比较轻，可在空气中飘浮，并可经鼻咽吸入而引起感染。

（5）经节肢动物传播：某些节肢动物在寄生虫病传播中起着特殊的重要作用，例如，蚊虫传播疟疾，疟原虫在蚊体内发育繁殖，经节肢动物传播的寄生虫病具有一定的区域性和季节性，病例分布与媒介昆虫分布一致。

（6）经人体直接传播：有些寄生虫可通过直接人际接触传播，如阴道毛滴虫可通过性生活而传播、疥螨可通过与感染者皮肤直接接触传播。直接传播大多引起个别病例发生，病例的多少视接触的频繁程度而定。

2. 人体感染的途径

感染期寄生虫侵入人体，使人体感染的途径可分为6种。

（1）经口感染：通过污染的食物或水经口进入人体，如感染期蛔虫卵、鞭虫卵、隐孢子虫卵囊、蓝氏贾第鞭毛虫包囊、溶组织内阿米巴包囊、细粒棘球绦虫卵、多房棘球绦虫卵等。

（2）经皮肤感染：主动侵入，如水中的血吸虫尾蚴、土壤中的钩虫和粪类圆线虫等的丝状蚴，以及疥螨、蠕形螨等；被动侵入，如白蛉传播利什曼原虫、按蚊传播疟原虫等。

（3）经吸入感染：有的感染期寄生虫较轻，可随尘土、飞沫在空气中飞扬，人经口或鼻吸入而感染，如蛲虫卵可通过吸入途径感染人体。

（4）自身感染：如蛲虫、微小膜壳绦虫及粪类圆线虫等可导致宿主自身重复感染。

（5）经垂直感染：有些寄生虫可随母血穿过胎盘感染胎儿，如先天性弓形虫病、先天性疟疾等。一些寄生虫，如弓形虫和钩虫，可通过母乳感染新生儿。

（6）其他感染：因输血而引起的间日疟感染和美洲锥虫病感染。弓形虫感染产生弓形虫血症，并可散布于全身器官，此时输血或器官移植可造成弓形虫感染。阴道毛滴虫可由于性交而感染。疥螨因直接接触疥疮患者皮肤而感染，如与患者握手、同床睡眠。

三、易感人群

易感人群是指对某种寄生虫缺乏免疫力，处于易感状态的人。人体对寄生虫感染的免疫力多属带虫免疫，未经感染的人因缺乏特异性免疫力而成为易感者。具有免疫力的人，当其体内的寄生虫被清除后，这种免疫力也会逐渐消失，重新处于易感状态。人群对某种寄生虫的易感性除受免疫力的影响外，也与年龄有关，在流行区，儿童的免疫力一般低于成年人，非流行区的人进入流行区后也会成为易感者。易感性还与人的生活习惯、饮食和生产方式等有关，如喜食生鱼片的人易感染华支睾吸虫，从事旱地种植业的人易感染钩虫。此外，易感性还与虫体进入人体的概率等有关，接触感染阶段病原体越多的人越易感染，如兽医、饲养员、从事弓形虫实验人员更易获得弓形虫感染。

四、影响寄生虫病流行的因素

自然因素和社会因素都在一定程度上影响着寄生虫病的流行。当上述三个环节在某一地区有利于寄生虫病的传播时，该地区可能有相当数量的人被感染，从而引起寄生虫病的流行。

（一）自然因素

自然因素主要通过影响寄生虫或媒介在环境中的生长发育、繁殖而影响寄生虫病的流行，包括温度、湿度、降水量、光照等气候因素，以及地理环境和生物种群等。例如，温度低于15℃或高于37.5℃，疟原虫便不能在蚊体内发育。温暖潮湿的环境有利于土壤中的蠕虫卵和幼虫的发育，其还受土壤性质的直接影响。此外，温暖潮湿的环境不仅利于蚊虫的生长繁殖，而且适合蚊虫吸血活动，增加了传播疟疾和丝虫病的机会。温度影响寄生虫的侵袭力，如血吸虫尾蚴对人体的感染力与温度有关。地理环境可影响中间宿主的滋生与分布，从而间接影响寄生虫病流行，如并殖吸虫的中间宿主溪蟹和蝲蛄只适于生长在山区小溪，因此大多并殖吸虫病只在丘陵、山区流行。

（二）社会因素

与寄生虫病流行相关的社会因素包括社会制度、经济状况、科技水平、文化教育、医疗卫生、基础设施、防疫保健以及人的行为（生产方式和生活习惯）等。

自然因素和社会因素往往相互作用，影响着寄生虫病的流行。自然因素通常相对稳定，而社会因素往往是可变的。因此，社会稳定、经济发展、医疗卫生进步、防疫卫生体系完善和人民科学文化水平提高对控制寄生虫病的流行起着主导作用。

第四节　寄生虫病对社会经济的影响

寄生虫病对社会经济的影响巨大，如劳动力流失、疾病导致的工作效率降低、治疗和预防的额外费用等，从而影响个人、家庭、社会和国家的生产力。寄生虫病主要流行于全球贫困地区，迫使各国政府投入大量资金用于疾病的治疗和控制，这进一步加重了贫困国家的负担，阻碍了社会和经济的发展。此外，一些人畜共患寄生虫病，如棘球蚴病、旋毛虫病、囊尾蚴病、肝吸虫病、隐孢子虫病等，往往给畜牧业造成严重损失，严重阻碍了畜牧业国家和地区的经济发展。

寄生虫病使患者部分或完全丧失劳动能力，如轻度血吸虫病患者丧失16%~18%的劳动力；中度患者丧失30%~57%的劳动力；重度患者丧失72%~78%的劳动力。据WHO报告，2018年全球在疟疾控制和消除工作方面的投资约为27亿美元。在美国，每年大约有3300个新生儿患弓形虫病，其医疗费用超过2200万美元。

此外，动物体表的寄生螨、山羊蠕形螨可引起皮肤病变；当绵羊寄生虫病严重时，可引起羊毛质量严重下降。在我国，由蠕形螨引起的山羊皮损失每年超过 1000 万元。寄生虫寄生在畜禽体内，引起疾病，畜禽长期营养不良，严重时可引起畜禽死亡，给畜禽养殖业造成巨大的经济损失，例如，棘球蚴病每年给全球畜牧业造成的损失高达 20 亿美元。

第五节　寄生虫病预防与控制策略

随着我国经济社会发展以及人民生活水平的提高，寄生虫病的防控任务面临新的挑战和机遇，寄生虫病预防与控制策略及措施亦需要不断完善，应依据不同病种的防控基础，结合现有的防控技术，制定有针对性的综合防控策略。寄生虫病的预防与长期控制将是我国公共卫生的重点之一。

此外，随着对寄生虫病的临床兴趣和实验室研究的增加，可能接触寄生虫工作环境的人数也会增加。寄生虫检验以寄生虫病的病原学诊断为主，包括：传统的粪便检查；血液、体液或组织内病原（如疟原虫、利什曼原虫、锥虫、弓形虫、巴贝虫等）瑞氏及吉氏染色；免疫学诊断等。造成寄生虫实验室相关感染的原因主要有：媒介生物叮咬，实验过程中意外伤害如割伤、刺伤、划伤等造成的开放性伤口，被带虫的实验动物咬伤，皮肤接触造成的感染，空气传播等；此外还有许多不明原因的实验室相关感染，大多数可能是气溶胶感染。为此，实验室人员有必要掌握寄生虫实验室安全防范相关知识，在实验室做好寄生虫病预防与控制措施，确保实验室的生物安全。

一、寄生虫病预防控制总体策略和措施

（一）寄生虫病预防策略和措施

寄生虫病预防策略是指在寄生虫病疫情尚未出现之前，针对面临寄生虫病威胁的人群采取相应措施，或针对可能存在病原体的环境、媒介昆虫动物、中间宿主所采取的措施。预防策略应该综合考虑到某种寄生虫病的流行病学特征、其对人群健康和社会经济的影响、具体控制方法的可用性，以及当地对某种寄生虫病预防的支持程度。

寄生虫病预防采用三级预防措施，以应对寄生虫病发病前期、发病期和发病后期。一级预防是指通过个人和社会的努力来改善健康的目标，健康促进是最积极、最有效的预防措施。二级预防包括早发现、早诊断和早治疗，在疾病发生后为预防或减缓疾病发展而采取的措施，重点在于主动发现患者（如筛检等）。三级预防是在疾病的发病后期为减少疾病危害所采取的措施。

健康促进包括健康教育、自我保健、环境保护和监测。对于食源性寄生虫病，通过健康教育，改变不良的饮食习惯，可防止"病从口入"，如改变生食或半生食各种动物肉类和内脏食品、鱼类食品、甲壳类（如溪蟹）食品、水生植物等不良饮食习惯，可防止带绦虫、肉孢子虫、旋毛虫、华支睾吸虫、并殖吸虫及肝片形吸虫等食源性寄生虫的感染。改变不良劳动方式，如穿鞋耕作、在手足皮肤上涂抹防护药或口服预防药，并以机械劳动代替人工，可减少钩虫、粪类圆线虫等土源性线虫的感染机会。自我保健如体育锻炼、充足休息、合理营养和健康的生活方式等，都是有利于健康的行为。寄生虫病的预防必须充分考虑自然和社会因素的作用，不断改善环境，大力改善公共卫生设施，对环境及野生动物进行科学监测，尽可能少去人迹罕至的地方，减少与野生动物的接触，保护人体不受致病因素的危害。

应用寄生虫病的免疫预防，可提高人群免疫水平，达到预防和控制寄生虫病的目标。然而，寄生虫病疫苗研制难度较大，目前还没有疫苗获得大规模使用的许可，如要取得突破性进展，仍需继续科技攻关。

（二）寄生虫病控制

寄生虫病控制一般是指在寄生虫病疫情发生后，采取措施防止寄生虫病的扩散。寄生虫病从控制到阻断传播再到消除，其策略和措施均有所不同。

控制寄生虫病的基本原则是阻断寄生虫病在人群中传播和流行的三个必备环节，即传染源、传播途径和易感人群，其中任何一个环节被阻断，寄生虫病就无法在人群中传播和流行。根据各种寄生虫病的流行

情况、流行特征和临床特点，要充分考虑是否有针对寄生虫病特点的专门有效措施，并结合疫区的人力、财力和物力，提出相应的对策，确定合理可行的控制措施。

采取综合措施和主导措施相结合的原则。综合措施即对大多数寄生虫病控制均应针对传染源、传播途径和易感人群这三个环节。主导措施一般是指采取措施以针对发挥最关键作用的流行环节，遵循科学调查，分清主次、突出主导措施，达到最佳效果。例如，丝虫病防治对策，我国采取了以消灭传染源为主导的防治措施，成功阻断了丝虫病在全国的传播。大多数肠道寄生虫（卵）是经过粪便排到周围环境中，再污染手、食物和水，然后从口腔进入人体。对粪便进行无害化的处理、切断传播途径，有助于大多数肠道寄生虫病的控制。降低人群易感性是预防寄生虫病在人群中流行的非常重要的一环，若某些寄生虫病尚无有效的预防方法，对某些与寄生虫病有接触者或可能受感染者可采用预防性服药，如用乙胺嘧啶、氯喹等预防疟疾，在某些寄生虫病流行区工作，可对易感者采取个人防护措施。

二、寄生虫实验室预防控制策略和措施

随着对寄生虫相关实验研究的增加，暴露于具有感染性寄生虫病原环境中的实验室人员可能因意外接触而面临寄生虫感染的潜在危险。对于从事寄生虫相关实验的人员，应熟悉其所从事的相关寄生虫的生物学特性、接触途径、感染阶段、潜伏期、致病性及临床表现、检测与治疗、实验室操作与防护措施，进行相关风险评估，充分了解实验活动可能产生的危害，严格遵守实验室相关操作规程，做好防护，避免实验室意外感染，确保实验室生物安全。

除了做好个人防护，工作人员可通过血清学检测判断是否发生感染，应该在开展相关实验之前保留其血清标本，并冷冻多份基线样本保藏，有助于减少单个样本的反复冻融。定期（如每半年一次）筛选无症状的感染者（特别是对无症状感染者进行医学相关检测）；在意外暴露之后，如果临床表现提示寄生虫感染发生，则及时就医治疗。

自 2022 年 6 月 23 日起，农业农村部修订的《一、二、三类动物疫病病种名录》正式施行，其规定了棘球蚴病、日本血吸虫病为二类多种动物共患病，华支睾吸虫病、东毕吸虫病、囊尾蚴病、片形吸虫病、旋毛虫病、弓形虫病、伊氏锥虫病及隐孢子虫病为三类多种动物共患病，依据《中华人民共和国动物防疫法》规定，遵照《三类动物疫病防治规范》进行防治。该分类可作为从事寄生虫病诊断及实验室研究工作人员的参考。

（一）寄生虫实验室安全防范重点

进行可经皮肤、黏膜侵袭或呼吸道感染的寄生虫实验研究时，研究人员需认识到实验室生物安全的重要性，必须严格遵守实验室生物安全管理制度，提高防范意识，时刻警惕防止感染。在其放置区设警示标志，操作人员须戴手套、帽子、防护镜、口罩等加以防护。实验完毕，所有直接或间接接触的器具、器皿等均放入锅内，进行煮沸消毒。

接触有关媒介生物及传染源宿主实验的实验人员，应事先接受相应的安全操作培训，合格者方可进行工作，在实验中要养成良好的安全工作行为。

由于操作不当或其他原因造成实验室病原生物泄漏，可能导致污染扩散时，实验操作人员应立即报告相关负责人，并及时采取有效措施防止事故造成危害。

应当对从事高风险的实验人员定期进行检测和培训，如血清抗体或病原检测，积极预防和正确处理意外事故。在发生实验室生物安全事件时，即使尚未完全确定，那些暴露于高风险感染因子的实验人员即可接受假定性治疗，以期预后优于感染确诊后再进行的治疗。无论是否接受过假定性治疗，在感染确诊之前，有必要对一切可疑病例进行监测。实验室操作人员出现与实验室病原生物相关疾病的临床症状或者疾病时，应立即向实验室主任和实验室负责人报告，及时就诊并如实告知诊治医疗机构近期所从事的病原体种类和危险程度，以便诊治。

严防医学节肢动物、感染实验动物模型逃逸。在其饲养室或实验室设缓冲间，并设两道门，当其中一道门打开时，另一道门关闭。

培养基（物）、组织、体液、粪便或其他具有潜在危险性的废弃物须放在密闭性能好的容器中储

存、运输及消毒灭活。

从事钉螺、蚊媒相关工作的实验人员要遵守以下工作守则：

（1）蚊媒组的工作人员要做好蚊虫的保种、传代工作，并确保蚊虫不逃逸到室外；及时处理蚊蛹饲养用水并确保杀灭其残留蚊幼虫。

（2）保持防蚊门窗关闭完好状态，严防成蚊逃逸。

（3）阳性钉螺组的工作人员上岗前须做好安全防护工作，身着长裤、长袖，戴医用乳胶手套，夏季严禁身着短袖、裙及凉鞋。逸蚴时佩戴眼镜。

（4）阳性钉螺逸出尾蚴工作，应在固定的工作台区域内按操作规程进行，擦干工作台面水分，用开水冲淋；试管等实验用品应煮沸 5min 以上，以杀灭残余尾蚴，废弃的钉螺应煮沸 5min。

（5）阳性钉螺由专人管理，他人不得随意进入阳性钉螺实验室，严防阳性钉螺的丢失。

（二）我国常见寄生虫的感染阶段及对应生物安全防护水平

了解我国常见寄生虫的感染阶段及建议的生物安全防护水平，有利于科研工作人员在实验室开展寄生虫研究的过程中做好防护工作，从而降低由于防护不当而导致的实验室感染。

《病原微生物实验室生物安全管理条例》将病原微生物分为四类，我国常见的寄生虫等同属于第三类病原微生物，即能够引起人类或者动物疾病，但一般情况下对人、动物或者环境不构成严重危害，传播风险有限，实验室感染后很少引起严重疾病，并且具备有效治疗和预防措施的微生物，故而在危险程度分类上划分为第三类。我们建议寄生虫非感染阶段虫体收集和培养的研究（涉及寄生虫活体收集、培养和离心的实验活动等）以及基因重组研究（如 PCR 扩增、核酸测序、蛋白纯化、核酸电泳、生化分析等不含活虫的实验）可在生物安全一级实验室进行操作，而寄生虫感染阶段虫体收集和培养的研究（涉及寄生虫活体收集、培养和离心的实验活动等）、病原检测（如采集待检者和实验动物排出物作病原检测）及血清学检测（采集待检者和实验室动物血清进行的免疫学试验等，如酶联免疫吸附试验、间接荧光抗体试验、乳胶凝集试验等）则要求工作人员在生物安全二级实验室进行操作，如日本血吸虫感染阶段为尾蚴，由于其尾蚴经接触的皮肤、黏膜或眼睛侵入，故开展尾蚴相关实验时，手套、长袖防护服和洗手是预防血吸虫感染的关键。疟原虫感染阶段为子孢子，在开展相关实验过程中由于针刺伤、虫媒叮咬而引起感染，建议对具有传播作用的蚊媒必须严格管理；实验人员在解剖感染性蚊子时，如操作不当或防护不到位，也可能被子孢子感染。另一种传播途径是，实验人员接触感染者或动物的血，或是体外培养的虫体，这种感染途径的特点是疟原虫越过了肝内期发育过程。在实验室操作中，戴手套、防止针头误刺或锐器割伤可避免感染。溶组织内阿米巴、蓝氏贾第鞭毛虫、隐孢子虫、贝氏等孢球虫和微孢子虫的感染均为经口感染。实验人员在处理粪便或污染材料时，应当严格遵循防护规范，预防措施包括手套、面罩、长袖防护服、生物安全柜、伤口保护和避免针头刺伤，在处理完样品后认真洗手。弓形虫的感染阶段有卵囊、缓殖子和速殖子，实验人员吞食了粪便样本中的成熟卵囊，或者皮肤黏膜接触了人或动物组织中的缓殖子和速殖子，就有可能发病。实验过程中戴手套和口罩、防止针头误刺是预防实验室感染的重要措施，进行活卵囊的分离纯化或培养操作应在二级生物安全柜中进行。利什曼原虫感染阶段为前鞭毛体，在实验室，如果破损的皮肤黏膜不小心接触了感染的白蛉、培养的利什曼原虫、感染的人或动物的样品，就有可能患利什曼病。在处理血液样品时，需小心谨慎，尽管在血液中发现的原虫比组织里要少得多。戴手套、保护伤口和黏膜、防止针头意外刺伤是预防实验室感染的重要措施。克氏锥虫的感染阶段为锥鞭毛体，在实验室，实验人员可通过接触含有锥鞭毛体的锥蝽粪便、处理感染的人或动物的血液样品、吸入无鞭毛体而感染。针头刺伤、经破溃的皮肤或完好的黏膜进入人体，都是锥虫感染人的重要途径。戴手套、防护伤口和黏膜、防止针头意外刺伤是实验室防止锥虫感染的重要措施。肝片形吸虫和华支睾吸虫的感染阶段为囊蚴、旋毛虫感染阶段为幼虫，在操作含有囊蚴或幼虫的样本时可经口感染，因此戴手套、面罩以及实验结束后洗手可有效防止实验室感染。

［中国疾病预防控制中心寄生虫病预防控制所（国家热带病研究中心）　熊彦红　曹建平］

第六章

人兽共患病

人兽共患病种类多、宿主谱宽、传播方式多样，严重威胁人类生命安全和生活健康，严重阻碍全球食物安全和消除贫穷目标的实现，由此成为联合国《2030 年可持续发展议程》提及的重要应对任务。面对国内外生物安全风险呈现出的许多新特点，习近平总书记在中央政治局第三十三次集体学习时强调"要实行积极防御、主动治理，坚持人病兽防、关口前移，从源头前端阻断人兽共患病的传播路径"。本章将就人兽共患病的种类、流行特点、传播链条以及全球防控形势和控制策略等进行简要介绍。

第一节 概 述

人兽共患病是指能在人与脊椎动物之间自然传播的疾病或感染（WHO，1959）。这类传染病有 800 余种（Woolhouse et al.，2005）。人兽共患病宿主谱较宽，当前 60%以上的人类新发传染病源于动物，这其中又有 70%源于野生动物（FAO et al.，2022）；重大虫媒传染病占全球传染病负担的 17%，每年导致 70 余万人死亡（WHO，2017）；虾、牡蛎、毛蚶、钉螺等水生无脊椎动物，也可将其携带的细菌、病毒、寄生虫等病原向人传播并致人感染发病。因此，与仅在人间或仅在畜间传播的传染病相比，人兽共患病危害更重、防控难度更大。尽管抗感染药物和疫苗技术进步很快，当前人兽共患病的危害依然严重，除使畜牧业受损，每年还会导致数百万人死亡。这也提示人兽共患病防控必须坚持"同一健康"理念，实行跨部门、跨学科的联防联控。

一、人兽共患病的分类

人兽共患病种类繁多。英国爱丁堡大学感染性疾病中心统计表明，能够感染人类的病原体有 1400 余种，其中 800 余种具有人兽共患特性，约占 58%（Woolhouse et al.，2005）。将人兽共患病按照一定特性，如通过病原体生物属性、宿主性质、病原生活史等进行分类，进一步明晰人、动物和媒介等的流行病学关联性，对于认识、预防和控制人兽共患病具有重要意义。

（一）按照病原体的生物属性分类

英国爱丁堡大学热带兽医研究中心对 472 属 1415 种人类传染病病原体，以及其中的 868 种人兽共患病和 175 种新发病病原体，按病毒、细菌、真菌、原虫、蠕虫等进行分类（Taylor et al.，2001），发现在人兽共患病病原体中，病毒（含朊毒体）、细菌（含立克次体）、真菌、原虫、蠕虫类分别占 19%、31%、13%、5%和 32%，说明蠕虫和细菌类病原体是最主要的人兽共患病病原体（表 6-1）。但比较分析表明，人类传染病病原体中，蠕虫更具有人兽共患特性，真菌人兽共患特性不强。

表 6-1 人类病原体的生物属性分类

病原分类/占比	人类病原体（1415 种）	人兽共患病病原体（868 种）	人类新发病病原体（175 种）
病毒和朊毒体	15%	19%	44%
细菌和立克次体	38%	31%	30%
真菌	22%	13%	9%
原虫	5%	5%	11%
蠕虫	20%	32%	6%

注：根据文献数据（Taylor et al.，2001）整理得出。

进一步分析 175 种人类新发病病原，发现人兽共患性占 75%，病毒类占 44%，真菌类、蠕虫类分别占 9%、6%，说明人类新发病更具人兽共患特性，病毒类新发病出现速度快，而蠕虫类、真菌类病原相对稳定。总体来看，人兽共患病毒病的危害日益严重，人兽共患细菌病特别是耐药菌带来的挑战亦不容忽视（卢亮平等，2018）。

（二）按照病原体的宿主嗜性分类

宿主对病原体具有种间屏障能力，但病原体亦可通过偶发变异等方式突破种间屏障（Woolhouse et al.，2001），形成对多种宿主的感染能力。宿主和病原的互作，导致了不同病原对不同宿主传播力的差异性。根据病原的储存宿主及其对不同宿主的传播力，可将人兽共患病分为以下几种。

1. 动物源性人兽共患病

这类疾病的储存宿主主要是动物，通常在动物之间传播，偶尔感染人。人感染后，往往成为病原体传播的生物学终端。研究表明，大多数（约 64%）人兽共患病以动物为主要宿主，根本无法在人间传播或只能在人间进行极为有限的传播，如布鲁氏菌病、狂犬病、疯牛病、裂谷热、禽流感、莱姆病等。

2. 人源性人兽共患病

这类疾病的储存宿主主要是人，通常在人间传播，偶尔感染动物。动物感染后，往往成为病原体传播的生物学终端。研究表明，只有 3% 的人兽共患病以人为主要储存宿主，几乎完全在人间传播，如人型结核、麻疹、痢疾阿米巴等；另有少量疾病经由可能的动物来源侵入人类后，只在人间传播，而不在动物间传播，如甲型 H1N1 流感、SARS 等。

3. 互源性人兽共患病

这类疾病的储存宿主包括人和动物，病原体可以在人间、动物间以及人和动物间相互传染，人和动物互为传染源。清代师道南诗曰"东死鼠，西死鼠，人见死鼠如见虎。鼠死不几日，人死如圻堵"，充分说明了鼠疫的互源性特征。研究表明，大约 25% 的人兽共患病具有人兽互源特征，如鼠疫、埃博拉、西尼罗热、罗得西亚锥虫病等。需要说明的是，虽然人和动物都在这类病原传播中发挥作用，但只有人或动物一方发挥主导作用，如果没有病原从一方到另一方的反复侵入，这类疾病难以持续。

4. 真性人兽共患病

此类疾病必须以人和动物分别作为终末宿主和中间宿主，二者不可或缺，如猪带绦虫病与猪囊尾蚴病、牛带绦虫病与牛囊尾蚴病等。

（三）按照病原体的生活史分类

不同病原体有着不同的生活史。只有清晰了解病原的生活史，才能精准切断其传播途径。根据不同病原的生活史，可将人兽共患病分成以下几种情况。

1. 直传人兽共患病

直传人兽共患病是指通过直接接触或间接接触而传播的人兽共患病，病原未经过特定的发育过程，在没有或很少增殖的情况下，经过皮肤、黏膜、消化道和呼吸道等进行传播。几乎所有的细菌病、大部分的病毒病，以及部分原虫病和少数蠕虫病，如狂犬病、结核病、炭疽、布鲁氏菌病、禽流感、弓形虫病等，都属于这种情况。

2. 媒介性人兽共患病

媒介性人兽共患病也称中介性人兽共患病，其病原体的生活史必须有脊椎动物和无脊椎动物共同参与。病原体先在无脊椎动物体内增殖或发育到特定阶段，才能传播给易感脊椎动物，并在后者体内继续完成后续发育过程。利什曼病、华支睾吸虫病等血吸虫病，以及西尼罗热、登革热等病毒性传染病都属于该类情况。

3. 周生性人兽共患病

周生性人兽共患病也称循环性人兽共患病,其病原体的生活史需要两种或多种脊椎动物参与才能完成,但不需要无脊椎动物参与,如绦虫病、包虫病等。

4. 腐生性人兽共患病

腐生性人兽共患病也称腐物性人兽共患病,这类疫病病原体的生活史需要至少一种脊椎动物和一种非生物性滋生地或基质(如土壤、污水、植物、饲料、食品等)才能完成。病原体在滋生地或基质上繁殖或发育到特定阶段,再传给脊椎动物宿主,如大肠杆菌病、钩虫病等。

二、人兽共患病的流行特点

人兽共患病病原种类多、生物媒介多、动物宿主多、传播途径多,与自然气候条件、经济社会活动、科技发展水平,以及不同地区文化习俗等诸多因素互作,促成了人兽共患病相对独特的流行特点。明晰人兽共患病的流行特点,是进行人兽共患病防控的重要基础。

(一)动物宿主多样,防控难度极大

动物宿主多样性是人兽共患病的基本特点。有研究(Cleaveland et al., 2001)表明,在1415种人类病原中,620种(43.8%)同时感染野生动物宿主,553种(39.1%)同时感染家养动物宿主,373种(26.4%)同时感染家养和野生动物。反过来看,在616种家畜病原中,243种(39.4%)可以感染人类;374种犬猫病原中,261种(69.8%)可以感染人类。此外,还有多种灵长类动物、啮齿动物、蝙蝠、鸟类、水生动物,可以携带多种人兽共患病原(表6-2),向人类和家畜传播疾病,给人兽共患病防控工作带来极大困难。

表6-2　人兽共患病的动物宿主多样性(Cleaveland et al., 2001)

宿主动物/占比	人兽共患病(800种)	新发人兽共患病(125种)
有蹄动物	315(39.3%)	72(57.6%)
食肉动物	344(43.0%)	64(51.2%)
灵长类动物	103(12.9%)	31(24.8%)
啮齿动物	180(22.5%)	43(34.4%)
海洋哺乳动物	41(5.1%)	6(4.8%)
蝙蝠	15(1.9%)	6(4.8%)
非哺乳动物(含鸟类)	109(13.6%)	30(24.0%)
鸟类	82(10.3%)	23(18.4%)

(二)传播方式隐蔽,早期识别困难

人兽共患病传播途径多样(表6-3)。感染或发病动物可通过消化道、呼吸道、生殖道、分泌物甚至皮屑等不同途径排出病原体。人类与部分啮齿动物、蝙蝠、留鸟等共享生活圈,经常性接触畜禽产品、伴侣动物、观赏动物,休闲旅游时偶尔接触到野生动物,都可能接触感染动物及其排泄物、污染物等。特别是有些动物(如携带H7N9流感、鼠型斑疹伤寒等病原)呈隐性感染状态,病原可通过气溶胶(Tellier et al., 2019)、饮水、土壤或虫媒生物传播,导致人类在不知不觉中感染。不少人兽共患病患者早期往往表现发烧等共性临床特征,加之临床医生警惕性不足,漏诊与误诊问题时有发生(WHO, 2010),不仅使患者本人遭受痛苦,还给其家庭带来沉重负担。而对于新发传染病而言,由于早期缺乏知识储备,往往疫情流行一段时间,才能引起足够重视并查到病因。因此,MERS等新发传染病往往呈现出突然暴发的特征。

表 6-3　人兽共患病传播方式的多样性（Taylor et al.，2001）

传播方式	人类病原体（1415 种）	人兽共患病原体（868 种）	人类新发病病原体（175 种）
直接接触	43%	35%	53%
间接接触	52%	61%	47%
虫媒传播	14%	22%	28%
不明确	16%	6%	6%

（三）空间特征明显，贫困地区多发

当前，虽然甲型 H1N1 流感等少数新发病随国际人员流动和国际货物贸易等形成了全球大流行，但更多的人兽共患病具有明显的地域分布特征。在长期进化过程中，有些病原体与生物媒介、动物宿主组成独特的生态系统，只能在特定生物群落中循环，使疾病分布呈现出明显的地域差异。森林、草原、深山、沼泽等生态系统不同，优势病原亦不相同。因此，无论登革热、MERS、尼帕等新发传染病，还是血吸虫病、包虫病、裂谷热等传统流行病，均具有明显的空间分布特征。

对于新发传染病，发达国家为防其扩散蔓延、伤及自身，推动和支持国际组织建立了应急处置机制。而对于一些古老的人兽共患病，在发达国家畜牧业转型发展过程中，大多得以较好控制乃至根除。发达国家为维持其动物产品国际贸易优势地位，对于一些古老的人兽共患病，现已无意支持和推动国际组织实施全球防控行动。正因如此，包虫病、炭疽、牛结核病、布鲁氏菌病、囊虫病、肝片吸虫病、利什曼病、钩端螺旋体病、狂犬病、裂谷热、非洲锥虫病等十余种疾病，迄今仍在不少地区流行，一度被世界卫生组织（WHO）列为被忽视的人兽共患病（WHO，2010）。

WHO 指出，这些被忽视的人兽共患病，大多发生于不发达国家和地区。受经济实力和科技水平影响，这些国家或地区无力实施防治措施，加之当地居民主要依靠畜牧业生活而又没能养成良好的卫生习惯，人兽共患病流行在所难免，从而导致持续性的畜禽发病、经济受损，以及农牧民发病、负担加重。某种程度上，这些地方流行病也可视为贫困病。

（四）农牧区职业人群相对高发，城市特定风险人群不断增加

鉴于 300 余种家畜、家禽病原具有人兽共患特性，从事畜禽养殖、诊疗、交易、屠宰及动物产品加工等活动的职业人群，感染布鲁氏菌病、牛结核病、尼帕病、猪链球菌病、禽流感、伪狂犬病等人兽共患病的概率相对较高。同时，因不同人群接触自然疫源地的机会不同，感染概率亦不相同。例如，常在水田劳动的农民，接触疫水的机会多，感染血吸虫和钩端螺旋体的风险相对较高；再如，由于蚊虫更加适宜在温度 25～35℃的地区繁殖和活动，南方农区人口感染乙型脑炎等虫媒病的风险相对较高。这也是地方流行病持续存在的重要原因。

鉴于越来越多的城市家庭开始饲养伴侣动物，导致人兽共患病感染风险相应增加。犬、猫等伴侣动物可携带 260 余种人兽共患病原体，加之与主人的关系极为密切，向主人传播病原的风险相对较高。例如，饲养猫的孕妇更容易感染弓形虫病（Birhan et al.，2015），提示需要做好针对性预防措施。

此外，山地探险、国际旅游者也是特定的风险人群，如 1976 年由贾第虫感染引发的"旅行者腹泻"，就是一个很好的例子。日本大阪机场检疫局的一项调查表明，在印度和尼泊尔旅行时间超过 14 天的旅客，贾第虫感染风险相对较高（Kimura et al.，1992）。

（五）季节分布特征明显，春夏季总体多发

季节性气温、湿度变化，通过对病原体生存条件、自然疫源地生态系统、易感群体活动和免疫水平等方面产生影响，使传染病流行表现出明显的季节分布特征。例如，H7N9 等动物流感更容易在冬春季节流行（李超等，2018），人间布鲁氏菌病多在春季羊集中产羔后的 5～7 月高发。尽管部分传染病秋冬季高发，但多数人兽共患病春夏季节高发，原因至少有三个方面。一是牧区转场活动。冬季气温低，牧民在海拔较低、较温暖的草原放牧；春季转暖后，牧民将牲畜赶往海拔较高的高山草甸、草场放牧，接触鼠疫、包虫

病、布鲁氏菌病、炭疽等自然疫源性疾病的机会增加。二是夏季生态系统变化。随着夏季温度升高、降水量增加、植物繁茂，啮齿动物、鸟类以及蚊、蜱等虫媒更加活跃，水泡性口炎、西尼罗热、Q 热、莱姆病、乙型脑炎等虫媒病随之进入高发期。三是夏季雨水冲刷，可使炭疽芽孢、破伤风杆菌等露出地面，导致人畜炭疽、破伤风等疫情增加。此外，夏季还是腐生性人兽共患病的高发季节。

三、全球人兽共患病的流行形势

人类与传染病的斗争由来已久。特别是近百年来，人类社会通过使用抗生素、疫苗等，以及生活习惯和畜牧业发展模式转变，使全球人兽共患病防控工作取得了重要成就，突出表现在鼠疫、狂犬病、炭疽等诸多人兽共患病发生频次和强度明显下降。然而，与此同时，全球仍面临着古老人兽共患病仍未彻底根除、新发人兽共患病正在快速出现的严峻形势。古老流行病和新发传染病相互叠加，给人类健康和畜牧业发展带来沉重负担。

（一）古老人兽共患病危害依然严重

人兽共患病不仅危害人类健康，还严重威胁畜牧业发展，控制消灭人兽共患病是人类社会的共同梦想。近百年来，特别是第二次世界大战后，欧美发达国家通过加强畜间免疫检疫、转变养殖模式，以及普及健康教育、人间预防治疗等措施，有效控制甚至基本消灭了布鲁氏菌病、牛结核病、囊虫病、包虫病等长久危害人类的古老人兽共患病。

与此同时，在非洲、亚洲、拉丁美洲等地区的诸多发展中国家，受经济社会发展不充分、农牧民生活习惯和卫生条件较差、农牧业生产方式落后等因素影响，地方流行性肠胃炎、钩端螺旋体病、囊虫病、布鲁氏菌病、牛结核病等古老的人兽共患病迄今仍然危害严重，每年导致 10 亿余人发病、数百万人死亡（Grace et al.，2012）。由于这些疾病一直在贫困人口中流行，且长期被国际捐助者、标准制定者和研究界所忽视，国际社会将其视为被忽视的人兽共患病（WHO，2010）。此外，受自然疫源地和媒介传播等因素影响，炭疽、狂犬病、裂谷热等高死亡性疫病仍在贫困地区散发，尽管对畜牧业危害不大，但公共卫生危害严重（表 6-4）。

表 6-4　被忽视的人兽共患病（Grace et al.，2012）

| 病名 | 主要流行区 | 人感染发病情况 | | 流行区家畜感染情况 | | 野生动物 |
		病人数	死亡数	流行率	主要危害	关联性
地方流行性肠胃病	非洲、近东、南亚、东南亚	8 亿	100 万	25%	部分病原致病	重要
钩端螺旋体病	非洲、近东、南亚、东南亚	170 万	12.3 万	24%	牛、猪不孕	非常重要
囊虫病	南非、西非、东非、南亚、东南亚、拉丁美洲	5000 万	5 万	庭院猪 17%	—	有时
牛结核病	非洲、近东、南亚、东南亚	55.5 万	10 万	牛 7%	减产 6%	有时
利什曼病	非洲、拉丁美洲、南亚、中亚、地中海盆地、中东	200 万	4.7 万	—	—	重要
布鲁氏菌病	非洲、近东、南亚、东南亚	50 万	2.5 万	牛羊猪 12%	减产 8%	重要
包虫病	北方以犬牧羊的地区	30 万	1.8 万		牛羊消瘦，绵羊敏感	重要
Q 热	非洲、近东、南亚、东南亚	350 万	3000	牛羊 19%	羊流产	重要
锥虫病	南非、西非、东非	1.5 万	2500	10%	减产 15%	重要
肝片吸虫病	非洲、南亚、东南亚、南美洲	不详	不详	≥30%	损失 30 亿美元	重要
狂犬病	发展中国家	7 万	7 万	偶发	—	重要
炭疽	南美洲、亚洲、非洲牧区	1.1 万	1250	偶发	死亡率高	有时
裂谷热	非洲、阿拉伯半岛	150	45		牛羊流产（可达 100%）	重要

（二）新发人兽共患病发生风险高、扩散速度快

野生食肉目动物、啮齿动物、灵长类动物、蝙蝠和鸟类等宿主携带着数百种人兽共患病原，一般不与人类接触。但是，近 70 年来，城镇建设、农业扩张、森林砍伐等人类活动和气候变暖等因素，不同程度地改变了既有生物群落，病原、宿主、媒介间的关系发生变化，人类、家畜与野生动物接触机会增加，导致全球新发或复发人兽共患病超过 250 余种（Rahman et al.，2020），平均每年超过 3.5 种。

近三四十年来，新发病又表现出若干新特点。一是扩散速度快。受国际贸易、国际旅游以及虫媒生物学变化等因素影响，一些新发病如禽流感、疯牛病、埃博拉、西尼罗热、中东呼吸综合征等出现后，很快形成了区域乃至全球性流行。二是 RNA 病毒占主导地位，占所有新发和复发病原体的 37%（Woolhouse et al.，2005），如 HIV、SARS、MERS、SARS-CoV-2 等，可能是 RNA 病毒具有更高的核苷酸替代率，使其更加容易入侵和适应新宿主。三是虫媒病占比较高，发热伴血小板减少综合征、西尼罗热、登革热、寨卡等发生强度增加，范围拓宽，日益成为严重的公共卫生问题。四是耐药性人兽共患细菌病危害加重，医院和养殖业用药不规范是重要成因。

当前，气候变化、林地沼泽开发等传统驱动因素尚未远去，蛇、蜥蜴、捕鸟蛛、雨林蝎、松鼠等"异宠"养殖热潮已然形成，器官移植（Regalado，2022）、合成生物学（Becker et al.，2008）等技术进步同样具有未知风险，使人兽共患病发生风险加剧。总体来看，病原体正在利用生态系统中几乎所有的变化来获得新的传播机会，我们虽然无法预判哪种新的病原体能够形成新的全球大流行，但这种风险却是一直存在的。

第二节　人兽共患病的动物宿主

宿主（host），也称为寄主，是指为病毒、细菌、寄生虫等寄生生物提供生存环境的生物。与人兽共患传染病相关的动物宿主多种多样，既有家养动物，也有野生动物；既有陆生动物，也有水生动物；既有飞禽，也有走兽；既有脊椎动物，也有无脊椎动物。总体来看，虽然与人类遗传距离近的灵长类动物引发人兽共患病的风险高（Cooper et al.，2012），但与人类接触密切的蝙蝠、啮齿动物和有蹄类动物（猪、牛、羊、马等），携带人兽共患病原并将其传播给人类的机会更多（Han et al.，2016）。分析表明，约 80% 的人兽共患病宿主是哺乳动物，其次是禽类（Morse et al.，2012）。哺乳动物中，偶蹄类动物携带的人兽共患病原体最多，其次是啮齿动物、食肉动物和灵长类（Rechtet al.，2020），无脊椎动物多以传播媒介或中间宿主形式存在。现按照不同的生态类型，对家畜家禽、伴侣动物、啮齿动物、蝙蝠、灵长类动物等不同宿主及其病原传播方式进行归纳分析。

一、家畜家禽

猪、牛、羊、骆驼、马，以及鸡、鸭、鹅、鸽等家养畜禽，直接接触从事养殖、运输、销售、屠宰等工作的人员，间接接触从事加工和消费肉、蛋、奶、皮、毛等产品的人员，与人类交换病原、向人类传播病原的风险高，是最重要的人兽共患病动物宿主。我国农业、卫生两部门 2009 年制定的《人畜共患传染病名录》，所涉及的 26 种传染病都存在家畜家禽宿主。人类接触被感染的动物、被污染的产品，甚至暴露于被污染的环境时，可感染发病。例如，人类接触母畜流产物或者饮用生乳，可感染羊种、猪种、牛种布鲁氏菌；暴露于污染的空气中，可感染牛结核、Q 热、禽流感等；食用未经充分熟制的肉蛋奶甚至蔬菜，可感染弯曲杆菌、沙门菌、大肠杆菌等。还有部分疾病，如乙型脑炎、西尼罗热、水泡性口炎等，通过蚊、蜱等节肢动物叮咬，在宿主动物和人类之间相互传播（见本章第三节）。因此，从事动物养殖、屠宰、加工等工作的职业人群，感染人兽共患病的概率更高（表 6-5）。

二、伴侣动物

犬、猫等伴侣动物是重要的人兽共患病宿主。随着经济社会发展，人类与犬、猫等伴侣动物接触日益

紧密，进一步增加了病原传播机会。例如，感染犬、猫咬伤或抓伤人，可传播狂犬病病毒。猫感染汉赛巴尔通体后，可通过抓咬或经猫蚤，将病原传播给人。猫感染弓形虫后，主人清扫猫窝或接触猫粪污染物时，可能因接触到猫粪中的卵囊而被感染。当前，约有60%的宠物主人使用生肉饲喂犬、猫，不仅加大了宠物感染人兽共患病的机会，还增加了宠物主人感染人兽共患病的风险（Ahmed et al., 2021）（表6-6）。

表 6-5　与家畜家禽宿主有关的部分人兽共患病

病名	病原	主要动物宿主	人类感染的主要方式
炭疽	炭疽杆菌	牛、羊、马等草食动物高度易感，其他多种哺乳动物可感染	职业接触为主，很少通过空气传播
布鲁氏菌病	布氏杆菌属	羊、猪、牛、犬、马、鹿、骆驼、兔，以及啮齿类、猫科动物等	接触感染动物的分泌物或排泄物，健康或损伤的皮肤，气溶胶，食用消毒不充分的鲜乳或乳制品
牛结核病	牛分枝杆菌	牛易感，猪、鹿、灵长类、马、羊、犬、猫、鼠等多种动物可感染	气溶胶，食用生乳，损伤的皮肤和黏膜
马鼻疽	鼻疽伯克霍尔德氏菌	驴、骡、马、骆驼、犬、狮、虎、狼等	接触发病动物或污染物
弯曲杆菌病	弯曲杆菌属	家禽、家畜、野鸟	食用生鲜乳、肉、蛋，接触感染动物及其分泌物、排泄物
肠出血性大肠杆菌感染	大肠杆菌 O157:H7 等	牛、羊、鹿、猪、家禽等	食用不熟的肉蛋、蔬菜或被污染的水，直接接触粪便或被污染的土壤
李斯特菌病	李斯特菌	牛、羊	食用未经充分杀菌的乳制品、生肉、鱼、蔬菜、受污染的水，直接接触感染动物，医院感染
沙门菌病	沙门菌	家禽、牛、猪，其他哺乳动物、鸟类、爬行动物、两栖动物	直接接触动物、生肉、食物，粪-口传播
链球菌感染	链球菌	猪、马、犬、猫、鱼	食用未经充分杀菌的鲜乳、乳制品、猪肉，破损皮肤直接接触
耶尔森菌病	假结核性耶尔森菌、小肠结肠炎耶尔森菌	猪，其他多种哺乳动物	食用未经充分熟制的猪肉、乳和乳制品
白喉	溃疡棒状杆菌	牛等农场动物，犬、猫、雪貂	食用消毒不充分的牛奶，直接接触
Q 热	伯氏柯克斯体	牛、羊、犬、猫、鸟类	气溶胶，接触感染动物的胎盘及排泄物
禽流感	H5、H7 等亚型禽流感病毒	多种家禽、野禽	气溶胶，接触感染动物、病死动物
猪流感	H1N1、H3N2 亚型猪流感病毒	猪	气溶胶，接触感染动物、病死动物
水牛痘病毒感染	水牛痘病毒	水牛、牛	挤奶
戊型肝炎	戊型肝炎病毒	猪、野猪、鹿等	进食未煮熟的肉，粪-口传播
伪狂犬病	伪狂犬病毒	猪、牛、羊、犬、猫、貂、狐、鼠	伤口暴露
猪囊尾蚴病	猪带绦虫	猪	进食未经煮熟的带有囊尾蚴的猪肉
疯牛病	朊毒体	牛	食入受污染的牛产品

表 6-6　与犬猫有关的部分人兽共患病

病名	病原	主要动物宿主	人类感染的主要方式
狂犬病	狂犬病病毒	犬、猫，以及狐狸、蝙蝠等野生动物	被患病动物咬伤，封闭环境中的气溶胶
包虫病	棘球蚴	犬、狼、豺、狐等食肉动物为终末宿主，羊、牛、鼠等为中间宿主	与家犬接触，或摄入被虫卵污染的水、蔬菜或其他食物
利什曼病	利什曼原虫	犬、猫、牛、马、绵羊、鼠、海豚等	虫媒叮咬
猫爪病	汉赛巴尔通体	犬、猫	接触猫、犬，特别是被其抓伤、咬伤
弓形虫病	弓形虫	猫为终末宿主，猪、犬、羊等多种哺乳动物和鸟类为中间宿主	摄入被猫科动物粪便（含有卵囊）污染的食物、水或未熟制动物产品
衣原体病	流产衣原体/猫衣原体	羊、牛、其他哺乳动物/猫	接触感染动物

除犬、猫等伴侣动物外，鸟类等其他宠物也是重要的人兽共患病宿主。例如，宠物鸟是衣原体、沙门菌、新城疫病毒乃至高致病性禽流感病毒的宿主，可将上述病原传播给人。近年来，蛇、蜥蜴等爬行动物成为新型宠物，这些动物可能携带沙门菌等细菌以及裂头蚴等寄生虫，并通过与人类密切接触而致人感染发病（Mendoza-Roldan et al.，2020）

三、啮齿动物

啮齿动物分布于世界各地，有 3 个科 2000 余种动物，约占全球哺乳动物种类的 42%，是哺乳纲动物的最大一目。啮齿动物能携带 200 余种蠕虫、细菌、病毒等病原体，其中多数可在啮齿动物间传播，因而得以在自然界中长期维持。因啮齿动物能很好地适应环境，并常伴随人类活动，也是人兽共患病的重要动物宿主，可导致 80 多种传染病，如鼠疫、钩端螺旋体病、肾综合征出血热、狂犬病、汉坦病毒综合征、拉沙热、淋巴细胞性绒毛膜脑膜炎、鄂木斯克出血热、沙门菌病、阿根廷出血热、玻利维亚出血热、委内瑞拉出血热、野兔热、莱姆病、鼠斑疹伤寒、巴贝虫病、皮肤利什曼病、森林斑疹伤寒、落基山斑疹热等（Dahmana et al.，2020）（表6-7）。

表 6-7 啮齿动物传播的部分人兽共患病

病名	病原	主要动物宿主	由动物传播到人的主要方式
钩端螺旋体病	钩端螺旋体	啮齿动物，犬、牛、猪、马鹿等	职业性和娱乐性接触，接触动物尿液污染的水源、稻田，食入鼠类排泄物污染的食物或饮水
鼠疫	鼠疫耶尔森菌	啮齿动物及其跳蚤，猫、兔、羊等哺乳动物	跳蚤叮咬，感染猫抓伤、咬伤，处理感染动物
莱姆病	伯氏疏螺旋体	啮齿动物，绵羊，小型哺乳动物	硬蜱叮咬
牛痘	牛痘病毒	啮齿动物、猫	直接接触（皮肤破损、咬伤、抓伤）
汉坦病毒综合征	汉坦病毒	啮齿动物，蝙蝠	经咬伤或破损皮肤传播，气溶胶
拉沙热	拉沙病毒	野生啮齿动物	接触啮齿动物的排泄物、分泌物或组织，气溶胶
野兔热	土拉弗朗西斯菌	野生啮齿动物是储存宿主，猪、牛、羊等多种动物易感	直接接触（可透过健康皮肤），节肢动物叮咬，消化道，气溶胶
鼠斑疹伤寒	莫氏立克次体	鼠	跳蚤叮咬

四、蝙蝠

蝙蝠（翼手目动物）是全球分布最广的第二大类哺乳动物，也是唯一能够飞翔的哺乳动物，现已发现 1300 余种，分属体形及翼展较大的食果蝠亚目和体形及翼展较小的食虫蝠亚目。蝙蝠具有群居习性，其种间、种内的病原传播较啮齿动物更为普遍；蝙蝠可以飞行，有的具有迁徙特性，活动范围达数千公里，可远距离传播、交换病原；蝙蝠寿命可达 30 多年，使其具有更多机会接触病原、更长时间携带病原。有研究表明，蝙蝠可携带 200 多种 RNA 病毒。但从致人感染的情况看，蝙蝠携带的人兽共患病病毒种类仅为啮齿动物的一半（Luis et al.，2013），这应当与蝙蝠属于异温动物，具有冬眠、夜间活动、穴居生活等特性，且与人的生活圈重合度相对较小有关。目前，蝙蝠被认为是狂犬病病毒、亨德拉病毒、尼帕病毒、埃博拉病毒、汉坦病毒、马尔堡病毒、严重急性呼吸综合征病毒及中东呼吸综合征病毒等多种病原的储存宿主，但一般需要经过其他中间宿主才能传播到人（表6-8）。

五、灵长类动物

非人灵长类动物约有 280 种，与人类遗传关系较近。理论上讲，其携带的许多寄生虫、细菌、病毒等病原体，都更容易传播到人，并可形成人间传播。灵长类动物主要分布在热带地区，多以树栖和食果方式生存。近年来，随着人类砍伐森林和捕猎行为增加，人类与灵长类动物的接触机会增加，一些原本由灵长类动物携带的病原陆续向人间传播（Davoust et al.，2018），有的还在人间形成大规模疫情，甚至形成持续传播。例如，艾滋病病毒已知的 4 种毒株，均来自喀麦隆的黑猩猩及大猩猩，现已适应人类并形成持续传播；再如，2014～2016 年的西非埃博拉疫情，与人类狩猎或处理感染的大猩猩和其他野生动物尸体有关（Recht et al.，2020），后又演变成人间传播的大规模疫情（表 6-9）。

表 6-8　可能由蝙蝠传播的部分人兽共患病

病名	病原	主要动物宿主	由动物传播到人的主要方式
埃博拉出血热	埃博拉病毒	推测蝙蝠是储存宿主，灵长类动物是中间宿主	接触感染动物组织，经穴居蝙蝠传播
尼帕病	尼帕病毒	推测果蝠是储存宿主，猪是中间宿主	接触感染猪或其组织，食入被污染的果汁
马尔堡出血热	马尔堡病毒	推测蝙蝠是储存宿主，灵长类动物是中间宿主	接触感染动物组织，摄入被污染的水果
亨德拉病毒感染	亨德拉病毒	推测狐蝠是储存宿主，马和其他哺乳动物是中间宿主	接触病马
严重急性呼吸综合征	SARS 冠状病毒	推测蝙蝠是储存宿主，果子狸是中间宿主	不详
中东呼吸综合征	中东呼吸综合征冠状病毒	推测蝙蝠是储存宿主，单峰驼是中间宿主	接触感染骆驼

表 6-9　灵长类动物传播的部分人兽共患病

病名	病原	主要动物宿主	由动物传播到人的主要方式
艾滋病	艾滋病病毒	黑猩猩、大猩猩等类人猿	人类猎捕黑猩猩等灵长类动物
黄热病	黄热病病毒	猴，其他灵长类动物	蚊虫叮咬
埃博拉出血热	埃博拉病毒	猴、猩猩等灵长类动物，蝙蝠	接触感染动物及其组织、分泌物
猴痘	猴痘病毒	猴、猿类，松鼠、土拨鼠等啮齿动物	咬伤，接触感染动物及其组织、体液等
猴 B 病毒感染	猴 B 病毒	猕猴等灵长类动物	咬伤、抓伤、针头刺伤等
猿泡沫病毒感染	猿泡沫病毒	大猩猩、山魈、长尾猴等灵长类动物	咬伤、抓伤等

六、其他野生动物

除家畜家禽、伴侣动物、啮齿动物、蝙蝠、灵长类动物外，其他野生哺乳动物、野鸟、水生动物等也是重要的人兽共患病动物宿主。这些动物种类多、数量大、分布广，居于若干不同的生态链中，可彼此传播、交换病原。这些动物携带着复杂多样的病原，可通过直接接触人类、经虫媒叮咬人类、经家养动物接触人类等多种方式向人类传播病原。近些年来，随着全球人口不断增长、人类生活方式日益多样，通过开垦土地、砍伐森林、林下养殖、休闲旅游等多种方式，加大了人类与野生动物的接触界面，加速了野生动物病原向人类的传播，成为新发传染病增多的重要因素。此外，全球变暖引发的野生动物地理分布范围变化，可能引发"多物种避难所"，进而增加跨物种病毒的传播风险（Edward，2022）。

野生哺乳动物多分布在森林、草原、山地，可通过放牧的家畜、多种传播媒介，或直接接触牧民、猎人、旅游者，向人类传播病原。例如，狂犬病病毒、尼帕病毒、西尼罗病毒、汉坦病毒，以及莱姆病、鼠疫、兔热病、钩端螺旋体病和埃立克体病的病原体等，均为野生哺乳动物携带的人兽共患病原（Bengis et al.，2004）。研究表明，野生哺乳动物携带的病原体数量庞大，能感染人的病毒就有近万种，但其中绝大多数只在野生哺乳动物中传播（Edward，2022）。一般而言，野生动物是人类感染的罕见来源时，人间传播将呈现某种程度的持续性乃至永久性；野生动物是人类感染的常见来源时，野生动物种群是该病原体的主要宿主，人间持续传播则十分罕见（Bengis et al.，2004）。这在艾滋病、西尼罗热、炭疽、布鲁氏菌病中体现得非常明显。

野生候鸟也是重要的人兽共患病宿主，可通过接触留禽、家禽，或通过节肢动物，向人类传播病原。野鸟具有长距离飞翔能力，能够远距离传播人兽共患病。候鸟能够携带 H5 亚型等禽流感病毒，是导致全球高致病性禽流感扩散的因素之一。西尼罗病毒很可能通过感染鸟类传入美国，于 1999～2000 年沿着大西洋海岸到达佛罗里达州南部，与蚊子形成循环传播链，并于 2000～2002 年随鸟类迁徙路线向西扩展（Reed et al.，2003），现已导致数万人感染发病。候鸟还可携带螨、蜱、跳蚤、虱子等多种寄生虫，以叮咬等方式传播病原。

水生动物也可携带人兽共患病病原，成为部分传染病传播的重要风险因素。例如，日本血吸虫病以钉螺为中间宿主，人和多种哺乳动物接触螺体释放的尾蚴后，可感染发病。此外，水生动物（鱼、虾、蛤蜊、贻贝、牡蛎）携带的气单胞菌、大肠杆菌、沙门菌和弧菌等，也可通过食入或直接接触方式感染人类（Tusevljak et al.，2012）。随着研究深入，发现部分病原可在软体动物和人类间自然传播，提示有必要修改人兽共患病的定义。

总体来看，能够突破种间屏障的人兽共患病病原，往往拥有多种动物宿主。40%以上的人兽共患病病原拥有 3 种及以上动物宿主（Mark et al.，2005）。对人兽共患病宿主进行分类鉴定，有助于提高监测和干预的针对性，从而迅速遏制甚至有效预防人兽共患病大流行。已经有研究者开发了通过分析病毒的 DNA 或 RNA 序列来预测病毒宿主的各种计算工具（Mock et al.，2021）。

需要指出的是，人兽共患病的传播主要是从动物到人，有些也可从人传播给动物。例如，人感染的结核分枝杆菌能够感染牛（Ocepek et al.，2005），人类的耐甲氧西林金黄色葡萄球菌也能传染给犬、猫等伴侣动物（Bender et al.，2012）。这些都提示要在"同一健康"理念下，多部门共同应对人兽共患病。

第三节　节肢动物媒介

节肢动物媒介是指可以携带病原微生物并危害人畜健康的一类节肢动物，也可被视为一类特殊的动物宿主。这类动物是动物界最大一门，种类超过百万，约占全部动物种类的 85%，对环境适应力特别强，既可在海洋、河湖、高山、土壤栖息，又可在动物、植物和人体寄生；既能长时间隐性携带病原体，又能通过吸血、接触等多种方式，在家畜家禽、野生动物和人类间传播疾病，例如，蚊传登革热、西尼罗热、蜱传莱姆病、Q 热，螨传流行性出血热、恙虫病，蚤传鼠疫，蜚蠊传炭疽等（Rahman et al.，2020）。WHO 评估指出，虫媒病约占全球传染病负担的 17%左右，每年导致 70 多万人死亡，且 80%的人口生活在虫媒病风险区（WHO，2017），因而具有重要的公共卫生意义。现就蚊、蜱、螨等节肢动物的人兽共患病媒介作用进行简要分述。

一、蚊

蚊（mosquito）属双翅目（Diptera）蚊科（Culicidae），蚊科又分按蚊、库蚊、巨蚊 3 个亚科。世界范围内已知有 40 属 3500 余种蚊，我国有 18 属 390 余种。蚊的发育为完全变态，生活史分为卵、幼虫、蛹和成虫 4 个时期，前三个时期生活于水中，成蚊生活于陆地。根据种类、湿度、温度等不同，成蚊的寿命为 2～4 周，一年可繁殖 7～8 代。雌蚊的寿命通常比雄蚊长，必须吸食人或动物的血液，其卵巢才能发育，从而产卵并繁衍后代。雄蚊不吸血，只吸食植物汁液及花蜜。

不同的蚊种对宿主有不同的偏好，有的偏嗜人血，但其选择性并不严格，故可通过叮咬方式，在宿主动物和人类间相互传播疾病。在众多节肢动物中，可由蚊类传播的病毒种类最多，约占虫媒病毒总数的 50%。WHO 提出的十大热带病中，疟疾、淋巴丝虫病、登革热即由蚊虫传播（UNDP et al.，2000），水泡性口炎、流行性乙型脑炎、裂谷热、西尼罗热、黄热病等也可由蚊虫传播（表 6-10）。

表 6-10　蚊传的部分人兽共患病

病名	病原	主要动物宿主	人类感染的主要方式
疟疾	疟原虫	灵长目动物、啮齿目动物、蜥形纲动物	蚊子（按蚊属）叮咬
流行性乙型脑炎	日本脑炎病毒	猪、马、鸟、牛、羊、驴、骡、犬、猫、鸡、鸭、田鼠、蝙蝠、蛇等多种动物	蚊子（库蚊属、伊蚊属和按蚊属）叮咬
登革热	登革病毒	蚊、猴	蚊子（伊蚊属）叮咬
淋巴丝虫病	班氏丝虫、马来和帝汶丝虫	猴、猫、沙鼠等多种脊椎动物	蚊子（库蚊属和按蚊属）叮咬
裂谷热	裂谷热病毒	牛、羊、骆驼、灵长类动物、犬、猫	接触感染动物组织，蚊子（伊蚊属和库蚊属）叮咬，气溶胶

病名	病原	主要动物宿主	人类感染的主要方式
西尼罗热	西尼罗病毒	鸟类、马、牛等哺乳动物	蚊子（库蚊属）叮咬
基孔肯亚出血热	基孔肯亚病毒	猴、啮齿动物	蚊子（伊蚊属）叮咬，气溶胶
东方马脑炎	东方马脑炎病毒	马、鸟	蚊子（脉毛蚊属）叮咬
西方马脑炎	西方马脑炎病毒	马、鸟	蚊子（库蚊属）叮咬
委内瑞拉马脑炎	委内瑞拉马脑炎病毒	马、啮齿动物	蚊子（伊蚊属、库蚊属）叮咬
水泡性口炎	水泡性口炎病毒	马、牛、猪和猴易感，野羊、鹿、野猪、浣熊、刺猬等多种动物可感染	接触感染动物分泌物，消化道感染，蚊子（库蚊属）、白蛉叮咬
罗斯河热	罗斯河病毒	小袋鼠	蚊子（伊蚊属）叮咬
黄热病	黄热病病毒	猴，其他灵长类动物	蚊子（伊蚊属）叮咬
寨卡	寨卡病毒	野生灵长类动物	蚊子（伊蚊属）叮咬

二、蜱

蜱（ticks）属蛛形纲（Arachnida）寄螨目（Parasitiformes）蜱总科（Ixodoidea）。世界范围内已发现约19属907种蜱，分别是硬蜱科720种、软蜱科186种和纳蜱科1种（Barker and Murrell，2008）。我国约分布有10属117种蜱，包括硬蜱科104种和软蜱科13种（Chen et al.，2010）。不同蜱的分布与气候、地势、土壤、植被和宿主有关，主要生活在山林、草原、丘陵的草丛和植物上，也可寄生于牲畜皮毛间。

蜱虫发育分为卵、幼虫、若虫和成虫四个时期，幼虫、若虫、雌雄成虫都吸血。根据蜱虫更换宿主的次数，可分为单宿主、二宿主、三宿主、多宿主四种类型。多数蜱的宿主广泛，如全沟硬蜱的宿主包括200种哺乳动物、120种鸟和少数爬行类，并可侵袭人体，从而成为多种病毒、细菌、立克次体、原虫等病原的传播媒介。有研究表明，蜱是传播病原种类最多的节肢动物媒介（Bowman et al.，2004），也是人类传染病的第二大节肢动物传播媒介（Parola and Raoult，2001），还给畜牧业带来重大损失，估计全球约有80%的牛感染蜱虫（Bowman et al.，2004）（表6-11）。

表6-11　蜱传的部分人兽共患病

病名	病原	主要动物宿主	人类感染的主要方式
莱姆病	伯氏疏螺旋体	啮齿动物，绵羊，小型哺乳动物	硬蜱属多种蜱叮咬
无形体病	嗜吞噬细胞无形体	白足鼠、白尾鹿、牛、山羊等	硬蜱属多种蜱叮咬，接触体液等
埃立克体病	埃立克体	白尾鹿、犬、鼠、山狮、獐、马、羊等	黄色血蜱、卵形硬蜱、全沟硬蜱等叮咬
落基山斑疹热	立克次体	犬、鼠、兔	硬皮蜱、安氏革蜱等叮咬
蜱传回归热	包柔氏体	啮齿动物，草食家畜、犬、蝙蝠等	软蜱属钝缘蜱叮咬
Q热	伯氏柯克斯体	牛、羊、犬、猫、鸟类	血蜱属、扇头蜱属、璃眼蜱等叮咬，气溶胶，接触感染动物的胎盘及排泄物
森林脑炎	蜱传脑炎病毒	啮齿动物、猴、羊等	篦籽硬蜱、全沟硬蜱、边缘革蜱等叮咬
野兔热	土拉弗朗西斯菌	野兔、野生啮齿动物是储存宿主，猪、牛、羊等多种家畜易感	直接接触（可透过健康皮肤），蜱叮咬，消化道，气溶胶
巴贝斯虫病	巴贝斯虫	白足鼠，小型哺乳动物	蜱叮咬，输血感染，母婴传播
发热伴血小板减少综合征	新型布尼亚病毒（大别班达病毒）	多种脊椎动物和节肢动物，可感染小鼠	长角血蜱等叮咬
波瓦桑病毒病	波瓦桑病毒	鼠类等	肩突硬蜱、考克硬蜱、刺须硬蜱等叮咬
科罗拉多蜱热	科罗拉多病毒	啮齿动物	安氏革蜱等叮咬
北亚蜱传立克次体病	西伯利亚立克次体	小型啮齿动物	草原革蜱、边缘革蜱等叮咬，或接触其粪便

三、螨

螨类属于蛛形纲（Arachnida）蜱螨亚纲（Acari），是蜱螨亚纲中除蜱以外所有物种的总称。世界范围内已知的螨约有 5 万种，归属于 2 目 6 亚纲 105 总科 380 科，常见的有尘螨、粉螨、革螨和疥螨等。螨一般小于 1mm，分布广泛、繁殖快，能孤雌生殖，对环境适应能力强，可寄生于草丛、土壤、水体、动物以及人体。螨类生活史分卵、幼虫、若虫和成虫等期，多数营自由生活，杂食或捕食性，食其他螨类、小昆虫及其卵，以及腐烂有机物；少数寄生于植物、动物或人体，刺吸液汁或血液。人类生活环境中，常有多种螨类存在，成年人螨虫感染现象普遍。恙虫病、流行性出血热等可以螨为媒介传播，多为自然疫源性疾病，常呈地方性流行。

四、蚤

蚤属于昆虫纲（Insecta）蚤目（Siphonaptera）。全世界共记录蚤 2500 多种，我国已发现约 650 种。蚤目昆虫通称跳蚤，体型微小，能爬善跳，雌雄虫均吸血且耐饿能力较强。在宿主死亡、互相残食、迁徙时常发生宿主迁移和转换，从而在宿主间传播疾病。该目昆虫可分为广宿主、寡宿主和单宿主三型，其地理分布主要取决于宿主的地理分布，鸟纲、食虫目、翼手目、兔形目、啮齿目、食肉目、偶蹄目、奇蹄目等温血动物身上常有蚤类寄生，有些蚤种随人类、家畜家禽和家栖鼠类活动而广泛分布。

人蚤和禽角头蚤都为广宿主型，是重要的人兽共患病传播媒介。例如，人蚤是蚤类中与人关系最密切的一种跳蚤，同时又可寄生于犬、猫、鼠等 730 多种哺乳动物；禽角头蚤为家禽寄生蚤，又可侵袭人和犬、猫、刺猬、兔、鼠等动物，是鼠疫、鼠疫斑疹伤寒等人兽共患病的重要传播媒介。

五、蝇

蝇属于昆虫纲（Insecta）双翅目（Diptera）环裂亚目（Cyclorrhapha）。全世界已知蝇约 12 万种，我国已发现 4200 余种。蝇为完全变态昆虫，20℃以上比较活跃，一般每年可繁殖 7～8 代，有时可达 10 代以上。蝇类可分为非吸血性和吸血性两种，绝大部分为非吸血性，具体又分为蜜食性、粪食性和杂食性三类，后者以人和动物的食物、排泄物、分泌物和腐败动植物为食，边吐、边吸、边排粪，可机械性传播阿米巴痢疾、结核病等。少部分如螫蝇亚科厩螫蝇则为吸血性，吸食家畜血液，偶尔吸食人血，除影响家畜健康外，还能传播炭疽、钩端螺旋体等。此外，非洲采采蝇以人类、家畜及野生猎物的血为食，可在人和家畜间传播布氏冈比亚锥虫和布氏罗得西亚锥虫，是昏睡病的重要媒介；还有些蝇类幼虫可侵害人和脊椎动物，导致蝇蛆病发生，如牛皮蝇幼虫所致的皮肤蝇蛆病等。

六、蠓

蠓属于昆虫纲（Insecta）双翅目（Diptera）蠓科（Ceratopogonidae）。全世界已知蠓约 5000 种，我国已发现 1000 余种。常见的蠓有勒蠓、库蠓和拉蠓。蠓是全变态昆虫，生活史与温度关系密切，广泛分布于世界各地，多栖息于山区和溪边的草坪、树林、竹林、杂草、洞穴等处。绝大多数种类蠓的吸血活动是在白天、黎明或黄昏进行，以刺吸牛、马、猪等哺乳动物血液为主，也刺吸人类、家禽和野鸟的血液，可传播丝虫病、野兔热等多种疾病。

七、蜚蠊

蜚蠊俗称蟑螂，属于昆虫纲（Insecta）蜚蠊目（Blattaria）。全世界已知蜚蠊约 5000 种，我国已发现 250 余种。蜚蠊是世界上最古老、繁衍最成功的一类昆虫，喜欢昼伏夜出，分布广泛，与人类关系密切。蜚蠊可携带、传播多种病原，甚至可以储存、排出病毒。蜚蠊可人工感染鼻疽、炭疽、结核等病菌，携带蛔虫、线虫、蛲虫、鞭虫等多种蠕虫卵以及痢疾阿米巴、肠贾第虫等原虫。

总体来说，节肢动物种类繁多，除上述七类节肢动物外，蚋、虻、蛉、臭虫、锥蝽、蟹、蛛、蝎、蜈蚣、马陆、舌形虫等也可携带病原体，传播多种疾病，如白蛉热、利什曼病、巴尔通体病等。另需指出的是，有的病原可寄生在多种虫体，出现多路径传播，如西尼罗热可由蚊和蜱传播，丝虫可由蠓、蚋、蚊传播，从而增加了疾病防控难度（表6-12）。

表6-12　其他节肢动物传播的人兽共患病

病名	病原	主要动物宿主	媒介生物种类	人类感染的主要方式
恙虫病	恙虫病立克次体	鼠类等啮齿动物是主要宿主，兔、家禽和鸟类也能感染	螨	螨虫叮咬
立克次体痘	小蛛立克次体	豚鼠等啮齿动物，家畜	螨	革螨叮咬
流行性出血热	汉坦病毒	鼠类等啮齿动物	螨	气溶胶，接触老鼠分泌物，被鼠咬伤，螨虫叮咬，母婴传播
地方性斑疹伤寒	莫氏立克次体	家鼠，牛、羊、猪、马	蚤	鼠蚤叮咬
鼠疫	耶尔森菌	老鼠等野生啮齿动物	蚤	鼠蚤叮咬，接触被污染的食物或水，空气飞沫
痢疾阿米巴	阿米巴原虫	猴、犬、猪等	蝇、蜚蠊	经口感染，接触污染物，接触携带包囊的蝇、蜚蠊
牛皮蝇蛆病	牛皮蝇	牛、人、马、驴、羊等	皮蝇	雌蝇产卵于人的毛发等处，孵出的幼虫钻入皮内
贾第虫病	贾第鞭毛虫	哺乳动物、鸟类、两栖类和啮齿动物	蝇、蜚蠊	接触蝇、蜚蠊（包囊可在其消化道内存活）
丝虫病	丝虫	犬、家畜和野生动物	蠓、蚋、蚊	经库蠓、蚋、蚊叮咬
炭疽	炭疽杆菌	牛、羊、马等草食动物高度易感，其他多种哺乳动物可感染	蚊、虻、蝇、蜱、螨、蜚蠊等吸血昆虫	职业接触为主，昆虫叮咬也可致病
白蛉热	白蛉热病毒	猴，鼠类等小型哺乳动物	白蛉	白蛉叮咬
利什曼病	利什曼原虫	犬、猫、牛、马、绵羊、鼠、海豚等	白蛉、罗蛉	雌性白蛉叮咬

受全球气候变暖、农牧业开发空间拓展等多种因素影响，目前虫媒传播的疾病呈现出三种趋势。一是新发病不断出现，如发热伴血小板减少综合征既可通过蜱虫叮咬传播，也能在人间接触传播，发病急、进展迅速、致死率高，逐渐成为一个重要的公共卫生问题。二是传播范围明显拓宽，随着全球变暖，一些节肢昆虫分布范围拓展，导致登革热、裂谷热、西尼罗热等虫媒病传播范围扩大。三是流行频率不断增强，气温升高时病毒在蚊虫体内潜伏期缩短，随着全球变暖，节肢动物更加活跃，导致西尼罗热等疾病的发生频率大幅增加。

第四节　自然疫源地

人兽共患病具有多宿主性，如鼠疫、炭疽、西尼罗热、裂谷热、Q热等，有的可以感染多种野生动物，有的可以感染多种节肢动物媒介，从而形成自然疫源地，以森林循环、草地循环、城镇循环等方式长期存在。

一、疫源地

疫源地是指传染源及其排出的病原体向四周扩散所能波及的范围，既包括传染源的停留场所，也包括传染源可能波及的周围区域，即可能发生新病例或新感染的范围。疫源地除了包括传染源之外，还包括传染源污染的居住地、牧场、可疑感染动物和储存宿主等。

构成疫源地，需要两个相互依靠的条件：一是存在传染源，二是病原体能够继续传播。大多人兽共患病以动物作为传染源，感染的鼠类等啮齿动物、蚊蠓等节肢动物，以及感染的人员和家畜、家禽、野禽等，都是重要的传染源。疫源地是流行过程的基本单位，任何一个疫源地既是前一个疫源地的发展，又是下一个疫源地的基础。一系列相互联系、相继发生的疫源地，构成传染病的流行过程。只有传染源、传播途径和易感群体三个环节互作，才能发生新疫源地，使流行过程得以延续。

疫源地的范围因病而异，主要取决于传染源的活动范围、病原传播方式、人畜易感程度三个因素。当传染源活动范围较大、传播距离较远、周围易感群体多时，疫源地的范围也就相对较大。例如，疟疾以按蚊为传播媒介，按蚊迁飞半径内存在易感人群和动物的区域，都可视为疫源地。

在法定人兽共患病防控中，疫源地的范围决定了防控措施应该覆盖的范围。一般而言，传染源所在场所应划定为疫点，疫源地所涵盖区域则应划定为疫区。对于动物传染源而言，一般采取隔离、治疗、淘汰等措施；发生烈性人兽共患病时，有时还要采取强制扑杀、无害化处理等措施。对于疫源地而言，除了控制传染源，还要实施区域管控、环境清洗消毒、控制传播媒介、保护易感人群和动物等。

疫源地的消灭，需要同时具备三个条件：一是传染源被移走，包括治愈、死亡、无害化处理等；二是传染源散播在环境中的病原体被彻底清除，传播途径已经被阻断；三是所有易感的接触者，在最长潜伏期内未再发病或证明未受感染。

二、自然疫源地

有些病原体，在没有人类或家养动物参与的自然条件下，也可通过传播媒介（主要是吸血昆虫）感染宿主（主要是野生脊椎动物），并在该自然环境中长期循环往复。此种条件下，人和家养动物的感染及流行，对于自然界病原体的续存已经不再必要，这种现象可称为自然疫源性。具有自然疫源性特点的传染病，即为自然疫源性疾病，如蜱传脑炎存在于原始森林中，其病原体可在全沟硬蜱和某些动物宿主中循环往复，当人类进入森林中被感染蜱叮咬后，则可能感染发病。

存在自然疫源性疾病的地区即为自然疫源地。自然疫源地一般具有独特的生态系统，如原始森林、沙漠、草原、深山、沼泽、荒岛等。有的自然疫源地呈带状分布，被称为自然疫源地带，如日本血吸虫病的自然疫源地与钉螺分布有关，其流行区的北界往往在北纬 36°，我国的流行区北界却位于北纬 33°15′；流行性乙型脑炎的自然疫源地与蚊媒分布有关，大致分布在南纬 8°至北纬 46°和东经 87°～145°。有的自然疫源地具有独特的地理或生态屏障，被分割成若干独立自然疫源地，如里海西北部的鼠疫区，被乌拉尔河、伏尔加河和里海分隔成若干独立的自然疫源地。因水系和中间宿主螺体不同，曼氏血吸虫、埃及血吸虫、日本血吸虫也都被限制在不同地理生态区。

需要指出的是，受气候条件和人类活动的影响，自然疫源地并非一成不变。例如，全球气候变暖，可能导致钉螺和有关蚊媒北移。再如，当前的农业扩张、森林开发、城市化加快等，均可不同程度地改变原有生物群落，使病原体赖以生存循环的宿主、媒介等发生变化，从而导致自然疫源地的增强、减弱或消失。某种程度上讲，我们使用药物杀灭钉螺、利用不育技术控制蚊媒种群，就是通过改变自然疫源地来达到防控虫媒病之目的。

三、自然疫源性疾病的多种循环链

狂犬病、西尼罗热、登革热、尼帕病毒病等病毒病，鼠疫、炭疽、布鲁氏菌病、结核病等细菌病，包虫病、血吸虫病等寄生虫病，以及 Q 热、鹦鹉热、钩端螺旋体病等多种传染病，都属于自然疫源性疾病，既可在自然环境的野生动物和传播媒介中长期循环往复，又可以特定方式传播到人类和家养动物。准确把握该类疾病的内部循环及其对人畜的扩散方式，才能更好地控制传染源、切断传播途径、保护易感群体。现选择部分重点病种，就其在自然疫源地的内部循环和对外扩散方式进行简要介绍。

（一）西尼罗热

西尼罗热是由西尼罗病毒引起的一种由蚊子传播的人兽共患病，主要感染鸟类、人类和马，可引起发热、脑膜炎、脑炎甚至死亡。鸟类是西尼罗病毒的储存宿主，在鸟类的 29 个目中，已有 24 个目共 225 种鸟检测到西尼罗病毒感染。蚊子是主要传播媒介，西尼罗河病毒经鸟—蚊—鸟途径，维持其自然疫源性。人被带毒蚊虫叮咬后，约有 20%出现症状。未免疫马被带毒蚊虫叮咬后，表现出临床症状者死亡率可达 30%。由此可知，西尼罗热存在两条传播链：一条是在旷野和森林中，病毒通过野鸟和蚊子循环传播；另一条是在城镇和乡村，病毒在与人类生活圈有关联的鸟类，以及吸食人血、鸟血、马血等的蚊子之间进行传播（Chancey et al.，2015）。特别需要指出的是，野鸟迁徙可导致病毒长距离传播（图 6-1）。

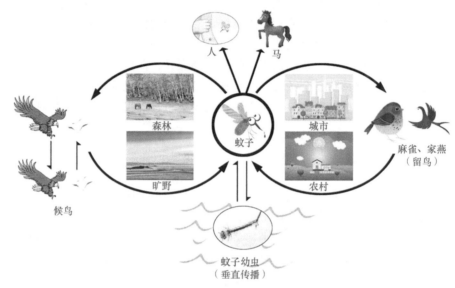

图 6-1　西尼罗热病毒的循环传播链示意图

（二）狂犬病

狂犬病是狂犬病毒引起的所有温血动物和人的一种急性致死性脑脊髓炎，潜伏期长，致死率几乎 100%。狂犬病分布广泛，除南极洲和大洋洲外，其他各洲均有疫情，且存在森林栖息地循环和城镇循环两条循环链（周宏鹏等，2015）。森林栖息地循环链，也称野生动物循环链，主要分布在北半球，由自然界的红狐、浣熊、臭鼬、狼、蝙蝠等野生动物宿主构成。城镇循环链则与人的日常生活区高度重合，犬是主要的储存宿主，广泛存在于非洲、亚洲以及中南美洲。人类和家畜进入森林，或者蝙蝠和野生动物进入人类生活区，偶尔可发生病毒交换活动（Fooks and Jackson，2008）。因此，一些地方可同时存在两种循环链（图 6-2）。

（三）包虫病

包虫病也称棘球蚴病，是由棘球绦虫幼虫（棘球蚴）所致的慢性寄生虫病。犬、狼、狐等犬科动物是棘球绦虫的终末宿主和主要传染源，其中犬是最主要的传染源。人类和羊、牛、马、骆驼等草食动物，以及啮齿动物是棘球绦虫的中间宿主，即棘球蚴的寄生宿主。棘球蚴被终末宿主吞食后，在其肠内发育成熟，其虫卵和孕节随粪便排出，可污染动物皮毛和周围的牧场、蔬菜、土壤及水源等。当中间宿主误食虫卵和孕节后，六钩蚴在其肠内孵出并经肠壁随血循环进入肝、肺等器官，进而发育成棘球蚴。因此，包虫病往往在动物-动物之间、人-动物之间形成多种循环方式：一是草原野生肉食动物、啮齿动物、反刍动物之间，通过捕食-被捕食关系形成的天然循环；二是牧区犬和羊、牛、马等草食家畜间形成的循环；三是农区和半农半牧区的犬、猫和啮齿动物间形成的循环（Romig et al.，2017）。三个循环之中，人类误食或吸入虫卵，即可感染（图 6-3）。

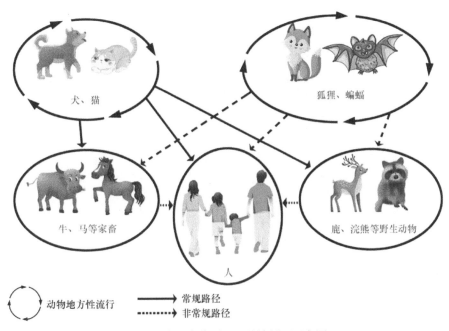

图 6-2　狂犬病的森林循环和城镇循环示意图

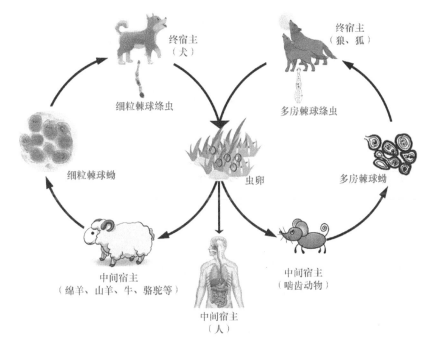

图 6-3　包虫病的天然循环和家养动物循环示意图

（四）血吸虫病

血吸虫病是由血吸虫寄生所引起的人兽共患病,目前在 70 多个国家流行,每年致 28 万人死亡(Nelwan,2019)。人和多种哺乳动物,如牛、猪、犬等家养动物及沟鼠、野兔等野生动物,都是血吸虫的终末宿主,也是该病的传染源。钉螺是血吸虫的中间宿主。血吸虫的传播途径包括虫卵入水、毛蚴孵出、侵入钉螺、尾蚴从螺体逸出和侵入终末宿主。在此循环传播链中,含有血吸虫卵的粪便污染水体、水体中存在钉螺和终末宿主接触疫水是三个重要环节(唐家琪,2005)(图 6-4)。

131

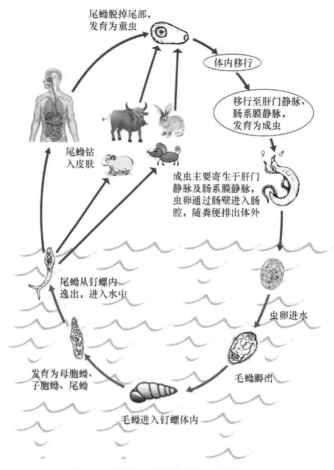

图 6-4　血吸虫循环传播链示意图

第五节　人兽共患病对社会经济的影响

人兽共患病种类多，传播方式多样，能够在人和脊椎动物之间自然传播，除给人类生命健康、养殖业健康发展带来直接影响外，还会对经济社会发展带来广泛而深远的影响。

一、严重威胁人类生命和健康

伴随着人类活动范围的拓展，目前人兽共患病已经超过 800 种，其中约 10%可以在人间广泛传播，25%能够在人间进行某种程度的传播，其余大多数能够偶尔传播到人。

能够在人间广泛传播的病种，往往具有传播途径多、速度快、范围广的特点，很容易形成区域乃至全球大流行，对人类生命安全的影响最大。例如，14 世纪欧洲鼠疫，曾导致欧洲约 5000 万人死亡；1918 年开始的西班牙流感，造成全球约 10 亿人感染，数千万人死亡；2009 年，美国首次暴发的甲型 H1N1 流感，预计导致全球 28 万人死亡，波及 214 个国家和地区。从历史的维度看，随着日益频繁的国际旅游和贸易，传染病人间大流行的风险越来越高；但随着科学技术特别是医疗技术进步，患者病死率已经出现了明显下降。

由家畜传播到人的一些古老传染病，如布鲁氏菌病、包虫病、囊虫病等，迄今仍在非洲、亚洲、拉丁美洲部分地区流行。例如，包虫病患者每年新增 20 万人，布鲁氏菌病患者每年新增 50 万人（Libera et al.，2022），囊虫病患者每年新增 5000 万人（Karesh et al.，2012）。这些潜在传播的人兽共患病，虽然对人的致死率不高，但严重影响患者劳动能力、生活质量。食源性疾病感染的问题仍然不可忽视，如沙门菌是美国最重要的食源性疾病的病原之一，每年可导致 135 万人感染（Libera et al.，2022）。欧盟 2020 年曾暴发了 3086 起食源性疫情，造成 2 万余人感染（EFSA and ECDC，2021）。

有些传播能力不强、呈零星散发的人兽共患病，如狂犬病、疯牛病、炭疽等，尽管流行范围和强度不大，但其致死率极高，容易引发社会恐慌。例如，狂犬病每年导致约 7 万人死亡；全球新型克-雅病患者 233 名已全部死亡，病死率均为 100%。此外，埃博拉、H5N1 亚型禽流感、裂谷热等人兽共患病，也有相对较高的病死率。不同国家和地区的埃博拉病死率为 25%～100%（Singh et al.，2017）。

二、严重影响养殖业健康发展和食物供给安全

800 多种人兽共患病中，有 550 余种感染家养动物，620 余种感染野生动物，既给养殖业发展带来严重危害，也给人兽共患病防控工作带来严重困难。

布鲁氏菌病、奶牛结核病、锥虫病、肝片吸虫病等古老的人兽共患病，虽然对家畜的致死率不高，但可使母畜流产、幼畜生长受阻，肉品、乳品等生产性能下降 70%以上（Rahman et al.，2020），一度严重影响畜牧业发展。当前，这些疾病对发达国家影响甚微，但对发展中国家危害严重，如布鲁氏菌病、牛结核病、锥虫病分别使易感动物减产 8%、6%、15%，裂谷热感染的孕畜流产率可达 100%，肝片吸虫病给畜牧业带来的年度损失超过 30 亿美元，包虫病给畜牧业带来的年度损失高达 5 亿～20 亿美元（WHO，2010）。

疯牛病、尼帕病等新发人兽共患病对动物的直接影响虽然不大，但为了维护公共卫生安全，往往需要对感染和暴露动物采取严厉的强制扑杀措施，从而对养殖业带来严重影响。例如，英国 20 世纪发生疯牛病后，屠宰病牛、暴露牛超过 1100 万头；马来西亚 1997 年发生尼帕病后，扑杀生猪 130 万头，直接经济损失达 5 亿美元；美国今年暴发 H5 亚型高致病性禽流感疫情后，累计死亡和扑杀家禽数量超过 4000 万，导致当地鸡蛋价格暴涨 50%以上。

动物产品是人类赖以生活的重要蛋白来源。在一些贫穷国家中，家畜给居民提供的蛋白质来源占 6%～36%。未来的全球人口增长和饮食结构改变，对动物源性产品提出了刚性增长需求。因此，人兽共患病防控密切关系到全球食物供给安全。

三、严重影响经济社会发展

为防控人兽共患病而采取的措施，往往给经济社会发展带来广泛影响。1995～2008 年，人兽共患病对全球经济的影响超过 1200 亿美元（Cascio et al.，2011）；SARS 患者尽管不足 9000 人，但对全球经济的影响超过 300 亿美元（Newcomb et al.，2011）。具体分析，其影响至少包括以下方面。

1. 阻碍农产品国际贸易

为了维护农产品国际贸易安全，WTO 允许各成员实施必要的卫生与动植物卫生措施。如果某国发生动物疫情特别是人兽共患病时，其他国家往往很快对易感动物及其产品发布贸易禁令，由此给农产品国际贸易带来严重影响。2004 年前后的禽流感疫情，曾导致全球 2005 年禽肉出口量下降 1/4 还多。美国于 2003 年发生疯牛病后，大多数国家开始禁止进口美国牛肉，使美国 2004 年的经济损失超过 2000 亿美元（Coffey et al.，2005）。欧洲、美国、加拿大、日本的疯牛病疫情，大大改变了全球牛肉产业格局。

2. 影响旅游和运输产业

由于人员、动物及相关物流可长距离传播疫情，有时需要强化隔离、检疫等必要的防控措施，由此影响运输、旅游发展。2004 年的禽流感疫情，曾给东南亚旅游业造成数百亿美元的经济损失。2014 年的西非埃博拉疫情期间，全球航空公司股价环比下跌 4%。

3. 影响全球减贫目标

消除一切形式的贫困，是联合国 2030 年可持续发展议程设定的第一目标。全球大约有 10 亿贫困人口以牲畜为生，畜牧业对发展中国家 60%的家庭发挥着重要作用。对贫困家庭而言，人兽共患病不仅影响收入，还会因疾病诊治而带来沉重负担，因病致贫的情况时有发生。例如，锥虫病给非洲畜牧业造成的年度损失，一度超过 45 亿美元（WHO，2002），每个患者的医药费需要 150～800 美元（WHO，2010）。当前，包虫病的人畜防治费用高达 30 亿美元（WHO，2021），狂犬病防控成本超过 5.8 亿美元（Knobel et al.，2005）。

4. 影响正常社会秩序

人兽共患病疫情发生后，为防止出现聚集性疫情，有时需要采取学校停课、娱乐场所停业、体育赛事延期等一系列措施。此外，居民恐慌心理、动物产品消费信心下降等，还会带来养殖、餐饮等领域人员失业的问题。

四、其他方面的潜在影响

人兽共患病对生态环境的影响是多方面的。有些人兽共患病的病原，如炭疽杆菌的芽孢可在土壤中存活数年，形成自然疫源地。有些人兽共患病，可在家养动物和野生动物间循环传播，对生物多样性造成潜在影响。人兽共患病防控，其本质是要改变病原与人类、动物、环境的互作关系，处理不当有可能带来环境风险。例如，对环境进行消毒、对染疫动物进行处理、对虫媒进行绝育等不够规范，都可能带来环境问题；对患者和患畜用药不够规范，则可能引发耐药性问题。

历史上，鼻疽杆菌、鼠疫菌、炭疽菌等曾被用作生物武器，提示需要加强病原微生物实验室管理工作。研究表明，可潜在用于制作生物武器的病原体，80%为人兽共患病的病原。

第六节　预防与控制策略

全球新发病高频次发生、微生物耐药性日益突出、传统人兽共患病持续流行等问题，迫使人们重新思考人兽共患病的防控策略。国际社会普遍意识到，必须强化系统思维，正确认识人类、动物、植物和环境之间的互作关系，采取综合性、一体化的卫生措施，提升人兽共患病防控效能。

一、深化"同一健康"理念，完善联防联控机制

近些年，由于人类、动植物和环境健康受到威胁的频率和程度不断增加，"同一健康"概念日益受到国际社会关注且内涵不断演变。其核心内容是建立跨部门、跨学科、跨阶层、跨地域的联动机制，正确认识和处理人类—动物—环境界面的风险，促进人类、动物、植物和生态系统的健康，实现可持续发展目标。

（一）"同一健康"概念的提出

随着人们对医学和兽医学关系的认识不断加深，卡尔文·施瓦贝（Calvin Schwabe）博士早在 1964 年就提出"同一医学"的概念。进入 21 世纪后，随着全球新发病不断发生，国际野生动物保护协会（WCS）威廉·卡雷什（William Karesh）博士认为"人或家禽或野生动物的健康不能割裂来讨论，它们是一个整体"，并提出了"同一健康（One Health）"概念，引起国际社会广泛关注。此后，WCS 和联合国粮农组织（FAO）等相继提出了"同一世界·同一健康"的理念。2010 年，FAO、世界动物卫生组织（简称WOAH，2022 年 5 月 31 日前简称 OIE）和 WHO 共同签署协议，提出全球"同一健康"协调行动计划，成立全球"同一健康"联盟，标志着"同一健康"由理念进入行动阶段。

（二）"同一健康"理念的深化

近些年来，国际社会深刻认识到，经济发展虽然大大增进了民生福祉，但有些做法没有充分考虑到生物多样性或生态系统的健康，有的还以牺牲生态系统、环境健康和动物福祉为代价，使自然系统持续面临着巨大压力。例如，受人口扩张、土地开发、气候变化等因素影响，新发病快速增加，随时可能出现；地方流行性人畜共患病、被忽视的热带病和虫媒病持续存在，给贫困地区带来沉重负担；抗生素耐药性形势日益严峻，2019 年就有 127 万人死于细菌性 AMR，对全球可持续发展带来严重影响。这些问题相互关联、互为影响，必须采用系统方法加以解决。

为了采取更加综合的方法应对人类、动物和生态系统健康面临的挑战，2022 年 3 月，FAO、WOAH、WHO 三方邀请联合国环境规划署（UNEP），加入"同一健康"联盟，将"同一健康"定义为"可持续地

平衡和优化人类、动物、植物和生态系统健康的一种综合性、一体化方法"。该方法认识到人类、家养和野生动植物以及更广泛的生态环境系统是紧密联系和相互依赖的，旨在动员社会不同层级，为促进人类福祉而开展多部门、跨学科、各阶层协同的工作，共同应对健康和生态系统面临的威胁，就气候变化采取行动，满足对清洁饮水、能源、空气以及安全营养食品的集体需求，促进可持续发展（FAO et al.，2022）。

（三）"同一健康"的实践

当前，国际社会日益广泛认识到"同一健康"作为一种长期、可行、可持续方法的重要性。从七国集团和二十国集团到联合国粮食系统峰会，"同一健康"一直列在全球议程之中，联合国粮食系统峰会甚至提出了"同一健康承诺"，其实质都是促进跨部门、跨学科、跨阶层、跨区域合作，建立起针对新发病、人兽共患病、食品和水安全危害、微生物耐药性和环境健康风险的强大联防联控机制。

在部门合作层面，FAO、WOAH 和 WHO 堪称政府间组织合作的典范。近些年，三方已经合作或协商制定了全球跨境动物疫病防控（GF-TAD）、抗微生物药物耐药性全球行动计划、2021—2030 年被忽视的热带病路线图等综合行动计划，并针对高致病性禽流感、非洲锥虫病、狂犬病、人畜共患结核病等重要疾病制定了专项行动计划，在推动建立人兽共患病联防联控机制方面发挥了表率作用。当前，三方正在会同 UNEP 起草《同一健康联合行动计划（2022—2026）》，把降低新发人病发生风险、控制和消除地方流行性人兽共患病危害、遏制微生物耐药性大流行作为重点任务。WHO 和 WOAH 还将对各成员执行《国际卫生条例》、《国际动物卫生法典》的情况实施评估，促进各成员强化机构建设，提升人兽共患病防控能力。

在学科融合层面，国际社会高度重视跨学科交流。例如，FAO、WOAH、WHO 和 UNEP 于 2021 年联合成立了一个新的健康一体化高级别专家小组，全面分析关于导致人兽共患病从动物传播到人类或反向传播的因素，审议人类活动对环境和野生动物栖息地的影响，确认能力差距，提出预防和控制人兽共患病暴发的好办法（WHO，2021）。

在阶层合作方面，国际社会非常重视通过"公私合营"方式，争取使社会各方在防控人兽共患病方面投入更多资金。例如，比尔及梅琳达·盖茨基金会曾投资 151 亿美元支持非洲锥虫病和利什曼病防控行动；安万特医药也投资 2500 万美元支持非洲锥虫病防控行动（WHO，2002）。此外，鼓励和动员社区共同参与行动，是保证人兽共患病防控工作持续性发展的重要方面。

在国家层面，我国在包虫病、布鲁氏菌病、狂犬病和细菌耐药性防控方面建立的多部门合作机制，在防控人兽共患病和细菌耐药性方面发挥了重要的作用。英国、法国、德国、意大利等绝大多数欧洲国家，逐步把兽医监管、食品安全监管交由一个部门承担，实现一个部门对农产品种植、养殖、加工到餐桌的一体化监管。

二、坚持人病兽防、关口前移

人兽共患病危害广泛，尽管疫情发生后应动员一切资源予以控制，但最为经济有效的办法还是实施源头治理（WHO，2010）。在形成公共卫生危害前，应尽可能地在动物源头进行干预，及早切断疾病从动物到人类的传播途径。分析表明，当前危害严重、呈地方流行的人兽共患病，多数可在动物或环境领域实施针对性预防措施（表 6-13）。

表 6-13　部分地方流行性人兽共患病的综合治理措施

工作部门和举措		炭疽	布鲁氏菌病	包虫病	猪绦虫/囊尾蚴病	肝片吸虫病	钩端螺旋体病	狂犬病	裂谷热	锥虫病	牛结核病	利什曼病
公共卫生	风险人群药物预防	√				√						
	风险人群免疫预防	√						√	√			
	健康教育	所有病均适用										
	临床治疗	所有病均适用										

续表

工作部门和举措		炭疽	布鲁氏菌病	包虫病	猪绦虫/囊尾蚴病	肝片吸虫病	钩端螺旋体病	狂犬病	裂谷热	锥虫病	牛结核病	利什曼病
兽医卫生	风险群体免疫预防	√	√	√			√	√	√			
	风险群体药物预防			√	√	√				√		
	扑杀阳性动物		√					√			√	
	屠宰检疫	√	√	√	√	√					√	
	环境消毒		√		√	√	√					
	改进养殖模式	所有病均适用										
环境卫生	虫媒控制								√	√		√
	啮齿动物控制			√			√		√			√
	流浪/野生动物控制			√				√				

（一）阻断家养动物传播路径

家养动物与人类接触密切，可以携带 550 余种人兽共患病病原，是防范人兽共患病的重点。实践表明，只要方法得当，源自家养动物的传播途径是可以有效阻断的。例如，我国通过圈养家畜、加强动物检疫以及实施健康教育、加强重点人群查治等措施，有效控制了囊虫病、旋毛虫病、血吸虫病等；通过对家禽实施 H5、H7 亚型流感疫苗免疫，有效控制了禽流感在家禽之间以及从禽到人的传播；通过对疫区易感动物免疫，狂犬病和炭疽等得到有效地控制，布鲁氏菌病也曾经得到较好控制。

全球疯牛病（牛海绵状脑病，BSE）的控制，是阻断家养动物向人传播疫情的成功案例。该病系饲料技术变革的后果，由于向牛饲料中添加反刍动物源性肉骨粉，欧美多国 20 世纪 80 年代后陆续出现 BSE，英国病牛达到 17.9 万头。而人摄入被病牛神经等组织（富集 BSE 的朊病毒）污染的牛肉后，则会发生新型克-雅病（vCJD）。明晰 BSE 和 vCJD 的传播机制后，各国于 20 世纪 90 年代陆续发布禁止在反刍动物饲料中添加反刍动物源性肉骨粉的禁令，全球 BSE 病例很快大幅下降，vCJD 病例 5 年后也开始快速下降。经过近 20 年的努力，全球现已基本没有新的 BSE 和 vCJD 病例出现（图 6-5）。我国高度重视疯牛病防控工作，及早采取一系列措施，成功防范了 BSE 传入，维护了国家公共卫生安全、养殖业安全和农产品贸易安全。

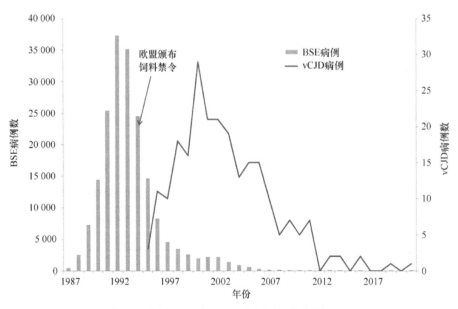

图 6-5 全球 BSE 和 vCJD 病例时间分布图

（二）降低野生动物传播风险

野生动物宿主可以携带 600 余种人兽共患病原，是许多新发病的潜在源头，也是诸多地方流行病难以根除的原因。防范野生动物向人畜传播疫情，必须从战略层面分析新发病产生的驱动因素，有针对性地实施风险管控措施，如扭转环境退化、防止生物多样性丧失、管制野生动物非法贸易、禁止滥食野生动物、进一步规范养殖行为，防止未知病原体从野生动物向家畜-人类界面的溢出风险。

要彻底消灭一些地方流行病，则要创新野生动物疫病防控方法。以欧洲消灭狂犬病为例，20 世纪中期，欧洲大多数国家通过对家犬实施免疫、登记、移动限制、征收所有权税等措施，有效控制了家犬狂犬病。但第二次世界大战结束不久，欧亚大陆多地出现狐狸狂犬病，尽管欧洲多国采取了猎杀、诱捕、施放毒气等多种措施，但效果不佳。1989 年，欧盟启动狐狸口服狂犬病疫苗（ORV）计划，通过向野外投放狂犬病诱饵疫苗，达到控制狐狸狂犬病的目的。经过约 40 年努力，欧洲狐狸和其他动物的狂犬病发病率显著下降，西欧和中欧大部分地区基本根除狂犬病。至 2018 年，英、法、德、意等 12 个国家宣布消灭了狂犬病（Muller and Freuling，2018；Muller et al.，2015）。从长远看，我国消灭狂犬病、包虫病，也要经历这一过程。

（三）降低虫媒传播风险

人兽共患病中，可经虫媒传播的超过 20%。当前，全世界 80% 以上人口面临虫媒病传播风险，如果能针对蚊子、苍蝇、蜱虫等昆虫媒介采取有效方法，则可保护数百万人的健康。2001~2015 年，在撒哈拉以南非洲地区采取了药浸蚊帐和杀虫剂室内滞留喷洒两种方法，估计预防了 6.63 亿疟疾病例（Cibulskis et al.，2016）。非洲锥虫病是通过采采蝇传播布氏冈比亚锥虫引起的人畜"昏睡病"，分布在有采采蝇的非洲南撒哈拉 36 个国家，使大约 6000 万人、4800 万头牲畜受到威胁，最多时每年导致 2.5 万~4 万人、300 万头牲畜死亡。1995 年以来，WHO、FAO、IAEA 和非洲统一组织（现为非洲联盟）等，启动了多项非洲锥虫病防治计划（WHO，2002）。乍得的曼杜尔地区是该病重疫区，通过长期的病例检测和治疗，人间发病率直到 2013 年都未出现明显下降，研究人员在病例检测和治疗基础上，开展采采蝇诱杀活动，2 年后采采蝇密度和人间病例出现了明显下降（Mahamat et al.，2017）。此外，通过大规模的虫媒控制，还使盘尾丝虫病、内脏利什曼病和恰加斯病大幅减少。

昆虫媒介种类多、繁殖能力强，控制虫媒病难度极大，需要一个长期过程。目前，WHO 启动了新的全球虫媒应对计划（WHO，2017），提出到 2030 年将虫媒病的死亡率降低至少 75%，发病率降低至少 60%。除安全高效化学控制方法外，生物控制也是当前的工作重点，如 FAO 和 IAEA 正在开展经辐射造成不育的雄蝇处理研究，WHO 发布了《转基因蚊子检测指导框架》。如果这些研究取得突破性进展，将成为应对虫媒病的有力工具。

以上仅以举例方式简要阐述了从源头防控人兽共患病的一些举措。从防控实践来看，人兽共患病的防控是一项系统工程，需要卫生、兽医、环境等多部门坚持以人为本的核心立场，按照"同一健康"的理念，分工协作，联防联控。从表 6-13 可以看出，尽管公共卫生领域也有一些手段可以防治人兽共患病，但兽医和环境卫生手段更多、适用范围更广。

三、坚持系统思维、统筹谋划

人兽共患病兼具人类传染病和动物疫病的流行特征，储存宿主、传播方式、循环链条更加复杂，防控难度倍增，必须树立系统观念，在人类传染病和动物疫病各自防控基础上，进一步统筹谋划，整体推进公共卫生措施和兽医卫生措施的集成工作。

（一）更加注重规划引领，提升综合治理效能

当前，全球已针对新发病建立了良好的应急反应机制，但对地方流行病的统筹力度仍然不够，以至于包虫病、布鲁氏菌病、锥虫病等被称为被忽视的人兽共患病。这些疾病危害严重，却没能得到很好的解决，主要在于该类疾病的流行区多为贫困国家或地区，当地防控经费不足、部门协同力度不够、居民生活习惯和畜牧养殖模式转变不够。

为此，有必要在全球、区域和国家层面，统筹卫生、农业、环境部门力量，研究制定中长期防控规划，明晰重点防控病种、治理目标、防控路线、部门分工和协同机制；强化财政支持政策预期，多措并举促进养殖模式转型，推进畜禽疫苗免疫、药物预防、检疫监管、流浪动物管控等基础工作，从源头防范人兽共患病的发生；强化健康教育，改进居民生活习惯，做好风险人群早期预防、重点人群筛查和患者免费治疗，提升综合治理效能，斩断人兽共患病流行链。

我国血吸虫病、包虫病、猪囊虫病等人兽共患病防控实践证明，只要坚持以人为本，推进综合治理，实施联防联控，强化支持保障，人兽共患病完全是可防可控的。FAO、WOAH、WHO 等国际组织已经陆续启动了一系列新战略，需要各区域、成员结合实际情况，增强信心、强化合作，有力推进人兽共患病防治，促进全球可持续发展目标早日实现。

（二）更加注重监测预警，提升早期发现能力

不同人兽共患病，对不同宿主的致病性往往存在差异。一部分对人类致病性强的疾病，动物宿主有时反而不表现症状或仅有轻微症状，动物疫病监测网往往很难发现，反之亦然。因此，WOAH、FAO 和 WHO 建议各成员建立集公共卫生、临床卫生、兽医卫生于一体的疫情监测网络体系，增强对人兽共患病特别是新发病的发现能力。要解决这一问题，至少需要强化三个方面的工作。

一是构建一体化监测体系。人兽共患病是病原、人类、动物宿主、传播媒介、自然环境间互作的结果，需要卫生、兽医、林业以及海关等部门合理布局各类监测点，建立智慧化预警多点触发机制，提升对不明原因疾病和异常健康事件的监测敏感性。健全监测预警体系，需要重点加强偏远地区、基层监测站点建设，提升末端发现能力。

二是优化信息交流机制。多部门交流不畅，是制约人兽共患病防控的重要因素。因病原宿主嗜性不同，人类和动物有时互为人兽共患病的哨兵群体（Rabinowitz et al.，2009）。只有建立多部门联动的信息通报、评估磋商、调查追溯机制，才能优势互补，提升疫情发现能力。美国西尼罗热防控实践证明，各州兽医部门对蚊、鸟、马等动物的实时监测，以及兽医和卫生部门间的信息共享，有效支持了美国 CDC 对疫情的准确判断、及时预警。

三是强化诊断能力建设。人兽共患病种类多，对于地区性新发病而言，当地医生和兽医往往缺乏警惕性，漏诊与误诊问题时有发生。有些患者往往接受多次诊治甚至落下严重残疾，或者畜间疫情已经扩散蔓延才被发现。因此，需要加强双方临床技能培训，快速感知并识别新发突发疫情，做到早发现、早预警、早应对。在非洲国家，一度只有 10% 的锥虫病患者能够接受合理诊治（WHO，2002），充分说明了诊断能力建设的迫切性。

（三）更加注重技术研究，提升集成防控成效

人兽共患病涉及因素多，防控技术要求高。比较而言，人类对相当一部分人兽共患病的病原特点、传播机制、媒介乃至宿主分布研究都还不够深入，大多数国家的公共卫生昆虫学和软体生物学研究能力严重不足（WHO，2017），对防控工作构成严重挑战。

一是需要强化基础研究。深入开展自然疫源地研究，掌握昆虫媒介、啮齿动物、软体动物分布，明晰病原携带情况及其传播机制，评估环境变化与媒介分布的关系，是做好人兽共患病精准防控的基础工作。从防范新发病的战略层面看，在大型水利工程、大规模农业开发、大规模城市建设以及新型生态旅游项目实施前，有必要开展系统性的健康风险评估。

二要创新技术方法和工具。从实践层面看，在创新人类传染病、动物疫病防控技术基础上，还需要针对人兽共患病，专门开展野生动物诱饵疫苗、吞服药物、虫媒新型消杀药物（含媒介抗性）、生物防治技术，以及卫生/兽医一体化检测技术等研究工作；提升人兽共患病治理效能，还须强化公共卫生、兽医卫生、环境卫生技术的系统集成。

三要强化生物安全监管。人兽共患病防控行动中，野生动物、虫媒和啮齿动物管理是难以回避的话题。无论化学防治技术还是生物防治技术，都需强化理论审查，管控道德风险。同时，还要树立底线思维和风

险意识，强化生物资源、生物技术研发应用和生物实验室安全监管。

（四）更加注重宣传教育，提升群防群控能力

一要提升易感人群防护意识。职业人群往往既是人兽共患病的最先侵害目标，又是疫情扩散蔓延的重要传染源。因此，既要强化动物饲养、运输、屠宰等职业人群的教育，抓好动物免疫驱虫、环境消毒等工作；又要强化对医生、兽医、护林员等的人兽共患病诊断、防护和应急处置知识培训，提高免疫、诊治和应急处置操作的规范性；在提升防控能力的同时，切实降低自身感染风险。

二要普及大众健康教育。倡导文明生活方式，引导居民做好日常防蚊灭鼠、防蝇灭蟑等工作，降低媒介生物的传病风险。树立良好饮食风尚，教育民众不猎杀、不食用野生动物，不购买未经检疫的畜禽产品，降低病原感染风险。加强疫情应对知识宣教，引导民众提升疫情报告能力，配合做好疫情处置。爱国卫生运动是我们党把群众路线运用于卫生防病工作的成功实践，需要不断丰富工作内涵，创新工作方式，提升广大民众知信行水平，为健康中国战略发挥更大作用。

（中国动物卫生与流行病中心　黄保续　王楷宬　康京丽　郑雪光　孙淑芳　张秀娟　范钦磊
李　昂　南文龙　孙翔翔　王素春　王媛媛）

第七章
动物疫病

研究表明,动物疫病可导致全球畜牧业减产 20%～30%,人类约 60%的传染病、75%的新发传染病源自动物。因此,动物疫病防治工作关系国家食物安全和公共卫生安全,关系社会和谐稳定,是政府社会管理和公共服务的重要职责,是农业农村工作的重要内容。本章将就动物疫病的种类、危害以及国内外防控形势、策略等予以简要介绍。

第一节 概 述

动物疫病是指由病原微生物或寄生虫引起的能在动物与动物、动物与人之间相互传播的疾病。人类社会发展进程中,动物不仅是人类的食物、同伴,还可提供挽力,甚至还成为宗教的象征。与此同时,人类又一直深受动物疫病的困扰。

一、动物疫病种类

从全球视野看,到底有多少种病原体能够感染动物并导致疫病发生,迄今并无确切数量。有统计表明,全球有 160 万种病毒在哺乳动物和水禽中循环,虽然多数并不致病,但却存在变异致病的风险。英国爱丁堡大学感染性疾病中心统计发现,能够感染人类的已知病原体有 1400 余种(Woolhouse,2005)。

由于动物病原体数量大、种类多,动物疫病分类的方法也不相同。例如,根据病原种类,可分为细菌病、病毒病、寄生虫病、支原体病等;根据宿主种类,可分为多种动物共患病、反刍动物疫病、马属动物疫病、猪病、禽病等;根据传播途径,可分为呼吸道传播病、消化道传播病、接触传播病、虫媒传播病、垂直传播病等。由于动物疫病种类众多,无论国际组织还是国家层面,都只能选择传播力强、影响面大的动物疫病纳入重点防控范围。

为了提高全球动物疫病的透明性,便于各成员采取协调行动,更好地控制重要动物疫病特别是人兽共患病的跨境传播,WOAH 针对已经在国际范围内传播、具有人兽共患特征或对动物危害严重的疫病,制定了法定报告的动物疫病名录(表 7-1,表 7-2)。其中,陆生动物疫病 90 种(OIE,2021),水生动物疫病30 种(OIE,2021)。

表 7-1 OIE 陆生动物疫病名录

多种动物共患病(25 种)	炭疽,克里米亚刚果出血热,东方马脑脊髓炎,心水病,布氏锥虫、刚果锥虫、猴锥虫和活动锥虫感染,伪狂犬病病毒感染,蓝舌病病毒感染,流产布鲁氏菌、马耳他布鲁氏菌、猪布鲁氏菌感染,细粒棘球绦虫感染,多房棘球绦虫感染,流行性出血热病毒感染,口蹄疫病毒感染,结核分枝杆菌复合群感染,狂犬病病毒感染,裂谷热病毒感染,牛瘟病毒感染,旋毛虫感染,日本脑炎,新大陆螺旋蝇蛆病,旧大陆螺旋蝇蛆病,副结核病,Q热,苏拉病,土拉杆菌病,西尼罗热
牛病(12 种)	牛无浆体病,牛巴贝斯虫病,牛生殖道弯曲杆菌病,牛海绵状脑病,牛病毒性腹泻,地方流行性牛白血病,出血性败血病,结节性皮肤病病毒感染,丝状支原体丝状亚种 SC 型感染,牛传染性鼻气管炎/传染性脓疱阴户阴道炎,环形泰勒虫、东方泰勒虫和小泰勒虫感染,毛滴虫病
羊病(11 种)	山羊关节炎/脑炎,传染性无乳症,山羊传染性胸膜肺炎,绵羊地方性流产,小反刍兽疫病毒感染,梅迪-维斯纳病,内罗毕羊病,绵羊附睾炎,沙门菌病,痒病,绵羊痘和山羊痘
马病(11 种)	马传染性子宫炎,马媾疫,西方马脑脊髓炎,马传染性贫血,马梨形虫病,鼻疽伯克霍尔德菌感染,非洲马瘟病毒感染,马疱疹病毒 1 型感染,马动脉炎病毒感染,马流感病毒感染,委内瑞拉马脑脊髓炎

续表

猪病（6 种）	非洲猪瘟病毒感染，古典猪瘟病毒感染，猪繁殖与呼吸综合征，猪带绦虫感染，尼帕病毒性脑炎，传染性胃肠炎
禽病（14 种）	禽衣原体病，禽传染性支气管炎，禽传染性喉气管炎，鸭病毒性肝炎，禽伤寒，高致病性禽流感病毒感染，非家禽禽鸟（包括野生禽鸟）高致病性 A 型流感病毒感染，家养和圈养野生禽鸟低致病性禽流感病毒感染，鸡败血支原体感染，滑液囊支原体感染，新城疫病毒感染，传染性法氏囊病，鸡白痢，火鸡鼻气管炎
兔病（2 种）	兔黏液瘤病，兔病毒性出血症
蜜蜂病（6 种）	欧洲蜂幼虫腐臭病，美洲蜂幼虫腐臭病，蜜蜂武氏螨侵染，蜜蜂热厉螨侵染，蜜蜂瓦螨侵染，蜂窝甲虫侵染
其他动物病（3 种）	骆驼痘，中东呼吸综合征，利什曼病

表 7-2　OIE 水生动物疫病名录

鱼病（10 种）	侵入性丝囊霉（流行性溃疡综合征），流行性造血器官坏死病毒感染，大西洋鲑三代虫感染，HPR 缺失型或 HPR0 型鲑传染性贫血症病毒感染，传染性造血器官坏死病毒感染，锦鲤疱疹病毒感染，真鲷虹彩病毒感染，鲑甲病毒感染，鲤春病毒血症病毒感染，病毒性出血性败血症病毒感染
软体动物病（7 种）	鲍疱疹病毒感染，牡蛎包纳米虫感染，杀蛎包纳米虫感染，折光马尔太虫感染，海水派琴虫感染，奥尔森派琴虫感染，加州立克次体感染
甲壳动物病（10 种）	急性肝胰腺坏死病，螯虾丝囊霉感染（螯虾瘟），十足目虹彩病毒 1 感染，对虾肝杆菌感染（坏死性肝胰腺炎），传染性皮下及造血组织坏死病毒感染，传染性肌坏死病毒感染，罗氏沼虾野田村病毒感染（白尾病），桃拉综合征病毒感染，白斑综合征病毒感染，黄头病毒基因 1 型感染
两栖动物病（3 种）	箭毒蛙壶菌感染，蝾螈壶菌感染，蛙病毒属病毒感染

二、主要传播途径

传播途径是指病原体由传染源排出后，经一定方式再侵入其他易感动物所经的途径。只有明晰这种传播途径，才能有针对性地做好疫病防控。19 世纪末，随着病原微生物检测方法逐步推广应用，费罗施（Frosch）和勒夫勒（Loeffler）发现了动物口蹄疫病毒，伊凡诺夫斯基（Iwanowski）证实烟草花叶病能够通过已过滤细菌的滤液传播，基尔伯恩（Kilborne）等在美国牛得克萨斯热的调查中发现了节肢动物宿主（扁虱），意味着人们对传染病发生和传播方式的认知有了革命性变化。现代生物技术和流行病学技术的发展，使人们对动物疫病传播途径的认知更加系统。从总体上看，动物疫病传播途径可分为两大类：一是水平传播，即病原在动物群体或个体之间横向传播，包括直接接触传播，以及经空气、饲料、饮水、土壤、生物等媒介形成的间接接触传播；二是垂直传播，即病原从母体到其后代之间的传播。至少可概括为以下途径。

（一）直接接触传播

直接接触传播是指无外界因素参与，患病动物通过舔咬、交配等方式接触易感动物而使其感染的传播方式。以直接接触为主要传播方式的动物疫病相对较少，如狂犬病，易感动物只有被病畜咬伤，病毒进入伤口才会引发感染。马媾疫也是一种经直接接触传播的疫病，病原体为马媾疫锥虫，寄生于马属动物的泌尿生殖器官黏膜内，病畜与健康家畜交配时传播疫情。这种传播方式，通常传播链清晰，易于追溯和控制，一般不会形成大面积的疫情传播。

（二）经呼吸道传播

经呼吸道传播是指以飞沫、飞沫核和尘埃等为传播媒介形成的间接接触传播。口蹄疫、流感、结核、传染性鼻气管炎等动物疫病主要通过飞沫传播，动物感染后，呼吸道常有较多渗出液，刺激动物产生咳嗽、喷嚏等动作，将携带病原体的渗出液喷射出来形成飞沫，飘浮在空中，易感动物一旦吸入就可能被感染。以口蹄疫为例，研究表明，牛、绵羊、山羊每天呼出的病毒量为 $5.2\mathrm{logTCID}_{50}$，而猪为 $8.6\mathrm{logTCID}_{50}$（Donaldson and Alexandersen，2002）。飞沫中的水分蒸发变干后，成为蛋白质和病原体组成的飞沫核，核越小，滞空时间越长，传播距离越远。1981 年，法国布里塔尼亚发生口蹄疫疫情，病毒随气流横穿英吉利海峡，到达英国泽西和怀特岛，并引发了口蹄疫疫情（Gloster et al.，1982）。但一般来说，飞沫传播是有时间和环境限制的，其中影响最大的是相对湿度（RH），RH 高于 55% 以上，病毒的存活时间较长，低于 55% 则很快失去活性。例如，用 O1BFS 组织培养液形成的气溶胶病毒，在相对湿度 60% 时，每小时浓度下降 100.6 个滴度；而相对湿度在 40% 时，每小时浓度下降 104.2 个滴度。在 70% 的相对湿度和较低气温的情况下，病毒可见于 100km 以外的地区。此外，地形对气溶胶传播也有明显影响，英国 1952～1967 年发生的数次口蹄疫疫情中，90% 以上的继发疫情发生于原发地区的下风地带（Sanson et al., 2011）。易感动物吸入带有病原体的尘埃而感染，被称为尘埃传播，只有少数在外界环境中生存能力强的病原体，如结核、炭疽等病原体能抵抗干燥和阳光，因此尘埃的传播作用通常小于飞沫。

（三）经消化道传播

经消化道传播是指通过污染的饲料、饮水等传播媒介形成的间接接触传播。非洲猪瘟、猪瘟、口蹄疫、大肠杆菌病、沙门菌病等，都可通过消化道传播。例如，猪瘟、非洲猪瘟病毒都可在鲜肉、冻肉、火腿中存活数月（黄保续等，2008）；猪采食了未经熟化的泔水（餐厨剩余物），就有感染发病的可能。我们在 2018 年 8 月的调查表明，饲喂泔水的猪发生非洲猪瘟的风险是未饲喂泔水猪的 7.65 倍（95% CI：2.24～26.14）。因此，禁止泔水喂猪，是防控猪瘟、非洲猪瘟的重要措施。防控消化道传播的疫病，必须强化生物安全防护，防止饲料仓库、饲料加工厂、运输工具、畜舍、牧地、水源和相关用具的污染。

（四）经污染的土壤传播

炭疽杆菌、破伤风梭菌、恶性水肿梭菌等污染土壤后，能形成芽孢并长期存活。芽孢在土壤中可随水流转移和积聚。雨季来临时，土壤中的芽孢被洪水冲刷出来，依附于牧草上，易感动物采食后则可能感染发病。正因为如此，我国畜间炭疽疫情呈现出 7～9 月多发、河流两岸村庄多发、洪水泛滥之后多发的特征。

（五）经生物媒介传播

生物媒介传播病原体，多数是机械性的；也有少数（如立克次氏体等）在感染家畜前必须在蜱中经历一定的发育阶段才能致病。节肢动物中的蚊、虻、蠓、蝇、蜱等，叮咬患病动物后，再去叮咬健康动物，会散播病原体。已经证实，炭疽、气肿疽、土拉杆菌病、马传贫等败血型传染病，可通过虻和螫蝇等昆虫传播；各型脑炎和丹毒等，可通过蚊虫传播；蓝舌病、非洲马瘟等可通过库蠓传播。野生动物传播病原体，根据自身是否感染分为两类。第一类是本身易感，自身感染后，再接触其他动物，导致疫情传播。例如，欧洲相当一部分的非洲猪瘟疫情，是野猪相互传播或由野猪向家猪传播的；英国畜群中持续暴发的牛结核病可能与野生獾感染有关，扑杀獾也就成为重要的控制策略（Swift et al., 2021）。第二类是机械传播，有调查显示，尽管鼠不感染猪瘟和口蹄疫病毒，但却可以在不同养殖场之间传播疫情。

（六）经人类活动传播

历史上的战争以及近现代的国际贸易，是动物疫病跨境传播的主要途径。战争导致疫情跨国界传播的例子不胜枚举。公元 8～9 世纪，查理大帝在征服欧洲的过程中，把牛瘟带到了欧洲各地；第二次世界大战后期，撤退的日本军队将牛瘟从缅甸带到了泰国东北部。据记载，至少有 14 次战争促进了牛瘟在全球的扩散，最近一次是 19 世纪末的非洲内战（Roeder et al., 2006）。当前，动物及动物产品的合法和非法贸易，成为动物疫病跨国界传播的最主要风险因素。20 世纪 90 年代，口蹄疫病毒泛亚株首次在印度出现，其后在不到 10 年时间里，迅速传播到 3 个大陆的 30 余个国家和地区，与动物及动物产品贸易有着密切的关联。近些年，非洲猪瘟肆虐欧亚大陆，与猪肉特别是副产品走私、国际旅客携带猪肉制品、国际运输工具上的餐厨剩余物等有着密切的关系。

此外，有些人兽共患病，可以通过患者向家畜传播，如结核病患者可把结核菌传给牛（Hlokwe et al., 2017）。

（七）垂直传播

垂直传播的动物疫病种类很多。例如，猪瘟、猪细小病毒病、蓝舌病、猪伪狂犬病、布鲁氏菌病、牛弯曲杆菌性流产、钩端螺旋体病等可经胎盘传播，病原通过感染母畜的胎盘血流传染给胎儿。葡萄球菌、链球菌、大肠杆菌、白色念珠菌、淋球菌、疱疹病毒等可经产道传播，病原经孕畜阴道通过宫颈口到达绒毛膜或胎盘引起胎儿宫内感染，或分娩时，胎儿从无菌的羊膜腔内产出，暴露于严重污染的产道，胎儿的皮肤、黏膜、呼吸道、肠道等遭受病原体感染。禽白血病、禽腺病毒病、鸡传染性贫血、禽脑脊髓炎、鸡白痢等禽类疫病可经卵传播，病原体可在卵细胞中发育而致胚胎感染。经母-子垂直传播的疫病，传播速度较为缓慢，但根除难度极大，只有长期推进净化措施，才能取得良好效果。

需要指出的是，动物疫病的传播途径通常不是唯一的。例如，口蹄疫既可通过直接接触形成场内传播，也可通过飞沫形成地区性传播，还可经污染的饲料和动物调运，形成大区域甚至全球性传播。再如，非洲猪瘟既可通过直接接触传播形成场内流行，也可通过泔水传播形成局部流行，还可通过污染的运输工具、肉（制）品等形成大区域甚至全球性传播。动物疫病的多途径传播特征，决定了动物疫病防控必须采取综合措施。

三、动物疫病的影响与危害

动物疫病危害广泛，除了对畜牧业健康发展、农村经济带来严重危害外，还可影响社会稳定，对公共卫生安全和生态安全带来挑战。有些病原体还可以作为生物武器，引发人道主义危机。

（一）严重威胁食物供给安全

家畜一直是人类的重要蛋白来源。未来一定时期，随着更多人口步入中产阶级，人类动物蛋白需求量将呈持续刚性增加，而动物疫病带来的养殖业减产，无疑是巨大挑战。FAO 公布的一项数据显示，全世界约 50%的活畜分布在发展中国家，有些乡村至少 50%的食物和收入来源于畜牧业。因此，一旦暴发动物疫病，经济影响不容忽视。在诸多动物疫病中，牛瘟、牛传染性胸膜肺炎（牛肺疫）、非洲猪瘟、猪瘟、口蹄疫、小反刍兽疫（羊瘟）、高致病性禽流感（欧洲鸡瘟）、新城疫（亚洲鸡瘟）等 8 种瘟疫的影响最为严重。现以牛瘟、口蹄疫、非洲猪瘟和高致病性禽流感加以说明。

牛瘟是一种高度传染性疾病，感染牛发病率、死亡率均可达到 100%。牛瘟所到之处，往往导致当地 90%以上的牛死亡，进而导致毁灭性的大饥荒。19 世纪末，牛瘟由欧洲传到非洲，当地 80%～90%的牛死亡，导致农牧民大量饿死（Ballard，1986）。1920 年，从印度运往巴西的瘤牛感染牛瘟，途经安特卫普港时，把疫情传播到欧洲多地。鉴于牛瘟疫情的严重危害，经法国倡议，阿根廷、比利时等 28 个国家在巴黎召开会议，提议成立了国际兽疫局（后更名为世界动物卫生组织），协调全球牛瘟防控工作。

口蹄疫是多种动物共患的"经济社会"病。2001 年英国暴发口蹄疫疫情后，约有 700 万头家畜被扑杀，约占其家畜总量的 12%，经济损失超过 110 亿美元（Thompson et al.，2002）。此次疫情还波及欧洲多国，法国、荷兰等国扑杀家畜 37 万头。亚洲是口蹄疫疫源地，南亚、东南亚国家长期流行，日本也未能幸免于难。2010 年 3 月，日本宫崎县暴发 O 型口蹄疫，日本政府宣布进入紧急状态，动用军队扑杀易感动物近 20 万头（只），其中优质宫崎"和牛"6.8 万头（占当地存栏量的 22%），宫崎县存栏的 6 头顶级种公牛、49 头种公牛和 259 头后备种牛被全部扑杀，当地肉牛产业几乎遭遇灭顶之灾。

非洲猪瘟是养猪业的"头号杀手"。因无疫苗可用，生猪感染后发病率、死亡率均可达到 100%。该病 1900 年首次在非洲南部出现，1957 年扩散到欧洲，1971 年传播到中美洲，1978 年传入南美洲。为根除该病，马耳他、海地、多米尼加、古巴、圣多美和普林西比、安道尔等国曾采取"休克疗法"，对全国或发病省份的所有生猪采取扑杀清群措施。2018 年以来，非洲猪瘟传入并根植亚洲，对生猪产业构成持续威胁。例如，越南一度扑杀生猪 600 万头，占该国饲养量的 20%；养猪业损失约 40.3 亿美元，约占全国农业总产值的 10%。菲律宾 46 个省发生疫情，减产 300 万头生猪，猪肉价格不断攀升，损失高达 1000 亿比索，时任总统杜特尔特宣布，从 2021 年 5 月 10 日起，该国进入为期一年的国家灾难状态。2019 年以来，全球年均疫情约 1.1 万起。

高致病性禽流感是另一重要传染病。历史上，禽流感曾给欧美国家带来严重危害。进入 21 世纪，高致病性禽流感先对亚洲养禽业带来重大影响，后又在欧美国家广泛流行。2016～2018 年，欧洲 30 多个国家暴发 H5N8 亚型高致病性禽流感，超过 233 万羽家禽发病、98 万羽家禽死亡，各国为此扑杀销毁家禽 1423 万羽。2020 年至 2023 年 8 月 30 日，欧洲再次暴发 H5N8 亚型高致病性禽流感，已发生 3170 起疫情，超过 754 万羽家禽发病、469 万羽家禽死亡，扑杀销毁家禽 3053 万羽。两波疫情共扑杀家禽 4500 余万羽。2021 年以来，美国 H5N1 亚型高致病性禽流感愈发严重，截至 2023 年 8 月 30 日，美国 46 个州累计发生 1034 起疫情，近 5756 万羽家禽被扑杀销毁，约占美国家禽存栏量的 2%。受多种因素影响，美国鸡蛋价格走高，居民不得不减少消费量。据美国媒体 2022 年 4 月 29 日报道，科罗拉多州蒙特罗斯县的一个农场还出现了人间病例。

（二）严重影响公共卫生安全

研究表明，80% 的动物病原体可以在不同动物宿主之间传播（Cleaveland et al.，2001），70% 的动物疫病可以传染给人类。历史上，炭疽、狂犬病、布鲁氏菌病、日本血吸虫病、旋毛虫病、猪囊尾蚴病等人兽共患病，都曾给人类和畜牧业带来严重危害，且至今仍在局部地区流行。

当前，随着人口密度增加和经济社会发展，在人类动物蛋白需求量增加、农业发展不可持续性加剧、野生动物开发利用增加、城市化加快带来的自然资源不可持续性、人员流通及货物贸易、人类食物链改变、气候变化（导致虫媒活动范围变化等）等 7 种因素相互作用下，一些病原体出现变异，一些病原体宿主改变，导致人类新发病特别是新发人兽共患病不断增加（Grace et al.，2020）。研究表明，近些年来，全球每年新增 5 种人类传染病，至少 3 种源于动物。其中，SARS、人兽共患流感、甲型 H1N1 流感、埃博拉出血热、寨卡病毒病、中东呼吸综合征、西尼罗热等新发、复发人畜共患病，除导致大量人员发病甚至死亡外，还带来超过上千亿美元的直接经济损失。世界银行曾经警告，如果这些疫病造成人类大流行，其损失将超过数万亿美元（World Bank，2012）。

与上述新发或复发人兽共患病受到人类高度重视相比，炭疽、牛结核病、布鲁氏菌病、棘球蚴病（包虫病）、日本脑炎、钩端螺旋体病、Q 热和锥虫病等传统意义上的古老人兽共患病，由于只在部分国家和地区呈地方流行，并未引起国际社会高度重视。这些所谓"被忽视的人兽共患病"，除使发展中国家数亿农民畜牧业受损外，每年还会导致 200 余万人死亡。此外，动物源性食品造成的食源性疾病频发，也引起国际社会高度关注（Cohen，2000）。

（三）生物战争和生物恐怖威胁不容忽视

由于骡马既可用于骑乘，又可提供挽力，是历史上重要的军力组成部分，针对动物的生物战也就出现了。《汉书》曾记载一名匈奴俘虏的话："闻汉军当来，匈奴使巫埋羊牛所出诸道及水上以诅军。"大致意思是，汉武帝出兵征讨匈奴，匈奴使出巫术，将病死动物丢弃在汉军行军道路和水源里，由此诅咒汉军，结果引发动物疫病流行，使汉军减员，马匹大量损失。匈奴意在用巫术诅咒汉军，实际上却因投放病死畜，造成了汉军动物疫情传播。

第一次世界大战期间，德军研制了炭疽、鼻疽、鼠疫等人兽共患细菌战剂。德国间谍曾将鼻疽培养菌带入交战国，涂抹在军用骡马口鼻处，迟滞交战方军队行动。德国这种行径遭到各国强烈反对，1925 年，美、英、法、日等 37 个国家在日内瓦"管制武器、军火和战争工具国际贸易会议"上，签署了《禁止在战争中使用窒息性、毒性或其他气体和细菌作战方法的议定书》（即《日内瓦公约》）。

第二次世界大战期间，侵华日军发动了细菌战争，犯下了累累罪行，如从事鼻疽、炭疽、牛瘟、羊痘等动物病原和锈菌、斑驳菌等植物病原研究，并开展人体活体解剖实验，参与细菌武器生产和投放。第二次世界大战后期，纳粹德国曾准备使用"口蹄疫炸弹"袭击英国，但由于担心运输飞机被击落而未实施。

1975 年《禁止细菌（生物）及毒素武器的发展、生产及储存以及销毁这类武器的公约》（即《禁止生物武器公约》）签署生效后，虽然生物战争受到了一定程度的约束，但生物恐怖和生物暗战逐步抬头。WOAH 资料显示，可潜在用于制作恐怖制剂的病原体，80% 为人兽共患。"9·11"事件后，美国国防部把口蹄疫病毒视作恐怖组织可能用来打击美国农业的病原体。橡树岭国家实验室评估认为，口蹄疫病毒传染性极强，可通过非生物体特别是可随风传播，是潜在威胁最高的农业恐怖因素。美国如果遭受口蹄疫袭击，出于控制疫情之需,将不得不扑杀全国 30% 的家畜,由此带来 370 亿~2280 亿美元的损失(Oladosu et al.,2013)。

（四）次生经济社会影响广泛

重大动物疫病发生后,如果处置不当,可带来更为广泛的社会影响,甚至危及政局稳定。具体影响至少体现在三个方面。

1. 改变国际贸易格局

WTO/SPS 协议允许各成员为保护本国动植物及人类生命健康,而在国际贸易中使用动植物检疫等技术性措施。例如,20 世纪 90 年代,欧洲肉牛业因牛海绵状脑病(疯牛病)暴发而一蹶不振,美国和加拿大由此成为全球最主要的牛肉出口国,其出口量约占全球牛肉出口总量的 1/5。但美国和加拿大 2003 年发生疯牛病后,各国纷纷禁止或限制美、加两国牛肉出口,其丢失的市场份额很快被巴西、阿根廷和澳大利亚等未发生疯牛病的国家占领。

2. 影响社会安定

动物疫情发生后,市民普遍会怀疑肉品安全问题而出现消费信心下降,进而影响到上下游产业及从业人员就业。控制动物疫病时大量使用环境消毒药,以及焚烧动物尸体等行为,还会给当地民众带来严重心理压力。例如,2001 年的英国口蹄疫疫情,曾给农业、旅游和乡村度假业造成沉重打击,仅旅游业就有 25 万个就业机会受到影响,乡村旅游收入同比减少 75%。在此期间,英国动用 1.5 万余辆车辆运输动物尸体,尸体掩埋量相当于 200 个奥林匹克游泳池的容量,引起当地民众游行示威。

3. 引发政局震荡

1996 年,英国梅杰政府因隐瞒疯牛病真实情况而受到公众严厉抨击(郑雪光等,2014),并直接导致当时执政的保守党在次年的大选中败北。此后,德国、日本、韩国等也因应对疯牛病疫情或国际贸易风险不够有力,有政府高官辞职。

第二节　全球动物疫病防控

动物疫病的多发频发趋势、多渠道传播方式、广泛经济社会影响及跨国境传播特征,引发国际社会高度关注。为提升全球动物卫生和公共卫生安全水平,FAO、WOAH、WHO 等国际组织正在强化合作,协同推进跨境动物疫病和人兽共患病防控工作。

一、全球动物疫病流行形势

近年来,受人口增长、人类活动范围变化、国际贸易往来频繁、养殖模式转变和气候变化等多种因素影响,全球动物疫病呈现出复杂严峻的发展趋势。

（一）新发病快速增加

据不完全统计,20 世纪 70 年代以来,全球范围内新发动物疫病 60 余种。这些疫病以病毒病为主,分布在亚洲、非洲、欧洲和美洲,主要来源于三个方面。一是源于野生动物。受城镇化速度加快、人类资源需求扩张等因素影响,野生动物栖息地日益压缩,人类和家养动物与野生动物接触机会增多,一些本来只循环于野生动物的病原,陆续传播到人类和家养动物。例如,施马伦贝格病毒、鸭坦布苏病毒、尼帕病毒等,大都属于这种情况。二是源于病原变异重组。例如,家禽 H9N2 亚型流感病毒与其他亚型流感病毒重组,产生了 H5N2、H5N6、H7N9、H10N8 等多种新型流感病毒(Liu et al.,2014)。三是源于技术谬用。例如,英国 20 世纪七八十年代革新饲料技术,使用牛源肉骨粉喂牛,虽然达到了加快牛生长速度的目的,但却因违背自然规律,导致疯牛病发生。当前,基因编辑、合成生物学等新兴生物技术蓬勃发展,无疑加剧了生物技术的谬用风险。例如,2017 年,加拿大阿尔伯塔大学某团队,将邮件订购的 DNA 片段拼接在一起，合成了与人类天花病毒存在着亲缘关系且已灭绝多年的马痘病毒（Noyce et al.，2018）。

（二）动物疫病全球化

受全球范围内人、物流增加以及气候变化等因素影响，动物疫病跨境传播速度明显加快、范围不断扩大。人员流动和货物运输无时无处不在，使病原微生物的传播速度远远快于疫病的潜伏期。例如，O 型口蹄疫 ME-SA 遗传拓扑型早期一直在南亚地区流行，1990 年在印度衍生出新毒株 PanAsia 株后出现两条路径：西向传播路径，1994 年传到沙特阿拉伯等中东国家，1996 年传到土耳其、希腊等近东地区，随后进入欧洲并在英国暴发流行；东向传播路径，经尼泊尔、孟加拉国、缅甸传播至东南亚、东亚大部分国家和地区，1999 年进入中国，2000 年进入日本和韩国，疫情波及 3 个大陆、超过 30 个国家和地区。小反刍兽疫早期只是局限在非洲国家流行，1987 后疫情跳出非洲，先后传入中东、南亚和我国，波及 54 个国家和地区。当前，一种新发病出现后，往往在较短时间内即可随贸易物流传遍全球。

此外，全球气候变化也对动物疫病特别是虫媒病分布产生深远影响。全球气候变暖导致昆虫媒介分布范围趋广，进而影响到蓝舌病、非洲马瘟、西尼罗热、乙型脑炎等虫媒病的分布范围和流行程度。例如，库蠓北部边界已从北纬 38°扩展到北纬 32°，导致北欧蓝舌病频繁发生。

（三）公共卫生风险加剧

前面已经提及，当前 60%的人类传染病、75%的人类新发传染病源于动物，导致一些重大公共卫生事件发生频次越来越高。此外，食源性疾病和细菌耐药性问题，逐步成为国际社会高度关注的公共卫生议题。一方面，耐甲氧西林金黄色葡萄球菌、耐万古霉素肠球菌等耐药菌占比越来越高，动物耐药菌引发了人类 20%的感染；另一方面，新型抗菌药物研发速度越来越慢。二者叠加，将危及人类可持续发展议程。

二、动物卫生国际组织与工作理念

进入 19 世纪，各国充分认识到动物疫病的严重经济社会影响及其跨国境传播特征，便开始考虑组建 WOAH 等政府间组织协调全球动物疫病防控工作。进入 20 世纪，随着动物疫病跨境传播和公共卫生风险越来越高，国际社会深刻认识到跨部门合作的重要性，相继提出了"同一健康"等工作理念。

（一）政府间动物卫生组织

目前，全球有 70 多个国际组织参与动物疫病防控工作，如 FAO 协调全球跨境动物疫病控制，WHO 协调人兽共患病防控工作，世界贸易组织（WTO）制定动物及其产品安全贸易规则，WOAH、国际食品法典委员会（CAC）提供动物卫生技术支持等。现对 WOAH、FAO、CAC 作简要介绍。

1. WOAH

1920 年，从印度运往巴西的瘤牛感染牛瘟，途经安特卫普港时，把疫情传播到欧洲多国。为协调全球牛瘟控制工作，在法国倡议下，阿根廷、比利时等 28 个国家于 1924 年签署协议，决定在法国巴黎成立国际兽疫局（Office international des épizooties，OIE），后更名为世界动物卫生组织，英文缩写 OIE 保持不变；2022 年 5 月 31 日，又将英文缩写变更为 WOAH。1945 年联合国成立时，该组织曾想加入联合国系统，但多数国家首席兽医官认为，兽医工作应该保持技术独立性，遂决定继续维持 WOAH 独立的政府间国际组织地位。

目前，WOAH 拥有 183 个成员，工作范围拓宽到通报全球动物疫情和人兽共患病疫情、制定国际动物卫生（贸易）标准、改进全球兽医立法和兽医体系服务水平、强化跨境动物疫病防控技术支持、促进动物产品安全和动物福利水平等方面。2007 年 5 月，OIE 恢复中华人民共和国在 OIE 的合法权利和义务，中国作为主权国家加入 OIE，台湾以非主权地区成员身份参与 OIE 活动。

2. FAO

FAO 是联合国系统内最早的常设专门机构之一，1945 年 10 月正式成立，以消除贫困、消除饥饿、保障全球食物供给、促进农业可持续发展为己任，商讨国际粮农领域的重大问题，制定有关国际行为准则和法规，向成员国特别是发展中成员国家提供农业技术支持、政策支持和咨询服务。FAO设有动物生产与卫生司，制定实施全球动物疫病防控战略（GT-TAD），设有跨界动物疫病应急中心（ECTAD），与WOAH协同推进全球牛瘟、口蹄疫、小反刍兽疫、猪瘟、非洲猪瘟等重大跨境动物疫病控制消灭工作，与WHO、WOAH等国际组织协同推进全球高致病性禽流感、狂犬病、细菌耐药性等防控工作。1973年，我国在该组织的合法席位得到恢复，并从同年召开的第十七届大会起一直为理事国。

3. CAC

CAC为国际食品法典委员会，是FAO和WHO于1963年联合设立的政府间国际组织，专门负责协调政府间的食品标准。在动物卫生领域，CAC负责制定肉蛋奶的卫生标准和兽药残留相关标准。目前，CAC有188个成员国，覆盖全球98%的人口。我国于1984年正式加入该组织。

（二）动物卫生工作理念

1. 同一健康（One Health）

基于人兽共患病的防控现实，国际社会充分认识到，人类和动物的健康是紧密联系的，世界上只有"同一健康"。2003年4月7日，华盛顿邮报的Rick Weiss引证了兽医博士威廉·卡雷什（William Karesh）的话"人类和家禽或者野生动物的健康再也不能分开谈论了，世界上只有'one health'，所有的问题解决办法需要我们各学科的工作人员共同努力，在不同的层面为解决问题作出贡献。"2004年，国际野生动物保护协会提出"同一世界·同一健康"的理念。2007年，禽流感及流感大流行部长级国际会议提出要制订"实现动物—人类—生态共同健康繁荣的全球战略"，标志着"同一世界·同一健康"理念成为国际共识。2010年，FAO、WHO、OIE三个国际组织共同制订了"同一健康"战略，标志着从理念转化成为战略行动，由此进入实施阶段。2021年，联合国环境规划署（UNEP）宣布加入"同一健康"战略，形成协同工作机制。目前，FAO、WOAH、WHO、UNEP正在制订"同一健康"行动计划。

"同一健康"涉及的内容非常广泛，当前无法面面俱到。FAO、WHO、WOAH三方指出，"同一健康"战略当前的主要任务是，通过跨学科、跨部门、跨地区协作来预防新发传染病，保障人类健康、动物健康和环境健康，人兽共患病和细菌耐药性是当前工作的重点，是国际社会迫切需要解决的问题。国际层面上，目前已有73个国际组织和WOAH合作，共同致力于防控动物疫病，是一种良好的跨学科、跨部门合作机制。

2. 全球公共产品（Global Public Good）

动物疫病具有全球传播、公共卫生威胁加重的风险，对全球构成长期威胁。由此引出了另一个概念：动物防疫工作属于全球公共产品。全球公共产品，原本是一个经济概念，原则上是指能使世界所有人口、世代都能受益的产品，具有消费的非排他性和非竞争性。例如，保护好臭氧层，世界所有地区、所有代次的人员都可受益，故臭氧层保护属于全球公共产品，需要世界各国共同努力。动物防疫也是这样，只要任何一处发生疫情，全球都可能遭受损失，如果动物疫病得以消灭，全球和不同代次的人类都会获益，因而提高动物卫生水平也是一项全球公共服务（Vallat，2012）。

2015年9月，联合国可持续发展峰会通过的联合国可持续发展目标（Sustainable Development Goals，SDG）指出，从2015～2030年，经过15年努力，要实现全球消除贫困、消除饥饿、良好健康福祉、良好教育、体面工作等17个可持续发展目标。其中，消除全球12亿人的极端贫困、8亿人的食不果腹、数千万结核病患者等难点问题，都需要兽医系统提供支持。兽医体系承担着保护动物资源、减少贫困和饥饿以及保护公共卫生的工作，给经济社会发展带来效益，由此被认定为提供全球公共产品（Eloit，2012）。从另一个角度讲，兽医系统既不是单纯意义上的商业化系统，也不是严格意义上的农业产品，而是法定的公共资源，需要政府投资。

3. 良好兽医治理（Good Veterinary Governance）

防控动物疫病，既需要政府的人力、物力投资，又需要跨学科、跨部门合作，更需要兽医部门强化自身能力建设，提升工作效能，也就是 WOAH 提及的"良好兽医治理"理念。1996 年，WOAH 首次明确了兽医体系质量标准和评估指南，将其列入《陆生动物卫生法典》。2006 年，WOAH 又借鉴泛美农业合作协会（IICA）开发的《职责、目标和策略》操作指南，建立了《效能、愿景与战略——兽医体系管理方法》，并进一步发展为《兽医体系效能评估方法》，启动对各成员的兽医体系效能评估（PVS 评估）工作。PVS 评估涉及资源保障、技术能力、监管协作、市场准入等 4 个方面 46 项能力指标，如技术独立性、机构稳定性、政策连续性、法律法规制定与执行力、经费支持度、跨部门协调力、疫情透明度、与利益相关方的磋商等。为更好地推进这项工作，2008 年 WOAH 进一步开发了差距分析方法（PVS gap analysis），帮助发展中国家和转型国家发现突出问题，督促成员改进机构、补齐短板，并把评估结果作为国际贸易评估的依据。鉴于这项工作涉及国际贸易，已有 130 多个成员向 WOAH 提出兽医机构评估申请。经与 WOAH 协商，我国采用其 PVS 工具，开展自我评估工作（蔡丽娟等，2013）。当前，FAO、WOAH、WHO 等国际组织都特别关注良好兽医治理问题，并意图推动 WHO 国际卫生条例（IHR）与 PVS 评估协同开展。

三、全球动物疫病防控策略

鉴于动物疫病的复杂形势，FAO、WOAH、WHO 等国际组织不断强化协调，通过制定动物疫病防控策略、完善技术标准、规范国际贸易等工作，协调全球动物疫病防控行动，总体上可划分为跨境动物疫病的风险防范、突发动物疫病的应急响应、重大动物流行病的控制消灭三条工作主线（黄保续，2010）。

（一）跨境动物疫病的风险防范

公共卫生领域有句名言，"一盎司预防胜过一英镑治疗"。因此，国际组织非常重视动物疫病风险防范，WTO《实施卫生与动植物卫生措施的协议》（简称"SPS 协议"）和 WOAH《陆生动物卫生法典》《水生动物卫生法典》（以下共同简称为《法典》）共同构成全球动物疫病防控规则。总体可以凝练成 3 个机制。

1. 监测预警

为提高全球重大动物疫病预警能力，FAO、WOAH、WHO 等国际组织共同建立了全球重大动物疫病预警与应对系统（GLEWS），旨在通过信息共享、流行病学分析和田间联合调查评估等，在动物疫病风险预测、预防和控制等方面，为各相关方面提供信息支持和技术援助等。GLEWS 得到有关疫情传言、怀疑或预测后，通过三大组织各自的追踪和验证渠道输入 GLEWS 电子平台做进一步分析、监测，必要时作为预警信息对外发布。

为提高监测预警信息的及时性、敏感性，WOAH《法典》对动物疫病调查监测范围、类型、方法进行了规定，要求各成员首次发生重大动物疫病和新发病，或者发现病原变异时，必须紧急通报 WOAH。此外，WOAH 还加大了对全球科研文章、网络新闻的跟踪力度。确认相关风险信息后，WOAH、FAO 会通过相关信息系统通报其他成员，其他成员接到通报后，一般会以防范疫情传入名义发布贸易禁令或采取其他风险防范措施，防止疫情跨境传播。

2. 检疫机制

WTO 的 SPS 协议允许各成员对进境动物及动物产品进行风险分析、实施检疫控制措施。目前，《法典》规定要针对危害较大的 100 余种动物疫病实施检疫措施。例如，实施生猪及其产品国际贸易时，要把口蹄疫、猪瘟、非洲猪瘟、蓝耳病、伪狂犬病、传染性胃肠炎、乙型脑炎、绦虫病等 8 种动物疫病列入检疫对象。

《法典》同时规定了动物及其产品离境前、过境时、入境后的具体措施要求。例如，动物出境时，必须正确佩戴标识，接受过相关病种的检测、免疫接种以及隔离检疫；运输车辆必须安装防逃逸、防泄漏设施，进行清洗消毒；运抵后，发现动物染疫、证物不符时可禁止入境。如果动物确诊染疫或证物不符且无法退回时，可就地扑杀销毁。这是防范疫情传入的必要措施。

这一过程中，官方兽医承担着极其重要的责任。《法典》规定，官方兽医签发国际贸易动物卫生证书时，必须严格遵守职业诚信，做出关于开展何种实验室检测、进行过何种临床检查等方面的承诺。同时要求兽医机构，不得要求官方兽医作出力所不及的保证，从而保障出证兽医的职业诚信。

此外，《法典》还就动物病原的国际间转运和实验室保藏做出专门规定。要求广大从业人员包括科研人员要牢记，实验室引进病料、诊断试剂或疫苗时，均有传入病原的风险，而一旦引入外来病原，潜在后果非常严重。进口前，必须评估引入病原的风险并进行预处理；只有获得主管部门的进口许可，方可进口；进口物品的包装和运输，必须符合航空运输标准；保藏病原的实验室，必须具有相应的生物安保措施。

3. 缉私机制

全球动物分布区间差异性引发的动物及其产品价格的差异性，使动物走私屡禁不止。据统计，动物走私和毒品走私、武器走私并列为全球三大犯罪产业。FAO 曾在南亚、东南亚国家和我国边境地区做过一项调查，发现该区域存在非常复杂的活牛走私路径，每年走私量超过 100 万头，给我国动物疫病防控带来很大压力。为此，国际组织鼓励各国建立联防联控机制，共同应对动物疫病跨境传播风险。

（二）突发动物疫病的应急响应

某个国家防范外疫失败而致烈性疫病传入时，需要集中资源快速扑灭，以减轻疫病流行带来的持续负担。例如，法国（1964 年）、荷兰（1986 年）、比利时（1985 年）、毛里求斯（2007 年）、阿塞拜疆（2008 年）、爱沙尼亚（2014 年）、捷克（2017 年）等国传入非洲猪瘟后，依托其健全的动物防疫体系、灵敏的动物疫病监测体系、高水平的养殖场生物安保条件，及时扑杀病猪及暴露猪群，迅速扑灭了疫情，为生猪产业持续健康发展提供了良好环境。

从国际层面看，FAO、WOAH、WHO 都非常重视重大动物疫病的应急响应机制建设，当 GLEWS 获得清晰的预警指标特征后，三个组织将激活各自的应对机制，就快速响应的特征、规模和范围做出决策。为了协调全球跨境动物疫病行动，FAO 会同 WOAH 等国际组织，制定了 *Good Emergency Management Practice: The Essentials*（《良好应急管理：必要元素》），以及非洲猪瘟、牛传染性胸膜肺炎、口蹄疫、裂谷热等一系列跨境动物疫病应急响应指导文件，指导各国做好突发疫情应急处置工作。应急处置通常包含应急准备、应急响应、生产恢复 3 个阶段，每个阶段的任务不同。其中，暴发调查、应急扑杀、合理补偿、宣传引导等 4 项工作至关重要。暴发调查旨在查清感染动物及暴露动物群体，应急扑杀（感染及暴露动物）旨在消灭传染源，而合理补偿（被扑杀的动物）是确保应急扑杀政策落到实处的必要条件。鉴于疫情处置大都会引发公众恐慌，科学的宣传引导对顺利开展应急处置、生产恢复等工作具有重要意义。

（三）重大动物流行病的控制消灭

2004 年 5 月，WOAH 和 FAO 联合提出了跨境动物疫病全球控制框架合作项目（GFTAD），旨在加强各区域和国家的能力建设，使各国避免动物疫病的反复侵入，减轻动物疫病对畜牧业的破坏，改善发展中国家食品安全状况及其经济增长，促进全球动物及其产品安全贸易。在此框架下，FAO 会同 WOAH 制定了全球牛瘟消灭计划、拉丁美洲猪瘟消灭方案、全球口蹄疫控制计划、全球高致病性禽流感渐进性控制计划、全球小反刍兽疫根除计划，并会同 WHO 制定了全球狂犬病消灭计划等行动文件，协调各国一致加强跨境动物疫病的控制和消灭。从技术层面讲，以下三项措施非常重要。

1. 免疫准入和退出

到目前为止，全球或有关区域已经消灭的牛瘟、牛传染性胸膜肺炎、猪瘟、布鲁氏菌病、狂犬病等动物疫病，疫苗免疫接种大都发挥了关键作用。流行病学关于免疫接种的理论是，当特定疫病流行率较低时，应实施以扑杀为主的卫生措施，否则会因全面疫苗免疫等带来沉重的经济负担；当流行率较高时，则应采取免疫预防措施，通过免疫逐步降低疫病流行率，避免大面积扑杀带来的经济损失。也就是说，疫病流行率越高，疫苗免疫越趋合理；相反，疫病流行率越低，大规模免疫越不适宜。例如，对于伪狂犬病而言，猪群感染的比例超过 25% 时，则应使用全面免疫措施；感染猪群的比例低于 2% 时，则应退出免疫（盖华武和姜雯译等，2011）；流行率介于二者之间时，应视猪群卫生状况、资金支持情况而定。

2. 区域化管理

各国普遍认识到，消灭重大动物疫病的过程，是逐步扩大无疫区的过程，即通过分区域逐步消灭疫病，最终实现全国甚至全球无疫目标。同时，WTO-SPS 协议允许对流行率不同的地区，采取差异化的市场准入机制。例如，已经长期消灭禽流感的国家和地区，家禽及其产品很容易获得国际市场准入机会；没有消灭禽流感的地区，家禽及其产品很难获取国际市场准入机会。赋予无疫区更多的市场准入机会，就可激励各方逐步扩大无疫区。

随着动物疫病防控实践深入推进，国际社会还充分认识到，对于那些难以在国界或边界处控制其传入的动物疫病，即使一定区域维持无疫状态，也是比较困难的。因此，在 2003 年 6 月 WTO-SPS 例会上，WOAH 代表提出了动物疫病区域化政策的新理念——生物安全隔离区（compartmentalisation），即在拥有集约化养殖和屠宰加工的企业集团内部，通过一体化生物安全管理措施，实现特定疫病无疫。2005 年 6 月，WOAH 第 73 次大会将生物安全隔离区相关条款纳入《法典》（张衍海等，2008）。这项措施是基于泰国经验提出的，强调净化动物疫病时，要统筹考虑动物养殖、运输、屠宰等生产单元的协同性，只有全生产链无疫时，才可视为生物安全隔离区（无疫企业），给予其产品全球准入机会。

据 WOAH 统计，目前全世界已有 74% 的国家实行动物疫病区域化管理。这一措施既有利于推进动物疫病渐进性消灭进程，也有利于促进动物产品安全贸易。

3. 种畜禽健康管理

不少动物疫病以垂直方式传播，潜在危害很大。因此，强化精液、胚胎、卵子的卫生控制，是消灭净化动物疫病的重要环节。WOAH《法典》专用一章对精液/卵子采集中心的设施、人员、种用动物卫生条件，以及精液胚胎的必检项目进行了系统规定。例如，种公牛必须进行定期检测，证明没有感染布鲁氏菌病、结核病、牛病毒性腹泻、牛传染性鼻气管炎、蓝舌病等 7 种疫病的病原。美国通过实施家禽改良计划，逐步净化了种禽沙门菌、大肠杆菌感染，早期是从种禽净化开始的。

第三节　我国动物疫病防控

新中国成立以来，党中央、国务院高度重视动物疫病防控工作，不断完善制度、提升能力，消灭了牛瘟、牛传染性胸膜肺炎，有效防控了口蹄疫、高致病性禽流感、非洲猪瘟等重大动物疫病，成功阻止了牛海绵状脑病、非洲马瘟等外疫传入，不断提高动物卫生保护水平，保障养殖业健康发展，促进农民持续增收，维护公共卫生安全，为保障全国人民食物安全、满足人民群众多样化食物需求做出了重要贡献。同时，与人民对美好生活的向往这一奋斗目标相比，我国动物疫病防控仍然面临许多挑战，需要进一步完善机制、提升能力，依法推进重点病种的防范、控制、净化和消灭。

一、动物防疫工作方针

历史上，动物疫病曾给我国畜牧业和农业生产带来严重危害。新中国成立后，国家根据农牧业发展和动物疫病流行形势，不断完善动物防疫工作方针，指导全国动物疫病预防控制工作。

（一）"预防为主"的方针

为了保护农牧业生产发展、促进国民经济恢复，1949 年 9 月，中国人民政治协商会议制定的《中国人民政治协商会议共同纲领》（第三十四条），把"防止兽疫"纳入一项经济政策。1985 年，国务院发布《家畜家禽防疫条例》，正式确定了"预防为主"的方针。这一方针一直沿袭至今，旨在通过综合性措施，防止动物疫病发生和流行。一是防范境外疫情传入。新中国成立之初，中央人民政府贸易部及之后分出的中央人民政府对外贸易部，均设立专门机构开展口岸动植物检疫工作。历经多次调整，该项工作目前由海关承担。二是防止本土动物疫病暴发流行。防止兽疫工作，是新中国成立后党在农村、牧区开展最早的一项科技工作，在群众中留下深刻印象。当前，动物检疫、疫苗免疫、清洗消毒等工作，已经成为基本的动物防疫制度，在防止动物疫病扩散蔓延方面发挥了重要作用。

（二）应急处置"24 字"方针

20 世纪末到 21 世纪初，国内外动物疫病防控形势出现重大变化。从全球看，欧美国家疯牛病、大肠杆菌（O157）污染、饲料二噁英污染等事件的密集发生，对全球公共卫生安全提出了重大挑战。为有效应对突发公共卫生事件，FAO、WOAH 等国际组织制定了《良好应急管理：必要元素》，以及非洲猪瘟、口蹄疫、裂谷热等一系列跨境动物疫病应急响应文件，指导各国有序应对"预防"失败时的突发疫情，通过应急处置措施，防止疫情扩散蔓延。

从国内看，2003 年我国发生非典型性肺炎（SARS）疫情后，党中央确立了坚持"以人为本"为核心的科学发展观，为处置突发公共卫生事件提供了根本性理论指导。2004 年年初，高致病性禽流感传入境内，严重威胁我国家禽产业安全和人民群众生命安全。面对突发疫情，党中央、国务院高度重视，紧急部署，及时启动防治高致病性禽流感应急预案，成立全国防治高致病性禽流感指挥部，确立"加强领导、密切配合，依靠科学、依法防治，群防群控、果断处置"的方针，迅速控制了疫情扩散蔓延。此后，该"24 字"应急处置方针作为"预防为主"方针的重要补充，被纳入《重大动物疫情应急条例》。在这一方针指导下，我国科学规范处置了亚洲 I 型口蹄疫、2 型猪链球菌病、A 型口蹄疫、H7N9 流感、小反刍兽疫、非洲猪瘟等一系列突发重大动物疫情，有力维护了畜牧业生产安全和公共卫生安全。

（三）"预防为主，预防与控制、净化、消灭相结合"的方针

动物疫病出现长期流行时，将给养殖业发展带来长期负担和公共卫生风险，需要有计划、分区域、分病种，逐步予以净化消灭。例如，新中国成立之初，面对牛瘟给中国农业生产带来的巨大威胁，全国广泛掀起了消灭牛瘟运动，经过艰苦努力，在 1956 年成功消灭牛瘟，这比全球消灭牛瘟早了 55 年。随后，我国又在 1996 年消灭了牛传染性胸膜肺炎、2011 年消灭了亚洲 I 型口蹄疫、2023 年消灭了马鼻疽和马传染性贫血。这些动物疫病的消灭或有效控制，不仅降低了疫病损失，促进了畜牧业健康发展，减轻了免疫接种、隔离检疫等工作负担，还证实了在全国范围内逐步净化消灭特定动物疫病的可行性。

当前，我国畜牧业正在加快迈向标准化、规范化发展之路，生物安全管理水平和病虫害防治技术能力大幅提升，疫苗等生物技术和智慧防疫等信息技术不断融合发展，进一步增强了净化消灭动物疫病的可行性。随着我国社会主义事业昂首迈入新时代，2021 年新修订的《动物防疫法》，确立了"动物防疫实施预防为主，预防与控制、净化、消灭相结合"的方针。相信该方针的实施，将为我国未来动物疫病治理提供更为全面、科学、有效的指导。

二、动物疫病防控能力建设

早在 1942 年，毛泽东同志就指出"牲畜的最大敌人是病多与草缺，不解决这两个问题，发展是不可能的。"新中国成立后，党和政府高度重视动物疫病防控工作，不断强化动物疫病防治能力建设，为防控动物疫病提供有力保障。

（一）强化兽医工作体系建设

经多次机构改革，我国目前总体上形成了兽医行政管理、动物卫生监督、兽医技术支持、出入境检验检疫、兽医科教和兽医社会化服务等多支队伍体系。在兽医行政管理方面，农业农村部设有畜牧兽医局，负责组织实施国内动物防疫检疫，监督管理兽医医政、兽药及兽医器械，监督管理畜禽屠宰等全国兽医行政管理工作；全国各省（自治区、直辖市）、县（自治县、市）均设有兽医行政主管部门，负责辖区动物防疫、屠宰监管、兽医医政和兽医药政等兽医行政管理工作。在动物卫生监督方面，县级以上地方人民政府设立动物卫生监督机构或组建综合执法机构，实施官方兽医制度，全国共确认官方兽医 13 万余人，负责动物、动物产品检疫并出具检疫证书。在兽医技术支持方面，中央层面设有中国动物疫病预防控制中心、中国兽医药品监察所和中国动物卫生与流行病学中心等 3 个国家级兽医技术支持机构，承担动物疫情处置、

兽药评审、流行病学调查、兽医卫生评估等技术支持工作；全国各省（自治区、直辖市）、县（自治县、市）均设有动物疫病预防控制机构，承担动物疫病的监测、诊断、流行病学调查等工作。在出入境检验检疫方面，海关总署负责出入境动物及其产品检验检疫等管理工作，其在全国各省（自治区、直辖市）和主要口岸设有45个直属机构，具体负责动物及动物产品进出境检疫。在兽医科技教育方面，国家层面设有中国农业科学院哈尔滨兽医研究所、中国农业科学院兰州兽医研究所、中国农业科学院上海兽医研究所等9个科研机构，地方层面多数省份设有畜牧兽医研究所；全国200余所高校设有兽医学院、动物医学院或兽医专业，动物医学类专业布点167个，培养了大量高质量专业人才。在兽医社会化服务方面，国家不断推进兽医社会化服务体系建设，以执业兽医和乡村兽医为主体、其他兽医从业人员和社会力量为补充的兽医社会化服务队伍基本成形，为基层动物防疫注入新的活力。目前全国取得资格的执业兽医已达12万人，登记的乡村兽医31万余人。

（二）健全动物防疫法律法规

我国高度重视动物防疫法律制度建设，不断提升动物疫病防治工作法制化、制度化和规范化水平，以《中华人民共和国生物安全法》《中华人民共和国动物防疫法》《中华人民共和国进出境动植物检疫法》为主体，以《重大动物疫情应急条例》《兽药管理条例》《病原微生物实验室生物安全管理条例》《生猪屠宰管理条例》《进出境动植物检疫法实施条例》为骨干，以部门规章和地方法规为补充的动物防疫法律法规体系基本形成。

《中华人民共和国生物安全法》是生物安全领域的一部基础性、综合性、系统性、统领性法律，规定了生物安全风险监测预警、生物安全风险调查评估、生物安全信息共享、生物安全信息发布、生物安全名录和清单、生物安全标准、生物安全审查、生物安全事件调查溯源、首次进境或者暂停后恢复进境的动植物（及动植物产品、高风险生物因子）国家准入、境外重大生物安全事件应对、病原微生物分类管理、高等级病原微生物实验室人员进入审核等多项制度。

《中华人民共和国动物防疫法》是规范我国领域内动物防疫及其监督管理活动的一部基础性、系统性法律，规定了动物疫病分类管理、动物疫病风险评估、动物疫病强制免疫、动物疫病监测和疫情预警、动物防疫条件审查、动物疫情通报、应急处置、区域化管理、动物和动物产品检疫、动物和动物产品调运监管、病死动物和病害动物产品无害化处理、官方兽医任命、执业兽医资格考试等多项制度。重大动物疫情应急条例是动物防疫法的有机延伸，规定了重大动物疫情应急准备、监测报告公布、应急处理（实行分级管理）等相关制度。

《中华人民共和国进出境动植物检疫法》是规范进出境动植物、动植物产品和其他检疫物的检疫活动，防范动植物疫病传入、传出国境的一部专门法律，规定了进境检疫、出境检疫、过境检疫、携带和邮寄物检疫、运输工具检疫的有关制度，其实施条例进一步细化了有关规定。

（三）提升科技支撑水平

经过多年发展，我国兽医科研基础设施不断完善，科研队伍不断壮大，科技支撑水平不断提升，为我国动物疫病防控提供了强大保障。在兽医实验室建设方面，科学技术部在兽医领域批准建设多家国家重点实验室，农业农村部设置了17个动物病原生物学与疫病防控学科群重点实验室，不断提升动物防疫自主创新能力。目前，我国兽医基础研究和应用研究不断深入，在病原学、流行病学、致病与免疫机制，以及新型疫苗药物、高通量快速诊断技术等方面取得一大批重大科研成果，为防控动物疫病提供了有力武器和重要手段。为提升重大动物疫病防控能力，农业农村部针对禽流感、口蹄疫、非洲猪瘟、牛海绵状脑病、猪瘟、猪繁殖与呼吸综合征、新城疫、布鲁氏菌病、包虫病、狂犬病、血吸虫病、结核病、马传染性贫血和马鼻疽共14种动物疫病，指定了14家兽医参考实验室负责相关病种的最终确诊和复核，以及防治技术研究等相关工作。为强化协同研究能力，农业农村部又针对上述病种，指定相关优势技术单位为国家兽医专业实验室和区域实验室，参与特定动物疫病检测研究、流行病学调查以及防控政策措施研究评估等工作。同时，我国不断加强和深化兽医国际合作交流，已有动物流感、布鲁氏菌病、小反刍兽疫和兽医流行病学 4 个 FAO 参考中心；已有 WOAH 参考实验室 17 个、协作中心 3 个，涵盖 13 种陆生动物疫病、4 种水生动物疫病，以及兽医流行病学、人兽共患病防治、寄生虫病防治 3 个专题，参与国际动物卫生标准规则制定的能力逐步提升，在国际和地区兽医领域话语权明显增强。为提升动物防疫技术支持水平，国家高度重视动物防疫技术标准化工作，设立了全国动物卫生标准化技术委员会，建立动物卫生标准体系表，目前已发布动物防疫国家标准 147 项、农业行业标准 152 项，基本可以满足动物疫病防控实践之需。

三、动物防疫基本制度

我国高度重视动物疫病发生发展规律研究，按照控制传染源、切断传播途径、保护易感动物的综合防控思路，不断完善动物疫病预防控制举措。其中，计划免疫、动物检疫、监测预警、应急处置等制度不断完善，对促进畜牧业健康发展、维护公共卫生安全具有基础性保障作用。

（一）计划免疫制度

新中国成立后大力推进兽医科研力度，在 20 世纪五六十年代，成功研制出多种动物疫苗，陆续建设了一批兽医生物制品厂，基本满足了国内动物免疫之需。通过大规模免疫，成功消灭了牛瘟、牛传染性脑膜肺炎，大幅减轻了口蹄疫、猪瘟、新城疫、布鲁氏菌病危害。在此背景下，1997 年发布的《中华人民共和国动物防疫法》，规定"国家对严重危害养殖业生产和人体健康的动物疫病实行计划免疫制度，实施强制免疫"。2001 年，国务院《关于进一步加强动物防疫工作的通知》（国发〔2001〕14 号）明确提出，重大动物疫病的免疫应按照国家要求达到免疫密度，并建立免疫档案和免疫标识制度。此后，国家农业农村会同财政等部门，动态调整强制免疫病种，疫苗经费由中央财政和地方财政按比例分担。这一制度沿袭至今，对有效防控口蹄疫、猪瘟、高致病性猪蓝耳病、高致病性禽流感、新城疫等重大动物疫病发挥了关键作用。期间，国家还规定对小反刍兽疫、动物狂犬病等实施了全面免疫政策。

（二）动物防疫条件审查制度

要求动物饲养、屠宰、隔离等生产经营场所，具备适当的动物防疫条件（生物安保措施），是切断动物疫病传播途径的必要举措。新中国成立之初，在以千家万户为主体的分散饲养模式下，国家就提出了"改善饲养管理，加强家畜卫生"的要求。1985 年《家畜家禽防疫条例》作出了"畜禽饲养场、仓库、屠宰厂、加工厂和种畜场的建设，必须符合防疫要求"的规定，可视为动物防疫条件审查制度的前身。2007 年修订的《中华人民共和国动物防疫法》，把"动物防疫条件审核制度"调整为"动物防疫条件审查制度"，首次确立了这一行政许可制度。2021 年修订的《中华人民共和国动物防疫法》，进一步完善了这一制度设计。按照现行规定，开办的动物饲养场、动物隔离场所、动物屠宰加工场所以及动物和动物产品无害化处理场所 4 类场所，需符合选址、工程设计、工艺流程、防疫制度和人员，以及国家农业农村部规定的其他条件，并依法向县级以上人民政府农业农村部门申请办理动物防疫条件合格证。这一制度有力地促进了我国养殖业转型升级，对阻断动物疫病传播链条、降低疫病暴发风险具有重要作用。

（三）动物检疫制度

对动物及其产品实施检疫，防范患病动物或病害动物产品进入流通、消费等环节，既是防止动物疫病传播的重要手段，也是维护公共卫生安全的重要措施。民国初期，铁路动物及动物产品进出口贸易日益增多，铁路兽医检疫制度逐步建立起来，后逐步演化为当前的进出境动植物检疫制度。1959 年，原农业部、卫生部、对外贸易部、商业部联合颁布《肉品卫生检验试行规程》，规定了家畜家禽宰前检疫、宰后检验及检疫检验后的工作程序，有力推进了我国的动物检疫检验工作发展。1985 年，《家畜家禽防疫条例》作出了"家畜出售前，必须经当地农牧部门的畜禽防疫机构或其委托单位实施检疫并出具检疫证明"的规定，首次将动物检疫工作纳入法制化轨道。1997 年颁布的《中华人民共和国动物防疫法》，以法律形式确定了产地检疫和屠宰检疫为基础、流通监管为保障的动物检疫格局，2007 年、2021 年修订的《中华人民共和国动物防疫法》又逐步完善了这一制度设计。依据现行规定，屠宰、出售或者运输动物以及出售或者运输动物产品前，货主应当按照规定向所在地动物卫生监督机构申报检疫，取得并在上述活动时附具动物检疫证明。与之相应，在非洲猪瘟、高致病性禽流感、小反刍兽疫等重大动物疫病防控实践过程中，动物运输指定通道、车辆备案、清洗消毒制度亦逐步建立起来，使动物检疫制度愈发完善，对保障我国动物源性食品安全、防止动物疫病扩散蔓延发挥了重要作用。

（四）监测预警制度

1950 年，我国各地陆续建立兽医机构，为建立动物监测预警制度奠定了组织基础。20 世纪 60 年代，国家实施动物"疫情月报制"；随着实验室检测技术逐步提高，20 世纪七八十年代组织了两次全国性疫情普查，通过实验室检测、专题调查、定点调查等工作，基本掌握了全国主要动物疫病的分布情况、流行规律、危害程度。1985 年，《家畜家禽防疫条例》确立了"发现畜禽患传染病或疑似患传染病的单位和个人，必须立即报告当地畜禽防疫机构"的疫情快报制度，被动监测制度正式建立起来。

进入 21 世纪，我国建立起国家、省、市、县、乡五级动物疫情监测网络，在养殖生产密集区和边境地区设立了 304 个国家动物疫情测报站和 146 个边境动物疫情监测站，疫情监测工作全面开展起来。2007 年修订的《中华人民共和国动物防疫法》，对加强动物疫情监测进行了专门规定。2021 年修订的《中华人民共和国动物防疫法》，对动物疫情监测、预测、预警进行了更为详细的规定。同年，农业农村部制定了《国家动物疫病监测与流行病学调查计划（2021—2025 年）》，要求各地按照主动监测与被动监测相结合、监测与流行病学调查相结合、调查监测与区域化管理相结合、病原监测与抗体监测相结合的基本原则开展动物疫情监测工作，动物疫情监测预警制度日益完善。

（五）应急处置制度

与计划免疫、动物检疫等制度相比，我国动物疫情应急处置制度成形的时间较晚。20 世纪 80 年代，四川省凉山彝族自治州从英国苏格兰引进的一批边区莱斯特种羊发生痒病，按照当时农牧渔业部和财政部关于"迅速彻底扑灭绵羊痒病"的指示，当地扑杀、焚烧了该批所有进口羊、后代羊及与其有密切接触史的羊，对栏舍、牧道、相关工具和可疑污染草场进行了系统的消毒等处理工作，又经长达 5 年的封锁、监测，方才恢复正常生产。时至今日，我国再未发生过绵羊痒病，证明此次疫情处置是一次极其成功的"歼灭战"。

1985 年，《家畜家禽防疫条例》提出了"发生严重的或当地新发现的畜禽传染病时，当地畜禽防疫机构必须立即查明疫源，采取紧急扑灭措施"的规定，可以视为我国动物疫情应急处置制度的雏形。经过 2004 年防治高致病性禽流感"阻击战"，2005 年 11 月 18 日国务院第 113 次常务会议通过了《重大动物疫情应急条例》，系统规定了重大动物疫情确认、疫区封锁、扑杀及其补偿、消毒、无害化处理、疫源追踪、疫情监测以及应急物准备等一系列制度。此后，国务院兽医行政主管部门又制定完善了高致病性禽流感、口蹄疫、小反刍兽疫、非洲猪瘟等多个重大动物疫病应急预案和防控技术规范，各地不断强化应急物资储备、应急演练和应急队伍建设，有力、有序应对了 2 型猪链球菌病、A 型口蹄疫、H7N9 流感、小反刍兽疫、非洲猪瘟等一系列突发重大动物疫情。

（六）区域化管理制度

新中国成立后，我国通过分区防控，成功消灭了牛瘟、牛传染性脑膜肺炎。WTO-SPS 协议提出低度流行区的概念后，我国 1998 年实施的动物保护工程，把重大动物疫病无疫区作为重要建设内容，2007 年修订的《动物防疫法》规定"国家对动物疫病实行区域化管理，逐步建立无规定动物疫病区"，动物疫病区域化管理制度通过法律方式确定下来。近些年，各地积极推进动物疫病防控模式创新，无疫区建设取得积极进展（范钦磊等，2018）。一是成功打造广东从化无马病区、杭州桐庐无马病区，对保障亚运会等国际赛事顺利举办发挥了基础作用，广东从化无马病区被 WOAH 和国际马联（FEI）推荐为马属动物无疫区建设的典范。二是成功创建 130 多个养殖动物无疫（小）区，包括 4 个无口蹄疫区、6 个无高致病性禽流感小区、115 个无非洲猪瘟小区、6 个无布鲁氏菌病小区等，对促进养殖业转型升级和高质量发展具有重要示范意义。三是成功集成无疫区建设模式，围绕区域或企业无疫目标，动物疫病防控、卫生监督、疫情测报、应急处置等工作体系协同工作，在一体化提升动物卫生和公共卫生监管能力方面发挥了重要示范作用。

四、动物疫病防控成就

在党中央、国务院正确领导下，地方各级政府坚持改革创新、加强对兽医工作的领导，各级农业农村（畜牧兽医）部门围绕保障畜牧业健康发展、保护人民生命健康的宗旨，坚持不懈地加强动物疫病防控，做了大量工作，取得了巨大成就，有力地维护了养殖业生产安全、动物产品质量安全和公共卫生安全，为党和国家办成大事、办好喜事、办妥难事做出了积极贡献。

（一）成功消灭牛瘟、牛传染性胸膜肺炎

牛瘟、牛传染性胸膜肺炎（牛肺疫）在我国流行历史较久，危害极其严重。据史料记载，牛瘟流行之时，"瘟疫流行猖獗，连年不断，村寨牛只几乎全部死绝""插秧之时，犁耕无牛，苦以人力代之"。新中国成立后，农业部门十分重视牛瘟、牛传染性胸膜肺炎防治工作，针对牛瘟制订了防治规划，针对牛传染性胸膜肺炎制订了从非安全区运出牛只的暂行规定；组织优势科技力量，成功研制出多种牛瘟弱毒疫苗和牛传染性胸膜肺炎疫苗，在全国进行大面积、高密度免疫接种；各级政府高度重视，大力宣传发动群众，普及防疫知识，集中人力、物力打"歼灭战"，结合检疫、扑杀、区划、隔离、消毒等综合性防控措施，于 1956 年成功消灭牛瘟，1970 年停止牛瘟疫苗免疫，1989 年成功消灭牛传染性胸膜肺炎，1992 年停止牛传染性胸膜肺炎疫苗免疫，极大地减轻了免疫负担。牛瘟、牛传染性胸膜肺炎的消灭，是各级党委政府高度重视、全国兽医工作者艰苦抗疫、广大农牧区群众群防群控的伟大胜利，对促进养牛业健康发展、保障农业生产发挥了重要作用。2008 年，WOAH 认可我国为无牛瘟国家；2011 年，WOAH 认可我国为无牛传染性胸膜肺炎国家。

此外，我国还针对 2004 年传入的亚洲 I 型口蹄疫，采取了强制免疫与扑杀相结合的综合防控措施。2011年 6 月以来，全国再未检出亚洲 I 型口蹄疫病原学阳性样品。经全国动物防疫专家委员会评估，我国亚洲 I 型口蹄疫已达到全国免疫无疫标准，农业农村部决定调整防控策略，从 2018 年 7 月 1 日起，在全国范围内停止亚洲 I 型口蹄疫免疫，停止生产销售含有亚洲 I 型口蹄疫病毒组分的疫苗。亚洲 I 型口蹄疫可视为我国消灭的第三种动物疫病。

（二）马鼻疽、马传染性贫血达到消灭标准

马鼻疽是一种古老的人兽共患病，曾在我国广大农牧区广泛流行。马传染性贫血（简称"马传贫"）于 20 世纪 30 年代传入我国东北地区，后陆续在全国广泛传播开来。感染马鼻疽、马传贫的马匹，死亡率接近 50%，曾严重危害养马业以及农业生产、交通运输，甚至严重影响部队战斗力。因此，我国高度重视这两种疫病的防治工作。

针对马鼻疽，国务院 1958 年设立全国马鼻疽防治委员会，原农业部制定先行印发《全国马鼻疽防治暂行措施（草案）》，对马鼻疽防治实行分类指导、分阶段防控原则，采取检（检疫）、隔（隔离）、培（培育健康幼驹）、治（治疗）、处（处杀）综合防治措施，到 1993 年达到稳定控制状态。2023 年，所有省份达到消灭标准。

针对马传贫，原农业部制定了《马传染性贫血病防治办法》《马传染性贫血防治试行规定》，采取养（加强饲养）、检（疫）、隔（离）、封（锁）、消（毒）、处（处理病畜）6 字综合防治措施，特别是禁止疫区马匹流动，大幅降低了疫情传播。1975 年成功研制出马传贫驴白细胞弱毒苗后，经全国大面积推广应用，结合检疫、扑杀病畜等综合防治措施，到 2003 年有效控制了马传贫。2003 年后，我国停止马传贫疫苗免疫，实施监测净化、检疫监管、联防联控等综合防治措施。2023 年，所有省份达到消灭标准。

（三）有效控制重大动物疫病

口蹄疫、小反刍兽疫、非洲猪瘟、猪瘟、高致病性猪蓝耳病、高致病性禽流感、新城疫等 7 种重大动

物疫病，动物感染后发病率均可达 100%，病死率多在 80%以上，任何一种疫病出现全国流行，都会对农业生产、农村经济特别是肉品供给带来严重威胁。

口蹄疫、猪瘟、新城疫曾长期在我国流行，是严重威胁我国畜牧业的三大疫病。口蹄疫血清型多、发病急、传播快，曾在我国出现过多次大流行，给农牧业生产造成巨大损失；猪瘟曾是威胁养猪业的主要传染病之一，造成的直接经济损失曾达百亿元；新城疫是危害养禽业最严重的疫病之一，曾在我国多数省份广泛流行。我国高度重视这三种疫病防控工作，20 世纪 50 年代初就制定发布了有关防治规划和文件，指导各地做好防疫；加强疫苗科技攻关，研制成功多种高效安全的疫苗，经在全国进行普遍免疫接种，到 1980 年较好地控制了疫情发生。其中，1954 年研制成功的猪瘟兔化弱毒疫苗，至今仍然是世界上使用范围最广、最有效的猪瘟疫苗之一。目前，我国对口蹄疫进行强制免疫、对猪瘟和新城疫进行全面免疫，防控取得巨大成效。该三种病仅呈零星散发状态。

进入 21 世纪，受多种因素影响，高致病性禽流感、高致病性猪蓝耳病、小反刍兽疫、非洲猪瘟分别在 2004 年、2006 年、2007 年和 2018 年传入我国，给我国养禽业、养猪业和养羊业造成了严重损失。其中，2004～2005 年高致病性禽流感导致 31 万羽家禽发病、3160 万羽被扑杀；2006～2007 年高致病性猪蓝耳病蔓延至 20 余个省份，给当时养猪业造成了沉重打击，经济损失极为惨重，并导致猪肉价格巨幅上升；2013 年小反刍兽疫再次传入我国，随活羊跨省调运大范围扩散蔓延，迅速波及全国 22 个省份的 262 个县，导致局部地区羊肉供给不足；2018 年非洲猪瘟传入我国并迅速蔓延，给我国养猪业带来严重打击，成为猪肉价格大幅上升的原因之一。这些疫病传入之后，我国强化应急处置、联防联控、精准防控，在较短时间内有效控制了疫情，恢复了畜禽养殖生产，稳定了肉品价格，较好地保障了肉品供给。目前，这些疫病均已得到有效控制，仅呈零星散发状态。

为推进动物疫病从预防控制到净化消灭的转变，我国加快推进动物疫病区域化管理，大力开展无疫区、无疫小区建设。截至 2022 年 2 月，我国已建成海南免疫无口蹄疫区、吉林永吉免疫无口蹄疫区、胶东半岛免疫无口蹄疫区和无高致病性禽流感区、吉林省免疫无口蹄疫区等无疫区；已建成 115 个非洲猪瘟无疫小区、6 个高致病性禽流感无疫小区和 3 个新城疫无疫小区。

（四）较好控制人兽共患病

我国面临的人兽共患病种类众多，其中危害较重或潜在威胁较大的人兽共患病有 26 种，被纳入《人畜共患传染病名录》，予以重点防控。通过宣传、检疫、消毒、驱虫、免疫、无害化处理等综合性防治措施，我国有效控制了曾严重危害人畜健康的猪囊虫病、旋毛虫病、日本血吸虫病、布鲁氏菌病等人兽共患病。21 世纪之初，受多种因素影响，我国布鲁氏菌病、奶牛结核病、日本血吸虫病、狂犬病、包虫病出现反弹，对人畜安全构成严重威胁，国家卫生、农业等部门强化联防联控，大幅降低了日本血吸虫病、狂犬病、包虫病的发生风险，正在有力遏制布鲁氏菌病、奶牛结核病的上升势头。

五、挑战和任务

新中国成立以来，我国动物疫病防控取得巨大成就，有力维护了畜牧业健康发展和公共卫生安全。同时也要看到，我国动物疫病发生、扩散的风险持续存在，防控任务十分繁重。

（一）外疫传入途径多、风险高，需要强化边境动物防疫安全能力建设

我国与 14 个国家陆路接壤，边境线长达 2.2 万 km，口岸和非口岸通道多。由于周边国家疫情复杂、国际贸易量大、动物走私严重、野生动物迁徙等多种因素相互交织，导致跨境动物疫病防控难度不断增大。WOAH 研究结果也表明，活畜移动是东南亚地区口蹄疫传播的最大风险，我国边境地区防控压力极大（Smith et al., 2015）。新中国成立以来，我国已经传入了 60 多种外来病，目前仍面临 1000 余种动物疫病传入风险，其中非洲马瘟、尼帕等烈性传染病已经逼近国门。这种情况提示，我们必须强化国家边境动物防疫安全理念，加强对境外流行、尚未传入的重点动物疫病的风险管理，建立国家边境动物防疫安全屏障；健全边境疫情监测制度和突发疫情应急处置机制，加强联防联控，强化技术和物资储备；完善入境动物和

动物产品风险评估、检疫准入、境外预检、境外企业注册登记、可追溯管理等制度，全面加强外来动物疫病监视监测能力建设。

（二）动物养殖主体多、密度大，需要强化生物安保能力建设

改革开放以来，我国动物产品增加了近 10 倍，动物饲养密度约是全球的 2.7 倍。近年来，虽然我国养殖业转型升级加快，集约化、规模化、标准化发展迅速，但中小规模养殖仍然是养殖业的主体形式。同时，我国动物疫病种类多、分布广（陈伟生，2015），高致病性禽流感（Su et al.，2015）、口蹄疫（何继军等，2015）、非洲猪瘟（Sun et al.，2021）等重大动物疫病不断变异，新发病出现风险加大，布鲁氏菌病疫情呈现出反弹趋势。诸多不利因素相互叠加，极大地增加了我国动物疫病防治难度。这种情况提示，我们必须坚定不移地走中国特色动物疫病防控道路，在切实抓好基础免疫的基础上，加快推进种畜禽疫病净化场、企业生物安全隔离区和无疫区建设，有计划、分病种、分区域地推进动物疫病控制消灭。

（三）动物流通频次高、环节多，需要强化市场准入制度建设

受区域畜牧业发展、屠宰加工能力不均衡、养殖模式多元化以及居民消费习惯等多种因素影响，我国动物调运呈现数量大、环节多、频度高、范围广以及交叉往复等特点。对于家畜而言，幼畜、育肥畜总体上是由西向东、由南向北调运为主，而商品畜则是由东向西、由北向南反方向调运为主，从而形成了交叉循环的复杂网络，而畜禽贩运经纪人的某些行为，又助推了疫病传播（杨宏琳等，2018）。对于家禽而言，南方部分城市近 80%居民消费活禽的习惯，无疑放大了活禽交易市场在流感病毒储存、增殖、混合、传播中的作用（张秀娟等，2017）。解决这些问题，绝非一朝一夕之事，需要各方持之以恒地健全市场准入制度，积极推进电子商务，促进屠宰产业升级，加强经纪人管理，提升动物运输福利水平，引导广大居民改进消费习惯，等等。

此外，我国基层动物疫病防控力量薄弱、基础设施相对滞后、扑杀补助标准偏低等问题，也是动物疫病特别是人兽共患病防控工作的重要制约因素。有效解决这些问题，需要我们深入贯彻落实习近平总书记在中共中央政治局第三十三次集体学习时的讲话精神，要立足更精准更有效地防，理顺基层动植物疫病防控体制机制，明确机构定位，提升专业能力，夯实基层基础；对动物疫病实行积极防御、主动治理，坚持人病兽防、关口前移，从源头前端阻断人兽共患病的传播路径。

（中国动物卫生与流行病中心 黄保续 刘华雷 王幼明 李金明 徐全刚 宋建德 姜雯 刘陆世 沈朝建 蒋文明 王静静 刘雨田）

第八章
重大植物疫情

第一节 概 述

一、概念及种类

植物疫情是指严重危害植物的真菌、细菌、病毒、昆虫、线虫、杂草、害鼠、软体动物等引发病虫害，或本地有害生物大范围发生并迅速传播，对植物造成严重危害的状况。引发植物疫情的生物因子也称为农业有害生物，包括农作物病害、虫害、鼠害和草害。植物疫情是生物安全的重要部分，具有种类多、影响大、损失重、遏制难、常暴发成灾的特点，其发生范围和严重程度对我国国民经济，特别是农业生产、生态环境常造成重大损失。有效防控植物疫情是保护国家农业生产安全、保障农产品质量安全、减少环境污染、维护人民群众健康、促进农业可持续发展的重要支撑，对于保障我国粮食安全、生态安全、食品安全、生物安全，促进农业可持续发展具有不可替代的重要作用。

植物病害是植物遭受危害，导致器官和组织的生理机制局部或系统性反常，植物自身表现病状，且从患病部位提取出的物质可使健康植物表现相应病原物的病征。生物安全范畴的植物病害都是侵染性病害，即植物病原物在外界条件影响下，相互斗争并导致植物生病的病害，具有较强的感染性。常见病原体包括：真菌，如黑粉病、锈病、白粉病等；卵菌，如腐霉、霜霉等；原核生物，如土壤杆菌、支原体、衣原体等；病毒，如马铃薯 Y 病毒、烟草花叶病毒等；寄生性植物，如菟丝子、列当独脚金等；原生动物，如线虫。其中，以细菌、真菌、病毒、支原体和线虫诱发的疫情较严重（董金皋，2016）。

植物虫害通常是指昆虫引起的各种植物伤害，其特点是为害速度快、损失程度重、防控难度大，主要包括为害水稻、玉米、小麦、马铃薯、蔬菜、水果、果树等粮食作物和经济作物的昆虫、螨类。昆虫属于动物界、节肢动物门、昆虫纲，引发植物疫情的昆虫主要集中在 10 多个目：直翅目，如蝗虫、蝼蛄；半翅目，如蝽象、蚜虫、飞虱等；缨翅目即蓟马类；鞘翅目即各种甲虫类；鳞翅目即蛾类、蝶类；膜翅目即蜂类、蚁类；双翅目即蚊、蝇、虻类。螨类属于动物界、节肢动物门、蛛形纲，可为害多种植物，如朱砂叶螨、两点叶螨等（彩万志和庞雄飞，2011）。

二、植物疫情的重要性

我国是农业生态环境脆弱、有害生物频繁发生的农业大国，植物重大病虫害的流行成灾是影响农业持续、稳定和健康发展的重要障碍。随着全球经济一体化进程的不断加快，人员交流与农产品贸易频繁，有害生物在国家间的传播和扩散问题日益加剧；全球变暖、厄尔尼诺等气候变化，致使有害生物的扩散行为和分布区域发生改变；药物等投入品过度使用导致农业有害生物变异、致病能力分化；生物资源流失、自然生态系统破坏等因素，促使生物安全风险持续加大。我国一般年份农作物病虫草鼠害发生面积近 55 亿～70 亿亩次，危及粮食供应和"口粮绝对安全"的战略底线。小麦赤霉病近十年年均发病面积约 8000 万亩，重发流行年份导致产量损失高达 20 亿 kg。柑橘黄龙病在 11 个省份 290 多个县区暴发流行，按照植物检疫规定已累计砍伐 4000 万株染病柑橘树，对柑橘产业造成严重威胁（全国农业技术推广服务中心，2011—2022）。

进入 21 世纪以来，我国农作物有害生物防控工作所面临的形势更加严峻：①原生性有害生物频繁暴发，灾害持续不断、经济损失巨大，如稻瘟病、水稻病毒病、稻飞虱、赤霉病、草地螟等大规模连年发生，危害程度之重、持续时间之长均为历史罕见；②部分次要有害生物逐渐发展成为毁灭性灾害，有些原已长期控制的有害生物死灰复燃，变得更加猖獗，如种植结构调整和全球气候变化导致黏虫、棉盲蝽、小麦赤霉病等生物灾害大暴发；③危险性外来生物入侵导致农业经济损失与生态环境破坏，加重和突出了农业生物灾害问题，例如，草地贪夜蛾入侵、沙漠蝗迫近国门等事件频发，对我国生物安全提出了多维度、全方位的挑战，2019 年入侵我国的草地贪夜蛾，在不到一年时间内，发生面积高达 1500 多万亩，玉米受害面积占比 98%，直接经济损失约 100 亿元（吴孔明等，2020）；④化学农药的大量投放及其不合理使用导致农药残留超标、环境污染、人畜中毒事件频发。当前化学农药仍是防治农作物有害生物的主要手段，农药使用量依然维持较高水平，对农业环境安全、食物安全和农产品贸易造成不良影响。综上所述，植物疫情防控对于保障国家生物安全、粮食安全、农产品质量安全、生态安全等具有不可替代的关键作用。

植物疫情严重威胁粮食安全和重要农产品供给。19 世纪欧洲暴发的马铃薯晚疫病，导致马铃薯减产 9 成以上，造成大饥荒。20 世纪以来，沙漠蝗已累计暴发 15 次，给非洲、欧洲、亚洲的 65 个国家造成严重的粮食危机和生态灾难。我国史料记载的蝗灾超过 1000 次，严重时粮食减产 3～5 成，"飞蝗蔽天、赤地千里"，灾民以百万计，引发社会动荡。1942～1945 年河南省连年暴发蝗灾，据记载，成灾面积累计超 2.7 亿亩次，饿死 500 余万人，300 余万人外出逃难（朱恩林，2021）。草地贪夜蛾自 2016 年由美洲侵入非洲后，已扩散蔓延到非洲和亚洲 70 余国，仅 2019 年就造成非洲玉米损失 2060 万 t。

植物疫情严重威胁生态安全。源于北美洲的松材线虫，已侵入中、日、韩等 20 多个国家和地区，截至 2020 年，我国 18 个省份发生面积超过 2700 万亩，累计死树 6 亿多株，严重破坏了我国森林资源、自然景观和生态环境（国家林业和草原局，2019）。俄罗斯刺沙蓬于 19 世纪 70 年代随移民传入美国，秋季干枯形成的草球可随风滚动传播，现已扩散蔓延到整个北美地区，干扰交通并影响居民生活，对生态环境和生物多样性造成严重破坏。

植物疫情严重威胁国家安全和社会稳定。马铃薯甲虫在 20 世纪 50 年代曾被高度关注，这种害虫可严重威胁马铃薯生产，当时的民主德国（简称东德）一度认为遭受到敌对国家恶意释放马铃薯甲虫。稻瘟病能导致水稻的毁灭性损失，该病用于生物攻击的可能性曾被西方国家研究。李痘病毒、柑橘黄龙病、水稻细菌性条斑病菌等植物病害也曾被列为潜在的农业恐怖性生物而受到关注。

植物疫情严重威胁人民生命健康。小麦赤霉病是为害小麦的最严重的病害之一，被称为小麦"癌症"，其病原菌是禾谷镰刀菌，病菌在侵染中会出现烯醇和烯酮类次生性代谢产物，这类物质会引发人或动物中毒反应，出现恶心、呕吐、妊娠流产，严重的可致癌或死亡（马鸿翔，2019）。红火蚁攻击力强，工蚁用腹末螯针连续蜇刺注射毒液，人被叮蜇后有火灼伤般疼痛感，出现灼伤般水泡，对毒液蛋白过敏者会出现发烧、失明、呕吐、荨麻疹、休克甚至死亡。

三、国内发生与危害概况

近二十年来，植物疫情总体中等以上发生、个别年份严重发生，全年农作物病虫草鼠害发生面积 60 亿～80 亿亩次，防治面积 65 亿～80 亿亩次，经防治挽回产量损失 2000 亿～2500 亿斤（1 斤=500g），占全年粮食总产的 17%～20%，相当于 3 亿亩耕地的产量；各年虽经防治，仍实际损失粮食 2000 万 t 左右，约占全国粮食总产量的 3%，由此可见重大植物疫情对我国粮食生产的影响达 20%～25%。近十年来，单一植物疫情暴发危害时最高可实际造成 200 万 t 以上的粮食损失，总损失可达 2200 万 t，占某类粮食总产的 12%左右，对国家粮食安全影响巨大。当前最具暴发和流行危害特点的种类主要有草地贪夜蛾、稻瘟病、小麦赤霉病、柑橘黄龙病、梨火疫病、病毒病等，严重威胁果树、蔬菜生产（全国农业技术推广服务中心，2011—2022）。

全球经济一体化进程加速下的农产品贸易与人员流动加剧、交通设施网络贯通，加剧了农业外来有害生物跨境/区域的入侵、传播与扩散。我国幅员辽阔、地理气候与环境多样，外来入侵物种传入源广、扩散路径复杂多样、危害隐蔽。21 世纪以来，我国农林新发重要和重大入侵物种 101 种，其中近 10 年有 49 种，平均每年新增 5～6 种，是 20 世纪 80 年代的 10 倍以上，近 2/3 的重要外来入侵物种正处于迅速跨区域扩散蔓延和危害中；外来入侵物种频频犯关，传入风险剧增，近年来，口岸截获的外来有害生物种类和频次比 20 年前分别增加 9.8 倍和 51.5 倍，口岸检疫截获工作量和技术难度剧增。例如，2019 年传入的重大迁飞性入侵害虫——草地贪夜蛾，2020 年对玉米的危害面积逾 100 万亩次；2017 年 8 月，在新疆和云南新发现的易随农产品调运扩散的毁灭性害虫——南美番茄潜叶蛾，现已扩散到 9 省 132 个区县，严重威胁番茄和马铃薯产业，潜在直接经济损失逾 380 亿元/年。目前我国外来入侵物种已逾 660 余种，其中国家和各行业发布的需要重点管控的外来入侵物种累计逾 260 种，每年造成的直接经济损失逾 2000 亿元（徐海根和强胜，2019）。由于外来入侵物种脱离原产地天敌的控制，以及气候变化、作物布局、生态环境脆弱等因素影响，外来入侵物种容易暴发成灾，而防控常常主要依赖化学农药。由于防控技术和产品的储备及前瞻性研究不足，加上一些入侵物种隐蔽性危害，导致防控技术常常缺乏早期性和时效性，防控难度大。

当前，国外植物疫情传入呈显著上升之势。国外重大危险性有害生物入侵呈现出数量剧增、频率加快之势。仅在 2006 年，我国就相继在海南、辽宁等地发现了三叶斑潜蝇、黄瓜绿斑驳花叶病毒等新疫情。据统计，20 世纪 70 年代，我国仅发现 1 种外来检疫性有害生物，80 年代发现 2 种，90 年代迅速增加到 10 种，2000～2006 年发现近 20 种，2010 年后物种近 30 种。新传入的植物疫情对我国农业生产安全构成极大的威胁。随着改革开放和经济的发展，以及国外植物、植物产品的大量进口，外来植物检疫性有害生物传入的风险更大，如不加大检疫工作力度，新疫情随时有可能传入和蔓延危害（朱水芳，2019）。

我国国内局部发生植物疫情呈扩散蔓延之势。稻水象甲 1988 年在我国河北首次发现，以后陆续在天津、辽宁、北京、吉林、山东、山西、安徽、浙江、福建、陕西和湖南等 11 个省份发生，2007 年又在云南、黑龙江和江西 3 个省发现，据专家推测，如果防控不利，疫情极易随交通工具迅速传遍我国水稻主产区；马铃薯甲虫从 1993 年发现以来，已经蔓延到新疆北部，疫情已传入黑龙江、吉林等地，严重威胁我国马铃薯产业的发展；苹果蠹蛾 1953 年传入我国新疆库尔勒地区，1989 年进入甘肃河西走廊地区，2006 年传入甘肃山丹，目前迫近苹果核心产区，严重威胁水果生产及贸易安全。

边境地区是植物疫情传入的高风险区。我国大部分检疫性有害生物首先是在沿边和沿海地区被发现。例如，苹果蠹蛾、马铃薯甲虫等疫情从欧洲经中亚传入新疆；稻水象甲从日本、朝鲜传入河北、辽宁等地；芒果象甲从印度、缅甸传入云南；黄瓜绿斑驳病毒从日本、韩国传入辽宁；红火蚁、香蕉穿孔线虫等疫情首先传入广东。同时，周边国家还有许多危险性有害生物正向我国边境地区逼近。例如，俄罗斯滨海地区已经普遍发生马铃薯甲虫和苹果蠹蛾，中西亚的玉米切根叶甲正向新疆边境逼近，小麦印度腥黑穗病、香蕉穿孔线虫、马铃薯金线虫、地中海实蝇等危险性有害生物经常在进口货物中被截获。

第二节　风险分析与监测预警

一、风险分析

风险分析是对植物疫情危害性评价的重要环节，也是国际植物检疫和《实施卫生与植物卫生措施协定》（SPS 协定）的要求措施。风险分析是世界贸易组织多边贸易规则的主要原则之一，是世贸组织各成员国动植物检疫决策的主要技术支持，可保持检疫的正当技术壁垒作用，充分发挥检疫的保护功能。

风险分析关注的因素主要包括有害生物危险性级别、传入可能性、为害对象的经济或生态重要性、外来生物的传播定殖特性、防控难易度，以及损失严重程度等方面。其分析方法一般分为定性分析、定量分析和半定量分析 3 类。定性分析一般以专家经验及模糊判断为主，为规范其实施过程，需要预先对各风险要素定义分级标准，按标准进行评估后，再通过加权、平均等多种运算法则来对涉及指标进行综合评价；定量分析则是主要结合数理统计等手段，对风险事件的各个环节、层面进行量化评估；半定量分析指的是通过对定性因子予以赋值来进行的分析。

风险分析包括传入风险分析、定殖与扩散风险分析、扩散传播风险分析、经济损失与生态风险分析等。传入风险分析多针对外来入侵生物的入侵开展，分析传入风险需要考虑入侵种的现有分布、自然环境条件、可能传入途径、与来源国的贸易情况以及口岸截获记录等因素，如开展对引进种子种苗和林木、邮寄物和携带物等对我国农林业和生态的影响评价。

植物疫情的定殖与扩散风险，最常用的研究手段就是有害生物的适生性分析，适生性分析也是应用程度较好的类别。随着信息技术的快速发展，可用于适生性风险分析研究的技术与方法逐步增多，如 GAPR、Maxent、CLIMEX、DIVA-GIS、Whywhere、GIS 等，其主要原理在于通过气候和生物的相互关系，来推测某种生物可能存在的适生范围。目前，通常把 GIS 与 CLIMEX、GAPR、Maxent 等模型结合使用，这是由于 GIS 的叠加分析功能可以加入对气候和生物因子以外的寄主植物分布、土壤类型、土地利用等影响因子的综合考量。在植物疫情扩散风险分析方面，主要采用长距离扩散模型、引力模型和 GIS 技术等。围绕经济损失与生态风险分析，涉及的变量主要包括寄主产量、损失量、产品价值、防治费用、生态损失等，也要综合病原物和害虫传入、定殖和扩散信息，目前使用较多的经济评估仍是定性分析方法。

有害生物风险分析的核心内容是风险评估和风险管理。有害生物风险评估是指确定有害生物是否为检疫性有害生物并评价其传入的可能性，一般包括以下几个方面。①有害生物风险分析，可以由以下 3 种活动开始，即查明潜在有害生物的途径、查明可能需要采取植物卫生措施的有害生物、审议或修改植物卫生政策和重点活动。②确定有害生物风险分析地区，尽可能确切地确定有害生物风险分析区，以便收集这些地区的信息。③信息收集和审查。早先的有害生物风险分析收集各种有关信息，包括有害生物的特性、分布、寄主、与商品的联系等。信息可以有各种来源，提供有害生物状况的官方信息是 IPPC 成员应履行的义务，因此可以通过其官方联络点索取。应当检查是否已经进行了有害生物风险分析；若已经做过，要核实其有效性。

分析过程首先要确定有害生物是否是检验性有害生物，即是否对受威胁的地区具有潜在的经济重要性（经济重要危害性标准）但尚未在该地区发生，或虽已发生但分布不广（地域标准）并可进行官方控制，可以得出风险是否可以接受以及是否需要和可能降低的结论。如果超过了一个国家所确定的适当的保护水平的风险，是不可接受的风险。具体环节如下。①有害生物分类。明确有害生物的特性，核实其是否存在于分析地区、管制状况如何、定殖和扩散潜力及经济影响潜力怎样。②评估传入和扩散的可能性。评价有害生物进入的可能性、定殖的可能性和定殖后扩散的可能性；查明有害生物风险分析地区中生态因子利于有害生物定殖的地区，以确定受威胁地区。③评估潜在的经济影响。考虑有害生物的影响，包括直接影响（对有害生物分析地区潜在寄主或特定寄主的影响，如产量损失、控制成本等）和间接影响（如对市场和社会的影响等），分析经济影响（包括商业影响、非商业影响和环境影响），查明有害生物风险分析地区中有害生物的存在将造成重大经济损失的地区。

从风险管理的层次，一般确认可以降低风险的选择方案，评价这些方案的效率和影响，并决定或推荐可以接受的降低风险的措施，具体如下。①风险水平及其可接受性。根据所确定的适当的保护水平，如果风险不能接受，就需要考虑将风险降低到可接受的水平或低于可接受水平的植物卫生措施。②确定和选择适当的风险管理方案。考虑选择各种植物卫生措施和各种植物卫生措施的组合，包括：应用于货物的措施，阻止或减少在作物中蔓延的措施，确保生产地区、产地或生长点或作物没有有害生物的措施，国内的控制措施以及禁止输入的措施。③植物卫生证书和其他遵守措施。考虑适当的遵守措施，包括出口验证，要求在植物卫生证书中证实执行了风险管理的措施。

风险分析不是一个简单的过程，在选择有效降低风险的风险管理方案时，要运用风险评估结果所决定的风险控制方法及其对风险的削减程度。在风险评估中可以确定采取措施前的基准风险水平，在风险管理中将这一基准风险水平与采取措施降低后的风险相比较，测定植物卫生措施的有效性。风险评估和风险管理之间有着直接的依赖关系，且本质上都具有分析的特性。风险管理的意义在于对降低风险的方案的识别和评价，虽然广义上风险管理也包括决策制订和实施（运作方面），以及在实践中降低风险的工作系统，但通常并不认为是风险分析过程的一个组成部分。有害生物风险分析要确认风险评估和降低风险的风险管理措施相关的"不确定性"，明确不确定性的领域和不确定性的程度。不确定性是由于信息的不完整或可获得的信息不断变化造成的。确认不确定性的目的是给决策者提供尽可能完整和客观的意见。

二、监测预警

准确的植物疫情监测和预报是有效应对和防控疫情的基础。多年来，我国植物疫情的监测预报在测报调查标准、信息传递手段、预报技术和预报发布途径等方面都取得了显著进展，测报技术水平明显提高。

通过建设病虫测报体系、扩大测报对象、制定完善测报办法、改进测报手段，提高了测报水平与服务质量。目前已形成由重点、区域性病虫测报站构成的国家与省级测报网络，至 2019 年，全国共有病虫测报区域站 1030 余个（全国农业技术推广服务中心，2021）；研究并实施了较现代的病虫信息传输技术、分区的农田生态系统病虫预测、多元统计分析等数学方法用于自然种群时空分布预测，针对不同需要的病虫害发生时间、区域、程度等趋势预报及其图文技术，从无到有，不断提高；开始试用雷达实时监测远距离迁飞害虫，探索遥感、分子生物学技术测报病虫发生动态等。

1. 研究制定了较完善的测报调查规范

农业部早在 1951 年就提出对东亚飞蝗进行冬季查卵和监测，逐步将马铃薯晚疫病、稻瘟病、小麦条锈病、东亚飞蝗、黏虫棉红铃虫和稻螟虫等列为全国测报对象，制定上述病虫的测报办法。1981 年农业部针对农作物主要病虫，修改完善了测报办法，包括针对水稻、小麦、棉花和油料作物、旱地和地下害虫等 4 大类 32 种病虫在内的测报办法。近年来，根据农作物病虫害发生与流行情况，制（修）订了小麦条锈病、稻瘟病、稻飞虱、棉铃虫等 15 种主要病虫测报调查国家标准，出版了《主要农作物病虫害测报技术规范应用手册》等（全国农业推广服务中心，2010；刘万才和姜瑞中，2015）。

2. 发展改进了测报信息传递手段

早在 1963 年，农业部植保局编制了全国统一的《全国农业病虫测报电码》；1979 年 10 月重新修订后经邮电部批准，在全国作为公益电报使用。1981 年开始试用测报对象专用"模式电报"。为进一步加快信息传递，1997 年、2006 年农业部有关植保部门先后开发了用于病虫信息传递与交流的"病虫测报计算机网络系统"和"中国农作物有害生物监控信息系统"，先后与各省（自治区、直辖市）植保站和部分区域病虫测报站实现了联网。2009 年起，在原有信息系统的基础上，利用现代信息技术，开发应用了"农作物重大病虫害数字化监测预警系统"，全国 20 多个省（自治区、直辖市）也开发应用了相应系统（刘万才和姜瑞中，2015）。进入 21 世纪，特别是草地贪夜蛾等重大病虫害入侵我国以来，为了及时准确地监测发生动态、组织阻截防控，农业农村部依托互联网和数据智能上报系统，升级了病虫测报体系，实现了重点地区每日上报疫情动态。

3. 研究提出了测报技术

20 世纪 70 年代后期以来，病虫害发生趋势的指标预测法、数理统计预测法得到了广泛应用，丰富了综合分析预测的内容。20 世纪 80 年代以来，随着计算机技术的普及，系统模拟模型和专家系统较多地应用于病虫预测预报的研究。病虫测报部门积极应用广大科研、教学及植保部门的研究成果，通过对虫源（病源）地发生情况进行调查监测，对迁飞性害虫和流行性病害进行异地预测，明显提高了预报的时效性、准确性；在预测期距方面，从 20 世纪 50、60 年代以发布短期预报为主，到 70~80 年代发布中长期预报，再到目前对多种病虫害实现长期预测的升级，对蝗虫、黏虫、草地螟、棉铃虫、草地贪夜蛾等重大生物灾害的超长期预测进行研究与探索，为指导病虫害及时防治提供了重要支撑（郭予元，1998；陆宴辉和吴孔明，2008）。

4. 创新了害虫监测预警技术

目前需要加强迁飞性害虫境外虫源的勘测、迁飞规律与路线的研究，研发区域性监测预警新技术，尤其是基于昆虫雷达、卫星遥感和地理信息系统等新兴信息技术的早期和异地预警手段。应着眼于加强区域性、多种群和复杂环境下包含了进化和适应等生物学行为的、兼具种群动态预测和区域性管理策略评估的计算机模型研究。另外，应研究计算机网络化的信息收集、发布技术和远程诊断平台，提高害虫监测、预警和治理的信息化水平。监测预警技术中，农业虫害的监测和预测是防控的关键所在。传统的监测和预测方法费时费力、实效性差且准确度低。利用"3S"技术建立了多种农林害虫的监测预警系统，显著地提高了监测预警水平与能力；开发了农作物虫害疫情地理信息系统、全国农作物虫害监控中心信息网络和信息系统、分布式虫害预测预报 Web-GIS 系统、迁飞性害虫实时迁入峰预警系统、田间昆虫数据采集和计算机网络化的数据传输及管理技术、田间小气候实时监测技术、影响农作物虫害的关键气象因素和预警指标的分析提取技术及中长期预测预报技术等关键技术（刘万才等，2010）。

5. 研发了专用测报装备

我国近年来研制的新一代昆虫雷达、自动虫情测报灯、生物远程实时监测系统以及基于 PDA 的病虫害监测数据采集系统等，通过实现虫情测报工具的自动化，解决了测报工作劳动强度大和效率低等问题；组建了由 5 台昆虫雷达组成的昆虫雷达监测网络系统，研制的毫米波昆虫雷达和多普勒昆虫雷达解决了草地贪夜蛾、稻飞虱等微小昆虫迁飞行为的监测难题，并利用该雷达网开展了草地贪夜蛾、稻飞虱、稻纵卷叶螟、棉铃虫、草地螟、黏虫、小地老虎、甜菜夜蛾等重要迁飞性害虫的种群迁飞的监测工作。同时，研究明确了我国棉铃虫的迁飞规律，制定和修订了"棉铃虫测报调查规范"国家标准，规范了全国棉铃虫监测工具、田间调查、数据汇总和传输、预测预报模型、发生程度分级、预报准确率评定等内容，实现了全国棉铃虫预测预报标准化、数据信息传递网络化和预报发布图视化，显著提升了我国棉铃虫测报技术水平（郭予元，1998）。

目前，全国农作物重大病虫害数字化监测预警系统建设不断完善，采用国家、省、市、县四级体系架构，开发建设了粮、棉、油类共 6 种作物的重大病虫发生数据采集、分析和预测等功能，并组织开发了虫情信息自动采集分析系统、孢子信息自动捕捉培养系统、远程小气候信息采集系统、病虫害远程监控系统、害虫性诱智能测报系统等病虫测报物联网系统。通过该系统的建设和应用，可自动完成相关数据采集并上传至农业农村部综合政务系统，对作物病害实时远程监测，提供智能化、自动化管理决策，成为农技人员和广大农民管理生产的"千里眼"和"听诊器"。该系统以监测数据采集标准化、汇报制度化、传输网络化、分析规范化为显著特征，实现了我国农业植保信息化之路的新跨越，为有效控制病虫害、保障农业丰收提供了强有力的技术支撑。

第三节　防控策略与技术

一、防控原理与策略

1. 坚持全链条防控的生物安全防控原则

基于生物因子"入侵传入—定殖扩繁—扩散蔓延—暴发成灾"的一般发生规律，围绕风险评估、监测预警、超前防范、应急处置、持续治理等关键环节，优化风险管控能力。强化监测预警体系建设，提升风险识别能力，建立全球生物威胁信息收集与风险评估平台，分析研究麦瘟病等植物疫情的发生态势和防控举措。与周边国家合作开展草地贪夜蛾、稻飞虱、稻纵卷叶螟等重大生物安全威胁因子的风险评估与监测预警，提前研判风险级别，做好应对准备。建立健全国家、省、地、县、乡五级监测预警网络体系，以沿边沿海、国际口岸通道、农牧业主产区、生态脆弱区等为重点，统筹布局一线站点，及时获取疫情动态数据，提升风险决策的科学性。打造生物安全识别跟踪和溯源系统，建立多元数据协同的生物安全数据网络，实现生物安全风险全谱全域全时感知，提高溯源跟踪、监测预警、风险分析的时效性和准确率。

2. 坚持关口前移、源头防控

在系统监测、溯源追踪的基础上，实现植物疫病的防线前移、治早治小，切实加强国境检疫，严厉打击走私。对远距离迁移性病虫害，实施源头治理，如对草地贪夜蛾，在东南亚虫源地和我国南方周年繁殖区，建立包括转基因玉米在内的综合防治体系，切断向我国玉米主产区的迁移途径。对传入疫情，坚持"早、快、严、小"的原则，建立高效的应急处置机制，压实地方责任，发挥联防联控机制作用，配齐生物安全防护装备、应急疫苗、防治药物、消毒产品、专业应急车辆及防控设施等，提升基层应急处置能力。

3. 坚持绿色防控、可持续治理

统筹考虑生物因子，实现从药物为主的单一防控模式，向多种措施协同并用的综合防控模式转变。对植物病虫害，使用转基因技术、生物防治、化学防治、生态调控的综合防治策略，确定低成本、环境友好、

可持续的治理目标。

积极推进分级分类管理策略，根据风险等级确定管理的策略并实施针对性的措施。可考虑将植物有害生物风险状况划分为低风险、一般风险、较高风险、高风险、极高风险等级别，设定了风险等级相对应的数值区间。针对不同的风险等级，应有针对性且管理适度的管理策略，避免出现控制不足和控制过量的情况，其中针对较高风险以上的，要高度重视，采取相应防控措施。

（1）极高风险等级。植物疫情风险状况处于极高风险等级时，应采取严厉的控制措施，实施以强制性措施为主的管理策略。植物疫情风险一旦确定为极高风险等级，应立即启动应急预案，在短时间内控制风险和降低风险等级。及时组织开展调查和确定风险来源，研究和实施针对性的管理措施。极高风险等级的植物疫情风险管理应坚持突出重点、统筹兼顾、控制与预防并重的原则，一般以国家控制为主，组织开展有关防控工作。

（2）高风险等级。植物疫情风险状况处于高风险等级时，应采取严格的控制措施，实施以常规控制措施为主、强制性措施为辅的管理策略。视植物疫情的具体状况启动应急预案，确保植物疫情风险保持在可控范围内，及时组织开展调查和确定风险来源，并针对风险状况进行风险评价与管理对策研究，实施针对性的管理措施。坚持突出重点、统筹兼顾、控制与预防并重的原则，一般以国家或省级控制为主、调配各地资源为辅的方式组织开展防控工作。

（3）较高风险等级。植物疫情风险状况处于较高风险等级时，应采取较为严格的控制措施，一般应实施以常规控制措施为主的管理策略；及时组织开展调查和确定风险来源，并针对风险状况进行分析评价，实施针对性的管理措施，消除潜在风险，同时还应加强风险监测和预警，确保风险不扩大和可控。较高风险等级以省级控制为主，组织开展有关的管理工作。

二、应急阻截技术

1. 构建植物疫情阻截带

根据阻截对象特点，为有效抵御有害生物的入侵、遏制疫情的扩散蔓延，针对农业有害生物传入、扩散的主要途径，建设植物疫情阻截带。阻截带可以设置在以下地区：农产品贸易往来频繁，蔬菜、水果、观赏植物等园艺产品进口及国外引种的主要地区；外来有害生物入侵概率高，口岸截获有害生物种类多、频率高的地区；地理环境复杂、植物种类繁多，气候条件适宜入侵生物定殖的地区；道路交通发达，物流量大，一旦有害生物入侵定殖后，可迅速向内陆地区扩散蔓延的地区。

沿海地区阻截带可包括辽宁、河北、天津、北京、山东、江苏、上海、浙江、福建、广东、海南、广西等省（自治区、直辖市）。这些区域海港与国际航线密集，是出口农产品生产与加工的重要基地，各类农副产品加工运销龙头企业众多，截获有害生物种类多、频率高，一旦有害生物入侵定殖后，可迅速向内陆地区扩散蔓延；有红火蚁等已经局部发生的重大疫情需要封锁控制。

沿边地区阻截带可包括吉林、黑龙江、内蒙古、新疆、甘肃、西藏、云南等省（自治区）。这些阻截带与周边国家接壤，边界线长，陆路口岸多，是南亚、西亚、中亚、欧洲及日韩检疫性有害生物传入我国的主要通道；属多民族聚居区，区域幅员辽阔，经济基础薄弱；边境贸易频繁，随着国家西部大开发政策的实施，边境贸易逐年增加，新疫情传入风险增大；该区域有全国最大的玉米和外繁制种基地，疫情随制种亲本直接传入风险大；有得天独厚的阻截条件，高山大川和千里戈壁等天然屏障可延缓疫情扩散；有马铃薯甲虫、苹果蠹蛾、大豆疫病、芒果象甲等重要检疫性有害生物亟待阻截。

2. 强化源头监控

疫情监测是发现疫情和掌握疫情动态的有效手段，是做到"早发现、早报告、早阻截、早扑灭"疫情的重要前提。通过科学设置疫情监测点，规范监测方法，构建严密的有害生物疫情监测网络，定期开展植物疫情的专项调查、普查，可为及时采取防控行动、进行有效防除提供保障。

不断提升监测方法，丰富监测内容。通过收集周边国家及主要贸易伙伴的疫情发生信息，定点、定期进行田间调查、空中孢子捕捉、灯光诱捕、昆虫性信息素诱集等。对于现已发生的重大有害生物，主要是监测其疫情发生动态、危害情况、扩散蔓延范围及速度等；对于潜在重大有害生物，主要是监测高风险区域及周围主要寄主植物生长区内有无疫情发生。

对于潜在危险性有害生物，监测点重点设置在进出机场、港口的道路两旁，陆路边境、通商口岸、国外引种隔离场圃，国外引进农产品的集散地、加工厂、集贸市场等处。对于已经定殖的检疫性有害生物，应根据疫情的发生分布范围，将监测点重点设置在发生中心区、发生区外围边界及其主要寄主作物生产基地、繁种基地、铁路和公路枢纽及沿线、货场、农产品集贸市场、加工场所等处。

根据各有害生物监测技术规范，统一填写监测数据，及时整理上报。对于监测中发现的可疑疫情，必须及时查清情况，采取检疫措施进行封锁控制，并立即报告省级农业行政主管部门，省级农业主管部门要立即上报省级人民政府和农业农村部。

不断研发新型的监测设备，配备疫情监测仪器设备。根据监测任务，主要配置植物有害生物采集、保存、鉴定相关仪器设备和全球卫星定位仪，以及监测所需的其他设备、信息系统及网上远程诊断硬件、监测调查交通工具等。

3. 快速铲除和消杀

在疫情初始阶段，植物疫情铲除应坚持迅速、有效的处置，铲除对象主要是针对新发现的重大植物有害生物，面积不大且有扑灭可能的；铲除时机应及早、及时；铲除措施应得当、得力，应用技术应科学有效，管理措施应依法从严；铲除后应跟踪监测，确保彻底铲除。重大疫情的铲除由疫情发生地人民政府组织实施，在阻截带区域内依托地级植物检疫机构设立区域性疫情扑灭处置中心，增强应急处置植物疫情能力，达到及时、有效地铲除或控制发现的植物疫情。

铲除方法有以下几种：一是化学方法，即针对检疫性有害生物进行药剂处理，如药剂熏蒸、喷洒、拌种、浸渍等；二是农业方法，如对所发生疫情地块采取改种、休耕等措施；三是物理学方法，即对带有检疫性有害生物的货物进行机械处理、热力处理、冷冻处理、辐射处理、高频或微波处理等；四是生物学方法，如对某些带病毒病的苗木，通过茎尖脱毒等手段处理；五是生态学方法，如将带有检疫性有害生物的货物运往不适宜其生存的地区加工、销售。

疫情铲除后，应坚持在铲除地及其周边地带继续予以定期监测和调查，并严格按照有关程序进行监管。由省级农业主管部门组织专家根据生物学、生态学特性等评估铲除效果，确实达到铲除目标后，省级农业主管部门上报农业农村部，农业农村部公布铲除信息。

三、持续治理技术

可持续治理技术包括生物防治、理化诱控、生态调控等技术措施。生物防治是指用天敌昆虫、有益微生物或其代谢产物来控制农业病虫害的技术，"以虫治虫、以螨治螨、以菌治菌、以菌治虫治草"等是其通俗的说法。生态调控是通过农业措施、管理环节、调控植物布局和栽培制度、增加功能植物等，改善生态环境，形成不利于植物疫情发生的生境，从而遏制植物疫情。理化诱控是指利用食物诱杀、灯光诱杀、性诱剂捕杀、色板诱杀等技术，控制害虫发生危害，降低危害水平。这些技术来源于自然、应用于自然，具有安全、有效、无残留等生产优点，具备持续、环保、简便与低能耗等技术优势，符合绿色发展新理念的全部特征，是保障生物安全的有效措施。

1. 保护和利用天敌昆虫

天敌昆虫是指能通过捕食、寄生或其他方式，致使农业害虫死亡或者发育停滞、延缓的一类有益昆虫。根据天敌昆虫的取食特点，将其分为捕食性天敌昆虫和寄生性天敌昆虫两大类群。还可以根据天敌昆虫的食性特征，分为单食性天敌昆虫和广食性天敌昆虫，寡食性天敌昆虫则是介于两者之间的种类。单食性天敌昆虫是指以一种寄主昆虫为食而完成其生长发育全过程的天敌种类，如捕食性昆虫中的澳洲瓢虫和寄生性昆虫中的小窄径茧蜂，后者仅寄生落叶松鞘蛾。广食性天敌昆虫则是以多种昆虫为猎物完成其生长发育过程的种类，如捕食性的螳螂、半翅目蝽科中的蠋蝽、寄生性的赤眼蜂等（张礼生等，2014）。

天敌昆虫是自然界中重要的生物因子，与农业害虫形成了稳定的协同与伴随关系。一个地区存在某类害虫，必然有相应的一定种类和数量的天敌昆虫伴随。由于环境条件、生物量的限制，天敌昆虫数量往往不足以达到控制害虫为害的程度，大量投入扩繁出的天敌昆虫产品，必然导致成本增加。故此，对本地已经存在的天敌昆虫采取适当的措施进行保育，避免伤害天敌，并促进天敌繁殖，就可以控制害虫的发生和为害。保护、招引当地天敌昆虫，主要有两类手段：一是减少对天敌昆虫的伤害，如建立庇护所保护越冬、降低农药杀伤及不当农事操作损伤；二是营造利于扩繁的条件，如补充寄主（猎物）或营养物、使用信息化学物质、提供栖息和营巢的场所、改善田间的小气候等。

以寄生方式控制害虫较为复杂，但这是生物防治最普遍的形式。有寄生于寄主卵内的，如膜翅目的小蜂，包括应用最广的赤眼蜂，全为卵寄生，有的还是蚜虫和粉虱的重要天敌。有寄生于寄主幼虫的，如膜翅目的茧蜂，喜寄生于鳞翅目、鞘翅目、双翅目的幼虫和同翅目昆虫，特别是蚜虫；膜翅目的姬蜂，种类很多，约占寄生性昆虫中的20%，如半闭弯尾姬蜂是防控小菜蛾最好的天敌昆虫；膜翅目的细蜂以缘腹细蜂和广腹细蜂最重要，前者寄生于鳞翅目、半翅目和直翅目昆虫的卵及蝇类，后者寄生于瘿蚊幼虫和同翅目若虫，如粉虱和粉蚧等；此外，膜翅目的蚂蚁和胡蜂也能捕食多种农业害虫。也有寄生于寄主成虫态的，如双翅目中最重要的天敌为寄蝇，伞群追寄蝇、螟利索寄蝇、康刺腹寄蝇、松毛虫狭颊寄蝇等都是抑制农林害虫的高效天敌类群。

捕食性天敌昆虫较其猎物一般情况下都大，它们捕获吞噬其肉体或吸食其体液。捕食性天敌昆虫在其发育过程中要捕食许多猎物，通常情况下，一种捕食天敌昆虫在其幼虫和成虫阶段都是肉食性，独立自由生活，都以同样的猎物为食。捕食性天敌昆虫的种类很多，主要属于鞘翅目、脉翅目、膜翅目、双翅目、半翅目和蜻蜓目，常见的有螳螂、蜻蜓、姬蝽、猎蝽、花蝽、盲蝽及蝽科部分种类、草蛉、粉蛉、蚁蛉、蝎蛉、步甲、虎甲、瓢甲、郭公甲、部分胡蜂、土蜂、蛛蜂、食蚜蝇、食虫虻、食蚜瘿蚊等。其中，瓢虫、草蛉、捕食螨在生产上起着较大的作用，步甲、蜘蛛、螳螂等在农田中的自然控制作用较强。

2. 推广应用生防微生物制剂

生物杀虫剂主要包括虫生真菌、昆虫病毒、生防细菌、生防线虫、植物浸提物等，主要类群有球孢白僵菌（*Beauveria bassiana*）、绿僵菌（*Metarhizium anisopliae*）、柱孢绿僵菌（*Metarhizium cylindrosporae*）、莱氏野村菌（*Nomuraea rileyi*）、蜡蚧轮枝菌（*Verticillium lecanii*）等。细菌类制剂主要包括苏云金杆菌、枯草芽孢杆菌、蜡质芽孢杆菌、荧光假单胞杆菌等制剂，其中，苏云金杆菌的研究开发正向改善工艺流程、提高产品质量和扩大防治对象的方向发展，同时对苏云金杆菌的研究已深入到基因水平，对其杀虫晶体蛋白的编码基因 *Cry* 的研究已有许多突破，采用基因工程技术构建高效 Bt 工程菌株已有报道。我国现已通过国家农药行政主管部门注册的 Bt 生产厂家有近 70 家，年产量超过 3 万 t，产品剂型以液剂、乳剂为主，还有可湿粉、悬浮剂，在 20 多个省份用于防治粮、棉、果、蔬、林等作物上的 20 多种害虫，使用面积达 1000 万 hm^2 以上。昆虫病毒包括核型多角体病毒、质型多角体病毒、痘病毒等，已经产业化应用的有斜纹夜蛾核型多角体病毒、甜菜夜蛾核型多角体病毒、菜青虫颗粒体病毒、苜蓿银纹夜蛾核型多角体病毒、棉铃虫核型多角体病毒、茶尺蠖核型多角体病毒、松毛虫质型多角体病毒、油尺蠖核型多角体病毒等。微生物代谢物主要有阿维菌素、伊维菌素、C 型肉毒素等，植物提取物主要有苦参碱、藜芦碱、蛇床子素、小檗碱、烟碱、印楝素等，此外还有微孢子虫等原生生物，在害虫防治中有不同程度的应用。

这一类微生物制剂有较强的选择性，一般对脊椎动物无害。昆虫病原体的宿主特异性程度虽然不同，但一般说来选择性都比较强。因此，生物杀虫剂具有对人畜等靶标以外生物安全无害的特点，甚至对天敌昆虫也是安全的。尤其是有些在昆虫种群中传播很快的专性病原体，其杀虫范围十分狭小，甚至杀虫只限于某一种或少数几种昆虫，以至于影响到它们的推广应用。病原体可通过病虫或虫尸来散布蔓延。病原体能在虫体内增殖，最后能产生大量具有感染力的繁殖体。昆虫就成了各类昆虫病原体最理想的培养基，特别是对一些专性病原体来说，甚至是不可替代的培养基，如芽孢、分生孢子、病毒多角体等，去感染其他健康昆虫，尤其是在虫口密度较高时蔓延更快（农向群等，2020）。

3. 大区域推进生态调控

生态调控的有效措施包括为天敌生物营造适宜的"庇护所"。在作物生长期内，害虫和天敌昆虫会在生态系统内建立稳定的种群，作物采收后，害虫和天敌昆虫都会失去原有的生存环境。为了保证天敌昆虫种群在作物收获后不受到较大波动，可在农田周边保留多样性的杂草群落，为天敌昆虫种群提供临时的庇护场所，增加天敌群落的多样性和丰富度，在新一季作物种植之后，天敌群落在农田生境内重建和发展的能力会得到提高，明显增加天敌昆虫的种类、数量、种群多样性和稳定性，最终提高天敌群落对害虫的控制作用。保护天敌生物安全越冬，主要办法有束草诱集、引进室内蛰伏、田间堆积石块等方法，都可有效降低天敌的越冬死亡率。

还应及时对当地存在的土著天敌补充食料。一般天敌昆虫都偏好蜜源植物，通过采食提高体内营养，延长寿命并提高产卵量。故此可在作物田附近的空闲地种些花期较长的蜜源植物，有利于某些天敌昆虫的繁殖，如在花生田块周围散播红麻，红麻分泌的蜜露能为臀钩土蜂提供营养，提高臀钩土蜂的种群数量。由于臀钩土蜂是花生蛴螬的寄生性天敌，这样就能达到防控花生蛴螬、降低花生产量损失的目的。在施用农药时，施用高效、低毒、低残留的农药，并且控制施药的时期和剂量，也是一个重要的保护天敌昆虫的措施。

第四节　重大有害生物

一、检疫性病害

1. 小麦腥黑穗病

小麦染病后病穗呈暗绿色，从小麦植株的整体情况来看，染病后病株整体矮小，与健康植株相比株高明显较低，通常仅有健康植株的 1/2，而且病株分蘖较多，部分分蘖不坚挺，爬于地面。与健康麦穗进行对比可以发现，病穗本身颜色更深，在染病初期呈现灰绿色，随着染病情况逐渐加重，病穗颜色开始偏黄并最终呈现为黄绿色，病穗本身多出现扭曲的情况。同时，病株颖壳及麦芒更加分散，通过肉眼即可直接观察到病穗内部麦粒的情况，病粒比正常麦粒更短、体型更粗，外表有灰白色外膜，碾碎后可以发现其内部充满黑色粉末，这些黑粉就是腥黑穗病的孢子。因为其中存在三甲胺，所以在碾碎后可以闻到比较浓烈的鱼腥臭味，又因其病穗颜色发黑，所以称之为小麦腥黑穗病。

小麦腥黑穗病的病原为小麦网腥黑粉菌（*Tilletia caries*）和小麦光腥黑粉菌（*Tilletia foetida*）。两种腥黑穗菌的区别在厚垣孢子上：小麦光腥黑粉菌厚垣孢子的表面是光滑的，小麦网腥黑粉菌厚垣孢子的表面有网状花纹。冬孢子萌发时，产生不分隔的管状担子，担子顶端形成细长、线形担孢子。担孢子数目为4～20 个，不同性别的单核担孢子常呈"H"形结合，形成双核体。冬孢子在低温条件下易萌发，高温、高湿下反而不易萌发。最适温度为 16～20℃，最低温度为 0～1℃，最高温度为 25～29℃。冬孢子萌发需要一定光照（陈利锋和徐敬友，2015）。

小麦腥黑穗病是苗期侵染的单循环系统性侵染病害，小麦播种后发芽时，厚垣孢子也开始萌发，从芽鞘侵入麦苗并到达生长点。病菌在小麦植株体内以菌丝体形态随着麦株的生长而生长，以后侵入开始分化的幼穗，破坏穗部的正常发育，至抽穗时在麦粒内又形成厚垣孢子。该病的病原传播一般以种子带菌传播为主，粪肥、土壤、工具带菌传播为辅。带病种子播种后将引起下一年小麦发病。

小麦腥黑穗病是系统侵染病害，病菌侵入小麦幼苗的最适温度为 9～12℃，病情轻重受菌源量、土壤温湿度、光照、栽培管理等条件影响。菌量高，发病重；冬麦晚播、春麦早播或播种较深，小麦出土慢，增加病菌侵染机会，发病重；地下害虫发生重的田块，幼苗受虫为害伤口多，利于病菌侵染，发病重。

防治方法坚持植物检疫措施，严禁种子传病，禁止从病区引种，禁止带病种子留作种用和相互串换，带有菌瘿的麦秆、麦衣和场土应尽量清除，病粒深埋处理，从而防止带病种子直接进行传播。严格进行产地检疫，5 月中下旬进行小麦产地检疫，如发现带有小麦腥黑穗病的田块，零星发生时仔细检查，拔除病株，带出田外进行集中销毁处理。该田若是种子田，生产的种子不能作为种子使用。重发田块进行整块收割堆放处理,应全田彻底销毁。

因地制宜,选用抗耐病品种,利用品种间的抗病差异性选择丰产性好、抗病性强的品种种植。轮作倒茬、适时早播,即在发生小麦腥黑穗病的田块改种其他作物,与马铃薯、油菜、蔬菜等作物实行 3~5 年轮作。小麦播种时适时早播,不易过迟、过深,缩短小麦的出苗时间。覆土不能过深,以免造成弱苗,培育壮苗。秋播时可用三唑酮、烯唑醇等药剂拌种,土壤药剂处理也是一种防治小麦腥黑穗病等土传种传病害的好方法,对重病田效果更为明显。重病田应采取药剂拌种加土壤处理双管齐下的办法。

2. 玉米褪绿斑驳病毒

该病毒的自然寄主是玉米,引起褪绿斑驳、坏死、矮化、穗发育差或无穗、过早死亡等症状,可导致玉米致死性坏死病,导致玉米产量下降、品质降低,一般造成 10%~30%产量损失,在非洲部分地区造成绝收。该病易通过机械接种传播,也可以经种子传播,部分株系可由叶甲、蓟马传播。病毒粒子为等轴对称二十面体(T=3),用磷钨酸负染色直径约 30nm,用醋酸铀负染色直径约 33nm,无包膜,粒子外形呈六边形,有的被染色剂渗透,有 180 个蛋白结构亚基。相对分子质量为 $6.1×10^6$。

国外主要在阿根廷、墨西哥、秘鲁、美国等地有报道,可能在其他西半球国家玉米种植地区有叶甲介体的地方都有发生。我国尚无分布,但要高度警惕该病传入。在玉米制繁种区及国外引进玉米种子集中种植区,包括甘肃、新疆、四川、海南等省(自治区)的国家级玉米制繁种基地县(区),以及黑龙江、山东、广东等省国外引进玉米种子集中种植区,重点要加强亲本种子检疫监管和抽样检测,加大田间调查频次和覆盖度,防控田间传病媒介,按规定实施产地检疫和调运检疫。在玉米用种区,包括所有玉米产区,重点是加强玉米种子检疫检查、田间监测调查和防控处置,及时发现、集中销毁染病植株(陈剑平,2005)。

严格检疫监管:在制繁种基地,相关植物检疫机构要严格按照《玉米种子产地检疫规程》规定的时间、频次和覆盖面开展田间监测调查,发现疑似症状要进行抽样检测,确定染疫的植株要及时进行全面销毁;在国外引进玉米种子种植区,相关植物检疫机构要加强种植期间监测调查,发现疫情的,要及时报告引种检疫审批机构,以便采取暂停审批、加强口岸检测等措施。在用种区,相关植物检疫机构要加大辖区内玉米种子检疫检查力度,杜绝带病种子下田。

加强监测预警:各玉米产区科学设置疫情监测点,玉米制繁种区及国外引进玉米种子集中种植区要加密布设。在玉米苗期、抽穗拔节期、成熟期等病害显症期踏查 2~3 次,推荐快速检测试剂盒和试纸条的研发及应用推广力度,提升末端发现能力和监测水平。

3. 马铃薯金线虫

马铃薯金线虫学名 *Globodera rostochiensis*(Skarbilovich),主要寄主作物是马铃薯、番茄、茄子等茄科植物,广泛分布在欧洲、非洲、美洲、大洋洲和亚洲,包括白俄罗斯、比利时、保加利亚、法国、德国、希腊、意大利、荷兰、葡萄牙、西班牙、俄罗斯、英国、瑞典、瑞士、乌克兰、埃及、利比亚、南非、印度、以色列、日本、黎巴嫩、巴基斯坦、菲律宾、斯里兰卡、塔吉克斯坦、澳大利亚、新西兰、美国、墨西哥、阿根廷、巴西、秘鲁、智利等国。我国贵州省已有点状分布(彭德良,2021)。

严重受侵染的马铃薯的症状与形成胞囊的线虫危害症状相似,最初在小部分区域引起生长不良,再扩大范围,增加不良的生长点。对根的典型伤害是植株的萎蔫与矮化。受侵染的番茄的症状与马铃薯症状相似,只是根部有轻微的膨胀,像根结线虫危害造成的根结一样。马铃薯苗期受害后,一般减产 25%~50%,如果不进行防治,会造成 100%的损失,英国曾因该病流行而造成改种其他作物,以后采用一系列措施进行防治,造成的产量损失降低到 9%。地上部首先表现出水分和无机营养缺乏症。病害初期叶片淡黄,基秆纤细,进而基部叶片缩卷、凋萎,中午特别明显;受害重的植株矮小,生长缓慢,甚至完全停止发育;根系短而弱,支根增加,病根褐色。在马铃薯开花时期,仔细观察根部,可见到有梨形、白色未成熟的雌虫。雌虫成熟后逐步变成深褐色,拔起植株时,多数已离开根系落入土壤中。田间病株分布不均匀,有发病中心团,随着连续种植马铃薯和进行农事操作,使病团年年扩大,最后全田发病,并从一块田传到另一块田。

雌虫呈亚球形,颈突出;头小,上有 1 或 2 条明显的环纹,与颈上深陷且不规则的环交融在一起。球形身体的大部分被角质覆盖且表面具有网状脊的纹饰，无侧线，六角放射状的头轻度骨化。口针前部约为口针长的 50%，且有时轻度弯曲。口道从头架的基部盘向后延伸，到口针长度的 75% 处形成一个管状的口针腔。中食道球大，具发达的新月形瓣门。食道腺位于一大的裂片上，常被已发育好的成对的块状卵巢覆盖。排泄孔明显，位于颈基部附近。胞囊线虫从根部的皮层突出时呈白色，然后由于色素积累，经过 4～6 周金黄色阶段后，雌虫死亡，角质随即变成深棕色，因此，此线虫俗名为"金线虫"。

胞囊亚球形，上有突出的颈，没有突出的阴门锥；双半膜孔；新胞囊上阴门区完整，但在老标本中，阴门盆的全部或部分丢失，只形成单一圆形的膜孔。雄虫蠕虫形，温和热杀死时虫体强烈弯曲，体后部纵向扭曲 90°～180°，呈现"C"形或"S"形。尾短且末端钝圆。角质层表面有规则的环，尾末端侧区有 4 条侧线。头呈六角放射状，深度骨化。口针发达，口针基球向后倾斜，前部占整个口针长度的 45%。中食道球椭圆形，上有一明显的新月形瓣门。

当土壤温度超过 10℃时，幼虫开始活动。该线虫在一年内可繁殖 1～2 代，在温暖季节完成一代生活史需 50 天左右。马铃薯金线虫通过幼虫在土壤内移动所造成的扩散传播的距离很短，但胞囊可通过农事操作过程中人、牲畜、农具、灌溉水以及风雨扩散传播。而远距离传播主要是借助人类的活动，通常是胞囊随着黏附在调运的薯块、苗木、砧木和花卉鳞球茎上的土壤进行传播。

防治是坚持做好检疫，对进口的马铃薯进行检疫是治理马铃薯胞囊线虫的第一道防线。种植抗病的或部分抗病的马铃薯常常阻碍线虫增多。根据情况不同，对感病马铃薯进行 5～7 年的轮作可控制产量损失。种植诱捕作物是一项降低群体的措施，但要严加注意并及时销毁诱捕作物，种植感病的晚熟品种已抽芽的小芽块，幼虫可侵染，但要在雌虫产卵前把植株破坏掉。阳光曝晒可减少土壤中马铃薯金线虫的群体数量，对感染马铃薯金线虫的田块，可结合翻耕进行熏蒸，并加盖透明塑料膜以利用太阳热力消除胞囊内的幼虫，提高防治效率。

4. 梨火疫病

2012 年梨火疫病列入《中华人民共和国进境植物检疫性有害生物名录》，2020 年列入我国一类农作物病虫害名录。梨火疫病是由梨火疫欧文氏杆菌侵染所引起的、发生在梨上的病害。梨火疫欧文氏杆菌寄主范围很广，能为害梨、苹果、山楂、李等 40 多个属 220 多种植物，大部分属蔷薇科梨亚科等。主要为害花、果实和叶片，受害后很快变黑褐色枯萎，犹如火烧一般，但仍挂在树上不落，故此得名。1780 年在美国纽约州和哈德逊河高地第一次发现梨火疫病，目前分布于美国、加拿大、墨西哥、危地马拉、百慕大、海地、新西兰、英国、荷兰、波兰、丹麦、德国、比利时、法国、卢森堡、瑞典、挪威、爱尔兰、北爱尔兰、捷克、瑞士、前南斯拉夫、亚美尼亚、罗马尼亚、保加利亚、意大利、希腊、埃及、塞浦路斯、以色列、土耳其、黎巴嫩、约旦、津巴布韦以及阿尔及利亚等国家和地区（洪霓和高必达，2019）。

病原菌杆状，（0.9～1.8）μm×（0.6～1.5）μm，有荚膜，周生鞭毛 1～8 根，多数单生，有时成双或在短时间内 3～4 个连成链状。革兰氏染色阴性，好气性，能使明胶液化，石蕊牛奶碱性反应。在蔗糖营养培养基上 27℃下培养 3 天后，菌落直径 3～4mm，白色至奶油色，半球形隆起，有黏性，表面光滑，边缘整齐，中心绒环状。

梨火疫病菌以简单的细胞分裂繁殖，一个细胞在条件适宜时，3 天内在寄主植物组织中能达到 10^9 个细胞，每个细胞都是一个侵染源，感染寄主而引起病害的发展。除蛋白酶外，病菌不产任何有助于侵入寄主的酶，主要是在环境条件适宜时，通过胞间组织侵入薄壁组织的病菌产生胞外多糖。胞外多糖在病害发展过程中起重要的作用，其是菌脓的重要成分。菌脓的理化性质随湿度变化而变化，干时皱、硬，大时膨胀，易被雨水扩散，中等湿度的菌脓易被昆虫、风传播。病菌在病株病疤边缘组织处越冬，挂在树上的病果也是它的越冬场所，如冬季温和，病菌还能在病株树皮上度过，来年早春病菌在上年的溃疡处迅速繁殖，遇到潮湿、温和的天气，从病部渗出大量乳白色黏稠状的细菌分泌物，即为当年的初侵染源，通过昆虫、雨滴、风、鸟类以及人的田间操作将病菌传给健株。病菌亦通过伤口、自然孔口（气孔、蜜腺、水孔）、花侵入寄主组织，有一定损伤的花、叶、幼果和茂盛的嫩枝最易感病。

除风、雨、鸟类和人为因素外，昆虫也对梨火疫病的传播扩散起一定的作用。据记载，传病昆虫包括蜜蜂在内有 77 个属的 100 多种，其中蜜蜂的传病距离为 200～400 m，一般情况下，梨火疫病的自然传播距离约为每年 6 km。在传病的气候因子中，雨水是果园短距离传播的主要因子，从越冬或新鲜接种源至花和幼枝，经常在溃疡斑下面枝条上观察到圆锥形侵染类型。风亦是中短距离传播的重要因子，在沿着盛行风的方向，病原菌往往以单个菌丝、菌脓或菌丝束被风携带到较远距离。梨火疫病远距离传播主要是感病寄主繁殖材料，包括种苗、接穗、砧木、水果、被污染的运输工具、候鸟及气流。

对于尚未发现火疫病的地区，最重要的是杜绝病害的传入，严格执行植物建议措施；注重栽培抗病品种，秋末冬初，集中烧毁病残体，细致修剪；及时剪除病梢、病花、病叶；花期发现病花，立即剪除；发病前喷施化学药剂，保护新梢等易感病组织。

二、检疫性虫害

1. 红火蚁

红火蚁学名 *Solenopsis invicta* Buren，分布广泛，为极具破坏力的入侵生物之一。红火蚁原产南美，20 世纪 30 年代至 40 年代或更早被从南美带入美国，2006 年在美国南方 14 个州超过 1.295 亿 hm^2 的土地上定殖为害，在其他州内也有零星发生。2001 年红火蚁入侵新西兰和澳大利亚；2004 年首次出现在中国台湾；2004 年 9 月在中国广东吴川发现，2006 年已经在广东、广西、海南的部分地区发生为害，2005 年年初在香港和澳门也有发现，目前分布于中国南方多个省份（陆永跃，2017）。

1）形态特征

工蚁头部近正方形至略呈心形，长 1.00～1.47mm，宽 0.90～1.42mm。头顶中间轻微下凹，不具带横纹的纵沟；唇基中齿发达，长约为侧齿的一半，有时不在中间位置；唇基中刚毛明显，着生于中齿端部或近端；唇基侧脊明显，末端突出呈三角尖齿，侧齿间中齿基以外的唇基边缘凹陷；复眼椭圆形。前胸背板前侧角圆至轻微的角状，罕见突出的肩角；中胸侧板前腹边厚，厚边内侧着生多条与厚边垂直的横向小脊；并胸腹节背面和斜面两侧无脊状突起，仅在背面和其后的斜面之间呈钝圆角状。后腹柄结略宽于前腹柄结，前腹柄结腹面可能有一些细浅的中纵沟，柄腹突小，平截，后腹柄结后面观长方形，顶部光亮，下面 2/3 或更大部分着生横纹与刻点。

生殖型雌蚁：有翅型雌蚁体长 8～10mm，头及胸部棕褐色，腹部黑褐色，着生翅 2 对，头部细小，触角呈膝状，胸部发达，前胸背板亦显著隆起。雌蚁婚飞交配后落地，将翅脱落结巢成为蚁后。蚁后体形（特别是腹部）可随寿命的增长不断增大。雄蚁体长 7～8mm，体黑色，着生翅 2 对，头部细小，触角呈丝状，胸部发达，前胸背板显著隆起。兵蚁：体长 6～7 mm，形态与小型工蚁相似，体橘红色，腹部背板呈深褐色。

卵为卵圆形，大小为 0.23～0.30mm，乳白色。幼虫共 4 龄，各龄均乳白色，各龄长度为：1 龄 0.27～0.42mm；2 龄 0.42mm；3 龄 0.59～0.76mm；发育为工蚁的 4 龄幼虫 0.79～1.20mm，而将发育为有性生殖蚁的 4 龄幼虫体长可达 4～5mm。1～2 龄体表较光滑，3～4 龄体表被有短毛，4 龄上颚骨化较深且略呈褐色。蛹为裸蛹，乳白色，工蚁蛹体长 0.70～0.80mm，有性生殖蚁蛹体长 5～7mm，触角、足均外露。

2）习性和发育

红火蚁营社会性生活，蚁巢中除专负责生殖的蚁后与生殖时期才会出现负责交配的雄蚁外，绝大多数的个体都是无生殖能力的雌性个体（职蚁）。无生殖能力的职蚁可分为工蚁与兵蚁亚阶级，阶级结构变化为连续性多态型。红火蚁有"单蚁后"及"多蚁后"两种社会型态，主要通过约 600 个"锁"在一起的"超级基因"调控。单蚁后族群是由一个交尾蚁后通过飞行而播散建立。这种播散方式可使交尾的蚁后播散到 1km 或更远的地方定殖。因它们有领地意识，单蚁后的族群密度比多蚁后的族群密度低，蚁丘密度为 200 个/hm^2。多蚁后族群是在一个族群中有 2 个至数百个具有繁殖能力的蚁后，它们由 1 个或几个蚁后通过爬行到一个新的地点而建立，这种形式的播散速度慢。多蚁后族群没有领地，所以，单位面积上的族群密度比单蚁后族群的密度高 6 倍，超过 1000 个/hm^2。这两类族群都可以通过流水而播散。当水面上升，它们形成一团而浮在水面上，能存活数周直到水位落下或漂流直到岸上。

红火蚁自然繁殖中以生殖蚁的婚飞扩散较为持续和有规律。红火蚁没有特定的婚飞时期（交配期），成熟蚁巢全年都可以有新的生殖蚁形成。雌、雄蚁飞到 90～300m 高的空中进行婚飞配对与交配，雌蚁交尾后约飞行 3～5km 降落寻觅筑新巢的地点，如有风力助飞则可扩散更远。

红火蚁的生活史有卵、幼虫、蛹和成虫 4 个阶段，共 8～10 周。蚁后终生产卵。工蚁是做工的雌蚁；兵蚁较大，保卫蚁群。每年一定时期，许多种产生有翅的雄蚁和蚁后，飞往空中交配。雄蚁不久死去，受精的蚁后建立新巢，交配后 24h 内，蚁后产下 10～15 只卵，在 8～10 天时孵化。第一批卵孵化后，蚁后将产下 75～125 只卵。一般幼虫期 6～12 天，蛹期 9～16 天。第一批工蚁大多个体较小。这些工蚁挖掘蚁道，并为蚁后和新生幼虫寻找食物，还开始修建蚁丘。1 个月内，较大工蚁产生，蚁丘的规模扩大。6 个月后，族群发展到有几千只工蚁，蚁丘在土壤或草坪上突现出来。红火蚁是一种营社会性生活昆虫，每个成熟蚁巢有 5 万～50 万只红火蚁。红火蚁虫体包括负责做工的工蚁、负责保卫和作战的兵蚁、负责繁殖后代的生殖蚁。生殖蚁包括蚁巢中的蚁后和长有翅膀的雌、雄蚁。一个蚁巢中包括 1 个或数个可以生殖的蚁后，其他所有的工蚁和兵蚁都是不能繁殖的。

红火蚁的寿命与体型有关，一般小型工蚁寿命在 30～60 天，中型工蚁寿命在 60～90 天，大工蚁在 90～180 天，蚁后寿命在 2～6 年。红火蚁由卵到羽化为成虫需要 22～38 天。蚁后每天可最高产卵 800 枚（IUCN 数据，另有论文称为 1500 枚），一个几只蚁后的巢穴每天共可以产生 2000～3000 枚卵。当食物充足时产卵量即可达到最大，一个成熟的蚁巢可以达到 24 万头工蚁，典型蚁巢为 8 万头。

红火蚁对温度的耐受性较强，可耐受的最低温度为 3.6℃，最高温度为 40.7℃。红火蚁在土壤表层温度 10℃ 以上时开始觅食，在土壤温度达 19℃ 时才会不间断地觅食，觅食的土壤表层温度范围为 12～51℃。当土壤表层下 2cm 处的温度在 15～43℃ 时，工蚁开始觅食，最大觅食率发生在 22～36℃ 时。低温比高温更能限制红火蚁的觅食。当春天的周平均土壤温度（表层下 5cm 深处）升高到 10℃ 以上时，红火蚁开始产卵。工蚁和繁殖蚁化蛹及羽化分别发生在 20℃ 和 22.5℃。土壤平均温度到 24℃ 时，新蚁后可以成功建立族群，当土壤很湿或很干时则活动减少。干旱后的一场雨会刺激它们 2～3 天的筑巢活动并增加觅食活动。从土壤表面到 10cm 深处的温度低于 18.8℃ 时，全天不会发生交尾飞行。气温在 24～32℃、相对湿度 80% 的条件下，交尾飞行在上、下午均可发生。新建立族群 89% 处于侵扰区域的下风向。交配飞行通常发生在雨后晴朗、温暖的中午时分。一旦雌性有翅繁殖蚁完成交配后，会从翅基缝处折断双翅，并寻找合适的场所建立一个新的族群。这些场所一般在岩石或树叶下，也可以是沟缝或石缝中，甚至在人行道、公路或街道的边沿处。蚁后在土中挖掘通道和小室，并密封开口，以免捕食者入侵。

3）食物类型

红火蚁食性杂，觅食能力强，食物包括 149 种野生花草的种子、57 种农作物和昆虫，以及其他节肢动物、无脊椎动物、脊椎动物、植物和腐肉等，它们有植物上"放牧"蚜虫、介壳虫的行为。红火蚁群体生存、发展需要大量的糖分，蜜汁、糖、蛋白质、脂肪等食物也在红火蚁的食谱上。红火蚁幼虫在 3 龄以前只吃液质食物，4 龄幼虫能够消化固体食物。工蚁带来富含蛋白质的固体食物放置在幼虫的嘴前。幼虫分泌消化酶分解固体食物并反刍给工蚁。蚁后靠取食一些消化过的蛋白质来维持产卵的需要。只要有足够的食物，蚁后就能够发挥其最大产卵效率。

工蚁通常在凉爽季节的白天或炎热时期的傍晚和夜间觅食活动最积极。觅食蚁通过地表下的水平蚁道离巢去觅食，一个大型蚁巢的觅食蚁道可从蚁丘向外延伸几十米远，沿路有通向地面的开口。

4）传播与危害

红火蚁的入侵、传播包括自然扩散和人为传播。自然扩散主要是生殖蚁飞行或随洪水流动扩散，也可随搬巢而作短距离移动；人为传播主要指随同园艺植物、草皮、堆肥、园艺农耕机具设备、空货柜等作长距离传播。

红火蚁对人有攻击性和重复蜇刺的能力。它影响入侵地人的健康和生活质量，损坏公共设施电子仪器，导致通讯、医疗和害虫控制上的财力损失。蚁巢一旦受到干扰，红火蚁迅速出巢发出强烈攻击行为。红火蚁以上颚钳住人的皮肤，以腹部末端的螫针对人体连续叮蜇多次，每次叮蜇时都从毒囊中释放毒液。人体被红火蚁叮蜇后有如火灼伤般疼痛感，其后会出现如灼伤般的水泡。多数人仅感觉疼痛、不舒服，少数人对毒液中的毒蛋白过敏，会产生过敏性休克，有死亡的危险。如水泡或脓包破掉，不注意清洁卫生时易引起细菌二次感染。

红火蚁给被入侵地带来严重的生态灾难,是生物多样性保护和农业生产的大敌。红火蚁取食多种作物的种子、根部、果实等,为害幼苗,造成产量下降。它损坏灌溉系统,降低工作效率,侵袭牲畜,造成农业上的损失。红火蚁对野生动植物也有严重的影响,它可攻击海龟、蜥蜴、鸟类等的卵,对小型哺乳动物的密度和无脊椎动物群落有负面的影响。有研究表明,在红火蚁建立蚁群的地区,蚂蚁的多样性较低。

5)综合防控技术措施

开展调查监测,可采用问卷调查法、目视法、诱饵诱集法。问卷调查法主要采取询问的方法向当地机构、居民调查了解红火蚁发生、为害情况,分析、获取蚁害的传播扩散情况及其来源。目视法是观察道路两侧草坪、绿化带、荒地、田埂、树木、电线杆基部等地点是否有隆起的蚁丘。诱饵诱集法是在未见明显蚁巢/蚁丘的高风险区域进行,以明确是否疫点或发生区准确边界。运用以上所有方法一旦发现可疑蚂蚁均采集蚂蚁标本,并用红色标志牌或标志旗插于其旁,标定位置。

药剂防治方面,在入侵红火蚁觅食区散布饵剂,饵剂通常用玉米颗粒和加了药剂的大豆油混合而成,10~14 天后再使用独立蚁丘处理方法,持续处理直到问题解决。此方法建议每年处理两次,通常在 4~5月处理第一次,而在 9~10 月处理第二次。对于化学防治药剂防治方法建议用药,现有 3 种饵剂与 6 种接触性药剂可以使用于农地的火蚁防治工作。独立蚁丘处理法,在严重危害区域与中度危害区域以灌药或粉剂、粒剂直接处理可见的蚁丘,此种防治方法可以有效地防除 98%以上的蚁丘。其明显的缺点是在仅能防治可见的蚁丘,但许多新建立的蚁巢是不会产生明显蚁丘,在一些防治管理措施较为密集的地点也较不易看见蚁丘,因而往往会造成处理上的疏漏。大部分灌药的剂型产品,每个蚁巢需要加入 5~10L的药剂才有效果。

生物防治方面,红火蚁在南美有天敌昆虫,可通过寄生方式防治红火蚁。幼虫孵化以后食用蚂蚁的体内组织等,同时幼虫可以控制红火蚁的身体动作。

在消灭红火蚁的过程中应保护本地的蚂蚁和其他生态系统。生态位的空缺可能有助于入侵红火蚁的传播和发生。使用药剂时需要用干燥的、新鲜的药剂,禁止将饵剂再混合其他物质如肥料,需要严格按照正确的口径与药量来放置,防止影响本地蚂蚁。

2. 马铃薯甲虫

马铃薯甲虫学名 *Leptinotarsa decemlineata*(Say),隶属于鞘翅目叶甲科叶甲亚科,是重要的国际检疫对象,原发生于北美落基山区,为害茄科的一种野生植物 *Solanum rostratum*(中文名:刺萼龙葵);随着美洲大陆的开发,当马铃薯的栽培向西扩展到落基山区时危害马铃薯,并又迅速扩散。1817 年,智利的栽培马铃薯引入北美。1855 年发现马铃薯甲虫在美国科罗拉多州严重为害马铃薯。1877 年,马铃薯甲虫传播到德国莱茵河以北的谬里豪森市,并迅速蔓延传播到荷兰、波兰、比利时、西班牙、瑞士、意大利、葡萄牙、匈牙利、斯洛伐克等国家,现已广泛分布于欧美和亚洲的 40 多个国家(郭文超等,2014)。

马铃薯甲虫是分布最广、为害最甚的马铃薯害虫。成虫和幼虫常将马铃薯叶片全部吃光,在许多国家,造成马铃薯减产 30%~50%,最严重的地方甚至减产 90%。该虫的传播途径主要通过自然传播和人工传播,前者包括风、水流和气流携带传播,以及自然爬行和迁飞;后者包括随货物、包装材料和运输工具携带传播。来自疫区的薯块、水果、蔬菜、原木及包装材料和运载工具均有可能携带此虫。

寄主范围主要是茄科植物,大部分是茄属,其中栽培的马铃薯是最适寄主,此外还可为害番茄、茄子、辣椒、烟草等。马铃薯、番茄、茄子、天仙子 4 种寄主是独立寄主(能完成生活史)。此外,马铃薯甲虫还可传播马铃薯褐斑病和环腐病等。油葵、棉花等作物也有被害报道。成、幼虫为害马铃薯叶片和嫩尖,可把马铃薯叶片吃光,尤其是马铃薯始花期至薯块形成期受害,对产量影响最大,严重的甚至造成绝收。马铃薯甲虫最喜欢取食马铃薯,其次为茄子和番茄,此外也喜食菲沃斯属的植物。

成虫体长 9~11.5mm,宽 6~7mm,短卵圆形,体背显著隆起,红黄色,有光泽。鞘翅色稍淡,每一鞘翅上具黑色纵带 5 条。头下口式,横宽,背方稍隆起,向前胸缩入达眼处。唇基前缘几乎直,与额区有一横沟为界,上面的刻点大而稀。复眼稍呈肾形。触角 11 节,第一节粗而长,第二节很短,第五、六节约等长，第六节显著宽于第五节，末节呈圆锥形。口器咀嚼式。前胸背板隆起，宽为长的 2 倍。基缘呈弧形，前角突出，后角钝，表面布稀疏的小刻点。小盾片光滑。鞘翅卵圆形，隆起，侧方稍呈圆形，端部稍尖，肩部不显著突出。足短，转节呈三角形，股节稍粗而侧扁；胫节向端部放宽，外侧有一纵沟，边缘锋利；跗节显 4 节；两爪相互接近，基部无附齿。

卵长卵圆形，长 1.5～1.8mm，淡黄色至深枯黄色。1、2 龄幼虫暗褐色，3 龄幼虫逐渐开始变成鲜黄色、粉红色或橘黄色；头黑色发亮，前胸背板骨片及胸部和腹部的气门片暗褐色或黑色。幼虫背方显著隆起。头为下口式，头盖缝短；额缝由头盖缝发出，开始一段相互平行的延伸，然后呈一钝角分开；上颚三角形，有端齿 5 个，其中上部的一个齿小。1 龄幼虫前胸背板骨片全为黑色，随着虫龄的增加，前胸背板颜色变淡，仅后部仍为黑色。除最末两个体节外，虫体每侧有两行大的暗色骨片，即气门骨片和上侧骨片。腹片上的气门骨片呈瘤状突出，包围气门。中后胸由于缺少气门，气门骨片完整。4 龄幼虫的气门骨片和上侧片骨片上无明显的长刚毛。体节背方的骨片退化或仅保留短刚毛，每一体节背方约 8 根刚毛，排成两排。第 8、9 腹节背板各有一块大骨化板，骨化板后缘着生粗刚毛，气门圆形，缺气门片；气门位于前胸后侧及第 1～8 腹节上。足转节呈三角形，着生 3 根短刚毛；爪大，骨化强，基部的附齿近矩形。蛹为离蛹，椭圆形，长 9～12mm，宽 6～8mm，橘黄色或淡红色。成长幼虫转入土下化蛹。

马铃薯甲虫以成虫在土壤内越冬。越冬成虫潜伏的深度为 20～60cm。4～5 月，当越冬处土温回升到 14～15℃时，成虫出土，在植物上取食、交尾。卵以卵块状产于叶背面，卵粒与叶面多呈垂直状态，每卵块含卵 12～80 粒。卵期 5～7 天，幼虫期 16～34 天，因环境条件而异。幼虫孵化后开始取食。幼虫 4 龄，15～34 天。4 龄幼虫末期停止进食，大量幼虫在被害株附近入土化蛹。幼虫在深 5～15cm 的土中化蛹。蛹期 10～24 天。在欧洲和美洲，1 年可发生 1～3 代，有时多达 4 代。发育 1 代需要 30～70 天。

马铃薯甲虫是重要检疫性害虫，必须按照国家检疫部门的规定和要求，实行严格检疫。在发生区需采取多种措施尽快扑灭。一是坚持依法检疫。发生马铃薯甲虫的地区，应依法划定疫区，采取封锁和扑灭措施，马铃薯不得调出。其他农产品在调运前应进行产地检疫，以确保不传带马铃薯甲虫。在疫区边界实行调运检疫，对调出的有关植物、农产品、运载工具、铺垫包装材料等要严格检查和消毒处理，防止马铃薯甲虫传出。在发生区周围应建立隔离带，禁止种植马铃薯和其他茄科作物，防止马铃薯甲虫的自然传播。马铃薯种薯繁育基地需按产地检疫规程的要求，实施产地检疫。发现马铃薯甲虫，必须全部割蔓销毁，喷药处理土壤，种薯不得带土壤，不得用马铃薯蔓条包装或铺垫。二是开展药剂防治。据国外经验，多种有机氯杀虫剂、有机磷杀虫剂、氨基甲酸酯类杀虫剂、菊酯类杀虫剂对马铃薯甲虫都有较好的防治效果。但马铃薯甲虫对多种杀虫剂都产生了抗药性，造成药剂失效而重新猖獗。尤其要搞好田间虫口动态监测和预测预报，合理用药，减少施药次数和用药量。配合使用栽培防治和生物防治措施，实行综合防治。三是注重农业防治。根据马铃薯栽培特点和甲虫发生规律，灵活采取减少虫口数量和减轻虫害的农业措施。薯田与谷类或其他非寄主作物倒茬，实行轮作，以避开前作薯田越冬成虫为害。种薯地周围提前 10 天左右种植马铃薯或天仙子诱集带。诱集带要专人管理，发现马铃薯甲虫后及时消灭。早春马铃薯甲虫出土不整齐，延续时间长，可人工捕杀越冬成虫和摘除卵块。四是开展生物防治。保护利用蠋蝽、草蛉、瓢虫、步甲、蜘蛛等捕食性天敌和寄生蜂、寄生蝇等，以减低虫口；施用苏云金杆菌制剂，对低龄幼虫有较好防效。

三、检疫性杂草

毒麦（*Lolium temulentum*）是禾本科黑麦草属越年生或一年生草本植物。高可达 120 cm，无毛；叶片疏松，扁平，质地较薄，无毛，顶端渐尖，边缘微粗糙。穗形总状花序；穗轴增厚，质硬，小穗有小花，小穗轴节间平滑无毛；颖较宽大，质地硬，具狭膜质边缘；外稃椭圆形至卵形，成熟时肿胀，质地较薄，芒近外稃顶端伸出，粗糙；6～7 月花果期。在中国广泛分布，全国除热带和南亚热带都有可能扩散。地中海地区、欧洲、中亚、俄罗斯西伯利亚、高加索、安纳托利亚亦有分布。毒麦抗寒、抗旱、耐涝能力强。毒麦颖果中具有形成毒麦碱的菌丝，产生麻醉性毒素，危害人畜（李扬汉，1998）。

1）形态特征

越年生或一年生草本。秆成疏丛，高 20～120cm，具 3～5 节，无毛。叶鞘长于其节间，疏松；叶舌长 1～2mm；叶片扁平，质地较薄，长 10～25cm，宽 4～10mm，无毛，顶端渐尖，边缘微粗糙。穗形总状花序长 10～15cm，宽 1～1.5cm；穗轴增厚，质硬，节间长 5～10mm，无毛；小穗含 4～10 小花，长 8～10mm，宽 3～8mm；小穗轴节间长 1～1.5mm，平滑无毛；颖较宽大，与其小穗近等长，质地硬，长 8～10mm，宽约 2mm，有 5～9 脉，具狭膜质边缘；外稃长 5～8mm，椭圆形至卵形，成熟时肿胀，质地较薄，具 5 脉，顶端膜质透明，基盘微小，芒近外稃顶端伸出，长 1～2cm，粗糙；内稃约等长于外稃，脊上具微小纤毛。颖果长 4～7mm，为其宽的 2～3 倍，厚 1.5～2mm。花果期 6～7 月。

2）生长环境

毒麦抗寒、抗旱、耐涝能力强，种子可在不同季节的不同温度（5～30℃）下萌芽。但植株对高温（35℃以上）敏感，因此，毒麦在中国长江以南地区较难越夏生长。

3）分布范围

原生欧洲，分布于地中海地区、欧洲、中亚、俄罗斯西伯利亚、高加索、安纳托利亚。中国分布现状：除西藏和台湾外，各省（自治区、直辖市）都曾有过报道。

4）繁殖方法

毒麦通过种子繁殖，幼苗或种子越冬幼苗出土较小麦稍晚，抽穗、成熟比小麦略迟，熟后颖片易脱落。不同季节出苗的植株均在初夏（5～6 月）开花结实。

5）物种危害

毒麦颖果内种皮与淀粉层之间寄生有真菌的菌丝，产生毒麦碱，人、畜食后都能中毒，轻者引起头晕、昏迷、呕吐、痉挛等症；重者则会使中枢神经系统麻痹以致死亡。此外，毒麦中毒可致使视力障碍。未成熟或多雨潮湿季节收获的种子毒力最强。另外，毒麦生于麦田中，影响麦子产量和质量。毒麦的混生株率与小麦产量损失呈正相关。毒麦混生株率为 0.1 时，小麦产量损失 0.64%～2.94%；混生株率为 5% 时，产量损失达 19.12%～26.12%，减产幅度相当明显。亦有研究表明，毒麦达 0～10 株/m²，小麦损失率为 0～0.62%；10～20 株/m²，损失率为 0.62%～6.7%；20～35 株/m²，损失率为 6.7%～15.2%。马也会因误食毒麦中毒，其毒性反应可因吞食数量的多少和作用的大小而异，一般表现为腹痛、趴卧、步态不稳、不食、口吐白沫、大量流涎、腹泻、脉搏缓慢、不安、气喘、痉挛性抽搐，严重者呼吸衰竭，瞳孔散大，呈昏睡状态。由于毒麦茎叶无毒，可做牧草。国外正在研究用毒麦恢复植被，防止水土流失和污泥治理。

6）防治方法

一是加强植物检疫，防止毒麦漏入田间。二是农业防治，在小麦收获后进行一次秋耕，即发生过毒麦的麦茬地，可与其他作物经 2 年以上的轮作，以防除毒麦。统一改换小麦良种，严禁毒麦发生区农户自留小麦种子和相互串换小麦种子，杜绝疫区的小麦种子外流外调。三是物理防治，在毒麦开花前人工进行拔除。四是化学防治，小麦播后发芽前，用绿麦隆可湿性粉剂或燕麦畏兑水均匀喷雾；麦田苗期发生的毒麦，可用异丙隆可湿性粉剂兑水进行茎叶均匀喷雾。

四、重大危险性病虫害

1. 草地贪夜蛾

草地贪夜蛾（*Spodoptera frugiperda*）是夜蛾科灰翅夜蛾属的一种。该物种原产于美洲热带地区，具有很强的迁徙能力，虽不能在 0℃ 以下的环境越冬，但仍可于每年气温转暖时迁徙至美国东部与加拿大南部各地，美国历史上即发生过数起草地贪夜蛾的虫灾。2016 年，草地贪夜蛾散播至非洲、亚洲各国，2019 年蔓延至我国，现已在多国造成巨大的农业损失（吴孔明等，2020）。

草地贪夜蛾的卵呈圆顶状半球形，直径约为 0.4mm，高约 0.3mm，卵块聚产在叶片表面，每卵块含卵 100～200 粒，一头雌蛾一生可平均产 1500~2000 粒。卵块表面有雌虫腹部灰色绒毛状的分泌物覆盖形成的带状保护层。刚产下的卵呈绿灰色，12 h 后转为棕色，孵化前则接近黑色，环境适宜时，卵 4 天后即可孵化。雌虫通常在叶片的下表面产卵，族群稠密时则会产卵于植物的任何部位。在夏季，卵阶段的持续时间仅为 2～3 天。

幼虫期长度受温度影响可为 14～30 天。幼虫的头部有一倒"Y"字形的白色缝线，生长时仍保持绿色或成为浅黄色，并具黑色背中线和气门线。如密集时（种群密度大，食物短缺时），末龄幼虫在迁移期几乎为黑色。老熟幼虫体长 35～40mm，在头部具黄色倒"Y"字形斑，黑色背毛片着生原生刚毛（每节背中线两侧有 2 根刚毛）。腹部末节有呈正方形排列的 4 个黑斑。

幼虫通常有 6 个龄期。对于龄期 1～6，头部囊的宽度分别为约 0.35mm、0.45mm、0.75mm、1.3mm、2.0mm 和 2.6mm。在这些龄期，幼虫分别达到约 1.7mm、3.5mm、6.4mm、10.0mm、17.2mm 和 34.2mm 的长度。幼虫呈绿色，头部呈黑色，头部在 2 龄期转为橙色。在 2 龄期，特别是 3 龄期，身体的背面变成褐色，并且开始形成侧白线。在 4～6 龄期，头部为红棕色，斑驳为白色，褐色的身体具有白色的背侧和侧面线。身体背部出现高位斑点，它们通常是深色的，并且有刺。成熟幼虫多呈棕色，也有呈黑色或绿色的个体，头部呈黑色、棕色或者橙色，具白色或黄色倒"Y"字形斑。幼虫体表有许多纵行条纹，背中线黄色，背中线两侧各有一条黄色纵条纹，条纹外侧依次是黑色、黄色纵条纹。草地贪夜蛾幼虫最明显的特征是其腹部末节有呈正方形排列的 4 个黑斑，头部呈明显的倒"Y"字形斑。幼虫倾向于在一天中最亮的时候隐藏自己。幼虫期的持续时间在夏季期间约为 14 天，在凉爽天气期间为 30 天。当幼虫在 25℃ 下饲养时，幼虫 1～6 期平均发育的时间分别为 3.3 天、1.7 天、1.5 天、1.5 天、2.0 天和 3.7 天。

幼虫于土壤深处化蛹，深度为 2～8cm。其深度受土壤质地、温度与湿度影响，蛹期为 7～37 天，亦受温度影响。通过将土壤颗粒与茧丝结合在一起，幼虫构造出松散的茧，形状为椭圆形或卵形，长度为 1.4～1.8cm，宽约 4.5cm，外层为长 2～3cm 的茧所包覆。如果土壤太硬，幼虫可能会将叶片和其他物质黏在一起，形成土壤表面的茧。蛹的颜色为红棕色，有光泽，长度为 14～18mm，宽度约为 4.5mm。蛹期的持续时间在夏季为 8～9 天，但在佛罗里达州的冬季期间达到 20～30 天。该物种的蛹期无法承受长时间的寒冷天气，例如，在美国佛罗里达州南部的存活率为 51%，而佛罗里达州中部的存活率仅为 27.5%，佛罗里达州北部的存活率为 11.6%。

羽化后，成虫会从土壤中爬出，飞蛾粗壮，灰棕色，翅展宽度 32～40 mm，其中前翅为深棕色，后翅为灰白色，边缘有窄褐色带。前翅中部各一黄色不规则环状纹，其后为肾状纹。该种有一定程度的雌雄二型性，雄蛾前翅灰棕色，翅顶角向内各有一个三角形白斑，环状纹后侧各有一浅色带自翅外缘至中室，肾状纹内侧各一白色楔形纹。雌蛾的前翅没有明显斑纹，呈灰褐色或灰色、棕色杂色；后翅通常呈彩虹色，发白，边缘暗色。草地贪夜蛾后翅翅脉棕色并透明，雄虫前翅浅色圆形，翅痣呈明显的灰色尾状突起；雄虫外生殖器抱握瓣正方形。抱器末端的抱器缘刻缺。雌虫交配囊无交配片。成虫为夜行性，在温暖、潮湿的夜晚较为活跃。成虫寿命 7～21 天，平均约为 10 天，一般在前 4～5 天产下大部分的卵，但羽化的当晚一般不会产卵。

草地贪夜蛾可取食玉米、大麦、荞麦、棉花、玉米、燕麦、小米、花生、黑麦草、高粱、大豆、甘蔗等作物。草地贪夜蛾的成虫可进行长距离的飞行，因此，虽然不能在 0℃ 以下的地区越冬，仍能在气温转暖时迁徙至美国东部各地及加拿大南部。该种迁徙的速度非常迅速，成虫一晚可迁徙长达 100km，据估计，一个世代即可迁徙长达近 500km，如此速度可能裨益于大气中的气流。关于其迁徙行为的演化，有研究认为可能与其原产地（美洲的热带地区）栖地间气候的变化不同步有关，中美洲与西印度群岛栖地间气候的变异性很大，降水量可能在短距离内即有相当变化，有迁徙能力的个体因可以寻找较适合的环境而具有优势。

草地贪夜蛾的幼虫食性广泛，可取食超过 76 科、350 余种植物，其中又以禾本科、菊科与豆科为主。某些玉米品系在叶片受损时可合成一种能抑制草地贪夜蛾幼虫生长的蛋白酶抑制剂，从而对其具有部分抗性。草地贪夜蛾的成虫则以多种植物的花蜜为食。除了食用植物外，草地贪夜蛾的幼虫还普遍有同类相食的行为，即体型较大的幼虫会以体型较小者为食，自然界中同类相食通常有助于增加该物种的适存度，但有研究显示草地贪夜蛾的同类相食可能会造成其适存度降低，包括生存率降低、蛹的重量降低、发育速度减缓等，而此行为的正面影响仍不清楚，可能与减少种内竞争有关。还有野外实验显示，族群个体密度大时，被掠食者捕食的概率也会上升，因此透过同类相食降低个体密度可能可以减少被捕食的风险。

草地贪夜蛾原产于南美洲与北美洲的南部及中部，分布于美国东部各地，最北可达加拿大南部，但该种不能滞育，故不能在 0℃以下的低温过冬，冬天时只在美国南方的佛罗里达州、得克萨斯州等地存活，因此对美国南方的影响较大。这是一种有强大飞行能力的昆虫，在夏季每年都会分散很长的距离。然而，作为一种常规和严重的害虫，其范围往往主要是在美国东南部各州。2016 年，它首次在西非和中非出现，并散播至撒哈拉沙漠以南非洲的多数国家，2 年时间遍及非洲 44 个国家，对玉米等农作物造成严重破坏，导致了数十亿美元的损失。还有证据表明 2018 年，该种已散播至印度与南亚、东南亚各国，泰国和缅甸等地都有存在。2019 年 1 月，该种自缅甸传入中国云南省，并渐散播至南方各省份。

草地贪夜蛾的生活史在夏季可在 30 天内完成，春季与秋季需 60 天，冬季则需 80～90 天。一年中该种可繁衍的世代数受气候影响，雌虫一生中可产下约 1500 粒卵。该种的雌蛾准备交配时，会停栖在植株的上方，并分泌性信息素以吸引数只雄蛾前来交配，雌蛾一晚只交配一次，数只成虫会发生肢体碰撞以争取交配权。尚未交配过的雌蛾一般是夜晚中最早交配者，交配过一次的雌蛾较晚交配，已交配过数次的雌蛾则最晚交配。在温暖的纬度，草地贪夜蛾的繁殖每年可继续产生 4～6 代；而在较凉爽的气候中，繁殖将仅产生 1～2 代。

幼虫取食叶片可造成落叶，其后转移为害。有时大量幼虫以切根方式为害，切断种苗和幼小植株的茎，造成很大损失。在高大的作物上，如玉米，幼虫可钻入玉米穗为害。取食玉米叶时，留有大量孔。低龄幼虫取食后，叶脉成窗纱状。老龄幼虫同切根虫一样，可将 30 日龄的幼苗沿基部切断。幼虫可钻入大的孕穗植物的穗中；为害番茄等植物时，取食花蕾和生长点，并钻入果中。种群数量大时，幼虫如行军状，成群扩散；环境有利时，常留在杂草中。

在玉米上，5%种苗断茎、20%幼小植株叶丛（生长前 30 天）受害，就需要化学防治。高粱上，该虫经济阈值为每叶 1 头（或 2 头）幼虫，或每穗上有 2 头。在一些地区，该虫已经对杀虫剂产生抗性，增加了防治的难度。

多种寄生蜂可寄生草地贪夜蛾幼虫，其他许多捕食性天敌也有记载，表明生物防治是值得考虑的。幼虫的自然寄生率一般很高（20%～70%），大多数被茧蜂寄生，10%～15%可被病原菌致死。

已育成抗多种害虫的玉米品种。几种生物防治也已用于抑制害虫种群，部分受害可被健康植物补偿，故栽培措施是十分重要的。多种基本措施有利于减少危害，提高植物补偿能力。

2. 小麦赤霉病

小麦赤霉病由多种镰刀菌引起，如禾谷镰孢（*Fusarium graminearum* Schw.）、燕麦镰孢（*Fusarium avenaceum* Sacc.）等。优势种和无性态均为禾谷镰孢，属半知菌亚门，其大型分生孢子镰刀形，有隔膜 3～7 个，顶端钝圆，基部足细胞明显，单个孢子无色，聚集在一起呈粉红色黏稠状。小型孢子很少产生。有性态为玉蜀黍赤霉[*Gibperella zeae*（Schw.）Petch.]，属子囊菌亚门。子囊壳散生或聚生于寄主组织表面，略包于子座中，梨形，有孔口，顶部呈疣状突起，紫红色或紫蓝色至紫黑色。子囊无色，棍棒状，大小（100～250）μm×（15～150）μm，内含 8 个子囊孢子。子囊孢子无色，纺锤形，两端钝圆，多为 3 个隔膜，大小（16～33）μm×（3～6）μm（康振生，1997）。

小麦赤霉病从苗期到穗期均可发生，引起苗腐、茎基腐、秆腐和穗腐，以穗腐危害最大。湿度大时，病部均可见粉红色霉层。苗腐由种子带菌或土壤中的病菌侵染所致。先是芽变褐，然后根冠腐烂；轻者病苗黄瘦，重者幼苗死亡。手拔病株易自腐烂处拉断，断口褐色，带有黏性的腐烂组织。茎基腐幼苗出土至成熟均可发生，麦株基部组织受害后变褐腐烂，致全株枯死。秆腐多发生在穗第一、二节，初在叶鞘上出现水渍状褪绿斑，后扩展为淡褐色至红褐色不规则形斑，病斑也可向茎内扩展。病情严重时，造成病部以上枯黄，有时不能抽穗或抽出枯黄穗。穗腐发生初期，在小穗和颖片上出现小的水渍状淡褐色病斑，后逐渐扩大至整个小穗，小穗枯黄。湿度大时，病斑处产生粉红色胶状霉层。后期其上密生小黑点，即子囊壳，后扩展至穗轴，病部枯竭，使被害部以上小穗形成枯白穗。

小麦赤霉病在中国南方冬麦区，如长江中下游冬麦区、川滇冬麦区、华南冬麦区和东北三江平原春麦区等地经常流行为害。病原菌主要以菌丝体在寄主病残体或种子上越夏、越冬，也可在土壤中营腐生生活而越冬。春天，在病残体上形成子囊壳，条件适宜时子囊壳释放子囊孢子，借气流、风雨传播，溅落在花器凋萎的花药上萌发，先营腐生生活，然后侵染小穗，几天后产生大量粉红色霉层，经风雨传播引起再侵染。

小麦赤霉病的防治方法主要是以选用的抗菌品种为基础、以药剂拌种作为重要措施，选用抗病品种，培育无病种子田，深耕灭茬，清洁田园，减少和控制病菌来源；注重药剂拌种，在小麦抽穗后至扬花初期，喷施防控吸浆虫、麦蚜、白粉病的化学药剂，同时喷施生长调节剂以预防小麦生育后期的干热风带来的危害。

3. 柑橘黄龙病

柑橘黄龙病又称黄梢病、黄枯病、青果病，20世纪70年代在我国广东暴发流行，80年代传入闽南、福州一带，对柑橘造成极大危害，管理差、抛荒的柑橘园发生较重。病原是 Proteobacteria 纲中韧皮部杆菌属，在寄主筛管细胞和薄壁细胞内分布不均匀，故同一株树各枝梢发病时间也呈现不同。病菌只侵染柑橘属、金柑属和枳属植物（张木清等，2020）。

病害分为亚洲菌系 *Liberobacter asiatum*（亚洲柑橘黄龙病）和非洲菌系 *Liberobacter africanum*（非洲柑橘黄龙病），分布在泰国、越南、印度、菲律宾、美国、马来西亚、印度尼西亚等地，非洲也有疫情。亚洲菌系主要危害柑橘属、金柑属和枳属植物，柑、橘、橙、柠檬和柚类均可感病，尤其以椪柑、蕉柑、福橘、茶枝柑等品种的耐病力弱，感病后衰退快，橙类耐病力较强。感病不受树龄大小的限制，但幼龄树根容易感病。柑橘类植物感染黄龙病菌后并不立即显症，存在潜伏期。潜伏期的长短因品种、树龄、健康状况、种植环境等而异，但相比其他病原体，黄龙病菌的潜伏期较长。果实的典型症状是着色异常、果小、畸形。染病宽皮柑橘的果实常表现为果蒂和果肩周围先褪绿转色，其他部位仍然为青绿色，且因蜡质形成受阻而无光泽，果农称之为"红鼻子果"或"红肩果"。染病甜橙树的果实常表现为青果，病果的果汁味酸、淡，果实中心柱不正。叶片的典型症状是黄化、变小。根据病程长短，叶片黄化有两种主要类型，一种是斑驳型黄化，一种是均匀黄化。染病早期，叶片常显现为斑驳型黄化，待病菌散播到全树后，新梢抽生的叶片一般为均匀黄化。

该病通过苗木、接穗和木虱传播。其发生与气候条件、栽培管理及品种有关，5月下旬开始发病，8～9月最严重。春、夏季多雨，秋季干旱时发病重；施肥不足，低洼果园排水不良，树冠郁闭，发病重。黄龙病可通过媒介昆虫木虱传播感染。

防控时，要加强苗木检疫，防止病原侵入和外输，杜绝病穗、病苗和病果进入新种植区和无病区。建立无病苗圃，推广使用脱毒种苗，杜绝外地带毒种苗调入，从种苗源头有效控制黄龙病的传播与扩散。及时开展普查，清理砍伐到位，减少病菌传染源，树枝叶等清理出果园或集中烧毁，并注意挖除周边九里香等芸香科植物。加强果园管理，提高抗病力，通过控肥控梢，促使梢整齐一致，缩短抽梢期，减少木虱的繁殖和传播病毒的机会，结合抹除夏梢，减少传播媒介昆虫的滋生。及时防治媒介病虫，柑橘木虱可以化学防治为主，结合抹梢控梢、减少木虱食料、营造防风林、保护天敌等其他农业和生物防治技术措施。

（中国农业科学院生物安全研究中心　张礼生　陈鸿军）

（中国农业科学院植物保护研究所　李玉艳　葛蓓孛）

参考文献

彩万志, 庞雄飞, 花保祯, 等. 2011. 普通昆虫学(第 2 版). 北京: 中国农业大学出版社.

蔡丽娟, 路平, 张衍海, 等. 2013. PVS 评估与差距分析——现代公共管理理念在兽医体系能力建设中的实践探析. 中国动物检疫, 30(11): 3-9.

曹建平, 沈玉娟, 官亚宜, 等. 2016. 隐孢子虫病的诊断. WS/T487-2016. 北京: 中国标准出版社: 1-11.

陈剑平. 2005. 真菌传播的植物病毒. 北京: 科学出版社.

陈利锋, 徐敬友. 2015. 农业植物病理学(第 4 版). 北京: 中国农业出版社.

陈溥言. 2015. 兽医传染病学(第 6 版). 北京: 中国农业出版社: 17-19.

陈生斗, 胡伯海. 2003. 中国植物保护五十年. 北京: 中国农业出版社.

陈伟生. 2015. 动物疫病防控形势与措施. 兽医导刊, 19: 27-28.

陈颖丹, 周长海, 朱慧慧, 等. 2020. 2015 年全国人体重点寄生虫病现状调查分析. 中国寄生虫学与寄生虫病杂志, 38(1): 5-16.

程训佳. 2015. 人体寄生虫学. 上海: 复旦大学出版社: 6-8.

董金皋, 康振生, 周雪平. 2016. 植物病理学. 北京: 科学出版社.

范钦磊, 刘俊辉, 张衍海, 等. 2018. 动物疫病区域化管理现状与动力机制分析. 中国动物检疫, 35(6): 48-51.

盖华武, 姜雯译. 2011. 实用兽医流行病学与群发病控制. 北京: 中国农业出版社: 264.

郭文超, 谭万忠, 张青文. 2013. 重大外来入侵害虫马铃薯甲虫生物学、生态学与综合防控. 北京: 科学出版社.

郭永旺, 王登, 施大钊. 2013. 我国农业鼠害发生状况及防控技术进展. 植物保护, 39(5): 62-69.

郭予元. 1998. 棉铃虫的研究. 北京: 中国农业出版社.

国家林业和草原局森林和草原病虫害防治总站, 南京林业大学. 2019. 中国松材线虫病的发生规律与防治技术. 北京: 中国林业出版社.

何继军, 郭建宏, 刘湘涛. 2015. 我国口蹄疫流行现状与控制策略. 中国动物检疫, 32(6): 10-14.

洪霓, 高必达. 2019. 植物病害检疫学. 北京: 科学出版社.

黄保续, 肖肖, 王幼明, 等译. 2008. 澳大利亚兽医应急预案: 疫病控制策略. 北京: 中国农业科学技术出版社.

黄保续. 2010. 兽医流行病学. 北京: 中国农业出版社: 318-327.

黄祯祥, 洪涛, 刘崇柏. 1990. 医学病毒学基础及实验技术. 北京: 科学出版社.

金宁一, 胡仲明, 冯书章. 2007. 新编人兽共患病学. 北京: 科学出版社.

康振生. 1997. 植物病原真菌超微形态. 北京: 中国农业出版社.

李超, 任瑞琦, 黎丹, 等. 2018. 2016-2018 年中国大陆人感染高致病性 H7N9 禽流感疫情和死亡病例分析. 疾病监测, 33(12): 989.

李凡, 徐志凯. 2018. 医学微生物学(第 9 版). 北京: 人民卫生出版社.

李国清. 2021. 动物寄生虫学(第 3 版). 北京: 中国农业大学出版社: 411-418

李兰娟, 任红. 2018. 传染病学(第 9 版). 北京: 人民卫生出版社.

李清西, 钱学聪. 2002. 植物保护. 北京: 中国农业出版社.

李扬汉. 1998. 中国杂草志. 北京: 中国农业出版社.

李雍龙, 诸欣平, 苏川. 2013. 人体寄生虫学(第 8 版). 北京: 人民卫生出版社: 1-21.

李正跃, MA 阿尔蒂尔瑞, 朱有勇. 2009. 生物多样性与害虫综合治理. 北京: 科学出版社.

刘万才, 姜瑞中. 2015. 中国植物保护 50 年成就. 世界农业, 21(11): 29-32.

刘万才, 姜玉英, 张跃进, 等. 2010. 我国农业有害生物监测预警 30 年发展成就. 中国植保导刊, 30(9): 35-39.

卢亮平, 万康林, 徐建国. 2018. 人兽共患细菌性疾病防控现状及特征分析. 中国人兽共患病学报, 34(11): 967-976.

陆承平, 刘永杰. 2021. 兽医微生物学(第 6 版). 北京: 中国农业出版社: 459-471.

陆宴辉, 吴孔明. 2008. 棉花盲椿象及其防治. 北京: 金盾出版社.

陆永跃. 2017. 防控红火蚁. 广州: 华南理工大学出版社.

罗满林, 单虎, 朱战波. 2022. 高级动物传染病学. 北京: 科学出版社: 8-13.

罗满林. 2021. 动物传染病学(第 2 版). 北京: 中国林业出版社: 170-172.

马鸿翔, 周明国, 陈怀谷. 2019. 小麦赤霉病. 南京: 江苏凤凰科学技术出版社.

农向群, 王以燕, 袁善奎, 等. 微生物农药研发与管理. 北京: 中国农业科学技术出版社.

彭德良. 2021. 中国线虫学研究(第 8 卷). 北京: 中国农业科学技术出版社.

全国农业技术推广服务中心. 2011—2022. 农作物重大病虫害监测预警工作年报 2010—2021. 北京: 中国农业出版社.

全国农业技术推广服务中心. 2013. 中国水稻主要病虫害——水稻病虫种类与发生危害特点研究报告. 北京: 中国农业出版社.

全国农业推广服务中心. 2010. 主要农作物病虫害测报技术规范应用手册. 北京: 中国农业出版社.

沈玉娟, 姜岩岩, 曹建平. 2021. 我国介水传播肠道原虫病流行现状与防控策略. 中国寄生虫学与寄生虫病杂志, 39(1): 8-19.

宋宝安, 吴剑. 2017. 农药合成. 北京: 中国农业出版社.

汤林华, 许隆祺, 陈颖丹. 2012. 中国寄生虫病防治与研究. 北京: 科学出版社: 1445-1490.

唐家琪. 2005. 自然疫源性疾病. 北京: 科学出版社.

王宇. 2007. 实验室感染事件案例集. 北京: 北京大学医学出版社: 187-212.

王媛媛, 刘德举, 王岩, 等. 2022. 全球动物新型冠状病毒感染流行病学研究概述. 中国动物检疫, 35(7): 1-5.

吴观陵. 2013. 人体寄生虫学(第 4 版). 北京: 人民卫生出版社: 1-62.

吴孔明, 杨现明, 赵胜园, 等. 2020. 草地贪夜蛾防控手册. 北京: 中国农业科学技术出版社.

武桂珍, 王健伟. 2020. 实验室生物安全手册. 北京: 人民卫生出版社: 26-27, 115-126.

夏敬源. 2008. 我国重大农业生物灾害暴发现状与防控成效. 中国植保导刊, 28(1): 59.

熊彦红, 曹建平, 官亚宜. 2011. 一种新发寄生虫病实验生物安全风险评估. 国际医学寄生虫病杂志, 38(2): 121-124.

熊彦红, 官亚宜, 曹建平. 2012. 利什曼原虫实验室生物安全风险评估. 中国血吸虫病防治杂志, 24(3): 342-344, 363.

熊彦红, 郑彬, 曹建平. 2021. 寄生虫获得性感染病原实验室消毒方法的调查研究. 中国病原生物学杂志, 16(6): 691-695.

徐海根, 强胜. 2019. 中国外来入侵生物(修订版). 北京: 科学出版社.

徐汉虹. 2007. 植物化学保护学(第 4 版). 北京: 中国农业出版社.

徐建国. 2019. 反向病原学. 疾病监测, 34(7): 593-598.

许逊, 苏兆亮. 2005. 实验室意外微创伤引起的获得性寄生虫感染. 国外医学寄生虫病分册, 32(3): 134-135.

杨宏琳, 谭庆辉, 张家军, 等. 2018. 湖南省某生猪批发市场疫病传播风险评估. 中国动物检疫, 35(4): 21-25.

杨晓明. 2020. 当代新疫苗(第 2 版). 北京. 高等教育出版社.

袁锋. 2011. 农业昆虫学(第 4 版). 北京: 中国农业出版社.

张礼生, 陈红印, 李保平. 2014. 天敌昆虫扩繁与应用. 北京: 中国农业科学技术出版社.

张木清, 杨川毓, 姚伟. 2020. 柑橘黄龙病化学防治的基础及应用. 北京: 科学出版社.

张秀娟, 周宏鹏, 颜起斌, 等. 2017. 活禽市场在禽流感流行中的放大机制及应对路径. 中国动物检疫, 34(12): 20-23.

张衍海, 刘俊辉, 范钦磊, 等. 2008. 动物疫病区域化管理的新模式——生物安全隔离区划. 中国动物检疫, 25(9): 9-11.

郑雪光, 滕翔雁, 朱迪国, 等. 2014. 全球重大动物疫病状况及影响. 中国动物检疫, 31(1): 1-4.

周海健, 阚飙. 2022. 细菌性传染病实验室病原学监测预警技术发展及其应用. 中华预防医学杂志, 56(4): 525-532.

周宏鹏, 刘拥军, 张秀娟, 等. 2015. 全球狂犬病流行现状及防治策略. 中国动物检疫, 32(1): 50-52.

朱恩林. 2021. 中国蝗灾发生防治史(1-4). 北京: 中国农业出版社.

朱水芳. 2019. 植物检疫学. 北京: 科学出版社.

Agmas B, Tesfaye R, Koye DN. 2015. Seroprevalence of *Toxoplasma gondii* infection and associated risk factors among pregnant women in Debre Tabor, Northwest Ethiopia. BMC Research Notes, 8: 107.

Ahmed F, Cappai M G, Morrone S, et al. 2021. Raw meat based diet (RMBD) for household pets as potential door opener to parasitic load of domestic and urban environment. Revival of understated zoonotic hazards? One Health, 13: 100327.

Ballard C C. 1986. The repercussions of rinderpest: cattle plague and peasant decline in colonial natal. The International Journal of African Historical Studies, 19(3): 421-450.

Barker S C, Murrell A. 2008. Systematics and evolution of ticks with a list of valid genus and species names. Ticks: Biology, Disease and Control. Cambridge: Cambridge University Press: 1-39.

Barré-Sinoussi F, Ross A L, Delfraissy J F. 2013. Past, present and future: 30 years of HIV research. Nat Rev Microbiol, 11(12): 877-883.

Becker M M, Graham R L, Donaldson E F, et al. 2008. Synthetic recombinant bat SARS-like coronavirus is infectious in cultured cells and in mice. Proceedings of the National Academy of Sciences of the United States of America, 105(50): 19944-19949.

Bender J, Waters K C, Nerby J, et al. 2012. Methicillin-resistant *Staphylococcus aureus*(MRSA)isolated from pets living in households with MRSA-infected children, Clin Infect Dis, 54(3): 449-450.

Bengis R G, Leighton F A, Fischer J R, et al. 2004. The role of wildlife in emerging and re-emerging zoonoses, Rev Sci Tech, 23(2): 497-511.

Bowman A S, Nuttall P A, Chappell L H. 2004. Ticks: biology, disease and control. Parasitology, 129: S1.

Cascio A, Bosilkovski M, Rodriguez-Morales A J, et al. 2011. The socio-ecology of zoonotic infections. Clin Microbiol Infect,17(3): 336-342.

Chancey C, Grinev A, Volkova E, et al. 2015. The global ecology and epidemiology of West Nile virus. BioMed Res Int, 2015: 376230.

Chen Z, Yang X, Bu F, et al. 2010. Ticks(acari: ixodoidea: argasidae, ixodidae)of China. Experimental and Applied Acarology, 51(4): 393-404 .

Christopher J, Burrell, Colin R, et al. 2016. History and impact of virology. Fenner and White's Medical Virology, Nov 11: 3-14.

Cibulskis R E, Alonso P, AponteJ, et al. 2016. Malaria: global progress 2000–2015 and future challenges. Infect Dis Poverty, 5: 61.

Cleaveland S, Laurenson M K, Taylor L H. 2001. Diseases of humans and their domestic mammals: pathogen characteristics, host range and the risk of emergence. Philosophical Transactions of the Royal Society B: Biological Science, 356 : 991 - 999.

Coffey B, Mintert J, Fox S, et al. 2005. Economic impact of BSE on the US beef industry: product value losses, regulatory costs and consumer reactions. Kansas, MO, USA: Kansas State University.

Cohen M L. 2000. Changing patterns of infectious disease. Nature, 406(6797): 762-767.

Cooper N, Griffin R, Franz M, et al. 2012. Phylogenetic host specificity and understanding parasite sharing in primates. Ecol Lett, 15: 1370-1377.

Dahmana H, Granjon L, Diagne C, et al. 2020. Rodents as hosts of pathogens and related zoonotic disease risk. Pathogens, 9: 202.

David E S, Martine B, Catherine M L, et al. 2020. Diseases of poultry(14th ed). Malden USA: Wiley-Blackwell Publishing.

David M K, Howley P M. 2013. Field's virology(6th ed). Philadelphia, PA, USA: Lippincott Williams & Wilkins.

Davoust B, Levasseur A, Mediannikov O. 2018. Studies of nonhuman primates: key sources of data on zoonoses and microbiota. New Microbes New Infect, 26: S104-S108.

De Jesus N H. 2007. Epidemics to eradication: the modern history of poliomyelitis. Virol J, 4: 70.

Dobson A P, Pimm S L, Hannah L, et al. 2020. Ecology and economics for pandemic prevention. Science, 369(6502): 379-381.

Donaldson A I, Alexandersen S. 2002. Predicting the spread of foot and mouth disease by airborne virus. Revue Scientifique Et technique (International Office of Epizootics), 21(3): 569-575.

Edward C. 2022. COVID-19-lessons for zoonotic disease. Science, 375 (6585): 1114-1115.

Eloit M. 2012. The global public good concept: a means of promoting good veterinary governance. Rev Sci Tech, 31(2): 585-584.

European Food Safety Authority, European Centre for Disease Prevention and Control. 2021. The European Union One Health 2020 Zoonoses Report. EFSAJ, 19(12): 6971.

FAO, WOAH, WHO, et al. 2022. One Health Joint Plan of Action (2022-2026): Working together for the health of humans, animals, plants and the environment (draft).

Fauci A S, Morens D M. 2012. The perpetual challenge of infectious diseases. N Engl J Med, 366: 454-461.

Fenwick A. 2012. The global burden of neglected tropical diseases. Public Health, 126(3): 233-236.

Fooks A R, Jackson A C. 2008. Rabies: Scientific basis of the disease and its management (4th ed). Oxford: Academic Press: 116.

Glezen W P, Couch R B. 1997. Influenza Viruses. In: Evans A S, Kaslow R A eds. Viral Infections of Humans. Boston, MA: Springer.

Gloster J, Sellers R F, Donaldson A I. 1982. Long distance transport of foot-and-mouth disease virus over the sea. The Veterinary Record, 110(3): 47-52.

Han B A, Kramer A M, Drake J M. 2016. Global Patterns of zoonotic disease in mammals. Trends Parasitol, 32: 565-577.

Herwaldt B L. 2001. Laboratory-acquired parasitic infections from accidental exposures. Clin Microbiol Rev, 14(4): 659-688.

Hlokwe T M, Said H, Gcebe N. 2017. Mycobacterium tuberculosis infection in cattle from the Eastern Cape Province of South Africa. BMC Vet Res, 3(1): 299.

International Livestock Research Institute. 2012. Mapping of poverty and likely zoonoses hotspots. Zoonoses Project 4. Report to Department for International Development, UK. Nairobi, Kenya.

Jeffrey J Z, Locke A K, Alejandro R, et al. 2019. Diseases of Swine(11th ed). Malden USA: Wiley-Blackwell Publishing.

Karesh W B, Dobson A, Lloyd-Smith J O, et al. 2012. Ecology of zoonoses: natural and unnatural histories. Lancet, 380(9857): 1936-1945.

Kimura A, Minekawa Y, Ikeda N, et al. 1992. Survey of *Giardia lamblia* infection in returning travelers with diarrhoea from India and Nepal at Osaka Airport Quarantine Station. Japanese Journal of Tropical Medicine and Hygiene, 20(4): 291-297.

Knobel D L, Cleaveland S, Coleman P G, et al. 2005. Re-evaluating the burden of rabies in Africa and Asia. Bull World Health Organ, 83(5): 360-368.

Kumari D, Perveen S, Sharma R, et al. 2021. Advancement in leishmaniasis diagnosis and therapeutics: an update. Eur J Pharmacol, 910: 174436.

Lackey E K, Horrall S. 2023. Schistosomiasis. In: Statpearls. Treasure Island: Stat Pearls Publishing.

Lai S, Ruktanonchai N W, Zhou L, et al. 2020. Effect of non-pharmaceutical interventions to contain COVID-19 in China. Nature, 585(7825): 410-413.

Libera K, Konieczny K, Grabska J, et al. 2022. Selected livestock-associated zoonoses as a growing challenge for public health. Infect Dis Rep, 14(1): 63-81.

Liu A, Gong B, Liu X, et al. 2022. A retrospective epidemiological analysis of human cryptosporidium infection in China during the past three decades (1987-2018). PLoS Negl Trop Dis, 14(3): e0008146.

Liu D, Shi W, Gao G F. 2014. Poultry carrying H9N2 act as incubators for novel human avian influenza viruses. Lancet, 383: 869.

Ludwig S, Zarbock A. 2020. Coronaviruses and SARS-CoV-2: a brief overview. Anesth Analg, 131: 93-96.

Luis A D, Hayman D T, O'Shea TJ, et al. 2013. A comparison of bats and rodents as reservoirs of zoonotic viruses: are bats special.Proc Biol Sci, 280: 20122753.

Mahamat M H, Peka M, Rayaisse J B, et al. 2017. Adding tsetse control to medical zctivities zllows control of sleeping sickness in the mandoul focus CPLUS. PLOS Neglected Tropical Diseases, 7: 16.

Mark E J, Woolhouse , Sonya G-S. 2005. Host range and emerging and reemerging pathogens. Emerging Infectious Diseases, 11(12): 1842-1847.

Meechan P J, Potts J. 2020. Biosafety in Microbiological and Biomedical Laboratories (6th ed.). Washington, DC: U. S. Government Publishing Office.

Meekins D A, Gaudreault N N, Richt J A. 2021. Natural and experimental SARS-CoV-2 infection in domestic and wild animals. Viruses, 13(10): 1993.

Mendoza-Roldan J, Modry D, Otranto D, et al. 2020. Zoonotic parasites of reptiles: a crawling threat. Trends Parasitol, 36(8): 677-687.

Milton L, Raymond A Z, Jens H K. 2012. The Soviet Biological Weapons Program: A History, Illustrated Edition. Cambridge, MA: Harvard University Press.

Minor P. 2014. The polio endgame. Hum Vaccin Immunother, 10: 2106-2108.

Mock F, Viehweger A, Barth E, et al. 2021. VIDHOP, viral host prediction with deep learning. Bioinformatics, 37(3): 318-325.

Morens D M, Fauci A S. 2020. Emerging pandemic diseases: how we Got to COVID-19. Cell, 182: 1077-1092.

Morse S S, Mazet J A, Woolhouse M, et al. 2012. Prediction and prevention of the next pandemic zoonosis. Lancet, 380: 1956-1965.

Muller F T, Freuling C M. 2018. Rabies control in Europe: an overview of past, current and future strategies. Rev Sci Tech, 37(2): 409-419.

Muller T, Freuling C M, Wysocki P, et al. 2015. Terrestrial rabies control in the European Union: historical achievements and challenges ahead. Vet J, 203(1): 10-17.

Nelwan M. 2019. Schistosomiasis: life cycle, diagnosis, and control. Curr Ther Res Clin Exp, 91: 5-9.

Newcomb J, Harrington T, Aldrich S. 2011. The economic impact of selected infectious disease outbreaks. Cambridge, MA: Bio Economic Research Associates.

Nigel Dimmock, Andrew Easton, Keith Leppard. 2006. Introduction to Modern Virology(6th ed). New York: John Wiley & Sons.

Norman F F, Monge-Maillo B, Martínez-Pérez Á, et al. 2015. Parasitic infections in travelers and immigrants: part I protozoa. Future Microbiol, 10(1): 69-86.

Noyce R S, Lederman S, Evans D H. 2018. Construction of an infectious horsepox virus vaccine from chemically synthesized DNA fragments. PLoS One, 13(1): e0188453

Ocepek M, Pate M, Zolnir-Dovc M, et al. 2005. Transmission of mycobacterium tuberculosis from human to cattle. J Clin Microbiol, 43(7): 3555-3557.

Odenwald M A, Paul S. 2022. Viral hepatitis: past, present, and future. World J Gastroenterology, 28: 1405-1429.

Oladosu G, Rose A, Lee B. 2013. Economic impacts of potential foot and mouth disease agroterrorism in the USA: a general equilibrium analysis. J Biodef, S12: 1-9.

Ozili P, Arun T. 2020. Spillover of COVID-19: Impact on the Global Economy. MPRA Paper 99317, University Library of Munich, German.

Parola P, Raoult D. 2001. Ticks and tickborne bacterial diseases in humans: an emerging infectious threat. Clinical Infectious Diseases, 32(6): 897-928.

Rabinowitz P, Scotch M, Odofin L, et al. 2009. Human and animal sentinels for shared health risks. Vet Ital, 45(1): 23-34.

Rahman M T, Sobur M A, Islam M S, et al. 2020. Zoonotic diseases: etiology, impact, and control. Microorganisms, 8: 1405.

Recht J, Schuenemann V J, Sánchez-Villagra M R. 2020. Host diversity and origin of zoonoses: the ancient and the new. Animals (Basel), 10(9): 1672.

Reed K D, Meece J K, Henkel J S, et al. 2003. Birds, migration and emerging zoonoses: west nile virus, lyme disease, influenza A and enteropathogens. Clin Med Res, 1: 5-12.

Regalado A. 2022. The gene-edited pig heart given to a dying patient was infected with a pig virus. MIT Tech Review, 2022/05/04/1051725.

Roeder P, Taylor W, Rweyemamu M. 2006. 6-Rinderpest in the twentieth and twenty-first centuries. Rinderpest and Peste des Petits Ruminants. Oxford: Academic Press: 105-142, VII.

Rolling T, Völker K, Jordan S, et al. 2019. Parasitosen in der hausarztpraxis [Parasitic diseases]. MMW Fortschr Med, 161(2): 51-57.

Romig T, Deplazes P, Jenkins D, et al. 2017. Ecology and life cycle patterns of echinococcus species. AdvParasitol, 95: 213-314.

Rybicki E,Kightley R. 2015. A Short History of the Discovery of Viruses. DOI: 10. 6084/mq. FIGSHARE. 1337869.

Sanson R L, Gloster J, Burgin L. 2011. Reanalysis of the start of the UK 1967 to 1968 foot-and-mouth disease epidemic to calculate airborne transmission probabilities. The Veterinary Record, 169(13): 336

Singh R K, Dhama K, Malik Y S, et al. 2017. Ebola virus - epidemiology, diagnosis, and control: threat to humans, lessons learnt, and preparedness plans - an update on its 40 year's journey. Vet Q, 37(1): 98-135.

Smith P, Luthi N B, Huachun L, et al. 2015. Movement pathways and market chains of large ruminants in the Greater Mekong Sub-region. OIE.

Snowden F M. 2008. Emerging and reemerging diseases: a historical perspective. Immunol Rev, 225: 9-26.

Su S, Bi Y, Wong G, et al. 2015. Epidemiology, evolution, and recent outbreaks of avian influenza virus in China. Journal of Virology, 89(17): 8671-8676.

Sun E, Huang L, Zhang X, et al. 2021. Genotype I african swine fever viruses emerged in domestic pigs in China and caused chronic infection. Emerging Microbes & Infections, 10(1): 2183-2193.

Swift B M C, Barron E S, Christley R, et al. 2021. Tuberculosis in badgers where the bovine tuberculosis epidemic is expanding in cattle in England. Sci Rep, 11(1): 20995

Taylor L H, Latham S M, Woolhouse M E J. 2001. Risk factors for human disease emergence. Phil Trans R Soc Land B, 356: 983-989.

Tellier R, Li Y, Cowling B J, et al. 2019. Recognition of aerosol transmission of infectious agents: a commentary. BMC Infectious Diseases, 19(1): 101.

Theel E S, Pritt B S. 2016. Parasites. Microbiol Spectr, 4(4): 10. 1128/microbiolspec. DMIH2-0013-2015.

Thèves C, Crubézy E, Biagini P. 2016. History of smallpox and its spread in human populations. Microbiol Spectr, 8(4): 4.

Thompson D, Muriel P, Russell D, et al. 2002. Economic costs of the foot and mouth disease outbreak in the United Kingdom in 2001. Rev Sci Tech, 21: 675-687.

Torgerson P R, Macpherson C N. 2011. The socioeconomic burden of parasitic zoonoses: global trends. Vet Parasitol, 182(1): 79-95.

Tuševljak N, Rajić A, Waddell L, et al. 2012. Prevalence of zoonotic bacteria in wild and farmed aquatic species and seafood: a scoping study, systematic review, and meta-analysis of published research. Foodborne Pathog Dis, 9(6): 487-497.

UNDP, World Bank, WHO. 2000. TDR strategy 2000-2005. Special Programme For Research and Training in Tropical Diseases (TDR).

United Nations Environment Programme and International livestock Research Institute. 2020. Preventing the Next Pandemic: Zoonotic diseases and how to break the chain of transmission. Nairobi, Kenya.

Vallat B. 2012. Good governance and the financing of effective veterinary services. Preface. Rev Sci Tech, 31(2): 391-396.

WHO. 1959. Zoonosis: Second report of the Joint WHO/FAO expert committee. Geneva.

WHO. 2002. WHO Programme to Eliminate Sleeping Sickness: Building a Global Alliance. Geneva World Health Organization, doi:a76720.

WHO. 2010. The Control of Neglected Zoonotic Diseases: Community-based interventions for prevention and control. Geneva.

WHO. 2017. Global vector control response 2017-2030. World Health Organization. Geneva.

Woolhouse M E J, Gowtage-Sequeria S. 2005. Host range and emerging and reemerging pathogens. Emerging Infectious Diseases, 11: 1842-1847.

Woolhouse M E J, Haydon D T, Antia R. 2005. Emerging pathogens: the epidemiology and evolution of species jumps. Trends Ecol Evol, 20: 238-244.

Woolhouse M E J, Taylor L H, Haydon D T. 2001. Population biology of multihost pathogens. Science, 292: 1109-1112.

World Bank. 2012. People, pathogens and our planet: the economics of one health. Washington DC: The World Bank.

World Health Organization. 2010. Working to overcome the global impact of neglected tropical diseases: first WHO report on neglected tropical diseases. World Health Organization, Geneva, Switzerland.

第三篇

两用生物技术与生物安全

第九章
两用生物技术概述

第一节 两用生物技术

生物技术是指认识、利用和改造生物，为人类提供有用物质、产品和服务的技术总和。自 20 世纪 70 年代 DNA 重组技术出现并获得广泛应用以来，生物技术迅猛发展，给生命科学、医学、农业、工业等领域带来革命性的变化，正在成为引领新一轮科技革命和产业变革的核心，生物经济已经成为国民经济的重要组成部分。然而，生物技术是典型的两用性（dual-use）技术，被误用、谬用或滥用后，可能对人类健康、工农业发展及生态环境等造成严重、广泛的负面影响，可能产生灾难性的后果。目前广为接受的、值得关注的两用生物技术（dual-use research of concern，DURC）的定义包括 WHO 和美国国家生物安全顾问委员会（NSABB）的相关定义。WHO 将 DURC 定义为旨在提供明显益处但很容易被误用而造成危害的研究。NSABB 将 DURC 定义为根据目前的理解，生命科学研究所提供的知识、信息、产品或技术可能直接被误用/滥用，对公共卫生和安全、农作物和其他植物、动物、环境、材料或国家安全构成重大威胁，产生广泛的潜在后果的研究。

第二节 近年值得关注的两用生物技术

1953 年，沃森和克里克在 *Nature* 杂志发表了证实 DNA 双螺旋结构的文章后，揭开了现代分子生物学的序幕。此后，多种重要的生物技术相继出现并迅速发展，包括重组 DNA 技术、合成生物学技术、基因干涉技术、基因编辑技术、基因组学技术、基因驱动技术等。

20 世纪 70 年代，重组 DNA 技术出现并迅速普及。该技术可以工程化设计、改造基因特别是病原微生物基因，由该技术衍生出的病原基因组修饰技术迅猛发展，人工修饰产生的具有全新特性的病原体导致新型烈性传染病暴发的可能性增加。例如，2001 年澳大利亚科学家研制鼠痘绝育疫苗时构建了表达 IL-4 的鼠痘病毒，导致接种的实验小鼠全部死亡；2002 年美国科学家发现，人补体抑制因子可导致天花病毒逃避疫苗的免疫保护作用；2005 年，美国从埋葬在阿拉斯加冻土层中的爱斯基摩女性尸体样本中，拯救获得 1918 年 H1N1 型"西班牙流感"病毒，由于该病毒曾造成逾 5000 万人死亡，因此该研究在全世界引起极大反响；2012 年，美国、荷兰、中国三国科学家成功实现毒力超强的 H5N1 等禽流感病毒在哺乳动物中跨种传播，使其具备引起人流感大流行的潜力，引发全球恐慌。上述结果证明，病原体改造技术已经成熟，人工制造出传染性强、致病力高、环境适应性强、药物敏感性低、现有药物疫苗无效的所谓"超级病原体"已经没有技术障碍。

合成生物学技术可创造出超出现有认识的新生命形式。2002 年，美国的 Eckard Wimmer 等合成了活性脊髓灰质炎病毒；2002 年，日本成功合成了埃博拉样病毒；2008 年，美国范德堡大学（Vanderbilt University）的 Denison 等成功合成蝙蝠 SARS 样冠状病毒。2014 年 6 月 11 日，美国威斯康星大学麦迪逊分校的河冈义裕教授宣布在实验室中合成出一种新型的、与造成 1918 年流感大流行的病毒十分相似的病毒。2008 年以来，美国克雷格·文特尔（Craig Venter）研究所先后成功合成基因组容量达 100 万碱基对以上的支原体和最小基因组；2015 年，美国纽约大学完成酿酒酵母 5 条染色体的全合成及功能验证。几乎同期，美国斯克利普斯（SCRIPPS）研究所 Floyd Romesberg 团队成功将非天然碱基对掺入到大肠杆菌基因组，并可稳定复制、遗传，第一次将生命遗传信息的基本遗传物质进行了扩展，超越了目前地球上已知生命的遗传形式。上述研究可能产生超出人类现有认知的新型病原体，从而严重威胁生物安全。

基因干涉和基因编辑技术可能催生种族特异性病原体。1999 年，科学家发现小干扰 RNA 可高效、特异地沉默真核基因表达。如果使用病毒载体将具有种族特异性 siRNA 导入人体，干涉重要基因的表达，即可能成为种族特异性基因武器；1993 年后陆续出现锌指核酸酶（ZFN）、转录激活因子样核酸内切酶（TALENS）基因突变技术，特别是 2012 年后迅速发展的 CRISPR/Cas9 基因编辑技术，使得在多种生物（包括人）体内诱导基因失活的效率和特异性迅速提高，已经基本可以实现"指哪打哪"，精准改变遗传信息。由于人种、人群中存在特征性的遗传差异，如果使用合适的递送技术，将基因编辑元件导入人体，即可实现基因武器的攻击。而利用基因组学技术，针对特定人群进行大规模的信息采集与分析，发掘特定基因位点或区域，即可作为种族特异性甚至个体特异性基因武器的精准攻击靶点。基于 CRISPR/Cas9 基因编辑技术的巨大潜在威胁，美国国家情报总监已将该技术和朝鲜核武器等并列，视其为美国将面临的大规模杀伤武器威胁，使基因编辑技术成为轰动一时的"两用生物技术"。从 2012 年该技术的出现到美国情报总监将该技术列为"大规模杀伤武器"威胁仅用了 3 年时间，足见美国对该技术两用性的重视。

基因驱动技术可利用基因编辑或基因重组技术使特定基因以非孟德尔遗传的方式遗传子代，导致特定基因型通过生物繁殖扩散至整个种群甚至物种。若该技术被恶意使用，则有可能导致重要农作物有害基因定向扩散、批量制备特定性状有害昆虫、甚至物种灭绝等，将严重威胁农业和生态安全。

随着生物技术的飞速发展，新型生物技术不断出现，生物技术的两用性问题也更加凸显。为避免由于两用生物技术误用、谬用或滥用导致的生物安全风险，我们有必要对两用生物技术采取适当的风险评估以及制定相应的监管政策。

第三节　两用生物技术监管

两用生物技术研究起源于生物战相关研究和应用。现代生物战起源于第一次世界大战期间，德国使用鼻疽和炭疽杆菌感染的骡子或空投病菌污染的食品，给敌方造成伤害；20 世纪三四十年代，日本大规模研发使用生物武器，随后美国、苏联等国家实施了生物武器研发计划。为了控制生物武器的研发技术流入社会主义国家，在美国提议下，于 1949 年成立了"输出管制统筹委员会"（Coordinating Committee for Multilateral Export Controls，通常被称为"巴黎统筹委员会"），限制成员国向社会主义国家出口战略物资和高技术，囊括了大部分可用于生物研究的装备、尖端技术产品和稀有物资。1971 年，联合国大会通过《禁止细菌（生物）及毒素武器的发展、生产及储存以及销毁这类武器的公约》，禁止生产、储存及使用生物武器。战剂大规模培养、战剂武器化等生物武器研发相关的技术，成为最早的两用生物技术，在国际上受到全面管控。1985 年，为应对生化武器扩散，成立了非官方的"澳大利亚集团"，通过采用出口许可措施，确保某些生物用品以及可用于生物武器的设施和设备（两用物品）的出口不用于生化武器。我国商务部于 2005 年出台了《两用物项和技术进出口许可证管理办法》，对可能用于生物武器研发的物项和技术实行许可管理。这些物项和技术主要包括烈性病原体、微生物规模培养、气溶胶等相关的设备、物品和技术。

1975 年，在美国阿西洛马（Asilomar）科学峰会上提出需要建立重组 DNA 研究相关的安全监管机制，并成立重组 DNA 顾问委员会（Recombinant DNA Advisory Committee，RAC），着手起草重组 DNA 监管指导原则，出台了《重组 DNA 分子研究准则》（NIH Guideline for Research Involving Recombinant DNA Molecules），用于包含重组分子相关研究的安全监管。之后，经济合作与发展组织（Organization for Economic Cooperation and Development，OECD）于 1986 年发布了《重组 DNA 安全性考虑》蓝皮书，指导含重组 DNA 的生物在工业、农业及环境相关中的应用。我国科技部也于 1993 年出台了《基因工程管理办法》，对基因工程研究中可能的风险进行分级管理。但是总体而言，在 20 世纪，重组 DNA 研究并未显现出重大的现实风险，《重组 DNA 指导原则》多次降低监管力度，后期该技术在全世界迅速普及，除转基因作物和食品等特殊领域应用外，重组 DNA 技术本身近乎不予监管。

2001 年，美国陆军传染病医学研究所专家生物武器研发专家 Ivins 博士将武器级炭疽孢子通过邮件寄给不同部门，造成 22 例感染、5 人死亡，造成极大的恐怖影响；消除建筑污染更是历时 10 年，耗费 10 多亿美元，凸显生物技术谬用对社会的严重威胁。为应对现代生物技术条件下的生物恐怖，美国成立了专门委员会（美国国家科学研究委员会），研究两用生物技术的监管。2004 年，该委员会发表了《恐怖主义时代的生物技术研究》（*Biotechnology Research in an Age of Terrorism*）研究报告（Fink 报告），建议成立国家生物安全顾问委员会（NSABB），依托美国科学院、美国陆军传染病医学研究所、洛斯阿拉莫斯和桑迪亚国家实验室等科研机构，评估生物技术两用性风险。将如下 7 种技术归为必须严格监管的两用生物技术（值得关注的两用生物技术）：使人和动物疫苗无效（如使抗天花病毒疫苗无效）、使病原对抗生素和抗病毒药物产生抵抗（如在炭疽杆菌诱导环丙沙星抗性）、增强病原毒力或使病原产生毒力（如在炭疽芽孢杆菌中导入蜡样芽孢杆菌溶血素）、增加病原的传播能力（包括种内传播能力及种间传播能力）、改变病原的宿主范围（如使非人兽共患病原成为人兽共患病原）、使病原逃避诊断和检测、生物战剂和毒素武器化（如增强病原体环境稳定性）。2011 年，美国政府制定发布了《美国政府生命科学两用性研究监管政策》《美国政府生命科学两用性研究机构监管政策》。同时，美国一直在长期监督两用技术动态并更新相关法律法规，如在系列可能严重威胁生物安全对重组病毒研究发表后，美国于 2013 年决定暂停涉及病原功能性获得（gain-of-function，GOF）相关研究。2016 年，NSABB 出台了《功能获得性研究评价与监管的建议》；2017 年发布了《部门建立潜在大流行病原关注与监管审查机制的政策指南》，并于 2022 年提出修订。

　　我国近些年也逐步开展了针对两用生物技术研究开发活动的监督与管理。2017 年，科技部制定《生物技术研究开发安全管理办法》。科技部于 2019 年起草了《生物技术研究开发安全管理条例（征求意见稿）》，2020 年全国人大常委会通过《中华人民共和国生物安全法》，其中将生物技术两用性作为生物安全重要组成部分。这些法律法规的出台，必将对维护国家生物技术安全产生重大影响。

　　两用生物技术的发展，预示未来主要的生物安全威胁可能来自高技术条件下的新型生物威胁，相关利益集团、恐怖组织甚至个别科学家可利用上述技术，威胁国家生物安全。同时，在科学家正常的探索研究中也可能出现预期外的、可能造成重大威胁的研究结果。我们必须未雨绸缪，对现代生物技术的两用性进行系统、前瞻的追踪研究，评估其可能的威胁，建立甄别技术，并形成我国的两用生物技术监管政策。为帮助科技工作者或对生物技术感兴趣的读者更深入地了解两用生物技术，本篇重点介绍和讨论了具有正当科学目的，但可能被误用、谬用或滥用，进而对公众健康和国家安全构成威胁的两用生物技术及其两用风险。

（军事科学院军事医学研究院　曹　诚　刘　萱　刘海楠）

第十章
微生物基因组修饰技术两用性及生物安全

第一节 微生物基因组修饰技术

一、诱变技术

自然界不同物种或个体之间的基因转移和重组是经常发生的，它是基因变异和物种进化的基础。当细胞与细胞或细菌相互接触时，质粒 DNA 就可以通过接合作用从一个细胞（细菌）转移至另一细胞（细菌）；通过转化作用可以自动获取或人为地供给外源 DNA，使细胞或培养的受体细胞获得新的遗传表型；当病毒从被感染的细胞（供体）释放出来再次感染另一细胞（受体）时，供体细胞与受体细胞之间可以发生转导作用，从而发生 DNA 转移或基因重组。

基因突变在自然界物种中广泛存在，突变的随机性一直是生物演化理论的重要基础。在自然条件下，温度剧变、自然辐射和环境污染等都是引起自然突变的原因。此外，生物本身所处的状态，如性别、年龄、营养状况等，都可引起基因突变。19 世纪，达尔文记载的短腿安康羊就是由自然突变培育而成的绵羊新品种。如今我国广泛栽培的著名水稻品种'矮脚南特'是在高秆品种'南特号'稻田里发现的自然突变，其他如玉米的糯性、狐的银白色、鸡的红羽等都是自然突变产生的。自然突变在一定程度上有助于新性状的发现，可以用于生产。除了低等生物和高等的动植物以外，人的正常细胞在不断分裂和维持过程中也可能出现基因突变。人的色盲、白化病等遗传病都是突变性状，甚至一小部分突变会驱动野生型基因突变，从而使正常细胞转化为癌细胞。

在选择育种和杂交育种充分发展之后，人们逐渐发现物理、化学因素可以诱导动植物的遗传性状发生变异，再从变异群体中选择符合人们某种需求的个体，进而培育成新的品种。美国的 Muller（1927）发现 X 射线能引起果蝇发生可遗传的变异。美国的 Stadler（1928）证实 X 射线对玉米和大麦有诱变效应。此后，瑞典的 Ehle 和 Gustafsson 在 1930 年利用辐射得到了有实用价值的大麦突变体；Tollenear 在 1934 年利用 X 射线育成了优质的烟草品种'赫洛里纳'。1942 年，Auerbach 和 Robson（1946）发现芥子气能导致类似 X 射线所产生的各种突变。1948 年，Gustafsson 用芥子气诱发大麦产生突变体。

随着 1953 年 DNA 双螺旋模型的建立、1966 年 64 个遗传密码的破译以及 1970 年 DNA 限制性内切核酸酶的发现等一系列生命科学领域重大问题相继被突破，人们开始试图根据人类的需要改变遗传基因。20 世纪 60 年代末开始，限制性内切核酸酶等工具酶的发现、DNA 测序技术的建立、质粒和病毒载体的利用共同促使了 70 年代中期基因工程的诞生。人类可以按照自己的意愿将 DNA 基因元件切割、重组，并使指定的基因在不同的细胞中行使功能。

二、定点突变技术

基因突变是不定向的、随机的，且突变频率非常低。定点突变（site-directed mutagenesis）技术可以人为在已知 DNA 序列中特定位置替换、插入或缺失一定长度的核苷酸片段。该方法比使用化学因素、自然因素导致突变的方法，具有突变率高、简单易行、重复性好的特点；除用于改变核苷酸序列获得突变基因、研究基因的结构与功能的关系之外，该技术还能够通过改变特定的氨基酸获得突变蛋白质，研究蛋白质的结构与功能，从微观水平上阐明正常状态下基因的调控机理、疾病的病因和机制。该技术在生物和医学领域中的应用非常广泛。目前常用的定点突变方法有寡核苷酸引物介导的定点突变、PCR 介导的定点突变及盒式突变（张浩和毛秉智，2000）。

寡核苷酸介导的定点突变，首先利用转基因技术，将待诱变的目的基因插入到 M13 噬菌体的正链 DNA 上，制备含有目的基因的单链 DNA；再使用化学合成的、含有突变碱基的寡核苷酸片段作为引物，启动单链 DNA 分子的复制，这段寡核苷酸引物便成为新合成的 DNA 子链的一个组成部分，将其转入细胞后，经过不断复制，可获得突变的 DNA 分子。寡核苷酸引物介导的定点突变法广泛应用于基因的调控、蛋白质结构与功能的研究中。Laird 等（1999）用该方法研究了 Raf-1 因子对细胞有丝分裂的影响。

聚合酶链反应（PCR）的出现推动了定点突变的发展，以 PCR 为介导的定点突变为基因修饰、改造提供了另一条途径。通过改变引物中的某些碱基而改变基因序列，能够达到改造蛋白质结构、研究蛋白质的结构和功能之间关系的目的。还可以在所设计的引物 5′端加入合适的限制性内切核酸酶位点，为 PCR 扩增产物后续的克隆提供方便。

盒式突变是利用一段人工合成的、含基因突变序列的寡核苷酸片段，取代野生型基因中的相应序列。这种含基因突变序列的寡核苷酸退火时可按设计要求产生克隆需要的黏性末端，由于不存在异源双链的中间体，因此重组质粒全部是突变体。如果将简并的突变寡核苷酸插入到质粒载体分子上，在一次的实验中便可以获得数量众多的突变体，大大减少了突变需要的次数。这对于确定蛋白质分子中不同位点氨基酸的作用是非常有用的方法，彭贵洪（1997）用该方法进行了尿激酶突变体的研究。

三、人工进化技术

自然界利用突变与选择创造具有各种各样特性和功能的蛋白质。人工进化就是通过模仿生物进化发展起来的分子生物学领域的新方向。人们已通过人工进化获得非常高亲和力的抗体，以及高专一性且高活性的酶。人工进化已成为生物产业的重要工具。人工进化主要是通过人为在目的基因中引入大量突变，进而构建突变体文库；利用蛋白质的特定性状进行筛选，可获得具有更优特性的新突变体；进一步引入新突变、构建新基因库并进行新一轮筛选。经过这样多次的建库、筛选，最终可获得具有优异特性的蛋白质（邱俊康和杭海英，2010）。

人工进化的首要步骤是建立目的基因突变体文库。常规的构建突变体文库的方法主要是采用基于 PCR 的多种突变方法或者 DNA 改组等分子生物学技术，在体外产生突变基因序列，然后将突变基因序列插入表达载体中构建突变体文库（Ling and Robinson，1997；Stemmer，1994）。通过对基因的突变可以证实对某一蛋白质不同的结构-功能区序列组合的预测，通过对这些功能区的交换而形成的嵌合基因是确定某一特定结构-功能区的有效方法之一。通过此种方法可以创造具有新功能的酶。通过易错 PCR 向相应编码基因的 DNA 分子中随机引入碱基，再经筛选获得所需的突变株，此种方法可以获得蛋白质分子的随机突变体。根据外显子随机拼接、基因嵌合及易错 PCR 的通用原理建立起来的 DNA 随机拼接技术也使酶分子体外人工进化更为快捷和便利。

与自然进化相比，人工进化有如下优点。①定向性：虽然自然进化的方向是随环境的变迁而确定的，但基因突变本身是无方向性的。而人工进化要改造的基因都是预先选定的，例如，为了提高生物的抗重金属污染能力，可以通过基因工程的方法，将编码金属硫蛋白的基因转移到目标生物体内进行表达，也可以采用蛋白质工程的方法，将已有的金属硫蛋白结构域编码区段串联起来形成多倍体，以提高基因剂量。②速效性：在自然界，某种生物性状的形成和稳定，往往需要漫长的选择过程，而经人工手段产生的突变则可迅速完成，并在特定的选择压力下很快稳定下来。例如，将苏云金芽孢杆菌的毒蛋白基因转移到烟草植株中可提高烟草的抗虫能力。③智能性：人工进化离不开科学技术，并且其技术手段是随着当时的生产力发展水平的提高而不断进步的。在传统农业生产时期，社会生产方式非常落后，人们只能凭肉眼判断作物的良莠与牲畜的优劣。20 世纪 70 年代以来，重组 DNA 技术的诞生为人工进化开辟了新纪元，而 80 年代问世的蛋白质工程，使得人工进化的操作更加得心应手。④不可替代性：自然进化有时并不能淘汰所有的有害突变，如人类的各种遗传病，某些可以使用药物来缓解，某些则为不治之症，必须由人工手段加以矫正。

人工进化是人类利用已掌握的现代科学技术，在实验室的有限时间与空间内，实现自然界跨越巨大时空的进化历程，是人类在生命科学领域征服自然和改造自然的创举。基因工程能打破物种间的界限，实现基因的交流，具有创造前所未有的新型物种的巨大潜力；蛋白质工程可以深入到基因分子内部进行操作，为改进现有蛋白质或重新设计自然界不存在的蛋白质提供强有力的工具。

四、重组工程技术

1998 年 Francis Stewart 及其同事在同源重组研究领域取得重要进展，他们发现 *sbcA* 突变可激活隐藏于大肠杆菌 K12 菌株中的 Rac 原噬菌体 *recE* 和 *recT* 基因的表达，从而抑制线型双链 DNA 外切核酸酶 RecBCD 的活性，使大肠杆菌能利用 30～50bp 的短同源臂线性 DNA 分子进行体内同源重组。这种重组技术无需构建带有长同源臂的打靶质粒，可使用 PCR 产生的线性双链 DNA 片段直接替换染色体中的靶标 DNA，不仅简化了操作过程，也提高了重组的效率（Zhang et al.，1998）。2001 年，Copeland 等将这种十分有用的技术定义为"重组工程（recombineering）"（Copeland et al.，2001）。这种基于细菌体内重组酶的同源重组遗传工程的定义是基于噬菌体短同源序列重组功能的遗传工程，或者基于同源重组的遗传工程。重组工程的优势在于能够以精确、高效、简单、快速的方式完成传统 DNA 重组技术无法做到的复杂基因操作。

重组工程系统主要包括基于缺陷型 λ 噬菌体的 Red 重组系统和依赖 Rac 噬菌体的 ET 重组系统。利用这两种系统可在细菌体内对 DNA 序列进行精确修饰而不会留下任何非必需序列。重组工程技术一经出现就受到了世界范围的广泛关注，一些实验室相继建立了 RecET/Red 同源重组系统，其中比较有代表性的是，张友明等将整合到染色体上的 RecET 重组系统的 *recE*、*recT* 基因克隆到质粒上，构建了可转移的 RecET 重组系统（Muyrers et al.，1999）。

基于噬菌体同源重组酶 Redα/Redβ 和 RecE/RecT 开发的 DNA 同源重组工程在 1998 年被开发出来，是分子生物学技术的一个里程碑。该技术能够对靶标 DNA 分子进行快速、精准、高效的修饰，包括直接克隆、亚克隆、插入、删除、替换、点突变等，具有不受限制性内切核酸酶识别位点和 DNA 分子大小限制的优势。同源重组工程不仅仅在大肠杆菌中对 DNA 进行修饰，在其他细菌中也开发了基于具有种属特异性的噬菌体同源重组酶的高效遗传操作系统，促进了生物功能基因的研究。重组工程技术相对于传统 DNA 操作技术的优势表现在以下几个方面：①操作简便，比体外步骤相对简单；②不受 DNA 片段长短影响，可操作大到几百 kb、小到 1kb 的 DNA 片段；③不受 DNA 序列的影响，即使没有限制酶酶切位点也可实现重组。重组工程技术可精确地在染色体或质粒的任意位置进行操作，为后基因组研究提供了有力的武器。

在功能基因组研究时代，重组工程技术开辟了一条具有广泛前景的道路。它简化了烦琐的体外重组操作，直接利用基因组的研究成果对染色体或染色体外基因组进行精确操作，并且不受限制酶酶切位点的影响。利用该技术可在大肠杆菌体内方便地进行 DNA 靶序列的敲除、敲入、克隆、突变等多种遗传工程操作。重组工程技术不仅有助于真核生物基因组功能研究，同时为原核生物特别是致病微生物的基因组改造、功能研究及疫苗开发等多个领域提供了新的研究手段。

重组工程技术已取得许多重要的进展，有取代传统 DNA 重组技术的趋势，已在多个研究领域展现出广泛的应用前景，但仍有一些问题需要解决。目前，利用重组工程技术进行微生物全基因组的基因编辑，需要多轮的基因编辑，耗费时间较长，且容易产生受体基因组的背景突变，限制了其进一步高通量化的发展。虽然 CRISPR/Cas9 技术基因编辑的效率很高，可以实现对微生物基因组的高效编辑，但由于其对部分微生物的致死性，难以成为广谱性的微生物多元基因编辑技术，并且 CRISPR/Cas9 技术不能做到对基因组任意位置的编辑。基于大片段 DNA 合成组装的多元基因编辑技术可以实现多元基因敲入，但是该技术受限于 DNA 合成的准确性及对基因组结构认识的不完整，几个碱基的合成错误就可能导致细胞无法正常生存。

五、基因编辑辅助等重组工具

想要实现精准高效的微生物基因组高通量编辑，需要建立通用的高通量重组工程技术，实现多种类微生物体内的高效基因编辑。与单个基因编辑相比，多元基因编辑的成功率比较低。要建立高通量重组工程基因编辑技术，最根本的方式是改进重组工程技术，包括对原有技术的参数优化和开发新的高效重组工程技术，提高每个基因的编辑效率；在无法改变基因编辑效率的情况下，可以通过选择压力杀死未成功编辑细胞，以提高成功编辑细胞的比例。

多元自动基因编辑（MAGE）技术是由 Harris Wang 和 Farren Isaacs 等于 2009 年提出的。MAGE 的基本思想是通过迭代提高多元基因编辑的成功率。他们选择了操作相对简单的 λRED 系统，并以人工合成的 ssDNA 为同源重组反应底物，通过设备实现自动化循环，效率可以高达每个循环完成 10%～35%的基因编辑（Wang et al., 2009）。

MAGE 是一种强大的高通量修改基因组的工具，可对细胞进行大尺度编程和进化操作。MAGE 可同时对染色体许多位点进行修饰，修饰的方法可以是错配、插入或缺失，被研究的主体可以是单细胞，也可以是一个细胞群体，可以产生基因组多样性组合。这种多元化方法是一种基于进化的理性设计法，与传统进化方法相比，此法能使进化更加理性、快速地进行。同时，MAGE 技术具有循环性和可升级性的特点，进一步实现了多元基因组工程的自动化，能用来快速、连续地产生不同基因突变的集合。MAGE 技术进行基因组多重修饰，要求将特定碱基序列引入目的片段而不发生 DNA 错配修复，经过几轮细胞复制后，这些修饰才会完全融入细菌基因组。但是，目前它还没有那么高效精准，且很难一次做出大量修饰，对一个单细胞的基因组最多做出几十个修饰，然而实际应用要求远不止于此。另外，该方法还存在自身缺陷：由于携带毒力调控基因的载体需要在有抗生素压力的条件下才能稳定存在，在外界环境中很容易于复制过程中丢失；宿主菌获得的新毒力特性可能与原有毒力存在不相容性，甚至会影响宿主菌的生长。

共选择多元自动基因编辑（CoSelection MAGE，CoS-MAGE）是对 MAGE 的改进。在对 MAGE 研究的过程中，研究者们无意间发现在每一次 MAGE 循环过程中，都有某些菌落的细菌中包含不止一个位点的基因编辑，这暗示了当细胞中发现某一个突变位点，则该细胞中发现其他突变位点的概率会增加，该现象有可能缘于某些细胞亚群可能更适于电转化或更适于 ssDNA 的同源重组，这一现象被称为 CoS-MAGE。

Sandoval 等在 2012 年提出可追溯多元编辑（TRMR），可以与 MAGE 联用。与其他 MAGE 的衍生技术不同，TRMR-MAGE 并非优化 MAGE 技术的成功率，而是通过 TRMR 来筛选 MAGE 的靶标。利用 TRMR 分析与某一选择压力相关的基因，再通过 MAGE 技术同时编辑这些基因，可获得对该选择压力高抗性的菌株。Ronda 等（2016）提出了在 MAGE 技术中利用 CRISPR/Cas9 系统靶向野生型基因，切割未发生同源重组的基因组，使野生型细菌死亡，从而提高 MAGE 中基因编辑细菌的比例，这种 CRISPR/Cas9 与 MAGE 联用的策略被命名为 CRMAGE。

六、ssDNA 介导的细菌基因编辑

ssDNA 介导的细菌基因编辑是重组工程技术定向修饰细菌基因组的最重要手段。Red/ET 重组酶系统能够介导两端含有基因组 DNA 靶标区域同源片段的外源 ssDNA 在宿主基因组 DNA 复制过程中结合到后随链上，实现对基因组的精确修饰。Red 操纵子由三个基因组成：λexo，编码 Exo，一种 5′→3′的 dsDNA 外切酶，将 Redβ 加载到被切除的 ssDNA 上；λbet，编码 Resβ，一种 ssDNA 退火蛋白，在复制叉处将 ssDNA 退火到基因组 DNA 上；λgam，编码 Gam，这是一种核酸酶抑制剂，可以保护线性 dsDNA 不被降解。尽管这三种蛋白质都是高效的 dsDNA 重组所必需的，但仅利用 Redβ 就足以进行 ssDNA 重组。使用合成的 ssDNA 寡核苷酸携带编辑遗传信息，通过细胞电穿孔进行重组，ssDNA 在其 5′端和 3′端上与基因组中互补的目标序列具有同源性。一旦 ssDNA 进入细胞，当染色体在复制叉处分离成先导链和后随链时，Redβ 将 ssDNA 与互补基因组 DNA 进行退火。在复制叉处退火的 ssDNA 作为基因组复制的引物，被合并到基因组的新一轮复制中，如果基因组修饰没有被纠正，它就会在另一轮复制后稳定地遗传。

利用 MAGE 技术，在单个细胞或整个细胞群的基因组多位点上通过 ssDNA 重组引入精确的修饰，产生组合遗传多样性。在多元基因编辑底物的 ssDNA 底物库中加入了能够修复基因组上一个或几个突变的筛选标记的共选择寡链核苷酸，将基因组上失活的选择标记进行修复，经过两轮 CoS-MAGE 后，通过营养或抗

生素选择方式筛选重组子，通过对重组子的基因型进行测序分析，靠近选择标记的基因被编辑的效率最高可达 25%，经过 4 轮 CoS-MAGE 后，最多可以在同一个菌株中引入 3 个突变。由于 MAGE 依赖于 ssDNA 结合到复制的基因组上形成异源双链，因此在 MAGE 过程中，需要抑制细菌内源错配修复机制。MAGE 技术及其衍生出的 CoS-MAGE 技术和 pORTMAGE 技术都是将迭代编辑应用在 ssDNA 介导的基因重组，这一过程需要 λRED 系统的催化和细菌错配修复机制的抑制。

七、反向遗传学技术

同源经典遗传学是从生物的性状、表型到遗传物质来研究生命的发生与发展规律。反向遗传学则是在获得生物体基因组全部序列的基础上，通过对靶基因进行必要的加工和修饰，如定点突变、基因插入/缺失、基因置换等，再按组成顺序构建含生物体必需元件的修饰基因组，使其装配出具有生命活性的个体，从而研究生物体基因组的结构与功能，以及这些修饰可能对生物体的表型、性状有何种影响等方面的内容。与之相关的研究技术称为反向遗传学技术。

RNA 病毒的反向遗传学，是采用病毒的遗传材料，在培养细胞或易感宿主中重新拯救出活病毒或类似病毒物质。能够拯救病毒的遗传材料称为感染性克隆，一般是在细菌质粒中含有整个病毒基因组的 cDNA 拷贝，使得 cDNA 本身或从 cDNA 体外转录所得的 RNA 具有感染性。RNA 病毒的反向遗传系统通过定向修饰病毒的基因组序列，检测被拯救的人工改造病毒的表型，可以在体内有效地研究病毒基因结构、功能和病毒-宿主相互作用。自 1978 年第一例 RNA 病毒 Qβ 噬菌体的成功拯救以来，各类 RNA 病毒的分子生物学研究取得了长足的进展，这主要归功于各种 RNA 病毒反向遗传系统的建立和发展。该技术的核心是首先构建 RNA 病毒的全长 cDNA 分子，并使之受控于 RNA 聚合酶启动子，通过体外转录过程再次得到病毒 RNA，然后将病毒 RNA 转染哺乳动物细胞可拯救到活病毒，由于这种拯救病毒来自全长 cDNA 分子，因此可在 DNA 水平上对病毒基因组进行各种修饰或改造，然后通过拯救病毒的表型变化来判断这些基因操作的效果，从而达到对病毒基因组表达调控机制、病毒致病的分子机理等进行研究的目的，甚至该技术还可应用于减毒株获得以及新型疫苗开发等，在疫病防控中发挥了重要作用。

在反向遗传技术发明后，流感病毒的各个研究领域才得到了全面的发展。H5N1 高致病性禽流感病毒是目前地理分布最广的禽流感病毒亚型之一，关于"H5N1 病毒能否获得在人与人之间的水平传播能力"这一科学问题的答案将为世界卫生组织和各国就"H5N1 流感大流行"如何制定相关政策提供技术储备和科学依据。为此，中国、美国和荷兰的科学家团队分别开展了独立的研究工作，利用反向遗传学技术证明了 H5N1 病毒可以获得在哺乳动物之间水平传播的能力。

反向遗传学技术理论体系目前已逐渐趋于成熟，并被科学界广为熟知。许多重大疾病病原体、人畜共患病病原的反向遗传学系统也已构建完成。当前，反向遗传学技术作为生物学技术的一种方法，已被快速地、广泛地应用于病原生物体的特性、功能研究，用于评价修饰病毒受体结合特性、致病性、传播能力、稳定性等生物学特性的研究。

八、病毒重配与重排

病毒重配是病毒基因组间发生整个节段的互换，是病毒中基因组间交换的一种形式。当不同型或亚型节段性 RNA 病毒混合感染同一宿主或靶细胞时，可以发生基因片段的重排。这在某些病毒如流感病毒、轮状病毒、环状病毒的进化，以及发病机理、流行病学上具有重要作用。分节段病毒（汉坦病毒、拉沙病毒和水稻草状矮化病毒）重配率较低，一些病毒（甲型流感病毒、轮状病毒）可以较为频繁地发生重配（Iturriza-Gómara et al.，2001；Miranda et al.，2000）。

随着生物技术快速发展，人们也可以根据需要将感兴趣的病毒片段重新排列组装成为新的病毒。重配过程可能会破坏共同进化分子间的相互作用，这与病毒逃避宿主免疫及病毒的流行相关（McDonald et al.，2009）。病毒重配会导致病毒发生变化，重配片段在流行病毒基因片段中有很重要的作用，可导致病毒的毒力增强、传染力增加或感染病毒的死亡率降低等（李琛等，2021）。

2013 年，中国农业科学院哈尔滨兽医研究所陈化兰团队在保留 H5N1 病毒 HA 基因的前提下，人工构建了含有 1～7 个甲型 H1N1 流感病毒基因的所有 127 种可能的重配病毒。研究这 127 种重配病毒的致病力发现，其中 2/3 以上对豚鼠高度致死，再对其中 21 种重配病毒进行传播能力研究，发现有 8 种病毒能够经呼吸道传播，其中 4 种获得高效的经空气传播能力（Zhang et al., 2013）。这些工作发表后，部分国外学者认为这种病毒研究可能创造在人类之间传播的危险病毒，存在病毒泄漏的公共卫生危险。2015 年，北卡罗来纳州立大学流行病学教授拉尔夫·巴里奇发现一种嵌合的蝙蝠冠状病毒，这种病毒可在小鼠体内适应生长，并可在蝙蝠和人类之间进行传播（Menachery et al., 2015）。

九、病毒矿化

近年来，随着纳米技术和材料科学的发展，病毒作为高度对称性的纳米颗粒，以之为模板制备具有生物相容性的功能性纳米颗粒已经成为可能，并已经在导体介质、液晶材料、投递载体等领域显示出一定应用前景。通过层层自组装（LBL）技术和材料学方法能够对病毒颗粒表面进行无机矿化修饰，赋予病毒一个坚硬的外壳，从而使其生物学和理化性质发生显著改变。与病毒的遗传工程不同，病毒的生物矿化直接作用于具有感染性的病毒颗粒，通过材料学和化学方法为病毒人为制造一个致密的壳，从而使其与外界环境隔离，将有生命的病毒变为无生命的微尘，从而彻底改变其理化性质，突破现有预警、检测、诊断、消杀以及防控等相关技术方法的束缚，其发展与应用无可估量。

病毒作为一种高度有序的纳米粒子，是合成无机材料的良好模板，通过仿生的方法能够获得具有精密可控形貌的矿化产物。Douglas 和 Young（1998）首次提出病毒作为生物矿化模板的可能性。此后，Mann 等又进一步证实了天然的病毒颗粒外表面也能够作为生物矿化的良好模板。随着生物矿化理论的完善和病毒学研究的发展，病毒表面矿化过程能够根据研究所需进行设计和控制。通过基因改造控制病毒矿化的方法已经被广泛应用于植物病毒矿化的研究中。

生物矿化处理可显著提高病毒的沉降系数，通过低速离心能够快速富集病毒；病毒矿化后进入靶细胞的能力得到显著提升，能够以非受体依赖的方式进入细胞；同时，矿化病毒并未改变原有病毒的感染特征，进入细胞后仍然能够完成其独立的复制周期，具有同样的生物学功能；更为重要的是，矿化病毒受到无机物的保护后，其稳定性得到了显著提高，能大幅度提高对热等恶劣环境的耐受性，在此基础上发展出了不依赖冷链的常温疫苗。

病毒的生物矿化研究是一门全新的交叉前沿领域，美国政府及国防部对相关领域高度重视，投入大量资金开展相关研究。美国麻省理工学院 Angela Belcher 教授领导的实验室利用基因工程病毒作为模板，人工合成制造了一系列无机-有机杂合体病毒，并对其生物学功能进行了系统研究。此外，美国阿拉莫斯国家实验室、明尼苏达州立大学等也在开展了类似的研究工作。

第二节　微生物基因组修饰技术两用性及生物安全

生物安全已经成为非传统国家安全的重要组成部分。随着生物技术的迅猛发展，生物技术谬用日益成为新型生物威胁的重要来源。2001 年的美国炭疽邮件事件，使用了含有特殊硅基材料的超细炭疽粉末，造成重大人员损失的同时，消除建筑污染更是历时 10 年、耗费 10 多亿美元。该事件后，美国迅速成立了国家生物安全顾问委员会（NSABB），依托美国科学院、美国陆军传染病医学研究所、洛斯阿拉莫斯和桑迪亚国家实验室等科研机构，评估生物技术两用性风险。该委员会确认，凡是可使疫苗无效、对抗生素和抗病毒药物产生抗性、增强病毒毒力或者赋予非毒力病原体以毒力、增强病原体的传播能力、改变病原体的宿主范围、使病原体逃避诊断和检测以及使病原体和毒素武器化等的技术均被归为值得关注的两用生物技术，必须对其相关研究进行严格监管。美国随后颁布了系列两用生物技术的监管政策，2013 年决定暂停涉及病原功能性获得（gain-of-function，GOF）的相关研究。

生物技术是以生命科学为基础，利用生物体或其组成部分，设计、构建具有预期性状的新品系或物种，再与工程原理结合，为社会提供新产品和服务的综合性技术体系。现代生物技术是以分子生物学为基础，以重组 DNA 技术和细胞技术为核心的综合生物技术群,涉及基因工程、细胞工程、蛋白质工程等。多数生物技术具有两用性,既可用于人类健康保护,也可用于生物剂的制备和获取。例如,基因编辑、分子克隆、细胞培养、合成生物学等生物技术可能为生物恐怖病原的生产、储运和播散提供技术支持,其带来的风险不容忽视。

(一)破坏免疫力或突破免疫防护

病毒的变异与进化在自然界中很常见,例如,新冠病毒具有高保真的 RNA 聚合酶,相比于流感病毒和 HIV 病毒等产生突变的频率较低。然而由于庞大的感染人群基数、机体对病毒的选择等,新冠病毒突变毒株也逐渐产生。2020 年,新冠病毒 S 蛋白 D614G 突变体广泛传播到全球,成为主要流行株,D614G 突变增强了病毒感染细胞的能力,可能导致流行病学传播增强。N439K 是第二个主要的突变位点,英国、美国多个研究机构合作对其进行研究(Thomson et al.,2021)。N439K 在流行毒株中占有很高的比例,与之相关的感染人数也相当多。N439K 突变体在毒性和传播能力方面与野生型病毒相似,但它与人类 ACE2 受体的亲和力比野生型要高两倍,并且对许多中和性单克隆抗体有一定抗性。新冠病毒的该突变对免疫逃逸有一定的影响,6.8%的血清对突变株的结合能力下降了一半多,16.7%的单克隆抗体中和效力都明显下降,该突变显著影响了抗体免疫应答。2021 年 1 月 4 日,美国福瑞德·哈金森(Fred Hutchinson)癌症研究中心发布的论文指出,存在 E484K 突变的病毒会使康复者的中和抗体效力下降,最高可下降到原来的 1/10 倍以下(Fred et al.,2021)。由此可见,病原体仅需若干突变即可显著影响宿主抗体的免疫应答与治疗。

(二)提高病原微生物的毒性、传播性或释放能力

禽流感病毒是一种重要的烈性病原体,近来发达国家高度重视禽流感病毒研究,不断取得重大研究进展。2005 年美国科学家成功再造了 1918 年西班牙禽流感病毒。2011 年 12 月,美国威斯康星大学 Kawaoka 和荷兰鹿特丹医学中心 Fouchier 领导的研究团队分别开展的禽流感病毒 H5N1 基因突变研究引发全球关注。Kawaoka 研究团队是将禽流感病毒 H5N1 血凝素基因与 2009 年流行的禽流感病毒 H1N1 的基因进行融合,构建了一种传播性更强、致死性较弱的新型病毒;Fouchier 等(2012)则是构建了一种可以直接在雪貂之间进行传播、致死性更强的 H5N1 病毒突变株。两项研究的目的是了解基因变异是否能使 H5N1 病毒在人群间通过空气进行传播。相关研究论文描述了研究人员如何使禽流感病毒 H5N1 在哺乳动物之间传播性更强,这可能为引发流感大流行提供路线图;公共卫生专家认为,删减的关键序列对于禽流感病毒 H5N1 暴发以及药物、疫苗开发具有重大意义。科学家已经能够对病毒进行设计、改构甚至再造,若不加强监管,将构成巨大的生物安全隐患。

当今世界,生物技术的发展日新月异,生命科学研究不断发展,研究成果极大地推动了社会的发展和进步,因此具有广阔的发展前景。合成生物学、基因组学、基因编辑及重组、计算机技术和智能技术等进步及其联合应用驱动生物技术不断取得发展,但同时也给人类和动植物安全与健康带来诸多隐患。生物技术谬用的门槛持续降低,潜在风险进一步加大。我国生物技术谬用的潜在风险主要源自生物实验室和生物恐怖主义的误用和谬用威胁。诸如基因编辑和重组技术已能够通过简单的试剂盒操作实现对包括病原体、动植物乃至人类进行精准基因组改造,可能使某一病原微生物的致病力更强,对环境抵抗力更高,对抗生素产生抗性,使原本有效的检测、治疗和预防措施失去作用,甚至可制造出新的致病微生物;合成生物学的迅速发展使得人工合成生物病原体已不存在任何技术障碍,随着人类基因组测序计划的完成以及对人类基因背景的认识,特别是基因编辑技术可能被用于修改或制造新的病原体,可以直接对人类、动植物的关键基因功能进行破坏,给国家生物安全带来巨大威胁。

(三)提高宿主群体对病原微生物的易感性

除类病毒外,病毒可以说是生命体中最简单的成员。它的遗传密码或基因组主要集中在核酸链上,只要这种核酸链发生任何变化,都会影响它们后代的特性表现。实际上,病毒的基因组在其增殖过程中不是一成不变的,而是时时刻刻都自动地发生突变。病毒的自然变异是非常缓慢的,但这种变异过程可通过外

界强烈因素的刺激而加快变异。

禽流感病毒属于正黏病毒科流感病毒属甲型流感病毒，病毒核酸由 8 个单股负链 RNA 组成，分别编码血凝素（HA）、神经氨酸酶（NA）、碱性聚合酶（PB1，PB2）、酸性聚合酶（PA）、核蛋白（NP）、基质蛋白（M）、非结构蛋白（NS）。H7N9 禽流感病毒主要在禽间循环传播，但也可通过禽-人密切接触传播或人-人密切接触传播。有研究报道，该病毒可能是由 HXN9 和 H7NY 重配而产生可感染人的 H7N9（张宝等，2013），也有研究称该病毒是一种新型多元重配株（Chen et al.，2013）。流感病毒感染宿主细胞是由 HA 蛋白和细胞表面的唾液酸共同介导完成的，HA 受体结合位点的氨基酸变化与病毒的宿主特异性直接相关（于玉凤等，2013）。由于形成的糖苷键不同于一般禽源流感病毒，难以通过飞沫传播感染人类，但在 H7N9 禽流感病毒的进化与传播过程中某些位点突变获得了能够与人类受体结合的特性（刘营，2016；江丽芳，2013）。该病毒糖基化位点较以往菌株有所减少，而糖基化数目的变化会影响病毒感染力及复制滴度，增加或减少都有可能增加与人受体结合的能力。

美国斯克利普斯（SCRIPPS）研究所 Hyeryun Choe 和 Michael Farzan 领衔的研究团队发现，新型冠状病毒（SARS-CoV-2）在表达 ACE2 的人胚胎肾细胞的细胞系 hACE2-293T 中，含有 D614G 突变 S 蛋白的假病毒感染能力是野生型的 9 倍（Zhang et al.，2020）。纽约基因组研究中心 Neville E. Sanjana 团队利用假病毒和人肺上皮细胞等细胞系，再次发现 D614G 突变使得假病毒感染细胞的能力提升了 8 倍（Daniloski et al.，2021）。2020 年 7 月 30 日，中国科学家周育森等发表在 *Science* 的研究证明，新冠病毒的 N501Y 突变，使其适应和感染野生型小鼠。该突变大大增加了 RBD 与受体 ACE2 的亲和力，能使本来不感染小鼠的新冠病毒毒株变得能够感染小鼠（Gu et al.，2020）。

病毒的突变是基因组中核酸碱基顺序上的化学变化，可以是一个核苷酸的改变，也可为成百上千个核苷酸的缺失或易位。病毒复制中的自然突变率为 $1/10^5 \sim 1/10^8$，各种物理、化学诱变剂可提高突变率，如温度、射线、5-溴尿嘧啶、亚硝酸盐等的作用均可诱发突变。病毒的变异情况对其致病性和宿主易感性等至关重要。

（四）生产或重组已经消灭或灭绝的病原微生物

2002 年，美国 Eckard Wimmer 等人工合成了活性脊髓灰质炎病毒（Cello et al.，2002）；几乎同期，美国斯克利普斯（SCRIPPS）研究所 Floyd Romesberg 团队成功将非天然碱基对掺入到大肠杆菌基因组，并可稳定复制、遗传，第一次将生命遗传信息的基本遗传物质进行了扩展，超越了目前地球已知生命的遗传形式。在此期间，日本成功合成了埃博拉样病毒；2005 年，美国从埋葬在阿拉斯加冻土层的爱斯基摩女性尸体样本中，拯救获得 1918 年 H1N1 型"西班牙流感"病毒。由于该病毒曾造成逾 5000 万人死亡，因此该研究在世界引起极大反响（Tumpey et al.，2005）；2008 年以来，美国克雷格·文特尔（Craig Venter）研究所先后成功合成基因组容量达 100 万碱基对以上的支原体和最小基因组；2015 年，美国纽约大学完成酿酒酵母 5 条染色体的全合成及功能验证。2017 年 7 月，加拿大阿尔伯塔大学病毒学团队成功合成早已灭绝的马痘病毒（Noyce et al.，2018）。由于该病毒是一种天花病毒的近亲，马痘病毒的"复活"事件备受争议。该病毒包含 21.2 万个碱基对，而这项研究仅用 6 个月，邮购基因片段仅花费 10 万美元。可见除了技术层面的限制，研究配套的仪器设备、试剂耗材、数据信息化及研究成本也突破了瓶颈，例如，基因测序的成本从 1990 年的每个碱基 1 美元降到 2010 年每百万个碱基 1 美元的水平；基因合成的成本在 2001 年为每个碱基 12 美元，到 2010 年下降到每个碱基 40 美分，这都为生物研究提供了极大便利。利用这些技术可能生产或重组已经消灭或灭绝的病原微生物，将严重威胁人类生物安全。

（五）病原溢出风险

从事病原微生物相关实验的实验室随时存在病原溢出风险。随着检测相关生物技术的快速发展，医院临床实验室也成为鉴定传染病的一线阵地。研究人员在实验室进行研究时经常接触潜在的传染性标本，可能受到微生物侵害，如不能得到有效防护，就会形成实验室感染，引起严重疾病甚至危及生命安全。另外，此类受感染的个案病例如不能及时得到很好的控制，甚至会成为疾病流行时新的传染源（樊成红和陈一勇，2008）。

历史上，国内外实验室发生过的意外事件数不胜数，轻则导致实验室人员感染，重则导致人员死亡，甚至引发疫病流行，造成严重的社会影响。有记载的首例病原微生物实验室感染事件发生在 1826 年，听诊器发明者、法国医生 Laennec 被感染了皮肤结核。从 1981 年发现首例艾滋病患者到 1995 年，至少有 223 个病例在工作中被感染，其中 34 例发生在临床实验室、5 例发生在非临床实验室。1976 年 Harrington 和 Shannon 的调查显示，在英国医学实验室工作的人员结核感染的风险比普通人群高 5 倍。2002 年，美国发生 2 例西尼罗病毒实验室感染病例。2003 年 9 月，在全球严重急性呼吸综合征（SARS）流行的 3 个月后，新加坡 1 名实验室工作人员感染 SARS 冠状病毒（SARS-CoV），并被确诊为 SARS。同年 12 月 17 日，中国台湾 1 名研究人员被确诊为 SARS。2004 年 4 月，中国大陆某研究室采用未经证实的灭活方法处置 SARS-CoV 后，将病毒从三级生物安全实验室（BSL-3）带至普通实验室内操作，从而引起 2 例 SARS 发病，其中 1 例又引起 2 人感染成为 2 代病例，继而又传染给 5 例 3 代病例，共 9 人发病、1 人死亡。20 世纪 90 年代以后由病毒引起实验室感染的比例高于由细菌引起的实验室感染。近年来，新发现或再现病原微生物如甲型流感 H1N1、禽流感 H7N9、人类免疫缺陷病毒（HIV）、埃博拉病毒（EBOV）、多重耐药结核分枝杆菌以及新型冠状病毒（SARS-CoV-2）等成为实验室获得性感染和生物安全关注的新焦点（周乙华和庄辉，2005）。

病原微生物相关实验是存在两面性的。Fouchier 的实验室改造了 H5N1 禽流感病毒，增强了该病毒感染的致死性，并且更易于在哺乳动物间传播。H5N1 的相关研究提示，一方面，基因编辑技术能改变病毒的传播能力，可用于疫苗的研发及新型流感病毒的监测；另一方面，经过基因编辑的病原微生物，一旦发生泄漏，存在引起大规模流行甚至致死的潜在可能。

随着生物、医疗、公共卫生事业的快速发展，在生物病毒研究、生物技术开发、遗传基因工程等各个方面，越来越多的生物安全实验室相继建立并投入使用。对自然界中未知病原微生物和已知病原微生物的研究增加的同时，也增加了病原微生物外溢传播的风险。病原微生物的深入研究有助于寻找治疗方法及研制疫苗，但在研究的同时也需要避免未知或新型病原的外溢导致的新型流行病的传播。

（军事科学院军事医学研究院　李山虎）

第十一章
合成生物学技术的两用性与生物安全

第一节 合成生物学技术及其发展

合成生物学（synthetic biology）是一门建立在系统生物学、生物信息学等学科基础之上，并以基因组技术为核心的现代生物科学。合成生物学一词最早出现于 1911 年的 *Lancet* 和 *Science* 上（McCoy，1911）。1978 年，波兰学者 Waclaw Szybalski 提出合成生物学的概念："设计新的调控元素，并将这些新的模块加入已存在的基因组内，或者从头创建一个新的基因组，最终将会出现合成的有机生命体"（Szybalski and Skalka，1978）。目前，对于合成生物学的定义为：在系统生物学研究的基础上，引入工程学的模块化概念和系统设计理论，以人工合成 DNA 为基础，设计创建元件（parts）、器件或模块（devices），以及通过这些元器件改造和优化现有自然生物体系（system），或者从头合成具有预定功能的全新人工生物体系。

此外，与基因编辑不同，合成生物学侧重于将长段 DNA 缝合在一起，并将其插入生物体的基因组中。这些合成的 DNA 片段可能是在其他生物体中发现的基因，也可能是全新的。而基因组编辑更侧重于使用工具对生物体自身的 DNA 进行较小的改变。从定义上可以看出，合成生物学类似于现代建筑工程，只不过把工程材料换成基因或细胞零件等，从而使人们可以将基因按需加入基因组，将细胞零件按需搭建成各种细胞或生命体。合成生物学的鲜明特点在于将现代工程学的基本理念引入生命科学，即用"模块化"、"标准化"的组成单元来设计构建较为复杂的系统，是一门涵盖了生物技术、基因工程、分子生物学、系统生物学、生物物理学、生物工程化学、进化生物学等多学科技术和方法的交叉学科。合成生物学与传统生物学、现代生物技术的根本区别在于其是工程化的生物学。

因此，从工程学的角度出发，合成生物学的本质是在明确的目标指导下，以工程化的范式从事生命科学研究与生物技术创新。欧盟"新兴及新鉴定健康风险科学委员会"（SCENIHR）于 2015 年提出了合成生物学的实用性定义，即合成生物学是一个将科学、技术和工程相结合的应用领域，旨在促进和加速对生物体遗传物质的设计、建造和改造。

标准生物学将生物的结构和生化过程视为要理解和解释的自然现象，而合成生物学将生物化学过程、分子和结构作为原材料和工具，将生物学的知识和技术与工程的原理和技术结合在一起。其主要包括两个方向。

1. "自上而下"的合成生物学

"自上而下"（top-down）的合成生物学即将现有的生物、基因、酶和其他生物材料视为零件或工具，根据研究人员的选择进行重新配置，同时通过大规模、高精度、低成本的基因合成，实现对大片段基因组的操作和改造。

1953 年 4 月 25 日，詹姆斯·沃森和弗朗西斯·克里克在 *Nature* 发表了题为《核酸的分子结构：脱氧核糖核酸的结构》（Molecular structure of nucleic acides：A structure for deoxyribose nucleic acid）的里程碑式论文，为分子生物学的发展奠定了基础（Watson and Crick，1953）。4 位科学家——詹姆斯·沃森（James D. Watson）、弗朗西斯·克里克（Francis Crick）、莫里斯·威尔金斯（Maurice Wilkins）、罗莎琳德·富兰克林（Rosalind Franklin）也因此名扬天下。其中，富兰克林病逝于 1958 年，其余 3 人在 1962 年共享了诺贝尔生理学或医学奖。这是在生物学历史上可与达尔文进化论相比的重大发现，它与自然选择一起，统一了生物学的大概念，标志着分子遗传学的诞生，是科学史上的一个重要里程碑，也是日后合成生物学发展的基础。

合成生物学深深扎根于分子遗传学，今天所谓的合成生物学的最早成就可以追溯到 20 世纪 70 年代基因工程的诞生。基因工程，也称为重组 DNA 研究，是利用工具在生物体内和跨生物体内切割、移动或重新结合（重组）DNA 片段，有意操纵生物的遗传物质。

1972 年，斯坦福大学生物化学家保罗·伯格（Paul Berg）通过将噬菌体的 DNA 剪接到猴病毒 SV40 中而创建了第一个重组 DNA 分子（Cole et al.，1979）。伯格因为他的工作获得了 1980 年的诺贝尔化学奖。到 20 世纪 70 年代末，科学家创造了第一个基因工程商业产品，即使用重组 DNA 技术生产的人类胰岛素。1982 年，重组胰岛素蛋白优泌林（Humulin）面世，使胰岛素的价格迅速平民化，它的出现极大地改变了糖尿病的治疗方法。

20 世纪 80 年代初期，研究人员开发了另一种革命性的技术，称为聚合酶链反应（PCR）。PCR 就像分子复制机一样，使科学家能够快速、大量地复制特定 DNA 片段并更轻松地对其进行操作。随后，自动 DNA 测序也成为可能，这项技术大大加快了确定基因序列的过程。通过大规模基因组测序工作，科学家们能够鉴定出许多天然生物的完整遗传密码，包括病毒、细菌和高级生物（如小鼠和人类）。第一个被成功解析的真正意义上的基因组是一个 RNA 病毒基因组——1976 年，比利时根特大学沃尔特·菲尔斯实验室成功测定了噬菌体 MS2 的 RNA 序列（Fiers et al.，1976）。英国桑格团队用"双脱氧"测序法完成了第一个 DNA 病毒基因组序列的测定，即对噬菌体 phiX174 的测序，他们的成果于 1977 年发表在 *Nature* 上（Mukai and Hayashi，1977）。但这种测序方法速度很慢，非常麻烦。文特尔随后开发了一种全新的方法，即全基因组鸟枪测序法（whole genome shotgun sequencing），极大地提高了效率（Lin et al.，1999）。

在可以对天然存在的 DNA 进行测序之后，科学家开发了合成 DNA 片段的技术。研究人员开发了一些方法来准确合成越来越长的 DNA 片段，并将它们组合成更长的 DNA 片段。DNA 合成技术的发展使科学家可以制造整个基因，并最终制造出微生物的完整基因组。1979 年，Khorana 及其同事合成了大肠杆菌酪氨酸 tRNA 的 207 bp DNA，首次以化学方法合成具有活性的病毒 DNA（Khorana，1979），这标志着合成生物学进入了新的阶段，包括脊髓灰质炎病毒、噬菌体、西尼罗病毒甚至 1918 大流感病毒基因组都相继被合成出来。之后，更复杂的细菌基因组也被构建出来。2010 年 5 月，克雷格·文特尔研究所在 *Science* 宣布合成了丝状支原体基因组。这是一个山羊支原体（*Mycoplasma capricolum*）细胞，但细胞中的遗传物质却是依照丝状支原体（*Mycoplasma mycoides*）的基因组人工合成而来，产生的人造细胞表现出的是后者的生命特性，这种合成的微生物能够正常生成蛋白质（Gibson et al.，2010）。2016 年，该研究团队又进一步合成了更小的细菌，仅有 53 万个碱基对，包含 473 个基因（Hutchison et al.，2016）。细菌基因组的全合成是利用 DNA 合成技术创造更复杂和功能性产品的重要里程碑。

此外，2018 年，哈佛大学 Neel S. Joshi 等通过改造酵母实现快速生产抗病毒药物达菲前体莽草酸（Guo et al.，2018），优化了工业化合成步骤，一定程度上提高了效率。2019 年，中国科学院王勇课题组将紫杉二烯合酶（TS）、紫杉二烯 5α-羟化酶（T5H）及其还原酶（CPR）导入了本氏烟草体系中，首次在植物底盘中实现了紫杉醇关键中间体 5α-羟基紫杉二烯的异源合成（Li et al.，2019），以烟草底盘实现紫杉醇中间体的合成有望降低对红豆杉树皮原材料的需求，为工业化生产提供一种新途径。

2. "自下而上"的合成生物学

"自下而上"（bottom-up）的合成生物学主要通过元件标准化→模块构建→底盘适配途径，同时利用标准化模块（部件）实现设计构建新的生化系统和生物。研发标准部件的研究人员认为，基于部件的合成生物学的一个关键目标是创建具有标准界面的模块，并且进行类似积木的组装，而无需了解其内部结构，即用户可以忽略它们的 DNA 序列，通过操作模块实现特定目标，就像人们不必理解微处理器的工作原理也能操作个人计算机一样。经过质量控制的标准生物部件将用于构建遗传模块，然后可以将其组装成新的生物系统。标准生物部件（BioBricks）注册中心存放着标准 DNA 部件的开放目录，这些部件编码了基本的生物学功能，可以很容易地在不同实验室之间进行组合和交换。这些标准化部件目前免费提供给公众，以便在该领域进行进一步的研究。

"自下而上"的合成生物学中，科学家们旨在从无生命的成分开始，从原材料开始构建生命系统。"自下而上"的方法还包括创建基因工程回路和开关,以打开或关闭特定功能。在某些情况下,"自下而上"的方法理论上可能会产生一种全新的元件甚至生物。

2015 年,剑桥大学 Alexander I. Taylor 等利用人造遗传物质合成出世界上第一种人工酶(Taylor et al.,2015)。2020 年,中国科学院娄春波团队、北京大学及蓝晶微生物(Bluepha)研究团队在 *Nature Communications* 发表文章,该团队基于群体感应系统(quorum sensing)从头设计了一整套具有通用性高、正交性强、可以跨生物界通讯的合成生物学工具箱(Du et al.,2020)。这项研究通过对元件挖掘、理性设计以及定向进化,开发了 10 套全新或优化过的细胞通信工具,其综合性能远超传统的群体感应信号系统。同年,爱丁堡大学王宝俊团队利用内含肽元件实现了不同肽段的无痕拼接,开发了 15 个相互正交的内含肽元件库(Pinto et al.,2020)。内含肽元件可以与转录因子耦合,在生物体内实现复杂的逻辑调控,也可以用于体外无缝组装具有重复序列的蛋白模块。标准件合成生物学在细胞生物工程以及蛋白质工程等领域具有巨大潜力,模块化标准件将给科研人员提供更迅速、更准确的设计方案。

如前所述,合成生物学包括"自上而下"和"自下而上"的方法。这些技术在一定程度上重叠,并且这两种方法都有一个共同的目标——以可预测性和可靠性设计特定的生物学功能。合成生物学诞生于分子生物学,经历几十年的发展,已经成为区别于分子生物学,同时融合计算机和自动化,以标准化部件为特征,将科学、技术和工程相结合的复杂科学。

一、合成生物

合成生物是指利用合成 DNA 技术为手段,根据已有生命体遗传序列(DNA/RNA)直接合成长片段,或通过拼接方式得到完整序列,进而以不同方式获得的具有活性的生命体。1979 年,Khorana 及其同事合成了大肠杆菌酪氨酸 tRNA 长度为 207bp 的 DNA,首次以化学方法合成具有活性的病毒 DNA(Khorana,1979)。当时,合成 DNA 需耗费大量人力、资源以及时间。由于化学合成中固有错误率的限制,可以组装的寡核苷酸的长度通常只有 50~100 个。随着 DNA 合成能力的提高及合成生物学技术的发展,合成生物有从噬菌体、病毒逐渐向更高等级生物(细菌、酵母)发展的趋势。

1. 病毒合成

2002 年,*Nature* 发表了美国纽约州立大学 Stony Brook 分校的 Eckard Wimmer 等完成的通过化学方法合成脊髓灰质炎病毒的文章。脊髓灰质炎病毒可导致小儿麻痹症,其基因组是单链 RNA。该研究团队基于互联网上的脊髓灰质炎病毒基因组序列,利用商业途径获得了平均长度 69bp 的一系列片段,通过对这些片段进行拼接,最终形成 7741bp 的 cDNA 片段。该研究团队随后利用 RNA 聚合酶将完整的 cDNA 生成单链的 RNA 脊髓灰质炎病毒基因组,通过细胞培养生成病毒,给小鼠注射后导致其瘫痪死亡,证明了该病毒的活性(Cello et al.,2002)。

在脊髓灰质炎病毒化学合成后的一年多时间里,汉密尔顿·史密斯(Hamilton Smith)和他在马里兰州克雷格·文特尔研究所的同事发表了关于噬菌体化学合成的文章,这种病毒感染细菌,称为 phiX174。虽然这种病毒只含有 5386 个 DNA 碱基对,但这项新技术大大提高了 DNA 合成的速度,与 Wimmer 小组合成脊髓灰质炎病毒超过一年的时间相比,史密斯和他的同事在两周内合成了功能完整的 phiX174 噬菌体(Smith et al.,2003)。

2005 年,美国陆军病理学研究所、美国疾病控制与预防中心依据第一次世界大战期间死亡尸体中发现的流感病毒基因序列,合成了导致"1918 大流行"的致病株。1918 流感病毒大流行是现代最致命的大流行之一,造成 2000 万~5000 万人死亡。美国研究人员陶本伯格(Taubenberger)及其同事在 1918 流感病毒大流行死亡人员的保存组织中寻找残留的基因片段,利用逆转录聚合酶链反应的方法从两份死于 1918 流感病毒的士兵肺部组织中找到了部分 1918 流感病毒的 RNA 碎片。1997 年 8 月,研究人员在阿拉斯加的一个村庄中的一具冰冻保存得非常完好的女性遗体中补全了士兵肺部组织样本缺失的部分,在经历了艰难的拼图工作之后,终于将各个片段拼合成完整的基因组序列。纽约西奈山医学院的病毒学家彼得·帕勒斯(Peter Palese)小组将病毒的 8 个基因组节段拼合,然后送往乔治亚州的美国疾病控制与预防中心实验室。在那里，病毒学家特伦斯·塔姆佩（Terrence Tumpey）将病毒核酸导入人肾脏细胞，随后从细胞中分离出病毒。分离出的病毒可感染小鼠、鸡胚和人类细胞，且病毒的毒性极强（Tumpey et al.，2005）。

2002 年秋季，中国广东省报告了由高致病性 SARS 病毒引起的呼吸道疾病病例，越南、加拿大和香港地区也相继报告了相关病例。到 2003 年春季，世界卫生组织（WHO）报告了 2353 例病例，其中 4% 的患者死亡。尽管早期证据表明果子狸是 SARS 病毒的宿主，但后期研究表明，蝙蝠是 SARS 样冠状病毒的天然储藏库。为了确定 SARS 病毒从蝙蝠到人的适应过程中所涉及的步骤，2008 年，美国范德堡大学（Vanderbilt University）的 Denison 等成功合成蝙蝠 SARS 样冠状病毒。该基因组被认为是人类 SARS 流行最可能的祖先。用人类 SARS-CoV 的受体结合结构域（receptor binding domain，RBD）取代蝙蝠 SARS-CoV 的受体结合结构域之后，成功获得了感染性克隆。具有感染性的 SARS-CoV 嵌合体基因组的化学合成表明了全基因组合成有助于人畜共患病的跨物种转移的相关研究（Becker et al.，2008）。

西尼罗病毒（WNV）是一种正链 RNA 病毒，是黄病毒科黄病毒属成员。该基因组长度约为 11kb，它在一个开放阅读框中编码一种蛋白质，该蛋白质经过蛋白水解加工成 10 种病毒蛋白。2010 年，Orlinger 等利用已知的基因组序列、通过化学合成产生了 11 029nt 的 WNV 基因组序列，之后将 DNA 体外转录成 RNA，再转染到细胞中产生 WNV。所产生的 WNV 种子库中的病毒与天然毒株相比表现出极其相似的生物学特性。该研究证明了合成病毒用于疫苗开发和生产的可行性及实用性（Orlinger et al.，2010）。

美国克雷格·文特尔研究所与疫苗制造商瑞士诺华公司联合设计了禽流感疫苗。研究人员直接合成 HA 和 NA 基因，然后与流感疫苗株其他基因进行拼接。从拿到毒株序列到合成出种子病毒，仅需 5 天时间。2013 年 3 月 31 日，中国疾病预防控制中心在线发布了 H7N9 流感病毒的基因组序列。第二天，美国克雷格·文特尔研究所就合成了该病毒的 HA 和 NA 基因，之后将合成物送到诺华生物实验室，同年 4 月 6 日制成了首个种子病毒。

2014 年 6 月 11 日，《细胞-宿主与微生物》杂志发表美国威斯康星大学麦迪逊分校的病毒学教授河冈义裕的研究论文，宣布在实验室中合成出一种新型流感病毒，该病毒与造成 1918 年流感大流行的病毒十分相似（Watanabe et al.，2014）。河冈义裕利用反向遗传学方法，将病毒"还原"至疫情暴发前的状态，并发现了能够让病毒实现免疫逃逸的关键过程。该研究制造的病毒包含禽流感病毒中的 8 个基因片段，可以在雪貂身上造成与流感类似的症状，具有大规模流行的潜质。目前，这种病毒还有少数几个氨基酸与现在全球范围内流行的禽流感病毒不同，一旦该病毒这几个氨基酸发生突变，它将可以在人群间传播。

2017 年，中国科学院武汉病毒研究所研究员胡志红课题组联合运用 PCR 及酵母转化相关的同源重组（transformation associated recombination，TAR）技术，首次合成了杆状病毒模式种 AcMNPV 的全基因组（Shang et al.，2017）。研究人员首先利用 PCR 扩增覆盖 AcMNPV 全基因的 45 个片段（每个片段约 3kb），然后利用 TAR 技术在酵母细胞内进行了三次重组，最终获得病毒的全基因组（145 299bp）。将合成的病毒基因组通过转染昆虫细胞成功获得了有感染性的人工合成病毒 AcMNPV-WIV-Syn1。该技术的建立，不仅为杆状病毒的基础研究提供了有力工具，还可以用于改良杆状病毒的表达系统和杀虫性能。该研究是长 DNA 病毒研究领域的重要突破。同年，澳大利亚研究人员宣布在实验室中重建了寨卡病毒。这是首次直接通过感染组织中检测到的病毒序列重建寨卡病毒。研究人员表示，该团队独特的研究方法可以快速生成新的全功能寨卡病毒分离株。

2018 年 1 月，加拿大阿尔伯塔大学的病毒学家 David Evans 团队，利用商业途径合成的序列片段，最终重构了天花病毒的近亲马痘病毒，并在 *PLoS One* 发表了马痘病毒合成的论文，这是迄今为止合成的最大病毒。尽管世界卫生组织（WHO）反对拥有 20% 以上的天花病毒的基因组，但是该团队还是重建了与它存在亲缘关系的马痘病毒（Noyce et al.，2018）。Evans 表示，合成马痘病毒的初衷是因为该研究可能有助于探索研发更有效的新型疫苗。但该研究却引发了人们的极大担忧，此项研究成果有可能被用于天花病毒的合成，为天花病毒的获取提供新途径。

2019 年，美国疾病控制与预防中心的研究人员基于此前刚果民主共和国生物医学研究所（INRB）和美国陆军传染病医学研究所（USAMRIID）联合公布的埃博拉病原体的基因组序列成功合成埃博拉病毒，这是疾控中心埃博拉感染诊断试验及实验性治疗研究项目中的部分成果，据称该项研究结果将用于检测领域。

2020 年，新冠疫情肆虐全球，瑞士研究团队利用基于酵母的病毒合成平台，快速重建不同的 RNA 病毒，包括 Coronaviridae、Flaviviridae 和 Pneumoviridae 等家族（Thi Nhu Thao et al.，2020）。研究人员利用化学方法合成 DNA 病毒亚基因组片段，然后通过转化偶联重组技术（TAR）将基因组维持为酵母人工染色体（YAC），从而在酿酒酵母中实现一步重组。而 T7 RNA 聚合酶则被用于产生病毒 RNA，进而可以产生活病毒。这个平台仅用一周时间，利用已知的病毒基因组序列，通过反向遗传学手段快速构建出了 SARS-CoV-2 病毒，可以成为向卫生部门和实验室提供传染性病毒毒株的替代方法，还可以对单个基因进行遗传修饰和功能表征。该技术能够在疫情暴发期间快速生成和表征可能出现的 RNA 变种病毒，有利于实现对新兴病毒的全球快速响应。

2. 细菌及酵母合成

细菌基因组的全合成是利用 DNA 合成技术创造更复杂产品和功能性产品的重要里程碑。与病毒基因组相比，细菌的基因组要复杂得多，因此人工合成的难度也更高。支原体是目前发现的最小、最简单的具有自我繁殖能力的细胞，其基因组也是原核生物中最小的，因此便于操作。2010 年 5 月，美国克雷格·文特尔研究所在 Science 报道合成了丝状支原体基因组。这是一个山羊支原体（Mycoplasma capricolum）细胞，但细胞中的遗传物质却是依照丝状支原体（Mycoplasma mycoides）的基因组人工合成而来，产生的人造细胞表现出的是后者的生命特性，这种合成的微生物能够正常生成蛋白质。该项目的负责人克雷格·文特尔将"人造生命"起名为"辛西娅"（Synthia，意为"人造儿"）。此次植入的 DNA 片段包含约 850 个基因（Gibson et al.，2010）。

2011 年 9 月 14 日，美国约翰·霍普金斯大学医学院 Dymond 等首次完成对真核生物酿酒酵母（Saccharomyces cerevisiae）部分基因组的人工合成与改造。人工改造的基因序列约占整个酵母基因组的 1%，含有这种人工基因组的酵母可以正常存活（Dymond et al.，2011）。

2016 年 3 月 25 日，美国克雷格·文特尔研究所在 Science 发表论文，报道他们成功获得了迄今为止最小的细菌——3.0 版辛西娅（Syn3.0），仅有 53 万个碱基对，包含 473 个基因。1.0 版辛西娅（Syn1.0）是通过向除去自身基因组的山羊支原体受体细胞转入合成基因组实现的，Syn1.0 可以自我复制，并完全保留了丝状支原体的各项遗传特征。本研究中，该研究团队试图以 Syn1.0 的基因组为基础，打造最小基因组。他们采用了广泛转座子突变的方法来确定必需基因和非必需基因。当一个基因内部插入 Tn5 转座子而造成失活，却不会影响整个细胞的生长，那么这个基因就属于非必需基因。他们将 Syn1.0 的基因组分为 8 个大片段，逐段采用广泛转座子突变的方法来构建插入突变体文库。根据分析结果，将必需基因和半必需基因保留，去掉非必需基因，从而得到了含 473 个基因的最小基因组。转入供体细胞后得到了可以在培养基中生长的最小细菌——Syn3.0（Hutchison et al.，2016）。

2017 年，天津大学、清华大学、华大基因等高校和研究机构的科学家在 Science 杂志连续发表 4 篇论文，完成了 4 条真核生物酿酒酵母染色体的从头设计与化学合成（Shen et al.，2017；Wu et al.，2017；Xie et al.，2017；Zhang et al.，2017）。该研究突破合成型基因组导致细胞失活的难题，设计构建染色体成环疾病模型，开发长染色体分级组装策略，证明人工设计合成的基因组具有可增加、可删减的灵活性。目前，基因修饰的酵母已用于制备疫苗、药物和特定的化合物，这些新成果的发表意味着化学物质设计定制酵母生命体成为可能，其产物范围也相应得到拓展。

2018 年 8 月 2 日，中国科学院上海植物生理生态研究所覃重军、薛小莉、赵国屏及生物化学与细胞生物学研究所周金秋合作在 Nature 发表题为"Creating a functional single-chromosome yeast"的研究论文，该研究通过连续的端对端染色体融合和着丝粒缺失，从含有 16 个线性染色体的酿酒酵母单倍体细胞中创造了功能性单染色体酵母。巨大的单一染色体可以支持细胞生命，尽管这种菌株在环境中的竞争力、配子生产和生存能力方面的增长逐渐趋缓。这项研究展示了一种探索真核生物进化的染色体结构和功能的方法（Shao et al.，2018）。

二、医疗健康领域的合成生物学

医疗健康领域因与人类生产、生活密切相关，一直以来是科学界研究的重点。目前合成生物学家通过改进代谢工程来提高药物的产量；通过开发合成种子病毒"库"实现疫苗生产的快速化；通过合成小分子药物库实现抗病毒药物的快速筛选，或根据已有抗原受体三维结构精准合成抗病毒蛋白；通过改造和优化工程菌合成难于用化学方法合成的药物等。可以说，合成生物学推动了部分医疗领域的发展，甚至在未来有望引领整个医疗领域的变革。

合成生物学家能够将 DNA 合成结合高通量筛选从数据库中挖掘出高效的生物酶，并使用进化和计算方法将酶结合到有机化学的合成路线中，实现药物的生物合成。Januvia，也叫西格列汀或者捷诺维，通过抑制二肽基肽酶-4（DPP-4）活性从而降低血糖水平（DPP-4 会促进降血糖激素的降解，导致血糖水平升高）。目前统计，西格列汀位于处方药中的开方数量前 100 名，每年拥有 13.5 亿美金的销售额。合成生物学家利用节杆菌具有右旋选择性的转氨酶，通过计算方法打开了转氨酶与底物反应的"结合口袋"，又利用多轮定向进化优化了生产条件下的酶活性，最终得到一个具有 27 个氨基酸突变的转氨酶，该转氨酶可实现超过99.95%的西格列汀生产纯度（Savile et al.，2010）。

合成生物学家可以通过改造和优化工程菌合成难于用化学方法合成的药物或药物前体，从而降低药物生产成本。疟疾每年影响 2 亿~3 亿人，并导致 70 万~100 万人死亡，主要发生在撒哈拉沙漠以南的非洲地区。青蒿素是一种天然存在的化学物质，是一种有效的疟疾治疗药物，但植物产量有限且生产成本高。为解决这一问题，Jay Keasling 课题组构建了一种能够产生青蒿素前体的基因工程酵母。基于 Keasling 的研究（Ro et al.，2006），赛诺菲公司（Sanofi）开发出了一种生产青蒿素化学前体的酵母菌株，有望以稳定且低廉的价格，生产出足够数量的合成青蒿素来治疗每年 3 亿~5 亿的新增疟疾病例。

2010 年，麻省理工学院 Gregory Stephanopoulos 课题组利用大肠杆菌合成了紫杉醇的前体（Ajikumar et al.，2010）。他们用一种多变量模块化的代谢途径工程方法，通过调整模块中各种基因元件的表达水平，减少中间抑制物吲哚的积累，使得两个模块能很好地平衡匹配，结果成功使紫杉二烯（紫杉醇前体）的产量达到 1g/L，提高了近 15 000 倍。这种模块化的方法，为紫杉醇及萜类天然产物的大规模生产奠定了基础。

2019 年新冠疫情暴发以来，合成生物学在抗击疫情的过程中也发挥了重要作用。华盛顿大学的 David Baker 团队利用合成生物学手段设计了小型、稳定的蛋白质，与 SARS-CoV-2 的刺突蛋白结合后可阻止病毒与 ACE2 受体的结合。这种人工设计的小型蛋白不必像抗体一样在哺乳动物细胞中表达，其体积小、稳定性高，可配制成喷雾直接递送至鼻腔或呼吸系统，有望成为新冠特效药。该研究于 2020 年发表于 *Science* 杂志（Cao et al.，2020）。得克萨斯大学的 Jason McLellan 团队利用蛋白质设计工具发现了 SARS-CoV-2 刺突蛋白的变体 HexaPro，虽然 HexaPro 含有 6 个脯氨酸突变，但它保留了刺突蛋白构象，并具有更高的表达量和稳定性，能够承受高温、室温储存和至少三个冻融循环。HexaPro 蛋白的发现有助于疫苗开发和新型冠状病毒诊断（Hsieh et al.，2020）。

三、农业中的合成生物学

随着全世界人口不断增长，全人类都面临着粮食短缺、环境污染等诸多挑战。目前合成生物学家可以通过重组 DNA 技术、克隆、基因编辑等生物技术手段培育新农作物品种，使其产量增加、具有更多优良性状甚至具有新特性。

大豆油是常见的食用油类，占种子油的 90%，但其中的亚油酸含量很高。由于亚油酸不稳定，在油炸锅中会迅速降解产生反式脂肪，导致健康问题。因此，如何降低豆油中的亚油酸含量成为研究热点。Calyno 是 Calyxt 公司于 2019 年推出的首个经过基因组编辑的植物油产品。Calyxt 通过对大豆基因组进行编辑，使两个脂肪酸去饱和酶基因失活，从而减少了不稳定亚油酸的产生。经过基因编辑的大豆可产生含 80%油酸的高油酸豆油，而未编辑的大豆仅可产生含 20%油酸的低油酸豆油。Calyxt 使用的 TALEN 基因编辑技术因编辑后的基因缺失较少且没有重组 DNA 存在，从而简化了监管审批。目前 Calyno 的大豆已种植在约 100 000 英亩（1 英亩=0.404 856hm²）的土地上，且该产品已经被纳入美国食品供应体系

（Haun et al.，2014）。

　　氮元素是农作物需要量最多、含量最高的元素之一，常作为提高农产品产量、改善农产品质量的肥料。氮素的化学工艺生产过程消耗了大量能源，约占全球能源的 1%～2%。生物固氮作为一种工业合成氮肥的替代方式，以其污染小、效率高被广泛关注。虽然从空气中固氮的细菌可以用作生物氮肥，但它们无法用于谷物作物（如玉米、小麦、水稻）。Pivot Bio 公司开发了第一种基于 γ-变形杆菌（KV137）的玉米生物肥料，该细菌作用于玉米根部，并具有固氮的必要基因，同时利用合成生物学方法对 KV137 基因组进行编辑，最终使固氮基因稳定表达，实现了高效生物固氮。这种细菌是液体肥料 PROVEN 的活性成分。PROVEN 可将每英亩化学肥料的需求量减少 12kg，同时将产量提高 147kg。与化学肥料不同，雨水不会将氮浸到地下水中，也不会以温室气体 N_2O 的形式释放到大气中，具有明显的环保优势。2020 年，PROVEN 的使用面积已达 25 万英亩（Voigt，2020）。

　　随着人类社会的不断发展，人们对于肉类的需求也在逐渐增加。肉类的生产依赖于畜牧业，对于土地、粮食、水资源等均有大量的消耗。依靠目前的畜牧业生产方式，很难满足 2050 年的 100 亿人口对肉类的需求。人造肉以其对能源的低消耗、不会受到疫情干扰且安全性更高而受到关注。但由于人造肉中缺少血液，特别是其中的血红蛋白，导致其口味异于正常肉类。Impossible Foods 公司利用 DNA 合成、DNA 组装、遗传元件库建设以及自诱导的正反馈基因线路设计等方式改造和优化巴斯德毕赤酵母，生产大豆血红蛋白，然后将其添加到人造肉饼中来改善汉堡的风味。与传统牛肉饼的生产方式相比，由于不需要养殖真正的肉牛，Impossible Foods 公司所需的土地减少了 96%，温室气体减少了 89%。在全球范围内，其产品已经在超过 30 000 家餐厅和 15 000 个杂货店中售卖（Voigt，2020）。

四、工业中的合成生物学

　　2010 年，美国墨西哥湾石油钻井平台起火爆炸，导致大量的原油泄漏，对当地海域造成严重污染。研究人员在水下油井所外泄的深海石油柱内发现了含有能够以高于平均速度分解碳氢化合物的细菌——γ-变形细菌（γ-proteobacteria）。人们已知这类细菌能够降解碳氢化合物，并且这类细菌未耗尽来自该水柱的氧气，在降解石油的同时不会影响海洋生态，因此极具作为生物降解工程菌的潜力（Kostka et al.，2011）。

　　此外，合成生物学也应用于工业化生产生物燃料。Sonderegger 等（2004）在酿酒酵母中，通过异源表达磷酸转乙酰酶和乙醛脱氢酶与天然磷酸酮糖酶联合，进而在酿酒酵母菌株 TMB3001c 中添加了磷酸酮糖酶途径。由于副产物木糖醇减少，乙醇产率显著提高。之后，Trinh 等（2008）通过定向去除大肠杆菌中与乙醇代谢无关的途径，优化从戊糖和己糖生产乙醇的途径，进而提高乙醇的产量。Keasling 研究团队通过合成生物学方法对大肠杆菌进行改造，让它将单糖生成可直接应用的生物燃料——脂肪酯、脂肪醇和蜡。他们又让大肠杆菌来分泌半纤维素酶，进而将纤维素转化为生物燃料（Steen et al.，2010）。

五、生物封存中的合成生物学

　　随着生物技术的快速发展，人类修饰、从头合成生物有机体的能力无论在大小还是在复杂程度等诸多方面均已获得大幅提高，合成生物学的研究取得了突飞猛进的进步，对医药、农业、工业等诸多领域产生了重要影响。通过基因工程和合成生物学技术在实验室构建生物体的释放，对人类健康和环境构成了巨大威胁。虽然通过加强生物安全管理措施可以在一定程度上降低风险的发生，但是潜在的风险仍不可忽视。为了保证研究的顺利进行，利用合成生物学服务人类生命健康的同时，最大限度地减少、控制由于实验室意外泄漏、误用，甚至谬用带来的潜在生物危害，需建立一种异于常规意义的物理封存，即基于遗传水平上的生物封存（biological containment）。生物封存是一种利用合成生物学手段在遗传修饰有机体（genetic modified organism，GMO）中内置一种遗传开关（系统），这种遗传开关使得 GMO 只能在实验室等特定研究条件下存活，一旦离开特定实验室条件，GMO 在内置遗传开关的作用下，由于缺乏必需的小分子等特殊条件，导致内置开关关闭而无法自主复制，或者由于环境条件导致其开关启动自毁程序而死亡，从而最大限度地保证了涉及有机体生物遗传改造等基础、应用研究，以及临床使用过程中的生物安全。

近些年，合成生物学技术广泛应用于防转基因生物扩散领域。

1. 流感病毒研究的生物安全保障

2013 年 12 月，《自然-生物技术》发表了一篇文章，提出了一种为流感病毒研究加设安全措施的方法。新方法能进一步加强流感病毒研究的安全性，降低人类因接触实验室病毒而受感染的风险。美国西奈山伊坎医学院设计了一种策略，能进一步确保流感病毒研究的安全。不同物种会表达不同的 microRNA，带有 microRNA 标靶的流感病毒会在感染了带有特定 microRNA 的物种细胞后停止复制。他们发现了一种在人类和小鼠表达而在雪貂肺部不表达的 microRNA，然后把该 microRNA 标靶插入流感病毒基因序列。研究发现，该流感病毒可以在雪貂间复制传播，在感染小鼠后致病力减弱。这项研究提高了在雪貂中进行流感病毒研究的安全性（Langlois et al.，2013）。

2. 多重生物"安全开关"

2015 年 1 月，《美国科学院院刊》（PNAS）报道了英国爱丁堡大学研究人员开发出一种生物"安全开关"，可以控制酿酒酵母的生长。该安全开关通过转录与位点特异性重组两种安全控制措施发挥作用。其依赖一种低浓度的小分子物质，只有在其存在的情况下，组氨酸才能正常转录，以维持酵母生长；另一种机制是 Cre/loxP 位点特异性重组导致组氨酸的缺失，使酵母致死（Cai et al.，2015）。

3. 条件依赖

2015 年 2 月，美国耶鲁大学和哈佛大学分别在 Nature 发表了防转基因扩散相关的论文。其原理是通过修改转基因生物的基因组，改变其氨基酸"编码系统"，使其必须依赖一种人工合成的氨基酸才能存活。由于转基因生物自身不能制造这种氨基酸，必须依靠人工"喂养"，因此一旦它扩散至自然环境中，就会因得不到该合成氨基酸的补充而死亡（Rovner et al.，2015）。

第二节　合成生物学的两用风险与生物安全

合成生物学的目的是更高效、经济、精确地按照人类的意志创造出对于人类有益的产品或有特殊功能的生物体，因此，从其诞生之初就面临一系列的生物安全问题。

1974 年，一群美国科学家呼吁暂停 DNA 研究。1975 年，来自世界各地的科学家、决策者、律师和新闻界人士在加利福尼亚州 Pacific Grove 的阿西洛玛（Asilomar）会议中心召开会议，讨论生物安全问题。在 Asilomar 重组 DNA 会议上的讨论促使形成了确保安全的指导方针，并建立了一个科学同行评审小组，该小组今天被称为美国国立卫生研究院（NIH）重组 DNA 咨询委员会。指导方针和重组 DNA 咨询委员会是基因工程研究监督系统的重要组成部分。1976 年，美国国立卫生研究院发布了关于进行重组 DNA 研究的安全指南。

2004 年 6 月，在美国麻省理工学院举行的第一届合成生物学国际会议上，除了讨论合成生物学的科学与技术问题外，还讨论了该学科当前与未来的生物学风险、相关伦理学问题及知识产权问题。随着这个领域的发展，对于合成生物学安全性的考虑越来越多。人们所担心的正是对这些人工合成微生物有意或无意的误用，让一些具有致病性的病原菌威胁人类和其他生物的安全；或者在实验室中制造出未经自然选择而产生的物种，而这些物种的某些特性很可能影响到生态环境，破坏生态平衡。

2010 年 12 月，美国总统生物伦理咨询委员会发表了题为《新方向：合成生物学和新出现技术的伦理》的研究报告。该报告指出，在看到合成生物学提供的美好前景的同时，也要特别认真应对潜在的风险，要做负责任的管理者，全面地考虑对人类、其他物种、自然界及环境的影响。

2018 年，科技部按照国发〔2014〕64 号文件要求，制定了国家重点研发计划"合成生物学"重点专项实施方案，至今累计立项项目 114 项、国拨经费 10 亿元以上，是国家重点鼓励的创新方向中发展极快的专项。这充分体现了我国对合成生物学领域的重视。2020 年 10 月 17 日，《中华人民共和国生物安全法》由中华人民共和国第十三届全国人民代表大会常务委员会第二十二次会议通过，这是我国第一部生物安全法。关于生物技术研究、开发与应用，该法律明确指出是通过科学和工程原理认识、改造、合成、利用生物而从事的科学研究、技术开发与应用等活动。该法律对合成生物学相关的生物安全提出了明确要求。

目前，针对合成生物学的担心主要体现在以下几个方面。

（1）工程微生物进入人体可以产生非预期的负面效果。人工合成的工程微生物虽然在某些方面以有利于人类的方向发生改变，但由于比原始的重组 DNA 生物体更加复杂，工程微生物中会存在多种不同来源的基因，进而表达不同蛋白质。这有可能会导致一些不可预期的免疫反应和感染。

（2）新的生物进入环境可以产生新的风险。由于没有"天敌"且经过改造存在优势特性，新的生物体进入自然环境后有可能改变生态系统，甚至代替自然物种；由合成生物学手段组合的全新基因组，可以改变生物进化速率，或使改造生物非预期地适应新的环境；合成生物有可能通过无性或有性的方式将一个或多个基因传播到自然物种中，产生未知的结果。

（3）通过合成生物学手段产生新的能源，如生物能源，也有可能影响当前的生态系统。如果将大片土地（海洋）专门用于生物燃料开发，可能给土地（海洋）带来新的巨大压力，可能影响粮食生产以及当前的生态系统。

除上述可能出现的误用，针对合成生物学技术同样也存在谬用风险。理解、修饰并最终创造新生命形式的能力具有极大的潜在滥用风险。一旦将遗传模块插入细菌、病毒基因组以实现特定应用，该技术就将跨越两用性的阈值。

2001 年的鼠痘实验是最著名的关于合成生物学研究具有两用性潜力的例子。在这个实验中，研究人员将白细胞介素 4（IL-4）基因插入到鼠痘病毒中。他们的目标是生产一种能够导致小鼠不育的传染性病毒。然而，改变后的病毒被发现对小鼠是致命的，而且这种病毒对天然抗痘鼠以及近期经过鼠痘免疫的小鼠都是致命的。这项研究证明了合成生物学具有制造更致命病毒的能力，存在被用于生产新型生物武器的可能性（Jackson et al.，2001）。

苏联科学家曾利用合成生物学手段成功地培育出了一种对多种抗生素具有耐药性并且保留了其致病特性的土拉菌。他们还试图赋予炭疽杆菌、鼠疫杆菌等 4 种致病菌对 10 种抗生素的抗性。这种基于烈性病原体制造的"超级病原体"，因其能够逃避疫苗或对药物产生抗性，比野生病原体更具致命性和破坏性。遗传学家劳里·加勒特（Laurie Garrett）在 2013 年为《外交事务》（*Foreign Affairs*）撰写的文章（Biology's Brave New World）中还提出："如果一种简单的、无处不在的微生物，比如存在于每个人内脏中的细菌大肠杆菌（*E. coli*），被恶意转化成一种致命的细菌，其破坏力将远远超过已知的其他病原体"。

此外，合成生物学相关技术的飞速发展进一步加剧了人们的担忧。2018 年，加拿大阿尔伯塔大学病毒学团队成功合成早已灭绝的马痘病毒。由于该病毒是一种天花病毒的近亲，马痘病毒的"复活"事件备受争议。该病毒包含 21.2 万个碱基对，而这项研究仅用 6 个月，邮购基因片段仅花费 10 万美元（Noyce et al.，2018）。该研究说明生物相关各项技术不断发展，在促进生物研究的迅猛发展的同时，也给恶意行为者提供了极大的便利：一是基因片段的合成能力和精度大大提高，在较短时间内可以获得数十万碱基对的病原基因组，已经具备合成所有病毒性病原体的能力；二是合成成本大大降低，基因合成的成本在 2001 年为每个碱基 12 美元，到 2010 年下降到每个碱基 40 美分，甚至合成病毒所需的 DNA 也可以通过互联网从商业供应商处以可承受的价格进行购买；三是对病毒和人体的认识深入到分子水平，已具备赋予合成病毒新毒力、高传播、逃避免疫保护的能力。

随着测序技术的不断进步，大量病原体的遗传信息被公开，相关病原体的全基因组序列在互联网上易于获取。同时，合成生物学越来越多地为大学生甚至高中阶段的学生所用，可能会出现"黑客文化"，如果某些"生物黑客"（biohacker）出于好奇或者为了展示技术实力而制造出烈性病原体，由于实验条件所限，必定会导致严重的安全事故。一旦烈性病原体被恐怖分子中一些训练有素的分子生物学家合成，继而被大规模并且有目的地释放，将会对全社会安全构成更严重的威胁。

目前科学家们已经能够实现在酵母或细菌中生产青蒿素、西格列汀等治疗药物，利用类似的手段，恶意行为者也可以在工程菌基因组中插入可以生产毒品前体（如麻黄素、1-苯基-2-丙酮等）的基因系统，用于工业化制毒，甚至生产致命毒素用于恐怖袭击。

也有学者担心，恶意行为者可以利用基于部件的合成生物学来提高经典生物战剂的稳定性和可用性，或创造新的生物战剂。虽然目前基于部件的合成生物学尚处于早期发展阶段，恶意行为者订购标准生物部件并出于有害目的而建造人工病原体的风险较低，但随着技术的广泛普及，恶意使用的可能性及风险性将显著增加。

为维护我国国家生物安全，我们应该高度重视合成生物学的两用风险，综合系统地评估相关技术谬用在人员、资金、条件、周期以及技术成熟度等方面的可行性及潜在威胁，并提出相应的评估、监管和甄别措施。此外，新的《生物技术研究开发安全管理条例》风险名录正在制定中，该名录的出台将为合成生物学的相关研究及管理进一步提供详细的规范和法律依据。

（军事科学院军事医学研究院　刘海楠）

第十二章
基因编辑、基因驱动技术的两用性与生物安全

第一节 基因编辑技术

基因编辑（gene editing）又称基因组编辑（genome editing），是指可以精确地对生物体基因组特定基因序列甚至单个核酸位点进行定点修饰，从而特异性改变遗传物质序列的基因工程技术。近年来，锌指核酸酶（ZFN）、转录激活因子样效应物核酸酶（TALEN）、规律成簇间隔短回文重复序列（CRISPR）等技术的相继出现，使得基因编辑技术已经从最初依赖细胞自然发生的随机或同源重组，发展到几乎可在任意位点进行的定点干预，极大地推动了物种的遗传改造。该技术不仅为基因功能研究提供了有力的工具，还为生命医学提供了新的治疗方案。基因编辑技术已经大范围应用于动物细胞模型的构建、药物靶点的筛查和基因功能研究等，在基因治疗领域也展现出广阔的应用前景。作为生命科学核心技术的基因编辑技术发展迅速，使得生命科学已经从遗传信息"读取"的基因组时代进入到"改写"乃至"从头设计"的后基因组时代。

一、基因编辑技术的发展

真核生物的基因组由数十亿个碱基对构成，这些碱基构成了千千万万个有特定功能的基因，如何在特定的基因位点进行精准改造是现代生命科学的重大挑战。基因编辑技术是指针对基因组进行定点修饰的技术，可实现基因组靶序列的精确定位，并在靶点处切断 DNA 双链或插入新的基因片段，改变基因组的编码序列，实现"基因编辑"。20 世纪 70 年代，科学家发现限制性内切核酸酶能够识别并切割特定的碱基序列，打开了 DNA 重组的大门，人类首次能够在试管中操纵 DNA。但是一种核酸酶只能识别由若干特定碱基构成的序列，这种特异性决定了对被修饰的基因组序列存在要求，而且这种编辑无法直接在生物体内进行。随后 Capecchi 和 Smithies 等发现，真核生物能够通过引发 DNA 双链断裂（DSB），然后通过同源重组（HDR）的方式将外源 DNA 序列重组到自身基因组中，从而可能实现体内基因编辑。然而，这种重组发生的概率非常低，并且外源 DNA 的插入是随机的，无法精确操控，导致插入位点正好位于靶点的概率极低。因此，发明一种能够在特异位点引起 DNA 双链断裂从而进行基因组精确编辑的技术显得非常迫切。

（一）锌指核酸酶基因编辑技术

优秀的基因编辑工具首先要满足两个条件：其一，能够自由识别感兴趣的碱基位点并进行切割；其二，可以灵活设计并且操作简单，甚至能够模块化应用。基于这两点基本要求，数十年来科学家开发了一系列基因编辑工具。

第一个被科研人员接受并广泛应用的基因编辑工具是锌指核酸酶（zinc finger nuclease，ZFN）技术。ZFN 由两部分构成：来源于真核生物转录因子的具有 DNA 识别功能的锌指蛋白，以及 *Fok* I 核酸内切酶（Bitinaite et al.，1998）。每一个锌指蛋白识别三个连续碱基的 DNA 序列（密码子），因而可以通过不同的锌指蛋白组合来识别不同的 DNA 序列，获得 DNA 序列识别的特异性。一个锌指蛋白模块被设计出来后连接到优化好的 *Fok* I 核酸内切酶上，即获得了针对特异性序列的 ZFN，可在特定基因位点引起 DNA 双链断裂，从而实现基因编辑（Miller et al.，2007）。之所以选择 *Fok* I 核酸内切酶，也是由其具备的优点决定

的：该酶主要由 DNA 识别结构域和 DNA 切割结构域两部分构成，因此可以将 DNA 识别结构域去除，只保留 DNA 切割结构域；而且其 DNA 切割功能依赖二聚体形成，在靶点两侧设计两个独立的 ZFN 进行切割，可有效减少脱靶效应。ZFN 技术被应用于真核生物甚至人体细胞的基因编辑，它较高的编辑效率让基因编辑技术具有实用性。

（二）转录激活因子样效应物核酸酶（TALEN）基因编辑技术

虽然 ZFN 技术让基因编辑更加有效，但是它的缺点也很明显：1 个锌指蛋白识别连续的 3 个碱基，识别任意 3 个碱基组合理论上需要 64 种锌指，针对特定的靶序列需要多种锌指的组合，影响 ZFN 设计的灵活性。TALEN 很好地解决了这个问题。转录激活样效应蛋白元件（TALE）是一类水稻致病性黄单胞菌分泌蛋白质的结构域（Li et al.，2012），它能够识别并特异结合 1 个碱基，因此可以针对靶基因碱基序列设计相应的 TALE 模块，再与 *Fok* I 核酸内切酶连接，形成转录激活样效应核酸酶，即可有效切割靶 DNA（Christian et al.，2010）。由于其设计更加灵活，广泛应用于微生物、真核生物细胞的编辑，甚至被用于斑马鱼、小鼠和大鼠等模式动物的基因编辑。

虽然 ZFN 和 TALEN 基因编辑技术能够在靶点基因位点产生 DNA 双链断裂，让基因编辑变得更加精确，但是这些技术也有着非常显著的缺点。首先，核酸酶构建过程复杂，成本高。该过程首先需要将一系列特异识别碱基的蛋白基序融合，构建 DNA 识别元件，再与 *Fok* I 核酸内切酶融合表达。因此，不同 DNA 靶点需要匹配不同的识别蛋白基序，基因操作过程十分复杂，大大地制约了其应用。其次，编辑效率较低。这两种技术都是通过在靶点序列上、下游分别设计识别蛋白基序，引导 *Fok* I 核酸内切酶到该位点进行切割，这就需要上、下游两个蛋白质同时结合并发挥作用。由于 ZFN 和 TALEN 蛋白本身分子质量较大，不容易进入靶细胞内表达，导致编辑效率难以满足要求。此外，这两种技术均存在显著的脱靶效应。虽然 ZFN 和 TALEN 能识别结合靶标基因序列，有效提高了基因编辑的特异性，但是高风险的脱靶效应依然存在。由于上述显而易见的缺点，基因编辑技术的应用并没有得到普及。

（三）CRISPR/Cas 基因编辑技术

传统基因编辑技术的发展经历了 20 世纪 80 年代的基因打靶技术和 90 年代人工核酸酶技术。后者主要包括 ZFN 技术和 TALEN 技术，此类技术依赖核酸酶-DNA 间的直接识别，需针对不同 DNA 靶点设计和表达具有序列识别功能的核酸酶，技术难度大且实现成本高。2013 年诞生的 CRISPR 技术通过具有二级结构的单链 RNA（sgRNA）靶向识别和切割 DNA，基因编辑高效、成本低且简便易行（操作周期仅 3～5 天），因此也被称为"第三代"基因编辑技术。

早在 1987 年，日本科学家在分析大肠杆菌（*E. coli*）*iap* 基因及邻近序列时，偶然发现一段长 29bp 的高度同源序列在 *iap* 基因的 3' 端重复出现，重复序列之间间隔 32bp 的间隔序列，但其存在意义并不清楚。2000 年，Mojica 通过比对，发现这种重复元件存在于 20 多种细菌及古生菌中，并将其命名为"短的规律性间隔重复序列（short regularly spaced repeat，SRSR）"（Mojica et al.，2000）。进一步的研究发现这种序列普遍存在于微生物的基因组当中，超过 40% 的细菌和 90% 的古细菌存在这一特征序列，且这种特征序列总是伴随着保守的、被称为 CRISPR 的相关基因（Cas）一起出现，预示着它们可能联合发挥着某种功能，这种非重复间隔序列被发现与入侵的病毒序列高度同源。

2005 年，Mojica、Bolotin 和 Pourcel 三个研究组几乎同时发现 CRISPR 中的间隔序列来源于外来噬菌体或质粒。Mojica 更意外发现，携带上述间隔序列的细胞可以抵御与间隔序列同源的病毒感染，而没有间隔序列的细胞则无抗病毒能力，由此提出 CRISPR 可能参与细菌免疫功能。2007 年，Horvath 发现被噬菌体入侵后的嗜热链球菌 *S. thermophilus* 整合了来自噬菌体基因组的新的间隔序列，使其对特定噬菌体入侵产生抗性（Horvath et al.，2008），CRISPR 介导的细胞免疫假说首次被证实。

2008 年，Oost 揭示了细菌中 CRISPR 间隔序列在 Cas 蛋白的协助下发挥抗病毒作用的分子机制。由 Cas 蛋白形成 Cascade 复合物可裂解 CRISPR 转录后的 RNA 前体（pre-crRNA），但 CRISPR 间隔序列被保留下来。在解旋酶 Cas3 的作用下，成熟的 crRNA 作为小向导 RNA（small guide RNA，sgRNA）引导 Cascade

发挥抗病毒功能（Brouns et al.，2008）。2009 年，Mojica 发现间隔序列邻近的 PAM 序列是 CRISPR/Cas 免疫识别的靶标。2011 年，Charpentier 对人类病原体化脓性链球菌 *S. pyogenes* 进行差异表达 RNA 测序，揭示了反式编码 crRNA（tracrRNA）参与 pre-crRNA 的加工成熟。tracrRNA 通过 24 bp 核苷酸与 pre-crRNA 中的重复序列互补配对，在 RNA 酶 III 和 CRISPR 相关 Csn1 蛋白的共同参与下介导 pre-crRNA 成熟，上述组分是化脓性链球菌抗噬菌体 DNA 入侵所必需的，该研究揭示了 crRNA 成熟的分子机制。至此，细菌和古细菌利用 CRISPR/Cas 系统介导外来核酸沉默，借此抵御病毒及质粒入侵的作用机制已被阐明（Deltcheva et al.，2011）。

上述重要发现促进 CRISPR/Cas 系统用于基因编辑。首先，这些获得的间隔序列有一个共同的特点：它们总是包含一段称为前间区序列邻近基序（PAM）的序列，并且这段序列对 CRISPR/Cas 系统功能的发挥至关重要。其次，虽然科研人员发现了一系列的 Cas 蛋白，但是嗜热链球菌中的 Cas9 蛋白识别的 PAM 序列为 NGG，这一序列在绝大多数生物基因中很常见，预示 Cas9 是最理想的工具蛋白。还有一个非常重要的发现是，CRISPR/Cas 系统能够在不同种类的宿主细胞中发挥功能，证实了 CRISPR/Cas 系统应用的广泛性。

在成功实现 CRISPR 跨种（从 *S. thermophilus* 到 *E.coli*）进行基因切割后，2012 年 Virginijus Siksnys 首次体外重建了包含 Cas9 核酸酶、crRNA 和 tracrRNA 的反应系统，通过 crRNA 序列设计操控 Cas9 切割位点；同时发现 Cas9 蛋白的 HNH 核酸酶结构域切割与 crRNA 互补的 DNA 链，而 RuvC 样结构域切割非互补 DNA 链（Gasiunas et al.，2012）。几乎同时，加州大学伯克利分校的结构生物学家詹妮弗·杜德纳（Jennifer Doudna）和瑞典于默奥大学的埃马纽埃尔·卡彭蒂耶（Emmanuelle Charpentier）两位女科学家也通过体外实验证明：II 型 CRISPR/Cas 系统中，成熟的 crRNA 通过碱基互补与 tracrRNA 形成特殊的双链 RNA 结构，引导 Cas9 蛋白在与 crRNA 序列同源的靶 DNA 上引起双链断裂。当 tracrRNA：crRNA 双链被嵌合成一条 RNA 时，同样可以引导 Cas9 切割双链靶 DNA（Jinek et al.，2012）。上述两个团队的研究揭示了 CRISPR/Cas 内切酶系统在双链 RNA 引导下通过双链 DNA 切割进行基因编辑的巨大潜力。

2013 年年初，哈佛大学医学院的 George Church、麻省理工学院 Broad 研究所的张锋以及加州大学旧金山分校系统及合成生物学中心的 Lei S. Qi 几乎同时成功在哺乳动物细胞中实现基因编辑（Cong et al.，2013；Mali et al.，2013；Qi et al.，2013）。Church 研究组设计了 II 型 CRISPR/Cas 系统，在 293T 细胞、K562 细胞以及诱导多能干细胞等多种人类细胞中设计特定的 sgRNA，实现最高达 25%的基因编辑效率；张锋实验室证实了 Cas9 可以在 sgRNA 引导下对人类及小鼠细胞中的同源基因座实现精确切割；将 Cas9 D10A 突变改造为切刻酶，即使 RuvC 失活而仅保留 HNH 活性，从而促进同源修复。CRISPR/Cas9 和 CRISPR/Cas12a（即 Cpf1）均可通过 HDR 和 NHEJ 两种机制诱导基因组在精确位置发生序列替换或删除，因其严谨的靶序列特异性、优良的跨物种适应性和出色的编辑效率而被广泛使用。Qi 则将 Cas9 D10A/H841A 双突变改造为完全失去核酸内切酶活性的 dCas9，序列特异性 dCas9-sgRNA 与靶 DNA 结合后，可特异性地干扰转录延伸、转录因子或 RNA 聚合酶与 DNA 的结合，阻止转录起始和延伸，进而抑制靶基因表达，因此被称为 CRISPRi。在此基础上，利用 CRISPR/Cas 系统对斑马鱼、真菌、细菌、小鼠、果蝇、线虫、大鼠、猪、羊、猴子以及水稻、小麦、高粱等物种的基因编辑获得成功，CRISPR 基因编辑技术大放异彩的时代终于来临。

二、基因编辑技术在生命科学研究中的应用

（一）基因编辑工具

CRISPR/Cas 介导的特异性 DNA 双链断裂可激活细胞内两类天然修复机制：其一为保真度较低的非同源末端连接（NHEJ）修复，该过程会导致断裂 DNA 修复连接处发生碱基的随机插入或丢失，造成移码突变使基因失活，产生基因敲除效应；其二为高保真度较高的同源重组修复（HDR），带有同源臂的外源供体基因片段可通过同源重组整合至 DNA 断裂位点，实现基因定点替换或敲入。上述 DNA 断裂修复机制是 CRISPR/Cas 实现基因定点插入、缺失与突变的分子基础，该技术已成功地应用于病毒、细菌、真菌、植物、各种细胞（原代细胞和 ES 细胞）及动物个体（小鼠、猴等）的基因编辑。在哺乳动物细胞中，CRISPR/Cas

可在细胞双染色体上实现因移码导致的基因失活、基因插入或单碱基突变，常规分子生物学实验室在短时间内即可获得靶向基因编辑的稳定细胞系，这在 CRISPR 技术问世前是难以想象的。CRISPR/Cas 已部分替代传统的基因打靶技术，成为制备基因敲除或转基因动物模型的主流技术，成功应用于建立小鼠肿瘤及衰老疾病模型或体外癌症（如结直肠癌）模型、肿瘤基因筛查、开发 CAR-T 和 TCR 癌症免疫疗法等领域。

根据效应蛋白的组成不同将细菌 CRISPR/Cas 系统分为两类：1 类系统包括 I、III 和 IV 型 Cas 核酸酶，由多个 Cas 蛋白与 crRNA 组成效应复合物，因成分复杂、难以体外重建，或用于跨物种基因编辑；2 类系统包括 II、V 和 VI 型 Cas 核酸酶，其效应 crRNP 仅包含一个多结构域核酸酶。目前已成功实现哺乳动物细胞基因编辑的 2 类系统包括靶向 DNA 的 II 型 Cas9（含 RuvC 和 HNH 核酸酶结构域）和 V 型 Cas12（Cpf1/C2c1/C2c3/CasY/CasX，仅含 RuvC 核酸酶结构域），以及靶向 RNA 的 VI 型 Cas13a（C2c2，含两个 HEPN 核酸结合结构域）、Cas13b 和 Cas13c（Knott and Doudna，2018）。其中，CRISPR/Cas9 和 CRISPR/Cas12a（即 Cpf1）均可通过 HDR 和 NHEJ 两种机制诱导基因组在精确位置发生序列替换或删除，因其严谨的靶序列特异性、优良的跨物种适应性和出色的编辑效率而被广泛使用。

（二）基因表达调节工具

DNA 酶活性位点突变失活的 dCas9 或 ddCas12a 丧失核酸酶切割活性，但保留 DNA 识别和结合特异性。序列特异性 dCas9-sgRNA 或 ddCas12a-sgRNA 与靶 DNA 结合后，可干扰转录因子或 RNA 聚合酶与 DNA 的结合，从而阻止转录起始和延伸，并由此衍生出 CRISPRi 技术。为了实现更高效的 CRISPRi，dCas9 或 ddCas12a 可融合表达 KRAB（哺乳动物）、SRDX（植物）或 RD1152（酵母）等转录抑制因子保守结构域，使其对内源性基因表达的抑制效率大于 80%。传统 RNAi 技术在细菌中无法发挥作用，而 CRISPRi 技术可在大肠杆菌中首次实现高效、特异（脱靶效应最小化）、可逆（区别于基因编辑的不可逆性）以及多重的靶基因表达干扰。有趣的是，某些 VI 型靶向 RNA 的编辑工具如 LwaCas13a 和 CasRx 也可通过结合抑制靶向 RNA 的转录（Konermann et al.，2018）。与 CRISPRi 相反，当 dCas9 转录激活结构域融合后，可激活哺乳动物细胞中报道基因和内源性基因的表达，产生 CRISPRa 激活效应，配合针对同一基因的多重靶点 sgRNA，可获得更为显著的 CRISPRa 激活效应（Dong et al.，2018）。针对基因表达调节开发出的 mini-SaCas9 仅保留了 Cas9 DNA 结合结构域，比野生型 SaCas9 缩短 0.7～1.2kb，同样可有效调控基因表达。除对 dCas 核酸酶进行融合改造，在 sgRNA 序列中插入 RNA 适配子（即对靶蛋白具有高亲和性和特异性的 RNA 分子，如 MS2 RNA 适配子），可获得同时具备转录因子和靶向 DNA 双重亲和性的 sgRNA 分子，更直接地招募转录因子至靶 DNA 序列。在 sgRNA 序列中插入具有不同转录因子或转录抑制因子亲和力的 RNA 适配子（如 MS2、PP7 或 com），从而形成支架 scRNA。每个 scRNA 均具备特异性靶 DNA 识别以及招募特异性转录抑制或激活蛋白的能力（Zalatan et al.，2015）。例如，在同一个细胞中，插入 MS2 RNA 适配子的 scRNA 通过招募 VP64 激活 CXCR4 表达；另一个插入 RNA 适配子的 scRNA 通过招募 KRAB 抑制 B4GALNT1 表达。该技术已被成功应用于复杂系统调控网络（如代谢调控）或者遗传相关性研究。

（三）表观基因组编辑工具

染色质修饰研究同样可利用 dCas9 或 ddCas12a 介导组蛋白甲基化、乙酰化以及 DNA 甲基化等表观遗传修饰。dCas9-LSD1（赖氨酸特异性组蛋白去甲基化酶）配合单一靶点 sgRNA，已被用于调控小鼠 ES 细胞中转录因子 Oct4 远端增强子区组蛋白的去甲基化，从而抑制 Oct4 转录以及 ES 靶细胞的多能性（Kearns et al.，2015）。dCas9-p300core（乙酰转移酶催化核心）可催化靶基因启动子和增强子处的 H3K27 乙酰化为 H3K27ac，从而实现靶基因转录激活。同样，dCas9-DNMT（DNA 甲基转移酶）可介导 DNA 位点特异性甲基化（Vojta et al.，2016）。dCas9 与表观修饰因子的融合表达可调控染色体状态及基因表达，该技术有望发展成为探究表观基因组、调控元件以及基因表达间关联的重要工具。

（四）活细胞染色体成像和染色质相互作用工具

CRISPR 技术诞生之前的活细胞成像主要依赖 FISH 荧光原位杂交技术，但该技术无法监测动态过程。

利用 dCas9-EGFP 融合蛋白和一个靶向端粒重复元件的 sgRNA 可在视网膜色素上皮细胞或 HeLa 细胞中实时监测端粒动态。为了解决靶向基因组非重复序列区域荧光信号弱的问题，研究者设计出了整合有 16 个 MS2 结合基序的 sgRNA 支架，通过与荧光标记的 MS2 衣壳蛋白（MCP）结合，可捕获足够的荧光信号。此外，SunTag 串联标签技术可以放大大荧光信号，进而增强染色体成像效果。将不同来源的 dCas9 蛋白（如化脓链球菌、脑膜炎奈瑟氏菌、嗜热链球菌等）与不同荧光分子相融合，利用不同来源 dCas9 识别特异性不同，实现多基因组位点同时成像定位，用以测算成像靶点间的距离和分子间相互作用（Keung et al.，2014）。抗靶向特异性 DNA 的 dCas9 抗体免疫沉淀也被称为 enChIP-MS（即 engineered DNA-binding molecule-mediated ChIP-MS），可发展成为解析靶基因特异性相互作用蛋白和染色质相互作用的有力工具。

（五）碱基编辑工具

更精准的碱基编辑技术适用于单碱基突变导致的遗传疾病的矫正。基于 dCas9/nCas9-或 ddCas12a-胞苷（或腺苷）脱氨酶的 DNA 碱基编辑技术可在无 DNA 断裂条件下实现 C→T、A→G、T→C、G→A 全部四种碱基转换；dCas9 与 rAPOBEC1（大鼠胞嘧啶脱氨酶）和 UGI（尿嘧啶糖化酶抑制剂）融合表达可介导 C→U 转换，并通过 U：A 配对实现 C→T 转换（Komor et al.，2016）；基于切刻酶 nCas9 的 APOBEC-XTEN-nCas9-UGI 的 EB3 系统具有更高的碱基编辑活性和准确性。此外，研究人员开发出了基于海鳗胞嘧啶脱氨酶的 PmCDA1-dCas9/nCas9-UGI 系统；通过蛋白理性设计和系统优化，相继开发了 HF-BE3、BE4/BE4-Gam 和 eA3A-BE3（理性设计的人 APOBEC3A 替代 rAPOBEC1）；还开发出具有更窄或更宽碱基编辑窗口的 EB 系统，以及适用于编辑效率低下的基因组甲基化区或 CpG 区的 BE 系统。2017 年，介导 A→G 转换的腺苷碱基编辑系统 ABE 问世，nCas9 与细菌腺嘌呤脱氨酶融合介导 A→I 转换，并通过 I：C 配对实现 A→G 转换（Gaudelli et al.，2017）。值得注意的是，基于 dPspCas13b-ADAR2（RNA 腺苷脱氨酶）的 REPAIR（基于可编程 A→I 替换的 RNA 编辑）技术可实现 RNA 链可逆的、无 PAM 或 PFS 序列限制且不依赖 DNA 复制的精准 A→I 碱基替换编辑，RNA 碱基编辑序列范围比 Cas9-DNA 碱基编辑更大，还可在非分裂细胞（如神经元）中实现 RNA 编辑。REPAIR 技术还有望通过非合成手段实现 RNA 病毒的人工进化。

（六）RNA 检测工具

快速、精确的痕量核酸检测对临床诊断意义重大。2016 年，CRISPR-Cas9 系统首次成功应用基于 NASBA 技术（RNA 核酸序列扩增）的 Zika 病毒的分型检测。随后，靶向 RNA 基因编辑的 VI 型 Cas13a 被发现，相对于 Cas9 和 Cas12 介导的具有 PAM 序列限制的 DNA 编辑，Cas13a 可无任何序列限制地识别切割或附带切割与 crRNA 配对的单链 RNA，配合淬灭荧光 RNA 报告系统，LbuCas13a 对靶向 RNA 检测的灵敏度可达 10～20nmol/L。随后报道了基于 CRISPR/Cas13a 的单分子 RNA 检测技术——SHERLOCK，灵敏度可达 aM 级（10^{-18}mol/L）（Gootenberg et al.，2017），以及基于 Cas12a 的 HOLMES/HOLMESv2。2018 年，Science 杂志同期报道了三个 CRISPR 核酸检测技术——DETECTR（基于 Cas12a 的靶向激活非特异性 ssDNase 活性）、SHERLOCKv2（基于 Cas13、Cas12a 和 Csm6 的多重核酸检测工具，灵敏度低至 2 aM）及 HUNDSON（基于 SHERLOCK 的热灭活体液样品直接检测，无须核酸提取）。上述技术已成功应用于病毒、耐药基因、突变检测及基因分型，有望引发全球公共卫生变革。

CRISPR/Cas 技术还被广泛用于全基因组水平功能丢失（loss-of-function）或功能获得（gain-of-function）的基因功能筛选；与光遗传诱导（optogenetically inducible）或化学诱导调控技术相结合，实现在时间和空间层面对基因表达进行调控；分化细胞的再编程，CRISPRa 激活 OCT4 后有望将体细胞重新诱导成为多能干细胞（即 iPSC），激活 MYOD1 后可不经多能分化状态而直接实现细胞谱系重编程（direct lineage reprogramming）。此外，该技术还被开发成大片段基因克隆、核酸突变、基因组人工进化等基因操作工具。综上所述，基于 CRISPR/Cas 基因编辑技术的多能性和高效性，可以预期其在未来的病原体检测、疾病模型建立、基因治疗、微生物和植物基因组改造等领域的应用前景将不可限量。

三、基因编辑技术在医疗及生产中的应用

（一）基因治疗

通过核酸递送进行疾病治疗被称为基因治疗。与其他基因编辑工具相比，CRISPR 系统因具有设计简单、高效廉价、脱靶效应低等优点，已被广泛应用于多个研究领域，其中一个非常重要的领域是用于治疗基因突变导致的疾病。据统计，全世界有上万种疾病与基因突变相关联，而这其中又有超过一半是由单基因突变导致的，CRISPR 基因编辑系统能够为这类疾病的治愈带来希望。

传统基因治疗包括调节靶基因表达、疾病相关基因替代以及矫正遗传突变等。在 CRISPR/Cas 技术发现之初的 2014 年，AAV-Cas9 就已被用于 *Fah* 基因突变导致的酪氨酸血症小鼠模型的体细胞基因矫正，细胞水平的初始遗传矫正率约为 1/250。同年，AdV-Cas9 通过小鼠肝脏给药成功实现 *Pcsk9* 基因突变，降低了低密度胆固醇水平和心血管疾病的发生风险。2016 年年初，*Science* 杂志同期发表了同一领域的三个独立研究成果，即利用 CRISPR/Cas9 技术治疗杜氏肌肉萎缩症（Duchenne muscular dystrophy，DMD）mdx 小鼠模型，取得良好效果（Long et al.，2016；Nelson et al.，2016；Tabebordbar et al.，2016）。肌肉萎缩疾病是困扰人类多年的一类重大疾病，遗传因素是主要原因。肌肉在收缩时，需要一种名为抗肌萎缩蛋白（dystrophin）的重要蛋白质来保持肌纤维的稳定性，抗肌萎缩蛋白由 79 个蛋白编码区域组成，其突变会导致蛋白质失去活性。杜氏肌肉萎缩症正是由抗肌萎缩蛋白突变造成的，约每 3500 个男婴中就有一例杜氏肌肉萎缩症患儿。三组研究均使用 AAV 作为 CRISPR/Cas9 递送载体，利用其介导的 HDR 同源修复移除发生变异的区域，恢复抗肌萎缩蛋白的正常功能。利用这一思路使患病小鼠体内 60% 的肌纤维蛋白恢复了抗肌萎缩蛋白表达，小鼠肌萎缩症状也得到了显著缓解。尽管 AAV 载体能否在人体内有效传递尚未得到证明，且 CRISPR/Cas9 系统也存在脱靶可能性，但考虑到该技术在治疗 DMD 以及其他遗传性疾病上的潜能，此成果被认为是 CRISPR/Cas9 在遗传疾病治疗领域跨出的惊人一步。随后问世的 CRISPR/Cas12a 也可成功矫正 mdx 小鼠模型的 DMD 基因突变。2018 年 8 月，*Science* 杂志发表了更加令人鼓舞的研究结果，即基于 CRISPR 的基因治疗成功修复狗肌肉萎缩症，该研究使人们看到了将 CRISPR 基因编辑用于 DMD 临床治疗的曙光（Amoasii et al.，2018）。在眼科基因治疗领域，CRISPR 基因治疗可成功降低小鼠眼压，降低原发性开角型青光眼的发病风险；也可用于预防 *Nrl* 基因相关的视网膜退行性病变。此外，在人类胚胎细胞（受精 18h）中，CRISPR/Cas9 成功修复了导致肥厚型心肌病的 MYBPC3 杂合子基因突变，且未检测到脱靶效应。近期，*Nature Medicine* 杂志同期发表了两项应用碱基编辑工具进行基因突变矫正的开创性研究。其中一个研究利用 AdV-spCas9-BE3/gRNA 分别靶向小鼠子宫 *Pcsk9* 和 *Hpd* 基因；另一个研究通过静脉注射 AAV 递送碱基编辑系统，成功矫正苯丙氨酸羟化酶 Phae 的基因突变（Rossidis et al.，2018；Villiger et al.，2018）。利用 CRISPR 技术实现基因治疗的其他遗传性疾病还包括苯丙酮酸尿症（*PAH* 基因）、遗传性耳聋（*TMC1* 基因）、囊性纤维化（*CFTR* 基因）以及 β-地中海贫血（*HBB* 基因）等（Liu et al.，2018）。在 CRISPR 系统递送方式上，除了病毒递送载体，物理递送和非病毒生物材料载体递送方式也在探索中逐渐走向应用。

CRISPR/Cas 基因编辑技术在细胞治疗、肿瘤免疫治疗、抗感染治疗以及动物疾病模型建立中发挥重要作用。2013 年，首次尝试将 CRISPR/Cas9 技术用于囊性纤维化干细胞治疗，成功矫正了从患者体内分离的肠道干细胞中 *CFTR* 基因突变。随后该技术又被用于细胞克隆和组织器官中 CFTR 的功能修复。CRISPR/Cas 技术还被用于诱导性多能干细胞 iPSC 中导致的 β-地中海贫血的 *HBB* 基因突变的矫正。其主要过程包括：①利用患者成纤维细胞诱导 iPSC；②CRISPR 基因编辑 iPSC；③筛选基因编辑成功的细胞克隆；④确认编辑后细胞功能修复；⑤将修复细胞回输患者体内。在人非整倍体多能干细胞中，利用 CRISPR 技术甚至可以成功删除整条染色体。在针对程序性死亡受体 PD-1 的细胞免疫治疗中，CRISPR/Cas9 可成功实现肿瘤患者原代 T 细胞中 PD-1 的功能抑制（Su et al.，2016）。在基于嵌合性抗原受体 CAR-T 细胞的免疫治疗中，CRISPR/Cas9 可介导 T 细胞 TCR 基因被可识别特异性肿瘤抗原的新 TCR 基因所替代，经改造的 CAR-T 细胞中的 PD-1 基因也可通过 CRISPR/Cas9 被进一步抑制，从而显著提高 CAR-T 细胞靶向肿瘤的免疫攻击

活性（Ren and Zhao，2017）。然而，由于 PD-1 缺陷使 CAR-T 细胞可识别攻击受体同种异型抗原（alloantigens），导致 GVHD（移植物抗宿主病）并引起同种异源性 T 细胞表面 HLA-I 类抗原产生免疫原性。通过 CRISPR/Cas9 对 CAR-T 细胞中的 *TRAC*、*TRBC* 及 *B2M* 基因进行编辑，可以有效缓解或消除这类副作用。2016 年 7 月，基于 T 细胞 CRISPR/Cas 基因编辑的免疫疗法首次被 FDA 获准进入临床。在抗微生物治疗方面，抗生素耐药性一直是医疗卫生领域面临的重大难题，噬菌体疗法作为应对细菌耐药性的可能方案，其针对耐药菌的特异性问题一直难以解决。2014 年，*Nature Biotechnology* 杂志报道了首个针对金黄色葡萄球菌耐药性的 CRISPR/Cas9 噬菌体系统，该系统可特异性消灭金黄色葡萄球菌耐药性质粒，有效防止耐药基因在菌群内扩散，并成功应用于耐药性金黄色葡萄球菌感染的小鼠模型。除了利用噬菌体直接杀灭耐药菌，也可采用携带 CRISPR/Cas9 的溶原化噬菌体特异性切割细菌耐药基因，增加耐药菌对抗生素的敏感性（Bikard et al.，2014）。在抗感染方面，针对人 CCR5 或 CXCR4 受体和 HIV 感染人体后的整合基因组（如 LTR 元件）的 CRISPR 基因编辑可用于抗 HIV 感染治疗；可彻底清除 HBV 感染后形成的共价闭合环状 DNA（cccDNA）；可破坏 HPV 感染后 E6 和 E7 整合基因对宫颈癌细胞的恶性转化；可在细胞水平清除 HPV-1、EBV 及 HCMV 等潜伏感染病毒基因组等（Mahas and Mahfouz，2018）。2019 年，CRISPR/Cas9 技术被成功用于曼氏血吸虫和肝吸虫动物模型的感染治疗，从而将该技术的应用扩展到抗寄生虫感染（Arunsan et al.，2019）。

然而，2018 年 5 月，美国 FDA 不加任何说明地停止了基于 CRISPR 的基因治疗临床试验。尽管 2018 年 10 月以后，针对 β-地中海贫血、镰状细胞病（CTX001 疗法）和先天性黑蒙症的基因疗法人体临床试验又陆续获准重启，除了技术本身的安全性问题（如脱靶效应和递送效率等），该技术带来的伦理和社会问题也逐渐为人们所关注。此外还有证据表明，Cas9 蛋白可诱发人体获得性免疫反应，诱导 p53 依赖的 DNA 损伤应激，以及人受精卵大片段基因删除等。尽管造成这些对 CRISPR 技术不利因素的原因尚不完全清楚，但可以预期，CRISPR 技术真正用于疾病临床治疗还有很长的路要走。

2019 年年初，中国科学家通过体细胞基因组编辑和体细胞核移植技术，克隆出 5 只基因编辑猕猴。早在 2017 年年底，中国科学院脑科学与智能技术卓越创新中心（神经科学研究所）首次通过体细胞核移植技术克隆出世界上第一只灵长类动物。此次，研究人员首先利用 CRISPR/Cas9 技术敲除猕猴体细胞昼夜节律调节基因 *BMAL1*，使其出现睡眠障碍症状，随后挑选发生正确基因编辑和疾病表型最严重的猴子进行克隆。克隆猴表现出失眠、激素水平变化、焦虑抑郁以及"精神分裂症样"行为增加，由此成功建立了灵长类动物脑疾病模型，极大地推动了脑疾病的机理研究、药物筛选和干预诊治（Qiu et al.，2019）。

（二）病毒基因组改造

病毒基因组改造是病毒学研究的常用策略，用于病毒基因组功能和病毒-宿主相互作用研究，也是开发病毒疫苗和病毒载体基因治疗的重要手段。传统病毒基因组改造系统包括细菌内同源重组、细菌人工染色体（BAC）及酵母-细菌杂交克隆系统等。以最常使用的 BAC 系统为例，构建包含全长病毒基因组的 BAC 克隆费时费力，对于基因组大于 100kb 的病毒而言难度更大。基于 CRISPR/Cas 的基因编辑技术在极大降低较大病毒基因组（如疱疹病毒、杆状病毒等）改造成本的同时，还提升了成功率。

2013 年，CRISPR/Cas9 介导的 HIV-1 长末端重复序列（LTR）染色体整合区基因剔除在 Jurkat 细胞中获得成功，首次实现该技术在病毒基因组编辑领域的应用，针对多个 HIV-1 靶点的 CRISPR/Cas 已应用于 HIV-1 感染控制、活跃及潜伏病毒清除等，显示其在艾滋病治疗方面的巨大潜力（Verdikt et al.，2019）。人类 1/5 的癌症源于病毒感染，切割 HBV 共价闭合环状 cccDNA 或靶向 HBV 核心抗原（HBcAg）和表面抗原（HBsAg）病毒编码基因的 CRISPR 基因编辑有望实现 HBV 感染治愈（Noor et al.，2020）；靶向 HPV 癌基因 E6 和 E7 的 CRISPR 基因编辑可显著抑制肿瘤细胞增殖，促进肿瘤细胞清除，降低 HPV 转化活性（Bortnik et al.，2021）。对于基因组巨大的双链 DNA 病毒，如可逃避宿主免疫并建立长期潜伏感染的疱疹病毒，CRISPR 介导的基因组突变率可达 45%以上，靶向 gE、TK、UL7 等基因区域可有效抑制 HSV 的增殖和神经毒性（van Diemen and Lebbink，2017）。其他已实现 CRISPR 基因编辑的 DNA 病毒还包括非洲猪瘟病毒（ASFV）、痘病毒（VACV）、腺病毒（AdV）、人巨细胞病毒（HCMV）等。除靶向 DNA 病毒，具有 RNA 识别切割活性的 CRISPR/FnCas9 和 CRISPR/Cas13a 也可介导 RNA 病毒基因编辑，可在真核细胞中有效识别丙肝病毒（HCV）、登革病毒（DENV）、猪蓝耳病病毒（PRRSV）等病毒 RNA 靶序列，抑制病毒复制（Teng et al.，2021）。此外，CRISPR/Cas 介导的病毒基因组缺失、插入和突变也极大提高了减毒、重组和多价疫苗株的构建效率，以及病毒基因组功能研究进程。综上所述，基于 CRISPR/Cas 的基因编辑技术在病毒学功能研究和疫苗开发中的应用潜力巨大。

（三）植物基因组改造

在 CRISPR/Cas9 基因编辑系统被成功应用于人类细胞的同时，针对拟南芥、烟草、水稻和小麦的基因编辑也获得成功，但是效率相对较低。随后，通过植物偏好性密码子优化和启动子优化，更高效的 CRISPR/Cas9 系统陆续被开发出来，可实现植物基因组大片段删除、基因敲除/敲入、顺式调控元件干扰以及抗病毒感染，编辑范围也扩展至番茄、玉米、马铃薯、白毛杨、大麦、甘蓝、大豆等（Ma et al.，2016）。CRISPR/Cas9 介导的植物基因编辑分以下四个步骤：①设计构建 sgRNA；②通过瞬时转染原生质验证 sgRNA 的靶向性；③将 CRISPR/Cas9 系统导入植物细胞；④基因修饰植物的鉴定。在 CRISPR/Cas9 系统递送方式上，通常采用瞬时转染系统向原生质递送质粒编码的 Cas9 和 sgRNA 表达元件，或采用真空渗透法转化烟草或拟南芥叶片。对于难以通过原生质实现转基因的植物，可以利用 DNA-free 策略直接递送编码 Cas9 的 mRNA/sgRNA 混合物或者 Cas9/sgRNA 核蛋白复合物（Yin et al.，2017）。尽管理论上可以通过遗传分离去除转基因植物中的外源 DNA，但在无性繁殖的植物中则很难实现。即使去除转基因植物中的外源 DNA，在一些准入条件苛刻的国家，这样的遗传修饰个体（genetically modified organism，GMO）也是不被接受的。DNA-free 的递送策略可避免使用外源 DNA 载体，特别适合针对无性繁殖植物开发非转基因（transgene-free）的基因编辑品系。作为另一种 CRISPR/Cas9 系统递送的主要方式，农杆菌可通过花序浸蘸法介导多种植物转基因，如拟南芥；而对于一些单子叶或双子叶植物如水稻、烟草、番茄、土豆和杨树，则通过愈伤组织（callus）、不成熟的植物胚胎或其他组织介导植物转基因。除了基因组编辑，CRISPR/Cas9 还可直接靶向清除感染植物的双生病毒（geminiviruses），借此提高植物的抗病毒能力（Ji et al.，2015）。基于 CRISPR 的基因组编辑技术代表了一种新的育种方式，使靶向或直接育种成为可能。CRISPR/Cas9 已经被用于提高作物品系的多样性，包括产量、营养价值、抗逆性以及抗病虫害和抗除草剂等特性，多重基因组编辑更能够显著提高农作物多重优良特性。标准化的转基因递送技术、亟待提高的同源重组效率以及高通量全基因组功能筛选是未来植物基因组编辑需要解决的问题。

截止到 2018 年年初，美国农业部（USDA）批准可以自由耕种和交易的基于 CRISPR/Cas9 基因编辑的农作物已到达 5 种：①抗干旱/盐碱大豆（破坏 Drb2a/b 基因）；②富含欧米茄-3 的亚麻籽油（靶基因不详）；③花期延迟的狗尾草（玉米同源的 ID1 基因失活）；④不含支链淀粉的蜡质玉米（Wx1 基因失活）；⑤抗褐化变色双孢菇（PPO 基因敲除）。以 Yield10 公司开发的亚麻油为例，用传统转基因技术开发的产品需要花费 3000 万～5000 万美元和至少 6 年时间进行产品测试和数据收集，才有可能通过 USDA 审批，而利用 CRISPR 基因编辑技术开发新品系仅用时 2 年，获得 USDA 许可仅用了短短 2 个月。USDA 对生物技术农产品态度的转变源于新技术的应用。与传统植物转基因技术不同，由 CRISPR/Cas9 或其他新基因编辑技术改造产生的转基因植物不含任何植物病原体（病毒或细菌）DNA（Waltz，2018）。植物病原体是早期植物基因组编辑工具的必要组成（如农杆菌），由此引发 USDA 自 20 世纪 80 年代起对生物技术作物进行严格监管。相信随着植物基因组编辑技术的进步，会有更多基因编辑作物获得监管解禁许可，随之而来的还有巨大的商机。

四、CRISPR 基因编辑系统的限制因素及发展方向

（一）CRISPR 基因编辑技术的限制因素

尽管 CRISPR 基因编辑技术经历了近 10 年的快速发展，其诞生之初的三大瓶颈问题至今仍限制该技术的更广泛应用。

1. PAM 基序依赖

作为细菌的获得性免疫系统，PAM 是 CRISPR 用以区分自身和外来入侵核酸的标志。当 CRISPR 作为基因编辑工具使用时，Cas9-sgRNA 对 PAM 的识别甚至优先于 sgRNA 对靶向基因组的识别，且直系同源的 Cas9 对 PAM 基序识别特异性各不相同。PAM 基序的存在极大限制了 CRISPR 在更小、更精准的范围内对 DNA 进行编辑的可能性，如靶向特定的 SNP 或 microRNA 位点，或者进行精确的基因替换。

2. 脱靶效应

CRISPR 的脱靶效应始终是关注和争论的焦点，极大地限制了 CRISPR 技术在临床研究和疾病治疗中的应用。导致 CRISPR 脱靶的因素不仅仅是序列同源性，即使拥有一个或多个错配，sgRNA 仍然能够引导 Cas9 核酸酶整合到染色体上。总的来说，靠近 PAM 位点的 10 个碱基以外的错配比 10 个碱基以内的错配更容易被容忍。错配的容忍程度取决于 sgRNA 序列、染色体靶序列和所使用的细胞系等多种因素。张锋团队通过分析大于 700 个 sgRNA 和 100 多个染色体脱靶事件后发现，SpCas9 容忍的错配识别具有序列依赖性，且对错配发生的数目、位置和分布敏感（Hsu et al.，2013）。

3. 高滴度 CRISPR 病毒递送系统

作为目前已知的最具潜力的基因编辑工具，以病毒载体作为递送工具的 CRISPR/Cas9 系统已被用于进行动物（小鼠）个体水平基因功能和疾病模型研究。腺相关病毒 rAAV 以其低免疫原性、低致癌风险（不发生染色体整合）、广泛的血清型特异性（组织嗜性）、表达持久、稳定性高等特点成为基因递送载体的首选。但 rAAV 的缺点是承载容量小（约 4.7kb），4.2kb 的 SpCas9（1368 aa）加上 sgRNA 及其他辅助元件基本达到 AAV 容量上限，使高滴度病毒包装变得非常困难。目前广泛使用的可通过 rAAV 病毒递送的 SaCas9（1053 aa）约 3.1kb，其最大包装滴度小于 2×10^{11}IU，浓缩后可用于局部递送但使用成本提高。

（二）克服 CRISPR 基因编辑限制因素的途径

为了克服上述限制，新型 CRISPR 系统的发掘和针对现有 CRISPR 相关核酸酶的突变改造工作从未停止过，发现并改造出多种 PAM 依赖性和脱靶效应降低的 CRISPR 系统；同时，人们也在不断尝试新的 CRISPR 系统递送方式，以期获得更高的递送效率。

1. 挖掘新型 CRISPR/Cas 系统

继第一个成功应用于哺乳动物细胞的、源自化脓链球菌的 II 型 SpCas9 系统之后，源自嗜热链球菌、弗朗西斯菌、布赫内氏乳杆菌等细菌或古生菌的 Cas9 也陆续被发现。其中，源自金黄色化脓葡萄球菌的 SaCas9（3.15kb）因比 SpCas9 少了 300 多个氨基酸，且基因编辑效率与 SpCas9 相当而被广泛使用。源自空肠弯曲杆菌的 CjCas9（2.95kb）是目前发现最小的 Cas9，同样成功用于疾病模型小鼠的基因矫正（Kim et al.，2017）。2015 年，V 型 Cas12 系统被发现，其中的 Cas12a（即 Cpf1）比 Cas9 系统更加简单，其对靶序列的识别仅由单一的 crRNA 引导，不需要 tracrRNA 参与（Zetsche et al.，2015）。有别于富含 G 的 Cas9 PAM 基序，Cpf1 的 PAM 基序 TTN 富含胸腺嘧啶，适用于富含胸腺嘧啶的基因组编辑，且 Digenome 测序发现其脱靶效应较 Cas9 大大降低。更令人瞩目的是，Cpf1 可对靶 DNA 双链进行错位切割，形成 4～5nt 的黏端，特别适用于基于 NHEJ 方向性依赖的基因插入。相较于可分裂细胞，在非分裂细胞中通过 HDR 实现精确的基因组编辑非常困难，Cpf1 的发现使得在非分裂细胞中实现不依赖 HDR 的精准基因插入（替换）成为可能。2019 年年初，经进一步发掘和理性设计的 BhCas12b v4 问世，因其较短的氨基酸序列（1108 aa）和优于 SpCas9 的编辑效率被寄予厚望（Strecker et al.，2019）。很快，具有独特结构的 CasX（即 Cas12e）因更短的氨基酸序列（986 aa）和源自非病原微生物的特性，被预测将具有更高的递送效率和更好的安全性（Liu et al.，2019）。除了介导 DNA 编辑，2016 年问世的 VI 型 RNA 核酸酶 Cas13a（C2c2）进一步将 CRISPR 的应用扩展到靶向 RNA 的基因编辑（Abudayyeh et al.，2016）。区别于 II 型 Cas9 和 V 型 Cas12 介导的 DNA 编辑均受 PAM 序列限制，VI 型 Cas13a 可无任何序列限制地识别切割或附带切割单链 RNA 以调控基因表达。基于 CRISPR/Cas13a 的单分子 RNA 检测技术 SHERLOCK 灵敏度可达 aM 级（10^{-18}mol/L），成功应用于寨卡病毒、耐药基因和突变检测以及基因分型（Gootenberg et al.，2017）。

2. CRISPR 相关核酸酶的理性设计和基因工程改造

除了不断开发新型 CRISPR/Cas 系统，对现有 Cas 核酸酶进行有目的地设计改造，也极大地改善了 PAM 依赖和脱靶效应等瓶颈问题。例如，目前最广泛使用的 SpCas9，其特异性 PAM 基序为 NGG，编辑靶点中是否存在合适的 NGG 直接决定靶点的选择。如果靶 DNA 序列被限定在很小范围内且在其附近找不到 NGG 位点，则需使用具有其他 PAM 基序识别能力的直系同源 Cas9（如可识别 NGA、NAC 等 PAM 基序的 Cas9），编辑效率也会因此大大降低。那么，如何对现有成熟的 SpCas9 进行改造，在不影响编辑效率的基础上使其对 PAM 基序的识别更加多样化呢？通过晶体结构解析，发现了决定 Cas9 PAM 特异性的 PI 结构域（PAM-interacting domain），通过构建直系同源 Cas9 PI 结构域互换嵌合体，可将 SpCas9 的 PAM 基序由 NGG 人为更改为 St3Cas9 的 NGGNG，反之亦可实现（Nishimasu et al.，2014）。此外，基于结构信息学、细菌正向选择系统的人工演化及合成设计，发现 SpCas9 PI 结构域 D1135E/V、R1335Q、T1337R 等位点的突变也可直接创造出新的 PAM 基序识别特异性，为基因编辑靶点的选择提供更多可能性（Kleinstiver et al.，2015）。在改善脱靶效应方面，用一对 Cas9 D10A 切刻酶（nCas9）完成基因编辑，可在不影响靶向效率的情况下将脱靶频率降低三个数量级。此外，基于 DNA-核酸酶-RNA 复合物的结构分析和能量计算重构的 SpCas9-HF1、eSpCas9 及 HypaCas9 脱靶效应显著降低，且 HypaCas9 依然保持了与野生型 SpCas9 相当的靶向切割效率；通过 REC3 结构域随机突变筛选获得的 evoCas9 靶向特异性增强，几乎检测不到脱靶；通过噬菌体辅助持续演化（PACE）获得的 xCas9 3.7 不仅保真性提高，且 PAM 识别谱的宽容度也更高。此外，适用于靶向多基因的高效编辑酶 iCas9 和基于 Sniper 筛选获得的高特异性、高活性的 SniperCas9 也为改善 CRISPR/Cas9 的特异性提供了更多选择。在 Cpf1 重构方面，由于 Cpf1 本身的脱靶效率很低，因此研究重点放在 PAM 基序识别多样性的提高上，如基于结构分析获得的 RR 和 RVR As/Lb/FnCas12a 变异体。上述研究极大地推动了 CRISPR/Cas 技术在靶标选择的广谱性，以及基因编辑的精准性、高效性和可操控性方面的进步。

3. CRISPR/Cas 系统递送方式的发展

由于基因编辑功能的多样性和高效性，CRISPR/Cas 介导的功能失去和功能获得基因修饰在基因治疗中的应用被普遍看好。目前，CRISPR/Cas 能够以 DNA 表达载体、Cas mRNA/sgRNA 及 Cas 核酸酶/sgRNA 核蛋白复合物这三种形式递送。递送方式包括物理、病毒以及非病毒载体递送（Lino et al.，2018）。其中，通过显微注射的物理递送仍是将 CRISPR/Cas 导入细胞的"金标准"，针对上述三种形式的 CRISPR/Cas 系统可实现 100%递送效率。此外，物理递送还包括电穿孔和核穿孔等体外递送方式，以及经血流的流体动力学体内递送方式。病毒载体因其高效性一直被广泛用做疾病模型研究或基因治疗的递送载体（Xu et al.，2019）。其中，腺相关病毒 AAV 因为具有以下优点成为 CRISPR/Cas 的首选递送系统：①显著的低免疫原性和非致病性；②基因组整合安全性；③在非分裂细胞长期稳定表达（大于 6 个月）；④拥有不同组织嗜性的多种血清型。但是，ssDNA AAV 容量仅为 4.7kb，具有更高基因转移效率的 dsDNA AAV 的容量则更小，极大地影响 AAV-CRISPR/Cas 的包装滴度，增加递送成本。通过片段化、重叠、反式剪接和杂交等手段产生的 Dual AAV，其总包装容量扩增至 9kb。Dual AAV-CRISPR/Cas 递送系统中，一个 AAV 递送 Cas9，另一个 AAV 递送 sgRNA 及供体模板 DNA，由此甚至可以实现体内多基因高效敲除及大片段基因插入。腺病毒 AdV 的包装容量可达 34～43kb 且无基因组整合风险，但其衣壳蛋白易产生急性免疫反应，且大多数人都因曾经感染过 AdV 而携带中和抗体，影响其在人体基因治疗中的应用。目前 AdV-CRISPR/Cas 递送系统常被用于构建疾病模型、药效评价和体外基因治疗。逆转录病毒的随机高频基因组整合效应使其在递送 CRISPR/Cas 系统时易产生脱靶性基因插入突变，尽管整合酶编码区的突变可产生丧失整合活性的逆转录病毒，但该技术难以普及。目前逆转录病毒-CRISPR/Cas 系统主要用于在细胞水平利用 sgRNA 文库进行全基因组功能失去的正向或负向遗传筛选。此外，噬菌体-CRISPR/Cas 系统开创性地靶向细菌毒力和抗性基因，可选择性杀死毒力菌和多重耐药菌群，而同种属的非毒力菌或非耐药菌则对其免疫，极大地推动了抗耐药性的噬菌体治疗。除了病毒载体，裸 DNA、脂质体 DNA 胶囊、DNA 纳米颗粒、细胞渗透肽等非病毒递送手段尚不成熟，短时间内难以应用于临床（Li et al.，2018；Rui et al.，2019）。目前，以核蛋白复合物形式递送 CRISPR/Cas 仍是靶向特异性最高（脱靶率最低）的递送方式，而以质粒 DNA 或 mRNA 递送的方式因不能控制 sgRNA 与 Cas 核酸酶的装配比例和效率，导致脱靶风险增加。随着更紧凑（更短序列）、更适于递送的 CRISPR/Cas 系统不断被开发出来，未来可预期出现更稳定、更安全高效、特异性更高的基因编辑系统递送模式，助推 CRISPR/Cas 技术用于个体基因治疗。

4. 基因编辑技术的发展展望

CRISPR 编辑系统凭借操作简单、成本低廉、特异性强以及编辑效率高等优点，已在基因编辑技术领域占据主导地位，目前已有多项相关研究应用到临床治疗中。例如，在一项治疗 β-地中海贫血或镰状细胞病的研究中，科研人员将经 CRISPR 编辑后的造血干细胞输入患者体内，证实编辑过的基因能够稳定存在于细胞中，而且可以有效回升患者的血红蛋白水平，结果使得两名接受治疗的患者不再依靠输血治疗，证实了 CRISPR 用于治疗这类疾病的可行性（Frangoul et al.，2021）。转甲状腺素淀粉样变性疾病是一种罕见遗传性疾病，错误折叠的甲状腺素转运蛋白累积于患者体内，尤其是累积于心脏和神经组织中，严重危害患者的生命健康。有研究小组使用 CRISPR 系统治疗该疾病，他们通过脂质纳米颗粒（LNP）将携带靶向致病基因的 sgRNA 和优化后的 spCas9 蛋白的 mRNA 直接递送至患者肝脏，显著降低了甲状腺素转运蛋白在患者体内的累积，证实了该临床试验安全有效（Gillmore et al.，2021）。而在艾滋病的临床研究中，美国食品药品监督管理局（FDA）近期批准了医药公司的一项临床试验，希望通过 CRISPR 基因编辑技术彻底清除人体内的艾滋病病毒，以彻底治愈艾滋病。由此可见，CRISPR 基因编辑技术发展迅速，应用广泛。

CRISPR/Cas9 系统可通过三种形式递送至靶细胞。①递送编码 Cas9 核酸酶与 sgRNA 的 DNA 表达载体。这种方式操作简单、成本低廉，并且有很高的稳定性，因此是一种常见的递送方式。但是由于 DNA 载体在靶细胞内表达时间长，容易发生脱靶效应，而且可能导致基因整合风险，因此安全性低。②递送编码 Cas9 核酸酶的 mRNA 与 sgRNA。该方式递送效率和编辑效率高，且脱靶效应低，安全系数也高，但由于递送的是 mRNA，容易被降解，因此稳定性较差。③直接将 Cas9 核酸酶蛋白与 sgRNA 递送至宿主细胞。这种方式简单直接，无须进行转录和翻译过程，因此编辑效率更高，而且脱靶效应很低。但由于蛋白质尺寸较大，不容易进行包装，因此这种方式递送效率低，而且成本高昂。这三种形式各有优缺点，第一种操作简单且成本低廉，但是存在整合风险且难以精确操控，而且脱靶风险高。后两种操作安全性高、重复性好，但是操作相对复杂且成本高昂。目前应用最多的是前两种方式，即将 Cas9 的 DNA 或者 mRNA 与 sgRNA 一起递送至靶细胞。

当前，研究人员将 CRISPR 系统递送至靶细胞的方式和所用载体也是多种多样，包括显微注射法、电穿孔法、脂质纳米颗粒递送法以及使用重组腺相关病毒载体（rAVV）递送等方法，这些方法也是各有优缺点。显微注射法重复性好、特异性高，但是操作复杂，成本也不低廉，一般多用于建立基因修饰动物模型；脂质纳米颗粒是一种常见的递送载体，它具有穿透性强、递送效率高、成本较低等优点，但是由于具有一定的细胞毒性和免疫原性，它的应用也受到了限制；而 rAVV 由于具有很多优点，目前是递送 CRISPR 系统最常用的载体，具有感染性强、免疫原性低、递送效率高的特点。但由于它递送的是 DNA 载体，难以精确操控，可能存在未知的安全风险，而且它的载容量小，包装容量仅有 4.7kb 左右，制约了 CRISPR 系统的包装，这些缺点成为其发展的障碍。

基于这些存在的问题，当前 CRISPR 基因编辑技术主要有两个发展趋势。①缩小体积。科研人员正在寻求尺寸更小的 Cas 核酸酶，或者对现有的核酸酶进行改造，以便于包装和递送。现有的 CRISPR 系统仍然偏大，不利于 rAVV 等病毒的包装，不易输送到组织细胞中。最近，斯坦福大学的研究团队报道了一款改进的 CRISPR 系统（Xu et al.，2021），通过对 sgRNA 的 Scaffold 及 Cas12f 核酸酶进行改造，使得 CRISPR/Cas12f 尺寸只有 CRISPR/Cas9 的 1/2 大小，但却能够保持相当的基因编辑活性，拓展了 CRISPR 系统的应用范围。②研究开发性能更加优良的递送系统。与腺病毒、慢病毒、脂质体等载体相比较，源自机体自身组分的载体系统引起的免疫反应更小，安全性更高，而且可以靶向特定的组织、器官，更容易进入细胞。近期，来自美国麻省理工学院的研究团队报道了经改造的人逆转录病毒样蛋白 PEG10 能够将 CRISPR 的 mRNA 运送至靶细胞，成功进行了基因编辑（Segel et al.，2021）。由于该载体是天然存在于人体组织中的蛋白质，避免了机体的免疫攻击。

第二节　基因驱动技术

一、基因驱动技术概述

（一）基因驱动技术定义

"基因驱动"（gene drive）是指特定基因有偏向性地遗传给下一代的一种自然现象。自从孟德尔定律被发现以来，人类关于杂交育种、基因改良的研究越来越多。但孟德尔定律仅限于在亲缘关系较近的物种之间，且品种改良的过程漫长、效率低。2003 年，英国伦敦帝国理工学院进化遗传学家奥斯汀·伯特（Austin Burt）提出"基因驱动"概念（Burt，2003）。自然界中，有性生殖的基因每条染色体都有两个版本，基因的每一个版本通常都有 50% 的概率被遗传给 F_1 代。但其中也存在着非对称遗传现象，即基因驱动，如自私基因能够被选择性地遗传下去，使该基因频率在种群内逐渐增加。果蝇的转位因子 P 能够半随机地在基因组的多个位置高效复制，在 20 世纪不到 60 年的时间里"横扫"了所有的野生种群。最有效的基因驱动可以非孟德尔遗传方式确保近 100% 的遗传倾向性，理论上，经历 10 个世代后，基因驱动就可导致转基因个体的数量增加 1024 倍，转基因品系将以极快的速度形成优势种群。

基因驱动可分为种群抑制和种群修饰两类，即通过遗传元件的扩散导致群体中个体数量减少，以及通过遗传元件在种群中传播导致种群的基因型发生变化。

（二）基因驱动技术发展历史

自 19 世纪 80 年代以来，科学家就知道自私的遗传元件。进化遗传学家奥斯汀·伯特研究位点特异性自私遗传元件，发现这些 DNA 会从亲代生物传给几乎所有后代。但是，直到 20 世纪中叶，才出现了利用自私的遗传元件控制种群的想法（Curtis，1968）。1960 年，George B. Craig 建议利用某些雄性埃及伊蚊中自然存在的"雄性因子"控制蚊子种群（Leahy and Craig，1967）。当具有这种雄性因子的雄蚊繁殖时，它们的大多数后代便会发育成雄性，将携带这种因子的雄蚊在环境中释放有可能"将雌蚊的数量减少到有效传播疾病所需的水平以下"。

1992 年，进化遗传学家玛格丽特·基德韦尔（Margaret Kidwell）和媒介生物学家何塞·里贝罗（Jose Ribeiro）提出了利用可转移元件将工程基因驱动到蚊子种群中的机制（Kidwell and Ribeiro，1992）。Austin Burt 在 2003 年提出使用归巢核酸内切酶基因（homing endonuclease gene，HEG）来驱动遗传变化进入自然种群（Burt，2003），但修改 HEG 使其在基因组中特定位点进行切割十分困难。可编程核酸酶如锌指核酸酶（ZNF）和转录激活因子样效应核酸酶（TALEN）系统克服了这个问题，开启了靶向基因组编辑的时代。2012 年，詹妮弗·杜德纳（Jennifer Doudna）和埃马纽埃尔·卡彭蒂耶（Emmanuelle Charpentier）证实 CRISPR/Cas 可以作为基因编辑系统（Jinek et al.，2012）。科学家们利用 gRNA 的指引核酸酶 Cas 切割目标序列，造成双链断裂，通过激活真核细胞内的修复机制，如非同源末端连接（non-homologous end joining，NHEJ）和同源重组修复（homology-directed repair，HDR），实现基因插入、删除（敲除）或替换。

2015 年，即首次报道 CRISPR/Cas9 作为基因编辑工具 3 年后，Valentino M. Gantz 等在果蝇中开发出一种基于诱变链反应（mutagenic chain reaction，MCR）的基因驱动（Gantz and Bier，2015）。先将核酸酶 Cas9 与 gRNA 序列插入在 gRNA 靶向序列中，一旦 Cas9 转录，即可在 gRNA 指引下切割同源染色体对应位点。然后利用细胞自身同源重组修复，将 Cas9 和 gRNA 序列组成的切割元件复制到另一条染色体中，完成从杂合子到纯合子的转化过程，实现基因驱动。研究人员将驱动元件放置于果蝇的 X 染色体连锁的隐性遗传黄腹基因中，最终雌性驱动果蝇的子代黄腹比例为 97%，而雄性驱动果蝇中只有雌性子代表现出了黄腹性状，雄性子代则未出现黄腹。该研究是第一个基于 CRISPR 在后生动物有机体中建立的基因驱动。

同年，Valentino M. Gantz 等又在冈比亚按蚊中将抗疟基因 *m2A10* 和 *m1C3* 插入犬尿氨酸羟化酶（kynurenine hydroxylase）基因座（*kh*），这是第一种在蚊子中构建成功的双抗疟基因基因驱动（Gantz et al.，2015）。该系统除表达抗疟基因外，还能够破坏 *kh* 驱动元件导致雌性不育，在阻止疟原虫传播的同时进一步减小蚊子种群。2015 年 12 月，*Nature Biotechnology* 杂志报道英国科学家 Andrew Hammond 等利用冈比亚按蚊中三个导致隐性雌性不育的基因实现雌性子代不育率 91.4%～99.6%，这是第一个基于 CRISPR 技术的高效抑蚊基因驱动系统（Hammond et al.，2016）。此后，科学家们相继在植物、线虫、果蝇、鱼类、小鼠等多种生物细胞及生物体内实现基因驱动。

目前，研究人员主要通过以下几种方式实现基因驱动：①基于归巢内切酶基因的基因驱动，模拟归巢核酸内切酶（HEG）基因在减数分裂期通过"复制／粘贴"将同源染色体上相应等位基因替换成 HEG 的"归巢"特性；②基于减数分裂驱动的 X/Y 染色体粉碎的基因驱动，破坏雄性的 X 或 Y 染色体，实现种群中性别比例失调，同时将这种驱动遗传到子代；③基于母性效应显性胚胎捕获（maternal effect dominant embryonic arrest，Medea）的基因驱动，Medea 系统通过基于 RNAi 的"毒药-解药"组合技术驱动基因扩散。

基因驱动技术从诞生至今近 60 多年，自从 CRISPR/Cas9 技术诞生以来，科学家们已经在消灭或减少蚊虫种群、农作物遗传育种、杂草治理、抵抗鼠害入侵、动物模型快速制备等多个方面取得突破，虽然技术发展伴随着风险和挑战，但在科学的指引、合理的部署和透明的监督下，基因驱动将获得社会许可和市场接受，我们有理由相信未来基因驱动技术将改变我们的生产和生活方式，促进社会和经济的可持续发展。

二、国内外研究进展

（一）蚊虫基因驱动

蚊虫是多种病毒和寄生虫的传播媒介，引起的传染病如黄热病、疟疾、登革热等，常引发严重的公共卫生问题。目前以杀虫剂为主的防治策略效果不佳，存在抗药性风险且成本很高。因此，科学家提出通过基因驱动手段实现"人道而有效的"消灭或减小蚊虫种群。由于按蚊、伊蚊以及果蝇等具有较清晰的遗传背景、较短的生命周期、较强的繁殖能力、便于基因操作等特性，常作为基因驱动技术研究的模式生物。

中国科学院动物研究所王关红研究员和北京大学生命科学学院 Jackson Champer 研究员将蚊虫基因驱动分为无限制型、限制型、自限型三种类型（Wang et al.，2022）。

1. 无限制型基因驱动

无限制型基因驱动主要通过归巢驱动实现。归巢驱动通过编码核酸内切酶来切割同源染色体中的目标位点并在同源定向修复过程中复制自身。驱动使用 Cas9 与 gRNA，高度灵活地靶向天然基因组位点。2015 年，Valentino M. Gantz 等在冈比亚按蚊归巢驱动相关研究中，将两个表达抗疟抗体的有效载荷基因设计在靶向 *kh* 基因的驱动元件中（Gantz et al.，2015）。虽然此驱动系统的效率达到 99.5%，插入后代中存在比较高的胚胎抗性等位基因形成率，即存在部分基因由于出现非同源末端连接突变而导致无法被 gRNA 识别。为克服这一障碍，2020 年，Jackson Champer 等在果蝇中设计了一种救援归巢驱动，在此系统中除两个生存所必需的功能性拷贝，还提供了一个包含无法被 gRNA 切割的靶向基因重编码拷贝，能够"救援"靶向基因的功能（Champer et al.，2020）。这种驱动成功地消除了抗性等位基因并在笼子种群中进行传播。

归巢驱动可以通过设计靶向必需但单倍充足的基因（无须救援）来抑制种群。在这个系统中，驱动纯合子是不育的或不可存活的，但驱动等位基因仍可在杂合子中传播。目前最常见的种群抑制策略是靶向雌性生殖基因。

2. 限制型基因驱动

限制型基因驱动存在引入阈值，驱动频率需要高于阈值才能增加并达到平衡，低于阈值则驱动水平会下降并被消除。基于 CRISPR 系统的毒素-解毒剂驱动通过 gRNA 靶向必需基因并直接切割和破坏它们来充当毒素，具有靶基因的重编码版本可用作解毒元素。这些驱动靶向单倍充足但是必需的基因，这意味着只有当靶基因的两个野生型拷贝被破坏而没有任何驱动等位基因提供救援时，基因型不能存活。这些系统可在多个蚊虫中轻松设计，2020 年，Jackson Champer 等在果蝇中开发了隐性毒素-解毒胚胎驱动系统（toxin-antidote recessive embryo drive，TAREDrive）。该系统通过破坏目标基因，形成隐性致死等位基因，同时拯救携带驱动器的个体且重新编码的目标。模型表明，这种驱动器将具有阈值相关的入侵动力学，只有当引入的适应度相关频率超过一定值时才会扩散。该驱动在雌性杂合子传递率为 88%～95%，当以超过 24%的频率引入种群中，经历 6 代后即可达到 100%，并且在传播过程中不会出现任何明显的抗性进化（Champer et al.，2020）。由于减少了对生殖系 Cas9 的表达和同源定向修复的要求，该驱动系统比归巢驱动更容易实现。

无限制型的归巢驱动可能不适合一些特定情况，如对入侵物种的局部抑制。这种情况下，限制型驱动可以提供归巢驱动的动力，并限制另一个系统。它们可通过缺乏基本组件（如 Cas9 或 gRNA）的归巢驱动系统来构建，缺少的组件由限制型驱动提供。

3. 自限型基因驱动

杀手-救援驱动是经典的自限型驱动系统，由两个独立的等位基因组成。"杀手"等位基因致死，除非救援等位基因也存在。2020 年，北卡罗来纳州立大学的 Sophia H. Webster 等在果蝇中成功建立了这种系统，并完成了部分测试。其他自限型驱动系统包括一个分离驱动元件和一个支撑元件。支撑元件的频率不能增加（Webster et al.，2020），当驱动元件与支撑元件一起时，驱动元件的频率可以增加，但最终由于缺乏支撑元件而下降。

（二）植物基因驱动

植物作为初级生产者发挥着关键作用，支撑着陆地生态系统的多样性和功能。然而，许多自然和农业生态系统面临着入侵物种、气候变化和抗除草剂进化等严峻挑战。基因驱动系统能够直接操纵遗传特性或通过改变基因修饰来调控植物种群，能够满足管理野生或人工植物种群的迫切需求。

植物自身存在着多种基因驱动机制，其中玉米的 abnormal 10（Ab10）基因就是典型的减数分裂驱动系统。Ab10 的等位基因是 N10，Ab10 的长染色体臂上存在大量的重复 DNA，可以形成类似旋钮的结构。在减数分裂期间，该结构能够使 Ab10 沿减数分裂纺锤体迁移到 N10 染色体之前，进而导致了强烈的优先分离——Ab10 可遗传给 60%～80%的后代。而在 1000 多种被子植物中存在的 B 染色体则以非孟德尔方式进行积累，其利用不规则的有丝分裂和减数分裂实现驱动，最终在生殖细胞中积累，进而在配子发生过程中不对称遗传。

植物遗传育种一直以来都是农业科学家研究的重点，传统育种手段由于孟德尔遗传规律的限制，把优良性状从野生品种或者相近物种中引入主栽品种、叠加多种性状以及剔除有害性状等过程往往需要多世代的杂交和回交，同时也需要大量筛选工作。基因驱动手段能够实现定向遗传，迅速获取具有目的性状的子代，可极大地节省人力物力。

2021 年，加州大学圣地亚哥分校的赵云德团队利用 CRISPR/Cas9 基因编辑技术及同源重组将基因驱动元件定点精确地插入到拟南芥的蓝光受体 *CRY1* 基因中，得到了 *cry1* 驱动植株（Zhang et al.，2021）。当 *cry1* 驱动植株与野生型杂交后，有多达 8%的 F₁ 代植株在 CRY1 位点变为纯合（两个 *CRY1* 拷贝均来自 *cry1* 驱动植株的一个亲本），而其他基因都来自双亲。该研究首次在植物中应用基因驱动（gene drive）技术在杂交第一代（F₁）就实现了目标基因的纯合，并且保持了非目标基因杂合，突破了孟德尔遗传规律的限制。另外，他们也实现了超级孟德尔遗传分离，提高了纯合目标基因在子代中出现的概率。这一研究有望把需要多世代杂交和回交的传统遗传育种缩短到一到两代，极大地提高了遗传育种的效率。同时，赵云德团队还设计了一种反式基因驱动（*trans*-acting gene drive），将基因驱动元件插在离目标基因很远的位置，甚至在不同的染色体上，这样的目标基因被改造后，基因驱动元件可以被分离出去，产生非转基因且目标基因被改造的后代，与经典的基因驱动中目标基因和驱动元件是紧密连锁的情况不同，一定程度上降低了人们对外源基因安全性的担忧。

除应用于育种方面，基因驱动在农业杂草防除中也有望发挥重要作用。基于 CRISPR/Cas9 系统，针对农业杂草的竞争性、种子休眠、形态学和配子发育等特征来设计基因驱动，能够实现对杂草的种群抑制。例如，针对雌雄异株的斑点矢车菊，基因驱动可以靶向性别特异性基因以改变其性别比例，或者靶向儿茶酚（抑制周围植物生殖和生长）合成基因使其不能获得竞争优势。针对携带草甘膦（除草剂）抗性的农作物杂草长芒苋（又名猪草），基因驱动将可能改变雌雄植株的比例，或者靶向草甘膦抗性基因（烯醇式丙酮酸-3-磷酸合酶），恢复其对除草剂的敏感性。长芒苋的自身特征也符合基因驱动的使用条件，如一年生、雌雄异株、土壤中不存在种子库、可进行转基因操作、风媒授粉（其种群灭绝不会破坏虫媒昆虫生态）等。虽然现在对杂草的分子遗传学基础了解并不透彻，鉴于农业生产的迫切需求，基因驱动除草领域潜力巨大。

（三）哺乳动物基因驱动

虽然哺乳动物的基因驱动在抵抗有害群体的入侵、优化实验动物模型等方面有广阔应用前景，但由于遗传背景复杂、不易控制、风险性较高以及伦理学争议等原因，基因驱动系统很少在哺乳动物中开发，实际应用更少。

2019 年，Thomas Aa Prowse 等在胚胎干细胞中利用正交可编程内切酶（Y-CHOPE）结合可编程核酸内切酶构建 Y 染色体分离基因驱动，使小鼠 Y 染色体因"碎片化"而缺失，从而将 XY 基因型（雄性）转变为可生育的 XO 基因型(雌性)。随后在已建立的害鼠种群模型中证实,利用 Y 分裂驱动器可以逐步消耗 XY 雄性库，通过配偶限制实现种群消灭（Prowse et al.，2019）。

同年，加州大学圣地亚哥分校（UCSD）Kimberly Cooper 实验室通过精细巧妙的实验设计，首次也是目前唯一一例在小鼠中实现基因驱动（Grunwald et al.，2019）。在这项新的研究中，Cooper 团队着重关注编码酪氨酸酶（tyrosinase）的基因，它决定着毛发颜色，该基因突变则造成小鼠白化病。研究人员将含有 gRNA 的基因驱动插入到 Tyrosinase 基因的第四个外显子中,其中这种 gRNA 能够将 Cas9 引导到 Tyrosinase 基因和 mCherry 基因上,理论上，成功实现 HDR 的小鼠中可以追踪到 mCherry 的表达。Cooper 团队首先利用 Rosa26 和 H11 这两种几乎在所有组织中都能表达的启动子来驱动 Cas9，随后选择了在生殖系中特异表达的启动子来驱动 Cas9，因为生殖细胞本身会在减数分裂时发生交换重组,抑制 NHEJ 可能会促进 HDR。实验证实这种策略是有效的，雌性小鼠中 HDR 的发生率为 72%。该基因驱动在雌性小鼠中有效，然而在雄性小鼠中尚不成功。

这项研究在 2018 年提交到预印刊 bioRxiv 后，立即引发了大量讨论。Jackson 实验室领导技术研发的 Michael Wiles 认为"通常制作同时具有 6 种遗传修饰的小鼠需要大概 5 年，而利用基因驱动技术，1 年就可以办到，利用基因驱动技术能够节省大量制作小鼠模型的时间，该研究是非常有意义的"。来自澳大利亚阿莱德莱大学（University of Adelaide）的小鼠遗传学家 Paul Thomas 称这项研究是"在哺乳动物基因驱动开发道路上迈出的重要第一步"。同样，来自澳大利亚的小鼠遗传学家 GaétanBurgio 评价此工作"是非常好且具有重要意义的研究"，"我们之前对啮齿类动物中的基因驱动一无所知，我们曾认为它的效率可能跟在果蝇中同样高，但事实并非这样"。来自 MIT 的 Mdia 实验室进化生物学家 Kevin Esvelt 提出虽然该研究的目的是改造实验动物，但因为没有保护措施，会有可能导致基因驱动动物进入自然环境而破坏生态平衡。基于基因驱动的哺乳动物研究还有很长的路要走。

第三节　基因编辑与基因驱动的两用性与生物安全

一、基因编辑的两用风险

新技术的出现总会使人产生喜忧参半的联想，20 世纪 80 年代基因工程技术兴起之初，时任里根政府国防助理秘书的 Douglas Feith 就曾主张，未来的 5～10 年将会见证某些"反国际秩序的"国家制造出经过人为设计的、威力更大的生物武器。然而 30 多年过去了，尚无足够的信息或证据支持某些国家或恐怖分子试图利用新的遗传技术成功制造生物武器。然而，随着新技术的更迭发展，从 RNA 干扰技术、转基因技术、克隆技术、反向遗传技术、干细胞诱导技术，到 ZFN、TALEN 和 CRISPR 等新型基因编辑工具的出现，再到测序技术和合成生物学的飞速发展，不断提升的技术能力使人们获益的同时，也愈发加剧了对技术谬用的担忧。

基因编辑技术的快速发展极大地提高了我们精准操控真核细胞基因组的能力。相较于传统基因编辑技术，编辑效率更高、操作更简单、成本更低的 CRISPR/Cas 系统，彻底改变了基因组功能研究进程，但是其两用性威胁也日益突出。基因编辑技术的不断完善和层出不穷的开创性应用吸引了巨大的商业投资，资本驱动下的技术竞争存在着逾越生物安全底线和伦理监管的风险。早在 2016 年，美国国家情报总监 James Clapper 就在当年的世界威胁评估报告中将"基因编辑"列入"大规模杀伤性与扩散性武器"清单，这是生物技术首次入选。他同时指出"鉴于以 CRISPR 为代表的基因编辑技术的广泛传播、低成本和迅速发展，任何蓄意或无意的谬用，都将对经济和国家安全造成深远影响"（Clapper，2016）。同年秋天，美国总统科学技术顾问委员会提议制定"新生物防御策略"，用于应对 CRISPR 等新技术谬用引发的生物技术威胁。

自从 2013 年 CRISPR 技术首次在人体细胞中实现基因编辑，短短数年时间，基于 CRISPR 的第三代基因编辑已发展成为最受追捧的生物技术和基因治疗手段，其易用性、低成本、形式多样性、对基因改造的精准性和高效性助推了该技术的迅速普及和发展，但也毫无悬念地带来了生物安全和伦理风险，值得高度重视。

（一）基因编辑技术谬用的可能途径

生物技术谬用的范畴主要包括对健康造成无意的负面影响（unintentional negative health effect）、造成泄漏/逃逸等生物事故（biological accident）以及蓄意谬用（deliberate misuse）。如前所述，CRISPR/Cas9 基因编辑技术在生命科学和医疗领域创造出无限可能，但同时也带来巨大的谬用风险。谬用主体可以是具备一定技术能力的科学家，也可能是专业或非专业的生物黑客（biohacker）以及 DIYBio 的狂热分子，甚至是以制造生物武器为目标的敌对国家。2018 年年底被 Science 杂志评为"年度三大不幸科学事件"之一的"基因编辑婴儿"事件中，主导者以抗 HIV 感染为名对人类胚胎进行了并不算成功的基因编辑，其擅自修改人类遗传密码，赋予后代可遗传的、现有认知能力下不可预期的新性状的行为严重违背医学伦理。然而，此次事件更为深远的后果是使人们对人种基因编辑的可行性产生更多的幻想，甚至带来类似的跟风之作。人类基因组编辑的大门一旦开启，无论以科研还是应用为目的，占据技术制高点对科学家和牟利者而言都将是不可抗拒的诱惑。"基因编辑婴儿"入选 Science 杂志"不幸事件"的同时，其缔造者却入选 Nature 杂志"2018 年度十大人物"，可见学术界对当前技术条件下的此类研究并未形成共识。2017 年，美国针对基因编辑进行的民意调查表明，约 65% 的人支持以治疗为目的的体细胞或生殖细胞遗传修饰，而对以能力增强为目的的体细胞和生殖细胞遗传修饰则分别获得了 39%（35% 反对）和 26%（51% 反对）的支持率（Scheufele et al.，2017）。尽管人们更倾向于以治疗为目的的基因修饰，但是仍有相当比例的人赞成通过遗传修饰实现能力增强，其对公众的诱惑力之大可见一斑。现阶段基因编辑技术的脱靶效应、递送和编辑效率低下一直是阻碍基因编辑技术应用于人体的主要问题，但这并不妨碍部分激进科学家因不接受造物主对生命的平庸设计而冒险一搏，其结果将具有极大的不可预期性。

生物黑客是潜在技术滥用的另一群体，大多数生物黑客都是喜欢 DIY（自己动手制作）的科学探索者，虽然出身各行各业，但目标相同，即通过想当然的激进手段增强身体机能和保持健康。早期的生物黑客属于半机械流，热衷于各类"芯片"移植。CRISPR/Cas9 技术的出现催生了基因改造流生物黑客。由于该技术门槛极低、教程遍地，科学爱好者可在家自由学习使用，该技术瞬间成为生物黑客的至宝。行业中有两家黑客公司最为活跃：The Odin 和 Ascendance Biomedical。其中，Ascendance Biomedical 的 CEO Aaron Traywick 已于 2018 年 4 月死在"变异"的路上，其死因与注射了未经 FDA 临床测试的 DIY 疱疹基因治疗药剂有关，并在全球引发争议。另一家公司 The Odin 的创始人 Josiah Zayner 是芝加哥大学生物物理学博士、美国国家航空航天局前研究人员。他鼓励公众在家编辑 DNA，是早期 CRISPR 工具包的推行者与科普者之一。2017 年，Josiah Zayner 宣称利用"基因剪刀"可"屏蔽"人体肌肉抑制基因

Myostatin 的药物，妄图通过基因改造实现人工增肌。由于 FDA 无权干扰个人实验，只能不断警告该类药物具有巨大安全隐患，并规劝人们减少开发或使用；美国警察也不得不潜伏在各种生物黑客社区暗中观察是否有人制作危险物品；德国已率先禁止生物黑客的地下实验，违者将面临 5 万欧元罚款或 5 年监禁。但这些显然不能阻挡叛逆黑客的脚步，技术的发展将使他们拥有更多的实验手段，也将会制造出更大的麻烦甚至生物安全威胁。

2016 年，美国率先将"基因编辑"列入"大规模杀伤性与扩散性武器"清单（Clapper，2016），并着手制定"新生物防御策略"，由此将 CRISPR 技术谬用威胁提升至国家安全战略高度。2019 年度美国情报界威胁评估报告进一步指出，包括基因编辑、合成生物学和神经科学在内的生物技术的快速发展，将给经济、军事、伦理和管理带来全球性挑战。这些技术在极大推动精准医疗、农业和制造业发展的同时，也将帮助对手国家发展生物战剂、威胁食品安全、提高或摧毁人体机能（Coats，2019）。尽管利用第一代基因工程技术可成功制造各类重组蛋白、转基因植物、动物疾病模型，并应用于基因治疗，但是基因重组难度大、耗时长，想要实现特异性的时空表达调控、靶向定点重组和重组系统的高效递送则更加困难。随着基因工程技术的发展，上述制约因素被一一克服，包括大规模平行 DNA 合成技术、时空特异性表达技术、基因编辑技术和更高效的基因/蛋白元件递送技术等。特别是 CRISPR 基因编辑技术，可对下至细菌/病毒、上至人类基因组进行高效切割、突变、修饰、大片段置换以及转录和表观遗传调控，且耗时从原来的数月或数年缩短至几天或几周。同时，随着基础生命科学和医学的发展，越来越多的功能性通路、调控机制、致病机制、分子靶标、物种或种族间遗传差异被陆续发现，针对上述靶点的基因编辑将很容易改变物种的生物学性状和对环境或疾病的敏感性，甚至产生全新的生物物质乃至新物种。以人类病原体为例，研究其致病性有助于发现其在宿主中的作用靶标（如感染受体、宿主相互作用蛋白和毒力靶标等），针对上述靶标的基因编辑将改变宿主对疾病的易感性和致病性，甚至改变现有医疗应对手段的治疗效果。

1. 病毒基因组改造导致致病性改变

目前利用 CRISPR 技术进行的病毒基因组改造主要有以下三个方面应用：①改造病毒功能基因用于病毒传播和致病机制研究；②通过基因删除、替代、插入、突变构建候选减毒、重组或多价疫苗；③用基因治疗载体的减毒病毒株改造。为确保安全，上述研究必须通过可靠的病毒全基因组测序检验基因编辑的脱靶效应，以及基因编辑和重组病毒的传代稳定性。

任何无意或蓄意地通过基因编辑手段导致以下后果的，均应视为病毒基因组改造的潜在威胁加以监管和禁止：①改变抗原性，逃避现有免疫使疫苗无效；②改变或增强毒力，使现有药物无效；③改变宿主范围、感染途径、传播特性，增加防控难度；④赋予非致病或弱致病性细菌或病毒毒力，致使其致病性增强；⑤根据不同人群对疾病的易感性差异，产生靶向特定人群的种族特异性病原体；⑥通过合成或大片段基因重组手段产生自然界不存在或已灭绝的病原体等。

2. 恶意设计与投放基因驱动生物

包括用于以下目的的基因驱动：①增加动植物病原体媒介昆虫或农作物害虫的繁殖能力，提高种群数量；②人为设计有害基因在昆虫/动物种群中快速扩散（如在蚊虫唾液腺中表达毒素），通过叮咬或接触等方式使人、畜、农作物致病或威胁动植物圈生态；③改变媒介生物对病原体的感染特性，使其成为其他虫媒病原体宿主或携带非虫媒病原体；④人为将非病原体媒介生物改造成媒介生物；⑤针对昆虫种群设计杀虫剂抗性基因驱动；⑥人为设计基因驱动元件导物种灭绝或物种入侵，破坏生物多样性和自然生态等；⑦未来有可能实现的、以直接破坏农作物为目的的植物基因驱动等。由于基因驱动元件具有自我维持和快速扩散的特性，一旦被恶意投放，很难迅速阻断和有效防范，因此极具威胁。

3. 利用病毒或非病毒载体直接进行个体基因编辑，诱导疾病或改变对疾病的易感性

靶向以下基因功能区的个体基因编辑容易威胁生物安全：①靶向肿瘤易感基因、能量代谢基因、酶/神经递质等重要物质合成基因、免疫及神经系统相关基因等重要功能性基因的编辑；②靶向具有显著种

族特异性的生存必需基因或具重要功能基因的编辑；③靶向具有显著种族特异性的病原体易感/致病基因的编辑；④可通过血脑屏障、具有神经系统特异性的靶向基因编辑，可影响认知、睡眠、情感或行为控制能力以及疼痛敏感性等。随着递送系统的不断完善，上述靶向基因编辑元件可通过一般病毒载体（如AAV）、经改造的病原体及媒介生物、甚至可高效扩散和渗透的非病毒载体实现攻击。而且，只要能够达到破坏目的，使用者也无须担心基因编辑的脱靶效应，因为脱靶等不稳定因素同样具有不可预期的潜在破坏性。

4. 通过 CRISPR 遗传改造，实现毒素类物质的规模化生产

CRISPR 技术可替代传统的转基因技术，通过对动植物和微生物的代谢途径进行基因组改造，利用动植物或微生物高效表达化学性或生物性毒素、成瘾性物质等具有潜在生物战剂威胁或健康威胁的物质。

（二）以人体基因治疗为目的的基因编辑将威胁生物安全

除了上述以蓄意破坏和生物恐怖为目的的技术谬用，或者具有潜在生物安全威胁的非故意谬用以外，不加监管的 CRISPR 基因编辑技术在人体基因治疗和基因驱动领域的滥用也将挑战伦理底线、物种基因安全和生态稳定性。精准医疗领域最前沿的人体基因治疗可分为体细胞基因治疗、生殖细胞基因治疗和功能增强性基因修饰三个方向。

1. 体细胞基因治疗

体细胞基因治疗虽然已在许多疾病动物模型中获得显著的治疗效果，但仍存在诸多不确定因素，给人体带来不可预期的损害。2016 年 10 月 28 日，世界上第一例利用 CRISPR/Cas9 技术进行的临床治疗实验在四川大学华西医院完成，卢铀教授团队分离了患有转移性非小细胞肺癌患者血液中的免疫细胞，特异性地敲除 PD-1 基因，对细胞扩增培养后输回患者体内以期抵抗癌症。尽管 2018 年 5 月美国 FDA 曾一度终止了所有基于 CRISPR 基因治疗的临床试验，但同年底又陆续重启了针对 β-地中海贫血、镰状细胞病和先天性黑蒙症的人体临床试验。目前，对体细胞基因治疗的关注更多是技术层面，如基因编辑元件有可能无法高效靶向特定组织细胞中的特定基因序列，导致基因治疗无效甚至产生脱靶副作用（如意外影响生殖细胞基因组）。随着技术的进步，体细胞基因治疗的效率、准确性和脱靶问题都将得到改善；而相关的伦理问题涉及范围有限，仅需针对基因治疗的对象，在个体水平评估治疗风险和获益间的平衡关系。

2. 生殖细胞基因治疗

生殖细胞基因治疗理论上是比体细胞基因治疗更为有效、彻底的遗传病治疗方法。但受目前技术和认知水平的限制，存在许多可遗传至未来世代的复杂的、不确定的改变，导致不可预知的远期副作用，产生嵌合体和脱靶效应是其面临的主要问题。2015 年，中山大学黄军就教授首次在人类胚胎（不可存活的三原核胚胎）中利用 CRISPR/Cas9 技术修复 β-地中海贫血致病基因 *HBB*。2016 年，全球第二例人类胚胎基因编辑再次由广州医科大学附属第三医院的范勇团队完成，旨在对 CRISPR 技术在早期人类胚胎的精准基因编辑方面的应用进行评估并制定原则。2017 年，广州医科大学附属第三医院刘见桥团队首次将 CRISPR 技术应用于人类二倍体胚胎，实现从胚胎层面阻断遗传性疾病垂直传播。继中国、英国和瑞典之后，2017 年 8 月，美国也报道了首例胚胎基因编辑，使该技术在临床转化的道路上更进一步。考虑到人类胚胎基因编辑将严重挑战医学伦理，国际公认的人类胚胎研究应遵循"14 天法则"且不可植入。基于胚胎基因编辑的临床研究也应遵循以下准则：①缺少其他合理可行的替代方案；②仅可用于严重疾病的干预和预防；③仅可编辑有充分证据支持的致病相关基因；④仅可将上述致病基因编辑成为健康人群携带基因，且编辑结果不能产生明显副作用；⑤可获得可靠的、与实施风险和健康影响相关的临床前或临床数据；⑥研究过程中，应持续严密地监管参与者的健康和安全反应；⑦制定周密的长期甚至多代随访计划，且尊重个人意愿；⑧具有保证患者隐私的最大透明度；⑨在公众广泛参与下，持续评估研究给健康和社会带来的利益与风险；⑩具有可靠的监督机制，防止技术应用于预防严重疾病以外的其他用途。我国早在 2003 年也颁布了《人胚胎干细胞研究伦理指导原则》。然而，2018 年 11 月诞生的世界首例"免疫艾滋病的基因编辑婴儿"，毫无顾忌地突破了以往一切科研准则和伦理约束。究其原因，在国际科技激烈竞争的格局下，伦理的制约已不再是简单化的禁区设置，而日益发展为一种动态的伦理软着陆机制，即通过反复细致的权衡，寻求风险与创新之间的动态平衡。但真正值得追问的是，这种莽撞的突破究竟是出于一种无知与妄为，还是有更深的利害与套路上的考量？针对此事件，国家科技部生物中心高度关注，迅速组织专家对事件违反相关规定、违反伦理的情况进行研判。为了规范生物技术研究开发活动，促进和保障生物技术研究开发活动健康有序发展，在 2017 年颁布的《生物技术研究开发安全管理办法》的基础上，对生物技术研究开发安全管理实行分级管理（高风险/较高风险/一般风险）。2019 年科技部起草《生物技术研究开发安全管理条例（征求意见稿）》，2020 年全国人大常委会通过《中华人民共和国生物安全法》，使未来对生物技术活动的监管更加有据可依、有法可依。

3. 功能增强性基因修饰

功能增强性基因修饰不是针对疾病治疗和预防，而是为了获得超出健康人水平之外的能力或特征。除了威胁人种安全，此类应用还将引发公平性、社会标准、个人自主意愿和实施监管等诸多问题。例如，使用基因组编辑技术降低胆固醇异常升高患者的胆固醇水平可被认为是预防心脏病的良好措施，但利用它进一步降低正常胆固醇水平则很难定性；类似的，使用基因组编辑增强肌肉萎缩症患者的肌肉强度可被认为是恢复性治疗措施，但是对健康人使用该技术使其获得人类正常生理范围内的肌肉增强或超出人类极限的肌肉强度，则属于能力增强。鉴于其将引发人种安全、社会和伦理等诸多问题，现阶段应不允许发展以增强为目的的基因编辑。

考虑到目前人类基因组编辑技术利益与风险并存的局面，2017 年美国科学院人类基因编辑委员会发表了针对此领域的基础研究和临床应用的七点原则，即增加人类福利防止伤害（Promoting well-being）、对利益相关者透明（Transparency）、给予参与研究或试验的受试者应有的照顾（Due care）、做负责任的高质量科学（Responsible science）、尊重人的生命和选择（Respect for persons）、公平（Fairness），以及尊重不同文化的跨国合作。

二、基因驱动的两用风险

基因驱动（gene drive）是一项能够解决常规手段难于实现或耗费巨大人力物力的新兴生物技术，该技术可以实现有选择地将特定基因遗传给下一代，还可以在释放到野外后，无须人为干预控制群体遗传。27 位著名遗传学家曾在 *Science* 杂志上发表文章呼吁，科学界应向普通民众澄清"基因驱动"技术的利与弊，向人们解释该技术可能会带来的灾难。科学家们表示，"它们的隐患极大，可能给人类健康、农业生产以及环境保护带来全球性灾难"。以色列特拉维夫大学遗传学家古尔维兹认为，"基因驱动"技术的具体使用方法应该严格保密，和核武器技术一样。科学家们呼吁，应制定一系列安全规程，要保证被基因修正的物种不得逃散至野生种群中，比如开展相关实验只能在没有相关野生种群的区域进行。由此可见，基因驱动技术虽然功能强大，但它的风险令人无法忽视。

1. 种群间的物种扩散和基因流

基因通过种群之间的移动而传播，称为基因流。许多植物和一些海洋无脊椎动物主要通过配子扩散（如花粉传播）来实现长距离传输基因。在这些物种中实施基因驱动就存在工程基因进入野生生物等非目标群体的可能性，因此，了解种群间基因流动的方式对于预测在环境中释放基因驱动的空间动态至关重要。

2. 水平基因转移

水平基因转移（horizontal gene transfer，HGT），也称为横向基因转移，与基因流相似，但它是指基因在其他物种之间的移动。越来越多的证据表明，多种机制可以使基因在不相关的细菌物种之间转移，科学家发现在原核生物的进化过程中已经明显出现了 HGT。因此，在真核生物中，基因驱动机制或其各个组成部分也可能扩散到非靶标物种中。尽管 HGT 在进化意义上的发生可能比某个物种内遗传变异的产生更为缓慢，但也有人认为 HGT 可以在自然种群中带来很大的改变。因此，在环境释放之前，应该评估物种之间基因驱动水平交换的可能性。

3. 去除或大量减少目标物种对社区生态配置的影响

释放基因驱动修饰生物的可能目的可以导致目标物种灭绝或丰度急剧下降。该结果是否产生不良的生态后果，将取决于因情况而异的因素。第一，去除物种或大幅降低其丰度会改变其所嵌入的群落。最明显的例子是位于食物链顶部的食肉动物，它们的数量减少会触发食物链所有较低层次物种丰度的急剧变化。第二，清除物种的影响可能取决于社区中是否存在生态等同物，如果清除物种存在唯一性，有可能导致社区生态严重破坏。第三，越来越多的证据表明，社区有一个临界点，在临界点上，社区可从一种配置迅速转变为另一种配置。因此，在使用基因驱动这项技术前，重要的是要前瞻性地仔细考虑产生不良结果的可能性。最大的挑战是基因驱动可以快速传播，因此不良后果可能很快发生。

4. 进化

进化生物学家提出了关于评估基因驱动的潜在生态效应的另外两个考虑，尤其是在用于去除目标物种或降低其数量时。物种之间的相互作用通常不仅是生态过程，也是进化结果。在病原体—宿主系统和捕食者—猎物系统中，一个种群的特征是由其与另一物种种群的共同进化形成的。基因驱动的分子生物学研究已经扩展到群体遗传学和生态系统动力学的研究，这两个研究领域对于确定基因驱动的有效性及其生物学和生态结果至关重要。关于基因驱动对生物体适应性、种群内部和种群之间的基因流动，以及个体的散布及诸如交配行为和世代时间等因素如何影响基因驱动的效果，存在很大的知识空白。解决有关基因驱动的知识鸿沟需要融合多个研究领域，包括分子生物学、基因编辑、种群遗传学、进化生物学和生态学等。

不同基因驱动系统具有不同的扩散速度、物种特异性、适应度代价（fitness cost）、基因驱动抗性易感性以及可移除或可逆性等特征。扩散速度越快的基因驱动系统，初始投放量越少；基因驱动系统适应度代价越高，则扩散速度和作用持久性越低。基因驱动抗性是指由于靶向等位基因的自然突变或者由基因驱动系统自身产生（如 NHEJ 介导的易错性修复）而导致基因驱动不能正常遗传到下一代。基因驱动抗性是系统设计时需要考虑的重要因素，好的基因驱动系统应具有较低的抗性易感率。考虑到对生态系统的潜在影响和不可预期性，基因驱动系统还应具有良好的可移除性及可逆性，可通过构建针对原有基因驱动系统的"逆向基因驱动系统"实现。然而，逆向基因驱动系统并不会恢复野生表型，而是引入新的变异以对抗原有的基因驱动效应。

5. 基因驱动的谬用风险

麻省理工学院教授肯尼思·奥耶（Kenneth Oye）表示，"比起意料之外的环境影响，我更加担心那些有意地滥用"。基因驱动的两用性潜力与合成生物学等其他研究不同：基因驱动技术不适用于细菌和病毒（因为它们仅限于有性繁殖的生物），对人类基本无效（由于人类的长世代），但对于蚊虫、农作物以及小动物存在着显著的两用性风险。

蚊虫是多种烈性传染病传播的重要载体，利用基因编辑或基因重组技术，改变生物遗传的孟德尔规律，实现有害基因驱动，如有倾向性的携带一种或多种烈性病原体等，进而通过生物繁殖迅速扩散至整个物种，叮咬导致人群致病。遗传学家古尔维兹解释说，"正如'基因驱动'技术可以让蚊子不再携带和传播疟疾一样，该技术也可以用来修改蚊子基因，让蚊子携带致命细菌或病毒，并传染给人类"。恶意行为者还可人为设计有害昆虫，如携带杀虫剂抗性基因、增强有害性状等，通过繁殖迅速将有害性状扩散，进而威胁农业和生态安全。

随着人口的不断增长，许多国家目前仍面临一定程度的粮食危机。一旦恶意行为者通过基因驱动手段将有害性状引入粮食作物种群中，一些通过花粉受精的农作物则更容易进行基因传递，进而将不良性状迅速传递至整个种群；恶意行为者还可能通过对杂草进行基因驱动，增强有害性状如携带除草剂抗性基因等，也会间接影响粮食作物的生长。鸡、鸭等小动物作为肉禽，通常集中养殖，具有繁殖快的特点，也存在被恶意基因驱动的风险，一旦有害性状扩散，会极大地影响相关产业。上述基因驱动的谬用都有可能威胁我们的粮食安全。

我们必须未雨绸缪，对基因驱动的两用性进行系统、前瞻的追踪研究，评估其可能的威胁，建立甄别技术，并制定监管政策。虽然新技术永远蕴含着风险，但积极的突破能催生创新的解决方案，在科学的指引、合理的部署和透明的监督下，基因驱动将获得社会许可和市场接受。面对资源短缺、环境污染、气候变化等当今世界最为迫切的各项挑战，基因驱动有望深刻改变人类的生产和生活方式，促进社会和经济的可持续发展。

（军事科学院军事医学研究院　刘　萱　刘海楠　董钦才）

第十三章
动植物基因组修饰技术及动物克隆技术两用性及生物安全

第一节　动物基因组修饰技术两用性及生物安全

一、概述

基因修饰动物是指利用生物化学方法修改 DNA 序列，将目的基因片段导入动物体的细胞内，或者将特定基因片段从基因组中删除，从而培育出具有特定基因型的模式动物。动物基因修饰技术是分子生物学技术的拓展，是探索现代生命科学奥秘的有效工具，是推动人类社会进步的伟大技术。常见的基因修饰模式包括转基因动物、基因敲除动物、基因敲入动物、点突变动物等。利用基因修饰模式动物来认识基因功能、研究疾病发病机制、发现新的药物和药物靶点已成为世界各国生物医药研发的常规手段。

Gordon 等率先尝试用显微注射的方法制备转基因小鼠，证实了外源基因可以通过显微注射的方法整合到宿主基因组中（Gordon et al.，1980）。Palmiter 等将 5′端调控区缺失后的大鼠生长激素基因与小鼠金属硫蛋白 I 基因启动子相连接，通过显微注射的方法注入小鼠受精卵雄原核，获得 7 只转基因阳性小鼠，成功研制出了著名的"超级小鼠"（Palmiter et al.，1982）。Hammer 等利用该方法成功地制作了转基因兔、绵羊和猪（Hammer et al.，1985）。上述 3 项研究开创了动物转基因研究历程上的里程碑。此后，转基因技术不断向前发展。1997 年，通过体细胞核移植技术制备出了世界上第一头哺乳动物——转基因克隆绵羊，开创了哺乳动物体细胞核移植的先例（Schnieke et al.，1997；Wilmut et al.，1997）。这项技术为转基因动物的制备开辟了崭新的天地，转基因技术研究进入了新的发展历程。随着转基因技术研究的继续深入，出现了许多动物转基因新技术、新方法，包括慢病毒载体法、转座子介导的基因转移法、RNA 干扰介导的基因敲除法、锌指核酸酶技术和基因编辑技术。这些技术方法不仅提高了转基因动物的制备效率，同时使转基因动物的基因表达调控更加精确。诱导多能干细胞（iPS 细胞）技术在小鼠、恒河猴、人、大鼠和猪这些物种上的成功对那些还未建立 ES 细胞的物种提供了一种新的建立多能干细胞系的方案。

二、构建基因修饰动物的常用策略

（一）基于生殖细胞的策略

基于生殖细胞的基因修饰主要是利用生殖细胞即卵母细胞和精子进行基因修饰。常用的技术手段有两种。一是将外源基因整合入精原或卵原干细胞中，就有可能连续不断地获得成熟的、结合有外源基因的精子或卵子，经过体外受精过程获得整合有外源基因的转基因动物。一般采用的技术方法为将 DNA 直接注射入睾丸、卵巢或者曲细精管中。这种技术首先在小鼠中得到应用并且成功地产生了转基因的山羊和猪。二是将经过一定处理的外源 DNA 直接转染成熟的精子或卵子，体外受精或单精注射后获得整合有外源基因的转基因动物。最常用的是精子载体法，该方法由 Brackett 最早提出，其要点是精子直接与外源 DNA 混合培养，外源基因可以进入精子头部，受精后能发育成转基因动物（Brackett et al.，1971）。

（二）基于受精卵的策略

该方法由美国人 Gordon 发明（Gordon et al.，1980），又称受精卵显微注射法，是转基因动物研究中最常用的技术方法。其主要步骤包括：分离、克隆和重组外源基因，构建载体；将融合基因注入受精卵的原

核（一般是雄原核）；将微注射后的受精卵移入假孕母畜的输卵管继续发育。Palmiter 等（1982）将带有小鼠金属硫蛋白 I 基因启动子的大鼠生长激素基因导入小鼠的受精卵，获得"超级鼠"，在生命科学领域引起了不小的轰动。按照转基因小鼠的思路，转基因兔、转基因绵羊、转基因猪、转基因山羊都相继获得成功（Hammer et al.，1985）。

（三）基于体细胞的策略

该技术又称为体细胞核移植技术，即先将外源基因整合到供体细胞上，然后将供体细胞的细胞核移植到去核卵母细胞，组成重构胚胎，再将其移植到假孕母体，待其妊娠、分娩后便可得到转基因的克隆动物。世界首例体细胞核移植哺乳动物——克隆羊"Dolly"的诞生（Wilmut et al.，1997），是转基因动物研究史上的又一重大突破。英国 PPI 公司与罗斯林研究所的科学家用人凝血因子 IX 基因和新霉素抗性基因共同转染绵羊胎儿成纤维细胞，然后用 G418 筛选和 DNA 杂交的方法鉴定其中同时整合了上述两个基因的细胞，以同时整合了两个基因的绵羊胎儿成纤维细胞作核供体，获得了 3 只转基因绵羊（Schnieke et al.，1997）。随后 Alexander 用非转基因母羊与转基因公羊精子人工授精后怀孕 40 天的胎儿成纤维细胞作核供体，获得了 3 只转人抗胰蛋白酶基因的奶山羊（Baguisi et al.，1999）。体细胞核移植技术的突出优点是可以在细胞水平上早期验证修饰事件，简化了转基因动物生产的许多环节，从而减少受体动物的数目，不需要用受体母畜来承担那些非转基因的胚胎，表现了强大的生命力；产生的转基因后代遗传背景及遗传稳定性一致，不需选配即可建立转基因群体，具有很大的优越性。利用该技术相继制备了转基因牛（Cibelli et al.，1998）、转基因猪（Machaty et al.，2002）等大型基因修饰哺乳动物。

（四）基于胚胎干细胞的策略

胚胎干细胞（embryonic stem cell，ES 细胞）是动物早期胚胎或原始生殖细胞在体外经分化抑制培养并传代而筛选出来的具有发育全能性的细胞。ES 细胞具有与早期胚胎细胞相似的高度分化潜能，当被注入囊胚腔后可以参与包括生殖腺在内的各种组织嵌合体的形成。将目的基因转入 ES 细胞重新导入囊胚或经筛选后对转入外源基因的 ES 细胞进行克隆，可培育基因修饰个体。此技术可以在干细胞内实现同源重组，为转基因动物模型的构建提供多样的、精确的基因修饰方法，该技术又称为基因打靶技术，是该领域的一次革命（Evans and Kaufman，1981；Thomas and Capecchi，1987）。Evans、Capecchi 和 Smithies 三位科学家因为这项技术的发明而获得了 2007 年诺贝尔生理学或医学奖。利用基因打靶技术可实现基因沉默（基因敲除）、报告基因或功能性 cDNA 插入、目的基因过表达（基因敲入）、目的基因在特定组织/特定时间表达（条件性转基因），还可将目的基因打靶在基因序列中的指定位置，以实现目的基因在表达水平和功能上的精确比较而不受位置效应的影响。用干细胞技术进行基因打靶并获得遗传性状稳定的嵌合体，这个实验过程步骤繁多、技术难度大，且费时费钱。

（五）基于诱导多能干细胞的策略

由于大动物的 ES 细胞一直没有分离成功，限制了 ES 细胞在转基因大动物上的应用。2006 年，Takahashi 等发现外源导入特定的转录因子能够使已分化的细胞重编程而回归到胚胎细胞状态，他们通过慢病毒载体介导将 Oct4、Sox2、Klf4 和 c-Myc 共 4 种转录因子导入小鼠皮肤成纤维细胞，获得了具有强大的自我更新能力和分化潜能的多能性干细胞，称为"诱导性多能干细胞"（induced pluripotent stem cell，iPS 细胞）（Takahashi and Yamanaka，2006）。iPS 细胞的功能同 ES 细胞非常相似，具有多向分化的潜能。同普通细胞一样，iPS 细胞能够作为转基因的靶细胞，可以通过一定的转基因技术将外源基因转入 iPS 细胞，也可以针对 iPS 细胞进行基因打靶或基因敲除等遗传修饰，从而根据人的意愿实现 iPS 细胞内基因改造，然后将其注入囊胚腔来获得嵌合体后代，高效、定向地生产转基因动物。2009 年，北京生命科学研究所高绍荣博士和中国科学院动物研究所周琪博士领导的研究小组分别利用 iPS 细胞，通过四倍体囊胚注射得到了存活并具有繁殖能力的小鼠，证明了 iPS 细胞的全能性（Kang et al.，2009；Zhao et al.，2009）。

三、动物基因修饰的主要方法

（一）诱导突变

常用的诱导突变方法有化学诱导突变法和放射诱导突变法。化学诱导突变法是指利用潜在性致癌试剂（如 ENU、乌拉坦、7,14-二甲基苯蒽等化学诱变剂）使动物特异的等位基因改变，产生基因型改变的动物（Hrabe de Angelis et al.，2000）。放射诱导突变法是指利用物质的放射性使动物生殖细胞系基因突变，产生基因改变的动物。放射诱导和化学诱导一样，都不能定点诱导突变，产生的基因表型是不可预测的，属于表型驱动的研究，一般用于新品种的培育。

（二）基因干扰

基因干扰，又称 RNAi 技术（RNA interference，RNAi），是指双链 RNA 在细胞内特异性诱导与之同源互补的 mRNA 降解，使相应基因的表达关闭，从而引发基因转录后水平沉默的现象。1998 年 Andrew Fire 首次证实双链 RNA 分子可诱导同源目标 mRNA 降解，导致特定基因表达沉默（Fire et al.，1998）。利用 RNAi 技术可实现基因表达调控的时空性和可逆性，也可制备基因修饰动物，Pfeifer 将能使 PrP 基因沉默的 siRNA 序列转入原核小鼠细胞核内，这些胚胎发育成小鼠后，再把感染性"瘙痒病"朊病毒注射到小鼠的大脑中，脑细胞含有 siRNA 的小鼠的存活时间比普通小鼠大大延长（Pfeifer et al.，2006）。Dickins 制备出同时含有 TRE、RNA 干扰基因以及 tTA 的转基因小鼠,在小鼠体内实现了目的基因的可调控干扰（Dickins et al.，2007）。RNA 干扰技术被广泛用于基因功能分析和疾病治疗的研究中，利用 RNAi 可以降低或抑制某些基因的表达，建立相应的动物模型用于病毒性疾病治疗和预防。也可以将 RNAi 技术与其他转基因方法如体细胞克隆法相结合，定向地生产转基因动物用于研究与生产。

（三）基因敲除

基因敲除（knockout）是指通过外源 DNA 与染色体 DNA 之间的同源重组，精细地定点修饰和改造靶基因，令靶基因功能丧失的技术。基因敲除分为完全基因敲除和条件型基因敲除两种。完全基因敲除是指通过同源重组法完全消除细胞或者动物个体中的靶基因活性，条件型基因敲除是指通过定位重组系统实现特定时间和空间的基因敲除。噬菌体的 Cre/loxP 系统、Gin/Gix 系统、酵母细胞的 FLP/FRT 系统和 R/RS 系统是现阶段常用的 4 种定位重组系统，尤以 Cre/loxP 系统应用最为广泛。

（四）外源基因随机整合

先期的转基因动物技术是随机整合的，即外源 DNA 导入受体细胞后随机地插入受体基因组中的任意位置。其方法主要包括显微注射、精子介导、逆转录病毒感染以及其他非同源整合技术。随机整合带来转基因的不确定性和盲目性，其弊端主要有：转基因的嵌合体现象，即转基因个体有不能遗传、外源基因不表达的风险；不同的转基因个体其外源基因的整合位点不一致，而不同的整合位点表现出不一样转移基因表型。随机整合带来的嵌合体现象、整合位点和表达水平的不确定性，都会给转基因动物的应用和育种带来困难。

（五）基因编辑（基因靶向修饰）

基因编辑是指在基因组中特定位置产生位点特异性双链断裂（DSB），诱导生物体通过非同源末端连接（NHEJ）或同源重组（HR）来修复 DSB，修复过程容易出错，从而导致靶向突变，这种靶向突变就是基因编辑。基因编辑技术源于胚胎干细胞（ES）和基因打靶技术的建立。20 世纪 80 年代末诞生了第一例基因敲除的小鼠模型，使人们看到了对复杂的基因组进行定点修饰的新曙光。遗憾的是，在随后的 20 余年时间里，基因组靶向修饰技术仅限于能够在小鼠、果蝇等极少数几个物种中实现。近几年，人工核酸内切酶（engineered endonuclease，EEN）技术的出现与完善使这个梦想逐步变成了现实。

EEN 是指通过基因工程的方法，将特定的 DNA 结合蛋白与特定的核酸内切酶相互融合构建而成的一种人造蛋白，它目前主要包括 3 种类型：锌指核酸酶（zinc-finger nuclease，ZFN）（Miller et al.，2007）、转录激活样效应因子核酸酶（transcription activator-like effector nuclease，TALEN）（Boch et al.，2009），以及 CRISPR/Cas 系统（Cong et al.，2013）。EEN 主要包含两个结构域：一个是 DNA 结合结构域，用来特异识别并结合特定的 DNA 靶序列；另一个是 DNA 切割结构域，用来切割 DNA 靶序列，造成 DNA 双链断裂（double-strand break，DSB）。应用最广泛的是 CRISPR/Cas 系统，它基于人工核酸内切酶的基因编辑，可以实现无基因序列限制、无细胞类型限制、无物种限制，具有广泛的可操作性和适用性，被形象地喻为"靶向切割基因组的巡航导弹"。2020 年诺贝尔化学奖授予埃马纽埃尔·卡彭蒂耶（Emmanuelle Charpentier）和詹妮弗·杜德纳（Jennifer Doudna），以表彰她们"开发出一种基因组编辑方法"——CRISPR/Cas9 基因剪刀。

四、基因修饰动物安全性评价

基因修饰动物技术种类日益复杂，应用范围不断扩大，生物风险和安全威胁越来越大。科研试验阶段是风险防控的关键，因此需要科学而严谨的科研试验法律监管，以预防意外和不正当试验对社会及生态造成不良影响。世界各国针对转基因动物安全性评价颁布的监管政策主要遵照国际食品法典委员会（CAC）、经济合作与发展组织（Organization for Economic Co-operation and Development，OECD）、联合国环境规划署-全球环境基金（UNEP-GEF）等权威组织所制定的有关转基因动物安全性评价指导原则、技术规范和全球公认的一系列共识性文件等。我国转基因生物安全性评价相对落后，对转基因动物的研究主要集中在科学技术层面。我国转基因动物安全性评价遵循科学、个案、熟悉和逐步的原则，其内容包括四个方面：① 受体动物的安全性评价；②基因操作的安全性评价；③转基因动物本身的安全性评价；④转基因动物产品的安全性评价。2017 年我国制定了《转基因动物安全评价指南》（2022 年修订），主要包括分子特征、遗传稳定性、健康状况、功能效率评价、环境适应性、转基因动物逃逸（释放）及其对环境的影响和食用安全。农业用转基因动物依照该指南要求，进行科学规范的研究和发展转基因动物。其他用途的基因修饰动物的安全性评价相对处于无序状态。

根据我国农业部在 2022 年 1 月 21 日修订的《农业转基因生物安全评价管理办法》（Xia et al.，2014；Liu et al.，2018），按照对人类、动植物、微生物和生态环境的潜在危险程度，将农业转基因生物分为 4 个安全等级，转基因动物研究的安全等级相对较低，一般为安全等级I或II。

（一）转基因动物安全性评价的主要原则

1. 实质等同性原则（substantial equivalence）

自从 1993 年经济合作与发展组织在转基因食品安全中提出"实质等同性"概念以来（Balli et al.，2012），实质等同性已被很多国家在转基因生物安全评价上广泛采纳。实质等同性是指转基因物种或其食物与传统物种或食物具有同等安全性。对于转基因动物来说，实质等同性是指转基因动物或转基因动物食品与传统的动物或食品在安全性上没有差异。转基因动物生物安全评价中，实质等同性主要比较以下几个方面：①生物学特性，包括各发育时期的生物学特性和生命周期食性，遗传、繁殖方式和繁殖能力；迁移方式和能力；建群能力；泌乳能力；形态和健康状况；对人畜的攻击性、毒性等；在自然界中的存活能力；对生态环境影响的可能性。②营养成分，包括主要营养因子（脂肪、蛋白质、碳水化合物、矿物质、维生素等）、抗营养因子（影响人对食品中营养物质吸收和对食物消化的物质）、毒素（对人有毒害作用的物质）、过敏原（造成某些人群食用后产生过敏反应的一类物质）等。总之，转基因动物与传统动物相比，除了目的基因外，其他指标没有显著差别就是实质等同性。然而，Millstone 等在 1999 年对"实质等同性"原则提出异议，他们认为"实质等同性"的概念不清楚，容易引起误导（Millstone et al.，1999）。Millstone 等的观点是：要用最终食品的化学成分来评价食品的安全性，而不管转基因作物或转基因食品的整个生产过程的安全性，包括人体健康安全和生态环境安全，只要某一转基因食品成分与市场上销售的传统食品成分相似，则认为该转基因食品同传统食品一样安全，就没有必要做毒理学、过敏性和免疫学试验。但就目前的科学水平而言，科学家还不能通过转基因食品的化学成分准确地预测它的生化或毒理学影响。因此，实质等同性依然被大家广泛采用。目前，转基因动物安全评价中将实质等同性原则与其他评价原则结合起来使用。

2. 个案分析原则（case by case）

因为转基因生物及其产品中导入的基因来源、功能各不相同，受体生物及基因操作也可能不同，所以必须有针对性地逐个进行评价，即个案分析原则。目前世界各国大多数立法机构都采取了个案分析原则。

3. 预防原则（precautionary）

虽然尚未发现转基因生物及其产品对环境和人类健康产生危害的实例，但从生物安全角度考虑，必须将预先防范原则作为生物安全评价的指导原则，结合其他原则来对转基因动物及其产品进行风险分析，提前防范。

4. 逐步深入原则（step by step）

转基因动物及其产品的开发过程需要经过实验研究、中间试验、环境释放和商业化生产等环节。因此，每个环节都要进行风险评价和安全评价，并以上步实验积累的相关数据和经验为基础，层层递进，确保安全性。

5. 科学基础原则（science-based）

安全评价不是凭空想象的，必须以科学原理为基础，采用合理的方法和手段，以严谨、科学的态度对待。

6. 公正、透明原则（impartial and transparent）

安全评价要本着公正、透明的原则，让公众信服，让消费者放心（许建香和李宁，2012）。

（二）转基因动物安全性评价各阶段要求及方法

按照《农业转基因生物安全评价管理方法》及相应配套制度的规定，我国实行严格的分阶段评价。从实验室研究阶段开始，到小规模的中间试验，再到大规模的环境释放、生产性试验、安全证书申请的评估等5个阶段。当任何一个阶段出现问题，研究都将会被终止。其中，从事Ⅲ、Ⅳ级转基因生物研究的单位在开展研究之前，应向农业农村部相关主管部门报告。实验室研究是指在分子生物学试验场所内展开的非应用性质的基础研究；中间试验是指在可控制的条件或系统中进行的小规模试验；环境释放是指在相对封闭的自然条件下进行的试验，必须采取相应的安全监管措施；生产性试验是指在应用或者上市之前所开展的试验，规模相较于之前更大，安全监管措施更为严格。

上述的转基因安全评价内容并非需要在监管时一次性完成，可根据转基因安全评价所处的阶段，针对性地完成相对应的安全评价内容。《转基因动物安全评价指南》在动物的安全评价中考虑到动物自身的健康状况及动物逃逸的危险等内容，需要考察分子特征、遗传稳定性、健康状况、功能效率评价、环境适应性、食用安全以及转基因动物逃逸（释放）对环境的影响（马宇浩等，2021）。

（1）申请实验室研究阶段。在此阶段主要是确定表达载体的信息和目的基因的整合，以及要评价的转基因动物的目标性状（产量性状改良、品质性状改良、繁殖性状改良、对环境的抗逆性、环境指示、生物反应器）。

（2）申请中间试验阶段。在此阶段首先要评价外源插入序列的分子表达特征，以及基因供体是否含有毒蛋白、致敏原和抗营养因子；接着评价表达产物的分子和生化特征；最后评价转基因动物的健康状况。

（3）申请环境释放阶段。在此阶段转基因动物具有一定的群体规模，需要对中间试验结果阶段进行总结；对转基因动物的遗传稳定性进行评价，包括目的基因和标记基因整合、表达及表型性状；对转基因动物的健康和功能效率进行评价。

（4）申请生产性试验阶段。在此阶段申请生产性试验分为两种类型：一是转基因动物申请生产性试验；二是用取得农业转基因生物安全证书的转基因动物与常规品种杂交获得的含有转基因成分的动物申请生产性试验。

（5）申请生产性评价阶段。在此阶段需要在上一阶段的基础上评价所申报转基因动物样品、对照样品、检测方法，以及对新表达蛋白体外模拟胃液蛋白消化稳定性试验；评价转基因动物的健康状况、功能效率及环境适应性，必要时需要全食品毒理学评价；农业转基因生物技术检测机构出具检测报告。

（6）用取得农业转基因生物安全证书的转基因动物与常规品种杂交获得的含有转基因成分的动物申请生产性试验。在此阶段需要在上一阶段的基础上评价所申报转基因动物样品、对照样品、检测方法；对亲本名称及其选育过程进行评价；取得农业转基因生物安全证书的转化体综合评价报告。

来源于转基因动物的重组蛋白用于开发成药物和保健食品，除经过安全性评价之外，还必须进行相关功能性评价，包括保健食品的卫生性检测、稳定性检测和功效检测，以及药品的临床前试验和临床试验。美国和欧盟药品监督管理部门认为转基因动物来源的重组蛋白与其他基因工程来源的重组蛋白一样，需经过相同的临床前试验和临床试验等功能评价阶段，并不需特殊的安全和功能评价。

（三）转基因动物安全性评价的方法

转基因动物安全评价的总体要求是，在现有法规框架内细化转基因动物安全评价的资料，不涉及伦理、道德、社会经济及动物福利相关内容（连庆和王伟威，2012）。

目前，世界上主要国家对农业转基因生物及其产品的安全管理基本上都采取了行政法规和技术标准相结合的方式。在具体管理模式上，大体可分为三类。

第一，以产品为基础的管理。以美国为代表，对转基因生物的管理是依据产品的用途和特性来进行，是在原有法规的基础上增补有关条款和内容，由分管部门按照各自的职能分别制定相应的管理规章和指南，并随着生物技术的发展不断补充完善。

第二，以研发过程为基础的管理。以欧盟为代表，注重生物产品从实验室到餐桌过程中是否采用了转基因技术及其影响。主要考虑转基因操作及其产品开发过程中可能存在的危险和潜在风险，专门制定法规，并建立转基因生物安全评价、检测与监测技术体系。

第三，其他管理模式。加拿大注重新性状生物产品的安全性，不考虑采用何种技术手段，统一由食品检验署负责管理。澳大利亚颁布的基因安全法规，设立行政长官负责制，并成立基因技术办公室全权负责管理。韩国、日本等国家兼顾生物产品与研发过程的安全性。

与美国模式和欧盟模式相比，中国既对产品进行评估，又对过程进行评估（宋欢等，2014；华再东等，2019）。

五、基因修饰动物的安全风险评估

自从转基因技术诞生以来，对于转基因技术本身的安全性、转基因食品的食用安全性、转基因生物应用的环境安全性等方面一直存在争议。转基因动物的安全风险评估是较难界定的问题。随着转基因动物逐渐被广泛应用，涉及转基因动物安全的问题越来越突出，这就需要大量的试验分析，需要将转基因动物安全评价策略与生产实践相结合，建立一套完整的安全评估体系。

（一）基因修饰动物的安全风险评价原则

1）在最大限度地保证人类自身安全、动物自身安全和动物福利的前提下进行相关研究

由于转基因动物存在对动物基因的修饰和更改，因此在实验研究、使用、储存、运输和销毁过程中均需要考虑到实验人员和动物自身的安全性问题。

2）确立明晰的技术标准和安全评价指导法则

在操作过程中，我们需要确立明确的技术标准和指导法则，对此，很多国家都有相应的法规法则以保证转基因动物实验的安全性。对转基因生物安全实行分级评价管理；确定基因操作对受体生物安全等级影响的类型；确定转基因生物的安全等级；确定生产、加工活动对转基因生物安全性的影响；确定转基因产品的安全等级。

3）提供科学严谨的风险评估方法

在应用前应对转基因动物及其相关生物进行风险评估，评估的技术检测机构应当具备下列基本条件。

（1）具有公正性和权威性，设有相对独立的机构和专职人员。

（2）具备与检测任务相适应的、符合国家标准（或行业标准）的仪器设备和检测手段。

（3）严格执行检测技术规范，出具的检测数据准确可靠。

（4）有相应的安全控制措施。

（5）随着技术水平的发展，不断更新和调整已有的法规法则：随着转基因生物技术的发展和应用，国家的政策也在及时更新，在进行相关实验和应用前，应及时了解相关政策和现行法律法规。

（6）保护生物的遗传多样性和环境安全，遗传修饰物种不能对传统的物种造成威胁：生物繁殖的本质就是基因的传递，当人为改构的基因进入自然环境中，对生态平衡和生物多样性的影响无疑是巨大的，可能破坏天然物种的基因库、破坏生物遗传的多样性、加速物种的基因的单一化及基因流失。因此，我们在研究过程中，尤其是在储存、运输、应用过程中应注意相关问题。

（二）基因修饰动物的安全风险评估要求

针对封闭式应用和有条件环境释放（非限制应用）的基因修饰动物，应有不同的评估要求。

1. 封闭式应用基因修饰动物的实验室

在具体实施过程中，需要对以下几个方面进行风险评估。

1）对受体动物/供体动物（生物）进行风险评估

（1）基因修饰动物的生存能力、种群繁殖能力、传播能力、竞争或取代其他动物的能力如何？

基因修饰动物的生存能力、种群繁殖能力、传播能力、竞争或取代其他动物的能力直接对存在于原环境中的物种有一定的威胁。因此，在开展相关实验前，应对供体动物、受体动物的生存能力进行安全评估，以此确定下一步的实验方案。

（2）转基因动物有哪些潜在的危害？

在研究转基因动物时，应考虑到其是否会存在毒性，是否会随着捕食者进入生物圈从而在高级消费者体内累积，进而影响生态系统的平衡。在进行研究前，需要对修饰的目的基因进行鉴定和探究，以避免其在生态系统的潜在危害，例如，抗生素耐药性基因水平转移，从而导致医用抗生素效力减弱；插入基因/序列对生物地球化学过程的不利影响等。

（3）基因修饰动物与动物病原菌间的互作可能表现出哪些不同？如果发生这种可能性，会造成什么危害？

目的基因序列插入后，继发感染病毒重组能否产生一种新的病原体？转基因动物是否将成为某种病原体的新寄主？为了避免这类问题，在研究过程中要对进行实验的相关动物体内的原始病原菌进行探究，避免转基因动物对其影响，以造成恶性事件。

2）对目的基因进行风险评估

评估基因修饰动物的遗传物质转移到其他生物体的潜在能力。

经过基因修饰改造的动物，可能会通过基因转移到其他生物体内，从而造成基因污染，对其他生物造成影响。因此在研究过程中，应重点关注目的基因在体内表达体系是否有专一性和定向性。应考虑到可能与潜在的接收环境发生的相互作用等问题。在考虑基因改造产生的可能影响时，也需考虑序列插入基因可能对内部造成的影响、这些插入序列是否会干扰动物体内的生长或代谢活动。

3）其他方面的评估

除了上述对转基因的供体动物、受体动物、目的基因等方面进行评估外，我们还需要对以下内容进行评估。

（1）可能性评估。假设使用最基本的隔离等级，针对每一种风险所表现出的危害可能性，应判定为"高"、"中等"、"低"或"忽略不计"。

（2）结论性评估。对于每种危害，一旦对生存环境造成后果，应该使用"严重"、"中等"、"低"或"忽略不计"表示。

（3）对人类健康与安全的风险评估。根据实验对相关实验人员、应用人员、环境中可能接触到的所有人员进行风险评估，判定安全等级为"高"、"中等"、"低"或"接近零"。

（4）对环境风险的最终判定。

在隔离设施、实验动物、目的基因等多方面均合格的情况下，对最终的风险进行评估。在确定合格的情况下进行相关实验。如果风险水平较低，不易检出；如果风险管理成本过高、难度太大，就要看确定的风险是否能够接受。主要在以下两种情况下进行风险评估：一是对人类健康和环境的影响；二是对社会经济的影响。

2. 环境释放（实际的生物应用）

未经事先批准的转基因动物是不能够释放到环境中去的。在进行释放实验前，申请者必须提交中间试验申请书，经许可后方可释放。

1）转基因生物（如受体生物、详细的修饰方式和新特点）

需要了解研究转基因动物相关的特点及其对生物环境可能造成的影响，是否存在毒性、是否有天敌，以及其在食物链的参与过程等（Thayyil，2014）；了解经过基因修饰的动物的相关特点，例如，其与未经改构的生物相比存在哪些特性、经过基因修饰的动物的习性改变等问题。

2）释放和接收环境

慎重选择释放环境，环境既要符合实际应用的条件，又要具有一定的保护性，即一旦发生基因污染的情况，该环境是否可以有效、迅速地控制基因的流通，不会对生态平衡造成大规模的破坏。

3）转基因生物和环境之间的相互作用

探究生物与环境的相互作用，即该转基因动物的释放是否会对环境造成不可逆的伤害和影响，撤离转基因动物时，环境是否存在可恢复性。转基因动物对于该环境中的其他生物因素是否存在危害。

4）释放的监测制度和程序

在释放过程中，现有手段能否准确评估转基因动物的作用和价值、是否能有效检测到转基因动物的流通、对环境的影响能否进行有效评估等。

除此之外，还需要考虑：转基因动物应用地点的多样性；投放转基因动物产品到市场的条件，包括转基因动物的大规模繁殖、储存、运输等多方面的问题。

六、转基因生物安全管控的法规

为了加强转基因生物安全管理，保障动植物、微生物安全，保护生态环境，在从事相关转基因生物的研究过程中，需遵守相关条例。对转基因技术的应用，不合理地开发利用环境资源，使原有的生态平衡被打破，野生动植物资源急剧减少，生物多样性遭到破坏，而管制这些行为最好的办法，就是由法律规定来做出规范性的调整。法律具有规范性、普遍适应性和国家强制执行性，应充分发挥法律的指引作用、教育作用、预测作用以及强制作用，对转基因技术实施严格的控制和监管，避免在研发应用的同时使人体健康和生态环境陷入难以转圜的危险境地。

（一）转基因生物安全国际立法

国际立法为转基因动物的治理提供了法律、程序和制度框架。国际立法一方面能依据本国环境和发展政策，行使主权，开采本国的自然资源；另一方面，各国也有义务采取措施，减少、防止其管辖范围内的活动产生有害的影响。

1975 年，科学家们召开了著名的阿希洛马会议，专门讨论了转基因生物安全的问题，随后美国国立卫生研究院正式颁布了《关于重组 DNA 分子研究的准则》（Turney，1996），该准则为转基因生物的研究和应用提供了有效保障，也意味着转基因生物的研究不再是科学家们自己可以随意进行的研究和实验，而是应该在符合准则要求的基础上进行的。在《生物多样性公约》（Convention on Biological Diversity，CBD）谈判过程中，转基因生物安全方面的问题成为关注的焦点。各国签订了《卡塔赫纳生物安全议定书》，该《议定书》的目标是保护生物多样性，使其不受由转基因生物体所带来的潜在威胁，规定了任何一个国家对于转基因生物的进口都具有知情权（乔雄兵和连俊雅，2014）。此外，CBD 中也提到了关于转基因生物的相关问题，相关的法律法规不仅仅对转基因技术的应用有一定的规范性，同时也能够推动转基因技术更好地使用和发展。

（二）我国转基因生物安全法律制度

2020 年通过的《中华人民共和国生物安全法》（Kong et al.，2013）对生物技术研究、开发与应用，以及防范外来物种入侵保护生物多样性等方面的工作做出了明确规范。生物安全立法的重要任务就是依法确定国家生物安全管理的各项基本制度，以确保我国的生物安全。

目前，我国在转基因生物的安全监管方面发挥作用的法规规范主要是"一条例、五办法"，包括：国务院《农业转基因生物安全管理条例》（2022）；农业部《农业转基因生物安全评价管理办法》（2017）、《农业转基因生物进口安全管理办法》（2017）、《农业转基因生物标识管理办法》（2017）、《农业转基因生物加工审批办法》（2006）；国家质检总局《进出境转基因产品检验检疫管理办法》（2004）。这些规范的出台标志着我国转基因生物安全管理，尤其是农业转基因生物安全管理法律框架初步形成，同时能够对转基因技术科研试验起到规范作用。

在转基因生物安全的监管方面：一是建立了转基因生物安全管理技术的支撑体系，设立国家农业转基因生物安全委员会并于 2021 年公布了第六届农业转基因生物安全委员会组成人员名单，共由 76 名专家组成，主要负责对转基因生物进行科学、系统、全面的安全评价；二是建立了转基因生物安全监管体系，国务院建立了由农业、科技、环保、卫生、食品药品、检验检疫等 12 个部门组成的农业转基因生物安全管理部，负责研究和协调农业转基因生物安全管理工作中的重大问题；农业部设立了农业转基因生物安全管理办公室，负责全国农业转基因生物安全的日常协调管理工作。

我国转基因安全管理体制和运行机制规范、严谨，涵盖了转基因研究、试验、生产、加工、进出口、监管及产品强制标识等各环节。

1）研究与试验

行政主管部门根据转基因生物安全评价工作的需要，可以委托具备检测条件和能力的技术检测机构对转基因动物进行检测。从事转基因动物研究与试验的单位，应当具备与安全等级相适应的安全设施和措施，确保转基因动物研究与试验的安全，并成立转基因生物安全小组，负责本单位转基因动物研究与试验的安全工作。转基因动物试验，一般应当经过中间试验、环境释放和生产性试验三个阶段，并且在相关实验结束后及时报告实验情况；转基因动物试验需要从上一试验阶段转入下一试验阶段的，试验单位应当向国务院相关行政主管部门提出申请；经转基因生物安全委员会进行安全评价合格的，由国务院农业行政主管部门批准转入下一试验阶段，并提交相关手续。

2）生产与加工

在转基因动物生产前，除应当符合有关法律、行政法规规定的条件外，还应当符合下列条件：

（1）取得转基因生物安全证书并通过品种审定；

（2）在指定的区域种植或者养殖；

（3）有相应的安全管理、防范措施；

（4）国务院行政主管部门规定的其他条件。

单位和个人应当建立生产档案，载明生产地点、基因及其来源、转基因的方法；转基因生物在生产、加工过程中发生基因安全事故时，生产、加工单位和个人应当立即采取安全补救措施，并向所在地的县级人民政府农业行政主管部门报告。从事转基因动物运输、储存的单位和个人，应当采取与转基因动物安全等级相适应的安全控制措施，确保转基因动物运输、储存的安全。

3）进出口管理

2004 年国家质量监督检验检疫总局局务会议审议通过《进出境转基因产品检验检疫管理办法》,《办法》指出,为加强进出境转基因产品检验检疫管理,保障人体健康和动植物、微生物安全,保护生态环境,根据《中华人民共和国进出口商品检验法》《中华人民共和国食品卫生法》《中华人民共和国进出境动植物检疫法》及其实施条例,以及《农业转基因生物安全管理条例》等法律法规的规定,制定本办法,国家质检总局对进境转基因动植物及其产品、微生物及其产品和食品实行申报制度。

4）监督管理与安全监控

在监督管理与安全监控方面,我国设立了农业转基因生物安全委员会,按照实验室研究、中间试验、环境释放、生产性试验和申报生产应用安全证书五个阶段进行监管,安委会负责对转基因生物进行科学、系统、全面的安全评价;同时,组建了全国农业转基因生物安全管理标准化技术委员会,发布了 104 项转基因生物安全标准,有相对应的监管部门和实施条例,在转基因动物的相关问题方面可做到第一时间监管,对可能存在的隐患、问题有一定的防范能力并有与之相对应的措施和管控部门。

针对转基因动物间接导致其他风险的防控可能,我国法律法规也做出了相应规定。

（1）实验室泄漏风险防控。在转基因动物研究中,可能出现与动物病原菌间的互作,进而发生相关的问题,或实验动物本身存在的一些致病病原体流出。根据国务院发布的《病原微生物实验室生物安全管理条例》（2019 年修订）（Smirnov et al.，2016）对动物的饲养、运输、防疫等方面做出了明确规定。同时,我们在研究过程中也要注意探明相关的致病微生物,考虑转入目的基因在受体动物体内的相关问题,谨防此类问题的发生。

（2）公共卫生与健康风险防控。在进行转基因动物的研究过程中,可能存在公共卫生与健康风险防控等相关问题,国务院发布的《突发公共卫生事件应急条例》（2011）（Hu et al.，2014）对新发突发传染病、群体性不明原因疾病等突发事件应急处置过程中的领导指挥、方针原则、预案编制、监测预警、职责分工和权利义务等进行了规定。在转基因动物的研究中,实验人员要注意防护,尤其是实验动物存在人畜共患的病菌时。同时,在环境释放过程中,也要多方面考虑,注意其对环境的影响,避免出现公共卫生风险。

（3）伦理风险防控。目前转基因动物伦理问题研究主要集中在转基因动物的安全性问题、转基因动物的专利问题和转基因动物的福利问题,尤其是应用于医疗方面时,2006 年科学技术部发布了《关于善待实验动物的指导性意见》（Yamamoto et al.，2017）等指南,明确了动物医疗的伦理问题,为伦理风险的防控提供了相应的法律法规。

（4）通过以上相关法律法规,对转基因生物的各个方面都做出了明确的规定,由此可以看出我国对于转基因技术的重视。但随着转基因技术的发展,转基因动物应用领域不断拓展,动物转基因科研试验总数增多,安全风险增加,安全问题已经成为社会焦点,对安全监管的法律也提出了挑战和新的要求。目前现行的法律法规还存在一些问题有待加强。

（三）转基因生物安全国外立法

1. 以美国为代表的宽松模式

在转基因生物安全管理原则上,美国主张遵循"可靠科学原则"（sound science principle）,只有可靠的科学证据证明存在风险并可能导致损害时,政府才能采取管制措施。美国对于生物技术的监管体系采用实质等同原则,即只监管具体的终端产品,而不监管产品生产、存在的过程。采用这个原则,美国没有为转基因生物安全单独制定法律,仅是 EPA、FDA 和 USDA 在一些法律指导下,制定了一系列管理条例,用以监测和控制转基因动物及其食物产品的安全性。2009 年,美国食品药品监督管理局（FDA）发布了有关转基因动物生物安全管理的指导性文件。美国食品药品监督管理局于 2015 年批准转基因三文鱼进入市场,它是全球第一例批准上市的转基因动物。2020 年,美国食品药品监督管理局批准将一种转基因猪用于食品和医疗产品生产,这也成了继转基因三文鱼之后美国批准的第二种可供人类食用的转基因动物（黄耀辉等,2022）。

2. 以欧盟为代表的严格模式

为了减少转基因技术的负面影响，欧盟国家对转基因产品的审查都十分严格。欧盟各国在转基因食品、药品以及工业制品等各个方面，均对转基因产品进行严格的审查，当其各方面的性质不能全部明确，即不能完全了解其是否会对环境、人体健康产生危害时，禁止其上市（Thayyil，2014）。对转基因技术及其产品采取"预防原则"，明确转基因技术的科学局限性。欧盟委员会（EC）委托欧洲食品安全局（EFSA）就转基因动物对于食品、饲料、环境、动物健康及人类安全等带来的潜在风险进行评价。EFSA 参照国际标准，发布了一系列有关转基因动物及其产品风险评价的初步指导文件，这些文件包括食品与饲料安全、环境安全、动物健康及人类安全等，其中转基因动物（鱼类、鸟类及哺乳动物）的环境安全评价最详细（Lyons et al.，2000；Gómez-Barbero and Rodríguez-Cerezo，2006）。

3. 以日本为代表的折中模式

日本采取相对折中的方式对转基因动物进行管理，日本社会各界非常重视转基因动物的研究与开发，同时也制定了相应的法律文件来对其进行规范。参照《卡塔赫拉生物安全议定书》的要求，日本于 2004 年出台了有关转基因的法律文件，文件将转基因分为 1 型和 2 型两类，1 型转基因的环境释放不受管制，2 型转基因的环境释放受到严格管理（Li et al.，2015）。其中，有关转基因动物尤其是转基因家畜的研究受日本文部科学省（MEXT）的联合管制，环境释放受日本农林渔业部（MEFF）管制。MEXT 从实验研究方面对转基因家畜的研究与开发进行严格规范，MAFF 从环境释放方面对转基因家畜的环境释放进行严格管理。

除此之外，像加拿大、印度等国家也制定了针对转基因动物管理相关的法律法规，在加拿大食品检验局（CFIA）的支持下，加拿大环境部（EC）和加拿大卫生部（HC）共同负责监管生物技术衍生的动物。印度是《卡塔赫纳生物安全议定书》的签署国，并建立了生物安全信息交换所，以及其他需要评估与转基因作物相关的生物安全问题的机构。上述国家都针对转基因动物管理提出了相关的法律法规，无论哪个国家的立法，都体现了对转基因动物的重视程度，同时也可作为我国在立法方面的参考。

七、建议

转基因技术在各行业领域的融合应用逐渐增多，经过几十年的不断完善，我国在转基因生物安全的规制监管方面逐渐建立起一套符合中国国情的法律体系。但转基因技术的迅猛发展，使得一些法律法规不够完善，不能满足现阶段的发展要求，尤其是对转基因动物缺乏具有针对性的法律法规，应在现有法规的基础上，针对法规的准确性和针对性、应急事故处理方法、公众参与程度等方面进行补充建议。

（一）健全安全评价制度

在现有制度的前提下针对安全评价体系进行完善。关于转基因动物安全的内容相对繁多、庞杂，因此具体划分不够细化，界定不够清晰。例如，安全等级划分中 II、III、IV 级所述的低度、中度、高度危险，即使结合了有关安全等级的规定仍然非常抽象，具有模糊性，而安全性的等级评价直接决定了处理措施，不同安全等级的转基因动物所对应的流程和防范手段也大不相同，因此确立健全准确的安全评价制度至关重要。

（二）完善应急处理制度

动物转基因技术的多种风险、高等生命种群的不确定性等特点决定了动物转基因技术具有潜在性、突发性和不可逆性，一旦发生安全事故将会造成难以估量的损失。由于试验具有不可预测性，潜在风险发生的概率更大，更容易引起突发事件，因此必须建立科学有效的应急管理机制。目前现有的应急处理机制流程尚不完善，对于各种不同事件的发展无特定性的处理方式，应急制度较为笼统，因此在制定转基因动物相关政策时应着重完善应急处理制度。

（三）建立针对转基因动物的相关条例

转基因动物技术发展迅速，研究范围越来越广，已经超出品种改良等单纯的农业应用领域。转基因动物在生物反应器、器官移植、医疗、食品生产等多方面的应用逐渐增多，目前的法律法规监管的主要对象是农业转基因生物，对转基因动物的特殊性存在漏洞，监管范围较小，指向性和针对性不强，需要扩大监管范围。

（四）建立信息公开制度

相关转基因动物实验、进出口、生产、释放等方面的审批，应做到公开透明，对信息实施公开制度，有效地加快审核流程，并让从事相关研究的实验人员、受众群体对相应的措施有明确的了解。

（五）建立公众参与制度

转基因动物的生产研究、应用与我们的日常生活息息相关，目前在医疗、食用、观赏、生态保护等多方面都发挥了重要作用，可让公众参与到体系建立中，增强人们对于转基因动物的了解，增加生物转基因的安全意识，重视转基因动物的相关问题，共同促进转基因技术的发展和生物多样性的维护。建议加强科普知识、法规及伦理的宣传普及，提高人们对安全风险和伦理风险的认知水平，强化防范意识，认识到违法违规行为造成的危害，并知晓所应承担的法律责任。

（六）未来法规发展趋势

转基因动物的应用越来越广泛，所应用的生物技术手段也逐渐增多，根据转基因生物未来的发展趋势，相关生物法律法规的制定也将趋向于以下几点。

（1）明确转基因动物的相关法则，根据转基因动物的特性，针对性地制定法规，对转基因动物的供体动物、受体动物、目的片段、释放环境产生的生态影响等多个方面进行评估，制订一套完整的体系流程。

（2）对目前存在的一些较为模糊的问题进行明确规范，尽可能涵盖目前所利用的转基因技术手段，对安全等级进行明确划分，不同安全等级严格执行相对应的政策，做到从源头规避风险。

（3）对可能发生的突发事件进行详细的处理细则，做到"出事不乱"。在实际应用过程中，还需要考虑转基因动物的大规模繁殖、储存、运输等多方面的安全性问题，尽可能地把转基因动物的突发事件伤害降到最低。

我国转基因技术虽然起步较晚，但是发展很快，目前转基因动物在医疗、食品、观赏、农业等多方面都有广泛的应用，纵观我国目前出台的生物安全立法体系，缺少一部能够以整体生物安全为视角的综合性立法；缺少特异性地针对转基因动物安全及进行实验的相关人员管理的法律，许多法律制度也不够健全。立法和制度的缺失也造成了效率不高、管理混乱等问题，值得进一步探究，所以制定一部高位阶的、全面的立法，是完善我国现行法律制度的必由之路。转基因生物安全的法律体系没有统一的模式，各国都根据本国的国情和经济发展需要进行不懈的努力与探索。我们应通过对比国际社会其他国家和地区关于转基因生物安全法律制度的研究，吸收和借鉴其中先进的经验和管理模式，为我国建立健全转基因生物安全法律制度提供参考。

（军事科学院军事医学研究院　王友亮）

（中国农业科学院油料作物研究所　曾新华　朱莉　袁荣）

（中国医学科学院病原生物学研究所　王聪慧）

第二节　植物基因组修饰技术两用性及生物安全

一、植物转基因技术

1953 年 Watson 和 Crick 提出 DNA 双螺旋结构模型和半保留复制假说，使生物学进入分子生物学阶段。

1968 年，Linn 和 Arber 发现甲基化酶和核酸酶，随后 DNA 限制性内切核酸酶和 DNA 连接酶等工具酶相继被发现，为体外 DNA 重组提供了便利的工具。1972 年，美国科学家 Berg 等成功把 λ 噬菌体和大肠杆菌的半乳糖操纵子插入到猿猴病毒 SV40 的 DNA 中，标志着转基因技术的诞生。1983 年，孟山都公司将细菌的新霉素磷酸转移酶基因 NPT 转入烟草细胞，培育出抗卡那霉素烟草，首次获得转基因烟草植株。此后，大量转基因植物、动物、微生物被广泛研究报道。

转基因技术（transgenic technology）又称遗传转化技术（genetic transformation），通常是指将人工分离或修饰过的基因构建到特定载体上，然后借助生物、物理或化学的手段导入到受体细胞基因组中，使目的基因能在受体细胞中稳定表达和遗传，从而引起生物体性状可遗传变化的一项技术。植物转基因技术是连接基因克隆和转基因新品种培育的重要工具，实现转基因技术体系高效、安全、规模化是转基因育种成功的关键。转基因玉米、棉花、大豆、马铃薯、烟草等相继取得成功并获准商业化，在全球大面积种植，植物转基因技术进入新阶段。

（一）植物转基因技术方法

科学家于 20 世纪 80 年代转基因技术兴起之时，就在努力探索各种植物遗传转化的方法。迄今为止，转基因技术方法已多达十几种，一般按其有无载体分为载体介导法和 DNA 直接摄取法。载体介导法是指利用农杆菌、病毒等生物介导的表达载体系统转化方法来实现基因的转入和整合，主要有农杆菌介导法和病毒介导法。DNA 直接摄取法是指通过物理或化学的方法直接将外源 DNA 转入植物细胞的遗传转化方法，主要包括花粉管通道法、基因枪法、聚乙二醇法、电击法、离子束介导法、显微注射法等。其中，农杆菌介导法、花粉管通道法和基因枪法是几种较为常用的植物转基因技术。

1. 农杆菌介导法

农杆菌介导法是应用最多、技术较为成熟并且具有很多成功实例的一种植物转基因方法，最为常用的是根癌农杆菌。根癌农杆菌侵染受体植物伤口进入细胞后，可将 Ti 质粒上的一段 T-DNA 插入到植物基因组中，同时将目的基因插入到植物基因组中，实现外源基因向植物细胞的整合和表达，从而获得转基因植物。Ti 质粒能插入大约 50kb 的外源基因 DNA 片段。一般认为农杆菌介导是农杆菌与植物细胞互作的结果，其过程主要是：农杆菌附着到植物细胞表面；T-DNA 和 Vir 蛋白通过植物质膜转运到植物细胞中；T-DNA/Vir 蛋白复合物通过细胞质并靶向细胞核；从 T-DNA 上去除蛋白质、T-DNA 整合到基因组上、T-DNA 编码的转基因表达（Gelvin et al.，2009；Gelvin et al.，2010）。在农杆菌介导的遗传转化体系中，受体对农杆菌菌株的敏感性、外植体再生能力、农杆菌菌株和表达载体、筛选方式等都会影响转化效率。

1983 年，Zembryki 等（1983）利用农杆菌介导法成功获得了转基因烟草，这一方法在棉花、大豆、油菜等双子叶植物中广泛应用。国外最早是 Umbeck 等（1987）将 NPTII 和 CAT 基因导入'珂字棉 312'中获得转基因再生棉株，此后逐步建立并优化了以珂字棉为受体的再生体系。国内最早是陈志贤等将除草剂基因 tfdA 导入'晋棉 7 号'获得转基因棉花植株。目前，国内外利用农杆菌介导法已将抗虫基因 Bt、CpTI、API，抗除草剂基因 tfdA、Bxn、aroA 及抗病基因导入棉花，且获得的大部分棉花已进入大田商业化生产。Hinchee 等（1988）在 100 多个大豆品种中筛选出易感染农杆菌菌株 A208 的大豆品种 Peking 作为受体，率先获得转基因大豆植株。正是因为不同大豆品种对根癌农杆菌的敏感性不同，后续的研究人员筛选了易受农杆菌侵染的大豆品种，目前适于大面积推广的品种有 Jack、Williams82、Peking 等。

由于农杆菌不是单子叶植物的天然宿主，因此在单子叶植物中的应用稍晚。1994 年，Hiei 等采用超双元载体、改善共培养菌液成分等措施优化了粳稻的农杆菌转化体系，并从分子水平和遗传学角度证实外源基因的稳定插入、表达和遗传，该方法也成为水稻遗传转化的主流方法。Gould 等于 1991 年率先用农杆菌侵染玉米茎尖并获得成功（Gould et al.，1991）。1996 年，Ishida 等使用超双元载体通过农杆菌侵染玉米自交系 A188 幼胚，将转化效率提高到 5%~30%（Ishida et al.，1996），使农杆菌介导法获得转基因玉米真正成为可能。第一例农杆菌介导的转基因小麦于 1997 年获得成功（Cheng et al.，1997）。随后，科学家们相继建立了水稻、小麦、玉米等的农杆菌介导遗传转化体系并获得了一系列优质的转基因品种。

2. 花粉管通道法

花粉管通道法是 1974 年由中国科学家周光宇提出的，并成功将外源海岛棉 DNA 片段导入到陆地棉中，培育出了抗枯萎病的转基因棉花栽培材料。该方法的原理是：花粉会在柱头上萌发形成花粉管道，外源 NDA 沿花粉管经过珠心注入花的胚囊中，转化无细胞壁的卵细胞或受精细胞。这些细胞正处于旺盛的 DNA 合成和细胞分裂时期，更易于整合外源 DNA，然后借助于天然的种胚系统自然发育成转基因种子。

1993 年，曾君祉等成功将 *GUS* 基因标记的质粒利用花粉管通道法转入普通小麦，并成功在其子代中遗传表达，充分证明花粉管通道法是一个天然有效的转基因途径。此外，我国科学家利用此法已成功培育出棉花、水稻、大豆等转基因新品种。1981 年，黄骏麟等应用花粉管通道法获得耐黄萎病、抗枯萎病的'棉花 3118'转基因新品种。雷勃钧等（2000）利用花粉通道法以'黑农 35'为受体，获得高产、抗病的'黑生 101'转基因大豆新品种。谢道昕等（1991）利用花粉管通道法将苏云金芽孢杆菌杀虫基因，即 *Bt* 基因，导入'中花 11 号'水稻，获得转基因抗虫水稻。

花粉管通道法的特点是操作过程简单，不需要植物组织培养再生，可直接从种子发育得到转基因植株，因而不受植物愈伤分化能力的限制，省去人工组培的过程。目前，该方法已成功应用于棉花、大豆、水稻、小麦等农作物的育种和改良工作。但是这种方法易受大田环境的影响，存在转化率低、重复性差的缺点，对实验人员的操作经验有一定的要求。

3. 基因枪法

1987 年，Sanford 等发明了基因枪法，其原理是：利用基因枪所产生的高压气体加速推力，将包裹钨粉或金粉的外源 DNA 或 RNA 穿透植物细胞壁和细胞膜，进入细胞中并整合到植物基因组上，使目的基因在受体植物细胞中正常表达并稳定遗传，从而获得相应的转基因植物。McCabe 等于 1988 年建立基因枪介导的大豆体细胞转化系统。Christou 等（1988）用基因枪法将抗除草剂基因 *bar* 转入水稻幼胚，获得转基因抗除草剂水稻。Vasil 等（1992）用基因枪法将 *bar* 基因导入到小麦，获得了小麦转基因植株。侯丙凯和陈正华（2001）首次用基因枪法将杀虫晶体蛋白基因导入油菜叶绿体基因组，并获得了抗虫油菜植株。基因枪法具有对受体细胞基因型无严格限制、受体类型广泛（茎尖分生组织、下胚轴、胚性细胞、愈伤组织等均可）、操作简单、可控性强、重复性好、可有效实现多基因转化等优点，成为继农杆菌介导法之后又一广泛应用的遗传转化技术。虽然基因枪法适合的植物基因型较广，但此法操作成本较高，存在多拷贝插入、DNA 断裂、遗传稳定性差等缺点，而且影响基因枪法转化效率的因素有很多，如受体材料的种类和再生性能、DNA 浓度和用量、基因枪轰击参数、愈伤筛选程序等。经过科学家们的不断尝试，目前转化体系已逐步完善，使基因枪法得到更好的利用，创制出一大批高价值的转基因材料。

4. 其他植物转基因方法

聚乙二醇介导法又称 PEG 介导法，主要原理是化合物 PEG、磷酸钙以及高 pH 条件下诱导原生质体摄取外源 DNA 分子，其中 PEG 是细胞融合剂，通过引起细胞膜表面的电荷紊乱，干扰细胞间的识别，使细胞膜之间或是 DNA 与膜形成分子桥，促使相互间的接触和黏连，诱导原生质体内吞外源 DNA，然后进入细胞核，完成遗传转化。该方法是利用原生质体具有摄取外来物质的特性，改变膜的通透性来导入外源基因，对细胞伤害小，易于操作，所需设备简单，成本较低，群体数量大。郭光沁等（1993）用 PEG 法转化小麦'济南 177'的原生质体，获得完整转基因小麦植株。程振东等（1994）通过 PEG 处理把潮霉素抗性和卡那霉素抗性标记的外源基因导入甘蓝型油菜原生质体，均成功筛选到了抗性愈伤组织，相对转化频率分别为 1.3% 和 0.2%。PEG 法转化过程中，转化介质中阳离子的种类和浓度、携带 DNA 的种类、PEG 溶液、pH 都会影响外源基因的导入效率。

电击法是由 PEG 介导法发展而来的，利用高强度电脉冲作用，在原生体质膜形成瞬时可逆穿孔，摄取 DNA 分子穿过小孔进入原生质体。此法转化效率高、重复性好，但仪器昂贵，易造成原生质体损伤，而且同样需要原生质体制备、培养和再生相关技术基础。梁辉等（2005）用改良的环形电极电击法将 *Bar* 和 *GUS*

标记的质粒导入小麦幼胚中，PCR 和 Southen 杂交分析结果证明外源基因整合到小麦基因组中。

PEG 介导法和电击法都是以原生质体培养为基础，原生质体没有细胞壁的阻碍，将原生质体作为转化受体，具有转化率高、嵌合体少、可适用多种转化系统等优点；但原生质体分离培养难度大，尤其是单子叶植物，而且培养周期长、再生频率低，使得以原生质体作为植物遗传转化受体的转基因技术一直未得到广泛应用。

离子束介导法是我国创建的一项植物转基因技术，低能离子注入会造成植物细胞壁的刻蚀并产生局部穿孔，由此提出了利用低能离子束介导将外源 DNA 转入植物细胞的设想，1993 年利用此技术成功获得转基因水稻（Yu et al.，1993）。2000 年，吴丽芳等通过此法获得了转基因的小麦植株。低能离子束注入植物组织后，细胞壁局部产生穿孔，细胞膜透性发生变化，为外源 DNA 进入细胞提供了多个可自动修复的微通道，离子注入对受体细胞 DNA 造成的一定损伤，由损伤诱导的修复作用可为外源 DNA 在受体基因组上的整合和重组提供便利条件。该技术以植物成熟胚为材料，操作简便，同时可进行大批量处理，在介导外源物种大分子 DNA 转移方面具有优势。但是低能离子束注入是在真空条件下进行的，而真空以及脱水作用会造成细胞或组织存活率降低，影响转化效率。

（二）植物转基因技术发展趋势

近年来转基因作物产业化发展迅猛，但其潜在的安全风险仍是人们普遍担忧的问题，同时也制约着转基因技术的推广。在安全转基因技术研发方面，主要方法有：安全标记基因法；共转化法、位点特异性重组法和转座子法等筛选标记删除法；防止基因漂移的叶绿体转化法；基因编辑技术等。

1. 安全标记基因法

在转化系统中，外源基因的检测筛选通常借助标记基因，目前常用的筛选标记基因主要有抗生素标记基因，如 *amp*、*kan*、*hpt*、*nptII* 等，还有除草剂抗性标记，如 *bar*、*pat*、*epsps* 等。安全标记基因一般是指一些非抗生素或抗除草剂抗性的基因，与传统的标记基因最大的不同是，它采用的是正选择系统，使转化细胞处于有利的代谢条件下，筛选出相应的转化细胞。目前报道的这类选择标记基因有：糖代谢类基因，如磷酸甘露糖异构酶基因 *pmi*、木糖异构酶基因 *xylA* 等；激素代谢类基因，如异戊烯转移酶基因 *IPT*、细胞分裂素受体基因 *CKI1* 等；抗逆基因，如 *OsDREB2A*、*AtSOS1* 和 *rstB* 等。也有可视的选择标记基因，如编码绿色荧光素蛋白及叶绿素生物合成酶的基因。其中，磷酸甘露糖异构酶基因筛选系统，已经应用于转基因植物的商业化生产。这些标记基因不仅降低了转基因植株的潜在风险，而且可以提高转化效率，对植物的生长无不良影响，还可以作为目的基因如抗逆基因，不需要剔除。

2. 筛选标记删除法

除了选用安全标记基因以外，科学家们提出获得无筛选标记转基因植物的基因删除方法，可以从根本上解决标记基因和报告基因产生的非预期效应。基因删除方法主要有共转化法、位点特异性重组法、转座子法、染色体内重组法，以及由 CRISPR/Cas9 基因编辑系统介导的基因删除技术。

共转化法是将目的基因和标记基因构建到不同的载体或是同一载体的不同 T-DNA 区域上，然后同时导入受体细胞，获得两个基因共整合的转化植株。一部分转化植株的这两个基因并不连锁，通过鉴定后代自交分离后的植株，即可获得只含有目的基因的植株，达到删除标记基因的目的。Liu 等（2020）将利用双 T-DNA 载体共转化获得的无标记转基因小麦植株后代进行 FISH 杂交鉴定，结果表明目的基因在后代中稳定遗传，未发现选择标记 *bar* 基因。这为双 T-DNA 载体共转化获得无标记转基因作物在农业上的应用奠定了基础。

位点特异性重组系统由同源重组酶和它的特异性重组位点组成，特异性重组位点由中间 7～12bp 的核心序列和两侧的回文序列构成，当两个重组位点方向相同、在同源重组酶催化下发生重组时，它们之间的所有基因序列就会被切除，只剩下识别位点。特异重组系统主要有来自于噬菌体 P1 的 Cre/*loxP* 重组系统、来自于酿酒酵母的 FLP/FRT 重组系统和来自于鲁氏酵母的 R/RS 重组系统，目前应用较多的是 Cre/*loxP* 重组系统。Dale 等（1991）首次利用 Cre/*loxP* 系统剔除了转基因烟草的 *hpt* 标记基因，通过遗传分离去除 Cre

编码位点后，得到的转基因植株中只含有所需要的外源基因。应用热激启动子驱动的 Cre/loxP 系统构建标记基因诱导删除型载体，可以将生长到四叶期的转基因水稻植株的选择标记基因 bar 删除，效率达到 83.3%（许惠滨等，2013）。

转座子介导的标记基因删除技术来源于玉米的 Ac/Ds 转座系统，该系统是在转座酶催化作用下，DNA 片段从原位点上断裂，能够再定位插入另一位点，通过转基因植株子代的分离从而获得无标记基因植株。Goldsbrough 等（2002）最先用 NptII 选择标记基因和一个包含 GUS 报告基因的 Ds 元件演示了转座子系统，并获得了无标记转化番茄植株（Goldsbrough et al.，1993）。Cotsaftis 等用转座子介导法获得无选择标记的转 cry1B 水稻，同时证明 cry1B 可高效表达。

同源重组法是在富含 A+T 序列的重组结合位点之间插入选择标记基因和目的基因，重组结合位点激发同源重组，杂交筛选后去除标记基因。同源重组频率在高等植物中发生概率偏低是限制其应用的一个关键因素。Galliano 等（1995）研究发现将矮牵牛中转化增强序列 TBS 置于重组结合位点附近，提高了矮牵牛、烟草、玉米的同源重组频率，还能刺激矮牵牛同源分子间和分子内重组。

3. 叶绿体转化法

叶绿体转化法是将目的基因通过基因枪或 PEG 介导等方法，插入到植物细胞叶绿体基因组中。因为植物叶绿体母系遗传的特点，所以通过叶绿体转化法获得的转化植株的花粉中不含有外源基因，也就避免了花粉漂移导致的外源基因扩散。Svab 和 Maliga（1990）用包覆 pZS148 质粒 DNA 的钨粒轰击烟草叶片，获得了质体的转化，并利用大观霉素抗性筛选到转基因株系，首次实现了高等植物的叶绿体转化。除烟草外，叶绿体遗传转化还在番茄、马铃薯、大豆、莴苣及模式植物拟南芥中取得成功。叶绿体转化不仅可以避免花粉漂移，还具有表达高效、可多基因转化、无位置效应、不易产生基因沉默等诸多优点。但同时该法也存在叶绿体基因组拷贝数高、外源基因的同源重组率太低、同质化和再生困难等问题，这些成为叶绿体转化技术发展缓慢的技术瓶颈。

4. 基因编辑技术

基因编辑以前称为植物基因定点修饰，是一种利用核酸酶对生物体目标基因进行断裂，并以非同源末端连接或同源重组的方式进行定点修饰、删除或者插入的技术。目前，基因编辑技术主要有锌指核酸酶（zinc finger endonuclease，ZFN）、类转录激活因子效应物核酸酶（transcription activator-like effector nuclease，TALEN）、规律成簇的短回文重复序列（clustered regularly interspaced short palindromic repeat，CRISPR）、CRISPR 关联蛋白（CRISPR-associated protein，Cas）系统。近年来，以 CRISPR/Cas9 系统为代表的基因编辑技术的研究飞速发展，并已经在疾病治疗、作物育种、基因功能研究等诸多领域中得到广泛应用。

ZFN 由一个特异性锌指蛋白 DNA 结合结构域和一个非特异性核酸内切酶 Fok I 的 DNA 切割结构域组成。ZFN 转化细胞后，每个锌指蛋白结合一个特异识别位点，在基因组靶标位点左、右两边各设计 1 个 ZFN，识别结构域会将 2 个 ZFN 结合到特定靶点，当 2 个锌指蛋白分子间距为 6～8bp 时，2 个 Fok I 相互作用形成二聚体，恢复酶切功能，切割目标双链 DNA，形成双链断裂缺口。断裂缺口引起非同源重组末端连接或同源重组，从而实现基因的靶向敲除和目标片段的定点整合。Lloyd 等（2005）把一个同时携带由热激启动子驱动的 ZFN 基因和其靶向基因的结构体引入拟南芥基因组，首次应用 ZFN 对植物基因实现了定点突变。Shukla 等（2009）使用设计的 ZFN 将除草剂抗性基因 PAT 定向导入玉米基因组的预设位点，破坏玉米肌醇激酶基因 IPK1，获得了耐除草剂低肌醇六磷酸的复合性状玉米植株。ZFN 作为一种新兴基因编辑工具，靶向结合效率高，但存在作用位点有限、操作相对复杂、脱靶现象严重等问题，因此在应用上具有局限性。

TALEN 与 ZFN 类似，由特异性 TALE 蛋白的 DNA 结合结构域和非特异性 Fok I 核酸酶两部分融合而成。当 TALEN 转入细胞后，TALE 蛋白识别特定位点，Fok I 核酸酶剪切靶位点形成双链断裂切口，诱发细胞内的 DNA 损伤修复，实现基因修饰。TALEN 的 DNA 结合结构域由高度保守的 13～28 个串联重复单元组成，每个重复单元含有 33～35 个氨基酸。第 12 和 13 位氨基酸高度可变，被称为重复可变的双氨基酸残基（repeat variable diresidue，RVD），决定了重复单元的 DNA 识别特异性。Li 等利用 TALEN 技术敲除

水稻感病基因 *OsSWEET14*，以防止稻黄单胞菌（*Xanthomonas oryzae*）的致病，获得了抗水稻白叶枯病转基因植株（Ishida et al.，1996）。Wang 等（2014）在六倍体小麦中，利用 TALEN 诱导的 3 个 *TaMLO* 同源基因的突变，产生可遗传的、对白粉病的广谱抗性。TALEN 技术与 ZFN 相比具有试验设计简单准确、脱靶情况少、毒性低等优点，但是 TALEN 同源序列多、组装复杂，且 TALE 蛋白体积较大，转化相对困难。

2020 年诺贝尔化学奖授予了为 CRISPR/Cas9 基因编辑领域做出重要贡献的德国马克斯·普朗克病原学研究所的 Emmanuelle Charpentier 博士以及美国加州大学伯克利分校的 Jennifer A. Doudna 博士。CRISPR/Cas 系统是基于细菌抵御入侵病毒 DNA 或其他外源 DNA 的免疫反应而产生。目前 CRISPR/Cas 主要有 I 型（特征基因 Cas3）、II 型（特征基因 Cas9）和III型（特征基因 Cas10）3 种，I 型和III型需要利用多个 Cas 蛋白形成复合体与复杂的 crRNA 结合来切割 DNA 双链，而 II 型只需要 1 个 Cas9 蛋白，人们将 II 型 CRISPR 系统进行改造用于基因组编辑，称之为 CRISPR/Cas9 系统。该系统由具有核酸内切酶功能的 Cas9 蛋白与向导 RNA（small-guide RNA，sgRNA）组成，通过 sgRNA 与靶序列 DNA 的碱基配对形成 RNA-DNA 复合结构，将 Cas9 蛋白与 sgRNA 结合形成的 RNA-蛋白质复合体引导至靶位点，对目的 DNA 进行切割。通过 CRISPR/Cas9 系统可实现靶向基因敲除与替换、单碱基编辑、RNA 编辑等功能，还可以通过 Cas 或其变体与不同效应因子连接实现基因定位运输、转录调控、表观修饰，甚至可以进行全基因组功能基因筛选。

CRISPR/Cas9 在作物育种方面取得了重大突破。Zong 等（2017）利用 CRISPR/Cas9，在小麦、水稻和玉米三大作物中实现了从原生间隔区的 3～9 位胞嘧啶到胸腺嘧啶的靶向转化，水稻、小麦和玉米植株的再生频率高达 43.48%，为高效、精密地实现单碱基定点突变提供了方法依据。David Jackson 研究组通过 CRISPR/Cas9 基因编辑技术，对 3 个 *CLE* 基因进行了编辑，获得了 *ZmCLE15* 的功能缺失突变体，有效地提高了玉米的产量性状。Okuzaki 等报道了使用 CRISPR/Cas9 系统修饰甘蓝型油菜（*Brassica napus*）脂肪酸去饱和酶2基因 *FAD2*，通过自交获得 *FAD2* 纯合植株，油酸含量与野生型种子相比显著增加。CRISPR/Cas9 技术作为一种新型基因定向编辑技术，有其他基因编辑技术不可替代的优势，但是也并非完美，其精准性和安全性还有待提高。通过药物、温度、光照等对 Cas9 蛋白活性在剂量、时间和空间上进行精确控制，可以减少脱靶效应等毒副作用，进行基因编辑的精准调控。另外，也可以通过抗 CRISPR 蛋白、核酸、小分子化合物及组织特异性 microRNA 等抑制 Cas9 蛋白酶的活性。

植物转基因技术从诞生到如今的不断发展，技术体系逐步完善，在实际生产中发挥了重要作用，随着科学技术的发展，转基因技术也在不断更新、不断完善的过程中，将更加精准、高效、安全。

二、转基因植物安全风险评估

转基因作物商业化种植始于 1996 年，许多重要的农作物如水稻、玉米、小麦、大豆、棉花、烟草、番茄、马铃薯等都有转基因作物。转基因作物能够提高对病虫害和逆境的抵抗力，改善植物的农艺性状，提高农产品的产量和质量，为解决国际粮食短缺、保护环境等做出了重要贡献。根据国际农业生物技术服务组织的报告，2019 年全球转基因作物种植面积从 170 万 hm^2 增至 1.904 亿 hm^2。截止到 2019 年年底，全球共有 71 个国家（欧盟 26 个国家统计为 1 个）发布了有关转基因或生物技术的法规批准，这些批准的作物既可以食用、饲用或加工，也可以用于商业种植。但人们对转基因技术安全的担忧也并没有随着基因工程技术的发展以及转基因作物全球范围内商业化种植而有所减少，其中最受关注的是转基因作物的食品安全和环境安全问题。

转基因植物在生长过程中会不可避免地与周围环境发生交流，对生态环境造成潜在的风险，包括转基因植物自身或通过与野生近缘种间的基因流动演变为杂草的可能性、对靶标生物及非靶标生物种群的影响、对土壤生态系统和生物地球化学循环的影响等（梁晋刚等，2021）。转基因生物安全评价的目的就是保证转基因动物、植物以及微生物等在安全可控的条件下进行研究及生产。我国在出台转基因安全监管的政策后不断进行完善发展，目前已经建立了一套完整的转基因生物安全评价管理与技术体系，有利于推动转基因作物商业化良性发展。转基因植物环境安全主要包括转基因生物的生存竞争能力、基因漂移的环境影响、功能效率评价等方面的内容。而对于转基因植物的监管，则更关注于转基因植物对非靶标生物的影响、对靶标生物的抗性风险、对植物生态系统群落结构和有害生物地位演化的影响等。

（一）遗传稳定性

科研工作者在通过各种手段研发出新的转基因植物的同时，也在研究这些转基因植物中外源基因的遗传和表达是否稳定。已有许多研究表明，很多转基因转化体的外源基因都能稳定遗传和正常表达，但也有部分研究发现外源基因的遗传和表达存在不稳定的现象。外源基因的遗传稳定性，一方面是指在受体细胞中培养、分化、增殖过程中的稳定性，也就是转化细胞在无性繁殖中的稳定性；另一方面是指外源基因在植物有性繁殖过程中的遗传稳定性（金万梅等，2005）。外源基因的转入方式、整合位点、位置效应、基因片段大小、拷贝数的多寡、甲基化等都会引起外源基因沉默，从而影响外源基因的稳定遗传（孔庆然和刘忠华，2011；金万梅，2005）。外源基因的遗传稳定性直接影响转基因植物的商业化应用及推广，也是转基因生物安全评价的重要科目。遗传稳定性主要考察转基因植物世代之间目的基因的整合与表达情况，主要包括目的基因整合的遗传稳定性、目的基因表达的稳定性和目标性状表现的稳定性等方面。通常以 PCR、Southern 杂交检测目的基因在植物染色体上的整合情况，以 Northern、Real-time PCR、Western 等方法检测目的基因在转化体不同世代的表达稳定性，用适宜的观察手段考察目标性状在转化体不同世代的表现情况。

（二）功能效率评价

功能效率评价是自然条件下对转基因植物的抗病虫害、抗旱、耐盐等目标性状的作用效果进行评价。我国颁布的转基因植物环境安全检测标准，按照转基因植物所具备的不同性状，分别制定了抗虫、耐除草剂、耐旱、育性改变、抗病等不同性状转基因植物环境安全检测标准，即使同为抗虫性状，也分别制定了玉米、棉花和水稻的环境安全检测标准。

抗虫性检测有室内生物测定、田间人工接虫、田间自然虫源调查等方法。室内生物测定受外界环境条件影响小，鉴定结果准确可靠，但实验过程中人为误差难以避免；田间人工接虫或田间自然虫源调查简单易行，但鉴定结果又容易受害虫分布、天气气候等条件影响。一般采用室内生物测定与田间人工接虫或田间自然虫源调查结果相结合的方式来判断转基因作物对靶标害虫的抗虫性。对除草剂耐受性的评价一般是通过田间喷施不同剂量的除草剂，比较转基因抗除草剂作物和对应的受体作物存活率、药害率的差异，判断转基因作物对目标除草剂的耐受性强度。干旱耐受性测定是在种子萌发期、苗期、开花期、灌浆期等关键时期，分别对植物进行干旱胁迫处理和正常水分处理，从而判断转基因耐旱作物的耐旱指数和耐旱水平。育性检测是通过与育性正常的非转基因作物比较花粉可染率、自交结实率、不育性保持率或不育株率来检测育性改变植物不育系的不育性稳定保持能力和恢复系的育性恢复能力。转基因抗白叶枯病水稻鉴定标准设置了受体水稻、抗病水稻、感病水稻品种作为对照，通过田间人工接虫，测定转基因抗病水稻对白叶枯病的抗性水平。

目前国内外对于转基因植物的研究不仅限于抗虫和耐除草剂等单一性状或复合性状，研究的方向逐渐向产量性状改良（改良籽粒数量和/或大小等）、品质性状改良（改良淀粉成分、纤维品质等）、生理性状改良（改良生育期、营养物质利用率等）、杂交优势改良（雄性不育、育性恢复等）、抗逆（改良抗旱性、耐盐性等）和适宜机械化作业等转变，而这些新的性状可能与抗虫和（或）耐除草剂性状进行复合（梁晋刚等，2021）。

（三）生存竞争能力

转基因植物的生存竞争能力是指在自然环境下，与非转基因对照作物相比，转基因作物的生存适合度及杂草化风险。转基因作物的杂草化主要是由基因导入和基因漂移引起的（李建平等，2013）。一方面，转基因作物通过基因工程手段获得新性状，其环境适应能力和生存竞争力可能发生改变，在生存能力、种子产量、生长势和越冬性等方面均强于非转基因作物，从而入侵其他非转基因植物栖息地，占据生存空间，这种入侵危害发展到一定程度就会破坏自然种群平衡和生物多样性，最终演变为杂草（强胜等，2010）；另一方面，当转基因作物与同种或近缘种植物满足异花授粉的条件时，转基因作物携带的目的基因通过花粉向近缘非转基因植物转移，就会提高近缘物种获得选择优势的潜在可能性，从而使这些含有抗病、抗虫或抗除草剂等目的基因的非转基因植物成为"超级杂草"（贾士荣，2004；王延锋等，2010）。比较转基因作物和相应非转基因对照品种的生存竞争能力的强弱，如转基因植物种子数量、重量、活力和休眠性、越冬越夏能力、抗病虫能力、生长势、生育期、落粒性、自生苗等试验数据和指标，是判断植物有无杂草化潜力的主要依据。英国学者对 4 种转基因作物（油菜、玉米、甜菜和马铃薯）与常规品种在 12 个不同自然生境中的生产性能进行了 10 年的监测，结果显示，转基因性状没有增加植物在自然栖息地的适应性，也没有增加转基因作物变成杂草的可能性。但转基因植物可能会在栽培地条件下提高生存竞争能力，这些还需要在转基因植物开发时进行实验评估（Crawley et al.，2001）。

（四）外源基因漂移

基因漂移是指一个生物群体的遗传物质（一个或多个基因）通过媒介从某一个生物群体转移到另一个生物群体中的现象。基因漂移是一种普遍存在的遗传物质交流的自然现象，本身并不存在生态风险，但如果转基因作物的外源基因通过基因漂移的方式向其他植物、动物和微生物转移，就可能导致严重的生态后果。转基因作物基因漂移的途径大致有两个：一是花粉通过风和一些传粉动物向同种或近缘种非转基因植株转移发生的基因漂移，基因漂移频率一般随着与转基因作物空间距离的增大而下降，往往在传粉昆虫环境下更高（郭利磊等，2019）；二是通过种子或组织传播，主要借助风、水、动物等自然媒介或采收与运输等人类活动实现。随着近几年物流业的快速发展，人为导致的基因漂移呈上升趋势。转基因作物与非转基因亲本之间亲缘关系近，花粉亲和力更高，因此更容易发生基因漂移（Nicolia et al.，2014），如在加拿大和美国就发现了抗除草剂的油菜自生苗（Beckie，2013）。转基因作物除了花粉传播造成外源基因扩散外，作为野生近缘种花粉的受体时也会导致转基因作物后代的杂草化。例如，杂草稻向抗除草剂转基因水稻的反向花粉漂移会导致转基因水稻快速演化为抗性杂草稻，导致了抗性基因的逃逸（强胜等，2020）。

世界各国都十分重视对转基因作物发生基因漂移的管理。在实际生产中，调整种植时间错开花期、加强转基因作物种子管理、设置隔离带等措施可以有效限制外源基因的漂移（Nicolia et al.，2014）。在设置隔离带时，首先要确定隔离距离，不同作物花粉传播距离有很大差别，从几米到上千米不等。许多学者对不同的转基因作物隔离带的最佳空间隔离距离进行了研究（焦悦等，2016）。在我国，《农业转基因生物安全评价管理办法》规定了部分转基因作物田间隔离距离，见表 13-1。在研究层面上，科学家们提出了多种方法对转基因作物外源基因扩散进行安全控制，降低转基因作物基因漂移对自然种群和生态环境的危害性，主要有细胞质转基因技术、雄性不育技术、基因切除技术、染色体倍性变化限制技术、闭花受精限制技术、基因弱化技术等生物学限制措施（郭利磊等，2019）。目前雄性不育技术已经在抗草丁膦的油菜中投入商业使用（Daniell，2002）。

表 13-1　主要转基因农作物田间隔离距离

作物名称	隔离距离/m	备注
玉米 *Zea mays*	300	或花期隔离 25 天以上
小麦 *Triticum aestivum*	100	或花期隔离 20 天以上
大麦 *Hordeum vulgare*	100	或花期隔离 20 天以上
芸薹属 *Brassica*	1000	—
棉花 *Gossypium*	150	—
水稻 *Oryza sativa*	100	或花期隔离 20 天以上
大豆 *Glycine max*	100	—
番茄 *Lycopersicum esculentum*	100	—
烟草 *Nicotiana tabacum*	400	—
高粱 *Sorghum vulgare*	500	—

续表

作物名称	隔离距离/m	备注
马铃薯 *Solanum tuberosum*	100	—
南瓜 *Cucurbita pepo*	700	—
苜蓿 *Trifolium repens*	300	—
黑麦草 *Lolium perenne*	300	—
辣椒 *Capsicum annum*	100	—

（五）对非靶标生物的影响

不同类型的杀虫或杀菌基因工程都具有一定的广谱性，因而转基因植物释放到农田后，由于非靶标害虫的取食，从而可能影响到非靶标害虫、天敌昆虫及其他资源昆虫和传粉昆虫等有益生物。国内外关于转基因抗虫作物对非靶标生物影响的研究较多，Bt 蛋白可通过食物链的传递转移到捕食性天敌体内，并且对非靶标昆虫的生长发育、繁殖力等有一定的影响（刘文瑞等，2014）。但大部分研究结果表明，转 Bt 基因作物对非靶标生物并无明显负面影响或影响极小。通过对 1992～2007 年中国北方 6 个省份 380 万 hm² 农田的农业数据调查（Wu et al.，2008），发现转 Bt 基因棉花的大规模商业化种植不仅有效控制了棉铃虫对棉花的危害，而且高度抑制了棉铃虫在玉米、大豆、花生和蔬菜等其他作物田的发生与危害，减少了对化学杀虫剂的使用量，反而有利于天敌种群的增加。

目前尚缺乏转基因作物对非靶标生物作用内在机理的深入系统研究，因此在转基因作物商业化之前，都要对其进行安全性评价工作，包括提供对相关非靶标植食性生物、有益生物（如天敌昆虫、资源昆虫和传粉昆虫等）、受保护的物种等其他非靶标生物潜在影响的评估报告。近十年来 Tier-1 法对节肢动物影响风险的初步研究得到更多应用（周霞等，2018）。Tier-1 法是把转基因作物表达的毒蛋白以高剂量加入类似于天然食物的人工饲料中，对昆虫进行饮食暴露测定，这样的研究方法得到的结果更有说服力，并且被监管机构和风险评估人员广泛接受（Li et al.，2011）。

（六）靶标生物的抗性风险

随着转基因抗虫作物的大面积推广种植，害虫对转 Bt 基因作物的抗性发展越来越快。我国常年种植转基因棉花的北方地区的 13 个田间种群，与没有种植转基因棉或少种植转基因棉的田间种群比较，已产生田间抗药性（Haonan et al.，2011）。截止到 2018 年，玉米蛀茎夜蛾、小蔗螟、玉米根萤叶甲、草地贪夜蛾、西部豆夜蛾、美洲棉铃虫等靶标害虫对表达不同杀虫蛋白的转基因抗虫玉米产生了实质抗性（王月琴等，2019）。抗虫基因在植物体内的持续表达，使得靶标害虫在整个生长期都暴露在 Bt 杀虫蛋白选择压力之下，引起基因水平上的变异，导致靶标害虫对杀虫蛋白的敏感性降低（Tabashnik et al.，2009）。

靶标害虫对 Bt 作物适应性的增强、转基因作物种植面积的增加、庇护所种植面积的减少都促进了田间抗性的发展。靶标害虫对转基因作物的抗性发展，会影响转基因 Bt 作物本身的功能效果和使用寿命，引发靶标害虫的再次暴发危害，可能导致化学农药或杀虫剂的再次大量使用，从而对环境产生负面影响。目前国际上普遍提倡通过"高剂量/庇护所"、"多基因"、"新毒素"等抗性治理策略来预防和应对靶标害虫对转基因植物产生抗性，提高转基因作物的防治效果，扩大杀虫谱，实现转基因作物的可持续应用。2017 年，吴孔明团队提出将 Bt 作物和非 Bt 作物杂交然后播种第二代种子来治理害虫的抗性发展的新策略（Wan et al.，2017），通过为期 11 年的研究表明，F_2 代杂交抗虫棉可以提高红铃虫的存活率并延迟抗性，对推动 Bt 作物产业和转基因作物环境风险管理工作的发展有重要理论及实际应用意义。

（七）对植物生态系统群落结构和有害生物地位演化的影响

所有的作物都有可能对自然或者农业生态系统造成潜在的影响，不论它们是否是转基因作物。在田间，由于转基因作物对目标害虫针对性很强，会减少靶标害虫的种群数量，导致生物群落中的竞争格局发生变化，使某些非靶标害虫由于其较强的适应性而成为主要害虫，并且间接影响到天敌生物的生存和繁殖，进而影响到其种群数量。例如，Bt棉田由于施用化学农药防治棉铃虫的次数减少，盲蝽象已逐渐成为华北地区棉田的优势害虫种类，棉叶螨、斜纹夜蛾已成为长江流域Bt棉种植区的重要害虫。目前已有的转基因作物田间调查结果表明，捕食性天敌如蜘蛛、草蛉、瓢虫、花蝽、寄生蜂等的种群数量与对照相比没有明显的负面影响（刘雨芳等，2005；周霞，2018）。

作物收获后的残留物是转基因作物进入土壤最重要的途径，外源基因的导入可能会影响植物的新陈代谢和根系分泌物的产生，也会改变土壤微生态环境。虽然大量的研究结果显示通过基因工程手段将外源基因导入到作物中，从短期来看并不会对土壤微生物的多样性指数和群落结构等产生较大的、持久的、不利的影响，但是确实也有一些证据表明，转基因作物可能会对土壤微生物功能多样性产生短暂的影响。例如，张卓等利用Biolog微孔板法发现，抗草甘膦转基因大豆成熟期的土壤微生物碳源利用能力显著高于受体材料，但与另一常规种植品种无显著差异，到残茬期三者又均无显著性差异了（张卓等，2019）。土壤是一个复杂多变、相互响应的生态系统，土壤微生物多样性和功能之间没有内在的必然联系，物种丰富度的改变并不会对土壤功能产生实质性影响，即便转基因产品影响了土壤微生物，也不能就此断定这种影响一定是破坏性的。

（八）基因编辑技术的安全风险评估

常见的作物育种方式包括杂交育种、诱变育种和转基因育种，此外，近年来出现了一个全新育种方式，即基因编辑育种。基因定点编辑技术可以在不引入外源基因的情况下对一个生物的基因进行操作，相比传统的杂交和诱变育种技术更加精确，被认为是最具应用前景的生物育种技术，已在抗病虫害、增产、抗逆等方面发挥巨大作用。同时，该技术对健康和环境的潜在风险及影响也受到关注。是否将基因编辑作物按照转基因作物标准进行监管成为争议的焦点。有无外源基因的插入、是否存在脱靶效应是各国监管策略针对的主要风险。

目前，国际上对基因编辑育种的监管态度不尽相同，美国、日本、加拿大、澳大利亚、阿根廷、巴西、智利等多个国家对基因编辑育种采取宽松态度，将基因编辑（没有导入外源基因）作物视为非转基因生物，无须进行安全评价即可进入市场，而欧盟则仍对此采取一贯的严格监管态度。我国将基因编辑植物归为农业转基因生物，依法纳入农业转基因生物安全管理范畴。2022年年初，农业农村部针对无外源基因导入的基因编辑作物，制定了《农业用基因编辑植物安全评价指南（试行）》，而有外源基因引入的基因编辑作物将仍然按照《转基因植物安全评价指南》进行管理。对无外源基因导入的基因编辑植物采取分类管理措施，即目标性状不增加环境安全风险和食用安全风险、目标性状可能增加食用安全风险、目标性状可能增加环境安全风险、目标性状可能增加环境安全风险和食用安全风险四种情况，分别制定了不同的阶段要求，与原来《转基因植物安全评价指南》所规定的程序相比，简化了安全评价流程，降低了相关研发成本。这加快了我国无外源基因导入的基因编辑植物研发和产业化，有助于加快我国生物育种产业化进程。

（九）转基因作物环境安全性评价原则

转基因作物安全评估是一项复杂、精细的综合性工作。目前得到经济合作与发展组织、联合国粮农组织、世界卫生组织以及多个国家认同的安全性评估原则如下。

（1）科学原则。就是以科学的态度和方法，利用国际通行的科学技术手段研究、分析和评价转基因作物对生态环境可能造成的潜在风险，确定其安全等级和安全监控措施。

（2）比较分析原则。通过比较转基因作物与非转基因对照作物（一般用其亲本）对生态环境影响的异同，确定转基因作物的安全性。

（3）个案分析原则。针对不同的转基因活动，根据外源基因特性、受体植物、转基因操作方式及释放环境等因素，对具体的转基因作物进行环境安全性评价。

（4）预防原则。为了确保转基因植物的环境安全，应广泛采用预先防范原则，即对于一些潜在的严重威胁或不可逆的危害，即使缺乏充分的科学证据来证明危害发生的可能性，也应该采取有效的措施来防止这种危害给环境带来的灾难性后果。

（5）熟悉原则。在对转基因植物进行安全评价的过程中，必须对转基因受体、目的基因、转基因方法以及转基因植物的用途及其所要释放的环境条件等因素非常熟悉和了解，这样在生物安全评价的过程中才能对其可能带来的生物安全问题给予科学的判断。

（6）分阶段评价，逐步深入原则。对转基因植物进行安全评价应当分阶段进行，并且对每一阶段设置具体的评价内容，逐步而深入地开展评价工作。通常对转基因生物的安全评价应该有如下 4 个步骤：①在完全可控的环境（如实验室和温室）下进行评价（实验室阶段）；②在小规模和可控的环境下进行评价（中间试验阶段）；③在较大规模的环境条件下进行评价（环境释放阶段）；④进行商品化之前的生产性试验（生产性试验阶段）。

三、全球转基因生物安全法

自 1996 年开始，全球农业转基因作物的商业化应用已超过 26 年，为农作物生产带来了革命性的变化，其安全性也一直被政府和社会公众重点关注，相关国际组织和国家地区纷纷制定转基因生物安全管理和制度、安全评价和监管指导性文件，用以保障转基因生物安全、促进转基因技术健康发展以及商业化应用推广。1986 年经济合作与发展组织（OECD）发布的《重组 DNA 安全性考虑》蓝皮书，是全球各国制定转基因操作指南和安全评价指导性文件的总体指南。随后，美国、欧盟、澳大利亚等国出台了相应的转基因生物安全管理法规和文件，明确了监管负责部门，规范转基因研发活动，开展安全评价和监管，并制定了相应的转基因标识管理要求。

目前，各个国家对农业转基因生物的安全管理基本上都是采取行政法规和技术标准相结合的方式。第一类是过程监管模式，这一类主要以欧盟为代表，认为重组 DNA 技术本身有潜在危险，不论哪种基因、哪类生物，只要是通过重组 DNA 技术获得转基因生物，都要接受安全性评价与监控。第二类是产品监管模式，主要以美国为代表，认为转基因生物与非转基因生物没有本质上的区别，监控管理的对象是生物技术产品，而不是生物技术本身。其中，过程管理模式相比于产品管理模式要严格（付伟等，2016）。第三类是中间模式。我国属于这一模式，既对产品又对过程进行评估，体现了我国对转基因工作一贯的管理政策。

（一）美国的转基因生物安全立法

美国是全球生物技术领先的国家，同时也是率先在生物安全领域立法的国家。1974 年美国国立卫生研究院成立了生物安全委员会，并于 1976 年颁布了世界上第一部有关生物安全管理的技术法规《重组 DNA 分子研究准则》。该准则是对转基因生物技术及制品进行建构和操作实践的详细说明，包括了一系列安全措施。该准则将重组 DNA 试验按照潜在危险性程度分四个级别进行分级管理，还设立了重组 DNA 咨询委员会、DNA 活动办公室和生物安全委员会等机构，负责为重组 DNA 活动提供咨询服务，确定重组 DNA 试验的安全级别并监督安全措施的实施。其中，危险性较大的重组 DNA 试验在开始前就须经重组 DNA 咨询委员会进行特别评估，并由美国生物安全委员会、项目负责人和美国国立卫生研究院批准；危险性较小的试验无须批准，仅在开始时向生物安全委员会通报。1986 年美国又颁布了《生物技术法规协调框架》，规定了美国在生物安全管理方面的部门协调机制和基本框架。2020 年 5 月，美国农业部发布对《生物技术管理协调框架》的修订，不再把一些基因编辑植物纳入政府监管范围，以减轻不可能存在植物有害生物风险的生物开发者的监管负担（王盼娣等，2021）。美国转基因管理由美国农业部、美国环境保护署、美国食品药品监督管理局、美国职业安全与卫生管理局及美国国立卫生研究院五个部门协调管理。美国农业部的主要职责是防止病虫害的引入和扩散，并负责对转基因植物的研制与开发过程进行管理，评估转基因植物对农业和环境的潜在风险，并负责发放转基因作物田间试验和转基因食品商业化释放许可证。美国环境保护署依据《联邦杀虫剂、杀真菌剂、杀啮齿动物药物法》负责监管转基因作物的杀虫特性及其对环境和人的影响，即转基因作物中含有的杀虫或杀菌等农药性质的成分。美国食品药品监督管理局依据《联邦食品、药品与化妆品法》负责监管转基因生物制品在食品、饲料以及医药等中的安全性，还负责食品标签管理。美国职业安全与卫生管理局负责在生物技术领域保护雇员的安全和健康，制定了本部门的生物技术准则。美国国立卫生研究院负责对实验室阶段转基因生物安全进行监管。

美国农业部、美国环境保护署、美国食品药品监督管理局建立了各自的安全评价制度，分别是转基因田间试验审批制、转基因农药登记制和转基因食品自愿咨询制。转基因田间试验审批制度由美国农业部执行，主要监管试验环境和安全控制措施。转基因植物的安全种植分为三个阶段：设施内阶段、受监控环境释放（田间试验）阶段和解除监控阶段。美国农业部还规定，受监控环境释放（田间试验）阶段要在一定的隔离范围内进行，试验结束，所有的试验材料都必须从试验地清除掉，并进行安全性处理。批准解除监控状态的依据是：转基因植物不具有任何植物病原体的特性、不会比非转基因植物更容易变成杂草、不可能使性亲和的植物成为杂草、不会对加工的农产品造成损害、不会对其他农业有益生物产生危害。这就意味着获得非监管状态的转基因作物可以和常规作物一样大规模生产种植，不受任何约束。

如果转基因植物含有控制病虫害的蛋白质，美国环境保护署负责对该植物在开发、商业化和商业化后各阶段进行监督。美国环境保护署将抗虫转基因植物、抗病毒转基因植物和转基因微生物农药纳入《联邦杀虫剂、杀菌剂和杀鼠剂法案》管理范畴，在提交资料要求中增加了转基因的相关内容。美国环境保护署主要对植物内置式农药试验许可、登记和残留容许 3 种活动进行安全评价（李文龙等，2019）。

美国食品药品监督管理局建立转基因食品自愿咨询制度，主要提供转基因新表达蛋白的过敏性、毒性和转基因食品上市前的咨询，研发者完成自我评价后，可以向美国食品药品监督管理局申请上市前的咨询。

基因编辑技术是近几年新兴的生物技术，是指利用核酸内切酶在基因组的靶位点特异性切割，使双链 DNA 断裂，在诱导修复过程中完成基因的定向突变，包括插入、缺失、替换等突变类型，进而使得生物体获得新的性状（李君等，2013）。美国认为基因编辑作物与非转基因作物没有本质区别，只需要监管其产品即可（杨渊等，2019）。在确保公共安全的前提下，美国不会因为管理而阻遏技术发展，认为如果基因编辑作物没有引入任何外源 DNA，则不用遵循美国农业部的转基因作物管理条例。尽管如此，基因编辑作物要商业化种植，还是会受到美国食品药品监督管理局和美国环境保护署的监管（Waltz et al.，2018）。

（二）加拿大的转基因生物安全立法

加拿大是世界上生物技术比较发达的国家，是最早开展商业种植转基因作物的国家之一，目前无论是从事生物技术产品的公司数量，还是这一行业的销售额和从业人数，都仅次于美国。加拿大是全球转基因作物商业化的重要推手之一，特别是转基因油菜种植面积居世界第一。

加拿大生物技术安全管理的一个特点是利用现有法规管理转基因产品，没有制定专门针对转基因产品的法律法规，所以转基因生物安全的法律规章制度存在于既有法律法规中，主要有《食品药品法》《种子法》《饲料法》《植物保护法》《害虫防治法》《加拿大环境保护法》《食品药品规章》《肥料规章》《种子规章》《饲料规章》《害虫防治产品规章》等。加拿大还使用联合国、世界卫生组织和世界贸易组织对生物技术产品形成的国际性协定来加强转基因产品的管理。

加拿大的管理模式也接近美国，转基因农产品从研发到上市的过程主要由加拿大卫生部、加拿大食品检验局、加拿大环保部等部门依法监管（余梅，2018）。加拿大卫生部是负责公共卫生、食品安全和营养的政府机构，主要负责转基因食品安全监督管理，与加拿大环保部共同管理其他机关没有管理到的具有活性的转基因物质，隶属于加拿大卫生部的害虫管制局负责转基因害虫的管理。加拿大食品检验局负责转基因生物环境释放、转基因植物及其进口、转基因微生物和发酵产物、转基因有机肥料、转基因动物及生物体等的管理，同时负责检测植物、饲料成分、肥料和兽用生物制剂的安全（王婉琳，2012）。加拿大渔业和海洋部主要管理海洋生物转基因产品的审批。

加拿大对转基因产品的研究分为实验研究及环境释放两个阶段。实验研究无须审批，但是环境释放和商业化必须得到加拿大卫生部和加拿大食品检验局的批准。环境释放包括以科研为目的的限制性释放和以商业化为目的的非限制性释放。在实际情况中，与人类有重大关系的工业和药用转基因植物，在商业化释放时必须是在限制性条件下进行的。在加拿大，国内农产品和食品生产商或者进口国外农产品及食品的进口商想要在加拿大市场上销售转基因食品或者是含有转基因成分的产品，需向加拿大卫生部提出上市前的安全性评估申请，并保证所有的材料和数据完整，可保证加拿大卫生部进行完整的实验认证和验证等（李盼畔等，2019）。

加拿大转基因安全评价的内容主要有：转基因生物的生存竞争能力；转基因生物产生有害物质对野生植物生长发育的影响；转基因生物和野生近缘种的基因漂移。不同安全性等级（Ⅰ～Ⅳ级）的转基因实验要求在具有相应等级条件（Ⅰ～Ⅳ级）的设施内进行。在加拿大，实验室阶段安全性管理的关键是实施转基因生物研究许可制，对实验设施的安全等级进行评估。有限制田间试验阶段则需要实施田间试验许可制，检查安全控制措施的落实情况，使风险最小化。

（三）澳大利亚的转基因生物安全立法

澳大利亚作为主要转基因作物生产国之一，管理理念更接近美国，建立了一套针对转基因技术的法规体系，分为法律、法规和技术指南 3 个层次。《基因技术法案 2000》确立了澳大利亚转基因生物管理机构框架，澳大利亚联邦政府负责基因技术的安全评价、审批及监管工作，各司法辖区地方政府不做重复评估和承担相关监管责任。澳大利亚联邦政府和各州或地区间制定了《基因技术法规 2001》以及各州或地区的相关法规，在法规之下制定了 10 余个技术指南，其中包括《转基因生物管理指南》，转基因生物试验、研制、生产、制造、加工、育种、繁殖、进口、运输、处置等活动均应遵守该法规。2005 年和 2010 年，澳大利亚政府对《基因技术法案》进行了两次修订（吴刚等，2019）。

澳大利亚建立了完备的转基因管理体系，对转基因生物按生物和产品两类管理。基因技术监管专员办公室在基因技术监管专员的领导下按照《基因技术法案》管理转基因生物的研究、试验、生产、加工和进口等活动。基因技术监管专员办公室是澳大利亚转基因安全监管体系的核心部门。《基因技术法案》规定，在澳大利亚开展转基因科研和商业开发，必须取得基因技术监管专员办公室颁发的许可证。基因产品根据用途由相关监管部门负责注册或管理，澳大利亚农药和兽药管理局、澳新食品标准局、澳大利亚国家工业化学品通告评估署和药物管理局分别负责源于转基因生物的化学农药和兽药、转基因食品、工业用化学品和转基因药物的注册或管理（吴刚等，2019）。

澳大利亚转基因生物安全评价工作主要由基因技术监管专员办公室和澳新食品标准局两个部门负责。基因技术监管专员办公室负责转基因生物实验室研究、田间试验、商业化种植以及饲料批准，基因技术监管专员办公室在对转基因研发单位及开展转基因活动的设施进行认证管理的基础上，将与基因技术相关的活动按风险大小实施报告或审批管理。澳新食品标准局对转基因产品加工的食品进行上市前的安全评价（李文龙等，2019）。

（四）欧盟的转基因生物安全立法

与美国、加拿大相比，欧盟公众、社会对生物技术更缺乏信任，许多国家政府都不支持生物技术研究，特别是转基因食品的培育。加之宗教和道德观念，比起对转基因植物的限制，对转基因动物持反对意见更加严重。欧盟对于转基因生物的市场化采取了非常谨慎的态度，几乎没有成员国大面积种植转基因作物，凡是通过转基因技术得到的转基因生物都要进行安全评价和监管，但对于转基因产品进口的政策较为宽松。

欧盟关于转基因生物安全的立法起步较晚，直到 20 世纪 90 年代才开始立法。有关的法规主要包括两大类，即水平系列法规、与产品相关的法规。欧盟对转基因产品单独立法，并不断进行补充、修订。欧盟没有设立专门的生物安全管理部门，相关职责由欧盟委员会下设的动植物卫生、转基因安全、食品安全、传染病防控等相关部门，以及独立于之外欧洲食品安全局、欧洲疾病预防和控制中心、欧洲药品管理局、欧洲化学品管理局等相关机构共同管理（陈亨赐等，2021）。欧洲食品安全局是一个由欧盟资助的机构，是独立于欧洲立法和执法机构（欧盟委员会、欧盟理事会、欧洲议会）及欧盟各成员国之外的食品安全管理部门，设有食品科学委员会、植物科学委员会等多个专门的科学小组，针对转基因产品进行安全评价。

有关生物安全的法规框架主要包括两大类：第一类针对转基因生物，主要包括《转基因生物体的隔离使用指令》《转基因生物体的目的释放指令》等；第二类针对转基因食品，主要包括《转基因食品和饲料管理条例》《转基因生物追溯性及标识办法以及含转基因成分的食品及饲料产品的追溯性管理条例》。欧盟转基因生物安全管理决策权在欧盟委员会和部长级会议，日常管理由欧洲食品安全局和各成员国政府负责。

1990 年欧盟颁布的《转基因生物体的隔离使用指令》规定了有关转基因微生物封闭利用的管理措施，主要包括：对转基因微生物进行分类；事先评估转基因微生物封闭利用对人和环境的影响；遵守有关惯例和安全卫生规则；向政府主管当局报告首次利用转基因微生物设施的情况；保存有关记录资料并向有关人员事先通报转基因封闭利用情况；就有关活动制定应急计划和措施并进行现场检查。

另外，欧盟还于 2001 年制定了法令《生物安全议定书》，任何转基因生物体、包含转基因生物体或由转基因生物体所组成的产品转基因，其有意释放到环境必须遵守该指令的相关规定。为了贯彻《生物安全议定书》的精神和目的，欧盟还通过了《关于转基因生物体越境转移的第 1946/2003 号条例》。该条例建立了各成员国对于转基因生物体越境转移的通知与信息交流机制，确保欧盟各成员国遵守《生物多样性公约》的相关义务，使转基因生物体的转移、处理和利用等各种可能对生物多样性的保护与持续利用产生严重影响的行为都获得安全保障。

2002 年 10 月生效的欧盟 2001/18/EC 指令，对具有生命活力的转基因生物释放到环境以及转基因生物产品商业化前的安全评价、产品安全审查做出了明确规定（农业部农业转基因生物安全管理办公室，2015）。欧盟按照产品用途将转基因生物审批分为两类：第一类用作食品、饲料的转基因生物，通常为进口转基因产品；第二类用于转基因作物种植，批准后可在指定区域种植。对第一类转基因产品，研发者向一个成员国主管部门递交申请书，再由主管部门将申请材料转交欧洲食品安全局进行安全评价。欧洲食品安全局在 6 个月内完成安全评价报告，提交给欧盟委员会和各成员国。在收到意见后 3 个月内，欧盟委员会在考虑安全评价报告、相关法规等因素后向各成员国代表组成的食品常务委员会呈交批准或拒绝的决定草案，食品常务委员会对决定草案按特定多数表决制进行投票，得到批准的转基因食品可以在全欧盟境内上市销售（郭铮蕾等，2015）。转基因植物的种植审批程序与转基因食品类似，环境释放所在国主管部门承担相应的安全评估工作，获得批准的授权有效期为 10 年，后期可延续（郭铮蕾等，2015；李宁等，2010）。

欧盟仍是英国最大的贸易伙伴，英国在脱欧后，中短期内都不会改变转基因植物或动物的政策或贸易，也将在未来很多年内保留许多欧盟的食品法规。值得注意的是，欧盟作为过程监管模式的代表，认为基因编辑技术通过 DNA 重组获得最终作物，要进行安全性评价及监控。

（五）巴西的转基因生物安全立法

巴西是仅次于美国的全球第二大转基因作物种植国和第一大转基因大豆出口国。1995 年，巴西颁布了《生物安全法》，确立了转基因作物监管的基本框架，但立法的模糊性导致了一些法律纠纷；同时由于政府监管不力，农民违反禁令种植转基因大豆。直到 2005 年巴西颁布了新的《生物安全法》，在巴西境内从事转基因生物及其产品的研究、试验、生产、加工、运输、经营、进出口活动都应遵守该法规。巴西设立了国家生物安全理事会，归属于巴西总统办公室，作出对于转基因生物的商业化许可的最新和最终决议；同时内设生物技术安全委员会，归属于科技部，负责转基因生物安全技术评价、转基因生物研究试验及用于研究的转基因生物的进口审批，做出转基因生物安全许可证的技术性决议。巴西农业畜牧与供给部负责用于农业、畜牧、农业型工业的转基因生物及产品登记和批准。近年来，巴西通过制定和实施相关政策性文件及标准规范，细化了对转基因作物的风险评估、种植隔离、长期监测等制度，并要求多部门协同监管，确保转基因技术的安全应用，放松了对转基因作物的管制，简化了转基因商业化的审批程序，推动了转基因作物商业化进程（陈玉英，2021）。

在巴西从事转基因生物及其产品的研究、试验、生产、经营、进出口等活动，必须首先取得生物安全许可证。想要从事转基因生物及产品的研究和进口用于研究的转基因生物及产品，应当向国家生物安全技术委员会提出申请，由其批准和发证。拟进行商业化生产的，应当首先向国家生物安全委员会提出安全评价申请，在安全评价合格获得安全证书后，再到相关主管部门进行登记（李宁等，2010）。

（六）阿根廷的转基因生物安全立法

阿根廷被誉为世界上继美国和巴西之后的第三大转基因作物生产国，阿根廷的转基因作物出口到包括美国和中国在内的全球各国市场上，出口转基因作物主要有玉米、大豆等，且作物的出口文件中均会注明转基因相关内容。阿根廷从 1991 年开始对转基因生物活动进行监管，其法律体系主要包括法案、决议和条例三个层次，法律内容包括监管的主体、机构、管辖范围、内容和程序等。1991~1998 年，阿根廷通过 124/91、328/97、289/97 号等决议，对 CONABIA、SENASA 等部门的职责进行了规定。之后，阿根廷每年都会通过一系列法规修订和完善其转基因作物的安全管理体系（周锦培和刘旭霞，2010）。阿根廷于 2019 年更新了其生物技术的监管框架：一方面，将基因编辑技术列入监管内容，采取个案分析原则；另一方面，简化了一些监管程序，以促进其与国际规则尤其是《卡塔赫纳生物安全议定书》的协调。阿根廷农业工业部、阿根廷农畜渔食秘书处、阿根廷生物技术局、阿根廷国家农业生物技术咨询委员会、阿根廷国家农业和食品卫生与质量局、阿根廷国家农业食品市场局和阿根廷国家种子研究所等多个部门共同参与转基因事件的商业化审批过程（李梦杰等，2021）。

阿根廷转基因作物的商业化批准程序包括三个阶段：环境安全评价；人、动物和农作物的健康评价；国外市场出口批准。前两个阶段称为"技术批准"，第三阶段称为"商业批准"。未经商业批准的转基因作物品种既不能商业化也不能出口。完成上述步骤后，阿根廷生物技术局将汇总所有相关信息，并出具报告供食品和生物经济秘书处作出最终的商业批准决策。获得最终批准后的转基因作物需在阿根廷国家种子研究所进行新品种登记。

由于中国在阿根廷转基因作物出口市场中占据重要地位，阿根廷要求转基因作物事件在获得国内商业化批准之前必须首先在中国获得许可。阿根廷政府和转基因技术行业一直向中国政府强调对转基因作物新事件进行及时、科学的安全审查的重要性，以避免异步审批导致贸易中断。

2015 年，阿根廷颁布了一项法规，明确包括基因编辑在内的新育种技术产品的监管体系，又称为"GMO-trigger"监管体系（Lema，2019）。阿根廷是第一个拥有"GMO-trigger"监管体系的国家，该体系要求生物安全委员会采用明确的标准对新育种技术获得的产品进行个案分析，以判定其是否为转基因产品（Lema，2019）。若产品基因组中有新的遗传物质组合，则该产品被视为转基因产品；若没有新的遗传物质组合，但新育种技术产品的开发暂时使用了转基因技术，且最终产品含有转基因成分，则也被认为是转基因产品；若产品基因组中不包含新的遗传物质组合，则该产品不属于转基因产品（Gatica-Arias，2020）。

阿根廷对转基因作物的研究领域主要集中在减少杀虫剂的使用、促进免耕农业实践以保护土壤有机质、减少农业耕种过程中汽油等能源的消耗以及温室气体排放（赵广立，2015）。阿根廷法律允许农民保存转基因种子，并且不提供转基因种子的知识产权保护，因此，阿根廷的种子公司不愿推出新品种，限制了农民获得新技术。

（七）日本的转基因生物安全立法

日本是人均转基因食品和饲料进口量最大的国家之一，2003 年加入《卡塔赫纳生物安全议定书》，制定了《日本卡塔赫纳法》，涉及转基因生物环境安全管理，并对转基因单独立法进行安全管理。日本采取介于美国和欧盟之间既不宽松也不严厉的管理模式，转基因生物安全管理法规体系的建设按照政府机构职能进行明确分工，由日本文部科学省、通产省、厚生劳动省和农林水产省 4 个部门进行转基因食品安全的管理。大学和农林水产省独立行政法人主要进行转基因生物的研究：前者主要开展基础性研究工作，如目的基因的克隆和功能性状的确定等；后者则开展转基因的研发、安全性评价等下游工作。另外，部分企业也从事转基因作物的研发。日本研究人员已经开发了一些基因组编辑的植物产品，其中有两款基因编辑产品已完成必要的咨询和通报程序，并已获准在日本国内市场生产和销售。日本监管机构已制定了对基因组编辑食品和农产品的管理程序。

日本的转基因研发实验必须遵守文部科学省的《重组 DNA 实验指南》，对实验室及封闭温室内转基因生物的研究进行规范管理，从源头上规避转基因生物的潜在风险，包括设备的清洁和维护、工作人员的保健与免疫接种、转移、采样、废弃物处理以及储存和运输等具体操作规范。实验室中研发出的转基因作物如果进行商业化，必须在田间种植和商业化之前，对转基因作物环境安全性、食品安全性或饲料安全性进行评价（陈俊红，2004）。日本文部科学省制定了《重组 DNA 实验指南》，负责审批转基因生物的研究与开发工作；农林水产省制定了《农业转基因生物环境安全评价指南》和《转基因饲料安全评价指南》，负责转基因生物的环境安全评价和饲料的安全评价，并委托内府食品安全委员会开展第三方安全评价工作；日本厚生劳动省制定了《转基因食品安全评价指南》，负责转基因食品的安全性评价（杨雄年，2018）。

（八）我国的转基因生物安全立法

我国对转基因的管理，最早的文件是 1993 年 12 月 24 日由国家科委发布的《基因工程安全管理办法》（后废止），其规定从事基因工程实验研究的同时，还应当进行安全性评价。到 1996 年 7 月，农业部颁布《农业生物基因工程安全管理实施办法》（后废止），对农业生物基因工程项目的审批程序、安全评价系统以及法律责任等做了原则性规定，确定了归口管理的原则，具体实施细则由有关主管部门负责制定。1997 年 3 月，农业部正式开始受理农业生物遗传工程及农产品安全性评价申报书。2001 年 5 月 23 日，国务院公布了《农业转基因生物安全管理条例》，这是我国农业转基因生物安全领域第一部法规，同时也是我国迄今为止最高层次的立法。它明确规定农业转基因生物实行安全评价制度、标识管理制度、生产许可制度、经营许可制度和进口安全审批制度，其目的是为了加强农业转基因生物安全管理，保障人体健康和动植物、微生物安全，保护生态环境，促进农业转基因生物技术研究。在《农业转基因生物安全管理条例》发布后，农业部和质检总局制定了 5 个配套规章，即《农业转基因生物安全评价管理办法》《农业转基因生物进口安全管理办法》《农业转基因生物标识管理办法》《农业转基因生物加工审批办法》《进出境转基因产品检验检疫管理办法》，从而确立了我国农业转基因生物安全管理"一条例、五办法"的基本法规框架。2016 年，农业部修订了《农业转基因生物安全评价管理办法》。2017 年，国务院修订了《农业转基因生物安全管理条例》，随后，农业部据此修订了《农业转基因生物安全评价管理办法》《农业转基因生物进口安全评价管理办法》《农业转基因生物标识管理办法》。此外，《中华人民共和国种子法》《中华人民共和国农产品质量安全法》《中华人民共和国食品安全法》等法律对农业转基因生物管理均作出了相应规定。2021 年 12 月第四次修订《中华人民共和国种子法》，自 2022 年 3 月 1 日起施行，《种子法》对转基因植物品种选育、试验、审定、推广和标识等作出专门规定。为有序推进生物育种产业化应用，发展现代种业，保障粮食安全，2022 年 1 月农业农村部对《农业转基因生物安全评价管理办法》《主要农作物品种审定办法》《农作物种子生产经营许可管理办法》进行了修订。2022 年 1 月，为规范农业用基因编辑植物安全评价工作，农业农村部制定了《农业用基因编辑植物安全评价指南（试行）》。

我国农业转基因生物安全管理实行"一部门协调、多部门主管"的体制。国务院组建了由农业、科技、环境保护、卫生、检验检疫等有关部门组成的农业转基因生物安全管理部级联席会议制度，研究和协调农业转基因生物安全管理工作中的重大问题。农业农村部负责全国农业转基因生物安全的监督管理工作，成立了农业转基因生物安全管理办公室。县级以上农业农村部门，按照属地化管理原则管理本行政区域的转基因安全管理工作（沈平等，2016）。

除了管理体系，我国建立了由国家农业转基因生物安全委员会、全国农业转基因生物安全管理标准化技术委员会、检验测试机构组成的技术支撑体系，从安全评价、标准、检测三个方面提供技术保障。我国组建了五届国家农业转基因生物安全委员会，负责农业转基因生物安全评价工作。2017 年，第一届全国农业转基因生物安全管理标准化技术委员会成立，由 37 名不同领域专家组成。农业转基因生物检测资质的检验测试机构共 40 家，涵盖食用安全、环境安全和成分三个类别检测，形成了功能齐全、区域分布广泛的农业转基因检测体系，为加强农业转基因生物安全评价和安全监管提供了技术支持（农业部农业转基因生物安全管理办公室，2014）。

通过安全评价是农业转基因生物获批上市的前提条件。我国对农业转基因生物实行分级、分阶段的管理评价制度。农业转基因生物按照危害程度，分为不存在危险（I 级）、低度危险（II 级）、中度危险（III 级）、高度危险（IV 级）共 4 个等级。根据法规，我国将转基因植物的研究分为五个阶段：实验研究阶段、中间试验阶段、环境释放阶段、生产性试验阶段、申请安全证书与商业化生产阶段。中间试验是指在控制系统内或者控制条件下进行的小规模试验。中间试验的控制系统是指物理设施构成的封闭系统，或借助化学和生物措施构成的半封闭操作体系。环境释放是指在自然条件下采取相应的安全措施进行的中规模试验。环境释放是在自然条件下进行试验，而且要通过物理、化学和生物学措施限制转基因生物及其产物在试验区外生存和扩散。生产性试验是指生产和应用前进行的较大规模的试验。中间试验、环境释放和生产性试验都要求采取安全防范措施，不同等级的生物要求不一样。在不同的试验阶段检测和安全评价合格后，才能申请生产应用安全证书。任一环节出现安全性问题都将中止试验。在进口方面，转基因农产品出口到中国，必须满足5个条件：一是输出国家或者地区已经允许作为相应用途并已投放市场；二是输出国家或者地区已经过科学试验证明对人类、动植物、微生物和生态环境无害；三是经农业农村部委托的具备检测条件和能力的技术检测机构对其安全性进行检测；四是国家农业转基因生物安全委员会安全评价合格；五是具有相应的安全管理、防范措施（徐琳杰等，2019）。

（军事科学院军事医学研究院　王友亮）
（中国农业科学院油料作物研究所　曾新华　朱莉　袁荣）
（中国医学科学院病原生物学研究所　王聪慧）

第三节　动物克隆技术两用性及生物安全

一、动物克隆技术的发展

克隆是指由一个细胞或个体以无性繁殖方式产生遗传物质完全相同的一群细胞或一群个体。得益于细胞核分化技术、细胞培养和控制技术的进步，克隆成为人类在生物科学领域取得的一项重大技术突破。动物克隆技术经历了两次技术飞跃：第一次是从非哺乳类到哺乳类，第二次是从胚胎细胞克隆技术到体细胞克隆技术。克隆技术的重大突破，被人们称为"历史性的事件，科学的创举"。然而，克隆技术同时也带来了广泛的争议。本节所讨论的克隆技术均指体细胞克隆。

体细胞克隆又称体细胞核移植（somatic cell nuclear transfer，SCNT），其作为动物细胞工程技术的常用技术手段，即把体细胞核移入去核卵母细胞中，使其发生再程序化并发育为新的胚胎，该胚胎最终发育为动物个体。与胚胎分割技术不同的是，体细胞核移植技术可将无数相同的细胞作为供体进行核移植，从而产生无限个遗传相同的个体。此外，在与卵细胞相融合前，人们可对这些供体细胞进行一系列复杂的遗传操作。

1997年轰动一时的克隆绵羊"多莉"是用乳腺上皮细胞（体细胞）作为供体细胞进行细胞核移植的，是世界上第一例经体细胞核移植出生的哺乳动物（Wilmut et al.，1997），翻开了生物克隆史上崭新的一页，突破了利用胚胎细胞进行核移植的传统方式，使克隆技术有了长足的进展。"多莉"的诞生在全世界也掀起了克隆研究热潮，随后，有关克隆动物的报道接连不断，目前正式报道的健康存活的体细胞克隆哺乳动物有以下19种（Matoba and Zhang，2018）：绵羊（1996年和1997年）、牛（1998年）、小鼠（1998年）、山羊（1999年）、猪（2000年）、欧洲盘羊（2001年）、家兔（2002年）、家猫（2002年）、马（2003年）、大鼠（2003年）、骡子（2003年）、非洲野猫（2004年）、犬（2005年）、雪貂（2006年）、狼（2007年）、水牛（2007年）、红鹿（2007年）、单峰骆驼（2009年），以及非人灵长类长尾猕猴（2018年）等。在不同物种间进行细胞核移植实验也取得了很大进展，如克隆印度野牛（家牛卵细胞，2000年）、欧洲盘羊（绵羊卵细胞，2001年）、非洲野猫（家猫卵细胞，2004年）、土狼（狗卵细胞，2013年）和双峰骆驼（单峰骆驼卵细胞，2017年）等。

尽管人们已经成功克隆了20余种哺乳动物，但SCNT技术的实际应用仍然存在诸多技术障碍。几乎所有物种的克隆效率都极低，与此同时，克隆动物的胚胎外组织，如胎盘等常出现异常（Ogura et al.，2013）。此外，克隆动物可能在出生后出现一些异常，包括肥胖、免疫缺陷、呼吸缺陷和过早死亡等（Loi et al.，2016）。近年来随着测序技术的不断进步，科学家们逐渐从SCNT重编程过程的转录组和表观遗传变化中发现存在分子缺陷，如何识别和克服SCNT重编程过程中的表观遗传障碍是提高SCNT克隆效率的重要研究方向（Liu et al.，2016；Matoba et al.，2014）。2018年克隆猴的成功（Liu et al.，2018）在很大程度上归功于人们对遗传重编程关键技术的理解和克服方法的建立（Cibelli and Gurdon，2018）。

克隆技术结合转基因技术是一个重要的发展方向。体细胞克隆的成功为转基因动物生产掀起一场新的革命，动物体细胞克隆技术为迅速放大转基因动物所产生的种质创新效果提供了技术可能。采用简便的体细胞转染技术实施目标基因的转移，可以避免家畜生殖细胞来源困难和效率低的问题。同时，采用转基因体细胞系，可以在实验室条件下进行转基因整合预检和性别预选。在核移植前，首先把目的外源基因和标记基因的融合基因导入培养的体细胞中，随后，再通过标记基因的表现来筛选转基因阳性细胞及其克隆，然后把此阳性细胞的核移植到去核卵母细胞中，最后生产出的动物理论上应是 100%的阳性转基因动物。1997 年 7 月，罗斯林研究所和 PPL 公司宣布用基因改造过的胎儿成纤维细胞克隆出世界上第一头带有人类基因的转基因绵羊"波莉"（Polly）（Schnieke et al.，1997）。这一成果显示了克隆技术在培育转基因动物方面的巨大应用价值。

克隆技术在干细胞生物学和人类疾病治疗方面也有很大的潜力。与从受精卵的囊胚中获得胚胎干细胞（embryonic stem cell，ESC）类似，SCNT 生成的囊胚可用于获得多能干细胞，也称为核移植胚胎干细胞（nuclear transferred embryonic stem cell，ntESC）。由于患者来源的 ntESC 与供体核遗传物质相同，因此可用于医学治疗，包括细胞移植、再生医学和疾病建模等。这种核移植法的最终目的是用于干细胞治疗，而非得到克隆个体，故也被称为"治疗性克隆"。

第一个 ntESC 概念验证实验是在小鼠模型中进行的，ntESC 来自克隆的囊胚，具有与正常受精囊胚产生的 ntESC 相似的分化能力，人们可通过同源重组实现 ntESC 中的突变等位基因的遗传固定，并将合成的 ntESC 作为治疗免疫缺陷小鼠的细胞来源（Rideout et al.，2002）。尽管在小鼠身上取得了成功，但在包括灵长类动物在内的其他动物身上获得 ntESC 多年来一直困难重重。经过数十年的努力，2013 年第一例人核移植 ESC 终于获得成功（Tachibana et al.，2013），此后，经过不断的优化和改进，治疗性克隆技术终于成为现实（Chung et al.，2014；Yamada et al.，2014）。

在诱导多能干细胞（induced pluripotent stem cell，iPSC）出现之前，ntESC 是将体细胞转变为二倍体多能干细胞的唯一方法。尽管 iPSC 的实验过程更加简捷和普及，但核移植 ESC 更接近于自然重编程和受精卵来源的 ESC，且无基因修饰，临床应用可能更为安全可靠，故 ntESC 与 iPSC 可以进行优势互补来开展干细胞研究。

二、克隆技术的应用

（一）与医疗结合的治疗性克隆

2001 年，英国通过了《人类胚胎学法案》，成为全球第一个从法律上批准治疗性克隆研究的国家。2004 年 8 月 11 日，英国政府又颁发了世界上第一份"克隆执照"，批准纽卡斯尔大学以医疗为目的进行克隆人类胚胎研究，有力促进了治疗性克隆的研究进展。

治疗性克隆是相对生殖性克隆而言，指的是体细胞克隆胚胎不移植入受体，而是在体外分离出干细胞的过程，是将成熟细胞的核转移到已去除原始核的卵母细胞的细胞质中，然后刺激卵母细胞分裂，胚胎干细胞中衍生的染色体与供体核的染色体相同。如果供体核来自患者，则所产生的细胞将具有与该个体相同的遗传特征和免疫匹配，因此在用于基于细胞的治疗时，理论上将克服免疫排斥的障碍（Rusnak and Chudley，2006）。利用它可以在体外培育出与提供细胞者遗传特征完全相同的细胞、组织或器官，包括骨髓、脑细胞、心肌、肝和肾等，具有巨大的临床应用前景。

2013 年，Shoukhrat Mitalipov 等在其恒河猴 ntESC 的基础上报道了利用人胎儿皮肤成纤维细胞核移植，在克隆胚胎中成功地获得了 4 例有正常二倍体核型和具备多能性的 ntESC，这是第一次获得的人 ntESC（Tachibana et al.，2013）。随后，更多的实验室报道了正常成年人（Chung et al.，2014）、糖尿病患者（Yamada et al.，2016）及老年性黄斑变性患者（Chung et al.，2014）人体细胞来源的 ntESC，让治疗性克隆再一次成为热点。

（二）线粒体疾病的下一代预防

线粒体 DNA（mitochondrial DNA，mtDNA）突变引起的线粒体遗传病为母系遗传，通过卵细胞再传递给下一代，传统的辅助生殖方法无法预防，而 ntESC 给我们提供了新的思路。ntESC 的核 DNA 来自供体体细胞（患者），但 mtDNA 来自受体卵母细胞，将获得的 ntESC 分化为所需的细胞/组织类型，再移植回患者体内，可剔除突变的 mtDNA，进而预防下一代发病。

2015 年美国的研究人员证实，结合 SCNT 技术，可利用患有 Leigh 氏综合征（一种线粒体疾病）患者来源的体细胞核制备获得 ntESC，成功实现遗传学上的功能拯救（Ma et al.，2015）。2017 年，美国一家生殖中心报道了利用线粒体替代方法，将 mtDNA 突变的 Leigh 氏综合征携带者的卵细胞纺锤体移植入正常捐献者去核卵细胞，形成一个新卵，再与其丈夫的精子结合获得受精卵，经过胚胎移植后获得一个健康男婴（Zhang et al.，2017）。这是世界上首例利用卵细胞核移植方法获得的"三亲婴儿"。然而，必须指出的是，利用此方法会使正常卵细胞捐献者的 mtDNA 传给患者的下一代，故获得的婴儿被认为存在 1 父 2 母的伦理问题。因此，这种方法遭到了美国 FDA 警告。尽管如此，ntESC 在线粒体替代方面的独特潜力仍为线粒体疾病的治疗提供了巨大潜力。

（三）用克隆进行遗传育种

1. 培育优良畜种

体细胞克隆动物性状取决于供体核细胞，不受受体胞质的影响，且可以控制动物的性别。供体核动物的优良性状、基因可以直接传给克隆动物，避免自然条件下选种所受到的动物生殖周期和生育效率限制，加速繁育进程。实验证明，体细胞克隆胚胎冷冻后其发育能力与克隆新鲜胚胎差异不明显。因此，与胚胎冷冻结合可以不受时间和空间的限制，具有巨大的产业化前景。克隆获得种源动物是加速改善群体遗传性状的最佳途径，与转基因技术结合，可以实现分子水平和细胞水平的育种，加速育种进程。

2. 生产实验动物

SCNT 技术的另一潜在应用是可用于构建新的人类疾病动物模型。大规模测序工作可建立人类遗传变异和致病表型之间的相关性。然而，探究遗传变异和致病表型之间的因果关系，仍需要通过构建体外和体内模型来完成。实验小鼠作为体内模型模拟了多种人类疾病，但啮齿类动物与人类之间存在巨大生理差异，导致许多人类疾病包括精神疾病和免疫系统疾病均难以在啮齿类动物身上重现。因此，在生理结构组成上与人类更相近的灵长类动物模型显得更为重要。SCNT 的独特之处是它可以从单个供体细胞直接生成有机体，特别是当与 CRISPR/Cas9 等基因组编辑技术结合时，可实现在包括灵长类动物在内的大型动物中快速高效地建立人类疾病模型。但在技术上，嵌合、随机突变和同源性依赖修复介导的敲入或敲除的编辑效率相对较低，这些问题在建立涉及多个编辑基因的疾病模型时尤为突出（Tan et al.，2016）。

2018 年，中国科学院脑科学与智能技术卓越创新中心（神经科学研究所）报道了利用食蟹猴胎儿皮肤成纤维细胞核移植，成功获得了 2 只健康的克隆个体（Liu et al.，2018）。这是人类史上第一次获得体细胞克隆灵长类动物。而非人灵长类动物被认为是人类疾病最好的研究模型，利用克隆这一遗传一致性的特点消除了传统模型猴的个体差异。因此，该项研究具有重大科学意义。

3. 复制濒危的动物物种，保存和传播动物物种资源

克隆技术不同于自然生殖的繁育方法，对种群较小、生殖细胞提取较为困难的动物，克隆技术是保护基因多样性、提高种群数量的有效方式。SCNT 技术已挽救了一些濒危甚至灭绝的物种，成功的案例包括：2020 年，从 40 年前冷冻保存的遗传物质中克隆成功普氏野马；2021 年，美国科学家利用一只早已死亡的野生动物的冷冻细胞成功克隆出濒临灭绝的黑足鼬；2022 年，中国科学家从哈尔滨极地公园的一只 16 岁北极狼提取皮肤细胞，通过 SCNT 技术重构胚胎移植到代孕比格犬子宫中，成功克隆了北极狼。

（四）生产转基因动物和乳腺生物反应器制药

转基因动物研究是动物生物工程领域中最有发展前景的课题之一。转基因动物可作为医用器官移植的供体、生物反应器，以及用于家畜遗传改良、创建疾病实验模型等。例如，科学家们利用 CRISPR/Cas9 系统对猪成纤维细胞中的 INS 基因进行编辑，结合 SCNT 技术成功获得了能在猪胰腺中表达人胰岛素的转基因猪，可用于糖尿病患者的治疗，为胰岛异种移植提供了更加理想的供体（Yang et al.，2016）；通过去除

β-乳球蛋白的 PAEP 和 LOC100848610 基因，利用 SCNT 技术得到生产无乳糖牛奶的转基因克隆奶牛，满足乳糖不耐人群对牛奶的需求（Singina et al.，2021）；其他多种转基因奶牛如转入人防御素基因等的奶牛品种可满足相应的需求（Liu et al.，2013）。但转基因动物制备的效率低、基因的定点整合技术难度大导致操作成本过高或基因表达调控异常、转基因动物有性繁殖后代遗传性状分离导致难以保持始祖的优良性状等，这些都是制约当今转基因动物实用化进程的主要因素。

20 世纪 80 年代，乳腺生物反应器技术逐渐兴起。自 2006 年 8 月全球第一个通过乳腺生物反应器生产的药物 ATryn（重组人抗凝血酶Ⅲ）批准上市以来，已有越来越多的重组蛋白进入临床研究和上市销售。乳腺生物反应器技术具有表达量高、成本低廉、表达产物活性高等诸多优点，成为生物反应器研究中最具有发展前景的领域之一，但其表达产物的分离纯化步骤依然是制约该技术产业化的瓶颈之一。

三、克隆技术存在的风险

克隆和转基因技术存在的争议需要从更理性的视角来分析。克隆技术作为一种创新技术虽然已被广泛接受，但技术特点决定其存在一定程度的风险。

（一）遗传异常

虽然克隆的基因相似，但正确的基因是否会在正确的时间表达仍存在不确定性。虽然体细胞克隆在多种动物上已获得成功，但体细胞核移植的克隆技术涉及亚细胞水平的操作，这种亚细胞水平的操作与体外受精的细胞水平操作相比较，偶然损失核内遗传物质的风险显然远高于后者。克隆胚胎中 DNA 甲基化的重编程过程及其对克隆效率的影响程度目前尚不完全清楚。有研究表明，异常的 DNA 再甲基化是导致克隆胚胎着床后发育异常的关键因素（Gao et al.，2018）。另有研究发现修复基因印记异常可大幅提高动物克隆效率（Wang et al.，2020）。与自然产生的胚胎相比，通过基因编辑技术干预的细胞核蕴含着科学家的编辑行为，存在一定的安全性与伦理问题。

（二）克隆效率低下

生殖性克隆是一项非常低效的技术，大多数克隆动物胚胎无法发育成健康个体。以克隆羊为例，在共计 277 个克隆胚胎中，"多莉"是唯一活产的克隆个体。在体细胞核转移过程中，一个细胞被剥离其遗传物质，并植入另一种生物体的细胞核。如果宿主细胞排斥外源核，这一过程很容易失败。即使细胞和细胞核已经被成功植入，并生长成一个胚胎，胚胎本身在孕期也常会受到损害导致发育停止。失败率高，以及潜在的安全问题，严重阻碍了生殖性克隆技术的应用。

（三）疾病风险

多项证据表明，利用胚胎干细胞作为治疗人类疾病的途径是值得深入发展的。但一些专家担心干细胞和癌细胞之间存在惊人的相似性，如在 60 个细胞分裂周期后，干细胞可以积累导致癌症的突变，将导致新的和更具侵略性的遗传疾病。干细胞中细胞分裂不仅驱动了致癌所需的 DNA 改变的积累，而且还驱动了疾病特征的异常细胞群的形成和生长（López-Lázaro，2018）。干细胞在微环境失调下通过分裂失衡成为癌症来源细胞（Chang et al.，2020）。因此，使用干细胞治疗人类疾病，需要更清楚了解干细胞与癌细胞之间的关系。

克隆的哺乳动物在健康方面存在一些问题，包括出生个体体量增加（large offspring syndrome），肝脏、大脑和心脏等重要器官存在体积增大、异常等各种缺陷与畸形，以及个体过早衰老和免疫系统问题。另一个潜在的问题是克隆细胞染色体的相对年龄。当细胞进行正常分裂时，染色体的末端端粒会收缩。随着时间的推移，端粒会逐渐变短，以至细胞不能继续分裂，最终细胞死亡，这是自然衰老过程的一部分。因此，从成年人细胞中克隆出的克隆体可能具有比正常细胞更短的染色体，这可能导致克隆细胞的寿命缩短。事实上，从一只 6 岁绵羊的细胞中克隆出来的"多莉"羊，其染色体比其他同年龄绵羊的染色体要短。"多莉"羊在 6 岁时死亡，大约是绵羊平均寿命（12 年）的一半。

（四）对基因多样性的影响

克隆技术的使用使人们倾向于大量繁殖现有种群中最有利用价值的个体，而不是按自然规律促进整个种群的优胜劣汰。从这个意义上说，克隆技术干扰了自然进化过程。克隆技术导致的基因复制，会威胁基因多样性的保持，削弱生物体的适应能力，更容易受到某些疾病的影响，可能诱发新型疾病的广泛传播，这对生物的生存是极为不利的。此外，转基因动物的数量如果不进行严格控制，还会威胁到每个生态系统的本地物种。

（五）被滥用的风险

克隆技术有被滥用的风险，可能成为恐怖组织的特殊工具，如产生基因武器等，进而带来一系列危害社会的严重后果。因此，对该类技术的应用需要持续进行监督。

四、克隆技术的伦理问题

基因克隆是一项受到严格监管的技术，目前已被广泛接受，并在全球多个实验室常规使用。然而，生殖性克隆提出了重要的伦理问题。

（一）生殖性克隆的伦理问题

生殖性克隆（reproductive cloning）是指以产生新个体为目的的克隆，即用生殖技术制造完整的克隆人或人兽杂交体为目的的克隆。它虽然为人类提供了一种全新的生殖方式，但同时也是一种能够影响人类身体健康、生活方式和社会构成的技术，具有彻底改变人类这一生物群体存在方式的危险，会给整个人类社会带来不可预知的巨大冲击。生殖性克隆将有可能创造出一个与先前存在或仍然存在的另一个人在基因上相同的人，这可能与个人自由原则和人类的社会价值观相冲突。

克隆人是对自然生殖的替代和否定，打破了生物演化的自律性，带有典型的反自然性。通过克隆技术实现人的自我复制和自我再现之后，可能导致人的身心状态紊乱。人的不可重复性和不可替代性因大量复制而丧失了唯一性，丧失了自我及其个性特征的自然基础和生物学前提。克隆人的行为涉及很严重的伦理问题，因为它侵犯了伦理学的基本原则，如不伤害原则、有利原则、尊重原则及公正原则。此外，克隆人可能被用于破坏性的目的。有了人类克隆，一些组织可能会滥用这种基因工程的奇迹来发动战争和从事破坏活动。由于基因可以根据要求进行修改，一些激进组织可能利用克隆人谋取非法利益和犯罪。

（二）克隆技术相关的法律与管理制度

人类辅助生殖技术的飞速进步，引起联合国组织的极大关注。在生殖性克隆方面，各国通过议会立法对其予以禁止是较为普遍的做法。

1. 世界卫生组织

1997 年 5 月，世界卫生组织 （WHO） 通过《关于克隆技术的决议》，宣布禁止将克隆技术应用到人类。同年 11 月，联合国教科文组织通过了《世界人类基因组与人权宣言》，表示坚决反对侵害人类尊严的制造克隆人行为。2003 年，联合国教科文组织通过《关于人类遗传数据的国际宣言》；2005 年，联合国教科文组织通过《世界生物伦理和人权宣言》；2005 年，第 59 届联合国大会批准联大法律委员会通过《联合国关于人的克隆宣言》。

2. 美国

1997 年，时任美国总统克林顿提交《禁止人类克隆法案》，要求把克隆人类活动定为非法行为，当时美国国会认为该法案会阻碍重大疾病等的防治在生物医药方面的进展而未予通过。2001 年 7 月 31 日，美国众议院通过《韦尔登法案》，全面禁止克隆人研究，任何使用克隆人或者使用克隆技术培育人类胚胎的行为都是犯罪，同时禁止任何人从国外进口克隆的人体胚胎或其制品。2009 年，时任美国总统奥巴马签署行政命令，宣布解除布什签署的、对用联邦政府资金支持胚胎干细胞研究的限制。奥巴马称，解除有关限制并不意味着政府向人类克隆敞开大门，"我们会制定严格的制度，会认真执行这些制度，我们不能允许有关成果的错用或滥用；我们的政府不会允许将克隆技术用于人类繁殖。"

3. 欧洲

1990 年 11 月 1 日，英国议会通过了《人类受精与胚胎法 1990》，对辅助生殖进行监管，包括体外和捐赠受精、胚胎学相关研究，以及精子、卵子和胚胎的储存。该法案在 2008 年完成修订，已成为较为完整、成熟的冷冻胚胎规制体系。

法国制定了《生命伦理法》，对前沿的医疗技术进行了全面规制，规范了辅助生殖技术的应用。在《法国民法典》中规定了基因权和身体权等内容，预防辅助生殖技术的滥用。禁止开展易导致与另一在世或已经去世的人基因上完全同一的儿童出生为目的的任何手术活动。不得以改变后代为目的来进行遗传基因编辑。法国《刑法典》第 214-2 条明确规定"生殖性克隆构成'反人类罪'。可处 30 年有期徒刑并处 750 万欧元罚金"。

德国 1990 年通过的《胚胎保护法》是一部规范人类体外受精的德国二级刑法，规定了人类体外胚胎的合理使用及相关的刑事处罚问题，尤其是将人类体外胚胎用于科研的法律问题。德国的刑法禁止人类胚胎的克隆，同时也禁止将克隆胚胎转移到女性体内。2002 年，德国又制定并施行了《胚胎干细胞保护法》，禁止使用胚胎干细胞发育形成胚胎。

4. 澳大利亚

澳大利亚禁止研究人胚胎，禁止繁殖胚胎来供研究，用刑法约束克隆人行为。在生殖性克隆方面的主要立法是 2002 年颁布的《禁止克隆人法案》和《人类胚胎研究法》，在这两部法令的基础上于 2006 年通过《禁止人类克隆生殖与人类胚胎研究管理修订法案》，该法案明确规定"任何人故意将克隆人类胚胎植入人体或动物体内，构成犯罪。" 以生殖为目的的基因编辑行为可能会引发高达 15 年监禁的刑罚。

5. 日本

日本在疾病治疗上支持基因治疗，有条件地支持胚胎研究，坚持反对克隆人研究。2000 年，日本颁布了《克隆技术规制法》，禁止任何人将人体细胞的克隆胚胎、人与动物的融合胚胎、人与动物的混合胚胎或人与动物的嵌合体胚胎植入人或动物的子宫内；2001 年 12 月，根据该法又发布了《特定胚胎处理指南》，规定了 9 种特定情况下胚胎研究的程序。2019 年 7 月，日本批准了首例人与动物胚胎杂交试验，以缓解器官移植的供体不足（Cyranoski，2019）。

6. 中国

根据联合国大会第 56/93 号决议，制定《禁止生殖性克隆人国际公约》特委会和工作组会议分别于 2002 年 2 月和 9 月在纽约联合国总部召开。包括中国在内的约 80 个国家出席了上述会议。中国代表团在会上指出，中国政府积极支持制定《禁止生殖性克隆人国际公约》，因为生殖性克隆是对人类尊严的巨大威胁，且可能引起严重的社会、伦理、道德、宗教和法律问题。中国政府坚决反对克隆人，不允许进行任何克隆人试验。2001 年 2 月 20 日，原卫生部以第 14 号和第 15 号部长令颁布了《人类辅助生殖技术管理办法》和《人类精子库管理办法》，同年 5 月 14 日以卫科教发〔2001〕143 号发布了《人类辅助生殖技术规范》《人类精子库基本标准》《人类精子库技术规范》《实施人类辅助生殖技术的伦理原则》（2003 年修订为《人类辅助生殖技术规范》《人类精子库基本标准和技术规范》《人类辅助生殖技术和人类精子库伦理原则》）。针对干细胞研究，2003 年发布了《人胚胎干细胞研究伦理指导原则》，2015 年制定了《干细胞临床研究管理办法（试行）》，以保证干细胞的研究的规范操作，并尊重国际公认的生命伦理准则，促进我国干细胞研究健康发展。我国政府主张对治疗性克隆进行有效监控和严格审查。2021 年 2 月 22 日，最高人民法院审判委员会第 1832 次会议、2021 年 2 月 26 日最高人民检察院第十三届检察委员会第六十三次会议通过的《最高人民法院、最高人民检察院关于执行<中华人民共和国刑法>确定罪名的补充规定（七）》规定了非法植入基因编辑和克隆胚胎罪的内容。

（中国医学科学院病原生物学研究所 任丽丽 肖 艳 王聪慧）

第十四章
基因组学技术两用性及生物安全

"基因组"（genome）一词最早出现在 1920 年，由当时德国汉堡大学的 H. Winkler 教授提出（Winkler，1920），由"GENe"和"chromosome"两个单词词根合并组成。其最初的意思是指一个生物的染色体包含的全部基因，后来用基因组表示生物体携带的所有遗传物质的总和。在人类基因组计划（Human Genome Project，HGP）的影响下，分子生物学的主要目标已经从传统的单个基因研究转向对生物整个基因组结构与功能的研究。生命科学正从全新的视觉角度，研究并探讨生长与发育、遗传与变异、结构与功能、健康与疾病等生物学及医学基本问题的分子机理，并形成了一门新的学科分支——基因组学。

"基因组学"这个概念最早由美国杰克逊实验室的遗传学家 Thomas Roderick 于 1986 年提出。当时耶鲁大学的 Frank Ruddle 和约翰·霍普金斯大学的 Victor McKusick 正在计划创立一个新的学术期刊，这个新期刊的目的是发表测序数据、新基因、基因图谱和新的遗传技术等方面的研究成果。在一次学术会议快结束时，他们邀请几位科学家讨论了这个新期刊的命名问题，Thomas Roderick 当时建议，用"genomics"（基因组学）一词来命名这个杂志，随后这个名词获得了采纳（Kuska，1998）。

第一节　主要基因组测序计划

基因组学的发展是与 DNA 测序技术的进步密切相关的。以 Roche 公司的 454、Illumina 公司的 Solexa、ABI 公司的 SOLID 为代表的第二代 DNA 测序技术是基因组学进入发展快车道的关键技术。与第一代测序技术相比，第二代测序技术的测序成本急剧下降，而且更关键的是，第二代测序技术可以实现一次对几百、几千个样本的几十万乃至几百万条 DNA 分子同时进行快速测序分析，因此第二代 DNA 测序技术又称高通量测序技术（high-throughput sequencing，HTS）。高通量测序技术的诞生可以说是基因组学研究领域一个具有里程碑意义的事件。以人类基因组测序成本为例，20 世纪末进行的人类基因组计划花费了约 30 亿美元，而第二代测序技术使得人类基因组的测序成本迅速进入到每基因组万美元的数量级。近几年，美国 Pacific Biosciences 公司、英国 Oxford Nanopore 公司等机构研发出第三代测序仪。第三代测序技术也称为单分子实时测序技术或从头测序技术，测序时，不需要经过 PCR 扩增，可以实现对每一条 DNA 分子链的单独测序。第三代测序技术不仅单次测序数据量大，而且平均读长可达 5000bp，具有第一代测序和第二代测序技术无可比拟的优势（安小平和童贻刚，2015）。

新一代测序技术的进步，带来测序成本的大大降低和效率的极大提高，这使得人们有机会对更多感兴趣物种实施基因组测序计划，从而解密更多生物物种的基因组遗传密码。另外，对已完成基因组序列测定的物种的其他品种进行大规模全基因组重测序、研究种群差异也成为可能。

一、人类基因组计划

20 世纪 80 年代，遗传学取得了快速进步，科学家相继定位、克隆了一些遗传疾病相关基因，而且发现了一些新的转录因子和信号转导通路。随着研究的逐步深入，大家逐渐意识到，要充分了解人类常见疾病的遗传基础，单凭了解单个基因或少数几个基因是远远不够的，获得人类基因组的完整序列是非常必要的。这种意识与测序技术的新进展相结合，推动了人类基因组计划的诞生。

人类基因组计划第一次以书面形式出现是在 1986 年（Dulbecco，1986），随后美国国家科学院的一个特别委员会于 1988 年提出了人类基因组计划工作的主要目标，后来美国国立卫生研究院和能源部联合编写的一系列详细的五年计划获得通过，当时预计这项研究工作大约需要 15 年。人类基因组计划于 1990 年开始实施，共有 18 个国家的科学家在项目的不同时间和阶段参与。James Watson 被任命为 NIH 的人类基因组研究办公室负责人。后来，人类基因组研究办公室演变为美国国家人类基因组研究中心（National Center for Human Genome Research）；1997 年，继而更名为国家人类基因组研究所（NHGRI）。

HGP 研究人员以三种主要方式破译了人类基因组：①确定我们基因组 DNA 中所有碱基的顺序或"序列"；②制作图谱，显示我们所有染色体主要部分的基因位置；③产生所谓的连锁图谱，通过它可以追踪几代人的遗传特征（如遗传疾病的特征）。

HGP 揭示了大约有 2 万多个人类基因。HGP 的这一最终产品为世界提供了有关全套人类基因的结构、组织和功能的详细信息资源。这些信息可以被认为是人类细胞发育和功能的基本可继承"指令"。

国际人类基因组测序联盟于 2001 年 2 月在 *Science* 杂志上发表了人类基因组的初稿，整个基因组的 30 亿个碱基对的序列已完成约 90%。参与该联盟的 2800 多名研究人员为共有作者。人类基因组初稿的一个惊人发现是，人类基因的数量比先前估计的 5 万至 14 万个基因数量少很多。完整序列于 2003 年 4 月完成并出版。国际人类基因组计划与"曼哈顿原子弹计划"和"阿波罗登月计划"并称为人类科学技术史上的"三大计划"（于军，2015）。美国国家人类基因组研究所所长弗朗西斯·柯林斯曾经这样评价人类基因组："它是一本历史书，用一个叙事来描述物种穿越时空的旅程；它是一本车间手册，为构建每个人类细胞提供了极其详细的蓝图；它是一本变革性的医学教科书，其洞察力将为医疗保健提供者提供治疗、预防和治愈疾病的巨大新能力"（National Human Genome Research Institute，2018）。

此外，通过 HGP 建立的工具为研究广泛用于生物学研究的其他几种模式生物如小鼠、果蝇和线虫的整个基因组提供了信息。这些研究项目相互促进，因为大多数生物体都有许多具有相似基因或同源基因，对模式生物（如秀丽隐杆线虫）中基因序列或功能的鉴定有可能解释人类或其他模式生物中的同源基因。

二、人类基因组单体型图谱计划

人类基因组的任何两个拷贝彼此大约有 0.1% 的核苷酸位点不同。完成"人类基因组序列草图"之后，理解序列多态性自然成为下一个研究目标。为了确定人类基因组中 DNA 序列变异的常见模式，2002 年，美、加、中、日、英、尼日利亚等国科学家发起了"国际人类基因组单体型图谱计划"（International HapMap Project，HapMap）。HapMap 项目通过描述来自非洲、亚洲和欧洲部分地区人群的 DNA 样本中的一百万个或更多序列变体的基因型、它们的频率和序列变异之间的关联程度，开发变异模式的全基因组图谱；同时能提供工具，使间接关联方法可以很容易地应用于基因组中的任何候选功能基因以及基于家族连锁分析建议的任何区域，或最终应用于整个基因组以扫描疾病风险因素（International HapMap Consortium，2005）。

HapMap 项目的实施，使人们对自身基因组多态性的认识有了革命性的飞跃，为发现复杂性疾病的相关易感基因提供了全新的研究思路。目前已经发表的 HapMap 计划数据，促进了全基因组芯片的开发。运用这些芯片，遗传学家开发了以"病例-对照"研究为基础的全基因组关联分析方法，在疾病易感性、药物敏感性、遗传多态性等研究中取得了巨大突破。

三、千人基因组计划

"千人基因组计划"（1000 Genomes Project）是人类基因组计划和人类基因组单体型图谱计划的延续与发展，堪称国际人类基因组计划的第三期工程。该计划于 2008 年 1 月正式启动，其目的旨在对至少 1000 人的基因组进行测序，生成一个人类基因组变异目录，其中包括 1% 或更低的基因组变异和 0.1%～0.5% 基因变异，目的是揭示与人类健康和疾病有关的更详细的遗传因素。"千人基因组计划"测序的人群来自非洲、亚洲、北美洲和欧洲，以确保人群的代表性。获得的支持来自多个国际机构，包括英国桑格研究所、中国深圳华大基因和美国国家人类基因组研究所。千人基因组计划最初是计划为 1000 个人收集 2 倍的全基因组覆盖率，代表每个个体约 6 千兆碱基对的序列和总共约 6 万亿碱基对的序列（Laura，2012）。测序能力的提高导致计划对项目规模进行了修订，后期已将招募志愿者的数量定位在 2500 人左右，涉及来自世界各地的 27 个族群，参与研究工作的科学家也遍布全球。已经收集了约 2500 人的 4 倍全基因组序列、20 倍的全外显子组序列及 500 人的 40 倍全基因组序列。到 2012 年 3 月，该项目可以提供的资源包括 250 000 多个可公开访问、超过 260TB 的数据文件。由于产出数据量庞大，为了第一时间让全球研究者方便使用这些有意义的数据，千人基因组计划将所分析完成的全部数据及时存放在官方网站上的一个公共数据库，网址为 http：//www.1000genomes.org/data。

四、DNA 百科全书计划

完成人类基因组计划只是意味着人们拿到了人类的一个完整遗传密码，但是仅凭对基因组 DNA 序列的认识，距离了解生命的分子过程还非常遥远。在人类基因组草图完成之后不久，2003 年 9 月，科学界启动了鉴定人类基因组的所有功能组分的"DNA 百科全书计划"（Encylopedia of DNA Elements，ENCODE），其目的是绘制人类基因组中全部功能性元件的目录，并描绘它们在调节基因表达中的作用（The ENCODE Project Consortium，2020）。ENCODE 对人类基因组的研究是分阶段的，到现在为止，已经完成了三个阶段，目前正在处于第四个阶段。

第一阶段（2003～2007 年）搜索了少数人细胞系基因组的 1%区域以评估新兴技术，其中的一半位于高关注区域，另一半被选择用于对基因组特征范围（如 G+C 含量和基因）进行采样。基于微阵列的技术平台在多种细胞系中绘制转录区域位置、开放染色质，以及与转录因子和组蛋白修饰相关的区域，这些分析开始揭示人类基因组和转录组的基本组织特征。

第二阶段（2007～2012 年）引入了基于测序的新技术[例如，染色质免疫沉淀测序（ChIP-seq）和 RNA 测序（RNA-seq）]，用于分析整个人类基因组和转录组，主要包括转录本的检测、基于细胞系样本的组蛋白修饰位点作图、转录因子结合位点定位和转录本的亚细胞定位等。

第三阶段（2012～2017 年）扩大了样品制备的规模并增加了新的检测手段，它通过配对末端标记（ChIA-PET）和 Hi-C 染色体构象捕获等方法揭示了染色质 3D 组织的情况，并且获得了 RNA 结合和 DNA 结合位点。

第四阶段（2017 年至今），ENCODE 的主要目的是检测特定细胞类型和组织类型的功能元件，以及检测更多转录因子和 RNA 结合蛋白结合位点，另外还有特异细胞类型的全长转录本的检测。

五、脊椎动物基因组计划

除了人类基因组之外，其他物种的基因组测序也是生物学家关注的目标。脊椎动物基因组计划（Vertebrate Genomes Project，VGP）是成立于 2009 年的国际 Genome 10K（G10K）联盟发起的一项国际合作项目（Koepfli et al.，2015），其最终目标是为所有现存的 71 657 个脊椎动物物种中的每一种生产至少一种高质量、基本无错误和几乎无间隙的染色体水平、单倍型阶段和带注释的参考基因组组装，并使用这些基因组来解决生物学、疾病和生物多样性保护中的基本问题。G10K 项目按照系统发育分类层次将 VGP 任务分为四个阶段。第一阶段为脊椎动物的每一个目组装一个高质量基因组，目前只有 150 个命名的脊椎动物目，考虑到脊椎动物类别中分类划分的标准并不一致这一情况，G10K 联盟在 VGP 第一阶段将"目"的划分标准定为共同祖先不超过 5000 万年的谱系，按照这一定义，获得了 260 个目的列表。第二阶段的测序计划将涵盖代表所有脊椎动物物种的大约 1159 个科。第三阶段将为脊椎动物的每一个属测定一个代表基因组，这一阶段将测定大约 10 000 个左右高质量基因组序列。第四阶段将完成所有 71 657 个现存的脊椎动物物种中未测序的其余物种的基因组组装。在最终物种层面，将完成 VGP 和特定脊椎动物更细致分类群的数据生成任务，如所有鸟类和所有蝙蝠。

目前鉴定的全部 71 657 个脊椎动物物种目录可以在网站 http://vgpdb.snu.ac.kr/splist/查看。VGP 计划产生的所有测序序列数据和装配信息可以从 GenomeArk、GenBank、Ensembl、UCSC 网站浏览和自由下载。

六、植物多样性基因组测序计划

植物多样性基因组测序计划（Phylodiverse Genome Sequencing Plan，10KP）是在前期的国际千种植物计划（1000 Plants Project，1KP）成功的基础上，由深圳华大研究院主持的又一个大型国际合作项目。10KP 的基本目标对 10 000 多种植物和原生生物的代表性基因组进行完整测序和表征。这些物种代表胚植物（陆地植物）、绿藻（叶绿素和链藻）和原生生物（光合和异养）的每个主要进化枝。对于胚胎植物，10KP 将对非开花植物（苔藓植物、石松植物、蕨类植物和裸子植物）和开花植物（被子植物）进行测序。除了绿藻，10KP 还将对光合和异养原生生物的不同进化枝进行测序，代表了一些最神秘和未被探索的真核微生物。这些数据将提供丰富的信息来解决植物进化和多样性的基本问题，例如，能够研究系统发育、特定性状的起源/获得和多样化、基因和基因组重复、基因组和形态变化之间的相关性，以及重要遗传网络的趋同进化（Cheng et al.，2018）。

10KP 是一个国际联盟，主要支持者为中国深圳华大研究院及中国国家基因库（CNGB），这是一个由华大公司管理的、开放的非营利性科学平台。10KP 的数据免费向全球开放，包括植物园、植物研究所、大学和私营企业。

七、其他大型基因组测序计划

除了上述列出的计划之外，目前还有一些已经运行并取得了深入进展的大型基因组测序计划。

（1）2015 年由华大基因、哥本哈根大学和杜克大学主导发起，旨在构建约 10 500 种现生鸟类的基因组图谱的"万种鸟类基因组项目"（Birds 1000 Genomes Project，B10K）（Obrien et al.，2014）。

（2）2011 年启动，旨在对昆虫和其他节肢动物基因组进行测序的"5000 昆虫基因组计划"（The 5000 Insect Genome Project，i5K）（Scott，2021）。

（3）2013 年启动，针对 7000 种非昆虫/非线虫动物物种，重点关注海洋类群的"全球无脊椎动物基因组联盟"（Global Invertebrate Genomics Alliance，GIGA）（GIGA Community of Scientists，2014）。

（4）2014 启动，至少为 500 个真菌科提供 2 个参考基因组序列的"1000 种真菌基因组计划"（1000 Fungal Genomes Project，1kFG）（Araujo et al.，2018）。

（5）2016 年启动，旨在为蚂蚁的每个属提供一个高质量基因组序列的"全球蚂蚁基因组学联盟"（Global Ant Genomics Alliance，GAGA）（Boomsma et al.，2017）。

此外，还有一个非常宏大、启动不久的基因组测序项目，即"地球生物基因组计划"（Earth BioGenome Project，EBP）（Lewin et al.，2018）。该计划于 2018 年 11 月启动，其最终目标是为目前全球已经被命名的大约 180 万种真核生物（包括植物、动物、真菌及单细胞真核生物）中每个物种提供一个完整的基因组序列。"地球生物基因组计划"可以说是继人类基因组计划之后生命科学领域的又一个"登月计划"。

第二节　基因组学技术的两用性

基因组学是一个快速发展的领域，基因组和基因组学对于生命科学和生物技术的各个领域都带来了革命性的变化，*Nature* 杂志在一篇探讨各种组学必要性的评论中提到了基因组的影响，"一旦有了基因组，就可能会有成千上万个组（Where once there was the genome，now there are thousands of 'omes）"（Baker，2013）。生命科学研究两用性是内在于生命科学研究（生物技术）本身的，也就是说，两面性是生命科学研究（生物技术）的固有特征（田德桥，2021）。基因组学的技术革命让人想起原子能技术，因为它让另一个"妖怪从瓶子里出来"。正如原子分裂被用于发展核武器一样，基因组学技术革命的成果也可以被用于其他目的。

一、基因歧视（遗传歧视）

在过去几年中，遗传学的进步已经导致了对大量人类疾病的诊断和理解的巨大进步。现代医学研究发现，人类的几乎所有疾病都与基因直接或间接地相关。限制性酶切片段长度多态性（RFLP）技术可以将许多遗传疾病映射到基因组中的特定位置，因此可用于确定个体携带导致某些疾病的基因变异的可能性。其他技术，如使用突变特异性 DNA 探针和 DNA 测序的分析，可以直接检测发生改变的基因。这些技术已经确定了许多基因变异相关的疾病，包括囊性纤维化、杜氏肌营养不良症和亨廷顿病。另外，不少研究也发现了与肿瘤、糖尿病和自身免疫性疾病等相关的一些基因。

人类基因组计划的实施大大促进了医学的发展，通过基因组测序，可以确定遗传性疾病的基因定位，并且识别疾病相关的变异型，从而深入探讨疾病相关基因的作用机制，达到更好的治疗效果。但与此同时，由基因测序技术带来的一个社会问题，即基因歧视，正变得越来越重要，虽然这个话题尚未在医学文献中得到广泛的关注。

基因歧视（genetic discrimination）也称为遗传歧视，通常是指仅仅根据个人基因构成中与"正常"基因组存在某些真实或可感知的差异，从而对个人或该个人家庭成员的歧视。尽管目前还科学上还无法给出所谓的"正常"基因组的特征，但人们可能会根据揭露和公开的遗传信息，很容易把一些具有严重有害的突变归类为"不利基因"或"缺陷基因"，从而将携带这些遗传标签的人区分出来。

存在基因歧视风险的人主要包括以下情况（Natowicz，1992）：①无症状但携带有增加其罹患某种疾病可能性的基因的个体；②具有某种隐性或 X 连锁遗传疾病的杂合子（携带者），但现在和将来仍无症状的个体；③具有一种或多种遗传多态性的个体，这些遗传多态性未知会导致任何疾病；④具有已知或假定遗传病的个体的直系亲属。

基因歧视在过去、现在都存在，随着时间的推移可能会变得更加普遍。鉴于基因技术在过去 20 年中取得的显著进步，以及人类基因组计划等项目扩大我们对许多疾病和残疾的遗传基础的认识潜力，在不久的将来，针对各种疾病的基因检测可能会变得更加普及。参与基因检测的临床医生和相关卫生专业人员必须意识到使用此类检测可能导致基因歧视。他们还应该意识到目前针对歧视的现有法律保护及其局限性。

基因歧视除了可能对携带某些"不利基因"或"缺陷基因"者的升学、就业、婚姻等社会活动产生不利影响之外，甚至还可以延伸到社会各个方面。这包括一方对另一方的未来健康有经济利益的商业交易（如抵押贷款、商业贷款），还包括各种各样的非经济领域，如用来解释或预测个人当前或未来的健康（儿童监护权、人身伤害）或行为（学校学习、触犯法律）等。

目前，最有可能发生的基因歧视主要在就业和保险两个领域。就业歧视包括在聘用、晋升、职责分配、解雇、补偿和其他雇佣条款、条件和特权方面的不利待遇。利用遗传信息做出有关雇用/解雇、晋升机会、拒绝保险或更改保险条款的决定，就构成了遗传歧视。一个众所周知的基因歧视的案例曾经发生在美国空军，该部队曾经很长时间禁止镰状细胞病基因携带者成为飞行员。镰状细胞病患者的血液输送氧气的能力降低，每个镰状细胞病携带者只有一个镰刀基因副本，尽管缺乏证据，但美国空军认为，由于飞机上的氧气水平降低，镰状细胞病基因携带者在高海拔地区会遇到障碍。目前，大多数临床医生认为镰状细胞病的杂合性与任何不良反应无关。尽管在杂合子中已报告了许多异常，但其中大多数都是推测，除了某些生理应激环境中可能出现的异常外，这种关联可能是巧合。遗传歧视的其他例子还有很多，如患有腓骨肌萎缩症（Charcot-Marie-Tooth disease）的人曾被拒绝购买人寿保险、汽车保险或应聘工作，尽管这种疾病不是致命的，而且这些人的症状极其轻微；一名未受影响的戈谢病杂合子携带者因基因诊断而被拒绝担任政府工作；一名患有血色素沉着症的男子被拒绝购买医疗保险，尽管该疾病已完全控制，而且该男子没有健康问题。这些否认完全是基于特定基因的存在，而不是基于预期寿命、驾驶记录、执行工作的能力或相关个人的健康状况。

在美国，就业和保险方面的基因歧视是紧密联系在一起的。大多数规模较大的雇主一般会免费或降费为员工提供健康保险。由于雇主要么支付基于经验评级的保险费，要么支付员工的实际医疗费用，因此雇主的福利成本取决于员工及其家属的发病率。随着医疗保健成本的上升，雇主自然会愿意雇用健康风险较小的人。为了降低员工的疾病发病率、提高盈利能力，雇主可能会要求基因检测作为雇佣条件，这可能会导致基因歧视。1989 年，由美国国会技术办公室委托进行的一项调查显示，至少有 5 家财富 500 强公司对员工进行了基因筛查。

在我国，基因歧视也不鲜见，甚至出现过司法案例（林洁，2010）。2009 年，小周、小谢、小唐等三位青年参加了佛山市的公务员考试，三位考生在笔试成绩中都处于报考岗位的前几名；在随后的面试中，他们也都取得了领先的成绩，但在面试之后的体检，发现他们是"地中海贫血"基因携带者，因此，人力部门认为他们体检不合格而不予录用，他们因此失去了被录用为公务员的机会。据了解，"地中海贫血"基因携带者基本没有体征表现，不影响正常工作和生活。三位考生认为，他们的身体条件符合国家公务员体检标准的要求，依照国家公务员体检表检查的各项数值均在正常范围内，未有《体检标准》和《体检手册》中所描述的任何限制症状，从而提起了行政复议，但行政复议并没有支持他们的请求，随后他们向佛山市禅城区人民法院递交起诉状，起诉佛山市人力资源和社会保障局，且被正式立案。

基因歧视可以针对一个人、一个家族、一个种族，或者针对一个群体。很多人携带有肿瘤、心血管病等疾病高发基因，或嗜烟酒、犯罪倾向基因，以及智商、性格、生理基因，只能说是有某种倾向，或是机体发育期中的重要随机事件，也许终生不表现，因而，这些基因的携带者在社会活动中受到不利影响和歧视对待是不公正的。基因歧视的做法有可能创造一个新的弱势群体，他们与遭受种族和性别歧视的那些人一样，也需要给予同样的保护。

二、生物战剂

20 世纪 70 年代中期，随着生物技术的飞速发展，生物武器发展进入了第三个阶段，即"基因武器"阶段。基因工程的应用不仅导致了生物战剂生产规模的扩大，更可以通过 DNA 重组技术将遗传信息从一种生物转入另一种生物中，把特定的生物特性汇集，从而制造出效能更强大的生物战剂。冷战结束以后，各个国家已经不再强调生物武器的研制，但相关的工作肯定并没有停止，相信在不久的将来就可能看到第四代生物战剂。

高通量测序技术使人们获得了大量病原体的基因组序列信息，基于基因组学的微生物病原体及其宿主研究方法对研究和治疗传染病的方式产生了深远的影响。应用于病原体研究的转录组和蛋白质组分析很可能会很快发现在发病机制和宿主-病原体相互作用中起作用的基因或基因簇。通过基因组学的研究，在病原体中鉴定了大量的毒力和致病基因，这不仅为这些病原体如何引起疾病提供了新的见解，而且还可能为抗生素和疫苗的开发提供新的靶点。然而，正如美国科学家联盟（FAS）前主席凯利 2003 年 7 月在《纽约时报》社论中指出的，任何生物研究或生产场所都有可能被用于邪恶目的，生产挽救生命的疫苗研究室和能够生产致命毒素的实验室之间只有一念之差。第四代生物战剂可能会更多地使用从基因组学的进步中获得的知识。有专家推测，第四代生物战剂中可能会出现所谓的"隐形"病原体，这种病原可以秘密地引入给定人群的基因组中，并且可以由某些特定的信号触发；还考虑了"设计者"疾病的可能性，例如，通过多种途径产生细胞凋亡的疾病，或者产生一种全新的病原体，靶向给定种群的基因组并具有随意攻击它的能力；这意味着生物恐怖病原的破坏能力有数量级的变化。

1995 年，在第二个微生物完整的基因组序列发表后，美国国家科学院院士、哈佛大学公共卫生学院原院长巴里·布鲁姆（Barry Bloom）在 Nature 杂志的社论中说："现代基因组测序技术的强大功能和成本效益意味着 25 种主要细菌和寄生虫病原体的完整基因组序列可以在 5 年内获得。我们可以花大约 1 亿美元购买每个毒力决定簇、每个蛋白质抗原和每个药物靶点的序列。对于每种病原体，这将代表一种一次性投资，从中获得的信息将永远可供所有科学家使用。然后我们可以考虑微生物学新的后基因组时代（Bloom，1995）。"

事实上，随后几年基因组测序的进展远远超越了布鲁姆的论述。随着高通量测序技术的普及，公共数据库中病原微生物基因组序列的数量大规模增长。测序技术的进步和分析工具的改良为分析病原体基因组的演变及其与传染性、致病性的关系等研究提供了便利，极大地促进了相关疫情的监测、溯源、诊断和治疗。同时，病原体基因组信息的滥用也为整个病原微生物基因组进行定向改造，提高致病性、传染性、宿主特异性等提供了可行性，甚至有可能应用于人工合成新型病原体的设计，如改造病原体的抗原性、感染特异性、毒性及抗药性，使之绕过传统的传染病应对手段，增加传染病的防控难度。2011 年，高致病性禽流感 H5N1 病毒传播性和宿主特异性基因改造试验成功，提示基因组学可极大增加生物武器防控难度，相关研究谬用的现实可能性大大提高（Husbands，2018）。功能不断增强的独立超级计算机系统可解决生命科学研究计算密集问题，如可用分子动力学模拟来研究蛋白质与核酸的折叠和相互作用、药物与受体的相互作用等，分布式计算技术通过联网的个人计算机获得与超级计算机相等的计算能力，计算机通信技术有利于数据和信息资源、研究与应用能力的全球扩散。

目前，人类各种病原体的全 DNA 序列信息可通过公共数据库广泛获取，有助于开发和生产新型生物武器制剂。微生物学家仔细研究了当前的生物技术在进攻性生物武器计划中的可能应用，他们认为现在利用病原微生物的基因信息，有可能增强生物制剂的抗生素抗性、改变它们的抗原特性或在它们之间转移致病特性，对经典生物战剂的这种"剪裁"可能会使它们更难检测、诊断和治疗。简而言之，基因组信息可以使生物战剂在军事上更有用，从而增加了追求进攻性计划的诱惑。2001 年，Fraser 在 *Nature Genetics* 上发表评论（Fraser，2001）："不断增加的微生物基因组数据库提供了所有潜在基因（包括致病性和毒力、宿主细胞黏附和定植、免疫反应逃逸和抗生物耐药）的零件清单，从中可以挑选出最致命的基因组合"。

三、基因组战争

人类基因组图谱的绘制完成，是人类科学史上出现的一座重要的里程碑。基因组决定了人类的人种及民族特征，如肤色、头发、眼睛、身高等。通过人类基因组研究的工作，人们认识到很多人类的疾病都是由于基因结构出现了问题，从而使一个或多个基因不能正常履行其生理功能所致。通过人类基因组的研究，科学家发现了大量导致人类疾病的基因突变。另外，人类基因组研究也发现了许多对于维持正常生命活动所必需的基因。这些疾病相关基因和必需基因都可能成为未来药物治疗的靶标。可以想象，如果用于战争目的，这些基因也可能成为生物战剂攻击的靶标。与内分泌、免疫、神经系统等相关的酶、受体、离子通道、转运蛋白、生物调节剂都可能成为生物战剂攻击的靶点。除了编码蛋白质的 DNA 区域，基因组中的其他区域也可能是生物武器攻击的目标。

在长期的进化中，生物是不断变异的，即使是同一物种的个体之间，也几乎不存在两个基因组完全一致的个体，也就是说，生物个体间的基因组存在着多态性。基因组多态性蕴含着丰富的遗传信息。人类基因组图谱的绘制完成之后，基因组多样性研究是后基因组时代的重要研究领域。由于人类不同种群的遗传基因不一样，基因武器的制造者可以针对特定人群的基因缺陷，生产出只杀伤特定人群的基因武器。要研制这种基因武器，关键就是获取指定人群的基因密码。

在 20 世纪 90 年代，对具有选择性种族目标的生物武器的担忧逐渐浮出水面。斯德哥尔摩大学的神经化学家 Tamas Bartfai 在斯德哥尔摩国际和平研究所 1993 年的年鉴中写道，"随着对人类基因组和遗传多样性的了解增加，遗传武器可能会被开发出来"。他希望 1996 年对《禁止生物武器公约》的审查能够重申该公约涵盖基因武器。虽然目前还没有将个人基因组信息用于战争目的的研究和战场实践方面的报道，但是从理论上讲，基于人类基因组的战争可能性是完全存在的。利用人类基因组单体型图 HapMap 数据库，可以通过比较不同个体的基因组序列来确定染色体上共有的变异区域。这将能够发现与人类健康、疾病，以及对药物和环境因子的个体反应差异相关的基因，确定影响健康、疾病、药物与环境个人易感性基因。HapMap 计划致力于建立一个免费向公众开放的、关于人类疾病（及疾病对药物反应）相关基因的数据库。这些信息的公开，有可能会明确种族群体之间的遗传相似性和差异，可能被用来发展针对特定人群的生物剂。早在 2003 年，就有专家分析了基因组战争的可能特征（Black，2003）。

（一）基因组战争攻击的时间特征

基因组战争攻击的场景取决于军事目标、环境和预期目标（可能是人类或农业目标）。基因战攻击有两个基本的时间特征，分别是短延迟攻击和长延迟攻击。在短延迟攻击中，基因将通过感染宿主的载体传递，并导致转基因的快速表达，从而产生损害作用。在这种情况下，使用可调节载体似乎是不必要的，而且所使用的载体很可能会不加选择地转染宿主细胞以产生快速毒性。这种攻击类似于使用更"常规"的生物武器。延迟的长度将取决于有毒基因表达所需的时间，这取决于所用载体的类型、所用剂量以及效果是否取决于载体的复制。例如，一个既能自我复制又能传递有毒基因的载体可能需要更长的时间才能发挥作用，并且可能类似于传染性生物制剂。能够针对特定组织产生生物效应的载体可能会立即对宿主产生毒性，因为转录和翻译可以在插入基因后几分钟内发生。

长延迟攻击的场景可能是非常不可思议的，因为在人类历史上，生物战剂第一次可以在计划攻击之前很久实施，并且可以在攻击时触发。"隐形病毒"一词被用来描述这种攻击，但也有可能设计非病毒载体来对付这种攻击。在使用改造病毒的情况下，一个群体可能被默默地转染，可能带有逆转录病毒，从而将可诱导的转基因或产生转基因的前药转化酶并入宿主基因组。随后，处于风险中的人群将暴露于诱导剂或前药，这会产生情景所需的损害效应。长潜伏期方案比短潜伏期方案复杂得多，因为根据现有技术，需要将处于风险中的人群"暴露"两次：首先接触载体，然后再接触诱导剂或前药。

（二）基因组战争攻击的流行病学

了解生物战的流行病学特征有助于区分有意和无意的传染病暴发，基因组战剂也是如此。当然，一个重要的考虑因素是所使用的策略（如短潜伏期效应与长潜伏期效应的转换）将对疾病发病的时间模式产生影响。可以预期，单位时间内绘制的病例数将定义一条暴发式发病的流行曲线。如果目标是军事目标，攻击可能会定时中断任务准备。恐怖袭击更有可能是为了满足某种象征性的要求。然而，即使是沉默载体，一些个体可能会立即出现症状，即便是为了延迟效应而进行转染。这是因为用于此应用的载体可能在至少部分感染人群中产生病毒症状。此外，即使在基因表达需要诱导的系统中，低水平的基因表达也经常发生，因为可调节系统没有效率。此外，根据在需要诱导的延迟攻击中使用的诱导剂，一些个体可能接触到诱导剂（如四环素诱导系统中的四环素），从而触发转基因活动的迹象和症状。在基因插入时，如果载体导致基因组掺入，而且插入事件破坏了一个至关重要的基因，也可能发生突变。最有可能的是，这种类型的基因破坏将随机发生在随机细胞中，并且不会被检测到。然而，在转染后很长一段时间内，突变插入的个体可能会经历更高的疾病发生率，而这些疾病似乎起源于基因。如果在公司内转染宿主基因组有可能导致在许多细胞中以高频率插入人类基因组的特定位置，并且如果插入位点破坏特定基因，则可能检测到副作用。

基因战争的主要目的是让人们生病，而另一个目的则是恐吓未受感染的个体。使用一种可以插入个人基因组的武器的前景，以及在计划攻击前几年被悄悄地转染这种武器的景象都令人担忧。常规生物武器和基因组武器之间的一个潜在区别是临床表现。受攻击人群的实际症状将与他们的细胞现在携带的转基因以及这些基因产物对细胞功能的影响有关。暴露或给药的途径也可能在组织受到影响并出现症状的过程中发挥作用。因此，症状可能与任何已知的传染病都不相似。这种类型的发病率/死亡率取决于许多因素，包括使用的转基因的特征和个体易感因素。

四、农业恐怖

人不是生物袭击的唯一目标，农业目标也有可能成为生物恐怖攻击的对象（李昂等，2007）。牲畜和农作物是农业领域中生物恐怖攻击的两大目标。从历史上看，牲畜比农作物被攻击的机会更多一些，这主要是因为动物病原微生物种类繁多，比较容易获得、制造和传播，而且病原体一旦感染动物，在群体内的快速传播更容易实现。目前已知可引起牲畜死亡的病原体超过 20 种，这些病原体生命力极其顽强，可以在自然界中长期存活。此外，很多动物病原体本身就是人畜共患病的病原体，一旦实施攻击，可以同时打击敌方的人和动物。现代生物武器发展的早期，使用的生物战剂大都是人畜共患病的病原体。例如，第一次世界大战期间，德国人曾使用炭疽杆菌攻击罗马尼亚、西班牙、挪威、阿根廷和美国的新兵、骑兵和军用牲畜。

相比而言，攻击农作物似乎并不具备短期内的震撼效果，因此，从传统意义上讲，农作物并不是恐怖分子发动袭击的首选目标。但是从历史记录上看，如果一个地区的植物疫病蔓延无法得到有效控制，将对该地区的粮食生产、公共健康和社会秩序构成严重威胁，而且能在相当长的时间导致公众恐慌、经济萧条、秩序混乱等问题，从而引发长期的社会动荡。例如，在越战期间，美军为了摆脱与越共游击队作战不利的局面，对越共游击队员藏身的山林施加了主要成分为二噁英的化学除草剂和脱叶剂，目的是破坏山上的植被，使越共游击队员无所遁形。因为这些除草剂和脱叶剂的容器上印有橙色条纹，故称为"橙剂"（鸢飞九天，2020）。到 1975 年从越南撤军之前，美军在越南使用了大约 6700 万 L 橙剂，施洒面积占越南国土面积的 1/10。这些橙剂不仅破坏了植被，还随着落叶进入了土地，污染了良田。一些地方的土壤和水中的残留物含量高于安全值数百倍。这些污染物通过食物链的循环进入人体，对人的健康造成了伤害。在随后的几十年里，这些橙剂造成了百万计的畸形婴儿。作物被攻击的范围可以很广，如粮食作物、蔬菜、果树、林木、草地等；攻击的方式也可以很多，如病原体、虫害、杂草、化学药物等。农作物受攻击之后，往往造成病害、减产、降低品质、甚至植株死亡，使生产遭受重大的经济损失。对植物的攻击还可能造成生态环境的破坏。有可能被用来作为武器的植物病原体，包括真菌、细菌、病毒、类菌原体或线虫等，其中由真菌引起的病害在植物病害中占比最高，超过 80%，是目前植物病害中最为严重的一类。危害非常严重的小麦和其他禾谷类作物锈病、甘蔗黑穗病和水稻稻瘟病等，其病原体都是真菌。

随着生命科学各个领域的快速发展，农业已从基因学研究和生物技术的进步中获得巨大的收益。然而同样的技术也可能被恐怖分子利用，造成大规模的毁坏。目前大量的植物基因组序列已经完成测序，恐怖主义者完全可能根据农作物的基因组特征，利用生物技术来构建性能更加高效的攻击战剂。

第三节 防止基因组学技术谬用的建议

防止出于恐怖或其他目的滥用基因组技术可能是非常困难的。人类使用各种各样的武器来伤害敌人具有悠久的历史。随着生物技术的进步，各种各样高效的基因载体同步出现，基因克隆所需的各项技术已被广泛应用和掌握。此外，公共资助的基因组学研究结果可在世界各地的互联网上自由获得。这些事实使得采取防御措施势在必行。

有许多行动需要开始解决基因组战争的风险。所需行动大致分为政治行动和技术行动。

一、加强基因组信息滥用危害的宣传教育

各国政府要加大对于基因组学研究两用性方面的宣传教育，尤其是对政府机构、军事部门的决策者和领导者，以及相关学术机构和商业机构的从业人员，要使他们充分意识到基因组资源和信息被滥用的现实可能性及造成的严重危害。基因组学是一个飞速发展的高科技领域，如果不进行专门的宣传，即使是具有良好教育背景的高级知识分子，包括在医疗机构工作的人员也不一定能很好地了解基因组革命的进展及其带来的影响。有学者建议各国政府应当设立专门委员会，定期向决策者、社会大众提供连续且容易理解和接受的最新教育材料。美国学者齐林斯卡斯曾经就"化学武器和生物武器问题"撰写了大量文章，并向美国众议院政府改革委员会、美国国家安全委员会、美国退伍军人事务和国际关系小组委员会就生物恐怖主义的威胁作出说明。

二、建立生物制剂管制清单和相关数据库

基因组武器很可能是利用现有资源开发的，包括商用资源和专业资源。很多生物技术公司可以为医学研究以及生物技术和医药产品开发提供支持与服务。如果编码病原体的遗传材料可以通过商业资源，如基因合成公司随意定制，一旦这些遗传材料用于开发生物武器，会大大缩短开发武器的时间和成本。建议对通过基因组计划发现的可能具有军事重要性的基因和序列，以及使用转染这些序列的基因组战剂进行攻击的可能后果进行持续监测和编目，建立管制清单和数据库。建立的数据库要包括用于基因治疗和转染试验的所有载体，它应该是一个综合性的数据库，包括载体的发展历史、序列和生理特性；不仅包括人类有关载体，还应包括农业相关载体，并且要不断进行更新。这个数据库的目的是使我们能够预测到基因组武器的目标。2001 年炭疽信件袭击发生之后，美国加强了对涉及数十种可能用作生物恐怖武器的"精选试剂"的研究控制，如炭疽和鼠疫。目前已经有一些国际基因合成公司形成了筛选订单的契约，但并非所有公司都会这样做，因为订单筛查对于商业公司来讲，需要承担一定的时间和经济成本；随着市场竞争的加剧，这可能会打击商业公司筛查订单的意愿。社会应该有一些措施，鼓励商业技术公司报告可疑订单。

三、加强研发生物恐怖剂的精确检测系统

生物袭击一旦发生，早期的及时检测和确认对于后续的控制和处置是非常重要的。因此，需要加快对可能具有军事意义的基因和载体的现场诊断方法及检测系统的研制工作，要能开发一些方便、针对相关病原的准确检测系统。一旦病原的序列数据可以获得，就可以设计检测方法。例如，可以设计一组寡核苷酸引物，使用基于 PCR、基因芯片和生物传感器技术检测这些载体的独特特征。2001 年炭疽信件袭击之后，美国开展了大量的研究，专注于开发一些可部署、现场方便的诊断方法和设备。这些仪器不仅可用于检测常规生物武器的存在，还可用于检测其他不同的各种载体。在防御气溶胶攻击时，围绕目标扫描的连续采样在检测炭疽菌时非常敏感，在检测基因组战剂时也同样有用。然而，要使这些设备能够广泛使用，还需要做更多的工作；另外，还需要开发一些用途更广、更灵敏、更方便的检测仪器。作为开发新检测技术的第一步，可以考虑制造包含来自最重要的人类、动物和植物病原体的众多分离株的所有预测编码序列的DNA 芯片。比较理想的情况是，"检测器"的读出数据可以提供有关任何生物恐怖剂的完整遗传信息，即使它包含来自其他物种的基因或质粒、任何与毒力或抗生素抗性相关的不寻常特性，或者是从成分基因构建的合成生物。

四、扩大对生物恐怖防治的相关研究

生物恐怖发生之后，其产生的防治问题是处置措施的重中之重，传染病研究应该扩展到主要的生物恐怖剂。因此，要更好地了解潜在生物恐怖因子的生物学特性，并将这些信息用于开发新的诊断方法、抗生素和疫苗，以保护世界人口免受生物恐怖主义的侵害。潜在的生物恐怖剂一般具有几个特征，包括与感染相关的高发病率或死亡率、潜在的人际之间高传播性、被制成武器并通过气溶胶或食物和水传播的能力，以及释放到环境中可能会引起公众广泛恐慌等。基因组学、蛋白质组学和生物信息学是开发应对潜在的生物恐怖剂和新发传染病新方法的关键使能技术。这些技术应用于研究生物恐怖病原体，会很快发现在发病机制和宿主-病原体相互作用中起作用的基因或基因簇。在生物恐怖病原体中鉴定出毒力和致病基因，不仅为这些病原体如何引起疾病提供了新的见解，而且还可能为抗生素和疫苗的开发提供新的靶点。另外，不仅要防治生物恐怖对人类身体造成的生理伤害，还要考虑它对人们心理的影响，在这方面也应该开展广泛深入的研究。

（军事科学院军事医学研究院　岳俊杰）

第十五章
气溶胶技术两用性及生物安全

新型冠状病毒感染（COVID-19）、严重急性呼吸系统综合征（SARS）、中东呼吸综合征（MERS）、H1N1 流感和 H5N1 禽流感大流行引起了人们对病原体气溶胶传播重要性的担忧，并推动了人们对生物气溶胶（bioaerosol）的研究。生物气溶胶传染性强、致病性高、污染面积广，广泛应用于环境、医学、军事和恐怖主义与反恐中。因此，了解生物气溶胶的特征、来源和分类、采集和鉴定、传播和防护途径，以及明确生物气溶胶的两用性风险，对防控空气传播疾病的暴发至关重要。

第一节　生物气溶胶的基本特征

一、气溶胶与生物气溶胶

气溶胶（aerosol）是指悬浮在气体介质中的固态或液态微小颗粒所组成的气态分散系统，其粒子的空气动力学直径为 0.001～100μm。气溶胶包含悬浮的微粒以及气体介质两部分，通常所说的气体介质指空气。气溶胶具有胶体性质，根据分散相的成分可以分为天然气溶胶、生物气溶胶、工业化气溶胶和食用气溶胶。生物气溶胶通常被定义为悬浮于大气中的含有微生物（细菌、真菌和病毒等）、植物（花粉和孢子等）、动物来源的气溶胶或活性颗粒物质，通常与有机粉尘同义（Douwes et al.，2003；Mirskaya and Agranovski，2018）。生物气溶胶不仅具备气溶胶的特性，还具有其独特的生物特性，对生态系统和人类健康具有重要的影响。

第二次世界大战前后，生物气溶胶技术广泛应用于军事领域，美国、苏联等国家发展了生物气溶胶发生、采样、测量、战剂气溶胶化以及气溶胶扩散与攻击效能评价技术等，甚至建立了专门的气溶胶研究机构和实验场。从 20 世纪七八十年代开始，气溶胶研究在气象学、环境科学、公共卫生和人类健康等领域的研究迅速引起科研和产业技术人员的关注，结合激光技术、计算机技术、现代机械制造技术等，发展了大量新型气溶胶采集/测量仪器，开创了气溶胶-气候变化、气溶胶-人体危害效应评价和气溶胶治疗等研究方向，使得气溶胶研究深入生产、生活的各个方面。

二、生物气溶胶的来源与分类

（一）生物气溶胶的来源

空气中所有生物成分都来自地面的排放。生物气溶胶在自然和人类环境中广泛存在，人们每天生活的环境中处处存在着各种各样的微生物。生物气溶胶主要来源于土壤、植被、水体等的排放，以及动物（包含人类）、医院、养殖场、垃圾填埋场、污水处理厂等的排放（Zheng et al.，2018）。

土壤是生物气溶胶最重要的自然源，空气中细菌的种类与土壤中细菌的种类相似。植物与农业活动也会直接影响空气中生物气溶胶浓度，如植物的花粉、孢子及植物粉尘空气中都会形成气溶胶。此外，降雨过程也会影响空气中微生物浓度，其不仅对空气中附着的细菌有冲刷作用，而且还会导致土壤和植物产生的生物气溶胶释放到空气中。

除了自然界外，人类活动（如咳嗽、打喷嚏、呼气、城市生活污水、畜禽养殖、粮食脱粒、堆肥等）也会产生生物气溶胶，例如，流感患者可呼出大量的病毒气溶胶（每小时可以呼出 $2.2×10^2～2.6×10^5$ 个流感病毒颗粒）。此外，农业活动、污水处理和动物饲养等非自然的活动也是生物气溶胶产生的重要来源。

（二）生物气溶胶的分类

常见的生物气溶胶的大小范围从 10nm 病毒颗粒到 100μm 花粉颗粒。生物气溶胶可能包括：真菌（尤其是霉菌和酵母菌）、真菌孢子、菌丝和真菌过敏原；细菌和细菌孢子及其碎片和副产品（如内毒素和霉菌毒素）；微生物毒素和促炎成分[如霉菌毒素、（1→3）-β-D-葡聚糖、内毒素、外毒素、肽聚糖和细菌 DNA]；过敏性花粉；节肢动物过敏原（如来自螨虫和蟑螂）；宠物过敏原；藻类；变形虫和病毒。接触生物气溶胶可能会导致多种健康问题，包括传染性疾病、过敏性疾病、急性毒性影响、呼吸系统疾病（包括哮喘）、神经系统影响，甚至癌症。生物气溶胶的成活率取决于许多生物和非生物因素，包括温度、相对湿度、氧含量、水含量、紫外线辐射和化学物质的存在（Burdsall et al.，2021）。因此，生物气溶胶的活力可能会有很大差异。

三、生物气溶胶的特性

描述气溶胶基本性质的量主要有粒径（几何直径、众数直径、空气动力学直径等）、浓度（质量浓度或数量浓度等）、形状（球形、椭球形、不规则形等）、密度、电学性（电荷极性、带电量等）和光特性（散射系数、消光系数、折射系数等）等。通常用扩散和沉积过程描述气溶胶运动过程。扩散过程主要受气象要素、地形地貌及粒子特性（如大小、密度等）影响；沉积过程主要包括重力沉降、惯性撞击、布朗运动、湍流运动、静电作用、水汽凝结和雨滴捕获等多种机制。

气溶胶具有伴随气流运动、可在空气中悬浮和长距离传播的特点。大气中的气溶胶颗粒直径跨度大、形状不规则。根据颗粒的空气动力学直径，可以将呼吸颗粒分类为飞沫和气溶胶。世界卫生组织（WHO）将直径>5μm 的颗粒视为飞沫，将直径≤5μm 的颗粒视为气溶胶。直径相对小的气溶胶更可能被吸入肺部深处，进而引起下呼吸道的肺泡组织感染，而直径相对大的飞沫则主要沉积在上呼吸道。因此，气溶胶感染可能导致更严重的疾病。在静止的空气中，气溶胶的沉降速度与颗粒直径的平方成正比。因此，直径较小的气溶胶比飞沫在空气中沉降得更慢，更容易被气流携带到远处导致远距离感染。此外，生物气溶胶无色无味、无孔不入，人们在自然呼吸中就会造成气溶胶的吸入；有些生物气溶胶感染只有呼吸道免疫才有预防作用，常规疫苗预防效果不好，如肺炭疽。

第二节　生物气溶胶的采集、鉴定与传播

气溶胶中微生物的采集和鉴定是研究其性质、评估其危害性的前提及依据，采集和鉴定的新技术、新方法研究已成为生物气溶胶的研究方向之一。生物气溶胶的传播除了受外在环境因素影响外，还受生物气溶胶本身因素的影响。了解生物气溶胶的传播途径和影响因素对气溶胶的防护至关重要。

一、生物气溶胶的采集

空气中生物气溶胶的种类和含量是衡量其对人体健康影响大小的关键指标。了解生物气溶胶的种类、成分和浓度、明确空气中生物气溶胶的采集方法，是获取气溶胶中微生物种类、成分和丰度信息的前提（Li et al.，2021）。空气中微生物的采样方法有沉降采集法、撞击采集法、冲击采集法、过滤采集法、静电吸附采集法和冷凝采集法等。每种采样方法各有优点和不足，选择合适的采样方法对采样效率和采样效果至关重要。

（一）沉降采集法

沉降采集法是德国细菌学家 Koch 在 1881 年建立，利用生物气溶胶粒子自身的重力作用逐渐沉降到含有培养基的培养皿内，是最早、最简单的采样方法。这种方法操作简单，不需要借助采样器，但采集效率低，且直径小于 5μm 的微粒（如病毒）难以检测到，因此检测数据通常不是特别准确。该方法主要用于室内和室外空气指标的评估。

（二）撞击采集法和冲击采集法

这两种方法都是利用撞击的原理将生物气溶胶粒子撞击在采样面上进行收集。两种方法的不同点是：撞击法的采样介质是固体，而冲击法的采样介质是液体。撞击法的优点是可根据微粒直径进行收集，应用范围广。冲击法的优点是采集稳定性好、效率高，适用于病毒气溶胶的采集；缺点是对于低浓度生物气溶胶、低温和长时间采样并不适用。目前，撞击法和冲击法的取样设备主要包括冲击采样器、装机采样器和旋风分离器。

（三）过滤采集法

过滤采集法是利用纳米孔结构和复杂空隙结构构成的抽滤装置将空气中气溶胶颗粒截留在过滤器上。该方法具有采样效率高、成本低、便携、适用于低温环境等优点，是目前国内外常用的采样方法；该方法主要缺陷是滤膜空隙小，容易被堵塞，对病毒回收效率低，且可能会影响微生物的活性。

（四）静电吸附采集法

静电吸附法由美国 Mainelis 于 1999 年提出，是通过静电采集器使微生物气溶胶在静电场入口处带上电荷，在电场作用下颗粒与空气流分离并沉积在带电采样介质上。该方法采样效率高、容量大，主要用于病毒和细菌气溶胶收集；缺点是采集范围较窄。

（五）冷凝采集法

冷凝采集法是使生物气溶胶颗粒经加湿器潮湿化和升温后注入冷却器，含有过饱和蒸汽的微生物气溶胶颗粒充当凝结核凝结于冷却器表面。冷凝采集器与冲击采集器、撞击采集器相比流速相对较低，在收集较小尺寸的微生物方面更具优势，可以实现微生物气溶胶遗传物质的高效率、高保真回收。因此，冷凝采集法多应用于病毒气溶胶的采集。目前该方法已广泛用于 MS2、H1N1、H3N2、SARS-CoV-2 等病毒的收集。

（六）离心采集法

离心采集法是通过采样器高速旋转，将生物气溶胶粒子冲击到采样介质上。这种方法的优点是采样效率高、携带方便；缺点是影响生物气溶胶生物活性，对直径小的气溶胶颗粒采集效率不高。

二、生物气溶胶的分析鉴定

生物气溶胶广泛存在于大气中且成分复杂，由于采样技术的限制，从气溶胶中完整无损地分离微生物具有一定的难度；此外，气溶胶中存在很多不可培养的微生物，因此，发展新的分析鉴定方法一直是生物气溶胶研究的重点方向。下面从依赖于培养基的生物气溶胶分析鉴定、不依赖于培养基的生物气溶胶分析鉴定、单细胞水平的生物气溶胶分析鉴定和生物气溶胶中病毒的分析鉴定 4 个方面进行阐述。

（一）依赖于培养基的生物气溶胶分析鉴定

基于培养基的技术是最完善和最容易获得的生物气溶胶评估技术，它也是一种非常敏感的技术，无须特定的生物标志物或引物即可鉴定多种不同的物种（Burdsall et al.，2021）。可培养的生物气溶胶的鉴定通常包含以下几个方面：①通过使用撞击器、液体冲击器或过滤方法进行采样；②将收集的生物气溶胶转移至合适的固体或液体培养基中培养几天；③通过手动或借助图像分析技术对菌落进行计数；④通过统计菌落形成单位（CFU）评估气溶胶中可培养微生物的生物量，确定气溶胶活细菌和真菌丰度信息等（Burdsall et al.，2021）。此外，选择性培养基可用于对感兴趣的物种进行培养、鉴定和定量，同时抑制其他微生物的生长。基于培养的鉴定技术只能对可培养的生物气溶胶进行鉴定，并且该方法可能因气溶胶微生物活力丧失的原因（这些因素包括基于过滤采样中的生物气溶胶干燥、大气温度、相对湿度、暴露于紫外线辐射）而低估生物气溶胶的浓度。此外，细胞聚集也可能导致基于培养的数据出现巨大差异。

依赖于培养基的分析鉴定一般包括纯培养、分离、宏观与微观描述和生化生理测试等一系列实验操作。目前，气溶胶中微生物一般采用分子手段（如细菌 16S rRNA 基因、真菌 18S rRNA）进行鉴定。由于培养条件的限制，大致只有 1% 的微生物可在实验室中成功培养。尽管依赖于培养基的分析鉴定方法具有局限性，但其却是研究微生物生理生化特性、侵染、毒力、耐药等的基础。因此，针对气溶胶微生物的培养技术开发是气溶胶微生物技术发展的重点之一。

（二）不依赖于培养基的生物气溶胶分析鉴定

目前最流行的不依赖于培养基的鉴定方法是聚合酶链反应（PCR），该方法是通过 DNA 或 RNA 序列比较来检测、识别微生物和病毒。PCR 方法可以鉴定可培养和不可培养的气溶胶微生物，从而规避了依赖于培养的技术限制。事实上，PCR 可以应用于任何含有核酸的生物物质鉴定，并已成功应用于通过各种采样技术收集的生物气溶胶。由于 PCR 方法不能区分核酸材料是来自死的还是活的微生物或细胞碎片，所以该方法往往会高估生物气溶胶的传染性（Burdsall et al.，2021）。

生物气溶胶中活的微生物、不可培养的微生物或具有完整形态的死细胞可基于荧光的方法进行定量分析。使用过滤或液体冲击法采集的不可培养的生物气溶胶，通过 DAPI 等荧光染料对细胞核染色，进而评估生物气溶胶中微生物总量，通过荧光原位杂交技术（FISH）原位靶向细胞内 DNA 或 RNA 进而评估生物气溶胶中细菌、真菌和古细菌的总量及空间分布。该方法的主要优点是所有微生物（即可培养的和不可培养的、死的和活的）都可被定量（Burdsall et al.，2021）。因此，该方法估计的生物气溶胶浓度通常高于依赖于培养方法所确定的值。

除了完整的微生物外，生物气溶胶还含有无法基于核酸方法进行量化的有毒或致敏微生物副产物。检测此类生物气溶胶的最常用方法是酶联免疫测定法（ELISA），该方法可用于细菌孢子、大肠杆菌和螨过敏原等生物气溶胶的分析鉴定。

此外，随着高通量测序技术的快速发展，高通量二代测序和三代测序也应用于生物气溶胶的分析鉴定。该方法可以更加全面地揭示生物气溶胶的微生物种属信息、微生物群落构成和传播规律，进而更好地评估生物气溶胶的暴露风险。

（三）单细胞水平的生物气溶胶分析鉴定

生物气溶胶颗粒可以单个细胞飘浮在空气中，这使微生物气溶胶单细胞分选研究成为可能。单细胞水平检测技术不仅有助于全面解析气溶胶中微生物组成种类，还可以动态分析微生物生理与代谢特征。由于测序等侵入性分析方法无法判断气溶胶微生物是否存活，因此无损的单细胞分析方法在生物气溶胶研究中非常关键。

拉曼光谱是一种在分子或晶格振动中产生的光子非弹性散射光谱，是一种无损、非接触、非标记的快速检测技术。拉曼光谱和气溶胶采集技术的结合可以实现气溶胶中微生物快速捕获和实时检测。

（四）生物气溶胶中病毒的分析鉴定

病毒是生物气溶胶中重要的成分之一，H1N1、SARS、MERS 和 COVID-19 等疫情的传播都与生物气溶胶相关。由于病毒不能独立进行复制，需要将其转染到细胞中才能判断其活性。因此，生物气溶胶中病毒的检测通常是检测其核酸水平。生物气溶胶中病毒核酸的检测通常采取以下两种方法：①根据病毒基因组设计特异性荧光探针，利用 RT-PCR 进行检测；②宏基因组分析法，即主要针对生物气溶胶中病毒种类不明确进行鉴定，如甲型肝炎病毒、轮状病毒、单纯疱疹病毒和逆转录病毒等都可通过宏基因组进行确认。

2019 年 12 月，COVID-19 疫情在武汉暴发，SARS-CoV-2 的扩散和传播引起科学家极大的关注。尽管 SARS-CoV-2 主要是通过飞沫还是气溶胶传播仍存在争议，但可以确定的是，SARS-CoV-2 可以通过气溶胶传播。蓝柯团队通过数字 PCR 技术在武汉两家专门收治 COVID-19 患者的定点医院空气样本中检测到 SARS-CoV-2 RNA（Liu et al.，2020）。

快速、灵敏和便携的病毒检测方法对预防与控制病毒的传播至关重要。新技术的开发有助于对生物气溶胶中病毒进行原位、快速、高灵敏度的检测。例如，利用抗体、病毒和碱性磷酸酶设计的表面放大纳米生物传感器检测 H1N1 的 PFU；利用病毒抗原-抗体识别原理结合静电颗粒收集特异性富集气溶胶中 H1N1 病毒；集气溶胶采集和检测于一体的病毒检测技术[环介导等温扩增技术（LAMP）和侧向流免疫层析测定法（LFIA）等]。

三、生物气溶胶的传播

（一）生物气溶胶传播的途径

病毒的空气传播主要通过以下三条途径：①感染性分泌物与宿主黏膜直接或间接接触；②含病毒的飞沫与上呼吸道表面接触；③吸入含病毒的气溶胶颗粒或飞沫。飞沫传播被认为是呼吸道病毒的主要传播途径，但随着气溶胶研究的不断深入，很多证据表明气溶胶传播也是呼吸道病毒的重要传播途径。

（二）生物气溶胶传播的影响因素

生物气溶胶的传播需要病原菌在空气传播的整个过程中保持传染性。外在环境因素和生物气溶胶本身因素都会影响生物气溶胶的传播。

1. 外在环境因素

呼吸道传染病的空气传播途径已被确定为众多流行病的主要传播方式，尤其是在密闭的室内环境。相对湿度、温度、空气流动、紫外线辐射、生物气溶胶颗粒大小和颗粒附着成分等因素被认为是影响生物气溶胶存活的关键因素（Tang et al.，2006）。温度不仅可以通过改变病毒蛋白（或参与病毒进入和复制的宿主蛋白）和基因组的结构在微观上产生影响，也可以通过在空间中由于温差而产生的交换气流产生宏观上的影响。湿度对病毒存活的影响主要与病毒是否有脂质包膜有关。湿度和温度会共同影响病毒在气溶胶中的存活率，病毒在干燥和炎热的环境中会迅速衰变（暴露 60min 后仅有 4.7% 的存活率）。病毒气溶胶中较高的盐含量会降低病毒颗粒的活力，而有机物质（如血液、粪便、黏液和唾液）则可以缓冲气溶胶中病毒颗粒应对极端环境压力。

Fernandez 等（2020）报告了一种用于空气传播微生物存活的微观物理和生物学评估（microphysical and biological assessment of airborne microorganism survival，TAMBAS）的串联方法，以探索影响气溶胶液滴中空气微生物存活的物理化学和生物过程之间的协同相互作用。利用该创新方法发现了从气溶胶液滴产生到局部环境中的平衡和活力衰减的机制。Naddafi 等（2019）评估水烟咖啡馆、水烟软管和水烟碗空气中细菌和真菌等生物气溶胶的暴露情况，发现细菌气溶胶浓度与供暖系统类型、墙壁和天花板材料、传统餐厅、室内超市、潮湿墙壁、人数、面积和温度等存在显著相关性。Hermann 等（2007）研究了温度和相对湿度对气溶胶中猪繁殖与呼吸综合征病毒（porcine reproductive and respiratory syndrome virus，PRRSV）稳定性的影响，结果发现 PRRSV 气溶胶在低温、低湿情况下更稳定，且温度比相对湿度对 PRRSV 半衰期影响更大。

2. 生物气溶胶本身因素

多种因素可以影响生物气溶胶的传播。除了外部环境因素外，气溶胶颗粒的物理特性、细菌或病毒的特性和宿主的易感性也会影响生物气溶胶传播的感染概率（Bing et al.，2018）。

对于病毒来说，其感染新宿主的能力取决于以下因素（Bing et al.，2018）。①病毒能否在气溶胶环境中生存，不同的空气传播病毒在环境空气中的存活时间不同，例如，H1N1 和 H5N1 流感病毒在灭活方面表现出接近的趋势，在空气中暴露 30min 会使 60% 的病毒死亡；然而，H3N2 病毒颗粒即使空气中暴露 90min 也有 50% 的存活（Pyankov et al.，2012）；②病毒可以感染靶细胞；③有足够的病毒感染剂量。导致感染的最小病毒载量（即最小感染剂量）因病毒而异，例如，天花病毒的病毒载量为 10～100 个生物体，而出血热病毒的数量仅为 1～10 个生物体。相对于感染宿主，感染部位和免疫系统受损对不同病毒的易感性会产生不同的影响。感染宿主还可作为感染源，通过气溶胶途径进一步感染其他宿主，这与宿主的行为和释放病毒颗粒的部位相关。

3. SARS-CoV-2 的气溶胶传播

COVID-19 疫情是自 1918 年西班牙流感大流行以来由呼吸道病毒引起最严重的大流行。与其他呼吸道病毒一样，SARS-CoV-2 通过三种方式进行传播：接触（直接和通过污染物）、飞沫和气溶胶（Tellier，2022）。与甲型流感病毒一样，SARS-CoV-2 已被证明具有大流行能力，可以通过生物气溶胶途径进行传播，这对当前大流行和未来大流行的防控具有深远的影响。

2022 年 3 月，国家卫健委发布的《新型冠状病毒肺炎诊疗方案（试行第九版）》指出"经呼吸道飞沫和密切接触传播是主要的传播途径，但在相对封闭的环境中主要经气溶胶传播"。这说明 COVID-19 患者和无症状感染者的粪便、尿液以及体液等都可能在空气中形成病毒气溶胶。

Coleman 等（2021）用呼吸收集器将采集的气溶胶分离成细气溶胶（≤5μm）和粗气溶胶（>5μm），发现 59% 的 COVID-19 患者在呼吸、说话和唱歌期间可以检测到 SARS-CoV-2 RNA，且 85% 的 SARS-CoV-2 的 RNA 是在细气溶胶中发现的。Van Doremalen 等（2020）使用 Collison 雾化器从细胞培养基培养的病毒原液中产生直径小于 5μm 的 SARS-CoV-2 悬浮液，并将它们悬浮在 Goldberg 鼓中，相对湿度为 65%，温度为 21～23℃。研究发现，65% 相对湿度对 SARS-CoV-2 病毒的存活并不有利，因为雾化的包膜病毒通常在较低的相对湿度下能保持更长时间的传染性。

Liu 等（2020）在武汉两家 COVID-19 患者定点医院的 30 个地点采集了空气样本，包括重症监护室（ICU）、工作站、普通病房、厕所和公共区域。使用孔径为 3μm 的明胶过滤器收集空气样品；为了获得空气动力学尺寸分离，使用了 Sioutas 级联冲击器，能够在 5 个范围内（>2.5μm、1.0～2.5μm、0.5～1.0μm、0.25～0.5μm 和 <0.25μm）进行分级。在未进行大小分离收集的空气样本中，约 53.3% 的样本为阳性，载量范围为 1～19 个 SARS-CoV-2 RNA 拷贝/m³。尺寸分级测量显示分离主要在 0.25～0.5μm（峰值浓度为 40 RNA 拷贝/m³）和大于 2.5μm（峰值浓度为 9 RNA 拷贝/m³）部分。此外，COVID-19 患者使用的卫生间气溶胶中 SARS-CoV-2 RNA 浓度较高，并认为 SARS-CoV-2 具有通过气溶胶传播的潜力，这为 COVID-19 的防控提供了参考。

在全球 COVID-19 疫情期间，阻断 SARS-CoV-2 的传播需要控制生物气溶胶的传播。尽管佩戴外科口罩可在很大程度上阻断 SARS-CoV-2 在人群间的传播，但在某些情况下（如为 COVID-19 患者提供护理时）需要更高等级的个人保护设备（N95 或以上）。在没有足够通风的情况下，生物气溶胶会在感染患者附近逗留并集中在其附近。因此，足够的通风是阻断 SARS-CoV-2 传播的重要对策，在适当的时候进行空气过滤可以作为补充以进一步阻断病毒传播（Lindsley et al.，2021）。大量数据表明，有两个具有大流行能力的病毒科（正黏病毒科和冠状病毒科）可通过气溶胶传播。毫无疑问，COVID-19 不是我们面对的最后一次大流行，还未发现的新病毒也可能通过生物气溶胶传播。因此，必须根据疫情情况实时更新感染控制措施，确保有足够的个人防护装备库存和足够的制造能力；此外，重新评估我们当前的基础设施、建筑施工和室内空间管理也是十分必要的，进而提供更高程度的生物气溶胶防护（Morawska et al.，2021）。

4. 生物气溶胶传播的益处

虽然大量研究发现生物气溶胶会帮助疾病的传播，但天然和人为的生物气溶胶也可以对环境产生有益的影响。例如，花粉的生物气溶胶传播提供了农作物和森林的异花授粉；细菌生物气溶胶可用作非化学农药替代品；花粉和细菌生物气溶胶也被证明有助于液滴核的形成，从而促进云中降水的形成（Burdsall et al.，2021）。

第三节　生物气溶胶的防护

生物气溶胶暴露的预防和控制传统上一般有 3 个层次的干预，即从源头上消除、切断传播途径和减少暴露。近年来，已经开发了各种新技术，包括过滤、紫外线处理、化学消毒剂喷洒、光催化氧化、电离子发射、低温等离子体和静电场等，其中低温等离子体和静电场具有良好的研究应用前景。过滤是常用的气溶胶颗粒控制技术，空调系统中过滤器是必不可少的组件，但过滤将颗粒物被截留聚集在滤膜上并进行生长繁殖，成为二次污染源，这也是该技术面临的重要问题。

针对生物气溶胶的呼吸防护研究对抑制生物气溶胶传播非常重要。呼吸防护是一个复杂的领域，涉及多种因素，如呼吸器过滤材料的效率、面罩配件，以及呼吸器的维护、储存和重复使用（Rengasamy et al.，2004）。2001 年的炭疽孢子恐怖主义事件和 2019 年的 COVID-19 疫情凸显了生物气溶胶的呼吸保护措施的重要性。研究发现，高效空气过滤器和 N95 过滤器可以提供比灰尘/雾气/烟雾过滤器更高级别的保护。此外，呼吸器的维护、储存和去污是重复使用呼吸器时需要考虑的重要因素。

佩戴口罩和呼吸器可以预防通过飞沫和呼吸道气溶胶传播的疾病（Bing et al.，2018）。各种防护设备用于医疗保健设施和社区环境，包括布口罩、医用口罩（医用、外科）和呼吸器（如 N95、N99、N100、P2、P3、FFP2 和 FFP3）。目前，对于预防呼吸系统疾病的口罩和呼吸器之间的选择并没有达成共识。医护人员对口罩（布口罩）价值的首次研究始于 1918 年；随后的研究发现，口罩还可用于保护医务人员免受猩红热、麻疹和流感等呼吸道病毒的侵害；后来还专门设计了用于呼吸保护的呼吸器。Bischoff 等（2011）发现与医用口罩（外科口罩）相比，N95 呼吸器提供了更好的保护。此外，该研究还描述了佩戴护目镜以增强眼睛保护的同等重要性。对于其他主要通过气溶胶传播的疾病，如麻疹、水痘和其他病毒，外科口罩不足以抵御病毒通过气溶胶传播，需要在口罩中进行过滤。然而，对于口罩在个人隔离和保护方面的功效，仍有不同的看法。

室内安装空气过滤和净化系统不仅可以降低空气传播病原体的浓度，还可通过以下方法阻断气溶胶的传播（Bing et al.，2018）：①将受污染的空气与未受污染的空气混合，以稀释受污染的空气；②置换通风可以增加室内空气的换气率，进而更换受污染的空气；③安装空气过滤净化系统，采用空气过滤系统、电离高压场、紫外线照射、光催化氧化、介质阻挡放电等方法对室内空气进行净化与消毒。

近年来，一些其他生物气溶胶灭活技术也日益兴起，如低温等离子体、紫外辐射和微波辐射都已经被用于控制生物气溶胶。此外，空气负离子也被证明可以有效地灭活空气中的生物制剂并控制疾病病毒的空气传播。另一方面，控制气流流动的方向也可有效地抑制空气中生物成分扩散到周围的微环境或污染源中，因此，利用气流流动方向可以防止疾病的进一步传播。在未来的研究工作中，简单、环保、高效率的空气消毒方法将得到广泛的关注和推动。

第四节　气溶胶技术在生物医学领域的应用

一、气溶胶作用于人体呼吸系统的基本过程

人时刻都需要呼吸，对人而言，气溶胶中的粒子几乎都是异质体，必然会对人类健康产生影响，这些粒子首先直接作用于呼吸系统并可能引发疾病。

气溶胶通常是通过呼吸和沉积过程进入呼吸系统并产生影响的。沉积是吸入的粒子在呼吸系统多个解剖部位阻留和再分布的过程，其本质是吸入的粒子在呼吸系统被"捕捉"的过程。沉积过程通常包括惯性撞击、沉降、扩散、截留和静电力等多种机制，通常情况下，大于 $1\mu m$ 的粒子由于撞击而沉积；$1\mu m$ 左右的粒子会发生沉降；小于 $1\mu m$ 的粒子会沉积在支气管或肺泡；高度带电的粒子由于静电吸附而沉积在气道表面（车凤翔，2004）。

生物和非生物粒子的沉积过程并无太大差别，但生物粒子沉积到呼吸系统后会表现出相当程度的主动性和生物活性，决定这种主动性和生物活性的因素主要是微生物的侵袭力（invasiveness），包括黏附因子、受体、荚膜、侵袭性酶等（车凤翔，2004）。

具有黏附作用的微生物结构统称黏附因子，一般革兰氏阴性菌的黏附因子为菌毛，革兰氏阳性菌的黏附因子是菌体表面的毛发样突出物。黏附因子通常具有受体特异性，而人呼吸系统遍布呼吸道病毒或细菌的受体，这也是呼吸道容易感染和传播疾病的一个基础。荚膜能够抵抗吞噬细胞的吞噬作用和体液中杀菌

物质的作用，使病原菌具有一定耐受力。侵袭酶一般不具有毒性，但可协助病原菌抗吞噬或有利于其在人体内扩散。

气溶胶粒子进入人体后，一般而言，非生物气溶胶粒子引发疾病可能是因为粒子对人体的过敏性和（或）免疫毒性所致，典型的例子如棉尘肺（byssinosis）和农夫肺（farmer's lung），其中棉尘肺与革兰氏阴性菌内毒素暴露有关，农夫肺与嗜热放线菌孢子暴露有关（车凤翔，1998）。生物气溶胶包含病毒、细菌或真菌等多种生物性粒子，其引发疾病除致敏性和（或）免疫毒性外，其自身的致病性也是决定性要素，而且某些粒子也能通过空气传播造成疾病流行（如流感、肺结核等）。

二、气溶胶技术在生物医学领域发挥重要作用

基于气溶胶作用于人体呼吸系统基本过程的认识，如果将气溶胶中的粒子替换为对人有利的粒子，那么气溶胶技术将大大造福人类。目前气溶胶技术在生物医学领域比较成熟的应用主要有制药行业、吸入治疗、吸入免疫、空气净化与消毒、吸入物质对机体的毒理作用研究。

（一）制药行业

药品中的粉剂和雾化剂在制备过程中都与气溶胶技术密切相关。通常粉剂药初始需要对固体药剂气溶胶化后再修饰（如添加滑石粉、微粉硅胶等助流剂），而雾化剂气雾产生的过程就是液体药剂气溶胶化的过程。气溶胶发生的方法通常有分散法和凝聚法。分散法是借助外力将固体或液体分裂成较小的粒子，包括固体的机械研磨法和液体的喷雾法；凝聚法是将分散相物质分裂成单个分子（即成为气体或蒸汽态），然后再凝聚成所需大小的粒子（于玺华，2002），包括过饱和蒸汽的形成和过饱和蒸汽的凝聚两个阶段。生产生物气溶胶制剂除要考虑粒谱分布、形状、流态特性（如流动性、填充性）等要素外，还要考虑气溶胶化对生物剂活性的影响，通常用加保护剂或微胶囊包被的方法减少其活性损失。

（二）吸入治疗

气溶胶吸入治疗综合利用了呼吸系统的解剖生理特点和气溶胶的物理特性，将其用于呼吸系统疾病乃至全身疾病的预防和治疗。呼吸系统是一个对外开放，专司与外界进行物质和能量交换的系统，它的这种开放性为经呼吸道直接给药提供了条件。气溶胶吸入给药可以使药物直接作用于呼吸道，在肺局部达到较高的药物浓度，以发挥有效作用，在呼吸道疾病的防治中具有明显优势。

人类利用吸入的办法治疗疾病已有数百年的历史，如一些地方利用吸入挥发油饱和的水蒸气治疗肺病。现代吸入治疗是采用专门的气溶胶发生设备产生药物气溶胶，通过呼吸道途径给药治疗疾病。尤其是气溶胶发生技术的改进大大提高了呼吸道给药的效率，使得呼吸道气溶胶给药得到了迅速发展，不仅在呼吸道疾病的临床防治方面得到较广泛的应用，对于一些非呼吸道疾病的治疗研究也取得了进展（Ganderton，1999；Wood and Knowles，1994）。

影响气溶胶粒子在呼吸系统内沉积的因素很多，如气溶胶粒子的直径、形态、密度和传播方式，呼吸的潮气量、频率、吸入流速、吸气压、屏气时间，以及气道的口径和形态等，其中气溶胶微粒的大小和患者的呼吸方式是最主要的因素，而粒子大小与气溶胶发生方法及设备密切相关。常见的用于吸入治疗的气溶胶发生设备主要有定量吸入器（metered dose inhaler，MDI）、干粉吸入器（dry power inhaler，DPI）和雾化器（nebulizer），每种设备都有其使用范围和不足。吸入治疗目前常用于支气管哮喘、呼吸道微生物感染[卡氏囊虫肺炎（PCP）和呼吸道合胞病毒（RSV）感染]、肺囊性纤维化（cystic fibrosis，CF）、肺癌和某些非呼吸道疾病的治疗（车凤翔，2004）。

此外，随着重组 DNA 技术为核心的现代生物技术的发展，以蛋白质和多肽为主的生物大分子成为一类新型药物，越来越受到重视，如干扰素、促红细胞生成素、白细胞介素、胰岛素等；新兴的基因治疗技术使得核酸大分子也有可能成为药物，但如何使这些生物大分子进入机体并被高效利用成为一项课题。肺脏具有巨大的吸收面积，肺上皮细胞极薄并有良好的通透性，对于一些大分子也具有一定渗透性。下呼吸道的清除作用比较缓慢，大分子在肺内较长的滞留时间可以增大其在肺泡中的吸收，不需使用促渗剂，大

分子药物就能够被吸收进入血流，且吸入方法是非侵入性的，容易为患者接受，因此吸入给药成为一种对于生物大分子有希望的给药途径（Byron and Patton，1994），大分子吸入给药研究越来越成熟和实用。

虽然气溶胶给药的前景较为光明，但也面临以下几个方面的挑战：①制造出能够控制药物剂量和肺内沉积的发生器；②设计稳定有效的药物分子；③控制药物从沉积粒子中的释放；④控制可溶性药物在肺内的分布（Byron，1993）；等等。

（三）吸入免疫

呼吸道是外界空气与体内组织进行气体交换的界面，也是各种病原微生物入侵机体的主要途径。由于呼吸道是一个开放的系统，外界环境中的各种有害抗原如微生物、动植物蛋白质等很容易进入并沉积于呼吸道黏膜表面。通常这些抗原可被呼吸道的非特异性天然免疫功能所清除。但是如果进入的抗原数量多或毒性强而未能被完全清除，则分布于呼吸道黏膜部位的淋巴组织可参与对抗原的识别和应答，通过细胞免疫或体液免疫等特异性免疫反应将抗原清除（车凤翔，2004）。

由于呼吸道具有巨大的黏膜表面积，因此人们尝试将各种药品和生物制品如抗体、疫苗、细胞因子、小分子肽类及质粒 DNA 等制备成生物性气溶胶吸入呼吸道内，以诱导呼吸道的黏膜免疫应答和进行呼吸道吸入治疗，从而为呼吸系统疾病及全身性疾病的预防、诊断和治疗提供一种方便的途径。

黏膜免疫是吸入免疫的重要机制。首先，人类绝大部分感染发生在黏膜表面，而黏膜是体内最大的淋巴器官，经黏膜途径接种疫苗可更加有效地诱导保护性免疫；其次，在一个黏膜部位如肠或鼻腔激活的部分，淋巴细胞可以通过淋巴液进入血液循环迁移到远处，将免疫应答扩散到其他黏膜部位，这种黏膜免疫共享机制即共同黏膜免疫系统，在一个黏膜部位接种疫苗可能同时预防其他黏膜部位的感染；第三，虽然黏膜接种优先刺激黏膜部位的局部免疫应答，但也可有效地诱导全身性高滴度抗体应答和细胞毒 T 细胞应答；第四，口服免疫可诱导 T 细胞介导的全身性免疫耐受，从而可望开发出口服抗炎疫苗，预防和治疗呼吸道等黏膜部位的过敏性疾病及自身免疫性疾病；最后，与注射疫苗相比，黏膜接种疫苗成本低，给药方便，安全性高，因此可望代替许多现行注射疫苗（车凤翔，2004）。

（四）空气净化与消毒

无论是药品生产厂房还是生物实验室，对室内环境都有一定洁净度要求，不可避免地会用到空气净化和消毒技术。通常户外空气净化常采用喷洒消毒剂和湿洗清除的方法，前者利用消毒剂雾化后产生的微小气溶胶粒子比表面积大、可以长时间悬浮于空气中的性质，后者利用气溶胶湿沉积原理，通过悬浮于空气中的液滴"捕获"气溶胶粒子形成更大的粒子进而沉降清除（如近年来出现的除雾霾车）。室内空气净化通常采用过滤清除或过滤与消毒相结合的方法，过滤清除的基础是过滤材料对气溶胶中颗粒物的阻留效应。

（五）吸入物质对机体的毒理作用研究

吸入毒理学是研究有害物质通过呼吸系统侵入人体，并对人体造成损伤的过程、损伤的机理及清除过程等，尤其是可吸入物对机体致毒作用发生、发展和消除的各种条件、规律和机制，以及对可吸入物进行危险性评价的一门科学。既然是研究粒子吸入与人相互作用的过程，其研究内容和方法自然与气溶胶学科密切相关，如模拟剂或毒剂的发生、粒子采样、浓度测量、专用的气溶胶暴露装置、粒子的沉积与清除等。

第五节　生物气溶胶的谬用

科学技术本身很难说有好坏之分，但若使用不当甚至恶意使用，则可能对人类产生严重危害，生物气溶胶科学也不例外，如将制药的药剂更换成细菌或病毒、吸入治疗或免疫的药剂用毒性粒子替代、甚至用吸入毒理方法与平台研究致病微生物对人的攻击效果等，这些都将给人类带来灾难。目前和今后相当长一段时间，生物气溶胶技术在生物战、生物恐怖及产生无法预料后果等方面都存在谬用。

一、生物战

生物战的攻击方式有很多种，其中生物气溶胶攻击是最为直接且效率高、成本低、影响大的一种方式，主要是因为（蒋豫图，1985）：①施放简单、面积效应大，只需一架飞机或一枚导弹就可以污染数百甚至上千平方千米的区域；②具有较强的渗透能力，可以直接进入无特殊防护的建筑、车辆、舰船等；③很多致病微生物可以通过气溶胶感染人，可供选择的战剂种类较多；④除通过空气传播外，还可能因沉积、沾染等污染环境，造成长时间二次污染；⑤难于在第一时间发现鉴别。生物战剂递送的最有效方法被认为是空气传播途径。该方法是将生物战剂分散在气溶胶中，可以实现传染性病原体甚至毒素的广泛传播。这些颗粒可能会在空气中悬浮数小时，且颗粒足够小，在吸入后能够进入远端细支气管和末端肺泡。

生物气溶胶的攻击方式主要有间接攻击和直接攻击两大类：间接攻击也称"漂移云团"攻击，是在目标区域上风向施放战剂，战剂通过向目标区域自由漂移而发动攻击；直接攻击是将战剂通过飞机或导弹投掷到目标区域而发起的攻击。间接攻击受风速、风向、云团移动路径、地形地貌等因素影响较大，但突袭性和隐蔽性好；直接攻击受风速风向、地形地貌等因素影响较小，因此攻击可靠性较高。

作为战剂的生物气溶胶必须考虑其存活与衰亡过程，通常认为衰亡包括5个步骤（陈宁庆，1991）：毒力和感染力的消失、噬菌体繁殖能力的消失、生长中发生变异（退变为小菌落）、丧失繁殖力和失去抗原性。影响微生物气溶胶存活的因素主要有：①生物因素，包括微生物种株间的差异、培养条件的影响（如温度、培养液酸碱度等）、生物战剂喷雾悬液介质的影响（如介质中有机质和无机质的种类、含量等）；②气溶胶发生和技术，如喷雾发生、超声雾化、振动雾化等方法由于其作用于微生物的力的性质和大小不同，其对生物粒子存活的影响也不尽相同；③环境因素，主要包括温度、湿度、光辐射强度、大气环境成分（如含氧量、背景气溶胶的化学成分等）。

提高生物气溶胶战剂存活较为可行的方法是在分散混悬液（或干粉）中加入保护剂或添加剂等。此外，微胶囊技术和基因工程方法也可以有效改进现有战剂。常用的保护剂主要有以下几类（陈宁庆，1991）。①糖类，如二糖和三糖；②有机酸盐类，如抗坏血酸盐、葡萄糖苷酸酚盐、半乳糖酚盐等；③有机物，如金属螯合剂（8-羟基喹啉、硫脲、二氨杂菲、酰肼和二酰肼等）；④蛋白质水解物、血清、多元醇类等。保护剂的作用机理目前还没有统一的学说，但总的来说有三种解释：质壁分离学说、水取代学说和酶稳定性学说。微胶囊技术是将微粒或微液滴包在保护膜中，以改变被包物质的某些特性或阻断环境对其影响的技术。通过遗传工程的手段，把微生物气溶胶中存活力低的微生物强毒基因与质粒体外重组，转移至存活力高的受体细胞中去，这样也可以达到提高生物粒子存活率的目的，甚至有可能获得高度感染性和高度稳定性的新型生物战剂。

将无生命的污染物作为向敌人传播疾病的工具的概念在18世纪就有报道。1763年，北美英军司令杰弗里·阿默斯特爵士（Sir Jeffrey Amherst）得知在皮特堡的英国军队中暴发天花时，他建议这种疾病可以用作对抗美洲原住民的生物武器。该计划是将英国天花受害者使用的毯子或手帕传递给敌对的美洲原住民，后来在这些美洲原住民部落中确实发生了天花流行。生物武器的发展在20世纪变得更加集中。在第一次世界大战期间，德国用霍乱和鼠疫对付人类，用炭疽和鼻涕虫对付牲畜。最臭名昭著的是日本"731部队"，从1937年到1941年间，日本陆军医学微生物学家石井四郎在中国进行了污染饮用水和食物、向空中喷洒以及投下感染鼠疫菌的跳蚤炸弹等实验。这些活动使中国当年暴发鼠疫、霍乱、炭疽病和伤寒等传染病。第二次世界大战后，美国军方建立了研发和试验场，使用动物和人类志愿者调查一些可能的生物战剂。美国陆军还用模拟物对美国平民进行了突击测试，如20世纪50年代初期在旧金山释放黏质沙雷氏菌。1979年4月2日在莫斯科东部斯维尔德洛夫斯克市军事设施中的炭疽杆菌孢子被意外释放，随后暴发的炭疽病导致约100人死亡。苏联当时将疫情归咎于食用来自该地区被炭疽杆菌污染的肉类，但十多年后，终于公开承认此次疫情是由于过滤器故障导致无意中释放出大量炭疽孢子引起的（Klietmann and Ruoff，2001）。

二、生物恐怖

生物恐怖是利用生物制剂实施的恐怖活动。恐怖活动通常可以理解为"非法对人和财物使用暴行以胁迫或强迫政府、平民或相关部门/组织达到社会或政治目的的行为"（杜新安和曹务春，2005）。生物恐怖主要表现有以下几个特点（郑涛，2014）：①袭击目标泛化，甚至是无差别攻击；②社会心理影响巨大；③造成的损伤效应大，需动员的社会资源巨大；④直接和后续损失难以估量。

和生物战剂相似，气溶胶施放也同样是生物恐怖的绝佳选择。但因为生物恐怖的目的更加侧重于制造社会恐慌、造成巨大社会资源消耗和损失，因此其对气溶胶的制备和投放要求并不会像生物战剂那样高，可以不用考虑对战剂进行保护设计，对战剂的各项参数要求无须精准实现，可选择的战剂可以是任何病原微生物，甚至可以使用最原始的培养液等，且其投放方式更加隐蔽和多样化，因此防范更加困难。

传染病包括细菌、真菌和病毒性传染病。该类传染病由病毒、细菌、真菌、原生动物和蠕虫引起，通过空气传播将传染源从宿主传播到其他易感宿主。军团菌病、结核病和炭疽病是细菌性疾病，即使低剂量的细菌生物气溶胶感染也会引起严重的公共卫生问题（Ghosh et al.，2015）。嗜肺军团菌通过空气传播（如污染水的曝气）可以引起人类感染军团菌病。结核杆菌的传播是通过咳嗽、打喷嚏和说话时产生的雾化杆菌进行传播的。炭疽病的传播是由于吸入炭疽杆菌的孢子而发生的，其暴发通常与生物恐怖主义有关。

20 世纪末对生物武器袭击的恐惧在 2001 年 9 月 11 日之后不久就变成了现实，当时美国邮政系统发现了几封充满炭疽的信件（Atlas，2002）。生物恐怖分子武器的常见生物战剂包括炭疽杆菌（炭疽病）、土拉弗朗西斯菌（土拉菌病）、鼠疫耶尔森菌（瘟疫）、天花病毒（天花）、病毒性出血热制剂（如埃博拉病毒、马尔堡病毒、拉沙病毒、胡宁病毒）和肉毒杆菌毒素等（Klietmann and Ruoff，2001）。炭疽芽孢杆菌在生物恐怖袭击的潜在药剂列表中名列前茅。该病原体在 1867 年被罗伯特·科赫分离并表征。土拉弗朗西斯菌形成小的多形性[0.2mm×（0.2～0.7mm）]革兰氏阴性球杆菌。该生物体是一种非运动、非孢子形成的严格需氧菌，其为过氧化氢酶阳性、氧化酶和脲酶阴性。弗朗西斯菌的其他物种或生物群可能会导致人类感染，但土拉弗朗西斯菌是该属中毒性最强的。鼠疫耶尔森菌属于肠杆菌科，是氧化酶阴性的兼性需氧菌。鼠疫耶尔森菌是鼠疫的媒介，鼠疫是啮齿动物和其他动物的人畜共患病，通常通过跳蚤传播给人类。天花病毒是最大的动物病毒，是具有高度传染性和毒性的 BSL-4 病原体。天花病毒的唯一自然宿主是人类，通常通过气溶胶和飞沫途径在人之间进行传播。出血热病毒（如丝状病毒科的埃博拉病毒、沙粒病毒科的拉沙热病毒、布尼亚病毒科的裂谷热病毒、黄病毒科的登革热病毒等）能够引起病毒性出血热综合征，感染患者会出现发烧和肌痛、虚脱、黏膜出血和休克，甚至死亡。肉毒杆菌毒素是一种强效神经毒素，也是恐怖袭击中常用的可通过气溶胶传播的生物武器（Klietmann and Ruoff，2001）。

三、可能产生无法预料后果应用的思考

由于气溶胶具有很大的比表面积，而且其粒子可以是固态或液态，因此它也可能成为化学或生化反应的载体或反应器。如果用气溶胶态生物质粒子群合成生物，会不会提高反应效率？会不会提高产出率？传统的生物制剂制造过程（或某些步骤）是否可能引入气溶胶态工艺，并加入诱导剂或放射性粒子，是否会大量生产定向变异的制剂？这些应用可能产生的后果难以预料！未来气溶胶技术广泛应用于生物医学领域的趋势无法阻挡，但我们应做好风险评估与应用研究，尽量减少其不当应用可能产生的恶劣后果，确保技术造福于人，而不是给人带来苦恼甚至灾难。

生物气溶胶的研究是一个学科交叉性极强的领域，涉及大气科学、免疫学、生物学、机械工程、医学、流行病学、微生物学、生物化学、纳米与物理学等多个学科。生物气溶胶对传染病、公共卫生、大气环境、食品安全、生态环境、气候变化、生物反恐、疾病检测以及环境与健康等方面都有重要影响。生物气溶胶研究虽已在诸多方面取得了进步，但目前我们对其存在的意义及影响的了解仍有限，特别是生物气溶胶在大气化学中究竟扮演什么角色尚不清楚。生物气溶胶领域存在着重大国家战略需求和研究空间，通过加强多学科的交叉合作，有望使生物气溶胶的研究迈上新的台阶。

（军事科学院军事医学研究院　朱　林）

第十六章
生物安全新技术

第一节　免疫学技术与生物安全

免疫学在生物安全领域具有广泛而重要的应用，尤其在新型冠状病毒大流行的应对和防控中，免疫学与生物安全的跨学科研究发挥了重要作用，如新型疫苗和单克隆抗体的快速研发及应用、抗原检测、群体免疫和免疫病理机制研究及相关免疫干预措施研发等。随着近年来免疫学领域科学技术的发展，涌现了许多重要的最新研究成果，极大地推动了传染病及生物威胁的诊断、治疗和预防相关技术的进步。免疫学领域的新理论、新方法和新技术将助力识别、防范和消除生物安全威胁，保护人类健康安全。

一、免疫学检测技术

（一）免疫学检测技术的发展

免疫学的发展与病原微生物的研究是密不可分的（Liu et al.，2022），经典的免疫学检验以抗原-抗体间特异结合反应为基础，采用特异的抗原或抗体检测体液中的特异病原体抗体或抗原，从而间接确定病原体的存在。近年来，随着生物医学领域科技的不断发展，免疫学检验技术也日新月异，其整体发展可分为经典、现代化和自动化三个阶段。

经典免疫学技术操作简便，一般不需要特殊的仪器设备，但灵敏度往往较低，这极大地限制了其应用价值。现代免疫学检验技术解决了经典免疫学技术的缺点，标记物由最早的荧光素、酶、胶体金、三联吡啶钌，到采用 DNA 作为标记物建立了检测灵敏度较高的免疫-聚合酶链反应。近些年来，纳米金和量子标记物的出现，为高灵敏度免疫测定提供了更广阔的发展空间。在过去的 25 年里，抗体技术发展迅速，多克隆抗体在很大程度上被单克隆抗体所取代。近年来，自动化、小型化、一体化、智能化的免疫分析仪不断应用于临床检验、现场检验等场景。同时，基因工程免疫测定、基因编辑技术、多组学技术的发展，也正在拓宽免疫学技术的发展途径（Peruski and Peruski，2003）。

（二）主要免疫学检测技术及其生物安全应用

1. 抗体及其检测技术

近年来，单克隆抗体得到了广泛的发展和应用，尤其是快速高效的中和抗体筛选、抗体改造、体外大规模制备和生产等方面进展迅速，在应对埃博拉疫情、新型冠状病毒疫情的过程中发挥了重要作用。此外，利用细胞工程和遗传工程对抗体分子进行改造并赋予其新的功能，进而开发了新的抗体应用领域，单克隆抗体技术又向前发展了一步。嵌合抗体、人源性抗体、人源化抗体、单链及纳米抗体、双特异性抗体等，可保留或增强天然抗体的特异性和主要生物学活性，去除或减少无关结构，从而可克服传统单克隆抗体在临床应用方面的缺陷，极大地推动了抗体技术的发展和应用。

单峰驼的单域抗体（纳米抗体）在 20 世纪 90 年代被发现，并在近年来的新发和再发病毒病防控中得到迅速发展，其作为诊断和治疗的新技术受到广泛关注。单域抗体不需要 V_H 和 V_L 结构域的合成组装或链结合，所以其避免了常规抗体片段抗体库构建、筛选和表达相关的复杂问题，在诸多筛选和表达平台上也具有较强的遗传稳定性和高效折叠性。单域抗体的体积小，因而具有快速渗透、深层组织渗透、快速清除和穿透免疫屏障等优势。单域抗体具有穿透血脑屏障的能力，这为神经系统和生殖系统的感染、肿瘤、自身免疫疾病的治疗提供了思路。尤其是针对寨卡病毒、埃博拉病毒等能够穿透血-脑、血-睾屏障等新发和再发再发病毒感染的治疗，单域抗体可能具有独特应用价值。此外，单域抗体倾向于针对更刚性和保守的表位，这对于研发广谱中和抗体对抗不断突变以逃离宿主免疫系统的感染性疾病靶点具有重要意义。目前，利用噬菌体展示等技术，从单峰驼或转基因小鼠构建的文库中快速筛选和鉴定单域抗体，已经在新冠病毒及其突变株的单克隆抗体研究中得到了验证，并成功得到高亲和力和高热稳定性的抗体。同时，单域抗体也避免了小分子药物缺乏特异性和脱靶毒性的缺点。

与哺乳动物血清免疫球蛋白相比，禽血液中存在的卵黄抗体（IgY）在生产能力、动物福利和特异性方面具有一些优势。存在于禽血液中的主要免疫球蛋白被传递给其后代并在蛋黄中累积，从而能够无创采集大量抗体。使用 IgY 而不是哺乳动物中的 IgG，目的是最大限度地减少血清抗体侵入性采集产生的疼痛。此外，由于结构差异和系统发育距离，IgY 不与人类免疫系统的某些成分发生反应，并且对哺乳动物保守蛋白表现出更高的亲和力，因此相对于哺乳动物抗体更适合用于诊断（Pereira et al.，2019）。目前，IgY 作为治疗和诊断工具已广泛用于健康、兽医及反恐领域研究，其对冠状病毒有较好的诊断潜力。ELISA 中使用抗核衣壳蛋白（NP）的 IgY 作为捕获抗体，其检测限可低至皮克级，表明该抗体有望用于诊断 SARS-CoV、SARS-CoV-2 等冠状病毒，并可达到较好的灵敏性。鉴于 IgY 在生物样本检测以及抗病毒感染中的诸多作用和优势，其在防范生物恐怖中的作用也受到人们的重视，我们在下文中也将详细介绍。

2. T 细胞免疫及其检测技术

T 细胞免疫是机体病原、肿瘤、自身免疫抗原及生物威胁因子产生的、与抗体免疫同样重要的免疫反应。虽然抗原特异性 T 细胞免疫检测也应用于结核感染等的诊断，但由于涉及人白细胞抗原的限制性、识别靶点的广泛性等因素，尚未像血清学检测一样得到广泛应用。近年来，随着科学技术的发展，特异性 T 细胞免疫相关的诊断和治疗得到了极大的提升，尤其是应用到血液系统肿瘤和实体瘤的治疗当中。相信随着技术的发展，T 细胞免疫学技术在病原感染和肿瘤学领域的诊断、治疗和疫苗研发，以及生物威胁因子的甄别、防范中均将发挥重要作用（Liu et al.，2011）。针对新发和再发病原体的 T 细胞免疫检测仍然存在检测时间长、技术要求高、尚需标准化等短板，但是目前的 T 细胞免疫检测也为临床干预或疫苗开发提供了有益的参考（李敏等，2021）。对病毒感染者进行特异性细胞免疫水平的检测、疫苗所激发的 T 细胞免疫的评价以及新的抗原表位的筛选发现都需要相应的技术手段（赵敏等，2018）。检测抗原特异性 T 细胞的技术包括细胞杀伤实验、细胞表面活化分子检测、细胞因子分泌检测、细胞增殖实验等。

1）细胞杀伤实验

由于 CD8$^+$ T 细胞的主要功能为通过细胞毒性作用杀伤被病原感染的细胞及肿瘤细胞等，因此细胞杀伤实验曾成为特异性 T 细胞免疫检测的金标准。此类方法主要包括 ^{51}Cr 释放法、乳酸脱氢酶（LDH）释放法、膜联蛋白-V 凋亡实验等。

^{51}Cr 释放法需要将待检细胞与铬酸钠（Na^{51}CrO$_4$）标记的靶细胞一起培养，使得 Na^{51}CrO$_4$ 进入细胞后与细胞质蛋白结合。如果待检效应细胞可以杀伤靶细胞，则 ^{51}Cr 会从靶细胞内释放至培养液中。通过液闪仪读取的上清中 ^{51}Cr 放射性脉冲数可以反映效应细胞的杀伤活性。该方法结果准确、重复性好，但敏感性较低，并且 ^{51}Cr 具有放射性，需特殊测定仪器。

乳酸脱氢酶（LDH）在活细胞胞质内含量丰富，在正常情况下不能通过细胞膜。当细胞受损或死亡时，细胞膜通透性改变，LDH 则释放到细胞外，释放的 LDH 活性与细胞死亡数目成正比。LDH 能够通过吩嗪二甲酯硫酸盐（PMS）还原碘硝基氯化四氮唑蓝（INT）或硝基氯化四氮唑蓝（NBT）形成有色的甲䐶类化合物。通过检测其在 570nm 波长处的吸光值，即可计算效应细胞对靶细胞的杀伤率。该方法需要的细胞数量少，经济快捷、无放射性危害，但 LDH 分子较大，只有在靶细胞膜严重破损时才能被释放出来。

膜联蛋白-V 凋亡实验的原理为：活细胞的磷脂酰丝氨酸（PS）位于细胞膜内表面，当细胞凋亡时翻转露于膜外侧，可与血管蛋白——膜联蛋白-V 高亲和力结合。7-AAD（放线菌素 D）或 PI（碘化丙啶）是核酸染料，不能通过正常的细胞膜，但是在细胞凋亡、死亡过程中，细胞膜对染料的通透性逐渐增加，在细胞内结合 DNA 而显色。通过流式检测分析培养体系中靶细胞的膜联蛋白-V 和 7-AAD/PI 的染色情况判断其凋亡、死亡情况，可以计算出细胞毒性 T 淋巴细胞（CTL）的杀伤活性。该方法简单快捷，无须预标记，且能够标记出早期死亡细胞，比 ^{51}Cr 释放法、LDH 释放法更为灵敏。

2）主要组织相容性复合物（MHC）分子多聚体检测特异性 T 细胞受体

特异性 T 细胞检测-四聚体染色（或五聚体/多聚体染色）借助生物素（biotin）-亲和素（avidin）级联反应放大原理构建 MHC Ⅰ类或Ⅱ类分子四聚体（tetramer），使 4 个带生物素标签的多肽-MHC 复合物与带荧光的链霉亲和素结合，与 T 细胞表面多个 TCR 结合，从而减慢其解离速度，增强亲和力和稳定性。MHC 四聚体与 T 细胞上的 TCR 结合，通过流式分析定量检出抗原特异性的 CTL，还可以进一步用于其他功能分析。该方法较高效、特异。该检测技术已经在流感病毒、SARS-CoV、MERS-CoV、寨卡病毒、新冠病毒等一系列新发和再发病毒病的感染及疫苗接种后免疫评价中得到广泛应用（Zhao et al.，2017）。

3）细胞表面活化分子检测

T 细胞的活化水平可以通过检测其表面活化分子的表达量来确定。T 细胞活化后，其表面分子如 CD107a、CD38/HLADR、CD69、CD25/OX40 表达量增加，通过流式细胞术检测相关活化分子可以对效应 T 细胞进行分析。

4）细胞因子检测

细胞因子检测是对特异性 T 细胞功能评价的重要手段之一。对于细胞因子的检测方法主要包括酶联免疫斑点实验（ELISpot）和细胞内细胞因子染色实验（ICS）。在特异性抗原或非特异性有丝分裂原的刺激下，T 细胞会分泌各种细胞因子（如 IFN-γ）。细胞因子被预先包被在培养板的特异性单克隆抗体所捕获。将细胞和过量的细胞因子去除后，加入生物素标记的二抗结合被捕获的细胞因子。然后用酶标亲和素与生物素结合，经化学酶联显色，在膜的局部形成一个个不溶的颜色产物即斑点。每一个斑点对应一个活性淋巴细胞。通过统计膜上的斑点数目，除以培养细胞时加入每孔的细胞总数，便可计算出阳性细胞即抗原特异性细胞的比例。该方法的灵敏度比传统的 ELISA 方法高，并且操作简便，可以应用于 T 细胞表位等的高通量筛选（刘军等，2011），以及感染者、康复者和疫苗接种者的 T 细胞免疫评价（纪伟等，2019）。例如，研究者通过特定新冠病毒抗原肽库的组合，探索出高灵敏度和高特异性的新冠 T 细胞免疫检测方法，可以用于对新冠感染者、康复者以及疫苗接种者的 T 细胞免疫水平的评估（图 16-1）（Lin et al.，2022）。

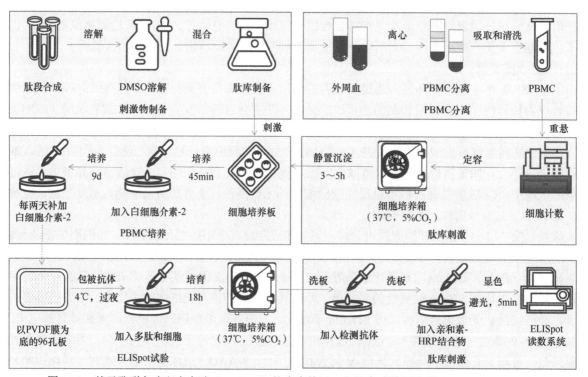

图 16-1 基于酶联免疫斑点实验（ELISpot）的病毒特异 T 细胞免疫检测流程（Lin et al.，2022）

细胞内细胞因子染色实验（ICS）是在细胞内检测其分泌的细胞因子。在特异性抗原的刺激下，将 T 细胞培养数小时，利用布雷菲德菌素 A 或莫能霉素阻断高尔基体的分泌，使其产生的细胞因子留在细胞内部。然后将细胞通透固定，进行细胞内细胞因子的特异性抗体染色，用流式细胞术（FACS）进行分析。该方法可以获得多重数据，结合表面染色可以对特异性 T 细胞的表型和功能进行综合分析。

上述方法中，涉及流式细胞术（FACS），通常流式细胞术不仅可根据细胞表面或内部标记或染色对不同的免疫细胞群进行分类分析，同时还可以进行分选，分选后可用于对单细胞进行 mRNA 测序或通过细胞内染色检测细胞内蛋白质表达。目前 FACS 已广泛应用于肿瘤、血液疾病、自身免疫病及感染性疾病的诊断、疾病进程判断等。

5）细胞增殖检测

检测细胞增殖的方法主要有 MTT 法、^{3}H-TdR 掺入法、溴脱氧尿嘧啶核苷（BrdU）法、CFSE 标记法等。MTT 法利用活细胞线粒体中的琥珀酸脱氢酶能使黄色的 MTT（噻唑蓝）还原为水不溶性的蓝紫色结晶甲䐶（Formazan）并沉积在细胞中的特性，用二甲基亚砜（DMSO）溶解细胞中的甲䐶，用酶联免疫检测仪在 540nm 或 720nm 波长处测定其光吸收值，可间接反映活细胞数量。该法的特点为灵敏度高且经济。

^{3}H-TdR 掺入法的原理是利用细胞增殖伴随着 DNA 合成的特性，将氚-胸腺嘧啶核苷（^{3}H-TdR）掺入培养体系中，从而插入正在增殖的细胞 DNA 中。通过检测掺入到细胞内 DNA 的 ^{3}H-TdR 的放射性强度，可以了解 T 细胞的增殖情况。该方法简单方便、灵敏度高，但可能产生放射性污染，使用时需要严格防护以避免放射性伤害。

类似于 ^{3}H-TdR 掺入法，BrdU 标记法利用其为胸腺嘧啶脱氧核苷类似物，可在细胞周期的合成期掺入细胞 DNA 中的特性，通过使用荧光标记的抗 BrdU 单克隆抗体进行流式检测荧光强度，从而反映细胞的增殖。该方法简单快捷，且无放射性污染；如果与标记 T 细胞亚群的荧光抗体联用，可以同时比较不同细胞亚群的增殖情况。

CFSE 标记法的原理是：无色、无荧光的 CFSE 可以通过细胞膜进入细胞，被细胞内酯酶催化分解成高荧光强度的物质，并与细胞内胺稳定结合，使细胞标记上高荧光强度的 CFSE。当细胞进行分裂增殖时，CFSE 被平均分配到第二代细胞中，与第一代细胞相比，其荧光强度减弱一半。通过流式检测细胞荧光强度，从而分析出细胞分裂增殖情况。该方法适用于体内外检测 T 淋巴细胞的增殖，并可用于追踪 T 淋巴细胞的体内迁移与定位等。

6）高通量检测技术

随着技术的发展，越来越多高通量、高效率的实验方法被开发出来，如质谱流式技术（mass cytometry，cyTOF）、微流控技术（microfluidic technology）、微阵列技术（microarray）等。

质谱流式技术是采用稳定的贵金属或稀土金属元素标记的特异性抗体来标记细胞表面和内部的信号分子，代替传统荧光标记的高通量流式细胞技术，是最先进的单细胞多参数分析技术之一。它结合了飞行时间质谱和流式细胞术的优势，分别采集单个细胞的原子质量谱，最后将原子质量谱转换为细胞表面和内部信号分子数据，实现单细胞水平几十到上百个分子的同步检测，能够更加深入地进行细胞表型和功能的研究。

微流控技术的发明使高通量、快速和低成本研究单细胞水平的免疫反应成为可能。细胞捕获微流体装置可将单个免疫细胞捕获在腔室中并在腔室内进行生物反应，已被特别用于研究细胞-细胞相互作用和细胞迁移，对于免疫相关的分析和检测具有重要意义（Choi，2020）。

微阵列技术，通过将多肽-MHC 复合物、共刺激分子和细胞因子抗体固定在微孔板中，作为人造 APC 来检测特异性 T 细胞反应进行高通量 T 细胞表位筛选和 T 细胞功能验证。同时，随着测序技术和蛋白质组学技术的快速发展，通过检测宿主免疫对病原体反应的整体变化，描绘诸多宿主基因和蛋白质在感染后下调和上调的图谱，从中找到关键基因及蛋白质的变化规律，对于推动诸如基因芯片和蛋白质微阵列技术用于疾病诊断和预后指征具有重要意义。近年来，用于检测临床样本中特异性基因、小 RNA、抗原、抗体的基因芯片及蛋白质微阵列的开发也取得了显著进展，证实了基于测序技术和蛋白组学技术衍生的基因芯片技术和蛋白质微阵列技术在全基因组全蛋白组范围内研究大群体及个体对生物威胁因子的免疫反应方面的巨大潜力（Bacarese-Hamilton et al.，2002）。

多色 ELISpot 技术可同时检测单个免疫细胞分泌的多种细胞因子，通常涉及多种细胞因子的不同染色剂标记或荧光标记。相对于传统的酶联免疫吸附试验、电化学发光分析、免疫荧光测定（IFA）和免疫组织化学（IHC）等，该技术可快速检测大量样本分泌的不同类型的细胞因子。基于 ELISpot 结果读取仪器和质控及分析软件的自动化更新，使它在实验室环境中筛选大量小体积血液样品，在疾病诊断、疫苗评价中得到了较为广泛的应用。

二、疫苗技术

疫苗是预防和控制传染病最经济、有效的手段，疫苗接种是通过诱导机体产生保护性免疫应答来预防和控制人类与动物疾病的常规方法。从传统疫苗到现代疫苗，疫苗理论和技术不断取得突破，疫苗技术已经从以巴斯德原则的病原体"分离、灭活和注射"，发展到基于基因工程、免疫学、结构生物学、反向疫苗学和系统生物学融合的现代疫苗技术，正在向着癌症、自身免疫病和其他慢性疾病等领域拓展。

（一）主要疫苗技术和进展

1. 减毒疫苗

减毒疫苗是将病原体经基因工程改造或其他方式减毒后，仍保留其抗原性的一类疫苗。其能诱导体液免疫和细胞免疫应答，且持久性长，但仍存在毒力逆转的风险，不适用于高致病性病原体。由于减毒疫苗保留有一定残余毒力，对免疫缺陷人群还可能诱发严重疾病。随着生物信息学和反向疫苗学的发展，可通过敲除病毒基因组毒力片段来制备减毒疫苗，未来减毒疫苗的发展可以聚焦于更稳定病毒株的筛选，以及利用基因编辑手段来稳定减毒因素。

2. 灭活疫苗

灭活疫苗是对病毒或细菌进行培养后，通过物理或化学方法处理将其灭活从而获得无感染活性的一类疫苗。相较于减毒疫苗和基因工程疫苗，灭活疫苗具有研发周期短、制备工艺相对成熟、无感染毒力和安全性高等优点；但一般需要多次接种才能产生保护性免疫，通常诱导产生体液免疫应答，细胞免疫普遍较弱。

3. 多糖-蛋白结合疫苗

多糖-蛋白结合疫苗是将病原体的荚膜多糖共价连接至蛋白载体上制备而成的多糖蛋白。多糖结合疫苗能克服多糖疫苗免疫效果弱、持久性差和只产生非 T 细胞依赖免疫应答等不足，这主要归功于载体蛋白能将非 T 细胞依赖多糖抗原变为 T 细胞依赖抗原，从而诱导非 T 细胞依赖免疫应答和 T 细胞依赖免疫应答，产生有效且持久的免疫保护。多糖结合疫苗平台随着生物合成技术的逐步使用和研究的不断深入，展现出更大的潜力。

4. 联合疫苗

联合疫苗是由多个活的或灭活的生物体或者抗原蛋白联合制备而成的疫苗，一般互不冲突且接种程序相似的疫苗可以制成多联苗。多联苗能减少接种次数、显著提高儿童接种依从性、降低婴幼儿接种不良反应的发生概率，但联合疫苗的研发要注重疫苗间相互作用以及不同抗原相互竞争对安全性和有效性的影响。

5. 病毒样颗粒（VLP）疫苗

VLP 是由病毒结构蛋白自组装形成的纳米级颗粒，其结构及免疫原性同天然病毒类似。VLP 不含病毒的遗传物质，因而不具备感染和复制能力；同时，VLP 具有高度重复展示的抗原表位，有利于被树突状细胞吞噬和呈递给 MHC I类和II类分子去激活适应性免疫应答，能够诱导机体产生强烈的细胞和体液免疫应答，成为理想的疫苗研发平台。

6. 纳米颗粒疫苗

纳米颗粒疫苗是指以纳米材料作为载体、连接物或免疫调节剂，通过物理或化学方法连接特异性抗原和佐剂，用于疾病治疗和预防的疫苗。基于纳米载体的递送系统不仅可以防止疫苗过早降解、提升其稳定性，而且利于免疫原靶向传递到 APC。该系统提供了一种合适的疫苗分子给药途径，并增强了细胞摄取，因此产生了强烈的体液、细胞和黏膜免疫应答。

7. 病毒载体疫苗

病毒载体疫苗是一种利用病毒疫苗减毒株或非复制型病毒作为载体，将抗原基因的编码有效地传递到宿主细胞核并引发免疫应答的疫苗。病毒基因组可以表达任何特定的抗原，并可稳定接受大基因片段的插入，抗原可在宿主中准确合成、修饰及靶向特异细胞，使得病毒载体技术可用于多种疫苗开发。病毒载体在靶细胞中诱导刺激和自然感染过程类似，可产生强烈的体液免疫和细胞免疫应答。

8. 亚单位疫苗

亚单位疫苗是通过基因工程方法，将病原体特异蛋白基因整合到合适的表达系统如大肠杆菌原核表达系统、酵母、昆虫细胞和哺乳动物细胞等真核表达系统，通过体外大量培养表达病原体蛋白，再经纯化制备而成。亚单位蛋白疫苗能够基于基因工程技术优化抗原蛋白分子设计，提高其免疫原性；同时，亚单位蛋白疫苗具有良好的安全性和稳定性。

9. 多肽疫苗

多肽疫苗是通过识别和鉴定感染性病原体上重要抗原表位的氨基酸序列，在体外合成多肽制备而成的疫苗。多肽疫苗具有安全性高、特异性强等优点，但存在免疫原性不足的缺点，往往需要多次免疫接种。可通过将表位肽段和载体蛋白融合表达、将表位肽段与载体蛋白化学连接以及人工合成相互连接的肽段重复序列等方式，增强免疫原性。

10. DNA 疫苗

DNA 疫苗是将编码抗原蛋白的真核表达盒插入到细菌质粒中，再由高效的真核启动子驱动抗原蛋白的表达。DNA 疫苗可以诱导机体产生体液免疫和细胞免疫，免疫效果持久性强、制备简单、易大规模生产，但也存在免疫原性弱、质粒 DNA 递送效率低和表达效率低等问题。

11. mRNA 疫苗

mRNA 疫苗的研发过程包括选择目标病原体的特异性抗原蛋白，对该蛋白质的编码基因进行测序、合成并克隆到 DNA 模板质粒中，在体外转录成 mRNA，然后接种到受试者体内。目前，mRNA 疫苗主要包括两类，即传统的非复制型 mRNA 和自我扩增型 mRNA。相比于传统疫苗，mRNA 疫苗具有与活病毒类似的免疫应答机制，无感染或整合到宿主基因组的风险，能够更稳定、高效地表达抗原蛋白，简单快速的化学合成制备更容易降低成本和大规模生产。

（二）新型疫苗策略

现有的疫苗发展仍面临着诸多挑战。对于复杂的传染性疾病如艾滋病、丙型肝炎、登革热和疟疾等，由于其存在着病原体易变异、亚型多、ADE 效应和免疫逃脱等问题，导致疫苗研发困难重重。对于非传染性疾病如癌症、自身免疫病、过敏症、神经退行和新陈代谢相关疾病，也缺乏有效的疫苗。新型冠状病毒疫情暴发后，创新性疫苗技术的应用极大加快了疫苗的研发、生产和应用，但是带有免疫逃逸特征的新冠病毒突变株的不断出现，也给现有疫苗带来挑战，更说明了发展疫苗新技术的紧迫性。

由于科学界、生物制药行业和世界各地监管机构的努力，新型冠状病毒在人类中流行的第一年，就开发了十几种成功的疫苗，并在第二年为全球一半以上的人口接种疫苗，这在大流行控制史上是前所未有的。由于新冠变异株的不断出现和其对疫苗免疫保护效果的削弱，挑战是巨大的和多方面的。通过增加疫苗覆盖率，及时提供同种、不同研发路径或变异株疫苗的加强针剂，可使人群免疫力保持在群体免疫阈值以上。

1. 抗原设计

疫苗由免疫原、佐剂和载体构成。免疫原决定了所诱导免疫应答的特异性和靶向性；佐剂决定了免疫应答的强度；载体决定了免疫应答的类型。

结构生物学、生物信息学的进步，为理解抗原呈递、抗原与抗体和 T 细胞受体互作等提供了大量的可靠数据。同时，随着大数据、机器学习、人工智能等技术的发展，抗原设计已经进入高通量、高速、高效的新时代。基于广谱 B 细胞和 T 细胞表位，通过蛋白质设计方法，赋予抗原所需要的特定氨基酸序列与三维结构特征，从而诱导广谱、高效中和抗体和 T 细胞免疫的产生，可以产生更广谱的免疫保护效果。该方法已在流感病毒和呼吸道合胞病毒疫苗的抗原设计中初见成效。此外，基于免疫原设计方法开发的纳米颗粒疫苗，因其独特优势逐渐进入人们的视野。纳米颗粒疫苗是一种蛋白自组装颗粒，其在人体中的安全性和有效性已被证实。将免疫原多价地展示在纳米颗粒表面，可更高效地向免疫系统呈递免疫原，诱导更强的免疫保护效果。这一技术为人乳头瘤病毒（HPV）疫苗、广谱的流感病毒疫苗和新冠病毒疫苗的研发提供了思路。

2. 佐剂和递送载体

佐剂的作用机制大致包括：缓释抗原、增加抗原的吞噬、刺激细胞因子和趋化因子释放、增强抗原呈递、激活炎症小体和延缓抗原的消化过程等。脂质体是由具有生物相容性的磷脂双分子层形成的球形囊泡，在疫苗中主要作为递送载体或佐剂。脂质体的主要优点是其可塑性和多功能性，分为阳离子脂质体和阴离子脂质体两种。阳离子脂质体相比于阴离子脂质体，能够绕过细胞内溶酶体降解途径；此外，它们的净正电荷能将浓缩核酸变成离散型结构，从而进入靶细胞。

聚合物颗粒用作疫苗递送载体主要因其具有良好的生物相容性和生物降解性。天然和合成的聚合物都可用于制成颗粒用于疫苗递送，常用的包括多糖、聚乳酸-乙醇酸、聚乳酸和聚丙交酯-乙交酯。这些颗粒能够捕获或吸附抗原并将其递送到特定靶细胞，且由于其缓慢的生物降解速率可以持续释放抗原。目前对聚合物颗粒的研究聚焦于单针缓释疫苗，有可能改变许多疫苗都需要加强免疫的现状。

无机粒子的主要优势在于可以控制它们的合成，尽管其生物降解性较低。目前常用的无机粒子主要包括金、铝、磷酸钙和二氧化硅，它们既可作为佐剂，也可作为抗原递送工具。金颗粒极其稳定，且易合成不同形状和大小，其表面高度修饰便于抗原直接偶联，但对抗原的定向控制有限。

植物细胞成本低、可大规模生产，其坚韧的细胞壁可以保护胞内物质不受胃内酸性环境的影响，因而成为有吸引力的口服疫苗递送平台。转基因植物已发展用于表达疫苗用抗原材料，能将抗原递送到肠道，与肠道相关淋巴组织发生相互作用。农作物如水稻和玉米等的细胞已被用作表达载体。

3. 表达载体

新型疫苗主要包括病毒载体疫苗、核酸疫苗，以及 APC（如 DC）、T 细胞疫苗和细菌载体疫苗等。APC 是免疫系统对疫苗产生应答的重要因素，传统意义的 DC 疫苗由个体产生 DC，然后扩增并被操纵用来呈递目标抗原，最后输送回同一个体，成本高昂且需要大量时间；同时，该平台也存在着储存运输要求高、难以大规模化、需要多针免疫产生有效应答等缺点。在癌症治疗、生物恐怖主义和食品安全等非传统领域对新疗法需求的推动下，人们对表达外源抗原的减毒活细菌作为疫苗的应用和开发重新产生了兴趣，多种细菌载体被广泛应用于疫苗研究，包括单核细胞增多性李斯特菌、乳酸乳杆菌、植物乳杆菌和干酪乳杆菌等。

通过努力提高载体的安全性和宿主对载体抗原的免疫反应，将推动减毒细菌载体的临床发展。目前已经制定了多种策略来增强宿主对载体外源抗原的免疫反应，例如，通过使用平衡致死质粒来稳定抗原表达，或者通过解决内源性蛋白酶的折叠、毒性和降解问题来增强外源蛋白的稳定性。除了免疫原性问题外，使用活的减毒细菌的一个关键问题是安全性。疫苗媒介对接种疫苗的宿主和整个环境，包括接触媒介的未接种接触者，都应是安全的。

三、免疫学治疗技术

（一）细胞外囊泡

细胞外囊泡（EV）是一种特殊的膜结合纳米载体，可以携带蛋白质、脂质、DNA 和不同形式的 RNA，可用于细胞间的信息传递，还可以传递特定的生物活性分子到目标细胞，治疗不同疾病。研究表明，EV可能成为治疗药物的重要传递系统。

1. 细胞外囊泡的分离

囊泡分离的方法决定了样品的产率、纯度和未来的应用，因此，细胞外囊泡的分离技术及其进一步发展至关重要，是实现大规模分离必需的。

（1）目前从细胞培养基和某些生物液体中分离出囊泡的金标准是使用差速离心除去细胞和大细胞碎片，然后用超离心沉淀 EV。这种方法的缺点是存在难以消除的蛋白质和脂蛋白的污染。因此，超离心与密度梯度相结合的方法常用于去除 EV 制备中的污染物。

（2）由于需要将 EV 从体积很小的样品中分离出来，许多公司开发了基于聚合物沉淀的方法，但样品分析常受到聚合物的干扰。

（3）基于对 EV 蛋白成分的识别，发展了免疫捕获分离方法。该方法旨在通过使用针对表面蛋白的抗体来分离 EV。虽然此方法可以分离所有细胞外囊泡或纯化某些囊泡亚型，但是这种方法很难用于需要大量样本的临床环境中。

（4）其他 EV 分离技术是基于尺寸排除色谱（SEC）和超滤，二者也可以结合在一起，根据 EV 的大小进行提纯。使用色谱方法分离 EV 已被证明有利于消除污染物，如蛋白质和脂蛋白，允许对样品进行准确分析。该方法还被标准化，用于从复杂样本如生物体液（血浆、血清和尿液）中分离 EV，从而支持 SEC 可能的临床应用。

2. 装载和有效药物靶向的工程方法

药物给药系统面临的挑战之一是优化其靶向性，以便只将治疗性化合物释放到机体的特定区域，从而减少给药量，避免全身毒性。

（1）最简单的载药方法是用细胞外囊泡负载疏水药物。它们可以通过脂质双分子层并被纳入，姜黄素的给药实验证明了这一点。虽然与游离药物相比，该方法的疗效更高，但主要缺点是负载能力低，仅限于疏水化合物，因此限制了临床发展。

（2）超声、转染供体细胞、电穿孔和直接化学偶联等方法也可有效进行载药。为了增强 EV 表面目标肽的展示，研究者也开发了包含在外泌体膜上的一种特征良好的蛋白基因工程载体，如溶酶体相关膜蛋白2B（Lamp2B）与目标肽融合。虽然这些体外修饰 EV 的方法都很有前景，但在保证 EV 的稳定性和完整性上，还需要考虑很多方面。

（3）通过 II 型核膜内陷（NEI）的晚期核内体，将 EV 相关蛋白和核酸穿梭到宿主细胞的细胞核中，但此方法还待进一步的研究。

3. 给药途径、囊泡的生物分布及其清除

生物模型的体内实验揭示了通过几种途径高效 EV 给药的可能性：皮下、静脉、腹腔、口腔或鼻内。迄今为止，大多数研究是通过静脉或腹腔注射 EV，使小泡到达远离注射部位的内脏器官。尽管研究较少，但口服 EV 可能是较合适的方法，主要是口服植物源性 EV。例如，HEK293T 来源的小泡经静脉注射后可在肝、脾、肺、肾积聚，经腹腔给药后只在胃肠道、胰腺积聚。EV 采取鼻内给药的方法可以通过血-脑屏障，主要用于脑靶向。研究人员曾用该途径将外泌体包裹的姜黄素送入大脑。此外，通过特定的方法，也可以确定囊泡的清除率。在一项研究中，研究者设计了一种由高斯荧光素酶和截短的乳黏素（gLuc-乳黏素）组成的融合蛋白，并构建了表达该融合蛋白的质粒，用该质粒转染鼠黑色素瘤细胞，将标记的外泌体静脉注射到小鼠体内，在外泌体注射后 4h，血清中几乎没有检测到荧光素酶活性，外泌体在体内快速清除。研究表明，静脉注射后，囊泡会迅速从血液循环中清除（Raimondo et al., 2019）。

（二）基因治疗

基因治疗是指有目的地将遗传物质传递给人或动物的一种医学干预和生物医学研究的方法。基因治疗

包括将外源性核糖核酸或脱氧核糖核酸（RNA 或 DNA）以特异性或非特异性的方式传递到体细胞，从而导致细胞表型改变的各种方法。基因治疗还包括从 DNA 及 RNA 水平进行基因改造，从而治疗某些疾病的措施和新技术。

1. 主要的基因治疗方法和应用

1）主要方法

（1）基因校正和基因添加

一般来说，体细胞基因治疗有基因校正和基因添加两种形式。基因校正是纠正疾病中已知的 DNA 缺陷的最直接、最有效和最理想的方法，用相应的正常 DNA 序列替换原染色体位置的缺陷基因，可以通过同源重组的过程来完成，DNA 序列被精确地切除，并被其他同源 DNA 片段取代。

与基因校正相比，基因添加的优点是能够更有效地将基因传递到细胞中。基因添加既可以用来克服遗传缺陷，也可以增加新的基因表达或防止不需要的基因表达，以此来增加细胞的新功能。但是目前基因添加技术的主要缺点是添加基因的不整合性和随机整合性，不能以特定位点的方式整合到宿主细胞的染色体 DNA 中。

（2）基因转移载体

在细胞中添加基因有几种不同的方式，如转化或转染、感染或转导，前者在脂质体中添加裸 DNA 分子或 DNA 与脂质体混合，后者利用活的媒介（通常是病毒）携带所需的基因进入目标细胞。

腺病毒、腺相关病毒（AAV）、逆转录病毒、痘病毒和疱疹病毒都可被用作基因转移载体。腺病毒具有进入呼吸道上皮细胞的能力。腺病毒用于将囊性纤维化跨膜受体（CFTR）基因转移到呼吸道上皮细胞，已经成功地用于体外纠正囊性纤维化的遗传缺陷，但腺病毒不能整合转移基因到染色体 DNA，而是以片段的形式存在于细胞中，这种整合的缺乏需要反复用腺病毒载体治疗靶细胞。

安全修饰的逆转录病毒在人类体细胞基因治疗中应用最为广泛，主要是因为它能经过特定的细胞受体有效地进入细胞，并且整合到染色体 DNA。由于逆转录病毒转移的基因可以在子细胞中稳定地复制和表达，逆转录病毒是基因转移到不断增长的细胞群（如造血细胞）的首选病毒。逆转录病毒基因转移的主要危险是会产生完整的、未经修饰的复制型逆转录病毒（RCR），并在所有未转导的细胞中繁殖和扩散。

可以利用造血祖细胞作为基因转移靶细胞。小鼠和人类造血祖细胞是基因转移和基因治疗的理想靶细胞，可以通过骨髓采集获得，用无囊制剂从周围血液中获取，获得的造血干细胞能够产生后续的红细胞、白细胞（粒细胞和淋巴细胞）、巨噬细胞/单核细胞和巨核细胞/血小板谱系，在体外培养中维持并操纵这些细胞可以作为基因转移和基因治疗的潜在靶点。从理论上讲，成功地将基因转移到足够数量的造血干细胞中可以使转移的基因长期表达。

2）应用

基因可以被引入癌细胞中，既可以促进癌细胞的杀伤，也可以使癌细胞正常生长。通过添加肿瘤抑制因子、编码反义或核酶分子、诱导药物对肿瘤的敏感性、将基因添加到肿瘤细胞中、增强机体对肿瘤细胞的免疫反应等方法导致肿瘤细胞死亡。例如，异常的癌基因产物如慢性粒细胞性白血病（CML）中的 bcr-abl、淋巴瘤中的 bcl-2 和 erbB-2 被证明是致病的，在细胞培养中添加反义寡核苷酸或核糖酶可以抑制致癌基因。

还可以在骨髓细胞中加入耐药基因，使细胞对化疗的毒性作用有更强的抵抗力，从而可以给予更高剂量的药物而不抑制骨髓。虽然单靠基因治疗不太可能治愈癌症，但它可以在根除疾病方面与其他癌症治疗方式互补。

基因治疗还有很多广泛的应用前景，如先天遗传疾病、出生缺陷的治疗等。而靶向免疫系统的基因治疗在抗癌、抗感染以及抵抗自身免疫性疾病等领域具有巨大的应用前景。

2. 基因治疗的生物安全风险

基因治疗研究的风险分析本质上是主观的，类似于涉及生物危害因子实验的风险分析：药剂的剂量（浓度和体积）、暴露途径、药剂的传染性、传播方式和免疫状态。对于大多数基因治疗实验，考虑用基因载体的生物学特性代替微生物剂的毒力。

鉴于基因治疗的目的是促进（或降低）基因表达，基因产物表达的序列应该是最重要的生物安全问题。在风险评估期间，编码蛋白质的基因在少量表达时（如毒素、肽激素、细胞因子、生长因子）需要特别注意。根据少数已发表的病毒载体脱落研究，接受复制缺陷病毒载体的受试者在接种 72h 后的分泌物和排泄物应被认为具有生物危险性。接种 V 型牛痘病毒的动物应被视为有潜在危险，而在接种后的 14 天内，皮肤损伤明显。如果转基因的不良表达导致无意中接触到的人员患病，那么就有必要采取超出动物生物安全级别（ABSL-2）的额外预防措施（Feldman，2003）。

从基因治疗技术的两用性角度考量，靶向免疫系统的基因治疗技术也可能被用于生物恐怖和生物战，值得密切关注，并及时开发和储备甄别、预防及相应诊疗的技术。

（三）治疗性抗体

治疗性抗体是一种针对预先知道的分子靶标，利用高等动物中编码免疫球蛋白的 DNA 序列子集的可变性或其可变域，为某种特定的目的而设计的蛋白质。治疗性抗体的成功应用受多种因素的影响。

1. 治疗性抗体的分类

免疫球蛋白从结构上有五类，即 IgM、IgG、IgE、IgA 和 IgD，与生物技术最相关的是 IgG。IgG 相对稳定、易生产，且具有良好的效应功能。除具有中和活性外，完整的 IgG 能够有效诱发抗体依赖性细胞毒性和补体依赖性细胞毒性。嵌合抗体是具有小鼠抗体可变区（V 区基因）和人类抗体恒定区（C 区基因）的人工分子，因其减少了鼠源成分，从而降低了鼠源性抗体引起的不良反应，并有助于提高疗效。人源化抗体主要指将鼠源单克隆抗体通过基因克隆及 DNA 重组技术改造，重新表达的抗体，其大部分氨基酸序列为人源序列取代，基本保留亲本鼠单克隆抗体的亲和力和特异性，又降低了其异源性，有利应用于人体，但仍然具有免疫原性。缺乏 Fc 的抗体片段如 Fab、scFv、diabodies 和 minibodies 是缺少部分或全部 Fc 部分的分子，具有更快的清除速度、更好的组织和肿瘤穿透力，并且在半衰期较短的条件下，在放射成像、放射治疗或抗体辅助药物传递方面比完整 IgG 表现更好。

2. 治疗性抗体的筛选

1）抗体基因来源

感染康复者或接种疫苗个体的血液中具有高亲和力的成熟抗体，即使是来自免疫捐赠者的小型库，也可以产生所需的特异性抗体。但是从人类免疫文库中分离出单克隆抗体具有一定的局限性，如伦理限制及克隆种类有限等。Naïve 文库是通过个体中克隆 V 基因库而获得的。通过构建代表人类 V 基因家族的基因框架的多个组合，形成完全合成的、适合在大肠杆菌中表达的人类组合抗体库，将重链和轻链的 CDR3 残基随机化，得到高度多样性文库。

2）抗体的筛选

单克隆抗体筛选方法近年来进展迅速，朝着高通量、快速、智能化方向不断发展。例如，以大肠杆菌或酵母菌建立的抗体文库，通过在细菌或细胞表面的展示，使用荧光进行流式细胞术分选，可通过优化配体浓度或孵育时间进行高亲和力抗体筛选。噬菌体展示是目前应用广泛的文库筛选方法，将抗体展示在噬菌体，并通过特定抗原对高亲和力噬菌体进行多轮筛选，可获得高效的中和抗体。展示技术还可以通过随机引物的方式在体外促进抗体亲和力成熟，从而获得更高亲和力的抗体。此外，近年来随着单细胞测序技术、B 细胞受体高通量测序技术、B 细胞体外培养技术等的不断发展，抗体的筛选技术有了长足的进步。

3. 治疗性抗体的应用

利用抗原中和活性，抗体可以阻断特定分子功能而发挥作用。治疗性抗体可阻断宿主因子、毒素毒液、病毒受体结合蛋白或其他可溶性病原蛋白。具有受体激动剂和拮抗剂的特异性抗体可实现下游信号转导。有激动剂功能的抗体能够激活死亡受体诱导癌细胞凋亡。例如，针对促红细胞生成素受体的抗体目前正处于临床前评估阶段，可能作为治疗贫血的候选药物。

单克隆抗体与细胞毒性药物或毒素的连接能够赋予其肿瘤靶向性。具有抗体特异性和催化细胞毒反应能力的免疫酶在肿瘤的免疫治疗中具有广阔的应用前景。抗体也被用作前免疫分子的传递装置，如 IL-2、IL-12 和 GM-CSF 等细胞因子可以激活保护性免疫反应，但全身治疗后可引起严重的毒副作用，且无法在肿瘤部位达到有效剂量。与细胞因子融合的肿瘤特异性抗体可在肿瘤内引发足够的抗肿瘤活性而不伴随全身毒性。此外，抗体也可作为载体，协助抗原呈递，激活抗原特异性 T 细胞免疫反应，并可以与其他策略协同激活细胞毒性 T 细胞。

（四）再生医学中的生物材料与免疫

再生医学是指创造环境，使祖细胞能够发育成有功能的组织，以取代因创伤或疾病而死亡的细胞的技术。再生医学创造的环境必须呈现适当的信号组合，如材料、细胞、蛋白质、基因可以形成特定的组合方式，以提供促进组织再生所需的微环境。其核心组成部分是生物材料的使用，为组织发育和细胞生长创造并维持稳定的环境，这些材料可作为细胞移植和组织再生诱导因子局部传递的载体，以协助蛋白质或编码基因的传递和功能发挥。

1. 生物材料的分类

生物材料旨在创造促进组织生长的局部环境，然而，植入过程中产生的损伤和宿主对植入材料的炎症反应都会对该局部环境产生负面影响。这种反应可以通过肉芽组织修复，产生纤维化，而局部祖细胞的再生可以产生功能完整的组织。组织损伤后立即出现免疫反应，这对伤口是单纯修复还是再生有很大影响。

1）组织工程支架

组织工程支架用来创造和维持组织生长的空间，提供机械稳定性，并支持细胞黏附和迁移。组织工程支架旨在通过以下几种组合创造促进再生的环境：支架结构；使用支架作为移植祖细胞的载体；诱导因子或编码这些诱导因子的基因的局部传递。

2）天然材料

胶原蛋白、纤维蛋白等具有生物活性的材料，可支持细胞黏附，并可降解以允许浸润细胞重构，降解产物可能具有生物活性。

3）合成材料

水凝胶可以提供比天然材料更广泛的性能，水凝胶中的生物信号可以更精确地调整细胞黏附和降解能力。

2. 生物材料的优势

生物材料可以为细胞移植提供载体，并提供增强移植和功能的平台。生物材料支架可以作为载体局部传递或编码组织诱导因子。基于不同材料的物理特性，已经开发出了许多传递方法，包括聚合物封装或底物固定化等。聚合物底物的持续传递不仅保护蛋白质或 DNA 不被降解，而且通过不断替换被清除的生物因子，有助于维持细胞外环境中这些因子的高水平。基质固定是基于生物材料支架，使用吸附和化学共轭等技术，将生物因子直接维持在细胞微环境中。使用生物材料进行生物因子传递，有助于避开局部不利的免疫反应并提高生物因子发挥的效能。生物材料可以保护载体免受细胞免疫反应的影响，显著减少体内转导所需的病毒载体数量，从而提高基因传递效率。

3. 生物材料的免疫反应

植入或注射生物材料、治疗因子、外源细胞，可通过诱导异物反应和将抗原引入损伤部位来强化炎症反应。血液成分与生物材料的相互作用导致蛋白质沉积在生物材料上形成临时基质，从而影响随后的白细胞黏附。天然基质可能含有生物杂质和"非自体"信号，导致植入部位炎症增加。虽然合成支架可以在不引入这些信号的情况下生产，但合成聚合物、其降解产物或相关临时基质可以激活补体级联反应。另外，吞噬细胞也可被临时基质和周围细胞释放的趋化因子吸引到植入物上，这些细胞黏附在物质上，如果物质很大，可能会发生吞噬作用受阻，导致炎症产物分泌增加。因此，生物材料表面的化学和物理性质在很大程度上决定了免疫细胞渗透导致的异物免疫反应。

（五）免疫细胞移植

细胞移植可以重建功能组织或促进功能组织再生。干细胞和祖细胞可以在发育的组织中分化为多种类型的细胞，沿着功能必需的谱系分化，或者短暂提供营养支持，促进组织再生。

细胞移植的关键问题之一是细胞来源。某些情况下，自体细胞是可用的，然而在自体细胞不可用时，就要考虑异基因或异种来源的细胞。例如，胰岛移植是目前治疗 1 型糖尿病的一种方法，产生胰岛素的 β 细胞由于自身免疫而被破坏，导致血糖水平失去控制。给予干细胞、异体甚至异种猪胰岛的研究可能为该疾病的治疗提供了重要途径。

但是，使用异基因或异种细胞可以诱导免疫反应，导致移植细胞的排斥反应，免疫细胞移植已被用于调节免疫反应的应用，以防止移植排斥反应。例如，来自免疫豁免器官的细胞（如睾丸的支持细胞）已被用于促进细胞移植和保护移植物免受自身免疫及异体排斥。其分泌一系列因子（TGF-β1、IL-10 和 Fas 配体等），并在诱导 Treg 分化的同时调节局部免疫细胞功能。其他类型的细胞也可以用来调节免疫反应，以促进组织的再生。间充质干细胞（mesenchymal stem cell，MSC）可以从骨髓中分离出来，并在体外扩增形成一系列组织，如骨骼、软骨和脂肪。间充质干细胞的输送用于增强再生过程，通过营养因子的分泌促进伤口愈合和神经修复。间充质干细胞也被报道可以调节免疫系统，有助于改善组织形成。

免疫细胞移植可以提供治疗中所需的必要信号，细胞的体外操作和重新引入宿主提供了控制免疫的方法。免疫细胞如 DC 和 Treg 可以在体外扩增，然后再回输机体。此外，可通过局部给药的方式实现免疫细胞与移植细胞的共定位，从而将免疫细胞定位在初始损伤区域，与全身给药相比，减少了移植所需的细胞数量（Nieri et al.，2009）。

四、重要免疫学技术进展

（一）蛋黄抗体技术

抗体是响应抗原产生的蛋白质分子。由于抗体能够与特定目标结合，它们被广泛用于研究、诊断和治疗。大多数目前可用的抗体是在哺乳动物中产生的，尤其是在小型啮齿动物中。相对于哺乳动物血清免疫球蛋白，蛋黄抗体（IgY）在抗体生产量、动物福利和抗原特异性等方面均具有优势，因此是重要的哺乳动物抗体替代来源。目前，IgY 作为治疗和诊断工具已广泛用于健康、兽医及反恐领域研究。

1. IgY 的特征

在传统的哺乳动物中生产抗体，可能存在一些挑战，例如，某些抗原会引发较弱的免疫反应，甚至完全不具有免疫原性；哺乳动物中抗体的产生涉及对动物造成疼痛和痛苦的过程，如免疫接种、血样采集和处死。而从蛋黄中获取抗体是一种非侵入性方法，无须采血。与其他动物（如啮齿动物）相比，母鸡会产生更多的抗体，从而大大减少了产生抗体所需的动物数量。饲养母鸡的成本比饲养小鼠和兔子等动物的成本要低；鸡产生的抗体量也与山羊和绵羊等大型动物的抗体量相当。

IgY 存在于鸟类、爬行动物、两栖动物和肺鱼中，是 IgG 和 IgE 的进化前体，后者仅存在于哺乳动物中。IgY 和 IgG 之间的主要区别是 IgG 在重链（CH1～CH3）上具有三个恒定区，而 IgY 有四个恒定区（CH1～CH4）（图 16-2）。此外，IgY 比 IgG 更疏水，等电点在 5.7 和 7.6 之间。IgY 对热和 pH 有抵抗力，在 30℃ 和 70℃ 之间稳定，pH 3.5～11 时有活性。纯化的 IgY 的半衰期为数月，室温下保留活性长达 6 个月，37℃ 下可保存 1 个月。IgY 可抵抗胰蛋白酶和糜蛋白酶的作用，但可被胃蛋白酶降解。壳聚糖、脂质体和多种乳化可用来保护 IgY 免受胃中低 pH 的影响和胃蛋白酶的降解，使其到达小肠，这对于使用 IgY 对抗肠道病原体具有优势。

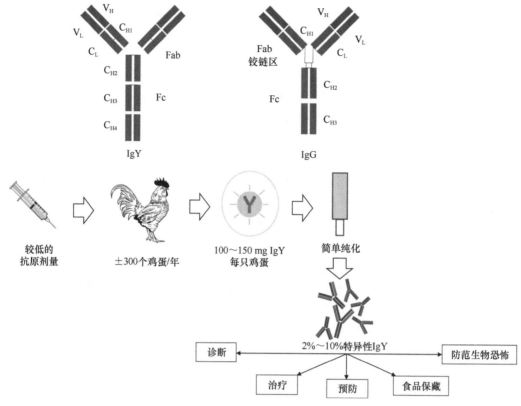

图 16-2　蛋黄抗体特征及其技术应用

2. IgY 的治疗和预防应用

1）抗菌活性

使用多克隆 IgY 对抗传染病可以最大限度地降低微生物耐药性的风险。通过针对同一微生物的多种抗原制备的特异性 IgY 抗体是在人类和兽医健康中用作耐药抗菌剂的重要相关替代品。IgY 对胃肠道病原体的抗菌活性已被广泛研究。从重组蛋白 FanC 免疫的母鸡中提取 IgY，用于产肠毒素大肠杆菌（ETEC）的治疗。IgY 针对细菌孢子同样具有中和活性。口服抗艰难梭菌孢子的 IgY 既能延迟感染前处理的大鼠的腹泻发作，又能减少它在受感染的大鼠中复发。IgY 对幽门螺杆菌的治疗作用也得到了广泛的研究。IgY 对细菌性呼吸道感染的治疗潜力在抗结核分枝杆菌的 IgY 的治疗效果研究中得以证实。针对鲍曼不动杆菌多重耐药菌株的特异性 IgY 抗体在体外可抑制细菌生长，显著降低感染细菌小鼠的死亡率并减轻肺部炎症。研究表明，IgY 也可用于对抗普雷沃氏菌的口腔感染、龋齿的预防和痤疮的治疗。

此外，IgY 对于养殖业也具有一定的应用价值，尤其考虑到 IgY 技术可用于减少食品畜牧业中抗生素使用的必要策略，减少耐药菌株的出现和传播。含有抗弧菌 IgY 的蛋黄粉可显著降低感染哈氏弧菌和副溶血弧菌的白虾的死亡率。在养殖锦鲤等观赏鱼的水中以粉末形式添加针对可导致鱼皮溃疡的杀鲑气单胞菌的 IgY 及抗沙门氏菌 IgY，可预防或治疗鱼类出现皮肤溃疡。添加到碳纳米管和壳聚糖中的 IgY 对仔猪产肠毒素大肠杆菌具有良好的保护活性。针对空肠弯曲杆菌的 IgY 抗体，可被用作控制鸡中空肠弯曲杆菌定植的食品添加剂。

2）抗病毒活性

鹅中产生的抗 2 型登革热病毒（DENV2）的 IgY 能够在体外和体内中和病毒，而不与骨髓细胞上的 Fcγ 受体结合，从而避免产生抗体依赖性增强（ADE）效应。抗 H5N1 的 IgY 在小鼠感染 H5N1 和 H5N2 前后鼻内给药，完全预防了疾病发作。在同一个鸡蛋中可产生针对新城疫病毒（NDV）、传染性法氏囊病病毒（IBDV）、流感和呼肠孤病毒的有效 IgY，从而实现对家禽病毒感染的保护作用。IgY 对动物胃肠道病毒感染的治疗潜力也被广泛研究，针对 S1 蛋白的 IgY 降低了由猪流行性腹泻病毒（PEDV）感染引起的腹泻和肠道损伤的严重程度，并降低了因疾病引起的仔猪死亡率。

3）抗毒活性

在接受山羊、绵羊和马生产的抗毒血清的个体中发生的副作用之一是由于来自这些动物的抗毒血清中存在血清蛋白，其中 IgG 未充分纯化。在抗毒血清疗法中使用 IgY 的一个优点是易于纯化，这将最大限度地减少由非特异性蛋白引起的副作用的发生。IgY 可用于中和蛇毒液、螳螂毒液等，还可以作为研究与不同物种毒液交叉反应的工具。

4）其他应用

针对人类肿瘤抗原的 IgY 可用于肿瘤的治疗，并减少传统化学疗法的副作用。研究表明，IgY 可能用于减肥，小鼠模型中抗脂肪酶 IgY 可抑制饮食脂肪的水解并减少其肠道吸收，显示出抗肥胖活性。在抗过敏活性研究中，针对诱发过敏性鼻炎豚鼠的促炎细胞因子 IL-β1 和 TNF-α 的特异性 IgY，可减少血液中以及鼻腔和支气管灌洗液中的嗜酸性粒细胞数量。IgY 技术的另一个潜在应用是预防乳糜泻，研究表明，高亲和力 IgY 可用于对抗原生动物伊氏锥虫，含有 IgY 的口服凝胶制剂可用于治疗抗白色念珠菌感染的大鼠并提高其存活率。

针对单核细胞增生李斯特菌培养的 IgY 对液体培养基和 0～6℃储存的鱼样品中的细菌生长具有显著的抑制作用，因此 IgY 也可用于食品保鲜。

3. IgY 的检测和诊断应用

1）病原检测

IgY 检测人和动物病原体的能力已被广泛研究。针对冠状病毒（CoV）的核衣壳蛋白（NP）IgY 作为 ELISA 中用于检测 NP 的捕获抗体，将其检测限降低到皮克级，这种灵敏性提示该抗体有望用于与冠状病毒相关的急性呼吸综合征（SARS-CoV）的诊断，可以检测到少量的 NP。产生针对登革热病毒的非结构蛋白 1（NS1）的 IgY 用于免疫传感器，可有效地检测标准样品中的 NS1 蛋白，并可用于生物样品中的登革热病毒诊断。使用 IgY 的 ELISA 和免疫层析测试可有效检测生物样本中的犬细小病毒病毒样颗粒（CPV-VLP）和牛病毒性腹泻病毒（BVDV）；竞争性免疫酶测定中，抗甲型肝炎病毒（HAV）的 IgY 可检测血清样品中抗 HAV 的 IgG；IgY 还用于检测水生动物中的病毒病原体，如甲鱼全身性败血症球形病毒（STSSSV）。

IgG 的 Fc 部分与葡萄球菌蛋白 A 反应这一 IgG 弊端使 IgY 成为更重要的、检测不同金黄色葡萄球菌菌株及其毒素的替代技术。针对 α-溶血素产生的 IgY 在 ELISA 中用作捕获抗体，用于检测金黄色葡萄球菌培养物上清液中的毒素。研究也显示 IgY 对弓形虫、蠕虫、人隐孢子虫等原生动物病具有潜在诊断能力。

2）肿瘤检测

IgY 在检测肿瘤标志物方面也具有巨大潜力。一般来说，鸟类和哺乳动物之间的系统发育距离，可确保鸟类对哺乳动物抗原的免疫反应比其他哺乳动物更强，也更具特异性，这使得针对哺乳动物肿瘤抗原的特异性 IgY 也可用于人体肿瘤的免疫检测。

3）物质鉴定

IgY 具有识别消费品中有害物质的能力。基于抗葡萄球菌肠毒素 G（SEG）的 IgY 的 ELISA 方法可检测牛奶和乳制品样品中的 SEG，因此可用于鉴定食品中的毒素。IgY 也可用来检测市售乳胶手套中可能引起过敏的蛋白质。IgY 还可用于鉴定动物源性食品中抗生素残留的测定。

4. IgY 在生物恐怖甄别和对抗中的应用

基于 IgY 在病原体、肿瘤、毒物以及其他生物威胁因子的检测、治疗和预防中的作用，IgY 在对抗生物恐怖中也具有重要而广泛的应用前景。研究表明，针对葡萄球菌肠毒素 B（SEB）（一种潜在的生物武器）产生的 IgY 可以拯救暴露于这种材料的个体。恒河猴动物实验的结果表明，在暴露于致命的 SEB 气溶胶之前 30min 或之后 4h 接受抗 SEB 的 IgY 的动物可保持存活，这表明抗 SEB 的 IgY 可用于保护涉及 SEB 生物恐怖威胁的环境。

（二）单细胞测序技术

免疫系统由众多存在异质性的免疫细胞组成，它们调节生理过程并保护生物体免受疾病侵害。单细胞测序技术已被用于评估单细胞水平的免疫细胞反应，这对确定疾病原因和阐明潜在的生物学机制以促进药物治疗至关重要。该技术不完全依赖已知的生物学知识，但利用该技术却可以对特定细胞类型、特定细胞状态进行精细描述。自 2009 年单细胞转录组测序技术（mRNA-seq whole-transcriptome analysis of a single cell）被发明以来，近年来单细胞测序技术得到了极大的进展，相关研究推动了人们对免疫系统发育、免疫信号通路、细胞间相互作用、病原与宿主相互作用等的全局性认识。虽然传统的流式细胞术、ELISPOT 和 qRT-PCR 等技术也能实现单细胞层面的检测，但是通常成本高、劳动强度大，并且依赖于高端设备，而且这些技术的应用依赖先验知识，例如，流式细胞术需要基于已知的细胞表面标志物，因此这些技术均难以达到目前单细胞测序技术的高通量和全局全图谱的检测水平。随着测序技术的创新，近年来有许多新的单细胞测序技术脱颖而出。微流控技术的最新进展，如细胞捕获微流控装置、液滴微流控装置和纳米井阵列，也极大地推动了从单细胞水平对免疫反应开展研究。细胞捕获微流体装置具有将单个免疫细胞捕获在腔室中并在腔室内进行生物反应的能力；液滴微流控装置能够大规模产生大量含有单分散液滴的细胞，从而可以作为以高通量方式研究单细胞分泌、mRNA 测序和细胞-细胞相互作用的平台。此外，纳米孔阵列如密封和开放式纳米孔阵列，也已被开发用于单细胞测序技术。

商业单细胞技术，如 IsoPlexis、SphereFluidics 和 BerkeleyLights 开发的一些技术通过单细胞蛋白质分析和单细胞 mRNA 测序，可以实现单细胞表型和分泌物分析。几种基于液滴的技术，如 10× Chromium 系统（10×Genomics）和 inDrop™系统（1CellBio，MA，USA）已经允许对超过 10 000 个单细胞进行高通量分选以进行 mRNA 测序，这些技术均有力推动了免疫学的发展。研究人员将单细胞转录组测序技术用于研究非洲猪瘟病毒感染的猪巨噬细胞、流感病毒感染的小鼠肺部细胞（Steuerman et al.，2018）、埃博拉病毒感染的食蟹猴外周血（Kotliar et al.，2020）。同时，基于单细胞测序技术的健康个体及患者队列也为理解发病机制和探索诊治方法提供了重要依据，对于新冠病毒感染的人肺部细胞和外周血的单细胞测序，以及理解这种新发病毒病的发病及其与流感病毒等病原体感染的比较免疫学特征具有重要意义（Ren et al.，2021；Zhu et al.，2020）。

此外，单细胞免疫组库测序技术也为自身免疫性疾病、感染性疾病和癌症治疗提供了前所未有的方向，使用高通量的方法对 B 细胞进行测序，可以筛选出具有高特异性的治疗性抗体；而高通量筛选 T 细胞受体的方法，则对于基于识别肿瘤抗原的 TCR-T 的过继细胞疗法也具有重要意义。借助单细胞转录组测序和单细胞 BCR 测序技术，可从新冠康复者体内分离并鉴定中和抗体，从而应用于治疗性抗体研发（Xiang et al.，2022）。

目前，单细胞技术仍存在操作技术要求高、分析复杂、缺乏自动化、成本高等短板，继续提高当前单细胞相关设备的灵敏度、自动化性能，简化操作步骤，同时降低检测成本和时间、集成智能应用程序或算法、简化数据分析程序等是未来发展方向。

五、生物恐怖和免疫

生物恐怖主义通过故意释放病毒和细菌等生物制剂达到其导致大规模人、牲畜或农作物致病或致死的恐怖主义目的，并起到心理震慑作用。生物恐怖主义活动具有传染性广、杀伤力强、生产容易、成本低廉、隐蔽性强、便于突袭、缺乏有效的治疗和控制手段等特点，对国家安全造成了巨大的威胁和危害。免疫系统是生物安全防御的最后一道关口，提升个体免疫力、建立人群免疫屏障，对于生物恐怖活动的防御具有重要意义。此外，通过研发免疫学技术，也可实现对生物威胁因子的检测和甄别。生物恐怖相关的防御技术研究主要涉及诊断、暴露前预防、疫苗研发以及暴露后预防等领域，其中暴露前预防和疫苗研发一直是许多生物防御研究规划的重点。

（一）先天性免疫

先天性免疫是机体的第一道防线，对外来病原体的清除以及引导机体产生有效的适应性免疫应答具有至关重要的作用。先天性免疫通过模式识别受体（PRR）来识别病原体的保守结构即病原体相关分子模式（PAMP），激活下游信号通路，引起炎症反应或抗病原体的免疫应答。先天性免疫激活也可以诱发和调节适应性免疫反应。有研究证明，在生物恐怖袭击病原体未知的情况下，先天性免疫的激活通常能够提供针对多种病原体的预防性保护和暴露后保护。

许多 Toll 样受体 TLR 激动剂已经被研究用作免疫增强剂，包括 TLR1 和 TLR2（识别脂蛋白/脂肽等）、TLR3（识别病毒双链 RNA）、TLR4（识别细菌脂多糖）、TLR7（识别病毒单链 RNA）和 TLR9（识别未甲基化的 CpG 基序 DNA 序列）等受体的药物，特别是 TLR-7 和 TLR-9 激动剂目前已用于疫苗佐剂和肿瘤治疗。例如，CpG9 作为一种 TLR9 激动剂，可以激活先天性和适应性免疫系统，对包括炭疽杆菌、鼠疫、土拉菌等在内的多种病原体具有免疫保护作用（Amlie-Lefond et al.，2005）。细胞因子可以通过募集/活化中性粒细胞和吞噬细胞等，对病原体感染产生保护作用。在动物实验中发现 I 型 IFN（IFN-α 和 IFN-β）、IFN-γ、IL-12、IL-1/1β 和 COX 抑制剂等可以激活先天免疫，提高生存率。抗菌肽可以通过免疫调节有效控制多重耐药病原体的感染。另外，人类内源性逆转录病毒（HERV）及其产物也可以作为抗病毒先天免疫激活剂（Grandi et al.，2018）。然而，由于物种差异和人类遗传多态性等问题的存在，先天性免疫刺激的时效性、安全性和有效性仍需进一步研究。

（二）适应性免疫

适应性免疫是指体内病原特异性 T 细胞和 B 细胞接受抗原刺激后，自身活化、增殖、分化为效应细胞，产生一系列生物学效应的过程。适应性免疫系统的激活在预防生物恐怖病原体感染和病原体暴露后治疗等方面具有重要作用。抗体技术、T 细胞治疗和疫苗技术的发展为快速和有效应对生物恐怖病原体提供了策略。

单克隆抗体（mAb）已经被用于许多与生物恐怖相关的病原体暴露前预防和暴露后治疗，如肉毒杆菌单克隆抗体已被开发为替代恢复期血浆应用，炭疽杆菌单克隆抗体于 2016 年被美国 FDA 批准用于吸入性炭疽暴露后预防，单克隆抗体治疗同时为埃博拉病毒治疗提供了两种基于抗体的治疗方法等。事实上，单克隆抗体作为预防感染比作为治疗感染使用更有效，布氏菌病单克隆抗体只在暴露前预防中发挥作用。另外，单克隆抗体在生物恐怖相关病原的快速诊断中也发挥重要作用，如 Luminex 抗体试剂盒等。

疫苗作为对生物恐怖病原体防护的重要手段一直是研究的重点，可用于暴露前和暴露后预防，如炭疽疫苗、鼠疫疫苗和埃博拉疫苗等已经获批上市。然而，病原体毒株变异速度快，需要持续监测其变异性和疫苗有效性。多项研究发现，T 细胞靶向病毒优势免疫原的表位，为疫苗研发提供了新靶点，此外，T 细胞识别的靶点相对更为保守，而且记忆 T 细胞寿命长，可以提供持久免疫力。例如，在新冠病毒中确定多个稳定的抗原表位作为 T 细胞疫苗靶点，为开发具有广泛保护性的新冠疫苗提供了方向。

生物恐怖主义是一个非常现实的威胁，为了国家和全球安全，需要通过政治、经济和生物医学手段积极应对。从医学的角度来看，需要新的和广泛有效的防御策略来预防或治疗潜在的人为流行病，这些人为流行病是由了解我们现有防御及弱点的对手带来的。因此，需要安全性更高、诱导更迅速、更有效和更广泛保护的下一代生物防御相关疫苗及疗法。为此，需要提出针对先天免疫系统和获得性免疫系统的策略。

最有效的防御选择主要分为四类：疫苗、抗感染药物、被动免疫疗法以及先天免疫增强剂。将这些策略结合到一个综合和分层的生物防御战略中，从而提供应对生物防御挑战所需的灵活性和广度。总体而言，所有这些单一的防御选择都不会为生物恐怖主义的影响提供解决方案，但它们的组合应该会极大地降低风险。

（中国疾病预防控制中心病毒病预防控制所　刘　军　刘培培　郭雅欣）

第二节　材料学技术与生物安全

一、概述

化学是一门研究物质在分子和原子水平上的组成、特性、结构和变化规律的学科（Amendolare，2021）。根据研究方向，化学可以进一步划分为无机化学、分析化学、有机化学、物理化学和高分子化学（Jiang et al., 2018）。衣服上各种纤维的制造、食物在人体内的消化、车辆行驶时燃料的燃烧，这些现象都离不开化学反应和加工。综上所述，化学与人们的日常生活密切相关。近年来，随着科学技术的进步和学科间的发展，化学逐渐衍生出新的研究领域，在人类生活中发挥着越来越重要的作用。材料是人类可以利用的物质，是人类赖以生存和发展的基础保障。材料学是研究材料组成、结构、工艺、性质和使用性能之间相互关系的学科，为材料设计、制造、工艺优化和合理使用提供科学依据。目前，材料一般分为高分子材料（Olmos and González-Benito，2021；Li et al.，2021）、无机非金属（Matsumoto et al.，2019；Ángel et al.，2021）、金属（Butola and Mohammad，2016；Sigel，2004）、复合材料（Hu et al.，2021；Jiang et al.，2020）等。瑞士联邦材料测试与开发研究所（Swiss Federal Laboratories for Materials Testing and Research，EMPA）将材料领域简单概括为：纳米材料、能源技术材料，以及用于天然资源和污染物、健康和性能、可持续建筑环境的材料（Eggiman et al.，1995）（图 16-3）。纵观人类历史，"新材料"的发现和使用始终伴随着人类的文明进程，极大地解放了生产力，从而推动了人类社会的进步，在人类文明进程中具有里程碑的意义（Yu et al.，2022）。

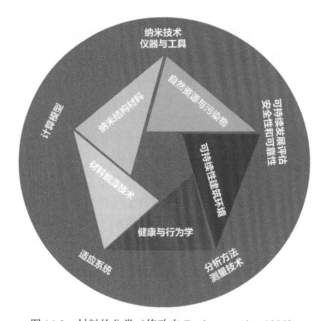

图 16-3　材料的分类（修改自 Eggiman et al.，1995）

生物安全学属于学科交叉和相互综合的衍生学科。COVID-19 疫情期间，暴露了我们应对突发传染病的诸多问题，如检测不及时、治疗药物和疫苗缺乏、防护设备供不应求和感染患者运输设备不足等（Feng et al.，2020；Livingston et al.，2020）。这些问题可归结于相关功能材料的储备不足，并且能用于该领域的相关材料的研究范围有限，短时间内难以解决突发的生物安全状况。生物安全漏洞待补，学科领域有待细分。据此，中国科学院化学研究所肖海华研究员与中国疾病预防控制中心武桂珍研究员共同提出生物安全学与化学和材料学交叉的学科研究新领域，即生物安全化学、生物安全材料学，主张利用化学和材料学相关理论与技术来指导生产相关材料、相关产品和装备以应对生物安全风险和威胁（Yu et al.，2022，2020）。这一新学科概念的提出，旨在呼吁全人类关注这一化学和材料学研究新方向，号召化学和材料科学专家与生物安全领域专家进行积极合作，推动这一新学科发展，为全世界应对生物安全威胁、确保人类生活发展和社会经济平稳运行及发展、抵御生物武器及生物恐怖等高风险生物胁迫和提高国家安全提供新思路。生物安全化学和生物安全材料学具有一定的创新性、前沿性、战略性和综合性。

值得注意的是，"生物安全材料"与"材料的生物安全性"有所区别。材料的生物安全性是指材料对生态环境和生命体是否安全、是否会产生毒副作用，以及产生毒副作用的机理等，更加偏向于毒理学范畴。生物安全材料则侧重于研究和开发新材料或对一些旧材料进行修饰使得它们具有一些特殊功能，从而预防和解决生物安全问题（Yu et al.，2020；唐东升等，2020；崔敏辉等，2021）。"生物安全材料"也不同于"生物医用材料"。生物医用材料是用于与生命系统接触和发生相互作用，并能对其细胞、组织和器官进行诊断治疗、替换修复或诱导再生的一类天然或人工合成的特殊功能材料（Jones et al.，2001；Hench and Polak，2002）；生物安全材料强调使用材料来预防和控制生物安全风险，不一定具备医学用途。

生物安全材料由于材料本身特殊的性能及特殊的应用领域，具备典型的两用性，不仅可以预防和解决生物安全问题，同时还有可能被有意或无意地用于危害人类健康、破坏生态环境、阻碍社会运行，造成严重的负面影响。例如，纳米二氧化硅作为一种无机载体被广泛用于病原微生物检测、病毒消杀等领域，是一种常用的生物安全材料。然而，纳米二氧化硅也被恐怖分子用于生物恐怖袭击。2001 年 9 月 18 日，美国发生了一起炭疽信件生物恐怖袭击事件。含有炭疽杆菌的信件被寄给数个新闻媒体办公室以及 2 名民主党参议员，最终导致 5 人死亡、17 人被感染。在寄给参议员 Tomas A. Daschle 的病原中，美国武装部队病理学研究所（AFIP）的研究人员发现了纳米二氧化硅材料。研究人员认为凶手加入了纳米二氧化硅颗粒将细菌包裹起来，以提高其稳定性、增强其分散性，从而使其以气溶胶的形式稳定飘浮在空中，形成武器（中国科学院地质地球所，2022）。

此外，在发展生物安全材料的过程中，由于当前认知或技术水平的局限，往往会无意地对生物健康及生态系统造成危害。碳纳米管是一种具有特殊结构的一维量子材料，其径向尺寸为纳米量级，轴向尺寸为微米量级，管子两端基本上都封口。碳纳米管因其独特的结构，具有优异的导电性、机械强度，易于化学修饰，是一种优秀的新型生物安全材料，非常适用于开发便携式电子器件，实现病原微生物的快速检测。与常规的酶联免疫吸附法 （ELISA） 相比，利用碳纳米管材料开发的生物传感器可以更高的灵敏度检测病原微生物。然而，许多研究都揭示了碳纳米管潜在的生物毒性。研究人员、监管机构乃至普通民众都对其可能带来的长期影响感到担忧。碳纳米管诱导的致癌作用是否会遗传并持续几代人仍然不清楚。因此，苏州大学葛翠翠研究员与李建祥教授利用人类肺部细胞（BEAS-2B）建立了单壁碳纳米管（SWCNT）慢性暴露的模型来研究 SWCNT 诱导的致癌性（图 16-4）（Wang et al.，2021）。在可耐受的亚致死剂量水平下，慢性 SWCNT 暴露后，BEAS-2B 细胞的迁移和侵袭能力明显增加，导致其向恶性细胞转化。值得注意的是，即使在 SWCNT 暴露后的 60 天恢复期内，BEAS-2B 细胞的恶性转化也是不可逆的，并且在恢复期内细胞的恶性转化活性逐渐增加。此外，将这些暴露后的细胞注射到小鼠体内后，这些细胞会促进小鼠发生癌变，同时伴随着肺腺癌生物标志物水平的提高。进一步的机制分析揭示，慢性暴露于 SWCNT 后 BEAS-2B 细胞大量 DNA 发生甲基化并且转录组失调。随后的富集和临床数据库分析显示，BEAS-2B 细胞的差异表达/甲基化基因富集于癌症相关的生物途径中。这些结果不仅证明了慢性 SWCNT 暴露后诱发的致癌性是可遗传的，而且还从 DNA 甲基化的角度揭示了一种机制。

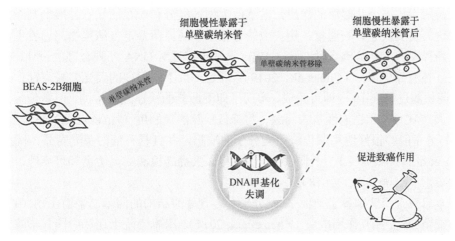

图 16-4　碳纳米管可能导致潜在的生物毒性（Wang et al.，2021）

上海交通大学分子医学研究院刘尽尧团队近年来提出了"细菌表面涂层"的概念，即利用材料化学手段对细菌表面进行修饰，从而改善细菌的生物学行为，操控细菌的整体活性，并实现定点、定时的释放（Wu and Liu，2022）。例如，修饰后的细菌能够识别肿瘤微环境，在到达肿瘤部位后将表面涂层响应性地降解，从而发挥其治疗作用。然而可以预见的是，如果不法分子将这种技术缪用于对致病性强、致死率高的细菌进行修饰，将可能形成极为可怕的生物武器，造成极为严重的生物安全及国家安全威胁。因此，科学家必须树立正确的价值观，恪守研究伦理与道德要求，在对生物安全材料进行探索研究的过程中，需要警惕可能造成重大威胁的研究结果，防范相关风险的产生。国家相关部门应当未雨绸缪，建立完善生物安全监管体系，并出台相关政策及法律法规，保障生物安全材料学能够良好地发展，让生物安全材料更好地用于生物安全问题的防范与应对。

根据生物安全自身的研究领域，生物安全材料可细分为病原微生物检测材料、动植物疫情监控材料、杀菌消毒材料、生物资源和人类遗传资源保存材料、食品生物安全材料、农林牧渔生物安全材料、个人防护材料、实验室生物风险防护材料、生物武器与生物战防护材料、航空航天生物安全材料等。本节即以上述分类为标准，介绍部分应用于上述领域的新型生物安全材料。

二、防范微生物领域的生物安全材料

（一）病原微生物检测材料

新冠疫情暴发以来，全球形势日益严峻，病原微生物带来的生物安全问题又重回人们视野。生物安全风险防御的首要步骤是快速检测出病原微生物。病原微生物的快速检测意义：①开展初筛实验，提高防治效率；②及时筛查、及时用药，降低重症率和死亡率；③监控感染人群，防止继续传播而导致的疫情大规模暴发。早期检测病原微生物还可以有效避免耐药、变异病原体的出现。

新材料可助力病原微生物的快检、初筛。例如，我们可针对新冠病毒、病毒性肝炎、结核病、艾滋病、出血热、登革热、流感、感染性腹泻等传染性疾病，开发新型化学试剂、新材料及其临床诊断试剂盒；研制可同时检测多种病原菌、多种耐药的高通量诊断材料并研发配套设备（Zamani et al.，2021；Koskinen et al.，2007）；以高纯度、绿色环保的金属纳米铜、纳米银为母体，使用高效抗菌、抗病毒的高分子材料对其进行化学修饰，实现高分子金属复合纳米材料的制备（Minoshima et al.，2016；Wahab et al.，2021；Kalinina et al.，2020）；利用新材料对光（Willis et al.，2021）、声、磁（Wu et al.，2020）、热等的响应性开发新化学试剂、喷剂、凝胶等相关产品；开发针对敞开环境、密闭空间（消毒时人员在场）的消毒剂及其生物安全洁净系统。

本节即以细菌和病毒的快速检测为主，介绍部分快速检测相关的新材料、以材料为主的新检测方法。

1. 细菌检测

细菌感染日益成为危害公共健康的隐患，对细菌类型的区分和对存活状态的准确判断，是进行未知细菌感染防治的关键。发展快速、高通量、超灵敏的感染早期病原菌鉴定方法是提高患者生存率的关键。

北京大学张新祥课题组和哈佛大学 David Weitz 课题组通过对 DNA 序列合理的设计，得到了一条与断裂位点附近区域互补的分子信标（Cao et al.，2019），通过释放不同强度的荧光信号表征体系内是否存在目标细菌。整个细菌检测过程在 1h 内即可完成，实现了即混即测的快速细菌检测。但是传统的荧光探针往往存在聚集诱导猝灭（ACQ）和稳定性差的问题，将降低检测的灵敏度（Hu et al.，2018）。相比之下，聚集诱导发光（AIE）分子能够很好地克服传统荧光分子的缺陷，并且具有低的荧光背景，因此不需要烦琐的洗涤步骤（Hong et al.，2011）。AIE 分子的这些优点将大大提高检测的灵敏度和可靠性，很好地满足了理想荧光传感器的要求（Kang et al.，2018）。

基于此，唐本忠院士团队制备了一种 AIE 分子——含硼酸结构的四苯乙烯衍生物（TPE-2BA），其能在细菌死亡后与细菌 DNA 相互作用成像（Zhao et al.，2014）。唐本忠院士还和中国科学院化学研究所王树研究员合作，基于 AIE 分子成功开发了一系列简单可靠的荧光传感器阵列，如图 16-5(a)所示（Zhao et al.，2014）。这些传感器阵列能检测多种病原菌，甚至能区分正常和耐药菌，准确度接近 100%，具有快速、高通量、操作简单、免洗等优点。此外，该传感器阵列还解决了传统鉴定方法较为复杂、耗时较长等问题。类似地，新加坡国立大学刘斌教授课题组成功开发了一种细菌可代谢的双功能探针 TPEPy-D-Ala （Hu et al.，2020），能用于活体宿主细胞内细菌的 AIE 成像和光动力学消融，如图 16-5(b)所示。该材料杀菌效果比一般抗生素甚至万古霉素更加有效。

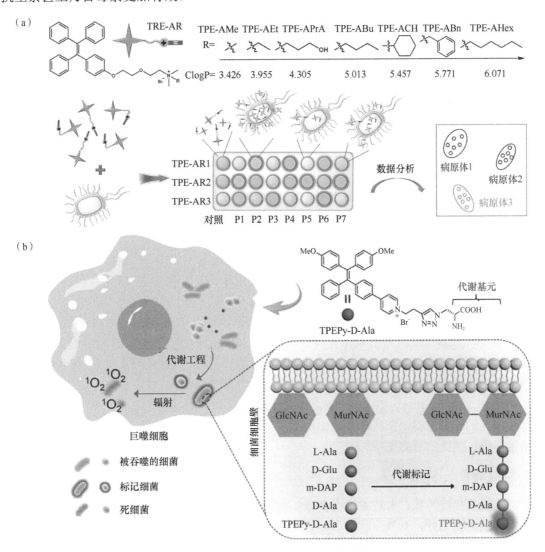

图 16-5 用于细菌成像的生物安全材料。

（a）TPE 荧光传感器阵列的结构及病原体检测过程示意图（Zhou et al., 2019）；（b）TPEPy-D-Ala 在活体宿主细胞内实现对细菌的 AIE 成像和光动力学消融示意图（Hu et al., 2020）

除合成的有机分子外，含 Ag 的无机材料也可以用于细菌检测。Vedarethinam 等（2019）设计了一种磁性银纳米壳，该纳米壳可用于构建检测和抑制细菌的多功能平台——不仅能分析复杂生物液体中的细菌，而且还具有长期的抗菌作用。这项工作不仅为设计生物分析的材料提供了新思路，而且通过对生物代谢标志物的检测和对细菌代谢组变化的监测为细菌诊断研究提供了新方法。

2. 病毒检测

病毒的准确检测对于在早期控制严重和致命的疾病流行非常重要。随着材料学的快速更迭，具有特殊功能的生物安全材料为快速检测病毒提供了一种新选择。目前，无机金属材料因为具有抗干扰性强、易修饰等优点，已成为最常见的检测材料。

生物安全材料利用比色信号、拉曼散射、光学和电学信号等能够实现对病毒的瞬时检测，同时可达到高通量、无损检测的效果。例如，Jwa-Min Nam 等（Kim et al., 2017）借助长在 AuNP 上的聚乙烯亚胺（PEI），开发了一种高度特异性的 Cu 纳米多面体壳。该纳米多面体壳能增强光散射信号，故可用于病毒的高灵敏度定量检测（图 16-6）。该方法为利用光信号检测生物安全风险因素提供了高度可靠且通用的平台。

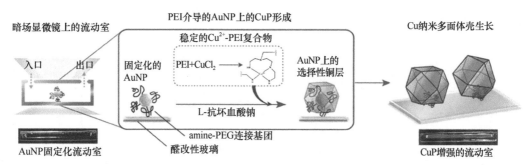

图 16-6 AuNP 上聚乙烯亚胺（PEI）介导的高度特异性 Cu 纳米多面体壳过度生长示意图（Kim et al.，2017）

Dawid Nidzworski 等开发了一种基于 Au 电极和电化学阻抗谱（EIS）的通用免疫传感器用于检测甲型流感病毒，该传感器可在相对较短的时间内以类似于分子方法的灵敏度检测病原体（Nidzworski et al. 2014）。传感器的简单设计有助于实现设备的小型化，以及在实施适当治疗之前首次与患者接触期间的常规诊断。Yang-Kyu Choi 等设计了一种硅（Si）纳米线场效应晶体管，实现了对禽流感（AI）和人类免疫缺陷病毒（HIV）的抗体和抗原结合的无标记电检测（Kim et al.，2014）。该传感器可精确控制重叠区域，在不同情况下均表现出独特的选择性，有助于实现生物分子的无标记及时检测（POCT）。

高致病性禽流感病毒（HPAIV）的感染已经暴发多次并导致大量动物死亡，未来仍有一定暴发风险。为了控制 HPAIV 的传播，需要一种适用于现场测试的快速而准确的诊断方法，并对禽流感病毒的致病性加以区分。基于此，Seungjoo Haam 等开发了差异性禽流感病毒快速检测试剂盒，并使用了感染 HPAIV H5N1 的动物的临床标本进行评估（Kim et al.，2018）。事实证明，该快速检测试剂盒可对 HPAIV 进行高度灵敏且特异性的检测，因此能有效应对 HPAIV 暴发并完成快速检疫控制。

此外，纳米酶（Cheng et al.，2017）、陶瓷（Cheng et al.，2017）、氧化石墨烯（Chekin et al.，2018）等具有不同功能性的无机材料，在病毒检测中均实现了高通量、快速的检测，证明生物安全材料为鉴别各种病毒提供了简单、便捷的有力支持。

（二）动植物疫情监控材料

据统计，传染病导致的死亡人数大约占全球年均死亡人数的 20%，其中约 1/3 又是由病毒导致的死亡（Kwon et al.，2019）。由此，新型冠状病毒不是第一个让人类遭受生物威胁的病原微生物，也不会是最后一个。多功能的生物安全材料有望用于监控并探测新型病原体，对动植物疫情及大规模新型传染病的防治起到至关重要的作用。

例如，Young-Tae Chang 教授团队成功开发了一种荧光探针 BacGo，可以特异性染色革兰氏阳性菌（Murray et al.，2012）。不仅如此，BacGo 还可以监测废水处理过程中污泥所含细菌的比例。此外，感染角膜炎小鼠的诊断实验表明，新探针可以非常精确地诊断细菌的感染。该材料不仅可以取代以前的荧光探针来筛选应用传统方法存在局限性的革兰氏阳性菌，还可用于监测废水和细菌感染的临床诊断，有望用于监控和早期探测革兰氏阳性的病原菌引起的疫情。

生物传感器是利用生物活性物质分子识别的功能，将被测量的生物信号转换成可输出信号的传感器，具有专一、灵敏、快速响应等特点，在细菌检测方面潜力较大。大阪大学的研究团队基于石墨烯发明了一种新的生物传感器来检测某些细菌，如攻击胃黏膜并与胃癌相关的细菌（Ono et al.，2019）。该传感器能将微量的细菌浓度转化为电信号并输出，从而计算液滴中的细菌数量。细菌浓度极小时甚至可以在不到 30min 的时间内检测完毕，因此这项工作展示了更快诊断潜在有害细菌的可能性。

生物传感器材料在监控病毒方面亦有应用。Stephen Y. Chou 等开发了 3D 等离子体纳米天线测定传感器，作为超灵敏检测埃博拉病毒（EBOV）抗原免疫测定平台（Zang et al.，2019），如图 16-7(a)所示。该生物传感器成功地检测了血浆中低至 220fg/ml 的 EBOV 可溶性糖蛋白（sGP），与现有的快速 EBOV 免疫测定的 53ng/ml EBOV 抗原检测极限相比，灵敏度提高了 24 万倍，体现出在超低浓度检测 EBOV 的非凡能力，有望作为下一代生物测定平台用于公共卫生和国家安全应用的早期疾病诊断和病原体检测。

对未知病毒的检测往往具有一定难度，由于病毒可在能探测到之前就开始传播，早期探测显得尤为重要。为此，宾夕法尼亚州立大学的 **Si-Yang Zheng** 研究团队研发了一种基于碳纳米管的小型便携设备，可根据病毒的尺寸进行选择性捕获（Yeh et al.，2016），其原理图如图 16-7(b)所示。从患者或环境中提取的样品经稀释后通过一个过滤器，除去细菌和人类细胞大小级别的大颗粒，然后再通过设备中的碳纳米管使病毒富集至检测浓度。捕获的浓缩病毒可通过包括聚合酶链反应、免疫学方法、病毒分离和基因组测序等方法来表征。该设备能够降低病毒的探测阈值，加速新兴病毒的探测。

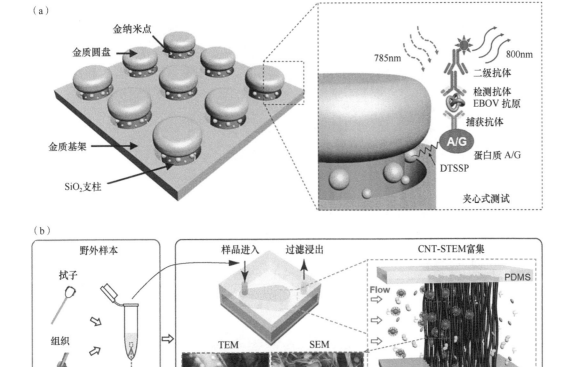

图 16-7　动植物疫情监控领域的生物传感器

（a）用于检测埃博拉病毒的 3D 等离子体纳米天线传感器示意图（Zang et al.，2019）；（b）用于浓缩富集病毒以供检测的小型设备工作原理示意图（Yeh et al.，2016）

（三）杀菌消毒材料

现有检测技术针对病原体的前端检测并不能完美地保证人类健康，如何高效地预防病原体入侵人体并治疗病原体感染，尤其是治疗因抗生素滥用等导致的耐药型病原体感染一直是生物安全领域的研究热点。材料学的迅猛发展为解决耐药型病原体屡献奇策，随着新型冠状病毒的暴发，生物安全问题再度回归公众视野，生物安全材料有望为消杀耐药性病原体开辟出一条新道路。

1. 细菌消杀

传统杀菌方式主要包括放射治疗（如紫外线）破坏细菌 DNA、化学药物治疗（如抗生素）破坏细菌 DNA 及细胞膜等（Setlow，2006）。近十余年来，抗生素的滥用导致了很多耐药性细菌如甲氧西林抗性 *S. aureus*，甚至多重耐药（MDR）的超级细菌出现，造成很多医院内部的交叉感染（Peddinti et al.，2018）。因此，我们迫切需要新型且有效的抗菌材料以减少对抗生素的依赖。

诸多学者把当下视为后抗生素时代，利用光控材料的光热、光动力效果的多种非抗生素杀菌策略是当前的研究热点。基于共轭聚合物的光热疗法代表了一种有前途的抗菌策略，但仍有明显的局限性。在此，北京化工大学王兴教授、中国科学院化学研究所肖海华研究员及军事科学院军事医学研究院周冬生研究员合作设计了含有光热分子骨架和对活性氧敏感的硫酮键可降解的假共轭聚合物（PCP，如图16-8）（Zhou et al.，2022）。三苯基膦被引入到PCP中，生成磷基PCP（pPCP），并进一步与透明质酸组装成pPCP-NP。带有季铵阳离子的pPCP-NP通过静电作用选择性地锚定在细菌细胞膜上并破坏细菌细胞膜。在1064nm的激光照射下，pPCP-NP（pPCP-NP/+L）产生近红外II（NIR-II）光热抗菌效应，从而以持续的方式杀死细菌。

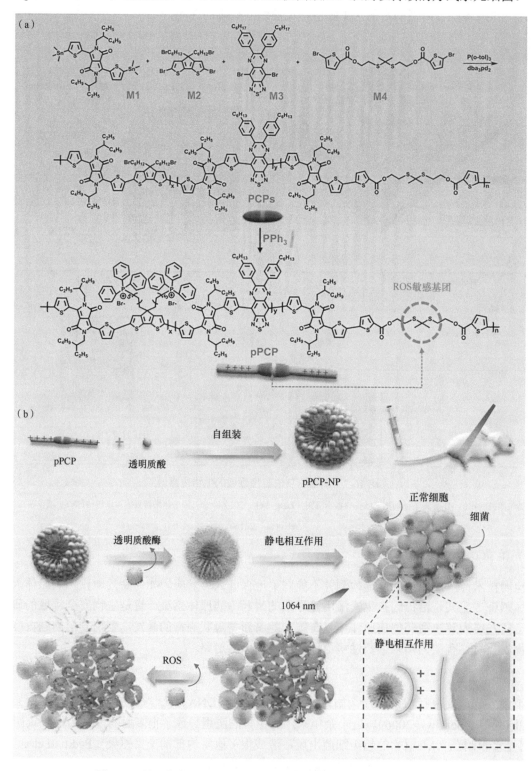

图 16-8　用于抗菌治疗的 pPCP-NP 设计示意图（Zhou et al.，2022）

（a）光热分子和阳离子季铵盐结构示意图；（b）可降解共轭聚合物纳米粒子 pPCP-NP 的抗菌治疗机制

进一步的代谢组学分析表明，pPCP-NP 经过激光照射后，以协调一致的方式诱导细菌 DNA 损伤，抑制细菌的碳/氮利用和氨基酸/核苷酸合成。综上所述，可降解的 pPCP-NP 同时具有 NIR-II 光热效应和阳离子磷酸盐结构抑菌作用，为抗生素替代性抗感染治疗提供了新途径。

南开大学张新歌副教授与美国韦恩州立大学曹智强副教授合作开发了一种新型纳米抗菌剂（Zhao et al.，2019），其能特异性靶向铜绿假单胞菌 *P. aeruginosa* 上的 LecA 和 LecB 凝集素，而其中金纳米棒良好的光热转化能力为其提供了消杀作用。该材料显示出高效的生物膜抑制能力（高达 90%），以及对 *P. aeruginosa* 的杀灭能力（接近 100%）。该策略还用于进一步构建其他病原菌感染的抗菌剂。

金纳米材料提供的光学性能可被有机材料完美替代，从而有效避免金纳米材料的潜在毒副作用。唐本忠院士团队设计了一种具有 AIE 和 D-π-A 结构的共轭聚合物，能对细菌实现高效的杀伤，其原理如图 16-9 所示。该聚合物显示出高的活性氧（ROS）生成能力，在体内外实验中均可高效抑制细菌的有效生长。此外，利用该聚合物治疗细菌感染，小鼠康复速度明显快于应用头孢噻吩治疗（Zhou et al.，2020）。唐本忠院士还提出了一种为噬菌体（PAP）配备光动力学灭活（PDI）活性 AIEgens 的新策略，制备了一种 AIE-PAP 生物共轭物，对细菌实现特异性靶向成像和协同杀伤能力（He et al.，2020）。

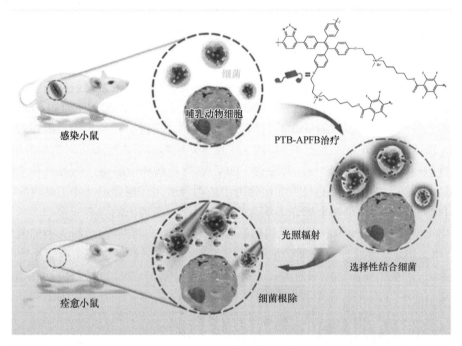

图 16-9　一种具有 AIE 功能的共轭聚合物结构及其选择性抗菌应用（Zhou et al.，2020）

纳米银是一种有效的抗菌材料，应用范围广泛（Zhou et al.，2020）。Ag 纳米颗粒（Ag NP）是一种广谱抗菌剂，但其稳定性较差且存在潜在细胞毒性。研究人员使用含有原酸酯基因的功能聚合物作为稳定剂来合成 Ag 纳米颗粒团簇。原酸酯基因可在酸性微环境中水解并释放出大量单个 Ag NP，极大地促进了细菌的即时杀灭，并形成围绕细菌的、不均匀的 Ag NP 组装体，从而更有效地、可持续地抑制/杀死细菌（Xie et al.，2020）。

利用材料对常规抗菌药物进行二次包装也逐渐成为现有的研究热点之一，如利用生物材料可对抗菌药物抗菌肽（AMP）等进行按需递送。不仅如此，为了解决现有 AMP 种类较少、合成困难的核心挑战，刘润辉教授课题组开发了一类基于聚噁唑啉结构的新型多肽模拟物，以宿主防御肽为模型多肽，首次实现了聚噁唑啉对多肽的功能模拟，获得了对耐甲氧西林金葡菌（MRSA）及其休眠细菌的高效抗菌活性，有助于解决耐药微生物感染和遏制细菌耐药性发展的核心难题（Zhou et al.，2020）。

除抗菌肽、有机高分子、金/银纳米材料外，金属有机框架（MOF）是一类新的多功能纳米材料或前体，可用于制备多功能碳纳米材料。四川大学程冲研究员/赵长生教授研究团队与华西医院的马朗副研究员联合报道了一种具有近红外（NIR）响应和尺寸可变的 MOF 基纳米碳材料，用于杀菌和消毒（Yang et al.，2019）。

MOF 在 NIR 照射下表现出高效的光热转换能力以及从纳米分散体到微米聚集体的快速尺寸转变,这使得纳米碳可以在局部产生大量的热量,产生光热杀菌效果。不仅如此,该材料中掺杂的 Zn^{2+} 可以直接破坏细菌细胞膜和胞内蛋白质,起到协同抗菌作用。

上述研究均证明了优异材料的设计能提供多种杀菌策略,材料学的有效运用可以高效地解决此类生物安全问题。

2. 病毒消杀

病毒性传染病是长期威胁人类健康的源头之一。新冠病毒治疗是具有挑战性的,如何开发新冠病毒及其他病毒疫苗和特效药是该领域内一大难题。为实现病原体针对性的特效治疗和预防,当下研究人员利用无机、有机甚至仿生材料,通过物理、化学手段,制备了很多病毒消杀生物安全材料。

上述光控材料的光热、光动力效果除了能抗菌之外,对病毒也具有广谱杀伤作用。其中,光动力疗法(PDT)能对核酸、蛋白质、脂质等组分进行"多靶位"攻击,被认为有能力应对已知甚至未知病毒的入侵。例如,针对暴发的新冠疫情,有研究者将特异性抗体连接在光热聚合物纳米粒子上,有效抑制了 SARS-CoV-2 病毒侵染宿主细胞,验证了光热疗法(PTT)用于灭活新冠病毒的可能性(Cai et al.,2020);Ghiladi 课题组用普通感冒冠状病毒验证了 PDT 对 SARS-CoV-2 的作用潜能(Peddinti et al.,2021),而近期报道的用光生物调控、光动力疗法治愈新冠病毒引发的口腔损伤的病例进一步鼓舞了此方向的研究热情(Garcez et al.,2021)。

病毒有可能发生变异,导致之前的抗病毒靶点失效,而基于物理机械力撕裂病原体的方法可以高效避免病原体产生耐药性。这对消灭快速变异性的病毒具有重大意义。洛桑联邦理工学院 Francesco Stellacci 团队设计了模仿硫酸乙酰肝素蛋白多糖 HSPG 的抗病毒纳米颗粒,实现了检测、物理机械力杀伤病毒的双重效果(Cagno et al.,2018)。这些颗粒不具有细胞毒性,并且体外纳摩尔级浓度即可对抗单纯疱疹病毒(HSV)、人乳头瘤病毒、呼吸道合胞病毒(RSV)、艾滋病(HIV)、登革热和慢病毒,而且这种杀伤病毒的效果是不可逆的。确定这一抗病毒纳米颗粒的预防或治疗用途是否合适,还需要进一步的体内实验。该抗病毒方法证明生物安全材料提出的策略是在全球许多病毒感染的治疗方面迈出的重要一步。

流感病毒每年可造成 300 万~500 万人重症感染以及 29 万~65 万人死亡,给人类的健康和生命带来了极大的威胁。Wu 研究团队制备了一种肺部仿生纳米颗粒 PS-GAMP,能促进疫苗产生高效的体液和 CD8$^+$T 细胞保护性免疫反应,可被用作流感疫苗的潜在黏膜佐剂(Wang et al.,2020)。该材料的作用原理如图 16-10 所示。研究人员通过多种方式证明材料学的发展已经完美兼容生物学,并且可以为生物胁迫问题提供多种新手段和新技术。生物安全材料的提出更直接证明了材料学和生物学的相关性。

在肺泡中,PS-GAMP 通过 SP-A 或 SP-D 介导的内吞作用进入 AM。cGAMP 随后被释放到胞质中,并通过间隙连接流入 AEC。然后,它激活这些细胞中的 STING,从而产生旺盛的 1 型免疫介质。这些介质有助于 CD11b$^+$DC 细胞的招募和分化,进而引导强大的抗病毒 CD8$^+$T 细胞免疫和体液免疫应答。

三、生产生活领域的生物安全材料

(一)生物资源和人类遗传资源保存材料

生物资源是人类生存不可或缺的物质,是可持续发展不可或缺的战略资源,对保证生物安全和保护生物多样性具有重要意义(Ma et al.,2021;Ta et al.,2019)。随着经济全球化、环境污染和全球变暖,生物多样性受到了前所未有的威胁。

生物资源的保护是生态系统生物多样性的保障。生物资源保护中重要的一个方面是对生物遗传资源进行保存。因此,如何对生物遗传资源进行长时间的安全保存,成为生物安全材料领域新的研究方向。新的化学物质和材料被用于研究组织和细胞在室温或更低温度下的长期保存效果及恢复效率(Bai et al.,2019)。该领域研究的最终目标是打造高效保存生物遗传资源的新一代生物安全材料,提高生物遗传资源的成活率、安全性、回收率并降低存储费用。

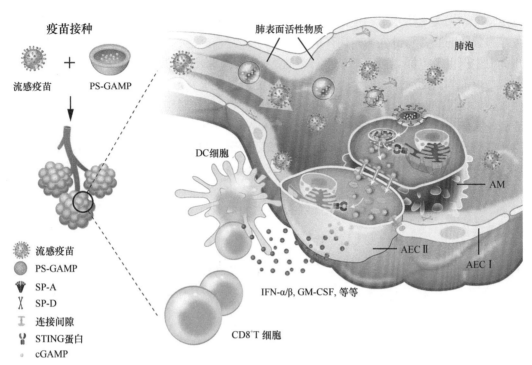

图 16-10　PS-GAMP 介导的流感疫苗作用原理图（Wang et al.，2020）

一般来说，生物遗传资源的保护主要包括对生物基因、精子、卵子等动植物遗传物质的提取和保护（Deplazes-Zemp，2018；Abramishvili and Chkhaidze，2003；Walters et al.，2013）。其中，生物基因资源的保护主要分为生物基因的提取保护和植物种子的保存（James et al.，2000；Lesser，1997）。在生物基因的提取中，遇到的常见问题是多酚类化合物和萜类化合物对 DNA 的污染。开发相应的、能提高 DNA 纯度的提取技术需要材料学的支持。

Cheng 等（1997）在针对木本植物 11 个不同物种提取 DNA 的过程中，发现加入高分子螯合剂 PVP（聚乙烯吡咯烷酮）或 PVPP（聚乙烯聚吡咯烷酮）可以高效络合多酚类化合物和萜类物质，随后这些络合物可以通过离心或氯仿抽滤提出，达到去除杂质的效果。此外，这些螯合剂能有效防治多酚类化合物氧化成醌类，避免溶液变褐而具有抗氧化作用。因此，在 DNA 提取液中加入适量的 PVP 或 PVPP 能提高 DNA 纯度，同时 PVP 还可以有效去除多糖，配合巯基乙醇还可以防止多酚污染。这是生物安全材料首次在基因资源上体现出保护意义。PVP 方法已被公认为是最常用的 DNA 提取技术之一，这表明材料的发展实际上改变了保护生物资源的技术（Chiou et al.，2001；Guaman-Balcazar et al.，2019；Park et al.，2003）。

在基因资源中除了对动植物基因的优化保护，针对植物种子的保护也是一个值得研究的生物安全问题（Roemer et al.，1997；Farin et al.，2004）。相应的生物安全材料也被开发用于保护植物种子。Benedetto Marelli 等（Zvinavashe et al.，2019）设计了一种基于蚕茧丝素蛋白和海藻糖的种子涂层（图 16-11），这种生物安全材料可以通过封装、保存、精准输送生物肥料来改善种子微环境，以促进种子发芽并减轻非生物压力源。该涂层中的海藻糖具有保护根际细菌免受渗透压变化和干燥环境侵害的作用，而蚕丝蛋白可生物降解从而暴露种子。该材料可以有效封装植物种子，并能够做到让植物种子在不同环境下发芽。

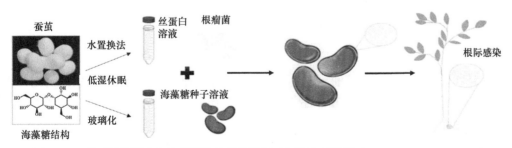

图 16-11　基于蚕丝蛋白和海藻糖的种子涂层用于促进种子发芽（Zvinavashe et al.，2019）

随着科技发展和人类生活水平的提高，医疗行业也迈向了发展新阶段。血液资源作为生物资源之一，同时也是医疗和急救的必备资源之一，具有重要价值。在各种自然灾害、突发事故等紧急情况下伤员治疗、孕产妇和儿童卫生保健等方面，血液都是不可或缺的。因此，血液资源保护属于生物安全重要范畴之一，临床用血安全与血液制品的质量和安全性管理也都属于该领域研究范畴。

为保存血液，研发抑制凝血的材料，Ishihara 等利用微球柱法对磷脂极性基团聚合物[聚（2-甲级丙烯酰氧基乙基磷酰胆碱（MPC）-甲级丙烯酸正丁酯（BMA）]进行血液血栓形成性和血小板的活化及黏附聚合物表面的评估测试（Ishihara et al., 1990），结果表明血浆（PRP）与聚合物接触时，大量血小板黏附聚集在 BMA 上。随着 MPC 组分的增加，黏附血小板数量逐渐减少并开始发现变形，最后血小板聚集受到抑制（图 16-12）。当添加 Ca^{2+} 和 PRP 共同与聚合物接触时，出现了同样的趋势。当 MPC 在聚 MPC-co-BMA 占比为 0.32 时，材料完全抑制血小板的活化和血纤蛋白的形成，说明生物安全材料在血液资源的保存中起到不可替代的重要作用。

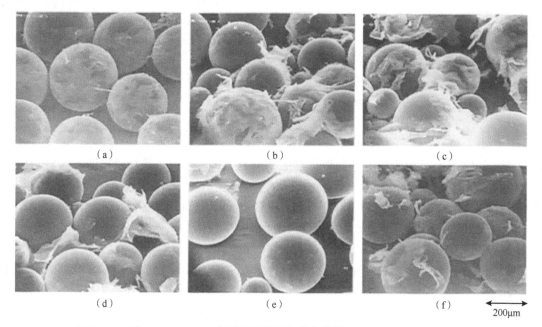

图 16-12　聚 MPC-co-BMA 作用于血浆的扫描电镜图（Ishihara et al., 1990）

图（a）～（e）中 MPC 含量逐渐增加，图（f）为聚 HEMA（聚甲基丙烯酸羟乙酯）

生物资源中的人类遗传资源是一种特殊的资源，具有重要的研究开发价值。因此，人类遗传资源的保护成为生物安全的一个重大问题，充分认识人类遗传资源的重要价值及其特性对于国家的利益与安全意义重大。

精子冷存库是人类遗传资源保存的重要方式之一，在保存的过程中，抗冻材料是必不可少的。Wang 等设计了一种具有可再生的烷烃表面的有机凝胶材料（Wang et al., 2017）。如图 16-13 所示，相比于传统抗涂鸦、防污、防冰易于去除的牺牲性固体层，有机凝胶材料的牺牲性涂层具有可修复性，还可防止异物沉积。有机凝胶的冰黏附强度远小于光滑铝表面与 PDMS 表面，并且该材料还可在-70～-20℃的宽温度范围内有效防静电。经测试，在结冰/除冰循环处理 20 次后的凝胶，依旧具有出色的可再生性，并且防异物沉积等性能不受影响。另外，长期实验数据表明材料储存 100 天后仍具防冰性能。研发一系列的新型生物安全材料，在保护生物资源和人类遗传资源上具有重要价值。

（二）食品生物安全材料

食品安全是生物安全中最早被关注的问题之一，随着食品工业的发展和消费方式的变化，其重要性与日俱增。食品安全问题已经演变成各个国家的战略性问题。食品的源头、生产、保存及售卖的各个环节都需要材料的参与来保障食品安全。

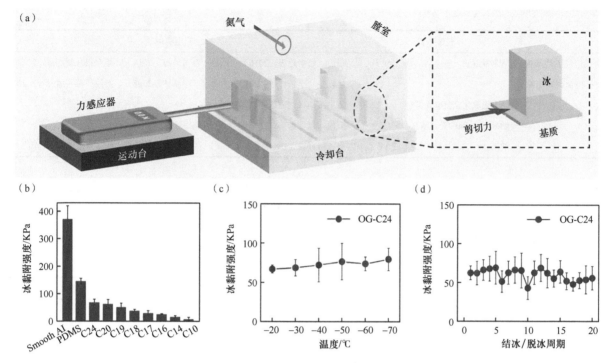

图 16-13　可再生的烷烃表面有机凝胶材料研究（Wang et al.，2017）。

（a）剪切模式下测量冰黏附强度；（b）有机凝胶的冰黏附强度远小于光滑铝和 PDMS 表面；（c）在 −70～−20℃的温度范围内，该材料冰黏附强度几乎保持不变；（d）在 20 个结冰/除冰循环期间，该材料冰黏附强度几乎不受影响

食品安全作为一个全球性的公共卫生问题，一直被视为一个生物安全问题（Brewer et al.，1994；Miles et al.，2004；Shalaby，1996）。食品安全方面的主要问题归纳如下。①微生物的存在直接导致霉菌的产生，在生产、配送、包装过程中极易传播，造成危害（Rohr et al.，2005；Oliver et al.，2005；Rodriguez-Lazaro et al.，2007）；②添加剂的出现极大地帮助食品生产满足一定要求，但如果食品添加剂的使用量超过标准水平，就会对人体健康造成严重威胁（He et al.，2015；Tollefson，1988）；③化肥和农药的过度使用导致了严重的污染和食品安全问题，给人类健康带来了巨大的负担。因此，为了应对这些挑战，材料科学家提出了各种解决食品安全问题的方法，应用于食品的检测、包装和储存方面（Weidemaier et al.，2015；Mousavi et al.，2005；McHugh and Senesi，2000；Liu and Gu，2009）。

生物安全材料的开发可以为食品安全提供技术支持。例如，食物在腐烂过程中会产生具有臭鸡蛋气味的硫化氢（H_2S）。因此，H_2S 的快速和灵敏检测对于食品变质的监测是很重要的。Tang 课题组结合顶空单滴微萃取（HS-SDME）制备了 Ag@Au 核壳纳米探针（Tang et al.，2019），在智能手机相机和选色软件的帮助下，使用纳米比色法检测和定量 H_2S。该方法的检出限低至 65nmol/L，是测定 H_2S 的理想原位分析方法。

除食品检测外，生物安全材料也被广泛应用在食品的包装与储存方面。水果会自发产生乙烯，这是一种催熟剂，会导致水果保鲜期变短。纳米 Ag 不但能抗菌，还具有氧化乙烯的功能，使用含纳米银的材料可以更好地保鲜鲜果。各种聚合物基纳米 Ag 复合材料在食品保鲜方面的应用如表 16-1 所示。

表 16-1　聚合物基纳米 Ag 复合材料的食品保鲜应用

	包装形式	应用实例
聚合物基纳米银复合材料	纳米银酯化淀粉膜	牛肉（杨斌等，2019）
	纳米银/聚乙烯保鲜膜	白菜（汪敏等，2018）、黄瓜（史君彦等，2008）、青椒（余文华等，2008）
	纳米银/聚乙烯包装袋	酱牛肉（李红梅等，2008）、酱鸭（宋益娟等，2012）、大米（王凡等，2017）、双孢蘑菇（杨文建等，2012）、虾仁（罗晨等，2018）、杨梅（张瑶等，2007）
天然高分子/纳米银复合材料	壳聚糖/纳米银复合涂膜	鸡蛋（王晶等，2018）、樱桃（王忠良等，2016）
	纳米银氧化锆复合保鲜剂	南丰蜜橘（乐攀，2014）

续表

	包装形式	应用实例
纳米银溶胶或纳米银	纳米银溶胶	葡萄（曹雪玲等，2016）、草莓（曹雪玲等，2014）、圣女果（刘丽萍，2012）、
与其他金属氧化物		鲍鱼（李新林等，2010）、海参（李新林，2008）、奶油草莓（孟鸳等，2018）
	纳米银氧化锆复合保鲜剂	南丰蜜橘（刘瑞麟等，2015）
	纳米 TiO_2/Ag^+/壳聚糖复合膜	桑葚（刘瑞麟等，2015）
	纳米 Ag/高岭土/纳米 TiO_2 的 PE 膜	枣（Li et al.，2009）

二氧化钛（TiO_2）具有良好的抑菌效果，从而在食品的包装与储存方面有利用价值。TiO_2 与其他材料的复合材料可以达到稳定抗菌效果，已经被作为防止食物腐烂变质的包装膜和涂膜液。具体应用实例如表16-2 所示。

表 16-2　二氧化钛复合材料的食品保鲜应用

	包装形式	应用实例
聚合物基纳米 TiO_2 复	聚乳酸（PLA）/TiO_2 纳米复合膜	香菇（曾丽萍等，2017）、草莓（王雪芳等，2014）
合材料	聚乙烯醇/TiO_2 纳米复合膜	大黄鱼（唐智鹏等，2018）
	聚偏二氯乙烯和聚乙烯醇/TiO_2 纳米复合膜	松花蛋（马磊等，2015）
	大豆蛋白/聚乙烯醇/TiO_2 纳米复合膜	哈密瓜（申亚倩，2015）
	Fe^{3+}/TiO_2 改性聚乙烯醇基紫胶复合膜	鸡蛋（龙门等，2014）
天然高分子/纳米 TiO_2	壳聚糖/纳米 TiO_2 复合材料和壳聚糖/纳米	草莓（杨远谊，2008；陈建中，2016）、芒果（杨华等，2019）、梨（周
复合材料	TiO_2 涂膜液	丽雅等，2015；陶希芹等，2014）、鲤鱼（陶希芹，2015）、对虾（刘
		金昉等，2014）、樱桃番茄（蒋姝泓和苏海佳，2008）
	防雾剂（司班-20 和吐温-20）和纳米 TiO_2 组	草莓（隋思瑶等，2019）
	成的防雾膜	
	大麦醇溶蛋白与纳米 TiO_2 粒子的混合涂膜液	草莓（管骁等，2016）
	淀粉/纳米 TiO_2 涂膜	山药（刘永等，2016）
	卡拉胶/魔芋胶 TiO_2 纳米复合膜	双孢蘑菇（张荣飞，2015）
纳米 TiO_2/Ag 复合材料	纳米 TiO_2/Ag^+/壳聚糖复合膜	桑葚（刘瑞麟等，2015）
	纳米 Ag/高岭土/纳米 TiO_2 的 PE 膜	枣（Li et al.，2009）

（三）农林牧渔生物安全材料

稳定的生态系统是保证生态安全的前提，而生物多样性是维持生态系统健康的基本保证，在一定程度上决定了一个国家或地区的生物安全。但随着人类社会的快速发展，生物多样性迅速锐减，这一情况也逐渐被人类重视（Spiteri and Nepal，2005；Allendorf，2007）。生物多样性锐减主要是由于人类对自然环境的过度开发和人类活动导致的生物入侵对原有生态系统的破坏（Wei et al.，2016）。生物入侵是对生物多样性造成损害的常见方式之一，其中部分动植物有意或无意的通过人类活动而被引入新地域，在新地域的生态系统中形成了自我再生能力，从而对新地域的生态系统造成明显的损害或影响（Willmson and Fitter，1996；Elton，1958）。生物安全材料可以协助保护生物多样性，有效防护生物入侵。

20 世纪 90 年代生物入侵被认定为全球变化的重要部分之一（Vitousek et al.，1997），对当地生物多样性、生态系统、人类社会及当地的生物安全造成严重破坏和威胁（Vitousek et al.，1996）。1996 年全球启动入侵物种项目（Wittenberg and Cock，1997），从此以后，生物入侵被各国政府和广大学者重点关注并深入研究（Lowei，1997；Mooney and Hobbs，2000）。Wang 等设计了一种超疏水性微孔材料用于核酸检测（图16-14），从而对物种进行鉴定（Xu et al.，2015）。在超疏水基质上设计的疏水微孔材料利用润湿性差异，让微孔与周围底物之间驱动痕量分析物的水溶液冷凝成超亲水微孔，通过缩合富集效应，实现了对 DNA 的超痕量检测，其检测限为 $2.3×10^{-16}$mol/L。通过设计，感应超疏水微芯片将富集和检测结合在同一个芯片上，用于检测超痕量 DNA 样品的 DNA 微阵列，随后对应物种的 DNA 基因库可快速鉴别生物种类，帮助当地快速侦测和及时排除入侵物种。

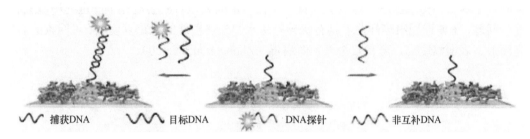

捕获DNA　　目标DNA　　DNA探针　　非互补DNA

图 16-14　DNA 检测机制示意图（Xu et al., 2015）

重金属离子及放射性核素无处不在。在社会生产过程中，反应堆、铀矿开采、核试验等会产生大量的放射性核素。当大量的放射性核素进入生态环境，可通过各种途径对生物造成不同程度的辐射危害。因此，利用生物安全材料有效去除环境中的重金属离子及放射性核素，是保证生物安全及绿色可持续发展的重中之重。Xu 等基于过渡金属钍的异金属构建了一种金属有机框架材料（MOF），可用于放射性物质的富集（Xu et al., 2019）。金属镍低放射性元素钍在小分子异烟酸配体的桥连作用下，通过溶剂热自组装获得了具有 1.1nm 窗口尺寸的纳米笼状结构 MOF。该材料的稳定性研究表明其可在多种溶剂、不同酸碱度及 $4×10^5$Gy 的 β 射线辐照下保持结构稳定。理论计算研究也从多个角度验证了该材料具有良好的稳定性。大孔道结构和辐照稳定性为该 MOF 富集放射性物质提供了理论上的可能性和稳定性方面的保障。对放射性高锝酸根模拟物高铼酸根的吸附研究表明，1g 该材料可吸附 807mg 高铼酸根，表明该 MOF 对放射性物质具有出色的富集作用。该研究也为放射性废料的处理等热点问题的解决提供了新的思路，在保护生态环境和物种多样性方面展现出重要应用前景。

四、其他领域的生物安全材料

（一）实验室生物风险防护材料

实验室相关感染（laboratory-associated infection）是指由于从事实验活动而发生的、与操作的生物因子相关的感染。研究病原微生物存在风险，在管理和操作病原体过程中一旦有所疏漏或错误，就会发生实验室感染，造成威胁，进而可能造成病原体扩散或传染病的流行。因此，急需发展可靠的实验室生物风险防护材料和防护设备。

实验室个人防护设备是指保护呼吸道和皮肤免受有毒化学品以及生物威胁或伤害的保护系统。个人防护设备类似一堵防火墙矗立在人与病原微生物之间，为防止病原微生物入侵人体提供了坚实的保障。个人防护设备主要分为呼吸防护设备和皮肤保护设备。呼吸防护设备包括防毒面具、呼吸器和防护口罩等。皮肤保护设备通常包含隔离防护服、完全封闭的防护服、通风防护肤和防护手套等。另外，防护帐篷和隔离室等集体防护设备所形成的隔离环境保障系统，可以充分防止化学和其他威胁或伤害，并确保人员在实施各种救援行动时免受核、生物和化学危害。因此，采用新型化学物质和材料来开发个人防护设备与集体防护设备，可以提高其耐用性，起到更好的保护作用（Ranney et al., 2020；Organization, 2020）。此外，个人防护用品很难在保存良好的前提下得到有效消毒（Zhong et al., 2020；Konda et al., 2020），因此，对具有广泛抗菌活性的稳定材料的需求很大。为了阻止高传染性疾病的传播，空气过滤已成为一种有效的被动污染控制策略。然而，大多数商用空气净化器仅依靠密集的纤维过滤器，可有效去除颗粒物，但缺乏抗菌活性。王博课题组设计了一系列具有光催化杀菌特性的金属有机框架材料（MOF）来制备纳米纤维膜（Li et al., 2019），它可以在阳光的驱动下有效地产生具有生物杀灭作用的活性氧（ROS），如图 16-15（a）所示。具体地，模拟太阳光照射 2h，一个 zinc-imidazolate MOF（ZIF-8）在生理盐水中对大肠杆菌的杀灭率达到了 99.9999%。这种 MOF 为防护材料的可持续、自消毒和适应性开发提供了新的见解，代表了下一代的个人防护装备。此外，用于制备口罩防护设备的聚合物材料也有研究。王中林课题组等基于聚偏氟乙烯静电纺丝纳米纤维膜（PVDFESNF）和摩擦电纳米发电机（TENG）设计了一种新型自供电静电吸附口罩（SEA-FM），可达到 99.2% 的微粒去除效率（Liu et al.，2018），远远高于商用口罩，如图 16-15（b）所示。新冠疫情期间，全球口罩需求激增。然而，大量一次性口罩的处理对社会造成了严重的环境威胁。因此，为了缓解这一问题，王博课题组等开发了具有优异超疏水和光热性能的可重复使用、可回收的石墨烯掩膜。面罩在日光照射下表面温度高，可有效杀灭表面病毒（Zhong et al.，2020）。

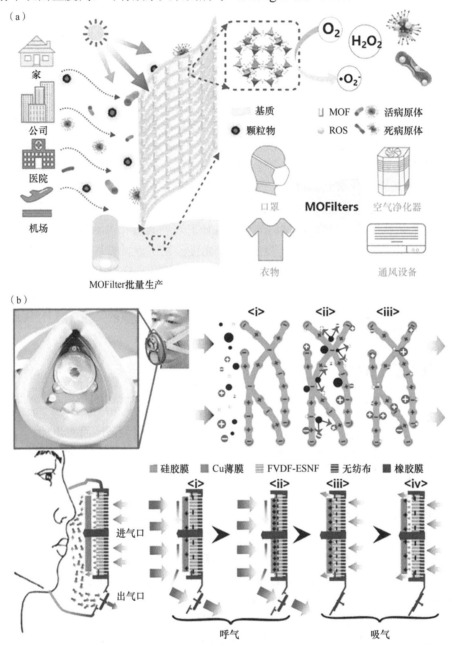

图 16-15　用于个人防护设备的纤维膜和口罩

（a）光催化杀菌特性的金属-有机框架（MOF）制备纳米纤维膜示意图（Li et al., 2019）；（b）自供电静电吸附口罩去除微粒示意图（Liu et al., 2018）

手术服是医生进行外科手术时所需要的特殊服装，所使用的材料需要具有保护性能，以阻止病毒和细菌的入侵医护人员，既要无菌、无尘、耐消毒，又要隔离细菌、抗菌舒适。一套三层抗病毒外科手术服由纺粘型聚丙烯无纺布、基准重量为 25g/m² 的聚酯纤维以及微孔 PTFE 薄膜制成，采用等离子体增强碳氟化合物对纺粘型聚丙烯外层进行了处理（Parthasarathi and Thilagavathi，2015）。经等离子体处理的聚丙烯为外层，PTFE 为中间层，聚酯非织造布为内层，组成了三层医用手术服。从病毒穿透性、抗菌性、喷雾冲击穿透性、耐水静力性、抗张性和透湿性方面分析手术服的液体屏障性能，以评估其是否适合抗病毒手术服。结果表明，经等离子体处理的菌衣比未经等离子体处理的菌衣减少了 99.04%，为微生物提供了屏障（Nel，2005；Brunekreef and Holgate，2002；Shafeeyan et al.，2010；Feng et al.，2016）。

应用于个人防护与集体防护的生物安全材料，可有效应对实验室生物安全威胁，也是目前生物安全材料研究的一大热点。

（二）生物武器与生物战防护材料

生物恐怖袭击是恐怖分子利用细菌、病毒等病原体或其产生的毒素，致使公众受伤、残疾甚至死亡，从而引发社会动荡、扰乱社会秩序的行为。生物战是作战双方或一方使用生物武器，导致敌方军队和后方地区传染病流行、大面积农作物坏死，从而削弱敌方战斗力的一种战争方式（王欣梅等，2003）。无论是生物恐怖袭击或者生物战都需要使用生物武器，生物武器是指使用生物战剂进行杀伤有生力量和破坏农作物的各种武器（晓金，2017）。用于制备生物武器的病原体具有传染性强、隐蔽性高、杀伤力大、危害时间长、成本低和定向性差等特点（陈家曾和俞如旺，2020），因此生物恐怖袭击和生物战会引起人类严重疾病和死亡，引发社会动荡、破坏环境和损害经济，例如，炭疽杆菌、肉毒杆菌和鼠疫杆菌等病原微生物对公共卫生安全构成严峻威胁。因此，急需开发应对生物恐怖袭击和生物战的生物安全材料。

生物恐怖袭击被认为是现代社会最重要的生物安全威胁。监测和医疗卫生应对是预防生物恐怖主义的两项关键措施。恐怖分子可以用于攻击的生物战剂包括炭疽芽孢杆菌、布鲁氏菌、立克次体和鼠疫耶尔森菌等。这些药剂主要是通过气溶胶、食物和水源进行扩散。生物恐怖制剂具有传染性强、隐蔽性强、生产工艺简单、影响广泛等特点。炭疽芽孢是一种理想的生物武器，因为它们对人类和动物具有极高的杀伤力（Kerwat et al.，2010；Akcali，2005；Pappas et al.，2006）。因此，对炭疽孢子的快速检测方法需求很强烈。如图 16-16 所示，Luan 和 Tang 等设计了一种稀土功能化胶束纳米探针，用于炭疽孢子生物标志物吡啶二羧酸（DPA）的比率荧光检测。该检测策略的原理是镧系官能胶束中的 Tb^{3+}离子在加入 DPA 后，由于能量转移的发生而敏化的 DPA 发色团与 Tb^{3+}离子配合发出本征光（Luan et al.，2018）。该纳米探针可在数秒内检测 0～7mmol/L 线性范围内的 DPA，检测限可达 54nmol/L。将这一具有特殊性能的新型材料纳入检测系统可以加强对生物武器的防御。

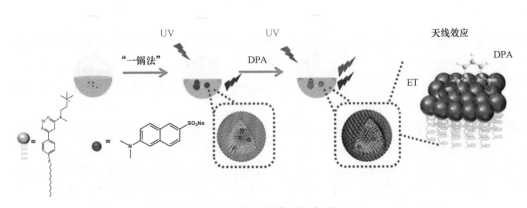

图 16-16　稀土功能化胶束纳米探针检测炭疽原理（Luan et al.，2018）

由于某些生物武器，如沙林毒气，能造成急性神经毒性，故拯救受到攻击后的受害者仍然具有挑战性。阻断神经和器官之间交流的有机磷化合物（OPS）常常被用作生物武器（Bower et al.，1981）。江邵毅课题组开发了一种纳米清除剂，它可以用于啮齿类动物 OPS 中毒（图 16-17）之后的救治（Zhang et al.，2019）。该纳米清除剂能催化有毒 OPS 的分解，在 OPS 中毒时表现出良好的药代动力学特性和可忽略的免疫反应。在豚鼠模型中，单次预防给药有效地防止了一周内重复接触沙林毒气导致的死亡，证明了该纳米清除剂在生物安全中的意义。

日前，国际环境日益复杂，恐怖主义阴云笼罩，开发用于生物武器与生物战防护的生物安全材料，对国家安全具有重大意义。

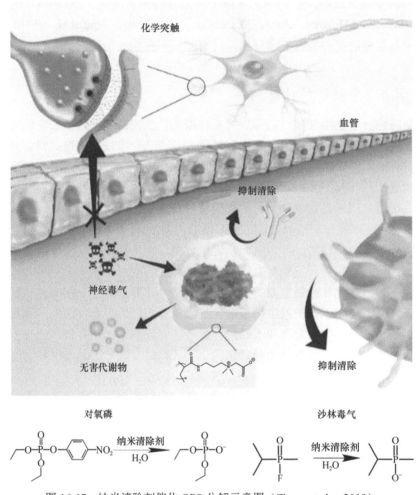

图 16-17　纳米清除剂催化 OPS 分解示意图（Zhang et al.，2019）

（三）航空航天生物安全材料

随着科技发展，人类对世界的探索从探索地球开始逐渐步入探索太空的阶段。太空的高真空、强辐射和微重力环境，为生物安全材料加工开辟了一个新领域。如今各种载人航天技术的发展和空间站生态系统的构建无疑是对生物安全的一个新挑战。随着科技的更新换代，个体防护、航空航天生命保障、航空航天器生态安全等系列挑战也在不断提高。

生命保障技术是在航空航天飞行中保证人和其他生物安全并提供生活环境及人的工作环境的综合性科学技术。它一般包括载人航天器生命保障、飞机环境控制、生物卫星生命保障、生物火箭生命保障，有时还包括紧急情况下的生命保障，如个体防护、航空救生、航天救生。生命保障与航空航天医学有密切关系。

空间辐射环境主要分为地球辐射带和宇宙射线。NASA 经过对太空辐射环境的长期分析，在 20 世纪 80 年代正式将宇航员列为放射性工作者，这表明航天安全是一个生物安全问题。Doherty 等（2015）报道了一种被称为 SolarBlack 的高吸收率/高发射率骨炭基热控制表面，用于刚性和柔性金属基板，包括钛、铝、铜合金（图 16-18）。这项技术已获准用于太阳轨道飞行器隔热罩的前表面，从而为宇航员提供生物安全保护（Ghidini，2018）。

空间环境撞击事故造成的伤害可直接导致毁灭性后果。因此，为了解决这个问题，Timothy F. Scott 等开发了一种在撞击后一秒钟内就能自愈的高分子材料，通过将硫醇-烯-烷基硼烷夹在中间来制造三层板固体聚合物，利用环境引发的硫醇烯聚合达到自主修复的效果（Zavada et al.，2015）。用穿刺实验模拟撞击，出现破损孔后，反应液流入孔中，与航天器内的氧气接触引发聚合，将液体转化为固体进行自我修复。这个过程几秒钟内就能完成。尽管其他用于材料自我修复的方法已经利用了类似的液-固转变，但只有该自我修复材料能够在几秒钟内完成密封裂缝。自我修复型材料推动了生物安全材料在航空航天及太空生物安全防护领域的快速发展。该自我修复材料为宇航员提供了优秀的生物安全保护水平，保证了人的生命安全，提高了探索太空过程中相关工作的效率。

图 16-18　高吸收率/高发射率骨炭基热控制表面 SolarBlack 的金属板示意图（Doherty et al.，2015）

（四）总结

近年来，全球人口急剧性增长以及资源破坏性开采使得生态环境不堪重负，自然灾害及极端天气发生次数逐年上升。此外，随着现代生物技术及全球化经济贸易的发展，还出现了转基因生物、外来物种入侵、突发传染病全球传播等新问题，对生物多样性、生态环境、人类健康等生物安全环节造成了极大威胁。2019 年12 月底，新型冠状病毒疫情在武汉暴发，随后迅速蔓延至全国各省份，对全球人员及经济造成了重大损失。因此，做好生物安全防控，对人类身心健康以及国家平稳发展都具有重要意义。习近平总书记在 2020 年 2月召开的中央全面深化改革委员会第十二次会议上强调："要从保护人民健康、保障国家安全、维护国家长治久安的高度，把生物安全纳入国家安全体系，系统规划国家生物安全风险防控和治理体系建设，全面提高国家生物安全治理能力"。生物安全被正式纳入国家安全体系，成为国家安全的十六个组成部分之一。

生物安全材料定义为应用于生物安全各领域的新型材料。"材料"是生物安全材料学的本质特征，也是其核心，而"生物安全"则是生物安全材料学的方向，其应具备对于生物安全目标明确、规划清醒、进度迅速等特点，以有效地解决生物安全问题，保障人民健康幸福，促进社会经济发展，满足国家战略需求。

（中国科学院化学研究所　肖海华）

（北京化工大学　　喻盈捷）

（中国科学院长春应用化学研究所　丁建勋）

第三节　人工智能技术

一、概述

生物技术（biotechnology，BT）与信息技术（information technology，IT）作为 21 世纪引领社会发展的两大技术，引起了各国政府和学者的广泛关注，正在引领医药、农业、能源和材料等领域取得颠覆性的突破。人工智能（artificial intelligence，AI）是引领新一轮科技革命、产业变革、社会变革及军事变革的战略性技术，正在对经济发展、社会进步、国际政治经济格局等方面产生重大而深远的影响。人工智能与生物技术的结合，将促进智能化、自动化、一体化的生物技术与生物体系的形成，同时推动了人工智能向更深层次的方向发展。

人工智能是通过使用计算机算法来模拟、延伸和扩展人类思维过程及行为的前沿技术科学。机器学习（machine learning，ML）和深度学习（deep learning，DL）等人工智能核心算法逐渐应用于新兴生物技术领域。例如，基于机器学习的生物序列功能注释和基因组突变位点检测（Camacho et al.，2018；Libbrecht and

Noble，2015；Ritchie et al.，2015），利用深度学习预测增强子（Kleftogiannis et al.，2015）、启动子（Umarov and Solovyev，2017）、转录本剪接（Lee et al.，2015）、生物分子计算（Teng et al.，2021；滕越等，2021；杨姗等，2022）以及从头设计药物等。作为人工智能的核心算法，机器学习是研究计算机从数据中学习，且不遵循显式指令来执行任务的算法，其目标是学习一个函数，该函数可以从一组输入-输出对（通常称为训练数据）中将输入数据实例映射到期望的输出值。机器在训练过程中学习从输入到输出的映射关系，并能够对新的数据产生合理的预测。机器学习算法通常分为有监督学习（supervised learning）、半监督学习（semi-supervised learning）和无监督学习（unsupervised learning）。尽管传统的机器学习技术有着广泛的应用，但它们在处理原始形式的自然数据和学习众多数据中复杂模式方面的能力有限（Hinton and Salakhutdinov，2006）。与机器学习算法相比，深度学习以构建神经网络（neural network）为基础，在处理高维数据集时具有自动特征提取功能和更强的数据学习能力。深度学习算法在处理复杂的分类和回归任务方面取得了显著的性能提升（LeCun et al.，2015）。在深度学习领域，变分自动编码器（variational autoencoder，VAE）和生成对抗网络（generative adversarial network，GAN）等生成模型已开始应用于生物设计领域的研究，并在合成生物学元件发掘、设计及改造等方面发挥了重要作用（Kingma and Welling，2014；Goodfellow et al.，2014；Davidsen et al.，2019；Wang et al.，2020b）。

随着人工智能技术的迅速发展，其广泛应用于数据挖掘、生物建模、靶标发现、候选化合物确证和临床前及临床研究各个生物学过程，加速了药物设计、智能医疗、生物大数据等领域的创新创造能力，充分展现了生物技术与信息技术的未来趋势。人工智能模型在"设计-构建-验证-学习（design-build-test-learn，DBTL）"循环中发挥了重要作用。机器学习模型可以自动化、系统化地学习新构建的生物系统测试数据，继而连续设计更优实验来最小化每个"设计-构建-验证-学习"循环周期（HamediRad et al.，2019）。随着自动化生物实验的兴起（Chao et al.，2017，2015），无论是在生物元件发掘层面上，还是在集成基因线路的生物系统构造层面，人工智能模型驱动的稳健决策过程都可以加速全自动化 DBTL 循环的到来，为生物制造系统的"智造"提供急需的推动力。

系统生物学是从整体角度来研究生命的复杂特性，包括生物系统中各类性质的组成成分（基因、蛋白质、小分子等）构成以及相互关系，其精确工程化设计需要在不同层次上评估大量相互关联的生物过程，将系统生物学数据转化为具有内在结构的字母序列，其过程类似于自然语言处理，构建可整合生物数据的动力学模型，并通过模型建立定量或定性关系。因此，人工智能模型可以将统计和最大似然方法与动力学建模相结合，得到生物复杂现象的解释，进而探索生命系统的本质规律。同时，高质量数据暴发式增长和标准格式化可读数据的不断涌现，使之更适用于人工智能模型，进而对生物系统的分析提供深入的理解。一方面，物理模型可通过引入大量阐明机制及数学公式来弥补人工智能模型中先验假设的不足；另一方面，利用人工智能技术开发处理海量数据集的工具，如降维算法和无监督学习，可以用来加强物理模型的训练（Zampieri et al.，2019）。此外，迁移学习（transfer learning）是通过在现有大样本数据集上学习相似问题而得到预训练模型，可有效解决样本不足的问题（Pan and Yang，2010）。其利用从一个环境中学到的知识来促进另一个环境中的学习任务，在两个任务中数据集密切相关的前提下，可以通过迁移学习将预先训练好的模型共享给新模型（Kraus et al.，2017）。迁移学习通过这种方式减轻了对大数据量的需求，同时仍能够产生精确的模型。由此可见，人工智能、物理模型和自动化生物实验的交叉与结合，将在未来若干年成为合成与系统生物学领域的研究重点。

生物技术与人工智能技术在信息网络、生物医药、人类健康、生物识别、生物计算、新材料与先进制造等领域不断创新与融合，将实现颠覆式的产业应用。然而，人工智能驱动下生物技术的发展也催生了新型生物安全威胁。

二、人工智能技术设计生成全新生物元件

合成生物学将工程学的思想与方法引入经典生物学研究中，强调在工程学思想的指导下，理性设计并重构新的生物元件、模块和系统，或对现有的、天然来源的生物系统进行从头设计与改造。具有明确可测

量的输入和输出变量的生物系统设计应用可以用人工智能算法建模学习,以应对合成生物学设计中的挑战。一个设计良好的数据驱动模型可以预测新设计的实验结果,并提出优化相关生物系统设计目标的实验设计策略,从而节省人力、材料成本和时间。在先验知识和观察的基础上,选择特定实验的数据进行训练和验证,而模型选择过程通常是参考特定领域的专业知识及对多个模型的评估结果,并对具有最佳性能预测的候选模型进行实验验证。新生成的数据可以反馈到模型训练阶段,并允许持续更新模型的预测能力,从而实现完整的"设计-构建-验证-学习"循环。

尤其是随着数据生成能力的提高,人工智能在大数据领域的应用备受瞩目,而合成生物学正处于与人工智能这一交叉学科对接的首要位置。两者的融合发展,既使得合成生物学模型的构建更加智能化和全局化,又可以加速医疗保健、生物制药等领域产生新一轮革命性的产业升级,具有极大的发展潜力。由于合成生物学的迅速发展,以元件和基因线路等为基础的生物系统,已经越来越多地应用于生物制造等领域。然而,生物元件间错综复杂的连通性和复杂性成为按需设计的主要障碍。人工智能模型能够从复杂生物数据中识别跨越多个分析尺度的特征与模式,并通过预测优化候选方案来增强生物元件间的鲁棒性。在生物系统设计的元件、基因线路和代谢途径等层面都可使用人工智能替代直观的工程化解决方案,并减少设计迭代次数。

生物元件是合成生物学基本要素之一,生物元件的挖掘与设计是合成生物学领域的重要研究方向。生物元件主要包括启动子、终止子、转录单元、核糖体结合位点、质粒骨架、蛋白质编码区等。人工智能技术在复杂生物特征表征和多模态信息融合等问题中表现出巨大潜力,为生物分子的挖掘与设计提供了新思路(图 16-19)。例如,Umarov 和 Solovyev 应用卷积神经网络构建预测模型,分析了人、鼠、植物和细菌等原核及真核生物的启动子序列特征(Umarov and Solovyev, 2017),结果表明,深度学习方法在预测复杂启动子序列方面具有更高的准确率。清华大学已利用人工智能方法设计并合成了全新的基因启动子,为生物调控元件的设计和优化提供了崭新的手段;Wang 等在大肠杆菌中成功实现了全新基因启动子的设计与生成(Wang et al., 2020a),其通过人工智能方法设计获得了大量的全新启动子,这些启动子具备了天然启动子的关键特征,经实验验证成功率超过 70%。此外,这些人工启动子序列与天然启动子序列的相似度较低,产生了非天然的序列规律,降低了同源重组的风险。

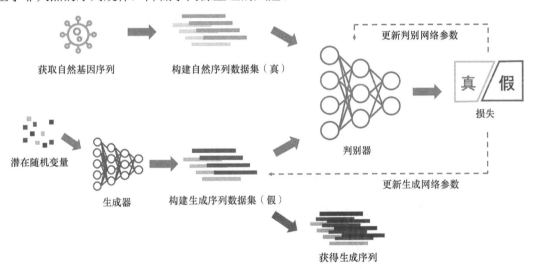

图 16-19　基于人工智能技术设计生物元件流程图

2020 年,Marques 等收集病毒组装前后的腺病毒相关病毒(adeno-associated virus,AAV)衣壳库数据,利用人工神经网络等模型进行训练,用于预测未知衣壳变体是否能组装成可行的病毒样结构(Marques et al.,2021)。人工神经网络模型可直接基于实验数据训练,而无须生物物理建模,为获得工程蛋白质的充分潜在多样性提供了途径。2021 年,Bryant 等使用高通量技术测定各种突变对 AAV 衣壳病毒活性的影响,应用深度学习设计高度多样化的 AAV 衣壳蛋白变种(Bryant et al.,2021)。深度学习模型发现了由一系列突变组成的巨大序列空间,这些突变被预测在 AAV 衣壳中保持活性,从而大大加速了寻找能逃避免疫反应的突变型 AAV 的下游过程。由于腺病毒通常表现出比腺相关病毒更高的免疫原性,因此类似的深度学习平台可能在腺病毒基因治疗领域显示出强大的适用性。然而，基于人工智能技术将产生大量全新的基因元件，元件特性及其相互作用的不确定性可能产生安全风险。

三、利用人工智能技术设计合成新型危险生物分子

蛋白质执行转录、翻译、信号转导、催化生化反应等各种功能。这些功能编码在氨基酸序列中，蛋白质工程的目标是发现能优化特定功能蛋白的最佳氨基酸序列。然而，准确地将氨基酸序列映射到它们的蛋白质功能上仍然是一个巨大的挑战。主要的障碍是庞大的氨基酸序列空间，其中氨基酸序列的可能数量随着蛋白质序列的变长而呈指数级增长（Mandecki，1998）。在过去的几十年里，有两种主要的方法来发现功能蛋白的相关突变体。一种方法是理性设计，它是基于物理函数的蛋白质结构和分子动力学的计算模拟。另一种方法是定向进化，它绕过了序列-函数映射问题，通过重复几轮的多样化突变和定向选择直接探索序列空间（Romero and Arnold，2009）。这两种策略及其结合方法已经成功地应用于许多蛋白质工程项目。然而，缺乏对蛋白质结构和功能的详细生物物理理解阻碍了蛋白质的理性设计，收敛到局部极大值而不是全局极大值则是定向进化的主要挑战。

人工智能作为计算机科学中一套解决输入-输出映射问题的技术，是破译蛋白质序列与功能关系的一种新颖又很有前途的方法。利用给定蛋白质序列及其相应的功能作为数据集，可以训练机器学习算法来预测新序列的功能，从而指导研究人员找到功能改变的突变体。这种方法是对定向进化的补充，利用机器学习擅长探索序列空间的能力，可探索更为广阔的序列空间。2022年7月，DeepMind的深度学习软件AlphaFold预测并公开分享了超过2亿种蛋白质的结构，证明了利用人工智能技术仅从一维氨基酸序列就能准确预测三维结构的惊人能力。机器学习算法将蛋白质序列的数字编码作为输入，然后将它们传递给估计模型。随着提供更多的训练数据，估计模型的参数会不断更新，通过估计模型能够精确地预测一组测试数据来评估最终的预测性能。例如，Codexis小组设计的通过迭代过程驱动的ProSAR将随机生成的变异体序列编码为一个热点载体，通过训练偏最小二乘模型和预测变体活性，最终证明ProSAR将卤代醇脱卤酶催化的反应速率提高了4000多倍（Fox et al.，2007；Liu and Kang，2012）。机器学习中的序列可以由物理属性描述符的向量（Ofer and Linial，2015）或从无标签序列的无监督训练中学习的分布式连续向量（Asgari et al.，2015）来表示。在块替换矩阵（block substitution matrix，BLOSUM）中捕获的进化信息也可能被合并（Henikoff and Henikoff，1992）。

人工智能驱动的药物设计主要分为三大类：从头药物设计、现有数据库的虚拟筛选和药物再利用。已有研究表明，人工智能算法在复杂生物特征的挖掘与生物分子的设计中表现出巨大潜力，实现了新型药物分子的智能化设计。利用人工智能技术设计新型功能性化合物，创新了小分子发现新模式，极大地推动了新型化合物的设计及验证。将小分子的化学结构转换成机器可读的格式，包含合成方法、物理化学特征和蛋白质-靶标相互作用等特征数据集，并通过计算方法和人工智能来处理虚拟化学空间，人工智能算法可以快速数字化设计和评估万亿数量级的分子组合，远超于传统实验室筛选和表征规模。人工智能技术的优势显而易见：首先，用非动物测试系统取代目前用于毒性测试的动物具有许多科学、伦理和经济优势，使用计算机系统具有极大的速度和成本优势；其次，20世纪材料和化学品的使用量已经增加到每年600亿，在美国注册商业用途的化学品中，只有不到1%进行了毒性表征，因此需要发挥快速机器学习方法在毒性表征方面的优势，其用于测试化学品和材料毒性的相关需求非常明显；最后，可以数字化设计的材料和化学品的数量远远超过了经过表征的材料和化学品的数量，例如，基于6个表面的材料组合成的新材料数量估计超过万亿，仅基于己烷的有机化学品数量就超过1030个，表明具有极大数量的可能组合。

然而，这项技术将产生大量具有致命毒性的新型病原基因及化学品，对环境生态、人类健康等方面产生巨大的生物恐怖安全隐患。研究人员在最近的一篇评论中指出，科学家们通过用机器学习，能够把无害的生成模型从一个有用的医学工具变成杀手分子的生成器，其不但可以生成已知的化学战剂，同样可以生成全新毒性分子（Urbina et al.，2022）。根据预测，这些新分子将具有更强的毒性，证明非人自主创造致命化学武器是完全可行的。尽管人工智能可以在医疗和其他行业中发挥重要作用，但我们也应该像对待生物

制剂等资源一样，对其潜在的双重用途保持警惕。

四、DNA 合成、测序及存储技术加剧了生物安全隐患

生物技术与信息技术的不断交叉融合，催生了新型生物数据安全威胁。DNA 测序技术或基因测序技术的主要功能是获取目标 DNA 片段的碱基排列顺序，是研究生物过程、疾病成因以及基因工程的基础（Ding et al.，2020；Goldberg et al.，2015；Gwinn et al.，2019）。随着 DNA 测序技术的迅速发展，具有高通量和并行测序等优点的新一代测序平台极大地缩减了基因测序的成本，由此产生的 DNA 测序数据拥有数量多、质量高等特点（Hu et al.，2021；Shendure et al.，2017；Stark et al.，2019；van Dijk et al.，2018）。通过这些可靠的测序数据，研究者们可以快速获取研究目标的全基因组序列信息。同时，DNA 测序技术的大量推广使更多人能够更加轻松地获取相关的生物信息。因此，随着生物数据规模的不断增长与生物信息分享平台的快速发展，生物数据安全及其引发的生物安全隐患备受关注，对于保护生物信息安全技术的相关研究刻不容缓（Gürsoy et al.，2020；Ney et al.，2017；Shi and Wu，2017）。

DNA 合成、测序、存储等新兴生物技术的发展，与分子生物学、系统生物学、生物信息学、遗传学和代谢工程等诸多领域交叉融合，其所涉及的海量生物数据处理与分析过程高度依赖于计算机与网络（McCombie et al.，2019；Shendure et al.，2017；Stark et al.，2019；Teng et al.，2022）。例如，测序仪本身即是一台计算机，或其必须与计算机连接才能完成测序工作。此外，DNA 测序文件同样会使用多种计算机软件执行大规模分析任务。因此，DNA 存储与计算机交叉技术将引发一种新的生物-计算机威胁，攻击者可以利用合成 DNA 片段作为武器，并借助测序分析流程中的软件漏洞攻击相关计算机系统与网络。这种攻击方式利用 DNA 分子作为信息存储介质，通过 DNA 编码恶意程序，使 DNA 作为计算机系统的"输入"来远程破坏相关系统和网络。事实上，利用网络技术威胁生物安全的能力已经形成，2017 年 8 月，美国华盛顿大学研究人员通过在基因颗粒中植入恶意代码，将计算机命令转化为 DNA 测序数据，成功制造了全球首例利用基因攻击计算机事件（Ney，2019）。相关研究人员表示，利用血液或唾液样本入侵研究机构的计算机设备，窃取实验信息或数据文件，对计算机黑客而言将不再困难。

在基于生物-计算机的攻击方式中，为使包含恶意程序的 DNA 链遵守 DNA 合成测序的相关原则，如限制 GC 含量、约束连续碱基以及避免单链自身形成二级结构等，DNA 序列需要添加额外的内容，利用这些特点同样可以成为防御攻击的重要手段。此外，为保证 DNA 解码的准确性不会被 DNA 测序过程中存在的随机性和误差干扰，攻击者通常会使用限制编码复杂度和灵活性的技术（纠错码、两端对称链和重新同步指令序列等）来避免其影响，这些技术使合成 DNA 链含有相似的特征而利于辨别。随着二代和三代测序技术的进步与普及，测序数据处理分析相关的计算机将更容易成为攻击目标。因此，可以通过加强对测序数据读取与分析软件的监管，在测序下机文件进行读取分析前，采用有效的检测识别方法对产出数据进行筛选鉴别，从而确保测序文件的安全性。

DNA 测序技术的进步，尤其是高精度和长读长测序技术的持续开发使 DNA 测序设备得到广泛部署，DNA 合成技术的发展也推进了 DNA 存储技术的实际应用。例如，2020 年 DNA 数据存储联盟由以 Illumina 为代表的测序公司、以 Twist Bioscience 为代表的 DNA 合成公司，以及微软研究院和 Western Digital 为代表的数据存储公司等 15 家公司联合成立。他们意图创建和推广一个基于人工合成 DNA 作为数据存储介质的、具有自动化操作性的存储生态系统。DNA 存储技术实际应用的推进使攻击者有能力且有机会攻击计算机与网络，无形中增大了生物-计算机安全的攻击面。此外，测序数据通常会由不同研究团队进行分析，并通过生物数据库或邮件等方式进行数据共享，这些被共享的数据可以被用作潜在的攻击手段，从而增加了生物-计算机安全面临的风险。

（军事科学院军事医学研究院　滕　越　蒋大鹏）

（中央军委后勤保障部卫生局　葛　鹏）

第十七章
生物技术两用性和多学科

第一节 生物技术在医学中的两用性

一、概述

生物技术在近半个世纪以来取得了一系列重大发展。在医学领域方面，现代生物技术与医学相互渗透融合，革新了一系列前沿技术，如合成生物学、神经科学、基因编辑技术、植入医学等。但是，生物技术存在典型的两用性特征，在其为人类生活谋福祉的同时，也可能对人类健康造成严重负面影响及后果。

（一）两用生物技术的利与弊

从医学角度，两用生物技术的开发应用带来了很多便利，利用合成生物学生产药物、利用微生物实验室生产疫苗、利用基因编辑等技术开发新的治疗方法、试管婴儿等技术给有相关需求的家庭带来了福音。但不加控制的生物技术发展也可能给社会带来以下风险：实验室泄漏风险、生物技术滥用风险、公共卫生健康风险以及伦理风险。①实验室泄漏风险：医疗机构或研究机构储存的病毒、微生物等，由于自然灾害或意外事故的破坏而发生泄漏，造成人员感染；②生物技术滥用风险：生物技术目前正在向着低成本、便利化的方向发展，对设施设备和技术操作的要求日益简单，被滥用的风险逐渐增高；③公共卫生风险：由于抗生素滥用、基因编辑和人为制造耐药菌等，导致多重抗生素耐药菌产生，可能带来全球性的健康威胁；④伦理风险：从试管婴儿到新型辅助生殖技术、从克隆技术到干细胞研究、从合成生物到基因编辑，新兴生物技术的发展与应用均伴随着广泛的社会关注和深刻的伦理争议。

（二）中国对两用生物技术监管的重视

由于两用生物技术的敏感性，其安全直接影响人类生命安全、环境生态安全、社会经济安全等，是国家安全乃至世界安全的重要组成部分。尤其是在 2019 年暴发新冠疫情，以及我国 2020 年 10 月 17 日颁布了《中华人民共和国生物安全法》，更是将国家对生物技术安全的重视程度提升到一个新高度，明确提出要从保护人民健康、保障国家安全、维护国家长治久安的角度，将两用生物技术安全纳入国家安全体系，并进一步完善规划国家生物安全风险防控和治理体系建设，从而全面提高国家生物安全治理能力。

下面以合成生物技术、神经生物技术、基因编辑技术等代表性两用生物技术为例，从多个角度出发，对其在医学行业应用现状及前景、潜在风险及其防范进行初步探讨。

二、合成生物技术与医学

合成生物学指的是在工程学思想指导下，按照特定目标理性设计、改造乃至合成生物体系，其本质是让细胞、微生物为人类工作生产，用以解决农业、工业、医学等各方面的问题。合成生物技术的应用具有广阔前景，在医学成果转化方面尤其受到社会各界关注。在医学领域，通过改造细菌、病毒等作用于人的生命体，能极大地提高对肿瘤、代谢疾病、耐药菌感染等疑难杂症的诊疗和预防水平。但在展现巨大应用潜力的同时，这些合成产物也可能带来潜在风险。由于其潜在的生物安全和安保风险，合成生物学已经被美国列为"大规模杀伤性武器"。下文就合成生物技术及其两用性作简短概述。

（一）合成生物技术的医学转化

1965 年，在王应睐等中国科学院专家的带领下，我国完成了结晶牛胰岛素的合成，这是世界上首次人工合成具有生物活力的蛋白质，突破了有机化学领域到生物领域之间的界限，由此开启了合成生物学快速发展时代（姜泓冰，2019）。1973 年，Herbert 等构建了一个重组质粒，并发现重组质粒可以在大肠杆菌内复制和表达。这是人类第一次打破物种屏障实现了基因转移，合成生物学技术再次向前迈进一大步。20 世纪以来，合成生物学迎来蓬勃发展。2017 年，Science 杂志发表了一项研究，通过完成酵母菌 5 条染色体的设计与合成，获得了人工合成酵母，是真核生物基因组生物合成技术难点突破的重大里程碑，我国清华大学、天津大学等多家单位是其中的重要参与者。近年来，合成生物学技术更是大步向前发展，通过对细菌、病毒的改造，在减毒疫苗、防疟、肿瘤治疗、耐药菌治疗、代谢疾病的诊治等方面发挥了重大作用（崔金明等，2018）。

合成生物学技术已经发展到"自下而上，从头设计生命"的新阶段。通过设计多部件之间的协调运作建立复杂系统，并对代谢网络进行精细调控，从而构建人工微生物、细胞来实现药物生产、疾病诊疗等目的。今后合成生物学必将有更大的发展前景，也必将创造更多合成生物诊疗产品，催生更多高新技术。

（二）马痘病毒合成引发的两用性争议

随着合成生物学技术的快速发展，给医疗乃至各行各业带来了极大的便利。但作为两用生物技术，风险与之并存，使用不当将可能导致严重后果。

李真真等认为合成生物学涉及的安全风险主要分为生物安全和生物安保两个方面（图 17-1）。生物安全是"保护人和环境不受意外接触有害实验试剂和材料的政策、做法、设备和医疗措施"；而生物安保是"为了防止未经授权的占有，防止丢失、盗窃、滥用、转移或故意释放，对易引发严重后果的生物制剂和毒素以及关键生物材料和信息的保护、控制和责任"（Zhen et al.，2018）。简言之，前者重点在于尽可能消除技术应用过程中的不确定性，后者重点在于防止技术被滥用。

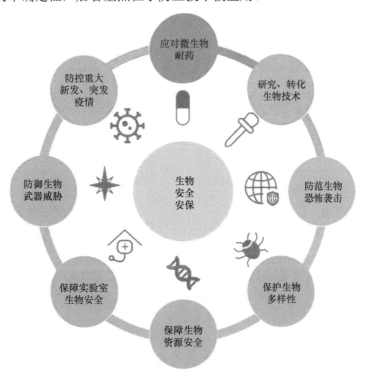

图 17-1　生物安全与生物安保

早在 2003 年，某实验室就发生过 SARS 病毒泄漏感染事件，表明人们在利用生物技术开展实验研究时，往往会因为无意或者疏忽，造成意外事件的发生。这也给我们以警示，一方面应继续贯彻执行既有监管法律法规和政策文件，另一方面应充分借鉴国际先进的监管经验，结合我国实际情况，为生物技术及其应用的安全管理提供保障。2021 年 4 月 15 日《中华人民共和国生物安全法》的颁布是我国生物安全领域的里程碑式法律，也标志着我国生物安全法制踏上了新阶段（李阳和常运立，2022）。

合成生物学技术作为典型两用性技术，它提供的产品、技术一旦被不当使用，都可能对人类社会造成危害。目前，利用合成生物学技术已经可以合成一些烈性传染病菌和病毒，甚至有可能合成出已经灭绝的病毒，如天花等。这些病菌和病毒一旦泄漏或被人利用，将产生难以估量的安保问题。而生物安保的重点关注目标，就是遏制两用性带来的潜在风险。

2003 年的《芬克报告》首先强调了这一点，因此，2006 年《禁止发展、生产、储存细菌（生物）及毒素武器和销毁此种武器公约》第六次审议同意"无论出于何种目的、使用何种方法，无论其是否影响人类、动物或植物，无论何种类型和数量，无理由禁止所有自然或人工、创造或改造微生物或其他生物制剂的毒素成分"。此后美国国家科学、工程与医学学院在其发布的报告中指出，合成生物学扩展了制造新武器的可能性。该报告总结了最为常见的安保问题，其中最高级别包括"重新制造已知致病病毒"、"制备生化化合物"、"增加现有细菌的危险性"等（National Academies of Sciences, Engineering and Medicine et al., 2018）。

单从概念上来说，区分民用目的和军事目的是十分困难的。绝大多数的成果转化都有益于社会进步发展，但无可争辩的是，同样的研究成果也可能被军方或恐怖主义转化应用，成为大杀伤性武器。这种潜在的滥用造成了"两用性困境"，迫使国际社会、国家、研究机构、出版商乃至个人不得不承担起这方面的道德责任（图 17-2）。

图 17-2　生物技术在医学中的两用性困境

围绕这一问题的争论在 2011 年达到顶峰，当时有研究团队创造了可以通过空气在雪貂之间传播高致病性禽流感 H5N1 的转基因毒株。目前人类中发现的普通 H5N1 病毒传染力不是很强，但是这项新的研究中改造的高致病性毒株则完全不同，其致病性、传染力大大增强，轻易可在数以百万计的人群之间传播。人们很担心这些毒株一旦落入恶人之手，将可能会被用于制造生物武器。出于对这项研究可能被滥用的担忧，美国国家生物安全科学咨询委员会建议在发表相关研究结果的论文中省略产生改良病毒方法的关键细节（Fernande，2011）。但其建议缺乏任何约束力，无论美国国家生物安全科学咨询委员会的立场如何，公布内容的最终决定权还是属于编辑和作者（Evans，2022）。

2017 年，"两用性困境"再次成为生物学界关注焦点。阿尔伯塔大学病毒学家大卫·埃文斯（David Evans）领导的一组加拿大研究人员声称，他们用邮购的基因片段合成了已经灭绝的马痘病毒（其合成技术可用于合成天花），价格仅约 10 万美元。尽管这项实验声称其目的是"帮助解开一种有几百年历史的天花疫苗的起源，并导致新的、更好的疫苗甚至癌症治疗方法"，但也有人指出，埃文斯使用的技术可以用来重现天花（天花病毒已在自然界消失，世界上仅有俄罗斯和美国两个国家被允许保存天花病毒本体以供研究）。这类科学发展意味着天花再次出现的危险永远不可能完全消除（Impelluso and Lentzos，2017）。

不少专业人员对这类研究持反对态度，认为使用不当可能带来危害，但仍有不少研究人员持乐观态度：即使有足够的技术信息展示合成病毒的几个关键步骤，但完整的重建病毒操作手册并不存在（Carter and

Warner, 2018; Gao et al., 2020）。例如，一位专家指出，网络上公开了天花病毒的基因组序列，但分步重建天花病毒的方法难觅踪迹。另一位专家指出，就算病毒的 DNA 序列都是公开的，但这并不意味着你就能制造一种病毒；即使成功制造病毒，也不意味着能应用于军事。此外，还有专家认为研究者经常难以复制他人的实验（Koblentz, 2017）。

从这个案例来看，该团队很可能并未预料到事件会引发如此大的社会反响，一再强调该试验的目的在于"改善天花疫苗"。即便如此，这样的研究结果很可能使整个人类社会再次处于天花阴影之下。我们应该清醒地认识到该项技术背后的两用性风险。尽管距离复活天花病毒还欠缺种种条件，但我们不能仅仅因为"实验很难"就认为不存在危害的可能，尤其考虑到生物技术现今快速的发展，正如我们 20 年前也不认为生物技术会发展到现在的程度。严格防止合成生物学技术的两用性带来危害，需要国际组织、各国政府、研究机构乃至研究者个人一起行动（Vinke, 2022）。从思想上认识到两用性技术可能带来的危害，同时对关键技术予以保密处理、加大原材料的获取难度等，将促使合成生物学向着利于社会的方向稳步发展。

三、人细胞基因编辑与医学

近 50 年以来，临床医生一直渴望通过改变基因或影响其表达来诊疗一些遗传疾病。在过去 10 年里，基因治疗或者说基因编辑技术取得了长足的进展，CRISPR/Cas 系统一时风靡全球。许多机构甚至正在进行或者已经成功完成一些疾病的基因治疗临床试验，包括 β-地中海贫血（Thompson et al., 2018）、膀胱癌（Boorjian et al., 2021）、脊髓性肌萎缩等（Day et al., 2021）。

随着技术不断更新，科学家们的焦点瞄准了下一个目标——基因编辑胚胎。虽然许多国家都限制或禁止人类生殖细胞基因编辑，但已经有一些国家批准了胚胎研究计划。例如，英国在 2016 年初批准了一项体外胚胎研究（Ormond et al., 2019），美国某实验室发表了一篇描述体外人类胚胎编辑的论文（Ma et al., 2017）。随着贺建奎等在 2018 年宣布对双胞胎婴儿进行了生殖系基因编辑，引发了巨大的社会反响和谴责，将关于基因编辑两用性的讨论推到了顶峰（陈晓平，2019）。

（一）人细胞基因编辑的思考

需要强调的是，贺建奎等使用的胚胎在实验之前根本不存在，完全只是为了他的实验而创造的产物。这些胚胎既没有生病，也没有死亡风险，添加一个新基因对他们来说可能毫无益处，甚至还可能带来一些不必要的基因疾病。在现有法规不健全的情况下，研究者及机构很容易通过这些漏洞开展类似研究，将基因编辑用在了错误的道路上，对当事人及社会造成潜在风险。可以说胚胎基因编辑试验研究之所以引发如此高度关注和强烈反对，其原因在于基因编辑技术的安全性、有效性尚不明确，以及随之而来的安全风险、伦理争议、法律规范等一系列问题亟待解决。

基因编辑人类体细胞与生殖细胞的本质不同在于，体细胞编辑只影响个人；而生殖细胞会遗传给后代，编辑的结果可能将扩散，进而影响人类社会。在现有法律和监管的体系下，体细胞的基因编辑能治疗人类的很多疾病，但针对人类生殖细胞的基因编辑则超出现有法理架构。

从理论上讲，基因编辑不仅能用于治疗疾病，还可能应用于增强或优化个体素质，如增强缺氧耐受、改变体型和相貌等（查荒源等，2021）。Musunuru 等调查评估了各类人员对基因编辑的态度，发现医生和研究者对体细胞基因编辑研究和临床转化的支持程度很高，但对生殖系基因编辑的支持程度较低。同时，医生更倾向于使用基因编辑治疗而不是增强个人能力（Musunuru et al., 2017）。但对于非专业人员而言，更可能希望应用此项技术从基因层面提升个体能力。如此，占据大量资源的人，可以通过基因编辑来改造甚至制造后代，使其在智力、外貌、身高甚至寿命方面取得相对普通人压倒性的优势，继而垄断所有的资源，使得阶级固化。正如英国作家阿道司·赫胥黎在 1932 年出版的长篇小说《美丽新世界》中所描写的，取消自然生育，由实验室孵化婴儿，在他们出生之前，就已被划分为阿尔法、贝塔、伽马、德尔塔、伊普西龙五种社会阶层，依据其阶层不同从事不同类别的工作。在这样的社会下，无所谓个性、情绪、自由，人之所以为人的根本也就不存在了（王晓颖，2009）。

那么我们能否通过限制基因编辑应用仅限于改变疾病相关的基因,而不用于增强功能?答案是否定的。首先,从概念上,疾病与非疾病的定义时刻都在变化,时而产生新的疾病定义、删去旧的疾病定义。我们目前只看到了基因编辑带来的好处,却不知道可能带来的问题。生物群体的基因需要一定程度的多样性,人类现存的基因模式很可能是大自然在过往千万年中筛选出来的最佳组合,而凭我们现在对基因组的认识,在有限知识的情况下,广泛开展生殖基因编辑,可能给人类带来灾难(Annas, 2020)。

(二)人生殖细胞基因编辑是社会行为

我们需要强调的是,生殖细胞的编辑不是个人层面上的决定,其代价或许需要人类这个种群一起承担。人类生殖细胞被编辑后,由此诞生的个体会与社会中的其他个体产生后代,其后代也可能携带编辑后的基因。因此,生殖细胞基因编辑的影响不仅仅限于个体,而会流入群体,作为种群基因的一部分。因此,是否进行个人的生殖细胞基因编辑,不单是个人选择,更是有关国家和人类社会的重大决定。

CRISPR 编辑的中国双胞胎的诞生,为社会提供了就人类物种的未来进行思考的机会,这样的思考包括我们对人权的尊重、对后代的承诺、对社会的责任感。因此,基因编辑的应用应当审慎地开展,允许体细胞的基因编辑在监管下实施,禁止涉及人类生殖细胞的一切基因编辑。或许直到一套行之有效的监管措施得到国际监督机构的认证,才是进一步发展该项技术的最好时机。

四、神经生物技术与医学

目前,当我们谈及两用生物技术时,关注点大多出现在分子和细胞生物学领域,特别是涉及病原体研究的领域。但近 10 年来,随着神经生物技术的快速发展,其固有的两用性特征也逐渐得到重视。典型的如脑机接口、审讯技术等被认为具有显著两用性(Tennison and Moreno, 2012)。虽然这些技术,特别是脑机接口和脑电图等的应用,在医学诊疗方面具有巨大潜力,但由于其典型的两用性特征,在军事领域的应用也极为广泛。

事实上,许多神经生物技术都是借助计算机来处理信息,因为可能存在信息泄露的风险(图 17-3)。尽管在非实验环境中没有确认的恶意攻击案例,但研究人员已经通过实验证实了从脑机接口的用户端提取私人信息的实际可行性(Lange et al., 2018)。这表明神经生物技术也面临如同计算机系统般的隐私漏洞和网络风险。因此,为了防止由此而产生的两用性风险,增强神经设备的安全性是一个重点。

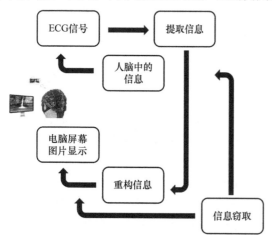

图 17-3　脑机接口及信息泄露途径简略模式图

(一)神经生物技术的军民两用性

随着全球人口老龄化的趋势,各种协助诊断和治疗老年人认知失调或行动不便等的神经生物技术应用逐步得到开发,与老年人相关的神经生物技术应用数量在 5 年内翻了两倍。目前应用的这些技术都存在两用性。近红外光谱技术用于医学和生理诊断,经颅磁刺激技术在神经医学上有着重要作用。这两者搭配,可以检测作战人员神经传递过程中的缺陷,同时利用该信息,通过经颅磁刺激技术抑制或增强个体大脑功能,以达到军事目的。

国家安全和军事应用并不是民用神经技术再利用的唯一途径,神经技术的滥用也可能在有组织犯罪、恐怖袭击背景下进行,因此引起了全球安全问题。我们应该认识到神经武器具备从个体到社会各种层面进行破坏的能力。此外,随着神经科学技术研究日益重视及深化发展,甚至可以通过操纵医疗和生物技术市场,影响社会经济与国际关系。

(二)神经生物技术军用的必要性

神经技术中与军民两用性问题相关的、新出现的风险导致学者们对国防和安全机构参与神经科学研究持消极态度。甚至有人认为"如果生活在一个没有人从事军用神经科学的世界，我们都会过得更好"。然而，考虑到神经技术的特殊两用性，军用向的研究很可能为加快神经技术的发展提供了更多的资金和机会，一些军用向的神经生物技术研究背景下取得的成果，有机会转化于民用应用，改善社会生活。例如，2012 年的一项研究，尽管是出于军事目的，但却可能开创了治疗记忆障碍的新方法，对阿尔茨海默病、创伤后遗忘症，甚至正常衰老所导致的记忆障碍症状可能有较好的疗效（Hampson et al.，2012）。

禁止军事神经技术发展可能有碍于任何有益的相关先进技术转化民用领域。同时，鉴于人口老龄化、神经疾病的诊疗需要，即使是军事向的神经技术领域研究，也可能在某种程度上转化为民用技术，以成功应对未来的重大挑战。但民用和军用神经技术的普及发展势必增加技术被滥用的可能。为在一定程度上减轻风险，可以借鉴其他生物技术的安全策略和规范管理，从法律法规、道德监督、教育认识等方面加强对该项技术的监管。

（三）神经生物技术的监管困境

不同于其他生物技术化受到《关于禁止发展、生产、储存和使用化学武器及销毁此种武器的公约》《禁止发展、生产、储存细菌（生物）及毒素武器和销毁此种武器公约》的限制或禁止，某些神经生物物质（如神经营养药物、有机毒素和生物调节剂）和神经技术是作为医疗产品进行开发和利用，不可能全部加以禁止，而且获得渠道相对容易。正如《生物科技引领下一轮军事革命》所指出的，医疗市场上的产品经常被探索其可能的军事应用（贺福初，2015）。目前还没有监管结构及完善的规定来处理这些难题。另一个问题是，新兴技术的发展远比监管体制完善的速度要快得多，实时更新监管策略也对监管方提出了更高的要求。

此外，神经科技提出了一些更广泛的、关于自主权和隐私方面的个人意志问题，超出了其他生物技术关于环境、安全和健康的讨论，"这类更抽象的问题往往会超出监管机构的管辖范围，给监管带来挑战"。

军民两用性困境不仅是神经生物技术独有的，在其他生物技术领域也有类似的困境。作为新兴技术，借鉴在其他生物技术领域发展的生物安全机制，可能是解决两用神经技术问题的可行方法。同时，也需要针对神经生物技术的特殊性，对具体规范进行适应性调整；在加强监测、风险评估和规范干预的保障下，建立一个完善的神经安全机制，以最大限度地提高神经生物技术领域的安全应用（图 17-4）。

图 17-4　神经生物技术的监管困境

五、小结

上文从三项典型两用生物技术入手，对两用生物技术在医学领域中的应用现状、前景、两用性分析及监管进行了探讨。不难发现，其共性在于关键技术信息的传播被别有用心的国家、机构、个人所利用，由此产生与之初衷相违背的消极作用。

在医学领域，生物技术的两用性更加容易得到体现。有关潜在危险流行病原体的信息不仅可供卫生安全专业人员用于制定防疫对策和诊疗，也可能被试图将病原体制作成武器的不法分子所利用。如同本章第二节将要提及的，CRISPR/Cas 系统这类新型生物技术能提高研究者的工作效率，但如果滥用该技术，其后果也不堪设想。因此，很难确定一个明确的界限来限制其只能用于有利的生物实验。同样的，我们也很难定义和监管一些可能产生危险生物信息的研究工作。2014 年，美国颁布了生命科学两用性研究监管政策，对可能产生危害的 7 种实验进行了规定。尽管这是在两用性研究监管措施完善过程中迈出的重要一步，但很容易就能想到一种不属于此规定范围但又可能产生潜在危险信息的研究（董时军，2014）。

生物信息不能简单地分为安全与危险、公开和保密，它更多地表现在两用性上，取决什么人获得信息以及怎么应用这些信息。除了信息本身的保密和公开以外，其带来的影响还取决于使用这些信息的个体或机构的特征。若个体、机构蓄意滥用这些技术，那么无论信息的开放和保密，都可能带来有违初衷的后果，甚至取得令人意想不到的相反结果。

以下是一些信息公开取得反效果的例子。《日内瓦议定书》对生物武器的公开否定的本意是想让各国知道生物武器的危害性，但同时它也告诉了日本，生物武器具有军事实用价值，因而激励日本在第二次世界大战中发展和使用生物武器（Carus，2017）；美国对生物恐怖主义的重视和担忧在一定程度上促使基地组织开始了自己的生物恐怖计划（Lewis et al.，2019）。同样，从另一方面来讲，不当的信息保密（如在2019新型冠状病毒疫情中变异毒株的发现）有可能影响针对突发事件的应急处理措施（针对变异毒株的应对措施），还有妨碍预防工作开展的可能。从某种意义上讲，我们可以认为这削弱了守序者应对破坏者的能力（Chernov and Sornette，2016）。

那么信息公开与否取决于什么呢？公开信息时，我们的目标大多是为了促进学科发展，应当有一个系统的方法来评估公开一项生物新技术或新发现可能带来的危害及好处。综合评定下，如果利大于弊，则面向社会公开这一发现或技术。例如，马痘病毒合成信息的公布，虽然使人们产生对天花的恐慌，但换一个角度，该研究成果的公开也提示了我们，天花虽然在自然界销声匿迹，但其潜在风险仍未消失，针对其作必要的防备是意义重大的。因此，公布关键信息之前，我们应该勤于思考，预测其潜在危害，善于权衡公开信息的利弊，恰当调整公布方式使消息不易被别有用心者所利用。

在生物技术快速发展的今天，无论是在理论上还是在实践中，现有的生物安全框架都不完全足够对其进行限制，因此才有了马痘、H5N1病毒功能增强、神经生物技术、基因编辑等案例来强调出台相关规范的必要性。对包括但不仅限于以上的两用生物技术在医学中应用的监管，需要从源头做起，相关科研院校、医疗机构以及其他单位应当将生物安全法律法规和生物安全知识纳入教育培训内容，加强学生、从业人员生物技术安全意识和伦理意识的培养。同时，在实际应用过程中，严格遵守《中华人民共和国生物安全法》以及其他相关法律法规，进一步加强两用生物研究的监管、加强威胁应对能力建设，这样才能敦促两用生物技术为医学发展做出积极贡献。

（首都医科大学附属北京地坛医院　李明慧　熊企秋）

第二节　生物技术在工业中的两用性

一、工业生物制造概述

（一）工业生物制造的全球发展态势

生物制造是实现原材料来源根本转变的工业模式，是支撑社会经济可持续发展的重大战略科技。随着传统制造业所依赖的土地、水和化石燃料等资源日益稀少，高能耗、高污染、大规模的传统化学品制造工业已经不能适应社会发展的需要。化工品的先进制造受到越来越多的关注，已经开始由石化资源向生物资源的原料路线转移、由化学制造向生物制造的加工路线变革。以工业生物技术为核心技术手段，利用可再生原料生产化学品，为制造业转型发展和经济社会重大挑战提供绿色解决方案。

1. 工业生物制造的国际政策布局

工业生物制造是实现医药、化工、食品、饲料、材料和能源等众多产业绿色升级的必然途径，已成为全球新一轮科技革命和产业变革战略制高点，成为当前大国科技竞争的热点。美国、欧盟、英国、日本等发达国家持续发布了国家生物经济发展战略，制定了生物制造发展战略规划，已把工业生物制造作为颠覆性技术给予政策支持。

早在 2007 年,美国的农业法案中就前瞻性地提出大力发展可再生能源、生物基产品和生物质原料领域,以减轻对外国原油的依赖。2015 年,美国发布了《生物学工业化路线图:加速化学品的先进制造》,提出了生物基化学品制造能够达到化工生产水平的发展愿景,并制定了发展原料、微生物代谢途径开发、发酵及加工工艺等多领域的路线图。后来美国能源部、农业部、国防部等持续在生物化学品、生物燃料等生物制造领域投入巨资,开展研发项目,启动了"生物铸造厂联盟计划"。2019 年,美国继续发布了《工程生物学:下一代生物经济的研究路线图》;2020 年新建生物工业制造和设计生态系统,推动美国工业生物制造的发展。2022 年 9 月又启动了"国家生物技术和生物制造计划",促使工业界接受生物制造的塑料、燃料、材料和药品,替代相应的石油基产品。

欧洲生物技术工业协会同样早在 2009 年就发布了《生物技术:减轻气候变化的革命性技术》的报告,指出工业生物技术将为欧洲工业带来革命性变化,促使工业向可持续方向发展。2013 年,欧盟发布了生物基行业《战略创新与研究议程》;2015 年继续发布《生物经济之道:欧洲工业生物技术繁荣发展路线图》,看好工业生物技术产品市场前景;2019 年制定了《面向生物经济的欧洲化学工业路线图》,提出在 2030 年将生物基产品或可再生原料替代份额增加到 25%;2020 年,其生物基产业联盟发布了《战略创新与研究议程 2030》报告草案,提出"2050 年循环生物社会"目标;2021 年欧盟又提出了升级版的循环生物基欧洲联合企业计划,明确加大资金投入发展生物基产业,推动欧洲绿色协议目标的达成。

日本先后发布《生物战略 2019》和《生物战略 2020》,提出到 2030 年建成世界最先进的生物经济社会,并制定了生物制造技术发展的基本措施。2021 年日本继续发布《生物技术驱动的第五次工业革命报告》,将生物制品列为生物经济领域优先发展方向。

2. 我国工业生物制造的政策支持

我国工业生物制造的政策规划同样起步较早。《国家中长期科学和技术发展规划纲要(2006—2020年)》将生物技术作为未来着力发展的战略高技术,先后制定了生物产业"十一五"、"十二五"、"十三五"发展规划,加快促进生物产业发展。围绕生物制造重大技术需求先后布局国家 973 项目、863 项目和国家重点研发项目,以期在重大化工产品的绿色生物制造、微生物育种、工业酶分子改造等核心技术,以及工业生物催化技术、生物炼制技术、现代发酵工程技术、绿色生物加工技术等关键技术上取得重要突破。2016 年,国务院印发《"十三五"国家战略性新兴产业发展规划》,提出加快生物产业创新发展步伐、培育生物经济新动力的重要任务。随后,国家发展改革委员会在《"十三五"生物产业发展规划》中提出推动生物制造规模化应用的具体规划:提高生物制造产业创新发展能力,推动生物基材料、生物基化学品、新型发酵产品等的规模化生产与应用,推动绿色生物工艺在化工、医药、轻纺、食品等行业的应用示范等。2015 年,国务院发布《中国制造 2025》,提出了全面推进绿色制造的重点任务,大力促进新材料、新能源、生物产业绿色低碳发展方向。之后工业和信息化部相继发布了《绿色制造工程实施指南(2016—2020 年)》《轻工业发展规划(2016—2020 年)》《医药工业发展划指南》,提出更具体的绿色制造体系,新体系比传统制造业的物耗、能耗、水耗、污染物和碳排放等指标更低。2022 年 5 月,国家发展和改革委员会印发《"十四五"生物经济发展规划》,更明确地将生物制造作为生物经济战略性新兴产业发展方向,提出"依托生物制造技术,实现化工原料和过程的生物技术替代,发展高性能生物环保材料和生物制剂,推动化工、医药、材料、轻工等重要工业产品制造与生物技术深度融合,向绿色低碳、无毒低毒、可持续发展模式转型",促使生物经济成为"十四五"高质量发展的强劲动力。2023年 1 月,工业和信息化部、国家发展和改革委员会等六部门发布《关于印发加快非粮生物基材料创新发展三年行动方案的通知》,提出到 2025 年,非粮生物基材料产业基本形成自主创新能力强、产品体系不断丰富、绿色循环低碳的创新发展生态。

3. 全球产业绿色发展趋势和"双碳"战略

除了世界各国政府高度重视生物制造并加强顶层设计之外,经济组织和经济实体同样关注并重视这一产业突破口。根据国际经济合作与发展组织(OECD)预测,全球近 4 万亿美元的产品由化工过程而来,未来十年生物制造的经济和环境效益将超过其他领域,至少有 20%的石化产品(约 8000 亿美元)可由生物制造品替代，而目前替代率不足 5%，缺口近 6000 亿美元，生物基产业是一片广阔的新蓝海（吴晓燕等，2021）。类似地，领域专家预测 35% 的能源、材料、化工等领域的石油基、煤基产品可被生物制造产品替代，成为可再生产品（张媛媛等，2021）。据全球管理咨询公司麦肯锡预测，原则上全球 60% 的产品可以采用生物法生产，其中 1/3 是原本就从自然界中提取的物质，2/3 来自对传统化学合成法的替代；未来 10～20 年，生物合成将直接影响 2000 亿～3000 亿美元的化学品、材料和能源等领域的市场。据 Synbiobeta 数据，2021 年全年合成生物学初创公司共吸引近 180 亿美元融资，业务分布在农业、化工、食品营养、材料、医药健康等领域。除初创企业数量和风险投资不断创新高外，传统化工、能源、医药巨头也争相在生物制造领域布局。

在全球"双碳"战略推动下，绿色低碳的工业生物制造将进一步迎来巨大发展机遇。《联合国气候变化框架公约》签订至今，全球已经有 50 多个国家相继宣布碳中和目标，与此同时还有近 100 个国家正在研究制定各自的碳中和目标。随着碳排放权交易、碳关税政策逐步完善，生物基产品的碳税成本优势显著。推动经济发展由不可持续的传统化工转向可再生的工业生物制造，从根本上改变传统制造业高度依赖化石原料和"高污染、高排放"的生产模式，已成为全球技术产业和经济形态更新迭代的共识。

（二）生物基工业品

目前，通过工业生物制造，已经成功实现了一批大宗发酵产品、可再生化学与聚合材料、精细与医药化学品、天然产物的生物制造。中国是传统发酵产品，如氨基酸、有机酸、维生素、抗生素的第一生产大国，在工业生物制造方面拥有完整的产业链和供应链、成熟的人才和基础设施，具备全球竞争优势，近年来产业规模持续保持两位数增长。本节概述了重大产值的生物基工业品，重点举例介绍了正在工业化实施的、有望替代化工品的几个品种的技术突破。

1. 氨基酸

自然界中发现的氨基酸已经超过 700 多种，其中 20 种是合成蛋白质的原料，是构成生命的基础物质（Wu，2021）。氨基酸对人和动物的健康有着不可或缺的作用，在食品、饲料、医药等市场应用广泛。2020 年全球氨基酸市场规模达到 980 万 t，预计 2026 年将达到 1310 万 t，氨基酸市场规模每年都在攀升，并且产品类型更多元化。L-谷氨酸、L-赖氨酸、L-苏氨酸和甲硫氨酸属于大宗氨基酸品种，年产量达到几十万吨到几百万吨，其余均为万吨级、千吨级的小品种氨基酸。目前氨基酸的生产方法主要有化学合成法、发酵法和全细胞催化法（酶法）。除了甲硫氨酸和甘氨酸通过化学法合成之外，几乎所有的蛋白质氨基酸均可通过发酵法或酶法生产。化学法生产甲硫氨酸所使用的原料（如氢氰酸、丙烯醛和甲硫醇等）毒性高，容易导致环境污染和生产安全事故发生，且产物为 DL 型混旋体。因此，通过生物制造生产甲硫氨酸越来越受到重视。例如，韩国 CJ 公司开发了合成 L-甲硫氨酸的发酵-化学联合生产线（Sanders and Sheldon，2015），先采用发酵法积累乙酰高丝氨酸，然后再与化学原料甲硫醇催化合成 L-甲硫氨酸，已经实现了产业应用。直接发酵生产 L-甲硫氨酸还停留在实验室研发阶段（Liu et al.，2015；Tang et al.，2020）。与化学合成 DL-甲硫氨酸类似，化学合成的草铵膦为 DL 外消旋体，仅 L-草铵膦具有除草作用，D 型几乎无活性。以非蛋白氨基酸 L-高丝氨酸为前体可以合成仅有 L-草铵膦（也称精草铵膦）的产品，可使草铵膦的用量减少一半，大幅降低成本，减轻环境压力。发酵法生产 L-高丝氨酸的产量已达到 84g/L，葡萄糖转化率为 50%（Mu et al.，2021），目前该技术正在企业进行工业化放大。随着大宗氨基酸品种的市场不断趋于饱和，小品种氨基酸、非蛋白质氨基酸、环化氨基酸、氨基酸衍生物等新型产品的需求不断增长，具有广阔的市场应用前景（马倩等，2021）。

2. 有机酸

有机酸作为一类重要的大宗发酵产品，广泛应用于化工、食品、医药等领域。目前，柠檬酸、葡萄糖酸、苹果酸、衣康酸、富马酸、丙酮酸、丙酸等 20 多种有机酸可以采用发酵法进行规模化生物制造（Chen and Nielsen，2016；张媛媛等，2021）。我国有机酸年产能约 180 万 t，其中柠檬酸年产能达 150 万 t（陈方，2022）。苹果酸的口感有望代替柠檬酸成为新的大宗酸味剂。苹果酸主要以苯催化氧化产生的马来酸和富马酸为原料，高温高压催化生产，具有浓度高、易提取、成本低的优点，同时存在设备损耗严重、产品没有立体选择性的缺点。目前，发酵法生产苹果酸的成本高，限制了产业化应用。经过改造的嗜热毁丝霉菌可直接将葡萄糖甚至木质纤维素转化为 L-苹果酸，产量超过 180g/L（Li et al.，2020）。

3. 维生素

维生素是人和动物为维持正常的生理功能而必须从食物中获得的一类微量有机物质，在人体生长、代谢、发育过程中发挥着重要的作用。目前十多个维生素品种中，仅有维生素 B_2、维生素 B_{12} 和维生素 C 能够通过发酵法生产，其余均为化工法生产。化工法生产普遍存在易燃易爆和剧毒污染的问题，面临限产停产。维生素绿色制造技术的创新迫在眉睫。1985 年，中国科学院微生物所将研制的维生素 C "二步发酵法"新工艺以 550 万美元成功转让给瑞士罗氏公司，这项出口交易额创造了当时中国最大的技术出口交易额纪录。该技术保留了国内企业的使用权，使我国一跃成为世界生产维生素 C 的大国，占国际市场 85% 的份额。该成果在中国化工博物馆当代化工厅对外展出。继维生素 C 之后，中科院微生物所又突破了维生素 B_5 的生物制造技术。目前维生素 B_5 只能以甲醛、异丁醛和丙烯腈等易燃易爆原料进行化工法生产，且生产过程中产生的剧毒含氰废水污染严重。中国科学院微生物所利用合成生物学、化学生物学和系统生物学助力的微生物代谢工程育种，构建了以葡萄糖为唯一碳源的一步法发酵生产维生素 B_5 的菌种，产量和转化率指标均达到国际领先水平。2022 年，该技术已被独家转让给企业，建成为全球第一条工业发酵生产线，生产出全球首款生物发酵法 D-泛酸钙产品。该技术于 2021 年荣获首届全国颠覆性技术大赛领域赛优胜奖；于 2022 年荣获"率先杯"未来技术创新大赛决赛优胜奖，是典型的前瞻性、引领性和变革性技术。

4. 高分子材料及单体

新材料产业是我国战略性新兴产业的重要组成部分，开发环境友好的生物基材料是国际新材料产业发展的重要方向。生物基材料是指利用可再生生物质经由生物制造直接生产的高分子材料，或通过生物制造先生产出单体，进一步聚合得到的新型材料。聚羟基脂肪酸酯（PHA）是一类由 3-羟基脂肪酸组成的高分子线性聚酯的统称，由多种微生物合成，具备完全可降解性，可替代石油基塑料应用于农业、环保、生物化工等领域的合成生物学赋能 PHA 生产。目前已成立多家融资公司，推动 PHA 工业化生产，规划产能达 40 万 t。聚乳酸（PLA）是一种热塑性聚合物，可被加工为吸管等塑料件，其组成单体是生物制造的 L-乳酸或 D-乳酸。近两年我国多家企业新建在建产能超过 50 万 t，规划产能超过 100 万 t（陈方，2022）。丁二酸丁二醇酯（PBS）是由丁二酸与丁二醇缩聚而成，具有耐热性更佳、降解速率快的特点，是一种理想的可降解塑料材料。聚对苯二甲酸丙二醇酯（PTT）由对苯二甲酸和 1,3-丙二醇聚合而成。美国杜邦公司最早开发了以葡萄糖为原料的 1,3-丙二醇生物制造技术，建成了年产 4.5 万 t 生物聚酯 PTT 炼制工厂。清华大学研发的甘油发酵法制备 1,3-丙二醇也已建成工业生产线。聚酰胺（PA）俗称尼龙，是以二元胺和二元酸为单体聚合得到的高分子材料。中国科学院微生物所突破了生物制造戊二胺的全套技术，转让给黑龙江伊品新材料有限公司，于 2020 年建成了全球第一条万吨级生物基戊二胺及尼龙 56 生产线，生产出纯度达到 99.9% 的戊二胺工业品。该技术入选中国科学院建院 70 周年创新成果展、黑龙江"百大项目"、第四届中阿博览会"十项主推重要技术成果"、2022 年中关村论坛国际技术交易大会《百项新技术新产品榜单》、2022 年"科创中国"先导技术榜。

与化工法相比，生物工业制造具有以下优势，有望形成颠覆现有石化生产的新路线。首先，生物发酵条件相较化工合成温和，且不同产品的设备基本通用，设备投资额低，轻资产；而化工法反应条件苛刻，设备要求高，且专一性强，一个产品的生产线通常无法用于其他产品的生产，总体投资高。其次，生物合成具备立体异构专一性的优势。天然存在的糖、核酸、维生素为 D-构型，而组成蛋白质的基本单元氨基酸绝大多数为 L-构型。人和动物可以消化并利用 L 型氨基酸，但无法消化吸收 D 型氨基酸。传统化工合成通常只能生产两种手性异构体各半的混合物，需要进一步拆分才能得到单一性异构体，降低了得率，增加了工艺流程和生产成本。

二、微生物代谢工程育种

工业生物制造的流程主要包括上游菌种构建、中游发酵调控以及下游分离提取工艺（图17-5）。生物制造的"芯片"是工业菌种，高效优质的菌种决定高技术指标和低制造成本，能完全改变整个产业的发展走势，快速占领绝大多数市场份额，甚至开发出全新的市场（谭天伟等，2021）。尽管微生物代谢工程研究已成功地研发出达到工业应用水平的菌种，当前研发一个工业产品仍然需要数亿美元的经费和50~300人·年的投入（Lee and Kim，2015）。工业菌种的创制是生物制造的关键核心技术。相对于"进-通-截-堵-出"的直观理性的微生物代谢工程育种策略，本节简要介绍几种前沿生物技术在代谢工程中的应用。

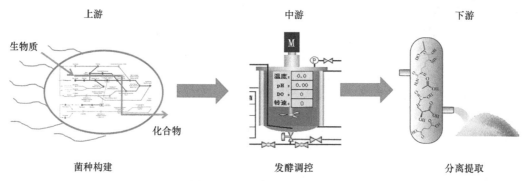

图 17-5 工业生物制造的流程

（一）系统生物学在代谢工程中的应用

系统生物学通过基因组、转录组（RNA-seq）、蛋白质组及代谢组等组学分析技术，系统解析不同工业指标的菌株，或同一菌株在不同条件下的RNA、蛋白质与代谢物等不同水平上的变化规律，进而认识生物合成的机制。目前，系统生物学在工业菌种"设计-构建-测试-学习"的循环创制过程中起着重要的指导作用（Becker and Wittmann，2018）。基因组规模代谢网络模型是根据化学计量平衡原理，基于基因-蛋白质反应三者关联，建立包含细胞生长必需的生化反应数学模型。目前已经建立了许多重要工业微生物的基因组规模的代谢网络模型，可以通过平衡分析等方法求解最优的代谢通量分布，指导代谢工程改造。代谢网络模型可进一步整合其他组学数据，增加约束量，提高预测精度（王雪亮等，2021）。转录组、蛋白质组和代谢组的比较组学是发现代谢瓶颈、解析耐受机制的有效策略。转录组的通量更高、成本相对更低，是分析基因转录水平差异的首选。可进一步结合蛋白质组和代谢组分析蛋白质稳定性及活性信息。基于高通量测序的二代技术可更深入地解析工程菌的生理与代谢全局变化。翻译组测序（Ribo-seq）使用RNase来降解暴露的RNA，同时保留那些被核糖体保护的、未被降解的RNA，能生成高分辨率的翻译谱，描绘核糖体丰度和单个转录本的位置。Ribo-seq与RNA-seq、定量蛋白质组数据关联分析（Li et al.，2014），可准确解析工业菌种胞内基因翻译的水平、区域、速率等变化差异。三者数据关联分析，可推断密码子使用、tRNA的可用性、序列依赖性决定因素和mRNA二级结构等翻译效率因素，研究翻译的起始、延长与终止的动力学过程。系统生物学通过全局的反向解析差异机制，有效补充正向理性设计菌种的局限性。

（二）合成生物学在代谢工程中的应用

合成生物学是生物学、工程学、化学和信息技术等相互交叉融合进行生命全新设计与重构、突破原有按照最小需求速率合成的生命物质的限制，创造出更加符合产业化的高指标、低成本和鲁棒性的生物系统。合成生物学技术为代谢工程提供了有效的使能技术和自下而上的模块化思路，显著提升了菌种设计和改造能力。越来越多应用于不同宿主菌的启动子库、RBS库、终止子库等底层基因表达调控元件被开发，为代谢工程提供了丰富的定量元件，精细调控基因表达和定量优化代谢流量。基于转录因子和核糖开关的生物传感器，可响应不同浓度的化合物调控基因表达水平，用于代谢工程的代谢流动态调控、酶突变体筛选、定向进化等。基于计算机设计的多源代谢途径组装数据库，为创制特定化合物提供了多种选择方案。无痕、迭代、大片段的 DNA 组装方法的开发，可满足代谢工程不同的构建需求。应用于不同宿主菌的基因组编辑系统的开发，可方便地为代谢工程在染色体上进行基因过表达、敲除、弱化等，以及构建稳定的无质粒菌种提供有效的方法。随着合成生物学标准化原则的明确和自动化实验平台的成熟，有望提高代谢工程的可预测性，简化代谢工程流程，提高代谢工程改造的效率，实现工业菌种的高效创制。

三、工业菌种的生物安全评价

通过生物制造生产的化学品通常被视为"天然的"，具有效价高、安全性高、绿色环保的特点，市场价格高于化工产品。长期用于规模化工业发酵的菌种一般为大肠杆菌、芽孢杆菌、谷氨酸棒状杆菌及酵母。除了大肠杆菌有潜在的内毒素风险，其他均为食品安全级。根据《农业转基因生物安全评价管理办法》第十一条的有关标准，上述宿主菌属于安全等级 I。这些菌株一般需要经过复杂的基因改造，也就是第二章所述的代谢工程育种，才可以高产量、高转化率和高生产强度地合成特定化学品，才能与化工法竞争生产成本。工业生物制造生产的特定化合物，在发酵生产过程中外排到胞外的水溶液中，发酵结束后首先与固体菌体分离，进一步通过过滤、层析、结晶或精馏等分离提取工艺，获得高纯度的单一化学品。分离提取后的化合物作为产品用于饲料、食品和健康领域。虽然这些产品经过化工分离提取，但是仍会残留痕量的遗传改造微生物的重组 DNA，作为人和动物营养品使用时，需要符合相关法律的监管要求。不同国家对转基因食品的监管力度差异较大（魏笑莲等，2021）。

欧盟对转基因食品的监管最为严格，制定了完善的法律法规和配套指南对转基因食品进行严格监管。产品上市之前都需要经过欧洲食品安全局（European Food Safety Authority，EFSA）评估和审核转基因生物对人类健康，动物健康和环境的潜在影响。为帮助申请者理解法规要求，EFSA 公开了转基因生物及其衍生食品和饲料的风险评估指导文件，详细说明了如何编写转基因产品申请书及其需要包括的实验数据。参照 EFSA 颁布的《食品和饲料用遗传改造微生物及其产品风险评估指南》，根据产品的性质和转基因生物小组评估所需的科学信息水平，将产品分为 4 类。第 1 类是已去除遗传修饰微生物和新引入基因的、化学成分明确的纯化化合物及其混合物（如氨基酸、维生素）；第 2 类是不含有遗传修饰微生物和新引入基因的复杂产品（如细胞提取物、大多数酶制剂）；第 3 类是不含有能增殖或转移基因的遗传修饰微生物，但仍含有新引入基因的产品（如热灭活的培养物）；第 4 类是含有能增殖或转移基因的遗传修饰微生物组成的产品（如活性起始培养物组成的发酵类食品和饲料）。

2021 年 11 月，我国农业农村部办公厅印发《直接饲喂微生物和发酵制品生产菌株鉴定及其安全性评价指南》，规定了生产菌株鉴定及其安全性评价的基本原则、基本要求、评价方法和结果判定。对于新饲料添加剂的生产菌，需要进行：微生物鉴定，全基因组测序，基于全基因组序列的细菌耐药基因、细菌毒力基因、真菌产毒性相关的已知代谢途径分析，动物致病性试验，丝状真菌产毒试验，芽孢杆菌细胞毒性试验，发酵制品中无生产菌株活细胞评价，发酵制品中生产菌株 DNA 检测等评价。对于遗传修饰的生产菌株，需要详细描述基因改造的序列信息，包括：插入序列，缺失序列，碱基对替换和移码突变，遗传修饰的结构，全基因组测序分析遗传修饰结构，载体构建的图谱，载体的名称和来源，载体特性和安全性。对于插入到转基因微生物中的任何关注基因（如耐药、毒素和毒力因子的编码基因），需要进行明确说明。

与转基因植物本身作为消费品不同，工业制造的基因工程菌仅作为催化剂，不直接作为产品使用。因此，相对于农业、环境等领域的基因工程生物，工业制造领域的基因工程菌一般会比较容易地通过安全审查，应用于工业化生产和商业化销售。在政策层面，国家还需要进一步完善生物制造产品的评估和监管体系，加快基因工程菌和新产品审批流程，促进我国工业生物制造的健康发展。

（中国科学院微生物研究所　刘树文）

第三节　生物技术在农业中的两用性

一、概述

现代农业是以动植物为基础进行物质生产或服务的重要领域，也是满足人类社会对食物需求的主要途径。农业生物技术对于农业发展至关重要，近年来，我国农业生物技术整体水平快速提升，与国际差距逐步缩小，农业生物技术专利申请数量从"追随"向"并行"转变。不断发展的农业生物技术为应对病虫害、环境退化、气候变化等挑战提供了新的替代方法，成为生物农业发展的"推进器"，推动了农业第二次绿色革命的发展，生物技术也是驱动世界第四次产业革命的主要动力。以基因工程为核心的农业生物技术已成为全球发展最为迅速、应用最为广泛的生物技术。生物技术在农业的应用主要包括运用基因工程、发酵工程、细胞工程、酶工程以及分子育种等生物技术，改良动植物及微生物品种生产性状、培育动植物及微生物新品种，以及生产生物农药、兽药、肥料和饲料等产业。

二、现状与应用

（一）我国农业生物技术现状

1. 农业生物技术作为新兴的高新技术产业已经形成，并进入了一个高速发展时期

从 20 世纪 70 年代 DNA 重组技术的建立到后来的现代发酵工程、现代细胞工程以及现代酶工程等现代生物技术的出现，现代生物技术经历了 40 多年的发展，给全世界的人类带来了巨大的收益，带领人类朝着一个前所未有的领域不断前进探索。21 世纪是生物学的世纪，生物技术已经成为世界经济的支柱产业之一。

包括基因工程、细胞工程、发酵工程和酶工程等在内的生物高新技术已被看成是新技术革命的重要标志之一，它们的发展不断推动着人类开发出新的产品和工艺，为人类社会和经济的发展添砖加瓦，对现代农业的发展更是有着跨时代意义和战略价值。有相关文献指出，生物农业包括生物育种、生物农药、生物化肥、生物饲料等多个领域，每个领域都是农业产业的重要组成部分。生物技术最有应用前景的产业之一就是农业，它的出现意味着一场新的"农业革命"，与此同时，中国农业的每一步发展也离不开生物技术。

早在 2004 年就有报告指出，中国等几个最大的发展中国家将逐渐在农业生物技术领域领先世界。在对我们这样一个有着 14 亿人口的大国来说，农业基础地位任何时候都不能忽视和削弱，"手中有粮、心中不慌"在任何时候都是真理。从 1949 年粮食年产量 2000 多亿斤（1 斤=500g），到现在连续 6 年达 1.3 万亿斤以上，中国实现并突破了发展农业生物技术的初衷，即"用世界上 7%的耕地供养 20%的人口"。

据统计，截至 2021 年年底，全国农业科研机构拥有科研人员 7.23 万人，获国家自然科学奖、技术发明奖、科学技术进步奖等奖项 230 余项，为促进农业科技进步和农业农村经济社会发展做出了突出贡献。与此同时，农业科技进步贡献率从 2012 年的 54.5%提高到 2021 年的 61.5%，我国农业科技整体水平正在向世界高水平农业现代化迈进（韩杨等，2021）。

"农业生物技术是我国战略利器"，自 2018 年以来，乡村振兴战略落地，而乡村振兴战略的总目标就是农业农村现代化。农业生物技术以其独特的革命性和颠覆性逐渐得到了国家高层的支持和认同，同时国家也出具了相关的政策，保护并促进农业生物技术的发展。

目前，中国的农业生物技术高新产业已经形成，并进入了一个高速发展的时期。2022 年，农业农村部办公厅发布了关于推介粮油生产主导品种主推技术的通知，遴选了 2022 年粮油生产主导品种 128 个、主推技术 114 项。这也充分说明了先进生物技术的应用有助于加快开发包括粮油在内的优良农产品品种和提高生产产量，全面提高农业的综合生产能力，显示出生物科技对稳粮保供的支撑引领作用。

2. 农业与农村经济发展对生物技术发展的需求日益增加

邓小平曾经指出，"将来农业问题的出路最终要由生物工程来解决，要靠尖端技术"。农业是国民经济的基础，农业经济持续增长是维护整个国民经济长期稳定、协调发展的决定性因素，关系到建设、改革

和社会安定的全局。

在 21 世纪初期，我国处于人口逐年增多、耕地面积不断减少、农业资源日趋紧缺、生态环境不断恶化的情况，传统农业"精耕细作"的方式已无法负担人口的增长和工业的发展，利用传统农业技术发展农业已无出路，而近代的"工业式"农业虽然提高了生产量，但并不能维护生态环境，甚至造成了农业资源的破坏和环境污染，我国急需寻找一个既可以提高农业生产量，又不会危害环境的农业新技术，这时，农业生物技术脱颖而出。

经过二十余年的努力，我国的农业生物技术发展迅速，并取得了很多成就。然而，我国的高新生物技术产业的成果商品化过程还相对薄弱，亟待提高，并且一些产品在现实应用的过程中也出现了"双刃剑"的不利一面，对于生物技术产品的要求不断提升。在我国，发展农业要靠科技的理念已经达成共识，但科技成果的转化率和农民对其的了解程度都较低。生物技术在农业种植、农业育种、生物化肥等方面仍然有许多提升空间。尤其在生物育种领域，随着政策利好，大量企业崛起，但仍存在着强者高精尖、弱者多而散的现状，大众化、普遍化的生物技术产品将是未来开发的重点。

随着经济的飞速发展，农业农村现代化日益重要，农村经济对生物技术发展的需求更是日益增加。2021～2022 年，党中央高度重视且不断制定政策来推动"三农"现代化发展。尤其是 2022 年，国务院印发的《"十四五"推进农业农村现代化规划》，提出要梯次推进有条件的地区率先基本实现农业农村现代化，脱贫地区实现巩固拓展脱贫攻坚成果同乡村振兴有效衔接，重点提升粮食等重要农产品供给保障水平，提升农业质量效益和竞争力，等等。这些规划的实现都离不开高新生物技术产业的支持，农业生物科技的发展仍任重而道远。

3. 农业生物技术的国际竞争日趋激烈

在未来世界范围内的技术发展竞争中，生物技术占有至关重要的地位，它的发展水平对于以农业为主的发展中大国所产生的影响更是无比重要，尤其像中国这样以传统农作物和农副产品为主要出口产品的国家，非生物技术的传统农产品将在产量、质量和价格上纷纷失去竞争力。随着世界范围内农业生物技术的突破和工业化进程的加快，我国的农业生物技术正逐步成为世界范围内的焦点，也是世界农业发展的主战场。目前，世界上许多国家都把农业生物技术作为重点扶持的技术领域（李晓曼等，2018）。

目前，全球排名前 20 农业生物技术公司中，美国就有 10 家；前 5 家中，美国就有 3 家。我国农业生物技术从最初的追随，到后来的创新，再到后来的田间试验。近几年，随着国家对农业生物技术的关注和扶持，我国农业生物技术的研发、推广和产业化利用速度得到了显著的提高。从世界知识产权专利组织（WIPO）所发布的中美农业生物技术的专利数量来看，中国和美国的生物技术专利分别在 2001～2010 年和 2011～2020 年为快速增长期。而在农业生物技术领域，美国的微生物和酶技术的专利申请数量约有 20 万个，我国约有 17 万个，中、美两国的专利数量占世界总数的 34%；在植物相关技术的专利数量上，我国拥有约 3 万个，美国拥有约 2.7 万个，两国总数占世界总数的 51.6%。关于微生物及其组合物、植物组织培养技术方面的研究仍然是当前世界各国研究的热点。

将中国农业生物技术领域主要技术方向与全球相比，排名第一的技术是微生物、酶或其组合物。我国紧追美国成为世界农业生物技术专利申请数量较多的国家，并且与美国之间的差距正逐年缩小，在世界范围内的竞争中也保持着领先趋势。从农业生物技术的专利申请的趋势判断，虽然新产品研发仍在继续，但专利增长速度逐渐平稳，可以推测出世界农业生物技术已经进入大规模产业化阶段，生物技术产品的实用性和普遍性成为新的竞争要点（Gandhi，2011）。

国际农业生物技术研发竞争日渐激烈，目前的农业生物技术领域，国际大公司依然处于优势地位，而我国新崛起的不少机构正在试图打破这种局面。从 2010 年起，我国农业生物技术研究机构已经成为世界范围内农业生物技术专利申请的重要力量，中国科学院、中国农业科学院、中国农业大学等研究机构正在不断地突破过去由国际农业巨头垄断的模式。当今世界正兴起一场新的科技和产业竞赛，以期在新一轮的经济发展中占据重要地位。美国认为生物经济是与经济繁荣和国家安全息息相关的重要问题，已将生物技术纳入出口管制清单。因此，必须加强农业生物技术的自主创新，增强生物制造的核心技术水平，化科技为产品，促进其产品的开发应用，从而保障我国生物产业安全。

（二）生物技术在我国农业中的应用

生物技术在农业领域应用广泛，从种质到养殖、从研究到防治等方面，已形成了植物种植业、动物养殖业和微生物发酵转化的"三维结构"，是一个产业结构健全、资源节约型的农业。生物技术可以实现提高农产品产量、改善农产品品质、简化农产品生产过程、协调农业生产与人类生存环境的目的，农业生物技术也可能成为农业资源可持续利用的核心技术，将给农业生产带来革命性变化。生物技术可以提高农作物产量和质量，提升种植业生产力及发展水平，有助于解决动物育种和繁育问题，让养殖者用更少的钱养出更优质的家畜。我国在转基因育种、动植物优良品种培育、生物农药、疫苗等方面都取得了突破性进展。

1. 生物技术在农业育种中的作用

生物技术改良的动植物品种能够大幅度地提高动植物的品质、产量和抗病性，从而大大提高农业的劳动生产力。近年来涌现的基因编辑、表观遗传修饰等新一代生物技术使动植物育种更加高效、精准。种业是农业产业的源头，是农业战略性、基础性的核心产业。生物育种是种业创新的核心，构建现代生物育种创新体系、强化种质资源深度挖掘、突破前沿育种关键技术、培育战略性新品种、实现种业科技自立自强，是解决种业"卡脖子"技术的关键，生物育种在农业现代化进程中发挥了重要的引领作用。袁隆平的杂交水稻让中国十亿多人解决了温饱问题，用世界7%的耕地养活了22%的人口，这就是生物技术的魅力所在，农业生物技术在解决全球粮食安全问题中发挥着重要的作用。

2018年，全球农业生物技术市值达到338亿美元，据预测，到2030年将达到1150亿美元。世界种业已进入育种4.0时代，生物技术与人工智能和大数据技术深度结合，加速种业升级换代，推动机械化、工厂化、智能化的农业产业革命和育种效率提升。以CRISPR为代表的基因编辑技术不断升级改造，进一步提高了动植物育种的精准度和效率。此外，基因编辑技术与无融合生殖、单倍体诱导等其他传统育种技术的结合，进一步丰富了育种工具的类型。

1）植物良种选育，品质改良

我国在杂交水稻等育种技术领域保持国际"绝对优势"，利用水稻传统种质资源对传统杂交育种技术不断进行自主研发创新、迭代发展，使我国的水稻生物育种技术一直都保持国际领先地位，鉴定出一批对水稻抗纹枯病、小麦抗赤霉病、玉米抗粗缩病等有突出抗性的优异种质，发掘出一批重要功能性状基因；同时利用国家作物种质资源库遗传资源，自主选育并育成大量农作物新品种，大幅提升了粮食作物单产水平。例如，在番茄中导入编码EFE酶的反义基因使番茄在果实中形成一种抑制乙烯合成的酶，导致乙烯的合成量大大降低，番茄不能正常转色软化，大幅度延长了储存期。

总体而言，中国在育种领域的基础研究，尤其是水稻生物学和作物基因组学等方面优势明显。*Nature Plants* 杂志评论指出，植物科学研究领域的巨大进步使中国农业科学重新走在世界前沿。

2）提高植物抗性

在作物演化与性状形成机理研究方面，目前已取得一系列重大突破：解析了种质资源多样性演化机制、杂种优势形成机理、作物根际固氮和光合作用机制、作物与微生物互作机制、重要育种性状形成的遗传调控网络，克隆了一批调控株型、品质、氮高效利用、抗旱、耐低温、耐盐碱、抗病、新型抗除草剂等具有重大育种价值的新基因。现在，人们利用转基因技术育成的转基因植物可以说是多种多样的，如抗虫棉、低植酸玉米、高氨基酸含量的马铃薯、抗旱番茄等，获得的优良新品种或品系具有更好的植物抗性，相比传统育种技术更省时、更有效益。

3）动物育种

和植物育种相似，动物育种是一门研究动物遗传规律、探索动物生长发育机理、改良动物遗传性能、培育新品种、创造新种质的学科。第一个成功的例子是在1982年将大鼠生长激素基因注入小白鼠受精卵内，获得体重增加一倍的"超级鼠"；结合传统育种的方法，科学家们可以把单个有功能的基因簇插入到高等生物的基因组中去使其表达，再加以选择，已成功转基因了多种动物。人工授精也成为现代畜牧产业的重要技术之一，极大限度地发挥了公畜的种用价值，加速育种步伐，提高受胚率，提升遗传素质，还可以在世界范围内运输、保种。通过转基因技术，不仅可以产生"超级动物"，更重要的是改善了畜产品品质，改变了生长速度，大大降低了饲料费用，提升了奶牛产奶量等。

转基因动物、体细胞克隆等技术进展迅速，1997年世界上第一个体细胞克隆绵羊"多莉"的诞生，标志着动物核移植技术取得了重大突破，随即掀起了各类高等动物复制研究的高潮。克隆技术的成功不仅具有重大理论意义，而且在治疗用细胞与组织器官克隆、家畜良种繁育、转基因动物反应器以及濒危与珍稀动物保护中具有巨大的应用潜力。

2. 生物技术在农业种植中的作用

1）组织培养技术

组织培养技术的应用通过借助性状相近的植物来完成其细胞的培养工作，同时运用一系列技术措施来落实好对细胞的诱导工作，有利于细胞在无菌的培养环境中逐渐发育成正常的植物组织，使其培育成完整的植株个体。组织培养技术的进步在很大程度上促进了植株繁殖速度的提升，同时提升了植物的健康发育率。通过组织培养技术的无菌培养环境，还能促进植物的正常成长，可在很大程度上避免受到多种病毒的侵袭。

2）现代生物农药技术

随着人们对化学农药危害性、局限性的逐步认识，生物农药因其本身具有对人畜毒性小、只杀害虫、不破坏生态平衡、害虫不易产生抗性等特点，对整个生态环境的发展也做出了贡献，在植物生产过程中的地位逐渐凸显出来，成为绿色农业的重要组成部分。生物农药包括微生物农药、生物化学农药、转基因农药及天敌生物农药等方面，其中微生物杀虫剂最为活跃，利用基因工程改造微生物菌种，可增强专一性，降低环境对菌种的影响。

RNAi 农药和生物信息素等新型生物制剂是安全、有效、廉价和可持续的新型农药替代品，它能使植物虫害防治更具针对性和可持续性，可比传统农药获得更好的保护效果和更高的收益。目前，基于 RNAi 技术的多款产品已获得美国环保署批准作为杀虫剂使用。欧盟生物基产业联盟（BBI JU）投入640万欧元，利用昆虫性信息素开发生物防治技术，并推进其商业化应用。

3）生物固氮及堆肥

土壤氮素利用已成为制约农业生产力的一个重要因子。氮肥是肥料的重要部分，化学肥料生产成本逐渐升高且对土壤的破坏，而生物固氮不仅节约能源，还不会对环境造成威胁。固氮基因工程得到飞速发展，为实现固氮研究目标增添了新动力。此外，生物堆肥还可有效解决垃圾处理的问题，利用微生物的作用，将不稳定的有机质转变成为较稳定的有机质，堆肥的产品可作为土壤改良剂和植物营养源。

3. 生物技术在农业养殖中的作用

在养殖业中，未来利用基因工程、细胞工程等培育动物新品种，运用基因重组生产基因工程疫苗、畜禽生长激素、动物胚胎移植、饲料添加剂等技术和产品，为现代养殖业开辟了广阔的领域。

1）酶工程技术

酶是生物体内一种具有催化能力的蛋白质，酶工程在农业中主要应用于饲料加工领域，可有效地将一些大分子多聚体消化成可直接供肠道吸收的营养物质，或分解成为小片段，供其他酶进一步消化。使用酶制剂增强了动物的消化吸收能力，动物排泄物的水分含量和体积明显减少，缓解了养殖业对环境的污染。

2）新型生物防疫制品研制

非洲猪瘟病毒结构解析与组装机制研究、非洲猪瘟候选疫苗与禽流感疫苗研究均取得突破，这为重大动物疫病的绿色防控奠定了重要基础。

3）动物基因工程

利用 DNA 重组技术对动物进行改造，其实质是改变动物的遗传组成，增加遗传多样性，赋予其新的表型特征，从而提升畜禽生产性能、改善产品品质、提高畜禽抗寒抗病能力等。

4）动物细胞工程

以细胞为单位在体外条件下进行培养、繁殖和人为操作，使细胞产生所需要的生物学特征，主要包括动物胚胎工程、单克隆抗体技术等。

（三）生物技术在农业中谬用和误用可能导致的后果

一方面，生物技术可以在了解动植物的基因组、增强免疫力、了解病毒和细菌基因组、研发生物制剂检测鉴定设备，以及新疫苗、抗生素、抗病毒药等领域造福人类；另一方面，生物技术一旦落入别有用心的人手里，则可能被用于制造双体生物武器等危害人类社会。因此，生物技术安全问题既需要立法保护，更需要体系化、系统化的保障。

生物技术如若不能恰当应用，也可能会对人类健康造成麻烦。2011 年印度科技部前生物技术顾问、NeoBioMed 公司首席执行官 Gandhi 博士总结了与《禁止生物武器公约》相关的生物技术进展，共涉及 DNA 重组技术、基因组与蛋白质组学、基因治疗技术、系统生物学、宿主-病原体关系研究、疫苗和药物研发、生物调节剂研究、毒素生产技术、生物信息学、动物传染病控制、植物病虫害控制、给药技术、转基因技术、生物制药技术、生物仿制技术、生物修复技术等 24 个生命科学前沿领域，提出了这些生物技术的生物武器路线，包括：①使现有疫苗失效；②使病原体产生抗生素耐药性；③增强病原体致病性或使非病原体产生致病性；④提高病原体传播性；⑤改变病原体宿主范围；⑥使病原体逃脱现有的检测/诊断方法；⑦通过基因测序重建已知的病原体或构建新的病原体；⑧合成已灭菌的病原体或新的病原体；⑨促进生物剂的武器化，使之更易于供给；⑩利用天花病毒进行生物攻击实验。因此，生物技术进展带来了生命科学领域的重大变化，使生物剂的恶意生产和谬用成为可能

国外已经意识到合法科学研究谬用的问题，最为有名的是澳大利亚科研人员进行的鼠痘病毒转基因意外研究，研究者将 IL-4 基因插入鼠痘病毒中，结果产生了可将接种过疫苗的免疫鼠杀死的新的病原体。研究结果于 2001 年发表后，就立即有人想到，如果把 IL-4 导入其他正痘病毒，如天花病毒，是否也会产生类似的致死效应。在抗生素耐药性研究方面，也存在极大风险，例如，2006 年 9 月，Levy 博士发表了一篇论文，描述了如何鉴定鼠疫耶尔森菌中的一种基因，这种基因正是导致鼠疫致病的因素。过度表达该基因的鼠疫耶尔森菌的一个无毒菌株对多种常见的抗生素都具有抗性，耐药性研究体现了防御性研究和进攻性研究的双重特性。再如，2001 年美国纽约州立大学石溪分校埃卡德温·默（Eckard Wimmer）实验室进行了脊髓灰质炎病毒合成实验；2005 年，美国武装部队病理学研究所和美国疾病控制与预防中心成功地再造了 1918 年西班牙流感病毒；2010 年，美国克雷格·文特尔研究所宣布制造出首个人造生命细胞；2011 年，美国约翰·霍普金斯大学医学院首次合成真核生物的部分基因组等。这些科学研究在产生巨大社会效益和经济效益的同时，也存在被谬用，开发成为潜在生物武器等恶意目的的可能性，不容忽视。

当能引发人体过敏反应的基因转入农作物时，其他作物也可能会引起人体过敏反应。因此，转基因作物产品必须经免疫测定筛选后才能利用。转基因食品危害主要体现在对生态环境的改变、对于物种多样性产生冲击。

生物技术也可能引发环境问题。人们利用生物技术生产出抗旱、耐盐、抗病虫害作物的同时，也会使生物多样性遭受严重破坏，甚至导致一些物种灭绝。这样的结果，主要是由于生物技术促进农作物向它原本不适应的地域扩张而造成的，同时农作物脱离当地农业生态系统，也会有意或无意地引起当地生态问题。生物技术同样加速了土壤侵蚀和沙漠化。农业尤其是耕作农业的扩张会增加除草剂、杀虫剂、人造肥料的使用，农业中不断投入的能源促进了全球变暖。与此同时，氮素生物化学循环的改变也加剧了水体的富营养化，直接影响人类和动植物的生存（吴丽萍，2007）。

（四）国际上生物技术在农业应用的监控政策以及对我国的启示

生命科学两用性研究的风险监管机制与措施是政策研究领域的一个新课题，是目前国际生物安全领域讨论的热点之一。目前，很少有国家制定专门的两用性研究监管政策，但是很多国家制定了危险病原体法律，包括病原体和微生物管制清单；很多国家制定了履行 1972 年《禁止生物武器公约》的相关法律，包括

以色列、澳大利亚、巴西、中国、新加坡、欧盟、英国、德国、南非等。《禁止细菌（生物）及毒素武器的发展、生产及储存以及销毁这类武器的公约》（即《禁止生物武器公约》）于 1975 年 3 月生效，截至 2018 年 10 月共有 182 个缔约国，中国于 1984 年 11 月 15 日加入。为防止生物技术的恶意使用或误用，国际社会目前主要从以下三个方面采取措施进行控制。一是材料控制，对危险病原体或生物材料包括生物两用设备进行监控；二是活动控制，对具有危险倾向的生物研究活动进行监控；三是人员控制，对一切活动的主体——人员，即生命科学研究和生物技术活动等领域的科学家、科技工作者，通过国家立法、规章制度、道德约束等手段进行监控和行为规范。

1. 美国生物安全监管体系

（1）确保法律法规与生物技术同步发展，促进生物技术创新和监管体系完善。2001 年，"9·11"恐怖袭击和随后的炭疽邮件事件后，美国国会通过的《爱国者法案》和《国防授权法》，是预防生物材料意外谬用的法律基础，包括对管制剂的拥有进行强制性注册登记、不能拥有管制剂的受限制个人认定以及美国最危险性病原物理安全监管系统。2009 年 11 月 23 日，美国政府以国家安全委员会的名义发布了由奥巴马总统签署的《应对生物威胁国家战略》，首次将应对生物威胁提升到国家战略的高度。2012 年 3 月 29 日，NSABB 发布《美国政府生命科学两用性研究监管政策》；2013 年 2 月 21 日，美国白宫科技政策办公室（Office of Science and Technology Policy，OSTP）发布《促进联邦资助科研成果获取的备忘录》，要求联邦部门和机构对将要资助的和已经资助的研究项目进行定期评审，同时作为美国生命科学两用性研究监管政策的补充政策。两项新政策是美国政府加强联邦资助的生命科学研究监管的重要一步，政策目的是重点保护生命科学研究的益处，提高人民生活质量，同时最大限度地减少两用性研究所产生的知识、信息、产品或技术谬用的可能。

（2）在监管体系方面，实施实质等同原则，破解监管难题。美国对于生物技术的监管体系采用实质等同原则，即只监管具体的终端产品，而不监管产品生产、存在的过程。1986 年 6 月 26 日，白宫科技政策办公室（OSTP）发布了《生物技术协调管理框架》（*Coordinated Framework for Regulation of Biotechnology*），确定了 8 个部门对生物技术产品进行监管，其职权明确、相互配合。其中，国家生物技术政策协调工作小组（The Domestic Policy Council Working Group on Biotechnology）负责与联邦各机关分工相关的政策性事项，以及与生物技术相关的国际事宜；生物技术科学协调委员会（BSCC）对各主管机关在管理过程中遇到的技术问题进行分析解答并提供科学层面的意见和建议；美国国立卫生研究院（NIH）进行转基因生物安全研究，并对相关的实验规则进行修订；美国国家科学基金会（NSF）为联邦公共科研机构的转基因生物技术研发提供资金资助；美国劳工部职业安全与健康管理局（OSHA）参与制定和公布有关生物技术的职业安全和健康标准或指南；美国农业部（USDA）对转基因作物及初级产品进行监管；美国环保局（EPA）对转基因农药和转基因生物进行管理，同样的作物或药品具有阻止、破坏、排斥或减轻害虫特性的，即归其管理；美国食品药品监督管理局（FDA）负责转基因食品、食品添加剂和转基因药品的监管。其中，对监管起核心作用的是美国农业部、美国环保局和美国食品药品监督管理局。迄今，这三大部门执行的法律规则仍是对转基因进行监管的主要依据。

（3）美国是世界上最大的农产品出口国，自然资源丰富，农业经营规模庞大，也非常重视生物质能的开发与利用，以促进生物净化等高附加值产业的发展。美国对基因工程的各种产品进行了立法并开展引导性管制，对于一些有危险的生物制品实施分级法律监管，发布了《有毒物质控制法》等文件来约束包括农业在内的生物技术领域的安全管理。

（4）对于病原体进行重点监管，发布了条例对病原体进行 BSL1~4 分类。该条例要求，在被授予可接触生物管制剂之前，个人必须接受美国联邦调查局（FBI）进行的安全风险评估。美国政府设立了国家生物安全科学顾问委员会（NSABB），为国家生物安全问题提供咨询、指导和领导。美国的能源部、农业部、国防部等有关部门根据各自的领域对不同的生物技术产品进行监督管理，以推动生物技术产业的发展。

2. 欧洲生物安全监管体系

自欧洲各国坚持以绿色理念发展可持续农业以来，欧洲大多数国家的粮食供给都得到了很好的改善，他们主要倾向于开发纯天然、无污染、高质量的农产品。欧盟对于生物技术领域的管理是对产品开发的各个阶段分别进行专门的立法管制。欧洲对遗传修饰生物安全的管制尤其严格，从用于生物实验体开始，到用于环境中的评估审核，再到最终的产品开发及对环境生态的影响，每一个阶段都制定了独立的规范体系。例如，欧盟对于转基因生物的《关于封闭使用转基因微生物的第 90/219 号指令》、关于遗传修饰生物的法规《关于向环境有意释放遗传修饰生物体的 90/220/EEC 指令》等。2020 年 5 月，欧盟通过"从农田到餐桌"及《欧盟 2030 年生物多样性》政策，把重点放在加强有机耕作、强制限制杀虫剂以及肥料的使用上，以促进农业-食品系统的可持续发展。欧洲许多国家纷纷采取了发展生物经济的战略，英国也建立了一所综合性的生物技术研究中心，从而促进了生物产业的发展。

3. 日韩生物安全监管体系

日本十分注重农业与生物技术的融合，尤其是新一代生物产业。日本以生物安全防控为基本要素、以法律保障为首要条件，开展生物安全立法体系建设。作为世界上最先制定生物法的国家之一，日本的生物监管方面一直由首相、内阁、日本科学委员会、科学技术政策委员会、外务省生化武器禁制室、文部科学省、传染病研究所等机构共同协作，开展生物安全立法体系建设，在《禁止生物武器公约》的基础上形成了六法、四条例的生物安全立法体系，包括《传染病预防与传染病患者医疗法》《检疫法》《新型流感等对策特别措施法》《植物防疫法》《家畜传染病预防法》《管制转基因生物使用、保护和持续利用生物多样性法》《国立预防卫生研究所病原体等安全管理条例》《实验室生物安全指南》《重组 DNA 实验指南》《国民保护基本指南》。

2019 年 4 月，韩国发布《未来农业科技战略》，计划在生物育种、残留农药和废弃地膜的生物降解、动植物疫苗以及下一代农用生物新材料等四个领域实现突破。

4. 俄罗斯国家生物安全战略

2019 年 9 月 16 日，俄罗斯国家病毒学和生物技术研究中心实验室发生爆炸并引发火灾，该研究中心是全球仅有的两个存放天花、埃博拉等恶性病毒活体样本的实验室之一，该事故发生后，俄罗斯进一步提升国家生物安全战略地位（推出《俄罗斯联邦在化学和生物安全领域的 2025 国家计划》），同时加快了颁布俄罗斯《生物安全法（草案）》（以下简称《草案》）的速度，旨在构建统一的、应对生物安全的法律体系，从法律层面规定"生物安全"的基本概念，明确了目前俄罗斯存在的生物安全方面的问题，将生物安全划分为"直接威胁"与"生物风险"。俄罗斯联邦与其他国家在生物安全方面进行信息共享，对风险等级进行评估，将监管与预防的权限提升，以达到降低公共生物安全风险的目的（孙祁，2022；王莹等，2020；中国科学院文献情报中心现代农业科技情报团队等，2021）。

5. 巴基斯坦农业生物安全监管

巴基斯坦的农业生物技术监管框架由四部关键法律组成：2005 年《巴基斯坦生物安全条例》，2012 年《巴基斯坦知识产权组织法案》，2015 年《种子修订法案》，2016 年《植物育种者权利法案》。《巴基斯坦生物安全条例》是该国第一部关于农业生物技术监管框架的基本法律，适用于制造、进口、储存微生物和基因技术产品，以供申请使用转基因生物及产品的科研机构或私营企业开展教学和研究活动。巴基斯坦国家食品安全研究部和气候变化部（Ministry of Climate Change，MOCC）是参与转基因产品审批和监管的两个主要部门。

总的来说，随着生物技术的不断研究开发，我国在安全管理方面将面临诸多挑战，管控压力与日俱增，既要保障生物技术的绿色发展，也要拥有完善的生物安全体系，在全球化和数字化不断加速的当今世界，美国、俄罗斯、日本在生物安全方面的法律规制及相关实践经验为我们提高生物安全治理能力提供了参考价值。首先要明确生物技术的优劣势，不断向优势方向突破。其次，要加强对农业农药、微生物、基因工程作物的生产监管，从上到下统一协调，权责分明。再次，要构建识别、监测和消除风险的生物安全系统，建立分层的管理体系以应对生物威胁。最后，要加强全球合作，关注世界发展趋势，构建全球生物安全共同体。世界各国应着手在生物安全方面进行合作，从技术与监管等领域开展监测与预警，防患于未然。

（五）我国生物技术两用性的相关政策

《中华人民共和国生物安全法》由中华人民共和国第十三届全国人民代表大会常务委员会第二十二次会议于 2020 年 10 月 17 日通过，自 2021 年 4 月 15 日起施行。这是为维护国家安全、防范和应对生物安全风险、保障人民生命健康、保护生物资源和生态环境、促进生物技术健康发展、推动构建人类命运共同体、实现人与自然和谐共生而制定的法律。我国于 2001 年 12 月颁布实施了《中华人民共和国刑法修正案(三)》，明确将非法制造、运输、储存或投放毒害性物质和传染病病原体等危害公共安全的行为定为犯罪，并予惩处。2002 年 10 月颁布实施的《中华人民共和国生物两用品及相关设备和技术出口管制条例》所附（管制清单）共包括 79 种病原体、17 种毒素、7 大类双用途设备及相关技术。2013 年进一步修订了《中华人民共和国传染病防治法》，2004 年还颁布实施了《病原微生物实验室生物安全管理条例》，对病原微生物的使用、保藏、运输及相应实验室的分级、建筑、使用、管理等都做出了详细的规定。

（六）我国农业领域中生物技术良性运用的法治保障

1. 农业生物技术两用性管理监督工作中需要考虑的重点问题

尽管我国已出台《中华人民共和国生物安全法》，但立法只是第一步，完善的生物安全体系还依赖于立法体系和配套措施的建设。具体建议如下：一是制定生物安全清单，利用科学论证的模式，以清单溯源病毒；二是明确生物安全治理模式，集中监管，统一协调，权责分明；三是构建"识别、警报、监测和消除生物风险"的生物安全系统，建立分层的风险管理系统以应对生物威胁及相关事件；四是加强域外合作，关注未知领域的生物和环境安全，构建全球生物安全共同体。

生命科学是 21 世纪最活跃的科学领域之一，生物技术更是与信息技术、新材料和新能源技术并列为影响国计民生的四大科学支柱，是 21 世纪新技术产业的先导。因此，对生物技术活动进行监控和限制，在加强生物安全保障的同时，也可能会给相关的生物技术研究和交流活动带来影响，例如，部分病原体的使用、转让等限制将或多或少地影响到对微生物致病机理的研究、疾病的诊断、预防和治疗等正常活动。因此，在制定政策和执行政策时，应注意处理好保证生物安全与促进科学研究及学术交流这两者之间的关系。

2. 强化两用生物技术安全性风险评估

众多事例说明，两用生物技术研究审查监管机制存在明显的滞后性。20 世纪 90 年代，风险评估方法开始应用于生物技术领域，美国等世界主要国家纷纷开展了两用生物技术安全风险评估研究。传统的两用生物技术安全风险评估方法主要有定性评估、定量评估和综合评估等。近年来，大数据和机器学习等新兴技术的发展为两用生物技术的安全风险感知和评估带来了新的机遇。未来，通过风险模拟平台的设计，将历史生物监控数据、病毒传播动力学数据、环境数据、病毒适应度指标及危险人群流动信息等数据整合入平台建立风险模型，可以提供高度特异性的风险类型和发生时间等信息，为决策管理者提供参考。因此，建立合理的两用生物技术的风险评估、监测预警和应急响应体系已成为全球生物安全研究的当务之急。

推广的生物技术必须严格把关，即使是小风险概率也是不允许的，如果不加以控制，其产品流入市场后一旦出现问题，会威胁到人类切身利益，甚至生命安全。公众对生物技术是否信任决定了生物技术未来推广应用的发展。因此，从市场、技术和社会等多个维度加强生物技术的安全性风险评估，不断完善风险评估机制，从而保证生物技术朝着对公众有益的方向发展。

3. 跟踪国际形势的发展，加强国内立法和宣传教育

尽管我国近年来在危险病原体管理、生物技术监控方面取得了一些进展，但在法律、制度的系统性和完整性方面还有待完善。国内一些科技工作者对生物技术恶意使用和误用的可能性及危害性认识不一。因此，我们应及时追踪国际上相关问题的发展动态，并加大国内立法和规章制度的研究与建设，加强对管理人员、科学界、企业界的宣传教育，以适应国际、国内形势的变化和需要。

未来，生物技术在农业方面将依然发挥着重要作用。我国人口众多，土地资源相对匮乏，粮食生产

压力巨大，转基因作物能改变食品品质、抗虫、增产、增加作物对真菌的抵抗力、减少水土流失、减少农兽药使用，从而带来显著的经济效益，使人们看到了消除贫困与饥饿的希望，更看到现代农业发展的经济潜力。

我国不应盲目照搬国外农业发展模式，需因地制宜确定各地区农业产业发展方向。同时，应以创新驱动促进农业发展方式转变，重视生物技术的自主创新，增强生物制造核心技术能力，推动生物技术产品研发及应用，持续加快生物技术等关键使能技术在农业中的应用，推进农业可持续发展，保障我国粮食安全与营养。尽管存在两用性，相信随着技术的不断进步、人们对生物本质认识的深入，人类一定会利用好生物技术两用性，向着现代农业生物技术良性方向前进。

（中国农业科学院北京畜牧兽医研究所　李松励）

第四节　生物技术两用性与生态环境

生态环境是人类生存和发展的基石，保护生态环境是促进我国经济可持续发展的重要方式。据《2021中国生态环境状况公报》显示，2021年污染物排放量持续下降，生态环境质量明显改善。我国在生态环境方面取得的成就离不开一系列环境保护政策的实施和环境治理技术的应用。但我国大气、水和土壤污染问题仍然存在，新型污染物问题也日趋严重。国务院印发的《新污染物治理行动方案》中指出，要建立生态环境部牵头，国家发展改革委员会、科技部、国家卫生健康委员会等部门参加的新污染物治理跨部门协调机制，统筹推进新污染物治理工作。因此，亟须环保、经济和高效的环境治理技术来应对当前的挑战。现代生物技术综合了基因工程、分子生物学、生物化学、遗传学、细胞生物学、有机化学、无机化学等多个学科技术，拥有广泛的应用前景，可为人类保护生态环境提供绿色、经济的途径，也能在环境修复过程中避免二次污染。

一、生物技术在环境污染物检测中的应用

随着工业结构的调整改革，重金属、抗生素以及持久性有机污染物的排放，给人类健康和环境带来了新的挑战，迫切需要对环境污染物成分进行检测，以寻求正确的处理方法。检测和监测污染物的浓度及其分布是环境管理与决策的基础。

一系列生物技术已经广泛应用于环境监测和评价中，如生物酶技术、金标免疫速测技术、PCR技术、生物发光检测技术和生物传感器等。其中，生物传感器作为一种经济高效、快速、实时的分析工具，应用最为广泛。例如，Rohita等通过采用合成生物学方法创建了一个全细胞生物传感器（WCB）阵列，利用具有天然感知和降解苯酚能力的MopR基因系统来检测低至1ppb的苯酚，该传感器能够直接检测饮用水中允许范围内的苯酚，进一步在MopR基因中设计突变，从而生成用于各种污染物的生物传感器，这些工程化的WCB能够感知苯和二甲苯化合物，且不会降低灵敏度，可用于快速检测和筛选合适的饮用水水源（Roy et al., 2021）；爱丁堡大学王宝骏团队通过调节细胞内受体蛋白的密度来提高生物传感器的灵敏度，灵敏度高达50 000倍，信号输出强度高达750倍，从而用于检测砷和汞，其检测限大大低于砷和汞在饮用水中的安全指标（Wan et al., 2019）；Ritcharoon等基于FGE硫酸酯酶全细胞农杆菌生物传感器，能够检测2,4-二氯苯氧乙酸除草剂（Ritcharoon et al., 2020）。我国也有类似研究，例如，广东省科学院微生物研究所许玫英团队建立了一种以高疏水性细菌细胞为底盘的新污染物全细胞微生物传感器，对十溴二苯醚具有高度的特异性、灵敏度和线性响应，可用于十溴二苯醚的定量监测与毒性评价（Chen et al., 2022）；华东理工大学白云鹏教授团队通过结合合成生物学方法和细菌群体感应机制，创建了可用于检测并降解有机磷酸盐的"智能"全细胞传感器（He et al., 2022）；南京农业大学高彦征教授团队构建了具有响应四环素浓度变化的全细胞生物传感器菌株 *E. coli* DH5α/pMTGFP、*E. coli* DH5α/pMTmCherry等，这些细菌可感受四环素浓度变化并产生荧光蛋白或β-半乳糖苷酶，通过荧光强度或酶活性检测，可量化体系中四环素类抗生素浓度，用于即时、快速分析出水土环境中的抗生素（Ma et al., 2020）；天津大学团队构建的全细胞生物传感

器可以感知重金属（Hg^{2+}、Zn^{2+}、Pb^{2+}、Au^{3+}、Cd^{2+}、As^{3+}、Ni^{2+}和Cu^{2+}等）或有机化合物（醇、烷烃、酚和苯），经遗传放大器转导信号，响应细胞荧光、生物电等多种输出，能够用于真实条件下重金属和有机污染物的监测（Liu et al.，2022）。

环境污染物的检测和监测在环境治理和污染控制中发挥着至关重要的作用。生物传感器等技术的应用，可以实现多种环境污染物的特异性检测，提高检测灵敏度和准确性，有效减少实时监控的信号延迟，可以为环境治理提供准确污染源数据，对污染的治理有着重要的参考意义。

二、生物技术在环境治理与修复中的应用

生态环境包括水、土壤、生物以及气候资源，是关系到社会和经济持续发展的复合生态系统。2022 年 5 月 26 日，生态环境部发布的《2021 中国生态环境状况公报》显示：2021 年，全国 218 个城市环境空气质量达标，占全部城市数的 64.3%，比 2020 年上升 1.5 个百分点；全国地表水监测的 3632 个国考断面中，Ⅰ～Ⅲ类水质断面（点位）占 84.9%，比 2020 年上升 1.5 个百分点；全国土壤风险得到基本管控，受污染耕地安全利用率稳定在 90%以上。这些都说明我国在环境治理方面取得了巨大的成就。环境治理方面采取的一些高效降解有害污染物的方法，是环境保护与污染防治的重要技术支撑。

（一）空气污染治理与修复

空气污染是我国第一大环境污染问题。大气中存在很多有害物质，如粉尘、氮氧化物、氢氧化物和碳氢化合物等，这些有害气体大多来源于燃料燃烧、工业生产废气排放、交通运输尾气排放及农业活动等。目前普遍认为净化空气的生物方式主要包括生物过滤法、生物吸附法和生物洗涤法。工业废气污染物可以应用生物滤池，它以土壤和堆肥为基础材料，利用微生物将污染物进行分解转化，如氧化硫硫杆菌能消除有机硫化物，氧化亚铁硫杆菌能消无机硫化物，假单胞菌属能转化小分子烃类；利用物理溶解方式将气体吸收后，将溶解有废弃物的液体输送到生物反应器中，通过微生物净化有害物质。

（二）水污染治理与修复

目前我国水污染的主要原因是工业废水未经处理肆意排放，造成江河湖海被污染，污染源多为金属元素、氰化物、有机磷和酚类化合物。传统的物理和化学方法很难实现安全、高效地处理废水。生物技术在改善水体质量和治理水污染方面有重要作用。微生物利用自身新陈代谢活动降解水中的有毒物质，将其转化成水、二氧化碳和甲烷等安全无害的化合物，使水体得到净化。例如，通过生物膜技术可实现对城市废水处理厂二级出水的深度处理，其处理得到的水资源可满足热电厂冷却使用要求；20 世纪 80 年代美国在邮轮泄油事件的处理中，运用投放高效降解菌等生物技术，修复了 10km 范围内被污染的区域；Upadhyay 等研究表明，可利用壳聚糖这种生物聚合物吸附剂去除废水中的重金属，此外还可通过藻类细菌联合体去除废水中的重金属（Pal et al.，2021；Upadhyay et al.，2021）；利用微生物自然抗逆基因和抗逆元件（离子泵、相似相容性溶质和全局性调控因子等），并结合合成生物学方法可构建相应的耐高盐等条件的高效抗逆元件，提高微生物在海洋等不利环境中的生存能力，从而增强其降解污染物的能力。

（三）土地污染治理与修复

土壤污染主要来源于生活废水和工业废水、废气、废渣，以及化肥和农药的使用。土壤一旦被污染，其影响很难被消除，有机农药分解很慢，重金属则不分解，三五年内仍含较高的有害物质，并可通过食物链富集危害人类。生物技术通过利用微生物和植物的作用，净化土壤中的重金属和残留农药，达到降低土壤毒性或解毒的目的。例如，恶臭假单孢菌（*Pseudomonas putida*）中存在编码降解苯酚、萘、甲苯和硝基苯等污染物的特定酶基因，通过删除一些基因改善代谢途径，可提高其对污染物的降解率；南开大学团队将 4 种农药降解基因 *mpd*、*pytH*、*mcd* 和 *cehA*（分别编码有机磷水解酶、拟除虫菊酯水解羧酸酯酶、克百威水解酶和甲萘威水解酶）整合到假单胞菌的基因组中，通过功能表达可产生 4 种活性农药水解酶，构建了一种用于同时降解有机磷、拟除虫菊酯和氨基甲酸酯的多功能工程菌，用于被农药污染的土壤的修复

（Gong et al.，2018）；运用 CRISPR 介导的植物修复技术，使植物从环境中吸收重金属化合物并将其转化为组织，以达到清洁土壤污染的目的；将基因工程应用于与植物相关的内生细菌和根际细菌，改善土壤生物修复技术，可增强植物修复对污染场地中有毒化合物的降解（Fasani et al.，2018）。

生物技术因其环保、高效等特点广泛应用于空气污染、水污染和土壤污染的防治，取得了良好的成果，也确立了它在环境治理与修复中不可替代的作用。现代生物技术处于不断创新之中，越来越多的新技术将会进入环保领域，对环境保护与污染防治起到更加重要的作用，也会更好地解决我国生态环境污染问题。

三、生物技术在病媒生物防治中的应用

病媒生物可通过直接骚扰、叮咬和间接传播疾病等方式危害人类的健康，其中蚊是一类呈世界性分布的害虫，可传播许多疾病，如疟疾、登革热、丝虫病、寨卡病毒等，引发许多国际性的公共卫生事件，受到广泛关注。通常采取化学防治进行干预，虽然快捷、高效，但长期大量使用化学杀虫剂会出现残留、抗药性、污染等问题，在危及人类、环境和生态平衡的同时，也大大地影响了病媒生物防治工作的可持续发展。

随着分子生物学和生物防制研究的飞速发展，可利用基因编辑技术对蚊媒基因组进行精确的基因敲除、替换、纠正等靶向修饰。目前基因编辑工具主要包括三种类型：锌指核糖核酸酶（ZFN）、转录激活因子样效应物核酸酶（TALEN）及规律间隔成簇短回文重复序列（CRISPR）。最常用于控制病媒传播的是 CRISPR/Cas9 技术（表 17-1）。用基因编辑的蚊控制疾病分为两种途径：第一种为"种群替代"，即将不可传播病原体的蚊种群替代可传播的种群；第二种为"人口抑制"，用基因编辑影响雄蚊生育能力，从而减少蚊虫数量。例如，Chen 等使用基因编辑技术选择性地破坏影响埃及伊蚊雄蚊生育能力的基因（*B2t*），有效减少疾病的传播。野生型雌性与 *B2t* 突变雄性首次交配后，即使随后暴露于野生型雄性，大多数雌性也不会产生后代。用 CRISPR/Cas9 在埃及伊蚊 β2-微管蛋白（B2t）基因中生成一个无效突变，该基因可抑制雄性生育能力，首次将野生型雌性与 *B2t* 突变体雄性交配时，大多数雌性之后与野生型雄性交配也不会产生后代。此外还将 *B2t* 突变体、野生型雄性与野生型雌性同时引入，发现相对于野生型雄性而言，*B2t* 突变体雄性能有效地抑制雌性的生育能力。这些结果表明，采用 *B2t* 突变体可提高昆虫不育率，通过反复释放埃及伊蚊来减少这些入侵蚊子的病毒传播（Chen et al.，2021）。英国一家名为 Oxitec 的生物公司已开发出含有显性致死基因的蚊子，其与普通蚊子产生的后代绝大多数会死亡。该公司在巴西巴伊亚州每周放生约 45 万含有该致死基因的雄蚊，持续 27 个月。在投放初期，发现当地蚊子的数量出现了显著下降，但之后出现了反弹现象（Evans et al.，2019）。随后在美国释放第二代转基因的伊蚊，它们依然携带致死基因，只不过这种基因只对雌性致死，携带这种基因的雄性会正常发育并传播这一基因，最终导致伊蚊的种群中雌性逐渐减少，只留下不咬人的雄蚊，从而控制蚊虫数量，阻止疟疾等疾病的传播（Waltz，2022）。Adeline 等用 CRISPR 基因编辑技术重新定位一个先前已经定性的位点（Chr2: 321382225），并对表达针对寨卡病毒基因组 NS3/4A 区域的反向重复 dsRNA 的蚊子进行改造。小 RNA 分析显示，在雌蚊体内，该效应物触发了蚊子抗病毒干扰小 RNA 途径。感染后 7 天或 14 天，在肠和尸体中均发现了寨卡病毒几乎完全（90%）被抑制。此外，转基因蚊的唾液腺中含寨卡病毒的数量显著减少（*P*=0.001），因此蚊子无法通过叮咬传播病毒（Williams et al.，2020）。

表 17-1　用 ZFN、TALEN 和 CRIPR/Cas9 技术在蚊子中进行的各种基因组编辑研究（Reegan et al.，2017）

蚊子种类	基因编辑工具	应用	参考文献
埃及伊蚊	ZFN	控制登革热传播通路（感觉）	（Kleinstiver et al.，2016）
埃及伊蚊	ZFN	控制登革热传播通路（气味）	（DeGennaro et al.，2013）
埃及伊蚊	ZFN	控制登革热传播通路（吸血）	（Ran et al.，2013）
埃及伊蚊	TALEN	控制登革热传播通路（眼部色素）	（Aryan et al.，2013）
冈比亚按蚊	TALEN	免疫通道控制	（Smidler et al.，2013）
埃及伊蚊	CRISPR/Cas9	功能基因组学	（Gaj et al.，2013）

续表

蚊子种类	基因编辑工具	应用	参考文献
埃及伊蚊	CRISPR/Cas9	将雌性转化为无害的雄性	（Ledford，2015）
埃及伊蚊	TALEN	转基因菌株与基因驱动	（Move over ZFNs 2011）
埃及伊蚊	CRISPR/Cas9	转基因菌株与基因驱动	（Move over ZFNs 2011）
斯氏按蚊	CRISPR/Cas9	恶性疟原虫抗性株控制	（Alphey，2016）
冈比亚按蚊	CRISPR/Cas9	控制疟疾传播通路（性别）	（Hsu et al.，2013）

　　蚊作为一种传播多种致死性传染病的虫媒，其防治工作一直受到关注。基因编辑技术的出现和发展为蚊媒的基因编辑、目标基因功能研究甚至是蚊-病原体相互作用的定位提供了一个强有力的工具。

（中国疾病预防控制中心环境与健康相关产品安全所　唐　宋）

第十八章
两用生物技术的甄别和应对

第一节 概 述

生物技术即利用生物体或其组成部分来生产有用物质，或为人类提供某种服务的技术。随着时代发展，生物技术已经融入社会生产、人民生活的各个方面，在满足人民日益增长的对美好生活需求的同时，也带来了新的风险挑战，其中严重危害人民生命健康的情况更是会对国家安全、民族安危造成巨大冲击。为了用生物技术这把"双刃剑"更好地造福于民，必须统筹落实生物技术甄别和应对两个方面。其中，生物技术甄别作为生物技术应对的第一环节，更是在贯穿生物技术使用全过程的基础上，以合法性、合理性、安全性为关键因素，梳理生物技术产物及产出效果的好坏，对其做出公正、科学的全方位甄别；生物技术应对则是以生物技术甄别结果为前提，分类分级对生物技术事件加以管控应对，从而降低或消除生物技术使用不当所带来的不良后果。

新形势下，实验室生物安全、外来物种入侵、生物恐怖袭击、重大新发突发传染病、生物遗传资源和人类遗传资源流失等问题交织，使生物安全矛盾更加尖锐。在2004年SARS疫情之后，新冠疫情的突然暴发仍让我们猝不及防，其传播能力之强、变异速度之快、持续时间之长的特点前所未有，给人民的生命健康、经济发展造成了不可挽回的损失，然而新冠病毒的溯源至今仍是未解之谜。因此，我们要加快构建国家生物安全法律法规体系、制度保障体系，提升生物技术甄别与应对的能力。

为有效防范和应对危险生物因子及相关因素威胁，推动生物技术能够稳定健康发展，保证人民生命健康和生态系统处于相对没有危险和不受威胁的状态，使生物领域具备维护国家安全和持续发展的能力，必须着眼国际、国内，未雨绸缪，将生物技术甄别及应对工作落实到位，尤其要避免生物技术与恐怖主义等重点因素的交叉融合。同时，要清醒地认识到当前我国生物技术的甄别与应对还处于发展阶段，不可避免地存在制度体系不健全、技术手段不完善等问题。在此情况下，必须在生物技术甄别及应对中以《国家生物安全法》为主干，不断丰富生物技术及应对的具体实施脉络，对生物技术所涉及的具体情况进行科学有效的甄别和应对，势必将生物技术甄别和应对铸造成生物技术滥用的照妖镜，促进应对生物安全风险防护网的构建。

第二节 生物技术的甄别

一、基于进化规律的甄别

自然界的所有动植物都是由千万年的进化形成的，适应如今环境的生物，包括细菌、病毒也不能例外。得益于测序技术的进步，人们已经对包括人类在内的大量生物进行了基因组信息的解析。研究人员已经绘制出包含约230万个已命名物种的"生命树"草图，其基因组信息可追溯至35亿年前地球上的生命起源，描述了生物随时间进化分支形成不同物种的关系。而根据目前已有的序列信息，新出现的任何病原体理论上都能在"生命树"中找到其祖先和相近物种的关联性。因此，包括病原体在内所有生物的出现都应该满足自然进化的规律和条件才能出现在自然界中。目前生物技术领域的发展已经根据人类的需要"设计"出非自然进化过程中出现的生物，如病毒载体疫苗、工程化的细菌真菌、杂交以及转基因作物等，都在一定程度上根据人类需求改变了生物的进化方向而为人类服务。这些"设计"出来的生物并非自然进化产生，在其基因组上会因基因组改造而产生明显的基因编辑痕迹，如酶切位点、同源重组位点、跨物种非正常重组等基因操作所需的关键位点遗留，通过这些特征存在与否能够辨别出生命体是否经历过改造过程。

以新冠病毒为例，SARS-CoV-2 的起源是颇具争议的，但大部分的质疑缺少科学依据或者关键性证据。由于其基因组中存在部分特殊位点，如 SARS-CoV-2 氨基酸序列中存在的弗林酶切位点，在自然界中同类型的 β 冠状病毒中未发现该位点，且该位点被证明能够增强病毒的感染能力，因而怀疑该位点与人为编辑有关。随着溯源工作的开展，在后续的研究发现相似的弗林酶切位点在蝙蝠冠状病毒中存在（Zhou et al.，2021），证明了弗林酶切位点可由自然进化产生，随即打破了无科学依据的猜想。除此之外，有文章称 SARS-CoV-2 弗林酶切位点及其两端共 19 个碱基与专利中使用的序列存在 100% 的反向匹配，并称这种序列未在哺乳动物或冠状病毒中发现（Ambati et al.，2022），因而质疑 SARS-CoV-2 经过人工修饰。然而，不难发现其他微生物中不乏存在这样的序列，也不能根据该序列证明所有存在这样序列的微生物都来源于人工改造。弗林酶切位点的存在增强了病毒的生存能力，进化出该位点的病毒更容易生存和出现，这符合自然选择和生物进化的理论。对此，更加权威的解释是多国科学家共同发表的声明（Andersen et al.，2020；Zhu et al.，2020），以及不断进行的溯源工作结果对 SARS-CoV-2 起源的解释。因此，甄别生物是否为非自然出现，需要辨别生物中出现的特征的合理性及人为设计遗留的基因编辑痕迹。此外，病原体改造或合成的相关实验记录，如病原体相关基因合成与测序记录等，是证明病原体人为改造最确凿的证据，如果存在病原体人为操作的记录并且该病原体引起疫情，则可以据此判断人工改造病原体进行生物袭击的事实真实存在。

二、基于流行病学规律的甄别

随着人口数量的不断增长，人们逐渐接触到越来越多的自然环境，也逐渐接触到越来越多的病原体风险。同时随着气候变化，具有远距离活动能力的动物迁徙也造成了其携带的病原体与人类接触范围扩大。另外，由于交通工具的快速发展，各个国家和地区之间的交流与联系越发紧密，交通和物流使原本限制病原体传播的地理隔离逐渐被打破。因此，在全球人员、物流交互的形势下，病原体暴发的复杂时空使得疫情追溯更加难以判断和甄别。美国 2001 年发生的炭疽攻击事件，是一件典型的非流行病学生物恐怖事件，袭击者将炭疽杆菌封存至信中，借由信件向指定人员传播炭疽病原体，使人吸入并感染炭疽，共导致 5 人死亡、17 人感染。此次生物恐怖事件中，病原体借助信件被递送，出现在自然条件下不应该出现的时空区域。与人为制造的恐怖袭击相关的病原体的出现一般不符合流行病学的规律，无病原体的自然传播过程与人为行动密切相关。在如今物流更加发达、无人机技术迅速发展的时代，使病原体跨越地理位置界限的恐怖行为更加难以追溯。几种情况可以预见，如借由跨国快递远距离传播病原体、使用无人机跨越地理位置隔离来运送携带病原体的昆虫等动物至新的地区传播等。这些情况为病原体的流行病学追溯增加了困难，但并不是无法追溯的，个别病原体传播事件一般难以引起大范围疫情，因此通过人为因素引起的重大疫情一般都需要载体（物品或动物媒介）达到一定数量，出现的非流行病学规律引起的疫情如果与某种载体关联性较强，如在不同地区的人，没有相同或相似的疫区旅居史，与可能的阳性患者也不存在交集，被蚊子或蜱虫叮咬后均产生了相似疾病症状；或者不同地区人们收到相似的快递后引起相同病原体感染等可疑事件，都需要怀疑疫情暴发存在人为因素的干预。

由于病原体的潜伏性，病原体的传播并不像动物或植物的生物入侵那样明显，感染后数天甚至数周之后才会发觉，而在这一过程中很容易发生病原体的扩散。所以追溯其载体源头仍需要漫长的时间，增加了判断病原体是否属于当下时空的困难。另外，虽然病原体识别的响应机制正逐渐完善，但我们对于自然界中病原体的认知还远远不足，新发病原体的溯源一方面需要考虑人为因素，另一方面需要在自然界中寻找痕迹，对准确判断病原体来源提出了很大挑战。基于流行病学规律判断病原体出现是否有人为因素参与，需要所有国家的开放和合作以及完善的法律，才能在使病原体传播中出现的人为因素在众多复杂环境中有迹可循。

三、基于技术可行性的甄别

随着生物技术的快速发展，人们已经能够合成已有的病原体或对病原体进行改造。研究人员利用合成基因组学能够对已知基因组进行设计、合成、组装及移植。而现阶段的生物技术大都符合反向遗传学的描述，在获得病毒基因组全部序列的基础上，通过对靶基因进行加工和修饰，改变病毒的表型、性状，从而研究基因的结构与功能。生物技术的发展初衷是为了能更加深入地了解病毒发病机制，并为疫苗开发、病毒检测、抗病毒药物等应用领域提供技术支持。但我们不得不看到生物技术的发展速度越来越超出人们的传统认知，病原体合成能力的迅速发展以及对生命领域的好奇，使得更多的研究方向伴随着潜在的巨大风险。

生物技术的发展突破了已知信息合成和改造病原体的技术障碍，目前全球许多研究团队可独立完成类似工作，如纽约州立大学的 Eckard Wimmer 团队根据脊髓灰质炎单链 RNA 病毒的基因组数据，成功从头构建出了脊髓灰质炎活病毒（Cello et al.，2002）；Tumpey 等根据完整的病毒基因组序列，基于反向遗传学技术成功从头构建了西班牙流感病毒（Tumpey et al.，2005）；瑞士伯尔尼大学的 Jorerg Jores 和 Volker Thiel 团队，基于酵母的合成基因组学平台在短时间内（获得 cDNA 后一周左右）成功设计、化学合成出了有活性的 SARS-CoV-2 病毒（ThiNhu et al.，2020），此外，该技术还能构建包括冠状病毒科、黄病毒科和肺炎病毒科在内的多种 RNA 病毒。基于对生物学知识的探索和深入，关于病原体更加深入的研究也逐渐开展，Ron Fouchier 研究团队曾对高致病性的甲型禽流感病毒 H5N1 进行功能获得（gain-of-function，GOF）研究，仅通过替换 5 个氨基酸，使原本无空气传播能力的 H5N1 获得能在哺乳动物之间通过空气传播的能力（Herfst et al.，2012）；美国病毒学家拉尔夫·巴里克（Ralph Baric）教授及其团队曾针对 SARS 类冠状病毒进行 GOF 研究，他们基于反向遗传学技术，将蝙蝠冠状病毒 SHC014 的刺突蛋白整合进小鼠适应的 SARS-CoV 骨架，将原本不致病的 SHC014 改造成具有致病性的 SHC014 重组病毒（Menachery et al.，2015），实验表明，SHC014 重组病毒可以利用人 ACE2 的多个同源基因，在人呼吸道上皮细胞中高效复制，并在体外培养中表现出与 SARS 冠状病毒相当的病毒滴度。

目前生物技术仍然在不断进步，虽然大多数技术均为公开可查询状态，但目前的生物技术无法做到脱离已知病原体人为设计一种全新病毒，如果一种病原体突然出现，并且其基因组部分片段与已知在某一实验室培养的任何一种病毒基因组高度同源甚至完全一致，或者由几种已知病毒基因组重组共同组成了新出现的病原体，则可据此判断病原体的出现与人为编辑或特定的实验室泄漏有关。新型冠状病毒的出现并不满足大部分片段与已知病毒高度同源的条件，SARS-CoV-2 与目前在自然界中发现的最相似的蝙蝠病毒仍存在超过 1000 个碱基的差异，而这种差异使用目前的生物技术无法设计和改造，同时没有实验室存在培养或合成过的 SARS-CoV-2 或任何高度同源病毒的相关记录，因此 SARS-CoV-2 的人为编辑在技术上并不可行。

基于合成基因组学、反向遗传学等的生物技术在未来有巨大的应用前景。利用这些生物技术快速生成病原体，一方面可为疫苗研发、病毒检测、抗病毒药物等研究领域提供病毒样本，加快相关领域的研究进程，有利于人们深入了解病原体的结构与功能；另一方面，由于病原体的克隆、组装已经不受技术限制，无痕基因编辑技术也逐渐进步和发展，未来辨别病毒是否来自于人工改造或合成变得越来越困难。近年来病原体合成改造技术更新迭代十分迅速，测序技术的发展也为人们认识和了解病原体信息带来了便利，基于这些信息的探索和改造带来的后果是难以预料的。正如 2018 年美国化学学会秋季会议 John Glass 发表的意见："有生之年我们会看到一个怀有邪恶意图的人以一种糟糕的方式使用合成生物学来造成混乱、恐怖主义。但我也相信，同样的技术将拯救世界。"基于过去的生物技术来甄别当下病原体的恐怖主义已经过时，同样的，基于目前的生物技术手段也很难准确评估将来会发生的恐怖主义。这是一把"双刃剑"，一方面迅速推动社会和人类进步，另一方面也无疑潜伏着巨大的风险。

第三节　生物技术的应对

一、完善生物安全法规

我国在依法治国基本方略的前提下，坚持总体国家安全观，已经制定完善了相关法律法规，健全我国疾病防控的法律制度，形成了一套比较完备的传染病防控制度体系，一些代表性生物安全法律法规如《中华人民共和国生物安全法》《中华人民共和国生物两用品及相关设备和技术出口管制条例》《突发公共卫生事件应急条例》《人间传染的病原微生物菌（毒）种保藏机构管理办法》《病原微生物实验室生物安全管理条例》《中华人民共和国传染病防治法》《基因工程安全管理办法》《血液制品管理条例》《中华人民共和国人类遗传资源管理条例》《中华人民共和国野生动物保护法》《涉及人的生物医学研究伦理审查办法》《中华人民共和国动物防疫法》《中华人民共和国食品安全法》《中华人民共和国国境卫生检疫法》等，总体上实现了有法可依。

目前还存在不完善甚至空白之处，以及与其他法律衔接的问题，需进一步充实完善相关的法律规范。在生物安全这个涉及众多国家机关、不同层级法律规范的法律体系建构过程中，尤其需要加强立法之间的协调、统一（王林，2021）。具体而言，需要制定相关条例，如《外来物种管理条例》《生物威胁应对条例》《生物技术研究开发安全管理条例》。《中华人民共和国反恐怖主义法》中对传染病病原体防范等相关条例及实施细则需要进一步协调统一，适时针对新生物技术制定和完善监管体系。目前，在《病原微生物实验室生物安全管理条例》中，增加具体针对烈性病原体的功能增强型改造实验的管控。在生物安全技术标准体系方面，只有转基因作物和实验室生物安全领域颁布了相应的国家标准，对于高危生物材料的包装和运输缺乏统一科学的技术规范。因此，应当根据各个领域的新兴特点和需求加快制定各项生物安全标准，从而完善我国生物安全标准体系，以适应加强生物安全建设的思路和举措（孙佑海，2022）。

二、加强组织管理

生物安全是生物技术健康发展的保障和出发点，生物技术的健康发展则是生物安全的目标，加强生物技术安全管理已经成为国际共识。近年来，随着我国《中华人民共和国生物安全法》的执行，加快了国家生物安全法律法规体系、制度保障体系的构建。这表明中国对生物安全问题的重视达到了一个新的战略高度，也对提升国家生物安全治理能力和生物安全法治建设提出了更严格的要求，以加强国家生物安全能力和生物安全法治。

为了促进和确保生物技术研究健康有序地开展、维护国家生物安全，我国必须加强生物安全措施，同时还需要进一步完善生物安全监测体系，建立生物技术相关安全风险评估与预警系统，提高对政府行政行为和违法行为的监督，建立从国家到省再到研究机构的垂直管理体系，加强对科研人员和科研项目的监督监管，健全应急预案。

生物技术促进中国国民经济和社会的发展，提高中国的生物技术创新能力和国际竞争力。国家应大力支持生物技术研究开发，为此需要制定生物技术发展战略，拟定促进生物技术发展的政策措施，根据当前我国的现状、水平和发展潜力，积极建立生物技术创新体系，加大研究投入，采取"创新驱动的发展、全球应用、需求导向和重点突破"的战略，争取使我国成为世界领先的生物技术国家之一。

三、建立应急保障体系

我国生物技术的发展相对于西方发达国家起步较晚，制度保障体系建设尚未得到完善。同时，伴随着生物技术发展变革的不确定性，以及所呈现的更多颠覆性和复杂性，使得该领域伦理风险愈发复杂、难以预测。新兴的生物技术，如基因编辑技术、合成生物技术等，在为人民生活带来众多便利的同时，也给人类社会的稳定与发展带来了全新风险。以基因编辑技术为例，CRISPR-Cas 已被广泛用于 DNA 或 RNA 的特异性靶向和切割，在疾病治疗、遗传育种、生物工程等方面具有广阔的应用前景。然而基因编辑也面临技术风险和安全威胁：一是新型基因编辑技术可在短时间内完成对病原体、动植物甚至人类生物性状的重大改变，且不留任何操作痕迹，使甄别生物体是否发生基因编辑的难度加大；二是利用基因编辑技术和基因片段组装技术，在病毒序列原有的基础上增强病毒侵染力，组建致死率高、传染能力强、侵染宿主范围更广的新型病毒（薛杨和俞晗之，2020）。因此，我们需要建立应急保障体系，加强科学研究，及时做好生物安全战略性评估。

为应对应急保障体系建设，现场快速评估、早期筛查、及时处置是高效应对生物安全事件的关键，生物技术药物、疫苗、诊断试剂和装备的研发及生产能力起着至关重要的作用。目前，我国在生物制药、疫苗与诊断试剂的研发过程中尚存在改进空间：一是相较于发达国家，研发投入相对薄弱；二是创新成果存在外流现象；三是同类型生物制药产品在市场上大量出现，造成不良竞争（朱海印，2017）。此外，我国还缺乏生物安全装备和设施的建设与力量整合，核心研究机构与基础研究条件需进一步完善，生物防控产业园区也需获准立项建设。面对以上所提出的问题，我们需要明确前沿生物技术发展的优先方向和技术路线，加大对基础研究的投入，推动科研成果转化应用，建立利益分配机制和转化平台，将国家重大专项的资金支持更多从后期项目转向基础研究和靶点成药的成果转化，注重新药新疫苗的早期研究（陈俊虎，2022）；在人员方面，大力培育和扶持复合型人才队伍建设，加强生物安全学科建设，培养立足应用的技术创新人才以及具备多学科生物安全防控背景和监管人才；研发现场智能化评估系统和无害化高效处置相关技术，开展现场的早期诊断、快速排查和有效处置，实现从监测、确认到处置的全流程应急保障体系。

针对当前生物安全应急保障中监测、确认和处置环节的不足与技术短板，还应提升组织管理能力。首先，我们应贯彻总体国家安全观，落实生物安全法，加强国家、省及研究机构的垂直管理体系建设；其次，健全和完善应急管理体制，在应对生物安全保障时期，选取适当的应急管理组织体系，提升动员效率、决策科学水平与协调力度；第三，做好新时代科普工作，加大生物安全科普工作和宣传教育力度，提升全民科学素质，形成强大的社会动员体系；最后，要坚持合作共赢，集聚全球生物创新资源，积极参与全球生物安全治理，推动生命科学、生物技术双边和多边国际合作，实现生物经济效益互利共赢，恪守人与自然和谐共生客观规律，更好地满足人民群众日益增长的美好生活需要。

综上所述，面对现代生物技术发展严峻的局势，我们需要建立应急保障体系，加强科学研究，评估风险，建立相应检测、鉴定、溯源技术，研制出有效疫苗、药物，采取防逃逸设计，坚决打赢生物安全技术攻坚战、持久战。

第四节　生物技术展望

生物安全事关全人类的命运，生物技术甄别和应对对推进人类命运共同体具有重要积极作用。世界范围内艾滋病、埃博拉出血热、疟疾等系列传染疾病时刻威胁着人类生命健康，新型冠状病毒以其快速传播力、巨大杀伤力席卷全球，而生物技术的滥用可能更为致命。生物安全领域的关注度已经上升到新的高度，生物技术正逐渐成为影响国际局势一大新的变数，其带来的危害可能是毁灭性的。我们必须做好充分的准备以应对生物安全问题带来的挑战，特别是对于生物技术可能用于反人类生物战剂、恐怖主义、破坏公共安全等重点方面，要加强预防为主，打好迅速反应的"遭遇战"。在此，必须从生物技术甄别及应对的工作实际出发，树立找弱项、补短板的问题导向，朝着建设世界一流水平的生物技术甄别及应对体系的目标不懈奋进。

一是不断完善制度建设和基础设施建设，围绕《中华人民共和国生物安全法》，扩展生物甄别和应对所依据的法律法规，有针对性地建设高等级生物实验室和配套实验设施。

二是紧抓生物技术甄别和应对能力建设。建立从采样、试验到评价的全链条标准化生物技术甄别工作框架，推进制定参照物标准、仪器设备标准、实验方法标准等工作，设立一批示范单位应用试点，逐步将生物技术甄别和应对向常态化实验室功能推广。

三是突破生物技术甄别和应对的卡脖子问题。做好生物技术甄别与应对的顶层设计，建立攻坚清单，以"揭榜挂帅"等形式成立瓶颈难题攻关组，统筹各方资源，研发符合我国国情的技术手段，重点研发生物技术甄别与应对装备，解决一批如高通量测序、信息匹配数据库建设、传染疾病模拟推演等系列技术。

四是加强协调融合。在现有疾控防治基础上，建立具有生物技术甄别与应对功能的省级防控管理网络，同时，借鉴安全部门等相关行业侦察手段，肩负起各方应有职责。

五是培养生物技术甄别和应对的专业人才队伍。提高以人为本的意识，选拔、教育能够顶得住、冲得上、以生物安全事业为己任的高素质人才，将高等教育与职业化教育有机融合，打造兼具理论与实践的职业化、规范化队伍。

六是号召社会力量参与生物技术甄别和应对。生物技术甄别与应对归根结底是为了人民，还要依靠人民，及时宣传好、组织好民众参与生物技术甄别与应对，做好人民统战工作，有计划地进行生物技术甄别与应对应急演练，提升群众意识，才能筑起生物安全最牢固的堡垒。

七是加强国际合作。及时侦测全球范围内生物技术事件，以人类命运共同体为指引，积极支援生物风险地区，彰显大国担当，在实践中积累甄别与应对经验，为世界处置生物技术问题提供中国方案。

（北京化工大学　童贻刚　徐　杉）

第十九章
生物技术研究、开发与应用安全的监管政策

第一节 美国两用生物技术监管

一、美国对涉及重组及合成核酸分子研究的监管

20世纪70年代，重组DNA技术出现并迅速普及。由于该技术可以工程化设计、改造基因特别是病原微生物基因，引发了巨大担忧。1975年，在美国Asilomar科学峰会上提出需要建立重组DNA研究相关的安全监管机制，并成立重组DNA顾问委员会（NIH Recombinant DNA Advisory Committee，RAC），着手起草重组DNA监管指导原则。随后美国国立卫生研究院出台了《重组DNA分子研究准则》，用于包含重组分子相关研究的安全监管。根据基因合成的进展，美国国立卫生研究院在1994年又出台了《涉及重组或合成核酸分子的研究准则》，于1994年6月24日正式生效，所有NIH资助科学研究需强制执行。1994年到2019年，该研究准则经过了27次修订，最新一次修订在2019年4月。该研究准则详细说明了涉及重组或合成核酸分子的基础和临床研究的安全实践及风险遏制程序，对重组和合成核酸分子进行了定义，明确了实验涵盖的范围，提出了风险评估和注意事项等，规定了研究机构、NIH机构、研究人员、生物安全主管和机构生物安全委员会（Institutional Biosafety Committee，IBC）的职责。

该研究准则对设计重组或合成核酸分子实行分级管理，根据研究的风险分为4个风险组（risk group，RG），需要通过不同级别的预先审批才能进行。例如，蓄意将抗药性基因转入尚未通过自然途径获得该抗药性的微生物，需要NIH主任同意；克隆$LD_{50}<100ng/kg$体重的毒素基因，需要机构生物安全委员会和NIH OSP同意后方可开始；向人体转入基因相关的研究，需要机构生物安全委员会同意后方可开始。

该研究准则还详细规定了将风险级别2、3、4级或限制性病原作为重组DNA宿主-载体系统的要求。在风险级别2、风险级别3及风险级别4的病原中导入重组或合成核酸分子，分别需要在BSL-2（ABSL-2）、BSL-3（ABSL-3）及BSL-4（ABSL-4）级生物安全实验室进行，向限制性生物剂导入重组分子或合成核酸分子需要通过NIH OSP逐案例审核后，确定开展相应实验的生物安全实验环境要求。

研究准则规定将来源于风险级别2级和3级病原的DNA导入非致病原核生物、低等真核生物的宿主-载体系统需要在BSL-2级生物安全实验室进行，对于向非致病原核及低等真核细胞导入源于风险级别2级的DNA，如果可确定基因导入片段完全、不可逆地缺失活性，实验可在BSL-2级实验室进行，否则需要在BSL-4级实验室进行。部分编码对脊椎动物有毒性的重组或合成核酸分子相关的实验，需要通过NIH OSP的批准。将源于限制生物剂的DNA导入非致病原核和低等真核生物，需要通过NIH OSP个案审批决定。

对于在细胞培养系统操作传染性DNA或RNA病毒，或在辅助病毒存在时操作缺陷DNA或RNA病毒，按病毒的风险分级，分别在相应级别的生物安全实验室进行。对于含有感染性或具有辅助病毒的缺陷型痘病毒的实验，需要NIH OSP个案审核后决定。应该注意的是，对于可能增强致病性、扩大宿主范围的研究，应至少提高1个生物安全级别。

该研究准则还详细规定了涉及动物、植物、10L以上培养以及各类流感病毒重组和合成核酸分子操作的生物安全要求，并要求所有从事相关研究的机构，应建立执行该指南的具体政策，设立符合指南要求的机构生物安全委员会，聘请生物安全官员，协助并确保主要研究者的研究符合该指南要求，并在30天内向NIH OSP报告重要的问题、相关事故和疾病。

此外，1986 年，美国颁布了《生物技术法规协调框架》，规定了美国在生物安全管理方面的部门协调机制和基本框架。2020 年 5 月，美国农业部发布对《生物技术管理协调框架》的修订，不再把一些基因编辑植物纳入政府监管范围，以减轻不可能存在植物有害生物风险的生物开发者的监管负担（王盼娣等，2021）。

二、《恐怖主义时代的生物技术研究》报告

在 2001 年美国炭疽邮件引发严重生物恐怖事件后，美国政府及科学界意识到现代生物技术的广泛使用可能带来严重的生物安全问题，必须确立对具备潜在威胁的生物技术进行核实的监管。根据 2004 年美国国家研究理事会（National Research Council）通过美国国家科学院出版社发表的《恐怖主义时代的生物技术研究》（Biotechnology Research in an Age of Terrorism，简称 Fink 报告）一文可以看到，为满足对潜在威胁的生物技术进行核实的监督要求，美国科学理事会成立了以麻省理工学院遗传学教授 Gerald R Find 为主席的"防止生物技术破坏性应用的研究标准和实践委员会"（Committee on Research Standards and Practices to Prevent the Destructive Application of Biotechnology，简称 Fink 委员会），探求在不阻碍生物技术发展的前提下，降低生物战和生物恐怖威胁的途径。《恐怖主义时代的生物技术研究》是美国科学院第一个专门讨论生命科学和国家安全的报告，目的是在寻求合适的生命科学监管方式、促进生命科学发展的同时，防止生物战和生物恐怖，保障国家安全。该报告建议如下。

（1）科学共同体的生物安全教育：建议美国及国际专业学会和相关组织、研究所设立专门项目，教育科学家生物技术两用性困境的本质，以及科学家降低生物技术两用性风险的责任。

（2）科学实验计划的审查：建议美国卫生与公众服务部（HHS）加强现有重组 DNA 相关实验的审核系统，建立对以下 7 类受关注的实验（Experiment of Concern）的审核系统：①使人和动物疫苗无效的实验，如使抗天花病毒疫苗无效；②使病原对抗生素和抗病毒药物产生抵抗的实验，如在炭疽杆菌诱导环丙沙星抗性；③增强病原毒力的实验，使病原产生毒力，如在炭疽芽孢杆菌中导入蜡样芽孢杆菌溶血素；④增加病原的传播能力的实验，包括种内及种间传播能力；⑤改变病原宿主范围的实验，如使非人兽共患病原成为人兽共患病原；⑥使病原逃避诊断和检测的实验；⑦生物战剂和毒素武器化的实验，如增强病原体环境稳定性。

（3）出版阶段的审查：建议依托科学家和科学杂志的自我管理，审查出版物潜在的对国家安全的影响。

（4）成立国家生物防御科学顾问委员会（National Science Advisory Board for Biodefense，NSABB）：建议成立 NSABB，由其承担科学共同体和政府的责任，负责两用技术审查和监管系统的顾问、指导和领导。

（5）其他防生物技术谬用的措施：建议政府依托现有法律法规，由 NSABB 定期审查，保护生物材料，监督使用这些材料的人员。

（6）加强生命科学研究，提高预防生物恐怖和生物战对能力。建议国家安全和司法部门建立新的渠道，与科学共同体持续沟通以降低生物恐怖风险的措施。

（7）协调国际监管：建议国际政策制定者和科学共同体，建立国际生物安全论坛，建立国家、地区以及国际协调的应对措施。

三、美国国家生物安全科学咨询委员会

根据 Fink 报告建议，美国于 2004 年迅速成立了 NSABB。该委员会作为联邦顾问委员会，根据美国政府的要求，负责生物安全及生物两用性研究监管。该委员会由分子生物学、微生物学、传染病学、生物安全、公共卫生、动物医学、植物学、国家安全、生物防御、司法、科学出版及其他相关领域的多达 25 名有投票权的成员组成，对两用生物技术研究生物安全监管提供建议、指导和教育。其主要职责为：增强可获得生物管制剂和毒素的个人可靠性；为相关学科的科学家、实验室工作人员、学生和学员的两用性研究宣传、教育和培训提供建议；为两用性研究方法和结果公开发表、交流和传播管理政策提供建议；为促进生命科学两用性研究问题国际参与提供意见；为促进跨学科生命科学家和相关专业团体行为准则的开发、应

用和推广提供建议；为两用性研究开展、沟通和监管政策提供建议；根据需要为联邦管制剂计划（SAP）提供建议；解决 HHS 提出的任何其他相关问题（董时军和刁天喜，2014）。

NSABB 定义了"值得关注的两用性研究"（DURC）（董时军和刁天喜，2014）。值得关注的两用性研究是指根据目前的理解，生命科学研究所提供的知识、信息、产品或技术可能直接被误用/滥用，对公共卫生和安全、农作物和其他植物、动物、环境、材料或国家安全构成重大威胁，产生广泛的潜在后果的研究。NSABB 发布了生命科学两用性研究监管框架，列出 7 种类型的受关注两用性研究：①增强生物剂或毒素的危害性后果；②破坏免疫力或免疫防护的有效性；③使生物剂或毒素具备抵抗诊断、预防、治疗措施的能力；④提高生物剂或毒素的稳定性、传播性或释放能力；⑤改变宿主范围或生物剂或毒素的趋向性；⑥提高宿主群体对生物剂或毒素的易感性；⑦生产或重组已经消灭或灭绝的生物剂或毒素。

2007 年，NSABB 发表《双重用途生命科学研究监督框架建议：最大限度减少潜在滥用研究信息的策略》，向美国政府就两用性研究提供一系列咨询建议报告，包括：两用性研究界定标准和两用性研究监管、开展和沟通指南（如监管框架）；管制剂合成相关的生物安全问题；两用性研究宣传和教育战略计划；增强可获得管制剂的个人可靠性策略；合成生物学相关的生物安保问题；此外，NSABB 已经举办了一系列两用性研究国际会议，目的是提高两用性研究问题意识、促进两用生命科学研究风险管理策略的国际合作和信息共享（National Science Advisory Board for Biosecurity，2007）。上述咨询报告为美国建立两用生物研究奠定了科学和法律基础。

四、《美国政府生命科学两用性研究监管政策》及《美国政府生命科学两用性研究机构监管政策》

2011 年 11 月，荷兰伊拉兹马斯医学中心荣·费奇（Ron Fouchier）领导的研究小组和美国威斯康星大学河冈义裕（Kawaoka）领导的研究小组分别在美国国立卫生研究院（NIH）的资助下发现，对禽流感 H5Nl 病毒进行几处基因改造，可以产生一种能在雪貂间通过呼吸道飞沫传播的新病毒株，发现基因改造的 H5N1 禽流感病毒可以通过空气在雪貂间传播，2 篇论文作者分别投稿到《科学》和《自然》杂志。由于雪貂是流感在人际间传播性研究常用的动物模型，该结果引发基因改造高致病性流感病毒人间传播的担心，引起社会各界的广泛关注。2011 年 12 月 10 日，NSABB 对 2 篇高致病性禽流感 H5N1 病毒基因改造研究论文进行了审查。

NSABB 最初认为，该研究有助于了解流感病毒传播性和公共卫生监测；同时该研究表明，禽流感 H5N1 病毒具有在哺乳动物间传播的潜能，可引发流感大流行。由于之前人类尚不能肯定禽流感 H5N1 病毒是否具有哺乳动物传播性进化适应能力，因此该研究意义重大。NSABB 认为，其他人可以利用该研究结果合成和表达一种具有在哺乳动物间通过空气传播的禽流感 H5N1 病毒，因而研究信息可能被谬用于威胁公共卫生和国家安全。考虑到该研究的两用性，NSABB 建议应以删减形式发表研究论文。2012 年 3 月 29 日、30 日，美国 NSABB 第二次会议审查了之前的会议信息与国际意见，重新审议了出版意见，建议两篇论文全文发表。

在此过程中，NSABB 认识到两用性研究的及早识别和监管的重要性，基于此考虑，在 NSABB 建议下，美国政府制定并发布了《美国政府生命科学两用性研究监管政策》，以及相应的《美国政府生命科学两用性研究机构监管政策》（董时军，2014）。

（一）《美国政府生命科学两用性研究监管政策》

《美国政府生命科学两用性研究监管政策》目的是对美国政府资助或开展的、具有两用性研究可能的某些高危病原体和毒素的研究进行定期评审，以在适当情况下降低研究的风险；收集相关信息，必要时更新两用性研究监管政策，在保护生命科学研究的同时最大限度地降低两用性研究所产生的知识、信息、产品或技术谬用的风险。

该政策是对美国现有的有关病原体和毒素拥有及处理管理法规和政策的补充。政策实施的基本指导原则是：①生命科学研究对改善人类健康和安全、农作物和其他植物、动物、环境、材料以及国家安全的科技进步至关重要，但某些研究可能被谬用；②联邦政府和研究机构进行一定程度的两用性研究监管，有助于降低对公共卫生和安全、农作物和其他植物、动物、环境、材料和国家安全的风险；③在合适的情况下，两用性研究风险降低措施应尽可能最大限度地减少对合法研究的不利影响，包括采取灵活措施、充分利用现有的监管程序、努力保护和促进科学研究的益处；④美国政府将促进由美国政府机构开展或资助的生命科学研究成果和产品的共享，遵守有关国际框架和协议履行美国政府义务，同时考虑美国国家安全利益；⑤执行新政策时，美国政府遵守和执行所有相关的总统指示和行政命令、所有适用的法律和法规，支持履行具有法律约束力的条约、承诺及联合国安理会禁止生物武器发展和利用的决议。

该政策明确了重点监管的两用性研究涉及以 15 种生物剂或毒素为对象的 7 类研究。

（1）15 种生物剂或毒素：高致病性禽流感病毒、炭疽杆菌、肉毒毒素、鼻疽单孢菌、类鼻疽伯克氏菌、埃博拉病毒、手足口病毒、土拉弗氏菌、马尔堡病毒、重组 1918 年流感病毒、牛瘟病毒、产毒肉毒杆菌、重型天花病毒、轻型天花病毒、鼠疫耶尔森菌。这些生物剂和毒素受联邦法下的管制剂计划的监管。

（2）7 类研究类型：增强生物剂或毒素的危害性；破坏免疫力或免疫防护的有效性；使生物剂或毒素具备抵抗诊断、预防、治疗措施的能力；提高生物剂或毒素的稳定性、传播性或释放能力；改变宿主范围或生物剂、毒素的趋向性；提高宿主群体对生物剂或毒素的易感性；生产或重组已经消灭或灭绝的上述 15 种生物剂和毒素（杨彤丹，2020）。

《美国政府生命科学两用性研究监管政策》规定了开展或资助生命科学研究的联邦部门的职责：①对目前正在进行的或拟进行的生命科学研究项目（包括项目申请报告和进展报告）进行审查，界定是否属于上述对 15 种生物剂和毒素进行的 7 类研究；②对属于上述范围的研究项目，评估是否符合"受关注的两用技术"的定义；③评估这类研究项目的风险和获益，包括研究方法如何产生风险和（或）研究所产生的知识、信息、产品或技术的开放获取有无风险；④基于风险评估，与相关研究机构或研究人员共同制定风险降低计划，采取必要、适当的风险降低措施。对拟进行尚未获得资助的两用性研究，联邦部门和机构将评估是否将风险降低措施整合到基金、合同或协议中；对于目前已经资助的两用性研究，联邦资助部门和机构将考虑修改基金、合同或协议，整合风险降低措施。如果不可能修改或修改不满意，联邦部门和机构将寻求研究机构志愿实施风险降低措施。

风险降低计划包括但不限于下列措施：①修改研究设计或实施方案；②采用特定或增强的生物安保或生物安全措施；③评估现有医学防护产品（MCM）的疗效，或者开展实验确定 MCM 疗效；④引导研究机构获得可用的 DURC 教育工具；⑤在研究院所层面，定期评估研究过程中的发现，以发现新出现的两用性研究；⑥如果研究过程中出现两用性研究，要求上报给联邦资助部门或机构，并按要求修改风险降低计划；⑦决定负责任的研究信息交流的场景和方式（包括可公开信息的内容、时间和发布范围）；⑧审查首席研究员（PI）的年度进展报告，确定研究过程中是否出现两用性研究结果，如果是，对其进行标记以引起机构的关注，必要时采取上述可能的风险降低措施；⑨如果上述措施不能充分降低研究风险，联邦政府部门和机构将要求修订研究论文、将该研究列为保密范畴、拒绝或中止提供研究资助。

该政策还规定了联邦部门向国土安全与反恐怖总统助理定期报告。

（二）《美国政府生命科学两用性研究机构监管政策》

2013 年 2 月 21 日，美国白宫科技政策办公室（Office of Science and Technology Policy，OSTP）发布《美国政府生命科学两用性研究机构监管政策》，作为《美国政府生命科学两用性研究监管政策》的补充政策。

由于机构最了解本单位开展的生命科学研究，机构监管是全面监管系统的关键组成部分。该政策提醒相关各方共同负责，坚守科学诚信，预防科学谬用。值得注意的是，满足上述两用性研究定义的科学研究通常也可增进人类对病原体生物学的理解，有助于开发新型诊断、预防和治疗措施，改善公共卫生、动植物健康监测，提高紧急应对和反应。因此，研究被判定为两用性研究不应该看成是负面分类，而是需要对该研究进行额外的监管，以降低研究风险。被确定为受关注的两用性研究并不意味着研究不能开展或进行交流。该政策的最终目标是保护两用性研究的益处，同时最大限度地降低生命科学研究所提供的知识、信息、产品或技术被谬用引起伤害的风险。

该政策适用于美国资助的进行生命科学研究的政府部门，或者受美国政府资助的生命科学研究机构，或者未受美国政府资助但进行了 15 种生物剂或毒素研究的研究机构。受美国政府资助的美国国外从事 15 种生物剂或毒素的研究机构也须遵守该政策。如果不遵守该政策，将可能导致美国政府暂停、限制或终止现行资助，或丧失未来政府资助机会，以及法律法规规定的其他处罚。该政策确定了 DURC 监管的组织框架，主要研究者应识别进行的生命科学研究是否涉及《美国政府生命科学两用性研究机构监管政策》所列的 15 种生物剂或毒素，研究机构审核过程中应评估涉及 15 种生物剂或毒素的研究是否会产生或预期产生《美国政府生命科学两用性研究机构监管政策》所列的 7 种效应中的一种或多种；对于预期会产生 7 种效应的研究，确定是否符合 DURC 的定义，并进行风险评估和效益评估，以草拟风险降低计划，指导研究的进行和信息传播。风险降低计划必须通过美国政府资助机构同意。研究开始后，应至少每年评估风险降低计划，并进行适当修改。研究机构对确保按风险降低计划进行 DURC 的研究负责。

该政策规定了研究者、受美国政府资助的研究机构、美国政府资助部门以及美国政府的责任。

首席研究人员（PI）应识别涉及所列一种或以上生物剂或毒素研究，并提交该研究给合适的研究机构评审实体（IRE），对其两用性研究潜能进行评审，必要时与机构评审实体共同确定降低风险措施。主要研究者需根据风险降低计划条款开展两用性研究，了解和服从各种两用性研究监管机构和联邦的政策及要求。确保从事 DURC 研究的人员（如实验室负责人管理下的研究生、博士后研究人员、科研技术人员、实验室工作人员、访问学者）接受两用性研究教育和培训，以负责任的方式开展两用性研究的学术交流并遵守机构评审实体制定的风险降低计划。

研究机构负责制定和实施本机构内两用性研究识别和有效监管政策。在 PI 识别出涉及一种或以上生物剂或毒素的研究后，启动机构监管程序，确认研究涉及政策列示的一种或以上的生物剂或毒素，并明确是否会产生或预期产生一种或一种以上的政策列示效果，明确该研究是否满足 DURC 定义。如果研究机构评审实体确定该研究不属于上述政策范围内的研究，或者不满足 DURC 定义，该研究无须进行额外的两用性研究监管；研究机构需进行风险和效益评估，必要时制订并实施风险降低计划，对风险降低计划进行定期评审，决定是否需要进行补充修改。在研究机构完成评审 30 天内，将上述政策范围内的两用性研究上报给联邦资助机构。对于非联邦资助研究，则上报给 NIH。在研究机构确定研究项目属于受关注两用性研究 90 天内，将风险降低计划提交给资助机构进行评审。研究机构应制定内部政策，确保 PI 将相关研究项目提交给机构评审实体。

《美国政府生命科学两用性研究监管政策》阐明了生命科学研究联邦资助部门监管程序、角色和职责。①要求其资助的、符合适用性标准的研究机构实施该政策；②回应研究机构有关两用性研究监管的问题，并为研究机构遵守该政策提供指导；③受美国政府资助的项目，如果符合 DURC 定义，在决定资助前应完成风险评估，而对于进行中的项目，应审查研究进展报告，如果发现研究属于 DURC 范畴，应及时通报研究机构；④审核研究机构的风险降低计划，如果不同意，应通告研究机构；⑤对不遵守该政策的报告作出反应，并与机构一起解决相关问题；⑥美国海外接受 USG 资助的资源匮乏国家或地区的研究机构，必要时资助部门作为机构评审实体进行相关审评。

美国政府的职责包括：①开发培训工具和材料；②为各利益相关者提供有关两用性政策和问题的教育及宣传；③为研究机构提供有关两用性研究产品的分发，以及为两用性研究交流提供指导；④必要时召集咨询机构如 NSABB，对特别复杂的两用性研究案例提供相关咨询建议；⑤定期评估该政策对生命科学研究项目、机构的影响，及时更新联邦和机构两用性研究监管政策。

《美国政府生命科学两用性研究监管政策》和《美国政府生命科学两用性研究机构监管政策》是美国政府加强联邦资助的生命科学研究监管的重要一步，在促进生命科学研究进步的同时，最大限度地减少两用性研究所产生的知识、信息、产品或技术被谬用的可能。

五、功能获得性研究相关政策

白宫科技政策办公室（OSTP）于 2014 年 10 月发布了《美国政府关于流感、MERS 和 SARS 病毒的部分功能获得性研究的审议程序和暂停研究资助的声明》。

作为 2014 年暂停功能获得性研究的一部分，白宫科技政策办公室启动了一个审议过程，以评估功能获得性研究潜在大流行病原体的风险和益处。2017 年 1 月，白宫科技政策办公室发布了《部门建立潜在大流行病原体关注和监管（P3CO）审查机制的政策指南》。根据白宫科技政策办公室指南，美国卫生与公众服务部（HHS）于 2017 年 12 月发布了《关于涉及增强型潜在大流行病原体研究项目资助的决策指导框架》，该政策对"潜在大流行病原体"的特征进行了描述。美国卫生与公众服务部似乎是唯一一个制定了功能获得性审查程序来响应年白宫科技政策办公室功能获得性研究指导政策的机构，也是唯一一个报告功能获得性研究资助的联邦机构。

六、《针对供应商的合成 DNA 筛查指南》

2010 年 10 月 13 日，美国卫生与公众服务部发布《针对供应商的合成 DNA 筛查指南》，该指南旨在降低合成 DNA 被故意用于制造危险病原体的风险。该指南规定了基因合成工业及合成 DNA 供应商进行 DNA 序列筛查的最低标准，以解决合成 DNA 因可能被误用而带来的生物安全问题。指南建议，供应商应实施合成 DNA 的客户筛查及序列筛查，如发现可疑情况，则应实施后续筛查；如采取该措施仍然不能排除 DNA 序列被故意用于生物恐怖活动的可能，则应向指定政府机构寻求帮助。该指南同时推荐了筛查记录的保存方案和 DNA 筛查软件。该指南还特别指出合成 DNA 供应商的最重要职责是应当知道谁在购买或销售其产品，以及他们合成或销售的产品是否含有"事关生物安全的序列"。尽管指南中援引了一些现有法规中的规定，但是仍遵循自愿遵守的原则，不具备强制性。

七、美国转基因政策监管

美国转基因管理由美国农业部、美国环境保护署、美国食品药品监督管理局、美国职业安全与卫生管理局及美国国立卫生研究院五个部门协调管理。美国农业部的主要职责是防止病虫害的引入和扩散，并负责对转基因植物的研制与开发过程进行管理，评估转基因植物对农业和环境的潜在风险，并负责发放转基因作物田间试验和转基因食品商业化释放许可证。美国环境保护署依据《联邦杀虫剂、杀菌剂和杀鼠剂法案》负责监管转基因作物的杀虫特性及其对环境和人的影响，即转基因作物中含有的杀虫或杀菌等农药性质的成分。美国食品药品监督管理局依据《联邦食品、药品与化妆品法》负责监管转基因生物制品在食品、饲料以及医药等中的安全性，还负责食品标签管理。美国职业安全与卫生管理局负责在生物技术领域保护雇员的安全和健康，制定了本部门的生物技术准则。美国国立卫生研究院负责对实验室阶段转基因生物安全进行监管。

美国农业部、美国环境保护署、美国食品药品监督管理局建立了各自的安全评价制度，分别是转基因田间试验审批制、转基因农药登记制和转基因食品自愿咨询制。转基因田间试验审批制度由美国农业部执行，主要监管试验环境和安全控制措施。转基因植物的安全种植分为三个阶段：设施内阶段、受监控环境释放（田间试验）阶段和解除监控阶段。美国农业部还规定，受监控环境释放（田间试验）阶段要在一定的隔离范围内进行，试验结束，所有的试验材料都必须从试验地清除掉，并进行安全性处理。批准解除监控状态的依据是：转基因植物不具有任何植物病原体的特性、不会比非转基因植物更容易变成杂草、不可能使性亲和的植物成为杂草、不会对加工的农产品造成损害、不会对其他农业有益生物产生危害。这就意味获得非监管状态的转基因作物可以和常规作物一样大规模生产种植，不受任何约束。

如果转基因植物含有控制病虫害的蛋白质，美国环境保护署负责对该植物在开发、商业化和商业化后各阶段进行监督。美国环境保护署将抗虫转基因植物、抗病毒转基因植物和转基因微生物农药纳入《联邦杀虫剂、杀菌剂和杀鼠剂法案》管理范畴，在提交资料要求中增加了转基因的相关内容。美国环境保护署主要对植物内置式农药试验许可、登记和残留容许 3 种活动进行安全评价（李文龙等，2019）。

美国食品药品监督管理局建立转基因食品自愿咨询制度，主要提供转基因新表达蛋白的过敏性和毒性及转基因食品上市前的咨询，研发者完成自我评价后，可以向美国食品药品监督管理局申请上市前的咨询。

2009 年，美国食品药品监督管理局发布了有关转基因动物生物安全管理的指导性文件。美国食品药品监督管理局于 2015 年批准转基因三文鱼进入市场，它是全球第一例批准上市的转基因动物。2020 年，美国食品药品监督管理局批准将一种转基因猪用于食品和医疗产品生产，这也成了继转基因三文鱼之后美国批准的第二种可供人类食用的转基因动物（黄耀辉等，2022）。

第二节　欧盟和其他国家两用生物技术监管

一、欧盟对两用生物技术监管

欧洲引领倡导《禁止细菌（生物）及毒素武器的发展、生产及储存以及销毁这类武器的公约》（Biological Weapons Convention，BWC）和《禁止发展、生产、储存和使用化学武器及销毁此种武器的公约》（Convention on the Banning of Chemical Weapons，CWC）（徐畅等，2019）。总体上讲，美国主要关注生物技术谬用导致恶性生物恐怖事件的发生，而欧盟则主要关切生物技术在其他领域特别是食品安全、生态环境中的威胁，如由于遗传修饰生物体（genetic modified organism，GMO）及转基因食品的争议、食品污染事件以及英国牛海绵样脑病（疯牛病）及其变种暴发等。"预防原则"（precautionary principle）是欧洲生物安全治理的另外一个原则，力图"在技术大范围内应用前，严重危害不能发生，或者能得到控制"。为此，欧盟发布了多项生物安全指令为成员国提供指南。欧盟成员国也通过了本国的生物安全法规，大多数涉及病原清单、风险评估方法以及更加严格的四级生物防护级别。近年来，欧盟出口管制法规是生物安保治理的重点领域，积极参与由美国主导的防扩散安全倡议协调下的拦截演习和实际操作。

欧洲理事会 1982 年 1 月 26 日发布了《关于基因工程的第 934（1982）号建议》（Consultative Assembly Recommendation 934（1982）on Genetic Engineering），随后在 1982 年 6 月 30 日发布了《关于重组脱氧核糖核酸（DNA）工作登记的建议》（82/472/EEC），1984 年 9 月 25 日进一步发布了《成员国报告涉及重组脱氧核糖核酸（DNA）工作的建议》[Recommendation No. R（84）16 of the Committee of Ministers to Member States Concerning Notification of Work Involving Recombinant Deoxyribonucleic Acid（DNA）]，要求对可能涉及安全问题的重组 DNA 工作实行报告自制度。

1986 年 11 月 4 日，欧共体公布了《共同体生物技术管制框架》，确立了对转基因生物产品管理的总的政策取向，即对转基因生物产品的管理采取个案审查原则，并将其最初的管理目标界定为在确保对人类健康和自然环境维持高水平的同时，保证内部单一市场管制政策的协调与一致。

1990 年 4 月 23 日，欧盟委员会在其关于限制使用转基因微生物的第 90/219/EEC 号指令中通过了《关于转基因微生物在封闭环境中使用的指令》（Council Directive 90/219/EEC on the Contained Use of Genetically Modified Micro-organisms），以规范使用重组 DNA 技术、直接导入技术、细胞融合及杂交技术改变任何微生物遗传物质的操作。

针对合成生物学的发展，欧盟许多政府机构、科研机构（如德国生物安全中央委员会、瑞士技术科学院、荷兰基因改造委员会等）以及跨国公司纷纷发表了关于合成生物学安全监管的建议，认为合成生物学研究的管理与监管应该执行一个更为严格的风险评估过程。鉴于当前合成生物学的短期发展现状，已建立的转基因生物和病原体风险评估标准、方法及风险管理体系为解决其潜在风险提供了一个良好的基础，其风险评估措施在合成生物学研究中可能仍然适用。欧洲各国则沿用欧盟颁布的《转基因微生物的封闭使用法令（98/81/EC）》《转基因生物环境释放法令（2001/18/EC）》管理合成生物学，但欧盟目前仍在评估基因编辑与合成生物学之间的区别和联系，以确定是否需要对合成生物学单独立法。

近年来基因编辑技术迅速发展，欧洲对于基因编辑的应用也采取了部分监管措施。2016 年 2 月，英国人类受精和胚胎学管理局（HFEA）正式批准伦敦弗朗西斯·克里克研究所（Francis Crick Institute）使用 CRISPR 技术进行人类胚胎（受精卵）基因编辑实验。这是英国监管机构首次批准此类研究。该实验只能以研究为目的，不能将编辑后的人类胚胎用于生殖目的。德国对基因编辑技术的临床应用实行基本禁止的法律政策。在王康（2017）撰写的《人类基因编辑多维风险的法律规制》论文中，介绍了德国 1991 年施行的《胚胎保护法》禁止对胚胎施加导致其无法发展为人的伤害。2002 年的《进口与应用人类胚胎干细胞时胚胎保护法》允许在一定条件下使用从国外输入的胚胎干细胞进行研究。2009 年的《基因诊断法》虽然对胎儿性别、与医疗无关的遗传特质以及晚发性遗传病的基因检验一律禁止，但也在第 15 条规定对母体内的胚胎或胎儿可以进行基因诊断。

在降低两用性技术风险方面，欧盟于 2010 年发布了最大限度地降低其资助研究误用风险的指南文件（*Research Ethics：A Comprehensive Strategy on How to Minimize Research Misconduct and the Potential Misuse of Research in EU Funded*），为审查人员提供了一套预防措施，强调在某些情况下可能需要获得出口许可证，如 2012 年美国 NIH 资助的荷兰科学家 Fouchier 有关禽流感病毒 H5N1 研究。报告认为，欧盟所资助的研究项目中发生不端行为和潜在误用属于伦理问题，应在欧盟伦理监管（筛查、审查和审计）系统中得到解决。在禽流感 H5N1 病毒研究争议案例中，荷兰政府认为禽流感 H5N1 病毒研究属于应用性研究而不是基础研究，因此要求 Fouchier 等在发表论文前申请政府许可（Europe Union，2010）。

中国科学技术发展战略研究院的尹志欣和朱姝两位作者在 2021 年撰写的《英国生物安全立法与管理对我国的启示》一文中介绍到，英国一直在寻求最大限度地降低病原体和化学剂意外释放引发的伤害的方法。其 1974 年颁布《卫生和安全法》和《生物剂和转基因生物（封闭使用）法》，涉及病原体和转基因微生物。2011 年 4 月重新修订的《转基因生物（封闭使用）法》实施，根据病原感染人类和引起疾病的能力，制定四个危险组的风险评估框架（尹志欣和朱姝，2021）。2014 年，英国颁布了新版《转基因生物（封闭使用）法》（*Genetically Modified Organisms（Contained Use）Regulations 2014*，GMO（CU）），涉及保护人员不受转基因生物封闭使用带来的风险。

转基因方面，欧盟国家为了减少转基因技术的负面影响，对转基因产品的审查都十分严格。欧盟各国在转基因食品、药品以及工业制品等各个方面，均对转基因产品进行严格的审查，在其各方面的性质不能全部明确，即不能完全了解其是否会对环境、人体健康产生危害时，禁止其上市（Thayyil，2014）；对转基因技术及其产品采取"预防原则"，明确转基因技术的科学局限性。欧洲委员会委托欧洲食品安全署（EFSA）就转基因动物对于食品、饲料、环境、动物健康与人类安全等带来的潜在风险进行评价。EFSA 参照国际标准，发布了一系列有关转基因动物及其产品风险评价的初步指导文件，这些文件包括食品与饲料安全、环境安全、动物健康与人类安全等，其中转基因动物（鱼类、鸟类及哺乳动物）的环境安全评价最详细（Lyons et al.，2000）。

1990 年 4 月 23 日，欧盟委员会公布了关于转基因生物体向环境的有意释放的第 90/220/EEC 号指令，该指令规定，任何转基因生物、转基因产品或含有转基因生物的产品在环境释放或投放市场之前，必须对其可能会给人类健康和环境所带来的风险进行评估，并且依据评估结果对其进行逐案审批。2001 年，欧洲议会与欧盟委员会通过了《关于转基因生物向环境有意释放》的第 2001/18/EC 号指令。该指令替代第 90/220/EEC 号指令，规范了任何可能导致转基因生物与环境接触的行为，包括转基因生物及产品田间试验、商业化种植、进口和上市销售。2003 年 9 月 22 日，欧盟委员会通过了《转基因食品和饲料管理条例》（1829/2003/EC），建立了欧盟转基因食品统一的审批和执行制度。接着，欧盟委员会又公布了《转基因生物追溯性及标识办法以及含转基因成分的食品及饲料产品的追溯性管理条例》（1830/2003/EC），在条例中规定了转基因食品追踪和标识制度。此外，为了与《卡塔赫纳生物安全议定书》（The Cartagena Protocol）的有关规定相衔接，针对欧盟成员国与其他国家之间的 GMO 越境转移问题，欧洲议会与欧盟委员会通过了《转基因生物越境转移条例》（1946/2003/EC）。该条例建立了各成员国对于转基因生物体越境转移的通知与信息交流机制，确保欧盟各成员国遵守《卡塔赫纳生物安全议定书》，使转基因生物体的转移、处理和利用等各种可能对生物多样性的保护与持续利用产生严重影响的行为，获得安全上的保障。欧盟转基因法规的主体框架由 2001/18/EC、1829/2003/EC 和 1830/2003/EC 构成，其立法重点可归结为"转基因生物向环境的有意释放"和"转基因食品"两个方面，立法以审批程序、标签和可追踪性为中心。2002 年起，欧盟成立欧洲食品安全局（European Food Safety Authority，EFSA）对转基因食品"从农田到餐桌"的整个过程实行全程监控，为欧盟委员会及各成员国的法律和政策提供科学依据。

二、以色列对两用生物技术的监管

以色列生命科学和医学相关研究与开发主要由以色列七所研究型大学和学术研究机构开展。这些大学的大部分资金来自以色列高等教育委员会和预算委员会的规划，该委员会负责分配政府的高等教育预算。生命科学家享有学术自由，但他们的工作会受到机构安全委员会、生物安全委员会、动物实验和生物伦理委员会的行政和道德监督。

学术界的生物安全监督在两个主要焦点进行：第一，提交研究提案供机构审查；第二，安全部门必须确认实验室的工作条件符合所有法律要求。以色列所有学术研究机构都设有安全部门、全职安全主任和安全委员会（徐畅等，2019）。Friedman 等（2010）在《生物恐怖主义威胁和两用生物技术研究：以色列视角》一文中提到，在以色列每个安全系统都需要符合相关法律和工业、贸易和劳工部工作场所检查部门的指令。相关法律包括《工作场所安全令》《工作场所检查组织法》《医疗、生物和化学实验室安全监督令》。机构安全官员负责监督有关人体血液和组织样本、DNA 操作、有毒物质和病原微生物的工作。委员会不断更新工作场所法规和指南，并定期检查实验室以确保其合规性。实验室需登记有关高风险材料的记录和定期报告，建立自动化系统，以跟踪危险菌株和特殊生物材料的购买情况。

2008 年 11 月，以色列卫生部通过了《生物疾病制剂研究条例》，为生物两用性制定了监管程序。以色列建立一项计划（类似于美国管制剂计划），政府对某些生物剂进行监管。此外，该项法律建立地方委员会，对拥有致病性生物剂的机构的研究进行监管，委员会包括机构安全和安保人员、科学家。该项法律要求所列的生物剂清单相关的研究项目须获得事先批准，同时规定某些两用性研究项目必须暂停，并上报给机构委员会进行评审。

三、日本对两用生物技术的监管

日本是较早开展生物技术安全立法工作的国家之一。日本采取了基于生产过程的管理措施。陈方和张志强（2020）发表文章称，1999 年，日本科学技术厅、文部科学省、厚生劳动省、农林水产省、通商产业省等 5 个部门提出了"开创生物技术产业的基本方针"。其后，日本于 2002 年发布《生物技术战略大纲》，2008 年推出《促进生物技术创新根本性强化措施》。为了保障生物技术安全，日本颁布了《重组 DNA 实验指南》和《转基因生物工业化指南》。2003 年日本加入生物多样性公约《卡塔赫纳生物安全议定书》之后，2004 年 2 月 18 日起正式实施《关于控制使用转基因生物以确保生物多样性的法律》，将对转基因生物的监管上升到法律层面。为提高国民对新技术的理解和对新产品市场的接受度，日本政府重视加强合作，注重生物技术领域特别是食品生物技术领域的安全性评估和审查，颁布了《农林渔业及食品工业应用重组DNA 指南》，在科学技术会议上通过了"关于人类基因组研究的基本原则"等。

在转基因方面，日本的转基因研发实验必须遵守文部科学省的《重组 DNA 实验指南》，对实验室及封闭温室内转基因生物的研究进行规范管理，从源头上规避转基因生物的潜在风险，包括设备的清洁和维护、工作人员的保健与免疫接种、转移、采样、废弃物处理、储存和运输等具体操作规范。实验室研发出的转基因作物如果进行商业化，必须在田间种植和商业化之前，对转基因作物环境安全性、食品安全性或饲料安全性进行评价（陈俊红，2004）。此外，农林水产省制定了《农业转基因生物环境安全评价指南》和《转基因饲料安全评价指南》，负责转基因生物的环境安全评价和饲料的安全评价，并委托内府食品安全委员会开展第三方安全评价工作；厚生劳动省制定了《转基因食品安全评价指南》，负责转基因食品的安全性评价（杨雄年，2018）。

四、印度对两用生物技术的监管

印度生物技术司于 1990 年起草并发布了重组 DNA 咨询委员会（RDAC）的指导文件《重组 DNA 安全指南》；1994 年发布了新的《生物技术安全指南（修订版）》，其就转基因生物环境释放与大规模使用作出相关补充规定；1998 年再次被修订为《转基因植物研究指南（修订）和转基因种子、植物及其部分的毒性和过敏性评价指南》，对转基因作物的研究试验活动作出更加详细的规定。根据刘旭霞和英玢玢撰写的论文《印度转基因生物安全监管的法律思考》，为确保印度的生物安全，生物技术司还发布了如下指导文件：《重组 DNA 疫苗、诊断学和其他生物学的临床前与临床数据生成指南》《转基因植物小规模田间试验规范指南及标准操作程序》《转基因作物食品、饲料安全性评估协议》《机构生物安全委员会指导手册（2011 修订版）》（刘旭霞和英玢玢，2015）。

2012 年，印度生物技术司发布了《在印度上市许可的合成生物学管控要求》。1990 年版的《重组 DNA 安全指南》禁止关于人类胚胎的基因工程研究、人类胚胎研究以及人类种系基因治疗等工作。这些指南涵盖了如下领域的研究工作：转基因生物、动植物转基因、疫苗研发中的重组 DNA 技术应用，以及由重组 DNA 技术得到的动植物产品的大规模释放（无论有意或偶然）。

五、加拿大转基因政策监管

加拿大是世界上生物技术比较发达的国家，是最早开展商业种植转基因作物的国家之一，也是全球转基因作物商业化的重要推手之一，特别是转基因油菜产量居世界第一。

加拿大生物技术安全管理的一个特点是利用现有法规管理转基因产品，没有制定专门针对转基因产品的法律法规，所以转基因生物安全的法律规章制度存在于既有法律法规中，主要有《食品药品法》《种子法》、《饲料法》《植物保护法》《害虫防治法》《加拿大环境保护法》《食品药品规章》《肥料规章》《种子规章》《饲料规章》《害虫防治产品规章》等。加拿大还使用联合国、世界卫生组织和世界贸易组织对生物技术产品形成的国际性协定来加强转基因产品的管理。

加拿大的管理模式也接近美国，转基因农产品从研发到上市的过程主要由加拿大卫生部、加拿大食品检验局、加拿大环保部等部门依法监管（余梅，2018）。加拿大卫生部是负责公共卫生、食品安全和营养的政府机构，主要负责转基因食品安全监督管理，与加拿大环保部共同管理其他机关没有管理到的、具有活性的转基因物质，隶属于加拿大卫生部的害虫管制局负责转基因害虫的管理。加拿大食品检验局负责转基因生物环境释放、转基因植物及进口、转基因微生物和发酵产物、转基因有机肥料、转基因动物及生物体等的管理，同时负责检测植物、饲料成分、肥料和兽用生物制剂的安全（王婉琳，2012）。加拿大渔业和海洋部主要管理海洋生物转基因产品的审批。

加拿大对转基因产品的研究分为实验研究及环境释放两个阶段。实验研究无须审批，但是环境释放和商业化必须得到加拿大卫生部和加拿大食品检验局的批准。环境释放包括以科研为目的的限制性释放及以商业化为目的的非限制性释放。在实际情况中，与人类有重大关系的工业和药用的转基因植物，在商业化释放时受到管制，必须在限制性条件下进行。加拿大国内农产品和食品生产商或者进口国外农产品及食品的进口商想要在加拿大市场上销售转基因食品或含有转基因成分的产品，需向加拿大卫生部提出上市前的安全性评估申请，并保证所有的材料和数据完整，可确保加拿大卫生部进行完整的实验认证和验证等（李盼畔等，2019）。

加拿大转基因安全评价的内容主要有：转基因生物的生存竞争能力；转基因生物产生有害物质对野生植物生长发育的影响；转基因生物和野生近缘种的基因漂移。不同安全性等级（Ⅰ～Ⅳ级）的转基因实验要求在具有相应等级条件（Ⅰ～Ⅳ级）的设施内进行。在加拿大，实验室阶段安全性管理的关键是实施转基因生物研究许可制，对实验设施的安全等级进行评估。有限制田间试验阶段则需要实施田间试验许可制，检查安全控制措施的落实情况，使风险最小化。

六、澳大利亚转基因政策监管

澳大利亚作为主要转基因作物生产国之一，管理理念更接近美国，建立了一套针对转基因技术的法规体系，分为法律、法规和技术指南 3 个层次。2001 年生效的《基因技术法案 2000》（Gene Technology Act 2000）确立了澳大利亚转基因生物管理机构框架，澳大利亚联邦政府负责基因技术的安全评价、审批及监管工作，各司法辖区地方政府不做重复评估和承担相关监管责任。澳大利亚联邦政府和各州各地区间制定了《基因技术法规 2001》以及各州或地区的相关法规，在法规之下制定了 10 余个技术指南，其中包括《转基因生物运输、储存和处置指南》，转基因生物试验、研制、生产、制造、加工，以及转基因生物育种、繁殖，转基因生物进口、运输、处置等活动均应遵守该法规。2005 年和 2010 年，澳大利亚政府分别对《基因技术法案》进行了两次修订（吴刚等，2019）。

澳大利亚建立了完备的转基因管理体系，对转基因生物按生物和产品两类管理。基因技术监管专员办公室在基因技术监管专员的领导下按照《基因技术法案》管理转基因生物的研究、试验、生产、加工和进口等活动。基因技术监管专员办公室是澳大利亚转基因安全监管体系的核心部门。《基因技术法案》规定，在澳大利亚开展转基因科研和商业开发，必须取得基因技术监管专员办公室颁发的许可。基因产品根据用途由相关监管部门负责注册或管理，澳大利亚农药和兽药管理局、澳新食品标准局、澳大利亚国家工业化学品通告评估署和药物管理局分别负责源于转基因生物的化学农药和兽药、转基因食品、工业用化学品和转基因药物的注册或管理（吴刚等，2019）。

澳大利亚转基因生物安全评价工作主要由基因技术监管专员办公室和澳新食品标准局两个部门负责。基因技术监管专员办公室负责转基因生物实验室研究、田间试验、商业化种植及饲料批准。基因技术监管专员办公室在对转基因研发单位及开展转基因活动的设施进行认证管理的基础上，将与基因技术相关的活动按风险大小实施报告或审批管理。澳新食品标准局对转基因产品加工的食品进行上市前的安全评价（李文龙等，2019）。

七、巴西转基因政策监管

巴西是仅次于美国的全球第二大转基因作物种植国和第一大转基因大豆出口国。2005 年，巴西颁布了《生物安全法》，确立了转基因作物监管的基本框架。在巴西境内从事转基因生物及其产品的研究、试验、生产、加工、运输、经营、进出口活动都应遵守该法规。巴西设立了国家生物安全理事会，归属于巴西总统办公室，作出对于转基因生物的商业化许可的最新和最终决议；同时内设生物安全技术委员会，归属于科技部，负责转基因生物安全技术评价及转基因生物研究试验和用于研究的转基因生物的进口审批，做出转基因生物安全许可证的技术性决议，农业畜牧与供给部负责用于农业、畜牧、农业型工业的转基因生物及产品登记和批准。近年来，巴西通过制定和实施相关政策性文件及标准规范，细化了对转基因作物的风险评估、种植隔离、长期监测等制度，并要求多部门协同监管，确保转基因技术的安全应用，放松了对转基因作物的管制，简化了转基因商业化的审批程序，推动了转基因作物商业化进程（陈玉英，2021）。

在巴西从事转基因生物及其产品的研究、试验、生产、经营、进出口等活动，必须首先取得生物安全许可证。想要从事转基因生物及产品的研究和进口用于研究的转基因生物及产品，应当向国家生物安全技术委员会提出申请，由其批准和发证。拟进行商业化生产的，应当首先向国家生物安全理事会提出安全评价申请，在安全评价合格获得安全证书后，再到相关主管部门进行登记（李宁等，2010）。

八、阿根廷转基因政策监管

阿根廷被誉为世界上继美国和巴西之后的第三大转基因作物生产国，阿根廷的转基因作物出口到包括美国和中国在内的全球各国市场上，出口的转基因作物主要有玉米、大豆等，且作物的出口文件中均会注明转基因相关内容。阿根廷从 1991 年开始对转基因生物活动进行监管，其法律体系主要包括法案、决议和条例三个层次，法律内容包括监管的主体、机构、管辖范围、内容和程序等。1991～1998 年，阿根廷通过 124/91、328/97、289/97 号等决议对 CONABIA、SENASA 等部门的职责进行了规定。之后，阿根廷每年都会通过一系列法规修订和完善其转基因作物的安全管理体系（周锦培等，2010）。阿根廷于2019 年更新了其生物技术的监管框架：一方面将基因编辑技术列入监管内容，采取个案分析原则；另一方面，简化了一些监管程序，以促进其与国际规则尤其是《卡塔赫纳生物安全议定书》的协调。阿根廷的农业工业部、农畜渔食秘书处、生物技术局、国家农业生物技术咨询委员会、国家农业和食品卫生与质量局、国家农业食品市场局和国家种子研究所等多个部门共同参与转基因事件的商业化审批过程（李梦杰等，2021）。

阿根廷转基因作物的商业化批准程序包括三个阶段：环境安全评价；人、动物和农作物的健康评价；国外市场出口批准。前两个阶段称为"技术批准"，第三阶段称为"商业批准"。未经商业批准的转基因作物品种既不能商业化，也不能出口。完成上述步骤后，生物技术局将汇总所有相关信息，并出具报告供食品和生物经济秘书处作出最终的商业批准决策。获得最终批准后的转基因作物需在国家种子研究所进行新品种登记。

由于中国在阿根廷转基因作物出口市场中占据重要地位，阿根廷要求转基因作物事件在获得国内商业化批准之前必须首先在中国获得许可。阿根廷政府和转基因技术行业一直向中国政府强调对转基因作物新事件进行及时、科学的安全审查的重要性，以避免异步审批导致贸易中断。

2015 年，阿根廷颁布了一项法规，明确包括基因编辑在内的新育种技术产品的监管体系，又称为"GMO-trigger"监管体系（Lema，2019）。阿根廷是第一个拥有"GMO-trigger"监管体系的国家，该体系要求生物安全委员会采用明确的标准对新育种技术获得的产品进行个案分析，以判定其是否为转基因产品（Lema，2019）。若产品基因组中有新的遗传物质组合，则该产品被视为转基因产品；若没有新的遗传物质组合，但新育种技术产品的开发暂时使用了转基因技术，且最终产品含有转基因成分，则也被认为是转基因产品；若产品在基因组中不包含新的遗传物质组合，则该产品不属于转基因产品（Gatica-Arias，2020）。

阿根廷对转基因作物的研究领域主要集中在其应用能够减少杀虫剂的使用、促进免耕农业实践以保护土壤有机质、减少农业耕种过程中汽油等能源的消耗以及温室气体排放（赵广立，2015）。阿根廷法律允许农民保存转基因种子，并且不提供转基因种子的知识产权保护。

第三节　我国两用生物技术监管

我国政府高度重视生物两用技术监管问题。1993 年，科技部出台《基因工程安全管理办法》（已废止）；2002 年，国务院出台了《生物两用品及相关设备和技术出口管制清单》，2006 年进行了修订，对病原体、毒素、遗传物质、开发和生产技术、以及生物双用途设备的出口管制进行了全面规定；2004 年，国务院发布了《病原微生物实验室生物安全管理条例》（国务院令第 424 号），为加强病原微生物实验室生物安全管理提供了法律遵循；2012 年，科技部、教育部等六部委下发了《关于加强我国病毒研究成果发表管理的通知》（国科发 2012 第 921 号），强化对人类社会具有高度危险性的相关成果管理，以有效规避生物安全风险。相关监管法律法规简述如下。

一、《基因工程安全管理办法》

1993 年 12 月，原国家科委公布了《基因工程安全管理办法》，以促进我国生物技术的研究与开发，加强基因工程工作的安全管理，保障公众和基因工程工作人员的健康，防止环境污染，维护生态平衡。该办法规定基因工程工作安全管理实行安全等级控制、分类归口审批制度。按照潜在危险程度，将基因工程工作分为四个安全等级，从事基因工程工作的单位应当进行安全性评价，评估潜在危险，确定安全等级，制定安全控制方法和措施，分类分级进行申报，经审批同意后方能进行。属于安全等级Ⅲ的工作，需报国务院有关行政主管部门批准；属于安全等级Ⅳ的工作，经国务院有关行政主管部门审查，报全国基因工程安全委员会批准。基因工程中间试验属于安全等级Ⅲ的工作，还要报全国基因工程安全委员会备案。该办法同时规定了相应的安全控制措施和法律责任（宋健，1994）。

该办法的出台，是我国第一次以部门规则的形式规范生物技术研究，对于基因工程技术的安全发展起到了重要作用。但随着重组 DNA 技术的普及，以及较长时间内并没有出现重要的两用性问题，2000 年后该办法基本处于搁置状态。

二、《两用物项和技术进出口许可证管理办法》

作为具有两用性设备和技术（包括两用性生物技术、物项及设备）出口能力国家，我国政府高度重视两用物项和技术的进出口管制工作。在积极加入相关国际公约或体系的同时，我国相继颁布了一系列有关进出口管制的法规，完善了两用物项和技术进出口管制的法规体系和管理制度。中华人民共和国商务部官网 2005 年 12 月 31 日发表了商务部、海关总署 2005 年第 29 号联合签署命令，颁布《两用物项和技术进出口许可证管理办法》，以建立健全国家两用物项和技术进出口管制体系和制度，规范两用物项和技术的进出口秩序，维护我国家安全和社会公共利益，树立我国负责任的国际形象。《两用物项和技术进出口许可证管理办法》明确规定，对两用物项和技术进出口实行许可制度。商务部是全国两用物项和技术进出口许可证的归口管理部门，负责制定两用物项和技术进出口许可证管理办法及规章制度，监督、检查两用物项和技术进出口许可证管理办法的执行情况，处罚违规行为。商务部委托商务部配额许可证事务局统一管理、指导全国各发证机构的两用物项和技术进出口许可证发证工作。商务部会同海关总署制定、调整《两用物项和技术进出口许可证管理目录》，并以公告形式发布。

《两用物项和技术进出口许可证管理办法》适用的范围包括：以任何方式进口或出口以及过境、转运、通运《两用物项和技术进出口许可证管理目录》中的两用物项和技术；通过对外交流、交换、合作、赠送、援助、服务等形式出口两用物项和技术；在境外与保税区、出口加工区等海关特殊监管区域、保税场所之间进出的两用物项和技术；实施临时进出口管制的两用物项和技术；赴境外参加或举办展览会而运出境外的两用物项和技术展品（对于非卖展品，应在出口许可证备注栏内注明"非卖展品"字样并于参展结束后 6 个月内如数运回境内）；运出境外的两用物项和技术的货样或实验用样品等。上述进出口的两用物项和技术均应申领进口或出口许可证。拟出口物项和技术存在被用于大规模杀伤性武器及其运载工具风险的，无论该物项和技术是否列入《管理目录》，均应先获得许可。

根据中华人民共和国中央人民政府网显示，2009 年 5 月 19 日，商务部颁发中华人民共和国 2009 年第 8 号商务部令《两用物项和技术出口通用许可管理办法》，该办法主要设置了通用许可管理制度，允许符合条件的两用物项和技术出口经营者，持通用许可批复，依据通用许可有效期和范围，多次申领两用物项和技术出口许可证，无须逐单申请出口许可。通用许可严格限制出口物项、最终用户和最终用途；对于不符合通用许可条件的出口经营者，仍按现行管理制度，"逐单申请"出口许可。

三、《生物技术研究开发安全管理条例》

为确保国家生物资源和生物多样性的安全，促进和保障我国生物技术研究活动健康有序开展，国家科技部起草了《生物技术研究开发安全管理条例（征求意见稿）》，对风险控制、监管、法律责任等方面进行了规范。根据中华人民共和国科学技术部官网显示，2017 年 7 月 25 日，科技部印发了《生物技术研究开发安全管理办法》，其中第一条规定，为规范生物技术研究开发活动，增强从事生物技术研究开发活动的自然人、法人和其他组织的安全责任意识，避免出现直接或间接生物安全危害，促进和保障生物技术研究开发活动健康有序发展，有效维护生物安全；第四条规定，生物技术研究开发安全管理实行分级管理，按照生物技术研究开发活动潜在风险程度分为高风险等级、较高风险等级和一般风险等级，涉及存在重大风险的人类基因编辑等基因工程的研究开发活动属于高风险等级；第八条规定，从事生物技术研究开发活动的法人、其他组织对生物技术研究开发安全工作负主体责任。

此外，《人类精子库管理办法》《人类辅助生殖技术管理办法》《人胚胎干细胞研究伦理指导原则》等部门规章、技术规范与指南中也有对涉及人类基因安全事项的规定。

四、《中华人民共和国生物安全法》

生物技术研究、开发与应用安全作为国家生物安全的重要部分，在 2021 年 4 月 15 日起施行的《中华人民共和国生物安全法》第四章中进行了规范。《中华人民共和国生物安全法》规定，国家加强对生物技术研究、开发与应用活动的安全管理，禁止从事危及公众健康、损害生物资源、破坏生态系统和生物多样性等危害生物安全的生物技术研究、开发与应用活动；从事生物技术研究、开发与应用活动的单位应当对本单位生物技术研究、开发与应用的安全负责，采取生物安全风险防控措施，制定生物安全培训、跟踪检查、定期报告等工作制度，强化过程管理；国家对生物技术研究、开发活动实行分类管理。根据对公众健康、工业农业、生态环境等造成危害的风险程度，将生物技术研究、开发活动分为高风险、中风险、低风险三类；从事生物技术研究、开发活动时，应当遵守国家生物技术研究开发安全管理规范。从事生物技术研究、开发活动时，应当进行风险类别判断，密切关注风险变化，及时采取应对措施。从事高风险、中风险生物技术研究、开发活动时，应当由在我国境内依法成立的法人组织进行，并依法取得批准或者进行备案。国家对涉及生物安全的重要设备和特殊生物因子实行追溯管理，购买或者引进列入管控清单的重要设备和特殊生物因子，应当进行登记，确保可追溯，并报国务院有关部门备案。从事生物医学新技术临床研究，应当通过伦理审查，并在具备相应条件的医疗机构内进行；进行人体临床研究操作的，应当由符合相应条件的卫生专业技术人员执行。《中华人民共和国生物安全法》的颁布实施，对于保障我国生物技术研究、开发与应用的安全发展将产生深刻而长远的影响。

五、我国转基因政策监管

目前，我国在转基因生物的安全监管方面发挥作用的法规规范主要是"一条例、五办法"，即国务院《农业转基因生物安全管理条例》（2022），农业部《农业转基因生物安全评价管理办法》（2017）、《农业转基因生物进口安全管理办法》（2017）、《农业转基因生物标识管理办法》（2017）、《农业转基因生物加工审批办法》（2019），质检总局《进出境转基因产品检验检疫管理办法》（2004）。这些规范的出台标志着我国转基因生物安全管理尤其是农业转基因生物安全管理法律框架初步形成，同时能够对转基因技术科研试验起规范作用。

在转基因生物安全的监管方面，一是建立了转基因生物安全管理技术的支撑体系，设立国家农业转基因生物安全委员会并于2021年公布了第六届农业转基因生物安全委员会组成人员名单，共有76名专家组成，主要负责对转基因生物进行科学、系统、全面的安全评价；二是建立了转基因生物安全监管体系，国务院建立了由农业、科技、环保、卫生、食品药品、检验检疫等12个部门组成的农业转基因生物安全管理部，负责研究和协调农业转基因生物安全管理工作中的重大问题。农业部设立了农业转基因生物安全管理办公室，负责全国农业转基因生物安全的日常协调管理工作。

我国转基因安全管理体制和运行机制规范、严谨，涵盖了转基因研究、试验、生产、加工、进出口、监管以及产品强制标识等各环节。

1. 研究与试验

行政主管部门根据转基因生物安全评价工作的需要，可以委托具备检测条件和能力的技术检测机构对转基因动物进行检测。从事转基因动物研究与试验的单位，应当具备与安全等级相适应的安全设施和措施，确保转基因动物研究与试验的安全，并成立转基因生物安全小组，负责本单位转基因动物研究与试验的安全工作。转基因动物试验，一般应当经过中间试验、环境释放和生产性试验三个阶段，并且在相关试验结束后及时报告试验情况；转基因动物试验需要从上一试验阶段转入下一试验阶段的，试验单位应当向国务院相关行政主管部门提出申请；经转基因生物安全委员会进行安全评价合格的，由国务院农业行政主管部门批准转入下一试验阶段，并提交相关手续。

2. 生产与加工

在转基因动物生产前，除应当符合有关法律、行政法规规定的条件外，还应当符合下列条件：

（1）取得转基因生物安全证书并通过品种审定；

（2）在指定的区域种植或者养殖；

（3）有相应的安全管理、防范措施；

（4）国务院行政主管部门规定的其他条件。

单位和个人应当建立生产档案，载明生产地点、基因及其来源、转基因的方法；转基因生物在生产、加工过程中发生基因安全事故时，生产、加工单位和个人应当立即采取安全补救措施，并向所在地县级人民政府农业行政主管部门报告；从事转基因动物运输、储存的单位和个人，应当采取与转基因动物安全等级相适应的安全控制措施，确保转基因动物运输、储存的安全。

3. 转基因动物进出口管理

2004 年，国家质量监督检验检疫总局局务会议审议通过《进出境转基因产品检验检疫管理办法》，为加强进出境转基因产品检验检疫管理，保障人体健康和动植物、微生物安全，保护生态环境，根据《中华人民共和国进出口商品检验法》《中华人民共和国食品卫生法》《中华人民共和国进出境动植物检疫法》及其实施条例，以及《农业转基因生物安全管理条例》等法律法规的规定制定该办法，国家质检总局对进境转基因动植物及其产品、微生物及其产品和食品实行申报制度。

4. 监督管理与安全监控

在监督管理与安全监控方面，我国设立了农业转基因生物安全委员会（简称"安委会"），按照试验研究、中间试验、环境释放、生产性试验和申报生产应用安全证书五个阶段进行监管，安委会负责对转基因生物进行科学、系统、全面的安全评价；同时，组建了全国农业转基因生物安全管理标准化技术委员会，发布了 104 项转基因生物安全标准；有相对应的监管部门和实施条例，在转基因动物的相关问题方面做到第一时间监管；对可能存在的隐患、问题有一定的防范能力，并有与之相对应的措施和管控部门。

同时，针对转基因动物间接导致其他风险的防控可能，我国法律法规也做出了相应规定。

（1）实验室泄漏风险防控。在进行转基因动物研究时，可能出现与动物病原菌间的互作，进而发生相关问题，或实验动物本身存在的一些致病病原体的流出。国务院发布的《病原微生物实验室生物安全管理条例》（2019 年修订）对动物的饲养、运输、防疫等方面做出了明确规定。同时，我们在研究过程中也要注意探明相关的致病微生物，考虑转入目的基因在受体动物体内的相关问题，谨防此类问题的发生。

（2）公共卫生与健康风险防控。在进行转基因动物的研究过程中，可能存在公共卫生与健康风险防控等相关问题，国务院发布的《突发公共卫生事件应急条例》（2011）对新发突发传染病、群体性不明原因疾病等突发事件应急处置过程中的领导指挥、方针原则、预案编制、监测预警、职责分工和权利义务等进行了规定。在转基因动物的研究中，实验人员要注意防护，尤其是实验动物存在人畜共患的病菌时。同时，在环境释放过程中，也要多方面考虑，注意其对环境的影响，避免出现公共卫生风险。

（3）伦理风险防控。目前转基因动物伦理问题研究主要集中在转基因动物的安全性问题、转基因动物的专利问题和转基因动物的福利问题，尤其是应用于医疗方面时，2006 年科学技术部发布了《关于善待实验动物的指导性意见》等指南，明确了动物医疗的伦理问题，为伦理风险的防控提供了相应的法律法规。

通过以上相关法律法规，对转基因生物的各个方面都做出了明确的规定，可以看出我国对于转基因技术的重视。但随着转基因技术的发展，转基因动物应用领域不断拓展，动物转基因科研试验总数增多，安全风险增加，安全问题已经成为社会焦点，对安全监管的法律也提出了挑战和新的要求，目前现行的法律法规还存在一些问题有待加强。

（军事科学院军事医学研究院　陈　婷）

（中国医学科学院信息研究所　高东平）

参考文献

安小平, 童贻刚. 2015. 用于高通量测序未知病原体分析的样本预处理方法及扩增方案概述. 生物技术通讯, 26(2): 286-290.

曹雪玲, 鲍长坤, 陈颖, 等. 2016. 微波法制备纳米银胶及其在葡萄保鲜中的应用. 北京联合大学学报, 30(4): 58-62.

曹雪玲, 刘发现, 金丽. 2014. 纳米银胶的制备及对草莓的保鲜性能研究. 食品工业科技, 35(5): 327-329, 364.

曾丽萍, 樊爱萍, 杨桃花, 等. 2017. PLA/TiO2 纳米复合膜对香菇保鲜效果的研究. 食品工业科技, 38(16): 225-228, 246.

车凤翔. 1998. 空气微生物采检理论及其技术应用. 北京: 中国大百科全书出版社.

车凤翔. 2004. 空气生物学原理及应用. 北京: 科学出版社.

陈方, 张志强. 2020. 日本生物安全战略规划与法律法规体系简析. 世界科技研究与发展, 42(3): 276-287.

陈方. 2022. 2021 年度生物制造发展态势. 见: 林念修. 中国生物产业发展报告 2022: 223-246.

陈亨赐, 刘洋, 尹军, 等. 2021. 欧盟生物安全法律法规和管理现状的思考. 口岸卫生控制, 26: 50-53.

陈家曾, 俞如旺. 2020. 生物武器及其发展态势. 生物学教学, 45(6): 57.

陈建中. 2016. 纳米 TiO2 壳聚糖复方涂膜对草莓保鲜效果的研究. 食品科技, 41(9): 65-70.

陈俊红. 2004. 日本转基因食品安全管理体系. 中国食物与营养, 10(1): 20-22.

陈俊虎, 赵海彬, 王燕燕, 等. 2022. 当前形势下我国疫苗临床试验研究 SWOT 分析. 中国生物制品学杂志, 2022(7): 35.

陈宁庆. 1991. 生物武器防护医学. 北京: 人民军医出版社.

陈晓平. 2019. 试论人类基因编辑的伦理界限——从道德、哲学和宗教的角度看"贺建奎事件". 自然辩证法通讯, 41(7): 1-13.

陈玉英. 2021. 巴西转基因农产品监管机制的演进与现实影响. 同济大学学报(社会科学版), 32: 117-24.

程振东, 卫志明, 许智宏. 1994. 用 PEG 法把外源基因导入甘蓝型油菜原生质体再生转基因植株. 实验生物学报, 27: 11.

崔金明, 王力为, 常志广, 等. 2018. 合成生物学的医学应用研究进展. 中国科学院院刊, 33(11): 1218-1227.

崔敏辉, 周惠玲, 唐东升, 等. 2021. 应对生物恐怖袭击和生物战的生物安全材料. 应用化学, 38(5): 467-481.

董时军, 刁天喜. 2014. 美国生命科学两用性研究监管政策分析. 生物技术通讯, 25(5): 705-711.

董时军. 2014. 生命科学两用性研究风险监管政策分析与启示. 北京: 军事医学科学院卫生勤务与医学情报研究所博士学位论文: 68-69.

杜新安, 曹务春. 2005. 生物恐怖的应对与处置. 北京: 人民军医出版社.

樊成红, 陈一勇. 2008. 实验室感染及生物安全. 山西医药杂志(下半月刊), 37(2): 170-172.

付伟, 魏霜, 王晨光, 等. 2016. 基因编辑作物的发展及检测监管现状. 植物检疫, 30: 1-8.

管骁, 李律, 刘静, 等. 2016. 大麦醇溶蛋白/纳米 TiO2 可食性膜的抑菌效果及对草莓的保鲜作用. 生物加工过程, 14(6): 61-65, 70.

郭光沁, 许智宏, 卫志明, 等. 1993. 用 PEG 法向小麦原生质体导入外源基因获得转基因植株. 科学通报, 38: 5.

郭利磊, 朱家林, 孙世贤, 等. 2019. 转基因作物的生物安全: 基因漂移及其潜在生态风险的研究和管控. 作物杂志, (2): 8-14. .

郭铮蕾, 汪万春, 饶红, 等. 2015. 欧盟转基因生物安全管理制度分析. 食品安全质量检测学报, 6(11): 4277-4284.

韩杨, 宁夏, 张云华. 2021. 我国农业生物技术及产业发展态势与方向. 发展研究, 38(5): 33-41.

贺福初. 2016. 《生物科技引领下一轮军事革命》丛书出版. 人民军医, 59(1): 1-23.

侯丙凯, 陈正华. 2001. 苏云金芽孢杆菌杀虫蛋白基因克隆及油菜叶绿体遗传转化研究. 遗传, 23: 39-40.

华再东, 刘圣财, 肖伟, 等. 2019. 转基因动物安全评价浅谈. 湖北畜牧兽医, 40(9): 10-14.

黄耀辉, 吴小智, 焦悦, 等. 2022. 从转基因三文鱼上市看美国转基因动物安全管理制度. 中国兽医杂志, 58(4): 124-130.

纪伟, 张勇, 周吉坤, 等. 2019. 献血感染丙型肝炎病毒人群的 T 细胞免疫及与肝损伤的相关性研究. 病毒学报, 35(3): 357-363.

贾士荣. 2004. 转基因作物的环境风险分析研究进展. 中国农业科学, 37: 175-187.

江丽芳. 2013. H7N9 禽流感病毒研究现状. 中山大学学报(医学科学版), 34(5): 651-656.

蒋姝泓, 苏海佳. 2013. 壳聚糖/纳米 TiO₂ 复合涂膜对樱桃番茄的保鲜效果. 湖北农业科学, 52(4): 895-897, 902.

蒋豫图. 1985. 中国医学百科全书: 生物武器的医学防护. 上海: 上海科学技术出版社.

焦悦, 梁晋刚, 翟勇. 2016. 转基因作物安全评价研究进展. 作物杂志, (5): 1-7.

金万梅, 潘青华, 尹淑萍, 等. 2005. 外源基因在转基因植物中的遗传稳定性及其转育研究进展. 分子植物育种, 3: 864-868.

孔庆然, 刘忠华. 2011. 外源基因在转基因动物中遗传和表达的稳定性. 遗传, 33: 8.

乐攀. 2014. 纳米银复合保鲜剂对南丰蜜桔的保鲜研究. 南昌: 南昌大学硕士学位论文: 58.

雷勃钧, 钱华, 李希臣, 等. 2000. 通过直接引入外源 DNA 育成高产、优质、高蛋白大豆新品种黑生 101. 作物学报, 26: 725-730.

李昂, 于义凤, 史波波. 2007. 恐怖袭击新手段——农业恐怖. 国防, 4: 79-81.

李琛, 时建立, 彭喆, 等. 2021. RNA 病毒重组及发生机制. 中国动物检疫, 38(2): 82-92.

李红梅, 吴娟, 胡秋辉. 2008. 食品包装纳米材料对酱牛肉保鲜品质的影响. 食品科学, 29(5): 461-464.

李建平, 肖琴, 王吉鹏. 2013. 转基因作物的风险分析及我国的应对策略. 中国食物与营养, 19(1): 5-9.

李君, 张毅, 陈坤玲, 等. 2013. CRISPR/Cas 系统: RNA 靶向的基因组定向编辑新技术. 遗传, 35: 1265-1273.

李梦杰, 贺晓云, 仝涛, 等. 2021. 阿根廷转基因作物安全管理制度概况及进展. 生物技术进展, 11: 12.

李敏, 董少波, 张杰, 等. 2021. 发热伴血小板减少综合征病毒的人源 CD8⁺ T 细胞表位鉴定. 国际病毒学杂志, 28(2): 126-130.

李宁, 付仲文, 刘培磊, 等. 2010. 全球主要国家转基因生物安全管理政策比对. 农业科技管理, 29: 6.

李盼畔, 吴西源, 魏霜, 等. 2019. 加拿大转基因农食产品技术性贸易措施体系研究. 检验检疫学刊, 29: 3.

李文龙, 徐琳杰, 宋贵文. 2019. 世界主要国家农业转基因生物安全管理概况. 见: 达能营养中心 2019 年论文汇编: 转基因食品与安全.

李晓曼, 孙巍, 徐倩, 等. 2018. 基于专利计量的农业生物技术发展态势分析. 生物技术通报, 34(12): 221-231.

李新林, 张慜, 段续, 等. 2010. 纳米银涂膜对微波冻干鲍鱼微生物的影响. 食品与生物技术学报, 29(1): 44-49.

李新林. 2008. 纳米银涂膜液制备及其在海参低温干制品中的应用. 无锡: 江南大学硕士学位论文: 69.

李阳, 常运立. 2022. 《中华人民共和国生物安全法》的伦理意蕴. 中国医学伦理学, 35(3): 310-314.

连庆, 王伟威. 2012. 我国转基因动物研究进展及安全评价管理. 江苏农业科学, 40(8): 287-289.

梁辉, 吴方盛, 王道文, 等. 2005. 环形电极介导的小麦基因转化. 遗传学报(英文版), 32: 6.

梁晋刚, 张开心, 张旭冬, 等. 2021. 中国农业转基因生物环境安全检测标准体系现状与展望. 中国油料作物学报, 43: 14.

林洁. 2010. 基因歧视第一案探触社会公平. http://zqb.cyol.com/content/2010-01/13/content_3038030.htm.

刘金昉, 刘红英, 齐凤生, 等. 2014. 纳米 TiO₂/壳聚糖复合保鲜剂在南美白对虾保鲜中的应用. 食品科技, 39(2): 245-249.

刘军, 齐建勋, 高峰, 等. 2011. T 细胞功能学与结构免疫学结合方法鉴定 HLA-A2 限制性的细胞毒性 T 淋巴细胞表位富集区. 科技导报, 29(27): 19-26.

刘丽萍. 2012. 纳米银涂膜对圣女果保鲜效果的研究. 现代食品科技, 28(10): 1316-1318.

刘瑞麟, 徐淑艳, 方海峰, 等. 2015. Ag+/纳米 TiO₂/壳聚糖复合膜制备及其对桑葚的保鲜效果. 食品工业科技, 36(9): 331-334.

刘文瑞, 王智, 杨惠麟. 2014. 转抗虫基因作物对非靶标生物生态安全评价研究进展. 科学时代, 000: 98-99.

刘旭霞, 英玢玢. 2015. 印度转基因生物安全监管的法律思考. 安徽农业大学学报(社会科学版), 7-24(4): 75.

刘营. 2016. 山东省人感染 H7N9 禽流感流行病学与病毒全基因序列分析. 济南: 山东大学硕士学位论文.

刘永, 蔡俊莲, 梁楚彬, 等. 2016. 淀粉/纳米 TiO₂ 涂膜对鲜切山药保鲜效果的研究. 食品工业, 37(9): 112-114.

刘雨芳, 尤民生, 王锋, 等. 2005. 转 cry1Ac/sck 基因抗虫水稻对稻田捕食性节肢动物群落的影响及生态安全评价. 见: 成卓敏. 农业生物灾害预防与控制研究. 北京: 中国农业科学技术出版社, 24-31.

龙门, 马磊, 宋野, 等. 2014. 纳米 Fe³⁺/TiO₂ 改性聚乙烯醇基紫胶复合膜对鸡蛋的保鲜效果. 农业工程学报, 20(30): 313-332.

罗晨, 董铮, 庄松娟, 等. 2018. 纳米银抗菌包装对虾仁冷藏过程中品质的影响. 包装工程, 39(7): 60-64.

马磊, 严文静, 赵见营, 等. 2015. 纳米 SiO₂ 及 TiO₂ 改性复合涂膜提高松花蛋的保鲜效果. 农业工程学报, 31(18): 269-280.

马倩, 夏利, 谭淼, 等. 2021. 氨基酸生产的代谢工程研究进展与发展趋势. 生物工程学报, 37(5): 1677-1696.

马宇浩, 蔡甘先, 邓晓恬, 等. 2021. 我国转基因生物安全评价现状及展望. 中国畜牧杂志, 57(10): 1-7.

孟鸢, 卢小菊, 李佳文. 2018. 纳米银溶胶-PE 膜对奶油草莓保鲜效果的研究. 中国食品添加剂, (7): 51-56.

农业部农业转基因生物安全管理办公室. 2014. 农业转基因生物知识 100 问. 北京: 中国农业出版社.

农业部农业转基因生物安全管理办公室. 2015. 国外转基因知多少. 北京: 中国农业出版社.

彭贵洪, 马忠, 薛宇鸣, 等. 1997. 尿激酶变体 Glu154-mtcu-PA 的构建及其性质研究. 生物化学与生物物理学报, (6): 23-28.

强胜, 宋小玲, 戴伟民, 等. 2020. 一种转基因水稻杂草化基因漂移风险的评估方法及应用. 国家发明专利, CN111139311B

强胜, 宋小玲, 戴伟民. 2010. 抗除草剂转基因作物面临的机遇与挑战及其发展策略. 农业生物技术学报, 18(1): 114-125.

乔雄兵, 连俊雅. 2014. 论转基因食品标识的国际法规制——以《卡塔赫纳生物安全议定书》为视角. 河北法学, 32(1): 134-143.

邱俊康, 杭海英. 2010. 模仿自然界——基于基因高频突变的蛋白质人工进化技术. 生物物理学报, 26(10): 855-860.

申亚倩. 2015. 纳米 TiO2 改性大豆蛋白/聚乙烯醇生物降解复合薄膜研究. 保定: 河北农业大学硕士学位论文: 54.

沈平, 章秋艳, 张丽, 等. 2016. 我国农业转基因生物安全管理法规回望和政策动态分析. 农业科技管理, 35: 4.

史君彦, 高丽朴, 左进华, 等. 2017. 纳米银保鲜膜包装对黄瓜保鲜效果的影响. 食品工业, (1): 109-112.

宋欢, 王坤立, 许文涛, 等. 2014. 转基因食品安全性评价研究进展. 食品科学, 35(15): 295-303.

宋益娟, 关荣发, 芮昶, 等. 2012. 纳米包装材料对酱鸭贮藏品质的影响. 安徽农业科学, 40(32): 15913-15914, 15957.

隋思瑶, 马佳佳, 陆皓茜, 等. 2019. 纳米二氧化钛抗菌防雾膜的制备表征及对草莓的保鲜效果(英文). 农业工程学报, 35(5): 302-310.

孙祁. 2022. 生物技术双面性备受国际社会关注. 检察风云, (9): 56-57.

孙佑海. 2022. 坚决贯彻党中央战略部署进一步加强生物安全建设. 保密工作, 2022(2): 8-9.

谭天伟, 陈必强, 张会丽, 等. 2021. 加快推进绿色生物制造助力实现"碳中和". 化工进展, 40(3): 1137-1141.

唐东升, 崔建勋, 梁刚豪, 等. 2020. 发展生物安全材料学, 筑牢中国国家安全城墙. 应用化学, 37(9): 985-993.

唐智鹏, 陈晨伟, 谢晶, 等. 2019. 聚乙烯醇活性薄膜对大黄鱼保鲜效果及品质动态监控. 食品工业科技, 40(10): 290-296.

陶希芹, 王明力, 谯顺彬. 2014. 壳聚糖/纳米 TiO2 复合涂膜保鲜金秋梨过程中酶活性变化. 江苏农业科学, 42(1): 225-226.

陶希芹. 2015. 壳聚糖/纳米 TiO2 复合膜最佳配比的研究及其在鲤鱼保鲜中的应用. 山东化工, 44(6): 20-22, 24.

滕越, 杨姗, 刘芮存. 2021. 基于生物分子的神经拟态计算研究进展. 科学通报, 66(31): 3944-3951.

田德桥. 2021. 生物技术安全. 北京: 科学技术文献出版社: 192.

汪敏, 赵永富, 侯喜林, 等. 2018. 纳米银抗菌膜对白菜的保鲜效果. 江苏农业科学, 46(22): 204-206.

王凡, 胡秋辉, 方勇, 等. 2017. 纳米包装延缓淮稻 5 号大米高温高湿环境下的品质劣变. 食品科学, 38(5): 267-273.

王晶, 徐丹, 于嘉伦. 2018. 壳聚糖/纳米银复合涂膜对鸡蛋的保鲜效果. 食品与机械, 34(1): 110-116.

王康. 2017. 人类基因编辑多维风险的法律规制. 求索, 11: 103.

王林. 2021. 我国生物安全法律法规体系建构研究. 河南警察学院学报, 30(2): 5-12.

王盼娣, 熊小娟, 付萍, 等. 2021. 《生物安全法》实施背景下基因编辑技术的安全评价与监管. 中国油料作物学报, 43: 7.

王婉琳. 2012. 加拿大转基因生物安全立法及评价. 环境经济, 000: 49-52.

王晓颖. 2009. 技术控制下的人性丧失——对《美丽新世界》的解读. 现代语文(上旬. 文学研究), 2009(1): 131-132.

王欣梅, 王修德, 康凯. 2003. 生物恐怖与生物战的特点及其医学防御对策. 预防医学文献信息, 9(6): 736-738.

王雪芳, 王鸿博, 傅佳佳, 等. 2014. TiO2/聚乳酸复合纳米纤维膜对草莓保鲜效果的研究. 食品工业科技, 35(20): 366-368, 387.

王雪亮, 张芸, 温廷益. 2021. 整合组学数据的代谢网络模型研究进展. 科学通报, 66(19): 2393-2404.

王延锋, 郎志宏, 赵奎军, 等. 2010. 转基因作物的生态安全性问题及其对策. 生物技术通报, (7): 1-6.

王莹, 刘静, 张鑫, 等. 2020. 国际生物技术研究开发安全管理现状与启示. 科技管理研究, 40(7): 230-233.

王月琴, 何康来, 王振营. 2019. 靶标害虫对 Bt 玉米的抗性发展和治理策略. 应用昆虫学报, 56: 12.

王忠良, 袁亚东, 葛红岩, 等. 2016. 载银壳聚糖涂布纸对樱桃番茄保鲜包装效果的影响. 中国造纸, 35(7): 30-34.

魏笑莲, 钱智玲, 陈巧巧, 等. 2021. 遗传改造微生物制造食品和饲料的监管要求及欧盟授权案例分析. 合成生物学, 2(1): 121-133.

吴刚, 李文龙, 石建新, 等. 2019. 澳大利亚转基因生物安全监管概况及启示. 生物技术通报, 35(3): 138-143.

吴丽萍. 2007. 生物技术应用在农业发展中的利与弊. 湖北植保, (6): 40-41.

吴晓燕, 陈方, 丁陈君, 等. 2021. 全球生物经济现状、趋势与融资前景分析. 中国生物工程杂志, 10: 116-126.

晓金. 2017. 生物武器全解析. 生命与灾害, 9: 89.

谢道昕, 范云六, 倪丕冲. 1991. 苏云金芽孢杆菌杀虫基因导入中国栽培水稻品种中花 11 号获得转基因植株. 中国科学(B 辑), 21(8): 830-834.

徐畅, 杜然然, 李玲等. 2019. 国外两用性生物技术研究监管现状及启示. 军事医学, 43(3): 218.

徐琳杰, 吴小智, 刘培磊. 2019. 我国农业转基因生物安全管理概况. 见: 达能营养中心 2019 年论文汇编: 转基因食品与安全.

许惠滨, 朱永生, 连玲, 等. 2013. 两种不同的水稻标记基因删除技术的比较. 热带作物学报, 34: 2183-2187.

许建香, 李宁. 2012. 转基因动物生物安全研究与评价. 生物工程学报, 28(3): 267-281.

薛杨, 俞晗之. 2020. 前沿生物技术发展的安全威胁: 应对与展望. 国际安全研究, 38(4): 136-156, 160.

杨斌, 曹银娟, 余群力, 等. 2019. 纳米银酯化淀粉膜对牛肉保鲜的影响. 食品科学, 40(23): 199-205

杨华, 江雨若, 邢亚阁, 等. 2019. 壳聚糖/纳米 TiO_2 复合涂膜对芒果保鲜效果的影响. 食品工业科技, 40(11): 297-301.

杨姗, 李艳冰, 刘拓宇, 等. 2022. 人工智能在疟原虫检测中的应用进展. 中国科学(生命科学), 52(4): 575-586.

杨姗, 刘芮存, 刘拓宇, 等. 2021. 利用基因线路构建神经网络实现神经拟态计算的研究. 科学通报, 66(31): 3992-4002.

杨彤丹. 2020. 美国生物技术研究风险法律规制. 中国社会科学报, 2066: 12-13

杨文建, 单楠, 杨芹, 等. 2012. 纳米包装材料延长双孢蘑菇贮藏品质的作用. 中国农业科学, 45(24): 5065-5072.

杨雄年. 2018. 转基因政策. 北京: 中国农业科学技术出版社.

杨渊, 池慧, 聂子潞, 等. 2019. 美国基因编辑监管机制研究探讨. 医学研究杂志, 48: 5.

杨远谊. 2008. 壳聚糖/纳米二氧化钛抗菌保鲜膜的研制及性能研究. 重庆: 西南大学硕士学位论文: 53.

尹志欣, 朱姝. 2021. 英国生物安全立法与管理对我国的启示. 科技中国, (3): 40-42.

于军. 2015. "人类基因组计划"回顾与展望: 从基因组生物学到精准医学. 自然, 35(5): 326-331.

于玺华. 2002. 现代空气微生物学. 北京: 人民军医出版社.

于玉凤, 郭晓兰, 王颖, 等. 2013. H7N9 禽流感病毒对人类致病的分子基础分析. 中山大学学报(医学科学版), 34(5): 657-665.

余梅. 2018. "一带一路"背景下的中国与加拿大农产品贸易合作研究. 世界农业, (3): 154-160.

余文华, 李洁芝, 陈功等. 2008. 果蔬纳米保鲜膜的研制及其在青椒保鲜中的应用研究. 四川食品与发酵, 44(5): 28-31

查荒源, 于光晴, 陈小云, 等. 2021. 甲基转移酶 set9 缺失的斑马鱼低氧耐受能力增强. 水生生物学报, 45(5): 951-957.

张宝, 黄克勇, 郭劲松, 等. 2013. H7N9 病毒的来源和重组模式. 南方医科大学学报, 33(7): 1017-1021.

张浩, 毛秉智. 2000. 定点突变技术的研究进展. 免疫学杂志, 16(S1): 108-110.

张荣飞. 2015. 纳米复合膜的制备及其对双孢蘑菇保鲜效果的研究. 淄博: 山东理工大学硕士学位论文: 71.

张瑶. 2007. 添加纳米粒子的塑料包装材料在杨梅保鲜中的作用. 农机化研究, (3): 111-114.

张媛媛, 曾艳, 王钦宏. 2021. 合成生物制造进展. 合成生物学, 2(2): 145-160.

张卓, 刘茂炎, 王培, 等. 2019. 抗草甘膦转基因大豆 AG5601 对根际微生物群落功能多样性的影响. 生物技术通报, 35: 8.

赵广立. 2015. 转基因作物在阿根廷. 科学新闻, (20): 56-57.

赵敏, 舒刘梅, 高福, 等. 2018. H7N9 亚型禽流感病毒的 T 细胞免疫研究. 病毒学报, 34(6): 911-919.

郑涛. 2014. 生物安全学. 北京: 科学出版社.

中国科学院文献情报中心现代农业科技情报团队, 中国科学院成都文献情报中心生物科技情报团队, 杨艳萍, 等. 2021. 趋势观察: 国际现代农业与工业生物技术领域发展态势与热点. 中国科学院院刊, 36(7): 864-867.

中科院地质地球所. 2022-5-24. 从炭疽细菌到趋磁细菌: 二氧化硅到底用来做什么？https://baijiahao. baidu. com/s?id=1733682611114248261&wfr=spider&for=pc.

周锦培, 刘旭霞. 2010. 阿根廷转基因作物产业化的法律监管体系评析. 岭南学刊, (6): 96-101.

周丽雅, 黄俊彦, 于琳琳, 等. 2015. 纳米 TiO_2/壳聚糖涂布抗菌纸对南国梨果的保鲜效果. 福建农业科技, (10): 27-30.

周霞, 郭安平, 谢翔, 等. 2018. 转基因作物对天敌的影响研究进展. 环境昆虫学报, 40(5): 1021-1026.

周乙华, 庄辉. 2005. 实验室感染与生物安全. 中华预防医学杂志, 39(3): 215-217.

朱海印. 2017. 论现代生物技术制药的发展. 生物化工, 3(2): 96-98.

Abramishvili T, Chkhaidze N. 2009. The role of bioagents in protection of wheat genetic resources. , Commun Agric Appl Biol Sci, 74: 401-406.

Ajikumar P K, Xiao W H, Tyo K E, et al. 2010. Isoprenoid pathway optimization for Taxol precursor overproduction in *Escherichia coli*. Science, 330(6000): 70-74

Akcali A. 2005. Viruses as biological weapons. Mikrobiyol Bul, 39(3): 383-397.

Allendorf K. 2007. Do Women's Land Rights Promote Empowerment and Child Health in Nepal. Word Development, 35(11): 1975-1988.

Amendolare N. 2021. The history of chemistry. https: //study. com/learn/lesson/what-is-chemistry. html.［2023-01-06］.

Ángel S A, Kazuo T, Alberto T M, et al. 2021. Carbon-based nanomaterials: promising antiviral agents to combat COVID-19 in the microbial-resistant era. ACS Nano, 15(5): 8069-8086.

Annas G J. 2020. Genome editing 2020: ethics and human rights in germline editing in humans and gene drives in mosquitoes. Am J Law Med, 246(2-3): 143-165.

Antimicrobial Resistance Collaborators. 2022. Global burden of bacterial antimicrobial resistance in 2019: a systematic analysis. Lancet, 399(10325): 629-655.

Araujo R, Sampaio-Maia B. 2018. Fungal genomes and genotyping. Adv Appl Microbiol, 102: 37-81.

Arunsan P, Ittiprasert W, SmoutM J, et al. 2019. Programmed knockout mutation of liver fluke granulin attenuates virulence of infection-induced hepatobiliary morbidity. Elife, 8: e41463.

Aryan A, Anderson M A, Myles K M, et al. 2013. TALEN-based gene disruption in the dengue vector Aedes aegypti. PLoS One, 8: e60082.

Asgari E, Mofrad M, Kobeissy F. 2015. Continuous distributed representation of biological sequences for deep proteomics and genomics. PLoS One, 10: 11.

Atlas R M. 2002. Bioterriorism: from threat to reality. Annu Rev Microbiol, 56: 167-185.

Au S, Gomersall C, Leung P, et al. 2010. A randomised controlled pilot study to compare filtration factor of a novel non-fit-tested high-efficiency particulate air(HEPA) filtering facemask with a fit-tested N95 mask. J Hosp Infect, 76: 23-25.

Auerbach C, Robson J M. 1946. Action of mustard gas on the bone marrow. Nature, 158(4024): 878.

Aytes A, Mitrofanova A, Lefebvre C, et al. 2014. Cross-species regulatory network analysis identifies a synergistic interaction between FOXM1 and CENPF that drives prostate cancer malignancy. Cancer Cell, 25(5): 638-651.

Bacarese-Hamilton T, Bistoni F, Crisanti A. 2002. Protein microarrays: from serodiagnosis to whole proteome scale analysis of the immune response against pathogenic microorganisms. BioTechniques, Suppl: 24-29.

Baguisi A, Behboodi E, Melican D T, et al. 1999. Production of goats by somatic cell nuclear transfer. Nat Biotechnol, 17(5): 456-461.

Bai G, Gao D, Liu Z, et al. 2019. Probing the critical nucleus size for ice formation with graphene oxide nanosheets. Nature, 576: 437-441.

Baker M. 2013. Big biology: The 'omes puzzle. Nature, 494: 416-419.

Balli D, Ren X, Chou F S, et al. 2012. Foxm1 transcription factor is required for macrophage migration during lung inflammation and tumor formation. Oncogene, 31(34): 3875-3888.

Becker J, Wittmann C. 2018. From systems biology to metabolically engineered cells - an omics perspective on the development of industrial microbes. Curr Opin Microbiol, 45: 180-188.

Beckie H J. 2013. Herbicide-resistant(HR) crops in Canada: HR gene effects on yield performance. Prairie Soils & Crops Journal, 6: 33-39.

Bikard D, Euler C W, Jiang W, et al. 2014. Exploiting CRISPR-Cas nucleases to produce sequence-specific antimicrobials. Nat Biotechnol, 32(11): 1146-1150.

Bing Y, Zhang Y H, Leung N H L, et al. 2018. Role of viral bioaerosols in nosocomial infections and measures for prevention and control. Journal of Aerosol Science, 117: 200-211.

Bischoff W E, Reid T, Russell G B, et al. 2011. Transocular entry of seasonal influenza-attenuated virus aerosols and the efficacy of n95 respirators, surgical masks, and eye protection in humans. The Journal of Infectious Diseases, 204: 193-199.

Bitinaite J, Wah D A, Aggarwal A K, et al. 1998. FokI dimerization is required for DNA cleavage. Proc Natl Acad Sci USA, 95(18): 10570-10575.

Black J L III. 2003. Genome projects and gene therapy: gateways to next generation biological weapons. Military Medicine, 168(11): 864.

Bloom B R. 1995. A microbial minimalist. Nature, 378: 236.

Boch J, Scholze H, Schornack S, et al. 2009. Breaking the code of DNA binding specificity of TAL-type III effectors. Science, 326(5959): 1509-1512.

Boomsma J J, Brady S G Dunn R R, et al. 2017. The global ant genomics alliance(GAGA). Myrmecol News, 25: 61-66.

Boorjian S A, Alemozaffar M, Konety B R, et al. 2021. Intravesical nadofaragenefiradenovec gene therapy for BCG-unresponsive non-muscle-invasive bladder cancer: a single-arm, open-label, repeat-dose clinical trial. Lancet Oncol, 22(1): 107-117.

Bortnik V, Wu M, Julcher B, et al. 2021. Loss of HPV type 16 E7 restores cGAS-STING responses in human papilloma virus-positive oropharyngeal squamous cell carcinomas cells. J Microbiol Immunol Infect, 54(4): 733-739.

Bower D J, Hart R J, Matthews P A, et al. 1981. Nonprotein neurotoxins. Clin Toxicol, 18: 813-863.

Brackett B G, Baranska W, Sawicki W, et al. 1971. Uptake of heterologous genome by mammalian spermatozoa and its transfer to ova through fertilization. Proc Natl Acad Sci USA, 68(2): 353-357.

Brewer M S, Sprouls G K, Russon C. 1994. Consumer attitudes toward food safety issues. J Food Saf, 14: 63-76.

Brouns S J, Jore M M, Lundgren M, et al. 2008. Small CRISPR RNAs guide antiviral defense in prokaryotes. Science, 321(5891): 960-964.

Bruce E, Tabashnik, Van Rensburg J B J, et al. 2009. Field-evolved insect resistance to Bt crops: definition, theory, and data. Journal of Economic Entomology, 102: 2011-2025.

Brunekreef B, Holgate S T. 2002. Air pollution and health. Lancet, 360: 1233-1242.

Bryant D H, Bashir A, Sinai S, et al. 2021. Deep diversification of an AAV capsid protein by machine learning. Nature Biotechnology, 39(6): 691-696.

Burdsall A C, Xing Y, Cooper CW, et al. 2021. Bioaerosol emissions from activated sludge basins: characterization, release, and attenuation. Science of The Total Environment, 753: 141852.

Burt A. 2003. Site-specific selfish genes as tools for the control and genetic engineering of natural populations. Proc Biol Sci, 270(1518): 921-928.

Butola B S, Mohammad F. 2016. Silver nanomaterials as future colorants and potential antimicrobial agents for natural and synthetic textile materials. RSC Advances, 6(50): 44232-44247.

Byron P R, Patton J S. 1994. Drug delivery via the respiratory tract. Journal of Aerosol Medicine : The Official Journal of the International Society for Aerosols in Medicine, 7: 49-75.

Byron P R. 1993. Physicochemical effects on lung disposition of pharmaceutical aerosols. Aerosol Science and Technology, 18: 223-229.

Cagno V, Andreozzi P, Stellacci F, et al. 2018. Broad-spectrum non-toxic antiviral nanoparticles with a virucidal inhibition mechanism. Nat Mater, 17(2): 195-203.

Cai X, Prominski A, Huang J, et al. 2020. A neutralizing antibody-conjugated photothermal nanoparticle captures and inactivates SARS-CoV-2. bioRxiv ［Preprint］, 2020. 11. 30. 404624.

Cai Y, Agmon N, Choi W J, et al. 2015. Intrinsic biocontainment: multiplex genome safeguards combine transcriptional and recombinational control of essential yeast genes. Proc Natl Acad Sci USA, 112(6): 1803-1808.

Cai Y, Balli D, Ustiyan V, et al. 2013. Foxm1 expression in prostate epithelial cells is essential for prostate carcinogenesis. J Biol Chem, 288(31): 22527-22541.

Camacho D, Collins K M, Powers R K, et al. 2018. Next-generation machine learning for biological networks. Cell, 173: 1581-1592.

Cao L, Goreshnik I, Coventry B, et al. 2020. De novo design of picomolar SARS-CoV-2 miniproteininhibitors. Science, 370(6515):

426-431.

Cao T, Wang Y, Zhang X, et al. 2019. A simple mix-and-read bacteria detection system based on a DNAzyme and a molecular beacon. Chem Commun, 55(51): 7358-7361.

Carr J R, Kiefer M M, Park H J, et al. 2012. FoxM1 regulates mammary luminal cell fate. Cell Rep, 1(6): 715-729.

Carter S R, Warner C M. 2018. Trends in synthetic biology applications, tools, industry, and oversight and their security implications. Health Secur, 16(5): 320-333.

CarusW S. 2017. A century of biological-weapons programs(1915–2015): reviewing the evidence. Nonproliferation Review, 24(1-2): 129-153.

Cello J, Paul A V, Wimmer E. 2002. Chemical synthesis of poliovirus cDNA: generation of infectious virus in the absence of natural template. Science, 297(5583): 1016-1018.

Champer J, Lee E, Yang E, et al. 2020. A toxin-antidote CRISPR gene drive system for regional population modification. Nat Commun, 11(1): 1082.

Champer J, Yang E, Lee E, et al. 2020. A CRISPR homing gene drive targeting a haplolethal gene removes resistance alleles and successfully spreads through a cage population. Proc Natl Acad Sci USA, 117(39): 24377-24383.

Chang W J, Wang H S, Kim W, et al. 2020. Hormonal suppression of stem cells inhibits symmetric cell division and gastric tumorigenesis. Cell Stem Cell, 4: 1-16.

Chao R, Mishra S, Si T, et al. 2017. Engineering biological systems using automated biofoundries. Metabolic Engineering, 42: 98-108.

Chao R, Yuan Y, Zhao H. 2015. Building biological foundries for next-generation synthetic biology. Science China Life Sciences, 58: 658-665.

Chekin F, Bagga K, Szunerits S, et al. 2018. Nucleic aptamer modified porous reduced graphene oxide/MoS2 based electrodes for viral detection: application to human papillomavirus(HPV). Sens Actuators B Chem, 262: 991-1000.

Chen J, Luo J, Wang Y, et al. 2021. Suppression of female fertility in aedes aegypti with a CRISPR-targeted male-sterile mutation. Proc Natl Acad Sci USA, 118(22): e2105075118. .

Chen X J, Yao H, Song D, et al. 2022. Extracellular chemoreceptor of deca-brominated diphenyl ether and its engineering in the hydrophobic chassis cell for organics biosensing. Chemical Engineering Journal, 433: 133266.

Chen Y, Liang W, Yang S, et al. 2013. Human infections with the emerging avian influenza A H7N9 virus from wet market poultry: clinical analysis and characterisation of viral genome. Lancet, 381(9881): 1916-1925.

Chen Y, Nielsen J. 2016. Biobased organic acids production by metabolically engineered microorganisms. Curr Opin Biotechnol, 37: 165-172.

Cheng F S, Brown S K, Weeden N F. 1997. A DNA extraction protocol fromvarious tissues in woody species. Hort Science, 32(5) : 921-925.

Cheng M, Fry J E, Pang S Z, et al. 1997. Genetic transformation of wheat mediated by agrobacterium tumefaciens, Plant Physiology, 115: 971-980.

Cheng N, Song Y, Lin Y, et al. 2017. Nanozyme-mediated dual immunoassay integrated with smartphone for use in simultaneous detection of pathogens. ACS Appl Mater Interfaces, 9(46): 40671-40680.

Cheng S, Melkonian M, Smith S A, et al. 2018. 10KP: a phylodiverse genome sequencing plan. Gigascience, 7: 1-9.

Chiou F S, Pai C Y, Hsu Y P P, et al. 2001. Extraction of human DNA for PCR from chewed residues of betel quid using a novel "PVP/CTAB" method. J Forensic Sci, 46: 1174-1179.

Choi J R. 2020. Advances in single cell technologies in immunology. Biotechniques, 69(3): 226-236.

Christian M, Cermak T, Doyle E L, et al. 2010. Targeting DNA double-strand breaks with TAL effector nucleases. Genetics, 186(2): 757-761.

Christou P, Mccabe D E, Swain W F. 1988. Stable transformation of soybean callus by DNA-coated gold particles. Plant Physiology, 87: 671-674.

Chung Y G, Eum J H, Lee J E, et al. 2014. Human somatic cell nuclear transfer using adult cells. Cell Stem Cell, 14(6): 777-780.

Chung Y G, Matoba S, Liu Y, et al. 2015. Histone demethylase expression enhances human somatic cell nuclear transfer efficiency and promotes derivation of pluripotent stem cells. Cell Stem Cell, 17(6): 758-766.

Cibelli J B, Gurdon J B. 2018. Custom-made oocytes to clone non-human primates. Cell, 172(4): 647-649.

Cibelli J B, Stice S L, Golueke P J, et al. 1998. Transgenic bovine chimeric offspring produced from somatic cell-derived stem-like cells. Nat Biotechnol, 16(7): 642-646.

Clapper. 2016. Worldwide threat assessment of the US intelligence community. https: //www. dni. gov/files/documents/ SASC_ Unclassified_ 2016_ATA_SFR_FINAL. pdf.

Cole C N, Crawford L V, Berg P. 1979. Simian virus 40 mutants with deletions at the 3′ end of the early region are defective in adenovirus helper function. J Virol, 30(3): 683-691.

Coleman K K, Tay D J W, Sen T K, , et al. 2021. Viral load of SARS-CoV-2 in respiratory aerosols emitted by COVID-19 patients while breathing, talking, and singing. Clinical Infectious Diseases : an official publication of the Infectious Diseases Society of America, 74(10): 1722-1728.

Committee on research standards and practices to prevent the destructiveapplication of biotechnology. 2004. Biotechnology research in an age of terrorism. Washiongton DC: the National Academies Press.

Cong L, Ran F A, Cox D, et al. 2013. Multiplex genome engineering using CRISPR/Cas systems. Science, 339(6121): 819-823.

Copeland N G, Jenkins N A, Court D L. 2001. Recombineering: a powerful new tool for mouse functional genomics. Nat Rev Genet, 2(10): 769-779.

Cotsaftis O, Sallaud C, Breitler J C, et al. 2002. Transposon-mediated generation of T-DNA- and marker-free rice plants expressing a Bt endotoxin gene. Molecular Breeding, 10: 165-180.

Crawley M J, Brown S L, Hails R S, et al. 2001. Transgenic crops in natural habitats, Nature, 409(6821): 682-683.

Curtis C F. 1968. Possible use of translocations to fix desirable genes in insect pest populations. Nature, 218(5139): 368-369.

Dale E C, Ow D W. 1991. Gene transfer with subsequent removal of the selection gene from the host genome. Proceedings of the National Academy of Sciences, 88: 10558-10562.

Daniell H. 2002. Erratum: molecular strategies for gene containment in transgenic crops. Nature Biotechnology, 20: 581-586.

Daniloski Z, Jordan T X, Ilmain J K, et al. 2021. The spike D614G mutation increases SARS-CoV-2 infection of multiple human cell types. eLife, 10: e65365.

Davidsen K, Olson B J, DeWitt W S, et al. 2019. Deep generative models for T cell receptor protein sequences. eLife, 8: e46935. .

Day J W, Finkel R S, Chiriboga C A, et al. 2021. Onasemnogeneabeparvovec gene therapy for symptomatic infantile-onset spinal muscular atrophy in patients with two copies of SMN2(STR1VE): an open-label, single-arm, multicentre, phase 3 trial. Lancet Neurol, 20(4): 284-293.

DeGennaro M, McBride C S, Seeholzer L, et al. 2013. Orco mutant mosquitoes lose strong preference for humans and are not repelled by volatile DEET. Nature, 498: 487-491.

Deltcheva E, Chylinski K, Sharma C M, et al. 2011. CRISPR RNA maturation by trans-encoded small RNA and host factor RNase III. Nature, 471(7340): 602-607.

Dennany L, Forster R J, White B, et al. 2004. Direct electrochemiluminescence detection of oxidized DNA in ultrathin films containing ［Os(bpy)2(PVP)10］$^{2+}$. J Am Chem Soc, 126: 8835-8841.

Deplazes-Zemp A. 2018. 'Genetic resources', an analysis of a multifaceted concept. Biol Conserv, 222: 86-94.

Deshmukh S P, Patil S M, Delekar S D, et al. 2019. Silver nanoparticles as an effective disinfectant: a review. Mater Sci Eng C Mater Biol Appl, 97: 954-965.

Dickins R A, McJunkin K, Hernando E, et al. 2007. Tissue-specific and reversible RNA interference in transgenic mice. Nat Genet, 39(7): 914-921.

Ding J, Adiconis X, Simmons S K, et al. 2020. Systematic comparison of single-cell and single-nucleus RNA-sequencing methods. Nat Biotechnol, 38(6): 737-746.

Doherty K A, Carton J G, Norman A, et al. 2015. A thermal control surface for the Solar Orbiter. Acta Astronaut, 117: 430-439.

Dong C, Fontana J, Patel A, et al. 2018. Synthetic CRISPR-Cas gene activators for transcriptional reprogramming in bacteria. Nat Commun, 9(1): 2489.

Douglas T, Young M. 1998. Host–guest encapsulation of materials by assembled virus protein cages. Nature, 393(6681) 393: 152-155.

Douwes J, Thorne P, Pearce N, et al. 2003. Bioaerosol health effects and exposure assessment: progress and prospects. The Annals of Occupational Hygiene, 47: 187-200.

Du P, Zhao H, Zhang H, et al. 2020. De novo design of an intercellular signaling toolbox for multi-channel cell-cell communication and biological computation. Nat Commun, 11(1): 4226.

Dulbecco. 1986. A turning point in cancer research: Sequencing the human genome. science, 231(4742): 1055-1056.

Dymond J S, Richardson S M, Coombes C E, et al. 2011. Synthetic chromosome arms function in yeast and generate phenotypic diversity by design. Nature, 477(7365): 471-476.

Eggiman F, Meier U, Fritz H W. 1995. EMPA and its activities in the field of building materials, elements and structures. Mater Struct, 28: 101-102.

Elton C S. 1958. The ecology of invasion by animals and plants. London: Chapman and Hall.

ENCODE Project Consortium, Snyder M P, Gingeras T R, et al. 2020. Perspectives on ENCODE. Nature, 583: 693-698.

Evans B R, Kotsakiozi P, Costa-da-Silva A L, et al. 2019. Transgenic aedes aegypti mosquitoes transfer genes into a natural population. Sci Rep, 9: 13047.

Evans M J, Kaufman M H. 1981. Establishment in culture of pluripotential cells from mouse embryos. Nature, 292(5819): 154-156.

Evans N G, Selgelid M J, Simpson R M, et al. 2022. Reconciling regulation with scientific autonomy in dual-use research. J Med Philos, 47(1): 72-94.

Farin C, Farin P, Piedrahita J. 2004. Development of fetuses from in vitro-produced and cloned bovine embryos. Journal of Animal Science, 82(13-suppl): E53-E62.

Fasani E, Manara A, Martini F, et al. 2018. The potential of genetic engineering of plants for the remediation of soils contaminated with heavy metals. Plant Cell Environ, 41: 1201-1232.

Feldman S H. 2003. Components of gene therapy experimentation that contribute to relative risk. Comp Med, 53(2): 147-158.

Feng S, Shen C, Fan M, et al. 2020. Rational use of face masks in the COVID-19 pandemic. Lancet Respir Med, 8(5): 434-436.

Feng Z, Long Z, Yu T. 2016. Filtration characteristics of fibrous filter following an electrostatic precipitator. J Electrost, 83: 52-62.

Fernandez O M, Thomas R J, Oswin H, et al. 2020. Transformative approach to investigate the microphysical factors influencing airborne transmission of pathogens. Applied and Environmental Microbiology, 86(23): e01543-20.

Fiers W, Contreras R, Duerinck F, et al. 1976. Complete nucleotide sequence of bacteriophage MS2 RNA: primary and secondary structure of the replicase gene. Nature, 60(5551): 500-507.

Fire A, Xu S, Montgomery M K, et al. 1998. Potent and specific genetic interference by double-stranded RNA in Caenorhabditis elegans. Nature, 391(6669): 806-811.

Fox R J, Davis S C, Mundorff E C, et al. 2007. Improving catalytic function by ProSAR-driven enzyme evolution. Nat Biotechnol, 25(3): 338-344.

Frangoul H, Altshuler D, Cappellini M D, et al. 2021. CRISPR-Cas9 gene editing for sickle cell disease and beta-thalassemia. N Engl J Med, 384(3): 252-260.

Fraser C M, Malcolm R D. 2001. Genomics and future biological weapons: the need for preventive action by the biomedical community. Nature Genetics, 29: 253-256.

Fred S M, Kuivanen S, Ugurlu H, et al. 2021. Antidepressant and antipsychotic drugs reduce viral infection by SARS-CoV-2 and fluoxetine shows antiviral activity against the novel variants in vitro. Front Pharmacol, 12: 755600.

Friedman D, Rager-Zisman B, Bibi E, et al. 2010. The bioterrorism threat and dual-use biotechnological research: an israeli perspective. Sci Eng Ethics, 16(1): 85-97.

Gaj T, Gersbach C A, Barbas C F. 2013. ZFN, TALEN, and CRISPR/Cas-based methods for genome engineering. Trends Biotechnol, 31: 397-405.

Galliano H, Müller A E, Lucht J M, et al. 1995. The transformation booster sequence from *Petunia hybrida* is a retrotransposon derivative that binds to the nuclear scaffold. Molecular & General Genetics Mgg, 247: 614.

Ganderton D. 1999. Targeted delivery of inhaled drugs: current challenges and future goals. Journal of Aerosol Medicine, 12 Suppl 1: S3-8.

Gandhi. 2011. An overview of the adcances made in biotechnology and related BTWC concerns. CBW Magazine, 4(3): 11-32.

Gantz V M, Bier E. 2015. Genome editing. The mutagenic chain reaction: a method for converting heterozygous to homozygous mutations. Science, 348(6233): 442-444.

Gantz V M, Jasinskiene N, Tatarenkova O, et al. 2015. Highly efficient Cas9-mediated gene drive for population modification of the malaria vector mosquito anopheles stephensi. Proc Natl Acad Sci USA, 112(49): E6736-6743.

Gao P, Ma S, Lu D, et al. 2020. Prudently conduct the engineering and synthesis of the SARS-CoV-2 virus. Synth Syst Biotechnol, 5(2): 59-61.

Gao R, Wang C, Gao Y, et al. 2018. Inhibition of aberrant DNA Re-methylation improves post-implantation development of somatic cell nuclear transfer embryos. Cell Stem Cell, 23(3): 426-435. e5.

Garcez A S, Dantas E, Suzuki S S, et al. 2021. Photodynamic therapy and photobiomodulation on oral lesion in patient with coronavirus disease 2019: A case report. Photobiomodul Photomed Laser Surg, 39(6): 386-389.

Garcia-Borràs M, Houk K N, Jiménez-Osés G. 2017. Computational design of protein function. Comput Tools Chem Biol, 3: 87.

Gasiunas G, Barrangou R, Horvath P, et al. 2012. Cas9-crRNA ribonucleoprotein complex mediates specific DNA cleavage for adaptive immunity in bacteria. Proc Natl Acad Sci USA, 109(39): E2579-2586.

Gatica-Arias A. 2020. The regulatory current status of plant breeding technologies in some Latin American and the caribbean countries. Plant Cell Tissue and Organ Culture, 141: 229-242.

Gaudelli N M, Komor A C, Rees H A, et al. 2017. Programmable base editing of A*T to G*C in genomic DNA without DNA cleavage. Nature, 551(7681): 464-471.

Gelvin SB. 2009. Agrobacterium in the genomics age. Plant Physiology, 150: 1665-1676.

Gelvin SB. 2010. Plant proteins involved in agrobacterium-mediated genetic transformation. Annual Review of Phytopathology, 48: 45-68.

Ghidini T. 2018. Materials for space exploration and settlement. Nat Mater, 17: 846-850.

Ghosh B, Lal H, Srivastava A. 2015. Review of bioaerosols in indoor environment with special reference to sampling, analysis and control mechanisms. Environment International, 85: 254-272.

Gibson D G, Glass J I, Lartigue C, et al. 2010. Creation of a bacterial cell controlled by a chemically synthesized genome. Science, 329(5987): 52-56.

GIGA Community of Scientists. 2014. The global invertebrate genomics alliance(GIGA): developing community resources to study diverse iInvertebrate genomes. Journal of Heredity, 105(1): 1-18.

Gillmore J D, Gane E, Taubel J, et al. 2021. CRISPR-Cas9 In vivo gene editing for transthyretin amyloidosis. N Engl J Med, 385(6): 493-502.

Goldberg B, Sichtig H, Geyer C, et al. 2015. Making the leap from research laboratory to clinic: challenges and opportunities for next-generation sequencing in infectious disease diagnostics. mBio, 6(6): e01888-15.

Goldsbrough A P, Lastrella C N, Yoder J I. 1993. Transposition mediated re–positioning and subsequent elimination of marker genes from transgenic tomato. Nature Biotechnology, 11: 1286-1292.

Gong T, Xu X, Dang Y, et al. 2018. An engineered *Pseudomonas putida* can simultaneously degrade organophosphates, pyrethroids and carbamates, Sci Total Environ, 628-629: 1258-65.

Goodfellow I, Bengio Y, Courville A C. 2015. Deep learning. Nature, 521: 436-444.

Gootenberg J S, Abudayyeh O O, Lee J W, et al. 2017. Nucleic acid detection with CRISPR-Cas13a/C2c2. Science, 356(6336):

438-442.

Gordon J W, Scangos G A, Plotkin D J, et al. 1980. Genetic transformation of mouse embryos by microinjection of purified DNA. Proc Natl Acad Sci USA, 77(12): 7380-7384.

Gould J, Devey M, Hasegawa O, et al. 1991. Transformation of *Zea mays* L. using agrobacterium tumefaciens and the shoot apex 1. Plant Physiology, 95: 426-434.

Grandi N, Tramontano E. 2018. Human endogenous retroviruses are ancient acquired elements still shaping innate immune responses. Front Immunol, 9: 2039.

Grunwald H A, Gantz V M, Poplawski G, et al. 2019. Super-mendelian inheritance mediated by CRISPR-Cas9 in the female mouse germline. Nature, 566(7742): 105-109.

Gu C, Holman C, Sompallae R, et al. 2018. Upregulation of FOXM1 in a subset of relapsed myeloma results in poor outcome. Blood Cancer Journal, 8(2): 22.

Gu H, Chen Q, Yang G, et al. 2020. Adaptation of SARS-CoV-2 in BALB/c mice for testing vaccine efficacy. Science, 369(6511): 1603-1607.

Guaman-Balcazar M, Montes A, Pereyra C, et al. 2019. Production of submicron particles of the antioxidants of mango leaves/PVP by supercritical antisolvent extraction process. J Supercrit Fluids, 143: 294-304.

Guo J, Suastegui M, Sakimoto K K, et al. 2018. Light-driven fine chemical production in yeast biohybrids. Science, 362(6416): 813-816.

Gürsoy G, Emani P S, Brannon C M, et al. 2020. Data sanitization to reduce private information leakage from functional genomics. Cell, 183: 905-917. e16.

Gwinn M, MacCannell D, Armstrong G L. 2019. Next-generation sequencing of infectious pathogens. Jama, 321(9): 893-894.

Hamedi R M, Chao R, Weisberg S, et al. 2019. Towards a fully automated algorithm driven platform for biosystems design. Nature Communications, 10(1):5150.

Hammer R E, Pursel V G, Rexroad C E Jr, et al. 1985. Production of transgenic rabbits, sheep and pigs by microinjection. Nature, 315(6021): 680-683.

Hammond A, Galizi R, Kyrou K, et al. 2016. A CRISPR-Cas9 gene drive system targeting female reproduction in the malaria mosquito vector anopheles gambiae. Nat Biotechnol, 34(1): 78-83.

Hampson RE, Song D, Chan R H, et al. 2012. Closing the loop for memory prosthesis: detecting the role of hippocampal neural ensembles using nonlinear models. IEEE Trans Neural Syst Rehabil Eng, 20(4): 510-525.

Haun W, Coffman A, Clasen B, et al. 2014. Improved soybean oil quality by targeted mutagenesis of the fatty acid desaturase 2 gene family. PlantBiotechnol J, 2(7): 934-940.

He J, Zhang X, Qian Y, et al. 2022. An engineered quorum-sensing-based whole-cell biosensor for active degradation of organophosphates. Biosens Bioelectron, 206: 114085.

He S, Xie W, Zhang W, et al. 2015. Multivariate qualitative analysis of banned additives in food safety using surface enhanced Raman scattering spectroscopy. Spectrochim Acta Part A, 137: 1092-1099.

He X, Yang Y, Tang B Z, et al. 2020. Phage-guided targeting, discriminative imaging, and synergistic killing of bacteria by AIE bioconjugates. J Am Chem Soc, 142(8): 3959-3969.

Hench L L, Polak J M. 2002. Third-generation biomedical materials. Science, 295(5557): 1014-1017.

Henikoff S, Henikoff J. 1992. Amino acid substitution matrices from protein blocks. Proceedings of the National Academy of Sciences of the United States of America, 89(22): 10915-10919.

Herfst S, Schrauwen E J, Linster M, et al. 2012. Airborne transmission of influenza A/H5N1 virus between ferrets. Science, 336(6088): 1534-1541.

Hermann J, Hoff S, Muñoz-Zanzi C, et al. 2007. Effect of temperature and relative humidity on the stability of infectious porcine reproductive and respiratory syndrome virus in aerosols. Veterinary Research, 38: 81-93.

Hinchee M A W, Connor-Ward D V, Newell C A, et al. 1988. Production of transgenic soybean plants using agrobacterium-mediated

DNA transfer. Biotechnology, 6: 915-922.

Hinton G E, Salakhutdinov R. 2006. Reducing the dimensionality of data with neural networks. Science, 313: 504 -507.

Hong Y, Lam J W, Tang B Z. 2011. Aggregation-induced emission. Chem Soc Rev, 40(11): 5361-5388.

Horvath P, Romero D A, Coute-Monvoisin A C, et al. 2008. Diversity, activity, and evolution of CRISPR loci in streptococcus thermophilus. J Bacteriol, 190(4): 1401-1412.

Hrabe de Angelis M H, Flaswinkel H, Fuchs H, et al. 2000. Genome-wide, large-scale production of mutant mice by ENU mutagenesis. Nat Genet, 25(4): 444-447.

Hsieh C L, Goldsmith J A, Schaub J M, et al. 2020. Structure-based design of prefusion-stabilized SARS-CoV-2 spikes. Science, 369(6510): 1501-1505.

Hsu P D, Scott D A, Weinstein J A, et al. 2013. DNA targeting specificity of RNA-guided Cas9 nucleases. Nat Biotechnol, 31 : 827-832.

Hu C, Liu D, Zhang Y, et al. 2014. LXRα-mediated downregulation of FOXM1 suppresses the proliferation of hepatocellular carcinoma cells. Oncogene, 33(22): 2888-2897.

Hu C, Yang Y, Shao L Q, et al. 2021. GO-based antibacterial composites: application and design strategies. Adv Drug Deliv Rev, 178: 113967.

Hu F, Qi G, Liu B, et al. 2020. Visualization and in situ ablation of intracellular bacterial pathogens through metabolic labeling. Angew Chem Int Ed Engl, 59(24): 9288-9292.

Hu T, Chitnis N, Monos D, et al. 2021. Next-generation sequencing technologies: an overview. Hum Immunol, 82: 11.

Hu Y, He Y, Zhou J, et al. 2018. Determination of the activity of alkaline phosphatase based on aggregation-induced quenching of the fluorescence of copper nanoclusters. Mikrochim Acta, 186(1): 5.

Husbands J L. 2018. The challenge of framing for efforts to mitigate the risks of "dual use" research in the life sciences. Futures, 102: 104-113.

Hutchison C A, Chuang R Y, Noskov V N, et al. 2016. Design and synthesis of a minimal bacterial genome. Science, 351(6280): aad6253.

Impelluso G, Lentzos F. 2017 . The threat of synthetic smallpox: european perspectives. Health Secur, 15(6): 582-586.

International HapMap Consortium. 2003. The International HapMap Project. Nature, 426(6968): 789-796.

Ishida Y, Saito H, Ohta S, et al. 1996. High efficiency transformation of maize(*Zea mays* L.) mediated by Agrobacterium tumefaciens. Nature Biotechnology, 14: 745-750.

Ishihara K, Aragaki R, Ueda T, et al. 1990. Reduced thrornbogenicity of polymers having phospholipid polar groups. Journal of Biomedical Materials Research, 24(8): 1069-1077.

Iturriza-Gómara M, Isherwood B, Desselberger U, et al. 2001. Reassortment in vivo: driving force for diversity of human rotavirus strains isolated in the united kingdom between 1995 and 1999. J Virol, 75(8): 3696-3705.

Jackson R J, Ramsay A J, Christensen C D, et al. 2001. Expression of mouse interleukin-4 by a recombinant ectromelia virus suppresses cytolytic lymphocyte responses and overcomes genetic resistance to mousepox. J Virol, 75(3): 1205-1210.

James A, Gaston K J, Balmford A. 2000. Why private institutions alone will not do enough to protect biodiversity. Nature, 404: 120.

Ji X, Zhang H, Zhang Y, et al. 2015. Establishing a CRISPR-Cas-like immune system conferring DNA virus resistance in plants. Nat Plants, 1: 15144.

Jiang L, Wen Y, Shao W, et al. 2020. Construction of an efficient non-leaching graphene nanocomposites with enhanced contact antibacterial performance. Chem Eng J, 382: 122906.

Jiang Y, Li J, Zhen X, et al. 2018. Dual-peak absorbing semiconducting copolymer nanoparticles for first and second near-infrared window photothermal therapy: a comparative study. Adv Mater, 30: 1705980.

Jinek M, Chylinski K, Fonfara I, et al. 2012. A programmable dual-RNA-guided DNA endonuclease in adaptive bacterial immunity. Science, 337(6096): 816-821.

Jones J R, Hench L L. 2001. Biomedical materials for new millennium: perspective on the future. Mater Sci Technol, 17(8): 891-900.

Kalinina T S, Zlenko D V, Stovbun S V, et al. 2020. Antiviral activity of the high-molecular-weight plant polysaccharides(Panavir®). Int J Biol Macromol, 161: 936-938.

Kang L, Wang J, Zhang Y, et al. 2009. iPS cells can support full-term development of tetraploid blastocyst-complemented embryos. Cell Stem Cell, 5(2): 135-138.

Kang M, Wang J, Tang B Z, et al. 2018. A multifunctional luminogen with aggregation-induced emission characteristics for selective imaging and photodynamic killing of both cancer cells and Gram-positive bacteria. J Mater Chem B, 6(23): 3894-3903.

Kearns N A, Pham H, Tabak B, et al. 2015. Functional annotation of native enhancers with a Cas9-histone demethylase fusion. Nat Methods, 12(5): 401-403.

Kerwat K, Becker S, Wulf H, et al. 2010. Biological weapons. Dtsch Med Wochenschr, 135: 1612-1616.

Keung A J, Bashor C J, Kiriakov S, et al. 2014. Using targeted chromatin regulators to engineer combinatorial and spatial transcriptional regulation. Cell, 158(1): 110-120.

Khorana H G. 1979. Total synthesis of a gene. Science, 203(4381): 614-625.

Kidwell M G, Ribeiro J M. 1992. Can transposable elements be used to drive disease refractoriness genes into vector populations? Parasitol Today, 8(10): 325-329.

Kim E, Koo T, Park S W, et al. 2017. In vivo genome editing with a small Cas9 orthologue derived from campylobacter jejuni. Nat Commun, 8: 14500.

Kim H O, Na W, Haam S, et al. 2018. Host cell mimic polymersomes for rapid detection of highly pathogenic influenza virus via a viral fusion and cell entry mechanism. Adv Funct Mater, 28(34): 1800960.

Kim J Y, Ahn J H, Choi Y K, et al. 2014. Multiplex electrical detection of avian influenza and human immunodeficiency virus with an underlap-embedded silicon nanowire field-effect transistor. Biosens Bioelectron, 55: 162-167.

Kim J, Park J, Nam J, et al. 2017. Sensitive, quantitative naked-eye biodetection with polyhedral cu nanoshells. Adv Mater, 29(37): 1702945.

Klaus-Peter Koepfli, Benedict Paten, the Genome 10K Community of Scientists. 2015. The Genome 10K Project: A Way Forward, Annu Rev AnimBiosci, 3: 57-111.

Kleftogiannis D, Kalnis P, Bajic V. 2015. DEEP: a general computational framework for predicting enhancers. Nucleic Acids Research, 43: e6 - e.

Kleinstiver B P, Pattanayak V, Prew M S, et al. 2016. High-fidelity CRISPR-Cas9 nucleases with no detectable genome-wide off-target effects. Nature, 529: 490-495.

Kleinstiver B P, Prew M S, Tsai S Q, et al. 2015. Engineered CRISPR-Cas9 nucleases with altered PAM specificities. Nature, 523(7561): 481-485.

Klietmann W F, Ruoff K L. 2001. Bioterrorism: implications for the clinical microbiologist. Clin Microbiol Rev, 14: 364-381.

Knott G J, Doudna J A. 2018. CRISPR-Cas guides the future of genetic engineering. Science, 361(6405): 866-869.

Koblentz G D. 2017. The de novo synthesis of horsepox virus: implications for biosecurity and recommendations for preventing the reemergence of smallpox. Health Secur, 15(6): 620-628.

Komor A C, Kim Y B, Packer M S, et al. 2016. Programmable editing of a target base in genomic DNA without double-stranded DNA cleavage. Nature, 533(7603): 420-424.

Konda A, Prakash A, Moss G A, et al. 2020. Aerosol filtration efficiency of common fabrics used in respiratory cloth masks, ACS Nano, 14(5) :6339-6347.

Konermann S, Lotfy P, Brideau N J, et al. 2018. Transcriptome engineering with RNA-targeting type VI-D CRISPR effectors. Cell, 173(3): 665-676.

Kong X, Li L, Li Z, et al. 2013. Dysregulated expression of FOXM1 isoforms drives progression of pancreatic cancer. Cancer Res, 73(13): 3987-3996.

Koskinen J O, Vainionpää R, Soini A E, et al. 2007. Rapid method for detection of influenza A and B virus antigens by use of a two-photon excitation assay technique and dry-chemistry reagents. J Clin Microbiol, 45(11): 3581-3588.

Kostka J E, Prakash O, Overholt W A, et al. 2011. Hydrocarbon-degrading bacteria and the bacterial community response in gulf of Mexico beach sands impacted by the deepwater horizon oil spill. Appl Environ Microbiol, 77(22): 7962-7974.

Kotliar D, Lin A E, Logue J, et al. 2020. Single-cell profiling of ebola virus disease in vivo reveals viral and host dynamics. Cell, 183(5): 1383-1401. e19.

Kraus O Z, Grys B T, Ba J, et al. 2017. Automated analysis of high content microscopy data with deep learning. Molecular Systems Biology, 13(4): 924.

Kumar S, Schiffer P H, Blaxter M. 2012. 959 nematode genomes: a semantic wiki for coordinating sequencing projects. Nucleic Acids Res, 40: D1295-D1300.

Kuska B. 1998. Beer, bethesda and biology: How 'genomics' came into being. Journal of the National Cancer Institute, 90(2): 93-93.

Kwon H Y, Liu X, Chang Y T, et al. 2019. Development of a universal fluorescent probe for gram-positive bacteria. Angew Chem Int Ed Engl, 58(25): 8426-8431.

Laird A D, Morrison D K, Shalloway D. 1999. Characterization of Raf-1 activation in mitosis. J Biol Chem, 274(7): 4430-4439.

Lange J, Massart C, Mouraux A, et al. 2018. Side-channel attacks against the human brain: the PIN code case study(extended version). Brain Inform, 5(2): 12.

Langlois R A, Albrecht R A, Kimble B, et al. 2013. MicroRNA-based strategy to mitigate the risk of gain-of-function influenza studies. Nat Biotechnol, 31(9): 844-847.

Laura C, Xiangqun Z, Richard S, et al. 2012. The 1000 genomes project: data management and community access. Nature Methods, 9(5): 1-4.

Leahy M G, Craig G B Jr. 1967. Barriers to hybridization between aedes aegypti and aedes albopictus(diptera: culicidae). Evolution, 21(1): 41-58.

LeCun Y, Bengio Y, Hinton G. 2015. Deep learning. Nature, 521(7553): 436-444.

Ledford H. 2015. CRISPR, the disruptor. Nature, 522: 20-24.

Lee S Y, Kim H U. 2015. Systems strategies for developing industrial microbial strains. Nat Biotechnol, 33(10): 1061-1072.

Lema M A. 2019. Regulatory aspects of gene editing in Argentina. Transgenic Research, 28: 147-150.

Lesser W. 1997. Assessing the implications of intellectual property rights on plant and animal agriculture . Ameri J Agri Eco, 79 : 1584-1591.

Lewin H A, Robinson G E, Kress W J. 2018. Earth biogenome project: sequencing life for the future of life. PNAS, 115(17): 4325-4333.

Lewis G, Millett P, Sandberg A, et al. 2019. Information hazards in biotechnology. Risk Anal, 39(5): 975-981.

Li D, Dong Q, Tao Q, et al. 2015. c-Abl regulates proteasome abundance by controlling the ubiquitin-proteasomal degradation of PSMA7 subunit. Cell Rep, 10(4): 484-496.

Li G W, Burkhardt D, Gross C, et al. 2014. Quantifying absolute protein synthesis rates reveals principles underlying allocation of cellular resources. Cell, 157(3): 624-635.

Li H. 2009. Effect of nano-packing on preservation quality of Chinese jujube(*Ziziphus jujuba* Mill. var. *inermis*(Bunge Rehd). Food Chemistry, 114: 547-552.

Li J G, Lin L C, Sun T, et al. 2020. Direct production of commodity chemicals from lignocellulose using myceliophthorathermophila. Metab Eng, 61: 416-426.

Li J, Mutanda I, Wang K, et al. 2019. Chloroplastic metabolic engineering coupled with isoprenoid pool enhancement for committed taxanes biosynthesis in nicotiana benthamiana. Nat Commun, 10(1): 4850.

Li L, Hu S, Chen X. 2018. Non-viral delivery systems for CRISPR/Cas9-based genome editing: Challenges and opportunities. Biomaterials, 171: 207-218.

Li M, Wang L, Qi W, et al. 2021. Challenges and perspectives for biosensing of bioaerosol containing pathogenic microorganisms. Micromachines, 12(7):798.

Li P, Li J, Feng X, et al. 2019. Metal-organic frameworks with photo- catalytic bactericidal activity for integrated air cleaning. Nat

Commun, 10: 1-10.

Li T, Liu B, Spalding M H, et al. 2012. High-efficiency TALEN-based gene editing produces disease-resistant rice. Nat Biotechnol, 30(5): 390-392.

Li Y, Jared O, Jörg R, et al. 2011. Development of a tier-1 assay for assessing the toxicity of insecticidal substances against coleomegillamaculata. Environmental Entomology, 40: 496-502.

Li Z Z, Dong Y L, Gao Y W. 2018. Design life: safety risks and ethical challenges in synthetic biology. Bulletin of Chinese Academy of Sciences, 33(11): 1269-1276.

Li Z, Bai H, Yuan H, et al. 2021. Design of functional polymer nanomaterials for antimicrobial therapy and combatting resistance. Mater Chem Front, 3(5): 1236-1252.

Liang P, Xu Y, Zhang X, et al. 2015. CRISPR/Cas9-mediated gene editing in human tripronuclear zygotes. Protein Cell, 6(5): 363-372.

Libbrecht M, Noble W S. 2015. Machine learning applications in genetics and genomics. Nature Reviews Genetics, 16: 321-332.

Lin H, Zhang J, Dong S, et al. 2022. An adjusted ELISpot-based immunoassay for evaluation of SARS-CoV-2-specific T-cell responses. Biosaf Health, 4(3): 179-185.

Lin J, Qi R, Aston C, et al. 1999. Whole-genome shotgun optical mapping of Deinococcusradiodurans. Science, 285(5433): 1558-1562.

Lindsley W G, Derk R C, Coyle J P, et al. 2021. Efficacy of portable air cleaners and masking for reducing indoor exposure to simulated exhaled SARS-CoV-2 aerosols - united states, 2021. Morbidity and Mortality Weekly Report, 70: 972-976.

Ling M M, Robinson B H. 1997. Approaches to DNA mutagenesis: an overview. Anal Biochem, 254(2): 157-178.

Lino C A, Harper J C, Carney J P, et al. 2018. Delivering CRISPR: a review of the challenges and approaches. Drug Deliv, 25(1): 1234-1257.

Liu C, Yu H, Zhang B, et al. 2022. Engineering whole-cell microbial biosensors: design principles and applications in monitoring and treatment of heavy metals and organic pollutants. Biotechnol Adv, 60: 108019.

Liu D, Gu N. 2009. Nanomaterials for fresh-keeping and sterilization in food preservation. Recent Pat Food Nutr Agric, 1: 149-154.

Liu G, Nie J, Han C, et al. 2018a. Self-powered electrostatic adsorption face mask based on a triboelectric nano-generator. ACS Appl Mater Interfaces, 10: 7126-7133.

Liu H Y, Wang K, Wang J, et al. 2020. Genetic and agronomic traits stability of marker-free transgenic wheat plants generated from agrobacterium-mediated co-transformation in T2 and T3 generations. Journal of Integrative Agriculture, 19: 10.

Liu H, Wang L, Luo Y. 2018. Blossom of CRISPR technologies and applications in disease treatment. Synth Syst Biotechnol, 3(4): 217-228.

Liu J J, Orlova N, Oakes B L, et al. 2019. CasX enzymes comprise a distinct family of RNA-guided genome editors. Nature, 566(7743): 218-223.

Liu J, Kang X. 2012. Grading amino acid properties increased accuracies of single point mutation on protein stability prediction. BMC Bioinformatics, 13: 44.

Liu J, Luo Y, Liu Q, et al. 2013. Production of cloned embryos from caprine mammary epithelial cells expressing recombinant human β-defensin-3. Theriogenology, 79(4): 660-666.

Liu J, Zhang S, Tan S, et al. 2011. Revival of the identification of cytotoxic T-lymphocyte epitopes for immunological diagnosis, therapy and vaccine development. Exp Biol Med(Maywood), 236(3): 253-267.

Liu L, Wu J, Guo Y, et al. 2018. Overexpression of FoxM1 predicts poor prognosis of intrahepatic cholangiocarcinoma. Aging(Albany NY), 10(12): 4120-4140.

Liu Q, Liang Y, Zhang Y, et al. 2015. YjeH Is a novel exporter of l-methionine and branched-chain amino acids in *Escherichia coli*. Appl Environ Microb, 81(22): 7753-7766.

Liu W J, Xu J. 2022. The arms race in the war between virus and host: implications for anti-infection immunity. Infect Dis Immun,2(3): 129-131.

Liu W, Liu X, Wang C, et al. 2016. Identification of key factors conquering developmental arrest of somatic cell cloned embryos by combining embryo biopsy and single-cell sequencing. Cell Discov, 2: 16010.

Liu Z, Cai Y, Wang Y, et al. 2018b. Cloning of macaque monkeys by somatic cell nuclear transfer. Cell, 172(4): 881-887. e7.

Livingston E, Desai A, Berkwits M. 2020. Sourcing personal protective equipment during the COVID-19 pandemic. JAMA, 323(19): 1912-1914.

Lloyd A, Plaisier C L, Carroll D, et al. 2005. Targeted mutagenesis using zinc-finger nucleases in *Arabidopsis*. Proceedings of the National Academy of Sciences of the United States of America, 102: 2232-2237.

Loi P, Iuso D, Czernik M, et al. 2016. A new, dynamic era for somatic cell nuclear transfer? Trends Biotechnol, 34(10): 791-797.

Long C, Amoasii L, Mireault A A, et al. 2016. Postnatal genome editing partially restores dystrophin expression in a mouse model of muscular dystrophy. Science, 351(6271): 400-403.

Lowei G L. 1997. Global change through invasion. Nature, 388(14): 627-628.

Luan K, Meng R, Shan C, et al. 2018. Terbium functionalized micelle nanoprobe for ratiometric fluorescence detection of anthrax spore biomarker. Anal Chem, 90: 3600-3607.

Lyons G, Ahrens A, Salter-Green E. 2000. An environmentalist's vision of operationalizing the precautionary principle in the management of chemicals. International Journal of Occupational and Environmental Health, 6(4): 289-295.

Ma H, Folmes C D, Wu J, et al. 2015. Metabolic rescue in pluripotent cells from patients with mtDNA disease. Nature, 524(7564): 234-238.

Ma H, Marti-Gutierrez N, Park S W, et al. 2017. Correction of a pathogenic gene mutation in human embryos. Nature, 548(7668): 413-419.

Ma X, Zhu Q, Chen Y, et al. 2016. CRISPR/Cas9 platforms for genome editing in plants: developments and applications. Mol Plant, 9(7): 961-974.

Ma Y, Zhou X, Tian Y, et al. 2021. Research progress of biosafety materials and technology of genetic resource preservation. Chinese J Chem, 38: 482-497.

Ma Z, Liu J, Li H, et al. 2020. A fast and easily parallelizable biosensor method for measuring extractable tetracyclines in soils. Environ Sci Technol, 54: 758-767.

Ma Z, Liu J, Sallach J B, et al. 2020. Whole-cell paper strip biosensors to semi-quantify tetracycline antibiotics in environmental matrices. Biosens Bioelectron, 168: 112528.

Machaty Z, Bondioli K R, Ramsoondar J J, et al. 2002. The use of nuclear transfer to produce transgenic pigs. Cloning Stem Cells, 4(1): 21-27.

Mahas A, Mahfouz M. 2018. Engineering virus resistance via CRISPR-Cas systems. Curr Opin Virol, 32: 1-8.

Mali P, Yang L, Esvelt K M, et al. 2013. RNA-guided human genome engineering via Cas9. Science, 339(6121): 823-826.

Mandecki W. 1998. The game of chess and searches in protein sequence space. Trends in Biotechnology, 16: 200-202.

Marques A D, Kummer M, Kondratov O, et al. 2021. Applying machine learning to predict viral assembly for adeno-associated virus capsid libraries. Mol Ther Methods Clin Dev, 20: 276-286.

Matoba S, Liu Y, Lu F, et al. 2014. Embryonic development following somatic cell nuclear transfer impeded by persisting histone methylation. Cell, 159(4): 884-895.

Matoba S, Zhang Y. 2018. Somatic cell nuclear transfer reprogramming: mechanisms and applications. Cell Stem Cell, 23(4): 471-485.

Matsumoto T, Sunada K, Nagai T, et al. 2019. Preparation of hydrophobic $La_2Mo_2O_9$ ceramics with antibacterial and antiviral properties. J Hazard Mater, 15(378): 120610.

McCombie W R, McPherson J D, Mardis E R. 2019. Next-generation sequencing technologies. Cold Spring Harb Perspect Med, 9(11): a036798. .

McCoy H N. 1911. Synthetic metals from non-metallic elements. Science, 34(866): 138-142.

McDonald S M, Matthijnssens J, McAllen J K, et al. 2009. Evolutionary dynamics of human rotaviruses: balancing reassortment with preferred genome constellations. PLoS Pathog, 5(10): e1000634.

McHugh T, Senesi E. 2000. Apple wraps: a novel method to improve the quality and extend the shelf life of fresh-cut apples. J Food Sci, 65: 480-485.

Menachery V D, Yount B L Jr, Debbink K, et al. 2015. A SARS-like cluster of circulating bat coronaviruses shows potential for human emergence. Nat Med, 21(12): 1508-1513.

Miguel López-Lázaro. 2018. The stem cell division theory of cancer. Crit Rev Oncol Hematol, 123: 95-113.

Miles S, Brennan M, Kuznesof S, et al. 2004. Public worry about specific food safety issues. Br Food J, 92: 9-22.

Miller J C, Holmes M C, Wang J, et al. 2007. An improved zinc-finger nuclease architecture for highly specific genome editing. Nat Biotechnol, 25(7): 778-785.

Millstone E, Brunner E, Mayer S. 1999. Beyond 'substantial equivalence'. Nature, 401(6753): 525-526.

Minoshima M, Lu Y, Sunada K, et al. 2016. Comparison of the antiviral effect of solid-state copper and silver compounds. J Hazard Mater, 312: 1-7.

Miranda G J, Azzam O, Shirako Y. 2000. Comparison of nucleotide sequences between northern and southern philippine isolates of rice grassy stunt virus indicates occurrence of natural genetic reassortment. Virology, 266(1): 26-32.

Mojica F J, Diez-Villasenor C, Soria E, et al. 2000. Biological significance of a family of regularly spaced repeats in the genomes of archaea, bacteria and mitochondria. Mol Microbiol, 36(1): 244-246.

Mooney H A, Hobbs R J. 2000. Invasive Species in a Changing World. Washington DC: Island Press: i-xv, 1-457.

Morawska L, Allen J, Bahnfleth W, et al. 2021. A paradigm shift to combat indoor respiratory infection. Science, 372: 689-691.

Mousavi A, Sarhadi M, Fawcett S, et al. 2005. Tracking and traceability solution using a novel material handling system. Innovative Food Sci Emerging Technol, 6: 91-105.

Mu Q X, Zhang S S, Mao X J, et al. 2021. Highly efficient production of L-homoserine in escherichia coli by engineering a redox balance route. MetabEng, 67: 321-329.

Mukai R, Hayashi M. 1977. Synthesis of infectious phiX-174 bacteriophage in vitro. Nature, 270(5635): 364-366.

Muller H J. 1927. Artificial transmutation of the gene. Science, 66(1699): 84-87.

Murray C J, Ezzati M, Lopez A D, et al. 2012. GBD 2010: design, definitions, and metrics. Lancet, 380(9859): 2063-2066.

Musunuru K, Lagor W R, Miano J M. 2017. What do we really think about human germline genome editing, and what does it mean for medicine? Circ Cardiovasc Genet, 10(5): e001910.

Muyrers J P, Zhang Y, Testa G, et al. 1999. Rapid modification of bacterial artificial chromosomes by ET-recombination. Nucleic Acids Res, 27(6): 1555-1557.

National Academies of Sciences, Engineering, and Medicine, et al. 2018. Biodefense in the Age of Synthetic Biology. Washington(DC): National Academies Press(US).

National Human Genome Research Institute. 2018. What is the Human Genome Project? https: //www. genome. gov/human-genome-project/What.

Natowicz M R, Alper J K, Alper J S. 1992. Genetic discrimination and the law. Am J Hum Genet, 50: 465-475.

Nel A. 2005. Air pollution-related illness: effects of particles. Science, 308: 804-806.

Nelson C E, Hakim C H, Ousterout D G, et al. 2016. In vivo genome editing improves muscle function in a mouse model of duchenne muscular dystrophy. Science, 351(6271): 403-407.

Ney P, Koscher K, Organick L, et al. 2017. Computer security, privacy, and DNA sequencing: compromising computers with synthesized DNA, privacy leaks, and more. USENIX Security Symposium.

Ney P. 2019. Securing the Future of Biotechnology: A study of Emerging Bio-cyber Security Threats to DNA-Information Systems. Washington DC: University of Washington.

Nicolia, Alessandro, Manzo A, et al. 2014. An overview of the last 10 years of genetically engineered crop safety research. Critical Reviews in Biotechnology, 34: 77-88.

Nidzworski D, Pranszke P, Gromadzka B, et al. 2014. Universal biosensor for detection of influenza virus. Biosens Bioelectron, 59:

239-242.

Nieri P, Donadio E, Rossi S, et al. 2009. Antibodies for therapeutic uses and the evolution of biotechniques. Curr Med Chem, 16(6): 753-779.

Nishimasu H, Ran F A, Hsu P D, et al. 2014. Crystal structure of Cas9 in complex with guide RNA and target DNA. Cell, 156(5): 935-949.

Noor S, Rasul A, Iqbal M S, et al. 2020. Inhibition of hepatitis B virus with the help of CRISPR/Cas9 technology. Crit Rev Eukaryot Gene Expr, 30(3): 273-278.

Noyce R S, Lederman S, Evans D H. 2018. Construction of an infectious horsepox virus vaccine from chemically synthesized DNA fragments. PLoS One, 13(1): e0188453.

Obrien, Haussler D, Ryder O. 2014, The birds of Genome10K. Giga Science, 3: 32.

Ofer D, Linial M. 2015. ProFET: Feature engineering captures high-level protein functions. Bioinformatics, 31(21): 3429-3436.

Ogier J C, Serror P. 2008. Safety assessment of dairy microorganisms: the enterococcus genus. Int J Food Microbiol, 126: 291-301.

Ogura A, Inoue K, Wakayama T. 2013. Recent advancements in cloning by somatic cell nuclear transfer. Philos Trans R Soc Lond B Biol Sci, 368(1609): 20110329.

Oliver S P, Jayarao B M, Almeida R A. 2005. Foodborne pathogens in milk and the dairy farm environment: food safety and public health implications. Food bourne Pathog Dis, 2: 115-129.

Olmos D, González-Benito J. 2021. Polymeric materials with antibacterial activity: a review. Polymers, 13(4): 613.

Ono T, Kanai Y, Matsumoto K, et al. 2019. Electrical biosensing at physiological ionic strength using graphene field-effect transistor in femtoliter microdroplet. Nano Lett, 19(6): 4004-4009.

Orlinger K K, Holzer G W, Schwaiger J, et al. 2010. An inactivated west nile virus vaccine derived from a chemically synthesized cDNA system. Vaccine, 28(19): 3318-3324.

Ormond K E, Bombard Y, Bonham V L, et al. 2019. The clinical application of gene editing: ethical and social issues. Per Med, 16(4): 337-350.

Pal P, Pal A, Nakashima K, et al. 2021. Applications of chitosan in environmental remediation: a review. Chemosphere, 266: 128934.

Palmiter R D, Brinster R L, Hammer R E, et al. 1982. Dramatic growth of mice that develop from eggs microinjected with metallothionein-growth hormone fusion genes. Nature, 300(5893): 611-615.

Pan S J, Yang Q. 2010. A survey on transfer learning. IEEE Transactions on Knowledge and Data Engineering, 22: 1345-1559.

Pappas G, Panagopoulou P, Christou L, et al. 2006. Biological weapons. Cell Mol Life Sci, 63: 2229-2236.

Park I K, Ihm J E, Park Y, et al. 2003. Galactosylated chitosan(GC)-graftpoly(vinyl pyrrolidone)(PVP) as hepatocyte-targeting DNA carrier: preparation and physicochemical characterization f GC-graft-PVP/DNA complex. J Controlled Release, 86: 349-359.

Parthasarathi V, Thilagavathi G. 2015. Development of plasma enhanced antiviral surgical gown for healthcare workers. Fashion Text, 2: 4-16.

Peddinti B S T, Morales-Gagnon N, Ghiladi R A. 2021. Photodynamic coatings on polymer microfibers for pathogen inactivation: effects of application method and composition. ACS Appl Mater Interfaces, 13(1): 155-163.

Peddinti B S T, Scholle F, Ghiladi R A, et al. 2018. Photodynamic polymers as comprehensive anti-Infective materials: staying ahead of a growing global threat. ACS Appl Mater Interfaces, 10(31): 25955-25959.

Pereira E P V, van Tilburg M F, Florean E, et al. 2019. Egg yolk antibodies(IgY) and their applications in human and veterinary health: a review. Int Immunopharmacol, 73: 293-303.

Peruski L F Jr, Peruski A H. 2003. Rapid diagnostic assays in the genomic biology era: detection and identification of infectious disease and biological weapon agents. Biotechniques, 35(4): 840-846.

Pfeifer A, Eigenbrod S, Al-Khadra S, et al. 2006. Lentivector-mediated RNAi efficiently suppresses prion protein and prolongs survival of scrapie-infected mice. J Clin Invest, 116(12): 3204-3210.

Pinto F, Thornton E L, Wang B. 2020. An expanded library of orthogonal split inteins enables modular multi-peptide assemblies. Nat Commun, 11(1): 1529.

Poulain B. 2010. La neurotoxinebotulinique. Rev Neurol, 166: 7-20.

Provenzano D, Rao Y J, Mitic K, et al. 2020. Alternative qualitative fit testing method for N95 equivalent respirators in the setting of resource scarcity at the george Washington University, medRxiv.

Prowse T A, Adikusuma F, Cassey P, et al. 2019. A Y-chromosome shredding gene drive for controlling pest vertebrate populations. Elife, 8:e41873.

Qi L S, Larson M H, Gilbert L A, et al. 2013. Repurposing CRISPR as an RNA-guided platform for sequence-specific control of gene expression. Cell, 152(5): 1173-1183.

Qiu P, Jiang J, Liu Z, et al. 2019. BMAL1 knockout macaque monkeys display reduced sleep and psychiatric disorders. Natl Sci Rev, 6(1): 87-100.

Quan M, Cui J, Xia T, et al. 2015. Merlin/NF2 suppresses pancreatic tumor growth and metastasis by attenuating the FOXM1-mediated Wnt/β-catenin signaling. Cancer Res, 75(22): 4778-4789.

Raimondo S, Giavaresi G, Lorico A, et al. 2019. Extracellular vesicles as biological shuttles for targeted therapies. Int J Mol Sci, 20(8).

Ran F A, Hsu P D, Lin C Y, et al. 2013. Double nicking by RNA-guided CRISPR Cas9 for enhanced genome editing specificity. Cell, 154: 1380-1389.

Ranney M L, Griffeth V, Jha A K. 2020. Critical supply shortages—the need for ventilators and personal protective equipment during the Covid-19 pandemic. N Engl J Med, 382: 41-44.

Reegan A D, Ceasar S A, Paulraj M G, et al. 2017. Current status of genome editing in vector mosquitoes: a review. Biosci Trends, 10: 424-432.

Ren J, Zhao Y. 2017. Advancing chimeric antigen receptor T cell therapy with CRISPR/Cas9. Protein Cell, 8(9): 634-643.

Ren X, Wen W, Fan X, et al. 2021. COVID-19 immune features revealed by a large-scale single-cell transcriptome atlas. Cell, 184(7): 1895-913. e19.

Rideout W M, Hochedlinger K, Kyba M, et al. 2002. Correction of a genetic defect by nuclear transplantation and combined cell and gene therapy. Cell, 109(1): 17-27.

Ritcharoon B, Sallabhan R, Toewiwat N, et al. 2020. Detection of 2, 4-dichlorophenoxyacetic acid herbicide using a FGE-sulfatase based whole-cell Agrobacterium biosensor. J Microbiol Methods, 175: 105997.

Ritchie M, Holzinger E R, Li R, et al. 2015. Methods of integrating data to uncover genotype phenotype interactions. Nature Reviews Genetics, 16: 85-97.

Ro D K, Paradise E M, Ouellet M, et al. 2006. Production of the antimalarial drug precursor artemisinic acid in engineered yeast. Nature, 440(7086): 940-943.

Rodriguez-Lazaro D, Lombard B, Smith H, et al. 2007. Trends in analytical methodology in food safety and quality: monitoring microorganisms and genetically modified organisms. Trends Food Sci Technol, 18: 306-319.

Roemer I, Reik W, Dean W, et al. 1997. Epigenetic inheritance in the mouse. Current Biology, 7(4): 277-280.

Rohr A, Luddecke K, Drusch S, et al. 2005. Food quality and safety–consumer perception and public health concern. Food Control, 16: 649-655.

Romero P A, Arnold F. 2009. Exploring protein fitness landscapes by directed evolution. Nature Reviews Molecular Cell Biology, 10: 866-876.

Ronda C, Pedersen L E, Sommer M O, et al. 2016. Crmage: CRISPR optimized MAGE recombineering. Sci Rep, 6: 19452.

Rossidis A C, Stratigis J D, Chadwick A C, et al. 2018. In utero CRISPR-mediated therapeutic editing of metabolic genes. Nat Med, 24(10): 1513-1518.

Roy R, Ray S, Chowdhury A, et al. 2021. Tunable multiplexed whole-cell biosensors as environmental diagnostics for ppb-Level detection of aromatic pollutants. ACS Sens, 6: 1933-1939.

Rui Y, Wilson D R, Green J J. 2019. Non-viral delivery to enable genome editing. Trends Biotechnol, 37(3): 281-293.

Rusnak A J, Chudley A E. 2006. Stem cell research: cloning, therapy and scientific fraud. Clin Genet, 70: 302-305.

Sadler D J, Roberts P, Zenhausern F, et al. 2003. Thermal management of BioMEMS: temperature control for ceramic-based PCR and DNA detection devices. IEEE Trans Compon Packaging Manuf Technol, 26(2): 309-316.

Sanders J P M, Sheldon R A. 2015. Comparison of the sustainability metrics of the petrochemical and biomass-based routes to methionine. Catal Today, 239: 44-49.

Savile C K, Janey J M, Mundorff E C, et al. 2010. Biocatalytic asymmetric synthesis of chiral amines from ketones applied to sitagliptin manufacture. Science, 329(5989): 305-309.

Scheufele D A, Xenos M A, Howell E L, et al. 2017. U. S. attitudes on human genome editing. Science, 357(6351): 553-554.

Schnieke A E, Kind A J, Ritchie W A, et al. 1997. Human factor IX transgenic sheep produced by transfer of nuclei from transfected fetal fibroblasts. Science, 278(5346): 2130-2133.

Scott H, John S S, Jacqueline H, et al. 2021. Long reads are revolutionizing 20 years of insect genome sequencing. Genome Biol Evol, 13(8): evab138. .

Segel M, Lash B, Song J, et al. 2021. Mammalian retrovirus-like protein PEG10 packages its own mRNA and can be pseudotyped for mRNA delivery. Science, 373(6557): 882-889.

Segura-Aguilar J, Kostrzewa R M, Neurotoxins, et al. 2006. An overview. Neurotoxic Res, 10: 263-285.

Setlow P. 2006. Spores of bacillus subtilis: their resistance to and killing by radiation, heat and chemicals. J Appl Microbiol, 101(3): 514-525.

Shafeeyan M S, Daud W M A W, Houshm A, et al. 2010. A review on surface modification of activated carbon for carbon dioxide adsorption. J Anal Appl Pyrolysis, 89: 143-151.

Shahid-ul-Islam, Butolab B S, Faqeer M. 2016. Silver nanomaterials as future colorants and potential antimicrobial agents for natural and synthetic textile materials. RSC Adv, 50(6): 44232-44247.

Shalaby A R. 1996. Significance of biogenic amines to food safety and human health. Food Res Int, 29: 675-690.

Shang Y, Wang M, Xiao G, et al. 2017. Construction and rescue of a functional synthetic baculovirus. ACS Synth Biol, 6(7): 1393-1402.

Shao Y, Lu N, Wu Z, et al. 2018. Creating a functional single-chromosome yeast. Nature, 560(7718): 331-335.

Shen Y, Wang Y, Chen T, et al. 2017. Deep functional analysis of synII, a 770-kilobase synthetic yeast chromosome. Science, 355(6329): eaaf4791.

Shendure J, Balasubramanian S, Church G M, et al. 2017. DNA sequencing at 40: past, present and future. Nature, 550(7676): 345-353.

Shi X, Wu X. 2017. An overview of human genetic privacy. Annals of the New York Academy of Sciences, 1387(1): 61-72.

Shukla, Vipula K, Yannick D, et al. 2009. Precise genome modification in the crop species Zea mays using zinc-finger nucleases. Nature, 459: 437-441.

Sigel H. 2004. Metal ion complexes of antivirally active nucleotide analogues. Conclusions regarding their biological action. Chem Soc Rev, 33(3): 191-200.

Singina G N, Sergiev P V, Lopukhov AV, et al. 2021. Production of a cloned offspring and CRISPR/Cas9 genome editing of embryonic fibroblasts in cattle. Dokl Biochem Biophys, 496(1): 48-51.

Smidler A L, Terenzi O, Soichot J, et al. 2013. Targeted mutagenesis in the malaria mosquito using TALE nucleases. PLoS One, 8: e74511.

Smirnov A, Panatta E, Lena A, et al. 2016. FOXM1 regulates proliferation, senescence and oxidative stress in keratinocytes and cancer cells. Aging(Albany NY), 8(7): 1384-1397.

Smith H O, Hutchison C A, Pfannkoch C, et al. 2003. Generating a synthetic genome by whole genome assembly: phiX174 bacteriophage from synthetic oligonucleotides. Proc Natl Acad Sci USA, 100(26): 15440-15445.

Sonderegger M, Schumperli M, Sauer U. 2004. Metabolic engineering of a phosphoketolase pathway for pentose catabolism in Saccharomyces cerevisiae. Appl Environ Microbiol, 70(5): 2892-2897.

Spiteri A, Nepal S K. 2005. Evaluating local benefits from conservation in nepal's annapurna conservation area. Agricultural

Systems, 85(3): 306-323.

Stadler L J. 1928. Genetic effects of X-Rays in maize. Proc Natl Acad Sci USA, 14(1): 69-75.

Stark R, Grzelak M, Hadfield J. 2019. RNA sequencing: the teenage years. Nat Rev Genet, 20(11): 631-656.

Steen E J, Kang Y, Bokinsky G, et al. 2010. Microbial production of fatty-acid-derived fuels and chemicals from plant biomass. Nature, 463(7280): 559-562.

Stemmer W P. 1994. Rapid evolution of a protein in vitro by DNA shuffling. Nature, 370(6488): 389-391.

Steuerman Y, Cohen M, Peshes-Yaloz N, et al. 2018. Dissection of influenza infection in vivo by single-cell RNA sequencing. Cell Syst, 6(6): 679-691. e4.

Strecker J, Jones S, Koopal B, et al. 2019. Engineering of CRISPR-Cas12b for human genome editing. Nat Commun, 10(1): 212.

Su S, Hu B, Shao J, et al. 2016. CRISPR-Cas9 mediated efficient PD-1 disruption on human primary T cells from cancer patients. Sci Rep, 6: 20070.

Svab Z, Maliga H P. 1990. Stable transformation of plastids in higher plants. Proceedings of the National Academy of Sciences of the United States of America, 87: 8526-8530.

Szybalski W, Skalka A. 1978. Nobel prizes and restriction enzymes. Gene, (3): 181-182.

Ta L, Gosa L, Nathanson D A, et al. 2019. Biosafety and biohazards: understanding biosafety levels and meeting safety requirements of a biobank. Methods Mol Biol, (1897): 213-225.

Tabebordbar M, Zhu K, Cheng J K W, et al. 2016. In vivo gene editing in dystrophic mouse muscle and muscle stem cells. Science, 351(6271): 407-411.

Tachibana M, Amato P, Sparman M, et al. 2013. Human embryonic stem cells derived by somatic cell nuclear transfer. Cell, 153(6): 1228-1238.

Takahashi K, Yamanaka S. 2006. Induction of pluripotent stem cells from mouse embryonic and adult fibroblast cultures by defined factors. Cell, 126(4): 663-676.

Tan W, Proudfoot C, Lillico S G, et al. 2016. Gene targeting, genome editing: from dolly to editors. Transgenic Res, 25(3): 273-287.

Tang J W, Li Y, Eames I, et al. 2006. Factors involved in the aerosol transmission of infection and control of ventilation in healthcare premises. The Journal of Hospital Infection, 64: 100-114.

Tang S, Qi T, Xia D, et al. 2019. Smartphone nanocolorimetric determination of hydrogen sulfide in biosamples after Silver-Gold CoreShellNanoprism-Based headspace Single-Drop Microextraction. Anal Chem, 91: 5888-5895.

Tang X L, Chen L J, Du X Y, et al. 2020. Regulation of homoserine O-succinyltransferase for efficient production of L-methionine in engineered *Escherichia coli*. J Biotechnol, 309: 53-58.

Tellier, R. 2022. COVID-19: the case for aerosol transmission. Interface focus, 12: 20210072.

Teng M, Yao Y, Nair V, et al. 2021. Latest advances of virology research using CRISPR/Cas9-Based gene-editing technology and its application to vaccine development. Viruses, 13(5): 779.

Teng Y, Yang S, Liu L, et al. 2022. Nanoscale storage encryption: data storage in synthetic DNA using a cryptosystem with a neural network. Sci China Life Sci, 65(8): 1673-1676.

Teng Y, Yang S, Liu R. 2021. Progress on neuromorphic computing based on biomolecules. Chinese Science Bulletin, 66: 1-8.

Tennison M N, Moreno J D, Neuroscience. 2012. Ethics and national security: the state of the art. PLoS Biology, 10(3): e1001289.

ThiNhu T T, Labroussaa F, Ebert N, et al. 2020. Rapid reconstruction of SARS-CoV-2 using a synthetic genomics platform. Nature, 582(7813): 561-565.

Thomas K R, Capecchi M R. 1987. Site-directed mutagenesis by gene targeting in mouse embryo-derived stem cells. Cell, 51(3): 503-512.

Thompson A A, Walters M C, Kwiatkowski J, et al. 2018. Gene therapy in patients with transfusion-dependent β-thalassemia. N Engl J Med, 378(16): 1479-1493.

Thomson E C, Rosen L E, Shepherd J G, et al. 2021. Circulating SARS-CoV-2 spike N439K variants maintain fitness while evading antibody-mediated immunity. Cell, 184(5): 1171-1187.

Tollefson L. 1988. Monitoring adverse reactions to food additives in the US Food and Drug Administration. Regul Toxicol Pharmacol, 8: 438-446.

Trinh C T, Unrean P, Srienc F. 2008. Minimal *Escherichia coli* cell for the most efficient production of ethanol from hexoses and pentoses. Appl Environ Microbiol, 74(12): 3634-3643.

Tumpey T M, Basler C F, Aguilar P V, et al. 2005. Characterization of the reconstructed 1918 Spanish influenza pandemic virus. Science, 310(5745): 77-80.

Turney J. 1996. Molecular politics: developing American and British regulatory policy for genetic engineering, 1972–1982. Medical History, 40: 405-406.

Umarov R, Solovyev V. 2017. Recognition of prokaryotic and eukaryotic promoters using convolutional deep learning neural networks. PLoS One, 12(2): e0171410.

Umbeck P, Johnson G, Barton K, et al. 1987. Genetically transformed cotton(*Gossypium Hirsutum* L.) Plants, Biotechnol. 5: 263-266.

Upadhyay U, Sreedhar I, Singh S A, et al. 2021. Recent advances in heavy metal removal by chitosan based adsorbents. Carbohydr Polym, 251: 117000.

Urbina F, Lentzos F, Invernizzi C, et al. 2022. Dual use of artificial-intelligence-powered drug discovery. Nature Machine Intelligence, 4(3): 189-191.

van Diemen F R, Lebbink R J. 2017. CRISPR/Cas9, a powerful tool to target human herpesviruses. Cell Microbiol, 19(2): e12694.

Van Dijk E L, Jaszczyszyn Y, Naquin D, et al. 2018. The third revolution in sequencing technology. Trends Genet, 34(9): 666-681.

van Doremalen N, Bushmaker T, Morris D H, et al. 2020. Aerosol and surface stability of SARS-CoV-2 as compared with SARS-CoV-1. N Engl J Med, 382: 1564-1567.

Vedarethinam V, Huang L, Qian K, et al. 2019. Detection and inhibition of bacteria on a Dual-Functional Silver platform. Small, 15(3): e1803051.

Verdikt R, Darcis G, Ait-Ammar A, et al. 2019. Applications of CRISPR/Cas9 tools in deciphering the mechanisms of HIV-1 persistence. Curr OpinVirol, 38: 63-69.

Villiger L, Grisch-Chan H M, Lindsay H, et al. 2018. Treatment of a metabolic liver disease by in vivo genome base editing in adult mice. Nat Med, 24(10): 1519-1525.

Vimla V, Castillo A M, Fromm M E, et al. 1992. Herbicide resistant fertile transgenic wheat plants obtained by microprojectile bombardment of regenerable embryogenic callus. Nature Biotechnology, 10: 667-674.

Vinke S, Rais I, Millett P. 2022. The Dual-Use education gap: awareness and education of life science researchers on Nonpathogen-Related Dual-Use Research. Health Secur, 20(1): 35-42.

Vitousek P M. 1997. Introduced species: a significant component of human-caused global change. New Zeal J Ecol, 21: 1-16.

Vitousek P M, Antonio C, Loope L L, et al. 1996. Biological invasions as global environmental change. Am Sci, 84: 568-578.

Voigt C A. 2020. Synthetic biology 2020-2030: six commercially-available products that are changing our world. Nat Commun, 11(1): 6379.

Vojta A, Dobrinic P, Tadic V, et al. 2016. Repurposing the CRISPR-Cas9 system for targeted DNA methylation. Nucleic Acids Res, 44(12): 5615-5628.

Wahab M A, Hasan C M, Alothman Z A, et al. 2021. In-situ incorporation of highly dispersed silver nanoparticles in nanoporous carbon nitride for the enhancement of antibacterial activities. J Hazard Mater, 408: 124919.

Walters C, Berjak P, Pammenter N, et al. 2013. Plant science: preservation of rcalcitrant seds. Science, 339: 915-916.

Waltz E. 2018. With a free pass, CRISPR-edited plants reach market in record time. Nat Biotechnol, 36(1): 6-7.

Waltz E. 2022. Biotech firm announces results from first US trial of genetically modified mosquitoes. Nature, 604: 608-609.

Wan X, Volpetti F, Petrova E, et al. 2019. Cascaded amplifying circuits enable ultrasensitive cellular sensors for toxic metals. Nat Chem Biol, 15: 540-548.

Wan X, Yeung C, Kim S Y, et al. 2012. Identification of FoxM1/Bub1b signaling pathway as a required component for growth and survival of rhabdomyosarcoma. Cancer Res, 72(22): 5889-5899.

Wan, P, Xu D, Cong S B, et al. 2017. Hybridizing transgenic Bt cotton with non-Bt cotton counters resistance in pink bollworm. Proceedings of the National Academy of Sciences of the United States of America, 114: 5413.

Wang G H, Du J, Chu C Y, et al. 2022. Symbionts and gene drive: two strategies to combat vector-borne disease. Trends Genet, 38(7): 708-723.

Wang H H, Isaacs F J, Carr P A, et al. 2009. Programming cells by multiplex genome engineering and accelerated evolution. Nature, 460(7257): 894-898.

Wang H H, Kim H, Cong L, et al. 2012. Genome-scale promoter engineering by coselection MAGE. Nat Methods, 9(6): 591-593.

Wang J, Li P, Wu M X, et al. 2020. Pulmonary surfactant-biomimetic nanoparticles potentiate heterosubtypic influenza immunity. Science, 367(6480): eaau0810.

Wang J, Tian X, Zhang J, et al. 2021. Postchronic single-walled carbon nanotube exposure causes irreversible malignant transformation of human bronchial epithelial cells through DNA methylation changes. Acs Nano, 15(4): 7094-7104.

Wang LY, Li ZK, Wang L B, et al. 2020. Overcoming intrinsic H3K27me3 imprinting barriers improves post-implantation development after somatic cell nuclear transfer. Cell Stem Cell, 27(2): 315-325. e5.

Wang Y P, Cheng X, Shan Q W, et al. 2014. Simultaneous editing of three homoeoalleles in hexaploid bread wheat confers heritable resistance to powdery mildew. Nature Biotechnology, 32: 947-951.

Wang Y, Wang X, Yao S, et al. 2017. Bioinspired solid organogel materials with a regenerable sacrificial alkane surface layer. Advanced Materials, 29(26): 1700865.

Watanabe T, Zhong G, Russell C A, et al. 2014. Circulating avian influenza viruses closely related to the 1918 virus have pandemic potential. Cell Host Microbe, 15(6): 692-705.

Watson J D, Crick F H. 1953. Molecular structure of nucleic acids: a structure for deoxyribose nucleic acid. Nature, 171(4356): 737-738.

Webster S H, Vella M R, Scott M J. 2020. Development and testing of a novel killer-rescue self-limiting gene drive system in Drosophila melanogaster. Proc Biol Sci, 287(1925): 20192994.

Wei D, Chao H, Yali W. 2016. Role of income diversification in reducing forest reliance: Evidence from 1838 rural households in China. Journal of Forest Economics, 22: 68-79.

Weidemaier K, Carruthers E, Curry A, et al. 2015. Realtime pathogen monitoring during enrichment: a novel nanotechnology-based approach to food safety testing. Int J Food Microbiol, 198: 19-27.

Wetterstrand K A. 2013. DNA sequencing costs: data from the NHGRI Genome Sequencing Program(GSP). National Human Genome Research Institute 2013.

WHO. 2020. Rational use of personal protective equipment for coronavirus disease(COVID-19) and considerations during severe shortages: interim guidance.

Williams A E, Sanchez-Vargas I, Reid W R, et al. 2020. The antiviral small-interfering RNA pathway induces zika virus resistance in transgenic aedes aegypti. Viruses, 12(11): 1231.

Willis J A, Cheburkanov V, Yakovlev V V, et al. 2021. Photodynamic viral inactivation: recent advances and potential applications. Appl Phys Rev, 8(2): 021315.

Willmson M, Fitter A. 1996. The varying success of invaders. Ecology, 77: 1666-1670.

Wilmut I, Schnieke A E, McWhir J, et al. 1997. Viable offspring derived from fetal and adult mammalian cells. Nature, 385(6619): 810-813.

Wittenberg R, Cock M. 2001. Invasive alien species: a toolkit of best prevention and management practices. CAB International, Wallingford, Oxon, LTK.

Wood R E, Knowles M R. 1994. Recent advances in aerosol therapy. Journal of Aerosol Medicine, 7: 1-11.

Wu F, Liu J. 2022. Decorated bacteria and the application in drug delivery. Adv Drug Deliv Rev, 188: 114443.

Wu G Y. 2021. Amino acids in nutrition, health, and disease. Front Biosci-Landmrk, 26(12): 1386-1392.

Wu K M, Lu Y H, Feng H Q, et al. 2008. Suppression of cotton bollworm in multiple crops in China in areas with Bt toxin-containing cotton, China Basic Science, 321: 1676-78.

Wu K, Saha R, Su D, et al. 2020. Magnetic-nanosensor-based virus and pathogen detection strategies before and during COVID-19. ACS Appl Nano Mater, 3(10): 9560-9580.

Wu Y, Li B Z, Zhao M, et al. 2017. Bug mapping and fitness testing of chemically synthesized chromosome X. Science, 355(6329): eaaf4706.

Xia L, Huang W, Tian D, et al. 2014. ACP5, a direct transcriptional target of FoxM1, promotes tumor metastasis and indicates poor prognosis in hepatocellular carcinoma. Oncogene, 33(11): 1395-1406.

Xiang H, Zhao Y, Li X, et al. 2022. Landscapes and dynamic diversifications of B-cell receptor repertoires in COVID-19 patients. Hum Immunol, 83(2): 119-129.

Xie X, Sun T C, He T, et al. 2020. Ag nanoparticles cluster with pH-Triggered reassembly in targeting antimicrobial applications. Adv Funct Mater, 30(17): 2000511.

Xie Z X, Li B Z, Mitchell L A, et al. 2017. "Perfect" designer chromosome V and behavior of a ring derivative. Science, 355(6329): eaaf4704

Xu C L, Ruan M Z C, Mahajan V B, et al. 2019. Viral delivery systems for CRISPR. Viruses, 11(1): 28.

Xu H, Cao C, Hu H, et al. 2019. High Uptake of ReO_4^- by a radiation resistant $[Th_{48}Ni_6]$ Nanocage-Based Metal-Organic framework. Angew Chem Int Ed, 58(18): 6022-6027.

Xu L P, Chen Y, Yang G, et al. 2015. Ultratrace DNA detection based on the condensing-enrichment effect of superwettable microchips. Advanced Materials, 27(43): 6878-6884.

Xu X, Chemparathy A, Zeng L, et al. 2021. Engineered miniature CRISPR-Cas system for mammalian genome regulation and editing. Mol Cell, 81(20): 4333-4345.

Yamada M, Johannesson B, Sagi I, et al. 2014. Human oocytes reprogram adult somatic nuclei of a type 1 diabetic to diploid pluripotent stem cells. Nature, 510(7506): 533-536.

Yamamoto J, Imai J, Izumi T, et al. 2017. Neuronal signals regulate obesity induced β-cell proliferation by FoxM1 dependent mechanism, 8(1): 1930.

Yang X, Shi Y, Yan J, et al. 2018. Downregulation of FoxM1 inhibits cell growth and migration and invasion in bladder cancer cells. Am J Transl Res, 10(2): 629-638.

Yang Y, Deng Y Y, Zhao C S, et al. 2019. Size-transformable metal–organic framework–derived nanocarbons for localized chemo-photothermal bacterial ablation and wound disinfection. Adv Funct Mater, 29(33): 1900143.

Yang Y, Wang K, Wu H, et al. 2016. Genetically humanized pigs exclusively expressing human insulin are generated through custom endonuclease-mediated seamless engineering. J Mol Cell Biol, 8(2): 174-177.

Yeh Y T, Tang Y, Zheng S Y, et al. 2016. Tunable and label-free virus enrichment for ultrasensitive virus detection using carbon nanotube arrays. Sci Adv, 2(10): e1601026.

Yin K, Gao C, Qiu J L. 2017. Progress and prospects in plant genome editing. Nat Plants, 3: 17107.

Yu Y, Bu F Q, Xiao H, et al. 2020. Biosafety materials: an emerging new research direction of materials science from the COVID-19 outbreak. Mater Chem Front, 4(7): 1930-1953.

Yu Y, Xiao H, Wu G, et al. 2022. Biosafety chemistry and biosafety materials: A new perspective to solve biosafety problems. Biosaf Health, 4(1): 15-22.

Yu Z, Yang J, Wu Y, et al. 1993. Transferring Gus gene into intact rice cells by low energy ion beam. Nuclear Instruments and Methods in Physics Research Section B: Beam Interactions with Materials and Atoms, 80-81: 1328-1331.

Yuan Z, Wang Y P, Li C, et al. 2017. Precise base editing in rice, wheat and maize with a Cas9-cytidine deaminase fusion. Nature Biotechnology, 35: 438-440.

Zalatan J G, Lee M E, Almeida R, et al. 2015. Engineering complex synthetic transcriptional programs with CRISPR RNA scaffolds.

Cell, 160(1-2): 339-350.

Zamani M, Robson J M, Klapperich C M, et al. 2021. Electrochemical strategy for Low-Cost viral detection. ACS Cent Sci, 7(6): 963-972.

Zambryski P, Joos H, Genetello C, et al. 1983. Ti plasmid vector for the introduction of DNA into plant cells without alteration of their normal regeneration capacity. Embo Journal, 2(12): 2143-2150.

Zampieri G, Vijayakumar S, Yaneske E, et al. 2019. Machine and deep learning meet genome-scale metabolic modeling. PLoS Computational Biology, 15(7): e1007084.

Zang F, Su Z, Chou S Y, et al. 2019. Ultrasensitive ebola virus antigen sensing via 3D nanoantenna arrays. Adv Mater, 31(30): e1902331.

Zavada S R, McHardy N R, Gordon K L, et al. 2015. Rapid, puncture-initiated healing via oxygen-mediated polymerization. ACS Macro Lett, 4: 819-824.

Zetsche B, Gootenberg J S, Abudayyeh O O, et al. 2015. Cpf1 is a single RNA-guided endonuclease of a class 2 CRISPR-Cas system. Cell, 163(3): 759-771.

Zhang H N, Wei Y, Zhao J, et al. 2011. Early warning of cotton bollworm resistance associated with intensive planting of Bt cotton in China. PLoS One, 6: e22874.

Zhang J, Liu H, Luo S, et al. 2017. Live birth derived from oocyte spindle transfer to prevent mitochondrial disease Reprod Biomed Online, 34(4): 361-368.

Zhang L, Jackson C B, Mou H, et al. 2020. The D614G mutation in the SARS-CoV-2 spike protein reduces S1 shedding and increases infectivity. bioRxiv.

Zhang P, Liu E J, Tsao C, et al. 2019. Nanoscavenger provides long-term prophylactic protection against nerve agents in rodents. Sci Transl Med, 11: 473.

Zhang T, Mudgett M, Rambabu R, et al. 2021. Selective inheritance of target genes from only one parent of sexually reproduced F_1 progeny in *Arabidopsis*. Nat Commun, 12(1): 3854.

Zhang W, Zhao G, Luo Z, et al. 2017. Engineering the ribosomal DNA in a megabase synthetic chromosome. Science, 355(6329): eaaf3981.

Zhang Y, Buchholz F, Muyrers J P, et al. 1998. A new logic for DNA engineering using recombination in *Escherichia coli*. Nat Genet, 20(2): 123-128.

Zhang Y, Zhang Q, Kong H, et al. 2013. H5N1 hybrid viruses bearing 2009/H1N1 virus genes transmit in guinea pigs by respiratory droplet. Science, 340(6139): 1459-1463.

Zhao E, Hong Y, Tang B Z. 2014. Highly fluorescent and photostable probe for long-term bacterial viability assay based on aggregation-induced emission. Adv Healthc Mater, 3(1): 88-96.

Zhao M, Zhang H, Liu K, et al. 2017. Human T-cell immunity against the emerging and re-emerging viruses. Science China Life Sciences, 60(12): 1307-1316.

Zhao X Y, Li W, Lv Z, et al. 2009. iPS cells produce viable mice through tetraploid complementation. Nature, 461(7260): 86-90.

Zhao Y, Guo Q, Zhang X, et al. 2019 A biomimetic non-antibiotic approach to eradicate drug-resistant infections. Adv Mater, 31(7): 1806024.

Zhong H, Zhu Z, Lin J, et al. 2020. Reusable and recyclable graphene masks with outstanding superhydrophobic and photo-thermal performances. ACS Nano, 14(5): 6212-6221.

Zhou C, Xu W, Tang B Z, et al. 2019. Engineering sensor arrays using aggregation-induced emission luminogens for pathogen identification. Adv Funct Mater, 29(4): 1805986.

Zhou H, Ji J, Chen X, et al. 2021. Identification of novel bat coronaviruses sheds light on the evolutionary origins of SARS-CoV-2 and related viruses. Cell, 184(17): 4380-4391 e14.

Zhou H, Tang D, Kang X et al. 2022. Degradable pseudo conjugated polymer nanoparticles with NIR-II photothermal effect and cationic quaternary phosphonium structural bacteriostasis for anti-infection therapy. Adv Sci, 9: 2200732.

Zhou M, Qian Y, Liu R, et al. 2020. Poly(2-Oxazoline)-based functional peptide mimics: eradicating MRSA infections and persisters while alleviating antimicrobial resistance. Angew Chem Int Ed Engl, 59(16): 6412-6419.

Zhou T, Hu R, Tang B Z, et al. 2020. An AIE-active conjugated polymer with high ROS-Generation ability and biocompatibility for efficient photodynamic therapy of bacterial infections. Angew Chem Int Ed Engl, 59(25): 9952-9956.

Zhu F C, Li Y H, Guan X H, et al. 2020. Safety, tolerability, and immunogenicity of a recombinant adenovirus type-5 vectored COVID-19 vaccine: a dose-escalation, open-label, non-randomised, first-in-human trial. Lancet, 395(10240): 1845-1854.

Zhu L, Yang P, Zhao Y, et al. 2020. Single-cell sequencing of peripheral mononuclear cells reveals distinct immune response landscapes of COVID-19 and influenza patients. Immunity, 53(3): 685-696. e3.

Zvinavashe A T, Lim E, Sun H, et al. 2019. A bioinspired approach to engineer seed microenvironment to boost germination and mitigate soil salinity. Proceedings of the National Academy of Sciences, 116(51): 25555-25561.

第四篇

实验室生物安全

第二十章
实验室生物安全概论

第一节　实验室生物安全的发展

在生物安全的范畴内，传染病、动植物疫病、生物技术、人类遗传资源与生物资源、外来物种入侵与生物多样性、微生物耐药、生物恐怖袭击与防御生物武器威胁的研究都离不开生物安全实验室。生物安全实验室是开展监测、检测、研究、教学等工作的基础平台。建设生物安全实验室的目的是保护操作样品、操作人员和环境的安全。实验室的生物安全工作做好了，不仅是实验室运行的基础，更为生物安全领域各项工作开展提供了保障。

一、实验室生物安全

"生物安全"的概念随着人类对生物和生物技术认识的加深而不断深化。WHO《实验室生物安全手册》（第 4 版）认为，生物安全（biosafety）是指为防止无意中接触生物制剂或无意中释放生物制剂而实施的防护原则、技术及实践（WHO，2020a）。美国疾病控制与预防中心（CDC）1999 年发布的《微生物和生物医学实验室的生物安全手册》（BMBL）（第 4 版）在附录中定义的"生物安全"是指制定和实施管理政策、工作实践、设施设计和安全设备，以防止生物制剂传播给工作人员、其他人和环境（CDC，1999）。可以看出，上述对于"生物安全"的定义，一般专指致病微生物的实验室安全防护与管理，其主要目的是防止实验室工作人员感染，或因致病微生物意外泄漏导致环境污染和社区人群感染。

20 世纪 70 年代，重组 DNA 技术诞生，人们对生物技术的安全性产生了担忧。自 1953 年沃森和克里克揭示 DNA 双螺旋结构起，现代生物技术迅猛发展；1972 年，保罗·伯格首次成功重组 DNA 分子，自此现代重组 DNA 技术正式诞生。随着生物技术的快速发展，科学家开始担心重组 DNA 技术这类新型生物技术所带来的安全问题，于 1975 年在美国加州举行了阿西洛马会议，讨论了重组 DNA 的生物安全问题，标志着人类正式开始关注生物实验的安全性。会后，NIH 制定了世界上首份专门针对生物安全的规范性文件《NIH 实验室操作规则》。该文件首次正式提出"生物安全"（biosafety）的概念，将"生物安全"定义为"为了使病原微生物在实验室受到安全控制而采取的一系列措施"（A series of procedures in the laboratory to ensure that pathogenic microbes are safely contained）（NIH，1976）。此后"生物安全"含义的发展和扩展都是基于这一概念。

"生物安全"这一术语处于不断发展和完善的过程中，不仅仅局限于实验室，同时也随着生物技术的发展、生态环境的压力，以及人口健康和国家安全的需求从不同侧面不断丰富和完善（梁慧刚等，2014）。我国 2020 年出台的《中华人民共和国生物安全法》规定，"生物安全是指国家有效防范和应对危险生物因子及相关因素威胁，生物技术能够稳定健康发展，人民生命健康和生态系统相对处于没有危险和不受威胁的状态，生物领域具备维护国家安全和持续发展的能力"。内容适用于以下几个方面：①防控重大新发突发传染病、动植物疫情；②研究、开发、应用生物技术；③实验室生物安全管理；④人类遗传资源与生物资源安全管理；⑤防范外来物种入侵与保护生物多样性；⑥应对微生物耐药；⑦防范生物恐怖袭击与防御生物武器威胁；⑧其他与生物安全相关的活动。

二、实验室生物安保

"生物安保"一词有多种定义。在一些国家，"生物安保"一词被用来代替"生物安全"。WHO《实验室生物安全手册》（第 3 版）（WHO，2004）指出，生物安保（biosecurity）是指保护微生物资源免受盗窃、遗失或转移，以免因微生物资源的不适当使用而危及公共卫生。相应地，实验室生物安保（laboratory biosecurity）则是指单位和个人为防止病原体或毒素丢失、被窃、滥用、转移或有意释放而采取的安全措施。

第 4 版手册进一步扩展了生物安保的定义，即为生物材料和（或）与其处理有关的设备、技能和数据的保护、控制、问责而实施的原则、技术和实践。生物安保的目的是防止生物材料和（或）与其处理有关的设备、技能和数据的未经授权接触、丢失、盗窃、滥用、转移或释放。

美国 CDC 在 1999 年的 BMBL 第 4 版附录中定义的"生物安保"，是指保护高致病性微生物制剂和毒素或重要的相关信息不被有意滥用的人盗窃或转移（CDC，1999）。BMBL 第 5 版手册中"生物安保"的定义是保护微生物制剂不丢失、被盗、转移或故意滥用。而在 BMBL 第 6 版中，将"实验室生物安保"定义为旨在防止实验室或与实验室有关的设施中的生物材料、技术或与研究有关的信息丢失、被盗或被故意滥用的措施（CDC，2020）。从 WHO 和 CDC 对生物安保定义的更新可以看出，实验室生物安保的对象不再仅仅是生物制剂，相关的设备、技术和数据信息也至关重要，被纳入了生物安保的范畴。

三、我国生物安全实验室的建设与发展

我国实验室生物安全关键技术、产品、技术标准等方面的科技发展整体水平落后于发达国家，主要表现为起步晚、技术和产品缺乏自主知识产权、研发能力和人才队伍严重不足。但是，从 2003 年至今，我国在实验室生物安全科技支撑方面取得了长足进步。总体来说，我国实验室生物安全的发展可以大致分为两大阶段。

（一）生物安全实验室自建与引进建设阶段（2003 年以前）

1987 年，军事科学院军事医学研究院（原军事医学科学院）微生物流行病研究所与天津市春信制冷净化设备有限公司合作，建立了我国第一个动物生物安全三级实验室，所有防护设备和装备均为国内生产。1988 年，为开展艾滋病研究，中国疾病预防控制中心（原中国预防医学科学院）引进了国外生物安全三级实验室技术和设备，建造了卫生系统第一个生物安全三级实验室。1992 年，根据国家兽医科学研究的需要，中国农业科学院指定哈尔滨兽医研究所负责建成了我国首个可开展猪等大动物实验的动物生物安全三级实验室。此后几年，陆续在一些省级疾病预防控制中心（原卫生防疫站）建设了一些生物安全三级实验室。这些生物安全三级实验室的建立，为我国高致病性病原微生物的诊断、致病机制研究、疫苗研发等提供了技术支撑和安全保障。据不完全统计，在 2003 年 SARS 暴发前，我国各疾控机构、生物医学研究机构、医院、大学和企业相继建成了数十个达到生物安全三级防护水平的实验室（当时未有国家标准），分别归口于卫生、农业、质检、教育等部门及相关企业。

20 世纪 90 年代后期，我国开始着手制定实验室生物安全准则或规范，在参考美国 CDC 和 NIH 编写的《微生物和生物医学实验室生物安全》（第 3 版）及 WHO 编写的《实验室生物安全手册》（第 2 版）的基础上，结合国内多年工作经验，2002 年由卫生部批准颁布了我国实验室生物安全领域第一个行业标准《微生物和生物医学实验室生物安全通用准则》（WS233—2002），标志着我国进入生物安全实验室规范化管理阶段。

（二）实验室生物安全科技创新发展阶段（2003 年以后）

2003 年 3 月，SARS 在我国暴发，引起政府和科技人员的高度关注。2004 年 5 月，国家质量监督检验检疫总局、国家标准化管理委员会等正式颁布了《实验室　生物安全通用要求》（GB 19489—2004）和《生物安全实验室建筑技术规范》（GB 50346—2004），这些标准对病原微生物实验室的风险评估、设施设备、管理提出了规范性的技术要求，对我国病原微生物实验室生物安全科技创新发展起到了关键支撑作用。

SARS 出现后，许多机构为了开展相关研究工作，也开始新建、改扩建生物安全三级实验室。截至 2018 年年底，我国各地区共计建成近百个高等级生物安全实验室，其中有 59 个获得中国合格评定国家认可委员会（China National Accreditation Service for Conformity Assessment，CNAS）认可。

在固定生物安全实验室建设发展的同时，我国也重视移动式生物安全实验室研制。2004 年，我国从法国引进 4 套移动式生物安全三级实验室；2006 年 10 月，我国自主研制的首台移动式生物安全三级实验室通过验收；2014 年 9 月，国产移动式生物安全三级实验室运抵塞拉利昂执行援非抗埃任务。

第二节　实验室生物安全的基本原理

实验室生物安全主要通过硬件建设和体系管理来达到保障实验室安全的目的。为了达到保障生物安全实验室工作人员、实验设施外的人群和环境安全的目的，生物安全实验室主要通过一级防护屏障（安全设备和个人防护装备）和二级防护屏障（设施）来实现。一级防护屏障主要实现操作者和被操作对象之间的隔离，发挥着主要的屏障作用，保护实验人员。二级防护屏障是一级防护屏障的外围设施，能够在一级防护屏障失效或其外部出现意外时，确保操作者免受操作病原的感染并防止病原泄漏到环境中，实现实验室与外部环境之间的隔离。二级防护屏障涵盖的范围广泛，主要包括：利用缓冲间将不同生物风险区域隔离开；利用围护结构气密性措施、空调系统及空调自控系统，确保实验室持续保证定向气流和负压梯度；利用实验室排风过滤系统、污水处理系统及废弃物高压灭菌处理系统等，确保实验室废气（汽）、废水、固体废弃物的安全排放；利用电气及自动化控制、报警及监控系统装置等保障实验室安全运行。

一、对设施设备的基本要求

不同防护等级的生物安全实验室对建筑设施的要求是不同的。生物安全实验室设施的建设，需要遵照《实验室生物安全通用要求》（GB19489—2008）和《生物安全实验室建筑技术规范》（GB 50346—2011）中对平面布局、围护结构、通风空调系统、供水与供气系统、污水处理及消毒灭菌系统、电力供应系统、照明系统、自控监视与报警系统、实验室通信系统和各项参数等的要求进行设计与建设。

现对两部国家标准中有关建筑设施的基本要求进行汇总分析，如表 20-1 所示。

表 20-1　生物安全实验室对建筑设施的基本要求

建筑设施		生物安全水平		
		二级	三级	四级
独立建筑或独立区域		不需要	需要	需要
房间能够密闭消毒		不需要	需要	需要
通风	定向气流、负压梯度	不需要/需要 [a]	需要	需要
	全新风空气调节系统	不需要/需要 [a]	需要	需要
	HEPA 过滤排风	不需要/需要 [a]	需要	需要
应急逃生门		不需要	需要	需要
气锁		不需要	不需要	需要
带淋浴设施的气锁		不需要	不需要	需要
污水处理		不需要单独处理	不需要单独处理/需要 [b]	需要
压力蒸汽灭菌器	现场	最好有	需要	需要
	实验室内	不需要	需要	需要
	双扉	不需要	需要	需要
生物安全柜		需要	需要	需要
人员安全监控条件		不需要	需要	需要

a 普通型二级实验室不需要，加强型二级生物安全实验室需要。

b 生物安全三级实验室不需要，动物生物安全三级实验室需要（尤其是大动物生物安全三级实验室需要，当小动物生物安全三级实验室为干式饲养时可以不设置）。

二、个人防护的基本要求

为了实现操作者和被操作对象之间的隔离，进入生物安全实验室开展实验活动的工作人员还必须采取科学合理的个人防护，避免暴露于感染性材料。个人防护装备所涉及的防护部位主要包括眼睛、头面部、躯体、手、足、耳（听力）以及呼吸道（表20-2）。在实际工作中，应基于风险评估而使用合适的个人防护装备。

表 20-2　生物安全实验室中个人防护及技术保障设备

设备类别	设备名称	避免的危害
个人防护及技术保障设备	眼罩、面罩、护目镜等	碰撞或汽液体喷溅
	生物防护口罩	碰撞或汽液体喷溅
	防护手套	污染手部
	防护鞋	污染足部
	一次性防护服	污染衣物
	正压生物防护头罩	气溶胶吸入
	正压生物防护服	污染衣物（主要有自带风机送风过滤式、实验室压缩空气管道送风式两种类型）
	人员防护装备佩戴密合度测定仪	头面部装备密合性欠佳
	实验室生命支持系统	—
	化学淋浴设备	个人防护装备表面污染

三、生物安全实验室的管理要求

实验室生物安全是一项全局性、系统性的工作，注重策划、整体优化，强调预防为主与过程概念，重视质量与安全的统一，以生物安全为中心，强调持续改进和全员参与，以确保机构和实验室的管理体系符合国家法律法规和标准中对实验室生物安全管理的要求。在《中华人民共和国生物安全法》《病原微生物实验室生物安全管理条例》《实验室　生物安全通用的要求》（GB 19489—2008）等各个层级的法律法规和标准规范中，对实验室生物安全的管理包括风险评估、组织机构组织、体系文件、设施设备、人员、实验材料、实验活动、废物、内务、应急、消防等方面都有详细的规定和要求。

第三节　实验室生物安全法律法规和标准指南

实验室生物安全的法律、法规、标准等指导性文件是实验室生物安全的基本准则。实验室的建设、运行、管理等应遵从国家、属地、实验室的各项规章制度，确保实验室安全、有效运行。本节将介绍实验室生物安全国内外法律、法规、标准、指南等文件，系统梳理现行的规章制度。

一、国外实验室生物安全指南与法规

1. 《实验室生物安全手册》

为了指导实验室生物安全，减少实验室事故的发生，1983 年世界卫生组织出版了《实验室生物安全手册》（*Laboratory Biosafety Manual*）的第 1 版，首次在世界范围内对生物安全实验室的建设提出了管理要求，提倡各国接受和执行生物安全的基本概念，同时鼓励各国针对本国实验室如何安全处理病原微生物制订具体的操作规程，并为制订这类规程提供专家指导。世界卫生组织又分别在 1993 年、2004 年和 2020 年发布了《实验室生物安全手册》的第 2 版、第 3 版和第 4 版。

2. 《微生物和生物医学实验室生物安全》

美国疾病控制与预防中心和美国国立卫生研究院于 1984 年联合发布了第 1 版《微生物和生物医学实验

室生物安全》（*Biosafety in Microbiological and Biomedical Laboratories*，BMBL），该手册系统陈述了美国实验室生物安全和生物防护危害的指导建议及最佳实践，是国际公认的比较详细的实验室生物安全操作指南。随后，该手册在 1988 年、1993 年、1999 年、2009 年、2020 年不断更新，目前已经更新至第 6 版。《微生物和生物医学实验室生物安全》和《实验室生物安全手册》一同作为世界范围内建立生物安全实验室法律法规和标准规范的最重要参考标准。

3.《生物风险管理 实验室生物安保指南》

2006 年，世界卫生组织发布《生物风险管理 实验室生物安保指南》，该指南旨在扩展《实验室生物安全手册》第 3 版中论述的实验室生物安保的概念，同时对手册中描述的、广为人知的生物安全程序、操作规程，以及对新引进的、更宽泛的生物安保概念进行平衡。该指南重点介绍"生物风险管理"方法，供生物科学和公共卫生领域中发挥关键作用的相关国家管理机构、实验室主任和实验室员工使用。

4.《加拿大生物安全标准与指南》

《加拿大生物安全标准与指南》（*Canadian Biosafety Standards and Guidelines*，CBSG）于 2013 年发布第 1 版，是一部由加拿大制定的关于处理和保存人类及陆生动物病原体与毒素的统一国家标准。CBSG 由加拿大公共卫生署及加拿大食品检疫局联合倡议出版，目的是更新及整合加拿大现有病原体或毒素的处理或保存、设施设计、建设和使用 3 个生物安全标准与指南。随后，加拿大政府 2015 年颁布了《加拿大生物安全标准》（第 2 版）、2016 年颁布了《加拿大生物安全手册》（第 2 版），这两个文件替代了 CBSG，用来支持许可证申请和更新、动物病原体进出口许可证的申请，以及适用时防护设施的认证。

5.《澳大利亚生物安全法》

2015 年 5 月 14 日，澳大利亚通过了《澳大利亚生物安全法》，于 2016 年 6 月 16 日全面生效。《澳大利亚生物安全法》监管对象涵盖所有可能损害人类、动植物、环境安全和健康的疫病及有害生物，监管范围包括可能携带疫病的人员、货物、运输工具、船舶压舱水及沉淀物。《澳大利亚生物安全法》不仅包含各类风险的分析和预警，还规定了生物安全管理的行政体制与框架，是生物安全体系的最高立法。《澳大利亚生物安全法》发布至今已修订 8 次，成为澳大利亚长时期内生物安全工作的基本法律依据。

二、我国实验室生物安全法律、法规与标准

（一）我国生物安全实验室法律法规

1.《中华人民共和国生物安全法》

近年来，生物安全已越来越受到重视。习近平总书记多次指出生物安全是国家安全的重要组成部分，要将生物安全放到保护人民健康、保障国家安全、维护国家长治久安的高度，提升生物安全的治理能力。2020 年 10 月 17 日，第十三届全国人民代表大会常务委员会第二十二次会议表决通过了《中华人民共和国生物安全法》（以下简称《生物安全法》），自 2021 年 4 月 5 日起施行。《生物安全法》是我国第一部生物安全领域的综合性法律，该法的颁布实施填补了我国生物安全领域的法律空白，是生物安全领域的基础性、综合性、系统性、统领性法律，标志着我国生物安全工作进入依法治理新阶段。

《生物安全法》中规定，生物安全包括：防控重大新发突发传染病、动植物疫情，生物技术研究、开发与应用，病原微生物实验室生物安全管理，人类遗传资源与生物资源安全管理，防范外来物种入侵与保护生物多样性，应对微生物耐药，防范生物恐怖袭击与防御生物武器威胁，其他与生物安全相关的活动，共 8 个方面。

2.《中华人民共和国传染病防治法》

为预防、控制和消除传染病的发生与流行，保障人体健康和公共卫生，中华人民共和国第七届全国人民代表大会常务委员会第六次会议于 1989 年 2 月 21 日通过了《中华人民共和国传染病防治法》（以下简称《传染病防治法》）[中华人民共和国主席令（第十五号）公布]，自 1989 年 9 月 1 日起施行。2004 年 8 月

28 日第十届全国人民代表大会常务委员会第十一次会议修订，2013 年 6 月 29 日第十二届全国人民代表大会常务委员会第三次会议修正。

《传染病防治法》对以下方面进行了规定：传染病预防，疫情的报告、通报、发布，疫情控制中的人员隔离、疫区封锁、停工停课、物资征用、产品供应、交通卫生、尸体解剖、医疗救治，传染病菌（毒）种的保藏、携带和运输等。2020 年 10 月 2 日，国家卫健委发布《传染病防治法》修订征求意见稿，明确提出甲、乙、丙三类传染病的特征。乙类传染病新增人感染 H7N9 禽流感和新型冠状病毒两种。此次草案提出，任何单位和个人发现传染病患者或者疑似传染病患者时，应当及时向附近的疾病预防控制机构或者医疗机构报告，可按照国家有关规定予以奖励；对经确认排除传染病疫情的，不予追究相关单位和个人责任。

3. 《中华人民共和国动物防疫法》

《中华人民共和国动物防疫法》是为加强对动物防疫活动的管理，预防、控制、净化、消灭动物疫病，促进养殖业发展、防控人畜共患传染病、保障公共卫生安全和人体健康制定的法律，于 1997 年 7 月 3 日第八届全国人民代表大会常务委员会第二十六次会议通过，2007 年 8 月 30 日第十届全国人民代表大会常务委员会第二十九次会议第一次修订，根据 2013 年 6 月 29 日第十二届全国人民代表大会常务委员会第三次会议《关于修改〈中华人民共和国文物保护法〉等十二部法律的决定》第一次修正，根据 2015 年 4 月 24 日第十二届全国人民代表大会常务委员会第十四次会议《关于修改〈中华人民共和国电力法〉等六部法律的决定》第二次修正，2021 年 1 月 22 日第十三届全国人民代表大会常务委员会第二十五次会议第二次修订。

4. 《病原微生物实验室生物安全管理条例》

2004 年 11 月 12 日，国务院颁布了《病原微生物实验室生物安全管理条例》（中华人民共和国国务院令第 424 号），基本理顺了涉及实验室生物安全的管理机构与管理职责。根据该文件有关要求，国家制定发布了生物安全实验室体系建设规划，各有关部门陆续出台了生物安全实验室建设和管理的相关规章及标准，对高等级生物安全实验室实行国家认可制度，从此我国生物安全实验室建设和管理全面走向法制化的道路。2018 年 4 月 4 日《国务院关于修改和废止部分行政法规的决定》（中华人民共和国国务院令第 698 号）中对《病原微生物实验室生物安全管理条例》进行了修订，旨在加强实验室生物安全管理，保护实验室工作人员和公众的健康。2022 年，国家卫生健康委员会组织对《病原微生物实验室生物安全管理条例》进行修订。

（二）我国生物安全实验室部门规章

1. 《人间传染的病原微生物目录》

2023 年 8 月，根据《中华人民共和国生物安全法》和《病原微生物实验室生物安全管理条例》的规定，国家卫生健康委员会在《人间传染的病原微生物名录》（卫科教发〔2006〕15 号）的基础上，组织制定了《人间传染的病原微生物目录》。目录将人间传染的病原微生物分为：病毒 160 种，朊病毒 7 种，细菌、放线菌、衣原体、支原体、立克次体、螺旋体 190 种，真菌 151 种，同时对病原微生物的中英文名称、分类学地位、危害程度分类、实验活动所需实验室级别、运输包装分类等进行了规定。

2. 《可感染人类的高致病性病原微生物菌（毒）种或样本运输管理规定》

配套《病原微生物实验室生物安全管理条例》，2005 年 12 月原国家卫生部发布《可感染人类的高致病性病原微生物菌（毒）种或样本运输管理规定》（中华人民共和国卫生部令第 45 号），对可感染人类的高致病性病原微生物菌（毒）种或样本运输的适用性、申请材料、审批程序等作出了详细规定。2022 年，国家卫生健康委员会组织对《可感染人类的高致病性病原微生物菌（毒）种或样本运输管理规定》进行修订。

3. 《高致病性动物病原微生物实验室生物安全管理审批办法》

2005 年 5 月，原农业部发布《高致病性动物病原微生物实验室生物安全管理审批办法》（中华人民共和国农业部令第 52 号），对高致病性动物病原微生物的实验室资格、实验活动和运输的审批等进行了详细规定。

4.《病原微生物实验室生物安全环境管理办法》

2006 年 3 月 8 日，国家环境保护总局公布了《病原微生物实验室生物安全环境管理办法》，自 2006 年 5 月 1 日起施行。该办法根据《病原微生物实验室生物安全管理条例》和有关环境保护法律、行政法规制定，旨在规范病原微生物实验室生物安全环境管理工作，适用于中华人民共和国境内的病原微生物实验室及其从事的与病原微生物菌（毒）种、样品有关的研究、教学、检测、诊断等实验活动的生物安全环境管理。

5.《兽医实验室生物安全管理规范》

动物病原微生物实验室对生物安全同样有相关要求。农业部 2003 年 10 月 15 日发布《兽医实验室生物安全管理规范》（中华人民共和国农业部公告第 302 号），规定了兽医实验室生物安全防护的基本原则、实验室的分级、各级实验室的基本要求和管理。

6.《动物病原微生物分类名录》

2005 年 5 月，原农业部颁布了《动物病原微生物分类名录》（中华人民共和国农业部令第 53 号），将动物病原微生物进行分类，共分为四类。第一类动物病原微生物 10 种；第二类动物病原微生物 8 种；第三类动物病原微生物包括多种动物共患病病原微生物、牛病病原微生物、其他动物病原微生物等；第四类是指危险性小、致病力低、实验室感染机会少的兽用生物制品、疫苗生产用的各种弱毒病原微生物，以及不属于第一、二、三类的各种低毒力的病原微生物。2022 年，农业农村部组织对《一二三类动物疫病病种名录》和《人畜共患传染病名录》进行修订。

（三）我国生物安全实验室标准

1.《实验室　生物安全通用要求》

2004 年，我国颁布了《实验室　生物安全通用要求》（GB 19489—2004），对不同生物安全防护级别实验室的设施、设备和安全管理提出了基本要求。随后，经过多年实践，对生物安全实验室建设、运行和管理的需求及要求有了更深入的理解和新的共识，2008 年修订了《实验室　生物安全通用要求》（GB 19489—2008），这是生物安全实验室建设、运行、管理中最基本且重要的一项国家标准。

2.《生物安全实验室建筑技术规范》

为使生物安全实验室在设计、施工和验收方面满足实验室生物安全防护要求，我国于 2004 年颁布实施《生物安全实验室建筑技术规范》（GB 50346—2004），适用于新建、改建和扩建的生物安全实验室的设计、施工和验收，是生物安全实验室在建设期间所参考的重要标准。本标准对不同分级的生物安全实验室的建筑、装修、结构、空调、通风、净化、给排水、气体供应、电气、消防等方面都进行了详尽规定。随着我国生物安全实验室不断发展壮大，在总结实践经验后，2011 年对《生物安全实验室建筑技术规范》（GB 50346—2011）进行了修订。

3.《微生物和生物医学实验室生物安全通用准则》

2002 年，我国颁布了首个实验室生物安全行业标准《微生物和生物医学实验室生物安全通用准则》（WS 233—2002）。该标准对实验室生物安全防护的基本原则、实验室分级、各级实验室的设施设备等方面提出了要求，这是我国生物安全领域一项开创性工作。该标准为我国实验室生物安全的管理工作奠定了基础，标志着我国实验室生物安全工作开始走向规范化管理的道路。经过多年实践，2017 年对《病原微生物实验室生物安全通用准则》（WS 233—2017）进行了修订。

4.《人间传染的病原微生物菌（毒）种保藏机构设置技术规范》

2010 年，原卫生部发布《人间传染的病原微生物菌（毒）种保藏机构设置技术规范》（WS 315—2010），对人间传染的病原微生物菌（毒）种保藏机构设置的基本原则、类别与职责、设施设备要求、管理要求等基本要求作出了规定。

5. 《移动式实验室　生物安全要求》

随着全国固定生物安全实验室的飞速发展，以及我国应对突发公共卫生事件处置能力的提升，移动式生物安全实验室应运而生。2015 年，《移动式实验室　生物安全要求》（GB 27421—2015）发布实施。该标准在 GB 19489—2008 的基础上，根据移动式实验室的特点，提出了移动式实验室在生物安全分级、实验室设施设备的配置、个人防护和安全管理等方面的基本要求。

6. 《病原微生物实验室生物安全标识》

《病原微生物实验室生物安全标识》（WS 589—2018）是专门规范实验室生物安全标识的行业标准，规定了病原微生物实验室生物安全标示的规范设置、运行、维护与管理，适用于从事与病原微生物菌（毒）种、样本有关的研究、教学、检测、诊断、保藏及生物制品生产等相关活动的实验室，内容涵盖了标识类型、要求、型号选用、设置高度、使用要求、管理等。

7. 《高等级病原微生物实验室反恐怖防范要求》

随着病原微生物实验室的快速发展，实验室反恐怖和生物安全问题日益凸显。公安部 2022 年发布了公共安全行业标准《生物安全领域反恐怖防范要求》（GA 1802—2022），其中《生物安全领域反恐怖防范要求　第 1 部分：高等级病原微生物实验室》（GA 1802.1—2022）规定了高等级病原微生物实验室反恐怖防范的重点目标和重点部位、总体防范要求、常态防范要求、非常态防范要求和安全防范系统技术要求。该标准于 2023 年 7 月 1 日实施。

8. 《兽医实验室生物安全要求通则》

农业部 2010 年颁布施行了农业行业标准《兽医实验室生物安全要求通则》（NY/T 1948—2010），规定了兽医实验室生物安全管理体系建设和运行的基本要求、应急处置预案编制原则，以及安全保卫、生物安全报告和持续改进的基本要求。

第四节　实验室生物安全管理的总则要求

2020 年 10 月 17 日，十三届全国人大常委会第二十二次会议表决通过了《中华人民共和国生物安全法》（以下简称《生物安全法》），同日，国家主席习近平签署第五十六号主席令予以公布，《生物安全法》自 2021 年 4 月 15 日起实施。该法律要求贯彻落实习近平总书记关于生物安全的重要指示精神和党中央重大决策部署，建立健全生物安全管理制度，是生物安全领域的基础性、系统性、综合性、统领性的法律。生物安全法的颁布，对保障人民生命安全和身体健康、完善生物安全法律体系具有重要意义。

一、病原分类

病原微生物是指可以侵犯人、动物引起感染甚至传染病的微生物，包括病毒、细菌、真菌、立克次体、寄生虫等。根据中央国家安全委员会办公室工作安排，国家卫生健康委员会牵头组织开展《病原微生物实验室生物安全管理条例》（国务院令第 424 号）的修订工作。国家对病原微生物实行分类管理，并且根据病原微生物的传染性、感染后对人和动物个体或者群体的危害程度，将病原微生物分为了四类：第四类病原微生物是指在通常情况下不会引起人类或者动物疾病的微生物；第三类病原微生物是指能够引起人类或者动物疾病，但一般情况下对人、动物或者环境不构成严重危害，传播风险有限，实验室感染后很少引起严重疾病，并且具备有效预防和治疗措施的微生物；第二类病原微生物是指能够引起人类或者动物严重疾病，比较容易直接或者间接在人与人、动物与人、动物与动物间传播，对感染具备有效的预防和治疗措施的微生物；第一类病原微生物是指通常能够引起人类或者动物非常严重疾病甚至死亡，并且很容易发生个体之间的直接或间接传播，通常没有有效的预防和治疗措施的微生物。第一类、第二类病原微生物统称为高致病性病原微生物。

此次条例内容将病原微生物的分类顺序与原条例中的分类顺序进行了调整，使病原微生物分类标准与国际分类标准保持一致，参见《WHO 实验室生物安全手册》（第 4 版）。这种分类标准采取病原微生物的致病性、传染性、可预防性和治疗性四种属性，不仅便于我国在国家生物安全治理与合作中发挥重要作用，也与实验室生物安全等级规定保持了一致（表 20-3）。

表 20-3　病原微生物分类等级变化

修订前	修订后
第一类病原微生物是指能够引起人类或者动物非常严重疾病的微生物，以及我国尚未发现或者已经宣布消灭的微生物	第一类病原微生物是指在通常情况下不会引起人类或者动物疾病的微生物
第二类病原微生物是指能够引起人类或者动物严重疾病，比较容易直接或者间接在人与人、动物与人、动物与动物间传播的微生物	第二类病原微生物是指能够引起人类或者动物疾病，但一般情况下对人、动物或者环境不构成严重危害，传播风险有限，实验室感染后很少引起严重疾病，并且具备有效预防和治疗措施的微生物
第三类病原微生物是指能够引起人类或者动物疾病，但一般情况下对人、动物或者环境不构成严重危害，传播风险有限，实验室感染后很少引起严重疾病，并且具备有效治疗和预防措施的微生物	第三类病原微生物是指能够引起人类或者动物严重疾病，比较容易直接或者间接在人与人、动物与人、动物与动物间传播，对感染具备有效的预防和治疗措施的微生物
第四类病原微生物是指在通常情况下不会引起人类或者动物疾病的微生物	第四类病原微生物是指通常能够引起人类或者动物非常严重疾病甚至死亡，并且很容易发生个体之间的直接或间接传播，通常没有有效的预防和治疗措施的微生物

二、实验室分级

实验室是指进行科学实验的场所。病原微生物实验室是指从事与微生物菌（毒）种和样本有关的研究、教学、检测、诊断等活动的实验室，通过防护屏障和管理措施，能够避免或控制被操作的有害生物因子危害，达到生物安全要求的生物实验室。病原微生物实验室是开展科学研究的主要平台，同时也是传染病防控、应对生物威胁、保障公共健康工作的重要组成部分，在应对生物恐怖、突发公共卫生事件、新发突发传染病中起到了重要作用。

按照《病原微生物实验室生物安全管理条例》及相关法律法规的要求，实验室要在建设前期确定好拟从事的病原微生物和相对应的风险评估，确定所从事的病原微生物及其实验活动的风险级别，在相应的生物安全防护水平实验室方可开展相对应的实验活动。

当前我国根据实验室所开展的病原微生物的生物危害程度和采取的防护措施进行分级管理，将实验室生物安全防护水平分为一级、二级、三级和四级，简写为 BSL-1、BSL-2、BSL-3 和 BSL-4；从事动物活体操作的实验室则简写为 ABSL-1、ABSL-2、ABSL-3 和 ABSL-4。在生物安全实验室中，一级和二级生物安全实验室通常被称为基础实验室，其防护水平相对较低；三级和四级生物安全实验室为高等级生物安全实验室，防护水平较高。实验室的防护等级和安全要求是从低到高逐渐上升，即一级生物安全实验室的安全防护水平为最低，反之，四级生物安全实验室安全防护水平最高。四级生物安全实验室是人类迄今为止建造的最高级别的生物安全实验室，可用于研究具有高度群体危险性、通过气溶胶途径传播或传播途径不明、目前尚无有效疫苗或治疗方法的病原微生物（表 20-4）。

表 20-4　生物安全实验室的分级

实验室安全防护水平	适用条件	实验室类型
一级	适用于操作在通常情况下不会引起人类或者动物疾病的微生物	基础的教学、研究
二级	适用于操作能够引起人类或者动物疾病，但一般情况下对人、动物或者环境不构成严重危害，传播风险有限，实验室感染后很少引起严重疾病，并且具备有效治疗和预防措施的微生物	初级卫生服务；诊断、研究

续表

实验室安全防护水平	适用条件	实验室类型
三级	适用于操作能够引起人类或者动物严重疾病，比较容易直接或者间接在人与人、动物与人、动物与动物间传播的微生物	特殊的诊断、研究
四级	适用于操作能够引起人类或者动物非常严重疾病的微生物，以及我国尚未发现或者已经宣布消灭的微生物	特殊的诊断、研究

三、管理体制和监管机制

1. 国家总体要求

生物安全关系全人民生命健康，是国家安全的重要组成部分。高等级生物安全实验室从起初立项到最终投入使用，需要一系列非常复杂且系统的过程，即便投入使用，它的监管机制也要按照国家发布的各项法律法规来执行。由于我国生物安全风险来源多，涉及的主管部门也很多，在实践的过程中难免会出现沟通不畅、衔接不顺、防范风险不到位等情况，所以构建一个集中统一、权威高效的生物安全体制机制，是落实《中华人民共和国生物安全法》执行要求的最关键所在。

按照《中华人民共和国生物安全法》《病原微生物实验室生物安全管理条例》及相关配套执行的法规要求，我国已经形成了国家行政主管部门、各省（自治区、直辖市）行政主管部门、实验室设立单位属地行政管理部门、实验室设立单位、实验室负责人等自上而下一系列的生物安全实验室管理链条。由中央国家安全领导机构负责国家生物安全工作的决策和议事协议、研究制定，指导实施国家生物安全战略和有关重大方针政策，统筹协调国家生物安全的重大事项和重要工作，建立国家生物安全工作协调机制。各省（自治区、直辖市）建立相应的生物安全工作协调机制，组织协调、督促本行政区域内生物安全相关工作推进。

当前，我国生物安全领域尚属于新兴领域，其涉及范围较广，发展的速度较快，知识性较为专业，所以在确定生物安全风险、防范生物安全突发事件、科学应对生物安全事故、制定生物安全规章、研究生物安全政策等多个方面都需要涉及生物安全相关专业知识支持。为了更好地发挥我国生物安全专家的专业特长，让我国生物安全决定决策及监督管理更加科学有效，国家生物安全协调机制设立专家委员会，为国家生物安全战略研究、政策制定及实施提供决策咨询等。另外，我国根据各个行业及部门的职责分工，在国家卫生健康、农业农村、科学技术、国际外交等多方面建立与之对应的监管制度，包括：①生物安全风险监测预警制度；②生物安全风险调查评估制度；③生物安全信息共享制度；④生物安全信息发布制度；⑤生物安全名录和清单制度；⑥生物安全标准制度；⑦生物安全审查制度；⑧统一领导、协同联动、有效高效的生物安全应急制度；⑨生物安全事件调查溯源制度；⑩首次进境或者暂停后恢复进境的动植物、动植物产品、高风险生物因子国家准入制度；⑪境外生物安全事件应对制度。

国家建立多项生物安全制度，是为了更好地做好风险预防，从源头把控传播途径，从根本上预防风险传播，维护生物安全。要想做到及时应对，必须坚持关口前移，在监测出风险时建立预警制度，对监测到的信息进行风险调查评估，并与多部门共同协作配合，共享生物安全信息，及时准确发布，让公众了解生物安全情况和警示的信息，不造成信息的不对等或前后矛盾有误的情况，及时应对新发高发传染病的传播，避免公众恐慌，维护社会稳定。同时，为了增强制度性的规范性与可行性，国家要求对涉及生物安全的材料、设备、技术、活动、重要生物资源数据、传染病、动植物疫病、外来入侵物种等重要内容进行清单式、标准化规范，统一领导，多方协同，高效应对，这样可以更好地适应当前生物安全工作需要。

2. 实验室基本管理

生物安全实验室应按照国家、地方和部门规定及标准的相关要求，结合本实验室自身特点，建立实验室生物安全管理体系，通过健全的实验室管理体系，维护实验室活动符合实验室生物安全规定，能够在实验室发展过程中自查自纠，提高改进，持续满足实验室生物安全管理需求，以最大限度地保护实验室的操作人员，规避实验室生物安全事故，保障人群公众的安全与健康。

　　健全的实验室生物安全管理体系包括四个部分：组织结构、程序、过程和资源。组织结构就是组织机构加职能，简单来说，就是实验室相关的部门、工作人员、人员分工协作等，建立健全实验室生物安全管理的组织结构是确保实验室安全、有效、稳定运行的重要保证，它的实质目的是确定实验室生物安全管理方针，落实实验室生物安全管理的目标，明确实验室中操作人员的责任分工、权限关系及管理范围，建立起一个目标一致、步调统一、相互协作的实验室管理结构。

　　设立好组织机构，同时需要组织编制实验室生物安全管理体系文件。实验室生物安全管理体系文件是实验室生物安全管理体系的重要组成部分，是落实国家法律法规及相关政策的落脚点，是实验室管理中的基础部分，也是体系评价、实验室改进及未来发展的重要依据。实验室生物安全管理体系文件一般包括四个层次，即生物安全管理手册、程序文件、标准操作规范（或作业指导书）和记录表格，还包括安全手册、安全数据单、实验活动的风险评估报告等技术性文件。

　　实验室生物安全管理体系建立后，应该在实验室实际运行过程中不断根据实际开展实验的情况进行改进和完善，要以实验室生物安全为中心点，关联实验室内部各部门、各要素、各阶段。当体系处于与实验室需求不适应或内部组织机构、实验室活动、部门设置等方面出现重大变化等情况时，要及时进行修订和调整，在已有的体系文件中增减相关条款。

　　维护实验室生物安全管理体系，无疑是确保实验室有序运行的重中之重。安全检查、内部审核、管理评审、外部监督以及国家认可等活动的开展，将有助于我们及时挖掘潜在风险、深度解析问题根源、快速实施纠偏措施，以阻断不合规行为的发生。通过这些举措，我们的实验室生物安全管理体系将不断趋于完善，实验室生物安全意识将持续巩固强化，实验室生物安全防护能力亦将日益精进。

（中国疾病预防控制中心　李　晶　李思思　国原源）

第二十一章

实验室生物安全风险评估与控制

风险评估与控制是病原微生物实验室安全运行的基础。实验室应建立有效机制，保障风险评估与控制措施的实施。实验室管理和运行要以风险评估结果为依据，并结合风险控制措施建立相应的制度和程序。在开展风险评估与控制活动的过程中，实验室负责人及主要管理和技术负责人起关键作用，同时实验室所在机构领导和技术支撑部门，如生物安全委员会、动物伦理委员会，以及生物安全专业人员、职业健康人员和实验动物兽医等相关专业人员，为风险评估与控制提供支撑。在评估风险时，既要充分考虑实验活动全要素相关的风险，也要广泛吸收利益相关方的信息和意见，还要全面收集与实验活动相关的背景资料，特别是其他实验室的经验、教训。风险评估结果既是风险控制的依据，也为选择风险控制措施提供指南，采取风险控制措施时宜首先考虑消除危险源（如果可行），然后再考虑降低风险（降低潜在伤害发生的可能性或严重程度），最后考虑采用个体防护装备。

第一节 总 则

19 世纪末，德国医学家罗伯特·科赫（Robert Koch）首次运用科学方法证明某种特定的微生物是某种特定疾病的病原，自此开启了有关病原微生物感染致病相关研究的大门（Dubovsky，1982）。到 20 世纪中期，随着人们对病原微生物的认识不断深入，从事相关实验工作的机构和从业人员逐渐增多，病原微生物实验活动所引发的实验室获得性感染也逐渐被人们认识，且其危害进一步扩展到实验室外的社区及环境，形成了对病原微生物实验室生物危害的完整认识。由于风险综合表征了危害发生的可能性及其后果的严重性，能够更好地服务于病原微生物实验室的安全管理工作，因此以风险评估与控制为核心的风险管理理论和方法逐渐应用于病原微生物实验室生物安全管理中，并发挥着越来越重要的作用。

一、风险评估概念与原则

风险来源于危险或危害。风险广泛存在于与人类生活密切相关的各个领域，并涉及多个学科。全面掌握风险相关的概念及风险管理的原则，有助于更好地开展风险评估与控制工作，并在病原微生物实验室生物安全管理中发挥积极作用。

（一）风险相关概念

1. 风险领域相关概念

当今世界是一个变化的世界，变化就意味着不确定，意味着风险。风险是影响目标实现的各种不确定性因素，风险管理是社会生产力及科学技术水平发展到一定阶段的必然产物。1931 年美国管理协会保险部首先提出风险管理概念，20 世纪 70 年代逐渐形成现代全方位风险管理理念，90 年代风险管理的标准化引起了国际社会的广泛关注，1995 年澳大利亚/新西兰发布了 AS/NZS 4360—1995《风险管理》，是世界上最早也是最著名的风险管理标准之一。

为了统一世界各国的风险管理标准，国际标准化组织（ISO）于 2005 年 2 月成立了 ISO/TMB 风险管理工作组，在汲取各个标准精华的基础上，于 2009 年起发布了系列风险相关标准，包括：ISO 31000《风险管理 原则和指南》（*Risk Management-Principles and Guidelines*）、ISO 31010《风险管理 风险评估技术》（*Risk Management-Risk Assessment Techniques*）、ISO 31004《风险管理 ISO 31000 实施指南》（*Risk Management-Guidance for the Implementation of* ISO 31000）和 ISO 指南 73《风险管理术语》（*Risk*

Management-Vocabulary）。其中，ISO 31000 和 ISO 31010 分别于 2018 年（International Organization for Standardization，2018）和 2019 年（International Electrotechnical Commission，2019）进行了改版。

国家标准化管理委员会从 2005 年 ISO/TMB 风险管理工作组成立以来，始终积极参与风险管理国际标准的活动与风险管理国际标准的制定工作，并于 2007 年成立全国风险管理标准化技术委员会（SAC/TC310），其负责的专业范围包括：风险管理的术语、方法、指南等相关基础，风险识别、风险分析、风险评价等风险管理技术。在参考或引用 ISO 标准的基础上，国家标准化管理委员会及时发布了 GB/T 系列风险管理标准，包括等同采用 ISO 指南 73 的 GB/T 23694—2013《风险管理　术语》（中华人民共和国国家质量监督检验检疫总局和中国国家标准化管理委员会，2013）、参考 ISO 31000 编制而成的 GB/T 24353—2009《风险管理　原则与实施指南》（中华人民共和国国家质量监督检验检疫总局和中国国家标准化管理委员会，2009），以及参考 ISO 31010 编制而成的 GB/T 27921—2011《风险管理　风险评估技术》（中华人民共和国国家质量监督检验检疫总局和中国国家标准化管理委员会，2011）。在这些系列标准里，风险相关的重要术语如下。

（1）危险（hazard）：潜在伤害的来源。

（2）风险（risk）：不确定性对目标的影响。

（3）风险评估（risk assessment）：包括风险识别、风险分析和风险评价的全过程。

（4）风险识别（risk identification）：发现、确认和描述风险的过程。

（5）风险分析（risk analysis）：理解风险性质、确定风险等级的过程。

（6）风险评价（risk evaluation）：对比风险分析结果和风险准则，以确定风险和（或）其大小是否可以接受或容忍的过程。

（7）风险应对（risk treatment）：处理风险的过程。风险应对可以包括：不开始或不再继续导致风险的行动，以规避风险；为寻求机会而承担或增加风险；消除风险源；改变可能性；改变后果；与其他各方分担风险；慎重考虑后决定保留风险。

（8）风险控制（risk control）：处理风险的措施，包括处理风险的任何流程、策略、设施、操作或其他行动。

（9）剩余风险（residual risk）：风险应对之后仍然存在的风险。剩余风险还被称为"留存的风险"，可包括未识别的风险。

（10）风险管理（risk management）：在风险方面，指导和控制组织的协调活动。

2. 实验室生物安全领域风险相关概念

实验室生物安全领域一直比较关注病原微生物所造成人员感染这一直接"危害"，20 世纪 50 年代开始引入"风险"这个词（Wedum and Kruse，1969）；直到 20 世纪 90 年代，世界卫生组织（WHO）、美国疾病控制与预防中心、美国国立卫生研究院的指南性文件才使用"风险评估（risk assessment）"；2006 年 WHO 的《生物风险管理：实验室生物安保指南》（*Biorisk Management：Laboratory Biosecurity Guidance*）（World Health Organization，2006）和 2008 年欧盟标准 CWA 15793《实验室生物风险管理标准》（*Laboratory Biorisk Management Standard*）（European Committee for Standardization，2008）正式使用"生物风险管理（biorisk management）"这一术语。但 2020 版的 WHO《实验室生物安全手册》（*Laboratory Biosafety Manual*）（World Health Organization，2020）和 CDC & NIH 的《微生物和生物医学实验室生物安全》（*Biosafety in Microbiological and Biomedical Laboratories*）（United States Department of Health and Human Services et al.，2020）依然使用的是"风险评估（risk assessment）"。

2002 年经卫生部批准，颁布了我国实验室生物安全领域第一个行业标准《微生物和生物医学实验室生物安全通用准则》（WS 233—2002），其中包含"微生物危害评估"一章，2017 年修订发布时修改为"风险评估与风险控制"（中华人民共和国国家卫生和计划生育委员会，2017）。国家标准 GB 19489—2004《实验室　生物安全通用要求》于 2004 年发布时，包含有"生物危害评估"一章，2008 年修订发布时修改为"风险评估及风险控制"。2020 年颁布的认证认可领域行业标准 RB/T 040—2020《病原微生物实验室生物安全风险管理指南》（中国国家认证认可监督管理委员会，2020），率先在我国的标准体系中将风险管理应用于实验室生物安全领域。下面分别以 GB 19489—2008 和 RB/T 040—2020 来介绍风险相关概念。可以发现，RB/T 040—2020 多数引用 GB/T 27921—2011 的术语，亦与 GB/T 23694—2013 的相同。

1）GB 19489—2008《实验室　生物安全通用要求》中风险相关术语

（1）危险（hazard）：可能导致死亡、伤害或疾病、财产损失、工作环境破坏或这些情况组合的根源或状态。

（2）危险识别（hazard identification）：识别存在的危险并确定其特性的过程。

（3）风险（risk）：危险发生的概率及其后果严重性的综合。

（4）风险评估（risk assessment）：评估风险大小以及确定是否可接受的全过程。

（5）风险控制（risk control）：为降低风险而采取的综合措施。

2）RB/T 040—2020《病原微生物实验室生物安全风险管理指南》中风险相关术语

（1）风险（risk）：不确定性对目标的影响。

（2）风险评估（risk assessment）：包括风险识别、风险分析和风险评价的全过程。

（3）风险识别（risk identification）：发现、确认和描述风险的过程，包括对风险源、事件及其原因和潜在后果的识别。

（4）风险分析（risk analysis）：理解风险性质、确定风险等级的过程。

（5）风险评价（risk evaluation）：对比风险分析结果和风险准则，以确定风险和/或其大小是否可以接受或容忍的过程。

（6）风险应对（risk treatment）：处理风险的过程，通常指基于风险评估结果，为降低风险而采取的综合性措施。其最终目标是降低事故发生的频率和（或）事故的严重程度，使剩余风险可接受。

（7）控制（control）：处理风险的措施，包括处理风险的任何流程、策略、设施、操作或其他行动。

（8）剩余风险（residual risk）：风险应对之后仍然存在的风险。剩余风险还被称为"留存的风险"，可包括未识别的风险。

（9）风险管理（risk management）：在风险方面，指导和控制组织的协调活动。

从上面的介绍可以看出，在实验室生物安全领域，通常用"风险评估"或"风险评估和风险控制"来涵盖整个风险管理过程。但为了更加准确地描述风险管理的过程和方法等，本章内容基本采用 RB/T 040—2020《病原微生物实验室生物安全风险管理指南》中的风险相关术语。

（二）风险评估与控制的意义

结核分枝杆菌、布鲁氏菌属、艾滋病病毒、狂犬病病毒、肝炎病毒、流感病毒、登革病毒等数以千计的病原微生物在全国各地各种各样的实验室中进行检测、监测、诊断、研究、教学、商业目的的处理和操作。这些病原微生物在实验活动过程中不仅对实验室人员造成潜在的危险，同时也对实验室外环境构成风险。实验室所操作或保存的病原微生物及其他有价值的材料（如病原微生物相关信息、技术、设备）一旦失窃，或被误用、滥用或恶意使用，还会带来生物安保的风险。

病原微生物实验室实现安全管理目标的第一步是评估实验室中存在的安全和安保风险。风险评估是帮助确定、管理和减轻实验室风险的基本过程，对实验室的日常工作和意外处置都非常重要。实验室风险评估的主要目的不仅是了解、掌握实验室客观存在的风险，更是为实验室降低风险提供决策支持。降低风险的目的是为了保护实验室、保护实验室人员，以及保护实验室外部环境。

风险评估的结果为选择适当的生物安全措施（包括微生物操作和安全设备）、安保措施和其他设施设备保障措施提供依据，用以将确定的风险降低到可接受或可控水平。风险评估的结果表明，许多情况下的风险可以通过使用相对简单的措施加以控制，例如，采用正确、可靠的防护设备，及时、正确地清理溢洒，将装有病原微生物的容器上锁保管，等等。而对于某些问题更大、更复杂的风险，则可能需要更多的投入来有效降低这些风险。值得注意的是，尽管风险评估是帮助降低实验室风险的基础且有效的工具，但实验室风险永远不能完全消除。

实验室风险评估的意义不仅限于减少和减轻风险，还可以提供以下帮助：

（1）有效分配资源；

（2）确定培训和监督需求；

（3）改进前期的计划；

（4）评估变更的程序；

（5）遵守政府法规；

（6）判定空间和设备需求；

（7）评估应急计划；

（8）做出预防性维护计划；

（9）评估与其他实验室/单位的交流和工作流程。

风险评估结果的质量完全依赖于输入数据的质量。换句话说，风险评估需要收集和输入准确的信息。从事风险评估的人员，必须充分熟悉实验室所开展的活动，以及相关的病原微生物、程序、设备、人员，因为这些因素都会影响风险评估的过程和结果。必须由参与生物风险管理的实验室人员来收集或评估那些用于风险评估的所有信息；这在很大程度上依赖于实验室管理人员、主要调查人员、实验室工作人员、安全负责人和安保人员等的专业知识。国家主管部门和世界卫生组织、世界动物卫生组织、国际标准化组织等国际权威机构发布的指南、标准等，对于风险评估的实施具有重要的指导意义，也是病原微生物实施风险评估的依据。

由于不同实验室的建设和资金水平、管理和技术能力、环境和支持条件都存在不同，加之实验室所操作病原微生物的种类和量的差异，其生物风险必然存在显著的不同，加之各实验室风险管理能力也存在较大的差异，因此必须认识到，最终降低风险的措施将因实验室、实验室设立单位以及实验室所处地区和层级的不同而有很大差异。

（三）风险评估与控制的原则和职责

风险评估不仅是实验室，也是整个设立单位人员的一项重要职责。对于某个实验室而言，风险评估的最佳人选通常是那些在实验室工作的人员、对病原微生物和其他有价值的实验室材料，以及对实验操作和过程最熟悉的人员。因此，实验室生物安全和生物安保风险评估应该是研究负责人、科学家、研究技术人员和生物风险管理顾问的共同责任。生物风险管理顾问应该负责启动风险评估过程，并能对实验室存在的所有生物风险保持警觉；对于生物安保风险评估，只要可能，实验室所在园区安保力量也应参与。以下是参与风险评估的各类人员及其职责说明。

1. 生物风险管理顾问（也称为生物安全官或生物安全负责人）

这类人员是为实验室生物风险管理及工作场所风险评估提供建议和指导的成员。这类人收集相关信息来确定风险因素，并利用这些信息来描述风险的可能性和后果。生物风险管理顾问应扮演沟通者的角色，将亲力亲为的一线实验室人员、合同人员与管理人员、高层管理人员、其他利益相关方联系起来。他们应该了解实验室活动、潜在暴露源和有效控制手段。在管理层的支持下，他们还应作为顾问，根据风险评估结果建议并采取适当的风险控制措施。此外，生物风险管理顾问还应对风险评估结果有最全面的了解。

2. 研究负责人/科学家/研究技术人员

这类人员是风险评估所需信息和数据的主要提供者。他们应确保完成风险评估，了解风险评估结果，并就推荐的控制措施的实施向管理层提供素材。他们还负责确保向涉及风险的有关员工通报风险评估结果、所需的控制措施，并在需要时指导他们获得具体的控制措施。科研人员对风险评估的理解和支持对于生物风险管理的有效性至关重要。

3. 外部安全人员和安保人员

这类人员也为风险评估提供有价值的意见。例如，当地专业机构可能为实验室提供实验室所在地区的地方性威胁信息。安保力量可参与管理部门实施的生物安保控制措施，或充当检查其功能的观察员。生物安全风险评估可能还需要其他专业机构,如危险品处理的事故响应相关机构,以及当地消防部门和其他急救人员。在重大安全或安保问题超出机构应对能力的情况下,可以要求这些外部专业机构提供额外帮助。

4. 法律&公共关系顾问/劳动安全官员

这类人员不直接参与风险评估过程,但在需要向实验室工作人员和公众传达控制措施、管理方针的变化以获得他们的理解和支持时,他们的专家意见是有价值的,因此他们在风险交流方面发挥着重要作用。在确定风险优先级进程时也需要考虑他们的意见。由于这类人员通常对实验室或实验室生物风险管理并不熟悉,因此他们需要借助生物风险管理顾问等负责进行风险评估的人员,以最大限度地进行沟通和理解。

5. 实验室服务供应商、废弃物处理人员、维保人员和保洁人员

这类人员直接受到实验室风险的影响,但通常对他们所接触的危害了解有限。应该关注他们所关心的问题和对风险的理解,以及风险评估结果对他们的影响。这有助于他们去支持实施风险控制措施。

6. 高层管理人员

这类人员包括实验室主任和其他上层管理人员,通常不会进行或直接参与风险评估过程。但由于他们最终负责机构的生物风险管理体系,因此他们对于支持(必要时指导)实验室进行风险评估绝对是至关重要的,包括指派员工并提供资源来进行必要的数据收集和分析工作。高层管理人员将最终负责基础设施和能力建设,从而支持建立预防措施和标准程序来最大限度地降低实验室风险。评估人员和高层管理人员之间的相互理解对于做好风险评估是必不可少的。资源分配和财政支持是进行风险评估、实施适当和必要的生物安全及生物安保控制措施的必要支撑。高层管理人员在风险评估过程的早期就参与对话,可以减少在解释结果时的混乱。早期沟通有助于在管理层得到评估结果时减少沟通错误,管理层必须了解评估结果,以便作出控制决策。

7. 管理人员

这类人员较少进入实验室区域,但通常每天都能接触实验室区域的工作人员。这类人员通常没有或仅有少量病原微生物相关的知识;因此,必须采用他们可理解的方式提供科学技术评估结果和最终方针。但是,对于信息相关的风险评估,应当咨询这些管理人员并让他们参与。生物安保措施可能对这些人员有重大影响。

8. 社区利益相关方

根据情况,这类人员可能参与,也可能不参与风险评估。谨慎的做法是告知外来访客和实验室人员的家属他们可能遇到的任何风险,以及风险是如何得到有效管理或控制的。

一旦确定和沟通了所有的风险,相关的实验室和机构工作人员应共同努力,以有效地控制风险,或将风险降低到可接受的水平。利益相关方需要共同努力,确定特定病原微生物实验活动所需的生物安全措施(防护措施)。风险评估还应与所在单位的其他责任部门密切合作,如生物安全委员会(IBC)或生物风险管理委员会、环境卫生安全部和(或)动物管理使用委员会等。

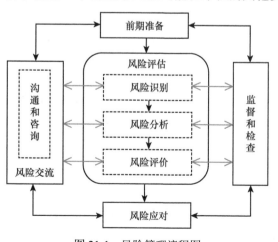

图 21-1 风险管理流程图

二、风险评估程序与方法

风险管理一般包括前期准备、风险评估(包括风险识别、风险分析、风险评价)、风险应对(或称风险控制)、风险交流以及监督和检查等内容,见图 21-1(王荣等,2020)。

(一)前期准备

实验室应根据运行管理要求及时下达风险管理任务,启动风险管理程序。根据风险管理要求的任务阶段

不同，从组建评估队伍、确定评估范围和目标、制定风险准则和实施方案、收集整理信息资料等方面，全面做好前期准备工作。

前面的职责部分已经详细介绍了不同类型人员在风险管理全过程中的作用，组建队伍工作需要根据不同阶段的任务，明确人员、明确职责、明确任务，特别是对于承担风险评估主体工作的人员。《实验室　生物安全通用要求》（GB 19489—2008）3.1.3 条款强调"风险评估应由具有经验的专业人员（不限于本机构内部的人员）进行"。组建队伍最重要的有两点：首先是要注意全面、专业，其次应强调分工、协作。队伍组建得是否成功，将直接决定风险评估的结果和质量。

评估小组根据评估任务设定风险管理范围，包括但不限于病原微生物、实验活动、涉及区域、设施设备、材料方法、组织机构、人员配置等内容。生物安全和生物安保风险评估所关注的内容有所不同，其评估范围也会有所差别。根据评估任务的要求制定或审核风险管理目标，并根据生物因子危害程度、后果预期等制定风险准则。在确定风险准则时，应充分考虑生物因子的危害特性、在国家或地区的流行状况、实验室的可接受程度等要素，对危害程度分级标准、事件发生的可能性大小、后果严重程度判定标准作出定性或定量描述。风险准则应与实验室风险管理的目标、承诺和政策相一致，充分考虑实验室应承担的风险管理义务及利益相关方的观点，并保持动态更新，以适应环境、条件、政策的变化。

在开展风险评估前，实验室应收集拟开展风险管理对象的相关资料，例如，评估对象（病原微生物及其实验活动）相关的人员、设施、设备、实验方法及其运行和管理的相关资料，特别是病原微生物本身的基本信息，包括（但不限于）：生物因子已知或未知的特性，与实验活动相关的生物因子信息（量、浓度等），相关实验室已发生意外暴露事故的信息及其分析，被误用或恶意使用的历史数据，等等，此外还包括国内相关法律法规、部门规章（或部令公告）和标准规范，国际组织或行业权威机构发布的指南、预案，利益相关方提供的资料等。资料获取方法包括日常资料积累收集（经常性资料）和主动资料收集（一时性资料）。积累资料要有前期初步设计，可以充分利用文献、数据库等资源。资料获得后，还必须对这些资料进行分类、分组、归纳，使其系统化，以利于后续资料利用。

风险管理过程的所有阶段，都应与内外部的利益相关方进行充分沟通交流，并就疑难问题或争议问题向有关机构或权威专家咨询，才能取得较好的效果，实现预期的目标。沟通和咨询的方式、方法、内容应能充分反映利益相关方的预期。同时，实验室也应将沟通和咨询纳入资料获取的重要途径。

（二）风险评估

风险评估包括风险识别、风险分析和风险评价的全过程。

风险识别是发现、确认和描述风险的过程，包括对风险源、事件及其原因和潜在后果的识别。风险识别应对实验活动中涉及的危险源进行逐一识别，并对其特性进行定性描述，生成风险清单或风险列表。风险识别作为风险管理的第一步，是其他风险管理要素的基础，其中最复杂并起决定作用的，就是发现风险的过程。只有发现存在或潜在的危险，才能开展风险评估和风险控制。最常见的风险识别内容是病原微生物，识别病原微生物的危险要获取特定生物因子的相关信息，如病原体分类和风险等级、病原体特征（如致病性、传播途径、稳定性、感染剂量、感染病原体的浓度、来源、有效的预防措施、医学监测）、流行病学数据、以往评估结果、已发事故/突发事件调查结果、实验室涉及的其他专业知识（如建筑、环保）等。但是，仅仅获取信息是不充分的。识别病原微生物的危险还需要结合操作环境，动员工作团队和利益相关方共同参与，记录危险特性。另外，还可以积极寻求实验室内/外部风险管理专家的帮助。风险识别的关键在于参与人员的经验、知识水平和对活动过程的了解程度，以及风险源的特性（如是否为一个"全新"的风险源）和信息的全面性。风险识别时，首先要做的是对拟评估领域前人经验和教训的收集、分析、整理。参与人员要十分了解实验室设施设备、实验活动过程和人员能力。需要注意的是，同样的危险因素，对不同的实验室或个人而言，风险大小可能是完全不同的。根据实验室各自的特点，制定并不断完善"危险源清单"有助于进行风险识别。识别风险的角度可不同，但随着实验室风险管理体系运行经验的积累，风险清单应越来越接近实际情况、越来越实用。

风险分析是理解风险性质、确定风险等级的过程。风险分析是风险评价和风险应对（或称风险控制）

决策的基础。风险涉及事件发生的频率及其后果的严重程度，若想精确计算风险，特别是生物风险，是相当困难的。根据风险类型、分析的目的、可获得的信息数据和资源，风险分析可以有不同的广度和深度。实际上，从风险管理的有效性和成本来看，风险分析越细致、越精确，后续制定的风险控制措施就越有针对性，风险管理的有效性就越高。但是，对于一些控制措施简单、单一或代价很低的风险管理，过于追求风险分析的精确性也是不必要的，需要在制定风险准则时科学确定。风险分析是根据风险类型、获得的信息和风险评估结果的使用目的，对识别出的风险进行定性和定量分析，为风险评价和风险应对提供支持。生物安全实验室的风险分析方法可以分为定量、半定量和定性3种，包括风险等级矩阵法、安全检查表法、预先危险性分析法、事件树分析法、故障树分析法等。

风险评价是对比风险分析结果和风险准则，以确定风险和（或）其大小是否可以接受或容忍的过程。风险评价的关键是确定风险准则，通常要基于国家或地方的法律、法规、标准、惯例、相关方的承受能力等，目的就是要做出决策，回答风险是否可接受、如何处理等问题。例如，实验室目前面临的哪些风险是可以接受的？哪些是需要处理的问题？在需要处理的问题中，可以采取的优先方案是什么？当风险可接受时，应保持已有的安全措施；当风险不可接受时，应采取风险应对措施以消除、降低或控制风险。对于新识别的风险，实验室应及时修订补充相应的风险准则，以便在风险评估中适时做出风险评价。

（三）风险控制

风险控制强调的是措施，风险应对强调的是过程。风险控制通常指基于风险评估结果，为降低风险而采取的综合性措施。其最终目标是降低事故发生的频率和（或）事故的严重程度，使剩余风险可接受。风险控制通常要遵循全程控制原则、动态控制原则、分级控制原则、分层控制原则，开展风险控制时遵循这些原则，将确保实现其有效性。选择风险应对措施时，应考虑的因素包括但不限于：法律法规、标准规范方面的要求；风险应对措施的实施成本与预期效果；选择几种应对措施，将其单独或组合使用；利益相关方的诉求、对风险的认知和承受度；对某些风险应对措施的偏好。实验室风险控制的最终目标是降低事故发生频率、减轻事故的严重程度，在选择具体的控制措施时也应着眼于上述两个目标。

除了降低风险的措施以外，风险控制还包括规避风险、消除风险源、转移风险、接受风险等。《实验室 生物安全通用要求》（GB 19489—2008）3.1.10条款强调"采取风险控制措施时宜首先考虑消除危险源（如果可行），然后再考虑降低风险（降低潜在伤害发生的可能性或严重程度），最后考虑采用个体防护装备。"

（四）风险交流

风险交流是沟通与咨询的一部分。风险交流的最终目标是帮助包括实验室人员在内的参与风险评估过程的所有利益相关方理解评估的方法、结果和风险管理决策，从而提高利益相关方对该实验室风险管理状况的认知。风险交流至关重要，可以让实验室人员对与其实验室角色相关的风险做出知情选择，并建立成功的生物风险管理战略。此外，强有力的沟通将有助于为任何事件、事故或风险控制有效性不足建立良好的报告机制。在实验室与外部利益相关方（如监管机构和公众）的沟通方面，风险交流也起着重要的作用。

应将风险评估作为一种工具，通过考虑与降低风险有关的成本和可行性以及从工作中获得的利益，来通知和沟通有关风险的决定。生物实验室永远不可能完全消除生物风险；确定风险是可接受的、可控的还是不可接受的，这是风险评估过程的一部分。这种确定被称为风险接受或风险评估。风险可接受性是一种主观的价值判断。有几个因素会影响风险接受度，具体包括：减轻或控制风险的可用资源水平，该地区的文化、所属区域和生物因子或疾病的流行性，对社区或研究人员的工作价值，风险监管的法规要求，公众观点，等等。

（五）监督、检查、再评估

监督、检查是及时发现问题、避免损失和持续改进的重要手段，也是管理体系中的一个重要环节。实验室应建立明确的监督检查程序并制定相应的工作计划。一般而言，内部审核和管理评审是实验室重要的核查机制。此外，应根据实验室活动的特点，针对重点领域和环节，建立定期和不定期的安全检查制度。应注意，对工作中潜在风险的识别是随时随地的，是全员参与的过程。要及时解决发现的问题，同时，也要决定是否需要进行风险再评估。监督和检查的另外一个重要目的是改进和完善风险评估工作，使风险评估程序越来越实用、越来越精确、越来越客观。

对风险评估工作监督和检查的重点一般包括（但不限于）以下几个方面：①收集的信息是否全面；②风险准则的依据是否充分；③风险识别的范围是否足够广；④风险识别的程序是否严密；⑤风险分析的方法是否恰当；⑥风险评价的依据是否准确；⑦风险评价的决策是否科学；⑧负责风险评价人员的能力是否胜任该项工作；⑨风险评估是否及时；⑩风险处理的效果如何；等等。

根据监督和检查的结果，或进一步完善风险评估程序，或进一步抓落实，或进一步评估相关风险，或停止相关活动。此外，实验室经过一定周期（通常是一年）或发生任何变化时，都应该进行风险再评估。这些需要考虑再评估的变化包括：①新的病原微生物、试剂或其他危险物质；②新的动物种类、模型或感染途径；③新的程序和操作；④新设备；⑤人员变化；⑥设备老化；⑦科学认识和技术进步；⑧搬迁或翻修；⑨最近发生或"差点"发生的事故、实验室获得性感染、盗窃或安保违规等；⑩国家或地区的疾病状况变化；⑪国家、地区或地方的威胁环境或安全环境变化；⑫新的地方或国家法规颁布实施。

在审查风险评估的结果后，应采取必要的措施进行修订或更新。定期进行风险评估是很重要的——不要等到不良事件发生。此外，必须完整记录每一次修改或更新，以及风险评估过程中的每一个步骤。

三、风险评估报告

实验室风险评估结果及风险控制等通常以风险评估报告来展现。实验室应对拟开展的实验活动和程序有充分的认识，并在与利益相关方充分沟通、交流和咨询的基础上编制风险评估报告。

（一）风险评估报告要求

风险评估报告是对评估过程的记录、汇总和整理，是生物安全实验室相关领导决策和有关部门采取处置措施的依据。风险评估报告应全面、概括地反映评估过程的全部工作，文字应简洁、准确，结论明确，利于阅读和审查。

风险评估报告是技术性文件，关键是评估的过程和结果是否真正具有科学性。实验室生物安全风险评估对于病原微生物实验室来说是相对比较新的领域。但由于生物安全实验室内拟操作的生物因子不同、操作活动不同、设施设备和工作团队也不同，风险影响因素差异很大，实验室开展风险评估也存在特殊性。在风险评估报告中，必须用最清楚的方式回答实验室风险评估专家提出的要回答的问题，明确用什么操作、操作病原体的特性、如何防护，并持续跟踪研究最新进展，对报告进行持续更新。

需要说明的是，风险评估报告形成后不是一成不变的。实验室应根据实验室设施设备运行变化、人员或项目的变更等定期修订风险评估报告或对风险评估报告进行复审。此外，实验室风险评估的活动应有合适的机制作为保障，以便监控评估工作过程，确保相关要求及时并有效地得以实施。

（二）风险评估报告内容

不同领域、不同级别的风险评估报告内容有不同的侧重点，但一般应涵盖以下内容：
（1）风险评估报告名称；
（2）评估参加人员；
（3）评估范围；
（4）评估目的；
（5）评估依据；
（6）评估方法和程序；
（7）评估内容；
（8）讨论过程；

（9）评估结论；

（10）参考文献；

（11）附件。

其中，评估内容是风险评估报告的主体，包括：针对实验活动全要素的风险识别、风险分析、风险评价等风险评估过程获得的结果；对于不可接受风险所采取的风险控制措施；对风险控制措施的效果分析及衍生风险等的描述；剩余风险、应急措施及预期效果的评估等内容。

实验室可以根据自身状况和实际运行的需要对风险评估报告内容进行适当调整或补充。

（三）风险评估报告的审核与批准

实验室完成风险评估报告编制工作后，应组织专家对报告编制过程和内容进行评审。专家评审通常由设立单位的生物安全委员会或其主要成员来完成，也可根据特殊需要聘请某领域的专家对风险评估报告进行专项审查。专家评审完成后，实验室根据评审意见进一步修改完善风险评估报告。风险评估报告编写完成后，实验室应将风险评估报告提交给实验室所在单位生物安全主管部门审核批准，卫生行业标准 WS 233—2017《病原微生物实验室生物安全通用准则》规定，风险评估报告应经实验室设立单位批准。

对于没有列入卫生主管部门或兽医主管部门发布的病原微生物目录的生物因子及其活动，应由各单位的生物安全委员会负责风险评估，确定相应的生物安全防护级别。如涉及高致病性病原及其相关实验的，应经国家病原微生物实验室生物安全专家委员会论证。批准发布的风险评估报告是实验室采取风险控制措施、建立安全管理体系和制定安全操作规程的依据。

第二节　生物风险管理

病原微生物实验室可能存在广泛的风险，包括对在实验室内工作的个人、社区和环境的风险（Sandia National Laboratories Laboratory，2014）。为了成功地降低这些风险，理解风险的组成是至关重要的。一般来说，风险被定义为涉及特定危害和（或）威胁的不利事件发生的可能性及其后果的函数。风险也可以更简单地定义为可能性和后果的函数。可能性和后果发生在两个不同的风险时期。风险的可能性影响事件是否发生，因此在事件发生之前；风险的后果发生在事件发生之后，并影响事件的严重程度。

在最基本的层面，理解一种特定的风险需要回答以下问题：

（1）哪里可能出问题？

（2）出问题的可能性有多大？

（3）问题出现的后果是什么？

实验室要回答"哪里可能出问题"是一项艰巨的任务，但最简单地说，这些风险包括生物因子本身所构成的风险（如通过意外或恶意暴露而感染），以及由于生物因子等重要生物材料及其相关的信息、设备等遭盗窃而带来的风险。操作这些生物因子时也存在固有的风险，例如，用污染的针头刺穿皮肤，或由于移液技术差吸入病原体气溶胶颗粒。病原微生物实验室存在的所有风险可统称为生物风险。

一、生物风险的来源和内容

生物风险既能影响人，也能影响动物。病原微生物实验室工作人员，特别是那些直接接触感染源的人员，时刻面临着各种各样的生物风险；即便不直接操作感染源的病原微生物实验室工作人员，依然面临生物风险。生物因子一旦意外释放到环境中，实验室外环境也将面临生物风险。

所有病原微生物相关工作都存在生物风险，这些风险不仅和病原微生物本身相关，也和宿主、工作内容和工作环境有关。

（一）病原微生物相关风险

就实验室生物安全而言，危险是指病原微生物，其致病特性使人们在接触或操作这些因子时可能对人类或动物造成伤害。接触病原微生物所造成的危害在性质上可能有所不同，从个别人员的感染到较大人群染病，其根源都与病原微生物的基本生物学特性有关，这些特性决定了病原微生物的危险程度（包括生物因子引起疾病的可能性和感染后疾病的后果），包括生物因子的种类、来源、传染性、传播途径、易感性、潜伏期、剂量-效应（反应）关系、致病性（包括急性与远期效应）、变异性、在环境中的稳定性、与其他生物和环境的交互作用、相关实验数据、流行病学资料、预防和治疗方案等。

与病原微生物有关的特性并不总是能够得到完全认识，此时考虑其他信息也有助于识别风险，包括采集标本的患者的医疗数据、流行病学数据（严重程度和死亡率数据、疑似传播途径、其他疫情调查数据），以及有关标本地理来源的信息等。

但需要注意的是，危险本身不会对人类或动物构成风险。例如，一瓶含有埃博拉病毒等高致病性病原微生物的血液，在接触瓶内的血液前并不会对实验室人员构成风险。因此，与病原微生物相关的真正风险不能仅根据病原微生物的致病特征来确定，还必须考虑病原微生物相关的实验活动以及开展这些活动的环境。

（二）宿主相关风险

生物风险的来源也与宿主有关。对于只能影响实验室内工作人员的生物危险，其宿主范围仅限于实验室工作人员，当然，一旦泄漏到实验室外，也对实验室外人员构成风险。而对于任何有广泛宿主范围的生物因子，操作生物因子的风险可能扩展到发生意外释放后对农业和实验室外动物物种的影响（这个事件也将依赖于该生物因子的地方流行病学）。对于通常的生物安全风险评估，可能不需要对潜在的风险宿主进行特别审查，但需要特别考虑可能暴露于该危险的免疫缺陷人员。

（三）工作内容和工作环境相关风险

与生物风险相关的工作内容，除了具体的操作程序以外，还涉及工作地点、操作和使用的设备等。其中关键的是那些涉及可能产生气溶胶的生物因子操作（如移液、泵吸、离心、超声或涡旋）及使用锐器的操作——这是两种可能导致实验室获得性感染的常见实验室操作。此外，还应评价生物因子的培养物或悬浮液的浓度和体积。因此，病原微生物实验室开展实验活动时，与工作内容和工作环境相关的风险需要考虑：①设施、设备等相关的风险；②适用时，实验动物相关的风险；③人员相关的风险，如身体状况、能力、可能影响工作的压力等；④实验室常规活动和非常规活动过程中的风险（不限于生物因素），包括所有进入工作场所的人员和可能涉及的人员（如合同方人员）的活动；⑤意外事件、事故带来的风险；⑥被误用和恶意使用的风险；等等。

（四）生物风险的内容

在考虑生物风险的内容时，必须结合实验室内外人员在接触危险时可能的暴露途径来考虑。病原微生物实验室可能的生物风险包括：对实验室内人员的风险，对实验室外人员的风险（人类社区），对实验室外动物的风险（动物社区）。这些风险可能：经由飞沫或飞沫核进入上呼吸道或下呼吸道（吸入途径）而引起感染，因受损皮肤或直接注射入血（经皮途径）而引起感染，因黏膜暴露（黏膜途径）而引起感染，通过胃肠道暴露（胃肠道途径）引起感染。

必须认识到，风险评估越详细和具体，其结果对于风险控制措施的决策就越有用。任何处理病原微生物的单位都有义务对其工作人员和社区进行风险评估，并选择和应用适当的风险控制措施，将其生物风险降低到可接受的程度。风险评估的目的是收集信息，对其进行评估，并将其用于风险控制。分析这些信息有助于实验室人员深入了解生物风险及其影响方式，使实验室人员更有可能安全地开展工作并保持实验室的安全文化。

二、生物风险的识别

明确了生物风险的三大来源后，就要针对实验活动中涉及的风险，包括生物安全风险和生物安保风险，逐一识别出风险源、影响范围、事件发生及其原因和潜在的后果等，形成风险列表。只有在正确识别出实验室所面临的风险基础上，才能够主动选择适当有效的方法来消除或降低风险。

（一）生物因子特征

在进行生物因子风险识别时，应阐明实验活动涉及生物因子的特征，包括：危害程度分类，生物学特性，传播途径和传播力（尤其需要关注是否可以通过气溶胶传播），易感性和致病性（包括易感性、宿主范围、致病所需的量、潜伏期、临床症状、病程、预后等），与其他生物和环境的相互作用、相关实验数据、流行病学资料，在环境中的稳定性，预防、治疗和诊断措施（包括疫苗、治疗药物与感染检测用诊断试剂）。

涉及遗传修饰生物体（GMO）时，应考虑重组体引起的危害。特别重要的是，基因修饰可能会增加或降低一种病原体的致病性，或影响其对抗生素或其他有效治疗的敏感性。

（二）实验活动的风险识别

在常规实验活动方面，应识别下列活动相关的风险：菌（毒）种及感染性物质的领取、转运、保存、销毁等，分离、培养、鉴定、制备等操作，易产生气溶胶的操作（如离心、研磨、振荡、匀浆、超声、接种、冷冻干燥等），锐器的使用（如注射针头、解剖器材、玻璃器皿等）。

动物饲养与实验活动相关的风险识别应涵盖：抓伤、咬伤，动物毛屑、呼吸产生的气溶胶，解剖、采样、检测等，排泄物、分泌物、组织/器官/尸体、垫料、废物处理等，动物笼具、器械、控制系统等可能出现故障。

感染性废物处置过程中的风险识别应涵盖：废物容器、包装、标识，收集、消毒、储存、运输等，感染性废物的泄漏，灭菌的可靠性，设施外人群可能接触到感染性废物的风险。

在非常规实验活动方面，风险识别应涵盖：本实验室人员开展超常规样品数量的检测工作，本实验室人员进行超常规量的病毒培养、细菌培养，本实验室人员从事不常开展的实验活动，非本实验室人员（如设施设备维修维护人员、外来临时研究人员等）进入实验室活动。非常规实验活动应该特别予以重视。

（三）实验室设施、设备的风险识别

对设施设备的风险识别可以从实验室建设项目前期至建设完成后投入使用多个阶段进行，一般体现在实验室建设和实验室运行两个阶段。在开展实验室生物安全风险评估时，根据所处阶段不同，可以有所侧重。评估时，基础实验室应涵盖：生物安全柜、离心机、摇床、培养箱等，废物、废水处理设施、设备，个体防护装备。高等级生物安全实验室在基础实验室的基础上应考虑：防护区的密闭性、压力、温度与气流控制，互锁、密闭门及门禁系统，与防护区相关联的通风空调系统及水、电、气系统等，安全监控和报警系统，动物饲养、操作的设施设备，菌（毒）种及样本保藏的设施设备，防辐射装置，生命支持系统、正压防护服、化学淋浴装置等（四级实验室）。

（四）人员相关的风险识别

实验室工作人员、设施设备运行维护人员、后勤保障以及合同方人员相关的风险虽然各有侧重点，但一般都涵盖以下方面：专业及生物安全知识、操作技能，对风险的认知，心理素质，专业及生物安全培训状况，意外事件/事故的处置能力，健康状况，健康监测、医疗保障及医疗救治，对外来实验人员安全管理及提供的保护措施。

外来人员包括外来实验人员、参观人员、合同方人员（如设施设备维保人员），以及国家法规明确的监管、检查人员等，有的可能接触病原微生物，多数可能不接触病原微生物，其风险具有显著不同的特点，应特别加以注意。

（五）安全管理相关的风险识别

实验室安全管理基于安全管理体系的建立和运行，其风险识别应关注：消除、减少或控制风险的管理措施和技术措施；采取措施后的剩余风险或带来的新风险；运行经验和风险控制措施，包括与设施、设备有关的管理程序、操作规程、维护保养规程等的潜在风险；实施应急措施时可能引起的新的风险。

要特别注意来自上级、外部、经济以及特殊需求的压力给安全管理带来的风险。

（六）生物安保的风险识别

生物安保是指旨在保护、控制重要生物材料及其相关材料，以防止其丢失、盗窃、误用、转移和（或）未经授权接触或故意释放的措施。其重点是识别所保存（藏）的或使用的致病性生物因子被盗、滥用和恶意释放的风险。

进行生物安保风险识别时，常出现的风险因素一般包括（但不限于）：菌（毒）种、样品在临时存放时被误用或有意违规使用；阳性样品或菌（毒）种在实验室内存放过程中遗失，暂时保存时发生被盗、丢失、误用等；分离培养物、复苏菌（毒）株被恶意使用；阳性培养物或样本运输至参考实验室或菌（毒）株保藏机构时被抢、被盗或丢失等。

三、生物风险的分析与评价

风险是可能性和后果严重性的综合。要确定风险，我们必须回答：发生这种情况的可能性有多大？后果是什么？为此，应将影响感染可能性和暴露可能性的所有因素一并考虑，以确定总体可能性特征。同样，我们必须综合影响宿主暴露后疾病后果的所有因素，以回答潜在的后果是什么。

（一）确定可能性和后果

可以通过定性（高、中、低）、半定量或定量（数学模型）等不同方法或其组合使用来进行风险分析。

在进行风险评估时，必须考虑危害的生物学特性，这些特性可能影响其引起感染的可能性，包括识别实验室和自然环境条件下生物因子的感染途径和感染剂量。实验室内的感染途径应包括吸入、食入、注射（进入血液）和经黏膜途径。此外，还必须考虑自然感染途径，包括病媒传播、性传播和垂直传播。这些对于评估实验室外部的人类和（或）动物社区风险以及评估二次传播可能性都是非常重要的。如果发生感染或导致疾病，风险评估还应审查生物因子所引起疾病的性质，包括发病率、死亡率、治疗或预防措施以及经济影响。

通常情况下可能不必评估生物因子感染人员或动物的可能性。但当个人患病或由于免疫系统减弱导致易患病时，或生物因子是环境所特有的（如实验室周围环境中目前不存在该生物因子），那么在风险评估过程中，必须记录对这些因素的考虑。此外，如果认为有必要进行宿主评估，那么风险评估小组必须考虑那些可能会影响个体引起感染的潜在可能，或者会影响生物因子建立宿主库的潜在可能因素。还可能需要考虑疾病对特定个人或环境宿主的潜在后果。

为了评估实验室环境的风险，风险评估小组应审查所开展实验活动的类型，并确定可能发生危害（生物因子）暴露的所有潜在区域。此外，记录和考虑任何现有的减少这种暴露的生物安全措施是至关重要的。为确保实验室环境评估的完整性，建议评估小组在现有缓解措施之外单独记录潜在的暴露源，这样人们能够更好地了解生物安全缓解措施将如何直接处理可能发生的暴露。

WHO《实验室生物安全手册》（World Health Organization，2020）给出了影响事件发生可能性的因素（表 21-1）、事件发生时影响后果的因素（表 21-2），以及与潜在事件的高可能性和更严重后果均相关的因素（表 21-3）三个示例表，可供进行实验室生物风险分析时参考。

表 21-1　影响事件发生可能性的因素

与事件发生可能性密切相关的因素	基本原理
与气溶胶相关的实验活动（如超声、均质、离心）	当通过这些方法产生气溶胶时，通过吸入暴露的可能性会增加，这些气溶胶释放到周围环境中的可能性也会增加，并可能进而污染实验室表面并传播到社区
与锐器相关的实验室活动	当活动涉及使用锐器时，因穿刺伤口经皮接触生物因子的可能性会增加

续表

与事件发生可能性密切相关的因素	基本原理
执行工作的人员能力低下	由于缺乏经验、不了解或不遵守标准操作规范和良好微生物学操作规范，以及工作人员对实验室流程和规范的熟练程度低，可能导致在执行工作中出现错误，从而更有可能导致暴露和（或）释放生物因子。清洁和维护人员在工作中接近生物因子之前必须接受培训
高度环境稳定的生物因子	沉积在实验室表面的生物因子（例如，由于技术不佳导致气溶胶或液滴在释放后沉降），只要它们在环境中保持稳定，即使看不到污染，也会成为意外暴露的来源
电力不足或供应不足、实验室设施和建筑系统破旧、设备故障、频繁的恶劣天气造成的损坏，以及昆虫和啮齿动物进入实验室	所有这些因素都可能导致旨在降低生物因子暴露和（或）释放可能性的生物防护系统的部分破坏或完全失效

资料来源：WHO《实验室生物安全手册》第 4 版。

表 21-2　事件发生时影响后果的因素

与事件发生后果更严重相关的因素	基本原理
低感染剂量	必须存在一定数量（体积、浓度）的生物因子才会使暴露个体发生感染。即使是少量的因子，也可能导致严重的后果，如实验室相关感染。一旦暴露于大量生物因子（大于感染剂量），则可能导致更严重的感染表现
高传染性	即使是一次暴露（导致携带或实验室相关感染），也可能从实验室人员或媒介迅速传播给许多人
高严重性和死亡率	暴露所造成的实验室相关感染，极可能导致人员虚弱、生活质量下降或死亡
有效预防或治疗干预措施的可获得性有限	实验室相关感染的症状或结果无法通过医疗干预有效预防、减少或消除。这也可能包括无法进行医疗干预或应急响应能力有限的情况
大量易感人群（包括处于高风险的实验室人员）	易感人群越大，实验室相关感染就越有可能迅速传播并感染更多人
本地不流行（如外来疾病）	当某种生物因子在周围人群中不流行时，该人群更有可能对该生物因子敏感，从而导致实验室相关感染传播到社区的可能性增加

资料来源：WHO《实验室生物安全手册》第 4 版。

表 21-3　与潜在事件的高可能性和更严重后果均相关的因素

与潜在事件的高可能性和更严重后果均相关的因素	基本原理
生物因子的高浓度或大体积	被处理物质中的生物因子越多，暴露的感染性颗粒就越多，暴露体积就更可能达到该生物因子的感染性量。此外，生物因子的暴露浓度越高，可能会导致更严重的感染、疾病或伤害
空气传播途径	经空气途径传播的生物因子可能会以气溶胶形式长时间保持其空气传播性，并在实验室环境中广泛传播，从而增加人员暴露的可能性 在暴露事件之后，气溶胶化的生物因子可能被吸入并沉积在呼吸道黏膜上，可能导致实验室相关感染

资料来源：WHO《实验室生物安全手册》第 4 版。

　　为了描述总体风险，需要考虑总体可能性及感染的后果。这些可以进行定性比较，但在试图理解风险时，同时考虑可能性和后果是至关重要的。这些也可以组合使用半定量或数学方法的比较。在考虑总体风险时，风险矩阵提供了一个很好的可视化和沟通工具。

　　（二）确定初始风险

　　风险是可能性和结果的函数。由事件发生的可能性和事件导致后果的严重性所构成的风险矩阵，可以直观地得到初始风险结果。

　　依据 RB/T 040—2020《病原微生物实验室生物安全风险管理指南》（中国国家认证认可监督管理委员

会，2020），事件发生可能性的确定参见表 21-4，事件导致后果严重性的评估参见表 21-5。将风险等级划分为低、中、高、极高四个级别，根据事件发生的可能性和后果严重性的组合，按照表 21-6 就可以确定初始风险的结果。

表 21-4　事件发生的可能性

级别	说明	描述
I	基本不可能发生	评估范围内未发生过，类似区域/行业也极少发生
II	较不可能发生	评估范围内未发生过，类似区域/行业偶有发生
III	可能发生	评估范围内发生过，类似区域/行业也偶有发生；评估范围未发生过，但类似区域/行业发生频率较高
IV	很可能发生	评估范围内发生频率较高
V	肯定发生	评估范围内发生频率极高

资料来源：RB/T 040—2020《病原微生物实验室生物安全风险管理指南》。

表 21-5　事件导致后果的严重性

级别	说明	描述
1	影响很小	基本没有影响，不会造成不良的社会影响
2	影响一般	发生病原微生物泄漏，现场处理（第一时间救助）可以立刻缓解事故，中度财产损失，有较小的社会影响
3	影响较大	发生病原微生物泄漏、实验室人员感染，需要外部援救才能缓解，引起较大财产损失或赔偿支付，在一定范围内造成不良的影响
4	影响重大	发生病原微生物泄漏、实验室外少量人员感染，造成严重财产损失，造成恶劣的社会影响
5	影响特别重大	病原微生物外泄至周围环境，造成大量社会人员感染伤亡、巨大财产损失，造成极其恶劣的社会影响

资料来源：RB/T 040—2020《病原微生物实验室生物安全风险管理指南》。

表 21-6　风险等级矩阵

		事件导致后果的严重性				
		1	2	3	4	5
事件发生的可能性	I	低	低	低	中	中
	II	低	低	中	中	高
	III	低	中	中	高	高
	IV	中	中	高	高	极高
	V	中	高	高	极高	极高

□低风险　　中风险　　高风险　　极高风险

资料来源：RB/T 040—2020《病原微生物实验室生物安全风险管理指南》。

下面用一个例子来说明风险分析的过程。需要注意的是，这是一个简单的常规过程的例子，而不是一个全面完整的风险评估。

我们来考虑一个典型的地方性诊断实验室。危害可能包括以诊断样本形式出现的传染性生物因子。潜在的风险宿主包括进行诊断程序的技术人员，可能还包括清洁和维护人员，以及在实验室外的社区人员。工作环境包括一个简单的生物安全实验室和标准的实验室设备。基于此，生物风险包括以下两个方面：其一，由于技术人员暴露于传染性生物因子引起的实验室获得性感染的风险；其二，环境或社区暴露于感染因子的风险。

例如，发生实验室获得性感染的可能性将基于：

（1）被样本中可能的病原体感染的可能性（如果诊断样本被怀疑为食源性病原体，感染的可能性将不同于样本被怀疑含有可通过吸入引起感染的病原体）；

（2）暴露的可能性取决于工作内容，包括使用什么类型的诊断程序和采取什么生物安全防护措施（例如，在简单的血清学研究中，暴露的可能性将小于进行病原培养的人员）。

与样本采用鸡胚培养时可能存在的空气传播病原体（如流感）相比，采用小容量试剂盒检测食源性病原体造成实验室获得性感染的总体可能性相当低。

而暴露和感染的后果将基于样本中存在的疑似病原体。由于样本可能包含多种病原体，可以考虑最坏情况的后果，也可以对每一种可能的病原体进行单独分析。也就是说，如果样本被怀疑含有食源性病原体，评估可以考虑该地区存在的所有潜在病原体，以及每种病原体的感染对人类宿主的后果。评估也可以聚焦于可能存在的最糟糕的病原体（可能是志贺菌的耐药菌株）。志贺菌耐药菌株感染的后果可以被认为是中度的（从机体感染后支持性治疗的影响来看，耐药菌株比非耐药菌株的后果更加严重）。

在描述总体风险时，需要考虑总体可能性及感染的总体后果。根据这个例子，如果样本被怀疑含有一种食源性病原体，并且诊断过程简单（基于试剂盒）、过程中使用了标准的良好实验室规范，那么暴露的总体可能性就会很低（即表21-4中的Ⅰ），暴露的总体后果则为中等（即表21-5中的3）。那么通过表21-6，实验室获得性感染的总体风险为低（即表21-6中的Ⅰ×3）。

除了上述方法外，还有许多其他方法可以用来确定初始风险，并为实施风险控制措施确定风险优先级。实验室应采用最能满足其独特需求的风险优先化策略，同时承认所选策略的局限性，并确保专业判断仍然是风险优先化过程的关键部分。

（三）确定风险是否可接受

评估了初始风险后，就有必要确定该风险是否可接受，以便继续工作。如果不能接受该风险，则需要如下面所述制定风险控制策略来适当减少和持续控制这些风险。在某些情况下，可接受风险的最低水平可根据国家或地方政策确定。确定为可接受的风险时，应记录风险评估结果；确定为不可接受的风险时，必须确定适合采取哪些风险控制措施，并在这些措施实施后进行后续评估。

需要注意的是，除非根本不开展工作，否则永远无法完全消除风险。因此，确定初始和（或）剩余风险是可接受的、可控的还是不可接受的，这是风险评估过程中的重要环节。同样需要指出，在实验室进行的工作可以为公共卫生保健乃至人类健康和生命提供相当大的好处，因此客观存在一定程度的风险也是合理的。问题的焦点在于如何确定合理的、可接受风险的基准。

除了国家法规规定的风险准则以外，必须由实验室设立单位自行确定可接受风险，以便与实验室的实际情况和资源相称。必须充分考虑各单位的各种不同来源风险，如合规风险（法律诉讼、罚款、传讯）、安保风险（盗窃或损失）、环境风险（对社区健康和农业的社会经济影响）、感知风险（对风险严重性的主观判断或不确定性）。应认真对待人员的感知风险，充分考虑利益相关方的风险感知，特别是初始风险确定为高的情况下，对于那些可能会抵制（如政治上或行政上）实验室履行其正常职能的利益相关方，将有助于其减少恐惧。

四、生物风险的控制

（一）制定风险控制策略

一旦确定了可接受的风险，必须制定风险控制策略，以将初始风险降低到可接受的水平。由于实际上无法消除风险，因此必须仔细选择风险控制策略，以确保根据可用资源对风险进行优先排序。同时要了解，可接受风险越低，就需要越多资源来实施和维持降低风险所需的相关风险控制措施。通常情况下，在需要提供资源来完成必要的风险控制策略并提供适当保护时，不允许通过提高可接受风险来解决风险不可接受的问题。有许多不同的策略可用于降低和控制风险。通常，为了有效降低风险，可能需要应用多个风险控制策略。良好的风险控制策略具有以下特点。

（1）提供降低不可接受风险所需的风险控制措施性质的总体方向，但不必规定可用于实现这种降低风险控制措施的类型。

（2）利用当地现有的资源可以实现。

（3）帮助最大限度地减少对正在执行的工作的任何阻力（如解决利益相关方的风险感知）并确保支持（如国家/国际监管机构的批准）。

（4）与组织的总体目标、目的和使命保持一致，促进成功（即改善公共卫生和/或卫生安保）。

（二）选择并实施风险控制措施

一旦制定了风险控制策略，就必须选择风险控制措施，然后加以实施，以实现风险控制策略。在某些情况下，所需风险控制措施的性质将由一套风险控制最低标准（例如，国际公认的最佳实践、国家/国际法规等）预先确定。此外，根据所识别出的风险性质、可用资源和其他当地条件，有时应采取多种风险控制措施来实现风险控制策略。

必须记住，实验室即使为风险策略选择了风险控制措施，仍然会有一定程度的风险存在（剩余风险）。如果该风险（剩余风险）是不可接受的，那么就需要使用额外和（或）更有效的风险控制措施来实现风险控制策略，并将风险降为可接受的风险。通常，初始风险越高，将剩余风险降低到可接受风险以继续工作所需的风险控制措施的数量就越多。

每个可用风险控制措施的相对有效性，还将影响需要多少风险控制措施来缩小剩余风险和可接受风险之间的差距。此外，在一个或多个所选风险控制措施失效的情况下，组合使用多个风险控制措施以降低剩余风险可能有助于保证安全冗余。

表 21-7 是 WHO《实验室生物安全手册》第 4 版（World Health Organization，2020）中提供的风险控制策略和风险控制措施例子，可供实验室参考。

表 21-7　减小风险的策略和措施

策略	措施
消除	消除危险： ◆使用灭活的生物因子 ◆使用无害的替代物
减小和替代	减小风险： ◆用减弱的或感染性较低的生物因子代替 ◆减小使用的体积/滴度 ◆使用危险性较低的操作，如用聚合酶链反应扩增而不是培养
隔离	隔离危险： ◆消除和减小有时是不可能的，特别是在临床环境中，因此需要隔离生物因子（如在一级防护屏障中进行）
保护	保护人员/环境： ◆使用工程控制（如生物安全柜） ◆使用个人防护用品 ◆工作人员免疫接种
合规	实施行政控制和有效的生物安全管理程序，例如： ◆人员遵守良好微生物学操作规范 ◆危害、风险和风险控制措施的良好沟通 ◆适当的培训 ◆明确的标准操作规范 ◆建立安全文化

资料来源：根据 WHO《实验室生物安全手册》第 4 版修改。

（三）审查风险和风险控制措施

一旦执行，风险评估必须进行常规审查，并在考虑有关病原微生物的新信息、实验室活动或设备的变化以及可能需要应用的新风险控制措施后，进行必要的修订。必须制定适当的程序，不仅要确保风险控制措施的实施和可靠性，还要确保其可持续性。通过检查、审查和审核过程及文件，包括对实验室相关感染、事件、事故、文献综述和相关参考文献的仔细审查，可以验证措施是否有效以及培训是否已适当实施，同时也为改进流程和相关保障措施提供了机会。最后，正如初始风险评估中所指出的那样，记录重新评估的结果对于风险审查也很重要，将有助于今后的审查和业绩评估。

总之，必须以与实验室工作风险相对应的频率定期进行和审查风险评估。通常要求进行年度审查；而当发生生物安全事件，或实验室人员对已实施的风险控制措施的有效性和易用性有反馈时，就需要进行专门的风险审查。由于实验室活动、人员、过程和技术发生变化时，风险也随之变化，因此，实验室应关注这些影响风险并由此引发风险重新评估的活动或事件，包括：

（1）病原微生物的变化，或现有病原微生物的新信息；

（2）人事变动；

（3）程序和操作的变更；

（4）实验室设备的变更；

（5）国际、国家或地区法规或指南的变化；

（6）国家或地区疾病状况的变化（疾病的地方性流行或根除）；

（7）引进新技术；

（8）实验室搬迁或改造；

（9）事件、事故、实验室相关感染，或发现潜在危害的任何事件；

（10）纠正和（或）预防措施的识别和（或）实施；

（11）用户反馈；

（12）定期审查。

每当需要重新评估时，下一步就是回到风险评估过程的起点，收集与变更相关的新信息，重新评估风险，并确定是否需要实施新的风险控制措施。这种持续的风险评估周期适用于实验室工作的整个过程。

第三节　动物实验风险评估及风险控制

生命科学的许多研究领域都依赖于动物实验，而动物实验中存在着生物安全的风险，这种风险来自于动物饲养、动物实验操作和运输等各个环节。从事动物实验的工作人员应充分认识动物实验生物安全防护的重要性，做好动物实验的风险评估及风险控制工作（卢静，2016）。

一、动物实验的风险评估

风险和危害可能存在于生产和使用实验动物中的各个环节，在实验动物的引种、保种、繁育、运输、进出口、使用实验动物（包括感染和非感染实验动物）进行动物实验、从事科研活动等过程中，实验动物都有可能造成各种危害。风险和危害可能存在于生产和使用实验动物中的各个环节。在实验动物的引种、保种、繁育、运输、进出口，以及在使用实验动物（包括感染和非感染实验动物）进行动物实验、从事科研活动等过程中，实验动物都有可能造成各种危害。

（一）对实验操作者的危害

1. 人畜共患病

动物实验设施的使用者和管理者，除了要经常防范病原体对实验动物的污染外，还必须明确人类在实验室中也有较高的感染风险。在不合格的动物饲养设施和管理制度不完善的条件下繁殖生产的实验动物及野生动物常会感染各种人畜共患病。这些疾病常以隐性感染的形式存在于动物体内，不表现有任何临床体征和症状，因此容易被忽略而造成感染。例如，实验大鼠易感染流行性出血热病毒，感染后一般不出现任何症状，外表仍健康正常，但在其肺、脾和肾内可检出大量特异性抗原并长期持续存在。感染的动物由呼吸道分泌物、唾液、尿液和粪便长期排毒，所产生的气溶胶成为主要的传染源，造成实验人员的感染。因此，实验动物必须排除人畜共患病，这是对实验动物质量的最基本要求。使用合格的标准化实验动物能最大限度地控制人畜共患病原体的传播，可有效避免人畜共患病的发生。

2. 实验用病原体

利用感染性微生物进行各类动物感染实验时，从接种病原体到实验结束的整个过程中都存在实验性病原体扩散和感染的危险。病原体在动物体内经过繁殖后，对人体的致病性有时会得到增强。因此，要在动物实验的各个环节对实验性病原体可能造成的危害进行防范。动物实验过程中，工作人员通过黏膜接触、吸入、食入、意外创伤、接触感染动物、处理传染物等多种途径感染病原微生物，引发严重的实验室感染性疾病。因此，感染性疾病动物实验应根据所研究病原微生物的危险度等级，在相应级别的生物安全防护动物实验室内进行。

在动物实验过程中发生感染的主要途径有以下几种。

（1）经呼吸道感染：大多数实验室获得性感染都是由吸入感染性气溶胶引起的。动物实验室是一种特殊的人工控制的独特工作环境系统，动物实验期间，动物呼吸、排泄、抓、咬、挣扎、逃逸，感染动物的粪、尿、唾液等分泌物和排泄物中常含有大量的病原体，所形成的气溶胶常成为主要传染源。在动物实验室内更换垫料、感染实验时所用的感染接种液及解剖感染动物时的血液和体液的飞溅，都有可能产生感染性气溶胶。

（2）经口感染：在动物房和实验室内吸烟、饮食，或用被感染的手接触嘴唇等行为，均可能吞入病原体造成感染。未遵守相关的操作要求、违反实验室操作规定，是导致这类感染的主要原因。

（3）创伤及黏膜接触感染：由于操作不慎被注射器刺伤、解剖动物时被手术器械划伤、捕捉和固定动物时被动物抓伤及咬伤后发生感染。

（4）经昆虫媒介感染：设施缺陷和管理疏漏等因素，导致蚊、蝇、螨等昆虫入侵或滋生，尤其是蟑螂。通常这些昆虫携入外界的病原体污染实验室，或成为实验室内病原体的传播媒介，由此危害到实验动物工作人员。

3. 实验用动物的危害

使用不合格或被感染的动物，常常会引入各种人畜共患病和动物烈性传染病，从而在繁育和实验中通过各种途经感染工作人员和其他动物，如猴感染的疱疹病毒、鼠感染的出血热病毒等。它们自身携带这些病原体但不发病，而人被感染后如得不到及时治疗会引起生命危险。在使用野生动物的实验研究中，一些动物携带有对其自身不致病但对人类却有致命危害的病原微生物，如来源于灵长类和啮齿类动物的埃博拉（Ebola）、马尔堡（Marburg）等病毒，由于人类对这些微生物了解不多，故缺乏有效的防范手段，容易导致严重的感染事故。

（二）基因工程动物的潜在生物危害

克隆和转基因动物在医学生物学研究方面具有广阔的应用前景，但同时也存在许多安全性问题。例如，转基因动物的器官移植可能增加人畜共患病的传播机会；具有某些优势性状的转基因动物释放到自然界，会对生态平衡和生物多样性造成影响。转基因动物的生理、行为、代谢、对理化和生物因子的耐受力等方面的新特性，以及转基因动物所应用的基因重组技术，都可能产生一些超过人类防范能力的危害因素。这些危害因素一旦失控，就可能带来严重后果。克隆动物的出现，使转基因动物的个体增殖可通过无性繁殖体系实现，因而携带危害基因的个体可能大量快速增加，构成对人类的危害，同时可能破坏已形成的生态和遗传平衡。

（三）对动物实验设施设备及周边环境的危害

动物实验设施设备是医学生物学及其他相关学科实验研究的必需条件，没有与实验动物质量要求相匹配的设施设备，病原微生物的感染和污染就会被扩散。对设施设备的维护和使用不当，也是导致生物危害因素泄漏扩散的重要原因。

（四）实验操作过程中的物理、化学、放射等危害

玻璃器皿、注射器、手术刀等造成创伤，可引发感染；化学药品、毒品的误用可能造成损伤；放射性标记物、放射性标准溶液等放射性物质可造成放射性污染。

（五）运输过程中的潜在生物危害

由于购买和运输实验动物的人员对生物危害缺乏认识，自我保护意识差，如人与动物在同车内混装混运，包括司机在内，极易受到致病微生物的感染。

二、动物实验的风险控制

（一）一般原则

（1）实验动物饲养和使用要遵守国家相关法律和规定。

（2）明确使用实验动物的理由和目的。

（3）明确实验所使用动物的种类和数量，动物的数量应满足统计学的要求。

（4）完善操作规程，避免或减轻因实验对动物造成的不适和痛苦，包括使用适当的镇静、镇痛或麻醉方法，以及禁止不必要的重复操作。

（5）严格按程序处理实验后的动物，包括麻醉、镇痛、实验后的护理和安乐死。

（6）实验过程中要求保证实验动物的良好生活条件，包括饲养环境、符合需求的饲料及细心的护理等。

（7）研究人员和实验动物操作人员应接受实验动物的基本知识和操作技能等方面的培训。

（8）使用过程中要求保证周围环境和实验人员的安全。

（二）使用标准、合格的实验动物

标准的、合格的实验动物在质量上实行了较严格的控制，基本消除了人畜共患病在动物饲养室内的扩散和传播。因此，使用标准、合格的实验动物是对生物危害源头的遏制。实验动物生产，包括实验动物的引种、保种、繁育、运输、进出口等过程都要定期按照法律、法规的要求进行微生物指标监测。实验动物种子要来源于国家实验动物保种中心，遗传背景清楚，质量符合国家标准。实验动物保种和繁育必须由国家或行业主管部门认可的单位进行。运输实验动物时所使用的转运工具和笼器具，应当符合所运实验动物的微生物和环境质量控制标准。不同品种、品系、性别和等级的实验动物，不得在同一笼盒内混合装运。为防止动物因离开动物设施送往实验室的途中暴露，应使用设有滤网的运送箱或有空气过滤帽的笼盒。动物隔离检疫是确保源头控制最有效方法。为了确保实验动物健康，必须进行隔离检疫。检疫项目根据相关实验动物微生物检查要求进行。具体检疫时间应遵照我国动植物检验检疫相关规定执行。实验动物应有质量合格证书、最新健康检测报告，注意检查运输的包装，防止运输途中被病原微生物污染。

（三）动物实验过程中的行为规范

1. 个人卫生和防护措施

（1）洗手：洗手是实验动物相关工作人员必须执行的卫生措施，也是防止职业性疾病的最重要措施。基本要求是：每次接触培养物和实验动物后、离开实验室或动物室之前都要彻底洗手。

（2）戴手套：在对感染动物进行饲喂、供水、捕捉或搬动等操作，以及皮肤不可避免地要接触感染性材料的情况下，均需戴手套；养成不以双手接触面、鼻、眼或口部的习惯，以免黏膜发生感染。

（3）戴口罩：气溶胶的存在是难以避免的，因而进入动物室的人员都必须戴口罩，以减少接触变应原或可能有感染性的气溶胶。

（4）穿防护衣：穿着与所从事实验相匹配的防护服，有助于保护个人的服装不落上气溶胶微粒，或者

直接接触被污染的表面和材料所引起的污染。这类工作服能大大减少因为感染性材料的意外溅洒所造成的污染。

（5）禁止在工作区进食、饮水、吸烟或存放食物。

（6）实验动物工作者应定期体检，接触有害病原微生物前视具体情况进行必要的预防接种。

（7）发生意外时应立即离开污染区，关闭出入口，发出警告或张贴危险性标志；脱下防护服，将受污染部位向内折叠，放入塑料袋，做消除污染处理或弃置，对身体接触部位用肥皂和大量清水冲洗。

2. 实验室清洁

（1）日常清扫：动物设施及实验区域在设计和建筑方面应当便于日常清扫和整理。日常清扫对防止尘埃、污物和污染因素累积有重要作用。

（2）地面：清扫地面时要防止气溶胶形成，应避免使用高压水龙冲洗笼具、粪盘和地面。最好采用轻便的、带过滤器的真空吸尘装置或湿抹方式。

（3）台面：每次实验后清洁台面。实验操作结束后或有感染性材料溅洒时，操作台面必须用适宜的消毒液清洗。

3. 气溶胶的控制

严格遵守操作规程，尽量减少气溶胶的产生。对感染动物进行解剖，处理动物尸体、污染垫料、感染动物组织或体液，以及做高浓度或大容量感染性材料的操作等，有较大可能产生气溶胶，必须在生物安全柜或其他集气装置中进行，或使用面罩式呼吸器等个人防护装置。

（四）动物实验设施及其管理

1. 实验动物生产及动物实验环境

根据环境条件的不同，实验动物生产和使用设施分为三大类：普通、屏障和隔离环境。普通环境主要饲养教学用普通级实验动物。屏障环境可饲养清洁级和 SPF 级实验动物。隔离环境通过采用无菌隔离装置以保持无菌状态或无外源污染物，适用于饲育无特定病原体级、悉生及无菌级实验动物。为防止感染病原微生物的动物实验可能对正常实验动物和实验室造成污染，要求此类动物实验室应是一个相对独立的区域。如果与普通动物实验室相邻，则设计上应当同实验室的公共部分分开，并便于清除污染。涉及传染性、中毒性、放射性、致癌性、致突变致畸及致死性实验等，应在有特殊要求的生物安全实验室中进行。

2. 不同生物安全等级动物实验设施的设置与管理

根据病原微生物的分类等级，我国把涉及生物安全的动物实验室划分为与之相对应的 4 个等级，即 ABSL-1、ABSL-2、ABSL-3、ABSL-4。生物安全动物实验室的设计原则就是要做到"三保护"：保护人、保护环境和保护实验动物。每一个安全级别的实验室都必须配置与该级别相适应的设备并制定标准操作规程。ABSL-2 级以上实验室的入口处均应张贴国际通用的生物危害警示标志，实验室内使用的病原微生物对人和动物均有不同程度的危害，因此实验人员必须严格遵守标准操作规程。

（五）正确处理生物污染物

使用实验动物和进行动物实验过程中产生的各种废弃物可按《医疗废物分类目录》进行相应分类，并严格按照《医疗废物管理条例》的规定进行处理。

废弃物应分置于动物废弃物专用包装物或者容器内。感染性废弃物、病理性废弃物、损伤性废弃物、药物性废弃物及化学性废弃物不能混合收集。废弃物经包装、密封后存放于暂时储存设施，不得露天存放。废弃物储存场所要远离人员活动区和生活垃圾存放场所。

动物室设置独立的空调系统或除臭设备，利用气压差控制废气排放。啮齿类动物要保证适合饲养密度，确保换气次数；使用具有辅助换气功能的隔离饲养盒（如 IVC 等）。大中型动物应及时清洗排泄物。一般清洗动物设施的污水可排入废水处理系统。感染性微生物动物实验所产生的污水，可能威胁人体健康及环境卫生，需经化学处理（如次氯酸钠）或高压蒸气灭菌才能排放。一般废弃垫料可用掩埋、焚烧等方式处理。感染性物质污染的垫料必须经消毒灭菌后再进行处理。含有放射性物质的垫料必须用印有"放射性物质标志"的塑料袋包装，储存于特定容器和场所，再由专门人员收集处理。动物尸体要用专门容器冷藏保存，防止腐败。感染性动物尸体，经密封包装后，高温高压灭菌，再储存。具有放射性物质的动物尸体，经特殊包装后，以烘箱 60～70℃将尸体烘干，再按照废弃放射性材料处理。所有尸体必须严格按医学生物材料处理。

（六）实验操作中的防护措施

1. 实验动物过敏

常见实验动物如大鼠、小鼠、豚鼠、兔和猫等都可能存在致敏原。其致敏原主要存在于尿液、唾液、皮毛、毛屑、垫料等，在处理动物、剪毛、更换饲养笼和垫料、清理动物室时形成气溶胶而引起过敏反应。为了减少致敏原的危害，实验人员应做到以下几点：动物室内保持良好通风状态，保持动物笼舍及工作区的清洁；工作时要穿着实验衣或防护衣，减少与动物直接接触的机会，要戴手套和穿长袖实验衣；保持在层流柜或生物安全柜内操作，如果没有此类设施，需要佩戴防尘口罩或外科口罩；勤洗手，离开工作区前清洗手、脸和颈部；工作时避免用手接触脸、头发或抓痒。

2. 物理性危害

（1）所有动物对人类都可能造成咬伤和抓伤。啮齿类和兔等小动物通常导致相对轻微的伤口，较大动物如猫、犬和非人灵长类动物则可能引起严重的创伤。损伤可以导致伤口感染以及病原侵入。为防止动物的咬伤和抓伤，在进行动物实验操作时要使用正确的捕捉、固定方式；戴手套、长袖实验衣保护手臂；受伤后，要及时使用大量清水和肥皂清洗伤口，并视情况就医。

（2）使用高压灭菌器时，要注意高压水和蒸汽的危害，避免皮肤接触高压水和蒸汽。当打开高压灭菌器时，要确认压力已经降至零值。缓慢打开高压灭菌器盖，让高压蒸汽缓慢释放。开盖后，让高压灭菌器中的物品冷却 10min 以后再取出，并且要戴隔热手套。

（3）要注意电源的危害，尽量不使用延长的电源线。在使用电力供应设备、无线充电（电力传输）设备和其他电力设备时要注意防电，尤其在湿地板和水源旁边。

（4）如果操作不当，针头、刀片和碎玻璃等尖锐品刺伤容易引起实验室感染。在使用针头等尖锐品时，要严格遵守操作规程，防止意外接种、产生气溶胶或有害物质溢出，用过的针头、刀片等要使用专用利器收集容器，并注意采取以下措施：不要将针头重新插入针头套内或截断针头；采用规范的实验室操作技术，如注射器抽液时要小心，尽可能减少气泡形成；避免用注射器混合感染性液体；对动物接种时要固定好，进行鼻腔或口腔接种时要使用钝的针头或插管；解剖、感染等操作应在生物安全柜内进行；如果使用一次性针头和注射器，只有在高压灭菌后才能拆卸。

（5）使用匀浆机、组织研磨器、离心机时，要防止产生气溶胶、泄漏和容器破裂。感染性材料应在生物安全柜中操作。避免使用转子轴承，并加 O 形垫圈防泄漏。打开匀浆器前先等候 30min 或冷却，以使气溶胶凝聚沉积。如果使用手动组织研磨器，应用可吸收材料包裹。应使用生物安全型离心机或将离心机放在负压罩内。

（6）使用超声处理器、超声波清洗仪时，应防止产生气溶胶、听力损伤、皮肤炎症；在生物安全柜中操作，确保完全隔离以免受分频谐波的伤害；戴上手套以保护清洁剂对皮肤造成的化学危害。

3. 化学性危害

最常见的化学品危害包括清洁剂和麻醉剂两类。动物设施内盛放清洁剂的容器要有明显的标识，工作人员使用清洁剂时要戴口罩和手套。

麻醉剂对人类健康也有一定危害，长期接触可以导致肝、肾、神经系统和生殖系统损害。使用者要充分了解安全使用须知或安全数据单中的相关信息。消除此类危害的最好方法是采用良好的废气清除系统。

操作实验动物麻醉与安乐死药剂时应注意：①动物手术室应设有抽气设备；②使用吸入性气体进行麻醉或安乐死，应注意是否对人员健康与安全造成伤害，如使用对人员影响小、不易燃、无爆炸性的二氧化碳。使用氟烷、安氟醚、氟西泮等可能伤害人体健康（肝毒性）的麻醉性气体时，要在通风橱内操作，操作人员要采取戴口罩、面罩等防护措施。

4. 生物性危害

从事动物实验或利用实验动物进行病原微生物研究，以及利用实验动物进行转基因、克隆、重组基因等不同级别的感染性实验，必须在符合相应等级的生物安全实验室内进行，未经许可的实验室不得开展相关实验。

（1）按照《实验室　生物安全通用要求》的要求：动物实验室的生物安全防护设施，除参照 BSL1-4 实验室的要求，还要考虑对动物呼吸、排泄、毛发、抓咬、挣扎、逃逸、动物实验、动物饲养、动物尸体及排泄物的处置等过程产生的潜在生物危害的防护。

应特别注意对动物源性气溶胶的防护，例如，对感染动物的剖检应在负压解剖台内进行。应根据动物的种类、身体大小、生活习性、实验目的等，选择适当防护水平的、专用于动物的、符合国家相关标准的生物安全柜、动物饲养设施、动物实验设施、消毒设施和清洗设施等。

（2）防护要求：动物生物安全实验室根据所研究病原微生物的危害评估结果和危害程度分类命名为 1~4 级动物生物安全水平。根据动物生物安全等级，在设计特征、设备、防范措施方面，要求的严格程度也逐渐增加，其所有指标具有累加性，即高等级标准中包括低等级的标准。

（3）防护措施：生物安全动物实验室主要通过设施（facility）、设备（equipment）、人员操作（practices）的有效结合，实现对操作人员、环境和实验动物的保护。

第一，防护设施（secondary barrier，二级屏障）：实验室的设施结构和通风设计构成二级物理防护。二级防护的能力取决于实验室分区和室内气压，要根据实验室的安全要求进行设计。一般把实验室分为辅助工作区和防护区。实验室的墙壁保持密闭，空调通风的气流方向永远保持单向流，动物生物安全实验室排出的空气不能循环使用。

第二，防护设备（primary barrier，一级屏障）：包括各级生物安全柜和个人防护装备。个人防护器材包括口罩、面罩、护目镜、各类防护衣、帽、裤、鞋、靴、袜和手套等。

第三，人员素质：良好的专业训练和技术能力对保证实验室生物安全具有重要的作用。研究人员一定要严格按照操作规程进行工作，避免侥幸心理和麻痹大意。

（4）管理要求：生物安全实验室要按照规定严格分级管理，一些通过呼吸途径使人传染上严重的甚至是致死疾病的致病微生物或其毒素，以及对人体具有高危险性、通过气溶胶途径传播或传播途径不明、目前尚无有效疫苗或治疗方法的致病微生物或其毒素，一定要在 ABSL-3 和 ABSL-4 级实验室进行研究。

可以接种疫苗的疾病，要在进行预防接种后再开展工作。接触实验动物一定要有防护，动物室及有可能遭受污染的地区要严格消毒。实验器械要严格管理，专项专用，不得带出实验室。一旦发生病原微生物泄漏事件，要及时采取措施防止病源扩散，并向有关单位报告。

（5）危害、风险评估及控制：实验活动开始之前，必须进行危害、风险评估，确定防护要求。关于动物实验室中使用的微生物的危害评估，需要考虑以下因素：①传播途径；②标本使用的容量和浓度；③接种途径和方法；④能否和以何种途径被排出体外；⑤总体危险程度等。

对于使用的动物，需要考虑的因素包括：①动物的自然特性，包括动物的攻击性和抓咬倾向性；②自然存在的体内外微生物和寄生虫等；③易感的动物性疾病；④动物接种病原微生物后可能产生的结果等。

（军事科学院军事医学研究院　陆　兵　王中一　金一飞）

（中国生物技术股份有限公司　付莹莹）

第二十二章
实验室生物安全管理

第一节 生物安全管理体系

生物安全管理体系是实施实验室生物安全管理所需要的组织结构、程序和资源。完整的生物安全管理体系至少应做到防止所操作的病原微生物通过实验室暴露感染实验室工作人员、防止传染性微生物感染至他人造成社会危害、防止病原微生物或受污染的物体离开实验室造成环境污染、防止生物恐怖的攻击或被误用缪用等。

在 GB/T 19000—2016《质量管理体系 基础和术语》中对体系、管理、管理体系做出定义。体系，是相互关联、相互作用的一组要素。管理，是制定方针和目标，以及实现这些目标的过程。管理体系，是组织建立方针和目标以及实现这些目标的相互关联或相互作用的一组要素。生物安全管理体系，是对于生物安全实验室，在开展实验活动的整个过程中，提供高质量的检测、研究、监测等报告的同时，确保实验室安全这个目标的实现。管理体系具有系统性、协调性和适应性等特点。随着对生物安全认识的逐步深入，生物安全管理体系的建立和运行不再只是为了应对检查、认可等外部评审，而是基于确保安全和提高质量的需求及内在驱动。

生物安全管理体系的关键是组织，是为实现目标，由职责、权限和相互关系构成自身功能的一个人或一组人。体系的架构、职责分工、资源供应等是否适应机构或实验室是体系建立成功与运行顺畅的关键。建立管理体系，需要组织、实验室管理者树立系统的概念。影响生物安全的因素虽然很多，但这些要素不是孤立的，要素之间是存在联系的。在体系运行中，要以系统的概念研究分析。

实验室为确保实验活动安全有序，保护工作人员、环境以及操作样本的安全，保证实验结果准确有效，实现生物安全目标，要建立生物安全管理体系。一个成功的生物安全管理体系需要良好的管理层、协调有效的组织框架、满足体系运行的系统规划，各级人员按照规划实施并在审核监测中逐步提升，使生物安全管理体系持续改进。

本节包括生物安全管理体系架构、实验室生物安全管理体系的建立、实验室生物安全管理体系文件的编制以及实验室生物安全管理体系的运行等内容。

一、生物安全管理体系架构

生物安全管理体系通常由组织结构、程序、过程和资源等组成。建立生物安全管理体系的目的是维护实验室的各项活动符合实验室的规定，并能不断发现安全隐患和风险，及时纠正、改进和提高，实现实验室的生物安全目标和方针，满足各类安全需求和要求。

实验室生物安全管理体系的建立和运行需要有组织框架，组织框架应该包含体系运行的各个要素。

（一）建立明确的工作程序及操作流程

从一项实验活动计划在生物安全实验室开展，到活动审批、人员及样本等进入实验室，再到最后清场离开实验室，整个过程要有正确清晰的流程。最优的程序可以使生物安全实验室各项活动的风险降至最低，并获得最优的质量保证。工作程序及操作流程是实验室生物安全管理体系的重要组成部分。

（二）组织框架图

实验室应使用图表的形式展现生物安全实验室管理体系的框架。当每个人的职责都能被清晰准确描述、所有实验室成员都能明确个人职责及体系内人员职责，生物安全管理体系运行时就能减少问题发生。

（三）管理层及职责分工

实验室管理层应根据管理体系的规定，确定管理责任和个人责任，对实验室及相关部门的职责进行分工并明确职责，将相关责任落实分解到不同的岗位，做到职责明确、分工合理、各司其职。管理层要为实验室所有人员提供履行其职责所需的适当权利和资源，明确实验室的组织和管理结构，包括与其他相关机构的关系，并规定所有人员的职责、权利和相互关系。

1. 法定代表人

《中华人民共和国民法典》第六十一条规定，依照法律或者法人章程的规定，代表法人从事民事活动的负责人，为法人的法定代表人。法定代表人以法人名义从事的民事活动，其法律后果由法人承受。《生物安全法》第四十八条明确规定，病原微生物实验室的设立单位负责实验室的生物安全管理，制定科学、严格的管理制度，定期对有关生物安全规定的落实情况进行检查，对实验室设施、设备、材料等进行检查、维护和更新，确保其符合国家标准。病原微生物实验室设立单位的法定代表人和实验室负责人对实验室的生物安全负责。

机构的法定代表人一般为机构的行政负责人，对机构的生物安全负责，对实验室对外出具的各种检测报告、证书、文件等负法律责任；对机构的生物安全事宜有决策权；负责建立机构生物安全管理体系，并落实生物安全管理责任人及责任部门，包括实验室主任的任命。法定代表人审核机构的生物安全方针和目标，并批准和发布实验室生物安全相关的重要文件。

2. 实验室主任

实验室主任是病原微生物实验室生物安全第一责任人，对实验室的生物安全负全责，其在职责范围内从事的所有工作对法定代表人负责。实验室主任不仅对实验室的技术工作进行全面管理，同时要负责生物安全的整体管理。实验室主任为生物安全委员会成员，并有一定权利；负责组织编写生物安全管理体系文件，并督促实验室人员按要求实施；对生物安全实验室开展的活动进行生物风险评估，并对开展的各项实验活动进行审批管理，组织监督检查实验活动涉及的各个环节按照生物安全规定进行；负责实验室重大事务决策、工作调度及相应资源的协调支持。

3. 实验室生物安全管理委员会

生物安全委员会是实验室生物安全的咨询指导机构，一般由机构内实验室及相关部门负责人、生物安全相应领域专家组成，必要时也可聘请外部专家。生物安全委员会主要承担机构病原微生物实验室生物安全相关的技术咨询、指导、评估和监督等技术支撑工作，协助实验室管理层做出决策。实验室生物安全管理委员会应制定工作职责和活动程序，确保实验室生物安全管理委员会的相对独立性，并为开展活动提供必需的资源。

4. 生物安全管理员

生物安全管理员可以是生物安全负责人、生物安全主管、生物安全员，主要协助实验室生物安全政策制度落实、生物安全计划及实施，以协助体系运行。其主要职责是与实验室生物安全管理层沟通协调，可直接向实验室主任或者机构生物安全负责人汇报实验室在生物安全体系运行中的情况。

5. 实验室人员

实验室人员要理解实验室生物安全管理体系的框架，知悉各层级人员的职责及自身生物安全责任，并有责任按照生物安全管理体系要求开展实验活动。

6. 关键职位代理人

机构的法人应根据要求指定所有实验室生物安全关键职位代理人，并授权行使生物安全管理职能。一般应指定生物安全负责人、实验室主任、生物安全管理员等职位的代理人。代理人的指定应有文字材料支撑，一般代理人指定一名人员为宜。

（四）资源支持

资源包括人员、设施、设备、资金、技术和方法等。资源是实验室建立管理体系的必要条件。资源的配置以满足要求为目的，不应过度，但要考虑实验室发展的需求。实验室应对标准、技术、设施设备等发展的迅速性有充分的认识。职能分配也是资源配置的体现，是管理体系优化的重要过程，要考虑到总体协调平衡，达到总体优化；要考虑履行职责的方式，以求达到最少环节、最佳效果。

（五）生物安全管理目标和方针

实验室生物安全管理目标和方针应与国家的法律法规、国家和行业标准、地方规定等相一致。实验室生物安全管理方针是为实现生物安全管理目标提供框架性要求，需要在管理体系文件中具体描述，并对国家法律法规、国家和地方标准要求作出承诺，一般由实验室管理层批准发布。实验室生物安全管理目标是在方针指导下，对各项管理活动和实验活动提出安全要求及考核指标，目标要具体化、量值化。

二、生物安全管理体系的建立

（一）病原微生物实验室生物安全管理体系建立的依据

建立实验室生物安全管理体系，首先要依据国家的法律法规。我国非常重视实验室生物安全，2021年颁布实施的《中华人民共和国生物安全法》为生物安全各项工作开展提出基本要求。《中华人民共和国传染病防治法》《病原微生物实验室生物安全管理条例》《人间传染的病原微生物名录》《人间传染的高致病性病原微生物实验室和实验活动生物安全审批管理办法》《病原微生物实验室生物安全环境管理办法》等法律法规是实验室生物安全管理体系建立的主要依据。其次，要依据国际和国内的标准、指南、规范中对生物安全管理的相关规定，包括《实验室生物安全通用要求》《实验室生物安全建筑技术规范》《微生物和生物医学实验室生物安全通用准则》等。

同时，实验开展的生物安全活动涉及的相关指南规范也可作为建立体系的依据。在依据国家法律法规以及国际和国内的规范指南等基础上，结合实验室规模、风险评估结果，以及实验室自身运行情况（如开展的实验活动、实验室类型、实验室及所在机构的管理机制和规模、设施设备特点、人员等资源配置特点等），建立适应实验室的生物安全管理体系。建立的过程中，也可参考借鉴其他实验室已有的经验和模式。

（二）生物安全管理体系建立的原则和要点

实验室生物安全管理体系的建立遵循以下原则：风险评估在先、科学合理使用、依法建章立制、严格规范管理、安全预防为主。实验室安全管理体系应与实验室规模、实验室活动的复杂程度和风险相适应。

1. 强调领导职责

实验室的设立单位负责实验室的生物安全管理，制定科学、严格的管理制度，定期对有关生物安全规定的落实情况进行检查，对实验室设施、设备、材料等进行检查、维护和更新，确保其符合国家标准。实验室设立单位的法定代表人和实验室负责人对实验室的生物安全负责。如果没有领导的重视，管理体系即使建立起来，其运行必定职责不清，属无效运行。

2. 强调风险评估，注重策划，注重整体化

管理体系的策划与充分的风险评估是成功建立管理体系的关键。如果对实验室从事的病原、人机料法环各要素可能存在的风险缺乏翔实的评估，建立一个有效的可操作性强的管理体系是不可能的。在建立过程中如果没有充分的策划，不仅浪费时间、人力、物力，而且在后期运行中可操作性差，容易造成实验室人员对有效生物安全管理体系的误解。管理体系是一个系统，是相互关联或相互作用的一组要素组成的整体。管理体系的建立是系统化工程，在一个机构内涉及多个部门，多种要素之间相互关联，从策划开始，

到管理目标防止的确定、组织机构资源配置、体系文件编制核查到体系运行改进，都要以系统化的思想为指导。

3. 以满足需求为宗旨

实验室生物安全管理体系并不是越大越好，其建立要以满足需求为宗旨，既要满足国家、上级主管部门等需求，也要满足实验室人员安全开展实验活动的需求。

4. 强调持续改进并建立生物安全文化

持续改进是实验室生存发展的内在要求。好的实验室管理层、好的实验室生物安全管理体系都非常重视持续改进，通过定期对管理体系评审，识别潜在的问题，以及管理体系和技术的改进机会，并采取改进措施，在不断循环活动中，提升实验室管理体系的适用性和有效性，并在全员参与的过程中，逐步建立适合自身的生物安全文化。

5. 重视生物安全和质量的统一

安全是实验室运行的基本条件，质量是实验室有效运行的体现。良好的实验室管理体系，生物安全和质量的管理是协调统一、相辅相成的。在满足安全的要求下，持续追求质量目标并逐步提升，在提升质量的同时，进一步确保了实验室生物安全。

（三）生物安全管理体系建立的过程

1. 管理要求的学习理解

组织实验室全体人员（从管理层到实验室工作人员）对安全管理体系建立所依据的法律法规、国际和国内的规范等对生物安全的要求进行培训学习，理解管理要求。同时，分析实验室现状，包括实验室硬件设施、仪器设备、人员情况、经费支持等，并对实验室未来计划开展的实验活动所涉及的生物安全要求及要素等进行全面了解。在生物安全管理体系建立过程中可不断根据需求持续培训学习。

2. 确定管理方针目标

最高管理者通过对管理要求的学习、培训，并结合实验室实际，明确实验室管理方针并作出正确的表述。最高管理者在明确管理方针的前提下，确定预期管理目标。管理方针是通过管理目标支撑来实现，制定时要考虑实验室当前及长期发展规划、实验室的资源和服务对象、上级组织的方针和目标，同时要考虑目标的可测性、挑战性及可实现性。管理方针及目标要通过全体员工共同努力来实现，因此最高管理者应通过适当方式与员工沟通，使管理者的意图和决心为广大员工理解认同，自觉地将其作为全体员工日程行动的指南和争取达到的目标。

3. 管理体系策划准备

首先对实验室全员进行培训，上至管理层，下至操作人员及支持保障人员，都要认识到实验室生物安全管理要求、实验室现状、要达到的目标，以及实现目标的措施和要求；然后开始建立体系，总体要求是识别管理体系所涉及的管理过程和技术过程，确定每个过程中影响结果的因素和控制方式，明确过程间的相互管理，通过优化融合理顺过程间的相互关联性，对其提出管理要求。确定要素的一般过程包括：确定实验室工作类型、范围、工作量、方式等；确定影响结果的相关过程及关键活动；明确直接要素和间接要素及控制要求；按资源配置情况及自身管理状况确定上述要素的控制方式，最后列出管理体系要素。

4. 组织结构框架的确定和资源配置

组织框架及要素的确定要符合法律法规的相关要求，符合国家和行业管理要求，同时也要符合机构自身工作特点，并要适合自身的能力。资源不仅包括支持购买设施设备、试剂耗材等的财力，更重要的是有适合能力的人员，并采用相关制度以确保生物安全管理体系在运行过程中能合理有效地利用资源，并使相关资源有效支撑体系运行。

三、实验室生物安全管理体系文件的编制

实验室生物安全管理体系文件是保证实验室安全有效地开展实验活动建立的指导文件，是对实验室生物安全管理体系的充分阐述，主要目的是提供实验室统一的标准和行为准则，以保障实验室安全有效地开展实验活动。

（一）管理体系文件中的职责

实验室生物安全管理层负责组织体系文件的编写、审修。实验室主任负责组织实验室人员编写修订工作。文档管理员负责文件的编号、收集、发放、回收、版本控制等管理工作。实验室所有人员均有责任编写相关的体系文件并提出修改意见。实验室主任或者机构的法定代表人负责管理手册的审批颁布。

体系文件持有人应认真执行手册中与本人有关的规定。手册宣贯后各部门应组织学习，使本部门人员了解手册的作用与内容，熟悉实验室的安全方针及目标、管理体系及与本职工作有关的各项规定。体系文件持有者应妥善保管所持有文件，均应承担保管义务，做好核收登记，不得私自复制、外借、赠送或转让他人及单位。为保证体系文件的时效性和适用性，文件持有人均有权利和义务根据需要对手册的内容提出适当的修改或换版意见或建议。持有人接到修改页更换通知后，有责任及时用修改后的新页将旧页换下，做好文件更换更新，以保证体系文件现行有效。

（二）体系文件架构及要求

1. 编制依据

体系文件的编制首先要符合国家法律法规的规定和要求，病原微生物生物安全实验室首先遵守《中华人民共和国生物安全法》《中华人民共和国传染病防治法》《病原微生物实验室生物安全管理条例》。编制中要以国际和国内标准、行业标准和相关领域的技术规范等为依据，包括《实验室生物安全通用要求》《病原微生物实验室生物安全通用准则》《人间传染的病原微生物名录》等。相关的规范还有《生物安全实验室建筑技术规范》《可感染人类的高致病性病原微生物菌（毒）种或样本运输管理规定》《医疗卫生机构医疗废物管理办法》《人间传染的病原微生物菌（毒）种保藏机构管理办法》等。高等级生物安全实验室需要通过中国合格评定认可委员会的生物安全认可，依据 CNAS-CL05：2009《实验室生物安全认可准则》、CNAS-CL05-A002《实验室生物安全认可准则对关键防护设备评价的应用说明》等。

2. 基本框架

生物安全管理体系文件一般包括四级。第一级为安全管理手册，第二级为安全程序文件，这两级文件为管理文件；第三级文件包括说明及操作规程、实验室安全手册、病原微生物风险评估报告、材料安全数据单；第四级文件包括记录表格。体系文件描述了 CNAS-CL05：2009《实验室生物安全认可准则》、CNAS-CL05-A002《实验室生物安全认可准则对关键防护设备评价的应用说明》、CNAS-AL05：2016《实验室生物安全认可申请书》标准所要求的管理及技术要素。

3. 编制及管理要求

为保证管理手册的完整性、严肃性、权威性和持续有效性，手册的编制、审批、发布、修订、发放等施行统一管理。体系文件的编写制定、审核批准、修订换版、发放及持有、版本控制等管理要求按照程序文件"文件和资料控制程序"执行。

体系文件发布、修订、改版时，要进行宣贯学习以确保人员知晓并按照要求执行。管理人员负责组织制定宣贯计划，包括宣贯内容、时间、宣贯人等，组织实施并做好记录。

（三）四级文件

1. 管理手册

生物安全管理手册是实验室生物安全管理体系的纲领性文件。在生物安全管理手册中明确实验室安全管

理的方针和目标。安全管理的方针应简明扼要，包括以下内容：实验室遵守国家以及地方相关法规和标准的承诺；实验室遵守良好职业规范、安全管理体系的承诺；实验室安全管理的宗旨。实验室安全管理的目标应包括实验室的工作范围、对管理活动和技术活动制定的安全指标，目标应明确并可量化。在风险评估的基础上确定安全管理目标，并根据实验室活动的复杂性和风险程度定期评审安全管理目标，制订监督检查计划。

在安全管理手册中对组织结构、人员岗位及职责、安全及安保要求、安全管理体系、体系文件架构等进行规定和描述。安全要求不能低于国家和地方的相关规定及标准的要求。明确规定管理人员的权限和责任，包括保证其所管人员遵守安全管理体系要求的责任。规定涉及的安全要求和操作规程应符合国家法律法规的要求，并以国家主管部门和世界卫生组织、世界动物卫生组织、国际标准化组织等机构或行业权威机构发布的指南或标准等为依据；任何新技术在使用前应经过充分验证，适用时，应得到国家相关主管部门的批准。

2. 程序文件

安全程序文件是开展各项实验活动保证质量及安全的依据和指导性文件。

程序文件明确规定实施具体安全要求的责任部门、责任范围、工作流程及责任人、任务安排及对操作人员能力的要求、与其他责任部门的关系、应使用的工作文件等，应满足实验室实施所有的安全要求和管理要求的需要，工作流程清晰，各项职责得到落实。

3. 作业指导书

说明及操作规程是各类设备、样品、检验工作操作的标准作业指导书。

指导书详细说明使用者的权限及资格要求、潜在危险、设施设备的功能、活动目的和具体操作步骤、防护和安全操作方法、应急措施、文件制定的依据等。

4. 安全手册

安全手册是以安全管理体系文件为依据指定的实验室快速阅读文件。

安全手册包括以下内容：紧急电话、联系人；实验室平面图、紧急出口、撤离路线；实验室标识系统；生物危险；化学品安全；机械安全；电气安全；低温、高热；消防；个体防护；危险废物的处理和处置；事件、事故处理的规定和程序；从工作区撤离的规定和程序；等等。安全手册放在工作区可随时供实验室人员使用。实验室所有员工需阅读安全手册。安全手册须简明、易懂、易读，生物安全管理委员会至少每年对安全手册进行评审和更新。

5. 记录表格

实验室建立程序对各类操作、计划运行及实施的情况进行记录。实验室应维持并合理使用实验室涉及的所有材料的最新安全数据单。

6. 标识系统

实验室用于标示危险区、警示、指示、证明等的图文标识是管理体系文件的一部分，包括用于特殊情况下的临时标识，如"污染""消毒中""设备检修"等。标识应明确、醒目和易区分。只要可行，应使用国际、国家规定的通用标识。应系统而清晰地标示出危险区，且应适用于相关的危险。在某些情况下，宜同时使用标识和物理屏障标示出危险区。应清楚地标示出具体的危险材料、危险，包括生物危险、有毒有害、腐蚀性、辐射、刺伤、电击、易燃、易爆、高温、低温、强光、振动、噪声、动物咬伤、砸伤等；需要时，应同时提示必要的防护措施。应在须验证或校准的实验室设备的明显位置注明设备的可用状态、验证周期、下次验证或校准的时间等信息。实验室入口处应有标识，明确说明生物防护级别、操作的致病性生物因子、实验室负责人姓名和紧急联络方式、国际通用的生物危险符号，并应同时注明其他危险。实验室所有房间的出口和紧急撤离路线应有在无照明的情况下也可清楚识别的标识。实验室的所有管道和线路应有明确、醒目和易区分的标识。所有操作开关应有明确的功能指示标识，必要时，还应采取防止误操作或恶意操作的措施。实验室管理层应负责定期（至少每 12 个月一次）评审实验室标识系统，需要时及时更新,以确保其适用现有的危险。

7. 风险评估报告

实验室风险评估报告是实验室风险评估过程的记录以及评估结果的展示。风险评估包括实验室软件和硬件的整体评估,是在综合分析病原微生物背景资料和拟开展的实验活动危险性的基础上,对所涉及实验活动的危害程度及其防护措施、生物安全设施设备、感染控制、人员管理、个体防护等各个方面进行分析和评估。风险评估报告要定期审核。

8. 应急预案

实验室应急预案是体系文件的一项重要组成部分,是在风险评估基础上,为避免或降低实验室事故发生后造成的损失,就事故发生后的资源配置、行动步骤和控制程序等,预先作出科学有效的计划和安排。应急预案要明确应急原则,确定适用范围、事件和事故分级标准,以及启动条件、相应程序、终止标准等,明确风险控制所需的支持及准备,明确处置操作程序,并有相应的支持文件,包括联系信息、危险源清单和撤离路线图等。应急预案要定期修订,并通过演练活动逐步修订完善。

四、生物安全管理体系的运行

(一)体系运行计划

生物安全管理体系的运行由实验室管理层根据国家相关要求、实验室生物安全管理体系及规章制度,对实验室人员、实验活动、设施设备、实验材料以及实验废物等进行管理。在运行过程中,定期及不定期、内部及外部的审核和监督是促进实验室及时发现运行过程中存在问题及风险的有效手段,是确保实验室各项政策和规定是否得到切实落实、有效执行的重要措施,可杜绝安全事故的发生,并可促进实验室不断改进,形成良好的安全氛围及安全文化。

实验室及所在机构应制定体系运行计划,以年度安全计划的形式体现。安全计划要明确年度计划的适用范围和相关责任人,简要阐述年度工作安排的说明和介绍,制订的计划指标要具体化并可量化。年度安全计划包括:安全和健康管理目标,风险评估计划,人员培训教育与能力评估计划,体系文件与标准操作规程的制定与定期评审计划,实验活动计划,设施设备检测、校准、验证和维护计划,危险物品使用计划,消毒灭菌计划,废弃物处置计划,设备淘汰、购置、更新计划,应急演练计划,外部供应与服务计划,行业最新进展跟踪计划,人员健康监护和免疫计划,监督检查、审核、评审计划等。检查和审核计划既要有实验室自查计划,如内部审核和监督检查,又要有外部检查、评审等计划等,还要有持续改进计划。

年度计划的制定要全面,紧紧围绕实验室开展活动的前、中、后的生物安全。制订的计划要详细,而不是简单一句话或者标题,这样更有利于执行。计划要获得实验室管理层的审核,且与实验活动相适应,并要列出可能涉及的相关部门及人员,最好设置一览表予以呈现,便于人员执行。

(二)执行

实验室按照管理体系年度计划开展实验室安全活动,监督检查可促进和监督实验室的体系运行中问题的发现及改进。安全检查工作由实验室管理层负责组织实施,安全责任人在实施安全检查中的作用和责任都很重大,包括检查的策划、检查工作的实施,以及检查中风险的识别等。在检查中,既要对实验活动全过程的实施情况予以监督,又要关注关键环节,及时发现风险隐患。生物安全委员会应参与实验室的安全检查。

在执行中有一些注意事项:外部的评审活动不能代替实验室的自我安全检查,外部评审不等同于实验室的内部审核和管理评审活动;安全检查发现不符合项时,应立即采取纠正措施,必要时,立即停止工作;在从事安全活动中,发生任何事故,要及时报告,并结合实验室实际情况及时评审分析,采取预防措施;检查时要有检查表,包括检查内容、检查形式、检查人员、陪同人员、整改要求、检查依据等,并做好检查记录,以便有效落实在检查中的发现,促进实验室改进。

（三）内容

围绕人机料法环等要素，根据管理体系的要求对生物安全管理体系运行情况进行系统检查，包括：设施设备、警报系统、应急装备、消防装备的功能及运行状态，危险物品的使用及存放，废物处理及处置的安全情况，人员能力及健康状态，实验室活动的运行及计划的实施情况等，还需关注在运行过程中发现的不符合规定的问题是否及时得到纠正，予以跟踪确认。容易被忽视且重要的一点，就是生物安全管理体系运行所需的各项资源是否满足工作要求，可以通过对管理层的考核及运行中问题出现的频次等予以确认。

（四）形式

体系运行的监督与检查形式，从检查方来源可分为内部检查和外部监督。内部检查主要有实验室自查，时间频次可根据实验室规模、从事的实验活动以及生物安全体系运行情况来定，每年至少要开展一次系统性的检查。如体系运行时间较短、实验室出现事故等，则要增加检查频次，必要时可对关键的管理环节重点检查。管理体系的内部审核也属于内部检查，是根据安全管理体系的规定对所有管理要素和技术要素定期进行的内部审核，以证实管理体系运作持续符合要求。内部审核是由安全管理体系安全负责人策划、组织实施，审核是由一定能力的人员执行，审核的结果要提交实验室管理层评审。管理评审也属于体系的内部检查活动，通过对实验室安全管理体系及其全部活动进行评审，以评价管理体系的适用性和有效性，并持续改进管理体系。

除内部的检查和评审外，外部的监督对实验室体系运行问题的发现及风险识别也很重要。由中国合格评定认可委员会组织开展的实验室生物安全认可和国家卫生主管部门的实验室活动评审属于外部评审，评审不仅促进实验室发现问题、纠正整改，进一步确保实验室安全，同时通过解决发现的问题，不断改进和完善管理体系，使实验室管理体系运行更符合国家法律法规的要求，并促进持续改进。

（五）持续改进并形成生物安全文化

实验室生物安全管理体系建立后，要经历试运行、改进、再运行、持续改进，最终形成机构的生物安全文化。要使实验室生物安全管理体系持续有效运行并获得持续改进，可通过以下途径和手段：在年度安全计划中增加生物安全工作和质量改进目标，并分层落实到员工的工作岗位上；在对体系做管理评审时，生物安全和质量工作的改进进度及效果要作为评审输入之一；将职务、工资、奖励制度与员工的质量改进和生物安全工作绩效挂钩。同时，实验室最高管理者要重视生物安全管理工作，不能只制定目标而不关心运行过程，管理层参与生物安全相关活动，如安全检查、管理评审、外部评审等，没有最高管理者的参与，很难让员工重视实验室生物安全管理体系的运行改进。管理者的参与对管理体系的持续改进非常重要，将有利于形成良好的生物安全文化。

此外，对良好的生物安全管理体系运行成果的宣传和对工作人员的表彰，使参与人员有成就感，感到自己的工作保障了实验室安全以及管理体系有效运行，努力付出得到认可和尊重，有利于良好生物安全文化形成。管理层也可以对每个员工提出新任务，并加强员工培训，给员工提供学习和进步的资源支撑，使员工具备参与安全工作和确保实验室生物安全的能力，并在体系运行参与过程中获得成就感，营造良好的生物安全氛围并逐步形成生物安全文化。

第二节　人员管理

实验室工作人员在实验室的各项活动中起到关键甚至决定性作用。实验室重视人员的筛选、培养和评价，是促进实验室活动安全高效完成的重要举措。

一、明确岗位与职责

对于每一位实验室人员，实验室或其所在机构应有明确的人事政策和安排，有足够的人力资源承担实验室所提供服务范围内的工作及管理体系涉及的工作，对所有岗位提供职责说明，包括人员的责任和任务，以及教育、培训和专业资格要求，供相应岗位的每位员工查阅。

根据《病原微生物实验室生物安全管理条例》第三十二条，实验室负责人为实验室生物安全的第一责任人。负责人应根据实验室的规模，合理安排若干适当的人员承担实验室安全相关的管理和维护运行职责，并聘任胜任实验操作的人进入实验室开展实验活动。

（一）管理人员

实验室的管理人员包括实验室设立单位的法定代表人、实验室生物安全管理责任部门人员、实验室负责人等。法定代表人应负责本单位实验室的生物安全管理，建立生物安全管理体系，落实生物安全管理责任部门或责任人；定期召开生物安全管理会议，对实验室生物安全相关的重大事项做出决策；批准和发布实验室生物安全管理体系文件。责任部门负责组织制定和修订实验室生物安全管理体系文件；对实验项目进行审查和风险控制措施的评估；负责实验室工作人员的健康监测管理；组织生物安全培训与考核，并评估培训效果；监督生物安全管理体系的运行落实。实验室负责人应全面负责实验室生物安全工作，包括：实验项目计划、方案和操作规程的审查；决定并授权人员进入实验室；实验室活动的管理；纠正违规行为并有权做出停止实验的决定；指定生物安全负责人，赋予其监督所有活动的职责和权力，包括制定、维持、监督实验室安全计划的责任，以及阻止不安全行为或活动的权力。

（二）实验人员

实验人员主要在实验室中根据相关的操作规程开展具体的实验活动。实验人员应充分了解实验活动中所用的设施设备和实验材料存在的生物、理化和放射性风险，并掌握降低或去除风险的相应技术和方法，以安全开展活动。

（三）实验辅助人员

实验辅助人员范围广泛，包括在实验室运行过程中承担设施设备维护、废物处置、消毒与清洁、试剂管理、实验动物的饲养等活动的人员。使用高温压力蒸汽灭菌器和实验动物的人员均应通过专门的培训及考核，才能获得从业资格。实际工作中，实验辅助人员工作内容相对繁杂，多数情况下一人身兼数职。

二、实验室人员的准入条件

（一）一般要求

实验室设立单位应建立实验室人员的准入制度，并由实验室负责人贯彻执行。进入实验室的人员，除了长期在实验室工作的管理人员、实验人员和辅助人员外，还有学生、进修生、访问学者、参观人员等因为其他原因需要进入实验室开展或长或短实践活动的人员。

需要进入实验室长期从事实验活动的工作人员，一般应达到以下要求，方可获得准入资格：综合素质好、责任心强、工作认真、科学严谨；具有明确的工作任务和相关业务背景；参加培训并经考核合格；身体健康，签订生物安全责任书；留取本底样本，如血清等；从事一般病原微生物活动研究的人员，须经实验室主任批准后，方可独立开展实验活动；从事高致病性病原微生物相关实验活动的人员，须在实验室主任指定人员的指导下开展相关实验活动；取得相关部门上岗证并登记备案。进行实验室操作的人员在具体的实验室生物安全知识培训和专业技能培训方面应达到以下要求：①通过实验室生物安全基础知识培训考核；②了解该实验室的工作职能、组织机构和工作人员；③熟悉该实验室所从事工作的性质、内容、潜在危险及防护措施；④熟悉该实验室每个工作区域及注意事项；⑤熟悉基本专业知识和操作技能。任何人如有下列情况之一，不得进入相应级别生物安全实验室：患发热性疾病；已经在实验室内连续工作 4h 以上，或者其他原因造成的疲劳状态；皮肤存在损伤；实验室负责人认为其由于身体原因，不适合在相应级别生物安全实验室工作等。

实验室管理人员和维护人员进入实验室的频次较实验人员低，除了综合素质好、责任心强、工作认真、科学严谨、具有明确的工作任务和相关业务背景、签订生物安全责任书、留取本底样本等要求外，还应当取得相关部门同意上岗的证书并登记备案。

大多实验室还会接待前来参观（访问）实验室的外来人员（包括外籍人员），这部分人员必须获得有关部门的批准后方可进入实验室。一般情况下，外来人员（包括外籍人员）参观（访问）病原（微）生物实验室，须经实验室设立单位负责人或生物安全委员会审批后，在实验室负责人或其委托人陪同下方可参观（访问）实验室。

（二）审核制度

《中华人民共和国生物安全法》第四十九条明确提出，"国家建立高等级病原微生物实验室人员进入审核制度。进入高等级病原微生物实验室的人员应当经实验室负责人批准。对可能影响实验室生物安全的，不予批准；对批准进入的，应当采取安全保障措施。"

在人员筛选上，进入实验室尤其是进入高等级生物安全实验室的人员除了有相关专业的教育经历并熟悉生物检测安全知识和消毒知识、具备相应的操作技能之外，还应该通过相应的背景审查（毛秀秀等，2020）。在美国，随着高等级生物安全实验室数量增加，能够接触到管制生物剂和毒素的人越来越多，从而导致实验室生物安全风险不断加大。据美国疾病控制与预防中心的报告显示，2004年美国发生了16起特殊病原体丢失或泄漏事件，2017年上升为246起，大多是因实验室内部人为因素导致的安全事故，故美国政府及各大实验室均开始高度关注来自内部人员的安全风险。美国国家生物防御分析与应用中心指定和实施了一项支持生物安全的"人员可靠性计划"，该计划从警觉性、情绪稳定性、信用情况、有无不稳定医学状态、责任感、灵活应变能力、社会适应能力、不利或紧急情况下合理判断能力、有无药物或酒精滥用或依赖等方面，对人员开展动态评估（毛秀秀等，2020）；美国国立卫生研究院也实施了行为健康筛查方案（Skvorc and Wilson，2011）。

国内的实验室对于进入高等级生物安全实验室开展工作的人员，在准入制度的基础上，也逐渐与公安系统建立起了联系，对人员的背景和过往经历进行审查，以保障人员的可靠性。

三、实验室人员的培训与评价

《病原微生物实验室生物安全管理条例》第三十四条规定，实验室或者实验室的设立单位应当每年定期对工作人员进行培训，保证其掌握实验室技术规范、操作规程、生物安全防护知识和实际操作技能，并进行考核。工作人员经考核合格的，方可上岗。从事高致病性病原微生物相关实验活动的实验室，应当每半年将其工作人员的培训、考核情况和实验室运行情况向省（自治区、直辖市）人民政府卫生主管部门或者兽医主管部门报告。

《生物安全实验室通用要求》（GB19489—2008）规定，对于人员的培训应不限于：上岗培训，包括对较长期离岗或下岗人员的再上岗培训；实验室管理体系培训；安全知识及技能培训；实验室设施设备（包括个体防护装备）的安全使用；应急措施与现场救治；定期培训与继续教育；人员能力的考核与评估。

对于不同领域或特殊的设施设备，各主管部门、各单位应制定相应的管理规定。例如，涉及临床基因扩增检验的实验室人员应当经省级以上卫生行政部门指定机构进行技术培训并达到合格。从事压力蒸汽灭菌器、污水处理设备等压力容器使用的人员，应当按照国家有关规定经特种设备安全监督管理部门考核合格，取得特种作业人员证书，方可从事相应的作业或者管理工作。实验室或者实验室的设立单位应定期对人员进行评价，通常至少12个月评价一次。实验室或者实验室的设立单位应维持每个员工的人事资料，妥善保存并保护隐私权。

四、实验室人员的健康监测

《病原微生物实验室生物安全管理条例》第三十五条规定，从事高致病性病原微生物相关实验活动，应当有2名以上的工作人员共同进行。进入从事高致病性病原微生物相关实验活动的实验室的工作人员或者其他有关人员，应当经实验室负责人批准。实验室应当为其提供符合防护要求的防护用品并采取其他职业防护措施。从事高致病性病原微生物相关实验活动的实验室，还应当对实验室工作人员进行健康监测，每年组织对其进行体检，并建立健康档案；必要时，应当对实验室工作人员进行预防接种。

实验室人员上岗前应接受相应的健康体检，以确定是否适合工作岗位以及将开展的实验活动，并且在工作中定期开展健康体检，以保持持续健康的状态。

免疫接种是控制传染病发生、提高健康水平的一项重要措施。一般情况下，在实验室工作的人员接触的病原微生物较生活中接触的浓度高，通过免疫接种可以起到预防保护的作用。从事不同病原微生物研究的人员可根据工作需要接种不同的疫苗，并在条件许可范围内检测免疫接种的效果。例如，脊髓灰质炎（脊灰）病毒是目前全球第二个正在消灭的传染性疾病，通过脊灰疫苗的使用以及一系列的防控措施，人类在消灭脊灰的道路上已经取得了重大的进展。在消灭脊灰的最后阶段，与脊灰病毒接触密切的实验室工作人员是高危职业人群。2016 年对省级疾控中心开展了脊灰疫苗接种意愿调查，参与调查人数为 77 人，愿意接种疫苗者共有 75 人，占全部人员的 97.4%。由此可见，在疫苗保护效果较好的情况下，实验室人员的接种意愿很高，实验室设立单位应尽可能提供免疫接种的服务（郭玉双等，2018）。

随着科技的发展，便携式的健康监测设备购买越来越方便，尤其是心脏监护、血氧监测等设备，进入实验室尤其是动物生物安全二级以上级别实验室和高等级生物安全实验室长时间开展实验室活动时，配备相应的设备可以为工作人员提供特定的监护。

第三节 材 料 管 理

一、病原微生物菌（毒）种和样本的管理

病原微生物菌（毒）种和样本的管理，是实验室生物安全的核心内容，是实验材料管理的重要组成部分。应重点对病原微生物菌（毒）种和样本的采集、运输、使用、储存、交流及消亡全过程进行管理。

（一）病原微生物菌（毒）种和样本的采集

按照《病原微生物实验室生物安全管理条例》的要求，采集病原微生物样本应当具备下列条件：
（1）具有与采集病原微生物样本所需要的生物安全防护水平相适应的设备；
（2）具有掌握相关专业知识和操作技能的技术人员；
（3）具有有效防止病原微生物扩散和感染的措施；
（4）具有保证病原微生物样本质量的技术方法和手段。
采集病原微生物样本的工作人员在采集过程中应当采取措施防止病原微生物扩散和感染，并对样本的来源、采集过程、时间、数量和方法等作详细记录。

除医疗卫生机构、动物疫病预防控制和诊疗机构以及海关检验检疫等机构依法履行传染病防治法定职责外，采集高致病性病原微生物样本，须经省级以上人民政府卫生健康主管部门或者农业农村主管部门批准。

（二）病原微生物菌（毒）种和样本的运输

根据疾病监测、质量控制、科研、教学等工作需要，病原微生物菌（毒）种和样本需要跨地域、跨实验室运输。对运输的病原微生物菌（毒）种和样本进行合格包装、按照规定进行规范运输是确保安全、高效运输的基础。

按照《病原微生物实验室生物安全管理条例》的要求，运输高致病性病原微生物菌（毒）种或者样本，应当具备相应条件，此处内容在其他章节已有介绍，不再赘述。

（三）病原微生物菌（毒）种和样本的使用

在开展实验活动的过程当中，病原微生物菌（毒）种和样本的规范使用是实验室生物安全的重要环节，从实验室接收到菌（毒）种和样本开始，到完成实验后的清场与消毒，生物安全风险一直存在。

操作人员应严格遵循实验室操作技术规范与规程，做好个人防护，在符合生物安全要求的实验室内开展实验活动，并随时关注并妥善处置所操作的菌（毒）种和样本。

完成实验活动后，应及时将实验用菌（毒）种和样本送交保藏或及时进行销毁处理，确保生物安全。

（四）病原微生物菌（毒）种和样本的保藏

病原微生物菌（毒）种和样本的使用，在实验活动及操作等章节已详细介绍，这里主要介绍病原微生物菌（毒）种和样本的储存与保藏。《生物安全法》明确提出，国家要统筹布局全国生物安全基础设施建设，加快建设包括病原微生物菌（毒）种保藏在内的生物安全国家战略资源平台，建立共享利用机制，为生物安全科技创新提供战略保障和支撑。

1. 保藏管理通用要求

按照《病原微生物实验室生物安全管理条例》的要求，国务院卫生健康主管部门或者农业农村主管部门指定的病原微生物菌（毒）种保藏中心或者专业实验室（简称"保藏机构"），承担集中保藏病原微生物菌（毒）种和样本的任务。

保藏机构应当依照国务院卫生健康主管部门或者农业农村主管部门的规定，储存实验室送交的病原微生物菌（毒）种和样本，并向实验室提供病原微生物菌（毒）种和样本。

保藏机构应当制定严格的安全保管制度，做好病原微生物菌（毒）种和样本进出及储存的记录，建立档案制度，并指定专人负责。对高致病性病原微生物菌（毒）种和样本，应当设专库或者专柜单独储存。

保藏机构应当凭实验室取得的从事高致病性病原微生物相关实验活动的批准文件，向实验室提供高致病性病原微生物菌（毒）种和样本，并予以登记。保藏机构的管理办法由国务院卫生健康主管部门、农业农村主管部门分别制定。为配合该项要求的具体落实、加强保藏机构的管理，2009 年，卫生部颁布了《人间传染的病原微生物菌（毒）种保藏机构管理办法》（卫生部令第 68 号）（简称《管理办法》），对保藏机构进行了明确定义，同时也对保藏机构的职责、保藏机构的指定和保藏活动、保藏机构的监督管理与处罚都做了细化。根据《管理办法》中关于保藏机构的指定要求，为做好保藏机构指定工作提供依据，原卫生部发布强制性卫生行业标准《人间传染的病原微生物菌（毒）种保藏机构设置技术规范》（WS315－2010），规定了人间传染的病原微生物菌（毒）种保藏机构设置的基本原则、类别与职责、设施设备要求、管理要求等基本要求。随后，为了进一步做好保藏机构的指定工作，力求保藏机构指定过程科学化、规范化，2011 年，卫生部印发了《人间传染的病原微生物菌（毒）种保藏机构指定工作细则》。

2013 年，为了规范人间传染的病原微生物菌（毒）种保藏机构管理，国家卫生计生委印发了《人间传染的病原微生物菌（毒）种保藏机构规划（2013—2018）》（简称《规划》），进一步对保藏机构进行统一规划、集中管理。建设安全并符合技术标准的菌（毒）种保藏机构，是《规划》的核心目的，通过开展保藏机构指定工作，使国家法律法规赋予菌（毒）种保藏机构相应的职责和义务。随着指定工作的开展，中国的菌（毒）种保藏管理工作又迈上一个新台阶。

2. 具体管理要求

1）保藏机构对病原微生物菌（毒）种和样本的保藏要求

按照《管理办法》的规定，保藏机构分为菌（毒）种保藏中心和保藏专业实验室。菌（毒）种保藏中心分为国家级和省级两级。保藏机构的设立及其保藏范围应当根据国家在传染病预防控制、医疗、检验检疫、科研、教学、生产等方面工作的需要，兼顾各地实际情况，统一规划、整体布局。不同级别的保藏机构按照《管理办法》要求，履行各自的职责。

（1）我国境内未曾发现的高致病性病原微生物菌（毒）种或样本、已经消灭的病原微生物菌（毒）种或样本、《人间传染的病原微生物名录》规定的第一类病原微生物菌（毒）种或样本、国家卫生健康委规定的其他菌（毒）种或样本必须由国家级保藏中心或专业实验室进行保藏。

（2）保藏机构应根据所保藏病原微生物的特点和危害程度分类，进行相应功能分区，应具备以下基本分区：菌（毒）种或样本接收区、实验工作区、菌（毒）种保藏区、菌（毒）种发放区和办公区。不同区域设施设备及平面布局等，应符合 WS315 的要求。

（3）保藏机构应按照要求，建立专门的菌（毒）种保藏和生物安全管理委员会，建立相应的管理制度，制定体系文件，通过管理规范、程序文件、标准操作程序（SOP）和记录等文件进行管理。保藏机构应对所保藏菌（毒）种或样本采用信息化管理，建立原始库、主种子库和工作库，并分别存放；同时，按照 WS315 做好人员管理、个人防护以及保藏安全保障等相关要求。

2）非保藏机构对病原微生物菌（毒）种和样本的保藏要求

相对于保藏机构来说，非保藏机构涵盖疾控、科研、教学、临床以及企业等诸多机构，在日常工作当中，或多或少保管了一定数量的病原微生物菌（毒）种和样本，这些病原微生物菌（毒）种和样本如果管理不善，必会带来生物安全隐患。非保藏机构储存保管病原微生物菌（毒）种和样本应从以下几个方面做好管理。

（1）应按照所保管病原微生物和样本的特点及危害程度分类，进行简单分区，至少应分为接收区、发放区及保藏区，且高致病性与非高致病性病原微生物菌（毒）种和样本应分别存放；高致病性病原微生物菌（毒）种和样本应设专柜或专库保存，双人双锁管理。接收区及发放区应具备对菌（毒）种或样本进行登记、标记等设备，应具备菌（毒）种或样本在内部转运所需的符合生物安全要求的包装转运材料，应配置消毒等应急处理设备和药械。

（2）应制定相应的保管管理制度，包括但不限于人员准入、个人防护、出入库管理、销毁以及记录等内容。记录应全面，除纸质记录表格外，应尽量对所保管的菌（毒）种或样本进行信息化管理，信息化管理内容应尽量详尽，且操作皆留有痕迹，便于追溯。高致病性病原微生物菌（毒）种和样本的信息，还应满足保密相关要求。

（3）保存病原微生物菌（毒）种和样本可选择多种方法，包括超低温保存法、冷冻干燥法等。同一病原微生物菌（毒）种应选用两种或两种以上方法进行保藏，且应备份保存。保存病原微生物菌（毒）种和样本材料材质应耐低温，保证在液氮罐、–80℃冰箱等超低温环境下不易破碎、爆裂。

（4）从事病原微生物菌（毒）种及样本保存的实验人员应具备相应的病原微生物专业知识，应经过生物安全培训并合格，确保具备相应实验活动操作技术能力，以及处理突发状况的能力。管理人员应熟悉病原微生物菌（毒）种保藏相关管理制度和各项规定。病原微生物菌（毒）种及样本保管人员和管理人员在工作期间应接受必要的健康监测和相关的疫苗接种。

（5）按照所保管的病原微生物菌（毒）种及样本的危害程度和实验活动内容，配备符合实验室生物安全要求的个人防护用品，如手套、防护服、鞋套等。工作人员从低温设备如液氮罐、–80℃冰箱中取出菌（毒）种或样本时，应加强面部防护和皮肤防护，防止冻伤和感染性材料的飞溅污染。

（6）病原微生物菌（毒）种保存区域的监控系统应覆盖到保藏各个区域，不留死角，并确保监控系统 24h 运行。

（五）病原微生物菌（毒）种和样本的交流

（1）国外引进或共享菌（毒）种时，应按照《病原微生物实验室生物安全管理条例》及配套法规、出入境管理相关规定办理申报审批手续。应配合出入境检验检疫系统做好菌（毒）种使用的事后监督管理。

（2）收到国外菌（毒）种后，应确保生物安全，在 3～6 个月内完成鉴定，并将结果资料保存管理。

（3）国内机构间病原微生物菌（毒）种及样本的交流，应符合国家、属地及机构相关管理要求，按照《病原微生物实验室生物安全管理条例》及配套法规和文件要求，签订共享协议书，依据不同危害程度分类进行包装并实施运输，交流过程应确保生物安全。

（六）病原微生物菌（毒）种和样本的销毁

（1）国家规定必须销毁的、有证据表明保藏菌（毒）种及样本已丧失生物活性或被污染已不适于继续使用的、被认定为无继续保存价值的，应按照相应规定启动销毁程序。不同危害程度分类的菌（毒）种及样本的销毁须按照报批程序，经不同层级批准后方可实施销毁。

（2）保存的菌（毒）种经传代、移种后，销毁原菌（毒）种之前，应仔细检查标签是否正确。

（3）销毁任何一种菌（毒）种时，要先进行验证，防止错误。

（4）菌（毒）种及样本的销毁方式分为物理销毁和化学销毁两种，应确保选择有效销毁方式，应放置灭菌指示标志以确认灭菌效果，必要时进行灭菌效果验证，确保生物安全。

（5）做好菌（毒）种及样本的销毁记录并存档。

二、实验动物管理

实验动物是指经人工饲养，对其携带微生物实行控制，遗传背景明确或者来源清楚的用于科学研究、教学、生产、检定以及其他科学实验的动物。

实验动物具有两大特点：一是遗传改变，形成特定的品系、品种；二是对病原谱系敏感性发生改变，更易得病。对实验动物及其分泌物、排泄物、样品、器官、尸体等控制、操作不当将会造成病原污染的扩散，应注重病原污染的防控。

（一）实验动物微生物、寄生虫等级

实验动物的使用应按国家相应的法规、制度和标准进行。按照病原微生物、寄生虫对实验动物致病性和危害性的不同，以及是否存在于动物体内，将实验动物分成普通级动物、无特定病原体级动物和无菌级动物。其中，实验小鼠和大鼠的微生物学等级分为无特定病原体级（SPF）和无菌级；豚鼠、地鼠和兔分为普通级、SPF级和无菌级级；犬和实验用猴分为普通级和SPF级。

1. 普通级实验动物

普通级实验动物（conventional animal，CV，简称普通动物）是指体内不携带所规定的或必须排除人兽共患病和烈性动物性传染病病原微生物及寄生虫的实验动物。例如，动物应排除沙门氏菌、结核分枝杆菌、汉坦病毒等，必要时排除皮肤真菌、淋巴细胞性脉络丛脑膜炎病毒、弓形体及体外寄生虫等人兽共患病原，以防止实验过程中对人类造成感染。普通动物一般在普通环境或更好环境中繁殖和使用。普通动物由于排除的病原种类较少，主要排除对人体和动物健康造成危害的汉坦病毒、鼠痘病毒等人兽共患病病原和动物烈性传染病的病原，其他微生物、寄生虫对动物的干扰也较大，所以不是理想的实验动物。考虑到繁育环境不是十分严格，有些危害较大的人兽共患病和动物烈性传染病要求进行免疫，达到保护动物和使用者的安全目的。但是动物免疫干扰了动物机体免疫状态，对实验本身，尤其是免疫学、病原学研究可能造成程度不同的影响，所以国外发达国家已不使用此类动物。由于我国发展不平衡，完全取消普通级动物的使用会造成诸多困难，所以规定这类动物只适用于教学示范，一般不可用于科研性实验使用。

2. 无特定病原体级动物

无特定病原体级动物（special pathogen free animal，SPF，简称SPF动物）除普通级、清洁级动物应排除的病原外，还要求不携带主要潜在感染或条件致病、对科学实验干扰大的病原，包括细菌、病毒和寄生虫。这些病原通常包括广泛存在于自然界，对实验动物致病力较低的条件致病微生物及寄生虫或干扰实验结果的病原微生物及寄生虫。例如，小鼠应排除15种病原菌、11种病毒和7种寄生虫。SPF动物在国标《实验动物微生物学等级及监测》（GB 14922.2）和《实验动物寄生虫学等级及监测》（GB 14922.1）中规定的普通级动物、清洁级动物、无特定病原体级动物和无菌级动物四个等级类别动物中为高等级别动物，包括SPF小鼠、大鼠、豚鼠、地鼠、兔、犬和猴。SPF动物要求在屏障或隔离环境中繁殖和使用。SPF动物由于排除了动物烈性传染病、人兽共患病，以及对动物危害大、潜在或条件致病、对科学研究干扰大的主要病原种类，因而在很大程度上满足了动物实验的要求，同时要求不能通过使用疫苗的方法控制动物病原性疾病，因而排除了因疫苗诱发的免疫反应而影响实验结果，基本实现了"实验动物应该处于、保持病原不可触及的机体状态"要求。理论上讲，SPF动物要求在屏障或隔离环境中繁殖，发生病原污染的概率非常低。这类动物是较理想的实验动物，通常作为标准实验动物广泛用于科学研究。

3. 无菌级实验动物

无菌级实验动物（germ free animal，GF，简称无菌动物）是指无可检出的一切生命体的实验动物。体外、体内不存在任何实验室方法可检测到的外源性活性生物体。无菌动物要求在隔离环境中繁殖和使用，空气、饲料、饮水经过严格的消毒灭菌处理维持无菌环境。无菌动物的"菌"不是单指细菌，而是包括细菌、真菌、立克次氏体、支原体和病毒等微生物及各种寄生虫等。

（二）实验动物病原体检测和检疫

用于动物实验的动物通常包括标准化的实验动物和尚未标准化的实验用动物。使用的实验动物或实验用动物应经过质量监测，检疫合格，来源明确。动物实验之前应了解拟使用动物可能携带、感染的病原；动物必须排除人兽共患病病原污染，并做好防控。实验室应动态监控实验动物污染或携带微生物状况，及时了解实验动物健康状态，并采取一定综合措施保证实验动物安全。应尽可能使用实验动物而不是实验用动物做动物实验。

（三）实验动物使用和生产许可

1. 许可证制度

现行《实验动物管理条例》是 1988 年经国务院批准、国家科学技术委员会第 2 号令发布施行的。这是目前全国的实验动物管理工作法律地位最高的"法规性"文件，为全国实验动物管理工作及其规范管理工作提供依据和发展方向，目前该条例正在修订阶段。该条例明确了实验动物工作的主管机关是国家和地方的科学技术行政主管部门。依据条例的规定，2001 年科学技术部与卫生部等七部（局）联合发布了《实验动物许可证管理办法（试行）》（国科发财字〔2021〕545 号），该文件对实验动物许可证管理做出了具体的规定，未取得实验动物生产许可证的单位不得从事实验动物生产、经营活动；未取得实验动物使用许可证的单位，或者使用的实验动物及相关产品来自未取得生产许可证的单位或质量不合格的，所进行的动物实验结果不予以承认。该制度为从事实验动物工作的单位和个人设置了行业准入门槛，通过认证这一法制化管理模式，既能规范相关科学研究行为，又能促进实验动物事业的发展。许可证由各省（自治区、直辖市）科技厅（科委、局）印发、发放和管理。许可证的有效期为 5 年，到期重新审查发证。换领许可证的单位需在有效期满前 6 个月内向所在省（自治区、直辖市）科技厅（科委、局）提出申请，省（自治区、直辖市）科技厅（科委、局）按照对初次申请单位同样的程序进行重新审核办理。

2. 实验动物使用许可

实验动物使用许可证适用于使用实验动物及相关产品进行科学研究和实验的组织和个人。依据《实验动物许可证管理办法（试行）》（国科发财字〔2021〕545 号）第六条规定，申请实验动物使用许可证的组织和个人，必须具备下列条件：使用的实验动物及相关产品必须来自有实验动物生产许可证的单位，质量合格；实验动物饲育环境及设施符合国家标准；使用的实验动物饲料符合国家标准；有经过专业培训的实验动物饲养和动物实验人员；具有健全有效的管理制度。

3. 实验动物生产许可

依据《实验动物许可证管理办法（试行）》（国科发财字〔2021〕545 号）第五条规定，申请实验动物生产许可证的组织和个人，必须具备下列条件：实验动物种子来源于国家实验动物保种中心或国家认可的种源单位，遗传背景清楚，质量符合现行的国家标准；具有保证实验动物及相关产品质量的饲养、繁育、生产环境设施及检测手段；使用的实验动物饲料、垫料及饮水等符合国家标准及相关要求；具有保证正常生产和保证动物质量的专业技术人员、熟练技术工人及检测人员；具有健全有效的质量管理制度；生产的实验动物质量符合国家标准；法律、法规规定的其他条件。凡取得实验动物生产许可证的单位，应严格按照国家有关实验动物的质量标准进行生产和质量控制。在出售实验动物时，应提供实验动物质量合格证，并附符合标准规定的近期实验动物质量检测报告。实验动物质量合格证的内容应该包括生产单位、生产许可证编号、动物品种品系、动物质量等级、动物规格、动物数量、最近一次的质量检测日期、质量检测单位、质量负责人签字、使用单位名称和用途等。

（四）动物实验室生物安全等级及要求

1. 动物实验室生物安全等级

动物实验室生物安全等级（animal bio-safety level，ABSL）分为四个级别，生物安全防护级别由低到高分别以 ABSL-1、ABSL-2、ABSL-3、ABSL-4 表示，包括从事动物活体操作的实验室的相应生物安全防护水平。

2. 无脊椎动物实验室生物安全控制

无脊椎动物由于个体小、活动力强，具有易于藏匿、携带病原体种类广泛且难于控制等特点，实验室应能有效控制动物本身的和（或）可能从事病原感染的双重危害；应具备良好的防护装备、技术和功能，能有效控制动物的逃逸、扩散、藏匿等活动。特别是从事节肢动物（尤其是可飞行、快爬或跳跃的昆虫）的实验活动，应采取相应措施。

3. 实验室设计原则及基本要求

动物实验室的设计应符合国家相关实验动物饲养设施标准及生物安全实验室建筑技术规范的要求。动物实验室的生物安全防护设施还应考虑对动物呼吸、排泄、毛发、抓咬、挣扎、逃逸、动物实验（如感染、医学检查、取样、解剖、检验等）、动物饲养、动物尸体及排泄物的处置等过程产生的潜在生物危险的防护。应根据动物的种类、体型大小、生活习性、实验目的等选择具有适当防护水平的、适用于动物的饲养设施、实验设施、消毒灭菌设施和清洗设施等。动物实验室的设计，如空间、进出通道、解剖室、笼具等，应考虑动物实验及动物福利的要求。

（五）实验动物安全饲养要求及措施

1. 实验动物安全饲养要求

（1）实验动物体型不同，饲养设施、设备环境及安全控制要求不同。

由于小鼠、大鼠、地鼠和豚鼠等小型动物体型较小，可饲养在 IVC、隔离器等饲养设备中，一般易于控制污染。中型动物兔、犬、猴等受到体型、特性等限制，应尽量做到在有效控制的设施、设备中饲养。大型动物羊、牛、马和猪等实验用动物尚无国家微生物、寄生虫等检测标准，实验应按相关要求进行。

（2）病原种类不同，病原感染性动物实验设施、设备及人员防护要求不同。

高致病性的一、二类病原要求在 ABSL-3 或 ABSL-4 高等级实验室中进行。动物饲养应控制在能有效隔离保护的设备或环境内，如 IVC、隔离器、单向流饲养柜、特定实验室等。三类病原感染性动物实验应采用 IVC 或同类饲养设备进行饲养；四类病原应严格控制实验环境，有条件或必要时应采用 IVC 饲养。动物密度不可过高，饮水须经灭菌处理。动物的移动应做到每个环节实行有效防护，避免病原污染环境。

（3）保持饲养环境舒适清洁。

操作完毕应清扫地面，不得有积水、杂物；定期消毒笼架、用具；严格限定动物密度，以保持环境舒适，避免动物过激反应而增加气溶胶产生风险。应做好动物实验室使用前的准备工作，房间一般需消毒处理，以福尔马林熏蒸消毒灭菌效果最好，用量为 8g/m³，作用 12h；消毒时操作人员戴防毒面具，密封门窗管道等；消毒后连续通风 2 天，排出室内甲醛气体，至无残留气体为止。因福尔马林副作用较大，只用于特殊情况，一般宜选择过氧化氢或含氯成分的消毒剂对实验室、设施设备进行日常消毒和终末消毒。应做消毒效果检测，消毒合格后，方可投入使用。

2. 实验动物安全饲养措施

（1）日常的预防措施

饲养人员应严格按照不同等级实验动物的饲养管理和卫生防疫制度及操作规程，认真做好各项记录，发现情况，及时报告。实验动物设施周围应无传染源，不得饲养非实验用家畜家禽，防止昆虫及野生动物侵入。坚持平时卫生消毒制度，降低、消除环境设施中的微生物、病原体含量。不从无资质单位引进实验动物，特别是实验用动物。各类动物应分室饲养，以防交叉感染。饲养室严禁非饲养人员出入和各类人员互串，购买或领用动物者不得进入饲养室内。饲料和垫料库房应保持干燥、通风、无虫、无鼠，饲料应达到相应的国家标准。饲养人员和兽医技术人员应每年进行健康检查，患有传染性疾病的人员不应从事实验动物工作。

（2）生物安全措施

及时发现、诊断可能在实验过程中出现的严重人兽共患病，并应按传染病法的要求逐级上报。迅速隔离异常、患病动物，污染的环境和器具应紧急消毒。患病动物应停止实验，密切观察或淘汰。病死和淘汰动物应首先采取高压灭菌等措施处理；如需集中处理，必须冻存，再行无害化处理。

（3）消毒措施

根据消毒的目的，可分以下三种情况：①预防性消毒，结合平时的饲养管理，定期对动物实验室、笼架具、饮水瓶等进行定期消毒，以达到预防病原污染的目的；②实验期间消毒，即为了及时消灭患病动物体内排出的病原体而采取的消毒措施，消毒的对象包括患病动物所在的设施、隔离场所，以及被患病动物分泌物、排泄物污染和可能污染的一切场所、笼具等，实验期间应定期消毒，对患病动物隔离设施应每天和随时进行消毒；③终末消毒，即在动物实验结束后、患病动物解除隔离、痊愈或死亡后，为消灭实验室内可能残留的病原体所进行的全面彻底的消毒、灭菌。

（4）消毒、灭菌的方法

常用的有物理消毒法和化学消毒法。

（六）实验动物伦理和福利

1. 科研中涉及的动物伦理问题

随着社会进步和人类文明程度不断提高，伦理已不再局限于处理人们相互关系所应遵循的道德和标准，人与自然、人与动物的关系都被纳入到伦理学研究的范畴。实验动物伦理就是人们处理与实验动物之间相互关系应遵循的道德和标准。实验动物伦理总的原则是"尊重生命，科学、合理、仁道地使用动物"，在具体工作中应体现 3R 原则。

实验动物伦理包括以下原则。

（1）尊重动物生命的原则：实验动物和人类一样都是有血有肉的独立生命体，为了人类的健康事业，在没有有效替代方法之前，实验动物不得不奉献出自己宝贵的生命，可以说人类的健康是实验动物用其生命换来的。因此，人类要充分考虑实验动物的权益，善待动物，防止或减少动物的应激、痛苦、伤害和死亡。制止针对动物的野蛮行为，采取痛苦最少的方法处置动物，这是每个实验动物工作者必须具备的伦理道德。

（2）科学使用动物的原则：实验目的明确、有科学价值；实验前科学选择动物品种、品系以及合适的动物模型，制定科学试验方案和实施计划；实验过程中要采用科学的实验方法；实验结束后要采用科学人道的方法处理动物、进行科学数据处理。

（3）合理使用动物的原则：动物实验之前应先通过伦理审查，伦理审查的重点在于是否有可靠的替代动物实验的方法，如果有，就采取不用实验动物的方法；能用少量的动物就绝不多用；能用低等级的动物绝不用高等级动物；没有实际意义的实验和不必要的重复实验不做。伦理审查通过后方可开展相关工作。

（4）仁道地使用动物：从事动物实验的工作人员，要善待动物，不可虐待动物。使用动物时要尽一切努力避免或减轻动物的疼痛和痛苦，当动物出现极度痛苦无法缓解时，应选择仁慈终点结束动物的生命。

（5）遵循 3R 原则：减少（reduction）、替代（replacement）、优化（refinement），即"3R"理论，其核心是动物保护，是尊重生命，科学、合理、仁道地使用动物的具体体现。"减少"是指在实验中，使用较少量的动物获取同样多的实验数据，或使用一定数量的动物能获得更多实验数据的科学方法。要达到这一目的，在实验前必须在充分调研的基础上，进行科学合理的设计。"替代"是指选用其他方法而不是动物进行的实验，以及使用没有知觉的试验材料代替有感知的动物，或使用低等动物代替较高等级动物的实验方法。"优化"是指在符合科学原则和实验目标的基础上，通过精炼动物实验设计方案、完善实验程序、改进实验技术，以减少动物使用数量和避免或减轻动物伤害的实验方法。

2. 科研中涉及的动物福利问题

实验动物福利是指人类保障实验动物健康和快乐生存权利的理念及其所提供的相应外部条件的总和，其核心是保障动物的健康、快乐，其基本目标是让动物在康乐的状态下生存、繁衍下去。动物福利不是片面的一味保护动物，而是在兼顾人类福利的同时，考虑动物的福利状况，应该反对那些极端的动物保护主义和忽视动物权利的各种做法。目前国际上较为公认的动物福利由5项基本权利组成：

（1）生理福利方面：享有不受饥渴的权利；
（2）环境福利方面：享有生活舒适的权利；
（3）卫生福利方面：享有不受痛苦伤害和疾病的权利；
（4）行为福利方面：应保证动物表达天性的权利；
（5）心理福利方面：享有生活无恐惧和悲伤感的权利。

3. 实验动物福利伦理审查

实验动物福利伦理审查是保证实验动物福利、规范从业人员职业道德行为的重要措施。为维护实验动物福利、规范实验动物从业人员的职业行为，从事实验动物相关工作的单位应成立由管理人员、科技人员、实验动物从业人员和本单位以外人士参加的实验动物福利伦理审查委员会，负责本单位有关实验动物的福利伦理审查和监督管理工作。

动物实验方案审查的内容应该包括：实验人员是否符合安全操作要求；设施设备是否符合生物安全要求；饲料、垫料、饮水是否符合安全要求；动物尸体处理是否符合无害化环保要求等方面。

第四节 实验室活动管理

一、实验室活动管理

实验室活动是实验室的核心工作，也是实验室发生意外、事故的必然过程。应该控制、管理和监督实验室活动，确保实验室安全。为加强实验室生物安全管理、规范病原微生物实验活动，应依据《病原微生物实验室生物安全管理条例》建立病原微生物实验室活动管理制度。

（一）国家卫生行政主管部门对高致病性病原病原微生物实验活动的管理

1. 申报

高致病性病原微生物是指《人间传染的病原微生物名录》中规定的第一类、第二类病原微生物。需要从事某种高致病性病原微生物或者疑似高致病性病原微生物实验活动的，应当报省级以上卫生行政部门批准。特别是需要对我国尚未发现或者已经宣布消灭的病原微生物从事相关活动的，应当由国家卫生行政主管部门进行批准。

1）相关单位申报条件要求
应取得病原微生物实验室三级、四级实验室认可。
（1）实验活动以依法从事检测检验、诊断、科研、教学、菌毒种保藏、生物制品生产等为目的。
（2）实验室的生物安全防护等级应当与实验活动风险防护要求相适应。
（3）实验室应当具备与从事实验活动相适应的人员、设备等。
（4）应当对从事的实验活动进行充分的危害和风险评估，制定切实可行的生物安全防护措施、意外事故应急预案及标准操作程序。
2）应该根据国家有关规定向指定的卫生行政主管部门提交申请资料

（1）高致病性病原微生物实验活动申请表。

（2）实验室认可证书。

（3）所属法人机构的生物安全委员会审查意见。

（4）实验活动的主要内容和技术方法。

（5）实验人员名单、生物安全培训证书和上岗证书。

（6）要求的其他资料等。

2. 审批

根据国家卫生行政主管部门的管理要求，要对申报实验活动的实验室活动进行现场评估论证。一般由5～7名专业人员组成专家组，组长由卫生行政主管部门制定，为现场评估论证工作技术总负责人。

现场评估时间一般为2～3天，在现场评估前，专家组长会提前制定现场评估和考核计划。现场评估包括专家组预备会、首次会议、资料审查、实验室考察、现场模拟操作考核、理论知识考核、专家组内部讨论、末次会议等。

1）首次会议

参加会议人员包括专家组成员、申请单位负责人及相关人员。会议由专家组组长主持，会议程序及内容如下：

（1）介绍专家组成员和分工；

（2）宣布现场评估论证工作安排、要求和时间表；

（3）明确评估的方法、程序和评定原则；

（4）向申请单位做公正和保密的承诺；

（5）向申请单位负责人报告工作情况；

（6）与申请单位确认现场评估所需现场操作和面试考核项目以及被考核人员名单。

2）资料审查

专家组审查实验室生物安全手册、程序文件、危害评估报告、标准操作程序、相关记录表格，并对审查情况进行记录。

3）实验室考察

由专家组根据《高致病性病原微生物实验室从事实验活动现场检查表》的内容对实验室进行实地考察，并对考察情况进行记录。

4）现场模拟操作考核

由专家组从实验室操作人员名单中抽取30%的人员（不少于4人）进行现场操作考核，并对考核情况进行记录。现场模拟操作考核题目由专家组制订，现场操作应涉及申请范围的主要项目，应当覆盖主要仪器设备、主要人员和主要操作技术。由每名参试人员抽取1个题目进行现场操作，由2位专家组成员进行评判。评判标准依据实验室的标准操作程序。

5）理论知识测试

采取面试形式，全体实验室人员均应参加，参加现场模拟操作考核的人员除外。由2位专家组成员组成考核组，对每名被考核人员进行单独面试并进行评判。

面试考核内容及评判标准依据为《传染病防治法》《病原微生物实验室生物安全管理条例》《人间传染的高致病性病原微生物实验室和实验活动生物安全审批管理办法（卫生部令第50号）》《人间传染的病原微生物名录》《可感染人类的高致病性病原微生物菌（毒）种或样本运输管理规定（卫生部令第45号）》《实验室生物安全通用要求》（GB 19489—2008），以及本实验室生物安全手册、程序文件、标准操作程序（SOP）、WHO《生物安全手册》（第3版）等相关内容。

3. 批准

申请单位应按照专家组提出的整改意见，在3个月内完成整改工作，并向卫生行政主管部门提交整改报告。整改复核工作由原现场评估论证专家组成员完成。卫生行政主管部门收到专家组评估论证报告或者整改复核意见之后，做出是否批准的决定。

（二）国家卫生行政主管部门对非高致病性病原微生物实验活动的管理

非高致病性病原微生物是指《人间传染的病原微生物名录》（以下简称《名录》）中规定的第三、四类病原微生物，应该按照《名录》规定在相应等级的生物安全实验室中进行，通常认为应该在生物安全二级（BSL-2）实验室中进行。按照《病原微生物实验室生物安全管理条例（国务院令第 424 号）》要求，BSL-2实验室应当向省级卫生行政主管部门进行备案。

一般备案要求包括：实验室设施、设备情况；实验室人员情况；实验室拟从事病原微生物活动内容；病原微生物风险评估及控制措施；实验室应急预案及物资储备等。由省级卫生行政主管部门进行备案和核查，并定期进行监督。

二、实验室实验活动的实施

（一）设立单位内部实验活动管理

对于一般性的实验活动，应当根据实验室设立单位的工作任务需要，由设立单位建立完整的实验活动管理制度和管理组织架构；对于高致病性病原微生物的实验活动，应当由单位生物安全管理机构进行审核；对于技术要求和风险控制措施，应报经生物安全委员会进行审核批准。

实验室所在单位法人和实验室负责人为实验活动的第一责任人，实验活动的参与者是实验活动的直接责任人，每个人都应当明确工作职责和风险要素。应当遵守良好工作行为准则要求，进入各级实验室工作的人员必须遵守和了解实验活动的要求，掌握良好的操作技术要求，在认真学习如何降低风险的情况下进行工作，包括但不限于标准操作技术规范、风险评估、个人防护装备使用、紧急程序等。

对于未知病原的实验活动，必须由实验活动的提出人提供风险评估和活动技术文件，通过生物安全委员会的审核。审核内容包括：该活动的必要性，提供技术文件的科学性、准确性，风险评估准确性，控制措施的有效性，与国家其他法规的符合性等。

（二）实验室内务管理

进入实验室工作的人员应当负责内部区域的保洁、卫生、消毒和整理工作，原则上应由具备专业知识的一般保洁人员对实验工作区域进行保洁工作。实验室应对实验室内的试剂、耗材摆放进行统一规划，不得挤占实验空间，防止堆积过高、占用消防通道等。实验室负责人应对内务行为进行监督、检查，对错误行为进行纠正；实验室所有工作人员必须按照实验室制定的内务行为准则要求进行日常工作，一旦违反规定，必须服从纠正要求。

实验室应当时刻保持清洁、整齐和安全的良好状态，保证仪器设备等时刻受控，不得在实验室内部区域进行与业务无关的活动，禁止过量存放实验性材料、试剂（特别是危险品）以及与实验工作无关的其他物品。所有用于感染性材料操作的设备、工作台面、试剂耗材，应当在每次工作结束后予以及时的消毒和清洁，保持台面和设备的正常工作状态。实验室应时刻防范生物样本、感染性材料、化学品等危险物质泄漏，并执行相应的应急预案，储备足够的处置物资，保持人员具备紧急处置的技术和能力。

实验室内的内务行为规范应时刻保持有效；如果对内务行为进行修改，应准确告知所有相关人员。未经批准的人员不得进入实验室工作区域；外来人员进入实验室区域，须经过实验室负责人许可由专人陪同且严格遵守实验室有关规定，方可进入；对于进入 BSL-3 实验室的人员，必须经过所在单位负责人批准，在实验室终末消毒以后方可进入。

如必要的维修、维护人员进入实验室，应由专业人员陪同下，在按要求穿戴防护装备的条件下进入实验室；维护行为应遵守设备风险评估，不得在实验室内利用风机进行灰尘吹吸、掸扫行为，实验室内不得动用明火、不得在没有确认安全的情况下对设备进行外壳的开启等。

（三）实验方法管理

实验室内进行实验工作，应有明确的实验方法，并保证实验方法的收集、选择、确定和使用均有明确的程序，确保实验室内使用的方法科学有效，既可以保障检验结果的有效正确，又能够确保生物安全。

实验室应当遵守如下的实验方法确定程序：应当首先收集标准方法，经常性地检索检验标准最新版本情况，维持收集到的标准为最新版本，由所实验室生物安全管理办公室和实验室相互协作，及时维护检验方法、标准版本的有效性。国家或行业标准或 WHO 等国际官方组织记载或提供的方法为首选方法，这些方法应编制成 SOP，由生物安全委员会审定后批准使用。

非标方法最好是由权威技术机构公布或已在有关科学文献或期刊上发表的方法。实验室可根据文献报道方法编制 SOP，并将 SOP 以及编制依据、参考文献复印件和相关实验活动的危害评估报告一并书面报送单位的实验室生物安全管理办公室，由单位的生物安全委员会进行审定，作出批准、否定或提出修改意见的决议。

新方法是指实验人员提出的文献中从未报道的新实验方法，应将由实验室人员编制的 SOP、编制依据和参考文献详细报由生物安全委员会进行审批，同时应报学术委员会对其是否涉及科研伦理问题进行审核，必要时应报上级主管部门的生物安全管理机构或最终报国家生物安全管理部门进行审核。

（四）实验活动的申请和人员准入

对于实验活动的开展，实验室设立单位应进行有序的规划，既要保证实验室的高效率运行，又要对每项工作活动进行有效管理，以保障实验室生物安全。原则上应对每个实验室的实验活动工作进行申请和审批管理，申请和审批流程要根据实验室体量进行合理设定。各实验室负责人应根据实际工作需要制定工作计划，实验室应根据工作计划对实验工作进行合理安排，应根据工作内容、必要性、技术路线的先进性等进行先后排序。

实验室负责人应在活动结束或每年年度对实验室工作情况进行汇总，包括但不限于：实验记录复印件、感染材料使用记录；最终参与实验活动人员名单；实验操作 SOP 是否有更改；实验室意外事故和实验室感染情况；下一年度继续工作的计划等。实验室设立单位应当对实验室年度的工作情况进行评审，并提出生物安全方面的整改意见。

三、实验活动的监督管理

为有效保障实验室生物安全，实验室设立单位应健全安全检查和监督机制，设立专门管理部门落实有关检查和监督周期、检查内容和整改落实情况；各实验室应当积极配合各级别、各部门的生物安全检查和监督。监督和安全检查应包括实验室自查、不定期安全检查、重点检查、年度检查，同时也应包括外部检查，包括上级管理部门检测、生物安全主管部门检查、各行业专项检查等。

（1）实验室自查：为保证实验室生物安全，各实验室应由安全负责人组织自查小组，定期对生物安全情况和实验室人员的行为进行检查，并做书面记录。

（2）不定期抽查：每个实验室应按照年度安全计划要求，由实验室管理处组织对各实验室进行抽查，全年度应覆盖全部实验室，并按照特定时期要求进行专项检查。

（3）年度检查：由实验室或生物安全管理部门组织年度检查，对所有实验室的生物安全情况进行检查。将检查与年度管理评审结合起来，以切实改进生物安全管理。

年度检查应当包括：设施设备的功能和状态正常；警报系统的功能和状态正常；应急装备的功能和状态正常；消防装备的功能及状态正常；危险物品的使用及存放安全；废物的处理及处置安全；人员能力及健康状态符合工作要求；安全计划实施正常；实验室活动的运行状态正常；不符合规定的工作及时得到纠正；所需资源满足工作要求。

（4）外部监督：实验室应利用好外单位对本单位实验室的监督检查工作，配合检查；对检查中发现的不符合项，实验室管理处协助实验组完成纠正措施及整改，并形成正式报告。

（5）检查原则：监督检查时，检查人员有权进入被检查实验室内现场调查。被检查实验室应当予以配合，不得拒绝、阻挠。检查人员应当依据规定的职权和程序履行职责，做到公正、公平、公开、文明、高效。进行检查时，当有2名以上人员参加。现场检查笔录、采样记录等文书经核对无误后，应当由检查人员和被检查人签名。被检查人拒绝签名的，检查人员应当在自己签名后注明情况。当发现不符合规定的工作、发生事件或事故时，应立即查找原因并评估后果；必要时，停止工作。

第五节　标 识 管 理

标识管理就是根据物品的属性，对物品的标识进行设计、编排、粘贴、调整的动态管理过程。按照实验室管理对象的不同，应用属性标识和状态标识对管理对象加以区分。标识可以相互交叉、混合使用。标识管理主要包括标识的分类、标识的使用、标识的审查与维护等三个方面。

一、标识的分类

实验室生物安全基本标识分为禁止标识、警告标识、指令标识、提示标识和专用标识五种类型。

（一）禁止标识

凡是禁止、停止和有危险的器件或环境均应使用红色的禁止标识。禁止标识的基本型式是带斜杠的圆边框。

（二）警告标识

凡是警告工作人员的器件、设备及环境都应使用黄色的警告标识，以避免可能发生的危险。警告标识的基本型式是正三角形边框。

（三）指令标识

强制人们必须做出某种动作或采用防范措施时应使用蓝色的指令标识。指令标识的基本型式是圆形边框。

（四）提示标识

向工作人员提供允许、安全的信息时应使用提示标识。提示标识的基本型式是正方形边框。

（五）专用标识

针对某种特定的事物、产品或者设备所制定的符号或标志物，用以标示，便于识别。
专用标识详见《病原微生物实验室生物安全标识》（WS 589—2018）第4.5节。

二、标识的使用

（1）标识应用简单、明了、易于理解的文字、图形、数字的组合形式，系统而清晰地标识出危险区，且适用于相关的危险。在某些情况下，宜同时使用标记和物质屏障标识出危险区。

（2）标识应设在与安全有关的醒目地方，并使实验室人员或者相关人员看见后，有足够的时间来注意它所表示的内容。环境信息标识宜设在有关场所的入口处和醒目处；局部信息标识应设在所涉及的相应危险地点或设备（部件）附近的醒目处。

（3）标识不应设在门、窗、架等可移动的物体上，以免这些物体位置移动后，看不见安全标识。标识前不得放置妨碍认读的障碍物。

（4）标识的平面与视线夹角应接近90°，观察者位于最大观察距离时，最小夹角不低于75°。

（5）标识应设置在明亮的环境中。

（6）多个标识在一起设置时，应按警告、禁止、指令、提示类型的顺序，先左后右、先上后下地排列。

（7）两个或更多标识在一起显示时，标识之间的距离至少应为标识尺寸的 0.2 倍；正方形标识与其他形状的标识，或者仅多个非正方形标识在一起显示时，若标识尺寸小于 0.35m，标识之间的最小距离应大于 1cm；若标识尺寸大于 0.35m，标识之间的最小距离应大于 5cm；两个引导不同方向的导向标识并列设置时，至少在两个标识之间应有一个图形标识的空位。

（8）图形标识、箭头、文字等信息一般采取横向布置，亦可根据具体情况采取纵向布置。

（9）图形标识一般采用的设置方式为：附着式（如钉挂、粘贴、镶嵌等）、悬挂式、摆放式、柱式（固定在标识杆或支架等物体上），以及其他设置方式。尽量用适量的标识将必要的信息展现出来，避免漏设、滥设。

（10）其他要求应符合《图形标志使用原则与要求》（GB/T 15566—1995）的规定。

三、标识的审查与维护

（1）安全标识必须保持清晰、完整。当发现形象损坏、颜色污染或有变化、褪色等不符合本标准的情况，应及时修复或更换。检查时间至少每年一次。

（2）在修整和更换安全标识时应有临时的标识替换，以避免发生意外的伤害。

（3）实验室管理者应结合实验室内部审核、管理评审等活动，定期或不定期对实验室标识系统进行评审，根据危害情况，及时增、减、调整安全标识。

第六节　生物安保管理

实验室生物安保是指为了预防实验室出现有用生物材料未经授权的获取、丢失、失窃、滥用、转移或故意泄漏而采取的保护措施、控制措施和问责制。世界卫生组织《实验室生物安全手册》（第 3 版）中出现了实验室生物安保的概念，实验室生物安全和生物安保分别针对不同种类的风险，但它们有着共同的目标，即确保有用生物材料安全可靠地保存在使用和存储它们的区域。

近几年，实验室生物安全越来越得到国家的重视。事实上，某些特定的生物安全活动在实施过程中已涵盖了部分生物安保的因素，实验室生物安保是对实验室生物安全的补充。实验室生物安保的实施应以良好的实验室生物安全为基础。

国际上，实验室生物安保包含物理生物安保、员工安保、运输安保、样品控制和信息安保相关的政策及程序，还包括紧急情况处理规程以应对安保相关的问题，如有关适合请求外部应急人员（消防队、急诊医务人员或保安人员）援助的具体规则，包括现场规程和参与各方的权限范围。在我国，实验室生物安保从人力防范、电子防范、实体防范等多种手段和措施，预防、延迟、阻止入侵、盗窃、抢劫、破坏、爆炸、暴力袭击等事件的发生。

实验室应根据生物安全防护级别和操作病原微生物风险程度开展风险评估工作，确定实验室的生物安保重点防范区域，对重点防范区域提出生物安保的实体、人力、电子防范要求。

（一）人力防范

1. 生物安保制度

实验室应建立生物安保制度，包括值守、巡逻、培训、检查考核、应急演练等制度，同时建立生物安保管理档案和台账，包括重点目标的名称、地址或位置、设立单位及实验室负责人、保卫部门负责人，以及现有人力防范措施、实体防范措施、电子防范措施和实验室平面布局图等。实验室的设立单位应有与安全保卫任务相适应的保卫部门，配备专职保卫管理人员，协助实验室的生物安保工作。实验室在聘任保卫执勤人员前，应对承担实验室安保工作的机构及人员进行安全背景审查，包括政治审查、身体健康、心理健康等内容，确保人员身体健康和心理健康状况，并无相关犯罪记录等。

2. 生物安保人员

实验室所在区域应有门卫值班室，配置符合相关规定的防爆毯等处置设备。保卫执勤人员应定期参加生物安保相关培训或教育，熟悉和了解实验室生物安保相关要求。实验室需根据日常工作要求，安排保卫执勤人员进行值班。保卫执勤人员应配备棍棒、钢叉、盾牌、头盔、防刺背心等防卫防护装备器材及对讲机等必要的通信工具。在实验室开展工作时，实验室中控室应设置能熟练操作相关设备和软件的工作人员。

3. 生物安保检查

保卫执勤人员应对实验室生物安保重点区域进行日常巡逻，规定巡逻人员和巡逻周期。实验室要对进入实验室的外来人员进行查验，外来人员进入实验室前应办理审批、备案、通行手续。进入实验室所在园区的车辆应进行核查和信息登记。

（二）实体防范

实验室应根据实际情况在实验室所在建筑物外设置实体围栏或栅栏等实体屏障，实体屏障外侧整体高度（含防攀爬设施）应不小于2.5m。如实验室所在建筑物紧邻周围道路，应在周界出入口设置车辆阻挡装置、机动车减速带和限速标志等。

对于高等级生物安全实验室，应有防外部偷窥、抛物的措施，可根据实验室实际情况限定实验室所在建筑物与相邻建筑物或构筑物的距离及高度。重点防范区域的出入口应设置防盗安全门。

（三）电子防范

1. 视频监控系统

实验室所在建筑物周界、实验室出入口、通往实验室的电梯或通道、核心工作间、保存菌（毒）种及样本的房间、中控室、设备机房等重点防范区域应设置视频图像采集装置，要求视频监视和回放图像能清晰显示进出人员的体貌特征、进出车辆的号牌、周界区域人员活动等情况。重点防范区域内部的视频监控系统、视频监视和回放图像应能清晰显示区域内人员活动情况。

2. 出入口控制系统

出入口控制系统是在重点防范区域的出入口对人或物的进出进行放行、拒绝、记录和报警等操作的控制系统，是确保区域安全，实现智能化管理的有效措施。在进入实验室所在建筑物的出入口、实验室出入口、核心工作间等重要防范区域的出入口应设置出入口控制系统，通过门禁、人脸或指纹识别等方式授权出入人员权限，限制无关人员进入实验室相关区域。

3. 入侵和紧急报警系统

为防止人员非法进入或试图非法进入重点防范区域，门卫值班室或中控室应设置紧急报警装置。条件允许的情况下，可与属地公安机关等有关部门建立联动机制，一旦发现可疑或危险行径，及时与公安部门联合处置。

4. 电子巡查装置

保卫执勤人员对重点防范区域进行巡检，应加装电子巡查装置，实现对巡检人员在巡检过程中的全程动态管理。

5. 特殊要求

针对生物安全四级实验室还有一些特殊的安保要求。生物安全四级实验室所在建筑物出入口应配备符合要求的微剂量X射线安全检查设备和手持式金属探测器等安全检查设备，对进出人员及携带物品进行安全检查。生物安全四级实验室所在建筑物周界应设置入侵探测装置。

第七节 实验室应急管理

生物安全实验室应急预案是针对可能发生的实验室事件/事故和其他伤害而预先制定的应急工作计划或方案，是在风险评估的基础上，对应急部门与人员的职责、预防与预警机制、处置程序、保障措施（如设施设备、物资、人员培训等）以及后期处置等方面提前做出的明确规定，其目的是有效预防、及时控制和消除实验室突发事件/事故及其危害，指导和规范实验室事件/事故的应急处置工作，最大限度地减少其对实验人员、环境和公众健康造成的危害，保障公众、环境的生物安全，维护社会稳定。应急预案的基本要素包括总则、组织指挥体系及职责、应急预案编制、应急响应、后期处置和保障措施等方面。其适用于实验室发生的、与实验室生物安全相关的、危害工作人员及社会公众健康和社会稳定的所有事件。例如，工作人员、周围环境人员等出现实验室病原微生物感染相似的临床症状；实验室环境如压力、HEPA 过滤器异常等导致的高致病性病原微生物泄漏；地震、火灾等自然灾害可能引起的高致病性病原微生物泄漏；停电等不可预测因素所引起的实验室其他污染事件等。

一、组织机构与职责

根据国家相关规定要求，为了切实强化安全管理，及时应对突发事件/事故，避免及降低事件/事故发生后造成的损失，实验室设立单位应成立相应的应急管理机构，明确相应职责。

（一）决策机构

实验室设立单位应成立生物安全事件/事故应急处置领导小组，负责突发事件/事故的组织管理与指挥、实验室应急预案的启动和组织进行生物安全事件/事故的处置，并向上级报告等。

（二）执行机构

实验室生物安全应急处置工作组由设立单位相关职能处室负责人（各实验室负责人，生物安全管理人员，监督管理、安全保卫、后勤保障等人员）、相关专家和专业技术骨干等组成，负责组织制定本单位实验室应急预案，向生物安全委员会汇报；负责组织应急预案的培训和演练。当实验室生物安全事件/事故发生时，应及时向应急处置领导小组汇报；负责指挥本单位实验室生物安全事件/事故的处理；负责收集、分析事件/事故信息，根据情况及时组织现场处理，及时上报；负责应急处置相关物资的准备。

实验室负责人为实验室生物安全的第一负责人，负责实验室生物安全具体工作的管理，相关制度、程序的组织实施，生物安全事故的报告、处置。

（三）咨询机构

咨询机构为本单位生物安全委员会或专家组。为应急处置领导小组提供生物安全的情报信息、技术、装备等决策的咨询意见；负责针对现场紧急处置、救援、检疫鉴定、污染区域划分、洗消防护、危害评估和事后恢复等进行指导和评估。

二、应急预案编制

（一）成立预案编制小组

确定编制工作成员，包括行政负责人、应急管理部门及相关职能部门、参与应急工作的代表和技术专家等；确定编制计划；明确任务分工。

（二）风险评估和应急能力评估

1. 突发应急事件/事故的风险评估

针对实验室可能发生的各种感染事件/事故及其他伤害，按照风险评估程序，识别出各个风险环节，分析风险危害程度和发生概率，评估风险的严重性，再按照先主后次、先急后缓的原则，拟定应急工作的重点内容，划分预案编制优先级别，确定应急准备和应急响应必要的信息及储备资源。

2. 应急能力的评估

依据风险评估的结果，对现有应急管理机制与程序、应急资源和应急能力进行评估，明确应急救援不符合所需条件的环节。应急管理机制与程序包括文件规定的充分性、运行状况的有效性，以及人员的技术、经验和接受的培训状态等。应急资源包括应急人员、应急设施设备、物资装备和应急经费等。通过应急能力评估，识别出应急体系中的缺陷和不足，为分析原因、提出改进措施提供依据。

（三）应急预案的编写

1. 应急预案的基本要求

预案中需明确应急原则（统一领导，分级负责；预防为主，常备不懈；依法规范，措施果断；依靠科学，加强合作），制定组织管理体系，明确各应急组织机构或部门在应急准备和应急行动中的职责、基本应急响应程序，储备应急资源，进行应急预案的演练和保障等措施；确定预案的适用范围、事件/事故分级标准及启动条件、响应程序与终止的标准。

2. 应急预案的核心内容

明确风险控制所需的核心内容，以及基本任务和应急行动流程与要求，如指挥和控制、警报、通讯、人员撤离、环境处理、健康监护和医疗等；确定各项活动的责任部门和支持部门，明确各自的目标、任务、要求、应急准备和操作程序等。

3. 明确应急处置的标准操作程序

各项应急活动中责任部门和个人需要有具体而简明的标准操作程序，包括目的与适用范围、职责、具体任务说明或操作步骤、负责人员等。尽量采用核查清单形式，检查核对时逐项记录。

4. 支持文件

支持文件包括应急处置支持保障系统所需的各种技术文件，包括通讯系统、安全手册、技术参考、危险源清单及分布图等。

（四）应急预案评审和发布

按照管理规定的审批程序，组织内外部专家对预案的充分性、必要性、实用性进行评审，确保应急预案的适用性。预案应通过单位生物安全委员会审核，经单位法人代表批准后方可实施，并按规定程序向上级管理部门备案。

（五）预案维护与管理

组织有关部门开展预案宣贯、培训与模拟演练，定期核查预案要求的职责、程序和资源准备的符合性，评价预案的适用性，针对问题不断更新、持续改进与完善。

应急工作组原则上每三年组织一次应急预案的修订。下述情况出现时，应及时对应急预案进行相应的修订：①新的法律法规、标准规范颁布实施；②相关法律法规、标准的新修订版颁布；③相衔接的上一级应急预案进行了修订；④机构、人员、生产设施发生重大变更；⑤预案演练或事件/事故应急处置中发现不符合项。

三、应急响应

实验室生物安全事件/事故发生后，应急处置工作小组在应急处置领导小组授权下，立即启动本单位的应急预案。各职能部门履行各自职责，并做好以下工作：关闭发生事件/事故的实验室；对周围已经污染或可能污染的环境进行封闭隔离和消毒；核实在相应潜伏期时间段内进出实验室人员及密切接触感染者人员名单，对被感染人员进行医学观察，对在事件/事故发生时间段内、相应潜伏期时间段内进出实验室人员进行医学观察，必要时进行隔离和预防接种；提供实验室布局、设施、设备、实验人员等情况，配合有关部门做好感染者救治及现场调查和处置工作。如怀疑生物恐怖事件，应立即向上级主管部门、公安局和国家安全部门汇报。

（一）现场的处置及警戒隔离

（1）实验室生物安全事件/事故发生后，根据实际情况，立即组织生物安全管理人员及相关专业人员进入现场进行风险评估控制，消除生物风险。

（2）保卫部门迅速组织外围警戒人员，对事件/事故现场进行外围警戒、封闭和隔离，控制人员进出。具体现场地点、范围和要求由实验室生物安全负责人和相关专家报请生物安全委员会和单位应急领导小组确定。生物安全专业人员对外围警戒人员进行防护指导。警戒分为"禁止出入""禁入""禁出""采取防护措施后出入"等；必要时，警戒区可设置标志带。警戒区无法控制时，可请公安人员进行警戒隔离。

（二）现场的消毒处置

根据事件/事故现场情况划定污染区域，设置控制区，封闭式管理。同时，根据事件/事故污染环境特点确定消毒、隔离防护方式。

1. 密闭环境室内空间污染的处理

实验室内空间污染的处理方法应根据风险评估的结果进行。一般来说，当污染区域较大、病原微生物浓度较高时，为去除实验室内空气污染，可采用过氧化氢或过氧乙酸等对实验室进行消毒，并进行消毒效果验证。当污染区域较小或病原微生物浓度较低时，如负压实验室（排风经过高效过滤器）可采用通风的方法去除实验室内的污染空气，并采用喷雾或气雾的方法对实验室进行消毒，消除污染。

2. 表面污染的处理方法

实验室仪器表面消毒时，应遵循仪器生产商的要求对仪器进行消毒处理。如果采用了对仪器造成影响的消毒方式，应在消毒清洁完成后，由专业人员对仪器进行检查、调试和校准。

对实验室台面、墙面、地面、门等表面，应根据病原微生物的特点选取适当的消毒剂对其表面进行消毒，消毒结束后进行清洁处理。

3. 污染废物的处理

所有利器必须装入利器盒内。所有污染物消毒去除污染后，按照医疗废物处置程序交医疗废物集中处置部门处置。按照医疗废物处置程序对医疗废物运送工具进行消毒处理。

4. 运输工具的消毒

运输工具、车辆被污染的表面消毒，应采用有效氯含量 0.5%～1.0% 的消毒液喷洒、擦拭消毒，消毒作用 30min；或用 0.5% 过氧乙酸溶液超低容量喷雾消毒，8～10ml/m^3，密闭 30min 以上。

（三）人员的救治和医学观察

1. 紧急救治

实验室生物安全事件/事故发生后，根据事件/事故性质、级别及可能造成的危害程度，立即组织开展紧急救治工作，必要时转送卫生主管部门指定的医院，确保受害人员得到及时有效的治疗。

2. 药物预防及紧急预防接种

根据需要，对密切接触者进行集中医学观察，对暴露人员和密切接触者进行药物预防或紧急预防接种。

3. 医学观察人员判定标准

（1）实验室生物安全事件/事故暴露人员：从事直接接触高致病性微生物菌（毒）株及样本工作的有关人员，或接触泄漏的菌（毒）株及样本的相关人员。

（2）实验室生物安全事件/事故暴露人员的密切接触者：与实验室生物安全事件/事故暴露人员共同生活、居住、工作，或直接接触过实验室生物安全事件/事故暴露人员的分泌物、排泄物和体液的人员。

（3）在没有防护措施的情况下，对可能被高致病性微生物污染的物品进行采样、样本处理、检测等实验室操作，或者违反实验室生物安全操作规程的工作人员。

4. 医学观察工作的要求

（1）根据密切接触者数量、接触程度等，可采取集中医学观察或自我医学观察的措施。

（2）医学观察期间，负责医学观察的医护人员每日了解观察对象身体健康状况，做好个案登记。若观察对象出现相应临床症状，及时救治并开展流行病学调查。

（3）观察期限根据病原微生物致病最长潜伏期确定。

（4）医学观察期间，发现新感染者应立即报告。

（四）应急处置的结束

应急处置结束的指标：感染人员得到有效治疗；受污染区域得到有效消毒；明确丢失的病原微生物样本得到控制；在最长潜伏期内未出现新感染患者。经专家组评估确认后，应急处置工作结束。

（五）信息的发布

对于重大及较大实验室生物安全事件/事故，由属地卫生行政部门负责沟通及对外公布。

四、信息报告

（一）报告责任单位

事件/事故发生单位为实验室生物安全事件/事故的责任报告单位。

（二）报告时限和程序

实验室或个人发生生物安全事件/事故，应立即向本单位主要负责人报告，启动相应应急预案，采取有效措施，组织抢救，防止事故扩大，减少人员伤亡和财产损失。实验室设立单位应按属地化原则，在 2h 内尽快向所在地卫生行政部门和上级主管单位报告。对于事件本身比较敏感或发生在敏感地区、敏感时间，或对可能造成重大社会影响的实验室生物安全事件，实验室设立单位可直接上报省级卫生行政部门。

（三）报告内容

1. 初次报告

报告内容包括单位名称、实验室名称、事件/事故发生地点、发生事件/事故、涉及病原体名称、涉及的地域范围、感染和暴露人数、发病人数、死亡人数、密切接触者人数、发病者主要症状与体征、可能原因、已采取的措施、初步判定的事件/事故级别、事件/事故的发展趋势、下一步应对措施、报告单位、报告人员及通讯方式等。

2. 进程报告

报告事件/事故的发展与变化、处置进程、势态评估、控制措施等内容；同时，对初次报告内容进行补充和修正。重大生物安全事件/事故或生物恐怖事件/事故要按日进行进程报告，重大问题随时报告。

3. 结案报告

事件/事故处置结束后，应进行结案信息报告。在应急领导小组确认事件/事故终止后 2 周内，对事件/

事故的发生和处理情况进行总结，分析原因和影响因素，并提出今后对类似事件/事故的防范和处置建议。

五、应急处置保障措施

（一）应急处置的保障措施

1. 应急处置和救治队伍建设

结合实际情况建立实验室生物安全事件/事故应急处置和救治队伍，加强管理和培训。应根据属地化管理原则落实医疗救治的指定医院。

2. 应急物资装备保障

根据应急处置的需求，建立应急物资储备保障体系，在应急期间，接受应急处置小组统一调配。应急储备物资使用后要及时补充。

应急物资和装备的类型、数量、性能、存放位置、管理责任人应明确。

3. 经费保障

专门用于改进和完善本单位应急处置体系的建设、监控设备定期检测、应急处置物资采购、应急处置人员培训、应急预案演练等的经费，做专款专用，确保应急期间应急经费的及时到位。应急处置工作组对应急经费的提取、支出、节余进行监督审核。

（二）应急处置的培训与演练

1. 应急处置的培训

1）培训基本要求

认真学习应急预案内容，明确所承担的责任，懂得应该做什么、能够做什么、如何做，以及如何配合和协调应急处置小组的工作等，确保应急行动快速有效地完成。

2）培训方式

培训采用公告宣传、事件/事故讲座、内部上课交流、资质机构培训、外聘教师授课、线上讲座等各种形式相结合；培训时间在编制年度培训计划时同时列入。

3）培训要求

针对最有可能发生事故的实验活动、场所、岗位进行相应的教育培训，要求岗位操作人员能熟练掌控本岗位的危险特性、隐患排查、初起事故控制，并进行考核、记录和存档；定期培训安全知识，定期举办应急处置设备操作演练和实验操作演练。

4）培训内容

培训内容分为基本应急培训、专业应急培训、社区及周边人群的应急知识宣传。

（1）基本应急培训。基本应急培训对象为各科室实验人员的培训，内容包括：预案的作用、可能发生的事件/事故类型、预防措施、相关人员日常和应急状态下的工作职责、应急状态下实验人员及公众的应急措施、防护器材的使用、自救与互救知识。

（2）专业应急培训。专业应急培训对象为现场应急人员，内容包括：①现场指挥人员的培训：应急组织机构的职责分工、现场的平面图、实际位置、区域布局、撤离路线、危险源的分布、指挥的手势及与上级联络方法等；②操作人员的培训：鉴别异常情况的方法、各种异常情况处置的具体方法、各种仪器的使用、自救与互救方法、报警方法及与上级联络方法；③应急处置、救护人员的培训：组织管理和业务训练、现场情况、救护器材的布置储存情况、自救与互救教育、应急器材的使用方法和适用范围。

（3）社区及周边人群的应急知识宣传。单位主管部门要联合社区及周边街道办事处等相关负责部门或机构，根据实际情况每年至少举办一次生物安全科普教育讲座，涉及实验室生物安全、人类遗传资源等方面，消除一些民众对实验室、微生物等不了解，甚至恐惧的心理。如果有条件，可开展生物安全科普活动，让儿童、青少年，以及社区附近的老年人参与进来，了解《中华人民共和国生物安全法》。也可采取其他灵活多样的方式，如制定并发放宣传手册，或者有计划地组织火灾预防、自救、互救等常识宣传工作，提高普通群众的防护自救应急能力。

2. 应急处置的演练

1）组织与范围

演练由各部门组织，包括制订演练计划和方案、演练准备、演练实施、演练总结。所有人员均参加应急处置演练。

2）目的

在组织应急处置演练时应明确演练的目标，加强实战能力；落实预防为主、常备不懈、专业处置、科学规范等应急工作原则，强化实验室操作人员安全意识；提高实验室的实际应急反应能力、应急处置能力及应急队伍的配合，增强实战能力；验证应急物资和装备的合理有效性；发现应急预案的问题和不足，以便不断改进和完善。

3）演练频次

综合应急预案或专项应急预案每年至少进行 1 次，现场处置方案每年至少进行 1 次。各部门应对演练情况进行记录。

六、应急事件善后处理

（一）应急预案再评估

实验室生物安全事件/事故后，应组织有关人员对实验室生物安全事件/事故的处理情况进行评估，评估的内容包括事件/事故概况、现场调查处理情况、事故原因、患者救治情况、所采取措施的效果评价、存在的问题和经验教训及重新修订应急预案建议等。

（二）奖惩

1. 奖励

在应急处置行动中表现突出的组织和个人，应予以表彰和奖励（本单位可自行规定）。

2. 处罚

在应急处置行动中，有下列行为的，根据本单位规定予以处罚，涉及民事或刑事责任的，送交司法机关处置：发现事故后不及时报告或隐瞒不报；接到抢险指令后不及时赶到现场；不认真履行应急职责，有失职、渎职行为或负有领导责任，延误救援时机，导致影响范围扩大；盗窃、挪用、贪污应急资金或物资装备；散布谣言，扰乱本单位和社会秩序，导致本单位形象受损等。

第八节　废物管理

为了加强医疗废物的安全管理，防止疾病传播，保护环境，保障人体健康，根据《中华人民共和国生物安全法》第四十七条要求，病原微生物实验室应当加强对实验活动废弃物的管理，依法对废水、废气以及其他废弃物进行处置，采取措施防止污染。

根据《中华人民共和国传染病防治法》和《中华人民共和国固体废物污染环境防治法》，国务院于 2003 年 6 月 16 日公布了《医疗废物管理条例》。该条例所称的医疗废物，是指医疗卫生机构在医疗、预防、保健以及其他相关活动中产生的具有直接或者间接感染性、毒性和其他危害性的废物，随后出台了《医疗卫生机构医疗废物管理办法》《医疗废物分类目录》等规章制度。从事病原微生物的实验室，在实验活动或实验室整理过程中会产生不同的废物。其成分复杂、种类繁多，除了《医疗废物分类目录》规定的感染性废物、损伤性废物、病理性废物、药物性废物、化学性废物外，也会产生麻醉、精神、放射性、毒性等药品及其相关的废物，以及操作非密封放射性核素产生的废物、有害的实验试剂和标准品等，应依据不同类别妥善管理。

一、实验室废物的分类

实验室废物的管理应依照国家有关法律、行政法规和标准执行。现就其常见组分或者废物名称分述如下。

（一）感染性废物

携带病原微生物具有引发感染性疾病传播危险的医疗废物，如感染性的剩余标本、实验用具（接种环、微量移液器吸头、吸管、试管、培养瓶、培养皿、细胞板、微量离心管等），以及使用后的培养基、手套、口罩、眼罩、隔离衣、隔离鞋套等。

（二）损伤性废物

能够刺伤或者割伤人体的废弃医用锐器，如注射器针头、缝合针、解剖刀、手术刀、备皮刀、载玻片、玻璃试管、玻璃、安瓿等。

（三）病理性废物

诊疗过程中产生的人体废弃物和医用实验动物尸体等，例如，实验过程中涉及的人体组织、器官等，医学实验动物的组织、尸体，病理切片后废弃的人体组织、病理组织蜡块等。

（四）药物性废物

过期、淘汰、变质或者被污染的、废弃的药物，具体包括：一般性药品、如抗生素、非处方类药品等；废弃的细胞毒性药物和遗传毒性药物；致癌性药物，如硫唑嘌呤、苯丁酸氮芥、萘氮芥、环霉素、环磷酰胺、美法仑、司莫司汀；血液制品；可疑致癌性药物，如顺铂、丝裂霉素、阿霉素、苯巴比妥等。

（五）化学性废物

具有毒性、腐蚀性、反应性的废弃化学物品，例如，实验室废弃的化学试剂，废弃的过氧乙酸、戊二醛等化学消毒剂。

（六）放射性废物

放射性废物是指含有放射性核素或被放射性核素污染，其放射性浓度或比活度大于国家审核管理部门规定的清洁解控水平，并预计不再利用的物质。

二、实验室感染性废物的处置

对于实验室感染性废物的处置，首先要做好废物的收集，并进行妥善处理和保管，及时、安全地运送到指定地点或交给专业处理机构进行无害化处理。如当地无专业处理机构，应自行进行高温、高热等彻底的无害化处理。重大传染病疫情期间，感染性废物应进行特殊处置。

（一）实验室感染性废物的收集及其在实验室内的处理

1. 收集容器、包装袋及利器盒的要求

（1）实验室感染性废物周转箱（桶）一般用于实验室感染性废物的集中收集、暂存、转运。周转箱形状为方形，周转桶为圆形。

周转箱（桶）整体为硬制材料，能够防液体渗漏，一次性或多次重复使用，多次重复使用的周转箱（桶）应能被消毒、清洗。周转箱（桶）整体应为黄色，外表面标有感染性废物警示标识和文字说明。

周转箱（桶）箱体应选用高密度聚乙烯（highdensity polyethylene，HDPE）为原料并采用注塑工艺生产；箱盖选用专用料或高密度聚乙烯与聚丙烯（polypropylene，PP）共混料并采用注塑工艺生产，箱体不允许≥2mm 杂质存在。周转箱（桶）箱体内外表面应光滑平整，无裂损，不允许明显凹陷，边缘及端手无毛刺。浇口处不影响箱子平置，箱底、顶部有配合牙槽，应具有防滑功能。箱体与箱盖结合处设密封槽，整体装配密闭；箱体与箱盖能牢固扣紧，扣紧后不分离。周转箱一般推荐采用长方体：长×宽×高=600mm×500mm×400mm，也可根据实际需求制造。

周转箱（桶）物理机械性能应满足在承重的情况下箱底变形量下弯不超过 10mm，箱体对角线变化率不大于 1.0%，跌落强度应满足常温下负重 20kg 的试样从 1.5m 高度垂直跌落至水泥地面、连续 3 次，不允许产生裂纹；空箱口部向上平置，加载平板与重物的总质量为 250kg，承压 72h，箱体高度变化率不大于 2.0%；常温下钓钩钩住箱体端手部位，试验速度为 500±50mm/min，箱体均匀负重 60kg，平稳吊起离开地面 10min 后放下，试样不允许产生裂纹。一次性使用的周转箱可不遵守上述技术性能要求，但其防破裂、挤压等性能指标应能满足医疗废物周转运送的要求。

（2）实验感染性废物包装袋装应使用聚乙烯（polyethylene，PE）等耐高压材料，正常使用时不得渗漏、破裂、穿孔；不得使用聚氯乙烯（polyvinylchloride，PVC）塑料为原料；最大容积为 100L、大小和形状适中，便于搬运和配合周转箱（桶）盛装。

包装袋如果使用线型低密度聚乙烯（linearlow density polyethylene，LLDPE）或低密度聚乙烯（low density polyethylene，LDPE）与线型低密度聚乙烯共混（LLDPE+LDPE）为原料，其最小公称厚度应为 150μm；如果使用中密度（medium density polyethylene，MDPE）或高密度聚乙烯，其最小公称厚度应为 80μm；包装袋的颜色为黄色，并有盛装实验室感染性废物类型的文字说明，如在包装袋上加注"感染性废物"字样，并在包装袋上印制感染性废物警示标识。

实验室感染性废物包装袋外观应无划痕、气泡、穿孔、破裂；无大于 2mm 的晶点、僵块，小于 2mm 的晶点、僵块在 10cm×10cm 内不多于 5 个；无大于 0.6mm 的杂质，小于 0.6mm 的杂质在 10cm×10cm 内不多于 2 个。

实验室感染性废物包装袋物理机械性能 LLDPE（LDPE+LLDPE）材质的拉伸强度（纵、横向）不小于 20MPa，断裂伸长率（纵、横向）不小于 450%，落膘冲击质量 190g，热封强度不小于 10N/15mm；HDPE（MDPE）材质的拉伸强度（纵、横向）不小于 25MPa，断裂伸长率（纵、横向）不小于 250%，落膘冲击质量 270g，热封强度不小于 10N/15mm。

实验室感染性废物包装袋推荐采用筒状包装袋，常用的折径×长×厚为 450mm×500mm×0.15mm（LLDPE，LDPE+LLDPE），或 450mm×500mm×0.08mm（HDPE，MDPE）；当包装袋容积在 100L 范围内，包装袋规格可以根据用户要求确定；当用户有特殊要求，并且包装袋容积超过 100L 时，包装袋厚度应根据试验确定，保证包装袋防渗漏、防破裂、防穿孔，整体物理机械性能不低于上述要求。

（3）实验室感染性废物利器盒整为硬质材料制成。应密封，以保证利器盒在正常使用的情况下盒内盛装的锐利器具不撒落或露出；利器盒一旦被封口，则无法在不破坏的情况下被再次打开。实验室感染性废物利器盒整体颜色为黄色，在盒体侧面注明"损伤性废物"；实验室感染性废物利器盒上应印制实验室感染性废物警示标识。

实验室感染性废物利器盒能防刺穿，其盛装的注射器针头、破碎玻璃片等锐利器具不能刺穿利器盒；满盛装量的利器盒从 1.5m 高处垂直跌落至水泥地面，连续 3 次，利器盒不会出现破裂、被刺穿等情况。

实验室感染性废物利器盒应易于焚烧，不得使用聚氯乙烯（PVC）塑料作为制造原材料，其规格尺寸可根据用户要求确定。

2. 实验室废物的分类收集

实验室对感染性废物、病理性废物、损伤性废物、药物性废物及化学性废物等应分类收集，根据实验室废物的类别，将废物分置于符合相应废物专用标准和警示标识规定的包装物或者容器内。少量的药物性废物可以混入感染性废物，但应当在标签上注明。在使用废物包装物或者容器盛装实验室废物前，应当进行认真检查，确保无破损、渗漏和其他缺陷。废弃的麻醉、精神、放射性、毒性等药品及其相关废物的管理，应依照有关法律、行政法规和国家有关规定、标准执行。

少量的化学性废物、废化学试剂、废消毒剂，应当根据其化学特性进行无害化中和或降低毒性的处理；数量大的废化学试剂、废消毒剂，应当交由专门机构处置。

批量的含汞体温计、血压计等器具报废时，应当交由专门机构处置。

实验废物中含病原体的培养基、标本和菌（毒）种保存液等高危险废物，应就地进行压力蒸汽灭菌或者化学消毒处理，然后按感染性废物收集处理。

隔离的传染病患者或者疑似传染病患者产生的具有传染性的排泄物，应按照国家规定严格消毒，达到国家规定的排放标准后方可排入污水处理系统；这些患者产生的生活感染性废物应当使用双层包装物，并及时密封。

任何放入包装物或者容器内的感染性废物、病理性废物、损伤性废物不得再取出。实验室内应有实验废物分类收集方法的示意图或者文字说明。

盛装实验废物达到包装物或者容器的 3/4 时，应当使用有效的封口方式，使包装物或者容器的封口紧实、严密。包装物或者容器的外表面被感染性废物污染时，应消毒或者增加外层包装。盛装实验废物的包装物、容器外表面应当有警示标识，并贴上中文标签，中文标签的内容应当包括实验废物产生单位、产生日期、类别及需要的特别说明等。

3. 实验室废物的保存时间

实验废弃物在实验室的保存时间应根据所涉及的病原体确定，对于呼吸道传播的病原体，应在实验结束时，及时进行无害化处理。对于涉及其他传播途径的病原体，尽量做到日产日清，应避免实验废物在暂时储存中扩散或产生腐败散发恶臭。

4. 实验室废物的实验室内部运送

实验废弃物运送人员每天从实验室将实验废物按照规定的时间和路线运送至暂时储存地点。在运送实验废物前，应当检查包装物或者容器的标识、标签及封口是否符合要求，不得将不符合要求的实验废物运送至暂时储存地点。

运送人员在运送感染性废物时，应防止造成包装物或容器破损，以及实验废物的遗失、泄漏和扩散，并防止实验废物直接接触身体。应当使用防渗漏、防溢洒、无锐利边角、易于装卸和清洁的专用运送工具。运送工作结束后，应当对运送工具及时进行清洁和消毒。

（二）实验室感染性废物的暂存和运输

1. 暂存点位置的选择

需要建立专门的实验废物暂时储存库房，必须与生活垃圾存放地分开。有防雨淋的装置，地基高度应确保设施内不受雨水冲击或浸泡；必须与实验区、食品加工区和人员活动密集区隔开，方便实验废物的装卸、装卸人员及运送车辆的出入。

2. 暂存点的建筑

地面和墙裙 1.0m 高范围内须进行防渗处理，地面有良好的排水性能，易于清洁和消毒；产生的废水应采用管道直接排入实验机构内的实验废水消毒、处理系统，禁止将产生的废水直接排入外环境。

库房外宜设有供水龙头，以供暂时储存库房清洗使用；避免阳光直射库内，应有良好的照明设备和通风条件；应有严密的封闭措施，设专人管理，避免非工作人员进出，应具有防鼠、防蚊蝇、防蟑螂、防盗以及预防儿童接触等安全措施。

3. 暂存点的标识

暂存库房内应张贴禁止吸烟、饮食的警示标识；库房外明显处应张贴环境保护图形标志和专用医疗废物警示标识。

4. 暂存时间

为防止实验废物在暂时储存过程中腐败散发恶臭，尽量做到日产日清。确实不能做到日产日清，且当地最高气温高于25℃时，应将实验废物低温暂时储存，暂时储存温度应低于20℃，暂存时间最长不超过48h。

5. 暂存点的卫生要求

实验废物暂时储存库房应在废物清运之后消毒冲洗，冲洗液应排入实验机构内的实验废水消毒、处理系统。实验废物暂时储存柜（箱）应每天消毒一次。

6. 暂存点的安全要求

实验废物暂时储存库房应有专人负责，配备门锁及未经许可不得入内的警示标识。存取应有登记台账，并可溯源。

7. 暂存点的管理

实验机构应制定实验废物暂时储存管理的有关规章制度、工作程序及应急处理措施，明确管理责任人及相关的要求。实验机构的暂时储存库房和实验废物专用暂时储存柜（箱）存放地，应当接受当地环保和卫生主管部门的监督检查。

8. 运输工具

运送实验废物应当使用专用车辆，车辆厢体应与驾驶室分离并密闭；厢体应达到气密性要求，内壁光滑平整，易于清洗消毒；厢体材料防水、耐腐蚀；厢体底部防液体渗漏，并设清洗污水的排水收集装置。

实验废物运送车辆必须在车辆前部和后部、车厢两侧设置专用警示标识，驾驶室两侧喷涂实验废物处置单位的名称和运送车辆编号，运送车辆应符合《医疗废物转运车技术要求（试行）》（GB19217—2003）。

运送车辆应随车配备：医疗废物集中处置技术规范文本，《危险废物转移联单（实验废物专用）》和《实验废物运送登记卡》，运送路线图，通信设备，医疗废物产生单位及其管理人员名单与电话号码，事故应急预案及联络单位和人员的名单、电话号码，医疗废物的消毒器具与药品，备用的医疗废物专用袋和利器盒，备用的人员防护用品等。

9. 运输要求

实验废物处置单位应当根据总体实验废物处置方案配备足够数量的运送车辆和备用应急车辆。应为每辆运送车指定负责人，对实验废物运送过程负责。

对于实验废弃物较多的机构，处置单位必须每天派车上门收集，做到日产日清；对于确实无法做到日产日清的，应按暂存要求处理，实验废物处置单位至少两天收集一次实验废物。

实验废弃物的运送路线应尽量避开人口密集区域和交通拥堵道路。

经包装的实验废物应盛放于符合要求的、可重复使用的专用周转箱（桶）或一次性专用包装容器内。实验废物装卸尽可能采用机械作业，将周转箱整齐地装入车内，尽量减少人工操作；如需手工操作，应做好人员防护。

实验废物运送前，处置单位必须对每辆运送车的车况进行检查，确保车况良好后方可出车。运送车辆负责人应对每辆运送车是否配备齐所需的辅助物品进行检查，确保完备。实验废物运送车辆不得搭乘其他无关人员，不得装载或混装其他货物和动植物。车辆行驶时应锁闭车厢门，确保安全，不得丢失、遗撒和打开包装取出实验废物。

10. 运输工具的消毒与清洗

实验废物处置单位必须设置实验废物运送车辆清洗场所和污水收集消毒处理设施。实验废物运送专用车每次运送完毕，应在处置单位内对车厢内壁进行消毒，喷洒消毒液后密封至少30min。实验废物运送的重复使用周转箱每次运送完毕，应在实验机构或实验废物处置单位内对周转箱进行消毒、清洗。

实验废物运送车辆应至少两天清洗一次（北方冬季、缺水地区可适当减少清洗次数），当车厢内壁和（或）外表面被污染后，应立刻进行清洗。禁止在社会车辆清洗场所清洗实验废物运送车辆，清洗污水应收集入污水消毒处理设施，不可在不具备污水收集消毒处理条件时清洗内壁，禁止任意向环境排放清洗污水。清洗后的车辆必须晾干后方可再次投入使用。

11. 水域运输的特殊要求

对于建在岛屿或水上流动的实验机构，其产生的实验废物在无法通过陆路运送的情况下，经当地社区的市级以上环保部门批准，可以允许水域运送。

水域运送的感染性实验废物必须在产生场所就地消毒处理，确认达到相关规定的消毒效果后方可运送。必须将包装后的实验废物装入特制的、密封不透水的塑料周转箱（桶）中。周转箱（桶）盖应扣紧，并将周转箱（桶）装入船中，船上应有适当的安全措施，使装载的周转箱稳固。为了保证盛装实验废物的周转箱（桶）在发生意外落水事故后不致沉入水底，周转箱（桶）的载荷比重应小于 $1 \times 10^3 \mathrm{kg/m^3}$。采用设置专用警示标识的专用船只装载实验废物，其船舱内壁应光滑平整，易于清洗消毒，清洗污水应收集送至实验废物处置单位处理，不得直接排入水体。船上除配备打捞工具外，还应随船配备相应的文件、用品、装备。装载实验废物专用船只不得搭乘其他无关人员，不得装载或混装其他货物和动植物。

12. 运送人员专业技能与职业卫生防护

实验废物处置单位应对运送人员进行有关专业技能和职业卫生防护的培训，使其熟悉有关的环保法律法规，掌握环保部门制定的医疗废物管理的规章制度；熟知本岗位的职责和理解《医疗废物集中处置技术规范》的重要性；熟悉实验废物分类与包装标识要求，以及装卸、搬运实验废物容器（如包装袋、利器盒等）与周转箱（桶）的正确操作程序；在运送途中一旦发生医疗废物外溢、散落等应急情况，知道如何采取应急措施，并及时报告。

对于职业卫生防护技术，应了解实验废物对环境和健康的危害性以及坚持使用个人卫生防护用品的重要性；运送人员在运送过程中须穿戴防护手套、口罩、工作服、靴等防护用品；运送人员应每年体检两次，必要时进行预防性免疫接种。

13. 应急措施

运送过程中发生翻车、撞车（沉船、翻船）导致实验废物大量溢出、散落时，运送人员应立即按程序向本单位报告，请求当地公安交警、环境保护或城市应急联动中心的支持。同时，运送人员应采取下述应急措施。

（1）立即请求公安交通警察在受污染地区设立隔离区，禁止其他车辆和行人穿过，避免污染物扩散和对行人造成伤害。

（2）对溢出、散落的医疗废物迅速进行收集、清理和消毒处理。对于液体溢出物，采用吸附材料吸收后进行消毒处理。

（3）清理人员在进行清理工作时须穿戴防护服手套、口罩、靴等防护用品。清理工作结束后，用具和防护用品均须进行消毒处理。

（4）如果在操作中，清理人员的身体（皮肤）不慎受到伤害，应及时采取处理措施，并到医院接受救治。

（5）清洁人员还须对被污染的现场地面进行消毒和清洁处理。

对发生的事故采取上述应急措施的同时，处置单位必须向当地环保和卫生部门报告事故发生情况。事故处理完毕后，处置单位要向上述两个部门写出书面报告，报告的内容如下。

（1）事故发生的时间、地点、原因及其简要经过。

（2）漏、散落实验废物的类型和数量，受污染的原因，实验废物产生单位名称。

（3）实验废物泄漏、散落已造成的危害和潜在影响。

（4）已采取的应急处理措施和处理结果。

（三）重大传染病疫情期间医疗废物处置的特殊要求

在国务院卫生行政主管部门发布的重大传染病疫情期间，对需要隔离治疗的传染病患者、疑似患者在治疗、隔离观察、诊断及其相关活动中产生的高度感染性实验废物，应由专人收集、双层包装，包装袋应特别注明是高度感染性废物，暂时储存场所应为专场存放、专人管理，不能与一般实验废物和生活垃圾混放、混装。暂时储存场所由专人使用 0.5%～1.0%过氧乙酸或 1000～2000mg/L 含氯消毒剂喷雾（洒）墙壁或拖地消毒，每天上、下午各一次。

处置单位在运送实验废物时必须使用固定专用车辆，由专人负责，不得与其他感染性废物混装、混运。运送时间应错开上、下班高峰期，运送路线要避开人口稠密地区；运送车辆每次卸载完毕，必须使用 0.5%过氧乙酸喷洒消毒。

实验废物采用高温焚烧处置，运抵处置场所的实验废物尽可能做到随到随处置，在处置单位的暂时储存时间最多不超过 12h。

处置厂内必须设置实验废物处置的隔离区，隔离区应有明显的标识，无关人员不得进入。必须由专人使用 0.5%～2%过氧乙酸或 1000～2000mg/L 含氯消毒剂对墙壁、地面或物体表面喷雾/喷洒或拖地消毒，每天上、下午各一次。

运送及焚烧处置装置操作人员的防护要求应达到卫生部门规定的一级防护要求，即必须穿工作服、隔离衣、防护靴、戴工作帽和防护口罩；近距离处置废物的人员还应戴护目镜。每次运送或处置操作完毕后立即进行手清洗和消毒，并洗澡，手消毒用快速免洗手消毒剂按产品说明书要求揉搓 1～3min。

当医疗废物集中处置单位的处置能力无法满足疫情期间医疗废物处置要求时，经环保部门批准，可采用其他应急医疗废物处置设施，增加临时医疗废物处理能力。

三、实验室化学毒性废物的处置

（一）实验室化学毒性废物的收集、处理

1. 收集容器的要求

除了在常温常压下不水解、不挥发的固体危险废物可用防漏胶袋等盛装、分别堆放之外，其他化学性废物必须装入符合标准规定的容器内。装载化学废物的容器及材质要满足相应的强度要求，且衬里不能与化学废物发生反应。装载液体、半固体化学废物的容器内须留足够空间，盛装量不能超过总容积的 3/4；容器顶部与液体表面之间保留 100mm 以上的空间。盛装化学废物的容器或胶袋上必须粘贴符合国家标准的警示标识，并应该有文字标识说明。

2. 分类收集的要求

实验活动中产生的危险废物，应当根据危险废物的性质、形态，按照规范进行分类收集。在常温常压下易爆、易燃及排出有毒气体的危险废物必须进行预处理，使之稳定后储存；否则，按易爆、易燃危险品储存。

危险废物应按《国家危险废物名录》的要求收集和存放。不相容的有机废物，如过氧化物与有机物，氰化物、硫化物、次氯酸盐与酸，盐酸、氢氟酸等挥发性酸与不挥发性酸，有机物铵、挥发性胺与碱，都不能互相混合。

3. 在实验室内部运送的要求

废弃物在内部转移时，运送人员每天按规定时间、线路运送，使用的专门运输工具要防漏、防撒、无锐利边角，要做好个人防护。

（二）实验室化学毒性废物的暂存和运输

1. 暂存点位置的选择

实验室化学毒性废物的暂存，应符合《危险废物储存污染控制标准》（GB18597—2001）。其中重点需

要关注：存点的位置应在高压输电线路防护区域以外；应在易燃、易爆等危险品操作区外；应位于居民中心区常年最大风频的下风向。

2. 暂存点的建筑要求

建筑基础必须坚固、防渗；用以存放装载液体、半固体危险废物容器的地方，必须有耐腐蚀的硬化地面，且表面无裂隙；必须有泄漏液体收集装置、气体导出口及气体净化装置，保证废气的及时排出；暂存点建筑内应有适当的防火装置；建筑内要有安全照明设施和观察窗口；应设有隔离间隔断，以保证不相容的危险废物分开存放。

3. 暂存点的标识

暂存点的明显位置应有明确警示标识。暂存两种或两种以上不同级别的危险废物时，应按最高等级危险废物的性能进行警示标识，参见《常用危险化学品储存通则》（GB 15603—1995）第 4.6 节。

4. 暂存时间的要求

危险化学废弃物积存到一定量后，由保管员提出要求，经主管部门负责人、机构领导审批后，由主管部门负责到环保部门相关有资质的专业机构办理手续后进行定期处理。暂存时间不能超过 1 年。尤其是硫醇或胺等会发出臭味的废液、会产生氰化氢和磷化氢等有毒气体的废液，以及二硫化碳之类易燃性废液，要防止泄漏；含有或易产生过氧化物的乙醚硝酸甘油之类爆炸性物质的废液，要谨慎地操作，应尽快联系处理。

5. 暂存点的卫生要求

暂存点地面不能有垃圾，不能有废液的渗漏。

6. 暂存点的管理

暂存点的管理人员在上岗之前应接受培训，包括：废物接收、搬运与储存的具体操作要求；暂存点事故或紧急情况下的应急处置、安全防护、紧急疏散；暂存点相关设备日常和定期维护等。建立废弃物清单，记录内容应包括废弃物名称、类别、数量、降低毒性初步处理方法、处理时间、地点、处理人等。定期对暂存点进行通风，将化学废弃物产生的有毒气体及时净化后排出；定期检查储存化学废液的容器，发现标识脱落应及时粘贴好；发现容器破损，应及时采取措施清理更换。应详细记录化学废物的信息，及时填写事故和其他事件的记录及报告。加强安全管理，严禁保存过程中化学废弃物的遗失。

7. 运输工具的要求

运送化学废物的运输工具要有警示标识，要牢固耐用，防漏、防溢洒。

8. 运输要求

运输前和运输过程中严禁盛装化学废物的容器破碎。在运输过程中，容器不应当滑动，应捆紧并码放好，以防止有害成分的泄漏污染。

9. 运输工具的消毒与清洗

运送结束后要及时清洗与消毒。运送人员应具备采取应急措施的能力；当化学废物包装发生破裂、泄漏或其他事故时，必须具有进行处理的能力。

10. 应急措施

应急措施应明确规定以下内容：包装物破损的处理、污染物外泄后的清收、内部运送事救时的处理、火灾事故时的处理、遇水灾时的处理、人员中毒后的急救、就地求援联系方式。

四、实验室放射性废物的处置

实验室内从事的试验种类多、范围广，因此实验室产生的污染物品种多、成分复杂，需要分类处理。

不同机构依据任务设有生物学实验室、理化实验室和放射性实验室等专业实验室，进行相应的实验活动。然而，在一些生物学研究活动中，有时会用到少量的放射性物质或能量很低的射线照射装置，产生放射性废物，常用的非密封放射性物质及其废物的特点可参考《医学与生物学实验室使用非密封放射性物质的放射卫生防护基本要求》（WS457—2014）的附录 A。针对生物学实验室的实验活动特点，在实验活动中如何处置放射性废物，应遵循《电离辐射防护与辐射源安全基本标准》（GB18871—2002）、《放射性废物管理规定》（GB14500）、《医用放射性废物的卫生防护管理》（GBZ133—2009）、《操作非密封源的辐射防护规定》（GB11930—2010）的相关规定，同时也应结合生物学研究的特点，考虑放射性危害因素和生物危害因素共同存在的情况，把握全局，突出重点，做好风险评估工作。《医学与生物学实验室使用非密封放射性物质的放射卫生防护基本要求》（WS457—2014）附录 B 提供了医学、生物学放射性废物管理主要阶段流程图。

（一）放射性废物定义和分类

放射性废物是指含有放射性核素或者被放射性核素污染，其活度浓度大于国家确定的解控水平，预期不再使用的废弃物。为了收集和处置的方便，可将放射性废物分类管理。按放射性废物的放射性活度水平，可分为低水平放射性废物、中水平放射性废物和高水平放射性废物三类。按放射性废物的物理性状，可分为放射性气载废物、放射性液体废物和放射性固体废物三类。按放射性废物中所含核素的半衰期，可分为长半衰期放射性废物（Tin 5 年）、中等半衰期放射性废物（60 天<Tin≤5 年）和短半衰期废物（Tin≤60 天）三类。

放射性废物的分类或分级比较复杂，要根据废物放射性水平和所含核素的半衰期进行区分，2018 年环境保护部、工业和信息化部、国家国防科技工业局联合发布新制定的《放射性废物分类》，将放射性废物分为极短寿命放射性废物、极低水平放射性废物、低水平放射性废物、中水平放射性废物和高水平放射性废物五类，其中极短寿命放射性废物和极低水平放射性废物属于低水平放射性废物范畴。

五类放射性废物对应的处置方式分别为储存衰变后解控、填埋处置、近地表处置、中等深度处置和深地质处置。

此分类办法提供了部分含人工放射性核素固体物质的豁免水平和解控水平，低水平放射性废物活度浓度上限值等内容需要时可参考使用。

对公众成员照射所造成的年剂量值<0.01mSv，对公众的集体剂量不超过 1 人·Sv/a 的含极少放射性核素的废物属豁免废物。生物学实验室的放射性废物多属于豁免废物。

（二）放射性废物的管理原则

（1）实验操作人员应尽量减少放射性废物的产生量或体积。

（2）严格区分放射性废物和非放射性废物，并分开放置。

（3）应建立放射性废物临时储存库，收集暂存各实验室产生的放射性废物，定期或不定期送交城市放射性废物库处置。

（4）配备专（兼）职放射性废物管理人员，负责废物的收集、分类、存放和处理

（5）设置放射性废物储存登记卡，记录废物主要特性和处理过程建档保存。

（6）制定防止放射性废物丢失、被盗、容器破损和灾害事故发生的安全措施。

（7）放射性废物的管理应遵循有关国家标准（GB18871—2002、GB14500—2002 、GBZ133—2009）的相关规定，并进行优化管理。

（8）使用短寿命放射性核素的实验动物固相废物可采用放置衰变的办法，待放射性物质衰变到清洁解控水平，经检测后，报审管部门批准，作非放射性废物处理。使用长寿命放射性核素的实验动物，相关废物参照 GBZ133—2009 中有关要求执行。

（9）使用过放射性核素的实验动物，其尸体和不需要进一步研究的组织器官标本，均视为放射性废物，连同自使用放射性核素后的整个实验过程中完整收集的动物排泄物，应统一暂存，标明核素名称和施用量。

（10）放射性废液衰变池的要求应符合 GBZ133—2009 的规定。

（三）实验室放射性废物的收集、处理基本要求

1. 放射性气载废物的处理

（1）中放及以上放射性气体或气溶胶废物必须通过净化过滤装置处理后，经由高出建筑物楼顶一定高度的烟囱排入大气。

（2）低放射性废气可直接排入大气，但也必须通过高出建筑物楼顶一定高度的烟囱排出，以便废气随大气向四周弥散稀释。

2. 液体放射性废物的处理

（1）高放和中放废液：短半衰期者，可采用放置衰变法，放置若干个半衰期后按低放废液处理；长半衰期者，可采用蒸发浓缩、凝胶沉淀、离子交换等方法减少体积，加水泥固化后，按固体放射性废物处理。

（2）低放废液：水性或溶于水的有机溶剂可用洗刷水稀释，经监测达排放标准后，排放入城市下水道；不溶于水的有机溶剂，不能排入下水道，只能固化后按固体放射性废物处理。

3. 固体放射性废物的处理

（1）必须用专用的放射性废物桶收集固体放射性废物，专用的放射性废物桶由环保部门专门发放，具有密封盖和放射性警示标志，桶内应再放置专用废物袋。

（2）分类收集放射性固体废物应按核素种类、半衰期长短、比活度范围等分类收集。

（3）注射器、碎玻璃等锐器物品类的放射性废物，应装入硬壳容器中，再放入放射性废物桶内。

（4）装满固体放射性废物的废物桶，应注明废物类型、核素种类、比活度范围和存放日期，送入本单位放射性废物库内暂存，定期或不定期交由城市放射性废物库运走并处置。

（5）焚烧可燃性固体放射性废物，必须在具备焚烧放射性废物条件的焚化炉内进行；污染有病原体的放射性固体废物，必须先消毒灭菌。

（6）含有放射性核素的动物尸体，可采用防腐、干化或固化处理。含有长半衰期核素的动物尸体，如无焚烧条件，则应进行固化处理。含有较高放射性的动物尸体，一般不应进行防腐处理，需直接进行焚化或固化处理。

（7）失去使用价值的废弃密封放射源，不属于放射性废物，应按废弃放射源交由具有废源处理资质的放射性废源治理公司进行处置。

五、病理性废物、损伤性废物及药物性废物的处置

（一）病理性废物的处置

病理性医疗废物是指诊疗过程中产生的人体废弃物和医学实验动物尸体等，包括：手术及其他诊疗过程中产生的废弃的人体组织、器官等；医学实验动物的组织、尸体；病理切片后废弃的人体组织、病理蜡块等。

病理标本自收到后，用固定液进行适当的固定；病理标本取材后，及时收集废弃标本，将医疗废物置于符合《医疗废物专用包装物、容器的标准和警示标识规定》的包装物或者容器内，原则上，病理废弃标本保留4周（特殊情况例外）；医疗废物专用包装物、容器，应当有明显的警示标示和警示说明；在盛装医疗废物前，应当对医疗废物包装物或者容器进行认真检查，确保无破损、渗漏和其他缺陷；暂时储存设施、设备应定期进行消毒和清洁；对医疗废物进行登记，登记内容应当包括医疗废物的来源、种类、重量或者数量、交接时间及交接人员、处理方式。

实验室设立机构需要销毁的病理性废物应指定回收人员定期专门收集和暂存，经与回收人员双方交接验收并签字后，由回收人员送到集中保存地点，按国家规定交由专门机构统一焚毁。暂存过程中，如长时间保藏，应进行冷冻保存。

（二）损伤性废物的处置

损伤性废物是指能够刺伤或者割伤人体的废弃医用锐器，如针头、手术刀、载玻片、玻璃试管；通常在实验室多数为玻璃试管、玻片和破碎的玻璃器皿等，在生物安全实验室应当尽可能避免使用玻璃器皿，移液器使用的枪头较容易刺破垃圾袋，建议按照锐器处理。

损伤性废物应放入特定的、不会被刺穿和散落的容器中进行后续处理或运输，通常为锐器盒，锐器盒应有足够强度，应在明显位置进行标识。锐器盒应采用一次性设计，最大装填容量应小于 2/3 体积。

（三）药物性废物的处置

药物性废物是指过期、淘汰、变质或被污染的废弃药品，包括废弃的一般性药品、废弃的细胞毒性药物和遗传毒性药物，以及不能再使用的疫苗、血清、蛋白质及其制剂等。同样，应遵守集中分类存放原则，交由专门机构处理；特别是废弃的毒麻药品，应严格遵守公安部门的有关要求。

（中国疾病预防控制中心性病艾滋病预防控制中心　马春涛）

（中国疾病预防控制中心　李　晶　李晓燕　姜孟楠）

（中国疾病预防控制中心传染病预防控制所　侯雪新）

（中国疾病预防控制中心病毒病预防控制所　王衍海　张曙霞）

第二十三章
实验室安全防护设施设备

第一节 实验室安全防护设施

由于不同防护水平的生物安全实验室所操作的病原微生物的危害性及实验活动类型不同，实验室使用的防护设施和设备也不相同，生物安全防护水平越高，使用的防护设施和设备的要求就越高。随着生物安全防护水平级别的提高，在设施设备、操作和管理等方面的要求具有累加性，但是，实验室安全保障所利用的基本防护原理是相同的。生物安全实验室设施从工程设计和建设角度通常概括为：建筑、结构；通风空调系统；消毒灭菌系统；给排水与供气系统；电力供应系统；自动控制、监控与通讯系统。不同水平生物安全实验室设施的安全防护要求如下。

一、BSL-1 实验室安全防护设施要求

典型 BSL-1 实验室布局见图 23-1，代表了防护的一个基本水平，具有一个洗手池并且依赖于标准的微生物操作规程，一般情况下，特殊防护装置和装备（如生物安全柜）在 BSL-1 实验室病原因子操作中不需要。

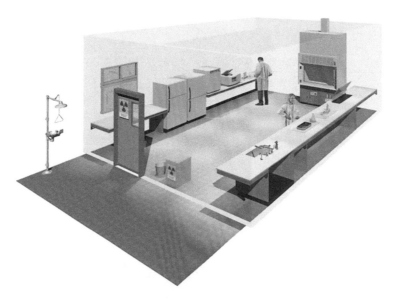

图 23-1 典型 BSL-1 实验室布局示意图

引自 WHO《实验室生物安全手册》（第 3 版）

BSL-1 实验室在设计和建设方面应满足以下要求：

（1）无需特殊选址，普通建筑物即可。

（2）实验室门应有可视窗并可锁闭，门锁及门的开启方向应不妨碍室内人员逃生，应有防止节肢动物和啮齿动物进入的措施。

（3）实验室可以利用自然通风。如果采用机械通风，应避免交叉污染；如有可开启的窗户，应安装可防昆虫的纱窗。

（4）实验室应设洗手池，宜设置在靠近实验室出口处，供水和排水管道系统应不渗漏，下水应有防回流设计。

（5）实验室门口处应设存衣或挂衣装置，个人服装与实验室工作服分开放置。

（6）实验室的墙壁、天花板和地面应易清洁、不渗水、耐化学品和消毒剂的腐蚀；地面应平整、防滑，不应铺设地毯。

（7）实验室橱柜和实验台应稳固、边角应圆滑；摆放便于清洁，实验台面应防水、耐腐蚀、耐热和坚固。

（8）实验室应有足够的空间合理摆放实验室设备、台柜、物品等，避免相互干扰和交叉污染，并便于设施设备的维护，设备及物品摆放应不妨碍逃生和急救；实验室走廊和通道应不妨碍人员和物品通过。

（9）若操作刺激或腐蚀性物质，应在30m内设洗眼装置，必要时应设紧急喷淋装置。

（10）若操作有毒、刺激性、放射性挥发物质，应在风险评估的基础上，配备适当的负压排风柜。

（11）若使用高毒性、放射性挥发物质，应配备相应的安全设施、设备和个体防护装备，应符合国家、地方的相关规定和要求。

（12）如使用高压和可燃气体，应有安全措施，符合国家、地方的相关规定和要求。

（13）实验室应有足够的电力供应，保持足够的工作照明，避免不必要的反光和强光，应设应急照明装置。

（14）应有足够的固定电源插座，避免多台设备使用共同的电源插座；应有可靠的接地系统，应在关键节点安装漏电保护装置或监测报警装置。

（15）应配备适当的通讯设备、消防器材、意外事故处理和医疗急救器材，必要时配备消毒灭菌设备。

（16）实验室内温度、湿度、照度、噪声和洁净度等室内环境参数应符合工作要求和卫生等相关要求。实验室设计还应考虑节能、环保及舒适性要求，应符合职业卫生要求和人机工效学要求。

（17）应有专门设计以确保存储、转运、收集、处理和处置危险物料的安全。

（18）实验室的设计应保证对生物、化学、辐射和物理等危险源的防护水平控制在经过评估的可接受程度，为关联的办公区和邻近的公共空间提供安全的工作环境，防止危害环境。

二、BSL-2 实验室安全防护设施要求

BSL-2 实验室适用于临床、诊断、教学和其他处理多种具中等危险的当地病原体（存在于本社区并引起不同程度的人类疾病）的工作。采用良好的微生物学技术，便可在开放实验台对这些病原体进行安全操作。当然，前提条件是其产生飞溅物或气溶胶的可能性很小。对操作人员而言，其主要危害是意外地经皮肤或黏膜暴露或食入感染性材料，对污染针头或尖锐器具应采取极其严格的防范措施。对可能产生气溶胶或溅出的操作，如离心、碾磨、混匀、用力摇晃、超声破碎、开启有感染性材料的容器、鼻内接种动物、从动物或受孕的鸡胚中采集感染性组织等，一定要在诸如生物安全柜或离心机安全罩杯等安全装置中进行。如果使用了封闭的转头或离心机安全杯罩，可以在开放实验室离心；如果转头或安全杯罩是开放的，则只能在生物安全柜或负压安全罩内操作。

《病原微生物实验室生物安全通用准则》（WS 233—2017）将 BSL-2 实验室分为普通型（自然通风）BSL-2 实验室和加强型（负压通风）BSL-2 实验室。

（一）普通型 BSL-2 实验室

普通型 BSL-2 实验室安全防护设施要求包括以下几个方面。

（1）应符合 BSL-1 实验室设施要求。

（2）实验室主入口的门、放置生物安全柜实验操作间的门应可自动关闭；实验室主入口的门应有进入控制措施。

（3）操作病原微生物及样本的实验间内应配备生物安全柜。

（4）实验室或其所在的建筑内配备压力蒸汽灭菌器或其他适当的消毒灭菌设备。

（5）实验室工作区应配备洗眼装置，必要时每个工作间配备洗眼装置。

（6）实验室工作区域外应有存放备用物品的条件。

（7）应按产品的设计要求安装和使用生物安全柜。

（8）应有可靠的电力供应；必要时，重要设备应配置备用电源。

（9）实验室入口应有生物危害标识，出口应有逃生发光指示标识。

普通型 BSL-2 实验室布局见图 23-2。

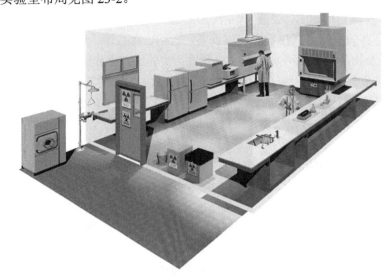

图 23-2　普通型 BSL-2 实验室布局示意图

引自 WHO《实验室生物安全手册》（第 3 版）

（二）加强型 BSL-2 实验室

加强型 BSL-2 实验室安全防护设施要求包括以下几个方面。

（1）应符合普通型 BSL-2 实验室设施要求。

（2）操作病原微生物的核心工作间外应设缓冲间，缓冲间可兼作防护服更换间；必要时可设准备间和洗消间等。

（3）缓冲间的门宜设互锁，如使用互锁门，互锁门附近应设置紧急手动解除互锁开关。

（4）实验室应设洗手池，宜设置在出口处，水龙头开关应为非手动式。

（5）实验室应设机械通风系统，送排风口应采取必要的防风、防雨、防昆虫及其他动物的措施，送风口应远离污染源和排风口，排风系统应使用高效过滤器。

（6）核心工作间的送风口和排风口布置应符合定向气流的原则，利于减少房间内的涡流和气流死角。

（7）核心工作间气压相对于相邻区域应为负压，压差宜不低于 10Pa，在核心工作间入口的显著位置应安装显示房间负压状况的压力显示装置。

（8）应通过自动控制措施保证实验室压力及压力梯度的稳定性，并可对异常情况报警。

（9）实验室排风应与送风连锁控制，并优先于送风开启、后于送风关闭。

（10）实验室应有措施防止产生对人员有害的异常压力，围护结构应能承受送风机或排风机异常导致的空气压力载荷。

（11）核心工作间温度为 18～26℃，噪声应低于 68dB。

（12）实验室内应配置压力蒸汽灭菌器，以及其他通用的消毒设备。

（13）实验室应设计紧急撤离路线，紧急出口应有明显的标识，并在无照明的情况下也可清楚识别。

三、BSL-3 实验室安全防护设施要求

BSL-3 实验室是加强防护要求的生物安全实验室，适用于对人体、动植物或环境具有高度危害性，通过直接接触或气溶胶使人传染上严重的甚至致命疾病，或对动植物和环境具有高度危害，通常已有预防传染的疫苗和治疗药物的致病微生物实验，涉及内源或外源性的、具有潜在呼吸道传染性的第二类病原体以及大容量或高浓度的、具有高度气溶胶扩散危险的第三类病原体。BSL-3 实验室需要比 BSL-1 和 BSL-2 实

验室更严格的设施设备设计及操作安全程序。

BSL-3 实验室安全防护设施要求包括以下几个方面。

（一）选址

BSL-3 实验室设施选址无特殊要求，但应与建筑物内的所有其他区域隔绝开来，自成一区，宜设在建筑物一端或一侧，并有严格的出入控制措施，且防护区外排风口与公共场所和居住建筑的水平距离不应小于 20m。

（二）结构体系

实验室设施应考虑建筑结构抗震及整体刚性问题，这对确保设施的气密性和安全性非常重要。

（1）实验室抗震设防类别宜按特殊设防类。对新建的生物安全三级实验室，其抗震设防类别应尽量按特殊设防类设计；在既有建筑物基础上改建时，应进行抗震加固。

（2）生物安全三级实验室的结构安全等级设计不宜低于一级，建筑主体宜采用全现浇钢筋混凝土框架-剪力墙结构体系。对新建的生物安全三级实验室，其结构安全等级应尽可能采用一级；如在结构安全等级为二级的既有建筑物上改建，应对局部结构进行加固。

（3）生物安全三级实验室建筑地基宜按甲级设计。在既有建筑物基础上改建时，根据地基基础核算结果及实际情况，确定是否需要加固处理。新建生物安全三级实验室的地基基础设计等级应为甲级。

（三）建筑结构形式

高级别生物安全实验室的结构形式大多采用三明治夹心式、多层夹心式、平层式三种。其中，以三明治夹心式和多层夹心式结构为优选，生物安全三级实验室通常为 2~3 层结构。

（1）核心实验室层：包括防护区、辅助工作区、外部进入通道、门禁等。

（2）通风设备层：包括送排风机组、高效过滤单元、工艺气体和压缩空气系统、清洁水供应等，也有实验室因建筑物层数或高度有限，将通风设备层设在实验室的同层相邻房间，但大多数是将通风设备层设于核心实验室的上层。有的设置管道夹层，安装送排风管道、高效过滤单元、生物型密闭阀、风量调节阀和给水（气）管道等。

（3）污水处理层：实验室产生的污水靠重力排至下层的污水处理间，污水管道宜明设或设透明套管，便于检修。

（4）空调室外机组层：多数设在所建筑物楼顶，安装空调机组、送风总入口和排风总出口。

（四）平面布局与功能分区

实验室应根据实验工艺需要设置合理的平面布局与功能分区，应明确区分为防护区和辅助工作区。典型 BSL-3 实验室布局见图 23-3。

（1）防护区中直接从事高风险操作的工作间为核心工作间，人员应通过缓冲间进入核心工作间。

（2）操作非经空气传播致病性生物因子的实验室（GB 19489—2008 中 4.4.1 类实验室），辅助工作区应至少包括监控室和清洁衣物更换间；防护区应至少包括缓冲间（可兼作脱防护服间）及核心工作间。

（3）可有效利用安全隔离装置（如生物安全柜）操作常规量经空气传播致病性生物因子的实验室（GB 19489—2008 中 4.4.2 类实验室），辅助工作区应至少包括监控室、清洁衣物更换间和淋浴间；防护区应至少包括防护服更换间、缓冲间及核心工作间。核心工作间不宜直接与其他公共区域相邻。

（4）设置多个核心工作间的 BSL-3 实验室，通常设置连接多个核心工作间（缓冲间）的准备间或内走廊，防护区应设置安全通道和紧急出口。

（5）防护区内应设置生物安全型压力蒸汽灭菌器，如安装双扉压力蒸汽灭菌器，其主体一侧位于辅助工作区，应有足够的维护空间，与围护结构的连接之处应可靠密封。

（6）防护区与辅助工作区之间或相邻房间之间根据需要可设置双门互锁传递窗或渡槽，其结构承压力及密闭性应符合所在区域的要求，并具备对传递窗内物品进行消毒灭菌的条件。必要时，应设置具备送排风或自净化功能的传递窗，排风应经高效过滤后排出。

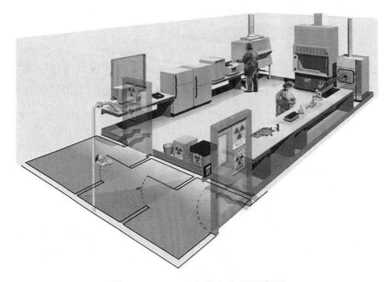

图 23-3　BSL-3 实验室布局示意图

引自 WHO《实验室生物安全手册》（第 3 版）

（五）围护结构

围护结构是指生物安全实验室的防护区和辅助工作区的墙体结构，不含所在建筑的外墙。围护结构建设要求如下。

（1）围护结构墙体具有一定的抗震性能，在主体建筑不受地震破坏的情况下，围护结构不被破坏并保持完好的密封性。

（2）围护结构墙体可选择带钢架龙骨的轻体彩钢板装配、整体不锈钢板焊接或不锈钢板压紧式螺栓装配，也可选择全现浇钢筋混凝土六面体结构，内表面涂层采用环氧树脂等耐腐蚀、防水、易于清洁和消毒的材料喷涂或涂抹；在通风系统正常运行状态下，采用烟雾测试方法检查防护区内围护结构严密性时，所有缝隙和贯穿处的接缝应无可见泄漏。

（3）围护结构所用材料耐火等级不应低于二级，宜为一级，如和生物安全四级实验室共用一个防火分区，其耐火等级应为一级，与其他部位隔开的防火门应为甲级防火门，疏散出口应有消防疏散指示标志。

（4）围护结构的内表面应光滑、耐腐蚀、防水，天花板、地板、墙间的交角应易于清洁和消毒灭菌，表面涂层宜具有抗静电性能。

（5）实验室地面应采用无缝的防滑、防渗漏、光洁、不起尘、耐腐蚀地面，踢脚宜与墙面齐平或略缩进（不大于 2～3mm）。地面与墙面的相交位置及其他围护结构的相交位置宜作半径不小于 30mm 的圆弧处理。

（6）实验室内所有门应有可视窗并可自动关闭，需要时，应设观察窗，门的开启方向不应妨碍逃生；实验室内所有窗户应为密闭窗，玻璃应耐撞击、防破碎。

（7）实验室及设备间的高度应满足设备的安装要求，应有维修和清洁空间。

（8）所有出入口处应有防止节肢动物和啮齿动物进入的措施。

（六）通风空调系统

通风空调系统是 BSL-3 实验室污染控制最核心、最关键的设施，应采用独立全新风直排式负压通风空调系统，进入实验室的空气首先要经过调节（加热、制冷、加湿、干燥、过滤等），送风流速和流量要与排出实验室的空气通过自动控制实现平衡，从而维持实验室内稳定负压、压力梯度和换气次数。实验室内空气必须经过高效过滤处理后高空排放，禁止循环使用并防止重新进入送风系统。

（1）送排风系统应确保在实验室运行时气流由低风险区向高风险区流动，并确保防护区内空气只能通过高效过滤后经专用的排风管道排出。

（2）防护区内送风口和排风口布置应符合定向气流原则，利于减少房间内的涡流和气流死角；送排风应不影响其他设备（如Ⅱ级生物安全柜）的正常功能。

（3）应按产品的设计要求安装生物安全柜和其排风管道，可以将生物安全柜排出的空气排入实验室系统排风管道，但要确保生物安全柜启停和运行中与排风系统的压力平衡。

（4）实验室送风应安装初效、中效和高效过滤器。同时，送排风高效过滤器的安装位置应尽可能靠近实验室内送风口端和排风口端。排风高效过滤器应具备原位消毒和检漏的条件。

（5）实验室外部排风口应设置在主导风的下风向，与送风口的直线距离应大于12m，应至少高出本实验室所在建筑顶部2m，应有防风、防雨、防鼠、防虫设计，且不应影响气体向上空排放。

（6）如设置防护区外高效过滤单元，其结构应牢固，应能承受2500Pa的压力，其整体密封性应达到在关闭所有通路并维持腔室内空气压力在1000Pa时，腔室内每分钟泄漏的空气量应不超过腔室净容积的0.1%。

（7）防护区送风、排风支管和总管道的关键节点应安装生物型密闭阀。生物型密闭阀与防护区相通的送风和排风管道宜使用不锈钢管道，管道应易消毒灭菌、耐腐蚀、抗老化；管道密封性应达到在关闭所有通路并维持管道内空气压力在500Pa时，管道内每分钟泄漏的空气量应不超过管道内净容积的0.2%。

（8）应设置备用排风机。应尽可能减少排风机后排风管道正压段的长度，该段管道不应穿过其他房间。宜设置备用送风机，且主、备送排风机可自动切换，有机制确保切换过程实验室负压的稳定及有序的压力梯度和定向气流。

（七）供水与供气系统

（1）防护区内的实验间靠近出口处设置非手动洗手设施；如不具备供水条件，则应设非手动手消毒灭菌装置。

（2）实验室的给水与市政给水系统之间设防回流装置。通常情况下，市政给水入户后设置高位水箱用于实验室给水，设置液位控制自动补水装置。

（3）进出实验室的液体和气体管道系统应牢固、不渗漏、防锈、耐压、耐温（冷或热）、耐腐蚀；应有足够的空间清洁、维护和维修实验室内暴露的管道，并在关键节点安装截止阀、防回流装置或高效过滤器等。

（4）如果有供气（液）罐等，应放在防护区外易更换和维护的位置，安装牢固，不应将不相容的气体或液体放在一起。

（5）如果有真空装置，应有防止真空装置内部被污染的措施；不应将真空装置安装在实验场所之外。

（八）电力供应系统

通常情况下，BSL-3实验室工作期间是不允许停电的，电力供应要满足实验室的所有用电要求，且应有冗余。

（1）设置不间断备用电源，在入户主电源停电或故障时，可确保生物安全柜、送风机和排风机、照明、自控系统、监视和报警系统等不间断供电至少维持30min。

（2）如果实验室所在单位或地区供电常年不稳定、停电频次较高或常出现不通知停电情况时，建议配置备用发电机。

（3）核心工作间照度应不低于350lx，其他区域的照度应不低于200lx，宜采用吸顶式防水洁净照明灯，应避免过强的光线和光反射。

（4）应设不少于30min的应急照明系统。

（5）专用配电箱应设置在辅助工作区安全的位置。

（九）废弃物处理及消毒灭菌系统

（1）防护区内应设置生物安全型压力蒸汽灭菌器。宜安装专用的双扉压力蒸汽灭菌器，其安装位置不应影响生物安全柜等安全隔离装置的气流。对防护区内不能高压灭菌的物品，应有其他消毒灭菌措施。

（2）防护区内如果有下水系统，应与建筑物的下水系统完全隔离，下水应密闭连接实验室专用的消毒灭菌系统；淋浴间地面液体收集系统应有防液体回流的装置。

（3）所有下水管道应有足够的倾斜度和排量，确保管道内不存水；管道关键节点应按需要安装防回流装置、存水弯（深度应适用于实验室压差的变化）或密闭阀门等；下水系统应符合相应的耐压、耐热、耐化学腐蚀的要求，安装牢固，无泄漏，便于维护、清洁和检查。

（4）使用可靠的方式处理处置废弃物和污水，并应对消毒灭菌效果进行监测，以确保达到排放要求。在风险评估的基础上，适当处理实验室辅助区的污水，并进行监测，以确保排放到市政管网之前达到排放要求。

（5）实验室内可以安装紫外线消毒灯或其他适用的消毒灭菌装置；防护区及与其直接相通的管道应具备消毒灭菌的条件。

（6）实验室设备和安全隔离装置（包括与其直接相通的管道）应具备消毒灭菌的条件。

（7）防护区内的关键部位配备便携的局部消毒灭菌装置（如消毒喷雾器、气体熏蒸消毒器等），并备有足够的适用消毒灭菌剂。

（8）如果设置传递物品的渡槽，应使用强度符合要求的耐腐蚀性材料，并方便更换消毒剂。

（十）自动控制系统

（1）进入实验室的门应设置门禁系统，保证只有获得授权的人员才能进入实验室。

（2）核心工作间的缓冲间入口处应有指示核心工作间工作状态的装置。有负压控制要求的房间入口显著位置，安装显示房间负压状况的压力显示装置和控制区间提示。

（3）防护区内相邻门应互锁，互锁门附近设置紧急手动解除互锁开关，需要时，可立即解除实验室门的互锁。

（4）启动实验室通风系统时，应先启动排风机，后启动送风机；关停时，应先关闭生物安全柜等安全隔离装置和排风支管密闭阀，再关送风机及密闭阀，最后关排风机及密闭阀。

（5）当送风系统出现故障时，应有机制避免实验室内负压影响实验室人员的安全、影响生物安全柜等安全隔离装置的正常功能和围护结构的完整性；当排风系统出现故障时，应有机制避免实验室出现正压和影响定向气流。

（6）应通过对可能造成实验室压力波动的设备和装置实行连锁控制等措施，确保生物安全柜、负压排风柜（罩）等局部排风设备与实验室送排风系统之间的压力关系和必要的稳定性，并应在启动、运行和关停过程中保持有序的压力梯度。

（7）中央控制系统应可以实时监控、记录和存储防护区内送排风机的工作状态、防护区各房间的绝对压力值或梯度（核心工作间应监控绝对压力值）、温湿度、UPS 状态、手/自动模式；宜包括生物安全柜和动物饲养装置工作状态、门开启状态等；应能监控、记录和存储故障的现象、发生时间和持续时间；应可以随时查看历史记录。中控系统应能连续监测送排风系统高效过滤器的阻力，如采用机械或电子监测装置，应可采用巡检的方式记录。

（8）中央控制系统应能对所有故障和控制指标进行报警，报警应区分一般报警（过滤器超阻、温湿度超限等）和紧急报警（包括房间绝对压力失常、压差失常、风机故障、电源故障等）。紧急报警应为声光同时报警，应可以向实验室内和监控室人员同时发出紧急警报；应在核心工作间内设置紧急报警按钮。

（9）实验室的关键部位应设置监视器，可实时监视并录制实验室活动情况和实验室周围情况。监视设备应有足够的分辨率，影像存储介质应有足够的数据存储容量。

（10）防护区内应设置向外部传输资料和数据的传真机或其他电子设备，监控室和实验室内应安装语音通讯系统。如安装对讲系统，宜采用向内通话受控、向外通话非受控的选择性通话方式。通讯系统的复杂性应与实验室的规模和复杂程度相适应。

（十一）参数要求

（1）实验室的围护结构应能承受送风机或排风机异常时导致的空气压力载荷。

（2）适用于4.4.1类的实验室核心工作间的气压（负压）与室外大气压的压差值应不小于30Pa，与相邻区域的压差（负压）应不小于10Pa；适用于4.4.2类的实验室核心工作间的气压（负压）与室外大气压的压差值应不小于40Pa，与相邻区域的压差（负压）应不小于15Pa。

（3）防护区各房间的最小换气次数应不小于12次/h，防护区的静态洁净度应不低于8级水平。

（4）实验室的温度宜控制在18～26℃范围内。

（5）正常情况下，实验室的相对湿度宜控制在30%～70%范围内；消毒状态下，实验室的相对湿度应能满足消毒灭菌的技术要求。

（6）在生物安全柜开启情况下，核心工作间的噪声应不大于68 dB（A）。

四、BSL-4 实验室安全防护设施要求

BSL-4 实验室是最高防护要求的生物安全实验室，主要针对极度危险的第一类病原体和外来的生物因子，这些生物因子可以引起气溶胶传播的实验室感染和威胁生命的高个体、高群体风险。实验室工作人员要经过严格的专业和系统培训，要充分了解和熟练掌握相关标准及特殊的操作规程、防护设备及实验室设计特征的一级和二级防护屏障的功能。此外，所有的操作应由在操作病原生物因子方面训练有素、经验丰富、有能力胜任的科学家监督。在BSL-4 实验室工作区内，所有活动被限制在Ⅲ级生物安全柜内进行；或在Ⅱ生物安全柜内，但需辅以一套正压防护服，此正压防护服由生命支持系统提供呼吸用压缩空气并与其他通讯设备连接。

（一）选址

（1）实验室建筑宜远离市区，建筑设施既可以建造在一个独立建筑物内，也可以在配套生物安全设施建筑群的一个被控制区域内，该区域与建筑物内所有其他区域完全隔绝开来，并有严格限制进入实验室的门禁措施。

（2）实验室与周围建筑群的设计间距总体遵循远离外部相邻建筑外墙的原则，即便在一个院落，实验室所在建筑主体与相邻建筑物间距不应小于相邻建筑物高度的1.5倍，且防护区外排风口与公共场所和居住建筑的水平距离不小于20m。《生物安全领域反恐怖防范要求　第1部分：高等级病原微生物实验室》（GA 1802.1—2022）规定，生物安全四级实验室距最近的非本单位建筑物或构筑物距离不应小于80m。

（二）结构体系

（1）实验室所在建筑的结构抗震设防类别应按特殊设防类设计，宜按实验室所在地区抗震烈度至少高一度进行强度和刚度核算，提高抗震能力。

（2）建筑结构安全等级设计不应低于一级，建筑主体应采用全现浇钢筋混凝土-剪力墙结构体系，防护区围护结构宜为现浇混凝土六面体结构或整体不锈钢板焊接的装配结构。

（3）建筑地基基础应按甲级设计。

（三）建筑结构形式

国内外绝大多数BSL-4 实验室建筑采用多层夹心式结构，通常为3～5层（含管道夹层）结构。

（1）第一层通常设置污水处理间，为相对密闭空间，宜设置送排风高效过滤系统，核心工作间为负压。为应对污水消毒设备及管道的泄漏，污水处理系统安装位置应设置在低凹处或设置防溢凹槽。污水处理间可根据风险评估设置生命支持系统，应急处置时工作人员穿戴正压防护服，出口处设置缓冲间并兼作化学淋浴消毒间。大动物 ABSL-4 实验室污水排放管道关键节点宜设置检修口，污水管道层宜设为负压通风模式，送排风经高效过滤处理。

（2）第二层通常为核心实验层，包括防护区（含负压防护走廊）、辅助工作区及外部进出通道等。典

型 BSL-4 实验室核心工作区设于该层防护区中央，四周为环形或 U 形走廊，走廊应设置送排风过滤系统并维持一定负压。

（3）第三层通常为通风管道夹层（设备层够宽、够高时可以不设），包括：送排风一级、二级高效过滤单元，送排风管道及相关阀系统，其他水、电、气管道等。

（4）第四层为设备层，包括：送排风机组，一、二级高效过滤单元（二级通常为袋进袋出型），工艺气体和压缩空气（包括提供人呼吸用的生命支持系统）系统，清洁水（自来水、软化水和纯化水）供应，化学淋浴消毒剂配制系统，配电机房，自控系统控制柜等。

（5）第五层通常为建筑物楼顶，安装空调机组及送风总入口、排风总出口。

生物安全四级实验室所有设施设备的安装楼层进出口均应有门禁控制措施，授权并分级管控。

（四）平面布局与功能分区

BSL-4 实验室应明确区分为防护区和辅助工作区，应在防护区周围设置负压防护走廊（通常为环形或 U 形走廊），该类实验室通常具有两种模式。

（1）Ⅲ级生物安全柜型 BSL-4 实验室布局见图 23-4。防护区应包括安装Ⅲ级生物安全柜或负压手套箱式隔离装置的核心工作间、外防护服更换间（气锁）、淋浴间、内防护服更换间和防护走廊。辅助工作区应包括清洁衣物更换间、监控室和器材洗消间（双扉压力蒸汽灭菌器主体所在空间应设置负压）等。

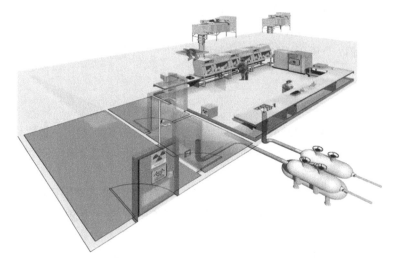

图 23-4　Ⅲ级生物安全柜型 BSL-4 实验室布局示意图
引自 WHO《实验室生物安全手册》（第 3 版）

生物安全柜型 BSL-4 实验室内所有感染性物质操作均应在Ⅲ级生物安全柜内进行，根据实验工艺需求，可串联多个Ⅲ级生物安全柜，其中与末端生物安全柜连接的双扉压力蒸汽灭菌器穿墙安装应与围护结构和生物安全柜之间形成生物密封，从Ⅲ级生物安全柜传出的废物要经过压力蒸汽灭菌器灭菌后传出，而不能高压灭菌的物品或实验设备由连接于Ⅲ级生物安全柜的传递渡槽或熏蒸箱消毒后传出（图 23-5）。

（2）正压防护服型 BSL-4 实验室布局见图 23-6。防护区应包括安装Ⅱ级生物安全柜或非完全密闭性负压隔离器的核心工作间（如有多个核心工作间，宜设缓冲间或公共准备间）、化学淋浴消毒间（气锁）、正压防护服更换间、淋浴间、内防护服更换间和防护走廊；防护区围护结构宜远离建筑外墙，核心工作间应设置在防护区的中部。辅助工作区应包括清洁衣物更换间、监控室和器材洗消间（双扉压力蒸汽灭菌器主体所在空间应设置负压）等。

BSL-4 实验室所在主体建筑外墙不应作为核心区域的围护结构，应设负压防护走廊（通常为环形走廊），即起到再次隔离和缓冲的作用。防护区内门应选用充气式或压紧式气密门，相邻门应联锁控制。实验室入口处设置防止实验室内带菌感染动物逃逸和室外小动物、昆虫进入实验室的防护体系。

图 23-5 系列Ⅲ级生物安全柜组合（Mani et al.，2007）

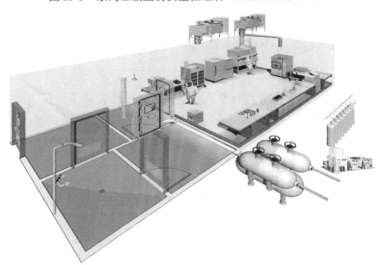

图 23-6 正压防护服型 BSL-4 实验室布局示意图

引自 WHO《实验室生物安全手册》（第 3 版）

（五）围护结构

BSL-4 实验室围护结构在墙体构造、气密性等方面要求比 BSL-3 实验室更高。

1. 围护结构构造

BSL-4 实验室围护结构墙体可选择现浇钢筋混凝土六面体结构，内表面涂层采用环氧树脂等耐腐蚀、防水、易于清洁和消毒的材料喷涂或涂抹。也可选择整体不锈钢焊接（或冷轧板焊接，外表面高温喷涂）或整体不锈钢板压紧式螺栓装配，但要确保耐压程度高、牢固度强，防止因通风系统故障导致室内出现较大压差时对围护结构造成破坏。墙面应耐磨、耐腐蚀、易清洁，所有缝隙和穿墙贯穿处完全密封。

BSL-4 实验室应采用无缝、防滑、耐腐蚀地面，地面与墙体的相交位置宜作半径不小于 30mm 的圆弧处理，建议采用水泥等地面材料作实心圆弧角，再用地面涂料或卷材处理表面。墙体材料为不锈钢板时，作圆弧处理前，应确保地面与墙体的密封可靠，例如，地面设计凹槽，墙体扣槽插入地面凹槽中并灌注环氧树脂等。

2. 围护结构气密性

BSL-4 实验室除围护结构（含门窗）本身要求密封设计外，所有穿墙管线贯穿处可预埋不锈钢框架，采用专业穿墙密封装置（单个管线或液槽密封集中穿线盘），以确保围护结构的完整性和气密性。防护区应通过压力衰减试验验证：在关闭受测房间所有通路并当房间内的空气压力上升到 500Pa 后，经 20min 自然衰减的气压小于 250Pa。生物安全柜型 BSL-4 实验室的Ⅲ级生物安全柜（组合）的气密性要达到Ⅲ级生物安全柜标准要求。

3. 围护结构防火性能

BSL-4 实验室应设立独立的防火分区，所有墙体材料耐火等级应为一级，与其他部位隔开的防火门应为甲级防火门。

（六）通风空调系统

在满足 BSL-3 实验室通风空调系统要求的基础上，还应考虑以下几点。

1. 送排风机均应冗余设计

为防止 BSL-4 实验室系统运行期间因送排风机发生故障导致实验室内负压状态、压力梯度被破坏以及围护结构被损坏，送排风机均应备用，并能自动切换，使通风系统不间断运行，维持实验室内稳定的负压状态和压力梯度。

关于送排风机系统设计方案，要从安全可靠性、运行及控制复杂程度、投资费用及运行费用（能耗）等方面综合考虑。当然，安全可靠性首当其冲。

2. 通风系统自控设计

要维持 BSL-4 实验室稳定的负压和压力梯度，除通风系统硬件设备质量保证外，自动控制系统设计至关重要，实现防护区负压和压力梯度的静态平衡容易，但要确保动态平衡是关键，要考虑正压防护服供气、开关门、送排风口位置、房间面积或体积、生物安全柜等负压通风设备的通风量、安装位置、启停等诸多因素对房间和系统负压及压力梯度的影响。BSL-4 实验室的小房间尤其要考虑正压防护服呼吸用供气软管插拔（正压防护服内供气，约 30m³/h）瞬间供气对房间负压及压力梯度的影响。

3. 送排风过滤装置设计

BSL-4 实验室系统排风是控制污染散播的重中之重，从防护区内排出的所有空气必须经过两道（含）以上串联的高效过滤器过滤后高空排放，每道高效过滤器的过滤效率必须大于或等于 99.99%，使排出的污染空气达到无害化标准，送排风高效过滤装置应具备原位检漏和消毒条件。组合式 BIBO（袋进袋出）高效过滤单元见图 23-7。

图 23-7　组合式 BIBO（袋进袋出）高效过滤单元

排风两道高效过滤装置与防护区之间的管道及箱体结构必须牢固，整体能承受 2500Pa 的压力。高效过滤装置的整体密封性应达到在维持空气压力 1000Pa 时，腔内每分钟泄漏的空气量不超过腔室容积的 0.1%。

送、排风管道上关键节点应安装生物型密闭阀，生物型密闭阀与防护区相通的管道整体密封性应达到空气压力 500Pa 时，腔内每分钟泄漏的空气量不超过腔室容积的 0.2%。送风管道至少设置一道高效过滤器，应具备原位检漏和消毒条件，高效过滤器的过滤效率必须大于或等于 99.99%。

（七）电力供应系统

BSL-4 实验室工作期间是不允许停电的，电力供应要满足实验室的所有用电要求，且应有冗余。根据 BSL-4 实验室的重要性及对供电可靠性的要求，电力负荷设计宜分三级。一级是中断供电会导致实验室负压系统崩溃、气溶胶通过围护结构泄漏导致人身伤害和环境污染、破坏实验过程、设备损坏甚至全部产品报废等重大安全隐患和经济损失；二级是中断供电会导致实验过程中断，停顿后再次供电可重新恢复实验；三级是一般辅助性工作区的负荷。

1. 一级负荷

要求使用来自上级两路不同的、独立变电站或同一变电站单独运行的两台变压器供电，并留有足够负荷冗余，当其中一路电源发生故障，或因检修、抢修而停电时，不至于影响另一路电源继续供电。除此之外，还需设置备用电源，以保证在入户主电源停电或故障时供电的连续性。保证对送排风系统、生物安全柜等负压通风设备、自动控制系统、监控及报警系统、照明和生命支持系统、化学淋浴消毒系统等关键设备不间断供电 30min（生命支持系统要求 60min）以上，确保实验室负压通风、自动控制系统及人员呼吸保障和正压防护服消毒系统的安全运行。

2. 二级负荷

要求使用双回路供电，条件不具备时，可采用专用线路（电路故障率很低或故障恢复很快、停电时间很短）；同时配置发电机或 UPS 电源，主要保障实验用的设备在主电源停电期间的供电。根据实验产品的重要性或工艺难度，此类负荷供电可同一级负荷合二为一。

3. 三级负荷

供电无特殊要求，这类用电设备供电中断时影响较小，但如果该类设备长时间中断工作，会影响既定的整个实验工艺进度；投入资金许可的情况下，也应尽量提高供电的可靠性。

不间断电源（UPS）在正常供电电源与紧急备用电源（发电机）切换过程中，提供不间断的电力供应，由于 UPS 应急供电的负荷原因，不可能长时间应急供电，故 BSL-4 实验室宜同时配备发电机，其所负荷的设备应包括 UPS 所负荷的设备，并兼顾其他重要设施或设备。对备用电源的冗余性设计时，除考虑成本外，还有现有电力的可靠性和负载容量，理想情况下，发电机可以考虑 $N+1$ 的冗余度，解决发电机维护调度、故障检修工作时间等问题，能提供更高、更可靠的连续运行保障。发电机和 UPS 配置负荷均要保证足够的冗余，以防大型设备启动时产生瞬间高电流（极短时间内可达正常电流的 4～6 倍）导致电路压降，影响整体电路的安全性。

（八）供水与供气系统

BSL-4 实验室内给水主要用于淋浴（含化学淋浴消毒）、器材洗涤、纯水/软化水制备和高压灭菌等。实验室内给水与市政给水系统应完全隔离，为防止因停水造成实验室内给水管道排空，通常情况下实验室所在建筑内宜设置断流水箱，液位控制自动补水，所有进入防护区的给水管道在辅助工作区侧安装防回流装置，管道穿墙处采用生物密封，所有管道要耐压、耐腐蚀，使用前要进行打压试验，确保不泄漏。

BSL-4 实验室内常用的工艺用气主要有压缩空气、二氧化碳、氧气、氮气等。所有进入防护区的气体管道在辅助工作区侧加装高效过滤装置，并在关键节点安装截止阀或防回流装置，管道穿墙处采用生物密封，所有管道要耐压、耐腐蚀，使用前要进行打压试验，确保不泄漏。

正压防护服型 BSL-4 实验室应同时配备紧急支援气罐，紧急支援气罐的供气时间应不少于 60min/人；供应的压缩空气压力、流量、温度、湿度、有害物质的含量及 CO、O_2、CO_2 浓度等应符合职业安全的要求，生命支持系统应具备 CO、O_2、CO_2 浓度和压缩空气压力报警装置。

（九）消毒灭菌系统

消毒灭菌是保护操作人员不被病原体感染和周围环境不被病原体污染的重要环节。消毒灭菌的对象是实验室内所有受污染的对象，包括实验设备、实验材料、病原体培养物、废水、个体防护装备、实验室空气及物体表面等，消毒灭菌方法通常包括化学消毒灭菌法和物理消毒灭菌法。

实验室产生的污水包括正压服表面化学淋浴消毒产生的污水、淋浴水、实验动物排泄及设备器材清洗水池的排水等，应设置专门管道（与公共排水管道分开）直接进入污水消毒设备，经高温高压灭菌后排放。

（十）自动控制系统

自动控制系统是 BSL-4 实验室安全运行的核心。不同实验室的自动控制系统所采用的智能控制器、组态软件以及控制对象都不尽相同。通常情况下，自控系统运行过程中需要提供给自控操作人员以下信息。

1. 系统主界面

主界面通常在总平面图的基础上显示保证实验室安全运行的主要信息，包括防护区各房间的压力（相对室外大气压为绝对压力）、相邻房间压差、温湿度、送排风高效过滤器阻力，并进一步显示门的开闭状态、生物安全柜等负压通风设备及 UPS 运行状态等。自控操作人员应实时监视主界面上信息的变化情况，以便在突发紧急情况时采取应急处置措施。

主界面上一般根据需要设置各分系统的监控目录按钮（菜单），操作人员点击进入分系统界面进行专项监控。例如：系统控制界面，设置或变更自控目标的设定值；风机运行界面，监控风机运行情况；空调运行界面，监控空调机组运行及阀组情况；参数记录界面，监控并核查压力、温度、湿度和高效过滤器阻力等参数；报警与报警查寻界面，监控并核查报警记录情况；门禁管理界面，监控并记录门的开闭状态和人员进出门禁的信息；图像监控界面，监视各区域或核查图像记录情况。

2. 风机运行界面

风机运行界面通常设计为模拟动画显示，便于操作人员直观而全面地了解通风系统运行现状，并实现监控操作。自控操作人员应随时监视风机运行界面的信息状况，及时发现问题并进行调节或决定采取其他相应的措施。

3. 系统控制界面

系统控制界面的功能是设置或变更自控目标的设定值，例如，送风机、排风机的运行频率，风阀开度，空调温度或冷热水阀开度，压力，高效过滤器阻力报警阈值等。

通常应对系统控制界面增加一级保护。该界面设置密码，须获得授权的人员方可进入系统对控制设定值进行变更，严防无权人员有意或无意改动，造成系统运行的紊乱，产生严重的后果。

系统开启后，各项参数指标将逐步达到稳定状态，待状态稳定后，自控操作人员应检查各区域的参数是否符合预设的范围要求。当出现异常情况时，应尽快检修。对关键参数，系统应设置自动报警功能，例如，当发现房间压力及压力梯度有偏差时，自控操作人员可选择进入系统控制界面调节风机的频率，增大或减少送排风机的输出功率或通过调节风量调节阀开度，达到平衡压力的目的，将系统调整至正常状态。

4. 空调运行界面

空调和送风是紧密相连的，常被称为空调送风机组，设于系统前端，送风机设置在空调箱中，操作员可同时监控空调和送风机运行状况。由于空调系统运行过程非常复杂，其信号的采集、输送、处理、执行等几乎全部由自动化控制系统完成，自控信息量很大，自控操作人员应随时监视空调机组的运行状况，及时发现问题并进行调节，或决定采取其他相应的措施，直至问题解决。

5. 参数记录界面

参数记录界面显示实验室各分区压力（压力梯度）、温度、湿度、关键设施设备运行状态等的情况，并于后台保存记录。

自控系统应可以自动实时监控、记录和存储防护区内有控制要求的参数、关键设施设备的运行状态；应能监控、记录和存储故障的现象、发生时间和持续时间。操作人员应按照规定及时将记录信息拷贝保存，应可根据系统设置将曲线图转换成数据表形式进行打印并保存。若系统未设置数据转换功能，操作人员宜以趋势曲线结合文本记录的方式表达历史记录数据，以供随时查阅。

6. 报警与报警查寻界面

在监控计算机上，报警信号应强制弹出于任何一个正在显示的界面之上，以实时提醒自控操作人员。

报警设施的可靠与稳定非常重要，应维持系统的正常运行，做到不漏报、不误报、区分轻重缓急、传达到位。实验室使用前，自控操作人员和系统维护人员应核查自动报警装置性能状况，发现异常时应进入现场查看，检修故障；若无法检修时，应通知委托维保单位赶赴现场进行维修。

中央控制系统应能对所有故障和控制指标进行报警，报警应区分一般报警和紧急报警。当系统发出一般报警时，在监控室和防护区内可"光"显示，监控计算机界面弹出报警提示栏，如高效过滤器阻力增大、温湿度偏离正常值等，由于暂时不影响生物安全，因此自控操作人员应尽量保持系统运行，保障实验活动持续进行。当系统发出紧急报警时，在监控室和防护区内应有"声光"报警，如防护区出现正压、压力梯度持续丧失或倒置、风机切换、停电、火灾等，对安全有影响，自控操作人员和实验人员都应沉着冷静，视故障情况考虑是否终止实验活动，并按规定程序采取动作。

中央控制系统自动实时对实验室所有故障发出报警的同时，应能记录和存储故障的现象、发生时间和持续时间。监控人员可在需要时进入报警查寻界面查找报警内容及其发生点等信息，如报警为压力丢失、原因为门未关闭或未完全闭合、发生位置为缓冲间等。

7. 门禁管理界面

实验室入口处应设有严格限制进入实验室的门禁系统，与实验室运行相关的关键区域也应有严格和可靠的安保措施，避免非授权进入。门禁系统应记录进入人员的个人资料、进出时间、授权活动区域等信息；可以在监控计算机设门禁管理界面，也可以由单独计算机控制。

8. 图像监控界面

实验室关键部位应安装视频图像监控装置，自控操作人员可操作控制云台，遥控摄像头转动以获取需要的画面，实时监视并录制实验室活动情况和实验室周围情况，特别是有较大风险的、关键的实验操作，以及实验室周围安保的情况，一旦发现异常情况，应立即针对性地通知相关操作人员并报告实验室生物安全负责人。监视设备应有足够的分辨率，影像存储介质应有足够的数据存储容量，并分时段自动存储。监控系统通常由单独的计算机控制，可单独设置图像监控大屏，显示各区域的画面。

应根据影像存储介质的数据存储容量制定相应的规定，及时将录制的实验活动数据及影像资料拷贝、分析和整理，作为实验室运行记录归档保存。我国《病原微生物实验室生物安全管理条例》第三十七条规定，实验室从事高致病性病原微生物相关实验活动的实验档案保存期不得少于 20 年。此处所谓的实验档案，也包括实验活动的影像资料。

9. 通讯系统

防护区内应设置向外部传输资料和数据的传真机或其他电子设备（包括计算机、高拍仪等），监控室和防护区内应安装语音通讯系统。如果安装对讲系统，宜采用向内通话受控、向外通话非受控的选择性通话方式。

通讯系统的复杂性应与实验室的规模和复杂程度相适应。正压防护服型 BSL-4 实验室中工作人员穿戴正压服时应佩戴语音通讯装置，实现工作人员之间及与监控室之间的实时通讯。

五、动物实验室安全防护设施特殊要求

（一）ABSL-1 实验室安全防护设施特殊要求

ABSL-1 实验室适用于饲养大多数经过检疫的储备实验动物和专门接种了危害程度为第四类微生物的

实验动物。除了满足 BSL-1 实验室的要求外，ABSL-1 还应满足以下条件。

（1）动物饲养间应与建筑物内其他区域隔离。

（2）动物饲养间的门宜向内开，并能自动关闭和锁闭。

（3）动物饲养间不宜安装窗户，如果安装窗户，所有窗户应密闭；需要时，窗户外部应装防护网。

（4）实验室内空气直接外排，不得循环使用动物实验室排出的空气。

（5）宜将动物饲养间的室内气压控制为负压。

（6）应设置实验动物饲养笼具或护栏，除考虑安全要求外，还应考虑对动物福利的要求。可以对动物笼具进行清洗和消毒灭菌。

（7）动物尸体及相关废弃物的处置设施和设备应符合国家相关规定的要求。

（二）ABSL-2 实验室安全防护设施特殊要求

ABSL-2 实验室适用于对人和环境有中度潜在危险的微生物和动物实验研究工作。除了满足 BSL-2 和 ABSL-1 实验室的要求外，ABSL-2 还应满足以下条件。

（1）动物饲养间应在出入口处设置缓冲间。

（2）实验室出口处应设置非手动洗手池或手部清洁装置。

（3）应在实验室或邻近区域配备压力蒸汽灭菌器。

（4）应在安全隔离装置进行可能产生有害气溶胶的活动；排气应经高效过滤器的过滤后排出。

（5）应将动物饲养间的室内气压控制为负压，气体应直接排放到其所在的建筑物外。

（6）应根据风险评估的结果，确定是否需要使用高效过滤动物饲养间排出的气体。

（7）当不能满足（4）时，应使用高效过滤器过滤动物饲养间排出的气体。

（8）实验室的外部排风口应至少高出本实验室所在建筑的顶部 2m，应有防风、防雨、防鼠、防虫设计，但不应影响气体向上空排放。

（9）污水（包括污物）应消毒灭菌处理，并应对消毒灭菌效果进行监测，以确保达到排放要求。

（三）ABSL-3 实验室安全防护设施特殊要求

ABSL-3 实验室除了满足 BSL-3 和 ABSL-2 实验室的要求外，还应满足以下条件。

（1）防护区内应设淋浴间，需要时，应设置强制淋浴装置。应在风险评估的基础上，适当处理防护区内淋浴间的污水，并应对灭菌效果进行监测。

（2）动物饲养间应尽可能设在整个实验室的中心部位，不应直接与其他公共区域相邻。

（3）操作非经空气传播致病性生物因子的防护区应至少包括淋浴间、防护服更换间、缓冲间及核心工作间。当不能有效利用安全隔离装置饲养动物时，应根据进一步的风险评估确定实验室的生物安全防护要求。

（4）不能有效利用安全隔离装置操作常规量经空气传播致病性生物因子的实验室（GB 19489—2008 中 4.4.3 类实验室）的动物饲养间的缓冲间应为气锁，并具备对动物饲养间的防护服或传递物品的表面进行消毒灭菌的条件。动物饲养间应有严格限制进入动物饲养间的门禁措施（如个人密码和生物学识别技术等）。

（5）动物饲养间内应安装监视设备和通讯设备。配备便携式局部消毒灭菌装置（如消毒喷雾器等）。

（6）实验室应有装置和技术对动物尸体和废弃物进行可靠消毒灭菌，有装置和技术对动物笼具进行清洁和可靠消毒灭菌。需要时，应有装置和技术对所有物品或其包装的表面在运出动物饲养间前进行清洁和可靠消毒灭菌。

（7）不能有效利用安全隔离装置操作常规量经空气传播致病性生物因子的实验室的动物饲养间，应根据风险评估结果，确定其排出气体是否需要经过两级高效过滤后排出，并可以在原位对送排风高效过滤器进行消毒灭菌和检漏。

（8）操作非经空气传播和可有效利用安全隔离装置（如生物安全柜）操作常规量经空气传播致病性生

物因子的实验室的动物饲养间的气压（负压）与室外大气压的压差值应不小于 60Pa，与相邻区域的压差（负压）应不小于 15Pa。不能有效利用安全隔离装置操作常规量经空气传播致病性生物因子的实验室的动物饲养间的气压（负压）与室外大气压的压差值应不小于 80Pa，与相邻区域的压差（负压）应不小于 25Pa。

（9）不能有效利用安全隔离装置操作常规量经空气传播致病性生物因子的实验室的动物饲养间及其缓冲间的气密性应达到在关闭受测房间所有通路并维持房间内空气压力在 250Pa 时，房间内每小时泄漏的空气量不超过受测房间净容积的 10%（恒定压力下空气泄漏率检测法）。

（10）不能有效利用安全隔离装置操作常规量经空气传播致病性生物因子的实验室的动物饲养间，从事可传染人的病原微生物活动时，应根据进一步的风险评估确定实验室的生物安全防护要求；适用时，应经过相关主管部门的批准。

（11）应设置大动物专用进入通道，防护区内通道相邻门互锁，设置送排风过滤系统，送排风高效过滤器具备原位检漏和消毒条件。

（12）大动物实验室应设置排水地漏，排水口应有过滤动物毛发的粗过滤装置。

（四）ABSL-4 实验室安全防护设施特殊要求

除了满足 BSL-4 和 ABSL-3 实验室的要求外，还应满足以下条件。

（1）淋浴间应设置强制淋浴装置。

（2）动物饲养间的缓冲间应为气锁，并有严格限制进入动物饲养间的门禁措施。

（3）动物饲养间的气压（负压）与室外大气压的压差值应不小于 100Pa；与相邻区域的压差（负压）应不小于 25Pa。

（4）动物饲养间及其缓冲间的气密性应达到在关闭受测房间所有通路并当房间内的空气压力上升到 500Pa 后，20min 内自然衰减的气压小于 250Pa。关于 ABSL-4 实验室气密性要求，建议参照 BSL-4 实验室，气密性要求范围宜包括所有防护区。

（5）应设置大动物专用进入通道，防护区内通道相邻门互锁，设置送排风过滤（排风两级过滤）系统，送排风高效过滤器具备原位检漏和消毒条件。

第二节　实验室安全防护设备

实验室安全防护设备是病原微生物实验室的硬件基础和关键防护屏障，是决定高病原微生物实验室建设水平的关键要素，主要包括生物安全柜、动物隔离设备、压力蒸汽灭菌器、污水消毒设备及动物残体处理设备等。实验室内涉及病原微生物的实验操作、动物饲养等通常应在生物安全柜或动物隔离设备内进行，实验操作或饲养过程中产生的病原微生物气溶胶被限制在一个很小的空间范围内，将操作人员与实验对象隔离开，实验室内污染空气经高效过滤器过滤处理后高空排放。实验产生的所有废物、废液等均需经过高压灭菌或化学消毒等无害化处理。

一、生物安全柜

生物安全柜是在操作原代培养物、菌（毒）株以及诊断性标本等具有感染性的实验材料时，用来保护操作人员、实验室环境以及实验对象，使其避免暴露于上述操作过程中可能产生的感染性气溶胶和溅出物而设计的负压过滤排风柜。

生物安全柜是用来保护操作人员及周围环境安全，防止病原微生物在操作过程中产生危害性气溶胶扩散的第一道防护屏障。在进行感染性物质操作过程中，如对琼脂板划线接种、用吸管接种细胞培养瓶、采用加样器转移感染性混悬液、对感染性物质进行匀浆及涡旋振荡、对感染性液体进行离心以及进行动物操作时，均可能产生感染性气溶胶。这些气溶胶和颗粒极易被操作人员吸入或污染工作台面和其他材料表面。正确使用生物安全柜可以有效减少由于气溶胶暴露所造成的实验室感染，并同时保护实验对象和环境。

（一）生物安全柜分类与选用

1. 生物安全柜分类

根据结构设计、排风比例及保护对象和程度的不同，生物安全柜分为Ⅰ、Ⅱ、Ⅲ级三个级别。Ⅱ级又分 A 和 B 两型，Ⅱ级 A 型生物安全柜又分为ⅡA1、ⅡA2 两种。Ⅱ级 B 型生物安全柜又分为ⅡB1、ⅡB2 两种。Ⅰ级生物安全柜和Ⅱ级生物安全柜都是具有部分隔离的安全设备，在良好的微生物学操作技术条件下可以为实验室工作人员和环境提供明显的安全保护。Ⅲ级生物安全柜是气密性良好的密闭负压通风式生物安全柜，它可以提供对操作人员和环境最高水平的安全防护。

1）Ⅰ级生物安全柜

Ⅰ级生物安全柜的通风气流原理与普通实验室通风橱一样，实验室内空气从生物安全柜工作窗口以不低于 0.4m/s 的平均速率进入生物安全柜，空气经过工作台表面，经高效过滤器过滤处理后排出生物安全柜，此定向气流可以将柜内操作台面上可能形成的气溶胶迅速带离生物安全柜，送入排风管内。操作人员双臂可以从前面的开口伸到生物安全柜内进行操作，并可以通过玻璃窗观察工作台面情况。

Ⅰ级生物安全柜不同于通风橱之处在于，其排风口安装有高效过滤器。空气可以通过高效过滤器按下列方式排出：①排到实验室中，然后再通过实验室排风系统排到建筑物外面；②通过建筑物的排风系统排到建筑物外面；③直接排到建筑物外面。高效过滤器可以装在生物安全柜的压力排风系统里，也可以装在建筑物的排风系统里。

Ⅰ级生物安全柜能为操作人员和环境提供保护，当排风排至室外时，可以操作放射性核素和挥发性有毒化学品，但实验室空气中可能存在的微生物或颗粒物通过生物安全柜工作窗口直接进入操作区域，不能对被操作对象提供可靠的保护，因此，其现已逐渐被Ⅱ级生物安全柜所取代。

Ⅰ级生物安全柜内气流流向状况（原理）见图23-8。

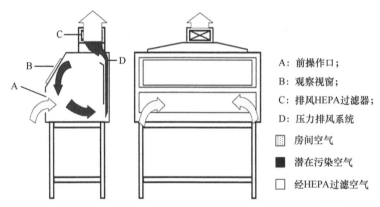

A：前操作口；
B：观察视窗；
C：排风HEPA过滤器；
D：压力排风系统

▦ 房间空气
■ 潜在污染空气
□ 经HEPA过滤空气

图23-8　Ⅰ级生物安全柜气流流向状况（原理）图

2）Ⅱ级生物安全柜

Ⅱ级生物安全柜是基于研究需要使用无菌的动物组织、细胞，特别是病毒的培养提出了样品保护的需求而发展起来的。Ⅱ级生物安全柜的气流设计原则是：当内置风机被启动以后，它将室内的空气引入到生物安全柜的开口处，并流进前面的进风格栅，在生物安全柜内形成一定的负压；与Ⅰ级生物安全柜所不同的是，空气通过送风高效过滤器过滤，当生物安全柜工作时，在过滤器表面形成均匀稳定的压力，不会使风机对过滤器产生空气射流，经高效过滤器过滤的洁净空气从顶部向下并以一定的速率均匀层流沉降，使得气流能够平稳均匀地垂直流向工作区，这种方式的气流将能避免样品间的交叉污染。同时在玻璃门开口处形成具有一定风速的特殊垂直气幕，并通过前格栅的特殊设计形成一道空气屏障，既能防止室内未经过滤的空气直接进入柜内流经工作台面而污染操作对象，又能防止工作区气流接触操作对象被污染后逸出生物安全柜而对操作者和环境造成危害。生物安全柜排出的空气经过高效过滤器过滤，因此排出的风没有微粒或微生物，从而提供环境保护。

根据Ⅱ级生物安全柜前窗操作口流入气流速度、柜内循环空气比例以及排风方式的不同，通常将其分为 A1、A2、B1、B2 四种不同的类型。

（1）Ⅱ级 A 型生物安全柜。

Ⅱ级 A 型生物安全柜通过一个内部风机抽取足够的房间空气，经前窗操作口引入生物安全柜内并进入前面的进风格栅。在前窗操作口的空气流入速度至少应该达到标准要求的额定风速。送风经过高效过滤器向工作台面提供洁净空气。工作区域内向下流动的单向气流减少工作区内气流的扰动，并且使交叉污染的可能性降到最小，然后在接近工作台面时分成两路：一部分通过前面的格栅抽走，剩余的一部分经过后面的格栅抽走。尽管不同的生物安全柜之间会有差异，但气流通常都是在前、后格栅中间，并在工作台面上方分开。在负压和气流作用下，所有在工作台面形成的气溶胶立刻被这样向下的气流带走，并经两组排风格栅排出，从而为实验对象提供最好的保护。气流接着通过后面的压力通风系统到达位于生物安全柜顶部、介于送风和排风高效过滤器之间的空间。由于过滤器大小不同，大约 70% 的空气将经过送风高效过滤器重新返回到生物安全柜内的操作区域，而剩余 30% 则经过排风高效过滤器排到房间内或被排到室外。

Ⅱ级 A 型生物安全柜包括 A1 型和 A2 型两种类型，如图 23-9 所示。从性能指标上看，两者的差异很小，主要是 A2 型前窗操作口吸入气流的速度要略大于 A1 型。此外，在以前的生物安全柜标准中，A1 型生物安全柜风机下游未经高效过滤器过滤的正压污染空气段可以不被负压包围，所以 A1 型生物安全柜的排风机通常在工作区下方。目前，NSF49 和 YY0569 等标准已经不允许 A1 型生物安全柜有不被负压包围的正压污染空气段，因此 A 型生物安全柜继续分成 A1 和 A2 两种类型的意义已经不是非常大。

Ⅱ级 A 型生物安全柜排出的空气可以重新排入房间里，也可以通过连接到专用通风管道上的套管或通过建筑物的排风系统排到建筑物外面。生物安全柜所排出的空气重新排入房间内使用时，与直接排到外面环境相比具有降低能源消耗的优点，但这样设置的生物安全柜不能用于含有易挥发或有毒的化学品的工作。当生物安全柜与排风系统的通风管道连接时，可以进行少量挥发性放射性核素及挥发性有毒化学品的操作。

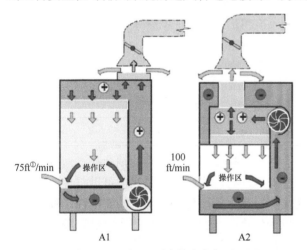

图 23-9　Ⅱ级 A 型生物安全柜原理图

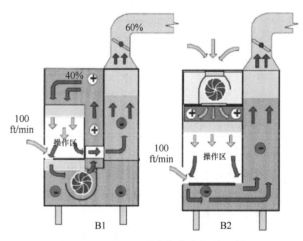

图 23-10　Ⅱ级 B 型生物安全柜原理图

（2）Ⅱ级 B 型生物安全柜。

Ⅱ级 B 型生物安全柜分为 B1 型和 B2 型两种类型，如图 23-10 所示。B1 型生物安全柜的送风机使生物安全柜的前窗操作口形成 0.5m/s 的最小流入速度，加上一部分工作区间向下的气流，通过前面的格栅和紧靠工作台面下的送风高效过滤器后，经生物安全柜两边的风道向上流动，然后通过一个回压板向下送到工作区域。而工作区间向下气流的大部分则流入后部格栅，并经过排风高效过滤器排放到室外。由于流经后部格栅的空气直接排放到室外，因此操作可能产生有害化学蒸气和粒子的工作应在 B1 型生物安全柜工作台面接近后部格栅处进行。

B2 型生物安全柜是一种全排风式生物安全柜，没有空气在生物安全柜内循环，因此能够同时提供基本的生物和化学防护。送风机从生物安全柜顶部抽取房间空气或室外空气，通过高效过滤器向下送到生物安

① 1ft = 0.348m，余同。

全柜的工作区域。建筑物或生物安全柜的排风系统通过后部和前面的格栅抽取空气，将所有的送风空气和生物安全柜前窗操作口吸入的房间空气全部经过高效过滤器过滤后抽走，并在前窗操作口产生至少 0.5m/s 的平均进风速度。全排式 B2 型生物安全柜的特点是排风量大、静压差大，因此运行成本高。

B 型生物安全柜必须使用密闭管道连接，最好是使用独立的专用排风系统，或排放到设计合理的实验室排风系统。由于生物安全柜的送风机将连续工作，如果建筑物或生物安全柜排风系统发生故障，生物安全柜就会产生正压，导致生物安全柜工作区域的气流流入实验室。为此，B 型生物安全柜上都会安装互锁系统，防止排风流量不足时送风机继续工作。对于没有安装互锁系统的生物安全柜，必要时可以对现有的生物安全柜进行更新或改造，在排风系统中安装像流量检测器的压力监测设备进行监控。

3）Ⅲ级生物安全柜

Ⅲ级生物安全柜（图 23-11）是一个装有非开放式观察窗的气密结构。向生物安全柜内传递物品要经过一个浸泡池（通过生物安全柜底板出入），或是经过一个能在两次使用之间进行消毒的双门传递装置（压力蒸汽灭菌器或其他可消毒的密闭装置）。同样，通过上述途径也可以安全地从Ⅲ级生物安全柜内向外移出物品。Ⅲ级生物安全柜的送风和排风都是经过高效过滤器过滤的。排风在排放到室外大气之前必须经过两级高效过滤器过滤，或一个高效过滤器和一个空气焚烧器。使用专用的独立排风系统维持柜内外的气流，使生物安全柜内始终维持一定负压（通常约为-120Pa 或更低）。

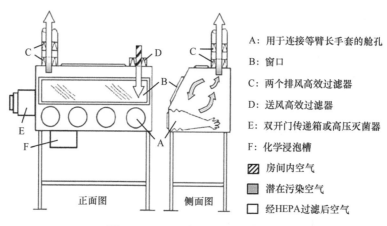

图 23-11　Ⅲ级生物安全柜原理图

Ⅲ级生物安全柜使用手套进行隔离操作，长臂橡胶手套密封连接在生物安全柜的袖套孔上，可以在保持与柜内隔离的条件下对柜内材料进行直接操作。尽管袖套对运动有所限制，但是它们可以防止操作者与危险材料的直接接触，虽有少许不便，但这样的设计很明显可以最大限度地提高防护的安全性。Ⅲ级生物安全柜内尽管会有一定的紊流，但送风高效过滤器仍然可以为生物安全柜内的工作环境提供无颗粒物的洁净气流。层流不是Ⅲ级生物安全柜的特征，但Ⅲ级生物安全柜也可以设计成层流模式。

多个Ⅲ级生物安全柜可首尾相接（串联）或并联地连接在一起，以提供一个较大的工作区域，组成系列型Ⅲ级生物安全柜，如图 23-12 所示。系列型生物安全柜由多个Ⅲ级生物安全柜按照实验所需的操作步骤组合而成，在它末端应安装双扉高压灭菌器，实验器材不能直接从生物安全柜中取出，须经高压灭菌器灭菌后才能取出；同时，在Ⅲ级生物安全柜中会集成渡槽、培养箱、冰箱等设备，而这些设备通常需要根据Ⅲ级生物安全柜的尺寸定制。

Ⅲ级生物安全柜的箱体设计构造是完全封闭的，它将所操作的危险对象与操作者完全隔离，通过隔离手套来操作，适用于生物安全四级水平（BSL-4）的实验室。某些特殊操作的生物安全三级水平（BSL-3）实验室在局部也可能使用Ⅲ级生物安全柜。

2. 生物安全柜选用

实验室应根据所需保护类型配置适当的生物安全柜：①操作危害程度 1～4 类的病原微生物时的个体防护；②保护实验对象；③暴露于放射性核素或挥发性有毒化学品时的个体防护；④上述各种防护的不同组

合。表 23-1 列出了不同保护类型推荐使用的生物安全柜类型。

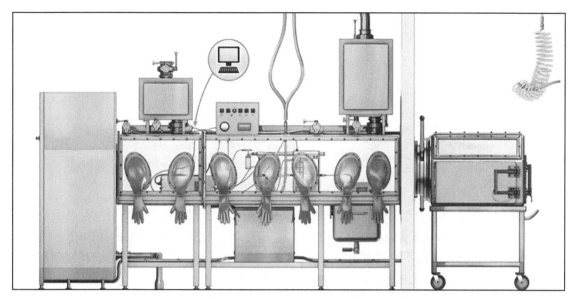

图 23-12　系列型Ⅲ级生物安全柜模式图

表 23-1　不同保护类型及生物安全柜的选择

保护类型	生物安全柜的选择
个体防护，针对危害程度第二、三、四类的病原微生物	Ⅰ级、Ⅱ级、Ⅲ级
个体防护，针对第一类病原微生物，安全柜型4级实验室	Ⅲ级
个体防护，针对第一类病原微生物，防护服型4级实验室	Ⅰ级、Ⅱ级
实验对象保护	Ⅱ级、柜内气流为层流的Ⅲ级
少量挥发性放射性核素/化学品的防护	Ⅱ级 B1 型、外排式Ⅱ级 A2 型
挥发性放射性核素/化学品的防护	Ⅰ级、Ⅱ级 B2 型、Ⅲ级

操作挥发性或有毒化学品时，不应使用将空气重新循环排入房间的Ⅰ级和室内循环的Ⅱ级 A1、A2 型生物安全柜。Ⅱ级 B1 型和Ⅱ级 A2 型（外接套管）生物安全柜可用于少量挥发性化学品或放射性核素的操作。Ⅱ级 B2 型和Ⅲ级生物安全柜适用于操作大量放射性核素或大量挥发性有毒化学品。

（二）生物安全柜安装

房间空气通过工作窗口进入生物安全柜（Ⅱ级）的速度应不低于 0.5m/s（Ⅱ级 A1 型为不低于 0.4m/s）。对于局部隔离的Ⅰ、Ⅱ级生物安全柜，靠负压从工作窗口进风气流这样的防御手段不是绝对安全的，一旦生物安全柜工作窗口进风气流降低而垂直下降气流增大，工作窗口气幕的防护作用就可能被打破。另外，生物安全柜工作窗口的定向气流和气幕极易受到干扰，包括人员走近生物安全柜所形成的气流、送风系统调整以及开关门等动作都可能对生物安全柜水平窗口气幕造成影响。因此，最为理想的是，将生物安全柜安装在远离人员频繁走动、物品流动以及可能扰乱气流（门口、送风口）的位置，宜安装在实验室最里端、排风口附近（图 23-13）。

在生物安全柜的上方、后方及左右两侧应留有不小于 30cm 的空间，以利于对生物安全柜的清洁、维护及准确测量空气通过排风高效过滤器的速度、送排风高效过滤器的更换和检漏。硬管连接外排的生物安全柜在排风管道上生物密闭阀与高效过滤器之间应安装采样口和气（汽）体循环消毒的消毒接口。

Ⅱ级 A1、A2 型生物安全柜通常排风至室内，如果采用套管或伞形罩连接，将生物安全柜中排出的空气引入实验室系统排风管道中，同时由于套管的开口处也可将实验室的污染空气吸入排风管道中，因此，排风管道上必须安装高效过滤器，并具备原位检漏和消毒条件。只有当生物安全柜的排风通过管道（或套管、伞形罩）连接排放到室外时，才能用于挥发性有毒化学品或放射性核素的操作。

图 23-13　生物安全柜安装位置示意图

Ⅱ级 B1、B2 型生物安全柜应采用密闭管道连接排入系统排风管道或独立于实验室排风系统排至室外，单独排至室外时，出风口应远离实验室新风口并处于其下风向，高出所在建筑物的楼顶 2m。排风管道不得严重扭曲，妨碍排风，排风口不得向下出风，也不得对准邻近的办公室、人员通道或其他公共活动场所。

在小面积的实验室内安装室内取风、全排型的生物安全柜时，要保证实验室内足够的送风量和换气次数，否则，生物安全柜启停和运行均可能影响实验室压力及压力梯度的稳定，因此，小空间的实验室尽量安装室内循环的生物安全柜。

（三）生物安全柜检测与维护

1. 生物安全柜检测

当生物安全柜安装后投入使用前、被移动位置后、更换高效空气过滤器或内部部件维修后，宜由有检测资质的专业机构对生物安全柜的性能进行验证，且每年至少检测一次。检测项目至少（不限于）包括：垂直气流平均速度、气流模式、工作窗口气流平均速度、送风高效过滤器检漏、排风高效过滤器检漏、柜体内外的压差（适用于Ⅲ级生物安全柜）、工作区洁净度、工作区气密性（适用于Ⅲ级生物安全柜）等。生物安全三、四级实验室的生物安全柜投入使用前还应对生物安全柜及其排风高效过滤器进行消毒效果验证。开展生物安全柜检测所依据的相关标准规范文件主要包括 YY 0569—2011《Ⅱ级生物安全柜》及 RB/T 199—2015《实验室设备生物安全性能评价技术规范》。

2. 生物安全柜维护

1）维护要点

生物安全柜如果使用维护不当，其防护作用将大打折扣。在使用生物安全柜过程中出现的任何故障都应及时报告，经维修并检验合格后方可继续使用。生物安全柜的维护应把握以下关键点。

（1）由专人负责管理。

（2）制定标准操作规程和使用维护记录。

（3）安装后投入使用前、更换高效过滤器后，以及内部部件维护或移动位置后都应对生物安全柜性能进行检测。

（4）阶段性工作结束后或在更换高效过滤器、内部部件维护及移动位置和性能检测验证前，应对生物安全柜整体进行一次气体熏蒸消毒。

（5）生物安全柜的维修工作应委托具有资质的专业机构负责，由专业机构（或具备资格技术人员和检测设备的机构）对生物安全柜进行年度检测验证。

2）日常维护

生物安全柜日常维护项目通常包括以下几项。

（1）开始工作前，检查报警系统、负压和气流流向（日常监测可使用发烟器，或在工作窗口悬挂细丝）等。

（2）每次工作前后选用合适的消毒剂对生物安全柜内腔及表面清洁消毒，但需慎用含氯消毒剂。

（3）定期清洁消毒生物安全柜底部的集液槽。向集液槽注入适当消毒剂，达到作用时间后，打开集液槽排水阀将消毒剂排放干净，打开工作台面，清洁干净表面。

（4）检查生物安全柜风阀、密闭阀及排风管道（特别是软连接管道）的完好状况。

（5）检查助力风机运行状况，出现异常声音或故障时及时修理。

（6）检查紫外灯、照明灯，确保正常工作。

（7）定期用专用风速计测量工作窗口气流速度和垂直下降气流速度，如偏离额定值，由专业人员调整和校正。

3）年度维护

在日常维护的基础上，每年的维护项目如下。

（1）根据高效过滤器阻力及洁净度情况确定是否要更换送排风高效过滤器，生产厂家规定的使用寿命一般为3～5年。

（2）对紫外线灯管照射强度进行检测，照度低于70μW/cm^{2}或使用超过7500h，应考虑更换紫外线灯管。

（3）每年至少进行一次物理性能检测。

二、动物隔离设备

动物隔离设备（此节不含独立通风笼具）主要用于动物饲养及动物实验，是为实验室人员在饲养和操作具有感染性的实验动物时得到安全保护，避免由于饲养和操作实验动物过程中产生的感染性气溶胶、溢出物和排泄物对实验室人员产生危害，有效防止有害气溶胶悬浮颗粒向外扩散而设计的一种负压过滤排风装置。

（一）动物隔离设备分类

从隔离形式上区分，有部分隔离和完全隔离之分，即非气密式和气密式两种，以下称为非气密性动物隔离设备和手套箱式动物隔离设备。

1. 非气密性动物隔离设备

非气密性动物隔离设备腔体为非完全密闭，为部分隔离笼具。非气密性动物隔离设备工作窗口一般采用平开门（图23-14）或移动窗操作孔，在饲养过程中（即关闭笼具门或移动窗时），笼具内形成一个相对密闭的空间，应可以维持稳定的负压值（一般要求相对所在房间有不低于20Pa的负压），在进行动物实验或饲养（即打开笼具门或移动窗）时，设备工作窗口断面（或移动窗操作孔）所有位置的吸入气流均明显向内、无外逸。

图 23-14　非气密性动物隔离设备

平开门式动物隔离设备在进行动物饲养或实验操作时，因工作窗口断面暴露面积较大，向内气流速度小，加上受到人员操作或动物活动的干扰，气流容易向外逸出，风险性较大一些。因此，该类动物隔离设备工作窗口的门不宜设计为整体打开，可以每个笼位单独设置密闭门，根据实验或饲养需要，每次只打开其中一个，尽量减少实验动物笼具工作窗口断面的暴露面积。

2. 手套箱式动物隔离设备

气密式动物隔离设备腔体为完全密闭，又称手套箱式动物隔离设备。手套箱式动物隔离设备适用于三、四级生物安全实验室从事高致病性病原体感染的中小型动物（猴、犬、鸡、兔、雪貂等）饲养和实验操作，提供安全隔离屏障以对操作人员和环境提供最大限度的保护。操作人员通过设置于完全密封负压柜体上的长臂橡胶手套（图 23-15），在动物隔离设备密闭操作区进行感染动物的饲育和实验（包括动物接种、麻醉、解剖等），通常可以在线更换袖套（袖套和手套可一体化设计），不需要破坏设备内部负压状态，也可避免柜内的气溶胶向外泄漏。

图 23-15 手套箱式动物隔离设备

手套箱式动物隔离设备是一个装有非开放式观察窗的气密结构，通常情况下操作面板是可以整体向上打开，方便在实验前后放入或消毒后取出动物饲养笼架（盒），另外，手套箱式动物隔离设备内可设置用于清洗的高压水枪，底部设置动物排泄物收集装置。向手套箱式动物隔离设备内传递物品和动物时要经过传递窗（桶）（图 23-16 左）或渡槽（图 23-16 右）。传统的传递窗要求双门互锁，具有和手套箱式动物隔离设备相同的气密性要求，并且和手套箱式动物隔离设备一样需要具备腔体空间消毒的条件（一般预留呼吸过滤器或气体熏蒸消毒接口）。

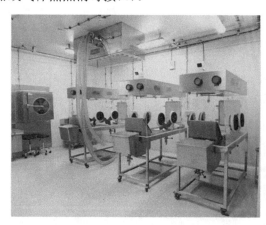

图 23-16 手套箱式动物隔离设备（禽饲养隔离器）

手套箱式动物隔离设备的送风和排风均要经过高效过滤器过滤，其中排风由两组串联的高效过滤器过滤后才能排放到室外，或设备本身设置一级高效过滤器，排出的空气经过实验室排风高效过滤系统二次过滤后排至外环境。

手套箱式动物隔离设备安装可以为单体形式和系列形式。单体形式即独立安装，在一侧设置传递系统或双扉压力蒸汽灭菌器，可实现独立使用；系列形式是两（含）台以上手套箱式动物隔离设备首尾相接串联或并联在一起，可以单体分别设置送排风管道或多个单体排风汇总进入实验室系统排风管道，多个设备之间设置传递门，在一侧或两侧末端分别设置传递系统，传递系统可以单独进行气体熏蒸消毒或摘下后高压灭菌处理，也可根据需要在隔离设备末端安装双扉压力蒸汽灭菌器。

带 α 组件（传递桶端门）和 β 组件（隔离器端门）的快速传递装置（rapid transfer port，RTP）可实现多个动物隔离设备间的密闭连接和物品传递，传递桶桶体上设置有安装或摘取传递桶的旋转手柄、呼吸过滤器，不能高压灭菌的 RTP 应有气体熏蒸消毒接口。

3. 半身防护服式动物隔离设备

半身防护服式动物隔离设备（图 23-17）也属于气密式动物隔离设备的一种，适用于鸡、兔、鼠等小型感染动物的饲养（笼盒中）和实验，在设备结构的密闭性、物品传递及送排风高效过滤要求等方面和手套箱式动物隔离设备基本相同，不同的是操作人员通过一个密闭连接在隔离设备上的半身防护服（带供气装置）进入隔离设备内（实验人员与隔离器内部完全隔离）进行各种操作。半身防护服的材质、焊接工艺和完整性要求同生物安全四级实验室使用的正压防护服一样，半身防护服的腰部与隔离设备通过环形卡箍连接（便于更换），从而使隔离设备内部与实验室环境（包括实验人员）之间形成两个完全隔离的区域。实验动物和实验物品的传递方式同手套箱式动物隔离设备，安装传递系统或双扉压力蒸汽灭菌器。

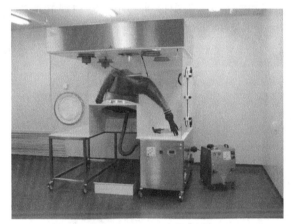

图 23-17　半身防护服式隔离设备及动物饲养示例

与手套箱式动物隔离设备相比，半身防护服式动物隔离设备的优点在于操作人员活动空间大（操作人员穿戴半身防护服，腰部以上可左右转动，双手几乎可触及隔离设备内所有部位）、操作简便、舒适，也便于观察动物。但是半身防护服一旦破裂，设备内部负压状态容易被打破，导致实验室环境被污染，存在较大的风险。因此，使用过程中要特别注意半身防护服的保护，做好日常检查和维护。

半身防护服式动物隔离设备操作台面以上部位通常采用高强度透明材料制作，柜体交角处为一体成型或高温焊接而成，柜体左右及后侧均可安装传递装置，包括 RTP 传递桶、传递窗，甚至连接双扉压力蒸汽灭菌器，也可将多台设备或同其他隔离设备串联或并联安装。设备本身应安装排风高效过滤器，柜内空气应单独排出室外或排入实验室排风系统管道中。

（二）动物隔离设备使用

1. 非气密性动物隔离设备

动物生物安全三级实验室中使用非气密性动物隔离设备操作常规量经空气传播高致病性病原体动物实验操作（包括饲养、麻醉、接种及解剖等）时，因为动物呼吸、活动、毛发特别是动物喷溅（大、小便等），可能导致感染性物质、危害气溶胶向笼具外扩散，因此，实验人员应根据风险评估结果，加强个体防护，考虑在三级防护基础上使用正压防护头罩保护呼吸和头面部。而在动物生物安全四级实验室中，实验人员必须穿戴正压防护服。

对于"干养动物"的非气密性动物隔离设备，对感染性动物所产生的废物收集通常是在饲养笼架下放置面积约大于笼架底面积的不锈钢托盘，在托盘内垫上塑料密封袋，定期收集后进行高压灭菌处理。由于感染性动物的废物（粪便、尿、毛发等的混合物）具有极大危险性，而且实验人员在进行废物收集过程中操作极为不便，因此实验人员必须加强个体防护，尤其是呼吸道、头面部和手部的安全防护。对于"湿养动物"的非气密性动物隔离设备，底部收集槽设置了排放口，可连接密闭管道排至污水处理系统高压灭菌处理，也可通过手阀或RTP装置与收集罐（桶）连接，收集罐（桶）摘下后送高压灭菌处理。使用非气密性动物隔离设备应注意以下几点。

（1）饲养感染动物过程中，应巡查动物隔离设备的负压情况，低于−20Pa时，应及时调整负压值。

（2）打开动物隔离设备门时，宜启动排风加强模式；设置排风机自动变频的，在开启门时排风会自动加大，操作面断面气流应明显向内流动。

（3）抓取感染动物进行麻醉、采血、染毒等操作时，应使用手动或电动动物限位装置，将动物限制在笼具前部小空间内，防止其对人实施攻击。

2. 手套箱式动物隔离设备

长臂橡胶手套密封连接在手套箱式动物隔离设备的袖套框上，全部操作都必须通过长臂橡胶手套进行（图23-18），所有实验物品（或动物）必须经传递窗（桶）或渡槽进出隔离器。尽管手套操作对实验活动有所限制，但是可以防止操作人员与感染动物的直接接触，最大限度地减少危险材料和感染动物的暴露，提高防护的安全性。手套箱式动物隔离设备的底部收集槽设置了排放口，可连接密闭管道排至实验室污水处理系统，也可通过手阀或RTP装置与收集罐（桶）连接（图23-19），收集罐（桶）摘下后送高压灭菌处理。

图23-18　使用手套开展禽取血操作

图23-19　手套箱式禽饲养隔离器

3. 动物隔离设备消毒

动物隔离设备在阶段性实验工作结束后要进行终末消毒，并验证消毒效果。在消毒前，应将动物隔离设备内腔、笼具中动物残留粪便等清理干净。手套箱式动物隔离设备的消毒可将小型熏蒸或喷雾消毒设备（如甲醛熏蒸器、过氧化氢消毒机等）放入动物隔离设备中，启动消毒设备，完成消毒程序。设置了气体熏蒸消毒接口的，关闭动物隔离设备所有阀门，连接气（汽）体消毒设备即可完成设定的消毒程序，并可对送排风高效过滤器进行消毒。非气密性动物隔离设备的消毒也可在实验室终末熏蒸消毒的同时进行，打开动物隔离设备门或移动窗操作孔，使消毒气体能充分接触设备内腔。

（三）动物隔离设备的检测与维护

（1）动物隔离设备安装后投入使用前、更换高效过滤器或内部部件维修后、移动位置后，应对动物隔离设备物理性能进行检测，每年应至少检测一次。动物隔离设备防护性能的评价主要包括：气密性（限气密性动物隔离设备）、柜内外压差、送排风高效过滤器检漏、工作窗口（手套连接口）气流流向、负压及换气次数等。动物福利性要求测试还包括选择气流流速、动物照度、噪声、氨浓度等测试。动物隔离设备的检测工作宜委托具有资质的专业机构负责。生物安全实验室开展动物隔离设备检测所依据的相关标准规范文件主要包括 GB 14925—2010《实验动物环境及设施》及 RB/T 199—2015《实验室设备生物安全性能评价技术规范》。

（2）由专人负责设备的日常维护，包括检查负压及气流流向、传递装置互锁功能、袖套和手套是否老化磨损及送排风管道的连接密封性等。

（3）日常维修、更换高效过滤器或内部部件前，应采用经验证有效的方法对动物隔离设备进行消毒灭菌。

三、独立通风笼具

独立通风笼具（IVC）是一种微环境净化的屏障系统，利用隔离器的密闭净化通风技术，把每个饲养单元缩小到最小程度，单元与单元间完全隔离，最大限度地避免饲养过程中的交叉污染。通过向每个饲养笼盒内部输送经初、中、高效过滤处理的空气，以获得洁净的动物生活环境。过滤后的空气进入笼盒后，以非层流方式均匀扩散，有效减少空气流通的死角，充分循环后，再经高效过滤器滤过后排放，从而有效清除笼盒内的 NH_3 和 CO_2，避免污浊气体积累在笼盒内，为实验动物提供健康舒适的微环境。笼盒可以便捷地从笼架上卸载，利于利用生物安全柜或换笼工作台更换笼盒、更换饮水瓶、添加饲料等操作。负压 IVC 除了要保证送入洁净无颗粒的空气外，还要确保排出的废气经过高效过滤器过滤达到无害化后排放，避免对实验人员和外界环境的污染。

IVC 的最大优点是，各笼盒均为独立的密闭单元，笼盒之间不存在气体交流，动物的饲养管理过程与操作者完全不接触，有效避免了盒外空气侵入或盒内气体外逸，防止在饲养或实验过程中笼盒之间、笼盒内外发生交叉污染，保护动物免受空气中微生物的污染，从而保护实验动物、操作人员和外环境。

（一）独立通风笼具整机类型

常用的负压 IVC 整机类型一般有两种。一种是机盒一体式（图 23-20），即系统主机（送排风机、高效过滤装置、阀门和控制面板等）安装在笼架的上部或下部或一侧。这种款式的优点是占地面积小，实验室空间可有效利用；缺点是主机运行时带动机架共振、谐振所产生的低频振动噪声及风机运转产生的空气动力噪声可能对笼盒内的动物有一定的影响，为减少对动物的刺激，设计时必须采用防震措施和利用极低噪声的风机；另外，主机及操作面板位于上部或下部的，操作和维护保养（如更换高效过滤器、设定运行参

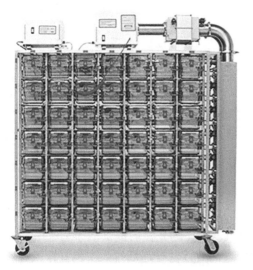 

图 23-20　主机置于上部（左）和下部（右）的负压 IVC

图 23-21　机盒分体式负压 IVC

数等）均不太方便，最好选择主机及操作面板位于笼架一侧的。

另一种是机盒分体式（图 23-21），即主机与笼架（笼盒）分开设置，主机放置在笼架的一侧或中间，甚至主机可以放置在另一个房间，一台主机可以带 1 个、2 个甚至多个笼架（常见一拖二），主机送排风管道与笼架连接时宜采用软连接。

（二）笼盒类型

负压 IVC 的笼盒除了本身整体的密封性要求外，还要耐高温（至少能耐 150℃以上高温）高压灭菌、耐常用化学消毒剂腐蚀和耐磨；既要防止笼盒间的气流交叉污染，又要保证洁净空气流畅进入和笼盒内的废气排出。此外，笼盒内的气体流速要符合国家相关标准中规定的不大于 0.2m/s 的要求，将笼盒从笼架上取下时，要求保持良好的密封性，以免笼盒内污染空气外逸到实验室环境中。

笼盒设计有两种基本形式。一种是笼盒的送排风口是单向阀门弹性锁定开闭式，即上架时笼架上送排风口（咀）将笼盒送排风口单向阀门顶开，取下时单向阀门自动弹回关闭。单向阀门有照相机快门式、单片弹簧开闭式或顶针弹性锁定式。从笼盒送排风口密封性上分为气密（airtight）和密封（seal）或者更准确的说法是自封（self-sealing），气密性送排风口采用顶针弹性锁定（图 23-22 左），可以确保笼盒在脱离笼架后真正的气密，并维持一定时间的负压，而密封送排风口采用简单接触式的单向阀（图 23-22 右），并没有气密的特性，从笼架脱离以后，压差会迅速归零。另一种为笼盒内送排风口安装过滤装置，有圆筒状和平板状两种，过滤装置大多为初效（或亚高效）和高效过滤膜两种，笼盒摘下后压差会迅速归零，但由于送排风口安装有高效过滤器，没有向外泄漏风险，这种笼盒在 SPF 洁净动物饲养室常用，这种初效（或中效）和高效过滤器（高压灭菌）使用一定次数后需要更换。

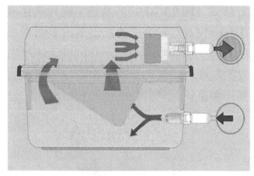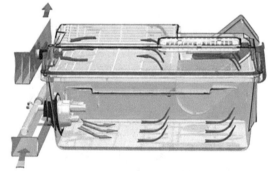

图 23-22　顶针弹性锁定气密性接口笼盒（左）和简单接触式单向阀密封接口笼盒（右）

根据饮水瓶安置方式可分为两种形式：一种是内置饮水瓶的，更换饮水瓶时需要在生物安全柜或笼具更换柜内打开笼盒上盖；另一种是外置饮水瓶的，饮水瓶供水嘴穿过笼盒上盖（密封胶圈），更换时不用打开笼盒上盖，操作较为方便。

（三）压力形式

IVC 根据笼盒与所在房间的压差分为正压 IVC 和负压 IVC 两种形式。正压 IVC 多用于清洁级或 SPF 级动物的饲养，通过送风高效过滤器过滤处理及适宜的换气次数，为笼盒内提供洁净空气。负压 IVC 多用于病原微生物感染动物的饲养，笼盒内污染的空气必须经过高效过滤处理后排入实验室排风管道或室外。目前市场上的产品可以根据用户需要实现正、负压的转换，笼架上送排风口均安装有高效过滤器和高效过滤器检漏及气体消毒接口。

（四）独立通风笼具基本构造

啮齿类动物 IVC 的基本结构由主机（包括 UPS、控制器、送排风机和高效过滤器等，有集成也有独立设置）、笼架和笼盒三大部分组成。

1. 主机（机箱）

主机内应设置低噪声型送排风机（也有被动送风的，设置双排风机）、送排风初效（或中效）和高效过滤装置及控制系统等，有的加入了送排风高效过滤器原位检漏和消毒装置及不间断电源。笼盒内气流和压力由送排风机变频控制，可自动调节风机转速达到送排风量总量平衡，以确保笼盒内的正、负压状态，维持笼盒内的气流速度、换气次数，降低笼盒内二氧化碳和氨气的浓度，保证笼盒内洁净舒适的微环境质量。笼盒内的负压，可通过指针式或数显式压差表直接显示。多数产品机箱上还设置了笼盒内温度和湿度的显示装置，以便使用时可以比较直观地了解实验动物生存的主要环境条件。有的还专门设置了电源断电、UPS 故障、送排风机故障、高效过滤装置失效、笼盒安装不到位和笼盒内压力超限等情况的报警装置。

对于控制系统，一般有手动和自动控制两种，新产品的趋势都是实现自动控制，利用机组或笼盒内的压力或流量传感器，依据高效过滤器堵塞程度的变化，以电信号形式，经电子放大电路、指令变频装置、变化电源频率、调整风机转速，达到自动调节送排风量的目的，维持笼盒内压力稳定。笼盒取下太多时，控制系统可以设置需要取下的笼盒数，自动调整送排风量，否则，可能会出现因气阀关闭太多造成笼盒内超压状态。

生物安全实验室中使用的负压 IVC 排风连接到实验室系统排风管道中，实验室系统排风可能会影响 IVC 的负压波动，IVC 排风管道上应设置电动风量调节阀来调节；如果设置了手动调节阀，在实验室正常运行的情况下，打开并运行 IVC，需要调节手动阀开度来平衡 IVC 的负压和风量。

2. 笼架

IVC 笼架主体结构是由带有导风通道作用的、表面电刨光的异型不锈钢管焊接，或用高强度塑料接口套接而成的，不同规格的产品根据笼盒数设置相应的送排风管道管径和搁架位，在送排风管道上设有进出风口的导向橡皮接头或皮碗，以便与笼盒上送排风口流畅密封吻合，使笼盒安装到位时接口完全密封。有的在送排风口（咀）上设置自动气阀，笼盒上架紧密连接后，送排风阀自动打开，笼盒取下时，风阀自动关闭，使送风管中气压保持基本恒定，排风管中废气不易泄漏到室内。笼盒支架上安装有固定笼盒装置，安装到位时不会因误碰而轻易脱离位置，笼架下部一般安装有橡皮导轮和定位制动装置。

3. 笼盒

笼盒通常由耐高温高压（一般能耐 150℃以上高温）、耐酸碱腐蚀和具有一定抗冲击强度的透明高分子材料制成，以便笼盒能承受多次反复高温高压灭菌、常用化学消毒药剂腐蚀和实验人员从外面观察笼盒内实验动物的活动情况。笼盒常用聚丙烯、聚碳酸酯、聚邻苯二甲酸碳酸脂或聚亚苯基砜树脂（PPSU）、聚醚酰亚胺等多种等材料，其中，PPSU 在耐腐蚀和高压灭菌等方面的性能优良。笼盒一般由笼盖、底盒、不锈钢网罩（放置食物和饮水瓶）、锁扣、送排风口组件、高效过滤装置（有的为单向阀门）及硅橡胶密封垫圈等组成。有些产品在控制系统中监控系统压力的同时，安装有一个 BioSense 在线式动态监测笼盒，可实时检测各位点的压差，同时笼盒从笼架上取下后靠送排风口阀门可以维持笼内一定时间的压力（负压），以便有足够时间将笼盒转移到生物安全柜或换笼柜等设备中。

（五）独立通风笼具的使用和维护

1. 独立通风笼具的使用

1）使用前准备

（1）检查笼盒是否安装到位。打开设备电源，启动送排风系统，这时，系统会自检，如果笼盒安装不到位，会发出报警声音。

（2）设定运行参数。重点是负压值、换气次数和报警（压力及风量限值）等参数。排风管道设置手动调节阀的，要调节手动阀开度来平衡 IVC 的负压和风量。

2）清理和消毒

（1）IVC 笼盒在使用完毕后，可以摘下笼盒后，和垫料一起高压灭菌处理。但高压灭菌后应及时清理垫料，用清洁水清洗干净，然后用纯净水冲洗、晾干。

（2）设置气体熏蒸消毒接口的 IVC，关闭设备所有阀门，连接气体消毒设备，完成消毒程序。

（3）未设置气体熏蒸消毒接口的 IVC，可以摘下排风管道（软管，最好安装快装接头），在实验室终末消毒的同时启动 IVC，也可达到内部（包括送排风高效过滤器）循环消毒目的。

2. 独立通风笼具检测与维护

（1）IVC 安装后投入使用前、更换高效过滤器或内部部件维修后、移动位置后应对动物隔离设备的物理性能进行检测，每年应至少检测一次。IVC 防护性能的评价主要包括：笼盒气密性、送排风高效过滤器检漏、负压及换气次数等。动物福利性要求测试还包括选择气流流速、噪声、氨浓度等测试。IVC 检测工作宜委托具有资质的专业机构负责。生物安全实验室开展 IVC 检测所依据的相关标准规范文件主要包括 GB 14925—2010《实验动物环境及设施》及 RB/T 199—2015《实验室设备生物安全性能评价技术规范》。

（2）由专人负责设备的日常维护，包括笼盒密封圈是否老化磨损、笼盒高效过滤器和单向密闭阀片完好情况及排风管道的连接密封性等，必要时包括不间断电源状态等（长时间不使用时，应定期充电）。由于经常对笼盒进行高压灭菌，高温可能会导致笼盒结构变形、密封胶条老化等问题，需要定期检测笼盒气密性。

（3）每日检查 IVC 主机的参数，重点关注负压、排风量和换气次数等。定期检查主机内送排风高效过滤器阻力情况。

（4）在日常维修或检测前，应采用经验证有效的方法对笼架、笼盒和送排风高效过滤器等进行彻底消毒灭菌。

四、压力蒸汽灭菌器

在病原微生物实验室中，压力蒸汽灭菌器是最基础、最有效的灭菌设备。其灭菌原理是：当被灭菌物品置入高温高压的蒸汽介质中时，蒸汽遇冷物品即放出潜热，将被灭菌物品加热，当温度上升到某一温度时，就有某些沾染在被灭菌物品上的菌体蛋白质和核酸等一部分由氢键连接而成的结构受到破坏，尤其是细菌所依靠而新陈代谢所必需的蛋白结构（酶），在高温和湿热的环境下失去活性，最终导致微生物的死亡。同时，高温湿热的环境也迫使一切微生物的蛋白质发生凝固和变性。

（一）压力蒸汽灭菌器分类

1. 按冷空气排放方式分类

根据排放冷空气的方式不同，压力蒸汽灭菌器分为下排气式和预真空式压力蒸汽灭菌器。下排气式压力蒸汽灭菌器也称重力置换式压力蒸汽灭菌器，其灭菌是利用重力置换原理，使蒸汽在压力作用下进入灭菌器内，从上而下将冷空气由下排气阀排出，排出的冷空气由蒸汽取代，利用蒸汽释放的潜热使物品达到灭菌目的。预真空式压力蒸汽灭菌器的灭菌原理是利用机械抽真空的方法，使灭菌腔内形成负压，蒸汽得以迅速穿透物品内部达到灭菌目的。

1）下排气式压力蒸汽灭菌器

下排气式压力蒸汽灭菌是利用重力置换原理，使热蒸汽在压力作用下进入灭菌器中，从上而下将冷空气由下排气孔排出，排出的冷空气全部由饱和蒸汽取代，蒸汽的压力增高，温度也随之增高，故也称为重力置换压力蒸汽灭菌器，利用蒸汽释放的潜热使物品达到灭菌的目的。通常情况下，在约 102.9kPa（1.05kg/cm^2）的压力下，温度在 121℃维持 20～30min，即能杀死包括具有顽强抵抗力的细菌芽孢在内的一切活微生物，达到灭菌目的。不同温度条件下压力蒸汽灭菌所需时间见表23-2。此类灭菌器设计简单，但空气排除不彻底，所需的灭菌时间较长。

表 23-2　不同温度条件下压力蒸汽灭菌所需时间　　　　　（单位：min）

物品种类	121℃下排气	134℃预真空	134℃脉动真空
硬物裸露	15	3～4	3～4
硬物包裹	20	4～6	4～6
织物包	30	4～6	4～6
瓶装液体	30	4～6	4～6

2）预真空式压力蒸汽灭菌器

预真空式压力蒸汽灭菌是利用机械抽真空的方法，使冷空气在蒸汽进入前先从灭菌器中排出，灭菌柜室内形成负压，蒸汽得以迅速穿透到物品内部进行灭菌。根据抽真空次数的多少，又可分为预真空和脉动真空两种，后者利用真空控制系统、经预抽真空及有限脉动抽取，在通入蒸汽前有一预处理阶段，即灭菌室内抽负压达到2.0～2.7kPa，通过压力蒸汽循环，强制以饱和蒸汽替换残余空气，冷空气和蒸汽通过一个装有高效过滤器的排气阀排出，可以保证灭菌室内的蒸汽分布均匀，因而避免了因内部冷空气排除不彻底而存在的灭菌效果不稳定等问题。配套增加真空系统和空气过滤系统，灭菌程序由计算机控制完成，灭菌效果更可靠。到达灭菌时间后，抽真空使灭菌物品迅速干燥，对需灭菌的物品损害较小，对于多孔性物品的灭菌很理想，但不能用于瓶装液体的高压灭菌。

预真空式压力蒸汽灭菌器蒸汽压力达205.8kPa（2.1kg/cm²）时，温度可达132～135℃，具有灭菌周期短、效率高、节省人力和时间、节约能源等优点，灭菌时间需4～6min，完成整个灭菌周期只需约25min，对物品的包装、摆放要求较宽，而且真空状态下物品不易被氧化损坏；缺点是设备昂贵，维修费用较高，存在小装量效应，即如果灭菌物品放得过少，灭菌效果反而较差。

2. 按结构形式分类

根据设备的形状特性，可分为立式、台式、卧式压力蒸汽灭菌器，其中卧式压力蒸汽灭菌器根据门的开关形式的不同又分为手动门压力蒸汽灭菌器和自动门压力蒸汽灭菌器。手动门的操作方式主要是借助于人力实现密封门的开关及其密封；自动门采用了电动、液压等升降和压缩气密封技术，在实现可靠密封的同时，大大减轻了操作者开关门的劳动强度。

根据灭菌器门的数量分为单门灭菌器和双扉灭菌器。传统的压力蒸汽灭菌器为单门，随着人们对无菌操作的要求越来越严，双侧开门的压力蒸汽灭菌器越来越多，这类灭菌器特别适用于有清洁区、污染区之分的场所，专门处理由污染区进入清洁区的污染物品。双门分别处于洁净度（或污染程度）不同的两个区域，且呈互锁关系，不能同时打开。在生物安全三、四级实验室中，穿越两个区域墙体的双扉压力蒸汽灭菌器必须与墙体之间确保生物密封性。从防护区装载污染物品后，再经过一个有效的灭菌程序，卸载侧门才能打开。

普通的压力蒸汽灭菌器在设计时一般不考虑排出的冷空气及冷凝水对环境的污染，但在病原微生物实验室内处理有传染性的物品时需要对冷空气及冷凝水进行消毒灭菌处理，特别是三、四级生物安全实验室的压力蒸汽灭菌器在排气管道上都应该有冷空气消毒（过滤）处理装置，在设备排水前对冷凝水进行有效的灭菌处理、安全阀泄气的过滤处理，以及对门密封条抽真空的过滤处理，因此又称生物安全型压力蒸汽灭菌器。

（二）双扉压力蒸汽灭菌器安装

《实验室生物安全通用要求》（GB19489—2008）要求，生物安全三级、四级实验室的防护区内应设置生物安全型压力蒸汽灭菌器，宜安装双扉压力蒸汽灭菌器。双扉压力蒸汽灭菌器两道门为互锁状态，正常运行时不能同时打开。关闭灭菌器污染侧的门后，必须再完成一个有效的灭菌周期，相对清洁侧的门才能开启。而当实验器材需要通过灭菌器进入实验室时，则在关闭相对清洁侧门后，无需经过灭菌程序即可打开污染侧门拿出实验器材。双扉压力蒸汽灭菌器安装要注意以下三点。

1）生物密封性

双扉压力蒸汽灭菌器穿墙安装时必须保证锅体与墙体（围护结构）连接处的可靠密封。其生物密封性要至少满足所在房间围护结构密封性要求。

2）散热问题

双扉压力蒸汽灭菌器在正常工作时会产生大量热量，引起局部气流的变化。因此，应考虑双扉压力蒸汽灭菌器的安装位置，使其尽量远离生物安全柜等局部通风设备，以免影响通风设备的气流。另外，双扉压力蒸汽灭菌器箱体所在房间应具备通风散热条件，生物安全四级实验室还要求其主体所在房间的室内气压应为负压。

3）维护和操作便利性

《实验室生物安全通用要求》（GB19489—2008）对双扉压力蒸汽灭菌器的安装要求其主体应安装在易维护的位置，锅体两侧建议至少预留 50~60cm 的空间（或两侧墙体预留检修门），便于维护；锅体门两侧所在房间应尽量留有较大空间，方便装（卸）载车的操作。

（三）压力蒸汽灭菌器性能验证

高级别生物安全实验室中使用的压力蒸汽灭菌器，一旦由于设备性能不可靠，未能完全杀灭污染废物中的病原微生物，其后果可能是灾难性的。因此，压力蒸汽灭菌器应在安装后投入使用前、更换高效过滤器或内部部件维修后进行检测以及年度的维护检测，检测项目至少包括压力表和安全阀检定、温度传感器和压力传感器校准（必要时）、B-D 测试和灭菌效果检测等。

1. 仪表检定或校准

压力蒸汽灭菌器属于一类压力容器，其压力表、安全阀应定期检定，温度传感器和压力传感器应定期校准。根据《压力容器安全技术监察规程》规定，属于国家职能部门强制检查的项目包括：压力表、温度计半年检 1 次，安全阀 1 年检 1 次，灭菌器腔体每 4 年检 1 次。温度和压力传感器需要标准仪器进行校正。以上仪表及传感器的校验需由有资质的专业技术机构来完成。

2. 化学监测法

化学监测法是指使用化学指示卡进行灭菌效果监测，多用于日常灭菌效果监测。使用化学指示胶带包扎高压灭菌袋，同时作为该物品包已经高压灭菌处理的标志。

1）化学指示卡

化学指示卡是高压蒸汽灭菌效果监测手段之一，每次高压灭菌均应使用化学指示卡作为灭菌合格的参考标准。灭菌前在待灭菌物品包内中心部位放置化学指示卡，灭菌完成后，取出化学指示卡，观察化学指示卡颜色变化情况，指示物品是否达到灭菌要求。如果化学指示卡上指示色块颜色深度达到或深于标准色块的颜色，表示所达到的温度和持续时间已满足灭菌所需条件；若浅于标准色块颜色，表示未达到灭菌要求，应重新灭菌。不同灭菌温度的化学指示卡不能混用。

2）化学指示胶带

高压灭菌用指示胶带专用于包扎高压灭菌袋，或粘贴在待灭菌物品包外用于标示该物品包是否已经过高压灭菌处理过程，以防与未经灭菌处理的物品包相混。将化学指示胶带粘贴在每个待灭菌的物品包上或包扎在高压灭菌袋口，经过一个完整的灭菌周期后，化学指示胶带的颜色会发生变化，通常显示为"已处理"等字样，作为该物品包已经高压灭菌处理的标志，但并不表示高压灭菌效果合格。

3. 生物监测法

生物监测法是指采用国际标准抗力的生物指示菌（用嗜热脂肪杆菌芽孢 ATCC 7953 或 SSI K31 所制成的干燥菌片，或用菌片与培养基组成的自含式生物指示剂管）进行高压灭菌效果的评价，通过生物指示菌（剂）

是否完全被杀灭来判断物品灭菌是否合格。灭菌前，在待灭菌标准试验包内部中心部位放置 2 个生物指示剂，2 个标准试验包分别放置于压力蒸汽灭菌器的排气口处和上中层中央的位置。经一个灭菌周期后，在无菌条件下取出生物指示剂，设置阳性对照和生物指示剂一起放入（56±2）℃培养箱中培养 7 天，观察培养基颜色变化。阳性对照应由紫色变为黄色或混浊，试验组所有生物指示剂全部保持清澈或不变色，才能判定为灭菌合格。生物监测法为高压蒸汽灭菌效果最可靠的监测方法，每年至少进行一次生物灭菌效果检测。

五、气（汽）体消毒设备

气（汽）体消毒设备是指采用物理喷雾、加热雾化、化学反应生成等方式，利用纯气态消毒剂或汽态（蒸汽）消毒剂，杀灭实验室设施或设备空气及物体表面上病原微生物的装备，一般应用于高等级生物安全实验室设施设备的终末消毒。高等级生物安全实验室需要终末消毒的时机包括但不限于：①变更操作的病原微生物种类时；②实验完成并停用实验室时；③实验室内设施设备进行检修维护前；④发生病原微生物泄漏事故时；⑤更换气（汽）体消毒设备后。

在气（汽）体消毒装备出现之前，生物安全实验室通常采用喷雾、擦拭等方法实施消毒，不仅耗时费力，而且存在表面遗漏、不能穿透高效过滤器等问题，致使消毒不彻底。常用作气体喷雾、雾化及熏蒸的消毒剂包括甲醛、过氧化氢、二氧化氯等，常用的气（汽）体消毒设备包括汽化过氧化氢消毒机、气体二氧化氯消毒机、甲醛熏蒸器和便携式气溶胶喷雾器等。

（一）甲醛消毒机

甲醛消毒机（甲醛熏蒸器）一般有两个容器，其中一个容器盛放甲醛液体，另一个容器盛放氨水。工作时，先使甲醛蒸发，气体充满被消毒空间，经过一定时间消毒后，释放另一个容器的氨气与甲醛气体中和，去除甲醛残留。

甲醛具有优秀的穿透性能、材料兼容性和消毒效果，曾经是国内外生物安全实验室及生物制药车间等生物科技领域普遍采用的高效消毒剂。但在应用过程中存在诸多问题。一是氨气中和后产物在物体表面结晶，需要人工擦拭，耗时费力；二是甲醛已被认定为致癌物且在物体表面残留不易去除；三是需要长时间通风才能使甲醛气体散尽，导致使用甲醛消毒时实验室需要停用数天。基于上述原因，当汽化过氧化氢和气体二氧化氯消毒设备得到认可后，甲醛消毒机在我国使用量越来越少。

（二）汽化过氧化氢消毒机

1. 概述

过氧化氢是一种广谱杀菌剂，可杀灭病毒、细菌、细菌孢子、真菌，以及线虫卵、外毒素和朊病毒等，具有高效、安全、无毒、无残留及快速杀孢子活性等优越性，其消毒灭菌对象范围广，但不适合液体、粉末类物体的消毒灭菌。过氧化氢是一种强氧化剂，对某些物体表面会有一定的氧化作用，但不会造成功能性损害。汽化过氧化氢消毒机是一种用于隔离室（生物安全实验室、洁净室等）、生物安全柜、隔离器、传递窗等密闭隔离装置消毒，以及冻干机、喷干机等实验室仪器设备在线灭菌的专用设备。汽化过氧化氢消毒机通常采用 30%～35%液态过氧化氢，通过可精确控制发生量和浓度的闪蒸汽化技术或高温加热汽化，过氧化氢蒸汽通过管道或直接多方向喷射，使消毒空间快速充满并达到过氧化氢饱和蒸汽浓度。汽化过氧化氢易扩散，物体表面无附着，可杀灭死角。与甲醛消毒相比较，过氧化氢一直都是一种被成功使用的、无破坏性的消毒剂。汽化过氧化氢消毒是一种更为安全的选择，具有以下优点：①没有副产品，汽化过氧化氢最终会变成无毒的水和氧气，安全、环保；②全自动化控制，操作简单、效率高；③经济，使用成本低；④消毒灭菌周期短，通常 2～4h；⑤良好的物料兼容性。该方法已逐步取代甲醛熏蒸、环氧乙烷发生器等消毒方法，广泛应用于医疗卫生、制药、生物工程、生物安全和食品生产等领域。

2. 过氧化氢消毒机工作原理

采用过氧化氢蒸汽（HPV）消毒技术，液态过氧化氢闪蒸汽化或高温加热为饱和过氧化氢气体，在饱和浓度凝露点（湿式循环方法）或较高浓度冷凝前（干式循环方法）杀灭微生物，气态灭菌效果是液态的200倍以上，50ppm[①]即可杀灭细菌繁殖体及芽孢，有很强的杀孢子特性；其杀菌的主要原理是经生成游离的氢氧基（羟基），用于进攻并破坏细胞成分，包括脂类、蛋白质和DNA组织等，达到完全灭菌要求。

根据消毒过程中对初始环境相对湿度要求的不同，过氧化氢消毒机分为"干式"和"湿式"两种类型。"干式"过氧化氢消毒机消毒流程启动时，首先使被消毒空间的相对湿度降至较低值，然后在注入过氧化氢及熏蒸消毒过程中尽量维持气相状态（干气），以达到更好的扩散均匀性。"湿式"过氧化氢消毒机消毒流程启动时不需要除湿，而是适当调高温度提升饱和蒸汽压，然后在注入过氧化氢及熏蒸消毒过程中达到饱和状态（湿气）并在物体表面形成过氧化氢微冷凝薄膜，在微冷凝膜中，过氧化氢分解为氧化还原性更强的羟基而达到更强的杀灭效力。

汽化过氧化氢消毒机具有自己的PLC或计算机控制器，可以管理多个循环设置点和阶段参数，根据不同的消毒对象和空间体积大小，开发设计消毒参数。消毒机运行时一般有四个不同的阶段，即环境、调节、灭菌和通风。虽然四个阶段的名称依厂商而不同，但是基本功能是一致的。这四个阶段以某"干式循环方法"的消毒机和某"湿式循环方法"的消毒机为例，两台消毒机基于四个基本的阶段采用不同的循环参数。根据制造商所述，具体阶段如下。

1）某"干式循环方法"的消毒机

工作原理：（管道输送式）通过输出/回收双管道连接，使消毒机和消毒对象之间形成一个封闭的、可供气体循环的消毒空间，过氧化氢溶液滴落至特定温度的闪蒸板，被高温瞬间闪蒸成过氧化氢气体，空压机将过氧化氢气体通过管路推送至消毒空间。（自然扩散式）过氧化氢溶液通过压缩机高压注入不锈钢管路，通过管路末端的超微喷头喷射至设备内部的加热夹套腔体内，超微过氧化氢喷雾被腔体高温瞬间气化，设备内置的高速空压机将过氧化氢气体通过腔体上方的敞口分散喷雾头强力推送至消毒空间，过氧化氢气体可以对微生物达到log6的杀灭效果，整个消毒过程共分为四个阶段。

阶段一：环境（除湿）。将密闭空间内的相对湿度降到设定标准。

阶段二：调节。将过氧化氢蒸汽引入空气流中，加大过氧化氢注射率和气流量，直到达到所需的消毒浓度。

阶段三：消毒。保持过氧化氢蒸汽注射率和气流量，以维持消毒必需的浓度。

阶段四：通风。将过氧化氢蒸汽分解成水和氧气排出（可借助实验室或设备通风系统），空气中过氧化氢浓度低于1ppm时，消毒循环结束。

2）某"湿式循环方法"的消毒机

工作原理：（管道输送式）通过输出/回收双管道连接，使消毒机和密闭空间（或设备）之间形成一个封闭的、可供气体循环的消毒空间，或将（自然扩散式）消毒机置于消毒空间内，计算机控制的消毒机产生出良好的过氧化氢气雾，直至达到空间内过氧化氢气体饱和状态，在饱和浓度的凝露点（微冷凝状态），对各种微生物等表面形成微米级的包围层，过氧化氢分子会释放出强氧化性的自由基，对各种微生物进行杀灭，然后使用同一设备通过触媒分解处理多余的过氧化氢为无害的水和氧气，自由基可以对微生物达到log6的杀灭效果。整个消毒过程共分为四个阶段。

阶段一：环境。消毒机调节相对湿度和温度。

阶段二：调节。产生过氧化氢蒸汽，快速提高过氧化氢浓度，达到饱和浓度，即凝露点，实现快速的生物杀灭。

阶段三：消毒。持续注入过氧化氢蒸汽以维持消毒所需浓度，保持微冷凝状态，持续杀灭。

阶段四：通风。将过氧化氢蒸汽分解成水和氧气排出（可借助实验室或设备通风系统），空气中过氧化氢浓度低于1ppm时，消毒循环结束。

需要注意的是，使用气态消毒剂对生物安全实验室、洁净厂房、动物房等设施消毒时，要求设施及管道等具备良好的封存气体的能力，特别是采用实验室整体循环消毒方式时，气态消毒剂在实验室系统循环

---

① 1ppm = 10^{-6}，余同。

风机驱动下，在实验室和高效过滤器之间经过风管旁路循环，同时对实验室空间和送排风高效过滤器消毒，消毒过程中要确保实验室围护结构、风管和循环消毒风机的密闭性，消毒设备最大可消毒体积和消毒剂使用量要考虑将实验室空间体积和送排风循环管道的容积计算在内并有冗余，这对消毒效果、工作人员安全和环境保护至关重要。消毒过程中可利用化学指示剂颜色变化测定过氧化氢气体的均匀分布情况，并利用生物指示剂来监测消毒灭菌效果。由于过氧化氢穿透力较弱，通常用于物体表面和空间的消毒，对高效过滤器消毒时容易凝聚于其表面，无法很好地穿透到其内部，只有在密闭且具备一定的空气动力（压力）情况下才能穿透高效过滤器，所以对高效过滤器的消毒效果进行验证时，生物指示剂一定要放置在高效过滤器的后端。

（三）过氧化氢雾化消毒机

过氧化氢雾化消毒机（干雾机）的工作原理是：液态过氧化氢通过高速风机（电动涡轮机）产生高速涡旋气流，形成 1~5μm 的过氧化氢气体微小干雾液粒，被涡流带出，迅速弥散充满需要消毒的空间，对其空气和物体表面进行彻底的消毒。根据消毒空间体积设定消毒时间和消毒剂使用量，放置于消毒环境中或通过管道输送到消毒空间，打开电源即可自动完成消毒程序。雾化消毒机通常使用 6%~12% 的液态过氧化氢。

（四）气体二氧化氯消毒机

1. 概述

二氧化氯（ClO_2）是国际上公认的新一代广谱强力杀菌剂、高效氧化剂，WHO 将其定为 A1 级安全消毒剂，是氯制剂最理想的替代品。二氧化氯的消毒能力和氧化能力远远超过了氯气，50ppm 即可以杀灭一切微生物，包括细菌繁殖体及细菌芽孢等，有很强的杀孢子特性。其对微生物的杀灭机理是：二氧化氯对细胞壁有较强的吸附穿透力，可有效地氧化细胞内蛋白质酶或 DNA 聚合酶，快速抑制微生物蛋白质的合成，使细菌或病毒失去复制的能力。早期的二氧化氯用于饮用水、医疗器械、食品加工设备和医院污水的消毒灭菌。气体二氧化氯消毒机现已广泛应用于医疗卫生、生物工程制药、生物安全和食品生产等领域，可有效对洁净厂房、生物安全实验室及生物安全柜、动物饲养设备等隔离设备进行消毒灭菌。

2. 气体二氧化氯消毒机工作原理

气体二氧化氯不稳定，遇光、热易发生分解，无法实现压缩储运。因此，在使用气体二氧化氯消毒的场合，一般要求现场根据需求定量制备。以某进口二氧化氯（气体）消毒机和某国产便携式二氧化氯气体发生器为例，根据其制备方法，分别采用气-固反应和固-固（加入水溶液）反应，最终生成气态二氧化氯。

1）某进口品牌气体二氧化氯消毒机

（1）设备组成：包括主控制系统、气体发生系统、气体输送系统、浓度侦测系统（选配）、温湿度和压差传感系统。系统以总线型布局形式连接到多个消毒目标（房间/设备）。

（2）二氧化氯气体发生方式：$Cl_2 + 2NaClO_2 \rightarrow 2NaCl + 2ClO_2$（按需发生）。

此反应为气-固反应，固体反应物要确保足够量，反应生成物也是气体和固体，无水分参与，且氯化钠本身具有吸湿作用，可有效去除氯气中可能存在的水分。

（3）设备工作原理：控制系统通过程序设定值，进行设备自检（包含对设备内部多个压差和流量传感器检测），确认进入消毒程序后，控制开启气体发生系统中的电磁阀，使氯气进入发生器内部的亚氯酸盐反应罐内，经过充分反应后，通过带有自封式密闭接口的气体输送系统输送至目标空间（根据需要布置若干目标点），同时浓度侦测系统持续抽取目标空间内的气体，并通过分光光度计侦测实时浓度，程序可根据设定和侦测到的浓度值控制关闭电磁阀停止气体发生，或在消毒过程中开启电磁阀确保浓度维持在设定值。对于常规灭菌（log6 杀灭率，杀灭细菌芽孢，以 ATCC9372 或 ATCC7953 作为指示菌），达到 720ppm·h 有效作用剂量或预定时间后关闭气体发生系统，并通知操作人员开启排风，保持浓度侦测系统继续读取实时浓度，直至开启排风后浓度降低为 0 时结束消毒程序，返回初始待机状态。系统可根据设定值自动完成灭菌循环，并实时监控灭菌状态。

该消毒机自开启设备进入自动消毒程序，整个消毒程序包括以下 5 个阶段：预准备、准备、气体注入、暴露（灭菌）和通风，共历时约 4h。

2）国产便携式气体二氧化氯发生器

（1）设备组成：包括控制系统、反应原料储存罐及气密式反应容器、气体输送系统（管道输送型）、残液排放系统。

（2）二氧化氯气体发生方式：亚氯酸盐+有机酸和酸酐→二氧化氯气体+水蒸气和热量（定量发生）。

因其中一种前端反应物为有机弱酸，且反应类型为固-固（加入水溶液）反应，生成物中含有少量水分和热量，因此与气-固反应相比，对某些材料的腐蚀性可能略微提升，但与二氧化氯溶液相比，在可控空间范围内仍然具有很好的材料兼容性。

（3）设备工作原理：便携式二氧化氯气体发生器的工作形式包括管道输送式和自然扩散式两种。

管道输送式工作原理：在反应原料储存罐中添加溶液状态的反应原料，在主控制器上点击"确认"按钮进入消毒待机状态，设备放置在消毒目标空间（通常为生物安全柜、隔离器等小型腔体）以外并连接气体输送和回流管路，点击"确认"按键后，进入消毒程序，亚氯酸盐、有机酸和酸酐在密闭反应容器内混合，发生化学反应后蒸腾出二氧化氯气体，气体输送系统将二氧化氯气体输送至目标空间，同时回流管路抽取目标空间内气体，并重新返回到气体输送管路形成闭合回路，待达到消毒时间后，中和剂自动注入密闭反应容器，完成残液中和，中和后的残液使用专用残液收集桶收集后直接排放至下水系统。

自然扩散式工作原理：在反应原料储存罐中添加配比好的溶液状态反应原料，在主控制器上点击"确认"按钮进入消毒待机状态，设备放入消毒目标空间（如生物安全柜、隔离器等小型隔离装置）后密封腔体，使用遥控器控制进入消毒程序，亚氯酸盐、有机酸和酸酐在密闭反应容器内混合，发生化学反应后蒸腾出二氧化氯气体，充满消毒腔体，待达到消毒时间后，中和剂自动注入反应容器，完成残液中和。待设备取出后，打开排水开关，排放残液至下水系统。

六、污水消毒设备

《实验室生物安全通用要求》GB19489—2008 规定，生物安全二级（动物）、三级和四级实验室产生的污水应采用可靠的方式进行消毒灭菌处理，并对消毒灭菌效果进行监测，以确保达到排放要求。防护区内设置有下水系统（洗手池、淋浴、动物设施、化学淋浴消毒及其他排水系统）的，下水管道应与建筑物的公共下水系统完全隔离，直接通向本实验室专用的污水消毒设备，经化学消毒或物理热力灭菌后排放。

（一）污水消毒灭菌方法

1. 化学（消毒剂）消毒法

污水化学消毒方法通常适用于小规模或较低风险的感染性污水消毒，常见于医院污水和自来水的消毒处理。在生物安全实验室，化学消毒后排出的液体除达到消毒灭菌效果外，还必须符合城市对排放液体化学/金属物质含量、悬浮固体、pH、油/脂以及生化需氧量等指标的规定。

1）消毒药剂的种类及其选择

化学消毒药剂按其杀菌强弱可分为灭菌剂、消毒剂（高、中、低效）、抑菌剂。灭菌剂能杀灭所有微生物，包括细菌芽孢、病毒和一般病原菌。消毒剂通常指不能杀灭细菌芽孢的一般消毒剂（在合适的温湿度条件下，使用足够浓度时也能杀灭细菌芽孢）。抑菌剂是指不能杀灭病原细菌，但能抑制细菌生长繁殖的消毒剂。

2）消毒药剂使用防护技术

生物安全实验室内配制和使用消毒药剂时，需要穿实验服（或防护服）、戴橡胶手套和口罩甚至防毒面具，防止消毒剂对操作人员产生危害。

3）化学消毒法处理流程

下面以某公司活毒废水化学灭活系统为例进行说明（图 23-23）。①活毒废水经收集罐进入灭活罐，空气经过罐体上方的高效过滤器过滤后排出；②灭活罐水位到达设定液位后，自动关闭与收集罐之间的阀门，启动搅拌器，自动注入预先设定剂量的化学消毒剂，收集罐继续收集废水；③化学消毒剂注入完成后，灭活罐中的废水搅拌一定时间进行灭活；④灭活过程结束后，灭活罐内的废水外排，灭活罐重新与收集罐连通，重复灭活过程。

图 23-23　活毒废水化学灭活系统实物和示意图

2. 物理热力灭菌法

生物安全实验室常见的还是采用热力灭菌法即以加热方式对污水进行高压灭菌处理，目的是使污水在尽可能短的时间内得到处理，避免引起污染扩散。污水热力灭菌处理方式通常有两种：序批式和连续流处理方式（图 23-24）。

图 23-24　三罐序批式（左）和连续流（右）污水消毒设备

1）序批式污水处理系统

序批式污水处理系统是通常采用两个以上（通常为一用一备或二用一备）灭活罐，按批次完成污水的高压灭菌，实现自动化灭菌控制，包括灭菌温度、时间、液位（报警、进液阀门自动控制等）、冷却全过程自动控制，两个或两个以上加热灭活罐可选择交替用于污水的储存或高压灭菌，其中一个罐污水注满后或要灭菌时，污水应自动切换排入另一个罐中，灭菌后的污水需经冷却到规定温度后排出。根据实验工艺和规模（实验室排水量）大小选择灭活罐数量及体积，适用于各级生物安全实验室。大动物生物安全实验室的污水在进入灭活罐前加装粗过滤网（通常在实验室内排水口或在灭活罐内设置粗过滤装置，预留操作孔清理残渣），过滤随污水排放的毛发、粪便和垫料等大颗粒物质。序批式处理系统是一种间断处理方案，在生物制药、生物安全领域使用最广泛。

（1）基本流程。感染性污水进入灭活罐，当灭活罐内的水位达到设定值时启动污水灭活程序。灭活罐程序分为进液、升温、灭活、冷却（排放）四个阶段。

①进液：感染性污水进入灭活罐，通过液位计控制，当灭活罐内的液位达到设定值时，电动阀关闭，进液停止，罐内空气经过一级或两级高效过滤器过滤后排出。通常设置两个（含）以上灭活罐，可选择交替用于实验室污水储存或高压灭菌。灭活罐注满后或要灭菌时自动关闭入水口阀门，切换另一个灭活罐。

②升温：蒸汽进入夹套对污水进行预热，当罐内温度达到60～80℃时，向罐体底部通入蒸汽对污水进行升温，并使污水中的温度均匀。灭活罐上、中、下三个温度传感器的温度均达到灭活温度121℃或134℃时，转入灭活程序。

③灭活：在夹套的保温作用下，污水在设定的温度时，持续一定时间，之后转入降温程序。

④冷却：当灭活过程结束后，进入降温程序，未设夹套的灭菌系统靠自然冷却或经系统外冷却装置冷却到60℃以下排放，设置夹套的则打开冷却水阀门，夹套排水阀打开（可冷却循环或直排），冷却到60℃以下排放。

（2）优点：①方案设计简单；②投入成本较低。

（3）缺点：①受承压限制，温度不能太高（一般不超过134℃），不能用于朊病毒灭活；②局部温度可能无法保证（灭菌死角），如排水口与排水管道阀门之间；③能源消耗较大（蒸汽源或动力电负荷），热能利用率较低。

2）连续流式污水处理系统

连续流处理系统是一种对污水进行连续消毒灭菌的新技术，在欧美等国家生物安全实验室中使用广泛。通常设置一个储水罐（根据需求也可设置两个或以上储水罐，具备高压灭菌条件），通过液位和流量全自动控制，污水可以连续不断地进行加热灭菌处理。连续流灭菌采用特种不锈钢管和在线加热装置，小时处理量与加热管道管径、长度有关。由于大动物生物安全实验室会产生带毛发、粪便、垫料等残渣含量多（容易堵塞加热管道）的污水，应优先选择序批式处理方式；如选择连续流处理方式，则应选择小时处理容量较大的系统，且在污水进入储水罐前（实验室内排水口）应经粗过滤网过滤处理。

（1）基本流程：①污水进入储水罐，罐内空气经过一级或两级高效过滤器过滤后排出；②污水在循环水泵的作用下进入热回收罐（热交换柜），在热回收罐中，污水（管道）利用灭菌后排出的热水进行预热（如由始温15℃左右预热至80℃左右）；③污水预热后，经过电加热器使温度可达到150℃，保温管道可以使污水维持高温并保持相当长的时间（15～18min）以达到灭菌目的；④灭菌后污水（管道）经过热回收罐冷却到45℃左右后安全排放。

下面以某公司生产的连续流污水处理系统为实例介绍灭菌工艺流程（图23-25）。

实验室产生的污水通过重力排放到污水消毒设备储水罐（通常设置于核心实验室的底层），从污水入口3进入储水罐5，产生的废气经过高效过滤器2除菌后从泄气管1排出。当储水罐液面达到设定高度时，污水出口电动阀门自动打开，同时启动流速控制泵8或9（一用一备），将污水以设定流速压入热交换柜10（预加热/冷却）进行预加热处理，之后进入电加热灭菌器13，在灭菌器内污水通过电加热灭菌盘管（SAF2507超复式不锈钢）进行高温灭菌（可达150℃）。已灭菌的污水再进入热交换柜（预加热/冷却柜）10经缓冲管12后进行冷却，冷却后（≤50℃）的废液通过排污口16排出。如果从加热灭菌器排出的污水温度没有达到设定的灭菌温度，排出的污水则需二次处理，即通过回流管17回流至储水罐，重复上述灭菌流程。热交换柜（预加热/冷却柜）10是使用已灭菌的高温污水对进入热交换柜10的待处理污水通过热交换器11进行预加热，同时排出的污水得到冷却，以节约能源。

酸碱罐18为选配件，通常使用NaOH和HNO_3溶液通过pH传感器和控制器对生物污水pH进行调节，并对污水流经管道（电加热产生结垢）进行清理。

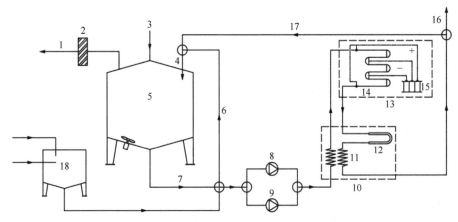

图 23-25　连续流处理系统灭菌工艺流程图

1.泄气管；2.高效过滤器；3.污水入口；4.回流管；5.储水罐；6.连续处理回流管；7.污水出口；8.Ⅰ号泵；9.Ⅱ号泵；10.预加热/冷却柜；11.热交换器；
12.缓冲管；13.电加热灭菌器；14.电加热灭菌盘管；15.电源；16.排污口；17.回流管；18.酸碱罐

由于连续流处理系统对污水（残渣）和消毒剂（有的高温产生气泡）要求较高，残渣和气泡在管道中可能形成栓塞，从而影响污水进入或排出流量，导致加热管道过热，最终导致系统故障。因此，在采购这类设备时，储水罐本身也应具备高压灭菌或化学消毒条件。

（2）优点：①污水处理效率高，高低液位控制自动启动和停止运行，全自动连续处理，可连续监测和控制温度、液位等；②使用成本低，采用热回收技术使热能得到充分利用，相比同容量序批式处理节能 80%；③灭菌处理温度高，可用于朊病毒的灭活；如果从电加热器排出的污水温度没有达到设定灭菌温度，排出的污水则需二次处理，污水将重新回流到储水罐；④加热均匀，避免序批式处理罐局部温度无法保证的问题；⑤不使用加热中间媒介，可以确保精确的温控。

（3）缺点：①一次性投入成本高；②对污水要求高，由于加热器管道管径较细，污水中不能有较大颗粒的残渣，大动物（猪、牛、马等）实验室使用时，宜选用处理量大的设备，且排水应经粗网过滤。同时，不能使用较高浓度且加热产生气泡（影响水流量和速度）的消毒剂。

（二）污水消毒设备性能验证

需特别指出，对于生物安全实验室而言，污水消毒设备和压力蒸汽灭菌器一样，除了需要定期对设备安全阀、压力表检定及温度传感器和压力传感器等进行校准外，还要对消毒灭菌效果进行生物学监测。

1. 连续式污水消毒系统灭菌效果验证

灭菌效果的生物监测可以采用模拟现场灭菌或现场灭菌效果监测。

1）模拟现场灭菌监测

制备嗜热脂肪杆菌芽孢悬液，将芽孢悬液混入污水消毒装置的污水中，完成一个灭菌周期后，在污水消毒装置的污水排出口或预留采样口以等时间间隔采样，采集次数不少于 3 次。

（1）取 2 份混合样液（平行样）100ml 在无菌条件下分别经 0.22μm 微孔滤膜过滤，待检水样滤完后取下滤器，用无菌镊子夹取滤膜边缘，移放到培养基平皿上。滤膜截留细菌面向上，滤膜应与琼脂培养基完全紧贴，当中不得留有气泡，然后将平皿倒置，放入（56±2）℃恒温培养箱内培养 72h。

（2）另取 2 份混合样液（平行样）1ml 在无菌条件下接种平皿，然后将平皿倒置，放入（56±2）℃恒温培养箱内培养 72h。

（3）观察结果和计数：计数滤膜上生长的嗜热脂肪杆菌芽孢数，并计算染菌水样中含有的嗜热脂肪杆菌芽孢数（CFU/100ml）。

（4）判定指标。嗜热脂肪杆菌芽孢浓度以 CFU/100ml 计，不得检出。无菌落生长时，可判定为消毒灭菌合格，同时设阳性和阴性对照。

2）现场灭菌效果监测

病原微生物实验活动过程中产生的污水经一个完整灭菌程序后，采样进行培养。采样、培养及判定方法同模拟现场灭菌监测方法。在采样和培养过程中，操作人员应采取个体防护措施，培养过程应在生物安全实验室中进行，现场灭菌效果验证只作为消毒灭菌的日常监测。

2. 序批式污水消毒系统灭菌效果验证

序批式污水消毒系统灭菌效果的生物监测通常采用载体法进行。

（1）序批式污水消毒设备设置灭菌验证口（盲端）时，按照 GB 15981—2021《消毒器械灭菌效果评价方法》4.1"压力蒸汽灭菌器灭菌效果鉴定试验"规定的方法进行检测。

（2）序批式污水消毒设备不具备灭菌验证口时，灭菌前，将 3 个分别装有 1 个芽孢菌片或自含式生物指示剂[热力灭菌法使用嗜热脂肪杆菌（ATCC7953）芽孢，化学灭菌法使用枯草杆菌黑色变种（ATCC9372）芽孢]的采样装置放入灭活罐（箱）内，分别置于灭活罐（箱）上、中、下三个位置（污水浸没）。灭菌后采用无菌操作方式取出菌片或自含式生物指示剂，培养方法按照 GB 15981—2021《消毒器械灭菌效果评价方法》4.1"压力蒸汽灭菌器灭菌效果鉴定试验"规定的方法进行。

灭菌效果评价按照 GB 15981—2021《消毒器械灭菌效果评价方法》4.1"压力蒸汽灭菌器灭菌效果鉴定试验"规定的方法进行判定。

3. 化学污水灭活系统灭菌效果验证

灭菌效果的生物监测可以采用模拟现场灭菌或现场灭菌效果监测，两种监测方法同连续式污水消毒设备。

七、动物残体处理系统

高级别生物安全实验室中感染性动物尸体存在极大的危险，不予处理或处理不当都会引起病原体扩散、传播，感染性动物尸体的灭菌处理方法要通过生物灭菌效果验证。像兔、鸡、豚鼠等小型动物的尸体通常使用高压灭菌后集中焚化（无害化）处理，而对于猪、牛、羊、马等大中型感染性动物尸体的处理如果采用压力蒸汽灭菌器高压灭菌，必须将动物尸体分割成若干块，否则无法保证尸体内部灭菌彻底，大大增加了工作量。比较理想的方法是采用炼制、碱水解和焚化等无害化处理方式。不管哪种处理方法，处理后的排放标准均要符合国家环境保护规定，为此，炼制、碱水解及破碎后高温高压灭菌的处理方法逐渐替代焚化处理。

在选择如何对动物尸体进行处理时，需要在选择相应处理设备前考虑以下因素：①动物尸体对当地环境的传染性及社会接受程度；②对致病因子的灭菌效果，是否处理朊病毒；③生产量/率；④固体成分减少率；⑤能量和机械支持的可行性；⑥初始投资成本、操作成本和技术支持；⑦维修、维护和获得零部件的便利性；⑧动物种类、尺寸和重量；⑨副产品、方法倾向和危险等级。

（一）炼制

使用高温和蒸汽对动物尸体炼制处理，多年来一直为大动物生物安全实验室所使用。该方法是在加热和高压条件下将动物尸体、组织等转化处理为无菌液体和颗粒状固体物质。使用一个带有转轴的全封闭钢质压力容器，轴上有辐条和桨叶对容器内部的圆周表面进行清扫和必要的搅拌（破碎），使热量能够将尸体分解成液态浆状物质。尸体的湿气经过干燥过程被驱离（汽化蒸发），剩余材料由动物脂、骨骼和肌肉颗粒组成。尸体剩余的油脂、骨骼和肌肉约为原来的20%左右，消失的部分为去除的湿组织。整个热炼过程包括加热、在灭菌设定点热炼、去除潮湿组织并冷却至环境温度，持续约 3h 左右。

炼制处理分为干化法和湿化法两种工艺，基本原理都是通过高温高压使病原微生物灭活，使油脂从脂肪中分离、水分从动物组织中分离。湿化法采用直接接触法，即使动物残体和热载体（蒸汽或水）进行直接接触；干化法则是通过热导法，即使动物残体的表面与热源接触。目前，应用于生物安全实验室的动物残体处理系统大多采用湿化法。

根据设备所能承受的压力，温度设定点从 90～141℃不等，采用蒸汽加热媒介，通过设备外部的壳层

（夹层）进行间接加热，然后再向内注入至旋转轴心、辐条和加热/切割用桨叶。处于 750Pa 的蒸汽源通常在容器内部压力接近 450Pa 的情况下进行热交换过程。

涉及在大型动物高级别生物安全实验室中使用的炼制设备要考虑以下几个问题。

（1）设备安装房间的设计考虑地板到天花板之间的高度。

（2）转轴轴心部位与容器之间的封条会由于制造质量问题在高温高压情况下发生泄漏。由于在较高压力下，蒸汽或油脂向内部喷射到球胆中心部位，使用球胆（双环）封条，可将蒸汽或油脂逃逸容器外的可能性降到最低。

（3）大型双门炼制设备安装要确保设备与解剖室地面（垂直安装）生物密封，在装填斜道周围与解剖室地板之间设置封条，应使用特殊的圆环、柔韧的填料以及密封剂，以便在加热过程中带热移动，并允许装填系统正确读取装填物。

（4）炼制过程喷射冷凝器汽化的用水量巨大。

（5）排气管道密闭性、泄压缓冲罐、排气（含安全阀后）的高效过滤处理。

（6）系统蒸汽、油、水、电源和压缩空气供应。

（7）系统炼制过程并不能保证会破坏朊病毒。

高温高压灭菌也是动物尸体可靠的处理方法，在全封闭的装置中先行将感染动物尸体进行破碎的基础上，使尸体残块与高温蒸汽充分接触，达到高压灭菌的目的；若不先行破碎处理，灭菌后的尸体内部深处中可能还会残留没有彻底灭活的病原微生物。

这种全密闭容器的内腔上部设置破碎装置，动物尸体进入后，关闭上盖，启动破碎装置，重型破碎机将感染动物尸体破碎成小块状尸块，完成破碎过程后，进入下部灭菌腔内，启动灭菌程序，饱和高温蒸汽进入内腔，蒸汽与切碎的物料直接接触，在 3.8bar 压力和 138℃环境中维持 10min 即可达到灭菌效果；灭菌程序完成后，往夹套中注入冷却水，将内腔温度降到 60℃，同时灭菌腔内气压降到大气压；所有程序完成后，打开下盖，通过重力卸载程序将废弃物放出，通常大型动物尸体经破碎并高压灭菌后固态残体容量减少 50%。灭菌过程中蒸汽冷凝水、油脂（过滤后）和冷却水需排放到污水消毒设备中。

（二）碱水解

碱水解是一项湿处理技术，以加热、高压和化学药剂降解及搅拌的方法将固体废弃物消毒灭菌，并利用碱金属化合物（如 KOH、NaOH 等，pH 13）将蛋白质（包括朊病毒）结构、脂肪和核酸等消解。已经证明，在足够高的温度条件下进行碱水解是可以破坏朊病毒活性的。通过碱水解方法得到的组织分解物是一种咖啡色的、无菌的氨基酸水溶液、肽、脂肪酸盐、糖类和电解液等，可以用作化肥、混合肥料添加剂等。

碱水解系统由多个罐体组成，有蒸汽注射装置和蒸汽加热（热交换）外壳，具有制造低压和高压的能力。KOH、NaOH 之类的碱金属化合物被泵入容器内部，并在热炼的过程中循环。碱水解后残留物由无菌物质组成，这些物质具备高生化需氧量（BOD 和 COD）和 pH，这个指标远远超过政府制定的废弃液体排放标准，因此，在排放前要进行额外的中和处理，通常是注入 CO_2 和 H_2S 并进行 pH 控制直到达到排放指标要求。

在大型动物高级别生物安全实验室中使用的碱水解设备要考虑以下几个问题。

（1）设备安装房间的设计考虑地板到天花板之间的高度。

（2）容器的活动载荷及内部结构设计。

（3）双门碱水解设备穿墙（楼板）的生物密封，应使用特殊的圆环、柔韧的填料以及密封剂，以便在加热过程中带热移动。

（4）排气管道密闭性、泄压缓冲罐、排气（含安全阀后）的高效过滤处理。

（5）碱金属化合物的存储、加热。

（6）系统蒸汽、油、水、电源和压缩空气供应。

（7）冷凝水、污水排放要符合相关排放标准要求。

小型移动式动物组织碱水解处理设备也可用于单体 10kg 以下的猴、兔、鸡等小型动物的无害化处理，为立式单门结构，主要包括罐体、搅拌单元、给水排放单元、加热冷却单元和流程控制单元等。利用 NaOH 或 KOH 等碱性物质在高温、高压下催化动物组织水解，灭活病原微生物，达到无害化处理，碱水解处理后产物为固体残渣和无菌液体，能够自动完成升温、恒温水解、辅助搅拌、降温排放和清洗等处理流程（图 23-26）。

图 23-26　某大型碱水解装置（穿楼板安装）和小型移动式碱水解装置

炼制、碱水解装置均可以上下穿楼板安装，动物尸体装载和设备灭菌操作分别在两个完全隔绝的区域，在整个灭菌处理过程中为全封闭电脑程序化自动操作，能有效避免设备操作人员与实验室感染动物的直接接触，保障设备操作人员的安全。设备配置有废液、冷凝水和废气处理装置，使得废水、废气排放达到我国环保规定的标准要求。

炼制、碱水解和破碎高温高压灭菌设备均要进行高压灭菌效果验证，通常在设备灭菌罐内壁设置用于灭菌效果验证的测试管井（图 23-27），测试管支架（至少可以放置 3 支测试管）可以降低至测试管井的适当位置，使用的自含式生物指示剂管同压力蒸汽灭菌器的一样，完成一个灭菌周期后取出，培养和判定方法同压力蒸汽灭菌器灭菌效果生物监测法。

已安装的测试管井示例

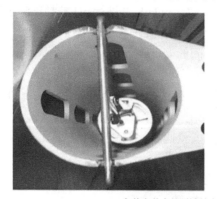

安装在井内的测试管支架示例

图 23-27　某动物残体处理系统生物监测测试管井

（三）焚化

焚化一直是处理生化废物和动物尸体的首选方法,是一种能够将感染性动物尸体中所有病原微生物(包括朊病毒)完全彻底灭活的有效方法,其优点是可以彻底灭活所有病原微生物、焚烧产物体积小。然而,我国对焚烧设施实行严密检查和监视,焚烧设施多远离实验室区域(通常在郊外),而且是集中处理,一般不允许实验室设立单位设立焚化设施。因此,需要进行焚化的感染性动物尸体从生物安全实验室运出之前应先进行初步处理,首选高压蒸汽灭菌。

需要有效控制温度,并配备二级燃烧室时才能实现彻底焚烧。许多焚烧炉,尤其是那些只有单个燃烧室的,不能满足处理感染性物质、感染性动物尸体的要求。可能这些材料不能完全被销毁,微生物、有毒化学品和烟尘还可能通过烟囱排放而污染大气。理想的焚烧炉应有两个焚化室,主焚化室(焚烧炉)的理想温度可达到800℃,辅焚化室(二次燃烧室)的温度至少应达到1000℃。具有高含水量的焚化物可能会降低焚化过程的温度。

工作流程:第一道气密门打开,将动物尸体等固体废弃物投入第一道与第二道气密门之间。关闭第一道气密门,打开第二道气密门,固体废弃物掉入第二道与第三道气密门之间。关闭第二道气密门,打开第三道气密门,固体废弃物掉入主焚化室,在600~800℃温度下燃烧,产生的烟气在二次燃烧室内约1000℃温度下燃烧,分解有害物质。

需要焚烧的感染性材料(即使事先已清除污染)应使用密封袋(放置容器中)运送到焚烧室。负责焚烧的工作人员应接受关于如何装载和控制温度等的正确指导。还需要注意的是,焚烧炉的操作是否有效主要取决于对需要处理的废弃物中物品的正确混合。应考虑现有或计划制造中的焚烧炉可能对环境造成负面影响,使焚烧炉对环境的影响降到最小,并更节约能源。

八、生命支持系统

当BSL-4实验室(正压防护服型)采用正压防护服作为个人防护装备从事实验操作时,需要实验室配套生命支持系统,为其提供经过调节(过滤、加热或制冷、除湿或加湿、除油等)的、新鲜舒适并可长时间呼吸的压缩空气,以维持实验人员正常呼吸,并维持正压防护服内相对于实验室环境的正压状态,确保实验人员与实验室环境的完全隔离,其安全性关乎实验人员的健康甚至生命。

（一）生命支持系统组成

1. 供气装置

生命支持系统(图 23-28)的用气终端为正压防护服,一方面需要满足正压防护服的供气压力和供气流量的要求,另一方面需要满足正压防护服内人员呼吸用的空气品质要求。生命支持系统供气装置一般由气源设备、压力调节装置、气体监测及分析处理系统等组成。气源设备包括主供气系统和备用供气系统(紧急支援气罐)。

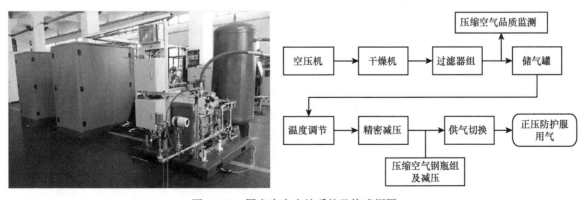

图 23-28　国产生命支持系统及构成框图

1）主供气系统

主供气系统包括螺旋式空气压缩机、空气冷冻干燥器、压缩空气储气罐、压缩空气油水分离器、过滤系统、气体监测及分析系统、安全报警系统、加热器、冷却器、不锈钢连接管道等（图23-29）。主供气系统容量应基于系统最大用气人数设计系统基本供气量，并留有可供至少2人使用的设计冗余。

压缩机	储气罐	净化过滤器组
气体分析系统	实时O_2、CO和CO_2监测传感器	安全报警装置

图 23-29　生命支持系统主供气系统构成图

（1）螺旋式空气压缩机：一般为空冷式不对称螺旋桨旋转压缩机，有适宜防护等级和相应的工作压力，容量与基本供气量匹配。正压防护服的用气量较大，一般正常工作时供气流量为400～500 L/min（品牌之间略有差异）。一个主供气系统宜设置两台空气压缩机，运行模式可以是一用一备，即一台工作、一台预备紧急情况，程序设定哪台是主工作、哪台应对紧急情况，并定期交替。所谓紧急情况，包括主工作压缩机故障或空气用量骤增导致主工作压缩机持续工作也无法用量需求（储气罐压力持续降低），此时，备用压缩机启动；也可将两台压缩机同时待机，根据储气罐的压力梯度设定压缩机启动/关停的顺序，并定期交替，这样可以避免两台空气压缩机（功率20～30kW）同时启动导致瞬时产生高电流，引起整个供电线路压降。在同一工作阶段应保证所有空气压缩机可以工作基本同样数量的工时。

（2）空气冷冻干燥器：露点范围合适，包括双交换器和旁通管路。

（3）压缩空气储气罐：根据需求选择储气容量，经过压力容器认证的设备，应考虑操作压力和最大耐压。

（4）压缩空气油水分离器：压缩空气的杂质是水、油和其他成分的混合物，需由分离器进行处理，分离器将各种物质分离，将水、油等杂质分类排出。

（5）净化过滤系统：包括三级过滤系统：①1μm 预过滤器；②0.01μm 精过滤器，配备排水管和压力表，堵塞指示器；③除味和除油脂的活性炭过滤器。噪声水平应达到规定指标。

CO、CO_2 过滤器，包括催化 CO 为 CO_2 装置和带分子筛的 CO_2 截留承载装置。

CO、CO_2、O_2 分析控制器：该控制器的作用是控制 CO、CO_2 的浓度，包括 1 个 CO 探测器和 1 个 CO_2 探测器；1 个 O_2 探测器，能显示设定的数值和在线的信息。房间中的空气偶尔可能会含有高浓度的 CO 或 CO_2，当到达峰值的时候，设备中的过滤系统将会处理。万一 CO_2 和 CO 的浓度依然增加，就有报警信号发出（光或声音）。

（6）安全警报装置：包括压力表、低压控制器、空气分析控制器采样口等。警报信息包括压缩机故障、储气罐压力不足和 CO、CO_2、O_2 浓度超标等。

（7）加热器（选购）：当可呼吸气体温度较低时，加热器启动电加热，内置电子温度调节器控制加热，控制温度可现场预设定，由空气出口处的探头采样送气温度。

（8）冷却器（选购）：当可呼吸的气体温度较高时，冷却器启动制冷，降低使用温度，温度调节和数据有在线显示。

2）备用供气系统（紧急支援气罐）

备用供气系统主要用于应急情况下的无电紧急支援供气，由大容量储气罐或高压钢瓶组和气体汇流排等组成。根据需求量和维持时间设置储气罐容量或高压钢瓶容量（多个组合）和汇流排（自动气体分配装置）接口数量。紧急支援气罐的供气时间应不少于 60min/人。

出于正压防护服用气安全考虑，供应正压防护服使用的压缩空气源应独立设置，不宜与充气式气密门特别是用气量大的工艺设备合用压缩空气系统（储气罐），防止压缩空气大量分流或压力大幅度波动导致正压防护服内供气不足。

2. 管道系统

管道系统要根据生命支持系统基本供气量、压缩空气工作压力及流量、用气终端数量、位置分布及建筑结构等特点设计系统布局，包括不锈钢管道走向、管径、管件和安装支架等（图 23-30）。正压防护服供气终端应根据使用要求，多点固定于围护结构顶板上，室内使用呼吸用供气软管连接，可确保工作人员在室内每个位置开展实验操作。

图 23-30　正压防护服管道系统

1）管道连接

对气体管道来说，管道密封性很重要，管道安装方式有焊接和卡压两种。采用焊接方法时，所有的焊接均需作外表目检，有条件的尽可能采用轨道焊接机进行不锈钢管道焊接，焊接时充有高纯氩气保护，焊接点应接受 X 射线的探伤检查；采用卡压技术时，要用 304 或 316L 不锈钢，无需现场焊接且省时省力。当然，两种方法都需要对管道进行打压试验和密封性试验。

2）保压测试

气体管道在施工完毕后，要作压力测试，以检验整个管道系统的承压能力，并对管道进行泄漏测试。关闭需测试管路系统相应的阀门以分离系统，并用标志指示系统正处于测试状态，阀门不能使用。将规定的介质（如压缩空气）送入系统并将其置于要求压力（高于管道正常工作压力的 50% 以上），待系统处于平衡状态后，记录下此时的压力值，关闭气源，使之保持 24h。若压降小于 2%，说明系统符合要求；若压降超过 2%，则应对系统分段进行渗漏检测，甚至重新安装。

3）系统吹扫

保压测试完成后，必须对整个系统进行吹扫：①确认整个供气管路阀门已全部开启；②开启气源设备供气；③逐一开启管道系统通往各支路的阀门，直接用压缩空气吹洗至少 8h，然后逐一开启每个用气终端阀门 5min，逐点吹扫（吹扫时不应接上呼吸软管，防止管道中细渣堵塞呼吸软管）。

4）管路穿墙密封

供气管道进入实验室与围护结构之间的节点要确保生物密封。

5）管路固定及减振

管路支架应根据布局和类型，以满足管路荷重、补偿、位移、减少振动的要求为前提，选用不同类型的固定支架、活动支架、导向支架、弹簧支架；并应注意减少管路的振动。

（二）生命支持系统配置

选择生命支持系统时，应首先确定正压防护服的参数及同时支持的正压防护服数量，以此为依据确定生命支持系统的供气压力及供气流量。同样，以某正压防护服为例，实验室要求同时支持最多 6 套正压防护服，则生命支持系统在供气压力为 6.0bar 的情况下供气流量范围应满足 3.0～6.0m³/min。空气压缩机一主一备，可选择两种方式：半载备用和全载备用。其中，半载备用即空气压缩机供气流量仅满足最大数量正压防护服同时工作的需求，上面的例子中，可选择单台空气压缩机流量为 3.6m³/min；当所有正压防护服的总流量小于该值时，空压机一主一备；当所有正压防护服调大流量使主空气压缩机流量不足时，启动主/备空气压缩机同时供气。全载备用指每台空气压缩机的供气流量均满足最大供气流量需求，如上面的例子中每台空气压缩机的供气流量均为 6.0m³/min，则为真正意义上的一主一备。两种方式各有优劣，半载备用节约了系统成本但牺牲了可靠性，全载备用增强了系统可靠性但提高了成本。

空气压缩机类型根据是否含油可以选择无油型或含油型，其中无油型可以保证处理后的压缩空气绝对无油，但价格较高；含油型价格较低，但其含油量达到标准要求，需要油分离器及过滤器的配合，如果维护不当，可能出现油含量超标的状况。根据是否变频，可以选择变频型或工频型，其中变频型功耗低、节约运行费用，但价格较高初期投资较大；工频型价格较低，但运行成本较高。

（三）生命支持系统使用与维护

1. 生命支持系统使用

（1）由于压缩机组的运行，产生大量的热量，在保证生命支持系统足够安装空间的条件下，所在房间应具备通风或制冷条件。

（2）生命支持系统正常运行时需要大量新风，建议直接从室外取风，系统中应安装加热或制冷装置（选购），新风口应安装粗滤网，并定期清洗和更换。

（3）只允许经过严格培训并熟练掌握操作的专业人员操作系统，并严格按操作规程执行。

（4）应在程序中设定每台压缩机启动和关停的压力值（储气罐），并有足够的压力梯度，避免同时启动产生瞬时高电流，导致线路压降，影响实验室用电安全。

（5）生命支持系统的气体压力、压缩机故障、气体（O_2、CO_2、CO）浓度等报警信息应远程传输到中控室，并有声光报警装置，重点关注一级（提醒）和二级（紧急）报警信息。

（6）生命支持系统所在房间应有进入控制措施。

2. 生命支持系统维护

四级生物安全实验室中，生命支持系统是非常关键的设备，其安全性关乎实验人员的健康甚至生命，日常维护应严格按照设备说明书要求进行，制订维护保养计划，重视预防性维护保养，定期更换关键部件（表 23-3），维持设备良好技术状态。

（1）长时间停止实验操作期间，每月至少应启动系统 1 次。

（2）每年应由设备厂家进行一次全面检修。

（3）润滑油、滤芯、气体传感器等关键部件，应有足够库存备用。

（4）由专人负责设备的日常维护，关键部件更换维修后应进行一次物理性能检测，每年应至少检测一次，包括空气压缩机、紧急支援气罐、报警装置和不间断电源的可靠性、供气软管气密性等。

表 23-3　系统维护与耗材管理

项目	判断依据	处理措施
空气压缩机	1500h 或 1 年，更换润湿油、油过滤器、油分离器滤芯	维护、保养
散热器	2000h	清洗
初效过滤器	运行阻力或 2000h 或 1 年更换，先到阈值者为准	300h 清洗
精密过滤器	运行阻力或 2000h 或 1 年，先到阈值者为准	更换
活性炭过滤器	2000h 或 1 年	更换
传送带	1000h/7500h	检查/更换
电动机、螺杆轴承	40 000h	更换
一氧化碳催化转化器	2000h 或 1 年	更换
二氧化碳过滤器	2000h 或 1 年	更换
空气分析中心	5000h 或 1 年	检查、校准、年检
气体组分传感器	5000h 或 1 年	校准或更换
		如果是光学传感器，应定期校准；如果是电化学传感器，除需定期校准外，到使用期限应更换

九、气密门

气密门一般应用于高级别生物安全实验室，以及制药、核电及船舶等设施中具有很高气密性要求的房间，解决围护结构内有不同洁净度和风险要求的房间之间及进出通道的气密隔离问题。在生物安全领域，气密门主要用于 BSL-4 与 ABSL-3/4 实验室的核心工作间、与核心工作间相邻的气锁间、化学淋浴消毒间等，也包括物品传递用的传递窗。

（一）气密门分类和结构组成

根据密封（原理）方式，分为充气式和机械压紧式气密门两类。充气式气密门利用橡胶条充压缩空气使其膨胀达到门框和门体间密封的目的；机械压紧式气密门是利用机械结构使门扇密封胶条和门框凸槽挤压变形达到密封的目的。

1. 充气式气密门结构组成

充气式气密门主要由门框、门扇（含门把手、观察窗）、充气密封胶条、指示灯及开关、紧急手动互锁开关、电磁锁、门铰链、闭门器、充放气管路和控制系统等组成，也可安装密码锁等附件。有的充气式气密门冗余设计了紧急泄气阀，在开门按钮失电时，按下紧急泄气阀也可将充气密封胶条泄气，将门打开。

充气密封胶条（整体焊接）镶嵌在门扇四周骨架的凹槽内，充气式气密门门框、门扇、门铰链等通常采用不锈钢材质或涂有特种防污涂料的低碳钢材料，整体可耐受甲醛、过氧化氢、二氧化氯及含氯消毒剂等实验室常用消毒剂的腐蚀。

2. 机械压紧式气密门结构组成

机械压紧式气密门主要由门框、门扇、压紧密封胶条（高弹性密封圈）、指示灯及开关、紧急手动互锁开关、电磁锁、门铰链、机械锁紧机构（压紧传动轴承和限位固定块）和电控装置等组成，也可安装闭门器、密码锁等附件。机械压紧式气密门门框、门扇、门铰链等通常采用不锈钢材质或涂有特种防污涂料的低碳钢材料，整体可耐受甲醛、过氧化氢、二氧化氯及含氯消毒剂等实验室常用消毒剂的腐蚀。

（二）气密门工作原理和技术要求

1. 充气式气密门工作原理

门关闭时，门扇触及门框位置开关（或行程开关），电磁锁上电，启动充气阀门，充气密封胶条自动充气膨胀，压力开关感应后关闭充气阀门，完成充气，充气密封胶条膨胀后挤压门框形成严格密封，同时门被紧紧锁住，关门指示灯亮（绿灯）。有些充气式气密门除充气密封胶条外再设计一道常态密封胶条，一方面可在充气密封胶条不充气的情况下实现简易密封，另一方面可起到释缓闭门冲力的作用，但门框需要设置一定高度的门槛。

门开启时（按开门按钮），泄气阀门启动，充气密封胶条自动放气并收缩回凹槽内，电磁锁失电，门即可开启，开门指示灯亮（红灯或红灯闪烁）。如存在互锁关系的相邻门未关闭时，按下紧急解除互锁开关，也可将门打开。

门框上位置开关（或行程开关）的信号应引入实验室自动控制系统，中控界面可实时显示气密门开关状态。

2. 充气式气密门技术要求

（1）门框与门扇的四角（门框与门扇边缘接触部位）宜设 $R>150mm$ 的圆弧角，以减少对充气密封胶条的磨损。

（2）充气密封胶条通常采用甲基乙烯基硅橡胶，宜采用特殊模具制作，或接口焊接处理，形成完整密封圈。充气压力应≥1.5kg/cm²，充气时间为3～10s，放气时间为3～10s，充气放气次数宜≥10 000 次，可通过手动、自动控制充放气。

（3）门铰链应为多向自由调节铰链，可对门扇上下、左右进行细微调整。

（4）整体结构抗压力宜≥2500Pa。

（5）电磁锁可与位置开关协同作用，防止充气密封胶条充气过程中门被打开出现故障。

（6）充气式气密门内外两侧门框上分别设置控制面板，控制面板上设置开门按钮、开门指示灯、关门指示灯，也可设置故障指示灯，或由开门指示灯、关门指示灯复用指示故障信息；内外两侧门框上均应分别设置紧急解除互锁开关，用于紧急情况下快速开门；实验室退出方向不宜设置门禁措施（密码锁等）。

（7）整体泄漏量（所在房间的气密性）应至少满足 GB 19489—2008 标准中相应级别生物安全防护区围护结构气密性要求。

（8）门扇采用多层复合结构，内部骨架由矩形钢管焊接而成，内部填充保温、轻质材料，外侧采用不锈钢板通过压合制板技术与骨架紧密结合。

3. 机械压紧式气密门工作原理

门关闭时，门扇（门框）内侧压紧密封胶条与门框（门扇）压紧凸边接触，手握机械锁紧机构手柄顺时针或逆时针旋转，锁紧机构竖杆联动上、中、下（通常设 3 个联动压紧机构）压紧传动轴承，与限位固定块联动锁紧，门框（门扇）压紧凸边将密封胶条压紧，门扇和门框之间形成严格密封，同时电磁锁上电，门被紧紧锁住，关门指示灯亮（绿灯）。

门开启时（按开门按钮），电磁锁失电，手握机械锁紧机构手柄与关门反方向旋转，锁紧机构竖杆联动上、中、下压紧传动轴承，从限位固定块脱离后，门即可开启，开门指示灯亮（红灯或红灯闪烁）。门框上压紧机构的信号应引入实验室自动控制系统，中控界面可实时显示气密门开关状态。

4. 机械压紧式气密门技术要求

（1）机械压紧式气密门密封胶条通常采用甲基乙烯基硅橡胶，宜采用特殊模具制作，或接口焊接处理，形成完整密封圈。为达到较高的气密性水平，需要保证在压紧平面处密封胶条有足够的挤压形变，不同于充气式气密门可以设计成膨胀胶条沿门体横向挤压，机械压紧式气密门相对于门体表面为纵向挤压密封胶条，因此对整个密封胶条的压紧平面（包括门扇和门框）机械特性（平整度好、机械强度足够大、各压紧点受力均匀等）要求较高。

（2）门铰链应为多向自由调节铰链，可对门扇上下、左右进行细微调整，以使压紧凸边与密封胶条紧密配合。

（3）整体结构抗压力宜≥2500Pa。

（4）机械压紧式气密门内外两侧门框上分别设置控制面板，控制面板上设置开门按钮、开门指示灯、关门指示灯，也可设置故障指示灯，或由开门指示灯、关门指示灯复用指示故障信息；内外两侧门框上均应分别设置紧急解除互锁开关，用于紧急情况下快速开门；实验室退出方向不宜设置门禁措施（密码锁等）。

（5）设置机械锁紧机构手柄锁定装置（电子闩）的，电子闩在上电和失电时，弹出和回缩应自如。

（6）整体泄漏量（所在房间的气密性）应至少满足 GB 19489—2008 标准中相应级别生物安全防护区围护结构气密性要求。

（7）门扇采用多层复合结构，内部骨架由矩形钢管焊接而成，内部填充保温、轻质材料，外侧采用不锈钢板通过压合制板技术与骨架紧密结合。

十、排风高效过滤装置

高效过滤器作为生物安全实验室最重要的二级防护屏障之一，可有效防止实验室内生物气溶胶释放到室外环境。生物安全型高效空气过滤装置（简称"高效过滤装置"）是一种专门用于生物安全领域的通风过滤装置，内部安装有高效过滤器，并融入了符合生物安全理念的设计，具备原位检漏和气（汽）体消毒条件。

本节所述排风高效过滤装置主要用于高级别生物安全实验室内（含生物安全柜等负压通风设备排风管道上）污染空气的排风过滤处置，可有效阻止实验室或负压通风设备内有害生物气溶胶释放至室外环境。根据我国现行生物安全相关标准要求，三级生物安全实验室排风必须经过一级或两级高效过滤器过滤，四级生物安全实验室排风必须经过两级高效过滤器过滤，两级高效过滤器之间应有不小于 50cm 的距离可满足原位检漏条件。

（一）排风高效过滤装置类型

根据高效过滤器的安装方式，分为风口型和袋进袋出（Bag-in/Bag-out，BIBO）型高效过滤装置；根据检漏方式分为扫描和效率检漏型。风口型高效过滤装置根据安装位置又分为侧排式和顶排式两种。

1. 风口型高效过滤装置

由于我国现有的生物安全实验室设备层多数存在空间不足的问题，不易安装袋进袋出型高效空气过滤装置，为此，国家生物防护装备工程技术研究中心研发了一种适合我国国情、对设备层空间要求不高的风口式扫描检漏型高效空气过滤装置。风口式扫描检漏型高效过滤装置（以排风为例）采用风口式箱体结构，由排风箱体与集中接口箱组成。

排风箱体进风口端设置高效过滤器，箱体顶部或侧部的出风口端设置生物型密闭阀，箱体内部紧靠高效过滤器出风面安装有扫描检漏采样装置。风口式装置一侧设置集中接口箱，主要用于设置各气路接口及电气接口。高效过滤器外侧安装防护孔板，风口式装置箱体安装于室内的一侧可根据需要设置法兰边。可安装于生物安全实验室管道技术夹层（顶排式）或设备走廊（侧排式），在室内便可完成对高效过滤器的原位扫描检漏、消毒和更换，并可对消毒效果进行验证。

2. 袋进袋出型高效过滤装置

袋进袋出型高效过滤装置由箱体、生物密闭阀、气溶胶注入段、气溶胶混匀段、高效过滤段、下游扫描或全效率检漏单元等组成，并配有气溶胶注入口、上游气溶胶采样口、高效过滤器及固定压紧机构、下游气溶胶采样口、过滤器阻力监测装置、消毒接口、消毒验证装置、安全泄压装置等。袋进袋出型高效过滤装置通常安装在防护区外，其结构应牢固，应能承受 2500Pa 的压力；整体密封性应达到在关闭所有通路并维持腔室内的温度在设计范围上限的条件下，若使空气压力维持在 1000Pa 时，腔室内每分钟泄漏的空气量应不超过腔室净容积的 0.1%。

袋进袋出型高效空气过滤单元是目前国外高等级生物安全实验室使用最为广泛的一种过滤装置。为了方便更换高效过滤器和消毒、检漏等操作以及不占用实验室内部空间，该装置通常安装在实验室顶部的设备层。但由于袋进袋出型高效空气过滤单元体积比较大，因此供其放置的设备层的空间要求也比较高。由于设置在非防护区，这种方式节省了实验室的面积，且便于检修和维护，检修人员通常不需要进入工作层即可完成检修和维护工作，有利于实验室的生物安全管理。

不管哪个类型高效过滤装置，除装置本身应结构牢固和气密性好外，其与围护结构（或管道）之间安装也要牢固和密封，高效过滤器规格要与箱体大小及设计额定风量匹配，且易于安装。生物安全三、四级实验室排风高效过滤器和 BSL-4（ABSL-4）及适用于 4.4.3 类的 ABSL-3 实验室动物饲养间的送风高效过滤器均应具备原位消毒和检漏的条件。

（二）排风高效过滤装置安装

1. 风口型高效过滤装置安装

风口型高效过滤装置的安装方式包括侧墙安装和顶板安装。侧墙安装时，箱体通常采用支架支撑落地安装并固定；顶板安装时，箱体采用吊装方式，将箱体系吊在上层楼板底部或承重横梁上。风口型高效过滤装置的风口应设置法兰边（边宽 2～3cm），安装时法兰边反扣在墙板上，法兰边与墙板间用硅胶条或密封胶密封处理。四级生物安全实验室和适用于 4.4.3 类的 ABSL-3 实验室的风口型高效过滤装置应与围护结构预埋风管满焊连接，确保高效过滤装置与围护结构之间的完全密封。

2. 袋进袋出型高效过滤装置安装

采用袋进袋出型高效过滤装置可降低工作人员更换高效过滤器的暴露风险，通常安装在防护区外具有较大空间的设备层或设备走廊，以方便更换高效过滤器及检漏和消毒等维护工作。袋进袋出型高效过滤装置多采用支架落地安装并固定，也可采用吊装方式，将箱体系吊在上层楼板底部或承重横梁上。高效过滤装置进气端与实验室之间的管路需要进行满焊，安装前应进行气密性验证；同时，该段管路不宜过长。

（三）高效过滤器更换及消毒

1. 高效过滤器更换

关于高效过滤器的安装，新建实验室在硬件设施安装调试完成，并对高效过滤装置内腔及系统管道清洁和吹扫处理后进行。高效过滤器的安装及更换应由专业技术人员来完成。

出现以下情况时，应考虑更换或重新安装高效过滤器滤芯：

（1）中控计算机界面显示高效过滤器阻力超过额定初阻力的两倍（或根据厂家说明书规定的要求决定是否更换）；

（2）达到实验室送排风系统设定的终阻力值并发出报警；

（3）中控计算机界面显示高效过滤器阻力突然明显下降（有破损或移位的可能），检查不能确定是安装、传感器故障，还是信号传输等问题；

（4）高效过滤器所在的围护结构受到明显的振动，围护结构出现变形，与高效过滤装置密封处出现明显裂缝、脱胶等情况；

（5）高效过滤器使用达到厂家规定的使用年限（有老化、脱胶等可能）。

2. 风口型高效过滤装置高效过滤器消毒

GB19489—2008 规定，三、四级生物安全实验室的排风高效过滤器应具备原位灭菌和检漏条件。风口型高效过滤装置的高效过滤器原位消毒通常有两种方式。

一是与实验室终末消毒同步消毒的方式。将循环风机的软连接风管与风口型高效过滤装置消毒接口连接，关闭排风管道上生物密闭阀，打开消毒接口阀门，启动循环风机，形成密闭消毒回路。启动气（汽）体消毒设备（需保证消毒剂浓度和消毒时间），实验室内消毒剂气体在循环风机驱动下穿过高效过滤器，在实验室空间消毒的同时对风口型高效过滤装置内腔及其与生物密闭阀之间管道和高效过滤器原位消毒。该消毒方式可一次消毒多台风口型高效过滤装置，目前已广泛应用于我国的高等级生物安全实验室。

二是单独消毒方式，即在高效过滤器风口用锥形密封罩封闭（图 23-31），密封罩上消毒接口和高效过滤装置上的消毒接口分别与气（汽）体消毒设备的气体出口和回路接口连接，关闭排风管道上生物密闭阀，形成闭合消毒回路，启动气（汽）体消毒设备，消毒剂气体在气（汽）体消毒设备的驱动下穿过高效过滤器，可实现对风口型高效过滤装置内腔及其与生物密闭阀之间管道和高效过滤器的原位消毒。该消毒方式单次只能消毒一台风口，且操作难度大，实施困难，在我国应用极少。

图 23-31　风口型高效过滤装置原位消毒示意图

3. 袋进袋出（BIBO）型高效过滤装置消毒

袋进袋出型高效过滤器装置可采用单独消毒方式对高效过滤装置及高效过滤器进行消毒。

（1）关闭高效过滤器装置两端生物密闭阀及压力表两端截止阀，打开压力表旁通阀。

（2）将袋进袋出型高效过滤器装置上的气体消毒接口和消毒验证接口封口盖取下，将生物指示剂［如枯草杆菌黑色变种（ATCC 9372）芽孢或嗜热脂肪杆菌（ATCC 7953）芽孢菌片］置入消毒验证口网杯中，将网杯放入消毒验证口，安装消毒验证口封盖。

（3）将气（汽）体消毒设备的软连接风管分别与袋进袋出型高效过滤器装置的气体消毒接口和消毒验证接口阀连接，打开气体消毒接口和消毒验证接口阀门及泄压阀。

（4）开启气（汽）体消毒设备。

（5）消毒完毕，开启袋进袋出型高效过滤器装置两端密闭阀，取出生物指示剂，进行培养，判定消毒是否合格。

生物安全三、四级实验室的高效过滤器装置初次投入使用前，应对高效过滤器（装置）消毒效果进行验证。在高效过滤装置混匀段下游方向适当位置选择一断面均匀布置至少 9 个生物指示菌片，如果是多个 BIBO 型高效过滤器并排组合式装置，应适当增加生物指示菌片数量。该消毒方法（含使用的消毒机、消毒剂及浓度和消毒时间等）应纳入管理体系 SOP 文件，在更换高效过滤器（污染状态）前消毒灭菌时，仅在消毒验证接口放置生物指示菌片即可。

4. 原位消毒效果验证

由于气体熏蒸消毒效果受消毒剂种类、剂量、消毒容积、温湿度、作用时间、过滤器滤料穿透性等多种因素影响，其消毒效果存在较大的不确定性，给高效过滤器更换及其检测维护带来极大的安全隐患。为此，进行消毒效果验证成为确保达到气体消毒要求的关键一环。在我国 GB19489—2008 颁布之后，第二年美国就发布了 BMBL（2009，5th），其中就要求四级防护区的送排风高效过滤器装置应具有在更换过滤器之前进行原位消毒和验证的功能，其技术要求较 BMBL（1999，4th）显著提高。由此说明，美国生物安全领域的相关专家也意识到了消毒效果验证的重要性。

在美国 BMBL（2009，5th）发布之前，我国的相关研究人员也已意识到并率先解决了该技术难题。为实现高效过滤器的原位气体消毒效果验证，国家生物防护装备工程技术研究中心研发了一种可安装于高效空气过滤装置内的原位消毒验证装置。原位消毒验证装置由箱体连接端、密闭隔离阀、腔室、网杯以及密封盖组成，其内端与装置箱体内部相通，网杯用于放置验证消毒效果的生物指示剂，腔室另一端与密封盖密封连接。其可安装于高效过滤器装置，也可安装于气体循环消毒装置上，安装位置通常位于高效过滤器的下游一侧。在进行消毒验证时，打开密闭阀后，该验证装置用于放置生物指示菌片的空腔与高效过滤装置的高效过滤器下游箱体连通，该位置相对高效过滤器表面而言是个消毒不利点，因此，有学者认为存在过度消毒的问题。但是，高效过滤装置内存在很多的死角，如果消毒达标仅限于高效过滤器，而不涵盖整个过滤装置内部，则在更换过滤器时或进行原位检漏时存在病原体泄漏的安全风险。同时，相关的实验研究已经证明了该原位消毒验证装置的可行性。

5. 袋进袋出型高效过滤装置高效过滤器滤芯更换

在欧美国家，采用"袋进袋出"（BIBO）方式更换过滤器可作为过滤器原位消毒的一种替代方式。例如，欧盟标准 EN 12128—1998 要求生物安全三级与四级实验室排风高效过滤器必须安装成可安全更换的方式，并不限定具体方式。WHO《生物安全手册》（3th）则要求用于生物安全四级实验室的高效过滤器箱体应可在过滤器更换前进行原位消毒，也可以将过滤器装入密封的、气密的初级防护容器（密封袋）以备后续进行灭菌或焚烧处理；美国 BMBL（2009，5th）要求 BSL-3 实验室高效过滤器箱体应安装消毒接口或袋进袋出装置（具备适当的消毒措施），并要求 BSL-4 实验室高效过滤器箱体在更换过滤器之前进行原位消毒。但是，美国在 1999 年颁布的 BMBL（1999，4th）则要求生物安全三级和四级实验室防护区的送排风高效过滤器装置应在更换过滤器之前进行原位消毒，或者装到密封袋中进行后续消毒处理或焚烧处理。由此可见，美国在使用袋进袋出更换过滤器作为替代原位消毒这一做法上已开始持谨慎态度了。具体原因可能有两点：一是采用袋进袋出更换过滤器需要经过严格培训的专业人员进行操作，专业性强且过程烦琐；二是高效过滤器边角通常比较尖锐，操作不当则有可能划破更换袋，甚至划伤操作人员，未经原位消毒则有可能造成严重事故。由此可见，源于核工业的袋进袋出更换方式若直接应用于生物安全领域，是有其局限性的。同时，实践也证明了袋进袋出更换方式并非生物安全型高效空气过滤装置的标配，例如，澳大利亚动物卫生研究所在 1985 年建成并投入使用的大动物四级实验室，所应用的高效空气过滤装置就选择了原位消毒而非袋进袋出更换方式，已使用 30 余年，且运行良好，未见相关事故报道。

若采用袋进袋出方式更换高效过滤器，建议应先开展消毒工作，具体操作步骤如下（图 23-32）。

图 23-32　袋进袋出型高效过滤器更换示例

（1）消毒完成后，维修技术人员穿戴个体防护装备，在实验室人员的指导和监督下进行高效过滤器的更换工作。

（2）打开气密门，松开并理顺密封袋，松开高效过滤器压紧装置，将高效过滤器缓慢拉出，放入密封袋底部，收缩密封袋放入热熔剪钳夹槽内，推进压紧装置后用电热切割刀加热并切断密封袋，更换下来的高效过滤器送高压灭菌处理。

（3）将新的密封袋（内有新的高效过滤器）口套在袋进袋出高效过滤装置箱体门边框上并用密封圈压紧，将原密封袋残尾拉下（松开原密封圈）并推入到新的密封袋底部，将高效过滤器推进袋进袋出高效过滤装置箱体内腔，调平并压紧，收紧密封袋并关闭气密门。

（4）对新安装的高效过滤器进行原位检漏，检测合格后方可使用。

十一、化学淋浴消毒装置

化学淋浴消毒装置是正压防护服型生物安全四级实验室关键防护设备之一，是工作人员退出实验室的第一道防护屏障，其重要性不言而喻。工作人员穿戴正压防护服退出实验室必须经过这个密闭空间，并在其中对所穿戴的正压防护服表面进行全方位喷雾消毒和清洗，该装置要求消毒剂雾化布局覆盖全面，无消毒死角，可有效清除正压防护服表面可能沾染的病原微生物，保障实验人员安全退出，避免将病原体带出污染周围环境。

（一）化学淋浴消毒装置组成

化学淋浴消毒装置由化学淋浴消毒间、储液（消毒剂）罐（根据需要可设置原液罐）、输送系统（加压泵、管道及阀门）、触摸屏程序控制柜、压缩空气系统、低液位报警装置等硬件部分和自动控制系统构成。

1. 化学淋浴消毒间

化学淋浴消毒间应至少由化学淋浴消毒箱体（室）、喷头（嘴）、送排风过滤装置、气密门、生命支持系统供气接口（含呼吸用供气软管，对于不用长管供气式正压防护服而采用动力送风式正压防护服的，可不用安装供气接口）、照明系统、应急手动（拉杆或手动阀）消毒装置、门禁连锁控制及应急解锁装置、水封、报警装置及相关仪表等部件组成。化学淋浴消毒箱体底部应设置消毒污水收集槽，收集槽容积应至少可收集一个消毒程序产生的污水量，排水出口应位于收集槽的最低位。

（1）箱体材质。箱体材质宜使用≥2mm 厚的耐腐蚀不锈钢结构或钢筋混凝土结构。化学淋浴消毒间材质和安装方式方面没有明确要求，但其结构承压力及密闭性应符合所在区域气密性要求。从组装类型区分：一种类型消毒室根据实验室实际建设，通过在钢筋混凝土建筑结构中布置管路、雾化喷嘴组装而成（图23-33 左）；另一种类型是通过连续焊接技术，由不锈钢板满焊组成的整体式消毒室（图 23-33 右）。化学消毒药液具有一定的腐蚀性，消毒室箱体采用耐腐蚀的不锈钢板连续焊接组成，抛光内部焊缝有效避免任何液体滞留，同时箱体上配置气密门，门框与箱体焊接一体。

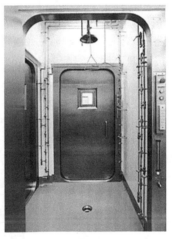

图 23-33　两种类型的化学淋浴消毒间

（2）箱体气密性。为防止化学淋浴消毒时形成的雾化微小颗粒向外扩散（未灭活的病原微生物有可能随气雾逸出），化学淋浴消毒间必须保证足够的气密性，除箱体密闭性要求外，化学淋浴消毒间与相邻房间之间通常安装充气式或机械压紧式气密门。其整体气密性应至少满足 GB19489—2008 中 BSL-4 防护区围护结构的气密性要求，即在关闭化学淋浴消毒间所有通路并维持箱体内的温度在设计范围上限的条件下，当箱体内的空气压力上升到 500Pa 后，20min 内自然衰减的气压小于 250Pa。

（3）喷头（嘴）。喷头（嘴）喷出的消毒剂雾滴，应能有效接触病原微生物表面。同时，兼顾考虑喷出雾滴形状、流量和冲击力大小等，消毒剂雾滴呈锥形向心状，与对向雾滴有不少于 1/3 的交叉，能有效覆盖整个化学淋浴消毒间，以确保全方位、无死角对正压防护服表面及化学淋浴消毒间箱体进行消毒。喷头（嘴）错位分布在箱体四周、顶部和低部，确保化学喷淋（雾）全覆盖，必要时设置手持或底部喷头，便于对正压防护服脚底、裆部、腋下等部位的消毒。

（4）送排风高效过滤装置。送排风高效过滤装置通常布置在化学淋浴消毒间顶部，其中，送风采用一级高效过滤，排风（BSL-4/ABSL-4）则需要采用二级高效过滤。化学淋浴消毒间的送排风风量既要考虑静态运行时维持消毒间正常的负压、与相邻间的压力梯度，还要考虑在启动消毒程序后产生气雾、正压防护服供气会导致化学淋浴消毒间压力增大。因此，送排风量要根据消毒间压力变化而快速调整，防止化学淋浴消毒间在消毒过程中因压力增大，与相邻间（特别是室外方向的相邻间）的压力梯度消失甚至逆转；同时，送排风高效过滤器要选用疏水型、耐化学消毒的材料。

（5）生命支持系统供气接口。用于消毒长管供气式正压防护服的化学淋浴消毒间应配置 2 个及以上正压服供气终端，气密型接口和呼吸用供气软管宜配置同一厂家（或配套）的产品，实现快速插拔并确保连接口气密性。

（6）应急（手动）消毒装置。在化学淋浴消毒自控或输送系统故障及停电等情况下，工作液罐中消毒剂足够使实验人员使用化学淋浴消毒间内手动拉杆（手动阀）完成一个应急消毒流程，消毒剂通过喷头喷出。

（7）气密门、门禁连锁控制及应急解锁装置。进出化学淋浴消毒间的门应安装充气式气密门或压紧式气密门，进出门实现联锁控制，门两侧安装应急手动解除互锁开关，并可自动恢复。

（8）相关仪表。包括压力表或压差表等，可以为电子显示屏，在进入箱体（室）的门外侧附近设置。

化学淋浴消毒间宜能满足 2 人（含）以上同时穿戴正压防护服进行化学淋浴消毒，并有一定的活动空间，便于伸手、转身等动作，考虑消毒剂喷出有效距离并与对向有所交叉，箱体长与宽宜控制在 2.5m 以内。喷头（嘴）错位分布在箱体四周、顶部和低部，确保化学喷淋（雾）全覆盖，必要时设置手持或底部喷头，便于对正压防护服脚底、裆部、腋下等部位的消毒。

2. 化学药剂配液系统

化学淋浴设备的化学药剂配液系统由原液罐、储液罐、备用罐、加压泵组、阀门组件、配液计量泵、液位传感器、pH 计传感器等部件组成，如图 23-34 所示。化学淋浴消毒装置宜配置一个原液罐和两个储液罐，储液罐的数量和容量根据使用频率及每次所需消毒剂量而定。也可根据设定的原液浓度（或 pH）和所需消毒剂浓度（或 pH）按比例手动在线配制；储液罐应具备搅拌装置，确保消毒剂混合均匀。

图 23-34　一体式自动配液系统

（1）储液罐：由罐体、罐盖、搅拌桨、进出料口等构件制成。材质选取应耐磨损、耐腐蚀、易清洁，材料性能应稳定，有足够的刚度和强度。宜使用一次成型 PE 塑料桶或 316L 不锈钢桶。储液罐也叫配液罐，用于配置及盛放化学药剂混合液。整套化学淋浴设备通常配置两个罐体，一用一备，其中一个罐体消毒剂液位低位报警时，自动切换至另一罐体供液，此时低位报警的罐体能按照控制系统设置参数，自动注水、注原液消毒剂完成在线配液工作，两个罐体之间既能相互配合，又能独立工作。储液罐罐体应具备自动搅拌功能或自循环混匀装置，配置清洗球连通注水管路能自动清洗，罐体上还应设置液位传感器以及 pH 计检测功能，具备高低液位报警和实时浓度检测。

原液罐罐体用于盛放化学药剂原液，其罐体上配置电磁计量泵，利用计量泵把化学药剂输送至储液罐（配液罐）里，罐体顶部呼吸进气口应设置过滤器装置，特别是针对易挥发的化学药剂。原液罐罐体上同样设有液位传感器，具备高、中、低液位报警及实时液位检测。

（2）喷淋泵组、阀组：雾化喷淋系统的加压泵组应采取一用一备形式，加压泵应具备耐腐蚀性，可以输送液体尤其是高黏度及含有悬浮颗粒的液体，提供足够的压力，可调节流量和扬程，维护简便，零件容易更换。电磁阀组，特别是和化学药剂有接触的，需具有耐腐蚀及开关状态反馈功能等。

3. 输送系统

输送系统包括加压泵、管道及电动（气动）阀门等，加压泵和电动（气动）阀门应为一用一备，并自动切换，加压泵宜为变频控制，或通过压缩空气压力调节消毒剂喷雾压力和流速。

整套化学淋浴消毒装置的管道系统包括水淋、药淋、应急喷淋、污水排放等管路。水淋和药淋共用一套淋浴喷头及管道。输送系统根据系统基本供水量、工作压力及流量和位置分布、箱体结构等参数设计系统布局，包括不锈钢管道系统管径、管件、安装支架的选择等。对输送化学药液管道来说，管道焊接是很重要的，所有的焊接均需作外表目检，有条件的地方尽可能采用管道焊接机进行不锈钢管道焊接。根据实际情况，按规范要求制作。所有管道在施工完毕后，要进行保压测试，以检验整个管道系统的承压能力，即对管道进行泄漏测试。保压测试后，必须对整个系统进行吹扫。管路支架应根据布局和类型，以满足管路荷重、补偿、位移、减少振动的要求为前提，选用不同类型的固定支架等。

4. 低液位报警装置

储液罐低液位报警时，工作人员可以进入化学淋浴消毒间完成一次消毒流程，储液罐中至少留有完成一次化学淋浴消毒流程所需的消毒剂，消毒流程结束后系统自动切换到另外一个储液罐使用。

5. 污水收集装置

化学淋浴消毒箱底部应设污水收集槽，应至少能收纳一个消毒程序产生的污水，污水靠重力或负压抽吸至污水消毒设备中，再次经高压灭菌或化学消毒灭菌后排放。

6. 自动控制系统

化学淋浴设备必须具备安全可靠、操作方便的自控系统，身穿正压防护服的待淋浴工作人员能独立完成全部淋浴洗消流程操作，其中应包括：开、关气密门的操作；淋浴间两侧的门体互锁控制；一侧门打开，另一侧门必须保持关闭状态，不能同时打开；自动调节淋浴消毒间的送排风系统，确保有足够的通风能力；控制送风量保证其足够的换气次数，控制排风量维持设定负压，防止淋浴、清洗过程出现内部正压（最小负压差-10Pa）或与相邻间出现压差逆转的现象。

化学淋浴设备工作流程包括自动化学加药、正常化学药剂喷淋、清水清洗等。控制系统按照设置要求自动配置消毒药剂，实时监测罐体液位及浓度值。实验工作人员退出污染区准备进入淋浴消毒间、依据控制系统界面预先设定参数、打开互锁气密门进入、连接生命支持呼吸接口、启动自动运行按钮、化学药液自动雾化喷淋、延时暴露等待、自动清水清洗、消毒结束自动打开气密地漏排液等工作流程。

自动化控制系统至少应包括控制柜、触摸屏、控制器及附属元件。设置自动和手动工况，控制参数可根据现场实际工况设定，系统应具备解除（终止）消毒程序及加压泵、电动（气动）阀、门和压缩空气压力等故障报警功能。

（二）化学淋浴消毒装置使用与维护

（1）消毒剂的配制。无论是手动还是自动配制，均要确保消毒剂的浓度和在有效期内，定期检测消毒剂浓度或配置消毒剂浓度传感器实时显示。必要时，定期对传感器进行校准。

（2）由专人负责设备的使用维护，对化学淋浴消毒装置的物理性能每年至少进行一次检测，包括：箱体内外压差、换气次数、给排水防回流措施、液位报警装置、箱体气密性、送风高效过滤器和排风高效过滤器检漏及消毒效果验证等。

（3）化学淋浴消毒装置的液位等报警信息应远程传输到中控室，并有声光报警装置，日常定时检查液位情况。

（4）更换其他消毒剂时，应重新对正压防护服表面消毒效果进行评价，并要评估消毒剂对化学淋浴消毒装置（含箱体、管路、阀门等）和正压防护服的腐蚀性。

（5）定期检查喷头有无堵塞或生锈，有堵塞或生锈时应及时更换，消毒程序中应设定在完成化学淋浴消毒后有一定时间清洗喷头的过程。

（6）定期检查送排风高效过滤器阻力，必要时及时更换。

（7）确保正压防护服喷雾（喷淋）消毒过程中化学淋浴消毒间与室外方向相邻间保持有序压力梯度（不得倒置）。

十二、正压防护服

一体式正压防护服是防止头部、面部、身体、手、脚和呼吸系统暴露等功能集于一体，由化学防护材料（通常由特殊 PVC 基体的高分子材料等）制成并有单向阀或 HEPA 连接和供气功能的特殊防护装备。

正压防护服是阻断实验人员暴露于病原体气溶胶、喷溅物以及意外接触等危险的直接物理屏障。按照所从事实验操作的性质，在确保防护功能的前提下，原则上，一体正压防护服应符合整体结构牢固、穿着得体（便于下蹲和弯腰）、移动灵活、操作方便、面罩透明（视野良好无磨损）、鞋底防滑、呼吸流畅等功能。

（一）正压防护服结构及技术要求

1. 正压防护服结构

正压防护服结构组成包括：透明头罩（前脸部或整体透明）、躯干（含四肢）、硬质腕部袖口（可更换手套）、气密型快速拉链、连体安全靴、带风量调节及单向阀的供气接口、背部排气磁力阀（防回流式）或排气过滤装置和内部供气管道等。躯干材料与头罩、靴子、气密拉链、供气接口等采用高温焊接技术连成一体，也有部分正压服的供气接口装置采用内外螺旋加密封圈拧紧，手套与袖口之间通过硬质固定圈折边用密封圈固定，可确保正压防护服整体的高度气密性，并便于更换。

穿戴正压防护服工作时，由于正压防护服的密闭导致供气产生较大的气流噪声，无法与同伴及监控室较好的交流，因此，需要配备一些辅助装备。

（1）听觉保护器。用于避免正压防护服内来自于供气管路的噪声干扰。

（2）通讯装置。例如，无线头戴式耳麦一体装置（图 23-35），实验室内设置节点交换机与耳麦无线连通，实现同伴间实时通讯，并通过有线与远端监控室之间进行实时通讯，也可减少气流的噪声干扰。

（3）故障报警装置。供气压力低于设定报警值时，应可接收到报警信息。

（4）必要时，配备可穿戴式生命实时监测装置，实时监测使用者的心率、体温、呼吸和心跳等，通过对人体生理参数的提取与处理，以声光报警或实时数据传输形式通知监控室。

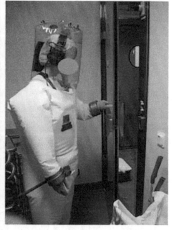

图 23-35　无线头戴式耳麦装置

2. 正压防护服技术要求

（1）透明头罩：防化学腐蚀、耐磨的透明 PVC，并有一定的支撑硬度和强度，大小要确保有足够的空间，以保证头部自由活动和视觉效果良好。

（2）躯干：由防水、耐酸碱、耐腐蚀、耐摩擦、耐撕、质地柔软的材料制成。普遍使用的材料包括经内外橡胶衬底的复合塑料和高防护复合 PVC 涂层等。躯干尺寸要量身定制，既要保证穿戴舒适、下蹲和行走方便，又要避免太过膨松。

（3）穿戴/脱卸出入口及气密拉链：穿脱出入口大小尺寸通常从头罩顶侧到大腿根部，确保穿脱方便。出入口安装可封锁的气密拉链装置，拉链封锁后防护服须具高度气密性，气密拉链和扣环要完好、开闭顺滑并具有一定的强度。

（4）供气装置：正压防护服本身也是一道呼吸系统的屏障，以避免人员受到高危害气溶胶暴露。因此，操作人员只能靠独立的生命支持系统提供新鲜、舒适的空气来维持生命呼吸。防护区内的不同位置，设计并安装有自顶板悬垂而下的呼吸用供气软管，操作人员可就近选择供气软管与自己的防护服相连。连接接口为气密性快装接头，带 HEPA 和单向阀，使空气只进不出；另有可调节阀调节进气流量大小，保证人员正常呼吸，并维持正压防护服内压力相对于实验室环境的正压状态。

（5）硬质腕部袖口及可更换手套：带有独特的硬质腕部折边袖口，便于更换和密封，手套材料要耐化学腐蚀、柔软、操作感强，手套大小尺寸要量身定制。

（6）连体安全靴：可选用特殊的氟橡胶材料制作，大小尺寸要量身定制，靴底要防滑。

（7）排气过滤装置或排气磁力阀：通常设置于背部，设有 HEPA 或排气磁力阀保护装置，防止脱落和消毒剂浸湿。

（8）内部供气管道：正压服内部供气管道通常延伸到头部、背部和腿部，质地较软并与防护服连接牢固，不影响人员穿脱。

（9）微生物防护性能：①防护服面料阻挡空气中（含粉状）生物粒子的穿透性能和液体中生物粒子的渗透性能应达到 99% 以上；②整体防护因子 > 50 000（EN1073 标准）；③气密性应满足正压防护服内压力保持 1000Pa 的情况下，在 4min 后压力下降小于 20%。

（二）正压防护服安全操作和维护

对于生物安全四级实验室的工作人员而言，穿戴一体式正压防护服既是隔离高危病原微生物的物理屏障，也是一道心理屏障。工作人员必须有足够的心理准备和心理承受能力，严格遵循安全规范的操作规程和安全制度，个体安全防护才能发挥其有效的保障作用。正压防护服相关安全操作如下。

（1）在进入防护服更衣室、穿戴正压防护服之前，必须检查正压防护服整体有无撕裂、脱胶、孔洞或严重磨损，面罩视窗有无磨损、视觉效果是否良好。充气保压防护服，检查是否出现泄漏，如有渗漏必须更换（图 23-36）。

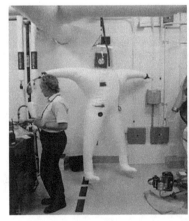

图 23-36　正压防护服完整性测试及泄漏检测设备

（2）检查各安全装置（排气过滤器或排气磁力阀、风量调节阀、供气接口和内部供气管道等）是否有松动、功能是否正常。特别是采用内外螺旋加密封圈拧紧的供气接口装置，由于螺旋状呼吸用供气软管在使用过程中随着工作人员在实验室内来回走动，可能导致正压服上供气接口装置的螺纹松动，甚至脱落，因此，定制正压服时，应在供气接口附近安装供气软管接头的缓冲带，供气软管接头穿过缓冲带插入正压服供气接口，由于缓冲作用，可防止接口松动和正压服的撕裂。

（3）工作人员应正确穿戴防护服，两人配合穿戴。穿戴正压防护服工作时，实验室内工作人员不得少于 2 人。

（4）进入实验室后，视自己的工作位置，就近选择由顶板上垂下的呼吸用供气软管，将其正确插接到正压防护服供气接口上，活动范围大于 3m 时要考虑更换供气软管，如实验室内设备和供应管道较多，来回走动时应注意用手理顺供气软管（螺旋状供气软管之间容易相互缠绕），避开设备和实验台等。

（5）防止突然下蹲或下蹲后快速直立。正压服正常使用时，内部压力相对实验室的标称气压应不低于180Pa，而突然下蹲或下蹲后快速直立可能引起正压服压力明显改变，甚至出现逆转，哪怕只是短暂出现这种状况，也有很大的风险。

（6）防护服内会有空气流动发出的噪声，正确使用听觉保护器。

（7）工作结束后，退出实验室前必须对正压防护服表面进行化学淋浴消毒，先全身用化学消毒剂淋浴（喷雾）消毒，全过程通常持续 4～10min（根据病原体种类、特性和风险评估确定），消毒过程中确保无死角，最后用清水清洗 2～5min。

（8）消毒结束后，进入脱正压防护服间脱去正压防护服，检查防护服内是否出现湿点。若有湿点，意味着防护服出现了渗漏，有被暴露的可能，应立即通知相关人员进行处理，必要时医学观察，并作为一起事故记录在案。

（9）实验室更换病原体或消毒剂时，应重新进行正压服表面化学淋浴消毒效果的验证。

（10）正压防护服每使用 7～10 次应接受一次完整性测试。

（11）禁止折叠正压防护服，折叠放置会很快缩短其使用寿命，使用间隙应将正压防护服悬挂起来。

第三节　个人防护装备

一、概述

（一）生物安全实验室个人防护装备的定义

个人防护装备是指用于防止工作人员受到物理、化学和生物等有害因子伤害的器材和用品。在生物安全实验室中，这些器材和用品主要是用于保护实验人员免于感染性材料各种方式的暴露，避免实验室相关感染。在操作感染性材料时采取科学合理的个人防护对避免实验室相关感染非常必要而有效。生物安全实验室个人防护装备一般分为呼吸防护、头（面）部防护和皮肤防护三大类。

（二）生物安全实验室对个人防护装备的要求

1. 防护原则

根据病原微生物危害等级、传播途径以及生物安全实验室的防护等级，制订适合防护等级的策略，选择合适的装备器材，实现有效控制，确保人员安全。一般采用分级防护原则，防护等级的确定应重点考虑以下几个方面：①参照我国对病原微生物的分类，危险程度越高，选择的防护等级越高；②从事实验活动的性质；③实验室的防护等级；④当地保障条件差的情况下适当提高防护等级（如落后地区、海外从事医疗活动）；⑤从事新发病原操作时适当提高防护等级；⑥以风险评估为依据，避免过度防护。

2. 防护分级

参照上述分级原则，通常将实验室个人防护分为 4 级，具体构成如表 23-4 所示。

表 23-4　生物安全实验室个人防护分级

防护等级	所需防护装备	适用实验室类型
一级	一次性使用帽子；工作服或一次性使用隔离衣；一次性使用医用外科口罩；一次性使用手套（必要时）	BSL-1 实验室
二级	一次性使用帽子；一次性使用医用外科口罩或 N95 口罩；面屏；医用防护服；一次性使用手套；鞋套（适用于非连脚型防护服）	BSL-2 实验室
三级	一次性使用帽子；连体式生物防护服；N95 或以上等级防护口罩、护目镜或面屏，全面具或电动送风头罩（适用于操作经空气传播病原体或动物暴露饲养与处置）；连体式生物防护服、防喷溅围裙；一次性使用手套；鞋套（适用于非连脚型防护服）	BSL-3 实验室 生物安全柜型 BSL-4 实验室
四级	压缩空气供气式正压防护服	正压服型 BSL-4 实验室

二、生物安全实验室个人防护装备的分类与选用原则

（一）呼吸防护装备

生物安全实验室个人呼吸防护装备是指将环境空气经过滤后去除生物危害物质再进入人员呼吸系统的装备，分为自吸式和动力送风式两大类。自吸式主要包括各类口罩、口鼻罩、面具等。动力送风式主要包括送气头罩、送气面罩、送气面具等。呼吸防护装备的防护原理是利用空气过滤材料或过滤元件阻隔环境中的生物气溶胶，使佩戴者的口鼻部位或面部与周围污染环境隔离。

1. 口罩

口罩是常见的呼吸防护装备，在生物安全实验室使用频次最高。表 23-5 是目前世界各国和组织对口罩的常见分级方式，选用时应重点关注口罩的过滤效率和泄露率。

表 23-5　主要国家和组织对口罩的常见分级方式

国家或组织	口罩分类/分级名称	口罩过滤效率	口罩泄露率	参考标准规范
中国	医用防护口罩	≥95%	未规定	GB 19083—2010
	KN90 口罩	≥90%	≤25%	GB 2626—2019
	KN95 口罩	≥95%	≤11%	
	KN100 口罩	≥99.97%	≤5%	
美国	N95 口罩	≥95%	未规定	NIOSH 42 CFR84 第 K 部分
	N99 口罩	≥99%		
	N100 口罩	≥99.97%		
欧盟	FFP1 口罩	≥80%	≤25%	EN 149：2001+A1：2009
	FFP2 口罩	≥94%	≤11%	
	FFP3 口罩	≥99%	≤5%	
日本	DS1 口罩	≥80%	未规定	JIST8151—2018
	DS2 口罩	≥95%		
	DS3 口罩	≥99.9%		

口罩佩戴的密合性是保证口罩防护性能的关键之一，表 23-5 中对中国和欧盟相关标准对口罩泄露率进行了详细规定。美国标准虽然没有规定，但在美国的个体防护装备配备标准 29 CFR 1910.134 中，强制要求使用前对口罩的密合性（Fit）进行评估。日本在 JIST8151—2018 未规定泄露率要求，但在 JIS T 8159 测试方法中规定了测试总泄漏率的方法，在 JIS T 8150 中要求半面罩的适合因子（总泄露率倒数）＞10，即总泄漏率要求低于 10%。因此在口罩选用时还应关注制造商提供的口罩泄露率测试数据，必要时，还应在

使用前使用专用设备进行口罩佩戴密合度测试。

常见口罩分为非密合型口罩和密合型口罩两种技术形式。非密合型口罩在佩戴时，口罩边缘与人员面部处于松散贴合。市售非密合型口罩按外形可分为平板式、折叠式和立体式3类，医用外科口罩、医用防护口罩多见平板式，常见的立体式口罩主要包括蚌型、船型、铲型（鱼型）。平板式口罩的主要缺点是密合性差；立体式口罩密合性好，但携带不便；折叠式口罩密合性好、携带方便，因此应结合人员面部特征选用合适的类型。

密合型口罩又称口鼻罩，由口鼻罩体和可拆卸空气过滤原件组成（图23-37），过滤效率等性能要求参照 GB 2626—2019 执行。密合型口罩的橡胶弥合材料能够与人员面部密合，因此密合度程度高，且过滤原件可更换，口罩可重复使用。在选用时应注意，此类口罩不适合蓄胡须者、橡胶过敏者佩戴。

图 23-37 典型的密合型口罩

2. 面具

图 23-38 典型防护面具

生物防护面具与生物防护口罩最大的区别是具有单独的过滤元件，可以对口鼻和整个面部提供全面防护（图23-38），佩戴者无需另外佩戴护目镜或防护面屏。生物防护面具一般采用柔性橡胶折边结构，与佩戴者面部贴合度更好，具有更高的防护效果，且可重复使用。过滤元件是生物防护面具的核心部件，主要通过过滤元件中的高效过滤材料实现对生物气溶胶的吸附和过滤作用，为佩戴者提供洁净空气。生物防护面具的缺点主要是质量大、成本高、清洗消毒和保养复杂。

3. 正压防护头罩

正压防护头罩有时也被称为头盔正压式呼吸防护系统，除对呼吸系统防护外，还可提供眼睛、面部和头部防护。NAS-CL05-A002《实验室生物安全认可准则对关键防护设备评价的应用说明》中对正压防护头罩的定义为：通过电动送风或外部供气系统将过滤后的洁净空气送入头罩内并在头罩内形成一定正压，对人员呼吸和头面部提供有效防护的生物防护装备。

正压防护头罩的原理是从生命支持系统或电动送风系统向正压防护头罩提供压力和流量持续稳定的洁净空气，经过噪声消除装置后进入头罩内，向佩戴者提供呼吸的同时维持头罩内相对外界的正压，进一步阻止外部环境的生物污染物（气溶胶、液体）进入头罩内部，从而为佩戴者提供更高等级的防护。正压防护头罩克服了传统自吸过滤式防护口罩和面具由于密合不严而产生泄露的风险，大幅提高了防护等级，而且作业人员呼吸阻力小，减少湿热，降低身体负担。

根据标准 ISO/TS 16975-1：2016《呼吸防护设备选择、使用和维护》中的分类，正压防护头罩一般按照覆盖类型、供气方式、呼吸接口松紧程度、有无过滤器和过滤器类型等进行分类。正压防护头罩按结构形式分类主要分为开放型面罩、开放型头罩和密封型头罩3种（图23-39）。正压生物防护头罩按照供气类型主要分为电动送风过滤式正压防护头罩和压缩空气供气式正压防护头罩两种。

我国相关标准对正压防护服头罩的分类与国际标准有所不同，GB30864—2014《呼吸防护动力送风过滤式呼吸器》将正压防护头罩分为密合性半面罩（PHF）、密合性全面罩（PFF）、开放型面罩（PLF）、送气头罩（PLH）等4类，其中前两类可归结为传统意义的防护面具类，开放型面罩和送气头罩则与实验室

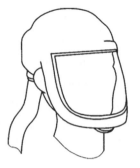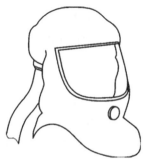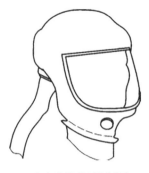

（a）开放型面罩（cL）　　　　　（b）开放型头罩（dL）　　　　　（c）密封型头罩（dT）

图 23-39　常见正压防护头罩结构形式分类

常用的呼吸防护头罩一致。GB30864—2014 将开放型面罩（PLF）的整体泄漏率定为≤0.5%（即整体过滤效率≥99.5%）。国内许多头罩生产均按照 GB30864—2014 标准执行，如果产品分类为开放型面罩（PLF），选择此类产品时需要慎重，应重点考察头罩的整体泄露率数据。GB30864—2014 将送气头罩（PLH）的整体泄漏率定为≤0.01%（即整体过滤效率≥99.99%），与 ISO/TS 16975-1：2016 防护分级的 PC5 级一致，满足目前国内外对烈性病原微生物防护的需求。

（二）头（面）部防护装备

生物安全实验室个人头（面）部防护装备专指对面部、眼部的隔离防护器材，常见的主要包括护目镜、防护面屏（罩）等，正压防护头罩、全面罩也具有面部防护功能。护目镜和防护面屏一般与防护口罩配合使用，共同构成面部防护屏障。护目镜带有柔性折边，可与面部皮肤密切结合，防止生物气溶胶和含微生物液体进入眼睛（图 23-40）。防护面屏（罩）一般为开放式，仅起到防止含微生物液体喷溅至眼睛（图 23-41）的作用。为防止护目镜和面屏（罩）起雾，在使用前应涂覆防起雾剂。

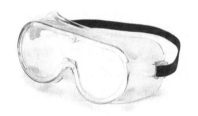　　　　　　

图 23-40　护目镜　　　　　　　　图 23-41　防护面屏（罩）

（三）皮肤防护装备

生物安全实验室皮肤防护装备是指对人员躯干、四肢的皮肤进行隔离防护的器材，主要包括防护服、手套、防护靴（鞋套）等，与呼吸防护装备共同构成全身隔离防护系统。

1. 生物防护服

生物防护服是生物安全实验室常见的个人防护装备，按照结构形式可分为连体式和分体式两大类，其中以连体式最为常用，按使用方法分为一次性防护服和可重复使用防护服两大类。连体式生物防护服包括连体帽、连体服和连体脚套（部分产品不包括连体脚套），前部设置穿脱拉链，拉链上覆盖防护门襟（图 23-42），防护服接缝处一般需密封处理（贴敷胶条等）。生物防护服一般采用防水透气阻隔材料制成。实验室用生物防护服参数要求一般参照中国标准 GB 19082—2009、欧盟标准 EN 14126：2003、美国标准 NFPA 1999—2018 等相关标准确定。三种标准的参数基本一致，核心指标包括耐静水压、耐合成血穿透性、耐颗粒物穿透性和透湿性等，前 3 项指标对应防护服防护性能，最后一个指标对应防护服热舒适性能。

2. 正压防护服

世界卫生组织出版的《实验室生物安全手册》中规定，对于正压防护服型四级生物安全实验室，人员

图 23-42　常见生物防护服结构形式

进入必须穿着一体式的、可供给高效过滤空气的、内部为正压的防护服。防护服供气系统应有独立的来源和至少双倍于需求量的供应能力。正压防护服是正压服型生物安全四级实验室人员的防护核心装备，是一种具有供气系统并能保持内部气体压力高于环境气体压力的全身封闭式防护服。正压防护服可以防止人体各部位及呼吸系统暴露于有害生物物质，涵盖了呼吸防护、皮肤防护和头面部防护等各个方面，对实验人员的呼吸系统、皮肤、眼睛和黏膜提供最高等级的防护，适合于污染环境中有害物质的成分和浓度都不确定、有可能对人体造成致命危害的场合。正压防护服按供气方式可分为外部压缩空气集中供气式和自带电动送风过滤系统式两大类，分别对应欧盟标准 EN 943-1-2015 的 Type 1c 型和 Type 2型。外部压缩空气集中供气式正压防护服多用于正压服型生物安全四级实验室进行日常实验活动；自带电动送风过滤系统式正压防护服不受供气管长度限制，活动范围广，可用于生物安全四级实验室等环境发生异常、进行紧急处置时的救援人员防护。

正压防护服通常由头罩、连体服、拉链、手套与靴子、供气系统、控制与报警系统等部分组成。头罩通常由透明的高分子材料制成。连体服通常具有较好阻隔性能、气密性能和力学性能的高分子材料，如PVC 涂层复合材料，经高频热合工艺制作而成。拉链为气密型，通常由头部延伸到胯部以方便人员穿脱。手套与靴子通常为橡胶材质，通过特殊的结构与防护服密封连接，有些手套可更换，供气系统为防护服提供洁净空气并保持防护服内的正压。

正压防护服具有以下性能特点。①防护等级高。正压防护服采用高阻隔性的材料制成，且全身封闭，工作时防护服内部压力始终大于环境压力，通常正压可达数十至数百帕，因此能为人员全身提供最高等级的防护，其防护因子高达 100 000 以上，可有效阻隔气体、液体和气溶胶形式的生物有害物质。②呼吸负担小。相对于非供气式防护服，正压防护服工作时，大流量的洁净空气不断进入防护服内，使人员呼吸更顺畅和轻松。③热舒适性好。正压防护服工作时，大流量的洁净空气不断进入防护服内，意味着防护服与外界环境一直维持着较强的热量交换，因此可将人体产生的热量和水分及时排出防护服，使穿着人员不会产生明显的闷热感，热舒适性较好。

3. 防护手套

在实验过程中手是最易受到污染和伤害的身体部位，因此也是生物安全实验室重点防护的部位之一。手套是防御工作中物理、化学、生物等外界因素伤害劳动者手部的防护用品，在生物安全实验室中还起到阻隔物理、化学和生物危害性材料污染实验人员的目的。防护手套种类繁多，按照防护功能可分为防酸碱手套、耐酸碱手套、防高低温手套、防割伤手套等，按照使用条件可分为一次性使用手套和可重复使用手套。生物安全实验室常用防护手套及性能特点如表 23-6 所示。生物安全实验室一般以乳胶手套为基本手部防护用品，需要特殊作业时，在乳胶手套上加戴其他功能性手套。

表 23-6　生物安全实验室常用防护手套

手套名称	典型样式	材质	特点	适用范围
乳胶手套		天然乳胶	对含微生物液体、颗粒、酸碱水溶液具有较好的防护作用，舒适，弹性好，使用灵活	一次性使用，多用于实验室常规操作

续表

手套名称	典型样式	材质	特点	适用范围
丁腈手套		丁腈橡胶	具有抗磨损和一定的抗刺穿性能，对含微生物液体、颗粒、酸碱水溶液具有良好的防护作用，多使用灵活、舒适	可重复使用，用作正压防护服配套手套或乳胶手套的外层防护手套
橡胶手套		合成橡胶	具有较强的抗磨性、抗刺穿性能、抗抓咬性能和耐高浓度酸碱溶液腐蚀穿透性能，较厚重，灵活性差	可重复使用，一般用于强酸碱溶液操作
耐高低温手套		隔热材料	具有良好的耐高温灼伤和低温冻伤性能，不具备机械损伤和生物化学阻隔性能	可重复使用，一般用于高低温取材时的手部防护
耐割刺手套		橡胶或带金属丝织物	具有优良的耐切割、抗刺穿性能，一般不具备机械损伤和生物化学阻隔性能	可重复使用，一般用于实验动物饲养、抓取等

4. 防护靴（鞋套）

生物安全实验室人员足部防护主要防止人员足部受到生物、化学危害物质污染，主要装备包括防护靴、防护鞋套等。目前市场上常见的防护靴主要采用皮质或合成材料制成，防护鞋套一般采用与防护服面料类似的阻隔型材料制成（图23-43）。在生物安全实验室中，穿戴不含连体脚套的生物防护服时，需要另外穿戴具有生物化学物质阻隔功能的防滑防穿刺鞋套。穿戴含连体脚套生物防护服时，

图23-43 常见防护鞋套和防护靴

无需另外穿戴防护鞋套，但应穿戴防滑耐磨的拖鞋或防护靴等。在进行大动物饲养和管理时，考虑到动物踩踏会给足部带来伤害和生物安全风险，应穿戴具有防挤压和刺穿的防护靴，不宜穿戴软体鞋套。正压防护服的防护靴一般使用皮革或合成材料制成的不渗液体、防水、防滑橡胶靴。

三、个人防护装备的使用、维护和消毒

（一）一次性个人防护装备的使用、维护和消毒

一次性防护服、手套、鞋套、头套、口罩等使用前检查装备状态，使用时确保型号适合、穿戴牢固，使用过程中避免撕裂、划破、刺穿等破坏。一次性个人防护装备日常维护的重点是存储环境，要经常检查存储环境的温度、湿度、照射、粉尘，防止装备出现高温变质、霉变和虫蚀情况。一次性个人防护装备使

用后应放入医疗废弃物袋内进行高压灭菌，然后作为医疗废弃物统一处理。

（二）正压防护头罩的使用、维护和消毒

1. 正压防护头罩使用

1）运行前完整性检查

日常运行前应检查：正压防护头罩是否完好，确保无开裂、划伤，排气阀片（适用时）密闭良好，空气过滤器是否连接紧密、电池是否为满电，查看上次运行记录是否有异常未处理。压缩空气供气式正压防护头罩还应检查送气调节阀是否异常。

2）运行前状态检查

按下控制开关，启动风机后，观察显示是否正常、送气管是否顺畅、风机运行声音是否平稳、噪声是否正常，将手伸进头罩内，应能明显感受到气流，堵上送气管一段时间，低风量报警应能触发。压缩空气供气式正压防护头罩送气流量调节应正常。

3）佩戴

佩戴前，应先启动电动送风系统或开启流量调节阀。佩戴时先将送风系统或流量调节阀固定在身体上，调整好固定位置，然后佩戴头罩。佩戴头罩时注意应佩戴发套或帽子，严禁披散长发。佩戴后调整送气管位置，保障送气顺畅，且不向外支展。最后调节披肩等其他附属部件，确保贴身，不影响作业。

4）使用

对于电动送风正压防护头罩，工作过程中锂电池电量不足时，动力送风系统发出报警鸣叫，此时应立即离开核心工作区。由于正压防护头罩低电量和低风量报警提示一般在背部的电动送风系统上，无法被佩戴者直接看到，提示蜂鸣器的音量有限，因此在使用过程中，佩戴者或者同伴应注意报警提示，确保报警提示被及时发现。

5）脱下

离开核心工作区前，应对头罩外部、送风系统表面、专用背负系统和体表采用喷淋、喷雾、擦拭或其他适宜的方式进行初步消毒。离开核心工作区后，应重复上述消毒步骤，等待 5min 后，解下背负系统，脱下头罩，旋下送风管，关闭控制开关。特别应注意，整个脱下过程中，风机是最后关闭的。

6）消毒

按照规定的方法对正压生物防护头罩进行消毒或灭菌处理。

2. 正压防护头罩维护

正压防护头罩日常维护主要指使用后的维护检查，所涉及项目至少包括头罩、送风系统、电池、空气过滤器、送气管等。

1）头罩

保持正压生物防护头罩整洁，污渍部分应采用对头罩材料无腐蚀作用的洗涤剂清洗。清洁时应避免视窗磨损和头罩被锐物刺穿。应检查头罩接缝完整性，如有跳线、开裂等，应及时修补。

2）送风系统

送风系统应检查外观、固定腰带、垫圈、紧固件等零部件。外观主要检查有无破损、裂痕、腐蚀等问题；固定腰带主要检查牢固度和调节搭扣的灵活度；垫圈主要检查是否老化、变形、开裂；紧固件主要检查是否松动，并用专用工具进行紧固。长期储存过程中，至少每隔半年开机运行一次，注意观察风机运行状况，出现异常应及时维修。

3）电池

使用规定的充电器对电池充电，首次充电时间 10～14h，使用后应及时充电，如长期不用，至少每隔半年充电一次，避免频繁充放电，电池宜在电量半满的状态下储存。

4）空气过滤器

对于内置式高效过滤器，日常维护必须在经过消毒后进行。经消毒后，打开电动送风系统，检查过滤器是否开胶、变形、滤纸破损、密封圈破损等，若有上述现象，则须更换过滤器；如有异物堵塞，则须清洁过滤器。对于外接式高效过滤器，则应检查是否有撞击、挤压、滤纸破损或异物堵塞，如有上述现象，则须更换过滤器。

5）送气管

送气管的日常维护包括检查送气管弹性、折弯性是否良好，以及有无划伤、穿刺等问题。

3. 正压防护头罩消毒

正压防护头罩的消毒问题是生物安全实验室常见问题，在新冠病毒疫情暴发后成为了关注的焦点，因为很多医生佩戴头罩给患者做完手术后不知道该怎么安全处理头罩，这个问题才被进一步提出。正压防护头罩作为一种可重复使用的个人防护装备，用后需消毒灭菌才能重复使用，关键在于用什么样的方法消毒，以及如何评估消毒效果达到了预期要求。

正压防护头罩消毒应遵循消毒对象的灭活抗性一致性原则和使用场景适宜性原则。根据作业对象的灭活抗性选择合适的消毒剂，根据正压防护头罩在工作环境中的暴露沾染程度选择合适的消毒方式。如在生物安全实验室的生物安全柜内操作，此时佩戴的正压防护头罩内部进入病原的可能性极小，则不需要对头罩内部进行消毒处理，只需表面喷雾擦拭消毒即可。若在开放型动物饲养实验室作业，正压防护头罩表面、电动送风系统隐藏缝隙甚至披肩内部均可能大量沾染病原，此时喷雾擦拭消毒的风险较大，宜采用浸泡或气（汽）体熏蒸的方式进行消毒。

（三）正压防护服使用、维护和消毒

1. 正压防护服使用

1）在防护服更换间内穿正压防护服并进入核心工作区

正压防护服穿戴和进入核心工作区推荐以下步骤：①将袜子套在裤腿上，戴上第一层手套并将其束缚在袖口上，然后戴上第二层手套；必要时，用玻璃清洗液清洁视窗内表面以增强视觉；②穿上正压防护服，确保密封拉链完全拉紧，连接供气管准备进入实验室核心工作区；③为了进入实验室核心工作区，需要在防护服更换间断开与供气管的连接，并按下进入化学淋浴消毒间按钮，通过化学淋浴消毒间进入核心工作区；④进入核心工作区前，正压防护服应连接就近可用的供气管；⑤如果使用的是无防护靴正压防护服，穿一双放置在出口气密门附近架子上的套靴，并确认合脚。

2）穿着正压防护服在核心工作区活动

通过断开和重新连接分布在核心工作区的供气管道，穿着人员可实现自由活动。当需要弯腰或俯身取用靠近地面的物品时，为了确保防护服内正压，此时应确保正压防护服与供气管处于连接状态，以避免大幅度动作导致防护服内产生负压差。注意观察核心工作区实验室监控系统，确保正压防护服处于安全状态以及各种警报能及时发现。

3）脱下正压防护服

用干毛巾擦拭正压防护服表面，如有风淋系统，应在风淋系统下吹干。拉开气密拉链，取下防护服手套，仔细检查是否有水渗入。如果手套已经有水渗入，将手套放入危险废弃物收纳箱里。以同样的方式处理另一只手。脱下防护服，继续干燥外表面，同时用玻璃清洗剂清洗视窗内表面，然后悬挂放置。

2. 正压防护服维护

正压防护服的维护主要是日常检查和完整性测试，步骤如下。

（1）选择合适型号的正压防护服，执行外观检查，查看是否有孔洞、破裂、刺破、接缝撕裂、不牢固的连接点等。由于手套是最易破损部位，因此尤其应对防护手套进行彻底检查。

（2）每7天或检查到有破损时需更换手套。

（3）至少每周在气密拉链上涂抹一薄层拉链润滑剂。

（4）用专用配件将排气阀封闭，拉紧气密拉链。

（5）连接防护服接头与实验室内生命支持系统接头，向防护服内充气，直到四肢部分挺直坚硬后停止充气，将正压防护服垂直放置。

（6）防护服内压力过大会导致防护服结构强度的破坏，因此不应过度充气。彻底检查防护服任何可能的泄漏，持续约 5min，然后目视防护服是否缩小或变瘪明显。确认正压防护服没有因为超压导致结构破坏过。

（7）如果发现防护服压力明显下降，可采用重新充气的方法检查泄漏位置。检查确保排气阀被完全密封。通过听觉和触觉感觉泄漏部位。必要时，涂刷肥皂水产生肥皂泡。通常容易泄漏的区域包括接缝、拉链、视窗材料与防护服连接处等，用肥皂泡法检查时应特别注意这些区域。

（8）用银色宽胶带（暖气和空调管道密封专用胶带）可暂时修复小的面料泄漏点。完全永久修复则需借用防护服修复专用工具。如果正压防护服很难被修复，用酒精类消毒剂消毒防护服后移出防护服更换间。如果正压防护服无法再修复，则将其退役并焚烧处理。

（9）正压防护服检查完全通过后，拉开气密拉链，取下排气阀密封装置。在正压防护服性能检查表上记录正压防护服检查和修复信息。

3. 正压防护服消毒

在实验室核心工作区工作后的正压防护服，需在化学淋浴消毒间内进行清洗消毒。

（1）进入化学淋浴消毒间，立即连接淋浴室内的供气管道。

（2）一旦化学淋浴消毒间气密门关闭，正压防护服淋浴洗消周期开始。喷淋区域喷出洗涤剂和消毒剂混合溶液对正压防护服消毒。如果化学喷淋没有自动启动，拉动手动淋浴手柄。正压防护服淋浴大约需要 1min。

（3）将手放入化学淋浴消毒间内放置的化学消毒溶液桶，检查外手套是否破裂、刺穿或磨损。如果发现外手套有上述破坏，则将外手套取下，放在化学淋浴消毒间的污物桶内。

（4）用手或长柄刷将化学消毒剂涂抹在正压防护服表面，确保消毒剂到达正压防护服表面的所有地方。最后用洁净水彻底冲洗防护服上的消毒剂和洗涤剂。

（5）断开供气管与正压防护服的连接，用消毒剂和洗涤剂清洗供气管连接头。

（6）打开防护服更换间侧的气密门，走出化学淋浴消毒间。

（军事科学院军事医学研究院　赵四清　靳晓军　孙　蓓　周康力）

（军事科学院系统工程研究院　张宗兴　吴金辉）

第二十四章

实验室安全操作技术

第一节 常规实验活动的安全操作技术

实验活动管理是实验室生物安全管理的核心环节，而实验活动的安全操作技术是保障实验活动安全实施的基本要素。良好的安全操作技术是指在实验操作过程中，能充分认识所识别出的风险，能够在操作流程和操作环节中将所制定的风险控制措施落实到位，切实保障实验活动安全、有效、顺利地实施。常规实验活动的安全操作技术包括：实验室进出程序及穿脱个体防护装备的安全操作，安全防护设备的安全操作，实验仪器设备的安全操作，实验室中感染性样本和材料的安全操作，实验废弃物处置的安全操作等。本节还将列举实验室重要实验活动的安全操作技术。

一、实验室的进出程序及穿脱个体防护装备的安全操作

在了解实验活动的安全操作技术之前，我们需要首先了解个体防护装备的选择、实验室的进出流程和个体防护装备穿脱的安全操作。个体防护装备是生物安全实验室的一级防护屏障，安全、有效的个体防护能够保护实验操作人员免受病原微生物及其他物理、化学因素的侵害。实验室的退出流程及个体防护装备的脱卸操作，也涉及生物安全实验室的二级防护屏障，正确、安全的退出流程和操作行为是保障实验室外环境生物安全的关键要素。个体防护装备的选择，除了需要依据相关的国家标准以外，还需考虑具体实验室设施的安全防护条件、实验室的进出流程、所操作病原的传播途径、敏感消毒剂、具体实验活动的风险评估结果等影响因素。因此，具体实例中个体防护装备的选择、实验室进出流程及个体防护装备穿脱的操作程序会有所不同。本节将列举实验室进出及个体防护装备选择和穿脱的典型流程，旨在帮助读者理解和掌握个体安全防护的理念，以及个体防护装备穿脱的流程和安全操作的要点。

（一）个体防护装备的选择

参照国标 GB39800—2020《个体防护装备配备规范》，生物安全实验室的个体防护装备主要包括：头部防护、眼面防护、呼吸防护、防护服装、手部防护和足部防护，需依据实验室设施的具体安全防护条件、实验室的进出流程、所操作病原的传播途径、敏感消毒剂、具体实验活动的风险评估结果，以及国标 GB19083—2010《医用防护口罩技术要求》、GB30864—2014《呼吸防护动力送风过滤式呼吸器》、GB14866—2006《个人用眼护具技术要求》、GB19082—2009《医用一次性防护服技术要求》、GB/T7543—2020《一次性使用灭菌橡胶外科手套》和 GB10213—2006《一次性使用医用橡胶检查手套》对个体防护装备技术性能及质量标准的具体要求进行选择。

1.（A）BSL-1 实验室

（A）BSL-1 实验室基本的个体防护装备包括：实验服和一次性手套，可穿个人的鞋进入实验室，但不可露脚趾和脚面。在进行有喷溅风险的实验操作时，特别是操作有腐蚀性酸、碱溶液时，需佩戴护目镜或面屏；在进行粉状有害化学试剂称量和配制时，需佩戴医用防护口罩；在进入动物屏障饲养设施时，需穿戴洁净的连体防护服和工作鞋；在进行动物实验操作时，可选用防撕咬手套；在操作高压蒸汽灭菌器或超低温冰箱时，需佩戴隔热手套，防止烫伤或冻伤。

2.（A）BSL-2 实验室

（A）BSL-2 实验室基本的个体防护装备包括：医用防护口罩、防护服、一次性手套和工作鞋。依据

具体实验活动的风险评估结果，医用防护口罩可选用一次性医用外科口罩或 N95 防护口罩；防护服可选用防水、防溅、耐消毒剂腐蚀的连体防护服或外层隔离衣（solid front gowns，后系带、前襟一体的防护服）。在进行有喷溅风险的实验操作时，需选用外层隔离衣，佩戴护目镜或面屏；在进行动物实验操作时，可选用防撕咬手套；在操作高压蒸汽灭菌器或超低温冰箱时，需佩戴隔热手套，防止烫伤或冻伤。

3.（A）BSL-3 实验室

（A）BSL-3 实验室基本的个体防护装备包括：呼吸防护装备、防护服、一次性手套和工作鞋。依据具体实验活动的风险评估结果，呼吸防护装备可选用 N95 防护口罩或动力送风过滤式呼吸器；防护服可选用舒适吸汗的棉质内层防护服和连体防护服及外层隔离衣；工作鞋可选用防水、防溅、耐消毒剂腐蚀的胶鞋、胶靴，也可选用舒适、非防水的工作鞋配套具有防水、防溅、耐消毒剂腐蚀功效的鞋套。在进行有喷溅风险的实验操作时，需佩戴护目镜或面屏；在进行动物实验操作时，可选用防撕咬手套；在操作高压蒸汽灭菌器或超低温冰箱时，需佩戴隔热手套，防止烫伤或冻伤。

4.（A）BSL-4 实验室

（A）BSL-4 实验室分为生物安全柜型实验室和防护服型实验室。在生物安全柜型（A）BSL-4 实验室内，个体防护装备通常与（A）BSL-3 实验室的个体防护装备相同或相似。在防护服型（A）BSL-4 实验室内，个体防护装备主要是穿着由生命支持系统供气的正压防护服，在正压防护服内，应穿着舒适吸汗的棉质内层防护服、戴一次性手套；在进行动物实验操作时，可在正压防护服手套外面加戴防撕咬手套，如涉及动物解剖等操作时，在正压防护服手套外面加戴防划伤手套；在操作高压蒸汽灭菌器或超低温冰箱时，需正压防护服手套外面佩戴隔热手套，防止烫伤或冻伤。

（二）实验室进入程序和个体防护装备穿戴操作

1.（A）BSL-1 实验室

（A）BSL-1 实验室入口处宜设更衣柜或衣架/衣钩，进入实验室时穿实验服，佩戴一次性手套，每只手套在佩戴前需进行检漏确认，然后进入实验室开始工作。

2.（A）BSL-2 实验室

（A）BSL-2 实验室入口处或缓冲间宜设更衣柜或衣架/衣钩，进入实验室时穿外层隔离衣或连体防护服，佩戴两层一次性手套，每只手套在佩戴前需进行检漏确认，内层手套需覆盖防护服袖口，用胶带固定，方便随时更换外层手套。然后佩戴一次性医用外科口罩或 N95 防护口罩，更换工作鞋后进入实验室开始工作。

3.（A）BSL-3 实验室

（1）进入（A）BSL-3 实验室时，在一更脱去个人衣物及配饰、手表等，依次穿戴内层防护服、连体防护服、一次性防护帽、内层手套、N95 防护口罩、外层隔离衣、外层手套。每只手套佩戴之前须进行检漏，内层手套需覆盖连体防护服袖口，用胶带固定，方便随时更换外层手套，外层手套需覆盖外层隔离衣的袖口；N95 佩戴好后亦需用手捂住口罩中央，用力吹气，检查四边是否漏气；对照穿衣镜检查所有个体防护装备的穿戴是否有纰漏。

（2）穿过淋浴间进入二更更换工作鞋，套双层鞋套。

（3）进入缓冲走廊，若需佩戴动力送风过滤式呼吸器，在缓冲走廊或核心区缓冲间佩戴，佩戴前需检查蓄电池电量，测试动力送风系统的流量，然后进入实验室核心区开始工作。

4.（A）BSL-4 实验室

（1）进入（A）BSL-4 实验室时，在一更脱去个人衣物及配饰、手表等，依次穿戴内层防护服、一次性防护帽、内层手套、医用防护口罩。每只手套佩戴之前须进行检漏，内层手套需覆盖连体防护服袖口，用胶带固定。

（2）穿过淋浴间进入二更更换工作鞋。

（3）穿过缓冲走廊，进入正压防护服更换间，检查正压防护服气密性及状态是否正常，确认正常后脱下工作鞋穿正压防护服。两人相互检查确认穿着正确后穿过化学淋浴间，进入实验室核心区开始工作。

（三）实验室退出程序和个体防护装备脱卸操作

1.（A）BSL-1 实验室

（A）BSL-1 实验室出口附近应设洗手池，退出实验室时需脱去实验服和一次性手套，洗手后离开实验室。脱实验服和一次性手套时，应注意避免实验服和一次性手套的外表面接触或沾染内层的个人衣物或皮肤，必要时及时更换、清洗。

2.（A）BSL-2 实验室

（A）BSL-2 实验室出口附近应设洗手池，退出实验室时依次脱去外层隔离衣或连体防护服、外层手套、一次性医用外科口罩或 N95 防护口罩，更换工作鞋，最后脱去内层手套，洗手后离开实验室。脱防护服、一次性手套和口罩时，应注意避免防护服、一次性手套和口罩的外表面接触或沾染内层的个人衣物、头发或皮肤，必要时，及时对潜在污染的部位进行消毒和清洁处理。

3.（A）BSL-3 实验室

（1）退出实验室核心区前，应使用评估有效的消毒剂对外层防护装备的手、肘、前襟部位和脚底进行彻底消毒，然后脱下非一次性使用的护目镜或面屏进行消毒处理后留在核心区以备下一次使用。如已佩戴动力送风过滤式呼吸器，需在离开实验室核心区前对其外表面进行彻底的喷洒消毒。实验废弃物外包装的表面，在移出实验室核心区前亦需再次进行喷洒消毒。

（2）退至核心区缓冲间后，依次脱去外层隔离衣、外层鞋套和动力送风过滤式呼吸器，再次消毒动力送风过滤式呼吸器面罩的内外表面和主机的外表面，面罩悬挂晾干，蓄电池卸下充电，以备下次使用。然后更换外层手套，转移实验废弃物至高压蒸汽灭菌器中，再次更换或消毒外层手套。

（3）退至二更后，依次脱去连体防护服、内层鞋套和外层手套。双手喷洒 75%乙醇消毒，更换工作鞋，脱去一次性防护帽、N95 防护口罩和内层手套，用 75%乙醇喷洒消毒手部。脱防护服、一次性手套和口罩时，应注意避免防护服、一次性手套和口罩的外表面接触或沾染内层的防护服或头发、皮肤，必要时，及时对潜在污染的部位进行消毒和清洁处理。

（4）退至淋浴间，脱去内层防护服淋浴。

（5）退至一更，穿戴个人衣物后离开实验室。

4.（A）BSL-4 实验室

（1）退出实验室核心区前，应使用评估有效的消毒剂对正压防护服的手部和脚底进行彻底消毒，然后进入化学淋浴间，按设定程序进行化学淋浴，化学淋浴结束后退出化学淋浴间。

（2）退至正压防护服更换间后，脱掉正压防护服并将正压防护服放于指定位置，双手喷洒 75%乙醇消毒，穿上工作鞋。

（3）穿过缓冲走廊进入二更，依次脱去一次性防护帽、防护口罩、内层手套，用 75%乙醇喷洒消毒手部。

（4）退至淋浴间，脱去内层防护服淋浴。

（5）退至一更，穿戴个人衣物后离开实验室。

二、安全防护设备的安全操作

实验室的安全防护设备包括生物安全柜、负压排风柜和动物隔离饲养设备。这些安全防护设备属于生物安全实验室的一级防护屏障，可有效隔离病原微生物与实验操作人员，是实验人员和实验室环境生物安全的基本保障。除此之外，实验人员良好的安全操作行为也是实验室一级防护屏障的重要组成部分，是保障安全防护设备发挥正常防护功能的必备要素。

（一）生物安全柜

参照陆兵主编《生物安全实验室认可与管理基础知识生物安全柜》、中国医药行业标准 YY 0569—2011《Ⅱ级生物安全柜》和美国国家标准学会标准 NSF/ANSI 49—2020《生物安全柜：设计、构造、性能及现场验证》（Biosafety Cabinetry：Design，Construction，Performance，and Field Certification），生物安全柜分为Ⅰ、Ⅱ、Ⅲ三级。

Ⅰ级生物安全柜只保护操作人员和环境，不能有效保护实验样品，目前已被淘汰，停产停用。

Ⅱ级生物安全柜又分为 A、B、C 三型，包括 A1、A2、B1、B2 和 C1 型。其中，A1 和 B1 型生物安全柜已极少使用；A2 型生物安全柜广泛用于生物安全二级、三级和四级实验室，进行常规的实验操作时，能有效保护操作人员、实验样品和环境；当实验操作过程同时存在生物危害、挥发性有害化学品的危害或放射性实验材料的危害时，需选用 B2 型生物安全柜。C1 型生物安全柜是以 B1 型为基础设计的：对外排和循环风量的分配做了微量调整，64%外排、36%循环；在生物安全柜台面的操作区做了特殊的下沉设计，下沉区的四边设计了排风孔；在生物安全柜排风口位置增加了一个排风风机，连接排风罩。上述设计特点改变了生物安全柜的气流模式，使操作区样品逸出的绝大部分有害的挥发性化学试剂被直接吸入排风孔并排出室外，而不加入循环气流。这最大限度地降低了实验操作人员的暴露风险，可同时满足对生物危害和化学危害的防护，与 B1 型生物安全柜相比更安全，与 B2 型生物安全柜相比更节能。但目前只有 NuAire和 Labconco 有 C1 型生物安全柜产品，尚未得到推广使用。

Ⅲ级生物安全柜俗称手套箱，具有密闭的手套、观察窗和传递舱的气密性结构设计，是防护等级最高的生物安全柜，用于在生物安全四级实验室中从事高风险的实验操作。

因此，以下将分述 A2、B2 型生物安全柜和Ⅲ级生物安全柜的安全操作要点。

1.A2 型生物安全柜

我们需要首先了解 A2 型生物安全柜实现安全防护性能的工作原理，以便更好地理解生物安全柜的安全操作规范和要点。

1）A2 型生物安全柜的工作原理

如图 24-1 所示，A2 型生物安全柜是一个有气密性结构的半开放箱体，通过特定的定向气流模式维持工作台面均匀稳定的垂直下降层流、稳定的前窗进风风速和高效过滤器的净化滤过功能，保障实验操作人员、实验样品和环境的生物安全：在正常运行状态下，实验室内的空气由前窗以稳定风速（≥0.5m/s）的

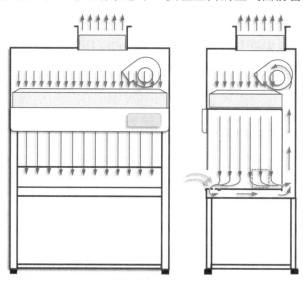

图 24-1　A2 型生物安全柜的工作原理

气流进入格栅进气孔，在前窗形成气幕将生物安全柜内环境与外环境阻隔，既阻挡柜内污染的空气逸出生物安全柜，又阻挡实验室内未经过滤净化的空气进入生物安全柜污染实验样品；而柜内操作空间的空气随着定向气流，有30%通过排风口的高效过滤器排至室内，滤除99.97%可能黏附污染物的、粒径在0.3μm以上的气溶胶粒子，实现对生物安全柜外部环境即实验室内环境的生物安全防护；剩余70%的空气，随着定向气流通过高效过滤器过滤净化后，以垂直下降的层流模式吹向工作台面，并保持一定的下降风速（0.25～0.5m/s），保障了实验样品洁净的操作环境，也使平行放置的样品之间不会产生交叉污染。

　　2）A2型生物安全柜的安全操作要点

　　（1）生物安全柜使用前需对侧壁、台面和前窗内外表面进行擦拭消毒，实验物品表面消毒后移入生物安全柜按清洁区、操作区、污染区分区摆放（图24-2），避免阻挡进风口和排风口。开启风机后运行5min，以稳定气流，使柜内空气充分净化，手臂伸入安全柜后至少静止1min再开始操作。

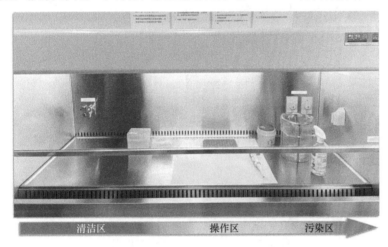

图24-2　生物安全柜中实验物品的分区摆放

　　（2）操作过程中，操作人员应尽量减少手臂进出生物安全柜的频次，必要时由辅助操作人员在清洁区一侧传递物品。手臂和实验物品移入、移出生物安全柜前，应使用可靠的消毒剂消毒表面，保持足够的消毒时间，并以与前窗气流垂直的角度缓慢移进、移出，避免横向扫入、扫出破坏前窗气幕，使柜外未经过滤的空气进入柜内污染实验样品，使柜内污染的空气逸出生物安全柜，对实验人员和实验室环境造成危害。

　　（3）生物安全柜台面距四边15cm的区域是气流不稳定区域，不能提供有效防护，不可摆放物品，进行任何操作。前窗格栅不可摆放任何物品，也不可用手肘覆盖，以免阻塞进风口破坏前窗气幕的隔离作用。操作样品时，应尽量在距前窗2/3的区域操作，避免在开口样品上方横向扰动气流，造成样品的交叉污染。

　　（4）生物安全柜内不可使用明火，以免干扰生物安全柜的气流模式，产生乱流造成样品间的交叉污染。灼烧沾染感染性液体的物品时，也会产生感染性微液滴的迸溅和感染性气溶胶的扩散。同时，在生物安全柜中使用明火，也有损害生物安全柜过滤材料或引起失火的潜在风险。必要时，可采用无火焰灭菌器进行高温消毒处理，或使用一次性接种环或手术器械。

　　（5）需要在生物安全柜内使用小型的、会产生气溶胶的实验仪器时，如涡旋振荡器、小型离心机等，应放置在污染区一侧，以减少生物安全柜内交叉污染的机会，提高对操作人员、实验样品和环境的安全防护。

　　（6）生物安全柜使用后需彻底消毒、清空柜内所有物品，实验废弃物需分类收集、包装，表面充分消毒后移出生物安全柜。生物安全柜侧壁、台面和前窗内外表面亦需进行充分擦拭消毒，保持生物安全柜运行5min，待气流稳定、柜内空气充分净化后方可关闭风机，开启紫外灯照射20min。

　　2. B2型生物安全柜

　　1）B2型生物安全柜的工作原理

　　B2型生物安全柜是全排型的生物安全柜，在正常运行状态下，实验室内的空气由前窗以稳定风速

（≥0.5m/s）的气流进入格栅进气孔，在前窗形成气幕将生物安全柜内环境与外环境阻隔；在生物安全柜的顶部，实验室内的空气通过高效过滤器过滤净化后，以垂直下降的层流模式吹向工作台面，并保持一定的下降风速（0.25～0.5m/s），保障了实验样品洁净的操作环境，也使平行放置的样品之间不会产生交叉污染；而柜内操作空间的空气随着定向气流，全部通过排风口的高效过滤器，由连接排风口的排风管道排出实验室，保障实验室外环境的生物安全，见图 24-3。由于 B2 型生物安全柜操作空间的空气通过高效过滤器 100%外排至实验室外，不在柜内和实验室内循环，适于在从事病原微生物实验操作时，同时涉及挥发性有害化学品或放射性实验材料操作的实验工作，可同时提供生物危害、化学危害或辐射危害的双重防护，最大限度地保护实验人员的安全。

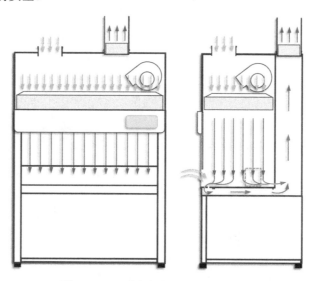

图 24-3　B2 型生物安全柜的工作原理

2）B2 型生物安全柜的安全操作要点

B2 型生物安全柜主要的安全操作要点同 A2 型生物安全柜。但由于 B2 型生物安全柜的排风量较大，生物安全柜的启、停需要与实验室的送、排风系统联动自控，以维持实验稳定的气流模式。另外，在实验室或生物安全柜排风系统发生故障的情况下，容易导致生物安全柜中污染的空气外溢，因此需要在生物安全柜上安装互锁系统，以保障实验人员和环境的生物安全。

3. Ⅲ级生物安全柜

1）Ⅲ级生物安全柜的工作原理

Ⅲ级生物安全柜是一种完全气密、100%全排放式无泄漏的通风安全柜，Ⅲ级安全柜的所有接口都是"密封的"，送风经 HEPA 过滤，排风则经过双重 HEPA 过滤器，由一个外置的专用通风系统来控制气流，使安全柜内部始终处于负压状态（约-120Pa）。通过与生物安全柜操作面板相连接的橡胶一体化袖管手套进行生物安全柜内的操作，实验材料及废弃物通过双门设计的传递仓进出生物安全柜以确保实验材料和环境不被污染，适用于高风险的病原微生物实验，如开展埃博拉病毒等一类病原微生物相关的实验，同时涉及挥发性有害化学品或放射性实验材料操作的实验工作，可同时提供生物危害、化学危害或辐射危害的双重防护，最大限度地保护实验人员和环境的安全，是目前最高安全防护等级的生物安全柜（图 24-4）。

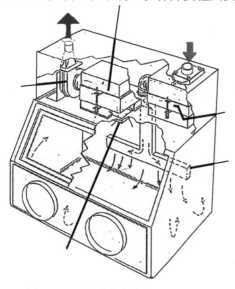

图 24-4　Ⅲ级生物安全柜的工作原理

2）Ⅲ级生物安全柜的安全操作要点

当操作一类病原微生物和相关材料时，采用Ⅲ级生物安全柜可以提供很好的防护。只有通过连接在生物安全柜上的橡胶手套，手才能伸入到工作台面。Ⅲ级生物安全柜配备了可以经过压力蒸汽灭菌或化学消毒灭菌、装有 HEPA 过滤排风装置的密闭传递桶。Ⅲ级生物安全柜也可与一个双扉压力蒸汽灭菌器相连接，可以对传出生物安全柜的所有废弃物进行灭菌处理。必要时，也可以根据工作需要将几个Ⅲ级生物安全柜连接在一起形成完全密闭的系列Ⅲ级生物安全柜。

（二）负压排风柜

负压排风柜用于隔离非生物安全型的实验仪器设备，如流式细胞分选仪、冻干机、气溶胶吸入暴露系统、冰冻切片机等，实现对实验人员和环境的安全防护。通常需要依据实验仪器设备的尺寸订制 A2 型的负压排风柜，或在 A2 型的负压排风柜的排风口加装排风罩。其安全操作规范的原则同 A2 型生物安全柜，需要特别注意的是，实验仪器设备使用结束后，需要用经过验证的、确认有效的方法进行擦拭或熏蒸消毒，方可关闭负压排风柜的风机。

（三）动物隔离饲养设备

1. 小动物负压隔离笼

1）小动物负压隔离笼的工作原理

小动物负压隔离笼的每个笼盒的通风系统都是独立的，并维持负压状态：房间中的空气经过高效过滤器过滤后，通过独立的密闭连接快接进风口送入笼盒；笼盒中污染的空气通过笼盒独立的高效过滤器过滤后，由密闭连接快接排风口排入负压隔离笼的排风管道，再经主机高效过滤器过滤后通过密闭连接的排风管排出实验室外。另外，每个笼盒扣紧上架，在使用过程中都是气密的，从笼架上取下时也可维持 15min 的负压状态。因此，在使用小动物负压隔离笼饲养感染实验动物时，可有效避免笼盒之间的交叉污染，同时有效保护实验人员和环境的生物安全。

2）小动物负压隔离笼的安全操作要点

（1）笼盒上架时，需要确认正确卡位，以免未能连通快接送、排风口，导致动物窒息死亡。

（2）取下笼盒放入生物安全柜进行换笼或实验操作前，需对笼盒表面进行有效消毒。

（3）操作结束后，需扣紧盒盖、对笼盒表面进行彻底消毒，并作用足够的时间后，才能移出生物安全柜上架。

（4）更换下来的污染笼盒，需将笼盖、笼底、隔栅、水瓶和水瓶嘴分类收集与包装，表面消毒后移出生物安全柜进行后续的高压灭菌处理。如不同材质、不同部件组合打包，在进行高压灭菌时容易发生变形和烫痕的现象，影响笼盒的气密性和承压能力。

（5）笼盒的高效过滤器可随笼盖一起高压灭菌，重复使用 5 次。高效过滤器不可卸下单独高压，以免在包装和高压灭菌过程中造成高效过滤器的破损。

（6）更换下来的污染笼盒如不即刻打包，可扣紧盒盖、对笼盒表面进行彻底消毒后，移出生物安全柜上架暂置，待实验结束后集中打包。不可将其放置在实验室内，以免笼盒内污染的空气逸出。

2. 禽负压隔离器

1）禽负压隔离器的工作原理

在现有技术中，禽隔离器种类繁多，按照禽隔离器与环境之间的压差可分为正压隔离器和负压隔离器，正压隔离器多用于清洁级及以上禽类饲养（防感染），负压隔离器多用于感染动物饲养与试验（防止病原微生物扩散到隔离器外的环境中）。生物安全型禽负压隔离器，是开展高致病性病原微生物实验操作及感染禽类动物饲养的关键防护装备。禽负压隔离器具有独立的通风系统并维持隔离舱保持负压状态：房间中的空气经过高效过滤器过滤后，通过独立的密闭连接快接进风口送入禽负压隔离器隔离舱；禽负压隔离器隔离舱中污染的空气通过独立的高效过滤器过滤后排入密闭连接的排风管道，再经房间高效过滤器过滤后通过密闭连接的排风管排出实验室外。按行业标准《实验室设备生物安全性能评价技术规范》（RB/T199—2015）要求，禽负压隔离器去掉单只手套后，手套连接口处的气流均明显向内、无外溢，禽负压隔离器正常运行状态下隔离器内应有不低于房间 50Pa 负压,工作区气密性在隔离器内压力低于周边环境压力 250Pa 下的小时泄漏率不大于净容积的 0.25%。禽负压隔离器通过隔离舱及传递装置气密隔离、空气负压隔离、袖套操作、安全可靠的空气高效过滤和消毒等技术手段,确保实验人员和环境的安全。

2)禽负压隔离器的安全操作要点

(1)禽负压隔离器在使用前应对进行彻底清洗消毒,检测气密性、压差、换气次数等参数,一切符合要求后方可使用。

(2)禽负压隔离器使用时首先记录其使用时间、周期,以及饲养动物的品种、品系、数量等。

(3)向禽负压隔离器内传递动物时,先将动物保定好,打开传递装置外门,把保定好的动物放入传递装置内,然后关闭传递装置外门。将双手戴上隔离器上配备的手套打开传递装置内门,把传递装置内的动物传进隔离器,关闭传递装置内门。将动物解除固定并放在笼架上,检查动物是否有损伤(外伤)等异常情况及隔离器运行状态是否正常(压力、温度、湿度)。

(4)物品及粪便等废弃物传递装置是禽负压隔离器对外物品交换的重要通道,只有正确使用传递装置才能保证在物品传递过程中隔离舱对外接空间的独立性和气密性。传递装置的操作虽然简单但却非常重要,不能有半点马虎。

(5)在实验期间应每天检查和记录禽负压隔离器情况,确保禽负压隔离器始终处于良好运行状态。

(6)当动物需要传出时,先将动物按要求进行保定(必要时进行麻醉),然后放入密闭有氧容器,打开传递装置内门,将装有动物的密闭容器放入传递装置内并使用有效消毒剂对装有动物的密闭容器外表面进行彻底消毒,关闭传递装置内门,经过有效消毒时间后,再打开传递装置外门,取出盛有动物的容器,然后关闭传递装置外门。

(7)一个实验周期结束后,料盒等物品要密闭包装后传出进行高压消毒,使用过氧化氢熏蒸消毒等方法对禽负压隔离器及实验室房间进行终末消毒后评价消毒效果,彻底洗刷、清洗禽负压隔离器后使用过氧化氢熏蒸消毒等方法再次对禽负压隔离器进行熏蒸消毒,然后备用。

(8)每完成一批次实验,需在完成消毒洗刷等工作后对禽负压隔离器排风机及排风粗效、高效过滤器进行检修,检测禽负压隔离器气密性、压差、换气次数等参数。

3. 貂负压隔离器

1)貂负压隔离器的工作原理

貂负压隔离器的工作原理同禽负压隔离器,是开展高致病性病原微生物实验操作及感染貂类动物饲养的关键防护装备。在貂负压隔离器内部通常单独放置开放式貂饲养笼,貂饲养在貂负压隔离器中内置的开放式貂饲养笼中,貂负压隔离器具有独立的通风系统并维持隔离舱保持负压状态:房间中的空气经过高效过滤器过滤后通过独立的密闭连接快接进风口送入貂负压隔离器隔离舱;貂负压隔离器隔离舱中污染的空气通过独立的高效过滤器过滤后排入密闭连接的排风管道,再经房间高效过滤器过滤后通过密闭连接的排风管排出实验室外。按行业标准《实验室设备生物安全性能评价技术规范》(RB/T199—2015)要求,貂负压隔离器去掉单只手套后,手套连接口处的气流均明显向内、无外溢,貂负压隔离器正常运行状态下隔离器内应有不低于房间 50Pa 负压,工作区气密性在隔离器内压力低于周边环境压力 250Pa 下的小时泄漏率不大于净容积的 0.25%。貂负压隔离器通过隔离舱及传递装置气密隔离、空气负压隔离、袖套操作、安全可靠的空气高效过滤和消毒等技术手段,确保实验人员和环境的安全。

2)貂负压隔离器的安全操作要点

(1)貂负压隔离器在使用前应进行彻底清洁消毒,确认隔离器舱门处于关闭状态,各锁扣均处于锁闭状态。检测气密性、压差、换气次数等参数,一切符合要求后方可使用。

(2)貂负压隔离器使用时首先记录其使用时间、周期,以及饲养动物的品种、品系、数量等。

(3)向貂负压隔离器内传递动物时,先将动物保定好,打开貂负压隔离器操作面,把保定好的貂放入貂负压隔离器内置的开放式貂饲养笼,确认锁闭好开放式貂饲养笼笼门,然后锁闭好貂负压隔离器操作面,确认气密性及隔离器运行状态是否正常(压力、温度、湿度)。

（4）物品及粪便等废弃物传递装置是貂负压隔离器对外物品交换的重要通道，只有正确使用传递装置，才能保证在物品传递过程中隔离舱对外接空间的独立性和气密性。传递装置的操作虽然简单但却非常重要，不能有半点马虎。

（5）在实验期间应每天检查和记录貂负压隔离器情况，确保貂负压隔离器始终处于良好运行状态。

（6）当动物需要传出时，先将貂按要求进行保定（必要时进行麻醉），然后放入密闭有氧容器，打开传递装置内门，将装有貂的密闭容器放入传递装置内并使用有效消毒剂对装有貂的密闭容器外表面进行彻底消毒，关闭传递装置内门，经过有效消毒时间后，再打开传递装置外门，取出盛有貂的容器，然后关闭传递装置外门。

（7）一个实验周期结束后，内置的开放式貂饲养笼、饮水瓶及料盒等物品要密闭包装后传出进行高压消毒，使用过氧化氢熏蒸消毒等方法对貂负压隔离器及实验室房间进行终末消毒后评价消毒效果，彻底洗刷、清洗貂负压隔离器后，使用过氧化氢熏蒸消毒等方法对貂负压隔离器进行再次熏蒸消毒，然后备用。

（8）每完成一批次实验，在完成消毒洗刷等工作后对需貂饲养笼负压隔离器排风机及排风粗效、高效过滤器进行检修，检测开放式貂饲养笼负压隔离器气密性、压差、换气次数等参数。

4. 猴负压隔离器

1）猴负压隔离器的工作原理

猴负压隔离器目前包括非气密性式（半开放式）猴负压隔离器和气密性猴负压隔离器，上述二者猴负压隔离器均在内部单独放置开放式猴饲养笼用于猴的饲养。非气密性（半开放式）猴负压隔离器工作原理与 B2 型生物安全柜相同，在正常运行状态下，笼具内有不低于房间 20Pa 负压，非气密性（半开放式）猴负压隔离器工作窗口断面所有位置的气流均明显向内、无外溢，且从工作窗口吸入的气流应直接吸入笼具内后侧或左右侧下部的倒流格栅内。气密性猴负压隔离器工作原理与貂负压隔离器完全相同，气密性猴负压隔离器通过隔离舱及传递装置气密隔离、空气负压隔离、袖套操作、安全可靠的空气高效过滤和消毒等技术手段，确保实验人员和环境的安全。

2）猴负压隔离器的安全操作要点

（1）猴负压隔离器在使用前应进行彻底清洁消毒，确认隔离器舱门处于关闭状态，各锁扣均处于锁闭状态。检测气密性、压差、换气次数等参数，一切符合要求后方可使用。

（2）猴负压隔离器使用时首先记录其使用时间、周期，以及饲养动物的品种、品系、数量等。

（3）猴负压隔离器内传递动物时，先将动物保定好，打开猴负压隔离器操作面，把保定好的猴放入猴负压隔离器内置的开放式猴饲养笼，确认锁闭好开放式猴饲养笼笼门，然后锁闭好猴负压隔离器操作面，确认隔离器运行状态是否正常（压力、温度、湿度等）。

（4）物品及粪便等废弃物传递装置是猴负压隔离器对外物品交换的重要通道，只有正确使用传递装置，才能保证在物品传递过程中隔离舱对外接空间的独立性和气密性。传递装置的操作虽然简单但却非常重要，不能有半点马虎。

（5）在实验期间应每天检查和记录猴负压隔离器及内置开放式猴饲养笼情况，确保猴负压隔离器始终处于良好运行状态，内置开放式猴饲养笼笼门锁闭完好无破损。

（6）当需要将猴传出时，先将猴按要求进行保定（必要时进行麻醉），然后放入密闭有氧容器，打开传递装置内门，将装有猴的密闭容器放入传递装置内并使用有效消毒剂对装有猴的密闭容器外表面进行彻底消毒，关闭传递装置内门，经过有效消毒时间后，再打开传递装置外门，取出盛有猴的容器，然后关闭传递装置外门。

（7）一个实验周期结束后，内置的开放式猴饲养笼、饮水瓶及料盒等物品要密闭包装后传出进行高压消毒，使用过氧化氢熏蒸消毒等方法对猴负压隔离器及实验室房间进行终末消毒后评价消毒效果，彻底洗刷、清洗猴负压隔离器后使用过氧化氢熏蒸消毒等方法，再次对猴负压隔离器进行熏蒸消毒，然后备用。

（8）每完成一批次实验，在完成消毒洗刷等工作后对需猴饲养笼负压隔离器排风机及排风粗效、高效过滤器进行检修，检测开放式猴饲养笼负压隔离器气密性、压差、换气次数等参数。

（四）换笼机

换笼机的工作原理和主要的安全操作要点与 A2 型生物安全柜相同。特别注意以下事项。

（1）笼盒移入、移出换笼机的安全操作要点同小动物负压隔离笼安全操作要点的第（2）和第（3）条。

（2）使用无粉尘垫料，换笼时将动物移入装有无菌垫料的新笼盒，而不是更换笼盒中的垫料，这样可以有效控制污染的风险。

（3）污染笼盒的包装和灭菌处置同小动物负压隔离笼安全操作要点的第（4）、（5）、（6）条。

三、实验仪器设备的安全操作

（一）离心机的安全操作要点

（1）使用密封离心舱、气密型转子和离心杯的生物安全型离心机，如为非生物安全型的离心机，需要匹配经过验证、性能可靠的负压排风柜。

（2）使用塑料材质、质量合格、带密封圈的外旋螺旋口离心管或离心瓶。不可使用 EP 管，避免离心过程中感染性液体和气溶胶外逸、泄漏，以及开盖时感染性液体迸溅的风险。

（3）离心转子、离心杯及适配器经消毒后，需传入生物安全柜，在生物安全柜中装载经表面消毒的离心管或离心瓶，离心管需对称放置，装载好的离心转子或离心杯经表面消毒后方可移出生物安全柜。

（4）装载好的离心杯在离心前，需用天平确认平衡。在离心过程中如有异响及其他异常情况，应立即断电，启动应急处置程序。

（5）离心结束，需静置 5min 后打开机盖，对离心腔喷洒消毒后取出转子或离心杯，经表面消毒后移入生物安全柜。打开机盖后如发现有溢洒，应立即轻轻关闭机盖，启动应急处置程序。

（6）在生物安全柜中打开离心转子或离心杯后，首先检查、确认离心管或离心瓶有无裂隙、渗漏的情况，如有应立即启动应急处置程序。正常情况下，使用消毒湿巾擦拭消毒离心管或离心瓶表面后继续后续的实验操作。

（7）使用过的离心转子或离心杯在生物安全柜中盖盖，经表面消毒后移出生物安全柜，浸入装有消毒剂的浸泡盒中，在液面以下开盖浸泡消毒 20min。

（8）离心机内腔、机盖内外表面及操作面板，亦需用消毒剂进行消毒。

（9）依据所操作病原的理化特性选择敏感的有效消毒剂，适用时尽量选用无水乙醇，以减少对金属和橡胶材质等部件的腐蚀，避免影响离心机、离心转子和离心杯的密封性能及使用寿命。如果必须使用含氯消毒剂，在达到有效消毒时间后应立即用清水或无水乙醇冲洗或擦拭，充分去除残余的含氯消毒剂。选择使用清水冲洗或擦拭后，应立即擦干水分，再用无水乙醇擦拭一遍，以减少对仪器的损害。

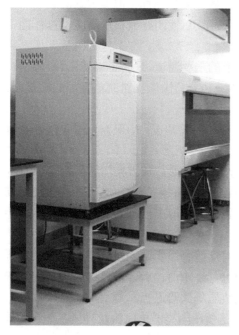

图 24-5　二氧化碳培养箱的放置

（二）二氧化碳培养箱的安全操作要点

（1）二氧化碳培养箱应靠近生物安全柜放置、高度适宜（图 24-5），便于近距离操作，也避免操作时弯腰、踮脚，减少操作失误带来的风险。

（2）不使用培养皿而选用带滤膜的培养瓶进行感染性材料的培养，降低溢洒、泄漏的风险。用多孔板进行感染性材料的培养时，可选用透气板封膜密封培养板，避免溢洒和泄漏的风险。

（3）需将培养瓶移至二氧化碳培养箱培养时，应将培养瓶瓶盖拧紧，表面消毒后放入防摔裂密封盒，密封盒扣紧盒盖，表面消毒后移出生物安全柜放入二氧化碳培养箱，避免转移过程中不慎跌落，造成感染性液体溢洒和泄漏。

（4）需将多孔板转移至二氧化碳培养箱培养时，可用板封膜密封，或用胶带密封板盖四周，表面消毒后放入防摔裂密封盒，密封盒扣紧盒盖，表面消毒后移出生物安全柜放入二氧化碳培养箱。

（5）密封盒移入培养箱后，小心、平稳地打开盒盖，继续培养。

（三）显微镜的安全操作要点

（1）使用显微镜观察装有感染性培养物的培养瓶或多孔培养板时，有发生生物安全柜外跌落、溢洒的风险，特别是多孔板。因此，多孔培养板最好用板封膜密封，或用胶带密封板盖四周。

（2）培养瓶或多孔培养板移出生物安全柜前同样需要进行表面消毒、放入密封盒，然后移出生物安全柜转移至显微镜工作台。小心开盖取出培养瓶或多孔板用显微镜观察，观察结束后仍需将培养瓶或多孔板放入密封盒，转移至培养箱继续培养，或表面消毒后移入生物安全柜进行后续操作。

（3）显微镜使用结束后，需用消毒剂擦拭消毒。消毒剂的选择及消毒操作要点同离心机安全操作要点的第（9）条。

（四）真空吸液仪的安全操作要点

（1）使用生物安全型的真空吸液仪，吸液管与收集瓶以快接气密接口连接，连接吸液手持器的吸液管和废液收集瓶可分别进行包装和高压灭菌处理，使废液收集、处理过程高效、安全。

（2）废液收集瓶内不必预装消毒剂，尤其不可预装含氯消毒剂，以免腐蚀、损害快接气密接口的金属件和密封材料。

（3）收集液位不可超过收集瓶容量的 2/3，使用没有液位报警功能的吸液仪时，应标出液位警示线，特别注意废液不可超出警示线，以免感染性废液吸入真空泵，造成破坏性污染，导致仪器消毒灭菌后报废。

（4）吸液手持器使用后妥善放置，避免污染操作台面或其他实验物品。使用时注意调节、掌握吸头吸力，以免造成细胞脱落。

（5）使用结束后，连接吸液手持器的吸液管和废液收集瓶需分别进行双层包装，表面消毒后移出核心区，装入高压蒸汽灭菌器放置平稳后，隔袋拧下废液收集瓶的瓶盖，以免废液收集瓶灭菌后变形，影响后续使用。

（五）组织研磨仪的安全操作要点

（1）使用带密封舱的生物安全型组织研磨仪，否则需要匹配性能可靠的负压排风柜。

（2）使用质量可靠的带密封圈外旋盖研磨管。需特别注意，不同品牌研磨管可以使用的最大线速度通常为 4~5.8m/s，使用时不可超出产品允许速值，以免发生意外。

（3）研磨管需在生物安全柜中分装组织、研磨液并用电子秤称重，不同管之间的重量误差应≤100mg。确认每只研磨管旋盖已拧紧，用消毒湿巾消毒表面后放入样品盒，样品盒表面消毒后移出生物安全柜。

（4）将研磨管放入研磨仪时，应注意确认研磨管在卡位中卡紧，然后关闭密封舱盖开始运行。

（5）在运行过程中如有异响或其他异常情况，应立即断电，启动应急处置程序。

（6）运行结束后，需静置 5min，通过透明密封舱盖观察所有研磨管是否有破裂、渗漏现象。如发现有破裂、渗漏，则启动应急处置程序。

（7）如无异常状况，正常关机，将研磨管取出用消毒湿巾消毒表面后放入离心机短暂离心，再次表面消毒后移入生物安全柜进行后续试验操作。

（8）组织研磨仪使用结束后，仪器内外表面需用消毒剂彻底消毒。消毒剂的选择及消毒操作要点同离心机安全操作要点的第（9）条。

四、感染性材料和样本的安全操作

感染性材料和样本的安全操作对保障生物安全实验室的安全运行至关重要，操作环节包括感染性材料和样本的采集、包装、内部转移、外部运输、接收、查验、保存、培养、检测、灭活和销毁等。其中，感染性材料和样本培养及检测的安全操作，将在本节"六、重要实验活动的安全操作"部分详细描述，此处不再赘述。

（一）感染性材料和样本的类别

感染性材料和样本包括经过培养的实验样本和未经培养的临床样本，其中，经过培养的感染性材料和样本的操作风险较高。

1. 经过培养的实验样本

（1）病原微生物菌（毒）种和培养物。
（2）由感染动物采集的组织和体液样本。

2. 未经培养的临床样本

（1）上呼吸道样本：包括鼻咽拭子、咽拭子等。
（2）下呼吸道样本：深咳痰液、肺泡灌洗液、支气管灌洗液、呼吸道吸取物等。
（3）粪便样本/肛拭子：粪便样本，如果不便于留取粪便样本，可采集肛拭子。
（4）血液样本：抗凝血，使用含有抗凝剂的真空采血管采集的血液。
（5）血清样本：使用无抗凝剂真空采血管采集的血清样本。
（6）尿样：留取的中段晨尿样本。
（7）物体表面样本：对物体外表面可能被污染的部位进行涂抹采集的样本，包括实验室环境监测样本。
（8）污水样本：污水排水系统中污水排水口、内部管网汇集处、污水流向的下游或与市政管网的连接处等点位采样的样本。

（二）感染性材料和样本采集的安全操作要点

（1）进行感染性材料和样本的采集时，应注意做好个人的呼吸、眼面、身体和手部的防护，避免感染性气溶胶的吸入、感染性液体的喷溅和手部皮肤的污染及刺伤等。
（2）采集的样本应在生物安全柜中分装，使用大小适合、带密封圈外旋螺旋盖、耐冷冻的样本采集管。拧紧后注明样本名称、编号、种类、操作人员姓名及采样日期。

（三）感染性材料和样本的包装、内部转移、外部运输的安全操作要点

感染性材料和样本的内部转移包括：在实验室内部不同设备之间的转移，如由生物安全柜转移至培养箱、显微镜或冰箱等；在机构内部不同工作区之间的转移，如在菌（毒）种库与实验室之间转移等。外部运输包括机构间、市内、省内、跨省、跨境的运输。感染性材料和样本的内部转移应遵循双层防护包装的原则，外部运输应遵循三层防护包装的原则。包装材料和包装要求可参考中华人民共和国卫生部第 45 号令《可感染人类的高致病性病原微生物菌（毒）或样本运输管理规定》（2006）和 WHO *Laboratory Biosafety Manual*（第 4 版）（2020）。

1. 感染性材料和样本内部转移的包装和安全操作要点

（1）首先在生物安全柜中用密封容器，如密封塑料袋或带有密封圈的外旋螺旋盖样品管分装样品。不可使用 EP 管，以免发生溅洒、泄漏等意外事故。
（2）用消毒湿巾擦拭消毒样品管表面后，标记感染性材料和样本的相关信息，然后放入密封的、防摔裂、表面光滑、便于消毒清洁的二级容器中，如带卡扣的塑料密封盒或样品转移专用保温箱等。如果是涉及高致病性病原微生物的感染性材料和样本，应在二级容器表面使用生物危害标识。二级容器表面用有效消毒剂擦拭消毒后可移出生物安全柜，转移至二氧化碳培养箱、显微镜、冰箱或菌（毒）种库。
（3）需要时可使用带护栏或围挡的手推车转移样本，并确保装载的二级容器放置平稳、不会跌落。
（4）如果有泄漏风险，应在主容器和二级容器之间放置吸附材料，防止感染性液体的污染扩散。
（5）在实验室中常备溢洒处理箱，并对实验人员进行培训和模拟演练，确保在转移过程发生意外泄漏

时，能够及时、安全地进行处置。

2. 感染性材料和样本外部运输的包装和安全操作要点

（1）首先需要依据《人间传染的病原微生物名录》，确定感染性材料和样本的运输包装类型。国际民航组织文件 Doc9284《危险品航空安全运输技术细则》将运输包装分为 A、B 两类，对应的联合国编号分别为 UN2814（动物病毒为 UN2900）和 UN3373。

（2）A 类和 B 类包装均为三层包装：由内到外分别为耐温、耐压、防渗水、防泄漏的密闭主容器；具有同样耐温、耐压、防渗水、防泄漏、防摔裂性能的密闭次级容器；第三层的外包装。包装容器和包装材料应符合国际民航组织文件 Doc9284《危险物品航空安全运输技术细则》规定的包装标准。

（3）主容器需使用无菌产品，表面标识感染性材料和样本的类别、编号、名称、样品量等信息；主容器必须用足够的吸附材料包裹，以防发生意外时导致感染性材料的泄漏；次级容器中装有多个主容器时，须使用缓冲材料间隔，以防主容器发生挤压、破裂；次级容器与外包装之间，可使用胶体冰或干冰等冷却剂，使用干冰时，外包装必须能够释放二氧化碳气体以防止爆炸；外包装表面也须进行标记相关信息，如生物危害标识、干冰的危害标识、包装箱方向箭头，以及发货人、接收人和承运人信息等。

（4）外部运输应有不少于两人的专人护送，护送人员应经过相关的生物安全知识培训和应急演练，并在护送过程中采取相应的防护措施。同时，应准备应急处置所需的物资，以便在发生意外时及时进行安全处置。

（5）如通过民航运输，托运人应按《中国民用航空危险品运输管理规定》（CCAR276）和国际民航组织文件 Doc9284《危险物品航空安全运输技术细则》的要求，进行正确分类、包装、标记、标识，并向航空承运人提交相关审批和运输文件。

（四）感染性材料和样本接收、查验、保存的安全操作要点

（1）接收感染性材料和样本时，需首先查验外包装是否完整，核实运输文件是否与计划接收的感染性材料和样本一致，且与外包装标记信息一致。如果外包装有破损，应立即打包用高压蒸汽灭菌器灭菌销毁。如为特别珍贵、不可再次获得的样本，可打包、表面消毒后传入实验室，在生物安全柜中进行进一步的查验。

（2）在生物安全柜中打开外包装，进一步查验次级容器是否完整，确认没有泄漏。如发现有泄漏，应立即打包，表面消毒后移出实验室，用高压蒸汽灭菌器灭菌销毁。

（3）如经查验，次级容器完整、无泄漏，则打开次级容器，查验主容器是否有破裂、泄漏。如有泄漏，应立即打包，表面消毒后移出实验室，用高压蒸汽灭菌器灭菌销毁。

（4）如主容器完好、没有泄漏，则继续核实主容器的标记内容是否与运输文件一致。

（5）如一切正常，可对感染性材料和样本进行必要的分装或其他实验操作。

（6）分装的样本如需保存，则应消毒样品管表面、装入样品盒，再对样品盒表面进行消毒后，移出生物安全柜放置专用冰箱中保存。

（五）感染性材料和样本灭活的安全操作要点

（1）感染性材料和样本，如感染动物的组织、感染血清、纯培养物、感染细胞、组织匀浆液、其他临床样本，需灭活后移出实验室进行后续检测时，应依据感染性材料和样本的特性，经评估、验证，选用可靠的灭活剂和灭活方法进行有效灭活。特别是经过培养的感染动物组织、感染血清、纯培养物、感染细胞、组织匀浆液，由于病原载量较大，尤其需要慎重选取灭活剂和灭活方法。

（2）感染动物组织或感染细胞用 4%多聚甲醛固定、灭活时，组织块大小应≤1cm³，确保固定时间在6~8h 以上；感染细胞需固定 30~60min；感染血清、纯培养物和组织匀浆液通常需要采用 2 种灭活方法进行 2 步灭活。

（3）灭活后的样本，需用消毒湿巾擦拭消毒样品管外表面，再装入方便安全转移的二级容器中，表面消毒后移出实验室进行后续的检测。

（六）感染性材料和样本销毁的安全操作要点

（1）不具使用、保存价值的感染性材料和样本需要进行销毁处理时，通常选用高压蒸汽灭菌的方法进行灭活。

（2）需销毁的样品应进行适当的包装，一方面需要避免在转移至高压蒸汽灭菌器的过程中发生泄漏、溢洒，另一方面需要保证在高压蒸汽灭菌过程中能有效灭活。

（3）通常选用防泄漏、防摔裂的二级容器包装感染性材料和样本的主容器，然后再用医疗垃圾高压专用袋进行双层包装，表面消毒后移出生物安全柜放入高压蒸汽灭菌器中，高压灭菌前隔袋打开二级容器的盒盖，以保证感染性材料和样本被充分灭活。

五、清场消毒与实验废弃物的安全处置

清场消毒和废弃物处置是生物安全实验室实验活动安全管理的关键环节，是保障实验操作人员、实验样品和实验室环境生物安全的重要手段。

对于 1～4 级（A）BSL 实验室，使用前的实验用品和（A）BSL-1 实验室使用后无生物危害且需重复使用的实验用品，需要时可先进行清洁处理去除污物，然后再经消毒灭菌处理后使用。对于 2～4 级（A）BSL 实验室所有的废弃物，以及（A）BSL-1 实验室对环境有生物危害的废弃物（如重组质粒、重组工程菌等），则须首先进行灭菌处理杀灭污染物，不需重复使用的物品则废弃、清运；需要重复使用的物品灭菌后再经清洁处理重复使用。

（一）常用的消毒灭菌方法

有效的消毒灭菌方法应依据危害因子的理化特性来进行选择。实验室常用的化学消毒剂为乙醇、次氯酸钠和过氧化氢。选择使用化学消毒方法时，应注意消毒剂的质量控制：采购时应审核消毒剂的生产卫生许可证、依据的质量标准、产品质检报告、消毒剂的有效期，并进行消毒剂有效成分的定量验证。

在实验室中，应针对不同的生物因子、消毒对象及相应消毒灭菌水平的要求，选用可靠、有效的消毒方法，以及消毒剂的浓度和有效作用时间。对于金属和橡胶材质的实验仪器设备或部件，如显微镜、影响离心机、离心转子和离心杯等，应避免选择具有腐蚀性的消毒剂，以免影响仪器的使用寿命和密封性能。如必须使用具有腐蚀性的消毒剂时，在达到有效消毒灭菌时间后，应立即用清水或无水乙醇冲洗或擦拭，充分去除残余的含氯消毒剂。选择使用清水冲洗或擦拭后，应立即擦干水分，再用无水乙醇擦拭一遍，以减少对仪器的损害。

（1）喷洒消毒：针对实验物品表面、包装容器表面、个体防护装备表面等，通常使用 75%乙醇、无水乙醇或 0.8%～1%的 84 消毒液（有效氯 500～1000mg/L）。

（2）擦拭消毒：针对操作台面、容器表面、离心机内腔、转子、显微镜、移液器等，通常使用 75%乙醇、无水乙醇或 0.8%～1%的 84 消毒液（有效氯 500～1000mg/L）。

（3）浸泡消毒：针对离心杯、离心转子、手术器械、护目镜等，通常使用 75%乙醇、无水乙醇或 0.8%～1%的 84 消毒液（有效氯 500～1000mg/L）。

（4）高压蒸汽灭菌：针对防护服、动物饲养笼盒、动物尸体、利器、固体实验废弃物、废液等，通常用 121℃，20～30min 条件灭菌。

（5）喷雾消毒：针对实验室空间的清场消毒，用 3%过氧化氢，20ml/m³，维持 30min。

（6）熏蒸消毒：针对实验室空间的终末消毒，常用两种方法：①过氧化氢蒸汽，12ml/m³，维持 60min，相对湿度 50%，RT 20～30℃；②二氧化氯气体，1mg/m³，维持 120min，相对湿度 60%，RT 20～30℃。

在进行实验室终末消毒时须注意消毒操作人员的安全防护，包括生物防护和化学防护。呼吸防护常用全面具，配置生物防护和化学防护滤盒。

（二）实验废弃物的分类收集和包装

实验室废弃物的安全处置是为了保障实验人员、实验室外环境和实验室废弃物处置、转移及清运人员

的安全。实验室废弃物需要分类收集盒包装。

（1）生活垃圾与医疗垃圾分开收集、包装，生活垃圾通常包括包装箱、办公纸张、纸巾、饮料瓶等；医疗垃圾笼统来讲就是进行实验操作时使用过的一切废弃物，包括个体防护装备、实验耗材、利器、废液、动物尸体、电泳胶等。

（2）（A）BSL-1 实验室的玻璃碎片、废液、动物尸体和利器须分别单独收集、包装，由有医疗垃圾处理资质的协议公司清运处理。需要注意的是，不同化学性质的废液必须分开收集，不能混装，以免发生爆炸导致有害化学品释放和实验人员伤害的恶性事故。

（3）（A）BSL-2～4 实验室的固体和液体废弃物、动物尸体、利器须分别单独收集、包装，在原位进行高温高压无害化处理后，液体废弃物可以直接倾入下水道排入污水处理站、汇入市政污水管道；固体废弃物暂存，由有医疗垃圾处理资质的协议公司定期清运处理。

（三）清场消毒

（1）实验结束后，首先擦拭、消毒最左侧清洁区台面，然后从清洁区向操作区再向污染区依序进行清场消毒：所有实验用品，如移液头盒、试管架、移液器等，均需首先用消毒剂喷洒消毒表面，放置在最左侧清洁区台面，达到有效消毒时间后移出生物安全柜。

（2）废液用移液器转移至废液收集瓶中拧紧瓶盖，表面喷洒消毒剂消毒后用专用高压灭菌袋双层包装，对着生物安全柜后壁排风口排出袋内气体，用高压灭菌指示带封口，表面喷洒消毒后放置在最左侧清洁区台面，达到有效消毒时间后移出生物安全柜。

（3）利器盒用消毒湿巾覆盖按下盒盖扣紧，装入高压灭菌袋双层包装，用高压灭菌指示带封口，表面喷洒消毒后放置在最左侧清洁区台面，达到有效消毒时间后移出生物安全柜。

（4）移液管收集盒扣盖，用消毒湿巾覆盖抓取，装入专用高压灭菌袋双层包装，对着生物安全柜后壁排风口排出袋内气体，用高压灭菌指示带封口，表面喷洒消毒后放置在最左侧清洁区台面，达到有效消毒时间后移出生物安全柜。

（5）动物尸体用高压灭菌袋单独收集，双层包装，对着生物安全柜后壁排风口排出袋内气体，用高压灭菌指示带封口，表面喷洒消毒后放置在最左侧清洁区台面，达到有效消毒时间后移出生物安全柜。

（6）吸水垫由边缘向内折叠，弃入收集固体废弃物的垃圾袋中，更换外层手套，脱下的外层手套弃入垃圾袋中，然后用消毒湿巾擦拭消毒剂喷壶表面进行消毒，湿巾弃入垃圾袋中，然后从垃圾袋架取下垃圾袋，双层包装，对着生物安全柜后壁排风口排出袋内气体，用高压灭菌指示带封口，表面喷洒消毒后放置在最左侧清洁区台面，达到有效消毒时间后移出生物安全柜。

（7）生物安全柜台面和侧壁用消毒剂喷洒、擦拭消毒后让其继续运转 5min，使柜内空气充分循环净化，然后落下前窗、开启紫外灯照射 20min 后关闭生物安全柜。所有使用过的仪器设备表面及试验台台面，亦需用消毒剂喷洒、擦拭消毒。

（8）实验人员更换外层手套，脱下的外层手套弃入生物安全柜外的高压灭菌袋中，身体平行房间气流方向，对着房间排风口按压排出袋内气体，用灭菌指示带封口，表面用消毒剂喷洒消毒。

（9）用消毒湿巾从房间上风向至下风向拖地消毒地面。所有高压灭菌袋均需标记实验人员姓名、项目组和日期，动物尸体的灭菌袋表面还需标记实验动物的种类和数量，表面用消毒剂喷洒消毒后拿出核心区，放入双扉高压灭菌器中灭菌处理。如果高压灭菌袋中有密封容器，如废液收集瓶和密封盒等，在双扉高压灭菌器中放置平稳后，须隔袋打开容器盖，以免高压灭菌后容器变形，影响后续使用。

（四）实验废弃物高温高压灭菌后的暂存和清运

实验室应有专用的废弃物暂存间，经过分类收集、包装和高温高压无害化处理后的固体废弃物，用医疗垃圾专用周转箱收集暂存，动物尸体需要在暂存冰柜中暂存，然后由有医疗垃圾处理资质的协议公司定期清运处置。负责由实验室向暂存间转运废弃物并定期转交协议清运公司的工作人员需注意做好个人防护，轻拿轻放，避免实验废弃物泄漏和洒落。

六、重要实验活动的安全操作

由于涉及不同病原所采用的实验材料和消毒方法会有所区别，下面将以新型冠状病毒和鼠疫耶尔森菌相关实验活动为例，详述重要实验活动的安全操作规范。

（一）新型冠状病毒培养

1. 试剂与材料

（1）病毒样品。

（2）Vero E6 细胞。

（3）培养基：DMEM 培养基+10%胎牛血清+青、链霉素。

（4）无菌 PBS 缓冲液，pH 7.2。

（5）青、链霉素母液（100 000U/ml 青霉素；100 000U/ml 链霉素）。

（6）病毒稀释液：DMEM 液中加入青、链霉素（终浓度达 100U/ml 青霉素和 100U/ml 链霉素）。

（7）10ml、5ml 一次性无菌移液管，50ml、15ml 一次性离心管，1000μl、200μl 无菌带滤芯移液头。

（8）T-25 带滤膜细胞培养瓶，2ml 外旋盖细胞冻存管、冻存盒。

2. 仪器设备

（1）生物安全柜。

（2）二氧化碳培养箱。

（3）倒置显微镜。

（4）离心机。

（5）电动移液器。

3. 操作程序

1）实验前准备

（1）实验材料：实验材料和其他用具，表面喷洒 75%乙醇消毒后，放入 BSL-3 实验室传递窗紫外照射 20min；从毒种库领取的病毒样品用乐扣乐扣密封盒包装，表面用 75%乙醇喷洒消毒后，放入传递窗，用紫外灯照射 20min。

（2）细胞准备：对数生长期的 Vero E6 细胞以 5×10^5 细胞/瓶接入带滤膜的 T25 细胞培养瓶中，当细胞汇合度达到 80%～90%时，放入洁净的乐扣乐扣密封盒中盖紧盒盖，表面消毒后放入 BSL-3 实验室传递窗，用紫外灯照射 20min。

（3）填写记录表，进入一更脱去个人衣物及配饰、手表等，依次穿戴内层防护服、连体防护服、内层手套、N95 防护口罩、外层隔离衣、外层手套。每只手套佩戴之前须进行检漏，内层手套需覆盖连体防护服袖口，用胶带固定，方便随时更换外层手套，外层手套需覆盖外层隔离衣的袖口；N95 佩戴好后亦需用手捂住口罩中央，用力吹气，检查四边是否漏气；对照穿衣镜检查所有个体防护装备的穿戴是否有纰漏。穿过淋浴间进入二更更换工作鞋，套双层鞋套；进入缓冲走廊取出传递窗中的实验材料及用品用具；通过核心区缓冲间进入实验室。

（4）传入的病毒样品先放入冰箱保存，细胞先放入提前 1 天调试好的二氧化碳培养箱备用。检查实验仪器设备、溢洒处理箱和急救箱是否正常。

（5）生物安全柜台面及侧壁先用 75%乙醇喷洒、擦拭消毒，生物安全柜台面操作区铺吸水垫，实验材料及用品用具表面用 75%乙醇喷洒消毒后放入生物安全柜分区摆放，开启生物安全柜运行 5min，待生物安全柜操作空间充分净化、气流稳定后方可正常使用。

2）实验操作

（1）手套表面用 75%乙醇消毒后，手臂垂直气流缓慢伸入生物安全柜，静置 1min 后开始实验操作。

（2）病毒接种：从二氧化碳培养箱中取出装有细胞的密封盒，表面消毒后移至生物安全柜中，用移液管轻轻吸出细胞生长液，弃入废液收集瓶中，然后用 PBS 清洗细胞 1~2 遍，废液吸弃于废液收集瓶中，移液管弃入移液管收集盒中。加入 5ml 病毒稀释液和 100μl 病毒样品，移液头弃入利器盒，拧紧瓶盖轻轻混匀。用消毒湿巾擦拭消毒细胞培养瓶表面，标记样本名称、编号、实验日期、操作人员后放入乐扣乐扣密封盒中，密封盒表面喷洒 75%乙醇消毒作用 5min 后移出生物安全柜至二氧化碳培养箱中，打开密封盒盒盖静置培养。

（3）每日观察细胞病变情况：将乐扣乐扣密封盒盒盖扣紧，移出二氧化碳培养箱至倒置显微镜台面，打开盒盖小心取出培养瓶在显微镜下观察。观察结束后将培养瓶放入乐扣乐扣密封盒中，移至二氧化碳培养箱中，打开盒盖继续培养。

（4）收获病毒：当 75%以上的细胞出现细胞病变时收获病毒，即使无细胞病变也应于第 4~6 天收获。扣紧密封盒盖后从二氧化碳培养箱中取出装有细胞培养瓶的密封盒，表面喷洒 75%乙醇消毒后移至生物安全柜中，取出细胞培养瓶，用移液管吹打细胞，转移至 15ml 离心管中，移液管弃入移液管收集盒，拧紧管盖。离心杯及适配器用 75%乙醇消毒后传入生物安全柜，用消毒湿巾擦拭消毒离心管表面后在离心杯中对称放置，离心杯旋紧杯盖、表面用 75%乙醇喷洒消毒后移出生物安全柜。

（5）离心：用天平确认离心杯已配平，4000~5000r/min，离心 7~10min，沉淀细胞碎片。离心结束后静置 5min 后打开机盖，用无水乙醇喷洒消毒离心腔取出离心杯，表面经 75%乙醇喷洒消毒后移入生物安全柜。打开离心杯首先检查确认离心管没有裂隙、渗漏，然后用消毒湿巾擦拭消毒离心管表面，置于离心管架。离心杯盖盖拧紧，表面用 75%乙醇喷洒消毒，5min 后移出生物安全柜，浸入装有无水乙醇的浸泡盒中，在液面以下开盖浸泡消毒 20min。

（6）分装保存：将离心上清液移至新的 50ml 离心管中，混匀，小心分装至冻存管中，0.2~0.5ml/管，移液头弃入利器盒，离心管的管、盖分离弃入专用高压灭菌袋。旋紧冻存管管盖、用消毒湿巾擦拭消毒表面后标记毒种名称、培养细胞、代次、分装量、样品管唯一编号、日期、操作人员姓名，放入冻存盒。冻存盒表面用 75%乙醇喷洒消毒后移出生物安全柜，于-80℃冰箱中冻存。如毒种需保存于保藏库，则需将冻存盒放入乐扣乐扣密封盒，密封盒表面用 75%乙醇喷洒消毒后通过传递窗移出实验室，转移至保藏库保存。

4. 清场与消毒

（1）实验结束后，首先用 75%乙醇喷洒、擦拭、消毒最左侧清洁区台面，然后从清洁区向操作区再向污染区依序进行清场消毒：移液头盒、试管架、移液器先用 75%乙醇喷洒消毒表面，放置在最左侧清洁区台面，5min 后移出生物安全柜。

（2）用消毒湿巾抓取废液收集瓶，拧紧瓶盖，装入专用高压灭菌袋双层包装，对着生物安全柜后壁排风口排出袋内气体，用高压灭菌指示带封口，表面用 75%乙醇喷洒消毒后放置在最左侧清洁区台面，5min 后移出生物安全柜。

（3）移液管收集盒扣盖，用消毒湿巾覆盖抓取装入专用高压灭菌袋，对着柜内里侧排风口按压排出袋内气体，双层包装，用高压灭菌指示带封口，表面喷洒 75%乙醇消毒后放置于最左侧清洁区台面，5min 后移出生物安全柜。

（4）利器盒用消毒湿巾覆盖按下盒盖扣紧，装入专用高压灭菌袋，对着柜内里侧排风口按压排出袋内气体，双层包装，用高压灭菌指示带封口，表面用 75%乙醇喷洒消毒后放置于最左侧清洁区台面，5min 后移出生物安全柜。

（5）由边缘向内折叠吸水垫，弃入收集固体废弃物的专用高压灭菌袋中，更换外层手套，脱下的外层手套弃入垃圾袋中，然后用消毒湿巾擦拭消毒剂喷壶表面进行消毒，湿巾弃入专用高压灭菌袋中。从垃圾袋架取下垃圾袋，双层包装，对着生物安全柜后壁排风口排出袋内气体，用高压灭菌指示带封口，表面用 75%乙醇喷洒消毒后放置在最左侧清洁区台面，垃圾袋架用 75%乙醇喷洒消毒，5min 后移出生物安全柜。

（6）生物安全柜台面和侧壁用 75%乙醇喷洒、擦拭消毒后让其继续运转 5min，使柜内空气充分循环净化后落下前窗，开启紫外灯照射 20min 后关闭生物安全柜。用无水乙醇消毒和擦拭：离心机内腔、机盖内外表面、操作面板，二氧化碳培养箱门外表面及把手，显微镜载物台、目镜及调节旋钮接触部位。

（7）实验人员更换外层手套，脱下的外层手套弃入生物安全柜外的高压灭菌袋中，身体平行气流方向，对着房间排风口按压排出袋内气体，用灭菌指示带封口，表面用75%乙醇喷洒消毒；用消毒湿巾从房间上风向至下风向拖地消毒地面。所有高压灭菌袋表面用75%乙醇喷洒消毒，标记实验人员姓名、项目组和日期，放入废弃物转移箱以便移出实验室。

（8）操作人员退至核心区出口处，先用75%乙醇喷洒消毒外层防护装备的手、肘、前襟、脚面、脚底部位，然后脱下面屏用75%乙醇喷洒消毒内、外表面，留在核心区以备下一次使用。退至核心区缓冲间，脱去外层防护服和外层鞋套，然后更换外层手套，退至内走廊，将实验废弃物放入双扉高压灭菌器，废液收集瓶放置平稳后，隔袋打开瓶盖，以免高压灭菌后容器变形，影响后续使用。

（9）进入二更后依次脱去连体防护服、内层鞋套和外层手套，更换工作鞋。用75%乙醇喷洒消毒手部，脱去一次性防护帽、N95防护口罩和内层手套，双手喷洒75%乙醇消毒后进入淋浴间，脱去内层防护服、淋浴。之后进入一更更换个人衣物，填写记录表后离开实验室。

（二）新型冠状病毒 $TCID_{50}$ 测定

1. 试剂与材料

（1）病毒样品。

（2）Vero E6 细胞。

（3）培养基：DMEM 培养基+10%胎牛血清+青、链霉素。

（4）无菌 PBS 缓冲液，pH 7.2。

（5）青、链霉素母液（100 000U/ml 青霉素；100 000U/ml 链霉素）。

（6）病毒稀释液：DMEM 液中加入青、链霉素（终浓度达 100U/ml 青霉素和 100U/ml 链霉素），可加 2%胎牛血清。

（7）1000μl、200μl 带滤芯无菌移液头。

（8）T-25 带滤膜细胞培养瓶、96 孔细胞培养板、2ml 外旋盖离心管。

2. 仪器设备

（1）生物安全柜。

（2）二氧化碳培养箱。

（3）倒置显微镜。

（4）多道移液器。

3. 操作程序

1）实验前准备

（1）实验材料：实验材料和其他用具表面喷洒 75%乙醇消毒后，放入 BSL-3 实验室传递窗紫外照射 20min；从毒种库领取的病毒样品用乐扣乐扣密封盒包装，表面用 75%乙醇喷洒消毒后，放入传递窗，用紫外灯照射 20min。

（2）细胞准备：提前 24h，将 Vero E6 细胞接种至 96 孔培养板中，约 10^4 细胞/孔。24h 后将长满细胞的 96 孔培养板放入洁净的乐扣乐扣密封盒中扣紧盒盖，表面消毒后转移至 BSL-3 实验室传递窗，用紫外灯照射 20min。

（3）填写记录表，进入一更脱去个人衣物及配饰、手表等，依次穿戴内层防护服、连体防护服、内层手套、N95 防护口罩、外层隔离衣、外层手套。每只手套佩戴之前须进行检漏，内层手套需覆盖连体防护服袖口，用胶带固定，方便随时更换外层手套，外层手套需覆盖外层隔离衣的袖口；N95 佩戴好后亦需用手捂住口罩中央，用力吹气，检查四边是否漏气；对照穿衣镜检查所有个体防护装备的穿戴是否有纰漏。穿过淋浴间进入二更更换工作鞋，套双层鞋套；进入缓冲走廊取出传递窗中的实验材料及用品用具；通过核心区缓冲间进入实验室。

（4）传入的病毒样品先放入冰箱保存，细胞先放入提前 1 天调试好的二氧化碳培养箱备用。检查实验仪器设备、溢洒处理箱和急救箱是否正常。

（5）生物安全柜台面及侧壁先用 75%乙醇喷洒、擦拭消毒，生物安全柜台面操作区铺吸水垫，实验材料及用品用具表面用 75%乙醇喷洒消毒后放入生物安全柜分区摆放，开启生物安全柜运行 5min，待生物安全柜操作空间充分净化、气流稳定后方可正常使用。

2）实验操作

（1）手套表面用 75%乙醇消毒后，手臂垂直气流缓慢伸入生物安全柜，静置 1min 后开始实验操作。

（2）病毒稀释：在 2ml 外旋螺口离心管中小心进行病毒的 10 倍梯度稀释，100μl 病毒液加入 900μl 病毒稀释液中轻柔吹吸混匀，移液头弃入利器盒中。

（3）接种细胞：从二氧化碳培养箱中取出装有铺好细胞的 96 孔培养板的密封盒，表面 75%乙醇喷洒消毒后移入生物安全柜。吸弃 96 孔板中的培养基至铺有吸水纸的废液收集盒中，加 PBS 轻轻清洗细胞一次，吸弃 96 孔板中的培养基至铺有吸水纸的废液收集盒中，然后由低浓度向高浓度加入病毒稀释液，100μl/孔，每个稀释梯度 8 个重复孔，用病毒稀释液作为阴性对照（N），100μl/孔。移液头弃入利器盒，离心管弃入废液收集盒中，废液收集盒中的吸水纸应足够吸附废液，不可残留可流动的废液，以免处置过程中发生溢洒和泄漏。

（4）培养：用透气板封膜密封 96 孔培养板，或用胶带密封板盖四周，用消毒湿巾擦拭、消毒表面后放入乐扣乐扣密封盒中，表面用 75%乙醇喷洒消毒后移出生物安全柜至二氧化碳培养箱中，打开密封盒盖，在 5% CO_2、37℃、95%湿度条件下培养。

（5）接毒后 48～96h，每天观察细胞病变、记录结果：将乐扣乐扣密封盒盒盖扣紧，移出二氧化碳培养箱至倒置显微镜台面，打开盒盖小心取出培养瓶在显微镜下观察。观察结束后将培养瓶放入乐扣乐扣密封盒中，移至二氧化碳培养箱中，打开盒盖继续培养。第 4 天观察结束后，用吸水垫或吸水纸包裹 96 孔培养板，再用在专用高压灭菌袋双层包装，表面用 75%乙醇喷洒消毒后待移出实验室进行灭菌处置。

（6）结果计算：用 Reed-Muench 公式计算 $TCID_{50}$。

4. 清场与消毒

（1）实验结束后，首先用 75%乙醇喷洒、擦拭、消毒最左侧清洁区台面，然后从清洁区向操作区再向污染区依序进行清场消毒：移液头盒、试管架、移液器先用 75%乙醇喷洒消毒表面，放置在最左侧清洁区台面，5min 后移出生物安全柜。

（2）废液收集盒扣盖，用消毒湿巾覆盖抓取装入专用高压灭菌袋，对着柜内里侧排风口按压排出袋内气体，双层包装，用高压灭菌指示带封口，表面喷洒 75%乙醇消毒后放置于最左侧清洁区台面，5min 后移出生物安全柜。

（3）利器盒用消毒湿巾覆盖按下盒盖扣紧，装入专用高压灭菌袋，对着柜内里侧排风口按压排出袋内气体，双层包装，用高压灭菌指示带封口，表面用 75%乙醇喷洒消毒后放置于最左侧清洁区台面，5min 后移出生物安全柜。

（4）由边缘向内折叠吸水垫，弃入收集固体废弃物的专用高压灭菌袋中，更换外层手套，脱下的外层手套弃入垃圾袋中，然后用消毒湿巾擦拭消毒剂喷壶表面进行消毒，湿巾弃入专用高压灭菌袋中。从垃圾袋架取下垃圾袋，双层包装，对着生物安全柜后壁排风口排出袋内气体，用高压灭菌指示带封口，表面用 75%乙醇喷洒消毒后放置在最左侧清洁区台面，垃圾袋架用 75%乙醇喷洒消毒，5min 后移出生物安全柜。

（5）生物安全柜台面和侧壁用 75%乙醇喷洒、擦拭消毒后让其继续运转 5min，使柜内空气充分循环净化后落下前窗，开启紫外灯照射 20min 后关闭生物安全柜。用无水乙醇擦拭消毒二氧化碳培养箱门外表面及把手，以及显微镜载物台、目镜、调节旋钮接触部位。

（6）实验人员更换外层手套，脱下的外层手套弃入生物安全柜外的高压灭菌袋中，身体平行气流方向，对着房间排风口按压排出袋内气体，用灭菌指示带封口，表面用 75%乙醇喷洒消毒；用消毒湿巾从房间上风向至下风向拖地消毒地面。所有高压灭菌袋表面用 75%乙醇喷洒消毒，标记实验人员姓名、项目组和日期，放入废弃物转移箱以便移出实验室。

（7）操作人员退至核心区出口处，先用 75%乙醇喷洒消毒外层防护装备的手、肘、前襟、脚面、脚底部位，然后脱下面屏用 75%乙醇喷洒消毒内、外表面，留在核心区以备下一次使用。退至核心区缓冲间，脱去外层防护服和外层鞋套，然后更换外层手套，退至内走廊，将实验废弃物放入双扉高压灭菌器，废液收集瓶放置平稳后，隔袋打开瓶盖，以免高压灭菌后容器变形，影响后续使用。

（8）进入二更后依次脱去连体防护服、内层鞋套和外层手套，更换工作鞋。用 75%乙醇喷洒消毒手部，脱去一次性防护帽、N95 防护口罩和内层手套，双手喷洒 75%乙醇消毒后进入淋浴间，脱去内层防护服、淋浴。之后进入一更更换个人衣物，填写记录表后离开实验室。

（三）新型冠状病毒中和试验

1. 试剂与材料

（1）血清样品：包括待检血清、阳性及阴性对照血清。如果待检血清有可能需要多次检测，则需将待检血清在生物安全柜内小量分装至 2ml 的外旋螺口样品管中，–20～–80℃保存，避免多次反复冻融。

（2）Vero E6 细胞。

（3）细胞培养液：DMEM+10%胎牛血清+抗生素（500ml DMEM 培养液，5.5ml 100×青、链霉素母液（10 000U/ml 青霉素 G；10 000μg/ml 硫酸链霉素），50ml 胎牛血清，4℃保存。

（4）96 孔细胞培养板。

（5）病毒稀释液：DMEM+2%胎牛血清+抗生素，即配即用[500ml DMEM 培养液，10ml 胎牛血清，5ml 100×青、链霉素母液（10 000U/ml 青霉素 G；10 000μg/ml 硫酸链霉素）]。

（6）一次性 50ml 离心管，10ml 移液管，2ml 外旋螺口离心管，1000μl、200μl 带滤芯移液头。

2. 仪器设备

（1）生物安全柜。
（2）金属浴。
（3）二氧化碳培养箱。
（4）倒置显微镜。
（5）电动移液器。
（6）多道移液器。

3. 操作程序

1）实验前准备

（1）实验材料：实验材料和其他用具，表面喷洒 75%乙醇消毒后，放入 BSL-3 实验室传递窗紫外照射 20min；从毒种库领取的病毒样品用乐扣乐扣密封盒包装，表面用 75%乙醇喷洒消毒后，放入传递窗，用紫外灯照射 20min。

（2）细胞准备：提前 24h，将 Vero E6 细胞接种至 96 孔培养板中，约 10^4 细胞/孔。24h 后将长满细胞的 96 孔培养板放入洁净的乐扣乐扣密封盒中扣紧盒盖，表面消毒后转移至 BSL-3 实验室传递窗，用紫外灯照射 20min。

（3）填写记录表，进入一更脱去个人衣物及配饰、手表等，依次穿戴内层防护服、连体防护服、内层手套、N95 防护口罩、外层隔离衣、外层手套。每只手套佩戴之前须进行检漏，内层手套需覆盖连体防护服袖口，用胶带固定，方便随时更换外层手套，外层手套需覆盖外层隔离衣的袖口；N95 佩戴好后亦需用手捂住口罩中央，用力吹气，检查四边是否漏气；对照穿衣镜检查所有个体防护装备的穿戴是否有纰漏。穿过淋浴间进入二更更换工作鞋，套双层鞋套；进入缓冲走廊取出传递窗中的实验材料及用品用具；通过核心区缓冲间进入实验室。

（4）传入的病毒样品先放入冰箱保存，细胞先放入提前 1 天调试好的二氧化碳培养箱备用。检查实仪器设备、溢洒处理箱和急救箱是否正常。

（5）生物安全柜台面及侧壁先用 75%乙醇喷洒、擦拭消毒，生物安全柜台面操作区铺吸水垫，实验材料及用品用具表面用 75%乙醇喷洒消毒后放入生物安全柜分区摆放，开启生物安全柜运行 5min，待生物安全柜操作空间充分净化、气流稳定后方可正常使用。

2）实验操作

（1）手套表面用 75%乙醇消毒后，手臂垂直气流缓慢伸入生物安全柜，静置 1min 后开始实验操作。

（2）血清灭活和稀释：用 75%乙醇喷洒消毒金属浴后移入生物安全柜中，将装有待检血清的外旋螺口离心管放入金属浴孔槽内，56℃灭活处理 30min。用镊子取出离心管放置在离心管架上，加入病毒稀释液作 5 倍稀释，作为起始浓度，每份样本需 4 个重复，作好标记。金属浴用 75%乙醇喷洒内外表面，消毒作用 5min 后，移出生物安全柜。

（3）病毒稀释：吸取 40ml 病毒稀释液于 50ml 离心管中，吸弃 320μl 病毒稀释液于废液桶中，再加入 1×10^6 $TCID_{50}$/ml 的病毒液 320μl，使其终浓度为 100 $TCID_{50}$/50μl，轻柔吹吸 5 次混匀，移液头弃于利器盒中，移液管弃于移液管收集盒中。

（4）共孵育：用移液管转移稀释后的病毒液至一次性加样槽中，再用多道移液器加入 96 孔培养板的第 2～11 列中，50μl/孔。96 孔培养板第 1 列加入稀释好的起始浓度血清样本，100μl/孔，每份样本重复 4 孔。然后用多道移液器从第 1 列吸取 50μl/孔加入第 2 列轻轻吹吸 5 次混匀作系列倍比稀释，至第 10 列轻轻吹吸 5 次混匀后吸弃 50μl 至铺有吸水纸的废液收集盒中。第 11 列为病毒对照，不加血清样本；第 12 列为细胞对照，不加病毒和血清。96 孔培养板盖盖后用消毒湿巾擦拭、消毒表面，然后小心放入乐扣乐扣密封盒中，再用 75%乙醇喷洒消毒表面，5min 后移出生物安全柜至二氧化碳培养箱中孵育 1h。一次性加样槽中剩余的液体放入吸水纸充分吸附，然后和加样槽一起放入专用高压灭菌袋中；移液头弃于利器盒中，移液管弃于移液管收集盒中。

（5）感染细胞：从二氧化碳培养箱中取出各自放入乐扣密封盒的、装有病毒-血清共孵育混合液的 96 孔板和铺有 Vero E6 细胞的 96 孔板，表面用 75%乙醇喷洒消毒后移入生物安全柜。打开密封盒，轻轻取出 96 孔板，用多道移液器吸取病毒-血清共孵育混合液，逐列加入到铺有 Vero E6 细胞的 96 孔板中，用透气板封膜密封 96 孔培养板，或用胶带密封板盖四周，用消毒湿巾擦拭、消毒表面后放入乐扣乐扣密封盒中，表面用 75%乙醇喷洒消毒后移出生物安全柜至二氧化碳培养箱中，打开密封盒盖，在 5% CO_2、37℃、95% 湿度条件下培养 3 天。移液头弃于利器盒中。

（6）结果观察和计算：第 3 天，扣紧盒盖，从二氧化碳培养箱中取出乐扣密封盒至显微镜台面，取出 96 孔培养板观察，记录细胞病变，并用 GraphPad Prism 计算 IC_{50}。将 96 孔板放入乐扣密封盒中，再用专用高压灭菌袋双层包装，表面用 75%乙醇喷洒消毒后待移出实验室进行高压灭菌处理。

4. 清场与消毒

（1）实验结束后，首先用 75%乙醇喷洒、擦拭、消毒最左侧清洁区台面，然后从清洁区向操作区再向污染区依序进行清场消毒：移液头盒、试管架、移液器先用 75%乙醇喷洒消毒表面，放置在最左侧清洁区台面，5min 后移出生物安全柜。

（2）废液收集盒扣盖，用消毒湿巾覆盖抓取装入专用高压灭菌袋，对着生物安全柜后壁排风口按压排出袋内气体，双层包装，用高压灭菌指示带封口，表面喷洒 75%乙醇消毒后放置于最左侧清洁区台面，5min 后移出生物安全柜。

（3）移液管收集盒扣盖，用消毒湿巾覆盖抓取装入专用高压灭菌袋，对着生物安全柜后壁排风口按压排出袋内气体，双层包装，用高压灭菌指示带封口，表面喷洒 75%乙醇消毒后放置于最左侧清洁区台面，5min 后移出生物安全柜。

（4）利器盒用消毒湿巾覆盖按下盒盖扣紧，装入专用高压灭菌袋，对着生物安全柜后壁排风口按压排出袋内气体，双层包装，用高压灭菌指示带封口，表面用 75%乙醇喷洒消毒后放置于最左侧清洁区台面，5min 后移出生物安全柜。

（5）由边缘向内折叠吸水垫，弃入收集固体废弃物的专用高压灭菌袋中，更换外层手套，脱下的外层手套弃入垃圾袋中，然后用消毒湿巾擦拭消毒剂喷壶表面进行消毒，湿巾弃入专用高压灭菌袋中。从垃圾袋架取下垃圾袋，双层包装，对着生物安全柜后壁排风口排出袋内气体，用高压灭菌指示带封口，表面用75%乙醇喷洒消毒后放置在最左侧清洁区台面，垃圾袋架用75%乙醇喷洒消毒，5min后移出生物安全柜。

（6）生物安全柜台面和侧壁用75%乙醇喷洒、擦拭消毒后让其继续运转5min，使柜内空气充分循环净化后落下前窗、开启紫外灯照射20min后关闭生物安全柜。用无水乙醇擦拭消毒二氧化碳培养箱门外表面及把手，以及显微镜载物台、目镜、调节旋钮接触部位。

（7）实验人员更换外层手套，脱下的外层手套弃入生物安全柜外的高压灭菌袋中，身体平行气流方向，对着房间排风口按压排出袋内气体，用灭菌指示带封口，表面用75%乙醇喷洒消毒；用消毒湿巾从房间上风向至下风向拖地消毒地面。所有高压灭菌袋表面用75%乙醇喷洒消毒，标记实验人员姓名、项目组和日期，放入废弃物转移箱以便移出实验室。

（8）操作人员退至核心区出口处，先用75%乙醇喷洒消毒外层防护装备的手、肘、前襟、脚面、脚底部位，然后脱下面屏用75%乙醇喷洒消毒内、外表面，留在核心区以备下一次使用。退至核心区缓冲间，脱去外层防护服和外层鞋套，然后更换外层手套，退至内走廊，将实验废弃物放入双扉高压灭菌器，废液收集瓶放置平稳后，隔袋打开瓶盖，以免高压灭菌后容器变形，影响后续使用。

（9）进入二更后依次脱去连体防护服、内层鞋套和外层手套，更换工作鞋。用75%乙醇喷洒消毒手部，脱去一次性防护帽、N95防护口罩和内层手套，双手喷洒75%乙醇消毒后进入淋浴间，脱去内层防护服、淋浴。之后进入一更更换个人衣物，填写记录表后离开实验室。

（四）鼠疫耶尔森菌分离培养及活菌计数

1. 试剂与材料

（1）赫氏培养基平板。

（2）龙胆紫。

（3）生化培养基。

（4）接种环。

（5）比浊管。

2. 仪器设备

生物安全柜。

3. 操作程序

1）实验前准备

（1）实验材料：实验材料和其他用具表面喷洒75%乙醇消毒后，放入BSL-3实验室传递窗紫外照射20min；从菌种库领取的细菌样品用乐扣乐扣密封盒包装，表面用75%乙醇喷洒消毒后，放入传递窗，用紫外灯照射20min。

（2）填写记录表，进入一更脱去个人衣物及配饰、手表等，依次穿戴内层防护服、连体防护服、内层手套、N95防护口罩、外层隔离衣、外层手套。每只手套佩戴之前须进行检漏，内层手套需覆盖连体防护服袖口，用胶带固定，方便随时更换外层手套，外层手套需覆盖外层隔离衣的袖口；N95佩戴好后亦需用手捂住口罩中央，用力吹气，检查四边是否漏气；对照穿衣镜检查所有个体防护装备的穿戴是否有纰漏。穿过淋浴间进入二更更换工作鞋，套双层鞋套；进入缓冲走廊取出传递窗中的实验材料及用品用具；通过核心区缓冲间进入实验室。

2）实验操作

（1）腐败材料可接种于龙胆紫（1∶10万～1∶20万）赫氏培养基平板。

（2）液体材料及骨髓，用灭菌接种环取标本划线。脏器材料先在平板表面压印，再以接种环划线，棉拭子可直接涂布于培养基表面。

（3）同一来源、不同部位的样本可以分格涂于同一平板表面。

（4）如果材料充足，每份标本应接种一式两个平板，一个做分离培养，另一个做鼠疫噬菌体裂解试验。

（5）置 28℃温箱培养，于 14～96h 内每日观察，发现具有鼠疫菌典型形态的菌落，及时挑取可疑菌落进一步纯分离，或进行鼠疫噬菌体实验。已接种的、没有严重污染的平板需连续培养观察 7 天，确认无疑似鼠疫菌落出现时，方可经高压灭菌后弃去。

（6）详细登记鼠疫菌落或可疑菌落的培养量、培养份数、培养用途。

（7）菌株鉴定：将被试菌株分别接种于上述各种培基发酵管内，37℃培养 7～14 天，每天观察一次，或 37℃培养 7 天后置于室温再观察 7 天，每天记录结果。选择已知菌种分别接种各发酵管作对照；同时用各发酵反应管培基做空白阴性对照。硝酸盐还原试验（脱氮作用）：待试菌株接种脱氮试验培养基孵育 3～5 天，加溶于乙酸的氨基苯磺酸 0.1ml 混合后，再加溶于乙酸的 α-萘胺 0.1ml，若显色，为阳性；若不显色，则为阴性。

（8）活菌计数：用接种环挑取适量纯培养物，溶于生理盐水，混匀。在比浊管内加入 1ml 生理盐水，在生理盐水中逐渐滴加菌悬液，至观察溶液和标准比浊管浓度一致。按照标准比浊管的浓度，将比浊管内的菌悬液成倍稀释为 1000 个菌/ml。用微量移液器取 1000 个菌/ml 的菌悬液 100μl，滴在赫氏培养基平板上，均匀涂开，共涂 3 个平板；28℃培养 72h 后观察菌落数目，取三个平板的平均值，即可推算出原菌悬液的实际活菌数量。

4. 清场与消毒

（1）实验结束后，首先用 75%乙醇喷洒、擦拭、消毒最左侧清洁区台面，然后从清洁区向操作区再向污染区依序进行清场消毒：移液头盒、试管架、移液器先用 75%乙醇喷洒消毒表面，放置在最左侧清洁区台面，5min 后移出生物安全柜。

（2）废液收集盒扣盖，用消毒湿巾覆盖抓取装入专用高压灭菌袋，对着生物安全柜后壁排风口按压排出袋内气体，双层包装，用高压灭菌指示带封口，表面喷洒 75%乙醇消毒后放置于最左侧清洁区台面，5min 后移出生物安全柜。

（3）移液管收集盒扣盖，用消毒湿巾覆盖抓取装入专用高压灭菌袋，对着生物安全柜后壁排风口按压排出袋内气体，双层包装，用高压灭菌指示带封口，表面喷洒 75%乙醇消毒后放置于最左侧清洁区台面，5min 后移出生物安全柜。

（4）利器盒用消毒湿巾覆盖按下盒盖扣紧，装入专用高压灭菌袋，对着生物安全柜后壁排风口按压排出袋内气体，双层包装，用高压灭菌指示带封口，表面用 75%乙醇喷洒消毒后放置于最左侧清洁区台面，5min 后移出生物安全柜。

（5）由边缘向内折叠吸水垫，弃入收集固体废弃物的专用高压灭菌袋中，更换外层手套，脱下的外层手套弃入垃圾袋中，然后用消毒湿巾擦拭消毒剂喷壶表面进行消毒，湿巾弃入专用高压灭菌袋中。从垃圾袋架取下垃圾袋，双层包装，对着生物安全柜后壁排风口排出袋内气体，用高压灭菌指示带封口，表面用 75%乙醇喷洒消毒后放置在最左侧清洁区台面，垃圾袋架用 75%乙醇喷洒消毒，5min 后移出生物安全柜。

（6）生物安全柜台面和侧壁用 75%乙醇喷洒、擦拭消毒后让其继续运转 5min，使柜内空气充分循环净化后落下前窗、开启紫外灯照射 20min 后关闭生物安全柜。用无水乙醇擦拭消毒二氧化碳培养箱门外表面及把手，以及显微镜载物台、目镜、调节旋钮接触部位。

（7）实验人员更换外层手套，脱下的外层手套弃入生物安全柜外的高压灭菌袋中，身体平行气流方向，对着房间排风口按压排出袋内气体，用灭菌指示带封口，表面用 75%乙醇喷洒消毒；用消毒湿巾从房间上风向至下风向拖地消毒地面。所有高压灭菌袋表面用 75%乙醇喷洒消毒，标记实验人员姓名、项目组和日期，放入废弃物转移箱以便移出实验室。

（8）操作人员退至核心区出口处，先用 75%乙醇喷洒消毒外层防护装备的手、肘、前襟、脚面、脚底部位，然后脱下面屏用 75%乙醇喷洒消毒内、外表面，留在核心区以备下一次使用。退至核心区缓冲间，脱去外层防护服和外层鞋套，然后更换外层手套，退至内走廊，将实验废弃物放入双扉高压灭菌器，废液收集瓶放置平稳后，隔袋打开瓶盖，以免高压灭菌后容器变形，影响后续使用；进入二更后依次脱去连体防护服、内层鞋套和外层手套，更换工作鞋。用75%乙醇喷洒消毒手部，脱去一次性防护帽、N95防护口罩和内层手套，双手喷洒75%乙醇消毒后进入淋浴间，脱去内层防护服、淋浴。之后进入一更更换个人衣物，填写记录表后离开实验室。

（五）鼠疫耶尔森菌蛋白质提取及无菌实验

1. 试剂与材料

（1）鼠疫耶尔森菌。

（2）赫氏培养基平板。

（3）血平板。

2. 仪器设备

（1）离心机。

（2）生物安全柜。

3. 操作程序

1）实验前准备

（1）实验材料：实验材料和其他用具表面喷洒75%乙醇消毒后，放入BSL-3实验室传递窗紫外照射20min；从菌种库领取的细菌样品用乐扣乐扣密封盒包装，表面用75%乙醇喷洒消毒后，放入传递窗，用紫外灯照射20min。

（2）填写记录表，进入一更脱去个人衣物及配饰、手表等，依次穿戴内层防护服、连体防护服、内层手套、N95防护口罩、外层隔离衣、外层手套。每只手套佩戴之前须进行检漏，内层手套需覆盖连体防护服袖口，用胶带固定，方便随时更换外层手套，外层手套需覆盖外层隔离衣的袖口；N95佩戴好后亦需用手捂住口罩中央，用力吹气，检查四边是否漏气；对照穿衣镜检查所有个体防护装备的穿戴是否有纰漏。穿过淋浴间进入二更更换工作鞋，套双层鞋套；进入缓冲走廊取出传递窗中的实验材料及用品用具；通过核心区缓冲间进入实验室。

2）实验操作

（1）按照蛋白质检测要求，培养必需量的鼠疫菌，28℃或者37℃培养鼠疫菌24～72h。

（2）按照蛋白质检测要求，提取鼠疫菌的蛋白质成分：传统尿素法提取全菌蛋白28℃培养48h。鼠疫菌刮取菌苔（约100mg湿菌）用生理盐水悬菌，4℃，4300g离心10min，去上清。重复两次。

（3）向沉淀中加入1ml溶液（0.01mol/L Tris，7mol/L尿素，2 mol/L硫脲，4% CHAPS）。

（4）0.5h后，4℃，4300g，离心10min，去上清。

（5）将提取的蛋白质恢复成近中性的水溶液。

（6）新尿素法提取全菌蛋白：37℃培养48h鼠疫菌。刮取一环菌，加入到400μl 8mol/L的尿素中混匀。

（7）微生物鉴定提取全菌蛋白：37℃培养48h鼠疫菌，取适量（半接种环）样品，加入200μl电导率为18.2mΩ的超纯水，仔细混匀，再加入600μl无水乙醇（色谱级），震荡，混匀；12 000r/min高速离心2min，弃去上清（尽量去除乙醇）；沉淀中加入50μl 70%甲酸（色谱级），仔细混匀，再加入50μl乙腈（色谱级），混匀。

（8）1-D电泳提取全菌蛋白：37℃培养48h鼠疫菌。刮取一环（大接菌环）菌落，加入500μl RIPA裂解液（1ml RIPA裂解液加10μl蛋白酶抑制剂，现用现配，冰上配制），冰上裂解2h，100℃水煮10min。13 000r/min离心2min，取上清转移至新的离心管中。

（9）2-D电泳提取全菌蛋白：37℃培养48h鼠疫菌。取适量菌落，加入2ml生理盐水中，菌浓度调至麦氏1.0。取1ml菌悬液，13 000r/min离心2min后，去除上清，在沉淀中加入200μl RIPA裂解液（1ml RIPA裂解液加10μl蛋白酶酶抑制剂，现用现配，冰上配制），冰上裂解2h。加40μl 6×protein loading buffer，煮沸10min。12 000r/min，10min，取上清转移至新的离心管中。

（10）每份鼠疫菌蛋白质提取物至少抽取 10%样品接种赫氏培养基平板或者血平板，28℃或者 37℃孵育 72h，应无细菌生长。如有细菌生长，应改变蛋白质提取方法，直至无细菌生长为止。

（11）做过无菌试验的菌蛋白提取物应该暂存−20℃冰箱，检查无细菌生长的蛋白质提取物，可在容器表面消毒后，携出 BSL-3 实验室并进行进一步处理和检测工作。

4. 清场与消毒

（1）实验结束后，首先用 75%乙醇喷洒、擦拭、消毒最左侧清洁区台面，然后从清洁区向操作区再向污染区依序进行清场消毒：移液头盒、试管架、移液器先用 75%乙醇喷洒消毒表面，放置在最左侧清洁区台面，5min 后移出生物安全柜。

（2）废液收集盒扣盖，用消毒湿巾覆盖抓取装入专用高压灭菌袋，对着柜内里侧排风口按压排出袋内气体，双层包装，用高压灭菌指示带封口，表面喷洒 75%乙醇消毒后放置于最左侧清洁区台面，5min 后移出生物安全柜。

（3）移液管收集盒扣盖，用消毒湿巾覆盖抓取装入专用高压灭菌袋，对着柜内里侧排风口按压排出袋内气体，双层包装，用高压灭菌指示带封口，表面喷洒 75%乙醇消毒后放置于最左侧清洁区台面，5min 后移出生物安全柜。

（4）利器盒用消毒湿巾覆盖按下盒盖扣紧，装入专用高压灭菌袋，对着柜内里侧排风口按压排出袋内气体，双层包装，用高压灭菌指示带封口，表面用 75%乙醇喷洒消毒后放置于最左侧清洁区台面，5min 后移出生物安全柜。

（5）由边缘向内折叠吸水垫，弃入收集固体废弃物的专用高压灭菌袋中，更换外层手套，脱下的外层手套弃入垃圾袋中，然后用消毒湿巾擦拭消毒剂喷壶表面进行消毒，湿巾弃入专用高压灭菌袋中。从垃圾袋架取下垃圾袋，双层包装，对着生物安全柜后壁排风口排出袋内气体，用高压灭菌指示带封口，表面用 75%乙醇喷洒消毒后放置在最左侧清洁区台面，垃圾袋架用 75%乙醇喷洒消毒，5min 后移出生物安全柜。

（6）生物安全柜台面和侧壁用 75%乙醇喷洒、擦拭消毒后让其继续运转 5min，使柜内空气充分循环净化后落下前窗、开启紫外灯照射 20min 后关闭生物安全柜。用无水乙醇擦拭消毒二氧化碳培养箱门外表面及把手，以及显微镜载物台、目镜、调节旋钮接触部位。

（7）实验人员更换外层手套，脱下的外层手套弃入生物安全柜外的高压灭菌袋中，身体平行气流方向，对着房间排风口按压排出袋内气体，用灭菌指示带封口，表面用 75%乙醇喷洒消毒；用消毒湿巾从房间上风向至下风向拖地消毒地面。所有高压灭菌袋表面用 75%乙醇喷洒消毒，标记实验人员姓名、项目组和日期，放入废弃物转移箱以便移出实验室。

（8）操作人员退至核心区出口处，先用 75%乙醇喷洒消毒外层防护装备的手、肘、前襟、脚面、脚底部位，然后脱下面屏用 75%乙醇喷洒消毒内、外表面，留在核心区以备下一次使用。退至核心区缓冲间，脱去外层防护服和外层鞋套，然后更换外层手套，退至内走廊，将实验废弃物放入双扉高压灭菌器，废液收集瓶放置平稳后，隔袋打开瓶盖，以免高压灭菌后容器变形，影响后续使用。

（9）进入二更后依次脱去连体防护服、内层鞋套和外层手套，更换工作鞋。用 75%乙醇喷洒消毒手部，脱去一次性防护帽、N95 防护口罩和内层手套，双手喷洒 75%乙醇消毒后进入淋浴间，脱去内层防护服、淋浴。之后进入一更更换个人衣物，填写记录表后离开实验室。

（六）鼠疫耶尔森菌噬菌体试验

1. 试剂与材料

（1）接种环。
（2）赫氏培养基平板。
（3）鼠疫噬菌体。

2. 仪器设备

生物安全柜。

3. 操作程序

1）实验前准备

（1）实验材料：实验材料和其他用具，表面喷洒 75%乙醇消毒后，放入 BSL-3 实验室传递窗紫外照射 20min；从菌种库领取的细菌样品用乐扣乐扣密封盒包装，表面用 75%乙醇喷洒消毒后，放入传递窗，用紫外灯照射 20min。

（2）填写记录表，进入一更脱去个人衣物及配饰、手表等，依次穿戴内层防护服、连体防护服、内层手套、N95 防护口罩、外层隔离衣、外层手套。每只手套佩戴之前须进行检漏，内层手套需覆盖连体防护服袖口，用胶带固定，方便随时更换外层手套，外层手套需覆盖外层隔离衣的袖口；N95 佩戴好后亦需用手捂住口罩中央，用力吹气，检查四边是否漏气；对照穿衣镜检查所有个体防护装备的穿戴是否有纰漏。穿过淋浴间进入二更更换工作鞋，套双层鞋套；进入缓冲走廊取出传递窗中的实验材料及用品用具；通过核心区缓冲间进入实验室。

2）实验操作

（1）用无菌接种环挑取待检标本或可疑鼠疫菌菌落，致密画线接种于赫氏培养基平板上。

（2）在画线区内用接种环或微量移液器滴加鼠疫噬菌体一滴，倾斜平板使其垂直流过画线处。

（3）置 28℃温箱，24h 观察有无特异性噬菌现象，噬菌带宽于噬菌体流过的痕迹时，方可判定为鼠疫噬菌体试验阳性。

4. 清场与消毒

（1）实验结束后，首先用 75%乙醇喷洒、擦拭、消毒最左侧清洁区台面，然后从清洁区向操作区再向污染区依序进行清场消毒：移液头盒、试管架、移液器先用 75%乙醇喷洒消毒表面，放置在最左侧清洁区台面，5min 后移出生物安全柜。

（2）废液收集盒扣盖，用消毒湿巾覆盖抓取装入专用高压灭菌袋，对着生物安全柜后壁排风口按压排出袋内气体，双层包装，用高压灭菌指示带封口，表面喷洒 75%乙醇消毒后放置于最左侧清洁区台面，5min 后移出生物安全柜。

（3）移液管收集盒扣盖，用消毒湿巾覆盖抓取装入专用高压灭菌袋，对着生物安全柜后壁排风口按压排出袋内气体，双层包装，用高压灭菌指示带封口，表面喷洒 75%乙醇消毒后放置于最左侧清洁区台面，5min 后移出生物安全柜。

（4）利器盒用消毒湿巾覆盖按下盒盖扣紧，装入专用高压灭菌袋，对着生物安全柜后壁排风口按压排出袋内气体，双层包装，用高压灭菌指示带封口，表面用 75%乙醇喷洒消毒后放置于最左侧清洁区台面，5min 后移出生物安全柜。

（5）由边缘向内折叠吸水垫，弃入收集固体废弃物的专用高压灭菌袋中，更换外层手套，脱下的外层手套弃入垃圾袋中，然后用消毒湿巾擦拭消毒剂喷壶表面进行消毒，湿巾弃入专用高压灭菌袋中。从垃圾袋架取下垃圾袋，双层包装，对着生物安全柜后壁排风口排出袋内气体，用高压灭菌指示带封口，表面用 75%乙醇喷洒消毒后放置在最左侧清洁区台面，垃圾袋架用 75%乙醇喷洒消毒，5min 后移出生物安全柜。

（6）生物安全柜台面和侧壁用 75%乙醇喷洒、擦拭消毒后让其继续运转 5min，使柜内空气充分循环净化后落下前窗、开启紫外灯照射 20min 后关闭生物安全柜。用无水乙醇擦拭消毒二氧化碳培养箱门外表面及把手，以及显微镜载物台、目镜、调节旋钮接触部位。

（7）实验人员更换外层手套，脱下的外层手套弃入生物安全柜外的高压灭菌袋中，身体平行气流方向，对着房间排风口按压排出袋内气体，用灭菌指示带封口，表面用 75%乙醇喷洒消毒；用消毒湿巾从房间上风向至下风向拖地消毒地面。所有高压灭菌袋表面用 75%乙醇喷洒消毒，标记实验人员姓名、项目组和日期，放入废弃物转移箱以便移出实验室。

（8）操作人员退至核心区出口处，先用 75%乙醇喷洒消毒外层防护装备的手、肘、前襟、脚面、脚底部位，然后脱下面屏用 75%乙醇喷洒消毒内、外表面，留在核心区以备下一次使用。退至核心区缓冲间，脱去外层防护服和外层鞋套，然后更换外层手套，退至内走廊，将实验废弃物放入双扉高压灭菌器，废液收集瓶放置平稳后，隔袋打开瓶盖，以免高压灭菌后容器变形，影响后续使用；进入二更后依次脱去连体防护服、内层鞋套和外层手套，更换工作鞋。用 75%乙醇喷洒消毒手部，脱去一次性防护帽、N95 防护口罩和内层手套，双手喷洒 75%乙醇消毒后进入淋浴间，脱去内层防护服、淋浴。之后进入一更更换个人衣物，填写记录表后离开实验室。

第二节　动物实验的生物安全操作

动物生物安全实验室中涉及的生物安全问题主要包括动物安全饲养、设施设备安全操作与动物安全操作三大环节，本节主要列举了动物生物安全实验室中的实验动物安全饲养要求、动物实验操作过程中及动物实验结束后废弃物和尸体处理等过程中的生物安全问题。

一、实验动物安全饲养要求

（一）动物饲养设施环境要求

动物生物安全实验室是一种特殊的动物设施，其内的实验动物饲养要按照《实验动物环境及设施》（GB 14925—2010）的要求，控制好温湿度、最小换气次数、压差、空气洁净度、沉降菌、氨浓度、噪声、照度、昼夜明暗交替时间等环境指标。

（二）感染动物的病原种类不同，饲养设备及人员防护要求不同

高致病性的一、二类病原感染的实验动物要求在 ABSL-3 或 ABSL-4 高等级实验室中饲养。动物饲养应控制在能有效隔离保护的设备或环境内，常用的小鼠、大鼠、地鼠和豚鼠等小型动物要饲养在生物安全型独立通风笼具（IVC）中，兔、犬、猴等中等体型的动物要饲养在相应的隔离器中；三类病原感染的实验动物要求在 ABSL-2 实验室采用独立通风笼具（IVC）或同类饲养设备进行饲养；四类病原感染的实验动物应严格控制实验环境，有条件或必要时应采用 IVC 饲养。动物密度不可过高，饮水须经灭菌处理。动物的移动应做到每个环节实行有效防护，避免病原污染环境。根据风险评估结果确定人员防护要求，如饲养在符合《实验室生物安全通用要求》（GB19489—2008）中分类为 4.4.2 类型生物安全实验室的要求，可有效利用安全隔离装置操作常规量经空气传播致病性生物因子的实验室内的实验动物时，呼吸防护仅需佩戴 N95 口罩即可；当饲养不能有效利用安全隔离装置操作常规量经空气传播致病性生物因子的实验动物时，则须佩戴正压呼吸面罩或穿正压防护服。

（三）保持动物饲养环境舒适清洁

动物实验操作完毕应清扫地面，不得有积水、杂物；定期消毒笼架、用具；严格限定动物密度，以保持环境舒适，避免动物过激反应而增加气溶胶产生风险。应做好动物实验室使用前（预防性消毒）、使用中（实验期间消毒）、使用后（终末消毒）的消毒工作，一般宜选择过氧化氢或含氯成分的消毒剂对实验室、设施设备进行日常消毒和终末消毒，消毒剂应交替使用，应做消毒效果检测，消毒合格后，方可投入使用。根据消毒的目的，可分以下三种情况。

1. 预防性消毒

结合平时的饲养管理定期对动物实验室、笼架具、饮水瓶等进行消毒，以达到预防病原污染的目的。

2. 实验期间消毒

实验期间消毒是指及时消灭感染性实验动物体内排出的病原体而采取的消毒措施。消毒的对象包括感染动物所在的设施、隔离场所，以及被感染动物分泌物、排泄物污染和可能污染的一切场所、笼具等。实验期间应定期消毒，对感染动物隔离设施应每天和随时进行消毒。

3. 终末消毒

在动物实验结束后，为消灭动物实验室内可能残留的病原所进行全面彻底的消毒、灭菌。

二、动物实验操作过程中的生物安全

（一）感染性动物抓取与保定

感染性动物实验研究中，涉及动物的操作包括染毒、给药、样本采集、病原检测、特定指标分析等。为防止被动物咬伤、抓伤，对动物进行上述实验操作时，必须在生物安全柜内正确抓取、保定动物，必要时佩戴动物专用防护手套等防护用品，或先对动物进行麻醉。

（二）感染性动物样本采集

良好的样本采集技术，既能满足实验需要，也能有效实现生物安全控制。除血液、分泌物、排泄物、体表物质采集外，其他样本往往通过解剖或手术技术取得。为避免意外发生，原则上活检采样时应对动物进行麻醉。对接种了病原体的中型动物进行采样时，要求在生物安全柜内将动物先进行麻醉。对小动物进行灌胃、注射和采血时，可不麻醉动物，但要防范被动物抓咬受伤。标本的运输要求用防渗漏的容器装标本，放入标本的容器应确保密封。将动物标本从实验室传出应严格按照有关规定程序执行。所有样本采集器具、物品必须严格消毒灭菌后方可处理。

手术、解剖操作时容易被血液、体液、样品污染，或被器械、针头刺伤，存在潜在生物危害，因此必须做到：动物操作一定要使用适当的镇静、镇痛或麻醉方法；尽量减少样本活体采集，禁止不必要的重复操作；不提倡利用一只动物进行多个手术实验；严格实验操作规程，防止发生血液、体液外溅。在组织、器官等标本采集处置过程中避免意外划伤、针刺伤等；手术后的动物、标本以及所用器具材料等必须按规定程序妥善处置。

动物实验中常用的利器包括手术刀、剪刀、注射器、缝合针、穿刺针和载玻片等，应严格操作，避免划伤、刺伤实验人员。生物安全操作应注意：当一只手持手术刀、剪刀或注射器等利器操作时，另一只手应持镊子配合操作，不应徒手操作；应尽可能使用一次性的手术刀和注射器，禁止徒手安装、拆卸手术刀片和回套注射器针帽，必要时必须借助镊子或止血钳辅助；双人操作时，一般情况下禁止传递利器；一次性手术刀和注射器使用后应立即投入利器盒。

实验过程中更换的动物笼具在清洗前先做适当的消毒处理，垫料、污物、一次性物品需放入医疗废物专用垃圾袋中，经高压灭菌后方可拿出实验室，动物尸体用双层医疗废物专用垃圾袋包裹后，放入标有动物尸体专用的垃圾袋，用消毒液喷洒表面，高压灭菌后由专业公司处理。生物安全柜使用后应用消毒液擦拭消毒并开启紫外照射。动物实验相关废液需按比例倒入有消毒液的容器中，倒入时需沿容器壁轻倒并戴眼罩，防止溅入眼中。如果有感染性物质溅到生物安全柜上、地面以及其他地方，应及时消毒处置。每天工作结束时，应用消毒液擦拭门把手和地面等表面区域。动物来源的组织、器官等废物放入高压灭菌器内时，需同时粘贴指示条，物品移出前观察指示条是否达到灭菌要求。在处理病原微生物的感染性材料时，使用可能产生病原微生物气溶胶的搅拌机、离心机、匀浆机、振荡机、超声波粉碎仪和混合仪等设备，必须进行消毒灭菌处置。

三、废物和动物尸体的处理

动物实验会产生很多废物，如动物的排泄物、分泌物、毛发、血液、各种组织样品、尸体，以及相关实验器具、废水、废料、垫料、环境丰荣物品等，若处理不当，都会作为病原载体造成人员和环境污染，必须按照生物安全原则，根据不同特点和要求进行严格消毒灭菌处置。

（一）血液和体液标本的处理

用于抗体、抗原、病原微生物、生化指标等检查的血液和体液，按照要求进行处理并检测，检测后的标本经 121℃、30min 高压灭菌处理。

（二）动物脏器组织的处理

动物器官组织，尤其是用于病原微生物分离的组织按照标准程序进行处理；用于病理切片的组织，均需经过甲醛固定后再进行切片。剩余的组织经 121℃、30min 高压灭菌处理。

（三）动物尸体的处理

安乐死后的动物尸体，取材完毕后，经 121℃、30min 高压灭菌处理，由专业部门进行无害化处理。ABSL-3 及以上级别的实验室的感染动物尸体需经室内消毒灭菌处置后再经 ABSL-3 实验室双高压灭菌，或经炼制、碱水解等方法灭菌后，才能移出实验室。

（四）动物咽拭子的处理

用于病原分离和 PCR 检测的动物咽拭子，按照各自的要求处理后，进行病毒分离和 PCR 检测，剩余的标本经 121℃、30min 高压消毒处理。

（五）病原分离培养物的处理

病原分离培养物的处理不论是阳性还是阴性结果，均需经 121℃、30min 高压灭菌处理。

第三节　大动物实验的安全操作

实验用大动物主要以猪、马、牛、羊、犬等动物为主，鉴于目前猪、马、牛、羊、犬等动物不是标准化的实验动物，通常没有完整的健康信息和免疫史资料，这就要求大动物在进入实验室前需进行隔离检疫，尤其是布氏杆菌病和结核杆菌的筛查。同时，目前国内关于大动物实验的安全操作相关规范较少，目前尚未形成统一科学的标准操作规程。大动物生物安全实验室应制定完善的管理制度和标准操作规程，并严格执行，确保相关人员经过专门培训、考核合格，具备良好的操作能力。考虑到大动物生物安全实验室中饲养的大动物一般为人工感染病原微生物的中大型实验动物，若相关人员未经严格生物安全培训、考核或对相关工作不熟悉，易导致生物安全事故的发生。本节主要针对应用猪、马、牛、羊等大动物开展高致病性病原微生物实验活动中的饲养、保定、攻毒、采样、解剖、废弃物和大动物尸体处理等的安全操作，减少事故发生的可能以及由此带来的损失。

一、实验大动物饲养技术

大动物在自然环境下饲养操作已有一定风险，当在生物安全实验室内进行大动物实验时，因实验室内操作空间限制，应进一步重视动物可能产生的任何风险，并采取相应的控制措施。例如，实验室内饲养大动物用栏位或笼具应牢固、不易脱落，应有额外的固定装置以防止大动物撞开或将锁扣等舔舐开，以避免动物逃逸；实验人员进出栏位或操作笼具时，应时刻注意栏位或笼具门的状态，以防止在实验中或实验后动物逃逸；饲养过程中产生的废弃物应通过高压蒸汽灭菌处理并经过验证后方可传出实验室，冲洗用废水等应经实验室污水处理系统处理后，经验证方可排出实验室；尽量减少饲养过程中实验人员与动物接触，避免人员被动物咬伤、抓伤、撞伤等。

1. 饲料

每天提供给动物的食物应新鲜、无污染且营养丰富，饲养人员应能轻松地为这些动物提供食物，并尽可能地避免动物排泄物对这些食物造成污染。应为动物提供足够的空间和足够的饲喂点，尽量将动物哄抢食物的可能性降到最低，并确保所有的动物都能够得到食物。

2. 饮水

必须使用专门的管道为大型动物饮用水供水，并在实验室的供水与市政给水系统之间设防回流装置。

二、实验大动物的抓取与固定

为防止被动物咬伤、抓伤,在进行皮下、腹腔、尾静脉注射、采血、给药和处死的实验操作时,必须首先正确抓取、保定动物,应佩戴动物专用防护手套等防护用品。进行大动物实验时,需将动物进行保定后方可操作,保定方法需经实验室验证后方可使用,必要时可采取麻醉等辅助操作。保定大动物时,应当注意人员和动物的安全,要了解实验室所引进的大动物的生活习性、有无恶癖,并应在畜主的协助下完成。对待大动物应有爱心,不要粗暴对待动物。保定大动物时所选用具如绳索等应结实、粗细适宜,而且所有绳结应为活结,以便在紧急情况下可迅速解开。保定大动物时应根据大动物体型选择适宜场地,地面应平整,没有碎石、瓦砾等,以防动物损伤。保定时应根据实际情况选择适宜的保定方法,做到可靠且简便易行。无论是接近单个大动物还是畜群,都应适当限制参与人数,切忌一哄而上,以防惊吓动物。在保定大动物时,应注意做好个人安全防护措施。

1. 实验猪的抓取与固定

实验猪的保定一般有以下几种方式。正提保定方式一般适用于仔猪的耳根部、颈部作肌肉注射等,保定时实验人员在正面用两手分别握住猪的两耳,向上提起猪头部,使猪的前肢悬空。倒提保定方式适用于仔猪的腹腔注射,保定时实验人员用两手紧握猪的两后肢胫部,用力提举,使其腹部向前,同时用两腿夹住猪的背部,以防止猪摆动。侧卧保定方式适用于猪的注射、去势等,保定时实验人员一人抓住一后肢,另一人抓住耳朵,使猪失去平衡,侧卧倒下,固定头部,根据需要固定四肢。

2. 实验羊的抓取与固定

实验羊的保定一般有以下几种方式。站立保定方式适用于临床检查、治疗和接种等,保定时实验人员两手握住羊的两角或耳朵,骑跨羊身,以大腿内侧夹持羊两侧胸壁即可保定。倒卧保定方式适用于治疗、简单手术和接种等操作,保定时实验人员俯身从对侧一手抓住两前肢系部或抓一前肢臂部,另一手抓住腹肋部膝前皱襞处扳倒羊体,然后改抓两后肢系部,前后一起按住即可。

3. 实验犬的抓取与固定

实验犬的保定一般有以下几种方式。口网保定方式适用于一般检查和接种等操作,保定时实验人员用皮革、金属丝或棉麻制成口网,罩住实验犬的口部,将其附带结于两耳后方颈部,防止脱落。口网有不同规格,应依实验犬的大小选择使用。扎口保定方式适用于一般检查、接种等操作,保定时实验人员用绷带或布条做成猪蹄扣套在鼻面部,使绷带的两端位于下颌处并向后引至项部打结固定,此法较口网法简单且牢靠。犬横卧保定方式适用于临床检查、治疗、接种等,保定时实验人员先将犬作扎口保定,然后两手分别握住犬两前肢的腕部和两后肢的跗部,将犬提起横卧在平台上,以右臂压住犬的颈部,即可保定。

4. 实验牛的抓取与固定

实验牛的保定一般有以下几种方式。徒手保定方式适用于一般检查、灌药、颈部肌肉注射及颈静脉注射,保定时实验人员先用一手抓住牛角,然后拉提鼻绳、鼻环,或用一手的拇指与食指、中指捏住牛的鼻中隔加以固定。牛鼻钳保定方式适用于一般检查、灌药、颈部肌肉注射及颈静脉注射、检疫,保定时实验人员将鼻钳两钳嘴抵住两鼻孔,并迅速夹紧鼻中隔,用一手或双手握持,亦可用绳系紧钳柄将其固定。柱栏内保定方式适用于临床检查、检疫、各种注射,以及颈、腹、蹄等部疾病治疗,操作方法包括单栏、二柱栏、四柱、六柱栏保定方法。背腰缠绕倒牛保定(一条龙倒牛法)方式适用于外科手术等,保定时实验人员在绳的一端做一个较大的活绳圈,套在牛两个角根部;将绳沿非卧侧颈部外面和躯干上部向后牵引,在肩胛骨后角处环胸绕一圈做成第一绳套;继而向后引至臀部,再环腹一周(此套应放于乳房前方)做成第二绳套;两人慢慢向后拉绳的游离端,由另一人把持牛角,使牛头向下倾斜,牛立即蜷腿而慢慢倒下,牛倒卧后,要固定好头部,防止牛站起,一般情况下,不需捆绑四肢,必要时再将其固定。拉提前肢倒牛保定方式适用于去势及其他外科手术等操作,保定时由 3 名实验人员共同操作,取约 10m 长的圆绳一条,折成长、短两段,于转折处做一套结并套于左前肢系部;将短绳一端经胸下至右侧并绕过背部再返回左侧,由一人拉绳保定;另将长绳引至左髋结节前方并经腰部返回绕一周、打半结，再引向后方，由二人牵引，令牛向前走一步，正当其抬举左前肢的瞬间，三人同时用力拉紧绳索，牛即先跪下而后倒卧；一人迅速固定牛头，一人固定牛的后躯，一人速将缠在腰部的绳套向后拉并使之滑到两后肢的蹄部将其拉紧，最后将两后肢与左前肢捆扎在一起。

三、大动物实验操作

进入实验室开展大动物实验操作的人员应依据风险评估结果穿戴相应的个人防护装备，在穿戴防护装备的情况下，操作会存在一定的局限性，因此在实验过程中，实验人员应注意以下几点。

（1）在实验期间，实验人员使用注射器和针头对实验动物注射是最危险的操作，有许多规程对使用注射器和针头安全注射的说明，但没有哪一种是绝对安全的。例如，在采血、解剖等必须使用锐器时，应佩戴防针刺手套等防护装备进行辅助，并制定严格的锐器使用与管理规范，以防止人员被锐器刺伤、划伤；注射用针头一旦使用完毕，必须立刻被投入锐器盒内等待处理，手术器械等每次使用完毕后，必须统一放入专用的、事先装有一定量适当消毒液的不锈钢托盘（或类似的耐扎容器）中。

（2）进行大动物实验前，需将大动物保定后方可操作。

（3）如实验人员存在明显外伤，应尽量避免开展动物感染实验活动。

（4）实验动物样品采集及解剖过程中，会涉及大量锐器使用、产生大量气溶胶以及血液喷溅等，实验人员应佩戴额外的个人防护装备，如防割伤手套、防护面屏、围裙等以避免试验过程中可能产生的风险。解剖后产生的废弃物及尸体等应分解为合适的大小（具体大小应经过实验室消毒灭菌效果验证），经处理后方可传出实验室移交废弃物处理公司等进行处理。

（5）实验人员在实验过程中的实验记录必须通过实验室内设置的传真机或其他电子设备向外部传输实验资料和数据。

（6）通过拍照记录感染动物疾病特征或剖检结果是实验结果的重要内容，需要将照相机或胶卷或存储卡移出实验室时，必须制定特殊的消毒和传出程序。防水相机或是相机罩有防水外罩时可以方便将其移出时进行消毒。在某些情况下，相机必须存放在实验室中，直到试验结束，而且该房间（以及该相机）已消毒。可以通过远程控制实验室内的摄像头对实验室内饲养的动物进行观察。这样的条件不仅可以保证持续地对感染动物进行科学观察，还可以加强动物福利和职业安全。

（7）目前有很多种成像和遥感设备可以用来检测实验动物体温、心率、血氧饱和度、血压和呼吸。生物遥感器获得的数据以数据信号的形式传送到实验室外的终端处理设备上，并将这些数据进行分析和保存。

（8）动物试验通常都需要使用各种不同的药品用于镇静、麻醉或安乐死。当预期到要使用药品时，这些药品必须在准备使用时或之前拿到即将试验的实验室。

（9）采集的感染动物血液、脏器等材料需经双重包装后，通过渡槽等消毒方式对外包装进行彻底消毒后再传出实验室。

（10）在多数动物试验中，动物最后都会死亡或人为处死，动物尸体必须使用有效的消毒方法进行处理；消毒方法包括高温蒸汽灭菌、焚化或碱解等，完成试验后的实验室也要进行彻底的清洗和消毒，实验期间产生的实验废物及血液和体液标本、动物脏器组织、动物咽拭子处置方式同本章小动物的处置方式，但应注意所有的大动物废物必须经过相应的处理，所采取的处理方式需要经过技术证实是有效的，当大块的组织样本必须被分割成小块并运输到其他地方进行加工处理时，这些样本应该被小心地放入密闭的容器内，防止飞溅物和气溶胶；容器的外表面必须在运输之前进行清洗和消毒。

第四节　实验室消毒与灭菌

一、消毒灭菌的基本概念

消毒：杀灭或清除传播媒介上病原微生物，使其达到无害化的处理。消毒中提到的杀灭是指用物理、化学或生物的方法把大多数致病微生物杀死；清除是通过过滤（如用高效过滤器）、超声波清洗或者冲洗等方法，把致病微生物去除掉。消毒是对病原微生物而不是所有的微生物，目的是把病原微生物处理到不引起发病、不再致病、不再感染人的程度。

高水平消毒：可以杀灭一切细菌繁殖体、分枝杆菌、病毒、真菌及其孢子和致病性细菌芽孢的消毒方法。能够达到高水平消毒的制剂为高水平消毒剂，如戊二醛、二氧化氯、过氧乙酸、过氧化氢、含氯消毒剂等。

中水平消毒：可以杀灭细菌繁殖体、分枝杆菌、病毒、真菌及其孢子等多种病原微生物，但不能杀灭细菌芽孢的消毒方法。能够达到中水平消毒的制剂为中水平消毒剂，如碘类消毒剂（碘伏、氯己定碘等）、醇类和氯己定的复配消毒剂、醇类和季铵盐类化合物的复配消毒剂、酚类消毒剂等。

低水平消毒：只能杀灭细菌繁殖体和亲脂病毒的消毒方法。能够达到低水平消毒的制剂为低水平消毒剂，如单链季铵盐类消毒剂（苯扎溴铵等）、双胍类消毒剂（氯己定）等。

消毒剂：采用一种或多种化学或生物的杀微生物因子制成的、用于消毒的制剂。按照包装类型可分为一元包装消毒产品、二元包装消毒产品、三元包装消毒产品和多元包装消毒产品；按照剂型可分为粉剂、片剂、液体、气体等；按照用途可分为医疗器械消毒剂、皮肤消毒剂、黏膜消毒剂、手消毒剂、空气消毒剂、物体表面消毒剂等；按照有效成分可分为含氯消毒剂、含碘消毒剂、含溴消毒剂、醇类消毒剂、醛类消毒剂、酚类消毒剂、胍类消毒剂、季铵盐类消毒剂、二氧化氯、过氧化物类消毒剂等；按照消毒水平可分为高水平消毒剂、中水平消毒剂和低水平消毒剂。

消毒器：采用一种或多种物理或化学杀微生物因子制成的消毒器械。常见消毒器包括空气消毒机、内镜清洗消毒机、紫外线消毒器、臭氧消毒器等。产生化学消毒剂的发生器包括次氯酸发生器、次氯酸钠发生器、二氧化氯消毒剂发生器、酸性电解水生成器等。

灭菌：是杀灭或清除传播媒介上的一切微生物，达到灭菌保证水平的方法，一切微生物包括致病微生物和非致病微生物。灭菌方法包括热力灭菌、电离辐射灭菌、微波灭菌等物理灭菌方法，以及使用戊二醛、环氧乙烷、过氧乙酸、过氧化氢、甲醛等化学灭菌剂在规定的条件下、以合适的浓度和有效的作用时间进行灭菌的方法。灭菌保证水平（sterility assurance level，SAL）是指灭菌后产品上存在单个活微生物的概率，国际上规定产品的灭菌保证水平为 10^{-6}，即在经灭菌处理后应使终末产品未达到灭菌要求的最大概率（每个样本中有菌存活的概率）不超过百万分之一。

灭菌剂：能够杀灭一切微生物、达到灭菌要求的制剂。灭菌剂自身带有的活性化学基团与微生物接触后发生化学反应导致微生物功能性结构（蛋白质、DNA 及细胞膜等）损坏，使其丧失生命活动，从而达到杀灭微生物目的（包括芽孢、孢子）。常见灭菌剂有戊二醛、过氧乙酸、过氧化氢等。

灭菌器：能够杀灭一切微生物并能达到灭菌要求的器械。常用灭菌器包括压力蒸汽灭菌器、干热灭菌柜、过氧化氢等离子体低温灭菌器、环氧乙烷灭菌器、低温蒸汽甲醛灭菌器等。

指示物：对特定灭菌或消毒程序有确定的抗力，可供消毒灭菌效果监测使用的检验器材，可分为化学性和生物性指示物。化学指示物是指根据暴露于某种灭菌工艺所产生的化学或物理变化，在一个或多个预定过程变量上显现变化的检验装置。生物指示物是指能通过典型症状或可衡量的反应揭示微生物污染存在与否的生物体或生物反应，其中含有微生物复苏生长所需培养基的生物指示物叫自含式生物指示物。

二、常用消毒灭菌方法

（一）压力蒸汽灭菌

1. 杀微生物原理

压力蒸汽灭菌属于湿热灭菌，可使蛋白质凝固变性及酶的活性丧失，导致微生物死亡。压力蒸汽灭菌能够杀灭包括细菌芽孢在内的所有微生物，对嗜热脂肪杆菌芽孢，121℃作用 8min 可完全杀灭，134℃只需要作用 1min 即可杀灭。

2. 适用范围

适用于耐高温、耐高湿的医用器械和物品的灭菌。

3. 压力蒸汽灭菌器的种类

根据体积分类，容积大于 60L 的压力蒸汽灭菌器可以容纳一个或者多个灭菌单元（灭菌单元：灭菌器内尺寸为 300mm×300mm×600mm 抽象的矩形平行六面体的可用空间）。可用于敷料织物、手术器械医用液体等灭菌，也可供药厂、生物制品和生物医学研究机构灭菌用。容积不超过 60L 的压力蒸汽灭菌器称为小型压力蒸汽灭菌器，不能容纳一个灭菌单元。

按照蒸汽的排出方式，可以分为下排气式压力蒸汽灭菌器、预真空式灭菌器、正压脉动排气式压力蒸汽灭菌器。

（1）下排气式压力蒸汽灭菌器：利用重力置换的原理，使热蒸汽在灭菌器中从上而下，将冷空气由下排气孔排出，排出的冷空气由饱和蒸汽取代，利用蒸汽释放的潜热使物品灭菌；适用于耐高温、高湿物品的灭菌，首选用于微生物培养物、液体、药品、感染性废物和无孔物品的处理，不能用于油类和粉剂的灭菌。

（2）预排气式压力蒸汽灭菌器：利用机械抽真空的原理，使灭菌器内形成负压，蒸汽迅速穿透到物品内部，利用蒸汽释放的潜热使物品达到灭菌；适用于管腔物品、多孔物品等耐高温高湿物品的灭菌，不能用于液体、油类和粉剂的灭菌。

（3）正压脉动排气式压力蒸汽灭菌器：利用脉动蒸汽冲压置换的原理，在大气压以上，用饱和蒸汽反复交替冲压，通过压力差将冷空气排出，利用蒸汽释放的潜热使物品灭菌；适用于不含管腔的固体物品及特定管腔、多孔物品的灭菌。用于特定管腔、多孔物品灭菌时，需进行等同物品灭菌效果的验证；不能用于棉布织物、医疗废物、液体、油类和粉剂的灭菌。

4. 压力蒸汽灭菌的影响因素

（1）冷空气排出程度对灭菌效果的影响：灭菌器柜室内和灭菌物品包内的冷空气若未排彻底，柜内温度会低于设定的温度，灭菌物品包内冷空气的存在还会影响蒸汽的穿透，从而导致灭菌失败。

（2）灭菌物品包的大小对灭菌效果的影响：灭菌物品包的大小对灭菌效果有一定影响，包过大，蒸汽不易穿透达到包的中央，可导致灭菌失败，包的大小以 50cm×30cm×30cm 为宜。

（3）灭菌物品包的放置方法和放入量对灭菌效果的影响：灭菌物品包码放过紧、过满不利于蒸汽的流通和穿透。放入量过少，柜内空间的空气比包内空气的抽出快得多，柜室内的气压较快下降，使控制系统转入蒸汽程序，此时灭菌物品包内冷空气并未完全抽出，从而影响灭菌效果，这就是常说的小装量效应。

（4）有机物对灭菌效果的影响：被灭菌物品受有机物污染时，应先清洗去除有机物，然后经消毒、干燥、打包后进行灭菌处理。

5. 日常监测方法

1）物理监测
压力蒸汽灭菌的物理监测需要记录每个灭菌周期的温度、压力和时间等灭菌参数。

2）化学监测
实验室灭菌物品时可不采用化学指示物；如需使用，则将化学指示物放入灭菌器最难灭菌位置，经 1 个灭菌周期后，观察化学指示物的变化。

3）生物监测
生物监测要求将生物指示物放入最难灭菌的物品包中央，物品包放入灭菌器最难灭菌位置，经 1 个灭菌周期后，取出生物指示物，培养后观察其颜色变化。

6. 注意事项

小型灭菌器用于三级或四级生物安全实验室。用于灭菌可能带有经呼吸道传播病原微生物的物品时，需检查该灭菌器排气口处是否有防止病原微生物排入环境的措施，并对其效果进行验证，确保排出的空气中没有相应有活性的病原微生物。

（二）干热灭菌

1. 杀微生物原理

干热灭菌是通过电加热消毒，其作用原理是在干热灭菌器柜内安装远红外线加热管，通过 30～1000μm 的热射线产生热能，此热能不需要介质传导，可直接产生，故升温速度快，一般可达到 300℃，通过选装件可达到 500℃。干热灭菌时空气中无水分，故其杀菌机制与湿热不同，主要靠高温氧化作用，导致细菌细胞缺水、干燥，代谢酶无活力，内源性分解代谢停止；干热高温也可使蛋白质变性，微生物原浆质浓缩，导致微生物死亡。

2. 适用范围

适用于耐高温物品的消毒和灭菌，如玻璃、陶瓷、搪瓷、金属类制品，以及油脂、粉末等医疗用品的消毒和灭菌。

3. 杀灭微生物能力

不同微生物对干热的耐受情况有所不同，160℃时细菌芽孢杀灭所需时间为 60min，而 180℃时仅需要 10min。

4. 干热灭菌的监测

（1）物理监测法：每灭菌批次应进行物理监测。监测方法包括记录温度与持续时间。温度在设定时间内均达到预置温度，则物理监测合格。

（2）化学监测法：每一灭菌包外应使用包外化学指示物，每一灭菌包内应使用包内化学指示物，并置于最难灭菌的部位。对于未打包的物品，应使用一个或者多个包内化学指示物，放在待灭菌物品附近进行监测。经过一个灭菌周期后取出，据其颜色或形态的改变判断是否达到灭菌要求。

（3）生物监测法：应每周监测一次，干热灭菌的指示微生物为枯草杆菌黑色变种芽孢。

（4）新安装、移位和大修后的监测：应通过物理监测法、化学监测法和生物监测法监测（重复三次），监测合格后，灭菌器方可使用。

5. 注意事项

（1）待灭菌的物品在灭菌前应洗净，以防附着在表面的污物炭化。

（2）玻璃器皿干烤前洗净后应完全干燥，灭菌时勿与烤箱底、壁直接接触。灭菌后温度降至 40℃以下再开箱，以防炸裂。

（3）物品包装不易过大，安放的物品不能超过烤箱箱体内高度的 2/3，物品间应留有空隙，粉剂和油脂的厚度不得超过 1.3cm。

（4）纸包和布包的消毒物品不要与箱壁接触，温度一般不超过 160℃，特殊情况可以达到 170℃，否则会引起燃烧、变黑或碳化。

（5）使用过程中，如发现干热灭菌器有电源线损坏、漏电等现象，应马上停止使用，请专业人员修理。

（三）环氧乙烷气体灭菌

1. 杀微生物原理

环氧乙烷能与微生物的蛋白质、DNA 和 RNA 发生非特异性烷基化作用，能抑制一些微生物酶的活性，包括磷酸致活酶、肽酶、胆碱化酶和胆碱酯酶，是一种广谱灭菌剂，能够杀灭包括细菌繁殖体、芽孢、病毒和真菌孢子在内的所有微生物，也可破坏肉毒毒素。

2. 适用范围

环氧乙烷不损害灭菌的物品且穿透力很强，故多数不宜用一般方法灭菌的物品均可用环氧乙烷消毒和灭菌，如电子仪器、光学仪器、医疗器械、书籍、文件、皮毛、棉、化纤、塑料制品、木制品、陶瓷及金属制品、内镜、透析器和一次性使用的诊疗用品等。环氧乙烷是目前最主要的低温灭菌方法之一。

3. 使用方法

由于环氧乙烷易燃、易爆，且对人有毒，所以必须在密闭的环氧乙烷灭菌器内进行。

1）环氧乙烷灭菌器及其应用

环氧乙烷灭菌器种类很多，大型的容积有数十立方米，中等的有 $1\sim10m^3$，小型的有 $1m^3$ 以下。大型环氧乙烷灭菌器一般用于大量处理物品的灭菌，用药量为 $0.8\sim1.2kg/m^3$，在 $55\sim60℃$ 下作用 6h。中型环氧乙烷灭菌器一般用于一次性使用诊疗用品的灭菌。这种灭菌设备完善，自动化程度高，可用纯环氧乙烷或环氧乙烷和二氧化碳混合气体。一般要求灭菌条件为：浓度 $800\sim1000mg/L$，温度 $55\sim60℃$，相对湿度 $60\%\sim80\%$，作用时间 6h。灭菌物品常用可透过环氧乙烷的塑料薄膜密闭包装。如果在小包装上带有可过滤空气的滤膜，则灭菌效果更好。小型环氧乙烷灭菌器多用于医疗卫生部门处理少量医疗器械和用品，目前有 100%纯环氧乙烷或环氧乙烷和二氧化碳混合气体。这类灭菌器自动化程度比较高，可自动抽真空、自动加药，自动调节温度和相对湿度，自动控制灭菌时间。

2）灭菌前物品准备与包装

需灭菌的物品必须彻底清洗干净，注意不能用生理盐水清洗，灭菌物品上不能有水滴或水分太多，以免造成环氧乙烷稀释和水解。环氧乙烷几乎可用于所有医疗用品的灭菌，但不适用于食品、液体、油脂类、滑石粉和动物饲料等的灭菌。适合于环氧乙烷灭菌的包装材料有纸、复合透析纸、布、无纺布、通气型硬质容器、聚乙烯等；不能用于环氧乙烷灭菌的包装材料有金属箔、聚氯乙烯、玻璃纸、尼龙、聚酯、聚偏二氯乙烯、不能通透的聚丙烯。改变包装材料应进行验证，以保证被灭菌物品灭菌的可靠性。

3）灭菌物品装载

灭菌柜内装载物品上、下、左、右均应有空隙（灭菌物品不能接触柜壁），物品应放于金属网状篮筐内或金属网架上；物品装载量不应超过柜内总体积的80%。

4）灭菌处理

应按照环氧乙烷灭菌器生产厂家的操作使用说明书的规定执行；根据灭菌物品种类、包装、装载量与方式不同，选择合适的灭菌参数。

（1）浓度、温度和灭菌时间的关系：在一定范围内，温度升高、浓度增加，可使灭菌时间缩短。在使用环氧乙烷灭菌时，必须合理选择温度、浓度和时间参数。

（2）控制灭菌环境的相对湿度和物品的含水量：细菌本身含水量和灭菌物品含水量，对环氧乙烷的灭菌效果均有显著影响。一般情况下，以相对湿度在 $60\%\sim80\%$为最好。含水量太少，影响环氧乙烷的渗透和环氧乙烷的烷基化作用，降低其杀菌能力；含水量太多，环氧乙烷被稀释和水解，也影响灭菌效果。为了达到理想的湿度水平，第一步是灭菌物必须先预湿，一般要求灭菌物放在50%相对湿度的环境条件下至少 2h 以上；第二步可用加湿装置保证柜室内理想的湿度水平。

（3）注意菌体外保护物对灭菌效果的影响：菌体表面含有的有机物越多，越难杀灭；有机物不仅可影响环氧乙烷的穿透，而且可消耗部分环氧乙烷。在无机盐或有机物晶体中的微生物，用环氧乙烷难以杀灭。因此，进行环氧乙烷灭菌前，必须将物品上有机和无机污物充分清洗干净，以保证灭菌成功。

（4）灭菌程序：①环氧乙烷灭菌程序包括预热、预湿、抽真空、通入气化环氧乙烷达到预定浓度、维持灭菌时间、清除灭菌柜内环氧乙烷气体、解析以去除灭菌物品内环氧乙烷的残留；②环氧乙烷灭菌时可采用 100%纯环氧乙烷或环氧乙烷和二氧化碳混合气体，禁止使用氟利昂；③解析可以在环氧乙烷灭菌柜内继续进行，也可以放入专门的通风柜内，不应采用自然通风法，反复输入的空气应经过高效过滤，可滤除$\geqslant0.3\mu m$ 粒子达 99.6%以上；④环氧乙烷残留主要是指环氧乙烷灭菌后留在物品和包装材料内的环氧乙烷及其副产品氯乙醇乙烷和乙二醇乙烷；接触过量环氧乙烷残留可引起患者灼伤和刺激。环氧乙烷残留的多少与灭菌物品材料、灭菌的参数、包装材料和包装大小、装载量、解析参数等有关。聚氯乙烯导管在60℃时，解析 8h；50℃时，解析 12h。有些材料可缩短解析时间，如金属和玻璃可立即使用；有些材料需延长解析时间，如内置起搏器。灭菌物品中残留环氧乙烷应低于 15.2mg/m^3；灭菌环境中环氧乙烷的浓度应低于 2mg/m^3。

（5）环氧乙烷排放：医院环氧乙烷排放首选大气，安装时要求必须有专门的排气管道系统，排气管材料必须为环氧乙烷不能通透如铜管等。距排气口 7.6m 范围内不得有任何易燃物和建筑物的入风口如门或窗；若排气管的垂直部分长度超过 3m 时必须加装集水器，勿使排气管有凹陷或回圈造成水气聚积或冬季时结冰，阻塞管道；排气管应导至室外，并于出口处反转向下，以防止水气留在管壁或造成管壁阻塞；必须请专业的安装工程师，并结合环氧乙烷灭菌器生产厂商的要求进行安装。如环氧乙烷向水中排放，整个排放系统（管道、水槽等）必须密封，否则大量带热的环氧乙烷会由水中溢出，污染周围的工作环境。

4. 灭菌效果监测

（1）化学监测法：每个灭菌物品包外应使用包外化学指示物，作为灭菌过程的标志；每包内最难灭菌位置放置包内化学指示物，通过观察其颜色变化，判定其是否达到灭菌合格要求。

（2）生物指示物监测法：生物指示物用枯草杆菌黑色变种芽孢（ATCC 9372），每灭菌批次均应进行生物监测。

5. 注意事项

（1）环氧乙烷钢瓶应存放于无火源、无日晒、通风好、温度低于40℃的地方。

（2）环氧乙烷是一种易燃易爆化学品，当空气中浓度超过3%时，会发生爆炸，应经常检查环氧乙烷泄漏情况。可用含10%酚酞饱和硫代硫酸钠溶液浸湿滤纸，贴于疑漏气处，如滤纸变红，即证明有环氧乙烷泄漏，应立即进行处理。

（3）环氧乙烷遇水后形成有毒的乙二醇，故不可用于食品的消毒灭菌。

（4）环氧乙烷的残留：环氧乙烷残留主要是指环氧乙烷灭菌后留在物品和包装材料内的环氧乙烷及其副产品 ECH（氯乙醇乙烷）和 EG（乙二醇乙烷）。接触过量环氧乙烷残留（尤其是移植物）可引起患者灼伤和刺激、溶血、破坏细胞等。

（四）过滤除菌

1. 除菌原理

过滤除菌是用物理阻留的方法除去介质中的微生物，在大多数情况下，过滤只能除去微生物而不能将其杀死。

2. 分类及应用范围

过滤除菌只适用于对液体和气体等流体物质的处理。乳剂、水悬剂过滤后，剂型即被破坏，故不宜使用此法。

（1）液体过滤。过滤设备分为滤器、管巡、阀门、液体容器及加压泵或抽气机等，其中以滤器为主。滤器包括硅藻土滤器、素磁滤器、石棉板滤器、垂熔玻璃滤器、薄膜滤器。

（2）空气过滤。使用过滤法去除空气中的微生物，是一种比较简易的空气消毒方法。虽经过滤的空气尚不易达到完全灭菌，但因处理中一般不使用热力和消毒剂，故被普遍用于建筑物通风、个人防护和生物制品工业中。

3. 注意事项

（1）应根据过滤目的选择大小合适的滤膜孔径。

（2）过滤液体时，若液体过于混浊，切勿直接过滤，应选用孔径较大的滤器先将大颗粒去除。

（五）紫外线消毒

1. 杀微生物原理

利用病原微生物吸收波长为 200～280nm 的紫外线能量后，其遗传物质发生突变导致细胞不再分裂繁殖，从而达到杀灭病原微生物的目的。

2. 分类及应用范围

1）紫外线空气消毒器

适用于病原微生物实验室及公共区域的消毒，可在有人条件下对室内空气动态消毒，也可在无人条件下使用。

2）紫外线水消毒器

适用于各种水体的消毒。

3）紫外线物表消毒器

适用于各种实验器械和用品及其他物体表面的消毒。

3. 使用方法

1）紫外线空气消毒器

（1）根据待消毒处理空间的体积大小和产品使用说明书中适用体积要求，选择适用的紫外线空气消毒器机型。

（2）按照使用说明书要求安装紫外线空气消毒器。

（3）进行空气消毒时，应关闭门窗，接通电源，指示灯亮，按动开关或遥控器，设定消毒时间，消毒器开始工作。按设定程序经过一个消毒周期，完成消毒处理。动态空气消毒器运行方式采用自动间断运行。

2）紫外线水消毒器

（1）根据待消毒处理水的水质、水量、水温选择相应规格的紫外线水消毒器机型。

（2）按照使用说明书要求安装紫外线水消毒器。

（3）进行水消毒时，应接通电源，指示灯亮，按动开关或遥控器，消毒器开始工作，完成消毒处理。

3）紫外线物表消毒器

（1）根据待消毒物体表面积大小和产品使用说明书的要求，选择适用的紫外线物体表面消毒器机型。

（2）进行消毒时，应接通电源，指示灯亮，按动开关或遥控器，设定消毒时间，按照产品使用说明书要求使被消毒物品的表面均暴露于紫外线照射下。使用紫外线消毒箱时应适量放置被消毒的物品，不应放置过满、过挤，并关闭好设有制动锁开关的门，消毒器开始工作。按设定程序经过一个消毒周期，完成消毒处理。

4. 注意事项

（1）使用时应严格遵循产品说明书，紫外线消毒器的定期维护、保养、保修应由专业人员进行操作。

（2）紫外线消毒器的紫外线灯累计使用时间超过有效寿命时，应及时更换。

（3）在紫外线下消毒操作时戴防护镜，必要时穿防护衣，避免直接照射人体皮肤、黏膜和眼睛。

（4）严禁在存有易燃、易爆物质的场所使用。

（5）使用紫外线空气消毒器时，不应堵塞紫外线空气消毒器的进风口、出风口，应根据使用环境清洁情况定期清洁过滤网和紫外灯表面，保持清洁。动态空气消毒期间不应随意关机。

（6）使用紫外线空气消毒器时，保持待消毒空间内环境清洁、干燥，关闭门窗，避免与室外空气流通；不宜使用风速调节器。

（7）紫外线水消毒器的石英套管或灯管破碎时，应及时切断紫外线水消毒器电源、水源，并由专人维修。

（8）紫外线物表消毒器内不可进水，用湿布清洁时，需切断电源，用风扇吹干或晾干。消毒器工作时，不宜打开门，避免紫外线泄露对人体造成伤害；如需中途打开，需关闭电源。被消毒的器具或物品应清洁，不滴水；不宜用于多孔物体表面的消毒。

（六）常用化学消毒剂

消毒剂是采用一种或多种化学或生物的杀微生物因子制成的用于消毒的制剂。消毒剂按照剂型可分为粉剂、片剂、液体、气体等；按照消毒水平可分为高水平消毒剂、中水平消毒剂和低水平消毒剂；按照用途可分为医疗器械消毒剂、皮肤消毒剂、黏膜消毒剂、手消毒剂、空气消毒剂、物体表面消毒剂等，其中，用于杀灭普通物体表面污染的微生物并达到消毒效果的过程叫物体表面消毒。常见的普通物体表面消毒剂包括含氯类消毒剂、含溴消毒剂、过氧化物类消毒剂、二氧化氯消毒剂、醇类消毒剂、酚类消毒剂、季铵盐类消毒剂、胍类消毒剂等；手消毒剂中，含有醇类和护肤成分的称为速干手消毒剂；主要用于外科手消毒且消毒后不需用水冲洗的手消毒剂为免洗手消毒剂，其剂型包括水剂、凝胶和泡沫型。消毒剂按照有效成分可分为含氯消毒剂、含碘消毒剂、含溴消毒剂、醇类消毒剂、醛类消毒剂、酚类消毒剂、胍类消毒剂、季铵盐类消毒剂、二氧化氯、过氧化物类消毒剂等。

1. 含氯消毒剂

1）有效成分

含氯消毒剂的有效成分以有效氯计，含量以 mg/L 或%表示，漂白粉≥20%，二氯异氰尿酸钠≥55%，84 消毒液依据产品说明书（常见为 2%～5%）。

2）应用范围

含氯消毒剂可用于物体表面、织物等污染物品，以及水、果蔬和食饮具等的消毒。次氯酸消毒剂除上述用途外，还可用于室内空气、二次供水设备设施表面、手、皮肤和黏膜的消毒。物体表面消毒时，使用浓度 500mg/L；疫源地消毒时，物体表面使用浓度 1000mg/L；有明显污染物时，使用浓度 10 000mg/L；室内空气和水等其他消毒时，依据产品说明书。

3）注意事项

使用时应依照具体产品说明书注明的使用范围、使用方法、有效期和安全性检测结果使用。因其对皮肤有刺激作用，配制和分装高浓度消毒液时，应戴口罩和手套；使用时应戴手套，避免接触皮肤。如不慎溅入眼睛，应立即用水冲洗，严重者应就医。其对金属有腐蚀作用，对织物有漂白、褪色作用，金属和有色织物慎用；属强氧化剂，不得与易燃物接触，应远离火源；置于阴凉、干燥处密封保存，不得与还原物质共储共运。依照具体产品说明书注明的使用范围、使用方法、有效期和安全性检测结果使用。

2. 醇类消毒剂

1）有效成分

乙醇含量为 70%～80%（V/V），含醇手消毒剂>60%（V/V），复配产品可依据产品说明书。

2）应用范围

主要用于手和皮肤消毒，也可用于较小物体表面的消毒。

3）使用方法

用于皮肤消毒时，涂擦皮肤表面 2 遍，作用 3min；用于较小物体表面消毒时，擦拭物体表面 2 遍，作用 3min。

4）注意事项

如单一使用乙醇进行手消毒，建议消毒后使用护手霜；易燃，应远离火源；对酒精过敏者慎用；避光，置于阴凉、干燥、通风处密封保存；不宜用于脂溶性物体表面的消毒，不可用于空气消毒。

3. 二氧化氯

1）有效成分

活化后二氧化氯含量≥2000mg/L，无需活化产品则依据产品说明书。

2）应用范围

适用于水（饮用水、医院污水）、物体表面、食饮具、食品加工工具和设备、瓜果蔬菜、医疗器械（含内镜）和空气的消毒处理。

3）使用方法

物体表面消毒时，使用浓度 50～100mg/L，作用 10～15min；生活饮用水消毒时，使用浓度 1～2mg/L，作用 15～30min；医院污水消毒时，使用浓度 20～40mg/L，作用 30～60min；室内空气消毒时，依据产品说明书。

4）注意事项

二氧化氯不宜与其他消毒剂、碱或有机物混用；有漂白作用，对金属有腐蚀性；使用时应戴手套，避免高浓度消毒剂接触皮肤和吸入呼吸道，如不慎溅入眼睛，应立即用水冲洗，严重者应就医。

4. 过氧化氢、过氧乙酸

1）有效成分

过氧化氢消毒剂：过氧化氢（以 H_2O_2 计）质量分数 3%～6%。

过氧乙酸消毒剂：过氧乙酸（以 $C_2H_4O_3$ 计）质量分数 15%～21%。

2）应用范围

适用于物体表面、室内空气消毒、皮肤伤口消毒、耐腐蚀医疗器械的消毒。

3）使用方法

物体表面消毒：0.1%～0.2%过氧乙酸或 3%过氧化氢，喷洒或浸泡消毒的作用时间 30min，然后用清水冲洗去除残留消毒剂。

室内空气消毒：0.2%过氧乙酸或 3%过氧化氢，用气溶胶喷雾方法，用量按 10～20ml/m³（1 g/m³）计算，消毒作用 60min 后通风换气；也可使用 15%过氧乙酸加热熏蒸，用量按 7ml/m³ 计算，熏蒸作用 1～2h 后通风换气。

皮肤伤口消毒：3%过氧化氢消毒液，直接冲洗皮肤表面，作用 3～5min。

医疗器械消毒：耐腐蚀医疗器械的高水平消毒，6%过氧化氢浸泡作用 120min 或 0.5%过氧乙酸冲洗作用 10min，消毒结束后应使用无菌水冲洗去除残留消毒剂。

4）注意事项

液体过氧化物类消毒剂有腐蚀性，对眼睛、黏膜和皮肤有刺激性，有灼伤危险，若不慎接触，应用大量水冲洗并及时就医；在实施消毒作业时，应佩戴个人防护用具；如出现容器破裂或渗漏现象，应用大量水冲洗，或用沙子、惰性吸收剂吸收残液，并采取相应的安全防护措施；易燃易爆，遇明火、高热会引起燃烧爆炸，与还原剂接触、遇金属粉末有燃烧爆炸危险。

5. 季铵盐类消毒剂

1）有效成分

依据产品说明书。

2）应用范围

适用于环境与物体表面（包括纤维与织物）的消毒。

适用于卫生手消毒，与醇复配的消毒剂可用于外科手消毒。

3）使用方法

物体表面消毒：无明显污染物时，使用浓度 1000mg/L；有明显污染物时，使用浓度 2000mg/L。

卫生手消毒：清洁时使用浓度 1000mg/L，污染时使用浓度 2000mg/L。

4）注意事项

避免接触有机物和拮抗物。不能与肥皂或其他阴离子洗涤剂同用，也不能与碘或过氧化物（如高锰酸钾、过氧化氢、磺胺粉等）同用。

6. 含碘消毒剂

1）有效成分

碘酊：有效碘 18～22 g/L，乙醇 40%～50%。

碘伏：有效碘 2～10 g/L。

2）应用范围

碘酊：适用于手术部位、注射和穿刺部位皮肤及新生儿脐带部位皮肤消毒，不适用于黏膜和敏感部位皮肤消毒。

碘伏：适用于外科手及前臂消毒、黏膜冲洗消毒等。

3）使用方法

碘酊：用无菌棉拭或无菌纱布蘸取本品，在消毒部位皮肤进行擦拭 2 遍以上，再用无菌棉拭或无菌纱布蘸取 75%医用乙醇擦拭脱碘。使用有效碘 18～22 g/L，作用时间 1～3min。

碘伏：外科术前手及前臂消毒：在常规刷手基础上，用无菌纱布蘸取使用浓度碘伏均匀擦拭从手指尖至前臂部位和上臂下 1/3 部位皮肤；或直接用无菌刷蘸取使用浓度碘伏从手指尖刷手至前臂和上臂下 1/3 部位皮肤，然后擦干。使用有效碘 2～10 g/L，作用时间 3～5min。

黏膜冲洗消毒：含有效碘 250～500mg/L 的碘伏稀释液直接对消毒部位冲洗或擦拭。

4）注意事项

对碘过敏者慎用。

密封、避光，置于阴凉通风处保存。

7. 卫生湿巾

1）有效成分

主要为醇类及季铵盐类，具体成分依据产品说明书。

2）使用范围

卫生湿巾适用于手、皮肤、黏膜及普通物体表面的清洁杀菌。

3）使用方法

按产品说明书规定的方法打开包装，取出卫生湿巾进行擦拭，使用后丢弃，其中多片包装打开后及时封口。

用于手的作用时间≤1min，用于完整皮肤、黏膜的作用时间≤5min，用于普通物体表面的作用时间≤30min。

4）注意事项

手、皮肤、黏膜用卫生湿巾过敏者慎用。对使用对象产生不良影响的，停止使用或用清水擦拭。多片包装宜标注开启后的保质期。

三、实验消毒灭菌操作

（一）日常工作

1. 试验试剂和器材

无菌实验中涉及的实验用品，均需灭菌处理后方可使用。应根据消毒物品的性质选择消毒方法，且选择消毒方法时需考虑两点：第一，要保护消毒物品不受损坏；第二，使消毒方法易于发挥作用。灭菌操作应遵循以下基本原则。

（1）耐热、耐湿的器械、器具和物品，如金属材质、棉织物，采用干热灭菌或压力蒸汽灭菌，要求无菌的试剂，如蒸馏水、生理盐水、磷酸盐缓冲液、培养基、牛血清白蛋白、标准硬水、中和剂等，首选下排气式压力蒸汽灭菌，或过滤除菌。

（2）耐热、不耐湿的油剂类、干粉类等应采用干热灭菌。

（3）不耐热、不耐湿的物品，如纸质、精密仪器，宜采用低温灭菌方法如过氧化氢低温等离子灭菌、环氧乙烷灭菌或低温甲醛蒸汽灭菌。

（4）不耐热、耐湿的物品，如塑胶类，应首选低温灭菌方法。

（5）物体表面消毒，应考虑表面性质：光滑表面可选择紫外线消毒器近距离照射，或用合适的液体消毒剂擦拭；多孔材料表面可采用浸泡或喷雾消毒法。

2. 实验室环境清洁消毒

（1）实验室的桌椅、台面、仪器设备表面、地面应定期进行清洁，不宜采用高水平消毒剂进行日常消毒。

（2）被病原微生物污染的环境和物体表面，应根据感染传播风险，选择中、低水平消毒方法，如采用卫生湿巾去除污染物和擦拭物体表面。

（3）清洁消毒工具每次使用后，采用高水平消毒剂浸泡消毒。

3. 手卫生

（1）在实验室工作时，应穿戴工作服、口罩、帽子，按照实验室级别选择有效的个人防护物品。

（2）在进行可能直接或意外接触到病原微生物、血液、体液、具有感染性或潜在的材料、感染性动物等的操作时，应依规佩戴手套；实验结束后，应先对手套进行有效消毒灭菌后再摘除，随后必须进行手卫生。

（3）手消毒时首选速干手消毒剂，醇类过敏者可选用季铵盐类等非醇类手消毒剂，某些对醇类不敏感的肠道病毒宜选择其他有效的手消毒剂。

4. 实验废物处理

病原微生物实验室废弃的病原体培养基、标本、菌种和毒种保存液及其容器等属于感染性废物，应在产生地进行压力蒸汽灭菌或者使用其他方式消毒，然后按感染性废物收集处理。按照《医疗废物分类目录》（2021 年版）中附件 2 的规定，感染性废物按照相关处理标准规范，采用高温蒸汽、微波、化学消毒、高温干热或者其他方式消毒处理后，在满足相关入厂（场）要求的前提下，运输至生活垃圾焚烧厂或生活垃圾填埋场等处置。

（二）应急处置

1. 小范围溢洒

1）生物安全柜台面被污染
（1）感染性材料污染到安全柜台面，立即用实验室垫布或纸巾覆盖可能受污染的范围。
（2）从溢出区域的外围开始喷洒消毒剂，向中心进行处理，覆盖住整个可能污染区域。
（3）作用有效时间后，将布、纸巾等物品放入废物处理容器。
（4）必要时，对溢出的区域再次清洁并消毒。
（5）实验人员更换手套并进行手卫生。

2）实验室地面污染
（1）感染性材料溢洒到实验室地面上，该名工作人员站立于原地，等待另一名工作人员处理。
（2）另一名工作人员立即用实验室垫布或纸巾覆盖可能污染处（应扩大范围）。
（3）使用消毒剂喷雾器对该工作人员的防护服（脚部）喷洒消毒剂。
（4）将可能污染处喷洒足够的消毒剂并按消毒剂说明书作用有效时间后，放入废物处理容器。
（5）工作人员更换防护服、手套并进行手卫生。

2. 实验室整体污染

根据实验室被污染的病原体及病原体引起的传染病的传播途径（消化道、呼吸道、接触传播）确定合适的终末消毒方案，消毒对象包括物体表面和室内空气。根据流行病学调查结果，确定现场消毒的范围和消毒对象，根据污染病原体的种类与抗力、污染的消毒对象选择消毒剂，并在确保消毒效果的情况下，尽量选择对环境影响较小的消毒剂，应符合《疫源地消毒剂通用要求》（GB 27953—2020）。

室内空气消毒时，在无人条件下采用过氧乙酸、二氧化氯、过氧化氢等符合国家规范的消毒产品，用超低容量喷雾、熏蒸。也可在无人状态下使用紫外线照射，但是用紫外线灯消毒室内空气时，房间内应保持清洁干燥，减少尘埃和水雾。温度＜20℃或＞40℃时，或相对湿度＞60%时，需适当延长照射时间。

第五节　实验室应急处置

实验室应急处置是指实验室根据不同实验室生物安全事件类型，针对具体场所及实验活动场景、装置或设施等所制定的应急处置措施。

一、实验室应急处置的原则和基本流程

（一）实验室应急处置原则

实验室应急处置应依照当地政府及卫生行政部门有关事件/事故分级标准和分级处置要求，遵循以人为本（紧急情况下，保护实验人员生命、周围社区环境安全和健康应优先于实验室生物安全和安保）、符合实际、注重实效的原则，以应急处置为核心，体现自救互救和先期处置特点，明确应急职责、规范应急程序、细化应急控制和保障措施。

（二）实验室应急处置基本流程和要求

针对生物安全防护实验室的高风险实验活动，如超常量感染性材料操作、重要装置或硬件设施异常、自然灾害等，实验室及设立单位应当编制现场处置应急预案或（和）现场处置标准操作程序（SOP）。

1. 现场应急处置预案

（1）事故风险描述简述事故风险评估的结果，可用列表形式附在附件中。

（2）明确应急组织分工及部门/岗位职责。

（3）应急处置主要包括：①应急处置程序，根据可能发生的事故及现场情况，明确事故报警、各项应急措施启动、应急救护人员的引导、事故扩大及同实验室设立单位应急预案的衔接程序；②现场应急处置措施，针对可能发生的事故，从人员救护、设施设备操作、事故控制、消防、现场恢复等方面制定明确的应急处置措施；③事故报告，明确报警负责人以及报警电话及上级管理部门、相关应急救援单位联系方式和联系人员、事故报告基本要求和内容。

（4）注意事项包括人员防护、自救互助、装备使用、现场安全等方面内容。

2. 应急处置卡

实验室在编制现场处置预案的基础上，针对实验活动场所、活动内容、操作对象、岗位特点等，编制简明、实用、有效的应急处置卡。应急处置卡应当规定重点岗位、人员的应急处置程序和措施，以及相关联络人员和联系方式，且便于取用、携带。

3. 应急培训与演练

实验室及实验室设立单位应当组织开展现场应急预案、应急知识、自救互救和避险逃生技能的培训/演练活动，使实验室及机构内部有关岗位人员了解应急预案内容，熟悉应急职责、应急处置程序和措施。应急培训/演练时间、地点、内容、师资、参加人员和考核结果等情况应当如实记入实验室或实验室设立单位的生物安全教育和培训档案。应当根据实验室生物安全事故风险特点，制定年度培训演练计划，每半年至少组织一次现场应急处置预案（SOP）或处置措施培训演练。演练结束后，应对应急处置演练效果进行评估，撰写演练评估报告，分析问题，并对现场应急处置预案、处置程序、处置措施、处置准备的针对性

和实用性等提出修订意见。

二、实验室常见突发事件的应急处置

（一）现场应急处置准备

对实验室可能发生事故类型和严重性评估的关键信息及结果，包括未导致暴露或释放的事故（未遂事故），有助于规划应急响应的范围、规模及后来的准备工作。

1. 熟悉了解设施屏障

设施屏障还包括在实验室和外部之间建立适当的通信系统，如语音、视频、传真和计算机等；应制定并实施应急通信和紧急进出口规定，确保实验室送排气系统、警报、照明、出入口控制、生物安全柜（BSC）和门垫圈有自动启动的应急电源，且至少每年进行一次测试。

2. 明确实验室生物安保范围

为防止非官方目的的引入和移除有形资产，应审查评估实验室所在建筑物、周边环境、实验室、相关生物材料及储存区，并根据需要限制授权和指定人员进入敏感区域，如使用门锁或门禁系统，其访问级别应考虑实验操作和程序的方方面面，如实验室入口要求、冷库通道等。应考虑访客、实验室技术人员、管理人员、学生、清洁和维护人员以及应急响应人员的出入需求。

3. 评估基于生物风险的职业卫生服务设计

应为从事一、二或三类病原微生物相关实验活动的人员提供职业健康服务，其投入与潜在健康风险严重程度和实施控制措施后的剩余风险相当或成比例。应急准备成本的提升可能需要降低更广泛的风险，包括高影响、低概率事件的相关风险，如释放、转移或故意滥用高致病性病原体，增加对公共健康和对社会的潜在危害的关注。鼓励操作高风险病原体的研究人员在出现可能的实验室感染症状时应联系指定医疗机构，而不是向社区基层医疗机构诊治。依据风险差异、潜伏期内发热观察、发热时职业健康计划是实验室及实验室设立机构应急准备的重要组成。

4. 拟定运输政策

针对感染性物质运输要求，运输政策制定的目的是防止其在运输中释放，并保护公众、工作人员、财产和环境免受其可能产生的有害和不利影响。因此，往往通过包装设计和危险沟通实现有效保护。包装设计应考虑承受粗暴搬运和运输中遇到的其他外力，如振动、堆叠、潮湿以及气压和温度变化；危险沟通应包括装运文件、标签、包装外部标记及其他必要信息，使运输人员和应急响应人员正确识别材料并在紧急情况下有效响应。托运人和承运人须接受有关政策条例培训，以便恰当准备，识别和应对可能的风险。

5. 编制实验室安全手册

安全手册应包含紧急情况下的应急程序和控制保障措施，包括人员暴露、医疗紧急状况、设施故障、设施内动物逃生（逸）和紧急情况的动物处置，以及其他潜在紧急情况，如火灾、水灾、地震等自然灾害。

6. 策划编制现场应急预案与应急响应程序

（1）有效的应急响应是一种风险控制策略。即使从事风险较低实验活动和遵守所有生物安全规范要求，意外事件仍可能发生，包括事件和事故；即使是准备最充分的实验室也有可能面临意外、故意事件或紧急情况，尽管已经采取了预防或控制措施。有效的事件响应可通过策划和准备潜在的事件的处置，如库存发现差异、活动中丢失或误用感染性材料、未授权人员进入等，来减少或降低不利后果，最终指导相关活动中风险沟通评估，以响应实际事件并尽快恢复。因此，实验室必须针对不同紧急情况制定应急响应计划或称现场应急预案，提供应可遵循的具体 SOP（应对程序），包括泄漏程序。应制定暴露后预防控制措施和隔离潜在感染者政策。大型泄漏的处置关键是：除非存在立即危及生命和健康的事件，否则大型设施中的操作员必须在室内停留足够时间，以停止并控制泄漏，将对健康、安全和环境不利的后果降至最低。

（2）应急响应要包含实验室内外紧急情况及非生物危害。实验室内紧急情况包括防护屏障内外的泄漏（如 BSC）、接触有害物质（如感染源、化学品）、医疗紧急情况（个人健康问题，如心脏病发作或崩溃）、化学事件、电气故障、辐射事件、漏水、小型火灾等情况。实验室外紧急情况包括实验室系统故障（如断电、定向气流损失）、建筑物紧急情况和自然灾害（如虫害、洪水、地震等）。实验室应急响应计划应基于现场特定风险评估，涵盖实验室内可能发生的事件和实验室外可能发生且直接影响实验操作的事件。管理层应根据风险水平优先考虑实验室的应急响应程序。同时，还应保证实验室环境设施尽可能满足所有非生物危害的安全标准，相关风险控制措施到位，如火警、灭火器、化学淋浴等，需要时应咨询相关部门。

（3）事故、伤害和事件应急响应。实验室在制定现场应急预案时应与医疗、消防、警察和其他应急部门保持沟通、协调。应考虑应急响应及公共安全人员进入设施应对事故、伤害或其他安全或安全威胁情况；应制定标准操作程序（SOP），尽量减少响应人员对潜在危险生物材料的接触；同时还应考虑恐怖威胁（枪弹）、自然灾害和恶劣天气、停电以及其他可能威胁设施安全的紧急情况。

7. 及时事件报告和调查

所有事故和事件须及时报告给相关人员，通常是实验室负责人；必要时，直接报告实验室设立单位的法定代表人。应及时调查发生的任何事件，按照"四不放过（思想、组织、职责、工作）、科学严谨、依法依规、实事求是"的原则开展事故调查处理，其调查结果应用于更新和改进应对措施、响应程序和应急预案。应根据国家法规（如适用）保存事故和事件的书面记录。对所有事件报告开展彻底核查是安全程序管理的重要组成，可帮助识别有效信息和差距。应确保全面正确报告，如单位概况、事故时间、地点和简单经过、伤亡人数、现场情况、采取的措施等；应促进调查、根本原因分析、纠正措施和流程的调整及改进，努力发现并确认增加事故或未遂事故发生概率的潜在因素，以吸取经验教训，增强培训有效性或消除安全隐患。

8. 预案、程序和措施的审查、培训及演练

在计划和准备阶段，实验室管理层应确保现场应急预案的持续完善和培训演练。预案要定期审查，每年至少应审查和更新一次；应急响应程序可是动态的，需适时评估调整并采纳更佳、更优、更灵活的措施策略，确保预案持续适用性、充分性和有效性。要做到这些，必须组织系统审查并保存记录。培训对于现场应急预案的成功实施至关重要，应为应急响应岗位人员和其他负责人员提供现场应急处置（程序）培训机会，应告知并教育相关个人在实验室和机构内的职责。培训包括基于场景应急响应和定期复习培训，以保证相关人员能够执行预案中的具体程序，并保持能力。如需要，还应考虑额外培训，例如，设施设备的维护，发生事故或风险控制措施失败时的应急操作，增加或增强的控制措施、系统或安全设施设备等。

应定期开展基于讨论的桌面推演和基于操作的现场演练，以测试现场应急预案的有效性，评价相关人员对 SOP 的熟悉程度、心理健康及后勤保障充分性等。参与实验室应急响应的各个单元或小组应参与演练，包括机构管理层、实验室管理层、相关专业人员、操作和维护人员、第一响应人员和其他相关方。实操演练应解决如材料丢失或被盗、事故和伤害的应急响应、事件报告以及安保隐患的识别和响应等各种情况，应针对如消防或与恐怖威胁有关的建筑物疏散演练；将生物安保措施纳入现有程序和应急预案，并有效利用资源，节省时间，紧急情况下减少混乱。另外，演练实施结果应记录在案，评估成功与改进的机会，并用于修订实验室和实验活动的风险评估报告、完善现场应急预案。

9. 应急装备配置与更新

应充分准备和及时更新应急电话、洗眼装置、生物安全应急处置箱、工具箱或急救站点等。急救箱，包括瓶装洗眼液和绷带等医疗用品，应在风险评估基础上编制配置清单，定期检查、更新，确保所有物品在其使用有效期内，且供应充足，方便随时取用。如果要使用带有管道水的洗眼装置，应定期检查功能是否正常。应根据具体情况和风险应对要求，配备全套个体防护装备（连体防护服、隔离衣、手套和头套等）；配备划分危险区域界限的器材和警告标示；配备环境空气消毒设备，如过氧化氢喷雾器、甲醛熏蒸器；配

备适宜的灭火器和灭火毯；配备可有效防护化学物质和颗粒的全面罩式防毒面具；配备担架及工具，如锤子、斧子、扳手、螺丝刀、梯子和绳子等。

此外，在设施内显著位置张贴紧急救助标牌和应对程序（SOP）进行危险沟通，在紧急情况下可能会更加有效。紧急救助标牌应包括联系对象、电话及地址（打电话者或呼叫的服务人员可能不知道详细地址或位置）等信息，其内容应至少每半年审查一次，如发现有破损、变形、褪色等不符合要求时，应及时修整或更新。

（二）常见意外应急处置规范

实验室发生以下紧急情况，现场人员均应进行快速的风险识别和评估。①人员健康状况：如长时间工作致疲劳、缺氧、疼痛、晕厥、脑出血、高血压、低血糖、心脏病、冠心病等急性发作，人员暴露程度等。②实验环境条件：温度、湿度、压力、压差等有无异常，以及上风口/送风口、下风口/排风口位置。③污染范围及严重性：柜内或柜外污染，台面、地面或环境污染，污染面积、程度和后果。④应急准备及处置能力：包括信息沟通、人员救护、设施设备操作、事故控制、现场处置，以及可获得的外部支援和指导等。在此基础上遵循救护优先、污染最小化、就近规范、注重实效等原则，采取有效应对措施。

1. 刺伤、切割伤或擦伤

在操作感染性材料或感染实验动物时，若发生刺伤、切割伤、擦伤或动物抓伤、咬伤，应视为极大危险，受伤人员应停止工作，为避免再次污染应先脱下手套（包括内外双层手套）和防护服，再用流动的水清洗双手和受伤部位 15min，使用适当的皮肤消毒剂消毒，必要时联系协议医院、协助送诊，进行医学处理、追加采集保留本底血清及事件报告。要记录受伤原因和相关的微生物，并应保留完整适当的医疗记录。重要提示：发生刺伤、切割伤或擦伤时，应尽可能让人和受伤部位处于上风口（送风口），污染严重的衣物处于下风口（排风口）位置，再进行应急处置。

2. 生物安全柜以外发生潜在危害性气溶胶的释放

若在安全柜外发生感染性材料，尤其是高致病性材料的溢洒或其潜在气溶胶释放，应视为很大或较大危险，所有人员应立即撤离相关区域。应当立即报告实验室负责人和生物安全员，所有暴露人员均应接受医学咨询。为了使气溶胶排出和使较大的粒子沉降，应在门上张贴"禁止进入"的标志，在一定时间内（如30min 内）严禁人员入内。若实验室没有中央通风系统，则应推迟进入实验室（如 24h）。经过相应时间后，在实验室负责人或生物安全员的指导下，应穿戴适当的防护服和呼吸保护装置后再进入实验室消毒和清除污染。

3. 潜在感染性物质溢洒到地面

若感染性物质溢洒到地面，立即用布/纸巾覆盖所有可能受污染的地面，由外向内倒上消毒剂覆盖周围区域，并使其作用适当时间。同时脱掉防护用品，离开被污染的实验室，并在门上注明"请勿入内"的警告标志。消毒作用有效时间（30min）后，操作人员穿戴防护装备进入室内，将消毒用的布/纸巾移至废物筒，必要时需要对地面多次消毒。

4. 潜在感染性物质洒溢到台面或防护服上

若实验台被污染，应立即用布/纸巾覆盖可能受污染的台面，用消毒剂从外围向内倾倒，覆盖整个区域，作用有效时间（30min）后，将布/纸巾移至废物盒内，必要时再次清洁消毒。视情况考虑是否继续工作。

若实验台布少量被污染，应停止工作，对被污染处局部消毒，将台布放入灭菌盒中待消毒，换上新台布继续工作。若防护服上被污染，应停止工作，用消毒液局部消毒作用一定时间，脱手套、换防护服后继续工作。

若实验表格或其他打印或手写材料被污染，应将这些信息复制，并将原件置于盛放污染性废弃物的容器内。若意外发生在生物安全柜内，应在安全柜处于工作状态下立即进行上述处理。

5. 容器破碎及感染性物质发生溢出

若发生容器破碎及感染性物质溢出时，应立即用布或纸巾覆盖受污染的破碎物，在上面倒上消毒剂，并使其作用适当时间（30min）。然后将布、纸巾以及破碎物品清除，玻璃碎片应用镊子清理；再用消毒剂擦拭污染区域。用过的布、纸巾和抹布等应当放在盛放污染性废弃物的容器内；若用簸箕清理破碎物，应当对这些工具进行高压灭菌，或放在有效的消毒液内浸泡。在所有这些消毒和清理的操作过程中，应戴双层手套。

6. 无封闭离心桶的离心机内发生离心管破裂

在使用未装封闭离心桶的离心机离心潜在感染性物质时，若离心管发生破裂或怀疑发生破裂，应关闭机器电源，让离心机密闭至少 30min，使气溶胶沉积。若机器停止后发现破裂，应立即将盖子盖上，并密闭至少 30min。发生上述两种情况都应报告实验室负责人或（和）生物安全员。随后的操作都应戴结实的厚橡胶手套，必要时可在其外面戴适当的一次性手套。清理玻璃碎片时应使用镊子，或用镊子夹着的酒精棉来进行。所有破碎的离心管、玻璃碎片、离心桶、十字轴和转子都应放在无腐蚀性的、已知对相关微生物具有杀灭活性的消毒溶液内处理。未破损的带盖离心管应放在另一个有消毒剂的容器中，然后回收。离心机内腔应使用适当浓度的同种消毒剂擦拭，并反复几次，再用水清洁并干燥。清理时使用的全部材料都应按感染性废弃物处理。

7. 可封闭的离心桶（安全杯）内发生离心管破裂

停机后，应将所有密封离心桶放在生物安全柜内装卸。若怀疑在安全杯内发生破损，应密闭静止足够时间后松开安全杯盖子，再将离心桶高压灭菌或采用化学法消毒。

8. 啮齿类动物逃逸

如逃逸发生在生物安全柜内，迅速用镊子夹取逃逸的小鼠放回笼盒，小鼠爬行过的表面按生物安全柜内小量溢洒的处置程序处置；如逃逸发生在生物安全柜外，迅速用捕鼠网抓取逃逸的小鼠，麻醉后处死，尸体用双层垃圾袋包装进行高压灭菌处理。小鼠爬行过的表面按生物安全柜外小量溢洒的处置程序处置。捕鼠网消毒后放回原处。

9. 人员晕倒、昏迷

同伴协助脱去外层手套，用75%乙醇喷洒消毒晕倒/昏迷人员的防护服和其他个人防护装备外表面（避开眼睛和口鼻处），将其移至带轮担架或灭火毯上拖至缓冲间，或将晕倒的人员扶为坐姿，使晕倒人员的背和头靠在救护者的胸前，救护者的双手和胳膊架在晕倒的人的腋下，在保证无障碍的情况下，将晕倒的人拖到实验室缓冲间。脱去其外层隔离衣、胶靴或鞋套，然后将其拖至逃生门处，用剪刀剪开连体防护服、脱下，再脱去其口罩、帽子和内层手套。打开逃生门，将晕倒/昏迷人员拖出实验室，联系协议医院，由医护人员进行急救或送往医院进行进一步的救治。

10. 电力故障

实验人员听到报警，第一时间与运维人员沟通，确认备用供电系统可持续供电的时间。在时限内尽快结束实验，完成清场消毒，按退出流程退出实验室。

11. 送排风系统故障

实验人员听到报警，第一时间与运维人员沟通，确认是送风系统故障还是排风系统故障，是否已自动切换到备用机组。如送风系统故障且自动切换失败，无法保障恒温恒湿新风进入房间，会造成实验人员缺氧。运维人员应提醒实验人员立即停止实验，妥善密封、放置感染性材料后按退出流程退出实验室。如排风系统故障且自动切换失败，会导致通风系统无法正常工作。运维人员应提醒实验人员立即停止实验，妥善密封、放置感染性材料后按退出流程退出实验室。在核心区入口悬挂"发生故障、禁止入内"的警示标识，然后由运维人员联系专业维修人员对送排风系统进行维修、调试和恢复。待系统恢复正常并保持稳定后，实验人员再次进入实验室并进行必要的清场消毒后继续实验。

12. 生物安全柜故障

使用生物安全柜时发生故障报警，应立即停止实验，报告运维人员。运维人员应协助实验人员根据显示面板的报警提示判断故障类型。如因为阻挡进、排风气孔导致报警，应提醒实验人员移除阻挡物品，使生物安全柜恢复正常工作状态。如发生风机故障，会导致生物安全柜内部形成正压，使污染空气逸出，或者因垂直风速与水平风速不匹配导致生物安全柜报警，应提醒实验人员立即停止实验，妥善密封、放置感染性材料后按退出流程退出实验室。在核心区入口悬挂"发生故障、禁止入内"的警示标识。对实验室进行终末消毒并验证消毒合格后联系专业维修人员对生物安全柜进行维修，通过第三方检测、验证后启用。

13. 感染性材料被盗、被抢或丢失、运输过程发生泄漏、被恶意使用

在感染性材料运输过程中发生车祸，造成包装容器破裂而导致感染性材料泄漏时，或发生其他意外事件，导致实验室感染性材料被盗、被抢、丢失、泄漏或被恶意使用时，应立即使用应急防护和应急处置装备，按照大量溢洒的处置程序进行安全处置。同时，逐级通过实验室安全负责人、实验室主任、单位安保办，在 2h 内向属地公安部门和卫健委报告，协助调查、封控和隔离疑似感染及密接人员。

14. 发生火灾

实验室发生火灾时，立即报告运维人员，判断火势不会迅速蔓延的情况下，使用灭火毯和灭火器控制、扑灭火情。判断火势会迅速蔓延、不可控的情况下，迅速按逃生路线撤离实验室。必要时切断电源，联系专业消防人员进行灭火处置，同时告知消防人员可能存在的生物风险，指导消防人员进行有效防护。火灾解除后协助划定、封锁实验室所在区域，张贴"禁止入内"的警示标识，对封锁区域进行彻底消毒。

15. 发生地震、水灾、台风、雷电等自然灾害

在预告自然灾害时间段内，实验室停止使用，用防水沙袋等排除安全隐患，做好防灾准备。如在没有预告时发生地震、水灾、台风、雷电灾害，实验人员紧急将非密封的感染性材料浸入有效氯含量为 5%的消毒液充分灭活，按逃生路线撤离实验室。必要时切断电源。灾害解除后协助划定、封锁实验室所在区域，张贴"禁止入内"的警示标识，对封锁区域进行彻底消毒。

（中国科学院微生物研究所　朱以萍）
（中国农业科学院哈尔滨兽医研究所　关云涛）
（北京市疾病预防控制中心　陈丽娟）
（中国疾病预防控制中心传染病预防控制所　侯雪新）
（中国疾病预防控制中心环境与健康相关产品安全所　沈　瑾　孙慧慧）

第二十五章
人用疫苗高生物安全风险车间

第一节 高生物安全风险车间概述

新型冠状病毒疫情暴发前，世界范围内大多数国家缺少大规模工业化生产人用疫苗的高生物安全风险车间。在此次疫情防控实践中，我国在人用疫苗高生物安全风险车间的设计、建造、调试、检测、认证以及运维等方面进行了积极探索，制定了第一个高生物安全风险车间相关监管文件《疫苗生产车间生物安全通用要求》。本节拟对人用高生物安全风险车间建设的背景和意义、相关概念及防护原理、生产要求和设施现状以及适用法规情况进行概述。

一、车间建设的背景和意义

近年来，全球范围内不断出现新发、突发传染病疫情，生物安全问题已成为全世界、全人类面临的重大生存和发展威胁之一。以新冠病毒疫情为例，截至 2022 年 6 月，新冠病毒疫情已造成全球超过 5.28 亿人确诊，629 万人死亡。对于流行率如此高的传染病，目前已知的治疗方法仍然有限，安全、有效的疫苗是防控新冠病毒疫情的重要保障。新冠疫苗的研发受到全球生物医药行业重点关注，疫情的发生也促成了历史上最快速的新冠疫苗开发。在全球共同抗击新冠病毒疫情的大背景下，人用疫苗高生物安全风险生产车间的重要性日益凸显。人用疫苗高生物安全风险生产车间的有效利用将助力新发、突发传染病疫苗研发、生产，保障疫苗生产的生物安全，为人民生命健康构筑坚强屏障，为维护社会稳定、保障国家生物安全提供有力支撑。

二、车间相关概念及防护原理

（一）车间相关概念

根据车间涉及病原微生物操作的风险，将车间生物安全防护水平分为低生物安全风险车间和高生物安全风险车间。低生物安全风险车间是指用减毒株或弱毒株等病原微生物生产疫苗的车间。高生物安全风险车间是指用高致病性病原微生物或特定的菌（毒）株生产疫苗的车间。

（二）车间防护原理

高生物安全风险车间防护的原理是通过物理防护、安全技术措施以及管理等方面来实现，以保证车间的生物安全。

1. 物理防护原理

物理防护是确保车间生物安全的主要对策，包括以下四个方面内容。

1）物理隔离分区（静态密封隔离）

通过物理隔断（包括围护结构墙体、门等）将车间与公共区域隔离开，车间划分为防护区和辅助工作区，通过围护结构把核心工作区、缓冲间、更换防护服间及淋浴间等隔开；防护区内门应能自动关闭，相邻门互锁，防止气流串通。

2）负压通风及过滤技术（动态密封隔离）

通过设置送排风系统控制气流速度和方向，车间防护区内各房间的气压应保持一定的压力梯度，确保运行时气流由低风险区流向高风险区，同时确保空气只能经过高效空气过滤器过滤后，通过专用排风管道排出。

3）消毒灭菌

车间生产过程中产生的所有污染废物（含废水）在运（排）出车间前应进行彻底消毒灭菌处理，车间内空间及物体表面要进行定期清洁消毒，并对消毒灭菌效果进行验证。

4）个体防护

个体防护是预防车间获得性感染发生的最后一道防线。所有进入车间的人员均应经过个体防护知识上岗培训，并严格遵守车间生物安全管理制度和标准操作规程。

2. 生物安全技术措施

生物安全技术措施包括一级防护屏障和二级防护屏障，涉及建筑围场隔离、空气动力学隔离、负压通风、空气过滤、消毒灭菌、外围护栏和安保设施等。

1）一级防护屏障

一级防护屏障也称一级隔离或一级安全屏障，即实现操作对象和工作人员之间的隔离。一级防护屏障是物理防护的第一道防线，通过安全装备来实现，包括生物安全柜、负压隔离器等各种密闭容器和个体防护装备。

2）二级防护屏障

二级防护屏障也称二级隔离或二级安全屏障，是一级防护屏障的外围设施，是车间和外部环境之间的隔离，以防止操作的病原体从车间泄漏到外部环境中。二级防护屏障是物理防护的第二道防线，涉及的范围很广泛，包括建筑、结构和装饰、平面布局、通风净化、暖通空调、给排水与气体供应、消毒和灭菌系统等。

三、车间生产要求及设施设备现状

新冠疫苗按种类可分为基因疫苗、病毒载体疫苗、蛋白亚单位疫苗、减毒活疫苗、病毒灭活疫苗。其中，病毒灭活疫苗是目前全球范围内较为成熟的疫苗生产技术，其优点包括：①病毒完全失去活性，安全性好；②技术相对成熟，研发周期较短。新冠灭活疫苗因生产的病毒需灭活，其活病毒阶段的所有操作须在高等级生物安全设施环境下完成，具有一定的生物安全风险，需要在确保疫苗质量的同时，保证生产活动的生物安全。

目前我国已建成若干人用疫苗高生物安全风险车间，均已通过验收并投入使用，相应设施均为独立建筑物，远离公共区域，并有可靠措施避免对外围的污染，按照生物安全风险分为防护区和非防护区，防护区为相对独立区域，并有出入控制，其围护结构、通风空调系统、供水与供气系统、污物处理及消毒灭菌系统、电力供应系统、自控及监视与报警系统、通讯系统均满足生物安全及生物安保相应要求。另外，高生物安全风险车间应配备相应生物安全设备，包括生物反应器、生物安全隔离器、蜂巢培养系统、罐体、汽化过氧化氢（vaporized hydrogen peroxide，VHP）传递舱、移动式VHP、生物安全型湿热灭菌柜、废液灭活系统、袋进袋出过滤器（bag in bag out，BIBO）、生物安全柜、生命支持系统、化学淋浴系统、不间断电源（uninterruptible power supply，UPS）等。

四、车间适用法规情况

世界各国在生物安全领域均有比较完善的法律体系，例如，美国、欧盟、日本等国家出台了多项涉及转基因生物安全、人类传染病和动植物疫病疫情防控、食品卫生安全、防范外来物种入侵、实验室生物安全、防范生物恐怖主义等方面的法律法规。我国现行生物安全相关法律主要包括《中华人民共和国国境卫生检疫法》《中华人民共和国传染病防治法》《中华人民共和国食品安全法》《中华人民共和国生物安全法》等，以及我国政府签署的《国际卫生条例（2005）》《生物安全议定书》等相关国际协定。其中，《中华人民共和国生物安全法》自2021年4月15日起施行，全面规定了日常监管和应急管理制度，其具体实施对于健全生物安全法律法规体系、提升国家生物安全治理能力、维护生物安全秩序、提升传染病防控能力、推进国际生物安全合作、提升人类命运共同体构建能力而言具有重要价值。

疫苗生产企业应具备适度规模和足够的产能储备，具有保证生物安全的制度和设施、设备，并符合疾病预防、控制需要。《中华人民共和国疫苗管理法》自 2019 年 12 月 1 日起施行，第 11 条明确规定了在疫苗研制、生产、检验等过程中建立生物安全管理制度，尤其加强疫苗在研制、生产环节的菌（毒）株等病原微生物的生物安全管理，以防范菌（毒）株泄漏等突发事件危及公众和工作人员生命健康安全。2020 年 6 月 18 日，由国家卫生健康委员会、科技部、工业和信息化部、国家市场监管总局、国家药监局联合印发《疫苗生产车间生物安全通用要求》，作为新冠病毒疫情防控期间推动新冠疫苗生产的临时性应急要求。该文件参照国内外生物安全相关的法律法规和标准规范，紧密结合药品生产质量管理规范要求，基于疫苗生产全过程中的生物安全风险提出生物安全方面的要求。

第二节　高生物安全风险车间风险评估和风险控制

一、高生物安全风险车间的风险评估

（一）基本要求

进行风险评估时，首先估算事故的可能性及事故后果严重性，根据选用的风险评估方法，确定风险等级；依据风险等级，判定风险是否可接受。风险可接受时，应保持已有的生物安全措施；风险不可接受时，应采取风险应对措施以消除、降低或控制风险。

（二）风险应对

选择风险应对措施时，应考虑但不限于以下因素：法律法规、标准规范要求；措施的实施成本与预期效果；选择几种应对措施将其单独或组合使用；利益相关方的诉求、对风险的认知和承受度，对某些风险应对措施的偏好；措施无法满足所有风险的控制要求时，应把监督和检查作为风险应对措施的组成部分。

（三）监督检查和再评估

高生物安全风险车间应建立风险管理活动的监督检查和持续改进工作机制，在包括但不限于以下情况时需要进行再评估。
（1）相关政策、法规、标准等发生改变。
（2）开展新的或欲改变已经过风险评估确认的高生物安全风险车间活动。
（3）操作超常规量或从事特殊活动时，应对车间及相关设施进行风险评估，以确定其生物安全防护要求。
（4）发生事件、事故。
（5）采取风险控制措施时首先考虑消除危险源，然后再考虑降低风险，最后考虑采用个体防护装备。
（6）采用新的或改变已经过风险评估确认的生产工艺。
（7）生物安全委员会根据风险控制的需要，认为应该再评估。

（四）文件、记录与报告

建立并运行风险管理文件，持续进行风险识别、分析和评价，实施必要的风险应对措施；对风险管理全过程进行记录。风险评估报告的内容应至少包括：名称；编写、审核、批准信息；评估目的；评估范围；评估依据；评估程序和方法；评估内容；评估结论。

二、风险评估内容

（一）生产操作涉及的病原微生物评估

针对高生物安全风险车间内操作的病原微生物，应进行病原学方面的评估，包括：病原微生物本身特

性、致病性、传染性、传播途径、临床表现、预后情况；病原微生物在环境中的稳定性和对消毒剂的敏感性；治疗病原微生物所致疾病的药物和疫苗、病原微生物职业暴露及后果；病原微生物职业暴露后的应急处理等评估。

（二）生产活动评估

高生物安全风险车间生产活动评估应包括以下要素：微生物的载量；人员感染和外部环境污染剂量；生产的工艺及方法；单批次生产涉及的病原微生物操作量；生产工艺和产品检验涉及的风险生产活动中可产生危害的步骤；发生的概率及可能涉及的范围、性质和时限；消除、减少或控制风险的管理措施和技术手段；残余风险和预期效果。

（三）消毒及废弃物处理评估

针对高生物安全风险车间的消毒和废弃物处理，应对以下内容进行评估：消毒地点、频次、方法，消毒剂的选择；废弃物灭活处理流程的规范性及高压蒸汽灭菌柜灭菌装载方式经灭菌效果验证是否合格；附属品的消毒、处理是否合格；感染性材料、废弃物处理、转移、灭菌和处置的风险及处理措施的安全性；车间污水处理、消毒与监督措施有效性；车间给水是否对市政给水系统造成污染；危险废物处理方法本身的风险与预防措施。

（四）意外事故及应急处理评估

生产检验活动需评估可能的风险，此外还应涵盖意外事故及应急处理等，至少应对以下内容进行评估：发生事故的原因、后果与处置方法；应急处置预案及措施的可行性；发生事故后人员是否隔离、隔离措施是否可行；培训、演练频次及效果。

（五）车间设备设施评估

车间设备设施评估内容应至少包含：设备设施是否满足国家生物安全要求及生产活动防护要求；设备运行过程中维修存在的风险及预防风险措施的可行性；设备设施清洁维护或关停期间发生暴露的风险；充分考虑外部人员活动、使用外部提供的物品或服务带来的风险。

（六）个体防护评估

个体防护用品是指适用于保护车间人员防御外界因素伤害所穿戴、配备和使用的劳动防护用品，至少应该包含以下要素：防护用品与车间防护要求的适配性；选择重复使用的装备时，消毒处置方式的安全性；正压防护装置可能的故障、处置措施及个人适应性；是否满足国家标准要求并具备相应资质；防护用品存储量是否能满足意外事故的需求量；从事动物实验的人员防护。

（七）人员资质及行为评估

对拟进入高生物安全风险车间的工作人员，应逐一进行个人资质与行为评估，评估内容至少包括：进入车间人员资质；车间准入制度建立执行情况；人员行为管理；人员健康状况；人员再培训及培训确认。

（八）火灾评估

火灾可能对车间人员安全构成威胁，同时也可能造成感染性材料的暴露，评估内容至少包括：车间火灾常见因素；预防火灾措施及消防设备设施的完好性；火灾应急演练和应急预案的可行性；感染材料泄漏的可能性；灾后处理过程中的风险及预防措施。

（九）自然灾害评估

自然灾害可能对车间人员安全构成威胁，也可能造成感染性材料的暴露。对这些因素导致的风险评估要素如下。

（1）地震：选址避开地震区；车间抗震等级符合当地要求；车间不同程度破坏产生的病原微生物泄漏

与抢救过程可能存在的风险；地震后消毒与抢救措施的可行性。

（2）水灾：选址避开水灾威胁；排水、疏水系统的设备设施的完好性及应急物资的完备有效性；供水系统管线发生破裂泄漏的可能性、危险性以及抢修过程中的风险与预防措施；菌（毒）种与感染性材料转移过程中的风险与预防措施；灾后消毒、抢救措施以及恢复运行方案的可行性。

（3）雷击：防雷设施的有效性；造成生物安全事故的可能性、可能造成的风险及严重后果；应急处置方案的可行性。

（4）雪灾：车间所在建筑物的基本雪压能承受的最大降雪；可能造成的风险及严重后果；造成生物安全事故的可能性；应急处置方案的可行性。

（5）冰冻、沙尘暴：可能造成的风险及严重后果；造成生物安全事故的可能性；安全防护措施；应急处置方案的可行性。

（十）车间生物安保评估

生物安保是指防止病原体或毒素丢失、被盗、移出或误用造成疾病或死亡的危险而实施的方法和措施。车间生物安保评估主要内容包括：发生入侵、盗窃、被抢、丢失的潜在危险性及防范措施的可行性；安全防护措施是否满足安全保卫要求；接触感染性材料的人员的可靠性、外来人员进入车间发生盗窃的危险性。

（十一）信息安全评估

为确保高生物安全风险车间的信息安全，应对车间信息安全进行评估：车间不间断电源、安装门禁系统、视频监控系统是否覆盖车间重点部位；涉及资料与数据、计算机与网络的保密措施及管理制度；电子资料文件、软件、数据库的安全管理落实情况；信息安全重点区域门禁系统的管理情况；外部人员进入门禁系统控制区域的批准和进入流程。

（十二）风险再评估

建立风险管理活动的监督检查和持续改进的工作机制，以确保相关要求得到及时有效实施。定期开展风险评估或对风险评估报告复审，评估的周期应根据生产活动及风险特性而确定。

以下情况（不限于）需要进行再评估：

（1）相关政策、法规、标准等发生改变；

（2）发生事件/事故或人员感染等意外情况；

（3）采用新的生产工艺或改变已经过风险评估确认的生产工艺；

（4）生物安全委员会根据风险控制的需要，认为应该再评估；

（5）发生事件/事故或人员感染等意外情况；

（6）车间内审或外部检查发现安全隐患；

（7）收集到的数据和资料表明所从事病原微生物的致病性、毒力或传染方式发生变化，应对其背景资料及时变更，并对其操作的安全性进行重新评估。

第三节　组织机构与人员

企业应组成生物安全委员会来制定所在单位的生物安全制度和操作规范，必须有完整的生物安全制度、生物安全手册，以及执行生物安全手册的支持程序。企业应任命生物安全负责人，以确保高生物安全风险车间的运行始终遵守生物安全计划和制度。

一、生物安全管理组织机构

（一）组织机构

生物安全委员会为单位生物安全最高管理机构，负责组织、评估、审核并批准高生物安全风险车间的生物安全防护水平等级；审核并批准生物安全管理体系文件、风险评估报告等。单位可根据需求设立生物安全专家委员会，提供生物安全相关的咨询、指导，可聘任外部专家。

单位生物安全负责人负责生物安全管理事宜，当发现存在生物安全隐患时，具有立即停止相关生产活动的权限。生物安全负责人与车间负责人不能为同一人。

单位应有部门负责落实生物安全委员会的决议，实施、监督生物安全管理体系的运行。

高生物安全风险车间负责人应对车间生产活动和进入车间人员的生物安全负责。

（二）职责

1. 生物安全委员会

对生物安全计划进行审核并定期进行评审。定期进行生物安全内部审核，并确保纠正和预防措施正确执行。定期进行单位生物安全管理评审。

2. 单位生物安全负责人

负责单位生物安全管理总体事宜，当发现存在生物安全隐患时，有权立即停止相关生产检定活动和宣布活动恢复。

3. 生产管理负责人

负责组织建立并完善高生物安全风险车间内活动管理规定；负责组织建立并完善生产车间生物安全操作管理规定；负责监督检查生物安全风险车间内各类生产操作活动符合生物安全要求。

4. 高生物安全风险车间负责人

本车间生物安全直接责任人，应对车间生产活动和进入车间人员的生物安全负责；负责对进入本车间高生物安全风险区域的人员进行审批；负责组织本车间的生物安全检查，落实隐患整改；负责对本车间生产操作病原微生物或改变生产活动的生物安全风险进行评估；负责组织制定生物安全风险车间设施内的生产区域相关标准操作规范，对车间内生产操作等进行指导。

5. 工程保障负责人

负责制定生物安全风险车间内安全设施、设备、仪器检修维护的年度工作计划；负责组织实施，定期检查总结，向生物安全委员会汇报；负责车间各类设备设施安全运行及日常维护保养。

6. 信息技术负责人

负责制定保护车间机密信息的网络程序；负责组织公司办公网络、工控网络的网络安全建设及管理工作；负责网络安全事件的处置和调查，提出事件防范措施。

7. 人力资源负责人

负责建立生物安全风险管理组织，明确具体工作职责；负责组织涉及生物安全风险人员的管理工作；负责组织制定涉及生物安全风险人员管理相关制度，并确保人员了解掌握；负责组织建立生物安全风险防护人员档案，参与筛选涉及生物安全风险的人员；负责组织涉及生物安全风险人员健康监护管理，组织免疫预防疫苗接种。

8. 质量检定负责人

生物安全风险检定区域生物安全直接责任人，应对检定活动和进入检定区域人员的生物安全负责；负责组织制定生物安全风险检定区域的相关标准操作规范，对检定操作等进行指导，及时对不符合项纠正和控制；指导、监督检定操作人员的具体操作，确保规范、安全。

9. 质量保证负责人

负责组织生物安全管理体系文件的审核、批准和归档；负责组织车间内生产、检定、维护保养等活动的监督和审核；负责纠正车间人员、生产和检定活动的不符合项并报告单位、车间两级生物安全负责人。

二、高生物安全风险车间组织和管理

（一）车间组织

高生物安全风险车间或其组织应有明确的法律地位及从事相关生产活动的资格。车间负责人应是所在机构、单位生物安全委员会中有职权的成员。

（1）应为车间人员提供履行其职责所需的适当权利和资源。

（2）建立避免车间人员受任何不利于其工作质量的压力或影响，避免卷入任何可能降低其公正性、判断力和能力活动的制度或机制。

（3）应明确车间的组织和管理结构，包括与其他相关机构的关系。

（4）应规定车间人员职责、权力和相互关系。

（5）依据车间人员的经验和职责，进行相对应的、不同级别的培训。

（6）指定车间生物安全负责人，负责监督所有生产活动，包括：制定、维持车间生物安全，阻止不安全的行为或活动。

（7）应设立生物安全技术负责人，并提供满足车间规定的技术资源。

（8）车间应定期提交活动计划，制定风险评估报告、生物安全应急措施、人员培训及生物安全保障制度。

（二）管理责任

（1）车间管理层应对所有员工、来访者和车间环境的生物安全负责。

（2）应制定明确的车间准入制度并告知所有员工、来访者可能面临的风险。

（3）应尊重车间员工的个人权利和隐私。

（4）应为车间员工提供必要的免疫计划、定期的健康检查和医疗保障。

（5）应保证车间设施、设备、个体防护装备、材料等符合国家有关的安全要求，并定期检查、维护、更新，确保不降低其设计性能。

（6）应为车间员工提供符合要求的适用防护用品和器材。

（7）应保证车间员工不疲劳工作、不从事风险不可控制的或国家禁止的工作。

（三）个人责任

（1）车间人员应充分认识和理解所从事工作的风险。

（2）车间人员应自觉遵守管理规定和要求。

（3）车间人员在身体状态许可的情况下，应接受相应的免疫计划和其他健康管理规定。

（4）车间人员应按规定正确使用设施、设备并佩戴个体防护装备。

（5）当不适于从事特定任务时，车间人员应主动向负责人报告个人状态。

（6）车间人员不应因人事、经济等任何压力而违反管理规定。

（7）车间人员有责任和义务避免因个人原因造成生物安全事件或事故。

（8）如果怀疑个人受到感染，应立即向车间生物安全负责人报告。

（9）车间人员应主动识别任何危险和不符合规定的工作，并立即报告。

三、高生物安全风险车间人员管理

单位需要对高生物安全风险车间人员的健康进行充分检查，包括预防措施（如疫苗接种、核酸检测等）和监测员工健康，以便在接触与职业有关的疾病、影响人员安全健康的工作时能够采取适当措施。

（一）人员管理

应对所有涉及生物安全的岗位提供职责说明，包括人员的责任和任务，以及教育、培训和专业资格要求。应有足够的人力资源承担所提供生物安全范围内的工作，承担生物安全管理体系涉及的工作。

（二）人员培训

1. 人员培训内容

（1）上岗培训，包括对较长期离岗或下岗人员的再上岗培训。

（2）车间生物安全管理体系培训。

（3）生物安全知识及生物安全技能培训。

（4）车间设施设备（包括个体防护装备）的安全使用。

（5）应急措施与现场救治。

（6）培训与继续教育。

（7）人员能力的考核与评估。

2. 人事档案管理

车间或其所在机构应维持每个员工的人事资料，可靠保存并保护隐私权。人事档案应包括（不限于）以下内容。

（1）员工的岗位职责说明。

（2）岗位风险说明及员工的知情同意证明。

（3）教育背景和专业资格证明。

（4）培训记录，应有员工与培训者的签字及日期。

（5）员工的免疫、健康检查、职业禁忌证等资料。

（6）内部和外部的继续教育记录及成绩。

（7）与工作安全相关的意外事件、事故报告。

（8）有关确认员工能力的证据，应有能力评价的日期和承认该员工能力的日期或期限。

（9）员工表现评价。

第四节　高生物安全风险车间的设计与建造

一、高生物安全风险车间基本建设程序

高生物安全风险车间的项目建设，需根据国家法律法规和政策要求，以生物安全为核心，在确保生产人员安全和周围环境安全的前提下，对项目建设选址的合理性、城市总体规划要求、建设内容的需求分析、环境评价等多方面进行评估和论证，从而确保项目建设的必要性、可行性和适用性。

项目建设程序包括以下五个阶段：项目审批阶段、规划许可阶段、施工许可阶段、工程实施阶段、验收备案阶段。

（一）项目审批阶段

高生物安全风险车间建设项目由国家发展和改革委员会（简称"发改委"）进行行政审批，建设单位负责编制项目建议书和可行性研究报告，经省（自治区、直辖市）行业主管理部门评审通过后，省发改委上报立项申请，国家发改委审批通过后方能建设实施。

项目建议书或可行性研究报告中有关生物安全部分，省（自治区、直辖市）行业主管部门、建设单位须委托有生物安全相应资质的咨询机构进行编制和评审，同时还需提供省（自治区、直辖市）卫健委和公安部门的审批文件、生物安全行业专家评审报告等。

（二）规划许可阶段

在高生物安全风险车间建设项目工程规划审查，建设单位须持经过生物安全专家评审通过的、具有相应资质的设计单位所提供的规划设计方案报项目所在地规划审批部门审批，以取得土地、建筑《方案批准意见书》。

环境评价报告需由建设单位委托相应资质环境影响评价机构编制，环评机构如没有相应病原微生物检测能力，可联合具有相应生物安全检测资质的机构共同承担环评任务；或者由建设单位单独委托相应资质机构承担病原微生物检测作为环评验收的依据。环境评价报告书需要报省级环保部门批复。

由于生物安全的特殊性，高生物安全风险车间的设计单位提供抗震设计专篇，由省（自治区、直辖市）级地震局指定的评估机构进行抗震评估。同时，省（自治区、直辖市）级公安厅（局）需对项目安保措施进行评估和审查。

（三）施工许可阶段

高生物安全风险车间涉及生物安全设施和设备的施工图，建设单位需要组织生物安全专家进行评审。

（四）工程实施阶段

高生物安全风险车间工程总包单位和设备供应商需要有承建生物安全设施的资质和经验；建设过程中涉及生物安全内容，如对比原设计方案有变化，须经生物安全专家确认后方能继续实施；建设过程中涉及生物安全部分内容，须委托有生物安全检测资质的第三方机构进行过程和效果确认。

（五）验收备案阶段

高生物安全风险车间建设项目工程竣工验收后，还需要通过国家六部委生物安全验收，以及国家卫健委等地方卫生、行业主管部门的验收和备案，方可投入使用。

二、高生物安全风险车间环境影响评价

（一）环境影响评价

1. 环境影响评价分类

根据建设项目对环境的影响程度和建设项目的环境影响评价实行分类管理。高生物安全风险车间须编制环境影响报告书，对产生的环境影响进行全面评价。

2. 报告书主要内容

高生物安全风险车间建设项目的环境影响报告书应当重点关注下列内容。
（1）建设项目周围环境现状。
（2）建设项目对环境可能造成影响的分析、预测和评估。
（3）建设项目环境保护措施及其技术论证。
（4）对建设项目实施环境监测的建议。

高生物安全风险车间建设单位需委托有甲级或乙级资质的环境影响评价机构编制环境影响报告书。

（二）环境影响评价审批程序

高生物安全风险车间的建设单位将委托有环评资质的机构编制环境影响报告书报送至所在地省级环境保护部门进行形式审查，由省级环境保护部门组织或委托评估机构召开环境影响报告书专家评审会，评审会形成会议纪要或专家组评审意见，再由省级环境保护部门出具环境影响报告审查意见。在受理后、审批前分别需在省环境保护部门网站上进行受理公示和审批公示。

（三）环境影响评价重点内容

高生物安全风险车间的环境影响评价与其他行业建设项目相比，有其特殊的一面，即正常运行情况下其排放的污染物对环境影响与一般建设项目类似，但存在病原微生物生物安全风险。从该类项目审批经验看，工程分析、污染防治措施、风险评价是项目关注重点。

（四）环境现状调查

环境现状调查的重点应放在项目建设地区人间流行病疫情情况的调查，为项目建设运行提供背景资料。疫情调查资料应分别由建设项目所在地的疾病预防控制中心或有关主管部门出具。

（五）生物风险评估和应急预案

环境影响评价报告书应设专章阐述风险评估内容，该内容应依据高生物安全风险车间所在机构生物安全主管部门批准的风险评估报告，并提出完善的、可操作的应急预案。

（六）公众参与

根据现行的《环境影响评价公众参与暂行办法》（环发〔2006〕28号），环评阶段应开展公众参与。通过调查问卷、报纸、网络等媒体公示报告书全本和简本等方式，开展公众参与。

三、高生物安全风险车间设计原则和基本要求

高生物安全风险车间的设计原则在符合 GMP 药品生产质量管理规范的同时，须重点满足《疫苗生产车间生物安全通用要求》等生物安全的规范和标准。

（一）选址要求

（1）高生物安全风险车间的建设地址尽量选择城市基础设施配套齐全，电力、通讯和污水处理等具有便利条件的地区。

（2）尽量选择在远离城市生活区、商业区的清洁安静场所，同时要求交通便利，但远离交通主干道。

（3）宜设置在当地全年主风向的上风侧，以降低对周边环境的影响。

（4）避让饮用水源保护区，防止污染次生灾害的发生。

（二）平面布局

（1）高生物安全风险车间应建造在独立的建筑内，须采用专用与独立的生产设施、设备，且不能同时存在两种以上产品的生产车间或生产情况。

（2）车间内生物安全防护区宜集中设置在车间某一层、某一侧或某一区域内，便于管理、维修，工程建设投入相对较低，经济性好。也可根据生产工艺流程分散布置在不同楼层、不同区域，此种分散的形式要着重防止防护区与非防护区的人流、物流、污物流的交叉。

（3）防护区内洁净区的布局需结合生物安全防护措施集中设置，便于空调系统的设计和整合；同时宜采用安全柜、隔离器等设备降低区域或房间净化级别，从而减少防护区全新风空调的换气次数，降低运行费用。

（4）车间内的防护区和生物安全设施的布局，需要充分考虑维护的空间和便捷性，确保维修人员不受污染的同时，维修活动不影响产品质量。

（三）环境参数

（1）高生物安全风险车间的温度、湿度等参数，应根据产品及操作性质制定，这些参数不应对规定的洁净度造成不良影响。

（2）车间防护区负压与室外大气压的压差值应不小于40Pa，与相邻区域的压差（负压）应不小于15Pa。

（3）车间防护区各房间的最小换气次数应不小于 15 次/h。

（4）在车间动态运行情况下，核心工作间的噪声应不大于68dB（A）。

（5）车间防护区的静态洁净度应不低于ISO8级，测试方法可参照ISO14644-1。

（四）消防

高生物安全风险车间的防火和安全通道设置应符合国家消防规定和要求，同时应考虑生物安全的特殊要求，当与消防规定发生冲突时，可事先和消防主管部门进行沟通协调。

（五）安全和保卫

（1）高生物安全风险车间的安全保卫应符合国家相关部门对该类设施的安全管理规定和要求，菌（毒）种库及高生物安全风险车间的重要设施和场所需要具备相应级别的安保措施。

（2）应设计紧急撤离路线，紧急出口应有明显的指示标识。

（3）为确保存储、转运、收集、处理和处置危险物料的安全，应采取必要的安全设计和物理措施。

（4）高生物安全风险车间通过人为防范、实体防护与电子防护等手段有机结合，具有相应风险防范能力的综合防范体系。

（六）建筑材料和设备要求

高生物安全风险车间所使用的建筑材料和配置设备的选用、设计、选型、安装、改造、维护必须符合生物安全标准和预定用途，应当尽可能降低产生污染、交叉污染、混淆和差错的风险，便于操作、清洁、维护，以及必要时进行消毒和灭菌。

四、高生物安全风险车间建设要求

（一）围护结构

（1）高生物安全风险车间的围护结构（包括墙体）应符合或高于国家对该类建筑的抗震要求和防火要求。

（2）生物安全防护区内围护结构的所有缝隙和贯穿处的接缝都应可靠密封，且刚度能够承受可能出现的极限负压荷载。

（3）围护结构和地面表面应光滑、耐腐蚀、防渗漏、不起尘，以易于清洁和消毒灭菌。

（二）通风空调系统

（1）车间防护区应采用全新风系统。

（2）防护区应安装独立的送排风系统，确保在防护区运行时气流由低风险区向高风险区流动，同时确保空气通过HEPA过滤器过滤后排出室外。

（3）应在车间防护区送风和排风管道的关键节点安装生物型密闭阀。

（4）车间防护区排风高效空气过滤器应能进行原位消毒和检漏。

（5）车间应有能够调节排风或送风以维持室内压力和压差梯度稳定的措施。

（6）车间防护区室外排风口应设置在主导风的下风向，与新风口的直线距离应大于12m，并应高于所在建筑的屋面2m。

（7）防护区空调系统应有备用排风机，备用排风机应能自动切换，切换过程中应能保持有序的压力梯度和定向流。

（8）排风必须与送风连锁，排风先于送风开启、后于送风关闭。防护区内核心工作间必须设置室内排风口，不得只利用生物安全柜或其他负压隔离装置作为房间排风出口。

（三）给水及供气系统

（1）应在车间的给水与市政给水系统之间设防回流装置或其他有效防止倒流污染的装置，且这些装置应设置在防护区外。

（2）进入防护区的供气（液）管道宜做单向流，不宜做循环系统，应在关键节点安装截止阀、防回流装置或 HEPA 过滤器等。

（3）如果有供气（液）罐等，应放在车间防护区外易更换和维护的位置，安装牢固，不应将不相容的气体或液体放在一起。

（4）如果有真空装置，应有防止真空装置的内部被污染的措施；不应将真空装置安装在车间之外。

（四）污水收集、处理及消毒灭菌系统

（1）防护区内地面液体收集系统应有液体泄漏报警装置。

（2）防护区内排水管道宜明设，并应有足够的空间清洁、维护和维修暴露的管道。为减少污染范围，应在关键节点安装截止阀、防回流装置、存水弯（深度应适用于空气压差的变化）或密闭阀门等。

（3）防护区内如果有排水系统，应与建筑物的排水系统完全隔离；排水应直接通向车间防护区专用的"活毒废水处理系统"。

（4）车间防护区排水系统应单独设置通气管，通气管应设 HEPA 过滤器或其他可靠的消毒装置，同时应保证通气口四周通风良好。

（5）车间防护区应设置符合生物安全要求的压力蒸汽灭菌器，其主体应安装在易维护的位置，与围护结构的连接处应可靠密封。

（6）车间防护区内不能用压力蒸汽灭菌的物品应有其他消毒、灭菌措施。

（7）应在防护区可能发生生物污染的区域（如生物安全柜、离心机附近等）配备便携的局部消毒装置，如消毒喷雾器等。当发生意外时，及时进行局部消毒处理，有效降低事故的危害程度。

（五）电力供应系统

（1）电力供应系统应按一级负荷供电，满足高生物安全风险车间的所有用电要求并应有冗余；特别重要负荷应设置应急电源，应急电源应能确保自备发电设备启动前的电力供应。

（2）涉及生物安全的设备和配套工程系统，如生物安全柜、送风机和排风机、照明、自控系统、监视和报警系统，应采用双路电源同时供电，且配备不间断备用电源，电力至少维持 30min。

（3）生物安全生产车间的应急照明包括备用照明、疏散照明，应急照明供电电源须采用双路电源供电。

（六）控制和监视系统

1. 自控与报警系统

（1）车间自动化控制系统应由计算机中央控制系统、通信控制器和现场执行控制器组成；应具备自动控制和手动控制的功能，应急手动应有优先控制权，且应具备硬件连锁功能。

（2）中央控制系统应可以实时监控、记录和存储车间防护区内压力、压力梯度、温度、湿度等有控制要求的参数，以及排风机、送风机等关键设施设备的运行状态和电力供应的当前状态等。

（3）自控系统报警应分为一般报警和紧急报警。一般报警应为显示报警；紧急报警应为声光报警和显示报警，可以向车间内外人员同时发出紧急警报，必要时生产人员可向监控室发出紧急报警。

2. 监视系统

车间应设视频监控，在关键部位设置摄像机，可实时监视并录制车间活动情况和车间周围情况。监视设备应有足够的分辨率和影像存储容量。

3. 通信系统

（1）车间防护区内应设置向外部传输资料和数据的传真机或其他电子设备。

（2）监控室和防护区内应安装语音通信系统。如果安装对讲系统，宜采用向内通话受控、向外通话非受控的选择性通话方式。

4. 门禁管理系统

（1）车间应有门禁管理系统，应保证只有获得授权的人员才能进入。

（2）车间应设互锁门系统，保障人员进出时车间处于正常的运行状态，应在互锁门的附近设置紧急手动解除互锁开关，需要时，可立即解除门的互锁。

（3）当出现紧急情况时，所有设置互锁功能的门必须能处于可开启状态。

（七）生物安全检测

生物安全设施设备调试完成后，需要国家认可的第三方检测机构进行强制性检测，检验方法按照《疫苗生产车间生物安全通用要求》、GB 50346—2011《生物安全实验室建筑技术规范》、RB/T 199—2015（E）《实验室设备生物安全性能评价技术规范》、JG/T 497—2016《排风高效过滤装置》、ISO14644-1—2015《洁净室及相关受控环境》、GB50457—2008《医药工业洁净厂房设计规范》、GB 50591—2010《洁净室施工及验收规范》、《药品生产质量管理规范（2010）》、YY 0569—2011《Ⅱ级生物安全柜》、JG/T 382—2012《传递窗》标准进行（表 25-1）。

表 25-1　生物安全设备及测试内容

序号	设备名称	测试内容
1	气（汽）体消毒设备	模拟现场消毒
2	排风高效过滤装置	箱体气密性检测
		扫描检漏范围
		气流模式
		工作窗口气流平均速度
		高效过滤器检漏
3	生物安全隔离器	手套连接口气流流向
		送风高效过滤器检漏、排风高效过滤器检漏
		送风高效过滤器检漏、排风高效过滤器原位消毒功能测试
		腔体 VHP 消毒灭菌效果测试
		腔体内外的压差
		工况转换功能测试
		压差监控及报警测试
		系统配置确认
		门互锁功能测试：功能正常
		工作区气密性检测
		工作区洁净度
		厂家提供生物安全型高效空气过滤装置有效性的型式检验报告
4	罐类生产设备（收获罐、灭活罐、待检罐、反应器）	罐体和管道密闭性测试
		在线清洗/在线灭菌（CIP/SIP）功能与灭菌效果测试
		故障与关键控制指标超标报警测试
		排气过滤器原位在线灭菌功能测试
5	VHP 传递窗	系统配置确认
		VHP 传递窗密封性测试
		VHP 传递窗承压能力测试
		VHP 传递窗内物品消毒灭菌验证
6	正压头罩消毒舱	系统配置确认
		正压头罩消毒舱密封性测试

序号	设备名称	测试内容
		正压头罩消毒舱承压能力测试
		正压头罩消毒舱内物品消毒灭菌验证
7	活毒废水处理系统	系统配置确认
		系统处理能力测试
		罐体和管道密闭性测试
		系统消毒灭菌效果验证
		排气高效过滤器灭菌功能与效果验证
		安全阀、压力表、温度传感器和压力传感器检定：按照国家相关计量检测规定
8	生物安全厂房及公用系统	维护结构的气密性
		门自动关闭测试
		防护区配置 VHP 消毒灭菌装置，对防护区进行定期消毒灭菌
		不间断电力供应时间测试
9	通风空调系统	防护区气流
		高效过滤器安装与配置
		风管、风口布局确认
		送排风管道材质确认
		送排风管道密封性测试
		排风高效过滤器
		生物安全性空气过滤装置密封性测试
		生物型密闭阀与防护区相通的送风管道及排风管道密封性测试
		防护区送排风机备用功能检测
10	供水与供气系统	非循环供水、供汽和供气管道在非防护区设置了防回流装置或采取其他有效地防止回流污染措施检测
11	中央控制系统	电子数据采集与显示确认
		故障和控制指标报警功能测试，包括一般报警和紧急报警
		存储容量确认

第五节　车间生物安全防护设施设备

一、概述

高生物安全风险车间的公用设备设施安全防护主要包含空调系统、电力供给系统、空压系统、给排水系统、蒸汽供给系统等。设备设施设计、选型可依据中华人民共和国国家标准 GB 503456—2011《生物安全实验室建筑技术规范》进行，对防护区公用设施设备生物安全的要求，即确保车间工作人员的安全和高生物安全风险车间周围环境的安全，要求有必要的措施保证电力供给系统、空调系统、空压系统 24h 不间断运行。

（一）电力供给系统

高生物安全风险车间用电力供给系统必须确保满足所有用电需求，并应有冗余，关键的设备设施要配备双路供电和不间断电源。

建议建设的供电系统能够确保安全防护设备设施 24h 不间断运行，确保两路供电线路是由两个不同的开闭所供电。

（二）空调系统

高生物安全风险车间空调系统运行的关键是确保能够维持车间防护区稳定的负压和压力梯度，并采取有效措施避免污染，防止病原体向外扩散。其中，送排风系统（含生物密闭阀、风量调节阀）是维持车间稳定的负压和各个区域间压差梯度的核心设施，而空调系统则是保障车间内部温湿度的前提要求。

（三）空压系统

空压系统提供满足设备设施运行所需的气量、压力并有冗余，保障车间工艺设备、空调系统、净化制水设备等关键设备设施的正常运行。空压系统主机至少设置两台，可单独或同时运行并能实现自动切换。

二、各类生物安全设施工作原理

（一）电力供给系统

（1）根据高生物安全风险车间的特殊性，建议供电系统应采用双主路供电系统，即两路供电系统同时为车间的设备设施供电，当其中一路供电系统的上端开闭出现故障，另外一路供电系统自动实现"零"切换，为车间所有设备设施提供电源，确保安全防护设备设施稳定运行。

（2）UPS 也叫不间断电源，是将蓄电池与主机相连接，通过主机逆变器等模块电路将直流电转换成市电的系统设备。UPS 电源分为三种，即在线式、后备式、线上交错式。高生物安全风险车间建议用在线式，系统运行稳定、可靠。当供电系统出现故障停电时，UPS 应急电源系统是保证高生物安全风险车间关键设备进行紧急处理的保障，在市电停电后能够实现自动无缝供电，确保操作人员有足够的时间进行紧急处置。

（二）空调系统

（1）高生物安全风险车间的空调系统主要是由送风系统、排风系统和控制系统组成。

（2）送风系统由送风机箱、风管、高效过滤器组成。送风机箱主要由初效过滤段、中效过滤段、一次加热段、表冷段、再热段、风机段、高中效过滤段、加湿段、送风段组成。送风高效过滤器安装完成后，需进行密闭性检测。

（3）排风系统由排风箱、风管、双级排放过滤器、BIBO 组成。双级排风高效建议安装在房间内。双级排放过滤器、BIBO 应可以在原位进行消毒和检漏。

（4）控制系统由上位机（控制软件）、执行元件组成。

（三）空压系统

空压系统由空压机、过滤装置、储气罐、吸干机、冷干机、输配管路组成。通过空压机将空气压缩至生产工艺要求的压力，通过过滤输送到工艺设备、公用设施等。

三、生物安全设施使用及注意事项

（一）电力供给系统

（1）两路供电系统上端的开闭所非同一个开闭所，最后开闭所前端的供电设施也不是同一个。

（2）UPS 应急电源系统的蓄电池容量必须满足高生物安全风险车间设备设施的用电需求。

（二）空调系统

（1）对室内的送排风管道、阀门系统、高效过滤单元及室内传感器等进行检测或维修时，操作人员要穿戴防护等级对应的装备进行，确保进入人员不受生物污染。

（2）高生物安全风险车间防护区空调系统的空调机组送风、排风均为一用一热备（热启动备用状态）。

（3）送风系统的新风口应采取有效的防雨措施，安装防昆虫、绒毛等保护网，并易于拆卸与安装。新风口高于室外地面 2.5m 以上，且远离污染源，距离排风口大于 12m。

四、生物安全设施维护保养

维护保养分为系统性维护保养和日常性维护保养。

（一）电力供给系统

1. 系统性维护保养

建议由施工单位或专业电力公司进行系统的维护保养，一般每年春、秋两季各保养一次。高生物安全风险车间可根据实际情况进行适当调整。

2. 日常性维护保养

按规定，操作人员必须持有国家安全生产监督管理局下发的"特种作业人员电工操作证"，在电力系统经过正规培训考核并通过后，方可进行日常维护保养。检查是否有线槽脱落、线路磨损变形变色、接头接口松动现象，发现问题后应立即进行维修或更换线路。检查接地线端子是否紧固良好，以及接触器、断路器等是否因接线松动造成变色或老化。定期对配电室，配电箱进行卫生清扫，保持室内环境卫生及配电设备设施的清洁。

3. UPS 系统日常性维护保养

（1）环境温度对 UPS 电池的影响较大，环境温度过高会影响电池的使用寿命，因此需每天对房间空调进行巡视检查，发现问题及时解决。

（2）如果 UPS 系统有自动充放电控制系统，则只需做好巡视巡查，确保 UPS 自动充放电控制系统运行正常即可；若没有 UPS 自动充放电控制系统，则需要定时由专业技术人员对电池组进行充、放电，建议每 3～5 个月充、放电一次。

（二）空调系统

1. 系统性维护保养

建议由施工单位或专业公司进行系统的维护保养，制订年度维护保养计划，每年进行一次系统维护保养。高生物安全风险车间可根据实际情况进行适当调整。

2. 日常维护保养

制订日常维护保养计划，根据计划进行运行工况检查及日常维护工作，主要内容如下。

（1）检查送风、排风机组和空调机组启动有无异常；机组运行中有无震动或噪声，如电机和风机；箱体有无开焊或松动及裂痕；机械部件间有无磨损。

（2）送排风机、散热风扇、电机因长时间运行是否出现灰尘堆积、转动不同步或失衡，散热风扇与电机之间紧固的螺丝是否松动、轴承缺失润滑油等问题，迫使运行出现异常，或造成设备设施报废等情况。

（3）检查送风机组初、中、高中效过滤器是否正常。过滤器压力变化往往是由于运行时间或自然环境积尘导致阻力值变化，观察压差表数值或上位机压差变化，达初阻力值二倍时，应该对过滤器进行更换或除尘。

（4）检查送风系统的各段检修门是否关闭严密、胶条螺丝等是否有松动漏气情况，排查送排风管道的阀门是否在开启状态，是否有因震动导致的阀门自行关闭情况。

（5）检查总排风口有无异物堵塞；若有堵塞，应立即进行清除。

（6）检查送排风系统各电动密闭阀、风量调节阀执行机构是否工作正常，动作是否与监控系统显示一致。

（7）检查空调水系统、制冷系统运行是否正常，冷冻水等管路是否有外溢漏水情况。

（8）定期检查送排风机工况切换状态；如有异常，必须及时进行解决故障，以防止因常用风机发生故障而无法实现自动切换。

（9）检查配电箱内各信号线接口是否有松动，接触器、电源线是否良好，因长时间运行线路是否有变色过流情况，并定期对电线电缆接续的开关或断路器进行紧固。对变频器、上下端进行电流检测，是否有因电流不平衡造成烧毁的现象。

（10）定期对排风管道进行消毒，特别是在大规模维修前，保证消毒气体在风机动力下循环对风管进行消毒。

（11）定期由专人对生物密闭阀进行气密性打压检测，保证气密性要求。

（三）空压系统

1. 系统性维护保养

建议由厂家或专业公司进行系统的维护保养，制订年度维护保养计划，每年进行一次系统维护保养。高生物安全风险车间可根据实际情况进行适当调整。

2. 日常性维护保养

制订日常维护保养计划，根据计划进行运行工况检查及日常维护工作。
（1）检查空压机进气过滤网，对过滤网进行清洁或更换。
（2）检查储气罐自动排液阀是否工作正常。
（3）检查空气过滤器、前置过滤器、油过滤器的自动排液阀是否正常工作。
（4）检查空压机管路、送气管路是否有漏气的情况。

第六节　高生物安全风险生产设备

生物安全防护设备是构成高生物安全风险车间的基本要素，也是实现车间生物安全的必备条件。保证各种生物安全防护设备的良好运行，是高生物安全风险车间生物安全防护工作顺利进行的重要保障。

一、隔离器

（一）隔离器性能指标要求

隔离器通常由四大部分组成，即控制系统、主箱体、灭菌系统、空气过滤系统。隔离器基本结构如图25-1所示。

（1）主箱体为无菌生产的主要操作区，隔离器腔体对其所在防护区保持负压（通常主腔体压力−40±5Pa，传递舱压力−20±5Pa）。隔离器设有监控及报警措施，同时配置在线粒子监测装置和微生物采样装置，用于无菌生产过程中对隔离器内部环境的监控。

（2）主箱体通常设计有主腔体门、传递舱门、传递舱与主腔体之间的传递门，当传递门打开时，主腔体门和传递舱玻璃门均不得开启。在主箱体上要有快速传递接口（rapid transfer port，RTP），它是隔离器与移动容器对接的一种接口，可起到将感染性物质从一个控制区域通过安全区转移到另一个控制区域的作用。

（3）灭菌系统。隔离器灭菌通常是采用汽化过氧化氢（vaporized hydrogen peroxide，VHP）灭菌剂来进行，VHP为物品表面消毒剂，因此在装载物品时，物料表面应尽可能减少重叠。

（4）空气过滤系统。隔离器需安装独立的空调系统，送风需经初、中、高效过滤器过滤，送风风管使用镀锌管等普通材料即可。排风需经双级BIBO（袋进袋出）处理后排放，排风风管需使用不锈钢材质。

（二）隔离器使用操作要求

（1）使用前需确保手套完好。

（2）传递舱与操作舱需保持压力梯度。

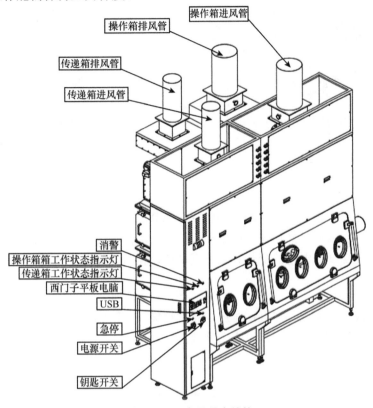

图 25-1　隔离器基本结构

（3）若使用 RTP 桶进行危险废物的传递，RTP 桶上应带有过滤器。

（4）隔离器腔体内采用全新风系统，不得采用循环气流。隔离器的启停（故障）对房间应无影响。

（5）BIBO 内高效空气过滤器应能原位消毒和检漏。

二、罐类生产设备

（1）高生物安全风险车间使用的罐类生产设备的特别之处在于尾气的处理要求。通常采用 0.22μm 孔径的双级除菌滤芯进行过滤后，再经双级 BIBO 或火焰焚烧器处理。采用何种处理措施应经风险评估决定。除菌滤芯及双级 BIBO 应能原位消毒。

（2）罐类生产设备的管道、阀门及传感器等不应设置于技术夹层；在液体转移过程中，管道需采用不锈钢管满焊连接，保证整个转液管道无卡盘接口，防止泄漏。所有穿墙管道必须经穿墙密闭器连接后方可离开防护区。

（3）罐类生产设备 CIP 清洗用水不能循环使用，建议设计独立的 CIP 清洗站点。

（4）罐类生产设备自身应具有高压灭菌功能，生产过程中产生的废水应收集至活毒废水处理系统中，经处理后进行安全排放。

（5）罐类生产设备应有大规模泄漏的意外防范措施。需要在罐体下方液体易发生泄漏的位置设置滴液报警线，并在整个罐群周围设置拦水装置，对可能发生泄漏的液体进行围挡，见图 25-2～图 25-4。

图 25-2　滴液报警线

图 25-3　围堰图

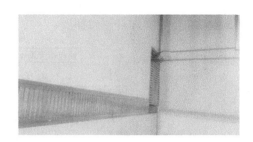
图 25-4　排水沟、集水坑

三、生物安全型压力蒸汽灭菌器

（一）安装特点

生物安全型蒸汽灭菌器主体安装在易维护的区域，在其主体的周边焊接密封的隔离板，在建筑的隔离墙开口处周边预埋不锈钢金属框，然后在金属框与灭菌器的隔离板之间用硅胶板连接，且硅胶板用不锈钢压板紧密压合，隔离板能够随着温度的变化和设备震动自动调节，保证了密封的稳定、可靠、安全。

（二）冷凝水处理

程序运行过程中形成的冷凝水不能直接排放，通常收集于灭菌室内底部，待到达一定温度和时间后冷凝水排出，保证了冷凝水达到灭菌要求，可安全排放。

（三）废气处理

废气排放均经两个串联的 0.22μm 生物滤膜过滤后排放，过滤过程中产生的冷凝水流回内室，不排出室外。保证排出的空气中病原微生物达到"零排放"，不向环境中泄漏任何生物因子。

（四）门密封防泄漏系统（气包延迟保压装置）

当压缩空气供应出现故障时，备用气包启用，腔室维持密封状态，防止病原微生物泄漏。

（五）爆破片+安全阀组合

爆破片保证安全压力下安全装置无泄漏。安全阀带安全泄放口，通过外接管道，发生泄压时不直接污染空间环境。

（六）仪器与仪表

灭菌室压力表采用隔膜型。

四、传递窗

高生物安全风险车间多选用汽化过氧化氢传递窗（VHP 传递窗）。《疫苗生产车间生物安全通用要求》（国卫办科教函〔2020〕483 号）中规定传递窗应具备对传递窗内物品进行消毒灭菌的条件，且经过验证。其性能及检测应满足 JG/T 382—2012《传递窗》中的要求。该设备结构如图 25-5 所示，主要组成部分如下。

（一）主体

包括灭菌腔、回风管路、新风管路、排风管路、整体框架等。

（二）密封门

包括双扉门、密封系统、互锁系统等。

（三）VHP 发生器

包括 VHP 发生器及其管路系统。

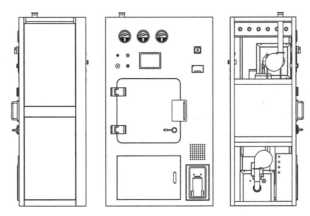

图 25-5 VHP 传递窗设备结构示意图

（四）空气过滤循环系统

包括新风过滤器、排风过滤器、循环管路及其控制阀门。《疫苗生产车间生物安全通用要求》（国卫办科教函〔2020〕483 号）中指出传递窗承压能力及密闭性应符合所在区域的要求。必要时，应设置具备送、排风或自净化功能的传递窗，排风应经高效空气过滤器过滤后排出；传递窗如设置排风时，排风应经过两级高效过滤装置后排出。

（五）排残系统

包括排风风机及其管路系统。

（六）控制系统

包括电控箱、操作面板、各种仪表及传感器等。

（七）传递窗使用操作规范

（1）在灭菌过程中一般要求使用高浓度过氧化氢（30%～35%，分析纯），因此在操作该溶液时需要注意防护。

（2）装载方式需要经过验证。

五、活毒废水处理系统

废水灭活处理设备一般采用序批式活毒废水处理，也有采用连续式活毒废水处理。目前，我国高生物安全风险车间废水处理系统大多数为序批式活毒废水处理，进口设备有美国、德国等国家的产品，国内有武汉中欣、江苏泰州等地产品。

（一）活毒废水处理系统配置及安装要求

（1）所有材料应能耐磨损，能经受气体、液体、清洁剂、消毒剂的腐蚀；材料结构稳定，有足够的强度，具有防火耐潮能力；与灭菌废水接触的部件建议选用 316L 不锈钢，设备支架等其余部件最低标准为 304 不锈钢。

（2）罐内气体应经高效过滤器过滤后排出；过滤器滤除直径 0.3μm 以上微粒的滤除效率不低于 99.999%，过滤器及部件易于安装；过滤器可在线消毒灭菌，可安全更换。

（3）冷却循环（热交换）单元适用时应具备冷却循环功能，排水温度低于 60℃；处理后的废水排放符合国家相关标准。

（4）自动控制功能具备手动和自动操作方式；宜具有远程监控功能。

（5）灭菌效果生物检测采用指示菌管（片）检测装置或在排放口处设置取样阀，可以随时取样检测，验证废水的灭活效果。

（二）活毒废水处理系统使用操作规范

（1）每日工作前确认系统运行正常、能源正常，系统自动运行期间定时观察各罐压力、液位、温度等。视情况采取手动操作，手动点开气动阀。

（2）定期进行各罐体保压测试，保压前各罐液位灭菌后排空至最低可行液位；确保保压测试合格。

（3）定期对灭活罐进行取样，确认活毒废水灭活效果。

（4）定期对各罐滤芯进行完整型测试操作，更换中不能有新的废水进入收集罐；应事先与使用人员确认方可操作。

六、生物安全柜

适用于高生物安全风险车间中间品检定过程，分为Ⅰ、Ⅱ、Ⅲ级，可适用于不同生物安全等级媒质的操作，其性能指标要求与实验室相同。

七、气/汽体消毒设备

（一）气/汽体消毒设备消毒方式

主要有两种方式，即过氧化氢干雾法消毒和过氧化氢闪蒸法消毒。

干雾灭菌系统使用电动马达，吸入空气，在喷头内给空气足够大的动能，让气体高速与消毒液碰撞产生直径小于1μm的液滴来进行空间扩散及穿透空气过滤器，对平时无法擦拭的死角进行灭菌。过氧化氢具有一定的腐蚀性，浓度越高腐蚀性越大。其消毒原理如图25-6所示。

闪蒸灭菌是经闪蒸作用后产生的高温（50～70℃）过氧化氢蒸汽不断被发生器喷射出来，直至达到空间内过氧化氢蒸汽饱和状态（称之为"凝露点"），高温饱和过氧化氢蒸汽接触到较冷的被消毒物品表面会达到微冷凝状态，在各种微生物等表面形成微米级的包围层，过氧化氢分子会释放出强氧化性的自由基，对各种微生物进行杀灭。其消毒原理如图25-7所示。

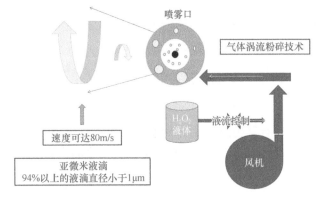

图25-6　过氧化氢干雾法消毒原理图　　　　　　图25-7　过氧化氢闪蒸法消毒原理图

（二）配置及安装要求

设备易移动，安装简单，操作简单维护成本低，使用方便。

八、正压头罩消毒舱

正压头罩消毒舱主要由发生器、高效空气过滤循环系统、控制系统及主体框架组成。设备灭菌及通风净化过程采用全自动控制，将污染正压头罩放入设备内部，启动消毒程序，设备自动按消毒、除残、通风净化流程进行，并且时间可设定。承压能力及密闭性应符合所在区域要求，排风应经过两级高效过滤器过滤后排出。

正压头罩消毒舱使用操作规范：①开启灭菌前应确认排风管道阀门为开启状态；②消毒舱腔体内采用

全新风系统，不得采用循环气流。正压头罩消毒舱的启停（故障）对房间应无影响。

九、个体防护装备

高生物安全风险车间个体防护装备主要包括头部防护、眼防护、面防护、听力防护、躯体防护、手部防护、足部防护、皮肤防护装备等。本节主要介绍正压头罩及强制淋浴。

（一）正压头罩

电动过滤呼吸防护通风头罩（简称"正压头罩"）由头罩、风管、电动过滤送风装置构成，主要用于高生物安全风险车间和其他需要呼吸防护时使用，是呼吸防护的主要个人防护装备之一。

正压头罩使用操作规范如下：

（1）使用前检查设备是否完好无损、安装是否正确；

（2）使用前检查电池电量是否充足、是否有备用电池；

（3）根据产品使用说明书要求使用流量指示管对电动过滤送风装置进行流量检查，流量合格方可佩戴；

（4）正压头罩使用后需进行消毒，用消毒液喷洒头罩，用消毒纸巾擦拭主机。定期使用正压头罩消毒舱进行过氧化氢熏蒸消毒。

（二）强制淋浴

强淋（强制淋浴）是专门用于人员离开高生物安全风险车间核心区域时，为确保人员将病原微生物带出防护区域而采取的强制淋浴措施。强制淋浴系统具有自动化程度高、隔离能力强、注重工作人员舒适度、EHS 等特点。

强淋设备在待机状态下，两侧门均不能正常打开；触摸屏一侧防水门绿色指示灯亮起，表示现在系统可以进行淋浴；出口处防水门两侧红色指示灯亮起，表示门不能被打开。

十、高生物安全风险生产设备检测、验证与评估

目前没有关于高生物安全风险车间高生物安全风险生产设备检测、验证与评估的国家标准，通常参照 GB19489—2008《实验室　生物安全通用要求》和 GB50346—2011《生物安全实验室建筑技术规范》中对生物安全实验室设备的要求执行，定期对生产设备进行检测和验证，以确保其安全可靠。

（1）隔离器需要进行隔离器综合性能检测，主要包括截面风速、静压差、洁净度、手套连接口气流流向、高效过滤器检漏（送风高效过滤器和排风高效过滤器）等检测项目。

（2）罐类生产设备需要进行设备保压验证、空罐灭菌效果验证、实罐灭菌效果验证、空气过滤器灭菌效果验证、支路管道及取样口灭菌效果验证、罐与隔离器连接管道的灭菌效果验证、罐与罐连接管道的灭菌效果验证等验证项目。

（3）生物安全型压力蒸汽灭菌器需要进行腔体抽真空验证、BD 验证、空载热分布验证、满载热分布验证、空载灭菌效果验证、满载灭菌效果验证、空气过滤器灭菌效果验证等验证项目。

（4）传递窗需要进行综合性能检测，主要包括腔体气密性检测、排风高效过滤单元和下游排风机及生物密闭阀上游排风管气密性负压工况检测、排风高效过滤单元及排风系统气密性检测、高效过滤器检漏等检测项目。

（5）活毒废液处理系统需要进行设备保压验证、空罐灭菌效果验证、实罐灭菌效果验证、空气过滤器灭菌效果验证、支路管道及取样口灭菌效果验证等验证项目。

（6）气/汽体消毒设备需要进行空间消毒效果验证。

（7）个体防护设备需要进行综合性能检测，主要包括外观及配置检测、送风风量检测、高效过滤器过滤效率检测、噪声检测、连续工作时间检测、低电量报警功能检测等检测项目。

（8）正压头罩消毒舱需要进行综合性能检测，主要包括腔体气密性检测、腔体负压工况检测、高效过滤器检漏（送风高效过滤器和排风高效过滤器）等检测项目。

（9）生物安全柜需要进行综合性能检测，主要包括截面风速、气流流向、洁净度、噪声、照度、高效过滤器检漏（送风高效过滤器和排风高效过滤器）等检测项目。

第七节　车间安全管理体系文件

一、建立安全管理体系文件的目的

为规范生物安全风险车间的所有活动，应规定如何建立完善的生物安全管理体系文件，使利用高致病性病原微生物生产疫苗和检定等各项工作在规范的生物安全保证体系下运行。

二、安全管理体系文件的范围

生物安全文件体系适用于高生物安全风险车间生物安全管理体系文件的建立及管理。生物安全委员会需将所有的管理要求文件化，以确保高生物安全风险疫苗生产、检定工作的生物安全。

三、安全管理体系文件的编制

生物安全管理体系的建立与运行是一项综合管理工作，其中生物安全管理体系文件是重中之重。

高生物安全风险车间生物安全管理体系文件通常采用四级文件构成，包括生物安全管理手册（一级）、管理类文件（二级）、标准操作规程（三级）和记录表格（四级）。生物安全委员会负责组织生物安全管理体系文件的审批。

《生物安全管理手册》应明确生物安全管理的方针和目标，对组织结构、人员岗位及职责、安全及安保要求、安全管理体系、体系文件架构等进行规定和描述。安全要求不能低于国家和地方的相关规定及标准的要求。

管理类文件至少应明确规定实施具体安全要求的责任部门、责任范围、工作流程及责任人、任务安排及对操作人员能力的要求、与其他责任部门的关系、应使用的工作文件等；应满足高生物安全风险车间实施所有安全要求和管理要求的需要，工作流程清晰，各项职责得到落实。

标准操作规程应详细说明使用者的权限及资格要求、潜在危险告知、设施设备的功能、活动目的和具体操作步骤、防护和安全操作方法、应急措施、文件制定的依据等。任何新技术在使用前应经过充分验证，适用时，应得到国家相关主管部门的批准。

生产单位应制定适于高生物安全风险车间现场工作人员快速使用的《安全手册》，应要求所有员工阅读《安全手册》并对每位员工进行相关培训。《安全手册》在工作区随时可供使用；应简明、易懂、易读；生物安全委员会应至少每年对《安全手册》进行评审和更新。

应明确规定对高生物安全风险车间活动进行记录的要求，所有记录应易于阅读，便于检索；涉及高生物安全风险车间的生产、检定记录保存期限应至少保存 20 年以上。

车间及相关设施用于标示危险区、警示、指示、证明等的图文标识是管理体系文件的一部分，高生物安全风险车间入口处应有标识，明确说明生物防护级别、操作的致病因子、车间负责人姓名、车间生物安全负责人姓名、紧急联系方式和国际通用的生物危险符号；适用时，应同时注明其他危险。

四、安全管理体系文件的控制

文件控制是指对所有呈现各种载体、形式的文件的编制、评审、批准、发放、接收、使用、更新、更改、再批准、标识、保护、回收、作废、处置等过程的管理。文件的载体形式可以是书面的、电子的、照片、图片等。

企业应对所有安全管理体系文件进行控制，及时撤除生产/检定活动区域及相关场所的废旧文件，更换最新的、有效的版本，确保高生物安全风险车间人员使用现行有效的文件。应将每一受控文件的复件存档，并规定其保存期限。定期评审生物安全管理文件，应有相应程序管理保存在计算机系统中的文件，以保证存储在计算机系统中的文件安全、有效，不被误用。

单位应对安全管理体系记录进行控制；确保符合国家和地方的法规或标准的要求；所有记录应易于阅读，便于检索；涉及高生物安全风险车间的生产、检定记录保存期限应至少保存 20 年以上。

第八节　车间生物安全运行管理

2020 年，国家卫生健康委员会、科技部、工业和信息化部、国家市场监管总局、国家药监局制定了《疫苗生产车间生物安全通用要求》（国卫办科教函〔2020〕483 号），推进高生物安全风险车间建设、审批及运行。目前，国内多个疫苗生产企业建设高生物安全风险疫苗生产车间，为传染病的防控提供重要支撑和保障，全面保障国家战略安全。

一、车间生物安全运行机制

高生物安全风险车间的运行，需要同时做好生物安全管理和 GMP 管理，既要保护好人员，也要保护好产品。因此，确保人员资质、做好人员管理，是保障车间安全运行的必要条件。

（一）生物安全管理机构与人员

1. 生物安全管理机构设置

车间生物安全管理的核心是生物安全管理机构，建立健全生物安全管理机构是做好车间生物安全运行的有力保障。结合《中华人民共和国生物安全法》以及《实验室生物安全通用要求》等法律法规的要求，生物安全管理机构主要包括生物安全委员会、生物安全专家委员会以及生物安全管理部门等，保障车间安全、有序运行。

1）生物安全委员会

目前各企业广泛采取的是法人负责的生物安全委员会管理模式，生物安全委员会为生物安全管理方面的最高管理机构，主要负责生物安全管理体系的建立、评估、运行、审核、批准和执行监督。

根据目前法规规定，生物安全委员会的成员至少包括生物安全委员会主任、生物安全负责人、质量管理负责人、生产管理负责人、车间负责人、设施设备管理负责人。企业法人为生物安全委员会主任，和企业主要负责人全面负责公司疫苗生产中的生物安全，为高生物安全风险车间及安全管理体系的最终负责人。车间负责人应为生物安全委员会中有职权的成员，需要对车间活动和进入车间人员的生物安全负责，也是车间生物安全的第一责任人。生物安全负责人主要负责生物安全管理事宜，当发现存在生物安全隐患时，有立即叫停车间相关生产活动的权限。

2）生物安全专家委员会

车间生物安全涉及生物、工程、生产以及质量等多学科的专业知识，可根据企业实际运行情况，设立生物安全管理工作的咨询机构，即生物安全专家委员会。生物安全专家委员应由生物安全或相关领域富有经验的人员担任，注重专业性。与生物安全委员会不同，生物安全专家委员会成员不局限于本企业内部人员，可外聘专家。

3）生物安全管理部门

在建立高生物安全风险车间之前，国内使用病原微生物生产药品的生产车间，生物安全意识比较薄弱，生物安全管理相关规定不够完善，也未设置没有独立的部门或转门的人员进行车间的生物安全管理。随着《中华人民共和国生物安全法》等法律法规的颁布，企业生物安全意识普遍提升，纷纷把生物安全管理提高到企业重点任务层面，因此生物安全管理部门应运而生。其职责主要是负责落实生物安全委员会的决议，实施和监督生物安全体系的运行。

2. 人员岗位设置

根据高生物安全风险车间的性质，车间一般需配备的人员主要包括生物安全管理人员、生物安全监控人员、生产操作人员、检定人员以及工程运维人员等。各岗位人员的配备需要与车间活动和规模相适应。

（二）人员培训

任何生物安全管理的有效性最终取决于人员的培训、能力、可靠性和完整性。通过人员的培训、考核与评估，培养有能力且具有安全意识的车间人员，使其充分了解如何识别和控制生物安全风险，这对车间相关感染或其他事件的预防至关重要。

1. 人员培训要求

由于各个岗位所存在的生物安全风险水平有差异，车间应根据人员的岗位和风险评估的结果，如管理人员、操作人员及其他相关人员，制订合适的培训计划，确保其培训要求与其风险相适应。企业的培训计划应包括上岗培训和持续培训，从事高致病性病原微生物活动的人员应每半年进行一次培训，非直接从事高致病性病原微生物活动的人员可根据风险评估的结果适当降低培训频率。培训施行过程中应注意，每次培训应有完善的记录，并及时将培训记录归档保存。

2. 人员考核与评估

培训应有助于人员了解岗位存在的危害及风险，并理解车间所采取具体生物安全措施的理由。考核与评估是确认培训效果的主要途径之一，关注培训对象在接受培训后的实际工作中意识和行为的改善，才是培训的意义之所在。

1）人员培训考核

通过对人员进行考核，确认培训效果和人员资质。除上岗培训考核外，还需要定期对人员进行考核，持续确认车间相关人员具备从事相关工作的能力，这对车间的安全有序运行是非常有必要的。

2）培训效果评估

除了对培训对象的考核之外，还需要对培训内容、培训方式、培训讲师以及培训效果等方面进行评估。若培训效果评估结果不理想，可根据培训效果调整培训项目。通过培训效果评估，优化人员培训的流程，确保达到培训预期的效果。

（三）人员管理及要求

车间生物安全管理，归根结底是人员的管理，确保日常工作流程和程序由行为可靠且值得信赖的人员执行，才能最大限度地避免人为原因导致的生物安全风险。除车间人员外，还必须建立访客和其他外部人员的车间准入申请和批准流程，以满足外部访问需求。

1. 个人责任

车间安全也是所有管理者和工作人员的职责，每个人都应熟知岗位职责和生物安全相关规定并严格遵照执行，承担个人生物安全等责任，从而确保不伤害自己、不伤害别人、保护自己不受别人伤害、保护别人不受伤害。

为了进一步降低人员的风险，可对进入高生物安全风险车间的人员进行背景调查，背景调查即通过合法的调查途径及调查方法，了解人员的个人基本信息，形成对被调查人员的综合评价，为企业人员决策提供有效的参考依据。

通过明确车间相关人员管理要求和生物安全个人责任，加强人员行为管理，从而确保高生物安全风险车间人员行为的公正性和独立性，保障车间安全有效运行。

2. 健康管理

高生物安全风险车间相关人员工作中可能存在感染或其他风险，因此企业有义务为工作人员提供一个安全的工作环境，包括安全的环境、防护措施（如适当的个人防护用品、接种疫苗）和员工健康状况的监测，以便在影响员工的安全和健康时采取适当措施，并合理安排人员的工作量和工作时间以保障人员的健康。

（四）车间监控管理

高生物安全风险车间较传统的疫苗生产车间，其生物安全风险性更大，车间设施设备更为复杂，操作人员资质要求更高。因此，为有效加强人员及车间的安全保障，对高生物安全风险车间的监控要求更高。

在车间外围应设有视频监控系统和电子围挡报警系统，用于建筑外围的安全防卫。车间外围岗亭、车间防护区、主要工艺房间、监控室及重要设备机房的门均需有人脸识别门禁系统，在防护区的关键部位应设置视频摄像机，可实时监视并录制车间活动情况，保证只有获得授权的人员才能进入。车间报警系统，应能对环境控制指标和工艺设备故障进行报警。

通过对车间内设施设备运行状态、人员活动等车间运行情况进行实时监控和记录，由中央监控室的监控人员进行实时监控和确认，从而监督和确保疫苗生产、检定、工程运维等活动符合生物安全要求。

二、车间生物安全运行体系

建立有效运行的生物安全运行体系，是车间生物安全运行的基本保障。通过体系的完善，可规范车间的运行，降低生物安全风险，确保人员安全。

（一）安全管理

为规范车间生物安全管理，需科学合理地制订生物安全工作计划，规范高生物安全风险车间及相关设施生物安全检查工作，从而及时有效地消除生物安全事故隐患。

1. 安全计划

安全计划是生物安全管理的重要活动，基本涵盖车间生物安全工作的全部内容。一项全面的安全计划涉及车间安全目标、车间活动安排、人员健康、人员适用性和可靠性、设施设备、安全管理与安全控制、事件和应急响应，以及持续改进等内容。

1）安全计划的制订

安全计划的制订原则上为每年一次，由生物安全负责人根据各相关部门的工作内容，结合车间的工作任务和企业生物安全管理目标来系统制订，经过企业生物安全委员会的审核与批准后生效。

2）安全计划的实施和确认

各相关部门需要按照安全计划实施本部门职责相关的工作计划，并做好相关记录。生物安全管理部门可定期对安全计划的实施情况进行效果评价，确保生物安全各项工作规范开展、有效落实。

2. 生物安全检查

生物安全检查是加强车间人员及相关设施的生物安全管理，及时有效消除生物安全事故隐患的有效措施，可以认为生物安全检查是为控制车间生物安全风险而建立的内部工作和监督机制。

1）生物安全检查的要求

根据相关法规要求，每年应至少根据生物安全管理体系的要求系统性地检查一次，且外部的评审活动不能代替车间的自我安全检查。可根据风险评估报告确定检查频率，即对某一个或几个关键控制点进行重点检查，从而对车间生物安全运行状况进行适时确认。

2）生物安全检查的实施

生物安全委员会应当参与生物安全检查工作，为保证检查工作的正确实施和检查质量，应在检查前制定核查表，核查表应根据检查的不同区域来制定。

检查人员在检查过程中应对结果进行记录，对检查发现的不符合项，应请被检查方共同确认，以保证问题被完全理解并可有效整改。

（二）安全控制

在车间运行过程中，企业应当确保所有相关人员正确执行车间生物安全的各项规程，防止发生不符合项。但由于不符合项的发生不可避免，因此需对不符合项或者安全隐患进行纠正和预防，并采取有效措施防止类似不符合项的再次发生，从而实现对车间生物安全的有效控制。

1. 不符合项

对于生物安全管理体系活动，当其管理或技术活动没有满足要求时，则称为不符合项。

1）不符合项的分类

根据不符合项产生的原因，车间不符合项通常包括以下三种类型：①体系性不符合项；②实施性不符合项；③效果性不符合项。

另外，根据不符合项对车间能力和管理体系运作的影响，将不符合项分为一般不符合项和严重不符合项。

2）不符合项的分析与处理

任何人发现有不符合项后，应立即报告，生物安全负责人立即组织对不符合项进行初步危害评估并做出紧急处置。如果不符合项经评估为严重不符合项，应立即终止生产、检定及维修等活动，封闭现场，启动生物安全应急预案，彻底调查。

2. 纠正措施和预防措施

确定不符合项发生的原因后，需要对不符合项或安全隐患进行纠正，并采取有效纠正措施防止已有不符合项的再次发生，进而通过采取预防措施防止因不符合项原因导致的其他潜在的不符合项或安全隐患的发生。

纠正措施和预防措施的制定应考虑从根本上消除不符合的原因、防止问题的再次发生，同时兼顾全面、有效、经济、快捷、合理的原则。生物安全负责人应对纠正措施和预防措施进行分析和评估，以确保纠正预防措施的实施及时、有效，确保不再产生生物安全风险影响。

（三）持续改进

生物安全管理体系运行过程中，需要通过组织内部审核以及管理评审来促进管理体系有效性的持续改进，从而实现生物安全管理方针和目标。

1. 内部审核

内部审核有时也称为第一方审核，由企业或以企业的名义进行，审核的对象是企业的生物安全管理体系，验证企业的生物安全管理体系是否持续符合所确定的计划安排和管理体系的要求并且正在运行，以证实管理体系的运作持续符合要求。

1）内部审核的要求

每年至少组织一次车间的内部审核，审核内容要求覆盖安全管理体系的所有要求和部门，出现异常情况或事故时可根据需要组织附加内部审核。

内审员对其所审核的活动应具备充分的技术知识，并专门接受过审核技巧和审核过程方面的培训。同时，应注意内审员不宜审核自己所从事的活动或自己直接负责的工作，以确保内部审核的客观性、公正性和有效性。

2）内部审核的实施

可基于风险分析的结果制订审核计划，包括内部审核的目的、范围、频次和方法，同时结合以前审核所发现的问题。可根据被审核要素委派审核组长和内审员，内审员在实施审核前根据需审核的关键问题编制审核表。

内审员按照审核表进行现场审核，如实记录被审核的现状。审核结束后，确定不符合项，编制最终内部审核报告，并进行跟踪审核。跟踪审核是内部审核活动的延续，其工作一般由原审核人员进行，也可视具体情况指定人员进行。

2. 管理评审

管理评审就是车间最高管理者为评价生物安全管理体系的适宜性、充分性和有效性所进行的活动。通过管理评审总结生物安全管理体系的运行状态，并找出与预期目标的差距，同时还应考虑任何可能改进的机会，从而找出自身的改进方向，确保生物安全管理体系能够持续改进和提升。

应每年对生物安全管理体系进行一次管理评审，可通过管理评审会议，报告生物安全管理体系运行情况。参加评审人员对评审输入作出评价，提出管理体系中仍需改进的事项以及改进建议。

管理者应当负责确保评审所产生的措施，按照要求在适当和约定的日程内得以实施，并对其有效性和适应性进行评估，作为制定下年度工作目标、编制管理评审计划依据之一。

三、车间的运行管理的探讨

与传统实验室相比，高生物安全风险车间属于新生事物，需要同时兼顾生物安全和药品生产质量管理规范（GMP）的要求，其运行经验尚在积累中。目前，车间生物安全管理体系及标准规范尚未完善，我国虽然制定了许多生物安全相关的法律法规和条例，但其中大部分都只是宏观的指导和规定，且适用对象主要是实验室，而对于车间的日常管理运行和管理流程以及相应的规范性要求较少。

车间的生物安全管理制度主要规定了相关人员的职责、工作内容和工作流程，是车间生物安全运行工作的基础和依据，而生物安全运行管理的完善需要制度的制定者和执行者共同努力。因此，做好高生物安全风险车间的运行管理仍有待进一步的摸索和探讨。

第九节　人员防护管理

在人用疫苗高生物安全风险车间中，涉及高致病性病原微生物的菌（毒）种或样本培养、储存、检验、工程运维等工作内容是高生物安全风险主要来源，需重点防控管理，参与上述工作内容的操作人员是生物安全重点防护群体。为保护重点防护群体不受操作对象侵染、满足个体防护需求，车间应制定个体防护要求，包括标准和规范、种类和发展、材料和原理、各类个体防护装备的使用及管理要求，使车间个体防护管理合理、规范。

一、高生物安全风险车间个体防护要求

（一）个体防护标准和规范

个体防护用品应符合国家规定的有关标准和相关卫生组织指导意见，在危害评估和风险评估的基础上，按不同级别生物安全风险的要求选择适当的个体防护装备。高生物安全风险车间常见个体防护装备有防护服、一次性医用手套、防护鞋、安全护目镜、N95口罩和呼吸器。关键个体防护装备通常包括正压防护头罩、医用防护口罩、防护服等，均需要参考相关国家标准和WHO指导意见执行，如GB 39800—2020《个体防护装备配备规范》、GB 19082—2009《医用一次性防护服技术要求》、GB 19083—2010《医用防护口罩技术要求》、GB 10213—2006《一次性使用医用橡胶检查手套》，以及 *Personal Protective Equipment*（WHO，2020）。

（二）个体防护装备分类

个体防护装备是指用于保护员工防御物理、化学、生物等有害因素而配备的个体随身穿戴用品。近年来，因高致病性病原微生物导致的疫情，生物安全个体防护装备受到广泛关注，车间对个体防护装备也愈发重视。

结合个体防护装备的防护部位、防护功能，将个体防护装备分为眼面部防护装备、头部防护装备等 8个部分，见表25-2。

二、个体防护装备的管理要求

（一）防护装备与材料管理程序

企业应制定防护装备与材料管理程序，规范生物安全防护装备和材料管理流程，应对防护材料的供应

商进行资质审核。审核内容应包括供应商合法有效的生产资质、销售资质、产品质量、生产能力、供应能力、储存条件、运输条件、售后服务等，确保合格供应商能满足企业和车间的要求。

表 25-2 常见个体防护装备的分类、作用及特征

防护分类	个体防护装备类别	避免的危害	安全性特征
眼面部防护	安全镜和护目镜	碰撞和喷溅	防碰撞镜片（具备视力校正） 侧面有护罩
头部防护	正压防护头罩、防护面屏、一次性面屏、一次性防护帽	喷溅	罩住整个面部 发生意外时易于穿脱
呼吸防护	一次性 N95 口罩、个人呼吸器、正压防护服	喷溅	
手部防护	一次性医用手套、耐高低温手套、隔离器手套	划破、低温冻伤、直接接触微生物	乳胶或乙烯树脂材质 保护手部 耐高低温
身体防护	一次性内衣裤、连体衣、一次性防护服	污染衣服	
足部防护	鞋套、靴套、专用鞋	碰撞和喷溅	
听力防护	听力保护器	听力损伤	御寒防噪耳罩、一次性防噪耳塞
坠落防护	安全带、登高梯	坠落伤害	

（二）防护装备的储存

企业应按要求制定防护装备采购和暂存办法。暂存的防护装备应根据物料规定的储存条件暂存于特定区域，保持环境温度和湿度相对恒定。储存的防护装备和材料发放应遵循先进先出、近有效期先出的原则。个体防护装备开袋（箱）使用后剩余物料应还原为密封状态，已开袋（箱）物料应先于未开袋物料使用；应在有效期内使用完毕，避免因保存不当导致防护装备防护性能降低。

三、个体防护装备的使用与管理

高生物安全风险车间常见个体防护装备有防护服、一次性医用手套、防护鞋、安全护目镜、N95 口罩和呼吸器。关键个体防护装备通常包括正压防护头罩、医用防护口罩、防护服等。

（一）正压防护头罩

正压防护头罩，全称为电动过滤呼吸防护通风头罩，主要在高等级生物安全实验室和车间以及其他需要呼吸防护时使用，由头罩和过滤送风装置（以下简称"风机组件"）构成，包括头罩、呼吸软管、密封环、鼓风机、电池，以及正压防护头罩消毒舱。

1. 使用前检查

检查正压防护头罩、呼吸软管和密封环等组件磨损与老化情况，关注过滤器、电池与风机组件安装或接触情况、电池剩余电量等。

2. 正压防护头罩穿戴

呼吸软管连接到风机组件后，应确认其安装牢固。启动风机后，应确认头罩整体无明显漏气现象。

佩戴头罩，调整头罩视窗、呼吸软管、正压防护头罩披肩位置。双人互相复核，穿戴无误方可进入防护区操作。

3. 正压防护头罩脱卸

退出核心工作间前，工作人员应对正压防护头罩、防护服表面进行消毒，表面消毒工作宜缓慢且兼顾全身。

进入缓冲间后，对正压防护头罩、披肩以及风机组件进行表面消毒后取下头罩，关闭风机电源，卸下风机组件。

4. 正压防护头罩维护（表 25-3）

表 25-3 正压防护头罩常见的故障及解除

故障	可能原因	故障排除
低空气流量报警	过滤器已充满污染物	更换损坏的过滤器
	呼吸软管阻塞	检查并确保过滤器呼吸软管是否阻塞或有其他
	滤芯进气孔阻塞	障碍物
呼吸接口内部空气流量低	呼吸软管断开或堵塞	确保呼吸软管两端均已连接妥当呼吸接口
内部空气流量低，但无警报	呼吸软管部分堵塞	检查呼吸软管，确保内部无堵塞物
	呼吸接口损坏	更换呼吸接口
显示屏上的警告符号持续亮起（确认没有低电量或低流量警报），系统故障	电池无法充电：电池接近使用寿命或已损坏；电池充电器发生故障	更换新电池 更换电池充电器

5. 应急情况处理

当使用正压防护头罩工作时，如果出现正压防护头罩动力辅助过滤式呼吸防护装置（RPD）损坏、呼吸软管松动或脱落，或明显感觉送风量减少（如出现呼吸困难等）、送风停止时，按正常程序离开车间防护区，相关人员应统一按疑似临床感染症状现场应急处置。

除上述异常情况，若出现其他未说明而现场人员无法解决的异常情况，立即报告中控，请相关人员技术支持和解决。

（二）防护口罩密合度检测

高生物安全风险车间常用防护口罩有 N95 型口罩，除口罩的过滤效率外，口罩与面部的密合度是决定口罩使用效果的重要因素之一。不同类型的口罩与人体面部的适合性存在着较大的差异，因此，在使用口罩前，应进行口罩的密合度检测。

1. 检测前准备

准备口罩密合度检测试剂盒，受试人员穿着个体防护装备（N95 口罩），于通风良好区域进行检测。应注意，整个测试过程中用嘴进行呼吸。

2. 敏感性检测

受试人员不戴口罩，在测试面罩内张嘴呼吸，并将舌头适当伸出。测试人员通过面罩上圆孔将敏感性检测试剂喷进面罩，记录受试者感觉到苦味时的喷雾次数。

3. 密合性检测

受试人员戴上合适的防护口罩后，戴上测试面罩，做以下 6 个规定动作，每个动作做 1min：正常呼吸、深呼吸、左右转头、上下活动头部、大声说话、正常呼吸，使用密合度检测试剂喷雾器，喷雾 15 次，询问受试者是否感觉苦味。

若受试者感觉苦味，说明口罩与受试者面部密合不好，应等候再测。受试者重新调整所佩戴的防护口罩后，进行重复密合度检测。

若再次感觉苦味，说明受试者需要其他型号或设计的口罩。若受试者没有感觉到苦味，说明口罩与受试者脸部密合度较好，可以佩戴该款口罩。

除以上示例外，目前市面上有密合度监测仪器，也可用于防护口罩密合度检测，且相对于苦味酸测试而言更为客观。

（三）防护服更衣管理

防护服是高生物安全风险操作人员防护高致病性病原微生物侵染的重要屏障，防护服的更衣管理应纳入重点监测工作。

1. 进入防护区前的准备工作

进入车间的人员应主动申报健康状况，防护区人员要求进行体温监测。人员通过正常规程穿戴洁净内衣和一更服。

2. 防护区进入更衣流程

在人流缓冲间和更衣间，逐步脱掉所有衣物，穿上内层防护服，穿戴外层手套。

口罩及防护服穿戴：将内层防护服袖子包裹；选择适合自己的 N95 口罩，佩戴口罩且使口罩贴合脸颊和鼻梁；取一次性连体防护服，从下到上穿防护服裤腿、衣袖和防护服帽子，同行人员互相检查防护服颈部、腋下、脚踝位置是否破损，并穿戴第二层手套。

正压防护头罩穿戴：每次使用前应检查正压防护头罩，之后安装组件，穿戴正压防护头罩，穿戴完成后需双人相互核对。

3. 防护区退出更衣流程

防护区工作结束后，两名及以上工作人员为一组，互相进行表面消毒，表面消毒工作宜缓慢且兼顾全身。

进入人流缓冲间，用消毒剂喷洒并取下正压防护头罩，并对头罩内部喷洒消毒。由上至下、从内向外脱掉外层防护服，脱去外层手套。

进入下一级人流缓冲间，依次脱去 N95 口罩、内层手套及内层防护服。启动强淋间操作系统，进入淋浴间淋浴。淋浴结束后，从另一侧强淋门退出，进入更衣间穿上洁净内衣及一更服，退出防护区。

（四）防护服更衣效果验证

为规范高生物安全风险工作人员正确使用个体防护装备，可以通过荧光示踪指示剂进行防护服更衣效果验证。荧光示踪剂中含有荧光染料，可吸收波长约 365nm 的紫外光，将之转换为蓝光或紫色的可见光。将示踪剂涂抹于手套、防护服等防护装备表面，根据人体运动过程中触碰部位的荧光成像来模拟受试人员在高风险活动过程中受污染的情况。

1. 检测步骤

受试人员根据人员进出防护区流程穿戴 N95 口罩、手套、防护服等个体防护装备。检测人员使用紫外手电筒照射防护服，检查防护服是否有荧光反应，排除干扰。

将荧光示踪剂按压在受试人员掌心，分别在左、右肩等处按压，模拟感染性物质附着状态。受试人员根据退更流程脱去防护服后，检测人员使用紫外手电筒对受试人员全身各部位进行照射，在有荧光反应的地方贴上标记贴纸，并保留检测记录。

2. 结果判定标准

检测人员根据检测记录判定受试人员更衣过程规范且合格。

3. 注意事项

紫外发射源为配套便携式紫外手电筒，用于现场照射显示荧光信号，从而表明荧光示踪剂（模拟污染物）的存在。使用紫外手电筒照射时，受试人员与检测人员均需佩戴防紫外护目镜，保护双方眼睛，避免紫外光线灼伤。

第十节　菌（毒）种和样本的管理

一、菌（毒）种或样本的运输

（一）菌（毒）种或样本运输的要求

1. 高致病性病原微生物菌（毒）种或样本运输的基本要求

《人间传染的病原微生物目录》（2023）中病原微生物运输包装分类为 A 类的病原微生物菌（毒）种或样本，以及疑似高致病性病原微生物菌（毒）种或样本，应按照《可感染人类的高致病性病原微生物菌（毒）种或样本运输管理规定》（卫生部令第 45 号）进行运输管理。

2. 不同区域跨度菌（毒）种或样本的运输要求

申请在省（自治区、直辖市）行政区域内运输高致病性病原微生物菌（毒）种或样本的，由省（自治区、直辖市）卫生行政部门审批。符合法定条件的，颁发《可感染人类的高致病性病原微生物菌（毒）种或样本准运证书》（以下简称《准运证书》）。

申请跨省（自治区、直辖市）运输高致病性病原微生物菌（毒）种或样本的，应当将申请材料提交运输出发地省级卫生行政部门进行初审；对符合要求的，省级卫生行政部门应当尽快出具初审意见，并将初审意见和申报材料上报卫生部审批。卫生部应当自收到申报材料后尽快作出是否批准的决定。符合法定条件的，颁发《准运证书》。

通过民航运输的，申请单位应当凭省级以上卫生行政部门或中国疾病预防控制中心核发的《准运证书》到民航等相关部门办理手续。托运人应当按照《中国民用航空危险品运输管理规定》（CCAR276）和国际民航组织文件《危险物品安全航空运输技术细则》（Doc9284 号文件）的要求，正确进行分类、包装、加标记、贴标签并提交正确填写的危险品航空运输文件，交由民用航空主管部门批准的航空承运人和机场实施运输。

我国高致病性病原微生物菌（毒）种或样本的出入境，按照卫生部和国家质检总局《关于加强医用特殊物品出入境管理卫生检疫的通知》进行管理；需要运输的，由国务院出入境检验检疫部门批准，并同时向国务院卫生主管部门通报。

（二）菌（毒）种或样本运输包装及运输人员的要求

1. 包装要求

按国际民航组织文件《危险物品安全航空运输技术细则》的分类包装要求，将相关病原和标本分为 A 类和 B 类，并有对应的联合国编号：UN2814 是对人感染的感染性物质，UN2900 是仅限动物染病的感染性物质，UN3373 为 B 级生物物质。包装标准应符合防水、防破损、防外泄、耐高温、耐高压的要求，并应当印有卫生部规定的生物危险标签、标识、运输登记表、警告用语和提示用语。

感染性及潜在感染性物质运输应使用三层包装系统：内层容器、第二层包装及外层包装。三层包装系统的示意图见图 25-8 和图 25-9。

装载菌（毒）种或样本的内层容器必须防水、防漏并贴上指示内容物的适当标签。内层容器外面要包裹足量的吸附性材料，以便内层容器打破或泄漏时，能吸收溢出的所有液体。防水、防漏的第二层包装用来包裹并保护内层容器。第三层包装用于保护第二层包装在运输过程中免受物理性损坏。

申请单位在运输前应当仔细检查容器和包装是否符合安全要求、所有容器和包装的标签及运输登记表是否完整无误、容器放置方向是否正确。

2. 菌（毒）种或样本运输人员的生物安全防护

运输高致病性病原微生物菌（毒）种或样本，应当有专人护送，运输人员不得少于两人；运输人员需经专门培训，完成相关的生物安全培训并具有相应运输资质。人员在运输过程中应采取相应的生物安全防护措施，穿戴相应的个人防护装备。菌（毒）种或样本在运输之前的包装以及送达后包装的开启应当在符合生物安全规定的场所中进行。

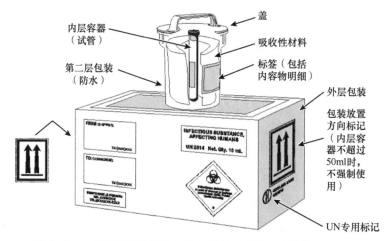

图 25-8　A 类感染性物质的包装与标签（世界卫生组织，2004）

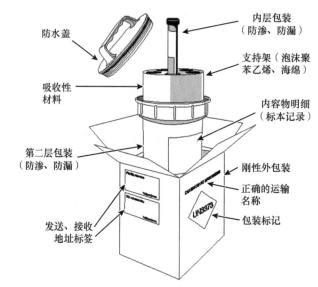

图 25-9　B 类感染性物质的包装与标签（世界卫生组织，2004）

二、车间菌（毒）种或样本的保存及使用管理

（一）高生物安全风险车间菌（毒）种的引进

车间根据需求进行菌（毒）种引进的申请，经审核批准后方可进行购买及运输。菌（毒）种运输前应根据规定向省级卫生行政部门提出申请，确保具有运输资质和能力的人员负责菌（毒）种运输，菌（毒）种的包装和运输过程应符合国家相关规定。

1. 车间内部菌（毒）种的传递

工作人员按照公司的菌（毒）种管理程序的规定进行申请审批，经审核批准后进行菌（毒）种的传递。工作人员将菌（毒）种从专用冰箱中取出，表面消毒后放入装有消毒剂转运盒，再对转运盒进行表面消毒，用推车将菌（毒）种转运至生物安全传递舱旁，打开转运盒，对菌（毒）种瓶外壁消毒，放入传递舱进行传递。接收人员核对后对菌（毒）种瓶外壁消毒，放入指定位置或在生物安全隔离器中进行分装等操作。

2. 从同厂区的实验室或其他车间引入

工作人员按照公司的菌（毒）种管理程序的规定进行申请审批，经审核批准后进行菌（毒）种转运。菌

（毒）种提供方应按照规定进行菌（毒）种的包装，确保包装完好、符合要求，应急处置包材齐备。运输过程由具备菌毒种运输资质的人员完成，护送人员不得少于两人。公司应对护送人员进行生物安全知识培训和考核，确保护送人员掌握生物安全知识和应急处置技能。车间接收菌毒种后，应在符合生物安全防护等级的场所开启包装，接收人员对菌（毒）种进行核对。运输结束后应办理移交手续，填写相应的运输记录。

3. 接收公司外部来源的菌（毒）种

按照菌（毒）种运输的相关规定执行菌（毒）种的省内、跨省运输，应保证菌（毒）种来源清晰、明确、可追溯。菌（毒）种到达公司后，应确认包装完整性，严格验收交接，按照文件规定填写相应记录。

工作人员将包装箱表面消毒后传入车间防护区，在车间防护区内打开外层包装取出次级容器，检查是否有破损溢漏，若无异常，则将表面消毒的次级容器打开取出主容器，检查是否有破损溢漏；若无异常，则将主容器表面消毒后打开，检查所附信息与发送方提供的信息是否一致。取出菌（毒）种并表面消毒后根据需要进行入库，如需进行分装和培养扩增等操作，应在符合相应生物安全防护等级的隔离防护设备内完成，人员需采取适宜的防护措施。如发现包装破损漏液，立即暂停接收工作，进行感染性物质泄漏现场应急处置。

（二）高生物安全风险车间菌（毒）种的保存与领用

引入的菌（毒）种或车间制备的工作种子库应根据菌（毒）种特性选用适宜方法和可靠的容器包装及时入库保存。应采用专库、专柜保存高致病性病原微生物菌（毒）种或样本并建立备份库，保存条件要安全可靠且符合安全和安保规定。应指定有资质的菌（毒）种管理员进行双人双锁保管。保存的菌（毒）种应贴有信息明确、完整的牢固标签，便于追溯，例如，毒种的标签应标明毒种名称、代次、批号、制备日期、每支/瓶毒种的编号等内容；严防菌（毒）种被误用盗用的风险。

菌（毒）种应在规定的储存条件下保存，需对专用保存冰箱温度进行实时监控并记录。在菌（毒）种保存期间，如发生温度超出储存条件，需要立即上报偏差，对菌（毒）种质量情况进行评估，必要时需要进行关键项目的检定检验。如评估后不能继续使用，需按照菌（毒）种销毁流程进行销毁。人用疫苗高生物安全风险车间不属于菌（毒）种保藏机构，不具备保藏菌（毒）种的资质，车间内不得保藏（已不在产的）菌（毒）种。

菌（毒）种经验收、检定合格后需备份保存，至少保存于两个不同建筑物中，备份数量根据生产工艺情况而定，要保证能够满足生产检定的需要。保存过程中或发生菌（毒）种的破损、盗抢、丢失时，菌（毒）种管理员应立即报告车间生物安全负责人，按相关规定启动相应的应急处置。

保存过程中，凡分发、取用、销毁等均应及时填写记录。在不影响菌（毒）种活性的条件下，菌（毒）种管理员应定期核对库存数量，记录核查结果。领用菌（毒）种须经审核批准，领用时，由两名菌（毒）种管理员分别开启菌毒种专用冰箱上的两把锁，领取菌（毒）种并进行复核。领取完成后，关闭冰箱上的两把锁。领用过程应有车间生物安全监控全程跟踪。

（三）高生物安全风险车间菌（毒）种的使用

1. 高生物安全风险车间菌（毒）种的制备、生产及检定

种子批的制备、检定及保存应符合现行版《中华人民共和国药典（三部）》及相关规定的要求，按照车间管理程序及标准操作规程进行具体工作。

菌（毒）种的制备应经审核批准后进行，具体流程应进行详细记录，如菌（毒）种制备过程需记录菌（毒）种制备使用原辅材料信息、生产操作（传代、取样、分装、贴标及冻存等）关键信息。

菌（毒）种的检定应按照相应质量标准进行全面检验，各项检定必须按照相应标准操作规程进行并详细填写检定记录。

2. 高生物安全风险车间菌（毒）种的销毁

车间内无保存价值的高致病性病原微生物菌（毒）种应按照流程进行销毁，并报国家或省卫生行政部

门认可。菌（毒）种销毁需确保彻底灭活，填写相关记录并在菌（毒）种保存台账上注销，写明销毁原因和时间。

3. 高生物安全风险车间感染性材料灭活及转移出车间

材料需求方制定感染性材料灭活的方法，并提出转移申请。须经车间生物安全负责人、车间负责人、生物安全负责人审批，车间操作人员负责按照审批的灭活方法进行感染性材料灭活、包装、转移等操作。应指定专人负责车间内毒种的管理、制备、运输和保存。生物安全监控人员负责监督灭活、包装、转移全过程。

高生物安全风险车间感染性材料灭活和转移出车间前，应进行生物安全风险评估，经生物安全委员会主任批准，按照车间活动管理程序进行活动的申请和批准，活动批准后可在车间内进行相关操作。

材料需求方根据使用目的，填写申请表，写明所需灭活感染性材料种类和数量、用途或必要性说明、灭活方法（灭活剂、作用浓度、作用时间等）、包装方式、拟转移时间、转移次数等信息。材料需求方应对灭活方法进行充分验证。审批通过后车间生物安全负责人指定两名工作人员进行灭活、转移操作。在进行灭活、转移操作时，应通知生物安全监控人员对全过程进行监控。

转移出车间后，应及时将灭活的感染性材料交给需求方，双方共同签署感染性材料灭活并转移出车间记录表。

第十一节　生产过程生物安全防护

由于疫苗生产车间的性质，高生物安全风险车间的人员和环境时刻面临生物安全风险，而且这些风险无法完全消除。根据风险管理的要求，需要根据车间涉及病原微生物操作的风险进行评估，对人员和环境采取必要的防护措施，从而确保车间相关活动在足够安全的条件下进行，以降低人员感染和环境污染的风险。

一、生产工艺中的生物安全防护

与传统认知上的生物安全实验室一样，车间也应根据进行的病原微生物的危害分类以及拟进行的操作，采取适当的防护级别。具体车间所采用的防护级别可以参照《人间传染的病原微生物目录》（2023）和《中华人民共和国药典（三部）》，并结合风险评估的结果来进行确定。

（一）人员生物安全防护

1. 车间进入规定

人员进入车间前，应知晓车间相关的准入要求，了解车间所存在的风险，掌握应急基本处置方法和应急逃生路线，从而了解面临的生物安全风险并进行相应的控制。具体车间准入规定如下。

（1）车间进入口处张贴国际通用的生物危险标识，注明危险因子、生物安全级别、车间负责人、生物安全负责人及紧急联系电话。

（2）进入车间开展操作和活动的人员必须经过培训并获得准入资格，且必须严格遵守车间生物安全管理的相关规定。

（3）外来人员必须获得批准后才能进入指定区域，并听从陪同人员的引导。

（4）禁儿童和孕妇进入车间。

2. 个人防护要求

个人防护一般可以认为是对其他风险控制措施的补充，因此可根据车间操作的病原微生物和活动风险评估的结果，为车间操作和活动的人员配备适当的个人防护装备。个人防护装备主要包括工作服、鞋子、手套、眼罩以及呼吸防护装置等，具体要求可参照以下标准。

（1）车间工作服：人员在车间工作时，任何时候都必须穿工作服，防护区需穿防护服，衣服材质的选择需要满足生物安全保障，并兼顾 GMP 的要求。

（2）鞋子：为了防止碰撞和液体喷溅，人员在车间工作时，必须穿着不露脚趾的鞋子。

（3）手套：车间防护区内操作，一般要求使用两层手套叠加使用，但由于戴两层手套可能会降低人员操作的灵活性，潜在地增加了暴露的可能性，因此需要对人员进行相关培训并选择合适的手套。

（4）眼部保护装置：车间内眼部保护装置包括护目镜、安全眼镜和面罩，避免因液体飞溅或气溶胶对眼睛和面部造成的危害。

（5）呼吸防护装置：呼吸防护装置主要包括口罩、正压防护头套及正压防护服等，其使用的原则和前提是佩戴者能正确使用呼吸防护装置，并且能够在佩戴呼吸防护设备时不会产生额外的风险。

（二）人员操作规范要求

人员操作规范主要是指微生物相关操作技术，规范的微生物学操作技术是车间安全的基础，可使用专门的生物安全设施设备作为补充，但是无法替代正确的操作规范。

1. 人员规范要求

（1）在车间防护区内工作时，必须穿着防护服和鞋子。

（2）在进行可能直接或意外接触到具有潜在感染性材料的操作时，应戴上合适的手套。

（3）严禁穿着防护服离开车间防护区。

（4）禁止在车间工作区域进食、饮水、吸烟、化妆和处理隐形眼镜。

（5）在车间工作的相关人员，要定期进行体检和心理健康评估。

2. 操作规范要求

（1）所有操作的原则是要尽量减少气溶胶和微小液滴形成。

（2）限制使用注射器，且注射器和针头不能用于替代移液管或用作其他用途。如果使用注射器，注射器针头用过后不应再重复使用，应将其置于专用的利器盒中。

（3）正确使用个人防护装备，个人防护装备在操作中被污染时，要立即更换后才能继续工作。

（4）出现溢洒、事故以及明显或可能暴露于感染性物质时，必须及时使用适当的消毒剂进行处理，并向车间负责人报告。

二、生产设施相关生物安全防护

在车间设施设备设计、选用和使用阶段，对可能造成安全问题的情况要加以特别关注，如气溶胶的形成、处理病原微生物的规模和浓度、车间房间的布局、人员的授权和准入，以及生产工艺流程等问题。车间设施设备要求，取决于所操作的生物因子的危害程度和风险评估的结果。不同的生物安全水平，其防护要求也不同，但在设施、设备、操作和管理等方面的要求具有累加性。

（一）车间设施设备相关要求

高生物安全风险车间必须满足《疫苗生产车间生物安全通用要求》中的相关高生物安全风险车间防护设施设备的要求，才能进行相关的生产和活动。

车间设施设备设计和布局建议应考虑以下方面。

（1）车间在建设选址的时候应充分考虑对周围的影响，最好远离公共区域。

（2）车间应为独立的建筑，车间外围应设置生物安保措施，包括外围防护、准入控制系统、监控系统、记录系统、报警系统等。

（3）防护区内围护结构的所有缝隙和贯穿处的接缝都应可靠密封，所有的门应可自动关闭。

（4）车间应有安全系统，包括消防、应急供电、应急淋浴及洗眼设施。

（二）设施设备的安全操作要求

为降低生物安全风险，车间应考虑在现有设备上使用额外的安全屏障，使用专用的安全柜装置以控制气溶胶的扩散。

1. 生物安全柜和隔离器

1）生物安全柜

生物安全柜属于半开放式操作，因此主要用于生产过程中的检定等操作量较少的操作。正确使用生物安全柜可以有效减少由于气溶胶暴露所造成的人员感染以及材料的交叉污染。

使用生物安全柜时，应考虑以下方面。

（1）根据操作内容，选择合适的生物安全柜类型。

（2）生物安全柜的安装应考虑对安全柜前面气流的影响，因此生物安全柜应位于远离人员活动、物品流动以及可能会扰乱气流的地方。

（3）操作人员操作前需进行设备操作相关培训，注意维持前面开口处气流的完整性，物品和设备的放置应注意不要阻挡生物安全柜前面的进气格栅。

（4）生物安全柜应定期进行运行性能检测，所有维修工作应该由有资质的专业人员来进行。

2）隔离器

隔离器是通过负压控制和密封性设计为物料和操作人员提供完全的屏障，提供了一种在密闭屏障内进行的风险较大的操作方式。

使用隔离器时，应考虑以下方面。

（1）隔离器腔体应对其所在防护区保持负压，隔离器的门应互锁，避免在生产过程中误操作。

（2）隔离器内物品摆放时，表面尽量减少重叠，若物料为硬表面，硬表面之间应为点、线接触，若为软表面，可采用挂钩将物品挂起。

（3）每次操作前必须进行隔离器腔体的泄漏测试，泄漏率测试合格后才可以进行后续操作。应定期检测隔离器手套的完整性。

（4）隔离器内部操作产生的物料和废弃物经专用密闭传递装置密闭传出，经高压灭菌处理后作为危险废弃物处理。

2. 罐类生产设备

车间内的罐类生产设施直接与感染性物质接触，是存在生物安全风险最大的一类设备，因此在车间运行过程中需要做好防泄漏的措施，以避免造成生物安全事故。

（1）罐类生产设备在设计上要有密闭的管道系统，用于物料的接收和传输，且应有在密闭状态下完成设备及管道的清洗灭菌的 CIP/SIP 功能。

（2）为避免使用过程中出现产品染菌及病毒泄漏污染环境，需确认罐体及管道组装的完整性及气密性。

（3）为了降低生产过程中因罐体或管道泄漏而导致大规模溢洒造成的影响，应在罐体及其管道下方设置拦水坝等截留措施。

使用和维护罐类设备的人员，必须进行生物安全和设备操作的相关培训。

3. 生物安全型压力灭菌器

车间生产过程中，多使用双扉生物安全型压力灭菌器对生产物料和生产过程中产生的废弃物进行灭菌。生物安全型压力灭菌器属于压力设备，使用过程中应注意以下内容。

（1）进行生物安全型压力灭菌器操作的人员必须进行生物安全培训和特种设备操作培训，并取得国家颁发的压力容器操作许可证后才能上岗。

（2）在人员进行生物安全型压力灭菌器操作时，需要穿戴个人防护装备。注意高温，应戴棉布手套以避免烫伤。

（3）生物安全型压力灭菌器如果为双扉，需设置为互锁，避免因误操作导致防护区与非防护区贯通。

（4）使用时，应严格按照已经过验证的参数和模式进行，并定期对压力蒸汽灭菌器灭菌性能和效果进行验证，保存灭菌的记录。

4. 传递窗

传递窗主要用于车间防护区与非防护区物品的传递，一般为双向流，可采用紫外线或者过氧化氢等消毒方式对物品进行表面消毒灭菌。使用传递窗主要注意以下几点。

（1）传递窗应具备互锁功能，避免因误操作导致防护区与非防护区贯通。

（2）传递窗承压能力及密闭性应符合所在区域的要求，具备对传递窗内物品进行消毒灭菌的条件，并应定期运行气密性测试。

（3）传递窗内物品的摆放和消毒灭菌的模式应经过验证，确认消毒效果。

（4）如果选用过氧化氢消毒的传递窗，应防止强氧化剂对人员造成伤害。

三、生物安全防护的探讨

个人防护并不能免除或替代其他风险控制措施，其选择和使用要兼顾经济性和有效性，避免防护过当。人员操作规范是车间最基础的操作技术规范，可根据操作规范来制定车间安全操作的书面程序，并通过人员培训和宣贯，最大限度地消除和降低生物安全隐患。设施设备是车间重要的安全屏障，车间应确保配备足量且适用的设备，并确保相关操作人员能正确使用，以降低生产过程中的生物安全风险。

因此，在车间生产过程中，应基于风险评估的结果，为人员配备适当的个人防护装备，选择适合且满足要求的生物安全设施设备，以确保设施设备的基本安全特性。另外，制定操作规范和操作规程，同时加强人员培训，在使用安全设施设备的基础上结合规范的操作，将有助于降低风险。

第十二节　应急预案、应急处置措施和应急演练

企业需充分考虑高生物安全风险车间（以下简称"车间"）可能出现的各种意外事件、事故或紧急情况，并制定相应的应急预案和应急处置措施。企业制定的应急预案和应急处置措施需操作性强、针对性强，车间一旦发生意外事件、事故，可以立即按照相关的应急预案和应急处置措施进行应急处置，确保工作人员安全，并降低车间感染事件、事故的发生及向外扩散的风险。

一、应急预案体系

《疫苗生产车间生物安全通用要求》（国卫办科教函〔2020〕483号）规定，应当结合企业组织管理体系、生产规模和可能发生的事故特点，科学合理地制定应急管理预案体系，并注意与其他类别应急预案相衔接。因此，企业应当合理制定车间应急预案体系，可以包含（但不限于）企业级别总体应急预案体系、车间生物安全事件、事故专项应急预案及车间现场应急处置标准操作规程。

二、应急处置

（一）应急急救装备

车间应急急救装备主要包括生物安全应急处置箱、急救箱、高致病性病原微生物特定消毒剂以及房间消毒设备等。

（1）生物安全应急处置箱应包括（但不限于）一次性防护服、一次性医用手套、N95口罩、软担架、一次性吸水巾等物品。

（2）急救箱应包括（但不限于）碘酊消毒液、生理盐水、洗瓶、医用纱布、创可贴、镊子，以及常用的抗菌、抗病毒药物等。

（3）房间消毒设备应包括（但不限于）喷雾器、熏蒸器等。

（二）应急报告程序

1. 初次报告

高生物安全风险车间内若发生意外事件、事故，车间人员应立即停止工作，在确保人员安全的前提下紧急处置并封存高致病性病原微生物菌（毒）种及感染性样本，并立即按照上报流程进行情况上报。

2. 持续报告

对于持续时间较长的车间重大意外事件、事故，车间相关人员应对意外事件、事故的进展情况进行持续跟进、准确报告。

3. 总结报告

意外事件、事故应急处置结束后，生物安全负责人、车间负责人应对整个意外事件、事故的应急和处置情况进行全面地总结评估报告，报告应包括事实的详细描述、原因分析、影响范围、后果评估、采取的应急措施、所采取措施有效性的追踪、预防类似事件发生的建议及改进措施。

（三）车间应急预案及应急处置措施

车间应制定应急预案及应急处置措施，尽可能地减少生物安全事件、事故对人员和环境的污染危害，确保人员安全。以下为车间常见的几种生物安全事件、事故的应急预案及应急处置措施。

1. 高致病性病原微生物菌（毒）种或样本运输突发事件应急处置

1）高致病性病原微生物材料在运输中泄漏或溢出

运输过程中如发生车辆意外事故等造成高致病性病原微生物材料泄漏或溢出时，护送人员应立即采取控制措施，防止高致病性病原微生物扩散，并将运输车辆停在人员稀疏的地方，拉紧急隔离带，做好生物危害标志，同时应立即向生物安全负责人和车间负责人报告，并向所在地人民政府卫生主管部门报告；然后采取措施对泄漏或溢出的高致病性病原微生物材料进行消毒处理，将危险废物回收并带回进行高压灭菌处理。

2）高致病性病原微生物材料在运输中被盗窃、被抢劫、丢失

护送人员应立即向所在地卫生主管部门和公安机关报告，并按上报流程进行情况上报。护送人员应如实、详细地记录被盗窃、被抢劫或丢失的经过，并向相关机构提供关于发生意外的感染性物质的详细信息，积极配合相关部门采取必要措施追回。

2. 感染性液体泄漏或溢洒应急处置

（1）感染性液体泄漏或溢洒时，车间人员及时按照上报流程进行情况上报。

（2）若是少量泄漏或溢洒，可直接用专用消毒剂浸湿的一次性吸水巾擦拭和消毒处理。

（3）若是大量泄漏或溢洒至生物安全隔离器或生物安全柜内，应立即采取控制措施防止感染性液体扩散，喷洒专用消毒剂进行消毒、擦拭和处理。

（4）若是大量泄漏或溢洒至地面或台面，应注意发生溢洒人员所在位置的气流方向，人员在移动的过程中注意当心气溶胶污染，立即采取控制措施防止感染性液体扩散，使用专用消毒剂进行消毒和处理。

（5）车间防护区内罐类设备发生无法阻止的感染性液体泄漏。①少量液体泄漏时，对泄漏处用浸湿消毒剂的一次性吸水巾包裹，对泄漏至地面的感染性液体采用少量溢洒的应急处置措施进行处理。同时，可将罐体升温至56℃以上（温度可根据实际情况进行调整，以不超过100℃且罐体内不产生压力为宜）并保温30min，再将罐内的感染性液体输送至废液灭活系统。②发生大量泄漏时，将罐体升温至56℃以上（温度可根据实际情况进行调整，以不超过100℃且罐体内不产生压力为宜）并保温30min。围堰内泄漏的感染性液体需均匀地加入泡腾片进行消毒，并使泡腾片的有效氯含量终浓度至少达到消毒水平，再将罐内剩余液体和围堰内泄漏的液体排放至废液灭活系统。

3. 锐器刺伤应急处置

车间防护区人员发生锐器刺伤，应立即停止生产操作，受伤人员立即前往防护区内污染风险较小的区域，脱去一次性医用手套，并从近心端向远心端挤压受伤部位，挤出伤口部位的血液。同伴立即上报并立即冲洗受伤人员伤口，再用碘酊等消毒剂消毒伤口，采用创口贴或医用纱布包扎伤口。必要时根据具体的病原微生物进行相应的医学处理。

4. 人员晕倒应急处置

车间防护区人员发生晕倒时，防护区其他人员应迅速查看晕倒人员的生命体征并将其转移至缓冲间进行紧急抢救，必要时拨打 120 急救电话，请求救援。

5. 关键设施设备故障应急处置

1）生产车间停电
高生物安全风险车间供电系统应为双回路供电，防护区和关键设施设备为双回路并配备不间断电源（uninterruptible power supply，UPS），主供、备供各带一半负载，当其中一路供电发生停电时，防护区和关键设备会自动切换至 UPS 供电，UPS 至少可供电 30min，此时中央控制室人员应及时上报相关情况。车间工程人员应将电源切换至第二路电源，中央控制室人员同时通知车间内工作人员停止工作，做好紧急撤离的准备。

2）核心工作区绝对正压或压差逆转
中央控制室立即通知防护区工作人员和楼内其他人员紧急撤离，并按上报流程进行情况上报。防护区工作人员立即将感染性材料密封或直接用消毒剂做灭活处理，并关闭罐类、隔离器或蜂巢培养箱等关键设施设备电源，工作人员按紧急撤离程序退出防护区。

3）反应器、收获罐、灭活罐、暂存罐、废水灭活系统等罐体故障
操作人员应立即停止操作并查看故障或异常情况，若有感染性液体泄漏，按感染性液体泄漏现场应急处置。若未发现液体泄漏，视为气体泄漏，现场人员关闭所有阀门，然后开启房间空间消毒，空间消毒后再进入现场查找故障或异常原因，并进行设备维修。

4）生物安全隔离器或生物安全柜故障
车间生物安全隔离器或生物安全柜操作人员应立即终止操作，并查看故障原因，同时将故障情况报告中央控制室。若隔离器或生物安全柜故障为生物安全相关报警故障，且隔离器或生物安全柜内正在进行病毒滴定、病毒接种或取样等病原微生物操作，操作人员应立即将感染性材料密封或直接用消毒剂做灭活处理，做好危险废物的妥善处置，然后开启隔离器 VHP 消毒和房间空间消毒，人员退出防护区。

6. 生物安全保卫应急处置

1）恐怖袭击应急处置
安保人员发现或接到通知高生物安全风险车间及相关设施周边遭遇恐怖袭击时，应第一时间报警并按上报流程进行情况上报。生物安全负责人立即通知停止车间内生产、检定以及工程运维等活动。

2）车间内毒种或感染性样本失窃应急处置
如果车间内工作人员发现毒种或感染性样品失窃，应立即按上报流程进行情况上报，车间相关负责人立即前往车间查看视频监控录像，如果确定为人为偷盗，生物安全负责人下令停止一切生产活动，同时向当地派出所报告，等待警察前来调查。

三、应急演练

《疫苗生产车间生物安全通用要求》（国卫办科教函〔2020〕483 号）规定企业应至少每半年组织一次从业人员的集中应急培训，每年应至少组织所有从业人员针对可能发生的事故风险、危害程度和影响范围进行一次桌面推演和现场演练，使所有人员熟悉应急处理程序、撤离路线和紧急撤离的集合地点等。应急

演练开展后，还需对应急演练工作进行评估，不断改善应急处置指导原则，改进相应的应急处置措施。

（一）应急演练计划

企业应根据实际情况制订年度应急演练计划，并在具体开展应急演练前，制订详细的应急演练计划或方案，包括应急演练项目、应急演练组织负责人、参加演练对象、演练时间和地点以及演练形式等。

（二）应急演练的开展

1. 应急演练物资准备

根据制订的应急演练计划，各应急演练项目组织者应提前做好应急演练各项准备工作，提前确认应急演练相关物资是否配备齐全，如个人防护装备（正压头罩、防护服、医用手套、N95 口罩等）、专用消毒剂、急救箱、一次性吸水巾，以及其他需要用到的物品。

2. 应急演练实施

各项应急演练组织者应根据应急演练计划开展相关的应急演练工作，做好应急演练的组织和实施工作，确保应急演练时应急处置措施跟现行版应急演练文件保持一致，确保应急演练实施过程顺利，确保达到预期应急演练效果。

3. 应急演练记录

应急演练结束后，应当及时组织相关人员做好应急演练记录，应当详细记录整个应急演练场景过程、应急处置措施以及存在的问题等。

（三）应急演练的评估总结和改进

企业应当根据应急演练的实际情况对应急演练效果和适用性进行评估；若对应急演练组织形式或意外事件、事故的应急处置措施以及其他方面有相关建议或意见的，应当及时提出改进措施，企业根据实际情况需要，采纳适用的建议，对应急预案、应急处置标准操作规程进行修订和完善或调整应急演练组织方式，保证制订的应急预案、应急处置标准操作规程具有一定的科学性与合理性，同时可以不断改进企业的应急演练工作，确保合理性和适宜性。

第十三节　车间消毒及灭菌处理

一、高生物安全风险车间消毒灭菌基本概念

（一）灭菌

灭菌是指采用强烈的理化因素使任何物体内外部的一切微生物，包括细菌、芽孢、病毒、真菌、支原体、衣原体等，永远丧失其生长繁殖能力的措施。

（二）消毒

消毒是指杀灭或清除传播媒介上的病原微生物，使其达到无害化处理。通常依靠化学方法才能达到消毒的目的。按照消毒水平的高低，分为高水平消毒、中水平消毒与低水平消毒。

（1）高水平消毒：指杀灭一切细菌繁殖体，包括分枝杆菌、病毒、真菌及其孢子和绝大多数细菌芽孢。

（2）中水平消毒：指杀灭除细菌芽孢以外的各种病原微生物，包括分枝杆菌。

（3）低水平消毒：指能杀灭细菌繁殖体（分枝杆菌除外）和亲脂类病毒的化学消毒方法，以及通风换气、冲洗等机械除菌法。

二、主要消毒灭菌方法

（一）物理消毒灭菌法

物理消毒灭菌法即利用物理因素作用于病原微生物将之清除或杀灭的方法，包括煮沸、燃烧、紫外线照射、高温高压蒸汽灭菌等方法。

（二）化学消毒灭菌法

化学消毒灭菌法即利用化学药物渗透至病原微生物内部，使蛋白质凝固变性，干扰酶的活性，抑制微生物代谢和生长或损害细胞膜的结构，改变其渗透性，破坏其生理功能等，从而起到消毒灭菌作用。常用的消毒剂类型包括含氯化合物、醇类化合物、酚类化合物及过氧化物类。常用化学消毒灭菌方法包括以下几种。

（1）浸泡法：选用杀菌谱广、腐蚀性弱、水溶性的消毒剂，将物品浸没于消毒剂内，在标准的浓度和时间内，达到消毒灭菌目的。

（2）擦拭法：选用易溶于水、穿透性强的消毒剂，擦拭物品表面，在标准的浓度和时间里达到消毒灭菌目的。

（3）喷洒法：将消毒剂均匀地喷洒在被消毒物体上，在标准的浓度和时间里达到消毒灭菌目的。

（4）熏蒸法：加热或加入氧化剂，使消毒剂呈气体，在标准的浓度和时间里达到消毒灭菌目的。

三、高生物安全风险车间消毒灭菌评价与监测

（一）高生物安全风险车间常用消毒剂

高生物安全风险车间常用的消毒法为含氯消毒剂消毒法、异丙醇消毒法以及酸碱苯酚盐稀释消毒法。

1. 含氯消毒剂消毒法

由于高生物安全风险车间存在病毒液泄漏的风险，结合含氯消毒剂的作用机理可知，含氯消毒剂可杀灭芽孢、病毒等微生物。为了达到消毒效果，可采用含氯消毒剂消毒法对其表面进行消毒，以防止高生物安全风险区的病毒微生物进入到外部环境中产生污染。

2. 异丙醇消毒法

为了保证高生物安全车间不同级别洁净区环境不被污染，保证房间处于无菌环境，人员在操作过程中需及时进行手部喷消，进入无菌区的物品同理；在高生物安全风险车间洁净区内，工作人员在正常操作环境下，用其对人体及物品进行消毒处理。

3. 酸碱苯酚盐稀释消毒法

为了保证高生物安全车间不同级别洁净区环境不被污染，保证房间处于无菌环境，人员在操作过程中需及时进行手部喷消，进入无菌区的物品同理；为了保证制品的质量，操作人员在高生物安全车间洁净区内工作期间，要及时对周边的环境及设备进行喷消处理。

（二）高生物安全风险车间常用灭菌方法

高生物安全风险车间内常用的灭菌方法为 VHP 熏蒸灭菌法、高压蒸汽灭菌法、废液灭活系统。

1. VHP 熏蒸灭菌法

为了防止外部微生物污染，传出高生物安全风险区的物品，应放入传递窗进行 VHP 熏蒸后方可传出。同时，为了保证高生物安全风险区的安全，结合 VHP 熏蒸的原理，种毒后及时对隔离器进行熏蒸，病毒收获后及时对房间进行熏蒸处理，以保证房间内的安全，同时保障该房间后续工作的完成。

2. 高压蒸汽灭菌法

高压蒸汽灭菌是效果最可靠的一种灭菌方法，其优点是蒸汽穿透力强，能杀灭所有微生物。通过对无菌区内的罐体以及耐高温物品进行高压蒸汽灭菌，以保证高生物安全车间内物品传出后的安全性。

3. 废液灭活系统

在高生物安全风险车间内，防护区内工艺罐类生产设备产生的无压废水和有压废水最终汇集至活毒废水收集罐内，达到设定液位后，通过泵将活毒废水输送到灭活罐内灭菌；程序运行完毕后，废液通过板式换热器进行循环冷却；将罐内废液降温后，排至室外生活污水处理站。

（三）高生物安全风险车间消毒剂的选择及作用方法

高生物安全风险车间的消毒剂要科学选择、合理使用。同时，为了保证区域内细菌不产生耐受性，应采取定期轮换使用的方式，确保消毒剂的杀灭效果。

高生物安全风险区的消毒顺序与普通洁净区也有所不同。高生物安全风险区清洁消毒的第一步，先要使用高效的消毒剂杀灭全部活病毒，达到作用时间后，再使用灭菌注射用水擦拭以去除高效消毒剂的残留，最后使用中效消毒剂，进行细菌类的消杀。

高生物安全风险区清洁消毒同样应考虑正负压差，需要遵循从低风险区到高风险区的清洁消毒顺序；遵循从高生物安全的生物安全灭菌柜对侧开始至生物安全灭菌柜的清洁消毒顺序。

（四）高生物安全风险车间消毒灭菌监测方法及确认

1. 罐类设备设施的消毒灭菌监测方法及确认

高生物安全风险车间的罐类设备设施均使用高压蒸汽灭菌法，对设备设施的所有罐体以及各处连接的管道阀门进行罐体设施消毒灭菌，罐体设施、连接管道、阀门系统为全自动控制系统，消毒灭菌程序应确保验证合格。

2. 隔离器的消毒灭菌监测方法及确认

隔离器采用汽化过氧化氢（VHP）熏蒸方法，达到完全消毒灭菌的要求。消毒灭菌过程按照设定的参数运行，需在线实时监测过氧化氢用量、压力、湿度、消毒灭菌时间等。工作过程中有灯光提示功能，方便操作人员操作及监控设备，确保灭菌过程符合消毒灭菌要求。

3. 生物安全灭菌柜的消毒灭菌监测及确认

生物安全灭菌柜的系统为自动控制系统，灭菌过程完成后，设备显示灭菌完成。设备具备实时打印功能，可将各工作过程中的相关参数打印记录，操作人员对灭菌过程的温度及时间进行确认，同时对灭菌指示卡的灭菌效果进行确认。

4. VHP 传递窗的消毒灭菌监测及确认

VHP 传递窗消毒灭菌物品，采用汽化过氧化氢（VHP）熏蒸方法，达到完全消毒灭菌的要求。VHP传递窗内腔的空气均通过高效过滤器，以防止物料受到污染。熏蒸消毒结束后，设备显示灭菌完成，舱体门才能开启。设备具备实时打印功能，可将各工作过程中的相关参数打印记录，操作人员开启舱门前，确认灭菌过程完成。

5. 废液灭活系统的消毒灭菌监测及确认

废液灭活系统是高效的灭菌装置，收集罐、灭活罐均采用压力容器设计，可实现原位在线蒸汽灭菌。使用高温高压蒸汽对活毒废水进行直接加热和间接加热的方式，在持续高温的状态下对废水中的活毒进行消杀。消毒灭菌过程可在线实时监测灭菌温度，保证消毒灭菌过程能够达到消毒灭菌要求。

四、高生物安全风险车间消毒灭菌效果验证

（一）车间现场环境消毒灭菌效果验证

高生物安全风险车间现场环境使用 VHP 发生器进行过氧化氢熏蒸消毒。需要对生产车间的消毒灭菌设备进行熏蒸效果验证。

（二）设备消毒灭菌效果验证

对于生物安全型压力蒸汽灭菌器，需要确认设备在负载条件，能否按照预期的温度及时间运行，从而达到灭菌效果。

（三）废液灭活系统效果验证

废液灭活系统一般需要进行三项验证：
（1）灭活效果确认；
（2）滤芯灭活效果确认；
（3）空罐灭活效果确认。

确认设备的废气排放模块，灭活程序按照预期的温度指标运行。确认按照设定的程序运行，可以达到灭活效果。确认废液灭活系统收集罐的灭活程序按照预期的温度指标运行。确认系统按照设定的程序运行，可以达到灭活病毒的效果。收集罐进行罐体检修及阀门、传感器等部件更换之前，需要保证罐体经过灭活程序，并保证灭活效果。

第十四节　高生物安全风险车间废弃物管理

一、高生物安全风险车间废气管理

高生物安全风险车间废气主要为含高致病性病原微生物的气溶胶，应安装独立的疫苗车间送排风系统，确保在运行时气流由低风险区向高风险区流动，同时确保空气只能通过 HEPA 过滤器过滤后经专用的排风管道排出。

高生物安全风险疫苗车间防护区房间内送风口和排风口的布置应符合定向气流的原则，利于减少房间内的涡流和气流死角；送排风应不影响其他设备的正常功能；严禁循环使用防护区内排出的空气。

车间需要按产品的设计要求安装隔离器、生物安全柜和排风管道，可以将隔离器、生物安全柜排出的空气排入车间的排风管道系统，车间的送风应经过 HEPA 过滤器过滤；车间的外部排风口应设置在主导风的下风向，与送风口的直线距离大于 12m，至少高出车间所在建筑的顶部 2m，且有防风、防雨、防鼠、防虫设计，但不应影响气体向上空排放。

HEPA 过滤器的安装位置应尽可能靠近送风管道，确保可以在原位对排风进行消毒灭菌和检漏。应在车间防护区送风和排风管道的关键节点安装生物型密闭阀，必要时可完全关闭；生物型密闭阀与高生物安全风险车间防护区相通的送风管道和排风管道应牢固、易消毒灭菌、耐腐蚀、抗老化，宜使用不锈钢管道；管道的密封性应达到关闭所有通路并维持管道内的温度在设计范围上限的条件。

应定期对各涉及高致病性病原微生物的废气排放口进行过滤或灭菌效果验证，确保各类灭菌过滤设施完好有效。

二、高生物安全风险车间废水管理

高生物安全风险疫苗生产车间排放的废水主要包括生产废水和生活污水。生产废水主要为工艺废水、清洗废水和制水设备排放的浓排水。生活污水经化粪池处理后排放至厂内的污水管网。针对生产废水，特别是负压生产区产生的各类含毒废水，其中含有大量细菌、病毒和化学试剂等，具有空间污染、急性污染、

潜伏性传染、酸碱性和水温变化大的特征。鉴于上述特征，含毒废水首先要经过原位消毒预处理，经废水处理系统灭菌消毒确保无毒后排放至厂内的污水管道。消毒方法一般分为两类：一是物理法，主要包括高温加热、冷冻、辐射、紫外线和微波消毒等方法；二是化学法，主要包括氯消毒、臭氧消毒以及芬顿反应/光芬顿反应等氧化技术。

含毒废水经过原位消毒预处理后，需要对消毒效果进行验证，以确保达到排放要求。车间防护区内如果有下水系统，应与建筑物的下水系统完全隔离；下水系统应符合相应的耐压、耐热、耐化学腐蚀的要求，安装牢固，无泄漏，便于维护、清洁和检查。

高生物安全风险疫苗生产车间排放的废水确保无毒后，经厂内污水管网排放至厂内污水处理站，一般采用生化处理工艺，经过厌氧、好氧、深度处理达标后排入市政污水管网。

针对高生物安全风险车间废水处理设备设施的使用，建立完整的操作规程和管理制度是非常必要的，要严格按照操作规程进行规范操作，注重每一个环节的正确性，并服从单位相关部门的管理和监督，定期对高生物安全风险车间废水处理工作进行汇报。

三、高生物安全危险废物管理

危险废物是指列入《国家危险废物名录》或者根据国家规定的危险废物鉴别标准和鉴别方法认定的具有危险特性的固体废物，高生物安全危险废物特指由高生物安全风险疫苗生产车间产生的潜在感染性生物废弃物。其主要危害为强感染性，此外还可能具有腐蚀性、毒性、易燃性、反应性危害等特点，对人体和生态环境造成损害。高生物安全危险废物的处理和处置应符合国家或地方法规和标准的要求，建议按照《国家危险废物名录》中医疗废物（HW02）进行管理，具体应征询地方相关主管部门的意见和建议。此外，高生物安全危险废物应遵循将收集、转运、储存、运输、处置的危险性及对环境的有害作用减至最小的原则。

（一）建立高生物安全危险废物管理制度，完善管理体系

依据《中华人民共和国固体废物污染环境防治法》《国家危险废物名录》《排污许可证申请与核发技术规范工业固体废物（试行）》等相关法律法规及标准，做好高生物安全危险废物的产生、收集、处理的标准化流程，制定健全的管理、登记及转移联单等机制，使高生物安全危险废物实现"可追溯"。

（二）对高生物安全危险废物科学分类

管理人员在高生物安全危险废物分类过程中，需要严格遵循安全性、科学性的原则，对管理区域内涉及高生物安全风险的废物进行逐一分类，建立高生物安全危险废物分类明细，依据危险废物的性质和危险性，按相关标准分类处置危险废物。

（三）危险废物的收集、转运

危险废物应弃置于专门设计的、专用的、有标识的、用于处置危险废物的容器内，保证容器材质与危险废物不产生反应，装量不能超过建议的装载容量。在容器外部需要粘贴标识，需要明确标注危险废物的种类、成分等信息；锐器应直接弃置于耐扎的容器内，涉及高致病性生物因子的危险废物应当有效密封于双层包装，并防止破损，装入包装的损伤性、感染性、病理性废物不得再行取出；含活性的、高致病性生物因子的废物收集后应进行原位消毒灭菌预处理。

危险废物应由经过培训的人员穿戴适当的个体防护装备进行转运，高生物安全危险废物严禁随意堆放或倾倒，不能与生活垃圾混存混运，避免交叉污染对生态环境造成破坏。

（四）危险废物的储存

危险废物应存放于符合国家法规标准的专用危险废物储存设施，危险废物储存设施地面与裙脚要用坚固、防渗的材料建造，建筑材料必须与危险废物相容；必须有泄漏液体收集装置、气体导出口及气体净化装置；设施内要有安全照明设施和观察窗口；用以存放装载液体、半固体危险废物容器的地方，必须有耐

腐蚀的硬化地面；设计堵截泄漏的裙脚，地面与裙脚所围建的容积不低于堵截最大容器的最大储量或总储量的 1/5；不相容的危险废物必须分开存放，并设有隔离间隔断；危险废物的暂时储存设施、设备，应当远离人员活动区以及生活垃圾存放场所，并设置防渗漏、防鼠、防虫、防盗等安全措施。

危险废物储存设施都必须按环境保护图形标志——固体废物储存场的规定设置明显的警示标识。

要制定管理台账，台账上须注明危险废物的名称、来源、数量、特性和包装容器的类别、入库日期、废物出库日期及接收单位名称，并且保证台账永久保留。

（五）危险废物的处置

危险废物应交由具有符合国家法规要求并取得相关资质的处置机构进行处置，承担危险废物运输的单位应获得交通运输部门颁发的危险货物运输资质，如实填写转移联单、转移记录；应当采取有效措施，有效防止危险废物流失、泄漏、扩散。

（六）危险废物消毒灭菌验证

对于高生物安全固体危险废物，需进行固体危险废物消毒灭菌验证。

（七）危险废物的应急管理

为有效避免高生物安全危险废物处理处置不当引发的安全环保风险，要逐步强化管理人员综合水平，建立涉及高生物安全危险废物突发情况的应急预案，定期开展应急演练。与此同时，需要结合经验及生产的具体情况分析其中存在的隐患，做好危险废物突发事故应急管理措施，从根源上减少事故发生概率。

如果在高生物安全危险废物收集、转运、处置过程中已经发生环境污染事件，要结合污染程度以及污染范围进行分析，针对性地采取措施控制污染状况，并将环境污染事件汇报给当地生态环境主管部门，避免生态环境持续恶化。

（八）人员管理与监督

危险废物管理人员为从事危险废物收集、运送、储存、处置等工作环节的工作人员和管理人员，需配备必要的防护用品，定期进行健康监测，必要时，对有关人员进行免疫接种；库房管理员须按时对库房内存放的危险废物进行巡检，查看有无危废泄漏及门窗、通道照明、消防设施、防护用品、现场卫生、安全设施、通风、库房温度等；定期对危险废物储存设施进行消毒灭菌和环境监测；针对巡检发现的问题及时进行现场整改，并正确填写巡检记录。

第十五节　车间安保管理

生物安全保障是生物安全的重要组成部分。

一、生物安保的意义

生物安保是指防止病原体或毒素丢失、被盗、移出或误用造成疾病或死亡而实施的方法和措施，即采取安全保卫措施，防止因人为因素、突发事件等原因造成人员感染病原微生物及病原微生物丢失、盗抢和被破坏产生泄漏、扩散等。

生物安保要按照预防为主、单位负责、突出重点、保障安全的方针，坚持"谁主管、谁负责"原则，促进单位生物安保从"被动保平安"向"主动创平安"转变，切实保障单位安全稳定，实现更加稳固的生物安全环境。

二、生物安保风险评估

做好风险评估，需注意收集现有生物制剂的类型、物理位置，还需收集进入工作场所处理生物制剂或服务维护等其他原因所需的人员信息；制定风险控制策略，确定生物制剂所需的最低安全标准（即可接受的风险）；针对风险评估确定的控制措施，应通过定期演习和演练加以核实。

三、生物安防管理

（一）人防

人员分为工作人员、外来人员（含维保、参观、检查）、安防人员等三类，每类人员根据工作性质、活动区域的不同进行定制管理。

1. 车间工作人员的安全管理

车间需配备与生物安保知识和技能相适应的工作人员，同时对员工提供上岗和持续的安全培训，不断提升安防意识，并定期评估培训效果。

2. 外来人员的安全管理

外来人员在车间接待人员的带领下方可进入车间，否则将不予放行。进入车间区域后严禁私自随意行走，否则一律予以驱逐。

3. 安保人员的安全管理

认真查验出入人员及车辆的权限，做好来访人员及其携带物品的查验、登记工作。严禁未经批准私自将无权限人员、无证车辆放入。执勤期间发生问题，应立即汇报，不迟报或瞒报。在单位范围内进行治安防范巡逻和检查，建立巡逻、检查和治安隐患整改记录，对于发生、处理的各种情况要详细记录。

4. 人员审核要求

应当对重要岗位人员进行安全背景审查，通过审查降低安全风险。同时，建立人员安全背景信息台账，及时更新台账，台账至少留存三年备查。

（二）物防

实体防范又称物防，是指利用天然屏障、建（构）筑物等人工屏障、器具、设备或其组合，延迟或阻止风险事件发生的防护手段。实体防范主要包括实体围墙或栅栏等实体屏障、岗亭、防护器具，以及门、窗、锁、车辆阻挡装置等设施。

在常态防范下，车间及园区周界设置实体围墙或栅栏等实体屏障，实体屏障外侧整体高度（含防攀爬设施）不低于 2.4m，门卫值班室及车间周界出入口设置的岗亭应配置处置设备，在园区周界出入口还应设置车辆阻拦装置，生产车间内菌（毒）库（柜）应具备防盗功能。

（三）技防

技术防范简称技防，是指利用各种电子信息设备组成系统和（或）网络以提高探测、延迟、反应能力和防护功能的安全防范手段。技术防范主要包括入侵探测装置、视频图像采集装置、出入口控制装置、电子巡查装置等。

在常态防范下，园区周界及车间周界应设置入侵探测装置，探测范围应能对周界实现全覆盖，不得有盲区，此外还应设置视频图像采集装置，出入口应设置视频图像采集装置及出入口控制装置，对出入人员及车辆进行权限识别和出入控制管理，其中安防监控中心及车间中控室内部还应设置紧急报警装置及视频图像采集装置，园区的重点部位应设置电子巡查装置。

为保证公司安全生产的平稳运行，根据车间防护等级分级、分区设置门禁管理系统，对进入权限进行管控。

（四）制防

车间生物安保管理制度是开展生物安保管理的出发点和落脚点，使管理和运行工作有据可依。《中华人民共和国反恐怖主义法》《中华人民共和国传染病防治法》《企业事业单位内部治安保卫条例》等法律法规、标准和技术文件为生物安保工作提供了法律依据，对生物安保管理工作提出了具体技术要求。为了使生物安保管理工作更有针对性，符合当地实际情况和特点，在管理过程中必须根据具体情况具体分析，使管理工作更有针对性和可操作性。

1. 生物安保管理制度

可以从以下五个方面考虑：考虑安防存在什么风险，需要从哪些方面控制风险；考虑各个环节之间的关系，也就是流程；考虑每个环节实现的具体要求，也就是 5W1H 的应用；考虑法律法规的要求，将法律法规的条款转化为制度的内容；考虑制度中需要被追溯的内容，设置台账、记录。

2. 生物安保管理制度的落实

1）落实主体责任

通过建立生物安保工作责任制，逐级明确法定代表人或主要负责人、车间负责人、岗位工作人员的责任。对于在多地设有车间的，需要逐地建立治安保卫工作责任制。

2）配备保卫力量

需配备身心健康、品行良好的专兼职防卫保卫人员，加强对安全防范设施建设、使用、管理和维护工作的监督检查。

3）保卫重点部位

病原微生物存放地点、高生物安全风险疫苗生产车间及配套能源供应、动力设施等部位是需要保卫的重要部位。

4）预警管控工作

及时搜集获取可能影响安全稳定的各类苗头性、动向性、预警性信息，对单位安全稳定动态进行经常性研判和风险性评估，并及时报告上级主管部门和公安机关。

5）落实反恐任务

建立健全反恐防范管理制度，对重点岗位人员实行背景审查，制定防范和应对处置恐怖活动的预案、措施，定期组织培训和演练。

6）完善安检制度

在落实单位治安保卫制度的基础上进行经常性安全检查，及时整改治安隐患；认真落实对进入本单位人员、交通工具、物品的安全检查登记制度，全面把好入口关。

四、生物安保应急管理

（1）充分考虑应急情形，包括编制人员或车辆擅自冲闯、人员或车辆拒绝接受物品查验、携带夹带或投掷危险物品等的处置方案。

（2）做到早发现、快识别，及时报警。等待警力到达前，现场沉着机智，灵活处置，努力维持现场秩序和保护现场，防止事态扩大、蔓延和变化，把危害减小到最小程度。

（3）报警方法。保卫人员或员工拨打公安机关报警电话时，要简明扼要讲述：一要讲清时间、地点、人数；二要讲清人员特征，如身高、体型、面貌等；三要讲清人员逃逸方向或乘坐的交通工具；四要讲清现场是否有人员受伤。

（中国生物技术股份有限公司　贾　锐　付莹莹　周小军　曹馨方）
（北京生物制品研究所有限责任公司　高　嵩　石　巍　张伟平　王婧雅）
（武汉生物制品研究所有限责任公司　王泽鋆　张　钰）
（长春生物制品研究所有限责任公司　张雪梅　于文影）

第二十六章
兽用疫苗生产车间

第一节　动物疫病防控与畜牧业

　　畜牧业是从事畜禽养殖，为人类提供生产生活资料的产业，与种植业并列成为我国农业的两大支柱产业。发达国家畜牧业产值占农业总产值50%以上，我国畜牧业对农业、农村经济乃至国民经济也具有重要支持作用，有力地推动了农业现代化发展。据统计畜牧业总产值在农业总产值中占比逐年增加，由1978年的15%增加到2018年的30%。2021年，中国牧业总产值5.84万亿元，占农林牧渔业总产值的34.97%，牧业总产值及占农林牧渔业总产值的比重为2012年以来新高。我国是世界上人口最多的国家，随着社会的发展、人们生活水平的提高，不仅要吃饱还要吃好，高质量肉蛋奶的需求不断增加，畜牧业为民众提供了重要的膳食蛋白。据统计，我国养殖动物产品供应总量从2011年的18 080万t增加到2021年的21 460万t，为我国居民提供的动物蛋白总量从2033万t增加到2600万t，年均递增2.5%，人均动物蛋白年供应量从15.1kg提高到18.4kg。畜牧业也为丰富和提高民众生活水平提供了大量动物毛、绒、羽、皮、骨、脏器、血液等轻工业原料；宠物和伴侣动物饲养使民众生活丰富多彩；此外，畜牧业充分利用农业资源，促进农业可持续发展，推动了农业现代化。

　　人类进化与进步的标记是驯化养殖动物，大量的考古研究发现我国饲养猪的历史达1万年左右，动物饲养为人类社会进步提供更多稳定的肉食供应。我国是世界畜牧业资源丰富、历史悠久的国家之一。据世界粮农组织统计，我国猪肉、羊肉和禽蛋产量居世界首位，改革开放以来禽蛋产量连续多年位居世界首位，家禽产量居世界第二，中国已成为最重要的畜牧业大国之一。我国2021年猪牛羊禽肉产量8887万t，禽肉产量2380万t，禽蛋产量3409万t，牛奶产量3683万t；年末生猪存栏44 922万头，全年生猪出栏67 128万头。我国地域辽阔，自然资源、生产条件、传统生活习惯差异较大，造成畜牧业养殖方式方法和规模差异较大，畜禽饲养分布在牧区、半农半牧区、农区、城市郊区，饲养方式有散养放牧、集中饲养等传统饲养方式。随着现代农业发展，出现集约化大规模饲养的现代饲养方式，其中农区畜牧业产值占全国畜牧业总产值的80%以上，饲养家畜头数占全国85%，产肉量占95%，奶产量占80%，禽蛋主要由该区提供。但是我国畜牧业养殖经济效益不及世界平均水平，疫病防控不力是主要制约因素之一，畜禽发病率和死亡率远远高于发达国家，动物疫病每年造成直接经济损失超过400亿元，间接损失高达数千亿元。我国畜禽饲养模式极不平衡，传统与现代模式并存，使疫病防控越加困难。特别是集约化养殖，饲养密度增加，传统牧区逐渐缩小，家畜逐渐向野生动物栖息地扩展，养殖模式和生态环境随着世界经济一体化加速而发生变化，动物疫病流行趋势发生改变，新发再发传染病不断出现，疫情范围扩大传播速度加快，人畜共患病危害日趋严重，严重威胁着畜牧业发展、食品安全、公共卫生安全以及世界贸易旅游等方方面面。动物疫病已对全球社会经济和公共卫生安全造成严重威胁。

　　人类驯化、繁殖和饲养的动物，如猪、牛、羊、马、骆驼、家兔、犬猫、鸡、鸭、鹅等，一般用于食用、劳役、毛皮、宠物、实验等功能，统称为家畜和家禽。由病原微生物引起具有传染性和流行性的畜禽疫病称为动物传染病，世界上有记载的动物传染病大约900多种，包括人畜共患病、多种动物共患病以及特定动物传染病。世界动物卫生组织（WOAH）根据《陆生动物卫生法典》确定了一份172种必须通报的陆生动物疫病名单，包括多种动物疫病27种、猪病10种、牛病16种、绵羊山羊病15种、马病12种、禽病19种、蜂病2种、兔病2种、其他动物疫病13种、野生动物疫病54种（WOAH，2022a）。我国农业农村部将动物疫病分为三类。一类动物疫病11种，包括口蹄疫、猪水疱病、非洲猪瘟、尼帕病毒性脑炎、非洲马瘟、牛海绵状脑病、牛瘟、牛传染性胸膜肺炎、痒病、小反刍兽疫、高致病性禽流感。二类动物疫病 37 种，其中多种动物共患病 7 种，有狂犬病、布鲁氏菌病、炭疽、蓝舌病、日本脑炎、棘球蚴病、日本血吸虫病；牛病 3 种、绵羊和山羊病 2 种、马病 2 种、猪病 3 种、禽病 3 种、兔病 1 种、蜜蜂病 2 种、鱼类病 11 种、甲壳类病 3 种。三类动物疫病 126 种，包括多种动物共患病 25 种、其他动物疫病 101 种（农业农村部 573 号公告）。此外，也公布了人畜共患传染病名录，包括牛海绵状脑病、高致病性禽流感、狂犬病、炭疽、布鲁氏菌病、弓形虫病、棘球蚴病、钩端螺旋体病、沙门氏菌病、牛结核病、日本血吸虫病、日本脑炎（流行性乙型脑炎）、猪链球菌 II 型感染、旋毛虫病、囊尾蚴病、马鼻疽、李氏杆菌病、类鼻疽、片形吸虫病、鹦鹉热、Q 热、利什曼原虫病、尼帕病毒性脑炎、华支睾吸虫病（农业农村部 571 号公告）。

　　动物疫病复杂，家畜饲养方式多样，特别是大规模、高密度饲养，以及考虑动物疫病的流行、传播、防疫等特点，我国动物防疫实行预防为主，预防与控制、净化、消灭相结合的方针。按照《病原微生物实验室生物安全管理条例》规定，农业农村部发布了《动物病原微生物分类名录》，将动物病原微生物分为 4 类：一类动物病原微生物 10 种；二类动物病原微生物 8 种；三类动物病原微生物 105 种；四类动物病原微生物是指在通常情况下不会引起动物疾病的微生物。兽医生物制品是采用微生物、寄生虫及其代谢物或免疫应答产物制备，用于预防、诊断、治疗的一类生物制剂。预防制品中主要为传统技术研发生产的疫苗，包括弱毒疫苗和灭活疫苗。弱毒疫苗是指自然分离的非致病性毒株，或自然分离的致病性强毒株，经过细胞、鸡胚、鸭胚等连续传代，以及本动物连续传代、异源动物传代等方式致弱为非致病性弱毒株。例如，猪瘟兔化弱毒株疫苗是在兔体连续 430 传代致弱而成，是目前世界公认最安全的弱毒疫苗。火鸡疱疹病毒（HVT）是源于火鸡的病毒，对鸡无致病性，常用于免疫预防鸡马立克氏病。小反刍兽疫弱毒疫苗 75/1 株是经 Vero 细胞连续传代 70 代致弱，继续传代到 120 代作为疫苗种毒制备疫苗用于小反刍兽疫免疫预防。灭活疫苗通常是指用致病性微生物，经大量培养，采用化学、物理或其他方法使其失去感染性，再添加佐剂如矿物油、植物油和乳化剂配制成油包水、水包油、水包油包水的乳剂，也可以使用氢氧化铝胶、皂素等作为佐剂。此外，也可以添加一些细胞因子等免疫调节剂等，非特异地增强动物免疫应答，制备成免疫制剂。例如，口蹄疫灭活疫苗，是将田间分离的强毒株适应 BHK21 细胞，经细胞悬浮培养大量增殖病毒，再经 BEI 灭活、纯化和浓缩，加矿物油乳化而成的油佐剂疫苗，广泛用于猪、牛、羊等偶蹄动物的口蹄疫预防控制。我国兽用疫苗主要以传统弱毒疫苗和灭活疫苗为主，据统计，迄今为止已获批准的 450 余种疫苗中，传统灭活疫苗和弱毒疫苗占 90%。

　　预防为主的防疫方针始终指导着我国动物防疫，并在动物传染病的控制中取得举世瞩目的成绩。牛瘟是由牛瘟病毒引起的牛、水牛、牦牛等偶蹄动物的病毒性传染病，发病率和死亡率很高，对世界养牛业发展造成了不可估量的损失。20 世纪 50 年代，我国用绵羊化、兔化牛瘟弱毒疫苗对青藏高原地区的数十万头牦牛进行免疫接种，控制住了牛瘟流行。1956 年，我国宣布消灭了纠缠几个世纪的牛瘟。2011 年 6 月 28 日，联合国宣布牛瘟病毒在全球范围内被清除（尹德华，2003）。这是人类第二次在地球上彻底清除某种疾病。牛传染性胸膜肺炎（BCPP）又称"牛肺疫"，是由丝状支原体丝状亚种引起牛的一种亚急性或慢性、接触性传染病，其特征为纤维素性肺炎和浆液纤维素性胸膜肺炎。我国 1919 年从澳大利亚进口奶牛引入该病，1959 年流行达到高峰，10 个省（自治区、直辖市）325 个县发生疫情，死亡 2.8 万余头，死亡率高达 46.9%。我国使用 Ben-1 强毒株，经兔体传代、绵羊（藏绵羊）适应与传代研制的疫苗株，安全性和有效性确实。随着疫苗研发与使用，结合检测检疫和扑杀等综合防控措施，CBPP 得到有效控制，1992 年停止免疫，1996 年宣布消灭 CBPP，2011 年得到 WOAH 认可（Xin et al.，2012）。这两种牛瘟疫的控制与消灭堪称我国兽医先辈们的"世纪巨作"。此外，我国研制的猪瘟兔化弱毒疫苗（俗称 C 株），被认为是目前世界上最安全的弱毒疫苗，许多国家成功将其应用于猪瘟的控制与消灭。同样，口蹄疫灭活疫苗、高致病性禽流感灭活疫苗的研制与使用有效抑制及控制了我国口蹄疫和高致病性禽流感的大流行态势，为确保畜牧业健康发展、肉食品的安全保障以及社会公共卫生安全做出了突出贡献。

第二节　中国兽用疫苗生产企业概况

　　动物疫病防疫中，"预防为主"方针的落实离不开兽用生物制品，即采用微生物、寄生虫及其代谢物或免疫应答产物制备的用于预防、诊断、治疗的生物制剂。19 世纪法国微生物免疫学家路易斯·巴斯德（Louis Pasteure）发明了禽霍乱疫苗、炭疽减毒苗和狂犬病干燥脊髓疫苗，使兽用疫苗的研究、生产进入了一个崭新的阶段。我国兽医生物制品研究生产始于 1918～1919 年青岛商品检验局血清制造所和北平中央防疫处，当时研制了鼻疽菌素、狂犬病疫苗和牛瘟抗血清等。随后，南京的中央农业实验所畜牧兽医系等 20 多家单位，生产猪瘟抗血清等治疗制剂、牛瘟脏器苗等疫苗、牛结核菌素等诊断制剂，生产量不大，设备工艺简单，没有统一的质量标准。抗日战争结束后，国民党政府成立了 5 个兽医防疫处，由于系列原因，防疫效果不显著，撤销防疫处成立了 7 个兽医生物制品厂，生产部分畜禽疫苗和抗血清。中华人民共和国成立后，对兰州、哈尔滨、成都、广西、南京、江西、开封 7 个兽医生物制品厂进行调整和改造，又在新疆、西藏和内蒙古等地新建兽医生物制品制造厂，全国兽医生物制品制造厂总数为 28 个。农业部在华北农业科学研究所家畜防疫系的基础上建立了中央人民政府农业部兽医生物药品监察所（1982 年改为中国兽医药品监察所），统一了 36 种畜禽疫苗和诊断制品的制造工艺、检验方法和标准，编撰了我国历史上第一部《中华人民共和国兽医生物制品制造及检验规程》，推动了我国兽医生物制品规范性研制、生产和使用：研制生产牛瘟病毒兔化弱毒疫苗，开展普遍预防接种，1956 年在全国范围内消灭了危害严重的牛瘟；猪瘟兔化弱毒乳兔组织冻干苗的研制与大量生产，以及全国范围推广春、秋两季全面接种，显著控制了猪瘟的流行。20 世纪 80 年代改革开放后，随着畜牧业的发展，牛羊猪禽养殖大量发展，防疫用品需求进一步加大，除了 28 家兽医生物制品制造厂生产销售防疫制品外，大专院校兽医系、畜牧兽医研究所纷纷开展兽医生物制品研发、中试和临床应用，有的单位建造了中试车间，开展较大规模的生产和经营活动。为了适应兽用生物制品需求的增长、规范兽药生产活动、提高质量管理水平，农业农村部制定并颁布实施《兽药生产质量管理规范》，即 GMP，要求所有兽药生产企业将于 2006 年 1 月 1 日全部通过 GMP 现场检查验收，至此大幅度提高了兽用生物制品企业的基础要求，也增加了企业的投入成本，但是畜牧业高速发展，动物防疫产品需求强劲，于是原有 28 家兽用生物制品生产企业按照最新标准改建、扩建符合 GMP 标准的生产车间，同时很多研究机构单独或联合民营、上市公司甚至外资资本兴建兽用生物制品公司（夏业才等，2018）。据中国兽药协会 2020 年统计，全国共有 119 家兽药生物制品企业，2020 年生物制品市场销售额 162.36 亿元，其中禽用生物制品有 215 种，年生产 1883.60 亿羽份，年销售 72.78 亿元（占 44.83%）。猪用生物制品有 141 种，年生产 58.28 亿头份，年销售 69.23 亿元。牛羊用生物制品 54 个品种，销售 36.94 亿头份，销售额 17.71 亿元。119 家兽药生物制品企业中，小型企业 19 家，拥有资产总额 18.66 亿元，中型企业 76 家，拥有资产总额 164.28 亿元，大型企业 24 家，拥有资产总额 324.27 亿，生产总值 193.56 亿元，销售额 162.36 亿元，毛利 103.38 亿元。活疫苗生产能力 5502.23 亿剂，产能利用率 31.1%，灭活疫苗生产能力 850.48 亿剂，产能利用率 32.07%，随着兽用生物制品行业的发展，企业的规模、产品的数量和质量、产品的品牌效应会逐渐增加，企业发展优势明显，其效益也会逐渐增大。统计结果表明，2020 年年底批准兽医生物制品 788 个，兽医生物制品以传统灭活疫苗和弱毒疫苗为主，约占已批准兽医生物制品的 90%以上（中国兽药协会，2019，2020，2021）。截至 2022 年 8 月底，全国已有 1103 家企业通过《兽药生产质量管理规范（2020 修订）》和《兽医诊断制品生产质量管理规范》的现场检查验收，包括化药、中药、消毒剂企业 963 家，生物制品企业 87 家，诊断试剂企业 64 家，生物制品企业中有 5 家布氏菌活疫苗企业、8 家口蹄疫疫苗生产企业、11 家高致病性禽流感灭活疫苗生产企业（包括 9 家鸡胚培养病毒生产线，2 家悬浮细胞培养生产线的企业），通过了《兽用疫苗生产企业生物安全三级防护标准》检查验收（中国兽医药品监察所，2022）。

第三节　兽用药品生产质量管理规范与生物安全的关系

世界动物卫生组织（WOAH）制定了"兽用疫苗生产规范"、"疫苗生产设施、组织与管理的最低要求""相关生产设施设备设计和使用的最低要求"等推荐性文件（WOAH，2022b），以确保成员国构建其兽用疫苗质量保证体系，生产纯净、安全、有效的疫苗，同时应考虑产品和环境不被污染，生产过程材料的无害化处理，繁殖高致病性微生物必须妥善处理废弃物、废水和外排气体等，生产过程中操作微生物的控制区应设置负压并持续监测，以防传染性病原体排出，工作人员遵守安全程序，离开生产车间后不得接触易感动物。兽医生物制品不同于医学生物制品，兽医疫苗的效力检验采用产品推荐的最易感且通常为最小推荐使用年龄的宿主动物进行具有统计学意义的免疫攻毒试验，检验过程中使用到强毒株、动物和大型家畜的生物安全设施。由于生物技术的发展以及现代动物福利问题，WOAH 提倡采用动物替代方法进行兽用疫苗效力检验，遵循 3R 原则，减少动物使用数量，改进和完善兽用疫苗效力检验方法。

以欧美发达国家为代表的国外实验室生物安全体系建设起步较早，较为成熟，但对大规模工业化生产车间的生物安全要求相对宽泛。欧洲《大规模生物制剂生产车间危害等级》（以下简称"BSEN1620"）中对通风、消毒及罐体泄漏处置措施做了适当要求，但并未明确规定指标。具有代表性的欧洲口蹄疫（FMD）设施最低标准（以下简称"EuFMD"）中对大规模口蹄疫疫苗生产车间，规定了绝对负压机械通风系统、系统可回风（仅能回到原区域，且回风设高效）、排风须经过两级高效过滤等要求（EuFMD，2009），为我国兽用疫苗三级防护标准的编制提供了相关依据。

加拿大 CBH 标准除对"大规模"进行了定义外，仅着重介绍了发酵罐（fermenters）的一些注意事项，要求罐体尾气排放应设高效空气过滤器、焚烧器或其他防止病原体释放的等效方法；强调取样口无菌对接操作及泄压系统的验证等相关内容等（CBH，2022）。美国 BMBL-6 中新增了大规模生物安全内容（附录 M-Large-Scale Biosafety）的阐述，显而易见，"大规模"问题也正逐渐被国际关注，附录以风险评估为内核，提出了与"良好的实践质量指南与法规"（Good Practice quality guidelines and regulations，GxP）尤其是 GMP 之间的融合；强调了生产设备的密闭性要求、活毒废水处理系统（effluent decontamination system，EDS）的注意事项，以及设施设备预防性维护（preventative maintenance，PM）理念在生物安全领域的应用，涉及内容相对丰富，但全文更多给予原则性指导意见，几乎没有指标规定和措施要求，缺乏具体的实操性（BMBL-6，2022）。

我国在 2002 年制定颁布实施《兽药生产质量管理规范》（2002 版），其中对使用病原微生物从事兽用疫苗生产检验活动进行了规定和要求。兽用生物制品应按微生物类别、性质的不同分开生产。强毒菌种与弱毒菌种、生产用菌毒种与非生产用菌毒种、生产用细胞与非生产用细胞、活疫苗与灭活疫苗、灭活前与灭活后、脱毒前与脱毒后的生产操作区域和储存设备应严格分开。各类制品生产过程中涉及高危致病因子的操作，其空气净化系统等设施还应符合特殊要求。操作烈性传染病病原、人畜共患病病原、芽孢菌应在专门的厂房内的隔离或密闭系统内进行，其生产设备须专用，并有符合相应规定的防护措施和消毒灭菌、防散毒设施。对生产操作结束后的污染物品，应在原位消毒、灭菌后方可移出生产区。如设备专用于生产孢子形成体，加工处理一种制品时，应集中生产。在某一设施或一套设施中分期轮换生产芽孢菌制品时，在规定时间内只能生产一种制品。有菌（毒）操作区与无菌（毒）操作区应有各自独立的空气净化系统。来自病原体操作区的空气不得再循环或仅在同一区内再循环，来自危险度为二类以上病原体的空气应通过除菌过滤器排放，对外来病原微生物操作区的空气排放应经高效过滤，滤器的性能应定期检查。使用二类以上病原体强污染性材料进行制品生产时，对其排出污物应有有效的消毒设施。对从事高生物活性、高毒性、强污染性、高致敏性及与人畜共患病有关或有特殊要求的兽药生产操作人员和质量检验人员，应经相应专业的技术培训。从事人畜共患病生物制品生产、维修、检验和动物饲养的操作人员、管理人员，应接种相应疫苗并定期进行体检。

随着畜牧业发展，动物防疫产品需求增加，兽用疫苗生产规模逐步扩大，特别是口蹄疫、高致病性禽流感等国家强制免疫动物疫病疫苗需求的增加，使得疫苗生产过程中的安全问题逐渐显现，也引起管理部门和社会的关注及重视。2016 年 11 月，我国农业农村部发布《口蹄疫、高致病性禽流感疫苗生产企业设置规划》，首次提出涉及口蹄疫、高致病性禽流感活病毒操作的生产区域应符合生物安全三级防护要求。2017 年 8 月，农业农村部兽医局发布第 2573 号公告《兽用疫苗生产企业生物安全三级防护标准》（以下简称"三级防护标准"），该标准对兽用疫苗高级别生物安全生产车间、质量检验室、检验用动物房，以及污物、活毒废水、气体外排等的设计、建设、设施设备要求、运营维护方面的要求进行了明确规定。

该标准共有 113 条，关键条款 39 条，一般条款 74 条。生产车间包括如下条目：布局与维护结构中关注车间应为相对独立区域或独立建筑物，明确区分生产辅助区、一般生产区、防护区和核心区。车间应为相对负压，不同区域之间应有–15Pa 的压差，核心区压差值应不小于 40Pa，车间在通风空调系统正常运行状态下，采用烟雾测试等目视方法检查其围护结构所有缝隙应无可见泄漏等。通风与空调系统中应关注送排风需高效过滤，排风高效且可原位消毒与检漏，外排回风、排风管道以及生物安全阀等。供水与供气系统中关注防护区暴露管道方便清洁维护维修，关键节点安装截止阀等。污物处理及消毒灭菌系统关注双扉高压灭菌器、消毒清洁设施设备的安装确认与性能验证，活毒废水处理设置负压区。电力供应照明系统关注双路供电，供电冗余，确保负压区断电不失压。自控、监视与报警系统以及防护区通讯系统关注门禁、监视、报警、通讯等自控系统高效运行，确保车间安全生产。检验用动物房是重中之重，其安全标准高于生产车间，不能有效利用安全隔离装置饲养动物时，效力检验攻毒区动物饲养间的室内气压与室外大气压（负压）的绝对压差值应不小于 80Pa，与相邻区域的压差（负压）应不小于 25Pa。核心间应通过打压测试，空气压力维持在 250Pa 时，房间内每小时泄漏的空气量应不超过受测房间净容积的 10%。涉及活病原微生物操作的质检室有关区域，应达到《实验室生物安全通用要求》（GB 19489—2008）中 BSL-3 实验室相关要求。三级防护标准重点强调硬件设施，体系文件中对兽用疫苗车间生物安全管理内容不多，结合 2020版 GMP 管理文件及其质量风险评估后，三级防护兽用疫苗生产车间生物安全和质量安全管理体系文件将进一步完善和加强。农业农村部 2573 号公告要求所有具备生产资质的企业必须于 2020 年 11 月 30 日前达到该规划要求。截至 2022 年 8 月底，国内具有生产资格的 11 家高致病性禽流感（H5、H7）和 8 家口蹄疫病毒灭活疫苗生产企业均已全部通过农业农村部按新版兽药 GMP 及三级防护标准的检查验收，为我国重大动物疫病防控提供了坚实的生物安全保障。

《兽药生产质量管理规范》（2002 版 GMP）实施近 20 年来，对完善企业质量体系、规范兽药生产、保证兽药质量发挥了重要作用，但存在以下问题：兽药行业准入门槛过低、低水平重复建设导致产能严重过剩；生产车间洁净控制较低，产品质量安全存在风险；重大动物疫病和人畜共患病疫苗生产过程的生物安全控制力度不够等管理问题。为维护现代畜牧业生产安全、畜产品质量安全、公共卫生安全，根据兽药行业发展和制药水平的进步，对兽用药品生产质量管理规范进行了全面修订。《兽药生产质量管理规范》（2020 版 GMP）共分 13 章 287 条，主要包括总则、质量管理、机构与人员、厂房与设施、设备、物料与产品、确认与验证、文件管理、生产管理、质量控制与质量保证、产品销售与召回、自检与附则等内容。

2020 版 GMP 中有关生物安全的条款，主要内容为兽用生物制品应按微生物类别、性质的不同分开生产。强毒菌种与弱毒菌种、病毒与细菌、活疫苗与灭活疫苗、灭活前与灭活后、脱毒前与脱毒后，其生产操作区域和储存设备等应严格分开。涉及高致病性病原微生物、有感染人风险的人兽共患病病原微生物以及芽孢类微生物的，应在生物安全风险评估基础上，至少采取专用区域、专用设备和专用空调排风系统等措施，有符合相应规定的防护措施和消毒灭菌、防散毒设施以确保生物安全。用于加工处理活生物体的生产操作区和设备应当便于清洁和去污染，清洁和去污染方法的有效性应当经过验证，对制品生产、检验过程中产生的污水、废弃物等进行无害化处理的设施设备性能应予以确认且方法应得到验证。有生物安全三级防护要求的兽用生物制品的生产，还应符合相关规定。空调排风系统，其排风应当经过无害化处理，操作一、二、三类动物病原微生物应在专门的区域内进行，并保持绝对负压，空气应通过高效过滤后排放，滤器的性能应定期检查。有菌（毒）操作区与无菌（毒）操作区应有各自独立的空气净化系统且人流、物流应分开设置。来自一、二、三类动物病原微生物操作区的空气不得再循环或仅在同一区内再循环。含高致病性病原微生物以及有感染人风险的人兽共患病病原微生物的活毒废水，应有有效的无害化处理设施，产生的含活微生物的废水应收集在密闭的罐体内进行无害化处理。生产操作结束后的污染物品应在原位消毒、灭菌后，方可移出生产区。布氏菌活疫苗生产操作区（含细菌培养、疫苗配制、分装、冻干、轧盖）应使用专用设备和功能区，生产操作区应设为负压，空气排放应经高效过滤，回风不得循环使用，培养应使用密闭系统，通气培养、冻干、高压灭菌过程中产生的废气应经除菌过滤或经验证确认有效的方式处理后排放。疫苗瓶在进入贴签间前，应有对疫苗瓶外表面进行消毒的设施设备。布氏菌病活疫苗涉及活菌的实验室检验操作应在检验实验室的生物安全柜中进行；安全检验应在带有负压独立通风笼具（IVC）的负压动物实验室内进行。芽孢菌类微生态制剂、干粉制品应当使用专用的车间，产尘量大的工序应经捕尘处理，生产炭疽芽孢疫苗应当使用专用设施设备，致病性芽孢菌（如肉毒梭状芽孢杆菌、破伤风梭状芽孢杆菌）操作直至灭活过程完成前应当使用专用设施设备。涉及芽孢菌的生产操作结束后，污染物品应在原位消毒、灭菌，方可移出生产区。如设备专用于生产孢子形成体，当加工处理一种制品时应集中生产。在某一设施或一套设施中分期轮换生产芽孢菌制品时，在规定时间内只能生产一种制品。鉴于三级防护标准侧重硬件方面，结合《兽药生产质量管理规范》（2020 版 GMP）的实施，使兽用疫苗三级防护车间的安全管理更规范有效。

在 2020 版 GMP 制/修订期间，甘肃兰州 2019 年布氏菌抗体阳性事件触动了广大民众对兽用疫苗，特别是人畜共患病预防控制疫苗生产和使用安全的担忧。为了适应现代疫苗生产设施设备及工艺流程的改变，强化兽用布氏菌疫苗的安全生产管理，农业农村部于 2020 年 1 月发布了《农业农村部办公厅关于切实加强兽用布氏菌病活疫苗生产安全监管工作的通知》（农办牧〔2020〕5 号），对布氏菌病活疫苗生产条件提出了具体要求。

农业农村部根据《中华人民共和国生物安全法》《病原微生物实验室生物安全管理条例》《兽药管理条例》相关规定，为确保生物安全，于 2022 年 4 月 17 日发布公告第 550 号，就兽用生物制品研制、生产和检验中使用高致病性动物病原微生物进行了规定，使用一类病原微生物的应获得批准；兽用生物制品生产或检验过程中使用高致病性动物病原微生物的，有关生产操作区、质检室、检验用动物实验室、污物（水）处理设施以及防护措施等应符合生物安全三级防护要求；兽用生物制品生产或检验过程中使用高致病性动物病原微生物的，相关生产检验设施和防护措施应当于 2024 年 12 月 31 日前经企业所在省份的省级畜牧兽医主管部门确认达到《兽用疫苗生产企业生物安全三级防护标准》要求。

农业农村部自 2002 年实施兽药 GMP，一直将兽药生产中生物安全与兽药质量统一管理，通过两版《兽药生产质量管理规范》的制/修订，以及《兽用疫苗生产企业生物安全三级防护标准》《布氏菌病活疫苗生产条件要求》《兽用生物制品研制、生产和检验中使用高致病性动物病原微生物规定》的颁布实施，不断强化和提升兽用疫苗车间的安全管理，将对确保高质量兽用疫苗生产和安全使用有巨大促进作用。

第四节　常见兽用疫苗与车间的生物安全

一、口蹄疫疫苗车间

口蹄疫是由口蹄疫病毒引起牛、羊、猪等 70 多种偶蹄动物的口鼻部、蹄冠部、乳房、会阴等无毛处出现水泡的一种急性热性病毒病，具有传播速度快、发病率高、幼畜死亡率高等特点，国际兽医局将其列为必须报告疫病，我国列为一类动物疫病，疫病的流行与暴发严重影响动物及其产品的国际贸易，是造成贸易壁垒的重要疫病，虽很少引起人感染，不属人畜共患病，但素有"政治经济病"之称。全世界仅大洋洲以及部分岛屿国家未发生过口蹄疫，其他国家和地区均发生过口蹄疫暴发流行，给畜牧业发展造成了严重的损失。

口蹄疫病毒是德国科学家 Loeffler 和 Frosch 于 1897 年发现的，是人类认识最早的动物病毒病原。口蹄疫的病原为小 RNA 病毒科，口蹄疫病毒属的病毒有互不交叉保护的 7 个血清型，即 O 型、A 型、C 型、亚洲 1 型（Asia1）及南非 1、2、3 型（SAT1、SAT2 和 SAT3）。口蹄疫的防控主要采取疫苗免疫结合扑杀的综合防控措施，北美、西欧、部分南美国家成功控制和消灭了口蹄疫，但目前仍在东亚、南亚、非洲及部分南美洲国家和地区流行。口蹄疫病毒属于高致病性病原微生物，有或无口蹄疫流行的国家和地区均对实验活动和疫苗生产活动进行严格管理，任何口蹄疫病毒实验生产活动均需要在高级别生物安全条件实验室或车间进行。世界上从事口蹄疫研究的著名实验室主要有：英国普尔布莱特（Pirbright）研究所（The Pirbright Institute, FAO 和 WOAH 口蹄疫参考实验室，1924 年）、美国梅岛（Plum Island）动物疫病中心[Plum Island Animal Disease Center（PIADC），1954 年]、德国联邦动物卫生研究所[Friedrich-Loeffler-Institut - Federal Research Institute for Animal Health（FLI），1909 年]、丹麦国家兽医研究所（DTU National Veterinary Institute，Lindholm，1925 年）、巴西泛美口蹄疫和兽医公共卫生中心[The Pan American Center for Foot-and-Mouth Disease and Veterinary Public Health（PANAFTOSA/VPH），1951 年]、全俄兽医病毒学与微生物学国家研究所(All-Russian Research Institute for Veterinary Virology and Microbiology，1934 年)，以及中国农业科学院兰州兽医研究所的口蹄疫实验室（1958 年）等。

疫苗免疫是口蹄疫防控最重要的工具之一，疫苗生产厂家应及时提供有效疫苗。有效疫苗依赖于流行病学，选择最适宜的制苗种毒，根据严格的生产工艺流程生产疫苗。口蹄疫疫苗是最早研发和应用的疫苗之一，1937 年开始用发病牛舌皮及水泡液甲醛灭活配制铝佐剂疫苗免疫动物。1947 年使用新鲜牛舌皮上皮细胞培养病毒生产口蹄疫灭活疫苗奠定了现代口蹄疫灭活疫苗的工艺基础。1962 年将病毒适应到 BHK21克隆 13 细胞系，大量生产病毒制备甲醛灭活铝佐剂疫苗，并在意大利实现了 GMP 条件下工业化生产，随后将单层 BHK 细胞驯化为全悬浮细胞，并发展为大规模发酵罐悬浮培养病毒生产口蹄疫疫苗，该工艺是当前世界口蹄疫疫苗生产企业的核心工艺（Doel，2003）。

典型的口蹄疫疫苗生产工艺流程如下。

（1）疫苗种毒的选择：主要来源于参考实验室的筛选与推荐。参考实验室根据口蹄疫流行情况和分离毒株的血清学交叉中和保护关系，确定与推荐制苗种毒，监测与筛选工作在生物安全实验室进行，如各个国家和地区的口蹄疫参考实验室，其生物安全管理主要管控操作口蹄疫活病毒的安全风险。常见疫苗种毒株有 O BFS 1860 株、O Manisa 株、Asia1 Shamir 株、A24 Cruzeiro 株、A22 Iraq 株、O Taiwan 98 株、O Philippines 98 株、O-3039 株、SAT 2 Saudi Arabia 株等。国内灭活疫苗生产种毒株：O 型毒株主要有 O/MYA98/BY/2010株、O/GX/09-7 株、O/PanAsia/TZ/2011 株、OHM/02 株、O/Mya98/XJ/2010 株、Re-O/MYA98/JSCZ/2013株等，覆盖 O 型口蹄疫病毒泛亚谱系（O/PanAsia）、缅甸 98 谱系（O/Mya-98）、印度 2001 谱系（O/Ind-2001）和嗜猪谱系（O/Cathay）毒株等流行毒株；A 型毒株主要有 AF/72 株、AKT-III 株、Re-A/WH/09 株等，覆盖传统 A 型流行毒株和新传入流行的 A/Sea-97 毒株等；亚洲 1 型病毒主要制苗毒株 AsiaⅠ/JSL/China/2005株，用于预防控制亚洲 1 型口蹄疫流行，该型病毒在我国已得到有效控制，自 2018 年 7 月 1 日起我国全面停止 Asia1 型免疫。

（2）生产种毒的制备：生产企业获得基础种毒，在生产车间确定病毒培养参数，制备鉴定基础种子批，再制备一定量的生产种子批，用以大规模生产疫苗抗原，确保疫苗质量的稳定性和批次之间的均一性。

（3）大规模病毒培养：目前国内口蹄疫疫苗生产企业主要采用 BHK21 细胞悬浮培养罐大规模培养病毒，单个发酵罐病毒溶液可达 6500L，单个车间病毒培养体积最大可达 6000L×5 个发酵罐。虽然口蹄疫病毒培养繁殖在密闭的罐体系统中进行，但其容量远远大于国际上规定的大规模 10L 的限量，存在着一定的生物安全隐患。

（4）病毒培养液澄清与灭活：病毒培养后，采用过滤或连续流离心技术除去细胞碎片以澄清病毒液，随后加入灭活剂进行灭活。口蹄疫疫苗生产早期采用甲醛灭活，甲醛是口蹄疫疫苗传统灭活剂，其通过病毒蛋白交联而灭活病毒，对病毒 RNA 并没有本质的改变。甲醛灭活病毒的动力学很难确定，难以通过灭活剂浓度和灭活剂作用时间确定灭活效果，无法确保其安全性，存在病毒灭活不彻底而造成疫病发生的可能。此外，甲醛灭活对有效抗原完整病毒颗粒（146S）含量影响较大。后来通过大量比较研究发现，乙烯亚胺类衍生物是比较理想的灭活剂，直接破坏口蹄疫病毒的核酸。Bahnemann 率先采用二乙烯亚胺（BEI）对口蹄疫病毒进行灭活（Bahnemann，1973），逐渐得到学者认可并取代甲醛成为国际标准化口蹄疫疫苗灭活剂。《欧洲药典》规定 BEI 灭活口蹄疫病毒，需采用双罐灭活法，30℃左右灭活 24h，经灭活动力曲线测算每 10 000L 灭活病毒抗原液中活病毒颗粒不能超过 1 个即为灭活合格病毒抗原。

（5）抗原的纯化与浓缩：口蹄疫灭活疫苗的免疫效果与灭活抗原中的完整病毒颗粒（146S）含量直接相关，但也不是越多越好，适宜含量的抗原才能取得最佳效果。此外，灭活抗原配制疫苗时，通过检测口蹄疫病毒结构蛋白抗体（保护性抗体）和口蹄疫病毒非结构蛋白抗体（病毒复制抗体）进行口蹄疫疫苗免疫与自然感染的鉴别诊断，疫苗制备工艺中尽可能除去细胞碎片和口蹄疫病毒复制产生的非结构蛋白，保留完整的病毒颗粒。通常采用离心、过滤、有机溶剂（氯仿等）处理，同时采用铝胶吸附浓缩 5~10 倍、皂素、层析介质过滤、聚乙二醇（PEG）沉淀等方法进行抗原浓缩纯化，常用的 PEG 沉淀法可除去灭活抗原中约 95% 的杂蛋白，以制备高纯度的口蹄疫灭活疫苗。

（6）疫苗配制：口蹄疫灭活疫苗可根据实际需求加以适当的佐剂、缓冲液，乳化成单价、二价、三价甚至多价疫苗，欧洲早期使用最普遍的是氢氧化铝佐剂疫苗，也称水佐剂疫苗，对牛有很好的的免疫效果，但对猪的免疫效力不佳。我国主要使用以矿物油为佐剂的油佐剂疫苗，油佐剂疫苗优于传统的氢氧化铝水佐剂疫苗，不仅可用于猪的免疫预防，也可以延长对牛的免疫持续期，南美也广泛使用矿物油佐剂配制牛用疫苗。疫苗配制时向灭活病毒抗原中加矿物油制成水包油剂型疫苗，也可加入双性剂吐温-80 等制成水-油-水双相油佐剂疫苗，目前认为该类型疫苗效果最好，适合于多种动物的免疫预防，目前已有即用型佐剂（如 MontanideISA206 佐剂等），不仅简化了疫苗配制，而且疫苗剂型的稳定性和免疫效果更优。

（7）效力检验：口蹄疫灭活疫苗效力检验是检验疫苗的免疫效果，即疫苗用于免疫动物抵御口蹄疫的能力。其"金标准"是动物攻毒法，目前国际上主要采用 WOAH 的半数保护量（PD_{50}）测定法，分三个不同剂量组，如 1 头份、1/3 头份和 1/9 头份，每组免疫动物 5 头，3 周以后 10 000ID_{50}病毒攻毒，根据发病情况计算 PD_{50}，常规免疫预防疫苗每头份不少于 3PD_{50}，应急预防接种疫苗不应少于 6PD_{50}。另外一种是南美洲采用的抗感染保护百分率测定法（PG），用一个头份的疫苗免疫动物，一定间隔后攻毒，75%的免疫动物保护即为合格疫苗，动物攻毒试验必须在高级别生物安全防护设施或生物农业安全防护设施中进行，其防护级别与要求无疑是最高的。

根据口蹄疫病毒灭活疫苗生产工艺流程，疫苗生产车间生产过程中病毒泄漏风险点主要分布于：生产种毒的制备与保存；生产种毒接种于大规模培养罐；病毒在培养罐繁殖过程中保持罐内气体交换和压力平衡过程的尾气排放；培养罐培养过程中管道、罐体接口及各种阀门断裂；培养病毒浓缩纯化工序管道阀门破裂；病毒灭活不彻底；工艺处理过程中排出含有活病毒的废水；病毒培养完成以后罐体消毒处理不彻底等。此外，整个过程中检验动物房疫苗效力攻毒检验风险最大，检验过程使用动物量大、持续时间长，免疫动物用强毒攻击，对照动物或免疫未保护发病动物排放大量病毒于动物饲养空间。所以，任何口蹄疫疫苗生产国和企业，针对口蹄疫疫苗生产检验风险采取有效防范措施最为关键，同时，加强操作口蹄疫活病毒的实验安全管理是控制和消灭口蹄疫的必要措施。

19 世纪口蹄疫在欧洲广泛流行，对易感动物特别是牛实施大规模高密度免疫，结合扑杀政策有效控制和消灭口蹄疫。此间从事口蹄疫检测研究实验室较多，分别在德国、荷兰和英国建有疫苗生产厂家以满足口蹄疫防控需要。虽然高度重视口蹄疫检测实验室或疫苗生产车间的生物安全，但仍然多次发生口蹄疫病毒泄漏事故。欧盟历史上至少有三次口蹄疫暴发与实验室泄漏有关，其中两次发生在 1991 年前，分别与德国的 Tübingen 疫情和法国的 Maisons-Alfort 疫情有关。第三次发生在 2007 年，由英国 Pirbright 研究所的口蹄疫参考实验室和比邻的梅里亚口蹄疫疫苗生产厂（Merial）拥有并使用的疫苗毒株 O1/BFS/1860 株引起的。该研究所是英国唯一授权操作口蹄疫活病毒的机构。英国萨里郡 Pirbright 研究所附近两个农场暴发口蹄疫，由一株未曾在田间流行的病毒株（O1/BFS/1860 株）引起。疫病流行期间，Pirbright 研究所和梅里亚动物卫生有限公司使用过该毒株。第三方机构对疫情发生时的流行病毒株，以及 Pirbright 研究所和 Merial 试验研究使用的毒株 O1/BFS/1860 进行了病毒序列测定，结果表明引发疫情的病毒与 Pirbright 研究所用于分子生物学和免疫学研究以及 Merial 用于疫苗制备的病毒极为相似，疫情毒株与 Merial 毒株有 5 个碱基差异，与 IAH 毒株有 6 个碱基的差异。毫无疑问，本次口蹄疫暴发是由这两个机构之一的口蹄疫病毒（FMDV）引起的。虽然调查未发现 Pirbright 研究所或 Merial 的主要安全设备，如外排气体高效过滤系统等存在缺陷，但确实也发现了这两个单位存在多个生物安全和生物安保漏洞需要改进，如 Pirbright 研究所和 Merial 有各自独立的废水排放管道，最后汇集到 Pirbright 研究所的一个共用废水烧碱处理厂，但废水烧碱处理厂已建成使用了 50 多年，由于处理废水操作简单、效果可靠，一直未引起人们的太多关注。然而，2007 年 7 月 20 日特大暴雨期间厂区进水导致废水处理厂废水外溢，由工程施工车辆将病毒携带并扩散到周围养殖场造成疫情发生。此外，调查发现 Merial 工业级别的病毒处理量与 Pirbright 研究所小型实验室病毒操作量存在巨大差异。Pirbright 研究所和 Merial 的活毒废水在排入排放管道之前均进行化学消毒，化学消毒过程不是彻底有效的消毒过程，因此在废水排放前需集中在废水处理厂用烧碱进一步处理。Pirbright 研究所操作病毒量少，化学消毒非常有效，不会将大量传染性病毒释放到排水管道。但是，Merial 是工业规模化增殖病毒生产疫苗，废水排放量巨大，无法确保废水排放前化学消毒处理程序完全有效或经过验证有效。检查人员认为经废水管道有可能泄漏传染性病毒，因此，连接烧碱废水处理厂和高级别生物安全实验室的排水管道也是 Pirbright 高级别生物安全防护的一部分,必须得到很好的维护和有效控制以防止活毒废水中病毒的泄漏。Merial 负责人认为其排放废水中可能存在活病毒,而 Pirbright 研究所生物安全官似乎并不知情,Pirbright 研究所和 Merial 的生物安全官员之间的沟通不畅,对废水风险的认识不统一。另外,Merial 生产厂负责人担任该单位生物安全负责人,存在生物安全和公司利益冲突问题。所以,因两个不同机构共用的污水排放设施陈旧、资金不足、维护不善,无法确保老旧的口蹄疫病毒研究设施达到要求的安全标准而造成感染性病毒泄漏(Spratt,2007)。

为了防止口蹄疫病毒从实验室或疫苗生产厂逃逸造成疫情暴发流行,1985 年欧盟口蹄疫防控委员会(EuFMD)通过世界粮农组织发布了首个"体内外操作口蹄疫病毒实验室的最低要求 85/511/EEC",此后进行了修订(90/423/EEC)。1991 年,欧盟口蹄疫防控取得了重要进展,全欧洲停止使用口蹄疫疫苗,为了进一步强化口蹄疫活病毒的操作,欧盟有对生物安全标准进行了修订,1993 年修订版提高了实验室标准,特别是免疫或非免疫无口蹄疫国家的实验室。2001 年欧洲再次暴发口蹄疫后,2003 年进行了修订(2003/85/EC),2007 年英国发生口蹄疫后,2009 年 4 月再次修订并颁布了标准。欧盟操作口蹄疫活病毒的实验室和公司至少要达到该最低标准,并由主管部门严格管理。制定该标准的基本原则是:口蹄疫病毒仅感染动物,不会对人类健康造成危害;口蹄疫病毒实验室的防护措施应不同于操作对人类健康造成重大威胁的病原的高级别实验室;采取切实可行的措施降低病毒偶然泄漏风险到可接受的程度,有效地平衡实验室服务、效益和风险的关系。标准实施三级防护:一级防护为生物安全柜、特殊建造动物房;二级防护为病毒感染性材料及操作人员局限于密闭环境,其中固体、液体和气体须经验证灭活口蹄疫病毒方法处理;三级防护为防止接触实验室设施外围易感动物,如工作人员不能到访易感动物养殖场等。此外,强调强化管理,以及风险识别、评估和管控。明确实验室口蹄疫病毒的主要来源,包括:诊断样品,感染组织培养物,感染实验动物如乳鼠和豚鼠,实验室内大量病毒的理化处理过程,感染猪、牛、羊和其他大型易感动物。识别出口蹄疫病毒逃逸或携带出实验室的主要途径,即人员、空气、废水、固体废弃物、样品和试剂等。口蹄疫病毒实验活动分为大量和常规量操作,制备感染性口蹄疫病毒量超过 10L 为大量实验活动,操作量在 10L 以内为常规量实验活动,都必须取得主管部门的强制授权许可证。实验室应维持负压,操作少量病毒(10L 以下或少量细胞培养物),最小负压为 35Pa;操作大量病毒,如大规模生产病毒的房间和大动物房间,最小负压应为 50Pa。实验室外排气体必须经 HEPA 过滤排出,动物房和生产车间外排空气必须经双 HEPA 过滤排出。为了提高安全性推荐 HEPA 使用 H14 级滤膜,EN1822 规定 HEPA 滤膜至少应为 H13 级。欧盟标准附件特别强调,事故都是风险控制措施未达到预期效果的体现,管理层应高度重视事故报告,分析事故报告加强生物安全管理水平。事故可以归类如下:工程相关,如硬件(设施和设备)、设计(不合理的规划和工程)、维护(计划和适用性)、程序(标准操作和相关性)、防护(保护性设备和信号传输);人员管理相关,如发生错误的状态(职业健康和态度)、内务(整洁与维持)、目标的兼容性(成本与安全)、沟通(及时解释)、组织(责任与义务)、培训(知识与经验)。目前全球有 15 个 WOAH/FAO 口蹄疫参考实验室,分布于各大洲。欧洲、北美洲在口蹄疫流行时期都建有口蹄疫疫苗生产厂,在口蹄疫控制和消灭以后,逐渐关闭生产企业,取而代之的是建立口蹄疫疫苗库,从口蹄疫疫苗生产厂购买抗原,储备抗原用于紧急配制疫苗和免疫预防,例如,美国梅岛动物疫病中心建有北美口蹄疫疫苗库,为其成员国储备疫苗抗原以备急需。目前世界口蹄疫疫苗生产企业有 28 个,分布在南美洲的阿根廷、巴西,欧洲的俄罗斯、土耳其、英国,非洲的博茨瓦纳、肯尼亚、埃塞俄比亚,亚洲的印度、巴基斯坦、伊朗;我国有生产资质的企业有 8 家。此外,在越南、韩国、摩洛哥等国家设有疫苗配制厂。

2009 年 6 月至 2012 年 6 月,欧盟食品和兽医局对 15 个成员国的 16 个授权操作口蹄疫活病毒的国家实验室和三个疫苗企业[荷兰 Lelystad Biologicals Ltd、英国 Merial Animal Health Ltd,Pirbright(Merial,Pirbright)和德国 INTERVET International GmbH,Köln]进行了 19 次核查。核查发现虽然所有口蹄疫实验室均达到生物安全最低标准要求,但实验室或车间使用频率差异较大,由于管理水平差异导致自检中对废气、废水、废弃物风险识别不充分,检查组向主管部门提出了 58 条整改意见,以进一步改进生物安全管理体系和对生物安全的管控,并在给定时间内进行了彻底整改,要求口蹄疫实验室保持警惕,不断完善,改进风险管理系统。

二、布氏菌活疫苗车间

布鲁氏菌病（Brucellosis，简称布病）是由布鲁氏菌引起的一种比较常见的人兽共患病，《中华人民共和国传染病防治法》法定乙类传染病，《中华人民共和国动物防疫法》法定动物二类传染病，也是《中华人民共和国职业病防治法》规定的生物因素所致职业病。该病分布于世界各大洲，约有 160 个国家和地区存在人畜布病。

布鲁氏菌病病原主要是流产布氏菌（牛种）、马耳他布氏菌（羊种）、猪布氏菌（猪种）以及犬布氏菌（犬种），主要采取分区域疫苗免疫接种和检疫净化的防控措施。人用弱毒疫苗有 M104，但未普及使用；动物用疫苗有 S2、A19、M5 或 M5-90 等；WOAH 推荐的弱毒疫苗有 S19、Rev-1、RB51 等（Hou et al.，2019）。该病的临床表现多样，常见症状为波状热、肌肉痛、关节痛、盗汗、疲惫、流产等，不治疗或治疗不当则转变为慢性。布病不会发生人传人，主要由于接触病畜及细菌污染的材料，经皮肤伤口、口鼻眼黏膜、气溶胶等感染，为畜牧业从业人员职业病，常发生于牧区牧民、皮毛处理工人、屠宰场工作人员、兽医防疫人员、猎人等。此外，实验室和疫苗生产厂也是比较常见的人感染布鲁氏菌的途径（Wallach et al.，2008）。

根据已发表文献对畜牧业从业人员、屠宰场工作人员、兽医人员、实验室工作人员和猎人布鲁氏菌感染情况统计分析。农牧民和家畜养殖人员发病率最高，共有 870 个病例；其次是屠宰场工作人员，有 292 个病例，其中包括处理羊胎衣的药厂操作工；兽医人员有 189 个病例，居第三位。除工作需要接触染病动物外，用活疫苗免疫动物时操作或防护不当也是重要的感染途径；实验室工作人员感染布氏菌的报道也很多，据统计约有 183 个病例，主要由于未在生物安全柜中进行操作、实验室发生操作事故、处理疑似阳性病料不当、分离培养操作不当等发生感染；例如，实验室废弃物处理场人员因针头刺伤意外感染；阿根廷 S19 疫苗厂 21 名工作人员感染等（Arenas-Gamboa et al.，2009；Wallach et al.，2017）。

2016 年 4 月，成都市在国网报告系统中收到 2 例布病报告，为四川某生物制药企业活疫苗生产线 2 名员工（1 男 1 女），因身体不适到医院就医。男性患者出现反复发热症状，女性无症状；布病试管凝集试验（SAT）检测，实验室检测结果显示，男性患者抗体滴度≥1：3200，女性患者抗体滴度为 1：800。接受门诊治疗后病情好转，男性患者症状缓解，女性患者已无自觉症状。开展流行病学调查，四川某生物制药有限公司主要从事动物（禽、猪、牛、羊）疫苗研发生产，是布病活疫苗（S2 株和 A19 株）定点生产企业，2 名患者为同车间同事，负责开种、制备一级和二级种子的工作，在超净工作台上进行上述操作，个人防护用品有防护服（按照生物制品生产要求配备的防护服）、活性炭口罩、橡胶手套，2 例布病患者均未参加过生物安全知识培训，存在新进人员未经培训就到高危岗位工作的现象。公司员工共有 165 人，其中从事生产工作的员工有 85 人，行政管理人员 80 人，现场采集检测 7 名高危人群血样，5 名为阳性。事件发生以后，相关部门要求企业开展员工职业病防治和生物安全培训，改善企业生产基础条件，提高工作人员安全生产意识和防护条件。

2019 年 11 月 28 日，中国农业科学院兰州兽医研究所一研究团队 2 名学生检测出布鲁氏菌抗体阳性，11 月 29 日阳性人数增加至 4 人，随后该团队学生集体进行了布鲁氏菌抗体检测，陆续检出抗体阳性人员，引发全所在读学生的担忧，不少学生自行前往医院或疾控中心进行布鲁氏菌抗体检测，截至 12 月 25 日 16 时，兰州兽研所学生和职工血清布鲁氏菌抗体初筛检测累计 671 份，实验室复核检测确认抗体阳性人员累计 181 例。抗体阳性人员除一名出现临床症状外，其余均无临床症状、无发病。甘肃省由卫生健康和农业农村成立专门工作组，开展溯源调查、检测诊疗、流行病学调查、实验室检测、科普宣传、回应社会关切等工作，并关闭了兰州兽研所所有实验室，停止相关实验活动，为需治疗的抗体阳性人员提供规范化治疗。以国家级、省级专家为主的调查组，对兰州兽研所及相邻的中牧兰州生物药厂的生物安全管理制度执行和设施设备运行维护，以及菌（毒）种和实验样本的采集、使用、保存、销毁、布鲁氏菌相关的科研生产情况等进行了全面调查，对兰州兽研所实验楼、实验动物、职工食堂、2016 年以来研究生入学时留存的血清标本以及中牧兰州生物药厂周边区域环境、相关人员进行了抽样检测，综合各方面调查检测结果，专家组认为：2019 年 7 月 24 日至 8 月 20 日，中牧兰州生物药厂在兽用布鲁氏菌疫苗生产过程中使用过期消毒剂，致使生产发酵罐废气排放灭菌不彻底，携带含菌发酵液的废气形成含菌气溶胶，生产时段该区域主风向为东南风，兰州兽研所处在中牧兰州生物药厂的下风向，人体吸入或黏膜接触产生抗体阳性，造成兰州兽研所发生布鲁氏菌抗体阳性事件。此次事件是一次意外的偶发事件，是短时间内出现的一次暴露。造成此次事件的中牧兰州生物药厂布鲁氏菌疫苗生产车间已于 2019 年 12 月 7 日停止生产。截至 2020 年 9 月 14 日，累计检测 21 847 人，初步筛出阳性 4646 人，甘肃省疾病预防控制中心复核确认阳性 3245 人（刘昌孝，2020）。

自我国 1905 年首次报道布病以来，各省（自治区、直辖市）均有不同程度的流行，20 世纪 50～60 年代在我国人畜中有较严重流行，70 年代布病疫情逐年下降，1993 年布病疫情出现了反弹，1996 年我国部分省份疫情明显回升。根据全国法定传染病疫情概况统计，2008 年至 2020 年合计人布病发病约 54.7 万例，年均人布病发病数 4.2 万例，2020 年与 2008 年相比增幅将近 50%。与此同时，世界部分地区布病疫情也在增加，引起世界和我国有关部门的关注。根据 2015～2021 年共计 81 期《兽医公报》统计数据，我国牛羊发病数 23.556 万头（只），除天津、上海、海南和西藏未报发病数外，其他省份均有家畜布鲁氏菌病病例报告，发病动物以羊为主。

面对严峻的防疫形势，贯彻习近平总书记关于加强国家生物安全风险防控和治理体系建设指示精神，坚持人民至上、生命至上，实行积极防御、系统治理，有效控制传染源、阻断传播途径、提高抗病能力，切实做好布病源头防控工作，维护畜牧业生产安全、公共卫生安全和生物安全。农业农村部制定发布了《畜间布鲁氏菌病防控五年行动方案（2022～2026 年）》，通过强制免疫，提高免疫密度，加强牛羊种畜场布氏菌病净化和无疫小区建设，强化检测能力建设与提高，提高民众防疫意识，到 2026 年，实现全国畜间布病总体流行率有效降低，牛羊群体健康水平明显提高，个体阳性率控制在 0.4% 以下，群体阳性率控制在 7% 以下。为了确保目标的实现，农业农村部强化了布氏菌疫苗生产与使用的生物安全管理。

农业农村部批准生产使用的布氏菌活疫苗有布鲁氏菌活疫苗 S2 株、A19 株、A19- ΔVir B1 株、M5 株、M5-90 株、M5-90Δ26 株等。A19 株用于预防牛布鲁氏菌病，仅对 3～8 月龄牛接种，不能用于配种前 1 个月以内的母牛和孕牛。M5 株或 M5-90 株由中国农业科学院哈尔滨兽医研究所研制，用于预防牛羊布鲁氏菌病，皮下注射、滴鼻或口服接种，在配种前 1～2 个月接种较好，妊娠母畜及种公畜不进行接种，一般仅对 3～8 月龄的奶牛接种，成年奶牛一般不接种，是中国目前使用疫苗中毒力最强的菌株。S2 株是中国兽医药品监察所研制、1971 年广泛使用的疫苗株，用于预防羊、猪和牛布鲁氏菌病，口服、皮下或肌肉注射接种，注射法不能用于孕畜、牛和小尾寒羊。该疫苗毒力较弱，生产成本较低，可以口服免疫，但免疫效力比 A19 株要弱。A19-ΔVir B12 株用于预防牛布鲁氏菌病，不能用于怀孕畜和种公畜。M5-90Δ26 株用于预防羊布鲁氏菌病，腿部皮下注射，妊娠母畜及种公畜禁用。所有动物布鲁氏菌病活疫苗说明书注意事项中均强调，布氏菌活疫苗对人有一定致病力，预防接种工作人员应做好防护，避免感染或引起过敏反应。

农业农村部办公厅《关于切实加强兽用布氏菌病活疫苗生产安全监管工作的通知》（农办牧〔2020〕5 号）对布氏菌病活疫苗生产条件提出了要求，除符合一般弱毒疫苗生产条件要求以外，还需符合以下要求：疫苗生产区（含细菌培养、疫苗配制、分装、冻干、扎盖）应使用专用设备和功能区；疫苗生产操作区应设为负压，该区域外排空气应高效过滤，回风不得循环使用；定期对高效过滤器进行检漏；细菌培养应使用密闭系统，通气培养、冻干、高压灭菌过程中生产的废弃物应经除菌过滤或经验证确认有效的方式处理后排放，确保排出的废气中无活菌；贴签前应对疫苗瓶外表进行消毒；安全检验接种疫苗小鼠应饲养在带负压的独立通风笼具（IVC）中；涉及活菌的实验室检验应在质检室的生物安全柜中进行；应进行生物安全风险评估，根据评估结果对生产、检验、设备维修维护等人员采取有效生物安全防护措施。在公告发布之前，全国有 12 家企业从事布鲁氏菌活疫苗及其相关的诊断抗原生产活动。结合 2020 版 GMP 和布氏菌病活疫苗生产条件要求，目前仅有金宇保灵生物药品有限公司、齐鲁动物保健品有限公司、天康生物制药有限公司、重庆澳龙生物制品有限公司、哈尔滨维科生物技术有限公司和哈药集团生物疫苗有限公司（诊断抗原）等获得布氏菌病活疫苗生产许可。

布氏菌活疫苗的生产工艺概括为：①菌种种子批制备。培养量相对较小，要求应在生物安全柜中操作；发酵罐大量发酵培养，此时培养体量大、细菌浓度高，为维持罐内压力和气体交换，会有大量细菌通过气溶胶排出，是生物安全风险最大的环节之一；②浓缩与配制，为了达到质量标准规定细菌浓度和活力，进行部分浓缩并配以维持细菌活力的保护剂，存在细菌泄漏污染工作环境、感染工作人员的安全风险；③分装与冻干。培养细菌物经中间检验合格后加入一定保护剂和赋形剂，经全自动分装机进行分装，分装机要求在洁净级别 B 级背景下的 A 级环境中进行动态分装，分装之后进入全密闭的冻干机进行冷冻真空冻干，冻干压盖密封之后应对疫苗包装瓶外表进行表面消毒处理。

兽医微生物实验室和疫苗生产车间面临最大的生物安全问题之一就是防范人员感染布鲁氏菌事件发生。分析实验室发生生物安全事故的原因，吸取经验教训，防止感染事件的发生，确保实验室人员和环境安全；充分认识布鲁氏菌及疾病的生物安全风险，提高实验操作人员生物安全意识；建立健全安全管理制度，特别是疑似布鲁氏菌生物样本及菌种的管理；提高与完善实验室防护标准，配备必要的生物安全柜等设备条件；检验健全操作规范程序，强化安全培训，严格按照程序开展试验研究与实验室检测工作，杜绝实验过程气溶胶的产生，拒绝使用不合格的实验动物及实验耗材等；提高实验室人员自我保护意识，规范使用个人防护设备；加强疫苗生产企业的生物安全意识和管理水平，确保布氏菌活疫苗的生产和使用的安全（Zhou et al.，2022）。

三、高致病性禽流感疫苗车间

甲型流感病毒属于正黏病毒科 A 型流感病毒属，是对人和动物危害最严重的病原。病毒基因组由 8 个单股负链 RNA 节段组成，编码至少 10 个蛋白质，甲型流感病毒会发生跨宿主传播，危害严重，出现新亚型或重组变异毒株，人畜群中普遍缺乏相应免疫力，造成流感病毒快速传播，从而引起全球范围内的广泛流行。由于流感病毒基因组 RNA 分节段的特性，病毒容易突变，且不同流感病毒之间易发生基因重组形成新病毒。

历史上曾发生四次流感大流行，分别是 1918 年"西班牙流感"（H1N1）、1957 年"亚洲流感"（H2N2）、1968 年"香港流感"（H3N2）和 2009 年甲型 H1N1 流感，多由重组病毒造成流行。除已经发生的流感大流行，其他亚型流感病毒也具有引发流感大流行的风险。高致病性禽流感 H5 亚型引发禽流感疫情，最早发生在 1959 年的苏格兰，此后在美国、加拿大、墨西哥、爱尔兰、意大利和中国香港等地分别由 H5N1、H5N2、H5N8、H5N9 病毒引发鸡、火鸡、鸭的流感疫情暴发。进入 21 世纪，2002 年中国香港暴发 H5N1 禽流感疫情，随后在亚洲、欧洲、非洲和北美洲各地暴发 H5N1、H5N8 等亚型病毒造成的禽流感疫情，据不完全估计，已造成近 4 亿只家禽的死亡或扑杀。由不同 H7 亚型病毒引起的禽流感疫情中，最早是英格兰 1963 年由 H7N3 病毒引生的疫情，此后在澳大利亚、巴基斯坦、意大利、荷兰、比利时、德国、加拿大和智利等国家发生由 H7N1、H7N3、H7N4、H7N7 引发的疫情造成大量家禽和鸟类死亡。据世界动物卫生组织统计，2005 年 1 月至 2022 年 11 月，不同的 H7 高致病性禽流感病毒在世界各地造成 106 起疫情，导致 3300 多万只家禽死亡；在美国和中国由 H7N9 引发疫情。

1997 年香港发生 H5N1 禽流感感染人死亡事件，是首次报道高致病性禽流感从禽类外溢传播给人类并导致死亡，引起社会的广泛关注。自此全球陆续报道 H5N1 病毒感染人病例 865 例、H5N6 病毒感染人病例 75 例、H5N8 病毒感染人病例 7 例，其中死亡病例 488 例，死亡率高达 50% 以上。低致病性和高致病性 H7 流感病毒均会导致人类感染，据统计有 4000 多例由 H7N7、H7N4、H7N9 病毒感染的人间病例。2013 年在我国长三角地区暴发的 H7N9 疫情，发生感染人事件，虽然得到有效控制，但该病毒仍在禽类中流行并于 2016 年突变成为高致病性禽流感病毒（HPAIV）H7N9 毒株。虽然目前分离到 H7N9 病毒的概率较低，但其引发流感大流行的风险仍不可低估。

禽流感病毒也可以通过跨宿主传播感染人类，H5 和 H7 亚型病毒与人流感病毒重组或发生了某些突变，获得在哺乳动物间飞沫传播的能力，因此 HPAIV 禽流感病毒具有引发流感大流行的风险，极易被用作生物武器。人类感染禽流感后，起病急，早期类似普通流感，主要表现为发热，体温大多在 39℃ 以上，伴有流涕、鼻塞、咳嗽、头痛、咽痛和全身不适等症状，部分患者还伴有恶心、腹泻等消化道症状；重症患者还可出现肺炎以及胸腔积液等影像学表现,以及呼吸窘迫等临床症状。人感染 H5 和 H7 亚型禽流感病毒以后,死亡率分别为 53% 和 39% 左右。

防控流感病毒的有效手段为疫苗和药物。疫苗作为防控流感病毒的有效手段,目前主要在禽类和人类中使用,起到了很好的防控效果;近年来,H5 和 H7 亚型禽流感病毒感染人事件经常发生,由于其引起禽类高死亡率的特点,对 HPAIV 的防控显得尤其重要(Shi et al.,2023)。

国际上基本采取扑杀措施,以便从根本上消灭禽流感,但有些国家允许紧急情况下使用疫苗,例如,墨西哥、巴基斯坦等采用免疫预防控制了禽流感疫情,美国允许火鸡使用禽流感灭活疫苗。世界罗马禽流感防治会议达成共识,将疫苗免疫作为控制高致病禽流感的主要措施。我国是养禽大国,养殖户分散,养殖条件相对较差,小型养殖户较多,控制禽流感难度大。我国对 HPAIV 的防控坚持以预防为主,实施免疫与扑杀相结合,遵循"早、快、严、小"的原则,采取以扑杀为主的免疫防控策略。免疫接种是提高易感动物抵抗力的关键措施。高致病性禽流感实行强制免疫,要求群体免疫密度常年维持在 90% 以上,其中应免疫畜禽免疫密度要达到 100%,免疫抗体合格率全年保持在 70% 以上。常用灭活疫苗和禽流感新城疫活载体疫苗。

我国每年养殖家禽量多达 170 亿只,养殖技术水平参差不齐,大量水禽在没有生物安全措施的开阔地饲养,所以疫病防控特别是高致病性禽流感防控关乎养禽业发展。中国政府根据中国家禽养殖特色,实事求是地采取疫苗免疫预防控制的策略。1996 年在广东发现第一种高致病性 H5N1 病毒后,开始研发禽流感疫苗。高致病性禽流感疫苗为政府强制性免疫疫苗,疫苗生产实行定点企业生产制,疫苗费用由政府支付。2004 年开始使用自然分离弱毒株 H5N2(A/turkey/England/N28/73)制备灭活疫苗,但流感病毒容易变异,HA 基因突变会导致抗原变异,为了确保疫苗免疫防控策略的有效性,确保疫苗与流行毒株的抗原匹配性,研究人员建立了国际通行的疫苗种子病毒技术平台。疫苗种子病毒(candidate vaccine virus,CVV)是利用反向遗传技术构建重组病毒毒株,即利用 PR8 毒株[A/Puerto Rico/8/34(H1N1)]在鸡胚致病力低但增殖能力强的特点,将高致病性禽流感病毒 HA 和 NA 基因片段替换入 PR8 毒株,并删除决定禽流感病毒高致病性的 HA 上的多个连续碱性氨基酸,HA 基因编码切割位点将 HA 降解为 HA1 和 HA2,与高致病性禽流感致病力相关。2005 年研制出重组高致病性禽流感灭活油佐剂疫苗(Rev-1)(Chen et al.,2004),之后国家禽流感参考实验室逐年对流行毒株进行分析比较,及时构建并更换疫苗种子病毒,包括 H5-Rev1(H5N1 亚型,预防进化分支 0、1、2.2、2.3.4 病毒感染)、H5-Rev4(H5N1 亚型,预防进化分支 7.2 病毒感染)、H5-Rev5(H5N1 亚型,预防进化分支 2.3.4 病毒感染)、H5-Rev6(H5N1 亚型,预防进化分支 2.3.2 病毒感染)、H5-Rev7(H5N1 亚型,预防进化分支 7.2 病毒感染)、H5-Rev8(H5N1 亚型,预防进化分支 2.3.4.4g 病毒感染)、H5-Rev11(H5N1 亚型,预防进化分支 2.3.4.4h 病毒感染)、H5-Rev12(H5N1 亚型,预防进化分支 2.3.2.1f 病毒感染)、H5-Rev13(H5N6 亚型,预防进化分支 2.3.4.4h 病毒感染)、H5-Rev14(H5N8 亚型,预防进化分支 2.3.4.4b 病毒感染)。H7N9 暴发时,采用同样的技术策略构建出 H7 亚型病毒的疫苗种子病毒,已从 H7-Rev1 更新到 H7-Rev4,用于预防不同抗原性的 H7N9 病毒,并与 H5 亚型疫苗联合制备出多价疫苗,预防控制家禽高致病性流感的暴发流行。

如前文所述,我国高致病性禽流感灭活疫苗采取生物三级防护标准车间生产管理,疫苗生产车间及检验实验室和动物房应符合农业农村部第 2573 号公告《兽用疫苗生产企业生物安全三级防护标准》,企业只有通过检查验收符合三级标准,才能生产销售高致病性禽流感疫苗。目前高致病性禽流感灭活疫苗工艺流程有两大类,即鸡胚工艺和细胞悬浮培养工艺。鸡胚工艺是传统流感疫苗生产工艺,为国内外大多数流感疫苗生产企业所采纳。具体工艺流程为:繁殖种子病毒,接种鸡胚,收获尿囊液,灭活、纯化、浓缩,加入适宜免疫佐剂配制成成品疫苗,成品疫苗检验(包括安全和效力等)。疫苗生产过程病毒泄漏风险点包括:种子病毒制备,大规模生产病毒抗原环节鸡胚接种与培养,胚毒的收获纯化浓缩,胚毒的灭活,废弃鸡胚的无害化处理。随着技术进步,大多数企业的鸡胚接种和收获流程已实现自动化,企业车间按照三级防护标准建造和配置设施设备,同时强化工作人员个人防护,结合兽药 GMP 管理规范,防止通过外排气体、废弃物(废弃鸡胚等)、废水以及人员将活病毒带出防护区。

由于鸡胚生产禽流感疫苗存在诸多不足，MDCK 细胞悬浮培养工艺逐渐成熟并用于大规模化生产中。目前国内有两家企业同步使用鸡胚疫苗种子病毒生产禽流感灭活疫苗，其基本工艺流程为：种子病毒增殖、悬浮细胞（MDCK 细胞）大规模繁殖病毒、纯化、浓缩、灭活、配制疫苗。成品疫苗检验标准和方法与鸡胚毒疫苗相同。生产过程中病毒泄漏风险点主要分布于：生产种毒的制备与保存过程中；生产种毒接种于大规模培养罐；培养罐病毒繁殖过程中的尾气排放；培养罐培养过程中管道、罐体接口及各种阀门断裂事故；培养病毒浓缩纯化工序管道阀门破裂；病毒灭活不彻底；工艺处理过程中排出含有活病毒的废水；病毒培养完成以后罐体消毒处理不彻底。

该疫苗的效力检验不同于口蹄疫灭活疫苗，不采用强毒攻毒法进行检验，一般采用免疫鸡只，测定其血凝效价判定疫苗效力，安全性检验采用 SPF 雏鸡检验，饲养于禽隔离器，检验过程不涉及使用禽流感强毒株活疫苗毒株，一般实验动物房配备禽隔离器未要求三级防护。

众所周知，高致病性禽流感病毒存在从鸟类外溢，获得人传染人能力并导致大流行的可能性，迅速开展疫苗免疫干预是遏制大流行最有效的手段。流感病毒疫苗效力取决于 HA 抗原与流行毒株的匹配性，监测到大流行后，应迅速生产和免疫 HA 与流行毒株匹配性好的疫苗，使广大民众在流行开始 4 个月之内使用上匹配疫苗，因此，不断更新、完善和储备候选疫苗病毒（CVV）至关重要。世界卫生组织协调美国（FDA、CDC、SJ）、英国（国家生物标准与控制研究所，NIBSC）、日本（国家传染病研究所，NIID）、中国（中国国家流感中心，CNIC，CDC）评价和储备 CVV，需用时迅速分发给疫苗生产商制备疫苗。

CVV 制备的基本原理和策略与我国禽流感参考实验室制备疫苗种毒的策略一致。采用反向遗传操作技术，以 PR8 为基础获得重组病毒。CVV 特性测定：基因组 6 个片段来自 PR8（PB2、PB1、PA、NP、M 和 NS），另外 2 个片段（HA 和 NA）来自流行毒株；HA 基因删除了多碱性氨基酸的切割位点为单碱性氨基酸，降低了对禽的致病性；CVV 在鸡胚成纤维细胞或其他细胞上有胰酶时形成蚀斑，而高致病性禽流感病毒在细胞上形成蚀斑不需要胰酶。高致病性禽流感病毒是一类病原微生物，欧美国家对病毒的操作和重组病毒的鉴定要求在生物安全三级实验室进行，疫苗生产要求在 GMP 条件下生产。高致病性禽流感引发公共卫生问题时，迅速构建 CVV 并投入应用极为重要，但在美国，CVV 属于控制病原微生物名录，需要美国农业部进行鸡静脉接种毒力测定。鉴于美国、英国、日本和中国 40 多株 H5 和 H7 亚型 CVV 静脉注射对鸡无致病性，符合低致病性禽流感标准，将 CVV 排除在控制病原名录，这样大幅度缩短了 CVV 构建、测试和发放的时间，由原来的 2 个多月缩短为 1 个多月。欧美对 CVV 的制备、测试和疫苗生产，采用部分在生物安全三级实验室，部分在二级实验室，疫苗生产在 GMP 条件下进行。但 CVV 对养禽业存在一定的生物安全风险，为了确保对鸡的低毒力，需对 CVV 进行 HA 切割位点序列分析、胰酶依赖性蚀斑形成、雏鸡静脉毒力试验。CVV 在实验室或疫苗车间与流行毒株可能发生重组，获得 HA 切割位点的序列而使毒力返强，所以应确保灭活防止活病毒泄漏至环境发生意外重组而引发禽类发病造成损失，或引发其他公共卫生事件（Chen et al.，2020）。考虑到存在上述生物安全风险，我国将禽流感灭活疫苗按照疫苗企业三级防护管理。欧美国家虽然没有明确疫苗生产的生物安全条件，但种毒株 CVV 的构建和鉴定在生物安全三级实验室进行，疫苗生产企业应符合最新 GMP 标准，使用专用设施和设备生产，对生产人员素质、人员出入更衣流程及环境控制、原辅材料使用、批准生产协议、文件控制和批次记录等有明确规定，同时对疫苗生产工艺中灭活工艺进行严格验证，确保不将活病毒泄漏到环境中，对车间产生的液体废弃物和固体废弃物采用严格验证的处理方法和措施后排放，确保安全。

四、兽用疫苗生产车间生物安全的发展趋势

世界卫生组织（WHO）和世界动物卫生组织（WOAH）根据病原体对人和动物的致病性、传播能力、有无治疗预防手段等进行了严重程度等级分类。动物烈性传染病中，如口蹄疫、布鲁氏菌病、高致病性禽流感 H5、H7 等有兽用疫苗，可在高等级生物安全防护设施设备中生产疫苗。随着人口大量膨胀、人员流动加快、世界贸易频繁，以及自然生态特别是原始生态的消失，人与野生动物争夺自然资源加剧，很多新发再发传染病不断出现，大多数为人畜共患病，不仅感染家畜，也进一步传染人类造成严重的公共卫生事

件，所以粮食安全和"同一健康"是当下人类历史进程中核心问题。人类采用牛痘病毒成功地消灭了天花，使用牛瘟弱毒疫苗成功地消灭了牛瘟，虽然狂犬病病毒灭活疫苗、布氏菌活疫苗、H5 和 H7 高致病性禽流感灭活疫苗等可用于预防控制人畜共患传染病，但针对新发和再发高致病性人畜共患病病原微生物仍缺少相应的疫苗，一方面缺少对新发病原致病机制和宿主免疫应答的了解；另一方面，研发高致病性病原微生物候选疫苗需要大量的攻毒试验，既需要时间，又需要生物安全条件。目前在美国、欧洲、澳大利亚、中国等建设运营了高级别大动物生物安全三级/四级实验室，为开展高致病性病原微生物基础和应用研究、疫苗研发、生产监管提供了基础设施条件，但这些设施运营成本昂贵，均由政府主导运营而不是由制药企业直接管理。在没有大规模全球流行性或人畜共患疾病暴发的情况下，没有企业会投巨资研发高致病性兽用疫苗。但由于市场对此类疫苗的需求越来越大，一些国际企业在对生物安全要求不严格的低收入国家和地区研发和生产高致病性兽用疫苗，从而获得了经济利益。例如，大型跨国集团将欧洲的口蹄疫疫苗生产厂转移到南美洲和非洲，也会在非洲地区研发和生产跨境传播或地方性流行的兽医疫苗，如非洲马瘟（AHS）、蓝舌病、牛结节性皮肤病和人畜共患性疾病（如裂谷热和 Q 热）的疫苗（Lewis and Pickering，2022）。

在大规模全球流行性或人畜共患疾病暴发的情况下，人畜共患病兽用疫苗对构建防护人类感染的屏障、缓解人类疫病大规模暴发具有重要作用。例如，狂犬病疫苗的使用，通过对野生动物（浣熊、郊狼、狐狸、臭鼬）、流浪犬猫、家庭宠物的免疫接种，减少了人类发生狂犬病的病例数（邹剑和俞永新，2012）。裂谷热是重要的人畜共患病，在非洲研发和生产了绵羊、山羊用灭活裂谷热病毒（RVFV）疫苗、弱毒活疫苗，降低了裂谷热暴发及向人类传播的机会。同时，重大动物传染病和重要人畜共患病防控策略的变化，以及动物健康、人类健康和环境健康理念的出现，使人畜共患病疫苗的研发和使用不仅保护动物健康、保障肉食品安全供给，也可以防止疫病向人类传播，建立人类公共卫生健康屏障，逐步实现"人病兽防，关口前移"。

高致病性病原微生物操作的大动物实验室和疫苗生产中试车间，主要用于研发和生产家畜中流行的地方性和跨境流行传染病疫苗；也可以研发生产人畜共患传染病疫苗，如炭疽、西尼罗热、裂谷热、布鲁氏菌病等的疫苗；虽然新发和再发传染病的发生很难预测，但有必要利用大动物生物安全设施设备做好对应新发突发传染病的技术储备、构建必要的疫苗库。国内已有大型兽用疫苗企业投资新建生物安全三级大动物实验室和三级防护疫苗车间，但这些大型高级别生物安全设施设备运营维护成本高、投入成本回收困难，研究和生产活动需要政府许可，而且为确保人员、环境和设施安全，需要大量训练有素的人员进行维护、验证和使用。目前有大型高级别生物安全防护设施设备的德国 FLI 已开展了克里米亚-刚果出血热病毒或埃博拉病毒研究，澳大利亚疾病预防中心的澳大利亚吉隆联邦科学与工业研究组织（CSIRO）正在进行 HeV 马疫苗研究。此外，美国、加拿大、英国等成立了一个四级大动物实验室工作组，加强安全合作，高效利用高等级生物安全实验室，推动高致病性人畜共患病病原微生物疫苗研发、测试和生产许可。

国内通过生物安全三级防护标准的兽用疫苗企业，大多为生产口蹄疫病毒灭活疫苗、禽流感灭活疫苗、布鲁氏菌活疫苗，部分企业积极参加非洲猪瘟、牛结节性皮肤病等动物新发和再发传染病疫苗的研制及评价，但很少涉足新发和再发人畜共患病的疫苗研发和评价，也是未来基于"同一健康"与人类传染病防控合作研发的方向和尝试途径。国际上大型动物疫苗企业硕腾（Zoetis）建立了一个跨境传播和新发动物传染病中心，研发高致病性跨境动物传染病和人畜共患病预防制剂，是第一家参与研发马 HeV 并获得兽用疫苗许可的企业。勃林格殷格翰动物健康公司与多国政府、非盈利组织和私人合作，为跨境传播动物疫病和人畜共患病预防控制提供资助。投资高风险等级实验室和车间从事高致病性人畜共患病预防控制研究，对于任何企业来说都是风险巨大的投资。由政府、投资公司、基金会、疫苗企业组成联盟支持人畜共患病疫苗研发已初显端倪，2013~2016 年西非暴发埃博拉病毒病，联盟为人畜共患病疫苗研发提供解决方案，开发和生产一种在刚果民主共和国使用的试验性疫苗，并支持预防控制拉沙热、亨尼帕病毒性脑炎、中东呼吸综合征等疫苗。此外，跨境动物传染病如非洲猪瘟、牛肺疫（牛传染性胸膜肺炎）、羊传染性胸膜肺炎、口蹄疫和牛结节性皮肤病，以及人畜共患病如布鲁氏菌病、Q 热、裂谷热等动物疫苗的研发生产也具有广阔的前景（Brake et al.，2021）。

随着全球气候变化，动物疾病的大流行性、地方性跨境传染病以及人畜共患病传播风险加剧，对安全、高效的高致病性病原微生物兽用疫苗的使用需求增加，疾病防控人员应充分利用高生物安全级别的大动物实验室和车间设施设备，快速研发全病毒灭活疫苗有效控制疫情。同时，利用现代生物学技术开发新型疫苗，并对其开展安全性、有效性评价，从而为维护"同一健康"、公共卫生安全及社会稳定保驾护航。

[中国兽医药品监察所（农业农村部兽药评审中心）　赵启祖　朱元源　吴　涛]

（中国建筑科学研究院有限公司　梁　磊）

（全国畜牧总站　杨劲松）

参考文献

北京市卫健委. 2021. 首都人间传染的病原微生物实验室生物安全事件应急处置工作方案.

陈加棋, 金宏伟. 2020. 医疗废水处理方法综述. 资源节约与环保, (9): 73, 75.

顾华, 翁景清. 2016. 实验室意外事件应急处置手册. 北京: 人民卫生出版社.

郭玉双, 王嘉琪, 徐超, 等. 2018. 中国脊髓灰质炎网络实验室人员免疫接种状况及其影响因素分析. 中华流行病学杂志, 38(6): 737-739.

国家认证认可监督管理委员会. 2020. 病原微生物实验室生物安全风险管理指南(RB/T 040—2020). 北京: 中国标准出版社.

国家食品药品监督管理总局. 2016. YY 1275—2016. 热空气型干热灭菌器.

国家食品药品监督管理总局. YY 5069—2011. Ⅱ级生物安全柜.

国家市场监督管理总局, 国家标准化管理委员会. 2020. GB 28235—2020. 紫外线消毒器卫生要求.

国家市场监督管理总局, 国家标准化管理委员会. 2020. GB/T 26368—2020. 含碘消毒剂卫生要求.

国家市场监督管理总局, 国家标准化管理委员会. 2020. GB/T 26369—2020. 季铵盐类消毒剂卫生要求.

国家市场监督管理总局, 国家标准化管理委员会. 2020. GB/T 26371—2020. 过氧化物类消毒液卫生要求.

国家市场监督管理总局, 国家标准化管理委员会. 2020. GB/T 26373—2020. 醇类消毒剂卫生要求.

国家市场监督管理总局, 国家标准化管理委员会 2021. GB/T 26366—2021. 二氧化氯消毒剂卫生要求.

国家市场监督管理总局, 中国国家标准化管理委员会. 2018. GB/T 36758—2018 含氯消毒剂卫生要求.

国家卫生健康委, 科技部, 工业和信息化部, 等. 2020. 疫苗生产车间生物安全通用要求(国卫办科教函(2020)483 号).

何军. 2004. 几种常用医疗废水处理方法的比较. 辽宁城乡环境科技, (1): 39-41.

欧阳金练. 暖卫通风空调技术手册. 2000. 北京: 中国建筑工业出版社.

金乐娟. 2021. 医疗废水管理及综合治理技术. 清洗世界, 37(10): 111-112.

李杰, 陆志家, 周飞, 等. 2018. 生物医药废水处理的工程应用研究. 中国资源综合利用, 36(6): 71-73.

李劲松. 2005. 生物安全柜应用指南——原理、使用和验证. 北京: 化学工业出版社.

李勇. 2009. 实验室生物安全. 北京: 军事医学出版社.

梁慧刚, 黄翠, 马海霞, 等. 2016, 高等级生物安全实验室与生物安全. 中国科学院院刊, 31(4): 452-456.

刘昌孝. 2020-9- 22. 科学严谨处理兰州"布病事件". 中国科学报, 第 001 版.

卢静. 2016. 实验动物专业技术人员等级培训教材(中级). 北京: 中国协和医科大学出版社: 110-120.

陆兵. 2012. 生物安全实验室认可与管理基础知识 生物安全柜. 北京: 中国质检出版社, 中国标准出版社: 8-19.

吕大勇. 2021. 实验室危险废物管理与处理处置分析. 绿色环保建材, (8): 36-37.

吕京. 2020. 生物安全实验室建设发展报告. 北京: 科学出版社.

吕京, 孙理华, 王君玮. 2012. 生物安全实验室认可与管理基础知识生物安全三级实验室标准化管理指南. 北京: 中国质检出版社/中国标准出版社.

毛秀秀, 宋蕾, 孔祥芬, 等. 2020. 美生防分析与应对人员可靠性审查的做法分析. 军事医学, 44(5): 327-330.

祁国明. 2006. 病原微生物实验室生物安全. 北京: 人民卫生出版社.

企业事业单位内部治安保卫条例. 2004. 中华人民共和国国务院公报, (34): 24-27.

全国个体防护装备标准化技术委员会. GB 28881—2012. 化学品及微生物防护手套.

全国个体防护装备标准化技术委员会. GB/T 20991—2007. 个体防护装备鞋的测试方法.

全国个体防护装备标准化技术委员会. GB/T 28409—2012. 个体防护装备足部防护鞋(靴)的选择.

全国个体防护装备标准化技术委员会. GB30864—2014. 呼吸防护动力送风过滤式呼吸器.

全国医用临床检验实验室和体外诊断系统标准化技术委员会. GB 19083—2009. 医用一次性防护口罩技术要求.

全国医用临床检验实验室和体外诊断系统标准化技术委员会. GB19082—2009. 医用一次性防护服技术要求.

世界卫生组织. 1983. 实验室生物安全手册. 马连山, 牛胜田译. 北京: 人民卫生出版社: 3-4.

世界卫生组织. 2004. 实验室生物安全手册(3 版). 日内瓦: WHO 出版.

世界卫生组织. 2006. 生物风险管理实验室生物安保指南.

世界卫生组织. 2021. 实验室生物安全手册(4 版). 日内瓦: WHO 出版.

孙翔翔, 张喜悦. 2020. 实验室生物安全管理体系及其运转. 北京: 中国农业出版社: 10-50.

王庆梅. 2012. 生物安全实验室的个体防护装备. 中国医学装备, 7(2): 37-38.

王荣, 王君玮, 曹国庆. 2020. 病原微生物实验室生物安全风险管理手册. 北京: 中国标准出版社.

魏泓. 2016. 医学动物实验技术. 北京: 人民卫生出版社

吴东来. 2015. 生物安全四级实验室管理指南. 北京: 中国质检出版社/中国标准出版社.

吴金辉, 郝丽梅, 王润泽, 等. 2014. 埃博拉疫情防控正压防护服研究. 医疗卫生装备, 35(12): 93-96.

武桂珍. 2012. 实验室生物安全个人防护装备基础知识与相关标准. 北京: 军事医学科学出版社.

武桂珍, 王健伟. 2020. 实验室生物安全手册. 北京: 人民卫生出版社.

夏业才, 陈光华, 丁家波. 2018. 兽用生物制品学(2 版). 北京: 中国农业出版社: 3-40.

徐涛. 2010. 实验室生物安全. 北京: 高等教育出版社.

许钟麟, 王清勤. 2004. 生物安全实验室与生物安全柜. 北京: 中国建筑工业出版社.

杨航博. 2021. 关于危险废物库房管理员规范管理探讨. 山东化工, 50(3): 145-146.

杨媛, 王琳, 彭琦. 2017. 一起动物疫苗生产引起的疑似职业性布鲁菌病案例分析. 预防医学情报杂志, 33 (11): 1091-1094.

叶冬青. 2008. 实验室生物安全. 北京: 人民卫生出版社.

尹德华. 2003. 中国消灭牛瘟的经历与成就. 北京: 中国农业科学技术出版社: 1-518.

俞詠霆, 李太华, 董德祥. 2006. 生物安全实验室建设. 北京: 化学工业出版社.

赵四清. 2017. 生物安全实验室设施与设备. 北京: 军事医学出版社.

赵四清, 王华, 李萍. 2017. 生物安全实验室设施与设备. 北京: 军事医学出版社: 186-206

郑楠, 赵明, 田晓鑫, 等. 2022. 全球新型冠状病毒疫苗及治疗药物研发现状与趋势. 中国新药杂志, 31(1): 69-76.

郑涛. 2014. 生物安全学. 北京: 科学出版社.

中国国家认证认可监督管理委员会. 2018. 实验室和检验机构管理评审指南(CNAS-GL012: 2018).

中国国家认证认可监督管理委员会. 2018. 实验室和检验机构内部审核指南(CNAS-GL011: 2018).

中国国家认证认可监督管理委员会. 2018. 实验室认可评审不符合项分级指南(CNAS-GL008: 2018).

中国国家认证认可监督管理委员会. 2020. 实验室生物安全认可准则对关键防护设备评价的应用说明(CNAS-CL05-A002).

中国兽药协会. 兽药产业发展报告. 2019, 2020, 2021 年度. (行业内部资料).

中国兽医药品监察所. 2022. 国家兽药基础数据库.

中华人民共和国国家卫生和计划生育委员会. 2017. WS 233—2017. 病原微生物实验室生物安全通用准则. 北京: 中国标准出版社.

中华人民共和国国家卫生和计划生育委员会. 2017. WS 575—2017. 卫生湿巾卫生要求. 北京: 中国标准出版社.

中华人民共和国国家卫生健康委员会. 2020. 疫苗生产车间生物安全通用要求.

中华人民共和国国家卫生健康委员会. WS/T 775—2021. 新型冠状病毒消毒效果实验室评价标准.

中华人民共和国国家质量监督检验检疫总局, 中国国家标准化管理委员会. 2006. GB 10213—2006 一次性使用医用橡胶检查手套. 北京: 中国标准出版社.

中华人民共和国国家质量监督检验检疫总局, 中国国家标准化管理委员会. 2008. GB 19489—2008. 实验室 生物安全通用要求. 北京: 中国标准出版社.

中华人民共和国国家质量监督检验检疫总局, 中国国家标准化管理委员会. 2009. GB 19082—2009 医用一次性防护服技术要求. 北京: 中国标准出版社.

中华人民共和国国家质量监督检验检疫总局, 中国国家标准化管理委员会. 2009. GB/T 24353—2009. 风险管理原则与实施指南. 北京: 中国标准出版社.

中华人民共和国国家质量监督检验检疫总局, 中国国家标准化管理委员会. 2010. GB 19083—2010 医用防护口罩技术要求. 北京: 中国标准出版社.

中华人民共和国国家质量监督检验检疫总局, 中国国家标准化管理委员会. 2011. GB/T 27921—2011. 风险管理风险评估技术. 北京: 中国标准出版社.

中华人民共和国国家质量监督检验检疫总局, 中国国家标准化管理委员会. 2013. GB/T 23694—2013/ISO Guide 73: 2009. 风险管理术语. 北京: 中国标准出版社.

中华人民共和国国家质量监督检验检疫总局, 中国国家标准化管理委员会. 2014. GB/T 30690—2014. 小型压力蒸汽灭菌器灭菌效果监测方法和评价要求.

中华人民共和国国家质量监督检验检疫总局, 中国国家标准化管理委员会. 2015. GB/T 19001—2016/ISO 9001: 2015 质量管理体系要求. 北京: 中国质检出版社.

中华人民共和国国家质量监督检验检疫总局, 中国国家标准化管理委员会. 2016. GB/T 33418—2016 环氧乙烷灭菌化学指示物检验方法.

中华人民共和国国家质量监督检验检疫总局, 中国国家标准化管理委员会. 2016. GB/T 33419—2016 环氧乙烷灭菌生物指示物检验方法.

中华人民共和国国家质量监督检验检疫总局, 中国国家标准化管理委员会. 2018. GB 19489—2008. 实验室生物安全通用要求. 北京: 中国标准出版社.

中华人民共和国国家质量监督检验检疫总局, 中国国家标准化管理委员会. 2020. GB 39800. 1—2020 . 个体防护装备配备规范. 北京: 中国标准出版社.

中华人民共和国国家质量监督检验检疫总局, 中国国家标准化管理委员会. 2021. GB/T 19011—2021. 管理体系审核指南. 北京: 中国质检出版社.

中华人民共和国农业农村部公告第 2753 号. 2017. 兽用疫苗生产企业生物安全三级防护标准.

中华人民共和国农业农村部. 2020. 药生产质量管理规范(2020 年修订). http: //www. zfs. moa. gov. cn/ flfg/202005/ t20200515_6344129. htm

中华人民共和国农业农村部公告第 550 号. 2022. 兽用生物制品研制、生产和检验中使用高致病性动物病原微生物有关事宜

中华人民共和国农业农村部公告第 571 号. 2022. 人畜共患传染病名录.

中华人民共和国农业农村部公告第 573 号. 2022. 一、二、三类动物疫病病种名录.

中华人民共和国卫生部, 中国国家标准化管理委员会. 2011. GB 27955—2011 过氧化氢气体等离子体低温灭菌装置的通用要求.

中华人民共和国卫生部[卫科教发 15 号]. 2006. 人间传染的病原微生物名录.

中华人民共和国卫生部. 2002. 消毒技术规范. 北京: 中华人民共和国卫生部.

中华人民共和国卫生部. 2006. 可感染人类的高致病性病原微生物菌(毒)种或样本运输管理规定. http: //www. gov. cn/gongbao/content/2006/content_ 453197. htm

中华人民共和国卫生部. 2006. 人间传染的病原微生物名录. http: //www. nhc. gov. cn/wjw/gfxwj/201304/ 64601962954745c1929e814462d0746c. shtml

中华人民共和国卫生部. 2011. 药品生产质量管理规范(2010 版).

中华人民共和国卫生部. WS315—2010. 人间传染的病原微生物菌(毒) 种和保藏机构设置技术规范. 北京:

中华人民共和国卫生部. 卫科教发 15 号. 2006 人间传染的病原微生物名录.

中华人民共和国卫生部令第 45 号. 2006. 可感染人类的高致病性病原微生物菌(毒)或样本运输管理规定: 4-6.

中华人民共和国卫生部令第 68 号. 2009. 人间传染的病原微生物菌(毒)种保藏机构管理办法. .

中华人民共和国应急管理部, 中国安全生产标准化技术委员会. 2020. 生产经营单位生产安全事故应急预案编制导则(GB/T 29639-2020). 北京: 中国标准出版社.

中华人民共和国住房和城乡建设部. 2011. 生物安全实验室建筑技术规范(GB50346-2011). 北京: 中国建筑工业出版社.

朱瑶, 韦意娜, 孙畅, 等. 2021. 新型冠状病毒肺炎疫苗研究进展. 预防医学, 33(2): 143-148.

邹剑, 俞永新. 2012. 狂犬病病毒减毒株的研究及应用进展. 中国人兽共患病学报, 28(3): 293-297.

Arenas-Gamboa A M, Ficht T A, Kahl-McDonagh M M, et al. 2009. The brucella abortus S19 deltavjbR live vaccine candidate is safer than S19 and confers protection against wild-type challenge in BALB/c mice when delivered in a sustained-release vehicle. Infect Immun, 77: 877-884.

Bahnemann H G. 1973. The inactivation of foot and mouth disease virus by ethyleneimine and propyleneimine. Zbl Vet Med B, 20: 356-360.

Biosafety in Microbiological and Biomedical Laboratories, 6ᵗʰ ed. US CDC, 2020: 382

Brake D A, Kuhn J H, Marsh G A, et al. 2021. Challenges and opportunities in the use of high and maximum biocontainment facilities in developing and licensing risk group 3 and risk group 4 agent veterinary vaccines. ILAR J, ilab004. 10. 1093/ilar/ilab004.

Chen H, Deng G, Li Z, et al. 2004. The evolution of H5N1 influenza viruses in ducks in southern China. Proc Natl Acad Sci USA, 101(28): 10452-10457.

Chen L M, Donis R O, Suarez D L. 2020. Biosafety risk assessment for production of candidate vaccine viruses to protect humans from zoonotic highly pathogenic avian influenza viruses. Influenza Other Respir Viruses, 14(2): 215-225.

Doel T R. 2003. FMD vaccines. Virus Res, 91(1): 81-99.

Dubovsky H. 1982. Robert Koch (1843-1910)-the man and his work. S Afr Med J, Spec No: 3-5.

European Commission for the Control of Foot-and-Mouth Disease (EuFMD). 2009. Minimum standards for laboratories working with FMDV in vitro/in vivo. http: //www. fao. org/ag/a gainfo/ commissions/ docs/genses38/ Appendix_10. pdf.

European Commission, Food and Veterinary Office. 2015. Overview Report, Bio-risk management in laboratories handling live FMD virus. Publications Office of the European Union, via EU Bookshop (http: //bookshop. europa. eu)

European Committee for Standardization. 2008. Laboratory biorisk management standard (CWA 15793: 2008).

European Committee for Standardization. 1997. Biotecnology large scale process and production plant building according to the degree of hazard: BSEN1620: 1997[S]. London: British Standards Institution, 28.

Guideline for Research Involving Recombinant DNA Molecules. 1976. NIH, USA.

Hou H H, Liu X F, Peng Q S. 2019. The advances in brucellosis vaccines. Vaccine, 37, 3981-3988.

International Electrotechnical Commission. 2019. Risk management - Risk assessment techniques (IEC 31010: 2019).

International Organization for Standardization. 2018. Risk management – Guidelines (ISO 31000: 2018). Geneva, Switzerland.

International Organization for Standardization. 2019. Biorisk management for laboratories and other related organisations (ISO 35001: 2019. British.

Lewis C E, Pickering B. 2022. Livestock and risk group 4 pathogens: researching zoonotic threats to public health and agriculture in maximum containment. ILAR J. 61(1): 86-102. doi: 10. 1093/ilar/ilab029.

Mani P, Langevin P, 国际兽医生物安全工作组. 2007. 兽医生物安全设施——设计与建造手册. 中国动物疾病预防控制中心译. 北京: 中国农业出版社.

NSF/ANSI 49-2020 Biosafety Cabinetry: Design, Construction, Performance, and Field Certification.

RB/T 199—2015. 实验室设备生物安全性能评价技术规范.

Sandia National LaboratoriesLaboratory. 2014. Biosafety and biosecurity risk assessment technical guidance document. https: //biosecuritycentral. org/resource/training-materials/biorisk-assessment-technical-guidance/.

Shi J, Zeng X, Cui P. 2023. Alarming situation of emerging H5 and H7 avian influenza and effective control strategies. Emerg Microbes Infect, 12(1): 2155072. doi: 10. 1080/22221751. 2022. 2155072.

Skvorc C, Wilson D E. 2011. Developing a behavioral health screening program for BSL-4 laboratory workers at the national institutes of health. Biosecur Bioterror, 9(1): 23-29.

Spratt B G. 2007. Independent review of the safety of UK facilities handling foot-and-mouth disease virus, Chairman: Prof. Brian G Spratt FRS FMedSci. Presented to the Secretary of State for Environment, Food and Rural Affairs and the Chief Veterinary Officer. 31 August 2007. page 1-82.

U. S. Department of Health and Human Services. 2020. Biosafety in microbiological and biomedical laboratories. 6th ed. Washington, DC. https: //www. cdc. gov/labs/BMBL. Html.

United States Department of Health and Human Services. 2022. Biosafety in microbiological and biomedical laboratories. https://www. cdc. gov/labs/pdf/SF__19_308133 A_BMBL6_00 BOOK WEB final 3. pdf.

UnitedStates Department of Health and Human Services, Centers for Disease Control and Prevention, National Institutes of Health. 2020. Biosafety in microbiological and biomedical laboratories(6th ed) Washington, DC. https://www. cdc. gov/labs/pdf/CDC-BiosafetyMicrobiologicalBiomedicalLaboratories-2020-P. pdf.

UnitedStates Department of Health and Human Services/Centers for Disease Control and Prevention/National Institutes of Health. 2007. Biosafety in microbiological and biomedical laboratories. 5th ed. Washington, DC, http://www. cdc. gov/od/ohs/biosfty/bmbl5/BMBL_5th_Edition. pdf.

US CDC . 2020. Biosafety in Microbiological and Biomedical Laboratories. 6th ed. 382.

Wallach J C, Ferrero M C, Victoria Delpino M, et al. 2008. Occupational infection due to Brucella abortus S19 among workers involved in vaccine production in Argentina. Clin Microbiol Infect, 14(8): 805-807.

Wallach J C, Garcia J L, Cardinali P S, et al. 2017. High incidence of respiratory involvement in a cluster of brucella suis-infected workers from a pork processing plant in Argentina. Zoonoses Public Health. 64(7): 550-553.

Wedum A G, Kruse R H. 1969. Assessment of risk of human infection in the microbiological laboratory(2nd ed). Department of the Army, Fort Detrick, MD.

World Health Organization. 2006. Biorisk management: laboratory biosecurity guidance. http://www. who. int/entity/csr/resources/publications/biosafety/WHO_CDS_EPR_2006_6. pdf?ua=1.

World Health Organization. 2020. Laboratory biosafety manual(4th ed). https://www. who. int/publications/i/item/9789240011311.

World Health Organization. 2021. Guidance on regulations for the Transport of Infectious Substances 2021-2022. https://www. who. int/ publications/i/item/9789240019720.

World organization of animal health. 2022a. Terrestrial animal health code. https://www. woah. org/ en/what-we-do /standards/codes-and-manuals/terrestrial-code-online-access/.

World organization of animal health. 2022b. Manual of diagnostic tests and vaccines for terrestrial animals. https://www. woah. org/en/what-we-do/standards/codes-and-manuals/terrestrial-manual-online-access/.

Xin J Q, Li Y, Nicholas R A J, et al. 2012. A history of the prevalence and control of contagious bovine pleuropneumonia in China. The Veterinary Journal, 191 (2): 166-170.

Zhou C, Huang W, Xiang X, et al. 2022, Outbreak of occupational brucella infection caused by live attenuated brucella vaccine in a biological products company in Chongqing China. Emerg Microbes Infect, 11(1): 2544-2552.

第五篇

人类遗传资源与生物资源

第二十七章
人类遗传资源

第一节　人类遗传资源的概念

目前在全球范围内，与人类遗传资源直接相关的国际公约是《生物多样性公约》（以下简称《公约》），该《公约》于 1992 年 6 月 1 日由联合国环境规划署在内罗毕发起的政府间谈判委员会第七次会议通过，中国于 1992 年 6 月 11 日签署该公约。《公约》于 1993 年 12 月 29 日正式生效。《公约》第二条中规定，"遗传资源"是具有实际或潜在价值的遗传材料，而"遗传材料"是指来自动物、植物、微生物或其他来源的任何含有遗传功能单位的材料。这里的"遗传功能单位"指的是基因，它控制着生命的各种特征。

《中华人民共和国人类遗传资源管理条例》于 2019 年 3 月 20 日由国务院第 41 次常务会议通过，自 2019 年 7 月 1 日起施行。

2023 年 6 月 1 日，科技部颁布《人类遗传资源管理条例实施细则》，并于 2023 年 7 月 1 日起生效。该实施细则的第二条规定，人类遗传资源包括人类遗传资源材料和人类遗传资源信息。人类遗传资源材料是指含有人体基因组、基因等遗传物质的器官、组织、细胞等遗传材料；人类遗传资源信息包括利用人类遗传资源材料产生的人类基因、基因组数据等信息资料，但不包括临床数据、影像数据、蛋白质数据和代谢数据。

第二节　人类遗传资源的国内外概况

20 世纪中叶，随着低温生物学理论和技术的发展，在低温下保存人类遗传资源成为可能，美国等西方发达国家开始有目的地收集保藏人类遗传资源，建立生物样本库（又称生物银行，Biobank）。例如，1949 年，美国的 George Hyatt 牵头创建美国海军组织库；1952 年，捷克斯洛伐克的 R. Klen 牵头建立赫拉德茨-克拉洛韦大学医院（University Hospital Hradec Kralove）组织库。

至 20 世纪 80 年代，随着理学和工程学进入低温保存研究领域，低温生物学获得快速发展，这促进了人类遗传资源的收集保藏活动。1987 年，美国国家癌症研究所（National Cancer Institute，NCI）牵头建立人类组织协作网络（Cooperation Human Tissue Network，CHTN），收集来自数万名肿瘤患者和健康个体的不同组织、器官样本，随后又逐渐建立了乳腺癌组织合作资源库、美国 NCI 癌症中心/研究组核心资源库等。1999 年，美国国家癌症研究所、美国疾病控制与预防中心、CHTN 等共同筹建了国际生物与环境样本库协会（International Society for Biological and Environmental Repositories，ISBER）。ISBER 在北美地区影响力大、覆盖领域广，囊括了临床和人群生物样本以及环境与生物多样性数据的采集，其通过建立规范和标准，引领全球范围的生物样本收集和保存，为人类疾病的研究提供高质量的资源。2015 年，美国总统奥巴马在国情咨文中正式提出"精准医学计划"，并在全美范围建立基础设施来支持该计划的开展。"精准医学计划"的基石是由 100 万名参与者构成的队列研究——精准医学起始队列研究计划（Precision Medicine Initiative Cohort Program），后来更名为"All of Us"研究计划。该计划由美国国立卫生研究院提供资金支持，项目总预算 15 亿美元，旨在建立一个强大的研究资源。经过 3 年的试运行，"All of Us"项目于 2018 年正式启动，开放全国注册，参与者包括各种族、不同年龄和性别的人群，也包括患者和健康人。截至 2021 年 3 月，已有 467 000 余人完成了注册。此外，该研究计划获得 238 000 余份电子健康记录和 284 000 余份生物样本。预计该计划将于 2024 年完成 100 万名核心参与者的招募，届时来自每个参与者的 35 份、总共 3500 万份生物样本将存放在梅奥医疗国际（Mayo Clinic）的"All of

Us"生物样本库中。该计划产出的生物医学数据将向研究人员广泛开放，促进人类对健康和疾病的生物、临床、社会和环境等相关影响因素的探索，最终目标是为所有人口提供更精确的卫生保健方法。"All of Us"项目是 NIH 近年来资助规模最大的项目之一，被喻为美国迄今为止从人口代表性样本中整合健康和行为数据以及基因测序数据的"最雄心勃勃的尝试"。

在欧洲，欧盟于 1991 年成立了欧洲组织库协会，并颁布了欧洲组织库协会标准。随后一批国家级生物样本库迅速建立，如英国生物样本库（UK Biobank）、瑞典生命基因库（LifeGene）、爱沙尼亚的 Estonia GeneBank 等。其中，UK Biobank 在 1999 年开始建设部署，历经 7 年筹备工作，于 2006 年开始试运营。UK Biobank 是目前世界上已建成的、规模最大的前瞻性人群队列生物样本库，募集了 50 万名（约占英国总人口的 1%）40~69 岁的英国志愿者，采集了这些志愿者的血液、尿液和唾液样本及相关信息，保存了 1500 多万份生物样本及相关数据，并通过随访跟踪记录这些志愿者后期的健康医疗档案资料。除英国外，卢森堡、冰岛、瑞典、丹麦等国也分别建立了各自国家的生物样本库。在此基础上，欧盟于 2008 年筹建了"泛欧洲生物样本库与生物分子资源研究设施"（Biobanking and Molecular Research Infrastructure，BBMRI），旨在整合和升级欧洲已有的人类遗传资源库，以促进资源共享与利用。目前，BBMRI 已囊括了来自欧盟 30 多个国家、200 多个机构的 500 多个生物样本库的数据，样本总量超过 5000 万份，是欧洲最大的人类遗传资源共享网络平台。为改善学术界和工业界之间的可访问性和互动性，以利于个性化医疗、疾病预防，促进型诊断设备和药物的开发，欧盟于 2013 年建立了生物银行和生物分子研究与欧洲科研基础设施联合体（Biobanking and Molecular Research Infrastructure - European Research Infrastructure Consortium，BBMRI-ERIC）。作为欧洲最大的生命科学研究基础设施，BBMRI-ERIC 是一个分布式基础架构，其中的生物样本和数据由欧盟各成员国的生物样本库分别负责管理。目前，BBMRI-ERIC 包括 19 个欧盟成员国和 1 个国际组织（国际癌症研究机构）。BBMRI-ERIC 覆盖人口超过 5 亿，目录包含的样本超过 1 亿。BBMRI-ERIC 将在非营利的基础上提供对合作生物银行样本资源、生物分子资源、专业知识和服务的访问。BBMRI-ERIC 还为相关研究人员创造了一个与欧盟和成员国的决策者进行沟通的平台。

在亚洲，日本厚生劳动省于 2012 年启动国家中心生物样本库网络（National Center Biobank Network，NCBN）建设，参与生物样本库建设的是癌症、心血管病、精神和神经医疗、国际医疗、发育医疗和长寿医疗共计 6 家研究中心。他们积极合作建立了一个可共享的生物样本库网络，且正在开发一个合作构架，通过广泛的联合研究促进生物资源方面的政产学研合作。生物样本库将统一管理血样及血样分析结果、细胞组织和匿名病历卡并用于 DNA 分析。收集对象为各研究机构附属医院中接受新疗法治疗的患者，将在征得患者同意的前提下匿名进行收集，计划每年采集 5 万份，目标是在 10 年内采集并分析 50 万人份的样本及相关信息。截止到 2021 年 9 月，NCBN 已采集到包含详细临床信息的 42 万份样本，并不断将基因组信息添加到临床信息中，这将为实现精准医疗和基因治疗的目标提供宝贵的研究资源。NCBN 非常重视与其他生物样本库的合作，NCBN 与日本生物银行（BBJ）、东北医学银行（Tohoku Medical Megabank）并称日本三大生物银行。虽然这些生物样本库具有不同的特点，但它们可以通过相互合作和协作，为日本的医学研究提供重要的资源支撑。一个横跨三大生物银行的搜索系统已经创建，研究人员只需网页浏览就可以知道哪个生物样本库有他们需要的临床样本。同时，他们正在讨论建立可以标准化使用生物样本库样本的程序和条件。样本库的资源除了供参与样本库建设的医疗机构用于疾病与基因间关系的研究之外，还允许制药公司和其他研究机构使用，以促进新药和新医疗方法的开发。

韩国疾病预防控制中心（KCDC）从 2001 年开始通过韩国基因组和流行病学研究项目（KoGES）收集、管理、分配各种人群队列的生物资源，但这些遗传资源是以供者为中心、自下而上的方式进行收集和管理，很难确保数量和质量。随着基因组时代医学研究方式的巨大转变，利用人类遗传资源的研究项目逐渐增多，韩国意识到需要在国家层面建立系统性的人类生物遗传资源管理模式和稳固的法律基础。因此，韩国于 2008 年启动了韩国生物样本库项目（KBP），目的是促进国内医疗保健和生物医学研究开发，提高国民健康水平。作为 KBP 的组成部分，KBN（Korea Biobank Network）区域样本库网络被设计成与大学附属医院样本库合作共建的模式，并通过拨款用于疾病相关的人类遗传资源的系统性收集。目前韩国已经形成以 KCDC 管理的国家样本库为中心、17 所大学附属医院样本库为分中心的韩国样本库网络，通过这个网络大规模收集人群队列遗传资源（国家样本库）和疾病相关人类遗传资源（区域样本库），并进行资源共享应用的管理。截止到 2020 年年底，他们通过这个网络已经收集了超过 800 万人份的人类遗传资源和超过 56 万例患者的疾病相关资源。任何居住于韩国的研究人员，只要是以首席研究员的身份从事得到伦理委员会审批通过的研究项目，均可申请使用 NBK 的遗传资源样本。

中国有 14 亿人口、56 个民族，少数民族人口超过 1 亿人，人类遗传资源极其丰富。与欧美发达国家和日韩等亚洲邻国相比，我国的人类遗传资源规模化收集保藏工作起步时间并不算晚。1994 年，中国科学院就建立了中华民族永生细胞库，保存了中国 42 个民族、58 个群体、3000 余人的永生细胞株及 6000 余人份的 DNA 标本。2001 年，中山大学肿瘤防治中心肿瘤资源库启动建设，目前已成为国内最大的肿瘤资源库之一，拥有世界上最大的鼻咽癌生物样本库，截至 2022 年，已保存肝病、脑病、过敏性疾病、肿瘤等近 40 万份重大疾病临床样本。

2003 年 7 月 23 日，科技部在北京召开了"国家科技基础条件平台建设"部际联席会和专家顾问组成立大会，正式启动了国家科技基础条件平台建设工作，中国人类遗传资源平台（National Infrastructure of Chinese Genetic Resources，NICGR）作为其中的一个重要组成部分同步启动。由国家卫生计生委科学技术研究所牵头的"中国人类遗传资源保存、整合与共享"项目，开展了覆盖全国所有省（自治区、直辖市），以及香港和澳门两个特别行政区的跨部门、跨领域和跨地区的资源整合工作。通过项目实施，建立了我国人类遗传资源整合共享标准规范体系，在全国建立了 20 个专业领域生物样本库，完成了 322 351 份实物标本整理整合，建立了 27 个标准化专题库及人类遗传资源数据中心，开发了迄今为止我国规模最大、范围最广且资源描述信息与实物对应的人类遗传资源门户网站（www.egene.org.cn），为保证我国人类遗传资源整合共享的效率、质量和安全奠定了基础。"十三五"期间，在科技部国家科技基础条件平台专项支持下，继续实施了"国家人类遗传资源共享服务平台"项目，完成全国 135 个人类遗传资源库、20 242 848 份人类遗传资源标准化整理、加工和存储工作，创建了国际规模最大的人类遗传资源数据中心并实现全面开放共享。

2002 年，中国高血压联盟与加拿大麦克马斯特大学合作进行的城乡前瞻性城乡流行病学（PURE 研究）对来自 27 个高、中、低收入国家 1000 多个城乡社区的 225 000 名参与者进行详细研究，其中来自中国的 50 000 名志愿者参与了该项研究。PURE 研究现代化、城市化和全球化对健康行为的影响，以及危险因素如何发展和影响心血管疾病、糖尿病、肺部疾病、癌症、肾脏疾病、大脑健康和损伤。其中每个参与者的血清、血浆、白细胞、尿液等共计 500 000 份样本储存在国家人类遗传资源中心的生物样本库中。这些样本未来将在生物标志物发现、检测和疾病预测的研究中发挥重要作用。

2004 年，中国疾病预防控制中心（项目 II 期改为中国医学科学院）与英国牛津大学合作启动了一项大型的中国慢性病前瞻性研究项目（China Kadoorie Biobank，CKB）。该项目的目标是调查我国主要慢性病及相关危险因素状况，通过长期随访，探讨环境、个体生活方式、体格和生化指标、遗传等众多因素对复杂慢性病发生发展的影响。项目现场包括农村和城市各 5 个地区。2004～2008 年完成募集和基线调查，年龄在 30～79 岁、具有知情同意书和完整基线调查数据的调查对象共 512 891 人。项目于 2008 年和 2014 年对约 5% 的队列成员各完成一次重复调查，了解终点事件影响因素的长期变化趋势。针对全部队列成员的长期结局随访监测工作在队列成员参加基线调查后 6 个月开始。截至 2015 年，已经累积观察 400 余万人年。CKB 项目样本库存储着项目基线调查和两次重复调查的全部样本，存储规模达到 58.8 万份。该项目覆盖我国东北、西北、华东、华南和西南具有不同经济发展水平、社会文化背景以及暴露谱和疾病谱的城乡地区，与当地疾病和死亡监测系统有机整合，极大地提高了疾病监测能力。CKB 项目为我国转型期社会人群健康状况的发展和变化、疾病谱的改变及影响因素研究提供了宝贵的人群现场。该项目有望成为我国人群复杂疾病机制及防治研究不可或缺的重要基础性资源。

2007 年，由复旦大学牵头，与江苏泰州进行科技合作，建立了复旦大学泰州健康科学研究院，以泰州 500 万常住人口为国人代表人群，以 35～65 岁居民为研究对象，全力打造经济转型期的中国社区健康人群前瞻性队列。该项目已建成约 20 万人的社区健康人群队列，并建设了相配套的大型队列生物样本库，包括血液、唾液、齿缝、尿液、大便及固体组织样本，目前已拥有 20 万人份的生物样本及相关信息。

2009 年，在北京市科学技术委员会支持下，启动了"北京重大疾病临床数据和样本资源库项目"，由首都医科大学牵头，依托北京安贞医院、天坛医院、友谊医院等 14 家在京医疗机构丰富的临床病例资源，针对慢性肾病、精神疾病、心血管病、妇科肿瘤、儿童重大疾病、糖尿病、消化系统疾病、胃癌、新发突发传染性疾病、退行性骨病、神经系统疾病、结核病、脑脊髓血管病、乙肝、艾滋病等十大类疾病建设 10 个临床数据和生物样本库，集中存储血清、细胞、遗传物质、组织等样本资源。上述 10 个人类遗传资源库采用分布式构架，由首都医科大学牵头建立"信息平台"，由各家医疗机构分别负责建立"十大疾病样本库"，目前已经成为国内最大规模的临床数据和样本资源库，也被称为"北京生物银行"。

2013 年，国家发展和改革委员会批准依托国家卫生计生委科学技术研究所在北京中关村生命科学园建设国家人类遗传资源中心，目前该中心已经建成自动化、信息化、标准化的现代化大型第三方生物样本库，并于 2021 年获得中国人类遗传资源管理办公室的人类遗传资源保藏行政许可，样本库总存储容量达到 4500 万人份。目前库存样本达到 600 万份，包含了 2000 年以来国内建立的多个大型队列研究的珍贵生物样本。

2016 年，上海张江生物银行由上海张江高科技园区管委会批准立项，由生物芯片上海国家工程研究中心——上海芯超生物科技有限公司牵头承担，首期投资近 1 亿人民币。上海张江生物银行建立的"重大疾病生物样本资源中心"与"生物样本虚拟信息中心"，是上海市政府构建的集约化第三方存储中心，2017 年二期建设完成，其总存储容量已经达到 1500 万人份的规模。

随着转化医学和精准医学的兴起与发展，社会上各类创新主体对人类遗传资源的需求与日俱增。近年来，国内规模化人类遗传资源收集保藏活动发展很快，据估计，全国已经建立的生物样本库超过千家，其中以三级甲等医院建设的临床生物样本库为主。截至 2022 年 3 月，科技部中国人类遗传资源管理办公室已经批准 225 家生物样本库的人类遗传资源保藏行政许可。总体上看，我国的人类遗传资源收集保藏活动正在向信息化、规范化、合规化发展，这些资源的有效利用将为我国的生命科学研究和生物医药产业创新发展提供坚实的资源支撑。

第三节　人类遗传资源的应用和价值

随着科学技术的快速发展，现代医学正走在通往精准医学的路上，而个性化治疗是精准医学的核心。由美国国立卫生研究院支持的"精准医学起始队列研究计划（All of Us）"被认为是美国"精准医学计划"的基石，将遗传、环境暴露、基线数据与疾病联系起来，有可能对家庭、社区、个人的健康产生变革性的影响。因此，人类遗传资源库将为健康管理、疾病预防和精准医学提供重要的资源支撑，高质量的人类遗传资源将成为革命性的战略资源。

在全球范围内，基于收集保藏的人类遗传资源已经有大量重要的科学发现，支撑了大量高水平研究项目的开展及创新药物的研发等。例如，上文提到的英国生物银行（UK Biobank）已经成为人类遗传资源共享应用的典范。截止到 2021 年，UK Biobank 支持了来自全球 90 多个国家的 2200 多项科研项目，发表学术文章超过 2300 篇。2020 年 11 月，研究人员在《阿尔茨海默病杂志》（*Journal of Alzheimer's Disease*）上发表一篇文章 "Genetic Factors of Alzheimer's Disease Modulate How Diet is Associated with Long-Term Cognitive Trajectories: A UK Biobank Study（阿尔茨海默病相关基因能够调节饮食与长期认知轨迹的关系：一项英国生物库研究）"，报道了饮食对阿尔茨海默病的影响。这项研究是基于 UK BioBank 保藏的人类遗传资源开展的，结果如下：①每天适量饮酒，尤其是红酒，对认知健康有益；②每天吃奶酪对认知健康有益；③每周吃羊肉对认知健康有益；④高盐饮食对认知健康有害，尤其是对于携带 *ApoE4* 等位基因的阿尔茨海默病高风险个体。本文考察了饮食结构和食物摄入与认知健康之间的相关性，为通过改变饮食结构预防阿尔茨海默病提供了可行性依据。另外，UK Biobank 从 2020 年 5 月到 2020 年 12 月的 6 个月期间，每月从 20 200 名志愿者及其成年子女中收集血液样本和信息，开展了新冠疫情感染相关研究，结果发现：99% 的先前感染测试呈阳性的参与者在感染 COVID-19 后的 3 个月内抗体阳性，88% 的参与者在整个研究的 6 个月内保留了 COVID-19 抗体。这一发现表明自然感染后产生的抗体，以及接种疫苗后可能产生的抗体，可以在至少 6 个月内保护大多数人免受后续感染。这项研究为全球范围内的疫情防控做出了贡献。

2019 年 9 月，英国政府宣布与四家全球领先的制药公司及一家慈善机构达成战略合作，向 UK BioBank 提供 2 亿英镑资金，支持其共计 50 万名参与者的全基因组测序项目。项目获得的 2 亿英镑资金中，5000 万英镑来自英国政府主管研究与创新的职能机构"英国研究与创新"（UKRI）；5000 万英镑来自英国研究型慈善机构威康信托基金会（Wellcome Trust Charity）；1 亿英镑来自安进（Amgen）、阿斯利康（AstraZeneca）、葛兰素史克（GSK）以及强生（J&J）四家制药公司。这项全基因组测序计划是世界上迄今为止公私合作关系下开展的最为雄心勃勃的基因测序项目。该项目将探索基因如何与人类生活方式及生活的环境相结合从而导致疾病，并旨在通过遗传学研究改善人类健康状况，并为全球科学界了解、诊断、治疗和预防癌症、心脏病、糖尿病、关节炎、痴呆及慢性肾病等重大疾病提供宝贵的数据资源，最终推动全球个体化医学的发展。

2020 年 12 月，UK Biobank 宣布，将联合由十家全球顶级生物制药公司组成的联盟启动"药物蛋白质组学计划（The Pharma Proteomics Project）"。该研究项目中，UK Biobank 将采用最新的 Explore 1536 NGS 蛋白质组测序平台，对 53 000 名参与者的 56 000 个血浆样品进行血液循环蛋白质组检测（检测超过 1500 种低丰度蛋白标志物），从而在 20 周内获得 700 万蛋白标志物数据。该项目将由十家顶级生物制药公司联合资助，包括安进、阿斯利康、百时美施贵宝、百健、基因泰克（罗氏）、葛兰素史克、杨森、辉瑞、再生元和武田制药。这将是迄今为止全球最大的血液蛋白质组学研究之一，旨在显著增强"蛋白质组学"研究领域，使人们对疾病的过程有更好的了解并支持创新药物的开发。在过去的几年中，UK Biobank 已经完成对其 500 000 名参与者的基因测序并对全球科学家开放，基于这些基因数据可以鉴定与人类疾病相关的潜在 DNA 靶点，为药物发现和开发提供了坚实的数据基础。基于基因测序项目的成功，UK Biobank 决定下一个重大步骤将是对其样本库中的血液样本进行高通量血液蛋白质组检测。因为这些血液蛋白质组数据将使人们能够研究遗传变异与血液循环蛋白质水平之间的关联，评估特定蛋白质在不同疾病的发生或发展中所发挥的作用，进而有助于理解遗传与人类疾病表型之间的联系。该项目的目标是提供一张人体中近 1500 种血液循环蛋白质水平的图谱，这些蛋白质传统上难以识别和定量，特别是在如此大规模情况下。而测量血液中的蛋白质水平对于了解遗传因素与常见威胁生命的疾病发展之间的联系至关重要。借助多年来 UK Biobank 已经获得的遗传、影像、生活方式因素和健康结果的数据，这些数据的组合可以使研究人员就血液循环蛋白如何影响我们的健康获得新颖的科学发现，并更好地了解遗传与人类疾病之间的联系。另外，值得一提的是，该数据集将包括约 1500 名感染 SARS-CoV-2 的参与者和 1500 名未感染 SARS-CoV-2 的参与者样本，他们全部接受了详细的全身影像学检测，这可以使研究人员探索 SARS-CoV-2 感染带来的内脏变化以及血浆蛋白水平的变化（包括与炎症有关的蛋白质），这对于人类深入理解 SARS-CoV-2 感染对人类健康的影响至关重要。

随着 UK Biobank 与全球科学界和产业界的密切合作，使得 UK Biobank 已经成为世界上最大、最全面的生物医学数据库和研究资源之一，UK Biobank 为全球人类遗传资源的利用和价值提供了很好的范例。

美国早期最经典的人类遗传资源应用案例当属 1948 年开始的美国弗明汉心脏研究项目（Framingham Heart Study，FHS），这是一项历经三代的前瞻性人群队列研究（起始时间分别为 1948 年、1971 年和 2002 年）。通过该队列研究，确定了心脏病、脑卒中和其他疾病的重要危险因素，带来预防医学的革命，改变了医学界和公众对疾病起源的认识。

2015 年 7 月，美国昂飞（Affymetrix）和罗格斯大学无线生物（RUCDR Infinite Biologics）公司达成一项广泛的战略联盟，这个联盟将充分利用 BioRealm 的全基因芯片平台对美国国家药物滥用研究所（NIDA）生物资源库里的 5 万多个生物样本进行基因分型分析，这些样本采集自 NIDA 资助研究中的人类受试者。一旦包含在这些样本中的遗传信息提供给研究人员，对于研究遗传和成瘾之间的联系是非常有价值的，例如，研究人员可以利用详细的遗传信息来探索遗传学如何影响患者对治疗方法的个别反应。这个项目经济高效地挖掘和利用 NIDA 样本库中的遗传信息推进成瘾性研究，并将此领域推向个性化治疗。

2022 年 3 月，美国 NIH 支持的"All of Us"项目宣布取得里程碑式重要进展，他们向研究者公布了首批 DNA 数据，包括近 10 万人的全基因组测序数据和 16.5 万人的基因分型芯片检测数据。除了基因组数据，该工作台还包含许多参与者的电子健康记录、Fitbit 可穿戴设备和调查信息。该平台还链接到人口普查局美国社区调查数据，提供参与者所在社区的更多信息。上述数据的整合将使研究人员更好地了解基因如何在其他健康决定因素的背景下导致或影响疾病。"All of Us"项目数据可以通过一个基于云的平台——"All of Us"研究者工作平台获得。此外，"All of Us"的参与者都可以选择免费获得他们的 DNA 测序结果。迄今为止，"All of Us"已经向超过 10 万名参与者提供了祖源遗传检测和性状结果。未来，"All of Us"也将分享关于遗传疾病风险和药物-基因相互作用的健康相关 DNA 结果。目前，美国已有超过 600 个生物样本库，存储的人体组织样本总量已超过 3 亿份，且以每年 2000 万份的速度增加。

在亚洲，日本的国家中心生物样本库网络（NCBN）到 2021 年 4 月初已经支撑了 713 项合作研究项目，有 607 所高校、107 家企业和 279 家其他机构参与了合作研究项目。截至 2020 年年底，韩国样本库网络（Korea Biobank Network，KBN）已经支撑了 3038 个研究项目，共享应用了 48 万多份样本，发表 SCI 论文 736 篇，支撑了 81 项产品的注册申请或应用。

在国家科技基础条件平台建设计划的持续支持下，我国已经建成国家人类遗传资源共享服务平台，在推动我国人类遗传资源共享应用方面发挥了重要作用，取得了一系列重要成果。例如，心血管疾病（CVD）是中国城乡人民的主要死亡原因，当前关于 CVD 风险因素的证据主要是基于西方国家人群建立的，未必适合我国人群。在中国，越来越多的基于人群的前瞻性队列研究获得国家支持，已经产生了大量关于我国人群的 CVD 风险因素的研究数据。研究内容涵盖了生物风险因素（如血脂、血压、血糖、肥胖）、生活方式风险因素（如吸烟、饮酒、饮食、体育运动）、环境风险因素（如环境和室内因素空气污染）和风险预测。上述研究已经确定了 CVD 及其主要亚型的生活方式和环境风险因素，以及一些独特的保护因素（如辛辣食物和绿茶）。这项研究为《"健康中国 2030"规划纲要》的制定、疾病预防方针和措施制定、深化健康知识普及工作等目标提供了高质量的证据。

第四节　人类遗传资源与国家生物安全

人类遗传资源作为重要的不可替代资源，关乎国家生物安全。尤其是在全球 COVID-19 大流行的背景下，讨论人类遗传资源和国家生物安全问题至关重要。在既往的重大传染病暴发期间，如严重急性呼吸综合征（SARS）、大流行性流感、埃博拉出血热等流行病都与人类遗传资源密切相关。生物安全与现今人类改造世界的巨大技术能力，尤其是生物技术开发改造产生的对生态环境和人体健康的潜在威胁紧密相关。当重大生物安全危机出现时，如何迅速应对已知和未知的挑战，保护人民大众的正常生活和安全需求，需要在国家层面做出相应的应对措施。国家生物安全的出台就是适应这种需求，并通过立法对生物安全的风险管控以及各级政府采取措施予以法律上的支撑，同时强调加强对人类遗传资源和生物资源的管理和监督。

国家对我国人类遗传资源和生物资源享有主权，以便于开展人类遗传资源和生物资源调查。我国有相当部分遗传资源需要制定相应的政策予以保护，这包括了开展我国人类遗传资源调查、制定重要遗传家系和特定地区人类遗传资源保护政策。

一、规范人类遗传资源采集、利用、保藏管理

采集我国重要遗传家系、特定地区人类遗传资源，或者采集需要科技部人类遗传资源主管部门审批并规定其种类、数量的人类遗传资源，以便于保护珍贵的我国人类遗传资源，并通过合理的方式利用人类遗传资源开展国际科学研究合作。以往将我国人类遗传资源材料未经科技部主管部门批准而运送、邮寄、携带出境视为违法。但以上规定不包括以临床诊疗、采供血服务、查处违法犯罪、兴奋剂检测和殡葬等为目的采集、保藏人类遗传资源及开展的相关活动。

将我国人类遗传资源信息向境外组织、个人及其设立或者实际控制的机构提供或者开放使用的，应当向国务院科学技术主管部门事先报告并提交信息备份。

狭义的生物安全是指防范现代生物技术的开发和应用所产生的负面影响，即对生物多样性、生态环境及人体健康可能造成的风险，如公众普遍存有争议的转基因植物和动物、跨物种杂交产生的新的有害物种。广义的生物安全则包括重大突发传染病、外来生物入侵、生物遗传资源和人类遗传资源的流失、实验室生

物安全、生物恐怖袭击等，这些场景在许多科幻影片中得以渲染，我们需要有一个有效的制度去防止这种危险产生。

二、人类遗传资源在国家生物安全中的重要地位

在社会管理层面，生物安全涉及多个部门，牵涉面和影响广泛。随着人类对生命探索的技术手段不断加强，以往不能想象的生物安全问题也提上日程来，基因组改造、基因编辑、合成生物技术的发展使人们有意识地去创造以为有利于人类健康的改良。在经济全球化背景下，危害传播更快、危害性更大。20世纪初期，优生学在美国和欧洲的滥用对于我们来说是很好的借鉴，无论出于何种意愿，人类在使用新技术时所带来的技术滥用或者疏忽，都可能给社会带来诸多复杂的、新的生物安全和伦理风险。

由生物安全引发的各类风险已渗入经济、政治、社会等诸多领域，对国家核心利益产生重大影响。从 SARS、新冠病毒感染到埃博拉出血热等，都对社会影响范围广、持续时间长、伤亡人数多、经济损失大、防控难度大。生物安全问题的频繁出现，严重影响人类健康、破坏社会秩序、干扰经济运行、扰乱国家安全稳定局势。生物安全相关法律法规的推出，旨在弱化或消除生物风险，维护国家安全。加强生物安全治理，有利于维护人民群众生命健康和公共卫生安全、维护生物多样性和生态安全、维护社会稳定和国防安全。

生物安全是人类面临的共同挑战，需要全世界各国携手应对。疫情让人们深切认识到，人类面临一个崭新的时代，地区问题可能转化为全球问题，并在不同的地区不断演化，加深问题的严重性，每个国家都不能独善其身。中国积极致力于加强全球生物安全，并以立法的方式稳步推进国家生物安全进程，是生物安全领域的法律保障。

人类遗传资源关乎国家生物安全，是国家安全的重要组成部分。加强对生物学、医学专业从业人员的专业知识教育和对全体公民的普及教育势在必行，应加强生物安全知识的宣传，建立教育体系，有组织地开展生物安全教育培训体系，通过多种形式开展人类遗传资源与生物安全宣传教育。只有提升全民对人类遗传资源和生物安全的认知和重视程度，才能对人类遗传资源形成更有效的保护和利用，提升全体公民的守法意识，对提升国家生物安全至关重要。

第五节　人类遗传资源面临的机遇和挑战

国务院于2016年印发并实施《"健康中国2030"规划纲要》，成为今后15年推进健康中国建设的行动纲领，保障全民健康需要在生命科学和医学领域取得的重大进步来支撑，而人类遗传资源的合理有效利用就是生命科学和医学发展的重要步骤及物质基础。早在1998年，我国出台的《人类遗传资源管理暂行办法》就对中国人类遗传资源的规范管理起到巨大的推动作用。但是在近些年，违反人类遗传资源规定受到处罚的案例不在少数，一定程度上说明我们对人类遗传资源的重要性认识不够，缺乏有效的开发和利用机制，知识产权保护和共享机制不健全，不能充分发挥人类遗传资源的潜在价值。

进入到21世纪，全球生物医学产业年平均增长率达到20%，生物医药产业的投入也超过了信息产业，中国的生物医药产业正处于快速发展的历史阶段。人类遗传资源管理条例和生物安全法的出台将为开展人类遗传资源相关研究开发活动提供法律保障，促进全民健康，并助力健康中国目标的实现。

放眼全球，我国创新能力不足的问题需要多个方面共同努力，国家层面、各级政府及学术机构等都在积极促进人类遗传资源的利用以开展科学研究、发展生物医药产业，促进生物科技和产业创新。同时，政府鼓励科研机构、高等学校、医疗机构、企业根据自身条件和相关研究开发活动需要，利用我国人类遗传资源开展原创研究和国际合作科学研究，提升相关研究开发能力和水平。科技创新对疾病的风险预测与预防、诊断、治疗、预后起到至关重要的作用，同时鼓励对我国人类遗传资源的合理开发利用，为我国实现生物医药和生物技术强国的目标提供有力的保障。我们正在迈向精准医学时代，靶向药物、生物治疗、组学技术、大数据、分子诊断、分子影像等方向正在蓬勃发展。发展精准医学需要的支撑体系和平台中，人类遗传资源是最为重要的基础。

依托于人类遗传资源的科技创新不是一个国家可以自行解决的问题，新药研发从药物靶点的发现到靶点的验证，再到临床试验阶段，无不有国际合作在各个阶段的贡献。这里列举一个利用人类遗传资源从基础迅速转化到临床的例子：2003年2月，加拿大蒙特利尔临床研究所的科学家 Nabil Seidah 发现了一种新的人类前蛋白转化酶，其基因位于1号染色体的短臂上；同时，法国巴黎内克尔儿童医院（Necker-Enfants Malades）的 Catherine Boileau 领导的实验室一直在跟踪患有家族性高胆固醇血症的家系，这种遗传病使家系中90%的人患有冠状动脉硬化，过半病例早逝，他们已经确定了其中一些家庭携带的1号染色体上的突变，但无法确定相关基因。两个实验室合作，在2003年年底发表了他们的合作成果，被鉴定为 PCSK9 基因突变与家系的疾病相关，推测是 PCSK9 突变可能使基因过度活跃。同年，洛克菲勒大学和得克萨斯大学西南分校的研究人员在小鼠体内克隆了相同的蛋白质，并发现调节 LDL 胆固醇的新途径，其中 PCSK9 参与其中，很快在法国发现的突变导致 PCSK9 活性过度，从而过度去除 LDL 受体，使携带突变的人携带过多的 LDL 胆固醇。同时，得克萨斯大学西南分校的 Helen H. Hobbs 和 Jonathan Cohen 一直在研究胆固醇非常高和非常低的患者，并一直在收集 DNA 样本。凭借关于 PCSK9 作用及其在基因组中位置的新知识，他们对胆固醇极低的人的1号染色体相关区域进行了测序，并在该基因中发现了无义突变，从而验证了 PCSK9 作为药物发现的生物学靶标。美国的再生元（Regeneron）医药公司和赛诺菲（Sanofi）公司投入巨资研究 PCSK9 的单抗抑制剂，2015年7月，FDA 批准了首个医疗用 PCSK9 单抗抑制剂药物，稍后 Amgen 的 PCSK9 单抗抑制剂也被批准上市。近期，诺华公司的 PCSK9 的 RNAi 抑制剂也被批准上市。一个靶点衍生出几个一类新药，使全球数万患者获益，同时也给生物医药产业注入了新的活力。由这个案例可以看出，合作已成为世界科技发展的重要推动力，通过国际科技创新合作，可以促进国际上科技创新资源的互补共享，更好地整合优化全球科技资源和要素，提高创新效率和水平。

在中华人民共和国人类遗传资源管理条例中明确提出利用我国人类遗传资源开展国际合作科学研究，合作双方应当按照"平等互利、诚实信用、共同参与、共享成果"的合作原则。这为我国科研工作者在利用我国人类遗传资源开展同世界高水平研究机构合作中增强科研能力、提高业务水平、保护公平获益提供了法律保障，有利于我国生命科学和医学的研究水平达到或超越世界先进水平。

一、以人类遗传资源为核心的数据资源和挖掘成为核心竞争力

人类遗传资源包括了实物资源和数据资源。开发和利用全基因组测序和功能基因挖掘的新技术不断进步。基因组测序技术是现代分子生物学研究中最常用的技术，DNA 测序在生命科学中扮演着重要的角色。全基因组测序具有信息全面、精确、高效等优点，尤其能对未知基因和未知结构变异进行高效探索。凭借算法和计算性能的不断优化，基因组、转录组、表观基因组变异检测技术不断更新，基因组测序技术为开展生物学研究提供了丰富的数据，在有效挖掘生命科学关键信息方面发挥着越来越重要的作用。数据的积累速度以惊人的方式增长，解读数据成为全球竞争的核心点之一。其他组学时代的到来催生数据量级的增长，将推动生命科学研究向"数据密集型科学"的新范式转变。因此，人类遗传资源的大数据与遗传资源本身一样，也已成为国家战略资源，成为国际科技与产业竞争热点和战略制高点。目前，我国已经建立了国家人类遗传资源中心及相匹配的共享平台，进一步建立全面支撑人类遗传资源的保存、利用、开发、挖掘和可持续利用的技术体系，形成包括资源和数据质控流程、数据存储中心、数据共享中心和数据转化中心的可对海量数据进行有效管理、高效分析的综合数据系统，支撑我国人类遗传资源在前沿领域发现和产业创新发展。这些机制的形成，包括数据管理规范、数据汇集平台、数据门户和数据可视化系统在内的一套完整的数据生态，能够有效地促进中国生命科学、医学领域的全面发展，深化对人类遗传资源的共享、挖掘和利用。

二、知识产权保护与遗传资源

人类遗传资源是一种生物资源，根据《生物多样性公约》，这些资源包括对人类具有实际或潜在用途或价值的遗传资源、生物体或其部分、生物群体或生态系统中任何其他生物组成部分。自然界中存在的遗

传资源本身并不是知识产权。它们不是人类思想的产物，因此不能直接作为知识产权来保护。然而，基于人类遗传资源（以及相关知识）的发明应该通过知识产权制度进行保护，或者通过专利保护。例如，上述提的 PCSK9 的药物靶点，*PCSK9* 基因不能获得专利，但是其作为调节低密度脂蛋白受体的作用机制受到了专利保护。这些遗传资源产生的信息应该受到专利的保护。早期研究者试图对乳腺癌基因 *BRAC1* 和 *BRAC2* 进行专利保护，让我们对基因专利的和产权保护有了更多的理解。*BRCA1* 和 *BRCA2* 是两个与乳腺癌发病有密切因果关系的基因序列，通过检测其是否发生突变可以预测女性乳腺癌的发病概率，帮助女性及早采取预防措施。1994 年，麦利亚德基因公司（Myriad 公司）申请了关于 *BRCA* 遗传基因及其诊断方法的相关专利，并于几年间在美国获得了多项 *BRCA* 基因的相关专利。该公司凭借专利权取得了该领域的市场垄断地位，限制了其他公司以及科研机构对该基因的研究开发。2009 年，美国公民自由联盟、美国分子病理学会等 20 个原告联名在纽约南区地方法院起诉 Myriad 公司，要求法院撤销该公司拥有的 *BRCA* 基因专利权，认为 *BRCA* 基因是一种自然产物而非人造之物，因而不具有可专利性。2010 年，纽约法官在判决中认定，从自然界中分离出的产品与原物质相比必须具有显著不同才具有可专利性，而本案中的 *BRCA* 基因是一段 DNA 序列，从人体中分离提纯后得到的基因片段与在人体中自然存在的原物质相比并没有显著不同，所以 Myriad 公司用于申请专利的人类基因片段不具有可专利性，将 *BRCA* 基因归于天然产物的范畴之中更为合理。法院最终基于以上原因判决 BRCA 专利无效，并撤销了 Myriad 公司 15 项相关专利。Myriad 公司提出上诉，最高法院于 2013 年以罕见的 9：0 做出终审判决，判定 Myriad 公司败诉。最高法院认为 Myriad 公司的主要贡献是发现了某一特定人类基因在人类染色体中的精确位置和核苷酸序列，而不是发现了一种新的物质，Myriad 公司的专利本质是将一个特定的人类基因序列从人类染色体上"切割"下来，这并不能算创造了一种新物质，仅仅将某一特定的人类基因序列从人类染色体中分离出来的行为很难称之为发明行为。由此可见，发现基因序列不构成专利的要素，挖掘其生物学功能才能对其进行有效的保护。

三、人类遗传资源共享机制的完善对生物医药产业的促进作用

人类遗传资源是国家重要战略资源，人类遗传资源的合理利用在经济发展、人民健康和生物安全方面具有重要战略价值，但是分散的、零碎的、非系统的人类遗传资源不能有效地支撑其在经济发展中的作用。在目前的科研体制下，遗传资源都是分散和分割在不同的研究单位和研究者手中，遗传资源物质与数据分离情况较为普遍。鉴于当今生物医学研究的特点，如对身高、体重、血压、血脂的多基因遗传性状研究课题的样本量，少则几千、几万，多则几十万、几百万份。欧洲的全基因组关联研究使用多达百万份的样本量，英国生物样本库也有 50 万人的样本量。面对如此庞大的研究样本，很少有研究者可以独立完成这样有开创性的研究。我国虽然有大规模人类遗传资源的优势，但对其进行综合利用的研究起步较晚，这就要求相关主管部门出台具体的政策，鼓励和支持利用遗传资源共享加强国内与国际合作。这也从另一个侧面加强了战略生物资源的保护、研究和利用。

四、人类遗传资源成功转化的历史机遇

在生命科学基础研究方面，利用人类遗传资源开展细胞生物学、分子生物学、分子病理学、基因组学、蛋白质组学、代谢组学、表型组学等研究，能够揭示生命科学基础原理，加深人类对于生命本质的认识。

在临床医学应用研究方面，利用人类遗传资源开展疾病相关队列研究，探讨疾病新的分类、分型、诊断、个性化治疗和预后标准，有利于制订疾病预测预防、早期诊断、分子分型与个性化治疗、预后评估等新型的诊治策略与体系。

在药物医疗器械研发方面，药物疗效、敏感性和耐药性的大样本验证是新药和医疗器械研发与快速转化研究的重要环节之一，应用基于大规模人类遗传资源的组织芯片、cDNA 组织芯片、细胞芯片、PDX 鼠、类器官及器官芯片等筛选技术，设计筛选模型，实现自动化高通量药物和医疗器械筛选，将大大减少新药和医疗器械开发筛选过程中所耗费的人力、财力，有效地提高筛选效率，极大地缩短研发周期。

每一项新技术的出现都在人类遗传资源研究领域掀起一波浪潮。全球从事医学生物学和医药研究的科

研人员都在争夺领域内有限的成果。例如，近期 PD-1/PD-L1 抑制剂的研制成功为肿瘤患者带来了福音。PD-1/PD-L1 抑制剂是一组用于治疗癌症的免疫检查点抑制剂。PD-1 和 PD-L1 都是存在于细胞表面的蛋白质。此类免疫检查点抑制剂正在成为几种癌症的一线治疗药物。通过阻断 PD-1 和 PD-L1 来治疗癌症的概念于 2001 年首次发表，随后各制药公司开始尝试开发 PD-1/PD-L1 抑制剂。第一次临床试验于 2006 年启动，试验药物为纳武利尤单抗。PD-1 抑制剂已经由多家医药公司研制上市，包括默沙东开发的 Keytruda 可瑞达、百时美施贵宝的欧狄沃（Opdivo）、再生元制药开发的西米普利单抗（Libtayo）、江苏恒瑞医药开发的艾瑞卡、苏州信达制药开发的达泊舒、上海君实生物医药开发的拓益、北京百济神州开发的百泽安等，其药靶都是 PD-1，由此可见一个药靶可以带动相关产业的迅速发展，并为广大患者带来切实的利益。

五、世界主要国家出台政策规范人类遗传资源的研究利用

美国关于人类基因资源的立法和政策体现在两个方面：一方面，在知识产权领域，关于基因专利的立法，由美国专利与商标局来进行判断，依据《基因专利的立法》，明确了不可申请专利的范围以及生物技术方法的专利性问题；另一方面，在实践中以契约规范人体基因资源的转移，主要有三个契约，即《统一生物材料移转合约（UBMTA）》《美国细胞培养暨储存中心示范合同》《大学示范合同》。

欧洲议会和理事会先后签发两项指令，对人类血液、血成分、人体组织和细胞等的采集、处理、存储和使用等方面的质量及安全做出了规定，各欧盟成员国都应遵守相关要求。

巴西很早就意识到保护本国人类遗传资源的重要性。巴西政府于 2001 年发布了《巴西保护生物多样性和遗传资源暂行条例》（简称《暂行条例》）。随后又对《暂行条例》进行了数十次修订，直到 2015 年由总统签署、以宪法修正案的形式通过了《生物多样性保护法》，对人类遗传资源与传统知识的获取、审批、转让、惠益分享、行政处罚等内容做出了规定。为了更好地保护和管理人类遗传资源，巴西还成立了"遗传资源委员会"，并建立了"国家惠益分享基金"。

印度在 1997 年出台了人类遗传资源未经批准不能出境的政策，但是此政策于 2016 年废除。该条例没有具体说明人类遗传资源政策改变的原因。各国对人类遗传资源的研究利用，逐步从侧重对人类遗传资源材料的管理，转向对人类遗传资源信息的管理，纷纷建立国家级数据库。美国国会立法建立了美国国家生物技术信息中心、欧洲成立了欧洲生物信息学研究所、日本成立了日本国立遗传学研究所 DNA 数据库，三者共同组成国际核酸序列数据库合作组织，存储巨大数量的生物技术和生物医学领域数据信息。

人类遗传资源管理制度的建立促进了生物技术创新、人类遗传资源的合理利用，有利于生物医药关键核心技术、产品和装备的自主可控，为维护国家安全提供了强有力的科技资源保障。应坚持人民至上、生命至上，将生物医药科技自立自强作为保护人民生命安全、全面提高公共安全保障能力的重要支撑；加强生物技术创新，在已取得一定成效的基础设施、关键技术和创新产品等方面加快科技创新成果转化，促进成果应用和示范推广。让人类遗传资源在保障我国国家安全前提下更好地支撑我国的生命科学研究和生物医药产业创新发展，将助力健康中国目标的实现，造福广大人民群众。

（国家卫生健康委科学技术研究所　高华方　王兴宇）

第二十八章
生物资源

第一节 绪 论

一、生物资源概述

（一）生物资源定义

生物资源属于自然资源的一种，是自然资源的有机组成部分，具有繁殖、遗传和新陈代谢等生理机能。在资源科学领域，生物资源是生物圈中对人类具有一定经济价值的动物、植物、微生物有机体以及由它们组成的生物群落。联合国《生物多样性公约》将"生物资源"定义为"对人类具有实际或潜在用途或价值的遗传资源、生物体或其部分、生物种群，或生态系统中任何其他生物组成部分"。生物资源除了根据动物、植物、微生物资源进行划分之外，还可以从生物遗传资源、生物物种（生物体部分）资源、生态系统资源等层面进行划分。

我国生物资源十分丰富，据《中国生物物种名录（2022 版）》记载，我国目前发现记录的物种及种下单元 138 293 个，其中物种 125 034 个、种下单元 13 259 个。动物部分收录 63 886 个物种，包括哺乳动物 687 种、鸟类 1445 种、爬行动物 552 种、两栖动物 548 种、鱼类 4969 种、昆虫及其他无脊椎动物 55 685 种；植物部分收录 39 188 个物种，包括被子植物 32 708 种、裸子植物 291 种、蕨类和苔藓植物 5494 种；菌物部分收录 16 369 个物种。

（二）生物资源特征

1. 复合性

生物资源是地球上最丰富的可再生性资源，在自然或人为的条件下，生物具有不断更新、生长和繁殖的能力。生物资源是人类摄取食物的主要来源，也是工业生产的主要原材料，对维持生态系统的稳定、提升生态承载力和生态系统的服务功能具有巨大意义。随着科技的发展，人类认识到生物资源在医药、化工等方面具有重大的经济价值，但却忽略了对生物遗传资源的保护和可持续利用，导致乱砍滥伐、捕捞野生动植物等现象层出不穷，破坏生物资源的生存环境，致使越来越多的生物资源出现退化、解体、耗竭和衰亡的现象，对生物资源造成不可逆的影响。例如，目前现存的华南虎基本都是人工圈养繁育的，野生华南虎已经基本绝迹。

2. 地域性

所有生物并非均能在一切地方生长发育，受气候、土壤、海拔等因素的影响，各种生物均有其特定的地理生长范围，从而显示出生物资源具有强烈的地域性。我国地域辽阔，自然条件复杂多样，植物种类丰富，生物特有属、特有种多，是世界重要的植物起源中心之一。目前我国保存的中国种子植物特有属 268 个，含特有种 522 种 63 变种，归 78 科，其中特有科有 8 个。因华南、华中、西南地区大多数山地未受第四纪冰川影响，目前这些地方还保存了银杏、水杉、银杉、珙桐、水松、香果树等其他地区早已灭绝的古老孑遗物种。

3. 科技性

生物资源是人类唯一不可替代的资源，是食品、农业、生物医药科技发展的基础性原材料。生物资源在当今世界资源问题中起着桥梁的作用并占据中心的地位，拥有和开发利用生物资源的程度已成为衡量一个国家综合国力与可持续发展能力的重要指标。发达国家在工业革命伊始就已经认识到生物资源的基础性和战略性，长期凭借资金和技术优势，在全球开展动植物、微生物或者其他生物原料的收集与筛选活动，据此研制新型药品、培育高产质优的粮食作物等。例如，美国的孟山都公司获取并利用我国野生大豆培育出高产大豆，新西兰获取并利用我国野生猕猴桃培育出占全球市场40%的猕猴桃，美国生态健康联盟通过国际合作项目等获取我国动物和病原微生物样本及其研究数据。生物资源的占有、开发和保护已经成为全球科技竞争的主要手段之一。

4. 稀缺性

由于人口增长、过度开发利用等原因，使生物资源的原生环境日益缩小或严重破坏，对生物资源的过度利用及非法贸易和走私也导致很多生物资源的数量、质量急剧减少，并使相当数量的物种逐渐成为珍稀濒危物种，甚至灭绝，造成生物资源丧失。物种的资源总量有限，且更新速度慢，资源一旦被破坏，极易枯竭，如冬虫夏草、独一味、雪莲、大黄等。

二、生物遗传资源概述

（一）生物遗传资源定义

联合国《生物多样性公约》将"遗传资源"寓于生物资源概念中，"遗传资源"是指具有实际或者潜在价值的遗传材料，"遗传材料"是指来自植物、动物、微生物或其他来源的任何含有遗传功能单位的材料。其中，人类以外其他生物的遗传资源称为"生物遗传资源"。由此可见，生物遗传资源包括生物个体、组织、器官，小到细胞、线粒体、基因等。在农业领域，人们习惯上将"遗传资源"称为"种质资源"，强调遗传资源为育种提供物质材料。农业种质资源（或农业遗传资源）包括了农业栽培植物、畜禽、水产和农业微生物包含的所有品种、品系、类型和遗传材料，也包括与该栽培或者驯化物种关系密切的野生近缘物种。

（二）生物遗传资源特征

1. 复合性

生物遗传资源是无形信息和有形载体的统一。生物遗传资源既蕴含生物体内的决定因素——遗传信息，也是动植物、微生物以及其他任何遗传材料的载体。生物遗传资源可通过现代生物技术脱离有形载体，以无形信息的形式被传承、传播和利用。但如果因为乱砍滥伐导致有形的生物资源灭绝，储藏其中的无形的遗传信息也就会从地球上消逝。

2. 分布不均匀

生物遗传资源往往是在特定时期内存在于特定区域，其形成离不开当地的环境和气候等，在地域空间分布上存在差异。一般地，发展中国家的生物多样性较为丰富，保存了大量生物遗传资源，但对资源的利用效率较低。而发达国家的生物多样性相对匮乏，生物遗传资源禀赋不足，但资源利用效率较高。美国和澳大利亚既是生物多样性丰富的国家，也是生物遗传资源利用效率较高的国家。

3. 不可再生

生物遗传资源是无形信息和有形载体的复合体，其形成受到地理环境、生态系统、气候条件和人类活动等因素的制约。一旦物种灭绝，其所承载的无形信息也就随之毁灭。

4. 可复制性

生物遗传资源最核心的价值是其所携带的遗传信息。遗传信息隐藏于生物体内的代际传递中，是遗传材料的重要组成部分，可通过技术手段使其脱离遗传材料而单独存在，并进行无限制复制。遗传信息的表达与调控可受人为控制，人类可以依据自身需求，对具有实际或潜在价值的遗传信息片段进行复制。

三、微生物资源概述

微生物是广泛生活在自然界中的一群肉眼看不见，需要借助光学显微镜或电子显微镜放大数百倍、数千倍甚至数万倍才能被观察到的微小生物的总称。据估计，微生物大约在 32 亿年以前就存在于地球上。微生物种类繁多、性状各异，有数十万种之多，占地球上所有物种的 50%。科学家依据微生物结构、化学组成及生活习性等将微生物分为非细胞型微生物、原核细胞型微生物和真核细胞型微生物三大类。目前已知的微生物只有 1%～10%，实际利用的微生物不到 0.1%。

微生物是人类所需的各种物质的生产者，用途广泛，在我们生活的各个方面起着重大的作用，腐乳、酸奶、面包等产品的形成都离不开微生物发酵。除此之外，微生物还具有促进自然界中的物质和能量循环的作用，可分解自然界中动植物残体，转化和循环利用空气中氮气等，是生态系统的重要组成部分，对维持生物多样性具有重大作用。

微生物是把"双刃剑"，有时也会对人、动物、植物引起毁灭性的灾害。科学家将对人、动物、植物产生危害或致病的微生物称为病原微生物；对有些在正常情况下不致病而在特定的条件下可导致疾病发生的微生物，称为机会性病原微生物或条件性病原微生物。在自然界中，病原微生物种类很多，包括细菌、病毒、立克次体、真菌、螺旋体等五大类。病原微生物具有传染性、致病性、传播能力强等特点，一旦感染，会引发寄主感染、过敏、痴呆甚至死亡。严重急性呼吸综合征（SARS）、高致病性禽流感、新型冠状病毒感染、埃博拉出血热等都是由病原微生物引起的疾病。

微生物资源是国家战略性资源之一，也直接关系国家生物安全。随着微生物资源价值的不断增长，全世界已经建立了 700 多个微生物保藏中心。世界微生物数据中心（WDCM）收集保藏有 200 多万种微生物。我国于 1979 年建立中国普通微生物菌种保藏管理中心（China General Microbiological Culture Collection Center，CGMCC）。为更好地保藏和共享分布于疾控、临床、教学、科研、生产等相关机构中的病原微生物资源，2019 年由国家卫生健康委员会主管，科技部、财政部共同支持成立了国家病原微生物资源库。

第二节 生物资源安全

生物资源是一个国家保障和协调生态文明、经济发展、人民健康和生物安全的重要战略资源。1992 年在巴西里约热内卢举行的联合国环境与发展大会上通过了《生物多样性公约》（CBD），旨在保护生物多样性、可持续利用生物资源、公平公正地分享利用遗传资源所产生的惠益。其后，在《生物多样性公约》框架下还通过了《卡塔赫纳生物安全议定书》（2000 年）和《〈生物多样性公约〉关于获取遗传资源和公正公平分享其利用所产生惠益的名古屋议定书》（2010 年），以合作应对借助现代生物技术获得的活性生物体的安全利用和转移方面的问题，促进公正、公平地分享利用生物遗传资源所产生的惠益。

近两年来，各国际组织制定多项相关政策并采取一定措施，不遗余力地为全球的生物多样性、生物资源保护和保藏做出贡献。2019 年 5 月，联合国"生物多样性和生态系统服务政府间科学政策平台（Intergovernmental Science-Policy Platform on Biodiversity and Ecosystem Services，IPBES）"发布《生物多样性和生态系统服务全球评估报告》，提示全球物种种群正在以人类历史上前所未有的速度衰退，可能对世界各地的人们造成严重影响。2019 年 8 月 29 日，世界自然基金会（World Wide Fund，WWF）发布的题为《树冠之下》的报告，分析了全世界森林生物多样性的现状，首次对森林脊椎动物的趋势进行全球评估。2020 年 1 月《2020 年后全球生物多样性框架》零草案发布，旨在建立一个与自然和谐相处的世界，使所有人都能共享重要福利。2020 年 9 月，联合国《生物多样性公约》秘书处发布了第五版《全球生物多样性展望》（GBO-5），针对自然的现状提供了最权威的评估。GBO-5 分为生物多样性促进可持续发展、2020 年生物多样性现状以及通往 2050 年生物多样性愿景之路三部分，其对实现当前愿知生物多样性目标的进展情况进行了最后评估，并借鉴 21 世纪头 20 年的经验教训，指明为实现世界各国政府商定的 2050 年"与自然和谐共处"愿景所必需的改变。

此外，《濒危野生动植物物种国际贸易公约》《保护野生动物迁徙物种公约》《粮食与农业植物遗传资源国际条约》等也是这一领域的重要条约，通过对相应动植物国际贸易、保护和可持续利用进行实施控制和管理，促进各国保护和合理利用相关动植物遗传资源。

一、国际发展现状与趋势

（一）政策法规

1. 美国

美国高度重视对生物资源的保护与服务，每年投入大量研究经费，通过先进植物计划、特种植物研究计划、动物基因组研究蓝图、微生物组计划等，为美国生物资源的保护、研究与开发形成全方位、全链条的支撑与管理。

在动物遗传资源领域，2008 年，由美国农业部农业研究局（Agricultural Research Service，ARS）和美国国家粮食和农业研究所（National Institute for Food and Agriculture，NIFA）牵头发布了《农业动物基因组研究蓝图 2008—2017》，作为指导性文件指导动物基因组学研究。十年间蓝图中多数目标均已完成，例如，已获得了牛、猪、绵羊、山羊、鸡和鲶鱼的完整基因组，同时开发了用于各种规模的动物个体的综合基因分型技术和分析方法，但有些未达成的目标仍需进一步研究。随着新兴技术的发展，《农业动物基因组研究蓝图 2008—2017》中未涉及的主题也需深入探索。2019 年 5 月 17 日，美国农业部发布《从基因组到表型组：改善动物健康、生产和福利——动物基因组研究蓝图 2018—2027》。新蓝图聚焦科学实践、科学发现和基础设施三大主题，着重通过发挥基因组技术潜力来提高动物生产效率。新蓝图的实施有助于实现动物生产的四个主要目标：为不断增长的人口提供营养食品；提高动物农业的可持续性；提高动物健康和改善动物福利；满足消费者需求和选择。

在植物资源方面，美国 1946 年颁布了《研究与市场法案》，在该法案的指导下建立了 4 个专门用于保存、评价植物种质资源的区域性植物引种站。美国国家植物种质系统（National Plant Germplasm System，NPGS）重点收集粮食作物及其他农作物的种质资源。此外，20 世纪 90 年代美国就提出了植物基因测序计划与国家动物种质计划。近几年来，美国农业部农业研究局（ARS）发布《植物遗传资源、基因组学和遗传改良行动计划 2018—2022》，期望通过提供知识、技术和产品来提供高作物产量和产品质量，减少全球粮食不安全问题，降低全球农业对破坏性疾病、害虫和极端环境的脆弱性，从而成为植物遗传资源、基因组学和遗传改良研究的全球领导者，旨在利用植物的遗传潜力来改变美国的农业。2018 年 ARS 发布《2018—2020 年农业研究服务战略计划——转变农业》，以维持美国的农业生态系统和自然资源，并确保其农业的经济竞争力和卓越表现。该战略计划概述了 15 个研究目标，涵盖四个主要目标领域：营养、食品安全和质量，自然资源和可持续农业系统，作物生产与保护，动物生产与保护。

在微生物资源的保存和服务方面，美国白宫科学技术政策办公室（Office of Science and Technology Policy，OSTP）于 2016 年发起了国家微生物计划（National Microbiome Initiative，NMI）以增进对微生物群落的理解。2018 年 4 月，微生物组跨机构工作组（Microbiome Interagency Working Group，MIWG）制定了为期 5 年的《微生物组研究机构间战略计划（2018—2022）》，提出支持跨学科和协作性研究、开发平台技术以及扩大微生物组劳动力这三个领域的建议，以将微生物组发现转化为对社会问题的解决方案。

2. 欧盟

欧盟在《2010—2020 年欧洲生物多样性研究战略》中规划了欧洲重点关注的生物多样性研究领域，并以欧洲研究基础设施联合体为基础开展了生物资源科研信息化建设，支持服务、工具集成、工作流程等的信息化基础设施的建设。近年来欧洲在生物资源的基础设施建设、资源保护与服务领域的布局方面进一步加强。2018 年 9 月在维也纳召开的第四届国际科研基础设施大会上，欧洲研究基础设施战略论坛（The European Strategy Forum on Research Infrastructures，ESFRI）发布了 2018 年研究基础设施战略报告和路线图（Roadmap 2018）。在环境领域生物方面，ESFRI 此次开展了与生物多样性和生态系统研究相关的关键基础设施建设，包括观测站和监测设施、原位和体内实验设施、生物收集和参考数据所需基础设施，以及用于分析和建模的基础设施。2019年7月23日，欧盟委员会通过多方沟通，制定保护和恢复世界森林的新行动框架，旨在保护和改善现有森林，特别是原始森林的健康，并显著增加全世界可持续的生物多样性森林覆盖面。在欧盟委员会制定的此次行动框架中，列出了五个优先事项，包括减少欧盟在陆地上的消费足迹、与生产国合作减少森林压力、加强国际合作制止森林砍伐和退化并鼓励森林恢复、重定向融资以支持更可持续的土地使用做法，以及获取有关森林和供应链的信息并支持研究和创新。2019年9月4日，德国政府宣布将投资1亿欧元实施"昆虫保护行动计划"，其中每年至少包括2500万欧元用于昆虫种群的研究和监测，要求建立一个全国性的昆虫监测网络，重点研究昆虫数量下降的原因和解决办法。2020年5月20日，欧盟发布了新的《欧盟2030年生物多样性战略》，通过加强对自然的保护和恢复、改善和扩大保护区网络以及制定一项雄心勃勃的欧盟自然恢复计划，使生物多样性在2030年前得以恢复。2020年6月24日，来自14个不同国家/地区的28个国际合作伙伴启动新的欧盟研究项目INCREASE，其研究了欧洲四种重要的传统食用豆科植物（鹰嘴豆、菜豆、小扁豆和羽扇豆）的植物遗传资源状况，旨在开发有效的保护工具和方法来促进欧洲农业生物多样性。

3. 英国

2019年6月10日，英国政府主管研究与创新的职能机构"英国研究与创新"（UKRI）发布了《交付计划2019》作为英国最新年度计划，英国自然环境研究理事会将研究和创新重点集中在环保方案、推动对前沿科学认知、健康环境等领域，期望英国为创建高效、健康、富有活力的地球制定减缓气候变暖、创造循环经济、确保空气和水清洁、维持生物多样性的解决方案，确保英国在自然环境研究上处于环境科学的最前沿地位。

2019年10月3日，英国生态学与水文学研究中心、野生生物组织、政府机构和研究所等超过70个机构联合发布《自然状况报告2019》，回顾了近50年研究团队对英国野生动植物的监测情况，同时进一步用统计数据表明，自1970年以来英国物种的平均数量和分布均呈下降趋势，许多指标显示这种下降趋势在最近十年中仍在继续。《自然状况报告2019》还回顾了英国自然状况面对的主要压力，包括气候变化、水文变化、外来入侵物种、农业管理、林地管理、城市化和人类活动，尽管没有系统地监测这些压力的变化及其对英国生物多样性的影响，但英国已寻求最相关的可用指标来表征野生动植物压力的变化情况，并制定了自然环境保护的措施。

2020年6月5日，英国政府宣布为保护稀有野生动植物和脆弱栖息地的全球项目拨款1090万英镑，受益的野生动物包括英属维尔京群岛的海龟、乌干达濒临灭绝的黑猩猩、南乔治亚岛和南桑威奇群岛的企鹅以及科摩罗的珊瑚礁等。

2020年9月28日，英国、加拿大加入欧盟行动，承诺到2030年保护其30%的陆地和海洋，以阻止"灾难性"生物多样性的丧失，并在联合国峰会召开之前寻求对这一目标达成更广泛协议的支持。

4. 澳大利亚

澳大利亚在生物资源保护和服务方面更加重视生物多样性领域。2018年4月，澳大利亚科学院发布《发现生物多样性：2018—2027年澳大利亚和新西兰分类学和生物系统学十年计划》，其为澳大利亚和新西兰在2018年至2027年间的分类学和生物系统学学科提出了共识，力求增加了解生物多样性的机会，扩大澳大利亚和新西兰的分类学及生物系统学相关研究，并提高对这些学科的重要性和作用的认识。这项十年计划旨在利用一些新兴技术开发缺少的关键基础架构，并将所有这些要素结合到一个统一的动态科学中，从而满足社会、政府、行业等独特的生物多样性需求。在借鉴2016年发布的《中国生物多样性保护战略与行动计划（2011—2030年）》的基础上，2019年11月8日，澳大利亚政府发布《国家自然战略2019—2030：国家生物多样性战略及行动计划》，侧重于通过促进人与自然之间更紧密的联系、改进人类对自然的关心方式以及建立和分享知识，为政府、非政府组织和社区行动制定一个直至2030年的国家框架，以保持生态系统的正常运转及其所包含的生物多样性处于健康状态，为人类健康福祉和繁荣做出重要贡献。

面对生物技术和数字化的日益发展，澳大利亚战略政策研究所（Australian Strategic Policy Institute,

ASPI）2020 年 8 月发布文章"生物数据与生物技术：澳大利亚的机遇与挑战"，总结了基因组测序和基因工程领域的非凡发展，确定了澳大利亚通过利用数字化实现经济变革的多个要素，提出需要制定国家战略和行动计划以收集和整合用于医疗保健的基因组、临床和智能传感器数据，并开发可出口到世界各地的高级分析软件和护理点报告系统。这些信息将成为未来医疗保健和药物开发的组成部分，其将加快动植物和微生物有价值的特征的鉴定，同时基因工程也将进一步提高生物生产的效率、质量和范围。

5. 中国

作为《生物多样性公约》的缔约国之一，我国积极响应公约的战略部署，先后制定了《中国植物保护战略》《中国生物多样性保护战略与行动计划（2011—2030 年）》，并将其作为我国植物保护的行动纲领，推进生物遗传资源及相关传统知识惠益共享。党的十八大将生态文明建设提升为国家战略，提出建设"美丽中国"的概念，为生物资源的保护与开发利用提出了更高的要求。2016 年我国正式加入《名古屋议定书》，生物产业进入惠益共享时代。与此同时，我国资源管理也逐步实现法制化，在法律体系建设方面，2007 年修订的《科学技术进步法》从政府和科技资源管理单位的权利、义务和责任等多个方面对科技资源建设和共享利用做出了明确规定。在实验动物领域，1988 年我国颁布了第一部行政法规《实验动物管理条例》，此后科技部相继出台了《实验动物质量管理办法》《国家实验动物种子中心管理办法》《实验动物许可证管理办法（试行）》《关于善待实验动物的指导性意见》等多项政策办法，建立了全国统一的实验动物许可证管理制度。在生物种质资源领域，《野生动物保护法》《种子法》《计量法》等法律法规进一步规范和完善了生物种质资源的管理与服务工作；各部门围绕科技平台建设和科技资源管理与服务，制定了相关管理规范，包括农业部制定的《农作物种质资源管理办法》、环保部发布的《野生植物保护条例》，以及《生物遗传资源经济价值评价技术规范》《植物新品种保护条例实施细则》等。

除法制化规定和管理外，在国家的总体规划和部署方面也将生物资源放居重要位置。党的十八大以来，以习近平同志为核心的党中央站在中华民族永续发展的战略高度，做出了一系列重大决策部署。2016 年，国家发展和改革委员会发布《"十三五"生物产业发展规划》，提出建设技术先进的基因库、完善重要标准物质及质量信息库等，提出在现有基因库基础上，建设生物资源样本库、生物信息数据库和生物资源信息一体化体系；推动完善遗传资源基因库、生物遗传资源保藏库（圃）；收集涵盖民族药在内的食物药材等。2017 年，科学技术部印发《"十三五"生物技术创新专项规划》，在生物资源领域，提出以加强我国战略性生物资源的保护和促进生物资源开发为目标，加强生物资源功能评价及应用转化的研究，挖掘和利用极端环境下特殊生物资源，加大开发力度；力争到 2020 年，初步建立以战略性生物资源保护、高值生物资源功能评价、特有生物资源挖掘为核心的生物资源转化产业的新型模式与技术创新体系，提升我国在该领域的核心竞争力。2020 年 2 月 11 日，国务院办公厅印发《关于加强农业种质资源保护与利用的意见》，提出力争到 2035 年，建成系统完整、科学高效的农业种质资源保护与利用体系，使资源保存总量位居世界前列，珍稀、濒危、特有资源得到有效收集和保护，资源深度鉴定评价和综合开发利用水平显著提升，资源创新利用达到国际先进水平；"实施重要生态系统保护和修复重大工程，优化生态安全屏障体系"更是被列为落实党的十九大报告重要改革举措和中央全面深化改革委员会 2019 年工作要点。2020 年 5 月，国家发展改革委和自然资源部联合印发《全国重要生态系统保护和修复重大工程总体规划（2021—2035 年）》，该规划是党的十九大以来国家层面出台的第一个生态保护和修复领域综合性规划。

（二）项目规划

1. 美国

美国对生物资源的保护与利用高度重视，每年投入大量研究经费，通过先进植物计划、特种植物研究计划、动物基因组研究蓝图、微生物组计划等，为美国生物资源的保护、研究和开发形成全方位、全链条的支撑与管理。

美国有 1300 个与实验动物相关的生产与研究单位。美国国立卫生研究院（National Institutes of Health，NIH）于 1962 年设立的国家研究资源中心（National Center for Research Resources，NCRR）资助建立了很多实验动物种质资源中心，如啮齿类实验动物资源中心、国家级非人灵长类实验动物中心、若干实验基地，以及若干其他脊椎和无脊椎动物资源中心（包括突变小鼠资源中心、加利福尼亚国家灵长类研究中心、国家海兔资源中心、斑马鱼国际资源中心等），并采用现代分子生物学、胚胎工程及低温生物学等手段保存实验动物种质资源，如美国的杰克森（Jackson）实验室、查士利华（Charles River）公司、小鼠突变资源中心（MMRRC）等。

植物种质资源是育种家用来选育新品种的遗传原材料，是植物遗传多样性的表现形式。美国于 1946 年颁布了《研究与市场法案》（Research and Marketing Act），在该法案的指导下建立了 4 个专门用于保存、评价植物种质资源的区域性植物引种站。1990 年，美国国会批准建立国家遗传资源计划（National Genetic Resources Program，NGRP），负责对重要的种质资源进行获取、描述、保存、记录和分发等活动并进行信息化共享；在 NGRP 基础上建立了种质资源信息网络系统（Germplasm Resources Information Network，GRIN），它由美国农业部农业研究局负责，网络服务器提供有关植物、动物、微生物和无脊椎动物的种质信息，GRIN 系统的建立使种质资源材料更容易管理和操作。美国国家植物种质资源系统（National Plant Germplasm System，NPGS）是农作物种质资源收集、保存、评价、鉴定、分发并信息化共享的平台。

在微生物资源的保存服务方面，美国有三个主要的信息和保藏中心，即美国真菌遗传学信息中心（Fungal Genetics Stock Center，FGSC）、美国典型菌种保藏中心（American Type Culture Collection，ATCC）及美国农业研究菌种保藏中心（Agricultural Research Service Culture Collection，NRRL）。其中，ATCC 的馆藏包括多种用于研究的生物材料，如细胞系、分子基因组学工具、微生物和生物产品；NRRL 是世界上最大的微生物公共保藏中心之一，保藏着大约 98 000 个细菌和真菌分离株。

美国国家自然历史博物馆（American Museum of Natural History）于 1993 年创建的生物多样性及保护中心（Center for Biodiversity and Conservation，CBC）和 1859 年成立的密苏里植物园（Missouri Botanical Garden）为美国标本资源的保护保藏和服务提供了条件。CBC 将美国国家自然历史博物馆的科学、收藏和技术整合到美国及世界各地的各种项目中，旨在通过提供广泛的科学和教育资源保护全球生物多样性。密苏里植物园是美国最古老的植物园，是国家历史地标，它是植物研究和科学教育的中心，也是世界上最大的稀有和濒危兰花收藏地之一。

2. 欧盟

欧盟在《2010—2020 年欧洲生物多样性研究战略》中规划了欧洲重点关注生物多样性研究领域；以欧洲研究基础设施联合体为基础开展了生物资源科研信息化建设，支持服务、工具集成、工作流程等的信息化基础设施的建设。在植物资源方面，2012 年欧盟投资建立植物科学网络 ERA-CAPS，协调和整合欧洲以及其他国家/地区的植物科学研究信息；2014 年美国国家自然科学基金会和英国生物技术与生物科学研究理事会共同资助拟南芥信息门户（Arabidopsis Information Portal，AIP）的建设。在微生物资源方面，生物信息资源导航（Common Access to Biological Resources and Information，CABRI）为全球科研团队提供多个数据库入口，尤其是生物学和遗传学资源，如有关细菌、弓形虫、真菌、酵母、质粒、抗生素、动物与人类细胞、DNA 探针、植物细胞、植物病毒的资源。2013 年 9 月正式建立的欧洲生物样品库与生物分子资源研究基础设施（BBMRI）的欧洲生物银行网络（European Biobanking Network）是欧洲层面生物样本资源库。2017 年 3 月，欧盟批准建立了隶属于欧洲研究基础设施联合体（European Research Infrastructure Consortium，ERIC）的生物多样性和生态研究的科研信息化（e-Science）和技术欧洲基础设施（LifeWatch）。

德国联邦食品和农业部（简称德国农业部，Federal Ministry of Food and Agriculture，BMEL）是动物实验监管和实验动物保护的政府主管部门，负责制定、修订和实施相关法律和条例。1957 年，德国建立了中央实验动物研究所（ZFV），旨在用实验动物领域中的研究工作促进科学发展。马克斯·普朗克植物育种研究所（Max Planck Institute for Plant Breeding Research，MPIPZ）旨在改进传统育种方法，为作物开发环保的植物保护策略，主要关注植物的进化，以及植物基因蓝图、发育及其与环境的相互作用。德国的国家菌种保藏中心——微生物菌种保藏中心（Deutsche Sammlung von Mikroorganismen und Zellkulturen，DSMZ）旨在研究、收集、保护和服务微生物及细胞生物多样性，其开发了许多成功的生物信息学工具和数据库，如 BacDive、TYGS、PNU、GGDC、VICTOR 等。目前 DSMZ 拥有 7 万多种生物资源，其微生物开放性馆藏包含近 3 万种培养物，代表大约 1 万个种和 2000 个属。德国柏林大莱植物园（Freie Universität Berlin，Berlin-Dahlem Botanic Garden and Botanical Museum，BGBM）为国家和国际生物多样性计划做出贡献，同时，BGBM 与柏林自由大学的其他研究所一起组建了大莱植物科学中心（Dahlem Centre of Plant Sciences，DCPS），大莱植物园在建园的 300 余年中，保存了极为丰富的植物物种资源。

3. 英国

英国最先提出动物实验的"3R"原则，即 Replacement（替代）、Reduction（减少）和 Refinement（优化），并制定了第一部规范动物实验的法律。1824 年建立的英国皇家反虐待动物协会（Royal Society for the Prevention of Cruelty to Animals，RSPCA）是世界上最早建立的动物保护机构，也是英国最大的动物保护机构，支持"3R"技术的建立，从事防止虐待动物和改善动物福利工作。

英国皇家植物园邱园（Royal Botanical Garden，Kew）始建于 1759 年，目前已成为规模巨大的世界级植物园和全球重要的植物研究中心，藏品超过 850 万件，约占维管植物属的 95% 和真菌属的 60%。此外，邱园内还有标本馆、图书馆和"千年种子库"（Millennium Seed Bank Project）。"千年种子库"项目启动于 2000 年，是世界上最宏伟的植物保护项目。千年种子库作为全球最大的野生植物种子库，收集、保存了全球 24 000 份重要和濒危的种子，并计划到 2020 年增加 25%。邱园标本馆收藏有世界各地约 700 万份植物标本，代表了地球上 95% 的维管植物属和 33 万种类型标本。邱园的真菌标本馆于 1879 年建立，总共收藏有 125 万份干燥样品，其中大约有 37.5 万个来自英国的标本，是世界上最古老、最大、最重要的真菌收藏机构。

英国国家菌种保藏中心（The United Kingdom National Culture Collection，UKNCC）和英国食品工业与海洋细菌菌种保藏中心（National Collections of Industrial，Food and Marine Bacteria，NCIMB）是英国微生物资源的重要保藏中心。UKNCC 提供的生物包括模式细菌和参考细菌菌种资源，涉及临床、兽医等多个领域；NCIMB 主要从事分类学、分子生物学的研究，采用冷冻干燥方法保藏菌种。

4. 澳大利亚

澳大利亚有 5 个无特定病原（specific pathogen free，SPF）实验动物研究机构，分别是澳大利亚联邦科学与工业研究组织（Commonwealth Scientific and Industrial Research Organisation，CSIRO）、位于珀斯市的州立实验动物研究中心（ARC）、悉尼大学和新南维尔区大学联合实验动物服务处（CULAS）、美澳合资的维博思特（WEBSTERS）疫苗厂的 SPF 鸡基地（CYANAMID）、澳大利亚以商品鸡为主的养禽业基地（AUST./POULTRY）。其中，CSIRO 是澳洲最大的国家级科研机构，前身是于 1926 年成立的澳大利亚科学与工业顾问委员会（Advisory Council of Science and Industry）。始建于 1871 年的澳洲皇家动物保护协会（RSPCA）是一个独立的、非政府的社区慈善机构，提供动物护理和保护服务，其有 40 个收容所，每年花费超过 1 亿美元提供有助于改善澳大利亚动物生活的所有服务。

澳大利亚国家生物多样性研究中心（Centre for Australian National Biodiversity Research，CANBR）由联邦科工组织（Commonwealth Scientific and Industrial Research Organization，CSIRO）、国家公园理事（Director of National Parks）、澳大利亚国家植物园（Australian National Botanic Gardens，ANBG）及可持续发展、环境、水、人口和社区部（Department of Sustainability，Environment，Water，Population and Communities，SEWPaC）联合建立，旨在应对生物多样性丧失这一挑战。CANBR 包括澳大利亚国家标本馆（Australian National Herbarium）和一个独立的数据库——综合植物信息系统（Integrated Botanical Information System，IBIS），该中心的主要工作是监测澳大利亚环境的生物多样性，为本地植物建立分类体系，并记录其地理分布和生态关系。

澳大利亚新南威尔士州政府拟建千万级容量的大型植物标本馆，将容纳 140 多万株植物标本，并命名为澳大利亚植物科学研究所。此外，创建于 1816 年的悉尼皇家植物园（The Royal Botanic Garden，Sydney）内收集展示了大量热带和亚热带植物，园内有南威尔士国家标本馆。南威尔士国家标本馆是澳大利亚两大标本馆之一，以收集澳大利亚植物为主。

二、国内发展现状和问题

（一）国家资源库建设情况

生物种质和实验材料资源主要包括植物种质资源、动物种质资源、微生物种质资源、人类遗传资源、标本资源和实验材料资源。生物种质资源是保障国家粮食安全、生态安全、能源安全、人类健康安全的重要战略性资源。实验材料资源是生命科学原始创新的基础支撑。提升国家生物种质和实验材料资源库的服务能力，是建设创新型国家的关键环节。

自 1999 年以来，我国通过实施科技基础性工作专项以及科技基础条件平台建设，逐步推动并持续支持国内种质资源的调查和收集。据统计，2006～2019 年共设立了 278 个国家科技基础资源调查项目，对于推动科技进步、促进基础学科发展、支撑经济社会发展和保障国家安全具有重要战略意义和不可替代的作用。

"十一五"期间，科技部、财政部会同有关部门落实《2004—2010 年国家科技基础条件平台建设纲要》和《"十一五"国家科技基础条件平台建设实施意见》，组织实施了一批国家科技基础条件平台建设项目，初步具备了开放共享服务的物质基础。"十二五"以来，科技部、财政部根据国家科技平台的建设和运行规律、着力机制和制度创新，组织开展了国家科技平台认定工作，认定了 28 家国家科技平台，初步搭建了国家科技平台体系。2019 年，为规范管理国家科技资源共享服务平台，完善科技资源共享服务体系，推动科技资源向社会开放共享，科技部、财政部以国家目标和战略需求为导向，按照分类管理的原则，对原有国家平台开展了优化调整工作。目前，国家科技资源共享服务平台包括 20 个国家科学数据中心和 31 个国家生物种质与实验材料资源库。作为国家科技创新体系及创新基地的一部分，国家资源库建设对推动相关学科领域发展、支撑国家科技创新发挥重要作用。

近年来，我国生物种质和实验材料资源保藏量稳步上升。截至 2020 年年底，31 个国家资源库拥有实物资源保存库 377 096 个，共保藏：作物种质资源 146.14 万份，园艺种质资源 6.579 万份，林草种质资源 13.16 万份，野生植物种质资源 12.04 万份，热带作物种质资源 2.70 万份；家养动物资源 133.62 万份，水产及水生动物资源 5071 种、19.27 万份，寄生虫资源 16.13 万件；微生物及病毒资源 40.17 万株；人脑组织 742 例，人类遗传资源实物标本 2300 万份，干细胞资源 9.46 万份；植物、动物和岩矿化石标本 3392 万份；非人灵长类实验动物品系 22 300 个，啮齿类实验动物品系 437 个，遗传工程小鼠品系 16 970 个，人类疾病动物模型 1018 种，实验细胞 3294 株系、逾 5.7 万份，国家标准物质实物资源 67.1 万单元。

（二）战略生物资源研究及发展现状

随着经济高速发展和人口规模的扩大，物种灭亡速度也在加快，生物资源的保藏更为迫切。在全球进入生物经济时代背景下，生物资源的保藏丰富程度、利用水平直接决定了未来经济的发展，因此，亟须系统加快生物资源的保藏力度，加大生物资源的开发和共享，通过联盟或中心网络形式，最大限度地覆盖生物资源保藏种类，提高开发利用水平，使生物资源最大限度地发挥支撑国民经济和社会发展的作用。

中国科学院作为国家战略科技力量，是执行战略生物资源有效保护和可持续开发工作的"先锋队"，在生物资源服务上也进行了全面部署。2016 年 7 月，中国科学院战略生物资源服务网络计划启动会召开，"十二五"中国科学院启动战略生物资源计划（BRP-CAS）以服务社会发展和支撑科学研究为基本职能，面向国家重大需求和国民经济主战场，集成中国科学院植物园、标本馆、资源库、生物多样性监测网、实验动物平台等相关资源，构建整体化资源体系，在坚持资源长期收集保藏的基础上，实现资源的分析、评价和利用，推动资源的数字化与信息化建设，对重要科研任务的完成提供资源支撑、人才支撑和技术支撑。以五大资源收集保藏平台信息化数据为基础的中国科学院战略生物资源信息平台形成了包括数据管理规范、数据汇集平台、数据门户和数据可视化系统在内的一套完整的数据生态，从而有效促进了战略生物资源数据的集成、共享、挖掘和服务。

作为国家战略科技力量的重要组成，中国科学院历来十分重视对生物资源的保存和利用。中国科学院下属的植物园、标本馆、生物遗传资源库、动物实验平台等生物资源收集保藏机构遍布于全国，长期以来在动物、植物、微生物及特殊生境等生物资源的收集和保藏，以及本土物种的收集和安全保存、重要战略生物资源在全球范围内的收集和保存等方面积极探索与积累。

面对经济社会发展的新需求，中国科学院在财政部等国家相关部委的大力支持下，以在生物资源领域的雄厚积淀为基础，制定了"战略生物资源服务网络计划"（Biological Resources Service Network Initiative, BRS），其核心是按照《"率先行动"计划暨全面深化改革纲要》的精神，以服务社会发展和支撑科学研究的基本职能为出发点，在坚持长期收集保藏的基础上，集成中国科学院植物园、生物标本馆（博物馆）、生物遗传资源库、生物多样性监测网、动物实验平台及全国科学院联盟、中国科学院生物多样性科学委员会等相关资源，联合部门、行业、大学、企业和国际机构的相关力量，提升战略生物资源的"基础"与"服务"能力，对重要科研任务提供资源支撑、人才支撑和技术支撑，构建生物资源转化利用的顺畅途径，形成为生物产业提供技术和中间材料的系统解决方案，支撑国家产业转型和可持续发展。

BRS 计划目前已形成了"5+3+1"网络构架：5 个资源收集保藏平台，即生物标本馆（植物馆）、植物园、生物遗传资源库、模式与特色动物实验平台、生物多样性监测网络；3 个资源评价与转化平台，即植物种质资源创新平台、天然化合物发现与评价转化平台、生物资源衍生库；战略生物资源信息中心；同时设立了科学指导委员会和管理委员会，以加强对战略生物资源计划的指导和管理。

生物资源作为重要的战略资源，其保护、开发和利用已经成为全球资源竞争的重点。生物资源是国民经济可持续发展不可或缺的条件之一，直接影响国家的未来经济发展潜力。中国科学院通过构建战略生物资源服务网络，实现生物资源最大限度的收集、保藏、分析、评价和利用，可极大地推动我国生物产业乃至国民经济的可持续发展。

中国科学院战略生物资源计划植物园平台包括 15 个院属及共建植物园，收集保藏了 21 000 余种物种，约占全国植物物种的 60%、活体保存物种的 90%；迁地保护了 445 种极危植物、787 种濒危植物和 1130 种易危植物，数十种濒危植物已开始进行野外回归试验。通过开展"本土物种全覆盖保护计划"（I 期），对 15 个代表性区域（约占国土面积的 37.4%）开展了本土植物的评估、清查与保护等工作，为我国本土植物的清查与保护提供了重要数据支撑。

标本馆平台由 19 个院属标本馆（博物馆）组成，是亚洲最大的生物标本馆体系，馆藏标本 2038.5 万号，占全国统计标本总量的 60%以上；数字化标本 971.6 万号；定名标本 1146.1 万号。昆明植物标本馆建设了国内首个第三代数字植物标本馆系统——"Kingdonia"，极大地提高了标本馆的标本数字化效率和标本管理水平，实现了高度自动化的植物标本数字化管理。中国科学院植物研究所标本馆研发的"花伴侣"专业版 APP，可识别 1.5 万种植物，涵盖了中国植物的大部分科属，是标本馆收藏以及公众科普的重要工具。

生物遗传资源库平台包括 12 个院属单位，目前保存生物遗传资源 29 900 多种、697 379 份，其中国家重大科学工程"中国西南野生生物种质资源库"保藏 21 666 种、150 803 份种质资源；拥有亚洲最大的微生物资源库——中国普通微生物菌种保藏管理中心，保藏微生物 64 830 株，占全国微生物保藏量的 50%，物种覆盖度达 80%。

实验动物平台由 19 家院属单位组成，拥有 10 余个实验动物物种、1846 份品系，支持了一系列重要的动物模型和相关重大科技成果的产出，有力推动了中国实验动物模型特别是大动物模型整体的研发能力，在新型实验动物模型的构建和野生动物的实验动物化方面做出了重要贡献，成功培育出体细胞克隆猴、世界首例亨廷顿舞蹈病基因敲入猪模型、世界上首例长寿基因敲除的食蟹猴模型等一批具有国际影响力的重大科研成果。

生物多样性监测及研究网络平台包括 10 个专项监测网和 1 个综合监测管理中心，从基因、物种、种群、群落、生态系统和景观等水平上对动物多样性、植物多样性和微生物多样性监测生物多样性进行多层次的全面监测与系统研究，以跟踪分析全国典型区域重要生物类群的中长期变化态势。监测结果为中国大鲵等野生动物的保护、长江三峡工程等国家重大工程提供了重要参考。

以战略生物资源计划的五大平台信息化数据为基础，建立了战略生物资源综合信息平台，提供包括保存、研究和功能评价在内的全方位的信息支撑，打造了我国战略生物资源数据集成和数据服务平台，建立了完备的数据交换与数据共享机制。

中国科学院战略生物资源计划，通过系统集成，实现优势互补、资源共享，共同拓展发展空间，为提升我国生物资源保藏、保护、挖掘、利用起到了重要推动作用，为服务国家生物多样性安全和履行国际公约起到重要支撑作用。

第三节　生物资源保护

一、生物资源保护的重要性

（一）生物资源是重要的战略资源

生物资源收集、保存、研究、利用与管理为人类解决环境、粮食、健康等重大问题提供了可能性，已成为各国可持续发展战略的重要内容。地球上可食用的植物约有 75 000 种，但目前人类食用的植物仅有 3000 多种，其中能被人工栽培获取的只有 200 多种。为保障粮食安全，人类对植物资源进行开发，以寻求替代性食物资源或提高粮食或其他栽培植物的产量和质量。生物资源是保持国家竞争力和高质量发展能力的重要物质保障，是国家重要战略资源。袁隆平院士等在野生水稻中发现雄性不育株，通过对野生稻与栽培稻进行远缘杂交，培育出高产籼型杂交水稻，解决了全世界人民的吃饭问题，被称为第二次绿色革命。

（二）生物资源具有多元的价值

生物资源为人类经济社会活动源源不断地供应着生产和生活原料，我们的衣食住行无一不依赖于生物资源的供给。生物资源还具有重要的生态系统服务和文化价值。生物资源为人类提供多种生态系统服务，这些生态产品和服务与人类生存和生活质量息息相关，但目前难以准确地体现在国民经济统计数据中。生态系统服务包括生态系统的物质生产和碳汇能力、水调节、生物防治、气候调节、娱乐和精神享受等。生物资源还具有重要的文化价值，生物多样性与文化多样性相互依存、协同进化。劳动人民在长期农业生产实践中选育和培育出大量的农家品种，结合独特的烹饪技术，将这些农家品种制作出具有地方特色的食品，一些特色食品是婚丧嫁娶等民俗文化不可或缺的饮食载体。水稻是南方人民主要食用的主食，经过农民世代保种、栽培，培育出大量的水稻品种用来制作粽子、糍粑等特色食品。除此之外，还有很多难以准确地用经济数据去衡量却不可取代的价值。

（三）生物资源保护具有紧迫性

我国被誉为"世界园林之母"，英国爱丁堡皇家植物园保存的杜鹃花有 60% 来自我国，美国加州园林植物有 70% 从我国引种，荷兰花卉植物有 40% 源于我国。发达国家跨国公司、科研机构和个人通过多种途径获取我国生物资源，造成重要经济植物猕猴桃、畜禽高产品系梅山猪、高价值食用和工业用微生物菌种等大量输出。重要生物资源信息数据加速流向美欧日等生物技术应用强国，成为生物资源流失的新的风险点。我国输出的生物资源，往往最终转变成我国生物产业发展的"卡脖子"技术。新西兰从我国引进的猕猴桃，近期又一次引发了新西兰佳沛公司（Zespri）和我国相关种植企业的品种权之争。外国主体任意获取、跨境转移和利用我国生物资源，夺取生物产业竞争优势，严重损害了我国国家生物安全、资源安全、科技安全、生态安全、经济安全和国家利益。保护本国生物资源迫在眉睫。

二、生物资源保护的国际规制

（一）《生物多样性公约》

生物资源对人类经济和社会发展至关重要，因此，联合国环境规划署（UNDP）于 1988 年成立生物多样性问题临时工作组，探究成立国际生物多样性公约的必要性，并于 1992 年 6 月在内罗毕召开的联合国环境与发展大会（UNCED）通过了《生物多样性公约》。《生物多样性公约》于 1993 年 12 月 29 日正式生效，于 1994 年 11 月 28 日至 12 月 9 日在巴哈马首都拿骚召开了《生物多样性公约》缔约方大会第一次会议（CBD COP1）。目前已有 196 个缔约方。

《生物多样性公约》是一项具有法律约束力的国际条约，旨在保护生物多样性、可持续利用生物多样性及其组成部分，以及公平合理地分享由利用遗传资源所产生的惠益。《生物多样性公约》重申了各国对其自然资源拥有主权权力，可否取得生物遗传资源的决定权属于国家政府，并依照国家法律行使。生物遗传资源的获取须建立在获得提供这种资源的缔约国事先知情同意的基础上，在共同商定条件下，公平分享研究和开发此种资源的成果，以及商业和嗣后利用此种资源所获的利益。

1. 国家主权原则

《生物多样性公约》明确重申生物遗传资源国家主权原则，"各国对其自然资源拥有主权权利，因而可否取得遗传资源的决定权属于国家政府，并依照国家法律行使。"该公约颠覆了此前生物遗传资源属于"无主物"、可先占先得的法律地位，也确立了政府决定获取其管辖范围内的生物遗传资源的权力和制定相关规则的立法权，使得各国政府有权制定并施行遗传资源获取管制制度，对于发展中国家保护其遗传资源免受"生物海盗"的掠夺具有重要的意义。

2. 事先知情同意原则

《生物多样性公约》第 15 条、第 16 条和第 19 条对生物遗传资源获取的一般规则进行了规定，包括：便利获取生物遗传资源用于无害环境的用途，取得生物遗传资源提供国事先知情同意，遵守共同商定条件，力求生物遗传资源提供国充分地参与开发和科学研究，优先考虑在提供国境内开展研究和开发活动，公平地与提供国分享研究开发成果以及商业利益。参与研究和开发等既是国际法一般规则，也可以具体体现在提供者和使用者的"共同商定条件"中。

《生物多样性公约》只是给出了一个原则性的法律框架，未对事先知情同意权的概念、适用范围和程序进行界定，生物遗传资源的决定权属于国家政府，并依照国家法律行使。事先知情同意原则需要各个缔约方政府在国内立法中加以转化，使之在国内立法中具体且可执行。

3. 获取和惠益分享原则

生物遗传资源惠益分享是《生物多样性公约》三大目标之一。《生物多样性公约》对公平分享因生物遗传资源利用所产生的惠益进行了概括性规定。该公约的第 15 条、第 16 条、第 19 条规定了生物遗传资源提供国可以优惠取得资源利用相关技术，包括生物技术和受知识产权保护的技术。第 8 条（j）款鼓励公平分享因利用土著和地方社区体现传统生活方式而与生物多样性保护和可持续利用相关的知识、创新和做法而产生的惠益。自《生物多样性公约》生效以来，印度、巴西、韩国等国家制定了生物遗传资源获取与惠益相关的法律、行政或政策措施，韩国作为发达国家，近年来为了履行《名古屋议定书》义务，加快完善国内生物遗传资源获取与惠益分享立法，其"内外兼顾"的制度设计也具有借鉴意义。

（二）《波恩准则》

1. 管理体制

《波恩准则》提供了建立生物遗传资源获取与惠益分享管理体制的指导，具体包括：指定一个获取与惠益分享国家联络点（National Focal Point，NFP），负责向寻求获取生物遗传资源及其相关传统知识的申请者提供关于获得事先知情同意的程序信息，以及制定共同商定条件（含惠益内容及其分配方案）的程序信息，是缔约方政府和《生物多样性公约》秘书处的联络机构；建立国家主管当局（Competent National Authority，CNA），主要负责批准或者许可获取行为，颁发同意获取的书面证明文件，提供其职权范围内有关事先知情同意、共同商定条件和惠益分享的程序及实体性要求的咨询意见，是缔约方政府的生物遗传资源所有权管理部门。缔约方通常只设立一个国家联络点，但可以设立多个国家主管当局。此外，为了促进包括土著和地方社区在内的利益相关方充分参与，各缔约方政府还可以建立由多利益相关方共同参与的协商机构，如国家协商委员会等。

2. 事先知情同意

《波恩准则》强调生物遗传资源的任何潜在使用者征求事先知情同意的必要性。生物遗传资源获取和使用的事先知情同意（Prior Informed Consent，PIC）制度是贯彻《生物多样性公约》国家主权原则的最重要的途径之一。生物遗传资源的获取和使用须事先经过资源所属一方的事先知情同意。《波恩准则》强调，有效的事先知情同意制度的基本原则应包括：法律上的确定性和清晰性；应以最低成本促进获取生物遗传资源；对获取生物遗传资源的限制应透明并应用于法律依据，不得有悖于《生物多样性公约》目标。如果土著人民和地方社区已经依照国内法规确立其对生物遗传资源及相关传统知识的获取的许可权，使用者须尊重土著人民和地方社区的许可权，事先得到土著人民和地方社区的知情同意。

3. 共同商定条件

《波恩准则》协助提供者和使用者协商共同商定条件，并提供了一份共同商定条件指示清单，其中包括：生物遗传资源的类型和数量以及进行活动的地理或生态区域；对材料的可能用途规定的任何限制；规定是否可以把生物遗传资源转让给第三方以及转让条件；承认起源国家的主权；应在协议中指明各方面的能力培养。缔约方可简化生物遗传资源获取管制措施。

4. 惠益分享

《波恩准则》建议共同商定条件需规定分享惠益的条件、义务、程序、类型、时间性，以及分配办法和机制。《波恩准则》以附件形式列举了若干货币和非货币惠益。其认为惠益应平衡考虑近期、中期和长期，如一次性付款、阶段性付款和使用费等。分享惠益的时间表应明确规定。分配惠益的方式应能够促进生物多样性保护和可持续利用。惠益分享机制包括但不限于科技合作、信托基金、合资企业、优惠条件的授权许可等。

（三）《名古屋议定书》

因《波恩准则》不具有法律约束力和强制执行力，无法满足发展中国家的利益诉求。在发展中国家竭力推动下，2002 年在南非约翰内斯堡启动有关建立生物遗传资源获取与惠益分享国际制度的谈判，最终于 2010 年在日本名古屋召开的《生物多样性公约》缔约方大会第十次会议通过了具有历史里程碑意义的《〈生物多样性公约〉关于获取遗传资源和公正公平分享其利用所产生惠益的名古屋议定书》（以下简称《名古屋议定书》）。该议定书于 2014 年 10 月 12 日生效，旨在平衡生物遗传资源的提供方和使用方之间的利益分配关系，确保公平、公正地分享资源利用所产生的惠益。《名古屋议定书》要求各缔约方政府采取立法、行政和政策措施，落实生物遗传资源国家主权、事先知情同意和共同商定条件下公平分享惠益等《生物多样性公约》规定的一系列国际法原则和规则。这为生物遗传资源丰富的广大发展中国家维护自身资源主权、与使用生物遗传资源的发达国家生物技术公司公平合理地分享相关利益提供了法律依据和经济契机。2016 年 9 月 6 日，我国正式成为《名古屋议定书》缔约方，这标志着我国在推进生物遗传资源保护、利用和监管等方面日趋规范化。截止到 2022 年 6 月底，共有 92 个国家签署、137 个国家和区域经济一体化组织批准或加入《名古屋议定书》。

1. 衍生物

《名古屋议定书》明确适用于生物遗传资源及其相关传统知识。

《生物多样性公约》中"遗传资源"的定义未明确是否包含衍生物，故生物遗传资源利用国认为"衍生物"不属于"遗传资源"的管制范围。但在第 2 条将"生物技术"定义为"使用生物系统、活生物体或其衍生物的任何技术应用，以制作或改进特定用途的产品或工艺过程"，将"衍生物"列为生物技术应用和改造的对象，生物遗传资源提供国认为衍生物是生物遗传资源利用最主要的形式之一，如医药行业利用遗传基因表达和自然代谢等产生的衍生物来开发新药品，而不是开发生物遗传资源本身，故而坚持将衍生物纳入《名古屋议定书》的适用范围。

"衍生物"的获取与惠益分享是《名古屋议定书》谈判过程中发展中国家和发达国家争论焦点之一，关系到重大的经济利益，是发展中国家最为重视的核心内容之一。为了达成《名古屋议定书》，生物遗传资源提供者和使用者双方进行了利益妥协，将"衍生物"获取与惠益分享问题删除，只是对"衍生物"进行定义，即"由生物或遗传资源的遗传表现形式或新陈代谢产生的、自然生成的生物化学化合物，即使其不具备遗传功能单元。"由生命体自然产生的糖类、脂肪酸、蛋白质、生物碱等次生代谢物形成的产物都属于"衍生物"。然而，"衍生物"是否应当遵循《名古屋议定书》获取与惠益分享规则的争论并未因此终结。一般地，生物遗传资源提供国认为《名古屋议定书》适用于"衍生物"，并将"衍生物"的获取与惠益分享规则纳入到国内生物遗传资源立法中。

2. 遵约守法义务

生物遗传资源及其相关传统知识的使用者应满足提供国有关事先知情同意、共同商定条件和公平惠益分享的监管措施，才可以获取和利用提供国生物遗传资源及其相关传统知识。为方便监管其管辖范围内发生的生物遗传资源及其相关传统知识的利用行为，各缔约方应采取立法、行政或政策等措施，保障生物遗传资源及其相关传统知识使用国在其管辖范围内的获取与惠益分享管制要求，对不遵守相关规定的使用国，缔约方可采取适当、有效和适度措施进行处理，同时，涉及生物遗传资源相关传统知识的获取和利用时，还应确保持有生物遗传资源相关传统知识的土著人民和地方社区参与。

3. 生物遗传资源的获取

《名古屋议定书》明确各缔约方对其自然资源具有主权，生物遗传资源使用者应取得资源提供国或依据公约获得资源的缔约方的事先知情同意。生物遗传资源提供国（由其国内有权机关作为代表）应该就如何申请事先知情同意提供信息，使用者在取得签发获取许可证书或等同文件时，要考虑资源提供国的利益。涉及与生物遗传资源相关传统知识的获取，需得到土著人民和地方社区的事先知情同意或批准和参与，并订立共同商定条件。为促进和鼓励有助于生物多样性保护和可持续利用的研究，《名古屋议定书》提出要对以非商业性研究为目的的获取活动采取简化措施，促进迅速获取生物遗传资源以便应对公共卫生紧急状态，同时考虑生物遗传资源对粮食安全的重要性和特殊作用。

4. 生物遗传资源的惠益分享

《名古屋议定书》继承了《波恩准则》对惠益的分类，继续将惠益分为货币化惠益和非货币化惠益两种形式。《名古屋议定书》附件中列举了 10 项货币惠益，包括获取费用、预付费、版权费、商业许可费、薪金和共同商定的优惠条件等；17 项非货币惠益，包括研发成果共享、共同开发、优惠转让知识和技术、能力建设、粮食和生机保障惠益等。除此之外，使用者和提供者可依据国内法律和现实需求商定惠益分享资源利用（utilization）、嗣后应用（subsequent applications）、商业化（commercialization）等所产生的其他惠益。同时，为保障土著人民和地方社区能够分享到其持有的生物遗传资源及其相关传统知识惠益，《名古屋议定书》规定缔约方应当依照各自国内法律赋予土著人民和地方社区的权利惠益分享的法律基础。

（四）《与贸易有关的知识产权协定》

《与贸易有关的知识产权协定》（以下简称《TRIP 协定》）是世界贸易组织（WTO）框架下的一部多边国际知识产权协定，是《关税和贸易总协定》（GATT）乌拉圭回合谈判的一部分。TRIP 协定在现有重要知识产权条约基础上建立，对全球知识产权保护的最低标准进行了规定，自 1995 年生效以来，该条约一直致力于协调不同国家之间知识产权制度，对于推进各国知识产权制度标准化具有重大意义。但 TRIP 协议主要是由发达国家促成、建立起来的，依据《TRIP 协定》第 27.3（b）款规定，可通过专利法保护微生物、植物新品种的非生物生产方法，可以看出《TRIP 协定》从某种程度上是维护发达国家的技术垄断和竞争优势的产物。为保护发展中国家的利益，在发展中国家强烈要求下，2001 年通过的《TRIPS 与公共健康多哈宣言》将《TRIP 协定》的实施与《生物多样性公约》的关系问题纳入议事日程。

专利申请过程中的披露制度

发展中国家认为遗传资源来源披露应是 TRIP 协定成员国的一项义务，要求将遗传资源来源披露条款增加在《TRIP 协定》中，故在 2006～2011 年期间向 TRIP 协定理事会提交了相关提案（IP/C/W/474、TN/C/W/52、TN/C/W/59），以求在《TRIP 协定》中对相关内容进行修改和完善。依据《生物多样性公约》及其《名古屋议定书》相关规定，发展中国家认为在专利申请环节中，申请者应披露遗传资源及相关传统知识的来源和所取得的获取与惠益分享合法证明（国际公认的遵约证书），若申请者无法提供获取与惠益分享合法证明，也可用体现遵守事先知情同意和获取以及公平公正的惠益分享的相关证据进行替代。发展中国家建议各成员方应积极采取立法或行政措施，对不披露来源或违法获取的法律后果进行明确说明，以便更好地保护本国的生物遗传资源。为更好地促进 TRIP 成员国对《生物多样性公约》及其《名古屋议定书》内容的了解，发展中国家建议 TRIP 秘书处给予《生物多样性公约》秘书处协定观察员身份。

以美国、加拿大、日本等为首的发达国家认为遗传资源来源披露不符合专利性要求，专利管理部门目前没有对遗传资源来源以及有关事先知情同意获取和公平公正分享惠益的证据信息等需要披露的多种信息进行识别的能力。披露遗传资源原产地和来源可能还会带来许多潜在的负面后果，包括：在专利制度中增加新的不确定性；给 TRIP 协定成员带来沉重的行政负担；削弱专利制度在促进创新方面的作用；削弱潜在的惠益分享等。发达国家反对扩大例外范围或对专利申请人施加披露来源、遵守获取规定的证据等额外义务，倾向于维持 TRIP 协定第 27.3（b）款，即成员方应对微生物和采用微生物技术的方法予以专利保护；成员方可以不对动植物授予专利，但应通过专利或某种特别制度对植物新品种提供保护。

三、生物资源的知识产权保护制度

（一）生物资源专利权

生物资源相关的发明大致可分为以下几类：①转基因动物和植物品种发明；②微生物及遗传物质发明；③生物制品发明；④获得生物体的生物学方法或遗传工程学方法发明；⑤微生物学方法发明；⑥基因治疗方法发明。依据我国现行《中华人民共和国专利法》（以下简称《专利法》）第二十五条的规定，在我国只有第①和⑥类生物资源相关发明得不到专利保护。《专利法》第二十五条明确排除了动物和植物品种可以被授予专利权的情况，其中动物和植物品种分别包括了动物和植物的门、纲、目、科、属、种等各级分类单位；同时，各个形成和发育阶段的动物个体（包括受精卵、胚胎等）和单个植株及其可以在自然状态下发育成为完整植株的繁殖材料也都属于专利法明确排除的"动物品种"和"植物品种"的范围，也不能够取得专利权。因此，我国没有直接涉及保护动物或植物资源的专利权。

《专利法》并不排除为动物或植物的生产方法（如植物的育种方法、转基因动物的产生方法等）授予专利权的可能性。当动物或植物的生产方法取得专利权之后，根据我国《专利法》第十一条的规定，他人未经许可不得使用专利权人的专利方法，以及使用、许诺销售、销售、进口依照该专利方法直接获得的产品，因此，实际上生产出的动植物品种仍旧能够通过生产方法专利及其延伸保护的方式来获得一定程度的间接保护。

我国《专利法》能够直接保护的生物资源相关领域可以分成以下三类。

1. 微生物资源

《专利法》意义上的"微生物"是指细菌、放线菌、真菌、病毒、原生动物、藻类、排除了可以发育成动植物个体潜力的动植物细胞以及动植物组织培养物等。由于微生物既不属于动物的范畴，也不属于植物的范畴，不属于《专利法》第二十五条排除的动物和植物品种可以授予专利权的情况，因而我国《专利法》可以保护微生物，如动植物细胞系、藻类、真菌、细菌等。

2. 基因资源

我国自 1993 年 1 月 1 日起施行第一次修改后的《专利法》，该法取消了对使用化学方法获得的物质不能授予专利权的规定，使得化学产品能够获得专利保护。而生物分子属于化学产品的范畴，可以获得我国专利保护。能够获得专利权的生物分子有基因、载体或重组载体（如质粒、黏粒等）、多肽或蛋白质、抗体或单克隆抗体等，显然涵盖了基因资源。

3. 与生物资源相关的生物技术

与生物资源相关的生物技术主要是指与生物体（动物、植物和微生物）和基因资源直接相关的生物技术，即生产、制备生物体和基因的技术以及生物体和基因的应用技术。

（二）生物资源新品种权

《中华人民共和国种子法》第二十五条规定，"国家实行植物新品种保护制度。对国家植物品种保护名录内经过人工选育或者发现的野生植物加以改良，具备新颖性、特异性、一致性、稳定性和适当命名的植物品种，由国务院农业农村、林业草原主管部门授予植物新品种权，保护植物新品种权所有人的合法权益。"《中华人民共和国植物新品种保护条例》第六条明确，"完成育种的单位或者个人对其授权品种，享有排他的独占权"。此处"独占权"是指植物新品种权人对其授权品种（知识产权）的占有、使用、收益、处分的权利，与对"物"的所有权权能类似。同时，品种权人还可以享有对相关植物个体和遗传材料的所有权。《中华人民共和国植物新品种保护条例》第七条规定，"执行本单位的任务或者主要是利用本单位的物质条件所完成的职务育种，植物新品种的申请权属于该单位；非职务育种，植物新品种的申请权属于完成育种的个人。申请被批准后，品种权属于申请人。"由此可见，第六条所述"单位或者个人"即是国家之外的品种权所有权主体。

关于动物新品种是否能够授予集体或者私人"动物新品种权"，我国法律法规目前没有明确规定。《专利法》第二十五条第二款明确对动物和植物品种的生产方法，可以授予专利权。同时，也有学者提出"动物新品种权保护法"的立法建议，认为"育种者"或者"育种单位"应当享有动物新品种的所有权。其中，育种者是指实际实施和完成动物新品种培育工作的技术人员，属于自然人；属于职务育种行为的，育种者所在的单位为育种单位。

（中国科学院微生物研究所　马俊才　吴林寰　刘　柳）

第二十九章
微生物资源

病原微生物菌（毒）种及样本是进行传染病防治、科研、教学、药品和生物制品生产、出入境检验检疫等工作的重要基础和支撑条件，是保障国家社会安全、经济安全和生物安全的国家重要战略资源。

第一节　病原微生物菌（毒）种及样本保藏管理要求

一、国内法律管理要求

《中华人民共和国生物安全法》第四十三条规定：从事高致病性或者疑似高致病性病原微生物样本采集、保藏、运输活动，应当具备相应条件，符合生物安全管理规范。《中华人民共和国刑法》第六章妨害社会管理秩序罪第三百三十一条规定了传染病菌种、毒种扩散罪，造成传染病菌种、毒种扩散，后果严重的，处三年以下有期徒刑或者拘役；后果特别严重的，处三年以上七年以下有期徒刑。《中华人民共和国传染病防治法》第二章传染病预防中的第二十二条规定了疾病预防控制机构、医疗机构的实验室和从事病原微生物实验的单位要建立严格的监督管理制度，严防传染病病原体的实验室感染和病原微生物的扩散；第二十六条规定了国家建立传染病菌种、毒种库，对传染病菌种、毒种和传染病检测样本的采集、保藏、携带、运输和使用实行分类管理，建立健全严格的管理制度；第八章法律责任中第七十四条规定了违反国家有关规定，采集、保藏、携带、运输和使用传染病菌种、毒种和传染病检测样本的惩罚措施。《中华人民共和国反恐怖主义法》第三章安全防范中第二十二条规定了有关单位应当依照规定对传染病病原体等物质实行严格的监督管理，严密防范传染病病原体等物质扩散或者流入非法渠道。

二、相关法规和规章

《突发公共卫生事件应急条例》第三章报告与信息发布中第十九条规定了国家建立突发事件应急报告制度，规定了四种需要省（自治区、直辖市）人民政府接到报告 1 小时内向报国务院卫生行政主管部门报告的情况。

《病原微生物实验室生物安全管理条例》第二章病原微生物的分类和管理中第十四条到第十六条规定了保藏机构的任务，向实验室提供高致病性病原微生物菌（毒）种和样本时需要登记，保藏机构接受实验室送交的病原微生物菌（毒）种和样本应予以登记并开具接收证明，第十七条规定了高致病性病原微生物菌（毒）种及样本在运输、储存中应当采取必要的控制措施，如果发生了被盗、被抢、丢失的事件如何报告；第三章实验室的设立与管理中第三十三条规定了从事高致病性病原微生物相关实验活动的实验室设立单位应当建立健全安全保卫制度，严防高致病性病原微生物被盗、被抢、丢失和泄漏；第四章实验室感染控制中第四十二条规定了实验室设立单位应指定专门的机构或者人员承担实验室感染控制工作，第四十六条规定了接到关于实验室发生工作人员感染事故或者病原微生物泄漏事件的报告后应采取什么预防、控制措施；第五章监督管理中第四十九条规定了卫生主管部门、兽医主管部门对病原微生物菌（毒）种、样本的采集、运输和储存进行监督检查，第五十条规定了卫生主管部门、兽医主管部门监督检查时，被检查单位应当予以配合；第六章法律责任中第五十六条、第五十七条规定了三级、四级实验室未经批准从事某种高致病性病原微生物或者疑似高致病性病原微生物实验活动对于实验室和主管部门的惩罚措施，第六十一条规定了从事高致病性病原微生物相关实验活动的实验室设立单位未建立安全保卫制度的惩罚措施，第六十二条规定了未经批准运输高致病性病原微生物菌（毒）种及样本或者承运单位未履行保护义务的惩罚措施，第六十三条规定了以下 5 种情况的惩罚措施：①实验室在相关实验活动结束后，未依照规定及时将病原微生物菌（毒）种和样本就地销毁或者送交保藏机构保管的；②实验室使用新技术、新方法从事高致病性病原微生物相关实验活动未经国家病原微生物实验室生物安全专家委员会论证的；③未经批准擅自从事在我国尚未发现或者已经宣布消灭的病原微生物相关实验活动的；④在未经指定的专业实验室从事在我国尚未发现或者已经宣布消灭的病原微生物相关实验活动的；⑤在同一个实验室的同一个独立安全区域内同时从事两种或者两种以上高致病性病原微生物的相关实验活动的。第六十五条规定了实验室工作人员出现了从事的病原微生物相关实验活动有关的感染临床症状或者体征，实验室发生高致病性病原微生物泄漏时的惩罚措施；第六十七条规定了发生病原微生物被盗、被抢、丢失、泄漏，承运单位、护送人、保藏机构和实验室的设立单位未依照本条例的规定报告的惩罚措施；第六十八条规定了保藏机构未依照规定储存实验室送交的菌（毒）种和样本，或者未依照规定提供菌（毒）种和样本的惩罚措施。

《国家突发公共卫生事件应急预案》总则中的 1.3 突发公共卫生事件的分级中，将发生烈性病菌株、毒株、致病因子等丢失事件列为特别重大突发公共卫生事件。《国家鼠疫控制应急预案》1.4.1 将发生鼠疫菌强毒株丢失事件列为特别重大鼠疫疫情。

为了加强保藏机构的管理，卫生部于 2009 年颁布了第 68 号《人间传染的病原微生物菌（毒）种保藏机构管理办法》，对保藏机构进行了明确定义，同时对保藏机构的职责、指定、保藏活动、监督管理与处罚进行了细化。为了给保藏机构指定工作提供依据，卫生部发布了卫生行业强制标准《人间传染的病原微生物菌（毒）种保藏机构设置技术规范》，规定了人间传染的病原微生物菌（毒）种保藏机构设置的基本原则、类别与职责，以及设施设备和管理等基本要求，随后，为了进一步做好人间传染的病原微生物菌（毒）种保藏机构指定工作，依照科学、规范、公开的原则，卫生部于 2011 年制定了《人间传染的病原微生物菌（毒）种保藏机构指定工作细则》。

第二节　病原微生物菌（毒）种及样本的管理

一、病原微生物菌（毒）种及样本的采集

病原微生物样本（以下称"样本"）是指含有病原微生物的、具有保存价值的人和动物体液、组织、排泄物等物质，以及食物和环境样本等。病原微生物样本包括血液、体液、分泌物、排泄物及组织等，通常采集血液、鼻咽分泌液、痰液、粪便、脑脊液、疱疹内容物、活检组织或尸检组织等。通常传染源的待检样本中都可能存在有感染性的病原微生物，且有时样本中的病原体及传播途径未知，所以要严格按照实验室生物安全操作程序进行样本的采集。做好严格的个人防护，不仅是对自身的负责，更是对周围环境的负责。

样本采集时，既要做到早、快、近（离病变部位近）、多、净（避免交叉污染），又要注意样本包装问题。原则上讲，烈性传染病样本采集后尽量就地检测，必要时才运送到具备条件的其他实验室进行检测。

二、采集相关要求

病原微生物样本应当具备以下国家规定的条件和技术标准。

1. 采集病原微生物样本应当具备下列条件

（1）具有与采集病原微生物样本所需要的生物安全防护水平相适应的设备。

（2）具有掌握相关专业知识和操作技能的工作人员。

（3）具有有效防止病原微生物扩散和感染的措施。

（4）具有保证病原微生物样本质量的技术方法和手段。

采集高致病性病原微生物样本的工作人员在采集过程中应当防止病原微生物扩散和感染，并详细记录样本的来源、采集过程和方法等。

2. 采集病原微生物样本的技术标准

（1）必须具有与采集病原微生物样本所需的生物安全防护水平相适应的设施设备，包括个人防护用品（隔离衣、帽、口罩、鞋套、手套、防护眼镜等）、防护材料、器材和防护设施等。

（2）样本采集人员要求受过专门训练，掌握相关专业知识和操作技能。

（3）应始终坚持标准的防护措施，具有有效防止病原微生物扩散和感染的措施。

（4）具有保证病原微生物样本质量的技术方法和手段。整个采集过程应做好详细的记录，包括样本的来源、采集过程和方法等。

（5）除医疗卫生机构、动物疫病预防控制和诊疗机构以及海关检验检疫等机构依法履行传染病防治法定职责外，采集高致病性病原微生物样本，须经省级以上人民政府卫生健康主管部门或者农业农村主管部门批准。

三、采集准备工作及方法

（一）采集准备工作

1. 采样登记表

中文名称，外文名称，样本编号，样本名称，样本量，患者姓名，患者性别，患者年龄，病例类型，采集时间，采集单位，联系人，联系电话，联系人邮箱，联系人所在单位。

2. 采血用品

常用的采样液有以下 5 种：普通肉汤、pH 7.4～7.6 的 Hank's 液、Eagle's 液（MEM）、水解乳蛋白液或不加抗生素的生理盐水（漱喉液）。为防止采样液生长细菌和真菌，在采样液中需加入抗生素，加入青/链霉素（终浓度为 100～1000U/ml）、庆大霉素（终浓度为 0.1～1mg/ml）、抗真菌药物（两性霉素 B），其终浓度为 2μg/ml，加入抗生素以后重新调节 pH 为 7.4，配制好以后，分装每个采样管 3ml，−20℃冻存。10ml 外螺旋带密封垫圈螺口塑料管、医用 5ml 或 10ml 一次性注射器管或 5ml 真空针管、2ml 血清管、带有冰排的冰壶或冰包、止血带、棉拭、酒精、碘酒。

3. 采集鼻咽拭子用物品

鼻咽拭子保存管，15ml 螺口管、3～5ml 样本运送液（常用普通、MEM、渗透溶液或磷酸盐缓冲液）、15ml 螺口管、棉拭子。

4. 粪便、痰液、尸检组织保存管

50ml 螺旋带密封垫圈螺口塑料管。

5. 其他

油性记号笔、一次性纸杯、一次性纸漏斗、冰壶、污物袋、样品编号签纸或条码纸。

（二）样本采集种类及方法

1. 样本种类

（1）上呼吸道标本：包括鼻拭子、鼻咽拭子、鼻咽抽取物、鼻洗液、咽漱液。最佳采集时间为发病后 3d 内，一般不超过 7d。

（2）下呼吸道标本：包括深咳痰液、肺泡灌洗液、支气管灌洗液、呼吸道吸取物等。下呼吸道标本最有利于禽流感病毒分离。

（3）粪便标本/肛拭子：留取粪便标本约 10g（花生大小）；如果不便于留取便标本，可采集肛拭子。

（4）血液标本：抗凝血，采集量 5ml，建议使用含有 EDTA 抗凝剂的真空采血管采集血液。

（5）血清标本：应尽量采集急性期、恢复期双份血清。急性期血样的采集，不能晚于发病后 7d；恢复期血样在发病后第 3、4 周采集。如未能采集到急性期血样，仍应尽早采集第一份血样，并在间隔 2～4 周后采集第二份血样。采集量要求 5ml，以空腹血为佳，建议使用真空采血管。病例诊断需双份血清，密接者双份血清，高危人群、一般人群抗体水平调查单份血清。

（6）尸检标本：患者死亡后应依法尽早进行解剖，在严格按照生物安全防护的条件下进行尸检。主要采集肺、气管组织标本，条件允许时也可采集肝、肾、脾、心脏、脑、淋巴结等组织标本。每一采集部位分别使用不同消毒器械，以防交叉污染；每种组织应多部位取材，各部位应取 20～50g，淋巴结取 2 个。患者死亡后应尽早进行解剖，无菌采集。

（7）尿标本：留取中段晨尿，采集量 2～3ml。

（8）物体表面标本：包括进口冷链食品或进口货物的内外包装表面，以及运输储藏工具等可能被污染的部位进行涂抹采集的标本。

（9）污水标本：根据海运口岸大型进口冷冻物品加工处理场所排水系统分布情况，重点选取污水排水口、内部管网汇集处、污水井、污水流向的下游，或与市政管网的连接处等关键位置对未经消杀处理的污水进行采样。

（10）其他标本：如病例有胸水，采集胸水标本。已有唾液等标本用于新冠病毒检测的报告。

2. 样本采集方法

（1）鼻拭子：采样人员一手轻扶被采集人员的头部，一手执拭子，拭子贴鼻孔进入，沿下鼻道的底部向后缓缓深入，由于鼻道呈弧形，不可用力过猛，以免发生外伤出血。待拭子顶端到达鼻咽腔后壁时，轻轻旋转一周（如遇反射性咳嗽，应停留片刻），然后缓缓取出拭子，将拭子头浸入含 2～3ml 采样液的管中，尾部弃去，旋紧管盖。

（2）口咽拭子：被采集人员头部微仰，嘴张大，露出两侧扁桃体，采样人员将拭子越过舌根，在被采集者两侧扁桃体稍微用力来回擦拭至少 3 次，然后再在咽后壁上下擦拭至少 3 次，将拭子头浸入含 2～3ml 采样液的管中，尾部弃去，旋紧管盖。口咽拭子也可与鼻咽拭子放置于同一管中，以便提高分离率，减少工作量。

（3）鼻咽抽取物或呼吸道抽取物：用与负压泵相连的收集器从鼻咽部抽取黏液或从气管抽取呼吸道分泌物。将收集器头部插入鼻腔或气管，接通负压，旋转收集器头部并缓慢退出，收集抽取的黏液，并用 3ml 采样液冲洗收集器一次（亦可用小儿导尿管接在 50ml 注射器上来替代收集器）。

（4）深咳痰液：要求患者深咳后，将咳出的痰液收集于含 3ml 采样液的采样管中。如果痰液未收集于采样液中，可在检测前加入 2～3ml 采样液，或加入痰液等体积的痰液消化液。

（5）漱口液：用 10% 生理盐水漱喉。漱时让患者头部微后仰，发"噢"声，让生理盐水在咽部转动，然后用平皿或烧杯收集洗液。

（6）鼻洗液：患者取坐姿，头微后仰，用移液管将 5ml 生理盐水注入一侧鼻孔，嘱患者同时发"K"音以关闭咽腔，然后让患者低头使生理盐水流出，用平皿或烧杯收集。

（7）粪便标本：取 1ml 标本处理液，挑取黄豆粒大小的粪便标本加至管中，轻轻吹吸 3～5 次，室温静置 10min，以 8000r/min 离心 5min，吸取上清液进行检测。

（8）肛拭子：用消毒棉拭子轻轻插入肛门 3～5cm，再轻轻旋转拔出，立即放入含有 3～5ml 采样液的 15ml 外螺旋盖采样管中，弃去尾部，旋紧管盖。

（9）血液标本：建议使用含有 EDTA 抗凝剂的真空采血管采集血液标本 5ml，根据所选用核酸提取试剂的类型确定以全血或血浆进行核酸提取。如需分离血浆，将全血 1500～2000r/min 离心 10min，收集上清液于无菌螺口塑料管中。

（10）用真空负压采血管采集血液标本 5ml，室温静置 30min，1500～2000r/min 离心 10min，收集血清于无菌螺口塑料管中。

（三）标本包装

病毒分离成功与否很大程度上取决于临床标本采集时的质量及保存运输等环节。标本采集后应立即放入适当的采样液中低温保存。标本必须保存于大小合适、带垫圈的外螺旋盖塑料管中，拧紧。管外注明样本编号、种类、姓名及采样日期。将保存标本的塑料管放入大小适合的塑料袋内密封，每袋装一份标本。

四、病原微生物菌（毒）种及样本的接收和保存

实验室应该建立病原微生物菌（毒）种及样本的接收、存储标准化操作流程（SOP），实验室应设立专人（2人）负责病原微生物菌（毒）种及样本的接收，接收人应在相应的生物安全条件下清点样本的名称、数量、内容和包装的完整性等。

实验室应根据病原微生物菌（毒）种及样本的种类及国家有关规定，建立专门的冰箱、库房或区域来保存样品，用于病毒分离和核酸检测的标本应尽快进行检测。24h内能检测的标本，置于4℃保存；不能于24h内接种的标本，置于−70℃或以下保存（如无−70℃保存条件，则于−20℃冰箱暂存）。血清可在4℃存放3d、−20℃以下长期保存。标本应根据其可能进行的检验目的和要求，分装成若干小份，置适当的温度条件下保存，避免反复冻融样品。病原微生物实验室在对病原微生物菌（毒）种及样本保存时，须遵循安全、存活、生物学特性不变以及避免差错等原则。

非保藏机构实验室在从事病原微生物相关实验活动结束后，应当在6个月内将菌（毒）种或样本就地销毁或者送交保藏机构保藏。医疗卫生、出入境检验检疫、教学和科研机构按规定从事临床诊疗、疾病控制、检疫检验、教学和科研等工作，在确保安全的基础上，可以保管其工作中经常使用的菌（毒）种或样本，其保管的菌（毒）种或样本名单应当报当地卫生行政部门备案。

五、病原微生物菌（毒）种及样本的使用和管理

对病原微生物菌（毒）种及样本的规范管理是保证病原微生物实验室生物安全的重要内容之一，实验室须制定规范管理的制度和实施定期有效的监督，才能确保人民群众的身体健康和生命安全，避免发生实验室感染。

实验室应根据病原微生物菌（毒）种及样本制定明确的程序和记录表格，应责任到人，病原微生物菌（毒）种及样本制须经过审批后方可使用；各种原微生物菌（毒）种及样本应根据《人间传染的病原微生物名录》要求和风险评估结果，在相应等级的生物安全实验室内进行；工作人员应采用相应的个人防护，在生物安全柜内打开包装，按照相应病原微生物的操作规范进行。当出现样品泄漏、污染或容器破碎等意外情况时，应按照意外情况处理程序采取措施。在病原微生物菌（毒）种及样本使用过程中，包括实验的每个过程及产生的中间培养物，都应有详细的使用和实验记录；实验室建立详细的病原微生物菌（毒）种及样本动态清单，每个环节均可追溯，保证在使用过程中不丢失、不污染、不扩散，直至销毁。

第三节　病原微生物菌（毒）种及样本保藏技术

一、微生物保存方法概述

病原微生物菌（毒）种作为一项重要的生物资源，是进行传染病防控、基础医学研究、疫苗制备等医药生产活动的基础材料，有教学与科研的"活标本""活图书馆"之称。保持菌（毒）种原有的生理特性及代谢活动、减少变异性是微生物资源利用的基础，寻求安全、可靠的，使菌（毒）种不死亡、不污染、保持高存活率及遗传稳定性的保藏方法是微生物工作者关注的重要问题。

微生物的保存方法很多，主要是利用低温、干燥、缺氧、避光、营养缺乏等条件抑制细胞的代谢，使其处于长期或半长期的休眠状态，应根据菌（毒）种的特点和储存需求选择不同的保藏方式。

细菌、放线菌、真菌和酵母菌等微生物的长期保藏方法通常为冷冻干燥法和液氮超低温保藏法，除此之外还可采用超低温保存法、传代培养保存法、载体保存法、悬液保存法、寄主保存法等。病毒的保存与其基础研究和应用研究有着密切联系，是病毒研究中一个重要环节。病毒保存的原则是：①低温条件保存，温度越低越好；②根据不同病毒种类，采用不同保存方法；③在保存过程中尽量减少传代，严格按规范操

作，避免毒种交叉污染，减少变异产生，保持病毒的遗传稳定性；④在特定的保存条件下（温度、方法），经过一段时间后，须进行活化增殖，同时测定病毒活力大小，再入库保存。病毒保存的方法有：①冰箱保存法，包括普通冰箱保存（4～8℃）、低温冰箱保存（-40～-20℃）、超低温冰箱保存（-80℃）、液氮保存（-196℃）；②冷冻真空干燥保存法（冻干法），又称低压冻干法和冰冻干燥法。

二、几种常用的菌（毒）种保存及复苏技术

（一）冷冻真空干燥保存法

冷冻真空干燥保存法（简称"冻干法"）是目前长期保存细菌、酵母菌、真菌、病毒和立克次体的标准方法，同样适用于部分难以保存的病原菌，如脑膜炎奈瑟菌、淋病奈瑟菌等。其原理是：将加入保护剂的菌（毒）种快速冻结成固态，在低温减压下利用升华现象除去水分而干燥。经真空冷冻干燥后的菌（毒）种细胞结构、成分保持原来状态，代谢活动趋于静止，从而达到半永久性的休眠状态。经过冻干的菌种可保存 10～20 年，并保持较高的存活率和稳定的遗传性状。冷冻干燥法是目前应用最广泛、效果最好的一种菌种保存方法。

冻干法的操作流程是将理想条件下生长的微生物细胞以相当高的浓度（10^6～10^7CFU）分装在小灭菌瓶或安瓿内，迅速将这些小瓶在极低温度的液体溶剂内水浴或用仪器超低温冷冻（-60℃），再用真空泵除去这些冷冻悬浮液中的水分，在真空状态下用空气喷灯熔解小瓶顶部的玻璃进行热封口，然后储存于低于 5℃的冰箱内。保存温度低（-70～-30℃）可以延长其活力。当微生物浓度较高时，存活率高，保存期也长。长期保存时，储藏温度越低越好。在冻干前通常需要加入冷冻保护剂，其作用是避免细胞在冷冻初期因为形成冰晶而造成损害。常用的冷冻保护剂有 10%脱脂牛奶、12%蔗糖，有报道显示牛或马的血清、甘油和二甲亚砜（dimethylsulfoxide，DMSO）也可防止冷冻中微生物的死亡，实际操作中应根据菌（毒）种的不同而选择不同的保护剂。

材料：原料为待保存的纯菌（毒）种、2%盐酸、冷冻保护剂（通常为 10%脱脂牛奶）；设备为冷冻真空装置（冻干仪）、安瓿管或冷冻管、离心机、脱脂棉、铝制封口盖等。

（二）液氮超低温保存法

液氮超低温保存技术是将菌（毒）种保存在-196℃的液氮中，或长期保存在-150℃的氮气中的方法。大多数微生物均可用液氮超低温保存。其原理为：利用微生物在-130℃以下菌体细胞新陈代谢活动降至最低水平，甚至处于休眠状态的特征，从而有效地保存微生物。优点：①保存时间长达数十年；②适用范围广，一些即使不耐低温的菌（毒）种，也可在保护剂的保护下保存；③经保存的菌种基本上不发生变异。缺点：需要液氮罐，在长期储存的过程中须经常补充液氮。这种储存方式比冻干法需要更多的经费，包括为了维持储存温度所必需的人力和液氮等。

材料：液氮罐、安瓿管或冻存管、防护手套和面罩、永久性记号笔、气体喷灯、液氮罐等液氮储存装置、冷冻保护剂等。

（三）超低温保存法

超低温保存法是指将菌（毒）种保存在-80℃冰箱中以减缓细胞的生理活动的一种保存方法。大多数微生物均可用超低温保存，超低温保存法是适用范围最广的微生物保存法。具有复杂营养需求的微生物种，以及用其他的储存方法不能保持其活性的微生物（如植物的病原性真菌）通常可用超低温的方法保存。病毒是非细胞形态的生命体，由一个核酸分子（DNA 或 RNA）与蛋白质构成或仅由蛋白质构成（如朊病毒）。一般来说，DNA 病毒比 RNA 病毒更稳定，但这两类病毒都能通过超低温保存法较稳定地进行保存。病毒结构简单，体积小，不含水分，许多病毒可在 4℃保存 1 个月，在较低的温度下可保存 1 年以上。这也证明病毒具有较长和耐久的生命及较强的感染力，在植物、昆虫或动物体上均能生殖，容易通过昆虫或血液传染人而致病。因此，在病毒的冷冻保存过程中应严格遵守操作规程和安全指南，保持环境的清洁、避免病毒的传染。

材料：待保存的菌（毒）种、超低温冰箱（−86℃）、安瓿管或冻存管、冷冻保护剂等。

（四）传代培养保存法

尽管与上述方法相比，用传代培养保存法保存微生物的时间较短，且微生物在反复传代和适应的过程中易发生变异，但操作简便易行，不耐冷冻和干燥处理的微生物需用该法保存，因此传代培养保存法依旧是微生物常用的基本保存法之一。传代培养保存法主要是保存生活态的微生物，分为连续用培养基传代和连续用活宿主传代。斜面保存法和矿物油保存法是传代培养保存最常用的两种方法。

（五）斜面保存法

斜面保存法是传代培养保存法的基本方法。其优点是操作简单易行、菌（毒）种存活率高、应用较普遍、易于推广。但用该法保存微生物的时间短，在具体操作时需要多次传代；斜面培养基中又加入了适宜微生物生长的营养成分，用这种方法保存的微生物易产生变异，故不宜长时间保存菌（毒）种。使用该方法保存微生物时，可将菌种接种在不同成分的斜面培养基上，培养至菌种充分生长后，置于 4℃冰箱保存。每隔一定时间进行接种培养后再行保存，如此连续不断。一般细菌、酵母菌、放线菌和真菌均可用此法保存。

（六）矿物油保存法

矿物油保存法也称液状石蜡保存法，是传代培养保存法的衍生方法。矿物油保存法是将菌种接种在适宜的斜面培养基上，在最适条件下培养至菌种长出菌落，之后注入灭菌的液状石蜡，使其覆盖整个斜面，再直立放置于低温（4～6℃）干燥处进行储藏的一种菌种保存方法。覆盖液状石蜡，一方面可防止培养基水分蒸发而引起菌种死亡，另一方面可阻止氧气进入，以减弱其代谢作用。此法主要适用于真菌、酵母菌、放线菌、好氧型细菌等的保存，一些不适于冷冻干燥法保存的微生物也可用该法保存。

矿物油保存法的优点在于操作简单，不需特殊装置，不需经常移种，保存时间可达 1 年以上，真菌、放线菌、芽孢细菌可保存 2 年以上，酵母菌可保存 1～2 年，一般无芽孢细菌也可保存 1 年左右。甚至用一般方法很难保存的脑膜炎奈瑟菌，在 37℃温箱内，亦可保存 3 个月。同时，矿物油保存法对很多厌氧细菌或能分解烃类的细菌的保存效果较差，并且不适于微生物的长期保存，因为每隔几年就必须复苏、鉴定和再储存，从而耗费大量人力、物力和财力。

（七）载体保存法

载体保存法是将微生物吸附在适当的载体中（如土壤、沙子、硅胶、滤纸等介质）进行干燥保存的方法。其原理为：利用孢子坚厚的细胞壁对干燥具有较强的抵抗力，在干燥环境中保存若干年后，洒到适宜的条件，仍会萌发生长的特性而进行保存。绝大多数孢子都可采取此法保存，其中沙土保存法和滤纸保存法应用相当广泛。

载体保存法最常用的是沙土。该法多用于能产生孢子的微生物如细菌、真菌、放线菌，但不适用菌丝体。此法简便、效果好、微生物转接方便且保存时间较长（可保存 2 年左右），但此法应用于营养细胞时效果不佳。沙上保存法是将培养好的微生物细胞或孢子用无菌水制成悬浮液，注入灭菌的沙土管中混合均匀，或直接将成熟孢子刮下接种于灭菌的沙土管中，使微生物细胞或孢子吸附在沙土载体上，将管中水分抽干后熔封管口或置于干燥器中，在 4～6℃或室温进行保存。

材料：精选的沙土、体积分数为 10% 的盐酸、安瓿管或冻存管、菌（毒）种、培养基等。

第四节　病原微生物菌（毒）种及样本共享与利用

一、病原微生物菌（毒）株的保藏申请、审核流程

中国疾病预防控制中心病原微生物菌（毒）种保藏中心（Center for Human Pathogen Collection，CHPC）

于 2017 年 8 月获得原国家卫生计生委指定，成为首家投入运行的国家级保藏机构，2019 年 6 月经国家卫生健康委员会推荐、科技部财政部批准，依托中国疾病预防控制中心组建国家病原微生物资源库，承担国家病原微生物资源保藏任务。

为更好地履行国家保藏任务，不断加强保藏中心自身能力建设，健全完善保藏工作机制，确保保藏中心安全正常运行，依据《病原微生物实验室生物安全管理条例》《人间传染的病原微生物菌（毒）种保藏机构管理办法》以及中国疾病预防控制中心相关实验室生物安全管理规定，CHPC 于 2015 年制定并印发了《病原微生物菌（毒）种保藏中心运行管理办法》，2019 年编制并印发了《病原微生物菌（毒）种保藏中心运行管理办法配套制度》。2020 年年初，为做好新冠病毒等菌（毒）种及样本接收和保藏程序，CHPC 编写并印发了《病原微生物菌（毒）种保藏中心菌（毒）种及样本接收审批细则及其配套附件》等一系列规章制度与配套文件，指导 CHPC 内部以及外单位运送新冠病毒等资源的接收工作。

中国疾病预防控制中心成立病原微生物菌（毒）种保藏工作管理委员会负责对保藏中心进行监督、检查和技术指导。病原微生物菌（毒）种保藏中心下设综合管理部、保藏分中心（包括传染病所、病毒病所、寄生虫病所、性艾中心分中心）及专业实验室。保藏中心综合管理部挂靠中心实验室处，保藏分中心、专业实验室挂靠传染病所、病毒病所、寄生虫病所、性病艾滋病预防控制中心。

CHPC 接收保藏病原微生物资源审批程序包括申请、审核批准、运输、鉴定复核、出具证明。

1. 申请

向 CHPC 申请保藏病原微生物资源应该按照《病原微生物菌（毒）种保藏中心菌（毒）种及样本接收审批细则》规定提交资料，包括但不限于以下资料：

（1）《病原微生物资源保藏申请表》，可从中国疾病预防控制中心、国家病原微生物资源库网站下载；

（2）申请机构简介；

（3）申请机构的法人资格证书。

申请表及病原微生物资源的相关信息内容应填写完整、清楚，以邮件的方式发送到 CHPC 专用邮箱（中国疾病预防控制中心国家病原微生物资源库国家保藏中心：chpc@chinacdc.cn；中国疾病预防控制中心传染病预防控制所分中心：chpc@icdc.cn；中国疾病预防控制中心病毒病预防控制所分中心：chpc@ivdc.chinacdc.cn；中国疾病预防控制中心寄生虫病预防控制所分中心：chpc@nipd.chinacdc.cn；中国疾病预防控制中心性病艾滋病预防控制中心分中心：chpc@chinaaids.cn。）

2. 审核批准

申请单位向 CHPC 分中心提出病原微生物资源保藏申请，CHPC 分中心应当对申请进行符合性审查，申请表填写不完整或不符合规定要求的，应当在 5 个工作日内通知申请单位补正，同时对病原微生物资源保藏价值进行评估。

申请审核通过后，CHPC 分中心应对申请单位发放同意接收证明，申请单位获得同意接收证明的同时，双方签署《接收保藏协议书》。

3. 运输

病原微生物资源的包装、运输（包括办理准运证手续及实施运输）等所需费用由申请方承担，申请方应附病原微生物资源清单。高致病性病原微生物菌（毒）种及样本的运输须按照《可感染人类的高致病性病原微生物菌（毒）种或样本运输管理规定》执行。

4. 鉴定复核

CHPC 各分中心收到病原微生物资源后，应审核包装有无破损，接受品与申请保藏品的名称、数量是否一致，如有异常，应立即通知申请单位。CHPC 按照标准化操作规程对病原微生物资源的生物活性、纯度、一致性等进行鉴定复核。确认无误后，于收到病原微生物资源 2 周内出具《病原微生物资源鉴定报告》。报告一式两份，由 CHPC 分中心及申请方留存，涉及高致病性病原微生物菌（毒）种时，应报CHPC 备案。

5. 出具证明

鉴定复核无异议的病原微生物资源,CHPC 各分中心填写病原微生物资源入库信息,对资源按照 CHPC 编号规则编号并入库。在病原微生物资源信息入库 5 个工作日内,出具《病原微生物资源保藏证明》。对鉴定复核有异议的病原微生物资源,CHPC 分中心依据鉴定报告告知申请单位,对于不符合申请资源的可自行销毁或协商进一步处理。

二、菌（毒）种及样本保藏信息管理

在保藏管理的整个过程中,保藏资源信息的出入库以及信息的管理是保藏管理的重要内容之一。菌（毒）种及样本保藏信息具体如下。

（1）建立菌（毒）种及样本的保藏编号规则,编号包括原始编号、登记编号、保藏编号。对符合保藏条件的菌（毒）种及样本进行编号。

（2）保藏的菌（毒）种或样本均应有来源、编号、危害程度分类、保藏条件、表型和基因型、分离地区和日期、提供单位和人员、药敏结果、鉴定结果等背景信息。

（3）保藏的菌（毒）种或样本鉴定记录包含人员、鉴定日期、所用方法、所用试剂等信息。

（4）保藏的菌（毒）种传代记录包括菌（毒）种的代次、生长状态及操作人员等信息。

（5）保藏记录包括保藏数量、地点、参与人员等。

（6）出入库记录包括菌（毒）种或样本出入日期、数量、办理人员、菌（毒）种或样本出入去向等。

（7）菌（毒）种或样本销毁记录应包括菌（毒）种或样本销毁的申请人员、审批人员、具体操作人员、监督人员及销毁方式等。

为了减少人工管理所带来的失误、错漏等问题,病原微生物菌（毒）种及样本保藏信息管理系统应运而生,极大地解决了大信息量的存储,以及由于人工管理产生的疏漏而造成的损失等一系列问题。各种病原微生物相关的保藏信息化管理系统层出不穷,越来越多的实验室及保藏机构开始引入保藏信息管理系统,但大多数系统无法做到对菌（毒）种及样本信息的规范化记录、全面掌控和监控。因此,需要建立一套完整、快捷、科学的菌（毒）种及样本数据管理信息系统,消除管理隐患、提高管理效率。

（一）系统特色

病原微生物菌（毒）种及样本保藏信息管理系统是一套服务于病原微生物菌（毒）种及样本保藏业务的信息化软件系统,面对数量庞大的病原微生物菌（毒）种资源,应该满足但不限于以下条件。

1. 数据、空间管理科学化

由于当前工作模式的局限,当菌（毒）种及样本数量积累至一定程度的时候,菌（毒）种及样本管理难度加大,容易造成错误,导致后续使用困难。在这种情况下,软件系统应该具备良好的数据录入能力和空间管理能力,需要具有大量数据的批量录入功能,支持市面上各种型号的标签的识别,如条形码、二维码、RFID（无线射频识别技术）等,可以准确定位菌（毒）种及样本的位置信息,通过本系统对空间储存的优化,帮助用户提高空间管理的合理性,使空间管理科学化。

2. 流程管理自动化

软件系统应该具备完善的流程化管理,针对保藏业务的收集、整理、鉴定、编号、保存、供应等流程,在系统中设置合理的栏目菜单,妥善分配权限,按照工作流的思路进行设计开发,应用条形码、二维码、RFID 等技术,实时了解菌（毒）种及样本在信息管理系统中的状态,并关联相关记录单、操作日志等,使流程管理自动化。

3. 数据统计图形化

软件系统应该具备数据管理统计能力,针对已经保藏的数据进行各种维度的分析,对保藏机构、保藏房间、容器、冻存架、冻存管均有已用空间、剩余空间等维度的统计,并以图形化展示,让保藏工作人员及主管人员及时了解情况并监控。软件系统还应该具备可视化图形操作界面，针对病原微生物及样本的入库、出库等流程，使用图形化操作界面，便于保藏工作人员操作，使页面更具人性化。

4. 数据管理自定义化

软件系统应该具备数据字段用户自定义化管理，系统根据相关病原数据标准预制数据字段。但病原微生物数据信息的发展日新月异，面对新的数据字段项，用户可根据自己的需要自主定制，完成数据录入。

5. 信息标志统一化、标准化

依据病原数据的标准化采集流程，设置病原微生物数据采集标准项，对病原数据进行系统标准化制定，参照《人间传染的病原微生物菌（毒）种保藏机构设置技术规范》（WS315—2010）和《病原微生物菌（毒）种保藏数据描述通则》（T/CPMA 011—2020）中对于病原微生物数据的规范和要求进行数据项设置，设置基本数据描述、特征数据描述和共享数据描述，对系统中的菌（毒）种编码进行统一规范。数据的标准化可以为已有的、按照规范建设的系统进行数据的导入，便于数据查询，也可以为数据汇交、信息共享提供坚实的基础。

6. 数据查询、样本检索快捷

软件系统应该具备良好数据查询能力，能够简单、快速地检索出用户需要的病原微生物数据信息，并准确定位实物库的位置。系统还应当提供高级筛选功能，包括模糊查询、组合查询，不仅能够从菌（毒）种本身的数据查询，还能根据任意的流行病学数据及字段组合进行查询。

7. 保障数据安全

病原微生物菌（毒）种保藏信息管理系统存储了大量的菌（毒）种信息和流行病学相关信息，因而保证其数据安全便成为信息管理中的重要组成部分。在网络的数据安全方面，要对整个运行系统和数据库采取最高级别的加密处理，设置持续更新的防火墙等措施，有效防范非法用户的侵入，保证网络安全。在数据安全设计上，提供本地数据备份与恢复功能，完整数据备份至少每天一次，备份介质场外存放；采用独立的备份系统实现数据的每天完整备份；制定符合业务数据备份策略，并在备份系统中部署实施，同时提供异地数据备份功能，提高数据安全级别。

8. 支持数据汇交，促进信息共享

信息管理系统支持与其他相关系统的数据汇交功能，可以提供对外的数据接口，对本系统保存的菌（毒）种开展业务数据整理、清洗工作，进行数据关联、整合，实现与其他系统之间的信息共享。

（二）业务需求与技术框架

1. 业务需求

病原微生物菌（毒）种保藏信息管理系统的需求包括功能需求和性能需求。功能需求需涵盖菌（毒）种的基本信息、存放位置、人员管理及安保设置等内容；性能需求需要病原微生物菌（毒）种保藏信息管理系统具有较高的运行效率，具有可靠性和安全性，能够实现权限管理，界面操作方便，且具有可维护性和可扩充性。因此，还需要采用统一的信息描述规范和标准。

2. 技术框架

病原微生物菌（毒）种保藏信息管理系统可采用 Java 语言进行编码，通过 MVC［模型（Model）—视图（View）—控制器（Controller）］模式设计，软件系统采用高效便捷的 MySQL5 数据库。网络结构模式采用 B/S 结构和多层架构，其整体架构主要分为五层：基础层、数据层、应用支撑层、应用层和用户层。

3. 功能设计

病原微生物菌（毒）种保藏信息管理系统需要根据保藏库的硬件设施的情况进行功能设计。信息管理系统的基本功能应该包含样本管理、容器管理（存储设备）、项目管理等全方位功能模块，对病原微生物菌（毒）种生命周期相关数据进行系统化记录和管理，对病原微生物菌（毒）种的状态和使用情况进行实时监控。该系统能够符合本地管理、信息共享、合作利用等实际需要。病原微生物菌（毒）种保藏信息系统功能模块包含以下部分。

1）系统管理模块

系统管理模块是系统的基础模块之一，用于系统的使用及控制。拥有不同权限的用户可访问的数据和使用的系统功能不同，可根据病原微生物菌（毒）种的分类、用户所属不同的科室和课题等来进行组别的划分。系统管理包含：机构管理、部门管理、角色管理、用户管理、权限管理、菜单管理、模块管理、日志管理（登录日志、操作日志）、常量管理（常量数据、分组管理、字段项管理）。

2）保藏管理模块

保藏管理模块是系统的对于保藏业务的基础管理模块，容器是病原微生物菌（毒）种保藏的基础硬件，针对保藏相关的容器进行数量、规格大小、位置信息管理，可全面掌握保藏机构基本情况。保藏管理还包含病原微生物菌（毒）种数据的统计情况，包括出入库信息、统计查询以及预警等。保藏管理内容包含：预警管理（样本预警）、统计查询（标准化报表、样本量报表、冰箱利用率）、出入库明细管理、标准化管理（房间管理、容器管理、冻存架管理、冻存盒管理）。

3）用户业务模块

用户业务模块是本系统日常使用的模块，包含病原微生物菌（毒）种数据信息的录入、出库、入库、销毁等基本业务操作。用户业务内容包含：项目管理（项目列表、项目类型管理）、样本管理（样本列表、样本类型管理）、出入库管理（入库管理、出库管理、销毁管理）。

三、国家病原微生物资源库在线共享服务平台

2019 年 6 月，国家病原微生物资源库共享服务平台依托中国疾病预防控制中心，联合中国医学科学院、中国食品药品检定研究院、中国科学院微生物研究所、青海省地方病预防控制所组建完成，目前已初步建立自己的运行机制。通过健全组织架构平台管理，逐步健全完善了平台（数据资源平台）、分平台（细菌、病毒、真菌）与各类资源子库（功能模块）为层级的"金字塔"运行管理架构，形成依托单位负主体责任、分平台支撑、分工协作、各有侧重、互为备份的资源收集整合模式，建立了强强联合、优势互补的国家病原微生物资源库平台运行机制。目前，该平台采用线上与线下服务相结合的形式运行并提供服务，用户可通过线上浏览、检索相关信息，查找所需服务内容，而对于实物资源及其他服务需求，可以先与资源库相关负责人联系，通过线下方式获得服务。平台通过建立相应的规章制度与配套程序文件，还建立了双方共享协议机制，保障线下服务的效率和质量。针对高致病性病原微生物信息资源与实物资源提供，平台目前实施审核上报制度，通过完善的管理制度及严格审批程序，保障资源的安全。

1. 在线服务系统基本功能

（1）实现信息发布的功能，包括病原微生物相关的资讯动态、国家病原微生物资源库的工作动态、国内国际的研究动态。

（2）实现病原微生物资源服务，包括病原微生物相关的数据、知识文献资料、技术服务资料等资源，实现病原微生物资源统一检索和专题服务，使病原微生物资源能够更好地服务于基层专业人员。

（3）实现与国家资源共享网数据对接的服务，主要与科技部资源共享网进行数据的对接和用户的共通。本资源库的病原微生物数据可以在线或者通过 Excel 表形式方便快捷地汇交给资源共享网，实现资源的共享与集中。

2. 平台聚焦资源共享

（1）病原微生物三类病原目录。国家病原微生物资源库在线服务系统整理病原数据库里三类病原数据，提供病原微生物三类病原资源目录，包含中文名称、外文名称、生物危害程度、保藏编号、来源历史等信息，向用户展示保藏的资源信息，也为领域内专家以及需要获取相应菌（毒）种信息的有关单位

提供资源清单。

（2）新型冠状病毒国家科技资源服务系统。2020年1月24日，由国家病原微生物资源库与国家微生物科学数据中心联合开发的新型冠状病毒国家科技资源服务系统正式启动。该服务系统启动后，即发布了我国第一株新冠病毒毒种信息及其电镜照片、新型冠状病毒核酸检测引物和探针序列等国内首次发布的重要权威信息，并开展了应对新型冠状病毒疫情的专题服务，第一时间向社会公布新冠病毒的毒株信息、及时共享资源信息，为疫情的研究、诊断试剂及疫苗的研发争取了极其宝贵的时间。

（3）发布新发地新冠疫情及病毒基因组序列数据。2020年6月18日晚，"新型冠状病毒国家科技资源服务系统"正式发布2020年6月北京新发地新冠疫情及病毒基因组序列数据。中国疾病预防控制中心同时向世界卫生组织及全球共享流感数据倡议组织（GISAID）提交了新冠疫情及病毒基因组序列数据，与国际社会共享。

病原微生物菌（毒）种保藏信息管理系统建设完成后，部署在服务器上，通过单位内网访问运行。软件系统的设计合理、使用方便快捷，大大提高了用户的体验度，使得病原微生物菌（毒）种保藏工作的效率得以提高，试点用户反馈良好。通过建设病原微生物菌（毒）种保藏信息管理系统，将保藏数量巨大的病原微生物菌（毒）种资源信息实现标准化、数据化、网络化并整合统一，可以更好地为病原微生物菌（毒）种资源的收集、整理、评价、共享与利用研究服务。

第五节　国内外病原微生物菌（毒）种及样本保藏机构建设

一、国际菌（毒）种保藏机构或组织

（一）世界菌种保藏联合会

世界菌种保藏联合会（World Federation for Culture Collections，WFCC）是1970年8月在墨西哥举行的第10届国际微生物学代表大会上成立的。WFCC是国际生物科学联合会（International Union of Biological Sciences，UBS）下属的多学科委员会，同时也是国际微生物学会联盟（International Union of Microbiological Societies，IUMS）的成员。WFCC关注微生物菌种的收集、验证、维护和分配，其宗旨是促进和支持建立菌种保藏及相关服务，并且帮助用户之间建立一个信息网络，举办讲习班和研讨会，出版相关书籍，确保重要菌种资源的长期保藏。

WFCC主要由执行局（Executive Board）负责管理，通过一系列的委员会来开展其工作。

为了制定出良好的菌种保藏工作技术规范，以指导新的菌种保藏中心的组建工作，并为已有的菌种保藏中心提出统一的工作标准以供实施，WFCC制定了《微生物菌种保藏中心的建立和工作指南》。多个国家的保藏机构或中心的建立是参照该指南有效完成的。

（二）世界微生物数据中心

世界微生物数据中心（World Data Centre for Microorganisms，WDCM）隶属于IUBS下属的WFCC和联合国教育科学及文化组织（United Nations Educational，Scientific and Cultural Organization，UNESCO；联合国教科文组织）下属的国际微生物资源中心。WDCM由澳大利亚昆士兰大学的Skerman教授和他的同事于1960年建立，率先开展全球菌种资源国际数据库的工作。1972年，WDCM出版了《世界微生物保藏名录》。

2010年，世界微生物数据中心落户中国科学院微生物研究所，该中心成为WDCM历史上第三个主持单位。同时，这也是我国生物学领域的第一个世界数据中心和国际生物学领域第一个设立在发展中国家的世界数据中心。该中心目前是77多个国家812个微生物资源保藏机构的数据总中心。

（三）欧洲菌种保藏组织

欧洲菌种保藏组织（European Culture Collections Organisation，ECCO）成立于1981年，该组织的宗旨

是促进菌种保藏活动的合作与信息交换。ECCO 每年举办一次年会，共同讨论菌种收集活动的未来发展趋势与创新。ECCO 向其他微生物资源中心提供专业的公共服务，接收菌（毒）种的寄存，同时提供目录。保藏机构所有成员均需在 WFCC 登记注册。目前 ECCO 由 22 个欧洲国家的 61 个成员组成。该机构保藏菌种 350 000 余株，包括酵母、丝状真菌、细菌、古细菌、噬菌体、质粒（包括质粒菌株和其他重组 DNA 构建）、动物细胞（包括人类和杂交瘤细胞株、动物和植物病毒、植物细胞、藻类和原生动物）。

（四）国际微生物资源中心

国际微生物资源中心（Microbial Resources Centers Network，MIRCEN）面向全世界，在发达国家和发展中国家都有学术/研究机构。自 1975 年以来，通过与联合国环境规划署、联合国开发计划署的合作，现全球已建立了 34 个 MIRCEN。

二、国外菌（毒）种保藏机构

（一）美国的菌（毒）种保藏机构

1. 美国标准菌种保藏中心

美国标准菌种保藏中心（American Type Culture Collection，ATCC）是世界上最大的生物资源中心，是一家私营的、非营利性的组织，成立于 1925 年，总部位于美国弗吉尼亚州的马纳萨斯。ATCC 为全世界的学术组织提供最大、最多样化的储藏服务，安全、可靠地储藏着包括人类和动物细胞系、微生物和生物制品等物质。

ATCC 的工作包括菌种保藏服务和菌种保藏技术的研究。菌种保藏技术主要包括从事农业、遗传学、应用微生物学、免疫学、细胞生物学、工业微生物学、菌种保藏方法、医学微生物学、分子生物学、植物病理学、普通微生物学、分类学、食品科学等的研究，目的是获取、鉴定、保存、研发和分配生物材料、信息、技术、知识产权、标准，为科学知识的发展、生效和应用服务。ATCC 保藏一系列用于研究的生物材料，包括细胞株、分子基因组学研究工具、微生物和生物制品。人类、动植物细胞株种类超过 3400 种。ATCC 保藏的微生物包括 18 000 余株细菌，以及从各种来源中分离出的超过 3000 种人和动物病毒。除此之外，ATCC 还保藏有 7600 种以上的酵母菌和真菌代表株、超过 1000 种基因组和合成核酸，以及标准参考物质，超过 500 种微生物培养物被推荐为质量控制参考品系。

ATCC 的服务主要包括：①可以给科学界提供资源和经验；②可以安全保藏有价值的生物资源；③可以提供知识产权服务，包括专利保藏和安全保藏服务；④ATCC 的供应链管理经验和监管经验可以帮助其他机构建立运营生物资料库。

ATCC 组织开展独立的项目研究。科研人员开展菌（毒）种保藏方向（collection-oriented）和拨款资助（grant-supported）的研究课题，包括保藏和特征描述方法的改进、菌（毒）种鉴定标准、新物种的描述和基因组学、体外细胞生物学，以及疾病的诊断和预防等。

ATCC 的科研人员向公众提供了 ATCC 生物体和细胞株详尽、全面的特征信息数据，提高了其他科研人员对产品的利用效率。在 ATCC 的科研项目中，科研人员特别强调研究成果的转化——将基础科学发展为产业化。ATCC 的科研人员利用分子生物学、基因组学、蛋白质组学和免疫学等学科领域的先进技术，寻找与疾病相关的生物标志物，开发新的试验方法，对新的鉴定和保存技术进行评估。

ATCC 在包装和运送生物材料方面具有丰富经验。他们拥有专业的客服代表，负责接听电话和网络联系，还有技术支持人员处理客户的技术问题。ATCC 每年处理数以万计的转运业务，将生物材料运送给美国的科学家和国际科研人员。

ATCC 可提供细胞鉴定检测、支原体检测、生物保藏管理、寄存（如专利寄存、典型菌种的保存）等多项服务。

ATCC 由董事会监督管理。董事会由 12 名来自科学界和商业领域的领导人组成，对 ATCC 商业事务提出意见或建议。ATCC 的日常运营由 ATCC 主席和 CEO 具体负责，确保遵守道德、监管和质量原则。

ATCC 面向全球运营，在中国也有着自己的销售机构，具体名称为"ATCC 细胞库"，位于中国上海。

2. 美国农业研究菌种保藏中心

美国农业研究菌种保藏中心（Agricultural Research Service Culture Collection，NRRL）是世界上最大的微生物公共保藏中心之一。目前，该中心大约有 99 000 种菌株，包括放线菌、细菌、真菌和酵母菌。该保藏中心位于伊利诺伊州皮奥里亚国家农业应用研究中心细菌食品病原体和真菌研究机构。

NRRL 是美国乃至世界上的第一个专利菌种保藏中心。*Streptomyces aureofaciens* NRRL2209 是第一个专利保存菌株，美国氰胺（Cyanamid）公司将其用于金霉素生产。NRRL 将菌种分为公开保藏和专利菌种保藏。

（二）荷兰真菌生物多样性研究中心

真菌生物多样性研究中心（Centraalbureauvoor Schimmelcultures，CBS）是荷兰皇家艺术与科学院的独立研究机构，位于乌德勒兹，是世界知名的保藏中心，菌种保藏主要涉及丝状真菌、酵母菌和细菌。

CBS 研究真菌的生物多样性，主要关注三个领域：农业、人类健康和工业（室内空气和食品）。CBS 可以为用户提供如下服务：①菌种的订购；②真菌（包括酵母菌）的鉴定；③细菌的分离；④细菌鉴定；⑤菌种的保存等。

（三）德国微生物菌种保藏中心

德国微生物菌种保藏中心（Deutsche Sammlung von Mikroorganismen und Zellkulturen，DSMZ）成立于 1969 年，是世界大型生物资源中心之一。该中心不仅是欧洲最全面的生物资源中心，同时还是领先的研究中心。DSMZ 一直致力于细菌、真菌、质粒、抗生素、人体和动物细胞、植物病毒等的分类、鉴定和保藏工作。该中心是欧洲规模最大的生物资源中心，保存有 27 000 种不同的细菌、4000 种真菌、800 种人类和动物细胞系、41 种植物细胞系、1400 种植物病毒和抗血清、13 000 种不同类型的细菌基因组 DNA。DSMZ 保藏中心的所有生物材料均经过质量控制、生理和分子特征描述。除此之外，DSMZ 还可提供生物材料的详细特征信息和参考资料。该中心保藏的菌种可出售。另外，该中心还提供菌种的分离、鉴定、保藏服务。DSMZ 已成为国际知名的生物资源提供者，为科学、诊断实验室、国家参考中心以及工业合作者提供生物资源。DSMZ 的跨领域研究集中于：①微生物多样性和进化机制（基因组进化、种群遗传学）；②保存生物多样性方法的改进；③生物相互作用的分子机制（共生、疾病的机制、癌症）。

（四）英国国家菌种保藏中心

英国国家菌种保藏中心（The United Kingdom National Culture Collection，UKNCC）成员单位向用户提供菌种/细胞供给服务，所提供的生物体包括放线菌、藻类、动物细胞、细菌、蓝细菌、丝状真菌、线虫、原生动物、支原体、病毒和酵母菌。

UKNCC 可提供以下服务：①供给用户指定的生物体；②供给菌种和细胞株的参考株；③供给发酵剂；④进行菌株的生产；⑤供给植物和人类病原体（经许可）；⑥供给微生物耐药性试验菌株；⑦供给来源于鉴定菌株的 DNA 和提取物。

UKNCC 菌种保藏中心还通过一系列分子生物学、生物化学和分类学方法，向用户提供多种生物体鉴定服务。提供生物体鉴定服务的保藏中心如下：放线菌为 NCIMB、CABI，藻类为 CCAP，细菌为 CABI、NCIMB、NCTC、NCPPB，细胞系为 ECACC，真菌为 CABI、NCPF，支原体为 ECACC，线虫为 CABI，植物原生质为 CABI，原生动物为 CCAP，病毒为 NCPV，酵母菌为 CABI、NCYC。

三、我国菌（毒）种保藏机构

菌（毒）种的保藏管理包括菌（毒）种的收集、整理、鉴定、编号、保存、供应及菌（毒）种资料保存等工作。《病原微生物实验室生物安全管理条例》中规定，国务院卫生主管部门或者兽医主管部门指定的菌（毒）种保藏中心或者专业实验室（简称"保藏机构"），承担集中储存病原微生物菌（毒）种和样本的任务。为了加强保藏机构的管理，卫生部于 2009 年颁布了卫生部令第 68 号《人间传染的病原微生物菌（毒）种保藏机构管理办法》（以下简称《管理办法》）。《管理办法》对保藏机构进行了明确定义，同时，也对保藏机构的职责、保藏机构的指定、保藏活动，以及对保藏机构的监督管理与处罚做了细化。为了给保藏机构指定工作提供依据，根据《管理办法》中关于保藏机构的指定要求，原卫生部发布强制性卫生行业标准《人间传染的病原微生物菌（毒）种保藏机构设置技术规范》（WS315—2010），规定了人间传染的病原微生物菌（毒）种保藏机构设置的基本原则、类别与职责，以及设施设备和管理等基本要求。随后，为了进一步做好保藏机构的指定工作，力求保藏机构指定过程科学化、规范化，卫生部于 2011 年印发了《人间传染的病原微生物菌（毒）种保藏机构指定工作细则》。

2013 年，为了规范人间传染的病原微生物菌（毒）种保藏机构管理，国家卫生和计划生育委员会印发了《人间传染的病原微生物菌（毒）种保藏机构规划（2013—2018 年）》（简称《规划》），进一步对保藏机构进行统一规划、集中管理。建设安全并符合技术标准的菌（毒）种保藏机构是规划的核心目的，通过开展保藏机构指定工作，使国家法律法规赋予菌（毒）种保藏机构相应的职责和义务。随着指定工作的开展，中国的菌（毒）种保藏管理又迈上一个新台阶，中国保藏机构的管理工作也步入法制化与规范化发展轨道。

截至"十三五"末期，中国已完成 6 家国家级保藏中心、2 家省级保藏中心和 1 家保藏专业实验室的国家保藏机构网络布局。2019 年 6 月，经国家卫生健康委员会、科技部和财政部批准，依托中国疾病预防控制中心组建了国家病原微生物资源库，承担病原微生物资源国家保藏任务。为更好地履行国家保藏任务，不断加强保藏中心自身能力，中国疾病预防控制中心原微生物菌（毒）种保藏中心制定了《病原微生物菌（毒）种保藏中心运行管理办法》《病原生物资源数据管理技术规范》，编制并印发了《病原微生物菌（毒）种保藏中心运行管理办法配套制度》《病原微生物菌（毒）种保藏中心菌（毒）种及样本接收审批细则及其配套附件》等一系列规章制度与配套文件，形成了一整套规章体系。我国病原微生物菌（毒）种保藏中心整体运行良好，发挥了保藏中心职责，在推进生物安全建设和支持国家平台中发挥着巨大的保障作用，在新冠疫情期间发挥了积极作用，对我国新冠疫情防控起到了重要支撑作用。

（中国疾病预防控制中心　魏　强　姜孟楠　宋　杨）

第三十章
生物标本资源

第一节　生物标本资源概况

一、生物标本资源

生物资源是自然资源的有机组成部分，是生物圈中对人类具有一定经济价值的动物、植物、微生物的有机体以及由它们所组成的生物群落（赵建成和吴跃峰，2008）。生物标本是指保持生物实体或其遗体、遗物的原样，或经特殊加工处理后，用于长期保藏、学习、研究、展示等的动物、植物、微生物、古生物的完整个体或部分（伍玉明等，2010）。作为生物资源的一部分，生物标本是自然界各种生物最真实、最直接的表现形式和实物记录，是生物多样性的载体，是人类认识自然的历史见证和档案，是研究、分析、监测生物多样性动态变化和探索物种起源演化的重要科学依据（乔格侠，2021）。生物标本被广泛应用于科学研究、科普展示、生物学教育等方面（贺鹏等，2019），并在生物多样性保护、有害生物入侵、全球气候变化及进化生物学等生命科学和交叉学科前沿领域发挥着重要作用（贺鹏等，2021）。

从科学发展的角度看，生物标本是物种名称的实物载体和参考凭证，是生物系统学乃至整个生物学研究的基础材料，在分类学、系统学、生态学等各个分支学科中都有着十分重要的地位；从资源的角度看，生物标本是人类认识自然和改造自然的重要基础，是生物多样性最全面的代表，是一种重要的、不可再生的战略生物资源；从信息的角度看，生物标本能够提供物种、空间和时间三个维度的重要信息，在服务于生物多样性的研究与保护等方面有着巨大潜力（贺鹏等，2021）。

二、生物标本资源库的功能

生物标本资源有如此重要的作用，而为了更好地为人类服务，就必须将其集中保存在特定场所，这就是生物标本馆或资源库。生物标本馆是长久妥善保存生物标本资源的场馆，其建立的目的就是让生物标本的收藏范围不断扩大、保存时间不断延长，从而为科学研究提供尽可能多种多样的研究材料，为社会大众展示千姿百态的自然生命，为国民经济建设和国家生物安全提供资源保障。

相对于其他用于展示人类文明发展历程的博物馆，生物标本馆和资源库不仅仅是奇珍异宝的展示，也不单单是为了满足大众的猎奇心理，而是有目的、有系统地将大自然丰富多彩的生命进行集中呈现，更有利于人们去研究和探索，并生产新的知识，使人类对自然的理解更加深入和全面。这样，标本馆和资源库就成为分类学工作者研究的基地，也是培养生物分类学人才的摇篮。

按照生物标本资源库对资源本身、其他行业或学科及整个社会发挥作用的方式，可以将其功能分为三种类型：基础功能、支撑功能和保障功能，如图 30-1 所示。

基础功能是资源库直接对生物标本资源本身所发挥的作用。这一作用可通过两个方面来体现，即"保"和"藏"。"保"即保护，是对生物资源的直接保护，使其能够长久保存并持续发挥作用，例如，对不同时期、不同地域能反映生物多样性信息的生物资源的保存等。"藏"即储备，是对生物资源的储备，大部分资源因缺乏研究或受限于利

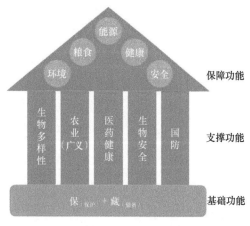

图 30-1　生物标本资源库的功能示意图

用手段和条件而暂未发现明显用途，但其具有潜在利用价值，在未来能发挥巨大作用，或能够用于应对某些突发事件、解决某些问题。例如，对某些濒危物种标本的保藏，可用于对该物种的深入研究。在当今地球处于气候变化和环境污染等多重影响下，生物资源是未来"生物经济"时代基因工程中不可替代的宝贵原材料，是科技创新的基本物质，是提高国际竞争力的重要资源（刘旭，2022），因而也被称为"战略生物资源"，近年来日益受到各国重视。所以资源库也肩负着将国家的生物资源进行战略储备的任务。

支撑功能是资源库所保藏的生物标本通过科学研究或开发利用等方式对其他行业或学科发挥作用。按照目前对生物资源的利用方式和水平，主要从以下几个方面发挥支撑作用：生物多样性、农业、医药健康、生物安全和国防。生物多样性方面，资源库中保藏的各类生物资源能够为生物多样性研究与保护提供大量实物和信息（贺鹏等，2021）；农业方面，生物资源作为生存和繁衍的基础而被人类直接利用，进而产生农业并持续促进其发展（赵建成和吴跃峰，2008）；医药健康方面，生物资源既可用于研究由致病微生物、寄生虫等造成的人类疾病，又能用于研制各类药物（如各种药用植物等）；生物安全方面，相关生物资源储备可为大规模流行病、外来入侵生物和转基因生物等的识别、监测和防控提供基础比对、研究材料、天敌生物及数据信息等；国防方面，生物资源可用于应对生物战、生物恐怖等问题。

保障功能是资源库通过支撑功能服务于其他各行各业，间接对国家生态文明建设、经济发展、人民生命健康、国家生物安全等产生积极影响。

三、世界生物标本资源概况

近代生物标本的采集和标本馆的建立均始于欧洲，伴随其殖民扩张，在世界范围内大量收集标本。发达国家本土的标本收集与保存在100多年以前就已经完成，并基本摸清了本土的生物资源家底。而至少在150多年前，他们就已将标本的搜集范围延伸到南美洲、东南亚、非洲、东亚和中亚等生物多样性丰富与特殊的地区。与此同时，他们建立了一大批大型的、国家级的自然博物馆或标本馆来保藏、研究和利用这些资源。

目前世界上生物标本馆藏量排名前十的收藏机构见表30-1，均位于欧美发达国家，且有着悠久的收藏和研究历史。其中几个大型的植物标本馆未包括在内，如英国皇家植物园标本馆（邱园）、美国纽约植物园标本馆、密苏里植物园标本馆等。排名前几位的超大规模机构如美国史密森国家自然历史博物馆、英国伦敦自然历史博物馆、俄罗斯动物研究所标本馆等，其某一单类群的馆藏量甚至可达千万、百万以上，例如，伦敦自然历史博物馆仅昆虫部的标本收藏就达3400余万号，其收藏历史更是达到了300年以上。

表 30-1　全球生物标本资源保藏量排名前十的机构

排名	国家	机构名称	馆藏总量/万号	数据来源
1	美国	史密森国家自然历史博物馆	14 700	https://naturalhistory.si.edu/research
2	英国	伦敦自然历史博物馆	7 600	https://www.nhm.ac.uk/our-science/collections.html
3	俄罗斯	俄罗斯动物研究所标本馆	6 000	https://www.zin.ru/collections/index_en.html
4	法国	法国国家自然历史博物馆	5 370	https://www.mnhn.fr/en/collections/collection-groups/vertebrates
5	美国	菲尔德自然历史博物馆	3 978	https://www.fieldmuseum.org
6	美国	美国自然历史博物馆	3 363	https://www.amnh.org/research/vertebrate-zoology/ornithology/collection-information
7	德国	柏林自然历史博物馆	2 595	https://www.museumfuernaturkunde.berlin/en
8	奥地利	维也纳自然史博物馆	2 024	https://www.nhm-wien.ac.at/en/research
9	美国	哈佛大学比较动物学博物馆	2 100	https://mcz.harvard.edu
10	美国	卡耐基自然历史博物馆	1 419	https://carnegiemnh.org

生物标本作为一种重要的生物资源，其利用也一直得到各国尤其是发达国家的高度重视。国外很早就积累了大量标本用于科学研究，近年来更是通过建立各类共享和服务平台以促进标本资源的利用。例如，美国自然历史博物馆于1993年创建生物多样性保护中心，将其科学收藏和技术整合到美国及世界各地的各种项目中，通过提供广泛的科学和教育资源保护全球生物多样性（美国自然历史博物馆官网）。从全球来

看，动物标本资源实体保藏数量继续保持稳定增长的态势，与实体资源相对应的数据信息（如分布地、时间、遗传信息等）近年来也一直呈激增状态，由标本信息资源衍生的支撑科研、科普甚至国家决策等的作用，无论"量"还是"质"都有着长足的进步与发展。这些超大的生物标本馆已开始从实物标本的收集向实物标本与数据信息并重的方向发展，目前全球已有与生物标本相关的网站 200 多个，与生物物种和标本信息系统有关的网站 2 万多个，同时研发了一些具有国际水平、全球综合性和专题性的大型生物多样性数据库平台及网站，如 iDigBio、GBIF、SPECIES 2000 等。丰富的馆藏积累和快速的数据共享平台建设使得这些机构在支撑科学研究、政府决策、科学普及等方面能够发挥巨大的影响力和价值。同时我们也看到，包括我国在内的许多发展中国家在生物资源的收集、保存与共享方面刚刚起步，也逐渐认识到生物多样性资源在国家长期发展中的重要性，未来在全球范围内，对包括标本在内的生物资源与信息的争夺必将愈演愈烈（国家科技基础条件平台中心，2020）。

第二节 中国生物标本资源及保藏体系

一、中国生物标本资源及生物标本馆发展历程

中国是全球物种多样性最丰富的 12 个国家之一，但对生物资源的保藏较晚才开始。中国的生物标本收藏与生物标本馆孕育于 19 世纪外国传教士在中国开展的生物资源调查和采集，当时大量外国传教士和分类学家以传教的目的深入到中国的广大地区，大量采集各类生物标本，并且基于这些标本描述并发现了大量新的物种，如大熊猫（*Ailuropoda melanoleuca*）、珙桐（*Davidia involucrata*）等。他们将大部分的标本寄回或带回本国，保存在本国一些大型的博物馆中，只有一小部分留在中国。随着标本采集力度的加大，为了保存这些珍贵的标本，前后有不少传教士相继在中国建立博物馆，其中最早的是法国传教士韩伯禄于 1868 年在上海创立的徐家汇博物院（The Museum of Natural History），意即"自然历史博物院"，以收藏动植物标本为主。该博物馆在 1930 年划归私立的震旦大学管理，后被称为"震旦博物院"。

自 20 世纪 20 年代开始，陆续有留学回国的生物分类学家开始对中国生物物种多样性进行研究，自此中国开始建立起自己的生物标本馆，例如，1928 年成立的北平静生生物调查所（图 30-2）、1929 年成立的北平研究院动物学研究所、1930 年成立的国立中央研究院自然历史博物馆等。

图 30-2　北平静生生物调查所所址

新中国成立之后，国家组织全国有关科研院所及高等院校的生物分类学家陆续启动了《中国植物志》《中国动物志》《中国孢子植物志》的编研工作，全面加强了中国生物资源的研究。伴随着"三志"的编研，中国在生命科学领域的研究也不断深入和扩大，生物标本馆事业也得到了发展和壮大。至 20 世纪 90年代初期，我国仅植物标本馆就有 300 余家，而生物标本馆总量估计超过 500 家（乔格侠，2021）。随着科学技术的进步和生物学自身的发展，分类学热潮逐渐退去，部分体量很小的标本馆也随之消失。据相关调查和统计，至 2016 年，全国运转正常的生物标本保藏机构有 250 余家，收藏总量为 4000 万～4500 万号

/份（国家文物局第一次全国可移动文物普查工作办公室，2016）。而随着国民经济的不断发展，已有的生物标本馆的场馆建设和保藏条件也得到了极大改善，大多数拥有专门的保藏场馆和保藏器具，特别是一些大的科研机构、院校的生物标本馆近几年重新修建或翻建了场馆，购置了新的保藏器具，提升了保藏环境条件，接近或达到了国际先进标本馆的水平，标本也得到了安全保藏。

然而与欧美等发达国家相比，我国生物标本资源收藏的差距比较明显，主要体现在藏量和收藏范围上。从藏量上看，我国各收藏机构中目前馆藏量还没有达到千万级的，且我国收藏总量在世界各机构中仅能排到第 5 位。从收藏范围来看，欧美发达国家的博物馆收藏范围非常广，采集地点遍及全世界，特别是一些模式标本和已灭绝生物的标本仅在很少的博物馆保藏，其收藏的起始时间也较早。我国因起步较晚，资源收藏以本国生物为主。

国外对生物标本资源的积累已有多年，但已过了大规模采集的时期，且随着对物种认识的加深和环境问题的凸显，各国均非常重视物种的保护，已难以进行大批量的采集。我国近些年也提高了对物种保护和物种资源，以及生物和生态安全的重视，陆续支持了一些较大的项目，使得各馆能够有针对性地对国内研究薄弱的地区进行标本采集，且能走出国门与周边国家以及其他较不发达国家合作并开展联合考察和标本采集活动。在这些项目的支持下，各馆藏量呈现较快且稳定增长的态势，但近几年又因疫情而有所减缓[中国科学院生物标本馆（博物馆）工作委员会，2022]。随着与其他国家合作的深入和扩大，未来将逐步缩小我国与发达国家标本藏量间的差距。

二、中国科学院生物标本馆概况

中国科学院作为国家战略科技力量的重要组成，自 1949 年成立以来，一直将生物标本的采集、保藏、研究作为一项重要工作，给予了高度重视。其收藏主要包括原震旦博物院、北平静生生物调查所、北平研究院等中国最早收藏的动植物标本，以及新中国成立之后，国家启动的青藏高原、横断山区、西双版纳、十万大山等地区的十几项大型综合科学考察所采集的大部分标本。经过几代人的努力，中国科学院生物标本馆在硬件条件方面已达到国际同类馆的中等水平，部分场馆甚至达到先进水平，同时在藏量及类群、涵盖范围、研究水平、运行管理、数字化建设、人才队伍、科研支撑、社会服务等方面得到了极大提升，发挥了重要作用，做出了突出贡献，赢得了社会赞誉。

经过近几十年的发展，中国科学院生物标本馆体系已经成为我国生物标本资源最重要、最集中的保藏场所（乔格侠，2021），目前由以 19 个研究所作为依托单位的 20 家生物标本保藏和科普展示场馆组成（表 30-2）[乔格侠，2021；中国科学院生物标本馆（博物馆）工作委员会，2022]，分布于北京、上海、广东、山东、辽宁、湖北、江苏、江西、四川、云南、青海、新疆、江西等 13 个省（自治区、直辖市），所收藏生物标本的采集地基本覆盖全国各地和几乎所有生境类型（包括海域），收集保藏的生物标本资源涵盖了动物、植物、菌物、化石等。该体系拥有中国乃至亚洲最大的动物、植物和菌物标本馆及馆藏量，还拥有一系列中国最大、最有特色的专类标本馆，是我国生物标本资源保藏、研究和科学教育的重要实体，具有在国际上有重要影响力的生物标本资源保藏体系与数字化数据信息网络，也是生物标本资源整合与共享利用的平台，因此在国家战略生物资源的保护与可持续利用中具有不可替代的重要作用（贺鹏等，2021）。截至 2021 年年底，中国科学院生物标本馆保藏各类生物标本共计 2283.6 万号/份[中国科学院生物标本馆（博物馆）工作委员会，2022]，占全国标本资源总量的一半以上。

表 30-2　中国科学院生物标本馆体系各成员单位及标本收藏现状　　（单位：万号/份）

序号	名称	隶属研究所	收藏类群	现有馆藏
1	国家动物标本资源库/国家动物博物馆	中国科学院动物研究所	动物	930.0
2	国家植物标本资源库/植物研究所标本馆	中国科学院植物研究所	植物	295.0
3	昆明动物博物馆	中国科学院昆明动物研究所	动物	93.0
4	昆明植物研究所标本馆	中国科学院昆明植物研究所	植物	160.0

续表

序号	名称	隶属研究所	收藏类群	现有馆藏
5	海洋生物标本馆	中国科学院海洋研究所	海洋动植物	86.3
6	古脊椎动物与古人类研究所标本馆	中国科学院古脊椎动物与古人类研究所	化石	41.1
7	菌物标本馆	中国科学院微生物研究所	菌物	55.2
8	华南植物园标本馆	中国科学院华南植物园	植物	115.0
9	上海昆虫博物馆	中国科学院分子植物科学卓越创新中心	动物（昆虫）	127.0
10	成都生物研究所两栖爬行动物标本馆	中国科学院成都生物研究所	动物（两栖爬行）	11.9
11	成都生物研究所植物标本馆	中国科学院成都生物研究所	植物	40.3
12	南京地质古生物研究所古生物博物馆、标本馆	中国科学院南京地质古生物研究所	化石	46.7
13	青藏高原生物标本馆	中国科学院西北高原生物研究所	动物、植物	56.5
14	水生生物博物馆	中国科学院水生生物研究所	水生动植物	41.0
15	南海海洋生物标本馆	中国科学院南海海洋生物研究所	海洋动物	23.4
16	武汉植物园标本馆	中国科学院武汉植物园	植物	30.0
17	庐山植物园标本馆	中国科学院庐山植物园	植物	20.5
18	东北生物标本馆	中国科学院沈阳应用生态研究所	动物（水生甲虫）、植物、菌物	63.2
19	新疆生态与地理研究所标本馆	中国科学院新疆生态与地理研究所	动物、植物	20.0
20	西双版纳热带植物园标本馆	中国科学院西双版纳热带植物园	植物	27.6

资料来源：中国科学院生物标本馆（博物馆）工作委员会，2022.

三、中国生物标本资源管理体系概况

目前我国生物标本资源的保藏管理体系主要由"两库一联盟"组成。"两库"为科技部和财政部支持建设的国家科技资源共享服务平台国家生物种质与实验材料资源库，即"国家动物标本资源库"和"国家植物标本资源库"；"一联盟"为中国科学院微生物研究所菌物标本馆牵头建立的"中国菌物标本馆联盟"。

基于长期积累的丰富馆藏、良好的保藏条件和较高的管理水平，2018 年 9 月，中国科学院动物研究所国家动物博物馆组织中国科学院 7 家研究所标本馆和院外 6 家高校标本馆联合申报国家科技资源共享服务平台"国家动物标本资源库"，同时中国科学院植物研究所标本馆也组织全国 16 家植物标本馆联合申报国家科技资源共享服务平台"国家植物标本资源库"。2019 年 6 月 5 日，"国家动物标本资源库"和"国家植物标本资源库"顺利获得科技部和财政部批准。"两库"的建设将紧紧围绕动植物标本收集、保存及资源共享开展工作，有计划、有步骤地对中国和全球各地的动植物资源进行调查、采集和研究，推进标本资源向国家平台汇聚和整合，提升资源使用效率和科技创新支撑能力，为科学研究、技术进步、社会发展和国家经济建设提供高质量的科技资源共享服务。

2020 年 10 月 30 日，由中国科学院微生物研究所菌物标本馆牵头，联合中国科学院昆明植物研究所菌物标本馆、吉林农业大学菌物标本馆等国内 14 家菌物标本馆，正式建立了"中国菌物标本馆联盟"，旨在推进全国菌物标本馆的规范化建设和高质量发展，加强交流与创新，建成国际顶尖水平的菌物标本馆体系。联盟成员在资源收集、信息化建设、开放共享等方面达成共识，将有计划地完成全国菌物资源普查，建成功能全面、数据充足的资源信息平台，积极为国家建设、政策制定、产业发展和科学传播等方面贡献菌物力量。

第三节　生物标本资源与生物安全

生物多样性除了作为农、工、医药等产业的发展基础，为人类提供食物、能源、材料等基本需求外，还在维持地球生态、环境稳定方面发挥关键作用，其给予人类的各种利益和价值是难以估量的。生物多样性使人类有可能多方面、多层次地持续利用并改造地球和生命世界。然而由于没有正确认识和评估其价值，生物多样性正在面临破坏和丧失的威胁（Primack et al.，2014）。进入 21 世纪以来，从 2003 年的 SARS，

到 2009 年的甲型 H1N1 流感，再到多次流行的埃博拉出血热，以及近几年在全世界肆虐的新冠病毒感染，全球暴发了多起大范围的传染病事件，对我国造成了巨大的损失。同时，随着气候变化、科技发展以及全球化的加速，来自外来入侵生物等危险性生物因子的威胁也日益凸显，所引发的生物安全问题日益严峻（李尉民，2020）。

生物安全是国家安全的重要组成部分，越来越受到各国政府的高度重视，许多国家已经把生物安全纳入国家战略，作为国防和军事博弈的制高点（李尉民，2020）。党的二十大报告中指出，要"推动绿色发展，促进人与自然和谐共生"，其中一项举措就是"提升生态系统多样性、稳定性、持续性"，而加强生物安全管理、防治外来物种侵害是其中一部分；同时，将生物安全作为国家安全体系的一部分，要"健全生物安全监管预警防控体系"。国家生物安全等领域对生物资源的可持续利用提出了更高要求，而生物标本资源也将为保障生物安全的各项研究和措施提供更多基础支撑作用。

一、生物标本资源与生物多样性安全

标本资源在科学研究方面的功能主要通过支撑生物多样性研究与保护来体现（贺鹏等，2021），其中最重要的一项工作就是"三志"的编研。如前所述，"三志"是获得国家支持的重大工程，以现代生命科学的研究方法对中国生物资源进行全面普查，极大地提高了中国对其自身生物资源的认知水平，成为中国开展各项生物学研究最坚实的基础，促进了生物分类学以及其他生物学科的快速发展。在"三志"的编研过程中，各种有关生物资源保护与利用的研究和书籍不断涌现，研究成果层出不穷。而其中大部分工作均由中国科学院的相关研究所承担，如中国科学院动物研究所、植物研究所、微生物研究所等。在这一时期，各个阶段积累了许多生物标本，它们被妥善、安全地保存在中国科学院生物标本馆中，是这一段历史起始和发展过程的最直接记录。同时，各标本馆也为这些志书的编研提供了大量的标本查阅等相关服务。

生物标本是生物多样性重要的具体体现和凭据，是认识生物多样性、保护生物多样性研究的重要材料。各标本馆为生物多样性保护领域积累了大量研究材料，因而国家有关生物多样性的重大项目的开展离不开它们的积极参与。例如，在物种红色名录的评估方面，中国科学院成都生物研究所两栖爬行动物标本馆参与了"中国脊椎动物红色名录·两栖纲和爬行纲"的评估工作，对 461 种爬行动物和 408 种两栖动物进行了评估，并于 2015 年 5 月发布《爬行动物红色名录》和《两栖动物红色名录》，对中国两栖爬行动物研究和资源保护与利用具有重要意义；在鱼类资源的保护方面，研究人员利用中国科学院水生生物研究所水生生物博物馆保藏的近十多年来采集到的长江鱼类标本，首次对长江流域鱼类进行了全面的多样性评估，并建立了长江鱼类条形码数据库，基于这些工作以及对长江鱼类长期不间断的监测，发现生态环境破坏严重性和鱼类资源开发的过度，推动建成长江上游珍稀特有鱼类国家级自然保护区，进行长江生态修复理论、技术与法规等研究，推动长江流域重点水域实现常年禁捕和长江"十年禁渔"成为现实，有力地保护了长江的鱼类资源；在濒危物种保护方面，华南植物园标本馆为《广东植物志》的编研提供了大量研究标本，为全面了解广东省植物多样性奠定了重要基础，基于此，先后开展了国家一级重点保护野生植物伯乐树（*Bretschneidera sinensis*）、报春苣苔（*Primulina tabacum*）、水松（*Glyptostrobus pensilis*），以及广东省重点保护野生植物观光木（*Michelia odora*）、走马胎（*Ardisia gigantifolia*）等 30 种珍稀濒危植物的保育和野外回归研究，并获得了 2012 年度广东省科学技术一等奖（乔格侠，2021）。

二、生物标本资源与生态环境治理

近年来，国家十分重视生态环境的保护和治理，提出了"生态文明建设"和"绿色发展"的理念。在这一思想的指导下，逐步发展基于生物资源的绿色低碳循环经济体系，生物多样性的监测与生态环境的保护工作将越来越重要。而生物标本除了能够直接展示物种的丰富程度外，还能够从侧面反映生物多样的变化，并为国家对生态环境的治理提供建设性意见。各标本馆积极参与国家或地方的生物多样性监测和环保项目，如国家重大标志性科学工程——"第二次青藏高原综合科学考察"项目、中国科学院 A 类战略性先导科技专项——"美丽中国"生态文明科技工程，凭借所保藏历史标本的资源优势和人才优势，为"美丽中国"和"生态文明"建设提供大量服务，发挥巨大推动作用。

在生态环境治理方面，依托馆藏标本和数据可以服务多种问题的解决。生态环境监测方面，菌物标本馆参与国家生态环境部、科技部、中国科学院等部门组织的《生物物种资源监测概论》《生物物种监测技术指南——大型真菌》中相关部分的编写工作，为菌物多样性的监测提供指导。生态系统退化问题方面，上海昆虫博物馆在多年土壤动物小节肢类的分类、鉴定和物种多样性研究的基础上，将物种多样性研究与退化生态系统相结合，以探索作为土壤生态系统主要功能群的土壤动物小节肢类在退化生态系统预防和修复中如何发挥作用，在近些年的评价和监测指标方面有了较好的进展。环境影响评价方面，武汉植物园标本馆拥有最丰富的神农架地区和三峡库区的植物标本，近年来为三峡工程和"南水北调"中线工程建设对环境的影响研究和生态安全，以及宜昌大老岭国家森林公园的建设等项目提供了翔实的植被类型和植物区系资料；西北高原生物所以青藏高原生物标本馆大量实物标本和标本信息数据为依据，为三江源国家公园的申报和建设提供了可靠凭证，还为可可西里世界自然遗产地的申请提供了基础资料（乔格侠，2021）。

三、生物标本资源与有害生物防治

生物标本作为一类重要的国家战略资源，虽然不像土地、能源、水资源等可直接用于国计民生，但通过对丰富的生物标本资源进行研究，可以提供对有害生物进行有效防治的方法，以及对生态环境进行有效保护的策略，为国家生物安全提供重要的信息，为重大决策提供准确的科学依据，从而最大限度地降低生物因素所带来的经济损失。例如，20世纪70年代，成都生物研究所两栖爬行动物标本馆协助进行新疆北部地区草原蛇伤防治工作，赴天山和北疆开展蛇类调查，摸清了当地两种主要毒蛇草原蝰（*Vipera renardi*）和中介蝮（*Gloydius intermedius*）的种群数量、食性、生活习性和繁殖规律，提出了防治措施，有效降低了当地因蛇伤而带来的畜牧业损失，并研制抗蛇毒血清，解决了牧民的蛇伤问题；近年来，国家动物标本资源库组织专业人员前往甘肃陇南全国高品质特色中草药原产地帮助解决中草药虫害病害严重的问题，深入田间详细调查中药材害虫及危害情况，并提出监测、防控害虫以及发展壮大中药材产业建议，同时达成持续帮扶当地防控中药材害虫的意向；东北生物标本馆通过对馆藏标本分布数据的分析，对我国重要的经济真菌——桑黄（*Sanghuangporus sanghuang*）的潜在分布范围进行模拟，提出了优先保护区域，同时对东北地区的多个林木干基腐朽病原真菌进行了潜在分布范围的模拟，为多个病原真菌的防治提供了科学依据（乔格侠，2021）。

四、生物标本资源与国门生物安全

生物入侵是导致生物多样性丧失的重要因素之一，与动植物栖息地丧失和全球气候变化一起被看成是影响全球环境的三大难题。中国是遭受外来物种入侵危害最为严重的国家之一，生物入侵给我国造成了巨额经济损失，已经成为严重生态与经济问题。根据生态环境部2020年5月发布的《2020中国生态环境状况公报》，全国已发现660多种外来入侵物种，其中71种对自然生态系统已造成或具有潜在威胁，并被列入《中国外来入侵物种名单》（中华人民共和国生态环境部，2021）。

外来生物入侵给国门生物安全带来了极大挑战，而生物标本资源可用于口岸截获物的快速有效鉴定，从而为口岸查验和早期预警提供重要支撑，为国门构筑起安全防线（贺鹏等，2021）。依托生物标本馆和馆藏标本资源，"十三五"期间中国科学院在国门生物安全方面部署了多个重要项目，建立了国门生物安全动植物标本分馆，包括实体库和信息库；构建了中国入侵生物信息库、外来入侵植物DNA条形码数据库、进境植物检疫性真菌数据库及综合鉴定系统等一系列数据平台。基于标本和物种分布信息，解析了"一带一路"沿线入侵脊椎动物的引种风险；基于生态位模型预测了这些入侵种建立种群的适宜栖息地（Liu et al.，2019）；基于物种已有分布和环境气候因子，对新截获的重要有害生物进行风险分析和评估，为我国生态环境部发布第三、四批《中国外来入侵物种名单》提供了本底数据支持（贺鹏等，2021）。

相关研究所依托标本资源，与海关合作开展口岸外来入侵生物监测，截获并鉴定出大量入侵生物。例如，植物研究所标本馆与地方有关部门建立联合实验室，对进口粮食、矿砂、原木、羊毛，入境旅客等载体所携带的外来入侵植物开展快速鉴定和监测，已截获并鉴定出 100 余种外来植物，其中 2/3 的种类为国外已入侵并大规模扩散的恶性入侵植物，同时对海关的检验检疫人员进行鉴定培训；菌物标本馆依托馆藏标本，借助国际交换借阅网络及海关合作，建立了我国进境植物检疫性真菌数据库及综合鉴定系统和部分重要农作物病原真菌的溯源系统，并制定了国家标准 4 项、行业标准 4 项，协助口岸在进境植物上检出疫情 11 次（乔格侠，2021）。

　　基于此，部分场馆发挥科学普及功能，将入侵生物的危害及国门生物安全的重要性通过标本的展示传达给社会大众。例如，国家动物博物馆与国家质检总局动植检司联合在博物馆内设立了"国门生物安全展厅"，对国门生物安全相关法律法规、海关截获总体情况和相关案例进行展示，成为国家动物博物馆内一个有特色的专题展厅，已接待观众超过 30 万人次，并配合国家质检总局相关部门开展科普专题活动 5 次、举行新闻发布会 3 次，成为国家向社会大众宣传国门生物安全知识的一个重要窗口，并被国家质检总局指定为"国门生物安全宣传教育基地"；昆明植物研究所标本馆联合昆明动物博物馆在昆明长水国际机场举办"铸就国门生物安全防线、争当生态文明排头尖兵"大型国门安全科普展览，服务国内外出入境国内外旅客约 150 万人次，并在展览期间接待国内外领导人，该成果入选"率先行动，砥砺奋进——'十八大'以来中国科学院创新成果展"（乔格侠，2021）。这些工作从另一方面体现了标本资源对国门生物安全的支撑作用。

（中国科学院动物研究所　乔格侠　陈　军　贺　鹏）

参考文献

陈方，丁陈君，郑颖，等. 2019. 生物资源领域国际发展态势研究及启示. 世界科技研究与发展，41（6）：555-568.

国家科技基础条件平台中心. 2020. 国家生物种质与实验材料资源发展报告 2017-2018. 北京：科学技术文献出版社：87-117.

国家文物局第一次全国可移动文物普查工作办公室. 2016. 第一次全国可移动文物普查专项调查报告. 北京：文物出版社：33-66.

贺鹏，陈军，孔宏智，等. 2021. 生物标本：生物多样性研究与保护的重要支撑. 中国科学院院刊，36（4）：425-435.

贺鹏，陈军，乔格侠. 2019. 中国科学院生物标本馆（博物馆）的现状与未来. 中国科学院院刊，34（12）：25-36.

李尉民. 2020. 国门生物安全. 北京：科学出版社：1-408.

刘旭. 2022. 中国生种质资源科学报告（第三版）. 北京：科学出版社：1-21.

乔格侠. 2021. 中国科学院生物标本馆. 北京：科学出版社：1-245.

伍玉明等. 2010. 生物标本的采集、制作、保存与管理. 北京：科学出版社：1-4.

赵建成，吴跃峰. 2008. 生物资源学（第二版）. 北京：科学出版社：1-8.

中国科学院生物标本馆（博物馆）工作委员会. 2022. 中国科学院生物标本馆 2021 年报. https://mp.weixin.qq.com/s/q6b8OaPJ8q2ocN7V9LrmSw.

中华人民共和国生态环境部. 2021. 2020 中国生态环境状况公报. https://www.mee.gov.cn/hjzl/sthjzk/zghjzkgb/202105/P020210526572756184785.pdf.

Biological Resource Centres. Underpinning the future of life sciences and biotechnology. https://www.oecd.org/science/emerging-tech/2487422.pdf.

Liu X，Blackburn T M，Song T，et al. 2019. Risks of biological invasion on the Belt and Road. Current Biology，29: 499-505.

Qin T, Ruan X D, Duan Z J，et al.2021. Wildlife-borne microorganisms and strategies to prevent and control emerging infectious diseases. Journal of Biosafety and Biosecurity,3(2):67-71.

Richard B Primack. 2014. 马克平，蒋志刚译. 保护生物学. 北京:科学出版社：69-86.

Wildlife-borne microorganisms and strategies to prevent and control emerging infectious diseases. Journal of Biosafety and Biosecurity 2021 https://www.sciencedirect.com/science/article/pii/S258893382100025X

Утверждена Федеральная научно-техническая программа развития генетических технологий на 2019-2027 годы. http://government.ru/docs/36457.

바이오 빅데이터/R&D 투자 4 조원, 바이오헬스 글로벌 수준으로 육성. https://www.moef.go.kr/nw/nes/detailNesDtaView.do? searchBbsId1=MOSFBBS_000000000028&searchNttId1=MOSF_000000000028247&menuNo=4010100

第六篇

生物入侵防控

第三十一章
国内外生物入侵防控的发展趋势

全球经济一体化进程加速、气候变化与农业结构调整，不可避免地加剧农业外来有害生物的入侵、传播与扩散。近年来，全球范围内发生的重大农业入侵生物的传播（如番茄潜叶蛾、苹果蠹蛾、马铃薯甲虫、草地贪夜蛾、玉米根萤叶甲、小麦矮腥黑粉菌、大豆疫霉病菌、薇甘菊、豚草等）给农业生产造成了巨大的经济损失与生态灾难。

第一节 国际生物入侵防控的现状

生物入侵不仅涉及一个国家的生物安全与政治地位，同时也是制约国际贸易发展与经济稳定的重大钳制因素。因此，国际生物入侵领域的科学与技术研究在 20 世纪末期得以蓬勃发展。

一、生物入侵防控现状

（一）外来入侵物种数量

据生物多样性和生态系统服务政府间科学政策平台的数据显示，全球外来入侵物种近 4 万种，其中欧洲外来入侵物种 14 263 种（EASIN Catalogue, https://easin.jrc.ec.europa.eu/）。过去 200 年，美国引进 50 000 多个外来物种，其中约 7200 种已成为外来入侵物种，约占 1/7（Johnson et al.，2017）。即便如此，生物入侵在世界上的传播扩散与危害远远未达到"饱和"，仍呈现直线型快速增长趋势（Seebens et al.，2017）。尤其是发展中国家，随着经济全球化和区域一体化的快速发展，入侵生物传入与扩散风险更大（Paini et al.，2017）。

（二）生物入侵造成的损失

外来物种入侵已对全球社会经济、生态环境、农业生产等造成了巨大损失。世界自然保护联盟（IUCN）估计，全球外来入侵物种造成的损害高达 1.4 万亿美元/年，接近全球国民生产总值（GNP）的 2%。2016 年美国外来入侵物种造成经济损失 1380 亿美元，仅有害杂草造成损失就达 234 亿美元，危害面积超 1 亿英亩（1 英亩=0.405hm²），且以每年 8%～20%的速度增加。南非和印度每年遭受有害生物影响的经济损失分别高达 1200 亿和 980 亿美元。澳大利亚 11 种农业外来有害生物每年造成经济损失约为 110 亿美元。

二、国际生物入侵防控

20 世纪 80 年代起，西方国家在生物入侵国家法规建设、国家防控能力体系建设、创新性预防控制技术研发等方面体现出明显的领跑优势，并聚焦于生物入侵前瞻性防卫和主动应对的国家生物安全防卫体系与优先行动，如澳大利亚植物生物安全（Pest-Free Kingdom）管控体系、新西兰生物入侵 B3（Better Border Biosecurity，B3）防御体系、美国《21 世纪生物安全防御》计划等。

（一）法律法规

世界各国纷纷加强生物入侵防控的国家监管能力建设，以提升主动应对能力。目前世界上已通过了 40 多项相关的国际公约、协议和指南，主要包括制定专门的法律法规、成立专门的国家入侵生物委员会、建立部门间的协作体系与协调运行机制等。美国在外来物种管理立法和法规管理方面走在世界前列，1996

年通过了《国家入侵生物法》（*National Invasive Species Act*，NISA）；2016 年 12 月美国总统奥巴马签署总统令，决定建立新的国家入侵物种委员会，统领全国入侵生物防控活动、评价全国入侵生物态势并制定政策/策略，以提高入侵生物快速反应能力，要求 2020 年前提交科学和技术等优先发展方向的评估报告等。澳大利亚近两年先后制定了《澳大利亚杂草战略》（2017—2027）、《澳大利亚有害动物战略》（2017—2027）和《生物安全法修正案》（2022）等，以强化国家相关部门对入侵生物防控的领导，加强生物入侵科学研究的持续开展，提升对入侵生物的可持续防控能力。欧盟 28 国也于 2013 年重新修订了《欧盟入侵生物法案》。

（二）防控能力体系建设

世界各国致力于加强入侵生物科技防控支撑体系建设，尤其关注潜在入侵生物的预警支撑体系建设。美国政府每年编制巨资预算（仅防控密西西比河泛滥成灾的亚洲鲤鱼的预算就高达 190 亿美元）；建立和不断完善"全美入侵生物信息系统（NAPIS）"（含农业恐怖生物）（每年预算约 3000 万美元），实现限制性的信息开放和共享；持久开展疫情监测、风险分析和根除行动；稳定研发投入，发展与创新防控新技术，尤其注重前瞻性开展重大潜在入侵生物防控应对技术储备研究；建立健全了全美防控专业队伍与快速反应体系。在平台建设方面，美国在密歇根州设立了入侵生物国家研究中心，并在全美 6 个区域设立分支机构；同时投资 1.2 亿美元建设 2 个生物入侵相关的高等级生物安全国家实验室。

（三）全球防御体系构筑

世界发达国家注重潜在和新发入侵生物的全球防御，提前获知入侵生物信息以抢得入侵生物的防控先机。美国农业部动植物卫生检验局（APHIS）不仅在美国 50 个州和 3 个海外岛屿分别设有地区办公室，同时在境外 25 个国家也设有分支机构，通过这些机构收集全球范围内入侵生物的发生、危害、扩散和防控等信息与资源。近 20 年来，美国在我国 26 个省份建立了合作网点。

第二节　中国生物入侵发生趋势与面临的难题

一、中国生物入侵发生趋势

我国已成为当前世界上遭受生物入侵危害和威胁最为严重的国家之一，已确认的入侵物种 660 余种，每年造成的直接经济损失逾 2000 亿元。我国边境线长，口岸通道众多，农产品贸易和边民互市频繁，人员流动量大，外来入侵物种传入和扩散的风险剧增，突出表现在：种类数量多，防范难度大；传入渠道多，阻截难度大；隐蔽性强，发现难度大；蔓延速度快，控制难度大。

（一）物种类别

我国目前已确认入侵物种 660 余种，其中入侵植物约 379 种（占 57%），如紫茎泽兰、豚草、刺萼龙葵、薇甘菊、水葫芦、空心莲子草等；入侵动物约 184 种（占 27%），如草地贪夜蛾、番茄潜叶蛾、烟粉虱、美国白蛾、红火蚁、福寿螺、鳄雀鳝等；入侵植物病原微生物 106 种（占 16%），如梨火疫病菌、马铃薯晚疫病菌、番茄褐色皱纹果病毒等。这些已入侵物种，有逾 550 种危害农业生态系统，包括危害农业生态环境、种植业生产和渔业；逾 350 种危害林业、草原和湿地生态系统；逾 320 种危害园林和水利等其他行业。

（二）传入途径

外来入侵物种传入我国有多种方式。其一为无意传入，占比最多，约 65%，借助货物贸易或人员流动等与人类活动密切相关的入侵途径，例如，节节麦和长芒苋随进口粮食夹带传入，松材线虫随进口苗木携带传入。其二为有意引进，约占 33%，引种的目的原本是提高经济效益、观赏价值和保护环境，但是，在引种实践中难免会犯错误，其中有部分种类由于引种不当而成为有害物种，例如，作为畜禽饲料和牧草引入的水葫芦、凤眼莲，作为人工养殖种引入的牛蛙、福寿螺，用以防治海水侵蚀海岸引入的互花米草，作为观赏花卉植物引入的加拿大一枝黄花。其三为自然传入，约占 2%，是在完全没有人为影响下通过风力、水流等因素自然扩散，例如，迁飞性害虫草地贪夜蛾、沙漠蝗，入侵植物紫茎泽兰等。

（三）传入趋势

我国有一半以上的非有意外来入侵物种是近 70 年才发现的，入侵物种的增加速度呈明显上升趋势。近 20 年来我国农林生态系统新增外来入侵物种约 90 种，每年平均新增 4 或 5 种。根据模型初步估计，未来 30 年我国可能还要新增 66～90 种外来入侵物种。近年来，我国外来入侵物种还呈现新入侵疫情不断突发的特点，草地贪夜蛾、番茄潜叶蛾等多种世界危险性与暴发性物种的入侵，给农林业生产带来了巨大的威胁。

二、中国生物入侵面临的挑战与难题

我国在农业入侵生物传入后的防控技术方面取得了显著进展，然而，在前瞻性风险预警和实时控制等方面进展缓慢，迫切需要实行主动性的"关口外移、源头监控、风险可判、早期预警、技术共享、联防联控"的"源头"治理和"全程管控"策略以及相应的技术产品储备，提升和突破预警与监控技术产品的前瞻性、高效性、精准性、智能化、实时化。目前，在早期风险预判、早期监测预警、实时阻止拦截和实时应急处置方面仍存在诸多难点与技术瓶颈。

（一）早期预警与监管的主动应对能力不足

面对生物入侵新发疫情和潜在威胁日益严峻的态势，我国现有的偏传统预警技术和方法以及监管机制已无法有效应对。新形势下，潜在入侵生物的来源信息不明、扩散路径与动态不清，缺乏有效的风险预警信息支撑；现有预警技术缺乏实时性、动态可视性与智能化，不能满足早期预警的需求。同时，当前我国外来入侵生物监管仍主要由农业、林业、环保、质检/海关等部门独立开展工作，职能边界不清晰，部门间合作少，缺乏统一、协调、高效的管理与运行体制，在一定程度上存在监管盲点和模糊地带；生物入侵防控规划缺乏持续性、前瞻性和战略性，立法管理上存在一定空白，无法满足外来入侵生物主动防御与全程监督管理的国家重大需求。因此，亟须建立完善国家外来入侵生物监管体系，有效提升入侵监管工作效率，扩大监管工作覆盖范围。

（二）风险威胁评估决策机制不完备，风险防卫缺乏前瞻性

重大跨境迁移有害生物的早期预警和监测必须基于入侵生物的风险评估研判和决策。但我国当前的决策机制，缺乏入侵生物风险评估的国家级权威性评估机构或委员会。在评估技术方面，由于方法缺乏创新和潜在入侵生物信息的缺乏，原有风险威胁评估机制不能前瞻性地满足"一带一路"沿线及新时期入侵生物"防火墙"建设的需求。亟须基于大数据分析，构建基于传入媒介、种群定殖、繁殖增长为一体的有害生物迁移/播散全过程风险评估技术体系和定量评价方法模型，建立在线评估系统和 APP 智能用户终端，从而为跨境迁移有害生物的源头预防与实时动态系统监测提供指导。

（三）检测监测和溯源技术落后、储备不足，缺乏实时化和智能化

随着区域经济一体化的发展以及农产品贸易和人员流动的剧增，入侵生物传入扩散途径增多，呈现"遍地开花"态势，亟待发展和储备各种高通量、实时、灵敏、智能的入侵生物快速检测监测和溯源技术。一方面，现有检测监测手段落后、自动化水平低、低通量、检测时间过长或检测敏感性不够、监测成本高、监测周期长、监测"盲点"多；缺乏重大入侵生物快速分子群体检测、无人智能监测及追踪溯源的新技术与新方法，无法实现对入侵生物的远程实时监测及其识别与诊断。另一方面，重大入侵生物受材料/样品来源获得的制约，无法开展前瞻性和储备性的检测监测技术，导致早期风险预警能力严重不足。因此，为了实时掌握入侵生物的发生和发展信息，争取防控主动权，亟须能对特定入侵生物图像和分子识别进行分析与深度自我学习的智能处置流程、末端设备与野外移动监控设施，建立追踪溯源技术体系。

（四）主动预防应急处置有短板，难于早期根除和狙击拦截

由于缺乏重大潜在入侵生物的预警研判，针对潜在和新发入侵生物缺乏前瞻性和储备性的有效主动预防和应急处置技术，包括预警技术、早期监测与快速检测技术、口岸检疫处理技术、早期根除与阻截技术及其产品/装备以及应急物资的超前筹备，无法建立有效的应急预案和快速响应机制，主动应对能力存在短板，从而难以针对突发的新疫情，实施有效的早期根除和狙击拦截。

第三节　中国生物入侵防控体系建设与发展战略

一、中国生物入侵防控体系建设

（一）生物入侵防控国家层面的组织工作与平台

中国生物入侵防控一直受到国家和政府的高度重视与支持。2003 年，国务院批文责成由农业部牵头，会同国家环保总局、国家质检总局、国家林业局、科技部、海关总署、国家海洋局等部门参加，成立了全国外来生物防治协作组，设立了外来物种管理办公室（办公室挂靠在农业部科技教育司）。2004 年，由农业部牵头，环保、质检、林业、海洋、科技、商务、海关等部门参加，成立外来入侵生物防治协作组，建立了统一协调的机制，全面开展外来物种入侵的综合防治工作；2004 年，成立了外来物种管理办公室，组建了"农业部外来入侵生物防治预防与控制中心"，开展管理和研究工作；2009 年成立"外来入侵突发事件预警与风险评估咨询委员会"；2022 年新增"农业农村部外来入侵生物防控重点实验室"，原"农业农村部休闲渔业重点实验室"更名为"农业农村部外来入侵水生生物防控重点实验室"。行业部门进一步完善了入侵生物监测的管理服务系统以及野外基地/实验站/检疫实验室/隔离实验室设施。这些均为生物入侵防控的后续研究和布局提供了支撑平台。

（二）生物入侵管理制度逐步完善

1951 年中央贸易部公布《输出输入植物病虫害管理办法》，1953 年外贸部制定颁布了《输出输入植物检疫操作规程》，1954 年外贸部修订公布《输出输入植物检疫暂行办法》及《输出输入植物应施检疫种类与检疫对象名单》，1966 年农业部公布了《进口植物检疫对象名单》，1982 年国务院发布了《中华人民共和国进出口动植物检疫条例》，1983 年农业部制定并颁布了相应的《中华人民共和国进出口动植物检疫条例实施细则》。农业部于 1980 年、1986 年、1992 年 3 次修订了《进口植物检疫对象名单》。1991 年 10 月，全国人大通过了《中华人民共和国进出境动植物检疫法》，自 1994 年 4 月 1 日起施行，该法共 8 章 34 条，内容包括实施检疫的范围、口岸检疫机构、进口检疫、出口检疫、旅客携带物检疫、国际邮包检疫、过境检疫及违反检疫条文的惩处等方面的具体规定。1996 年 12 月，《中华人民共和国进出境动植物检疫法实施条例》正式发布，内容较《中华人民共和国进出境动植物检疫法》更具体，并增加了检疫审批和检疫监督两章内容，使中国植物检疫工作全面步入法制化轨道。农业部先后于 1992 年和 1999 年颁布和修订颁布了《中华人民共和国进境植物检疫禁止进境物名录》，使检疫的保护范围进一步趋于全面。进入 21 世纪，针对入侵生物管理存在的空白和薄弱环节，进一步推动了入侵生物的管理和立法，具体包括《中华人民共和国进出境动植物检疫法》（2009 年修正）、《农业重大有害生物及外来生物入侵突发事件应急预案》（2005 年）、《进口植物检疫对象名单》446 种/属（更新至 2021 年 4 月 16 日）、《全国农业植物检疫性有害生物名单》29 种（2020 年 11 月 4 日）、《全国林业检疫性有害生物名单》14 种（2013 年 1 月 9 日）、《国家重点管理外来入侵物种名录（第一批）》52 种（2013 年）、《中国自然生态系统外来入侵物种名单》71 种（生态环境部与中国科学院联合发布共发布四批）。在农业农村部的牵头组织下，发布了《农业重大有害生物及外来生物入侵突发事件应急预案》《外来入侵生物防治条例》《全国外来入侵生物防治规划》。2020 年 10 月，第十三届全国人民代表大会常务委员会第二十二次会议通过《中华人民共和国生物安全法》，于 2021 年 4 月 15 日起施行，更是将外来入侵物种防范写进法律。根据《中华人民共和国生

物安全法》，农业农村部、自然资源部、生态环境部、海关总署联合制定并发布了《外来入侵物种管理办法》，于 2022 年 8 月 1 日起施行；农业农村部会同自然资源部、生态环境部、住房和城乡建设部、海关总署和国家林业和草原局组织制定了《重点管理外来入侵物种名录》，于 2023 年 1 月 1 日起施行。这些法律法规的制定进一步加强了部门防治协作，初步构建了较为完备的外来入侵生物防控管理体系。

（三）我国生物入侵预防与控制全链式技术体系

在阐明重要农业入侵生物传入、定殖、扩散与暴发成灾的生态学过程及机制的基础上，构建了"生物入侵：中国 4E 行动"（早期预防预警、快速检测监测、点线根除阻截、区域减灾控制），形成了我国生物入侵预防与控制全链式技术体系，构建了入侵生物的早期预警、准确监测、阻截控制三道技术防线，形成了重大植物疫情与外来入侵生物全程化国家防卫体系，基本实现了"重大植物疫情控制有力，外来入侵生物有效阻隔"。

二、中国生物入侵防控发展战略

面对农业入侵生物肆意传入和扩散危害的现状与态势，中国生物入侵防控有必要进行科技项目层面的战略布局、稳定专项资金支持以及政策引导，促进入侵生物学学科建设和发展，加强复合型专业人才的培养。尤其要重视重大农业入侵生物前瞻性风险预判预警和早期实时性高效监控，提升入侵生物防控的主动应对能力。

（一）全面开展外来入侵物种普查，摸清底数

以我国初步掌握的外来入侵物种为基础，在农田、渔业水域、森林、草原、湿地等各区域启动外来入侵物种普查，摸清我国外来入侵物种的种类数量、分布范围、危害程度等情况。按照全国统一部署、部门分工协作、地方分级负责、各方共同参与的原则，扎实开展普查工作。依托国土空间基础信息平台等构建监测预警网络，在边境地区及主要入境口岸、粮食主产区、自然保护地等重点区域，以农作物重大病虫、林草外来有害生物为重点，布设监测站（点），组织开展常态化监测。强化跨境、跨区域外来物种入侵信息跟踪，建设分级管理的大数据智能分析预警平台，强化部门间数据共享，规范预警信息管理与发布。争取到 2025 年，外来入侵物种状况基本摸清，法律法规和政策体系基本健全，联防联控、群防群治的工作格局基本形成，重大危害入侵物种扩散趋势和入侵风险得到有效遏制；到 2035 年，外来物种入侵防控体制机制更加健全，重大危害入侵物种扩散趋势得到全面遏制，外来物种入侵风险得到全面管控。

（二）建立国家级入侵生物大数据预警平台，构筑生物入侵"防火墙"

着眼全球尤其是我国的周边国家、"一带一路"沿线国家和农产品贸易往来频繁的国家，构建跨境入侵生物数据库与信息共享的大数据库预警平台，尤其是针对全球性的潜在重大入侵生物；前瞻性开展重大潜在入侵生物对我国的传入-扩散-危害的预警监测及全程风险评估，权威性、动态性地及时增补与修订《中华人民共和国进境植物检疫性有害生物名录》；发展大数据库分析与处理技术、可视化实时时空发布技术、时空动态多维显示技术，研制稳定、自动识别、收集、转换和共享的软件系统与分析方法，提升入侵生物传入和扩散危害的预警预判及信息发布的决策支撑能力；构筑生物入侵"防火墙"，提升早期防卫的国家主动应对能力。

（三）构建快速精准检测与远程智能监测技术平台，打造高效快速"地空侦测群"

融合基因组学、现代分子生物学、DNA 指纹图谱、分子气味传感、雷达捕获、高光谱与红外图像识别、卫星遥感、无人机、5G 互联网+等技术和方法，创制集地面快速侦测、高空智能监测、风险实时发布、危机紧急处置于一体的技术群，提升入侵生物智能监测预警能力。

（四）升级灭绝根除与狙击拦截的技术平台，建立快速反应"特战队"

重点针对我国"六廊六路多国多港"境内沿线、边贸区、自贸区、自贸港等入侵生物传入扩散前沿阵

地，建立入侵生物的国家级全息化地面监测网络；基于风险预警研判，制定灭除与拦截的技术标准和规范化流程；建立入侵生物不同级别的快速响应机制与储备应急处置物资；建立国家/区域间风险交流与风险管控机制，最大限度地遏制入侵生物的传播与扩散蔓延。

（五）深化入侵生物联防联控的"源头治理"机制，夯实国家生物入侵管控"旗舰群"

加大生物入侵防控国家财政投入，稳定国家团队力量；基于现代多组学与人工智能等技术，深入开展外来有害生物入侵的生态学过程与机制研究；深度评估生物入侵对农业经济、生物多样性保护、生态文明建设的影响；加大脆弱生态系统中传统生物防治与生态修复研究；开发链式防控的新技术与新产品（如气味分子侦测技术、高空鹰眼捕捉与识别技术、特殊材料分子干扰剂、有害基因干扰与编辑技术等）；升级复杂生态系统中联防联控的组装技术与模式示范，打造全新的联动管控"旗舰群"；注重入侵生物防控技术和信息的跨境/区域合作与共享，建立跨境/区域的智能联动全程防控技术体系/模式，实施"关口外移、境/区域外预警、联防联控"的源头治理策略，凸显入侵生物防控的全程化、集成性、协调性、智能化和联动性。

（六）健全外来入侵生物防控的法律法规和行业部门内外协同/协调机制，完善政策导向，提升监管能力

完善外来物种入侵管理的法律法规体系，特别是完善外来物种引入的风险评估、准入制度、检验检疫制度、名录发布制度等，填补入侵生物监管存在的法律空白；完善以政府为主导、以科技为支撑、以专业人才队伍为骨架、全民主动参与的入侵生物防控框架的政策导向。建立国家级的入侵生物防控委员会和风险评估决策中心；完善农、林、质检、环保等行业部门间开展外来入侵防控共同规划和行动的协同/协调以及会商机制，促进合作分工和共同应对；建立多部门参加的外来物种管理协调机制和应急快速反应机制，统一协调外来入侵生物的管理，解决部门间存在的职能交叉、重叠和空缺，实现新发入侵生物监管的全覆盖。

（中国农业科学院植物保护研究所，中国农业科学院深圳农业基因组研究所　万方浩）

（中国农业科学院植物保护研究所　刘万学　杨念婉）

第三十二章
中国生物入侵研究的国际影响

第一节　中国生物入侵研究的国家计划

生物入侵研究的国家计划类型主要包括国家重点基础研究发展规划项目（973 项目）、国家科技支撑计划、公益性行业科研专项、国家重点研发计划、国家自然科学基金等。进入 21 世纪以来，国家持续加大对入侵生物学的学科建设与发展的科研经费投入，基本完成了入侵生物本底信息调查，建立了含入侵生物监测预警、检测技术、综合防控技术、生物防治、管理政策等的入侵生物学学科体系，构建了我国入侵生物数据库、国际交流与合作平台等，实现了入侵生物学学科大发展。

一、国家重点基础研究发展规划项目（973 项目）

（一）农林危险生物入侵机理与控制基础研究（2002CB111400）

项目以外来生物入侵的不确定性和入侵后的暴发性为切入点，选择有代表性的已入侵和潜在入侵生物为对象，以外来生物入侵过程中的遗传分化、扩张过程中的生态适应和潜在危险生物入侵早期预警三大关键问题为核心，重点揭示了松材线虫、烟粉虱、紫茎泽兰、红脂大小蠹、稻水象甲等已入侵生物的遗传分化与快速演变过程，解析了入侵过程中种群增长与扩张的分子生态和化学生态机制，阐明了入侵对生态系统结构和功能的影响及生态系统对入侵生物的抵御机制，阐明了小麦矮腥黑穗病菌、大豆疫霉、梨火疫病菌等潜在危险生物在我国定殖并形成种群的可能性，建立了快速检测的分子基础和技术体系，在此基础上研制出潜在危险入侵生物的早期预警系统及风险管理程式，提出已入侵生物控制的科学与技术支撑。

（二）重要外来物种入侵的生态影响机制与监控基础（2009CB119200）

项目瞄准国际生物入侵研究的基础前沿问题，以烟粉虱、互花米草、紫茎泽兰、松材线虫等农林水生态系统中的典型入侵物种为主要研究对象，进一步开展入侵物种的种群形成与扩散、入侵物种的适应性与进化、入侵物种对土著种的竞争排斥机制与置换效应、生物入侵对生态系统结构与功能的影响、入侵物种预警和控制技术基础等 5 个方面的研究。通过项目的实施，从个体/种群、种间、群落/生态系统三个不同层次回答入侵物种种群形成与扩张、入侵物种种群生态适应与进化、生物入侵导致生态系统结构崩溃及功能衰退的问题，解析生物入侵对生态系统的影响机制这一核心命题，创新监控技术基础；凝聚和培养一支入侵物种防控基础研究的创新团队，提升我国入侵物种防控基础研究的原始创新和集成创新能力；构建了入侵生物学学科体系，发展和完善了入侵生物学的基础理论与方法；进一步扩大了国际影响，使我国外来物种入侵和生态系统响应机制研究总体达到国际先进水平，为大幅度提升防控生物入侵的国家能力、保障国家生物安全和国家生态安全提供了科学依据、理论指导与技术支撑。

二、国家"十一五"科技支撑计划

（一）入侵物种快速检测与监测技术（2006BAD08A14）

项目以小麦矮腥黑穗病、香蕉青枯病、梨火疫病、柑橘杂色退绿病、柑橘麻风病、番茄斑萎病毒、黄瓜绿斑驳病毒、香蕉穿孔线虫、马铃薯茎线虫、大豆疫霉、葡萄黄豆类病毒、桔小实蝇、西花蓟马、螺旋粉虱、Q 型烟粉虱、苹果蠹蛾及马铃薯甲虫等为研究对象，建立我国重要检疫性病虫害快速、高精度的检测技术体系；提出进口原粮、果品、种苗带菌检疫操作标准规程；研制开发具有我国自主知识产权的免疫及分子检测试剂盒；建立入侵病害寄主早期检测诊断技术及入侵昆虫田间监测诱集新技术；构建了我国应对危险性生物入侵高效快速检测与监测技术平台，包括入侵物种的酶联免疫吸附检测（ELISA）体系、PCR检测体系等入侵物种快速检测技术体系，以及危险性入侵植物病害、入侵多态性昆虫的寄主、毁灭性入侵昆虫等入侵物种的田间早期诊断与监测新技术体系。

（二）入侵物种风险评估与早期预警技术（2006BAD08A15）

项目在建立我国外来入侵物种数据库系统与信息共享平台的基础上，针对四大问题系统地进行重点研究，构建了外来入侵物种数据库系统与信息共享平台；建立了局部入侵物种的适生区域、定性定量风险评估指标体系及技术标准；揭示了重要外来入侵物种种群在空间上的扩张与蔓延模式、突发疫情和新发生疫情的控制预案；实现了特定入侵物种（如椰心叶甲、苹果蠹蛾等）的遥感和诱捕监测技术、种群扩散预测模型及实时预警。

（三）农林重大生物灾害防控技术研究——入侵物种紧急处理与环境调控新技术（2006BAD08A17）

项目以新近传入我国并暴发危害、传入我国时间稍长并局部分布和暴发的农林外来入侵物种为对象，研究新入侵物种（Q 型烟粉虱/西花蓟马/螺旋粉虱/三叶草斑潜蝇/葡萄根瘤蚜）的发生规律和高效紧急处理技术、入侵杂草（少花蒺藜草）的生态替代控制技术、入侵昆虫的化学生态调控技术、入侵昆虫（Q 型烟粉虱/马铃薯甲虫/苹果蠹蛾）的农业生态调控技术，研发了入侵物种紧急处理技术及环境调控新技术（如化学生态调控技术、生态修复技术和农业生态调控技术），最终形成技术规程/标准、应用技术体系、产品和专利，并进行示范推广应用，从而有效灭除、阻隔和控制外来入侵生物，提升了我国农林外来入侵生物控制技术的科技创新能力，促进了农林业综合生产水平的提高。

（四）农林重大生物灾害防控技术研究——农业入侵物种区域减灾与持续治理技术（2006BAD08A18）

项目围绕外来入侵物种逃避原产地天敌制约、致使突发成灾的科学问题，以已成灾的重大入侵物种为研究对象，重点开展以生物控制为核心的农业入侵物种区域性减灾及持续治理技术体系研究与示范，为重新建立自然平衡与制约关系、大幅度提升自然控害作用提供技术支撑。项目主要研究天敌昆虫作用物的筛选利用、规模化生产技术、天敌微生物作用物的菌株改良与生产工艺、生防作用物的野外示范与应用技术、综合协调控制技术。在上述减灾生产技术研究基础上，建立农业入侵物种区域减灾与持续治理试验示范基地，主要研究：豚草区域减灾与持续治理技术；水花生区域减灾与持续治理技术；椰心叶甲区域减灾与持续治理技术；Q 型/B 型烟粉虱区域减灾与持续治理技术；苹果棉蚜区域减灾与持续治理技术；西花蓟马区域减灾与持续治理技术。

三、科技部科技基础性工作专项

中国外来入侵物种及其安全性考察（2006FY111000）

项目基本查清了我国重要农林生态系统中外来入侵物种的种类、分布、危害、扩张趋势、传播途径、对本土物种的影响及入侵生境的特征等，确定了其生物安全性等级；出版了《生物入侵：中国外来入侵植物图鉴》和《生物入侵：中国外来入侵动物图鉴》，完善了"中国外来入侵物种信息数据库"，构建了中国外来入侵生物数据库信息共享平台，对国内外开放农业部外来入侵生物预防与控制研究中心网站，实现信息共享。对外来入侵物种进行标本制作与保存、安全性分级评定与编目，针对高安全风险入侵物种提出不同控制技术与控制级别的方案，建立了中国外来入侵物种标本库并对外开放，为入侵生物学科研、教学与公众知识普服务，制定了我国外来入侵物种的生物安全、生态安全、经济安全风险的评判指标体系与方法，形成了我国外来入侵调查、普查与考察的标准及程序，提交有关行业部门审定通过后形成行业（或国家）标准。

四、欧盟合作项目

欧亚外来入侵生物检测、监测、紧急处理和防治技术交流

该项目旨在促进欧洲与亚洲高等教育研究所在"外来物种入侵"管理及林业、农业病虫害防治间的交流与合作。基于合作者间的双边科学交流与合作，议定的项目活动内容旨在加强国际网络间的链接以及保持长期的交流合作。基于"外来物种入侵"管理措施，项目将注重于发展高校相关技术领域内的人力资源，注重在全球背景下培养年轻科研工作者及未来的教师。主要研究目标为：建立欧洲、亚洲间的 IAS 管理网络；建立欧洲、亚洲间的 IAS 知识技术网络体系；提高目标群体的 IAS 现代检测诊断技术及管理知识；提高 IAS 管理体系、风险评估及预警体系；传播农产品领域 IAS 知识技术；发展 IAS 标准管理程序内人力资源。

五、公益性行业科研专项

（一）入侵生物苹果蠹蛾监测与防控技术研究（200903042）

项目在深入了解苹果蠹蛾成虫、幼虫的繁殖、发育和重要行为过程的基础上，重点突破监测技术、检疫技术和无公害防治技术，为目前生产提供急需的实用技术，为阻止苹果蠹蛾快速扩散和发生区的科学防治提供实用技术，通过集成农业防治技术、化学防治技术、生物防治技术（病毒、赤眼蜂等）等进行示范并大范围推广应用，为我国苹果和梨等优势水果的健康发展、消除以苹果蠹蛾为技术壁垒的国际贸易障碍提供技术支撑。

（二）公益性行业（农业）科研专项：园艺作物重要粉虱类害虫综合防控技术研究与示范（201303019）

项目针对我国蔬菜、果树、茶叶等园艺作物上粉虱类害虫危害严重而化学防治很难发挥作用的现状，重点研究我国园艺作物粉虱类害虫的灾变规律与监测预警技术、抗药性分子检测与农药安全使用技术、粉虱优势种天敌规模化生产技术、粉虱类害虫推拉调控技术，在此基础上，针对我国七个不同区域农业生态系统特点和园艺作物栽培模式，集成创新蔬菜、柑橘、茶叶等粉虱类害虫的综合防控关键技术体系，建立相应的示范基地并进行技术培训和示范推广。

六、国家自然科学基金重点项目

Q 型烟粉虱优势寄生蜂的竞争性互作及稳定性控制机制（30930062）

针对外来入侵物种 Q 型烟粉虱缺乏专性寄生性天敌以及本地寄生性天敌控制效应低下的实际问题，围绕专性寄生蜂特定寄生行为（多寄生、复寄生）和寄主取食行为产生的"干涉型竞争以及对生防效应的影响"这一科学问题，采用繁殖生物学、行为生态学等学科的实验技术与方法，重点研究引进的 Q 型烟粉虱两种优势寄生蜂（浅黄恩蚜小蜂和海氏浆角蚜小蜂）在非竞争条件下的寄主处理策略、共存条件下对已寄生寄主的识别、选择和非选择条件下的致死干涉（取食致死、多寄生致死、复寄生致死）竞争机制，以及在温室与田间条件下不同寄主-天敌组合系统的控害效应。研究结果和结论最终揭示了 Q 型烟粉虱优势寄生蜂天敌的致死竞争干涉及补偿竞争机制，阐明了专性寄生蜂复寄生行为在种群调节中的作用与进化上的意义，进而在明确两种优势天敌的组合对烟粉虱种群的抑制效能的基础上，构建出 Q 型烟粉虱-天敌、Q 型烟粉虱-天敌-其他生态调控措施的持续控制模式。

七、国家重点研发计划生物安全关键技术研发重点专项

（一）主要入侵生物仿制技术与产品（2016YFC1201200）

围绕入侵生物"传入-定殖-扩散-暴发"生态入侵过程中的关键防控环节，研发入侵生物早期的快速侦

查识别与扩散拦截新技术；创制小种群期紧急化学灭除、初始建群期信息迷向与定殖干扰、种群暴发期持久生物抑制与生态修复的新产品；集成入侵生物识别监控-应急处置-持久控制的链式组合防控新策略；创新入侵生物防制新技术与新产品，构建入侵生物防控新策略与新模式；通过研发入侵生物识别监控、阻截扑灭与区域减灾的链式应急处理措施，建立全程防控技术体系，形成技术方案与规范，从而满足我国对入侵生物防控技术和产品的创新需求，提升国家对生物入侵防控与管理的决策能力，提升我国入侵生物学学科在国际上的影响力与话语权。

（二）主要入侵生物的生物学特性研究（2016YFC1200600）

通过入侵种生物学特性与致害机制研究，揭示重要外来生物入侵过程的关键生物学性状及遗传基础，阐明重大入侵物种的表型可塑性及生态适应性的进化机制，解析主要入侵生物与宿主互作的分子调控和致害机理；丰富和发展生物入侵新理论，奠定生物入侵防控技术创新的理论基础，促进我国生物入侵基础研究由"并跑"向"领跑"跨越；明确重要入侵生物（扶桑棉粉蚧、松材线虫等）的形态结构、入侵、定殖、扩散、致害等关键生物学参数及分子识别标记；构建入侵物种基因组数据库（Invasion DB），提出并验证了"可塑性基因驱动"、对新宿主适应"非共进化"入侵假说和"转换防御"假说。

（三）主要入侵生物的动态分布与资源库建设（2016YFC1202100）

项目将掌握入侵生物分布危害等本底信息，实现对重大入侵生物追踪溯源；建成入侵生物实物样本、信息采集、数据处理、综合分析多维化数据库及分析共享信息平台，实现资源与信息共享及高效管理；重点开展入侵生物的本底调查，明确其生态分布、致害程度、环境适应性、扩散风险等关键信息，鉴定其重要的溯源标识物；建设、升级、集成和整合现有入侵生物样本库，研发信息化管理系统，建立数据信息标准化、集成、检索与综合分析技术。

（四）主要入侵生物生态危害评估与防制修复技术示范研究（2016YFC1201100）

项目针对我国入侵生物防控能力不足、综合监管缺位、控制技术体系不完善等问题，旨在通过构建入侵危害评价指标体系，实现对我国脆弱生态系统入侵危害的评估与等级划分，开发生态危害快速识别技术，为建立入侵生物生态危害超前预警提供技术支撑；通过对主要入侵生物扩散历史重构、扩散格局模拟、种群暴发重要节点识别，为入侵生物的扩散阻截及防控措施的确立提供理论依据；通过研发入侵生物扩散阻截和环境友好型治理及生态修复技术，实现受损自然生态系统结构和功能的修复；建立入侵生物管理信息平台，为我国入侵生物危害的有效管理、生物多样性保护重大工程实施和生物多样性国际履约等提供基础数据、科学依据、技术与信息支撑。

（五）重大/新发农业入侵生物风险评估及防控关键技术研究（2017YFC1200600）

项目围绕入侵生物预防控制国家重大需求，建立跨境传播农业入侵生物大数据集成分析、区域扩散与综合风险评估新模式，构建互联网+野外实时生物监测平台，创建新发疫情靶向干预、重发区域全程防控技术体系，构筑"一带一路"沿线六大核心区农业入侵生物疆域管控 BBC"防火墙"和新发/重大农业入侵种靶向灭除与区域控制 TAC"灭火器"；满足"六廊六路多国多港"大格局战略需求，全面提升国家生物入侵防控能力及入侵生物学科领域影响力和国际话语权；重点围绕入侵生物"风险预警-检测监测-全程控制"关键防控环节，构建大区域跨境农业入侵生物信息库，研发重要跨境农业入侵种智能监测技术，创新重大/新发农业入侵种跨境扩散与风险评估模式及靶向干预关键技术，集成区域全程防控技术体系。

（六）入侵植物与脆弱生态系统相互作用的机制、后果及调控（2017YFC1200100）

健康生态系统是人类赖以生存和发展的物质与能量基础，外来种导致的生物入侵严重威胁生态系统结构、功能和生态系统服务。入侵植物占我国入侵物种总数的 1/2 以上，影响范围广、危害程度大，防控外来植物入侵已成为国家生物安全体系构建优先考虑的战略重点之一。由人类活动和气候变化导致的脆弱生境是外来植物入侵的"热点"区域。本项目以"入侵植物与脆弱生态系统的相互作用及其生态系统影响"

为关键科学问题，以互花米草、喜旱莲子草、薇甘菊、飞机草等重大典型入侵植物在不同类型脆弱生境中入侵性表达的过程和机制为切入点，探讨外来种入侵对生态系统结构和功能的影响。

（七）森林生态系统重要生物危害因子综合防控关键技术研究（2018YFC1200400）

项目以揭示重大森林生物危害因子种群暴发致灾机制及分子调控途径，实现重要森林生物危害因子早期监测、快速检测和无公害有效防控，促进我国应对森林生物危害的能力从"跟跑"和"并跑"向"并跑"和"领跑"的跨越，选择我国典型的森林生态系统，针对重要外来入侵生物危害因子与森林生态系统的互作关系，以及本土重大生物危害因子远距离扩散到异地后与当地森林生态系统的互作关系，研究森林重要生物危害因子的发生危害特点和种群扩张规律、暴发致灾决定因子和分子调控机制、开发检测预警和综合防控关键技术与产品。

（八）重大外来入侵物种适应性演化与进化机制研究（2021YFC2600100）

项目以重大入侵种（红脂大小蠹、苹果蠹蛾、桔小实蝇、喜旱莲子草、薇甘菊等）为主要研究对象，围绕"重大入侵种如何发生快速适应性进化/演化并成功入侵"这一重大科学问题，选取代表性重大入侵种，以其入侵过程为时空轴线，针对与其生态适应性和致害力相关的生物表型及遗传变异特点、种间互作效应以及生态网络信号级联，采用多组学、表观遗传调控、微生物互作网络分析、分子生物学和化学生态学等先进技术和学科手段，研究入侵适应进化的生物表型和基因组特征、可塑性和表观遗传调控、共生互作及复杂多物种信息网络，阐明入侵种生态适应性快速演化与进化机制，筛选新型分子干预和生态调控靶点。

（九）重大农业入侵生物扩张蔓延机制与高效防控技术研究（2021YFD1400200）

项目以番茄潜叶蛾、梨火疫病菌、番茄褐色皱纹果病毒等 5 种新发/局域分布重大农业入侵物种为对象，围绕"重大农业入侵生物扩张蔓延机制与高效防控"重大科学/技术难题，就入侵机制、共性技术、应用示范等重点开展以下研究：揭示跨区域扩张蔓延规律与成灾机制；创新跨区域智能监测与定量风险预警技术；研发扩散前沿侦检阻截与应急处置技术；研制绿色高效防控关键技术和产品；构建跨区域联动防控技术体系与应用模式；揭示新发/局域分布重大农业入侵物种跨区域扩散蔓延规律与成灾机制，构建区域性绿色高效防控技术体系与应用模式，实现对入侵物种的扩散前沿有效阻截灭除、非疫区联动应急响应及跨区域高效防控，健全农作物病虫害防控体系，全面提升农业入侵物种管控的国家能力。

（十）重大外来入侵物种前瞻性风险预警和实时控制关键技术研究（ 2021YFC2600400）

项目聚焦跨境/区域新发/突发和潜在重大农林入侵物种安全管控重大需求，研发入侵物种前瞻性风险预警和实时控制关键技术与产品，建立完善传入和扩散风险预判、即时预警的动态可视化智能分析技术平台和用户终端网络，构建"风险预警、关口外移、源头监控、技术共享"的联防联控技术模式，提升外来入侵物种的早期预警、阻止入侵、扩散狙击的早期主动防控应对能力，重点研究以下内容。①风险预判：研发基于模型验算的全程风险累积驱动风险新模型，建立跨境/区域新发和潜在入侵物种全程累积综合风险评估新模式。②甄别溯源和智能监测：突破生物传感和大数据追踪技术，实现新发和潜在入侵物种精准甄别溯源与实时远程智能监测。③预警平台：解决入侵物种大数据关联分析和智能可视化展示，建立完善入侵物种可视化智能分析的即时预警平台。④扩散阻截与应急灭除：创制新发入侵物种狙击拦截、精准干预和高效处置的防控技术与产品。⑤跨境/区域联防联控：集成建立入侵物种全程联防联控和主动防御的技术模式。

第二节　中国生物入侵研究的国际地位

一、国际入侵生物学科发展概况

我们以"biological invasion"、"invasion biology"、"invasion ecology"、"invasive alien species"、"alien species"、"exotic alien species"、"exotic species"、"non-indigenous species"、"non-native species"、"invasiveness"、"invasive"和"invasion"等12个关键词，在WOS（Web of Science）数据库中进行主题检索，共获得107 600篇与生物入侵相关的文献（截止到2022年5月）。通过分析年际发文量动态，我们将国际入侵生物学科发展归纳为3个时期，包括萌芽期（20世纪50年代至80年代中期）、成长期（20世纪80年代后期至90年代末期）和快速发展期（21世纪初至今）。1958年，英国生态学家查尔斯·艾尔顿出版的专著《动植物的入侵生态学》标志着生物入侵相关研究的开端，但在其之后的二三十年间，并未得到人们的普遍关注，这个时期的入侵生物学处于萌芽阶段；至20世纪80年代，由于外来物种引起的环境问题，入侵生物学的研究才开始受到生态学家的重视，发表了近万篇相关论文，对生物入侵的定义、入侵物种的入侵性及防治策略等进行了一系列研究，标志着入侵生物学进入了成长期；进入21世纪，全球经济一体化和全球气候变化加剧了生物入侵对人类社会的影响，对生物入侵研究更为迫切，而随着科学技术的不断发展，使得人们对外来有害生物入侵的生态学过程、成灾机制、预防与控制技术等有了完整的理解，生物入侵学相关研究得到快速发展（万方浩等，2011）（图32-1）。

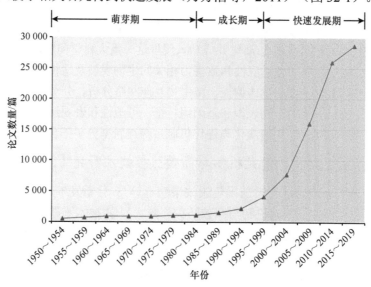

图32-1　全球生物入侵相关论文发表动态

表32-1　全球生物入侵相关研究成果

统计指标	数量
学术论文	95 038
专著	268
假说	43
期刊	7 714
作者	166 278
单位/机构	23 024
国家	209

经过半个多世纪的发展，生物入侵已经成为生态学中的一个重要分支学科，截至2019年8月，已经有来自209个国家的23 024家科研机构的166 278名作者在7714种学术期刊上发表了95 038篇入侵生物学相关的学术论文，撰写了专著268本，提出了与生物入侵相关的假说43个（表32-1）。这些研究成果催生出一门多领域交叉融合的学科——入侵生物学（invasion biology），并促使其快速发展。

二、我国生物入侵学科发展历史及现状

我国是全球遭受外来入侵物种威胁和危害最严重的国家之一，外来入侵物种对我国造成的经济损失高达189亿元/年（Wan and Yang，2016）。据统计，截止到2018年年底，入侵我国的外来物种有近800种，已确认入侵农林生态系统的有638种，全国31个省（自治区、直辖市）均有外来生物入侵并造成危害（陈宝雄等，2020）。其中，世界100种恶性外来入侵物种已有82种在我国大陆地区发生或产生危害（冼晓青等，2022）。

我国生物入侵研究起步较晚，至20世纪90年代中期才出现相关文献报道。进入21世纪之后，随着全球生物入侵研究的快速发展，我国生物入侵研究也进入了快速发展阶段，至2007年发表论文数量达到高峰期，随后进入稳定期（图32-2）。经过近十年的发展，2011年，由中国农业科学院植物保护研究所的万方浩研究员主编的《入侵生物学》一书正式出版，标志着我国入侵生物学学科体系正式形成。随后，我国科学家围绕"入侵潜力与成功入侵的关系"、"入侵种种群的扩张与扩散"、"入侵种的生态适应性与进化"

及"本地生态系统对入侵的响应及可入侵性"等科学问题进行了详细研究，在外来有害生物入侵的生态学过程、入侵机理和成灾机制、风险评估与早期预警、检测与监测、狙击与灭除、生物防治、生态修复与干扰调控等方面取得了一系列成果，包括在国际国内核心期刊发表相关论文 3956 篇、撰写专著 89 部、提出相关假说 2 个，这些成果极大地推动了我国生物入侵预防与控制技术的创新与发展。

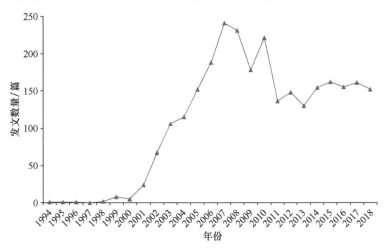

图 32-2　国内生物入侵相关论文发表动态

三、我国生物入侵研究在国际上的影响力

虽然我国生物入侵研究起步较晚，但国家与相关部门高度重视外来生物入侵研究，科学技术部、农业农村部、国家自然科学基金委员会等部门加大对生物入侵相关研究的资助力度，资助科学家从理论基础、防控技术、调查普查、生态安全评估等各方面的系统性研究，取得一系列显著成果。

（一）我国生物入侵研究科技产出日益突出

经过 20 多年的研究，我国生物入侵研究科技成果显著，已位居世界前列。首先是科技论文，从年发文量来看，我国学者在国际期刊发表生物入侵相关的 SCI 论文呈现逐年稳步增长趋势，至 2018 年，年发文量首次超过澳大利亚（图 32-3）（数据来源：Web of Science 数据库，截止到 2019 年 8 月）；从总发文量来看，我国科学家在国际期刊上共发表 SCI 论文 4246 篇，仅次于澳大利亚的 4315 篇，排名全球第三（图 32-4）（数据来源：Web of Science 核心合集，截止到 2022 年 5 月）。

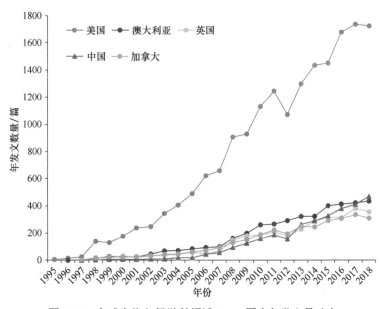

图 32-3　全球生物入侵学科领域 Top 5 国家年发文量动态

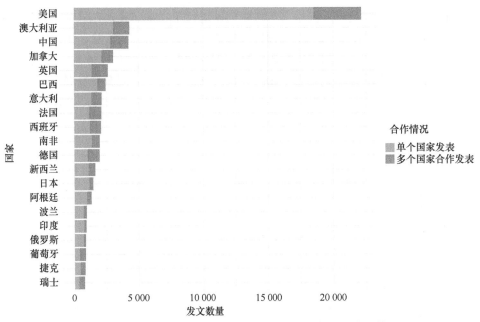

图 32-4　全球生物入侵学科领域 Top 20 国家科技论文产出情况

我们统计了全球科学家在国际顶级权威期刊发表论文情况，包括来自 82 个国家的科学家在 *Nature*、*Science*、*Proceedings of the National Academy of Sciences of the United States of America*、*Trends in Ecology & Evolution* 和 *Annual Review* 系列等 5 类顶级期刊及其影响因子大于 10 的子刊上共发表生物入侵相关论文 958 篇，其中我国科学家贡献 34 篇，排名第九（数据截止到 2019 年 8 月），说明我国学者在国际生物入侵学科领域具有相当影响力（表 32-2）。

表 32-2　全球各国生物入侵相关文章在 TOP 期刊发文情况（统计数据来源于 Web of Science 数据库）

排名	国家	发文量/篇	总被引/次	平均被引/次
1	美国	412	63 763	154.76
2	澳大利亚	88	11 417	129.74
3	德国	76	10 363	136.36
4	法国	73	8 714	119.37
5	瑞士	62	10 286	165.90
6	加拿大	57	9 977	175.04
7	新西兰	55	7 585	137.91
8	南非	42	6 210	147.86
9	中国	34	3 999	117.62
10	荷兰	33	4 495	136.21
11	意大利	32	4 877	152.41
12	捷克	31	5 534	178.52
13	西班牙	31	5 314	171.42
14	瑞典	24	4 908	204.50
15	日本	23	3 028	131.65

在出版生物入侵系列专著方面，全球共出版 268 部专著，我国科学家共撰写 83 部专著，仅次于美国的 93 部，排名第二（图 32-5）（数据截止到 2019 年 8 月），说明我国生物入侵学科体系已相当成熟。

在理论基础研究方面，全球科学家共提出了 42 个与入侵机制相关的假说（图 32-6）（数据截止到 2019 年 8 月），其中，"虫菌共生假说"和"非共性进化假说"为我国科学家提出，目前已被广泛认可。

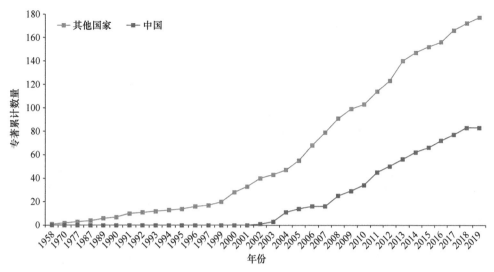

图 32-5 全球入侵生物学科出版专著情况（统计数据来源于 Google Books、WorldCat、中国国家图书馆）

（二）生物入侵学科领域全球领军人物

通过文献计量分析，我们对全球生物入侵学科领域高产出作者进行了分析，来自中国农业科学院植物保护研究所的万方浩研究员和复旦大学的李博教授，分别在国际 SCI 期刊发表相关论文 265 篇和 128 篇，分别排名第 3 和第 11，而且两位科学家在 2007 年以后，年平均产出均保持相对稳定（图 32-7）（数据来源 Web of Science 核心合集，截止到 2022 年 5 月）。

（三）全球生物入侵学科领域国际合作研究

在生物入侵研究领域，我国科学家与其他国家的科学家之间保持着良好的合作关系（图

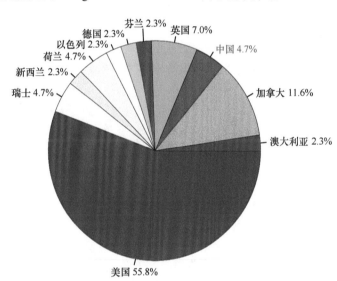

图 32-6 入侵生物学假说主要提出国家

32-8），但从整体上看，我国虽然发文量在全球排名第 3，但与其他国家之间的合作关系落后于英国、法国和德国等国家（图 32-9），因此，需要进一步加强国际上的合作交流。

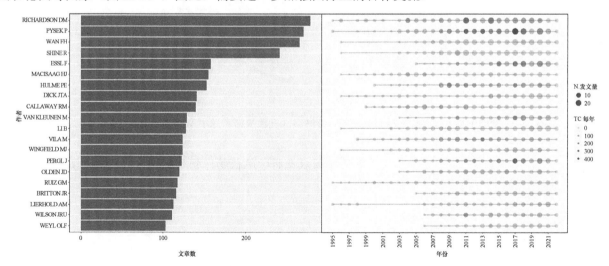

图 32-7 生物入侵学科领域全球领军人物及其发文量

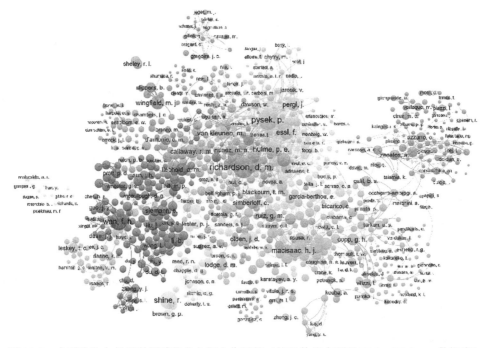

图 32-8　全球生物入侵学科领域作者之间合作网络（统计数据来源于 Web of Science 数据库）

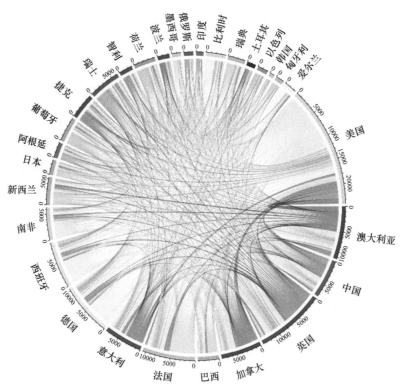

图 32-9　全球生物入侵学科领域国家之间合作网络（统计数据来源于 Web of Science 数据库）

（中国农业科学院植物保护研究所　郭建洋　黄　聪）

第三十三章

中国主要入侵物种研究

第一节 入 侵 动 物

一、烟粉虱

烟粉虱（*Bemisia tabaci*），又名棉粉虱、甘薯粉虱，属半翅目（Hemiptera）粉虱科（Aleyrodidae）小粉虱属（*Bemisia*）。烟粉虱体型微小，危害极大，被冠以"超级害虫"的称号，也被列为世界上最危险的100种入侵物种。烟粉虱在世界热带、亚热带和温带地区广泛分布，每年造成的经济损失达数十亿美元。

（一）为害方式

烟粉虱寄主范围广泛，可取食的植物达600种以上，是棉花、烟草、木薯、甘薯及许多花卉、蔬菜作物的重要害虫。烟粉虱可通过多种途径为害寄主植物：一是直接取食造成植物衰弱，受害叶片褪绿、萎蔫甚至枯死，还可以诱发植物生理异常，导致植物果实不规则成熟；二是分泌蜜露引发煤污病，降低叶片的光合作用；三是传播400多种植物病毒，引发病毒病害从而造成植物减产甚至绝收。例如，对农业生产造成灾难性破坏的番茄黄化曲叶病毒（tomato yellow leaf curl virus）、木薯花叶病毒（cassava mosaic virus）、棉花曲叶病毒（cotton leaf curl virus）、番茄褪绿病毒（tomato chlorosis virus）等均由烟粉虱传播，并且这些病毒病的流行与烟粉虱的暴发息息相关，这也是烟粉虱最重要的为害方式。

（二）分类及鉴定

根据系统发育分析及种群间的杂交实验，目前广泛认为烟粉虱是一个由多个遗传结构差异明显但外部形态无法区分的隐存种（cryptic species）组成的隐存种复合群（cryptic species complex）（刘银泉和刘树生，2012）。不同隐存种在寄主范围、能否诱发植物生理异常、杀虫剂抗性、入侵能力和传播病毒特异性等方面都具有很大差异，但在外部形态上无法区分。因此，烟粉虱主要通过线粒体基因序列进行系统发育分析来鉴定。目前，以线粒体细胞色素氧化酶基因分歧度大于3.5%为标准鉴定到烟粉虱至少包含44个隐存种（Kanakala and Ghanim，2019），但烟粉虱各隐存种的命名还未有确切的结论。目前广泛采用De Barro等（2011）提出的以烟粉虱起源地来命名的规则。例如，起源于中东-小亚细亚地区的烟粉虱命名为Middle East-Asia Minor 1（MEAM1），即以前报道中的"B"烟粉虱，而起源于地中海的Mediterranean（MED）隐存种即为以前报道中的"Q"烟粉虱。在我国，除入侵型MEAM1及MED隐存种外，还存在多个本地种，例如，China 1、China 2、China 3、Asia Ⅰ、Asia Ⅱ1、Asia Ⅱ2、Asia Ⅱ3、Asia Ⅱ4、Asia Ⅱ6、Asia Ⅱ7、Asia Ⅱ9、Asia Ⅱ10、Asia Ⅲ等。目前，MEAM1及MED烟粉虱隐存种对我国农业生产造成的危害最为严重。

（三）入侵历史及特性

烟粉虱最早记录于19世纪末。20世纪80年代以前，烟粉虱仅在局部地区有发生，如苏丹、埃及、印度、巴西、伊朗、土耳其、美国等，由于危害较小，并未引起重视。20世纪80年代中后期，随着频繁的花卉苗木贸易，起源于中东和小亚细亚地区的MEAM1烟粉虱广泛、迅速地入侵美洲、大洋洲、亚洲，目前广泛分布于全球除南极洲外的各大洲的100多个国家和地区。21世纪初，起源于地中海和非洲北部地区的MED烟粉虱开始广泛入侵至美洲、亚洲的多个国家和地区，对农业生产造成极大危害。

在中国，烟粉虱最早记载于1949年。20世纪90年代中后期，MEAM1烟粉虱开始广泛入侵中国（陈连根，1997），随后在中国多地均有发现，成为主要的农业害虫之一。MED 烟粉虱在 2003 年于云南昆明首次被发现（褚栋等，2005），随后其在河南、北京及浙江等多地陆续被发现。几年内，MED 烟粉虱已入侵到中国多地并且取代了本地种，在部分地区还取代了之前入侵的 MEAM1 烟粉虱。目前，MEAM1、MED 烟粉虱已广泛分布于中国 30 多个省（自治区、直辖市）。

烟粉虱一年发生的世代数因地而异，在热带和亚热带地区一年可发生 11～15 代，温带地区露地每年可发生 4～6 代，世代重叠明显。卵产于叶背面，垂直立在叶面。在 26℃条件下，烟粉虱从卵发育到成虫需要 21～25d，成虫寿命为 10～40d，每头雌虫可产卵 30～400 粒，其发育速率很大程度上依赖于寄主、温度和湿度。

MEAM1 和 MED 烟粉虱是重要的烟粉虱入侵种，已成功入侵世界各地，这与其具有较强的生殖干涉能力、抗药性以及对寄主植物有较强的适应性有关。目前已在国内外多地发现，MEAM1 和 MED 烟粉虱可以竞争取代土著烟粉虱。一般认为 MEAM1 烟粉虱具有比其他种烟粉虱更强的入侵性，然而在某些地区 MED 烟粉虱种群仍占上风，这是由于 MED 烟粉虱在一些杂草和农作物上具有更强的生物学优势，并且对一些化学杀虫剂能够产生很强且稳定的抗药性（褚栋和张友军，2018）。研究发现，非对称交配互作是驱动 MEAM1 烟粉虱广泛入侵及对土著烟粉虱取代的重要原因之一，即入侵种烟粉虱可以影响本地种雌雄之间的交配，而本地种无法干扰入侵物种雌雄间的交配（Liu et al., 2007）。该研究成果于 2007 年发表于《科学》杂志，被认为是入侵生物学领域的开拓性工作。2021 年，《细胞》杂志发表论文，报道了烟粉虱通过水平基因转移从植物中获得植物解毒基因来克服寄主防御，揭示了烟粉虱广泛寄主适应性的分子机制，这也是首次研究证实植物和动物之间存在功能性基因水平转移现象（Xia et al., 2021）。

（四）预防与控制技术

由于 MEAM1 和 MED 烟粉虱具有极强的入侵性，因此在其尚未发生的地区，要高度警惕，密切监测，严格实施植物检疫，禁止烟粉虱严重发生区的植物调运，杜绝烟粉虱随植物传入。在烟粉虱已经入侵的地区，可以通过农业防治、生物防治、物理防治以及化学防治等方法多措并举、综合治理，以减少其暴发的概率、降低危害程度。例如，生产中尽量避免连片种植烟粉虱嗜好的、生长期和收获期不同的作物，减少烟粉虱在不同作物上连续生存的条件；利用抗性品种，减轻作物的受害程度；避免适宜寄主的存在，给烟粉虱大量繁殖提供便利条件；调节作播种期，实行作物轮作、间作和诱杀。烟粉虱可寄生于多种杂草，大田中的杂草也是多种烟粉虱传播病毒的中间寄主，因此需清除田间杂草以及作物的残枝败叶，切断传染虫源。此外，利用烟粉虱对黄色有强烈趋性的特点，可以在保护地内设置黄板防治烟粉虱，也可以采用防虫网覆盖栽培以阻断烟粉虱为害。

烟粉虱世代重叠严重，须连续用药，但其体表被有蜡质，繁殖快，抗性发展迅速，化学防治效果有限，因此科学用药十分重要。应在烟粉虱入侵危害初期、种群密度低时及早用药防治；烟粉虱主要聚集于叶背为害，植株叶背为重点施药部位；注意不同类型、不同作用机理的农药轮换使用以延缓抗药性产生。对我国烟粉虱抗药性监测发现，其对有机磷、烟碱类、除虫菊酯类等杀虫剂已经产生了不同程度的抗药性。对于大部分杀虫剂，MED 烟粉虱比 MEAM1 烟粉虱具有更高的抗药性，使得 MED 烟粉虱相比于 MEAM1 烟粉虱更难防治。

在中国，烟粉虱的天敌种类丰富，可以据此来防治烟粉虱。中国报道或研究过的烟粉虱寄生性天敌昆虫有 20 多种，主要包括浆角蚜小蜂、双斑恩蚜小蜂、丽蚜小蜂、浅黄恩蚜小蜂等。烟粉虱的捕食性天敌种类也很丰富，包括刀角瓢虫、淡色斧瓢虫、红星盘瓢虫等。此外，还可以通过寄生真菌，如蜡蚧轮枝菌和白僵菌等进行防治（万方浩等，2015）。

二、苹果蠹蛾

苹果蠹蛾（*Cydia pomonella*）是全球重要的入侵害虫，也是我国重点管控的检疫对象，被列入我国《一类农作物病虫害名录》。该虫于 20 世纪 50 年代初入侵我国新疆库尔勒地区（张学祖，1957），截止到 2021 年，在我国的分布范围已扩大到 9 个省的 195 个县（区、市）（《全国农业植物检疫性有害生物分布行政区名录》）。苹果蠹蛾对非疫区威胁的压力持续增加，严重危害我国苹果和梨等水果的生产及出口安全（徐婧等，2015）。经过半个多世纪的研究，我国研究者从基础生物学特性、分布扩散规律、化学农药抗性、病毒抗性和化学感受机制等方面开展了系统性研究，并取得一系列原创性成果。

（一）生物学特性

苹果蠹蛾（*Cydia pomonella*）又称苹果小卷蛾、苹果食心虫，属鳞翅目（Lepidoptera）卷蛾科（Tortricidae）小卷蛾属（*Cydia*）的世界性入侵害虫，寄主范围包括苹果、梨等仁果类，以及杏、李、桃和樱桃等核果类水果。生活史包括：卵、一龄幼虫、二龄幼虫、三龄幼虫、四龄幼虫、五龄幼虫、蛹和成虫共 8 个阶段（冯丽凯等，2019）。苹果蠹蛾在我国一年发生 2～4 代，一龄幼虫孵化后蛀果危害，五龄幼虫脱果在树皮裂缝中、老翘皮下或树洞中结茧化蛹，越冬代以老熟幼虫在果树主干树缝或老翘皮下越冬，翌年 4 月开始化蛹及羽化（房阳等，2018）。苹果蠹蛾成虫羽化后 1～2 日龄卵巢发育成熟（刘宁等，2018），并开始交尾，一般在 20：00 至次日凌晨交尾，交尾时长为 2.0～4.5h（索相敏等，2015）。苹果蠹蛾雌虫产卵期为羽化后 2～9 日龄，其中 2～5 日龄时达到产卵高峰，产卵时间主要集中在 18：00～22：00，高峰期为 19：00～21：00（魏玉红等，2014）；25℃下平均产卵量为 92 粒，单雌日最高产卵量可达 108 粒，雌成虫一生累计产卵量最高达 165 粒（刘月英等，2012）。

（二）经济危害

苹果蠹蛾对我国苹果产业的生产和出口造成严重威胁，据统计，仅考虑苹果蠹蛾危害导致的产量损失和防治费用对我国造成的经济损失就高达 2.98 亿元/年（其中，产量损失约 1.40 亿元/年，防治费用约 1.58 亿元/年）；预测结果表明苹果蠹蛾若扩散至我国全部苹果产区，导致的潜在经济损失将达到 142.42 亿元/年（产量损失约 105.57 亿元/年，防治费用约 36.85 亿元/年）（徐婧等，2015）。

（三）分布扩散特征

苹果蠹蛾原产于欧亚大陆南部地区，目前已入侵六大洲 70 个国家（Wan et al.，2019）。苹果蠹蛾在我国的扩散路线主要包括东、西部两条路线，其中，东部路线为黑龙江（2006 年，东宁县）—吉林（2009 年，珲春县）—辽宁（2012 年，海城市）一线由东北地区向华东地区扩散；西部路线为新疆（1953 年，库尔勒市）—甘肃（1987 年，敦煌市）—内蒙古（额济纳旗，2006 年）—宁夏（中卫市，2008 年）一线由西北地区向东朝中国中部地区延伸（徐婧等，2015）。因此，在苹果蠹蛾东、西两条扩散路线夹击下，占据我国苹果产量 80% 的西北黄土高原（陕西等）和渤海湾（山东、河北、辽宁等）两大苹果主产区受到了严重威胁。苹果蠹蛾在我国的扩散可以大致分为三个阶段：第一阶段为在新疆扩散危害阶段（1953～1987 年，中长距离扩散），第二阶段为在甘肃扩散阶段（1987～2006 年，自然扩散及中短距离扩散），第三阶段为除甘肃和新疆以外的其他地区扩散阶段（2006 年至今，中长距离扩散）（徐婧等，2015）。截止到 2013 年 10 月，苹果蠹蛾在我国 7 省（自治区、直辖市）144 个县（市、区、旗）内发生（徐婧等，2015）；截止到 2021 年 4 月，苹果蠹蛾已扩散至天津蓟州区及河北承德市，目前在我国 9 省（自治区、直辖市）的 195 个县（市、区、旗）均有发生（《全国农业植物检疫性有害生物分布行政区名录》）。

（四）抗药性研究

由于杀虫剂的长期使用，使得苹果蠹蛾已对全球范围内的几乎所有类型的杀虫剂均产生了抗性（Ju et al.，2021）。我国关于苹果蠹蛾抗药性的报道相对较少（段辛乐等，2015），目前已经报道的产生抗性的农药种类包括氨基甲酸酯类（carbamates）、新烟碱类（neonicotinoids）、有机磷酸酯类（organophosphates）和拟除虫菊酯（pyrethroids）等（Ju et al.，2021）。苹果蠹蛾对化学农药的抗性与靶标基因突变有关，Wan 等（2019）通过全基因组关联分析和功能验证，发现苹果蠹蛾对 Raz-甲基谷硫磷和 Rv-溴氰菊酯产生抗性的主要原因是 *CYP6B2* 基因启动子区域的三个位点发生突变。

（五）入侵我国的苹果蠹蛾遗传多样性

入侵我国的苹果蠹蛾种群来自两个地理种群，基于微卫星和线粒体基因的遗传多样性分析表明，我国苹果蠹蛾种群的遗传多样性较低，其中，新疆和甘肃种群间遗传分化不显著，但东北和西北种群间遗传分化显著（李玉婷和陈茂华，2015）；通过全基因组重测序进行种群遗传多样性研究表明，入侵我国黑龙江的苹果蠹蛾与德国 BD 种群更为接近，我国新疆和黑龙江的苹果蠹蛾种群有一定的分化，前者种群遗传多样性更低（尹传林等，2021），因此，综合推测入侵我国新疆的苹果蠹蛾种群可能来源于中亚，随后从新疆传到甘肃，而入侵我国黑龙江的苹果蠹蛾种群可能来源于欧洲（李玉婷和陈茂华，2015；尹传林等，2021）。

（六）化学感受研究

利用性信息素或寄主植物挥发物防治苹果蠹蛾是一种绿色安全的防治方法。苹果蠹蛾雌蛾释放的性信息素主要成分为 E8,E10-十二碳二烯醇（codlemone，E8,E10-12：OH），商业化的 codlemone 已经成为防治苹果蠹蛾的重要产品。寄主植物挥发物在苹果蠹蛾寻找寄主、求偶交配和雌虫产卵等一系列行为中发挥重要作用，梨酯[ethyl（2E,4Z)-2,4-decadienoate]不仅能够吸引苹果蠹蛾初孵幼虫和雌雄成虫，同时还能对 codlemone 起协同增效作用。研究表明，CpomOR3 基因（苹果蠹蛾寄主植物挥发物主要成分梨酯的受体基因）发生了拷贝，生成了 CpomOR3a 和 CpomOR3b 两个基因，进一步通过实验验证两个基因在梨酯识别和梨酯对性信息素增效中具有功能互补和协同增效作用，揭示了梨酯对 codlemone 协同增效的分子机制（Wan et al.，2019）；α-法尼烯[（E,E)-α-farnesene]是苹果挥发物之一，是苹果蠹蛾初孵幼虫天然引诱剂和产卵刺激剂；己酸丁酯（butylhexanoate）是成熟苹果气味的主要成分，是交尾后雌蛾的特异引诱剂，对雄蛾和未交尾雌蛾没有吸引作用（周文等，2010）。

（七）综合治理

由于入侵我国的苹果蠹蛾种群已经对氨基甲酸酯类、新烟碱类、有机磷酸酯类和拟除虫菊酯等四类农药产生了抗药性，目前我国在苹果蠹蛾防治工程中主要使用化学农药和性引诱剂（Ju et al.，2021）。此外，有研究表明，由于气候变化，导致苹果蠹蛾对商业化的性引诱剂 codlemone 也产生了抗性（El-Sayed et al.，2021）。因此，为延缓或防止苹果蠹蛾对现有防治措施抗性的进一步产生，需要采用多种防控策略进行综合治理，包括将未产生抗性的化学农药、病毒制剂和新的化学生态产品等防控措施结合使用进行防治。其中，化学农药可以选择氯虫苯甲酰胺、高效氯氰菊酯和溴氰菊酯等；苹果蠹蛾颗粒体病毒（Cydia pomonella granulovirus，CpGV）对苹果蠹蛾具有很好的防治效果，已在国外进行商业化使用，我国学者在国内种群中筛选出 8 个 CpGV 株系（申建茹等，2012；Fan et al.，2020；2019），然而这些 CpGV 株系尚未应用在我国苹果蠹蛾防治中，因此，CpGV 在我国苹果蠹蛾防治方面具有广阔前景。此外，筛选新的化学生态调控产品进行防治也有助于延缓苹果蠹蛾对化学农药的抗性产生，Huang 等（2021）通过计算生物学的方法，发现苹果蠹蛾普通气味结合蛋白与 β-石竹烯、右旋大根香叶烯以及 β-波旁烯等烯类寄主植物挥发物具有较好的结合能力，预示着这些化合物可能对苹果蠹蛾行为具有调控活性，在苹果蠹蛾有效防控中具有较好的应用前景。

三、稻水象甲

我国对稻水象甲的基础研究主要集中在种群生态学方面。由于稻水象甲寄主范围广、越冬场所多、喜有水生境，且具兼性滞育、迁飞等特性，而稻田生态系统景观结构、植被状况、光温条件等存在不同程度地理差异，故发现其入侵后，首要工作是调查当地寄主主要种类、越冬主要生境类型、生活史、各世代种群发生密度、飞行能力与扩散范围等种群发生发展相关生态学问题。迄今为止，我国各主要发生地对这些方面均已开展较多调查研究，下文对其中几个方面进行概述。

世代数、各世代种群的发生特点是研究重点之一。在美国路易斯安、得克萨斯、密西西比等水稻产区，稻水象甲是最重要的水稻害虫，当地常年至少发生二代，且发生密度高，那么，包括我国在内的东亚入侵地，是否也有可能出现多个世代这一问题颇受关注。20 世纪 90 年代，翟保平等曾在浙江温州乐清市对当地一代成虫滞育发生比例、晚稻田第二代发生情况等开展过系统调查（翟保平等，1997；1998；1999a；1999b），搜集了大量田间第一手资料，为后来其他入侵地开展类似调查提供了借鉴。综合已有结果，发现稻水象甲在我国两季稻区主要在早稻上发生为害，一代新羽成虫取食一段时间之后大多数进入生殖滞育状态，仅有一小部分个体经取食适宜寄主后启动生殖发育，在晚稻上形成第二代（Jiang et al.，2004；Lu et al.，2013），即一代成虫是构成入侵地种群数量的主要来源。这为生产上将防控重点放在压低第一代的种群数量上提供了科学依据。

生殖可塑性是决定许多入侵动物定殖能力高低的重要因素，这在稻水象甲中也有探讨。有趣的是，在双季稻田启动生殖发育的少数一代成虫中，产卵量十分有限（Huang et al.，2017），且产卵之后成虫并不马上死亡，似乎具备在适当条件下"再次"启动生殖发育的潜力。显然，这种生殖特性对传入后成功定殖是相当有利的：传入后若遇适合产卵的条件，即启动生殖，产生少数后代，以此奠定种群发展基数，但同时保留生殖潜力，以规避其后一段时间可能缺乏适宜幼虫生长的条件等风险。同时发现，在我国北方稻区，田间羽化的稻水象甲成虫虽全部进入滞育，但在室内适应条件下有一定比例的个体可启动生殖发育，并产下卵粒（Huang et al.，2017）。这表明不论是我国的双季稻区种群，还是单季稻区种群，一代成虫均持有上述有利于其定殖的特点，这在一定程度上体现了其种群适应能力，以及某种有利其入侵和扩张的内在优势。

稻水象甲成虫具有趋向选择禾本科、莎草科植物取食的习性，嗅觉在其确定适宜生境、发现寄主的过程中发挥重要作用。通过触角电位技术与 Y 型嗅觉仪，已鉴定出 4 种对稻水象甲成虫具明显引诱作用的水稻挥发物；为探明其对植物挥发物的嗅觉感受机制，近年国内科学家已通过转录组测序技术鉴定到 90 多个潜在的嗅觉相关基因，其中包括 41 个气味受体基因、31 个气味结合蛋白、6 个化学感受蛋白和 3 个神经元膜蛋白等，并对其进化水平与表达情况开展了系统分析（Zhang et al.，2019；Pan et al.，2002）。

对稻水象甲孤雌生殖的分子基础与细胞生物学过程也有过一些探讨。研究发现，两类成虫卵巢中的基因表达谱存在显著差异（Yang et al.，2009）。在孤雌生殖型成虫卵子发育过程中，可观察到染色体单极分裂现象，由此产生三倍体卵细胞。同时发现，与果蝇相比，稻水象甲卵巢组织内 Tws（为对磷酸酶 2A 起调控作用的一个亚基）的表达水平低至 4 个数量级，而基因 *REC8*（Verthandi/Rad21 的一个同源基因）则十分接近，表明染色体单极分裂和 Tws 表达缺乏可能是稻水象甲产生孤雌生殖的重要机制（Wang et al.，2021c）。

稻水象甲在我国的适生区广泛，90%以上水稻种植区均适合其生存（齐国君等，2012），故研发有效的低密度种群监测技术相当重要。当前已有监测技术主要为灯诱和基于成虫取食斑的观察，但由于诱虫灯可能并不处于稻水象甲适宜生境附近、成虫密度低时取食斑少而难以观察到等问题，尽快研发适用于刚入侵种群、低密度种群的监测技术显得十分迫切。近年研究发现，在禾本科杂草较多的地段（适合稻水象甲繁衍的生境条件）种植适量茭白，根据茭白叶片上出现的取食斑估测成虫发生情况，是一项值得尝试的冬后成虫监测技术。茭白叶片宽大、植株较高，上面的取食斑容易发现，十分方便进行低密度成虫监测。

四、番茄潜叶蛾

番茄潜叶蛾起源于南美洲西部的秘鲁，目前已报道的寄主植物有 11 科 50 种（Soares and Campos，2020），喜食茄科植物，嗜食番茄，是全世界番茄的毁灭性害虫（Desneux et al.，2010；Soares and Campos，2020）。番茄潜叶蛾主要借助农产品（尤其番茄果实）的贸易活动快速跨区、跨境传播扩散，截至 2022 年，该虫已在五大洲 103 个国家和地区发生、在 21 个国家和地区疑似发生（Soares and Campos，2020；Zhang et al.，2021）。我国于 2017 年首次在新疆发现番茄潜叶蛾危害露地番茄（张桂芬等，2019；Zhang et al.，2020），翌年（2018 年）又在云南发现其危害保护地番茄（张桂芬等，2020a）。截至 2022 年 6 月，番茄潜叶蛾已在我国 13 个省（自治区、直辖市）发生和危害，对我国番茄以及马铃薯、茄子、辣椒、烟草等茄科作物的生产安全构成了潜在巨大威胁（张桂芬等，2022a）。

（一）基础研究

1. 生物生态学特性

室内不同恒定温度（15℃、20℃、25℃、30℃和35℃）下，以番茄叶片为寄主植物的番茄潜叶蛾生长发育特性研究结果显示，在15～30℃范围内，番茄潜叶蛾各虫态发育历期随温度的逐渐升高而缩短。25℃为其生长发育的最适温度，其幼虫期和成虫前期存活率，以及雌虫总计产卵量、净生殖率、内禀增长率和周限增长率等均最大。35℃对其生长发育明显不利，卵的存活率迅速下降，仅为11%，且孵化的幼虫无法正常发育。各虫态有效积温（包括卵、幼虫、蛹、成虫前期、全世代）分别为104.17℃、232.59℃、129.87℃、434.78℃和526.32日度，基于内禀增长率的发育起点温度、发育极限高温和发育最适温度分别为12.46℃、30.40℃和27.36℃（李栋等，2019）。化蛹场所选择性综合评价分析结果显示，在设施番茄生产中，双色地膜土栽方式下，番茄潜叶蛾对4种化蛹场所的选择性依次为地膜覆盖土>种植孔周边>茎秆>叶片；地砖托盘盆栽、地砖盆栽和地布盆栽等3种栽培方式下，番茄潜叶蛾对3种化蛹场所的选择性分别依次为花盆托盘底部>花盆翻边>花盆盆底、地砖缝隙>花盆翻边>花盆盆底=花盆盆底>花盆翻边>地布表面。研究结果对番茄潜叶蛾种群发生动态监测和有效防控具有重要指导意义（张桂芬等，2022b）。

2. 寄主植物适应性

番茄潜叶蛾喜食茄科植物，尤其嗜食番茄。以4种主要茄科蔬菜作物为寄主的室内选择性实验研究结果表明，番茄潜叶蛾对番茄的产卵选择性最强，其次为马铃薯，再次为茄子；当以番茄为寄主植物时，番茄潜叶蛾的雌虫产卵量和寿命均高于马铃薯和茄子（李晓维等，2019）。尽管我们的田间诱集试验发现番茄潜叶蛾成虫常出没于辣椒田，但未发现有为害症状（张桂芬等，未发表数据）；在室内非选择条件下，成虫虽能在辣椒上产卵，但卵的发育历期显著延长，且幼虫不能完成生长发育（李晓维等，2019）。

3. 抗药性

频繁、高强度地施用化学药剂，使番茄潜叶蛾对多种类型杀虫剂产生了抗性，包括有机磷类、拟除虫菊酯类、杀螟丹（巴丹）、二嗪茚虫威、吡咯腈，以及生物源农药如几丁质合成抑制剂、多杀菌素（多杀霉素）、印楝素等（张桂芬等，2018）。例如，近两年我国学者的田间防治效果评价试验结果显示，虫菊·印楝素对番茄潜叶蛾1～2龄幼虫的田间防效仅为39.2%（张桂芬等，2020b）；除虫菊素对番茄潜叶蛾用药后7d，对1～2龄幼虫的防效只有40.9%～41.5%（张桂芬等，2020b），印楝素药后14d的防效约为38.0%（阿米热·牙生江等，2020）；而噻虫嗪（第二代烟碱类杀虫剂）和噻虫·高绿福的3～7d防效均低于50%（尹艳琼等，2021）。进一步的常用药剂致死效果室内检测显示，高效氯氰菊酯的毒力活性极低，这可能与 kdr 基因位点 M918T、T929I 和 L1014F 的突变频率较高（分别为30%、75%和100%）有关（王少丽等，2021）。

（二）监测检测技术研究

1. 检测技术

自2006年年底番茄潜叶蛾入侵欧洲的西班牙以来，传播扩散迅速，仅用了3年时间便快速蔓延至地中海地区所有番茄种植区域（Campos et al.，2017），之后向东、向南扩散态势明显。对此，我国学者采用分子标记法，率先研发了基于线粒体DNA（张桂芬等，2013）和基因组DNA（张桂芬等，2021）的番茄潜叶蛾种特异性快速检测与识别鉴定技术，上述两种检测技术不仅能快速识别成虫、幼虫和蛹，还能准确检测鉴定单粒卵、初孵幼虫和成虫残体（张桂芬等，2013；2021），为番茄潜叶蛾的及早发现提供了技术保障。

2. 监测技术

为了有效防范和及时发现番茄潜叶蛾的入侵，将番茄潜叶蛾的专一性性信息素诱集技术与图像采集、红外计数、通讯模块等相结合，中国农业科学院植物保护研究所于2016年率先研发出了番茄潜叶蛾远程监测设备及其信息管理系统，并在番茄潜叶蛾扩散前沿区和高风险区域进行应用，初步实现了其发生时间、发生地点、发生数量的无人动态监测和自动报警（冼晓青等，2016）。

（三）控制技术研究

1. 生物防治

对市售的 4 种性诱芯产品的田间诱蛾效果进行了评价，结果表明，4 种性诱芯对番茄潜叶蛾均具有良好的田间诱集效果，但性价比各异，对新发番茄潜叶蛾监测与防控体系的构建和实施具有重要的借鉴意义（张桂芬等，2020c）。以我国自主研发的新型苏云金芽孢杆菌 Bt-G033A 为实验材料，以番茄潜叶蛾各龄期幼虫为防治对象，开展室内外防控效果研究，结果显示，在田间条件下，以 Bt G033A 可湿性粉剂 100 倍液（10g/L）喷雾防治低龄幼虫即能取得较好的防治效果，药后第 5 天对 1 龄和 2 龄幼虫的校正死亡率分别为 89.1% 和 98.0%，药后第 7 天的校正死亡率均为 100%，与常用的生物源杀虫药剂——鱼藤酮的防效相当。研究结果对有机蔬菜生产基地新发番茄潜叶蛾的有效控制及其综合防控方案制订具有重要的指导意义（张桂芬等，2020b）。与此同时，我国学者引进了番茄潜叶蛾的原产地天敌——潜叶蛾茧姬小蜂，并对其控害行为进行了系统观察，对其控害潜能进行了系统评价，为有效利用其控制番茄潜叶蛾奠定了基础（Zhang et al.，2022a；2022b）。

2. 物理防治

为了探究诱捕器颜色和悬挂高度对番茄潜叶蛾诱集诱杀效果的影响，以 4 种常见颜色粘虫板为研究材料、设计 5 种诱捕器悬挂高度，采用开放式平板诱捕法进行诱蛾效果综合评价和分析。结果表明，蓝色诱捕器对番茄潜叶蛾的诱集效果最好，其次为绿色和黄色诱捕器，再次为白色诱捕器；在设施蔬菜生产中将蓝色性信息素诱捕器（平面式）直接放于地面对番茄潜叶蛾的诱捕效果最好。研究结果为性信息素诱捕器的高效利用提供了科学依据和技术支撑（张桂芬等，2021）。

3. 化学防治

番茄潜叶蛾入侵我国西北和西南部分区域以来，新疆、云南等地相继开展了常用杀虫剂对番茄潜叶蛾田间防治效果的研究，并筛选出了对番茄潜叶蛾具有一定防治效果的化学药剂，包括阿维·氯苯酰、氯虫苯甲酰胺、甲氧虫酰肼、虫螨腈、乙基多杀菌素、阿维·灭蝇胺等（阿米热·牙生江等，2020；尹艳琼等，2021）。

五、瓜实蝇

瓜实蝇[*Zeugodacus*（*Bactrocera*）*cucurbitae*（Coquillett）]又名针蜂，幼虫称瓜蛆，属双翅目 Diptera 实蝇科 Tephritidae，是一种重要的检疫害虫（龚秀泽，2014），已经成功入侵我国，严重危害我国南方果蔬生产。

（一）分布

瓜实蝇源于印度，主要分布在热带、亚热带和温带地区（Dhillon et al.，2005），1985 年首次在我国深圳口岸截获，目前已在我国南方省份定殖，广泛分布在海南、广东、福建、广西、四川、云南、贵州、台湾、湖南等地（蒋明星等，2019）。我国 34.7～18.1°N、97.5～122.6°E 范围内的 19 个省（自治区、直辖市）是瓜实蝇的潜在地理分布区（孔令斌等，2008）。随着工业发展、温室效应加剧和全球变暖，预测该虫向北部的次适生带转移的可能性很大（吴淇铭，2014）。

（二）危害

瓜实蝇为多食性昆虫，寄主范围广，且飞行能力较强，为害寄主植物超过 120 种，主要为害葫芦科（苦瓜、南瓜和黄瓜等）和茄科（如番茄和茄子）作物（邓金奇等，2021；Dhillon et al.，2005），此外也危害木瓜和番石榴等水果（梁晓等，2017）。雌成虫通过产卵管刺入瓜果皮内产卵，孵化的幼虫在瓜果内取食，导致瓜果腐烂脱落。即使瓜果不腐烂脱落，也因产卵器刺伤而流胶凝结，导致瓜果畸形甚至不能食用，严重影响瓜果品质（高帅和孙晓辉，2016）。瓜实蝇对果蔬的为害程度轻则在 10%以上，重则达 100%（周永亮等，2016）。

瓜实蝇繁殖能力强，在我国一年可繁殖 2~12 代，单只雌虫可交尾 4~8 次，一生平均产卵达 700~1000 粒，且有较高的存活率（韦淑丹等，2011；马锞等，2010），在我国海南等地常年危害。孙宏禹等（2018）运用@RISK 软件随机模拟方法预测，在不防治和防治的场景下，瓜实蝇给我国苦瓜产业可能造成的直接经济损失总值分别为每年 44 亿~234 亿元和 13 亿~142 亿元；进行防治的话，每年可挽回 22 亿~107 亿元的直接经济损失。

（三）基础研究

我国关于瓜实蝇的基础研究尚处于起始阶段，其繁殖和气味识别不但具有重要理论研究意义，在瓜实蝇防控上也有潜在的应用价值。

性别发育通过性别决定机制决定并维持，是昆虫种群繁衍延续的基础。研究发现，瓜实蝇性别决定基因 tra 是瓜实蝇性别发育的主控制基因。该基因具有性别特异的剪接方式，雌性特有转录本能翻译出有功能的 TRA 蛋白，调控含 XX 染色体的胚胎发育为雌虫；与之相反，tra 的雄性转录本则不能翻译出有功能的 TRA 蛋白，携带 XY 染色体的胚胎发育为雄虫。检测 tra 在瓜实蝇不同组织和不同时期的表达模式，发现瓜实蝇 tra 具有母体遗传表达特性，且雄性转录本在产卵后 2h 即被检测到，表明瓜实蝇的性别决定是一个早期事件（Luo et al.，2017）。瓜实蝇性别决定基因 tra-2 也得到了克隆，发现该基因也具有母体遗传表达特性（曾秀丹等，2018）。瓜实蝇中调控 tra 的性别决定早期信号 ZcMoY 也得到了鉴定，发现 ZcMoY 在产卵后 1h 即能被检测到，在胚胎发育早期沉默其表达导致瓜实蝇性别发育偏雌化（Fan et al.，2022）。

生殖细胞的正确产生是昆虫繁衍的关键。对瓜实蝇的长链非编码 RNA 高通量测序发现，精巢特异表达的 lnc94638 参与精子细胞的形成。通过 RNA 干扰降低 lnc94638 的表达，发现精子数目减少并且雄虫的可育性受到了损伤（Li et al.，2021a）。沉默 Argonaute1 和 Gawky 均导致瓜实蝇雌虫的产卵能力显著下降，而且沉默 Argonaute1 后导致卵巢发育异常，表明 RNAi 通路也参与了生殖细胞的产生过程（Jamil et al.，2022）。

昆虫的气味识别在昆虫适应环境和生存中起重要作用。昆虫对气味分子的识别取决于气味结合蛋白和气味受体。干扰昆虫气味识别也是害虫防控的一个重要思路（Venthur and Zhou，2018）。通过转录组库和 NCBI 筛选获得瓜实蝇气味结合蛋白 OBP19，发现该基因在瓜实蝇各部位均有表达，以 15 日龄的雌虫触角中表达量最高（张亚楠等，2018）。对瓜实蝇气味受体 Or83b 的克隆和分析表明，该蛋白质具有 Or83b 受体的典型特征，有 7 个跨膜区和高度保守的 C 端区域。该基因主要在瓜实蝇成虫触角中表达，头部其他区域、雌虫前足和翅中也有较高的表达（申建梅等，2011）。

（四）防控方法

瓜实蝇取食范围广，繁殖和迁飞能力强，发生代数多且世代重叠，同时幼虫在瓜果内蛀食危害，这些特点加大了瓜实蝇的防治难度。现阶段的瓜实蝇防治以化学防治为主、农业措施为辅，生物防治和遗传防治尚不成熟，没有大规模应用，因此需要发展新型防控方法，结合实际开展综合防治。

1. 化学防治

化学防治是目前防治瓜实蝇最常用的方法。化学防治包含了化学药剂防治和诱剂防治。常见的化学药剂有辛硫磷、阿维菌素、苦参碱和氟虫腈等，以毒杀瓜实蝇成虫为主（周永亮等，2016；嵇能焕等，2007）。澳氰菊酯等菊酯类药剂则作为产卵趋避剂来防治瓜实蝇（赖敏等，2016）。瓜实蝇的为害主要是由幼虫蛀食造成的，而化学农药难以触杀到幼虫，很难有效防治此类危害。此外，农药频繁使用，一方面造成环境污染和危害人体健康，另一方面导致瓜实蝇抗药性日趋严重。瓜实蝇已对多种药剂产生抗药性，对华南地区常用瓜实蝇杀虫剂的抗药性监测结果表明，其抗药性已经达到了低水平或中等水平（谷世伟等，2015），研发低毒、高效、广谱的新型杀虫剂已迫在眉睫。

诱剂防治因为对人体和环境相对安全而得到广泛关注与应用。引诱剂主要包括性诱剂和食物诱剂，其中性诱剂诱蝇酮有良好的诱捕雄成虫的效果。有报道称，诱蝇酮与乙酸乙酯混合的诱杀效果比单独使用诱蝇酮好（吴华等，2006）。邓欣等（2017）报道诱蝇酮结合敌敌畏和阿维菌素可以起到较好的诱杀效果。然而性诱剂只诱捕雄虫，而瓜实蝇雌虫能多次交配，因此仅能降低成虫的有效交配率，不能从根本上防治瓜实蝇。李国平等（2012）发现10%的红糖液或蜜糖液添加南瓜饵对瓜实蝇的诱杀效果较好，南瓜饵具有明显的增效作用。食物诱剂虽可同时引诱雌虫和雄虫，但持效期较短，对寄生蜂等益虫亦有毒性，影响了其使用。

2. 生物防治

瓜实蝇的生物防治主要是利用天敌和病原微生物。天敌包括寄生性天敌和捕食性天敌。

寄生蜂是瓜实蝇的重要生物防治手段。目前已有10多种寄生蜂已被报道。阿里山潜蝇茧蜂 *Fopius arisanus* 和弗式短背茧蜂 *Psyttalia fletcheri* 是目前国际上应用比较成功的寄生蜂，分别是瓜实蝇幼虫和卵的主要寄生蜂（邓金奇等，2021）。蝇蛹俑小蜂（*Spalangia endius*）和蝇蛹金小蜂（*Pachycrepoideus vindemmiae*）是蝇类害虫蛹期的重要寄生蜂，可寄生包括瓜实蝇在内的数十种蝇类（黄文枫，2018；刘欢等，2016）。蝇蛹俑小蜂的最适发育温度与瓜实蝇的一致（李兼然和吴伟坚，2017）。蝇蛹俑小蜂最深可寄生8cm土壤下的瓜实蝇蛹；当土壤厚度超过3cm时，蝇蛹金小蜂不能成功寄生，而瓜实蝇往往在2～5cm厚的土壤中化蛹，表明蝇蛹俑小蜂更适合用于瓜实蝇的寄生蜂防治（李磊等，2020）。印啮小蜂 *Aceratoneuromyia india* 可跨幼虫-蛹期寄生瓜实蝇，具有潜在的应用价值（林玉英等，2014）。

瓜实蝇的主要捕食天敌有蚂蚁、鸟类、捕蝇草、蠼螋、青蛙等，也常见猎蝽捕食瓜实蝇（曾宪儒等，2019）。这些天敌多存在于自然环境中，难以大规模人工饲养和释放，只能依靠生态环境自然防治。

病原微生物对瓜实蝇有一定的防治效果。对从自然死亡的瓜实蝇上分离出的黏质沙雷菌（*Serratia marcescens*）进行室内杀虫活性测定，发现7日龄成虫死亡率为81.2%，但对卵和幼虫效果相对较差（马晓燕等，2015）。从海南自然病死的瓜实蝇体内分离获得病原真菌黄曲霉（*Aspergillus flavus*）和溜曲霉（*Aspergillus tamarii*），接种8d后成虫的平均死亡率分别为73.5%和85.1%，但卵、幼虫及蛹的死亡率均低于50%（杨叶等，2016）。袁盛勇等（2013）报道球孢白僵菌对瓜实蝇的幼虫、蛹和成虫具有良好的毒杀作用，均在80%以上，8d后对成虫的毒力甚至达到了95%以上。由于有些病原微生物能产生毒素，如黄曲霉素，开发应用需谨慎。

3. 遗传防治

昆虫不育技术（sterile insect technique，SIT）是目前国际上应用较为成功的遗传防控方法。通过大量释放不育雄虫，与野生雌虫交配，产下的卵不能孵化，达到控制害虫种群和防治的效果。该法只针对靶标害虫，不使用农药，绿色环保（严盈和万方浩，2015）。SIT自问世以来，被广泛应用于实蝇害虫的防治，如地中海实蝇（Hendrichs et al.，2005）。日本冲绳县在20世纪90年代应用SIT根除了瓜实蝇（Koyama et al.，2004）。我国已经建立了瓜实蝇区性品系，发现肠杆菌属是瓜实蝇区性品系肠道中的优势菌属（姚明燕等，2017），同时也对瓜实蝇人工饲养方法开展了优化（林明光等，2013；张瑞萍等，2015；Liu et al.，2020e），但尚未开展瓜实蝇的SIT防控工作。

（五）展望

随着我国人员与物品流动的速度加快和范围扩大，外来物种入侵和扩散的风险也在加大。目前，瓜实蝇尚未扩展到其全部的适生区域，未来存在向我国北部入侵的较大风险。为有效防控瓜实蝇对我国农业生产造成的危害，除了加强瓜实蝇的检疫措施、监测预测、种群动态、灾变规律、生理行为分子机制等方面的研究外，还应从绿色植保和现代农业的角度出发，深入开展以下瓜实蝇绿色防控策略研究。

1. 瓜实蝇昆虫不育技术应用

昆虫不育技术作为绿色环保且有效的先进害虫防控方法，已经在多个国家获得了持续而广泛的应用，我国作为农药生产和使用大国，亟待发展这一不需使用农药的害虫防控技术，发展瓜实蝇区性品系，优化瓜实蝇辐射不育方法，建立大规模培养、野外释放和监测评估方法。

2. 瓜实蝇新型防控技术开发

诞生于现代分子生物学的基因工程为遗传修饰瓜实蝇提供了技术上的保证，构建了瓜实蝇雌性显性致死品系，建立了瓜实蝇遗传修饰品系的生物安全评估、风险分析和风险控制系统。基于基因编辑的基因驱动方法防治害虫，成本极低且效率高，因此应构建瓜实蝇基因驱动品系，建立瓜实蝇种群控制效果评价和风险评估模型，开发减少抗性品系产生的新方法新技术。

3. 天敌昆虫选育和应用

通过瓜实蝇天敌昆虫的筛选、大规模培养、与害虫的互作机理的研究，发掘出一批能应用于瓜实蝇生物防治的天敌。

4. 瓜实蝇综合治理方法集成

以诱剂为基础，结合高效低毒绿色农药和农业措施，集成简单、高效、低成本的瓜实蝇综合治理策略，以便于相关方法采用和实际应用。

六、桔小实蝇

桔小实蝇（*Bactrocera dorsalis*）又名东方果实蝇，是世界上尤其是中国等亚洲国家最具破坏性的果蔬害虫之一。由于其分布广泛、入侵能力强，对果蔬作物可造成严重的经济损失，故世界上许多国家将桔小实蝇视为需要严格检疫限制的物种。本文从入侵扩散、生物学特征、综合防治等几个关键方面总结了桔小实蝇的研究进展，为管理部门有效控制其种群数量和相关研究提供参考。

（一）桔小实蝇的入侵扩散与生物学

1. 桔小实蝇的入侵扩散

最新的研究表明，桔小实蝇起源于东南亚的热带地区和中国的南部沿海地区（Clarke et al.，2005；Shi et al.，2012）。在 20 世纪，桔小实蝇已扩散至琉球群岛、瑙鲁、巴基斯坦、印度、尼泊尔、老挝、越南、缅甸、斯里兰卡、泰国和塞班岛等国家和地区（Clarke et al.，2005；Stephens et al.，2007；Wan et al.，2011；2012；De Villiers et al.，2016）；在亚洲以外，已传播至北马里亚纳群岛联邦（1935 年）、夏威夷（1945年）、关岛（1947 年）、美国的加利福尼亚和佛罗里达（1960～1990 年）、法属波利尼西亚（1996 年）和肯尼亚（2003 年）（Fullaway，1953；Lux et al.，2003；Aketarawong et al.，2007；Nakahara et al.，2008）。

在中国，桔小实蝇于 1911 年在台湾地区被首次发现后，1934 年入侵海南（Wan et al.，2011；Wei et al.，2017）。直到 20 世纪 70 年代，中国南方仅有对桔小实蝇的零星报道（汪兴鉴，1996）。到 20 世纪 80 年代，该物种的种群规模急剧增加，在华南地区为害严重，造成大量虫果和落果（图 33-1）。其分布扩大到中国南方的大部分地区，直至北纬 26°平行线（Wan et al. 2011）。目前，中国桔小实蝇的分布范围相对广泛，在过去十年中已经跨越长江至北纬 32°（Wang et al.，2009；袁梦等，2008），预计该物种的分布范围将进一步向北扩大（周国梁等，2007）。Wang 等（2009）认为，桔小实蝇的潜在地理分布已扩展到北纬 35°平行线。

2. 桔小实蝇的生物学特征

桔小实蝇雌虫把卵产于近成熟的水果果皮内，产卵时雌成虫在果实表面形成产卵孔，每孔产卵 5～10 粒不等，多时可达 30 余粒（李红旭等，2000；Xu et al.，2012a）。果实内的幼虫往往以果肉中最有营养的部分为食，同时在果实内可以保护它们不受捕食者和寄生虫的伤害（Vayssières et al.，2008）。3 龄后，成熟幼虫一般会离开寄主落在地面上后，钻入土壤并化蛹（Hou et al.，2006）（图 33-2）。成虫主要以花蜜为食，但也有一些从花粉和腐烂的果实中获得营养。成虫表现出趋光性，因此光刺激可能是它们飞行活动的先决条件（刘欢等，2017；刘建宏和叶辉，2006；袁瑞玲等，2016）。在中国，桔小实蝇每年发生3～11代，据报道，大多数地区发生4～8代。大量研究表明，这种实蝇的种群动态由降水量、温度和流行气流共同决定，其种群动态也由当地寄主果实的可获得性所决定（Ye，2001；Duyck et al.，2006；陈鹏和叶辉，2007；和万忠等，2002；吕欣等，2008；袁梦等，2008）。

图33-1 桔小实蝇为害导致杨桃落果（许益镌拍摄）

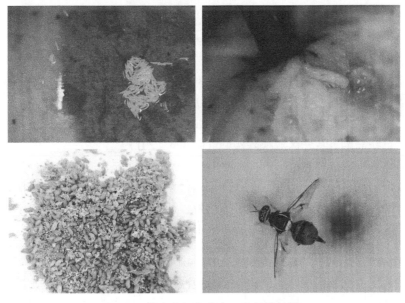

图33-2 桔小实蝇各虫态（许益镌拍摄）

左上，卵；右上，幼虫；左下，蛹；右下，成虫

（二）桔小实蝇的防治技术

1. 检疫处理

桔小实蝇的幼虫能随果实的运输而传播，特别是成熟期早的品种，其幼虫有可能在到达新的地区后脱果落地而成活下来，导致新的分布和为害。因此，从桔小实蝇为害区调运各类水果时，必须经植物检疫机构严格检查，一旦发现虫果，必须经有效处理后方可调运，以防止桔小实蝇蔓延扩散而在新区造成为害。研究表明，采用热处理（詹国辉等，2010）、冷处理（陈华忠等，2002；梁广勤等，1992）、电离辐射处理（Zhao et al.，2016）、熏蒸（王蒙等，2014；詹开瑞等，2013）和气调（梁广勤等，1997）等方法可有

效杀死果实内的幼虫。

2. 利用引诱技术进行监测和控制

目前，主要利用类信息素引诱杀灭雄蝇，或利用食物引诱剂对两性成虫进行诱集。甲基丁香酚（ME）是一种高效的诱剂，已被用于检测、监测和诱杀桔小实蝇（Lin et al. 2012；陆永跃等，2006）。食物引诱剂如水解蛋白、发酵糖和酵母对桔小实蝇也有明显的引诱效果（Siderhurst and Jang，2006）。另外，寄主水果、非寄主植物（如福禄桐）的挥发物等对这种害虫同样也有很强的吸引力（Jang et al.，1997；陈凯歌等，2012；莫如江等，2014；涂蓉等，2013）。甜味剂赤藓糖醇等食品添加剂也被认为具有潜在的杀虫效果（Zheng et al.，2016）。

3. 化学防治

虽然综合管理技术在我国已得到广泛应用，但化学防治仍是控制桔小实蝇种群数量的主要措施。在成虫盛发和产卵期用敌敌畏、毒死蜱、马拉硫磷或二氯酮等喷施对控制桔小实蝇成虫效果显著（和万忠等，2002；潘志萍等，2014；吴剑光等，2015）。近年来，多杀菌素被使用作为诱饵喷雾剂（GF-120），以使用较少的活性成分来提高功效，被作为防治桔小实蝇的主要控制方法（Chou et al.，2010）。

在过去的近二十年，杀虫剂的应用是控制桔小实蝇种群数量的有效措施，但在中国大陆和台湾地区的桔小实蝇也因此不断产生抗药性问题（Hsu et al.，2004；Zhang et al.，2015；李培征等，2012）。据报道，桔小实蝇对有机磷、氨基甲酸酯和拟除虫菊酯等杀虫剂都产生了抗药性和交叉耐药性（Hsu and Feng，2002；2006；Hsu et al.，2004；2012）。

4. 生物防治

桔小实蝇的生物防治主要利用膜翅目寄生性天敌进行控制。阿里山潜蝇茧蜂是最有效的天敌昆虫之一。在除夏威夷以外的太平洋地区，阿里山潜蝇茧蜂的使用是对实蝇经典生物防治的一个成功案例，它也被引入中国用于实蝇的防治（Vargas et al.，2007；2012）。此外，蛹寄生蜂广泛分布于中国南方，对桔小实蝇的控制作用明显（Tang et al.，2015）。其他主要实蝇寄生蜂包括前裂长管茧蜂（*Dichasmimorpha longicaudata*）、印度实蝇姬小蜂（*Aceratoneuromyia indica*）和切割潜蝇茧蜂（*Opius incisi*）（Ji et al.，2004；章玉苹等，2009）。SIT 是最有效的、对生态安全的实蝇控制技术之一，释放大量的不育雄性实蝇与野生雄性竞争雌性交配，可在岛屿等特殊区域根除实蝇（Chang，2017）。

桔小实蝇的病原体包括线虫和真菌。例如，小卷蛾线虫对野生桔小实蝇种群表现出最强的致病性，对种群控制的干扰指数值为 0.146（林进添等，2005）。白僵菌也被认为可能是一种对桔小实蝇有效的生物控制方法（章玉苹等，2010）。此外，昆虫捕食者如火蚁、瓢虫、隐翅虫、草蛉和地步甲也会攻击捕食高龄幼虫、蛹和新羽化的成虫（林进添等，2004；Cao et al.，2012）。

5. 农业防治措施

避免在同一果园内种植成熟期不同的果树，可有效减少桔小实蝇的食物来源，进而减少桔小实蝇的世代重叠（梁光红等，2005）。及时将捡拾（摘除）的虫果，通过集中深埋、水煮或杀虫药液浸泡等方式进行处理，尽量减少虫源（林明光等，2010）。每隔 2~3 天，用白色纸袋或塑料薄膜给果实套袋，也有助于减少实蝇的侵害，这是一种对环境安全友好且行之有效的害虫防治方法（Zhao et al.，2016；梁帆等，2008）。

七、西花蓟马

西花蓟马（*Frankliniella occidentalis*）是一种世界性重要入侵害虫，除直接危害多种经济作物外（Kirk and Terry，2003；Morse and Hoddle，2006；Reitz，2009），还可以传播植物病毒，造成更严重的经济损失（Riley et al.，2011；Rotenberg et al.，2015）。西花蓟马在 1895 年首次发现于美国的加利福尼亚，之后便迅速蔓延到世界多国，特别是亚洲国家（Fauziah and Saharan，1991；Hayase and Fukuda，1991；Chung et al.，2001；Kirk and Terry，2003；Morse and Hoddle，2006；Tunc and Göcmen，1994）。我国曾在 2000 年云南

昆明进口货物中首次拦截到西花蓟马（蒋小龙等，2001），随后的2003年首次报道西花蓟马在北京郊区辣椒上定殖为害（张友军等，2003）。自此之后西花蓟马在我国迅速传播，目前已有十几个省（自治区、直辖市）报道了西花蓟马的传播和危害。

（一）西花蓟马的生物学特性

1. 入侵特点

西花蓟马属于过渐变态，共有三个虫态：卵、若虫、成虫。其中，若虫分为4个龄期，1龄和2龄可以自由爬行为害寄主植物，而3龄和4龄属于预蛹和伪蛹阶段，几乎不活动和取食，成虫也是其为害的主要虫态。西花蓟马并不像其他刺吸式口器害虫主要为害植物枝条的韧皮部，而主要通过其锉吸式口器为害叶肉组织和表皮细胞，吸食植物汁液，其中成虫（主要是雌成虫）比较喜食花粉，直接为害之后会造成植物"银叶（花）"的症状。除直接为害外，西花蓟马还可以传播凤仙花坏死斑病毒（impatiens necrotic spot virus，INSV）和番茄斑萎病毒（tomato spotted wilt virus，TSWV）等。西花蓟马个体小且具有显著的趋触性特征，这种习性使其习惯于隐蔽在植物缝隙部位，增加了防治的难度。西花蓟马作为一种世界性危险入侵害虫，具有寄主范围广、繁殖力强、世代周期短、竞争优势明显、抗逆性高等特点（Wan and Yang，2016），在高温、药剂胁迫、二氧化碳浓度升高等条件下，都表现出了明显的种间竞争优势（盖海涛等，2010；2012；钱蕾等，2015；Qian et al.，2015；胡昌雄等，2018）。

2. 在中国的种群遗传特点

西花蓟马虽然最早被发现在北京地区温室内发生危害，但是种群遗传学结果分析表明，中国的西花蓟马首先从云南传入，然后传向内陆各地（武晓云等，2009；Yang et al.，2012）。近期研究结果表明，中国各地西花蓟马种群尚未发生明显的种群遗传分化，遗传变化主要发生在种群内部（沈登荣等，2011；2014；Yang et al.，2012；2015a；田虎等，2018）。西花蓟马的两个主要品系，即温室品系和羽扇豆品系，在中国均有发生（武晓云等，2009；Yang et al.，2012；Duan et al.，2013；张桂芬等，2014；田虎等，2018）。其中，发源于新西兰和荷兰的温室品系是中国目前的优势品系（乔玮娜等，2012），但是羽扇豆品系被发现有不断扩大寄主范围的趋势（武晓云等，2009；Yang et al.，2012；Duan et al.，2013；张桂芬等，2014；田虎等，2018）。

3. 繁殖能力

西花蓟马独特而强大的繁殖能力在种群定殖与扩散中扮演着重要的角色，其雌虫寿命可以达到45d左右，每雌产卵量约150～300粒，常将卵产于叶肉组织内，可使其卵免受很多环境不利因子的侵害。西花蓟马可以通过两性生殖和孤雌生殖两种方式繁殖种群，其性别决定方式为单倍二倍体性别决定方式，即受精卵发育为雌性，而未受精卵发育为雄性（Moritz，1997）。两性生殖条件下，合适的性比和交配时间有助于延长其成虫寿命、提高其繁殖力（袁成明等，2010；Yang et al.，2015b）。在孤雌生殖（产雄孤雌生殖，即所产后代均为雄性）条件下，产卵高峰期要晚于两性生殖（Ding et al.，2018）。室内实验结果表明，单头未经交配的雌性西花蓟马可以通过初期的孤雌生殖和后期子代与母代的两性回交建立种群（Ding et al.，2018）。西花蓟马的这种生殖方式不但有助于提高其快速定殖的概率，而且对于其体内抗逆基因的富集也具有重要的作用（Espinosa et al.，2005）。

4. 抗逆性

西花蓟马对不利的环境因子表现出了很强的适应性。二氧化碳浓度在一定范围内升高，有利于提高西花蓟马的种群适合度（Qian et al.，2015；He et al.，2017），这种适合度的提高可能是通过其寄主植物的间接作用体现出来的（李志华等，2014；Qian et al.，2015）。研究发现，虽然短时高温对西花蓟马的种群发展不利（Li et al.，2011；Wang et al.，2014a；Jiang et al.，2014；姜姗等，2016；马亚斌等，2016；张彬等，2016），但是西花蓟马在经过"热驯化"后可以显著提升耐高温的能力（李鸿波等，2011；Li et al.，2011），这种能力甚至可以延伸到后两代（Jiang et al.，2014；姜姗等，2016）。另外，在一定不利条件（二氧化碳浓度升高、杀虫剂胁迫）下，西花蓟马还表现出了比其他近缘种蓟马（如花蓟马 *Frankliniella intonsa*）更强的适应性（盖海涛等，2010；2012；Qian et al.，2015；胡昌雄等，2018）。

5. 植物病毒传播

西花蓟马可以传播多种病毒，其中最具有代表性的就是可以为害上百种蔬菜和观赏植物的 TSWV（Moyer，1999；Reitz and Funderburk，2012）。西花蓟马通过其 1 龄和 2 龄若虫的取食获得 TSWV，然后通过成虫阶段取食将病毒传播到健康植株上。我国在 1984 年首次在广东的花生上检测到 TSWV（许泽永等，1989），最近十几年随着西花蓟马的入侵和扩散，TSWV 呈快速传播的趋势（程晓非等，2008；Li et al.，2013；Zhao et al.，2016）。很多研究表明，西花蓟马在感染 TSWV 植株上的适合度一般会高于其在健康植株上的适合度（朱秀娟等，2011a，b），同时雄性成虫似乎具有比雌性成虫更高的传毒效率（Zhao et al.，2016）。

（二）西花蓟马的监测与防治措施

1. 早期识别与种群监测

由于西花蓟马个体小、行为隐蔽性强，所以加强对西花蓟马的早期识别和诊断，对于快速、准确掌握西花蓟马的发生和危害情况非常重要。除了形态特征外，借助分子生物学手段也是实现快速准确鉴定的有效途径，如 DNA 条形码（乔玮娜等，2012）、基因芯片（Feng et al.，2009）等。田间种群数量监测最常用的方式是蓝板或黄板诱杀，还可以采用定期定点查看和拍打采集的方式掌握种群动态。要设立并明确不同作物、不同种植环境、不同监测方法的西花蓟马种群经济阈值，结合种群动态监测结果，适时采取防治措施。

2. 化学防治与抗性治理

近年来，西花蓟马对多种药剂的抗性水平发展迅速，而且对某些杀虫剂还出现了交叉抗性（侯文杰，2012）。即使如此，目前科学使用杀虫剂仍然是防治西花蓟马最有效的手段。在中国，防治西花蓟马使用最多的药剂包括多杀菌素、乙基多杀菌素、阿维菌素、甲维盐、氰虫酰胺、吡虫啉、啶虫脒、噻虫嗪等（Wang et al.，2016b），其中多杀菌素和乙基多杀菌素是目前中国防治西花蓟马最有效、应用最普遍的两种杀虫剂（Wang et al.，2016b；Zhang et al.，2019a）。

但是随着多种农药的长期使用，中国境内西花蓟马的抗性水平逐年提高，杀虫剂抗性治理（insecticide resistance management，IRM）在持续发挥化学防治有效性的过程中扮演着越来越重要的角色（Gao et al.，2012a，b）。抗性靶标筛选和抗性水平监测是 IRM 的两大主要内容，我国在抗性机理研究方面一直处于世界前列。例如，研究发现可以将检测多杀菌素作用位点烟碱型乙酰胆碱受体（nAChR）的 α6 亚基的截断比率，作为田间定量监测西花蓟马多杀菌素抗性水平的依据（Wan et al.，2018）。在实际生产中，加强对多杀菌素与其他杀虫剂（不产生交互抗性）的轮换使用，是保证西花蓟马化学防治效果的有效途径（Li et al.，2017）。

3. 生物防治

用于西花蓟马生物防治的对象主要有：捕食蝽[东亚小花蝽（*Orius sauteri*）、南方小花蝽（*O. similis*）等]，捕食螨[黄瓜新小绥螨（*Neoseiulus cucumeris*）、巴氏新小绥螨（*N. barkeri*）、斯氏钝绥螨（*Amblyseius swirskii*）、东方钝绥螨（*Amblyseius orientalis*）等]，病原线虫（斯氏线虫 *Steinernema feltiae*），病原真菌（白僵菌 *Beauveria bassiana*）等。其中，捕食性天敌和病原真菌近几年应用较为广泛（Zhang et al.，2019a）。

（1）捕食蝽。在中国防治西花蓟马的捕食蝽主要有两种：一种是分布在中国中部和北部的东亚小花蝽（Wang et al.，2014b），另一种是分布在中国南部的南方小花蝽（莫利锋等，2013）。东亚小花蝽在中国北方是防治西花蓟马的主要捕食蝽种类，相比于二斑叶螨（*Tetranychus urticae*）和桃蚜（*Myzus persicae*）（尹哲等，2017），东亚小花蝽更喜欢捕食西花蓟马的 2 龄若虫（Liu et al.，2016）。南方小花蝽释放比例接近 1∶10 时，就可以达到最佳的防治效果，其 5 龄若虫和雌成虫是捕食西花蓟马的主要虫态（郅军锐等，2011；莫利锋等，2013）。

（2）捕食螨。在中国防治西花蓟马的捕食螨主要有 4 种：黄瓜新小绥螨、巴氏新小绥螨、斯氏钝绥螨、东方钝绥螨（徐学农等，2015；韩玉华等，2016）。由于捕食螨个体较小，所以其捕食虫态主要为西花蓟马 1 龄幼虫，这也限制了其捕食效率（郐军锐等，2007）。近年来，筛选更具防治潜力捕食螨种类的工作也在进行中，例如，有益真绥螨（*Euseius utilis*）相较于以上 4 种捕食螨表现出了更好的西花蓟马防治效果（韩玉华等，2016）；还有一种剑毛帕厉螨（*Stratiolaelaps scimitus*），被发现可以捕食处于预蛹和伪蛹阶段的西花蓟马（Wu et al.，2014）。基于全虫态防治的目的，有人将巴氏新小绥螨和剑毛帕厉螨混合使用防治西花蓟马，取得了不错的防治效果（Wu et al.，2014a；2016）。

（3）病原真菌。在中国防治西花蓟马最常用的病原真菌就是白僵菌。针对西花蓟马的白僵菌高毒力菌株的筛选工作一直在进行中（张素华等，2009；Chen et al.，2012；Gao et al.，2012；Wang and Zheng，2012；李银平等，2013；Wu et al.，2015a，b）。与此同时，将捕食性天敌和白僵菌组合使用作为防治西花蓟马的一条有效途径也在进行探索。首先，白僵菌对于一些捕食性天敌是安全的，如巴氏新小绥螨、东亚小花蝽等（Gao et al.，2012；Wu et al.，2014b）；其次，通过对巴氏新小绥螨和白僵菌的室内及田间混合使用效果来看，均比单一使用效果更好（Wu et al.，2014b；2015a，b；2017）。

4. 其他防治措施

除以上防治措施外，其他防治方法也被广泛应用到西花蓟马的防治中，例如，筛选抗性植物品种、选择诱虫效果更好的黏虫板、清洁田园杂草、筛选并研制有机信息素等（吴青君等，2005；吕要斌等，2011）。温室内蓟马的防控要关键是做好"防"：一是要选用规格合适的防虫网（100 目），保证温室的相对封闭；二是选择紫外线吸收效果好的温室棚膜，在一定程度上可以干扰其成虫的行动能力；三是在种植闲季要做好温室内的清洁，及时清除棚内杂草等西花蓟马可能栖息的场所，种植前可以采用高温闷棚（30℃，3～5d）的方式进一步清理残留虫源。

八、斑潜蝇

斑潜蝇是隶属于双翅目（Diptera）潜蝇科（Agromyzidae）斑潜蝇属（*Liriomyza*）的一类潜叶蝇。斑潜蝇属迄今为止已经描述了 330 多个物种，是潜蝇科中最大的类群之一（Spencer，1973；Parrella，1987；Kang et al.，2009）。该属有近 160 种可危害栽培植物和观赏植物（陈文龙等，2007），其中 23 种是重要的农业经济害虫（Parrella，1987；Reitz et al.，2013）。截至目前，我国记录的已知斑潜蝇共计 19 种（陈小琳和汪兴鉴，2000；陈文龙等，2007），包括 3 种发生最严重的世界性入侵斑潜蝇——美洲斑潜蝇（*Liriomyza sativae*）、三叶草斑潜蝇（*Liriomyza trifolii*）和南美斑潜蝇（*Liriomyza huidobrensis*）。这几种斑潜蝇已对我国的农业生产造成了巨大的经济损失（康乐，1996；相君成等，2011；相君成，2012；刘万学等，2013）。

（一）危害方式和寄主范围

1. 危害特征

这类害虫的成、幼虫均可为害，雌成虫以产卵器刺伤植物叶片进行取食与产卵，受害伤口容易受病菌的入侵，而虫体本身则可能成为传播媒介（康乐，1996；Faeth and Hammon，1997）；幼虫孵化后潜入植物叶片为害，产生弯曲的白色虫道，影响植物的光合作用，严重时导致植物叶片的脱落而降低作物产量和品质，甚至导致绝收（Spencer，1973；康乐，1996；Kang et al.，2009）。

2. 寄主范围

我国危害最严重的三种入侵斑潜蝇的寄主范围如下：已记载美洲斑潜蝇寄主范围约 30 科 312 种，主要为害葫芦科、豆科和茄科等（戴小华等，2000；石宝才等，2011；陈景芸，2019）；三叶草斑潜蝇寄主植物涉及 25 科的 300 多个种（汪兴鉴等，2006；雷仲仁等，2007a；陈景芸，2019）；南美斑潜蝇已报道发现的寄主植物有 39 科 287 种，喜食豆科、葫芦科、茄科和菊科等植物（戴小华等，2000）。

（二）生物生态学特性

美洲斑潜蝇在我国的发育历期从北到南发生 7～24 代不等，随温度升高，发育历期会相应减少。在 26.5℃ 下，成虫取食量、产卵量、产卵与取食比率最高（王音等，2000）。三叶草斑潜蝇在温度较高的地区全年都能繁殖，完成一代约 3 周，在 15～35℃ 条件下，历期从 12～54d 不等。南美斑潜蝇在 25℃ 完成一代约 16d，卵期 2.31d，幼虫 5.84d，蛹期 7.91d，雌成虫寿命为 11.42d，雄虫 4.3d，在 15℃、20℃、25℃、30℃ 的蛹的发育历期分别为 19.04d、11.52d、8.02d 和 6.31d（陶滔等，1996）。

（三）入侵和分布情况

美洲斑潜蝇于 1993 年年底在我国海南三亚的蔬菜基地首次发现（谢琼华，1997；陈文龙等，2007），随后几乎蔓延到全国各省（自治区、直辖市）。据 2019 年最新调查采样与统计情况显示，在我国除西藏和重庆外的所有地区均发现该虫的分布（潘立婷等，2019）。三叶草斑潜蝇于 1988 年随非洲菊种苗的引种传入中国台湾地区（陈洪俊等，2005），后来于 2005 年 12 月被发现在广东省中山市为害当地蔬菜基地（汪兴鉴等，2006；雷仲仁等，2007a），近年调查发现它向内陆不断蔓延，现已扩散至我国东南部沿海多个地区危害，且局部地区危害严重（相君成等，2012）；适生区分析显示其可广泛分布于华东、华南、华中等绝大部分地区以及华北地区，预测其在我国有更广大的扩散空间（汪兴鉴等，2006；雷仲仁等，2007b）；最新调查结果显示，该蝇已分布于我国东南部的大部分地区（潘立婷等，2019）。南美斑潜蝇于 1994 年在云南省发生与为害，之后便迅速传播扩散，也在多省份的蔬菜、花卉产区发现其暴发（陈小琳和汪兴鉴，2000）；最新调查显示，南美斑潜蝇在我国大部分地区均有发生（潘立婷等，2019）。

（四）综合治理

我国早期对斑潜蝇的防治主要依赖化学防治，如应用高效化学农药阿维菌素、灭蝇胺、毒死蜱和杀虫双等（康育光，2015；王前和纵玉华，2009；刘小明等，2018）；也应用物理防治，如应用防虫网和黄板诱杀等。但由于其幼虫隐蔽的"潜食"特性，使用化学药剂等不仅难以将其杀灭，还容易对天敌造成负面影响，使生态环境受到污染，还可能使农作物农药残留超标而影响人们的健康。因而，具有绿色、环保、安全等特点的生物防治方法逐渐得到应用，例如，一些优势天敌昆虫的规模饲养技术已经被研发并得到了较广泛的田间应用（刘万学等，2013）。

1. 化学防治

应用高效化学农药，如毒死蜱、功夫乳油、杀虫双水剂、阿维菌素、阿维·杀单微乳剂、灭幼脲悬浮剂、灭蝇胺、氟虫脲、除虫脲、溴氰菊酯等进行化学防治。

2. 物理防治

物理防治方法包括：覆盖防虫网；黄板诱杀成虫；在大棚上部悬挂胶条粘绳；高温闷棚。夏季高温期，上茬蔬菜收获后，将温室全部密闭，昼夜闷棚一周，温室内在晴天白天能杀死大量虫源。冬季育苗前，将温室昼夜敞开，在寒冷低温环境中保持 7～10d，自然冷冻，可消灭越冬虫源。

3. 生物防治

针对美洲斑潜蝇可释放豌豆潜蝇姬小蜂、底比斯姬小蜂、芙新姬小蜂和万氏潜蝇姬小蜂等寄生性天敌；针对三叶草斑潜蝇可释放芙新姬小蜂、豌豆潜蝇姬小蜂、底比斯姬小蜂和万氏潜蝇姬小蜂等寄生性天敌；针对南美斑潜蝇可释放豌豆潜蝇姬小蜂、芙新姬小蜂和西伯利亚离鄂茧蜂等寄生性天敌。此外，还可利用 Bt 乳剂、绿浪水剂等生物农药。

九、红火蚁

鉴于对农林业生产、人畜健康、生态环境和社会安全等均可造成明显危害，红火蚁 Solenopsis invicta 被世界自然保护联盟（IUCN）列为全球最具危险性的 100 种外来入侵有害生物之一。2003 年 9～10 月在我国台湾的桃园、嘉义等地发现该蚁发生危害，2004年9月在广东发现（曾玲等，2005）。之后，随着花卉、苗木、草皮等带土绿化植物大量、广泛运输，红火蚁持续、快速地扩散蔓延，截止到2022年6月20日，红火蚁已入侵至广东、广西、福建等12个省（自治区、直辖市）的579个县（区），以及台湾11个县（市）和香港、澳门特别行政区。基于相关模型模拟、预测结果显示，我国大陆红火蚁最早可能是20世纪90年代中期传入、定殖，2009～2010年开始快速扩散传播，快速扩张期可能会持续26～28年（图33-3），预测2041～2043年之后将进入缓慢增长期（王磊等，2022）。

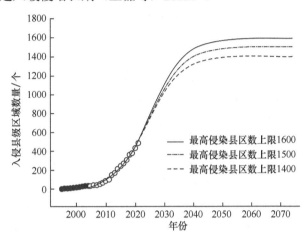

图33-3　中国大陆红火蚁入侵县级区域数量和入侵时间之间的关系（王磊等，2022）

为有效阻击该蚁快速传播蔓延、控制其成灾为害，通过近20年科技攻关，我国在红火蚁入侵生物学和生态学、发生危害规律、检测监测、检疫除害、防除策略、药剂及技术、社会化服务体系等多个方面开展了系统研究，取得了丰富的研究成果，较为系统地解决了该蚁入侵控制的理论基础问题，构建了监测检测与风险评估技术体系、检疫除害技术体系、应急防控与根除技术体系，并且在红火蚁入侵危害区域得到了较为广泛的应用（陆永跃等，2019；Liu et al.，2021c；Xu et al.，2022b）。

在入侵生物生态学、成灾规律及其机制研究方面，我国重点研究揭示了红火蚁入侵种群的诸多重要生物学特性，包括社会型、种群结构、遗传特征、生长发育、性别偏移、觅食、征召、打斗、婚飞、迁移、漂筏、食物谱、空间格局、防卫域、温度和湿度适应性、毒液化学、信息素、建巢及蚁巢变化、与共生微生物互作及功能等20多个方面。基于世界75个地区2144个蚁群的多个分子标记开展的遗传变异分析结果显示，全球至少发生了9个独立的入侵事件，美国南部主要种群可能是其中8个事件的入侵源头（Ascunce et al.，2011）。Cheng等（2019）报道了共生菌可帮助宿主黑头酸臭蚁（*Tapinoma melanophealum*）适应红火蚁入侵所导致的种间竞争压力，进一步丰富了对昆虫共生微生物功能的认识。研究发现，新交配的红火蚁蚁后可通过识别土壤中可抑制昆虫病原生长的细菌所产生的气味来选择昆虫病原含量相对较低的地点筑巢，Huang等（2020）首次报道了土壤微生物释放的化学信号可影响土栖昆虫红火蚁的筑巢选择行为，Xu等（2021）首次发现了红火蚁信息素可以调控棉蚜的生殖行为，揭示了蚂蚁跟踪信息素在蚂蚁-蚜虫共生关系中的作用。调查明确了我国南方尤其是广东地区主要生态区域类型如蔬菜地、玉米地、荔枝园、龙眼园、香蕉园、荒草地、城市绿化草坪、草皮种植场等生境中红火蚁活动节律或动态规律，以及影响种群变动的主要因子（Wang et al.，2013a；陆永跃等，2019）。

在入侵所产生的生态学效应方面，着重于研究、解释红火蚁入侵对我国南方典型生境生物多样性和物种的影响、红火蚁与部分物种间互作关系。研究结果表明，红火蚁入侵后土著蚂蚁种类减少、群落优势度集中；多类生境中木本植物、草本植物、地面及土壤中节肢动物群落结构发生改变，物种数减少明显，群落波动性增大；天敌控害功能、传粉昆虫种类及行为和功能等有所降低，绿豆、油菜等显花植物结实率下降；多种作物/植物种子遭到红火蚁损毁，部分植物空间分布发生了改变（Wang et al.，2019b）。与本地蚂蚁相比，红火蚁入侵后与本地蚜虫、入侵蚧虫或者本地蚧虫[如扶桑绵粉蚧（*Phenacoccus solenopsis*）]等建立了更为紧密的互惠关系，有利于自身种群增殖，促进了产蜜昆虫扩散和数量增长（Xu et al.，2019；

Liu et al.，2020f）。

关于传播扩散途径与规律，我国重点研究了红火蚁入侵分布地理空间特征、局域及长距离扩张方式和规律，分析、明确了现阶段我国大陆红火蚁地理分布呈现 8 个集中普遍区、4 个局部点状区、6 个跳跃点/新发点区相结合的特征；扩散方式以渐进式为主、跳跃式为辅，随着入侵范围不断扩大，渐进式扩散所占比例越来越高（许益镌等，2006；陆永跃等，2008；陆永跃，2014）。调查结果表明，传带红火蚁传入我国的货物种类复杂、来源地区广泛，早期可能主要随着废旧物品（废纸、废旧电子产品等）、原木等进境物品携带而入侵我国（周爱明，2009；冼晓青等，2019），国内传播以草皮、花卉、苗木等调运为主（周爱明，2009；黄俊等，2007）。

通过深入研究，构建了适合我国南方红火蚁的监测、检疫技术体系，并获得了较为广泛的应用。基于诱饵类型、诱集装置、设置方式、调查方法、环境条件、测度及分级指标、多类方法关系及除害方法、除害药剂、除害设备、物品类型、操作流程等研究结果，建立了红火蚁的监测调查、检疫等标准化技术体系（王磊等，2011；周爱明等，2011a；2011b；陆永跃等，2019）。

化学防治药剂、技术及装备等是红火蚁入侵防控研究的重点之一。基于广泛的药剂毒理学研究，筛选、明确了 50 多种杀虫剂的触杀、胃毒、接触传递毒力、驱避活性以及部分药剂的行为毒性等，研究了部分药剂的表皮穿透率规律、生殖功能干扰机制；筛选获得十余种具有良好作用的液剂、饵剂和粉剂，广泛评价了毒饵法、灌巢法、粉剂法的作用，建立相应的配套使用技术；集成创建了适合于我国南方多类生态区域的红火蚁应急防控、根除与治理模式和技术体系，并在广东、福建、广西、海南、云南、湖南、江西、浙江、四川、贵州、重庆等省份较为广泛应用，取得了显著的成效（陆永跃，2015；陆永跃等，2019）。

十、草地贪夜蛾

（一）草地贪夜蛾的危害

草地贪夜蛾（*Spodoptera frugiperda*）属鳞翅目夜蛾科，是联合国粮农组织全球预警的跨境迁飞性重大害虫，也是我国农业农村部发布的一类农作物害虫。该虫原产于美洲热带和亚热带地区，于 2016 年 1 月随货运贸易传入非洲大陆并大面积暴发（Goergen et al.，2016；Cock et al.，2017），至今已扩散至亚洲、非洲、大洋洲等的 100 多个国家（Gui et al.，2020），成为全球性重大农业害虫，所到之处给当地玉米生产造成毁灭性打击（Wan et al.，2021）。2019 年 1 月，该虫由缅甸入侵我国云南，并迅速扩散至 26 个省（自治区、直辖市）的 1538 个县（区），当年累计发生面积超过 1600 万亩，其中云南省发生面积占比达 59.31%（姜玉英等，2019），全国 60% 以上的虫源来自云南，并由南向北逐代扩散；仅在 2019 年，中国就有 112.5 万 hm^2 的作物受到草地贪夜蛾危害，其中玉米占总受灾面积的 98.1%（Zhou et al.，2021）。2019～2020 年的全国大范围监测调查结果显示，西南、华南等周年繁殖区草地贪夜蛾全年可发生 6～8 代，发生面积占比达 80% 以上。2020 年草地贪夜蛾在我国 27 个省份的 1423 个县发生，发生面积超过 2000 万亩，已经成为威胁我国玉米生产的重大迁飞性害虫之一，对国家粮食安全生产构成极大威胁（Wu et al.，2021a）。

（二）草地贪夜蛾的抗药性现状

由于化学杀虫剂的不合理使用，草地贪夜蛾的抗药性正不断增强，防控难度不断加大。在美洲地区，草地贪夜蛾已对 6 种作用方式的至少 29 种杀虫活性成分产生了不同程度的抗性（Gutiérrez-Moreno et al.，2019）。在巴西，草地贪夜蛾已经对高效氯氟氰菊酯、毒死蜱、多杀菌素及虱螨脲等杀虫剂产生了不同程度的抗性（Burtet et al.，2017）。Gui 等（2020）测定了 23 种农药处理后的草地贪夜蛾转录组水平差异，发现不同农药处理后的草地贪夜蛾转录组谱产生了不同的变化，几个与解毒相关的基因，如 *AOX*、*UGT* 和 *GST* 对农药处理产生了特异性反应，说明入侵中国的草地贪夜蛾已产生了抗药性，其抗药性发展的直接后果就是导致防效严重下降，因此，国外转而利用转基因作物防治该害虫。但草地贪夜蛾对 Bt 杀虫蛋白同样也会产生抗性，其对 Bt 抗性的发展正威胁着转 Bt 作物的可持续利用。例如，2010 年以来，国外先后有多篇论文报道了草地贪夜蛾对转 *cry1F*、*cry1Ab*、*cry2A* 和 *vip3A* 等基因作物的田间抗药性（王芹芹等，2019）。

由此可见，不论是化学杀虫剂还是转 *Bt* 基因抗虫植物，草地贪夜蛾都有对其快速产生抗性的巨大潜力（梁沛等，2020）。

（三）草地贪夜蛾的生物生态学特性

1. 生物型鉴定

草地贪夜蛾有玉米型（C 品系）和水稻型（R 品系）两种生物型。目前主要是利用 PCR 技术开展基于细胞色素氧化酶Ⅰ（COⅠ）和磷酸丙糖异构酶（Tpi）基因位点的鉴别对两种生物型进行区分（Jing et al.，2020）。但利用同样两个分子标记，不同研究者对不同地区草地贪夜蛾生物型的鉴定结果仍存在较大差异（梁沛等，2020）。唐运林等（2019）对入侵重庆不同地区的草地贪夜蛾利用 COⅠ基因鉴定，认为全都是水稻型；而利用 *Tpi* 基因鉴定，既有水稻型又有玉米型。Zhang 等（2019b）对采自我国 16 个省的 105 个草地贪夜蛾样本进行基因组重测序分析发现，所有样本的遗传背景均由 70%以上的玉米型、不到 15%的水稻型和 15%的杂合型组成，并进一步验证发现利用 *Tpi* 基因的鉴定结果与基因组重测序的结果高度吻合，可用于草地贪夜蛾两种生物型的鉴定；而基于 COⅠ基因的鉴定结合与基因组重测序鉴定结果无相关性，不适合用于生物型鉴定。此外，Gui 等（2020）收集了美国、非洲和中国的样本，对该虫的基因组进行重测序并鉴定了中国、非洲和美国样本的 *TpiE4-183* 基因片段后发现，美国的样本同时存在 R 和 C 品系，而中国和非洲种群样本仅发现了 C 品系。由此可见，分子标记的选择对生物型鉴定的结果影响极大。

2. 寄主范围

草地贪夜蛾寄主范围十分广泛，因此对农作物危害性强，给防控造成了极大的困难。据统计，该虫在美国本土有 76 科 353 种寄主植物，其中，人类主要粮食作物中禾本科和豆科植物分别占 106 种和 31 种，菊科、十字花科、葫芦科、锦葵科、蔷薇科、芸香科及茄科等具有重要食用、观赏及工业价值的植物占 83 种（Montezano et al.，2018）。草地贪夜蛾刚入侵中国时主要为害玉米，但入侵 9 个月后，甘蔗、高粱、小麦、水稻、薏米、花生、莪术、香蕉、生姜、竹芋、马铃薯、油菜、辣椒等作物也发现被为害（姜玉英等，2019），寄主谱的增加导致草地贪夜蛾在我国的扩散愈发迅速，自 2019 年 1 月至 10 月，我国除了青海、新疆、辽宁、吉林、黑龙江之外均已发现该虫为害，且随着入侵时间的延长，草地贪夜蛾种群经过长期的定殖、繁衍和扩散后，受到为害的植物种类数量还会继续快速增长。

3. 迁飞扩散规律

草地贪夜蛾具有很强的迁飞能力，这是其迅速扩散、造成大面积为害的重要原因。飞行模拟预测研究表明，草地贪夜蛾的一些个体可以连续飞行 48h 以上，模拟记录其最长飞行距离和时间分别为 163.58km 和 46.73h（Ge et al.，2021）。结合飞行行为和气象数据的轨迹模拟被用来模拟草地贪夜蛾从中南半岛和中国南方新建立的越冬区通过两条路径迁移到中国东部的主要玉米产区。西部通道起源于缅甸和中国云南，经贵州、四川、重庆到达西北地区；而东部通道则来自泰国、老挝、越南和中国南部（Li et al.，2020b；陈辉等，2020），随西南季风继代迁飞至长江流域、江淮地区，到达我国华北、东北地区（齐国君等，2020）。根据这些模拟，草地贪夜蛾还可以在梅雨季节从中国越海迁移到日本和朝鲜半岛（Ma et al.，2019）。这些研究中模拟的迁徙路径和迁徙范围与 2019 年在中国、韩国和日本观察到的传播趋势一致（Wu et al.，2021b；Li et al.，2020b；Ma et al.，2019；姜玉英等，2019）。由于草地贪夜蛾具有较强的抗寒能力，在 1～3 月期间日均温≥15.0℃的冬玉米种植区可周年发生为害，低龄幼虫、蛹和成虫可能是其在冬玉米种植区的越冬虫态；在无冬玉米种植区，蛹是最有可能的越冬虫态（邱良妙等，2020）。随着草地贪夜蛾在我国周年繁殖区定殖成功，其"北迁南回"将成为常态，草地贪夜蛾已由入侵新发害虫转变为常发性害虫，其防控策略也将由应急防控转变为长期防控（秦誉嘉等，2019）。

（四）草地贪夜蛾的防治

1. 生物防治

在美洲，卵寄生蜂（*Telenomus remus*）因为其繁殖力强、能够寄生在卵块中的所有层、具有高度分散和搜索能力而被认为是草地贪夜蛾最有效的生物防治天敌之一，经常被用于实验和商业现场释放（Colmenarez et al.，2022）。在我国，赵旭等（2020）首次评价了夜蛾黑卵蜂在田间对草地贪夜蛾卵块的寄生率达到 100%，卵粒寄生率为 84.39%，田间校正寄生率达 83.54%。松毛虫赤眼蜂（*Trichogramma dendrolimi*）在实验室条件下对草地贪夜蛾的生物控制也有很好的潜力，能通过覆盖草地贪夜蛾卵块的毛发和鳞片寄生卵（Sun et al.，2020a）。在本地天敌的调查方面，目前我国共发现捕食性天敌 10 种，其中鞘翅目和半翅目各 4 种、脉翅目和铗尾目各 1 种；寄生性天敌共 12 种，其中膜翅目 11 种、双翅目 1 种；昆虫核型多角体病毒 4 种，昆虫病原真菌 4 种（梁沛等，2020）。但我国目前大多数已报道的草地贪夜蛾捕食性天敌和寄生性天敌仅在初始发现阶段，天敌昆虫规模化、商业化养殖、释放和应用技术仍未发展成熟。此外，对核型多角体病毒的研究大多也尚在实验、测试阶段，昆虫病毒制剂、储存和运输技术的发展依旧困难重重，难以运用于害虫的实际防控中。

2. 化学防治

化学防治是控制暴发性入侵害虫最有效的手段，但盲目使用化学农药会使目标防治害虫产生抗药性且污染环境，因此，在喷施前筛选合适的杀虫剂，使农药最大限度地发挥药效尤为关键。赵胜园等（2019）报道，乙基多杀菌素、甲氨基阿维菌素苯甲酸盐、氯虫苯甲酰胺、乙酰甲胺磷及抗生素类农药多杀霉素等新型高效低毒农药是草地贪夜蛾应急防控的首选农药，而苏云金芽孢杆菌和球孢白僵菌可用于低密度种群的预防性控制用药。宋洁蕾等（2019）推荐 3%甲氨基阿维菌素苯甲酸盐微乳剂作为草地贪夜蛾田间应急防治的首选药剂，100 亿芽孢/g 苏云金芽孢杆菌可湿性粉剂可用于有绿色防控需求作物上的草地贪夜蛾防治。在草地贪夜蛾的防治中要注意轮换用药，并综合运用生物、物理和化学防治方法，以获得较好的防控效果。

3. 性信息素的利用

早在 20 世纪 60 年代就有人发现，草地贪夜蛾的雌蛾会释放一种混合的化学物质来吸引雄蛾。经过多年的探索实践，包含顺-9-十四碳烯乙酸酯（Z9-14:OAc）和顺-7-十二碳烯乙酸酯（Z7-12:OAc）双组分混合物的引诱剂于 2005 年前后在美国上市并使用至今。然而，由于吸引草地贪夜蛾的信息素混合物也会吸引其他夜蛾，加之不同的诱捕器与释放环境对信息素的使用效果影响较大，给新入侵地区利用性信息素来监测草地贪夜蛾的发生状况带来了困难（Meagher et al.，2019）。近年来，我国多家机构也投入人力物力开展了性诱剂的研发。性诱剂的成分均以顺-9-十四碳烯乙酸酯、顺-11-十六碳烯乙酸酯、顺-7-十二碳烯乙酸酯、顺-9-十二碳烯乙酸酯为主。在开展性诱剂成分研究的同时，诱捕器的形状、高度、颜色等也在不断改进。其中，桶型诱捕器由遮雨盖、诱芯放置篮、支撑柱、导向漏斗桶和集虫桶等组成，可用来监测草地贪夜蛾成虫种群动态。田间草地贪夜蛾幼虫的测报主要自诱集到草地贪夜蛾成虫后开始，5d 调查 1 次，直至幼虫化蛹。田间作物受害株常呈聚集分布，发现 1 株受害，其周围常可见数量不等的受害株。

4. 综合防治

传统的田间害虫综合防治技术包括加强耕地的土肥管理、增强作物植物的抗虫能力、促进农田生物多样性（如推拉技术）、减少害虫的生存空间、为天敌昆虫提供生存空间等。但传统综合防控技术见效慢、成本高，因此国内亟须开创高效、低成本且环境友好的草地贪夜蛾防治方法。在美洲地区，草地贪夜蛾一直是玉米的主要害虫，美国通过推广种植转基因抗虫玉米实现了草地贪夜蛾的可持续控制。Bt 玉米对草地贪夜蛾的控制效率高达 90%，能大大降低防治成本且能保护田间天敌昆虫，是防治幼虫的最佳选择（吴孔明，2020）。目前我国用 Bt 玉米防治草地贪夜蛾的控制技术也在逐步探索中。张丹丹和吴孔明（2019）研究发现，国内研发的 *Bt-cry1Ab* 玉米和 *Bt-*（*cry1Ab+vip3Aa*）玉米对草地贪夜蛾具有良好的控制效果，两种转基因玉米皆具有较好的商业化应用前景。对于未来的防治规划，吴孔明（2020）建议近年重点实施以化学防治、物理防治、生物防治和农业防治为主的综合防治技术体系，以解决短期内生产上草地贪夜蛾为害的应急管控问题；然后通过现代农业信息技术和生物技术的创新与应用，力争在 3～5 年的时间内构建和实施以精准监测预警、迁飞高效阻截和种植 Bt 玉米为核心的综合防治技术体系，以实现低成本、绿色可持续控制目标，满足中国农业生产高质量发展和社会生态文明建设的战略性需求。

十一、福寿螺

入侵物种现在被视为全球变化的重要组成部分（Vitousek et al.，1996）。生物入侵的后果使得研究入侵种的基本进化过程成为可能，因为入侵者通常会迅速进化以应对新的非生物和生物条件（Sakai et al.，2001）。入侵物种可通过多种机制影响人类健康，包括直接影响，（如携带病原体或寄生虫直接感染人类等），也包括间接危害（如产生或积累的毒素引起人类过敏反应）（Mazza et al.，2014）。福寿螺被列为100 种最具威胁的外来入侵物种之一（Lowe et al.，2000）。本文整理了最近几年福寿螺入侵相关的研究，包括入侵现状、入侵机制、防治对策和潜在应用几个方面，旨在为深入研究福寿螺的入侵机制，以及开发防治策略提供参考。

（一）概述

福寿螺（*Pomacea canaliculata*）又名大瓶螺、亚马孙瓶螺、苹果螺、金宝螺等，隶属于软体动物门腹足纲中腹足目瓶螺科瓶螺属（万方浩等，2015）。成螺爬行体长 3.5~6 cm，螺高约 8 cm，螺顶由红色逐渐变为黄褐色，一般具有 5~6 个螺层（任和等，2020）。卵粒呈球形或卵球形，为鲜红色或粉红色，卵块含卵量为 200~500 粒。雌雄异体，一般 3 个月就能达到性成熟（尹绍武等，2000；Liu et al.，2012）。福寿螺喜阴冷潮湿的环境，白天活动少，在夜间和阴天活跃，常在湖泊、沟渠、农田等浅水区出现，有时黏附在植物茎、叶上，具有底栖性；在 20~35℃条件下能正常生长、发育和繁殖（刘艳斌等，2011）。福寿螺食性杂，以白菜、浮萍、水稻、茭白、鱼虾等为食，破坏农业生产，是一种农业害虫（杨宗英等，2021）。福寿螺具有食性杂、生长速度快、繁殖能力强、抗逆性强、适应生态幅宽等特点，具有强大的入侵性。

（二）入侵历史及危害

福寿螺是原产于南美洲亚马孙河流域的一种淡水螺，现广泛分布于北美洲、欧洲，以及中国、泰国、菲律宾、日本等地区和国家。1980 年其作为食用螺引入中国台湾，1981 年引进中国大陆，后因食味不佳弃养，由于缺乏特异性天敌，在入侵点定殖并迅速扩散（万方浩等，2015）。浙江、福建、江西、广东、广西、海南和台湾等地已经成为福寿螺的高分布区，其危害十分严重；上海、湖北、湖南、四川、西藏、贵州、重庆和云南为中分布区，但也具有较高的潜在暴发风险（周宇等，2018）。Yin 等（2022）用优化后的 MaxEnt 模型建立了中国福寿螺的当前和未来生态位模型，预测随着全球变暖，福寿螺的栖息地在未来将有扩张和北移的趋势。

入侵生物福寿螺严重影响入侵地的生态、农业以及人类健康。有意或无意引入的外来入侵物种 （IAS）是全球环境变化的主要驱动力之一，并造成重大的生态和经济破坏（Ielmini and Sankaran，2021）。例如，福寿螺的排泄物会影响水体环境，导致水体富营养化，改变水体理化性质和水体微生物含量，严重时可造成其他水生物种灭绝，使得入侵地的物种多样性下降，严重破坏入侵地的农业生产和生态系统结构功能（胡云逸等，2021；Liu et al.，2021b；李易珊，2020）。福寿螺啃食水稻幼苗，造成水稻减产和巨大经济损失。除了危害水稻外，还对一些水生绿色植物、叶菜类蔬菜等农作物有比较大的危害（钟永清，2016）。此外，福寿螺是管圆线虫的重要中间宿主，广州管圆线虫是人类嗜酸性粒细胞性脑膜炎的主要病原体（Lv et al.，2017）。一只福寿螺体内寄生的广州管圆线幼虫达 6000 多条，人类由于食用未充分煮熟的福寿螺而感染广州管圆线幼虫，严重时会危及生命（Shen et al.，2018）。近期研究还发现，管圆线虫通过下调 RPS-30 对氧化应激造成的损害起到防御作用，从而在宿主中存活（Sun et al.，2020c）。

（三）入侵机制

随着基因组的发布，福寿螺入侵机制方面的研究越来越多。大量的文献报道主要集中于四个方面的假说：内在优势假说、竞争力增强假说、新式武器假说、互利助长假说。

1. 内在优势假说

福寿螺强大的细胞稳态系统和免疫系统使得其具有较强的抗逆性。基于基因组学，Liu 等（2018a；2020d）

进行了福寿螺染色体基因组组装和注释，发现福寿螺细胞稳态系统的构成即未折叠蛋白质反应（UPR）系统（BIP、HSP40、ATF6、IRE1 等）、抗氧化系统（PRX、SOD、CAT 和 GPX）和异质生物转化系统（细胞色素 P450、FMO、GST 和 ABC-transporter），并对不同刺激（冷、热、重金属和空气暴露）后血细胞的转录组进行了测序和分析，解决了这些基因在细胞稳态系统中的潜在作用。福寿螺通过氧化还原系统维持细胞稳态来应对极端环境条件变化。在低温（15℃）和高温（36℃）胁迫下，福寿螺肝胰脏和鳃中超氧化物歧化酶、过氧化氢酶、谷胱甘肽过氧化物酶活性以及丙二醛含量均呈现先升高后降低的趋势，证明高温和低温均能诱导福寿螺抗氧化应激反应（陈炼等，2019）。饥饿胁迫下，福寿螺的自由水含量增加，生长减慢，SOD 和 CAT 活性以及丙二醛含量增加（肖泽恒等，2022）。在应对间歇性干旱胁迫时，福寿螺保持着很高的存活率，并可通过增大摄食量、提高食物转化率、提高 SOD 和 CAT 抗氧化能力来缓解干旱胁迫带来的影响（郭靖等，2014）。实验条件下测定了福寿螺组织中的金属生物蓄积，发现重金属 Cd 主要在其肝胰腺和肾脏中积累，CAT 活性和 GST 活性在肝胰腺和肾脏均增加，这说明福寿螺通过改变抗氧化酶的活性来应对重金属毒性（Huang et al.，2018）。福寿螺通过自身免疫系统抗病原胁迫。水环境中微生物种类繁杂，福寿螺能很好地应对病原入侵，说明其具有强大的抵御病原入侵机制。福寿螺体表黏液对引起皮肤病的致病菌有抗菌作用（Nantarat et al.，2019）。在接触病原体后，福寿螺会启动复杂的多器官先天性免疫，18℃和 25℃条件下，在两个免疫相关器官肾和鳃中均发现抗菌肽 Pc-bpi 表达量发生变化（Montanari et al.，2020）。已有研究发现福寿螺血蓝蛋白颗粒会进入肾血窦，且肾脏和肺中都存在血细胞的结节状聚集，肾脏和肺可作为侵入性苹果蜗牛的免疫屏障（Rodriguez et al.，2018）。免疫系统在抗微生物/抗病毒反应以及组织修复和再生中都具有关键作用（Mandujano-Tinoco et al.，2021）。福寿螺的造血细胞会应对免疫挑战。对福寿螺循环血细胞的蛋白质组学分析发现 15 种可能参与免疫相关信号通路的蛋白质，如血蓝蛋白、C1q 样蛋白和 HSP90，以及参与细胞运动和膜动力学的细胞骨架及细胞骨架相关蛋白（Boraldi et al.，2019）。提取的福寿螺循环血细胞中，有些细胞能够增殖或保持静止状态，并在以后的循环或造血组织/器官中充当祖细胞（Rodriguez et al.，2020），这使得福寿螺能保持较高的血细胞数量和动态平衡以应对免疫挑战。综上所述，福寿螺的器官、体表黏液和血淋巴细胞都可作为天然免疫屏障，并通过免疫相关信号通路级联传递产生免疫反应，这使得福寿螺具有极强的抵御病原能力。

2. 竞争力增强假说

福寿螺的基因组有快速进化和可塑性特征。转座因子（TE）经常被称为"跳跃基因"，是可移动的遗传单位。转座子与生物的"进化潜力"关系密切。研究发现，入侵生物福寿螺和太平洋牡蛎均出现了一个特异 DNA 转座子扩张峰，并证明扩增的转座子与福寿螺适应环境的可塑性密切相关（Liu et al.，2018a）。侵入性蚂蚁基因组中"TE 岛"在环境压力下会产生新的基因，从而促进初期种群的基因多样化，并最终适应新的环境（Schrader et al.，2019）。最近 *Armeniaca vulgaris* 中 DNA 和 LINE TE 的扩展也可能在促进与其侵袭性和竞争力相关的潜在可塑性和抗逆性方面发挥重要作用（Chen et al.，2021）。最近研究发现，福寿螺、非洲大蜗牛等入侵生物暴发扩增的转座子基因主要富集于信号转导、内分泌、免疫和神经系统、复制方面。这表明基因组中 DNA TE 的暴发式扩增可能在促进它们对压力适应的潜在可塑性方面发挥了重要的作用（Liu et al.，2021b）。

3. 新式武器假说

福寿螺利用卵中独有的卵黄外周蛋白提供保护性的神经毒素和红色警示蛋白（Liu et al.，2018）。1996年，在腹足动物福寿螺卵中首次检测到两种脂蛋白 PV1（糖-胡萝卜素-蛋白质复合物）和 PV2，以及一个脂蛋白组分 PV3。其中，PV1 和 PV2 是极高密度脂蛋白（VHDL），PV3 是高密度脂蛋白（HDL）（Garin et al.，1996）。后续学者研究还在福寿螺卵中发现胡萝卜素蛋白 Ovorubin，它是一种 300 kDa 的热稳定寡聚体，是金苹果蜗牛胚胎的主要卵蛋白，在胚胎发育中起着至关重要的作用，包括类胡萝卜素的运输和保护、蛋白酶抑制、营养和保护，具有强大的耐酸耐碱能力和对胃蛋白酶的高稳定性，以及承受高于 95℃温度的能力，保护胚胎发育（Dreon et al.，2008）。苹果蜗牛 perivitellin 前体特性有助于解释捕食者的摄食行为，防御性腹膜白蛋白卵红蛋白（PcOvo）和腹膜白蛋白 2（PcPV2）的前体具有很高的稳定性及抗营养性，可以抵抗蛋白酶消化，并在宽 pH 范围（4.0～10.0）下显示其四级结构的稳定性（Cadiern et al.，2017）。这些特性为福寿螺卵适应极端环境条件提供了保障。经研究发现，摄入福寿螺的卵周蛋白液（PVF）可在短期内促进大鼠生长速率下降和小肠形态生理学的改变（Dreon et al.，2014）。蜗牛卵的毒素也会可逆地改变牛蛙肠道形态（Brola et al.，2021）。此外，福寿螺卵会导致蟾蜍（*Rhinella arenarum*）的蝌蚪高达 95%的死亡率（Lajmanovich et al.，2017）。摄入福寿螺卵后，卵中的蛋白酶抑制剂会增加毒素 PcPV2 和其他防御蛋白在消化道内的半衰期，进一步降低 PcOvo 等不可消化蛋白的营养价值，限制了捕食者消化卵子营养的能力（Ituarte et al.，2019）。福寿螺的卵颜色鲜艳，一般为鲜红色或粉红色，着色是由胡萝卜素提供的，胡萝卜素在保护卵免受太阳辐射、稳定和运输抗氧化分子，以及帮助保护胚胎免受干燥和捕食者的侵害方面发挥着重要作用（Pasquevich et al.，2020）。

4. 互利助长假说

福寿螺的肠道微生物能够在苯环类物质如苯甲酸盐、甲苯的解毒和纤维素的消化方面提供辅助。Liu 等（2018a）对福寿螺肠道宏基因组测序进行分析，并对发现的碳水化合物活性酶（CAZymes）进行了鉴定与归类，是多种糖苷的水解酶。Escobar-Correas 等（2019）对来自福寿螺消化道不同部位的总鉴定发现，蛋白质中鉴定的糖苷酶的百分比中，消化腺的糖苷酶比例为 3.6%、盘绕肠 2.2%。Li 等（2019）针对 16S rRNA 基因的 V3-V4 区域的高通量 Illumina 测序研究了福寿螺不同肠道切片中微生物群的多样性和组成。在所有样本中共鉴定出 29 个细菌门和 111 个细菌属，结果发现纤维素降解细菌在福寿螺的肠道中富集。通过高通量测序研究了与福寿螺肠道微生物群的发育阶段和性别相关的差异，检测到的细菌与其草食性饮食一致。福寿螺的肠道细菌可以通过微生物产生各种消化酶来分解各种纤维素和半纤维素，从而帮助福寿螺从摄入的植物中消化、吸收营养（Chen et al.，2021）。

（四）防控方法与利用前景

目前福寿螺的防控主要依靠化学农药的投放，但同时新型植物源杀螺剂的研究一直在进行。青棉花藤和杜仲藤混合药剂能有效抑制并杀灭福寿螺，室内浸杀实验（4.0g/L，48h）的死亡率达 100%，且对其他植物无影响，是快速且安全环保的植物型灭螺药剂（薛晶等，2021）。葛根提取物苦葛皂苷 A（PA）可以显著影响福寿螺细胞骨架并破坏血细胞的正常结构，最终导致福寿螺死亡（Yang et al.，2021）。此外，研究发现新型化学杀螺剂 PBQ[1-（4-氯苯基）-3-（吡啶-3-基）脲]有强大的杀螺效果以及对非靶标生物体的安全性，转录组学分析表明了 PBQ 对碳水化合物和脂质代谢途径有显著影响（Wang et al.，2022）。Boraldi 等（2021）在使用基于线虫的生物农药对福寿螺进行攻击后，分析了其蛋白质组变化，发现主要参与抗氧化防御、能量代谢和细胞骨架动力学的酶发生了显著变化。Xu 等（2022a）使用 PBQ 处理福寿螺，经富集分析表明，一些 DEP 参与了重要的生物学过程和途径，包括嘌呤的从头生物合成、翻译过程和核糖体成分，它们对细胞生长和增殖有相当大的影响。综上所述，在面对外来压力时，福寿螺的细胞骨架及相关酶、循环血细胞、能量代谢、生长繁殖方面都发生了变化，这也为深入探究其入侵机制提供了参考。在防治方面，运用植物干燥粉末或有效提取物、化学药剂、生物农药等杀螺均有较好的效果。然而福寿螺的抗逆性强，先天性免疫复杂，可尝试多种方法综合运用，提高杀螺效果。

近几年，人们根据福寿螺的自身特性探索其潜在用途。例如，利用福寿螺富集重金属的能力，可作为生物指示剂，用于监测河流、湖泊和池塘中有毒重金属的存在或评估淡水生态系统的风险（Panda et al.，2021）。福寿螺外壳和肉渣残留物能释放养分并缓解土壤酸度，为土壤微生物提供更多资源以提高其生物活性，可作为肥料和土壤改良剂，有助于修复贫瘠和酸性土壤，使其成为控制侵入性的有价值的选择（Wang et al.，2020a）。在低成本、高清洁的燃料替代方面，酸处理金苹果螺壳衍生的 CaO 作为高性能绿色催化剂，能促进酯交换反应生产生物柴油（Phewphong et al.，2022），这为减轻福寿螺入侵的影响提供了参考。

综上所述，福寿螺影响入侵地的生态平衡，破坏生物多样性，影响农业生产并威胁人类健康。在多种生物和非生物条件下，福寿螺均有较高的耐受力，说明福寿螺的抗逆性极强，这也为它入侵不同生态系统提供了基础。因此，深入研究福寿螺的抗性机制有利于研究针对性的防治策略，进而维护生态、农业、人类安全。

十二、非洲大蜗牛

褐云玛瑙螺（*Achatina fulica*）又名东风螺、菜螺和花螺，是原产于非洲的入侵性大型蜗牛之一，因传入我国较早，故一度报道为"非洲大蜗牛"。褐云玛瑙螺是软体动物门腹足纲柄眼目玛瑙螺科玛瑙螺属的一种中大型陆栖蜗牛，壳质稍厚，有光泽，呈卵圆形，外壳为石灰质，乳白色或淡青黄色（万方浩等，2011a）。成体壳长一般为 7～8 cm，最大可超过 20 cm，一年可产卵 4 次，每年产卵 900 粒左右（周卫川，2006）；适于生长在南、北回归线之间的潮湿温热地带，具有昼伏夜出性、群居性等特点，栖息于阴暗潮湿环境（游意，2016）；食量大、生长迅速、繁殖力强等特点造就了其强大的抗逆性，因此，该物种具有极大的入侵性。

褐云玛瑙螺作为人类的食物或其他用途被全球各地引入，现已扩散至全球各大洲（周卫川和陈德牛，2004）。其原产于非洲东部，在过去的一个世纪里在人类的直接和间接帮助下逐渐向东传播到东南亚、日本和西太平洋的关岛群岛。1931 年首次在厦门报道发现褐云玛瑙螺入侵；在厦门定居后，逐渐在闽南一带扩散（杞桑，1985），1932 年传入香港和澳门地区，1933 年传入台湾地区，1935 年进一步散布到广东珠江三角洲地区及雷州半岛、海南岛、广西南部（陈德牛和张卫红，2004）。目前，褐云玛瑙螺现主要分布在广东、海南、福建、云南南部、广西西部和港澳台地区。国际自然保护联盟（International Union for Conservation of Nature）将其列为 100 种最具威胁的外来入侵物种。2003 年，国家环保总局将褐云玛瑙螺列为中国首批 16 种外来入侵物种。

近年来研究发现，入侵中国大陆地区的非洲大蜗牛除褐云玛瑙螺外以外，还有另一新种无斑玛瑙螺（*Achatina immaculata*）（Liu et al.，2021a）。无斑玛瑙螺由于更强的环境适应能力和更大体型赋予的捕食优势，抢占褐云玛瑙螺的生态位，迫使其离开适生环境（Mead and Baily，1961）。但是外形上的相似，使人们极易将其与褐云玛瑙螺混淆。无斑玛瑙螺原产地为非洲东南部，2011 年中国台湾地区首次发现此物种（Chiu et al.，2012），中国大陆地区 2013 年以前的报道中还未出现无斑玛瑙螺（周卫川等，2013）。2014 年广东东莞口岸从莫桑比克进口的原木中发现无斑玛瑙螺，为全国首次截获（佚名，2014）。2019 年在新加坡也发现了无斑玛瑙螺（Chan，2019）。近年来，随着人们对广州管圆线虫病的愈加重视，央视新闻、新华网、新浪资讯、光明网、腾讯网等众多新闻平台在非洲大蜗牛的科普报道中均引用了无斑玛瑙螺的图片。2019 年，福建省市场监督管理局发布了《无斑玛瑙螺检疫鉴定方法》（DB35/T 1883—2019）。无斑玛瑙螺形态上与褐云玛瑙螺略有区别，最大差异点在其壳口内缘为粉红色，此外柱状毛为粉红色或紫色，壳较长，肉色多呈现红棕白色，头部呈现红棕色，头顶有棕色条带（Chiu et al.，2012）。无斑玛瑙螺正在成为主要的入侵类型，但目前国内关于无斑玛瑙螺的研究极少，加之与褐云玛瑙螺极相似的外表，给非洲大蜗牛的监测、防控工作带来了困难，需要引起重视。

非洲大蜗牛不仅是世界性的农业和园林害虫，在公共卫生健康方面也会造成重大破坏。其强大的繁殖能力使其能够在短时间内达到高密度和高生物量，在云南发生的蜗口密度最多可达到 80 头/m² 以上，作物的受害程度平均为 15.4%，最高可达 80% 以上，严重影响农业、林业等的发展（田宗立等，2014）。同时，非洲大蜗牛食性广，主要为害农作物、园艺花卉和园林苗木，在云南已经对 200 多种植物产生为害，能够改变栖息地和取代本地物种，严重破坏发生地食物网结构和生物多样性（李萍和李燕，2008）。此外，非洲大蜗牛也是各种寄生虫的中间宿主，其中广州管圆线虫尤为突出，可引起人类嗜酸性脑膜炎。2015 年对福建龙海非洲大蜗牛感染广州管圆线虫情况进行调查，发现平均感染率为 37.22%（黄明松等，2015）。2018 年，广西南宁平均 61.38% 的非洲大蜗牛感染广州管圆线虫（李丹等，2018），非洲大蜗牛的泛滥为此病原体侵入人体创造了较多的传播途径。因此，非洲大蜗牛严重威胁生态农业和人类疾病防治等相关领域，开展对非洲大蜗牛的入侵机制和防控方法的研究迫在眉睫。

近年来，非洲大蜗牛入侵和环境适应机制的研究越来越多。从内在优势假说的角度，非洲大蜗牛个体大、食量大、生长迅速、繁殖力强和无明显的天敌等特点，使其在环境适应、资源获取、种群扩张等方面均具有优势（Hufbauer et al.，2007）。最近公布的非洲大蜗牛染色体级基因组，首次从呼吸、夏眠和免疫防御等多个角度揭示了全基因组复制可促进非洲大蜗牛进化多样性和环境适应性（Liu et al.，2021a），在环境压力的选择下，非洲大蜗牛的基因组经历了适应性进化，使生长发育和生理性状向着有利于提高种群适应性的方向变化。非洲大蜗牛本身较强的环境耐受能力也增强了入侵成功率。无脊椎动物具有多样化的先天免疫受体，可以有效地对抗不同的病原体（Ghosh et al.，2011；Zhang et al.，2004）；同时，免疫致敏可以促使无脊椎动物增强后期再次遭遇病原菌侵染的免疫力（Milutinovic and Kurtz，2016）；此外，相比于其他几种腹足类动物，非洲大蜗牛对线虫有显著的抗性（Williams and Rae，2015），作为新抗菌药物开发材料的来源（林静，2008；Zhong et al.，2013），其体表黏液中含有多种具有抗菌活性的蛋白质，能抑制革兰氏阴性和革兰氏阳性细菌的生长（Obara et al.，1992；Zhong et al.，2013）。这些都可以大大增强非洲大蜗牛适应外界环境、抵御外源侵害的能力。因此，生活史方面的优势、种群的适应性进化和自身对环境的耐受性共同决定了非洲大蜗牛的强入侵性。

由于非洲大蜗牛已对农业生产、人类健康、生态环境等造成严重威胁或破坏，因此，开展对非洲大蜗牛的生态风险评估及生态防控已是当务之急。目前防治使用的杀螺剂主要有四聚乙醛、氯硝柳胺、杀螺胺乙醇铵盐等几种化学农药，但这些化学农药存在严重误杀非靶标生物、农药残留和抗药性等问题，最终出现杀螺效果差而环境破坏大的严重恶果（韩俊艳等，2011；黄轶昕，2019）。因此，利用植物提取物研发植物源杀螺剂成为灭螺研究的重要方向（钱久李等，2016）。用浸提法提取常见有毒植物的水提物和乙醇提取物进行试验，结果表明，马桑、紫堇、紫茎泽兰、夹竹桃等4种植物对福寿螺有较强毒杀活性（陈晓娟等，2012）。五爪金龙的茎和薇甘菊的乙醇提取物对福寿螺两种胆碱酯酶的活性具有较强的抑制作用（邹湘辉等，2016）。薇甘菊、南美蟛蜞菊、马缨丹和五爪金龙4种入侵植物对非洲大蜗牛成体、幼体和卵均具有较好的触杀与抑制作用（邢树文等，2015）。利用入侵植物来防治入侵生物，能起到以害治害、一举两得的效果，具有较好的开发植物源杀螺剂的潜力。

综上所述，因为在农林和公共卫生等方面的巨大危害，非洲大蜗牛需要继续加强种群生物学特性、扩散潜力和潜在入侵地方面的研究以便及早预防；开展高效、安全、环保的非洲大蜗牛防控技术方法研究，利用多种入侵植物开发不同配方的绿色环保杀螺剂，最大限度地控制入侵物种对生态环境的破坏；深入探究其体内抗菌肽及各种生理活性物质，进行资源的合理开发利用，化害为利，达到变废为宝的双重效果；在已公布的基因组基础上，深入挖掘探究其变异和进化，揭示其强大的环境适应机制，以期为正确制定检疫措施和防治方法奠定理论基础。

十三、红脂大小蠹

红脂大小蠹（*Dendroctonus valens*）又名强大小蠹，属鞘翅目（Coleoptera）大小蠹属（*Dendroctonus*），原产北美洲，是我国林业第二大入侵有害生物（宋玉双等，2000；杨星科，2005；Yan et al.，2005；万方浩等，2009）。据文献记载和研究证实，红脂大小蠹由美国西海岸传入我国山西，于2000年左右暴发成灾，随后从山西扩散蔓延到邻近的陕西、河北、河南、北京、内蒙古和辽宁等地（Sun et al.，2004；潘杰等，2010；任海鹏等，2018；蔺丹丹，2018；Liu et al.，2022b），已导致枯死松树超过1000万株（Qiu，2013）。近年来，红脂大小蠹危害再次猖獗，在老疫区山西和新侵入地内蒙古、辽宁暴发成灾，呈现出"老对象、新趋势"（任海鹏等，2018；蔺丹丹，2018），严重威胁我国北方森林生态系统安全（图33-4）。

（一）红脂大小蠹生物学

1. 寄主植物

红脂大小蠹在原产地（美国和加拿大的西部）长期存在，表现为弱势温和型，未被列入重点防治对象（Smith，1971），通常危害病害木、过火木和机械损伤后的松树（Aukema et al.，2010；Owen et al.，2012）；仅在近几年对加利福尼亚和墨西哥的林区造成了一些松树的死亡（Rappaport et al.，2001；Britton and Sun，2002）。而红脂大小蠹入侵我国山西等地后，经过蛰伏期变成强势暴发型，危害致死健康活树（Sun et al.，

图 33-4　红脂大小蠹的危害

2004；Liu et al.，2008）。在北美地区，红脂大小蠹能取食包括松属（*Pinus*）、云杉属（*Picea*）、黄杉属（*Pseudotsuga*）、冷杉属（*Abies*）及落叶松属（*Larix*）在内的 40 余种松科植物，主要以松属植物为主（Smith，1971；张真等，2005）。在我国，红脂大小蠹主要为害油松、樟子松、白皮松、华山松等松属植物（张历燕等，2002；杜艳红等，2019）。

2. 分布

北美洲是小蠹虫 *Dendroctonus* 多样性的中心，其发生分布与寄主松树的分布密切相关，寄主松树由北向南扩张推动大小蠹向南扩散（Wood，1985；Styles，1993；Farjon and Styles，1997）。据文献推论，红脂大小蠹起源于加拿大，经由三条路线向南扩散：西线经蒙大拿，沿洛基山脉向南抵达墨西哥；中线经美加边境进入明尼苏达州，到达威斯康星；西线沿东部山脉往南进入纽约州（Zúñiga et al.，2002）。红脂大小蠹传入我国山西后，迅速扩散蔓延至陕西、河南、河北、北京、辽宁和内蒙古，我国各地种群具有高度一致性（Sun et al.，2004；任海鹏等，2018；蔺丹丹，2018；Liu et al.，2022b）。

3. 生活史

红脂大小蠹是一种全变态昆虫，其生活史包括成虫、卵、幼虫和蛹四个阶段（图 33-5）。红脂大小蠹主要以老熟幼虫越冬，也有少数以 2～3 龄幼虫、蛹或成虫越冬，其越冬部位主要位于寄主的根部。其生活史以成虫越冬的 1 年 1 代，以老熟幼虫越冬的需跨年度才完成一个世代，以小幼虫越冬的需 3 年完成 2 代或 2 年完成 1 代，具有典型的世代重叠现象。老熟幼虫和成虫越冬的，于 5 月中下旬大量出孔扬飞；2～3 龄幼虫越冬的，于次年 7 月中下旬羽化出孔扬飞。

4. 形态特征

成虫体长 5.3～8.3mm，平均约 7.3mm，体长为体宽的 2.1 倍；老熟成虫呈红褐色。额面凸起，其中有 3 高点，排成品字：第 1 高点紧靠头盖缝下端之下，其余 2 高点则分别位于额中两侧；口上突宽阔，其基部宽度约占两眼上缘连线宽度的 55% 以上，口上突两侧臂圆鼓地凸起，而口突表面中部则纵向下陷，口突侧臂与水平向夹角约 20°。前胸背板的长宽比为 0.73；前胸侧区（前胸前侧片）上的刻点细小，不甚稠密。鞘翅的长宽比为 1.5，翅长与前胸长度之比为 2.2；鞘翅斜面第 1 沟间部基本不凸起，第 2 沟间部不变狭窄也不凹陷；各沟间部表面具有光泽；沟间部上的刻点较多，在其纵中部刻点凸起呈颗粒状，有时前后排成纵列，有时散乱不呈行列（殷惠芬，2000）。

卵长椭圆形，乳白色，有光泽，长 0.9～1.1mm，宽 0.4～0.5mm。

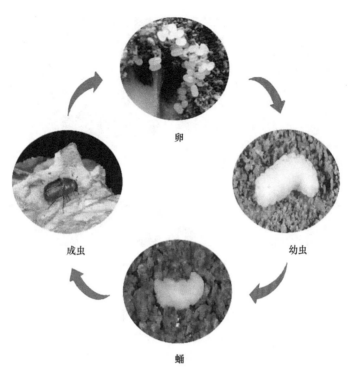

图 33-5 红脂大小蠹生活史

幼虫蛴螬形，无足，体白色，分为 5 个龄期（Liu et al.，2014）。老熟幼虫体长平均约 11.8mm，头宽 1.79mm，腹部末端有胴痣，上、下各具一列刺钩，呈棕褐色，每列有刺钩 3 个，上列刺钩大于上列刺钩，幼虫借此爬行。虫体两侧除有气孔外，还有一列肉瘤，肉瘤中心有一根刚毛，呈红褐色。

蛹初为乳白色，之后渐变成浅黄色，头胸黄白相间，翅污白色，直至红褐色、暗红色，即羽化为成虫（苗振旺等，2001）。

（二）红脂大小蠹生态学

1. 红脂大小蠹危害行为

红脂大小蠹的侵入过程分为先锋雌虫开始进攻（initial attack）、雄虫进入（developing attack）、大量进攻（mass attack）和转移寄主（switching）。红脂大小蠹雌成虫率先进攻（Liu et al.，2006），选择危害成年大树，通过松树挥发物来识别寄主（Liu et al.，2008；2011）；松脂从寄主树的侵入孔流出，起着初级引诱作用，为后继者继续入侵提供线索；同时，入侵成功的先锋雌虫释放具有聚集信息素和性信息素双重作用的信息素 frontalin，大量诱引红脂大小蠹共同危害，起着次级引诱作用（Liu et al.，2013）。初级引诱和次级引诱的综合作用，导致红脂大小蠹种群集中攻击一株寄主松树，共同克服寄主抗性；当红脂大小蠹种群密度达到一定的程度时，释放某种抗聚集信息素 *exo*-brevicomin，驱使红脂大小蠹其他个体攻击邻近寄主，控制种群进攻密度，实现寄主转移（Liu et al.，2017a）。松树被危害后表现为树干有侵入孔，伴随鲜红色的漏斗状流脂，同时松树基部地上堆积粉白色颗粒状虫粪（图 33-6）。

2. 红脂大小蠹种群协同入侵

红脂大小蠹在原产地为次级害虫，入侵我国后经过潜伏暴发成灾变成主要害虫，其危害过程分为定位寄主、开始进攻、聚集进攻和转移寄主四个阶段 （Liu et al.，2006）。红脂大小蠹雌虫通过寄主释放挥发物的组分比率选择大树进攻，其后雌虫在钻蛀的过程中释放聚集信息素大量招募同伴群聚危害，雌雄配对后释放抗聚集信息素调控种群进攻密度，种群协同克服寄主抗性（Liu et al.，2008；2011；2013；2017a）。红脂大小蠹聚集危害，但具有一夫一妻家庭结构，形成了独特的性选择适应机制（Liu et al.，2017b；2020h；2021d）。红脂大小蠹雌虫通过释放声音和信息素吸引雄虫，雄虫与雌虫会合后，雄虫通过发出声音和释放信息素阻止其他雄虫的到来（Liu et al.，2020h）。雄虫通过雌虫释放声音大小近距离选择大个体雌虫配对，

图 33-6 红脂大小蠹危害状

A. 侵入孔；B. 虫粪

以提高种群适合度（Liu et al., 2017b）。同时，红脂大小蠹聚集危害期间，雄虫间存在激烈配偶竞争，红脂大小蠹雄虫通过产生领地作用声音驱赶第三者，雄虫个体越大，产生的声音越大（Liu et al., 2021d）。针对入侵种入侵性，我国学者聚焦红脂大小蠹危害阶段中特异行为和信息交流，解析了聚集和抗聚集过程、配偶选择和竞争过程，从生态适应角度阐明红脂大小蠹入侵种群协同克服寄主抗性，提高适合度，实现成功入侵。

3. 红脂大小蠹虫菌共生

生物入侵已被公认为导致生物多样性丧失最主要原因之一。入侵种的入侵机制是入侵生物学的核心科学问题。已有假说主要从天敌、资源和生态位几个方面阐述了入侵理论。我国学者聚焦红脂大小蠹-共生微生物体系的系统，揭示了红脂大小蠹及其伴生真菌/细菌的共生入侵，提出了关于入侵昆虫的"虫菌共生入侵学说"（图 33-7）（Lu et al., 2016）。研究发现，红脂大小蠹伴生真菌长梗细帚霉高丰度，诱导寄主产生 3-蒈烯（3-carene）帮助红脂大小蠹入侵（Lu et al., 2009；2010；Wang et al., 2013c）；红脂大小蠹携带的本地真菌显著诱导寄主油松产生柚皮素，而红脂大小蠹各阶段坑道菌具备显著降低柚皮素的能力，有利于红脂大小蠹-长梗细帚霉共生体系，揭示了同域隐藏微生物保护红脂大小蠹-长梗细帚霉虫菌共生入侵新机制（Cheng et al., 2016；2018）；此外，红脂大小蠹肠道微生物产生氨气将淀粉分解为葡萄糖，为红脂大小蠹提供能量，促进红脂大小蠹-长梗细帚霉共生体系的维持（Zhou et al., 2017b；Liu et al., 2020g）。

（三）红脂大小蠹防治技术

1. 信息素生态调控

根据红脂大小蠹聚集危害的特点，可利用红脂大小蠹聚集信息素的高效诱引和抗聚集信息素高效驱避特性，大规模应用推-拉生态调控技术大量定向诱杀红脂大小蠹，降低虫口密度。目前，我国科研人员已成功研发了红脂大小蠹聚集信息素诱芯和抗聚集信息素驱避剂，能高效诱杀红脂大小蠹，或定向驱赶以保护健康松树（Liu et al., 2013；2017a），该技术已成功应用于红脂大小蠹防治实践。

2. 天敌防治

红脂大小蠹在树皮下活动，天敌种类相对较少，研究发现一种郭公虫（*Clerus* sp.）能利用挥发物定位捕食红脂大小蠹成虫，是一种有潜力用于防治红脂大小蠹的天敌昆虫（王海河等，2013），急需解决天敌昆虫的工厂化饲养难题。

3. 物理措施

可在红脂大小蠹林间发生静息期（11 月到次年 3 月），林间伐除红脂大小蠹危害枯死木、濒死木，拔点清源，及时清理林间虫源滋生地。

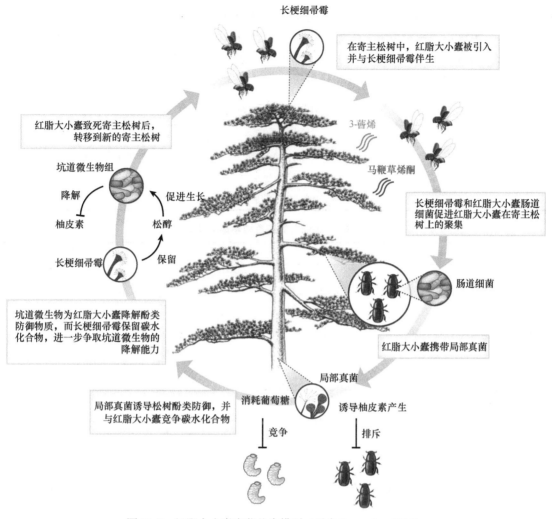

图 33-7　红脂大小蠹虫菌共生模型（引自 Lu et al.，2016）

4. 化学措施

对重点区域及人力可达之处，通过对虫孔注药（40%氧化乐果乳油）和树干熏蒸（磷化铝片剂）重点保护红脂大小蠹初期危害的松树，阻断红脂大小蠹进一步加剧危害。

5. 营林措施

严格控制采伐和抚育，避免因伐桩滋生虫源；疫木清理地和林间抚育地适时补植补造，保护森林健康，从源头上减少或避免红脂大小蠹的危害。

十四、美国白蛾

美国白蛾（*Hyphantria cunea*）属鳞翅目灯蛾科，原产北美洲，是一种重要的世界检疫性害虫（张生芳和于长义，1985）。其 1940 年传入欧洲，1945 年传到日本（Tang et al.，2021）；1979 年在中国辽宁丹东发现，随后不断扩散，目前已传入全国 14 个省份 617 个县级行政区（国家林业和草原局，2022）。美国白蛾是当前中国发生面积最大的林业外来入侵害虫，年发生面积 1300 万亩，对发生区城市园林植物、农田防护林、果园、桑园甚至农作物都造成了严重危害。

（一）基础研究

1. 生物学特性

美国白蛾为多食性食叶害虫，全世界已知寄主达 630 多种（Sullivan and Ozman-Sullivan，2012），其中美国、日本、欧洲和中国报道的寄主种类分别为 120 种、300 种、200 种和 400 种以上（Schowalter and Ring，2017；罗立平等，2018）。美国白蛾在不同地区偏好取食的植物种类和喜食程度不同（表 33-1、表 33-2）。在中国南部，该虫取食寄主树种范围有所扩大，如在上海金山区发现更喜食落羽杉，落羽杉林内美国白蛾有虫株率和被害株失叶率均明显高于柳树和杨树（黄广育，2022）。

表 33-1　美国白蛾偏好取食的植物种类

喜食程度	植物种类
非常喜食	桑、白蜡、臭椿、法桐、杨、柳、梧桐、苹果、梨、李、樱桃、胡桃、山核桃、榆、柿
中等偏好	栎、栗、玉米、麻、十字花科植物等
不喜食	刺槐、银杏、松树、荨麻、曼陀罗等

表 33-2　美国白蛾喜食植物地区差异

地理区域	喜食植物
美国北部和加拿大	白蜡、梧桐、梣叶槭、三角叶杨
美国南部	山核桃、柿、枫香、茱萸、柳、樱桃、苹果
欧洲	桑、糖槭
日本	柳、杨、栎、白蜡、朴、榉
中国北方	桑、白蜡、糖槭
中国长江流域	桑、法桐、榆、柿、枫杨、泡桐

美国白蛾自然扩散主要靠成虫飞行和破网后 5~7 龄幼虫爬行两种方式。成虫在不借助外力时一次可飞行约 70m，年飞行距离 20~40km。吃光饲料后，中老龄幼虫自然爬行，老熟幼虫在地面四散寻找合适化蛹场所，最远可爬行近 500m，在水中可漂流 2~3h，上岸后仍可生存。各虫态尤其是幼虫和蛹可通过交通工具和包装材料等远距离传播（张向欣和王正军，2009；张文颖等，2019）。扩散时，美国白蛾对恶劣环境的顽强抵抗能力提高了其扩散定殖成功的概率。

美国白蛾在中国北方一般一年 2 代，部分发生 3 代；在南方一年 3 代，随着该虫不断南扩，其世代数也可能随之提高（表 33-3）。野外调查发现，上海 10~11 月仍有美国白蛾成虫和低龄幼虫活动，表明其在南方地区有进一步形成一年 4 代的趋势。一旦美国白蛾在南方地区实现 4 代化，随着其种群数量几何级暴增，其传播扩散可能更加迅猛，造成的灾害损失可能更大（闵水发等，2018）。美国白蛾在不同地区发育代数不同是因地处不同纬度或地区积温差异所导致。同时，美国白蛾发生代数与温、光、湿及食物等因素均相关（乔仁发等，2003；刘宝生等，2011）。

表 33-3　中国不同地区美国白蛾发生世代数

发生区域	年发生世代数
吉林、辽宁、内蒙古、陕西、青海	2
天津、河北、山东	2~3
北京、上海、江苏、浙江、安徽、河南、湖北	3

美国白蛾以蛹进行兼性滞育越冬，温、光、湿及食物质量等均会影响其滞育。越冬早期，不同温度对滞育蛹体重、体型、能量物质消耗均有显著影响（王玮，2020）。光周期是诱导美国白蛾滞育的主要环境因子（Chen et al.，2014），临界光周期受温度调控，幼虫阶段对短光照诱导滞育具有累积效应，3~5 龄时对光周期诱导滞育最敏感（王少博等，2020）。而在不同地区，蛹滞育特性对其年发生代数起到限制作用。美国白蛾入侵中国后，随着适生范围扩大，其生物学特性也发生改变。1979 年美国白蛾最初入侵丹东时为一年 2 代，随后逐渐转变为一年 3 代（王昶远，2000）。不同区域美国白蛾种群的临界光周期与原始纬度呈正相关，而滞育诱导临界光周期的温度依赖性与原始纬度呈负相关，其中三化性种群比二化性种群

表现出更强的温度敏感性。随着美国白蛾进入滞育时间延长，其抗寒性随之下降，这与其体内谷氨酸、赖氨酸等抗寒物质有很大关系（Li et al.，2001；刘慧慧，2012）。

2. 发生危害规律

美国白蛾多在夜间活动，成虫具有趋光、趋味特性，对腥臭味敏感，在植物光照好的地方，以及水沟、水坑、厕所等附近发生严重。美国白蛾具有暴食性、低龄幼虫期群居于网幕内产生危害的特点。成虫繁殖能力较强，1头雌蛾平均产卵500~800粒，最高时能产1500粒以上（张向欣和王正军，2009）。当4月气温超过15℃时，越冬蛹即开始羽化，在相对湿度70%、温度18℃以上环境下，越冬代成虫多在16：00~19：00羽化。进入夏季后，随着气温升高，羽化约推迟2h。成虫寿命3~11d，交尾后产卵于叶背。5月上旬幼虫开始孵化，1~4龄幼虫结网取食；1~2龄幼虫只取食叶肉，留下呈透明纱网状叶脉，3龄幼虫开始将叶片咬成缺刻，4龄后幼虫破网分散取食，食量骤增，严重时吃光整株叶片，削弱树木抗逆能力，对树木生长极为不利（Wu et al.，2019a；王光宇等，2020）。第1代幼虫危害期为5月上旬至6月下旬；第2代为7月上旬至8月下旬；第3代则为8月下旬至10月下旬。9月底至11月上旬老熟幼虫陆续下树寻找隐蔽场所化蛹越冬。美国白蛾以蛹在砖石瓦砾、枯枝落叶、房檐、窗台下、墙缝、土壤裂缝、柴草堆、树洞等处越冬。幼虫一生食叶量达56~69g，严重时可在一夜间吃光树叶，然后转移到附近农田中继续为害农作物（图33-8）。

图33-8 美国白蛾各虫态

A. 成虫和卵；B. 初孵幼虫；C. 老熟幼虫；D. 蛹

3. 自然控制因素

国内史永善（1981）最早报道了美国白蛾幼虫期天敌日本追寄蝇，自然寄生率约10%。舒超然和于长义（1985）调查中国丹东地区美国白蛾天敌时发现各虫期捕食性和寄生性天敌超过50种，包括两栖类2种、鸟类5种、蜘蛛20多种、天敌昆虫18种、蜈蚣1种，以及核型和质型多角体病毒、白僵菌、细菌等病原微生物，其中以鸟类和核型多角体病毒的自然控制作用最强，达20%~70%，对越冬代控制作用高于夏季世代。冉瑞碧和赵得金（1989）报道了陕西地区美国白蛾寄生性天敌11种，寄生率为1%~15%。杨忠岐（1989）描述了中国寄生美国白蛾的一个新属新种白蛾周氏啮小蜂（*Chouioia cunea*），该寄生蜂在后来我国美国白蛾的生物防治方面发挥了重要作用。Yang等（2008）报道了国内美国白蛾天敌昆虫27种，其中寄生性天敌25种、捕食性天敌2种。

4. 信息素与监测方法

美国白蛾的人工合成信息素一直是国内研究的难题，引诱剂产品主要从日本进口。20 世纪 90 年代以来，中国学者开展了一系列探索和攻关研究，相继成功合成了美国白蛾性信息素中间体和几种关键组分（林国强和曾春民，1993；严赞开等，2002；苏茂文等，2008；陈雪珂等，2020），并对引进和中国自主合成的信息素产品进行了野外引诱效果评价（朱丽虹等，1998；张庆贺等，1998；万霞，2020）。性引诱剂设置高度春季以树冠下 2～2.5m、夏季以树冠中上层 5～6m 为宜。最远引诱距离在 400m 处，最佳为 100m 内。当前中国的美国白蛾引诱剂产品已逐渐成熟，有望快速突破卡脖子技术。

5. 分子生物学研究

张苏芳等（2021）综述了美国白蛾分子生物学和遗传防控研究进展。刘颉（2012）筛选了美国白蛾微卫星位点，分析了该虫种群遗传多样性和遗传结构，发现中国种群等位基因丰富度和线粒体单倍型多样性远低于美国原产地种群（Cao et al.，2015；2016）。武磊（2019）发现美国白蛾原有疫区种群的遗传结构相对稳定，而扩散前沿种群发生快速分化，形成了更为复杂的遗传结构和更高的遗传多样性。Liao 等（2010）解析了美国白蛾线粒体基因组。此外，当前已发布 2 个版本的美国白蛾全基因组，分别由国内两个团队完成（Wu et al.，2019a；Chen et al.，2020）。两个团队的解析结果十分相近，基因组大小在 500Mb 以上，基因数量为 1.5 万余个。Wu 等（2019a）还基于基因组数据开发了美国白蛾基因操作平台，为基因功能研究和遗传操作技术开发奠定了基础。

（二）防控技术

1. 检疫防治

检疫封锁是防止美国白蛾传播最有效的途径之一。对往来各疫区与非疫区的运输工具应严格检查，禁止疫区内苗木调运移植，经审批后就地使用或销毁。对外来苗木及产品应及时上报，通过检疫及复检后再调运使用。由于美国白蛾可通过多种方式扩散，对检疫防治要求更高，需要全社会共同努力，及时发现疫情并上报。

2. 人工和物理防治

（1）剪除网幕：美国白蛾幼虫结网盛期（2～3 龄），发现网幕用高枝剪剪下，就地挖沟深埋或焚烧处理。

（2）围草诱蛹：美国白蛾老熟后有下树化蛹习性，可在受害树干离地面 1～1.5m 处绑草把诱集幼虫化蛹，捆绑时注意上松下紧，并及时收集草把集中焚毁。虫害发生高峰期需每周换 1 次草把。

（3）人工挖蛹和摘除卵块：利用美国白蛾越冬越夏习性，从 10 月到翌年 3 月，可在树干老皮裂缝、林下土壤、砖头瓦块缝隙、枯枝落叶及柴草垃圾堆等处寻找美国白蛾蛹进行集中消灭。在美国白蛾产卵盛期，可在喜食寄主植物叶片背面寻找卵块摘除。

（4）黑光灯诱杀：美国白蛾具有趋光性，晚上 18：00～20：00 和凌晨 02：00～04：00 最活跃。诱捕美国白蛾成虫效果最好的波段为 360～365nm（万霞等，2021）。该方法可在一定程度上减少成虫产卵量，还可用于虫情测报（李建光等，2013）。

3. 化学防治

第 1 代幼虫破网前可用高效氯氰菊酯+甲维盐防治，幼虫破网后可在树冠上喷洒溴氰菊酯防治。进入 20 世纪，多用一些触杀性强、残留久、毒性较高的药剂，随着环保意识提高，低毒、低残留、无公害农药开始研发并应用，如除虫脲、阿维菌素、甲维盐、苦参碱、氟虫脲、灭幼脲等，均有良好药效（刘刚，2020）。此外，联苯菊酯、高效氯氟氰菊酯、硫虫酰胺、甲氰菊酯等也均能有效防治美国白蛾（雷启阳等，2021）。截至目前，全国批准并登记防治美国白蛾的农药产品约 40 个（刘刚，2020）。在施药方式上，可利用大型喷药车或高压机动喷雾机对树木进行喷药，也可利用弥雾机对郁闭度大的林分喷烟熏杀（孙荣霞等，2016），在美国白蛾幼虫危害期还可进行飞防（张华伟等，2018）。在应用化学防治时，应尽量选用植物源、抗生素类、仿生制剂类等药剂。

4. 生物防治

（1）释放天敌：白蛾周氏啮小蜂是防治美国白蛾应用最广泛的天敌昆虫（杨忠岐，1989；杨忠岐等，2018）。该蜂控害力强、繁殖量大、寄生率高。在投放时，放蜂期在美国白蛾老熟幼虫期和化蛹初期、气温达25℃以上最佳。将即将羽化出蜂的柞蚕茧挂在树枝上，让其自然羽化飞出。在重点防治区应以淹没式放蜂为主，蜂虫比3:1；预防区应采用连续接种式放蜂防治。1个世代应放蜂2次，第1次在美国白蛾老熟幼虫期，第2次在7～10d后（即化蛹初期）。

（2）喷洒生物菌剂：美国白蛾2～3龄时选择昆虫病毒、白僵菌或苏云金杆菌（Bt）进行叶面喷施，防治效果最佳。其中，美国白蛾核型多角体病毒（HcNPV）专一性强，对鱼、虾、蟹、蜜蜂、家蚕、柞蚕等特种养殖安全（殷海鹏等，2020）。利用Bt和HcNPV复配可使美国白蛾提前2～3d发病（李红静等，2013）。HcNPV不仅对当代美国白蛾幼虫有效，还可将病毒传递到子代，当环境条件成熟时，病毒就可在种群内流行致使美国白蛾种群数量急剧下降（段彦丽等，2009）。

5. 营林防治

在一定范围内合理搭配寄主树种、非寄主树种和抗性树种，选择美国白蛾喜食树种以招引害虫集中消灭；也可利用不同树种设置隔离带，限制美国白蛾扩散传播。

6. 遗传防治

通过培育转基因抗虫树种可实现某类树种对美国白蛾的长效抗性。例如，'南林895'杨通过转Bt基因表达，能有效抑制美国白蛾生长，并具有时空特异性，适于作为抗虫杨树树种进行推广（孙伟博等，2020）。美国白蛾RNAi还处于基因功能研究和防治靶标选择阶段，中国林科院张真课题组对美国白蛾的几丁质酶和乙酰胆碱酯酶基因进行了RNA干扰，获得干扰效果较好的靶标基因（Zhang et al.，2021b），为美国白蛾防治提供了新思路。刘慧慧等（2017）利用基因组编辑技术对美国白蛾翅形成相关基因HcWnt-1进行了功能研究，发现HcWnt-1突变可造成美国白蛾胚胎期死亡，可作为未来美国白蛾遗传防治的靶标基因。基于piggyBac转座子和CRISPR/Cas9的遗传转化体系已成功应用于美国白蛾，并构建了性别确定相关基因doublesex（Hcdsx）的可遗传不育突变体，为美国白蛾遗传防控提供了靶基因（Li et al.，2020c）。

（三）综合治理

利用上述各项防治措施，国内各发生区先后开展了大量综合治理实践，取得了较好的防治效果（杨秀卿等，1999；韩振芹和石进朝，2006；冯术快和卢绪利，2009；高冬梅，2012）。在发生期监测预测的基础上，幼虫期以化学防治、人工剪除网幕、喷施生物制剂等措施为主，蛹期以释放寄生性天敌为主。例如，岳耀鹏（2012）总结出菏泽地区美国白蛾防治经历，针对美国白蛾发生规律制订了无公害综合防治配套的最佳模式。辽宁和河北等地还开展了美国白蛾工程治理（燕长安等，2002；梁家林和屈金亮，2006）。从维护生物多样性、保护天敌角度出发，建议优先选择生物防治等绿色防控技术和产品，广谱性杀虫剂应限制使用。对于森林公园和自然保护区等自然生态条件良好的区域，不推荐进行黑光灯诱杀，以免破坏生物多样性，仅在农林平原区、村镇周围、道路两侧绿化带等区域使用以便进行成虫监测。

十五、椰心叶甲

椰心叶甲（*Brontispa longissima*）隶属鞘翅目（Coleoptera）叶甲总科（Chrysomeloidea）铁甲科（Hispidae）潜甲亚科（Anisoderinae），是棕榈植物上的一种世界性毁灭害虫，为国家检疫对象，属重大突发性外来入侵害虫（图33-9）。

（一）基础研究

1. 生物学特性

椰心叶甲的寄主植物主要为棕榈科经济或者观赏植物，约26属36种（吴青等，2006），主要为害椰子、槟榔、假槟榔、山葵、省藤、鱼尾葵、散尾葵、西谷椰子、大王椰子、华盛顿椰子、卡朋特木、油椰、蒲葵、短穗鱼尾葵、软叶刺葵、象牙椰子、酒瓶椰子、公主棕、红槟榔、青棕、海桃椰子、老人葵、海枣、斐济桐、短蒲葵、刺葵、岩海枣和孔雀椰子等棕榈科植物心叶，造成叶片缺刻和坏死，甚至顶枯，严重时可造成整株植株死亡（图 33-10）。

图 33-9　椰心叶甲成虫

图 33-10　椰心叶甲危害状

椰心叶甲成虫不仅寄主范围广，还具有世代重叠严重、成虫期长、产卵期长、繁殖能力强等特点，具备很强的生存能力和环境适应能力。在海南，椰心叶甲经历 1 个世代需要 55～110d，1 年内可发生 4～5 代，世代重叠现象明显，终年可见各种虫态。椰心叶甲成虫寿命长达 200 多天，雌雄成虫一生可交配多次，成虫产卵期长，每头雌虫一生可产卵 100 多粒，其卵孵化率可达 88%（曾玲等，2003）。

椰心叶甲成虫具有一定的飞翔能力，一般是通过飞行或借助气流近距离扩散，能飞行 300～500m（唐武路，2019），各虫态可随棕榈科植物的种植和苗木调运远距离传播，使很多地区和国家的棕榈科植物遭到椰心叶甲的严重为害。

2. 椰心叶甲在中国的适生性分布

椰心叶甲原产于印度尼西亚和巴布亚新几内亚，现在已经传播扩散至东南亚地区、大洋洲及太平洋群岛。椰心叶甲于 1975 年由印度尼西亚传入我国台湾；1991 年，在香港发生为害；1999 年 8 月，在南海口岸从台湾运来的华盛顿葵中检获到椰心叶甲，此后我国各口岸多次有截获该虫的报道，2002 年 6 月在海南入侵暴发成灾，后来相继扩散至广东、广西、福建和云南等地。通过对椰心叶甲生物学、生态学的实验研究及信息分析，利用地理信息系统 Arcview GIS 3.3 分析预测了其在中国大陆的可能适性范围。研究结果表明，椰心叶甲种群在我国可能适宜定殖的地区范围较广，涉及华南、西南、华东、华中、西北等地区的 19 个省（自治区、直辖市），其中广东、海南、云南、广西、福建等地的生态条件非常适合该虫的常年生存，与目前疫情发生情况非常吻合（彭正强等，2006）。

3. 生态适应

椰心叶甲是一种喜温的昆虫，适宜生长发育温区为 20～30℃，我国南方气候适宜椰心叶甲存活定殖。椰心叶甲对湿度的要求不高，一般饲料新鲜即可满足其生活所需，连续几天大干旱则有利于此虫的发生。椰心叶甲成虫和幼虫均具有负趋光性和假死性，各虫态在完全不取食状态下可存活 1～6d，在有水的情况下存活时间可延长至 2～13d，并且在饥饿状态下仍有一定的化蛹率和羽化率（许春霭等，2007）。椰心叶甲具有较强的耐高温和饥饿能力，是其入侵到新环境成功定殖的重要因素。

（二）引进寄生蜂，创建"扩繁-释放-评价"技术体系

1. 引进寄生蜂

根据生态位原理，分别从越南和中国台湾地区成功引进了椰心叶甲幼虫专性寄生性天敌椰甲截脉姬小蜂（*Asecodes hispinarum*）和蛹专性寄生性天敌椰心叶甲啮小蜂（*Tetrastichus brontispae*）（吕宝乾等，2012a），评估了 2 种寄生蜂在我国的适生区，认为 2 种寄生蜂的最适宜分布范围与目前椰心叶甲在我国的实际分布基本吻合（唐超等，2008）。经过系统安全性评估，2 种寄生蜂的释放获得国家质量监督检验检疫总局批准（金涛等，2012）。

2. 研发寄生蜂规模化繁育技术

利用自然寄主大量繁殖椰心叶甲寄生蜂的技术，开发出一套以椰子心叶与完全展开叶混合饲养椰心叶甲寄生蜂的高效、低成本饲养模式；根据椰心叶甲寄生蜂摄食因子和营养成分，研制了一种椰心叶甲寄生蜂幼虫半人工饲料，用该人工饲料饲养，椰心叶甲寄生蜂从初孵幼虫到老熟幼虫的存活率为 79.8%，达到了与自然寄主椰子心叶饲养相同的效果（吕宝乾等，2012b）。

此外，该研究成功创制了一套规模化繁育寄生蜂的技术与饲养设施，形成完整的生产工艺流程，显著降低了繁蜂成本，生产成本仅为越南、泰国的 50%。目前已建成 4 个繁蜂工厂，日生产寄生蜂能力为 200 万头，年生产能力达 7 亿头，其中椰甲截脉姬小蜂 5.25 亿头、椰心叶甲啮小蜂 1.75 亿头（金涛等，2012）。2004～2010 年累计生产寄生蜂 35 亿头。

3. 创建寄生蜂林间大面积混合释放与跟踪评价技术体系

目前研制了 2 个新型的寄生性天敌释放器，其结构简单、制作方便、成本低，可以有效遮阴并防止雨水淋入储蜂部位，悬挂稳定性强，简化了天敌释放的过程，节省了人力物力，提高了防效。根据寄生蜂寄生椰心叶甲不同虫态和椰心叶甲世代严重重叠等特点，创立了 2 种寄生蜂林间大面积混合释放技术。按啮小蜂与姬小蜂为 1∶3 的比例，在林间混合释放寄生蜂，每亩椰林挂放蜂器 1 个，放蜂量约为椰心叶甲种群数量的 2 倍（蜂虫比 2∶1），每月放蜂 1 次，连续释放 4～6 次，寄生蜂可建立自然种群（许春霭等，2007）。成片椰子、槟榔等棕榈科植物林或生态环境较好的地区，椰甲截脉姬小蜂对椰心叶甲 3～4 龄幼虫的平均寄生率为 61%，椰心叶甲啮小蜂对椰心叶甲蛹的平均寄生率为 52%，最高均可达 100%，可长期控制椰心叶甲的发生。零散棕榈科植物、生态环境较差的地区或特别寒冷年份，需要不定期补充放蜂。

目前，在海南岛大部分地区，引进的寄生蜂都成功建立了自然种群，持续控制面积超过 7 万 hm²。寄生蜂释放防治成本为每公顷 189 元，如以 5 年、10 年、15 年、20 年计算，成本仅为化学防治费用的 1.13%、0.57%、0.37%、0.27%，极大地降低了防治成本，节约了社会资源。

（三）综合治理

1. 检验检疫

严格的检疫措施是防止椰心叶甲在国家和地区之间进行传播的有效手段，主要检查未展开和初展开心叶的叶面和叶背是否有椰心叶甲危害状，以及成虫、幼虫和虫卵的存在。一旦发现虫情，应立即采取措施，包括对调运苗木进行化学熏蒸或就地烧毁等处理，针对疫点或小面积疫区采取铲除并防治封锁的措施（钟义海等，2003）。

2. 物理防治

物理防治主要手段有伐除疫木、剪除感染叶片、光诱导和栽种抗虫品种。由于椰心叶甲只取食未展开和初展开的心叶，且产卵和化蛹也均在其折叠的叶内，因此可以剪除和烧毁带症、带虫心叶，以降低虫口数量。陈俊谕等（2014）研究发现，椰心叶甲成虫最喜好波长 580nm 的黄光，其次为波长 575nm 的黄绿光，可通过灯诱杀以降低当地的害虫种群数量和虫口密度。在所罗门群岛、非洲象牙海湾、斐济、西萨摩亚均有种植对椰心叶甲高抗的品种。

3. 化学防治

近年来报道多用西维因、敌百虫、甲奈威、甲胺磷和甲基乙硫磷等防治椰心叶甲。2003 年，华南农业大学、广东南海绿宝生化技术研究所、海南省林业局等单位联合研制的"椰甲清"粉剂（杀虫单和啶虫脒）复配剂挂袋法防治椰心叶甲被认为是目前防治椰心叶甲较好的方法之一，其具有杀虫率高、持效期长等特点（宋妍，2007）。

4. 生物防治

椰心叶甲的天敌种类很多，包括寄生性天敌、捕食性天敌和微生物天敌等。寄生性天敌有姬小蜂科、赤眼蜂科和跳小蜂科等 3 科 6 种昆虫，主要寄生卵、幼虫和蛹。捕食性天敌有属于革翅目和膜翅目等的 4 种昆虫，捕食卵、幼虫和蛹。微生物天敌主要是金龟子绿僵菌、球孢白僵菌等，感染幼虫、蛹和成虫（吴青等，2006）。目前椰心叶甲啮小蜂、椰甲截脉姬小蜂和金龟子绿僵菌在控制椰心叶甲实践中较为成功。

椰心叶甲生物防治实际操作过程中，通常释放天敌寄生蜂和绿僵菌联合使用。研究表明，菌、蜂之间具有协同防治作用。先接菌再接蜂和先接蜂再接菌的防治作用差异不显著，在处理后第 10 天的防治效果分别为 83.3% 和 73.45%，比单一使用其中一种措施防治效果要好。啮小蜂、姬小蜂均能携带绿僵菌至椰心叶甲，并能有效感染椰心叶甲，存在协同增效作用。

十六、红棕象甲

红棕象甲（*Rhynchophorus ferrugineus*）属鞘翅目象甲科，又称亚洲棕象甲、椰子象甲和印度棕象甲（Faghih，1996），是棕榈科植物的主要害虫之一，可危害 16 个属 20 多种棕榈科植物（Giblin-Davis et al.，2013）。红棕象甲属钻蛀性群居害虫，主要以幼虫蛀食棕榈科植物茎干，形成纵横交错的隧道。受害植株往往会由于养分丧失而生长发育不良，严重的甚至倒塌、死亡，最终失去应用价值（Ju et al.，2011；Montagna et al.，2015）。红棕象甲原产于东南亚和美拉尼西亚，20 世纪 80 年代，随着国际贸易活动加剧，开始大规模入侵与扩散，范围扩张至欧洲、亚洲和大洋洲的 30 多个国家和地区（童四和等，2007；Wang et al.，2015）。

（一）红棕象甲在中国的分布与危害

我国于 1997 年在广东首次发现红棕象甲（Wu et al.，1998），随后扩散蔓延到中国南部和东部的许多地区，如海南、福建、台湾、广西、云南、香港、江西、上海、浙江、四川和重庆（鞠瑞亭等，2006；Wang，2007；Zhang et al.，2008；侯有明等，2011；Wan et al.，2015）。除了以上地区，还有很多省也是红棕象甲的潜在分布区（Ge et al.，2015）。红棕象甲自 2003 年以来被国家林业局列为 233 种危险性林业有害生物之一，且在 2005 年被列为 19 种检疫性林业有害生物之一。红棕象甲由于其危害隐蔽、早期发觉极其困难，且化学杀虫剂、天敌和病原微生物等很难直接接触，因此控制效率通常较低。

（二）红棕象甲在中国的入侵机制

1. 热适应性

昆虫具有生长发育的最适温度范围，超过临界值则会导致种群增长受到明显限制（Zhou et al.，2010；Olson et al.，2013）。在我国，红棕象甲种群生长的最适温度为 26～32℃，但也会因为地理位置不同而略有差异。例如，上海（31.14°N，121.29°E）种群最适温度范围为 26～30℃（Zhao and Ju，2010），而福建福州（26.08°N，119.28°E）种群的最适温度范围为 27℃（Peng et al.，2016）。此外，红棕象甲生长发育的温度阈值也因地理种群而异（Li et al.，2010；Zhao and Ju，2010）。这些结果表明，红棕象甲在不同地区可能发生了遗传分化和适应性变异，从而有助于其快速适应新环境并成功定殖（De Barro et al.，2011；Fand et al.，2015）。

2. 对寄主植物的适应性

红棕象甲的寄主范围很广，覆盖了大部分棕榈树（棕榈科），共有 3 个科（龙舌兰科、棕榈科、禾本科）32 种植物被报道为其适宜寄主（Faleiro，2006；EPPO，2008；Dembilio et al.，2012）。在我国，红棕象甲主要的寄主植物有椰树（*Cocos nucifera*）、海枣（*Phoenix dactylifera*）、加纳利海枣（*P. canariensis*）、台湾海枣（*P. hamceana* var. *formosana*）、银海枣（*P. sylvestris*）、西谷椰子（*Melroxylon sagu*）、桄榔（*Arenga pinnata*）、油棕（*Elaeis guineensis*）、吕宋糖棕（*Corypha gebanga*）、多罗树（*Borassus flabelliformis*）、鱼尾葵（*Caryota ochlandra*）、酒瓶椰子（*Hyophorbe lagenicaulis*）、三角椰子（*Neodypsis decaryi*）、甘蔗（*Saccharum officinarum*）、王棕（*Roystonea regia*）、伞杆顶棕榈（*Corypha umbraculifera*）、越南蒲葵（*Livistona cochinchinensis*）、蒲葵（*L. chinensis*）、大叶蒲葵（*L. saribus*）、软叶刺葵（*Phoenix roebelinii*）、散尾葵（*Chrysalidocarpus lutescens*）、大丝葵（*Washingtonia robusta*）、棕榈（*Trachycarpus fortunei*）、布迪椰子（*Butia capitata*）、丝葵（*Washingtonia filifera*）（Qin et al.，2009；冯益明和刘洪霞，2010；Ju et al.，2011）。这些植物大多分布在海南、云南、广西、广东、福建和台湾，在贵州、湖南、四川、浙江、江西、西藏、香港、澳门等地也有少量分布。吕朝军等（2020）在海南首次发现红棕象甲可危害槟榔（*Areca cathecu*），这说明红棕象甲的寄主范围仍在进一步扩大。近年来，随着农业产业结构调整，棕榈科植物的种植面积不断扩大，因此，棕榈科植物种植和运输的增加可能是导致红棕象甲在我国迅速传播的重要原因（鞠瑞亭等，2006；Qin et al.，2009）。

3. 免疫反应

已有研究表明，昆虫在受到病原物侵染时会表现出免疫保护增强（Parmakelis et al.，2008；Shi and Sun，2010；Bali and Kaur，2013；Urbanski et al.，2014），这种反应通常被定义为免疫致敏（Roth et al.，2009；Yue et al.，2013）。Shi 等（2014）通过注射大肠杆菌 DH5α 来诱导红棕象甲的免疫反应，结果显示其幼虫早期的感染经历提高了后期继发感染时的酚氧化酶活性和抗菌肽活性。具有酰胺酶活性的 RfPGRP-LB 和 RfPGRP-S1 可作为肠道免疫的负调节因子，通过降解肽聚糖来调节红棕象甲肠道菌群稳态（石章红和侯有明，2020）。Muhammad 等（2019）还发现，与常规饲养个体相比，无菌昆虫的抑菌活性和酚氧化酶活性显著降低，说明肠道共生菌对红棕象甲幼虫具有免疫刺激作用。此外，侯有明课题组还明确了免疫致敏与跨代传递现象（TGIP），即受到细菌感染的红棕象甲雌性能将免疫保护转移至后代，并推测出红棕象甲的雄虫和雌虫可能进化出不同的策略来为其后代提供免疫保护（Liu et al.，2022a）。红棕象甲的成功入侵很大程度上取决于其在新环境中的定殖能力，而病原微生物是影响其快速适应的重要因素之一。因此，免疫致敏和跨代传递可能使红棕象甲自身和后代对病原微生物具有更强的抵抗力，从而促进其在新区域的适应和扩散。

4. 种群遗传分化

入侵途径与种群结构对于了解入侵过程及制定控制策略至关重要。瓶颈效应是物种入侵新生境后的必要经历过程（Dlugosch and Parker，2008；Ficetola et al.，2008）。Wang 等（2015）研究证实，福建红棕象甲种群遗传多样性水平较低，遗传结构相似，这可能与其有限的飞行能力和人为引入密切相关。进一步研究表明，中国南方红棕象甲群体的遗传多样性也普遍较低，尤其是中国台湾的红棕象甲群体遗传多样性最低（Wang et al.，2017）。此外，在华南地区与福建地区的红棕象甲均存在明显的单倍型多样性，如在福建发现了 11 种单倍型（Wang et al.，2015；2017），其中，H7、H8 和 FJ2（H20）也分别在日本、地中海及阿鲁巴发现（El-Mergawy et al.，2011；Rugman-Jones et al.，2013），且 FJ1、FJ3～9 为首次发现的新单倍型。FJ1 为优势单倍型，分布于福建大部分地区（Wang et al.，2015）。单倍型多样性说明红棕象甲群体可能由多次引入，或是单次引入过程中包含多种单倍体类型（Wang et al.，2015）。

（三）预防和控制策略

1. 种群动态预测

种群动态与生态环境、气候条件、植被组成、天敌和人为等因素密切相关。阎伟等（2011）使用线性回归分析法，开发了一个预测中期、短期红棕象甲种群动态的有效模型。该模型以土壤含水量、主林层郁闭度、土壤瘠薄程度和林龄为参数，这些因子都与红棕象甲的种群增长密切相关。同时，田间试验表明，该模型可用于生产实践。

2. 化学防治

我国常用的防治红棕象甲的化学农药有甲氨基阿维菌素苯甲酸盐、马拉硫磷、辛硫磷、氧乐果、呋喃丹、敌敌畏、乙酰甲胺磷、毒死蜱、啶虫脒、吡虫啉、西维因等。欧善生等（2009）发现，田间施用 3% 甲氨基阿维菌素苯甲酸盐和 45% 马拉硫磷 500 倍液，对红棕象甲的防治效果分别可达 93.4% 和 84.5%，且这两种化学物质对棕榈科植物都是安全的。刘丽等（2011）比较了熏蒸、穴注、外敷和灌根四种施药方法对幼虫的防治效果，证明熏蒸法比其他方法更有效，现场试验证实，利用熏蒸法施药 5d 后对幼虫的控制效果可达 83%（刘丽等，2011）。

3. 物理防治

在过去十年中，学者们在开发基于信息素或合成化学品的大规模诱捕体系方面取得了一系列进展（El-Shafie et al.，2011；Abuagla and Al-Deeb，2012；Guarino et al.，2011；Vacas et al.，2013；Chakravarthy et al.，2014）。到目前为止，诱捕被认为是控制红棕象甲的最有效方法（Hajjar et al.，2015）。黄山春等（2011）开发了一种用于红棕象甲的新型诱捕器，它由三部分组成，包括诱集管、挡虫板和集虫盆，应用结果表明，其对红棕象甲的成虫诱捕效果较好，且便于田间操作，简便实用。已有研究发现，红棕象甲聚集信息素为 4-甲基-5-壬醇和 4-甲基-5-壬酮（姜勇等，2002；杨毅等，2012）。陈丽萍（2016）比较了 3 种载体的诱芯对红棕象甲的诱捕效果，结果显示，PVC 微管＋棉芯为聚集信息素诱芯的最佳载体，有效期可达 90d，且每亩放置 1 个诱捕器，高度 2m 时的引诱效果最佳。

4. 生物防治

我国研究人员已从红棕象甲种群中分离出至少 14 株金龟子绿僵菌小孢变种（*Metarhizium anisopliae* var. *anisopliae*）（Zhu et al.，2010；张晶等，2012），其中一些菌株 Red2，在实验室中具有较高致病性，但田间效果仍需进一步试验验证。同时证实，从红棕象甲中分离出来的黏质沙雷菌（*Serratia marcescens*）菌株（HN-1）对其幼虫与卵具有一定感染力（张晶等，2011；Pu et al.，2016）。蒲宇辰（2020）从自然死亡的红棕象甲虫尸上分离到多种病原微生物，发现黏质沙雷菌、苏云金芽孢杆菌（*Bacillus thuringiensis*）、金龟子绿僵菌小孢变种（*Metarhizium anisopliae* var. *anisopliae*）和尖孢镰刀菌（*Fusarium oxysporum*）最具控制潜能和应用潜力。此外，他们还发现，苏云金芽孢杆菌不仅能够显著延长卵的孵化时间，还能够显著降低幼虫的钻蛀活性。郭雅洁等（2018）分离获得的一个新菌株 Yel-8，其属于嗜虫耶尔森氏菌（*Yersinia entomophaga*），生理生化测定结果显示其对红棕象甲具较好的杀虫活性，但仅表达菌株 Ye1-8 中的几丁质酶 1 和 2 蛋白对红棕象甲无杀虫活性，表明菌株 Yel-8 需要完整的毒素复合体才能发挥作用。还有学者发现，嗜菌异小杆线虫 H06 对红棕象甲低龄幼虫具有一定的控制潜力，主要表现为幼虫虫体呈现出僵硬皱缩、体色变褐、身体肿胀，直至最后虫体腐烂、线虫游离出的过程（钟宝珠等，2020）。

5. 转录组数据分析

由于红棕象甲的基因组尚未测序，大规模的基因挖掘对其分子机制解析以及后续的基因组注释至关重要。Wang 等（2013b）完成了红棕象甲大规模从头互补 DNA（cDNA）测序，他们确定了超过 60 000 个单核苷酸多态性和 1200 个简单序列重复标记；此外，还利用 RNA-seq 技术构建了红棕象甲在 5 个胚胎发育阶段的转录组数据库，其中包括 22 532 个基因（Yin et al.，2015）。同时，研究分析了几种保守信号通路，如 Hedgehog、JAK-STAT、Notch、TGF-β、Ras/MAPK 和 Wnt 以及关键发育基因的表达动态，包括与细胞凋亡、轴形成、Hox 复合体、神经发生和蛋白切割相关的基因（Yin et al.，2015）。为了更好地解析红棕象甲的寄主适应机制，构建了肠道宏基因组数据库，其肠道菌种群主要由 50 个常见种组成，占细菌总数的80% 以上。红棕象甲肠道菌群组成也具有季节特异性。例如，在 11 月和 3 月，最丰富的菌种是肺炎克雷伯菌，而在 7 月则是乳酸乳球菌，因此认为温度对红棕象甲肠道菌群具有较大影响（Jia et al.，2013）。杨红军等（2021）还利用二代测序（Illumina RNA-seq）数据校正三代测序（PacBio Iso-seq）数据的方法获得了红棕象甲全长转录组数据库，为红棕象甲后续筛选遗传控制分子靶标奠定了基础。

（四）结论和展望

红棕象甲是一种入侵性极强的害虫，在全球范围内对棕榈科植物造成了毁灭性的危害（鞠瑞亭等，2006；EPPO，2008）。在我国，近20年来，红棕象甲的部分寄主植物的种植面积已在其生长区域扩大，且成为工业生产的主要资源。例如，椰子和槟榔已分别成为海南第二和第三大热带作物产业；棕榈苗木花卉产业也正逐步发展成为我国南方沿海地区的新兴产业。这都表明未来红棕象甲可能会造成更严重的经济损失，应给予更多关注。

近年来，大部分研究主要集中在红棕象甲的生物学和生态学特性上，今后需进一步开展高效检测和监测技术的研究，建立一个早期检测和监测系统，以防止红棕象甲入侵。此外，还需要阐明其入侵机制，包括：红棕象甲与寄主植物的互作，红棕象甲免疫、抗药性、化学通讯的分子机制，红棕象甲的群体遗传进化等。在控制策略方面，我国当前主要的控制方法仍然是使用化学农药，这可能会造成严重的生态问题。因此，必须开发新的控制技术，包括红棕象甲的遗传和行为调控，以及筛选高效生物农药等，进一步研制安全、经济、高效和可持续的红棕象甲防治新技术。

十七、松材线虫

松材线虫病（又称松萎蔫病）是由松材线虫（*Bursaphelenchus xylophilus*）寄生在松树体内而导致松树快速死亡的病害。由于该病发病速度快、传播迅速、防治困难，因此被称为松树"癌症"。松材线虫原产于北美洲，目前已对除原产地外的多个国家和地区造成巨大的经济损失。松材线虫自1982年传入我国，于南京中山陵首次发现，目前在我国已蔓延至辽宁、吉林、江苏、浙江、安徽、福建、江西、山东、河南、湖北、湖南、广东和陕西等19个省（自治区、直辖市）742个县（区），病害发生面积高达2574万亩。黄山、泰山、庐山、张家界、三峡库区和秦巴山区等重点生态区位相继染疫，迎客松、凤凰松等古松名木及生态安全受到巨大威胁。世界上，松材线虫病目前在9个国家有报道发生（Kim et al.，2020），但主要危害发生在日本、韩国和中国等东亚国家（Futai，2021）。松材线虫目前是对我国森林危害最严重的林业检疫性有害生物，在我国被列为第一大林业外来有害生物（李永成和赵宇翔，2006），也是世界公认的重大林业外来入侵害虫和重要的世界性检疫对象（Zhao et al.，2016；Zhao et al.，2014）。

松材线虫在中国的媒介昆虫至少有8种，包括小灰长角天牛（*Acanthocinus griseus*）、褐幽天牛（*Arhopalus rusticus*）、桃红颈天牛（*Aromia bungii*）、松墨天牛（*Monochamus alternatus*）、黑斑墨天牛（*Monochamus Nigromaculatus*）、云杉花墨天牛（*M. saltuarius*）、粗鞘双条杉天牛（*Semanotus sinoauster*）和樟泥色天牛（*Uraecha angusta*）等（Wang et al.，2021b）。在自然条件下，中国至少有17种寄主感染松材线虫病，包括日本落叶松（*Larix kaempferi*）、长白落叶松（*L. olgensis*）、华北落叶松（*L. principis-rupprechtii*）、华山松（*Pinus armandii*）、白皮松（*P. bungeana*）、赤松（*P. densiflora*）、湿地松（*P. elliottii*）、思茅松（*P. kesiya*）、红松（*P. koraiensis*）、琉球松（*P. luchuensis*）、马尾松（*P. massoniana*）、樟子松（*P. sylvestris* var. *mongolica*）、油松（*P. tabulaeformis*）、火炬松（*P. taeda*）、黄山松（*P. taiwanensis*）、黑松（*P. thunbergii*）和云南松（*P. yunnanensis*），其中马尾松、华山松、云南松、油松、红松等都是中国重要生态区域造林栽培的主要树种（郑雅楠等，2021；叶建仁，2019）。基于松材线虫、媒介昆虫及其寄主植物生态地理分布的松材线虫病的适生性分析结果表明，中国绝大部分松林都是松材线虫病适生区（张星耀等，2011）。

（一）基础研究

松材线虫隶属于线虫门（Nematoda）胞管肾纲（Secernentea）滑刃目（Aphelenchida）滑刃科（Aphelenchoidea）伞滑刃属（*Bursaphelenchus*）（Mamiya，1983）。松材线虫生活史分为繁殖周期和扩散周期（Zhao et al.，2013b）。春末夏初，松材线虫扩散型3龄幼虫（L_{III}）聚集在天牛蛹室周围，转变为扩散型4龄幼虫（L_{IV}）进入天牛气管，扩散型4龄幼虫（L_{IV}）由天牛携带进入松树体内，经蜕皮变为成虫，进入繁殖周期，以卵—1～4龄繁殖型幼虫—成虫—卵为循环，取食寄主植物。夏季，在适宜的温度条件下，松材线虫可以大量繁殖并扩散到松树全身，树体开始衰弱，此时，松墨天牛往往于松材线虫病衰弱木上产卵。夏末至秋季，松墨天牛幼虫在树皮下蜕皮生长，取食松树，松树快速萎蔫死亡。随着松树的枯死，线虫因密度大、食物少，开始取食蓝变真菌，进入扩散阶段，经繁殖型 2 龄幼虫（L$_\mathrm{II}$）蜕皮后形成扩散型 3 龄幼虫（L$_\mathrm{III}$），并以此虫态进行休眠和越冬，松墨天牛以老熟幼虫在蛀道末端蛹室越冬。翌年春季，病树中的松材线虫扩散型 3 龄幼虫（L$_\mathrm{III}$）向松墨天牛蛹室聚集，经蜕皮转变为扩散型 4 龄幼虫（L$_\mathrm{IV}$），此虫态为松材线虫的传播虫态。多达万条的松材线虫进入松墨天牛气管系统，经松墨天牛在新的健康松树上取食而感染新的健康树（图 33-11）。

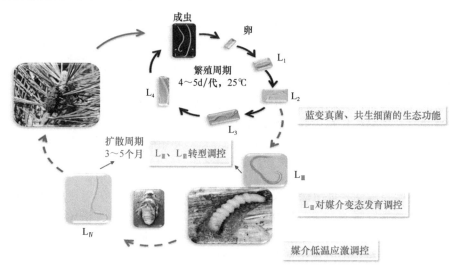

图 33-11　松材线虫的生活史

松材线虫繁殖周期经卵—1～4 龄繁殖型幼虫（L$_1$～L$_4$）—成虫—卵为循环大量繁殖。夏末至秋季，松材线虫进入扩散周期。由繁殖型 2 龄幼虫（L$_\mathrm{II}$）转变为扩散型 3 龄幼虫（L$_\mathrm{III}$）聚集在天牛蛹室周围；春末夏初，转变为扩散型 4 龄幼虫（L$_\mathrm{IV}$）进入天牛气管，随天牛携带到新的健康树中，蜕皮转化为成虫，进入繁殖周期

1. 化学通讯驱动病原与媒介昆虫互利共生

病原与媒介昆虫发育速度高度一致是病原被成功携带传播的前提。化学通讯在保障生物种间协同进化关系的发育一致性中起关键作用。松材线虫与媒介松墨天牛在关键虫态相互释放信号，促进彼此发育进程，使两者发育速度一致，形成共生体。

小分子信号物质蛔苷（ascarosides）能够协调松材线虫和松墨天牛的一致发育（Zhao et al.，2016）。在冬季低温条件下，松墨天牛 miR-31-5p 显著上调，负调控去饱和酶-酰基辅酶 A 氧化酶（acyl CoA oxidase，ACOX1），引发产生大量长链蛔苷（Asc-C9），诱导自身发育停滞，进行越冬；来年春季随着温度升高 Asc-C9 逐渐减少，恢复变态发育进程。与此同时，松材线虫 L$_\mathrm{III}$ 聚集在松墨天牛蛹室释放大量短链蛔苷 asc-C5 和 asc-ΔC6，促进媒介松墨天牛幼虫发育复苏，加速变态发育，利于松材线虫被松墨天牛成虫尽早携带传播，增加了两者扩张概率。短链蛔苷还可促进松墨天牛成虫保幼激素增加、产卵量加大、后代种群急增。两者协调配合，松树死亡率和死亡面积猛增（Zhang et al.，2020c；Zhao et al.，2016）（图 33-12）。

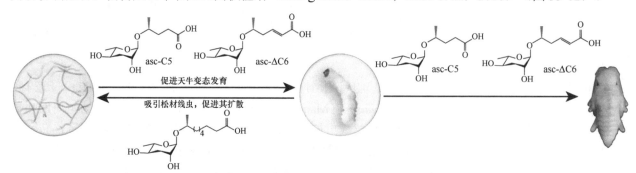

图 33-12　松材线虫促进本地松墨天牛发育

L_{IV} 是松材线虫唯一能被松墨天牛携带传播的虫态。松材线虫只有在媒介昆虫羽化时才能蜕皮形成 L_{IV}，并被携带传播到新的健康松树：松墨天牛羽化过程中释放大量 C16-C18 脂肪酸乙酯信号，启动松材线虫 Insulin 和 DA/DAF-12 信号通路，诱导 L_{III} 形成 L_{IV}。此类物质释放量与昆虫大小及其在松树的取食部位密切相关，提示松材线虫具有强大适应能力，可以在入侵过程中与不同墨天牛属昆虫（如加拿大和葡萄牙的樟子松墨天牛，韩国和日本的松墨天牛、云杉花墨天牛）协同互作，进行传播扩散（Zhao et al.，2014；Zhao et al.，2013b）。

成千上万的 L_{IV} 进入媒介松墨天牛气管中，松墨天牛呼吸系统最多可携带二十余万头松材线虫。联合基因组、蛋白质组、转录组发现，在松材线虫与松墨天牛长期进化中形成共生免疫共存策略，松材线虫在进入松墨天牛气管前蜕皮形成扩散型 4 龄（L_{IV}）幼虫，蜕皮后线虫表皮微生物少，且无口针、口腔封闭，松材线虫进入松墨天牛气管系统不会引发免疫风暴。线虫进化过程中出现媒介传播这一"高速路"扩散方式时，种间识别因子 C 型凝集素与其媒介动物同时形成了独特的、家族收缩的"以退为进"基因平行进化策略。松材线虫和媒介松墨天牛的 C 型凝集素基因家族均发生了明显的基因家族收缩事件，在这两个物种互作的生活史阶段表达量和蛋白质水平均显著下调，导致这两个物种对彼此的病原体相关分子模式（pathogen-associated molecular pattern，PAMP）脱敏，互不识别（Ning et al.，2022）。同时，媒介松墨天牛 Toll 受体可以诱导抗氧化通路上调表达，对两者相遇引发的活性氧迸发进行解毒，对线虫免疫容忍（Zhou et al.，2017a）。之后，松材线虫 L_{IV} 启动比其他线虫更为"精密"的 CO_2 趋避机制，CO_2 分子受体基因 adf-1、adf-2、pqe-4、rhp-1、rhp-2、tax2-4、gcy2-9 等在 L_{IV} 虫态上调表达，能够精确识别松墨天牛补充营养期 CO_2 浓度微量升高而转移到新的健康松树（Wu et al.，2019b）。

2. 基因家族扩张的种间基因组适应性进化

通过将基因组学和生态学相结合，发现松材线虫在入侵地普遍提高的繁殖力是源于基因家族扩张的调控机制。松材线虫在物种进化过程中基因组发生了两次显著的基因获得性事件，有 51 个基因家族发生扩增。首先，扩增家族中包含源于真菌水平基因转移的异源物质分解解毒途径 ADH 基因家族有 9 个，从而有利于松材线虫将萜烯类物质氧化为 α-蒎烯氧化物、反式-松香芹醇、马鞭草烯酮等以攻克寄主松树的抗性，而秀丽隐杆线虫等自由生活线虫在松树中无法存活（Zhang et al.，2020b）；其次，松材线虫在入侵过程中，化感受体 Srab、Srd、Srh 等 GPCR 基因家族再次发生扩张是繁殖力大幅提升的内在化感驱动力，原产地北美种群的滞育信息素转变为入侵后促进繁殖的产卵信息素（Meng et al.，2020；Zhao et al.，2021）（图 33-13）。

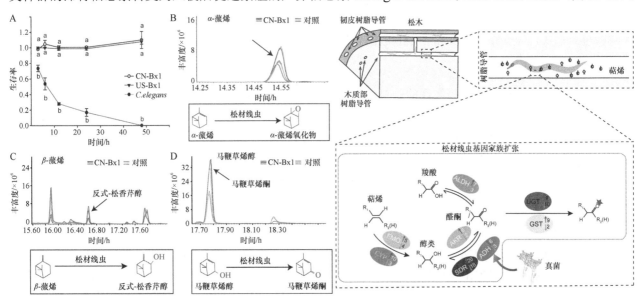

图 33-13　入侵扩增基因家族降解植物防御物质（Zhang et al.，2020b）

3. 共生菌促进寄主快速死亡：释放类激素信号增强松材线虫繁殖和致病力

伴生微生物（如细菌和真菌）在松材线虫-媒介天牛复合体中同样至关重要。近年来，微生物高通量测序技术的快速发展，为研究伴生微生物与松材线虫-媒介天牛间互作关系提供了有效手段。

多年野外调查发现，即使在温度、湿度等非生物因素和寄主、媒介种类一致的条件下，不同发生区危害情况还是有很大差异。松材线虫危害是否还受其他生物因素影响？通过总结 8 年的野外调查数据，结合松墨天牛及其蛹室菌种分离，结果发现：松墨天牛携带传播了松材线虫伴生蓝变菌；浙江、安徽、江苏等危害严重的发生区普遍存在一种特有蓝变菌新种 *Sporothrix* sp.1，而在危害更为严重的陕西分离到了蓝变菌（*Ophiostoma minus*）；松材线虫和松墨天牛的种群密度与 *Sporothrix* sp.1、*Ophiostoma minus* 发生频率显著相关。其中，*Sporothrix* sp.1 通过诱导松树释放双丙酮醇，通过上调松材线虫 Insulin 信号通路导致繁殖性松材线虫 Ln 种群数量迅速增加（Zhao et al.，2013a；Niu et al.，2013；2012）；同时，通过上调 ROS 信号通路 Mn-sod 和 Cu-sod，以及下调下游 catalase 的表达引起过氧化氢（H_2O_2）聚集，从而增加松材线虫的致病能力（Zhang et al.，2019c），迅速致死松树。更有趣的是，松材线虫产生的 asc-C5 和 asc-ΔC6 不仅是自身的产卵信息素，促进松材线虫种群增长（Meng et al.，2020a），还会进一步促进 *Sporothrix* sp.1、*Ophiostoma minus* 的生长，使之在当地蛹室中占据更重要的生态位。如此循环，使松材线虫种群数量在入侵初期迅速增长，暴发成灾（Zhao et al.，2018）。

（二）控制技术与综合治理

对于松材线虫而言，种群数量和繁殖力与致病性之间存在相辅相成的关系。瞿红叶等（2009）研究表明，松材线虫的繁殖力与致病性的变化相一致，其繁殖力越大，致病性越强。目前，对于松材线虫的致病机理尚不明确，主要分为以下三种假说：植物毒素学说、酶学说、空洞化学学说（Myers，1986；Odani et al.，1985；Oku et al.，1980）。对松材线虫的控制和防治手段主要包括以下几个方面。

1. 加强检疫力度

松材线虫病的迅速扩散主要由人为传播引起。为防止疫区范围扩大，加强检疫是目前防治中最重要的环节。入境检疫时，在口岸发现松材线虫及其媒介昆虫的，可退回或销毁；国内检疫时，发现松材线虫及其媒介昆虫的，如无法或不便进行其他方式的检疫除害，可采取销毁、责令改变用途等处理措施。

2. 清理林间疫木

林间疫木是否彻底清理关系到病害防治的成效。疫木清理时间一般在每年 11 月至翌年 3 月。伐桩高度控制在 5cm 以下，对伐桩剥皮后，喷洒倍硫磷、虫线清等杀虫剂，或用磷化铝进行熏蒸，或在伐桩上罩塑料薄膜覆土盖实。有条件的，可挖除伐桩集中烧毁。及时清理林间疫木，残余树枝直径要控制在 1cm 以下。

3. 疫木处理

林间清理下的病死木与检疫发现的松材线虫病疫木需经疫木处理后才能利用。疫木处理技术包括物理方法处理和化学方法处理。物理方法包括焚烧、切片、热烘和水浸等。热烘温度需 65℃以上（疫木中心温度），持续 2～3h。水浸时间需 1 年，高温季节不少于 3 个月。化学方法包括药剂熏蒸和药剂喷雾，常用熏蒸剂有溴甲烷、硫酰氟和磷化铝，用于喷雾的药剂有杀螟松、西维因、倍硫磷和虫线清等。每种方法处理后要检查处理效果，只有达到 100%杀死天牛和线虫的效果才为合格。

4. 生物防治

生物防治一直是松材线虫病防治研究的热点，将人工培养的媒介昆虫天敌或者病原和媒介拮抗微生物释放到林间，通过生物体自然繁殖保持其野外种群数量，从而实现对病害病原和媒介昆虫的长期可持续绿色治理。媒介昆虫生物防治主要通过释放天牛天敌管氏肿腿蜂（*Scleroderma guani*）、川硬皮肿腿蜂（*Scleroderma sichuanensis*）、花绒坚甲（*Dastarcus longulus*）和施用球孢白僵菌防治松墨天牛，切断松材线虫的传播途径。芽孢杆菌等多种微生物资源被证明对松材线虫具有很好的抑杀作用，而且一些种类对松墨天牛幼虫也有明显毒杀作用，并能增加寄主抗性。利用这些生防资源，开发减少疫区林间松材线虫和媒介昆虫种群密度、降低媒介昆虫传播效率的多效微生物制剂，实现"有虫不成灾"。从松材线虫病原产地美国的虫株体表分离获得有生防潜力的菌株，野外释放试验表明对松材线虫病的控制具有明显的效果（姚伍等，2018）。近年来，一种长喙壳类真菌（*Ophiostomatoid* fungi）由于在离体条件下具备良好的寄生松材线虫的能力，得到了国内外广泛关注。经虫生伊氏菌（*Esteya vermicola*）预接种处理，可以对胸径 10～17cm 的 20～25 年生赤松，在长达 6 年的时间里起到良好保护作用，显著提高了感病后寄主的成活率（Wang et al.，2018），表明该生防资源可以作为预防性措施，在林间用于提高寄主抗性，可进行大面积推广。伊氏菌属一新种 *Esteya floridanum* 在松材线虫病原产地北美洲被发现，该菌种同样具备寄生和杀死松材线虫、保护寄主的功效，值得关注（Li et al.，2021b）。

5. 其他防治技术

对疫区内的风景区名贵或重要松树，可通过点滴法、加压注入法和打孔注入法注射虫线光和虫线清等药剂防治松材线虫病；在疫区外围可设置隔离带，能有效控制该病的蔓延。

第二节　入　侵　植　物

一、豚草

豚草又名艾叶破布草、美洲艾，属于菊科豚草属，起源于北美洲索诺兰地区，是一种广泛传播的世界性重大入侵害草，目前主要分布于亚洲、非洲、欧洲、美洲、大洋洲的 20 多个国家。

（一）生物学特性

豚草属于一年生的直立草本植物，环境适应性及生态可塑性极强，在荒地、住宅区、路边、河岸都能生长，并形成优势群落。豚草株高一般为 30～150cm，茎秆粗 0.3～3cm，分枝较多，具有典型的头状花序，一般雌雄同株。豚草生长速度很快，可以在 115～183d 之内完成其生长周期（Beres，1994）。一旦土壤温度达到 11～13℃，豚草种子就会萌发（Forcella et al.，1997）。豚草种子在春天萌发，一般在 5～8 月进行营养生长，在 8～10 月进入花期（Brandes and Nietzsche，2006）。豚草依靠种子繁殖，且种子产生量极大。单株豚草最多可产生 30 000 粒种子，一般可产生 5000～6000 粒种子，并且种子存在二次休眠特性，大约 4% 的种子在地下可以保存 40 年的活力（Bassett and Crompton，1975）。因此，豚草在土壤中存在巨大的种子库。当土壤深度达到 20cm 时，豚草种子达到 250～5000 粒/m²；当土壤深度达到 5cm 时，种子密度达到 200～2800 粒/m²（Fumanal et al.，2006）。

（二）发生与危害

豚草最早于 20 世纪 30 年代传入我国东南沿海地区，由于其脱离了原产地生物因子的制约，扩散蔓延尤为迅速。目前，豚草在我国广泛分布于华中、华东、华南、华北及东北地区的 22 个省（自治区、直辖市）。豚草适应性强，可随人畜、农机具、农产品运输、风、河流、鸟类携带等途径扩散蔓延，是旱田、草地、果园常见杂草，多为害玉米、大豆、向日葵、大麻、洋麻等中耕作物和禾谷类作物，导致减产，甚至绝收；与本地植物竞争空间、营养、光和水分，降低入侵地植物多样性。

豚草的危害主要有：破坏农业生产、导致环境物种多样性降低、威胁人类健康，以及作为其他病虫害的中间寄主。当每平方米中存在 5 株和 10 株豚草时，能够导致向日葵分别减产 21% 和 30%，也能导致玉米平均减产 30%（Kazinczi et al.，2009）。当豚草密度较高时，会导致大豆减产 75%，导致玉米减产 80%（Cowbrough and Brown，2003）。豚草也会向环境中释放化学物质来抑制其他植物的生长，从而形成单一优势群落，严重破坏物种多样性，打破生态平衡。例如，豚草的植物挥发物及茎叶的浸泡物会显著限制作物的种子萌发以及幼根的生长发育（王大力，1994）。豚草花粉是人类花粉过敏症（也称枯草热）的过敏原，也会引起人类患哮喘和皮炎等疾病，严重威胁人类健康。在中国，豚草花粉引起的过敏症导致每年的医疗费用达到了 14.5 亿元（周忠实等，2011）。

（三）我国豚草生防天敌研究概况

传统生物防治被认为是控制入侵杂草的有效方法，主要是通过从入侵杂草起源地引入天敌。从 19 世纪

80 年代开始，我国先后从国外引进了豚草条纹叶甲、豚草卷蛾等天敌昆虫并系统研究其生物学、生态学特性，考察其防治效果，自此掀开了我国对豚草进行生物防治的序幕。

豚草条纹叶甲属鞘翅目叶甲科，起源于北美洲，仅以豚草和多年生豚草为食，幼虫取食叶片、成虫取食叶片或花序。豚草条纹叶甲在我国北京地区 1 年发生 3 代，辽宁丹东 1 年发生 3 代，湖南湘北或湘中地区 1 年仅发生 2 代（马骏等，2008）。我国分别于 1987 年、1988 年和 1990 年先后从加拿大、苏联及澳大利亚引进了豚草条纹叶甲，对其寄主专一性、生物学特性、生态学特性、低温冷藏以及室内控制效果评价等展开一系列的研究，于 1988 年和 1991 年分别在野外释放近 3 万头成虫（马骏等，2008）。但由于不能适应我国的气候条件，豚草条纹叶甲种群迅速消失，从而未能对豚草起到抑制作用（Wan et al.，1995）。

豚草卷蛾属鳞翅目卷蛾科卷蛾属，是豚草的一种重要天敌。豚草卷蛾是一种以幼虫钻蛀豚草茎秆，且在茎秆内完成幼虫和蛹期发育的重要天敌昆虫。成虫将卵散产于寄主叶片或茎秆上，初孵幼虫由叶腋、顶芽等处钻入茎秆，也经常蛀食较大的叶柄，随幼虫长大，可形成纺锤形虫瘿。马骏等（2002）测定了豚草卷蛾在 32 种供试植物上的取食和发育情况，结果表明幼虫仅在豚草和苍耳上正常取食和完成发育，在其他供试植物上，低龄幼虫不取食而全部死亡，说明豚草卷蛾具备严格的寄主专一性，在野外释放不会对非目标作物或植物构成威胁。20 世纪 80 年代末，我国从澳大利亚引进该天敌，1993 年在湖南岳阳羊楼司镇进行野外释放，至 1999 年，已遍布临湘、岳阳的各豚草发生区，对豚草控制面积在 2000hm^2 以上（李宏科等，1999），现已分布于湖南、湖北和江西等省，对豚草种群发挥着积极的控制作用。

广聚萤叶甲（*Ophraella communa*）属鞘翅目叶甲科萤叶甲亚科，起源于北美洲，是一种寡食性植食类叶甲。胡亚鹏和孟玲（2007）用 52 种寄主植物测定广聚萤叶甲的潜在风险，结果表明幼虫或成虫不同程度地取食向日葵、苍耳、菊芋、紫茎泽兰、石胡荽和天明精，但除了豚草，在取食的其他植物上，幼虫存活率很低，蛹较轻，成虫产卵也明显减少，甚至不产卵。近几年，田间间种向日葵的研究结果进一步证明了广聚萤叶甲对经济作物向日葵是非常安全的，其具有严格的寄主专一性。自 2001 年在我国南京市郊首次发现广聚萤叶甲以来，已在不少地方能够见到该叶甲对豚草起到了很好的控制作用（孟玲和李保平，2006）。

从生态位理论而言，在空间资源上不存在竞争的 2 种或多种植食性昆虫会加重寄主植物的受害程度（万方浩等，2009）。由于广聚萤叶甲取食叶片，豚草卷蛾幼虫蛀入茎秆为害，因此它们各占据不同的空间资源，对豚草具有联合控制作用。田间小区试验结果表明，广聚萤叶甲和豚草卷蛾联合释放区对豚草的控制效果最为显著，可在豚草开花之前导致小区内所有的植株死亡（Zhou et al.，2010）。在中国，广聚萤叶甲和豚草卷蛾生态互补的生物防治技术已被提出，并在湖南汨罗和长沙、江西南昌、广西来宾等豚草发生区进行了大面积推广和应用，对豚草种群的发展与扩散蔓延起到了显著的抑制作用（周忠实等，2011）。

（四）我国豚草可持续治理体系

在入侵恶性杂草豚草基础研究、应用基础研究以及关键控制技术研发的基础上，我国创造性地提出了与我国豚草发生特点和生境类别相适应，以"灭除、替代、生防"为核心技术的豚草区域减灾可持续治理技术体系。在这套技术系统中，以生物防治作为主体技术，在适宜的生境辅以化学防治、植物替代和人工拔除，最终达到持续控制豚草的目标。

1. 灭除

灭除可借助化学除草剂和人工拔除来实现。灭除措施一般适宜用于新入侵区、房前屋后、荒滩、休闲地、农作物田和果园内零星发生的豚草群体。在一些豚草零星发生、个体数量不大的新入侵地区，进行严格封锁，采用化学的方法在豚草开花前进行灭除，或通过人工进行拔除和割除。房前屋后零星发生的豚草，可通过人工拔除来清理和根除。在荒滩地区，可通过化学除草剂进行防治。在农作物田和果园，可选用具有选择性的除草剂进行防治或结合中耕除草人工拔除，并注意连年监控和防治，直至该地不再发现豚草为止。

根据豚草的种子萌发和出苗特点，化学防治时期应为 5 月下旬至 6 月下旬。在荒坡地、滩涂和休闲地发生的豚草，可用农达或克芜踪防治；果园内发生的豚草，采用定向喷雾技术施用农达、克芜踪、使它隆或虎威进行防除。大豆田可选用虎威和克阔乐；水稻田埂、小麦和玉米地则可施用使它隆。

2. 替代控制

根据生境特点和替代植物生长特性及应用价值，河滩或荒坡改造种植狼尾草和矮象草，高速公路前沿绿化种植紫穗槐、百喜草和旱地早熟禾，从而阻止豚草的蔓延。

3. 生物防治

由于生物防治适宜所有的生境和区域，因此，只要其他措施被忽视或难以实现的地方，均可释放天敌昆虫进行防治。一般在 5 月中下旬或 6 月上中旬，将广聚萤叶甲和豚草卷蛾运输或通过快递寄往各豚草发生区，大致按 1 头/百株的广聚萤叶甲成虫和 1 头/百株的豚草卷蛾进行释放，从而可建立一种长期的天敌与豚草自然平衡的关系，最终可实现对豚草种群的持续治理。

在豚草区域减灾技术体系推广与应用过程中，始终与各省级农业、植保技术推广部门进行合作，力争尽快将最新研制的相关技术和成果推向实际应用。截至 2017 年，本项研究技术成果已向湖南、湖北、广西、浙江等省份累计推广应用达 6314 万亩次，总增收节支约 58.3 亿元，社会、经济和生态效益都非常显著。

二、空心莲子草

空心莲子草（*Alternanthera philoxeroides*），又称喜旱莲子草、水花生、空心苋等，属于石竹目（Caryophyllales）苋科（Amaranthaceae）莲子草属（*Alternanthera*），原产于南美洲的巴西、乌拉圭、阿根廷等国，现已遍布北美洲、大洋洲、东南亚，并已蔓延到意大利等欧洲国家，是一种世界性的恶性杂草（沈国军等，2005），目前已被列为我国国家重点管理外来入侵物种。

（一）识别特征与生物学特性

1. 识别特征

空心莲子草是一种多年生宿根水陆两生草本植物。有根毛，根系属不定根，不定根可演化成长达 1cm 左右的肉质贮藏根，即宿根，茎可生根。茎长可达 1m 以上，茎秆呈蛛网状，茎基部匍匐生于水中，端部直立于水面。茎圆筒形，光滑、中空，有分枝，节腋处疏生细柔毛（娄远来等，2002；林冠伦等，1990）。叶对生，有短柄，长椭圆形。头状花序，花呈白色或粉红色。

2. 生物学特性

空心莲子草具有强大的繁殖力及适应性（吴珍泉等，1994），这也是它能逸为野生并危害至今的主要原因。它既可无性繁殖又可有性繁殖，且主要以无性繁殖为主。该草的无性繁殖能力很强，即使是一小段茎节埋入土也可生根发芽，且部分根系可在适当时间产生活动芽（沈国军等，2005）。空心莲子草为适应不同的生存环境，分为水生型和陆生型。空心莲子草具有很强的抗逆性（张格成等，1993），耐水淹能力强，在完全水淹的条件下分枝生长加剧，并能快速产生新的叶片（王海锋等，2008）。当冬季气温下降至 0℃，即使水面或地上部分被冻死，次年春季气温回升至 10℃时，越冬的水下或地下根茎便可再次萌发。空心莲子草可在 10% 的盐水溶液以及浓度高达 30% 的流动海水中正常生长（刘爱荣等，2007）。

（二）分布与危害

1. 分布

在我国，20 世纪 30 年代，空心莲子草作为马饲料由侵华日军引至中国上海郊区和浙江杭嘉湖平原；50 年代，又作为猪羊饲料在南方地区推广栽培；80 年代后期，逸为野生。目前，空心莲子草适宜生长的总面积约为 3.39×10^6 km²，高度适宜生境分布在川渝交界、鄂东和东南沿海城市，而中等适宜生境包括四川中部、广西南部和东南部的部分城市，且未来还会向西北部扩大入侵范围（Tu et al.，2021）。空心莲子草主要在旱田、水田、河道、鱼塘等环境中生长危害。

2. 危害

空心莲子草是入侵性很强的杂草，侵入后通过资源竞争，导致周边其他植物局部绝灭，对生态系统造成不可逆转的破坏（沈国军等，2005）。在水域中，空心莲子草覆盖率较高时，或与其他水生杂草产生优势群落，使水域中含氧量不足，进而导致鱼虾等水生生物窒息而死。而且，空心莲子草在水域中会形成厚厚的垫状物，造成河道堵塞。陆生型空心莲子草往往与农作物争夺阳光、养分、水分等，造成农作物大量减产，公园、居民区、人行道绿化带生长的空心莲子草常会破坏绿化，滋生蚊蝇，危害人类身心健康（常瑞英等，2013）。

（三）预防与防控技术

1. 物理防治

一般采取人工、机械铲除和打捞的方式进行，铲除和打捞空心莲子草时应尽可能深挖或连根打捞，铲除和打捞出的空心莲子草应集中晒干烧毁（卢永星，2021）。

2. 化学防治

目前常用的除草剂有草甘膦、氯氟吡氧乙酸、草铵膦等。氯氟吡氧乙酸是一种防除阔叶杂草的苗后茎叶除草剂。不仅对空心莲子草的根系有灭杀作用，而且对其地上部分茎叶的铲除速度快，控草效果长久，是首选除草剂。26%氰氟草酯·氯氟吡氧乙酸异辛酯乳油可有效防治空心莲子草（徐雅飞等，2018），25%五氟二氯喹悬浮剂对空心莲子草的鲜重防效可达65%以上（丁俊杰，2018）。

3. 生物防治

相比于人工防除的费时费力、化学防除对环境的危害，生物防治具有一劳永逸且环境友好的优点。目前应用最广的是利用天敌昆虫防治空心莲子草。据报道，空心莲子草的天敌有莲草直胸跳甲（*Agasicles hygrophila*）、棉大卷叶螟（*Sylepta derogata*）、虾钳菜披龟甲（*Cassida piperata*）等，其中莲草直胸跳甲被广泛应用于空心莲子草的防治，其余昆虫均因空心莲子草夏日生长速度快、天敌繁殖速度慢等原因，控制效果不佳（翁伯琦，2006）。莲草直胸跳甲是空心莲子草的专食性天敌昆虫，也是世界上防治空心莲子草应用最为广泛的天敌昆虫（Guo et al.，2012）。目前，莲草直胸跳甲已被引种至四川、广西、江西、湖北、湖南等地，能在这些地方安全越冬和越夏，经莲草直胸跳甲取食后的草是很好的有机肥料，应用莲草直胸跳甲是较好的选择（王志勇和陈德明，2011）。此外，国内外学者已筛选到大量具有开发潜力的病原真菌，如镰刀菌（*Fusarium* sp.）、链格孢菌（*Alternaria* sp.）、立枯丝核菌（*Rhizoctonia solani*）等。假隔链格孢（*Nimbya alternantherae*）SF-193是空心莲子草的强致病菌，能导致空心莲子草快速发病，具有寄主专化性强、毒性微弱、对环境安全的特点（聂亚锋等，2008）。也有研究表明，菌、虫协同控害也是可选策略之一。由于莲草直胸跳甲在夏季高温时种群数量骤减（赵梅婷，2017），而假隔链格孢 SF-193 菌丝最佳生长温度为30℃（陈志谊等，2009），在高温下暴发流行。因此，可在早春至夏初释放莲草直胸跳甲，在盛夏施用莲子草假隔链格孢 SF-193，从而实现天敌昆虫和微生物制剂的协同增效作用。

4. 综合治理

人工防除不仅会消耗大量的人力物力，而且对陆生空心莲子草运用机械除草或翻耕的方法铲除后，残留在土壤表层和深层的残茎会催生出更多的植株，湿生型空心莲子草经人工打捞会产生更多的茎段，这些茎段可随人类活动或自然水流传播到其他地方，继续生长繁殖（常瑞英等，2013）。在人工防除的基础上与化学防除相结合可有效降低成本（Pradhan and Kumar，2019）。但化学除草剂的使用会造成水体环境的污染，导致水中含氧量降低、鱼类死亡（Kumar et al.，2017）。生物防治具有环境友好的特点，但是见效慢。因此，应该采取以预测预报为基础，生物、物理、化学兼施的综合防治措施。

在入侵物种暴发前进行预防是比在暴发后控制或根除更好的经济策略（Tu et al.，2021）。利用 GARP

生态模型或 MAXENT 最大熵模型、GIS 预测模型等（刘欣，2012；梁田，2013）进行预警监测，相关地区提高警惕，加强植物检疫。在早春至夏初释放莲草直胸跳甲，在盛夏施用假隔链格孢 SF-193。在空心莲子草广泛发生的情况下，应选用适当的化学除草剂。

三、薇甘菊

世界重要入侵杂草薇甘菊（*Mikania micrantha*）被称为生态杀手，被世界自然保护联盟（IUCN）列为 100 种最有害的入侵物种之一。薇甘菊（英文称之为"mile-a-minute"）原产于南美洲和中美洲，入侵到亚洲、南太平洋地区等的 70 多个国家和地区（Lowe et al.，2000；邵华等，2002；Li et al.，2000；Du et al.，2006；Puzari et al.，2010；Wang et al.，2016a；Banerjee et al.，2017），是我国重点管控的重要农林入侵物种（《国家重点管理外来入侵物种名录》第一批，2013 年）。据统计，在中国珠江三角洲，估计每年损失成本高达 5 亿～80 亿元，仅在内伶仃岛，薇甘菊每年造成的经济损失约为 450 万～1013 万元（钟晓青等，2004）。薇甘菊的肆意蔓延，一方面是由于其很强的光合作用能力（Wen et al.，2000；王文杰等，2009；Liu et al.，2020c），另一方面在于很强的化感作用能力（邵华等，2003；Xu et al.，2013）。

（一）薇甘菊较强的固碳能力和较高的光合效率

1. 具有较强的 CO_2 固定能力

在全光条件下，薇甘菊具有较强的 CO_2 固定能力，净光合速率为 21.56μmol $CO_2 \cdot m^{-2} \cdot s^{-1}$，高于草质藤本野葛（16.97μmol $CO_2 \cdot m^{-2} \cdot s^{-1}$）、草质缠绕藤本五爪金龙（14.55μmol $CO_2 \cdot m^{-2} \cdot s^{-1}$），与一年生鬼针草（24.32μmol $CO_2 \cdot m^{-2} \cdot s^{-1}$）接近（Wen et al.，2000）。在黑暗条件下，薇甘菊叶片的气孔开放至 21：00 点，尽管气孔开度小于白天，但说明薇甘菊白天和夜晚都在进行碳固定（Liu et al.，2020c）。

2. 具有较高的光合效率

薇甘菊的净光合速率、光饱和点、光补偿点、光合能量利用效率和光合氮利用效率等光合特性指标及能量利用指标显著高于本地共生植物（陈新微，2016）。薇甘菊叶片在白天和夜间的 ^{13}C 同位素分别为 –32.58‰和–32.65‰，而典型 C3 植物的 ^{13}C 同位素范围为–20‰～–35‰（Liu et al.，2020c）。显然，薇甘菊是一种典型的 C3 植物，但其净光合速率又显著高于其他 C3 植物，甚至接近 C4 植物（Day et al.，2016）。

3. 薇甘菊非同化器官茎秆的光合能力

研究发现，薇甘菊茎的净光合速率（1.5μmol $CO_2 \cdot m^{-2} \cdot s^{-1}$）显著高于鸡矢藤（*Paederia scandens*）、葛根（*Pueraria lobata*）、糞箕笃（*Stephania longa*）、鱼黄草（*Merremia hederacea*）和五爪金龙（*Ipomoea cairica*）。尽管薇甘菊茎的光合电子传导速率均低于叶片，但其色素利用效率显著高于叶片，并且茎以及主叶脉内存在类似 C4 途径和丰富叶绿体的维管束鞘结构（王文杰等，2009）。通过薇甘菊和本地共生植物鸡矢藤的剪叶试验表明，当剪去所有叶片 1 个月后，薇甘菊的存活率为 100%，而鸡矢藤的存活率则不到 10%（Liu et al.，2020c）。进一步研究发现，剪叶后的薇甘菊茎中 C3 途径关键基因（Rubisco、PGK、GAPDH、FBA、SBPASE 和 PRK）表达量显著高于没有剪叶的薇甘菊茎，并且大量的差异上调基因富集于光合作用通路、光合碳固定通路和植物激素信号转导通路（Liu et al.，2020c）。

（二）薇甘菊较强的化感作用为其快速占领生态位提供基础

1. 薇甘菊化感物质对植物种子萌芽和幼苗生长的抑制作用

薇甘菊的化感作用为其快速占领生态位提供了基础。研究表明，薇甘菊叶片、茎和根的提取物都可以抑制其他植物种子的萌发、胚根和下胚轴的伸长以及多种植物生物量的积累，包括水稻、玉米、豇豆、大白菜、番茄、拟南芥、薏米、赤道樱草和两耳草（Xu et al.，2013）。薇甘菊地上部分的水提液和乙酸乙酯提取物显著地抑制了萝卜、黑麦草和白三叶幼苗的生长，乙醇提取物抑制了马占相思、马尾松和大叶桉等林木幼苗的高度（邵华等，2003）。

薇甘菊中包含着多种倍半萜内酯类化合物,科学家们通过长期研究,分离到十几种倍半萜内酯的单体化合物(马秋等,2020;Yan et al.,2013;Shao et al.,2005;Siddiqui et al.,2019;Ma et al.,2020)。研究发现,双氢薇甘菊内酯、脱氧薇甘菊内酯等倍半萜内酯单体化合物对生菜、萝卜、黑麦草、白三叶和韭菜,以及南方常见的马占相思、大叶桉和马尾松等树木的发芽和幼苗生长均有抑制作用(Shao et al.,2005)。此外,薇甘菊内酯、双氢薇甘菊内酯、脱氧薇甘菊内酯显著抑制菜心幼苗根和茎的伸长(Huang et al.,2008)。

2. 薇甘菊化感物质降低土壤病原菌的富集作用

通过比较薇甘菊和邻近伴生植物的根际土壤菌群结构发现,薇甘菊根际较多地富集了肠杆菌、假单胞菌和苯基杆菌,这些微生物在资源获取、植物激素调节和病原菌抑制等方面发挥了重要作用。此外,薇甘菊根际土壤中尖孢镰刀菌和青枯菌等土传病原菌以及致病基因III型分泌系统(T3SS)的丰度较低,这可能是由于薇甘菊根际富集了较多可以产生抗生素或聚酮化合物的微生物,如假单胞菌和细链孢菌等,同时,薇甘菊根际富集了II型聚酮合酶的基因,可以合成聚酮化合物,抑制病原菌的攻击(Yin et al.,2020)。

3. 薇甘菊化感物质促进了根际土壤养分循环

研究发现,在薇甘菊的入侵土壤中分离得到了5种倍半萜内酯化合物,通过实验证实了这5种半萜内酯主要通过淋溶和落叶释放到土壤环境中,并随着薇甘菊入侵时间的增加呈线性累积(Liu et al.,2020c)。进一步分析本地伴生植物(鸡屎藤和火炭母)与薇甘菊的土壤宏基因组发现,薇甘菊根际土壤中氮、磷、钾等养分循环速率显著高于对照植物(Sun et al.,2019;Liu et al.,2020c;Yu et al.,2021)。研究人员通过在空白土壤添加这5种薇甘菊倍半萜内酯化合物,进一步证明了在添加化合物的土壤中,有效氮的含量、土壤的呼吸作用、固氮菌和氨化细菌的数目等均显著提高(Yu et al.,2021;Liu et al.,2020c)。

(三)薇甘菊的天敌防治技术研究与发展

由于传统的化学防治可能产生非靶标效果,且防效不可持续,开发和实施一项针对薇甘菊的生物防治策略尤为重要。在薇甘菊的生防策略中,起初科学家们试图从薇甘菊的原产地和入侵地引入共同进化的天敌昆虫(如安娴珍蝶、艳娴珍蝶、紫红短须螨虫、薇甘菊茎盲蝽、假泽兰滑蓟马等)(Waterhous,1994;Teoh et al.,1985;Cock,1982;韩诗畴等,2001;邵华等,2002),但由于其在野外不能建立自然的防控循环体系(Cock,1982;李志刚等,2005;刘雪凌等,2006),所以不能有效地阻止薇甘菊的快速扩散,因此人们的注意力集中在评价真菌天敌的生物防治潜力上(Ellison,2004)。通过调查文献和植物标本室记录,以及对薇甘菊原产地实地调查发现(Evans,1987;Barreto and Evans,1995),锈菌可作为薇甘菊潜在的生物防治剂。

薇甘菊柄锈菌(*Puccinia spegazzinii*)隶属于锈菌目(Uredinales)柄锈菌属(*Puccinia*),是一种生活周期短、寄主专一性强的病原真菌,原产于美洲。根据其侵染薇甘菊的症状可分为7种致病型,其中厄瓜多尔致病型薇甘菊柄锈菌的侵染性最强(Day et al.,2013),它能够感染寄主植物的叶片、叶柄和茎等营养组织,最终可导致植物死亡。科学家们对包括薇甘菊在内的73科、293个物种(101个物种属于菊科)开展了薇甘菊柄锈菌的寄主专一性测试,结果表明薇甘菊柄锈菌的菌胞只在薇甘菊及同属的假泽兰上生长,且无法侵染其余的植物(付卫东等,2006;Ellison et al.,2007;Day et al.,2013;Kumar et al.,2016)。

随后,薇甘菊柄锈病被应用于薇甘菊的生物防治(Cock et al.,2000;Murphy et al.,2000;Ryan and Ellison,2003;Ellison,2004),先后在阿萨姆邦、巴布新几内亚和瓦努阿图地区的多个国家展开野外释放。释放后的柄锈菌在野外成功建立自然种群,无须人为介入即可繁殖、扩散,最终显著降低了薇甘菊的覆盖率,抑制了薇甘菊快速传播与蔓延(Ellison et al.,2007;Poudel et al.,2019;Day et al.,2013;Day et al.,2016)。野外释放的薇甘菊柄锈菌具有一定的环境适应性和较强的致病力。通过野外释放,薇甘菊柄锈菌能感染薇甘菊并造成叶片和茎部的坏死,导致薇甘菊整个植株死亡。尤其是在雨季环境条件下,柄锈菌会快速繁殖,并在几个生活史内对薇甘菊种群密度和传播速度产生显著影响。与健康薇甘菊植株相比,受柄锈菌侵染的薇甘菊植株的生长速度和植株干重普遍降低(Ellison,2004;Kumar et al.,2016;Day et al.,

2013）。同时，薇甘菊柄锈菌在自然环境下有较好的适应性，可以完成侵染循环（付卫东等，2006；李志刚等，2007）。澳大利亚政府已于 2020 年 5 月批准野外释放薇甘菊柄锈菌用于薇甘菊的生物防治。由此可见，薇甘菊柄锈菌作为生物防控剂具有较大的潜力。

四、紫茎泽兰

（一）紫茎泽兰入侵与暴发机制

紫茎泽兰（*Ageratina adenophora*）为菊科泽兰属多年生丛生型半灌木植物，原产于中美洲的墨西哥和哥斯达黎加。紫茎泽兰是世界上被公认的最具入侵性和危害性的恶性杂草之一，曾作为观赏植物被引种到欧洲、大洋洲和亚洲，现广泛分布于全球 30 多个国家和地区（Gui et al.，2008；Wan et al.，2010；Inderjit et al.，2011）。在中国，20 世纪 40 年代紫茎泽兰首次由中缅边境传入云南南部临沧地区（Gui et al.，2008），然后不断传播扩散，现已广泛入侵到中国 8 个省份，且每年以 60km 的速度向东和向北传播扩散。紫茎泽兰在我国云南、贵州、广西、西藏等地大肆扩散与暴发，已对我国农业、林业、牧业、生态环境等造成了严重危害，受到国际社会的广泛关注（图 33-14，图 33-15）。紫茎泽兰的肆意蔓延，主要是由于其强大的表型可塑性、较强的繁殖能力、较快的生长速度，以及较强的化感作用等造成的。

图 33-14　紫茎泽兰在果园的入侵危害（张付斗供图）

图 33-15　紫茎泽兰开花结实期　（张付斗供图）

1. 紫茎泽兰具有较强的表型可塑性

紫茎泽兰具有强大的有性繁殖能力和无性繁殖能力，种子量巨大，3～5 年的紫茎泽兰群体能产生种子

2.6 万~2.8 万粒/m^2（刘伦辉等，1989）。籽粒微小和带有纤毛，能在风力、交通工具及河流等媒介作用下得以快速扩展。紫茎泽兰植株生态适应性强，海拔 300~3000m 垂直地段都有紫茎泽兰生长。植株分蘖能力强，能较快形成单一优势群落，而且光适应能力也很强，小苗可以在 4%的光强下存活、生长，并保持较高的光合能力（王俊峰等，2003；2004）。同时，植株能适应不同的气候环境和生态环境，在平均气温大于 6℃和最低气温大于−4℃时都能生存（刘伦辉等，1985），包括热带、亚热带、暖温带、温带等气候带。在入侵地，只要有土壤暴露的地方，包括田边地角、疏林草坡、沼泽水边、岩隙裸地、墙头房顶、树杈石堆等处，紫茎泽兰都可以繁茂生长（刘伦辉等，1985）。

2. 紫茎泽兰入侵改变土壤理化性状和微生物群落

紫茎泽兰喜生肥沃生境，随土壤氮、磷水平增加，紫茎泽兰生长加快、枝叶增多（王满莲和冯玉龙，2005；王满莲等，2006）。同时，紫茎泽兰也可以通过改变土壤理化性状来创造有利于自身生长的土壤生态环境。在紫茎泽兰群落，碱性磷酸酶和脲酶活性、有机质、全氮、全磷、全钙、水解氮和有效磷含量、pH 均较高，表明紫茎泽兰入侵多年后土壤肥力水平提高，形成了对其生长有利的土壤环境（刘潮等，2017）。紫茎泽兰入侵提高了土壤有机质、NO_3^--N、NH_4^+-N、有效磷、有效钾和土壤脲酶、磷酸酶和蔗糖酶的含量，提高了土壤自生固氮菌、氨氧化细菌和真菌的数量，表明紫茎泽兰改变了入侵地土壤微生物群落结构和功能，形成对自身生长有利的微生态环境以利于入侵扩张（于兴军等，2005；李会娜等，2009）。紫茎泽兰的根系生命活动促进根际微生物生长繁殖、数量增加、活性增强，有益于土壤养分供应，促进紫茎泽兰生长，提高生存竞争优势（刘海等，2018）。

3. 紫茎泽兰有较强的光合作用能力

紫茎泽兰可以根据生长环境光强的变化调节形态和生理过程，保证在高光强和低光强下能有效利用光能，维持叶片光能平衡和植株正常生长。紫茎泽兰是一种阳性偏阴的 C3 类植物，对光照的适应性范围比较宽，净光合速率为23μmol $CO_2 \cdot m^{-2} \cdot s^{-1}$，且在一年的较长时间内能保持较高水平（刘伦辉等，1989）。小苗可以在 4%的光强下存活、生长，并保持较高的光能能力。尽管整体上紫茎泽兰的净光合速率并不比其他伴生物种强，但由于为多年生植物，从夏季到秋季一直处于旺盛的生长状态，因此可以保持较强的光合能力和生物量积累（韩利红等，2011）。同时，紫茎泽兰在不同光强下可通过叶生物量比、叶重比、叶面积指数、叶绿素含量等自我调节，在很大的光强范围内有效地维持光合系统正常运转，这可能是其表现较强入侵性的原因之一（王俊峰，2004）。

4. 紫茎泽兰较强的化感作用为其快速占领生态位提供基础

紫茎泽兰的化感作用为其快速占领生态位提供了基础。研究表明，紫茎泽兰的叶片、植株、根系的不同有机溶剂（石油醚、乙醇）和水提取物均能抑制其他植物种子的萌发、幼苗生长和生物量增加等，包括细叶苦荬、金盏银盘、兰花菊、三七、鸭茅、莎草砖子苗、无芒虎尾草、紫花大翼豆、黑麦草、白三叶、紫花苜蓿、豌豆、小麦、油菜、白菜等（郑丽和冯玉龙，2005；李渊博等，2007；吕霞等，2008；李惠敏等，2010；杨明挚等，2011）。同时，紫茎泽兰提取物影响着受体植物的抗氧化酶活性，如超氧化物歧化酶（SOD）活性、过氧化物酶（POD）、过氧化氢酶（CAT）和丙二醛（MDA），以及降低叶绿素含量等（郑丽和冯玉龙，2005；张敏等，2010）。

紫茎泽兰中含有大量的化感植物，主要化学结构类型有倍半萜类、甾体、三萜类、黄酮类和酚酸类等。用紫茎泽兰淋溶物的两个主效化感物质（羟基泽兰酮和泽兰二酮）处理旱稻幼苗，会导致其根部 MDA、POD 等酶活性改变，导致脱落酸（ABA）、吲哚乙酸（IAA）等激素水平的生理生化指标失调，还使旱稻根尖顶端分生组织、皮层薄壁细胞等解剖结构发生改变（Yang et al.，2006；杨国庆等，2008）。

（二）紫茎泽兰防控技术研究与发展

国内外经过 40 余年对紫茎泽兰的防控技术研究，在物理防治、化学防治、生物防治和生态控制等方面取得了积极进展和重要积累。物理防治措施的关键在于根除时期和根除条件的选择，以及加强管理等（Wan et al.，2010）；化学防治措施关键在于除草剂应用的最佳种类、浓度、用量和次数等（刘宗华等，2013）；生物防治措施关键在于天敌资源的寄生性、专一性和安全性（李霞霞等，2017）；而生态控制关键在于生物因子的种间关系和非生物因子的制约性（高尚宾等，2017）。

1. 物理防治

物理防治措施是防控紫茎泽兰发生危害的主要措施之一。生产实践表明，紫茎泽兰具有很强的繁殖能力、竞争能力和生态适应能力，多以单优种群出现，连片密集分布，可迅速侵占农田、林地、天然草地、路边和闲置空地等，物理防治措施费时费工，防效低。为解决紫茎泽兰物理防治的不足，我国率先开展紫茎泽兰资源化利用的研究，对于降低紫茎泽兰巨额的防治费用和变废为宝具有重要作用。当前，对紫茎泽兰的利用途径主要有：作为能源资源利用（制备沼气、活性炭、燃料），脱毒后作为饲料、有机肥原料，研制生物农药（杀虫剂、杀菌剂、防蛀缓释剂等），吸附重金属，开发新型建筑材料（中密度纤维板），作为蘑菇培养基，作为染料等（付卫东等，2019）。

2. 化学防治

化学防治措施长期作为防控紫茎泽兰发生危害的主要措施，主要采用草甘膦、苯嘧磺草胺、嘧磺隆和毒莠定等除草剂，尽管防效高、见效快、成本低，但是基本为非选择性的灭生型除草剂，且难以解决其环境污染严重、群落演替加速和药害风险高等生态负面影响（朱文达等，2013）。

3. 生物防治

紫茎泽兰的物理防治或化学防治均难以实现安全、高效和绿色的防控目标，而生物防治和生态控制与其相比更加具备可持续控制的作用，成为国内外当前的研究热点和竞争焦点。在紫茎泽兰的生物防控中，目前主要是利用天敌资源泽兰实蝇、旋皮天牛、飞机草菌绒孢菌、链格孢菌、菟丝子寄生等。在天敌资源方面，泽兰实蝇是紫茎泽兰的专食性天敌，1984年从西藏发现、采集并引进到昆明进行防治，之后被引入四川、贵州等地。泽兰实蝇对紫茎泽兰的影响主要是幼虫阶段在紫茎泽兰植株的生长锥上完成，从而导致植株产生虫瘿，光合面积缩小，开花结实被控制，严重时甚至死亡。旋皮天牛、昆明旌蚧和行军蚁等天敌昆虫对紫茎泽兰均有一定的取食和抑制作用（许瑾等，2011；李霞霞等，2017）。在真菌防治方面，飞机草菌绒孢菌引起的紫茎泽兰叶斑病在云南各地紫茎泽兰上广泛发生，是紫茎泽兰的重要天敌之一，主要由其自身产生的致病毒素引起紫茎泽兰叶片细胞功能的紊乱（郭光远等，1992）；链格孢菌是紫茎泽兰的天然致病真菌，会降低紫茎泽兰的光合作用、抗氧化酶活性和叶绿素含量等，从而影响到紫茎泽兰的生长（万佐玺等，2001）。此外，通过菟丝子寄生对紫茎泽兰叶绿素和抗氧化酶活性进行评价，证实菟丝子适合于紫茎泽兰的生物防治（张秀伟等，2009），但要注意其对其他植物的寄生和危害。生物防治措施在紫茎泽兰防控中尽管有安全性高的优点，但也存在防控的滞后性，且防效不如物理措施或化学措施。

4. 生态控制

利用对紫茎泽兰具有竞争优势的植物进行生态控制，由于这些替代物种具有经济价值和生态价值，因而备受生产关注。已有大量研究报道紫茎泽兰的替代物种通过评价和被筛选。目前，大量的研究集中在单个替代物种与紫茎泽兰的竞争效应评价方面，如王草、狼尾草、臂形草、高丹草、柱花草、牛鞭草、紫花苜蓿、多年生黑麦草、黄竹草、东非狼尾草、菊芋、甘薯等与紫茎泽兰一对一竞争时，对紫茎泽兰形态、株高、生物量、光合生理等均有影响（张正文和张雪尽，2003；胡旭等，2005；Yang et al.，2017a；Shen et al.，2019；2021）。同时，开展了不同替代物种组合方式对紫茎泽兰的竞争关系研究，如氮肥与不同替代物种组合（田耀华等，2009）、施肥和刈割与替代物种组合（赵林等，2008）等对紫茎泽兰的竞争效果。通过不同替代技术和种植模式相结合，已经开发了适合紫茎泽兰控制的技术体系和模式。生态控制措施在紫茎泽兰防控中尽管具有可持续治理的优点，但也存在防控成本高的不足。

综上所述，紫茎泽兰的物理防治、化学防治、生物防治和生态控制技术措施，各有优点和不足。在综合防控过程中，采取"因地制宜、科学防控"的对策，集成和应用以生态控制为基础的综合防控技术体系，将成为防控紫茎泽兰扩张暴发的根本途径。

五、互花米草

互花米草（*Spartina alterniflora*）是一种偏好生活于潮间带的盐沼植物（图 33-16），在我国北起辽宁、南至广西均有分布。该植物在潮滩湿地生境中具有超强的繁殖能力，严重侵占滨海湿地土著植物和光滩生境，导致生物多样性降低和生态系统服务能力改变。同时，互花米草入侵还可影响滩涂养殖业，堵塞航道，造成经济损失。

图 33-16　互花米草在上海崇明东滩入侵现状（李博提供）

（一）形态识别和生物学特征

互花米草隶属于禾本目（Poales）禾本科（Gramineae）米草属（*Spartina*），为多年生草本植物。互花米草有不同的生态型，在不同生境中，株高等表型具有较大差异。地下部分通常由短而细的须根和长而粗的地下茎（根状茎）组成。根系发达，常密布于地下 30cm 深的土层内，有时可深达 50～100cm。植株茎秆坚韧、直立，高可达 1～3m，直径在 1cm 以上。茎节具叶鞘，叶腋有腋芽。叶互生，呈长披针形，长可达 90cm，宽 1.5～2.0cm，具盐腺，根吸收的盐分大都由盐腺排出体外，因而叶表面往往有白色粉状的盐霜出现。圆锥花序长 20～45cm，具 10～20 个穗形总状花序，有 16～24 个小穗，小穗侧扁，长约 1cm；两性花；子房平滑，两柱头很长，呈白色羽毛状；雄蕊 3 个，花药成熟时纵向开裂，花粉黄色；颖果长 0.8～1.5cm，胚呈浅绿色或蜡黄色（图 33-17）。

图 33-17　互花米草的形态学特征（王卿提供）

A. 在长江口的滩涂环境中与土著植物海三棱藨草生长在一起的互花米草斑块（较高的植物即为互花米草）；B. 由于潮水冲刷，根部暴露的互花米草斑块；C. 互花米草茎、叶的形态；D. 互花米草叶盐腺分泌的盐粒；E，F. 互花米草花和花序的形态

互花米草为 C4 植物，光合作用能力强；叶部具发达的盐腺，能排除多余盐分；植株对氮的利用能力较强，能够吸收硝态氮、铵态氮等不同形态的氮元素，根际和凋落物还有较高的固氮活性，能形成自我维持的高营养环境；植株具有气孔，可在缺氧环境下生存，能抵御水淹环境（Li et al.，2009）。在繁殖策略上，互花米草既可通过种子进行有性繁殖，亦可通过分蘖和根状茎进行无性繁殖（Huang and Zhang，2007）。就有性繁殖而言，在合适的环境条件下，互花米草在 3～4 个月内达到性成熟，不同地区的开花期不一样，在我国通常为 6～10 月，花期长短与其纬度位置有关（Qiu et al.，2018）。每个花序种子数量 133～636 粒（Fang，2002）。种子通常 8～12 月成熟，存活时间约 8 个月，无持久种子库。互花米草的有性繁殖对开拓新生境有着非常重要的意义，但是对维持已经定殖的种群却意义不大。对于已定殖种群的扩张，互花米草主要通过分蘖和根状茎的无性繁殖来实现。根状茎在湿地中的延伸速度很快，横向延伸速度每年可达 0.5～1.7m（王卿等，2006）。此外，互花米草传入中国以后，其生长、繁殖和防御性状都发生了一定的进化或可塑性改变（Liu et al.，2016；2018b；2020a；2020b；Ju et al.，2019；Qiao et al.，2019），这些特征也促进了其在我国东海岸湿地中的迅速扩张。

（二）传播扩张态势

互花米草原产于美洲东海岸，从加拿大到阿根廷均有分布。最近 200 年间，由于人为引进或无意传入，互花米草已在全球范围内广泛扩散，已入侵到包括北美洲西海岸、欧洲、大洋洲、非洲和亚洲等多个地区的沿海湿地（王卿等，2006）。中国于 1979 年从美国东海岸引入互花米草，此后由于进一步的人工种植和自身扩散，互花米草在中国沿海分布区迅速扩张，目前已在从广西（21°33′N，108°08′E）到辽宁（40°20′N，122°35′E）沿海的滨海湿地中广泛分布（An et al.，2007；Zuo et al.，2012），分布面积达 545 km²，尤其长江口、黄河口、苏北沿海入侵最为严重（Meng et al.，2020b）。长江口的互花米草入侵是人为引入和自然扩散的共同结果（Li et al.，2009），其源头最早可追溯到 1983 年被引入江苏沿海用于生态工程的互花米草种源，这些种源在江苏沿海迅速扩散以后，于 1995 年传入崇明岛东滩湿地，并成为互花米草在上海长江口的第一波种源；后来，崇明东滩和九段沙湿地 1999 年和 2001 年又先后人工引进互花米草进行种植，第二波种源的引入使其迅速在长江口大规模扩散；2005 年，崇明东滩湿地和九段沙的互花米草面积已分别占总植被面积的 49.4% 和 37.0%（Li et al.，2009）。

（三）生态影响

互花米草入侵对土著生态系统的影响是多方面的。互花米草通常会与本地植物形成不对称竞争，降低本地植物群落的丰度直至完全取代本地植物。Li 等（2020a）使用陆地卫星影像分析发现，1985～2015 年，浙江沿海的互花米草面积增加了 10 000 hm^2，在许多地区已完全取代本地植物成为盐沼中最具优势的物种。除了直接竞争，互花米草还可通过与土著植物共享致病性真菌病原体，从而间接引发土著植物死亡（Li et al.，2013；2014）。互花米草入侵对本地生态系统物质循环也构成了严重影响，其入侵已被证明可大大增加土壤中的有机碳和全氮含量，从而可能影响整个盐沼生态系统的过程和功能（Cheng et al.，2006；Yang et al.，2016；Feng et al.，2017）。更重要的是，随着互花米草入侵，以植物为食物资源和栖息环境的土壤线虫、底栖动物、节肢动物和鸟类等动物的物种组成、多样性特征也随之改变（Meng et al.，2020b）。例如，在长江口的研究发现，互花米草的入侵改变了底栖动物的物种组成，使得双壳类和环状多足动物大量减少（Li et al.，2009）。互花米草入侵不仅降低了昆虫物种数和个体密度，还改变了节肢动物物种间的营养关系（Wu et al.，2009）。对于鸟类而言，虽然有一些鸟类如斑背大尾莺（*Locustella pryeri*）会将互花米草作为栖息地并凭借其入侵得以种群扩增，但无论是迁徙候鸟、繁殖鸟还是冬候鸟，它们在互花米草中的多样性均明显低于土著植物群落（Li et al.，2009）。不仅如此，互花米草入侵还改变了节肢动物和鸟类等土著动物的取食偏好，从而对本地生态系统的整个食物网结构产生影响（Ma et al.，2014；Sun et al.，2020b）。

（四）治理技术及应用

针对互花米草入侵所导致的生态影响巨大，国内外学者和管理人员都十分重视其治理技术的研究。用于控制互花米草的方法多样，但其目的均围绕抑制种群生长、降低有性和无性繁殖能力。管理者和科学家已尝试开发互花米草的多种控制技术，包括机械、化学和生物的方法（谢宝华和韩广轩，2018）。某些机械方法，如刈割+淹水、刈割+遮阴等，可达到良好的除草效果且对环境的影响很小（Yuan et al.，2011）。在我国黄河口的研究发现，"刈割+淹水"联合措施可很好地抑制互花米草的萌发和幼苗生长（Xie et al.，2019）。化学防治方法通常使用除草剂，除草剂易于实施，并在某些地区已取得了良好防治效果。例如，复旦大学提出的使用 10.8% 高效盖草能药剂治理互花米草的方法，已在河北唐山、山东烟台和青岛、江苏盐城及上海崇明得到了成功应用，治理有效率可达 98% 以上。但是，除草剂对环境的污染、对非靶标动植物健康的损害在短期内可能是不确定的，这就呼吁需要用更佳的环境友好型生态控害技术实施互花米草的治理。近年来，我国有些地区采用的生物替代法取得了一定的成效，该方法通常是使用竞争力更强的本地植物或外来植物（谢宝华和韩广轩，2018）。例如，在中国福建的研究发现，使用本地红树林物种可有效取代互花米草，并可有效地逆转因互花米草入侵导致的本地底栖动物取食结构变化，恢复成熟红树林生态系统多样化的食物网（Feng et al.，2014；2018）。

鉴于互花米草具有极强的再生能力，以上所提到的物理、生物及化学等各种控制互花米草的治理方法均有各自的优缺点，单独采用任何一种方法都难于同时获得快速且持久的控制效果。因此，需要这些方法相互配合，形成一套高效的综合治理技术体系。为了控制互花米草在长江口严重入侵所造成的影响，2012～2017 年，上海市林业局实施了以复旦大学为技术支撑单位的"上海崇明东滩互花米草生态治理工程"（图 33-18）。整个控制工程包括"围堤和水系布置、带水刈割、放水淹地、晒地灭活、种植替代植物、水文调控" 6 个过程，总实施面积为 24.2km^2，投资总额达 11.4 亿元。该工程成功控制了东滩保护区范围内 95% 以上的互花米草，并恢复了芦苇（*Phragmites australis*）、海三棱藨草（*Scirpus mariqueter*）等土著植物群落，重塑了生物栖息地，建成了长达万余米、相互连通的骨干水系，营造了总面积近 18 万 m^2 供鸟类生活的岛屿；整个保护区内，生态系统质量得到了明显改善，鸟类栖息地得到了较好恢复，鸟类物种数和种群数量显著增加（汤臣栋，2016）。即使在全球范围内，该工程也是十分罕见的特大型生态恢复工程，为滨海湿地入侵植物治理提供了重要的示范参考。

图 33-18　上海崇明东滩互花米草生态治理工程效果图（崇明东滩保护区提供）

六、长芒苋

长芒苋（*Amaranthus palmeri*）属苋科苋属异株苋亚属。长芒苋原产于美国西南部至墨西哥北部，目前已经入侵到欧洲、亚洲、非洲、南美洲、大洋洲等地区的 90 多个国家和地区（Sauer，1957；Morichetti et al.，2013；Kartescz，2014；Gaines et al.，2021）。长芒苋是一种具有除草剂抗性的恶性入侵杂草，我国于 2011年正式将长芒苋列入有害生物检疫名录，2022 年将其列为我国国家重点管理外来入侵物种。

（一）形态识别与生物学特性

1. 形态识别

长芒苋是一年生草本植物，雌雄异株，高 0.8～3m；叶片无毛，卵形至菱状卵形；叶柄长，纤细；茎直立粗壮，表面光滑，呈绿黄色或浅红褐色。穗状花序生于茎顶和侧枝顶端，直立或略微弯曲，花序长，可达 60cm 以上；花序生于叶腋处较短，呈短圆柱状至头状。苞片钻状披针形，长 4～6mm，先端芒刺状；雄花苞片下部约 1/3 具宽膜质边缘，雌花苞片下半部具狭膜质边缘。雄花花被片 5，极不等长，长圆形，先端急尖，最外面的花被片长约 5mm，中肋粗，先端延伸成芒尖；其余花被片长 3.5～4mm，中肋较弱且少外伸；雄蕊 5，短于内轮花被片。雌花花被片 5，稍反曲，极不等长，最外面一片倒披针形，长 3～4mm，先端急尖，中肋粗壮，先端具芒尖；其余花被片匙形，长 2～2.5mm，先端截形至微凹，上部边缘啮蚀状，芒尖较短。胞果近球形，种子近圆形或宽椭圆形，深红褐色。

2. 生物学特性

长芒苋主要以种子进行繁殖，且极易随农产品贸易等人类活动扩散蔓延。长芒苋在入侵地常分布在加工厂周边、路边、废弃地，甚至入侵到农田、菜地、苗圃、果园等生境中（Shimono et al.，2020）。长芒苋在我国北方地区一般 5 月下旬出苗，6 月中旬分枝，7 月初抽穗，10 月中旬开始枯黄死亡。

长芒苋适应能力强，分布范围广，已经入侵到我国从南到北不同纬度的环境条件中。长芒苋具有能够通过调整表型变异快速适应异质环境的能力，从而能够成功入侵（Leon and van der Laat，2021）。同质园实验表明不同纬度长芒苋种群的表型性状,如开花时间具有显著差异,且表现出高纬度种群的开花时间明显提早的趋势(曹晶晶等,2020)。长芒苋的表型可塑性有利于其快速适应新环境,入侵不同纬度地区。

长芒苋对多种不同机制的除草剂均具有较强的抗性。研究表明,长芒苋对氟乐灵、莠去津、草甘膦、乙酰乳酸合成酶(ALS)抑制剂(灭草喹、氯嘧磺隆、嘧草硫醚、咪唑乙烟酸等)、羟基苯基丙酮酸双氧化酶(HPPD)抑制剂(硝磺草酮)、原卟啉原氧化酶(PPO)抑制剂(苯嘧磺草胺)等均可产生抗性甚至多重抗性(Dominguez-Valenzuela et al.,2017;Küpper et al.,2017;吉美静等,2020;Cao et al.,2022)。其中,长芒苋对 ALS 抑制剂类除草剂咪唑乙烟酸产生抗性的机制是由于 ALS 基因序列发生了基因突变。试验分析表明抗咪唑乙烟酸的长芒苋种群在 4 倍推荐剂量下的植株存活率仍能达到 100%,表现出较高水平的抗性(吉美静等,2020)。近年来,由于长芒苋对草甘膦具有特殊的抗性机制而成为研究的热点。长芒苋对草甘膦的抗性机制是使靶标酶 5-烯醇式丙酮酸莽草酸-3-磷酸合成酶(EPSPS)基因在体内大量扩增,以此来增加长芒苋对草甘膦的抗性(Gaines et al.,2010;Koo et al.,2018)。检测 EPSPS 基因拷贝数的差异已经被广泛用来分析长芒苋的草甘膦抗性水平,抗性植株体内的拷贝数可以达到 30~100 倍之多(Molin et al.,2018)。研究表明,入侵我国的长芒苋种群对草甘膦的抗性可以达到敏感种群的 40 倍以上,体内 EPSPS 基因拷贝数可达到 50 倍以上(Cao et al.,2022)。长芒苋对除草剂的高度抗性增强了其在入侵地的竞争力,很难通过除草剂进行控制。

(二)分布与危害

1. 分布

长芒苋于 1985 年首次入侵我国北京丰台区(李振宇,2003)。近年来,长芒苋已经在北京发生大面积扩散,在房山区、大兴区、海淀区、昌平区、顺义区等均有分布。此外,我国多个省份也不断报道长芒苋的发生与截获情况。目前,长芒苋在北京、天津、河北、山东、河南等多个省份发生,分布范围不断增加,呈加速扩散趋势。

2. 危害

长芒苋适应性强、产种量大,可随农产品调运、河流、风力、鸟类携带等途径扩散蔓延,是常见的农田杂草。长芒苋多为害玉米、棉花、大豆、蔬菜、果树等作物,造成作物大幅减产,一旦定殖很难根除,对入侵地生态环境破坏极大。据统计,在北京玉米田中,长芒苋种子库数量比较大,在整个生长季节一直有种子不断萌发,导致农田中种群密度极高,可达到 413 株/m^2,极大地影响玉米植株的生长和产量(张金良等,2021)。已有研究表明,当长芒苋密度为 10 株/m^2 时就能致使大豆减产 68% 以上,0.9 株/m^2 能使棉花减产 92% 以上(Massinga et al.,2001;Fast et al.,2009)。长芒苋具有多种除草剂抗性,尤其是对广谱性除草剂草甘膦具有较强的抗性,给农业生产带来了难题(Cao et al.,2022)。

(三)预防与控制技术

由于长芒苋具有多种除草剂抗性,直接通过传统的化学防治不能起到较好的防除效果,因此针对长芒苋的预防控制,是根据其入侵特性制定的一套专有防治策略。长芒苋在我国还处于入侵早期阶段,在多个省份呈现零星分布的状态。根据长芒苋在各地不同的入侵情况,分别在监测预警、检测鉴定和灭除拦截等方面制定并开展了相应的防控措施。

1. 监测预警

在长芒苋定殖前建立预警机制是阻止其入侵和发生危害的最经济有效的防治措施。目前,通过对其环境适应性和不同环境下繁殖增长的特性评估了长芒苋在我国的风险区,从东北到华南地区都存在其风险区,其中华北地区的风险最高(李慧琪等,2015;曹晶晶等,2022)。长芒苋在我国的潜在分布区涵盖了我国的粮食主产区和进口粮谷的加工地,因此对这些地区的重点区域应开展预防预警。由于长芒苋在我国的潜在入侵风险极高,海关也加强了检验检疫,对长芒苋可能传入和扩散的区域制订了针对性的监测计划,进行了周期性的布点监测，这些监测预警措施在一定程度上抑制了长芒苋的入侵。但是，目前长芒苋在我国整体上仍在不断地传入，部分地区入侵的种群开始扩散蔓延。未来需要进一步探明长芒苋入侵和扩散规律与主导因素，制定高效的防控措施抑制长芒苋的入侵与危害。

2. 检测与鉴定

口岸检疫截获数据表明，长芒苋还在不断地随进口粮谷等途径传入我国多个地区（章茂林等，2019）。苋属种子形态相近，准确鉴定长芒苋、从源头阻止其传入是防控其入侵的有效环节。近几年，我国已经开发了长芒苋的快速检测鉴定技术用于海关检疫。例如，对 34 种苋属植物的 ITS 序列和 26S rDNA 进行分析，通过 SNP 变异位点及特异性引物，借助 PCR-RFLP 方法，对长芒苋进行了准确的分类鉴定，可与其他苋属植物明显区分开（徐晗等，2017；Xu et al.，2020）。此外，研发了长芒苋除草剂抗性水平的高效快速检测鉴定方法，可为发展早期根除措施提供支撑（Cao et al.，2022）。

3. 根除与防控拦截

对现有的和新发现的长芒苋分布点，目前主要是基于长芒苋种群的抗药性水平，通过物理防治和化学防治结合的方式，发现后及时将其铲除。对除草剂敏感的入侵种群，通过推荐剂量的草甘膦等除草剂可以很好地控制住种群，在幼苗期将种群全部杀死。对除草剂具有抗性的入侵种群，在幼苗期通过土地翻耕、人工拔除等措施进行一次防除；由于物理防除不能达到 100% 的效率，在早秋时再次进行物理机械的铲除，同时配合化学防治；最后，在秋冬季节对防除的区域进行清洁和种子的灭活处理。由于长芒苋种子量大、种子库丰富，每个分布点进行至少连续三年的防除。针对长芒苋的防控措施目前能对防控点达到一个较好的控制效果，然而随着分布点的每年快速增加，目前的防控措施显得较为费时费力，急需进一步找到更适合的防控方法。长芒苋作为一种雌雄异株的植物，研究表明环境条件可能影响雌雄株的物候期，水分胁迫会加大雄性开花时间的延迟程度，增加了两性之间的开花交配期不匹配程度，进而减少种子产量（Mesgaran et al.，2021）。这种针对雌雄异株物候期与环境相互作用的关系可以作为生物防治的一种新理念。

七、加拿大一枝黄花

加拿大一枝黄花属多年生草本，又名黄莺、麒麟草、幸福草、金棒草，是一种极其危险的外来有害植物。其根状茎发达，繁殖力极强，传播速度快，生长优势明显，生态适应性广阔，因此它一旦侵入一个新的地区，即能在短时间内成片生长，排挤其他本地物种，迅速形成单一优势群落，使其他杂草一律消亡，严重破坏生态平衡，导致生物多样性的丧失。加拿大一枝黄花作为最具破坏性与入侵性的入侵种之一，被列入中国第二批外来入侵物种名单。

（一）形态识别与生物学特性

1. 形态识别

加拿大一枝黄花为多年生草本植物，植株高 0.3～2.5m，分枝多集中于近顶端。地下根须状，茎直立，光滑，分枝少，基部带紫红色，单一。单叶互生，卵圆形、长圆形或披针形，长 5～10cm，1.5～4.0cm，叶基部心形，先端尖、渐尖或钝，边缘有锐锯齿，上部叶锯齿渐疏至全近缘，初时两面有毛，后渐无毛或仅脉被毛；基部叶有柄，上部叶柄渐短或无柄。头状花序小，直径 5～8mm，聚成总状或圆锥状，总苞钟形；苞片披针形；花黄色，舌状花约 8 朵，雌性，管状花多数两性；花药先端有帽状附属物。瘦果圆柱形，近无毛，冠毛白色。花期 9～10 月，果期 10～11 月。

2. 生物学特性

加拿大一枝黄花繁殖力强、生长速度快，以种子和地下根茎繁殖。每年 3 月开始萌发，4～9 月为营养生长，7 月初植株通常高达 1m 以上，10 月中下旬开花，头状花序，11 月底到 12 月中旬果实成熟。种子数量多，单株种子数量可达 0.3 万～2 万粒，质量轻，利于扩散。发达的根状茎可以衍生出多簇致密的加拿大一枝黄花，从而快速排挤相邻植被。

加拿大一枝黄花能与丛枝菌根真菌形成共生体，菌根能够在该植物受到外界胁迫时降低外界胁迫对它的负面影响。在胁迫环境条件下，菌根共生体的存在可以显著提高加拿大一枝黄花的耐受能力，减缓环境胁迫条件所造成的危害。

加拿大一枝黄花具有较强的化感作用，化感作用是其能成功入侵的重要机制之一。加拿大一枝黄花的地上部和地下部均能向体外释放特定的化学物质抑制当地植物种子发芽和生长发育，对其他植物产生有害影响，利于自身生长。

加拿大一枝黄花是一组染色体数目不同的亚种或变种组成的多倍复合体，主要染色体倍性有二倍体（$2n=18$）、四倍体（$2n=36$）和六倍体（$2n=54$）三种，该特性将大大提高加拿大一枝黄花对环境的适应性。加拿大一枝黄花较宽的生态幅使其在酸沉降、氮沉降和增温等环境压力下，维持自身较快的生长速率与较高的生物量产出，从而提高自身优势。

（二）分布与危害

1. 分布

加拿大一枝黄花原产于北美，在北半球温带栽培和归化。我国于1935年作为庭院观赏植物从国外引进，并在上海等地相继引种，后逸生成为恶性杂草。加拿大一枝黄花生长于河滩、路边荒地、公路和铁路沿线、绿化地、农田边、城镇庭园、农村住宅四周，亦可入侵低山疏林湿地生态系统，目前在我国浙江、上海、安徽、湖北、江苏、江西、四川、云南、辽宁等地均有分布，而且有不断扩散的趋势，已成为对生态环境和农业生产威胁很大的恶性杂草。

2. 危害

加拿大一枝黄花生长能力强，茎秆密且叶片多，因此在入侵地克隆生长极易造成区域性郁闭空间，导致其他植物难以存活，从而形成区域单优势群落，给当地生物多样性与自然生态系统带来严重危害。资料显示，上海地区30多种土著物种的消失与加拿大一枝黄花的入侵有关。加拿大一枝黄花还会入侵农田、果园，与作物争夺营养物质和水分，影响这些农作物的产量和质量，造成直接和间接的经济损失。

（三）预防与控制技术

加拿大一枝黄花是恶性杂草，生长繁殖力强，必须建立严格的检疫制度，严禁此类植物引进和传播。因此，要加大对绿化苗木检疫力度，防止绿化苗木所携带的加拿大一枝黄花大量进入。另外，要有效地控制外来加拿大一枝黄花入侵，明确加拿大一枝黄花入侵的高度风险区，对此类地区要严格监控。

1. 农业防治

加拿大一枝黄花的分布危害与其所处的环境有着密切的关系，其覆盖度高低与有效管理时间长短有关。在长期不管理或管理粗放的区域，加拿大一枝黄花生长茂盛，密度高，危害程度也大；反之，在栽培管理好的区域，如菜地、农田、苗圃等，基本没有发生或危害程度较轻。因此，对于闲置的土地，有关部门应及时种植其他绿化植物或者组织农民进行复耕复种，减少抛荒，这样既可美化环境、增加农田面积，又可以有效阻止加拿大一枝黄花的入侵，减少其繁衍空间。

2. 人工防治

根据加拿大一枝黄花的生物学特性，对已发生地区可用以下几种方法进行人工铲除：冬春季，可通过翻耕，清理其地下根状茎，带出地外烧毁，清除其根源，使其不能萌发；在加拿大一枝黄花开花、种子成熟之前，对其进行人工拔除；对种子已经成熟的植株，应先剪去花穗并用塑料袋包好，再连根拔除焚烧，防止蔓延；加拿大一枝黄花种子具有顶土能力弱、发芽势差的特点，因此，在冬季可对加拿大一枝黄花主要分布区进行翻耕，覆盖种子，减少其春季的出苗数量。该方式相对比较彻底，但是效率不高，难以大面积使用，且加拿大一枝黄花具有发达的根状茎，如不能彻底清除其根源，留在土壤里的根状茎在一定条件下能重新繁殖起来。另外，人工刈割可以阻碍种子繁殖，通过剪去花枝，可减少种子成型，但必须及时处理刈割残存的枝叶，防止茎横卧繁殖。

3. 化学防治

化学防治是目前控制加拿大一枝黄花最经济有效的手段。草甘膦、百草枯、使它隆（氯氟吡氧乙酸）及使它隆和二甲四氯水剂的混剂等除草剂对该杂草均有较好的防除效果。苗期（3～4月）是最佳防除期，对非耕地或远离农耕植的地方可以采用此方法。但是，大量使用除草剂既不经济又污染环境，而且可能对人体造成伤害。因而，可以在加拿大一枝黄花刚刚发芽的时候喷洒灭生性除草剂来减少除草剂的用量，从而降低成本，减少化学污染，提高根除效果。

八、黄顶菊

黄丁菊属菊科黄菊属一年生草本植物，又名二齿黄菊，具有极强的入侵性，因此又称为"生态杀手"，2010年1月被列入由国家环境保护部发布的中国外来入侵物种名单第二批中。

（一）形态识别与生物学特性

1. 识别特征

黄顶菊为一年生草本植物，株高20～100cm，条件适应的地段株高可达180～250cm，最高的可达到3m左右。茎直立、紫色，被微绒毛。叶交互对生，叶片长椭圆形，长5～18cm、宽1～4cm，叶边缘有稀疏而整齐的锯齿，基部生3条平行叶脉，叶柄10～20mm或茎上部叶无柄，叶柄基部近于合生。主茎及侧枝顶端上有密密麻麻的黄色花序，头状花序聚集顶端密集成蝎尾状聚伞花序，花冠鲜艳，花鲜黄色，总苞长圆形，具棱，长4～5mm，总苞片常2枚，头状花序具花1～3朵，每一朵花可以产生一粒瘦果，无冠毛。

2. 生物学特性

黄顶菊繁殖力极强，其种子结实量多，且种子非常小，极易借助交通工具、货物贸易、空气飘浮和人员往来进行传播、蔓延，传播速度非常惊人。除此之外，黄顶菊具有极强的生态适应性、生长可塑性和竞争力，在道路两旁、荒地及城乡绿地等生境均有生长，一旦入侵农田，其迅速生长及高繁殖系数的特性将使其在与作物的竞争中占据优势。

黄顶菊入侵后改变了入侵地的植物群落特征，减少入侵地植物群落的多样性指数及土壤微生物的群落结构，降低了入侵地物种多样性水平和生态系统的功能，创造了对自身有利生长的环境，增强了其竞争能力，实现了种群扩张，被人们称为"生态杀手"。

黄顶菊分泌的化感物质会抑制其他植物生长。研究发现，黄顶菊的化感物质对白菜、水稻、绿豆、红豆等种子的萌发和幼芽伸长都有抑制作用。此外，黄顶菊体内的槲皮素等次生代谢物，可因落叶的分解而影响土壤的微生物生态，破坏土地的可耕作性。因此，黄顶菊的化感物质可能是导致其入侵以及为害作物的主要因素之一。

（二）分布与危害

1. 分布

黄顶菊原产于南美洲和西印度群岛，后扩散到印度、美国、中东地区和非洲，在我国广泛分布于天津、河北、河南、山东等地，除此以外，我国华东、华中、华南、华北及沿海地区均可能成为黄顶菊入侵的重点区域。在我国，黄顶菊最早于2003年在河北衡水和天津采集到标本。在河北最早发现于衡水和廊坊等地，目前已扩张至邯郸、邢台、衡水、沧州、廊坊的56个县（市）。

2. 危害

黄顶菊根系发达，在与周围植物争夺阳光和养分的竞争中，严重挤占其他植物的生存空间，影响其他植物的生长，使许多生物灭绝。黄顶菊一旦入侵农田，将威胁农牧业生产及生态环境安全，对农业将造成难以估量的损失。

黄顶菊根系能产生一种化感物质，这种化感物质会抑制其他生物生长，并最终导致其他植物死亡。在生长过黄顶菊的土壤里种植小麦、大豆，其发芽能力会变得很低。如果对黄顶菊不加防治，几年后整个地面很可能就只剩下黄顶菊了，将会破坏生物的多样性。

黄顶菊的花期长，花粉量大，花期可与大多数土著菊科交叉重叠。如果黄顶菊与发生区域内的其他土著菊科植物产生天然的菊科植物属间杂交，就有可能导致形成新的、危害性更大的物种。

（三）预防与控制技术

外来入侵植物的防治工作主要在"防"，一旦形成入侵，现有的技术手段难以将其彻底灭除，会对生态系统造成不可恢复的破坏。目前对黄顶菊的治理技术主要包括物理防治、化学防治、生物防治及综合治理。

1. 物理防治

黄顶菊幼苗期生长缓慢，在其营养生长期人工拔除和大面积机械铲除为最有效的方法。物理防除过程中，将新鲜的残体带出田间，统一处理，以免残留部分再生；对零星发生、低密度地块，连根拔除，带出田外集中烧毁，做到斩草除根；成片发生地区，铲除植株后，耕翻晒根，焚烧根茬或用粉碎机粉碎。

2. 化学防治

灭生性除草剂草甘膦、百草枯对防治黄顶菊有较好的效果。除此之外，机油、乳油、甲酯化大豆油、有机硅表面活性剂、Quad 7 几种助剂分别与毒莠定、三氯吡氧乙酸、二甲四氯钠盐混用能够高效、低毒地实现对黄顶菊的防治。在此研究的基础上，2009 年在河北省沧州市建立耕地和非耕地试验区，筛选出了烟嘧磺隆、硝草酮、乙羧氟草醚、乳氟禾草灵、乙草胺、异丙甲草胺、嘧草硫醚等适合耕地的除草剂，以及氨氯吡啶酸、定草酯、氟草烟、草甘膦等适合非耕地的除草剂，并初步构建了高效、低毒、低残留、保护植物多样性的黄顶菊应急化学控制体系。

3. 植物替代防除技术

利用植物间的相互竞争现象，用一种或多种植物的生长优势来抑制害草也是控制外来生物为害的有效途径之一。有研究表明，反枝苋、灰绿藜分别与外来入侵植物黄顶菊混种后引起的入侵地土壤真菌群落结构多样性的变化，均对黄顶菊入侵地土壤真菌多样性造成了影响。高丹草、紫花苜蓿、墨西哥玉米和籽粒苋与黄顶菊之间相互竞争后发现，高丹草、籽粒苋和墨西哥玉米出苗快，生长速度快，能够迅速实现地面覆盖，单种和混种均表现很强的替代优势。

九、刺萼龙葵

刺萼龙葵（*Solanum rostratum*）隶属茄科 Solanaceae 茄属 *Solanum*，是一种入侵性极强的一年生恶性杂草。在我国，该种被列为进境检疫性有害生物，并列入中国外来入侵物种名单。刺萼龙葵生长速度快且繁殖能力强，单株可结 1 万～2 万粒种子（林玉和谭敦炎，2007），与侵入地物种争夺光照、水分、养分、生态位等资源，致使农业耕地减产，本地物种竞争优势丧失，生物多样性降低。此外，刺萼龙葵含有神经毒素龙葵碱，动物若误食可引起中毒。因此，刺萼龙葵一旦入侵，将对当地的生态环境、农业生产、草地畜牧业、生物多样性与人体健康造成巨大的威胁（图 33-19）。

（一）形态识别和生物学特征

刺萼龙葵为一年生草本植物，株高可达 1～1.5m，整个植株密被黄色长刺和星状毛。刺萼龙葵属直根系，主根发达，侧根、须根较少；主茎直立，多分枝，分枝多在茎中部以上，基部稍木质化；茎上生有密集粗而硬的黄色锥形刺，刺长 0.3～1.0cm，并有带柄的星状毛。叶互生，密布绒毛；叶片卵形或椭圆形，羽状不规则深裂，裂片椭圆形或近圆形，着生 5～8 条放射形的星状毛；叶脉和叶柄上均着生黄色刺。总状花序，花梗带刺，花萼漏斗状，萼片 5。花冠黄色，直径 2～3.5cm，下部联合，上部 5 裂，雄蕊二型，4

图 33-19　刺萼龙葵入侵草原（左）和农田（右）（张国良拍摄）

小 1 大，镜像花柱；开花期在 6～9 月。浆果球形，初为绿色，直径 1～1.2cm，完全被增大的带刺及星状毛硬萼包被，附有粗糙的尖刺，成熟时黄褐色或黑色。种子黑褐色，卵圆形或卵状肾形，两侧扁平，表面有隆起的粗网纹和密集的小穴形成的细网纹，细网纹呈颗粒状突起。种子的背侧缘和顶端有明显的棱脊，较厚，近种子的基部变薄（图 33-20）。

图 33-20　刺萼龙葵的形态学特征（A～D 由张国良拍摄，E、F 由张岳拍摄）

A. 幼苗；B. 植株；C. 茎；D. 叶；E. 花；F. 浆果

刺萼龙葵种子具有物理休眠（种皮的机械阻碍作用）和生理休眠（胚中存在抑制萌发的物质）混合休眠的特性（张少逸等，2011a；苏秋霞和李青丰，2014），其种子休眠期约 3 个月，能抵抗不良的环境，使其在恶劣的条件下长期保持生命活力。刺萼龙葵的种子刚成熟时萌发率仅 4.5%，并且萌发所需的时间较长（达 20d）；经赤霉素、浓硫酸或低温处理后可显著提高萌发率（张少逸等，2011a）。刺萼龙葵的田间自然生活规律，以北京地区为例，自然条件下从 4 月或 5 月上旬当气温达到 10℃时，雨后即开始萌发，5 月下旬至 6 月中旬开花，7 月初果实形成，8 月中下旬果实逐渐成熟，浆果由绿变为黄褐色，9 月末至 10 月初降霜后刺萼龙葵植株萎蔫枯死，整个生长期约 150d。一般情况下每浆果内可产种子 55～90 粒不等，正常植株可产种子 1 万～2 万粒，每株所产的种子翌年即形成一个独立的群落（车晋滇等，2006）。

刺萼龙葵适生性极强，耐瘠薄、耐干旱、耐湿，喜好温暖气候中的各种土壤，尤其是沙质土壤、碱性肥土或混合性黏土。常生长于开阔的生境，如荒地、草原、农田、过度放牧的牧场、谷仓前、畜栏、路边、垃圾场等地，也可侵入果园、庭院等地，在沟渠和河滩上植株生长得更加茂盛高大。刺萼龙葵属喜光性植物，在光照充足的立地条件下长势繁茂、果大籽多、植株健壮、籽粒饱满；光照不足时长势较差，虽也能完成生活史，但产籽量减少。刺萼龙葵还具有抗水分、抗盐碱胁迫（Wei et al.，2009）等强抗逆境能力。除此之外，刺萼龙葵体内含有的滤过性毒菌可以抵抗马铃薯环腐病菌毒害（Rudzińska-Langwald，1990），具有一定的抗病、抗虫能力。

（二）传播扩张态势

刺萼龙葵原产于北美洲（USDA-NRCS，2014），由于其生态适应性和抗逆境能力极强，耐瘠薄、耐干旱、耐湿、耐盐碱，一旦入侵至具有可利用资源的生境，便可迅速建立起种群并扩散。目前，刺萼龙葵已经广泛分布至包括北美洲、亚洲、非洲、欧洲、大洋洲等在内的 34 个国家和地区（Hassler，2021）。在我国，刺萼龙葵于 1981 年首次在辽宁朝阳发现（关广清等，1984），随后在短短的 30 年间，经水流、风媒、牲畜贸易、砂土运输等途径，扩散至辽宁（阜新、锦州、大连）、吉林（白城）、内蒙古（兴安盟、包头、呼和浩特、巴彦淖尔、通辽、赤峰）、山西（大同）、新疆（乌鲁木齐、昌吉）、河北（张家口）及北京（密云、延庆）等 7 省（自治区、直辖市）的 54 个县（区）。潜在分布区预测结果表明，刺萼龙葵在中国的潜在分布区极为广泛，可分布在除西藏、青海、海南及两广南部外的所有地区（王瑞等，2018a）。结合刺萼龙葵在中国华北地区的快速扩散蔓延趋势，其可能在华中及华东地区进一步传播。

（三）危害与影响

刺萼龙葵的入侵对农业、畜牧业、生态系统和人体健康均造成严重危害。刺萼龙葵入侵之处，与当地物种争夺水分、养料、光照和生长空间，极易形成优势群落，严重抑制当地作物生长，对草场及农田中棉花、玉米、小麦和大豆等作物的生长具有严重危害（Martinez et al.，2000），也是马铃薯等作物最重要和最具毁灭性的检疫性害虫马铃薯甲虫（*Leptinotarsa decemlineata*）及番茄皱叶病毒（Chino del tomato virus，CdTV）等病毒的寄主（Horton and Capinera，1988；Garzón-Tiznado et al.，2002）。刺萼龙葵全株具刺，可扎进牲畜的皮毛和黏膜，从而降低牲畜皮毛的价值；混入饲料中能损伤牲畜的口腔和消化道。另外，刺萼龙葵的叶、浆果和根中含有高毒性茄碱，一旦被牲畜误食后可导致中毒。当植物体在动物体内的含量达到动物体重的 0.1%～0.3%时即足以致毒。中毒症状表现为身体虚弱、运动失调、呼吸困难和全身颤抖等，甚至因涎水过多死亡（Bowers，1975）。茄碱对人体中枢神系统尤其对呼吸中枢有显著的麻醉作用，可引起严重的肠炎和出血。人的皮肤接触果实毛刺后会出现皮肤红肿、瘙痒，严重影响日常生活和农事操作。刺萼龙葵还能引起过敏性鼻炎。有研究表明，西弗吉尼亚州人在刺萼龙葵的开花期，患过敏性鼻炎的比例明显增大（Ghosh et al.，2006；2009）。

（四）治理技术及应用

针对刺萼龙葵的防治主要涉及物理机械防治技术、化学防治技术和控制替代技术。刺萼龙葵的物理防治包括人工拔除、刈割和机械除草等。刺萼龙葵在生长初期，尤其在 4 片真叶前的幼苗期，生长速度较为缓慢，其刺质地较软，不易刺伤皮肤，此时将其彻底铲除最为安全和有效，宜人工拔除或铲除刺萼龙葵。植株成熟后，其刺变硬，会给铲除工作带来一定的难度。若植株已结实，铲除时可能造成种子散落，从而加大了铲除的危险性。另外，由于刺萼龙葵的种子有休眠机制，当年未萌发的种子可能在数年后仍能萌发。所以，对于刺萼龙葵生长过的地方，一定要予以标记，并连续几年进行观察和铲除。

出苗前，在土壤处理剂中添加乙草胺、异噁草松和甲草胺等，可显著抑制刺萼龙葵的生物活性（张少逸等，2012）。辛酰溴苯腈、百草枯和草甘膦对4～5叶期的刺萼龙葵具有快速强烈的杀灭作用，其中辛酰溴苯腈有特效，可作为防除刺萼龙葵的重点药剂；氨氯吡啶酸、三氯吡氧乙酸和氯氟吡氧乙酸对刺萼龙葵也具有较好的控制作用，并且对生态环境影响较小（张少逸等，2011b），但在田间应用时应避免一个生长季节连续多次使用同种药剂，以避免刺萼龙葵抗药性的产生和发展（张朝贤等，2000；刘长令，2002）。另外，72% 2,4-二氯苯氧乙酸（2,4-D）丁酯乳油、20%克草胺+20%莠去津和20%百草枯悬浮剂、20%百草枯水剂对刺萼龙葵幼苗和子叶期的防除效果均较好（曲波等，2011）。在开花前，使用2,4-D和百草敌联合使用，防治效果会更好（高芳等，2005）。三氯吡氧乙酸48%乳油和氨氯吡啶酸24%水剂对花期的刺萼龙葵防治有很好的效果（曹新明，2014）。

由于刺萼龙葵的生境多样且复杂，在沟渠采用化学防治可能会污染水源，可选择竞争能力强的本地植物进行替代防治。在农田生态系统中可选择紫花苜蓿、沙打旺等豆科牧草替代刺萼龙葵，在林地生态系统中可选择多年生耐阴的本土草本植物白三叶、冬青等进行替代，其抢夺养分、阳光的能力比刺萼龙葵更强。中国农业科学院农业环境与可持续发展研究所外来入侵物种防控研究课题组长年开展草原生态系统中刺萼龙葵的植物替代技术研究，并取得了良好的防治效果，具体做法如下：刺萼龙葵出苗前，对入侵地块进行翻耕处理，并撒施复合肥（50kg/亩）作为底肥，随后撒播经筛选的披碱草+无芒雀麦+沙打旺组合、紫羊茅+冰草+羊草组合、紫花苜蓿+无芒雀麦+羊草等替代植物组合。这些植物组合可占据空间生态位优势，并抑制刺萼龙葵的生长和再度入侵，其多年生特性保证了一次建植能够多年持续抑制刺萼龙葵生长。替代试验结果表明：按照上述大田试验方法至第二年，替代控制试验处理刺萼龙葵发生率在1%以下，很难观察到刺萼龙葵植株；而对照样地刺萼龙葵植株，株高均达30cm以上。替代试验既完全达到了有效控制外来有害植物入侵的目标，又可恢复当地草原生态系统，也能够保证一定的经济效益，示范区刺萼龙葵土壤种子库量下降99.10%，种群密度降低95.59%，平均每亩挽回牧草产量损失285.6kg，直接经济效益约427.5元/亩，为刺萼龙葵的入侵治理提供了重要的示范参考。

（中国农业科学院植物保护研究所 刘万学 周忠实 张桂芬 郭建英 王瑞 郭建洋
赵梦欣 黄聪）

（浙江大学 王晓伟 蒋明星）

（海南大学 颜日辉）

（华南农业大学 陆永跃 许益镌）

（青岛农业大学 张彬）

（云南农业大学 桂富荣）

（中国农业科学院基因组研究所 刘博 刘聪辉）

（江苏省农业科学院 刘凤权）

（河北大学 张凤娟 刘柱东）

（中国林业科学研究院森林生态环境与保护研究所 王小艺）

（中国热带农业科学院环境与植物保护研究所 彭正强 吕宝乾）

（福建农林大学 侯有明）

（中国科学院动物研究所 赵利蒲）

（云南省农业科学院 张付斗 申时才）

（复旦大学 鞠瑞亭）

（中国农业科学院农业环境与可持续发展研究所 张国良 付卫东 宋振 王忠辉 张岳）

第三十四章
中国生物入侵防控工程体系

第一节　生物入侵防控：中国方案

21 世纪初，我国相继在生物入侵基础研究、防控技术及应用示范等方面设立了一系列国家级项目，在阐明重要农业入侵生物传入、定殖、扩散与暴发成灾的生态学过程及机制的基础上，构建了"生物入侵 4E 行动"（早期预防预警、快速检测监测、点线灭除阻截、区域减灾控制）的中国方案，形成了我国生物入侵预防与控制全链式技术体系，为入侵生物的有效防控提供了坚实的技术支撑与咨询服务。随着组学技术、人工智能技术的迅速发展，以及源头治理和关口外移的需求，"十三五"期间，逐步将 4E 行动拓展到 4E+行动（IAS1000 组学与入侵特征揭秘、人工智能与天网监控、境外防控体系建设与跨境联防联控）。

一、4E 行动

中国生物入侵的防控 4E 行动具体包含以下四个方面：E1 行动早期，预防预警（early warning and prevention）；E2 行动，快速检测监测（early monitoring and rapid detection）；E3 点线灭除阻截（early eradication and blocking）；E4 行动，区域减灾控制（entire mitigation）。

（一）构建入侵生物早期全程预警体系

建立"中国外来入侵生物数据库"（www.invasivespecies.com），收录了近 1000 种入侵物种的基本信息；构建六大技术平台（野外监测数据云采集系统、在线风险评估系统、快速甄别与 DNA 条形码识别系统、紧急处置与防控技术服务系统、专家咨询与信息反馈系统、远程监控与可视化处理系统等）。基于定性定量风险评估的模式，建立了入侵生物全程（传入、定殖、扩散、暴发）风险评估技术体系，完成了 100 余种入侵物种（番茄潜叶蛾、苹果蠹蛾、红火蚁、烟粉虱、桔小实蝇、马铃薯甲虫、小麦矮腥黑穗病、香蕉穿孔线虫、薇甘菊、紫茎泽兰、长芒苋等）的风险预判，制定了相应的响应级别、紧急处理与控制预案。

（二）创新入侵生物高效快速检测监测技术

建立了 80 余种重要农业入侵物种（小麦矮腥黑穗病菌、大豆疫霉病菌、黄瓜绿斑驳病毒、梨火疫病菌、香蕉穿孔线虫、烟粉虱、苹果蠹蛾等）特异性高效快速分子检测技术，形成 21 种全国农业检疫性有害生物国家或行业标准；针对形态难识别的 6 类农业入侵昆虫（蓟马、实蝇、介壳虫、粉蚧、粉虱、潜叶蝇），建立了 520 余种（含本地种）DNA 条形码识别技术与在线甄别平台；创建了 200 余种入侵植物智能识别技术与 APP 监测应用平台；发展了 50 余种入侵昆虫（番茄潜叶蛾、苹果蠹蛾、桔小实蝇、红火蚁、红脂大小蠹等）性诱、食诱、灯诱等远程实时智能监测系统。

（三）创制入侵生物的点线根除与阻截控制技术

针对 60 余种新发和局部分布的入侵生物（红火蚁、马铃薯甲虫、苹果蠹蛾、葡萄根瘤蚜、桔小实蝇、三叶草斑潜蝇、甜菜孢囊线虫、长芒苋等），创制了"新发生点"的灭绝根除（化学防治等）、"扩散前沿线"的狙击技术（替代控制等），并结合其他的物理防治、化学防治、诱杀防治、野外实时监测等，建立了入侵生物应急防控和扩散阻截技术体系。近 3 年在 3000 余个新发生"点和线"实施了全面监控管理。

（四）构筑入侵生物区域减灾与联控治理体系

针对 40 余种造成重大经济损失的农业入侵昆虫（烟粉虱、椰心叶甲、斑潜蝇、桔小实蝇、稻水象甲、苹果蠹蛾等），构建了利用传统生物防治（引进天敌昆虫及挖掘本地微生物作用物）、现代生态调控（Pull-Push 系统）与大尺度作物布局的区域治理体系。针对 20 余种引起重大生态灾难的入侵杂草（豚草、空心莲子草、紫茎泽兰、薇甘菊、少花蒺藜草、刺萼龙葵等），研发了植物"空间生态功能互补"立体多维阻截技术，在扩散前沿线建立"地毯层-植物篱-拦截带"、在草场和牧场围边建立"植物篱生态隔离层"，构建了入侵杂草的生态屏障阻截带和大面积发生的生态修复技术，有效延缓了其扩散、传播与危害。

二、4E+行动

中国生物入侵的防控 4E+行动至少涵盖以下三个方面：通过千种入侵生物基因组学研究揭秘入侵特性、通过人工智能实现智能检测监测与天网监控、境外防控体系建设与跨境联防联控。

（一）通过千种入侵生物基因组学研究揭秘入侵特性

我国科学家于 2018 年 11 月 14 日率先在深圳启动了 IAS1000 计划（1000 种入侵物种基因组计划），并成立了 IAS1000 联盟（40 余家科研院所、大学与企业单位参与），组建了多学科参与的组学研究团队。IAS1000 联盟首批确定了 25 个重要入侵动物与杂草、农业害虫与资源动物等的测序工作。自 IAS1000 计划启动以来，我国科学家以苹果蠹蛾、薇甘菊、福寿螺、非洲大蜗牛和草地贪夜蛾等重大入侵物种为研究对象，通过比较基因组学分析和进化分析等多组学联合分析技术，从内在优势假说、竞争力增强假说、新式武器假说和互利助长假说等多个入侵生物学经典假说出发，揭示了外来入侵物种入侵扩散和暴发的组学特征，以及环境适应性进化特征等与入侵性相关的分子机制，并从转座子暴发导致基因遗传变异的角度解释了长期以来困扰入侵生物学家的"入侵悖论"的内在分子机制。

（二）通过人工智能实现智能检测监测与天网监控

外来入侵生物智能检测相比传统的检测方法省时、省力，但比较依赖于训练集的知识学习，虽然一些数据增强手段可以在一定程度上丰富知识库，但对于复杂场景下相似目标的检测任务仍存在检测率偏低的问题，需要进一步构建外来入侵生物表型数据库和开发相应的检测装备。另外，重要入侵植物的多尺度智能识别已在薇甘菊、互花米草等少数几个物种的监测任务中实现，利用卫星遥感对大范围、大面积分布的入侵植物进行监测，用无人机对重点区域进行精细检测、手机端识别地面入侵植物发生情况，从而形成点-线-面全覆盖监测，为外来入侵植物的早期预警和高效防控提供数据支撑。然而，光谱植被指数与各入侵植物的植被参数相关性、影响外来入侵植物扩散传播的环境因子、人类干扰等量化模型仍不明确，未来需要进一步研究。

（三）境外防控体系建设与跨境联防联控

2017 年，中国植物保护学会生物入侵分会发布《长春宣言》，倡议成立了"一带一路"国际植物保护联盟，提出了"关口外移，源头监控，技术共享，联防联控"的合作原则，并筹划建立了"一带一路"跨区农业有害生物预警大数据平台，针对六大经济走廊的地域特点，与肯尼亚、巴基斯坦、哈萨克斯坦、老挝、缅甸、瑞士、澳大利亚、新西兰等国家签署合作备忘录，拟建立 10 余个海外联合实验室，助力"一带一路"建设。为了能及时应对外来入侵物种的暴发和危害，需要对疫区进行实时监测、从源头进行治理，为此需要加强防控区的监测建设。在大湄公河次区域，国家系统监测了一些重大入侵有害生物稻飞虱、草地贪夜蛾、薇甘菊、空心莲子草、假臭草等的种群分布和动态，为国际合作监测、预警与防控提供了重要的科学依据。此外，对跨境重大有害生物，尤其是迁飞性昆虫开展联防联控，有效降低其跨境传播的频次和种群数量，达到疫区优先防控和源头治理的目的。

三、预防预警

外来入侵物种的预防预警（E1）主要包括4个方面的工作：已入侵物种数据库与安全性等级评估，外来入侵物种适生区判定，外来入侵物种传入、扩散与危害风险定量评估，潜在入侵物种数据库及传入定殖风险评估。

（一）已入侵物种数据库与安全性等级评估

对我国外来入侵物种进行编目，建立中国外来入侵物种数据库系统（徐海根和强胜，2019；冼晓青等，2013）。目前已收录我国688种外来入侵物种基本信息，包括物种基础生物学和生态学、入侵特性信息、图片影像资料、专家信息、参考文献等（刘全儒等，2012；蒋明星等，2019）；对物种的种类与数量、传入来源、入侵时间、入侵的生态系统类型等进行统计分析，明确了我国外来入侵物种整体数量变化时间特征和地理分布时空格局（万方浩等，2010；冼晓青等，2018）。

基于"传入—定殖—扩散—危害"的生物入侵一般性过程，构建了基于层次分析法和模糊综合多指标法的网络交互式外来入侵物种风险与安全性评价系统（冼晓青等，2013）；建立了经济损失、生态安全、社会影响、人畜健康等30余项自定义评估指标体系，对280余种外来入侵物种的安全性等级进行系统评估，确定了150余种为高风险入侵物种、100余种为全国重点监测入侵物种、50余种为全国重点防控入侵物种，为相关部门制定外来入侵物种管理名录提供了依据。

（二）外来入侵物种适生区判定

采用生物信息学、种群动态模拟、试验生物学基础数据以及系统分析方法与技术，结合地理信息系统（GIS）技术，建立了以CLIMEX/DYMEX、MAXENT、GARP和BIOCLIM等模型为基础、"数据准备—模型选择—模型验证"三步法的外来入侵物种适生区分布评估技术体系，明确了如何合理利用入侵地和原产地的分布数据预测物种的适生区，以及它们在我国不同区域的风险等级（万方浩等，2010）。同时，对气候变化条件下外来入侵物种的潜在分布区进行预测，并定量评估生态位漂移对外来入侵物种适生区预测的影响。

（三）外来入侵物种传入、扩散与危害风险定量评估

构建了以路径分析、仿真技术和最大虫口限量原理为基础的外来有害生物传入的定量风险分析技术，它们能够较为精确地计算在某环境条件下与有害生物传入有关的多种指标：在一批货物中发现一对或多对潜在可交配成虫的概率；除虫处理后货物中残留的害虫数量分布函数；同一批货物中可接受的最大害虫侵害率；根据抽检结果来计算整批货物的害虫侵害率；货物中含有一只以上潜在交配雌虫的概率；特定条件下抽检样本大小的计算方法等（李白尼等，2008a，b）。目前已开发出有害生物入侵风险定量评估计算机网络平台，可为用户提供远程风险评估，为有害生物的检疫提供了一套实用性较强的有害生物传入风险量化评估的新工具（李白尼和张润杰，2008）。

采用GIS和时空动态分析模型等构建外来物种多重扩散机制的定量研究方法，探明了重要入侵物种的种群扩张模式，明确了影响物种扩散的人类活动、地理和环境因素与物种自身生物生态学特性对外来入侵物种种群扩张的影响机制（Wang et al.，2011；Horvitz et al.，2014）。

建立了生物入侵环境经济影响评估的行业、生态系统和物种评估模式，系统、全面地评估了280多种外来入侵物种对我国环境和经济造成的损失，这些物种2003年对我国国民经济8类行业造成损失共计198.59亿元，对我国生态系统、物种及遗传资源造成的间接经济损失每年达1000.17亿元（徐海根等，2004）。基于@RISK模型，可对外来入侵物种造成的经济损失进行个例分析（李志红和秦誉嘉，2018）。

（四）潜在入侵物种数据库及传入定殖风险评估

以我国重要农产品贸易国家和"一带一路"沿线国家为目标对象、以重要进口农产品（粮谷、果蔬等）为传播载体，筛选我国潜在农业外来入侵物种名单；以物种基本生物学和生态学信息、防控技术、图片为

基础，建立我国 1000 余种农业潜在入侵物种数据库；利用自组织映射模型（SOM）分析潜在入侵物种的传入与定殖风险（Qin et al.，2015），筛选出我国高风险农业潜在入侵物种名单。结合物种世界地理分布数据、农产品贸易数据以及海关截获有害生物数据等，研发了潜在农业入侵物种可视化系统，实现了多源异构数据的多维动态展示。

四、检测监测

检测监测包括远程智能监控（基于 PDA 的野外数据采集系统）、分子快速检测（入侵生物 DNA 条形码在线比对鉴定系统）、野外实时诊断、区域追踪监测。

（一）远程智能监控

为了提高及时发现潜在/新发重大农业入侵害虫的能力，针对可以采用专一性性信息素进行诱集的一些重大农业入侵害虫物种，研发建立了远程智能监测系统及 APP 移动用户终端，包括太阳能装置、远红外技术装置、信息传输装置、性信息素装置、手机用户 APP，构建了入侵昆虫发生动态的实时远程无人监测技术体系，以苹果蠹蛾等为靶标，利用该监测平台系统实时监测其在阻截带以及未发生区域的发生动态，基本实现了重大农业入侵害虫的远程实时监控（陈宏等，2012）。同时，基于该技术体系研发出了靶向番茄潜叶蛾的智能监测系统，并在西北扩散前沿区域及高风险区域进行田间应用，对番茄潜叶蛾的有效防范起到了积极推动作用（冼晓青等，2016；2019；Xian et al.，2017）。

（二）分子快速检测

农业外来入侵物种常体型微小，且多隐匿发生或传播，传统的形态学识别法常常需要专门从事分类学研究人员才能得以完成。为了提高农业入侵生物检测识别能力，我国科学家已经研发出了靶向不同入侵物种类群（包括农作物入侵病害和入侵虫害）的分子快速检测技术。

1. DNA 条形码识别鉴定技术与远程比对分析系统

针对果蔬及粮谷调运中经常截获昆虫幼体和成虫残体的问题，采用 DNA 条形码通用型引物，通过对靶标 DNA 片段的序列比对与分析，首次建立了适用于我国现状的"害虫样品保存→DNA 提取→PCR 扩增→序列测定→相似性比对→种类确定→二维识别码转换"入侵害虫鉴定 DNA 条形码技术系统（冼晓青等，2012）。以蓟马类（乔玮娜等，2012）、粉虱类（李小凤等，2014）、实蝇类（刘慎思等，2014）、蚧壳虫类（田虎，2013）、粉蚧类（王玉生，2016）、烟粉虱类（陈苗苗，2015）等为靶标，以近缘种属物种为参照，通过对靶标片段碱基序列的测序及比对分析，以邻接法构建系统发育树，Kimura 模型计算种内种间遗传距离，研发构建了不同入侵昆虫 DNA 条形码鉴定技术体系。目前该识别系统可对 5 个类群 580 余种具有重要经济价值的害虫进行种类识别，并可同时提供物种基本信息、地理分布、生物学特性、控制策略及相关图片（http://www.chinaias.cn）。

2. 种特异性分子快速检测技术

早在大约 20 年前，我国学者便开始了重大农业入侵病虫害的分子快速检测鉴定技术研究。常用于入侵病虫害分子检测的标记技术主要包括：种特异性 PCR 技术（例如，基于线粒体 DNA 的 SS-COI 基因、SS-COII 基因的标记技术、基于基因组 DNA 的 SCAR 标记技术）；基于种特异性片段研发的实时荧光定量 PCR 技术等。这些技术在新发/潜在重大农业入侵病虫害识别鉴定、检测诊断及其阻截控制中发挥了重要作用。

1）重要入侵病害

植物细菌性青枯菌共有 5 个生理小种，仅 2 号小种为重要检疫对象。根据国际上最新青枯菌演化型种下分类框架，以引进的 2 号小种的 21 个菌株及采集到的 1 号和 3～5 号小种的 145 个菌株为试材，研究明确了我国青枯菌种下的种群归属，建立了我国青枯菌演化型种以下分类框架，研发了香蕉细菌性枯萎病菌复合 PCR 鉴定技术，该技术能够将检疫性病害——香蕉细菌性枯萎病菌与青枯菌中其他非检疫性对象准确区分开（田茜等，2010）。目前，采用该技术方法已经研发建立了可快速、特异、高灵敏度检测梨火疫病菌的一步双重 PCR 检测方法（冯洁等，2006）、重大小麦矮黑腥病菌快速检测鉴定技术（董微等，2007；Liu et al.，2009）、新发甜菜孢囊线虫特异性检测方法等（彭焕等，2020）。同时，基于上述技术获得的特异性基因片段，研发建立了实时荧光定量 PCR 技术，如香蕉细菌性枯萎病菌实时荧光 PCR 检测方法（漆艳香等，2005）、新发番茄褐色皱纹果病毒的 RT-PCR 检测技术和试剂盒（Ma et al.，2021）等，为新发/潜在重要外来入侵病害的检测诊断提供了技术保障。

2）重要入侵虫害

外来入侵害虫常体型微小或隐蔽发生，极易随农产品的贸易活动进行远距离传播和扩散，如藏匿在寄主缝隙里的西花蓟马、钻入果实中苹果蠹蛾等，对此，通过筛选获得了分别针对线粒体 DNA 和基因组 DNA 的靶标种特异扩增引物，该引物无须测序即可将靶标种与其他种类的近缘种准确区分开，不仅可鉴定成虫，对难以识别的初孵幼虫/若虫、预蛹、蛹以及卵亦有同样的鉴定效果，对疫区寄主植物是否携带靶标种卵亦有很好的检测效果。通过大量比对与筛选获得了分别能特异性快速检测鉴定潜在（9 种）、新发（25 种）重大农业入侵物种的技术和方法，包括粉虱类、蓟马类、粉蚧类、实蝇类等，对重要入侵物种扩张传播与危害的常年监控提供了技术支撑。

（三）野外实时诊断

通过血清学方法（包括液相芯片检测方法、免疫胶体金试纸条方法、Dot-ELISA 检测方法等），研发建立了能进行现场检测诊断农作物重大外来入侵病毒的快速检测试纸条。例如，番茄斑萎病毒免疫胶体金试纸条，目前已在番茄斑萎病毒发生危害比较严重的云南地区使用，且用户反馈其使用便利、特异较强、灵敏度比较好，田间结果与实验室结果基本一致（于翠，个人通讯）。制备的番茄环纹斑点病毒单克隆抗体以及基于此研制的胶体金免疫层析试纸条，在 5～10min 即可特异性识别番茄环纹斑点病毒，与黄瓜花叶病毒（cucumber mosaic virus，CMV）、烟草花叶病毒（tobacco mosaic virus，TMV）、大豆花叶病毒（soybean mosaic virus，SMV）、番茄斑萎病毒（tomato spotted wilt virus，TSWV）、凤仙花坏死斑点病毒（impaliens necrotic spot virus，INSV）等无交叉反应，且其灵敏度符合田间检测的要求，对预防番茄环纹斑点病毒的传播扩散具有潜在的广阔应用前景（田金艳，2015）。同时，针对新发农作物入侵病毒——番茄褐色皱纹果病毒，其快速检测试纸条业已研发成功，并进行了初步田间应用，10 s 即可检测出该种病毒的存在，相对于其他检测手段，该检测试纸条灵敏度高、特异性强，且使用方便、操作简单，非常适合田间大批量样品的检测，对病毒的精准监测及早期预警具有重要作用（闫志勇等，2021）。

（四）区域追踪监测

针对局部发生的毁灭性重大入侵害虫苹果蠹蛾、桔小实蝇等可自主扩散或被动传播的问题，将专一性性诱（如番茄潜叶蛾、苹果蠹蛾等）/食诱（如橘小实蝇、柑橘大实蝇、草地贪夜蛾等）与红外电子感应、全球定位系统、视频监控、3G 无线通信、数据访问接口和地理信息系统等技术集成，建立了我国重大入侵害虫实时远程监控的信息采集、处理与发布技术体系，形成了用于大区域无线远程自动识别与监测的设备，即野外无人监测仪（陈宏等，2012；冼晓青等，2016）。以番茄潜叶蛾为重要监测靶标，并在高风险区进行监测，初步实现了重大农业入侵物种的区域追踪监测（冼晓青等，2016；Zhang et al.，2021a）。

五、灭除拦截

目前，我国已针对红火蚁、马铃薯甲虫、葡萄根瘤蚜、松材线虫、大豆疫病、豚草和黄顶菊等 50 余种重要入侵物种实施了灭绝拦截。本节重点介绍红火蚁的根除灭绝和疫区源头治理，以及重要入侵植物（如豚草和黄顶菊等）的廊道快速拦截和生态屏障建设。

（一）红火蚁根除灭绝和疫区源头治理

2004 年在我国发现重大入侵生物红火蚁后，经过华南农业大学植物保护学院等单位的科研人员精准研发，创建了系列高效检疫、监测、防治关键技术体系并广泛应用，取得了良好效果。①研发了近红外反射蚁巢检测系统、疫情信息管理系统，实现疫情实时管理。在近 250 个县（区）设立监测点 2500 多个，监测面积近 1000 万亩次。②通过传导毒力研究，获得了多种对红火蚁具有良好毒杀作用的活性成分，筛选出对红火蚁具良好传导毒力的药剂，研制出多个高效的饵剂和粉剂，并广泛应用于防治。研究提出了药剂防治效果综合指标体系，评价了多种药剂防治效果，获得了全面、准确的结果；创制的新型速效强防水专用灭治药剂——"火蚁净"粉剂，在作用方式、剂型、施用方法上获得多个创新，并形成配套使用技术，解决了雨季、低温季节红火蚁防效低或者无法防治的瓶颈问题，单次防效 92%以上，明显优于国外药剂；防控技术体系复合防效可高达 96%以上，明显高于国外同类技术。③提出和完善了科学防控策略和全面防治与重点防治相结合的新"两步法"准则，并创建了适合我国南方 8 类生态区不同季节的应急防控技术体系，防效达 96%~100%。在广东等 9 省（自治区、直辖市）广泛应用，建立示范区近 1600 个，面积近 3000 万亩次，如 2021 年 1~9 月累计防治面积 670 万亩次，平均防效 91.6%。④构建了国际上同类技术难以企及的疫情根除管理与技术体系，连续、全面实施 2~3 年，可达到根除独立疫点/疫区疫情目标，已在福建、湖南等地根除多个红火蚁疫情点。

上述技术、产品已广泛应用在我国所有红火蚁发生区和高风险区域，有效遏制了红火蚁蔓延与危害，获得显著的经济、社会和生态效益。但红火蚁防控工作仍面临境外虫源持续传入和境内疫情继续传播的双重压力，仍需各部门联合部署、持续发力、扎实推进，切实筑牢生物安全屏障。

（二）重要入侵植物的廊道快速拦截和生态屏障建设

豚草、紫茎泽兰、黄顶菊、空心莲子草（水花生）是首批列入"国家重点管理外来入侵物种名录"的世界恶性入侵杂草，自 20 世纪 80 年代以来在我国造成巨大经济损失，严重威胁人畜健康，破坏生物多样性。根据重大外来入侵杂草的时空扩散动态与潜在扩张趋势及我国国情，发展和制定新发区灭除防患、扩散区阻截降速、暴发区减灾控害的针对性防控策略和技术措施更符合实际生产情况（万方浩等，2009；2011b）。据此，我国科学家在新发区和扩散区创建了入侵杂草生态屏障拦截与生态修复技术，组合拦截与替代两种或多种入侵杂草，比国际上拦截和替代单一入侵杂草的技术防控效率更高。主要结果如下。①明确了豚草、紫茎泽兰、黄顶菊、空心莲子草（水花生）4 种入侵杂草在我国生态位重叠与沿廊道扩散的分布格局，构建了功能稳定的替代植物群落。②建立了豚草、紫茎泽兰、薇甘菊、刺萼龙葵、少花蒺藜草和黄顶菊 6 种入侵杂草扩散廊道前沿的生态屏障植物拦截带，即通过层次性地种植替代植物（紫穗槐、黑麦草、非洲狗尾草等）进行绿化与拦截，阻止其扩散蔓延。沿 G60（关岭→镇宁）、G105（茌平→德州）、G104（德州→吴桥）等国道建立植物拦截带，拦截防线达 524km，有效切断了 6 种入侵杂草自然扩散路径，拦截效果达 86%以上（高尚宾等，2017）。③建立了 14 个豚草、黄顶菊和紫茎泽兰重灾区的植物替代修复示范县。在四川果园与林地（石棉县等）、云南草场与林地（腾冲县等）、贵州草场（晴隆县等）、山东撂荒地（曹县等）、河北撂荒地与河滩（献县等）、辽宁退化草地（彰武县等）建立生态修复示范县。应用非洲狗尾草 + 黑麦草混种替代草场紫茎泽兰，生物量降低 95% 以上；应用紫花苜蓿+冬牧 70 黑麦草混播控制果园黄顶菊，生物量降低 97.8%；应用紫穗槐与象草替代修复河坝与河滩成片发生的豚草，生物量降低 92.3%。

上述技术作为农业部拦截与替代修复的主推技术已大面积推广应用。我国首次从大区域整体考虑，研发遏制豚草等入侵杂草危害与蔓延、防止生态位被入侵杂草再次占领的生态修复技术，基本解决了重大入侵杂草生态位重叠发生、交错连片成灾的控制难题，有效遏制了其在我国的危害与蔓延，并取得了显著的经济、社会和生态效益（王瑞等，2018b）。

六、区域减灾

外来物种入侵是一个从传入、定殖、潜伏、扩散到暴发成灾的有序生态学过程，不同环节所采用的治理技术完全不同。区域减灾是指针对已经定殖，并在较大区域造成危害，甚至达到暴发成灾程度的外来入侵物种，采用生物、物理、化学、遗传等多种防控措施，减少物种的虫口密度和总量，将其危害水平长期保持在一个可接受的阈值范围之内，限制其进一步扩散蔓延，达到持续减灾的目的。

外来入侵物种的区域减灾实际属于传统有害生物综合治理的理论范畴。然而，区域减灾并不是将各种技术"机械"叠加，而是将它们取长补短"有机"融合，达到综合治理的目的。由于综合治理可以采用各种可行的技术方法，因此既可融合单一技术方法的优势，又能弥补各自的不足。目前，可用于入侵物种区域减灾的常用技术方法如下。

（一）人工防治

人工防治是指依靠人力捕杀外来害虫或铲除外来植物。这种防治措施一般要求目标物种的生物学表型为易于发现和致死，少量而没有种子库，低密度时易于发现；或者适宜于那些刚刚传入、定殖，还没有大面积扩散蔓延的入侵物种。人工防治一般要求有充足的廉价人力与物力资源。我国是人口大国，人力资源丰富，所以这种防治措施在我国多个地区常被采用。自 2013 年以来，农业农村部农业生态与资源保护总站每年都会在全国不同地方组织重要外来入侵物种人工集中灭除活动。例如，2013 年内蒙古（少花蒺藜草），2014 年辽宁（豚草），2015 年四川（水花生），2016 年云南（薇甘菊）、山东（黄顶菊），2017 年甘肃（野燕麦），2019 年内蒙古（刺萼龙葵）、河南（水花生），2021 年湖南（福寿螺）、湖北（加拿大一枝黄花）等。

（二）机械或物理防治

机械或物理防治是指利用专门设计制造的机械设备防治有害生物，包括利用机械除去入侵杂草、利用机械装置诱捕或射击入侵动物等。自 2015 年以来，恶性入侵杂草凤眼蓝（又名水葫芦）在非洲尼罗河流域的主要湖泊和河畔泛滥成灾，其中埃塞俄比亚最大的淡水湖塔纳湖被水葫芦覆盖面积达 4 万 hm²。目前这些地区主要采用机械清除方法对水葫芦进行大面积防治。2018 年全球塔纳湖修复联盟（the Global Coalition for Lake Tana Restoration）还花巨资引入了一款现代水葫芦收割机（Aquatic Weed Harvester Model H5-200）并送至埃塞俄比亚防治水葫芦。机械或物理防治方法虽然高效，但是往往属于劳动密集型方法，需要消耗大量人力物力，而且对于部分多年生或能够无性繁殖的入侵植物防治效果并不理想。

（三）替代控制

替代控制主要针对外来入侵植物，是一种生态控制方法，其原理是根据植物群落演替的自身规律，利用有经济或生态价值的本地植物替代外来入侵植物。这种控制方法的优势在于：第一，替代控制植物一旦定殖便可长期控制入侵植物，不必连年防治；第二，替代植物能够保持水土，改良土壤，涵养水源，提高环境质量；第三，替代植物有直接经济价值，能在短期内收回栽植成本并长期获益；第四，替代植物可使荒芜土地变成经济用地，提高土地利用率。替代控制的缺点在于对环境的要求较高，很多生境不适宜人工种植植物，如陡峭的山地、水域等。以在我国西南地区泛滥危害的紫茎泽兰为例，这种杂草主要在云贵地区喀斯特山地中危害发生，难以采用替代控制。另外，人工种植本地植物恢复自然生态环境涉及的生态学因素很多，实际操作起来有一定难度。

（四）化学防治

化学防治是有害生物综合治理计划中的一种高效应急防控手段，是综合治理策略中的核心手段。化学农药，包括除草剂、杀虫剂、灭鼠剂等，一般具有见效快、使用方便、易于大面积推广应用等优点。同时，化学药剂的缺点也非常明显。第一，在防除外来有害生物时，化学农药往往也会灭杀大量本地生物，造成非靶标生物的损害。例如，利用化学药剂防治入侵害虫烟粉虱时，烟粉虱的优势寄生蜂丽蚜小蜂也会受到显著影响。第二，化学农药的大量施用会促进靶标生物抗药性的形成和发展，增加防控难度。例如，在巴西，短短 5 年间，恶性入侵害虫番茄潜叶蛾对有机磷杀虫剂毒死蜱的抗药性增加了 10 倍。第三，多数化学农药难降解，容易残留在入侵物种生长的土壤或环境中，影响环境安全和生态安全。这一点在湖泊、河流等区域防控入侵植物时尤其需要慎重。第四，大多数除草剂通常只能杀灭入侵植物的地上部分，难以清除地下部分，因此对多年生的外来入侵植的物防治效果难以保证。

（五）生物防治

生物防治是通过生物制约因子（天敌昆虫、病原线虫、病原微生物等）来达到对有害生物种群抑制或控制的一种防控措施。入侵物种在入侵地能够快速扩散蔓延并暴发成灾，大多是因为逃离了原产地生物制约因子而造成的。因此，入侵物种的生物防治一般指从外来有害生物的原产地引进食性专一的天敌或微生物，将有害入侵生物的种群密度控制在生态和经济危害水平之下。入侵物种生物防治的基本原理是依据有害生物-天敌的食物链平衡理论，在有害生物的入侵地通过引入原产地的天敌重新建立有害生物-天敌之间的相互调节、相互制约机制，恢复和保持这种生态平衡。例如，20 世纪 80 年代，我国从入侵植物豚草的原产地引进优势天敌豚草广聚萤叶甲和豚草卷蛾；21 世纪初，我国科学家引进椰心叶甲啮小蜂和椰甲截脉姬小蜂来防控入侵害虫椰心叶甲。然而，引进原产地天敌防治外来有害生物也具有一定的生态风险。典型案例是：1935 年澳大利亚从夏威夷引进了甘蔗蟾蜍（*Bufo marinus*）来防治本地的甘蔗甲虫（*Dermolepida albohirtum*）。甘蔗蟾蜍有两个特点：一是繁殖能力强，开始只释放了 102 头，到现在已经发展到 2 亿多头，与本地野生生物竞争食物；二是能分泌致死毒液，捕食各种生物，并且如果有选择，它还不喜欢吃甘蔗甲虫。1993 年，国际粮农组织 FAO 颁布了《国际生防天敌引种管理公约》，对天敌的引种进行了规范管理。当前，国际上进行有害物种生物防治释放天敌前，均需要对天敌进行安全性评估。

（六）抗性寄主培育

抗性寄主培育主要是指培育和利用对有害生物具有抗性的寄主，尤其是在农作物上，是治理植物病虫害和线虫最成功的技术之一，也是防治害虫的一种有效方法。寄主抗性往往同时具备有效和持久两大优点，而要达到最佳效果，最好是能培育出多个基因控制的抗性寄主。另外，随着基因组编辑技术的快速发展，大大促进了农作物抗性新品种改良的步伐。中国科学院遗传与发育生物学研究所高彩霞团队与微生物研究所邱金龙团队合作，最近在这一方向取得重大突破，利用基因组编辑技术，同时编辑"感病基因"和染色体三维结构，成功获得了广谱抗白粉病（*Blumeria graminis* f.sp. *tritici*）且高产的小麦新品系，为作物抗病育种提供了一个范例。

（七）遗传防治

遗传防治最开始的英文是 autocidal control，是指害虫参与削减其自身虫口的技术。目前，遗传防治主要采用雄性不育技术，达到控制害虫危害的目的。雄性不育技术的原理是：如果害虫的雌虫只交配一次，室内诱变产生的不育性雄虫在择偶上与野生型雄虫的竞争能力相当，大量释放不育雄虫（远远多于野生型雄虫）使之与野生型雌虫交配，可大大降低野生型雌虫下一代害虫的种群数量，达到控制其危害的目的。

第二节　中国生物入侵发展展望

一、政策规划与主流工作

随着全球经济一体化，国际贸易等快速发展，外来生物入侵已成为全球性的环境问题，对各国生态环境、农林业生产等造成了极大危害。我国地域辽阔、气候环境多样，外来入侵物种种类多、分布广，已成为全球遭受外来生物入侵危害最为严重的国家之一，而且外来生物入侵的发生与危害还在不断地加剧。根据我国农业农村部的初步调查统计，目前，我国的外来入侵物种有近 800 种，已确认入侵农林生态系统的有 669 种，其中动物 184 种、植物 379 种、病原微生物 106 种。大面积发生和危害严重的重大入侵生物多达 120 余种（陈宝雄等，2020）。近 10 年来，新入侵物种有 56 种，是 20 世纪 90 年代前年平均新增入侵物种数的 30 倍之多（冼晓青等，2022）。同时，这些外来入侵物种在我国的发生分布范围极为广泛。据统计，全国 31 个省（自治区、直辖市）均有外来入侵生物的发生和为害，约 58% 县级行政区都有外来入侵物种的分布或发生记录。这些外来入侵物种的发生生境涵盖了耕地、林地、水域、湿地、草地、城乡、工矿、居民用地、未利用废弃地区等几乎所有土地利用类型。

外来生物入侵是一个动态有序的生态过程，通常包括传入、定殖、扩散、暴发和危害等阶段（万方浩等，2011a）。外来物种从入侵到暴发危害受到多种因素的影响，人为因素是影响外来物种传入的关键因素。因此，制定针对性的管理措施阻止或减少外来入侵物种的传入、定殖，阻止已入侵外来物种的扩散蔓延和暴发危害是有效的。许多发达国家已经制定了专门或系列法律法规，构建了管理体系来控制和治理外来入侵物种的发生与危害。我国虽然一直高度重视外来物种的入侵防控，目前也正在制定和完善外来入侵物种的政策法规和管理机制，但还不能满足当前我国外来物种防控管理的实际需求。例如，有关立法和研究还处于起步阶段，防治外来物种入侵的政策法规仍存在缺位和机制不健全，从而在预防和控制外来生物入侵和蔓延等方面存在能力不足的现实问题，主要表现在检验检疫法规和传入途径管理不完善、物种引进政策和管理力度不到位、缺乏系统的外来入侵物种防控管理体系，以及宣传教育和公众认识不足 4 个方面（王瑞等，2022）。基于此，建议尽快建立完整的外来入侵物种法律体系、构建风险评估和预警体系与追踪监测和快速反应管理系统、完善中国外来入侵物种跨部门管理机制、建立信息发布和公众参与制度及加强科普知识和法律法规的宣传普及。

（一）建立完整的外来入侵物种法律体系

首先，积极开展立法调研，切实落实《生物安全法》和国家生物安全战略要求，加快推动制定和完善我国外来生物入侵的法律，完善外来入侵物种管理名录，研究出台《外来入侵物种管理办法》，推动形成外来物种入侵防控法制化、长效化的管理体制，为防控外来物种入侵建立完善可靠的法律制度保障。

从国家立法层面来看，目前急需出台一部外来物种入侵的基本法，即专门针对外来入侵物种的法律；同时，通过立法或修订来加强和优化外来入侵物种检验检疫制度、外来入侵物种名录管理制度、外来物种引进和审批制度，以及外来入侵物种监管职责、应急处置、责任追究等。在植物检疫制度方面，建议针对当前检验检疫对象的局限性，把潜在的入侵对象纳入监控范围，加强对人员、运输工具和邮寄物等携带外来物种的监管力度，提升对突发疫情快速反应和应急处置的能力。在名录管理制度方面，借鉴日本和全球入侵生物计划（GISP）关于外来入侵物种分类管理的原则，制定符合我国实际需求的分类管理名录以及相应实施办法（万方浩等，2008）。在外来物种的引进和审批方面，建议制定专门的法律或办法来阻止外来物种的走私、完善动植物种质资源和科研用途的外来物种引进审批程序，依法打击非法引进、携带、寄递、走私外来物种。在监管方面，通过立法等手段，从法律的角度明确非法引进或交易外来物种，管理不规范、弃养或者放生等导致外来物种入侵的责任追究和处罚力度。

（二）构建风险评估和预警体系与追踪监测和快速反应管理系统

基于外来物种入侵动态有序的发生规律及其发生与危害的时空异质性，本着防患于未然、治早治小的防控原则，建立外来入侵物种风险评估和预警体系与追踪监测和快速反应管理系统（万方浩等，2010）。外来物种无意传入的检验检疫，以及有意引进的许可、审批等均需要专业的风险评估来支撑。建议成立专门的生物入侵风险评估机构，并从法律或体制上确保该机构的独立性，只有这样才能结束当前我国外来入侵物种实际管理中职责不清和权责不明导致的监管盲区等情形，防止部门间因受利益考虑产生的各种限制，提升外来物种入侵的风险评估和预警能力。建立和完善预警体系，为外来入侵物种"治早治小"的防控目标提供支撑。一方面，针对潜在的危险性外来物种，根据影响它们传入、定殖、扩散与危害的关键因素，评估其入侵的风险等级，划定监测预警的区域，发展针对性的应急处置技术，有效地预防和阻止它们的传入和定殖；另一方面，对于已经入侵的物种，评估其进一步扩散蔓延与危害的风险及其空间分布，划定监测区和阻截带，开展针对性的监测、高效阻截和持续减灾治理，有效地阻止它们的扩散蔓延和危害。

建立由海关、省、市、县组成的追踪监测和快速反应管理系统，分别负责各系统或行政区管辖区域内的外来入侵物种的发生、分布等信息的追踪监测；设立专门的外来入侵物种监测机构，以及由各级监测机构组成的完善的监测系统，落实外来入侵物种发生动态的跟踪监测任务，如对于已批准引进的外来物种需要 3～5 年的跟踪监测。同时，发展和应用先进的技术如无人机、卫星定位和多光谱遥感技术等进行监测；

组建专业化的监测和快速反应管理队伍，通过系统的技术和专业知识培训提升人员能力及水平。

（三）完善中国外来入侵物种跨部门管理机制

借鉴国际上设立专门机构协调跨部门的管理体制经验，结合我国当前外来入侵物种发生和管理现状，建立外来入侵物种防控跨部门的协调机制，如设立由国务院统一领导决策，农业农村部牵头，自然资源部、生态环境部、海关总署、国家林草局、教育部、科技部、财政部、住房和城乡建设部、中国科学院等部门组成的协调管理机构与日常协调工作办公室，统筹协调解决外来物种入侵防控重大问题，协同抓好外来入侵物种防控工作。成立外来物种入侵防控专家委员会，加强外来生物入侵防控政策咨询、技术支撑。落实防控外来入侵物种的属地管理责任，各级政府要加强组织领导和经费保障，完善政策措施，落实属地防控要求。基于外来物种入侵过程中发生与危害的时空异质性，建立跨行政区域外来入侵物种防控联动协作机制，由外来入侵物种协调工作办公室根据外来入侵物种防控专家委员会的建议和实际发生动态指导不同的地区同步开展外来入侵物种的防控，提升外来入侵物种的防控效率，预防和控制外来入侵物种的危害，为保障国家的生物生态安全提供支撑。

（四）建立信息发布和公众参与制度及加强科普知识与法律法规的宣传普及

建立或完善外来入侵物种信息的发布与公众参与机制，让公众能够及时地了解外来入侵物种的信息，积极地参与到外来入侵物种的防控中来。外来物种传入和扩散多数情况下是由于人类活动等无意携带导致的。外来物种入侵的这种隐蔽性和随意性决定了其发生范围的广度，这就更凸显了公众参与的重要性。当前面临的主要问题是公众不了解哪些是外来物种、如何防控外来物种入侵。建议有关部门加强面向公众的外来入侵物种知识普及，如及时向公众发布本地区引进的外来物种信息，使公众及时了解本地区外来物种的引进、释放等动态，以便积极参与到相应的监测和防控中来。同时，还要保障公众参与外来入侵物种监测、防控等相关法律法规制定过程的权利，以调动全社会的力量来防控外来物种的入侵。尤其要重视专家在公众参与中的作用，鼓励专家积极参与或组织乡镇、社区、学校等开展生物入侵与生物安全宣传教育，提升公众外来物种入侵与防控方面的知识水平及参与能力。

建议利用微信公众号、网络平台、广播电视等多样化的形式和媒介开展外来入侵物种防控知识科普宣传，向公众普及外来物种、外来入侵物种发生规律与危害的知识，为外来入侵物种的"治早治小"防控目标提供支撑。同时，结合国际生物多样性日、国家安全教育日、世界环境日等主题日的宣传活动，普及外来入侵物种防控技术和管理相关法律法规；建议将外来生物入侵列为大、中、小学国家安全教育的重要内容，探索参与式、实践式教育，引导提升青少年对外来入侵物种的防控意识。

二、国家管控优先发展计划

经过 20 年发展，我国在外来生物入侵研究方面取得了一系列的进展，如发展了一些有实用价值的控制技术及特定生态系统的恢复与管理体系，初步形成了入侵生物学的学科理论与方法的框架，构建了入侵生物学学科体系等。但是，对抗外来有害生物的入侵，必须建立一套行之有效的预防、狙击、控制与管理体系。面对新世纪生物入侵的重大挑战，我国在着重于入侵生物学学科体系建设与发展的同时，针对现实问题及其紧迫性，建议在基础研究、应用研究、技术示范等方面开展优先行动计划。

尽管我国在前期对于生物入侵研究取得了一定的成果，但是我国对农林危险性外来物种的入侵机制、灾变规律和控制的科学基础研究工作仍相对较弱或存在缺位，整体上落后于国际水平。基础研究的水平制约了重大控制技术的突破，且难以提升可持续控制技术水平，这与我国预防与控制外来生物入侵的国家需求不相称。因此，有必要采用多学科的理论与方法，系统地开展危险生物入侵的基础研究，以服务于我国农林生产安全和国家生态安全体系的建立。由此可见，基础研究是提升外来入侵物种防控水平的前提。基于我国外来生物入侵研究的现状和早期监测预警与防控技术提升的需求，在理论基础研究方面，应优先发展外来入侵物种的入侵和成灾机制、生态系统的抵御机制。①以境外危险生物入侵的不确定性和入侵后的暴发性为切入点，围绕重要危险生物的入侵机制、成灾机制、控制基础与技术开展研究。选择潜在的、已入侵但局部发生的危险生物以及暴发成灾的重大入侵生物为研究对象；运用分子生物学、生态学、遗传学、生物化学与信息学等理论和方法，从分子、个体、种群、群落、生态系统不同层次揭示外来生物入侵过程中的重大科学问题与关键技术，逐步形成生物入侵研究的科学体系，促进外来物种的入侵生物学及其他相关学科的发展。②以危险生物的入侵性与生态系统的可入侵性为核心，着重研究入侵生物的遗传多样性、快速演变与生态适应性等关键问题；揭示生物入侵过程中遗传分化的分子机理、种群形成与扩张的生态机制；解析入侵种与本地物种间相互竞争的作用机制、被入侵系统的生物群落抗性与敏感性，以及生物入侵对生态系统结构与功能的影响机理；构建不同类别的潜在生物入侵风险评估理论体系与模式，奠定快速检测技术的科学基础。

在应用基础方面，优先发展重要农林危险入侵物种快速检测的分子基础、农林危险生物入侵风险及环境经济评估模式、可持续控制策略。构建外来入侵物种预警与预防、检测与监测、控制与管理的技术及方法，建立早期预警与快速反应体系，创制紧急扑灭、根除与可持续控制的关键技术，是提高我国抵御外来有害生物入侵的能力与水平，使我国外来生物入侵的研究达到国际先进水平的重要途径。近期优先发展的重点领域如下。①外来入侵物种风险评估与早期预警关键技术研究：开展潜在外来入侵物种的前瞻性风险分析方法和指标体系研究，建立不同类别入侵物种的风险分析和生态经济影响的评估模式，构建外来入侵生物数据库与信息共享技术平台，发展早期预警、风险管理与狙击技术体系。②外来入侵物种快速分子检测关键技术研究：发展潜在危险入侵物种、局部分布的外来入侵物种的快速分子检测技术、方法与标准，构建外来入侵生物快速分子检测技术平台。③外来入侵物种疫情监测与紧急扑灭关键技术研究：开展农林外来入侵物种的传播扩散途径研究，发展外来入侵物种扩散、流行与危害的跟踪监测技术与体系，建立阻断、扑灭与灾害应急处理的关键技术。④外来入侵物种的关键治理技术研究：拓宽与创新生物防治、生态调控与生态修复的技术与方法，建立入侵生物可持续治理的综合防御与控制技术体系。

同时，要以点面结合、基础研究与控制技术结合的原则，融合生物学、地学、信息学等多学科理论技术、聚焦关键问题开展系统研究攻关，构建多元智能化信息处理和共享平台，打通基础研究、应用技术研发、应用示范之间的壁垒，构建高效的沟通平台，提升外来入侵物种不同时间和空间尺度的预防预警、监测预警、应急根除、狙击拦截、综合治理技术应用示范的异质性和时效性，建立危险生物入侵的物种特异性、时空多元性可持续治理的技术体系与科学防控对策，为实现外来入侵物种早发现、早治理的防控目标提供坚实支撑。

三、防控技术优先发展领域

国际贸易、跨境电商、跨境旅游等的强劲复苏和快速发展，以及交通网络的全线贯通，使生物入侵新发疫情和潜在威胁态势日趋严峻，我国现有的、偏传统的预警技术和方法以及监管机制已无法有效应对。新时期下，潜在入侵生物的来源信息不明、扩散路径与动态不清，缺乏有效的风险预警信息支撑；现有预警技术缺乏实时性、动态可视性与智能化，不能满足早期预警的需求。急需构建全域前哨监控网络体系，并通过基因编辑/基因驱动与颠覆性技术、人工智能甄别与远程监控、无损检测与野外实时监测等研究，发展入侵种高效防控技术。

（一）全域前哨监控网络体系建设

为进一步提升风险防范和应对的国家能力，需要前瞻性研发重大潜在和新发入侵生物的实时化、远程化、智能化监测技术，并在此基础上构建监控网络体系。在重大潜在和新发入侵生物的前沿发生区及高风险区域前瞻性地开展远程探测、点面侦检的实时化和智能化监测技术研究，例如，基于 5G 网络和智能图像识别等的快速识别侦检技术、DNA 指纹图谱及生物传感器的快速分子诊断技术、高空雷达捕获技术和红外光谱探测技术等，以提升重大入侵生物的预警监测能力；同时在我国"一带一路"和"六廊六路多国多港"的境内沿线，建立入侵生物的国家级全息化地面监测监控网络，开展重大潜在/新发入侵生物的基础性和长期性调查，实现重大入侵种的早期发现、实时预警和智能发布。

（二）基因编辑/基因驱动与颠覆性技术发展

基因编辑/RNA 干扰是一种能对生物体基因组特定目标基因进行修饰的基因工程技术，随着基因编辑/RNA 干扰技术的不断突破与发展，已成功应用到各种动植物及其他生物中，并为基于基因编辑/RNA 干扰的入侵害虫防控新技术发展提供了重要的技术支撑。例如，Ji 等（2022）已经研发建立了靶向世界番茄毁灭性害虫——番茄潜叶蛾的基因编辑技术体系，为番茄潜叶蛾以及其他重大入侵害虫的遗传控制提供了技术支撑。采用 RNA 干扰技术，Wang 等（2021a）研究验证了温度对番茄潜叶蛾的调控作用，为番茄潜叶蛾的新型防控技术研发奠定了基础、开辟了新途径。

（三）人工智能甄别与远程监控

对外来入侵物种进行监测与检测是预判预警体系的重要组成部分，可以尽早发现外来入侵物种，并将其造成的生态经济损失降至最低。我们国家主要依托现有的各级动植物检疫、植物保护和环境保护管理部门和科研机构，利用信息化、自动化、遥感等监测技术手段，构建农林水生态系统外来生物入侵监测预警体系网络。通常根据外来入侵物种管理部门公布的有害生物名单，选择一种或几种进行监测；根据外来入侵物种的传入与扩散途径及可入侵的生态系统特点，明确特定物种的具体监测区域；监测时间则随物种的生物学特性而不同，有的需要定期监测，有的需要连续监测几个生长季节，有的同时需要监测气候、土壤等非生物影响因子。例如，针对番茄潜叶蛾，通过研究它在世界范围内尤其是近年来在亚洲的扩散历史，分析其可能传入中国的途径和首次传入地区，并在高风险区域进行持续多年的定点监测，成功地实现了对该害虫的早期监测预警。

（四）无损检测与野外实时监测

对新发或暴发性农业入侵种的无损检测与野外实时监测，是早期发现重大农业入侵种、实现提早预防预警的关键。其中，农业入侵种的准确快速检测鉴定，尤其是无损检测是早期发现外来种的先决条件，而准确快速地检测鉴定既需要借助传统的形态学识别方法，也需要现代化检测鉴定技术的研发，如针对草地贪夜蛾在 DNA 条形码以及种特异性快速检测鉴定技术基础上，以田间常见夜蛾科害虫为参照，进一步研发了靶向该物种的智能图像无损检测鉴定技术，实现了重大农业入侵物种的野外实时检测和鉴别，提高了检测鉴定效率（乔曦和万方浩，2020）。野外监测是早期发现入侵种的重要手段，以往主要通过田间实地调查和踏查进行；而随着自动化、信息化以及遥感等技术的发展和应用，通过技术整合融通，研发了入侵生物野外调查数据云采集系统，以及基于 Android 图像识别的智能调查与监测系统，实现了重大农业入侵种的及早发现和扩散前沿带的有效监控。例如，针对禾本科作物的毁灭性害虫草地贪夜蛾，基于深度学习模型 Deeplab 和 GoogLeNet 实现了田间害虫目标的快速分割和识别，并开发出了基于手机微信的田间害虫识别小程序，通过手机拍照快速识别和鉴别草地贪夜蛾幼虫，实现了对草地贪夜蛾的智能调查与野外实时监测（乔曦和万方浩，2020；冼晓青等，2021）。而外来入侵植物智能识别系统的研发成功，实现了对重要入侵植物的智能辨识和田间实时监测（冼晓青等，2019）。

（中国农业科学院植物保护研究所，中国农业科学院深圳农业基因组研究所 万方浩）

（中国农业科学院植物保护研究所 刘万学 张桂芬 杨念婉 王 瑞 冼晓青 吕志创 张毅波）

参考文献

阿米热·牙生江, 阿地力·沙塔尔, 付开赟, 等. 2020. 9 种杀虫剂对番茄潜叶蛾的防治效果评价. 新疆农业科学, 57: 2291-2298.

曹晶晶, 王瑞, 李永革, 等. 2020. 外来入侵植物长芒苋在中国不同地区的表型变异与环境适应性. 植物检疫, 34(3): 25-31.

曹晶晶, 王瑞, 刘万学, 等. 2022. 基于种子发芽率评估长芒苋在我国不同纬度地区的入侵风险. 植物保护, 48(6): 8-15.

曹新明. 2014. 通州区刺萼龙葵的化学防除试验研究. 农药科学与管理, 35(8): 5.

常瑞英, 王仁卿, 张依然, 等. 2013. 入侵植物空心莲子草的入侵机制及综合管理. 生态与农村环境学报, 29(1): 17-23.

车晋滇, 刘全儒, 胡彬. 2006. 外来入侵杂草刺萼龙葵. 杂草科学, (3): 58-60.

陈宝雄, 孙玉芳, 韩智华, 等. 2020. 我国外来入侵生物防控现状、问题和对策. 生物安全学报, 29(3): 157-163.

陈晨, 陈娟, 刘凤权, 等. 2007. 梨火疫病菌在中国的潜在分布及入侵风险分析. 中国农业科学, 5: 940-947.

陈德牛, 张卫红. 2004. 外来物种褐云玛瑙螺(非洲大蜗牛). 生物学通报, 39(6): 15-16.

陈宏, 冼晓青, 张桂芬, 等. 2012. 中国重大外来入侵昆虫远程监控系统 1.0. 登记号: 2012SR034889, 著作权人: 福建省农业科学院植物保护研究所, 中国农业科学院植物保护研究所.

陈洪俊, 李镇宇, 骆有庆. 2005. 检疫性有害生物三叶草斑潜蝇. 植物检疫, 19(2): 99-102.

陈华忠, 张清源, 方元炜, 等. 2002. 芦柑接入桔小实蝇的低温杀虫处理试验. 植物检疫, (1): 1-4.

陈辉, 武明飞, 刘杰, 等. 2020. 我国草地贪夜蛾迁飞路径及其发生区划. 植物保护学报, 47(4): 747-757.

陈景芸. 2019. 五种斑潜蝇形态特征比较研究及重要种的遗传结构分析. 扬州: 扬州大学博士学位论文.

陈俊谕, 马光昌, 陈泰运, 等. 2014. 椰心叶甲对虚拟波长下不同颜色的选择行为. 热带作物学报, 35(5): 962-966.

陈凯歌, 邱雪兰, 杜虎斌, 等. 2012. 番石榴果肉挥发物化学组成及对桔小实蝇产卵行为的影响. 环境昆虫学报, 34(4): 425-431.

陈丽萍. 2016. 红棕象甲聚集信息素诱芯载体及田间应用研究. 植物保护, (3): 37-39.

陈连根. 1997. 烟粉虱在园林植物上为害及其形体变异. 上海农学院学报, 15: 186-189.

陈炼, 邬婷, 陈橘, 等. 2019. 温度对福寿螺抗氧化酶活性和丙二醛含量的影响. 动物学杂志, (5): 727-735.

陈苗苗. 2015. 基于 mtDNA COI 与 rDNA ITS1 双基因的烟粉虱隐种鉴定及 MED 和 MEAM1 隐种种群遗传结构分析. 北京: 中国农业科学院硕士学位论文.

陈鹏, 叶辉. 2007. 云南六库桔小实蝇成虫种群数量变动及其影响因子分析. 昆虫学报, (1): 38-45.

陈文龙, 李子忠, 顾丁, 等. 2007. 中国斑潜蝇属种类和 2 新纪录种记述. 西南大学学报 (自然科学版), 29(4): 154-158.

陈小琳, 汪兴鉴. 2000. 世界 23 种斑潜蝇害虫名录及分类鉴定. 植物检疫, 14(5): 266-271.

陈晓红. 2015. 入侵植物黄顶菊的生态控制技术研究. 保定: 河北农业大学硕士学位论文.

陈晓娟, 何忠全, 高平. 2012. 10 种植物提取物对稻田福寿螺的毒杀活性. 西南农业学报, 25(4): 4.

陈新微, 魏子上, 刘红梅, 等. 2016. 云南菊科入侵物种与本地共生物种光合特性比较. 环境科学研究, 29(4): 9.

陈雪珂, 陈修华, 蒋国飞, 等. 2020. 美国白蛾性信息素的合成研究. 安徽化工, 46(2): 36-40, 45.

陈志谊, 聂亚锋, 刘永锋, 等. 2009. 假隔链格孢 SF-193 菌丝的生长特性及其寄主选择性. 中国生物防治, 25(2): 148-154.

程晓非, 董家红, 方琦, 等. 2008. 从云南蝴蝶兰上检测到番茄斑萎病毒属病毒. 植物病理学报, 38(1): 31-34.

褚栋, 张友军. 2018. 近 10 年我国烟粉虱发生为害及防治研究进展. 植物保护, 44: 51-55.

褚栋, 张友军, 丛斌, 等. 2005. 烟粉虱不同地理种群的 mtDNA COI 基因序列分析及其系统发育. 中国农业科学, 38: 76-85.

代磊, 赵红艳, 张立勇, 等. 2017. 黄顶菊叶片凋落物对绿豆、红豆种子萌发和幼苗生长的影响. 湖北农业科学, 56(9): 1662-1665.

戴小华, 尤民生, 付丽君. 2000. 美洲斑潜蝇、南美斑潜蝇寄主植物比较. 武夷科学, 16: 202-206.

邓金奇, 朱小明, 韩鹏, 等. 2021. 我国瓜实蝇研究进展. 植物检疫, 35(4): 1-7.

邓欣, 卜小莉, 王三勇. 2017. 瓜食蝇田间诱杀效果评价. 热带农业科学, 37(10): 68-71.

丁俊杰. 2018. 五氟磺草胺与二氯喹啉酸混用防除水稻田杂草应用效果研究. 种业导刊, (6): 14-16.

董梅, 陆建忠, 张文驹, 等. 2006. 加拿大一枝黄花——一种正在迅速扩张的外来入侵植物. 植物分类学报, (1): 72-85.

董微, 陈万权, 刘太国. 2007. 小麦矮腥黑粉菌的鉴定及检测方法. 植物保护, 33(6): 128-131.

杜艳红, 李仁贵, 李施男. 2019. 奈曼旗红脂大小蠹危害初探. 林业科技, 44(3): 53-54.

段辛乐, 乔宪凤, 陈茂华. 2015. 苹果蠹蛾抗药性研究进展. 生物安全学报, 24(1): 1-8.

段彦丽, 曲良建, 王玉珠, 等. 2009. 美国白蛾核型多角体病毒传播途径及对寄主的持续作用. 林业科学, 45(6): 83-86.

房阳, 蔡明, 可欣, 等. 2018. 苹果蠹蛾在辽宁省彰武县梨树上的发生规律. 植物保护学报, 45: 724-730.

冯洁, 许景升, 徐进, 等. 2006. 用于检测梨火疫病菌的一步双重 PCR 方法: ZL200510064520.X. 专利权人: 中国农业科学院植物保护研究所.

冯丽凯, 刘政, 李国富, 等. 2019. 苹果蠹蛾不同虫态体征及雌雄个体的快速鉴别方法. 应用昆虫学报, 56: 354-360.

冯术快, 卢绪利. 2009. 北京市昌平区美国白蛾生物学特性观察及综合防治. 植物保护, 35(5): 168-169.

冯益明, 刘洪霞. 2010. 基于 Maxent 与 GIS 的锈色棕榈象在中国潜在的适生性分析. 华中农业大学学报, 29(5): 552-556.

付卫东, 杨明丽, 丁建清. 2006. 薇甘菊柄锈菌生物学及其寄主专一性. 中国生物防治, 2(1): 67-72.

付卫东, 张国良, 王忠辉, 等. 2019. 紫茎泽兰监测与防治. 北京: 中国农业出版社.

盖海涛, 郅军锐, 李肇星, 等. 2010. 西花蓟马和花蓟马在温度逆境下的存活率比较. 生态学杂志, 29(8): 1533-1537.

盖海涛, 郅军锐, 岳臻. 2012. 西花蓟马和花蓟马在辣椒上的种群动态. 西南农业学报, 25(1): 337-339.

高冬梅. 2012. 美国白蛾综合防治技术研究. 泰安: 山东农业大学硕士学位论文.

高芳, 徐驰, 周云龙. 2005. 外来植物刺萼龙葵潜在危险性评估及其防治对策. 北京师范大学学报(自然科学版), 41(4): 5.

高尚宾, 张宏斌, 孙玉芳, 等. 2017. 植物替代控制 3 种入侵杂草技术的研究与应用进展. 生物安全学报, 26(1): 18-22.

高帅, 孙晓辉. 2016. 瓜实蝇的发生与综合防治. 蔬菜, 8: 65-66.

葛艺欣. 2019. 梨火疫病菌对春雷霉素的抗性机制以及丁香假单胞菌 RsmA 蛋白的功能研究. 南京: 南京农业大学博士学位论文.

龚秀泽, Nopparat B, 卢厚林, 等. 2014. 利用 DNA 条形码技术对截获瓜实蝇幼虫的鉴定研究. 植物检疫, 28(1): 57-60.

谷世伟, 曾玲, 梁广文. 2015. 华南地区瓜实蝇田间种群的抗药性监测. 华南农业大学学报, 36(4): 76-80.

关广清, 高东昌, 李文耀, 等. 1984. 刺萼龙葵——一种检疫性杂草. 植物检疫, 4: 25-28.

郭光远, 杨宇容, 马俊, 等. 1992. 飞机草菌绒孢菌生物学性状研究. 生物学防治通报, 8(3): 120-124.

郭靖, 章家恩, 刘文, 等. 2014. 间歇性干旱对福寿螺生长、抗氧化能力和消化酶活性的影响. 中国生态农业学报, (12): 1484-1490.

郭靖, 章家恩, 赵本良, 等. 2013. 饥饿胁迫下福寿螺的存活和产卵情况及器官组织损伤观察. 生物安全学报, (4): 242-247.

郭雅洁, 韩红, 廖启炏, 等. 2018. 嗜虫耶尔森氏菌 Ye1-8 的分离鉴定及其对红棕象甲的杀虫活性. 农业生物技术学报, 26(12): 2121-2131.

国家林业和草原局. 2022. 美国白蛾疫区公告 (2022 年第 5 号). http://www.forestry.gov.cn/main/3457/20220318/111403539314228.html.

韩建华, 程子林, 张思晨, 等. 2014. 生物替代技术防控外来入侵植物黄顶菊试验. 天津农林科技, 4: 1-3.

韩俊艳, 张立竹, 纪明山. 2011. 植物源杀虫剂的研究进展. 中国农学通报, 27(21): 229-233.

韩利红, 刘潮, 卯霞, 等. 2011. 紫茎泽兰及其伴生种的光合特性. 曲靖师范学院学报, 30(6): 45-49.

韩诗畴, 李丽英, 彭统序, 等. 2001. 薇甘菊的天敌调查初报. 昆虫天敌, 3: 119-126.

韩玉华, 孟瑞霞, 董喆, 等. 2016. 以实验种群生命表评价六种捕绥螨对西花蓟马的控制潜力. 应用昆虫学报, 53(5): 996-1004.

韩振芹, 石进朝. 2006. 美国白蛾综合防治技术. 北京农业职业学院学报, 20(6): 10-13.

和万忠, 孙兵召, 李翠菊, 等. 2002. 云南河口县桔小实蝇生物学特性及防治. 昆虫知识, (1): 50-52.

侯文杰. 2012. 西花蓟马对多杀菌素抗性机理的研究. 北京: 中国农业科学院硕士学位论文.

侯有明, 吴建德, 王长方. 2011. 福建生物入侵现状与危害//谢联辉, 尤民生, 侯有明, 等主编. 生物入侵——问题与对策. 北京: 科学出版社: 121-122.

胡昌雄, 李宜儒, 李正跃, 等. 2018. 吡虫啉对西花蓟马和花蓟马种间竞争及后代发育的影响. 生态学杂志, 37(2): 453-461.

胡旭, 胡生富, 杨志德, 等.2005.植被(牧草)替代防治紫茎泽兰试验. 四川草原, 111(2): 4-5.

胡亚鹏, 孟玲.2007.外来植食性广聚萤叶甲对非靶标植物的潜在影响. 生态学杂志, 26(1): 56-60.

胡云逸, 朱梓锋, 孙希, 等.2021. 入侵物种福寿螺对不同生态系统的破坏性影响. 热带医学杂志, (10): 1364-1368.

黄广育. 2022. 上海金山区美国白蛾发生规律初探. 中国森林病虫, 41(2): 27-31.

黄俊, 曾玲, 陆永跃.2007.带土园艺植物传播红火蚁的风险调查. 昆虫知识, 44(3): 375-378.

黄明松, 林国华, 程由注, 等.2015. 福建省龙海市褐云玛瑙螺感染广州管圆线虫调查. 热带医学杂志, 15(11): 1540-1543.

黄山春, 李朝绪, 阎伟, 等.2011.红棕象甲新型诱捕器的研制与应用. 江西农业学报, 23(9): 86-87.

黄文枫, 唐良德, 赵海燕.2018. 瓜实蝇龄期和密度对蝇蛹金小蜂寄生能力的影响.热带作物学报, 39(9): 1807-1812.

黄轶昕.2019. 我国灭螺药物研究和现场应用. 中国血吸虫病防治杂志, 31(6): 679-684.

嵇能焕, 刘红俊, 李铭夫.2007. 瓜实蝇的综合防治. 山西农业, 3: 39.

吉美静, 黄兆峰, 崔海兰, 等.2020. 一个抗咪唑乙烟酸长芒苋种群的发现. 杂草学报, 38(3): 23-27.

姜姗, 李帅, 张彬, 等.2016. 极端高温对西花蓟马存活、繁殖特性及体内海藻糖、山梨醇含量的影响. 中国农业科学, 49(12): 2310-2321.

姜勇, 雷朝亮, 张钟宁.2002. 昆虫聚集信息素. 昆虫学报, 45(6): 822-832.

姜玉英, 刘杰, 谢茂昌, 等.2019. 2019 年我国草地贪夜蛾扩散为害规律观测. 植物保护, 45(6): 10-19.

蒋明星, 冼晓青, 万方浩.2019. 生物入侵: 中国外来入侵动物图鉴. 北京: 科学出版社.

蒋小龙, 白松, 肖枢, 等.2001. 为中国昆明国际花卉节把关服务. 植物检疫, (2): 115-117.

金涛, 金启安, 温海波, 等.2012. 利用寄生蜂防治椰心叶甲的概况及研究展望. 热带农业科学, 32(7): 67-74.

鞠瑞亭, 李跃忠, 杜予州, 等.2006. 警惕外来危险害虫红棕象甲的扩散. 昆虫知识, 43(2): 159-163.

康乐.1996. 斑潜蝇的生态学与持续控制. 北京: 科学出版社.

康育光.2015.6 种杀虫剂防治南美斑潜蝇的效果试验. 天津农业科学, 21(7): 101-103.

孔令斌, 林伟, 李志红, 等.2008. 基于 CLIMEX 和 DIVA-GIS 的瓜实蝇潜在地理分布预测. 植物保护学报, 35(2): 148-154.

赖敏, 刘晓亮, 曾东强.2016.9 种拟除虫菊酯类杀虫剂对瓜实蝇的产卵驱避作用测定. 现代农药, 15(3): 51-54.

雷启阳, 江雅琴, 吴华龙, 等.2021. 硫虫酰胺对美国白蛾的杀虫活性和田间防效. 农药, 60(1): 63-65.

雷仲仁, 姚君明, 朱灿健, 等.2007b. 三叶斑潜蝇在中国的适生区预测. 植物保护, 33(5): 100-103.

雷仲仁, 朱灿健, 张长青.2007a. 重大外来入侵害虫三叶斑潜蝇在中国的风险性分析. 植物保护, 33(1): 37-41.

李白尼, 程中山, 张润杰.2008a.基于最大虫口限量原理的外来入侵害虫定量风险评估技术. 昆虫学报, (4): 395-401.

李白尼, 侯柏华, 郑大睿, 等.2008b. 基于 PERT 与仿真技术的橘小实蝇传入定量风险评估.植物保护, (5): 32-39.

李白尼, 张润杰. 2008. 基于网络的入侵害虫风险评估与预警系统——以桔小实蝇为例. 中山大学学报(自然科学版), (2): 108-113.

李丹, 李伟君, 李政甜, 等. 2018. 广西南宁市公共绿地褐云玛瑙螺广州管圆线虫感染情况调查. 应用预防医学, 24(4): 267-268, 272.

李栋, 李晓维, 马琳, 等. 2019. 温度对番茄潜叶蛾生长发育和繁殖的影响. 昆虫学报, 12(62): 1417-1426.

李国平, 柳凤, 常金梅. 2012. 不同食物诱剂对苦瓜园瓜实蝇的诱杀效果. 中国蔬菜, 2: 79-82.

李红静, 王西南, 武海卫, 等. 2013. 应用美国白蛾核型多角体病毒防治美国白蛾效果评价. 山东林业科技, (2): 80-81, 83.

李红旭, 叶辉, 吕军. 2000. 桔小实蝇在云南的危害与分布. 云南大学学报(自然科学版), (6): 473-475.

李宏科, 李萌, 李丹. 1999. 豚草及其防治概况. 世界农业, (8): 40-41.

李鸿波, 史亮, 王建军, 等. 2011. 温度锻炼对西花蓟马温度耐受性及繁殖的影响.应用昆虫学报, 48(3): 530-535.

李会娜, 刘万学, 戴莲, 等. 2009. 紫茎泽兰入侵对土壤微生物、酶活性及肥力的影响. 中国农业科学, 42(11): 3964-3971.

李惠敏, 陈丽羽, 秦新民, 等. 2010. 紫茎泽兰对 6 种豆科植物的化感作用. 湖北农业科学, 49(8): 1856-1858.

李慧琪, 赵力, 祝培文. 2015. 入侵植物长芒苋在中国的潜在分布. 天津师范大学学报(自然科学版), 35(4): 57-61.

李建光, 周在豹, 汪万春, 等. 2013. 不同波长灯管应用于监测美国白蛾的研究. 植物检疫, 27(3): 57-59.

李磊, 韩冬银, 张方平, 等. 2020. 瓜实蝇 2 种蛹寄生蜂生防潜能比较. 生物安全学报, 29(3): 191-194, 208.

李培征, 陆永跃, 梁广文, 等.2012. 桔小实蝇对多杀霉素的抗药性风险评估.环境昆虫学报, 34(4): 447-451.

李萍, 李燕. 2008. 云南省非洲大蜗牛发生及防治研究. 云南大学学报(自然科学版), S1: 203-205.

李霞霞, 张钦弟, 朱珣之, 等. 2017. 近十年入侵植物紫茎泽兰研究进展. 草业科学, 34(2): 283-292.

李小凤, 田虎, 张金良, 等. 2014. 基于 COI 基因 5'端与 3'端序列田间常见粉虱的分子鉴定. 昆虫学报, 57(4): 466-476.

李晓维, 李栋, 郭文超, 等. 2019. 番茄潜叶蛾对 4 种茄科植物的适应性研究. 植物检疫, 3(33): 1-5.

李妍, 龚丽凤, 王欢欢, 等. 2020. 我国草地贪夜蛾田间种群有机磷和氨基甲酸酯类杀虫剂靶标基因 ace-1 的基因型和突变频率. 昆虫学报, 63(5): 574-581.

李羕然, 吴伟坚. 2017. 温度对蝇蛹俑小蜂寄生瓜实蝇蛹功能反应的影响. 生物安全学报, 26(4): 289-292.

李易珊. 2020. 福寿螺入侵 复合方法防控. 海洋与渔业, (10): 23-25.

李银平, 雷仲仁, 王海鸿. 2013. 对西花蓟马高效的球孢白僵菌菌株筛选及产孢特性研究. 中国生物防治学报, 29(2): 219-226.

李永成, 赵宇翔. 2006. 关于我国松材线虫病治理工作若干问题的思考. 福建林业科技, (1): 96-101.

李永平, 张帅, 王晓军, 等. 2019. 草地贪夜蛾抗药性现状及化学防治策略. 植物保护, 45(4): 14-19.

李玉婷, 陈茂华. 2015. 苹果蠹蛾种群遗传多样性研究进展. 生物安全学报, 24(4): 287-293.

李渊博, 徐晗, 石雷, 等. 2007. 紫茎泽兰对五种苦苣苔科植物化感作用的初步研究. 生物多样性, 15(5): 486-491.

李振宇. 2003. 长芒苋——中国苋属一新归化种. 植物学通报, 20(6): 734-735.

李志刚, 韩诗畴, 郭明, 等. 2005. 安娴珍蝶和艳婉珍蝶幼虫对饥饿的耐受能力. 昆虫知识, 42(4): 429-430.

李志刚, 韩诗畴, 李丽英, 等. 2007. 薇甘菊柄锈菌在中国南方自然环境下的致病力. 中国生物防治, 23(8): 57-59.

李志红, 秦誉嘉. 2018. 有害生物风险分析定量评估模型及其比较. 植物保护, 44(5): 134-145.

李志华, 蒋兴川, 钱蕾, 等. 2014. CO_2 体积分数升高对西花蓟马主要寄主植物种子萌发及幼苗生长的影响. 云南农业大学学报(自然科学), 29(4): 508-513.

梁帆, 梁广勤, 赵菊鹏, 等. 2008. 广州地区桔小实蝇的发生与综合防治关键措施. 广东农业科学, (3): 58-61.

梁光红, 罗金水, 徐晓新, 等. 2005. 桔小实蝇及其综合防治. 福建热作科技, 30: 29-32.

梁广勤, 梁帆, 杨国海, 等. 1997. 利用低温和气调对鲜荔枝作检疫杀虫处理试验. 中山大学学报(自然科学版), (2): 123-125.

梁广勤, 林楚琼, 梁帆, 等. 1992. 低温处理橙果实中桔小实蝇作为检疫措施. 华南农业大学学报, (1): 36-40.

梁家林, 屈金亮. 2006. 工程治理是防治美国白蛾的有效途径. 河北林业科技, (2): 38-39, 43.

梁沛, 谷少华, 张雷, 等. 2020. 我国草地贪夜蛾的生物学、生态学和防治研究概况与展望. 昆虫学报, 63(5): 624-638.

梁田. 2013. 全球气候变化下外来物种入侵 GIS 预测模型研究. 湖南: 湖南科技大学硕士学位论文.

梁晓, 伍春玲, 卢辉, 等. 2017. 海南入境台湾果蔬危险性有害生物普查及其安全性评估. 热带农业科学, 37(4): 52-56, 62.

林冠伦, 杨益众, 胡进生. 1990. 空心莲子草生物学及防治研究. 江苏农学院学报, 11(2): 57-63.

林国强, 曾春民. 1993. (3Z, 6Z)-9S, 10R-环氧-二十一碳双烯美洲白蛾性信息素的合成. 化学学报, 51(2): 197-201.

林进添, 曾玲, 梁广文, 等. 2005. 病原线虫对桔小实蝇种群的控制作用. 昆虫学报, (5): 736-741.

林进添, 曾玲, 陆永跃, 等. 2004. 桔小实蝇的生物学特性及防治研究进展. 仲恺农业技术学院学报, (1): 60-67.

林静. 2008. 非洲大蜗牛体内抗菌活性物质的研究. 福州: 福建师范大学硕士学位论文.

林明光, 蔡波, 周慧, 等. 2014. 海南反季节大棚哈密瓜实蝇害虫种群动态及综合防治研究. 北方园艺, 115-118.

林明光, 汪兴鉴, 张艳, 等. 2013. 橘小实蝇、瓜实蝇和南亚果实蝇人工饲料的优化. 应用昆虫学报, 50(4): 1115-1125.

林明光, 曾玲, 汪兴鉴, 等. 2010. 中国芒果输出蒸热杀虫处理研究. 应用昆虫学报, 47: 479-485.

林玉, 谭敦炎. 2007. 一种潜在的外来入侵植物: 黄花刺茄. 植物分类学报, 5: 675-685.

林玉英, 金涛, 金启安, 等. 2014. 瓜实蝇密度和蜂密度对印啮小蜂寄生效能的影响. 植物保护, 40(4): 89-91, 111.

蔺丹丹. 2018. 辽西地区红脂大小蠹防控技术. 江西农业, (10): 8.

刘爱荣, 张远兵, 陈庆榆, 等. 2007. 盐胁迫对空心莲子草生长和光合作用的影响. 植物分类与资源学报, 29(1): 85-90.

刘宝生, 谷希树, 胡霞, 等. 2011. 美国白蛾各虫态发育历期试验观察. 天津农业科学, 17(5): 124-126.

刘潮, 冯玉龙, 田耀华. 2017. 紫茎泽兰入侵对土壤酶活性和理化因子的影响. 植物研究, 27(6): 729-735.

刘长令, 张国生, 洪忠, 等. 2002. 世界农药大全. 北京: 化学工业出版社.

刘刚. 2020. 我国批准登记防治美国白蛾的农药产品. 农药市场信息, (9): 34.

刘海, 王玉书, 焦玉洁, 等. 2018. 三种土壤条件下紫茎泽兰根际的酶活性及细菌群落状况. 生态学报, 38(23): 8455-8465.

刘欢, 邓淑桢, 赵晓峰, 等. 2017. 橘小实蝇成虫复眼结构及感光机制. 华南农业大学学报, 38 (2): 75-80.

刘欢, 李磊, 牛黎明, 等. 2016. 寄主对蝇蛹俑小蜂发育及寄生效能的影响. 生物安全学报, 25(3): 194-198.

刘慧慧. 2012. 山东地区美国白蛾的滞育特性研究. 泰安: 山东农业大学硕士学位论文.

刘慧慧, 张永安, 王玉珠, 等. 2017. 美国白蛾 Wnt-1 基因的基因组编辑. 林业科学, 53(3): 119-127.

刘建宏, 叶辉. 2006. 光照、温度和湿度对桔小实蝇飞翔活动的影响. 昆虫知识, (2): 211-214.

刘颉. 2012. 中国美国白蛾种群 AFLP 分析及微卫星标记筛选. 北京: 北京林业大学硕士学位论文.

刘丽, 阎伟, 魏娟, 等. 2011. 红棕象甲幼虫化学防治研究. 热带作物学报, 32(8): 1545-1548.

刘伦辉, 刘文耀, 郑征, 等. 1989. 紫茎泽兰个体生物及生态学特性研究. 生态学报, 9(1): 66-70.

刘伦辉, 谢寿昌, 张建华, 等. 1985. 紫茎泽兰在我国的分布、危害与防除途径的探讨. 生态学报, 5(1): 1-6.

刘宁, 张彩虹, 张艳, 等. 2018. 苹果蠹蛾卵成熟过程及卵巢发育分级研究. 果树学报, 35: 1098-1104.

刘全儒, 万方浩, 谢明, 等. 2012. 生物入侵: 中国外来入侵植物图鉴. 北京: 科学出版社.

刘慎思, 张桂芬, 万方浩. 2014. 基于 mtDNA COI 基因的离腹寡毛实蝇属常见种的条形码识别和系统发育分析. 昆虫学报, 57(3): 343-355.

刘万学, 王文霞, 王伟, 等. 2013. 潜蝇姬小蜂属寄生蜂对潜叶蝇的控害特性及应用. 昆虫学报, 56(4): 427-437.

刘小明, 司升云, 孙言博, 等. 2018. 35%阿维菌素•灭蝇胺悬浮剂防治黄瓜美洲斑潜蝇效果研究. 中国果菜, 38(5): 35-38.

刘欣. 2012. 基于 GARP 和 MAXENT 的空心莲子草在中国的入侵风险预测. 济南: 山东师范大学硕士学位论文.

刘雪凌, 曾玲, 韩诗畴. 2006. 温度对安婀珍蝶取食量的影响. 昆虫天敌, 28(4): 157-162.

刘艳斌, 韩微, 贤振华. 2011. 温度对福寿螺生长发育及摄食的影响. 南方农业学报, (8): 901-905.

刘银泉, 刘树生. 2012. 烟粉虱的分类地位及在中国的分布. 生物安全学报, 21: 247-255.

刘月英, 罗进仓, 周昭旭, 等. 2012. 不同温度下苹果蠹蛾实验种群生命表. 植物保护学报, 39(3): 205-210.

刘宗华, 罗晓玲, 王琴, 等. 2013. 药剂防除川西南紫茎泽兰的初步研究. 中国植保导刊, 33(8): 61-63.

娄远来, 邓渊钰, 沈纪冬, 等. 2002. 我国空心莲子草的研究现状. 江苏农业科学, (4): 46-48.

卢永星. 2021. 空心莲子草的识别与防治. 湖南农业, (3): 52.

陆永跃. 2015. 我国红火蚁疫情点根除体系的构建与应用//中国植物保护学会青年工作委员会编. 中国青年植保科技创新. 北京: 中国农业科学技术出版社: 244-247.

陆永跃. 2014. 中国大陆红火蚁远距离传播速度探讨和趋势预测. 广东农业科学, 41(10): 70-72.

陆永跃, 曾玲. 2015. 发现红火蚁入侵中国 10 年: 发生历史、现状与趋势. 植物检疫, 29(2): 1-6.

陆永跃, 曾玲, 梁广文, 等. 2006. 对性引诱剂监测桔小实蝇雄成虫技术的改进. 昆虫知识, (1): 123-126.

陆永跃, 曾玲, 许益镌, 等. 2019. 外来物种红火蚁入侵生物学与防控研究进展. 华南农业大学学报(自然科学版), 40(5): 149-160.

陆永跃, 梁广文, 曾玲. 2008. 华南地区红火蚁局域和长距离扩散规律研究. 中国农业科学, 41(4): 1053-1063.

罗立平, 王小艺, 杨忠岐, 等. 2018. 美国白蛾防控技术研究进展. 环境昆虫学报, 40(4): 721-735.

吕宝乾, 金启安, 温海波, 等. 2012a. 入侵害虫椰心叶甲的研究进展. 应用昆虫学报, 49(6): 1708-1715.

吕宝乾, 金启安, 温海波, 等. 2012b. 椰心叶甲人工饲料的研制及应用效果评价. 植物保护学报, 39(4): 347-351.

吕朝军, 钟宝珠, 李朝绪, 等. 2020. 海南首次发现红棕象甲危害槟榔. 植物检疫, 34(5): 61-63

吕霞, 张汉波, 张婷, 等. 2008. 紫茎泽兰根分泌物的化感潜力. 云南大学学报(自然科学版), 30(3): 314-317.

吕欣, 韩诗畴, 徐洁莲, 等. 2008. 广州桔小实蝇(Bactrocera dorsalis (Hendel))发生动态及气象因子. 生态学报, (4): 1850-1856.

吕要斌, 张治军, 吴青君, 等. 2011. 外来入侵害虫西花蓟马防控技术研究与示范. 应用昆虫学报, 48(3): 488-496.

马骏, 万方浩, 郭建英, 等. 2002. 豚草卷蛾寄主专一性风险评价. 生态学报, 22(10): 1710-1717.

马骏, 万方浩, 郭建英, 等. 2008. 豚草和三裂叶豚草的生物防治//万方浩, 李保平, 郭建英主编. 生物入侵: 生物防治篇. 北京: 科学出版社: 157-185.

马锞, 张瑞萍, 陈耀华, 等. 2010. 瓜实蝇的生物学特性及综合防治研究概况. 广东农业科学, 8: 131-135.

马秋, 王照国, 杨雪, 等. 2020. 薇甘菊叶的化学成分及抑菌活性研究. 天然产物研究与开发, 32: 2061.

马晓燕, 路斌冰, 王萌, 等. 2015. 海南瓜实蝇致病细菌的分离鉴定及杀虫活性测定. 中国生物防治学报, 31(3): 428-432.

马亚斌, 孙丽娟, 李洪刚, 等.2016. 高温对西花蓟马卵巢发育及卵黄蛋白含量的影响. 昆虫学报, 59(2): 127-137.

孟玲, 李保平.2006.广聚萤叶甲的交配和产卵行为. 昆虫知识, 43(6): 806-809.

苗振旺, 周维民, 霍履远, 等.2001.强大小蠹生物学特性研究. 山西林业科技, 1: 34-38.

闵水发, 曾文豪, 陈益娴, 等.2018. 美国白蛾在湖北孝感市的生物学特性与防治措施. 湖北林业科技, 47(5): 30-33.

莫利锋, 郅军锐, 田甜.2013. 南方小花蝽在不同空间及笼罩条件下对西花蓟马的控制作用. 生态学报, 33(22): 7132-7139.

莫如江, 欧阳倩, 钟宝儿, 等.2014. 榴莲果肉挥发物对橘小实蝇雄虫的引诱作用. 应用昆虫学报, 51(5): 1336-1342.

聂亚锋, 陈志谊, 刘永锋, 等.2008.假隔链格孢(Nimbya alternantherae)SF-193 防除空心莲子草田间高效使用技术研究.植物保护, 34(3): 109-113.

农业部外来物种管理办公室.2013. 国家重点管理外来入侵物种综合防控技术手册. 北京: 中国农业出版社.

欧善生, 谢彦洁, 王小欣, 等.2009.棕榈红棕象甲生物学特性研究. 安徽农业科学, 37(33): 16424-16426.

潘杰, 王涛, 宗世祥, 等.2010. 北京地区红脂大小蠹空间分布型与抽样技术研究. 昆虫知识, 47(6): 1189 -1193.

潘立婷, 许永强, 杜素洁.2019. 入侵害虫南美斑潜蝇在西藏首次发现及其寄生蜂调查. 昆虫学报, 62(9): 1072-1080.

潘志萍, 李敦松, 黄少华, 等.2014. 球孢白僵菌两种施用方式对侵染桔小实蝇的影响及田间的防治效果. 环境昆虫学报, 36(1): 102-107.

彭焕, 张瀛东, 彭德良, 等.2020. 甜菜孢囊线虫的特异性 SCAR 标记以及快速 SCAR-PCR 分子检测方法: ZL201710554037.2. 专利权人: 中国农业科学院植物保护研究所.

彭正强, 程立生, 鞠瑞亭, 等.2006. 椰心叶甲在中国的适生性分布. 热带作物学报, 1: 80-83.

蒲宇辰.2020. 红棕象甲体外免疫效能及其与体内免疫权衡的生理调控.福州: 福建农林大学博士学位论文.

漆艳香, 谢艺贤, 张辉强, 等.2005. 香蕉细菌性枯萎病菌实时荧光 PCR 检测方法的建立. 华南热带农业大学学报, 11(1): 1-5.

齐国君, 高燕, 黄德超, 等.2012. 基于 MAXENT 的稻水象甲在中国的入侵扩散动态及适生性分析. 植物保护学报, 39(2): 129-136.

齐国君, 苏湘宁, 章玉苹, 等.2020. 草地贪夜蛾监测预警与防控研究进展.广东农业科学, 47(12): 109-121.

祁小旭, 张思宇, 林峰, 等.2019. 黄顶菊对不同入侵地植物群落及土壤微生物群落的影响. 生态学报, 39(22): 8472-8482.

杞桑.1985. 褐云玛瑙螺的生态研究. 生态学杂志, 5: 15-18.

钱久李, 秦俊豪, 黎华寿.2016. 福寿螺植物源杀螺剂绿色农药的研究进展. 农药, 55(10): 707-714.

钱蕾, 和淑琪, 刘建业, 等.2015.在 CO2 浓度升高条件下西花蓟马和花蓟马的生长发育及繁殖力比较.环境昆虫学报, 37(4): 701-709.

乔仁发, 刘昌兰, 宋华利.2003. 美国白蛾年发生代数的初步研究. 山东林业科技, (4): 28-29.

乔玮娜, 万方浩, 张爱兵, 等.2012.DNA 条形码技术在田间常见蓟马种类识别中的应用. 昆虫学报, 55(3): 344-356.

乔曦, 万方浩.2020. 田间害虫识别系统 V1.0. 计算机软件著作权. 授权日期: 2020.7.17, 登记号: 2020SR0786201, 著作权人: 中国农业科学院深圳农业基因组研究所.

秦誉嘉, 蓝帅, 赵紫华, 等.2019. 迁飞性害虫草地贪夜蛾在我国的潜在地理分布.植物保护, 45(4): 43-47, 60.

邱良妙, 刘其全, 田新湖, 等.2020. 福建省草地贪夜蛾种群的耐寒性与越冬能力研究.应用昆虫学报, 57(6): 1299-1310.

曲波, 王承旭, 赵丹, 等.2011.3 种除草剂对苗期刺萼龙葵的防除试验. 草业科学, 28(4): 614-617.

瞿红叶, 谈家金, 叶建仁, 等.2009. 不同真菌对松材线虫繁殖及致病力的影响. 南京林业大学学报(自然科学版), 2009: 57-59

冉瑞碧, 赵得金. 1989. 陕西美国白蛾(Hyphantria curea Drury)的寄生性天敌昆虫. 西北农林科技大学学报(自然科学版), 17(3): 93-95.

任海鹏, 王靖屹, 张翼麒, 等.2018. 喀喇沁旗红脂大小蠹虫害的发生与防控情况. 内蒙古林业, (8): 38-40.

任和, 高红娟, 薛娟, 等.2020. 福寿螺的生物学特性与防治. 生物学通报, (12): 1-3.

邵华, 彭少麟, 刘运笑, 等.2002. 薇甘菊的生物防治及其天敌在中国的新发现. 生态科学, 21(1): 33-36.

邵华, 彭少麟, 张弛, 等.2003. 薇甘菊的化感作用研究. 生态学杂志, 22(5): 62-65.

申建梅, 胡黎明, 宾淑英, 等.2011. 瓜实蝇嗅觉受体基因的克隆及表达谱分析.昆虫学报, 54(3): 265-271.

申建茹, 刘万学, 万方浩, 等.2012. 苹果蠹蛾颗粒体病毒 CpGV-CJ01 的分离和鉴定. 应用昆虫学报, 49(1): 96-103.

沈登荣, 宋文菲, 袁盛勇, 等.2014. 基于 mtDNA-COI的云南西花蓟马的遗传分析. 植物保护, 40(5): 75-79.

沈登荣, 张宏瑞, 李正跃, 等. 2011. 云南西花蓟马 rDNA-ITS2 遗传多态性及其种群扩张. 应用昆虫学报, 48(3): 504-512.

沈国军, 徐正浩, 俞谷松. 2005. 空心莲子草的分布、危害与防除对策.植物保护, 31(3): 14-18.

石宝才, 宫亚军, 魏书军, 等. 2011. 豌豆彩潜蝇的识别与防治. 中国蔬菜, (13): 24-25.

石章红, 侯有明. 2020. 昆虫与其肠道菌群互作机理的研究进展及其在害虫管理中的应用前景. 环境昆虫学报, 42(4): 798-805

史永善. 1981. 美国白蛾的天敌——日本追寄蝇. 昆虫学报, 24(3): 342.

舒超然, 于长义. 1985. 美国白蛾天敌的调查. 昆虫天敌, 7(2): 91-94, 99.

宋洁蕾, 李艳丽, 李亚红, 等. 2019. 不同杀虫剂对草地贪夜蛾的室内毒杀效果及毒力测定.南方农业学报, 50(7): 1489-1495.

宋巧凤, 袁玉付, 仇学平, 等. 2018. 加拿大一枝黄花绿色防控"四到位"// 绿色植保与乡村振兴——中国植物保护学会 2018 年学术年会论文集: 317-319.

宋妍. 2007. 绿僵菌 MA4 菌株对椰心叶甲的防效及其表皮降解蛋白酶基因 Pr1A 的克隆表达和抗血清研究.海口: 华南热带农业大学硕士学位论文.

宋玉双, 杨安隆, 何嫩江. 2000. 森林有害生物红脂大小蠹的危险性分析. 森林病虫通讯, 6: 34-37.

苏茂文, 方宇凌, 陶万强, 等. 2008. 入侵害虫美国白蛾性信息素组分的鉴定和野外活性评估. 科学通报, 53(2): 191-196.

苏秋霞, 李青丰. 2014. 黄花刺茄种子休眠及发芽特性. 草业科学, 31(7): 1298-1301.

孙宏禹, 秦誉嘉, 方炎, 等. 2018. 基于@RISK 的瓜实蝇对我国苦瓜产业的潜在经济损失评估. 植物检疫, 32(6): 64-69.

孙荣霞, 范培林, 郭青波, 等. 2016. 释放"敌敌畏"烟剂防治美国白蛾效果试验. 现代园艺, (6): 41.

孙伟博, 王璞, 杨梓堃, 等. 2020. 转 Bt 基因南林 895 杨对美国白蛾抗虫性研究. 中南林业科技大学学报, 40(7): 107-118.

索相敏, 王献革, 郝婕, 等. 2015. 苹果蠹蛾生物学特征与防治对策. 河北农业科学, 19(4): 52-55.

汤臣栋. 2016. 上海崇明东滩互花米草生态控制与鸟类栖息地优化工程. 湿地科学与管理, 12(3): 4-8.

唐超, 鞠瑞亭, 彭正强, 等. 2008. 椰甲截脉姬小蜂在中国的适生性分布. 昆虫知识, 45(1): 107-111.

唐武路. 2019. 椰心叶甲的发生与防治. 现代园艺, 18: 68-69.

唐秀丽, 谭万忠, 付卫东, 等. 2010. 外来入侵杂草黄顶菊的发生特性与综合控制技术. 湖南农业大学学报(自然科学版), 36(6): 694-699.

唐运林, 顾偌铖, 吴燕燕, 等. 2019. 入侵重庆地区的草地贪夜蛾种群生物型鉴定.西南大学学报(自然科学版), 41(7): 1-7.

陶滔, 张智英, 余宇平, 等. 1996. 拉美斑潜蝇的发生与防治. 植物保护, (1): 41-42.

田虎. 2013. 介壳虫类昆虫 DNA 条形码识别技术研究. 北京: 中国农业科学院硕士学位论文.

田虎, 张蓉, 王玉生, 等. 2018. 基于线粒体 COI 和 COII基因的 5 种不同寄主植物西花蓟马种群遗传多样性研究. 植物保护, 44(1): 27-36.

田金艳. 2015. 番茄环纹斑点病毒单克隆抗体的制备与胶体金免疫层析试纸条研制. 南京: 南京农业大学硕士学位论文.

田茜, 徐进, 冯洁. 2010. 香蕉细菌性枯萎病的 PCR 检测方法.海口: 第三届全国生物入侵大会.2010.11.27-29.

田耀华, 冯玉龙, 刘潮. 2009. 氮肥和种植密度对紫茎泽兰生长和竞争的影响. 生态学杂志, 28(4): 577-588.

田宗立, 黄新动, 李文跃. 2014. 非洲大蜗牛发生特点及防治方法初探. 农民致富之友, 4: 58.

童四和, 曾珉, 温小遂, 等.2007. 警惕外来危险性害虫红棕象入侵为害. 江西植保, 30(3): 124-126.

涂蓉, 季清娥, 杨建全, 等.2013. 木瓜挥发物的分析及其对桔小实蝇的触角电位反应. 福建林学院学报, 33(1): 78-81

万方浩, 郭建英, 张峰, 等. 2009. 中国生物入侵研究. 北京: 科学出版社.

万方浩, 郭建英, 张峰. 2019. 中国生物入侵研究. 北京: 科学出版社.

万方浩, 侯有明, 蒋明星. 2015. 入侵生物学. 北京: 科学出版社.

万方浩, 刘全儒, 谢明, 等. 2012. 生物入侵: 中国外来入侵植物图鉴. 北京: 科学出版社.

万方浩, 彭德良, 王瑞, 等. 2010. 生物入侵: 预警篇. 北京: 科学出版社: 757.

万方浩, 谢丙炎, 褚栋, 等. 2008.生物入侵: 管理篇. 北京: 科学出版社: 39-61.

万方浩, 谢丙炎, 杨国庆. 2011a.入侵生物学. 北京: 科学出版社.

万方浩, 严盈, 王瑞, 等. 2011b. 中国入侵生物学学科的构建与发展. 生物安全学报, 20: 1-19.

万霞. 2020. 美国白蛾林间诱捕的应用基础技术研究. 临安: 浙江农林大学硕士学位论文.

万霞, 邓建宇, 王义平. 2021. 不同诱捕器和不同波段 LED 灯对美国白蛾的引诱效果. 植物保护, 47(1): 103-107.

万佐玺, 朱晶晶, 强胜. 2001. 链格孢菌毒素对紫茎泽兰的致病机理. 植物资源与环境学报, 10(3): 47-50.

汪兴鉴. 1996. 东亚地区双翅目实蝇科昆虫. 动物分类学报, 21(zk): 1-338.

汪兴鉴, 黄顶成, 李红梅, 等. 2006. 三叶草斑潜蝇的入侵、鉴定及在中国适生区分析. 昆虫知识, 43(4): 540-545.

王昶远. 2000. 美国白蛾在辽宁发生三代的调查及原因. 森林病虫通讯, 19(3): 27-29.

王大力. 1994. 豚草化感作用研究. 北京: 中国科学院研究生院硕士学位论文.

王光宇, 赵兴鹏, 王秀吉, 等. 2020. 美国白蛾幼虫消化道形态和超微结构观察. 环境昆虫学报, 42(5): 1084-1092.

王海锋, 曾波, 李娅, 等. 2008. 完全水淹条件下空心莲子草的生长、存活及出水后的恢复动态研究. 武汉植物学研究, 26(2): 147-152.

王海河, 董刚毅, 徐冰冰, 等. 2013. 一种红脂大小蠹天敌切头郭公虫 Clerus sp.生物学初探. 应用昆虫学报, 50: 991-997.

王俊峰, 冯玉龙, 李志. 2003. 飞机草和兰花菊三七光合作用对生长光强的适应. 植物生理与分子生物学报, 29(6): 542-548.

王俊峰, 冯玉龙, 梁红柱. 2004. 紫茎泽兰光合特性对生长环境光强的适应. 应用生态学报, 15(8), 1373-1377.

王磊, 陈科伟, 冯晓东, 等. 2022. 我国大陆红火蚁入侵扩张趋势长期预测. 环境昆虫学报, 44(2): 339-344.

王磊, 李慎磊, 王琳, 等. 2011. 11 种杀虫剂对草皮中红火蚁的检疫除害效果. 植物检疫, 25(6): 13-16.

王立成, 褚建君. 2007. 加拿大一枝黄花与群落内其他植物的种间联结关系. 上海交通大学学报(农业科学版), 25(2): 115-119.

王满莲, 冯玉龙. 2005. 紫茎泽兰和飞机草的形态、生物量分配和光合特性对氮营养的响应. 植物生态学报, 29(5): 697-705.

王满莲, 冯玉龙, 李新. 2006. 紫茎泽兰和飞机草的形态、生物量分配和光合特性对氮营养的响应. 应用生态学报, 17(4): 602-606.

王蒙, 徐浪, 张润杰, 等. 2014. 基于线粒体 COI 基因的桔小实蝇种群遗传分化研究. 昆虫学报, 57(12): 1424-1438.

王前, 纵玉华. 2009. 番茄斑潜蝇与美洲斑潜蝇的鉴别及防治. 农技服务, 25(1): 93-94.

王芹芹, 崔丽, 王立, 等. 2019. 草地贪夜蛾对杀虫剂的抗性研究进展. 农药学学报, 21(4): 401-408.

王卿, 安树青, 马志军, 等. 2006. 入侵植物互花米草——生物学、生态学及管理. 植物分类学报, 44: 559-588.

王秋霞, 张宏军, 郭美霞, 等. 2008. 外来入侵杂草黄顶菊的化学防除. 生态环境, 17(3): 1184-1189.

王瑞, 黄宏坤, 张宏斌, 等. 2022. 中国外来入侵物种防控法规和管理机制空缺分析. 植物保护, 48(4): 2-9.

王瑞, 唐瑶, 张震, 等. 2018a. 外来入侵植物刺萼龙葵在我国的分布格局与早期监测预警. 生物安全学报, 27(4): 284-289.

王瑞, 周忠实, 张国良, 等. 2018b. 重大外来入侵杂草在我国的分布危害格局与可持续治理. 生物安全学报. 27(4): 317-320.

王少博, 周洲, 陈怡萌, 等. 2020. 光周期和温度诱导美国白蛾滞育. 林业科学, 56(4): 121-127.

王少丽, 史彩华, 徐丹丹, 等. 2021. 入侵性南美番茄潜叶蛾高效药剂筛选及其抗性基因突变检测. 中国蔬菜, (11): 33-36.

王玮. 2020. 美国白蛾滞育蛹越冬前的能量贮备与越冬期温度变化对其能量消耗的影响. 南京: 南京林业大学硕士学位论文.

王文杰, 张衷华, 祖元刚, 等. 2009. 薇甘菊(Mikania micrantha)非同化器官光合特征及其生态学意义. 生态学报, 1: 32-40.

王音, 雷仲仁, 问锦曾, 等. 2000. 温度对美洲斑潜蝇发育、取食、产卵和寿命的影响. 植物保护学报, (3): 210-214.

王玉生. 2016. 我国常见粉蚧类害虫双基因条形码鉴定技术研究. 北京: 中国农业科学院硕士学位论文.

王志勇, 陈德明. 2011. 空心莲子草的综合治理. 湖北林业科技, (1): 71-73.

韦淑丹, 黄树, 王玉, 等. 2011. 温度对瓜实蝇实验种群生长发育及生殖的影响研究. 南方农业学报, 42(7): 744-747.

魏玉红, 罗进仓, 刘月英, 等. 2014. 苹果蠹蛾羽化产卵及卵孵化的昼夜节律. 植物保护, 40: 143-146.

翁伯琦, 林嵩, 王义祥. 2006. 空心莲子草在我国的适应性及入侵机制. 生态学报, 26(7): 2373-2381.

吴华, 黄鸿, 欧剑峰, 等. 2006. 诱蝇酮改良剂对瓜实蝇的诱集效果试验初报. 广东农业科学, 12: 57-58.

吴剑光, 李小健, 胡学难, 等. 2015. 几种杀虫剂对桔小实蝇引诱剂诱杀效果的影响. 环境昆虫学报, 37(6): 1232-1236.

吴孔明. 2020. 中国草地贪夜蛾的防控策略. 植物保护, 46(2): 1-5.

吴淇铭. 2014. 6 种重要果实蝇的适生区预测和风险分析. 福州: 福建农林大学硕士学位论文.

吴青, 梁广文, 曾玲, 等. 2006. 深圳地区椰心叶甲寄主和天敌种类调查. 昆虫知识, 43(4): 530-534.

吴青君, 张友军, 徐宝云, 等. 2005. 入侵害虫西花蓟马的生物学、危害及防治技术. 昆虫知识, 1: 1, 11-14.

吴珍泉, 蔡元呈, 郭振铣, 等. 1994. 空心莲子草叶甲寄主专一性测验. 生物安全学报, 3(2): 98-100.

武磊. 2019. 美国白蛾中国种群的遗传结构时间动态变化及快速分化机制研究. 北京: 北京林业大学硕士学位论文.

武晓云, 程晓非, 张仲凯, 等. 2009. 西花蓟马(Frankliniella occidentalis)rDNA ITS2 和 COI基因 5′末端序列的克隆与比较分析.

浙江大学学报(农业与生命科学版), 35(4): 355-364.

夏庆杰. 2021. 浅谈加拿大一枝黄花的危害及防治技术. 安徽农学通报, 27(17): 133-134.

冼晓青, 陈宏, 赵健, 等. 2013. 中国外来入侵物种数据库简介. 植物保护, 39(5): 103-109.

冼晓青, 陈宏, 赵健. 2021. 基于 Android 的草地贪夜蛾智能调查与监测系统 V1.0. 计算机软件著作权. 授权日期: 2021.7.17, 登记号: 2021SR2039236, 著作权人: 中国农业科学院深圳农业基因组研究所.

冼晓青, 刘万学, 姚青. 2019. 外来入侵植物智能识别系统 V1.0. 计算机软件著作权, 授权日期: 2019.7.25, 登记号: 2019SR0771796, 著作权人: 中国农业科学院深圳农业基因组研究所.

冼晓青, 王瑞, 陈宝雄, 等. 2022. "世界 100 种恶性外来入侵物种"在我国大陆的入侵现状. 生物安全学报, 31(1): 9-16.

冼晓青, 王瑞, 郭建英, 等. 2018. 我国农林生态系统近 20 年新入侵物种名录分析. 植物保护, 44(5): 168-175.

冼晓青, 张桂芬, 陈宏, 等. 2012. 中国主要外来入侵昆虫 DNA 条形码识别系统 1.0. 登记号: 2012SR034887. 著作权人: 中国农业科学院植物保护研究所, 福建省农业科学院植物保护研究所.

冼晓青, 张桂芬, 陈宏, 等. 2016. 番茄潜叶蛾智能监测系统 1.0. 登记号: 2016SR305361, 开发完成日期: 2016-10-25. 著作权人: 中国农业科学院植物保护研究所, 福州艾谷信息科技有限公司.

冼晓青, 周培, 万方浩, 等. 2019. 我国进境口岸截获红火蚁疫情分析. 植物检疫, 33(6): 41-45.

相君成. 2011. 美洲斑潜蝇与三叶斑潜蝇和南美斑潜蝇种间竞争的初步研究. 北京: 中国农业科学院硕士学位论文.

相君成, 雷仲仁, 王海鸿, 等. 2012. 三种外来入侵斑潜蝇种间竞争研究进展. 生态学报, 32(5): 1617-1621.

肖泽恒, 甘甜, 秦钟, 等. 2022. 饥饿胁迫对福寿螺生长、抗氧化系统及生化物质的影响. 中国生态农业学报(中英文), 1-9.

谢宝华, 韩广轩. 2018. 外来入侵种互花米草防治研究进展. 应用生态学报, 29: 308-320.

谢琼华. 1997. 毁灭性害虫: 美洲斑潜蝇. 山西农业(致富科技版), (10): 34-35.

邢树文, 朱慧, 查广才, 等. 2015. 四种入侵植物提取液对褐云玛瑙蜗牛的防控效果. 生态学报, 35(9): 3067-3075.

徐海根, 强胜. 2018. 中国外来入侵生物(修订版). 北京: 科学出版社: 1109.

徐海根, 王健民, 强胜, 等. 2004. 《生物多样性公约》热点研究: 外来物种入侵·生物安全·遗传资源. 北京: 科学出版社: 425.

徐晗, 赵彩云, 刘勇波, 等. 2017. ITS 序列及其 SNP 位点在外来入侵杂草长芒苋、西部苋和糙果苋物种鉴定中的应用. 植物保护, 5: 128-133.

徐婧, 刘伟, 刘慧, 等. 2015. 苹果蠹蛾在中国的扩散与危害. 生物安全学报, 24(4): 327-336.

徐学农, 吕佳乐, 王恩东. 2015. 捕食螨繁育与应用. 中国生物防治学报, 31(5): 647-656.

徐雅飞, 赵梅勤, 范伟赠, 等. 2018. 氰氟草酯·氯氟吡氧乙酸异辛酯防除水稻直播田 1 年生杂草试验. 浙江农业科学, 59(7): 1196-1198.

许春霭, 彭正强, 唐超, 等. 2007. 椰心叶甲饥饿耐受性研究. 植物检疫, 4: 205-207.

许瑾, 刘恩德, 向春雷, 等. 2011. 昆明旌蚧 Orthezia quadrua (Homoptera: Ortheziidae) ——紫茎泽兰和飞机草的一种本地天敌. 云南农业大学学报, 26(4): 577-579.

许益镌, 陆永跃, 曾玲, 等. 2006. 红火蚁局域扩散规律研究. 华南农业大学学报, 26(1): 34-36.

许泽永, 张宗义, 陈金香. 1989. 番茄斑萎病毒(TSWV)广州分离物生物学特性研究. 植物病理学报, 4: 8.

薛晶, 赵丽娅, 樊丹, 等. 2021. 青棉花藤和杜仲藤联合对福寿螺的杀灭效果. 世界生态学, 10(2): 243-248.

闫志勇, 牟修岐, 赵梅胜, 等. 2021. 番茄褐色皱果病毒胶体金免疫试纸条的研制. 植物病理学报, doi: 10.13926/j.cnki.apps.000606.

严盈, 万方浩. 2015. 害虫遗传防治的研究历史与现状. 生物安全学报, (2): 74, 81-93.

严赞开, 何佶, 张钟宁. 2002. 美国白蛾性信息素(9Z, 12Z)-十八碳二烯醛及(9Z, 12Z, 15Z)-十八碳三烯醛的合成. 农药学学报, 4(2): 85-88.

阎伟, 刘丽, 黄山春, 等. 逐步回归模型在红棕象甲预测中的应用. 热带作物学报, 32(8): 1549-1552.

燕长安, 崔伦, 肖放. 2002. 辽宁省实施美国白蛾工程治理的具体措施. 林业科技, 27(2): 31-32.

杨国庆, 万方浩, 刘万学, 等. 2008. 紫茎泽兰淋溶主效化感物质对旱稻幼苗根尖解剖结构的影响. 植物保护, 34(6): 20-24.

杨红军, 胡佳萌, 王治博, 等. 2021. 基于 PacBio Iso-Seq 红棕象甲全长转录组测序分析. 应用昆虫学报, 58(3): 655-663.

杨金花, 徐叶挺, 张校立. 2022. 梨火疫病研究进展. 分子植物育种, 20(3): 1003-1013.

杨明挚, 吕霞, 张婷, 等. 2011. 入侵植物紫茎泽兰化感作用及其途径研究. 植物分类与资源学报, 33(2): 209-213.

杨如意, 昝树婷, 唐建军, 等. 2011. 加拿大一枝黄花的入侵机理研究进展. 生态学报, 31(4): 293-304.

杨星科. 2005. 外来入侵种——强大小蠹. 北京: 中国林业出版社: 106.

杨秀卿, 段万强, 王桂清, 等. 1999. 大连地区美国白蛾的综合治理技术初报. 沈阳农业大学学报, 30(3): 315-316.

杨叶, 王萌, 马晓燕, 等. 2016. 感染瓜实蝇的曲霉菌及其生物学特性. 菌物学报, 35(1): 20-28.

杨毅, 梁潇予, 杨春平, 等. 象甲科昆虫信息素研究概况. 浙江农林大学学报, 29(1): 125-129.

杨忠岐. 1989. 中国寄生于美国白蛾的啮小蜂一新属一新种. 昆虫分类学报, 6(1): 117-130.

杨忠岐, 王小艺, 张翌楠, 等. 2018. 以生物防治为主的综合控制我国重大林木病虫害研究进展. 中国生物防治学报, 34(2): 163-183.

杨宗英, 曾柳根, 雷小青, 等. 2021. 福寿螺的生物学特性及防控策略. 渔业致富指南, (14): 64-66.

姚明燕, 张贺贺, 向候君, 等. 2017. 辐照对瓜实蝇遗传区性品系成虫肠道微生物的影响. 核农学报, 31(6): 1145-1152.

姚伍, 郑催云, 陈红梅, 等. 2018. 福建三明市应用 Sma1-007 菌剂防治松材线虫病的效果. 林业科学, 54(1): 168-173.

叶建仁. 2019 松材线虫病在中国的流行现状、防治技术与对策分析. 林业科学, 55(9): 1-10.

佚名. 2014. 广东东莞口岸首次截获非洲"大蜗牛". 世界热带农业信息, 4: 25-26.

殷海鹏, 张倩, 刘遥, 等. 2020. 应用多种生物制剂防治美国白蛾研究初报. 安徽林业科技, 46(5): 12-15, 22.

殷惠芬. 2000. 强大小蠹的简要形态学特征和生物学特征. 动物分类学报, 25: 120-121.

尹传林, 曹梦宇, 范月圆, 等. 2021. 中国及欧洲各国的苹果蠹蛾种群遗传多样性分析. 植物保护学报, 48: 1226-1234.

尹绍武, 颜亨梅, 王洪全, 等. 2000. 福寿螺的生物学研究. 湖南师范大学(自然科学学报), (2): 76-82.

尹艳琼, 郑丽萍, 李峰奇, 等. 2021. 云南弥渡县番茄潜叶蛾的发生情况及田间防治效果. 环境昆虫学报, 43(3): 559-566.

尹哲, 李金萍, 董民, 等. 2017. 东亚小花蝽对西花蓟马、二斑叶螨和桃蚜的捕食能力及捕食选择性研究. 中国植保导刊, 37(8): 17-19.

游意. 2016. 非洲大蜗牛的分布、传播、为害及防治现状. 广西农学报, 31(1): 46-48.

于兴军, 于丹, 卢志军, 等. 2005. 一个可能的植物入侵机制: 入侵种通过改变入侵地土壤微生物群落影响本地种的生长. 科学通报, 50(9): 896-903.

袁成明, 郅军锐, 马恒, 等. 2010. 不同生殖方式下西花蓟马的繁殖力研究. 贵州农业科学, 38(1): 74-76.

袁梦, 王波, 宋采博, 等. 2008. 气候因子和寄主植物对苏州桔小实蝇种群动态的影响. 安徽农业科学, (22): 9619-9621.

袁瑞玲, 杨珊, 冯丹, 等. 2016. 温度、湿度、光照对桔小实蝇飞行能力的影响. 环境昆虫学报, 38(5): 903-911.

袁盛勇, 孔琼, 李琚, 等. 2013. 球孢白僵菌 MZ050724 菌株对瓜实蝇的毒力测定. 中国南方果树, 42(2): 73-75.

岳耀鹏. 2012. 美国白蛾防治主要技术研究及综合防治应用. 南京: 南京林业大学硕士学位论文.

曾玲, 陆永跃, 何晓芳, 等. 2005. 入侵中国大陆的红火蚁的鉴定及发生为害调查. 昆虫知识, 42(2): 144-148, 230-231.

曾玲, 周荣, 崔志新, 等. 2003. 寄主植物对椰心叶甲生长发育的影响. 华南农业大学学报, 24(4): 37-39.

曾宪儒, 覃江梅, 龙秀珍, 等. 2019. 我国主要瓜类实蝇的生物防治研究进展. 应用昆虫学报, 56(3): 416-425.

曾秀丹. 2018. 瓜实蝇性别决定基因 dsx 和 tra2 的克隆及功能研究. 海口: 海南大学硕士学位论文.

翟保平, 程家安, 黄恩友, 等. 1997. 浙江省双季稻的稻水象甲的发生动态. 中国农业科学, (6): 23-29.

翟保平, 程家安, 郑雪浩, 等. 1999b. 浙江省双季稻区稻水象甲致害种群的形成. 植物保护学报, 26(2): 137-141.

翟保平, 商晗武, 程家安, 等. 1998. 双季稻区稻水象甲一代成虫的滞育. 应用生态学报, 9(4): 400-404.

翟保平, 商晗武, 程家安, 等. 1999a. 浙江省双季稻区稻水象甲二代虫源的构成. 植物保护学报, 26(3): 193-196.

詹国辉, 储春荣, 陈云芳, 等. 2010. 桔小实蝇检疫处理及诱杀技术研究. 西南林学院学报, 30(S1): 1-3, 7.

詹开瑞, 张晓燕, 陈艳, 等. 2013. 枇杷中桔小实蝇溴甲烷熏蒸处理. 植物检疫, 27(4): 42-44.

张彬, 陈露, 万方浩, 等. 2016. 高温处理西花蓟马若虫对其雌成虫寿命、繁殖力及后代发育的影响. 植物保护, 42(1): 87-92.

张朝贤, 张跃进, 倪汉文. 2000. 农田杂草防除手册. 北京: 中国农业出版社.

张丹丹, 吴孔明. 2019. 国产 Bt-Cry1Ab 和 Bt-(Cry1Ab+Vip3Aa)玉米对草地贪夜蛾的抗性测定. 植物保护, 45(4): 54-60.

张凤娟, 徐兴友, 陈凤敏, 等. 2008. 黄顶菊茎叶浸提液对白菜和水稻幼苗化感作用的初步研究. 西北植物学报, 28(8): 1669-1674.

张格成, 李继祥, 陈秀华. 1993. 空心莲子草主要生物学特性研究. 杂草学报, (2): 10-12.

张桂芬, 毕思言, 张毅波, 等. 2021. 南美番茄潜叶蛾 SCAR 引物及其应用. 国家发明专利, 申请日: 2020-09-25, 专利号: ZL202011019496.9, 授权公告日: 2021-12-24, 专利权人: 中国农业科学院植物保护研究所.

张桂芬, 刘万学, 郭建洋, 等. 2013. 重大潜在入侵害虫番茄潜叶蛾的 SS-COI 快速检测技术. 生物安全学报, 22(2): 80-85.

张桂芬, 刘万学, 万方浩, 等. 2018. 世界毁灭性检疫害虫番茄潜叶蛾的生物生态学及危害与控制. 生物安全学报, 27(3): 155-163.

张桂芬, 马德英, 刘万学, 等. 2019. 中国新发现外来入侵害虫——南美番茄潜叶蛾(鳞翅目: 麦蛾科). 生物安全学报, 28(3): 200-203.

张桂芬, 乔玮娜, 古君伶, 等. 2014. 我国西花蓟马线粒体 DNA-COI基因变异及群体遗传结构分析. 生物安全学报, 23(3): 196-209.

张桂芬, 冼晓青, 张毅波, 等. 2020a. 警惕南美番茄潜叶蛾 Tuta absoluta (Meyrick)在中国扩散. 植物保护, 46(2): 281-286.

张桂芬, 张毅波, 刘万学, 等. 2020b. 4 种性信息素产品对新发南美番茄潜叶蛾引诱效果研究. 植物保护, 46(5): 303-308.

张桂芬, 张毅波, 刘万学, 等. 2022b. 设施番茄 4 种栽培方式下番茄潜叶蛾对化蛹场所的选择性研究. 植物保护, 48(6): 141-152.

张桂芬, 张毅波, 冼晓青, 等. 2022a. 新发重大农业入侵害虫番茄潜叶蛾的发生为害与防控对策. 植物保护, 28(4): 51-58.

张桂芬, 张毅波, 张杰, 等. 2020c. 苏云金芽孢杆菌 G033A 对新发南美番茄潜叶蛾的室内毒力及田间防效. 中国生物防治学报, 36(2): 175-183.

张华伟, 许广敏, 陈保胜. 2018. 美国白蛾飞机防治药效试验. 防护林科技, (10): 43-44.

张剑, 董晔欣, 张金林, 等. 2008. 一株具有高除草活性的真菌菌株. 菌物学报. 7(5): 645-651.

张金良, 王瑞, 张桂芬, 等. 2021. 长芒苋控制技术初步研究. 江西农业, 199: 43-44.

张晶, 覃伟权, 阎伟, 等.2011. 一株对红棕象甲幼虫和卵有致病力的病原菌的分离鉴定. 热带作物学报, 32(12): 2331-2335.

张晶, 覃伟权, 阎伟, 等.2012. 金龟子绿僵菌对红棕象甲的室内致病力测定. 热带作物学报, 33(5): 899-905.

张历燕, 陈庆昌, 张小波. 2002. 红脂大小蠹形态学特征及生物学特性研究. 林业科学, 38(4): 95-99.

张敏, 付冬梅, 陈华保, 等. 2010. 紫茎泽兰叶片对小麦、油菜幼苗的化感作用及化感机制的初步研究. 浙江大学学报(农业与生命科学版), 36(5): 547-553.

张庆贺, 初冬, 朱丽虹, 等. 1998. 美国白蛾性信息素应用技术的研究. 植物检疫, 12(2): 65-69.

张瑞萍, 马锞, 李国平. 2015. 瓜实蝇饲养技术研究初报. 中国植保导刊, 35(2): 72-74.

张少逸, 魏守辉, 李香菊, 等. 2011b. 21 种茎叶处理除草剂对刺萼龙葵的生物活性研究. 江西农业大学学报, 33(6): 1077-1081.

张少逸, 魏守辉, 张朝贤, 等. 2011a. 刺萼龙葵种子休眠和萌发特性研究进展. 杂草学报, 29(2): 5-9.

张少逸, 张朝贤, 王金信, 等. 2012. 五种土壤处理除草剂对刺萼龙葵的生物活性研究. 华北农学报, 27(B12): 4.

张生芳, 于长义. 1985. 美国白蛾. 沈阳: 农牧渔业部植物保护总站.

张苏芳, 樊智智, 郭丽, 等. 2021. 美国白蛾分子生物学和遗传防控相关研究新进展. 陆地生态系统与保护学报, 1(2): 61-67.

张素华, 雷仲仁, 范淑英, 等. 2009. 不同温度下 4 株白僵菌对西花蓟马的致病力. 植物保护, 35(6): 64-67.

张文颖, 闵水发, 毛燕. 2019. 美国白蛾入侵武汉市的风险分析及防控对策. 湖北林业科技, 48(2): 31-33, 71.

张向欣, 王正军. 2009. 外来入侵种美国白蛾的研究进展. 安徽农业科学, 37(1): 215-219, 236.

张星耀, 吕全, 冯益明, 等. 2011.中国松材线虫病危险性评估及对策. 北京: 科学出版社.

张秀伟, 桑维钧, 谢鑫, 等. 2009. 菟丝子寄生后紫茎泽兰的叶绿素及酶类活性变化研究. 贵州农业科学, 37(12): 106-108.

张学祖. 1957. 苹果蠹蛾(Carpocapsa pomonella L.)在我国的新发现. 昆虫学报, (4): 467-472.

张亚楠, 龚治, 牛黎明, 等. 2018. 瓜实蝇气味结合蛋白基因的克隆及表达谱分析. 热带作物学报, 39(4): 733-738.

张友军, 吴青君, 徐宝云, 等. 2003. 危险性外来入侵生物——西花蓟马在北京发生危害. 植物保护, (4): 58-59.

张真, 王鸿斌, 孔祥波. 2005. 红脂大小蠹 //万方浩, 郑小波, 郭建英主编.重要农林外来入侵物种的生物学与控制. 北京: 科学出版社: 282-304.

张正文, 张雪尽. 2003. 在黔中高原喀斯特脆弱生态区种植皇竹草治理紫茎泽兰的研究. 贵州畜牧兽医, 27(3): 4-5.

章茂林, 左静, 肖湘黔. 2019. 长芒苋入侵长沙地区风险防控研究. 现代农业科技, 5: 193, 195.

章玉苹, 黄少华, 李敦松, 等. 2010. 球孢白僵菌 *Beauveria bassiana* B6 菌株对桔小实蝇的控制作用. 中国生物防治, 26(S1): 14-18.

章玉苹, 李敦松, 赵远超, 等. 2009. 桔小实蝇寄生蜂一中国新记录种印度实蝇姬小蜂 *Aceratoneuromyia indica*(Silvestri)及其寄生效能研究. 中国生物防治, 25(2): 106-111.

赵林, 李保平, 孟玲. 2008. 施肥和刈割对紫茎泽兰和黑麦草苗期竞争的研(简报). 草业学报, 17(3): 151-155.

赵梅婷. 2017. 莲草直胸跳甲不同地理种群响应高温的生态学表现及转录组分析. 北京: 中国农业科学院.

赵胜园, 杨现明, 杨学礼, 等. 2019. 8 种农药对草地贪夜蛾的田间防治效果. 植物保护, 45(4): 74-78.

赵旭, 朱凯辉, 张柱亭, 等. 2020. 夜蛾黑卵蜂对草地贪夜蛾田间防效的初步评价. 植物保护, 46(1): 74-77.

郑丽, 冯玉龙. 2005. 紫茎泽兰叶片化感作用对 10 种草本植物种子萌发和幼苗生长的影响. 生态学报, 25(10): 2782-2787.

郑雅楠, 刘佩旋, 时勇, 等. 2021. 辽宁松材线虫病与中国其他疫区的差异性分析. 北京林业大学学报, 43(5): 155-160.

郅军锐, 李景柱, 宋琼章. 2007. 利用胡瓜钝绥螨防治西花蓟马研究进展. 中国生物防治, S1: 60-63.

郅军锐, 郑珊珊, 张昌容, 等. 2011. 南方小花蝽对西花蓟马和蚕豆蚜的捕食作用. 应用昆虫学报, 48(3): 573-578.

钟宝珠, 吕朝军, 李朝绪, 等. 2020. 嗜菌异小杆线虫 H06 品系对红棕象甲解毒酶活性影响. 中国植保导刊, 40(10): 5-15.

钟晓青, 黄卓, 司寰, 等. 2004. 深圳内伶仃岛薇甘菊危害的生态经济损失分析. 热带亚热带植物学报, 12: 167-170.

钟义海, 刘奎, 彭正强, 等. 2003. 椰心叶甲——一种新的高危害虫. 热带农业科学, 4: 67-72.

钟永清. 2016. 水稻田有害生物福寿螺综合防治技术. 中国农业信息, (1): 135-136.

周爱明. 2009. 进出境货物携带红火蚁风险和检疫处理研究. 广州: 华南农业大学硕士学位论文.

周爱明, 陆永跃, 许益镌, 等. 2011a. 热水浸泡对红火蚁的致死效果研究. 环境昆虫学报, 33(3): 342-345.

周爱明, 陆永跃, 许益镌, 等. 2011b. 溴甲烷对红火蚁的熏蒸效果研究. 环境昆虫学报, 33(1): 70-73.

周国梁, 陈晨, 叶军, 等. 2007. 利用 GARP 生态位模型预测桔小实蝇(*Bactrocera dorsalis*)在中国的适生区域. 生态学报, 27(08): 3362-3369.

周卫川. 2006. 非洲大蜗牛种群生物学研究. 植物保护, 32(2): 86-88.

周卫川, 陈德牛. 2004. 非洲大蜗牛的进境风险分析// 中国青年农业科学学术年报: 329-333.

周卫川, 王沛, 陆军, 等. 2013. 2012 年截获软体动物疫情分析. 植物检疫, 27(5): 79-81.

周文, 刘万学, 万方浩, 等. 2010. 寄主植物信息化合物对苹果蠹蛾行为的影响及其在防控中的应用. 应用生态学报, 21(9): 2434-2440.

周永亮, 柳浩, 周秀莹. 2016. 瓜实蝇发生原因及防治技术. 现代农业科技, 7: 126, 128.

周宇, 袁雪颖, 杨子轩, 等. 2018. 福寿螺入侵中国的扩散动态及潜在分布. 湖泊科学, (5): 1379-1387.

周忠实, 郭建英, 李保平, 等. 2011. 豚草和空心莲子草分布与区域减灾策略. 生物安全学报, 20(4): 263-266.

朱丽虹, 金传玲, 戚凯. 1998. 人工合成美国白蛾性信息素的应用研究. 昆虫知识, 35(4): 225-227.

朱文达, 曹坳程, 颜冬冬, 等. 2013. 除草剂对紫茎泽兰防治效果及开花结实的影响. 生态环境学报, 22(5): 820-825.

朱秀娟, 张治军, 吕要斌. 2011a. 寄主植物接种番茄斑萎病毒对西花蓟马种群的影响. 昆虫学报, 54(4): 425-431.

朱秀娟, 张治军, 吕要斌. 2011b. 接种番茄斑萎病毒番茄植株对西花蓟马生物学特性的影响. 应用昆虫学报, 48(3): 518-523.

邹湘辉, 谢东, 吴丽娜, 等. 2016. 入侵植物乙醇提取物对福寿螺胆碱酯酶活性的影响. 湖北农业科学, 55(6): 41451-41454.

Abuagla A M, Al-Deeb M A. 2012. Effect of bait quantity and trap color on the trapping efficacy of the pheromone trap for the red palm weevil, rhynchophorus ferrugineus. Journal of Insect Science, 12: e120.

Aketarawong N, Bonizzoni M, Thanaphum S, et al. 2007. Inferences on the population structure and colonization process of the invasive oriental fruit fly, bactrocera dorsalis (hendel). Molecular Ecology, 16: 3522-3532.

An S, Gu B, Zhou C, et al. 2007. Spartina invasion in China: implications for invasive species management and future research. Weed Res, 47(3): 183-191.

Ascunce M S, Yang C C, Oakey J, et al. 2011. Global invasion history of the fire ant solenopsis invicta. Science, 331(6020): 1066-1068.

Aukema B H, Zhu J, Møller J, et al. 2010. Predisposition to bark beetle attack by root herbivores and associated pathogens: roles in forest decline, gap formation, and persistence of endemic bark beetle populations. Forest Ecology and Management, 259: 374-382.

Bae M J, Kim E J, Park Y S. 2021. Comparison of invasive apple snail (*Pomacea analiculate*) behaviors in different water temperature gradients. Water, 13(9): 1149.

Bali G K, Kaur S. 2013. Phenoloxidase activity in haemolymph of *Spodoptera litura* (fabricius) mediating immune responses challenge with entomopathogenic fungus, analicul bassiana (balsamo) vuillmin. Journal of Entomology and Zoology Studies, 1(6): 118-123.

Banerjee A K, Reddy C S, Dewanji A. 2017. Impact assessment on floral composition and spread potential of mikania micrantha, H B K in an urban scenario. Proceedings of the National Academy of Sciences, India Section B(Biological Sciences), 87(3): 777-788.

Barreto R W, Evans H C. 1995. The mycobiota of the weed *Mikania micrantha* in southern Brazil with particular reference to fungal pathogens for biological control. Mycological Research, 99(3): 343-352.

Bartelt R J, Kyhl J F, Ambourn A K, et al. 2004. Male-produced aggregation pheromone of carpophilussayi, a nitidulid vector of oak wilt disease, and pheromone composition with carpophiluslugubris. Agriculture and Forest Entomology, 6: 39-46.

Bassett I J, Crompton C W.1975. The biology of Canadian weeds.: 11. *Ambrosia artemisiifolia* L. and *A. psilostachya* DC. Canadian Journal of Plant Science, 55(2): 463-476.

Beres I.1994. New investigations on the biology of *Ambrosia artemisiifolia* L. 46th. International Symposium on Crop Protection, 59: 1295-1297.

Bernatis J L, Mcgaw I J, Cross C L. 2016. Abiotic tolerances in different life stages of apple snails *Pomacea analiculate* and *Pomacea analicu* and the implications for distribution. J Shellfish Res, 35(4): 1013-1025.

Bianchini A E, da Cunha J A, da Silva E G, et al. 2022. Influence of pH on physiological and behavioral responses of *Pomacea analiculate*. Comp Biochem Phys A, 266: 111153.

Boraldi F, Lofaro F D, Accorsi A, et al. 2019. Toward the molecular deciphering of *Pomacea 806analiculate* immunity: First proteomic analysis of circulating hemocytes. Proteomics, 19(4): 1800314.

Boraldi F, Lofaro F D, Bergamini G, et al. 2021. *Pomacea analiculate* ampullar proteome: A nematode-based bio-pesticide induces changes in metabolic and stress-related pathways. Biology, 10(10): 1049.

Bowers K A W. 1975. Pollination ecology of *Solanum rostratum* (Solanaceae). American Journal of Botany, 62(6): 633-638.

Brandes D, Nietzsche J.2006. Biology, introduction, dispersal, and distribution of common ragweed (*Ambrosia artemisiifolia* L.) with special regard to Germany. Nachrichtenblatt des Deutschen Pflanzenschutzdienstes, 58(11): 286-291.

Britton K O, Sun J H. 2002. Unwelcome guest: exotic forest pests. Acta Entomologica Sinica, 45: 121-130.

Brola T R, Dreon M S, Fernández P E, et al. 2021. Ingestion of Poisonous Eggs of the Invasive Apple Snail *Pomacea analiculate* Adversely Affects Bullfrog Lithobathes catesbeianus Intestine Morphophysiology. Malacologia, 63(2): 171-182.

Burtet L M, Bernardi O, Melo A A, et al. 2017. Managing fall armyworm, *Spodoptera frugiperda* (Lepidoptera: Noctuidae), with Bt maize and insecticides in southern Brazil. Pest Management Science, 73(12): 2569-2577.

Cadierno M P, Dreon M S, Heras H. 2017. Apple snail analiculate precursor properties help explain predators feeding behavior. Physiological and Biochemical Zoology, 90(4): 461-470.

Campos M R, anali A, Adiga A, et al. 2017. From the western palaearctic region to beyond: tuta absoluta ten years after invading Europe. Journal of Pest Science, 90: 787-796.

Cao J J, Wu Q M, Wan F H, et al. 2022. Reliable and rapid identification of glyphosate-resistance in the invasive weed *Amaranthus palmeri* in China. Pest Manag Sci, 78(6): 2173-2182.

Cao L, Zhou A M, Chen R H, et al. 2012. Predation of the oriental fruit fly, *Bactrocera dorsalis* puparia by the red imported fire ant, *Solenopsis invicta*: role of host olfactory cues and soil depth. Biocontrol Science and Technology, 22: 551-557.

Cao L J, Wei S J, Hoffmann A A, et al. 2016. Rapid genetic structuring of populations of the invasive fall webworm in relation to spatial expansion and control campaigns. Diversity and Distributions, 22(12): 1276-1287.

Cao L J, Wen J B, Wei S J, et al. 2015. Characterization of novel microsatellite markers for *Hyphantria cunea* and implications for other Lepidoptera. Bulletin of Entomological Research, 105(3): 273-284.

Chakravarthy A K, Chandrashekharaiah M, Kandakoor S B, et al. 2014.Efficacy of aggregation pheromone in trapping red palm weevil (*Rhynchophorus ferrugineus* Olivier) and rhinoceros beetle (*Oryctes rhinoceros* Linn.) from infested coconut palms. Journal of Environment Biology, 35(3): 479-484.

Chan S Y. 2019. Shell of a pink-lipped agate snail, *Achatina immaculata*, found in Singapore. Singapore Biodiversity Records, National University of Singapore, 19: 19.

Chang C L. 2017. Laboratory evaluation on a potential birth control diet for fruit fly sterile insect technique (SIT). Pesticide Biochemistry and Physiology, 140: 42-50.

Chen B, Feder M E, Kang L. 2018. Evolution of heat shock protein expression underlying adaptive responses to environmental stress. Mol Ecol, 27(15): 3040-3054.

Chen B, Zhang Q, Gui F R, et al. 2012. Virulence of isolate of the insect pathogen *Beauuveria bassiana* against the western flower thrips, Frankliniella occidentalis. Journal of Biosafety, 21: 14-19.

Chen C, Wei X T, Xiao H J, et al. 2014. Diapause induction and termination in *Hyphantria cunea* (Drury) (Lepidoptera: Arctiinae). Plos One, 9(5): e98145.

Chen L, Li S, Xiao Q, et al. 2021. Composition and diversity of gut microbiota in *Pomacea analiculate* in sexes and between developmental stages. BMC Microbiology, 21(1): 200.

Chen Q, Zhao H B, Wen M, et al. 2020. Genome of the webworm *Hyphantria cunea* unveils genetic adaptations supporting its rapid invasion and spread. BMC Genomics, 21(1): 242.

Cheng C H, Wickham J, Chen L, et al. 2018. Bacterial microbiota protect an invasive bark beetle from a pine defensive compound. Microbiome, 6: 132.

Cheng C H, Xu L T, Lou Q Z, et al. 2016. Does cryptic microbiota mitigate pine resistance to an invasive beetle-fungus complex? Implications for invasion potential. Scientific Reports, 6: 33110.

Cheng D F, Chen S Q, Huang Y Q, et al.2019. Symbiotic microbiota may reflect host adaptation by resident to invasive ant species. PLoS Pathogens, 15(7): e1007942.

Cheng X, Luo Y, Chen J, et al. 2006. Short-term C4 plant *Spartina alterniflora* invasions change the soil carbon in C3 plant-dominated tidal wetlands on a growing estuarine island. Soil Biol Biochem, 38(12): 3380-3386.

Chiu Y W, Huang D J, Shieh B S, et al. 2012. A new invasive alien species *Achatina panthera* (Férussac, 1821) in Taiwan (Gastropoda: Achatinidae). J Natl Taiwan Mus, 65(3): 57-65.

Chou M Y, Haymer D S, Feng H T, et al. 2010. Potential for insecticide resistance in populations of *Bactrocera dorsalis* in Hawaii: 807analicu susceptibility and molecular characterization of a gene associated with organophosphate resistance. Entomologia Experimentalis et Applicata, 134: 296-303.

Chung B K, Kang S W, Kwon J H. 2001. Chemical control system of *Frankliniella occidentalis* (Thysanoptera: Thripidae) in greenhouse eggplant. Journal of Asia-Pacific Entomology, 3: 1-9.

Clarke A R, Armstrong K F, Carmichael A E, et al. 2005. Invasive phytophagous pests arising through a recent tropical evolutionary radiation: the *Bactrocera dorsalis* complex of fruit flies. Annual Review of Entomology, 50: 293-319.

Cock M J W. 1982. Potential biological control agents for *Mikania micrantha* HBK form the Neotropical Region. Tropical Pest Management, 28: 242-254.

Cock M J W, Beseh P K, Buddie A G, et al. 2017. Molecular methods to detect *Spodoptera frugiperda* in Ghana, and implications for monitoring the spread of invasive species in developing countries. Scientific Reports, 7(1): 1-10.

Cock M J W, Ellison C A, Evans H C, et al. 2000. Can Failure be Turned into Success for Biological Control of Mile-a-Minute Weed (*Mikania micrantha*)? Proceedings of the X International Symposium on Biological Control of Weeds. Bozeman: Montana State University, Bozeman, Montana, USA: 155-167.

Colmenarez Y C, Babendreier D, Ferrer W, et al. 2022.The use of *Telenomus remus* (Nixon, 1937) (Hymenoptera: Scelionidae) in the management of *Spodoptera* spp.: potential, challenges and major benefits. CABI Agriculture and Bioscience, 3: 5.

Cowbrough M J, brown R B. 2003. Impact of common ragweed (*Ambrosia artemisiifolia*) aggregation on economic thresholds in soybean. Weed Science, 51(6): 947-954.

Day M D, Clements D R, Gile C, et al. 2016. Biology and impacts of Pacific islands invasive species. 13. *Mikania micrantha* Kunth (Asteraceae). Pac Sci, 70: 257-285.

Day M D, Kawi A P, Ellison C A. 2013. Assessing the potential of the rust fungus *Puccinia spegazzinii* as a classical biological control agent for the invasive weed *Mikania micrantha* in Papua New Guinea. Biol Control, 67(2): 253-261.

De Barro P J, Liu S S, Boykin L M, et al. 2011. Bemisia tabaci: a statement of species status. Annual Review of Entomology, 56: 1-19.

De Villiers M, Hattingh V, Kriticos D J, et al. 2016. The potential distribution of *Bactrocera dorsalis*: Considering phenology and irrigation patterns. Bulletin of Entomological Research, 106: 19-33.

Dembilio Ó, Tapia G V, Téllez M M, et al.2012. Lower temperature thresholds for oviposition and egg hatching of the red palm weevil, *Rhynchophorus ferrugineus* (Coleoptera: Curculionidae), in a Mediterranean climate. Bulletin of Entomological Research, 102: 97-102.

Desneux N, Luna M G, Guillemaud T, Urbaneja A. 2011. The invasive South American tomato pinworm, *Tuta absoluta*, continues to spread in Afro-Eurasia and beyond: the new threat to tomato world production. Journal of Pest Science, 84, 403-408.

Dhillon M K, Singh R, Naresh J S, et al. 2005. The melon fruit fly *Bactrocera cucurbitae*: a review of its biology and management. Journal of Insect Science, 5(40): 1-16.

Ding T B, Chi H, Gökçe A, et al. 2018. Demographic analysis of arrhenotokous parthenogenesis and bisexual reproduction of *Frankliniella occidentalis* (Pergande) (Thysanoptera: Thripidae). Scientific Reports, 8: 3346.

Dlugosch K M, Parker I M.2008. Founding events in species invasions: genetic variation, adaptive evolution, and the role of multiple introductions. Molecular Ecology, 17: 431-449.

Dominguez-Valenzuela J A, Gherekhloo J, Fernández-Moreno P T, et al. 2017. First confirmation and characterization of target and non-target site resistance to glyphosate in palmer amaranth (*Amaranthus palmeri*) from Mexico. Plant Physiol Biochem, 115: 212-218.

Dong L J, Yang J X, Yu H W, et al. 2017. Dissecting *Solidago canadensis*-soil feedback in its real invasion. Ecology and Evolution, 7(7): 2307-2315.

Dreon M S, Fernandez P E, Gimeno E J, et al. 2014. Insights into embryo defenses of the invasive apple snail *Pomacea analiculate*: egg mass ingestion affects rat intestine morphology and growth. PLoS Neglected Tropical Diseases, 8(6): e2961.

Dreon M S, Ituarte S, Ceolín M, et al. 2008. Global shape and pH stability of ovorubin, an oligomeric protein from the eggs of *Pomacea analiculate*. The FEBS Journal, 275(18): 4522-4530.

Du F, Yang Y M, Li J Q, et al. 2006. A review of *Mikania* and the impact of *M. micrantha* (Asteraceae) in Yunnan. Acta Botanica Yunnanica, 28(5): 505-508.

Duan H S, Yu Y, Zhang A S, et al. 2013. Genetic diversity and inferences on potential source areas of adventive *Frankliniella occidentalis* (Thysanoptera: Thripidae) in Shandong, China based on mitochondrial and microsatellite markers. Florida Entomologist, 96: 964-973.

Dummee V, Kruatrachue M, Singhakaew S, et al. 2021. Ultrastructural changes of the digestive tract of *Pomacea analiculate* exposed to Copper at lethal concentration. Sains Malays, 50(10): 2869-2876.

Duyck P F, David P, Quilici S. 2006. Climatic niche partitioning following successive invasions by fruit flies in La Réunion. Journal of Animal Ecology, 75: 518-526.

Ellison C A. 2004. Biological control of weeds using fungal natural enemies: a new technology for weed management in tea? International Journal of Tea Science, 3(2): 67-84.

Ellison C A, Puzari K C, Kumar P S, et al. 2007. Sustainable control of *Mikania micrantha*–implementing a classical biological control strategy in India using the rust fungus *Puccinia spegazzinii*. Po-yung Lai, G.V.P. Reddy, R.Muniappan. Proceedings of the Seventh International Workshop on Biological Control and Management of Chromolaena odorata and Mikania micrantha. Taiwan: National Pingtung University of Science and Technology, Pingtung University: 94-105.

El-Mergawy R A A M, Nasr M I, Abdallah N, et al.2011.Mitochondrial genetic variation and invasion history of red palm weevil, *Rhynchophorus ferrugineus* (Coleoptera: Curculionidae), in Middle-East and Mediterranean Basin. International Journal of

Agriculture and Biology, 13: 631-637.

El-Sayed A M, Ganji S, Gross J, et al. 2021. Climate change risk to pheromone application in pest management. Science of Nature, 108(6): 47.

El-Shafie H A F, Faleiro J R, Al-Abbad A H, et al.2011.Bait-Free attract and kill technology (Hook™ RPW) to suppress red palm weevil, *Rhynchophorus ferrugineus* (Coleoptera: Curculionidae) in date palm. Florida Entomologist, 94: 774-778.

EPPO .2008. Data sheet on quarantine pests: *Rhynchophorus ferrugineus*. EPPO Bulletin, 38: 55-59.

Escobar-Correas S, Mendoza-Porras O, Dellagnola F A, et al. 2019. Integrative proteomic analysis of digestive tract glycosidases from the invasive golden apple snail, *Pomacea analiculate*. Journal of Proteome Research, 18(9): 3342-3352.

Espeland E K. 2018. Disarming the red queen: plant invasions, novel weapons, species coexistence, and microevolution. New Phytologist, 218(1): 12-14.

Espinosa P J, Contreras J, Quinto V, et al. 2005. Metabolicmechanisms of insecticide resistance in the western flower thrips *Frankliniella occidentalis* (Pergande). Pest Management Science, 61: 1009-1015.

Evans H C. 1987. Fungal pathogens of some subtropical and tropical weeds and the possibilities for biological control. Biocontrol News & Information, 8: 7-30.

Faeth S H, Hammon K E. 1997. Fungal endophytes in oak trees: long-term patterns of abundance and associations with leafminers. Ecology, 78(3): 810-819.

Faghih A A.1996. The biology of red palm weevil, *Rhynchophorus ferrugineus* Oliv (Coleopter, Curculionidae) in Savaran region (Sistan province, Iran). Applied Entomology and Phytopathology, 63: 16-18.

Faleiro J R .2006.A review of the issues and management of the red palm weevil *Rhynchophorus ferrugineus* (Coleoptera: Rhynchophoridae) in coconut and date palm during the last one hundred years. International Journal of Tropical Insect Science, 26(3): 135-154.

Fan J, Wennmann J T, Wang D, et al. 2020. Novel diversity and virulence patterns found in new isolates of cydia pomonella granulovirus from China. Applied and Environmental Microbiology, 86(2): e02000-19.

Fan J B, Wennmann J T, Wang D, et al. 2019. Single nucleotide polymorphism (SNP) frequencies and distribution reveal complex genetic composition of seven novel natural isolates of *Cydia pomonella granulovirus*. Virology, 541: 32-40.

Fan Z Z, Qin M A, Ma S Y, et al. 2022. Maleness-on-the-Y (MoY) orthologue is a key regulator of male sex determination in *Zeugodacus cucurbitae* (Diptera: Tephritidae). Journal of Integrative Agriculture, 22(2): 505-513.

Fand B B, Sul N T, Bal S K, et al.2015.Temperature impacts the development and survival of common cutworm (Spodoptera litura): simulation and visualization of potential population growth in India under warmer temperatures through life cycle modelling and spatial mapping. PLoS One, 10: e0124682.

Fang X. 2002. Reproductive Biology of Smooth Cordgrass (*Spartina alterniflora*) Master's dissertation. Baton Rouge Louisiana USA: Louisiana State University.

Farjon A, Styles BT. 1997. Pinus (Pinaceae) Flora Neotropica. Monograph 75. Organization for Flora Neotropica. New York: The New York Botanical Garden.

Fast B J, Murdock S W, Farris R L, et al. 2009. Critical timing of palmer amaranth (*Amaranthus palmeri*) removal in second-generation glyphosate-resistant cotton. The Journal of Cotton Science, 13: 32-36.

Fauziah I, Saharan H A. 1991. Research on thrips in Malaysia, Thrips in Southeast Asia. Bangkok, Thailand: AVRDC Publication: 29-33.

Feng J, Guo J, Huang Q, et al. 2014. Changes in the community structure and diet of benthic macrofauna in invasive *Spartina alterniflora* wetlands following restoration with native mangroves. Wetlands, 34: 673-683.

Feng J, Huang Q, Chen H, et al. 2018. Restoration of native mangrove wetlands can reverse diet shifts of benthic macrofauna caused by invasive cordgrass. J Appl Ecol, 55: 905-916.

Feng J, Zhou J, Wang L, et al. 2017. Effects of short-term invasion of Spartina alterniflora and the subsequent restoration of native mangroves on the soil organic carbon, nitrogen and phosphorus stock. Chemosphere, 184: 774-783.

Feng Y, Wang L, Bai Y F, et al. 2009. Molecular identification of Frankliniella based on COI sequence by DNA barcoding chip. Biotechnology Bulletin, 8: 699-713.

Ficetola G F, Bonin A, Miaud C .2008. Population genetics reveals origin and number of founders in a biological invasion. Molecular Ecology, 17: 773-782.

Forcella F, Wilson R G, Dekker J, et al. 1997. Weed seed bank emergence across the Corn Belt. Weed Science, 45(1): 67-76.

Fullaway D T. 1953. The oriental fruit fly in Hawaii. Proceedings of the Entomology Society of Washington, 51: 181-205.

Fumanal B, Gaudot I, Meiss H, et al. 2006. Seed demography of the invasive weed: *Ambrosia artemisiifolia* L. Neobiota. From Ecology To Conservation. European Conference on Biological Invasions: 127.

Futai K. 2021. Pine wilt disease and the decline of pine forests: a global issue. Cambridge: Cambridge Scholars Publishing.

Gaines T A, Slavov G T, Hughes D, et al. 2021. Investigating the origins and evolution of a glyphosate-resistant weed invasion in South America. Molecular Ecology, 30(21): 5360-5372.

Gaines T A, Zhang W, Wang D, et al. 2010. Gene amplification confers glyphosate resistance in *Amaranthus palmeri*. Proc Natl Acad Sci U S A, 107: 1029-1034.

Gao Y L, Lei Z R, Reitz S R. 2012a. Western flower thrips resistance to insecticides: Detection, mechanisms and management strategies. Pest Management Science, 68: 1111-1121.

Gao Y L, Reitz S R, Wang J, et al. 2012b. Potential of a strain of the entomopathogenic fungus *Beauveria bassiana* (Hypocreales: Cordycipitaceae) as a biological control agent against western flower thrips, *Frankliniella occidentalis* (Thysanoptera: Thripidae). Biocontrol Science and Technology, 22: 491-495.

Garin C F, Heras H, Pollero R J, et al. 1996. Lipoproteins of the egg perivitelline fluid of *Pomacea analiculate* snails (Mollusca: Gastropoda). Journal of Experimental Zoology, 276(5): 307-314.

Garzón-Tiznado J A, Acosta-García G, Torres-Pacheco I, et al. 2002. Presence of geminivirus, pepper huasteco virus (PHV), anal pepper virus-variant Tamaulipas (TPV-T), and Chino del tomate virus (CdTV) in the states of Guanajuato, Jalisco and San Luis Potosi, Mexico. Revista Mexicana de Fitopatologia, 20(1): 45-52.

Ge S S, He L M, Wie H E, et al. 2021. Laboratory-based flight performance of the fall armyworm, *Spodoptera frugiperda*. Journal of Integrative Agriculture, 20: 707-714.

Ge X, He S, Wang T, et al.2015.Potential distribution predicted for Rhynchophorus ferrugineus in China under different climate warming scenarios. PLoS One, 10: e0141111.

Ghosh J, Lun C M, Majeske A J, et al. 2011. Invertebrate immune diversity. Dev Comp Immunol, 35(9): 959-974.

Ghosh N, Saadeh C, Gaylor M, et al. 2006. Seasonal and diurnal variation in the aeroallergen concentration in the atmosphere of 810anal panhandle. Journal of Allergy & Clinical Immunology, 117(2): S78.

Ghosh N, Whiteside M, Saadeh C, et al. 2009. Shift in pollen season and aeroallergen index affected allergic rhinitis in 810anal panhandle. Journal of Allergy & Clinical Immunology, 123(2): S47.

Giblin-Davis R M, Faleiro J R, Jacas J A, et al.2013. Biology and management of the red palm weevil, *Rhynchophorus ferrugineus* //Potential Invasive Pests of Agricultural Crops Peña J E. ed. Wallingford UK: CAB International, 1-34.

Glasheen P M, Calvo C, Meerhoff M, et al. 2017. Survival, recovery, and reproduction of apple snails (*Pomacea* spp.) following exposure to drought conditions. Freshw Sci, 36(2): 316-324.

Goergen G, Kumar P L, Sankung S B, et al. 2016. First report of outbreaks of the fall armyworm *Spodoptera frugiperda*(Lepidoptera: Noctuidae), a new alien invasive pest in West and Central Africa. PLoS One, 11(10): e0165632.

Guarino S, Lo Bue P, Peri E, et al.2011. Responses of *Rhynchophorus ferrugineus* adults to selected synthetic palm esters: electroantennographic studies and trap catches in an urban environment. Pest Management Science, 67: 77-81.

Gui F, Wan F, Guo J. 2008. Population genetics of *Ageratina analicula* using inter-simple sequence repeat (ISSR) molecularmarkers in China. Plant Biosystems, 142(2): 255-263.

Gui F R, Lan T M, Zhao Y, et al. 2020. Genomic and transcriptomic analysis unveils population evolution and development of pesticide resistance in fall armyworm *Spodoptera frugiperda*. Protein & Cell, 13(7): 1-19.

Guillemaud T, Ciosi M, Lombaert E, et al. 2011. Biological invasions in agricultural settings: Insights from evolutionary biology and population genetics. Comptes Rendus Biologies, 334: 237-246.

Guo J Y, Fu J W, Xian X Q, et al.2012. Performance of *Agasicles hygrophila* (Coleoptera: Chrysomelidae), a biological control agent of invasive alligator weed, at low non-freezing temperatures. Biological Invasions, 14(8): 1597-1608.

Gusberti M, Klemm U, Meier M S, et al. 2015. Fire blight control: the struggle goes on. A comparison of different fire blight control methods in Switzerland with respect to biosafety, efficacy and durability. International Journal of Environmental Research and Public Health, 12: 11422-11447.

Gutiérrez-Moreno R, Mota-Sanchez D, Blanco C A, et al. 2019. Field-evolved resistance of the fall armyworm (Lepidoptera: Noctuidae) to synthetic insecticides in Puerto Rico and Mexico. Journal of Economic Entomology, 112(2): 792-802.

Hajjar M J, Ajlan A M, Al-Ahmad M H .2015.New approach of Beauveria bassiana to control the red palm weevil (Coleoptera: Curculionidae) by trapping technique. Journal of Economic Entomology, 108(2): 425-432.

Hassler M. 2021. Solanum rostratum Dunal in Synonymic Checklists of the Vascular Plants of the World. O. Bánki, Y. Roskov, L. Vandepitte, R. E. DeWalt, D. Remsen, P. Schalk, T. Orrell, M. Keping, J. Miller, R. Aalbu, R. Adlard, E. Adriaenssens, C. Aedo, E. Aescht, N. Akkari, M. A. Alonso-Zarazaga, B. Alvarez, F. Alvarez, G. Anderson, et al., Catalogue of Life Checklist. https://doi.org/10.48580/d4sw-3dd.

Hayase T, Fukuda H. 1991. Occurrence of the western flower thrips, *Frankliniella occidentalis* (Pergande), on cyclamen and its identification. Plant Protection, 45: 59-61.

He S Q, Lin Y, Qian L, et al. 2017. The influence of elevated CO_2 concentration on the fitness traits of *Frankliniella occidentalis* and *Frankliniella intonsa* (Thysanoptera: Thripidae). Environmental Entomology, 46: 722-728.

Hendrichs J, Robinson A S, Cayol J P, et al. 2005. Medfly areawide sterile insect technique programmes for prevention, suppression or eradication: the importance of mating behavior studies. Florida Entomologist, 85(1): 1-13.

Horton D R, Capinera J L. 1988. Effects of host availability on diapause and voltinism in a non-agricultural population of Colorado potato beetle (Coleoptera: Chrysomelidae). Journal of the Kansas Entomological Society, 61(1): 62-67.

Horvitz N, Wang R, Zhu M, et al. 2014. A simple modeling approach to elucidate the main transport processes and predict invasive spread: river-mediated invasion of *Ageratina analicula* in China. Water Resource Research, 50: 9738-9747.

Hou B, Xie Q, Zhang R. 2006. Depth of pupation and survival of the Oriental fruit fly, *Bactrocera dorsalis* (Diptera: Tephritidae) pupae at selected soil moistures. Applied Entomology and Zoology, 41: 515-520.

Hsu J C, Feng H T. 2002. Susceptibility of melon fly (*Bactrocera cucurbitae*) Oriental fruit fly (*B. dorsalis*) to insecticides in Taiwan. Plant Protection Bulletin, 44: 303-314.

Hsu J C, Feng H T. 2006. Development of resistance to analicu in Oriental fruit fly (Diptera: Tephritidae) in laboratory selection and cross-resistance. Journal of Economic Entomology, 99: 931-936.

Hsu J C, Feng H T, Wu W J. 2004. Resistance and synergistic effects of insecticides in *Bactrocera dorsalis* (Diptera: Tephritidae) in Taiwan. Journal of Economic Entomology, 97: 1682-1688.

Hsu J C, Feng H T, Wu W J, et al. 2012. Truncated transcripts of nicotinic acetylcholine subunit gene Bdα6 are associated with analicu resistance in *Bactrocera dorsalis*. Insect Biochemistry and Molecular Biology, 42: 806-815.

Huang C, Zhang X, He D, et al. 2021. Comparative genomics provide insights into function and evolution of odorant binding proteins in *Cydia pomonella*. Frontiers in Physiology, 12: 690185.

Huang F, Peng L, Zhang J, et al. 2018. Cadmium bioaccumulation and antioxidant enzymeactivity in hepatopancreas, kidney, and stomach of invasive apple snail *Pomacea analiculate*. Environ Sci Pollu R, 25(19): 18682-18692.

Huang H J, Ye W H, Wei X Y, et al. 2008. Allelopathic potential of sesquiterpene lactones and phenolic constituents from Mikania micrantha HBK. Biochemical Systematics and Ecology, 11: 867-871.

Huang H, Zhang L. 2007. A study of the population dynamics of *Spartina alterniflora* at Jiuduansha shoals, Shanghai, China. Ecol Eng, 29: 164-172.

Huang H M, Ren L, Li H J, et al. 2020. The nesting preference of an invasive ant is associated with the cues produced by actinobacteria in soil. PLoS Pathogens, 16(9): e1008800.

Huang Y S, Ao Y, Jiang M X. 2017. Reproductive plasticity of an invasive insect pest, rice water weevil (Coleoptera: Curculionidae). Journal of Economic Entomology, 110(6): 2381-2387.

Hufbauer R A, Torchin M E. 2007. Integrating Ecological and Evolutionary Theory of Biological Invasions. Heidelberg: Springer: 79-96.

Ielmini M R, Sankaran K V. 2021. Invasive alien species: A prodigious global threat in the anthropocene. In: T. Pullaiah, Michael R. Ielmini. Invasive Alien Species: Observations and Issues from Around the World. Hoboken: John Wiley & Sons, Ltd: 369-384.

Inderjit, Evans H, Crocoll C, et al. 2011. Volatile chemicals from leaf litter are associatedwith invasiveness of a Neotropical weed in Asia. Ecology, 92(2): 316-324.

Ituarte S, Brola T R, Dreon M S, et al. 2019. Non-digestible proteins and protease inhibitors: implications for defense of the colored eggs of the freshwater apple snail *Pomacea analiculate*. Canadian Journal of Zoology, 97(6): 558-566.

Jamil M, Ahmad S, Ran Y, et al. 2022. Argonaute1 and Gawky Are Required for the Development and Reproduction of Melon fly, *Zeugodacus cucurbitae*. Frontiers in Genetics, Doi: 10.3389/fgene.2022.880000.

Jang E B, Carvalho L A, Stark J D. 1997. Attraction of female oriental fruit fly, *Bactrocera dorsalis*, to volatile semiochemicals from leaves and extracts of a nonhost plant, *Panax* (Polyscias guilfoylei) in laboratory and olfactometer assays. Journal of Chemical Ecology, 23: 1389-1401.Ji Q E, Dong C Z, Chen J H. 2004. A new record species -*Opius anali* Silvestri (Hymenoptera: Braconidae) parasitzing on *Dacus dorsalis* (Hendel) in China. Entomotaxonomia, 26: 144-145.

Ji S X, Bi S Y, Wang X D, et al. 2022. First report on CRISPR/Cas9- based genome editing in the destructive invasive pest *Tuta absoluta* (Meyrick) (Lepidoptera: Gelechiidae). Frontiers in Genetics, 37(4): 575-586.

Jia S G, Zhang X W, Zhang G Y, et al.2013.Seasonally variable intestinal metagenomes of the red palm weevil (*Rhynchophorus ferrugineus*). Environmental Microbiology, 15(11): 3020-3029.

Jiang M X, Zhang W J, Cheng J A. 2004. Reproductive capacity of first-generation adults of the rice water weevil *Lissorhoptrus oryzophilus* Kuschel (Coleoptera: Curculionidae) in Zhejiang, China. Journal of Pest Science, 77(3): 145-150.

Jiang S, Zhang N Q, Wang S F, et al. 2014. Effects heat shock on life parameters of *Frankliniella occidentalis* (Thysanoptera: Thripidae) F1 offspring. Florida Entomologist, 97: 1157-1166.

Jing D P, Guo J F, Jiang Y Y, et al. 2020. Initial detections and spread of invasive *Spodoptera frugiperda* in China and comparisons with other noctuid larvae in cornfields using molecular techniques. Insect Science, 27(4): 780-790.

Johnson R, Crafton R E, Upton H F. 2017.Invasive species: major laws and the role of selected federal agencie. Congressional Research Service.

Ju D, Mota-Sanchez D, Fuentes-Contreras E, et al. 2021. Insecticide resistance in the *Cydia pomonella* (L): Global status, mechanisms, and research directions. Pesticide Biochemistry and Physiology, 178: 104925.

Ju R T, Ma D, Siemann E, et al. 2019. Invasive Spartina alterniflora exhibits increased resistance but decreased tolerance to a generalist insect in China. J Pest Sci , 92: 823-833.

Ju R T, Wang F, Wan F H, et al.2011. Effect of host plants on development and reproduction of *Rhynchophorus ferrugineus* (Olivier) (Coleoptera: Curculionidae). Journal of Pest Science, 84: 33-39.

Kanakala S, Ghanim M. 2019. Global genetic diversity and geographical distribution of *Bemisia tabaci* and its bacterial endosymbionts. PloS One, 14(3): e0213946.

Kang L, Chen B, Wei J N, et al. 2009. Roles of thermal adaptation and chemical ecology in *Liriomyza* distribution and control. Annual Review of Entomology, 54: 127-145.

Karpavičienė B, Radušienė J, Viltrakytė J. 2015. Distribution of two invasive goldenrod species *Solidago Canadensis* and *S. Gigantea* in analicul. Botanica Lithuanica, 21(2): 125-132.

Kartescz J T. 2014. The Biota of North America Program (BONAP), Taxonomic Data Center, ChapelHill, NC.

Kazinczi G, Beres I, Novak R, et al. 2009. Focusing again on common ragweed (*Ambrosia artemisiifolia* L.). Novenyvedelem, 45: 389-403.

Kim B N, Kim J H, Ahn J Y, et al. 2020. A short review of the pinewood nematode, *Bursaphelenchus xylophilus*. Toxicology and Environmental Health Sciences, 12(4): 297-304.

Kirk W D J, Terry L I. 2003. The spread of the Western flower thrips Frankliniella (Pergande). Agricultural and Forest Entomololy, 5: 301-310.

Koo D H, Molin W T, Saski C A, et al. 2018. Extrachromosomal circular DNA-based amplification and transmission of herbicide resistance in crop weed *Amaranthus palmeri*. Proc Natl Acad Sci USA, 115: 3332-3337.

Kornberg H, Williamson M H. 1987. Quantitative Aspects of the Ecology of Biological Invasions. London: London Royal Society.

Koyama J, Kakinohana H, Miyatake T. 2004. Eradication of the melon fly, *Bactrocera cucurbitae*, in Japan: importance of behavior, ecology, genetics, and evolution. Annual Reviews in Entomology, 49(1): 331-349.

Kumar P S, Dev U, Ellison C A, et al. 2016. Exotic rust fungus to manage the invasive mile-a-minute weed in India: Pre-release evaluation and status of establishment in the field. Indian Journal of Weed Science, 48(2): 206-214.

Kumar S, Sondhia S, Vishwakarma K. 2017. Herbicides effect on fish mortality and water quality in relation to chemical control of alligator weed. Indian Journal of Weed Science, 49(4): 396-400.

Küpper A, Borgato E A, Patterson E L, et al. 2017. Multiple resistance to glyphosate and acetolactate synthase inhibitors in Palmer amaranth (*Amaranthus palmeri*) identified in Brazil. Weed Science, 65: 317-326.

Lajmanovich R C, Attademo A M, Peltzer P M, et al. 2017. Acute toxicity of apple snail *Pomacea analiculate*'s eggs on Rhinella arenarum tadpoles. Toxin Reviews, 36(1): 45-51.

Latip S N H M, Clement M U. 2021. The effects of different water temperatures on survival and growth rate of juvenile invasive apple snail, *Pomacea analiculate* (Lamarck, 1822) under controlled environment. IOP Publishing, 685(1): 012021.

Launay A, Jolivet S, Clément G, et al. 2022. DspA/E-triggered non-host resistance against E. amylovora depends on the analiculat GLYCOLATE OXIDASE 2 gene. International Journal of Molecular Sciences, 23: 4224.

Leon R G, van der Laat R. 2021. Population and quantitative genetic analyses of life-history trait adaptations in *Amaranthus palmeri* S Watson. Weed Research, 61: 342-349.

Li B, Liao C H, Zhang X D, et al. 2009. Spartina alterniflora invasions in the Yangtze River estuary, China: an overview of current status and ecosystem effects. Ecol Eng, 35: 511-520.

Li H, Shao J, Qiu S, et al. 2013. Native phragmites dieback reduced its dominance in the salt marshes invaded by exotic *Spartina* in the Yangtze River estuary, China. Ecol Eng, 57: 236-241.

Li H, Zhang X, Zheng R, et al. 2014. Indirect effects of non-native *Spartina alterniflora* and its fungal pathogen (Fusarium palustre) on native saltmarsh plants in China. J Ecol, 102(5): 1112-1119.

Li H B, Shi L, Lu M X, et al. 2011. Thermal tolerance of Frankliniella occidentalis: effects of temperature, exposure time, and gender. Journal of Thermal Biology, 36: 437-442.

Li L, Qin W Q, Ma Z L, et al. 2010. Effect of temperature on the population growth of *Rhynchophorus ferrugineus* (Coleoptera: Curculionidae) on Sugarcane. Environmental Entomology, 39(3): 999-1003.

Li L H, Lv S, Lu Y, et al. 2019. Spatial structure of the microbiome in the gut of *Pomacea analiculate*. BMC Microbiology, 19(1): 273.

Li M G, Zhang W Y, Liao W B, et al. 2000. The history and status of the study on *Mikania micrantha*. Ecologic Science, 19(3): 40-45.

Li N, Li L, Zhang Y, et al. 2020a. Monitoring of the invasion of *Spartina alterniflora* from 1985 to 2015 in Zhejiang Province, China. BMC Ecol, 20(1): 1-12.

Li W J, Wei D, Han H L, et al. 2021a. Lnc94638 is a testis-specific long non-coding RNA involved in spermatozoa formation in *Zeugodacus cucurbitae* (Coquillett). Insect Molecular Biology, 30(6): 605-614.

Li X J, Wu M F, Ma J, et al. 2020b. Prediction of migratory routes of the invasive fall armyworm in eastern China using a trajectory analytical approach. Pest Management Science, 76: 454-463.

Li X W, Liu Q, Liu H H, et al. 2020c. Mutation of doublesex in *Hyphantria cunea* results in sex-specific sterility. Pest Management Science, 76(5): 1673-1682.

Li X Y, Wan Y R, Yuan G D, et al. 2017. Fitness trade-off associated with analicu resistance in *Frankliniella occidentalis*

(Thysanoptera: Thripidae). Journal of Economic Entomology, 110: 1755-1763.

Li Y, Yu H, Araujo J P M, et al. 2021b. *Esteya floridanum* sp. nov: An ophiostomatalean nematophagous fungus and its potential to control the pine wood nematode. Phytopathology, 111(2): 304-311.

Li Y P, Goto M, Ito S, et al. 2001. Physiology of diapause and cold hardiness in the overwintering pupae of the fall webworm *Hyphantria cunea* (Lepidoptera: Arctiidae) in Japan. Journal of Insect Physiology, 47(10): 1181-1187.

Liao F, Wang L, Wu S, et al. 2010. The complete mitochondrial genome of the fall webworm, *Hyphantria cunea* (Lepidoptera: Arctiidae). International Journal of Biological Sciences, 6(2): 172-186.

Lin Y, Xiao Q, Hao Q, et al. 2021. Genome-wide identification and functional analysis of the glutathione S-transferase (GST) family in *Pomacea analiculate*. Int J Biol Macromol, 193: 2062-2069.

Lin Y Y, Jin T, Zeng L, et al. 2012. Cuticular penetration of β-cypermethrin in insecticide-susceptible and resistant strains of *Bactrocera dorsalis*. Pesticide Biochemistry and Physiology, 103: 189-193.

Liu B, Yan J, Li W H, et al. 2020c. *Mikania micrantha* genome provides insights into the molecular mechanism of rapid growth. Nat Commun, 11: 340.

Liu C, Ren Y, Li Z, et al. 2021a. Giant analic snail genomes provide insights into molluscan whole-genome duplication and aquatic–terrestrial transition. Mol Ecol Resour, 21(2): 478-494.

Liu C, Zhang Y, Ren Y, et al. 2018a. The genome of the golden apple snail *Pomacea analiculate* provides insight into stress tolerance and invasive adaptation. Gigascience, 7(9): giy101.

Liu F H, Wickham J D, Cao Q J, et al. 2020g. An invasive beetle-fungus complex is maintained by fungal nutritional-compensation by bacterial volatiles. The ISME Journal, 14: 2829-2842.

Liu J, He Y J, Tan J C, et al. 2012. Characteristics of *Pomacea analiculate* reproduction under natural conditions. Yingyong Shengtai Xuebao, 23(2): 559-565.

Liu J, Sun Z, Wang Z, et al. 2020d. A comparative transcriptomics approach to analyzing the differences in cold resistance in *Pomacea analiculate* between Guangdong and Hunan. J Immunol Res, 8025140.

Liu J H, Gao L, Liu T G, et al. 2009. Development of a sequence-characterized amplified region marker for diagnosis of dwarf bunt of wheat and detection of *Tilletia controversa* Kühn. Letters Appl Microbiol, 49: 235-240.

Liu M, Mao D, Wan Z, et al. 2018b. Rapid invasion of Spartina alterniflora in the coastal zone of mainland China: new observations from Landsat OLI images. Remote Sens, 10: 1933.

Liu Q X, Su Z P, Liu H H, et al.2022a.Current understanding and perspectives on the potential mechanisms of immune priming in beetles. Developmental and Comparative Immunology, 127: e104305.

Liu S S, De Barro P, Xu J, et al. 2007. Asymmetric mating interactions drive widespread invasion and displacement in a whitefly. Science, 318(5857): 1769-1772.

Liu W, Chen X, Strong D R, et al. 2020a. Climate and geographic adaptation drive latitudinal clines in biomass of a widespread saltmarsh plant in its native and introduced ranges. Limnol Oceanogr, 226: 623-634.

Liu W, Maung-Douglass K, Strong D R, et al. 2016. Geographical variation in vegetative growth and sexual reproduction of the invasive *Spartina alterniflora* in China. J Ecol, 104: 173-181.

Liu W, Zhang Y, Chen X, et al. 2020b. Contrasting plant adaptation strategies to latitude in the native and invasive range of *Spartina alterniflora*. New Phytol, 226: 623-634.

Liu X, Lin X, Li J, et al. 2020e. A novel solid artificial diet for *Zeugodacus cucurbitae* larvae with fitness parameters assessed by two-sex life table. Journal of Insect Science, 20(4): 21.

Liu Y, He L, Hilt S, et al. 2021b. Shallow lakes at risk: Nutrient enrichment enhances top-down control of macrophytes by invasive herbivorous snails. Freshwater Biol, 66(3): 436-446.

Liu Y H, Xu C, Li Q L, et al. 2020f. Interference competition for mutualism between ant species mediates ant-mealybug associations. Insects, 11: 91.

Liu Y S, Huang S A, Lin I L, et al.2021c. Establishment and social impacts of the red imported fire ant, solenopsis invicta

(Hymenoptera: Formicidae) in Taiwan. International Journal of Environmental Research and Public Health, 18(10): 5055.

Liu Z D, Mi G B, Raffa K F, et al. 2020h. Physical contact, volatiles, and acoustic signals contribute to monogamy in an invasive aggregating bark beetle. Insect Science, 27: 1285-1297.

Liu Z D, Wang B, Xu B B, et al. 2011. Monoterpene variation mediated attack preference evolution of the bark beetle Dendroctonus valens. PLoS One, 6: e22005.

Liu Z D, Wichham J D, Sun J H. 2021d. Fighting and aggressive sound determines larger male to win male-male competition in a bark beetle. Insect Science, 28: 203-214.

Liu Z D, Xin Y C, Xu B B, et al. 2017a. Sound-triggered production of anti-aggregation pheromone limits overcrowding of *Dendroctonus valens* attacking pine trees. Chemical Senses , 42: 59- 67.

Liu Z D, Xing L S, Huang W L, et al. 2022b. Chromosome-level genome assembly and population genomic analyses provide insights into adaptive evolution of the Red Turpentine beetle, *Dendroctonus valens*. BMC Biology, 20: 190.

Liu Z D, Xu B B, Guo Y Q, et al. 2017b. Gallery and acoustic traits related to female body size mediate male mate choice. Animal Behaviour, 125: 41-50.

Liu Z D, Xu B B, Miao Z W, et al. 2013. The pheromone frontalin and its dual function in the invasive bark beetle *Dendroctonus valens*. Chemical Senses, 38: 485-495.

Liu Z D, Xu B B, Sun J H. 2014. Instar numbers, development, flight period, and fecundity of the invasive bark beetle *Dendroctonus valens* in China. Annals of the Entomological Society of America, 107: 152-157.

Liu Z D, Zhang L W, Shi Z H, et al. 2008. Colonization patterns of the Red Turpentine beetle, *Dendroctonus valens* (Coleoptera: Curculionidae, Scolytinae), in the Luliang Mountains, China. Insect Science, 15: 349-354.

Liu Z D, Zhang L W, Sun J H. 2006.Attacking behavior and behavioral responses to dust volatiles from holes bored by the Red Turpentine beetle, *Dendroctonus valens* (Coleoptera: Scolytidae). Environmental Entomology, 35: 1030-1036.

Lowe S, Browne M, Boudjelas S, et al. 2000. 100 of the world's worst invasive alien species: a selection from the global invasive species database (Vol. 12). Auckland: Invasive Species Specialist Group.

Lu F, Zhang W J, Jiang M X, et al. 2013. Southern cutgrass, *Leersia hexandra* Swartz, allows rice water weevils to avoid summer diapause. Southwestern Entomologist, 38(2): 153-162.

Lu M, Hulcr J, Sun J H. 2016. The role of symbiotic microbes in insect invasions. Annual Review of Ecology Evolution and Systematic, 47: 487-505.

Lu M, Wingfield M J, Gillette N E, et al. 2010. Complex interactions among host pines and fungi vectored by an invasive bark beetle. New Phytologist, 187: 859-866.

Lu M, Zhou X D, Wilhelm de Beer Z, et al. 2009. Ophiostomatoid fungi associated with the invasive pine-infesting bark beetle, *Dendroctonus valens* in China. Fungal Diversity, 38: 133-145.

Luo Y, Zhao S, Li J, et al. 2017. Isolation and molecular characterization of the transformer gene from *Bactrocera cucurbitae* (Diptera: Tephritidae). Journal of Insect Science, 17(2): 64.

Lux SA, Copeland R, White IM, Manrakhan A, Billah M. 2003. A new invasive fruit fly species from *Bactrocera dorsalis* group detected in East Africa. Insect Science and its Application, 23, 355-361.

Lv S, Zhang Y, Steinmann P, et al. 2017. The genetic variation of *Angiostrongylus cantonensis* in the People's Republic of China. Infect Dis Poverty, 6(1): 1-11.

Ma J, Wang Y P, Wu M F, et al. 2019. High risk of the fall armyworm invading into Japan and the Korean Peninsula via overseas migration. Journal of Applied Entomology, 143: 911-920.

Ma Q, Li J Y, Wu X M, et al. 2020. New Germacrane-sesquiterpenoids from the leaves of *Mikania micrantha* Kunth. Phytochemistry Letters, 40: 49-52.

Ma Z, Gan X, Choi C Y, et al. 2014. Effects of invasive cordgrass on presence of marsh grassbird in an area where it is not native. Conserv Biol, 28: 150-158.

Ma Ziyue, Zhang H, Ding M, et al. 2021. Molecular characterization and pathogenicity of an infectious cDNA clone of tomato brown rugose fruit virus. Phytopathology Research, 3: 14.

Mamiya Y. 1983. Pathology of the pine wilt disease caused by *Bursaphelenchus xylophilus*. Annual review of Phytopathology, 21(1): 201-220.

Mandujano-Tinoco E A, Sultan E, Ottolenghi A, et al. 2021. Evolution of cellular immunity effector cells: perspective on cytotoxic and phagocytic cellular lineages. Cells, 10(8): 1853.

Martinez M A, Miranda R, Uvalle S, et al. 2000. Monitoring a pronghorn (Antilocapra Americana Mexicana) population reintroduced to the North-East of Mexico. Tropenlandwirt, 101(2): 141-151.

Massinga R A, Currie R S, Horak M J, et al. 2001. Interference of palmer amaranth in corn. Weed Science, 49(2): 202-208.

Mazza G, Tricarico E, Genovesi P, et al. 2014. Biological invaders are threats to human health: an overview. Ethol Ecol Evol, 26(2-3): 112-129.

Mead A R, Baily J L, Jr. 1961. The giant African snail: a problem in economic malacology. In: Albert R M. The Quarterly Review of Biology. Chicago: The University of Chicago Press: 270-272.

Meagher R L, Agboka, K, Tounou A K, et al. 2019. Comparison of pheromone trap design and lures for *Spodoptera frugiperda* in Togo and genetic characterization of moths caught. Entomologia Experimentalis et Applicata, 167: 507-551.

Meng J, Wickham J D, Ren W L, et al. 2020a. Species displacement facilitated by ascarosides between two sympatric sibling species: a native and invasive nematode. Journal of Pest Science, 93(3): 1059-1071.

Meng W, Feagin R A, Innocenti R A, et al. 2020b. Invasion and ecological effects of exotic smooth cordgrass *Spartina alterniflora* in China. Ecol Eng, 143: 105670.

Meng X, Bonasera J M, Kim J F, et al. 2006. Apple proteins that interact with DspA/E, a pathogenicity effector of *Erwinia amylovora*, the fire blight pathogen. Molecular Plant-Microbe Interactions, 19(1): 53-61.

Mesgaran M B, Matzrafi M, Ohadi S. 2021. Sex dimorphism in dioecious *Palmer amaranth*(*Amaranthus palmeri*) in response to water stress. Planta, 254(1): 17.

Milutinovic B, Kurtz J. 2016. Immune memory in invertebrates. Semin Immunol, 28(4): 328-342.

Molin W T, Wright A A, VanGessel M J, et al. 2018. Survey of the genomic landscape surrounding the EPSPS gene in glyphosate resistant *Amaranthus palmeri* from geographically distant populations in the United States. Pest Manag Sci, 74: 1109-1117.

Momana J, Shakil A, Ran Y Q, et al. 2022. Argonaute1 and gawky are required for the development and reproduction of melon fly, zeugodacus cucurbitae. Frontiers in Genetics, 13: 880000.

Montagna M, Chouaia B, Mazza G, et al.2015.Effects of the diet on the microbiota of thered palm weevil (Coleoptera: Dryophthoridae). PLoS One, 10(1): e0117439.

Montanari A, Bergamini G, Ferrari A, et al. 2020. The immune response of the invasive golden apple snail to a nematode-based molluscicide involves different organs. Biology, 9(11): 371.

Montezano D G, Specht A, Sosa-Gómez D R, et al. 2018. Host plants of *Spodoptera frugiperda* (Lepidoptera: Noctuidae) in the Americas. African Entomology, 26(2): 286-300.

Morichetti S, Cantero J J, Nunez C, et al. 2013. Sobre la presencia de *Amaranthus palmeri* (Amaranthaceae) en Argentina. Boletin de la Sociedad Argentina de Botanica, 48(2): 347-354.

Moritz G. 1997. Structure, growth and development: trips as crop pests. New York, NY: CAB International: 15-63.

Morse J G, Hoddle M S. 2006. Invasion biology of thrips. Annual Review of Entomology, 51: 67-89.

Moyer J W. 1999. Tospoviruses (Bunyaviridae). In: Granoff A, Webster R G. Encyclopedia of Virology. San Diego, CA: Academic: 1803-1807.

Muhammad A, Habineza P, Ji T L, et al.2019. Intestinal microbiota confer protection by priming the immune system of red palm weevil *Rhynchophorus ferrugineus* Olivier (Coleoptera: Dryophthoridae). Frontiers in Physiology, 10: e1303.

Murphy S T, Ellison C A, Sankaran K V. 2000. The development of a biocontrol strategy for the management of the alien perennial weed, *Mikania micrantha* H B K (Asteraceae) in tree crop based farming systems in India. In: Final Technical Report for DFID Project. No. R6735. CABI Bioscience Unpublished Report, 78.

Myers R. 1986, Cambium destruction in conifers caused by pinewood nematodes. Journal of Nematology, 18(3): 398.

Nakahara S, Kobashigawa Y, Muraji M. 2008. Genetic variations among and within populations of the Oriental fruit fly, *Bactrocera dorsalis* (Diptera; Tephritidae), detected by PCR-RFLP of the mitochondrial control region. Applied Entomology and Zoology, 23: 457-465.

Nantarat N, Tragoolpua Y, Gunama P. 2019. Antibacterial activity of the mucus extract from the giant african snail (*Lissachatina fulica*) and golden apple snail (*Pomacea canaliculata*) against pathogenic bacteria causing skin diseases. Trop Nat Hist, 19(2): 103-112.

Ning J, Zhou J, Wang H X, et al. 2022. Parallel evolution of C-Type lectin domain gene family sizes in Insect-Vectored nematodes. Frontiers in Plant Science, 13: 856826.

Niu H, Zhao L, Lu M, et al.2012. The ratio and concentration of two monoterpenes mediate fecundity of the pinewood nematode and growth of its associated fungi. PLoS One, 7(2): e31716.

Niu H, Zhao L, Sun J, 2013. Phenotypic plasticity of reproductive traits in response to food availability in invasive and native species of nematode. Biological Invasions, 15(7): 1407-1415.

Obara K, Otsuka-Fuchino H, Sattayasai N, et al. 1992. Molecular cloning of the antibacterial protein of the giant african snail, *Achatina fulica* ferussac. Euro J Biochem, 209(1): 1-6.

Odani K, Sasaki S, Nishiyama Y, et al. 1985. Early symptom development of the pine wilt disease by hydrolytic enzymes produced by the pine wood nematodes—cellulase as a possible candidate of the pathogen. The Journal of the Japanese Forestry Society, 67(9): 366-372.

Oku H, Shiraishi T, Ouchi S, et al. 1980. Pine wilt toxin, the metabolite of a bacterium associated with a nematode. Naturwissenschaften, 67(4): 198-199.

Olson J F, Eaton M, Kells S A, et al.2013. Cold tolerance of bed bugs and practical recommendations for control. Journal of Economic Entomology, 106: 2433-2441.

Ordax M, Marco-Noales E, López M M, et al. 2010. Exopolysaccharides favor the survival of *Erwinia amylovora* under copper stress through different strategies. Research in Microbiology, 161(7): 549-555.

Owen D R, Wood D L, Parmeter J R. 2012. Association between dendroctonus valens and black stain root disease on ponderosa pine in the Sierra Nevada of California. Canadian Entomologist, 137: 367-375.

Paini D R, Sheppard A W, Cook D C, et al. 2016. Global threat to agriculture from invasive species. Proceedings of the National Academy of Sciences of the United States of America, 113(27): 7575-7579.

Pan Y, Zhang X X, Wang Z, et al. 2002. Identification and analysis of chemosensory genes encoding odorant-binding proteins, chemosensory proteins and sensory neuron membrane proteins in the antennae of *Lissorhoptrus oryzophilus*. Bulletin of Entomological Research, 112: 287-297.

Panda F, Pati S G, Bal A, et al. 2021. Control of invasive apple snails and their use as pollutant ecotoxic indicators: a review. Environmental Chem Lett, 19(6): 4627-4653.

Parmakelis A, Slotman M A, Marshall J C, et al.2008. The molecular evolution of four antimalarial immune genes in the *Anopheles gambiae* species complex. BMC Evolutionary Biology, 8: 68-79.

Parrella M P. 1987. Biology of Liriomyza. Annual Review of Entomology, 32: 201-224.

Pasquevich M Y, Heras H. 2020. Apple snail egg perivitellin coloration, as a taxonomic character for invasive *Pomacea maculata* and *P. canaliculata*, determined by a simple method. Biological Invasions, 22(7): 2299-2307.

Peng L, Miao Y X, Hou Y M. 2016. Demographic comparison and population projection of *Rhynchophorus ferrugineus*(Coleoptera: Curculionidae) reared on sugarcane at different temperatures. Scientific Reports, 6: 31659.

Phewphong S, Roschat W, Pholsupho P, et al. 2022. Biodiesel production process catalyzed by acid-treated golden apple snail shells (*Pomacea canaliculata*)-derived CaO as a high-performance and green catalyst. Eng Appl Sci Res, 49(1): 36-46.

Piqué N, Miñana-Galbis D, Merino S, et al. 2015. Virulence factors of *Erwinia amylovora*: a review. International Journal of Molecular Sciences, 16(5): 12836-12854.

Poudel M, Adhikari P, Thapa K. 2019. Biology and control methods of the alien invasive Weed *Mikania micrantha*: a review.

Environmental Contaminants Reviews, 2: 6-12.

Pradhan A, Kumar S.2019. Aquatic weeds management through chemical and manual integration to reduce cost by manual removal alone and its effect on water quality. Indian Journal of Weed Science, 51(2): 183-187.

Pu Y C, Hou Y M. 2016. Isolation and identification of bacterial strains with insecticidal activities from *Rhynchophorus ferrugineus* Oliver (Coleoptera: Curculionidae). Journal of Applied Entomology, 140(8): 617-626.

Puzari K C, Bhuyan R P, Dutta P, et al. 2010. Distribution of Mikania and its economic impact on tea ecosystem of Assam. Indian Journal of Forestry, 33(1): 71-76.

Qian L, He S Q, Liu J Y, et al. 2015. Comparative development and reproduction of *Frankliniella occidentalis* and *F. intonsa* (Thysanoptera: Thripidae) under elevated CO_2 concentration. Journal of Environmental Entomology, 37: 701-709.

Qiao H, Liu W, Zhang Y, et al. 2019. Genetic admixture accelerates invasion via provisioning rapid adaptive evolution. Mol Ecol, 28: 4012-4027.

Qin W Q, Li C X, Huang S C.2009.Risk analysis of *Rynchophorus ferrugineus* Olivier (Coleoptera: Curculionidae) in China. Acta Agriculturae Jiangxi, 21(9): 79-82.

Qin Y J, Paini D R, Wang C, et al.2015. Global establishment risk of economically important fruit fly species (Tephritidae). PLoS One, 10(1): e0116424.

Qin Z, Yang M, Zhang J E, et al. 2020. Effects of salinity on survival, growth and reproduction of the invasive aquatic snail *Pomacea canaliculata* (Gastropoda: Ampullariidae). Hydrobiologia, 847(14): 3103-3114.

Qiu J. 2013. China battles army of invaders. Nature, 503: 450-451.

Qiu S, Xu X, Liu S, et al. 2018. Latitudinal pattern of flowering synchrony in an invasive wind-pollinated plant. P Roy Soc B-Biol Sci, 285: 20181072.

Rappaport N G, Owen D R, Stein J D. 2001. Interruption of semiochemical-mediated attraction of *Dendroctonus valens* (Coleoptera: Scolytidae) and selected nontarget insects by verbenone. Environmental Entomology, 30: 837-841.

Reitz S R. 2009. Biology and ecology of the western flower thrips (Thysanoptera: Thripidae): the making of a pest. Florida Entomologist, 92: 7-13.

Reitz S R, Funderburk J. 2012. Management strategies for western flower thrips and the role of insecticides// Perveen F. Insecticides-Pest Engineering. Rijeka: In Tech: 355-384.

Reitz S R, Gao Y, Lei Z. 2013. Insecticide use and the ecology of invasive Liriomyza leafminer management//Trdan S. Insecticides – development of safer and more effective technologies. Rijeka: InTech: 233-253.

Riley D G, Joseph S V, Srinivasan R, et al. 2011. Thrips vectors of tospoviruses. Journal of Integrative Pest Management, 1: 1-10.

Rodriguez C, Prieto G I, Vega I A, et al. 2018. Assessment of the kidney and lung as immune barriers and hematopoietic sites in the invasive apple snail *Pomacea canaliculata*. Peer J, 6: e5789.

Rodriguez C, Simon V, Conget P, et al. 2020. Both quiescent and proliferating cells circulate in the blood of the invasive apple snail *Pomacea canaliculata*. Fish Shellfish Immun, 107: 95-103.

Rotenberg D, Jacobson A L, Schneweis D J, et al. 2015. Thrips transmission of tospoviruses. Current Opinion in Virology, 15: 80-89.

Roth O, Joop G, Eggert H, et al.2010. Paternally derived immune priming for offspring in the red flour beetle, *Tribolium castaneum*. Journal of Animal Ecology, 79: 403-413

Roth O, Sadd B M, Schmid-Hempel P, et al.2009.Strain-specific priming of resistance in the red flour beetle, *Tribolium castaneum*. Proceedings of the Royal Society of London Series B, 276: 145-151.

Rudzińska-Langwald A. 1990. Cytological changes in phloem parenchyma cells of *Solanum rostratum* (Dunal.) related to the replication of potato virus M (PVM). Acta Societatis Botanicorum Poloniae, 59(1-4): 45-53.

Rugman-Jones P F, Hoddle C D, Hoddle M S, et al. 2013.The lesser of two weevils: molecular-genetics of pest palm weevil populations confirm *Rhynchophorus vulneratus* (Panzer 1798) as a valid species distinct from *R. ferrugineus* (Olivier 1790), and reveal the global extent of both. PLoS One, 8: e78379.

Ryan M J, Ellison C A.2003. Development of a cryopreservation protocol for the microcyclic rust fungus *Puccinia spegazzinii*. Cryo letters, 24: 43-48.

Sakai A K, Allendorf F W, Holt J S, et al. 2001. The population biology of invasive species. Annu Rev Ecol Syst, 32(1): 305-332.

Sauer J D. 1957. Recent migration and evolution of the dioecious amaranthus. Evolution, 11: 11-31.

Schowalter T D, Ring D R. 2017. Biology and management of the fall webworm, *Hyphantria cunea* (Lepidoptera: Erebidae). Journal of Integrated Pest Management, 8(1): 1-6.

Schrader L, Schmitz J. 2019. The impact of transposable elements in adaptive evolution. Molecular Ecology, 28(6): 1537-1549.

Seebens H, Blackburn T M, Dyer E E, et al., 2017. No saturation in the accumulation of alien species worldwide. Nature Communications, 8: 14435.

Shao H, Peng S L, Wei X Y, et al. 2005. Potential allelochemicals from an invasive weed *Mikania micrantha* HBK. Journal of Chemical Ecology, 31: 1657-1668.

Shen S, Xu G, Li D, et al. 2019. Ipomoea batatas (sweet potato), a promising replacement control crop for the invasive alienplant *Ageratina adenophora* (Asteraceae) in China.Management of Biological Invasions, 10: 559-572.

Shen S, Xu G, Li D, et al. 2021. Potential use of Helianthus tuberosus to suppress the invasive alien plant *Ageratina adenophora* under different shade levels. BMC Ecology and Evolution, 21: 85.

Shen X, Wang Z, Liu L, et al. 2018. Molluscicidal activity of Solidago canadensis L. extracts on the snail *Pomacea canaliculata* Lam. Pestic Biochem Phys, 149: 104-112.

Shi W, Kerdelhué C, Ye H. 2012. Genetic structure and inferences on potential source areas for *Bactrocera dorsalis* (Hendel) based on mitochondrial and microsatellite markers. PLoS One, 7: e37083.

Shi Z H, Lin Y T, Hou Y M. 2014. Mother-derived trans-generational immune priming in the red palm weevil, *Rhynchophorus ferrugineus* Olivier (Coleoptera, Dryophthoridae). Bulletin of Entomological Research, 104: 742-750.

Shi Z H, Sun J H. 2010. Immunocompetence of the Red Turpentine beetle, *Dendroctonus valens* LeConte (Coleoptera: Curculionidae?Scolytinae): Variation between developmental stages and sexes in populations in China. Journal of Insect Physiology, 56: 1696-1701.

Shigesada N, Kawasaki K. 1997. Biological Invasions: Theory and Practice. Oxford: Oxford University Press.

Shimono A, Kanbe H, Nakamura S, et al. 2020. Initial invasion of glyphosate-resistant *Amaranthus palmeri* around grain-import ports in Japan. Plants People Planet , 2: 640-648.

Shtienberg D, Manulis-Sasson S, Zilberstaine M, et al. 2015. The incessant battle against fire blight in pears: 30 years of challenges and successes in managing the disease in Israel. Plant Disease, 99(8): 1048-1058.

Siddiqui S A, Rahman A, Rahman M O, et al. 2019. A novel triterpenoid 16-hydroxy betulinic acid isolated from *Mikania cordata* attributes multi-faced pharmacological activities. Saudi Journal of Biological Science, 26: 554-562.

Siderhurst M S, Jang E B. 2006. Female-biased attraction of Oriental fruit fly, *Bactrocera dorsalis* (Hendel), to a blend of host fruit volatiles from *Terminalia catappa* L. Journal of Chemical Ecology, 32: 2513-2524.

Smith R H. 1971. Red Turpentine Beetle. U S Department of Agriculture Forest Pest Leaflet, 55: 8.

Soares M A, Campos M R. 2020. *Phthorimaea absoluta* (tomato leafminer). CABI Compendium. Datasheet: 2020-11-30, https://doi.org/10.1079/cabicompendium.49260.

Spencer K A. 1973. Agromyzidae (Diptera) of economic importance. Series Entomologica 9. New York: Springer Dordrecht: 1-10.

Stephens A E A, Kriticos D J, Leriche A. 2007. The current and future potential geographical distribution of the oriental fruit fly, *Bactrocera dorsalis* (Diptera: Tephritidae). Bulletin of Entomological Research, 97: 369-378.

Styles B T. 1993. Genus Pinus. In: Ramammorthy T P, Bye R, Lot A , et al. Biological Diversity of Mexico: Origin and Distribution. New York: Oxford University Press: 397-420.

Sullivan G T, Ozman-Sullivan S K. 2012. Tachinid (Diptera) parasitoids of *Hyphantria cunea* (Lepidoptera: Arctiidae) in its native North America and in Europe and Asia - a literature review. Entomologica Fennica, 23(4): 181-192.

Sun F, Ou Q J, Yu H X, et al. 2019. The invasive plant *Mikania micrantha* affects the soil foodweb and plant-soil nutrient contents in orchards. Soil Biology and Biochemistry, 139: 107630.

Sun J H, Miao Z W, Zhang Z, et al. 2004. Red Turpentine beetle, *Dendroctonus valens* LeConte (Coleoptera: Scolytidae), response to host semiochemicals in China. Environmental Entomology, 33: 206-212.

Sun J W, Dai P, Xu W, et al. 2020a. Parasitism and suitability of *Spodoptera frugiperda* (Smith) eggs for four local *Trichogramma* species of northeastern China. Journal of Environmental Entomology, 42: 36-41.

Sun K K, Yu W S, Jiang J J, et al. 2020b. Mismatches between the resources for adult herbivores and their offspring suggest invasive *Spartina alterniflora* is an ecological trap. J Ecol, 108: 719-732.

Sun W W, Yan X M, Shi Q, et al. 2020c. Downregulated RPS-30 in *Angiostrongylus cantonensis* L5 plays a defensive role against damage due to oxidative stress. Parasites Vectors, 13(1): 1-12.

Szymura M, Szymura T H, Kreitschitz A. 2015. Morphological and cytological diversity of goldenrods (*Solidago* L. and *Euthamia* Nutt.) from south-western Poland. Biodiversity Research and Conservation, 38(1): 41-49.

Tang L D, Lu Y Y, Zhao H Y. 2015. Suitability of *Bactrocera dorsalis* (Diptera: Tephritidae) pupae for *Spalangia endius* (Hymenoptera: Pteromalidae). Environmental Entomology, 44: 689694.

Tang X G, Yuan Y D, Liu X F, et al. 2021. Potential range expansion and niche shift of the invasive *Hyphantria cunea* between native and invasive countries. Ecological Entomology, 46(4): 910-925.

Teoh C H, Chung C F, Liau S S, et al. 1985. Prospects for biological control of *Mikania micrantha* HBK in Malaysia. Planter, 61: 515-530.

Trauer U, Hilker M. 2013. Parental legacy in insects: variation of transgenerational immune priming during offspring development. PLoS One, 8: e63392.

Tu W Q, Xiong Q L, Qiu X P, et al. 2021. Dynamics of invasive alien plant species in China under climate change scenarios. Ecological Indicators, 129(1): 107919.

Tunc İ, Göçmen H. 1994. New greenhouse pests, polyphagotarsonemus latus and *Frankliniella occidentalis*, in Turkey. FAO Plant Protection Bulletin, 42: 218-220. Virology. London, UK: Academic.

Urbański A, Czarniewska E, Baraniak E, et al. 2014. Developmental changes in cellular and humoral responses of the burying beetle *Nicrophorus vespilloides* (Coleoptera, Silphidae). Journal of Insect Physiology, 60: 98-103.

USDA-NRCS. The PLANTS Database. National Plant Data Center, 2014. http: //plants.usda.gov/

Vacas S, Primo J, Navarro-Llopis V .2013. Advances in the use of trapping systems for *Rhynchophorus ferrugineus* (Coleoptera: Curculionidae): traps and attractants. Journal of Economic Entomology, 106: 1739-1746.

Vargas R I, Leblanc L, Putoa R, et al. 2007. Impact of introduction of *Bactrocera dorsalis* (Diptera: Tephritidae) and classical biological control releases of *Fopius arisanus* (Hymenoptera: Braconidae) on economically important fruit flies in French Polynesia. Journal of Economic Entomology, 100: 670-679.

Vargas R I, Leblanc L, Harris E J, et al. 2012. Regional suppression of *Bactrocera* fruit flies (Diptera: Tephritidae) in the pacific through biological control and prospects for future introductions into other areas of the world. Insects, 3(3): 727-742.

Vayssières J F, Korie S, Coulibaly O, et al. 2008. The mango tree in central and northern Benin: Cultivar inventory, yield assessment, infested stages and loss due to fruit flies (Diptera: Tephritidae). Fruits, 63: 335-348.

Venthur H, Zhou J J. 2018. Odorant receptors and odorant-binding proteins as insect pest control targets: a comparative analysis. Frontiers In Physiology, 9: 1163.

Vitousek P M, D'Antonio C M, Loope L L, et al. 1996. Biological invasions as global environmental change. American Scientist, 84 (5): 468-478.

Wan F, Liu W, Guo J, et al. 2010. Invasive mechanism and control strategy of *Ageratina adenophora* (Sprengel). Science China-Life Sciences, 53(11): 1291-1298.

Wan F, Wang R, Ding J. 1995.Biological control of *Ambrosia artemisiifolia* with introduced insect agents, Zygogrammasuturalis and Epiblemastrenuana, in China In: Delfosse E S, Scott R R. Proceedings of the Eighth International Symposium on Biological Control of Weeds. Melbourne: DSIR/CSIRO: 193-200.

Wan F H, Guo J Y, Zhang F. 2009. Research on biological invasions in China. Beijing: Science Press: 118-131.

Wan F H, Hou Y M, Jiang M X .2015.Invasion Biology. Beijing: Science Press: 240-244.

Wan F H, Jiang M X, Zhang A B. 2017. Biological invasions and its management in China. Switzerland: Springer Nature: 3-20.

Wan F H, Yang N W. 2016. Invasion and management of agricultural alien insects in China. Annual Review of Entomology, 61: 77-98.

Wan F H, Yin C L, Tang R, et al. 2019. A chromosome-level genome assembly of *Cydia pomonella* provides insights into chemical ecology and insecticide resistance. Nature Communications, 10: 4237.

Wan J, Huang C, Li C, et al. 2021. Biology, invasion and management of the agricultural invader: Fall armyworm, *Spodoptera frugiperda* (Lepidoptera: Noctuidae) . Journal of Integrative Agriculture, 20(3): 646-663.

Wan X, Nardi F, Zhang B, Liu Y. 2011. The oriental fruit fly, *Bactrocera dorsalis*, in China: Origin and gradual inland range expansion associated with population growth. PLoS One, 6: e25238.

Wan Y R, Yuan G D, He B Q, et al. 2018. Foccα6, a truncated nAChR subunit, positively correlates with spinosad resistance in the western flower thrips, *Frankliniella occidentalis* (Pergande). Insect Biochemistry and Molecular Biology, 99: 1-10.

Wang B, Lu M, Cheng C H, et al. 2013c. Saccharide mediated antagonistic effects of bark beetle associated fungi on larvae. Biological Letters, 9: 20120787.

Wang C, Wu B, Jiang K, et al. 2019a. Canada goldenrod invasion affect taxonomic and functional diversity of plant communities in heterogeneous landscapes in urban ecosystems in East China. Urban Forestry and Urban Greening, 38: 145-156.

Wang C Y, Yin C, Fang Z M, et al. 2018. Using the nematophagous fungus *Esteya vermicola* to control the disastrous pine wilt disease. Biocontrol Science and Technology, 28(3): 268-277.

Wang G H, Hou Y M, Zhang X, et al. 2017. Strong population genetic structure of an invasive species, *Rhynchophorus ferrugineus* (Olivier), in southern China. Ecology and Evolution, 7(24): 10770-10781.

Wang G H, Zhang X, Hou Y M, et al.2015. Analysis of the population genetic structure of *Rhynchophorus ferrugineus* in Fujian, China, revealed by microsatellite loci and mitochondrial COI sequences. Entomologia Experimentalis et Applicata, 155: 28-38.

Wang J, Lu X, Zhang J, et al. 2020a. Using golden apple snail to mitigate its invasion andimprove soil quality: a biocontrol approach. Environ Sci Pollut R, 27(13): 14903-14914.

Wang J C, Zhang B, Li H G, et al. 2014a. Effects of exposure to high temperature on *Frankliniella occidentalis* (Thysanoptera: Thripidae), under arrhenotoky and sexual reproduction conditions. Florida Entomologist, 97: 504-510.

Wang J P, Zheng C Y. 2012. Characterization of a newly discovered Beauveria bassiana isolate to *Franklimiella occidentalis* Perganda, a non-native invasive species in China. Microbiological Research, 167: 116-120.

Wang L, Lu Y Y, Xu Y J, et al.2013a. The current status of research on *Solenopsis invicta* Buren (Hymenoptera: Formicidae) in Mainland China. Asian Myrmecology, 5: 125-138.

Wang L, Xu Y J, Zeng L, et al.2019b. A review of the impact of the red imported fire ant *Solenopsis invicta* Buren on biodiversity in South China . Journal of Integrative Agriculture, 18(4): 788-796.

Wang L, Zeng L, Xu Y J, et al.2020b. Prevalence and management of *Solenopsis invicta* in China. NeoBiota, 54: 89-124.

Wang L, Zhang X W, Pan L L, et al.2013b. A large-scale gene discovery for the red palm weevil *Rhynchophorus ferrugineus* (Coleoptera: Curculionidae). Insect Science, 20: 689-702.

Wang N B, Li Z H, Wu J J, et al. 2009. The potential geographical distribution of *Bactrocera dorsalis* (Diptera: Tephrididae) in China based on emergence rate model and ArcGIS. International Federation for Information Processing, 293: 399-411.

Wang P C, Yang F Y, Ma Z, et al. 2021c. Chromosome unipolar division and low expression of tws may cause parthenogenesis of rice water weevil (*Lissorhoptrus oryzophilus* Kuschel). Insects, 12(4): 278.

Wang R, Wang J F, Qiu Z J, et al. 2011. Multiple mechanisms underlie rapid expansion of an invasive alien plant. New Phytologist, 191(3): 828-839.

Wang R, Wang X L, Wang S, et al. 2014b. Evaluation of the potential biocontrol capacity of *Orius sauteri* (Hemiptera, Anthocoridae) on *Frankliniella occidentalis* (Thysanoptera, Thripidae). Journal of Environmental Entomology, 36: 983-989.

Wang T, Wang Z, Chen G, et al. 2016a. Invasive chloroplast population genetics of *Mikania micrantha* in China: No local adaptation and negative correlation between diversity and geographic distance. Front Plant Sci, 21(7): 1426

Wang W, Huang S, Liu F, et al. 2022. Control of the invasive agricultural pest *Pomacea canaliculata* with a novel molluscicide: Efficacy and safety to nontarget species. Journal of Agricultural and Food Chemistry, 70(4): 1079-1089.

Wang X D, Lin Z K, Ji S X, et al. 2021a. Molecular characterization of TRPA subfamily genes and function in temperature preference in *Tuta absoluta* (Meyrick) (Lepidoptera: Gelechiidae). International Journal of Molecular Sciences, 22: 7157.

Wang Y .2007. Forest Pests and Diseases of Shanghai. Shanghai: Shanghai Scientific and Technical Publishers: 3.

Wang Y, Chen F, Wang L, et al. 2021b. Investigation of beetle species that carry the pine wood nematode, *Bursaphelenchus xylophilus* (Steiner and Buhrer) Nickle, in China. Journal of Forestry Research, 32(4): 1745-1751.

Wang Z H, Gong Y J, Jin G H, et al. 2016b. Field-evolved resistance to insecticides in the invasive western flower thrips *Frankliniella occidentalis* (Pergande) (Thysanoptera: Thripidae) in China. Pest Management Science, 72: 1440-1444.

Waterhous D F. 1994. Biological control of weeds: Southeast Asian prospects. ACIAR Monograph, 26: 302.

Wei D, Dou W, Jiang M, et al. 2017. Oriental fruit fly *Bactrocera dorsalis* (Hendel) In: Wan F, Jiang M, Zhan A, ed. Biological Invasions and Its Management in China. Dordrecht: Springer: 267-283.

Wei S, Zhang C, Li X, et al. 2009. Factors affecting buffalobur (*Solanum rostratum*) seed germination and seedling emergence. Weed Science, 57(5): 521-525.

Wen D Z, Ye W H, Feng H L, et al. 2000. Comparison of basic photosynthetic characteristics between exotic invader weed *Mikania micrantha* and its companion species. Journal of Tropical and Subtropical Botany, 8: 139-146.

Williams A J, Rae R. 2015. Susceptibility of the Giant African Snail (Achatina Fulica) exposed to the gastropod parasitic nematode phasmarhabditis hermaphrodita. J Invert Pathol, 127: 122-126.

Wood S L. 1985. Aspectos taxonómicos de los Scolytidae. In: Proceedings, 2nd National Symposium Forest Parasitology Cuernavaca Morelos, Mexico, 17-20 February 1982. Mexico: Secrataría de Recursos Hidraúlicos: 170-174.

Wu M F, Qi G J, Chen H, et al. 2021b. Overseas immigration of fall armyworm, *Spodoptera frugiperda* (Lepidoptera: Noctuidae) invading Korea and Japan in 2019. Insect Science, 29(2): 505-520.

Wu N N, Zhang S F, Li X W, et al. 2019a. Fall webworm genomes yield insights into rapid adaptation of invasive species. Nature Ecology and Evolution, 3(1): 105-115.

Wu P X, Wu F M, Fan J Y, et al. 2021a. Potential economic impact of invasive fall armyworm on mainly affected crops in China. Journal of Pest Science, 94: 1-9.

Wu S Y, Gao Y L, Xu X N, et al. 2014a. Evaluation of *Stratiolaelaos scimitus* and *Neoseiulus barkeri* for biological control of thrips on greenhouse cucumbers. Biocontrol Science and Technology, 24: 1110-1121.

Wu S Y, Gao Y L, Xu X N, et al. 2015a. Feeding on *Beauveria bassinan*-treated Franklinielle occidentalis causes negative effects on the predatory mite *Neoseiulus barkeri*. Scientific Report, 5: 12033.

Wu S Y, Gao Y L, Xu X N, et al. 2015b. Compatibility of *Beauveria bassiana* with *Neoseiulus barkeri* for control of Frankliniella occidentalis. Journal of Integrative Agriculture, 14: 98-105.

Wu S Y, Gao Y L, Zhang Y P, et al. 2014b. An entomopathogenic strain of *Beauveria bassiana* against *Frankliniella occidentalis* with no detrimental effect on the predatory mite *Neoseiulus barkeri*: Evidence from laboratory bioassay and scanning electron microscopic observation. PLoS One, 9: e84732.

Wu S Y, He Z, Wang E D, et al. 2017. Application of *Beauveria bassiana* and *Neoseiulus barkeri* for improved control of *Frankliniella occidentalis* in greenhouse cucumber. Crop Protection, 96: 83-87.

Wu S Y, Zhang Z, Gao Y, et al. 2016. Interactions between foliage and soil-dwelling predatory mites and consequences for biological control of *Frankliniella occidentalis*. BioControl, 61: 717-727.

Wu Y S, Dong D Z, Liu D M, et al.1998. Preliminary survey report of the occurrence of *Rhynchophorus ferrugineus* (Olivier) on Palm plants. Guangdong Landscape Architecture, (1): 38.

Wu Y, Wickham J D, Zhao L, et al. 2019b. CO$_2$ drives the pine wood nematode off its insect vector. Current Biology, 29(13): R619-R620.

Wu Y T, Wang C H, Zhang X D, et al. 2009. Effects of saltmarsh invasion by *Spartina alterniflora* on arthropod community structure and diets. Biol Invasions, 11: 635-649.

Xia J, Guo Z, Yang Z, et al. 2021. Whitefly hijacks a plant detoxification gene that neutralizes plant toxins. Cell, 184(7): 1693-1705.

Xian X, Han P, Wang S, et al. 2017. The potential invasion risk and preventive measures against the tomato leafminer *Tuta absoluta* in China. Entomologia Generalis, 36(4): 319-333.

Xie B, Han G, Qiao P, et al. 2019. Effects of mechanical and chemical control on invasive *Spartina alterniflora* in the Yellow River Delta, China. PeerJ, 7: e7655.

Xu C, Su J, Qu X B, et al.2019. Ant-mealybug mutualism modulates the performance of co-occurring herbivores. Scientific Reports, 9: 13004.

Xu H, Pan X, Wang C, et al. 2020. Species identification, phylogenetic analysis and detection of herbicide-resistant biotypes of *Amaranthus* based on ALS and ITS. Scientific Reports, 10(1): 11735.

Xu L L, Zhou C M, Xiao Y, et al. 2012a. Insect oviposition plasticity in response to host availability: the case of the tephritid fruit fly *Bactrocera dorsalis*. Ecological Entomology, 37: 446-452.

Xu Q L, Xie H H, Xiao H L, et al. 2013. Phenolic constituents from the roots of *Mikania micrantha* and their allelopathic effects. Journal of Agricultural and Food Chemistry, 61: 7309-7314.

Xu T, Xu M, Lu Y Y, et al.2021. A trail pheromone mediates the mutualism between ants and aphids. Current Biology, 31(21): 4738-4747.

Xu Y, Wang W, Yao J, et al. 2022a. Comparative proteomics suggests the mode of action of a novel molluscicide against the invasive apple snail *Pomacea canaliculata*, intermediate host of *Angiostrongylus cantonensis*. Mol Biochem Parasit, 247: 111431.

Xu Y, Zheng G, Dong S, et al. 2014a. Molecular cloning, characterization and expression analysis of HSP60, HSP70 and HSP90 in the golden apple snail, *Pomacea canaliculata*. Fish Shellfish Immun, 41(2): 643-653.

Xu Y J, Huang J, Zhou A M, et al.2012b. Prevalence of *Solenopsis invicta* (Hymenoptera: Formicidae) venom allergic reactions in mainland China. Florida Entomologist, 95: 961-965.

Xu Y J, Vargo E L, Tsuji K, et al.2022b. Exotic ants of the Asia-Pacific: Invasion, national response, and ongoing needs. Annual Review of Entomology, 67: 27-42.

Xu Z L, Peng H H, Feng Z D, et al. 2014b. Predicting current and future invasion of *Solidago canadensis*: a study from china. Polish Journal of Ecology, 62(2): 263-271.

Yan L, Li J, Li Y, et al. 2013. Antimicrobial constituents of the leaves of *Mikania micrantha* H B K. PLoS One, 8: e76725.

Yan Z L, Sun J H, Owen D, et al. 2005. The Red Turpentine beetle, *Dendroctonus valens* LeConte (Scolytidae): an exotic invasive pest of pine in China. Biodiversity and Conservation, 14: 1735-1760.

Yang C, Zhang Y, Zhou Y, et al. 2021. Screening and functional verification of the target protein of pedunsaponin A in the killing of *Pomacea canaliculata*. Ecotox Environ Safe, 220: 112393.

Yang G, Gui F, Liu W, et al. 2017a. Crofton weed Ageratina adenophora (Sprengel) In: Wan F, Jiang M, Zhan A ed. Biological invasions and its management in China, vol. 2. Singapore: Springer Nature Singapore Pte Ltd: 111-129.

Yang G, Wan F, Liu W, et al. 2006. Physiological effects of allelochemicals from leachates of *Ageratina adenophora* (Spreng.) on rice seedlings. Allelopathy Journal, 18(2): 237-426.

Yang G M, Zhi J R, Li S X, et al. 2015a. Effect of delayed mating on adult longevity and reproduction of Frankliniella occidentalis. Journal of Mountain Agriculture and Biology, 34: 31-34.

Yang L, Cheng T Y, Zhao F Y. 2017b. Comparative profiling of hepatopancreas transcriptomes in satiated and starving *Pomacea canaliculata*. BMC Genet, 18(1): 1-11.

Yang P, Zhou W W, Zhang Q, et al. 2009. Differential gene expression profiling in the developed ovaries between the parthenogenetic and bisexual female rice water weevils, *Lissorhoptrus oryzophilus* Kuschel (Coleoptera: Curculionidae). Chinese Science Bulletin, 54(20): 3822-3829.

Yang W, An S, Zhao H, et al. 2016. Impacts of Spartina alterniflora invasion on soil organic carbon and nitrogen pools sizes, stability, and turnover in a coastal salt marsh of eastern China. Ecol Eng, 86: 174-182.

Yang X M, Lou H, Sun J T, et al. 2015b. Temporal genetic dynamics of an invasive species, *Frankliniella occidentalis* (Pergande), in an early phase of establishment. Scientific Reports, 5: 11877.

Yang X M, Sun J T, Xue X F, et al. 2012. Invasion genetics of the western flower thrips in China: Evidence for genetic bottleneck, hybridization and bridgehead effect. PLoS One, 7(4): e34567.

Yang Z Q, Wang X Y, Wei J R, et al. 2008. Survey of the native insect natural enemies of *Hyphantria cunea* (Drury) (Lepidoptera: Arctiidae) in China. Bulletin of Entomological Research, 98(3): 293-302.

Ye H. 2001. Distribution of the oriental fruit fly (Diptera: Tephritidae) in Yunnan Province. Entomologia Sinica, 8: 175-182.

Yin A, Pan L, Zhang X, et al.2015. Transcriptomic study of the red palm weevil *Rhynchophorus ferrugineus* embryogenesis. Insect Science, 22: 65-82.

Yin L J, Liu B, Wang H C, et al. 2020. The rhizosphere microbiome of *Mikania micrantha* provides insight into adaptation and invasion. Frontiers in Microbiology, 11: 1462.

Yin Y, He Q, Pan X, et al. 2022. Predicting current potential distribution and the range dynamics of *Pomacea canaliculata* in China under global climate change. Biology, 11(1): 110.

Yu H X, Le Roux J J, Jiang Z Y, et al. 2021. Soil nitrogen dynamics and competition during plant invasion: Insights from *Mikania micrantha* invasions in China. New Phytologist, 229: 3440-3452.

Yuan L, Zhang L, Xiao D, et al. 2011. The application of cutting plus waterlogging to control *Spartina alterniflora* on saltmarshes in the Yangtze Estuary, China. Estuar Coast Shelf S, 92: 103-110.

Yuan X, Hulin M T, Sundin G W. 2021. Effectors, chaperones, and harpins of the type III secretion system in the fire blight pathogen Erwinia amylovora: a review. Journal of Plant Pathology, 103(Suppl 1): S25-S39.

Yue F, Zhou Z, Wang L L, et al.2013.Maternal transfer of immunity in scallop *Chlamys farreri* and its trans-generational immune protection to offspring against bacterial challenge. Developmental and Comparative Immunology, 41: 569-577.

Zhang B, Qian W, Qiao X, et al. 2019a. Invasion biology, ecology, and management of *Frankliniella occidentalis* in China. Archives of Insect Biochemistry and Physiology, 102(3): e21613.

Zhang B, Zhao L L, Ning J, et al. 2020c. miR-31-5p regulates cold acclimation of the wood-boring beetle *Monochamus alternatus* via ascaroside signaling. BMC Biology, 18(1): 1-17.

Zhang G F, Ma D Y, Wang Y S, et al. 2020a. First report of the south American tomato leafminer, *Tuta absoluta* (Meyrick), in China. Journal of Integrative Agriculture, 19: 1912-1917.

Zhang G F, Xian X Q, Zhang Y B, et al. 2021a. Outbreak of the South American tomato leafminer, *Tuta absoluta*, in the Chinese mainland: geographic and potential host range expansion. Pest Management Science, 77: 5475-5488.

Zhang L, Liu B, Zheng W, et al. 2019b. High-depth resequencing reveals hybrid population and insecticide resistance characteristics of fall armyworm (*Spodoptera frugiperda*) invading China. BioRxiv, 10: 813154

Zhang R, Jang E B, He S, et al. 2015. Lethal and sublethal effects of cyantraniliprole on *Bactrocera dorsalis* (Hendel) (Diptera: Tephritidae). Pest Management Science, 71: 250-256.

Zhang S M, Adema C M, Kepler T B, et al. 2004. Diversification of Ig superfamily genes in an invertebrate. Science, 305(5681): 251-254.

Zhang W, Yu H Y, Lv Y X, et al. 2020b. Gene family expansion of pinewood nematode to detoxify its host defence chemicals. Molecular Ecology, 29(5): 940-955.

Zhang W, Zhao L, Zhou J, et al. 2019c. Enhancement of oxidative stress contributes to increased pathogenicity of the invasive pine wood nematode. *Philosophical transactions* of the Royal Society of London. Series B, Biological Sciences, 374(1767): 20180323.

Zhang X, Wang Y, Zhang S F, et al. 2021b. RNAi-mediated silencing of the chitinase 5 gene for fall webworm (Hyphantria cunea) can inhibit larval molting depending on the timing of dsRNA injection. Insects, 12(5): 406.

Zhang X X, Yang S, Zhang J H, et al. 2019d. Identification and expression analysis of candidate chemosensory receptors based on the antennal transcriptome of *Lissorhoptrus oryzophilus*. Comparative Biochemistry and Physiology D-Genomics & Proteomics, 30: 133-142.

Zhang Y B, Tian X C, Wang H, et al. 2022a. Host selection behavior of a host-feeding parasitoid *Necremnus tutae* on *Tuta absoluta*. Entomologia Generalis, 42(3): 445-456.

Zhang Y B, Tian X C, Wang H, et al. 2022b. Nonreproductive effects are more important than reproductive effects in a host feeding parasitoid. Scientific Report, 12: 11475.

Zhang Y F, Tang G L, Wang L, et al.2008. Bionomics and control of *Rhynchophorus ferrugineus*. Forest Pest Disease, 27: 12-13.

Zhao J, Ma J, Wu M, et al. 2016a. Gamma radiation as a phytosanitary treatment against larvae and pupae of *Bactrocera dorsalis* (Diptera: Tephritidae) in guava fruits. Food Control, 72: 360-366.

Zhao L, Lu M, Niu H, et al. 2013a. A native fungal symbiont facilitates the prevalence and development of an invasive pathogen – native vector symbiosis. Ecology, 94(12): 2817-2826.

Zhao L, Mota M, Vieira P, et al. 2014. Interspecific communication between pinewood nematode, its insect vector, and associated microbes. Trends in Parasitology, 30(6): 299-308.

Zhao L, Zhang S, Wei W, et al. 2013b. Chemical signals synchronize the life cycles of a plant-parasitic nematode and its vector beetle. Current Biology, 23(20): 2038-2043.

Zhao L, Zhang X, Wei Y, et al.2016b. Ascarosides coordinate the dispersal of a plant-parasitic nematode with the metamorphosis of its vector beetle. Nature Communications, 7(1): 1-8.

Zhao L L, Ahmad F, Lu M, et al. 2018. Ascarosides promote the prevalence of ophiostomatoid fungi and an invasive pathogenic nematode, *Bursaphelenchus xylophilus*. Journal of Chemical Ecology, 44(7-8): 701-710.

Zhao M, Ju R T.2010. Effects of temperature on the development and fecundity of experimental population of *Rhychophorus ferrugineus*. Acta Phytophylacica Sinica, 37(6): 517-521.

Zhao M, Wickham J D, Zhao L, et al. 2021. Major ascaroside pheromone component asc-C5 influences reproductive plasticity among isolates of the invasive species pinewood nematode. Integrative Zoology, 16(6): 893-907.

Zhao W W, Wan Y R, Xie W, et al. 2016c. Effect of spinosad resistance on transmission of tomato spotted wilt virus by the western flower thrips (Thysanoptera: Thripidae). Journal of Economic Entomology, 109: 62-69.

Zheng C Y, Zeng L, Xu Y J. 2016. Effect of sweeteners on the survival and behaviour of *Bactrocera dorsalis* (Hendel) (Diptera: Tephritidae). Pest Management Science, 72: 990-996.

Zhong J, Wang W, Yang X, et al. 2013. A novel cysteine-rich antimicrobial peptide from the mucus of the snail of achatina fulica. Peptides, 39: 1-5.

Zhou F Y, Xu L T, Wang S S, et al. 2017b. Bacterial volatile ammonia regulates the consumption sequence of D-pinitol and D-glucose in a fungus associated with an invasive bark beetle. The ISME Journal , 11: 2809-2820.

Zhou J, Yu H Y, Zhang W, et al. 2017a. Comparative analysis of the *Monochamus alternatus* immune system. Insect Science, 25(4): 581-603.

Zhou Y, Wu Q, Zhang H, et al. 2021. Spread of invasive migratory pest *Spodoptera frugiperda* and management practices throughout China. Journal of Integrative Agriculture, 20(3): 637-645.

Zhou Z S, Guo J Y, Chen H S, et al.2010.Effects of temperature on survival, development, longevity and fecundity of *Ophraella communa* (Coleoptera: Chrysomelidae), a biological control agent against invasive ragweed, *Ambrosia artemisiifolia* L. (Asterales: Asteraceae). Environmental Entomology, 39: 1021-1027.

Zhu H, Qin W Q, Huang S C, et al.2010. Isolation and identification of an entomopathogenic fungus strain of *Rhynchophorus ferrugineus* Oliver. Acta Phytophylacica Sinica, 37(4): 336-340.

Zúñiga G, Cisneros R, Hayes J L, et al. 2002. Karyology, geographic distribution, and origin of the genus Dendroctonus Erichson (Coleoptera: Scolytidae). Annals of Entomological Society of America, 95: 67-275.

Zuo P, Zhao S, Liu C A, et al. 2012. Distribution of *Spartina* spp. along China's coast. Ecol Eng, 40: 160-166.

第七篇

微生物耐药

第三十五章
微生物耐药与生物安全

第一节 微生物耐药公共卫生危害

抗生素（antibiotics）以及其后研究开发的各种抗病毒药物、抗真菌药物、抗寄生虫药物等构成的抗微生物药物（antimicrobials）是人类医药卫生史上最伟大的发现。自青霉素应用于临床以来，曾经肆虐人类的各种感染性疾病得到良好控制，促使医学模式从"生物医学"转化为"社会心理医学"模式。

由于抗菌药物、疫苗的广泛应用和医疗技术进步，美国 20 世纪感染性疾病死亡率大幅下降，据美国 CDC 报道，1900 年美国感染性疾病导致死亡率高达 797/100 000 人，之后则快速下降，到 1980 年仅为 36/100 000 人，其中流感、肺炎、伤寒、痢疾、百日咳、白喉等下降最为明显，与此相关的主要因素在于有效的抗微生物药物的使用。同样，我国自 1949 年起，各种感染性疾病所导致的患者病死率也呈大幅下降。

正因为抗微生物药物突出的医疗价值，曾一度认为它是治疗疾病的"魔弹"，广泛应用于临床、兽医、动物养殖、食品等领域，甚至在 20 世纪 60 年代美国外科总医官威廉·斯图尔特（William Stewart）博士曾说"是时候结束有关传染病的书籍，宣布抗击瘟疫的战争胜利，并将国家资源转移到诸如癌症和心脏病等慢性病问题上"。他的话音未落，各种微生物耐药纷至沓来，和他同时期出现的耐甲氧西林金黄色葡萄球菌（methicillin resistant *Staphylococcus aureus*，MRSA）不断发展，成为临床主要的耐药菌；耐药结核也称为"21 世纪挥之不去的瘟疫"，非洲地区耐药疟疾每年剥夺上百万人生命。凡此种种，都与对抗微生物药物过于依赖导致的不合理使用或滥用息息相关。

面对如此严峻的耐药状况，世界卫生组织明确表示微生物耐药（antimicrobial resistance，AMR）已经成为严重威胁全球的严重公共卫生问题之一，需要全世界各国以及相关领域共同采取行动，尽快遏制 AMR 蔓延趋势，否则 AMR 将严重影响人类健康、危害全球经济发展、阻碍全球议定的持续发展目标。

一、微生物耐药产生严重的社会经济学后果

细菌耐药造成严重的社会经济负担已经成为事实。英国政府细菌耐药评估专家组于 2016 年发表的"Tackling drug-resistant infections globally：final report and recommendations"中指出，若任由抗菌药物耐药问题持续恶化，到 2050 年，全球每年可能会有 1000 万人死于耐药性疾病，经济损失将累计超过 100 万亿美元；其中最为严重的受害地区将是亚洲和非洲，预计分别导致 473 万和 415 万人死亡。据世界银行组织估计，若不控制耐药问题，全球每年 GDP 将会下降 1.1%～3.8%。

2019 年 4 月，WHO 提交联合国秘书长的报告指出，抗微生物药物耐药性问题是全球危机，危及一个世纪以来卫生领域的进展，可能会阻碍实现可持续发展目标；如果抗微生物药物耐药性问题得不到解决，造成的经济损失可能会类似于 2008～2009 年全球金融危机期间的冲击，医疗保健支出大幅飙升，影响粮食和饲料生产、贸易和经济，并加剧贫困和不平等现象；抗微生物药物耐药性的卫生和经济后果皆会成为高、中、低收入国家沉重且日益增长的负担。

仅在欧盟，每年由抗微生物药物耐药性导致的额外卫生保健成本和劳动生产率损失至少达 15 亿欧元。美国疾病控制与预防中心发布的《2013 年美国细菌耐药威胁报告》指出，每年因细菌耐药增加 200 亿美元的医疗费用，因细菌耐药所致社会生产力丧失造成的损失高达 350 亿美元。据研究报道，我国 2005 年因治疗耐药菌感染的抗菌药物费用增加 36.6 亿元，住院费用增加 252 亿元，抗菌药物滥用导致的直接经济损失 925.5 亿～989.3 亿元，间接经济损失 173.7 亿～181.2 亿元。

二、微生物耐药将严重阻碍全球可持续发展目标实现

由于 AMR 在不同国家和地区之间的流行状况不同，有的地区和国家 AMR 严重，有的相对控制良好，但 AMR 就如一种慢性传染性疾病，没有国界限制，2010 年在欧洲发现的产金属酶 NDM-1 耐药肠杆菌实际上来自印度次大陆地区，2016 在我国发现的 mcr-1 介导的多黏菌素耐药实际上早已在全球各地区存在。控制 AMR，必须全球一致行动，否则将影响联合国提出的 2030 年全球可持续发展目标的实现。为此，2015 年联合国大会发布的《改造我们的世界：2030 可持续发展议程》将 AMR 控制内容纳入其中：我们将同样加强防治疟疾、艾滋病、结核病、肝炎、埃博拉出血热及其他传染性疾病和流行病，包括通过解决日益增长的抗微生物药物耐药性以及影响发展中国家的未曾关注的疾病。

"联合国 2023 可持续发展议程"中明确，到 2030 年产妇死亡率将降低到 70/100 000，5 岁以下婴幼儿死亡率＜12/1000，终结艾滋病、肝炎、结核、疟疾等重要传染病流行。抗微生物药物在这些目标的实现中具有不可或缺的地位。孕产妇和婴幼儿的主要死亡原因在于各种感染，如产褥感染、新生儿败血症、婴幼儿高发的各种传染病（如流行性脑脊髓膜炎、猩红热、白喉、百日咳等），特别是在中低收入国家，这些人群的病死率是全球高收入国家的 19 倍以上，恰恰这些地区是 AMR 高度流行区，对实现这些目标构成严重障碍。同样，HIV、肝炎病毒、疟原虫等传染病病原体耐药也日益严重，如我国多重耐药结核患病率呈逐年上升态势，病死率高达 12.5%。对于非感染性疾病，抗微生物药物的作用也不可忽视；随着现代医学发展，人类预期寿命延长，老龄化、肿瘤、心血管疾病等日益突出，大型手术、器官移植、肿瘤放化疗等普遍实施，继发感染是对这些人群的重大威胁，抗微生物药物对预防和治疗这类继发感染不可或缺，正如前 WHO 总干事陈冯富珍所言，AMR 犹如慢性海啸，如果不采取积极行动加以控制，医学的进步，诸如器官移植、大型手术、肿瘤放化疗等将无法开展，甚至一个小小的伤口就可能让患者失去生命。

除了直接相关的健康议题外，在"联合国 2030 可持续发展议程"中，许多内容与 AMR 控制相关：第一条发展目标关于终结各种贫困，第二条消除饥饿、保证食品安全和促进农业可持续发展，第六条关于保证清洁饮水的供应，第八条经济持续发展和充分就业，这些都不能离开健康的保证。正如我国曾经在扶贫攻坚中所提出的一个主要内容：杜绝因病致贫和因病返贫。保证有效抗微生物药物的供应和使用、遏制 AMR 对疾病控制的负面效应，是这些目的实现的重要内容。

三、微生物耐药将对全球贸易和经济造成严重影响

随着经济全球化的不断发展，各国经济相互合作与依赖程度日益增强，人类健康对经济的影响显而易见；同样，在全球化浪潮中，部分国家和地区为了获得先发优势，常常以各种技术和标准为壁垒，保护本国经济和产业不受冲击，如在农产品、动物源食品等国际贸易中，发达国家常常要求抗生素残留和耐药微生物保持较低水平，在一定程度上限制了来自发展中国家出产的肉蛋禽类产品的出口。

世界银行在 2016 年发布了《抗药性感染：对我们经济前景的威胁》的研究报告，该报告根据现有数据和数学模型，对 AMR 可能造成的全局经济影响进行了分析，结果表明，按照现有微生物耐药及其发展状况，到 2030 年，如果 AMR 得到良好控制，耐药率下降将仅造成全球经济减少 1.1%，相反，如果耐药继续发展，经济减少将达到 3.2%，到 2050 年将进一步达到 3.8%；这种影响不比历次经济危机小，所造成的经济损失到 2030 年将达到 1 万亿美元/年，到 2050 年将达到 2 万亿美元/年。AMR 对经济的影响对于低收入国家更加明显，主要原因在于低收入国家感染性疾病发病率高，且低收入国家的经济发展主要依赖于劳动力的投入（图 35-1）。

单就全球贸易来看，上述研究发现到 2030 年，低水平 AMR 将使出口减少 1.1%，高水平 AMR 则将减少全球出口 3.8%。其中最主要影响为牲畜和牲畜产品出口业务：一方面，牲畜养殖对各种感染的抵抗力十分脆弱；另一方面，动物疫病和耐药对进口方产生恐惧而采取限制措施。为了解决 AMR 对国际贸易的影响，世界贸易组织、欧盟等相关国际组织已经就相关问题开展研究，制定标准和规则。

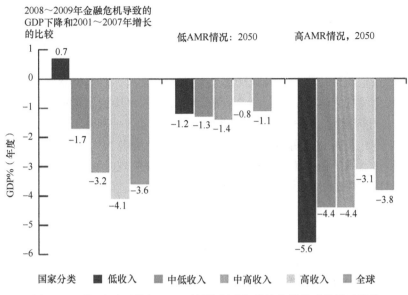

图 35-1　世界银行预测 AMR 对经济影响与经济危机造成的影响比较

　　我国是人口大国，随着社会经济发展，我国的蛋白食物消费会进一步增加，牲畜与牲畜产品进口也会快速增加，如何加强对进口物资的抗生素残留和耐药微生物管控，将是保证国际贸易顺利开展和人民健康的重要内容。

第二节　细菌耐药对患者安全和卫生经济学影响

　　耐药菌感染导致很多感染性疾病的治疗药物选择受限，严重者甚至无药可用，患者的医疗风险及医疗成本均会增加，消耗更多的社会资源。就医疗体系而言，AMR 影响主要表现在感染者住院时间延长、医疗费用上升、病死率增加，并由此导致劳动力丧失、生产率下降等后果。

一、AMR 对患者安全影响的综合评估

　　人类进入 21 世纪，健康问题呈现高度分化和差异，发展中国家社会生产力低下，医疗健康保障不足，各种感染性疾病仍然是人类健康的主要威胁；相反，发达国家和地区，感染性疾病发病率降低，主要疾病构成以慢性病和肿瘤为主，但这些人群从另一方面成为感染，特别是耐药微生物感染的脆弱人群。由此可见，AMR 对所有国家和地区都是潜在的公共卫生危机。

　　由全球多个国家的学者组成的 Antimicrobial Resistance Collaborators 团队，2022 年连续在 Lancet 发表有关全球 2019 年 AMR 相关感染后果研究报告，清晰展现了 AMR 给全球健康带来的严重危害。该团队利用全球数百万条个人记录，构建数学模型评估 2019 年细菌感染结果，发现该年度全球与感染相关的死亡有1370 万人，其中 770 万人直接死于 33 种细菌导致的 11 种感染，占全球死因的 13.6%，占脓毒症死亡的 56.2%；前五位病原体包括金黄色葡萄球菌、大肠杆菌、肺炎链球菌、肺炎克雷伯菌和铜绿假单胞菌，占所有 33 种病原体致死的 54.9%；600 万人的死亡与三种感染综合征，即下呼吸道感染、血流感染和腹腔感染有关。细菌感染死亡最多的地区是次撒哈拉非洲地区，死亡率为 230/100 000 人。进一步分析发现，2019 年有 495 万人死于 AMR 相关感染，其中 127 万人直接死于耐药微生物感染；从 AMR 感染死亡率看，西撒哈拉地区最高（27.3/100 000 人），澳大利亚最低（6.5/100 000 人）；从感染类型看，呼吸道 AMR 细菌感染是导致死亡最多的感染，有 150 万；最主要的 6 种 AMR 细菌（大肠杆菌、金黄色葡萄球菌、肺炎克雷伯菌、肺炎链球菌、鲍曼不动杆菌和铜绿假单胞菌）相关死亡 357 万，直接导致死亡 92.9 万，其中耐甲氧西林金黄色葡萄球菌导致 10 万以上的人口死亡。

二、细菌耐药对医疗服务的影响

1. 耐药菌感染对患者的影响

细菌耐药已成为导致临床治疗失败以及病死率上升的重要原因。耐药菌感染的患者比非耐药菌感染的患者面临更高的临床恶化和死亡风险，而且需要更多的医疗资源，增加了家庭和社会的经济负担。美国的研究发现，MRSA 感染的病死率为 21%，而甲氧西林敏感菌感染的病死率仅为 8%；青霉素耐药与敏感的肺炎链球菌肺炎患者平均住院时间分别为 14d 和 10d，耐药菌感染者人均多花费 1600 美元；对三代头孢菌素耐药肠杆菌科细菌感染比敏感菌感染导致的死亡率高 5.2 倍，住院时间长 1.5 倍，医疗费用高 1.5 倍；亚胺培南耐药铜绿假单胞菌感染患者住院时间为 15.5d，亚胺培南敏感菌感染患者住院时间为 9d，病死率分别为 31.1% 与 16.7%。

2. 耐药菌感染导致医疗费用大幅上升

我国耐药菌感染与非耐细药菌感染相比，患者病死率增加 2.17 倍，人均住院日延长 15.8d，多花住院费用 16 706 元。我国学者对全国抗菌药物临床应用监测网 187 所成员单位 2015 年的住院患者进行分析，发现因肺炎克雷伯菌、大肠杆菌耐药造成的经济负担分别高达 26 049.89 万元、35 232.58 万元。上海某医院综合 ICU 住院患者回顾性调查发现，MDR 细菌感染者较非感染者住院日数延长 26d，住院总费用增加116 147 元。采用系统评价的方法纳入国内外 19 篇文献数据，发现 MRSA 感染的直接经济损失是 916.61～62 908 美元；CRAB 感染患者的直接经济损失是 4644～98 575 美元，产超广谱 β-内酰胺酶细菌感染的直接经济损失是 2824.14～30 093 美元，MDR 细菌感染所造成的直接经济损失达 916.61～98 575.00 美元。利用DALY 与人力资本法结合估计某三甲医院 2016～2017 年的平均疾病负担和平均间接经济负担，发现多重耐药菌感染组均高于非多重耐药菌感染组患者。

3. 泛耐药菌感染可能导致无药可用

不合理使用抗菌药物导致泛耐药菌的出现，使临床面临无药可用的挑战。碳青霉烯类是目前临床 MDR细菌感染的主要治疗药物，然而我国临床 CRE 的分离率逐年上升，CRE 除了对 β-内酰胺类（包括碳青霉烯类）抗菌药物耐药外，通常携带对其他许多抗菌药物高水平耐药的基因，表现为多重耐药和泛耐药，导致治疗上的选择极其有限。体外敏感率较高的药物仅有多黏菌素、替加环素、头孢他啶/阿维巴坦等，但替加环素和多黏菌素由于药物代谢动力学/药效学特性不尽如人意，治疗效果也差强人意，因此常常导致临床治疗的失败。研究显示，对于 CRE 引起的各种感染病死率极高，尤其在血流感染方面高达 50% 以上。

4. 细菌耐药最终将严重阻碍临床医学的发展

器官移植、人工器官、肿瘤放化疗、免疫抑制的应用等对各种严重疾病的治疗具有划时代的意义，但这些患者也是各种感染的高危患者，感染的控制是患者在接受这类治疗过程中成败的关键，一旦感染病原体以耐药菌为主，则治疗的失败率会大幅增加，新型医疗技术的开展将难以进行。

耐药菌感染对儿童、老年人、免疫功能低下患者等的危害更大。由于长期使用免疫抑制剂、住院时间较长以及有创手术等因素，往往导致器官移植、化疗、免疫抑制个体等细菌感染的风险较高。Patel 等人研究报道接受实体器官移植的患者获得 CRKP 血流感染的风险增加了 4 倍，CRKP 血流感染也是使实体器官和造血干细胞移植患者死亡率增加的因素。

（浙江大学医学院附属第一医院　肖永红）

第三十六章
微生物耐药流行病学

第一节　临床微生物耐药

一、细菌耐药

自青霉素诞生以来，抗菌药物已成为临床必不可少的治疗药物。由于抗菌药物的不合理和过度使用，细菌耐药已成为严峻的公共卫生挑战。各种多重耐药、广泛耐药甚至全耐药菌频繁在世界各地发现，给临床的治疗与防控带来更大的困难。2022年在《柳叶刀》杂志上发表的全球细菌耐药性负担分析显示，估计2019年全球有495万例死亡与细菌耐药相关，其中127万例死亡可归因于细菌耐药。导致与耐药性相关死亡的六大主要病原体包括大肠杆菌、金黄色葡萄球菌、肺炎克雷伯菌、肺炎链球菌、鲍曼不动杆菌和铜绿假单胞菌。我国是抗菌药物生产与使用大国，多重耐药菌的临床分离率在全球一直处于较高水平（图36-1）。据2020年全国细菌耐药监测数据显示，我国耐甲氧西林金黄色葡萄球菌（methicillin resistant *Staphylococcus aureus*，MRSA）的检出率呈缓慢下降趋势，青霉素耐药肺炎链球菌（penicillin resistant *Streptococcus pneumoniae*，PRSP）、万古霉素耐药肠球菌（vancomycin resistant *Enterococcus*，VRE）及碳青霉烯类耐药大肠杆菌（carbapenem resistant *Escherichia coli*，CREC）的检出率近年来一直维持在较低水平。但异质性万古霉素中介金黄色葡萄球菌（heterogeneous vancomycin-intermediate *Staphylococcus aureus*，hVISA）呈上升趋势，肺炎链球菌对红霉素的耐药率超过90%，大肠杆菌对第三代头孢菌素和喹诺酮类药物的耐药率超过50%。碳青霉烯类耐药肺炎克雷伯菌（carbapenem resistant *Klebsiella pneumoniae*，CRKP）、碳青霉烯类耐药鲍曼不动杆菌（carbapenem resistant *Acinetobacter baumannii*，CRAB）、碳青霉烯类耐药铜绿假单胞菌（carbapenem resistant *Pseudomonas aeruginosa*，CRPA）耐药率虽有下降趋势，但仍处于较高水平（图36-1）。细菌的耐药问题导致感染患者面临"无药可用"的主要原因，给社会经济造成了巨大负担。

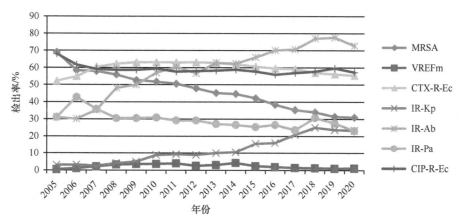

图 36-1　2005～2020 年我国临床主要耐药菌检出率的变化趋势

MRSA，甲氧西林耐药金黄色葡萄球菌；VREFm，万古霉素耐药屎肠球菌；CTX-R-Ec，头孢噻肟耐药大肠杆菌；CIP-R-Ec，环丙沙星耐药大肠杆菌；IR-Kp，亚胺培南耐药肺炎克雷伯菌；IR-Pa，亚胺培南耐药铜绿假单胞菌；IR-Ab，亚胺培南耐药鲍曼不动杆菌。数据来源于 CHINET 监测

1. 金黄色葡萄球菌

金黄色葡萄球菌是一种临床常见的病原菌，常定植于人体的皮肤和鼻腔，引起皮肤、软组织等局部化脓性感染，重者可引起血流感染、脑膜炎、骨髓炎等严重全身性感染疾病，其分离率在医院感染革兰氏阳

性菌中高居首位。

甲氧西林耐药金黄色葡萄球菌（methicillin resistant *Staphylococcus aureus*，MRSA）自 1960 年首次被报道后逐渐向全球蔓延，且存在明显的地理差异。美国 SENTRY 监测显示，1997～2016 年北美地区 MRSA 的检出率最高（为 47.0%），其次为亚太地区（39.6%）和拉美地区（38.7%），再次为欧洲（26.8%），但整体呈逐渐下降的趋势。我国自 20 世纪 70 年代发现 MRSA 以来，其检出率逐步上升，2005 年 MRSA 的检出率高达 69%，之后逐年缓慢下降，2021 年为 30%。然而，值得注意的是，儿童 MRSA 的检出率虽然整体低于成人，但却呈现上升趋势，从 2005 年的 18%增长到 2017 年的 35.3%。2020 年全国细菌耐药监测数据显示，我国临床 MRSA 的平均检出率为 29.4%，各地区间有一定的差别，其中西藏最高（为 46%），山西最低（为 15.2%）。

MRSA 常按来源分为医院获得性 MRSA（hospital-acquired MRSA，HA-MRSA）和社区获得性 MRSA（community-acquired MRSA，CA-MRSA）。一般 HA-MRSA 耐药谱更广，对所有 β-内酰胺抗菌药物、氨基糖苷类、大环内酯类、磺胺类、喹诺酮类等耐药，仅对少数药物如万古霉素、达托霉素、利奈唑胺、替加环素等敏感。而 CA-MRSA 主要对 β-内酰胺抗菌药物耐药，对其他抗菌药物相对比较敏感，自 20 世纪 80 年代首次描述由 CA-MRSA 引起的感染以来，CA-MRSA 的感染率一直呈上升趋势。随着时间的演变，HA-MRSA 和 CA-MRSA 的传播途径发生交叉，在医院能分离到 CA-MRSA，在社区也能分离到 HA-MRSA。MRSA 优势克隆呈现一定的区域性，同时不断发生变迁，我国在 2005～2011 年期间，HA-MRSA ST239-III 克隆占主导地位（50%～80.8%），其次为 HA-MRSA ST5-II（15.5%）。随着时间的推移，这两个克隆进行演替并呈下降趋势，一项全国多中心回顾性研究发现我国血流感染来源的 MRSA 中 ST239 和 ST5 克隆分别从 2014 年的 10.29%和 39.71%下降到 2019 年的 3.05%和 9.64%，ST59 克隆逐步取代 ST239 和 ST5 克隆开始在我国流行，并成为我国大多数医院的优势克隆，这些都给临床医疗保健和感染性疾病的预防及诊治带来了很大的挑战。

万古霉素是用于治疗 MRSA 引起严重感染的首选药物。万古霉素耐药金黄色葡萄球菌（vancomycin resistant *Staphylococcus aureus*，VRSA）于 2002 年在美国首次发现，由于对其采取严格的控制措施，目前全球总共报道未超过 20 例，大部分来自美国，我国尚未发现 VRSA 菌株。但万古霉素中介金黄色葡萄球菌（vancomycin intermediate *Staphylococcus aureus*，VISA）及异质性万古霉素中介金黄色葡萄球菌（heterogeneous vancomycin intermediate *Staphylococcus aureus*，hVISA）在全球都有不同程度的流行，常导致万古霉素临床治疗的失败。一篇综述整理了 1997～2014 年发表在 *PubMed* 和 *EMBASE* 的相关文章，发现 hVISA/VISA 主要分离于血液来源的 MRSA，亚洲国家 hVISA/VISA 的检出率（6.81%/3.42%）高于欧美国家（5.60%/2.75%）。2013～2017 年，在我国某医院 hVISA 的检出率为 17.9%，且 5 年来 hVISA 的检出率呈逐年上升的趋势。有研究报道，我国 31 家县级医院 2010～2011 年期间 hVISA/VISA 的分离率为 7.56%/0.42%，在 MRSA 中的占比明显高于甲氧西林敏感金黄色葡萄球菌（methicillin sensitive *Staphylococcus aureus*，MSSA）。

2. 肺炎链球菌

肺炎链球菌通常定植在正常人鼻咽部，当机体抵抗力下降时可引起感染，尤其是 5 岁以下儿童和 60 岁以上老年人普遍易感。肺炎链球菌可以从鼻咽部侵入到身体的其他部位，如肺、血液和脑膜，引起非侵入性和侵入性疾病。2018 年发表的全球数据显示，肺炎链球菌导致的下呼吸道感染造成每年超过 100 万人死亡，其中约 32 万为 5 岁以下的儿童，主要在中低收入国家。目前已有 100 种肺炎球菌荚膜血清型，不同的荚膜血清型在鼻咽定植及引起侵袭性的能力也有所不同。血清型在不同国家和地区的分布是不同的，并随着时间的推移而发生变化。2006～2016 年，19F、19A、23F、14 和 6B 型是我国大陆地区儿童肺炎链球菌侵袭性和非侵袭性中最常见的血清型。值得注意的是，近年来，虽然肺炎链球菌疫苗的接种使肺炎链球菌感染的发病率较之前大幅下降，但非疫苗覆盖血清型菌株有增加趋势。

由于临床上广泛且经验性地使用抗菌药物，肺炎链球菌出现了耐青霉素和大环内酯类药物甚至多重耐药的现象，给临床的治疗带来了一定的困难。美国 SENTRY 监测显示，2015～2016 年全球不同地区肺炎链球菌对青霉素的耐药率为 28.4%～44.8%，且呈不同程度的下降，但存在明显的地域差异，其中拉美地区下降幅度最大。与其他国家相比，我国肺炎链球菌对青霉素的耐药率相对较低，儿童高于成人。2020 年全国细菌耐药监测数据显示，按非脑膜炎（静脉给药）折点统计，青霉素耐药肺炎链球菌的全国检出率平均为 0.9%，较 2019 年下降了 0.7 个百分点，地区间差别较大，其中西藏最高（为 6.0%），内蒙古、黑龙江及青海均未检出。

大环内酯类抗菌药物曾经广泛应用于社区获得性肺炎和其他呼吸道感染的治疗，对肺炎链球菌感染性疾病具有很好的疗效。自 1967 年美国首次发现红霉素耐药肺炎链球菌后，大环内酯类耐药肺炎链球菌（macrolide resistant *Streptococcus pneumoniae*，MRSP）在世界各地相继被报道，但耐药率在不同国家、不同地区、不同年龄之间存在一定的差异，儿童人群耐药率往往较成人高。美国 SENTRY 监测显示，2015～2016 年北美地区、欧洲、亚太地区及拉美地区，肺炎链球菌对红霉素的敏感率分别为 56.1%、76.7%、54.5% 和 72.8%。对大环内酯类耐药率高是我国肺炎链球菌的突出特点，超过 90% 的肺炎链球菌对红霉素或克林霉素耐药。

多重耐药的肺炎链球菌在临床上越来越常见，但其临床分离率在不同地区的差异也较大。美国 SENTRY 监测显示，2015～2016 年期间，亚太地区最高（39.2%），北美地区最低（17.3%）。利奈唑胺、万古霉素、头孢洛林、替加环素和左氧氟沙星等对肺炎链球菌仍具较好的抗菌活性。

3. 肠球菌

肠球菌是一类兼性厌氧的革兰氏阳性球菌，通常定植于人类和动物的胃肠道内，可引起尿路、腹腔、伤口等常见感染，还可导致败血症、心内膜炎等危及生命的重症感染，是临床重要的条件致病菌之一。在临床上，粪肠球菌和屎肠球菌最为多见，而其他菌种如铅黄肠球菌、鹑鸡肠球菌等偶有分离。

1990 年以前，粪肠球菌占临床分离肠球菌的 80%～90%，而 20 世纪 90 年代之后，临床分离的屎肠球菌逐渐增多。美国 2011～2014 年的耐药监测数据显示，造成导管相关尿路感染、手术部位感染及血流感染的 VRE 临床分离株中，屎肠球菌的比例均超过 80%。我国 2021 年 CHINET 监测数据显示，粪肠球菌和屎肠球菌的分离率分别占肠球菌属的 41.8% 和 48.6%。屎肠球菌的耐药情况比粪肠球菌严重，对绝大多数测试抗菌药物的耐药率，粪肠球菌显著低于屎肠球菌。粪肠球菌和屎肠球菌对氨苄西林的耐药率差异较大，美国 SENTRY 监测显示，1997～2016 年，粪肠球菌和屎肠球菌对氨苄西林的耐药率分别为 0.4% 和 89.8%。我国 2021 年的数据显示，粪肠球菌和屎肠球菌对氨苄西林的耐药率分别为 2.9% 和 91.3%。

万古霉素已经成为临床治疗肠球菌感染的一线药物，自 20 世纪 80 年代首次报道耐万古霉素肠球菌后，很快在全球范围呈现不同水平的流行，存在着明显的地理差异性。美国 SENTRY 监测显示，1997～2016 年，全球 VRE 占肠球菌的 15.4%，其中北美地区的分离率最高（为 21.6%），主要以屎肠球菌为主。2007～2013 年 CANWARD 数据显示，VRE 在加拿大的分离率较低（4.2%）。相较于欧美国家，我国 VRE 的分离率一直处于较低水平，2020 年全国细菌耐药监测显示，粪肠球菌与屎肠球菌对万古霉素的耐药率平均分别为 0.2% 和 1.0%。VanA 型耐药（对万古霉素及替考拉宁均耐药）是全球最流行的耐药表型，而在少数国家（如澳大利亚、瑞典和德国），VanB（仅对万古霉素耐药）型 VRE 更为流行。从分子分型来看，耐万古霉素的屎肠球菌大多数属于克隆复合体 CC17，包括 ST78、ST17、ST18、ST192、ST63、ST64 等。耐万古霉素的粪肠球菌主要属于 CC2 和 CC9 克隆复合体，包括 ST6、ST9、ST16、ST21、ST28、ST40 和 ST87 等。

4. 肠杆菌目细菌

肠杆菌目细菌是一类生物学性状相似的革兰氏阴性菌，常寄居于人和动物的肠道内，是引起社区获得性感染和医院获得性感染的常见菌种，目前临床最为关注的是对第三代头孢菌素和碳青霉烯类耐药的肠杆菌目细菌，该类细菌目前对替加环素、多黏菌素 B、头孢他啶-阿维巴坦和阿米卡星总体保持较好的敏感性。

肠杆菌目细菌对第三代头孢菌素耐药最主要的机制是产超广谱 β-内酰胺酶（extended spectrum β-lactamase，ESBL），该酶是一类能水解青霉素类、头孢菌素类以及单环类抗生素的 β-内酰胺酶，其活性能被某些 β-内酰胺酶抑制剂抑制。产 ESBL 的肠杆菌目细菌一直困扰着临床，美国 SENTRY 对全球 1997～

2000 年和 2013~2016 年两个时间段肠杆菌科细菌的耐药性进行了分析，发现全球产 ESBL 的肠杆菌科细菌已从 10.3%增加到 24.0%，其中拉美地区增长速度最快，其次为亚太地区、欧洲和北美地区，主要以大肠杆菌和肺炎克雷伯菌为主。2020 年全国细菌耐药监测数据显示，大肠杆菌和肺炎克雷伯菌对第三代头孢菌素的全国平均耐药率分别为 51.6%和 31.1%，较往年均有下降趋势，但仍处于较高的水平，各地区间差别较大，其中河南最为严重。值得注意的是，有研究显示在我国县级医院中，产 ESBL 大肠杆菌在社区门诊的分离率高达 46.5%，可能与健康人中的高携带率有关，有报道，湖南健康人粪便中产 ESBL 大肠杆菌的携带率为 51.0%。CTX-M 酶是全球最常见的 ESBL 类型，产 ESBL 大肠杆菌主要的流行克隆为 ST131 型。

碳青霉烯类药物是目前治疗产 ESBL 肠杆菌目细菌感染最有效的药物，随着其在临床上的应用，其耐药已经成为全球高度关注的问题。2001 年，继美国首次发现碳青霉烯类耐药肺炎克雷伯菌后，便开始在全球范围内快速播散。2013 年美国疾病控制与预防中心已将碳青霉烯类耐药肠杆菌（carbapenem resistant *Enterobacteriales*，CRE）列为"紧急威胁"类耐药菌。2016 年美国 SENTRY 监测显示，全球 CRE 检出率近 3%，其中 CRKP 尤为明显，在所有地区和感染源中都有不同程度的上升，在北美、亚太地区、欧洲和拉美地区的检出率分别为 1.5%、1.9%、2.8%和 6.4%。我国肠杆菌目细菌对碳青霉烯类的耐药现象尤为严重，CRE 在临床的检出率已超出 10%，部分地区更为严重，主要以肺炎克雷伯菌为主，而大肠杆菌对碳青霉烯类药物的耐药率一直处于较低水平。肺炎克雷伯菌对亚胺培南和美罗培南的耐药率分别从 2005 年的 3.0%和 2.9%分别上升至 2018 年的 25.0%和 26.3%，近两年稍呈下降趋势，2021 年的耐药率分别为 23.1%和 24.4%。产碳青霉烯酶是最主要的耐药机制，其中 KPC 酶是最常见的碳青霉烯酶，主要见于碳青霉烯类耐药的肺炎克雷伯菌克隆复合体 258（CC258），在我国主要以 ST11 型多见，占整个 CRKP 分离率的 60%~80%，与美国流行的 ST258 只有一个等位基因的差异。

另外，我国大肠杆菌对喹诺酮的耐药现象尤为突出，其耐药率一直维持相对较高的水平，2020 年全国耐药监测数据显示大肠杆菌对喹诺酮类药物的耐药率全国平均为 50.7%，地区间略有差别，其中辽宁最高（为 67.3%），西藏最低（为 34.4%）。

5. 鲍曼不动杆菌

鲍曼不动杆菌是一种非发酵的革兰氏阴性菌，广泛存在于自然界、体表及医院环境等，能在干燥的环境中长期存在，是医院感染的重要条件致病菌之一，可引起院内获得性肺炎，尤其是呼吸机相关性肺炎、血流感染、尿路感染、颅内感染等严重感染。

鲍曼不动杆菌往往呈多重耐药或泛耐药，对氟喹诺酮类、氨基糖苷类和头孢菌素类等药物具有较高的耐药率，因此一直是临床面临的重大难题。美国 SENTRY 监测显示，2013~2016 年泛耐药鲍曼不动复合体检出率为 66.6%，其中拉美地区最高（86.6%），北美地区最低（40.8%）。2017~2018 年全国细菌耐药监测报告显示，我国鲍曼不动杆菌对多数药物的耐药率较高，多重耐药鲍曼不动杆菌的检出率为 75.1%，与全球平均水平一致。

自 1991 年美国首次报道亚胺培南耐药的鲍曼不动杆菌以来，许多国家和地区相继报道了 CRAB 的感染和流行，并呈快速上升趋势。美国 SENTRY 监测显示 2013~2016 年北美地区、欧洲、亚洲及拉美地区鲍曼不动杆菌对亚胺培南的敏感率分别为 57.7%、23.7%、21.6%和 14.4%。欧盟疾控中心 2018 年的数据显示 51.5%的鲍曼不动杆菌对碳青霉烯类耐药，与往年相比有上升的趋势。2016~2017 年韩国血流感染鲍曼不动杆菌对碳青霉烯类耐药率高达 89.9%，且大多为泛耐药鲍曼不动杆菌（extensive drug resistant *Acinetobacter baumannii*，XDR-AB）。CHINET 细菌监测数据显示，我国鲍曼不动杆菌对亚胺培南和美罗培南的耐药率近两年呈小幅下降趋势，但仍处于较高水平，2021 年的耐药率分别为 71.5%和 72.3%。CRAB 主要流行的克隆为 CC92，最常见的碳青霉烯酶为 OXA 酶。

舒巴坦及含舒巴坦的 β-内酰胺酶类复合制剂是临床用于治疗鲍曼不动杆菌的常用抗菌药物，随着该类抗菌药物在临床的使用，其耐药性也日益突出。美国 SENTRY 监测显示，2013~2016 年北美地区、欧洲、亚洲及拉美地鲍曼不动杆菌对氨苄西林/舒巴坦的敏感率分别为 58.9%、19.2%、20.5%和 16.4%；美国的一项调查报告显示,鲍曼不动杆菌对氨苄西林/舒巴坦的耐药率从 2003～2005 年的 35.2%增加到 2009～2012 年的 41.2%;我国鲍曼不动杆菌对头孢哌酮/舒巴坦耐药率已从 2005 年的 31%上升到 2021 年的 48.8%。

6. 铜绿假单胞菌

铜绿假单胞菌在自然界广泛分布,可在人体皮肤表面分离到,还可污染医疗器械甚至消毒液,具有易定植、易变异和多耐药的特点,是临床上较常见的条件致病菌之一。

近年来,铜绿假单胞菌的耐药情况相对比较稳定,对临床常用药物的耐药率大多低于 20%。多重耐药铜绿假单胞菌的分离率总体处于下降趋势,美国 SENTRY 连续多年的监测数据显示,从 2005～2008 年的最高点(27.5%)下降到 2013～2016 年的 21.8%,其中拉美地区的分离率最高,主要来源于呼吸道和血液,对多黏菌素及阿米卡星仍有较高的敏感性。2005～2021 年我国铜绿假单胞菌对临床常用的几种抗菌药物的耐药率同样呈下降趋势,对阿米卡星的耐药率从 2005 年的 23.0%下降至 2021 年的 3.5%,对哌拉西林/他唑巴坦和环丙沙星的耐药率从 2005 年的 34%和 32%分别下降到 2021 年的 12.5%和 11.4%。

碳青霉烯类对铜绿假单胞菌具有较强的活性,是治疗多重耐药铜绿假单胞菌感染的首选药物,但随着此类药物的广泛和不规范使用,碳青霉烯类耐药铜绿假单胞菌在临床逐渐增加。2013～2016 年期间全球铜绿假单胞菌对美罗培南的耐药率为 22.6%,其中拉丁美洲 32.3%、欧洲 29.4%、北美地区 18.2%、亚太地区 17.2%。近年来呈缓慢下降的趋势,2020 年我国 CARSS 监测网显示碳青霉烯耐药铜绿假单胞菌的检出率全国平均为 18.3%,地区间有一定差别,其中北京最高(为 27%),宁夏最低(为 5.7%)。2021 年 CHINET 监测数据显示,铜绿假单胞菌对亚胺培南和美罗培南的耐药率分别为 23.0% 和 18.9%,对多黏菌素 B、黏菌素、阿米卡星和头孢他啶-阿维巴坦的耐药率分别为 0.8%、2.0%、3.5%和 5.5%。CRPA 最常产的碳青霉烯酶为金属酶,全球主要流行的克隆为 ST235、ST111、ST233、ST244、ST357、ST308、ST175、ST277、ST654 和 ST298。近年来,一个携带 blaKPC-2 基因的新兴克隆 ST463 在我国华东地区出现流行。

二、真菌耐药

临床真菌的致病谱在不断变化。肿瘤、化疗、免疫抑制剂、自身免疫性疾病以及艾滋病患者的增多,导致临床真菌越来越多见,成为患者常见致死性原因。近年来,耐药真菌在临床上不断出现,特别是唑类抗真菌药物在农业上的应用加剧了环境中耐药真菌的出现。

1. 隐球菌流行病学

隐球菌病主要的致病菌为新生隐球菌(*Cryptococcus neoformans*)和格特隐球菌(*Cryptococcus gattii*)。在中国,新生隐球菌是主要菌种,尤其是新型隐球菌格鲁比变种 MLST 序列 5 型(*C. neoformans* var. *grubii* MLST sequence type 5, ST5)占临床分离株的 90%以上。新生隐球菌可以从土壤、空气、水、蔬菜、畜禽粪便中分离,呼吸道、胃肠道、受损的皮肤或黏膜可以成为新生隐球菌的侵袭途径。在中国,格特隐球菌致病的患者主要生活在亚热带和热带地区,主导的是 VG I 基因型菌株。尽管目前还无法获得中国隐球菌病的准确发病率,但在过去 20 年中,中国报告的隐球菌病病例数量逐渐增加。

对隐球菌病的认识主要是基于对临床病例的研究,这些病患通常表现为免疫抑制状态,尤其是人类免疫缺陷病毒(human immunodeficiency virus,HIV)感染。早期对隐球菌病的认识大多来自于对 HIV 阳性患者的临床观察。据美国 CDC 预测,在 HIV 携带者和 AIDS 患者中,每年将近 100 万人患隐球菌病,有 62.5 万例死于该病。在一些医疗资源有限的地区,如撒哈拉以南非洲和东南亚,侵袭性隐球菌病是第二常见的威胁生命的 HIV 相关机会性感染。近年来,由于联合抗逆转录病毒治疗的有效干预,更多发达国家关注了合并免疫低下状态的 HIV 阴性患者,如肝硬化、糖尿病、恶性肿瘤、结节病、实体器官移植和自身免疫性疾病。细胞免疫功能受损被认为在隐球菌侵袭过程中起重要作用。在美国一项基于人群的研究中,该研究表明,HIV 阴性隐球菌病患者的比例正在接近 HIV 感染患者的比例。事实上,HIV 阴性患者的死亡率甚至更高。比较 HIV 阳性和 HIV 阴性隐球菌病患者,在流行病学、临床特征、治疗和结局方面存在显著差异。此外,有研究表明,在中国或其他亚洲人群中,存在一些既往健康没有明显诱因的隐球菌病患者,这部分患者更容易发生脑疝、昏迷、癫痫、脑积水等并发症。这与对隐球菌病的临床和流行病学表现认识不足导致的延迟诊断有关。既往健康没有明显诱因的隐球菌病患者已成为人们日益关注的对象。

2. 曲霉菌流行病学

曲霉菌（*Aspergillus*）是广泛的真菌属，包括分布在世界各地约 340 种物种。其中，烟曲霉（*A. fumigatus*，我国数据占比 46%～60%）、黄曲霉（*A. flavus*，27%～36%）、黑曲霉（*A. niger*，2%～8%）和土曲霉（*A. terrus*，2%～7%）最具临床相关性。曲霉菌感染患者通常有与其潜在疾病及其治疗相关的多种疾病，例如，严重的中性粒细胞减少、骨髓移植或实体器官移植状态、肝硬化、肺结核、糖尿病、慢性阻塞性肺病等。侵袭性肺曲霉菌病在无基础疾病患者中的报道约为 20%。肺是最常规的曲霉菌感染部位，其次是鼻窦和眼部。非侵袭性曲霉菌包括过敏性支气管肺曲霉菌病（allergic bronchopulmonary asper gillosis，ABPA）和过敏性真菌性鼻窦炎，更具侵袭性的形式包括慢性肺曲霉菌病（chronic pulmonary aspergillosis，CPA）和侵袭性肺曲霉菌病（invasive pulmonary aspergillosis，IPA）。据统计，中国约有 4 万例 CPA 患者、49 万例 ABPA 患者，每年至少 16 万例侵袭性曲霉菌病患者。侵袭性曲霉菌病死亡率极高，在中国的死亡率为 39%～100%，略高于全球死亡率（30%～95%）。目前，中国耐唑烟曲霉的突变率为 1.4%～5.6%，与国际报道的 2.1%～8%类似。

3. 念珠菌流行病学

迄今为止，已发现有 270 余种念珠菌（*Candida*）。在中国，最常见的致病念珠菌依次为白色念珠菌（*C. albicans*，40.1%）、近平滑念珠菌（*C. parapsilosis*，21.3%）、热带念珠菌（*C. tropical*，17.2%）、光滑念珠菌（*C. glabrata*，12.9%）、克柔念珠菌（*C. krusei*，2%）。念珠菌广泛存在于自然界，在高达 60%的健康人皮肤及黏膜表面可检测到。随着广谱抗生素的使用、侵入性操作、生命支持技术、化疗等医疗行为的开展，目前念珠菌正成为重要的院内感染病原体，程度轻的可形成浅表局部皮肤黏膜破坏，侵袭性念珠菌病（invasive candidiasis）可致血液播散及各脏器深部感染。在侵袭性真菌感染中，侵袭性念珠菌病最常见，并且病死率最高，其粗死亡率为 46%～75%，归因死亡率为 10%～49%。在中国一项多中心前瞻性观察研究中，重症监护室侵袭性念珠菌病发病率为 0.32%。

4. 马尔尼菲篮状菌流行病学

马尔尼菲篮状菌（*Talaromyces marneffei*，TM）是地方性条件致病菌，主要侵犯单核巨噬细胞内皮网状系统，与该菌感染相关的宿主条件是多种形式的免疫相关基础疾病和原发性免疫缺陷，如肝硬化、恶性肿瘤、自身免疫性疾病、骨髓或实体器官移植、长期使用化疗药物或免疫抑制剂、HIV 感染等。宿主的细胞免疫反应损伤使得吞噬细胞清除病原体的能力严重下降，从而导致马尔尼菲篮状菌的感染和播散。马尔尼菲篮状菌主要流行于我国南方地区。迄今为止，中国已发现 600 多例马尔尼菲篮状菌感染病例，其中 82%的病例报告于广西和广东。在中国，超过 87%的报告与 HIV 感染有关，在高流行地区，马尔尼菲篮状菌在 HIV 住院患者中感染率为 4%～16%。多位点基因型研究表明，感染人类的马尔尼菲篮状菌分离株与感染竹鼠的分离株相似，在某些情况下甚至是相同的。尽管潜在的感染源是啮齿类动物，但是马尔尼菲篮状菌感染人类的传播途径依然是个谜，对于接触或食用竹鼠是否为危险因素尚存争议，吸入空气中的真菌孢子或直接接种被认为是更有可能的传播途径。

三、结核分枝杆菌耐药

1. 耐药结核病的定义和分类

结核病（tuberculosis，TB）是由结核分枝杆菌（*Mycobacterium tuberculosis*）感染人体引起的一种传染性疾病。结核病是一种古老的疾病，在人类历史上，结核病曾发生过多次大规模的暴发流行。目前结核病仍是全球第一大传染病，是全世界成年人死于单一传染病的主要原因，每年有超过 1000 万人新患结核病，150 万人死亡；其中 2021 年中国新增结核病患者约 78 万例。全球每年新增耐药/耐多药结核患者约 50 万人。耐药结核的广泛传播给全球结核病防控工作带来了巨大的阻碍，严重危害了世界人民的健康，其防治越来越引起全社会的关注，成为全球结核防控的主要难点。

耐多药结核（multidrug resistant tuberculosis，MDR-TB）是指至少同时对异烟肼和利福平耐药的耐药结核病，因大部分 MDR-TB 对利福平耐药，因此也通常把利福平耐药结核（rifampin resistant tuberculosis，RR-TB）作为 MDR-TB 的粗略估计，但这并不完全准确，因为 RR-TB 也可能对异烟肼敏感或对其耐药（即耐多药结核病）。广泛耐药结核（extensively drug resistant tuberculosis，XDR-TB）是指符合 MDR-TB 定义，同时对任意氟喹诺酮药物以及至少对一种其他 A 组药物（贝达喹啉、利奈唑胺）耐药的耐药结核病。耐药结核可分为原发性耐药和获得性耐药。原发性耐药是指从未接受过抗结核药物治疗的结核病患者感染的结核分枝杆菌对一种或多种抗结核药物已经耐药；获得性耐药是指抗结核药物治疗开始时结核病患者感染的结核分枝杆菌对抗结核药物敏感，但在治疗过程中发展为耐药的结核病。

2. 全球耐药结核病流行现状与趋势

耐药结核病的持续蔓延是全球结核病控制面临的最紧迫和最困难的挑战之一，其流行病学模式在近几十年发生了巨大变化。

1990～2017 年，全球耐多药结核病发病率、患病率、死亡率和伤残调整生命年的年龄标准化率（ASR）呈抛物线分布，在 1990～1999 年急剧上升，年度百分比变化分别为 17.63[95%置信区间（CI）：10.77～24.92]、17.57（95% CI：11.51～23.95）、21.21（95% CI：15.96～26.69）和 21.90（95% CI：16.55～27.50）。其中，社会人口指数低和中低地区的结核病控制受到包括人口膨胀、贫困和超负荷的卫生系统等问题的影响，ASR 上升趋势最大。2000～2017 年，耐多药结核病发病率、患病率、死亡率和伤残调整生命年的 ASR 在各个国家、地区和世界范围内均出现下降趋势，年度百分比变化分别为 –1.37（95% CI：–1.62～–1.12）、–1.32（95% CI：–1.38～–1.26）、–3.30（95% CI：–3.56～–3.04）和 –3.32（95% CI：–3.59～–3.06）。这可能与近年来耐多药结核病的检测、监测和治疗在全球取得了成效有关。2017 年，有约 41%的结核病患者进行了利福平耐药检测。对耐多药结核病接触者的管理也有所进展，据估计，如果采用预防性治疗（TPT），可将发生耐多药结核病的风险降低至原来的 10%。各国政府和政治组织也通过行动计划、财政举措和世界各地的卫生基础设施采取了控制耐药结核病的行动。

2018～2019 年，MDR/RR-TB 的负担在全球范围内仍是相对稳定的。2018 年，估计有 48.4 万人发生耐多药或利福平耐药结核病，有 21.4 万人死于 MDR/RR-TB4。2019 年，全球新发 MDR/RR-TB 约 46.5 万例，约有 18.2 万例患者死亡。2019 年年底，新型冠状病毒疫情在全球肆虐，COVID-19 大流行造成的结核病服务中断导致防治工作遭遇挫折，对结核病防控带来巨大负面影响，许多国家将人力、财力和其他资源从结核病转移到应对 COVID-19 上，结核病的数据收集和报告也受到显著影响，结核病负担的估计难度增大。根据 WHO 的 2022 年全球结核病报告，据估计，2020～2021 年耐多药/利福平耐药结核病的估计发病患者数增加。2020 年 MDR/RR-TB 发病患者数是 43.7 万例，2021 年增加到 45 万例，增长 3.1%。主要原因是 2020～2021 年期间结核病发病率总体增加，这可能是 COVID-19 大流行对结核病检测的影响造成的。在 2021 年 45 万例 MDR/RR-TB 患者中，印度排在第一位（占 26%），俄罗斯占 8.5%，巴基斯坦占 7.9%，中国占 7.3%，印度尼西亚占 6.2%。2021 年，MDR/RR-TB 结核病患者在首次被诊断为结核病的人中的估计比例为 3.6%，在先前接受治疗的结核病患者中为 18%。对于 MDR/RR-TB 的治疗患者数，从 2019 年到 2020 年下降了 17%，从 18.2 万例下降到 15 万例；2021 年较 2020 年恢复了 7.5%。在患者负担方面，大约 20 余个国家开展了结核病患者疾病负担的调查，在耐药结核病患者中，高达 82%的患者及家庭面临灾难性支出，距离终止结核病战略的目标相差甚远。耐多药结核病负担仍然是全球公共卫生面临的重大挑战，COVID-19 大流行逆转了多年来在提供基本结核病服务和减轻疾病负担方面取得的进展，需要更有效的策略，并增加对耐多药结核病预防和控制的投资。

3. 我国耐药结核病流行现状

自 1994 年全球抗结核药物耐药监测项目启动，中国以省（自治区、直辖市）为单位加入了全球结核病耐药性监测项目，每年有 1～2 个省份参与该计划，该计划由 WHO/IUATLD 监测指导小组直接指导，并对相关检验人员进行培训。

2007~2008 年我国首次开展全国性的结核病耐药性调查，采用分层整群抽样的方法，随机抽取全国 31 个省份（香港、澳门、台湾除外）共 70 个县（区）的结核病患者进行耐药监测。结果显示，涂阳肺结核病患者分离的结核分枝杆菌总耐药率为 37.79%，其中初治肺结核总耐药率 35.16%，复治肺结核总耐药率 55.17%；耐多药结核发病率为 8.32%，总广泛耐药率为 0.68%。据此估算，我国每年新发耐多药肺结核患者约 12 万例，其中广泛耐药肺结核患者近 1 万例。我国分别于 1979 年、1984~1985 年、1990 年、2000 年、2010 年五次进行结核病流行病学抽样调查报告，第五次结核病抽样调查报告表明初治患者的耐药率顺位前 5 位为异烟肼、链霉素、对氨基水杨酸、丙硫异烟胺和氧氟沙星，复治患者的耐药率顺位前 5 位为异烟肼、利福平、链霉素、对氨基水杨酸和丙硫异烟胺。

根据 1990~2017 年中国结核病流行趋势分析发现，1990~2017 年结核病的患病率、发病率和死亡率呈下降趋势，平均年度变化率（AAPC）分别为 -0.5%（95% CI：-0.6%~-0.5%）、-3.2%（95% CI：-3.5%~-2.9%）和 -5.7%（95% CI：-6.2%~-5.3%）。MDR-TB 的发生率和死亡率下降，AAPC 分别为 -2.3%（-3.1%~-1.4%）和 -4.9%（-5.4%~-4.5%），但是 MDR-TB 患病率呈上升趋势，AAPC 为 1.2%（0.3%~2.0%）。此外，WHO 报告中国近 5 年（2017~2021 年）MDR/RR-TB 估算发病例数逐年缓慢下降，其中 2021 年新诊断的结核病例约有 3.4% 人群为 MDR/RR-TB，77%（约 1.3 万）耐多药结核病患者获得治疗，耐多药结核病治疗成功率为 53% 左右。原发耐药菌的传播是耐药性产生的主要危险因素，我国耐多药肺结核患者分布以农村为主，青壮年患者比例较高，显示我国耐药结核具有分布广泛和形势严峻的特点。据世界卫生组织估计，中国只有不到 10% 的耐多药结核病得到诊断或治疗，由于大多数耐多药结核病病例未被发现或采用了不合适的治疗策略，患者耐药菌株的传播将导致更严重的耐多药结核病流行。我国"十四五"期间实施了《遏制结核病行动计划（2019~2022 年）》，不断总结、巩固和推广改革试点成果，以降低肺结核发病率和耐药结核病发生率为目标。耐药结核病防治仍需制订和完善针对耐药结核病患者的治疗、关怀、行为限制、隔离等相关政策，建立相对公平、合理的医疗服务筹资、补偿机制，加大对 MDR-TB 的筛查力度，从源头上控制耐药结核分枝杆菌的传播与扩散。

四、寄生原虫耐药

寄生原虫包括引起疟疾的疟原虫（*Plasmodium* spp.）、引起黑热病的利什曼原虫（*Leishmania* spp.），引起非洲和美洲锥虫病的锥虫（*Trypanosoma* spp.）、引起毛滴虫病的毛滴虫（*Trichomonas* spp.）、引起弓形虫病的弓形虫（*Toxoplasma gondii*）和引起隐孢子虫病的隐孢子虫（*Cryptosporidium* spp.）等，都是严重危害人类健康的病原生物。其中，疟疾、锥虫病和黑热病是世界卫生组织（World Health Organization，WHO）致力在全球控制和消灭的重要传染病。控制乃至消灭寄生原虫病与控制其他传染病一样，最有效的措施是切断其传播途径（包括隔离和治疗患者），其中药物治疗是快速和有效控制传染源的不二法门。然而，由于长期大量使用为数不多的几种抗原虫药物，导致不同程度的耐药性在不同种类的寄生原虫中相继出现，严重影响对患者的有效治疗，进而阻碍了人们对其的有效控制。

与其他病原生物耐药性（drug resistance）一样，寄生原虫耐药性是指使用推荐剂量的特定抗寄生原虫药物驱杀某种寄生原虫时，药物效果显著降低或消失的现象。耐药性常用于描述病原体对经常（或长期）使用的药物获得的可遗传表型，或者说是在药物作用压力下演化出的抵抗药物作用的能力。当一种寄生虫同时对多种结构上有本质差异的药物都具有耐药性时，我们将其称为"多药耐药性"（multidrug resistance）。

寄生虫的耐药性已成为当前寄生虫病防治中的棘手问题，但由于寄生虫基因组结构和代谢功能远较细菌复杂，其耐药性产生机理并不像细菌那样已了解清楚。一般认为，寄生虫耐药性的产生机理与细菌相似，也是因在药物作用选择压力下所获得的遗传表型，可分为两种：其一，某一或某种寄生虫群体由于遗传多态性的存在，其中一些个体对某种药物具有更高的耐受剂量或对推荐剂量不敏感，在药物的长期或反复使用压力下被选择，逐渐演化为优势群体，该群体在推荐敏感剂量的抗寄生虫药物作用下存活数量的比例高于被驱杀数量时，就表现为耐药群体，标志着对该种药物耐药性性状的产生，但与基因的变化（突变）无直接的关系，目前的研究结果一般认为家畜绵羊、山羊等的线虫对苯并咪唑（benzimidazole）类和伊维菌素（ivermectin）等大环内酯类药物耐药性的产生机理就是如此；其二，寄生虫群体中部分个体在药物长期反复作用下，像细菌那样发生药靶分子的编码基因突变，或形成新的旁路代谢途径，从而使药物作用的靶胞器、靶代谢途径、靶分子等丧失对药物的敏感性，使这些个体在不断的药物作用下被重新选择成为优势群体，这已经在许多寄生原虫如疟原虫、利什曼原虫、弓形虫中获得实验证明。例如，以亚治疗剂量的磺胺类药物连续处理弓形虫并让其在小鼠传代一定代次后，在监测到耐药性产生的同时，也可检测到二氢蝶酸合酶（dihydropteroate synthase）编码基因的点突变，且这些点突变与耐药性程度的剂量依赖呈正相关。因此，这类耐药性具有剂量相关性和可遗传性。

1. 疟原虫耐药

在众多的寄生原虫中，疟原虫对治疗药物耐药性的产生尤为突出，这与疟疾（malaria）对人类健康的重要性有直接的关系。疟疾曾在我们这个星球上肆虐了数千年，是我国流行历史最久远、危害最严重的传染病之一。从1950年到2015年期间，全国疟疾发病人数达22 767万例，其中仅1970年，发病率就达2961/10万。20世纪中期，全球每年感染疟疾3.5亿例，死于疟疾的人数在100万人。因此，WHO在成立（1948年4月7日）以来，一直致力在全球范围内控制乃至消灭传染病，当然包括疟疾这种长期威慑人类健康和文明的病原体。

疟疾，俗称"打摆子"，是由感染人的疟原虫引起的疾病的总称。传统上，在大多数教科书中，人们一般认为感染人的疟原虫只有4种，即恶性疟原虫（*Plasmodium falciparum*）、间日疟原虫（*P. vivax*）、三日疟原虫（*P. malariae*）和卵形疟原虫（*P. ovale*）。但是，越来越多的证据显示人类对自然寄生非人灵长类的诺氏疟原虫（*P. knowlesi*）非常敏感，感染可以引起典型的疟疾临床症状。因此，目前部分新的教科书已经把诺氏疟原虫也列入感染人的疟原虫。事实上，大多数非人灵长类动物的疟原虫都可以感染人，并引起临床症状。研究结果显示，所有灵长类动物包括人的疟原虫都由按蚊属（*Anopheles*）的种类传播。在我国，中华按蚊（*A. sinensis*）、微小按蚊（*A. mininus*）和大劣按蚊（*A. dirus*）等是传播疟疾的主要媒介。在感染人的疟原虫中，恶性疟原虫和间日疟原虫是最常见的、引起临床症状最严重的种类。由于长期使用为数不多的几种抗疟药如氯喹（chloroquine）、奎宁（quinine）、甲氟喹（mefloquine）、伯氨喹（primaquine）和乙胺嘧啶（pyrimethamine）等，因此耐药性也多发生在这两种疟原虫，关于这两种疟原虫的研究和获得的成果也最多。氯喹和甲氟喹主要作用于寄生在红细胞中（红内期）的疟原虫；乙胺嘧啶主要杀灭肝细胞期（红外期）的疟原虫；伯氨喹不但可杀灭红外期的疟原虫，也可以杀灭红内期的疟原虫，具有治疗和预防疟疾的作用，但是副作用较大。由于耐药性的出现，WHO要求其成员国在治疗疟疾患者时必须使用抗疟原虫的复方制剂（即两种以上抗疟药混合使用），以减少耐药虫株的出现。我国经过几十年的努力，2020年宣布消灭疟疾，2021年经WHO现场评估，确认我国已经没有本土的疟疾病例，疟疾被消灭。我国在疟疾防控取得的巨大成就成为发展中国家传染病防控的典范。

在青蒿素（artemisinin, ART）发现以前，氯喹是使用最广泛、最有效的抗疟药物。然而，由于长期大量使用该药物，导致部分疟原虫对其产生耐药性，使其对疟疾的疗效急剧下降。恶性疟原虫耐氯喹株的出现主要与 *Pfcrt*、*Pfmdr1*、*Pfmrp1*、*Pfnhe* 和 *PfATP4* 基因突变有关。疟原虫耐药株的出现严重打击了WHO在全球消灭疟疾的计划。20世纪70年代初，我国科学工作者在黄花蒿（*Artemisia annua*）中分离和提纯出高效的抗疟原虫的成分——青蒿素。青蒿素的发现及其提取方法建立的关键人物——屠呦呦教授，由于其杰出的贡献而获得2015年诺贝尔生理学或医学奖。青蒿素的发现也使WHO和抗疟疾领域重燃希望，使"彻底消灭疟疾，构建无疟疾世界"的理想成为可能。但不幸的是，疟原虫对"抗疟神药"青蒿素也产生了耐药性，有关疟原虫耐受青蒿素（ART）及其衍生物的研究报道也层出不穷。然而，疟原虫耐青蒿素的具体机制却一直不清楚。青蒿素及其衍生物是治疗疟疾的一线药物，但耐药性正在损害其有效性，主要表现在对环状体（ring form）时期的作用减慢。新近有研究报道，疟原虫耐青蒿素及其衍生物主要是由于疟原虫的Kelch13（K13）蛋白突变导致其及其相互作用物活性降低，从而减少了血红蛋白的内吞作用，进而影响了对青蒿素及其衍生物的激活，最终导致疟原虫对青蒿素及其衍生物出现耐药性。

2. 利什曼原虫耐药

利什曼原虫属（*Leishmania*）中至少有 20 种利什曼原虫可以感染人并引起利什曼原虫病（leishmaniasis）。常见的寄生人的利什曼原虫主要有杜氏利什曼原虫（*L. donovani*）、婴儿利什曼原虫（*L. infantum*）、热带利什曼原虫（*L. tropica*）、墨西哥利什曼原虫（*L. mexicana*）、巴西利什曼原虫（*L. braziliensis*）和硕大利什曼原虫（*L. major*）。利什曼原虫病在非洲、亚洲、南美洲和欧洲的众多国家都有广泛流行，是 WHO 致力控制和消灭的重要传染病之一。除杜氏利什曼原虫和婴儿利什曼原虫感染引起内脏利什曼原虫病（visceral leishmaniasis）外，其他种类主要引起皮肤利什曼原虫病（cutaneous leishmaniasis）和皮肤黏膜利什曼原虫病（cutaneous-mucosal leishmaniasis）。我国流行的感染人的利什曼原虫主要是杜氏利什曼原虫，其感染引起的内脏利什曼原虫病俗称"黑热病"（kala-azar）。该病曾广泛流行于我国长江以北的广大农村地区，特别是江苏、山东、安徽、河南、河北等省最为严重，严重威胁人民群众的健康。1951 年，估计 10 万人中有 94.1 个黑热病患者（约 53 万）。该病在 1958 年已基本得到有效的控制，目前零星分散的黑热病病例主要集中在新疆、内蒙古、甘肃、四川、山西、陕西等省份，病例数每年在 200～500 左右。用于治疗黑热病患者的药物主要是葡萄糖酸锑钠（sodium stibogluconate，SSG）和葡甲胺锑酸盐（meglumine antimoniate，MA），它们对不同种类的利什曼原虫都有良好的杀灭作用，是治疗利什曼原虫病的一线高效药物。但是，这些药物对人体有严重的副作用，包括引起胰腺炎、心脏和肾脏毒性。这些药物因为没有口服制剂，只能通过注射给药，给患者特别边远地区的患者治疗带来诸多不便。此外，两性霉素 B（amphotericin B）、两性霉素 B 脂质体（liposomal amphotericin B）、米替福新（miltefosine）和巴龙霉素硫酸盐（paromomycin sulphate）也常用于治疗葡萄糖酸锑钠耐药虫株。由于五价锑剂的长期使用，在流行区已分离出对葡萄糖酸锑钠耐药的虫株。研究发现，耐五价锑剂的虫株中，其锥虫氧环蛋白过氧化物酶系（tryparedoxin peroxidase system，TXNPx）、多药耐药相关蛋白（multidrug resistance-associated protein 1，MRP1）、ATP 结合盒（ATP-binding cassette，ABC）和热激蛋白 70（heat shock protein 70，HSP70）的过表达与其耐药性相关。因此，联合治疗内脏利什曼病已越来越多地被提倡作为一种提高治疗疗效、缩短治疗时间和费用、限制耐药虫株出现的策略。尽管利什曼原虫耐药性的广泛性和严重性远不如疟疾，但是越来越多的证据显示，利什曼原虫的耐药性也不容忽视。例如，婴儿利什曼原虫在美洲和地中海地区是内脏利什曼原虫病最重要的病原体，而犬是主要宿主。由于犬利什曼原虫病的出现大多早于人的利什曼原虫病，因此在流行区中，治疗犬利什曼原虫病对控制人利什曼原虫病的发生尤为重要。因此，药物治疗患利什曼原虫病的犬只是这些地区近年常用的控制方法之一。长期使用米替福新治疗犬的内脏利什曼原虫病会导致药物的失效，然而人们更担心针对葡甲胺锑酸盐（meglumine antimoniate，MA）和两性霉素 B（amphotericin B）出现多药耐药性虫株。在利什曼原虫中，已报道的与耐药发生相关的基因种类有很多，其中水-甘油的跨膜输送蛋白通道-1（aquaglyceroporin 1，AQP1）在多数耐药虫株中都有报告，是鉴定利什曼原虫耐药的重要靶标基因。

3. 锥虫耐药

锥虫（trypanosomes）是一类主要寄生在脊椎动物（包括人）血液及淋巴液中的血鞭毛虫（hemaflagellate），引起动物和人的锥虫病（trypanosomiasis）。寄生在人的锥虫有两大类：非洲锥虫，包括布氏冈比亚锥虫（*Trypanosoma brucei gambiense*）和布氏罗得西亚锥虫（*T. b. rhodesiense*）；美洲锥虫，主要指枯氏锥虫（*T. cruzi*），其感染引起的美洲锥虫病也称恰加斯病（Chagas disease）。人感染非洲锥虫或美洲锥虫分别引起非洲锥虫病和美洲锥虫病。与疟疾一样，锥虫病也是 WHO 要致力控制和消灭的人类重大传染病之一。尽管我国没有源于本土的人锥虫病病例报告，但近年来有输入性非洲锥虫病的病例报告，应该引起相关部门的高度警惕。我国学者证实寄生在广泛分布的褐家鼠（*Rattus norvegicus*）的路氏锥虫（*T. lewisi*）是一种典型的人兽共患锥虫，而且在亚洲和非洲有近十例的病例报告，值得关注。

舌蝇属（*Glossina*）的采采蝇（tsetse fly）是非洲锥虫的主要传播媒介，而锥蝽属（*Triatoma*）的种类则是美洲枯氏锥虫的重要媒介。由于非洲锥虫和美洲锥虫具有许多生物学的差异，例如，非洲锥虫感染后期往往由于进入宿主中枢神经系统，使得大多数治疗药物因无法通过血脑屏障而导致治疗失败；美洲锥虫在人体内必须侵入细胞并在胞内繁殖、破坏内脏器官，因此两者在使用药物上有明显的不同。长期以来，治疗急性非洲锥虫病患者大多使用苏拉明硫酸盐（suramin sulphate）、戊烷脒（pentamidine）、美拉胂醇（melarsoprol）、硝呋莫司等；对慢性非洲锥虫病患者，硝呋莫司/依氟鸟氨酸（nifurtimox/eflornithine）是首选药物，但需要住院治疗。苏拉明硫酸盐可用于治疗布氏冈比亚锥虫和布氏罗得西亚锥虫感染的患者；美拉胂醇主要用于治疗布氏罗得西亚锥虫感染的患者，其他药物主要用于治疗布氏冈比亚锥虫感染的患者。由于人的非洲锥虫是典型的人兽共患病原体，因此，有学者担心在家畜形成的耐药虫株可能对流行区人群健康造成威胁。总体来说，感染人的非洲锥虫即布氏冈比亚锥虫和布氏罗得西亚锥虫的耐药程度远不如疟疾严重。目前，尽管感染人的非洲锥虫对戊烷脒和美拉胂醇出现耐药，但病例不多，这可能与国际合作参与非洲锥虫的防控取得巨大成功有密切关系。非洲锥虫耐戊烷脒的机理被认为与氨基蝶呤转运体（aminopurine transporter）的功能丧失有关；而它们对美拉胂醇的耐药则被认为与 P2 和 AQP2 突变有关。值得高度关注的是，非洲锥虫存在对拉胂醇-戊烷脒交叉耐药（melarsoprol-pentamidine cross resistance，MPXP），因为这两种药物共享相同的转运蛋白，特别是 AQP2。

目前，仅有两种注册的药物即硝呋莫司（nifurtimox，Nfx）和苄硝唑（benznidazole）用于治疗由枯氏锥虫感染引起的美洲锥虫病。硝呋莫司是仅注册用于治疗美洲锥虫病的药物，在非洲用于治疗人锥虫病则必须要获得授权使用。苄硝唑是一种硝基杂环衍生物，被认为是治疗美洲锥虫病的一线药物。该药通过 ROS 介导作用对血液中的枯氏锥虫锥鞭毛体（trypomastigote）和细胞内的无鞭毛体（amastigote）起作用。尽管该药对治疗急性恰格氏病有效，但对慢性以及危及生命的恰格氏病，其疗效较低。此外，该药的副作用也非常明显。临床数据显示，约 49% 的患者对该药物有不良反应，其中超过 1/4 的患者不得不因不良反应而中断治疗。硝呋替莫在许多特征上与苄硝唑相似，如化学类型、作用机制、寄生虫对药的敏感性以及治疗急慢性恰格氏病的疗效等。另一方面，患者对该药的耐受性要比硝呋莫司差得多。数据显示，高达 90% 的患者对该药有不良反应，明显增加了治疗中断和失败的概率。

此外，由于治疗寄生原虫的药物品种有限，而且使用时间很长，除上述介绍的几种重要寄生原虫外，许多常见的寄生原虫如弓形虫对磺胺嘧啶（sulfadiazine）、乙胺嘧啶（pyrimethamine）和阿托伐醌（atovaquone），毛滴虫对甲硝唑等，都出现不同程度的耐药性。然而，由于种种原因和耐药机理发生的复杂性，许多耐药机理至今仍不清楚。随着组学测序和组学功能分析技术的不断发展，研发新的、高效治疗原虫（包括耐药虫株）的药物势在必行。

五、病毒耐药流行病学

1. HIV 耐药

截至 2020 年年底，全球估计 3770 万艾滋病病毒感染者中有 2750 万人接受了抗病毒治疗。但艾滋病病毒药物使用的增加伴随着艾滋病病毒耐药性的出现，近年来耐药性水平稳步上升。

HIV 耐药性是指 HIV 通过自身基因突变，导致对特定药物不敏感或敏感性下降，也就是药物抗病毒效果下降或者失败。HIV 耐药是抗病毒治疗失败最常见的原因之一。目前所有的抗病毒药物，无论新药还是老药，都可能出现耐药性。

HIV 耐药主要分为原发性耐药与继发性耐药两种。原发性耐药是指在接受抗病毒治疗前，病毒就已存在耐药相关突变或直接感染了耐药性毒株。继发性耐药是指在抗病毒治疗过程中病毒发生耐药突变，使毒株对药物的敏感性降低，一般都是因治疗不得当（剂量、用法不对或服药不规律）等原因产生的。

WHO 发布的《2021 年艾滋病病毒耐药性报告》（*HIV Drug Resistance Report 2021*）指出，越来越多的国家正在达到非核苷类逆转录酶抑制剂（NNRTI）耐药性 10% 的阈值，如对奈韦拉平（NVP）或依非韦伦（EFV）具有耐药性。之前接触过抗逆转录病毒药物的人群中，对 NNRTI 类药物产生耐药的可能性增加了 3 倍。在感染艾滋病病毒的母亲所生的婴儿中，近一半对一种或多种 NNRTI 具有耐药性。实现高水平病毒抑制（≥90%）的国家数量从 2017 年的 33% 增加到 2020 年的 80%。在接受抗病毒治疗的人群中实现高水平病毒抑制，可防止 HIV 传播以及艾滋病相关疾病的发病率和死亡率，并防止出现耐药性。

虽然目前我国 HIV 耐药相对较低，但各地区的耐药率仍存在一定的差异，需进一步规范实施耐药监测评估。我国各地耐药率分布见图 36-2。一项对我国 8 个省份抗逆转录病毒治疗结果的调查发现，接受一线抗逆转录病毒治疗的患者中发生 HIV 耐药突变的为 4.3%（33/765）。所有 HIV 耐药突变的患者均对 NNRTI 产生耐药性，81.1%的患者对核苷类逆转录酶抑制剂耐药，只有 3%的患者对蛋白酶抑制剂产生耐药性。

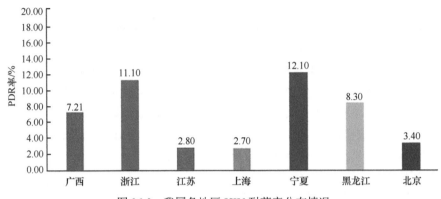

图 36-2 我国各地区 HIV 耐药率分布情况

阻止艾滋病病毒的耐药性对于确保现有治疗药物的长期疗效和持久性非常重要。自 2019 年以来，WHO 就建议将多替拉韦作为所有群体的首选一线和二线治疗药物。它比目前使用的其他药物更有效、更容易服用、副作用更少。多替拉韦在产生耐药性方面也具有很高的遗传障碍，这让其有更长期的耐用性和有效性。现在很多国家开始向含多替拉韦的治疗方案过渡，这为人们提供了更好的治疗选择，同时也有利于对抗耐药性。

2. HBV 耐药

乙型肝炎病毒（HBV）感染及与 HBV 相关的并发症仍是一个主要的全球公共卫生问题。全球约有 2.6 亿慢性 HBV 感染者，每年约有超过 80 万人死于 HBV 相关并发症。

HBV 是一种高变异的病毒，在逆转录复制过程中，因 RNA 聚合酶和逆转录酶缺乏校正功能，可使病毒在复制过程中发生核苷酸的变异。另外，HBV 可在慢性持续性感染过程中自然变异，也可因抗病毒药物治疗诱导病毒变异。这些变异均可导致耐药性的出现。

核苷（酸）类似物（NA）是治疗乙型病毒性肝炎的主要药物。目前临床常用的 NA 药物有拉米夫定、替比夫定、阿德福韦、恩替卡韦、替诺福韦和丙酚替诺福韦。因作用靶点均位于 HBV 的逆转录区，药物长期使用易引起 HBV 产生耐药性。在 NA 中，拉米夫定、阿德福韦和替比夫定代表一类对 HBV 耐药性具有低屏障的药物，而恩替卡韦、替诺福韦和丙酚替诺福韦被归类为对 HBV 具有耐药高屏障的药物。我国 80%的乙肝患者使用拉米夫定、阿德福韦这些低耐药基因屏障药物作为初始药物，这是我国 HBV 耐药率居高的重要原因之一。拉米夫定治疗 5 年后，耐药突变的发生率约为 70%。另外，由于 HBV-DNA 聚合酶发生自发性结构变化，未接受拉米夫定治疗的患者也可以出现对拉米夫定的耐药性。根据《慢性乙型肝炎防治指南（2019 年版）》，恩替卡韦、替诺福韦和丙酚替诺福韦因具有抗 HBV 耐药高屏障，被明确推荐为抗 HBV 的一线用药。但研究发现，尽管在接受 5 年以上恩替卡韦单药治疗的 NA 初治患者中仅观察到 1%～2%的耐药率，但是对原有拉米夫定耐药的患者改用恩替卡韦治疗 5 年后，耐药率可高达 40%以上。恩替卡韦的另一个缺点在于，当其用于治疗 HBV/HIV 合并感染的患者时，可导致 HIV 耐药株的出现。而替诺福韦和丙酚替诺福韦具有强大的抗病毒活性，长期使用几乎不会产生耐药性。

对于慢性乙型肝炎患者来说，治疗的目的就是通过最大限度地长期抑制 HBV 复制或彻底清除病毒，阻止疾病进展，延缓和减少肝功能衰竭、肝硬化失代偿、肝细胞肝癌和其他并发症，从而改善患者的生活质量，延长生存时间。如果需要抗病毒治疗，推荐选择强效低耐药的 NA 类药物。

3. HCV 耐药

丙型肝炎是由丙型肝炎病毒（HCV）感染引起的慢性肝脏炎症。WHO 的数据表明，全球约有 7100 万例慢性 HCV 感染者，每年约有 150 万新发感染病例。我国是世界上 HCV 感染者数量最多的国家，约占全球慢性 HCV 感染者总量的 14%。

HCV 为单链 RNA 病毒，其复制率高、缺乏 RNA 依赖的 RNA 聚合酶校对功能，这些因素使得 HCV 容易产生突变。此外，HCV 在感染者体内具有高度的病毒异质性，主要表现在患者体内多种 HCV 准种同时存在。HCV 的多样性引起 HCV 感染的持久性及复杂性，至今没有疫苗能够有效预防。

目前，HCV 治疗的方案主要有以下两种：一种是聚乙二醇干扰素 α 联合利巴韦林；另一种是直接抗病毒药物（DAA）。聚乙二醇干扰素 α 联合利巴韦林治疗对常见的 HCV-1 型的持续病毒学应答率约 50%，而在 HCV/HIV 共同感染患者中持续病毒学应答率仅 20%。DAA 的批准上市为 HCV 治疗开启了一个新的领域。

虽然 DAA 治疗 HCV 感染表现出好的疗效，但 DAA 耐药问题也随之引起临床医生的广泛关注。DAA 直接作用于病毒本身 3 个较为关键的蛋白质（NS3、NS5A 和 NS5B），从而发挥很强的直接抗病毒作用。因此，直接作用靶点的突变可能会影响 DAA 的治疗效果，导致病毒耐药的发生，称之为耐药相关变异。更有一些研究发现患者在接收 DAA 治疗前，体内就已经存在耐药相关变异，最终导致后续 DAA 治疗失败，称之为预存耐药。

研究表明，全球 HCV 的 DAA 预耐药突变流行率约为 58%。在各大洲中，DAA 预耐药突变流行率最高的是亚洲（74.1%），其次是非洲（71.9%）、美洲（53.5%）和欧洲（51.4%）。对于不同的 DAA 来说，NS3 蛋白酶抑制剂的耐药相关变异流行率最高，其次是 NS5A 抑制剂，而 NS5B 聚合酶抑制剂的耐药相关变异流行率最低。基因 1 型 HCV 对司美匹韦（Simeprevir）、达卡他韦（Daclatasvir）、雷迪帕韦（Ledipasvir）耐药突变发生率均超过 20%。

DAA 耐药是丙肝临床治疗中不得不面临的一个问题。因此，提高对 DAA 耐药突变的认识，对规范和优化选择 DAA 初始治疗以及耐药后的治疗方案是很有必要的。

4. HCMV 耐药

人类巨细胞病毒（HCMV）属于疱疹病毒科巨细胞病毒属人疱疹病毒 5 型。其广泛存在于自然界中，正常人群中自然感染普遍。大多数感染者无明显症状，但在婴幼儿和免疫功能受抑制的个体中可引起严重疾病，甚至危及生命。

目前常用的抗 HCMV 药物主要有更昔洛韦、膦甲钠和西多福韦等。这三种药物均通过抑制病毒 DNA 聚合酶从而抑制病毒 DNA 合成。随着抗病毒药物的使用增加、较低的药物浓度以及患者体内高病毒负荷状态，耐药病毒株的数量也逐渐增多。HCMV 耐药性的出现是患者疾病进展和治疗失败的一个重要因素，使得 HCMV 的耐药成为一个严重的问题。

HCMV 主要的耐药机制为病毒 *UL97* 基因和 *UL54* 基因发生了突变。HCMV 是艾滋病患者中最常见的机会性感染病毒。在艾滋病患者中，CD4$^+$T 细胞计数减少（通常低于 50 个细胞/μl）的持续严重的免疫缺陷和长期的治疗需求，导致在抗 HCMV 治疗的 9~12 个月时对所有可用的抗 HCMV 治疗的耐药率超过 20%。但随着联合抗逆转录病毒治疗的引入，这一耐药率已降至 5%。移植术后 HCMV 耐药的现象较为少见，但当药物治疗的临床效果欠佳或病毒学应答较差时应予以高度怀疑。在实体器官移植中，各研究报道耐药发生率不一。多项研究表明，在供者 HCMV 阳性/受者 HCMV 阴性的实体器官移植受者中，接受 3 个月口服更昔洛韦治疗 HCMV 耐药的发生率在 1.9%~27% 不等。既往研究也发现，肺移植后 HCMV 的耐药性高达 40%，而且机体的高病毒含量似乎更有机会在更昔洛韦治疗中出现耐药的 HCMV。同时，新型免疫抑制剂的应用在更好地控制移植器官的排斥反应的同时，也增加了 HCMV 再激活的机会，进而可能使实体器官移植中 HCMV 耐药株的数量增多。在造血干细胞移植患者中 HCMV 耐药率为 1.7%~5.1%，相对罕见。

近年来，莱特莫韦（Letermovir）和马立巴韦（Maribavir）这两种新型抗病毒药物被批准用于治疗 HCMV

感染。与传统抗病毒药物相比，这些新型药物的优点在于：①可以口服；②毒副作用较小；③作用靶点位于病毒末端酶复合物或蛋白激酶，而不是 DNA 聚合酶，因此不存在与其他抗病毒药物发生交叉耐药的风险。

HCMV 治疗耐药及治疗失败可能导致 HCMV 感染进展为终末器官疾病。HCMV 耐药的治疗应该由基因分析决定，尽量明确是哪个基因引起的突变。

5. 流感病毒耐药

流感病毒是全世界范围内对人类健康存在影响的主要病原。WHO 估计每年约有 10 亿人感染流感，在儿童、老年人和免疫功能低下者中尤为严重，导致 29 万～65 万人死亡。

流感病毒在病毒的分类上属于正黏病毒科，它是负链的、有包膜的 RNA 病毒。依据 M 和 NP 基因可将流感病毒分为 A～D 四型，其中只有 A、B 和 C 型流感病毒可以感染人类。

病毒越传播，发生改变的可能性就越大。与原始病毒相比，这些变化有时可能会使病毒变体更适应其环境。这种改变和选择成功变异的过程称为"病毒进化"。目前有三类 FDA 批准的抗病毒药物用于治疗和预防流感，包括 M2 离子通道抑制剂（金刚烷胺和金刚乙胺）、神经氨酸酶抑制剂（奥司他韦、扎那米韦和帕拉米韦）、核酸内切酶抑制剂（巴洛沙韦玛波西酯）。尽管在 2004 年之前，几乎所有的流感病毒都对金刚烷胺天然敏感，但在免疫低下的患者中，仅治疗几天后，金刚烷胺的耐药率就超过了 30%，甚至高达 80%。近年来，由于广泛的耐药性和严重的副作用，这类药物在临床上不太适用于治疗流感病毒感染。神经氨酸酶抑制剂的耐药性比金刚烷胺类的耐药性发生的频率低。直到 2004 年，奥司他韦的耐药性才逐渐被报道。2008～2009 年，季节性甲型 H1N1 病毒对奥司他韦的耐药性在全球范围内广泛出现。而基于病毒序列和表型的综合分析表明，在全球范围内巴洛沙韦的敏感性下降不明显，在 2018～2019 年和 2019～2020 年分别为 0.5% 和 0.1%。与其他病毒一样，流感患者对抗病毒治疗的耐药性发展仍然是一个值得持续关注的问题。

第二节　动物源微生物耐药

抗微生物药在促进畜牧业生产中发挥了重要作用，这点毋容置疑。但是，我们也不能忽视由于大量、不规范使用甚至滥用，造成细菌等病原的耐药率逐年升高，尤其是一些具有重要公共卫生意义的病原对抗微生物药耐药率的迅速增长，对人类和动物感染性疾病治疗造成巨大威胁。越来越多的证据表明，畜牧养殖业已成为耐药菌/耐药基因的储库，并有传播至人群的风险。开展动物源病原耐药性监测，及时把握动物源病原耐药流行规律，延缓动物源耐药病原的扩散和传播，也是"One Health"研究框架指导下遏制耐药性策略的重要组成部分。化学类抗病毒药物在过去未被批准用于动物病毒病的治疗，关于动物源病毒耐药流行病学的资料较为匮乏，其他动物源病原如寄生虫、真菌耐药情况研究也较为有限，尚未见有系统的耐药流行病学调查研究，故本节主要阐述动物和人医临床高度关注的部分耐药菌及其耐药基因在农场动物和宠物中的流行情况。

一、动物源耐药菌及其耐药基因的流行病学

1. 产超广谱 β-内酰胺酶和碳青霉烯酶肠杆菌科细菌及其耐药基因的流行病学

β-内酰胺类抗生素是兽医临床应用较为广泛的一类抗生素，如青霉素类的青霉素 G、氨苄西林、阿莫西林（克拉维酸）、氯唑西林等，以及头孢类的头孢噻呋、头孢喹诺等均被批准用于兽医临床，尤其三代和四代头孢类抗生素的使用，导致产超广谱 β-内酰胺酶（extended-spectrum β-lactamase，ESBL）和碳青霉烯酶（carbapenemase）的 β-内酰胺类耐药肠杆菌出现。

各国的研究结果显示，产 ESBL 的大肠杆菌（ESBL-Ec）在畜禽等动物中广泛流行，尤以猪和鸡为主。德国和葡萄牙育肥猪场猪检出率在 40%～60%，瑞士曾报道检出率为 15.3%。亚洲地区日本的检出率较低（3%～5%），但是菲律宾、印度的检出率较高（分别为 58% 和 25.4% 左右）。中国不同地区存在一定差异，2014～2019 年报道的检出率在 10%～66.7%。国内外猪场报道的 ESBL 主要是 CTX-M 型，包括

blaCTX-M-14、blaCTX-M-65、blaCTX-M-55 和 blaCTX-M-1，近几年在人群中流行的 blaCTX-M-15 也在猪场中逐渐流行。相较于猪场，ESBLs-Ec 在鸡场中的流行率在各国均要更高一些，德国、瑞士、日本、印度、中国等均有相关报道，各国检出率均高达 50%以上，有的地区甚至高达 100%。我国养鸡场流行的 ESBL 也主要是 CTX-M 型，以 blaCTX-M-55、blaCTX-M-65、blaCTX-M-15、blaCTX-M-14 为主。此外，在其他动物如反刍动物牛和羊中也有流行，但流行率远低于鸡和猪，各国报道的 ESBL-Ec 在牛中的流行率为 10%～20%，流行的基因型与猪和鸡的相似。在伴侣动物犬和猫中 ESBL-Ec 的流行率为 2%～66.7%，差异较大；ESBL 主要的基因型也是 blaCTX-M-15、blaCTX-M-14 等。

碳青霉烯类抗生素虽未批准用于兽医临床，但动物来源的产碳青霉烯酶肠杆菌（carbapenem-resistant *Enterobacteriales*，CRE）在各国已有广泛报道，主要分离自鸡、猪和宠物，但总体分离率较 ESBL 菌株低（不超过 30%），以大肠杆菌和肺炎克雷伯菌为主，其他如沙门菌、产酸克雷伯菌、变形杆菌中也有报道。CRE 携带的碳青霉烯酶有 NDM、VIM、OXA、IMP 和 KPC，我国主要是 NDM，尤其是 NDM-5、KPC 和 VIM 偶见报道。NDM 编码基因主要定位于质粒，并会与 ESBL、mcr 等基因共存。

2. 黏菌素耐药革兰氏阴性菌及其耐药基因的流行病学

黏菌素不仅是人医临床治疗多重耐药菌的"防线级"抗生素，还曾被作为饲料添加剂用于畜禽养殖业。除了二元调控系统突变引起菌株对黏菌素耐药之外，2016 年中国学者首次报道了质粒编码的耐药基因 mcr 可介导革兰氏阴性菌对黏菌素的耐药，使黏菌素的临床疗效受到严重挑战。迄今已报道 10 种 mcr 亚型出现，目前该基因家族已在全球范围内广泛流行，宿主菌主要是肠杆菌科细菌，其中，mcr-1 和 mcr-9 在全球分布最广，其次是 mcr-3 和 mcr-5，中国已监测到除 mcr-6 外的其他所有 mcr 亚型，宿主菌主要是大肠杆菌。多数的流行病学调查结果显示我国猪源和鸡源大肠杆菌中 mcr-1 的检出率分别为 3.3%～29.2% 和 5.1%～31.8%，宠物源大肠杆菌中的检测率有报道可达到 14%左右。亚洲其他国家，如日本、韩国、越南、印度等也有报道，猪源或者鸡源菌株中检出率为 1%～50%，尤以越南检出率最高，曾被检出高达 50%左右。动物源 mcr-1 在欧洲部分国家和美国分离的大肠杆菌、沙门菌以及零售鸡肉中检出，检出率为 0.2%～29.6%。动物源 mcr-2 曾在中国、加拿大、埃及和欧洲部分国家猪、鸡、鸟等动物分离的大肠杆菌、肺炎克雷伯和铜绿假单胞菌中检出，检出率为 0.95%～56.3%。mcr-3 在亚洲、欧洲和美洲也均有报道，主要从畜禽分离的大肠杆菌中检出，但检出率较 mcr-1 低。mcr-4 曾在中国和欧洲部分国家如西班牙、意大利、比利时被报道，主要在鸡、猪分离的大肠杆菌、沙门菌和鲍曼不动杆菌中检测到，检出率在 2.4%～54.8%。mcr-5 曾在中国、日本、西班牙、德国的鸡、猪和肉品分离的大肠杆菌、沙门菌和嗜水气单胞菌中检测到，检出率为 0.3%～33.1%。mcr-6 仅在英国被报道，是在一株猪源莫拉氏菌属中检出。mcr-7 在中国报道，从鸡源样品分离的肺炎克雷伯菌中检出，检出率为 1.6%。mcr-8 也是在中国鸡和猪源样品分离的肺炎克雷伯菌和解鸟氨酸拉乌尔菌中检出。mcr-9 在 NDARO 数据库中发现存在于 40 多个国家中，但是目前仅在两个国家中有相关报道，一是瑞典报道在马源样品分离的阴沟肠杆菌、大肠杆菌、产酸克雷伯菌及弗氏柠檬酸杆菌中检出，检出率为 53.6%，二是埃及报道在宠物分离的霍氏肠杆菌中检出。

3. 替加环素耐药革兰氏阴性菌及其耐药基因的流行病学

替加环素是甘氨酰环素类药物，为第三代四环素类药物，2012 年初在我国获批上市，用于治疗成年患者复杂性腹腔内感染、皮肤及软组织感染和社区获得性肺炎，兽医临床未被批准使用。总体来讲，全世界各国动物源样品分离的革兰氏阴性菌株大多数对替加环素敏感，耐药率较低。值得关注的是，2019 年中国学者首次在猪源鲍曼不动杆菌和大肠杆菌中报道了质粒携带的 tet（X3）和 tet（X4），不仅可介导菌株对替加环素产生高度耐药，而且可进行水平转移。随后，tet（X5）和 tet（X6）也相继在动物源变形杆菌和鲍曼不动杆菌中被报道。目前，上述 tet 基因仅在中国畜禽中检出，检测率均低于 5%，其他国家尚未见报道。但因其具有水平传播特性，需加以重视。

4. 耐甲氧西林金黄色葡萄球菌及其耐药基因的流行病学

动物源 MRSA 菌株首次于 1972 年从奶牛乳房炎病例中发现，此后近 30 年有关动物源 MRSA 仅有零星报道，2005 年之后动物源 MRSA 检出率逐渐增加，主要在猪、牛检出率较高。2008 年欧盟国家的一项大规模调查结果显示几乎一半的欧盟成员国育肥猪猪群携带 MRSA，总体检出率达 26.9%，西班牙和德国的检出率最高（51.2%）。欧洲各国流行的 MRSA 菌株均为 MRSA CC398 克隆谱系。北美各国猪场 MRSA 的流行可追溯至 2008 年。加拿大部分猪场 MRSA 检出率可达 24.9%，主要是 CC398 谱系；美国各地猪场中也有较高检出率，可达 45% 左右，主要为 CC398，但也存在其他克隆谱系，如 CC5、CC8 谱系。澳大利亚多个猪场也有 MRSA 检出（CC398），但检出率低于欧洲和美国。非洲国家如埃及、尼日利亚、塞内加尔、南非、苏丹等国家也有动物源 MRSA 检出的报道，主要谱系为 CC5、CC80 和 CC88。亚洲地区猪源 MRSA 主要在韩国、日本、泰国、马来西亚、新加坡和中国，韩国主要流行克隆株有 ST398-t034、ST54-t034、ST541，日本主要为 ST221-t002，马来西亚为 ST9-t4358，泰国主要为 ST9-t337-SCCmec-IX，新加坡主要为 ST22-SCCmec-IV 和 ST398-SCCmec-V。我国多地猪场均有 MRSA 检出，检出菌株均属于 CC9 谱系，检出率为 5%～43%，其中台湾西部地区猪场检出率最高。

全球牛源 MRSA 报道也较多，仅次于猪源菌株。欧美国家牛源 MRSA 菌株流行谱系也以 CC398 为主，亚洲国家菌株存在多样性。鸡源和宠物源 MRSA 的分离率较猪源和牛源低，且与欧美国家相比，亚洲国家的分离率也较低一些。

5. 噁唑烷酮耐药革兰氏阳性菌及其耐药基因的流行病学

噁唑烷酮类药物也被誉为"防线级"抗感染药物，用于治疗严重的革兰氏阳性菌感染，兽医临床未被批准使用。携带可转移基因 cfr（2000 年）以及携带编码 ABC-F 家族蛋白的 optrA/poxtA 的耐药菌（2015/2018年）的报道，对该类药物的临床疗效造成严重威胁。目前，已发现的 cfr 变异体基因有 cfr（B）、cfr（C）、cfr（D）及 cfr（E），但世界范围内动物源细菌中仅检出 cfr 及其变体 cfr（C），且以 cfr 为主。据部分欧洲国家如德国、比利时、葡萄牙等报道，cfr 在葡萄球菌中的检出率为 0.5%～23.1%，尤其在使用过氟苯尼考药物的养殖场检测率较高。埃及也曾有报道在葡萄球菌中 cfr 的检出率为 7.4%～35.5%。亚洲国家如韩国、泰国和中国也有报道，在猪源葡萄球菌中 cfr 的检出率分别为 1.9%、8.3% 和 10.7%。中国在鸡和鸭源 MRSA 菌株中 cfr 检出率分别为 10.2% 和 2.3%。韩国猪胴体 MRSA 菌株中 cfr 的检出率为 1.9%。中国也在零售猪肉和鸡肉分离葡萄球菌中检出 cfr，检出率约为 18.6%。各国均表现为猪源葡萄球菌菌株的检出率较高。cfr 在动物源肠球菌中亦有检出，这在巴西、中国均有报道，但检出率低于动物源葡萄球菌。另外，cfr 在动物源猪链球菌中也有检出。

optrA 于 2015 年首先在人源肠球菌中发现，其后在世界各国动物源性肠球菌和猪链球菌中被广泛检出，但在动物源葡萄球菌中零星检出。中国有关研究显示，猪源粪肠球菌和屎肠球菌 optrA 的检出率在 2015～2019 年由 24.8% 增至 63.2%，远高于鸡源菌株，宠物源肠球菌中检出率在 2.8%～10.1%。韩国的研究显示，近些年 optrA 在鸡源和鸭源肠球菌中的检出率约为 0.6%。非洲国家如突尼斯在鸡源肠球菌中也有 optrA 的检出，检出率约为 5%，埃及的检出率约为 7.8%。美国也有动物源肠球菌检出 optrA 的相关报道。poxtA 的规模调查较少，曾有在牛源、鸡源和猪源肠球菌中检出的报道，尤其猪源肠球菌中检出率较高。动物源噁唑烷酮类耐药菌的产生被认为与兽医临床中广泛使用氟苯尼考有关。

6. 万古霉素耐药肠球菌及其耐药基因的流行病学

万古霉素也是医学临床中用于治疗革兰氏阳性菌感染的重要抗生素，尤其是用于治疗 MRSA 和耐药肠球菌感染的重要药物，兽医临床未被批准使用。人源万古霉素耐药肠球菌（VRE）于 20 世纪 80 年代在英国首次报道后，之后即在欧洲和美国迅速传播，引起研究者广泛关注。目前动物源细菌中亦有 VRE 的报道，尤其在欧洲国家如丹麦、法国、荷兰、比利时等均有报道，并且发现动物源 VRE 菌株的出现与抗菌促生长剂糖肽类药物阿伏帕星的使用相关，多个国家的调查结果显示阿伏帕星禁止用于食品动物后，VRE 菌株的分离率显著下降。美国有关动物源 VRE 仅有零星报道，非洲也有动物源 VRE 的报道，例如，坦桑尼亚 2018 年的一项研究显示，健康牛源 VRE 的分离率为 3.6%。中国对 VRE 的零星报道显示，动物源 VRE 的分离率为 2%～23%，主要在猪源菌株中检出，携带的万古霉素耐药基因有 vanA、vanB、vanC。

二、动物源真菌的耐药流行病学

有关动物源真菌耐药性流行病学研究较少，目前仅有少数宠物源和禽源曲霉菌、马拉色菌、隐球菌等对唑类抗真菌药耐药的相关零星报道。唑类抗真菌药在兽医临床常用于治疗酵母菌马拉色菌引起的犬、猫皮炎以及烟曲霉菌属真菌引起的禽类真菌病。斯洛伐克的一项研究显示从健康宠物犬耳道分离的厚皮马拉色菌因可形成生物被膜，进而对唑类抗真菌药伊曲康唑、伏立康唑和泊沙康唑的敏感性下降。澳大利亚学者曾报道了宠物犬中分离到对唑类耐药的烟曲霉，主要在 cyp51A 的 137 位点出现了 F46Y 突变。禽源唑类抗真菌药耐药烟曲霉亦有报道，但耐药率总体仍保持较低水平，例如，Beernaert 等从荷兰和比利时鸟类样品中分离的 59 株烟曲霉中发现 4 株对伊曲康唑和伏立康唑耐药；Ziółkowska 等从波兰的家养鹅中分离的 85 株烟曲霉中，有 35.7%对伊曲康唑耐药、100%对两性霉素 B 耐药；Nawrot 等从波兰西南家禽场分离自鸡、鸭、鹅和火鸡的烟曲霉菌进行唑类抗真菌药的敏感性调查，发现 1 株存在 TR34/L98H 突变的耐药菌。猫源氟康唑耐药格特隐球菌也有零星报道。

第三节　环境微生物耐药

环境是指影响人类生存和发展的各种天然的和经过人工改造的自然因素的总体。与临床和动物微生物类似，环境中也存在对抗菌药物不敏感的耐药微生物。从 3 万年前的永久冻土到现代社会的污水和饮用水处理系统，从马里亚纳海沟到青藏高原，都可以发现耐药微生物的踪迹。人和牲畜会通过空气、食物和水等环境介质接触到更多耐药菌和耐药基因而受到感染，增加健康及医疗上抗菌药物治疗失效的风险。环境是微生物耐药"One Health"框架中一个重要的组成部分，环境微生物耐药的来源、分布及扩散机制也成为目前研究的一个重要领域。本节将概述环境微生物耐药从"源"到"汇"的传播过程及潜在风险。

一、环境微生物耐药的来源

环境微生物耐药的来源大致可以分为自然界固有来源和人为污染来源（医院、畜牧养殖、抗菌药物生产企业、污水厂等的排放）。

1. 自然来源

自然固有耐药是微生物本身结构就对某种抗菌药物天然不敏感。抗菌药物耐药在环境微生物中是古老而普遍的，研究已证实了抗菌药物耐药在未受人为活动影响时就已经存在。例如，对 3 万年前白令海峡永久冻土沉积物进行严格的古 DNA 的靶向宏基因组分析，鉴定发现了多种编码 β-内酰胺酶、四环素和糖肽类抗菌药物的耐药基因。研究也发现从 4 百万年前的与人类活动隔绝的列楚基耶洞（Lechuguilla）洞穴中分离出的细菌具有多重耐药性，使用全基因组测序、功能基因组学和生化分析等方法揭示了 *Paenibacillus* sp. LC231 的内在抗菌药物耐药基因组，发现其至少对 14 种临床使用的抗菌药物具有耐药性。因此，环境也被认为是抗菌药物耐药的储存库。

2. 人为污染来源

环境微生物耐药的人为污染来源主要有 5 点：①生活污水污泥来源；②制药废水和废物来源；③医疗设施的污水和废物来源；④抗菌药物和肥料在农业生产中的使用；⑤养殖过程产生的废弃物来源。含有抗菌药物和抗菌药物耐药的污染源（例如，来自家庭、医院、农业和化学制造业的废物）破坏了环境微生物组成，并影响生物多样性和生态系统。水、土壤和空气成为抗菌药物耐药在人、动物和其他环境（例如，粮食生产环境、畜牧和水产养殖）之间传播的媒介（图 36-3）。医疗废水中含有大量的抗菌药物、耐药菌及耐药基因，是耐药基因向自然环境传播的重要源头之一。研究发现医院现有消毒工艺难以完全去除碳青霉烯耐药菌，其进入环境后仍将具有耐药基因水平转移能力，使耐药基因在环境中进一步传播。污水处理厂是抗菌药物耐药的热点之一，研究发现污水厂出水口下游水体中抗菌药物耐药基因丰度明显高于上游水体，污水处理系统中未除去的抗菌药物耐药基因将直接排入自然水环境，加剧抗菌药物耐药基因的传播。制药废水中残留抗菌药物及相关物质（残留效价）含量高，对废水生物处理系统微生物群落结构以及废水处理效果影响显著，同时会导致生物处理过程中微生物耐药基因的产生和排放。养殖业和农业也是环境抗菌药物耐药的重要来源之一，动物肠道和粪便中均含有丰富的耐药菌和耐药基因，将粪肥用作农田增肥，土壤中的耐药基因丰度会在几周内就升高，如果长期施用粪肥，土壤中耐药基因的丰度也会保持在高水平。另外，环境中残留的抗菌药物不仅会对生态系统带来风险，而且可能会诱导微生物产生抗菌药物耐药。我国抗菌药物消费和生产量居世界首位，据估计，2013 年我国 36 种抗菌药物的使用量为 92 700t，但是超过 50% 的抗菌药物被人和动物排泄，最终进入环境。研究人员已经在湖水和湖泊沉积物中都发现了高浓度的磺胺甲噁唑、磺胺嘧啶、磺胺对甲氧嘧啶、四环素、土霉素、红霉素和罗红霉素等抗菌药物。微生物能够在外界低浓度的抗菌药物刺激下，诱导内在耐药基因表达或基因突变而获得耐药。

图 36-3　环境抗菌药物耐药污染源类型及防治范围（United Nation，2022）

二、环境微生物耐药分布特征

1. 水环境

污水处理厂可以作为抗菌药物耐药的存储库和环境污染源，被认为是水平基因转移的热点，这使抗菌药物耐药性基因在不同细菌物种之间传播成为可能。污水中含有抗菌药物、消毒剂和金属，即使浓度很低，也能形成抗菌药物耐药的选择压力（图 36-4）。污水即使经过处理系统的多级处理，出水中仍然可以检出多种耐药基因，最终排放至受纳水体造成污染。地表水存在各种点源和面源污染，研究揭示了我国湖泊的抗菌药物污染水平在全球范围内相对较高，沉积物中的抗菌药物污染高于水和水生生物，且喹诺酮类抗菌药物风险最大。受抗菌药物污染的湖泊中耐药基因丰度高于未受污染的湖泊，其中抗磺胺基因（*sul*）和抗四环素基因（*tet*）是湖泊河流中研究最多的耐药基因，并且在湖泊水体中，*sul1* 的丰度通常高于 *sul2*。地下水中也存在着抗菌药物和耐药基因的污染，通过宏基因组分析发现在湖北洪湖的地下水中含有 309 种耐药基因，北京地下水抗菌药物污染以磺胺类、氟喹诺酮类和四环素类等 3 类为主，检出率分别为 78.9%、100% 和 47.3%，其中甲氧苄氨嘧啶、环丙沙星和诺氟沙星检出率均在 70% 以上。地表水和地下水常常作为饮用水源，但是现有的饮用水处理工艺并不能完全去除抗菌药物耐药微生物和耐药基因，而且生物活性炭工艺和饮用水分配系统可能是促进抗菌药物耐药增殖的场所，这是因为耐药菌和耐药基因能够以生物膜的形式附着并富集在活性炭和管壁上。研究采用基于宏基因组的方法对来自中国大陆 12 个城市和香港，以及新加坡的 20 份家庭饮用水样本的微生物进行了抗菌药物耐药分析，共检出 265 个抗菌药物耐药基因，丰度为 0.04～1.0copies/cell，其中多重耐药基因、杆菌肽耐药基因和氨基糖苷类耐药基因占主导地位。宏基因组组装分析显示，3 种条件致病菌（碱性假单胞菌、铜绿假单胞菌和戈登分枝杆菌）可能携带 mexW、aph（3′）-I 和 aac（2′）-I，结果说明需要对饮用水供应进行更全面的抗菌药物耐药监测和管控。

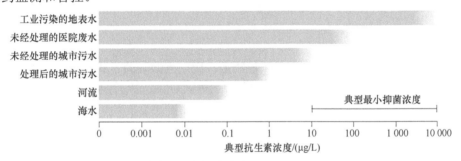

图 36-4　水环境中的抗菌药物浓度（Larsson and Flach，2022）

2. 土壤环境

土壤微生物群落通过营养循环、污染物修复和合成抗菌剂等生物活性化合物等生态系统过程，在环境中发挥着重要作用。土壤也可能是微生物耐药性的天然起源。土壤中存在着能产生抗菌药物的放线菌，相应地也存在着天然耐药的细菌。畜禽粪便、堆肥施用和污水灌溉都能够向土壤中传播抗菌药物、抗菌药物耐药菌和抗菌药物耐药基因，增加了土壤中抗菌药物耐药性的多样性和普遍程度。据报道，土壤中四环素和磺胺类抗菌药物耐药基因检出率较高，在直接施用猪粪便作为肥料的土壤中，抗菌药物耐药基因能够持续存在，并且与条件致病菌有很强的相关性。许多研究表明，在土壤中长期施用养殖废弃物会导致抗菌药物耐药基因的多样性和丰度明显增加。在以畜禽粪便作为肥料的菜田中，检出了高浓度的四环素、喹诺酮、大环内酯和磺胺类抗菌药物，同时分离出了具有抗菌药物耐药的大肠杆菌（*Escherichia coli*）和肺炎克雷伯菌（*Klebsiella pneumoniae*）。在施用由污水处理厂污泥制成的肥料的土壤中，移动元件 intI1 与移动元件上的 sul1 和 aadA 等将在土壤中持续存在。同时，土壤中微生物和抗菌药物耐药基因也会影响土壤动物体中微生物和抗菌药物耐药基因，有机肥的施用一定程度上影响了土壤蚯蚓体内抗菌药物耐药基因的动态变化，而且蚯蚓在食物链的较底端，其体内的抗菌药物耐药基因可能会沿着食物链在生态系统中传播扩散。另外，土壤中的微生物和抗菌药物耐药基因最终也会影响农产品上的微生物和抗菌药物耐药基因，而且农产品微生物组也是人类接触食物中的微生物和基因的主要途径，如致病菌、耐药微生物和耐药基因（图36-5）。

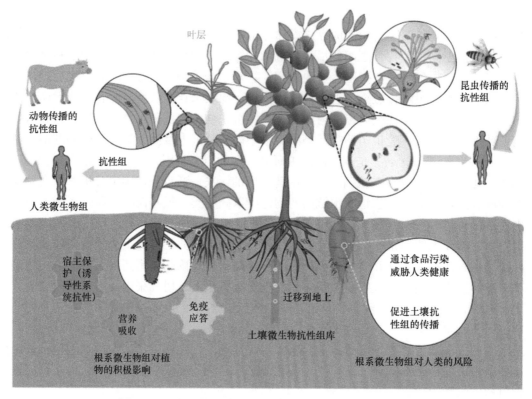

图36-5 土壤和植物微生物耐药传播（Chen et al.，2019）

3. 空气环境

空气中存在的微生物可以附着在空气中的颗粒物上，通过气溶胶的方式进行远距离传播，感染并引发疾病。例如，通过生物气溶胶传播，结核分枝杆菌（*Mycobacterium tuberculosis*）感染会造成结核病，嗜肺军团菌（*Legionella pneumophila*）会导致被称为军团病的严重肺炎。其他常见的通过空气传播的革兰氏阴性菌有大肠杆菌（*Escherichia coli*）、假单胞菌属（*Pseudomonas* spp.）和不动杆菌属（*Acinetobacter* spp.）等；空气传播的革兰氏阳性菌主要有葡萄球菌属（*Staphylococcus* spp.）和微球菌属（*Micrococcus* spp.），通常经人的皮肤、口腔和鼻腔表面以及头发传播。抗菌药物耐药微生物和基因可以借助空气中的可吸入颗粒物（包括直径为 2.5～10μm 的 PM10 和直径小于 2.5μm 的 PM2.5）进行远距离传播和扩散（图36-6），据估计，空气中耐药基因的吸入量估计为每人每天 10^3～10^4copies。在不同空间区域上，室内和室外气溶胶中气源耐药基因的分布存在差异，与室外气溶胶相比，室内含有更高绝对丰度的气源耐药基因和可移动基因元件，且城市室外气源耐药基因的绝对丰度（10^6～10^8copies/m^3）高于农村地区（10^2～10^3copies/m^3）。不同城市气源耐药基因丰度差异显著，例如，印度尼西亚万隆为 0.07copies/16S rRNA 基因，美国旧金山为 5.6copies/16S rRNA 基因，其中 β-内酰胺耐药基因 blaTEM 的丰度最高。空气污染程度的变化也可能对气源耐药基因的分布具有重要作用，在较严重的空气污染事件中，气源耐药基因类型更为丰富，在空气受到污染的情况下比在非雾霾天气的情况下发现了更多的气源耐药基因类型，其中气源耐药基因和 intI1 的绝对丰度范围为 0.01～1000copies/m^3。

三、环境微生物耐药的研究方法

1. 传统微生物培养法

以环境微生物的分离培养为基础，通过药敏实验检测常见病原体中可能存在的耐药性。目前广泛使用的方法有微量稀释法、自动化仪器法（如 BD Phoenix、Vitek2 等全自动微生物分析仪）、纸片扩散法和 E-

实验。抗菌剂敏感性实验可以准确检测常见微生物的抗性类型，并从易感、中等和耐药三个等级进行定性评估。

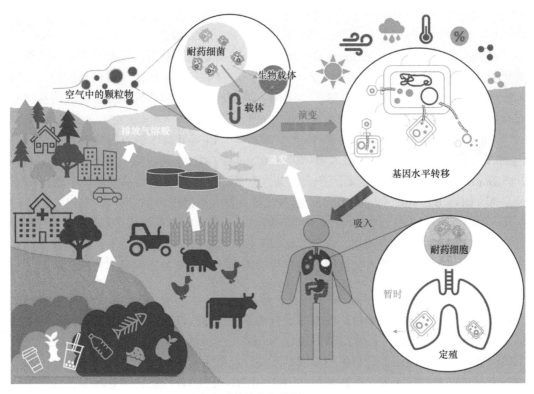

图 36-6　微生物耐药的空气传播（Jin et al.，2022）

2. PCR 方法

聚合酶链反应（polymerase chain reaction，PCR）方法是最为经典的、用于环境样品及纯菌株中耐药基因的定性检测方法。复合 PCR（multiplex PCR）方法可以在同一个 PCR 反应体系内应用多对引物，扩增多个不同的耐药基因片段，对多种耐药基因进行定性鉴定。实时荧光定量 PCR（real-time quantitative PCR）可以更为直观地定量分析环境中耐药基因的变化，目前已经广泛运用于各种环境介质的微生物耐药基因分析。高通量荧光定量 PCR 技术（high-throughput quantitative PCR）可同时对多达上百种耐药基因或多个样品进行定量分析，提高了对耐药基因定量分析的效率。2013 年，朱永官院士团队首次利用高通量荧光定量 PCR 技术对我国大型养猪场及周边地区的猪粪、猪粪堆肥和施用堆肥的土壤样品中可能存在的 244 种抗菌药物耐药基因进行了检测和定量，共检测到 149 种耐药基因，基本涵盖了目前已知的主要耐药基因类型。

3. 组学测序方法

测序技术的进步提高了微生物序列数据的可用性，不断降低的成本使测序成为一种可行的微生物耐药性监测工具。宏基因组（metagenomics）测序可以检测环境微生物的抗菌药物耐药基因组，如致病菌和抗菌药物产生菌所携带的耐药基因，也可以发掘环境中新型的耐药基因，而不局限于已知序列的耐药基因。转录组测序技术可以应用于微生物基因表达的分析，转录组数据可以将基因型微生物耐药性数据与微生物表型耐药性结果联系起来，有助于发现新型耐药基因。此外，通过检测转移基因组，宏基因组方法还能为研究微生物之间的耐药基因水平转移提供技术支持。基于测序方法的环境微生物耐药研究也在不断推陈出新，例如，读长可以达到 10～100kb 的单分子实时测序或纳米孔测序；利用染色体构象捕获使用交联、连接和短读长测序来了解细胞内遗传物质的空间关系的 Hi-C 测序；利用单细胞拉曼光谱技术结合靶向宏基因组揭示土壤活性抗菌药物耐药组的测序等。

四、环境微生物耐药风险特征和控制方法

1. 风险特征

对于耐药菌，WHO 于 2017 年依据耐药菌优先次序，将其分为最重要（priority 1：critical）、高度重要（priority 2：high）和中等重要（priority 3：medium）。对于耐药基因，依据其人类可及性、移动性、致病性和临床可用性等因素进行风险等级划分。人体暴露和接触环境耐药菌、耐药基因的主要途径为饮用水、食物和空气。Wang 等评估了污水处理厂、医院、浴室、实验室和室外环境中的耐药基因暴露量，其中人体通过食物摄入抗菌药物耐药基因的暴露剂量为 $10^3 \sim 10^5$copies/（d·kg）、饮用水为 $10 \sim 10^4$copies/（d·kg）、呼吸途径为 $10^2 \sim 10^4$copies/（d·kg）。2020 年，Li 等计算了城市固体废物场空气中 β-内酰胺酶抗性基因 blaTEM-1 通过吸入的每日摄入量（$10^6 \sim 10^7$copies）超过了通过摄入饮用水的每日摄入量（$10^4 \sim 10^5$copies）。Zhao 等计算了空气耐药基因在天津某大学的宿舍、办公室和室外环境中的每日摄入量，16 种空气耐药基因（如 catB3、sul2 和 blaIMP-02）的每日摄入量大小排序为室内宿舍>室内办公室>室外校园。由于环境抗菌药物耐药的研究在近 20 年来才大量开展，关于微生物耐药的人类暴露风险更是才刚刚开始，经典的"四步法"风险评估（危害识别、剂量-反应关系、暴露评价和风险特征）模型并不能完全适用于微生物耐药，因此我们需要更多的人类健康风险评价所需的各种定量数据和模式方法。

2. 环境控制技术

以环境污染的控制技术为出发点，从污水和废弃物等污染源头削减抗菌药物、耐药菌和耐药基因，将有效限制微生物耐药的环境传播。污水处理系统作为人类生活污水的集中式处理设施，既是耐药菌和耐药基因重要的储存库，又是削减耐药菌和耐药基因丰度、控制微生物耐药传播的重要环节。污水厂的初级处理单元对耐药基因的削减程度不大，削减浓度在 1.2 ～ 3.2copies/ml。相比传统处理工艺（活性污泥、氧化沟和生物转盘），膜生物反应器对于削减耐药基因显现出良好的效果，减少了 1 ～ 3 个数量级。消毒工艺通常用于降低污水处理后出水中的细菌总数，其对耐药基因也起到一定的削减作用。常规的消毒方式包括氯消毒、紫外消毒和臭氧消毒。人工湿地也广泛应用于环境修复和城镇生活污水的处理，能够有效降低污水抗菌药物浓度水平，并且系统中耐药菌的产生数量远低于常规的活性污泥系统（Cui et al.，2023）。污泥作为污水处理系统的副产物，含有大量抗菌药物耐药微生物和耐药基因，同样被认为是环境中微生物耐药的潜在来源。污泥堆肥可以有效降低四环素、土霉素和金霉素等抗菌药物的浓度（减少 85.3% ～ 91.4%）。污泥消化（包括厌氧和好氧）是稳定污泥最常用的方法，其中高温阶段能够有效降低耐药基因的含量，而传统的中温厌氧消化器几乎不能减少耐药基因的含量。畜禽废弃物处理是有效遏制微生物耐药传播的手段。堆肥工艺可显著削减猪粪中的耐药基因，削减率最高可以达到 7 个数量级（Chen et al.，2007）。畜禽废弃物在厌氧处理过程中同样受到温度、pH 等因素的影响，且温度越高，削减情况越好。然而，现有的处理工艺并不能完全去除抗菌药物耐药基因，残余的耐药基因仍具有传播和扩散风险。

五、展望

随着"One Health"概念的提出，仅仅关注临床环境中的耐药菌并不足以应对微生物耐药问题已成为共识。关注微生物耐药在环境中的分布、来源及传播途径，明确其健康风险，对于应对全球性微生物耐药具有重要意义。但是，微生物耐药在环境中的迁移转化及归趋仍需要进一步的深入研究，环境微生物耐药的控制研究尚处于起步阶段，仍有很多问题亟待解决。为有效控制环境中的抗菌药物抗性基因、降低其生态风险，可从以下几个方面开展。

（1）完善环境治理、规划和监管框架。环境机构和部门需要制定、实施应对抗菌药物耐药性的行动计划，审议与抗菌药物制造、水、环境卫生和个人卫生标准、农业标准、固体废物管理和基础设施有关的环境法规。

（2）确定并优先针对微生物耐药性相关的污染物。减少环境中影响微生物耐药的化学和生物污染物的释放，并解决其来源问题。

（3）加强环境微生物耐药的监督和监测。监测抗菌药物、耐药微生物及其遗传物质向环境的释放及其对生物多样性的影响（例如，通过国家污染物排放和转移登记）；评估生物制品（例如，生物肥料、生物塑料、生物固体和肥料应用、植物生长促进剂）对环境微生物耐药的影响。

（4）加快经济创新和能力建设。环境部门和机构需要引入创新且可持续的经济策略来解决抗菌药物耐药问题，为投资者制定明确的商业理由，例如，制定合理的农业补贴，以及其他节省成本或降低环境微生物耐药的方法。

（浙江大学医学院附属第一医院 沈 萍 张 颖 朱 彪 彭晓荣）

（中山大学生命科学院 伦照荣）

（南京农业大学动物医学院 王丽平）

（浙江大学环境与资源学院 陈 红 周振超）

第三十七章
微生物耐药机制与传播

第一节　细菌耐药机制

　　细菌耐药可分为内源性耐药和获得性耐药。内源性耐药指的是由于细菌本身的特殊结构而对某种抗菌药物具有天然耐药性；获得性耐药主要是细菌通过基因突变或外源可移动遗传元件的水平转移等途径引起细胞内药物蓄积的减少（膜渗透性降低和增加外排）、药物失活或无法激活、药物靶位的变化和（或）旁路等其他因素，避免自身被药物抑制或杀灭而产生耐药（图 37-1）。另外，生物膜形成等其他因素也可造成细菌耐药。主要抗菌药物常见的耐药机制见表 37-1。

表 37-1　抗菌药物的主要耐药机制

类别	耐药机制
β-内酰胺类（青霉素等）	青霉素结合蛋白的修饰；产生 β-内酰胺酶；降低渗透性；增加外排
喹诺酮类和氟喹诺酮类（环丙沙星等）	DNA 旋转酶或拓扑异构酶 IV 的突变；增加外排或保护 DNA 旋转酶和拓扑异构酶 IV 的蛋白质
氨基糖苷类（庆大霉素等）	氨基糖苷类修饰酶；核糖体突变、甲基化；流入减少和（或）流出增加
四环素类（替加环素等）	增加外排；核糖体保护蛋白；核糖体突变；药物灭活酶
阳离子多肽类（黏菌素等）	修饰或去除脂质 A
糖肽类（万古霉素等）	G⁻，固有耐药性；G⁺，修饰和水解肽聚糖前体；突变导致膜增厚和低渗透性
林可酰胺类（克林霉素等）	核糖体甲基化；药物灭活；增加外排
脂肽类（达托霉素等）	改变细胞壁结构或电荷减少脂肽引起的膜去极化
大环内酯类（红霉素等）	核糖体突变、甲基化；增加外排；产生磷酸转移酶和酯酶；核糖体保护
噁唑烷酮类（利奈唑胺等）	核糖体甲基化；核糖体保护
苯酚类（氯霉素等）	核糖体突变；药物乙酰化；增加外排
嘧啶类（甲氧苄氨嘧啶等）	修饰二氢叶酸还原酶或获得新基因；增加外排
利福霉素类（利福平等）	药物靶位 *rpo*B 基因的突变；利福平的酶促核糖化或失活
链阳霉素类（达福普汀等）	核糖体突变；药物乙酰化；增加外排
磺胺类（磺胺咪唑等）	增加对药物具有拮抗作用的底物

一、细菌膜渗透性降低

　　许多抗菌药物发挥活性需要穿过细胞膜进入细菌体内并达到一定的浓度，才能作用于靶位而发挥其杀菌作用。革兰氏阴性菌具有双层膜结构，其中外膜由磷脂、脂多糖和一组特异性蛋白质组成，对某些抗菌药物的渗透性低于革兰氏阳性菌，如万古霉素无法穿透外膜对革兰氏阴性菌发挥作用，产生内在耐药性。外膜的改变会导致一些药物无法进入细胞内而发生耐药，肠球菌对达托霉素的耐药与细胞膜磷脂含量的变化有关。分枝杆菌可产生大量的脂质外层和荚膜多糖，从而阻止亲水分子进入细胞。

　　外膜上的孔蛋白形成孔道允许包括抗菌药物等许多亲水性物质通过，是抗菌药物进入细菌体内发挥作用的主要通道，孔蛋白表达受到环境刺激的调控，其减少或丢失将导致进入细胞内的抗菌药物减少。例如，铜绿假单胞菌外膜孔蛋白 OprD2 的基因突变或缺失致使 OprD2 功能缺失或表达下调，使药物不能到达细胞内，这是铜绿假单胞菌对亚胺培南等碳青霉烯类耐药的重要机制。多重耐药性肺炎克雷伯菌外膜蛋白

OmpK35 和 OmpK36 丢失会导致对 β-内酰胺类药物的敏感性降低，这种机制往往与 β-内酰胺酶协同导致高水平耐药。多重耐药的大肠杆菌的 OmpC 突变改变了孔内的电荷，从而影响头孢噻肟、庆大霉素或亚胺培南等抗菌药物的通透性而产生耐药。

二、抗菌药物的主动外排

细菌还可以通过一种被称为"外排"的过程主动输出药物。外排泵是一种跨膜蛋白，这些外排泵类似菌体排泄通道，可以排出细菌代谢产物、毒素、信息素等，也可以排出进入菌体的抗菌药物。细菌存在多种主动外排泵，共分为 6 个家族，其中耐药结节化细胞分化家族是最早发现的外排泵系统，主要分布在革兰氏阴性菌，参与多种抗菌药物的排出，在革兰氏阴性菌的耐药性中发挥重要的作用。其由内膜蛋白 RND 转运体与周质结合蛋白（PAP）和外膜因子（OMF）形成三聚体，横跨整个革兰氏阴性细胞膜，可以泵出化学结构不同的抗菌药物，这些泵的过度表达可导致细菌的多重耐药性。铜绿假单胞菌含有大量外排泵，其中 MexAB-OprM 和 MexCD-OprJ 的过度表达会导致碳青霉烯类、氟喹诺酮类和氨基糖苷类等多种抗菌药物耐药；肺炎克雷伯菌对替加环素耐药的机制主要是由于 RND 型 AcrAB-TolC 和 OqxAB 外排泵高表达所致。在临床菌株中，这类机制往往表现为低水平耐药，当与其他耐药机制协同（如外膜蛋白、水解酶等）时才能产生高水平的耐药。

三、抗菌药物的灭活或修饰

细菌能产生不可逆地修饰和（或）灭活抗菌药物的酶，这些酶能水解或修饰相应的抗菌药物的结构，使其失去抗菌活性。由于编码基因的可移动性，这两种机制在细菌中广泛存在（图 37-1）。

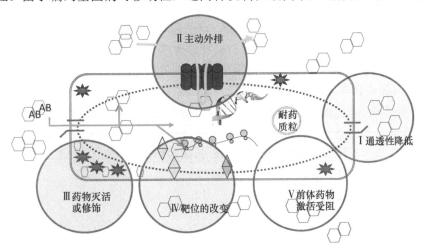

图 37-1　细菌耐药机制示意图

六边形代表抗菌药物；菱形代表抗菌药物靶位；太阳星代表各类酶（水解酶、修饰酶和激活酶等）

1. 药物灭活

β-内酰胺酶是临床最常见的抗菌药物灭活酶，其作用于 β-内酰胺类抗菌药物所共有的 β-内酰胺环，通过切断内肽键，使内酰胺环被打开，从而使抗菌药物失活。这是革兰氏阴性菌对 β-内酰胺类抗菌药物耐药的主要机制，目前已发现超过 7000 多种。β-内酰胺酶可以由染色体、质粒或转座子编码，既可固有表达，也可诱导表达。根据氨基酸序列的相似度，可将 β-内酰胺酶分为 A、B、C、D 四类。其中，A 类、C 类和 D 类酶属于丝氨酸 β-内酰胺酶，活性部位包含丝氨酸残基；B 类酶是金属 β-内酰胺酶，需要依赖其活性部位的 Zn^{2+} 与 β-内酰胺相互作用。一般来说，β-内酰胺酶被革兰氏阴性菌分泌释放到质间周隙或由革兰氏阳性菌分泌到细胞外发挥作用。临床常见的 TEM、SHV、CTX-M 和 KPC 型 β-内酰胺酶属于 A 类酶；IMP、VIM 和 NDM 型 β-内酰胺酶属于 B 类酶；AmpC 型 β-内酰胺酶属于 C 类酶；OXA 型 β-内酰胺酶属于 D 类酶。

2. 药物修饰

修饰酶可以通过共价转移各种化学基团对氨基糖苷类、大环内酯类、利福霉素等抗菌药物进行修饰，以防止与靶位结合从而产生耐药性。这些修饰酶催化的最常见的生化反应包括：乙酰化（氨基糖苷、氯霉素、链霉素）；磷酸化（氨基糖苷、氯霉素）；腺苷化（氨基糖苷，林可酰胺）。氨基糖苷修饰酶共价修饰氨基糖苷类药物的羟基或氨基，从而显著降低药物对靶位的亲和力导致耐药，是临床氨基糖苷类药物耐药最重要的机制。氯霉素的化学修饰主要是通过表达乙酰转移酶（氯霉素乙酰转移酶）而产生耐药。大环内酯类抗菌药物可以被磷酸转移酶和酯酶进行修饰后导致其不能有效地结合 50S 核糖体而产生耐药。利福霉素可以被 ADP-核糖基转移酶、糖基转移酶、磷酸转移酶和单加氧酶灭活、修饰，从而产生耐药。

四、抗菌药物靶位的改变

细菌通过干扰其靶位来避免抗菌药物的作用是细菌产生耐药性的一个常见策略。抗菌药物与细菌靶位的作用通常是特异的，细菌通过修饰或保护靶位（避免抗菌药物到达其结合位点）来降低与抗菌药物的亲和力，从而对抗菌药物产生耐药性。

1. 靶位的修饰

（1）编码靶位基因的点突变：利福霉素通过抑制 DNA 依赖性 RNA 聚合酶来阻断细菌的转录，当 rpoB 基因发生点突变，可导致利福霉素的高水平耐药。喹诺酮类抗菌药物通过 DNA 旋转酶和拓扑异构酶 IV 抑制 DNA 复制，当 gyrA/gyrB 和 parC/parE 基因发生点突变后会减弱酶与喹诺酮类抗菌药物的相互作用，从而增强耐药性。

（2）结合位点的酶促改变：大环内酯类、林可霉素、链阳霉素、四环素类、氨基糖苷类药物的作用靶位为核糖体的亚基，亚基中 mRNA 及蛋白质的改变，可引起与抗菌药物亲和力的改变，从而产生耐药。例如，肺炎链球菌可合成甲基化酶，将位于核糖体 50S 亚单位的 23S rRNA 的腺嘌呤甲基化，无法与该类药物结合而产生耐药。大环内酯类、林可霉素和链阳霉素的作用部位相仿，所以可导致同时对这三类药物耐药。质粒介导 Cfr 基因导致利奈唑胺的耐药等。

（3）原始靶位旁路或替代：VRE 通过获得 van 基因使其肽聚糖末端 D-Ala-D-Ala 二肽结构变异为 D-Ala-D-Lac，从而降低与万古霉素的亲和力而发生耐药；MRSA 通过获得 mecA 基因并大量表达产生特殊青霉素结合蛋白 PBP2a 从而对甲氧西林耐药。甲氧苄啶-磺胺甲恶唑（TMP-SMX）的耐药性可通过过量产生靶标"绕过"抑制的代谢途径来实现。

2. 靶位的保护

通过对靶位的保护作用，可避免抗菌药物到达其结合位点从而产生耐药。产生该机制的大多数临床相关基因是由 MGE 携带的。Tet（M）和 Tet（O）是靶位保护机制的经典实例之一，它们通过与核糖体结合改变靶位构象，阻止与四环素的重新结合，产生耐药；另外，Qnr 蛋白保护拓扑异构酶免受氟喹诺酮类药物的抑制、耐夫西地酸金黄色葡萄球菌表达 FusB 型蛋白等都属于这一类。

五、前体药物激活受阻

有部分抗菌药物本身是一种前药，对细菌没有直接的活性，依赖于细菌酶的激活而发挥作用，一旦细菌参与药物活化的酶发生突变或缺失，也会导致产生耐药性。例如，治疗结核杆菌的异烟肼通过过氧化氢酶-过氧化物酶 KatG 进行活化后产生一系列具有活性的物质发挥作用，编码该酶的基因发生突变导致其不能转化成有活性的药物而产生耐药。硝基还原酶 RdxA 是甲硝唑发挥杀菌活性的关键酶，RdxA 的活性降低是 Hp 发生甲硝唑耐药的主要原因。耐药基因 pncA 的突变导致吡嗪酰胺的耐药也属于这一类。

六、其他因素

生物膜虽然不是细菌耐药的主要机制，但其可导致细胞渗透性降低、靶位表达降低和产生大量持留细胞等，从而减弱药物活性产生耐药。其主要成分由细菌分泌的多糖物、藻酸盐等组成，易在惰性物体或生物物体表面如医疗设备、留置导管、坏死的组织上产生，细菌在生物膜内代谢缓慢，对抗菌药物等杀菌剂、恶劣环境及宿主免疫防御机制有很强的抗性，导致感染持续存在和临床复发，是这些细菌性疾病难以根治的主要原因，主要见于金黄色葡萄球菌、铜绿假单胞菌、鲍曼不动杆菌和肺炎克雷伯菌。细菌经历营养缺乏后会产生持留菌从而对抗菌药物产生耐受，持留菌对药物的耐受与遗传性耐药的产生密切相关。持留菌形成的机制包括：毒素-抗毒素原件（toxin-antitoxin module，TA module）；严紧反应（stringentresponse）；DNA 保护/损伤修复；蛋白降解系统与反式翻译；能量代谢和三羧酸循环/呼吸链；代谢调节；信号分子；外排泵/转运系统等。细菌的耐药机制往往不是孤立存在的，而是相互作用影响细菌的耐药性。例如，碳青霉烯类耐药铜绿假单胞菌最常见的作用机制是产 AmpC 酶合并孔蛋白的变化。低水平的 AmpC 酶不会导致高水平的碳青霉烯类耐药，但高产 AmpC 合并其他因素导致的膜孔蛋白渗透性减少和（或）外排泵过表达往往产生高水平耐药。

第二节　真菌耐药机制

一、念珠菌的耐药机制

（一）药物靶点的改变

1. 唑类药物

（1）ERG11 的氨基酸位点突变：ERG11 是导致念珠菌对唑类药物耐药的主要靶点。其中最常见的唑类耐药机制是 ERG11 中的氨基酸产生替换突变，导致唑类对羊毛甾醇去甲基酶的药物结合亲和力降低产生耐药。研究发现，在 ERG11 中有超过 140 个氨基酸的替换与唑类耐药相关，主要有 105～165、266～287 和 405～488 位的氨基酸替换。耳念珠菌也存在对唑类药物的 ERG11 耐药性突变，其中有三个突变位点 Y132F、K143R 和 F126L 与白色念珠菌对唑类耐药有相同的位点。此外，Y132F 和 K143R 的过表达将会增加耳念珠菌对唑类药物的耐药。

（2）ERG11 的过表达：白色念珠菌的 ERG11 基因过表达是唑类耐药常见的机制之一。转录激活因子 UPC2 是 ERG11 的关键调节因子。UPC2 的功能获得性（gain-of-function，GOF）突变导致麦角甾醇生物合成基因的过表达，从而提高 ERG11 的表达，使白色念珠菌对氟康唑的敏感性下降。体外实验显示在耐唑类的光滑念珠菌中，对 UPC2A 的破坏可以减少念珠菌麦角甾醇的含量并增加对唑类的敏感性。

2. 多烯类药物

多烯类的耐药较少见，它主要与相关酶的改变有关，从而降低药物的结合力、消耗膜上麦角甾醇。对白色念珠菌而言，几种麦角甾醇生物合成酶的突变，包括 ERG2、ERG3、ERG5 和 ERG11，可以导致两性霉素 B 敏感性降低。对光滑念珠菌而言，ERG2、ERG6 和 ERG11 的突变则与多烯类药物的耐药有关。耳念珠菌若出现 ERG1、2、6 和 13 的高表达，则对两性霉素 B 出现高水平耐药。此外，研究发现唑类药物的应用会增强多烯类药物的耐药性，这可能与唑类药物所介导的细胞麦角甾醇水平降低有关。

3. 棘白菌素类

FKS 基因的突变可以诱导念珠菌对棘白菌素耐药。白色念珠菌对棘白菌素的耐药主要发生在 FKS1 基因。虽然 FKS2 和 FKS3 变异不能直接导致耐药性，但两者的缺失会导致 FKS1 的水平升高，从而使白色念珠菌对棘白菌素的药物敏感性降低。光滑念珠菌对棘白菌素耐药性主要与 FKS1 和 FKS2 的突变有关。耳念珠菌对棘白菌素类的耐药与 FKS1 中 S369F（相当于白色念珠菌中的 S645）的突变有关。

（二）真菌外排泵的过表达

1. 唑类药物

真菌外排泵的上调是许多真菌病原体对于唑类耐药的一大重要机制，其中与唑类耐药相关的第一类外排泵主要是 ATP-结合盒（ATP-binding cassette，ABC）超家族，第二类外排泵是主要促进因子（MF）超家族。研究发现，白色念珠菌中的两种同源 ABC 转运蛋白 Cdr1 和 Cdr2 过表达与其唑类耐药有关。在一项实验中，对 Cdr1 的基因敲除可以使白色念珠菌唑类敏感性提升 4～8 倍。光滑念珠菌对 Cdr1 和 Cdr2 上调表现出与白色念珠菌相似的唑类耐药性。在 MF 转运体所介导的外排泵耐药中，白色念珠菌对氟康唑的耐药仅与 Mdr1（multidrug resistance 1）基因有关。这种 MF 泵的表达受转录因子 Mrr1（multidrug resistance regulator 1）调节，因此将 Mrr1 敲除可增加白色念珠菌对氟康唑的敏感性，而 Mrr1 的激活则可增加其对唑类药物的耐药性。 Snq2 作为第三种 ABC 转运蛋白也对唑类耐药产生影响。

研究发现，耳念珠菌具有 MDR1、Cdr1、Cdr2、Cdr4 的同源基因以及 snq2 的多个基因位点，因此耳念珠菌的外排泵与唑类耐药性有重要的关联。例如，CDR1 的缺失足以使氟康唑敏感性增加 8 倍。外排泵抑制剂的使用可使氟康唑的敏感性提高 4～16 倍。

2. 多烯类和棘白菌素类

与唑类药物相比，真菌外排泵所导致的耐药在多烯类和棘白菌素类则较弱，这与棘白菌素和多烯类药物的作用位置及机制有关。然而，在耳念珠菌中，近期一项研究发现药物转运体在两性霉素 B 耐药中具有潜在作用。

（三）细胞自身应激反应

1. 唑类

白色念珠菌通过应激反应产生唑类耐药的关键机制是改变麦角甾醇生物合成途径。研究发现，白念珠菌对唑类药物的耐药性与 ERG3 的 5 个错义突变（A168V、S191P、G261E、T329S、A353T）和 2 个无义突变（Y325* 和 Y190*）有关。此外，作为调控多种真菌病原体应激反应的全局细胞调节因子，热激蛋白 90（heat shock protein 90，Hsp90）能够加强白色念珠菌对唑类药物的耐药性。此外，一项研究表明，通过 ERG3 功能缺失获得的唑类耐药是 Hsp90 依赖性的。

2. 棘白菌素类

抑制 Hsp90 的表达可提高携带 FKS1（棘白菌素类药物的靶基因）突变的光滑念珠菌对棘白菌素的敏感性，增加其疗效。而 Hsp90 对于钙调磷酸酶和 PKC-MAPK 通路的激活则降低了白色念珠菌对棘白菌素的敏感性。此外，研究发现钙调磷酸酶抑制剂他克莫司与棘白菌素药物合用，对耐药的白色念珠菌有增加敏感性的协同作用。

3. 多烯类

两性霉素 B 耐药的念珠菌的适应性和存活十分依赖 Hsp90 的表达及功能。通过药物对 Hsp90 的抑制，可以消除白色念珠菌或热带念珠菌对两性霉素 B 的耐药性。

（四）基因的修饰

真菌病原体有很强的适应环境能力，它们可以通过基因组的改变来适应环境并且获得耐药性。基因组的改变主要包括非整倍体的生成、杂合性丢失（LOH）和染色体重排，这些改变可影响药物靶点、外排泵和其他导致耐药的因素的表达。

（五）固有的耐药性

临床上主要关注的是真菌的获得性耐药，往往忽略了其固有的耐药性。事实上，许多真菌可以表现出对抗真菌药物原发性或固有耐药，例如，多种非白色念珠菌（包括光滑念珠菌、克柔念珠菌和耳念珠菌）对氟康唑具有固有耐药性。光滑念珠菌的分离株对氟康唑表现出显著的内在耐药性——即使之前未暴露于唑类药物，光滑念珠菌分离株也可在体外暴露后 4d 内形成稳定的耐药表型，这些都与 ABC 转运蛋白的上调有关。此外，光滑念珠菌"小突变体"或线粒体 DNA 缺陷菌株表现出 ABC 转运蛋白上调和更高水平的唑类耐药性。耳念珠菌对唑类的固有耐药性也十分显著。在耐药的耳念珠菌分离株中发现了介导白色念珠菌对唑类药物耐药的靶点 ERG11 的氨基酸替换，包括 Y132F 和 K143R。而克氏念珠菌对唑类药物的固有耐药与真菌外排泵的表达增加以及 ERG11 对唑类药物的可变易感性有关。

此外，念珠菌也对棘白菌素类药物表现出了固有耐药。近平滑念珠菌在 Fks1 中天然存在脯氨酸到丙氨酸的氨基酸替换（P660A），从而导致对棘白菌素类的耐药性增强。

另外，念珠菌的生物膜也与其固有耐药的形成有关。白色念珠菌是形成生物膜最常见的细菌，往往表现出固有的多重耐药性。由这些生物膜组成的细胞过度表达外排泵编码基因，并能够在所有发育的最佳阶段表达 CDR1 和 MDR1，加剧了对唑类药物产生耐药性。

二、隐球菌耐药机制

隐球菌感染在细胞免疫功能受损人群特别是艾滋病患者中较为常见。治疗隐球菌病的主要药物包括多烯类、三唑类及核苷类抗真菌药物等。为了最大限度地发挥抗真菌效果和减少药物给患者带来的毒副作用，美国传染病学会（IDSA）推荐的隐球菌性脑膜炎治疗策略是采用两性霉素 B 和 5-氟胞嘧啶联合治疗至少 4 周，然后使用氟康唑进行巩固期治疗。长期和单一的治疗药物使用，很容易诱导对治疗隐球菌病的耐药性，给临床治疗带来困难。

根据中国侵袭性真菌监测网的报告，隐球菌对氟康唑的耐药率增加了 3 倍多。在中国的另一项多中心研究中还发现了对 5-氟胞嘧啶的非野生型分离株。总之，对于目前隐球菌的耐药情况，氟康唑和氟胞嘧啶的情况值得注意。体外药物敏感试验也提示，伏立康唑对新型隐球菌仍具有高敏感性。对于两性霉素 B，目前耐药的新型隐球菌株报道相对罕见，但由于其治疗方案时间长，也可能导致真菌耐药。尽管目前对于新型隐球菌体外药敏试验的结果是否与临床疗效相关仍存在争议，但较高的 MIC 值往往预示着疗效不佳，因此，对新型隐球菌进行体外药敏试验检测，对于临床治疗具有重要指导意义。

1. 生物被膜形成

生物被膜的形成是菌体为抵抗外部环境的伤害而在恶劣的环境中生存、定居和繁衍所做出的反应。新型隐球菌可以在各种组织或医疗器械上形成生物被膜，将自身包裹，增强对高温、紫外线等的抵抗力。生物被膜首先起到了屏障的作用，阻止或延缓了抗真菌药物进入细胞内发挥作用，从而增强对抗菌治疗的抵抗力；除此之外，由于生物被膜内营养物质匮乏，限制了菌体的营养获取，使其生长缓慢，避免了新型隐球菌因生长活性过高而被药物杀伤。相关研究表明，生物被膜的形成可以降低隐球菌对抗真菌药物的敏感性，尤其是对氟康唑和伏立康唑几乎具有完全抗性；对于两性霉素 B 和卡泊芬净，具有生物被膜的隐球菌菌株也比浮游菌株有不同程度的抗药性。

2. 药物靶点改变

麦角固醇是真菌细胞膜的主要组分，受 14-α-去甲氧基酶调控。唑类药物可以通过黏附作用限制 14-α-去甲氧基酶的活性，进而抑制麦角固醇的合成，从而抑制真菌细胞的生长。该酶由 ERG11 基因编码，ERG11 可能会发生基因突变和基因高表达，ERG11 基因突变可引起 14-α-去甲氧基酶的结构及活性发生改变，导致药物对该酶的亲和力降低，而 ERG11 基因的高表达意味着能合成更多的 14-α-去甲氧基酶，需要更高的药物浓度来抑制该酶。有研究分析了从隐球菌性脑膜炎患者体内分离出的耐药株，发现 ERG11 基因编码序列的变异及过表达与氟康唑最低抑菌浓度提高相关。

3. 药物外排增加

菌体可以通过增加药物外排使细胞内药物浓度减少，从而产生对抗菌药物的耐药性。新型隐球菌中发挥药物转运作用的是 ABC 转运体超家族（ATP-binding cassette superfamily），主要包括 AFR1、AFR2 和 Mdr1，3 个基因的表达由应激反应转录因子独立调节，其中 AFR1 是唑类主要外排泵，其编码的药物外排转运蛋白已经被证实与增加新型隐球菌对唑类耐药性水平有关，在耐唑类药物菌株中呈高表达。

4. 基因组的可塑性

基因组的可塑性包括染色体重排、异染色体形成及非整倍体形成等，可以影响药物作用靶点或外排泵的表达，从而产生耐药。新生隐球菌以非整倍体形成为主。有研究在新型隐球菌 A 和 D 血清型的菌株中发现了染色体二倍体，二倍体数量越多，菌株耐受氟康唑的浓度越高，这可能是新型隐球菌为了适应氟康唑而形成的，因为当停止氟康唑治疗后，二倍体数量会减少，使原本耐药菌株重新回到敏感水平。另有研究表明，剔除新生隐球菌的凋亡诱导因子（AIF）可促进染色体中多倍体的形成，进而导致新生隐球菌对氟康唑耐药。这可能意味着新生隐球菌可通过下调隐球菌凋亡诱导因子的表达水平获得多倍体，通过 1 号染色体复制增加 ERG11 和 AFR1 基因的表达，从而适应高浓度的氟康唑。

5. 异质性耐药

细菌的异质性耐药是指某个单一分离菌株，在其培养的群体中存在着对某种药物敏感性不同的亚群，即有些细胞对该药物敏感，而另一些细胞则存在耐药性。1999 年的研究报道了新型隐球菌对氟康唑的异质性耐药现象。异质性耐药主要出现在唑类单药治疗过程中，研究表明，氟康唑联合 5-氟胞嘧啶治疗可有效抑制体内异质性耐药亚群的扩增。

6. 真菌耐药性的表观遗传机制

表观遗传不是通过改变 DNA 序列或蛋白质编码，而是由 DNA 序列修饰以外的因素介导目标基因的表达，主要有基于 RNA 和基于染色质修饰两种机制，而染色质修饰又包括结构修饰和化学修饰，结构修饰指 DNA-DNA 相互作用和染色质重塑，化学修饰指烷基化、磷酸化、泛素化等。与隐球菌密切相关的为基于染色质的修饰机制。目前已知新型隐球菌中 HDAC 基因参与了染色质的去乙酰化过程，它被证实是调节菌株毒力和适应外界压力所需的基因，一旦该基因缺失，将导致菌株毒力下降及对外界压力敏感。

7. 应激反应通路的调节

微生物也具有复杂的应激反应通路，可以对抗外界各种压力的刺激，而各类抗真菌药物就可以看成是重要的压力因子。分子伴侣蛋白热激蛋白 90（Hsp90）就是细胞通路中对抗真菌药物的一个关键蛋白，它能维持各种酶的稳定性，还能通过钙调神经磷酸酶控制应激反应，包括耐药性。有研究显示，Hsp90 可以增加新型隐球菌对唑类和棘白菌素的抗性，抑制其表达能有效降低新型隐球菌的耐药性。

三、曲霉菌耐药机制

影响抗真菌药物吸收、分布、代谢和清除的因素都可能导致曲霉菌耐药。严重感染及中枢感染的患者往往需要更强的药物暴露。临床上，抗曲霉菌药物包括唑类（如伊曲康唑、伏立康唑和泊沙康唑等）、多烯类（如两性霉素 B 等）、棘白菌素类（如卡泊芬净等）等，即使给予标准化剂量治疗，也可能无法在所有患者中实现有效的药物暴露。抗真菌药物使用剂量难以标准化是对临床医师用药经验的考验，而长期低于致死浓度的抗真菌药物暴露正是导致曲霉菌耐药的重要原因。

另外，从环境衍生的耐药也值得关注。自然环境中，植物也会受到致病真菌的侵扰，滋生如叶斑病、稻瘟病、白粉病等。低成本、稳定性长及广谱抗真菌的唑类抗真菌药物在农业上的滥用被证实与诱导曲霉菌耐唑突变相关。全世界范围内，耐唑类烟曲霉分离株发生率为 6.6%～28%。来自临床和环境诱导曲霉菌耐药性的主要耐药机制包括：①改变药物靶蛋白结构；②降低真菌内药物浓度；③生物膜的形成。

1. 改变药物靶蛋白结构

唑类抗真菌药物是临床上最为常用的抗曲霉菌药物。唑类抗真菌药选择性抑制真菌关键酯酶麦角甾醇合成途径中的细胞色素 P450 依赖 14α-去甲基酶（Cyp51 蛋白），从而影响麦角甾醇形成。唑类药物靶 Cyp51 蛋白的结构改变一方面降低唑类药物的亲和力，另一方面通过靶蛋白的过表达实现药物抵抗。其中，以烟曲霉中 cyp51A 基因突变导致的耐药研究最为充分。目前被报道的突变位点有 40 多种，其中 G54、L98、G138、P216、F219、M220、M236、G448 都是研究热门的突变位点。cyp51A 基因过表达常见的机制是 cyp51A

启动子区形成串联重复序列（tandem repeat，TR），如 TR34、TR46 和 TR53 等。值得注意的是，TR34/L98H 和 TR46/Y121F/T289A 较少出现遗传变异，被认为是较经典的环境中烟曲霉菌株 cyp51A 耐药突变位点。目前，*cyp51B* 基因突变及过表达与曲霉菌耐药相关的证据不足，有待进一步研究。

2. 降低真菌内药物浓度

曲霉菌可以通过降低真菌细胞渗透性和增加膜外排泵的表达实现菌体内药物浓度降低。据研究，烟曲霉基因组中含有 300 多个外排泵，较为经典的包括 ATP 结合盒（ATP-binding cassette，ABC）超家族和主要协助转运蛋白超家族（major facilitator superfamily，MFS）。ATP 结合盒可以通过消耗 ATP、MFS，利用细胞内外的氢离子浓度差被动转运，外排进入真菌细胞内的药物。MFS 相关的载体基因 AfuMDR4、MDR1、MDR2、MDR4 以及 ABC 相关蛋白基因 cdr1 和 cdr2，无论是通过基因扩增、转录增强还是抑制 mRNA 分解，都会诱导曲霉菌的耐药性。另外，有研究显示锌簇转录因子 AtrR 被发现与促进 cyp51A 和 abcC 的表达相关。

3. 生物膜的形成

真菌生物膜的形成诱导耐药和免疫逃避。研究人员很早就发现培养皿中的烟曲霉菌落表面可以出现细胞外基质结合菌丝形成的生物膜结构。细胞外基质包含多糖、酶、结构蛋白、脂质、核酸、黑色素或其他代谢产物，在真菌外表面形成防御层。生物膜相关的耐药机制包括有以下几种。①影响药物渗透：物理层面，烟曲霉阳离子菌丝相关的半乳糖氨基半乳聚糖限制泊沙康唑的吸收；化学作用层面，生物膜上的 β-（1,3）-葡聚糖是棘白菌素类作用靶点。②膜外排泵过表达：部分研究显示外排泵过表达在形成生物膜过程中发挥重要作用。③持久细胞的生成：烟曲霉生物膜中被发现存在与多耐药相关的持久细胞，这是一种野生型细胞的表型变体亚群，能够在远高于 MIC 的抗真菌药物浓度下存活。由此，生物膜相关真菌耐药临床死亡率较高，但生物膜的形成机制尚未得到充分研究。

4. 其他

hapE 基因是 CCAAT 结合复合物（CCAAT-binding complex，CBC）的组成亚基，SrbA 是属于固醇调节元件结合蛋白（sterol regulatory element-binding protein，SREBP）家族的转录调节因子。据报道，在真菌病原体中，转录因子 SrbA 和 CBC 通过竞争性结合 cyp51A 启动子中的 TR34 区来调节唑类抗性。

四、马尔尼菲篮状菌耐药机制

马尔尼菲篮状菌（*Talaromyces marneffei*，TM）是唯一具有双相性的篮状菌种，即在 25℃ 时以菌丝体生长，在 37℃ 时呈酵母相生长，酵母相为主要致病相，从菌丝相转变为酵母相可抵抗宿主细胞的吞噬，这种双相转换机制被认为与该菌的致病性密切相关。TM 主要侵犯单核巨噬细胞内皮网状系统，与该菌感染相关的宿主条件是多种形式的免疫相关基础疾病和原发性免疫缺陷，如肝硬化、恶性肿瘤、自身免疫性疾病、骨髓或实体器官移植、长期使用化疗药物或免疫抑制剂、人类免疫缺陷病毒（HIV）感染等，宿主的细胞免疫反应损伤使得吞噬细胞清除病原体的能力严重下降，从而导致马 TM 的感染和播散。

TM 耐药性的产生受多种因素影响，可以是固有的，也可以是获得性的，与物种遗传特征、耐药基因的表达、宿主免疫状态、微生物因素、临床上药物使用的剂量和疗程长短、患者服药的规则性等密切相关。

目前有关 TM 对唑类药物耐药的研究较为有限，且研究多为体外药敏试验。该菌对伊曲康唑、伏立康唑、酮康唑、咪康唑、5-氟胞嘧啶高度敏感，对两性霉素 B 中度敏感，氟康唑的抗真菌活性最低，部分 TM 对氟康唑耐药。TM 对两性霉素 B 耐药的报道较少，其耐药机制尚未阐明。由于唑类药物的成本和副作用相较于其他抗真菌药物小，且易于获得、使用范围广泛，用于 TM 的序贯和维持性预防治疗时间长，导致了唑类药物获得性耐药的出现。

唑类抗真菌药物是一类最常用的抑菌药，其抗真菌机制是减少靶酶羊毛甾醇 14α-去甲基酶的表达，从而抑制麦角固醇的合成，使真菌的完整结构被破坏，细胞膜的通透性及其酶活性随之改变，导致线粒体功能障碍和细胞死亡。

目前对 TM 的耐药性研究较少，使用随机序列标签（RST）在马尔尼菲篮状菌基因组中检测到唑类药物靶酶基因 Cyp51B、EGR3 和多耐药基因 CDR、氟康唑耐药基因 FLU1，这些靶酶基因可能在唑类药物耐药机制中起重要作用。关于 TM 基因的研究尚处于摸索阶段，暂无靶酶基因突变可导致 TM 对唑类药物产生耐药性的报道。国内一项研究表明，TM 经氟康唑诱导后耐药基因的表达量高于诱导前，这表明氟康唑耐药基因在菌株中表达量升高后，TM 对氟康唑的外排能力提高，导致耐药性的产生。

许多真菌能在处于氧化应激环境中的巨噬细胞存活，其耐药机制可能是通过抑制活性氧代谢物的产生或中和抑制宿主代谢物。TM 在巨噬细胞氧化应激时的生存机制尚不清楚，作为被吞噬的病原体，能在肺泡巨噬细胞内存活是 TM 入侵机体的关键。TM 可分泌酸性磷酸酶，该酶可降低胞内 pH，抑制巨噬细胞的呼吸暴发，导致被吞噬的病原体无法被杀灭，该酶被认为是细胞内病原体的毒力因子之一。

目前对于 TM 耐药机制的研究还处于初级阶段，对唑类药物靶酶基因的序列、靶酶基因表达量及药物外排泵系统基因表达量的变化研究尚浅，对其他种类抗真菌药的耐药性在分子水平上研究较少，需要进一步探索以全面阐述耐药机制，以早期预测 TM 耐药株，及早提供更优的治疗策略。

第三节　抗疟药物耐药机制

与抗生素耐药性类似，抗疟药物耐药性是对药物诱导的选择压力的演化反应。抗疟药耐药性被定义为"即使给药和吸收的药物剂量等于或高于通常推荐的剂量，但在受试者的耐受性范围内，寄生虫虫株仍能存活和（或）增殖"。抗疟疾耐药性的形式包括交叉耐药，这种耐药可能发生在来自相似化学类别或具有相似作用机制的化合物之间，人们称之为多药耐药性。多药耐药性是指寄生虫虫株对来自不同化学类别和作用机制的两种或两种以上化合物表现出抗药性。

耐药性可以由多种可能的因素引起，可以由直接催化机制介导，也可能是由于编码目标酶或将药物泵出寄生虫的转运蛋白的基因扩增所致，导致寄生虫降解药物的能力增加、药物靶标表达的改变，或者该靶标的突变，从而扰乱药物和靶标之间的相互作用、药物运输或药物诱导的细胞死亡途径。同时，药物选择压力在产生耐药性方面起着重要作用，在接触药物后存活的寄生虫会将偶然的、导致耐药性的突变传递给下一代。

一、奎宁耐药机制

奎宁（quinine）是一种从金鸡纳树皮中提取的活性生物碱。奎宁的发现被认为是 17 世纪最偶然的医学发现，用奎宁治疗疟疾标志着第一次成功地使用化学药物治疗传染病。奎宁作为最古老的抗疟疾药物，在疟疾治疗中仍发挥重要作用，特别是在（静脉注射）青蒿琥酯或蒿甲醚不能改善严重疟疾并发症的情况下，以及在没有替代选择的情况下用于对怀孕早期疟疾患者的治疗。奎宁是一种芳基氨基醇，已被证明积聚在寄生虫的消化液泡（DV）中，主要通过干扰恶性疟原虫（*Plasmodium falciparum*）将血红素聚合为疟色素的解毒过程来抑制红细胞内恶性疟原虫的增殖。奎宁对抗恶性疟原虫的分子机制目前只有部分了解。奎宁的耐药性发展是缓慢的，虽然它的使用始于 17 世纪，但对奎宁抗药性的报道最早是在 1910 年。研究表明，奎宁耐药的遗传基础是复杂的，有多个基因影响敏感性。目前已证明有三个基因与奎宁药物敏感性改变有关：PfCRT（恶性疟原虫氯喹抗性转运蛋白）、PfMDR1（恶性疟原虫多药耐药转运蛋白 1）和 PfNHE1（恶性疟原虫钠/质子交换蛋白 1），所有这些基因都编码转运蛋白。

二、氯喹耐药机制

氯喹（chloroquine，CQ）的发现是疟疾控制中最重要的进展之一。在 20 世纪 40 年代，氯喹被用于治疗所有形式的疟疾，几乎没有副作用，凭借其良好的有效性、安全性和可负担性的独特优势成为最成功的抗疟药物，从 20 世纪 40 年代到 80 年代末一直是全球一线抗疟疾药物。1957 年第一次报道恶性疟原虫对 CQ 出现耐药性。虽然 CQ 仍然用于疟疾的预防和治疗，但遗憾的是，目前对 CQ 的耐药性几乎是普遍存在的。

氯喹耐药的产生可以由直接催化机制介导，也可能是由于编码目标酶或转运蛋白的基因突变所致，以及通过减轻药物毒性等过程来介导。目前氯喹耐药性的研究主要集中在血红蛋白的降解和血红素解毒两个过程，但其具体的机制和分子靶点仍没有明确定义。多项研究将氯喹抗性决定因素映射到一个 50kb 的寄生虫基因组区域。该区域含有恶性疟原虫氯喹抗性转运蛋白（PfCRT）。目前得到广泛认可的理论是 PfCRT 的单核苷酸多态性（SNP）介导的耐药：突变的 PfCRT 以不同的形式将氯喹转运出消化泡，从而降低药物在消化泡中的累积，阻止其与血红素结合。PfCRT 是药物/代谢物转运蛋白（DMT）超家族中 49 kDa 的成员，由 424 个氨基酸构成，具有 10 个跨膜螺旋结构域，排列成 5 对螺旋，形成两个反向平行的螺旋发夹。结构分析表明，野生型 PfCRT 在空腔内有一个带正电的赖氨酸残基（K76），对带有两个正电荷的氯喹产生排斥作用，从而将它们困在消化泡内。而氯喹抗性等位基因中一个重要且普遍存在的突变是 76 位赖氨酸（K76）被替换为苏氨酸（T76），这种 K76T 突变总是伴随着多个结构域的特异性突变。突变的 PfCRT 中，该空腔构象向 DV 开放，导致了累积在消化泡中的大量质子化的氯喹进入该空腔，从而在 PfCRT 的构象变化中被转运到胞质，使其远离血红素和（或）血红蛋白靶标。这是一种具有能量依赖性的外排机制。除此之外，也有研究报道 4-氨基喹啉类药物可能是天然 PfCRT 底物的竞争性抑制剂，因此 PfCRT 本身也可能是氯喹的靶标蛋白。虽然 PfCRT 被认为是 CQ 抗性的主要驱动因素，但存在于 DV 膜上的转运蛋白即疟原虫多药耐药蛋白（PfMDR1）也可以调节药物抗性的程度。PfMDR1 类似于典型的 P-糖蛋白类型的 ABC 转运蛋白，包含两个膜扫描的同源结构域，每个结构域由 6 个预测的螺旋组成，后面跟着一个亲水核苷酸结合口袋。这个结合域似乎位于 DV 的胞浆一侧，在那里它可以首先与抗疟药物相互作用。虽然 PfCRT 和 PfMDR1 之间的连锁不平衡已被证明，但 PfMDR1 在氯喹抗性中的作用似乎很小。这表明在氯喹抗性株中观察到的 PfMDR1 突变是对 PfCRT 突变的有害影响的补偿，可以调节寄生虫对氯喹的抵抗力。

三、磺胺多辛-乙胺嘧啶耐药机制

磺胺多辛（sulfadoxine）和乙胺嘧啶（pyrimethamine）是继氯喹产生广泛耐药性之后应用最广泛的抗疟药物，其主要通过靶向疟原虫叶酸合成途经产生协同抗叶酸合成作用。然而，遗憾的是，它们在推出使用的当年就迅速出现临床耐药性，导致治疗失败，该疗法也受到极大的限制。这一类药物中的其他抗疟化合物还包括氯胍及其衍生物。乙胺嘧啶和磺胺多辛的靶标是恶性疟原虫二氢叶酸还原酶（DHFR）和二氢叶酸合成酶（DHPS），它们是叶酸代谢途径中必不可少的蛋白质。磺胺多辛和乙胺嘧啶耐药的产生是一系列逐步突变的结果，随着药物与靶点结合能力的降低，体外敏感性逐渐下降。例如，观察到的第一个 DHFR 突变使 IC_{50} 增加 10 倍，而通常在其他 3～4 个突变后 IC_{50} 增加 1000 倍。马拉维、刚果民主共和国和其他非洲国家的临床治疗失败与由 DHFR-DHPS 突变组合组成的五重突变（PfDHFRN51I、C59R、S108N、PfDHPSA437G、K540E）密切相关。

四、甲氟喹耐药机制

甲氟喹（mefloquine）是喹啉的一种甲醇衍生物。由于其在体内有较长的半衰期，甲氟喹成为一种广泛使用的疟疾预防用药，但其治疗用途仅限于南美洲和东南亚。PfMDR1 拷贝数增加是甲氟喹耐药的主要决定因素。几项体内研究结果表明，PfMDR1 增加与临床结果之间，在多变量分析中控制其他临床预测因素时（如初始寄生虫密度和年龄等）有强烈关联。体外 IC_{50} 结果也与 PfMDR1 扩增有关，证实了体内研究结果。

五、阿托伐醌耐药机制

阿托伐醌（atovaquone）是一种在结构上与泛醌（线粒体内电子传递链中的一种重要辅酶）相关的亲脂性羟基萘醌类似物，血浆半衰期为 2～3d。研究表明，阿托伐醌特异性地靶向位于线粒体膜内的细胞色素 bc1 复合体，从而抑制呼吸链。阿托伐醌（萘醌类药物）通常与氯胍联合使用，由于成本较高以及容易出现耐药性，因此主要由旅行者使用，而不是流行国家的居民。恶性疟原虫细胞色素 b（Pfcyt B）的突变会导致其催化活性的变化，从而对阿托伐醌产生耐药性。阿托伐醌和氯胍（其非活性前药形式）联合使用可分散线粒体膜电位。这种协同作用在 *Pfcytb46* 突变的疟原虫中会丢失；特别是阿托伐醌的临床失败与 PfcytbY268S/C/N 相关。值得注意的是，带有 *Pfcytb* 突变的疟原虫显示出对蚊子的传播减少。基于这种现象，有人认为尽管阿托伐醌耐药性可能会出现，但它会减少疟疾的传播，因此，阿托伐醌-氯胍在疟疾消除策略中可能对预防有一定的作用。

六、青蒿素耐药机制

从 2003 年开始，流行病学研究表明在柬埔寨-泰国边境周围地区，青蒿琥酯+甲氟喹治疗 3d 或青蒿琥酯单一治疗 7d 后，疟原虫被清除的时间延长。临床上，青蒿素（artemisinin，ART）部分耐药被定义为青蒿琥酯单一治疗或以青蒿素为基础的联合疗法（ACT）治疗后寄生虫清除延迟，可观察到寄生虫清除半衰期>5h，或第 3 天显微镜下可以观察到明显的寄生虫。青蒿素的耐药机制比其他抗疟药耐药情况下的转运蛋白或酶的扩增/突变更复杂。

青蒿素耐药性主要是由疟原虫 K13 基因的单核苷酸多态性（SNP）引起的。这个 726 个氨基酸的蛋白质由三个结构域组成：①一个保守的疟原虫特异性 N 端结构域；②一个可能的 BTB/POZ 结构域；③一个包含 6 个 Kelch 基序的 C 端结构域。在体外和体内，青蒿素耐药性的主要遗传驱动因素是恶性疟原虫 k13（也称为 kelch13）的点突变，它主要存在于（尽管不是唯一的）β-螺旋体区域。K13 最近定位于疟原虫质膜中的外周室以及囊泡室和内质网。在质膜上，K13 似乎集中在充满血红蛋白的细胞微孔的颈部，这些微孔将大量宿主血红蛋白从红细胞胞浆运输到寄生虫的溶酶体样消化液泡（DV）。

大多数与 K13 耐药性相关的 SNP 定位于 Kelch 螺旋桨结构域，少数定位于 BTB/POZ 结构域。其中 4 个突变（Y493H、R539T、I543T 和 C580Y）都位于 K13 蛋白的六叶螺旋桨区域，且已通过 CRISPR-Cas9 或锌指核酸酶的基因编辑被证实在体外赋予疟原虫 ART 抗性。突变的 K13 可能通过以下两个方面来帮助疟原虫抵抗 ART 药物的损伤：一方面，增强泛素-蛋白酶体系统的应激性，降低泛素化蛋白的积累，从而减少对细胞的毒性作用；另一方面，改变了它们在红细胞内的生长周期，以延长环期和缩短滋养体阶段，从而减少暴露于被血红素激活的 ART 药物。K13 基因突变使一部分早期环状体寄生虫在 ART 引起的细胞周期停滞中存活下来，一旦 ART 不再处于抑制浓度，这些寄生虫就能够重新启动转录并完成其红细胞内发育周期。对 K13 相关蛋白的研究已经确定了一个包括多种内吞蛋白的相互作用体，如 AP-2μ 和泛素水解酶 UBP1，这两个蛋白质都与青蒿素耐药有关。这些研究表明，K13 在网状蛋白非依赖性内吞作用和血红蛋白摄取中起作用，提示 K13 介导的环状体抵抗青蒿素可能是由于血红蛋白向 DV 的运输减少，以及随后药物激活剂 Fe（II）血红素的减少所致。K13 基因突变被认为主要通过青蒿素的活性降低和（或）寄生虫清除受损蛋白质的能力增强来介导青蒿素环中的青蒿素耐药性。突变导致的 K13 水平降低被认为导致环状体疟原虫的血红蛋白内吞作用和分解代谢减少，从而导致可用于激活青蒿素的游离 Fe（II）血红素水平降低。同时，有研究表明 K13 突变可以通过上调未折叠蛋白反应（UPR）来去除受损的蛋白质，并降低泛素化蛋白的水平作为其增强的细胞应激反应的一部分。除此之外，有研究表明，ART 可逆地结合并抑制唯一的恶性疟原虫 PI3K，从而抑制磷脂酰肌醇的磷酸化和磷脂酰肌醇 3-磷酸（PI3P）的产生，而 K13 的 C580Y 突变将会降低 ART 与疟原虫磷脂酰肌醇-3-激酶（PfPI3K）的作用，导致 PfPI3K 的多泛素化程度的降低，最终导致 PI3K 磷酸化（PI3P）的减少。同时有研究表明，ART 治疗会导致疟原虫真核细胞启动因子 2α（eIF2α）的磷酸化，磷酸化的增加与 ART 治疗后复发率的增加有关。K13 的突变可能参与了 eIF2a 磷酸化的控制，从而延迟了环状体成熟为滋养体的过程。这种细胞新陈代谢和翻译的持续减慢效应将使寄生虫能够承受 ART 的压力，并有可能导致寄生虫的发育完全停止，就像休眠的寄生虫一样。K13 突变对寄生虫的保护程度因寄生虫背景的不同而有很大不同，这表明次级决定因素对抗药性的产生也具有一定的影响。

虽然目前普遍认为 ATR 的耐药是由 K13 的突变导致，但并不是所有的研究都表明 K13 突变就是主要或者唯一的因素。此外，体外药物压力作用筛选出的虫株携带 *k13* 基因以外的基因变化，特别是 PfMDR1 的拷贝数变化，这可能也与青蒿素药物耐药有关。同时，其他几种蛋白质的突变在体外也可能介导了对青蒿素的耐药性出现，其中几种（PI3P、AP-2μ、UBP1 和 KIC7）或与 *k13* 共定位相关。

七、应对疟原虫耐药方案

恶性疟原虫的耐药性一直是控制和消除疟疾的最棘手的难题之一。自从 20 世纪 60 年代氯喹出现耐药性并广泛传播以来，人们已经就应对抗疟药物耐药性的方案提出了许多建议，目的是改进治疗方法，防止或延缓耐药性的出现。青蒿素是目前唯一没有产生广泛耐药性的抗疟药，一旦青蒿素产生广泛耐药而又没有新的抗疟药出现，将会产生灾难性的后果。目前，随着含有特定抗药性等位基因的寄生虫的传播，青蒿素耐药性的威胁正在增加。目前还无法预测药物敏感性水平的降低是否会上升到青蒿素治疗失败的水平。但是，值得注意的是，青蒿素仍然可以杀死疟原虫，但可能需要更长的时间才能清除。疟原虫对青蒿素敏感性的这种变化不符合耐药的传统定义，因为尚未观察到推荐的药物方案治疗失败。两项独立的蛋白质组学研究表明，青蒿素没有完全的耐药性，这与高活性的血红素激活的青蒿素靶向多种蛋白质的假设是一致的。因此，青蒿素某一特定靶点的突变不太可能完全导致耐药性的产生。

自 2006 年世界卫生组织（WHO）正式推荐以青蒿素为基础的联合疗法（ACT）作为一线抗疟药治疗恶性疟疾以来，疟疾的发病率和死亡率逐年下降，疾病负担已大幅减少。目前，标准的 3 天 ACT 疗程旨在允许药理作用不同的药物相互补充，同时降低耐药风险。在首次出现疟原虫体内延迟清除现象的大湄公河次区域，ACT 治疗失败与其伙伴耐药性的动态变化密切相关，而不是青蒿素本身。因此，使用适当的配伍药物，延长治疗时间，ACT 仍然完全有效。此外，ACT 耐药现象的出现促使青蒿素三联疗法（TACT）的提出，旨在解决 ACT 治疗失败的问题。鉴于 ACT 是目前抗疟的一线治疗方案，因此 TACT 确实是有价值的。然而事实表明，在治疗中增加更多的伙伴药物而不作其他调整，不仅很难分辨出三联疗法对疟疾治疗的改善程度，而且可能会加剧多个伙伴药物的选择压力。更值得高度关注的是，要权衡 TACT 的成本和效益问题，尤其对于非洲地区；而且东南亚地区的治疗经验表明，改变一线抗疟疗法往往需要数年时间才能实施。同时，应结合区域疟疾伙伴抗药性的历史和适当的控制措施来评估纳入额外伙伴药物的必要性。在一个接近消灭疟疾的地区，在仍然有效的疗法中增加新的成分应谨慎行事，特别是考虑到 TACT 可能带来的成本增加、依从性和长期并发症相关的潜在挑战。

第四节　病毒耐药机制

病毒是威胁人类健康的病原体之一。随着生物科学技术的发展，大量抗病毒药物的出现使我们拥有了对抗病毒的利器。病毒在感染宿主后，需要借助机体细胞，才能完成病毒复制的生命周期。病毒生命周期各个阶段所需要的病毒蛋白，就成为抗病毒药物设计的靶点。但是由于病毒复制的高突变性，相关位点的突变就能导致病毒耐药的产生，再加上抗病毒药物的广泛和长期运用，耐药病毒株的出现是目前人类亟待解决的医学问题。了解病毒的耐药机制有助于我们加深对病毒致病机制的理解。

一、人类免疫缺陷病毒耐药机制

人类免疫缺陷病毒（HIV）为逆转录病毒。围绕 HIV 的生命周期，目前人类已经开发了多种抗 HIV 药物，通过联合多种药物，从而达到抑制病毒，阻止疾病的进展。目前常见的抗病毒靶点为逆转录酶（RT）、蛋白酶（PR）、整合酶（IN）。其中，逆转录酶抑制剂根据作用机制不同，可以分为核苷类逆转录酶抑制剂（NRTI）和非核苷类逆转录酶抑制剂（NNRTI）。

核苷类逆转录酶抑制剂均为 DNA 合成天然底物的衍生物，代表药物有拉米夫定和替诺福韦。拉米夫定为脱氧胞苷的类似物，替诺福韦为开环脱氧腺苷酸的类似物。它们是逆转录酶底物的竞争性抑制剂，抑制逆转录酶活性，阻碍前病毒的合成。通常在逆转录酶分子中有一个氨基酸发生突变，即可引起病毒耐药。

其中最具代表性的突变为拉米夫定引起的 M184V 突变，体外实验证实含有该突变的病毒对拉米夫定高度耐药（>100 倍）。

非核苷类逆转录酶抑制剂与接近逆转录酶活性中心的疏水口袋结合，是逆转录酶的非竞争性抑制药物。代表性药物为奈韦拉平和依非韦仑。逆转录酶上的单一突变即可引起显著的空间障碍，降低非核苷类逆转录酶抑制剂与逆转录酶的结合能力。例如，含有 Y181C 突变的病毒对奈韦拉平的敏感性降低 100 倍以上。依非韦仑为第二代非核苷类逆转录酶抑制剂，其分子结构较小，可结合含有耐药突变的逆转录酶已重新排列的疏水口袋。例如，奈韦拉平对 K103N 的逆转录酶结合亲和力下降 40 倍，而依非韦仑只下降 6 倍。

蛋白酶抑制剂主要通过抑制蛋白酶的活性，从而抑制病毒的复制。HIV 基因组中的各个基因可以编码多蛋白前体，它们均需病毒蛋白酶酶解加工为成熟的结构蛋白和功能蛋白。代表性药物为洛匹那韦和达芦那韦。HIV 蛋白酶需累积多个氨基酸突变，才能引起病毒的耐药。耐药突变可发生在蛋白酶活性位置或非活性位置，阻碍蛋白酶抑制剂与蛋白酶的相互作用，从而产生耐药。与洛匹那韦耐药相关的主要突变包括 K20 M/R 和 F53L。这些突变还要加上其他突变才能降低蛋白酶对洛匹那韦的敏感性。这些突变包括 L76V、Q58E、L90M 和 I54V。

整合酶抑制剂通过竞争性抑制宿主 DNA 与整合酶活性中心位点结合，从而抑制链转移反应。代表药物为拉替拉韦和多替拉韦。与蛋白酶抑制剂类似，整合酶的耐药需要多个氨基酸位点的同时突变。随着拉替拉韦的广泛运用，耐药的问题也随之产生，主要是通过下列三个突变路径，即 Y143、Q148 和 N155。首先产生这三个位点的突变，然后再叠加其他突变，从而使药物无法结合病毒整合酶。

除上述类型药物外，目前已经上市的 HIV 药物还包括融合酶抑制剂和 CCR5 受体拮抗剂。融合酶抑制剂的作用机制为 HIV 通过特定作用进入靶细胞，需要病毒 gp41 蛋白的结构发生变化。融合酶抑制剂可以通过与 gp41 末端疏水区的结合，从而阻断 HIV 的感染。恩夫韦肽和国产的艾博韦泰均为此类药物。马拉韦罗是受体 CCR5 的拮抗剂，只对 CCR5 嗜性病毒起作用，耐药位点突变主要存在于包膜蛋白的 V3 区。

二、乙型肝炎病毒耐药机制

HBV 的抗病毒治疗以核苷（酸）类似物[nucleos（t）ide analogues，NA]为主。同人类免疫缺陷病毒一样，核苷（酸）类似物主要通过与病毒 DNA 聚合酶底物竞争，终止链的延长，抑制前基因组 RNA 逆转录产生新生病毒基因组。乙肝病毒 DNA 聚合酶共分为四个功能区（终蛋白区、间蛋白区、RT 区和 RNA 酶区），其中逆转录酶 RT 区是病毒 DNA 聚合酶的主要功能区，同时具有逆转录酶及 DNA 聚合酶活性。因此，核苷（酸）类似物的靶点也是逆转录酶，代表药物也是拉米夫定和替诺福韦。逆转录酶区的 C 区酪氨酸（Y）-甲硫氨酸（M）-天冬氨酸（D）-天冬氨酸（D）（YMDD）基序是逆转录酶的活性部分，是逆转录酶催化中心的核苷酸结合位点区。

拉米夫定耐药性的产生已被证实主要与 YMDD 基序中的 rtM204I/V 突变相关。乙型病毒性肝炎的耐药突变命名规则如下：前缀字母为不同的功能区，后面是原始的氨基酸，接着是从此区域开始计数的密码子编号，最后是突变的氨基酸。除此之外，另一主要突变为 YMDD 上游 180 位点的亮氨酸（L）被甲硫氨酸（M）置换（rtL180M）。

替诺福韦在抗乙型病毒性肝炎病毒中为高耐药基因屏障药物。目前仍有报道提出耐替诺福韦的乙型病毒性肝炎突变体。有报道称 9 个耐药突变可引起乙型病毒性肝炎对替诺福韦的耐药，5 个耐药突变联合（rtS106C[C]，rtH126Y[Y]，rtD134E[E]，rtM204I/V，rtL269I[I]）可以引起耐药。

三、丙型肝炎病毒耐药机制

直接抗病毒药物（DAA）的出现使丙肝的治愈成为可能。非结构（NS）蛋白（NS3/4A 蛋白酶、NS5A 蛋白和 NS5BRNA 依赖的 RNA 多聚酶）是目前直接抗病毒药物的主要靶位。虽然 DAA 疗法的持续病毒抑制率达到 90%以上，但是由于丙肝病毒的高度可变性，耐药相关的突变（RAS）可能导致 DAA 治疗的失败。

NS3/4A 蛋白酶抑制剂是一类肽样抑制剂，竞争性抑制 NS3 丝氨酸蛋白酶，从而防止病毒蛋白的裂解。代表性药物为西米普韦（Simeprevir）和阿舒瑞韦（Asunaprevir）。蛋白酶 RAS 通常在抗病毒之前发现。最常检测到的 RAS 是 Q80K，约占 13.6%，主要见于 GT1a 感染患者。在 HCV 基因型 1b 的患者，常见的高水平 RAS 包括 R155K 和 D168E。基因型 3 中最常见的 RAS 是 Y93H。

NS5A 抑制剂与 NS5A 蛋白的结构域 I 结合，下调其过磷酸化并防止其形成有活性的二聚体，从而干扰 HCV 生命周期的几个阶段：阻止复制复合物的形成、减少病毒粒子聚集和释放并促进病毒降解。代表性药物有达拉他韦片（Daclatasvir）和奥比帕利片（Ombitasvir）。NS5A 抑制剂表现出中等耐药屏障，在接受治疗的患者中，RAS 通常在 NS5A 的连接区内（aa 28~93）出现。最常检测到的 NS5A RAS 主要在 24、28、30、31、58、92 和 93，但在不同 HCV 基因型中具有不同的影响和流行率。NS5A 最重要的 RAS 是 Y93H。

NS5B 为 RNA 依赖的 RNA 聚合酶，负责 HCV RNA 的复制。NS5B 抑制剂包括核苷酸抑制剂（NI）和非核苷酸抑制剂（NNI），主要的代表性药物有索磷布韦（Sofosbuvir）和达塞布韦钠片（Dasabuvir）。NI 充当 NS5B 的底物，占据 NS5B 的活性位点，从而导致复制的直接终止。由于 NS5B 活性位点的可变性有限，NI 对所有 HCV 基因型都有效，同时有较高的耐药屏障。Sofosbuvir 因其泛基因型活性而成为 HCV 治疗的中坚力量，它靶向 NS5B 的保守活性位点，同时表现出高耐药屏障。从临床试验和观察数据的汇总分析中，GT1 和 GT3 的 L159F 单独或联合 C316N、L320F 突变可能导致 SOF 的耐药。NNI 通过连接到不同的变构位点来抑制 NS5B 的活性。NNI 的疗效仅限于 GT1，同时其耐药屏障较低。S556G 是在 GT1a 和 GT1b DSV 治疗失败的患者中最常见的耐药突变。

四、人类巨细胞病毒耐药机制

HCMV 的抗病毒药物均为核苷类似物，通过竞争性抑制病毒 *UL54* 基因编码的 DNA 聚合酶，从而抑制病毒 DNA 复制的作用。目前常用于巨细胞病毒治疗的药物有代表性药物更昔洛韦、膦甲酸钠等，其耐药机制通常为关键基因发现突变。*UL97* 编码激活更昔洛韦和缬更昔洛韦所需的激酶，UL97 基因发生的特定突变可以阻止这些药物的磷酸化或激活。*UL54* 基因发生突变可以阻止抗病毒药物与 DNA 聚合酶的结合。因此，*UL97* 基因、*UL54* 基因之一或同时突变都会引起药物的耐药。

更昔洛韦耐药的突变点通常比较局限，80%~85% 的 *UL97* 基因突变发生在密码子 460、520，以及 590~607 之间。目前发现的 *UL97* 基因相关变异包括 M460V/I、H520Q、C592G、A594V、L595S、C603W、L595F/W 等。膦甲酸钠并不依赖于 *UL97* 基因的磷酸化过程，因而 *UL97* 基因的单独突变并不会引起对膦甲酸钠的耐药。*UL54* 基因突变引起的 DNA 聚合酶变异将导致病毒对两种药物的耐药，如发生在密码子 756~809 之间的突变会引起更昔洛韦和膦甲酸钠的交叉耐药。

五、流感病毒耐药机制

目前常用流感病毒的抗病毒药主要有 M2 蛋白抑制剂和神经氨酸酶（NA）抑制剂两类。

M2 蛋白抑制剂通过阻断流感病毒 M2 蛋白形成的离子通道，干扰病毒的脱壳过程，从而抑制病毒的复制。代表性药物为金刚烷胺。M2 蛋白抑制剂类药物耐药突变常发生在 M2 蛋白跨膜域螺旋区的 1 个或多个氨基酸位点，致使药物不能与 M2 离子通道结合。其中，甲型 H1N1 流感容易发生 V27A 突变，而 H3N2 亚型病毒耐药多与 S31N 突变有关。

NA 抑制剂（NAI）通过特异性结合于 NA 活性催化中心氨基酸残基部位，抑制病毒的复制和脱落。代表性药物为奥司他韦。常见的突变有 H275Y（H274Y 根据 N2 亚型的排序）。该突变会导致 NA 结构性改变，从而降低奥司他韦与 NA 的结合能力。

最新上市的药物有新型 Cap 依赖型核酸内切酶抑制剂，也是少数可抑制流感病毒增殖的新药，其作用于流感病毒复制的关键环节，抑制病毒从宿主细胞中获得宿主 mRNA 5′端的 Cap 结构，从而抑制流感病毒自身 mRNA 的转录。代表性药物为玛巴洛沙韦（Baloxavirmarboxil），常见的耐药突变为 PA 上的 I38X。

病毒基因组的高度突变率，再加上药物的广泛运用，耐药总是不可避免（表37-2）。因此，在临床中，应该尽量选择高耐药屏障的药物进行抗病毒治疗；或者选择合适的药物组合，如抗 HIV 的鸡尾酒疗法、丙肝的药物组合，从而减少药物的耐药突变发生。同时，开发具有更强活性的新型药物或者新的作用靶点的药物，也是目前的当务之急。

表 37-2　常见抗病毒药物的作用靶点和耐药突变

病原体	靶点	药物类型	代表药物	常见耐药突变
HIV	逆转录酶	核苷类逆转录酶抑制剂	拉米夫定，替诺福韦	M184V
		非核苷类逆转录酶抑制剂	奈韦拉平，依非韦仑	Y181C，K103N
	蛋白酶	蛋白酶抑制剂	洛匹那韦，达芦那韦	K20 M/R，F53L
	整合酶	整合酶抑制剂	拉替拉韦，多替拉韦	Y143，Q148，N155
HBV	DNA 聚合酶逆转录酶区	核苷（酸）类似物	拉米夫定，替诺福韦	rtM204I/V
HCV	NS3/4A 蛋白酶	NS3/4A 蛋白酶抑制剂	西米普韦，阿舒瑞韦	Q80K
	NS5A 蛋白	NS5A 抑制剂	达拉他韦，奥比帕利	Y93H
	NS5BRNA 依赖的 RNA 聚合酶	核苷酸抑制剂	索磷布韦	S282T
		非核苷酸抑制剂	达塞布韦钠	S556G
CMV	DNA 聚合酶	核苷类似物	更昔洛韦，膦甲酸钠	M460V/I
IV	M2 蛋白	M2 蛋白抑制剂	金刚烷胺	V27A
	神经氨酸酶	NA 抑制剂	奥司他韦	H275Y

第五节　微生物耐药传播

一、耐药传播的分子机制

抗生素耐药性被认为是影响全球人类的严重威胁。而抗生素耐药传播是当前严重的公共健康威胁之一，因为它严重限制可用于治疗受感染患者的药物类型，造成发病率和死亡率的升高。这种耐药，尤其是获得性耐药，成为当下临床面临的重要问题。获得性耐药性主要通过细菌之间的基因水平转移、出生时和哺乳期间母亲与子女之间的垂直传播或因接触抗生素等机制自发发生。

1. 水平基因转移在耐药播散中的作用

大多数已测序的细菌基因组包含较大比例从其他来源获得的 DNA。这种水平获得的 DNA 通常编码对宿主具有选择性优势的功能，如抗生素耐药性、毒力和生物降解功能。有许多不同的 DNA 元件被描述用来转移抗生素耐药性：具有自我复制功能的质粒（可以通过接合自我传播，或者通过转化或转导进入细胞）、原噬菌体、转座子、整合子和耐药岛。耐药基因通常位于一系列不同且不断进化的可转移质粒上，进而促进了耐药性在细菌间的传播。

在肠道细菌中发现的 R 因子是第一个水平转移抗生素耐药性的例子。R 因子是一种相当复杂的质粒，不仅携带抗生素耐药基因，而且还具有传递功能，允许耐药基因在相关的革兰氏阴性菌中快速传播。这些质粒上的耐药基因要么通过整合的转座子携带，要么插入整合子。而转座子是一种可移动的遗传 DNA 元件，它编码一种特定部位的转座酶，允许特定部位的插入和切除。细菌含有大量的转座子，根据转座子的作用机制可分为四大类。I 类：插入序列（IS）和复合转座子（在其末端有 IS 序列），通常只需要一个蛋白质就能发生转座（如 Tn10）；II 类：复杂的转座子和带有短反向重复的插入序列，其中转座是复制型的，需要两个基因产物（如 Tn3）；III 类：可转座噬菌体（如 Mu）；IV 类：由转座子和插入序列组成，机制可变，不属于上述类别（如 Tn7）。整合子由位点特异性整合酶和相应的 DNA 靶序列组成，携带相应靶序列的抗性基因盒被逐一整合到由整合酶活性介导的靶部位（图 37-2）。整合子经常包含在转座子中。转座子和整合子已经进化为微生物的一种手段，使微生物发生变化的速度比仅通过突变更快。转座子和整合子经常由质粒携带，但也可以定位于染色体上。在革兰氏阳性菌中，某些转座子，称为接合转座子，可以从一种细菌转移到另一种细菌中，而不作为质粒的一部分。屎肠球菌的 vanB 基因定位于一个类似 Tn961 的接合转座子，该转座子本身整合在染色体上的一个较大的可转移元件中，该元件还包含一个突变的 pbp5 基因，该基因编码对氨苄西林的高水平耐药性。这一现象解释了为什么许多对万古霉素耐药的肠球菌对氨苄西林也具有耐药性。此外，质粒可以介导同时对几种抗生素产生耐药性。在医院环境中，由单一一种抗生素产生的选择性作用可能会导致其同时对其他多种抗生素产生耐药，正是因为这一个质粒可以同时携带多种抗生素耐药基因。携带抗生素耐药基因的质粒通常也会编码产生对重金属和清洁剂的耐药性。因此，由后一类化合物施加的选择性压力也可以导致对抗生素产生耐药性。以往报道的多药耐药肠伤寒沙门氏菌的全基因组提供了一个代表性的例子，阐述了由于重复的 DNA 插入事件而导致的多重抗生素耐药性的演变。该菌株有一个大的接合质粒，携带 18 个基因，介导对大量抗生素和重金属产生耐药性。在该质粒上同时发现了几个完整的、退化的整合酶和转座酶，其耐药性是通过一些连续的 IS 介导的遗传事件获得的。IS1 两侧的氯霉素抗性盒整合到四环素耐药转座子中，而在这个氯霉素盒中，发现了两侧为 IS4321 的抗汞操纵子盒，最终使得编码 β-内酰胺耐药、磺胺耐药和链霉素耐药操纵子盒连同两侧的 IS26，整合进抗汞操纵子盒，这一现象在革兰氏阴性菌和革兰氏阳性菌中都可以发生。

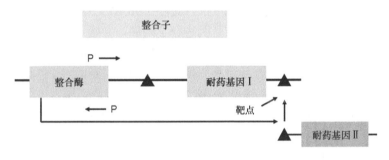

图 37-2　整合子示意图

　　DNA 盒通常携带抗生素耐药决定簇，通过涉及特定附着位点和整合酶的位点特异性重组机制一个接一个地插入。

　　由质粒携带的耐药基因也会受到基因突变和重组的影响。在人类宿主定居的自然背景下发生的质粒重组，绝大多数是由复制转座子在同源重组过程中进行的基因重排驱动的。全面地了解、推动耐药质粒重排的分子机制和进化力量，会为我们从根本上解决抗生素耐药问题提供新的策略。其中一个例子是由 bla 基因编码的一种非常常见的 TEM 型 β-内酰胺酶。这一特殊的基因在肠道中广泛存在，通常由 Tn3 转座子携带。1974 年流感嗜血杆菌中发现了 TEM 型 β-内酰胺酶，1976 年 EM 在致病性奈瑟氏菌中被鉴定出。TEM 型 β-内酰胺酶对青霉素、氨苄西林等 β-内酰胺类抗生素有较强的降解能力，但对第三代头孢菌素的降解能力较差。然而，这种酶的变异体随着时间的推移而进化，表现出更广泛的耐药谱，包括了第三代头孢菌素。在这些 TEM 变异体中发生了一些变化，这些变化略微改变了酶的活性部位，使其对头孢他啶等抗生素具有水解性。此外，超广谱 β-内酰胺酶不仅由 TEM 进化而来，也由 SHV 型 β-内酰胺酶进化而来。质粒介导的耐药性在革兰氏阳性菌中也很常见。如今，人们想当然地认为金黄色葡萄球菌应该对青霉素产生耐药性，是因为 bla 基因可以产生一种 β-内酰胺酶，这种酶通常由质粒携带，且往往同时携带其他耐药基因，并且可以通过噬菌体转导给其他抗生素敏感的细菌。在肠球菌中也发现了相同的 bla 基因。值得注意的是，到目前为止，肺炎链球菌对青霉素的耐药性并非由 β-内酰胺酶表达引起，且 A 组链球菌对青霉素的耐药性尚未有报道，目前对此没有明显的解释。肺炎链球菌中很少观察到质粒，因此，金黄色葡萄球菌的潜在复制能力在肺炎链球菌中可能很难进行。此外，肺炎链球菌更喜欢通过转化来摄取线状 DNA，而目前尚无肺炎链球菌的转导噬菌体，也可能是限制性内切核酸酶有效地降解了来自葡萄球菌的 DNA。在耐甲氧西林金黄色葡萄球菌中，mecA 基因存在于一个大的 DNA 元件上（约 50kb），该元件被插入到细菌的染色体中。这个所谓的耐药岛（也称为 SCCmec）编码的蛋白质与重组酶/整合酶具有同源性，目前已证明这些酶可以催化耐药岛的激活和整合。

肺炎链球菌没有获得 β-内酰胺酶，而是以一种更加精细和耗时的方式进化产生对青霉素的耐药性，这解释了为什么肺炎链球菌青霉素耐药性出现得相对较晚。所谓的青霉素结合蛋白（PBP）是 β-内酰胺类抗生素的靶标。具有更大的膜结合的 PBP 催化了在肽聚糖中交联茎多肽所需的转肽反应。其中一些 PBP 还具有转糖苷酶活性，需要将构建块中的双糖单元共价结合在一起。肺炎链球菌对青霉素的耐药是由一系列水平 DNA 转移事件产生的——允许一个或多个大分子质量青霉素结合蛋白的广泛重塑。由此产生的马赛克基因编码青霉素结合蛋白，在与青霉素相互作用过程中发生动力学变化，同时保持对天然干肽的识别。肺炎链球菌青霉素耐药株可能含有编码低亲和力形式的 PBP2x、PBP2b 和 PBP1a 的嵌合体基因。PBP2a 和 PBP1b 的低亲和力变体也会出现。这些低亲和力的 PBP 变体是通过共生链球菌的物种间基因转移进化而来的。然而，不同青霉素耐药肺炎链球菌之间的水平基因转移很可能是导致青霉素耐药性逐步增加的原因。补偿性突变降低了这些杂乱的低亲和力 PBP 变体的适应成本，也可能发生了微调改变 PBP 向自然底物的动力学性质。致病奈瑟氏菌也通过水平基因转移重建其 PBP 靶标，从而进化出对青霉素的抗药性。肺炎球菌和致病性奈瑟氏菌都很容易转化，并存在于包含相关非致病共生体的环境中，提供了 PBP 基因片段构建块的来源。

抗生素耐药性在医院内、国家内或世界范围内的传播通常是通过具有高传播能力的特定克隆来完成的。这些克隆可以通过不同的遗传指纹来识别，其中多位点测序（MLST）是最适合进行国际监测研究的方法。在这种方法中，对每个分离株的一些所谓的管家基因进行了测序，并确定了突变差异。两个分离株之间的亲缘关系越近，管家基因的差异就越少。如果生物体没有经历任何类型的水平基因转移，同种的两个分离株之间的序列差异反映了它们分离自同一细菌以来所经历的时间。广泛的水平基因转移是这些分析中的一个混杂因素，因为在这些细菌种群中，遗传分化出现得更快。拥有世界范围内大量耐药菌的 MLST 图谱数据库，极大地促进了对特别有价值的国际克隆的识别。使用分子分型方法，已经追踪到了特定的青霉素耐药和（或）多重耐药肺炎链球菌克隆，并发现它们在全球的传播。在大多数研究中，与分离自血液或其他体液的侵袭性菌株相比，来自健康携带者鼻咽和中耳炎局部感染部位的菌株中，具有中等或高度青霉素耐药性的克隆更常见。此外，青霉素耐药性在具有良好的上呼吸道定植能力相关的血清型中更为常见。据推测，这些菌株具有很强的传播能力，并在包含共生亲属的微生态系统中长期存活，从而允许广泛的抗生素选择和物种间基因交流。其他肺炎链球菌血清型，如 1 型和 3 型，在侵袭性疾病中很常见，但在健康携带者的鼻咽中很少发现。青霉素耐药性在这两个血清型的分离株中很少见。据推测，这些分离株的侵袭率很高，但在上呼吸道定居和生长的能力可能较低。青霉素耐药和（或）多重耐药肺炎链球菌的发展演变出的高传播率和高侵袭率，对治疗侵袭性肺炎链球菌疾病造成重大威胁。预防青霉素耐药肺炎链球菌的克隆性传播包括在传播阶段（隔离、洗手等）进行干预，以及在选择阶段中通过减少抗生素负荷来进行。针对特定抗性克隆的疫苗接种也可能是一种有效的方法。然而，这样的策略可能导致疫苗未覆盖的血清型的新耐药性克隆的出现。

2. 抗生素耐药的垂直传播

目前有关研究抗生素耐药垂直传播的研究并不多，但垂直传播很重要，因为婴儿早期的细菌定植对他们的健康和一生中的免疫规划都有影响。母婴垂直传播可以主要概括为两条途径：出生时在宫内和分娩期间的传播；哺乳传播。胎盘在母亲和未出生的婴儿之间起着屏障的作用，使特定的营养物质得以通过。尽管存在争议，但一些研究表明，胎盘并不是无菌的，并且含有一组独特的（数量很少的）微生物，这些微生物可能传递给婴儿。然而，最近的一项研究表明，胎盘没有微生物组，但可能含有潜在的病原体；如乳链球菌的存在。这些潜在的病原体，如 GBS，可能是耐药的，并可能将耐药基因转移给婴儿微生物，使进一步的治疗复杂化。理论上，如果胎盘含有活细菌，这可能是在子宫内垂直转移的途径。然而，考虑到涉及的细菌数量很少，我们认为这一途径风险极低。

自然分娩使得婴儿暴露在母亲的肠道和阴道微生物群中。乳杆菌属是阴道内的优势菌，并能抑制病原菌的生长。然而，在某些情况下，阴道内可能含有潜在的病原体，在许多情况下，这些病原体的转移会导致不良妊娠结果。GBS 可以从阴道向上到达羊膜腔，也可以穿过胎盘屏障。无乳链球菌是一种与新生儿感染有关的 GBS，截至 2015 年，全球约有 57 000 名死产和 90 000 名婴儿死亡与其有关。此外，GBS 的抗生素耐药性有增加的趋势，多药耐药性会导致致命的败血症。孕期和产程中抗生素的使用减少了病原体暴露的不良后果，但也可能导致耐药病原体的出现。妊娠期间产超广谱 β-内酰胺酶细菌的阴道定植可导致不良结局和早产，同样也会导致婴儿感染产超广谱 β-内酰胺酶细菌，从而促进耐药菌株的流行。已有研究报告在阴道内存在耐氨苄西林、头孢噻肟和多重耐药的大肠杆菌、耐青霉素的链球菌和四环素耐药菌，包括乳杆菌、普氏杆菌、解脲支原体、携带 tet（M）基因的加德纳氏菌、携带 tet（O）基因的乳杆菌和棒状杆菌，以及携带 tet（W）的葡萄球菌和棒状杆菌。

母乳被认为是婴儿营养的黄金标准，为新生儿提供最佳营养，并影响免疫系统的发育和婴儿肠道微生物区系。研究报告称，母乳中含有丰富的糖、抗体、低聚糖（HMOS）和多种细菌。哺乳期母亲长期使用抗生素的严重后果可能是在母亲中筛选出抗生素耐药菌株，并将其传染给婴儿，从而导致新生儿败血症和婴儿发病率升高。母乳中的细菌，如乳杆菌和双歧杆菌，可能有益，也可能是传染性微生物的主要来源，如 GBS。Zhang 等观察到，即使在以前没有接触抗生素的情况下，婴儿肠道微生物区系也可以成为抗生素耐药基因的储存库。此外，他们在母乳中观察到抗药性细菌，但在婴儿配方奶粉和食品中没有发现，这表明母乳可能是婴儿 AMR 菌株的来源。Huang 等证实，从中国台湾地区 30 名母亲的母乳样本中分离出的大多数细菌菌株是多重耐药菌株，观察到对一些常用抗生素的耐药性，如四环素、氯霉素、链霉素、庆大霉素和奎努普汀。从其他人那里获得耐药菌株在婴儿期并不常见，因此母亲是婴儿耐药菌的来源。

二、不同生境下的耐药传播

当今世界经济的发展加速了人类的活动频率，进而推动了细菌耐药的进化，导致新的耐药菌和耐药机制的快速产生及传播，由此加剧了全球耐药控制的复杂性。已发表数据表明，过去几十年来已有 200 多种抗生素曾经或正在临床使用，而与之对应的耐药基因已高达 2 万余个，分别来自 267 个属 1700 余种细菌，其中多数属于病原菌或条件致病菌。长期以来，由于我国对抗菌药物的不合理使用，导致抗生素耐药形势极为严峻，各种所谓"超级耐药菌"频频出现。根据全国细菌耐药监测网（CARSS）近 5 年的监测结果，我国多重耐药（MDR）与泛耐药（PDR）细菌的临床分离率显著高于世界多个国家，其中耐甲氧西林金黄色葡萄球菌（MRSA）的检出率长期超过 30%，且异质性万古霉素中介金黄色葡萄球菌（hVISA）呈现上升趋势；而肺炎链球菌对红霉素耐药率竟然高达 94.4%。大肠杆菌对第三代头孢菌素耐药检出率超过 56%，其对喹诺酮类药物的耐药率也达到 53%。碳青霉烯耐药鲍曼不动杆菌（CRAB）的检出率更是高达 50%，而肺炎克雷伯菌的碳青霉烯类耐药率也超过 9%。严峻的耐药局势直接导致临床抗细菌感染治疗面临用药枯竭的尴尬局面，甚至"无药可用"的状况，严重威胁到我国人民群众的生命安全。

值得强调的是，当前的细菌耐药问题已不仅是临床医疗的难题，在养殖业中同样面临前所未有的挑战，并且与环境和食物链存在千丝万缕的联系。医疗活动、畜禽养殖、自然环境三者在细菌耐药传播和发展中形成了相互影响、互相促进的有机整体（图 37-3）。人-动物-环境间细菌耐药发生与传播产生级联放大作用，在理化和生物学效应作用下对人体健康产生明显的负面反馈作用。因此，通过整合人类医学、兽医学和环境科学来改善人类和动物生存、生活质量的"One Health"（同一健康）理念来应对细菌耐药的潜在挑战具有天然的战略优势，这也是联合国所倡导的由 WHO、FAO 以及 OIE 联合开展耐药控制的三方根本策略。尤其对于我国这样一个人口大国、养殖大国，且处于农村经济占重要地位的当下，新时代"同一健康"策略下解决我国细菌耐药问题可能呈现出显著的蝴蝶效应作用，深刻影响政府决策、社会稳定、行业发展和人民健康。系统研究耐药菌和耐药基因在人类-动物-环境中的起源、流行特征、传播机制以及进化规律是刻不容缓的关键科学问题。但是，目前各领域中的相关研究互相分割，各自为政，临床、动物和环境耐药研究存在巨大鸿沟，各领域之间的研究成果也无法进行有效对接，无法从抗菌药物使用全局以及细菌耐药传播链条了解其相互影响与相互作用，严重限制了细菌耐药控制的全局战略。

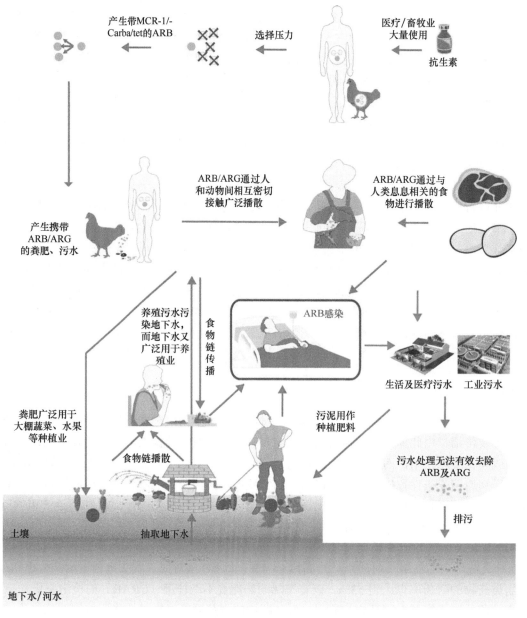

图 37-3   耐药菌/耐药基因在人-动物-环境界面的播散

1. 临床耐药菌传播现状

我国是抗生素的生产和使用大国，也存在抗菌药物使用不合理、抗生素可以随意购买的现象，从而导致了临床细菌耐药的严峻形势。根据 2021 年全国细菌耐药监测网的监测结果，全球普遍公认的多重耐药（MDR）与泛耐药（PDR）细菌十分普遍，耐甲氧西林金黄色葡萄球菌、产超广谱 β-内酰胺酶的大肠杆菌和耐碳青霉烯类肺炎克雷伯菌的患病率估计值（即每种细菌的所有临床分离株的比例）分别为 29.4%、50%和 29.8%。当下，碳青霉烯类抗菌药物和黏菌素被认为是治疗多重耐药的革兰氏阴性菌的最后一道防线，碳青霉烯类药物和黏菌素的耐药性也成为当下研究的热点。2015 年，首次发现了质粒介导的黏菌素耐药菌株，表明最后一道防线被突破，给人类健康带来严重威胁。有研究表明，截至 2020 年年底，我国携带 mcr-1的大肠杆菌的感染率为 1.1%～32.7%（平均值：15.0%），大大高于此前报道的水平。如此之高的感染率无疑再次给人们敲响警钟。

2. 动物源性细菌耐药传播现状

动物病原菌是各类耐药基因的主要储库之一，并且可以通过食物链不断地传播给人类，成为一个危害公共安全的重大隐患。在动物生长过程中，长期在动物饲料中添加低剂量的抗菌药物作为生长促进剂在许多国家包括中国都十分常见，这种做法在增加经济效益的同时也给公共安全问题带来巨大威胁，不断使用的抗菌剂促进并加剧了耐药菌的出现。2015 年，首次在中国动物体内分离了质粒介导的黏菌素耐药菌株。这些黏菌素耐药菌株的质粒上都携带了一个编码乙醇胺转移酶的新基因 *mcr-1*，磷酸乙醇胺转移酶降低了黏菌素和脂多糖亲和性，从而导致细菌对黏菌素不敏感。随后，*mcr-2*、*mcr-3*、*mcr-4*、*mcr-5* 和 *mcr-7* 以及 *mcr-1* 的多种突变体也相继被发现。*mcr-2* 与 *mcr-1* 一样，可通过磷酸乙醇胺转移酶催化磷酸乙醇胺添加到脂质 A4 位上的磷酸基团导致黏菌素耐药。随着 *mcr-1* 不断地被检出，人们发现多个可移动元件包括质粒、转座子、插入序列都与 *mcr-1* 的转移有着密切的联系。至今发现的可携带 *mcr-1* 的质粒类型主要包括 IncI2、IncX4、IncHI2 等，IncX3-IncX4 和 IncI2-IncFIB 等杂合质粒也参与其中，甚至在染色体上携带的 *mcr-1* 也有诸多报道。此外，携带 *mcr-1* 的质粒非常稳定，即使没有黏菌素的选择性压力，也会稳定存在并广泛传播。以 IncX4 质粒为主线，系统分析了 *mcr-1* 的基因环境，发现 *mcr-1* 的转座与 ISApl1 密切相关。通过对 GenBank 中携带的 *mcr-1* 序列进行分析，研究者发现转座子 Tn6330 在 *mcr-1* 的传播过程中发挥重要作用。

mcr-1 是我国鸡源性大肠杆菌对黏菌素耐药的显性基因，它具有广泛的耐药谱并导致多种耐药性问题。自 2015 年我国首次报道动物源性 *mcr* 基因后，各类动物中检出 *mcr* 基因的报道层出不穷。2022 年有研究对中国长沙三种与人类密切相关的家禽养殖场（蛋鸭、鹌鹑和肉鸡）进行了黏菌素耐药菌的分子和流行病学调查。该研究从三种家禽养殖场的 690 个样本中检出 17 个 *mcr* 阳性大肠杆菌，检出率为 2.5%。在我国，不仅陆生生物中有 *mcr-1* 的检出，水禽中也存在 *mcr-1* 耐药基因。有研究对我国部分沿海地区水禽 *mcr-1* 耐药基因携带情况进行了探索，结果表明从 493 株分离株中筛选出 57 株禽致病性大肠杆菌，其中 24 株为 *mcr-1* 阳性菌株。除此之外，*mcr-1* 基因还存在于各类零售食品中，有研究调查了我国某地区 24 家超市的零售肉类和 9 个市场中的鸡蛋，以确定零售食品中 *mcr-1* 的携带情况。结果表明，零售肉类和鸡蛋受到沙门菌的高度污染，*mcr-1* 检出率为 52.6%。

3. 环境细菌耐药传播现状

伴随着人类活动以及农业的发展，在物理作用和生物作用之下，医疗行业和养殖业对环境产生了很大的负面影响，抗生素环境污染问题已成为国内外的研究热点。因多数抗生素在动物体内都不能代谢完全，30%～90% 以原形或初级代谢产物的形式随动物粪便和尿液排出体外，因此，抗生素可随动物粪便或尿液大量释放到自然生态环境中，影响环境微生物种群的结构和活性。除了抗生素，自然环境的改变也会导致细菌耐药性的进化。自然环境为微生物提供了一个天然的耐药基因库，人类的活动、环境的改变、动物的迁徙等都可能影响细菌的进化，产生新的耐药基因。近年来，在多种环境介质中均检测到了耐药基因的存在，包括土壤、水和蔬菜等。环境中存在的携带 *mcr-1* 基因的耐药菌同样不容忽视。有研究调查了长江下游污水处理厂和饮用水处理厂中两种超级耐药基因（*mcr-1* 和 *blaNDM-1*）及其宿主细菌的流行和抗生素耐受性特征。研究结果表明，*mcr-1* 和 *blaNDM-1* 在污水处理厂的进水和生物单元中普遍存在。在长江中，检测到 *mcr-1* 和 *blaNDM-1* 具有比污水处理厂出水口更高的丰度和抗生素耐受性。这两种超级耐药基因被运送至饮用水处理厂进而转移到人体内，从而对公共健康构成巨大威胁。

4. 耐药菌在不同生境中的传播和遗传机制

抗菌药物在医疗领域和养殖业中的大量使用，不仅会使人和动物体内的大量微生物获得耐药性，而且，由于抗菌药物残留以及耐药菌/耐药基因的传递与交换，还会增加环境中耐药基因的丰度和多样性。养殖污水、污水处理厂污水、河流、沉积物和土壤等环境中的耐药基因/耐药菌，经过动物或人类的活动又有可能传播到人类中去，造成耐药性的进一步扩散，这就导致人-动物-环境构成的耐药性传播网络十分复杂，同时可移动性遗传元件如质粒和整合子-基因盒系统等介导的耐药基因水平转移，使得它们在同种属或不同种属的细菌之间进行传播，最终致使细菌的耐药问题更加严峻。研究表明，耐药基因可以在人、动物和环境之间相互传播，其中大肠杆菌是主要的载体。Wang 等发现同时携带 NDM 基因的大肠杆菌可以在养鸡场中的人、鸡、鸟、苍蝇和犬之间相互传播，并且这些耐药基因/耐药菌可沿着种鸡场→商品鸡场→屠宰场→超市进一步传播。另外，MRSA 也是一种人和动物之间交叉传染的病原，Unnerstad 等通过全基因组测序推测 ST2659 型 MRSA 可从人向牛群传播。除了耐药基因/耐药菌在人和动物之间相互传播之外，人群和动物对环境排放的抗生素以及耐药基因也不容忽视。研究发现，与人类活动相关的环境来源样本中耐药基因丰度和多样性明显高于原始环境样本，并且推测抗生素的排放是环境中黏菌素耐药基因 *mcr-1* 和替加环素耐药基因 tet（X）丰度高的主要驱动因素。Hua 等通过宏基因组测序分析发现耐药基因、临床致病菌和耐药菌可通过养殖场排向周围河流和蔬菜种植土壤。上述研究表明耐药基因/耐药菌之所以令人担忧，其实并不是其本身的原因，真正具有威胁性的是其"传染性"——耐药基因/耐药菌在人、动物和不同界面之间的转移和扩散，导致新的、不同种属的"超级细菌"不断产生，对越来越多的抗生素产生耐药性，对公共卫生和生态安全构成严重的威胁。

伴随着测序技术的进步，再加上功能宏基因组的发展与应用，大量的研究揭示了耐药基因在土壤、河流、人和动物肠道以及污水处理厂等栖息地的多样性、丰富性和分布情况，暗示这些都可能是耐药基因的潜在储库。此外，环境中存在丰富的可移动元件，包括整合子、转座子、质粒、噬菌体以及可接合整合元件，为耐药基因的转移提供了条件。尤其是在污水处理厂、粪池和粪肥处理的土壤等场所，存在高密度的环境细菌和病原菌（尤其是肠杆菌科）、适宜的温度（尤其是污水处理厂和粪池）以及低浓度的抗生素等，有利于环境细菌和病原菌之间的基因交流，从而使环境细菌中耐药基因（包括 *Proto* 和 *Silent* 基因）通过转座子和质粒等可移动元件整合到病原菌中。然而，对于不同环境介质和环境理化因子对耐药基因传播的贡献程度以及其影响细菌耐药基因扩散的具体途径和分子机制，目前尚不清楚，有待进一步研究。

抗菌药物的选择压力与细菌耐药性之间是一种复杂的关系，同时，人-动物-环境构成的耐药性传播网络也十分复杂。我们需要基于"同一健康"理念，将动物-环境-人作为一个整体，系统探究不同界面耐药菌/基因的传播机制，同时从耐药机制、耐药菌、抗菌药、宿主以及相互之间的复杂关联来综合考虑降低耐药性。

（浙江大学医学院附属第一医院　沈　萍　朱　彪　熊　晔　郑焙文　许利军）

［中国中医科学院中药研究所（青蒿素研究中心）　王继刚　高　鹏］

第三十八章
微生物耐药控制

第一节　全球微生物耐药控制行动

抗菌药物耐药性（AMR）严重影响人类、动物和环境的健康，对医疗保健系统、农业和国民经济也存在许多不利影响，已成为 21 世纪的重大公共卫生挑战。面对如此严峻的耐药威胁，全球已经达成共识，必须协调一致采取积极行动，加以控制。

一、WHO 微生物耐药控制策略与行动

（一）细菌耐药控制行动计划

1998 年，WHO 首次发表了关于遏制 AMR 的决议；2001 年，发布了第一份旨在控制耐药性出现和传播的全球战略，即《世卫组织控制抗菌药物耐药性全球战略》，并提出了相应的干预框架；2007 年，把细菌耐药列为威胁人类安全的公共卫生问题之一。2011 年的世界卫生日提出"今天不采取行动，明天就无药可用"的呼吁。在 2014 年世界卫生大会上通过关于抗击耐药的决议，决定制订《抗击抗菌药物耐药全球行动计划》，这一计划于 2015 年正式发布，并要求各成员国结合自身情况制订各自的耐药控制国家行动计划，体现人类对细菌耐药构成健康重大威胁采取行动的全球共识，涵盖多部门及成员国间的磋商结果。其目标是尽可能保证长期持续使用安全有效的药物来治疗和预防传染病。该计划设置了 5 项战略目标：①提高对抗微生物药物耐药性的认识与理解；②加强监测和研究；③降低感染发生率；④优化抗微生物药物的使用；⑤确保在应对抗微生物药物耐药性方面进行可持续投资。同时，该计划提出建立全球抗微生物药物耐药监测系统。自 2015 年以来，每年 11 月的第 3 周，是 WHO 确定的"世界提高抗菌药物认识周"，提高全球对抗微生物药物耐药的认识和警惕。

2016 年，联合国大会建立机构间抗生素耐药问题协调小组（Interagency Coordination Group on Antimicrobial Resistance，IACG）要求在国家、区域和全球各级，根据"One Health"方法制订和实施多部门行动计划。WHO、联合国粮食及农业组织（Food and Agriculture Organization of the United Nations，FAO）和世界动物卫生组织（World Organization for Animal Health，WOAH）通过三方合作，持续向各国分发国家自评问卷以评价实施进度。2017 年启动全球抗微生物药物耐药性监测系统（the Global Antimicrobial Resistance Surveillance System，GLASS），支持在全球以标准化方法收集、分析和分享关于抗微生物药物耐药性的数据，以便协助决策工作，推动地方、国家和区域行动，并为开展行动和宣传提供证据基础。根据三方合作制订的指导意见，截至 2019 年 1 月，有 117 个国家确定了国家行动计划，另有 62 个国家正在制订国家行动计划。

围绕全球行动计划五大战略目标，相关三方制订了相应内容。①提高认识，加强教育：通过针对人类健康、动物卫生和农业实践领域不同受众以及消费者的公共沟通规划，提高对抗微生物药物耐药性的认识并促进行为的改变，对于处理此问题至关重要；②开展抗微生物药物耐药监测：为更好地了解和应对抗微生物药物耐药性模式及主要驱动因素，必须收集关于抗微生物药物耐药性发生率、流行率和趋势的信息；③感染预防和控制：加强个人卫生和感染预防措施，包括疫苗接种，可限制耐药微生物的传播并减少滥用和过度使用抗微生物药物；④优化人类和动物卫生工作中抗微生物药物的使用：为了延长抗微生物药物的使用寿命，必须在临床、药店和兽医实践中消除不必要的配药做法；⑤科学研究和技术开发：必须为新的抗微生物药物、诊断工具和疫苗研发注入新的活力。2019 年 4 月，在 IACG 向联合国秘

书长的报告中指出，"抗菌药物耐药性是一场全球性危机，威胁着一个世纪的健康进步和可持续发展目标的实现，已经没有时间再等了"。

（二）结核病控制全球行动

为了应对全球耐多药结核的出现，有效遏制耐药结核的传播，全球各国采取了许多措施。1994 年，WHO 建立了抗结核耐药性监测全球项目来记录全球的耐药结核发生。2014 年，WHO 呼吁世界卫生组织成员国和国际社会，采取更有力的措施来预防和控制结核杆菌耐药性的传播。随着可持续发展目标的提出，2015 年 WHO 制定了"2016～2035 年终结结核病战略"，目标是到 2035 年"终结全球结核病流行"。该战略最初的目标是到最后期限将结核病患者人数减少 90%，同时死于结核病的减少 95%，并保护家庭免受疾病的负面影响。WHO 在终止结核病战略的前五年（2016～2020 年）分别为结核病、结核病/艾滋病和耐多药结核病确定了三份高负担国家清单，其中至少有 48 个国家出现在同一份清单中。

我国结核病负担位居全球第 2 位，每年新报告肺结核患者约 80 万例。为了积极响应 WHO 的号召和遏制结核病的流行，我国出台了一系列结核病预防性治疗的政策文件。2019 年国家卫生健康委员会等八部委发布的《关于印发遏制结核病行动计划（2019—2022）》，要求加强对重点人群的主动筛查，加强学校结核病防治和扩大耐药结核病筛查范围。2020 年，我国在发布的《中国结核病预防控制工作技术规范（2020 版）》中更新了耐药结核的治疗原则，积极探索降低耐药结核患者经济负担的政策。此外，还要求对潜伏性患者（特别是与病原学阳性肺结核患者密切接触的 5 岁以下儿童潜伏感染者、HIV 感染者及 AIDS 患者中的结核潜伏感染者，或感染检测未检出阳性而临床医师认为有必要进行预防性治疗的个体，以及与活动性肺结核患者密切接触的学生等新近潜伏感染者）尽早进行预防性治疗，争取从根源上减少结核患者的出现。

结核杆菌的耐药机制研究对于控制全球结核耐药至关重要，研发新药及制定新型治疗策略是各种耐药机制的有效对策。截至目前，人们已经发现了多种结核杆菌耐药机制，包括前体药物（异烟肼、吡嗪酰胺等）激活受阻、细胞膜渗透性降低、外排泵表达增强、药物降解和修饰、靶标改变或过表达以及表型耐药等。由于结核菌生长速度慢，传统诊断方式如痰培养和药敏具有滞后性等缺点，不利于结核病的快速诊断，因此，快速分子诊断及药敏对耐药结核的早期诊断和有效治疗非常重要。WHO 近年来开始大力推广结核分子诊断和药敏，2021 年 WHO 将分子诊断技术的推荐原则由特定技术类型推荐改为基于类别进行推荐，共批准 6 项用于结核诊断及耐药性检测的分子诊断技术。Xpert MTB/RIF 是一种使用 GeneXpert 平台开展的全自动 PCR 分子药敏检测手段，具有灵敏度高、检测时间短、安全性高等优点。目前世界卫生组织推荐对于已有活动性肺结核病症状或已初步确诊结核分枝杆菌感染的患者，均应当应用 Xpert MTB/RIF 对利福平耐药进行检测，其也可以替代痰涂片或痰培养开展对结核感染的检测。对于肺外结核感染也推荐采用 Xpert MTB/RIF 或 Xpert Ultra 对病灶组织液开展结核的诊断与耐药性检测。此外，2021 年世界卫生组织指南中指出，复杂程度的 NAAT（nucleic acid amplification test，核酸扩增检测）用于结核病以及利福平和异烟肼耐药性的初步检测技术，其中包括：Abbott RealTime MTB and Abbott RealTime MTB RIF/INH，BD MAX™ MDR-TB，cobas® MTB and cobas MTB-RIF/INH（Roche），FluoroType® MTBDR，FluoroType® MTB（HainLifescience/Bruker）12。推荐低复杂程度的 NAAT 用于检测异烟肼和二线抗结核药物的耐药性技术主要为 Xpert® MTB/XDR，推荐高复杂程度的 NAAT 主要用于吡嗪酰胺耐药的诊断，目前正在开发的技术如 Genoscholar™ PZA-TB II，可以快速、准确鉴定痰菌阳性患者的耐药性。然而由于目前尚无针对乙胺丁醇、贝达喹啉、氯法齐明、利奈唑胺、德拉马尼等药物的快速分子药敏检测方法，对临床个体化治疗指导作用有限。为了推广分子诊断和降低成本，各国着力开发自己的分子诊断技术。由英国 QuantuMDx 公司开发的 Q-POC（point-of-care）技术，经测试，其敏感性和特异性与 Xpert 相似；中国生物公司也开发了本土的分子诊断技术供国内使用，如厦门 Zeesan 生物技术公司的 MeltPro TB 技术（溶解曲线法用于耐药突变检测）和北京博奥生物的 GeneChip MDR 等，这些技术已经通过中国食品药品监督管理局的批准并在全国范围内开展测试，但因尚未经过 WHO 的审核，并未在其他国家得到推广。

由于耐多药结核治疗疗程长、副作用大，近年来 WHO 推荐的用药方案也在不断变化和完善。疗程过长往往导致患者的依从性下降，由此导致的结果是结核分枝杆菌由单耐药性迅速转变为多耐药性乃至泛耐药性，因此，缩短疗程是开发结核病治疗新方案的基本原则之一。20 世纪 50 年代的主流治疗方案是链霉素、对氨基水杨酸与异烟肼联合使用，其疗程长达两年；而随着利福平等药物的使用，20 世纪 70 年代的结核病治疗疗程缩短到 9～12 个月；随后吡嗪酰胺的加入导致药物敏感结核疗程进一步缩短到 6 个月。近十年来，WHO 耐多药结核病治疗的推荐方案变化较大，2019 年 WHO 调整治疗耐多药结核的三组药物 Group A、B、C，并强调全口服药物治疗方案；2022 年 5 月进一步针对性地推荐两种全口服短程耐多药结核方案。总体而言，WHO 的推荐方案逐步偏向口服短程治疗方案。

二、国际组织微生物耐药控制行动

G7、G20、跨大西洋抗微生物药物耐药控制工作组（Transatlantic Taskforce on Antimicrobial Resistance，TATFAR）、金砖五国（BRICS）、欧盟等国际合作组织高度重视耐药控制工作，都在各自的工作内容和工作目标中设定了耐药控制的条款，包括建立协作机制、增加投入、共享资源与信息等。

G7 集团领导人在 2015 年峰会宣言中将抗菌药物耐药与突发公共卫生事件共同称为影响全球经济发展的两大"健康挑战"，指出"应加强对当前和新发展的抗菌药物耐药性的监测"，之后都把抗菌药物耐药性问题作为影响人类健康和全球经济的重要议题而写入相关公报或声明。同样，2016 年，中国作为 G20 主席国，将 AMR 问题写入"二十国集团领导人杭州峰会公报"，呼吁 WHO、FAO、OIE 等组织就应对这一问题及其经济影响提出政策选项，并于 2017 年提出了遏制 AMR 的行动指南。2009 年，美国与欧盟建立 TATFAR，旨在应对耐药的紧急威胁。来自加拿大、欧盟、挪威和美国的技术专家合作并分享最佳经验，主要加强在以下三个关键领域的努力：改善医学界和兽医界对抗菌药物的适当治疗用途，预防与医疗保健和社区相关的耐药性感染，制定改善新抗菌药物渠道的策略。

抗微生物药物耐药控制联合议程（Joint Programming Initiative on Antimicrobial Resistance，JPIAMR）是一个全球协作平台，通过 28 个成员国的"同一健康"方法来遏制抗菌药物耐药，秘书处由瑞典斯德哥尔摩的瑞典研究委员会主持。该计划协调国家资金，以支持共享的 JPIAMR 战略研究，以及创新议程的 6 个优先领域内的跨国研究和活动：治疗、诊断、监测、传播、环境和干预措施。JPIAMR 正在不断寻找 AMR 研究资金。截至 2017 年 1 月 1 日，JPIAMR 成员已投资 18 亿欧元用于 AMR 研究。

2017 年在汉堡峰会上，G20 各成员国一致决定，开展全球抗菌药物耐药性研究计划，建立共同基金，设立研发中心，为此，德国联邦教研部宣布提供 5 亿欧元支持这项为期 10 年的研究。

三、主要国家耐药控制行动

1. 英国

2013～2018 年英国政府耐药控制行动计划主要在感染控制与预防、合理使用抗菌药物、专业培训与公众教育、新药与新技术研发、优化监测体系、加强国际合作等方面采取行动。英国 Fleming 基金、Newton 基金、女王的千禧奖金等分别从不同的角度进行研究，旨在帮助解决当今全球抗菌药物耐药性的问题。

2. 美国

2015 年 3 月，美国公布了一项为期 5 年的遏制 AMR 国家行动计划，该计划主要包括 5 个方面：①减缓耐抗菌药物的"超级细菌"的出现速度，预防耐药菌感染的蔓延；②加强"超级细菌"全国性监测，向全国医院和医师提供抗菌药物耐药性实时数据；③开发更好的"超级细菌"诊断工具；④加速研发新型抗菌药物、疫苗和其他疗法；⑤加强有关国际合作，包括建立动物抗菌药物使用的全球数据库、帮助中低收入国家应对抗菌药物耐药性危机等。美国政府于 2012 年签署的《抗生素激励法案》（即《GAIN 法案》），旨在激励制药公司和生物技术公司参与创新型抗菌药物的研发，用以治疗耐药菌所致的严重感染性疾病。为了响应美国政府 2015 年"应对细菌耐药的国家行动计划"，推出了全球性合作计划"助力战胜耐药菌计划"（Combating Antibiotic Resistant Bacteria Accelerator，CARB-X），这是由波士顿大学牵头的全球性非营利合作组织，旨在为创新性抗菌药物、快速诊断、疫苗和其他救生产品的早期开发提供资金，以应对日益增长的耐药菌威胁。

四、我国细菌耐药控制行动

我国政府高度重视细菌耐药控制。为了进一步加强医疗机构抗菌药物临床应用管理，针对滥用抗菌药物现象，先后颁布了众多管理制度与技术规范，促进抗菌药物合理使用，有效控制细菌耐药，保证医疗质量和医疗安全。

我国卫生系统已经建成了比较完善的耐药控制和抗菌药物合理使用管理体系，2004年颁布了《抗菌药物临床应用指导原则》；2005年建立了全国细菌耐药监测和抗菌药物应用监测网，设立了临床药师制度，要求医疗机构重视感染、临床微生物人才与团队建设；2012年颁布了《抗菌药物临床应用管理办法》，制定了《国家抗微生物治疗指南》供临床应用。我国已经把抗菌药物合理使用和耐药控制纳入医疗机构核心制度，成为医院等级评审指标，也是公立医院绩效考评内容。

2011年，卫生部在全国范围内开展了抗菌药物临床应用专项整治活动，经过十年努力，我国医疗机构抗菌药物使用趋于合理，AMR发展势头得到遏制；2016年，国家卫生和计划生育委员会联合其他13个部门颁布了《遏制细菌耐药国家行动计划（2016—2020）》并在2022年更新，该计划从国家层面实施综合治理策略和措施，对抗菌药物的研发、生产、流通、应用、环境保护等各个环节加强监管，加强宣传教育和国际交流合作，应对细菌耐药带来的风险挑战。为加强兽用抗微生物药物管理，遏制动物源性细菌耐药，保障养殖业生产安全、食品安全、公共卫生安全和生态安全，农业部于2017年制定了《全国遏制动物源细菌耐药行动计划（2017—2020）》，该计划以提高动物源细菌耐药和抗微生物药物残留治理能力、养殖环节规范用药水平、畜禽水产品质量安全水平和人民群众满意度为目标，将从推进兽用抗微生物药物规范化使用、推进兽用抗微生物药物减量化使用、优化兽用抗微生物药物品种结构、完善兽用抗微生物药物监测体系、提升养殖环节科学用药水平5个方面实现。2020年我国颁布的《中华人民共和国生物安全法》把应对微生物耐药纳入工作内容，体现了我国政府对微生物耐药威胁的高度重视。

第二节　微生物耐药监测

控制抗微生物药物耐药（antimicrobial resistance，AMR）需要相关部门协调一致采取行动才能实施，涉及临床、兽医、环境、农业等各部门。WHO在全球耐药控制行动计划中指出，建立不同层面的细菌耐药监测网，实时获取细菌耐药流行状况与发展趋势，发现新的耐药机制，是控制耐药的基础。为此，WHO与瑞典合作建立了全球细菌耐药监测网（Global Antimicrobial Resistance Surveillance System，GLASS），参与成员国不断增加，为WHO制定全球耐药控制策略提供了重要数据。通过监测能及时掌握本国或本地区甚至本部门微生物耐药相关流行病学数据，在控制感染和耐药、抗菌药物应用管理各个方面都是至关重要的。

耐药监测工作是一项复杂的系统工程，需要多学科合作才能获得比较准确的监测信息，高质量的监测工作需要从临床微生物样本采集开始，只有严格把握采样、微生物分离鉴定、药敏测定、数据分析等各环节的质量控制，才能得到具有重要价值的监测结果。全球耐药监测经历长期发展，已经取得长足进步，随着临床微生物检验、基因测序、生物信息分析、网络技术的发展，耐药监测也在发生快速变化，监测覆盖面、数据量、监测方法等日益更新，开展监测的同时需要时刻关注。

微生物耐药监测是一项系统收集、整体分析和全面评价耐药现状与发展趋势的基础科学工作。准确、可靠的耐药监测结果可为感染治疗指南制定、提高抗微生物药物合理使用、延缓耐药发生、支撑公共卫生干预和感控措施制定以及新型抗微生物物研发提供必要的信息。

（1）确定不同地区、部门和人群的微生物耐药现状，指导与优化抗感染治疗。抗感染治疗需要有的放矢，需要明确导致感染可能的病原体及其耐药性，只有以此为基础的抗微生物药物选择以及方案制订才更加科学合理，耐药监测结果尤其对初始抗感染治疗尤为重要。微生物耐药具有复杂性和难预知性，受多种因素影响和制约，如医学、生物、物理、社会经济、医疗保健体系等，不同区域耐药具有其特殊性，不能简单地根据一个地区的耐药情况推断另一个地区；同时，微生物耐药会随时间发生变化，监测工作也需要长期和不间断地进行，把握细菌耐药流行规律和趋势。澳大利亚抗菌药物使用和细菌耐药监测网（Antimicrobial Use and Resistance in Australia Surveillance System）通过从不同维度分析细菌耐药数据发现，不同病原菌具有不同流行病学特征。在农村和边远地区，甲氧西林耐药金黄色葡萄球菌的流行率高于城市，而万古霉素耐药肠球菌仅在医院中分离到。美国 SENTRY 耐药监测项目（the SENTRY Antimicrobial Resistance Surveillance Program）研究全球不同地区 20 年（1997～2016 年）的血流感染细菌耐药监测数据发现，在 1997～2006 年监测中，MRSA、VRE 等分离率逐年增加，而在 2007～2016 年则呈下降趋势；相反，重要的革兰氏阴性杆菌如产 ESBL 的肠杆菌科细菌、碳青霉烯类耐药肠杆菌科细菌等则在监测期内逐年上升。因此，通过细菌耐药监测，可以根据不同的细菌耐药发展趋势指导临床抗感染的治疗。

（2）耐药监测与抗微生物药物使用监测等数据整合分析，确定药物的使用与耐药发生之间的关系，指导抗微生物药物管理。抗微生物药物的使用是导致耐药发生的主要原因，明确耐药趋势和药物使用关系是耐药监测的重要内容。例如，通过细菌耐药监测数据可以了解抗菌药物在加速细菌耐药发生、发展中的作用，同时也可以评价抗菌药物合理使用的有效性（包括优化抗菌药物使用、抗菌药物限制级使用等）。国家卫生健康委员会发布的"2017 年国家医疗服务与质量安全报告"显示，我国门诊抗菌药物使用率从 2010 年的 19.4% 下降到 2017 年的 7.7%，下降了 11.7 个百分点；住院患者抗菌药物使用率从 2010 年的 67.3% 下降到 2017 年的 36.8%，下降了 30.5 个百分点；同期细菌耐药监测数据显示，细菌耐药趋势总体平稳。医疗机构可以通过耐药和用药监测数据进行相关分析，发现抗菌药物使用是否导致耐药上升并采取相应措施；同样，有研究发现在抗菌药物使用与耐药发生之间存在一定差异，有的药物使用后，细菌耐药快速上升（如喹诺酮类耐药肠杆菌科细菌），而有的药物使用对耐药发生影响不明显，甚至可能对部分耐药有减缓作用（如厄他培南使用与非发酵菌对碳青霉烯类耐药呈负相关）。

（3）监测发现微生物耐药性变化趋势，发出耐药预警，为耐药控制政策提供科学依据。定期细菌耐药监测可以发现不同细菌耐药发展趋势，也可以发现新型耐药菌的出现，为耐药控制策略提供科学数据。例如，2002 年美国发现全球首例对万古霉素耐药金黄色葡萄球菌后，美国 CDC 采取了积极措施，开展深入研究，制定控制指南，医疗机构也高度重视，迄今为止，全美该耐药菌发现不到 20 例。2010 年，全球发现产金属酶 NDM-1 的肠杆菌后，各国高度关注，采取积极措施，对这类细菌的流行控制发挥了积极作用。我国国家卫生健康委员会要求细菌对抗菌药物耐药率达到一定程度后就需要采取警惕、暂停使用等措施。2013 年和 2019 年，美国 CDC 两次发布抗菌药物耐药威胁报告，其中根据耐药菌的流行情况与趋势、可传播性、有效治疗药物等因素，将主要耐药菌按对人类威胁程度分为紧迫威胁（urgent threats）、严重威胁（serious threats）和关注威胁（concerning threats）三级，以对不同等级进行精准控制。WHO 也发布了世界上最具耐药性、最能威胁人类健康的"超级细菌"名录，将主要耐药菌根据危险程度的不同分为三类：严重致命、高度致命、中度致命，三种不同的程度代表了应对措施的急迫程度。同样，WHO 建立的全球疟疾耐药监测对相关国家疟疾控制政策与临床治疗提供了有益帮助。

（4）耐药监测是控制耐药科学研究的基础。通过耐药监测，可及时发现新型耐药现象并开展流行病学调查、深入进行耐药机制研究，既可为少见或罕见耐药菌的解释提供依据，亦可为后续遏制此类耐药菌的流行播散提供科学依据。例如，美罗培南年度敏感性项目（MYSTIC）连续 10 年（1999～2008 年）的监测数据发现，美罗培南对呼吸道重症感染常见病原菌保持良好的抗菌活性；同时在监测细菌耐药基础上，通过使用分子技术来识别耐药机制、克隆扩散，发现产 KPC 酶肺炎克雷伯菌在美国较欧洲更为流行，KPC 酶可通过移动遗传元件在不同的肠杆菌科细菌之间进行传播，但 SME 酶仅在黏质沙雷菌中发现。我国学者在动物来源细菌耐药检测中发现对多黏菌素耐药的大肠杆菌快速增长，其后深入研究发现了质粒介导的耐药基因（*mcr-1*），并为此提醒全球，加强对多黏菌素管理，在我国也取消了将多黏菌素作为动物促生长使用。

（5）耐药监测引导和指导新型抗菌药物的研究开发。对一种新型抗微生物药物的需求通常是由一种新的病原微生物和（或）病原微生物耐药的出现与广泛传播所驱动，新型抗微生物药物的研发需要经历至少 10 年以上时间，如果耐药监测在特殊耐药现象发生之初就加以重视，积极开展针对性药物研究与开发，实现药物研究开发与耐药发展赛跑，当耐药达到一定程度时也可能获得有效的治疗药物。例如，产碳青霉烯酶肠杆菌科细菌在20世纪80年代虽有零星报道，但在世界上大多数地区这类感染的发生频率仍然很低，直到近十年来不断增加。SENTRY数据表明，美国CRE的总体频率从1999~2003年的0.1%~0.3%上升到2004年的0.7%和2005年的1.2%，2006~2015年保持在1.4%~2.0%。SENTRY等大型细菌耐药监测项目的数据记录了CRE发生频率的持续增加，对新型药物的发展提出了需求，以解决这些难治疗耐药菌感染，现在临床碳青霉烯酶抑制剂（如阿维巴坦）的应用正是如此开发而成。此外，细菌耐药项目有助于药物开发企业和科学家确定耐药菌发生的地理位置及患者类型，以集中临床试验，并监测新药对市场的影响。

（6）分享耐药监测数据，加强耐药控制国际合作。微生物耐药是全球共同面对的公共卫生危机，需要全球协作才能获得成功。WHO制定的"抗微生物药物耐药性全球行动计划"强调需要"同一健康（One Health）"的有效思路，涉及协调众多国家和国际部门。世界经济论坛也将抗菌药物耐药性确定为"一种任何一个组织或国家都无法独自管理或减轻的全球风险"。

第三节　微生物耐药监测现状及发展趋势

微生物耐药监测是一项系统工程，需要临床、微生物、信息学、管理等多部门多学科协作。因监测目的不同，所开展工作的方式也大相径庭，但就整体情况而言，可以分为以下几种类型。

（1）基于感染的主动监测：针对某一特殊感染，在诊断明确的基础上，采集标本、获取病原菌的抗菌药物敏感性和耐药性。这类监测能比较好地掌握各种感染流行状况、病原菌构成、感染危险因素、细菌耐药发生发展趋势等。特殊病原体耐药监测常采用该方法，如HIV、疟原虫、结核分枝杆菌等耐药监测。

（2）基于感染的被动监测：针对某种特殊感染，在诊断基础上，常规收集临床微生物检验结果进行监测。与前一种监测相比，这种监测效率较高，但准确性低。

（3）基于细菌的主动监测：针对某种病原菌进行的监测，不关注其感染类型。这种监测可获得特殊细菌耐药情况，适合于特殊感染监测，如结核、淋病等。

（4）基于细菌的被动监测：采集常规临床分离细菌，不关注感染类型。这种监测准确性最差，需要有主动监测数据进行校正。

一、主要微生物耐药监测体系和方法

（一）按照监测范围分类

按照监测覆盖范围不同分为国际级、国家级、地区级及多中心或单个医疗机构细菌耐药监测。国际或国家级的细菌耐药监测可以从全局上把握和制定相关政策、更新耐药菌治疗指南以及制定相关的干预措施，为新药研发提供更多数据基础；地区或单个医疗机构的细菌耐药监测则为更新感染性疾病病原谱、病原菌治疗方案的选择、临床经验性用药指导和制定病原菌感染控制措施提供了指导性意见。国际上主要的大型监测网如下。

1. WHO建立的全球耐药监测网（GLASS）

为了支持WHO"抗微生物药物耐药性控制全球行动计划"而设立的首个全球合作的标准化抗菌药物耐药性监测网，使WHO的全球行动计划与各国的国家行动计划相协调，以便指导决策制定，促进地方、国家和区域行动，并为开展相关行动和宣传提供证据。GLASS由瑞典健康研究所运行，提供收集、分析、共享抗菌药物耐药性数据的标准化方案，以规范各国的数据收集方式；同时收集病原菌实验室数据、流行病学、临床、人群水平等方面的数据；通过将患者、实验室和流行病学监测数据相结合的方式，加强对细菌耐药的流行程度和影响的了解。GLASS的目标是：①培育和建立国家监测体系及统一的全球标准；②用精选的指标评估全球细菌耐药的程度和负担；③定期分析和报告细菌耐药的全球数据；④发现新的耐药菌和机制及其在全球的传播状况；⑤了解特定预防控制方案的实施情况以及评估干预措施的影响。GLASS

早期将重点关注在全球范围内构成最大威胁的耐药菌，尤其是治疗选择受限的多重耐药菌，包括不动杆菌属、大肠杆菌、肺炎克雷伯菌、淋病奈瑟菌、沙门菌属、志贺菌属、金黄色葡萄球菌和肺炎链球菌等；同时在有条件的国家开展基于病例的临床症状监测，以提供比常规监测更准确、偏倚更少的细菌耐药监测信息。从 2021 年起，GLASS 也对抗菌药物使用进行监测。

2. 欧洲细菌耐药监测网

欧洲细菌耐药监测网（European Antimicrobial Resistance Surveillance Network，EARS-Net）是欧洲最大的细菌耐药监测系统，其监测数据是欧洲国家细菌抗菌药物耐药发生、发展和传播的重要指标。EARS-Net 数据在提高政治层面、公共卫生官员、科学界和公众的认识方面发挥着重要作用。EARS-Net 由欧洲 CDC 运行，一共有 30 多个国家参与。EARS-Net 收集的数据是基于成员国临床微生物实验室常规分离细菌的耐药数据，其重点监测细菌包括大肠杆菌、肺炎克雷伯菌、铜绿假单胞菌、不动杆菌属、肺炎链球菌、金黄色葡萄球菌及肠球菌属。除细菌信息外，EARS-Net 还采集基本的临床和人口数据、药敏试验方法、医院类型和规模等信息，并区分住院和门诊患者。EARS-Net 报告方案中规定不同病原菌的抗菌药物组合，并推荐特殊耐药类型检测方法。为了使细菌耐药数据在不同国家之间具有可比性，EARS-Net 对收集人群的覆盖范围、标本的采集、实验室日程检测能力及药敏方法进行了细致的规定。EARS-Net 每年发布一份以上的年度监测数据报告，分析欧洲不同时间和地区的细菌耐药发生和传播趋势信息；同时与欧盟的另外两大监测网（欧洲抗菌药物使用监测网和院内感染监测网）进行数据交汇，形成抗菌药物使用量、细菌耐药趋势及院内感染的数据库，为有关机构的研究提供长期数据支持。

3. 全国细菌耐药监测网

全国细菌耐药监测网（China Antimicrobial Resistance Surveillance System，CARSS）为我国的国家级细菌耐药监测网络，于 2005 年由国家卫生健康委员会建立，覆盖全国二、三级医疗机构。CARSS 于 2005 年成立，2012 年进一步扩大。目前，CARSS 监测网设有南、中、北三个技术分中心和一个质量管理中心，每个省份设有省级监测中心，并设有全国细菌耐药监测学术委员会。CARSS 的监测方式为被动监测，参加监测网的医疗机构将其日常微生物药敏实验数据按季度定期经细菌耐药监测信息系统上报至主管部门，利用 WHONET 软件，通过计算机和人工分析处理，每年度统计出临床常见病原菌对各类抗菌药物的敏感率和耐药率。

4. 全球淋球菌耐药监测

WHO 针对淋病奈瑟菌的耐药问题建立全球淋球菌耐药监测（Gonococcal Antimicrobial Surveillance Programme，GASP）项目，GASP 是一个由协调中心和区域联络点的全球实验室网络，目前一共支持 68 个参与的国家实验室。每一个指定的区域联络点都与其世界卫生组织区域办事处合作，整理参加国家分离的淋病奈瑟菌对抗菌药敏感性模式的数据。WHO 每年从参与的实验室接收用于治疗淋病的抗菌药物（如头孢菌素、阿奇霉素和喹诺酮类）对淋病奈瑟菌易感性的数据。

5. 全球结核病耐药性监测项目

自 1994 年全球抗结核药物耐药监测项目启动，已经系统地收集和分析了来自世界 164 个国家的耐药数据（占 194 个世卫组织成员国中的 85%），涵盖了超过 99% 的世界人口和结核病例。其中 105 个国家拥有对结核病患者开展结核分枝杆菌传统药敏试验的连续监测系统，59 个国家则依靠患者代表样本中收集的分离菌株开展流行病学调查。我国以省（自治区、直辖市）为单位加入了全球结核病耐药性监测项目，每年有 1~2 个省份参与该计划，该计划由 WHO/IUATLD 监测指导小组直接指导，并对相关检验人员进行培训。

（二）按照监测发起主体分类

依据耐药监测组织者的不同，细菌耐药监测可以由政府、企业、学会及专家等发起。

1. 政府发起和组织的耐药监测网

政府发起和组织的耐药监测网具有收集面广、样本量大、行政力度强等特点，如 EARS-net、CARSS、美国 NHSN 监测网络等。

2005 年，美国疾病控制与预防中心启动了国家医疗安全网络（National Healthcare Safety Network，NHSN），该系统涵盖 CDC、医疗单位、国家卫生部门及医疗保险和医疗补助服务中心，其中包括医院感染监测系统。NHSN 医院感染监测系统可以追溯到成立于 1970 年初的美国国家医院感染监控系统（National Nosocomial Infection Surveillance，NNIS），最初有 130 家医院参加，目前有超过 17 000 个不同类型的医疗设施参加，涵盖美国 50 个州，是美国最大的医疗感染相关的监测系统。相关数据统一收集到国家数据库中。NHSN 监测对象是成人和儿科 ICU 患者、高危婴儿室和外科患者装置相关感染。监测报告内容包括院内感染发生率、耐药菌发展趋势、特定致病菌的流行病学研究和感染危险因素等信息，最终通过分析院内感染的发生和流行，评价潜在危险因素的重要性、院内感染致病菌的特点和耐药机制、选择的监测内容和预防策略。NHSN 数据的分析提供了抗菌药物耐药性流行率的总结性措施，这些措施有助于为有关感染预防实践、抗菌药物开发和管理，以及旨在检测和预防耐药菌及其传播的公共决策提供信息。此外，NHSN 的涵盖面广，能够更加准确地分析、评估不同的细菌耐药流行情况在不同医疗机构的分布范围，同时也监测不同州及医疗机构在遏制细菌耐药发生和传播上的措施。但由于 NHSN 中获得的抗菌药物数据几乎包括了美国所有临床微生物实验室，而实验室之间的检测和报告方法可能存在差异，因此可能导致报告数据不一致；同时，NHSN 仅收集细菌药敏结果的判读值而不是测量值，因此对实验室判读点的解释存在差异。

2. 企业组织的耐药监测

企业组织的耐药监测多为针对企业自身产品的耐药监测，如在美国开展的多中心利奈唑胺耐药监测项目（linezolid experience and accurate determination of resistance，LEADERS）、美罗培南耐药监测项目（Meropenem Yearly Susceptibility Test Information Collection，MYSTIC）、替加环素耐药监测项目（Tigecycline Evaluation and Surveillance Trial，TEST）等，都旨在研究特定抗菌药物或新抗菌药物对常见细菌的药物敏感性。

MYSTIC 建立于 1997 年，是以美罗培南作为目标监测药物的国际性监测项目，由阿斯利康公司建立。项目通过针对特定病房的特定类型病原菌进行监测，分析提供医院内感染常见病原菌对美罗培南和对照药耐药趋势以及抗菌药物使用信息。例如，MYSTIC 的 2007 年监测结果显示：肠杆菌科细菌对美罗培南的耐药率（1.9%～2.4%）最低，而对氟喹诺酮类耐药率最高（17.3%～18.3%）。另外，在枸橼酸杆菌、肠杆菌属和大肠杆菌中都检测到了 KPC 酶。这项监测结果证明，不断有新型 β-内酰胺酶和多重耐药菌出现，认为应该监测碳青霉烯类对肠杆菌科细菌和非发酵菌的抗菌活性。通过对 1999～2008 年细菌耐药监测结果汇总发现，在所有监测的抗菌药物中，肠杆菌科细菌对美罗培南仍保持着低耐药率。2003 年前，几乎未发现肺炎克雷伯菌对碳青霉烯类耐药；但从 2004 年到 2007 年，产 KPC 克雷伯菌逐年增加，2007 年耐药率迅速增加（接近 8%），2008 年局部感染控制介入后，耐药率回落到 4.3%。

3. 研究机构或制药企业开展的耐药监测

例如，呼吸道感染细菌耐药监测项目（Alexander project，又称 Alexander 计划）、SENTRY 全球耐药监测项目、复旦大学华山医院细菌耐药监测（CHINET）、浙江大学主导的血流感染细菌耐药监测联盟（BRICS）等。

Alexander 计划成立于 1992 年，成立之初有 27 个国家参加，每个国家设立 1～2 个中心。项目主要收集引起成人社区获得性肺炎的肺炎链球菌、流感嗜血杆菌、卡他莫拉菌等，采用微量肉汤稀释法进行 15 种抗菌药物的敏感性测定；提供一定时间段和地理区域的细菌耐药趋势，但不探讨细菌耐药机制。

SENTRY 全球耐药监测项目于 1997 年启动，世界范围内共有 30 多个国家参加。该项目主要收集引起院内感染和社区感染（如血流、下呼吸道、泌尿道、皮肤软组织感染和胃肠道感染）的病原菌，统一进行细菌鉴定，并进行肉汤微量稀释法抗菌药物敏感性试验，同时探索耐药机制。SENTRY 报告院内感染和社区感染常见病原菌的抗菌药物耐药趋势等相关研究结果。SENTRY 全球耐药监测项目还进行耐药机制研究，该项目目前的研究涉及以下目标的临床分离物，如血液、皮肤和软组织、呼吸道、尿路、肺炎、腹腔内和侵入性真菌感染。

（三）以不同患者人群、病原菌或抗菌药物为监测对象进行的监测

监测内容包括不同人群的感染病原菌谱、特定病原菌的耐药趋势、耐药机制及抗菌药物使用关系等。美国专门针对新生儿 B 群链球菌感染的病原菌监测研究（active bacterial core surveillance，ABC），监测基于早发型疾病以及迟发型疾病的新生儿人群，通过描述感染患者的临床表现特征、常用抗菌药物敏感性及 B 群链球菌的血清型变化，为相关诊疗指南的制定、疫苗研发提供重要的数据基础。

（四）按照监测手段分类

根据监测的实验室方法学也可分为表型监测及基因型（组）监测。耐药表型监测一般指运用微生物实验室药敏试验的常规方法进行药敏结果的监测。目前大多数细菌耐药监测都采用的是表型监测，即收集实验室常规药敏结果进行分析和统计。也有实验室运用分子生物学方法，如脉冲场凝胶电泳（PFGE）、多位点序列分型（multilocus sequence typing，MLST）、耐药基因扩增等手段进行耐药基因等分子流行病学监测，如欧洲产碳青霉烯酶肠杆菌科细菌耐药监测（European Survey on Carbapenemase-Producing Enterobacteriaceae，EuSCAPE）属于细菌基因型调查；由于欧洲国家监测和报告标准的诊断能力和异质性方面的差距使得难以控制产碳青霉烯酶肠杆菌科细菌，为了评估产碳青霉烯酶肠杆菌在欧洲传播的性质和规模，由 ECDC 牵头成立 EuSCAPE。其报告中指出 CPE 继续在欧洲蔓延。虽然大多数国家只报告医院暴发，但专家评估的流行病学情况在过去三年中在许多国家恶化。虽然人们越来越意识到控制 CPE 的紧迫性，正如越来越多的关于感染控制措施的指导均表明了防止其蔓延，但 46% 的受访国家仍然缺乏此类指导。

（五）监测领域不同的监测网络

微生物耐药监测可以在医疗机构、社区人群、动物养殖以及环境进行。监测所采用的方法各不相同，医疗卫生体系的监测体系基本上与上述各部分介绍相同；而动物与环境监测有其各自特点，动物耐药监测常常由政府、大学等负责开展，监测大多采用针对细菌的主动监测，常常采集动物各类样本进行病原微生物分类和敏感性测定。大部分国家的动物来源微生物耐药监测和医疗卫生体系耐药监测整合为一体，如 EARS-Net、丹麦 DANMAP、加拿大 CIPARS 等；部分国家有单独的动物源性微生物监测体系，如瑞典 SVARM、德国 CERM-Vet、日本 JIVARM 等。

（六）新型监测方法和体系

细菌耐药趋势与抗菌药物使用关系，是当前细菌耐药监测的重要内容，据此可以了解抗菌药物使用在预防和加速细菌耐药发展中的作用趋势，评价所采取干预措施的有效性。另外，抗菌药物处方监测和感染转归监测等，也是细菌耐药监测的重要内容。随着测序技术的发展，国际上非常关注利用宏基因组（metagenomics）测序方法进行耐药监测，该方法不直接分离细菌，也不需要进行药物敏感性测定，主要对临床、环境、动物等样本进行宏基因组测序，了解其中耐药基因丰度及其演变，也可以实现不同时间与不同地域的耐药状况比较。以宏基因组测序为基础，还可以进行临床感染诊断、新型耐药基因发现、新型抗菌靶点发现等，这将是一种全新的耐药监测手段。

二、国外耐药监测情况与发展趋势

欧美细菌耐药监测具有起步早、范围广等特点，并且临床对于感染性疾病的微生物标本送检意识较强，标本构成中无菌部位标本比例大，但多数还是处于被动监测，即监测只收集临床常规送检标本的培养结果。基于微生物的被动监测，往往准确性较差，需要有主动监测数据对其进行校正。因此，当前国外细菌耐药监测已经由被动监测向主动监测发展，有些监测项目更是基于患者人群的主动监测。例如，美国连续 20

年的 B 群链球菌监测项目，更多地关注于患者的感染类型及疾病表现，为 B 群链球菌在美国的诊疗、防控提供了重要数据支持。美国 NHSN 也由其监测医院内感染的发生和流行、评价潜在危险因素、感染的病原菌特点和耐药机制、选择监测内容和预防策略的初期目的，近年来开始进行基于感染疾病的调查和监测，通过覆盖不同人群（成人或儿童）、感染类型（血流感染、皮肤软组织感染、呼吸系统感染等）进行病原菌的监测。

在欧洲，尽管 EARS-Net 提供细菌耐药的年度报告，但不同国家之间的不均衡性仍然明显，导致存在结构问题和实验室数据问题，包括：大多数发病率和流行率数据不能与相关的流行病学、临床或结果数据联系起来；不能确定细菌耐药的趋势是由耐药菌株的传播引起的，还是由于耐药基因在不同菌株转移引起。同时，仅使用基于临床样本细菌耐药监测不能作为新发病原体和细菌耐药的预警系统。人类抗生素耐药性监测系统与动物监测系统的协调不足更令人担忧。因此，EARS-Net 正在努力改善国家抗菌药物耐药性监测系统，协调人类、食品、畜牧等监测系统，以提供高质量、全面和实时的监测数据。

自 2014 年开始，WHO 开始发布全球细菌耐药监测报告，尽管这些报告对全球不同国家或地区了解细菌耐药有了很好的参考，但 WHO 也承认，不同国家之间细菌耐药监测存在差距，而加强全球细菌耐药监测合作也十分迫切。因此，WHO 将促进：①制定细菌耐药监测标准，并将人类耐药监测与食品生产、动物和食物链中耐药监测相结合；②基于人群细菌耐药监测战略和评估其对健康和经济的影响；③加强细菌耐药监测网络和中心之间的合作，以创建区域和全球监测。WHO 呼吁，细菌耐药是一种全球健康安全威胁，需要各国政府和整个社会采取协调一致、跨部门的行动。因此，产生可靠数据的监测是遏制细菌耐药、实现全球健康安全战略和公共卫生行动的基础，也是世界各地所迫切需要的。

三、我国细菌耐药监测情况

2004 年我国原卫生部、国家中医药管理局、原解放军总后勤部卫生部联合颁布了《抗菌药物临床应用指导原则》，为推进我国抗菌药物合理应用奠定了基础，也体现了我国政府遏制抗菌药物不合理使用的决心。为配合《抗菌药物临床应用指导原则》的实施，卫生部于 2005 年正式发文（卫办医发〔2005〕176 号）成立"全国细菌耐药监测网"与"抗菌药物临床应用监测网"，目的在于掌握我国抗菌药物应用与细菌耐药状况，制定相应管理措施，为临床抗菌药物选择提供技术支持。根据我国地域广阔、医疗水平存在巨大差异、各医疗机构临床微生物发展状况不一等情况，在对各地医疗机构调查的基础上，选择各地具有代表性的医院组成卫生部全国细菌耐药监测网（Mohnarin）成员单位。2012 年，为进一步明确管理机制，在 Mohnarin 的基础上扩大监测范围，更名"全国细菌耐药监测网"（CARSS）。目前，全国细菌耐药监测网成员单位已发展至覆盖全国 31 个省（自治区、直辖市）的 1000 余家医疗机构。

国内同样有一些大型医疗机构牵头、多家大型医院参加的多中心耐药监测项目。例如，北京大学人民医院牵头组织的中国美罗培南耐药监测（CMSS）、中国院内获得性感染耐药监测（CARES）、中国地区成人社区获得性呼吸道感染监测（CARTIPS）；复旦大学附属华山医院抗生素研究所成立的中国细菌耐药监测（CHINET）；北京协和医院牵头组织的全国细菌耐药性 E-test 和琼脂稀释法监测（SEANIR）；浙江大学医学院附属第一医院传染病诊治国家重点实验室组建的全国血流感染细菌耐药监测联盟（Blood Bacterial Resistant Investigation Collaborative System，BRICS）。有些地区成立了当地的细菌耐药监测网，如上海市细菌耐药性监测网、浙江省细菌耐药性监测网。

（一）中国细菌耐药监测网（CHINET）

CHINET 由复旦大学附属华山医院牵头组建于 2004 年，是以病原菌为基础的被动监测，定期收集参加单位常规细菌耐药性监测数据，形成细菌耐药性数据库，为临床用药提供参考，掌握临床重要病原菌的耐药性动态和变迁，同时实现单位间的实验技术交流、数据资料共享；在"临床重要病原菌的监测仍然是监测的首要任务"原则的基础上，掌握临床重要病原菌及其对于抗菌药的敏感性和耐药性动态及变迁，发现新的耐药菌，同时掌握不同感染部位或不同感染性疾病病种的病原菌分布及其耐药性。

（二）全国血流感染细菌耐药监测联盟（BRICS）

BRICS 建立于 2014 年，是由浙江大学医学院附属第一医院传染病诊治国家重点实验室组建的主动耐药监测网，是我国目前唯一进行的全国规模化、血流感染细菌耐药的主动监测网络。BRICS 组织全国具有较强临床微生物检测能力的医院为监测点，逐步形成"一个中心、省区分点、覆盖全国"的格局。BRICS 监测点医院按照监测方案，诊断并采集各监测网点血流感染细菌，菌株集中在中心实验室进行标准化药物敏感性测定，提高监测准确性与真实性。BRICS 不断优化，地区分布日益广泛，建有资源共享的生物信息大数据平台，可进行大数据挖掘与分析，实现信息、样本、资源开放共享和有效利用。

（三）动物源细菌耐药性监测网

动物源细菌耐药性监测网在 2008 年由 6 个单位的国家兽药安全评价（耐药性监测）实验室组成，负责农业农村部每年发布的《动物源细菌耐药性监测计划》（以下简称《计划》）的实施。截至 2020 年的统计数据显示，共有 23 个单位的耐药性监测实验室共同承担了我国动物源细菌耐药性监测任务。根据农业农村部文件，农业农村部畜牧兽医局负责《计划》的组织实施工作，需要制订发布监测计划，分析和应用监测结果。

该监测网由中国兽医药品监察所负责监测的技术指导、数据库建设与维护工作、药敏试验板的设计与质量控制、监测结果的汇总分析，各省级畜牧兽医行政管理部门负责协助国家相关监测任务的完成。执行计划的各监测任务承担单位要按照相关要求，从全国各地的养殖场（包括养鸡场、养鸭场、养猪场、养羊场、奶牛场）或屠宰场采样。采样时应做好养殖场用药情况和饲料来源调查，并填写《采样记录表》。采样类型包括泄殖腔/肛拭子、盲肠或其内容物、牛奶、扁桃体、病料组织等。

2008 年至今，一直连续监测的细菌有大肠杆菌、沙门菌和金黄色葡萄球菌；2009 年起，建立了动物源细菌耐药性监测数据库运行机制，实行检测结果以电子版和纸质并行上报方式；2011～2013 年，增加了对弯曲杆菌（分为空肠弯曲杆菌和结肠弯曲杆菌）和肠球菌（分为屎肠球菌和粪肠球菌）的耐药性监测；自 2018 年起又增加了对魏氏梭菌的耐药性监测；此外，还开展了动物致病菌（包括副猪嗜血杆菌、伪结核棒状杆菌等）的耐药性监测工作。动物源细菌耐药性监测实行定点监测和随机监测相结合。2020 年增加了 2019 年全国兽用抗菌药使用减量化行动试点养殖场作为定点监测场，并要求继续跟踪监测 2018 年全国兽用抗菌药使用减量化行动试点养殖场和监测网中长期定点监测的养殖场，还需随机监测责任区域内的至少 3 个地级市、每市至少 3 个养殖场或屠宰场。

四、国内外细菌耐药监测现状比较

由于所用监测策略、药敏试验、数据收集及评估方法的不同，结果较难进行横向比较。近年来，国外亦有基于基因组学分析的样本量调查。在传统耐药监测中，病原菌的传播和溯源较难，基于全基因组测序技术框架内进行的监测项目能够很好地追踪菌株传播、发展、发生，以及重要耐药基因和毒力基因的演化。尤其是在传染性较高的病原菌（如结核分枝杆菌）中有大量应用。

目前我国细菌耐药监测网数量较前十年有了明显增加，但也存在以下突出问题。

（1）监测的医院级别覆盖面不均衡，尽管 CARSS 涵盖了全国 1000 余家单位，但其中二级医院及社区医院数量远少于三级医院数量，二级医院及社区医院的数据量还需加强，监测质量需要进一步提高，数据利用还比较差。

（2）我国国内的监测大多数是基于临床实验室常规送检的标本，属于被动监测，缺少基于以感染为基础的综合性病原菌耐药主动监测网络，尽管现有监测数据量大，但数据的可靠性和前瞻性较差。

（3）已有的大型细菌耐药监测网对目标菌株不够明确，仅以收集细菌的信息为主，缺少病原菌与临床信息的关联性，无法区分是病原菌还是定植菌，这样的监测数据会导致结果失真，产生偏差，例如，我国医院送检习惯以痰标本为主，对于肺部感染诊断的证据力度有限，应多增加侵入性标本或无菌体液的送检比例，使得耐药监测数据更贴近感染的真实情况。

（4）微生物实验室的技术能力参差不齐，导致监测结果存在偏差。部分监测网络参加医院在经济发达省份，但作为整体的监测，应考虑地理、人口和社会经济等方面的平衡分布。不同地区采用的药敏方法不尽相同，而准确测定细菌药物敏感性是监测质量的基本保证。我国目前临床微生物检验主要采用的是美国临床和实验室标准研究所制定的检验标准及操作规范，主要通过仪器法测定细菌药物敏感性。然而，供临床应用的仪器设备有国内外多家企业药敏板卡质量会影响结果的准确性。此外，临床与实验室标准研究所（CLSI）每年更新一版，但仪器法使用软件等难于及时更新。因此，需要对参加单位的微生物实验室进行质控措施的改进，包括项目按照年度提供质控菌株进行质控、对上报数据进行特殊耐药菌的审核、建立特殊耐药菌处理流程（包括复核、反馈、上报流程等）、定期安排专业培训和定期对监测点单位进行数据抽查；微生物实验室的硬件建设、配备的相应仪器和固定专业人员也必须不断改善。

社区获得性感染微生物标本送检率低，造成分离菌的比例和耐药性多有偏倚。这样的情况下，数据更多显示的是院内的重症感染患者分离菌及耐药性的情况。

此外，监测经费和人员投入不足。监测经费包括人员培训、菌株保存、鉴定、菌种库的建立、分子生物学的检测等，正是由于经费不足，导致上述内容的开展受限，进而无法提供更为准确、真实的监测数据。

第四节　耐药监测网的建设和应用

耐药监测网（包括全球性、国家级或地区级等）建设是一项系统性工程，需要多学科、跨部门、跨地区的合作，还要有足够的经费支持和条件建设，同时需要设定监测目标、明确实施路线图、统一监测方案和标准，同时完善数据的收集、管理、分析和报告机制，为制定抗菌药物合理使用提供科学指导与政策依据。

一、细菌耐药监测网的建设运营

（一）监测目标

耐药监测网的目标包括：培育和建立监测体系统一标准；采用特定指标评估耐药的发生程度和经济负担；定期分析和报告耐药的监测数据；发现新的耐药及其传播状况；了解特定的预防控制方案的实施情况；评估干预措施的影响。

（二）监测路线

因监测人群、监测类型和监测重点病原体等不同，耐药监测网在建设初期应设定监测发展路线图。在监测类型上，监测网早期的关注重点为构成最大威胁的耐药微生物，建立以重点耐药微生物监测为主的监测；后期经过不断探索逐步纳入基于临床感染为主的主动监测。在数据收集上，早期可采用以收集临床耐药数据为主的被动监测，而在后期则应收集重点菌株，并采用统一标准化的主动监测。监测网的范围也应逐步将其他抗菌药物耐药性相关监测系统的信息纳入其中，如食源性抗菌药物耐药性监测、抗菌药物使用监测、卫生保健相关的感染监测、动物源性抗菌药物耐药监测等。

（三）监测方案的统一标准

在监测网建立时，应有统一的临床感染诊断标准，收集每名患者的流行病学信息，规范微生物标本采集方案、标准化微生物培养、分离、鉴定及药敏试验方案，得到真实客观的病原体药物敏感性和耐药性结果，对特殊耐药菌表型与基因型特征进行初步研究。相应的方案应形成标准操作规程，供监测点单位使用。

（四）监测网信息系统的建设

在大数据、信息化发展过程中，建立以数据报送、自动分析等为基本要素的信息系统。目前，WHO推荐 WHONET 软件用于分析细菌真菌耐药监测数据，并已在全球广泛应用，成为目前病原菌耐药监测的有用工具。该软件具有动态性、高效性、广泛性、共享性等特点，能随时进行数据的统计分析，并能将本国、本地区或单位细菌耐药监测的数据与其他地区的数据进行对比和分享。

（五）监测网数据的质量保障

耐药监测对于控制感染和药物应用管理各个方面具有至关重要的作用，监测结果须建立在准确的耐药数据之上，并维持监测结果的有效性及可比性。因此，确保耐药监测结果的质量是监测中的重要一环，主要包括监测方法、监测过程中的质量控制和数据分析、监测质量的保障三个方面。

二、WHONET 分析软件介绍

WHONET 软件是由 WHO 委托美国哈佛大学开发的一个可进行细菌耐药性监测数据统计分析的软件，能较便捷地对本医院或本地区的细菌耐药性监测数据进行各种类型的统计分析，从而加强实验室数据在当地的应用，并可通过数据交换，促进不同医院或不同国家间细菌耐药性监测工作的协作。其功能包括管理实验室常规药物敏感性试验结果、进行抗菌药物药敏试验结果数据的统计分析、指导临床合理用药、发现医院感染暴发、发现实验室中的质量控制问题、确定耐药机制，以及通过数据交换促进不同实验室间的协作等。WHONET 软件的主菜单主要包括实验室设置、数据录入和数据分析。

（一）实验室设置

通过实验室设置，提供详细信息，如实验所用的抗菌药物及患者的医护场所。另外，在数据文件中建立所需要的数据字段，同时能够随时修改实验室设置。设置的内容包括语言的选择、新实验室的建立、抗菌药物的设置（包括各自实验室所用的抗菌药物、试验方法、折点的设定和修改、专家解释规则的设定、抗菌药物组合的建立等）、科室设置（包括科室名称、代码、专业类别和科室类别等）、数据字段的设置（可根据各自实验室的情况设定相应字段）和提示（重要菌株和特殊耐药菌的提示等）。

（二）数据录入

在数据输入部分，可常规录入临床药敏试验结果，并可恢复、纠正及打印临床报告。若 WHONET 数据从已有实验室系统转换而来，则可直接导入数据。在数据录入界面，可浏览导入数据与实验室数据之间的字段差异，并可添加或删除相应字段；通过"继续数据输入"，可直接将数据录入，包括质控菌株的录入。WHONET 以 SQLite 进行数据管理，其内容由各实验室的设置所决定。建议定期创建单独的数据文件进行数据储存，而不是将所有数据储存于一个大文件中。

（三）数据分析

分析类型包括菌株列表和总结表、耐药、中敏、敏感率和检测结果、多文件敏感率和频率分布、散点图、耐药谱、菌株提示语和组提示语；报告格式包括表、图等；抗菌药物的选择包括所有抗菌药物或选择部分抗菌药物。另外，每一种分析类型均有数个附加选项，通过这些附加选项，可对相应分析进行参数设定。

临床上常遇到同一患者重复送检或多次送检而分离到相同菌株的情况，这可对患者人群的耐药性总体估计产生显著偏倚。若重复分离频率低，则基于分离菌株的耐药性估计更加合理。WHONET 数据分析中，对重复分离同一种菌株有三种处理方式：用菌株、患者进行分析；用时间间隔进行分析；用耐药表型进行分析。用菌株、患者进行分析时，可选择的范围包括"只分析第一株菌"和"第一株菌抗菌药物结果"，同时可选抗菌药物平均耐药、最耐药、最敏感或每种抗菌药物解释一种结果等选项用于耐药率/敏感率的计算；用时间间隔进行分析时，可选用"以前分离的天数"和"首次分离的天数"进行间隔定义；用耐药表型进行分析时，可选择主要差异、次要差异、所有抗菌药物和部分抗菌药物进行定义。

第五节 多重耐药菌感染控制

多重耐药菌（multidrug-resistant organism，MDRO）的发生和流行给临床抗感染治疗以及医院感染防控带来了严峻的挑战，给患者安全带来严重威胁，常导致患者住院时间延长、医疗费用增加、病死率上升。

新抗菌药物的研发上市与细菌耐药性的发展此消彼长，目前，细菌耐药性发展似有压倒抗菌药物研发的趋势，多重耐药菌感染预防与控制显得尤为重要。WHO 在 2015 年发布的《控制细菌耐药全球行动计划》和我国的《遏制细菌耐药国家行动计划》都明确把 MDRO 感染控制作为主要的耐药控制策略。

一、抗菌药物合理使用与多重耐药菌感染控制

抗菌药物的应用与细菌耐药的发生和传播有着密不可分的关系，特别是不合理使用抗菌药物对耐药菌的发生和流行起到推波助澜的作用。实施抗菌药物管理（antimicrobial stewardship，AMS）在国际上被公认为是解决全球细菌耐药性危机的关键战略，在发达国家和地区，通过实施 AMS 已经取得耐药控制的成果。耐药控制是 AMS 的最终目标，AMS 与多重耐药菌防控相互促进、相得益彰。AMS 与感染控制在 MDRO 发生流行的不同阶段发挥作用；AMS 通过抗菌药物合理使用减少耐药菌的发生，感染控制则通过消毒、隔离、手卫生等减少耐药菌感染和传播。如果感染控制做得好，一部分 MDRO 感染是可以预防的，需要抗菌药物治疗的多重耐药菌感染就会减少；如果能够应用非抗菌药物措施预防 MDRO 感染，而不是过度依赖抗菌药物预防多重耐药菌感染，就能减少预防性使用抗菌药物；反之亦然，如果多重耐药菌防控做得不好，无疑增加了抗菌药物使用量与使用抗菌药物的级别，增加抗菌药物压力，增加细菌产生耐药性的动力，形成恶性循环。

二、多重耐药菌感染暴发的监测与控制

（一）多重耐药菌定义

MDRO 是指对通常敏感的 3 类或 3 类以上抗菌药物同时耐药的细菌。广义的 MDRO 包括泛耐药菌（extremely-drug resistance，XDR）和全耐药菌（pan-drug resistance，PDR）。常见 MDRO 包括革兰氏阳性菌的耐甲氧西林金黄色葡萄球菌（methicillin resistant *Staphylococcus aureus*，MRSA）、万古霉素耐药肠球菌（vancomycin-resistant *Enterococcus*，VRE），革兰氏阴性菌的产超广谱 β-内酰胺酶肠杆菌科细菌 [extended-spectrum β-lactamase（ESBL）producing *Enterobacteriaceae*]、碳青霉烯类耐药肠杆菌（carbapenem resistant *Enterobacteriaceae*，CRE）、碳青霉烯类铜绿假单胞菌（carbapenem resistant *Pseudomonas aeruginosa*，CRPA）和碳青霉烯类鲍曼不动杆菌（carbapenem-resistant *Acinetobacter baumannii*，CRAB）。WHO 在 2017 年按照细菌耐药性强弱、细菌传播难易程度和需新型抗生素的迫切性等将耐药菌分为极度优先（critical priority）、高度优先（high priority）和中等优先（medium priority）三级。极度优先包括 CRAB、CRPA 和 CRE 等三种 MDRO，主要见于各种医院感染，特别在各种大型医疗机构较为常见。

（二）多重耐药菌医院感染监测与暴发流行

1. 医院感染暴发

医院感染暴发是指在医疗机构或其科室的患者中，短时间内发生 ≥ 3 例同种、同源感染病例的现象。对于 MDRO 导致的医院感染、医疗机构或其科室的患者中，短时间内分离到 3 例及以上的同种多重耐药菌导致的感染，且药敏试验结果完全相同，可认为是疑似 MDRO 感染暴发；3 例及以上分离的多重耐药菌，经分子生物学检测基因型相同，可确认为 MDRO 感染暴发。在一所医院或其科室，初次出现 CRE、VRE、万古霉素耐药金黄色葡萄球菌（vancomycin resistant *Staphylococcus aureus*，VRSA）等重要耐药菌院内感染时，也须按多重耐药菌感染暴发调查和处置。

2. 医院感染监测

医疗机构应高度重视 MDRO 感染监测，对于有感染症状的患者，应及时送检相应的微生物标本进行检测（如培养、核酸检测等）。当从标本中检出临床重要耐药菌时，实验室应将结果及时通知相应的临床医务人员和感控人员。

按照卫生部 2009 年颁布《医院感染监测规范》要求，各医疗机构需要分析：MRSA 占金黄色葡萄球

菌的构成比及分离绝对数、对抗菌药物的耐药率；泛耐药鲍曼不动杆菌和泛耐药铜绿假单胞菌的构成比及绝对分离数；VRE 占肠球菌属细菌的构成比及绝对分离数等。

3. 医院感染暴发调查

医院感染暴发调查主要通过现场流行病学调查方法结合分子生物学分型方法进行。流行病学调查对于查明暴发事件的传染源、传播途径和发生过程，以及制订防止感染继续传播的策略具有十分重要的作用。常用的流行病学调查方法有病例-对照研究、队列研究、现场试验研究等。近些年来，分子分型技术在确认医院感染暴发以及传染源方面的优势越来越明显，而病例-对照研究或队列研究等分析流行病学方法在识别医院感染暴发危险因素方面则应用广泛。在医院感染暴发事件的调查过程中，应根据实际情况，选取合适的调查方法或结合分子分型方法和流行病学方法，以达到最终的目的。常用的分子分型方法包括脉冲电场凝胶电泳（PFGE）、多位点基因序列分型（MLST）、全基因组测序方法（WGS）等。

三、多重耐药菌医院感染防控

（一）多重耐药菌医院感染防控通用策略

MDRO 医院感染的预防和控制基本原理包括两个方面和三个环节。两个方面是指：一方面通过合理使用和管理抗菌药物，减少和延缓 MDRO 的产生；另一方面，通过加强医院感染管理，预防 MDRO 医院感染和控制 MDRO 的传播，主要包括监测与干预。三个环节是指：基于 MDRO 感染链的不同环节采取相应措施，主要针对外源性感染而言，即隔离、治疗感染者和定植者，消除或限制感染来源；切断传播途径，阻断感染在人与人之间传播，主要依靠手卫生和环境物体表面清洁与消毒；保护易感者，预防患者感染MDRO。

（二）多重耐药菌医院感染防控具体措施

1. MDRO 主动监测

监测多重耐药菌的传统方法，如病例调查、患者送检标本阳性结果的记录、分离细菌耐药性总结分析以及追踪观察等不能适应目前 MDRO 种类增多的新形势。目标性监测是指医院感染管理部门确定重点监测MDRO 的种类后，主动开展 MDRO 目标性监测，建立监测组织体系，明确分工职责，规范目标性监测程序，加强多学科的合作，尤其是微生物室、临床部门和感染控制部门之间的合作，以预防和控制 MDRO感染。

2. MDRO 主动筛查培养和去定植

主动筛查培养是指在入院时和入院后对无感染症状的患者定期取样进行细菌培养，以发现多重耐药菌定植者。主动筛查培养已成为控制 MDRO（特别对 MRSA、CRE）的一项重要策略，通过主动筛查发现感染/定植者，并将其作为对防控 MDRO 的总体战略的一部分。开放的上呼吸道病原体定植和呼吸道 MDRO感染有因果关系。去定植包括选择性消化道去污（selective digestive decontamination，SDD）和选择性口咽去污（selective oropharyngeal decontamination，SOD）。SOD 是指对携带某特定 MDRO 的患者，口咽局部预防性地应用非吸收性抗菌药物，清除其携带的病原体，以减少交叉传播。选用非吸收性抗菌药物选择性消化道去污已被证实可预防机械通气患者医院感染。

3. 手卫生

手卫生是医务人员洗手、卫生手消毒和外科手消毒的总称。医护人员的手是 MDRO 接触传播最重要的途径，注意手卫生的重要性已得到医务工作者及医院感染管理部门的公认。手卫生的改善与降低医疗保健相关感染率和（或）MDRO 感染率，以及减少传播密切相关。按 WHO 提出的实施手卫生的 5 个时刻，医务人员在接触患者前、实施清洁/无菌操作前、接触患者后、接触患者血液/体液后以及接触患者环境后均应进行手卫生。手卫生方式包括洗手和手消毒。

4. 环境清洁与消毒

医疗环境容易被 MDRO 污染，尤其是收治 MDRO 感染或定植患者的床单元，以及接受 MDRO 感染或定植患者检查及康复的检查台等场所和物品。污染来源包括：患者的排泄物、分泌物、飞沫的直接污染，接触患者的手、排泄物、分泌物及周围物品后被污染的医务人员的手等间接污染。各类物体表面，尤以床栏、床边桌（柜）、呼叫按钮、各种监护仪表面及导线、输液泵、床帘、门把手、计算机键盘与鼠标等手接触频繁的物体表面更甚。这些物体表面一旦被 MDRO 污染，如不进行有效清洁与消毒，即可成为新的感染源或储菌源，如 MRSA 污染的键盘鼠标、多重耐药鲍曼不动杆菌或 CRE 污染的床栏或输液泵等。因此，环境清洁与消毒在阻断 MDRO 传播方面具有极重要的价值。

医疗机构应制订环境清洁与消毒制度，切实落实卫生部 2012 年颁布的《医疗机构消毒技术规范》和国家卫生和计划生育委员会 2016 年颁布的《医疗机构环境表面清洁与消毒管理规范》的要求。对环境物体表面的消毒须遵循以下原则。

（1）先清洁后消毒，湿式卫生原则。

（2）选择合适的清洁剂、消毒剂、清洁工具；无明显污染时，可选择消毒湿巾进行清洁与消毒。

（3）已明确污染病原体时，应选择对该病原体有效的消毒剂。

（4）采用正确的清洁方法由上至下、由里及外、由轻度污染区至重度污染区有序清洁；有多名患者同住的病室，遵守清洁单元化操作。

（5）清洁工具分区使用标识明确，不应将使用后或污染的清洁工具重复浸泡至清洁用水、使用中清洁剂或消毒液内，恰当清洁和消毒清洁工具。

（6）发生患者血液及其体液污染时，随时进行污点清洁与消毒。

（7）环境表面消毒不宜使用高水平消毒剂进行日常消毒，使用中的新生儿暖箱及新生儿床内表面的日常清洁应以清水为主，不应使用任何消毒剂。

（8）清洁与消毒精密仪器表面时，应参考其说明书选择清洁剂与消毒剂。

（9）对于易污染、高频接触、难以清洁与消毒的物体表面，可采用屏障防护措施，一用一更换。

（10）清洁与消毒环境表面时，注意清洁消毒人员的个人防护。

5. 隔离患者和接触预防

美国 CDC 建议对所有感染或定植，可以通过接触传播的病原体（包括 MDRO）的患者进行提前干预。干预措施主要有：对感染或定植 MDRO 患者采取单间隔离；无单间时，可将相同 MDRO 感染/定植患者安置在同一房间；不应将 MDRO 感染/定植患者与留置各种管道、有开放伤口或免疫功能低下的患者安置在同一房间；接触患者时戴手套、穿隔离衣/围裙。隔离房间或隔离区域应有隔离标识，并有注意事项提示。接触预防措施对 MDRO 传播的影响是否超过良好的手卫生和遵守基本感染控制原则仍需积累证据。除接触预防措施外，还有许多干预措施有效，如改善人员配备水平、开展教育活动和手卫生活动，但很难确定哪种措施影响最大，尤其不能忽视充足的人员配置对于实施接触预防措施的重要性。尽管对患者采取接触预防措施的额外负担可能会影响医务人员遵守这些措施，仍有证据表明实施接触预防措施确实可以改善手卫生依从性，并且仍然建议对 MDRO 定植或感染患者实施接触预防措施。

6. AMS 与 MDRO 控制

为有效遏制耐药菌的快速增长，持续做好 AMS 工作，医疗机构应成立抗菌药物合理应用与管理小组，按照安全、有效、经济的原则，制订医院抗菌药物目录，优先选择循证医学证据充分的品种，并在实践中不断优化与动态调整；对围手术期及非手术患者的预防用药应严格掌握指征。

7. 预防 MDRO 感染集束化措施

感染控制的干预措施既要侧重于减少病原体的传播，同时也应注重降低易感者的感染风险，预防其获得感染。降低感染风险预防感染、减少抗菌药物使用预防多重耐药菌感染均与患者结局相关。预防 MDRO 感染集束化措施是将数种单独实施有效的干预措施一起实施,取得的效果往往优于单独应用任何一种措施。

8. MDRO 医院感染防控质量评价及持续改进

评价 MDRO 防控效果的直接指标包括：减少 MDRO 感染病例数，降低 MDRO 感染现患率和发病率，减少因 MDRO 感染的病死率等。评价 MDRO 感染防控效果的间接指标包括：手卫生基本设施配置及手卫生依从性，环境清洁与消毒方法是否符合要求，接触隔离依从性，MDRO 主动筛查依从性，抗菌药物临床应用监测指标，预防 MDRO 感染教育培训指标，MDRO 感染目标监控等。这些指标均从不同角度反映 MDRO 感染防控措施的落实情况，是反映 MDRO 感染防控效果的过程指标。直接指标与间接指标相结合的综合评价能较好地评价 MDRO 感染防控效果。

9. 持续质量改进

持续质量改进应注意以下问题：①做好各项防控措施执行情况的督查，如手卫生依从率、环境清洁消毒合格率、隔离依从率等，将督查结果及时反馈至被督查部门及相关人员，同时更应分析依从性差的原因，及时采取针对性改进措施；②充分利用监测结果，如 MDRO 感染发病率、MDRO 和特殊耐药菌检出率及感染病例数变化，将监测结果反馈至临床部门并提出评价意见，引起临床重视；③积极开展培训，既有基础性培训，又有针对存在的问题展开的针对性培训。培训内容包括 MDRO 相关知识与相关技能培训，如保洁员如何进行有序清洁与消毒。培训形式包括课堂培训与现场培训，也可以通过微信网络平台、视频播放、宣传栏、海报等形式培训，尤其注意各类人员的培训，如保洁员、物业公司主管、陪护人员、陪检人员的培训；④修改完善制度和优化流程，如 MDRO 医院感染管理制度、环境清洁消毒制度、手卫生制度、隔离与接触防护制度等，及时修改、补充和完善各项制度实施过程中发现的问题；⑤充分利用信息系统进行 MDRO 监测，力求及时可靠，监测指标合理，对重点科室实行个性化监测。监测系统要具有 MDRO 感染暴发预警功能，并能及时提醒专职人员及临床科室主任和护士长。耐药菌监测的结果可以评价终末防控效果，防控措施执行的督查结果可以评价过程防控效果，监测与督查结果均有助于发现防控存在的问题，对于防控质量的持续改进十分重要。

第六节　耐药微生物感染防治新技术

鼓励开展科学研究、开发新型微生物耐药防治新技术是 WHO《全球耐药控制行动计划》和我国《遏制微生物耐药国家行动计划》的重要工作内容。WHO 行动计划五大支柱措施第二条"通过监测和研究强化知识与证据"中明确指出，每个国家和地区结合自身情况开展细菌感染的预防与治疗研究，通过基础和转化研究开发新型诊断、治疗、疫苗和其他干预手段，研究开发农业养殖业用于促生长的抗菌药物替代产品。我国行动计划也明确表明，加强微生物耐药防控的科技研发，推动新型抗微生物药物、诊断工具、疫苗、抗微生物药物替代品等研发与转化应用，支持开展微生物耐药分子流行病学、耐药机制和传播机制研究，开展抗微生物药物环境污染防控研究。鉴于上述情况，各国也建立了相应的研发项目或平台，如欧美国家建立的 JPIAMR、美国设立的 CARB-X、G20 国家在德国建立的全球 AMR 研发中心（Global AMR R&D Hub）等，积极开展相关研发工作，并取得一定成效。

一、新型治疗耐药微生物药物研究与开发

新型治疗耐药微生物感染药物研究与开发主要还是采取两种策略：一方面，对小分子化合物的研究开发，主要通过对已有的药物进行结构修饰和优化，以期获得抗耐药微生物药物，如对头孢菌素的修饰；另一方面，结合基础研究成果，发现新的抗微生物新靶点，设计新型抗微生物药物，如新型 β-内酰胺酶抑制剂等。此外，由于基因工程技术进步，新型抗微生物制剂研发也在肽类、蛋白质、抗体、抗毒素、噬菌体等方面进行探索（图 38-1）。

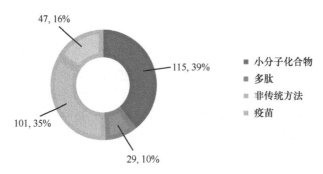

47, 16%

115, 39%

101, 35%

29, 10%

■ 小分子化合物
■ 多肽
■ 非传统方法
▨ 疫苗

图 38-1　WHO 2020 年全球临床前新型抗微生物药物研究开发数据（数量，占比%）

近十年来，世界卫生组织针对耐药结核病的治疗方案变化非常大，逐步淘汰了注射类药物（如氨基糖苷类药物和卷曲霉素）而选用了全口服药物组成方案，这得益于新型抗结核化学药物（贝达喹啉、德拉马尼、普托马尼等）的发现和应用对于耐药结核治疗及疗程缩短具有良好的效果，将原有结核治疗疗程由 18～24 个月缩短到 6～9 个月。新型抗结核候选药物如 TBA-7371、GSK-656、OPC-167832、Telacebec、Delpazolid、Sutezolid、SQ-109 等已经进入Ⅱ或Ⅲ期临床试验。目前世界卫生组织将耐多药结核病治疗的推荐用药分为 ABC 三个组，分别是：A 组的贝达喹啉、左氧氟沙星/莫西沙星、利奈唑胺；B 组的氯法齐明和环丝氨酸或特立齐酮；C 组的补充药物（在 A 组和 B 组药物无法使用的情况下使用），包括乙胺丁醇、德拉马尼、吡嗪酰胺、亚胺培南、阿米卡星、乙（丙）硫异烟胺、对氨基水杨酸。本章仅简要介绍目前世界卫生组织推荐的新型和老药新用的抗结核药物。

贝达喹啉是一种二芳基喹啉类化合物，于 2012 年被美国食品药品监督管理局（FDA）批准用于治疗耐多药结核病，能有效抑制结核分枝杆菌能量代谢过程中的 ATP 合成酶，从而干扰质子泵导致 ATP 水平降低，干扰结核分枝杆菌胞膜电化学梯度，对敏感、耐多药以及休眠期结核分枝杆菌均具有较强的抗菌活性。贝达喹啉与其他抗结核药物作用靶点具有较大差异，因此与传统抗结核药物一般没有交叉耐药性，但贝达喹啉耐药与氯法齐明存在交叉耐药，其转录抑制因子 Rv0678 突变可以引起外排泵 MmpL5 过表达，造成贝达喹啉和氯法齐明同时耐药。不良反应常见 Q-T 间期延长、恶心、关节痛、头痛、食欲减退和转氨酶升高等症状。

德拉马尼是硝基咪唑类衍生物抗结核药物，其主要通过抑制分枝杆菌细胞壁中的甲氧基分枝菌酸和酮基分枝菌酸合成发挥抗结核作用。由于这两类物质仅存在于分枝杆菌细胞壁中，因此其不仅对于结核分枝杆菌具有特异性杀伤作用，且与其他抗结核药物联合使用可具有缩短治疗疗程的作用。不良反应常见心血管系统症状如心悸及 Q-T 间期延长，此外也会出现恶心、腹泻、头疼和失眠等症状。

普托马尼原名为 PA-824，其与贝达喹啉联用，已在 2019 年被美国食品药品监督管理局（FDA）批准上市。普托马尼与德拉马尼类似，主要通过抑制结核分枝杆菌细胞壁合成过程从而缩短耐药结核治疗疗程，但目前其仅被用于组成 BPaL 方案（即贝达喹啉、普托马尼和利奈唑胺），进行耐多药结核（XDR、MDR-TB）的治疗。不良反应包括周围神经病变、痤疮、贫血等症状。

利奈唑胺是恶唑烷酮类抗结核药物，可通过阻止 70S 起始复合物的形成从而阻碍细菌蛋白质合成，主要用于治疗革兰氏染色阳性球菌如耐甲氧西林金黄色葡萄球菌（MRSA）等感染，后发现其对耐多药结核同样具有较好的治疗效果，且与常用的抗结核药物之间无交叉耐药性。但其在使用过程中常伴随有周围神经病变、骨髓抑制及胃肠道反应等不良反应。

氟喹诺酮类药物是一类广谱抗菌药物，针对结核目前常用的氟喹诺酮药物包括左氧氟沙星、莫西沙星。目前世界卫生组织已将左氧氟沙星和莫西沙星列入治疗耐多药结核方案的 A 类药物。莫西沙星通过抑制结核分枝杆菌中的解旋酶 GyrA（DNA gyrase）抑制结核分枝杆菌 DNA 的复制，同时由于其良好的生物利用度，莫西沙星也主要用于治疗肺外结核（如结核性脑膜炎），具有良好的抗结核活性。但其在治疗过程中可能会产生 Q-T 间期延长、肌腱炎和肌腱断裂、中枢神经系统毒性等严重不良反应，其他可能出现的副作用包括恶心、腹泻、头晕等症状。

氯法齐明是一类吩嗪类药物，于 20 世纪 50 年代发现，早期主要用于麻风病的治疗而没有用于结核治疗。近年来由于耐多药结核的流行，临床研究发现氯法齐明联合其他抗结核药物对耐多药结核具有较好的治疗效果，因此在世界卫生组织推荐治疗耐多药结核的 9 个月及 18～20 个月长程口服方案中均包含氯法齐明。氯法齐明抗结核机制目前尚不明确，可能与破坏结核分枝杆菌电子传递链并产生活性氧相关。其副作用主要表现为皮肤黏膜着色、皮肤鱼鳞病样改变和胃肠道反应。

二、耐药微生物感染治疗策略研究

1. 耐药菌感染精准治疗

耐药菌感染，特别是多重耐药与泛耐药菌感染治疗是临床难题，主要在于缺乏有效治疗药物，为此开展相关临床治疗策略研究十分必要。联合用药、制定符合 PK/PD 原则用药等是研究热点，如多黏菌素联合替加环素或者碳青霉烯类药物用于碳青霉烯类耐药肠杆菌感染治疗、舒巴坦联合替加环素或者碳青霉烯类等用于碳青霉烯类耐药鲍曼不动杆菌治疗等，同时结合 PK/PD 参数目标值设定相关给药方案也是耐药菌感染治疗研究方向。

2. 耐药结核病的精准诊断与治疗

及时开展针对结核患者的药敏实验能有效判断结核菌株的耐药性，从而选择有效的药物治疗方案，实现针对耐药结核的精准治疗，降低患者治疗费用，有效控制疗程。然而由于目前尚无针对乙胺丁醇、贝达喹啉、氯法齐明、利奈唑胺、德拉马尼等药物的快速分子药敏检测方法，对临床个体化治疗指导作用有限。全基因组测序技术能够全面获得耐药结核分枝杆菌对现有所有抗结核药物的耐药信息，具有很好的应用前景，由于结核完全由结核基因组突变而获得耐药性，因此检测单核苷酸多态性在未来可用于结核菌株耐药性预测。在针对耐药结核感染的治疗中，结核分枝杆菌的异质性、宿主反应的异质性及疾病发展不同阶段的异质性决定了耐药结核感染不同的持留程度和治疗难易程度，因此，如何将患者有效合理分层、实施个性化精准治疗及超短程治疗方案的研发是将来结核病治疗发展的方向。另外，采用治疗药物监测（therapeutic drug monitoring，TDM），通过测量患者血清/血浆中的药物浓度并相应地调整剂量来实现个体化药物剂量，使得抗菌药物浓度维持在合适区间，避免分枝杆菌复发和耐药形成，也是精准治疗的内容；结合基因组学和人工智能等技术，有效针对不同疾病阶段和病变程度的患者，在缩短疗程的同时提高对耐药结核的治疗效率。目前针对耐药结核的治疗基本已采用全口服短程方案，且在原有方案的基础上根据各类临床试验不断推陈出新，以期达到缩短疗程和提高治疗效率的目的。

三、非传统抗感染治疗手段研究与开发

1. 耐药结核的宿主导向疗法

宿主导向疗法（host-directed therapy，HDT）是一种通过干扰结核分枝杆菌-宿主相互作用，靶向宿主细胞相关功能和信号通路修饰机制，辅助抗结核药物治疗，从而改善结核治疗效果的一类治疗方法。结核分枝杆菌感染后主要激活宿主先天免疫反应，巨噬细胞吞噬的结核分枝杆菌可以通过干扰或抑制细胞自噬途径、细胞吞噬功能、抗原呈递和细胞代谢规避巨噬细胞的吞噬和杀伤作用，从而实现在细胞内的长期存活，为结核治疗带来困难。与传统抗结核药物直接杀伤和抑制结核分枝杆菌生长不同，宿主导向疗法通过靶向巨噬细胞吞噬功能，调节细胞因子分泌，干预细胞内结核分枝杆菌生长和增强宿主免疫反应等手段，协同宿主免疫细胞杀伤结核分枝杆菌，对抗耐多药结核感染以及潜伏性结核分枝杆菌，能较好地规避细菌的耐药性并缩短传统抗结核药物的治疗时间。目前针对耐药结核的 HDT 治疗主要是免疫调节治疗，已经开展的临床研究包括调节 T 细胞活性的 rIL-2，以及干扰素在治疗耐多药结核分枝杆菌感染中的应用。此外，宿主-病原体相互作用过程中相关信号通路及吞噬功能相关靶点目前也为 HDT 药物设计提供了潜在目标。例如，在巨噬细胞吞噬过程中通过抑制 mTOR 复合物（mTORC1）或他汀类药物抑制 HMG-CoA 还原酶诱导自噬以加强巨噬细胞对胞内结核分枝杆菌的杀伤作用。此外，目前在研的 HDT 治疗药物还包括 HDAC 抑制剂、抗氧化剂 N-乙酰半胱氨酸、酪氨酸激酶抑制剂伊马替尼、环氧合酶抑制剂。然而，由于结核感染

过程中不同阶段免疫反应的抗炎与促炎机制功能对结核进展并不相同，针对不同免疫靶点的宿主导向治疗方式及时间点的选择仍有待研究，宿主导向疗法的有效性和安全性仍需进一步评估。

2. 免疫治疗

治疗性疫苗接种是一种新型耐药结核治疗手段，以作为结核病的辅助治疗或在治愈后防止复发。2018年，世界卫生组织确定了结核病治疗性疫苗应该包括三个条件：第一，在完成一个疗程的药物治疗后，降低结核病的复发率；第二，提高治愈患者的比例，特别是耐利福平和广泛耐药结核病患者的比例；第三，缩短治疗时间，以提高依从性和减少出现药物耐受的可能性。目前，结核病治疗性疫苗主要分为灭活全细胞和片段裂解疫苗、减毒活疫苗、亚单位疫苗、病毒载体疫苗以及 DNA 疫苗。目前正在开展临床试验的治疗性疫苗分为：以 VPM1002 疫苗、ID93/GLA-SE 疫苗、H56：IC31 疫苗为代表的重组蛋白疫苗；以 MVA 为代表的病毒载体疫苗；以印度分枝杆菌疫苗（MIP 或 Mw）和 DAR-901 疫苗为代表的热灭活疫苗。除了以上几种疫苗，通过编码 Mtb 保护性抗原的基因和真核表达载体构建的 TB DNA 疫苗已成为开发有效的 TB 疫苗有前途的策略，不仅能有效诱导体液免疫和 Th1 型细胞免疫反应，还能引发特异性细胞毒性 T 淋巴细胞反应。例如，GX-70 由 4 种 Mtb 抗原质粒和 1 种重组 Flt3 配体组成，是唯一可用于临床试验的 TB DNA 疫苗。

3. 噬菌体疗法

噬菌体是能感染细菌、真菌、藻类、放线菌或螺旋体等微生物的病毒的总称。由于噬菌体只在其细菌宿主体内感染和复制，不伤害人类的真核细胞，有能力在感染部位裂解和杀死宿主。分枝杆菌噬菌体是其宿主分枝杆菌的病毒，目前已有超过 1000 株分枝杆菌噬菌体进行了全基因组测序，结果显示分枝杆菌噬菌体基因组具有丰富的多样性和镶嵌结构，且都编码有噬菌体裂解酶。到目前为止，已有部分噬菌体被研究为治疗结核病的潜在治疗方案，包括噬菌体 DS6A、TM4、D29、BTCU-1、SWU1 和 Ms6。截至目前，使用噬菌体治疗分枝杆菌感染的数据还十分有限。与传统药物相比，噬菌体疗法也面临许多挑战。例如，人体对噬菌体疗法的免疫反应，抗生素抗性基因转移，对噬菌体出现抗性，噬菌体是否可以有效到达病变部位，生物安全问题。噬菌体疗法的推广还需要更有力的科学证据，噬菌体疗法，可能只用于耐药结核病药物治疗无效或不足的情况，单独的噬菌体疗法可能永远不会完全取代传统药物的使用，但从长远来看，噬菌体-药物联合疗法通过针对宿主免疫反应的调控可能是未来结核治疗的新手段。

4. 微生态治疗

肠道微生物组由大量微生物组成，包括细菌、真菌、病毒等，与多种疾病的发生发展具有密切关系，其中部分感染也源自肠道微生物。有关肠道微生物群与人体感染和微生物耐药研究也有比较多的积累，开发肠道微生物组作为治疗感染的手段已经取得初步成效。2022 年，美国 FDA 批准了一种基于微生物组的新型首创活性微生态治疗药物 Rebyota（fecal microbiota，live-jslm），用于预防复发性艰难梭菌感染进行抗生素治疗后的 18 岁及以上患者的艰难梭菌感染的复发。在 3 期研究中，共有 262 名成人被随机分配接受 Rebyota（n=177）或安慰剂（n=85）。主要终点是 8 周内没有出现艰难梭菌感染腹泻。结果表明，Rebyota 组在 8 周时的估计治疗成功率为 70.6%，显著高于安慰剂组的 57.5%。这是首个获批的粪便微生物组药物，属于新的突破，值得关注。

四、耐药微生物感染诊断技术

1. 以测序为基础的诊断技术

随着 DNA 测序技术从第一代发展到第三代，同时随着各种生物信息分析技术的快速进步，利用测序技术进行感染诊断和耐药微生物确定的方法已经在临床应用。虽然宏基因下一代测序技术（mNGS）对各种病原微生物的发现比较容易，但对耐药的确定还需要进一步发展。

2. 质谱技术

蛋白质谱技术 MALDI-tof 已经作为临床微生物检验常规技术得以广泛使用，其渐变能力强、速度快，深得临床欢迎。针对细菌耐药的蛋白分子进行质谱检测也在研究与开发之中，如针对碳青霉烯类耐药菌的质谱鉴定方法已有报道。

3. 光谱技术

表面增强拉曼散射（SERS）可以分辨细菌耐药分子而得以在耐药菌确定中加以应用，该方法具有较好的特异性和敏感性，但其样本制备、生物分子数据库等尚需进一步改进。

（浙江大学医学院附属第一医院　肖永红　张　颖）

参考文献

曹旭健, 曹静, 祁慧, 等. 2022. HIV-1 原发性耐药国内外研究进展. 现代医药卫生, 38(24): 4226-4230.

陈红, 苏建强. 2022. 环境中抗生素抗性基因及其健康风险. 北京: 科学出版社.

陈卫平, 彭程伟, 杨阳, 等. 2017. 北京市地下水中典型抗生素分布特征与潜在风险. 环境科学, 38(12): 5074-5080.

陈志伟. 2017. 丙型肝炎直接抗病毒药物(DAAs)预存耐药及丙型肝炎流行和治疗情况分析. 重庆: 重庆医科大学硕士学位论文.

高静韬, 刘宇红. 2021. 2020 年世界卫生组织全球结核病报告要点解读. 河北医科大学学报, 42: 1-6.

国家卫生健康委员会. 2017. 2017 年国家医疗服务与质量安全报告. 北京: 科学技术文献出版社.

胡付品, 郭燕, 朱德妹, 等. 2022. 2021 年 CHINET 中国细菌耐药监测. 中国感染与化疗杂志, 22(5): 521-530.

贾会学, 胡必杰, 吴安华, 等. 2015. 多重耐药菌感染干预效果多中心研究. 中国感染控制杂志, 14(8): 524-529.

蒋玲玉, 李雨浓, 胡鹏, 等. 2018. 基因 1 型 HCV/HIV 共同感染患者直接抗病毒药物预存耐药突变流行情况分析. 上海交通大学学报(医学版), 38(4): 411-415.

康一生, 于立新. 2017. 器官移植后巨细胞病毒耐药的处理. 器官移植, 8(1): 73-77.

李春辉, 吴安华. 2014. MDR、XDR、PDR 多重耐药菌暂行标准定义-国际专家建议. 中国感染控制杂志, 13(1): 62-64.

李凤容, 胡又专, 黄晓平, 等. 2014. 精细化管理在多重耐药菌预防与控制中的成效研究. 中国感染控制杂志, 13(12): 754-756.

李六亿. 2018. 医院感染防控的新技术、新进展. 华西医学, 33(3): 240-243.

李颖, 许文, 戈伟, 等. 2017. 提高多重耐药菌防控措施执行力对降低多重耐药菌医院感染的影响. 中国感染控制杂志, 16(2): 126-129.

刘帆, 刘逸文, 郑勇, 等. 2016. 神经科重症监护病房医院感染多重耐药菌及综合干预效果. 中国感染控制杂志, 15(2): 117-119.

刘跃华, 韩萌, 冉素平, 等. 2019. 欧洲应对抗生素耐药问题的治理框架及行动方案. 中国医院药学杂志, 39(3): 219-223.

刘志海. 2018. 畜禽源碳青霉烯耐药菌新型金属 β-内酰胺酶变异体耐药机制研究. 北京: 中国农业大学博士学位论文.

鲁海蜃, 刘淑运, 陶梦琪, 等. 2018. 流程再造在多部门参与多重耐药菌感染防控中的效果. 中国感染控制杂志, 17(3): 247-251.

全国细菌耐药监测网. 2022. 2020 年全国细菌耐药监测报告. 中华检验医学杂志, 45(2): 122-136.

邵榆岚, 夏雪山. 2022. 丙型肝炎病毒治疗药物与耐药基因突变. 病毒学报, 38(5): 1214-1224.

盛秋菊, 韩超, 丁洋, 等. 2020. 慢性乙型肝炎抗病毒治疗与疾病长期预后——慢性乙型肝炎防治指南(2019 年版)更新要点解读. 中国实用内科杂志, 40(6): 441-445.

"十三五"国家科技重大专项艾滋病机会性感染课题组. 2020. 艾滋病合并马尔尼菲篮状菌病临床诊疗的专家共识. 西南大学学报(自然科学版), 42(7): 61-75.

孙梦, 温宗梅. 2018. 肺移植术后巨细胞病毒感染的研究进展. 实用临床医学, 19(11): 100-102, 106.

滕铁山, 谢建平, 李彦章 等. 2017. 分枝杆菌噬菌体在抗结核研究中的作用. 中国抗生素杂志, 42: 827-835.

吴楠, 杨静慧, 张伟玉, 等. 2016. 不同环境介质中抗生素耐药性的检测方法研究进展. 微生物学通报, 43(12): 2720-2729.

夏长胜, 张正. 2010. 人巨细胞病毒耐药突变及其检测的研究进展. 中国实验诊断学, 14(5): 776-780.

肖永红. 2010. 全面应对细菌耐药的公共卫生危机. 临床药物治疗杂志, 8(3): 1-4.

徐虹, 徐子琴, 干铁儿, 等. 2016. 2016 年美国 IDSA 和 SHEA "实施抗生素管理项目"指南第二部分. 中华医院感染学杂志, 26(20): 4792-4800.

徐媛, 陈敏, 廖万清. 2018. 中国侵袭性曲霉菌病流行病学现状. 中国真菌学杂志, 13(1): 57-60.

杨之辉, 余进, 李若瑜. 2021. 中国侵袭性念珠菌病的流行现状. 国际流行病学传染病学杂志, 48(4): 266-271.

姚婉玉, 梁伶. 2017. 马尔尼菲蓝状菌氟康唑耐药基因的表达. 中国皮肤性病学杂志, 31(6): 612-615, 668.

于潇, 马恩达, 张丹丹, 等. 2020. 1950-2015 年全国疟疾流行趋势分析. 热带医学杂志, 20(4): 478-483.

曾征宇, 王琳, 温俊雄, 等. 2021. 我国部分地区 HBV 基因型和耐药性分布特点. 中国病原生物学杂志, 16(5): 570-576.

张昱, 唐妹, 田哲, 等. 2018. 制药废水中抗生素的去除技术研究进展. 环境工程学报, 12(1): 1-14.

郑雅婷, 杨莉. 2014. 抗菌药物管理策略及评价. 中国抗生素杂志, 39(11): 868-874.

周振超. 2022. 可吸入颗粒物对抗生素耐药的分布及传播影响机制. 杭州: 浙江大学博士学位论文.

Ashley E A, Dhorda M, Fairhurst R M. et al. 2014. Spread of artemisinin resistance in *Plasmodium falciparum malaria*. N Engl J Med, 371(5): 411-423.

Aspinall T V, Joynson D H, Guy E, et al. 2002. The molecular basis of sulfonamide resistance in *Toxoplasma gondii* and implications for the clinical management of toxoplasmosis. J Inf Dis, 185: 1637-1643.

Astrahan P, Kass I, Cooper M A, et al. 2004. A novel method of resistance for influenza against a channel-blocking antiviral drug. Proteins, 55(2): 251-257.

Baddley J W, Forrest G N. 2019. Cryptococcosis in solid organ transplantation-guidelines from the American society of transplantation infectious diseases community of practice. Clin Transplant, 33(9): e13543.

Bakouh N, Bellanca S, Nyboer B, et al. 2017. Iron is a substrate of the Plasmodium falciparum chloroquine resistance transporter PfCRT in *Xenopus oocytes*. J Biol Chem, 292(39): 16109-16121.

Barrett M P, Kyle D E, Sibley L D, et al. 2019. Protozoan persister-like cells and drug treatment failure. Nat Rev Microbiol, 17(10): 607-620.

Berendonk T U, ManaiaC M, Merlin C, et al. 2015. Tackling antibiotic resistance: the environmental framework. Nat Rev Microbiol, 13(5): 310-317.

Bhujbalrao R, Anand R. 2019. Deciphering determinants in ribosomal methyltransferases that confer antimicrobial resistance. Journal of the American Chemical Society, 141(4): 1425-1429.

Birnbaum J, Scharf S, Schmidt S, et al. 2020. A Kelch13-defined endocytosis pathway mediates artemisinin resistance in malaria parasites. Science, 367(6473): 51-59.

Blair J M, Webber M A, Baylay A J, et al. 2015. Molecular mechanisms of antibiotic resistance. Nature Reviews Microbiology, 13(1): 42-51.

Boolchandani M, D'Souza A W, Dantas G. 2019. Sequencing-based methods and resources to study antimicrobial resistance. Nature Reviews: Genetics, 20(6): 356-370.

Bouzeyen R, Javid B. 2022. Therapeutic vaccines for tuberculosis: an overview. Frontiers in Immunology, 13: 878471.

Burza S, Croft S L, Boelaert M. 2018. Leishmaniasis. Lancet, 392(10151): 951-970.

Bush N G, Diez-Santos I, Abbott L R, et al. 2020. Quinolones: mechanism, lethality and their contributions to antibiotic resistance. Molecules, 25(23): 5662.

Campbell E A, Korzheva N, Mustaev A, et al. 2001. Structural mechanism for rifampicin inhibition of bacterial rna polymerase. Cell, 104(6): 901-912.

Campos A B, Ribeiro J, Boutolleau D, et al. 2016. Human cytomegalovirus antiviral drug resistance in hematopoietic stem cell transplantation: current state of the art. Rev Med Virol, 26(3): 161-182.

Cao C, Liang L, Wang W, et al. 2011. Common reservoirs for Penicillium marneffei infection in humans and rodents, China. Emerg Infect Dis, 17(2): 209-214.

Carter R, Mendis K N. 2002. Evolutionary and historical aspects of the burden of malaria. Clin Microbiol Rev, 15(4): 564-594.

Caselli E, D'Accolti M, Soffritti I, et al. 2018. Spread of mcr-1-driven colistin resistance on hospital surfaces, Italy. Emerg Infect Dis, 24(9): 1752-1753.

Castanheira M, Deshpande L M, Mendes R E, et al. 2019. Variations in the occurrence of resistance phenotypes and carbapenemase genes among enterobacteriaceae isolates in 20 years of the SENTRY antimicrobial surveillance program. Open Forum Infectious Diseases, 6(Suppl 1): S23-S33.

Chanchaithong P, Perreten V, Am-In N, et al. 2019. Molecular characterization and antimicrobial resistance of livestock-associated methicillin-resistant staphylococcus aureus isolates from pigs and swine workers in Central Thailand. Microb Drug Resist, 25(9): 1382-1389.

Chang C C, Chen S C. 2015. Colliding epidemics and the rise of cryptococcosis. Journal of Fungi (Basel, Switzerland), 2(1): 1.

Chang Z, Yadav V, Lee S C. 2019. Epigenetic mechanisms of drug resistance in fungi. Fungal Genet Biol, 132: 103253.

Charlton M R, Alam A, Shukla A, et al. 2020. An expert review on the use of tenofoviralafenamide for the treatment of chronic hepatitis B virus infection in Asia. J Gastroenterol, 55(9): 811-823.

Chen B, Yuan K, Chen X, et al. 2016. Metagenomic analysis revealing antibiotic resistance genes (ARGs) and their genetic compartments in the tibetan environment. Environmental Science & Technology, 50(13): 6670-6679.

Chen J, Varma A, Diaz M R, et al. 2008. Cryptococcus neoformans strains and infection in apparently immunocompetent patients, China. Emerg Infect Dis, 14(5): 755-762.

Chen L, Han D, Tang Z, et al. 2020. Co-existence of the oxazolidinone resistance genes cfr and optrA on two transferable multi-resistance plasmids in one Enterococcus faecalis isolate from swine. Int J Antimicrob Ag, 56(1): 105993.

Chen M, Xu Y, Hong N, et al. 2018. Epidemiology of fungal infections in China. Front Med, 12(1): 58-75.

Chen N, Jin K, Xu J, et al. 2019. Human african trypanosomiasis caused by trypanosoma brucei gambiense: the first case report in China. Int J Infect Dis, 79: 34-36.

Chen Q, An X, Li H, et al. 2016. Long-term field application of sewage sludge increases the abundance of antibiotic resistance genes in soil. Environment International, 92: 1-10.

Chen Q L, Cui H L, Su J Q, et al. 2019. Antibiotic resistomes in plant microbiomes. Trends in Plant Science, 24(6): 530-541.

Chen R, Zhang Y, Zhou P, et al. 2021. Cryptococcemia according to immune status: an analysis of 65 critical cases. Infect Dis Ther, 10(1): 363-371.

Cheng D, Feng Y, Liu Y, et al. 2018. Dynamics of oxytetracycline, sulfamerazine, and ciprofloxacin and related antibiotic resistance genes during swine manure composting. J Environ Manage, 230: 102-109.

Cheng W, Li J, Wu Y, et al. 2016. Behavior of antibiotics and antibiotic resistance genes in eco-agricultural system: a case study. Journal of Hazardous Materials, 304: 18-25.

Chevalier S, Bouffartigues E, Bodilis J, et al. 2017. Structure, function and regulation of *Pseudomonas aeruginosa* porins. FEMS Microbiology Reviews, 41(5): 698-722.

Cho W H, Lee H J, Bang K B, et al. 2018. Development of tenofovirdisoproxil fumarate resistance after complete viral suppression in a patient with treatment-naive chronic hepatitis B: a case report and review of the literature. World Journal of Gastroenterology, 24(17): 1919-1924.

Chookajorn T. 2018. How to combat emerging artemisinin resistance: lessons from "The Three Little Pigs". PLoS Pathog, 14(4): e1006923.

Chow L K M, Ghaly T M, Gillings M R. 2021. A survey of sub-inhibitory concentrations of antibiotics in the environment. Journal of Environmental Sciences, 99: 21-27.

Collazos J, Mayo J, Martinez E. 1996. The chemotherapy of tuberculosis-from the past to the future. Respir Med, 89: 463-469.

Conkova E, Proskovcova M, Vaczi P, et al. 2022. In vitro biofilm formation by *Malassezia pachydermatis* isolates and its susceptibility to azole antifungals. J Fungi, 8(11): 1209.

Cowen L E, Lindquist S. 2005. Hsp90 potentiates the rapid evolution of new traits: drug resistance in diverse fungi. Science, 309(5744): 2185-2189.

Cudmore S L, Delgaty K L, Hayward-McClelland S F, et al. 2004. Treatment of infections caused by metronidazole-resistant Trichomonas vaginalis. Clin Microbiol Rev, 17(4): 783-793.

Cui E, Zhou Z, Gao F, et al. 2023. Roles of substrates in removing antibiotics and antibiotic resistance genes in constructed wetlands: a review. Science of The Total Environment, 859: 160257.

D'Costa V M, King C E, Kalan L, et al. 2011. Antibiotic resistance is ancient. Nature, 477(7365): 457-461.

Das K, Xiong X, Yang H, et al. 2001. Molecular modeling and biochemical characterization reveal the mechanism of hepatitis B virus polymerase resistance to lamivudine (3TC) and emtricitabine (FTC). Journal of virology, 75(10): 4771-4779.

Davidson R N, Croft S L, Scott A, et al. 1991. Liposomal amphotericin B in drug-resistant visceral leishmaniasis. Lancet, 337(8749): 1061-1062.

Del Barrio-Tofiño E, López-Causapé C, Oliver A. 2020. Pseudomonas aeruginosa epidemic high-risk clones and their association with horizontally-acquired β-lactamases: 2020 update. International Journal of Antimicrobial Agents, 56(6): 106196.

Dhingra S, Rahman N A A, Peile E, et al. 2020. Microbial resistance movements: an overview of global public health threats posed by antimicrobial resistance, and how best to counter. Front Public Health, 8: 535668.

Di Maio V C, Barbaliscia S, Teti E, et al. 2021. Resistance analysis and treatment outcomes in hepatitis C virus genotype 3-infected patients within the Italian network VIRONET-C. Liver international : official journal of the International Association for the Study of the Liver, 41(8): 1802-1814.

Diekema D J, Hsueh P R, Mendes R E, et al. 2019. The microbiology of bloodstream infection: 20-year trends from the SENTRY antimicrobial surveillance program. Antimicrob Agents Chemother, 63(7): e00355-19

Diekema D J, Pfaller M A, Shortridge D, et al. 2019. Twenty-year trends in antimicrobial susceptibilities among staphylococcus aureus from the SENTRY antimicrobial surveillance program. Open Forum Infectious Diseases, 6(Suppl 1): S47-S53.

Dietz J, Susser S, Vermehren J, et al. 2018. Patterns of resistance-associated substitutions in patients with chronic HCV infection following treatment with direct-acting antivirals. Gastroenterology, 154(4): 976-988 e974.

Ding C, Wang S, Shangguan Y, et al. 2020. Epidemic trends of tuberculosis in China from 1990 to 2017: evidence from the Global Burden of Disease Study. Infect Drug Resist, 13: 1663-1672.

Ding J, Zhu D, Hong B, et al. 2019. Long-term application of organic fertilization causes the accumulation of antibiotic resistome in earthworm gut microbiota. Environment International, 124: 145-152.

Dogovski C, Xie S C, Burgio G, et al. 2015. Targeting the cell stress response of *Plasmodium falciparum* to overcome artemisinin resistance. PLoS Biol, 13(4): e1002132.

Doi Y, Wachino J I, Arakawa Y. 2016. Aminoglycoside resistance: the emergence of acquired 16S ribosomal RNA methyltransferases. Infectious Disease Clinics of North America, 30(2): 523-537.

Dolin R. 2011. Resistance to neuraminidase inhibitors. Clin Infect Dis, 52(4): 438-439.

Donaldson E F, Harrington P R, O'Rear J J, et al. 2015. Clinical evidence and bioinformatics characterization of potential hepatitis C virus resistance pathways for sofosbuvir. Hepatology, 61(1): 56-65.

Dondorp A M, Yeung S, White L, et al. 2010. Artemisinin resistance: current status and scenarios for containment. Nat Rev Microbiol, 8(4): 272-280.

Draghi D C, Sheehan D J, Hogan P, et al. 2005. In vitro activity of linezolid against key gram-positive organisms isolated in the United States: results of the LEADER 2004 surveillance program. Antimicrob Agents Chemother, 49(12): 5024-5032.

Draper P. 1998. The outer parts of the mycobacterial envelope as permeability barriers. Frontiers in Bioscience, 3: D1253-D1261.

Du D, Wang-Kan X, Neuberger A, et al. 2018. Multidrug efflux pumps: structure, function and regulation. Nature Reviews Microbiology, 16(9): 523-539.

Duarte A C, Rodrigues S, Afonso A, et al. 2022. Antibiotic resistance in the drinking water: old and new strategies to remove antibiotics, resistant bacteria, and resistance genes. Pharmaceuticals, 15(4): 393.

Ebbensgaard A E, Løbner-Olesen A, Frimodt-Møller J. 2020. The role of efflux pumps in the transition from low-level to clinical antibiotic resistance. Antibiotics, 9(12): 855.

Eichberg J, Maiworm E, Oberpaul M, et al. 2022. Antiviral potential of natural resources against influenza virus infections. Viruses, 14(11): 2452.

Escandón P, Chow N A, Caceres D H, et al. 2019. Molecular epidemiology of candida auris in colombia reveals a highly related, countrywide colonization with regional patterns in amphotericin B resistance. Clin Infect Dis, 68(1): 15-21.

European Center of Disease Control and Prevention. 2020. European Antimicrobial Resistance Surveillance Network (EARS-Net). https: //www. ecdc. europa. eu/en/about-us/networks/disease-networks-and-laboratory-networks/ears-net-data

European Centre for Disease Prevention and Control. 2019. Surveillance of Antimicrobial Resistance in Europe 2017. European Center for Disease Prevention: Sona, Sweden. Available online: https: //ecdc. europa. eu/en/publications-data/surveillance-antimicrobial-resistance-europe-2017. (accessed on 1 January 2019) [Available from: https: //www. ecdc. europa. eu/en/ publications-data/surveillance-antimicrobial-resistance-europe-2017]

Fairlamb A H, Horn D. 2018. Melarsoprol resistance in African trypanosomiasis. Trends Parasitol, 34: 481-492.

Falagas M E, Roussos N, Vardakas K Z. 2010. Relative frequency of albicans and the various non-albicans Candida spp among candidemia isolates from inpatients in various parts of the world: a systematic review. Int J Infect Dis 2, 14(11): e954-966.

Fan X, Xiao M, Chen S, et al. 2016. Predominance of *Cryptococcus neoformans* var. *grubii* multilocus sequence type 5 and emergence of isolates with non-wild-type minimum inhibitory concentrations to fluconazole: a multi-centre study in China. Clin Microbiol Infect, 22(10): 887. e881-887, e889.

Fang H, Han L, Zhang H, et al. 2018. Dissemination of antibiotic resistance genes and human pathogenic bacteria from a pig feedlot to the surrounding stream and agricultural soils. J Hazard Mater, 357: 53-62.

Feng Y. 2018. Transferability of MCR-1/2 polymyxin resistance: Complex dissemination and genetic mechanism. ACS Infect Dis, 4(3): 291-300.

Ferrari S, Sanguinetti M, De Bernardis F, et al. 2011. Loss of mitochondrial functions associated with azole resistance in *Candida glabrata* results in enhanced virulence in mice. Antimicrob Agents Chemother, 55(5): 1852-1860.

Fournier C, Aires-de-Sousa M, Nordmann P, et al. 2020. Occurrence of CTX-M-15- and MCR-1-producing *Enterobacterales* in pigs in Portugal: Evidence of direct links with antibiotic selective pressure. Int J Antimicrob Ag, 55(2): 105802.

Fukunaga R, Glaziou P, Harris J B, et al. 2021. Epidemiology of tuberculosis and progress toward meeting global targets - worldwide, 2019 MMWR. Morbidity and Mortality Weekly Report, 70: 427-430.

Furin J, Cox H, Pai M. 2019. Tuberculosis. Lancet , 393: 1642-1656.

G20. G20 Leaders' Communique Hangzhou Summit. Hangzhou. September 2016. https: //www. consilium. europa. eu/media/ 23621/leaders_communiquehangzhousummit-final. pdf

Gales A C, Seifert H, Gur D, et al. 2019. Antimicrobial susceptibility of Acinetobacter calcoaceticus-Acinetobacter baumannii complex and *Stenotrophomonas maltophilia* clinical isolates: results from the SENTRY antimicrobial surveillance program (1997-2016). Open Forum Infectious Diseases, 6(Suppl 1): S34-S46.

Gardete S, Tomasz A. 2014. Mechanisms of vancomycin resistance in Staphylococcus aureus. The Journal of Clinical Investigation, 124(7): 2836-2840.

GBD 2019 Antimicrobial Resistance Collaborators. 2022. Global mortality associated with 33 bacterial pathogens in 2019: a systematic analysis for the Global Burden of Disease Study 2019. Lancet, 400(10369): 2221-2248.

George A. 2019. Antimicrobial resistance (AMR) in the food chain: trade, one health and codex. Trop Med Infect Dis, 4: 54.

George I A, Spec A, Powderly W G, et al. 2018. Comparative epidemiology and outcomes of human immunodeficiency virus (HIV), non-HIV non-transplant, and solid organ transplant associated cryptococcosis: a population-based study. Clin Infect Dis, 66(4): 608-611.

Gnädig N F, Stokes B H, Edwards R L, et al. 2020. Insights into the intracellular localization, protein associations and artemisinin resistance properties of *Plasmodium falciparum* K13. PLoS Pathog, 16(4): e1008482.

Gonçalves G, Campos M P, Gonçalves A S, et al. 2021. Increased leishmania infantum resistance to miltefosine and amphotericin B after treatment of a dog with miltefosine and allopurinol. Parasits & Vectors, 14(1): 599.

Goodman C D, Buchanan H D, Mcfadden G I. 2017. Is the mitochondrion a good malaria drug Target? Trends Parasitol, 33(3): 185-193.

Government of Canada. Canadian Integrated Program for Antimicrobial Resistance Surveillance (CIPARS). https: //www. canada. ca/en/public-health/services/surveillance/canadian-integrated-program-antimicrobial-resistance-surveillance-cipars. html

Govorkova E A, Takashita E, Daniels R S, et al. 2022. Global update on the susceptibilities of human influenza viruses to neuraminidase inhibitors and the cap-dependent endonuclease inhibitor baloxavir, 2018-2020. Antiviral Res, 200: 105281.

Grundamnn H, Glasner C, Albiger B, et al. 2017. Occurrence of carbapenemase-producing *Klebsiella pneumoniae* and *Escherichia coli* in the European survey of carbapenemase-producing *Enterobacteriaceae*(EuSCAPE): a prospective, multinational study. Lancet Infect Dis, 17(2): 153-163.

Gundran R S, Cardenio P A, Salvador R T, et al. 2020. Prevalence, antibiogram, and resistance profile of extended-spectrum beta-lactamase-producing escherichia coli isolates from pig farms in luzon, philippines. Microb Drug Resist, 26(2): 160-168.

Gupta S, Neogi U. 2020. Following the path: increasing trends of HIV-1 drug resistance in China. eClinical Medicine, 18: 100251.

Haldar K, Bhattacharjee S, Safeukui I. 2018. Drug resistance in *Plasmodium*. Nat Rev Microbiol, 16(3): 156-170.

Hartkoorn R C, Uplekar S, Cole S T. 2014. Cross-resistance between clofazimine and bedaquiline through upregulation of MmpL5 in *Mycobacterium tuberculosis*. Antimicrob Agents Chemother, 58: 2979-2981.

He T, Wang R, Liu D, et al. 2019. Emergence of plasmid-mediated high-level tigecycline resistance genes in animals and humans. Nat Microbiol, 4(9): 1450-1456.

Henrici R C, Edwards R L, Zoltner M, et al. 2020. The *Plasmodium falciparum* artemisinin susceptibility-associated AP-2 adaptinμ subunit is clathrin independent and essential for schizont maturation. mBio, 11(1): e02918-19

Hernando-Amado S, Coque T M, Baquero F, et al. 2019. Defining and combating antibiotic resistance from one health and global health perspectives. Nat Microbiol, 4(9): 1432-1442.

Hoban D J, Bouchillon S K, Johnson B M, et al. 2005. In vitro activity of tigecycline against 6792 Gram-negative and Gram-positive clinical isolates from the global Tigecycline Evaluation and Surveillance Trial(TEST Program, 2004). Diagn Microbiol Infect Dis, 52(3): 215-227.

Hoedl　N, Se Y, Schaecher K, et al. 2008. Evidence of artemisinin-resistant malaria in western Cambodia. N Engl J Med, 359(24): 2619-2620.

Hu F, Zhu D, Wang F, et al. 2018. Current status and trends of antibacterial resistance in China. Clinical Infectious Diseases, 67(suppl_2): S128-S134.

Hu J, Yang J, Chen W, et al. 2022. Prevalence and characteristics of mcr-1-producing *Escherichia coli* in three kinds of poultry in Changsha, China. Front Microbiol, 13: 840520.

Hu Y, Liu C, Wang Q, et al. 2021. Emergence and expansion of a carbapenem-resistant pseudomonas aeruginosa clone are associated with plasmid-borne blaKPC-2 and virulence-related genes. mSystems, 6(3): e00154-21.

Huang J, Sun J, Wu Y, et al. 2019. Identification and pathogenicity of an XDR Streptococcus suis isolate that harbours the phenicol-oxazolidinone resistance genes optrA and cfr, and the bacitracin resistance locus bcrABDR. Int J Antimicrob Ag, 54(1): 43-48.

Imamichi T. 2004. Action of anti-HIV drugs and resistance: reverse transcriptase inhibitors and protease inhibitors. Current Pharmaceutical Design, 10(32): 4039-4053.

Jasovsky D, Littmann J, Zorzet A, et al. 2016. Antimicrobial resistance—a threat to the world's sustainable development. Upsala J Med Sci, 121(3): 159-164.

Jin L, Xie J W, He T T, et al. 2022. Airborne transmission as an integral environmental dimension of antimicrobial resistance through the "One Health" lens. Critical Reviews in Environmental Science and Technology, 52(23): 4172-4193.

Jin Y, Zhou W, Zhan Q, et al. 2021. Genomic epidemiology and characterization of methicillin-resistant staphylococcus aureus from bloodstream infections in China. mSystems, 6(6): e0083721.

Jones R N, Kirby J T, Rhomberg P R. 2008. Comparative activity of meropenem in US medical centers(2007): initiating the 2nd decade of MYSTIC program surveillance. Diagn Microbiol Infect Dis, 61(2): 203-213.

Jones R N, Stilwell M G, Rhomberg P R, et al. 2009. Antipseudomonal activity of piperacillin/tazobactam: more than a decade of experience from the SENTRY Antimicrobial Surveillance Program(1997-2007). Diagn Microbiol Infect Dis, 65(3): 331-334.

Kang Z, Lei C, Kong L, et al. 2019. Detection of transferable oxazolidinone resistance determinants in *Enterococcus faecalis* and *Enterococcus faecium* of swine origin in Sichuan Province, China. J Glob Antimicrob Re, 19: 333-337.

Karkman A, Do T T, Walsh F, et al. 2018. Antibiotic-resistance genes in waste water. Trends in Microbiology, 26(3): 220-228.

Kean R, Delaney C, Sherry L, et al. 2018. Transcriptome assembly and profiling of *Candida auris* reveals novel insights into biofilm-mediated resistance. mSphere, 3(4): e00334-18

Kempf D J, Isaacson J D, King M S, et al. 2001. Identification of genotypic changes in human immunodeficiency virus protease that correlate with reduced susceptibility to the protease inhibitor lopinavir among viral isolates from protease inhibitor-experienced patients. Journal of Virology, 75(16): 7462-7469.

Khalifa H O, Oreiby A F, Abd E A, et al. 2020. First report of multidrug-resistant carbapenemase-producing bacteria coharboring mcr-9 associated with respiratory disease complex in pets: potential of animal-human transmission. Antimicrob Agents Chemother, 65(1): e01890-20.

Kilinc G, Saris A, Ottenhoff T H M. et al. 2021. Host-directed therapy to combat mycobacterial infections. Immunol Rev, 301: 62-83.

Kim J, Tan Y Z, Wicht K J, et al. 2019. Structure and drug resistance of the *Plasmodium falciparum* transporter PfCRT. Nature, 576(7786): 315-320.

Kim S H, Iyer K R, Pardeshi L, et al. 2019. Genetic analysis of *Candida auris* implicates Hsp90 in morphogenesis and azole tolerance and Cdr1 in azole resistance. mBio, 10(1): e02529-18.

Kim Y B, Seo K W, Son S H, et al. 2019. Genetic characterization of high-level aminoglycoside-resistant *Enterococcus faecalis* and *Enterococcus faecium* isolated from retail chicken meat. Poultry Science, 98(11): 5981-5988.

Klevens R M, Edwards J R, Richards C J, et al. 2007. Estimating health care-associated infections and deaths in U. S. hospitals, 2002. Public Health Rep, 122(2): 160-166.

Koul A, Dendouga N, Vergauwen K. et al. 2007. Diarylquinolines target subunit c of mycobacterial ATP synthase. Nat Chem Biol, 3: 323-324.

Kovacs J A. 1992. Efficacy of atovaquone in treatment of toxoplasmosis in patients with AIDS. Lancet, 340: 637-638.

Kurekci C, Aydin M, Nalbantoglu O U, et al. 2018. The first report of mobile colistin resistance gene (mcr-1) carrying *Escherichia coli* in Turkey. J Glob Antimicrob Resist, 15: 169-170.

Kusumoto M, Ogura Y, Gotoh Y, et al. 2016. Colistin-resistant mcr-1-positive pathogenic *Escherichia coli* in Swine, Japan, 2007-2014. Emerg Infect Dis, 22(7): 1315-1317.

Lake J G, Weiner L M, Milstone A M, et al. 2018. Pathogen distribution and antimicrobial resistance among pediatric healthcare-associated infections reported to the national healthcare safety network, 2011-2014. Infect Control Hosp Epidemiol, 39(1): 1-11.

Lalruatdiki A, Dutta T K, Roychoudhury P, et al. 2018. Extended-spectrum beta-lactamases producing multidrug resistance *Escherichia coli*, *Salmonella* and *Klebsiella pneumoniae* in pig population of Assam and Meghalaya, India. Vet World, 11(6): 868-873.

Lam A M, Espiritu C, Bansal S, et al. 2012. Genotype and subtype profiling of PSI-7977 as a nucleotide inhibitor of hepatitis C virus. Antimicrobial Agents and Chemotherapy, 56(6): 3359-3368.

Lampejo T. 2020. Influenza and antiviral resistance: an overview. Eur J Clin Microbiol Infect Dis, 39(7): 1201-1208.

Larsson D G J, Flach C F. 2022. Antibiotic resistance in the environment. Nature Reviews Microbiology, 20(5): 257-269.

Le Mauff F. 2020. Exopolysaccharides and biofilms. Curr Top Microbiol Immunol, 425: 225-254.

Lee H, Yoon E J, Kim D, et al. 2018. Antimicrobial resistance of major clinical pathogens in South Korea, May 2016 to April 2017: first one-year report from Kor-GLASS. Euro Surveillance, 23(42): 1800047.

Lee Y, Puumala E, Robbins N, et al. 2021. Antifungal drug resistance: molecular mechanisms in *Candida albicans* and beyond. Chem Rev, 121(6): 3390-3411.

Lei C W, Kang Z Z, Wu S K, et al. 2019. Detection of the phenicol-oxazolidinone-tetracycline resistance gene poxtA in *Enterococcus faecium* and *Enterococcus faecalis* of food-producing animal origin in China. J Antimicrob Chemoth, 74(8): 2459-2461.

Li C, Gu X, Zhang L, et al. 2022a. The occurrence and genomic characteristics of mcr-1-Harboring *Salmonella* from retail meats and eggs in Qingdao, China. Foods, 11(23): 3854.

Li H Z, Yang K, Liao H, et al. 2022b. Active antibiotic resistome in soils unraveled by single-cell isotope probing and targeted metagenomics. Proceedings of the National Academy of Sciences of The United States of America, 119(40): e2201473119.

Li J, Cao J, Zhu Y G, et al. 2018. Global survey of antibiotic resistance genes in air. Environmental Science & Technology, 52(19): 10975-10984.

Li L, Wang Q, Bi W, et al. 2020a. Municipal solid waste treatment system increases ambient airborne bacteria and antibiotic resistance genes. Environmental Science & Technology, 54(7): 3900-3908.

Li R, Peng K, Li Y, et al. 2020b. Exploring tet(X)-bearing tigecycline-resistant bacteria of swine farming environments. Sci Total Environ, 733: 139306.

Li S, Ondon B S, Ho S H, et al. 2022c. Antibiotic resistant bacteria and genes in wastewater treatment plants: from occurrence to treatment strategies. Sci Total Environ, 838(Pt 4): 156544.

Liang Y, Yin X, Zeng L, et al. 2017. Clonal replacement of epidemic KPC-producing *Klebsiella pneumoniae* in a hospital in China. BMC Infectious Diseases, 17(1): 363.

Lin J W, Spaccapelo R, Schwarzer E, et al. 2015. Replication of *Plasmodium* in reticulocytes can occur without hemozoin formation, resulting in chloroquine resistance. J Exp Med, 212(6): 893-903.

Ling Z, Yin W, Shen Z, et al. 2020. Epidemiology of mobile colistin resistance genes mcr-1 to mcr-9. J Antimicrob Chemoth, 75(11): 3087-3095.

Liu X, Liu H, Wang L, et al. 2018a. Molecular characterization of extended-spectrum beta-lactamase-producing multidrug resistant *Escherichia coli* from swine in Northwest China. Front Microbiol, 9: 1756.

Liu X, Lu S, Guo W, et al. 2018b. Antibiotics in the aquatic environments: A review of lakes, China. Science of the Total Environment, 15(627): 1195-1208.

Liu Y Y, Wang Y, Walsh T R, et al. 2016. Emergence of plasmid-mediated colistin resistance mechanism MCR-1 in animals and human beings in China: a microbiological and molecular biological study. Lancet Infect Dis, 16(2): 161-168.

Lockhart S R. 2019. *Candida auris* and multidrug resistance: defining the new normal. Fungal Genet Biol, 131: 103243.

Lockhart S R, Etienne K A, Vallabhaneni S, et al. 2017. Simultaneous emergence of multidrug-resistant *Candida auris* on 3 continents confirmed by whole-genome sequencing and epidemiological analyses. Clin Infect Dis, 64(2): 134-140.

Lou H, Chen M, Black S S, et al. 2011. Altered antibiotic transport in OmpC mutants isolated from a series of clinical strains of multi-drug resistant E. coli. PLoS One, 6(10): e25825.

Lozano C, Gharsa H, Ben Slama K, et al. 2016. *Staphylococcus aureus* in animals and food: methicillin resistance, prevalence and population structure. A Review in the African Continent. Microorganisms (Basel), 4(1): 12.

Lun Z R, Wen Y Z, Uzureau P, et al. 2015a. Resistance to normal human serum reveals *Trypanosoma lewisi* as an underestimated human pathogen. Mol Biochem Parasitol, 199: 58-61.

Lun Z R, Wu M S, Chen Y F, et al. 2015b. Visceral leishmaniasis in China: an endemic disease under control. Clin Microbiol Rev, 28: 987-1004.

Lurain N S, Chou S. 2010. Antiviral drug resistance of human cytomegalovirus. Clin Microbiol Rev, 23(4): 689-712.

Lyu S, Hu H L, Yang Y H, et al. 2017. A systematic review about *Streptococcus pneumoniae serotype* distribution in children in mainland of China before the PCV13 was licensed. Expert Review of Vaccines, 16(10): 997-1006.

Ma F, Shen C, Zheng X, et al. 2019a. Identification of a novel plasmid carrying mcr-4. 3 in an *Acinetobacter baumannii* strain in China. Antimicrob Agents Ch, 63(6): e00133-19.

Ma L, Li B, Zhang T. 2019b. New insights into antibiotic resistome in drinking water and management perspectives: a metagenomic based study of small-sized microbes. Water Research, 152: 191-201.

MacNeil A, Glaziou P, Sismanidis C, et al. 2020. Global epidemiology of tuberculosis and progress toward meeting global targets - worldwide, 2018 MMWR. Morbidity and Mortality Weekly Report, 69: 281-285.

Madoshi B P, Mtambo M, Muhairwa A P, et al. 2018. Isolation of vancomycin-resistant *Enterococcus* from apparently healthy human animal attendants, cattle and cattle wastes in Tanzania. J Appl Microbiol, 124(5): 1303-1310.

Malaria G E N P F C P. 2016. Genomic epidemiology of artemisinin resistant malaria. Elife, 5: e08714

McGivern D R, Masaki T, Williford S, et al. 2014. Kinetic analyses reveal potent and early blockade of hepatitis C virus assembly by NS5A inhibitors. Gastroenterology, 147(2): 453-462, e457.

Meehan C J, Goig G A, Kohl T A, et al. 2019. Whole genome sequencing of *Mycobacterium tuberculosis*: current standards and open issues. Nat Rev Microbiol, 17: 533-545.

Mendes R E, Bell J M, Turndge J D, et al. 2009. Codetection of blaOXA-23-like gene(blaOXA-133) and blaOXA-58 in *Acinetobacter radioresistens*: report from the SENTRY antimicrobial surveillance program. Antimicrob Agents Chemother, 53(2): 843-844.

Menendez-Arias L. 2008. Mechanisms of resistance to nucleoside analogue inhibitors of HIV-1 reverse transcriptase. Virus Research, 134(1-2): 124-146.

Meng X, Liu S, Duan J, et al. 2017. Risk factors and medical costs for healthcare-associated carbapenem-resistant *Escherichia coli* infection among hospitalized patients in a Chinese teaching hospital. BMC Infect Dis, 17(1): 82.

Meyer A C, Jacobson M. 2013. Asymptomatic cryptococcemia in resource-limited settings. Curr HIV/AIDS Rep, 10(3): 254-263.

Michael G B, Kaspar H, Siqueira A K, et al. 2017. Extended-spectrum beta-lactamase (ESBL)-producing *Escherichia coli* isolates collected from diseased food-producing animals in the GERM-Vet monitoring program 2008-2014. Vet Microbiol, 200: 142-150.

Miotto O, Almagro-Garcia J, Manske M, et al. 2013. Multiple populations of artemisinin-resistant *Plasmodium falciparum* in Cambodia. Nat Genet, 45(6): 648-655.

Mishra N N, Bayer A S, Tran T T, et al. 2012. Daptomycin resistance in enterococci is associated with distinct alterations of cell membrane phospholipid content. PLoS One, 7(8): e43958.

Mitchison DA. 1985. The action of antituberculosis drugs in short-course chemotherapy. Tubercle, 66: 219-225.

Moawad A A, Hotzel H, Awad O, et al. 2019. Evolution of antibiotic resistance of coagulase-negative *Staphylococci* isolated from healthy turkeys in egypt: first report of linezolid resistance. Microorganisms, 7(10):476 .

Mok S, Ashley E A, Ferreira P E, et al. 2015. Drug resistance. Population transcriptomics of human malaria parasites reveals the mechanism of artemisinin resistance. Science, 347(6220): 431-435.

Mok S, Stokes B H, Gnädig N F, et al. 2021. Artemisinin-resistant K13 mutations rewire *Plasmodium falciparum's* intra-erythrocytic metabolic program to enhance survival. Nat Commun, 12(1): 530.

Montoya M C, Moye-Rowley W S, Krysan D J. 2019. *Candida auris*: the canary in the mine of antifungal drug resistance. ACS Infect Dis, 5(9): 1487-1492.

Moodley R, Godec T R, Team S T. 2016. Short-course treatment for multidrug-resistant tuberculosis: the STREAM trials. Eur Respir Rev, 25: 29-35.

Morio F, Jensen R H, Le Pape P, et al. 2017. Molecular basis of antifungal drug resistance in yeasts. Int J Antimicrob Agents, 50(5): 599-606.

Munday J C, Settimo L, de Koning H P. 2015. Transport proteins determine drug sensitivity and resistance in a protozoan parasite, *Trypanosoma brucei*. Front Pharmacol, 6: 10.

Munita J M, Arias C A. 2016. Mechanisms of antibiotic resistance. Microbiology Spectrum, 4(2): 10.

Munoz-Price L S, Poirel L, Bonomo R A, et al. 2013. Clinical epidemiology of the global expansion of *Klebsiella pneumoniae* carbapenemases. The Lancet Infectious Diseases, 13(9): 785-796.

Murray C, Ikuta K S, Sharara F, et al. 2022 Global burden of bacterial antimicrobial resistance in 2019: a systematic analysis. Lancet, 399(10325): 629-655.

Murray H W, Berman J D, Davies C R, 2005. Advances in leishmaniasis. Lancet, 366(9496): 1561-1577.

Murray R, Tien Y C, Scott A, et al. 2019. The impact of municipal sewage sludge stabilization processes on the abundance, field persistence, and transmission of antibiotic resistant bacteria and antibiotic resistance genes to vegetables at harvest. Science of the Total Environment, 651: 1680-1687.

Nadimpalli M L, Lanza V F, Montealegre M C, et al. 2022. Drinking water chlorination has minor effects on the intestinal flora and resistomes of Bangladeshi children. Nature Microbiology, 7(5): 620.

Nanduri S A, Petit S, Smelser C, et al. 2019. Epidemiology of invasive early-onset and late-onset group B streptococcal disease in the united States, 2006 to 2015: multistate laboratory and population-based surveillance. JAMA Pediatr, 173(3): 224-233.

Nawrot U, Wieliczko A, Włodarczyk K, et al. 2019. Low frequency of itraconazole resistance found among *Aspergillus fumigatus* originating from poultry farms in Southwest Poland. Journal de Mycologie Médicale, 29(1): 24-27.

Norizuki C, Kawamura K, Wachino J I, et al. 2018. Detection of *Escherichia coli* producing CTX-M-1-group extended-spectrum beta-lactamases from pigs in Aichi Prefecture, Japan, between 2015 and 2016. Jpn J Infect Dis, 71(1): 33-38.

Olliaro P L, Guerin P J, Gerstl S, et al. 2005. Treatment options for visceral leishmaniasis: a systematic review of clinical studies done in India, 1980-2004. Lancet Infect Dis, 5(12): 763-774.

Ou Z J, Yu D F, Liang Y H, et al. 2021. Trends in burden of multidrug-resistant tuberculosis in countries, regions, and worldwide from 1990 to 2017: results from the Global Burden of disease study infect dis poverty, 10(1):24.

Pablos-Mendez A, Raviglione M C, Laszlo A, et al. 1998. Global surveillance for antituberculosis-drug resistance, 1994-1997. World Health Organization-International Union against Tuberculosis and Lung Disease Working Group on Anti-Tuberculosis Drug Resistance Surveillance. N Engl J Med, 338: 1641-1649.

Paloque L, Coppée R, Stokes B H, et al. 2022. Mutation in the *Plasmodium falciparum* BTB/POZ domain of K13 protein confers artemisinin resistance. Antimicrob Agents Chemother, 66(1): e0132021.

Pappas P G. 2013. Cryptococcal infections in non-HIV-infected patients. Trans Am Clin Climatol Assoc, 124: 61-79.

Park E S, Lee A R, Kim D H, et al. 2019. Identification of a quadruple mutation that confers tenofovir resistance in chronic hepatitis B patients. Journal of Hepatology, 70(6): 1093-1102.

Peirano G, Pitout J D D. 2019. Extended-spectrum beta-lactamase-producing *Enterobacteriaceae*: update on molecular epidemiology and treatment options. Drugs, 79(14): 1529-1541.

Pelfrene E, Willebrand E, CavaleiroSanches A. et al. 2016. Bacteriophage therapy: a regulatory perspective. J Antimicrob Chemother, 71: 2071-2074.

Perez F, Bonomo R A. 2019. Carbapenem-resistant *Enterobacteriaceae*: global action required. Lancet Infect Dis, 19(6): 561-562.

Piret J, Boivin G. 2019. Clinical development of letermovir and maribavir: overview of human cytomegalovirus drug resistance. Antiviral Res, 163: 91-105.

Pizzorno A, Abed Y, Boivin G. 2011. Influenza drug resistance. Semin Respir Crit Care Med, 32(4): 409-422.

Plosa E J, Esbenshade J C, Fuller M P, et al. 2012. Cytomegalovirus infection. Pediatrics in Review, 33(4): 156-163, quiz 163.

Pountain A W, Mwenechanya R, Papadopoulou B. 2017. Drug resistance and treatment failure in leishmaniasis: a 21st century challenge. PLoS Negl Trop Dis, 11: 24.

Pruksaphon K, Nosanchuk J D, Ratanabanangkoon K, et al. 2022. Talaromyces marneffei infection: virulence, intracellular lifestyle and host defense mechanisms. J Fungi (Basel), 8(2):200 .

Qiao M, Ying G G, Singer A C, et al. 2018. Review of antibiotic resistance in China and its environment. Environment International, 110: 160-172.

Ramasamy R. 2014. Zoonotic malaria - global overview and research and policy needs. Front Public Health, 18(2): 123.

Ramirez M S, Tolmasky M E. 2010. Aminoglycoside modifying enzymes. Drug Resistance Updates, 13(6): 151-171.

Revie N M, Iyer K R, Robbins N, et al. 2018. Antifungal drug resistance: evolution, mechanisms and impact. Curr Opin Microbiol, 45: 70-76.

Rhomberg P R, Jones R N. 2009. Summary trends for the meropenem yearly susceptibility test information collection program: a 10-year experience in the United States(1999-2008). Diagn Microbiol Infect Dis, 65(4): 414-426.

Robbins N, Caplan T, Cowen L E. 2017. Molecular evolution of antifungal drug resistance. Annu Rev Microbiol, 71: 753-775.

Ruiz-Garbajosa P, Bonten M J, Robinson D, et al. 2006. Multilocus sequence typing scheme for *Enterococcus faecalis* reveals hospital-adapted genetic complexes in a background of high rates of recombination. Journal of Clinical Microbiology, 44(6): 2220-2228.

Rybak J M, Doorley L A, Nishimoto A T, et al. 2019a. Abrogation of triazole resistance upon deletion of CDR1 in a clinical isolate of *Candida auris*. Antimicrob Agents Chemother, 63(4): e00057-19.

Rybak J M, Fortwendel J R, Rogers P D. 2019b. Emerging threat of triazole-resistant *Aspergillus fumigatus*. J Antimicrob Chemother, 74(4): 835-842.

Rycker M D, Wyllie S, Horn D, et al. 2023. Anti-trypanosomatide drug discovery: progress and challenges. Nat Rev Microbiol, 21: 35-50.

Salari S, Bamorovat M, Sharifi I, et al. 2022. Global distribution of treatment resistance gene markers for leishmaniasis. J Clin Lab Anal, 36(8): e24599.

Schrager L K, Vekemens J, Drager N, et al. 2020. The status of tuberculosis vaccine development. The Lancet Infectious Diseases, 20: e28-e37.

Schwaber M J, Lev B, Israeli A, et al. 2011. Containment of a country-wide outbreak of carbapenem-resistant *Klebsiella pneumoniae* in Israeli hospitals via a nationally implemented intervention. Clin Infect Dis, 52(7): 848-855.

Selmi B, Deval J, Alvarez K, et al. 2003. The Y181C substitution in 3'-azido-3'-deoxythymidine-resistant human immunodeficiency virus, type 1, reverse transcriptase suppresses the ATP-mediated repair of the 3'-azido-3'-deoxythymidine 5'-monophosphate-terminated primer. The Journal of Biological Chemistry, 278(42): 40464-40472.

Sen P, Vijay M, Singh S, et al. 2022. Understanding the environmental drivers of clinical azole resistance in *Aspergillus* species. Drug Target Insights, 16: 25-35.

Sensi P. 1983. History of the development of rifampin. Rev Infect Dis, 5(3): 402-406.

Shallcross L J, Howard S J, Fowler T, et al. 2015. Tackling the threat of antimicrobial resistance: from policy to sustainable action. Phil Trans R Soc B, 370: 20140082.

Sharma C, Rokana N, Chandra M, et al. 2017. Antimicrobial resistance: its surveillance, impact, and alternative management strategies in aidry animals. Front Vet Sci, 4: 237.

Shen P, Zhou K, Wang Y, et al. 2019. High prevalence of a globally disseminated hypervirulent clone, *Staphylococcus aureus* CC121, with reduced vancomycin susceptibility in community settings in China. The Journal of Antimicrobial Chemotherapy, 74(9): 2537-2543.

Shen Y, Zhou H, Xu J, et al. 2018. Anthropogenic and environmental factors associated with high incidence of mcr-1 carriage in humans across China. Nat Microbiol, 3(9): 1054-1062.

Shishodia S K, Tiwari S, Shankar J. 2019. Resistance mechanism and proteins in *Aspergillus* species against antifungal agents. Mycology, 10(3): 151-165.

Shortridge D, Gales A C, Streit J M, et al. 2019. Geographic and temporal patterns of antimicrobial resistance in *Pseudomonas aeruginosa* over 20 years from the SENTRY antimicrobial surveillance program, 1997-2016. Open Forum Infectious Diseases, 6(Suppl 1): S63-S68.

Siddiqui F A, Boonhok R, Cabrera M, et al. 2020. Role of *Plasmodium falciparum* Kelch 13 protein mutations in P. falciparum populations from northeastern myanmar in mediating artemisinin resistance. mBio, 11(1): e01134-19.

Siddiqui F A, Liang X, Cui L. 2021. *Plasmodium falciparum* resistance to ACTs: Emergence, mechanisms, and outlook. Int J Parasitol Drugs Drug Resist, 16: 102-118.

Simner P J, Adam H, Baxter M, et al. 2015. Epidemiology of vancomycin-resistant enterococci in *Canadian* hospitals (CANWARD study, 2007 to 2013). Antimicrobial Agents and Chemotherapy, 59(7): 4315-4317.

Simwela N V, Hughes K R, Roberts A B, et al. 2020. Experimentally engineered mutations in a ubiquitin hydrolase, UBP-1, modulate in vivo susceptibility to artemisinin and chloroquine in *Plasmodium berghei*. Antimicrob Agents Chemother, 64(7): e02484-19.

Smith S J, Zhao X Z, Passos D O, et al. 2021. Integrase strand transfer inhibitors are effective anti-HIV drugs. Viruses, 13(2): 205

Snesrud E, McGann P, Chandler M. 2018. The birth and demise of the ISApl1-mcr-1-ISApl1 composite transposon: the vehicle for transferable Colistin resistance. MBio, 9(1): e02381-17.

Spettel K, Barousch W, Makristathis A, et al. 2019. Analysis of antifungal resistance genes in *Candida albicans* and *Candida glabrata* using next generation sequencing. PLoS One, 14(1): e0210397.

Stapleton P D, Taylor P W. 2002. Methicillin resistance in *Staphylococcus aureus*: mechanisms and modulation. Science Progress, 85(Pt 1): 57-72.

Stokes B H, Dhingra S K, Rubiano K, et al. 2021. *Plasmodium falciparum* K13 mutations in Africa and Asia impact artemisinin resistance and parasite fitness. Elife, 10. e66277.

Stone N R, Rhodes J, Fisher M C, et al. 2019. Dynamic ploidy changes drive fluconazole resistance in human cryptococcal meningitis. J Clin Invest, 129(3): 999-1014.

Straimer J, Gnadig N F, Witkowski B, et al. 2015. Drug resistance. K13-propeller mutations confer artemisinin resistance in *Plasmodium falciparum* clinical isolates. Science, 347(6220): 428-431.

Sui Q, Zhang J, Chen M, et al. 2019. Fate of microbial pollutants and evolution of antibiotic resistance in three types of soil amended with swine slurry. Environmental Pollution, 245: 353-362.

Sun J, Chen C, Cui C Y, et al. 2019. Plasmid-encoded tet(X) genes that confer high-level tigecycline resistance in *Escherichia coli*. Nat Microbiol, 4(9): 1457-1464.

Sun J, Yang R S, Zhang Q, et al. 2016. Co-transfer of bla(NDM-5) and mcr-1 by an IncX3-X4 hybrid plasmid in *Escherichia coli*. Nat Microbiol, 1: 16176.

Sun J, Zhang H, Liu Y H, et al. 2018. Towards understanding MCR-like colistin resistance. Trends Microbiol, 26(9): 794-808.

Sun X, Li D, Li B, et al. 2020. Exploring the disparity of inhalable bacterial communities and antibiotic resistance genes between hazy days and non-hazy days in a cold megacity in Northeast China. Journal of Hazardous Materials, 398: 122984.

Sykes J E, Hodge G, Singapuri A, et al. 2017. In vivo development of fluconazole resistance in serial *Cryptococcus gattii* isolates from a cat. Med Mycol, 55(4): 396-401.

Szychowski J, Kondo J, Zahr O, et al. 2011. Inhibition of aminoglycoside-deactivating enzymes APH(3')-IIIa and AAC(6')-Ii by amphiphilic paromomycin O2"-ether analogues. Chem Med Chem, 6(11): 1961-1966.

Tacconelli E, Cataldo M A, Dancer S J, et al. 2014. ESCMID guidelines for the management of the infection control measures to reduce transmission of multidrug-resistant gram-negative bacteria in hospitalized patients. Clin Microbiol Infect, 20(Suppl 1): 1-55.

Tahir F, Bin Arif T, Ahmed J, et al. 2020. Anti-tuberculous effects of statin therapy: a review of literature. Cureus, 12: e7404.

Talisuna A O, Bloland P, D'Alessandro U. 2004. History, dynamics, and public health importance of malaria parasite resistance. Clin Microbiol Rev, 17: 235-254.

Talman A M, Clain J, Duval R, et al. 2019. Artemisinin bioactivity and resistance in malaria parasites. Trends Parasitol, 35(12): 953-963.

Teo J W P, Kalisvar M, Venkatachalam I, et al. 2018. mcr-3 and mcr-4 variants in carbapenemase-producing clinical *Enterobacteriaceae* do not confer phenotypic polymyxin resistance. J Clin Microbiol, 56(3): e01562-17.

The Review on Antimicrobial Resistance. Tackling drug-resistant infections globally: final report and recommendations. 2016. https://amr-review. org/sites/default/files/160525_Final%20paper_with%20cover. pdf [下载 2023 年 2 月 15 日]

Tiberi S, du Plessis N, Walzl G. et al. 2018. Tuberculosis: progress and advances in development of new drugs, treatment regimens, and host-directed therapies. Lancet Infect Dis, 18: e183-e198.

Tilley L, Rosenthal P. 2019. Malaria parasites fine-tune mutations to resist drugs. Nature, 576(7786): 217-219.

Toh S M, Xiong L, Arias C A, et al. 2007. Acquisition of a natural resistance gene renders a clinical strain of methicillin-resistant *Staphylococcus aureus* resistant to the synthetic antibiotic linezolid. Molecular Microbiology, 64(6): 1506-1514.

Tooke C L, Hinchliffe P, Bragginton E C, et al. 2019. β-Lactamases and β-Lactamase inhibitors in the 21st century. Journal of Molecular Biology, 431(18): 3472-3500.

Trape J F. 2001. The public health impact of chloroquine resistance in Africa. Am J Trop Med Hyg, 64: 12-17.

United Nation. 2022. Environmental Dimensions of Antimicrobial Resistance: Summary for Policymakers. United Nations

Environment Programme.

Unnerstad H E, Mieziewska K, Borjesson S, et al. 2018. Suspected transmission and subsequent spread of MRSA from farmer to dairy cows. Vet Microbiol, 225: 114-119.

Uplekar M, Weil D, Lonnroth K, et al. 2015. WHO's new end TB strategy. Lancet., 385: 1799-1801.

van Griensven J, Balasegaram M, Meheus F, et al. 2010. Combination therapy for visceral leishmaniasis. Lancet Infect Dis, 10(3): 184-194.

Van Look K, Voor In 'Tholt A F, Vos M C. 2018. A systematic review and meta-analyses of the clinical epidemiology of carbapenem-resistant *Enterobacteriaceae*. Antimicrob Agents Chemother, 62(1): e01730-17.

Veiga M I, Dhingra S K, Henrich P P, et al. 2016. Globally prevalent PfMDR1 mutations modulate *Plasmodium falciparum* susceptibility to artemisinin-based combination therapies. Nat Commun, 7: 11553.

Venturelli A, Tagliazucchi L, Lima C, et al., 2022. Current treatments to control African trypanosomiasis and One Health perspective. Microorganisms, 10(7): 1298.

Wahl B, O'Brien K L, Greenbaum A, et al. 2018. Burden of *Streptococcus pneumoniae* and *Haemophilus influenzae* type b disease in children in the era of conjugate vaccines: global, regional, and national estimates for 2000-15. The Lancet Global health, 6(7): e744-e757.

Wang J, Xu C, Liao F L, et al. 2019a. A temporizing solution to "artemisinin resistance". N Engl J Med, 380(22): 2087-2089.

Wang J, Xu C, Liao F L, et al. 2019b. Suboptimal dosing triggers artemisinin partner drug resistance. The Lancet Inf Dis, 19(11): 1167-1168.

Wang M Z, Tai C Y, Mendel D B. 2002. Mechanism by which mutations at his274 alter sensitivity of influenza a virus n1 neuraminidase to oseltamivir carboxylate and zanamivir. Antimicrobial Agents and Chemotherapy, 46(12): 3809-3816.

Wang Q, Sun J, Li J, et al. 2017. Expanding landscapes of the diversified mcr-1-bearing plasmid reservoirs. Microbiome, 5(1): 70.

Wang R, van Dorp L, Shaw LP, et al. 2018b. The global distribution and spread of the mobilized colistin resistance gene mcr-1. Nature Communications, 9(1): 1179.

Wang R N, Zhang Y, Cao Z H, et al. 2018a. Occurrence of super antibiotic resistance genes in the downstream of the Yangtze River in China: Prevalence and antibiotic resistance profiles. Sci Total Environ, 651(Pt 2): 1946-1957.

Wang X, Wang Y, Zhou Y, et al. 2019c. Emergence of Colistin resistance gene mcr-8 and its variant in *Raoultella ornithinolytica*. Front Microbiol, 10: 228.

Wang Y, Wang C, Song L. 2019d. Distribution of antibiotic resistance genes and bacteria from six atmospheric environments: exposure risk to human. Science of the Total Environment, 694: 133750.

Wang Y, Zhang R, Li J, et al. 2017. Comprehensive resistome analysis reveals the prevalence of NDM and MCR-1 in Chinese poultry production. Nat Microbiol, 2: 16260.

Wei R, He T, Zhang S, et al. 2019. Occurrence of seventeen veterinary antibiotics and resistant bacterias in manure-fertilized vegetable farm soil in four provinces of China. Chemosphere, 215: 234-240.

Wei W, Srinivas S, Lin J, et al. 2018. Defining ICR-Mo, an intrinsic colistin resistance determinant from *Moraxella osloensis*. PLoS Genet, 14(5): e1007389.

Weiner L M, Webb A K, Limbago B, et al. 2016. Antimicrobial-resistant pathogens associated with healthcare-associated infections: summary of data reported to the national healthcare safety network at the centers for disease control and prevention, 2011-2014. Infection Control and Hospital Epidemiology, 37(11): 1288-1301.

WHO. 1973. Chemotherapy of malaria and resistance to antimalarials. Report of a WHO scientific group. World Health Organ Tech Rep Ser, 529: 1-121.

WHO. 2008. Global malaria control and elimination: report of a meeting on containment of artemisinin tolerance, 19 January 2008. Geneva: WHO; 2008.

WHO. 2015. Global action plan on antimicrobial resistance. WHO, Geneva, 2015.

WHO. 2017. https://www.who.int/medicines/publications/global-priority-list-antibiotic-resistant-bacteria/en/.

WHO. 2018. World Malaria Report 2018. Geneva: World Health Organization；2018.

Wicht K J, Mok S, Fidock D A. 2020. Molecular mechanisms of drug resistance in *Plasmodium falciparum* Malaria. Annu Rev Microbiol, 74: 431-454.

Wong J L C, Romano M, Kerry L E, et al. 2019. OmpK36-mediated Carbapenem resistance attenuates ST258 *Klebsiella pneumoniae* in vivo. Nature Communications, 10(1): 3957.

World Bank Group. 2017. Drug-resistant infection: a threat to our economic future. The World Bank, Washington, March 2017.

World Health Organization. 2001. WHO global strategy for containment of antimicrobial resistance. Anti-Infective Drug Resistance S, Containment T. Geneva: World Health Organization.

World Health Organization. 2015. Global Action Plan on Antimicrobial Resistance. Geneva, World Health Organization.

World Health Organization. 2017. Guidelines for treatment of drug-susceptible tuberculosis and patient care. Geneva, World Health Organization.

World Health Organization. 2020 Antibacterial agents in clinical and preclinical development: an overview and analysis. World Health Organization, 2015

World Health Organization. 2020. Core competencies for infection prevention and control professionals. Geneva: World Health Organization.

World Health Organization. 2021. Global antimicrobial resistance and use surveillance system (GLASS) report 2021. Geneva, World Health Organization.

World Health Organization. 2021. WHO operational handbook on tuberculosis: module 3: diagnosis: rapid diagnostics for tuberculosis detection. Geneve, World Health Organization.

World Health Organization. 2021. WHO releases HIV drug resistance report 2021. Geneva, World Health Organization.

World Health Organization. 2022. Global Tuberculosis Report 2022. https: //www. who. int/publications/i/item/9789240061729.

Wu C, Wang Y, Shi X, et al. 2018. Rapid rise of the ESBL and mcr-1 genes in *Escherichia coli* of chicken origin in China, 2008-2014. Emerg Microbes Infec, 7(1): 30.

Wu Y, Fan R, Wang Y, et al. 2019. Analysis of combined resistance to oxazolidinones and phenicols among bacteria from dogs fed with raw meat/vegetables and the respective food items. Sci Rep-UK, 9(1): 15500-15510.

Xavier B B, Lammens C, Ruhal R, et al. 2016. Identification of a novel plasmid-mediated colistin-resistance gene, mcr-2, in *Escherichia coli*, Belgium, June 2016. Euro Surveill, 21(27): 30280.

Xiao M, Chen S C, Kong F, et al. 2018. Five-year China Hospital Invasive Fungal Surveillance Net (CHIF-NET) study of invasive fungal infections caused by noncandidal yeasts: species distribution and azole susceptibility. Infect Drug Resist, 11: 1659-1667.

Xiao M, Wang H, Zhao Y, et al. 2013. National surveillance of methicillin-resistant *Staphylococcus aureus* in China highlights a still-evolving epidemiology with 15 novel emerging multilocus sequence types. Journal of Clinical Microbiology, 51(11): 3638-3644.

Xu C, Wong Y K, Liao F L, et al. 2022. Is triple artemisinin-based combination therapy necessary for uncomplicated malaria? The Lancet Inf Dis, 22(5): 585-586.

Xu G, An W, Wang H, et al. 2015. Prevalence and characteristics of extended-spectrum beta-lactamase genes in *Escherichia coli* isolated from piglets with post-weaning diarrhea in Heilongjiang province, China. Front Microbiol, 6: 1103.

Xu Y, Lin J, Cui T, et al. 2018a. Mechanistic insights into transferable polymyxin resistance among gut bacteria. J Biol Chem, 293(12): 4350-4365.

Xu Y, Wei W, Lei S, et al. 2018b. An evolutionarily conserved mechanism for intrinsic and transferable polymyxin resistance. mBio, 9(2): e02317-17.

Xu Y, Zhong L L, Srinivas S, et al. 2018c. Spread of MCR-3 colistin resistance in China: an epidemiological, genomic and mechanistic study. EBioMedicine, pii: S2352-3964(18)30270-6.

Yang C, Luo T, Shen X, et al. 2017. Transmission of multidrug-resistant *Mycobacterium tuberculosis* in Shanghai, China: a retrospective observational study using whole-genome sequencing and epidemiological investigation. Lancet Infect Dis, 17: 275-284.

Yang F, Zhang K, Zhi S, et al. 2018a. High prevalence and dissemination of beta-lactamase genes in swine farms in northern China.

Sci Total Environ, 651(Pt 2): 2507-2513.

Yang H Y, Liu R L, Liu H F, et al. 2021. Evidence for long-term anthropogenic pollution: the hadal trench as a depository and indicator for dissemination of antibiotic resistance genes. Environmental Science & Technology, 55(22): 15136-15148.

Yang T, Yeoh L M, Tutor M V, et al. 2019. Decreased K13 abundance reduces hemoglobin catabolism and proteotoxic stress, underpinning artemisinin resistance. Cell Rep, 29(9): 2917-2928 e5.

Yang Y, Song W, Lin H, et al. 2018b. Antibiotics and antibiotic resistance genes in global lakes: a review and meta-analysis. Environment International, 116: 60-73.

Zavrel M, White T C. 2015. Medically important fungi respond to azole drugs: an update. Future Microbiol, 10(8): 1355-1373.

Zeng J, Pan Y, Yang J, et al. 2019. Metagenomic insights into the distribution of antibiotic resistome between the gut-associated environments and the pristine environments. Environ Int, 126: 346-354.

Zeuzem S, Mizokami M, Pianko S, et al. 2017. NS5A resistance-associated substitutions in patients with genotype 1 hepatitis C virus: Prevalence and effect on treatment outcome. Journal of Hepatology, 66(5): 910-918.

Zhang C, Gao L, Ren Y, et al. 2021. The CCAAT-binding complex mediates azole susceptibility of *Aspergillus fumigatus* by suppressing SrbA expression and cleavage. Microbiologyopen, 10(6): e1249.

Zhang J, Zheng B, Zhao L, et al. 2014. Nationwide high prevalence of CTX-M and an increase of CTX-M-55 in Escherichia coli isolated from patients with community-onset infections in Chinese county hospitals. BMC Infectious Diseases, 14: 659.

Zhang L, Ji L, Liu X, et al. 2022a. Linkage and driving mechanisms of antibiotic resistome in surface and ground water: their responses to land use and seasonal variation. Water Research, 215: 118279.

Zhang M, Gallego-Delgado J, Fernandez-Arias C, et al. 2017. Inhibiting the *Plasmodium* eIF2alpha kinase PK4 prevents artemisinin-induced latency. Cell Host Microbe, 22(6): 766-776 e4.

Zhang R, Xi X, Wang C, et al. 2018. Therapeutic effects of recombinant human interleukin 2 as adjunctive immunotherapy against tuberculosis: a systematic review and meta-analysis. PLoS One, 13: e0201025.

Zhang T, Li X, Wang M, et al. 2019a. Time-resolved spread of antibiotic resistance genes in highly polluted air. Environment International, 127: 333-339.

Zhang W, Zhu Y, Wang C, et al. 2019b. Characterization of a multidrug-resistant porcine *Klebsiella pneumoniae* sequence type 11 strain coharboringbla(KPC-2) and fosA3 on two novel hybrid plasmids. Msphere, 4(5): e00590-19.

Zhang Z, Zhang Q, Wang T, et al. 2022b. Assessment of global health risk of antibiotic resistance genes. Nature Communications, 13(1): 1553.

Zhao Y, Wang Q, Chen Z, et al. 2021. Significant higher airborne antibiotic resistance genes and the associated inhalation risk in the indoor than the outdoor. Environmental Pollution, 268(Pt B): 115620.

Zhou Y, Jin X, Yu H, et al. 2022. HDAC5 modulates PD-L1 expression and cancer immunity via p65 deacetylation in pancreatic cancer. Theranostics, 12(5): 2080-2094.

Zhu L, Shuai X Y, Lin Z J, et al. 2022. Landscape of genes in hospital wastewater breaking through the defense line of last-resort antibiotics. Water Research, 209: 117907.

Zhu Y G, Zhao Y, Zhu D, et al. 2019. Soil biota, antimicrobial resistance and planetary health. Environment International, 131: 105059.

Zilberberg M D, Kollef M H, Shorr A F, et al. 2016. Secular trends in Acinetobacter baumannii resistance in respiratory and blood stream specimens in the United States, 2003 to 2012: a survey study. Journal of Hospital Medicine, 11(1): 21-26.

Ziółkowska G, Tokarzewski S, Nowakiewicz A. 2014. Drug resistance of *Aspergillus fumigatus* strains isolated from flocks of domestic geese in Poland. Poultry Science, 93(5): 1106-1112.

Zucker B A, Trojan S, Müller W. 2000. Airborne gram-negative bacterial flora in animal houses. Journal of veterinary medicine B. Infectious Diseases and Veterinary Public Health, 47(1): 37-46.

Zuo Z, Liang S, Sun X, et al. 2016. Drug resistance and virological failure among HIV-infected patients after a decade of antiretroviral treatment expansion in eight provinces of China. PLoS One, 11(12): e0166661.

第八篇

生物恐怖与生物武器

第三十九章
生物威胁因子

第一节　概　　述

生物因子通常是指动物、植物、微生物、生物毒素及其他生物活性物质。

生物威胁因子主要是指在生物战、生物恐怖和传染病疫情等生物威胁事件中造成危害的生物因子，它们包括传染性生物因子，如病毒、细菌、真菌、原虫等，也包括非传染性生物因子，如生物毒素和重组生物因子。生物威胁因子多为烈性病原体或高毒性的生物毒素，可危害人类、动物和植物的健康，破坏环境生态，造成人员伤亡、社会动荡、生态失衡、农作物减产等。

生物威胁因子为何如此受恐怖分子青睐？首先，其制备容易。随着生物高技术的日益普及，相关信息很容易在公开网站上获得。目前全世界至少有 1500 余个菌毒种库，并且有数不清的研究机构可以提供病原微生物或生物毒素，商业化培养基和发酵罐随处可以买到，仅需要基本的微生物实验设备就能培养出大量的病原菌。适宜的培养条件下，用 100L 的细胞培养系统，或用 25L 的系统传代 4 次，就可以累积足够的病原来感染封闭区域（如地铁、封闭式办公楼）中的多个目标。蓖麻毒素和相思豆毒素来源广泛，不需要精细提取就能获得致死剂量的生物毒素。其次，其成本低廉、获取容易、使用方便。生物威胁因子即使达不到武器化标准，直接投放至水源、食物、公共场所也可以起到破坏作用。例如，50kg 炭疽芽孢粉末可导致 12 万～50 万人染病死亡（李小鹿和郭向阔，2020）。最后，疾病通常有潜伏期，可能推迟数小时至数天发作，不仅扩大了播散范围，也增加了溯源难度。

20 世纪美苏冷战时期，生物武器制造者就曾幻想通过生物技术改造病原体，使其更致命、更易传播，或难以检测和抵抗。进入 21 世纪，合成生物学取得突破性进展，进攻性生物武器的制备可从合成生物学的突破中获取信息，合成生物学的发展将会突破之前生物武器使用的障碍。病原微生物如果经过合成生物学加工，可能具有更强的毒力，因而潜在危害性更大。通过合成生物学技术可能使病原微生物的生物学特征发生实质性改变，如外源基因片段的导入改变病原微生物体内遗传物质的自我复制、突变进化等机制，进化压力或许会促使其形成"超级病原体"，从而导致生物安全问题更加难以监测和应对（彭耀进，2020）。基因武器作为新型生物武器，比普通的生物武器杀伤力更强、致死率更高。随着人类基因组计划的进展，种族基因武器的发展研制成为可能，即针对特定人种的特异基因，设计生产或改造出新的病原微生物，达到选择性杀伤的目的。

第二节　分类及种类

生物威胁因子按性质分类可包括细菌、病毒、原虫、真菌和生物毒素等五大类（马慧等，2020）。细菌类生物威胁因子主要有鼠疫耶尔森菌、炭疽芽孢杆菌、土拉弗朗西斯菌、布鲁菌、霍乱弧菌、贝氏柯克斯体（*Coxiella burnetii*）、普氏立克次体（*Rickettsia prowazeki*）等；病毒类生物威胁因子主要有埃博拉病毒、黄热病毒、天花病毒、委内瑞拉马脑炎病毒等；原虫类生物威胁因子主要有福氏耐格里虫（*Naegleria fowleri*）、微小隐孢子虫（*Cryptosporidium parvum*）等；真菌类生物威胁因子主要有荚膜组织胞浆菌（*Histoplasma capsulatum*）、粗球孢子菌/厌酷孢子菌（*Coccidioides immitis*）等；生物毒素类生物威胁因子主要有肉毒毒素、蓖麻毒素、葡萄球菌肠毒素、石房蛤毒素等（赵林和李珍妮，2020）。

美国疾病控制与预防中心（Center for Disease Control and Prevention，CDC）就病原体和生物毒素对民众的威胁进行了评估，评估标准主要考虑病原体引起大规模疾病暴发的能力、病原体通过气溶胶或其他方式播散的能力，以及病原体在人群中的传播能力和人员的易感性等。根据这些标准，将具有潜在生物威胁的病原微生物及生物毒素分为 3 类（Williams et al.，2021）。

A 类生物威胁因子：所引起的疾病对国家安全构成威胁、易传播、发病率和病死率高，会引起社会恐慌，属于需要特殊公共卫生防范的优先级疾病，风险等级极高。具体包括：炭疽芽孢杆菌、肉毒毒素、鼠疫耶尔森菌、天花病毒、土拉弗朗西斯菌和多种出血热病毒（沙粒病毒科、布尼亚病毒科、丝状病毒科、黄病毒科和弹状病毒科）。

B 类生物威胁因子：相对于 A 类生物威胁因子，B 类因子所引起的疾病发病率和病死率相对较低，且为较难传播的中度优先级疾病，风险等级中等。具体包括：布鲁菌属、食源性致病菌（大肠杆菌 O157：H7、沙门菌、志贺菌）、鼻疽伯克霍尔德菌、类鼻疽伯克霍尔德菌、鹦鹉热衣原体、贝氏柯克斯体、相思豆毒素、产气荚膜梭菌 ε 毒素、蓖麻毒素、葡萄球菌肠毒素 B、普氏立克次体、脑炎病毒（委内瑞拉马脑炎、东部马脑炎、西部马脑炎）、水源性致病菌（霍乱弧菌、微小隐孢子虫）。

C 类生物威胁因子：是新出现的病原体，可被设计用于大规模传播，因为它们易于获得、易于生产和传播、病死率高，并能对健康造成重大影响。具体包括：流感病毒 H1N1、汉坦病毒、人类免疫缺陷病毒（HIV）、尼帕病毒、SARS 冠状病毒。

欧盟的生物威胁因子清单分为两组，与美国 CDC 生物威胁因子清单相比，未列入葡萄球菌肠毒素 B、微小隐孢子虫、产气荚膜梭菌毒素，但包括黄热病毒、裂谷热病毒、流感病毒、日本脑炎病毒、河豚毒素、西尼罗病毒等（表 39-1）。

俄罗斯的生物威胁因子清单将威胁病原体分为 3 类，与美国 CDC 的清单相比增加了流感病毒、日本脑炎病毒、黄热病毒、白喉棒杆菌等，但未包括美国 CDC 所列的埃博拉病毒和拉沙热病毒（表 39-1）。

表 39-1　生物威胁因子清单比较（田德桥等，2014）

病原微生物或毒素	美国CDC	欧盟	俄罗斯
天花病毒、炭疽芽孢杆菌、鼠疫耶尔森菌、肉毒毒素、土拉热弗朗西斯菌、马尔堡病毒	A	A	A
埃博拉病毒、拉沙热病毒、马秋波病毒	A	A	
鼻疽伯克霍尔德菌	B	A	A
蓖麻毒素	B	A	
普氏立克次体、贝氏柯克斯体	B	B	A
布鲁菌属、霍乱弧菌	B	B	B
沙门菌属、志贺菌属	B	B	C
O157：H7 大肠杆菌、类鼻疽伯克霍尔德菌、鹦鹉热衣原体、委内瑞拉马脑炎病毒、东部马脑炎病毒、西部马脑炎病毒	B	B	
葡萄球菌肠毒素 B	B		C
产气荚膜梭菌毒素、微小隐孢子虫	B		
尼帕病毒、汉坦病毒	C	B	
克里米亚-刚果出血热病毒、瓜纳瑞托病毒、胡宁病毒、鄂木斯克出血热病毒、萨比亚病毒、河豚毒素		A	
流感病毒		B	A
白喉棒状杆菌、日本脑炎病毒、黄热病毒		B	B
粗球孢子菌、基孔肯雅病毒、裂谷热病毒、荚膜组织胞浆菌、嗜肺军团菌、脑膜炎奈瑟菌、猴痘病毒、岩沙海葵素、立氏立克次体、恙虫病立克次体、芋螺毒素、微囊藻毒素、石房蛤毒素、结核分枝杆菌、盖他病毒、马麻疹病毒、疱疹病毒、卡萨诺尔森林病毒、拉克罗斯病毒、跳跃病毒、淋巴细胞性脉络丛脑膜炎病毒、墨累谷脑炎病毒、玻瓦桑病毒、罗西奥病毒、圣路易脑炎病毒、蜱传脑炎病毒、托斯卡纳病毒、西尼罗病毒		B	
人类免疫缺陷病毒、狂犬病病毒			C

2001 年，《禁止生物武器公约》核查议定书谈判的特设专家组（Ad Hoc Group）拟定了一份生物战剂的核查清单，包括 40 种可感染人、动物和植物的病原微生物以及 11 种生物毒素，共 51 种生物战剂。美国 CDC 所列的生物威胁因子清单中的 A 类均在核查清单中，B 类的霍乱弧菌和微小隐孢子虫以及 C 类的尼帕病毒和汉坦病毒未在核查清单中。但该核查生物剂清单与 CDC 清单比较增加了裂谷热病毒、黄热病毒和猴痘病毒（田德桥等，2014）。

第三节　检 测 方 法

理想情况下，检测方法必须兼具灵敏性和特异性，应该能够直接从复杂的基质样品中快速检测和确认生物威胁因子，包括改造的和未知的病原体。依据方法原理，生物威胁因子检测方法可以大致分为三类：基于培养和生理生化的表型分析方法、基于抗体的免疫学分析方法和基于核酸扩增的分子生物学方法。表型分析方法已经成熟应用了一个多世纪，被认为是微生物鉴定的"金标准"，但是存在耗时长、需要专业的技术人员等缺点。基于核酸的检测方法比基于抗体的检测方法更敏感，但是其短板在于不能检测出蛋白质毒素和其他无核酸的目标物，如朊病毒（prion）。同时，分子生物学检测方法的高灵敏度也可能是一个主要的弱点，因污染或复杂样本的基质可能导致假阳性结果。另外，检测平台必须能够检测样品中的各种生物威胁因子。因为可疑样品可能含有毒素、细菌、病毒或其他种类的生物威胁因子，因此多重检测能力至关重要。复杂的样本基质对生物威胁因子的检测影响很大，如人体标本（如血液、粪便）、粉末、食物、水、甚至空气都是检测方法的挑战；血液中的抗凝剂、白细胞 DNA 和血红素化合物会抑制 PCR 扩增反应；肉糜中的脂质和粪便标本中大量的本底细菌干扰免疫测定。因此，在分析和鉴定之前，目标分析物通常必须从样品中进行分离或纯化。在某些情况下，已知的生物威胁因子可能通过基因、抗原或化学修饰被故意改变，或者可能代表已知微生物的新的或不常见的变体。这种通过基因改造与修饰的生物威胁因子可能会使检测更加困难。

虽然生物威胁因子可通过污染的食品、水源或带病的昆虫媒介（如蚊和蜱）进行传播，但目前仍以气溶胶形式传播的威胁最大，因此对气溶胶中有害生物威胁因子的快速检测报警尤其重要（韩丽丽等，2017）。目前正在研制和已经投入使用的生物气溶胶检测装置有微粒检测器、电子检测器、抗体检测器等。微粒检测器从周围的空气中取样并对一定大小的生物粒子进行计数，当粒子的数量超过设定阈值时，检测器就会发出报警响声。电子检测器配备多个含有碳分子聚合物的传感器，当空气穿过传感器时，由于所含物质的不同会改变聚合物的电阻，而与此同时传感器的另一端会在计算机屏幕上绘出图谱，每种微生物所带来的图谱都不相同。抗体检测器是采用双抗体夹心的模式，将靶标病原微生物捕获在芯片的抗体上，当它们被用荧光标记的检测抗体识别夹在中间时就会发出荧光信号。在检测器中可同时包埋几种针对不同生物威胁因子的抗体，实现对生物威胁因子的多重检测。

在生物气溶胶识别报警或接到生物袭击预警后，应对采集的标本进行现场快速筛查检测，并同时将标本送至实验室进行鉴定确证。现场快速筛查的方法以免疫层析法为主，并结合各种电化学传感技术将信号输出，进行定性甚至定量分析。目前已有各种便携式快检装置应用于各种大型活动和任务的保障中。第三代手持式测序仪使用纳米孔测序技术，可以对单个 DNA 或 RNA 分子进行测序，无需对样品进行 PCR 放大或化学标记，从而实现了现场的基因组序列测序分析。

实验室鉴定，首先利用形态学、血清学和生态学等特征进行初步检验。然后进一步进行纯种鉴定，以确定生物威胁因子的毒力强弱、抗原性和对药物的敏感性等。荧光定量 PCR、LAMP、RPA 等核酸扩增技术，可以快速检测出生物威胁因子的特异性靶基因，对病原进行快速的定性和定量分析。全基因组测序技术也是目前病原微生物鉴定的金标准，它大大提高了检测、表征和诊断生物威胁因子的能力。获得生物威胁因子的全基因组信息，可以对其进行毒力因子、耐药基因、SNP 等分析，并进行准确溯源（Minogue et al.，2019）。

当然，基于形态学培养和核酸扩增的技术都不适用于毒素的检测。针对毒素的检测主要通过动物实验、免疫学实验（如 ELISA、ICA）和液相色谱-质谱联用技术进行鉴定与分型（杨辉等，2015）。这其中优质的抗体对于毒素的检测鉴定尤为重要。

第四节　防控手段

免疫接种是预防生物威胁因子攻击的有效措施，但是必须采用证明有效的疫苗或抗血清，其接种时机必须在生物威胁因子释放之前或在离发病时间足够长的潜伏期之内，否则感染者一旦发病，其免疫防护效果甚微。平时应根据国家卫生部门规定和各地区流行病学情况，做好主要传染性疾病的预防接种，如霍乱疫苗、伤寒副伤寒三联疫苗等。战时应针对可能使用的生物战剂做好相应的基础免疫接种，如炭疽疫苗、鼠疫疫苗等。很多传统的生物战剂有特异性疫苗，例如，炭疽芽孢杆菌、鼠疫耶尔森菌、布鲁菌、霍乱弧菌、土拉弗朗西斯菌、天花病毒、黄热病毒都有减毒活疫苗，我国的埃博拉病毒疫苗已经由陈薇团队研制成功。目前很多新的生物威胁因子没有成熟有效的疫苗，对于尚无可靠疫苗的病原体，如有可靠的抗血清，也能起到非常有效的免疫预防作用。注射疫苗产生抗体是主动免疫，如天花疫苗和炭疽疫苗的皮肤划痕接种；而注射抗血清是被动免疫，能够紧急获得特异性免疫。主动免疫效果持久，被动免疫效果短暂。有些病原体没有特异性的免疫制剂，可以通过应用非特异性的免疫制剂来调节机体免疫状态，如丙种球蛋白、细胞因子和某些中药提取物等，从而起到减轻生物危害的作用。

除免疫接种之外，药物预防与治疗也是重要的应对措施，其中药物预防主要采用抗生素和抗病毒药。在潜伏期进行预防性用药，目的是为了预防发病、降低发病率和病死率。进行群体性预防用药时，药物使用规模较大，可能会出现毒副反应、抗药性和双重感染等情况，因此必须在医务工作者的监督和指导下有组织、有计划地进行，对使用药物的品种、剂量、反应和效果等应进行详细的记录，以备查询。

卫生从业人员和应急处置人员应进行生物威胁因子的相关专业知识培训，了解感染剂量、感染途径、潜伏周期、典型症状和治疗方案等，能够对生物威胁事件做出及时反应和正确应对。当出现一群来自同一地理区域有相似症状的人、出现类似体征和症状的患者迅速增多、住院后72h内死亡的患者增加、出现不寻常的临床表现、死亡的动物增多、非处方药的使用突然增加等异常情况时，应怀疑发生了生物战或生物恐怖事件。

大部分细菌和真菌生物威胁因子都有其临床治疗指南，包括抗生素的选择和用药方案。使用抗生素进行预防以及对已经感染的人进行治疗，可对许多细菌性和真菌性疾病有效。病原菌治疗所涉及的抗生素应保持一定的常规储备量，尤其是有情报显示可能会发生生物威胁事件的情况下。对于生物毒素引起中毒的治疗，特异性的抗毒素血清依然是首选方案。每个人对疫苗的反应是有个体差异的，疫苗接种最好具有针对性。在对生物威胁因子能够初步确认之前，不建议广泛接种多种混合疫苗。接触后疫苗接种仅在天花病例中具有被证实的价值。在天花病例中，对可能接触过的人及时进行接种，可能对阻止流行病的传播具有重大意义。对于人工改造过的生物威胁因子，现有的疫苗很可能不能起到有效的防护效果。

值得注意的是，气溶胶吸入性感染的途径可能会加重疾病的严重程度。与正常感染途径相比，吸入性感染可能会改变疾病的进程，并表现出不同的感染症状，甚至比自然感染途径的症状更严重。例如，委内瑞拉马脑炎由带毒蚊子叮咬而感染，对于一些对健康成人来说通常致死率较低，如果通过气溶胶吸入这样的非典型感染途径，绕过局部炎症过程等正常保护机制，更不容易受到疫苗保护，并可能增强毒性和致命性（WHO，2004）。

（军事科学院军事医学研究院　康　琳　李佳欣）

第四十章

生物恐怖

第一节 概　述

恐怖袭击是指为了政治、意识形态等目的，以公众、政府和国际组织为目标，采用暴力、破坏和恐吓等手段，制造社会恐慌、危害公共安全、侵犯人身财产，或者胁迫国家机关或国际组织的非法主张及犯罪行为。生物恐怖（bioterrorism）是指通过一定途径故意使用致病微生物或生物毒素，并造成人或动植物患病或死亡，引发社会动荡和群体恐慌、扰乱社会秩序或造成经济损失，从而达到意识形态、宗教或政治信仰等目的的恐怖主义行为。生物恐怖袭击是生物恐怖主义的具体体现与行动。用于生物恐怖的生物威胁因子也被称为生物恐怖剂，包括病毒、细菌、生物毒素、真菌等，它们可能是自然产生的，也可能是人为修饰改变的。生物恐怖与生物战不同，生物战是指应用生物武器或生物战剂来完成军事目的的行动。生物战实施的主体往往是国家行为体，而生物恐怖实施的主体一般为恐怖组织或个人等非国家行为体（non-state actor）。生物战的规模通常较大；生物恐怖的规模通常很小，但使用的手段更多样（顾华和翁景清，2021）。

当前，恐怖主义是国际社会和平安全的最严重的威胁之一。美国"9·11"恐怖袭击后，世界范围内的恐怖袭击活动愈演愈烈，已成为各国非传统安全问题的主体内容和新常态。我国也是恐怖袭击的受害国。随着国际恐怖主义形势的发展，我国面临的国内外恐怖威胁在不断加大，严重威胁国家安全与利益、社会稳定与国民安全。

与核武器研发技术相比，生物技术的技术门槛相对较低，恐怖组织掌握并制造用于实施恐怖袭击的小型生物武器的可能性极大。生物恐怖实施对病原体致病性要求不高，主要在于释放后人群感染的持续传播性和公众恐慌性；这些病原体，可以是来自人群的传染病病原体，容易获得，不需要额外的获取途径。另外，全球很多国家曾经有生物武器研发计划，如美国、法国、俄国、德国、英国、日本、伊拉克等，这些国家的生物武器相关技术存在扩散风险。同时，生物武器扩散者也不限于有野心的国家，还包括诸如恐怖组织或邪教组织、民族分裂分子、犯罪组织及其他破坏分子等非国家行为体。据统计，目前全球约有 200余个恐怖组织具备发动生物恐怖袭击的能力，利用制备容易、使用方便、成本低廉的细菌和生物毒素发动生物恐怖袭击已成为恐怖活动的重要方式（顾华和翁景清，2021）。

生物技术的发展大大增加了生物恐怖袭击的威胁。例如，稳定剂与微包囊技术或多聚糖包裹技术等可以显著提高病原体的稳定性，使其便于释放；基因工程技术则有可能提高病原体的致病性和传播力；合成生物学技术则可迅速大量生产原来只能通过天然途径微量获得的生物剂，如生物毒素等；甚至可以完全通过化学合成法合成已知基因组序列的烈性病原体，如天花病毒、高致病性禽流感病毒等。这些生物技术一旦被恐怖分子利用，将会大大促进其生物恐怖实施的可能，造成巨大的威胁。

近年来，肯尼亚、摩洛哥相继挫败了多起生物恐怖主义活动，英国最高法院对黑市贩卖蓖麻毒素行为提起了刑事诉讼，美国近10年发生超过15起涉及生物武器的刑事案件，这些无不说明随着恐怖主义在全球范围的蔓延，恐怖主义与生物武器结合的风险在不断加大。因此，生物恐怖主义已成为人类面对的最大威胁之一。

自美国发生炭疽邮件事件以来，如何防范以危害人群健康为主要目标的生物恐怖突发事件，已成为全球瞩目的焦点问题。为了有效应对并及时控制生物恐怖突发事件，防止事态进一步扩散，保障广大人民群众的生命与健康，维护社会稳定和经济发展，应进一步探讨生物恐怖事件的特点、危害及应采取的应对措施等，完善生物恐怖应对措施和策略体系，最大限度地保护人民群众的生命安全和身心健康，有利于社会主义现代化建设事业的健康发展。

第二节　生物恐怖的历史

生物恐怖问题由来已久，但直到美国"9·11"事件后的炭疽邮件恐怖袭击事件才引起世人的广泛关注。生物恐怖主义最初是建立在各国主动开展的生物武器计划之上的。据报道，在 20 世纪 70 年代早期，左翼恐怖组织"地下气象员"曾胁迫一名在德特里克堡美国陆军传染病医学研究所工作的军官为他们提供能够污染美国城市供水的病原微生物。这名军官在试图获取与其本职研究工作无关的几种生物样本时，被其他工作人员发现，才揭穿了左翼恐怖组织"地下气象员"的恐怖阴谋（李晋涛等，2020）。在过去的几十年里，国际社会经历了多种生物恐怖主义行为。据统计，1960～1999 年，全球约发生 120 余起生物恐怖事件，从实施手段和方式上来看，恐怖分子逐渐从恫吓转向实施，从个体恐怖发展到有组织的恐怖，从小规模实施到大规模实施（顾华和翁景清，2021）。

1972 年，美国右翼组织"旭日东升令"（Order of the Rising Sun）的成员被发现持有 30～40kg 伤寒杆菌培养物，据称这些细菌原本打算被用于污染中西部几个城市的供水。

1980 年，据报道，德国恐怖组织"红色军团"（Red Army Faction）在巴黎的藏身处中被发现存留了大量肉毒梭菌和肉毒毒素。

1983 年，美国联邦调查局在美国东北部逮捕了两兄弟，罪名是拥有少量的高纯度蓖麻毒素。

1984 年，在美国俄勒冈州的一个小镇上，拉杰尼什（Rajneesh）（也称为奥修）的追随者为了影响当地的选举，将从美国模式培养物保藏中心（American Type Culture Collection，ATCC）获得的鼠伤寒沙门菌，在其社区医疗诊所进行了培养扩增，然后用鼠伤寒沙门菌液体培养物污染了多家餐馆的蔬菜沙拉，最终导致 750 余人感染、45 人住院治疗。这是自 1945 年以来美国历史上有记载的两次规模最大的生物恐怖袭击事件之一（施忠道，2002）。

1990～1993 年，奥姆真理教信徒在日本四处释放炭疽芽孢杆菌培养物，但由于使用的是用于动物免疫接种的疫苗株而没有造成伤亡（Atlas，1999）。

1995 年 3 月，奥姆真理教在东京地铁释放化学毒剂沙林的同时，在东京等至少 8 个地方散布炭疽芽孢杆菌气溶胶和肉毒毒素，警方突击搜查了这个组织的实验室，发现他们正在进行一项原始的生物武器研究计划，研究的病原体有炭疽芽孢杆菌、贝氏柯克斯体和肉毒毒素，并在生物武器库中发现了肉毒毒素和炭疽杆菌芽孢，以及能产生气溶胶的喷洒罐（江丽君和董树林，2003）。

2001 年 10 月，美国"9·11"事件后发生一起为期数周的白色粉末邮件的生物恐怖袭击。从 2001 年 9 月 18 日开始有人把含有炭疽芽孢的信件寄给数个新闻媒体办公室及两名民主党参议员。这个事件导致 22 人感染、5 人死亡（姚一建等，2002）。

自 2001 年美国炭疽邮件袭击事件发生以来，已经发生了数起涉及蓖麻毒素的小规模袭击事件。2003 年 1 月，英国发现恐怖分子利用蓖麻毒素制造恐怖事件的阴谋。2003 年，美国南卡罗来纳州格林维尔的邮件分拣中心截获了几封含有蓖麻毒素的信件，信中还附有一张署名为"堕天使"的恐吓信。2004 年，美国参议员比尔·弗里斯特的办公室收到了一些蓖麻毒素。一些联邦调查人员认为，这起事件可能与"堕天使"有关，但目前仍未找到这两次事件嫌疑人的相关线索。2013 年，美国总统巴拉克·奥巴马和纽约市市长迈克尔·布隆伯格都收到了含有蓖麻毒素的邮件。随后，一名来自路易斯安那州什里夫波特的女性因此次犯罪而被捕，并被控以数项罪名。同年，在分别寄给美国总统巴拉克·奥巴马、密西西比州参议员罗杰·威克和密西西比州法官赛迪·霍兰德的信封里发现了蓖麻毒素粉末。经过调查发现，寄信人为一名来自密西西比州图珀洛的男性，最终该男子被判处 25 年监禁（李晋涛等，2020）。

2018 年 6 月，一名受极端主义思想影响的嫌疑人企图利用蓖麻毒素制作生物炸弹在德国第四大城市科隆发动恐怖袭击。警方搜查他在科隆的住处时发现了 3150 颗蓖麻籽和 84.3mg 蓖麻毒素。

2020 年 9 月，在寄给美国总统特朗普的一封邮件中查出含有蓖麻毒素。

近年来，我国虽然尚未发生规模性的生物恐怖袭击事件，但 2013 年天津白色粉末快件致 12 人中毒等多起"白色粉末"事件表明，我国也面临着生物恐怖袭击的现实威胁。

第三节　生物恐怖的袭击方式

生物恐怖的实施者通常通过一定途径散布致病性细菌、病毒或生物毒素，造成烈性传染病的暴发、流行，或造成群体中毒事件，导致人群失能和死亡，引发社会恐慌、动荡。生物恐怖或生物战所使用的病原体多具有较高的致病性和传染性，微量进入人体，即可在体内迅速繁殖，引起传染病的暴发流行，其主要释放途径如下。

1. 气溶胶施放

气溶胶由固体或液体小质点分散并悬浮在气体介质中形成的胶体分散体系，又称气体分散体系。其分散相为固体或液体小质点，其大小为 1nm 至 10μm，分散介质为气体。微粒中含有微生物或生物大分子等生物物质的气溶胶称为生物气溶胶（bioaerosol）。20 世纪 50 年代以后，美国曾在城市中进行细菌气溶胶的模拟投送实验，即将生物战剂雾化成为生物气溶胶，再用飞机、军舰、炮弹等运载工具进行播撒。此后生物武器的投送才达到了化学武器的投送水平。在生物恐怖袭击中，将雾化装置安装在交通工具上进行气溶胶施放，施放路径会形成一条线状污染带，称之为线源（line source）施放；将雾化装置固定在一定位置进行施放，此为点源（point source）施放。污染范围取决于风速、风向、气象条件、地形和植被，以及病原体自身特性等因素（郑云昊等，2018）。

2. 媒介施放

媒介施放主要指经染毒昆虫叮咬进行媒介扩散达到施放病原体的目的。早期媒介生物作为武器技术只掌握在个别国家的手中，生物武器投送主要依靠间谍，或受沾染的日用品和食品的播撒。在第二次世界大战中，日本的"731"部队试验空投活体带菌跳蚤。空投活体带菌昆虫的方法在朝鲜战争中也被美军大量使用，美军使用了陶瓷、纸质等容器空投了苍蝇和其他昆虫或活体贝类。随着社会的发展，世界上一些恐怖组织也渐渐掌握了生物武器的施放技术，并运用在恐怖活动中。目前世界上可能用于生物恐怖的媒介生物主要有传播疾病的节肢动物、鼠类及其他媒介生物，携带有病毒25种、细菌13种，其中危险性和毒性最大、传染性最强的仍然是鼠疫耶尔森菌、天花病毒和炭疽芽孢杆菌（金大庆等，2008）。

3. 污染食源、水源

恐怖分子通过将病原体投放在食物、饮料中，导致人感染或中毒。具有代表性的是 1984 年美国奥修教宗教狂热集团利用沙门菌病原体，通过饭馆和咖啡馆将受病原体污染的沙拉供应给食客，结果致使 750 余人发病。

4. 污染空调系统

如果将生物恐怖病原干粉施放于空调系统入口处，病原体气溶胶就会随空调风污染整栋大楼，所有楼内人员都有可能被感染，这种方式施放的生物恐怖虽然楼内污染程度最高，但不能排除楼外被污染的可能性，而且还给洗消带来非常大的麻烦。

5. 定点投放

在生物恐怖的历史事件中出现多次将病原体或生物毒素装填到各类邮件或污染公共设施，经皮肤、黏膜、伤口接触产生渗透性感染。例如，美国"9·11"恐怖袭击事件后不久，美国新闻媒体和政府核心机构遭遇炭疽邮件的袭击，致使多名人员感染炭疽。

6. 接触者感染

通过与受感染人群密切接触（如握手、接吻、进餐、洗浴等）产生横向扩散传播。有些生物恐怖剂可引起人与人之间的传染，这是其他武器所没有的间接效果，由于生物恐怖剂从感染到发病具有一定的潜伏期，潜伏期内的非典型症状很难被发觉，但可能具有极强的传染性，病原体可能通过人与人的接触造成扩散，殃及周围人群和生态环境。

第四节　生物恐怖的特点

一、容易制造

生物恐怖所选用的生物剂种类很多，到目前为止有 70 多种，属于高致病的生物剂有 20 多种。新的病原体不断被发现，可作为生物恐怖剂的种类越来越多。尽管许多国家对生物恐怖剂的监控相当重视，但是这些生物恐怖剂仍有流向社会的可能。不需要特别高深的专业知识，只要稍有生物常识，就可以轻而易举地掌握其增殖技术。当前，部分病毒和细菌的基因组相继被测序并发表到公共数据库上，利用重组技术研制毒性更强的致病微生物已非难事。随着生物技术的发展和网络信息技术的普及，生物武器相关技术甚至可以通过互联网等方式得到，秘密生产生物恐怖剂在技术上比较容易。

此外，生物恐怖剂的制备成本低廉，技术难度不大，研制隐蔽性强，不需要严格的生产条件，无须制备高纯度的生物剂，几乎可以在任何地方研制和生产（包括在家中），因此也被称为"穷人的原子弹"。病原体只要具备一定的传染性和侵袭性，即可用于恐怖袭击，特别是针对人群密集的城市、车站、机场、港口等交通枢纽及水源、食物（王欣梅等，2003）。

二、危害性大

生物恐怖剂通常具有较强的致病性和传染性，其引发的疾病发病快、病死率高、传播范围广，不仅严重危害人们的健康，而且极易引起大众的心理恐慌，这正是恐怖分子所期望的。因此，微生物常常成为恐怖分子制造生物恐怖事件的首选武器。以炭疽芽孢杆菌为例，一个人只要吸入 8000 个炭疽芽孢就可能致命。这意味着，在一座 500 万人口的城市中，只要散布 50kg 的炭疽芽孢杆菌，就可以使 12 万～50 万人患病。在特定条件下，某些病原体可长期存活，如炭疽杆菌的芽孢在土壤中可以存活 50 年，甚至 70 年以上，鼠疫耶尔森菌在阴凉处可存活数周，可与土拉弗朗西斯菌长期寄生在某些啮齿类动物身上。1942 年，英军在格鲁伊纳岛测试了炭疽炸弹，其污染在 44 年之后才经甲醛彻底消毒去除芽孢的污染。因此，如果生物剂污染区内存在易感动物和相应的媒介生物（鼠、蚊、蝇、虱、蚤、蜘蛛等），在相关条件都具备时，就可能形成新的自然疫源地，其危害时间可能会长期持续下去。

三、隐蔽性强

生物恐怖剂多为无色、无味的气溶胶或白色粉末，可经多种途径施放，具有极好的突发性、隐蔽性和欺骗性。与其他恐怖活动相比，生物恐怖可以直接隐藏在普通的生活中，让人们防不胜防。恐怖组织可利用合法开办的工厂、实验室等作掩护，秘密研制、生产生物剂，具有很大的欺骗性。恐怖分子通常也不需要太多的装备和手段，就可以在任意地点、任意时间进行突发性的恐怖袭击（刘飞，2005）。

鉴于生物恐怖剂侦检困难，常规手段无法检查到，当施放生物恐怖剂气溶胶时，在气象、地形适宜的条件下可造成较大范围的污染。撒布生物恐怖剂气溶胶多在拂晓、黄昏、夜间或者阴天，气溶胶无色无味，不易发觉。撒布的带菌昆虫、动物也易与当地原有者混淆，不易发现，这就使得通过技术检查手段获得对生物恐怖的早期预警较为困难（武桂珍等，2002）。由于人们很难在第一时间快速反应、识别，使得生物恐怖发生后往往会错过有效的干预和控制时机。此外，很多生物恐怖消息难以证实，可造成大众心理恐惧，借此达到对政府或报复对象进行讹诈和欺骗的目的。因此，生物欺骗和恐怖威胁所产生的后果是不可低估的。

四、方式灵活

生物恐怖袭击方式具有很大的灵活性，选择余地较大。可通过专门的投射工具直接使用生物剂，也可以间接袭击承载设施；可通过直接面对公众施放，也可以通过大型建筑物的通风系统、地铁、供水系统、邮寄等方式施放；既可大量多点同时投放，也可以少量单独使用，袭击目标广泛，预防困难。例如，炭疽邮件的恐怖事件中，恐怖分子将携带有炭疽芽孢的白色粉末装入信件内，对政府大楼、数个新闻媒体办公室等多个设施实施生物恐怖袭击，防范十分困难（刘飞，2005）。再如，1996 年某大型医疗中心实验室员工出于报复性目的，将痢疾志贺菌投放在自制的糕点中赠送给同事，造成实验室中 12 名同事感染急性细菌性痢疾。这类事件也可被称为"生物犯罪"（biocrime）。1978 年，苏联特工用一把内置有蓖麻毒素的"雨伞枪"刺杀了保加利亚作家乔治·马可夫，该次著名的"毒雨伞"事件可以被称为"生物暗杀"。广义上来说，生物犯罪和生物暗杀都可归为生物恐怖范畴。

五、造成恐慌

生物恐怖除对人体造成严重损伤外，对人的心理造成的危害也是巨大的。生物恐怖攻击活动会使国家突然出现大量病员，给医疗资源造成巨大压力，如药品短缺、医院床位紧张等。在生物恐怖袭击后，往往会造成巨大的经济损失和公众心理恐慌，引起社会、政治、经济动荡，在接下来较长时间内会出现人人自危的现象，严重影响国家或某个地区的经济建设和社会秩序。

第五节　生物恐怖的危害与处置

生物恐怖剂通常具有较强的致病性和传染性，能引起受袭方大量人员的死伤，短期内可能出现大量患者，还会给医疗体系和社会保障体系带来巨大的压力，造成医疗资源挤兑，加重人员伤亡。不仅如此，生物恐怖袭击有可能造成大范围的社会恐慌，人群笼罩在恐怖氛围下，会出现急、慢性心理损伤，甚至发展成精神疾病。人们在恐慌的驱使下容易产生非理性的行为，导致生活物质抢购、偷盗，甚至暴力事件的发生。另外，生物恐怖事件的出现势必会造成一定范围内的停工、停产及消费场所的关闭。大范围的停工、停产及消费场所的关闭有可能造成产业链崩溃和消费低迷，进而引发金融市场剧烈震荡，甚至引发经济衰退或经济危机。在某种程度上，生物恐怖主义活动不仅威胁到人类的安全还能影响一个国家的政治、经济、社会的稳定，甚至威胁到一个国家的生存。

针对生物恐怖的危害性、隐蔽性、恐慌性、欺骗性及突发性，可以通过以下六个方面进行综合防控和处置：诊断防疫；危害预警；隔离、防护与消杀；系统评估；个人防护；国家动员。

一、诊断防疫

对恐怖袭击现场的快速准确鉴定是实施预防和治疗的关键，也是确认生物恐怖袭击的关键证据。生物袭击的防御在早期依赖公共卫生防疫体系，我国采取的是全民防御。早期对生物攻击的探测技术主要采取群众报告和疫情报告制度。但当气溶胶撒布法等成为生物袭击主流时，依赖于疫情报告的防御是脆弱的，因为在第一例疫情报告时，生物恐怖剂可能早就发生了大规模的扩散。由生物恐怖剂引起的很多疾病都有非典型的初期症状，如发烧与呕吐，这很容易被误诊为流行性感冒（金大庆等，2008）。因此，一线医疗机构在生物恐怖袭击事件中的预警作用尤为重要。新冠疫情暴发之初，湖北省中西医结合医院立即上报江汉区疾病预防控制中心，为卫生健康部门迅速应对处置创造了条件。该事件虽然不是生物恐怖袭击，但该事件的预警和处置对于生物恐怖的处置具有重要的参考意义。

公共卫生的发展应该是长期性的、持续性的行为，应与国民经济的发展相适应。同时，需建立应急支持保障系统，全方位地保障应急行动的顺利进行。国家要求大、中城市的医院或指定医院装备有防传染性的负压和隔离的特殊病房，并配有医疗防护装置或应对装置，通过日常进行传染病防治能力训练，一旦出现生物恐怖引发的疫情，可立即向应急医院转换。另外，生物恐怖发生的救援行动需要消耗大量的医药器械和医疗物质，为了建立全国应急物品救援快速反应系统，需储备应急医药和急救用品，包括疫苗、抗生素、抗体、解毒剂及输液设施等（游达，2008）。

目前，国内已有多种商品化检测炭疽芽孢杆菌、鼠疫耶尔森菌、布鲁菌、肉毒毒素、蓖麻毒素等生物恐怖剂的金标记或荧光标记的快速免疫层析试剂，可在 15～20min 内完成初筛检测，有较大现场应用价值。

二、危害预警

生物恐怖袭击事件可通过以下 5 种方式进行预警。

1. 异常空情

例如，出现飞机超低空飞行；经常在凌晨或黄昏飞行；呈低空盘旋或投弹俯冲；喷洒粉末或液体；投撒食品、日用品、昆虫等；特别注意有无低空盘旋、机尾有雾状烟云喷出；投下不爆炸或爆炸声很小的炸弹或容器等。在发现这些可疑迹象时，要密切观察飞机名称、航向和高度，记录施放的时间，以及施放时的气象条件如晴阴、温度、风力和风速等，并立即报告上级领导和有关部门。

2. 异常地情

遭到生物恐怖袭击后，地面往往会出现一些空投实物及残迹，如气球、降落伞、喷雾装置及日用品等；在暴露、光滑的表面，如柏油马路、木板和植物叶面上，存在可疑的液体或粉末。发现地面有以上异常情况时，不要随便捡拾，更不要用手触摸，以防沾染生物恐怖剂。

3. 异常虫情

地面上出现大量来源不明的昆虫和其他动物，而这些昆虫或动物会出现以下反常现象：季节反常（如在夏季生长活跃的蚊、蝇、蚤等大量出现在冬季的雪地上）；场所反常（某些昆虫、动物违反常规地出现在不应该出现的地方，如家鼠大量出现在原野上、海产蛤蜊大量出现在山坡上）；密度反常（任何一种昆虫、动物在某一地区的密度都有一定的规律，如果出现高度集中甚至有堆积的现象，也应视为反常现象）；种类反常（在某一地区突然出现了当地原来没有发现过的昆虫或动物，例如，在南方环境中生存的昆虫、动物突然出现在北方，在北方环境中生存的昆虫、动物突然出现在南方，则应视为反常现象），以及昆虫带菌反常或耐药性反常等。

4. 异常疫情

针对人群的生物恐怖袭击的主要形式是人为制造各种传染病的流行。因此，发生生物武器袭击后，会出现一些与平时普通传染病的流行规律相违背的现象，如虫媒脑炎再现在冬季。

5. 不明物品

生物恐怖袭击的常用手段包括生物邮件、水源投毒、食品污染、谋杀暗杀等。当收到不明来信、不明邮件及包裹，并发现其封口和包装异常，体积和重量都不同于以往，包裹被打开后里面有粉末、异物，投寄地址不明或模糊不清时，要立即报告，并做好清查和清理（李春明，2003）。

三、隔离、防护与消杀

由于生物恐怖事件发生的隐蔽性和突发性，对于袭击方使用的病原体、传染途径、传播能力以及潜伏期等问题不能立即做出判断。在这种情况下，应该针对传染病流行病学的三个环节（传染源、传染途径和易感人群）采取有效的控制措施，即隔离，包括已出现症状者及密切接触者等，以达到阻断传染源同时切断蔓延线的目的。一旦人为生物恐怖袭击初步确立，应立即进行污染区的测算与消除。

在发生生物袭击时，对人员的医学防护措施包括：①防止生物剂侵入人体，利用个人器材防护，如防毒面具、防疫口罩、防护服等，应急时也可用毛巾、塑料布等制成简易防护用品；②对可能受到感染人群，应用免疫防护和药物防护防止感染或减少发病，免疫防护是针对可能使用的生物剂进行免疫接种，药物防护是对可疑感染人群使用广谱抗菌药物进行预防；③对已感染和发病的人群首先采取分级隔离措施，并有针对性地积极进行临床治疗；④保护好食物、水源，若怀疑被污染时，应彻底消毒后方可食用；若不能食用的，应予焚烧或掩埋，保障疫区的供给安全，防止食物链受到污染（王欣梅等，2003）。

进行消杀前应及时采集样本送往专业机构进行检测。盛标本的容器应经过蒸煮并保持干燥、清洁，注明采集地点、时间、标本数量、采集人姓名和单位等。为防止标本变质，应立即送检；暂不能送检时，应注意放在阴凉处或用保存液保存。病毒或立克次体标本可用 50%中性甘油生理盐水保存，病理标本浸泡在10%福尔马林溶液中。为防止扩大传染，应将标本严密包装后再送检（武桂珍等，2002）。

在污染区与疫区内应进行消毒、杀虫、灭鼠，防止病原体扩散传播。一般是先村内后村外，先毒虫密集处后稀少处，先重要地点后次要地点。首先，要对污染区内敌投物，以及被污染环境中的气、水、土、食物和其他一切可能被污染的物品、场所进行全面彻底的消毒，包括细菌弹坑、毒虫密集地段及重要地点；其次，切断疫病的传播途径，如扑杀污染区内的蚊蝇等病媒昆虫、染疫动物、老鼠及体外寄生虫（蚤、蜱）等。同时，广泛发动群众，大搞爱国卫生运动，保持内外环境的卫生和整洁（魏承毓，2003）。

四、系统评估

WHO 发布的《生物和化学武器的公共卫生应对措施》中明确了公共卫生准备和应对计划。首先进行识别危害，卫生部门在生物袭击时，应首先确认生物施放是否已经发生或疾病已经暴发，鉴定相关生物剂的性质，跟踪病例分布、确定危险人群，提出病因假说（生物剂的来源与传播方式），并进一步调查、分析、检验假说；其次是评估可能出现的暴发和蔓延，评估目前和下一步灾害处理需求及接触传播的可能性；再者是采取降低危险的策略，在遭受生物恐怖袭击后，受感染患者作为诊断对象，做出迅速而精确的诊断有着极其重要的意义（王欣梅等，2003）。

在确认疾病流行或遭受生物恐怖袭击并进入应急处置阶段后，除了对传染病患者进行隔离、治疗，对暴露人员进行应急预防和检疫外，要根据袭击的方式、病原体的性质及疾病的传播途径，结合气象条件和社会、环境因素，对危害进行准确评估。这是及时有效地采取控制措施、防止疾病蔓延的基础，也是政府和卫生部门进行决策和调用医疗、卫生资源的重要依据。平时应建立健全疫情报告网，由各级卫生防疫机构掌握疫情统计资料。在发生生物恐怖袭击时，要广泛发动群众，由军政机关保证用确实、快速、机密的通讯和交通工具，由专门人员进行疫情报告。另外，要应用积极的方法，监测预防和控制措施的效果，并按需要调整方案（赵达生和黄培堂，2004）。

五、个人防护

可以通过以下 4 点做好个人防护。

1. 呼吸道防护

可使用呼吸过滤口罩，例如，N95 口罩和外科口罩都被广泛采用，紧急情况下可用手帕、帽子、衣巾等捂住口鼻防护。一些比较简单的方法也可以有效控制生物气溶胶，如尽量减少在公共场所的生物暴露。在火车站、地铁、机场等公共场所，某些乘客可能患有传染性疾病，其所携带的病原微生物可能通过呼吸、咳嗽、说话和打喷嚏等途径传播，对人群造成很高的暴露风险，因此这些场所需要有效的生物监测和有效的控制措施（崔敏辉等，2021）。

2. 体表防护

一般穿防护服即可；紧急情况下，可通过戴手套，穿胶鞋，扎紧袖口、领口、裤脚，将上衣扎进裤腰，戴上防风眼镜，脸部、颈部用毛巾围好，防止昆虫叮咬（可用防蚊药品涂抹暴露部位），以防止通过感染者的排泄物、分泌物、衣服、血液等造成的二次污染（高东旗，2012）。

3. 免疫防护

较适用的方法是对人群实行免疫接种来抵御几种主要的、有威胁的生物剂。针对具体的生物恐怖病原因子，实施污染区内易感人群相应疫苗的预防接种，以提高群体性免疫水平。例如，接种炭疽疫苗、牛痘疫苗等可以有效地防护相应的生物恐怖剂，受到生物恐怖剂侵染后还可进行被动免疫防护，注射抗体血清、免疫球蛋白可使机体很快获得免疫力（Gottschalk and Preiser，2005）。

4. 药物防护

对暴露于生物剂的人群及患者的密切接触者应进行医学隔离观察，实施预防性服药可以预防发病或减轻病症，降低病死率。例如，对于鼠疫接触者，可按照每次 100mg、2 次/天的方式连续 7 天口服多西环素，仍在接触危险期间需加服 7 天。

六、国家动员

许多西方发达国家已将防御生物恐怖的基本知识纳入国防教育、公共卫生和医疗人员的专业与继续教育之中，在全体国民中普及面临生物恐怖的生存、自救、互救知识和技能（王翠娥，2005）。美国"9·11"事件后，布什政府委任一名生化专家，率领一个新的部门协调全国公众卫生紧急事故的应对，并在 10 月 14 日向国会建议额外拨款 15 亿美元，以购买抗生素、疫苗和加强反生物恐怖措施（王鲁豫和王翟，2004）。在美国炭疽邮件恐怖事件发生后，英国全国保健服务中心还给医生发放了诊断和治疗炭疽的指南，指导他们如何诊断及医治炭疽患者。法国在原反恐怖计划外，又启动了新的反生物恐怖计划，包括增加对饮用水的安全检查、加强感染病例的监测和报警系统、加大生产抗生素和重新开始生产某些疫苗，以及增强对伤病患者的诊断和救护能力等（李琳，2004）。

在美国炭疽邮件事件后，我国也采取了十分严密的防范措施，国家质检总局紧急通知各地检验检疫部门采取相关措施，严防炭疽传入我国（外交部，2001）。卫生部门加紧制定了预防措施，开展人员培训，建立一套完备的应急系统，并将开展传染病菌毒种的调查，加强对毒种的管理。中国疾病预防控制中心成立国家级炭疽等突发疫情应急处理技术队伍，制订《全国炭疽生物恐怖紧急应对与控制预案》，印发《炭疽防治手册》和《生物恐怖应对手册》。同时，各省也要成立相应的技术队伍，制订紧急应对与控制预案。

我国是发展中国家，传染病依然是危害人民健康的主要疾病。同时，我国人口多、居住密集，容易遭受恐怖组织的袭击。另外，敌对势力，如民族分裂主义分子、极端恐怖主义分子、极端邪教分子等对我国社会主义建设的干预从未停止，他们可能会使用各种手段制造袭击事件。我国生物防护研究具体需要关注：①建立大通量病原监测方法，及时对我国的大气、水源、土壤、食物、生物制品进行病原的监测；②开展重要致病性病原基因组结构和功能的研究，从可能用于生物袭击的病原基因组结构和功能的研究中，发展防御传染病的新技术、新方法；③研制新型自用疫苗，提高用于反生物恐怖疫苗的质量；④研制针对可能用于生物袭击的病原的新型药物，克服病原的抗药性和变异性（于洪和王松俊，2003）。

（军事科学院军事医学研究院　辛文文　李佳欣）

第四十一章
生 物 武 器

第一节 概 述

生物武器（biological weapon）是指利用病原微生物或生物毒素来杀伤人畜和毁坏农作物，以达成战争目的的一类武器，包括生物战剂和施放工具（陈家曾和俞如旺，2020）。生物战剂是指病原微生物以及它所产生的传染性物质，或用于生物武器研究、生产的生物威胁因子的总称。常见的生物战剂有细菌、真菌、病毒、原虫等。施放工具包括媒介生物、飞行器等能够携带并投放生物战剂的载体。因早期主要是利用病原细菌研制生物武器，故也称细菌武器。生物武器可能极其复杂，如携带弹道导弹弹头的炸弹或带有喷雾装置的巡航导弹。通常这种情况下，生物战剂的生产工艺也极其精细，添加稳定剂和分散剂以增强其释放到环境中的生存能力或使其更容易传播；生物武器也可以非常简单，如一个小瓶，里面装着生物战剂的液体培养产物，或者装着干粉状的细菌。一些生物病原体可通过接触污染物或受到污染的材料如衣服、被褥或与患者直接接触的其他物品而传播。

理论上，任何病原微生物或生物毒素都可以作为生物战剂，用于研发生物武器，并实施生物战攻击，但考虑武器本身的功能是杀伤或消灭敌方的作战力量，因此，并不是所有病原微生物或生物毒素都可以作为生物战剂和生物武器。通常情况下是那些致病性强或毒性高、传播速度快或潜伏期短、易于获取或生产制备的病原微生物或生物毒素被选做生物战剂。作为生物战剂的基本条件包括：①容易获取和大规模制备；②有传染性，可导致人与人之间的传播；③高毒性，潜伏期短，可快速发挥作用；④发生后，需要医疗卫生系统的特殊准备才能应对。这些病原微生物和生物毒素包括天花病毒、埃博拉病毒、马尔堡病毒、拉沙热病毒、炭疽芽孢杆菌、鼠疫耶尔森菌、土拉弗朗西斯菌，以及肉毒毒素、葡萄球菌肠毒素 B 和蓖麻毒素等。

生物武器的核心是生物战剂，但实际上，联合国裁军事务厅（UNODA）并没有正式发布生物战剂清单。目前相关文献经常提到的生物战剂清单是 2001 年联合国《禁止生物武器公约》核查议定书谈判特设专家组拟定的一份 51 种生物战剂的核查清单（表 41-1），其中，病毒 15 种，细菌 10 种，动物病原体 6 种，原生生物 1 种，植物病原体 8 种，生物毒素 11 种。2001 年《禁止生物武器公约》核查议定书在谈判即将完成之时，因美国政府单方面以"生物领域难以核查、核查可能威胁美国生物技术企业的商业机密"为由，拒绝在公约核查议定书上签字而戛然而止，导致特设专家组拟定的这份生物战剂清单无法正式公布，只是放在了 UNODA 网站上，供世界各国参考。此外，根据生物战剂对人的危害程度，可以将其分为致死性战剂和失能性战剂（表 41-2）。致死性战剂的病死率在 10% 以上，甚至达到 50%～90%，其毒性比化学武器高很多，吸入少量即可使人得病并死亡；失能性战剂所致病死率一般在 10% 以下，可使人畜长时间丧失某些身体机能。根据生物战剂是否具有传染性，可将其分为传染性生物战剂和非传染性生物战剂（表 41-3）（赵林和李珍妮，2020）。

表 41-1　2001 年联合国生物战剂核查清单

战剂种类	中文名称	拉丁或英文名称
细菌	炭疽芽孢杆菌	*Bacillus anthracis*
	羊布鲁菌	*Brucella melitensis*
	猪布鲁菌	*Brucella suis*
	鼻疽伯克霍尔德菌	*Burkholderia mallei*
	类鼻疽伯克霍尔德菌	*Burkholderia pseudomallei*

战剂种类	中文名称	拉丁或英文名称
细菌	土拉弗朗西斯菌	*Francisella tularensis*
	鼠疫耶尔森菌	*Yersinia pestis*
	贝氏柯克斯体	*Coxiella burnetii*
	普氏立克次体	*Rickettsia prowazekii*
	立氏立克次体	*Rickettsia rickettsii*
病毒	克里米亚-刚果出血热病毒	Crimean-Congo haemorrhagic fever virus
	东部马脑炎病毒	Eastern equine encephalitis virus
	埃博拉病毒	Ebola virus
	辛诺柏病毒	Sin Nombre virus
	胡宁病毒	Junin virus
	拉沙热病毒	Lassa fever virus
	马秋波病毒	Machupo virus
	马尔堡病毒	Marburg virus
	裂谷热病毒	Rift Valley fever virus
	蜱传脑炎病毒	Tick-borne encephalitis virus
	重型天花病毒	Variola major virus（Smallpox virus）
	委内瑞拉马脑炎病毒	Venezuelan equine encephalitis virus
	西部马脑炎病毒	Western equine encephalitis virus
	黄热病毒	Yellow fever virus
	猴痘病毒	Monkeypox virus
原生生物	福氏耐格里原虫	*Naegleria fowleri*
生物毒素	肉毒毒素	Botulinum toxins
	产气荚膜梭菌毒素	*Clostridium perfringens* toxins
	葡萄球菌肠毒素	*Staphylococcal* enterotoxins
	志贺毒素	Shiga toxins
	鱼腥藻毒素	Anatoxins
	西加毒素	Ciguatoxins
	石房蛤毒素	Saxitoxins
	单端孢霉烯族毒素	Trichothecene toxins
	相思豆毒素	Abrins
	蓖麻毒素	Ricins
	银环蛇毒素	Bungarotoxins
动物病原体	非洲猪瘟病毒	African swine fever virus
	非洲马瘟病毒	African horse sickness virus
	蓝舌病毒	Blue tongue virus
	口蹄疫病毒	Foot and mouth disease virus
	新城疫病毒	Newcastle disease virus
	牛瘟病毒	Rinderpest virus
植物病原体	咖啡刺盘孢毒性变种	*Colletotrichum coffeanum* var. *virulans*
	松穴褐盘孢菌	*Dothistroma pini*（*Scirrhia pini*）
	解淀粉欧文菌	*Erwinia amylovora*
	烟草霜霉病菌	*Peronospora hyoscyami* de Bary f.sp.tabacina（Adam）Skalicky

战剂种类	中文名称	拉丁或英文名称
植物病原体	茄罗尔斯通菌	*Ralstonia solanacearum*
	甘蔗斐济病毒	Sugar cane Fiji disease virus
	印度腥黑粉菌	*Tilletia indica*
	白纹黄单胞菌	*Xanthomonas albilineans*

表 41-2　生物战剂的危害程度分类

生物战剂的危害程度	主要种类
致死性战剂	炭疽芽孢杆菌、霍乱弧菌、土拉弗朗西斯菌、伤寒沙门菌、天花病毒、黄热病毒、东部马脑炎病毒、西部马脑炎病毒、斑疹伤寒立克次体、肉毒毒素等
失能性战剂	布鲁菌、贝氏柯克斯体、委内瑞拉马脑炎病毒等

表 41-3　生物战剂的传染性分类

生物战剂的传染性	主要种类
传染性生物战剂	天花病毒、鼠疫耶尔森菌、霍乱弧菌等
非传染性生物战剂	土拉弗朗西斯菌、肉毒毒素等

生物武器传染性强，传播途径多，杀伤范围大，持续时间长，且难防难治，故有"瘟神"之称。在战争中，生物武器与核武器（nuclear weapon）、化学武器（chemical weapon）一同被列为大规模杀伤性武器（weapons of mass destruction，WMD），对人类和平与安全构成巨大威胁。但从长远看，更可怕的是生物武器，因为核武器的生产需要庞大的设备、化学武器的生产容易被发现和管控，而生物武器的制造在一个小小的实验室即可完成，目前还没有防止世界上所有的生物实验室非法进行生物武器研发的有效监督手段。

第二节　生物武器的历史

在 19 世纪晚期微生物学发展之前很久，人类已经尝试着用致死性疾病和生物毒素作为战争及征服敌人的武器。在过去的 2000 年里，以疾病、污染物、动物和人类尸体的形式使用生物武器的情况在历史记录中多次被提及。污染对方军队的水源是一种普遍的策略，这种策略在许多战争中持续使用。

一、生物武器的萌芽阶段

关于鼠疫（黑死病）的起源已经难以考证，欧洲传统史学界将矛头指向了彼时横扫欧亚大陆的蒙古人，这一说法主要来源于意大利人布里埃莱·德·穆西（Gabriele de Mussi，1280—1356）用拉丁文撰写的回忆录。1343 年，蒙古四大汗国之一的金帐汗国包围了黑海之滨的港口城市卡法，围攻期间蒙古军中暴发瘟疫，为攻下城池，蒙古人将死尸用抛石机投入城中。不久城内便暴发疫情，从城内逃亡的居民将这场瘟疫带到了欧洲其他地方，从此疫情蔓延并一发不可收拾。德·穆西对卡法之围和黑死病提出了两个重要观点：一是鼠疫是通过将患病的尸体扔进被围困的卡法城传播给欧洲人的，二是意大利人逃离了卡法城把它带到了地中海的港口。德·穆西关于鼠疫起源和传播的描述与大多数已知的事实一致，他关于生物攻击的说法是可信的，这也与当时的认知水平一致，并且为被围困的卡法的疾病传播提供了最好的解释。因此，这可能是历史上有记录的第一次生物袭击，也是有史以来最成功的一次。对卡法的围困有力地提醒人们，当疾病被成功地用作武器时，会产生可怕的后果。日本在第二次世界大战中使用鼠疫作为武器这进一步提醒我们，在六个半世纪后，鼠疫仍然是现代军备控制的一个非常现实的问题（Wheelis，2002）。

另一种被成功用作生物武器的病原是天花病毒。在法印战争期间，英国驻北美部队的指挥官杰弗里·阿默斯特（Jeffrey Amherst）建议使用天花病毒对付敌对的土著印第安人。1763 年 6 月 24 日，阿默斯特的下属厄耶尔上尉（Captain Ecuyer）从医院调集了一批天花患者用过的毯子，将其作为礼物送给了印第安人。他在日记中写道："希望能达到预期效果"。不久之后，印第安人陆续发病，大部分人在痛苦中死去，活下来的人也丧失了战斗力。英国殖民者不战而胜，占领了印第安人的地盘。

二、生物武器的快速发展阶段

19世纪，科赫法则的提出和现代微生物学的发展使得病原微生物的分离和生产成为可能（Jansen et al.，2014），这带动生物武器向更加复杂精细的方向发展，有学者将此时的生物武器称为"科学的生物武器"（scientific biological weapon）。大量证据显示，第一次世界大战期间德国进行过生物武器的研究和生物战的实施。德国人试图将接种了炭疽芽孢杆菌（*Bacillus anthracis*）和类鼻疽伯克霍尔德菌（*Pseudomonas pseudomallei*）等战剂细菌的马和牛运送到美国和其他国家，出口到俄罗斯的罗马尼亚绵羊也感染了同样的病原体。德国还试图在意大利传播霍乱、在俄罗斯的圣彼得堡传播鼠疫，甚至向英国阵地投掷生物炸弹。这一阶段的特点是生产规模较小，施放方法相对简单，主要将动物作为攻击对象，通过间谍释放毒剂污染水源或者食物，干扰军队执行任务和后勤运输。

（一）第二次世界大战期间的生物武器研发与使用

第二次世界大战期间，是历史上生物武器使用最多的时期。其发展特点是生物战剂种类逐渐增多、生产规模不断扩大，主要施放方式是由飞机播撒带有生物战剂的媒介物。此时，生物武器的攻击能力已经发生明显变化，以飞机播撒替代以前的人工释放带菌昆虫、动物等，使得污染的覆盖面积增大、杀伤效应增强。随着生物战剂的种类越来越多，生产规模从固体培养生产转变为用大型发酵罐生产。日本军国主义的生物武器研究从1932年开始直到第二次世界大战结束（Barras and Greub，2014）。日本生物战计划的中心被称为"731部队"，位于满洲平房镇（今哈尔滨平房区）附近，由石井四郎（1932—1942）和北野三次（1942—1945）指挥。日本的生物武器研究计划主要包括炭疽芽孢杆菌、脑膜炎奈瑟菌、霍乱弧菌、志贺菌和鼠疫耶尔森菌。据信，在1932年至1945年期间有1万多名囚犯死于感染性实验，其中至少有3000人是朝鲜、中国、蒙古、苏联、美国、英国、澳大利亚的战俘（Riedel，2004）。这些战俘中的许多人死于炭疽芽孢杆菌和鼠疫耶尔森菌等战剂细菌的直接感染实验，感染途径包括口服、注射、媒介昆虫叮咬、爆炸后的气溶胶暴露等。除此之外，"731部队"还生产制备了大量的鼠疫耶尔森菌，用这些鼠疫菌感染跳蚤，再将带菌的跳蚤通过飞机投放在人群密集的地方，导致中国20多个省份暴发了人间和鼠间的鼠疫大流行，造成20多万军民的感染死亡。"731部队"于1940年9月至10月曾在浙江宁波一带实施细菌战；1941年11月4日曾在湖南常德实施细菌战；1942年7月至8月曾在浙赣铁路沿线一带地区实施细菌战。这些细菌战被日军称为"野外实验"（Riedel，2004）。

虽然第二次世界大战后德国未受到生物武器实验方面的指控，但是德国医学研究人员确实向囚犯感染了生物战剂病原，如普氏立克次体、甲型肝炎病毒和疟疾虫等，只是德国的进攻性生物武器计划开发水平落后于其他参战国。另一方面，德国指控同盟国对其使用了生物武器：约瑟夫·戈培尔指责英国试图通过从西非引进受感染的蚊子来将黄热病引入印度。这一指控并非毫无依据，因为英国确实在苏格兰海岸附近的格鲁伊纳岛（Gruinard Island）进行了含有炭疽芽孢的细菌弹的爆炸实验。英国政府后来耗费巨资及人力，用了280余吨的福尔马林溶液及2000多吨海水进行消毒，从1979年一直进行到1987年才彻底清除该岛土壤的炭疽芽孢污染。

美国的进攻性生物武器计划于1942年启动，由美国陆军传染病医学研究所（US Army Medical Research Institute of Infectious Diseases，USAMRIID）主导，包括德特里克堡（Fort Detrick）的研究中心、密西西比州和犹他州的试验场，以及印第安纳州特拉豪特（Terra Haute）的生产设施，其研究对象包括炭疽芽孢杆菌和猪布鲁菌等。尽管当时已装配了约5000枚含炭疽芽孢杆菌的细菌弹，但由于生产环节的安全措施不利，造成多次泄漏污染，难以大规模生产，使得美军未能在第二次世界大战中实施生物战（Riedel，2004）。

（二）第二次世界大战之后的生物武器项目

研究资料表明，美国在朝鲜战争中实施了大规模、长时间的细菌战。1952 年朝鲜战争进入僵持阶段，2 月 28 日，中国外交部抗议美国飞机在 38 线中国 50 军团上空投放细菌弹。中国外交部声明称：从 2 月 29 日起至 3 月 5 日止，美军出动飞机 68 批、448 架次先后侵入中国东北领空，并在抚顺、新民、安东、宽甸、临江等地投放了大量的带菌动物和昆虫。经过防疫部队的检疫，这些昆虫和动物带有以下致命细菌和病毒：鼠疫耶尔森菌、霍乱弧菌、炭疽芽孢杆菌、伤寒沙门菌、脑膜炎奈瑟菌、痢疾志贺菌等。他们利用炸弹投掷带菌的昆虫、植物和蛤蟆等小动物。细菌弹专门由高级军官投掷，他们选择在大规模轰炸之后的时机进行投掷，因为这是朝鲜人和中国人将要抢救伤员的时间，这样不仅会造成伤员感染，医务人员和返回的百姓都会感染细菌。美国人还将细菌感染过的家禽、动物、粮食、糖果等放到人口集中的地区，以便杀伤更多饥饿的平民（张小兵，2005）。

尽管美国否认在朝鲜战争中使用过生物武器，但是承认有能力生产和制造生物武器。1950 年至 1953 年期间，美国在阿肯色州的派恩布拉夫（Pine Bluff）新建了具有良好生物污染保护措施的生产基地，得以大规模生产、储存及装配生物武器，扩大了生物武器项目。美国在一个 100 万 L 的空心金属球形室中进行生物武器的气溶胶实验，这个金属球形的气溶胶室被称为"八球"（eight ball）。志愿者在该球形室中被暴露于土拉弗朗西斯菌（*Francisella tularensis*）和贝氏柯克斯体（*Coxiella burnetii*）气溶胶，目的是为了确定人类对战剂病原气溶胶的易感性。在 1951 年至 1954 年间，美国在纽约、旧金山等地进行了秘密实验，选择烟曲霉（*Aspergillus fumigatus*）、枯草芽孢杆菌（*Bacillus subtilis*）和黏质沙雷菌（*Serratia marcescens*）等病原微生物，测试其气溶胶施放和传播扩散的效果。此外，美国于 1953 年启动了一项防御计划，目的是开发包括疫苗、抗血清和治疗剂在内的应对措施，以保护部队免受可能的生物武器攻击。到 20 世纪 60 年代末，美国军方已经拥有了一个生物武器库，其中包括多种病原体、生物毒素、真菌和植物病原菌，它们可以破坏农作物，从而导致作物歉收和饥荒（Riedel，2004）。

除了美国，加拿大、英国、法国和苏联等国家也延续了第二次世界大战时期的生物武器研究。英国于 1947 年成立微生物研究部（Microbiological Research Department），并于 1951 年将其扩大，旨在继续研究开发新的生物战剂和生物武器。英国在巴哈马群岛、刘易斯群岛和苏格兰水域进行了数次生物战剂试验，以改进这些武器。然而，1957 年英国政府宣布放弃进攻性生物武器研究并销毁库存，转而重点发展生物防御研究。与此同时，苏联加大了在进攻性和防御性生物武器研究和发展方面的投入。1992 年，叶利钦承认苏联曾制造生物战剂。苏联生物武器计划的负责机构是 Biopreparat，由国防部直接控制，以民用生物工程研究机构为掩护进行活动。研究方向是应用基因工程技术改变致病菌的致病能力、产生生物毒素的能力、对已知抗生素的抵抗力、在储存和气溶胶状态下的生存力，并研制了可由巡航导弹投放的设备。Biopreparat 甚至研究制备出新的嵌合体菌种，如天花病毒和埃博拉病毒的杂交毒株。苏联生产了 30 余吨炭疽芽孢和 20 余吨天花病毒。据悉，其有能力进行天花和鼠疫的战略性细菌战攻击。20 世纪 70 年代，保加利亚作家马尔科夫叛逃至英国后被特工暗杀，用的就是苏联情报机构克格勃提供的"毒雨伞"。这种伪装成"雨伞枪"的武器，能够发射出一个针头大小的金属球，这个金属球上钻有两个小孔，其中含有致命的蓖麻毒素。马尔科夫在伦敦车站等车时，特工用毒雨伞将金属球射入了马尔科夫的腿部，蓖麻毒素释放到体内，仅仅 3 天后马尔科夫就死亡了（Riedel，2004；Carus，2017）。

1995 年，联合国伊拉克特别调查委员会（UNSCOM）调查伊拉克的生物武器项目，认为伊拉克制造了达到 100 亿剂量的炭疽芽孢杆菌、肉毒毒素和黄曲霉毒素。伊拉克从事生物武器研究的顶级机构是位于萨勒曼帕克（Salman Pak）的国防微生物研究中心（Biological Research Center for Military Defense）。从事研究的核心团队大约有 10 名科学家，进行炭疽芽孢杆菌、肉毒梭菌、产气荚膜梭菌的应用研究，研究成果转移到位于阿勒哈卡姆（Al Hakam）的工厂进行生产制造。生产的毒剂冷冻存储在阿勒哈卡姆，然后在穆萨纳省国营机构（Muthanna State Establishment）将毒剂填充至炸弹、导弹以及其他武器弹药中。穆萨纳省国营机构是伊拉克主要的化学武器研究、开发和生产基地。据 UNSCOM 调查结果，伊拉克已经将其研发的生物战剂填装至 155mm 炮弹、122mm 火箭弹、166 飞机炸弹、25 侯赛因弹道导弹的弹头等多种武器，并研发了专门用于喷洒战剂气溶胶的坦克（Atlas，1999）。

三、生物武器的基因时代

20 世纪 70 年代中期，分子生物学技术飞速发展，其中 DNA 重组技术的应用不仅有利于生物战剂的大量生产，而且为研制新型战剂创造了必要条件，这使得生物武器发展到了第三个阶段，即"基因武器"阶段。基因武器是指利用基因工程技术研制的新型生物战剂，它可能是具有高致病性、高传染性、高抗药性、剧毒性、超低免疫性的细菌和生物毒素。基因武器堪称"末日武器"，一旦应用，给人类带来的毁灭性灾难将超过核武器（万佩华，2019）。因此，基因武器已经成为各国博弈的一个重要领域，西方国家并没有停止生物武器研究的步伐，而是在新的起点上研发更为先进的生物武器，试图取得不对称的军事优势。位于马里兰州的美国军事医学研究所长期从事诸如基因武器等生物武器研究，英国政府管辖下的化学及生物防疫中心也一直在对"转基因超级病毒"开展研究，德国军方正在研制一种可抵抗抗生素的生物武器。21 世纪以来，随着基因测序和生物合成技术的快速发展，转基因产品和生物制剂逐渐成为生物国防的新型防御对象（徐振伟和赵勇冠，2020）。选择某一个种族群体作为杀伤对象，利用基因工程技术改造致病菌使其只对特定遗传特征的人们产生致病作用，从而有选择地消灭敌方有生力量，这就是种族武器（罗孝如和赵勇冠，2020）。2014 年以来，CRISPR（clustered regularly interspersed short palindromic repeats）基因编辑技术带来了一场生命科学领域的革命性技术。CRISPR 利用靶位点特异性的 RNA 指导 Cas 核酸酶对靶位点序列进行切割修饰。CRISPR 技术像一把万能的基因"剪刀"，能够同时开启或关闭某些基因，实现基因的"批量化"编辑。该技术的发展使基因武器的研发如虎添翼，能够使基因武器靶标人群更精准、更快速，威慑力更大。但是，基因武器的"屠杀"不分军民，会带来严重的政治和道义上的风险，后果不可估量。

第三节　生物武器的袭击方式

生物武器的袭击方式通常是将生物战剂雾化或者秘密投放于食物或者水源中，使目标人群吸入或吞咽足以致病剂量的毒剂，前者通过呼吸道感染，后者通过消化道感染。人、畜吸入生物战剂污染的空气，食用被污染的水、食物，毒剂直接入侵人、畜的皮肤、黏膜、伤口，人被带菌昆虫叮咬等，这些途径均可引起感染致病，最终造成敌方军队及其所在地区传染病流行、人畜中毒或农作物大面积死亡，从而达到削弱敌方战斗力、破坏其战争潜力的目的。

第一次世界大战中，德国通过间谍释放毒剂污染水源或者食物，以此干扰军队执行任务和后勤运输（陈家曾和俞如旺，2020）。第二次世界大战中，生物武器的袭击方式主要利用飞机投放带有生物战剂的媒介物，如跳蚤、老鼠、苍蝇和杂物等。日军"731 部队"从 1932 年开始，在 11 个城市进行过 12 次大规模范围实行人活体细菌战试验，手段包括直接喷洒霍乱弧菌污染水源、飞机播撒释放携带实验室培养的含鼠疫耶尔森菌的跳蚤，每次空袭播撒含菌跳蚤多达 1500 万只。

20 世纪 60 年代以后，苏联等国先后发展出气溶胶的投送方式，即将生物战剂雾化成为生物气溶胶，再用飞机、军舰、炮弹等运载工具进行播撒。此后生物武器的投送才达到了化学武器的投送水平。气溶胶由固体或液体小质点分散并悬浮在气体介质中形成的胶体分散体系，又称气体分散体系。其分散相为固体或液体小质点，大小为 $10^{-7} \sim 10^{-3} \mathrm{cm}$，分散介质为气体。微粒中含有微生物或生物大分子等生物物质的气溶胶称为生物气溶胶（bioaerosol）。气溶胶吸入性感染传播的效率较高，且扩散不易被发现，暴露所致受害人员数量大，因此是危害最大的施放方式（韩丽丽等，2017）。

在未来战争中，生物战可能是更为隐蔽的传染病疫情和疾病模式，或者说将人为疫情伪装成自然发生的疫情；也可以利用转基因技术将转基因产品如食品用于军事战略用途，制造人为的生物灾害，如破坏人的功能系统和生物进化秩序等；还可以是外来生物入侵的方式，破坏生态环境，使农业生产遭受灭顶之灾。

第四节　生物武器的特点

与常规武器甚至是核武器相比,生物武器具有鲜明的特点:传染性强,杀伤力大;隐蔽性强,危害时间长;战争成本低,毁伤效果大;影响因素多,定向性差。

生物战剂多数为烈性传染性致病微生物,少量即可使人、畜患病;传染性极强,在缺乏防护、人员密集、卫生条件差的地区,极易蔓延传播,引起传染病流行。1969 年联合国化学生物战专家组统计数据显示,当时每平方千米导致 50%死亡率的成本,常规武器为 2000 美元,核武器为 800 美元,化学武器为 600 美元,而生物武器仅为 1 美元,所以有人将生物武器形容为"廉价的原子弹"(陈家曾和俞如旺,2020)。

生物战剂引发的传染病通常具有潜伏期,不易被发现,即使及时发现了袭击事件,也需要与自然发生的疾病状况相甄别。如果遭受袭击的地区存在该病原的易感动物和传播媒介,在条件具备的情况下,还可能形成新的自然疫源地。1979 年 4 月,苏联斯维尔德洛夫斯克市公民中发生了炭疽流行。疫情发生地在斯维尔德洛夫斯克市苏联军事基地(19 区)附近,患者的分布在 50km 内呈直线型扩散,而且感染的对象不仅是人类,还有牲畜。欧洲和美国情报机构怀疑该设施进行了生物战研究,并将疫情归因于炭疽芽孢的意外释放。历史上又将这场惊人的灾难称之为"生物切尔诺贝利事件"。

生物武器也有其自身的局限性,例如,影响因素多,太阳辐射和气候条件对生物战剂的生存能力和释放效果都会造成较大的影响。另外,生物武器敌我不分,防不胜防。1941 年,日军对湖南常德进行生物战袭击,由于日军没有对自己的军事人员进行充分的训练和装备以应对生物武器的危害,该袭击导致大约 1 万人伤亡,其中有 1700 名日本军人死亡(Riedel,2004)。

第五节　生物武器的危害与防护

生物战攻击会导致大量军队伤亡,严重影响军事作业能力和战斗能力;同时生物战攻击的无差别性会使平民受害,短时间内冲击医疗体系,导致资源难以为继、甚至崩溃。生物武器的威胁是现实存在的。人们对于威胁的恐惧有时并不在于其真正发生时所产生的后果,而是在于其发生的不可预知性,从而带来严重的社会焦虑和社会恐慌。

致死性生物战剂能引起人员、动物或植物的大量死亡。失能性生物战剂虽然不会导致大量人员死亡,但可以在一定的时间内使区域的大部分人员丧失战斗力或活动能力。丧失战斗力的部队需要大量后勤支持,每个患者需要四五名医务人员和相关人员。传染性生物战剂造成的后果要比非传染性生物战剂更严重,这些病原除了对直接暴露者造成伤害,还能通过感染者传播、蔓延。除了传染源造成的死亡外,因生物袭击带来的心理伤害可能会显著削弱军队的战斗力。生物武器的传播还会破坏生态环境,造成长期危害和污染。例如,炭疽芽孢可以在土壤中存活 40 年之久,即使死亡多年的朽尸也可成为传染源,极难根除。

遭遇生物武器袭击后的应对措施,主要围绕"侦、检、消、防、治"五个方面开展。

首先,及时发现生物袭击的迹象。虽然大部分生物威胁因子都是已知的,但是如果被用作生物武器,特别是作为气溶胶使用,其影响可能与它们在自然发生的感染中的影响不同。生物袭击具有突然性。自然疫情中,病原由动物、昆虫携带或由人传人引起,个人与病原之间的接触通常需要许多天或更长时间。相比之下,在一次攻击中吸入的气溶胶所含战剂病原主要受气溶胶通过或扩散时间的限制。这是因为气溶胶颗粒的沉积有限,而且由于颗粒小到足以被吸入,它们的再悬浮效率低下,这通常会使随后的暴露比最初的气溶胶少得多。因此,气溶胶攻击之后的疾病暴发时间进程预计会比同一疾病在自然暴发中的特征表现出更突然的上升和更迅速的下降(除传染性疾病外)。专业人员应保持警惕,当健康人群中出现重症呼吸道疾病,流行曲线抬升和下降迅速,出现发热、呼吸道和肠道症状的患者增多,季节性疾病在非流行性时间出现,非本地自然疫病突然大量出现,已知的病原体出现不同寻常的抗生素耐药,基因序列相同的病原体在不同地区出现等异常情况时,此种情况下应怀疑可能遭受了生物武器袭击(Williams et al.,2021)。

其次,进行危害性评估,判断受污染的范围和受感染的人群。收集有关风向、风速和气溶胶可能来源的信息,计算气溶胶可能污染的范围。在涉及传染生物战剂时,需要通过设立卫生警戒线对受影响地区进行隔离，管理人们进出该地区的流动。生物战剂（生物毒素除外）的影响在传播后数小时到数天内都看不到，如果没有足够的检测设备，生物武器攻击的第一个迹象可能是目标人员的症状。根据与已知释放物的接近程度、症状和体征来确定受污染人员，并对伤员进行分类。伤员的最初接收、评估和优先排序非常重要。

然后，充分采集样品，快速检测鉴定生物战剂病原。快速准确地确认病原是后续救治与消杀工作的基础。以此为依据才能对伤员给予有效的治疗和针对性的免疫接种。对于传染性的生物战剂，应及时将受害者隔离，医疗转运和救治过程中应做好相应等级的生物安全防护。对可能的接触人员、医疗人员、应急处置人员进行免疫接种或预防性抗生素治疗。免疫接种的效果与战剂病原本身的特性有关，应视情况谨慎选择。例如，免疫接种是控制天花或鼠疫暴发的重要手段，所有进入热区和接触伤员的人都应接种疫苗。由于在接种疫苗后，通常需要数周时间才能完全产生免疫力，药物（抗生素）和对症支持治疗可能是主要医疗手段。免疫血清可用于提供被动免疫（WHO，2004）。

生物战剂的消毒又称生物战剂洗消，是指用物理或化学方法杀灭或清除污染的生物战剂以达到无害化处理。生物战剂的持续性危害受多种因素影响，包括存在表面的性质、阳光紫外线的照射、干燥等环境因素，因此应根据生物战剂的特性选择消毒剂的种类、消毒范围、消毒时间等，及时对环境进行科学有效的消杀处理，消灭可疑虫鼠等传播媒介，防止形成新的传染病疫源地。生物武器可以通过多种方式进行传播。因此，生物袭击事件发生后所采取消毒措施也应涉及多个方面，包括受袭击的现场环境、物品以及受生物污染和可能受生物污染的人群，均需进行快速洗消，以达到迅速消除生物污染、防止扩散、减少伤亡和恢复秩序的目的（马慧等，2020）。

（军事科学院军事医学研究院　康　琳　王景林）

第四十二章
禁止生物武器公约

第一节 概 述

《禁止生物武器公约》全称是《禁止细菌（生物）及毒素武器的发展、生产及储存以及销毁这类武器的公约》（以下简称《公约》），是国际社会首个禁止某一类别武器的多边裁军条约。《公约》于 1975年 3 月正式生效，我国于 1984 年 11 月 15 日成为《公约》的缔约国。截至 2022 年 5 月，联合国 193 个成员国中已有 184 个国家成为《公约》的缔约国，仍有 9 个国家不是《公约》的缔约国，有 4 个国家虽早在1972 年就已签约，但至今仍没有批准入约。自 1972 年开放签署 50 年以来，《公约》虽然还没有行之有效的核查和监督机制，但在禁止发展、生产、拥有和转移生物武器，以及彻底销毁所有现存的生物武器和生产设施、防止生物武器扩散和防范生物安全威胁方面发挥了积极的、不可替代的作用，是全球生物安全治理的基石。

第二节 《禁止生物武器公约》的历史与意义

一、《禁止生物武器公约》的内容与意义

1. 《公约》的产生

1969 年 7 月 10 日，英国首次向 18 国裁军会议提出一项单独禁止生物武器的公约草案，要求禁止在战争中使用任何形式的生物手段。美国尼克松政府为缓解国内外压力，避免陷于被动，宣布全面放弃生物与毒素武器，只进行防御性研发，并于 1970 年初销毁了当时所存的生物武器。随后，美、英两国与苏联经过激烈的谈判后达成协议，决定将生物武器与化学武器分开考虑，在限制生物武器方面实现突破。因此，《公约》是当时美国与苏联在军备控制及裁军领域谈判的一项突出成果，美国放弃生物与毒素武器的态度和行动对《公约》的谈判起到了推动作用。《公约》最终于 1971 年 12 月 16 日由联合国大会通过，1972 年 4月 10 日在伦敦、莫斯科和华盛顿同时开放供各国签署，1975 年 3 月 26 日正式生效。1984 年 11 月 15 日我国成为《公约》的缔约国。到 2022 年 5 月，联合国 193 个成员国中已有 184 个国家成为《公约》的缔约国，仍有以色列、南苏丹、吉布提、乍得、科摩罗、厄立特里亚、基里巴斯、密克罗尼西亚、图瓦卢 9 个国家不是《公约》的缔约国，有 4 个国家（即埃及、海地、索马里、叙利亚）虽早在 1972 年就已签约，但至今仍没有批准入约（张雁灵，2011）。

2. 《公约》的条款内容

《公约》的内容由序言和 15 条正文组成。序言重申缔约国坚持 1925 年《禁止在战争中使用窒息性、毒性或其他气体和细菌作战方法的议定书》（又称为《日内瓦议定书》）关于在战争中禁止使用生物武器的原则和目标。主要内容是：缔约国在任何情况下不发展、不生产、不储存、不取得除和平用途外的微生物制剂、毒素及其武器；也不协助、鼓励或引导他国取得这类制剂、毒素及其武器；缔约国在公约生效后9 个月内销毁所有这类制剂、毒素及其武器；缔约国可向联合国安理会控诉其他国家违反该公约的行为。议定条款具体如下。

第一条款

本公约各缔约国承诺在任何情况下决不发展、生产、储存或以其他方法取得或保有：

（1）凡类型和数量不属于预防、保护或其他和平用途所正当需要的微生物剂或其他生物剂或毒素，不

论其来源或生产方法如何；

（2）凡为了将这类物剂或毒素使用于敌对目的或武装冲突而设计的武器、设备或运载工具。

第二条款

本公约各缔约国承诺尽快但至迟应于本公约生效后九个月内，将其所拥有的或在其管辖或控制下的凡属本公约第一条所规定的一切物剂、毒素、武器、设备和运载工具销毁或转用于和平目的。在实施本条规定时，应遵守一切必要的安全预防措施以保护居民和环境。

第三条款

本公约各缔约国承诺不将本公约第一条所规定的任何物剂、毒素、武器、设备或运载工具直接或间接转让给任何接受者，并不以任何方式协助、鼓励或引导任何国家、国家集团或国际组织制造或以其他方法取得上述任何物剂、毒素、武器、设备或运载工具。

第四条款

本公约各缔约国应按照其宪法程序采取任何必要措施以便在该国领土境内，在属其管辖或受其控制的任何地方，禁止并防止发展、生产、储存、取得或保有本公约第一条所规定的物剂、毒素、武器、设备和运载工具。

第五条款

本公约各缔约国承诺，在解决有关本公约的目标所引起的或在本公约各项条款的应用中所产生的任何问题时，彼此协商和合作。本条所规定的协商和合作也可在联合国范围内根据联合国宪章通过适当国际程序进行。

第六条款

（1）本公约任何缔约国如发现任何其他缔约国的行为违反由本公约各项条款所产生的义务时，必须向联合国安全理事会提出控诉。这种控诉应包括能证实控诉成立的一切可能证据和提请安全理事会予以审议的要求。

（2）本公约各缔约国承诺，在安全理事会按照联合国宪章条款根据其所收到的控诉而发起进行的任何调查中，给予合作。安全理事会应将调查结果通知本公约各缔约国。

第七条款

本公约各缔约国承诺，如果安全理事会断定由于本公约遭受违反而使本公约任何缔约国面临危险，即按照联合国宪章向请求援助的该缔约国提供援助或支持这种援助。

第八条款

本公约中的任何规定均不得解释为在任何意义上限制或减损任何国家根据一九二五年六月十七日在日内瓦签订的禁止在战争中使用窒息性、毒性或其他气体和细菌作战方法的议定书所承担的义务。

第九条款

本公约各缔约国确认有效禁止化学武器的公认目标，并为此目的承诺继续真诚地谈判，以便早日就禁止发展、生产、储存这类武器和销毁这类武器的有效措施，以及就有关为武器目的生产或使用化学剂所特别设计的设备和运载工具的适当措施，达成协议。

第十条款

（1）本公约各缔约国承诺促进——并有权参与——尽可能充分地交换关于细菌（生物）剂和毒素使用于和平目的方面的设备、材料和科技情报。有条件这样做的各缔约国也应该进行合作，个别地或同其他国家或国际组织一起，在为预防疾病或为其他和平目的而进一步发展和应用细菌学（生物学）领域内的科学发现方面作出贡献。

（2）在实施本公约时，应设法避免妨碍本公约各缔约国的经济或技术发展，或有关细菌（生物）的和平活动领域内的国际合作，包括关于按照本公约条款使用于和平目的的细菌（生物）剂和毒素以及加工、使用或生产细菌（生物）剂和毒素的设备方面的国际交换在内。

第十一条款

任何缔约国得对本公约提出修正案。修正案应自其为本公约多数缔约国所接受之时起，对接受修正案的各缔约国生效，此后，对其余各缔约国则应自其接受之日起生效。

第十二条款

本公约生效满五年后，或在这以前经本公约多数缔约国向保存国政府提出建议，应在瑞士日内瓦举行本公约缔约国会议，审查本公约的实施情况，以保证本公约序言的宗旨和各项条款——包括关于就化学武器进行谈判的条款——正在得到实现。此项审查应考虑到任何与本公约有关的科学和技术的新发展。

第十三条款

（1）本公约应无限期有效。

（2）本公约各缔约国如断定与本公约主题有关的非常事件已经危及其国家的最高利益，为行使其国家主权，应有权退出本公约。该国应在三个月前将其退约一事通知本公约所有其他缔约国和联合国安全理事会。这项通知应包括关于它认为已危及其最高利益的非常事件的说明。

第十四条款

（1）本公约应开放供所有国家签署。未在本公约按照本条第（3）款生效前签署本公约的任何国家，得随时加入本公约。

（2）本公约须经各签署国批准。批准书和加入书应交美利坚合众国、大不列颠及北爱尔兰联合王国和苏维埃社会主义共和国联盟三国政府保存，该三国政府经指定为保存国政府。

（3）本公约应在包括经指定为本公约保存国政府在内的二十二国政府交存批准书后生效。

（4）对于在本公约生效后交存批准书或加入书的国家，本公约应自其批准书或加入书交存之日起生效。

（5）保存国政府应将每一签字的日期、每份批准书或加入书交存的日期和本公约生效日期，以及收到其他通知事项，迅速告知所有签署国和加入国。

（6）本公约应由保存国政府遵照联合国宪章第一百〇二条办理登记。

第十五条款

本公约的英文、俄文、法文、西班牙文和中文五种文本具有同等效力，应保存在保存国政府的档案库内。本公约经正式核证的副本应由保存国政府分送各签署国和加入国政府。

3.《公约》的意义

迄今为止，有2个得到国际社会认可的生物武器国际公约，即《禁止生物武器公约》和1925年的《禁止在战争中使用窒息性、毒性或其他气体和细菌作战方法的议定书》（后者简称《日内瓦议定书》）。《禁止生物武器公约》在《日内瓦议定书》禁止使用细菌武器规定的基础上，增加了禁止发展、生产及储存，禁止获得为战争目的而设计生物战剂或毒素等规定，同时也认识到因生物技术的发展增加了生物武器的潜在危险性，具有显著的进步。《公约》对于限制生物武器的发展及其在战争中使用、限制部分国家获得研制生物武器所需的设备和材料、消除生物武器威胁、防止生物武器扩散、促进生物技术和平利用等方面都具有重要作用，是生物军控领域的里程碑文件。

1）《公约》普遍性稳步提高

1971年9月，美国联合英国、苏联等12个国家向第26届联合国大会提出《公约》草案。1972年4月，美国、英国、苏联等国家达成一致意见，《公约》分别在华盛顿、伦敦和莫斯科同时开放签署，有46个国家成为原始签署国。1975年3月，当《公约》正式生效时，签署的缔约国有80个。截止到2022年5月，《公约》的缔约国已发展到184个。虽然还有少数国家没有加入，但《公约》的重要性已得到国际社会的普遍。特别是绝大多数缔约国都高度重视并将以建设性姿态参加公约审议大会和有关讨论，加强与各方的沟通和合作，并在自愿的原则下按要求逐年向联合国提交公约履行情况的建立信任措施宣布资料，增进缔约国的互相了解，共同推动增强公约有效性的努力。

2）销毁工作成绩显著

《禁止生物武器公约》生效以来，在禁止和彻底销毁生物武器、防止生物武器扩散方面发挥了不可替代的重要作用。例如，美国先后销毁了存放在阿肯色州派恩布拉夫军火库的反人类生物剂，包括220磅（1磅=0.453 59kg）炭疽杆菌、804磅野兔热杆菌、334磅的委内瑞拉马脑炎病毒、4991加仑（1加仑=4.546L）

委内瑞拉马脑炎菌液、5089 加仑伤寒菌液及上万枚装有生物和毒剂的弹药。苏联解体后,其大量的生物战剂和生物武器在国际社会的支持下进行了销毁。

　　3)国家履约立法日趋完善

　　几乎所有缔约国都相继完成了国家履约立法制定,如《中华人民共和国刑法》修正案中,就将制造、买卖、运输、储存、投放、盗窃、抢夺、抢劫传染病病原体等物质的行为定为犯罪,并视情节轻重给予不同程度的刑事处罚;将组织、领导、参加包括生物恐怖活动在内所有恐怖活动的行为定为犯罪。此外,还有《中国微生物菌种保藏管理条例》《病原微生物实验室生物安全管理条例》《突发公共卫生事件应急条例》《重大动物疫情应急条例》《中华人民共和国兽药管理条例》《基因工程安全管理办法》等一系列法律法规,严格规范有关危险菌(毒)种、疫苗等的管理、使用、保藏、携带、运输和转让等活动,并有效应对重大传染病和动物疫情等突发公共卫生事件。

　　4)防扩散和出口管制得到落实

　　中国坚决反对生物武器及其技术的扩散,从未协助、鼓励或引导任何国家、国家集团和国际组织制造或获取此类武器及相关技术,并不断加强生物两用物项和技术的出口管制工作。2002 年 12 月,中国颁布实施了《中华人民共和国生物两用品及相关设备和技术出口管制条例》及其管制清单,采用许可证制度和"全面管制"原则,对双用途的生物病原体、生物毒素及相关设备和技术的出口实施严格管理。2006 年 7 月,根据防扩散形势发展和中国国情,中国政府对上述条例的管制清单进行了修订和补充,增加了 SARS 冠状病毒等 13 种菌(毒)种和 1 种设备。中方主管部门通过严格执法,对生物两用物项和技术实施了有效的出口管制。

二、《禁止生物武器公约》生效后的谈判与协商

1. 《公约》审议会议

　　《公约》是由缔约国和相关国际组织机构通过召开审议会及"会间会"等方式得以执行和维持。根据《公约》第十二条款规定,生效后每满五年时,应在瑞士日内瓦举行全体缔约国会议,集体审议公约的执行情况,并明确未来公约发展方向。程序为:一般性发言,由各国声明本国对《公约》的态度、执行情况、对违约谴责及对会议的建议;各国对《公约》条款逐条提出意见和提案,讨论与磋商各国提案,起草并通过审议会报告。审议会是目前公约发展进程中唯一具有决策权的机制,任何与《公约》相关的重大决定都必须通过审议会以协商一致的方式通过才能生效,审议会对于确保《公约》的有效执行极为重要。自 1975 年《公约》生效以来,已分别于 1980 年、1986 年、1991 年、1996 年、2001 年、2006 年、2011 年和 2016 年召开了 8 次审议会,达成建立信任措施机制以促进资料交换、全面禁止使用生物战剂及毒素、细化"国家执行措施"要求、启动核查措施谈判,通过具有法律约束力的协议加强履约、设立履约支持单位等重要决定。审议会上所形成的决定将在会后以"最后文件"的形式公开发布(张雁灵,2011)。

2. 核查议定书谈判

　　20 世纪 90 年代早期,某些国家生物武器计划的曝光使得人们开始关注《公约》中的核查措施问题。《公约》虽然禁止细菌武器及毒素武器的发展、生产和储存,但却缺乏有力的措施来核查各成员国的遵约状况。《公约》第五条款规定成员国可以在联合国框架下寻求磋商或向联合国安理会指控,但是安理会常任理事国的否决权使得对违约问题的调查几乎不可能。核查措施的缺位使其成为一个"跛足公约"。因此,在 1991 年第三次审查会议上成立了特设政府专家小组,负责从科学和技术角度确定和研究可能的核查措施。专家组全称为"从科技角度确认和审查可能的核查措施特设政府专家组会议"(Sessions of Ad Hoc Group of Governmental Experts to Identify and Examine Potential Verification Measures from a Scientific and Technical Standpoint),也是对所有公约缔约国开放的会议(刘柳,2012)。1994 年,联合国召开的"公约缔约国特别大会"决定成立"特设工作组",主要负责审议加强公约的适当措施,包括建立可能的核查机制,起草并拟定具有法律约束力的"议定书草案"。"特设工作组"就"议定书草案"涉及的主要问题,如核查机制、核查措施、议定书的框架结构以及生物战剂的清单等内容展开了谈判。2001 年 7 月,"特设

工作组"针对所有悬而未决的重大问题提出了折中方案。然而，美国代表团却以"议定书草案"无法有效应对生物武器威胁并有可能损害其国家安全和商业利益为由，拒绝接受"议定书草案"。由于技术和政治的主要挑战仍然存在，导致核查议定书谈判失败（杨瑞馥和王松俊，2001）。

3. 闭会期间工作方案

核查议定书谈判停止后，根据2002年第五次审议会议续会确定了缔约国年度会议，称为闭会期间工作方案或闭会期间进程，包括在2次审议会期间每年举行1次专家组会和1次缔约国会，即"会间会"，并将其发展成为"共同谅解和有效行动"。会间会是一种论坛性质的多边会议，有利于促进各缔约国间的互相交流、形成共识，为国际社会探寻全面加强公约的有效途径和措施保留了磋商与研究平台。但是，会间会不具有决策权，只有建议权，公约的任何重要决定必须在审议会议上以协商一致的方式通过（刘柳，2012）。

三、《禁止生物武器公约》存在的问题

《公约》的签署，虽然是国际生物武器不扩散体制的重大进步，但因存在着明显的缺陷，如没有明确规定"禁止使用"生物武器，没有规定具体的、有效的监督和核查措施，对违反公约的事件缺乏有效的制裁措施等，而暴露出《公约》的无力性。事实上，从《公约》签署的那一天起，生物武器的研制和开发在世界范围内就从未停止过，并且开发和研制生物武器的行为变得更加隐蔽，很难区分哪些研究活动是正常的或可疑的。导致《公约》缺乏有效约束力的主要原因可能如下。

1. 成员国缺乏普遍性

国际机制的效率在一定程度上取决于其合法性。合法性的一个基础就是成员国的普遍性，成员国普遍性的不足一直是《公约》的一个严重诟病。这种缺陷所导致的一个后果就是，非成员国在生物武器控制方面不受该《公约》的约束，这些国家就有可能成为全球防止生物武器扩散的"黑洞"。例如，海湾战争后伊拉克的生物武器计划曝光并不能说伊拉克违反了《公约》，因为当时伊拉克并没有加入该《公约》。因此，普遍加入《公约》对于充分实现其目标和宗旨至关重要。截止到2022年5月，《公约》已有184个缔约国，目前还有9个国家没有加入。怎样设计有效的机制以促进和鼓励非成员国加入《公约》是一个亟待解决的问题。

2. 公约缺乏组织支持与核查机制

众所周知，在三个禁止大规模杀伤性武器的国际机制中，《不扩散核武器条约》由国际原子能机构来实施相关的监督和核查功能；《禁止化学武器公约》由禁止化学武器组织（OPCW）来实施相关核查。然而，《禁止生物武器公约》曾长期没有专门的机构负责公约的执行和实施，因此，在关于大规模杀伤性武器的三个国际机制中，《禁止生物武器公约》的落实程度最低。造成这种现象的一个原因就是它缺乏国际社会认可的一个组织支持。2006年第六次审查会议决定设立履约支持机构，2007年8月，联合国《禁止生物武器公约》的专门执行协助机构（Implementation Support Unit）在瑞士日内瓦宣告成立，各缔约国从此拥有了一个国际组织协助其应对生物武器造成的威胁，并帮助其执行公约所规定的条款。但与国际原子能机构和禁止化学武器组织两个执行机构相比，《禁止生物武器公约》执行协助机构的规模和工作侧重点是不同的。国际原子能机构和禁止化学武器组织规模较大，拥有自己的实验室和核查人员，能够根据需要派遣核查人员进行监督和核查工作，而《禁止生物武器公约》执行协助机构只有3名工作人员，工作是促进和协调成员国加强自身对于生物武器的控制，帮助扩大缔约国的执行力度。

《公约》中缺乏核查措施和实施机制，且禁止的对象和范围比较模糊，导致管制生物武器的国际法实施起来有些困难，个别国家为了追求霸权主义还会抓住漏洞来发展生物武器，以研制疫苗为名进行生物武器研究，一些恐怖组织也可能会利用生物战剂来制造恐慌，所以在世界范围内应当加强控制和核查力度。核查是生物军控的核心所在，缺少有效核查机制严重制约着《公约》的监控能力。当前近1/4的缔约国尚未针对关于生产和制造生物武器形成国内立法，近1/3的缔约国尚未形成关于生物武器出口管制的国内立法，能否实现有效核查对于国际生物军控而言至关重要。核查机制的缺位意味着国家在生物武器政策方面没有可预测性，也使一些成员国容易成为其他国家武断的指控的受害者（薛杨和王景林，2017）。

3. 缺乏定性的标准

生物技术在被用于改善人类健康及生存环境的同时，也可因误用和滥用被用于制造生物武器，这就是生物技术本身的两用性或称"双重用途困境"。例如，虽然《公约》第一条规定，"各缔约国承诺在任何情况下决不发展、生产、储存或以其他方法取得或保有：凡类型和数量不属于预防、保护或其他和平用途所正当需要的微生物剂或其他生物剂或生物毒素，不论其来源或生产方法如何。"但是何为"和平用途"？鉴于在生物技术的和平使用方面存在着很多灰色区域，所以有人认为，生物技术的"双重用途"所造成的"不可核查性"成为制约公约核查机制的技术瓶颈（晋继勇，2010）。

4. 研制开发的隐蔽性

因没有核查机制，判断某个国家是否在研制和生产生物武器十分困难。世界上也没有哪一个国家会公开宣称自己在开发生物武器，其保密性极强。就像第二次世界大战时期美国发展原子弹的计划，就连国家副总统都不知道，足见各国在开发武器时对保密的重视程度。

5. 各国地位悬殊

1951 年，美国就在朝鲜战争中使用过生物武器，虽然随着《公约》的生效，世界少数大国宣布销毁现有的生物武器，但因国际社会从未对其销毁行为进行现场核查，所以，是否销毁了所有的生物武器无人知晓。由于这种情况的存在，世界少数大国若想发展自己的生物武器，根本不用担心《公约》的约束（刘磊和黄卉，2014）。

6. 建立信任措施的不完善

建立信任措施的目的在于"强化或支持一个既定条约中的义务或提供一些机制以防止违约"。根据遵守建立信任措施义务的严格程度，建立信任措施可以分为三类：自愿性的建立信任措施、具有法律约束力的建立信任措施和具有政治约束力的建立信任措施。就效率而言，具有法律约束力的建立信任措施最佳，具有政治约束力的建立信任措施次之，自愿性的建立信任措施最差。为促进《公约》的效率，成员国也建立了一系列的信任措施。1986 年，《公约》第二次审议大会达成协议，各缔约国每年就生物武器相关事宜发表年度报告，以增强透明度。该协议在 1991 年召开的第三次审议会议上得到了修改和扩充。然而，参与建立信任措施的国家数量一直不多。为了增加建立信任措施的效果，从 1995 年起，《公约》"特设工作组"试图制定一个具有法律约束力的议定书。然而，由于美国的拒绝，所以在《公约》的缔约国之间不存在具有法律约束力的建立信任措施。发达国家与发展中国家的政治不信任，也使得具有政治约束力的建立信任措施不具有稳定性，自愿性的建立信任措施的表现更是令人失望。从 1987 年到 1995 年，在当时的 139 个缔约国中，只有 70 个国家提交了数据通报，仅有 11 个国家参与了所有的信息交换。"新的生物科技发展和不透明的生物防御活动将会造成或加剧传统安全风险"。在生物恐怖主义和传染病威胁成为一种全球威胁的情况下，公约各成员国应该通过更加有效地建立信任措施增加各国在生物计划方面的透明度，这样会有助于减少相互的猜疑和不信任。当然，由于"生物防御计划的透明度已经成为当代生物安全政策中最具有争议性的问题之一"，在这一领域建立信任措施的前景不容乐观（崔妍妍，2011；张雁灵，2011）。

7. 非国家行为体的威胁

一直以来，国际合作与防扩散之争是发展中国家与发达国家的矛盾焦点。发展中国家期望通过国际合作得到更多的生物技术援助，缩小与发达国家的生物技术差距，并要求建立促进国际合作的专门机制；而西方国家担心对生物两用品和相关技术的交流及转让会加大扩散风险，因而始终强调防扩散、消极对待国际合作。特别是当前扩散途径和方式已发生彻底变革，诸如 CRISPR/Cas9 基因编辑等技术只需简易的设备、便捷的操作，在较短时间即可完成生物性状的重大改变，导致走私、携带病原微生物菌毒种和生物两用设备的隐蔽性更强。加之互联网技术的普及导致对信息的控制难度加大，两用生物技术的门槛降低导致以生物黑客为代表的非国家行为体日趋活跃，这都大大加剧了对于防扩散问题的担忧，进而导致其双重标准和歧视性做法大行其道。

国际恐怖势力获得大规模杀伤性武器的趋势与可能性，使非国家行为体从事核化生武器扩散已成为一个现实的威胁。1995 年，日本的奥姆真理教利用化学技术生产沙林毒剂制造了"东京地铁事件"。2000 年之后，多个恐怖组织研制和拥有肉毒毒素、蓖麻毒素的消息频频被媒体曝光。随着技术的扩散和普及，生产生物武器的门槛会逐渐降低，一旦恐怖主义掌握了生产生物武器的技术，那就离他使用生物武器的日子不远了。恐怖分子根本就不会考虑国际公约的限制，禁止使用生物武器的难度进一步加大了。一些独裁的政府为了所谓国家利益也很难放弃对其的研制与开发，这就是理想与现实的偏离（周忠海，2006）。

就目前形势来讲，虽然大规模杀伤性武器很少被用于战场，然而其一旦被恐怖组织或集团利用，将会对世界及地区造成严重影响，因此对大规模杀伤性武器及其运输工具的控制，成为现在减小这种危害的重中之重，禁止生产及切断传播途径成为最有效的控制方案。

第三节　核查与监督

一、对违约的调查

《公约》第六条款规定，本公约任何缔约国如发现任何其他缔约国的行为违反由本公约各项条款所产生的义务时，可向联合国安理会提出控诉。这种控诉应包括能证实控诉成立的一切可能证据和提请安理会予以审议的要求。虽然第六条款为怀疑他国违反公约提供了明确的控诉程序，但由于要求控诉方同时提供"能证实控诉成立的一切可能的证据"，这显然又增加了向联合国提出控诉的难度。因为收集某国违反公约的证据，必须具备先进的生物武器和生物战剂的分析鉴定能力，现实问题是世界上只有少数国家有能力发现并收集到违反公约的证据（徐丰果，2007）。

二、信任措施申报

由于《公约》没有有效的核查机制，为了提高履行公约条款的信任度和加强公约的权威性，1986 年，《公约》的第 2 次审议大会提出并确定"建立信任措施（Confidence Building Measures，CBM）"的报告机制，以防止或减少发生不明、困惑、猜疑的情况，并增进和平生物技术活动领域的国际合作。根据第 3 次和第 7 次审议大会商定，CBM 的报告内容调整为 6 项，即附表 A 至附表 G（表 42-1）。

表 42-1　建立信任措施的宣布内容

项目	内容	相关
附表 A	研究中心和实验室的数据交换；国家生物防御研究与发展计划的信息交换	高等级实验室设施、研究项目及工作人员
附表 B	传染病疫情和毒素中毒情况的信息交换	地点、时间、规模等
附表 C	鼓励公开发表研究成果和促进知识利用	发表的相关文章
附表 E	已颁布的相关法律、规章和其他措施等	与生物安全相关的
附表 F	公布过去的进攻性/防御性生物研究与发展计划	有/无，时间及种类
附表 G	公布疫苗生产设施	企业名称、地点及种类

备注：附表 D 被第 7 次审议大会删除。

虽然 CBM 并非直接源自《公约》条款文本，不具有法律约束力，但《公约》的第 2 次审议大会协商一致决定，"缔约国应在相互合作及自愿基础上的基础上，每年向联合国积极申报 CBM 材料"。由于 CBM 是一种自愿的、非强制性的报告机制，在 183 个《公约》缔约国中，每年仅有 60～90 个国家提交 CBM 相应内容。CBM 是目前公约框架下重要的履约机制，它可以增加各缔约国在宣布附表内容所涉及领域研究活动的透明度和公开性，监督履约情况，限制缔约国与生物武器相关的军事研发活动，提供公约的效力（崔妍妍，2011）。

三、联合国秘书长调查机制

联合国秘书长调查机制（United Nations Secretary-General's Mechanism，UNSGM）是 1987 年联合国大

会第 42/37C 号决议设立的，针对指称使用生化武器事件进行调查的一种核查机制。当某缔约国向联合国提出可能构成违反 1925 年《日内瓦议定书》或 1975 年《禁止生物武器公约》的指控时，该决议授权秘书长自行决定启动调查，即指称使用生物武器的联合国秘书长调查机制（UNSGM）。

为了配合 UNSGM 框架下指称使用生物武器事件的及时有效调查，在联合国 A/44/561（1989）号文件中，根据第 42/37C 号决议成立了合格专家组，编撰了 UNSGM 的技术准则和程序。根据缔约国的推荐成立了 UNSGM 指称使用生化武器调查的合格专家名单和生物武器指定核查实验室名单，要求核查专家能在接到通知不久即可启程赴现场进行调查，指定核查实验室应具备生化武器的检测和分析能力。必要时，可委托 WHO/OIE 的参考实验室对现场样本进行平行检测分析。自 2009 年，联合国裁军事务办公室（United Nations Office for Disarmament Affairs，UNODA）开始不定期举办 UNSGM 生化武器核查专家的培训班，采用线下和线上相结合的方式，使参训专家掌握如何在 UNSGM 框架下开展指称使用生化武器事件的核查，了解相应的国际规则和惯例。2015 年，在 UNODA 支持下，瑞士和瑞典分别开始定期举办 UNSGM 指定核查实验室建设研讨会，旨在考核和提升各指定核查实验室的生物武器检测、鉴定和溯源分析能力。

第四节　生物技术发展对公约的影响

一、加大了履约监控的难度

生物技术给人类的生产生活带来了巨大便利的同时，也带来了新的生物安全潜在威胁。所有生命科学的发展都是在《公约》的管辖范围之内、所有恶意利用生命科学的发展都是公约所禁止的宗旨，在当前复杂的国际形势下仍具有十分重要的意义。生物技术本身的"两用性"使其难以严格按照"有益"或"有害"目的进行清晰划分，这种生物技术的"两用性"一方面使《公约》面临越来越多的新情况、新问题，另一方面也促使《公约》必须不断完善。《公约》第一条以"和平用途"为目的认定存在相当大的灰色地带，且其相互转换的速度极快、隐蔽性极强。从国际军控履约的角度分析，生物技术的"两用性"导致各缔约国对他国生物科技发展的意图难以研判，防御性和进攻性生物研发在加剧相互猜疑的同时，还迫使各缔约国基于潜在对手的能力不断加大自身研发投入，以预防潜在对手在生物技术和能力的不可预知性，进而形成国际上生物武器军备竞赛的恶性循环。目前，全球生物安全战略已逐步由传统的禁止生物武器扩展到防范生物恐怖主义、两用生物技术谬用等"健康安全"的热点问题，防范生物恐怖与传染病的结合，加大两用技术的监管力度，采取合理措施降低滥用可能已成为当前重点（孙琳和杨春华，2019）。

二、增加被用于生物武器的风险

如果将生物技术应用到军事领域将比任何其他大规模杀伤性武器生产技术更加危险而且复杂，生物武器在未来会有几种发展趋势（陈家曾和余如旺，2020）：①利用现代生物技术改进生物战剂的性能，例如，改变致病微生物的表面抗原使其难以检测，扩大致病微生物的传染性，提高在恶劣环境下的耐受力；②开发具有新特性的生物武器，提高生物武器战斗力的主要途径就是发展新的生物战剂，其中病毒类的生物战剂会逐渐增多，如埃博拉、马尔堡等新出现的病毒对人类的致病性更强、危害更大；③生物武器的研究将进入基因武器阶段，目前基因武器已经引发了人们极大的关注，因为它是通过基因编辑/重组技术改变致病微生物的性能，从而达到特殊目的的一种生物武器，将拥有更强的致病性，对环境的抵抗力更大；④过去生物武器主要通过生物媒介或者飞机来进行散播，未来可能会利用导弹等作为生物武器的载体进行施放。

第五节　《禁止生物武器公约》的未来发展趋势

随着生物技术的快速发展、各种新发传染病的出现以及生物恐怖主义威胁的日益严峻，《公约》的全球生物安全治理作用愈发凸显。缔约国支持《公约》是实现全球生物安全的至关重要的一环。目前，虽然为《公约》建立一个具有法律约束力的核查机制及正式的国际组织不具有现实可能性，但并不是说

《公约》已经完全沦落到了一种"失能"状态，相反，更说明了国际社会应采取其他积极措施来加强公约效能的必要性，强化其功能。

一、充分发挥世界卫生组织的作用

作为一个功能性的专门组织，世界卫生组织应围绕全球生物安全形势的需要，利用其丰富的公共卫生资源以及较高的合法性对公约的落实发挥积极作用。2007 年生效的新《国际卫生条例》也为世界卫生组织参与公约提供了一定的法理支持。世界卫生组织可以在以下两个方面发挥作用。

首先，缺乏履行公约的常设国际机构功能。《禁止化学武器公约》和《不扩散核武器条约》都有一个常设的国际组织来落实各项规范。虽然针对公约 2007 年已经成立了"专门执行协助机构"以提供组织支持，但是无论从规模上还是从职能上它都无法对公约的落实产生实质性影响。鉴于世界卫生组织成员国的普遍性及其所拥有的生物技术资源，它能履行公约的常设机构职能，从而成为成员国之间建立信任措施的平台。其次，促进公约的监测和核查功能。世界卫生组织已经参加了所有的公约审议大会，讨论了生物武器或可疑疾病暴发的监测和核查问题。世界卫生组织的全球疾病监测体系有助于发现任何可能的生物武器攻击，从而提高公约的有效性。如果任一成员国被指控违反了公约，那么世界卫生组织的相对中立地位也有利于它派员对该指控进行核查。此外，世界卫生组织的《国际卫生条例》第七条规定，"缔约国如果有证据表明在其领土内存在可能构成国际关注的突发公共卫生事件的意外或不寻常的公共卫生事件，不论其起源或来源如何，应向世界卫生组织提供所有相关的公共卫生信息"，包括如果在某个成员国领土内出现了由于生物武器的使用或泄漏而引发的公共卫生事件，也应当向世界卫生组织通报。如果成员国不履行通报之义务，那么世界卫生组织就有权派员进行核查。《国际卫生条例》成为应对生物武器威胁的国际机制的一部分。

二、充分发挥联合国安理会的功能

根据联合国宪章，联合国安理会决议具有合法性和强制性。鉴于公约对国际安全的潜在影响，联合国安理会对于公约的实践具有重要意义。2004 年通过的安理会 1540 号决议"决心履行《联合国宪章》赋予安理会的首要责任，采取适当、有效的行动，应对核生化武器及其运载工具的扩散对国际和平与安全所造成的威胁"。这就说明，安理会有权在公约的实施方面采取行动。如果某一成员国被指控违反了公约，那么安理会就可以针对该指控进行核查。第 1540 号决议还规定，"防止核生化武器扩散不得妨碍为和平目的而在材料、设备和技术方面进行的国际合作，与此同时，不得以和平利用的目的来掩护扩散。"这就意味着，安理会不但有义务遏制生物武器的扩散，而且还有义务促进生物技术国际合作。在公约具有法律约束力的核查机制缺位的情况下，应该充分发挥联合国安理会的强制功能，为公约的核查提供强力支持。

在新形势下，如何在享受生物技术发展成果的同时，全面、严格履行公约，防止和应对生物恐怖主义和生物武器威胁，仍是各缔约国肩负的共同历史使命。

（军事科学院军事医学研究院　王　菁　王景林　辛文文）

参考文献

陈家曾, 俞如旺. 2020. 生物武器及其发展态势. 生物学教学, 45(6): 5-7.

崔敏辉, 周惠玲, 唐东升, 等. 2021. 应对生物恐怖袭击和生物战的生物安全材料. 应用化学, 38(5): 467-481.

崔妍妍. 2011. 《禁止生物武器公约》建立信任措施情报研究. 北京: 军事医学科学院硕士学位论文: 10-16.

高东旗. 2012. 生物恐怖袭击防护探讨. 灾害医学与救援, 1(3): 179-181.

顾华, 翁景清. 2021. 生物安全知识. 杭州: 浙江文艺出版社/浙江科学技术出版社: 190-209.

韩丽丽, 齐秀丽, 徐莉. 2017. 生物气溶胶核酸检测技术分析. 舰船电子工程, 37(2): 16-24.

江丽君, 董树林. 2003. 生物恐怖袭击与免疫预防. 微生物学免疫学进展, 31(4): 74-78.

金大庆, 何颖, 廖文. 2008. 生物恐怖特点及应对措施. 中华疾病控制杂志, 12(5): 488-489.

晋继勇. 2010. 《生物武器公约》的问题、 困境与对策思考. 国际论坛, 12(2): 1-7.

李春明. 2003. 生物武器袭击及医学防护. 解放军健康, (5): 4-6.

李晋涛, 邱民月, 叶楠, 等. 2020. 生物安全与生物恐怖. 北京: 科学出版社.

李琳. 2004. 生物恐怖事件的危机预防. 北京人民警察学院学报, (2): 24-26.

李小鹿, 郭向阔. 2020. 晦暗不明的生物战. 世界知识, (10): 17-20.

刘飞. 2005. 核化生恐怖特点与对策研究. 国防科技, (8): 73-76.

刘磊, 黄卉. 2014. 尼克松政府对生化武器的政策与《禁止生物武器公约》. 史学月刊, (4): 62.

刘柳. 2012. 生物军控与履约工作手册. 北京: 军事医学科学出版社: 104-107.

罗孝如. 2020. 国防生物安全的"矛"与"盾". 军事文摘, (6): 51-55.

马慧, 张昕, 任哲, 等. 2020. 生物武器防护洗消及损伤救治研究进展. 中国消毒学杂志, 37(4): 307-310.

彭耀进. 2020. 合成生物学时代: 生物安全、生物安保与治理. 国际安全研究, 38(5): 29-57.

施忠道. 2002. 俄罗斯传染病学家谈生物恐怖主义的防御问题. 国外医学情报, 23(5): 10-12.

孙琳, 杨春华. 2019. 《禁止生物武器公约》的历史沿革与现实意义. 解放军预防医学杂志, 37(3): 184-186.

田德桥, 孟庆东, 朱联辉, 等. 2014. 国外生物威胁生物剂清单的分析比较. 军事医学, 38(2): 94-97.

外交部. 2001-10-16. 外交部: 中国加强防范措施御炭疽病于国门外. https://www.chinanews.com.cn/2001-10-16/26/130712.html.

万佩华. 2019. 基因武器的威力. 生命与灾害, (6): 26-29.

王翠娥. 2005. 生物恐怖威胁特点及医学防御对策. 解放军医学杂志, 30(1): 15-18.

王鲁豫, 王翟. 2004. 媒介生物在生物恐怖中的作用及防范策略. 中国媒介生物学及控制杂志, 15(3): 238-240.

王欣梅, 王修德, 康凯. 2003. 生物恐怖与生物战的特点及其医学防御对策. 预防医学文献信息, 9(6): 736-738.

魏承毓. 2003. 生物恐怖的出现与应对措施. 预防医学文献信息, 9(1): 123-128.

武桂珍, 陈明亭, 魏承毓, 等. 2002. 生物恐怖的特点与应对措施. 疾病监测, 17(10): 391-394.

徐丰果. 2007. 国际法对生物武器的管制. 北京: 中国法治出版社: 163-170.

徐振伟, 赵勇冠. 2020. 打造"生物盾牌": 美国生物国防计划的发展及启示. 国外社会科学前沿, (9): 46-57.

薛杨, 王景林. 2017. 《禁止生物武器公约》形势分析及中国未来履约对策研究. 军事医学, 41(11): 917-922.

杨辉, 宗军君, 薛向锋, 等. 2015. 生物战剂/气溶胶探测和识别系统综述. 舰船电子工程, 35(1): 19-23.

杨瑞馥, 王松俊. 2001. 生物威胁与核查. 北京: 军事医学科学出版社: 117-118.

姚一建, 魏铁铮, 蒋毅. 2002. 微生物入侵种和防范生物武器研究现状与对策. 中国科学院院刊, 17(1): 26-30.

游达. 2008. 关于提高生物恐怖事件应急能力的几点建议. 公共卫生与预防医学, 19(6): 98-99.

于泱, 王松俊. 2003. 生物恐怖及其防范对策. 人民军医, 46(7): 422-424.

张小兵. 2005. 朝鲜战争中美国使用生物武器新说. 榆林学院学报, 15(1): 56-59.

张雁灵. 2011. 生物军控与履约: 研究进展与实践经验. 北京: 人民军医出版社: 38-43, 88-93.

赵达生, 黄培堂. 2004. 提高我国应对生物恐怖事件的能力——"非典"事件的启示. 科技导报, 22(2): 27-28.

赵林, 李珍妮. 2020. 可怕的战争魔鬼——解密生物武器. 军事文摘, (4): 11-14.

郑云昊, 李菁, 陈灏轩, 等. 2018. 生物气溶胶的昨天、今天和明天. 科学通报, 63(10): 878-894.

周忠海. 2006. 生物科技相关法律问题与《禁止生物武器公约》. 河南省政法管理干部学院学报, 21(1): 66-70.

朱联辉, 田德桥, 郑涛. 2014. 从 2013 年《禁止生物武器公约》专家组会看当前生物军控的形势. 军事医学, 38(2): 109-111.

Atlas R M. 1999. Combating the threat of biowarfare and bioterrorism. BioScience, 49(6): 465-477.

Barras V, Greub G. 2014. History of biological warfare and bioterrorism. Clin Microbiol Infect, 20(6): 497-502.

Carus W S. 2017. Short history of biological warfare: From pre-history to the 21st Century.

Gottschalk R, Preiser W. 2005. Bioterrorism: is it a real threat? Med Microbiol Immunol, 194(3): 109-114.

Jansen H J, Breeveld F J, Stijnis C. 2014. Biological warfare, bioterrorism, and biocrime. Clin Microbiol Infect, 20(6): 488-496.

Minogue T D, Koehler J W, Stefan C P, et al. 2019. Next-generation sequencing for biodefense: biothreat detection, forensics, and the clinic. Clin Chem, 65(3): 383-392.

Riedel S. 2004. Biological warfare and bioterrorism: a historical review. Proc (Bayl Univ Med Cent), 17(4): 400-406.

United Nations General Assembly. Distr. General A/44/561. 1989. Chemical and bacteriological (biological) weapons. Report of the Secretary-General. Forty-fourth session. Agenda item 62, 7-47.

Wheelis M. 2002. Biological warfare at the 1346 Siege of Caffa. Emerg Infect Dis, 8(9): 971-975.

Williams M, Armstrong L, Sizemore D C. 2021. Biologic, Chemical, and Radiation Terrorism Review. In: StatPearls [Internet]. Treasure Island (FL): StatPearls Publishing.

World Health Organization. 2004. Public health response to biological and chemical weapons: WHO guidance(Second edition). Geneva: World Health Organization: 214-295.